পৰিবেশ অধ্যয়ন

পৰিৱেশ অধ্যয়ন

মূল ঃ **Perspective in Environmental Studies**

মুকলি ৰূপান্তৰ ঃ ড° মীনা শৰ্মা

সম্পাদনা ঃ ড° বিজয় কৃষ্ণ দেৱশৰ্মা

PUBLISHING FOR ONE WORLD

NEW AGE INTERNATIONAL (P) LIMITED, PUBLISHERS

New Delhi • Bangalore • Chennai •Cochin • Guwahati • Hyderabad
Jalandhar • Kolkata • Lucknow • Mumbai • Ranchi

Visit us at **www.newagepublishers.com**

Published by New Age International (P) Ltd., Publishers
First Edition: 2006
Reprint: 2016

GLOBAL OFFICES

- **New Delhi** **NEW AGE INTERNATIONAL (P) LIMITED, PUBLISHERS**
7/30 A, Daryaganj, New Delhi-110002, (INDIA)
Tel.: (011) 23253771, 23253472, **Telefax:** 23267437, 43551305
E-mail: contactus@newagepublishers.com • Visit us at www.newagepublishers.com
- **London** **NEW AGE INTERNATIONAL (UK) LTD.**
27 Old Gloucester Street, London, WC1N 3AX, UK
E-mail: info@newacademicscience.co.uk • Visit us at www.newacademicscience.co.uk
- **Nairobi** **NEW AGE GOLDEN (EAST AFRICA) LTD.**
Ground Floor, Westlands Arcade, Chiromo Road (Next to Naivas Supermarket), Westlands, Nairobi, KENYA
Tel.: 00-254-713848772, 00-254-725700286
E-mail: kenya@newagepublishers.com

BRANCHES

- **Bangalore** 37/10, 8th Cross (Near Hanuman Temple), Azad Nagar, Chamarajpet, Bangalore- 560 018
Tel.: (080) 26756823, **Telefax:** 26756820, **E-mail: bangalore@newagepublishers.com**
- **Chennai** 26, Damodaran Street, T. Nagar, Chennai-600 017, **Tel.:** (044) 24353401, **Telefax:** 24351463
E-mail: chennai@newagepublishers.com
- **Cochin** CC-39/1016, Carrier Station Road, Ernakulam South, Cochin-682 016, **Tel.:** (0484) 2377303, **Telefax:** 4051304
E-mail: cochin@newagepublishers.com
- **Guwahati** Hemsen Complex, Mohd. Shah Road, Paltan Bazar, Near Starline Hotel, Guwahati-781 008,
Tel.: (0361) 2513881, **Telefax:** 2543669, **E-mail: guwahati@newagepublishers.com**
- **Hyderabad** 105, 1st Floor, Madhiray Kaveri Tower, 3-2-19, Azam Jahi Road, Near Kumar Theater, Nimboliadda Kachiguda, Hyderabad-500 027, **Tel.:** (040) 24652456, **Telefax:** 24652457
E-mail: hyderabad@newagepublishers.com
- **Kolkata** RDB Chambers (Formerly Lotus Cinema) 106A, 1st Floor, S N Banerjee Road, Kolkata-700 014
Tel.: (033) 22273773, **Telefax:** 22275247, **E-mail: kolkata@newagepublishers.com**
- **Lucknow** 16-A, Jopling Road, Lucknow-226 001, **Tel.:** (0522) 2209578, 4045297, **Telefax:** 2204098
E-mail: lucknow@newagepublishers.com
- **Mumbai** 142C, Victor House, Ground Floor, N.M. Joshi Marg, Lower Parel, Mumbai-400 013
Tel.: (022) 24927869, **Telefax:** 24915415, **E-mail: mumbai@newagepublishers.com**
- **New Delhi** 22, Golden House, Daryaganj, New Delhi-110 002, **Tel.:** (011) 23262368, 23262370, **Telefax:** 43551305
E-mail: sales@newagepublishers.com

ISBN: 978-81-224-1861-3
₹ 125.00
C-16-08-9579

Printed in India at Ajit Printing Press, Delhi.

NEW AGE INTERNATIONAL (P) LIMITED, PUBLISHERS
7/30 A, Daryaganj, New Delhi-110002
Visit us at **www.newagepublishers.com**
(CIN: U74899DL1966PTC004618)

অনুবাদকৰ দুষাৰ

সুস্থিৰ পৰিবেশতহে মানুহকে ধৰি সকলো জীৱ-জগত আৰু উদ্ভিদ জগত সুস্বাস্থ্যৰে বৰ্তি থাকিব পাৰে। দোষদুষ্ট অৰ্থাৎ প্ৰদূষিত পৰিবেশ সকলো অনৰ্থৰ মূল। এতিয়া সময়ত বৰষুণ নহয়; পৰিবেশত উত্তাপ বাঢ়িছে; গছ-লতা জধে-মধে কাটি মানুহে পৰিবেশৰ সন্তোলন বিঘ্নিত কৰিছে। উন্নয়নৰ নামত মানুহে পৰিবেশ-সংৰক্ষণৰ প্ৰতি পিঠি দি এক অস্থিৰ অৱস্থাৰ সৃষ্টি কৰা নাই জানো? আজি আমি শুনি আছোঁ বানপানীৰ সমস্যা, গোলোকীয় উত্তাপ, অ'জ'ন স্তৰৰ অৱক্ষয়, জৈৱ বৈচিত্ৰ্যৰ অধঃগমন আৰু ক্ৰম বৰ্দ্ধমান হাৰত শক্তিৰ অৱক্ষয় আদিকে ধৰি পাৰিবেশিক অসন্তোলনৰ কথা। আমাৰ ভৱিষ্যৎ-সুৰক্ষা নিৰ্ভৰ কৰিছে স্থিতিযোগ্য উন্নয়নৰ ওপৰত।

এনে স্থিতিযোগ্য উন্নয়নৰ চিন্তা-ভাবনা বিশ্বৰ শীৰ্ষ-সন্মিলনত প্ৰকাশ কৰা হৈছে। ২০০২ চনত জোহান্সবাৰ্গত বহা পৰিবেশ আৰু উন্নয়ন শীৰ্ষক সন্মিলনত 'স্থিতিযোগ্য উন্নয়ন'ৰ প্ৰয়োজনীয়তা সম্পৰ্কে গুৰুত্ব আৰোপ কৰা হয়। আমাৰ দেশত স্বাধীনোত্তৰ সময়ৰে পৰা পৰিবেশ সংৰক্ষণৰ ওপৰত আইন প্ৰণয়ন কৰা হৈছে যদিও জন-সাধাৰণৰ মাজত লগাৰ জোখাৰে সচেতনতা আহি পৰা নাই। ইয়াৰ অন্যতম কাৰণ হ'ল শৈক্ষিক পাঠ্যক্ৰমত পৰিবেশ অধ্যয়ন অন্তৰ্ভুক্ত নোহোৱাটো। সুখৰ কথা যে সম্প্ৰতি প্ৰাথমিক স্তৰৰ পৰাই পৰিবেশ সম্পৰ্কে পাঠ্যক্ৰম অন্তৰ্ভুক্ত কৰা হৈছে। বিশ্ববিদ্যালয় অনুদান আয়োগে স্নাতক মহলাৰ বাবে এনে পাঠ্যক্ৰম প্ৰস্তুত কৰি দেশৰ সকলো মহাবিদ্যালয়ত 'পৰিবেশ অধ্যয়ন'ৰ পাতনি মেলিছে। আমাৰ অসমতো 'পৰিবেশ অধ্যয়ন'ৰ পাঠ্যক্ৰম বিশ্ববিদ্যালয় অনুদান আয়োগৰ মতে প্ৰবৰ্তন কৰা হৈছে। আমাৰ এই কিতাপখনত (অনুবাদত) সেই পাঠ্যক্ৰমৰ বিতং আৰু সমীক্ষাত্মক ৰূপ দিয়া হৈছে। মূল কিতাপখনৰ পাঠ হুবহুভাবে অনুবাদ নকৰি স্থানীয় কথাৰ ওপৰত গুৰুত্ব দিব পৰাকৈ মুকলি ৰূপান্তৰ কৰা হৈছে, যাতে আমাৰ অসমৰ ছাত্ৰ-ছাত্ৰীয়ে 'নিজাভাব' গ্ৰহণ কৰিব পাৰে। প্ৰকৃততে পৰিবেশ সম্পৰ্কীয় কথাবোৰ বিশ্বৰ বা দেশৰ সন্মিলন, চেমিনাৰ আদিত আলোচনা কৰা উচিত। বিশ্ব-পৰিবেশ সংস্থা, বিশ্ব স্বাস্থ্য আদিয়ে সময়ে সময়ে ৰিপোৰ্ট আদি প্ৰকাশ কৰি থাকে। সেইবোৰেই পৰিবেশ অধ্যয়নৰ পাঠ। সেয়ে এনে পাঠ্যপুথি প্ৰণয়নত কোনোৱে মৌলিকতা দাবী কৰিব নোৱাৰে। আমি অনুবাদ কৰিবলৈ লোৱা কিতাপখন এই দিশত বেচ সমৃদ্ধ আৰু এইবাবেই তাৰ পাঠৰ মুকলি ৰূপান্তৰ কৰি আমাৰ অসমৰ ছাত্ৰ-ছাত্ৰীক সহায় কৰাৰ চেষ্টা কৰা হৈছে। এই দিশত ছাত্ৰ-ছাত্ৰী আৰু সিক্ষক বন্ধুসকলে কিতাপখনৰ উন্নতি কল্পে দিহা পৰামৰ্শ দিলে আমি পাছৰ সংস্কৰণত তাক সন্নিবিষ্ট কৰিব পৰা যাব।

ছিলং　　　　　　　　　　　　　　　　　　　　মীনা শৰ্মা

।। ১৫ আগষ্ট ২০০৫।।

সূচীপত্ৰ

প্ৰথম অধ্যায়	পৰিৱেশ অধ্যয়ন–এটি বহুশৃঙ্খলযুক্ত বিষয়

পৰিৱেশ অধ্যয়ন - এটি বহু শৃংখলাযুক্ত বা বহু বিধিয়া বিষয়। ইংৰাজীৰ 'এন্‌ভাইৰনমেণ্ট' (Environment) শব্দটো ফৰাচী শব্দ'এনভাইৰনাৰ (Environner) ৰ পৰা ওলাইছে। এনভাইৰনাৰ শব্দটোৱে পৰিৱেশ আগুৰি থকা কথা বুজায়। সেয়ে পৰিৱেশ কথাটোৱে কোনো জীৱ বা উদ্ভিদক আগুৰি থকা জৈৱ আৰু অজৈৱ সকলোবোৰ কথা বুজোৱা হয়; অৰ্থাৎ আকাশ বতাহ, মাটি, পানী আদি সকলো মিলি গঠিত হৈছে আমাৰ পৰিবেশ। ইয়াত সোমাই আছে জীৱ মাত্ৰেই (উদ্ভিদৰো) বিকাশ, বৃদ্ধি, জন্ম-মৃত্যু আদি সম্পৰ্কীয় কথাবোৰৰ নিয়ন্ত্ৰণ বা তাক প্ৰভাবিত কৰা চাৰিওফালৰ প্ৰাকৃতিক আৰু সামাজিক অৱস্থা। এই সূত্ৰটো ১৯৮৬ চনৰ পৰিৱেশ সংৰক্ষণ আইন অনুসৰি দিয়া হৈছে। সেয়ে পৰিৱেশ অধ্যয়ন কৰিবলৈ হলে বিভিন্ন বিষয়ক জ্ঞানৰ প্ৰয়োজন হয়। যেনেঃ উদ্ভিদ বিদ্যা, জীৱবিদ্যা, অনুজীৱ বিদ্যা, আনুবংশিক বা জন্মবিষয়ক বিদ্যা আৰু জৈৱ কাৰিকৰী বিদ্যা। এইবোৰৰ সহায়ত জৈৱিক কথাবোৰৰ অধ্যয়ন কৰাটোৱেই হ'ল পৰিৱেশ অধ্যয়নৰ অংগ। সেইদৰে পদাৰ্থবিদ্যা, ৰসায়ন, ভূতত্ত্ব, পাৰিপাৰ্শ্বিক বিজ্ঞান, সমুদ্ৰ বিজ্ঞান আৰু ভূগোলৰ সহায়ত ভৌতিক আৰু ৰাসায়নিক অজৈৱ কথাবোৰ, লগতে শক্তিৰ বিতৰণ আৰু পৰিবহন আদি বুজা হয়। এই ক্ষেত্ৰত গণিত,পৰিসংখ্যা বিজ্ঞান, আৰু কম্পিউটাৰ বিজ্ঞানক পৰিৱেশ সম্পৰ্কীয় মডেলিং আৰু পৰিচালনৰ কাৰ্য্যকাৰী সঁজুলি হিচাবে ব্যৱহাৰ কৰা হয়। প্ৰকৃততে আমাৰ পৰিৱেশ দুই প্ৰকাৰৰ - (১) বায়ু, পানী, মাটি, উদ্ভিদ তথা প্ৰাণীক সামৰি লোৱা ***প্ৰাকৃতিক পৰিৱেশ*** আৰু (২) সমাজ-সামাজিক গোট, বিভিন্ন অনুষ্ঠান, সামাজিক সা-সুবিধা, উৎসৱ,উৎপাদন প্ৰণালী, যোগান ব্যৱস্থা, সামাজিক আচাৰ-নীতি, কৃষ্টিসংস্কৃতি ইত্যাদিক সামৰি লোৱা ***সামাজিক পৰিৱেশ***। এইবাবেই শিক্ষা, অৰ্থনীতি, সমাজবিদ্যা আৰু গণসংযুক্তৰ দৰে বিষয়বোৰেও সামাজিক পৰিৱেশ অধ্যায়নত সহায়ক হয়। আনহাতে, আভিযান্ত্ৰিক বিদ্যা, ৰাস্তা-ঘাট, ঘৰ-দুৱাৰ, নদীৰ বান্ধ, মথাউৰি, দলং আদি সজা কামবোৰ আৰু প্ৰদূষণ, পৰিস্কাৰ পৰিচ্ছন্নতা সম্পৰ্কীয় পৰিৱেশ সংৰক্ষণ আৰু পৰিচালনাৰ ক্ষেত্ৰত গঠন কৰি লোৱা পাৰিৱেশিক আইনবোৰৰো বিশেষ ভূমিকা আছে। এইবাবেই পৰিৱেশ অধ্যয়ন বিষয়টোক এক বহু শৃংখলাযুক্ত বিষয় বুলি কোৱা হৈছে।

পৰিৱেশ অধ্যয়নৰ উদ্দেশ্য ঃ

পৰিৱেশ অধ্যয়নৰ উদ্দেশ্য বহুল প্ৰসাৰী । ইয়াৰ ভিতৰত কেইবাটাও কথা আহি পৰে। সেইবোৰ মূখ্যতঃ হ'ল—

(১) প্ৰাকৃতিক সম্পদৰ সংৰক্ষণ আৰু পৰিচালন;

(২) পৰিস্থিতি বিজ্ঞান আৰু জীৱ বিচিত্ৰতা সূচক অধ্যয়ন;

(৩) পৰিৱেশ প্ৰদূষণ আৰু নিয়ন্ত্ৰণ;

(৪) পৰিৱেশ উন্নয়ণ বিষয়ক কথাবোৰ আৰু

(৫) জন বিস্ফোৰণ আৰু পৰিৱেশৰ সৈতে ইয়াৰ সম্বন্ধ।

ওপৰত উল্লেখ কৰা পৰিৱেশ অধ্যয়নৰ মূল কথাবোৰে সমাজৰ প্ৰত্যেককে সাঙুৰি কিছুমান কাৰিকৰী বিষয়ৰ বিশেষ কথা সামৰি লৈছে। যেনে— পৰিৱেশ বিজ্ঞান, পৰিৱেশ সম্বন্ধীয় আভিযান্ত্ৰিক বিদ্যা, পৰিৱেশ পৰিচালনা, পৰিৱেশ সম্পৰ্কীয় জৈৱ কাৰিকৰী বিদ্যা ইত্যাদি।

পৰিৱেশ আমাৰ সকলোৱে বাবে অতি প্ৰয়োজনীয় কথা। বয়স বা বৃত্তি নিৰ্বিশেষে যিকোনো এজন ব্যক্তি পৰিৱেশৰ দ্বাৰা প্ৰভাবিত হয়; কাৰণ তেওঁৰ সকলো কাৰ্য্য পৰিৱেশতেই সম্পন্ন হয়; এই কাৰণেই পৰিৱেশ এনে এটা বিষয় যাৰ প্ৰকৃতি সাৰ্ব্বজনীন। উদাহৰণ স্বৰূপে পৰিৱেশৰ কোনো সীমা নাই আৰু কোনো এঠাইত উৎপন্ন হোৱা প্ৰদূষণ আন এঠাইলৈ সহজে বিয়পি যাব পাৰে। শিল্প উদ্যোগ বা পেলনীয়া জাবৰ-জোথৰে নদীৰ পানী প্ৰদূষিত কৰি নদীটো বৈ যোৱা সকলো ঠাইৰে জলজ জীৱ সমূহ প্ৰদূষিত কৰে। পাহাৰীয়া অঞ্চলৰ বিধ্বস্ত হাবি-বননিৰ কু-প্ৰভাৱ অকল পাহাৰীয়া অঞ্চলতে সীমিত হৈ

নাথাকে, ই সমভূমি অঞ্চলতো প্ৰভাৱ পেলায়। কাৰণ, পৰিৱেশ হ'ল বিভিন্ন কথা আৰু কাৰ্য্য সংলগ্ন হৈ থকা বিষয়। অৱশ্যে পাৰিৱেশিক সমস্যাৰ কিছুমান স্থানীয় বৈশিষ্ট্য থাকিব পাৰে, কিন্তু মূৰকত ইয়ে বিশ্বৰ উষ্ণতাবৰ্ধন, অ'জন স্তৰৰ অবক্ষয়, বন আৰু শক্তি সম্পদৰ হ্ৰাস প্ৰাপ্তি, বিশ্বৰ জৈৱ বিচিত্ৰতাৰ ক্ষতিসাধন আদিৰ দৰে বিষয়বোৰ সামৰি লয়, যিয়ে বিশ্বৰ সমূহ মানৱ জাতিক প্ৰভাবান্বিত কৰে। সেয়ে কোনো এঠাইৰ স্থানীয় পৰিৱেশৰ কথা ভাবোতে বিশ্ব পৰিৱেশৰ কথাও ভাবিবলগীয়া হয়। যেনেঃ খনি বা জলবিদ্যুৎ পৰিকল্পনাৰ প্ৰয়োগ, জাবৰ জোথৰৰ দৰে পেলনীয়া বস্তুৰ পৰিচালনা ব্যৱস্থা আদি কথাবোৰ স্থানীয় ভাবে ভবা হয়। কিন্তু ইয়ে বিশ্বৰ পৰিৱেশ নিয়ন্ত্ৰণত সহায়ক হয়। এনেবোৰ কথা সমূহ জনতাক জনাই সজাগ কৰি দিয়া আৰু প্ৰত্যেককে পাৰিৱেশিক শিক্ষাত শিক্ষিত কৰি তোলা হ'ল পৰিৱেশ অধ্যয়নৰ অন্যতম উদ্দেশ্য।

পৰিৱেশ অধ্যয়ন অতি প্ৰয়োজনীয়, যিহেতু ই বহুতো সাংসাৰিক কথা সামৰি লয়। উদাহৰণ স্বৰূপে নিৰাপদ আৰু পৰিস্কাৰ খোৱা পানী, স্বাস্থ্য সন্মত আবাসিক অৱস্থা, পৰিস্কাৰ আৰু নিৰ্মল বায়ু, সাৰুৱা ভূমি, স্বাস্থ্যকৰ খাদ্য আৰু ইয়াৰ উন্নয়ণ সম্পৰ্কীয় কথাবোৰ পৰিৱেশ অধ্যয়নৰ অংগ। এনেবোৰ পাৰিৱেশিক বিষয় চম্ভালিবলৈ প্ৰশিক্ষণ প্ৰাপ্ত মানৱ শক্তিৰ প্ৰয়োজন। সেয়ে পৰিৱেশ সম্পৰ্কীয় আইন, ব্যৱসায় - প্ৰশাসন আৰু পাৰিৱেশিক ইঞ্জিনিয়াৰিং আদিৰ দৰে নতুন বিষয় জীৱিকা হিচাবে উদ্ভৱ হৈছে। এই বিষয় কেইটা পৰিৱেশ ৰক্ষা কৰিবলৈ আৰু পৰিচালনাৰ ক্ষেত্ৰত অতি জৰুৰী। পৰিৱেশ নিয়ন্ত্ৰণ কৰিবলৈ থকা আইনসমূহ ইমান কঠোৰ হৈছে যে শিল্প উদ্যোগৰ পৰা নিৰ্গত আবৰ্জনা সমূহ পেলাবলৈ বা আতঁৰ কৰিবলৈ উদ্যোগপতি সকল সচেষ্ট হ'বলৈ বাধ্য হৈছে। খৰচীয়া মোকৰ্দমা আদি এৰাই চলিবলৈ বহুতো কোম্পানীয়ে সেউজ কাৰিকৰী প্ৰকল্পৰ সহায় লৈছে যাৰ দ্বাৰা প্ৰদূষণ কমাব পৰা যায়। প্ৰদূষণ নিয়ন্ত্ৰক কাৰিকৰী প্ৰকল্পৰ দ্বাৰা অকল যে প্ৰদূষণে কমিব এনে নহয়, ই আবৰ্জনা পৰিশোধন কৰাৰ খৰচো কমাব। গোটেই পৃথিৱীতে প্ৰদূষণ নিয়ন্ত্ৰক কাৰিকাৰী সা-সুবিধাৰ বজাৰ অতি প্ৰচুৰ। অকল আমেৰিকাতে এই ব্যৱসায়ত প্ৰতি বছৰে এহেজাৰ কোটিৰো অধিক ডলাৰ খৰচ হয় বুলি কোৱা হৈছে। জাৰ্ম্মানী আৰু জাপানত বহু বছৰ ধৰি অতি কঠোৰ আইন চলি থকাৰ বাবে তাত আবৰ্জনা পৰিশোধনৰ কাৰ্য্য অতি সুন্দৰ ৰূপে ৰূপায়িত হৈছে। তথাপি অকল জাৰ্ম্মানীতে আবৰ্জনা শোধন কাৰ্য্যত প্ৰতি বছৰে দুহাজাৰ কোটি ডলাৰ খৰচ হয়। আমাৰ ভাৰতবৰ্ষতো প্ৰদূষণ নিয়ন্ত্ৰক বোৰ্ড সমূহে প্ৰদূষণ নিয়ন্ত্ৰণ আইন প্ৰয়োগ কৰাৰ কথা গুৰুত্ব সহকাৰে সম্পন্ন কৰিবলৈ লৈছে। সেইমতে নিৰ্দ্দেশ ধৰি দিয়া হৈছে আৰু তাক উন্নত কৰিবলৈ লৈছে। সেয়ে মাটি আৰু পানীত পেলাব পৰা আবৰ্জনাৰ মান ধৰি দিয়া হৈছে। ইয়াক অমান্য কৰা বহুতো কোম্পানীক ইতিমধ্যে বন্ধ কৰি দিয়া হৈছে নাইবা অন্য ঠাইলৈ উঠাই নিবলৈ নিৰ্দ্দেশ দিয়া হৈছে। সঁচাকৈয়ে আমি যদি এক পৰিষ্কাৰ, স্বাস্থ্যকৰ, সৌন্দৰ্য্যময় আৰু নিৰাপদ পৰিৱেশত বাস কৰিব খোজোঁ, তেনেহলে আৱৰ্জনা শোধন কাৰ্য্য অতি গুৰুত্ব দিবলগীয়া কথা; আৰু তেতিয়াহে আমি আমাৰ ভৱিষ্যত প্ৰজন্ম সকললৈ নিৰাপদ, পৰিষ্কাৰ পৰিৱেশ প্ৰদান কৰিব পাৰিমহ'ক।

জন সজাগতাৰ প্ৰয়োজন ঃ

১৯৯২ চনত ৰায়োডি জেনেৰিত সৰ্ব প্ৰথমে পৰিৱেশ আৰু ইয়াৰ উন্নয়ণ সম্পৰ্কীয় জাতি সংঘৰ সন্মিলন অনুষ্ঠিত হৈছিল আৰু এই সন্মিলনখনক সাধাৰণতে 'পৃথিবী শীৰ্ষ সন্মিলন' (Earth Summit) বুলি জনা যায়। জোহান্সবাৰ্গত অনুষ্ঠিত হোৱা 'গ্ৰহণ যোগ্য উন্নয়ণমূলক বিশ্ব শীৰ্ষ সন্মিলন' খনত বিশ্ব পৰিবেশ সম্পৰ্কীয় কেইবাটাও মূল বিষয় আলোচনা কৰা হয়। ইয়ে বিশ্বৰ সমূহ জনতাৰ মাজত পৰিৱেশ বিনষ্টকৰণৰ সজাগতা আনি দিয়ে। যিকোনো এখন চৰকাৰে পৰিৱেশ উন্নত কৰিব নোৱাৰে যদিহে তাত ৰাইজৰ সহযোগ নাথাকে। আনহাতে ৰাইজৰ সহযোগ সম্ভৱ হয় যেতিয়া ৰাইজে পৰিৱেশ আৰু পাৰিস্থিতিক কথাবোৰৰ বিষয়ে জানি বুজি সচেতন হয়। উদাহৰণ স্বৰূপে, পলিথিনৰ মোনা বন্ধ কৰা কাৰ্য্য চৰকাৰৰ দ্বাৰা প্ৰৰোচিত হ'লেও সম্পন্ন হোৱা নাই ৰাইজে তাৰ কু-প্ৰভাৱ সম্পৰ্কে বুজা নাই বাবে। এই বাবে আমি ৰাইজক এই দিশত শিক্ষিত কৰি তুলিব লাগিব আৰু বুজাব লাগিব যে পৰিৱেশ স্খলনৰ দ্বাৰা আমি আমাৰ নিজৰে অন্যায় সাধোঁ; কাৰণ, পৰিৱেশৰ জটিল কথাবোৰৰ সৈতে আমিও জড়িত। আমি ৰাইজক বুজাই দিব লাগিব যে পৰিৱেশৰ অধঃপতন প্ৰত্যক্ষভাৱে নাহিলেও সময়ত ই এক বিভিষিকা ৰূপে আহিব পাৰে আৰু তেতিয়া আমি এক ভয়াবহ পৰিস্থিতিৰ সন্মুখীন হ'ব লাগিব।

চীনভাষাত এটি প্ৰবাদ আছে — **"তুমি যদি এবছৰৰ আঁচনি কৰা তেনেহলে ধান সিচাঁ; তুমি যদি দহবছৰৰ আঁচনি কৰা তেনেহলে গছ ৰুৱা আৰু যদি এশবছৰৰ আঁচনি কৰা তেনেহলে জনগণক শিক্ষিত কৰা।"** এৰা, আমি যদি পৃথিৱীখন

সুন্দৰভাৱে পৰিচালনা কৰিব খোঁজো, তেনেহলে আমি সকলো মানুহকে পৰিৰেশ শিক্ষাৰে শিক্ষিত কৰি তুলিব লাগিব।

১৯৯১ চনত আমাৰ দেশৰ সৰ্ব্বোচ্চ ন্যায়ালয় চুপ্ৰিম কোৰ্টে সকলো অনুষ্ঠানকে পৰিৰেশ সম্পৰ্কীয় পাঠ্যক্ৰম তৈয়াৰ কৰিবলৈ নিৰ্দেশ দিয়ে।

আচলতে এই নিৰ্দেশনামা জাৰি কৰা হৈছিল এম.চি. মেহতা নামৰ এজন ব্যক্তিয়ে ১৯৮৮ চনত ভাৰতচৰকাৰৰ বিৰুদ্ধে দিয়া জনস্বাৰ্থসূচক মোকৰ্দ্দমাৰ আধাৰত। ইয়ে সৰ্বোচ্চ ন্যায়ালয়খনক সকলো নাগৰিককে পৰিৰেশ সজাগতা আনি দিয়াৰ বাবে বাধ্য কৰায়।

আজিকালি প্ৰত্যেকে পৰিৰেশৰ কথা কয়; কিন্তু অতি কম সংখ্যক ব্যক্তিৰহে এই দিশত কি কৰিবৰ প্ৰয়োজন সেই বিষয়ে স্পষ্ট ধাৰণা আছে। আৰু তাতোকৈ কম সংখ্যক ব্যক্তিৰহে এই ক্ষেত্ৰত প্ৰকৃত অভিজ্ঞতা বা পাৰদৰ্শিতা থকা দেখা যায়। দুখৰ কথা যে পৰিৰেশ সচেতনতাসূচক অভিযানবোৰ শিক্ষামূলক প্ৰক্ৰিয়াৰ অংগ হোৱাতকৈ ৰাজনৈতিক প্ৰচাৰৰ বাবেহে অধিক গুৰুত্বপূৰ্ণ হৈছে। আমাৰ বহুতেই পৰিৰেশ সম্পৰ্কীয় কথা চখতেই গ্ৰহণ কৰিছে , জীৱনৰ প্ৰকৃত অৱস্থাত ইয়াৰ প্ৰয়োজন সম্পৰ্কে গুৰুত্ব সহকাৰে উপলব্ধি কৰা নাই। হেনৰী ডি. থৰো নামৰ পৰিৰেশ বিজ্ঞানী এজনে উচিতভাৱে কৈছে— "আমাৰ গ্ৰহটোই অৰ্থাৎ পৃথিৱীখনেই যদি বসবাসৰ অনুপযোগী হয়, তেনেহলে সুন্দৰ ঘৰ এটাৰ প্ৰয়োজন ক'ত? এতিয়া যদি আমি কাম কৰিবলৈ আৰম্ভ কৰোঁ ইয়াৰ সুফল পোৱা যাব চল্লিছ বা পঞ্চাছ বছৰৰ পাছত।"

মনত ৰাখিবলগীয়া ঃ

- *পৰিৰেশ হৈছে মানুহৰ জীৱন আৰু বিভিন্ন কাম কাজৰ প্ৰত্যক্ষ বা পৰোক্ষভাৱে প্ৰভাৱ পেলোৱা চাৰিওফালৰ প্ৰাকৃতিক আৰু সামাজিক অৱস্থা।*
- *পৰিৰেশ দুই ধৰণৰ— বায়ু, পানী, মাটি, উদ্ভিদ তথা প্ৰাণীক সামৰি হৈছে প্ৰাকৃতিক পৰিৰেশ। সমাজ, সামাজিক গোট, বিভিন্ন অনুষ্ঠান, সামাজিক সা-সুবিধা, উৎসৱ, উৎপাদন প্ৰনালী, যোগান ব্যৱস্থা, সামাজিক আচাৰ নীতি, কৃষ্টি সংস্কৃতি ইত্যাদিক সামৰি হৈছে সামাজিক পৰিৰেশ।*

প্ৰশ্নাৱলী

১। পৰিৰেশ বুলিলে কি বুজা?
২। পৰিৰেশ অধ্যয়নৰ প্ৰয়োজন কি?
৩। পাৰিৰেশিক শিক্ষাৰ উদ্দেশ্য কি?
৪। পৰিৰেশসূচক সচেতনতাই আমাক পৰিৰেশ সংৰক্ষণত কিদৰে সহায় কৰে লিখা।

দ্বিতীয় অধ্যায়	# প্ৰাকৃতিক সম্পদ

পৃথিৱীত সকলো জীৱৰে জীৱন নিৰ্ভৰ কৰে প্ৰকৃতিত পোৱা (বা প্ৰকৃতিয়ে প্ৰদান কৰা) অসংখ্য বস্তুৰ ওপৰত। ইয়াক আমি প্ৰাকৃতিক সম্পদ বুলি কওঁ। বায়ু, পানী, মাটি, খনিজ পদাৰ্থ , কয়লা, হাবি-বননি, শস্য আদি আৰু বন্য প্ৰাণীসমূহ প্ৰাকৃতিক সম্পদৰ ভিতৰত পৰে।

প্ৰাকৃতিক সম্পদ দুই প্ৰকাৰৰ— পুনৰ নবীকৰণ যোগ্য আৰু পুনৰ অযোগ্য বিধৰ।

● যি সম্পদসমূহ নিঃশেষ নহয় আৰু যাক নিৰ্দ্দিষ্ট সময়ৰ ভিতৰত পুনৰ তৈয়াৰ কৰি ল'ব পাৰি তাক **পুনৰ নবীকৰণযোগ্য** বুলি কোৱা হয়। উদাহৰণস্বৰূপে হাবি-বননি, বন্য প্ৰাণী, বতাহৰ পৰা সৃষ্টি কৰা শক্তি, জৈৱ বস্তুৰ পৰা সৃষ্টি কৰা শক্তি, জোৱাৰ ভাটাৰ পৰা পোৱা শক্তি, জলশক্তি আদি ইয়াৰ ভিতৰত পৰে। সৌৰশক্তিও ইয়াৰ ভিতৰত আহে, যিহেতু ই এক অক্ষয় ভাণ্ডাৰ।

● আনহাতে কয়লা, পেট্ৰোলিয়াম আৰু খনিজ পদাৰ্থ আদিৰ দৰে জীৱাশ্মৰ পৰা পোৱা জ্বালানী আদি পুনৰ যোগ্য কৰিব নোৱাৰা সম্পদৰ ভিতৰত পৰে। কাৰণ, এনে সম্পদৰ ভাণ্ডাৰ এবাৰ শেষ হৈ গ'লে তাক পুনৰ সৃষ্টি কৰিব নোৱাৰি। এনে সম্পদসমূহক **পুনৰ নবীকৰণৰ অযোগ্য** সম্পদ বুলি কোৱা হয়।

মন কৰিবলগীয়া কথা যে পুনৰ নবীকৰণ যোগ্য সম্পদসমূহ সময়ত পুনৰ নবীকৰণৰ অযোগ্য হ'ব পাৰে যদিহে আমি তাক পুনৰ সৃষ্টি হোৱাৰ তুলনাত অধিক হাৰত ব্যৱহাৰ কৰোঁ। উদাহৰণ স্বৰূপে কোনো এটা নমুনা যদি বৃদ্ধিৰ হাৰ অনুপাতত অধিকভাৱে ব্যৱহৃত হয় তেনেহলে সেই নমুনাটোৰ পৰিমাণ কমি যায় আৰু ক্ৰমে ই নিৰ্মূল হোৱাৰ পথত আগবাঢ়ে। এনে নমুনাক আমি বিপদসঙ্কুল নমুনা বুলিও কবলগীয়া হয়।

প্ৰাকৃতিক সম্পদসমূহ নিৰ্ব্বাপিত নোহোৱাকৈ এনেদৰে নৈতিকতাৱে ব্যৱহাৰ কৰা উচিত যাতে ই নিঃশেষ নহয়। সেয়ে প্ৰাকৃতিক সম্পদসমূহ ৰক্ষা কৰি অটুট নোহোৱাকৈ ব্যৱহাৰ কৰা উচিত। ইয়াৰ দ্বাৰা প্ৰাকৃতিক সম্পদসমূহৰ ব্যৱহাৰ বন্ধ কৰি দিয়াটো নুবুজায়। বৰং এনে সম্পদৰ তলত দিয়া ভাগ কেইটাৰ বিষয়ে আলোচনা কৰিম—

(i) বনজ সম্পদ (ii) জলজ সম্পদ (iii) খনিজ সম্পদ,
(iv) খাদ্য সম্পদ (v) শক্তি সম্পদ আৰু (vi) স্থল সম্পদ।

২.১ বনজ সম্পদ

পৃথিৱীৰ প্ৰাকৃতিক সম্পদৰ ভিতৰত আটাইতকৈ উল্লেখযোগ্য হ'ল বনজ সম্পদ। ইয়ে আমাৰ পৃথিৱীখনক এক সেউজীয়া পৰিৱেশ প্ৰদান কৰি অসংখ্য বস্তু উৎপাদন কৰিছে আৰু জীৱৰ বাবে প্ৰয়োজনীয় বহুতো পাৰিৱেশিক সেৱা আগবঢ়াইছে। পৃথিৱীৰ স্থলভাগৰ এক তৃতীয়াংশ ঠাই হাবি-বননিয়ে আগুৰি আছে। এই বননিবোৰৰ কিছুমান বন্ধ আৰু আন কিছুমান মুক্ত প্ৰকৃতিৰ। আগৰ সংযুক্ত চোভিয়েট দেশত পৃথিৱীৰ পাঁচভাগৰ এভাগ, ব্ৰাজিলত সাতভাগৰ এভাগ আৰু আমেৰিকা আৰু কানাডাৰ প্ৰত্যেকতে শতকৰা ৬-৭ ভাগ বননি আছে। কিন্তু প্ৰত্যেক ঠাইতে সম্প্ৰতি বননিৰ সংখ্যা কমি আহিব ধৰিছে। ইয়াৰ ভিতৰত আটাইকৈ অধিকহাৰত কমিছে এছিয়া মহাদেশত। হিচাপমতে এছিয়া মহাদেশৰ এক তৃতীয়াংশ বনজ সম্পদ ইতিমধ্যে ধ্বংসপ্ৰাপ্ত হৈছে।

বননিৰ ব্যৱহাৰ

ব্যৱসায়িক ব্যৱহাৰ ঃ বননিৰ পৰা আমি বহুতো ব্যৱসায়িক বস্তু পাওঁ। যেনে— কাঠ, কাঠখৰি, চন্দনকাঠ, প্লাইবোৰ্ড তৈয়াৰ কৰা কাঠ আদি, খাদ্যবস্তু, আঠা, লা-ধূণা, খোৱাত ব্যৱহাৰ নকৰা তেল কিছুমান, ৰবৰ, আঁহযুক্ত পদাৰ্থ, বাঁহ-বেত, পশুৰ খাদ্য, বন-ঔষধি আৰু ঔষধৰ উঁহ আদিকে ধৰি বহুতো বস্তু যাৰ মূল্য বছৰত তিনি হেজাৰ কোটি ডলাৰ।

হাবিৰ পৰা প্ৰতি বছৰে প্ৰায় আধাখিনি কাঠখৰি কটা হয় কেৱল ৰন্ধনকাৰ্য আৰু উত্তাপ পোৱাৰ আহিলা ৰূপে। সেইদৰে এক তৃতীয়াংশ কাঠ কটা হয় গৃহ নিৰ্মাণৰ বাবে আৰু প্লাইবোৰ্ডৰ দৰে বিভিন্ন বোৰ্ড তৈয়াৰ কৰিবলৈ। কাগজ তৈয়াৰ কৰা উদ্যোগ সমূহত প্ৰায় এক ষষ্ঠাংশ বনজ সম্পদ ব্যৱহাৰ কৰা হয়। ইয়াৰ উপৰি বহুতো হাবি-বননি কাটি ঠাই উলিওৱা হয় খনি, কৃষি, চৰণীয়া পথাৰ, বান্ধ আদি সঁজা আৰু গৃহ নিৰ্মানৰ দৰে কামৰ বাবে।

পাৰিস্থিতিক ব্যৱহাৰ ঃ কিছুমান বিশেষ ধৰণৰ গছে বহুতো ব্যৱসায়িক বস্তু উৎপন্ন কৰে। একেদৰে আন কিছুমান বিশেষ গছে পাৰিৱেশিক সেৱাত সহায় কৰে। এইবোৰৰ মূল্যও বহুত। আনহাতে হাবি-বননিৰ পৰা পাৰিস্থিতিক সেৱা পোৱা কথা কেইটা এইদৰে কব পাৰি—

অম্লজান (অক্সিজেন) উৎপন্ন ঃ গছে আলোক-সংশ্লেষণ পদ্ধতিৰে অক্সিজেন উৎপন্ন কৰে পৃথিবীৰ প্ৰাণী জগতৰ বাবে। সেয়ে উদ্ভিদক 'পৃথিবীৰ ফুচফুচ' (Earth's lungs) বুলি কোৱা হয়।

গোলোকী- উত্তাপ হ্ৰাস কৰণ ঃ পাৰিপাৰ্শ্বিকতাত থকা এক বুজন পৰিমাণৰ কাৰ্বন-ডাইঅক্সাইড বা এঙ্গাৰগেচ হাবি বননিত থকা উদ্ভিদে শুহি লয়। ইয়াৰ দ্বাৰা কাৰ্বন-ডাইঅক্সাইডে উৎপন্ন কৰিব পৰা গোলোকীয় উত্তাপ কম হয়। এইদৰে হাবি-বননিয়ে আমাৰ বাবে কাৰ্বন ডাইঅক্সাইড ৰোধক এক চন্দ্ৰতাপৰ কাম কৰে।

বন্যপ্ৰাণীৰ আবাস ঃ হেজাৰ হেজাৰ বন্য প্ৰাণী আৰু উদ্ভিদৰ আবাস স্থল হ'ল হাবি-বননি সমূহ। অকল গ্ৰীষ্মঞ্চলৰ হাবি বননিতে ৭০ লাখ বন্যপ্ৰাণী অৰু উদ্ভিদৰ নমুনা আছে।

জলচক্ৰ নিয়ন্ত্ৰণ ঃ হাবি বননিৰ জলাশয় অংশই বৰষুণৰ পানী শুহি লৈ স্থলভাগলৈ নামি অহা জলস্ৰোত নিয়ন্ত্ৰণ কৰে। ইয়াৰ দ্বাৰা খাল বিল নৈ আদি সহজে কোনো অনিষ্ট নকৰাকৈ পূৰ্ণ হয়। গ্ৰীষ্মাঞ্চলৰ হাবিবোৰে ৫০%-৮০%জলীয় বাষ্প বায়ু মণ্ডললৈ এৰি দিয়ে, যাৰবাবে সৃষ্টি হয় বৰষুণ। এইদৰেই জলচক্ৰ নিয়ন্ত্ৰণত এক বিশেষ ভূমিকা পালন কৰে।

ভূমি সংৰক্ষণ ঃ হাবিত থকা উদ্ভিদে ভূমিভাগ ইয়াৰ শিপাৰ দ্বাৰা সুন্দৰকৈ ধৰি ৰাখে যাৰ বাবে ভূমি- স্খলন ৰোধ হয়। হাবিয়ে বতাহৰ সোঁত ভাঙি দিয়াতো সহায় কৰে। ইয়াৰ দ্বাৰা ভূমি সংৰক্ষণ সম্পাদিত হয়।

প্ৰদূষণ ৰোধ ঃ হাবিত থকা উদ্ভিদে বহুতো বিষাক্ত গেচ শুহি লয়। এইদৰে উদ্ভিদে বায়ু আৰু শব্দ প্ৰদূষণৰোধক ৰূপে কাম কৰে।

- **বনানীৰ অতি ব্যৱহাৰ ঃ** অতীজৰৰে পৰা মানৱ জাতিয়ে নিজৰ খাদ্য, ঔষধ, আশ্ৰয়, কাঠ আৰু জ্বালানীৰ বাবে বনানীৰ ওপৰত বৰকৈ নিৰ্ভৰ কৰি আহিছে। সভ্যতাৰ স্ফুৰনৰ লগে লগে গৃহ নিৰ্মাণৰ বাবে কাঠ, কাগজ আদি তৈয়াৰ কৰিবলৈ পাল্প, জ্বালানীৰ বাবে খৰি আদিৰ দৰে কেঁচা সামগ্ৰীৰ চাহিদা বাঢ়ি আহিল। লগতে ৰাস্তা বন্ধিবলৈ, খনি খান্দিবলৈ, এনেকি খেতি-বাতি কৰিবলৈও প্ৰচুৰ পৰিমাণে হাবি বন কাটিবলগীয়া হ'ল। ইয়াৰ ফলত বহুতো গছ গছণি জধে মধে কাটি পেলোৱা হ'ল। আমাৰ জাতীয় অৰ্থনীতিত হাবি বননিৰ ভূমিকা অতি গুৰুত্ব পূৰ্ণ। আন্তৰ্জাতিক বজাৰত অকল ঘৰ দুৱাৰ সজা কাঠৰ মূল্য হ'ল বছৰি চাৰি হাজাৰ কোটি ডলাৰ। নাগৰিক সভ্যতাৰ বিস্তৃতি, খেতিৰ বৰ্দ্ধিত চাহিদা আৰু শিল্প উদ্যোগৰ সম্প্ৰাসাৰণে কাঠ আৰু কয়লাৰ অতি-ব্যৱহাৰ আনি দিছে যাৰ ফলত হাবি বননি অধিক হাৰত বিধ্বস্ত হৈছে। এয়ে হ'ল হাবি বননিৰ অতি-ব্যৱহাৰ কৰাৰ কুফল।

- **অবনানীকৰণ ঃ** কুৰি শতিকাৰ প্ৰাৰম্ভতে (১৯০০ চনতে) পৃথিৱীৰ সমগ্ৰ বনানি ৭০০০ নিযুত হেক্টৰ জুৰি বিস্তৃত আছিল। ১৯৭৫ চনত ই কমি ২৮০০ নিযুত হেক্টৰ হয়। অবনানীকৰণৰ হাৰ তুলনামূলক ভাবে শীত প্ৰধান দেশ সমূহত কম। কিন্তু গ্ৰীষ্ম প্ৰধান দেশ সমূহত এই হাৰ অতি বেছি। শতকৰা ৪০ -৫০ ভাগ বনানি বিধ্বস্তহৈছে অকল গ্ৰীষ্ম প্ৰধান দেশ সমূহত। অনুমান কৰা হৈছে গ্ৰীষ্ম প্ৰধান দেশ সমূহত অহা যাঠিবছৰৰ ভিতৰত প্ৰায় ৯০%বনানি ধ্বংস হব।

সুখৰ কথা যে ১৯৮২ চনৰ পৰা আমাৰ দেশত হাবি বন ধ্বংস কৰা কাৰ্য্য কমি গৈ সুস্থিৰ অৱস্থাত ৰৈছে। ১৯৮২ চনৰ পৰা ১৯৯০ চনৰ ভিতৰত প্ৰতি বছৰে মাত্ৰ ০.০৮% হাবিহে কমি গৈছে। খাদ্য আৰু কৃষি সংস্থা (Food and Agricultural organisation-FAO) ই ১৯৮০ চনত প্ৰকাশ কৰা হিচাপ মতে প্ৰায় ১.৪৪ নিযুত হেক্টৰ মাটিত বনানিকৰণ কৰি আঠ বছৰৰ ভিতৰতে এক সুস্থিৰ অৱস্থা অনা হৈছে। এই একে সন্থাৰ হিচাবমতে গ্ৰীষ্ম প্ৰধান দেশসমূহত জনমূৰী হোৱা অবনানিকৰণৰ হাৰ ভাৰতবৰ্ষতেই অতি কম যদিও আমাৰ দেশত জনসংখ্যা অতি বেছি আৰু জনমূৰী হাবিৰ পৰিমাণ অতিকম (০.০০৭৫)।

তথাপি আমি ৩৩% ভূমিত বনানিকৰণ কৰাৰ লক্ষ্যত উপনীত হব পৰা নাই। আমাৰ জাতীয় বননীতি অনুসৰি দেশৰ এক তৃতীয়াংশ ভূ-ভাগত হাবি থকা উচিত। এতিয়া মাত্ৰ ১৯.২৭% ভূমিতহে (৬৩.৩৮ নিযুত হেক্টৰ) হাবি আছে।

অবনানীকৰণৰ প্ৰধান কাৰণসমূহ ঃ

(i) **জুম খেতি ঃ** প্ৰায় ত্ৰিছ কোটি খেতিয়কে জুম খেতি কৰে। তেওঁলোকে খেতিৰ বাবে জঙ্গল পুৰি দিয়ে, গছ গছনি কাটে আৰু প্ৰতি বছৰে প্ৰায় পাঁচ হেক্টৰ বনানী চাফা কৰে খেতি কৰিবৰ বাবে। ভৰতবৰ্ষৰ উত্তৰ পূব অঞ্চল, অন্ধ্ৰ প্ৰদেশ, বিহাৰ আৰু মধ্যপ্ৰদেশৰ কিছু অংশত এইদৰে খেতি কৰা অভ্যাস প্ৰচলন আছে। ইয়াৰ দ্বাৰা প্ৰতি বছৰে এই অঞ্চলৰ বহুখিনি বনানী বিধ্বস্ত হয়।

(ii) **কাঠ খৰিৰ প্ৰয়োজন ঃ** জন সংখ্যা বৃদ্ধিৰ লগেলগে আমাৰ দেশত কাঠ খৰিৰ চাহিদা বাঢ়ি গৈছে। ২০০১ চনত হিচাব কৰা মতে প্ৰতি বছৰে কাঠখৰিৰ প্ৰয়োজন আছিল ৩০০-৫০০ নিযুত টন । স্বাধীনতাৰ আগেয়ে কাঠখৰিৰ প্ৰয়োজন আছিল বছৰি ৬৪ নিযুত টন।

(iii) **ঔদ্যোগৰ বাবে প্ৰয়োজনীয় কেঁচা সামগ্ৰী ঃ** ঘৰুৱা আচবাবপত্ৰ (অৰ্থাৎ ফাৰ্নিচাৰ আদি), ভিন ভিন আকৃতিৰ বাকচ প্লাইৰ্বোড, ৰেললাইনৰ স্লীপাৰ, দিয়াচলাইৰ বাকচ, কাঠি আৰু কাগজ আদি তৈয়াৰ কৰিবলৈ বিভিন্ন বন্য সামগ্ৰীৰ চাহিদা অনুক্ৰমে বৰ্দ্ধিত হৈছে। উদাহৰণস্বৰূপে, অসমৰ চাহ বাগানবোৰত চাহপাত ভৰাবলৈ বহুতো প্লাইবোৰ্ডৰ বাকচৰ প্ৰয়োজন হয়। একেদৰে জন্মু আৰু কাশ্মীৰত আপেল আৰু আঙুৰ ভৰাবলৈ বাকচৰ প্ৰয়োজন হয়। এইদৰে জনসংখ্যা বৃদ্ধি আৰু সভ্যতাৰ সমৃদ্ধি হোৱাৰ লগে লগে হাবিৰ পৰা পাব পৰা কেঁচা সামগ্ৰীৰ চাহিদা দ্ৰুত হাৰত বাঢ়িছে।

(iv) **উন্নয়ণ মূলক প্ৰকল্প স্থাপন ঃ** জলবিদ্যুৎ প্ৰকল্প, ডাঙৰ ডাঙৰ বান্ধ, ৰাজআলি নিৰ্মাণ, খনি উদ্ধাৰ আদিৰ দৰে উন্নয়ণ মূলক প্ৰকল্প স্থাপনৰ ববে বহু পৰিমাণে হাবি বননি কাটি পেলোৱা হৈছে।

(v) **খাদ্য আৰু বাসস্থানৰ ক্ৰমবৰ্দ্ধমান প্ৰয়োজন ঃ** বিকাশশীল দেশসমূহত খাদ্যৰ চাহিদা অনুক্ৰমে বৃদ্ধি পাইছে। জনসংখ্যা অনুপাতেও খাদ্যৰ চাহিদা বাঢ়ি গৈছে। খাদ্যৰ চাহিদা পূৰণ কৰিবলৈ আৰু বসবাসৰ বাবে আধিক ভূমিৰ প্ৰয়োজন হোৱাত হাবি-বননি কাটি ভূমি উলিয়াবলগীয়া হৈছে।

(vi) **চৰণীয়া পথাৰৰ প্ৰয়োজনীয়তা ঃ** গ্ৰীষ্ম প্ৰধান দেশসমূহত দুখীয়া মানুহে কাঠখৰি ব্যৱহাৰ কৰে ৰন্ধন আদি কাৰ্য্যৰ বাবে। তদুপৰি, তেওঁলোকে জীৱজন্তু চৰাবলৈও হাবি বননি কাটিবলৈ বাধ্য হয়। এইদৰে বহুবছৰ ধৰি চৰণীয়া পথাৰৰ ব্যৱহাৰ কৰাৰ পিছত সেই ঠাই সমূহ স্খলিত হয়। তাৰ পাছত তেওঁলোকে পুনৰ আশে পাশে হাবি কাটিবলৈ লয়।

অবনানিকৰণৰ প্ৰধান প্ৰতিফল ঃ অবনানিকৰণৰ হেতু সংঘটিত হোৱা প্ৰতিফল অতি সুদূৰ প্ৰসাৰী। এইবোৰ ঘাইকৈ এনে ধৰণৰ—

(i) ই বহুতো বন্য জীৱজন্তুৰ অস্তিত্ব বিপন্ন কৰি তুলিছে। কাৰণ, হাবি-বন কটাৰ কাৰণে সিহঁতৰ স্বাভাবিক বাসস্থান কমি গৈছে।

(ii) ইয়াৰ দ্বাৰা জৈৱ-বিচিত্ৰতা হেৰাই গৈছে আৰু বংশানুক্ৰমিক বিচিত্ৰতাও স্খলিত হৈছে।

(iii) পৃথিবীৰ জলচক্ৰ বাৰুকৈয়ে প্ৰভাবান্বিত হৈছে আৰু তাৰ দ্বাৰা বৰষুণৰ অস্বাভাৱিকতা আহিছে।

(iv) ভূমি স্খলনৰ সমস্যা বৃদ্ধি পাইছে আৰু মাটিৰ সাৰগৰ্ভতা কমিছে।

(v) পৰ্ব্বতীয়া অঞ্চলত সঘনে মাটিভাগ খহিবলৈ লৈছে।

কেইটামান ঘটনা অধ্যয়নৰ খাতিয়ন

১। হিমালয়ৰ পৰ্বতীয়া অঞ্চল মৰুভূমিলৈ পৰিৱৰ্তণ ঃ হিমালয় অঞ্চলৰ হাবি কাটি পিনাচ (Pinus), ইউকেলিপ্টাচ (Eucalyptus) আদিৰ দৰে বিদেশী গছ কিছুমান ৰুৱাৰ বাবে সেইঠাইৰ প্ৰাকৃতিক অৱস্থা পৰিবৰ্ত্তিত হৈছে। বিশেষকৈ, সেই ঠাইৰ মাটি আৰু জীৱসমূহৰ স্বাভাৱিক ধৰ্ম বিঘ্নিত হৈছে। মাটিৰ পুষ্টিকৰ-চক্ৰ কমি গৈছে; মাটি উৰ্ব্বৰা কৰা জীৱাণুবোৰ বিনষ্ট হৈছে আৰু সেইঠাইত অবাঞ্চিত বন কিছুমান গজিছে। ফলত, এই অঞ্চল সমূহ অনুৰ্বৰ হৈ মৰুভূমি সদৃশ হৈ পৰিছে। উত্তৰ

পূৰ্বাঞ্চলৰ মেঘালয়ৰ পশ্চিম থাচী অঞ্চল, লাডাখ আৰু কুমায়ুন, গাইৰোৱাল অঞ্চল ইয়াৰ দ্বাৰা বিশেষ ভাবে খতিগ্ৰস্ত হৈছে। এই অঞ্চল সমূহ সময়ত হয়তো মৰুভূমিলৈ পৰিবৰ্ত্তিত হব।

২। ছোটনাগপুৰৰ চাহ বাগিচাসমূহ নিঃশেষ হোৱা ঃ ছোটনাগপুৰৰ পৰ্ব্বতীয়া অঞ্চল এসময়ত সুন্দৰ হাবিৰে ভৰা আছিল। ইয়াৰ প্ৰভাৱত নামনি অঞ্চলত চাহৰখেতি ভালদৰে হৈছিল। কিন্তু হাবি কটাৰ ফলত বৰষুণ বন্ধ হৈ সেই অঞ্চলৰ চাহ বাগিচাসমূহ নিৰ্ব্বাপিত হৈ গৈছে। কাৰণ, বৰষুণ অবিহনে চাহ খেতি সম্ভৱ নহয়।

৩। উটি অঞ্চলৰ উধাগামগুালমত বৃষ্টিহীনতা ঃ ১৯৬৫ চনৰ পৰা ১৯৮৪ চনৰ ভিতৰত নীলগিৰি পৰ্ব্বতৰ উটি অঞ্চলৰ হাবিবোৰ কাটি পেলোৱাৰ ফলত সাধাৰণতে বৰষুণ কমিবলৈ ধৰে। ফলত, সেই অঞ্চলত খেতি-বাতিৰো অন্যায় হবলৈ ধৰে। এসময়ত যেতিয়া নীলগিৰি পৰ্ব্বত হাবিৰে ভৰি আছিল, তেতিয়া তাত প্ৰচুৰ পৰিমাণে বৰষুণ হৈছিল। এই অধ্যয়নে বৰষুণ আৰু হাবিৰ সহঁ-সম্বন্ধতা স্পষ্ট কৰি দিছে।

বনাঞ্চলত সংঘটিত প্ৰধান কাৰ্য্যসমূহ

কাঠ সংগ্ৰহ ঃ চেগুন,বনচোম, শাল আদিৰ দৰে মূল্যবান কাঠ সংগ্ৰহৰ বাবে ডাঙৰ ডাঙৰ গছবোৰ কটা হয়। কিন্তু এই গছবোৰ কাটি কুণ্ডা কৰি উলিয়াই আনিবলৈ হলে সৰু সৰু আন গছ কিছুমানো কাটিবলগীয়া হয়। কাৰণ, এই গছবোৰ সাধাৰণতে ওচৰা-ওচৰিকৈ গজে। একেদৰে সেই গছবোৰ উলিয়াই আনিবলৈ পথ তৈয়াৰ কৰোতেও আন কিছুমান গছ কাটিবৰ প্ৰয়োজন হয়। অৰ্থাৎ কিছু সংখ্যক কাঠ সংগ্ৰহ কৰিবলৈ যাওঁতে হাবিৰ আন কিছু অংশ নষ্ট কৰা হয়।

খনি খনন ঃ খনিজ সম্পদ আৰু জীৱাশ্ম প্ৰজাত জ্বালানী (যেনে— কয়লা আদি) উদ্ধাৰ কৰিবলৈ হলে বনাঞ্চলৰ একাংশ উচ্ছেদ কৰিবলগীয়া হয়। কয়লা খনন কাৰ্য্য কেতিয়াবা ভূপৃষ্ঠৰ অলপ তলতে আৰু কেতিয়াবা বহু তলৰ পৰা সম্পন্ন হয়। আমাৰ দেশৰ প্ৰায় আশীহাজাৰ হেক্টৰ ভূখণ্ড খনি খনন কাৰ্য্যত ব্যপ্ত হৈ আছে। এনে কাৰ্য্যত অকল গছ-গছনিয়ে নহয়, ভূপৃষ্ঠত থকা শিল মাটি আদিও গুচাবলগীয়া হয়। ফলত ভূমি ভাগৰ এক আমুল পৰিৱৰ্তন হয় আৰু তাত উদ্ভিদ আদি হোৱাৰ সম্ভৱনা নোহোৱা হয়।

মচুৰী আৰু ডেৰাডুন উপত্যকাত খনি খনন কাৰ্য্যৰ দ্বাৰা প্ৰায় ৪০ কিলোমিটাৰ দীঘল বনাঞ্চল ধ্বংস কৰা হৈছে। সেই অঞ্চলত গড় হিচাপত প্ৰায় ৩৩% বনাঞ্চল ধ্বংস প্ৰাপ্ত হৈছে। তদুপৰি, ইয়াৰ দ্বাৰা গছ-গছনি কমি গৈছে আৰু ভূমি স্খলনৰ সম্ভাৱনা প্ৰকট হৈ পৰিছে। একেদৰে খনি খনন কাৰ্য্যৰ দ্বাৰা ১৯৬১ চনত গোৱাত প্ৰায় ৫০ হেজাৰ হেক্টৰ বনানি উচ্ছেদ কৰা হৈছিল। ঝাৰিয়া, ৰাণীগঞ্জ আৰু চিংবৌলি অঞ্চলত কয়লাখনিৰ বাবে এক বৃহৎ বনাঞ্চল নষ্ট কৰা হৈছে। আলমোৰা, কোচি উপত্যকা, খিৰাকোট আদি অঞ্চলত মেঙ্গানিজ আৰু এক প্ৰকাৰ নৰম শিল খান্দি উলিয়াবলৈ যাওঁতে ১৪ হেক্টৰ হাবি ধ্বংস কৰা হৈছে। সেইদৰে কেৰেলা, তামিলনাডু আৰু কৰ্ণাটকত তেজস্ক্ৰিয় পদাৰ্থৰ খনিজ উদ্ধাৰৰ বাবে এক বুজন পৰিমাণৰ বনাঞ্চল কটা হৈছে। পশ্চিমঘাট পৰ্ব্বতৰ সুন্দৰ হাবি কাটি পোলোৱা হৈছে তাম, ক্ৰোমাইট, বক্সাইট আৰু সেঙ্গেটাইত (খনিজ পদাৰ্থ) উদ্ধাৰ কৰিবলৈ যাওঁতে।

বান্ধ বা ভেঁটা বন্ধা কাৰ্য্যৰ প্ৰভাৱ ঃ ডাঙৰ ডাঙৰ বান্ধবোৰ আৰু নদী উপত্যকাত স্থাপন কৰা প্ৰকল্প আদিৰ বহুমুখী ব্যৱহাৰ পৰিলক্ষিত হয়। সেয়ে এইবোৰক 'আধুনিক ভাৰতৰ মন্দিৰ' বুলি কোৱা হয়। আনহাতে কিন্তু এই বান্ধবোৰ বান্ধোতে বহুত পৰিমাণৰ বনাঞ্চল ধ্বংস কৰা হৈছে। ভাৰতবৰ্ষত সৰ্ব্বমুঠ ১৫৫০ টা বৃহৎ বান্ধ তৈয়াৰ কৰা হৈছে। ইয়াৰ ভিতৰত ৬০০ ৰো অধিক মহাৰাষ্ট্ৰত, ২৫০ টাৰো অধিক গুজৰাটত আৰু ১৩০ টা মধ্যপ্ৰদেশত স্থাপিত হৈছে। উত্তৰ অঞ্চলৰ ভাগীৰথী নদীত দিয়া টেহৰি বান্ধ সবাতোকৈ ওখ আৰু হাৰিয়ানা প্ৰদেশৰ ভাক্ৰা বান্ধ আটাইতকৈ আহল বহল। পাৰিপাৰ্শ্বিকতাত কাম কৰা পৃথিবীৰ প্ৰায়বোৰ ব্যক্তিয়ে এইদৰে সজা বান্ধবোৰৰ কুফল সম্পৰ্কে সচেতনতা দেখুৱাইছে। তেওঁলোকৰ মতে ইয়াৰ দ্বাৰা বনাঞ্চল ধব্বংসৰ পৰা আৰম্ভ কৰি জনগোষ্ঠীৰ আৰ্থ-সামাজিক সমস্যালৈ নানা প্ৰকাৰ পাৰিস্থিতিক বা প্ৰাকৃতিক সমস্যাৰ উদ্ভৱ হৈছে। উদাহৰণ স্বৰূপে, পশ্চিম ঘাট অঞ্চলত স্থাপিত নীৰৱ উপত্যকা (Silent Valley) জলবিদ্যুৎ প্ৰকল্পৰ কথা আঙুলিয়াব পাৰি। চিপ্‌কো আন্দোলনৰ নেতা শ্ৰীসুন্দৰলাল বহুগুণাই পোণ প্ৰথমে টেহৰি বান্ধৰ দ্বাৰা অনা বনাঞ্চল উচ্ছেদকৰণ আৰু পাৰিপাৰ্শ্বিক বিনষ্টকৰণৰ বিৰুদ্ধে অভিযান চলায়। সেইদৰে মেধাপাটেকাৰৰ নেতৃত্বত অৰুন্ধতি ৰয় আৰু বাবা আমতেই প্ৰস্তাবিত ক্ষতি সম্পৰ্কে আঙুলিয়াই দি তাৰ বিৰুদ্ধে যুঁজি আছিল।

বহুতো ডাঙৰ বান্ধ বান্ধোতে এক বৃহৎ বনাঞ্চল বিধ্বস্ত হোৱা বাবে সেই অঞ্চলসমূহৰ প্ৰাকৃতিক ভাৰসাম্য বিনিষ্ট হৈছে। ফলত, সেই অঞ্চল সমূহত বানপানী, খৰাং বতৰ আৰু ভূমিস্খলন অধিক হৈছে। প্ৰকৃততে বনাঞ্চল সমূহ হ'ল প্ৰকৃতিৰ এক অমূল্য উপহাৰ যাৰ দ্বাৰা জৈৱ বিচিত্ৰতা আৰু প্ৰাকৃতিক ভাৰ-সাম্য ৰক্ষিত হয়। প্ৰাকৃতিক ভাৰসাম্য ৰক্ষিত নোহোৱা বাবে বহুতো জৈৱ নমুনা (প্ৰাণী আৰু উদ্ভিদৰ) ইতিমধ্যে বিলুপ্ত হবলৈ ধৰিছে। বিশেষকৈ উদ্ভিদৰ ক্ষেত্ৰত আমি বহুতো অৰ্থনৈতিক বা ঔষধি মূল্যৰ উদ্ভিদৰ নমুনা হেৰুৱাইছোঁ। বনাঞ্চল উচ্ছেদে শ শ বছৰ ধৰি ৰক্ষিত হোৱা বহতো মূল্যবান নমুনা পলকতে নিঃছিন্ন কৰিছে।

আন এটি ক্ষেত্ৰভিত্তিক অধ্যয়ন—চৰ্দ্দাৰ সৰোবৰ বান্ধ ঃ এই বান্ধটো নৰ্মদা নদীৰ পাৰত গুজৰাট, মহাৰাষ্ট্ৰ আৰু মধ্য প্ৰদেশ সামৰি দিবলৈ লোৱা হৈছে। যদিও এই প্ৰকল্পটোৰ মূল উদ্দেশ্য হ'ল প্ৰদেশ তিনিখনলৈ জলসিঞ্চন, খোৱা পানী আৰু বিদ্যুৎ সৰাবৰাহ কৰা, তথাপি তাৰ দ্বাৰা পৰিবেশৰ ওপৰত পৰিব পৰা কু-প্ৰভাৱৰ কথাই এক প্ৰত্যাহ্বান আনি দিছে।

এই বান্ধটোৰে মুঠতে ১,৪৪,৭৩১ হেক্টৰ ভূমি ডুবাই পেলাব। তাৰ ভিতৰত ৫৬,৫৪৭ হেক্টৰ কেৱল বনাঞ্চল। বাকীখিনি ভূমিত ৫৭৩ খন গাওঁ অৰ্ন্তভুক্ত হৈ আছে। নৰ্মদা বান্ধৰ ভিতৰত ৪০,০০০ হেক্টৰ হাবি নৰ্মদা সাগৰৰ, ১৩,৮০০ হেক্টৰ হাবি চৰ্দ্দাৰ সৰোবৰ আৰু ২৫০০ হেক্টৰ বনাঞ্চল ওঙ্কাৰেশ্বৰৰ পানীৰ তলত ডুব যাব। ভবিষ্যতত আৰু অধিক বনাঞ্চল বিপদাপন্ন হোৱাৰ আশংকা আছে। পানীত তল যাব পৰা বনাঞ্চল সমূহ বাঘ, ভালুক, পান্থৰ, কুকুৰনেচীয়া বাঘ, হায়না, শিয়াল, উৰিব পৰা কেৰ্কেটুৱা, ক'লা হাঁহ, ঘঁৰিয়াল, কাছ আদিৰ দৰে বন্যপ্ৰাণীৰে ভৰপূৰ। এই প্ৰাণীবোৰৰ কেইবাবিধো বন্য-প্ৰাণী সংৰক্ষণ আইন ১৯৭২ মতে সংৰক্ষণযোগ্য। সেয়ে বান্ধটোৰ দ্বাৰা বন্যপ্ৰাণীৰ বৃহৎ ক্ষতি হব বুলি ভাবি আন্দোলন কৰা হৈছে।

নিউদিল্লীৰ নগৰ সংক্ৰান্তবিষয়ক ইন্‌ষ্টিটিউট (Institute of Urban Affairs)ৰ দ্বাৰা আগবঢ়োৱা হিচাপমতে নৰ্মদা উপত্যকাৰ প্ৰকল্পটো পূৰ্ণ কৰোতে সময়ত দহলাখ পৰিয়াল স্থানান্তৰিত কৰিব লাগিব। ই হব পৃথিবীৰ আটাইতকৈ আধিক পুনৰবাস প্ৰক্ৰিয়া। এই পৰিয়ালবোৰৰ অধিকাংশ জনগোষ্ঠীৰ লোক। তেওঁলোকে দূৰ ঠাইত নিজকে খাপখুৱাই লোৱাটো টান হব। তদুপৰি, ইয়ে অৰ্থনৈতিক ভাবেও তেওঁলোকক ক্ষতিৰ সন্মুখীন কৰাব। ইয়াৰ ফলত তেওঁলোকৰ বিশ্বাস, ৰীতি-নীতি, উৎসৱ আদিকে ধৰি জনকৃষ্টিৰ সংঘাট আনিব। কাৰণ, তেওঁলোকৰ জনজীৱন পৱৰ্বত পাহাৰ, নৈ নিজৰা আৰু হাবি কেন্দ্ৰিক। এই সকল অতি দুখীয়া আৰু বংশানক্ৰমিক ভাবে শ শ বছৰ ধৰি সেই ঠাইবোৰত খাপ খাই আছিল। অইন ঠাইলৈ স্থানান্তৰিত কৰাৰ পাছত তেওঁলোকে নতুন পৰিৱেশত নিজকে খাপ খুৱাই লবলৈ টান পাব। তেওঁলোকৰ বিকাশ আৰু প্ৰগতি ব্যহত হব বুলি ভবা হৈছে। গতিকে বান্ধ প্ৰকল্প সাজোতা চৰকাৰ কেইখনে জনগোষ্ঠী লোকসকলক পুনৰ বাস দিওঁতে অতি সাৱধানতা অৱলম্বন কৰিব লাগিব। চাব লাগিব যাতে সেই মানুহখিনি জনকৃষ্টি আৰু জনজীৱন শৈলী বিঘ্নিত নহয়।

2.2 জলজ সম্পদ

সকলো প্ৰাণীৰ বাবে প্ৰাকৃতিক সম্পদবোৰৰ ভিতৰত পানী হ'ল অন্যতম অপৰিহাৰ্য্য পদাৰ্থ। পৃথিৱী-পৃষ্ঠৰ প্ৰায় ৭১% অংশ পানীৰে আগুৰা। পৃথিৱীৰ মুঠ পানীৰ পৰিমাণ ৩২৬০ লাখ ঘন মাইল। জীৱ-জন্তু আৰু উদ্ভিদৰ দেহত ৬০-৬৫% পানী থাকে।

পানীৰ কিছুমান বিশেষ ধৰণৰ প্ৰকৃতি আছে, যাৰ বাবে তাক এক অমূল্য সম্পদ বুলি গণ্য কৰা হৈছে। যেনেঃ

(i) এক বহল বিস্তৃতিৰ উষ্ণতাত -০° ডিগ্ৰীৰ পৰা ১০০° চেণ্টিগ্ৰেডৰ মাজত ই পনীয়া অৱস্থাতে থাকে।

(ii) ইয়াৰ আপেক্ষিক উষ্ণতা অতি বেছি। এইবাবে ই অতি সহজে গৰম হয় আৰু ঠাণ্ডা হওঁতে লাহে লাহে হয়, যাৰ বাবে জলজ প্ৰাণীসমূহে কোনো ধৰণৰ উষ্ণতাৰ পৰিৱৰ্তন অনুভৱ নকৰে।

(iii) ইয়াৰ বাস্পীভবন নিহিত তাপ অতি বেছি। এইবাবে বাস্পীভৱন হ'বলৈ ইয়াক অতি বেচি শক্তিৰ প্ৰয়োজন হয় আৰু সেয়ে বাস্পীভৱনৰ দ্বাৰা ই এক শীতল প্ৰভাব উৎপন্ন কৰে।

(iv) বহুতো পুষ্টিকৰ বস্তু সহজে পানীত দ্ৰবীভূত হয়। সেয়ে ই পুষ্টিকৰ বস্তুৰ উত্তম বাহক । যেনেঃ জীৱৰ বাবে

অত্যন্ত প্ৰয়োজনীয় অক্সিজেন হ'ল পানীৰ অন্যতম অংগ। কিন্তু পানীয়ে আন কিছুমান প্ৰদূষক বস্তুও দ্ৰবীভূত কৰে, যাৰ বাবে পানী হয় এক বীজাণু বা জীৱাণু বাহক।

(v) পানীৰ পৃষ্ঠটান আৰু সংসক্তি গুণ অধিক উচ্চ খাপৰ। এইবাবে ই অতি ওখ গছৰো ডাল-পাতলৈ সহজে উঠিব পাৰে।

(vi) ইয়াৰ আন এক আচৰিত প্ৰকৃতি হ'ল গোট মাৰি বৰফ হ'লে ই প্ৰসাৰিত হয় আৰু ওজনত পাতল হয়। পানীৰ এই গুণটোৰ কাৰণে অতিপাত শীত প্ৰধান ঠাইত হ্ৰদৰ পানী গোট মাৰি ওপৰত ওপঙি থাকে; কিন্তু তলৰ পানীৰ উষ্ণতা একেই থাকে বাবে ই জুলীয়া অৱস্থাতে থাকে। এই বাবে পানীত থকা জীৱবোৰ শীত কালতো একেদৰে বৰ্ত্তি থাকে।

আমি ব্যৱহাৰ কৰা পানী পৰিৱেশত অনিৰ্বাপিত ভাবে সৃষ্টি হৈ থাকে। ইয়াকে আমি জলচক্ৰ বুলি কওঁ।পৃথিৱীত প্ৰায় ১৪,০০৮ নিযুত ঘন কিলোমিটাৰ পানীৰ উৎস আছে। নদী, সাগৰ, হ্ৰদ আদিকে ধৰি সেমেকা পৃষ্ঠৰ পৰা যি পানীভাগ বাষ্প হৈ উৰি যায়, সিয়ে আকৌ পৃথিৱীলৈ ঘূৰি আহে বৰষুণৰ ৰূপত আৰু একাংশ বৰফৰ ৰূপত। বৰষুণৰ পানী আৰু বৰফ গলা পানী পুনৰ স্থলভাগেৰে বৈ সাগৰ মহাসাগৰত পৰেহি। মহাসাগৰৰ পৰা প্ৰতি বছৰে প্ৰায় ১৪ ইঞ্চি ডাঠ পানীৰ স্তৰ এটি বাষ্প হৈ উৰি যায় আৰু তাৰ ৯০% ৰো অধিক বৰষুণ ৰূপে পুনৰ ঘূৰি আহে। এয়ে হ'ল জলচক্ৰৰ ক্ৰিয়া। এই জলচক্ৰ চলি থাকিবলৈ শক্তি যোগায় সূৰ্য্যই। জলচক্ৰৰ কাৰ্য্যত উদ্ভিদে এক উল্লেখনীয় ভূমিকা গ্ৰহণ কৰে। কাৰণ, উদ্ভিদৰ শিপাই মাটিৰ পৰা পানী শুহি লৈ পাতৰ মাজেৰে নিঃশ্বাসৰ দ্বাৰা পুনৰ পৰিৱেশলৈ এৰি দিয়ে। কিছুমান ভৌগলিক কথাৰ ওপৰত নিৰ্ভৰ কৰি ভূ-মণ্ডলৰ জলজ সম্পদৰ বিতৰণ অসমান প্ৰকৃতিৰ বুলি কব পাৰি। উদাহৰণ স্বৰূপে, গ্ৰীষ্ম প্ৰধান অঞ্চল সমূহৰ হাবি থকা ঠাইবোৰত অত্যাধিক বৰষুণ হয় আৰু মৰুভূমি অঞ্চলত বৰষুণ অতি কম পৰিমাণৰ হয়।

পানীৰ ব্যৱহাৰ আৰু অতি-ব্যৱহাৰ

পানীৰ বিশেষ গুণৰ বাবে জীৱ মাত্ৰেই ইয়াক বিভিন্ন প্ৰকাৰে ব্যৱহাৰ কৰে। যি কোনো জীৱৰ বাবে পানীৰ প্ৰয়োজন অপৰিহাৰ্য্য। আমাৰ জীৱন পদ্ধতিৰ বহুতো কাৰ্য্য দেহত থকা পানীভাগত সম্পন্ন হয়। উদাহৰণ স্বৰূপে, খাদ্যৰ পাচন, পুষ্টিকৰ খাদ্যাংশৰ দেহৰ ভিতৰত বিতৰণ, দেহৰ উষ্ণতা নিয়ন্ত্ৰণ আৰু দেহৰ পৰা নিৰ্গত পৰিত্যক্ত পদাৰ্থসমূহ দৈহিক জলভাগৰ মাজেৰে সম্পন্ন হয়।

মানৱ জাতিৰ প্ৰায় সকলোবোৰ উন্নয়ণমুলক কাৰ্য্যত পানীৰ ব্যৱহাৰ হয়। জলসিঞ্চন কৰিবলৈ, বস্তু অনা-নিয়া কৰিবলৈ, খাবলৈ, ধোৱা পখলা কৰিবলৈ আৰু শিল্প উদ্যোগৰ পৰা আৱৰ্জনা পেলাবলৈ পানী ব্যৱহাৰ কৰা হয়। তাৰ উপৰি তাপ বিদ্যুৎ উৎপাদন কৰা উদ্যোগ সমূহত পানী ব্যৱহাৰ কৰা হয় শীতলকাৰক হিচাবে। পৃথিৱীৰ পৃষ্ঠভাগত জলবায়ু নিয়ন্ত্ৰণ কৰে পানীয়ে। এইদৰে পানীৰ ব্যৱহাৰ আমাৰ জীৱন চক্ৰৰ লগত সাঙুৰ খাই আছে। মানুহে পানীৰ ব্যৱহাৰ দুই প্ৰকাৰে কৰে--(১) পানী সংগ্ৰহ কাৰ্য্য আৰু (২) পানী ক্ষয়কৰা কাৰ্য্য। মাটিৰ তলত থকা নাইবা ভূ-পৃষ্ঠত থকা জলভাগৰ পৰা মানুহে পানী সংগ্ৰহ কৰি ব্যৱহাৰ কৰে। তাৰে কিছু অংশ পানী এনেদৰে ব্যৱহাৰ কৰা হয়, যাক পুনৰ ব্যৱহাৰ কৰিব পৰা নাযায়। এনে কাৰ্য্যক পানী ক্ষয় কৰা কাৰ্য্য বুলি কোৱা হয়। সংগৃহীত পানীৰ প্ৰায় ৬০% ক্ষয় হয় আৰু তাক পুনৰ ব্যৱহাৰৰ কাৰণে পোৱা নাযায়।

পৃথিৱীত জনসংখ্যা বৃদ্ধি আৰু খৰতকীয়া বিকাশ সংঘটিত হোৱাৰ বাবে পানী সংগ্ৰহ কাৰ্য্য অধিক হাৰত বাঢ়ি গৈছে। লগতে সংগ্ৰহ কৰা পানীৰ এক বুজন অংশ আমাৰ বিভিন্ন কাৰ্য্যৰ দ্বাৰা প্ৰদুষিত হৈছে। হিচাব মতে পৃথিৱীত যিমান পানী ভূ-পৃষ্ঠ বা মাটিৰ তলৰ পৰা সংগ্ৰহ কৰা হয় তাৰে ৭০% পানী কেৱল খেতি-বাতিৰ বাবে ব্যৱহাৰ কৰা হয়। ভাৰতবৰ্ষত

খেতিৰ বাবে ব্যৱহাৰ কৰা পানীৰ মাত্ৰা ৯৩%। আনহাতে পানী কম থকা দেশসমূহত খেতি-বাতিৰ বাবে পানীৰ খৰচ হয় মাত্ৰ ৪%। সেইদৰে সমগ্ৰ বিশ্বত শিল্পউদ্যোগ সমূহত পানীৰ খৰচ ২৫%। কিন্তু উদ্যোগ প্ৰধান ইউৰোপীয় দেশসমূহত এই খৰচৰ হাৰ ৭০%। কিছুমান অবিকশিত দেশত শিল্পউদ্যোগৰ বাবে পানীৰ খৰচো তেনেই নাম মাত্ৰ (৫%)। সেইদৰে জনমূৰী হোৱা পানীৰ খৰচো বিভিন্ন হাৰত হোৱা দেখা যায়। উদাহৰণ স্বৰূপে আমেৰিকাত চাৰিজনীয়া পৰিয়াল এটিয়ে গড় হিচাপত বছৰি ১০০০ ঘনমিটাৰ পানী খৰচ কৰে। আনহাতে বিকাশশীল দেশসমূহত ইয়াৰ তুলনাত বহুত কম পানী খৰচ কৰা হয়।

পানী—এক মূল্যবান প্ৰাকৃতিক সম্পদ

যদিও পৃথিবীত পানীৰ পৰিমাণ অত্যধিক তথাপি ই বৰ অমূল্য। কাৰণ, পৃথিবীৰ সমগ্ৰ জলভাগৰ প্ৰায় ৯৭% সামুদ্ৰিক লুনীয়া পানী। অৰ্থাৎ ৩% হে লোণ নোহোৱা সাধাৰণ পানী। এই কম অংশৰো সকলোখিনি আমি নাপাওঁ। ইয়াৰ একাংশ মেৰু অঞ্চলত বৰফেৰে আবৃত হৈ আছে। জলপৃষ্ঠ আৰু মাটিৰ তলৰ পৰা সহজে পোৱা অলুণীয়া পানীৰ মাত্ৰা ০.০০৩% (সমগ্ৰ পানীৰ তুলনাত)।

মন কৰিবলগীয়া কথা হ'ল যে জলসিঞ্চনত, খাবলৈ আৰু অন্যান্য ঘৰুৱা কাৰ্য্যৰ বাবে ব্যৱহাৰ কৰা পানীৰ চাহিদা এনেকৈ বাঢ়িছে যে ই মাটিৰ তলত থকা পানীৰ পৰিমাণ ক্ৰমে কমাই আনিছে। ইয়াৰ ফলত জলস্তৰ তললৈ গৈছে আৰু ঠাই বিশেষে কুঁৱা আদি শুকাবলৈ লৈছে। তদুপৰি মাটিৰ তলত থকা জলস্তৰ প্ৰদূষিত হৈ কোনো কোনো অঞ্চলত ঘৰুৱা কাৰ্য্যৰ বাবে ব্যৱহাৰ কৰিব নোৱাৰা কৰি তুলিছে।

বহুত বছৰ ধৰি নৈ নিজৰাত শিল্পউদ্যোগৰ পৰা নিৰ্গত আৱৰ্জনাসমূহ পেলাই থকাৰ ফলত তাৰ পানী প্ৰদূষিত হৈছে। যিকোনো সভ্যতা নৈৰ পাৰত গঢ় লৈ উঠাৰ বাবে নৈ সমূহ ক্ৰমে কলুষিত হবলৈ বাধ্য হৈছে। সম্প্ৰতি জল প্ৰদুষণ আমাৰ বাবে এক ভয়ানক বিপদৰ কাৰণ হৈ পৰিছে।

২০০২ চনত জাতিসংঘৰ পৰা প্ৰকাশিত এটি তথ্য মতে অতি কমেও ১০১ শ কোটি মানুহে খোৱা পানীৰ অভাৱত ভুগিছে আৰু ২৪০ কোটি মানুহে পানীৰ অভাৱত পৰিষ্কাৰ-পৰিচ্ছন্নতাহীন অৱস্থাত কটাইছে। জনসংখ্যা বৃদ্ধি আৰু শিল্প উদ্যোগৰ বিকাশে আৱৰ্জনাৰ মাত্ৰা অনুক্ৰমে বঢ়াই আছে, যাৰ ফলত জলপ্ৰদূষণও বাঢ়ি আছে। কোৱা হৈছে ২০২৪ চনত পৃথিৱীৰ দুই-তৃতীয়াংশ মানুহে পানীৰ অভাৱত কষ্ট ভুগিবলগীয়া হ'ব।

ভূগৰ্ভস্থ পানী ঃ

ভূগৰ্ভস্থ পানীৰ পৰিমাণ অলুনীয়া পানী ভাগৰ প্ৰায় ৯.৮৬% আৰু ই ভূপৃষ্ঠত থকা পানীৰ প্ৰায় ৩৫-৫০ গুণ। কিছুদিন আগলৈ ভূৰ্গস্থ পানীক অতি বিশুদ্ধ পানী বুলি ভবা হৈছিল। কিন্তু এতিয়া জনা গৈছে যে ভূগৰ্ভস্থ পানীত মাটিৰ মাজেৰে যোৱা বিভিন্ন অপৰিষ্কাৰ, আৱৰ্জ্জনা সদৃশ বস্তুৰ দ্বাৰা দুষিত হৈ পৰিছে।

পানী সৰকি যাব পৰা স্তৰীভূত শিলৰ মাজেৰে গৈ ভূগৰ্ভত জলাস্তৰ গঠিত কৰে। এই ক্ষেত্ৰত বালি আৰু সৰু শিল জলাস্তৰৰ বাবে বেছি সুবিধাজনক। আনহাতে, মাটি আৰু আগ্নেয় শিল আদি থকা ভূস্তৰত পানী কমকৈ জমা হৈ ৰয়। কাৰণ, এই বস্তু দুটাৰ মাজেৰে পানী বেচিকৈ সৰকি যাব নোৱাৰে। জলাস্তৰ দুই প্ৰকাৰৰ ঃ

(ক) অআবদ্ধিত আৰু (খ) আবদ্ধিত।

মাটিৰ মাজেৰে গৈ বৰফ গলা আৰু বৰষুণৰ পানী ভূৰ্ভৰ কোনো এটা স্তৰত জমা হৈ ৰয়। তেতিয়া ইয়াক অ-আবদ্ধিত জলাস্তৰ বুলি কোৱা হয়। এই স্তৰত পানী পুনৰ জমা হয় বৰষুণ হলে বা বৰফ গলিলে। আনহতে, দুটা স্তৰীভূত শিলাস্তৰৰ মাজত জমা হৈ থকা পানীভাগক আবদ্ধিত জলাস্তৰ বুলি কোৱা হয়। এনে স্তৰ ঠাই বিশেষে শ শ

কিলোমিটাৰ দূৰ বিয়পি থাকিব পাৰে। আৰ্টিজেন কুঁৱা ইয়াৰ এক উদাহৰণ। চিত্ৰ .২.১ ভূগৰ্স্থ জলাস্তৰৰ নমুনা দেখুৱা হৈছে। ভূগৰ্স্থ পানী স্থবিৰ নহয়, বৰং গতিশীল। এই গতি ধীৰ, বছৰত প্ৰায় একমিটাৰ মান গতি কৰে।

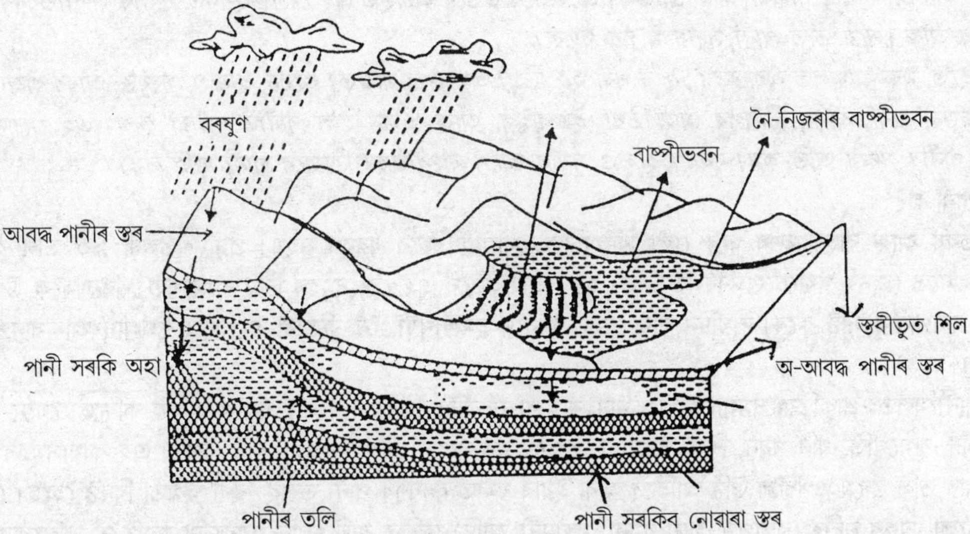

চিত্ৰ ২.১ ভূগৰ্ভস্থ পানীৰ সঞ্চয়

ভূগৰ্স্থ পানীৰ ব্যৱহাৰৰ প্ৰভাৱ

(i) **হ্ৰাস প্ৰাপ্ত হোৱা ঃ** ভূগৰ্ভৰ পৰা পানী উঠোৱাৰ হাৰ জমা হোৱা হাৰৰ তুলনাত অধিক হলে জলাস্তৰ ক্ৰমে সঙ্কুচিত হবলৈ ধৰে। এই কাৰ্য্যক পানী হ্ৰাস হোৱা বুলি কোৱা হয়। এই পৰিস্থিতিয়ে আৰ্থিক সংকট উদ্ভৱ কৰাব পাৰে। কাৰণ, ইয়াৰ দ্বাৰা ভূ-পৃষ্ঠৰ ওপৰত থকা মাটি বহি যাব পাৰে আৰু ফলত কাষত থকা ডাঙৰ ডাঙৰ পকীঘৰ আদিৰ আকৃতিগত পৰিৱৰ্তন আহিব পাৰে; এনেকি মাটিৰ তলত বহুতো ফাট মেলিব পাৰে আৰু বান্ধ, পানী যোৱা নলা আদিত পৰিৱৰ্তন আহিব পৰে। ইয়াৰ দ্বাৰা কৃত্ৰিম বানপানীৰো সৃষ্টি হব পাৰে।

(ii) **পানীৰ স্তৰ তললৈ যোৱা ঃ** জলসিঞ্চনৰ বাবে খেতি পথাৰত প্ৰায়েই ঠায়ে ঠায়ে ডাঙৰ ডাঙৰ কুঁৱা খন্দাৰ পিছত মাটিৰ তলত থকা পানীৰ স্তৰ ক্ৰমে তললৈ যায়, যিয়ে সেই অঞ্চলৰ মাটিৰ শুষ্কতা বঢ়ায়। ফলত মাটিডৰা আৰ্দ্ৰতাহীন হৈ অনুৰ্ব্বৰ হবলৈ ধৰে।

(iii) **পানী বন্ধ হোৱা অৱস্থা ঃ** জলসিঞ্চনৰ মাত্ৰা অত্যাধিক হলে খেতি পথাৰৰ আশে পাশে, এনেকি খেতি পথাৰতো মাটি অংশ অধিক জলসিক্ত কৰি তোলে আৰু মূৰকত তাত পানী জমা হবলৈ ধৰে। ফলত মাটিৰ লবণীয়তা কমিবলৈ ধৰে। ইয়াৰ দ্বাৰা খেতিৰ অন্যায় হয়।

গতিকে দেখা যায় ভূগৰ্স্থ পানী অধিক ব্যৱহাৰৰ ফলত পানীৰ স্তৰ তললৈ যায়, মাটিৰ ওপৰ ভাগত পানীৰ মাত্ৰা কমিবলৈ ধৰে আৰু ঠাই বিশেষে মাটিত পানী জমা হবলৈ ধৰে।

ভূপৃষ্ঠৰ ওপৰভাগৰ পানী ঃ

বৰষুণ আৰু বৰফগলা পানী যেতিয়া মাটিৰ তললৈ যাব নোৱাৰে নাইবা সূৰ্য্যৰ তাপত ভাপ হৈ উৰি নাযায়, তেতিয়া এই পানীভাগ নৈ-নিজৰা, হ্ৰদ পুখুৰী, জেকা মাটি আদিত জমা হৈ ৰয়। এনে ধৰণে জমা হোৱা পানীভাগক ভূপৃষ্ঠৰ ওপৰৰ পানী বুলি কোৱা হয়। ভূপৃষ্ঠৰ ওপৰভাগৰ পানী ব্যৱহাৰ কৰা হয় জলসিঞ্চন, শিল্প উদ্যোগ আৰু খোৱাত। জলপথতো এনে পানীয়ে মূখ্য ভূমিকা লয়। যিকোনো এখন দেশৰ অৰ্থনীতিত নদীৰ তাৎপৰ্য্য বিশেষভাবে মন কৰিবলগীয়া।

পানীৰ ক্ষেত্ৰত ধনী আৰু দুখীয়া দেশ ঃ

পৃথিবীত সৰ্বাধিক পানী পোৱা ধনী দেশ কেইখন হ'ল আইচলেণ্ড, চুৰিনাম, গুয়ানা, পাপুৱা নিউ গিনী,গবন, চ'ল'মন দ্বীপপুঞ্জ, কানাডা, নৰৱে, পানামা আৰু ব্ৰাজিল। একেবাৰে উত্তৰে অৱস্থিত এই দেশ দহখনত পানীৰ বাষ্পীভৱনৰ মাত্ৰা অতি কম আৰু সেয়ে তাত পানী সদায় ম ়ত থাকে।

*আনহতে, মৰু আঞ্চলত অৱস্থিত (**১৫ ৰ পৰা ২৫** ডিগ্ৰী অক্ষাংশৰ মাজত) কুৱেট, ইজিপ্ত, সংযুক্ত আৰব ৰাজ্যসমূহ, মাল্টা, জৰ্ডন, চৌডিআৰব, চিঙ্গাপুৰ, মাল'ভিয়া, ইজৰাইল, আৰু ওমান হ'ল পানীত দুখীয়া দেশ। এই দেশসমূহৰ ভূপৃষ্ঠত পানীৰ সঞ্চয় অতি কম। বৰষুণ হলেও সূৰ্য্যৰ তাপে বাষ্পীভৱন ক্ৰিয়াৰে পানী শুহি লয়।*

বানপানী ঃ

ভাৰতবৰ্ষ আৰু বাংলাদেশৰ দৰে দেশ কিছুমানত গোটেই বছৰে বৰষুণ নহয়। প্ৰায় শতকৰা ৯০ ভাগ বৰষুণ কেইমাহমানতে (জুনৰ পৰাচেপ্তেম্বৰৰ ভিতৰত) হয়। অতিবৃষ্টিয়ে এই দেশসমূহৰ নিম্ন দ-অংশত , বিশেষকৈ উপকুল অঞ্চলত বানপানীৰ সৃষ্টি কৰে। দীৰ্ঘদিন ধৰি হোৱা বৰষুণে হ্ৰদ-পুখুৰী, নৈ -নিজৰা ওপোচাই পেলায় আৰুবানপানীৰ সৃষ্টি কৰে।

বানপানী মূলতঃ প্ৰাকৃতিক সমস্যা হলেও মানুহৰ দ্বাৰা সংঘটিত কিছুমান কাৰ্য্যই ইয়াক অধিক কৰিছে। যেনে- হাবি -বননি কটা, ঝুমখেতি, খনি খনন, শিল্প- উদ্যোগ স্থাপনৰ বৰ্দ্ধিষ্ণুহাৰ, বিশ্বৰ উত্তাপ বৃদ্ধি আদি। এই কাৰ্য্যসমূহৰ দ্বাৰা নৈ নিজৰাৰ তলি ক্ৰমে ওপৰলৈ উঠি আহিছে আৰু ইয়াৰ ফলত বৰষুণৰ পানী ভৰাই ৰখা ক্ষমতা বিনষ্ট হৈছে। দেশৰ প্ৰায় সকলো ডাঙৰ নদীৰ (ব্ৰহ্মপুত্ৰ, গঙ্গা-যমুনা, মহানদী আদি) তলিত বালি আৰু আৱৰ্জনা জমা হৈ তলিবোৰ ওখ কৰিছে।

ভাৰত আৰু বাংলা দেশতবানপানীৰ সমস্যাটো প্ৰতিবছৰে ঘটা ঘটনা। ইয়ে বহুতো জীৱ-জন্তুৰ প্ৰাণ হানি কৰাৰ উপৰিও অৰ্থনৈতিক ক্ষতি প্ৰচুৰ হাৰত কৰি আছে। অসম, বিহাৰ, উৰিষ্যা আদিত এনে ক্ষতিৰ পৰিমাণ অত্যধিক। এনে সমস্যাৰ স্থায়ী সমাধান কল্পে এতিয়ালৈ বিশেষ তেনে কোনো বিজ্ঞানসন্মত ব্যৱস্থা কৰা হোৱা নাই। বাংলাদেশৰ বৰ্ষাকালত হোৱা সাধাৰণ বানপানীৰ পানীৰে ধানখেতি কৰা হয়। কিন্তু হিমালয়ৰ পৰা খৰস্ৰোতেৰে নামি অহা পানীয়ে মাজে মাজে ভয়াবহ অৱস্থাৰ সৃষ্টি কৰে। ১৯৭০,১৯৮৮,১৯৯১ আৰু ২০03 চনত হিমালয়ৰ পৰা নামি অহা পানীয়ে অসমত অভিলেখী বানপানীৰ সৃষ্টি কৰে। হেজাৰ হেজাৰ গাওঁ জলমগ্ন হৈ খেতি বাতি উচন কৰাৰ উপৰিও অসংখ্য গৰু-মহ, মানুহ আৰু আন জন্তু উটি যায়। সম্প্ৰতি বানপানীৰ সমস্যা সমাধানৰ বাবে আমাৰ দেশত নদী সংলগ্ন কৰাৰ প্ৰস্তাব লোৱা হৈছে। এটা হিচাপ মতে, বাংলা দেশত ১৯৭০ চনত দহ লাখ আৰু ১৯৯১ চনত একলাখ চল্লিছহেজাৰ মানুহৰ মৃত্যু হৈছিল বানপানীৰ কবলত।

খৰাং-অৱস্থাঃ

ইপিনে সমগ্ৰ পৃথিবীত প্ৰায় ৮০ খন দেশ শুষ্ক অঞ্চলত অৱস্থিত। এই দেশসমূহত সঘনে খৰাং অৱস্থাৰ সৃষ্টি হয়। কেতিয়াবা কোনো কোনো দেশত বছৰটো ধৰি খৰাং অৱস্থা চলে। যেতিয়া বাৰ্ষিক বৰষুণৰ পৰিমাণ স্বাভাৱিকতকৈ কম হাৰত হয় বা বাষ্পীভৱন হোৱাৰ তুলনাত কম মাত্ৰাত বৰষুণ হয়, তেতিয়া খৰাং অৱস্থাৰ সৃষ্টি হয়। পৰিহাসৰ কথা যে খৰাং-পীড়িত অঞ্চলত জনবসতি অধিক। এইবাবে ভু ভাগৰ সদব্যৱহাৰ নহয় আৰু ইয়ে খৰাং সৃষ্টিত সহায় কৰে।

খৰাং অৱস্থা মুখ্যতঃ বতৰ সম্পৰ্কীয় ঘটনা বা পৰিঘটনা। কিন্তু কিছুমান নৃতাত্বিক কাৰণত খৰাং অৱস্থা আহুত হৈ আছে। উদাহৰণতঃ, হাবি-বননিৰ উচ্ছেদকৰণ (মানুহৰ প্ৰয়োজনৰ বাবে), অত্যধিক হাৰত চৰণীয়া পথাৰৰ ব্যৱহাৰ, খনি খনন আদি কাৰ্য্যৰ দ্বাৰা মৰু অঞ্চলৰ বিস্তৃতি সংঘটিত হৈ আছে। যোৱা দুটা দশকত (আশী আৰু নবৈ দশকত) ভাৰতবৰ্ষত এইদৰে অধিক মৰুময় অঞ্চলৰ সৃষ্টি হৈছে। ভুল পদ্ধতিৰে খেতি কৰা, খেতিত দিবলৈ বা খোৱাপানীৰ বাবে অধিক হাৰত কুঁৱা, পুখুৰী, খাল-খন্দা আদিৰে খৰাং অঞ্চলৰ সৃষ্টি দ্ৰুত হাৰত হৈছে। এটা সময়ত খৰাং পীড়িত অঞ্চল সমূহ হয়তো মৰুভূমিও হব পাৰে। মহাৰাষ্ট্ৰত যোৱা ত্ৰিছ বছৰত সংঘটিত খৰাং অৱস্থাই তাৰেই সূচনা কৰিছে

বুলি কব পাৰি। তাত কুঁহিয়াৰ খেতিত পানী দিবলৈ কৰা ব্যৱস্থাই খৰাং বতৰ আনিছে বুলি কোৱা হৈছে।

নিয়ন্ত্ৰণ-ব্যৱস্থা ঃ খৰাং বতৰ নিয়ন্ত্ৰণৰ বাবে জনসমাজৰ মাজত প্ৰচলিত থলুৱা জ্ঞান অধিক সফলসূচক হৈছে। সাৱধানতাৰে উচিত নিৰ্বৰ্বাচনৰ দ্বাৰা মিশ্ৰিত শস্যৰ খেতি কৰি উপযুক্ত হাৰত উৎপন্ন পাব পাৰি আৰু পানীৰ ব্যৱহাৰ কমাব পাৰি। তদুপৰি, বনানীকৰণ আৰু পৰি থকা মাটিৰ বিকাশকৰণ ব্যৱস্থাই খৰাং বতৰ নিয়ন্ত্ৰণত সহায়ক হৈছে। কিন্তু এনে ব্যৱস্থা হাতত লওতে সঠিক জ্ঞান, বিশেষকৈ পাৰিৱেশিক জ্ঞানৰ সহায় লব লাগিব। প্ৰাকৃতিক বনজ সম্পদৰ সংৰক্ষণ অতি গুৰুত্বপূৰ্ণ কথা। কি পৰিস্থিতিত কি ধৰণৰ উদ্ভিদ ৰুৱা কাৰ্য্য ফলপ্ৰসু হব তাক আগতীয়াকৈ জানি লব লাগিব। কৰ্ণাটকৰ কোলাৰ জিলাত পতা সামাজিক বনানীকৰন ব্যৱস্থাই কি ধৰণৰ বিৰূপ প্ৰতিক্ৰিয়া আনিছে তাক মনত ৰখা উচিত। জিলাৰ এঘাৰটি খণ্ড য'ত সামাজিক বনানীকৰণ কৰা হৈছিল, এতিয়া খৰাং অঞ্চলত পৰিণত হৈছে। ইয়াৰ কাৰণ হ'ল তাত ৰুৱা গছবোৰ আছিল ইউকেলিপ্টাছ। এই গছে পানী অত্যধিক হাৰত শুহি লয় আৰু ফলত পানীৰ স্তৰ তললৈ নামি যায়। এনে ঘটনা অষ্ট্ৰেলিয়াতো সংঘটিত হৈছিল। তাত ইউকেলিপ্টাছ গছ ৰুৱা ঠাইৰ আশে পাশে থকা পুখুৰী, হ্ৰদ আদিৰ পানী শুকাই গৈছিল।

পানীৰ বাবে সংঘৰ্ষ ঃ

পানী সকলোৰে বাবে অপৰিহাৰ্য্য। ইপিনে তাৰ অসমান বিতৰণ ব্যৱস্থা। ইয়াৰ ফলত প্ৰায়েই আন্তঃৰাজ্য বা আন্তঃৰাষ্ট্ৰীয় স্তৰত সংঘৰ্ষ হোৱা দেখা যায়। নৈৰ পানী ভাগ কৰা ব্যৱস্থাই খেতিয়ক আৰু চৰকাৰ দুয়োপক্ষকে ব্যাতিব্যস্ত কৰে। খেতিয়কক পানীৰ প্ৰয়োজন আৰু চৰকাৰৰ দায়িত্ব হ'ল প্ৰয়োজনীয় পানী সৰবৰাহ কৰা। কোনখন ৰাজ্যই কোনো এখন নদীৰ পৰা কিমান পানী পাব, তাক ৰাজ্য চৰকাৰ দুখনৰ মাজত ঠিক কৰি লোৱা কথা।

(১) **মধ্যপ্ৰাচ্যত ঃ** তিনিটা বিখ্যাত নদী জৰ্ডান, টাইগ্ৰীচ-ইউফ্ৰেটিচ আৰু নীল নদীৰ অৱবাহিকা পৰিছে মধ্যপ্ৰাচ্যৰ দেশসমূহৰ মাজত। ইথিওপিয়াই নীল নদীৰ ওপৰভাগৰ প্ৰায় ৮০% পানী পায়। তেওঁলোকক আৰু লাগে। চুডানেও অধিক পানী নদীটোৰ পৰা নিব বিচাৰে। ইয়ে ইজিপ্তক বেয়াকৈ প্ৰভাৱান্বিত কৰিছে। ইজিপ্তৰ অধিকাংশই মৰুভূমি। কেৱল নীল নদীৰ যি অংশ তাত পৰিছে তাৰ দুপাৰে আৰু আৰু নদীটোৰ বদ্বীপ অংশত কৰা খেতিত জলসিঞ্চনৰ বাবেহে পানী পায়। ইপিনে, ইজিপ্তৰ জনসংখ্যা বাঢ়ি আছে। অহা বিছ বছৰৰ ভিতৰত জনসংখ্যা দুগুণ হবগৈ। গতিকে পানীৰ চাহিদাও দুগুণ হোৱাৰ কথা। সেইদৰে জৰ্ডান, চিৰিয়া আৰু ইজৰাইলৰ মাজত জৰ্ডান নদীৰ পানী পোৱাক লৈ তুমুল সংঘৰ্ষ অহৰহ ঘটি আছে।

টুৰ্কীত যথেষ্ট পানী। টাইগ্ৰীচ-ইউফ্ৰেটিচ নদীত ২২ টা বান্ধ দি টুৰ্কিয়ে জলবিদ্যুৎ প্ৰকল্প প্ৰস্তুত কৰিছে। কিন্তু ইয়াৰ দ্বাৰা চিৰিয়া আৰু ইৰাক ভীষণভাবে ক্ষতিগ্ৰস্ত হব ; কাৰণ পানীৰ সোঁত বহু পৰিমাণে কমি যাব। টুৰ্কীয়ে অঞ্চলটোৰ পানীৰ ক্ষেত্ৰত প্ৰবল শক্তি ৰূপে খ্যাত হোৱাৰ সপোন দেখিছে।তেওঁলোকে চৌদি আৰব, কুৱেট, চিৰিয়া, ইজৰাইল আৰু জৰ্ডানক পানী বেচাৰ কথা ভাবিছে। দেখা যায়, অনতিপলমে মধ্যপ্ৰাচ্যত আন এখন যুদ্ধ চলিব পানীৰ বাবে।

(২) **সিন্ধু নদীৰ পানীৰ চুক্তি ঃ** অতি প্ৰবল বুলি খ্যাত সিন্ধু নদী ক্ৰমে মৃত্যুমুখী হবলৈ ধৰিছে। ইয়াৰ কাৰণ হ'ল নদীটোৰ ওপৰ অংশত স্থাপন কৰা মাত্ৰাতিৰিক্ত বান্ধ আৰু ভেটা। যেনে চক্কুৰ ভেঁটা (১৯৩২), ঘুলাম মহম্মদ ভেঁটা (১৯৫৮) আৰু ঝীলম নদীত দিয়া টাৰ্বেলা আৰু চম্বা বান্ধ। ফলত সিন্ধু অৱবাহিকাত, বিশেষকৈ বদ্বীপ অঞ্চলত পানীৰ মাত্ৰা কমি গৈছে। ১৯৬০ চনত সিন্ধু পানীৰ চুক্তি কৰা হৈছিল ভাৰত আৰু পাকিস্তানৰ মাজত। এই চুক্তি মৰ্মে ঝীলম আৰু চেনাব নদীৰ পানী পাকিস্তানৰ আৰু চুটলেজ, ৰবি আৰু বীজ নদীৰ পানী ভাৰতৰ ভাগত পৰে। ভাৰতে নিজৰ ভাগত পৰা নদীৰ পাৰত ভাৰতীয় সীমাত ভেঁটা বা বান্ধ দিয়াৰ অধিকাৰ পায়। ইপিনে, পাকিস্তানৰ ভাগত পৰা নদীকেইটাও যিহেতু মূৰকত ভাৰতলৈ বৈ আহিছে, অব্যৱহাৰিক কাৰ্য্যত নদীৰ কোনো ধৰণৰ ক্ষতি নকৰাকৈ পানী ব্যৱহাৰ কৰাৰ অধিকাৰ পাব লাগে। কিন্তু এই দিশত কোনো ব্যৱস্থা লোৱা হোৱা নাই। দেশ দুখনৰ মাজত সাম্প্ৰতিকহোৱা সদ্ভাবৰ পৰিপ্ৰেক্ষিতত সিন্ধু নদীৰ অৱবাহিকা অঞ্চল উন্নত আৰু ৰক্ষণাবেক্ষনৰ দিহা কৰা হব বুলি আশা কৰিব পাৰি।

(৩) **কাবেৰী নদীৰ পানীৰ চুক্তি ঃ** এয়া এক ভাৰতৰ ভিতৰতে আন্তঃ ৰাজ্যিক চুক্তি। ভাৰতৰ ওঠৰখন প্ৰধান নদীৰ

সোতৰ খনেই ভিন ভিন ৰাজ্যৰ মাজেৰে বৈ গৈছে আৰু সেয়ে যি যি ৰাজ্যৰ মাজেৰে প্ৰবাহিত হৈছে সেই ৰাজ্যসমূহে তাৰ পানী ব্যৱহাৰ কৰে। কিন্তু দেখা গৈছে কাবেৰীৰ পানীক লৈ তামিলনাডু আৰু কৰ্ণাটকৰ মাজত এক দীৰ্ঘদিনীয়া সংঘৰ্ষ চলি আছে। প্ৰায় এশ বছৰ ধৰি ৰাজ্যদুখনৰ মাজত মনোমালিন্য ঘটি আছে। কাবেৰী নদীৰ নিম্নাংশ তামিলনাডুত পৰিছে। গতিকে তামিলনাডুই ওপৰ অংশৰ পৰা বৈ অহা পানী নিয়মমানি নিয়ন্ত্ৰিত হোৱাটো বিচাৰে। কৰ্ণাটকে কিন্তু এই কথা মানি চলিব নোখোজে। এই ৰাজ্যখনে ওপৰভাগত পানী নিয়ন্ত্ৰণ কৰে আৰু ঠিকমতে এৰি নিদিয়ে। কাৰণ, পানীৰ চাহিদা কৰ্ণাটকতো তামিলনাডুৰ সমানে আছে। খেতিবাতি আৰু শিল্প উদ্যোগ সকলোতে পানীৰ প্ৰায়োজন। তামিলনাডুত শিল্প উদ্যোগৰ মাত্ৰা অধিক বাবে তাত পানীৰ প্ৰয়োজন কৰ্ণাটকৰ তুলনাত অধিক। তদুপৰি তামিলনাডুৰ অৱবাহিকা অংশ শিলাস্তৰীয় হোৱা হেতুকে বৰষুণৰ পানী ধৰি ৰাখিবলৈ অসমৰ্থ।

১৯৬০ চনৰ ২ জুনত কাবেৰীৰ পানী ভাগ বিতৰণৰ বাবে এখন ট্ৰিবিউনেল অৰ্থাৎ ন্যায়পীঠ গঠন কৰা হয়। এই ন্যায়পীঠে চাব লাগে যাতে তামিলনাডুৱে নিৰ্দ্ধাৰিত হাৰত (বছৰত ২০৫ টি, এম, চি, এফ,) পানী মেট্‌টুৰ বান্ধলৈ পায়। ১৯৯১-৯২ চনত যথেষ্ট বৰষুণ হোৱা বাবে মেটটুৰ বান্ধত যথেষ্ট পানী জমা হৈছিল আৰু সেয়ে সেই বছৰত কোনো ধৰণৰ বিবাদ উৎপন্ন হোৱা নাছিল। কিন্তু ১৯৯৫ চনত বৰষুণ পলমকৈ আৰম্ভ হোৱাত তামিলনাডুত পানীৰ সংকট আৰম্ভ হয়। এক পাৰদৰ্শী দলে অধ্যয়ন কৰি দেখিলে যে কাবেৰীৰ অৱবাহিকা অঞ্চলত এক জটিল ব্যৱস্থাসুচক খেতি কৰা হয়। উদাহৰণতঃ, শীত কালত কৰা হয় চম্বা ধানৰ খেতি, গ্ৰীষ্মকালত কুৰৱৈ ধানৰ খেতি আৰু মাজভাগত কিছুমান আন আন হ্ৰস্বকালীন শস্য-উৎপাদন খেতি। এই আটাইবোৰ খেতিৰ বাবে প্ৰচুৰ পৰিমাণৰ পানীৰ প্ৰয়োজন। সেয়ে পাৰদৰ্শী ব্যাক্তিৰ দলটোৱে খেতিৰ চিনাক্ত কৰণ এনেদৰে কৰিব লাগে বুলি কয় যাতে পানীৰ ব্যৱহাৰ কম কৰিব পৰা যায়। অৱশ্যে দলটোৱে পানীৰ বিতৰণ ব্যৱস্থাত ন্যায়নিষ্ঠতা আহিব লাগে বুলিও মন্তব্য কৰে। কিন্তু তাৰপাছতো ৰাজ্য দুখনৰ মাজত বিবাদ চলি আছে। দুবছৰ আগতে ২০০২-৩ চনত এই বিবাদ নিষ্পত্তি কৰাবলৈ উচ্চ- ন্যায়ালয়ৰ সহায় লবলগীয়া পৰ্যায় আহে।

(৪) **চুটলেছ যমুনা সংলগ্নিত খালৰ সংঘৰ্ষ ঃ**

তামিলনাডু আৰু কৰ্ণাটকত থকাৰ দৰে পাঞ্জাব আৰু হাৰিয়ানাতো পানীৰ ভাগ বিতৰণক লৈ সংঘৰ্ষ চলি আছে। ৰবি-বীজ আৰু চুট্‌লেজ যমুনা সংলগ্ন কৰা খালৰ পানীক লৈ চলা পাঞ্জাব আৰু হাৰিয়ানাৰ সংঘৰ্ষ সম্প্ৰতি উচ্চ-ন্যায়ালয়ৰ বিচাৰাধীন। ইৰাডি ন্যায়পীঠে (১৯৮৫) ১৯৬০ ৰ পৰা ১৯৮০ চনলৈ পোৱা পানীৰ খতিয়ন অধ্যয়ন কৰি কৈছিল যে প্ৰতিবছৰে গড় হিচাপত ১৭.১৭ নিযুত একৰ ফুট পানী পোৱা হৈছিল।কিন্তু পাঞ্জাবে কয় যে বিগত ১৭ বছৰত এই পানীৰ পৰিমাণ অনুক্ৰমে কমি গৈছে আৰু এতিয়া ৰবি বীজ নদীৰ পৰা ১৪.৩৪ নিযুত একৰ ফুট পানীহে পোৱা যায়। ২০০2 চনৰ ১৫ জানুৱাৰীত উচ্চ ন্যায়লয়ে পাঞ্জাব চৰাকাৰক নিৰ্দেশ দিয়ে যে অনতিপলমে, এবছৰৰ ভিতৰতে চুটলেজ যমুনা সংলগ্নিত খালটো পূৰ্ণ কৰি লব লাগে; অন্যথাই কেন্দ্ৰীয় চৰকাৰে খালটো নিৰ্মাণ কৰি দিব লাগে। দুবছৰ গ'ল। এতিয়াও খালটো নিৰ্মিত হোৱা নাই। ৰবি-বীজ নদীৰ পানীক লৈ দুয়োখন ৰাজ্যৰ মাজত বিবাদ সমাপ্ত হোৱা নাই বিবাদৰ মূল কাৰণ হ'ল পাঞ্জাবৰ অধিকাংশই বীজ ৰবি আৰু চুটলেজ নদীৰ তীৰবৰ্তী অঞ্চল। গতিকে পাঞ্জাবে নিজৰ বাবে অধিকপানী বিচাৰে। ইপিনে ১৯৬৬ চনত হাৰিয়ানাই পানীৰ অভাবত ভুগিছে। হাৰিয়ানাই ইতিমধ্যে উত্তৰপ্ৰদেশ, ৰাজস্থান আৰু দিল্লীৰ সতে বুজাবুজিৰ চুক্তিপত্ৰত স্বাক্ষৰ কৰিছে যমুনা নদীৰ পৰা পানী পাবৰ বাবে। যমুনাৰ একাংশ হাৰিয়ানাত আছে।

আচলকথা হ'ল জনবিস্ফোৰণ, খেতিৰ মাত্ৰা বৃদ্ধি আৰু শিল্প-উদ্যেগৰ সম্প্ৰসাৰণে ক্ৰমে পানীৰ চাহিদা বঢ়াই আছে। একেদৰে প্ৰাকৃতিক শিল্প উদ্যোগৰ সম্প্ৰসাৰণেও ক্ৰমে পানীৰ চাহিদা বঢ়াই আছে। কিন্তু প্ৰাকৃতিকভাবে নদীত পানীৰ মাত্ৰা বঢ়া নাই। গতিকে পানীৰ ভাগ বিতৰণ ব্যৱস্থা বুজা বুজি আৰু উদ্দেশ্যমূখী নহলে, তাক লৈ সংঘৰ্ষ চলিয়েই থাকিব।

পৰম্পৰাগত পানী পৰিচালনা প্ৰক্ৰিয়া ঃ

আমাৰ দেশত এতিয়াও বহুতো গাওঁ-ভূঁইত পানী সিঞ্চন পৰাম্পৰাভাবে গঞাঁ নিয়মত কৰি থকা হৈছে। দক্ষিণ

ভাৰতত নীৰকাট্টিসকলে অতি দক্ষতাৰে পানীৰ পুখুৰী সাজে, খাল খান্দে আৰু তাৰে জলসিঞ্চনৰ কাম চলায়। তেওঁলোকে খেতিপথাৰৰ পানীৰ যোগান ধৰে। এনে কৰোতে কি শস্যত কি ধৰণৰ পানীৰ প্ৰয়োজন হয় তাৰ প্ৰতিও নজৰ ৰাখে। কাৰণ, সকলো শস্যতে সমানে পানীৰ আৱশ্যক নহয়। মহাৰাষ্ট্ৰত এনে স্থানীয় পানীযোগানৰ দায়িত্ব বহন কৰা সকলক হাভালদাৰ বা জাঘ্যস বোলা হয়। তেওঁলোকে পানী বিলোৱাত ন্যায়নিষ্ঠতা পালন কৰে আৰু য'ত যিদৰে প্ৰয়োজন হয়, সেইমতে ডাঙৰ পুখুৰীৰ পৰা সৰু সৰু লোৰে পানীৰ যোগান ধৰে। এনে প্ৰথা লাডাখতো চলি আছে। লাডাখত পানী বিলোৱাসকলক চুৰপুন বোলা হয়। চুৰপুনৰ হাতত সকলো দায়িত্ব অৰ্পণ কৰা হয় আৰু তেওঁৰ সিদ্ধান্তই চুড়ান্ত। ইয়াত পানীৰ উৎস বৰফ গ'লা পানী। বৰফগ'লা পানী নিজৰাৰ মাজেৰে বৈ আহে আৰু চুৰপুনে তাক সংগ্ৰহ কৰি ডাঙৰ ডাঙৰ পুখুৰী যেন কৰি জমা কৰে। পাছত তেওঁ প্ৰয়োজন অনুসৰি পানী এৰি দিয়ে। ইয়াৰ বৰে মাটিৰ ভেটা দি নলী তৈয়াৰ কৰি লয়।

মনকৰিবলগীয় কথা হ'ল যে এইদৰে পৰম্পৰা ভাবে পানী বিলোৱা প্ৰথাত ৰাইজৰ অসন্তুষ্টি নহয়। মাজে মাজে গাওঁৰ মানুহ লগলাগি পানীৰ অৱস্থাৰ বুজ লয় আৰু বিলোৱাৰ নিয়ম ঠিক কৰে। ফলত পৰম্পৰা ভাবে পানী বিলোৱা প্ৰথাত বিবাদৰ সৃষ্টি নহয়।

সম্প্ৰতি আমাৰ দেশতো পানীৰ সমস্যাৰ উদ্ভৱ হৈছে। ডাঙৰ চহৰাঞ্চলত খোৱা পানীৰ চাহিদা বহুত বেচি হাৰত বাঢ়িছে। এক অধ্যয়নত প্ৰকাশ যে য'ত নিতৌ ১৪ হেজাৰ মিলিয়ন লিটাৰ পানীৰ প্ৰয়োজন, তাত পোৱা যায় প্ৰায় ১০ হেজাৰ মিলিয়ন লিটাৰ। সেয়েহে সম্প্ৰতি পানীৰ সংৰক্ষণ আৰু বিতৰণ ব্যৱস্থাৰ এক বিজ্ঞানসন্মত দৃষ্টিভংগী গ্ৰহণ কৰাৰ প্ৰয়োজন হৈছে। এই ক্ষেত্ৰত বৰষুণৰ পানী সংগ্ৰহ এক বিকল্প উপায় বুলি গণ্য কাৰা হৈছে। ইতিমধ্যে চেন্নাই, বাংগালোৰ, মিজোৰাম আদিত বৰষুণৰ পানীসংগ্ৰহ কাৰ্য্যই সুফল দেখুৱাইছে। বৰষুণৰ পানী ধৰি ৰাখিবৰ বাবে খাদিনৰ দৰে জলাধাৰ, জোহদৰ দৰে বান্ধ আৰু কিছুমান টেঙ্কৰ ব্যৱস্থা আগবঢ়োৱা হৈছে। টেঙ্ক পকা কৰিও সাজিব পাৰি।

বৰষুণৰ পানী সংৰক্ষণ কৰি ভূগৰ্ভস্থ পানীৰ স্তৰ উন্নীতকৰাৰ উদাহৰণ ইতিমধ্যে চেন্নাই মহানগৰত প্ৰতিষ্ঠিত হৈছে। বাঙ্গালোৰতো বৰষুণৰ পানী সংৰক্ষণৰ ব্যৱস্থা নতুনকৈ সজা অট্টালিকাবোৰত বাধ্যতামূলক কৰা হৈছে। উল্লেখযোগ্য যে আমাৰ চুবুৰীয়া ৰাজ্য মিজোৰামে বহু বছৰ ধৰি বৰষুণৰ পানী সংৰক্ষণ কৰি পানীৰ অভাৱ পূৰণ কৰি আহিছে। আমাৰ অসমতো সম্প্ৰতি ভূগৰ্ভস্থ পানীত থকা লোৰ মাত্ৰা দেখি বৰষুণৰ পানী সংৰক্ষণৰ ব্যৱস্থা অপৰিহাৰ্য্য হোৱা বুলি কব পাৰি। তদুপৰি, অসমৰ নগৰে গাৱে পানীত বিভিন্ন প্ৰকাৰৰ জীৱাণু, পৰজীৱি (ভাইৰাচ), বিষাক্ত ৰাসায়নিক পদাৰ্থ আৰু উদ্যোগসমূহৰ পৰা ওলোৱা বিষাক্ত দ্ৰব্যাদি এনেদৰে বঢ়িছে যে খোৱা পানীৰ দ্বাৰাই নানান সংবহিত ৰোগ হবলৈ ধৰিছে।সেয়েহে আমি সকলোৱে বুজা উচিত যে বৰষুণৰ পানী সংৰক্ষণ হ'ব এক সমসাময়িক উত্তম ব্যৱস্থা।

ডাঙৰ বান্ধৰ সুফল-কুফল ঃ

সুফল ঃ নদীৰ উপত্যকা অঞ্চলত স্থাপন কৰা ডাঙৰ বান্ধবোৰে বিকাশৰ ক্ষেত্ৰত বিশেষ ভূমিকা গ্ৰহণ কৰি আহিছে। কাৰণ, এই বান্ধবোৰৰ ব্যৱহাৰ বহুমুখী। ভাৰতত নদীৰ উপত্যকা অঞ্চলত সৰ্বাধিক প্ৰকল্প স্থাপিত হৈছে। ইয়াৰ জৰিয়তে দিয়া বান্ধবোৰে জাতীয় বিকাশৰ সূচকৰূপে স্বীকৃতি লাভ কৰিছে। বিশেষকৈ জনগোষ্ঠী বা জনজাতিৰ লোকসকলৰ জীৱন-মান, চাকৰি আদি প্ৰভুত হাৰত বৰ্দ্ধিত হৈছে এনে প্ৰকল্পৰ জৰিয়তে। কাৰণ, বান্ধবোৰৰ দ্বাৰা অৰ্থনৈতিক উন্নয়ণ হৈছে। দুৰ্ভিক্ষ আৰু বানপানীৰ সমস্যা বান্ধ বোৰৰ দ্বাৰা বহুলাংশে নিয়ন্ত্ৰিত হৈছে। বিজুলী উৎপাদন আৰু জলসিঞ্চনকে ধৰি খোৱাপানীলৈ মাছমৰা, যাতায়াত (নাওঁৰে) আদি বিবিধ কাৰ্য্য এনে বান্ধ সজা বাবে সহজ হৈছে।

কুফল ঃ কিন্তু ডাঙৰ বান্ধৰ কিছুমান আওপকীয়া কুফলো আছে। এইবাবে অঞ্চলবিশেষে বান্ধক লৈ অসন্তুষ্টি প্ৰকাশ কৰা দেখা যায়। বান্ধৰ কুফল ওপৰ আৰু তল দুয়ো অংশতে হয়।

ওপৰ অংশত সংঘটিত কুফল তলত দিয়া ধৰণৰ

(i) জনজাতিৰ মানুহৰ স্থানান্তৰ,

(ii) বনাঞ্চল হানি,

(iii) মাছমৰা ঠাইৰ পৰিবৰ্তন; মাছৰ কণী পৰা ঠাই বিনিষ্ট হোৱা,
(iv) জলাধাৰত বালি আদি জমা হোৱা,
(v) সমভূমিৰো কিছুঅংশৰ ক্ষতি,
(vi) বান্ধৰ আশে পাশে পানী জমা হোৱা,
(vii) বীজাণু সৃষ্টিৰ সম্ভাৱনীয়তা বঢ়া,
(viii) ভূমিকম্প হোৱাত সহায়ক হোৱা আৰু
(ix) পানীত হোৱা অবাঞ্চনীয় জলজ উদ্ভিদৰ বৃদ্ধি, জলবায়ুৰ সূক্ষ্ম পৰিবৰ্তন।

(খ) বান্ধৰ নিম্নাংশত সংঘটিত কুফল হ'ল এনে ধৰণৰ ঃ

(i) পানী বন্ধ হৈ মাটিৰ অন্যায়,
(ii) জলাবায়ুৰ পৰিবৰ্তণ,
(iii) পানীৰ গতিৰ স্তব্ধতা হেতু নদীত বালি জমা হোৱা,
(iv) বানপানীৰ আশঙ্কা,
(v) নদীৰ মুখত লুনীয়া পানীৰ সৃষ্টি,
(vi) মাটিৰ উৰ্ব্বৰতা হ্ৰাস (যিহেতু ইয়াৰ পানীয়ে মাটিৰ সাৰ বোৱাই আনে।)
(vii) মহৰ উৎপাদন বৃদ্ধি (বিশেষকৈ মেলেৰীয়া বিয়পোৱাৰ ক্ষেত্ৰত এন'ফেলিচ মহৰ বৃদ্ধি হয়।) আৰু
(viii) নদীৰ গতিপথ সলনিৰ কাৰক হোৱা।

গতিকে দেখা যায় যে ডাঙৰ বান্ধবোৰৰ আওপকীয়া কুফল অধিক। সেয়ে এতিয়া ক্ষুদ্ৰ বান্ধ দিয়াৰ দিহা কৰাহৈছে। বিদ্যুৎ উৎপাদনৰ বাবেও ডাঙৰ বান্ধ বা ভেটা বন্ধাতকৈ ক্ষুদ্ৰাকৃতিৰ বিদ্যুৎপকল্প সজাৰ প্ৰথা ইতিমধ্যে প্ৰচলিত হৈছে।

২.৩ খনিজ সম্পদ

প্ৰাকৃতিকভাৱে পোৱা অজৈৱ, স্ফটিকসদৃশ পদাৰ্থক খনিজ পদাৰ্থ বুলি কোৱা হয়। ইহঁতৰ ৰাসায়নিক ভৌতিক ধৰ্ম কিছুমান থাকে। পৃথিৱীত হেজাৰ হেজাৰ প্ৰকাৰৰ খনিজ পদাৰ্থ আছে। উদাহৰণতঃ আমি আমাৰ চাৰিওফালে দেখা (বা পোৱা) বেছিভাগ শিল কোৱাৰ্টজ, ফেলস্পাৰ, ডল'মাইট, চুণশিল জাতীয় কেলছাইট আদি খনিজেৰে গঠিত। আনহাতে, এই খনিজবোৰৰ গঠনত আছে চিলিকন, অম্লজান, লো, মেঙ্গানিজ, কেলচিয়াম, এলুমিনিয়াম আদি মৌলক পদাৰ্থ।

ব্যৱহাৰ ঃ খনিজ পদাৰ্থৰ ব্যৱহাৰ আমাৰ দৈনিক জীৱনত বহুতো প্ৰকাৰে-ঘৰুৱা কাম-কাজ, কৃষিখণ্ড, শিল্প-উদ্যোগ আৰু ব্যণিজ্যিক দিশত হৈ আছে। সেয়ে কোনো এটা জাতিৰ বা কোনো এখন ৰাষ্ট্ৰৰ অৰ্থনৈতিক ক্ষেত্ৰত ইয়াৰ ভূমিকা অতি গুৰুত্বপূৰ্ণ। খনিজৰ কেইটামান বিশেষ ব্যৱহাৰ হ'ব এনে ধৰণৰ ঃ

(i) বাণিজ্যিক সৰঞ্জাম পাতি, যন্ত্ৰপাতি আদিৰ বিকাশৰ বাবে;
(ii) শক্তি উৎপাদনৰ বাবে;
(iii) ঘৰসজা, বসবাস স্থাপন আদিত;
(iv) প্ৰতিৰক্ষা বিভাগত অস্ত্ৰ-পাতিকে ধৰি বিভিন্ন সঁজুলি নিৰ্মাণত;
(v) যাতায়ত ব্যৱস্থাত;
(vi) সংযোগ ব্যৱস্থাত—টেলিফোনৰ তাঁৰ, কেবল, ইলেক্ট্ৰনিক বস্তু আদি সজাৰ বাবে;
(vii) ঔষধ ব্যৱস্থাত, বিশেষকৈ আয়ুৰ্বেদিক ঔষধ তৈয়াৰ কৰোতে;
(viii) ভিন ভিন কামৰ বাবে প্ৰয়োজনীয় ধাতু-সঙ্কৰ সৃষ্টি কৰোতে;
(ix) কৃষিখণ্ডৰ বাবে সাৰ তৈয়াৰ কৰোতে, শস্য সংৰক্ষণৰ বাবে;
(x) অলঙ্কাৰ পাতিৰ বাবে— (যেনে সোণ, ৰূপ, প্লেটিনাম, হীৰা আদিৰ।)

ধৰ্ম আৰু গুণাগুণ অনুসৰি খনিজসমূহক মূখ্যতঃ দুভাগত ভগোৱা হয়। এবিধ ধাতব খনিজ; যেনে— বক্সাইট,

হাৰ্মাটাইট, লেটাৰাইট আদি আৰু আনবিধ হ'ল অ-ধাতব খনিজ; যেনে— গ্ৰেফাইট, হীড়া, কোৱাৰ্টজ, ফেলস্পাৰ আদি।

মানবসভ্যতাৰ প্ৰথমৰ পৰাই ধাতুৰ ব্যৱহাৰ ইমান অধিকহাৰত হৈছে যে মানব ইতিহাসৰ দুটা যুগ ধাতুৰ নামেৰে— কাঁহৰ যুগ বা ব্ৰ'ঞ্জ যুগ আৰু লৌহ যুগ বুলি অভিহিত কৰা হৈছে। ধাতুৰ খনিজ পৰিমাণ আৰু তাক উদ্ধাৰ কৰাই দেশ এখনৰ সবলতা নিৰ্দ্ধাৰণ কৰি আহিছে। ফলত ই ৰাজনৈতিক শক্তি নিয়ন্ত্ৰণতো ভূমিকা লৈছে। সকলো ধাতুৰ ভিতৰত আটাইতকৈ অধিক হাৰত ব্যৱহৃত ধাতু হ'ল লো আৰু ষ্টীল— বছৰত প্ৰায় ৭৪৮ নিযুত মেট্ৰিক টন। তাৰ পাছতে আছে মেঙ্গানিজ, তাম, ক্ৰোমিয়াম, এলুমিনিয়াম আৰু নিকেল।

আমাৰ সঘনে ব্যৱহৃত ধাতু আৰু ধাতব খনিজ সম্পদৰ প্ৰয়োগ এনে ধৰণৰ ঃ

ধাতু	বিশ্বৰ মুখ্য খনি থকা ঠাই	মুখ্য ব্যৱহাৰ
(i) এলুমিনিয়াম	অষ্ট্ৰেলিয়া, গিনিয়া আৰু জামাইকা	খাদ্যবস্তুৰ পেকেটকৰণ, বাচন-বৰ্তন, যাতায়ত, ইলেক্ট্ৰনিক্সত।
(ii) ক্ৰোমিয়াম	চিআই এচ আৰু দক্ষিণ আফ্ৰিকা	সবল তীখাৰ সঙ্কৰ তৈয়াৰ কৰোঁতে। কাপোৰ আৰু চামৰা টেনিং কৰোতে।
(iii) তাম	আমেৰিকা, কানাডা, চিলি, জাম্বিয়া, চি আই এচ	বৈদ্যুতিক আৰু ইলেক্ট্ৰনিক বস্তু, ঘৰ-সজা কামত, পাত্ৰ সজা, বাচন-বৰ্তন তৈয়াৰ কৰোতে।
(iv) লো	আমেৰিকা, কানাডা, চি আই এচ	গধূৰ যন্ত্ৰ-পাতি, নলী আদি আৰু তীখাৰ কাৰখানাত বস্তু কঢ়িওৱা কাৰ্য্যত, ঘৰ সাজোতে।
(v) সীহ	আমেৰিকা, চি আই এচ	গেচ'লিনত তৰপ দিবলৈ, গাড়ীৰ বেটাৰী, পেইণ্ট তৈয়াৰ কৰিবলৈ, খাৰ বাৰুদ তৈয়াৰকৰণত
(vi) মেংগানীজ	দক্ষিণ আফ্ৰিকা, ব্ৰাজিল, গেবন, চি আই এচ	উচ্চ শক্তি প্ৰদায়ক ৰূপে, তাপ ৰোধক ৰূপে আৰু তীখাৰ সঙ্কৰ তৈয়াৰ কৰোতে।
(vii) প্লেটিনামজাতীয়	দক্ষিণ আফ্ৰিকা, চি আই এচ	স্বয়ং চালিত যানত, ইলেক্ট্ৰনিক্স, ঔষধ শিল্পত।
(viii) সোণ	দক্ষিণ আফ্ৰিকা, চি আই এচ, কানাডা	অলঙ্কাৰ পাতি, ঔষধি ৰূপে, ইলেক্ট্ৰনিক বস্তু তৈয়াৰ কৰিবলৈ, মহাকাশ যানত।
(ix) ৰূপ	কানাডা, দক্ষিণ আফ্ৰিকা, মেক্সিকো	ফট'গ্ৰাফী, ইলেক্ট্ৰনিক্স, অলঙ্কাৰ পাতি।
(x) নিকেল	কানাডা, চি আই এচ, নিউ কেলেডনিয়া	ৰসায়ন উদ্যোগ, তীখাৰ সঙ্কৰ তৈয়াৰ কৰোতে।

অধাতব খনিজৰ ব্যৱহাৰ ঃ

(i) চিলিকেটজাতীয় খনিজ ঃ বালি শিল আদি ঘৰ সাজোতে, ইটা তৈয়াৰ কৰোতে আৰু ৰাস্তা বান্ধোতে।
(ii) চূণ শিল ঃ ঘৰ নিৰ্মাণ কাৰ্যত, কংক্ৰিটত, চিমেণ্ট কাৰখানাত, খেতি পথাৰত।
(iii) জিপচাম ঃ ৱাল-বোৰ্ডত লেপন দিবলৈ, খেতি-কাৰ্যত, প্লাষ্টাৰ অব পেৰিচ তৈয়াৰ কৰিবলৈ।
(iv) পটাচ, ফচফোৰাইট ঃ সাৰ-কাৰখানাত
(v) গন্ধক দ্ৰব্য ঃ ঔষধ-শিল্পত, গাড়ীৰ বেটাৰীত, আন কিছুমান উদ্যোগত।

মনকৰিবলগীয়া ঃ আগৰ ইউ এচ এচ আৰত থকা ১২ খন ৰাষ্ট্ৰক একেলগে 'কমনওৱেলথ অব্ ইণ্ডিপেণ্ডেণ্ট ষ্টেটচ' (The Commonwealth of Independent States), চমুকৈ চি আই এচ নামেৰে জনা যায়।

দেখা যায় বিশ্বৰ খনিজ সম্পদ অধিক হাৰত পোৱা যায় চি আই এচ, আমেৰিকা (যাক চমুকৈ ইউ এচ এ বুলি কোৱা হয়), কানাডা, দক্ষিণ আফ্ৰিকা আৰু অষ্ট্ৰেলিয়াত। খনিজ আৰু শক্তিসম্পদত সমৃদ্ধ হোৱা বাবেই আমেৰিকা যুক্তৰাষ্ট্ৰই প্ৰায় দুশ বছৰৰ ভিতৰতে পৃথিৱীৰ ভিতৰত ধনী আৰু প্ৰতিপত্তিশালী দেশ হৈ পৰিছে। আনহাতে, একো ধাতব সম্পদ,

কয়লা, তেল আৰু কাঠসম্পদ নোহোৱা জাপানে নিজৰ কাৰিকৰী প্ৰগতিৰে আন দেশৰ পৰা খনিজ আৰু বনজ সম্পদ সংগ্ৰহ কৰিও নিজকে অৰ্থনৈতিক দিশত প্ৰতিষ্ঠা কৰিব পাৰিছে।

খনিজ সম্পদক আমি দুভাগে ভগাব পাৰোঁ— অত্যাৱশ্যকীয় (বা অপৰিহাৰ্য) আৰু মূল-সামগ্ৰী নামেৰে। লো এলুমিনিয়াম, তাম, সোণ আদিৰ দৰে খনিজবোৰে দেশৰ অৰ্থনীতিত অৰিহণা যোগায় বাবে সেইবোৰক অত্যাৱশ্যকীয় খনিজ সম্পদ বুলি কোৱা হয়। আনহাতে, মেংগানিজ, কোবাল্ট, প্লেটিনাম, ক্ৰোমিয়াম আদিৰ দৰে দেশৰ প্ৰতিৰক্ষাৰ বাবে প্ৰয়োজন হোৱা খনিজবোৰক মূল বা প্ৰধান খনিজ বোলা হয়।

ভাৰতৰ প্ৰধান খনিজ পদাৰ্থ

আধুনিক শিল্প উদ্যোগৰ দ্ৰুত বিকাশৰ বাবে কিছুমান বিশেষ উৎসৰ প্ৰয়োজন হয় শক্তি উৎপাদনৰ বাবে। তাৰ ভিতৰত কয়লা, পেট্ৰ'লিয়াম, প্ৰাকৃতিক গেছ, পানী, কাঠ অৰু বতাহ প্ৰধান। কিন্তু শক্তি আহৰণৰ সৈতে সম্পৰ্ক থকা খনিজসম্পদবোৰ অনুক্ৰমে হ্ৰাস হ'বলৈ ধৰিছে আৰু এটা সময়ত হয়তো এইবোৰ নিঃশেষ হৈ যাবও বুলি সন্দেহ প্ৰকাশ কৰা হৈছে। সেয়ে, সৌৰশক্তি, ইউৰেনিয়াম, মহাজাগতিক ৰশ্মি আদিৰ দৰে অপৰম্পৰাগত শক্তিৰ উৎসৰ ব্যৱহাৰ ইতিমধ্যে আৰম্ভ হৈছে আৰু ভৱিষ্যতত এনে ব্যৱহাৰ ব্যাপক হাৰত হ'ব বুলি কোৱা হৈছে।

আমাৰ দেশত পোৱা খনিজবোৰৰ ভিতৰত কয়লা, লিগনাইট, পেট্ৰ'লিয়াম আৰু ইউৰেনিয়ামৰ দৰে খনিজবোৰক শক্তি উৎপাদনকাৰী বুলি গণ্য কৰা হয়। এলুমিনিয়াম, লো আৰু তামৰ দৰে খনিজবোৰক ব্যৱহাৰিক বা ব্যৱসায়িক খনিজ বোলা হৈছে।

ভাৰতৰ কয়লা সম্পদ ঃ

পৃথিৱীত যিমান তাপ শক্তি উৎপাদিত হয়, তাৰ ৫৫ শতাংশ কেৱল কয়লাৰ পৰা উৎপন্ন কৰা হয়। শক্তিৰ উপৰিও কয়লাৰ পৰা আন কিছুমান মূল্যৱান সামগ্ৰী অনুষংগিক প্ৰজাত দ্ৰব্যৰূপে পোৱা যায়। উদাহৰণত ঃ আলকাতৰা, পিট্চ, ক'ক (আধাপোৰা কয়লা), ৰং, এম'নিয়া সাৰ, নানা ধৰণৰ ঔষধৰ আধাৰ আৰু গেছৰ কথা কব পাৰি। বিদ্যুৎ উৎপাদনৰ বাবে কয়লা পুৰি বয়লাৰৰ ভিতৰত ভাপ উৎপন্ন কৰি শক্তি উৎপাদন কৰা হয়। প্ৰসঙ্গ ক্ৰমে আমি মনত পেলোৱা উচিত যে শিল্প-বিপ্লৱৰ প্ৰাৰম্ভণতে ভাপ ইঞ্জিনৰ আৱিষ্কাৰ হয় আৰু ইয়ে কয়লা ব্যৱহাৰৰ গুৰুত্ব আনে। তাৰ পাছৰে পৰা ক্ৰমে ইউৰোপ, আমেৰিকা, ছোভিয়েট ৰাছিয়া, জাৰ্মান, ইংলণ্ড আৰু আমাৰ ভৰততো কয়লাৰ প্ৰয়োগ অতি দ্ৰুত হাৰত হ'বলৈ ধৰে। সেয়েহে কয়লাক আধুনিক শিল্প উদ্যোগৰ আধাৰ বুলি অভিহিত কৰা হয়।

ভাৰতৰ কয়লাক্ষেত্ৰবোৰ দুটা ভাগত ভগোৱা হয়। পশ্চিম বঙ্গ, বিহাৰ, উৰিষ্যা আৰু মধ্য প্ৰদেশক ধৰি **গণ্ডোৱানা ক্ষেত্ৰ** বুলি কোৱা হয়। আন এটা ক্ষেত্ৰ হ'ল অসম আৰু ৰাজস্থানক লৈ। এই দুখন ৰাজ্যৰ কয়লা ক্ষেত্ৰক গৌণ-ক্ষেত্ৰ বুলি ধৰা হয়। পৃথিৱীৰ মুঠ কয়লাৰ ভিতৰত ১.৬ শতাংশ পৰিমাণ (প্ৰায় ৮৫৭৭ কৌটি টন) সংৰক্ষিত হৈ আছে কেৱল গণ্ডোৱানা ক্ষেত্ৰত। ইয়াৰে ৩৩ শতাংশ কামত লগাব পৰা বিধৰ কয়লা। সম্প্ৰতি আমাৰ দেশত প্ৰায় তিনিশ নিযুত টন কয়লা প্ৰতি বছৰে উঠোৱা হয়। ইয়াৰ ভিতৰত অধিক অংশই পশ্চিমবঙ্গৰ ৰাণীগঞ্জ আৰু ঝাৰখণ্ডৰ ঝোৰিয়াৰ পৰা। তাৰ পাছতে গিৰিধি আৰু বোকাৰোৰ পৰা।

ভাৰতত যিমান কয়লা উঠোৱা হয় তাৰ বেছ কিছু অংশ নিম্নমানৰ কয়লা। ইয়ে এক সমস্যাৰ সৃষ্টি কৰিছে। নিম্নমানৰ কয়লা শোধন কৰোতে খৰচ বাঢ়ে আৰু ইয়াৰ পৰা পোৱা আন উপজাত সামগ্ৰীসমূহৰ মানো তিমান উন্নত নহয়।

কয়লা খনিৰ পৰা উঠোৱাৰ পাছত যি খাল হয়, তাক পূৰণ কৰাটোও আন এক সমস্যা। তাতোকৈ অধিক সমস্যা হ'ল খননৰ পাছত কয়লা পৰিবহণৰ। কাৰণ, কয়লা খনিবোৰ সাধাৰণতে যাতায়তৰ সুবিধা নথকা অঞ্চলত অৱস্থিত। আমাৰ দেশত কয়লা খননৰ বাবে ব্যৱহাৰ কৰা পদ্ধতি এতিয়াও আধুনিক আৰু উন্নত ব্যৱস্থাযুক্ত কৰি তোলা হোৱা নাই। সেয়ে খনিৰ মালিক আৰু শ্ৰমিক দুয়োটা প্ৰতিনিধিয়ে ক্ষতিগ্ৰস্ত হ'বলগীয়া হৈছে। কয়লা খনিত কাম কৰা শ্ৰমিকবোৰ আধুনিক নিষ্কাশন পদ্ধতিৰ জ্ঞানেৰে শিক্ষিত হোৱা উচিত। তদুপৰি, কয়লা খনিবোৰৰ পৰিচালনা ব্যৱস্থাও বিজ্ঞানসন্মত নোহোৱা বাবে আমাৰ দেশত কয়লা ক্ষেত্ৰবোৰত কিছুমান অনাহক সমস্যাৰ উদ্ভৱ হোৱা দেখা যায়।

আমাৰ দেশত খনিজ নিষ্কাশন হেতু হোৱা পৰিৱেশীয় প্ৰভাৱ ঃ

দেখা যায় খনিজ সম্পদসমূহৰ নিষ্কাশন আৰু পৰিশোধন ব্যৱস্থাই পৰিৱেশ বিনষ্টকৰণত যথেষ্ট অৰিহণা আগবঢ়াইছে। আমাৰ দেশত ৮৪ বিধ খনিজ সম্পদ উদ্ধাৰ কৰা হয় আৰু ইয়াৰ বছৰি মুঠ মূল্য প্ৰায় ৫০ হেজাৰ কৌটি টকা। ইয়াৰ ভিতৰত মুখ্য ছয়টা খনি হ'ল এনে ধৰণৰ, যিয়ে অধিক সমস্যা আনিছে বুলি চিনাক্ত কৰা হৈছে। সমস্যাবোৰ এনে ধৰণৰঃ

(১) ঝোৰিয়া কয়লা খনি, ঝাৰখণ্ড ঃ খনিৰ ভিতৰত জুই জ্বলি ওপৰৰ মাটি খহায়, ফলত শ্ৰমিকবোৰক আঁতৰ কৰিবলগীয়া হয়।

(২) ঝাৰুগুডা ইউৰেনিয়াম খনি, ঝাৰখণ্ড ঃ তেজস্ক্ৰিয় ৰশ্মি বিকিৰণৰ দ্বাৰা স্থানীয় মানুহ আৰু জীৱজন্তুৰ ক্ষতিসাধন কৰিছে।

(৩) কুদ্ৰেমুখ লোৰ খনি, কৰ্ণাটক ঃ খনন কাৰ্য্যত নিৰ্গত বস্তু বিশেষে নৈৰ পানী কলুষিত কৰিছে আৰু জৈৱ-বিচিত্ৰতাত আঘাত হানিছে।

(৪) চুকিন্দা ক্ৰোমাইট খনি, উৰিষ্যা ঃ ক্ৰোমিয়াম আৱৰ্জনাই নৈৰ পানী প্ৰদূষিত কৰি আছে। ফলত স্থানীয় জনতাৰ স্বাস্থ্য বিঘ্নিত কৰিছে, যিহেতু এনে আৱৰ্জনা কেন্সাৰ-কাৰক।

(৫) পূব উপকুলীয় বক্সাইট খনি, উৰিষ্যা ঃ ভূমি অধিকাৰ কৰি উঠাই দিয়া মানুহখিনিৰ পুনৰ সংস্থাপনৰ দিহা কৰা নাই।

(৬) উত্তৰ পূবৰ কয়লা খনি, অসম ঃ ইয়াৰ কয়লা উত্তোলনত অধিক মাত্ৰাত গন্ধক নিৰ্গত হয়। গন্ধকে ভূতলীয় পানী প্ৰদূষিত কৰিছে (খনি থকা অঞ্চলসমূহত)।

খনি খননৰ প্ৰভাৱ ঃ খনিত খনন কাৰ্য্য কৰা হয় ভূস্তৰীয় মাটি খান্দি। ঠাই বিশেষে এনে খনন গভীৰ স্তৰলৈ কৰিবলগীয়া হয়। প্ৰথমতে ভূ-পৃষ্ঠৰ উপৰিভাগ খান্দি ক্ৰমে তললৈ যোৱা হয়। এনে ধৰণৰ খনন ধ্বংসাত্মক, বিপদসঙ্কুল আৰু অধিক খৰচীয়া। তদুপৰি, ইয়ে জনবসতিত ক্ষতি কৰে।

খনি খননত তিনি প্ৰকাৰ পদ্ধতি অৱলম্বন কৰা হয় ঃ-

(ক) মুক্ত খাল খন্দা ঃ এই পদ্ধতিত যন্ত্ৰৰ সহায়ত গাঁত খন্দা হয় আৰু খনিজবস্তুখিনি ক্ৰমে উদ্ধাৰ কৰি উলিওৱা হয়। সাধাৰণতে তাম, লো, চুণ শিল, বালি শিল, মাৰ্বল, গ্ৰেণাইট আদি এইদৰে খান্দি উলিওৱা হয়।

(খ) ড্ৰেজিং পদ্ধতি ঃ ভূতলীয় পানীৰ সৈতে মিহলি হৈ থকা খনিজ বাল্টি বা তেনে ধৰণৰ বাকচৰ দ্বাৰা উঠাই অনা হয় শিকলি প্ৰয়োগ কৰি।

(গ) তৰপে তৰপে খন্দা ঃ বুলড'জাৰ, বৈদ্যুতিক কোদাল আদিৰ দৰে যন্ত্ৰেৰে খনিজ তৰপে তৰপে কাটি উদ্ধাৰ কৰা কাৰ্য্যক তৰপে তৰপে খন্দা পদ্ধতি বোলা হয়।

খনি খননকাৰ্যৰ দ্বাৰা পৰিৱেশৰ ওপৰত কেবা প্ৰকাৰৰ কুফল অহা দেখা যায়। তাৰ ভিতৰত প্ৰথমতেই হল—

(i) *বন-উচ্ছেদ আৰু ভূখণ্ডৰ আকৃতি পৰিবৰ্তন।* কাৰণ, খনন কাৰ্য আৰম্ভ কৰাৰ আগেয়ে মাটিৰ ওপৰভাগত থকা হাবি-বন কাটি চফা কৰিবৰ প্ৰয়োজন। এনেকি মাটি অংশও কিছু দূৰলৈ খান্দিবলগীয়া হয়। এনে কাৰ্যই প্ৰভূত পৰিমাণে পৰিৱেশ-তন্ত্ৰ বিনষ্ট কৰে। মাটিৰ যি স্বাভাৱিক আকৃতি তাৰো পৰিবৰ্তন আনে। ইয়াৰ দ্বাৰা সৃষ্টি হোৱা গাঁত, অ'ত ত'ত দমাই যোৱা মাটি-বালি-আৱৰ্জনাই খনি থকা ঠাইৰ স্বাভাৱিক সৌন্দৰ্য্য নোহোৱা কৰি দিয়ে। তাতোকৈ অধিক ক্ষতি হয় খান্দি থকা ঠাইৰ ভূ-স্খলন সংঘটিত হোৱা হেতু।

(ii) মাটি তললৈ বহি যোৱাটো হ'ল আন এক ক্ষতি। বিশেষকৈ ভিতৰে ভিতৰে খন্দা খনিত মাটি তললৈ **বহি** যোৱাটো অৱশ্যাম্ভাবী। ইয়ে ওচৰে পাজৰে থকা পকীঘৰত ফাঁট মেলায়, বেৰত ফাঁট ধৰে, এনেকি ওচৰেদি যোৱা ৰাস্তা বহি যোৱাৰ কাৰণ হয়। সেই অঞ্চলেদি যোৱা ৰে'লপথতো ভাঁজ আনে, ৰে'লগাড়ী অহা যোৱা কৰা পথত পাৰি দিয়া লোৰ পাটি বেঁকা কৰে। কেতিয়াবা কেতিয়াবা সেই অঞ্চলেদি নিয়া গেছ-পাইপ বেঁকা কৰি বা 'ফাঁট মেলাই গেছ নিৰ্গত কৰায়। মূৰকত ই জীৱ-জন্তুকে ধৰি মানুহৰো অন্যায় সাধন কৰে।

(iii) ভূতলীয় পানী প্ৰদূষিত কৰাটো হ'ল খনি খননৰ আন এক সমস্যা। আচলতে, খনি খননৰ দ্বাৰা পানীৰ যি স্বাভাৱিক স্তৰ আছে তাৰ ভাৰসাম্য বিঘ্নিত কৰে। তদপুৰি খনিৰ পৰা ওলোৱা কিছুমান বিষাক্ত পদাৰ্থ ভূতললৈ নিগৰি গৈ ভূতলীয় জলভাগ প্ৰদূষিত কৰিছে। বিশেষকৈ গন্ধক থকা খনিজ পদাৰ্থৰ পৰা গন্ধকখিনি ৰাসায়নিক বিক্ৰিয়াৰে চালফিউৰিক এচিডলৈ পৰিবৰ্তিত হয় আৰু ভূতলীয় পানীত মিহলি হৈ পানীখিনি এচিডযুক্ত কৰি তোলে। খনিত থকা কিছুমান গধূৰ ধাতুও পানীৰ সৈতে তললৈ গৈ ভূতলীয় পানীত মিহলি হয়। এনে পানী জনস্বাস্থ্যৰ ক্ষতিকাৰক।

(iv) বায়ু-প্ৰদূষণৰ অন্যতম কাৰণ হ'ল খনি খনন। বিশেষকৈ ধাতু অংশ দোষমুক্ত কৰিবলৈ লওতে বহুতো দোষদুষ্ট পদাৰ্থকণা বতাহত মিলি যায়। এনে দোষদুষ্ট বায়ুই খনিৰ ওচৰত থকা উদ্ভিদবোৰৰ আৰু খনিত কাম কৰা শ্ৰমিকৰ বিশেষ ক্ষতিসাধন কৰে। ধাতব খনিৰ পৰা কিছুমান পদাৰ্থকণা (যিবোৰ উৰণীয়া প্ৰকৃতিৰ, যেনে আৰ্ছেনিক কণা, কেডামিয়াম কণা, সীহৰ কণা আদি) উৰি গৈ বায়ুৰ সৈতে মিহলি হয়। ইয়ে বায়ু প্ৰদূষিত কৰে। এনে বায়ু জনস্বাস্থ্য ক্ষতিকাৰক।

(v) ভূ-পৃষ্ঠৰ পানীৰ প্ৰদূষণো খনি খননৰ দ্বাৰা সংঘটিত হৈছে। কাৰণ, খনিৰ পৰা নিৰ্গত আৱৰ্জনা, বিশেষকৈ এচিড অংশ বৰষুণৰ পানীৰ দ্বাৰা সংবহিত হৈ ওচৰত থকা নৈ-বিল, হ্ৰদ আদিত পৰে। এনে অম্লযুক্তপানীয়ে মাচ আদিকে ধৰি বহুতো জলজ প্ৰাণীৰ ক্ষতি কৰে। কেতিয়াবা কোনো কোনো খনিৰ পৰা তেজস্ক্ৰিয় পদাৰ্থ (ইউৰেনিয়ামৰ দৰে) ওলায় আৰু বৰষুণৰ পানীৰ সৈতে বৈ গৈ পানীত পৰে। গধূৰ ধাতু থকা খনিৰ পৰাও একে ধৰণৰ প্ৰদূষণ সংঘটিত হয়।

(vi) শ্ৰমিকৰ স্বাস্থ্য-ভঙ্গ খনি খননৰ অন্যতম দোষ। সাধাৰণতে খনিত কাম কৰা শ্ৰমিকৰ শ্বাসনলী আৰু ছালৰ ৰোগ হয়। খনন কাৰ্যত এনে কিছুমান ধাতব পদাৰ্থকণা (ধূলিৰ দৰে) ওলায় যি বতাহৰ সৈতে মিলি ভাহি থাকে। এই ভাহি থকা বস্তুবোৰ শ্বাস-প্ৰশ্বাসৰ দ্বাৰা দেহত প্ৰবেশ কৰি জমা হয় আৰু এটা সময়ত সহনক্ষমতা অতিক্ৰম কৰাৰ পাছত শ্ৰমিকৰ শ্বাসনলীত ৰোগ সংক্ৰমিত হয়। খনি খনন কাৰ্যত কিছুমান বিষাক্ত ধূলি ওলায়, যিবোৰে শ্ৰমিকৰ ছালত অন্যায় সাধে। ছালৰ উপৰিও এনে বস্তু কিছুমানে ফুচফুচৰো ক্ষতি কৰে।

কিন্তু দুঃখৰ কথা হ'ল খনিৰ মালিকশ্ৰেণীয়ে খনিত কাম কৰা শ্ৰমিকৰ সুৰক্ষাৰ প্ৰতি সচেতন নহয়। পৰিসংখ্যামতে প্ৰতি টন খনিজ উত্তোলনত গড় হিচাপে কমেও ত্ৰিছ (৩০)টা ক্ষতিকাৰক দুৰ্ঘটনা সংঘটিত হয় আৰু প্ৰতি ২.৫ টন খনিজ উদ্ধাৰত এজনকৈ বনুৱাৰ মৃত্যু হয়। সেয়ে এতিয়া এনে দুৰ্ঘটনা আৰু মৃত্যুৰ হাৰ কমাবলৈ খনিৰ মালিকসকলক আধুনিক পাৰিপাৰ্শ্বিক-বন্ধুত্বসূচক কাৰিকৰি কৌশল প্ৰয়োগ কৰাৰ দিহা দিয়া হৈছে। আজিকালি নিম্নমানৰ খনিজ আকৰ শোধন কৰাৰ উন্নত প্ৰথা ওলাইছে। সোণৰ খনিত এনে পদ্ধতি প্ৰয়োগ কৰা হয়। মুঠতে খনি খনন কাৰ্যত এনে পদ্ধতি প্ৰয়োগ কৰা উচিত যিয়ে ওপৰত উল্লেখ কৰা পৰিৱেশ দূষিতকৰণ কথা কেইটা যথাসম্ভৱ কমায়।

কেইটামান ক্ষেত্ৰ-ভিত্তিক খতিয়ান

উদয়পুৰ

উদয়পুৰত কমেও ২০০ টা মুক্ত খনন খনি আৰু শিলৰ খাত আছে। ইয়াৰে বহুকেইটা বে-আইনীভাবে চলাই থকা বিশেষ বিশেষ শিল খন্দা খাত। এই খনিবোৰে ১৫ হেজাৰ হেক্টৰ ভূমি আগুৰি আছে। ইয়ে উদয়পুৰৰ পৰিৱেশ দোষদুষ্ট কৰি তুলিছে। প্ৰতি মাহে শিলৰ খনিত শিল ভাঙিবলৈ প্ৰায় ১৫০ টন বাৰুদ অৰ্থাৎ বিস্ফোৰক পদাৰ্থ ব্যৱহাৰ কৰা হয়। ইয়ে বায়ু প্ৰদূষিত কৰি আছে। খনিৰ পৰা ওলাই যোৱা দূষিত পানীয়ে ভূ-পৃষ্ঠ আৰু ভূতলীয় দুয়ো প্ৰকাৰৰ পানী প্ৰদূষিত কৰিছে। উদাহৰণতঃ মটনত থকা খনিয়ে আহাৰ নদীৰ পানী বাৰুকৈয়ে প্ৰদূষিত কৰিছে। খনিবোৰৰ চাৰিওফালে থকা পাহাৰত গছ-বিৰিখ নোহোৱা হৈছে। তদুপৰি পাহাৰবোৰত ভূমিস্খলন আৰম্ভ হৈছে। খনিৰ পৰা ওলোৱা পানী বাগদাৰা নামৰ পুখুৰীত পেলোৱা হয়। কিন্তু পানীৰ অভাব হেতু খেতিয়কসকলে এনে প্ৰদূষিত পানীকে খেতিপথাৰত ব্যৱহাৰ কৰে। ফলত কিছুমান বিষাক্ত পদাৰ্থই শস্য নষ্ট কৰিছে। খনিত বিস্ফোৰণ কৰিলে যি শব্দ-ধ্বনি হয় সিয়ে বায়ু-দূষণ আনে। এনে অতি শব্দই ওচৰৰ হাবিত থকা জন্তু— সিংহ, বাঘ, পহু, শহা, শিয়াল, বনৰীয়া মেকুৰী আৰু চৰাইবোৰক তাৰ পৰা আঁতৰি যাবলৈ বাধ্য কৰিছে।

আৰাৱলীৰ চাৰিস্কা ব্যাঘ্র সংৰক্ষণ অঞ্চলৰ খনি

উত্তৰ-পশ্চিম ভাৰতত প্ৰায় ৬৯২ কিলোমিটাৰতকৈও অধিক অঞ্চল বিয়পি আছে আৰাৱলী পৰ্বতমালা। এই পৰ্বতশ্ৰেণীৰ ভিতৰত গুজৰাট, ৰাজস্থান, হাৰিয়ানা আৰু দিল্লী-অন্তৰ্ভুক্ত। পৰ্বতৰ ওপৰ অঞ্চল জৈৱ বিচিত্ৰতা আৰু খনিজসম্পদেৰে সমৃদ্ধ। তাৰ ভিতৰত চাৰিস্কা ব্যাঘ্র সংৰক্ষণ অঞ্চল বিশেষভাবে উল্লেখনীয়। বাঘৰ উপৰিও এই সংৰক্ষণাঞ্চলত আন বহুতো জন্তু আছে; আৰু আছে প্ৰচুৰ হাৰত কোৱাৰ্টজ, চিষ্ট-শিল, মাৰ্বল আৰু গ্ৰেণাইট। এই খনিজবোৰ উদ্ধাৰ কৰিবলৈ খনন কাৰ্য্য কৰা হেতুকে চাৰিস্কাৰ আশে পাশে ভূমিভাগ ক্ৰমে অনুৰ্বৰ হৈ পৰিছে। তাত থকা বহুতো প্ৰকাৰৰ বন্যপ্ৰাণী বিপদাপন্ন হৈছে; এনেকি তাৰ পৰা আঁতৰি যাবলৈ বাধ্য হৈছে। ১৯৯১ চনত তৰুণ ভাৰত সংঘ নামৰ বেচৰকাৰী সংস্থা এটিয়ে মোকৰ্দমা কৰাত সৰ্বোচ্চ ন্যায়ালয়ে ৩১ ডিচেম্বৰত দিয়া আদেশেৰে চাৰিস্কাৰ ওচৰত খনি খনন নিষেধ কৰিছে। সেই আদেশতে কেন্দ্ৰীয় আৰু ৰাজস্থানৰ প্ৰাদেশিক চৰকাৰ অঞ্চলটো সুৰক্ষিত কৰি সংৰক্ষণ কৰাৰ নিৰ্দেশ দিয়ে। ফলত প্ৰায় ৪০০ টা খনি তৎকালেই বন্ধ হৈ যায়। কিন্তু মানুহৰ প্ৰলোভনে বে-আইনীভাৱে খনন কাৰ্য্য চলাই নিয়াইছে।

পৰিতাপৰ কথা যে শিল্প উদ্যোগৰ চাহিদা পূৰণ কৰিবলৈ গৈ আমি প্ৰকৃতিৰ ভাৰসাম্য বিঘ্নিত কৰি আছোঁ। অন্ধ্ৰপ্ৰদেশৰ নালগোণ্ডাৰ ইউৰেনিয়াম খনি খনন তাৰ অন্য এক উদাহৰণ।

খনিজসম্পদৰ অন্যতম নমুনা এবিধ হ'ল পেট্ৰ'লিয়াম। পেট্ৰ'লিয়ামক 'পনীয়া সোণ' বা শৈল-তেল বুলি কোৱা হয়। ইন্ধনৰ অন্যতম আহিলা পেট্ৰ'লিয়ামৰ প্ৰয়োগ আৰম্ভ হয় ১৮৬০ চনতেই। ইন্ধনৰ বাদেও পেট্ৰ'লিয়ামক উচ্চ মানৰ পিচ্ছিল পদাৰ্থৰূপে ব্যৱহাৰ কৰা হয়। শোধনাগাৰত প্ৰায় ৮৭ শতাংশ খাৰুৱা তেলৰ পৰা পোৱা যায় গেছ'লিন, কেৰাছিন তেল আৰু ইন্ধন তেল। গেছ'লিন আকাশীযানত ব্যৱহাৰ কৰা হয়। আনহাতে ইন্ধনতেল ৰূপে পোৱা ডিজেল ব্যৱহাৰ হয় যান-বাহন চলাবলৈ।

পেট্ৰ'লিয়াম শোধিত ৰূপত পাওঁতে আন কিছুমান উপজাত সামগ্ৰী— যেনে কেণ্ডেল, মম-কাগজ, আলকাতৰা আদি পোৱা যায়। পেট্ৰলিয়ামৰ সহায়ত পেট্ৰ'ৰাসায়নিক প্ৰকল্পবোৰত আনবহুতো প্ৰায়োগিক সামগ্ৰী তৈয়াৰ কৰা হয়। উদাহৰণতঃ ৰাবাৰ, আঁহজাতীয় সামগ্ৰী (Fibre), ভেঁকুৰ-নাশক দ্ৰব্য, সাৰ, দ্ৰাৱক কিছুমান, প্লাষ্টিক আদিৰ দৰে সংশোধিত পদাৰ্থবোৰৰ নাম ল'ব পাৰি। সম্প্ৰতি পেট্ৰ'লিয়ামৰ পৰা প্ৰোটিনপুষ্ট খাদ্য প্ৰস্তুত কৰাৰ দিহা আগবঢ়োৱা হৈছে।

কিন্তু দুঃখৰ কথা হ'ল পেট্ৰ'লিয়ামক কেন্দ্ৰ কৰি যুদ্ধৰ সূচনাও হৈছে। আমেৰিকা আৰু ইৰাকৰ মাজত হোৱা যুদ্ধ তাৰ জ্বলন্ত উদাহৰণ। কাৰণ, পৃথিৱীৰ মুঠ তৈল ভাণ্ডাৰৰ ৬০ শতাংশ চৌদিআৰব, ইৰাক, ইৰাণ আৰু কোৱেট অঞ্চলত (যাক একেলগে 'পাৰ্চিয়ান গালফ' বুলি জনা যায়) পোৱা যায়।

আমাৰ ভাৰতবৰ্ষতো বিশেষকৈ অসমত পেট্ৰ'লিয়ামৰ ভাণ্ডাৰ আছে। আমাৰ দেশত পেট্ৰ'লিয়াম উৎপাদন আৰম্ভ হৈছিল ১৮৯৪ চনত। সেই সময়ত কাৰিকৰি কৌশল তিমান উন্নত নোহোৱা বাবে ১৯১৫ চনলৈ গড় হিচাপত বছৰি ৯ নিযুত বেৰেল তেলহে উৎপাদিত হৈছিল। এতিয়া এই হাৰ বৰ্দ্ধিত হৈ বছৰি প্ৰায় ৩ নিযুত টনলৈ উঠিছে। আমাৰ দেশত তেল উৎপাদন কৰা সংস্থা কেইটা হ'ল ভাৰত চৰকাৰৰ 'তেল আৰু প্ৰাকৃতিক গেছ কোম্পানী— অ'এনজিচি (ONGC), অইল ইণ্ডিয়া লিমিটেড আৰু অসম অইল কোম্পানী। অসমত ডিগবৈ, নাহৰকটীয়া, মৰাণ আৰু বদৰপুৰত প্ৰধান তৈলক্ষেত্ৰ কেইটা আছে। ইতিমধ্যে আৰু কেবাঠাইতো তেল বিচাৰি খনন কাৰ্য্য আৰম্ভ হৈছে।

2.8 খাদ্য-সম্পদ

আমাৰ এই পৃথিৱীখনত অসংখ্য ভোজ্য উদ্ভিদ আৰু প্ৰাণী আছে। তাৰ ভিতৰত মাত্ৰ তিনি ডজন নমুনাহে মানুহৰ খাদ্যৰূপে ব্যৱহৃত হৈছে। মানুহে খাদ্যৰূপে ব্যৱহাৰ কৰা মূল ভোজ্য দ্ৰব্য কেইটামান হ'ল ধান, গম, মাকৈ, আলু, মিঠাআলু, কাঠআলু, শিমলু আলু আদি, বাৰ্লি, ওটচ, কচু, মুগ-মাহ আদি দাইলজাতীয় শস্য, কুঁহিয়াৰ, মিলেট, জোৱাৰ, ভিন ভিন তৈলবীজ, কুৰি বিধমান ফল, শাক-পাঁচলি, বেংছাটা, গাখীৰ, মাছ, মাংস আৰু সামুদ্ৰিক খাদ্য কিছুমান। ইয়াৰ

ভিতৰত ধান, গম আৰু মাকৈ হ'ল প্ৰধান শস্য। প্ৰতিবছৰে এই তিনিবিধ শস্য ১৫০০ নিযুত মেট্ৰিক টন পৰিমাণত উৎপাদিত হয়। ই পৃথিৱীৰ সমূহ কৃষিউৎপাদনৰ আধা। বিকাশশীল দেশসমূহৰ প্ৰায় চাৰিশ কৌটি নিযুত মানুহে ধান আৰু গমকে প্ৰধান খাদ্য-শস্যৰূপে গ্ৰহণ কৰে। আনহাতে, বিকাশপ্ৰাপ্ত দেশসমূহত (বিশেষকৈ ইউৰোপ, আমেৰিকা আৰু জাপানত) মানুহে মাংস আৰু গাখীৰকে মূল খাদ্যৰূপে গ্ৰহণ কৰে। মাছ আৰু সামুদ্ৰিক খাদ্যই প্ৰায় ৭০ নিযুত মেট্ৰিক টন উচ্চ মানৰ প্ৰোটিন যোগায়। কিন্তু সমুদ্ৰত বৰ্তি থকা মাছৰ সংখ্যা ক্ৰমে হ্ৰাস পাই আহিছে।

জাতিসংঘৰ খাদ্য আৰু কৃষি সংগঠন (FAO, ফাও)ৰ মতে প্ৰতিদিনে জনমূৰি ২৫০০ কেলৰি দিব পৰা খাদ্যৰ প্ৰয়োজন হয়। ইয়াৰ উপৰিও খাদ্যৰ সৈতে মানুহৰ আৰশ্যক হয় প্ৰোটিন আৰু খনিজ দ্ৰব্যৰ। তেতিয়াহে পুষ্টিকৰ খাদ্য পোৱা যায়। পুষ্টিকৰ খাদ্যৰ অভাৱত মানুহৰ দেহত বিভিন্নৰোগ সংক্ৰমিত হয়। পুষ্টিহীনতাৰ দ্বাৰা সংক্ৰমিত ৰোগ আৰু তৎহেতু মৃত্যুসংখ্যা এনে ধৰণৰ ঃ

অভাব (প্ৰয়োজনীয়)	কি হয়	পৃথিৱীৰ আক্ৰমিত সংখ্যা (নিযুতত)	প্ৰতি বছৰে মৃত্যুবৰণ কৰা সংখ্যা (নিযুতত)
প্ৰোটিন	শ্ৰীবৃদ্ধি হানি, ক্ষীণাই যোৱা, পঁয়া লগা আদি	৭৫০	১৫ ৰ পৰা ২০
লো	ৰক্তহীনতা	৩৫০	০.৭৫—১
আয়োদিন	গলগণ্ড বা ঘেংগা, জৰতা	১৫০	—
	বুদ্ধিৰ হ্ৰাস	৬	—
ভিটামিন-ক	চকুৰ অসুখ, অন্ধতা কুকুৰি কণা আদি	৬	—

বিশ্বত খাদ্য-সমস্যা

যোৱা পাঁচটা দশকত বিশ্বত শস্য-উৎপাদনৰ হাৰ তিনিগুণলৈ বৰ্দ্ধিত হৈছে। ইয়াৰ দ্বাৰা জনমূৰি বৃদ্ধিৰ হাৰ হৈছে ৫০ শতাংশ। কিন্তু অনুন্নত দেশসমূহত জনসংখ্যা বৃদ্ধি এনেদৰে বাঢ়িছে যে শস্য-উৎপাদনৰ হাৰে তাৰ লগত ফেৰ মাৰিব পৰা নাই। ফলত প্ৰতিবছৰে কমেও ৪০ নিযুত মানুহ খাদ্যা ভাবত বা পুষ্টিহীনতাহেতু মৃত্যুমুখত পৰে। ইয়াৰ ভিতৰত ১ ৰ পৰা ৫ বছৰৰ ভিতৰৰ শিশুই আধা। কোৱা হয় খাদ্যসমস্যাৰ বাবে বিশ্বত প্ৰতিবছৰে এটমবোমাৰ বাবে হিৰোচিমাত মৃত্যুবৰণ কৰাৰ সমানে মানুহ মৰি আছে। ইয়ে জানো আমাক খাদ্য শস্য বৃদ্ধি কৰাৰ বাবে সঁকিয়াই দিয়া নাই?

আমাৰ ভাৰতৰ অৱস্থাও এইক্ষেত্ৰত শোচনীয় বুলি ক'ব পাৰি। যদিও পৃথিৱীৰ ভিতৰত ভাৰতবৰ্ষ মুখ্য খাদ্য-শস্য উৎপাদনৰ ক্ষেত্ৰত তৃতীয় সৰ্ববৃহৎ দেশ, তথাপি ইয়াতে প্ৰায় ৩০০ নিযুত ব্যক্তি পুষ্টিহীনতাত ভুগি আছে। ভাৰতৰ মাটিৰ পৰিমাণ আমেৰিকাৰ তুলনাত আধা। কিন্তু ইয়াৰ জনসংখ্যা আমেৰিকাৰ তিনিগুণ সদৃশ। সেয়ে আমাৰ দেশৰ খাদ্য-সমস্যা জনসংখ্যাৰ সৈতে জৰিত।

১৯৯৬ চনত বহা বিশ্ব খাদ্য শীৰ্ষ সন্মিলনত লোৱা সিদ্ধান্ত মৰ্মে ২০১৫ চনলৈ অপুষ্টিকৰ সংখ্যা আধালৈ নমোৱাৰ কথা। তথাপি কিন্তু সমগ্ৰ বিশ্বত ৪১০ নিযুত মানুহ পুষ্টিহীনতাত ভুগি থাকিব।

অতিহাৰত চাৰণ আৰু খেতি কৰাৰ ফলাফল ঃ

(ক) অতিচাৰণ (Overgrazing) ঃ

কৃষিজীৱী মানুহশ্ৰেণীৰ বাবে পোহনীয়া জন্তু বা পশুধন এক মূল্যবান সম্পদস্বৰূপ, যিয়ে অৰ্থনৈতিক দিশতো প্ৰভাব পেলায়। কাৰণ, গাখীৰ পোৱাৰ পৰা হালবোৱা, গাড়ীটনালৈ সকলোতে জন্তুৰ ব্যৱহাৰ হয়। ভাৰতত এন জীৱ-জন্তুৰ সংখ্যা বিশ্বৰ ভিতৰতে সৰ্বাধিক। কিন্তু কথা হ'ল এনে পশুধন (বিশেষকৈ গৰু-মহ, ঘোৰা, ভেৰা, ছাগলী আদি) চৰাবৰ বাবে চৰণীয়া পথাৰৰ প্ৰয়োজন। নাগৰিক সভ্যতাৰ খোপনিয়ে চৰণীয়া পথাৰৰ সংখ্যা কমাই আনিছে। সেয়ে গ্ৰাম্যাঞ্চলত

বনাঞ্চল দখল কৰি চৰণীয়া পথাৰ কৰা হয়। কেতিয়াবা কেতিয়াবা এনে জন্তুৰ চৰণীয়া পথাৰবোৰত ঘাঁহ-বন বা উদ্ভিদ ৰোপনৰ বিহিত ব্যৱস্থা নোহোৱাৰ বাবে হাবি বননিৰ উচ্ছেদ আৱশ্যম্ভাবী হৈ পৰে। ইয়ে পাৰিপাৰ্শ্বিক ভাৱসাম্য বিনষ্ট কৰে।

অতিচাৰণ আৰু কৃষিৰ প্ৰভাৱ ঃ

(i) **ভূমিস্খলন ঃ** প্ৰথমতে অতিচাৰণত হাবি-বন, পাহাৰ আদিৰ অবনানীকৰণ হয়, যিয়ে মূৰকত মাটি খহি যোৱাত সহায়ক হয়। কাৰণ, ঘাঁহ-বন নোহোৱা মাটি-অংশ ৰ'দৰ তাপত, বৰষুণৰ কোবত সঙ্কুচিত হয় আৰু ক্ৰমে ইয়াৰ ধাৰকত্ব গুণ কমি যায়। এনে মাটিত গছ ৰুলেও গছৰ শিপা মাটিৰ তললৈ নেযায়। মাটিত জলীয় ভাপৰ পৰিমাণ কমি যায়; অৰ্থাৎ মাটি ভাগ শুকান হয়। এইবাবে সাধাৰণতে হ'বলগীয়া পাৰিস্থিতিক জৈৱ চক্ৰ এনে মাটিত সংঘটিত নহয়। ফলত ভূমিৰ জৈৱ-মৃত্তিকা (হিউমাজ, humus) অংশ ক্ৰমে কমিবলৈ ধৰে। ভূমি টান হোৱা বাবে বৰষুণৰ পানী ভিতৰলৈ নগৈ ওপৰেৰে বাগৰি যায়। জীৱজন্তুৰ খোজত ভূমি সাধাৰণতে টান হয়। এইদৰে অতিচাৰণ হেতু মাটিৰ আকৃতিগত পৰিৱৰ্তন আহে, পানী নিঃসৰণ ক্ষমতা কমে আৰু মূৰকত ই অনুৰ্বৰ অৱস্থা পায়।

(ii) **ভূমিখহন ঃ** ওপৰত কোৱাৰ দৰে অতিচাৰণ হেতু মাটিৰ ধাৰকত্ব কমে, মাটিৰ ওপৰভাগ ধিলা হৈ খহিবলৈ ধৰে। ৰ'দ, বতাহ আৰু বৰষুণৰ প্ৰবলতা এনে মাটিয়ে সহিব নোৱাৰা হয়।

(iii) **উদ্ভিদ নমুনাৰ হ্ৰাস ঃ** অতিচাৰণে মাটিৰ ওপৰ অংশত উদ্ভিদ গজিব নোৱাৰা অৱস্থা আনি দিয়ে। ইতিমধ্যে তাত থকা প্ৰয়োজনীয় ঘাহ-বন উদং কৰি নতুনকৈ গজাৰ সম্ভাৱনা নুই কৰা হেতু অঞ্চল বিশেষৰ উদ্ভিদৰ সংখ্যা কমাই আনে। কাৰণ, জন্তুৱে চৰণীয়া পথাৰত ঘাঁহৰ শিপা পৰ্য্যন্ত উঘালি খায়। ফলত তাত কিছুমান অবাঞ্ছনীয় বন গজে যি জন্তুৰ বাবে অখাদ্য। একো নেপালে জন্তুৱে এনে বনও খাবলৈ ধৰে আৰু মূৰকত ঠাইডোখৰ অনুৰ্বৰ হবলৈ বাধ্য হয়। উদাহৰণতঃ, অতিচাৰণহেতু অৰুণাচলপ্ৰদেশ আৰু মেঘালয়ৰ বহুঠাইত প্ৰয়োজনীয় ঘাঁহ-বনৰ ঠাইত কাইটীয়া উদ্ভিদ গজিছে, লগতে গজিছে অবাঞ্ছনীয় বন।

(খ) **কৃষিৰ প্ৰভাৱ ঃ** এইটো সঁচা যে এক সু-সংহত আধুনিক কৃষি ব্যৱস্থাৰ মাজেৰে যিকোনো অঞ্চলৰ খেতিয়ক ৰাইজে সুস্থ অৰ্থনীতি গঢ়ি তুলিব পাৰে। কিন্তু আমাৰ দেশৰ সকলো প্ৰদেশত এনে ব্যৱস্থা প্ৰৱৰ্তিত হোৱা নাই। আচৰিত কথা! মাত্ৰ দহ বা বাৰ হেজাৰ বছৰ আগেয়ে খেতি কৰিবলৈ লোৱা মানবজাতিয়ে আজি খেতিৰ নামতে পৰিৱেশত আঘাত হানিছে। খেতি কৰিবলৈ লোৱাৰ প্ৰথম অৱস্থাত জুম-প্ৰথাৰে মাটি এডৰা উলিয়াই, হাবি-বন পুৰি খেতি কৰিছিল। আজিও পাহাৰীয়া অঞ্চল সমূহত খেতি কৰাৰ এনে প্ৰথা চলি আছে। সামূহিকভাৱে কিন্তু খেতি কৰা প্ৰথা সলনি হৈছে আৰু শস্য উৎপাদনৰ হাৰ বা খেতি কৰাৰ সংখ্যা আগৰ তুলনাত বাঢ়িছে। সেয়ে কৃষি পদ্ধতিক আমি দুভাগত ভগাব পাৰোঁ। প্ৰথমতে হ'ল **পাৰম্পৰিক পদ্ধতি** আৰু দ্বিতীয়তে **আধুনিক পদ্ধতি**। পদ্ধতিদুটাৰ পাৰিৱেশিক পৰিণামো পৃথক পৃথক।

১। পাৰম্পৰিক পদ্ধতিৰ পৰিণাম ঃ পাৰম্পৰিক পদ্ধতিত তুলনামূলকভাৱে সৰু মাটি এডৰা লৈ তাত সাধাৰণ সঁজুলিৰে প্ৰাকৃতিক পানীৰ ওপৰত নিৰ্ভৰ কৰি জৈৱ সাৰ প্ৰয়োগেৰে খেতি কৰা হয়। ইয়াত খেতিৰ ফচল কম হয়। কিন্তু তথাপি বিশ্বৰ আধাখিনি খেতিয়কে এইদৰেই কৃষিকৰ্ম কৰি আছে। এই পদ্ধতিৰ পৰিণাম হ'ল এনেধৰণৰ—

(ক) **অবনানিকৰণ ঃ** পাৰম্পৰিক পদ্ধতিৰে খেতি কৰিবলৈ খেতিয়ক সকলে মাটিডৰাত থকা গছ-গছনি কাটে, জুই জ্বলায় আৰু সঘনে খেতিৰ ঠাই সলায়। ফলত হাবি-বননি বিধ্বস্ত হৈছে, বহুতো উদ্ভিদ বিনষ্ট হৈছে।

(খ) **ভূমিস্খলন ঃ** হাবি-বন কটাৰ ফলত মাটিৰ ধাৰকত্ব কমি যায় আৰু ৰ'দ-বতাহ-বৰষুণৰ প্ৰভাৱত ভূমিস্খলন আৰম্ভ হয়। পাহাৰীয়া অঞ্চলৰ ভূমিস্খলনৰ ই এক অন্যতম কাৰণ।

(গ) **উৰ্বৰতা হ্ৰাস ঃ** হাবি-বন পুৰি মাটি চফা কৰাৰ ফলত মাটিৰ সৈতে স্বাভাৱিক জৈৱ-পদাৰ্থসমূহ ধ্বংসপ্ৰাপ্ত হয়। মাটিত শস্যৰ বাবে প্ৰয়োজনীয় পুষ্টিকৰ খাদ্য কমি যায় আৰু ই মূৰকত মাটিডৰা অসাৰুৱা কৰি তোলে। এইবাবেই খেতিৰ মাটি সলনি কৰিবৰ প্ৰয়োজন হয়।

২। আধুনিক পদ্ধতিৰে খেতি কৰাৰ পৰিণাম ঃ আধুনিক পদ্ধতিৰে খেতি কৰোতে আজিকালি বৰ্ণসংকৰ বীজ (hybrid seeds) আৰু হালৰ ঠাইত যান্ত্ৰিক সঁজুলি (পাৱাৰ টিলাৰ আদিৰ দৰে) ব্যৱহাৰ কৰা হয়। শস্যৰ উৎপাদন বঢ়াবলৈ কৃত্ৰিম সাৰ প্ৰয়োগ কৰি কীটাণুনাশক ঔষধ ছটিওৱা হয়। কম সময়ত অধিক ফচল পোৱাৰ উদ্দেশ্যে খেতিয়কে এনে কৃত্ৰিম উপায় অৱলম্বন কৰে। একেডৰা মাটিতে দুটা-তিনিটা-ফচল উৎপাদনৰ বাবেও এনে কৃত্ৰিম সাৰ আদি দিবলগীয়া হৈছে। কাৰণ, মাটিত সাধাৰণতে থকা পুষ্টি কমি গৈছে। কিন্তু এনে ব্যৱস্থাই আন কিছুমান সমস্যাৰ সৃষ্টি কৰিছে। যেনে— (i) অধিক ফচল দিয়া বীজৰ প্ৰয়োগ কৰা হয় অতি ডাঙৰ পথাৰত। একেডৰা মাটিত একেবিধ শস্য ৰোৱাৰ বাবে হঠাৎ যদি কোনো ৰোগৰ বীজাণুৱে আক্ৰমণ কৰে, গোটেই খেতিখিনি বিনষ্ট হয়। কাৰণ, একেবিধ শস্যত আশ্ৰয় লোৱা বীজাণুৰ বিস্তাৰ সহজ হয়।

(ii) **পুষ্টিৰ ভাৰসাম্য নষ্ট ঃ** আজিকালি ব্যৱহাৰ কৰা প্ৰায়বোৰ সাৰতে নাইট্ৰ'জেন, ফচফোৰাচ আৰু পটাচিয়াম (থোৰতে যাক এন পি কে বুলি জনাযায়) থাকে। এই তিনিওবিধে শস্যৰ পুষ্টিবৰ্দ্ধনত সহায় কৰে। কিন্তু খেতিয়কসকলে বৈজ্ঞানিকভাৱে (অৰ্থাৎ ক'ত কিমান পৰিমাণৰ সাৰ দিব লাগে তাৰ সঠিক হিচাব) সাৰ প্ৰয়োগ নকৰা হেতু পুষ্টিৰ অসমতা আনে। পুষ্টিৰ অসমতাই ফচল উৎপাদনত ব্যাঘাত জন্মায়। উদাহৰণতঃ, পাঞ্জাব আৰু হাৰিয়ানাত অতিমাত্ৰাত সাৰ প্ৰয়োগ কৰা বাবে সাধাৰণতে মাটিত থকা জিঙ্ক (Zinc) অৰ্থাৎ দস্তাজাতীয় পদাৰ্থ কমি গৈছে। জিঙ্কৰ অভাৱে ফচল উচিত হাৰত পোৱাত বাধক হৈছে।

(iii) **নাইট্ৰেটৰ মাত্ৰা বৃদ্ধি ঃ** নাইট্ৰ'জেন থকা সাৰৰ প্ৰয়োগ হেতু মাটিৰ ভিতৰলৈ নাইট্ৰ'জেনযৌগ নিঃসৰিত হয় আৰু মূৰকত ই ভূতলীয় পানী দূষিত কৰে। নাইট্ৰ'জেন যৌগ পানীত দ্ৰবীভূত হয় আৰু ইয়াৰ মাত্ৰা যেতিয়া প্ৰতি লিটাৰত ২৫ মিলিগ্ৰাম অতিক্ৰম কৰে, মানুহ বা জন্তুৰ স্বাস্থ্যৰ ক্ষতিকাৰক হয়। নাইট্ৰ'জেন যৌগৰ মাত্ৰাধিক্যই শিশুৰ স্বাস্থ্য নষ্ট কৰে। ফ্ৰান্স, ইংলেণ্ড, ডেনমাৰ্ক, জাৰ্মানী আৰু নেদাৰলেণ্ডত শিশুৰ 'ব্লু বেবী চিন্দ্ৰোম' নামক ৰোগৰ প্ৰাৰ্দুভাৱ হৈছে নাইট্ৰ'জেন যৌগৰ মাত্ৰাধিক্যৰ বাবে। আমাৰ দেশতো ঠাই বিশেষে নাইট্ৰেটৰ দ্বাৰা প্ৰদূষিত পানীৰ সমস্যাই ইতিমধ্যে দেখা দিছে।

(iv) **পুষ্টিৰ আধিক্য ঃ** খেতিৰ মাটিত নাইট্ৰ'জেন আৰু ফচফোৰাচ অধিক দিয়াৰ বাবে (সাৰৰ মাধ্যমেৰে) জলজ প্ৰাণীৰ ক্ষেত্ৰত সমস্যা আহিছে। খেতিত দিয়া সাৰৰ একাংশ বৰষুণ আৰু জলসিঞ্চনৰ পানীৰে বিধৌত হৈ নৈ বা পুখুৰীত পৰে। নাইট্ৰ'জেন আৰু ফচফোৰাচৰ মাত্ৰা অধিক হ'লে জলজ প্ৰাণীৰ, বিশেষকৈ মাছ আদিৰ পুষ্টিৰ আধিক্যই দেখা দিয়ে। পানীত অধিক পুষ্টি হ'লে এলগীজাতীয় বন গজাত আৰু বিস্তাৰিত হোৱাত সহজ হয়। এনে এলগীজাতীয় বন মাছ জাতীয় প্ৰাণীৰ বাবে বিষাক্ত আৰু ই জলজ প্ৰাণীৰ খাদ্য চক্ৰত বাধা জন্মায়। ফলত মাছৰ উপৰিও পুখুৰীত থকা অন্যান্য জীৱ বা অণুজীৱ কিছুমানৰ মৃত্যু ঘটে। মৰা জীৱ গলি গৈ পানীত অক্সিজেনৰ মাত্ৰা কমাবলৈ ধৰে। এইদৰে মূৰকত পুখুৰীক কেন্দ্ৰ কৰি সেই অঞ্চলৰ পৰিস্থিতি তন্ত্ৰ বিঘ্নিত হয়।

(v) **কীটনাশক দ্ৰব্যজনিত সমস্যা ঃ** আজিকালি খেতিয়কসকলে নানা প্ৰকাৰৰ কীটাণুনাশক দ্ৰব্য খেতি পথাৰত প্ৰয়োগ কৰে শস্য বচাবৰ বাবে। কীটাণুনাশক দ্ৰব্যক ৰাসায়নিকভাৱে প্ৰথম পৰ্য্যায় আৰু দ্বিতীয় পৰ্য্যায় বুলি দুভাগত ভগোৱা হয়। প্ৰথম পৰ্য্যায়ৰ দ্ৰব্যৰ সৈতে থাকে গন্ধক, আৰ্চেনিক, সীহ আৰু পাৰা জাতীয় পদাৰ্থ। এই ৰাসায়নিক বস্তুবোৰ অতি বিষাক্ত আৰু স্বাস্থ্যৰ ক্ষতিকাৰক। ডিডিটিৰ দৰে আন কীটাণুনাশক দ্ৰব্যবোৰক দ্বিতীয় পৰ্য্যায়ত ৰখা হৈছে। ১৯৩৯ চনত বিজ্ঞানী পল মুলাৰে ডিডিটিৰ কীটাণুনাশক ধৰ্ম আৱিষ্কাৰ কৰাৰে পৰা এতিয়লৈ তাক বিশ্বজুৰি ব্যৱহাৰ কৰা হয়। কীটাণুনাশক দ্ৰব্যবোৰে শস্য ৰক্ষা কৰাত সহায়ক হয় ঠিকেই, কিন্তু ই আওপ্ৰকাৰে জনস্বাস্থ্যৰ ক্ষতি কৰে। কীটাণুনাশকৰ পৰিণাম এনে ধৰণৰ ঃ

(ক) **ক্ষতিকাৰক জীৱৰ (পেষ্টৰ) ৰোধ শক্তিবৰ্ধন আদি ঃ** খেতি পথাৰত অত্যাচাৰ কৰা নিগনি, পঙ্গপাল (কাকতি ফৰিং আদি) জাতীয় জীৱৰ পৰিত্ৰাণ পাবৰ বাবে যিবোৰ কীটাণুনাশক দ্ৰব্য ব্যৱহাৰ কৰা হয়, ইয়ে এটা সময়ত ক্ষতিকাৰক জীৱৰ দেহত ৰোধশক্তি বঢ়ায়। সেয়ে আৰু অধিক মাত্ৰাত ঔষধ দিবৰ প্ৰয়োজন হয়। তথাপি ইয়ে মূৰকত 'চুপাৰ পেষ্ট'

অৰ্থাৎ অধিক সহনশীল কীটাণু আৰু জীৱৰ সৃষ্টি কৰে। এতিয়ালৈ প্ৰায় ২০ বিধ 'চুপাৰ পেষ্ট' চিনাক্ত কৰা হৈছে।

(খ) **আন প্ৰয়োজনীয় অণুজীৱৰ মৃত্যু ঃ** কীটাণুনাশক দ্ৰব্যৰ বেচিভাগেই অধিক শক্তিশালী। সেয়ে ইয়াৰ প্ৰয়োগত অবাঞ্ছিত কীটাণুৰ সৈতে আন উপকাৰী জীৱাণু বা অণুজীৱ ধ্বংস হয়। ইয়ে খেতিকৰা মাটিৰ উৰ্বৰতাও কমায়।

(গ) **জৈৱ-সংক্ৰমণ ঃ** বহুতো কীটাণুনাশক দ্ৰব্য জৈৱিকভাবে পৃথক নহয়। বৰং এই যৌগসমূহ খাদ্য শস্যৰ সৈতে মিলি যায় আৰু মূৰকত ই খাদ্য শিকলিত আবদ্ধ হৈ জনস্বাস্থ্যৰ ক্ষতি কৰে।

(vi) **পানী আবদ্ধকৰণ ঃ** সাধাৰণতে আধুনিক খেতিয়কসকলে জলসিঞ্চনৰ সুবিধা পাই খেতিপথাৰত অধিক মাত্ৰাত পানী দিয়ে। ইপিনে পানী বৈ যাবলৈ উপযুক্ত নলা নাথাকে। সেয়ে খেতিপথাৰত বা খেতিপথাৰৰ ওচৰে পাজৰে পানী আবদ্ধ হৈ থাকে। প্ৰথমতে মাটিৰ তলত জমা হৈ এটা সময়ত ওপৰত পানী জমা হয় বাবে শস্যৰ শিপাই লগাৰ জোখাৰে অক্সিজেন নাপায়। তদুপৰি পানী আবদ্ধ হৈ থকা মাটিৰ স্বাভাৱিক শক্তি কমি যায়। মূৰকত ই শস্যৰ উৎপাদন কমায়। পাঞ্জাব আৰু হাৰিয়ানাত এনে সমস্যাই খেতিয়কক আমনি কৰিছে।

(vii) **লৱণীয়তা বৃদ্ধিজনিত সমস্যা ঃ** সম্প্ৰতি পৃথিবীৰ এক তৃতীয়াংশ মাটি লৱণীয়তা বৃদ্ধিৰ সমস্যাত পৰিছে। আমাৰ দেশত ৯০ লাখ হেক্টৰ মাটি এই দোষত পৰি লৱণাক্ত বা খাৰুৱা হৈছে। অতিমাত্ৰাত কৰা জলসিঞ্চন আৰু কৃত্ৰিম সাৰৰ প্ৰয়োগৰ ফলত মাটিত চ'ডিয়াম ক্লোৰাইড, চ'ডিয়াম চালফেট, কেলচিয়াম ক্লোৰাইড, মেগনেচিয়াম ক্লোৰাইড আদিৰ মাত্ৰা অধিক হয়। ইয়ে মাটিৰ কাৰ্বনেট আৰু বাইকাৰ্বনেটৰ মাত্ৰাও বঢ়ায়। এই লৱণবোৰ পানীত দ্ৰৱীভূত নহয় বাবে মাটিৰ স্বাভাৱিক গুণবোৰ নষ্ট কৰে। আচলতে, ভূতলীয় বা খালখান্দি নিয়া পানীত এনে অদ্ৰৱীভূত যৌগ থাকে। পৃথিবীত এক পঞ্চমাংশ খেতিয়কে কিন্তু এইদৰেই খেতিত জলসিঞ্চন কৰে। শুকান দিনত যেতিয়া খেতিপথাৰত পানী নাথাকে (সূৰ্যৰ তাপত ভাপ হৈ উৰি যোৱা বাবে) মাটিত লৱণ যৌগ বোৰ মাত্ৰ ৰৈ যায়। প্ৰায়বোৰ শস্যৰ বাবে অধিক লৱণাক্ত মাটি উপযুক্ত নহয়। ইয়ে আন কিছুমান উদ্ভিদ বা বন গজাত সহায় কৰে আৰু মূৰকত মূল খেতি ৰ ফচল কমি যায়। এনে লৱণ যৌগ নোহোৱা কৰিবলৈ হলে আন পানীৰে, বিশেষকৈ নদীৰ পানীৰে পথাৰখন ধুৱাই পেলাব লাগে। আজিকালি মাটিৰ তলত পাইপ বহুৱাই মাটিডৰা ছিদ্ৰ যুক্ত কৰি লৱণ ভাগ কঢ়িয়াই নিয়াৰ ব্যৱস্থাও আমাৰ কৃষি গৱেষণা কেন্দ্ৰই স্থাপন কৰিছে। এইটো সচাঁ কথা যে শিল্প উদ্যোগৰ বহুল সম্প্ৰসাৰণ হোৱাৰ পাছতো আমাৰ আৰু আন বহুতো দেশৰ অৰ্থনীতি কৃষি নিৰ্ভৰ হৈ আছে। এতিয়াও বিশ্বৰ প্ৰায় আধাখিনি মানুহ কৃষিৰ সৈতে জড়িত। কাৰণ, আমাৰ অধিকাংশ খাদ্য সম্পদ কৃষিজাত। এনেকি বহুতো শিল্প উদ্যোগ তিষ্ঠি আছে কৃষিজাত কেঁচা সামগ্ৰীৰ ওপৰত। সেয়ে মাটিৰ স্বাভাৱিক প্ৰকৃতি নষ্ট নোহোৱাকৈ বা নকৰাকৈ মাটিৰ উপৰিভাগৰ গঠণৰ ভাৰসাম্য ৰক্ষা কৰাটোই হ'ল খাদ্য শস্য উচিত হাৰত উৎপাদন কৰাৰ মৌলিক কথা । এনে কথালৈ আওকাণ কৰিলে খাদ্যশস্যৰ অভাৱত আকাল বা দুৰ্ভিক্ষই গা কৰি উঠিব। আমাৰ দেশত ১৯৪৩ চনত সমগ্ৰ বেংগলতে দুৰ্ভিক্ষ হৈছিল। সম্প্ৰতি আমাৰ দেশৰ নোবেল বটা বিজয়ী অৰ্থনীতিবিদ অমৰ্ত্য সেনৰ গৱেষণাৰ পটভূমি হ'ল বেংগলৰ সেই দুৰ্ভিক্ষ।

২.৫ শক্তিসম্পদ [Energy Resources]

শক্তিৰ ব্যৱহাৰে কোনো এক জাতিৰ বিকাশৰ মাত্ৰা সূচায়। কাৰণ, বিকাশ সম্বন্ধীয় কোনো কথাৰ আঁৰত আওপকীয়াভাবে হলেও কাৰ্য্যক্ষম, ব্যৱহাৰোপোযোগী শক্তি নিহিত হৈ থাকে। এইবাবেই বিকাশপ্ৰাপ্ত আৰু বিকাশশীল দেশৰ মাজত তফাৎ পৰিলক্ষিত হয় শক্তিৰ প্ৰয়োগৰ দ্বাৰা। সাধাৰণতে ব্যৱহাৰ কৰা শক্তিৰ উৎস হিচাবে আৱিষ্কাৰ কৰা হৈছে জুই (বা অগ্নি)। জুইৰ উত্তাপত মানুহে ৰন্ধা বঢ়া আৰু তাপ লোৱা কাৰ্য্য চলি আছে। প্ৰায় দহ হেজাৰ বছৰ ধৰি মানুহে এই জুই শক্তিৰ ব্যৱহাৰ কৰি আছে। শিল্প বিপ্লৱৰ আৰম্ভণিতে ভাপ ইঞ্জিনৰ আৱিষ্কাৰ আৰু ভাপ উৎপাদনৰ আধাৰ হিচাবে কাঠখৰিৰ ঠাইত কয়লা আৰু তাৰ পাছত তেলৰ ব্যৱহাৰ শক্তি উৎপাদনৰ বাবে আনি দিয়ে। কিন্তু সম্প্ৰতি তেল আৰু কয়লাৰ উৰ্দ্ধমুখী দাম তথা নাটনিয়ে শক্তিৰ বিকল্প উৎস পাবলৈ মানুহক বাধ্য কৰাইছে।

শক্তিৰ চাহিদা বৃদ্ধি ঃ বিজ্ঞান আৰু প্ৰযুক্তিবিদ্যাৰ প্ৰগতিয়ে শক্তিৰ চাহিদা ক্ৰমে বঢ়াই আনিছে। সেয়ে শক্তিৰ উপযুক্ত ব্যৱহাৰৰ ওপৰত মানৱজাতিৰ সামগ্ৰিক প্ৰগতি, সুখ-সমৃদ্ধি আদি নিৰ্ভৰশীল হৈ পৰিছে। কৃষি, শিল্প উদ্যোগ,

খনি, যানবাহন ব্যৱস্থা আৰু বিজুলীকে ধৰি নানা অৰ্থনৈতিক আৰু সামাজকি কাৰ্য্যত শক্তি ব্যৱহৃত হৈছে। যিকোনো দেশৰ বিকাশ শক্তিৰ উৎসৰ সৈতে সাঙুৰ খাই আছে। ইপিনে জনসংখ্যা বৃদ্ধিহেতু শক্তিৰ চাহিদা ঘৰুৱা ক্ষেত্ৰৰ পৰা উদ্যোগক্ষেত্ৰলৈ ক্ৰমে বৰ্দ্ধিত হৈছে। শক্তিৰ মূল আহিলা তেল, কয়লা আৰু প্ৰকৃতিক গেছ, যিয়ে আমাৰ প্ৰয়োজনৰ ৯৫ শতাংশ ব্যৱহাৰিক শক্তি উৎপাদন কৰে, ক্ৰমে কমিবলৈ ধৰিছে। মানুহৰ জীৱন শৈলী সৰলতাৰ পৰা বিলাসীতালৈ যোৱা হেতু শক্তিৰ ব্যৱহাৰ ঘৰুৱাখণ্ডতো বাঢ়িবলৈ লৈছে। আমি নিজৰ ঘৰতে যিমান ধৰণৰ বৈদ্যুতিক সা-সঁজুলি প্ৰয়োগ কৰোঁ তাৰ পৰাই শক্তিৰ চাহিদাৰ উমান পাব পাৰি। মটৰ গাড়ী, ৰেল গাড়ী, জাহাজ আদিকে ধৰি যাতায়ত ব্যৱস্থাত ব্যৱহৃত প্ৰতিটো বাহনতে শক্তিৰ প্ৰয়োজনো অধিক হৈ আহিছে।

প্ৰসঙ্গক্ৰমে উল্লেখণীয় যে অকল আমেৰিকা আৰু কানাডাই বিশ্বৰ সমগ্ৰ শক্তি সম্পদৰ এক চতুৰ্থাংশ খৰচ কৰে, যদিও তাত বিশ্ব জনসংখ্যাৰ ৫ শতাংশ মানুহহে বাস কৰে। তাত বছৰি প্ৰতিজন ব্যাক্তিয়ে ৩০০ গিগাজুলচ পৰিমাণৰ শক্তি খৰচ কৰে। এই পৰিমাণ ৬০ বেৰেল তেলৰ সমান। ইপিনে ভূটান ,নেপাল বা ইথিওপিয়াৰ দৰে গৰীব দেশত জনমূৰি শক্তিৰ খৰছ হ'ল এক গিগাজুলচৰো কম। অৰ্থাৎ ধনীদেশ এখনত নিতৌ যিমান শক্তি খৰছ কৰাহয় সেয়া গৰীৱ দেশৰ এবছৰত কৰা শক্তিৰ প্ৰায় সমান। ইয়ে স্পষ্ট কৰি দিছে যে জীৱন ধাৰণৰ শৈলীৰ সৈতে শক্তি ব্যয়ৰ এক সম্বন্ধআছে।

শক্তিৰ প্ৰকাৰ ঃ বহন ক্ষমতাৰ ওপৰত ভিত্তি কৰি শক্তিৰ উৎসক দুটা ভাগত ভগোৱা হয় (ক) নৱীকৰণ যোগ্য (অৰ্থাৎ পুনৰ উৎপাদনক্ষম) আৰু (খ) অনৱীকৰণ যোগ্য (অৰ্থাৎ ক্ষয়িষ্ণু) বুলি।

(ক) নৱীকৰণ যোগ্য শক্তিৰ উৎস ঃ প্ৰকৃতিত থকাসৌৰশক্তি, বতাহ-শক্তি, জলশিক্তি, কাঠখৰি, জৈৱ-শক্তি, ভূতাপীয় শক্তি বা হাইড্ৰ'জেনৰ পৰা পাব পৰা শক্তিৰ উৎসমূহক নৱীকৰণযোগ্য আখ্যা দিয়া হৈছে। কাৰণ, এনে শক্তিৰ উৎস প্ৰথমতঃ অফুৰন্ত ধৰণৰ আৰু দ্বিতীয়তঃ এনে শক্তি পুনৰ পুনৰ উৎপাদন কৰি লব পাৰি। এইবোৰেই অপৰম্পৰা বিধৰ উৎস।

(খ) অনৱীকৰণ যোগ্য শক্তিৰ উৎস ঃ আনহাতে, তেল, কয়লা প্ৰাকৃতিক গেছ বা আণৱিকশক্তি আদিৰ উৎস ব্যৱহাৰ কৰাৰ পাচত এটা সময়ত কমি গৈ নিঃশেষ হবগৈ। অৰ্থাৎ এনে উৎস এবাৰ নিঃশেষ হ'লে আৰু পাব নোৱাৰি। এই উৎসমূহ হ'ল প্ৰচলিত বা পৰম্পৰাগত।

প্ৰচলিত শক্তিৰ উৎস ব্যৱহাৰৰ দ্বাৰা আমাৰ এক প্ৰধান সমস্যাৰ উদ্ভৱ হৈছে। সেয়া হ'ল প্ৰদুষণ। কাঠখৰি যদিও নৱীকৰণযোগ্য উৎস (কাৰণ, গছ ৰুই ১৫-২০ বছৰৰ ভিতৰত তাক পুনৰ পাব পাৰি), সম্প্ৰতি অবনানীকৰণৰ সমস্যা আহিছে কাঠখৰি পাবলৈ গছ গছনি জধে মধে কটাৰ বাবে। সেয়ে কম সমস্যাৰ সৃষ্টি কৰা অপৰম্পৰাগত শক্তিৰ উৎস ব্যৱহাৰৰ কথাটো অতি প্ৰয়োজনীয় হৈ পৰিছে। ইয়াৰ ভিতৰত প্ৰথমেই হ'ল সৌৰ শক্তি।

সৌৰ শক্তি ঃ (solar Energy) সূৰ্য্যটো হ'ল এক অফুৰন্ত শক্তিৰ ভাণ্ডাৰ। আমি জ্ঞাতে বা অজ্ঞাতে এই শক্তি ব্যৱহাৰ কৰি আহিছোঁ। সূৰ্য্যৰ ভিতৰত চ'মাত সংঘটিত আণবিক বিক্ৰিয়া হেতু উৎপন্ন হোৱা তাপ আৰু পোহৰ পৃথিবীত জীৱজন্তু, উদ্ভিদ আদিৰ বাবে প্ৰাণ শক্তি। আমাৰ পৃথিবীলৈ প্ৰতি বৰ্গ কিলোমিটাৰত ১.৪ কিলো জুলচ পৰিমাণৰ শক্তি চেকেণ্ডে প্ৰতি ব্যৱহাৰ কৰি আহিছোঁ কাপোৰ-কানি আৰু খাদ্য শস্য শুকাবৰ বাবে, খাদ্য সংৰক্ষণৰ বাবে আৰু সাগৰৰ পৰা নিমখ উদ্ধাৰ কৰিবলৈ। ইয়াৰ উপিৰিও আজিকালি বিভন্ন সৰঞ্জাম বা তাপ উৎপাদক ব্যৱস্থা প্ৰস্তুত কৰা হৈছে সৌৰ শক্তিৰ প্ৰয়োগৰ আধাৰত। যেনেঃ

(i) **সৌৰ তাপ সংগ্ৰাহক ঃ** এই ব্যৱস্থা মূখ্য বা গৌণ হব পাৰে। প্ৰকৃতিত পোৱা শিল, বালি বা সাজিলোৱা ইটা, আইনা বা কাঁচ আদিয়ে সূৰ্য্যৰ তাপ দিনত শুহি লৈ ৰাতি লাহে লাহে এৰি দিয়ে। এই ধৰ্ম ব্যৱহাৰ কৰি সৌৰতাপ সংগ্ৰাহক যন্ত্ৰ সজ্জা প্ৰস্তুত কৰাহৈছে। ইয়াৰ দ্বাৰা পানী গৰম কৰা ব্যৱস্থা পাব পাৰি। পকী ঘৰৰ ওপৰত এনে যন্ত্ৰ সহজে স্থাপন কৰিব পাৰি।

(ii) **সৌৰ-কোষ ঃ** ইয়াক আলোক বিদ্যুৎ কোষ বা ফটোভল্টেইক কোষ বুলি কব পাৰি। এই ব্যবস্থাত সৌৰ শক্তিক

আলোক শক্তিলৈ ৰূপান্তৰিত কৰি বিদ্যুৎ শক্তি সঞ্চয় কৰিব পাৰি। আজিকালি ইয়াৰ ওপৰত নিৰ্ভৰ কৰি সৌৰকোষ (এক প্ৰকাৰ বেটাৰী) তৈয়াৰ কৰা হৈছে চিলিকন আৰু গেলীয়াম নামৰ ধাতুৰ সহায়ত। এনেদৰে তৈয়াৰ কৰা বেটাৰীক চমুকৈ পিভিচেল(Pvcell) বোলা হয়। সৌৰ কোষ কিছুমান একে লেঠাৰিয়ে (এক বিশেষ চানেকিত) সংলগ্ন কৰি এখন সৌৰ বেটাৰীৰ বোৰ্ড তৈয়াৰ কৰি লব পাৰি। এনে বোৰ্ডৰ দ্বাৰা সৌৰ শক্তিক বিদ্যুৎ শক্তিলৈ ৰূপান্তৰিত কৰি ৰাস্তাৰ পোহৰ ব্যৱস্থা, পানী সিঞ্চনৰ পাম্প চলোৱা আদি কাম কৰা হৈছে।

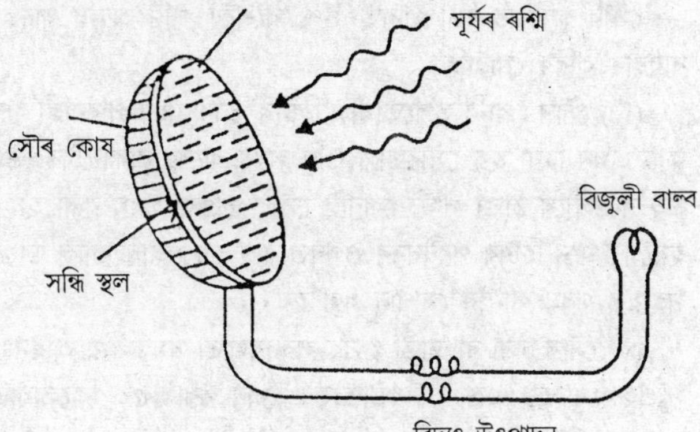

চিত্ৰ ২.২ ঃ সৌৰ কোষ

সৌৰ-কোষ আজিকালি কেলকুলেটৰ, ইলেকট্ৰনিক ঘড়ী, যানবাহন নিয়ন্ত্ৰণ কৰা পোহৰ ব্যৱস্থা, ৰাস্তাত পোহৰ দিয়া, পানী উঠাবলৈ পাম্প চলোৱা আদিত ব্যৱহৃত হৈছে। কৃত্ৰিম উপগ্ৰহতো বিদ্যুৎ উৎপাদনৰ বাবে সৌৰ-কোষ প্ৰয়োগ কৰা হৈছে। এনেকি টিভি, ৰেডিঅ' আদি চলাবলৈও সৌৰ-কোষ প্ৰয়োগ কৰা হয়। গ্ৰাম্যাঞ্চলত য'লৈ সাধৰণ বিজুলী ব্যৱস্থা সম্প্ৰসাৰিত হোৱা নাই তাত এনে সৌৰ-কোষক কামত লাগোৱা হৈছে।

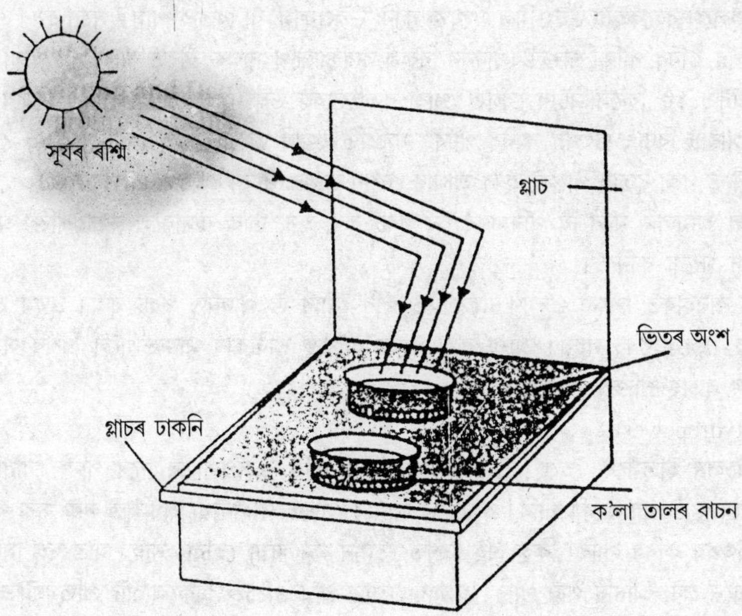

চিত্ৰ ২.৩ ঃ সৌৰ কুকাৰ

(iii) **সৌৰ কুকাৰ ঃ** সৌৰতাপক কামত লগাই ৰন্ধা বঢ়াৰ বাবেসৌৰ কুকাৰ সজা হৈছে। ২.৩ চিত্ৰত তেনে এটি সৌৰকুকাৰৰ নমুনা দেখুওৱা হৈছে। এখন সমতলীয় আইনাত সূৰ্য্যৰ ৰশ্মি পেলাই প্ৰতিফলিত কৰি সেই প্ৰতিফলিত ৰশ্মি ক'লা ধাতব বাকচত পেলোৱা হয়। ইয়াৰ দ্বাৰা ক'লা বাকচটো উত্তাপিত হয় আৰু তাৰ ওপৰত থোৱা ক'লা তলিযুক্ত বাচনত খাদ্যৰ ৰন্ধন পূৰ্ণ হয়। আজিকালি নতুন নমুনাবোৰত সমতলীয় আইনাৰ ঠাইত গোলকীয় আইনা দিয়াৰ

দিহা কৰা হয়; কাৰণ গোলকীয় আইনাৰে অধিক তাপ উৎপন্ন কৰাব পাৰি।

সৌৰ কুকাৰত ৰন্ধা খাদ্যত গুণ, বিশেকৈ পুষ্টি অক্ষুন্ন থাকে। কিন্তু এই কুকাৰ ৰাতি আৰু দিনতো ৰ'দ নাথাকিলে ব্যৱহাৰ কৰিব নোৱাৰি।

(iv) **সৌৰ (পানী তপতোৱা) 'হিটাৰ' ঃ** বিদ্যুৎ অপৰিবাহী বাকচ এটাত ভিতৰৰ পিনে ক'লা ৰং দি ওপৰত মুখৰপিনে কাঁচ এখন দিয়া হয় সৌৰতাপ শুহি লবৰ বাবে। বাকচটোৰ ভিতৰত ক'লা ৰং দিয়া তামৰ তাঁৰৰ কুণ্ডলী দিয়া থাকে। এই কুণ্ডলীৰে ঠাণ্ডা পানী বোৱাই সৌৰ তাপত গৰম কৰা হয়। পাছত গৰম পানীখিনি আন এটা সঞ্চয় অংশত জমা হয়গৈ। এনে হিটাৰ পকীঘৰৰ ওপৰত ৰখা হয়। আজিকালি ডাঙৰ ডাঙৰ হোটেল, হস্পিটাল আদিত এনে সৌৰহিটাৰৰ সহায়ত গৰম পানীৰ যোগান ধৰা হয়।

(v) **সৌৰ চুলা বা ভাতী ঃ** সৰু সৰু বহুতো সমতলীয় আইনা (প্লেন মিৰৰ) অৱতলীয় প্ৰতিফলকত খটুৱাই সৌৰতাপ সংগ্ৰহ কৰা হয় এনে সৌৰভাতীত। ইয়াৰ পৰা ৫০ কিলোৱাট পৰিমাণৰ বিদ্যুৎ পোৱা যায়।

(vi) **সৌৰ বিদ্যুৎ প্ৰকল্প ঃ** বৃহৎ অৱতলীয় প্ৰতিফলকৰ সহায়ত সৌৰশক্তি সংগ্ৰহ কৰি এনে প্ৰকল্পত পানী উতলাই ভাপ কৰা হয়। সেই ভাপৰ দ্বাৰা টাৰবাইন চলাই বিদ্যুৎশক্তি উৎপন্ন কৰা হয়। গুৰগাওঁত (হাৰিয়ানা প্ৰদেশত) এনে এটি বিদ্যুৎ প্ৰকল্প ইতিমধ্যে স্থাপিত হৈছে। ইয়াৰ পৰা ৫০ কিলোৱাট পৰিমাণৰ বিদ্যুৎ পোৱা যায়।

বতাহ (বা পবন) শক্তি (Wind Energy) ঃ সজোৰে বোৱা বতাহত প্ৰচণ্ড গতিশক্তি থাকে। এনে বতাহৰ সোঁতৰ আৰঁতো সূৰ্য্যই কাম কৰে। সাধাৰণতে "উইণ্ডমিল" নামৰ যন্ত্ৰ সাজি বতাহ শক্তি পাব পাৰি। উইণ্ডমিলত সংযুক্ত ফেনৰ পাখি ঘুৰি বতাহ শক্তি উৎপন্ন কৰে। পাখিৰ ঘূৰ্ণনে পানী উঠোৱা পাম্প, আতা ময়দাৰ মিল আৰু বৈদ্যুতিক জেনেৰেটৰ চলাব পাৰে। একেলগে বহুকেইটা উইণ্ডমিল সংযুক্ত কৰি 'উইণ্ডফাৰ্ম' বা 'বতাহ-পাম ' সজা হয়। এনে পামৰ দ্বাৰা অধিক হাৰত বিদ্যুৎ উৎপন্ন কৰিব পাৰি। শক্তিউৎপাদনৰ বিকল্প ব্যৱস্থাৰূপে সাগৰ তীৰত আৰু পাহাৰীয়া অঞ্চলত 'বতাহ-পাম' সাজিব পাৰি। ঘণ্টাত ১৫ কিলোমিটাৰ বেগত বোৱা বতাহেৰেই উইণ্ডমিল চলাব পাৰি। আমাৰ দেশত এই ব্যৱস্থাৰে প্ৰায় ২০,০০ মেগাৱাট বিদ্যুৎ উৎপন্ন কৰিব পাৰি। সম্প্ৰতি ইয়াৰ আধাখিনিহে (প্ৰায় ১০২০ মেগাৱাট) উৎপন্ন কৰা হৈছে। কন্যাকুমাৰীত থকা বতাহ পামেই হ'ল আমাৰ দেশৰ ডাঙৰ পাম। এই পামৰ পৰা ৩৮০ মেগাৱাট বিদ্যুৎ উৎপন্ন কৰা হৈছে। তেল আমদানি কৰি যি পৰিমাণৰ ধন খৰচ কৰা হয়, তাক কমাবলৈ বতাহশক্তি অধিক কাৰ্য্যকৰি ব্যৱস্থা বুলি অৰ্থনীতিবিদে মন্তব্য কৰিছে।

বতাহ-শক্তিৰ ব্যৱহাৰত কোনা প্ৰদূষণ নহয়। তদুপৰি ইয়াৰ উৎপাদনত খৰচ কম। প্ৰথম স্তৰতে যি খৰচ হয় , তাৰপাছত বিশেষ তেনে খৰচ নহয়। আশা কৰা হৈছে একৈছ শতিকাৰ মাজভাগলৈ বিশ্বৰ সমগ্ৰ বিদ্যুৎ উৎপাদনৰ এঁকদহাংশ আহিব বতাহ শক্তিৰ সহায়ত।

জলশক্তি (Hydropower) ঃ

জলশক্তিৰ প্ৰচলন ইতিমধ্যে হৈছে। নৈৰ সোঁতত বান্ধ বান্ধি জলপ্ৰপাতৰ দৰে পানী বোৱাই বান্ধৰ তলত থকা টাৰবাইন ঘূৰাই বিদ্যুৎ উৎপন্ন কৰিব পাৰি। প্ৰকৃততে আমাৰ দেশত পাহাৰীয়া অঞ্চলত সৰু সৰু খৰস্ৰোতা নিজৰাৰ পৰা এইদৰে বিদ্যুৎ উৎপন্ন কৰিব পাৰি। কিন্তু এই দিশত তিমান মন দিয়া হোৱা নাই। মাত্ৰ দহ মিটাৰ উচ্চতাৰ পৰা বৈ অহা নিজৰাতে এনে ক্ষুদ্ৰ আঁচনি পাব পাৰি। আমাৰ দেশত প্ৰায় ৪×১০^{১১} কিলোৱাট প্ৰতিঘণ্টাত বিদ্যুৎ উৎপন্ন কৰিব পৰা যায় কেৱল জলশক্তিৰ সহায়ত। এতিয়ালৈ তাৰে মাত্ৰ ১১% বিদ্যুৎহে জলশক্তিৰ সহায়ত উৎপন্ন কৰা হয়।

জলশক্তিৰ প্ৰয়োগত কোনো ধৰণৰ প্ৰদূষণ নহয়। ই পুনৰুৎপাদনক্ষম আৰু সাধৰণতে এনে প্ৰকল্পবোৰ বহু কাৰ্য্যমুখী হয়। কাৰণ, এনে বান্ধৰ দ্বাৰা বানপানী নিয়ন্ত্ৰণ কৰিব পাৰি। কেৱল বান্ধ দিওতেহে পাৰিৱেশিক সমস্যা কিছুমান আহিব পাৰে। এই বিষয়ে ইমিধ্যে আলোচনা কৰা হৈছে।

জোৱাৰ উৎপাদিত শক্তি (Tidal Energy) ঃ

চন্দ্ৰ-সূৰ্য্যৰ মাধ্যাকৰ্ষণ বলেৰে সৃষ্টি হোৱা সামুদ্ৰিক জোৱাৰত নিহিত আছে প্ৰচণ্ড শক্তি। সেই শক্তিৰ প্ৰবলতা কিমান

২০০৪ চনৰ ডিচেম্বৰৰ শেষৰ পিনে অহা চুনামীলহৰে দেখুৱাই দিছে। সাগৰীয় জোৱাৰ উচ্চ আৰু নিম্ন বুলি দুই প্ৰকাৰৰ হয়। এই দুই প্ৰকাৰৰ অন্তৰত বহু মিটাৰ উচ্চতা সৃষ্টি হয় আৰু সেয়ে ইয়াৰ সহায়ত টাৰবাইন ঘূৰাবপাৰি। সাগৰত, বিশেষকৈ পাৰত বাধকদেৱাল দিও জোৱাৰ শক্তি পাব পাৰি। এইদৰে দিয়া দেৱালৰ সহায়ত উচ্চ আৰু নিম্ন দুয়ো বিধ জোৱাৰৰ দ্বাৰা টাৰবাইন সক্ৰিয় কৰিব পৰা যায় আৰু মূৰকত বিদ্যুৎ উৎপন্ন কৰিব পাৰি। পৃথিবীত এতিয়ালৈ মাত্ৰ কেইটামান ঠাই আছে য'ত জোৱাৰ শক্তিৰে বিদ্যুৎ উৎপন্ন কৰা হৈছে। কানাডাৰ ফান্দি উপসাগৰীয় অঞ্চলত ১৭-১৮ মিটাৰ উচ্চতাৰ জোৱাৰ উৎপন্ন হয় আৰু তাত ৫০০০ মেগাৱাট পৰিমাণৰ শক্তি উৎপাদনৰ সম্ভাৱনা আছে। ফ্ৰান্সৰ লা ৰান্সত স্থাপিত হৈছে সৰ্ব্বাধুনিক জোৱাৰ চালিত মিল। আমেৰিকা আৰু ৰাছিয়াতো জোৱাৰ-শক্তিৰে বিদ্যুৎ উৎপাদন কৰা হৈছে। আমাৰ দেশৰ কাম্বে উপসাগৰীয় অঞ্চল, কচ্ছৰ উপসাগৰ আৰু পশ্চিম বঙ্গৰ সুন্দৰ বনৰ বদ্বীপ অঞ্চলত এনে জোৱাৰ শক্তি উৎপাদিত শক্তিপোৱাৰ সম্ভাৱনা আছে।

সামুদ্ৰিক তাপ শক্তি ঃ ক্ৰান্তিয় অঞ্চলত সাগৰৰ উপৰিভাগ আৰু গভীৰভাগৰ মাজত উত্তাপৰ অসমতা হেতু যি উত্তাপ শক্তিৰ সৃষ্টি হয়, তাক সামুদ্ৰিক তাপ শক্তি (Ocean Thermal Energy) বোলে। এই শক্তি সৃষ্টিৰ বাবে ২০ বা তাতোধিক ডিগ্ৰী চেন্টিগ্ৰেড উত্তাপৰ প্ৰয়োজন আৰু এনে শক্তিৰে সহজে তাপ বিদ্যুৎ প্ৰকল্প স্থাপন কৰিব পাৰি। সমুদ্ৰপৃষ্ঠৰ গৰমপানীৰে এমোনিয়াৰ দৰে পনীয়া বস্তু উতলাব পাৰি। এইদৰে উতলোৱাৰ পাছত যি বাষ্পৰ সৃষ্টি হয় তাৰে টাৰবাইন ঘূৰাই বিদ্যুৎ উৎপাদন কৰিব পাৰি। গৰম বাষ্প শীতল কৰি পানীলৈ ৰূপান্তৰিত কৰিবৰ বাবে সাগৰৰ গভীৰতাত থকা ঠাণ্ডা পানী ছটিয়াই দিয়াৰ ব্যৱস্থা কৰা হয়। সেয়ে ই পুনৰ উৎপাদনক্ষম শক্তিৰ অন্তৰ্গত। এনে প্ৰথা দিনৰ ২৪ ঘণ্টাই একেধাৰে চলাই যোৱাত কোনো বাধা নাই।

ভূ-তাপ শক্তি (Geothermal Energy)

ভূগৰ্ভত থকা শিল,গলিত লাভা ,ধাতু আদিৰ উষ্ণতা অতি বেচি-প্ৰায় ৪৮০০ ডিগ্ৰী চেন্টিগ্ৰেড। এই উত্তাপ সৃষ্টি হয় ভূগৰ্ভত থকা শিল আদিৰ লগত সংযুক্ত তেজস্ক্ৰিয় পদাৰ্থৰ ৰাসায়নিক বিক্ৰিয়া ফিচন প্ৰথাৰে। কোনো কোনো ঠাইত অত্যধিক বলৰ প্ৰভাৱত ঠেক ফাটৰ মাজেৰে উতপ্ত লাভা আদি বাহিৰ ওলায়। ঠাইবিশেষে গৰম পানী বা গৰম বাষ্পও এইদৰে ওলায়। ইয়াক প্ৰাকৃতিক গাইজাৰ বা উষ্ণ-প্ৰস্ৰৱন বোলা হয়। আমাৰ দেশত মনিকৰন, কুলু, চ'হান আৰু মেঘালয়ত উষ্ণ-প্ৰস্ৰৱন আছে। ক'ৰবাত বা আকৌ এনে গৰম বাষ্প পৰ্ব্বতত ফুটা কৰি নলীৰে উলিয়াই অনা হয় আৰু কামত লগোৱা হয় বিদ্যুৎ শক্তি উৎপাদনৰ বাবে। আমেৰিকা, মেক্সিকো, ইটালী, জাপান আৰু নিউজিলেণ্ড আদি দেশত এনে ভূ-তাপ শক্তি প্ৰয়োগ কৰি থকা হৈছে শক্তিৰ উৎস হিচাবে।

জৈৱপদাৰ্থ প্ৰজাত শক্তি (Biomass Energy)

উদ্ভিদ বা জীৱ-জন্তুৰ দ্বাৰা প্ৰজাত সামগ্ৰী কিছুমানক জৈৱপদাৰ্থ বুলি কোৱা হয়। ইয়াৰ ভিতৰত আছে কাঠ,শস্যৰ পৰিত্যক্ত অংশ, জন্তুৰ গোবৰ আৰু সাৰ আদি, নলা নৰ্দমাৰে বৈ যোৱা পানী (অৰ্থাৎ পুতিকা), কৃষি আবৰ্জনা আদি। এই জৈৱ পদাৰ্থবোৰত শক্তি সঞ্চিত হৈ থাকে। জৈৱ পদাৰ্থ প্ৰজাত শক্তি কেবা প্ৰকাৰৰো হয়। যেনে ঃ

(ক) সেউজীয়া উদ্ভিদবোৰে সৌৰ শক্তিৰ সহায়ত (পোহৰ সংশ্লেষন প্ৰক্ৰিয়াৰে) নিজৰ তাত শক্তি সঞ্চয় কৰে। সোনকালে বঢ়া গছ কিছুমান(যেনে কপাঁহ, দেবদাৰু জাতীয় পপ্লাৰ আদি), কাষ্ঠবিহীন ঘাঁহজাতীয় উদ্ভিদ,কুঁহিয়াৰ, মিঠা আলু, বীট,মেটেকা আৰু পানীত হোৱা বন আদি,আলু, মাকৈ, ধান-গম, জোৱাৰ আদি উদ্ভিদবোৰক শক্তি উৎপাদক উৎস বুলি ধৰা হয়। কাৰণ, এই ধৰণৰ উদ্ভিদ জ্বলাই বা পঁচাই বা পক উঠাই জ্বলাব পৰা গেচ পাব পাৰি।

(খ) কিছুমান উদ্ভিদৰ ৰস (আঠাজাতীয় লেটেক্স) আৰু তেলত প্ৰচুৰ হাৰত হাইড্ৰ'কাৰ্বন থাকে। এনে হাইড্ৰ'কাৰ্বনৰ পৰা উচ্চ তাপ আৰু চাপৰ প্ৰভাৱত শক্তি পাব পাৰি। তেলজাতীয় বস্তুবোৰ ডিজেল ইঞ্জিনত পুৰিব পাৰি আৰু শোধনকৰি মূল্যবান গেছ'লিন পাব পাৰি। এনেকুৱা উদ্ভিদক পেট্ৰ'শস্য (Petro Crop) বোলা হয়।

(গ) কৃষিক্ষেত্ৰ আৰু নগৰীয়া আৱৰ্জনাৰেও শক্তি পাব পাৰি।

ধান, কুঁহিয়াৰ আদিৰ দৰে খেতি চপোৱাৰ পাছত পথাৰত বৈ যোৱা অংশ আৰু নগৰত পেলনীয়া আৱৰ্জনা পুৰিলে

ইন্ধন পোৱা যায়। আচলতে, পোহনীয়া জন্তুৰ গোবৰ, মাছ মুৰ্গীৰ খাদ্যৰ পেলনীয়া অংশ, মুৰ্গীৰ বিষ্ঠাংশ, এনেকি মানুহৰ বিষ্ঠাংশৰেও জৈৱপদাৰ্থ প্ৰজাত শক্তি আহৰণ কৰিব পাৰি। ব্ৰাজিলত ত্ৰিছ শতাংশ বিদ্যুৎ উৎপন্ন কৰা হয় কুঁহিয়াৰ কটাৰ পাছত পথাৰত এৰি অহা অংশ জ্বলাই। আমাৰ গাওঁ অঞ্চলত গোবৰৰ পিঠা পুৰি ভাত ৰন্ধা আদি কাৰ্য্য কৰা হয়। গ্ৰাম্য-তাপ শক্তিৰ প্ৰয়োজনীয়তাৰ ৮০ শতাংশ পূৰণ কৰে খেতি পথাৰৰ আৱৰ্জনাই। গাওঁ অঞ্চলত ব্যৱহাৰ কৰা চৌকাবোৰ প্ৰকৃততে মুক্তচুলা। ইয়াত ধোঁৱা উৎপন্ন হয় অধিক হাৰত। সম্প্ৰতি ধোঁৱা-নোলোৱা উন্নত চুলা সাজি উলিওৱা হৈছে ৰন্ধা-বঢ়া কাৰ্যৰ বাবে।

কিন্তু কথা হ'ল যে আৱৰ্জনা (কৃষি বা নগৰীয়া যিয়েই নহওক) পুৰিলে বায়ু প্ৰদুষণ বাঢ়ে। তদুপৰি ধোঁৱা অধিক মাত্ৰাত উৎপন্ন হয়।আনহাতে, গোবৰ পুৰিলে গোবৰৰ সৈতে থকা নাইট্ৰ'জেন আৰু ফচফোৰাচ পোৱা যায়। সেয়ে আজিকালি জৈৱ পদাৰ্থ সমূহ ব্যৱহাৰ কৰি জৈৱ-গেছ উৎপন্ন কৰাৰ ব্যৱস্থা কৰা হৈছে।

জৈৱ-গেছ (Bio gas)

জৈৱ গেছত মিথেন , কাৰ্বন-ডাই-অক্সাইড, হাইড্ৰ'জেন চালফাইড নামৰ গেছ কেইবিধ থাকে। তাৰ ভিতৰত মিথেনৰ মাত্ৰাই বেছি। পানীৰ সৈতে জীৱ জন্তুৰ বিষ্ঠাংশ পক ধৰি মূৰকত গেছ উৎপন্ন কৰে। আচলতে, এনে আৱৰ্জনাৰ সৈতে জৈৱিক অণুজীৱ থাকে। অক্সিজেনৰ অভাৱত ইহঁত পঁচি যায় আৰু গেছ উৎপন্ন হয়। জৈৱিক আৱৰ্জনাৰ পৰিৱৰ্তে ঘাঁহ বন খেৰ আদিৰেও জৈৱ গেছ পাব পাৰি।

জৈৱ গেছ প্ৰদুষণহীন, পৰিষ্কাৰ আৰু কম খৰছতে পাব পৰা ইন্ধন। গ্ৰাম্যাঞ্চলত য'ত পোহনীয়া জন্তুৰ হাৰ বেছি আৰু য'ত খেতিপথাৰ আছে, তেনে অঞ্চলত জৈৱ গেছ প্ৰকল্প স্থাপন কৰাটো নিতান্তই উচিত। চহৰ অঞ্চলতো য'ত দুগ্ধ উৎপাদন কেন্দ্ৰ আছে বা গৰু ছাগলী পোহাৰ ব্যৱস্থা আছে তাত এনে গোবৰ গেছ প্ৰকল্প কাৰ্য্যকৰী হয়। এটা হিচাপতকোৱা হৈছে যে অকল গোবৰৰ পৰাই আমাৰ দেশত ২২,৫০০ মেট্ৰিক ঘন মিটাৰ পৰিমাণৰ গেছ পাব পৰা যায়। মজলীয়া পৰিয়াল এটিৰ বাবে ৬০ ঘন ফুট গোবৰ গেছ প্ৰকল্পই যথেষ্ট হয়।

গোবৰ গেছ আঁচনিৰ আটাইতকৈ সুবিধাৰ কথাটো হ'ল ইয়াক সংৰক্ষণ কৰাৰ কোনো প্ৰয়োজন নহয়। উৎপাদন স্থলীৰ পৰা গেছ অহৰহ আহি থাকে। ইয়াৰ পৰা ওলোৱা পৰিত্যক্ত অংশ অতি উত্তম সাৰ। গোবৰখিনি বায়ুৰুদ্ধ কক্ষত স্থাপন কৰা হয় বাবে কোনো ধৰণৰ অস্বাস্থ্যকৰ পৰিৱেশ নাহে।

আমাৰ দেশত দুই প্ৰকাৰে জৈৱ গেছ উৎপাদন কৰা হয়। প্ৰথমবিধ হ'ল ওপঙি থকা গেছ-ধাৰক যুক্ত আৰু দ্বিতীয় বিধ হ'ল নিৰ্দিষ্ট গম্বুজ যুক্ত।

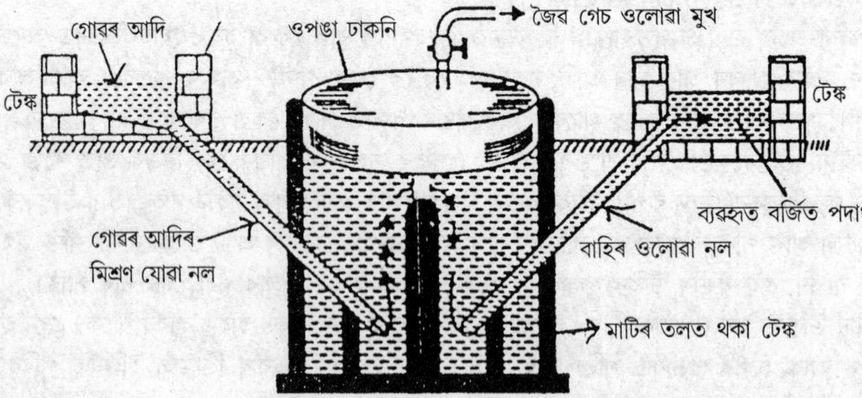

চিত্ৰ ২.৪ ঃ ওপঙা জৈৱ গেচ প্লেন্টৰ নমুনা

(i) **ওপঙি থকা গেছ ধাৰক যুক্ত জৈৱ-গেছ প্ৰকল্প ঃ** কুঁৱাৰ দৰে সজা মাটিৰ তলৰ ঠাইত এটা টেঙ্ক (লোহাৰ) বহুৱাই দিয়া হয়। এই টেঙ্কটোতে গোবৰ আদি জমা কৰা হয়। গোবৰত উৎপন্ন হোৱা গেছ ধৰি ৰাখিবৰ বাবে তাৰওপৰত

ওভোটাকৈ বেলনীয়া ষ্টীলৰ ড্ৰাম এটা দিয়া হয়। সঞ্চিত গেছ এই ড্ৰামটোত ওপঙি থাকে আৰু গেছ কমি গ'লে ই তললৈ বহি যায়। গতিকে ড্ৰামটো লক্ষ্য কৰিয়েই গেছৰ পৰিমাণ বুজিব পাৰি। বহুৱাই দিয়া টেঙ্কটোত দুটা কোঠা থাকে। এটা কোঠাত গোবৰ আৰু পানী দিয়া হয়। গেছ উৎপন্ন হোৱাৰ পাছত জাবৰ সদৃশ গোবৰ খিনি বৈ যায় আনটো কোঠাৰ পৰা নিৰ্গত নলীৰে (চিত্ৰ চোৱা)।

ওপৰৰ ঢাকনিস্বৰূপ ড্ৰামটো মাজে সময়ে চাই চিতি মেৰামতি কৰি ৰং দি থাকিবৰ প্ৰয়োজন।

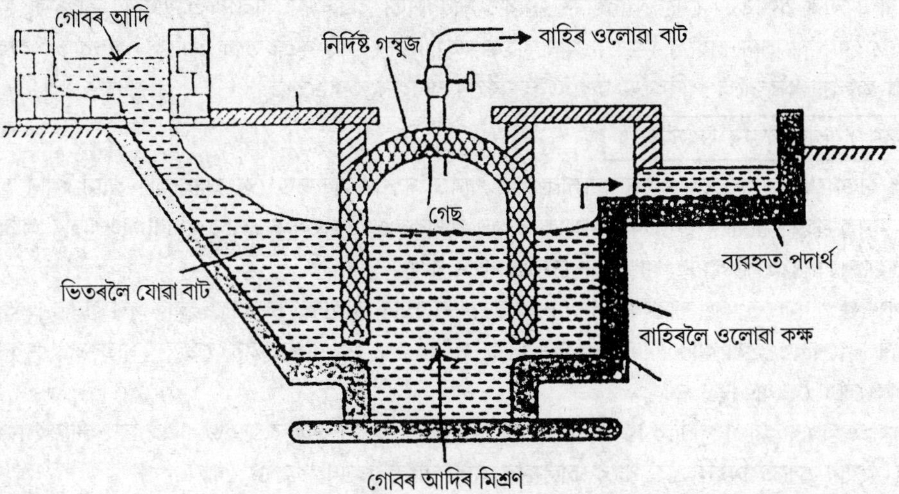

চিত্ৰ ২.৫ ঃ নিৰ্দিষ্ট গম্বুজাকৃতিৰ জৈৱগেছ প্ৰকল্প

(ii) **নিৰ্দিষ্ট গম্বুজাকৃতিৰ জৈৱগেছ প্ৰকল্প ঃ** আকৃতিত ইও আগৰটোৰদৰেই। কেৱলষ্টীলৰ গেছ ধৰি ৰখা ড্ৰামটোৰ ঠাইত ইয়াত থাকে স্থায়ী গম্বুজ এটা যাক ইটা-বালি আৰু চিমেণ্টেৰে সজা হয়। ইয়াত কোঠাও একেটাই। কেৱল দুটা পথ আছে- এটা গোবৰ পানী ভৰাবৰ বাবে আৰু আনটো গেছ উৎপন্ন কৰাৰ পাছত পৰিত্যক্ত গোবৰ পানী উলিয়াই দিবৰ বাবে (চিত্ৰ চোৱা)।

ভাৰত চৰকাৰৰ 'অপৰম্পৰাগত শক্তিৰ উৎস মন্ত্ৰণালয়' (The Ministry of Non-Convertional Energy Sources, চমুকৈ MNES) ৰ দ্বাৰা এনে জৈৱগেছ প্ৰকল্প স্থাপনাৰ্থে উদ্‌গনি দি থকা হৈছে। তেওঁলোকে আৰ্থিক অনুদান দি গ্ৰাম্যাঞ্চলত গেছ-ইন্ধন পোৱাৰ প্ৰচেষ্টা চলাইছে। সেই মন্ত্ৰণালয়ৰ আঁচনি মতে কেবাটাও গেছ প্ৰকল্পৰ অনুমোদিত নমুনা আছে। ইয়াৰ ভিতৰত ওপৰত উল্লেখ কৰা ধৰণে সজা নমুনাৰ নাম দিয়া হৈছে জনতা মডেল, দীনবন্ধু মডেল, প্ৰগতি মডেল, গনেশ মডেল আৰু লো চিমেণ্ট দি থকা সজা আধুনিক মডেল। ইয়াৰ গনেশ মডেলটো বাহ আৰু পলিথিনেৰে সজা হয়।

জৈৱইন্ধন (Biofuels) ঃ

জৈৱপদাৰ্থ কিছুমান পচাই এলকহললৈ ৰূপান্তৰিত কৰিব পাৰি আৰু তেতিয়া ই হৈ পৰে শক্তি দিয়া ইন্ধন। কুঁহিয়াৰ আদিৰ দৰে বস্তু পঁচিলে ইথেনল নামৰ এলকহল পোৱা যায়। ই পৰিষ্কাৰভাবে পোৰে আৰু কোনো প্ৰদূষণ সৃষ্টি নকৰে। অৱশ্যে ই পেট্ৰ'লৰ দৰে কেলৰি উৎপন্ন কৰিব নোৱাৰে।

ইথেনল আৰু গেছ'লিনৰ মিশ্ৰনত তৈয়াৰী গেছ'হল (Gasohal) আন এক প্ৰকাৰ জৈৱ ইন্ধন যাৰ সহায়ত ব্ৰাজিল আৰু জিম্বাৱেত মটৰ গাড়ী (বিশেষকৈ বাচ আৰু কাৰ) চলোৱা হৈছে। আমাৰ দেশতো কানপুৰত গেছ'হল ব্যৱহাৰ কৰি গাড়ী চলোৱাৰ প্ৰচেষ্টা চলোৱা হৈছে।

ইন্ধন হিচাপে হাইড্ৰ'জেন ঃ

হাইড্ৰ'জেন গেছ বতাহত পুৰিব পাৰি। প্ৰতি গ্ৰাম হাইড্ৰজেন পুৰিলে ১৫০ কিলো জুলচ পৰিমাণৰ শক্তি উৎপন্ন হয়। এই গুণটোৰবাবে হাইড্ৰ'জেনক ইন্ধন হিচাপে ব্যৱহাৰ কৰিব পাৰি। পোৰাৰ পাছত ই প্ৰদূষণ সৃষ্টি নকৰে। ৰাসায়নিক বিক্ৰিয়াৰ দ্বাৰা (যেনে পানীৰ সংশ্লেষণ কৰি বা পানীৰ বিদ্যুৎ বিশ্লেষণ কৰি) অতি সহজে হাইড্ৰ'জেন মুক্ত কৰিব পাৰি। সূৰ্য্যৰ পোহৰতো পানীৰ বিশ্লেষন ঘটাই হাইড্ৰ'জেন পোৱাৰ ব্যৱস্থা আছে। কিন্তু কথা হ'ল হাইড্ৰ'জেন গেছ অতিকৈ দাহ্য আৰু বিস্ফৰোক প্ৰকৃতিৰ। সেয়ে ব্যৱহাৰৰ সময়ত সাৱধানতা অৱলম্বন কৰিবৰ প্ৰয়োজন। তদুপৰি, ইয়াক সঞ্চয় কৰা আৰু এঠাইৰ পৰা আন ঠাইলৈ নিয়া তিমান সহজ নহয়। কাৰণ, ই বতাহতকৈ পাতল। সম্প্ৰতি মহাকাশ যানত হাইড্ৰ'জেনক জুলিয়া অৱস্থালৈ পৰিবৰ্তন কৰাই ইন্ধনৰূপে ব্যৱহাৰ কৰা হৈছে।

অনবীকৰণ যোগ্য শক্তিৰ উৎসমূহ ঃ

কয়লা ঃ ইতিমধ্যে আমি তেল আৰু কয়লাৰ কথা খনিজ সম্পদ সন্দৰ্ভত কৈ আহিছোঁ। আমি জানি আহিছোঁ যে ২৫৫-৩৩০ নিযুত বছৰ আগেয়ে ভূগৰ্ভৰ চাপআৰু তাপৰ প্ৰভাৱত মাটিৰ তলত পোত যোৱা গছ গছনি আদি কয়লালৈ ৰূপান্তৰিত হৈছে। এয়া হ'ল অঙ্গাৰ বা কাৰ্বনিফেৰাচ যুগৰ কথা।

কয়লা পৰ্য্যাপ্ত পৰিমাণত থকা শক্তি সম্পদ। কিন্তু ইয়াৰ ব্যৱহাৰ যি হাৰত হৈ আছে আৰু দুশ বছৰৰ ভিতৰতে বিশ্বৰ কয়লা ভাণ্ডাৰ নিঃশেষিত হ'ব। আৰু যদি ব্যৱহাৰৰ মাত্ৰা বছৰি 2% কৈ বৰ্দ্ধিত হয়, তেন্তে মাত্ৰ ৬৫ বছৰৰ ভিতৰতে কয়লা ভাণ্ডাৰ শেষ হৈ যাব।

মনত ৰখা ভাল যে কয়লা পুৰিলে যি ধোঁৱা ওলায় সেয়া হ'ল কাৰ্বন-ডাই-অক্সাইড । এই বিধ গেছেই বিশ্বত উত্তাপ বৃদ্ধি কৰিছে। ইয়াৰ সৈতে মিহলি হৈ থাকে চালফাৰ আৰু নাইট্ৰ'জেনৰ বিষাক্ত গেছ।

তেল ঃ বিশ্ব অৰ্থনীতিৰ জীৱন ৰেখা হ'ল পেট্ৰ'লিয়াম। পেট্ৰ'লিয়ামৰ বাবেই ইৰাক আৰু আমেৰিকাৰ মাজত যুদ্ধ হয়। কিন্তু ইয়াৰো আয়ুস বৰ বেচি নহয়। বৰ্তমানৰ হাৰত পেট্ৰ'লিয়াম ব্যৱহৃত হৈ থাকিলে আৰু ৪০ বছৰৰ ভিতৰতে হয়তো তেল ভাণ্ডাৰ নিঃশেষিত হবগৈ। অৱশ্যে বিশ্বৰ তেল পোৱা দেশসমূহত আৰু সমুদ্ৰগৰ্ভত তৈলক্ষেত্ৰ উদ্ধাৰৰ প্ৰচেষ্টা চলোৱা হৈছে।

জুলীয়া পট্ৰে'লিয়াম গেছ —এল পি জি (Liquefied Petroleum Gas) **ঃ**

পেট্ৰ'লিয়াম গেছক উচ্চ চাপৰ প্ৰভাবত জুলীয়া অৱস্থালৈ নিয়া হয়। প্ৰকৃততে পেট্ৰ'লিয়ামত থকা বুটেন, প্ৰ'পেন আৰু ইথেন গেছ কেইবিধ উচ্চ-চাপত জুলীয়া হয়। স্বাভাৱতে ই গন্ধহীন। কিন্তু আমাৰ ঘৰত ব্যৱহাৰ কৰা ৰন্ধন গেছৰ পৰা গোন্ধ ওলায়। ইয়াৰ কাৰণ হ'ল এল পি জি গেছৰ সৈতে মাৰ্কাপ্তান নামৰ গোন্ধ থকা গেছ এবিধ মিহলাই দিয়া যাতে গেছচিলিণ্ডাৰৰ পৰা গেছ নিৰ্গত হ'লে লগে লগে গম পোৱা যায়।

প্ৰাকৃতিক গেছ (Natural Gas) ঃ

প্ৰাকৃতিক গেছ হ'ল আন এবিধ জৈৱ ইন্ধন। প্ৰাকৃতিক গেছত থাকে মুখ্যত ঃ মিথেন- প্ৰায় ৯৫ শতাংশ, তাৰ সৈতে থাকে প্ৰ'পেন আৰু ইথেন। সাধৰাণতে তৈল ক্ষেত্ৰৰ সৈতে প্ৰাকৃতিক গেছ সংযুক্ত থাকে। মাটিৰ তলত পোত যোৱা জীৱ-জন্তু আৰু গছ -গছনি জহি- পঁচি গলি এই গেছৰ সৃষ্টি হয়। ই হ'ল আটাইতকৈ আধিক পৰিষ্কাৰ জৈৱ ইন্ধন । নলীৰ সহায়ত ইয়াক দূৰ দূৰন্তলৈ লৈ যাব পাৰি। ইয়াৰ উত্তাপ অধিক- প্ৰায় প্ৰতি গ্ৰামত ৫০ কিলোজুল।

প্ৰাকৃতিক গেছ সৰ্বাধিক পৰিমাণত পোৱা যায় ৰাছিয়াত - প্ৰায় ৪০ শতাংশ। তাৰ পাছতে ইৰাণত ১৪ শতাংশ আৰু আমেৰিকাত ৭ শতাংশপোৱা যায়।আমাৰ অসমতো তৈলক্ষেত্ৰসমূহৰ সৈতে প্ৰাকৃতিক গেছ ওলাই আছে। কিন্তু দুঃখৰ বিষয় এইবোৰৰ প্ৰায়েই জ্বলাই থকা হৈছে। ভাৰতৰ অন্য ঠাইত থকা তৈল ক্ষেত্ৰ সমূহতো প্ৰাকৃতিকগেছ পোৱা কৃষ্ণা গোদাবৰীৰ বদ্বীপ অঞ্চলত নতুনকৈ গেছ ক্ষেত্ৰ আৱিষ্কাৰ কৰা হৈছে।

প্ৰাকৃতিক গেছক ঘৰুৱা কাম-কাজত আৰু শিল্প উদ্যোগত ইন্ধন ৰূপে ব্যৱহাৰ কৰা হয়। তাপ বিদ্যুৎ প্ৰকল্পত ই হ'ল উত্তম ইন্ধন। সাৰপ্ৰস্তুত কৰা উদ্যোগত হাইড্ৰ'জেনৰ উৎস ৰূপে আৰু গাড়ীৰ টায়াৰ অৰ্থাৎ চকা তৌয়ৰ কৰা উদ্যোগত

কাৰ্বনৰ উৎস ৰূপে প্ৰাকৃতিক গেছ ব্যৱহাৰ কৰা হয়।

চাপ-বিশিষ্টি প্ৰকৃতিক গেছ (Compressed Natural Gas, CNG) ঃ

চাপৰ প্ৰভাবত সঙ্কুচিত কৰা প্ৰাকৃতিক গেছক চি.এন. জি. অৰ্থাৎ চাপ বিশিষ্ট প্ৰাকৃতিক গেছ বুলি কোৱা হয়। এনে গেছ পেট্ৰ'লৰ বিকল্প ইন্ধন ৰূপে ব্যৱহৃত হৈছে। সম্প্ৰতি দিল্লীত গাড়ী মটৰ,অট'ৰিক্সা আদি চি এন জিৰে চালিত হৈছে। ই (বাহন) প্ৰদূষণ কমায়।

সংশ্লেষিত প্ৰাকৃতিক গেছ (Synthetic Natural Gas, এচ এন জি) ঃ

কাৰ্বন মন'ক্সাইড আৰু হাইড্ৰ'জেনৰ সংমিশ্ৰণত তৈয়াৰ কৰা হয় এচ এন জি অৰ্থাৎ সংশ্লেষিত প্ৰাকৃতিক গেছ নিম্ন ৰাসায়নিক পদ্ধতিপ্ৰয়োগ কৰি। এচ এন জিও আন এক জৈৱ ইন্ধন।

আণবিক শক্তি (Nuclear Energy) ঃ

আণবিক শক্তি বুলিলেই আমাৰ মনলৈ হিৰোচিমা আৰু নাগাচাকি বিধ্বংসী শক্তিৰ ৰূপটোহে আহে। কিন্তু দৰাচলতে এই বিধ শক্তিকো ব্যৱসায়িক দিশত প্ৰয়োগ কৰিব পাৰি। আণবিক শক্তি দুই প্ৰকাৰৰ প্ৰতিক্ৰিয়াৰে পাব পাৰি- (i) আণবিক বিভঞ্জন (Nuclear Fission) ৰে আৰু (ii) আণবিক সংযোজন (Nuclear Fusion) ৰ দ্বাৰা। এই দুয়ো প্ৰকাৰ প্ৰক্ৰিয়াতে অতিপ্ৰচণ্ড পৰিমাণৰ শক্তি সৃষ্টি হয় পৰামাণু বিভাজন বা পৰমাণুৰ সমযোজনৰ দ্বাৰা। ইয়াৰ প্ৰয়োগত সাবধানতাৰ অতি দৰকাৰ। কেনেবাকৈ ৰিএক্টৰৰ পৰা শক্তি নিঃসৰিত হলে ইয়ো ধ্বংসলীলা আনিব পাৰে। তদুপৰি, আণবিক শক্তি উৎপাদনৰ পাছত ৰৈ যোৱা আৱৰ্জনা পোলোৱাত সমস্যা আছে । ই পৰিৱেশ প্ৰদূষিত কৰি বিপদ মাতি আনিব।

আমাৰ দেশত এতিয়াও আণবিক শক্তি ব্যৱসায়িক দিশত প্ৰয়োগ কৰিবৰ বাবে বিকাশপ্ৰাপ্ত হোৱা নাই। সম্প্ৰতি ২০০৫ মেগাৱাট ক্ষমতা থকা চাৰিটা শক্তিকেন্দ্ৰ আছে মহাৰাষ্ট্ৰৰ তাৰাপুৰত, ৰাজস্থানৰ ৰাণা প্ৰতাপ সাগৰত, তামিলনাডুৰ কল্প ককমত আৰু উত্তৰপ্ৰদেশৰ নৰোৰাত।

মাটি সম্পদ (Land Resources)

সম্পদ হিচাপে মাটি হ'ল আমাৰ অতি আদিম। পৃথিবীখনৰ আৱৰণ হ'ল মাটি পৰ্বতপাহাৰ, মালভুমি, সমভূমি সকলোতে আছে মাটি। আমাৰ খাদ্য, ইন্ধন, আৰু জীৱনৰ আন আহিলা বা সা-সুবিধা সকলোবোৰ নিৰ্ভৰ কৰে মাটিৰ ওপৰত। এনেকি জৈৱ-বিচিত্ৰতাও মাটিৰ বিশেষত্বৰ ওপৰত নিৰ্ভৰশীল। কিন্তু পৃথিবীৰ উপৰিভাগৰ প্ৰায় ২৯ শতাংশহে মাটি। ইয়াতেই গঢ় লৈ উঠিছে কৃষিকৰ্ম, বসবাসৰ ঠাই-গাওঁ, চহৰ-নগৰ, যাতায়াত ব্যৱস্থা, শিল্প উদ্যোগ আদি।

মাটি পুনৰুৎপাদনক্ষম বা ক্ষয়িষ্ণু যিকোনো প্ৰকাৰৰ হব পাৰে পৰিস্থিতি সাপেক্ষে। এনেয়ে এক ইঞ্চি (অৰ্থাৎ ২.৫ চে.মি.) গঠন হ'বলৈ কেবা বছৰৰো প্ৰয়োজন হয়। অৰ্থাৎ অতিমন্থৰ গতিৰে মাটি গঠিত হৈ থাকে । কিন্তু গঠণ হোৱাৰ তুলনাত যদি খহনীয়াৰ হাৰ অধিক হয়, তেন্তে মাটি হয় ক্ষয়িষ্ণু সম্পদ। মানুহৰ দুৰ্ব্যৱহাৰৰ বাবে বা প্ৰাকৃতিক কাৰণত মাটিৰ খহনীয়া, ভূমিস্খলন, ভূমিৰ অৱক্ষয় আৰু মৰুভূমিকৰণ সংঘটিত হৈ আছে। এইবোৰক একেলগে ভূমিচ্যুতি (Land degrdation) বোলা হয়। আচলতে জনসংখ্যা বৃদ্ধিৰ বাবে মানুহৰ প্ৰয়োজন হৈছে অধিক আবাসস্থলৰ। ইপিনে মাটি সম্পদ প্ৰায় একেদৰে আছে। সেয়ে বিভিন্ন কাৰ্য্যৰ দ্বাৰা ভূমি চ্যুতি হবলৈ ধৰিছে ভিন ভিন প্ৰকাৰে। যেনে

ভূমিস্খলন (Landslide) ঃ মানুহে গছ গছনি কাটি, মাটি খান্দি পৰ্ব্বত পাহাৰবোৰ ক্ৰমে টকলা কৰি থকাৰ ফলত ভূমিস্খলন হয়। মানুহৰ বিবেচনাহীন সম্পদ প্ৰয়োগৰ দ্বাৰাও ভূমিস্খলন হৈ আছে। পথ নিৰ্মাণ, গৃহবাস, নিৰ্মাণ বান্ধ বন্ধা কাৰ্য্য, খনি খনন কাৰ্য্য ইত্যাদি হ'ল মানুহৰ কাৰ্য্য য'ত ভূমিস্খলনৰ বীজ অঙ্কুৰিত হয়। অৱেশ্যে প্ৰাকৃতিক কাৰণতো ভূমিস্খলন হয়।

মাটি খহনীয়া (Socil erosion) ঃ প্ৰাকৃতিক আৰু মানুহৰ কিছুমান কাৰ্য্যৰ কাৰণত ভূমিভাগৰ ওপৰ অংশ অলপ অলপকৈ খহি থাকে। ভূমিস্খলনৰ কাৰণ কেইটা মাটিখহনীয়াৰো কাৰণ বুলি কব পাৰি । আচলতে গছ গছনি কটা বা খেতিবাতি কৰা আদিয়ে মাটিৰ ওপৰভাগৰ ধাৰকত্ব কমাই আনে। মাটিত যেতিয়া পানী আৰু ধৰি ৰখা দ্ৰব্যৰ অভাব

হয়, তেতিয়াই মাটি খহিবলৈ ধৰে অর্থাৎ মাটিৰ অৱক্ষয় আৰম্ভ হয়।

আচলতে মাটিৰ উর্বৰতা কমিলেই খহনীয়া আৰম্ভ হয়। হিচাপমতে, পৃথিৱীৰ এক তৃতীয়াংশ খেতিপথাৰত ইতিমধ্যে মাটি খহনীয়া হৈছে। এনে স্খলিত মাটি এচিয়া আৰু আফ্রিকাতেই বেছি।

মাটি খহাই নিয়াৰ মূল প্ৰতিনিধি দুইধৰণৰ—প্ৰাকৃতিক বা জলবায়ুজনিত আৰু জীৱজনিত। সাধাৰণতে বৰষুণ হোৱা ঠাইবোৰত ভূমিৰ ওপৰভাগ বিটৌত হৈ উটি যায়। বানপানী হোৱা ঠাইতো একে ধৰণৰ কার্য সংঘটিত হয়। আনহাতে পাহাৰীয়া অঞ্চলত সজোৰে পানী বৈ এধলীয়া অঞ্চলৰ মাটি খহাই দিয়ে। ইপিনে বাৰিষা নদীয়ে পাৰ ভাঙি বা গতি সলাই মাটি খহোৱা কার্য কৰে।

বতাহৰ কোবতো মাটিৰ খহনীয়া হয়। সজোৰে বোৱা বতাহৰ প্ৰভাৱত মাটিত থকা ধূলি অংশ উৰি যায় আৰু ধূলিতকৈ ডাঙৰ মাটিৰ দানা কিছুমান ওখ ঠাইৰ পৰা তললৈ বাগৰি আহে। মূৰকত এইবোৰেই মাটিৰ খহনীয়া আনে।

আনহাতে, জীৱজনিত কাৰণ হ'ল অত্যধিক চৰণীয়া পথাৰৰ প্ৰয়োগ, খনি খনন আৰু বনাঞ্চল ধ্বংস কৰা কার্য। এইবোৰ কার্যৰ দ্বাৰা মাটিৰ ওপৰভাগ খহিবলৈ লয়।

দেখা যায় প্ৰকৃতিৰ জলবায়ু পৰিৱৰ্তন আৰু মানুহৰ অবিজ্ঞানসন্মত মাটিৰ ব্যৱহাৰেও মাটিৰ আৰ্দ্ৰতা কমাই ক্ৰমে শুষ্কতা বঢ়ায়। আগতেই কৈ অহা হৈছে যে বনাঞ্চল ধ্বংসকৰণ, অধিক হাৰত শস্য উৎপাদন কৰিবলৈ লোৱা ব্যৱস্থাসমূহ, অত্যধিক জলসিঞ্চন আৰু চৰণীয়া পথাৰৰ অত্যধিক ব্যৱহাৰে মাটিৰ প্ৰভূত ক্ষতি কৰে। এনেকি এইবোৰে মাটিৰ মৰুভূমিকৰণো মাতি আনে।

মাটি সংৰক্ষণৰ উপায়

মাটিৰ খহন কমাই সংৰক্ষণ কৰিবলৈ কেইটামান উপায় অৱলম্বন কৰা উচিত। যেনে—

(ক) **সংৰক্ষণাত্মক খেতি কৰা ঃ** সাধাৰণতে আমাৰ খেতিয়কসকলে পৰম্পৰাগত হালেৰে মাটি চহাই, দলি ভাঙি মাটি ডৰা মিহি কৰি লয়। আচলতে এই পদ্ধতিয়ে মাটিৰ উপৰিভাগ চঞ্চল কৰি খহন-প্ৰৱন কৰি তোলে। ইয়াৰ পৰিৱৰ্তে আজিকালি বিজ্ঞানসন্মত চহোৱা পদ্ধতি ওলাইছে। বিশেষ ধৰণৰ যান্ত্ৰিক হালে (যাক পাৱাৰ টিলাৰ বোলা হয়) মাটিৰ ওপৰ অংশত কোনো পৰিৱৰ্তন ননাকৈ মাটিডৰা চহায়। এনে হালে মাটিত ফাঁট কৰি বীজ সিচি দিয়াৰ দিহা কৰে। আনকি সাৰ পানী আৰু কীটাণুনাশক দ্ৰব্যও এইদৰে দিয়া হয় এই পদ্ধতিত। ইয়াৰ নামেই 'বিনা চাহে খেতিকৰা কাৰ্য' (no-till-farming)। মাটিৰ ওপৰ অংশত কোনো ধৰণৰ ব্যাঘাত নঘটা বাবে মাটিৰ খহন ৰুদ্ধ হয় এইদৰে খেতি কৰিলে।

(খ) মাটিৰ বন্ধুত্ব ৰক্ষা কৰা খেতিৰ (Contour farming) পদ্ধতিয়েও মাটিৰ খহন কমায়। হেলনীয়া ঠাইত শাৰী শাৰীকৈ সৰলৰৈখিক ভাৱে কৰা খেতিক 'কণ্টুৰ ফাৰ্মিং বোলা হয়। নতিযুক্ত ঠাইত দিগন্তৰ সমান্তৰালকৈ অর্থাৎ অনুভূমিকভাৱে কৰা এনে পদ্ধতিয়ে সৰু সৰু বান্ধৰ কাম কৰে আৰু পানীৰ সোঁতে মাটি বোৱাই অনা কাৰ্যত বাধা দিয়ে। পাহাৰীয়া অঞ্চলত এই পদ্ধতিৰে খেতি কৰি মাটি খহন ৰোধ কৰা দেখা যায়।

(গ) টেৰাচ কাটি কৰা খেতি ঃ ঢালু উচ্চ ভূমি খট্‌খটিৰ নিচিনাকৈ কাটি উলিয়াই সমতল অংশত খেতিকৰা কাৰ্যক টেৰাচ কাটি খেতিকৰা বুলি কোৱা হয়। পাহাৰীয়া অঞ্চলত এনে পদ্ধতি অতি কাৰ্যকৰী হয়। ইয়াৰ দ্বাৰাও মাটিৰ খহন ৰোধ কৰিব পাৰি।

(ঘ) দীঘল শাৰী কাটি কৰা খেতিৰ (Strip Cropping) দ্বাৰাও মাটিৰ খহন ৰোধ কৰিব পাৰি। এই পদ্ধতিত শাৰী কটা হয় এৰি এৰি— এভাগত কোনো ধৰণৰ চাহ নকৰি আনভাগত শস্য সিঁচা হয়। শস্য ৰুৱা অংশৰ পৰা পানীৰ ঢলে কোৱাই অনা মাটিখিনি, ঘাঁহ-বন থকা শাৰীত ৰৈ যায়।

(ঙ) গছ-গছনিৰ মাজত লুঙলুঙীয়া ঠাইত কৰা খেতিক **'এলী ক্ৰপিং' (alley Corpping)** বোলা হয়। সাধাৰণতে বাগানত বা বননিত এই পদ্ধতি কাৰ্যকৰ হয়। খেতি উঠোৱাৰ পাছত খেতি কৰা ঠাইডোখৰ পাতিত হৈ নৰয়, যিহেতু তাৰ আশে-পাশে গছ বা ঘাঁহ-বন থাকেই। এই পদ্ধতিৰেও মাটিৰ খহন ৰোধিত হয়। এনেদৰে খেতি কৰা পদ্ধতিক 'এগ্ৰ'-

ফৰেষ্ট্ৰি বোলা হয়।

(চ) বতাহৰ গতিৰোধক সৃষ্টি কৰিও মাটিৰ খহন কমাব পাৰি। খেতিৰ মাটিডৰাৰ চৌপাশে শাৰী শাৰী গছ ৰুলে বতাহৰ বিশেষকৈ ধুমুহাৰ কোব কমাব পাৰি আৰু মূৰকত ইয়ে মাটিৰ খহন কমায়।

আচলতে, মাটিৰ খহনীয়াটো বিশ্বৰ সৰ্বত্ৰ এক মৌলিক সমস্যা। সেয়ে বিহিত ব্যৱস্থা লৈ এতিয়াই তাক কমাব নোৱাৰিলে অদূৰ ভৱিষ্যতত খেতিৰ মাটি ক্ষতিগ্ৰস্ত হ'ব, কৃষি আৰু বনজ ফচল কমি যাব। এনেকি ই পাৰিপাৰ্শ্বিকতাৰ ওপৰতো আঘাত হানিব। মাটিৰ খহন ধীৰ গতিত হয় বাবে দেখাত ই ধৰা নপৰে। কিন্তু কিছুবছৰ পাছত ই সমস্যাৰূপে প্ৰকট হয়। মাটিৰ ওপৰভাগ সেউজীময়ী কৰি ৰখাটোই হ'ল মাটিৰ খহনীয়া ৰোধ কৰাৰ উত্তম উপায়।

জল সংযুক্ততা (Water logging) **ঃ** আজিকালি প্ৰায় সকলো ঠাইতে খেতিয়কে খেতিৰ মাটিত অধিক হাৰত জলসিঞ্চন কৰে। ইয়াৰ ফলত মাটিৰ পানী ধাৰকত্ব শক্তি অতিক্ৰমি মাটিত পানী জমা হয়। কাৰণ সাধাৰণতে খেতিৰ মাটিত পানী ওলাই যোৱাৰ উপযুক্ত ব্যৱস্থা নাথাকে। এইদৰে পানী জমা হৈ ৰোৱা মাটিত খেতিৰ উৎপাদন কম হয়; যিহেতু, ই মাটিৰ ছিদ্ৰতা হ্ৰাস কৰি শস্যৰ শিপাই যথোচিতভাৱে মাটিৰ তললৈ যাব নোৱাৰা কৰে। তদুপৰি, ইয়ে মাটিত লৱণীয়তা বঢ়ায়। অধিক লৱণীয়তাতো শস্যৰ উৎপাদন কমি যায়।

তলৰ তালিকাখনত কেইটামান প্ৰধান জলসিঞ্চন প্ৰকল্পৰ দ্বাৰা হোৱা মাটিৰ জলসংযুক্ততা আৰু লৱণীয়তা দেখুওৱা হৈছে—

জলসিঞ্চন প্ৰকল্প	**ৰাজ্য**	**প্ৰভাৱান্বিত অঞ্চল (হেজাৰ হেক্টৰত)**	
		জলসংযুক্ততা	**লৱণীয়তা**
ইন্দিৰা গান্ধী খাল	ৰাজস্থান	৪৩	২৯
গণ্ডক	বিহাৰ, গুজৰাট	২১১	৪০০
চম্বল	মধ্যপ্ৰদেশ, ৰাজস্থান	৯৮	৪০
ৰামগঙ্গা	উত্তৰ প্ৰদেশ	১৯৫	৩৫২
শ্ৰীৰাম সাগৰ	অন্ধ্ৰ প্ৰদেশ	৬০	১

প্ৰতিবছৰে ইয়াৰ বাবে কমেও দহহেজাৰ নিযুত টকাৰ ক্ষতি হৈ আছে। সঁচাকৈয়ে ই পৰিতাপৰ কথা যে প্ৰচুৰ পৰিমাণৰ ধন খৰছ কৰি স্থাপন কৰা জলসিঞ্চন ব্যৱস্থাই মূৰকত মানুহৰ অপব্যৱহাৰৰ বাবে এক বুজন পৰিমাণৰ ক্ষতি সাধন কৰি আছে।

প্ৰাকৃতিক সম্পদ সংৰক্ষণত ব্যক্তিৰ ভূমিকা ঃ

আমি উল্লেখ কৰি অহা সকলো ধৰণৰ প্ৰাকৃতিক সম্পদে যি কোনো জাতিৰ বিকাশত অগ্ৰণী ভূমিকা লয়। কিন্তু সম্পদসমূহৰ বিবেচনাপূৰ্ণ ব্যৱহাৰৰ অভাৱত ইবোৰ ক্ৰমে হ্ৰাস হ'বলৈ ধৰিছে। অথচ সম্পদ সমূহৰ সংৰক্ষণৰ বাবে নানা ধৰণৰ প্ৰচেষ্টাও অব্যাহত আছে। বিশেষকৈ পৰিৱেশ সংৰক্ষণৰ সৈতে জড়িত বহুতো বেচৰকাৰী সস্থা আৰু ব্যক্তি কিছুমানে সম্পদসমূহ উচিতভাৱে ব্যৱহাৰ কৰিবলৈ সজাগতাসূচক আন্দোলনো কৰিছে। তথাপি জনসাধাৰণৰ মাজত এই দিশত চেতনা অহা নাই বুলি ক'ব পাৰি। উল্লেখ্য যে ১৯৭২ চনত ৰাষ্ট্ৰসংঘই পৰিৱেশ সংৰক্ষণৰ বাবে বিশ্ব সন্মিলন পাতি কিছুমান নীতি-নিয়ম নিৰ্দ্ধাৰণ কৰি দিছিল। তথাপি আমাৰ বহুতেই পৰিৱেশ যে নিজৰ আৰু ইয়াৰ ৰক্ষণাবেক্ষণ যে প্ৰত্যেকৰে কৰ্তব্য তাক বুজি উঠা নাই।

এইটো সত্য যে পৰিৱেশ আৰু প্ৰাকৃতিক সম্পদৰ এক অংগাগী সম্বন্ধ আছে। মানুহে পৰিৱেশৰ সুস্থিৰ অৱস্থা বাহাল ৰাখিবলৈ হ'লে সম্পদৰ বিবেচনাপূৰ্ণ ব্যৱহাৰ কৰিব লাগিব। এইক্ষেত্ৰত ব্যক্তিৰ ভূমিকা অপৰিসীম। প্ৰতিজন ব্যক্তিয়ে প্ৰাকৃতিক সম্পদৰ সংৰক্ষণ কৰিব পাৰে এইদৰে ঃ

(১) **পানী সংৰক্ষণৰ দ্বাৰা ঃ** দাঁত ঘহোতে , দাৰি খুৰাওতে বা গাধোৱতে বা বাচন-বৰ্তন ধোৱতে পানীৰ কল খুলি ৰখা উচিত নহয়।

● কাপোৰ ধোৱতে যিখিনি পানী লাগে ঠিক সিমান খিনিহে ব্যৱহাৰ কৰা উচিত।

● পানী অনবৰতে গৈ থকা 'লীক' বন্ধ কৰা উচিত। নিজৰ নিজৰ পানী অহা নলী বা পাইপবোৰত যাতে কোনো প্ৰকাৰৰ লীক নাথাকে তাৰ প্ৰতি সচেতন হোৱাটো দৰকাৰ। বেজীৰ ফুটা হেন ছিদ্ৰৰেও পানী গৈ থাকিলে মাহেকত ৬৪০ লিটাৰ যায়।

● বাগানত পানী দিওতেও মিতব্যয়ী হোৱা উচিত।

● কুঁৱা, পুখুৰী আদি চাফ-চিকুণকৈ ৰখা উচিত। তাৰ পৰা পানী উঠালেও মিতব্যয়ীতা অৱলম্বন কৰা উচিত।

● বৰষুণৰ পানী ধৰি ৰখাৰ ব্যৱস্থা (য'ত সম্ভৱ) নিতান্ত প্ৰয়োজনীয় ব্যৱস্থা।

(২) **শক্তি সংৰক্ষণৰ দ্বাৰা ঃ**

● প্ৰতি ব্যক্তিয়ে ঘৰত বা কৰ্মক্ষেত্ৰত লাইট, ফেন বা তেনে কোনো ব্যৱহাৰিক সাজ-সৰঞ্জামৰ সদ ব্যৱহাৰ কৰা উচিত। নালাগিলে ছুইচ বা বুটাম নিলগ (off) কৰি থব লাগে। বিদ্যুৎ ৰাহি মানে সম্পদৰ ৰাহি—প্ৰত্যেকেই জনা উচিত।

● পৰাপক্ষত সৌৰ তাপ ব্যৱহাৰ কৰি বিদ্যুৎ ৰাহি কৰিব পাৰি।

● সাজোতে পোহৰ আৰু (সূৰ্য্যৰ) তাপ পোৱাৰ ব্যৱস্থা কৰিব লাগে।

● অতিকৈ ৰ'দ পৰা ঠাইত গছ ৰুই ঘৰ শীতল ৰাখিব পাৰি।

● গাড়ী, মটৰ প্ৰয়োজন সাপেক্ষেহে ব্যৱহাৰ কৰা অভ্যাস কৰা উচিত। পেট্ৰ'ল বচোৱা মানে সম্পদ সংৰক্ষণ কৰা।

● 'গোবৰ-গেছ' সাজি ৰন্ধনৰ ইন্ধন পোৱাৰ ব্যৱস্থা ল'ব লাগে।

মাটিৰ বা ভূমি ৰক্ষাৰ কৰণৰ দ্বাৰা ঃ

● বৃক্ষ ৰোপনৰ দ্বাৰা ভূমি ৰক্ষা কৰিব পাৰি আৰু তাৰ দ্বাৰা বনজ সম্পদ সংৰক্ষিত হয়।

● গৃহ নিৰ্মাণত বা উদ্যোগ স্থাপনত যিমান পাৰি কমকৈ গছ কটা উচিত।

● নিজৰ বাগানত বা খালি থকা ঠাইত পাৰ্যমানে ফুল-ফলৰ গছ ৰুই ভূমি ৰক্ষা কৰিব পাৰি। পাৰিলে ঘাই ঠাইত ঘাঁহ-বন ৰুৱা উচিত।

● অধিক পানীৰে শস্য পথাৰ বা ফুলৰ বাগান ডুবাই ৰখাটো অনুচিত।

● পাহাৰীয়া ঠাইত যিমান পাৰি কমকৈ গছ কটা অভ্যাস কৰা উচিত। এডাল গছ কাটি দুডাল গছ ৰুব লাগে। মনত ৰখা উচিত ঃ গছ থাকিলেহে মানুহ থাকিব।

● জধে-মধে মাটি কটাত প্ৰতিজন ব্যক্তিয়ে সজাগতা প্ৰদৰ্শন কৰা উচিত।

তিষ্ঠি-থাকিব পৰা খেতি কৰা অভ্যাসৰ দ্বাৰা ঃ

● খাদ্যৰ মিতব্যয়ী ব্যৱহাৰ প্ৰতিজন নাগৰিকৰে কৰ্তব্য।

● খেতি কৰোঁতে বিজ্ঞানসন্মত পদ্ধতি গ্ৰহণ কৰা উচিত।

● কীটনাশক দ্ৰব্য বা আন তেনেধৰণৰ ঔষধ আৰু কৃত্ৰিম সাৰ যিমান পাৰি কমকৈ ব্যৱহাৰ কৰাটো বাঞ্ছনীয়।

● খেতিপথাৰত জলসিঞ্চন যথোচিতভাৱে কৰা উচিত। অধিকভাৱে জলসিঞ্চন কৰাৰ কুফল বহুতো।

● একেডৰা মাটিতে ঘনে ঘনে খেতি কৰাটো অনুচিত।

সুস্থিৰ জীৱন-নিৰ্বাহৰ বাবে সম্পদৰ ন্যায়সংগত ব্যৱহাৰ

[Equitable use of Resources for sustainable Life-style]

বিশ্বত মানৱজাতিৰ মাজত জীৱন-নিৰ্বাহৰ ক্ষেত্ৰত সমতাৰ অভাৱ। সেয়ে বিকাশীল, বিকাশপ্ৰাপ্ত আৰু বিকাশহীন সমাজৰ সৃষ্টি হৈছে। ইয়াৰ মূলতে আছে প্ৰাকৃতিক সম্পদবোৰৰ ব্যৱহাৰ সমানে নোহোৱা অৱস্থা। কোনোৱে সম্পদৰ

সুযোগ-সুবিধা গ্ৰহণ কৰিব পাৰিছে, কোনোৱে পৰা নাই। ইয়ে আনি দিছে অৰ্থনৈতিক দিশত আন্তৰ্জাতিক বৈষম্য বা বিভাজন আৰু মূৰকত ইয়াৰ প্ৰভাৱ পৰিছে সুস্থিৰ জীৱন-নিৰ্বাহ কৰাৰ ক্ষেত্ৰত। বিকাশহীন দেশবোৰত সম্পদ ব্যৱহাৰৰ ন্যায়সংগত, প্ৰয়োজনীয় ব্যৱস্থাই নাই। আনহাতে বিকাশপ্ৰাপ্ত বা বিকাশশীল দেশবোৰে সম্পদ আহৰণ কৰি তাৰ পূৰ্ণ ব্যৱহাৰ কৰিব পাৰিছে। এনে বিভাজন আহিছে জনসংখ্যা বৃদ্ধি, জন-সচেতনতা আৰু সম্পদ-প্ৰাপ্তিৰ দ্বাৰা।

দেখা যায় অধিকভাৱে বিকশিত দেশসমূহৰ জনসংখ্যা বিশ্ব জনসংখ্যাৰ ২২ শতাংশ; কিন্তু সেই দেশসমূহে প্ৰাকৃতিক সম্পদৰ ৮৮ শতাংশ ব্যৱহাৰ কৰে। একেদৰে তেওঁলোকে ৭৩ শতাংশ শক্তি প্ৰয়োগ কৰি বিশ্বৰ মুঠ আয়ৰ ৮৫ শতাংশ আয় লাভ কৰি আছে। ইয়াৰ দ্বাৰাই সেই দেশসমূহে পৰিৱেশ প্ৰদূষণ কৰিছে সৰ্বাধিক। এই দেশবোৰৰ ভিতৰত আছে আমেৰিকা, কানাডা, জাপান, চি আই এচ, অষ্ট্ৰেলিয়া, নিউজিলেণ্ড আৰু পশ্চিম উৰোপীয় দেশসমূহ। আনহাতে, অবিকশিত বা কম বিকশিত দেশসমূহত বিশ্বৰ ৭৮ শতাংশ জনগোষ্ঠী থাকে যদিও তাত শিল্প-উদ্যোগৰ অৱস্থান বৰ কম। তেওঁলোকে মাত্ৰ ১২ শতাংশ প্ৰাকৃতিক সম্পদ আৰু ২৭ শতাংশ শক্তি ব্যৱহাৰ কৰে। আয়ৰ পৰিমাণ বিশ্ব-আয়ৰ মাত্ৰ ১৫ শতাংশ। দুঃখৰ কথা হ'ল এনে বিভাজন বাঢ়িহে আছে, কমা নাই।

ধনী দেশবোৰ আৰু অধিক ধনী হৈ গৈ আছে, অধিক বিকাশগ্ৰস্থ হৈছে। তেওঁলোকে অধিক হাৰত প্ৰদূষণো সৃষ্টি কৰি আছে। ইপিনে গৰীৱ দেশসমূহ তিষ্ঠি থাকিব নোৱাৰা অৱস্থাত জীৱন-নিৰ্বাহ কৰিছে। প্ৰকৃততে বিকাশগ্ৰস্ত আৰু বিকাশশীল দেশসমূহত এক 'অসুস্থ' প্ৰগতিৰ প্ৰতিযোগীতাহেতু অধিকাংশ দেশত জীৱন-নিৰ্বাহৰ অস্থিৰতা আহিছে। বিশেষ কথাটো হ'ল যে ধনী দেশসমূহে যদি প্ৰতিবছৰে দহ শতাংশকৈ বিকাশ উৰ্দ্ধমুখী কৰি যায় তেনেহ'লে অহা ৭০ বছৰত বৰ্তমানৰ ১০২৪ গুণ অধিক বৃদ্ধি আহি পৰিব। প্ৰশ্ন হ'ল ইমান পৰিমাণৰ বৃদ্ধি ধৰি ৰাখিবলৈ বিশ্বত সম্পদ পোৱা যাবনে? কাৰণ, ইতিমধ্যে প্ৰাকৃতিক সম্পদৰ মাত্ৰা কমিবলৈ লৈছে। বিকল্প সম্পদৰ উৎসও যথোচিত হাৰত উদ্ভাৱিত হোৱা নাই।

এইবাবেই সুস্থিৰ জীৱন-নিৰ্বাহৰ বাবে আমি সকলোৱে সম্পদৰ ন্যায়সংগত ব্যৱহাৰ কৰাৰ প্ৰতি অভ্যস্ত হ'ব লাগিব। গৰীৱ দেশসমূহৰ প্ৰগতি ৰুদ্ধ হৈ থকাটো আবঞ্চনীয়। তেনে দেশতো শিল্প-উদ্যোগ স্থাপনৰ সা-সুবিধা প্ৰদান কৰি গৰীৱতা হ্ৰাস কৰাটোৱেই হ'ব সুস্থিৰ অৱস্থা পোৱাৰ আদি কথা। ধনী দেশবোৰে যিমান পাৰি সম্পদৰ ব্যৱহাৰ কমাই দুখীয়া দেশসমূহক প্ৰয়োজনীয় সা-সুবিধা দি এক ভাৰসাম্যপূৰ্ণ পৰিৱেশ পাবলৈ যত্নপৰ হ'ব লাগিব।

প্ৰশ্নাৱলী

১। প্ৰাকৃতিক সম্পদ বুলিলে কি বুজা? ইয়াৰ ঘাই প্ৰকাৰ দুটাক কি বুলি জনা যায়। উদাহৰণ দি বুজাই লিখা।

২। (ক) বনজ সম্পদৰ ঘাই ব্যৱহাৰ সম্পৰ্কে আলোচনা কৰা।
(খ) অৰণ্য বা বননি বুলিলে কি বুজা? ইয়াৰ গুৰুত্ব কি লিখা।

৩। অ-বনানীকৰণৰ কাৰণ কি? ইয়াৰ ফলাফল সম্পৰ্কে আলোচনা কৰা।

৪। সামাজিক বনানীকৰণ বুলিলে কি বুজা লিখা।

৫। ডাঙৰ বান্ধ বন্ধাৰ পৰা কিধৰণৰ ক্ষতি হয়। ক্ষেত্ৰভিত্তিক অধ্যায়নৰ উদাহৰণ দি বুজোৱা।

৬। (ক) জল-বিবাদৰ মূল কাৰণ কি? এটা আন্তৰ্জাতিক বিবাদ আৰু এটা জাতীয় বিবাদৰ বৰ্ণনা দিয়া।
(খ) জল সম্পদ সম্পৰ্কে আলোচনা কৰা।

৭। খনি খননৰ দ্বাৰা কি ধৰণৰ পাৰিপাৰ্শ্বিক প্ৰভাৱ দেখা যায় লিখা।

৮। খনিজ সম্পদ বুলিলে কি বুজা? ই কেই প্ৰকাৰৰ? আমাৰ দেশত পোৱা খনিজ সম্পদ সম্পৰ্কে আলোচনা কৰা।

৯। পেট্ৰ'লিয়াম আৰু কয়লা সম্পৰ্কে চমুটোকা লিখা।

১০। মাটিৰ খহনীয়া, ভূমিস্খলন আৰু মৰুভূমিকৰণৰ ওপৰত চমুটোকা লিখা।

১১। সৌৰ শক্তি সম্পৰ্কে চমুকৈ লিখা।

১২। অপৰম্পৰাগত শক্তি বুলিলে কি বুজা? উদাহৰণ দি বুজাই লিখা।

১৩। শক্তিৰ সংৰক্ষণ কি দৰে সম্ভৱ লিখা।

১৪। (ক) বিশ্বৰ খাদ্য সম্পদ সম্পৰ্কে এটি চমু বৰ্ণনা দাঙি ধৰা।

(খ) খাদ্য সংকট বুলিলে কি বুজা? ইয়াৰ সম্ভাব্য কাৰণ সম্পৰ্কে আলোচনা কৰা।

১৫। সুস্থিৰ জীৱন নিৰ্বাহৰ বাবে সম্পদৰ ন্যায়সংগত ব্যৱহাৰ সম্পৰ্কে টোকা এটি লিখা।

১৬। প্ৰাকৃতিক সম্পদ সংৰক্ষণ কিদৰে সম্ভৱ আৰু এই ক্ষেত্ৰত ব্যক্তিৰ ভূমিকা সম্পৰ্কে আলোচনা কৰা।

১৭। চমুটোকা লিখা ঃ

(ক) বতাহ শক্তি।

(খ) জোৱাৰ শক্তি।

(গ) বায়’ গেছ।

(ঘ) আণৱিক শক্তি।

(ঙ) পৰিৱেশ প্ৰদূষণ।

১৮। পানীৰ ব্যৱহাৰ সম্পৰ্কে ৰচনা লিখা (মাত্ৰ ২০ শাৰীত)

১৯। ভূগৰ্ভস্থ পানী সম্পৰ্কে টোকা লিখা।

চমু প্ৰশ্ন ঃ

১। অৰণ্যৰ পৰা আমি পোৱা প্ৰত্যক্ষ লাভ দুটা কি কি?

২। পৰ্ণপাতী অৰণ্যৰ বৈশিষ্ট্য কি কি?

৩। ক্ৰান্তিয় অৰণ্যত পোৱা তিনিবিধ মূল্যবান পৰ্ণপাতী গছৰ নাম লিখা।

৪। ‘বায়’ম’ কাক বোলে?

৫। খৰাং পৰিস্থিতি কি?

৬। নিৰ্বনানীকৰণ শক্তিৰ মূল কাৰণ তিনিটা কি কি?

৭। পুমৰৎপাদনক্ষনৰ মূল কাৰণ তিনিটা কি কি?

৮। পুনৰুৎপাদনক্ষম শক্তি তিনিবিধৰ নাম লিখা।

৯। খনি খননৰ দ্বাৰা পৰিৱেশত কি দৰে ক্ষতি হয়?

১০। জৈৱ পদাৰ্থ শক্তি বুলিলে কি বুজা হয়?

তৃতীয় অধ্যায়	পৰিস্থিতি-তন্ত্ৰ (Eco-system)

পৰিস্থিতিতন্ত্ৰৰ ধাৰণা ঃ

বিভিন্ন জীৱজগতৰ জীৱন-সমৰ্থন কৰা হাবি-বননি, ঘাহনি, নৈ-নিজৰা, সাগৰ-মহাসাগৰ, হ্ৰদ, পৰ্বত-পাহাৰ, মৰুভূমি-সমভূমি আদি সকলো মিলি হৈছে আমাৰ পাৰিপাৰ্শ্বিকতা। ইয়াৰ প্ৰতিটো উপাদানৰে গঠন আৰু কাৰ্য্যপদ্ধতি পৃথক পৃথক। কিন্তু একগোট হৈ বা সামুহিকভাৱে এইবোৰে জীৱসমূহৰ বাসস্থান আৰু জীৱন-চক্ৰ চলাই নিয়াৰ পৰিস্থিতি সৃষ্টি কৰিছে। তদুপৰি, জীৱসমূহৰ জীৱন চলাই নিয়াত ই সহসম্বন্ধ ৰক্ষা কৰিছে। এই সমূহ ব্যৱস্থাক মুঠতে **পৰিস্থিতি-তন্ত্ৰ বা পাৰিপাৰ্শ্বিক-পদ্ধতি** বুলি কোৱা হয়। অৰ্থাৎ জীৱজগতৰ জীৱিত ক্ষুদ্ৰাতি-ক্ষুদ্ৰ জীৱৰ পৰা বৃহৎ প্ৰাণী আৰু গছ-গছনিৰ বাসস্থানৰ সৈতে সেই জীৱসমূহৰ মাজৰ সম্পৰ্ক আৰু পাৰস্পৰিক নিৰ্ভৰশীলতা আদিয়েই হ'ল পাৰিস্থিতিক পদ্ধতি। এনে পাৰিস্থিতিক পদ্ধতি সম্পৰ্কে অধ্যয়ন কৰা বিজ্ঞান-শাখাটোই হ'ল পৰিস্থিতি তন্ত্ৰ বা ইংৰাজীত ইক'লজি (Ecology)। গতিকে পৰিস্থিতি তন্ত্ৰ বা ইক'লজি বুলিলে ক'ব লাগিব এইদৰে ঃ

পৃথিৱীত থকা জীৱসমূহৰ বাসস্থানৰ পাৰিপাৰ্শ্বিক অৱস্থাৰ সৈতে সেই জীৱসমূহৰ সম্পৰ্ক আৰু একে বাসস্থানত থকা জীৱবোৰৰ পাৰস্পৰিক সম্পৰ্ক বা সহসম্পৰ্ক বিষয়ক অধ্যয়ন কৰা বিজ্ঞানৰ শাখাটোই হ'ল পৰিস্থিতি-তন্ত্ৰ বা পাৰিপাৰ্শ্বিক বিজ্ঞান। কোনো কোনেৰে ইয়াক বাস্তব্য বিদ্যা বুলিও কয়।

এই বিজ্ঞানৰ অধীনত সেউজীয়া বনাঞ্চল উত্তপ্ত মৰুভূমিৰ পৰা কিদৰে বেলেগ বা উত্তৰ মেৰু অঞ্চল সাধাৰণ পুখুৰী এটাৰ পৰা কিহত পৃথক, কিদৰে এইবোৰত থকা জীৱ-জন্তু বা উদ্ভিদৰ পাৰ্থক্য দেখা যায়, কিদৰে বিভিন্ন বাসস্থানত থকা জীৱই খাদ্যাদি আহৰণ কৰি শক্তি অৰ্জন কৰে, ইজাতিয়ে-সিজাতিক কিদৰে প্ৰভাৱান্বিত কৰে আৰু জীৱন-নিৰ্বাহৰ কাৰক হয়, জীৱৰ সহ-অৱস্থানৰ ৰীতি-নীতি কি ধৰণৰ ইত্যাদি কথাবোৰ অধ্যয়ন কৰা হয়।

ইংৰাজীত ইক'লজি শব্দটো জাৰ্মান প্ৰাণী বিজ্ঞানী আৰ্নেষ্ট হেকেলে ১৮৬৯ চনত প্ৰথম প্ৰয়োগ কৰে। কোনো এক পৰিৱেশত বাস কৰা জীৱবোৰ আৰু সিহঁতৰ পাৰিপাৰ্শ্বিক অৱস্থা বা প্ৰাকৃতিক বসতিৰ মাজত থকা সম্পৰ্কে অধ্যয়ন কৰিবলৈ যাওতে হেকেলে ইক'লজি শব্দটো ব্যৱহাৰ কৰিছিল। গ্ৰীক ভাষাত Okios-ওকিঅ'জ শব্দৰ অৰ্থ হ'ল 'বসতি' (বা বাসস্থান) আৰু logos-লগজ শব্দৰ অৰ্থ হ'ল যুক্তিৰে অধ্যয়ন; এই দুয়োটা শব্দৰ সমন্বয়ত হৈছে ইক'লজি (ecology)। পাৰিপাৰ্শ্বিকতাত দুটা উপাদান থাকে—জৈৱিক আৰু ভৌতিক। সেয়ে আধুনিক পৰিস্থিতি বিজ্ঞানীয়ে পৰিস্থিতি-তন্ত্ৰ বুলিলে এই দুয়োবিধ উপাদানপুষ্ট কথাবোৰৰ অধ্যয়ন সূচিত কৰিছে। উদাহৰণ স্বৰূপে—বিজ্ঞানী এজিটেন্সলেই ১৯৩৫ চনত পৰিস্থিতিতন্ত্ৰৰ ধাৰণা দিছে এইবুলি—"পৰিস্থিতিতন্ত্ৰ মানে হ'ল কিছুমান জৈৱিক প্ৰাণীৰ নমুনা যাৰ ইটোৱে-সিটোৰ লগত সহ সম্পৰ্ক স্থাপন কৰে আৰু অজৈৱ পাৰিপাৰ্শ্বিক উপাদানৰ পৰা শক্তি আহৰণৰ ক্ৰিয়া-প্ৰতিক্ৰিয়া সম্পন্ন কৰে।" পৰিস্থিতি-তন্ত্ৰৰ অধ্যয়নেই হ'ল পৰিস্থিতি বিজ্ঞান।

আন এক বিজ্ঞানী ওডামৰ মতে পৰিস্থিতিতন্ত্ৰ হ'ল পাৰিপাৰ্শ্বিক বিদ্যাৰ মূল আধাৰ য'ত পৰিৱেশৰ জৈৱিক আৰু অজৈৱিক উপাদানসমূহৰ পৰস্পৰে পৰস্পৰৰ ওপৰত প্ৰভাৱ বিস্তাৰ কৰে। ওডামে এই সুত্ৰ ১৯৬৩ চনত দিয়ে।

ইপিনে ১৯৭৪ চনত এচ্ মাথাভনে কয় যে পৰিৱেশৰ উপাদানসমূহৰ মাজত সংঘটিত ক্ৰিয়া-প্ৰতিক্ৰিয়াবোৰে গঠন কৰে পৰিস্থিতি তন্ত্ৰ।

ওপৰত উল্লেখ কৰা আটাইকেউটা সংজ্ঞা জুকিয়াই পৰিস্থিতি-তন্ত্ৰ মানে এনেদৰে বুজিব পাৰোঁ ঃ কোনো বসতিত থকা জীৱগোষ্ঠী, উদ্ভিদ আদি পৰিৱেশৰ উপাদানসমহূৰ এটাই আনটোৰ সৈতে আৰু তাত (বসতিত) থকা অজৈৱিক পৰিৱেশৰ লগত ক্ৰিয়া-প্ৰতিক্ৰিয়া কৰি যি এক সুস্থিৰ পদ্ধতি গঠিত কৰে, সেয়ে পৰিস্থিতিতন্ত্ৰ বা ইক'চিষ্টেম।

গতিকে পৰিস্থিতি তন্ত্ৰত উদ্ভিদ, জীৱ-জন্তু আৰু অন্যান্য অণুজীৱবোৰ পাৰস্পৰিক নিৰ্ভৰশীলতা নিৰ্ভৰ কৰে আৰু সেয়ে কোনো বসতিত জৈৱিক আৰু অজৈৱিক উপাদান সমূহৰ উচিত ৰক্ষণা-বেক্ষণ, নিয়ন্ত্ৰণ আদি কথাৰ ওপৰতে জীৱজগত বা উদ্ভিদজগত তিষ্ঠি থকাটো নিৰ্ভৰ কৰে।

পৰিস্থিতি-তন্ত্ৰ মুক্ত আৰু বন্ধ এই দুই প্ৰকাৰৰ হ'ব পাৰে। বাহিৰৰ পৰা শক্তি, খাদ্য আদি সংগ্ৰহ কৰাটো হ'ল মুক্ত পৰিস্থিতি-তন্ত্ৰ আৰু বহিঃ অৱস্থাৰ পৰা আঁতৰি বসতিৰ ভিতৰতে পৰিস্থিতি নিয়ন্ত্ৰিত অৱস্থাটো হ'ল বন্ধ পৰিস্থিতি তন্ত্ৰ।

পৰিস্থিতিতন্ত্ৰৰ বৈশিষ্ট্য (Characteristics of Ecosystem) ঃ আকৃতি, গঠন প্ৰক্ৰিয়া আদিত পৰিস্থিতিতন্ত্ৰৰ ভিতৰত বহুতো পাৰ্থক্য আছে যদিও সকলো পৰিস্থিতিতন্ত্ৰৰ মাজত কিছুমান (ক) গঠনাত্মক আৰু (খ) কাৰ্য্যকৰণ বিষয়ক সমিল-মিল পৰিলক্ষিত হয়।

(ক) গঠনাত্মক বৈশিষ্ট্য ঃ

(I) **জৈৱিক গঠন ঃ** কোনো এক পৰিস্থিতিত থকা উদ্ভিদ, জীৱ-জন্তু আৰু অণুজীৱসমূহ লগ লাগি গঠিত হৈছে ইয়াৰ জৈৱিক উপাদান। পৰিস্থিতিতন্ত্ৰত প্ৰতিবিধ নমুনাৰে নিজস্ব পুষ্টি-প্ৰকৃতি আৰু স্থিতি আছে। সেইমতে কোনো বিধ হ'ল **প্ৰস্তুতকাৰক (Producers)** আৰু কোনোবিধ **উপভোক্তা (consumer)**।

(১) **প্ৰস্তুত কাৰক ঃ** সাধাৰণতে সেউজীয়া উদ্ভিদসমূহ, যিয়ে বায়ুৰ পৰা নিজে নিজে পোহৰ সংশ্লেষণৰ দ্বাৰা খাদ্য প্ৰস্তুত কৰিব পাৰে, এই ভাগত পৰে। ইহঁতক আলোক স্বখাদ্য উৎপাদক (ইংৰাজীত photo autotrophs) বুলিও কোৱা হয়। কাৰণ, সেইজীয়া উদ্ভিদে সূৰ্যৰ পোহৰৰ পৰা শক্তি আহৰণ কৰি তাৰ সহায়ত পানী আৰু কাৰ্বন-ডাই-অক্সাইডৰ সংশ্লেষণ ঘটায় কিছুমান অণুজীৱ আছে যিয়ে সূৰ্য্যৰ পোহৰ নথকা অৱস্থাতো ৰাসায়নিক বিক্ৰিয়াৰে জৈৱিক পদাৰ্থ উৎপন্ন কৰিব পাৰে। এনে অণুজীৱবোৰক ৰাসায়নিক সংশ্লেষক (Chemosynthetic) বা ৰাসায়নিক স্বখাদ্য প্ৰস্তুত কাৰক (Chemo-autotrophs) অণুজীৱ বোলা হয়। উদাহৰণত ঃ সমুদ্ৰগৰ্ভত এনে কিছুমান জীৱাণু আছে যিয়ে সূৰ্য্যৰ পোহৰ নপৰা পানীৰ তলতো ভূগৰ্ভৰ উত্তাপৰ সহায়ত নিজৰ খাদ্য প্ৰস্তুত কৰি ল'ব পাৰে। সিহঁতে সাগৰ গৰ্ভত থকা উত্তাপৰ সহায়ত হাইড্ৰ'জেন চালফাইড (H_2S) আৰু কাৰ্বন-ডাই-অক্সাইডৰ সহায়ত জৈৱিক মৌল প্ৰস্তুত কৰে।

(২) **উপভোক্তা ঃ** আনৰ পৰা সংগ্ৰহ কৰি খাদ্য পোৱা সকলো জীৱকে উপভোক্তা শ্ৰেণীত থোৱা হয়। খাদ্য আহৰণৰ ওপৰত নিৰ্ভৰ কৰি উপভোক্তাৰ প্ৰকাৰ এনে ধৰণে কৰা হয় ঃ

(ক) উদ্ভিদ ভোজী বা প্ৰথমশ্ৰেণীৰ উপভোক্তা (Herbivores) ঃ এই শ্ৰেণীৰ জীৱই প্ৰস্তুত কাৰকৰ পৰা চিধা চিধি আহাৰ গ্ৰহণ কৰে। ইহঁত প্ৰাথমিক উপভোক্তা। শামুক আদি, মাছ, শহা, সৰু সৰু পোক-পৰুৱা, মানুহ, গৰু ছাগলী মহ আদিৰ দৰে জীৱই গ্লুকোজ বা শ্বেতসাৰ তৈয়াৰ কৰি লয়। জন্তুবোৰ এনে প্ৰাথমিক উপভোক্তা। ইহঁতে উদ্ভিদৰ শৰীৰত থকা শক্তি ব্যৱহাৰ কৰি নিজৰ দেহ গঠন কৰে।

(খ) মাংস ভোজী বা দ্বিতীয় শ্ৰেণীৰ উপভোক্তা (Carnivores) ঃ এই শ্ৰেণীৰ জীৱই খাদ্যৰ বাবে আন উপভোক্তাৰ ওপৰত নিৰ্ভৰশীল। ইহঁতৰ কিছুমানে উদ্ভিদভোজীৰ পৰা খাদ্য আহৰণ কৰে। সেয়ে এনে জীৱ-জন্তুক দ্বিতীয় শ্ৰেণীৰ উপভোক্তা আখ্যা দিয়া হয়। আন কিছুমানে আকৌ আন মাংসভোজীৰ পৰা খাদ্য আহৰণ কৰে। ইহঁতক তৃতীয় পৰ্যায়ৰ উপভোক্তা বোলা হয়। সাপ, ডাঙৰ মাছ, চিকাৰী চৰাই, শিয়াল আদি এনে তৃতীয় পৰ্যায়ৰ উপভোক্তা।

(গ) সৰ্বভুক উপভোক্তা (Omnivores) ঃ এই প্ৰকাৰৰ জীৱই উদ্ভিদ আৰু মাংস দুয়োবিধ খায়। উদাহৰণত ঃ মানুহ, নিগনি, এন্দুৰ, শিয়াল, কাছ, ঘৰীয়াল, চৰাই কিছুমান সৰ্বভুক উপভোক্তা।

(ঘ) গেলা-পচা খোৱা (Detrivores) ঃ এইবিধ জীৱই মৃত বস্তুৰ বা জীৱৰ পচি যোৱা অংশ খায়। উইপোক, পৰুৱা কিছুমান, গুবৰুৱা পোক, কেকোঁৰা, কেচু আদি এই শ্ৰেণীৰ উপভোক্তা।

(৩) **বিয়োজক** (Decomposet) ঃ প্ৰস্তুতকাৰক আৰু উপভোক্তা শ্ৰেণীৰ জীৱৰ মৃত্যুৰ পাছত ইহঁতৰ দেহত থকা জটিল জৈৱিক যৌগক সৰল জৈৱিক যৌগলৈ আনি কিছুমান জীৱই আহাৰ কৰে। বিভিন্ন বীজাণু, ভেকুঁৰ আদি এই শ্ৰেণীত পৰে। ইহঁত হ'ল বিয়োজক। বিয়োজন কাৰ্যৰ দ্বাৰা মৃত জীৱত থকা জৈৱ দ্ৰব্যসমূহ অজৈৱ দ্ৰব্যলৈ পৰিণত হয়।

অৱশ্যে, তাৰ কিছু অংশ লৱণৰ ৰূপত মাটিত মিলি যায় আৰু একাংশ কাৰ্বন-ডাই-অক্সাইড, নাইট্ৰ'জেন আদি গেছ বায়ুৰ লগত মিহলি হয়।

ওপৰত উল্লেখ কৰা সকলো প্ৰকাৰ জীৱৰে এক জৈৱিক গঠনাকৃতি আছে। তথাপি পৰিস্থিতি তন্ত্ৰত কোনোৱে অধিক প্ৰভাৱ পেলায়, কোনোৱে কম প্ৰভাৱ পেলায়। সাধাৰণতে প্ৰাথমিক প্ৰস্তুতকাৰকবোৰে অধিক প্ৰভুত্ব বিস্তাৰ কৰি আছে। সেইদৰে বিয়োজকবোৰেও প্ৰভুত্ব বিস্তাৰ কৰি আছে।

II. **অজৈৱ গঠন** (Abiotic Structure) ঃ

পৰিস্থিতিতন্ত্ৰৰ ভৌতিক আৰু ৰাসায়নিক উপাদান সমূহ অজৈৱিক গঠনৰ অংশ। যেনে—জলবায়ুমূলক কথা, শক্তিৰ কথা, ভৌগোলিক উপাদানসমূহ, পুষ্টি বা বিষাক্ত কথা, মাটিৰ প্ৰকাৰ, পানীৰ প্ৰাপ্তি, পানীৰ সোঁত আদি কথাবোৰে পৰিস্থিতিতন্ত্ৰ নিয়ন্ত্ৰণ কৰে। তাৰ ভিতৰত সূৰ্য্যৰ পোহৰ আৰু তাপ, সাধাৰণ উত্তাপ, সৰ্বোচ্চ বা সৰ্বনিম্ন তাপ, বতৰ, বতাহ-বৰষুণ, জলসম্পদ, স্থলসম্পদ সমুদ্ৰৰ পানীৰ সোঁত আদিৰ কথাবোৰ হ'ল ভৌতিক (Physical) উপাদান। এই কথাবোৰে আমাৰ পাৰিপাৰ্শ্বিকতাত প্ৰভাৱ বিস্তাৰ কৰে।

আনহাতে, প্ৰয়োজনীয় পুষ্টিৰ আধাৰ, যেনে কাৰ্বন, নাইট্ৰ'জেন, ফচফোৰাচ, পটাচিয়াম, হাইড্ৰোজেন, অক্সিজেন, চালফাৰ আদিৰ প্ৰাপ্তিয়ে পৰিস্থিতিতন্ত্ৰৰ ৰাসায়নিক উপাদান গঠন কৰে। তদুপৰি, বিষাক্ত পদাৰ্থৰ মাত্ৰা, নিমখৰ পৰিমাণ, মাটি বা পানীত থকা জৈৱিক বস্তু কিছুমানো ৰাসায়নিক উপাদান।

মনকৰিবলগীয়া কথা হ'ল যে সকলো জৈৱিক উপাদান অজৈৱিক উপাদানৰ দ্বাৰা প্ৰভাৱান্বিত হৈ আছে। শক্তিৰ সোঁত, বস্তুৰ পৰিৱৰ্তন আদিৰে সিহঁত সংলগ্নিত। প্ৰকৃততে এই দুয়োটা উপাদানৰ সমূহীয়া ক্ৰিয়া-প্ৰতিক্ৰিয়াতেই কোনো এক বসতিত যৌথ পৰিৱেশ এটি গঢ় লয়। যদিও দেখাত পৰিৱেশ এককভাৱে স্ব-নিৰ্ভৰশীল, স্ব-পৰিৱৰ্তনশীল, তথাপি তাক নিয়ন্ত্ৰণ কৰে জৈৱ-অজৈৱ উপাদানসমূহে। এয়ে হ'ল আমাৰ আত্মা-নিৰ্ভৰশীল পৰিৱেশতন্ত্ৰ।

পৰিৱেশতন্ত্ৰ শক্তি নিৰ্ভৰ। আমাৰ পৰিৱেশলৈ শক্তিৰ যোগান ধৰি আছে শক্তিৰ অফুৰন্ত ভাণ্ডাৰ সূৰ্যই। সূৰ্যৰ পৰা অহা বিভিন্ন ৰশ্মিৰ পোহৰ অংশ সেউজীয়া উদ্ভিদে ব্যৱহাৰ কৰে নিজৰ পৰিপুষ্টিৰ বাবে। বাকীখিনিৰ পৰা আমি তাপ পাওঁ। এই তাপে পৰিৱেশ তন্ত্ৰক উষ্ণতা প্ৰদান কৰে।

আচলতে পৰিৱেশ তন্ত্ৰত যি শক্তি সঞ্চিত হয় তাক ব্যৱহাৰ কৰি সেউজীয়া উদ্ভিদবোৰে খাদ্য উৎপাদন কৰে নিজা প্ৰক্ৰিয়াৰে। সেয়ে উদ্ভিদক স্বপোষী (Autotroph) বুলিও কোৱা হয়। আনহাতে, প্ৰাণীসমূহ আৰু ভেঁকুৰ জাতীয় অণুজীৱ কিছুমানে উদ্ভিদে আহৰণ কৰা শক্তি জৈৱ দ্ৰব্যৰ ওপৰত নিৰ্ভৰ কৰে। সেয়ে এনে জীৱগোষ্ঠীক অপৰগোষ্ঠী (Heterotroph)

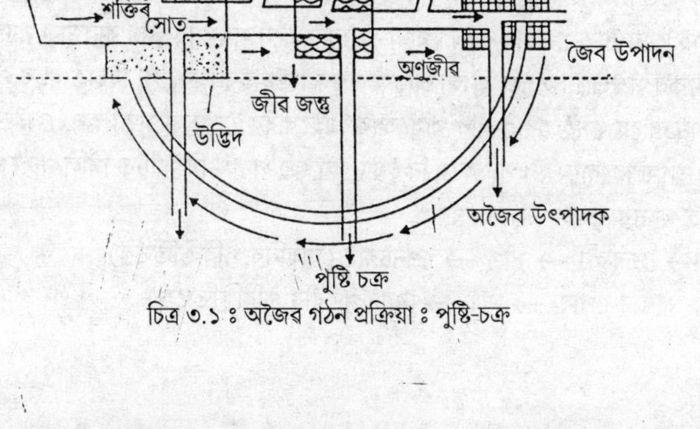

চিত্ৰ ৩.১ ঃ অজৈৱ গঠন প্ৰক্ৰিয়া ঃ পুষ্টি-চক্ৰ

বুলিও কোৱা হয়। সকলো ধৰণৰ উপভোক্তা অপৰ গোষ্ঠী।

পৰিস্থিতি তন্ত্ৰৰ ক্ৰিয়াসূচক বৈশিষ্ট্য (Functional Attributes of Eco-system) ঃ

যিকোনো পৰিস্থিতিতন্ত্ৰই স্বাভাৱিকভাৱে এক পদ্ধতিৰে ক্ৰিয়া সম্পাদন কৰে। ই সূৰ্য্যৰ পৰা শক্তি সংগ্ৰহ কৰি বিভিন্ন জৈৱিক উপাদানসমূহলৈ পঠিয়ায়। প্ৰকৃততে সকলো জীৱই এই শক্তি-সোঁতৰ ওপৰত নিৰ্ভৰশীল। জীৱৰ বাবে শক্তিৰ উপৰিও নানাবিধ পুষ্টিকৰ দ্ৰব্যৰ আৰু পানীৰ প্ৰয়োজন। এনে দ্ৰব্যসমূহ জৈৱিক উপাদানসমূহে নিজৰ ভিতৰতে আৰু অজৈৱ উপাদনৰ সহায়ত আহৰণ কৰে। জৈৱিক উপাদনসমূহে এক পদ্ধতিগত প্ৰক্ৰিয়াৰে নিজকে নিয়ন্ত্ৰণ কৰে আৰু তেনে কাৰ্য্যত পৰিৱেশত এক হেঁচা আহি পৰে। পৰিস্থিতিতন্ত্ৰত সংঘটিত মূল কাৰ্যবোৰ এইদৰে ভাগ কৰিব পাৰি—

(i) খাদ্য-শৃঙ্খল আৰু পৌষ্টিকতা,

(ii) শক্তি-প্ৰবাহ,

(iii) পুষ্টিকৰ খাদ্য চক্ৰ,

(iv) প্ৰাথমিক আৰু আনুষঙ্গিক উৎপাদন আৰু

(v) পৰিস্থিতিতন্ত্ৰৰ বিকাশ আৰু নিয়ন্ত্ৰণ।

এই ক্ৰিয়াবোৰৰ দ্বাৰা প্ৰত্যেক জীৱই নিজৰ বাবে উপযুক্ত বসতি নিৰ্বাচন কৰিব পাৰে; খাদ্য শৃঙ্খলৰ জৰীয়তে খাদ্য-শক্তিৰ সুষম বিতৰণ সম্পন্ন হয়, বায়ু-পানী-মাটি আদিৰ দৰে অজৈৱ উপাদনসমূহে জৈৱিক উপাদানসমূহৰ সৈতে ক্ৰিয়া কৰি জীৱন-ধাৰণৰ বাবে প্ৰয়োজনীয় গেছ আদি চক্ৰাকাৰে উৎপন্ন কৰে; উপভোক্তা আৰু প্ৰস্তুতকাৰকৰ সমন্বয়ত পৌষ্টিক স্তৰ এনেভাৱে নিয়ন্ত্ৰিত হয় যে খাদ্য বিতৰণত কোনো খেলিমেলি নাহে। কিন্তু দুঃখৰ কথা যে মানুহৰ 'অত্যাচাৰ' হেতু এনে স্বাভাৱিক ক্ৰিয়াসমূহ বিঘ্নিত হৈছে।

পৌষ্টিক সংৰচনা (Trophic Structure) ঃ

পৰিস্থিতিতন্ত্ৰৰ গঠন আৰু ক্ৰিয়াৰ মাজত এক সহসম্বন্ধ ৰচিত হৈ আছে। সেয়ে দুয়োটা কথাকে অধ্যয়ন কৰিলেহে পৰিস্থিতিতন্ত্ৰ সম্পৰ্কে বিতংভাৱে জানিব পাৰি। শক্তিপ্ৰবাহ কিছুমান নিৰ্দিষ্ট খাদ্যসূচক সম্বন্ধৰে প্ৰতিফলিত হয় যাক আমি খাদ্য-শৃঙ্খল বুলিব পাৰোঁ। এনেকি পুষ্টিৰ কথাটোও খাদ্য-শৃঙ্খলৰ সৈতে জৰিত। প্ৰস্তুতকাৰক আৰু উপভোক্তাবোৰ পৰিস্থিতি তন্ত্ৰত এনেভাৱে সৃষ্ট আৰু বিতৰণ কৰা আছে যে সিহঁতৰ মাজত সংখ্যানুপাতে এক পৌষ্টিক সংৰচন গঠিত হৈছে। ইয়াকে পৌষ্টিক সংৰচনাবোলা হয়। প্ৰতিটো খাদ্যস্তৰেই এক পৌষ্টিক স্তৰ (trophic level)। প্ৰত্যেক পৌষ্টিকস্তৰত যিমানবোৰ জীৱ এক নিৰূপিত সময়ত মজুত থাকে তাক 'স্থায়ী জৈৱিক পদাৰ্থ' (Standing biomass) বুলি কোৱা হয়।

শক্তি প্ৰবাহ বা পৌষ্টিক চক্ৰৰ বিষয়ে জনাৰ আগেয়ে আমি খাদ্য-শৃঙ্খলৰ বিষয়ে জানোঁহক ঃ

খাদ্য-শৃঙ্খল (Food Chains) ঃ

প্ৰস্তুতকাৰক আৰু উপভোক্তাৰ মাজত থকা এক স্বাভাৱিক সম্বন্ধ হ'ল খাদ্য-খাদকৰ সম্বন্ধ। খাদ্যৰ জৰীয়তে যি এক প্ৰচলিত ৰীতি পৰিস্থিতিত বা পৰিৱেশত চলি আছে তাত জীৱ এবাৰ ভক্ষক আৰু পাছত ভক্ষ্য হৈ পৰে আৰু মূৰকত ইয়ে খাদ্য-শৃঙ্খল তৈয়াৰ কৰে। এই শৃঙ্খলত আবদ্ধ হৈ থকা জীৱসমূহ খাদ্য-শক্তি আহৰণৰ বাবে পৰস্পৰে পৰস্পৰৰ ওপৰত নিৰ্ভৰশীল। আচলতে প্ৰকৃতিত চলি থকা নিয়ম অনুসৰি প্ৰস্তুতকাৰকৰ পৰা বিয়োজকলৈ এক শৃঙ্খল চলি আছে ভক্ষকে ভক্ষ্য খোৱাৰ ফলত অৰ্থাৎ এটাই আনটোক খোৱাৰ বাবে। খাদ্য-খাদকৰ এনে সুযম বিতৰণ ব্যৱস্থাক খাদ্য-শৃঙ্খল বুলি কোৱা হয়। পৰিস্থিতি তন্ত্ৰত খাদ্য-খাদকৰ সম্বন্ধটো সহজ বা স্বাভাৱিক সম্বন্ধ। উদাহৰণস্বৰূপে, বিছাই গছৰ পাত খায়, চৰাই কিছুমানে বিছা খায়, মেকুৰী বা শেনচৰায়ে সেই চৰাই ধৰি খায় আৰু এইবোৰৰ যেতিয়া মৃত্যু হয়, সেইবোৰক খায় বেক্টেৰিয়া বা ভেঁকুৰৰ দৰে অণুজীৱই। অণুজীৱবোৰে উৎপন্ন কৰে কিছুমান অজৈৱ পদাৰ্থ যি মাটিত মিলি খাদ্য প্ৰস্তুতকাৰক উদ্ভিদৰ বাবে সাৰ অৰ্থাৎ খাদ্য হয়। এই খাদ্যৰ শৃঙ্খল এনে ধৰণৰ ঃ

- ঘাঁহ → ফৰিং → ভেকুলী → সাপ → শেনচৰাই (ঘাহনিৰ পৰিস্থিতিতন্ত্ৰ)
- উদ্ভিদ প্লৱক → পানীৰ পোক → মাছ → টুনা (পুখুৰীৰ পৰিস্থিতিতন্ত্ৰ)

- শেলুৰৈ → বল্গাহৰিণ → মানুহ (তুন্দ্ৰা অঞ্চলৰ পৰিস্থিতি তন্ত্ৰ)
- গছৰ পাত → বিছা → ঘনচিৰিকা → মেকুৰী/শেনচৰাই (উদ্ভিদৰ পৰিস্থিতিতন্ত্ৰ)

পৰিস্থিতি তন্ত্ৰত থকা প্ৰত্যেক জীৱৰে প্ৰয়োজন অনুসৰি এক খাদ্য-স্তৰ বা পৌষ্টিক স্তৰ আছে। ওপৰত কৈ অহা ঘাঁহনিৰ

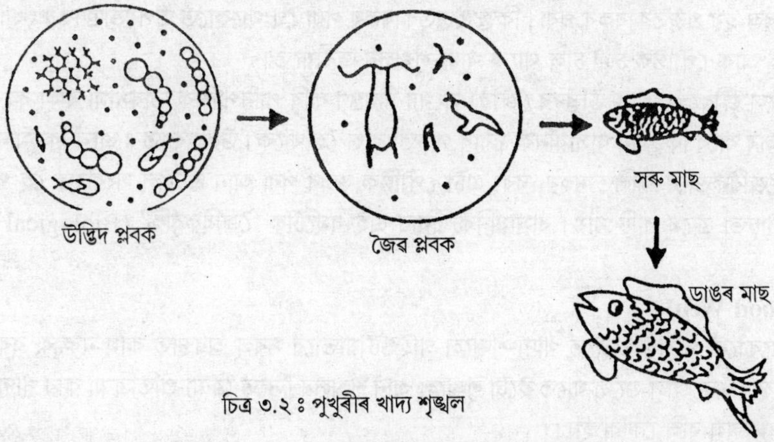

চিত্ৰ ৩.২ ঃ পুখুৰীৰ খাদ্য শৃঙ্খল

পৰিস্থিতিতন্ত্ৰত ফৰিং প্ৰথম পৰ্যায়ৰ পৌষ্টিক স্তৰ, ভেকুলী দ্বিতীয় স্তৰৰ, সাপ তৃতীয় স্তৰৰ আৰু শেন চতুৰ্থস্তৰৰ। বিয়োজকে এই আটাইকেউটা স্তৰৰ বস্তুক বিয়োজিত কৰে। প্ৰকৃতিত আমি দুই প্ৰকাৰৰ খাদ্য-শৃঙ্খল পাঁও ঃ

(১) ঘাঁহনিৰ খাদ্যশৃঙ্খল ঃ এই শৃঙ্খল আৰম্ভ হয় সেউজীয়া উদ্ভিদেৰে (প্ৰস্তুত কাৰক) আৰু শেষ হয় মাংসভোজী উপভোক্তাত। ইয়াৰ সৰলৰূপটো হ'ল—

$P \rightarrow C_1 \rightarrow C_2 \rightarrow C_3$ [P → প্ৰস্তুতকাৰক, C_1 → প্ৰথম উপভোক্তা, C_2 → দ্বিতীয় উপভোক্ত ইত্যাদি]

প্ৰস্তুতকাৰক → উদ্ভিভোজী → মাংসভোজী → সৰ্বোচ্চ উপভোক্ত

ঘাঁহ → ফৰিং → ভেকুলী → সাপ → শেনচৰাই

$(T_1) \rightarrow T_2 \rightarrow T_3 \rightarrow T_4 \rightarrow T_5$

বিয়োজক (T_6)

[T_1, T_2 .... ৰে পৌষ্টিক স্তৰ বুজোৱা হৈছে]

(২) ভগ্নাৱশেষীয় খাদ্যশৃঙ্খল ঃ ই আৰম্ভ হয় মৃত জৈৱিক পদাৰ্থৰে যি গলি-পঁচি যোৱাৰ পাছত বিয়োজকে শেষ কৰে। আধা পচা অৱস্থাত এনে খাদ্যৰ ভগ্নাৱশেষ উইপোক, গুবৰুৱা পোক, কেঁচু, কেঁকোৰা আদি আৰু সিহঁতক খোৱা এন্দুৰ আদিয়ে খায়।

মৃত গছৰ পাতবোৰ সৰি মাটিত বা পানীত পৰে। পাতৰ টুকুৰাবোৰ মাটি বা পানীত থকা সৰু সৰু অণুজীৱই খাদ্যৰূপে গ্ৰহণ কৰে। সৰা পাতৰ কিছু অংশ এল্‌গী গঠনত সহায়ক হয়। এল্‌গীবোৰো পানীত থকা সৰু সৰু পোক-পৰুৱাই আৰু কেঁকোৰা, মাছ পতঙ্গৰ পলু, শামুক, মিছা মাছ, পানী-কেঁচু আদিৰ খাদ্য।

তলত সৰল চিত্ৰ এটি দিয়া হৈছে এই কথাটো বুজাবলৈ।

- সৰাপাত → জাবৰ → এল্‌গী → কেঁকোৰা → সৰু সৰু মাছ → ডাঙৰ মাছ
- মৃত জৈৱিক পদাৰ্থ → ভেঁকুৰ → জীৱাণুগোষ্ঠী

চিত্ৰ ৩.৩ ঃ ভগ্নাৱশেষীয় খাদ্যশৃঙ্খল

পৰিস্থিতিতন্ত্ৰত প্ৰাকৃতিকভাৱে দুয়োপ্ৰকাৰ খাদ্য-শৃঙ্খল সৃষ্ট হৈ আছে। অৱশ্যে ঘাঁহনিৰ খাদ্য-শৃঙ্খলৰ মাত্ৰা অধিক।

খাদ্য-শৃঙ্খলৰ বৈশিষ্ট্য ঃ

১। সেউজীয়া উদ্ভিদ হ'ল খাদ্য-শৃঙ্খলৰ স্বাভাৱিক প্ৰস্তুত কাৰক।

২। শৃঙ্খল আৰম্ভ হয় প্ৰস্তুতকাৰকৰ পৰা। কিন্তু প্ৰস্তুতকাৰকৰ পৰা গৈ থাকোতে উপভোক্তাৰ সংখ্যা ক্ৰমাৎ কমি যায়।

৩। শক্তিপ্ৰবাহ আৰু পৌষ্টিক চক্ৰ চলি থাকে খাদ্য-শৃঙ্খলৰ জৰীয়তে।

৪। খাদ্য-শৃঙ্খলে জীৱজন্তু আৰু উদ্ভিদৰ (জীৱ) সংখ্যা নিয়ন্ত্ৰণ কৰি পাৰিপাৰ্শ্বিক ভাৰসাম্য ৰক্ষা কৰে।

৫। খাদ্য-শৃঙ্খলৰ বাবে কিছুমান ৰাসায়নিক দ্ৰব্যৰ গাঢ়তা বৃদ্ধি হৈ থাকে। উদাহৰণত ঃ এনে কিছুমান কীটাণুনাশক দ্ৰব্য আছে যি প্ৰকৃতি জৈৱিকভাৱে স্খলিত নহয়; বৰং এটা পৌষ্টিক স্তৰৰ পৰা আন এটালৈ সংবহিত হৈ থাকে আৰু সংবহন প্ৰক্ৰিয়াত ইয়াৰ গাঢ়তা ক্ৰমে বাঢ়ি যায়। ৰাসায়নিক দ্ৰব্যৰ এই ধৰ্মটোক 'জৈৱিকবৃদ্ধি' (Biological Magnification) বোলা হয়।

খাদ্যজাল (Food Web) ঃ

সাধাৰণতে যিকোনো পৰিস্থিতিতন্ত্ৰত খাদ্য-শৃঙ্খলে গাইগুটীয়াভাৱে সৰল অৱস্থাত কাম নকৰে; বৰং খাদ্যৰ অনুক্ৰমণ অনুসৰি খাদ্য-ব্যৱস্থাৰ এক জাল গুথে, যাতে ইটো শৃঙ্খলে আন শৃঙ্খলৰ সৈতে ক্ৰিয়া-প্ৰতিক্ৰিয়া কৰি খাদ্য ব্যৱস্থা সৃষ্টি কৰে। এনে ব্যৱস্থাক খাদ্য-জাল বুলি কোৱা হয়।

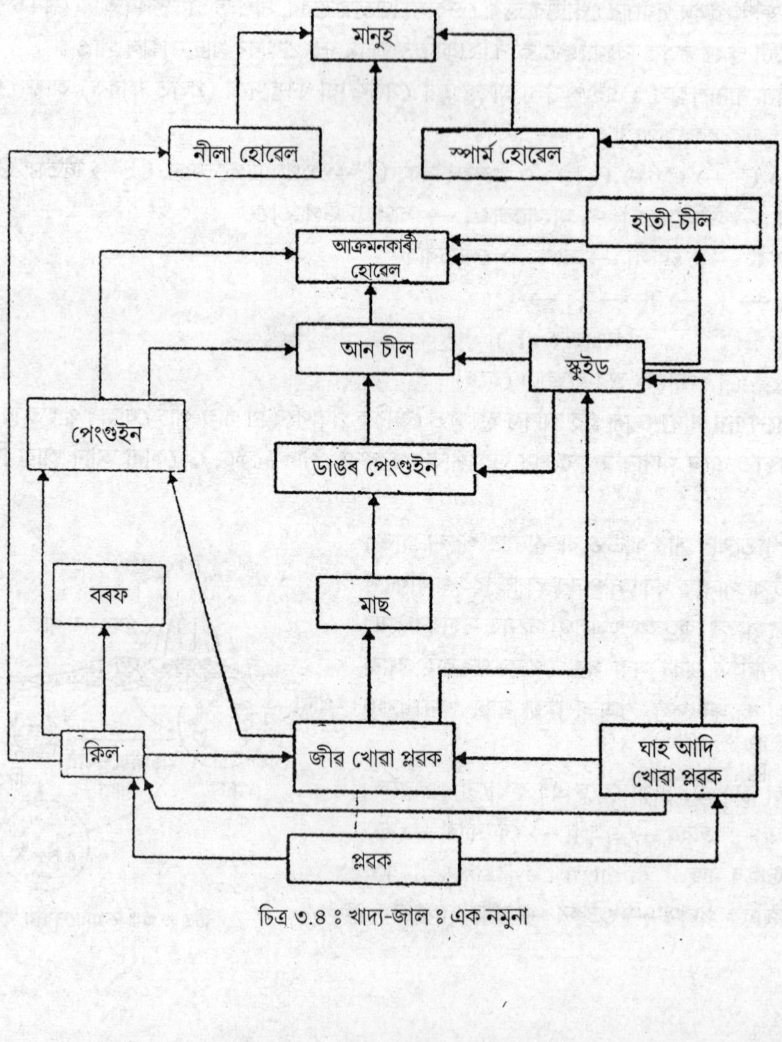

চিত্ৰ ৩.৪ ঃ খাদ্য-জাল ঃ এক নমুনা

পৰিৱেশ তন্ত্রত এটা খাদ্য-শৃঙ্খলৰ জীৱই আন এটা শৃঙ্খলৰ খাদ্যও গ্রহণ কৰা দেখা যায়। এইবাবেই শৃঙ্খলাবোৰ সহ-সম্বন্ধেৰে বান্ধখাই আছে আৰু খাদ্যজালৰ সৃষ্টি হৈছে। প্রত্যেক পৌষ্টিক স্তৰতে এনে জাল থাকিব পাৰে। আমি ইয়াত দিয়া চিত্রটো উত্তৰ মেৰু অঞ্চলৰ, য'ত জীৱ-সংখ্যা কম। কিন্তু ক্রান্তিয় অঞ্চলৰ পৰিস্থিতিতন্ত্রত খাদ্য-জাল হয় অতি জটিল।

খাদ্যজালৰ বৈশিষ্ট্য ঃ

১। খাদ্য-জাল কিছুমান খাদ্য-শৃঙ্খলৰ সমন্বয় মাথোন।

২। খাদ্য-জালে ভিন ভিন প্রাণীক ভিন ভিন বিকল্পখাদ্যৰ সন্ধান দিয়ে।

৩। খাদ্য জালে খাদ্য-শৃঙ্খলৰ সহায়ত জীৱ সংখ্যা নিয়ন্ত্রণ কৰে।

৪। খাদ্য-জালৰ সহায়ত প্রাণীৰ বা উদ্ভিদৰ আকৃতি, বয়স আদি জানিব পাৰি।

৫। খাদ্য জালে খাদ্যৰ প্রাচুর্য আৰু প্রাণীৰ অৱস্থান জনাত সহায় কৰে।

ডি.ডি.টি. সম্পর্কে অধ্যয়ন এটি ঃ

ডি.ডি.টি. হ'ল এবিধ বিস্তৃতশ্রেণীৰ কীটাণুনাশক। ইয়াৰ পৰিণাম অধ্যয়ন কৰা হৈছিল যেতিয়া ওস্প্রে নামৰ এজাতিৰ চৰাইৰ সংখ্যা কমিবলৈ ধৰে। এই চৰাইবিধৰ পোৱালিবোৰ সময়তকৈ আগেয়ে জন্মিবলৈ লয় আৰু ফলত মৰি থাকে। অধ্যয়নৰ পৰা জনা গ'ল যে খাদ্যশৃঙ্খলৰ জৰিয়তে ডি.ডি.টি.ত থকা ৰাসায়নিক পদার্থৰ বৃদ্ধি হোৱা বাবে এনেদৰে অকাল-জন্ম হৈছে। যদিও শস্যপথাৰত ডিডিটি কম মাত্রাত ছটিওৱা হৈছিল।

খাদ্য চক্রৰ মাজেদি যাওতে ইয়াৰ গাঢ়তা বেছি হাৰত বৃদ্ধি পায়। এই বৃদ্ধিহাৰত থকা ডিডিটিৰ অৱশেষ মাছ বোৰে খায় আৰু এনে মাছ চৰাইবোৰে খোৱা হেতু এনে ঘটনা ঘটিছিল। চৰাইৰ দেহত ডিডিটিত থকা ৰাসায়নিক পদার্থৰ মাত্রা বহুহেজাৰ গুণত বৰ্দ্ধিত হোৱা পোৱা যায়। ইয়াৰ ফলত মাইকী চৰাইয়ে দিয়া কণীৰ আৱৰণ পাতল হৈ পৰিছিল আৰু উম দিওতে সময়তকৈ আগেয়ে ফুটি গৈছিল।

এই অধ্যায়নৰ পৰা স্পষ্ট হৈ পৰে যে উচ্চ পৌষ্টিকস্তৰত থকা জীৱই বিষাক্ত ৰাসায়নিক দ্রব্যৰ জৈৱিক-বৃদ্ধিৰে অধিক প্রভাৱান্বিত হয়। মানুহেও গাখীৰ, কণী আৰু মাংসৰ জৰীয়তে এনেদৰে প্রভাৱান্বিত হৈ আছে। সেয়ে কীটাণুনাশক দ্রব্যৰ ব্যৱহাৰ হ্রাস কৰাটো নিতান্ত বাঞ্ছনীয়।

পৰিৱেশতন্ত্ৰৰ পিৰামিড (Ecological Pyramid)

৩.৫ চিত্রটোত পৌষ্টিক স্তৰীয় জীৱগোষ্ঠী প্রস্তুতকাৰকৰ পৰা সৰ্বোচ্চ উপভোক্তালৈ কিদৰে গঠিত হয়, তাক দেখুওৱা হৈছে। এনে গঠনত জীৱৰ সংখ্যা ক্রমে ওপৰৰ স্তৰলৈ কমি গৈ এটা পিৰামিড আকাৰ তৈয়াৰ কৰে। এনে পিৰামিডেই হ'ল পৰিৱেশতন্ত্ৰৰ পিৰামিড।

এনে পিৰামিডৰ একেবাৰে তলত থাকে প্রস্তুতকাৰক; তাৰ পাছত ক্রমে প্রথম, দ্বিতীয়, তৃতীয় স্তৰৰ উপভোক্তাসমূহ থাকে। একেবাৰে শীৰ্ষত থাকে সৰ্বোচ্চ উপভোক্তাৰ স্তৰ। পৰিৱেশ তন্ত্ৰৰ পিৰামিড তিনি প্রকাৰৰ যেনে—

সংখ্যাৰ পিৰামিড (Pyramid of Numbers) ঃ ই প্রতিটো পৌষ্টিকস্তৰত থকা জীৱৰ সংখ্যা সূচায়। পৌষ্টিক স্তৰ অনুসৰি প্রস্তুতকাৰকৰ পৰা সৰ্বোচ্চ উপভোক্তালৈ সজাই গ'লে জীৱৰ সংখ্যাক্রমে কমি যায় বাবেই হয়তো এনে পিৰামিডক সংখ্যাৰ পিৰামিড বোলা হৈছে।

এনে পিৰামিড ওভোটাকৈ বা ডাঙৰৰ পৰা সৰুলৈ দুয়ো প্রকাৰে সজাব পাৰি পৰিস্থিতিতন্ত্ৰ আৰু খাদ্য-শৃঙ্খলৰ ওপৰত নিৰ্ভৰ কৰি তলত তিনিটা পিৰামিডৰ চিত্র দেখুওৱা হৈছে (৩.৬)।

প্রথমচিত্রত ঘাঁহনিৰ পৰিস্থিতিতন্ত্রত পোৱা পিৰামিড দেখুওৱা হৈছে। পিৰামিডৰ আধাৰত আছে ঘাঁহ-বনবোৰ, যি প্রস্তুতকাৰকৰ ভূমিকা গ্রহণ কৰিছে। ই সংখ্যাত বহুত বেছি। উদ্ভিদভোজীৰ সংখ্যা (কীট, পতঙ্গ আদি) প্রস্তুত কাৰকৰ তুলনাত কম ; সেয়ে এই স্তৰটো অলপ সৰুকৈ আঁকা হৈছে। উদ্ভিদভোজীৰ ওপৰত নিৰ্ভৰশীল মাংসভোজীৰ (ভেকুলী, চৰাই আদি যি কীট-পতঙ্গ খাই জীয়াই থাকে) সংখ্যা আৰু কম। তৃতীয়স্তৰত আছে চৰাই, ভেকুলী আদি খোৱা মাংসভোজী

অৰ্থাৎ সৰ্বোচ্চ উপভোক্তা। ইহঁতৰ সংখ্যা আৰু কম।

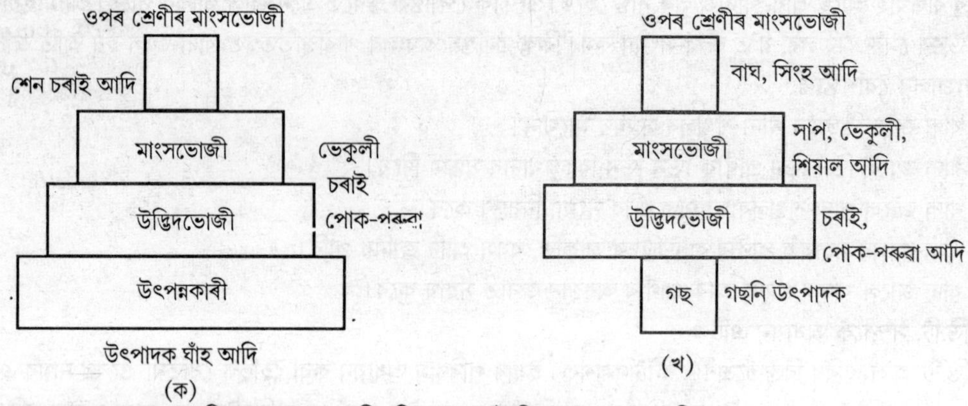

চিত্র ৩.৫ ঃ সংখ্যাৰ পিৰামিড (ক) ঘাঁহনিৰ ক্ষেত্ৰত (খ) বননিৰ ক্ষেত্ৰত

কিন্তু বনৰ পৰিস্থিতিতন্ত্ৰত পোৱা পিৰামিডৰ আকাৰ অলপ সুকীয়া। একেবাৰে তলত আছে প্ৰস্তুত কাৰক গছ-গছনি। তাৰ ওপৰত আছে উদ্ভিদভোজী পতঙ্গ আৰু চৰাই আদি। গছৰ তুলনাত ইহঁতৰ সংখ্যা অধিক। সেয়ে প্ৰথম স্তৰৰ চিত্ৰটো আধাৰত থকা চিত্ৰতকৈ ডাঙৰকৈ দেখুওৱা হৈছে। আনহাতে, দ্বিতীয়স্তৰত থকা মাংসভোজী উপভোক্তা ভেকুলী, শিয়াল, সাপ, জেঠী আদিৰ সংখ্যা প্ৰথমস্তৰত থকাবোৰতকৈ কম। তৃতীয়স্তৰত থকা সৰ্বোচ্চ উপভোক্তা— বাঘ, সিংহ আদিৰ সংখ্যা আৰু কম। সেয়ে এই পিৰামিডটোৰ তল আৰু ওপৰ দুয়ো অংশ সৰু।

আনহাতে পৰজীৱী খাদ্য-শৃঙ্খলত পোৱা পিৰামিডটো ওভোটা ধৰণৰ। ইয়াত একেবাৰে তলত থকা প্ৰস্তুতকাৰক ডাঙৰ গছৰ তুলনাত প্ৰথম উপভোক্তা— চৰাই-চিৰিকাতৰ সংখ্যা অধিক। চৰাই-চিৰিকাতবোৰে গছৰ ফল আদি খায়। ইপিনে চৰাই-চিৰিকতিক আশ্ৰয় কৰি গঢ় লয় দ্বিতীয় স্তৰৰ পৰজীৱী উপভোক্তা (Parasites)। ইহঁতৰ সংখ্যাও চৰাইৰ তুলনাত অধিক। পৰজীৱী উপভোক্তাক কেন্দ্ৰ কৰি আন এক প্ৰকাৰৰ সৰ্বোচ্চ পৰজীৱী উপভোক্তা (মহ-দাহ, অণুজীৱী আদি) ওলায়। ইহঁতৰ সংখ্যাও পৰজীৱী উপভোক্তাৰ তুলনাত বেছি। সেয়ে পিৰামিডটো ওভোটা প্ৰকৃতিৰ হৈছে।

জৈৱ পদাৰ্থৰ ভৰৰ পিৰামিড (Pyramid of Biomass) ঃ

খাদ্য শৃঙ্খলৰ প্ৰতিটো পৌষ্টিকস্তৰত থকা মুঠ শুকান জৈৱ পদাৰ্থৰ পৰিমাণ অৰ্থাৎ জীৱভৰ অনুসৰি পোৱা পিৰামিডক জৈৱ পদাৰ্থৰ ভৰৰ পিৰামিড বুলি কোৱা হয়। কাষৰ চিত্ৰত এনে দুটা পিৰামিড দেখুওৱা হৈছে। তাৰে (ক) টো ঘাঁহনিৰ আৰু (খ) পুখুৰীৰ।

ঘাঁহনিৰ পিৰামিডটোত প্ৰস্তুতকাৰক ঘাঁহ, বন আদিৰ জৈৱপদাৰ্থ পৰিমাণ অধিক। সেইবোৰ খোৱা প্ৰথম পৰ্য্যায়ৰ উপভোক্তা পোক-পৰুৱা, শহা,

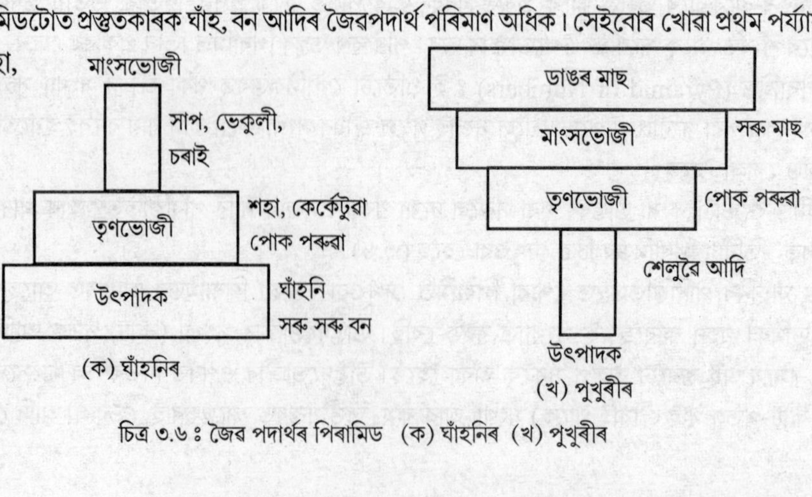

চিত্র ৩.৬ ঃ জৈৱ পদাৰ্থৰ পিৰামিড (ক) ঘাঁহনিৰ (খ) পুখুৰীৰ

কেৰ্কেটুৱা আদিৰ সংখ্যা প্ৰস্তুতকাৰকৰ তুলনাত কম বাবে জৈৱ পদাৰ্থৰো পৰিমাণ কম। দ্বিতীয় পৰ্য্যায়ৰ মাংস ভোজী উপভোক্তা সাপ, ভেকুলী, চৰাই চিৰিকতি প্ৰথম পৰ্য্যায়ৰ তুলনাত কম আৰু সেয়ে জৈৱ পদাৰ্থৰ পৰিমাণো কম। আনহাতে, পুখুৰীৰ খাদ্য-শৃঙ্খলত জৈৱ পদাৰ্থৰ পিৰামিডত ঠিক ইয়াৰ বিপৰীত প্ৰকৃতি দেখা যায়।

শক্তিৰ পিৰামিড (Pyramid of Energy) **ঃ** প্ৰত্যেক পৌষ্টিক স্তৰত থকা শক্তিৰ পৰিমাণ অনুসৰি সজোৱা পিৰামিডক শক্তিৰ পিৰামিড আখ্যা দিয়া হয়। এনে পিৰামিড সদায় ঠিয় অৰ্থাৎ দণ্ডায়মান আকাৰৰ হয়। কাৰণ, পৌষ্টিক স্তৰবোৰত শক্তিৰ মাত্ৰা অনুক্ৰমে ৯০ শতাংশ নষ্ট হয় ; মাত্ৰ দহ শতাংশহে উপভোক্তাই গ্ৰহণ কৰিব পাৰে। কাষৰ চিত্ৰত তাক দেখুওৱা হৈছে।

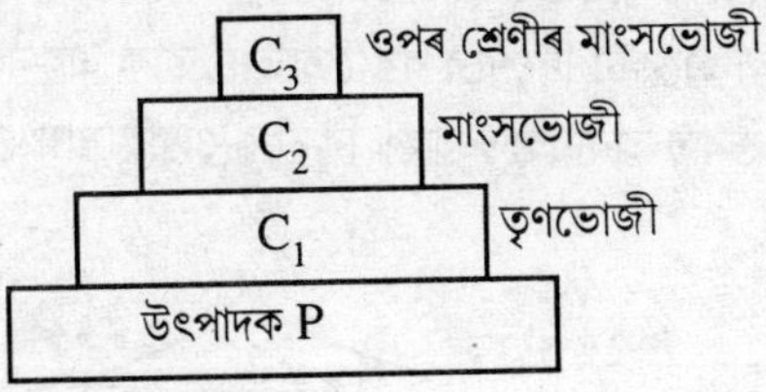

P → প্ৰস্তুত কাৰক বা উৎপাদক

C_1 → প্ৰথম পৰ্যায়ৰ উপভোক্তা

C_2 → দ্বিতীয় পৰ্যায়ৰ উপবোক্তা

C_3 → তৃতীয় পৰ্যায়ৰ উপভোক্তা

চিত্ৰ ৩.৭ ঃ শক্তিৰ পিৰামিড

পৰিস্থিতি তন্ত্ৰত শক্তিৰ প্ৰবাহ (Energy flow in an Ecosystem) **ঃ**

পৰিৱেশত শক্তিৰ মূল উৎস হ'ল সূৰ্য্য। সূৰ্য্যৰ পৰা নিৰ্গত পোহৰ ৰশ্মিৰ ৰূপত মহাকাশত প্ৰবেশ কৰে আৰু তাৰে ৫০-৬০ শতাংশ বায়ুমণ্ডলে শুহি লয়। এনে সৌৰ শক্তিৰ ৩৬ শতাংশ মাটি আৰু পানী উত্তপ্ত হওতে খৰছ হয়; ৫-৮ শতাংশ উদ্ভিদে লয়। উদ্ভিদে শোষণ কৰা মুঠ শক্তিৰ আধাখিনি ব্যৱহৃত হয় পোহৰ-সংশ্লেষণ কাৰ্যত যাৰ দ্বাৰা উদ্ভিদে নিজৰ খাদ্য প্ৰস্তুত কৰে। এনে প্ৰক্ৰিয়াত উদ্ভিদে পোহৰ শক্তিক জৈৱদ্ৰব্য সংশ্লেষণৰ জৰিয়তে ৰাসায়নিক শক্তিলৈ ৰূপান্তৰিত কৰে। ৰূপান্তৰণৰ সময়ত তাপশক্তি নিঃসৰিত হৈ শক্তিৰ কিছু অপচয় ঘটে। তদুপৰি, উৎপাদকৰ শ্বাসক্ৰিয়াতো শক্তিৰ একাংশ ব্যৱহৃত হয়। আনহাতে, প্ৰথম পৰ্য্যায়ৰ উপভোক্তাই অৰ্থাৎ উদ্ভিদভোজী প্ৰাণীবোৰে প্ৰস্তুতকাৰক ভক্ষণ কৰোতে দেহত সঞ্চিত শক্তিৰ একাংশ নিজৰ বিপাকীয় কাৰ্যত খৰছ কৰে। সেইদৰে দ্বিতীয় স্তৰৰ উপভোক্তাই প্ৰথমস্তৰৰ উপভোক্তাক খাদ্যৰূপে গ্ৰহণ কৰি নিজৰ দেহত যি স্থিতি শক্তি অৰ্জন কৰে তাৰে কিছু অংশ নিজৰ বিপাকীয় কাৰ্যত ব্যয় কৰে। এইদৰে শক্তিৰ প্ৰবাহ প্ৰতিটো পৌষ্টিক স্তৰতে বৈ থাকে আৰু কিছু অংশৰ অপচয় হয়। মূৰকত এনে শক্তিৰ প্ৰবাহ বিয়োজকলৈ সংবহিত হয়। গতিকে দেখা যায় এক বিশেষ ব্যৱস্থাৰ জৰীয়তে সৌৰশক্তি খাদ্য-শৃঙ্খলৰ মাজেদি প্ৰস্তুতকাৰকৰ পৰা বিয়োজকলৈ স্তৰে স্তৰে সংবহিত হয় নিজৰ নিজৰ জীৱন-কাৰ্য চলাই নিবলৈ। এই ব্যৱস্থাটোক পৰিস্থিতি তন্ত্ৰৰ শক্তি-প্ৰবাহ বোলা হয়। পৰিৰেশত থকা সকলো জীৱই এই ব্যৱস্থাৰে শক্তি লাভ কৰে।

পৰিস্থিতিতন্ত্ৰত শক্তি-প্ৰৱাহৰ পৰিমাণ, দিশ আৰু বেগ নিয়ন্ত্ৰিত হয় কেইটামান নিয়মেৰে। যেনে—

(ক) তাপগতি বিদ্যাৰ প্ৰথম নিয়ম ঃ এই নিয়মমতে শক্তিৰ বিনাশ নহয়, কেৱল ৰূপান্তৰিত হয়। সেউজীয়া উদ্ভিদে সংগ্ৰহ কৰা সৌৰ শক্তি জীৱদেহত ৰাসায়নিক শক্তি, তাপ শক্তি আৰু মূৰকত জীৱৰ পৰিচালন কাৰ্যত গতি শক্তি, শব্দ শক্তি আদিলৈ ৰূপান্তৰিত হয়।

(খ) তাপগতি বিদ্যাৰ দ্বিতীয় নিয়ম ঃ এই নিয়ম মতে শক্তি ৰূপান্তৰিত হওঁতে প্ৰতিটো স্তৰতে শক্তিৰ কিছু অংশৰ অপচয় ঘটে। উদাহৰণতঃ খাদ্য-শৃঙ্খলৰ মাজেদি শক্তি প্ৰবাহিত হওতে, প্ৰত্যেক পৌষ্টিক স্তৰতে শক্তিৰ বিতৰণ হয়। জীৱৰ দৈহিক কাৰ্য পৰিচালনাত শ্বাস প্ৰক্ৰিয়াৰে তাপ শক্তি হেৰায়, দেহৰ উত্তাপ ওলাই যায়। সেইদৰে যন্ত্ৰ-পাতি চলাওঁতে,

দৌৰতে আৰু ভিন ভিন কাৰ্য্যৰ দ্বাৰা শক্তিৰ অপচয় ঘটে এটা শক্তি আন এটা শক্তিলৈ পৰিৱৰ্তিত হওতে। স্তৰে প্ৰতি প্ৰায় ৯০ শতাংশ শক্তি হেৰায়, মাত্ৰ দহ শতাংশ শক্তিহে ৰূপান্তৰণত প্ৰয়োগ হয় দেহদ্ৰব্য হিচাপে। এয়া হ'ল শক্তিৰ ক্ৰমিক অৱনতি।

শক্তিৰ প্ৰবাহৰ নমুনা ঃ পৰিস্তিতি তন্ত্ৰ এটাত বিভিন্ন পৌষ্টিক স্তৰৰ মাজেদি প্ৰবাহিত শক্তিপ্ৰবাহৰ নমুনা তিনি প্ৰকাৰৰ যেনে—

(ক) সাৰ্বজনীন নমুনা ঃ বিজ্ঞানী ই.পি. ওডামে দিয়া এই নমুনাটোৰ চিত্ৰ কাষত দিয়া হৈছে। তাত দেখুওৱা হৈছে কি দৰে প্ৰতিটো স্তৰতে শক্তিৰ ক্ষতি হয়। এনে ক্ষতিৰ অন্যতম কাৰণ হ'ল অব্যৱহৃত শক্তি (চিত্ৰ ৩.৮)।

(খ) একনলী নমুনা (Single Channel) **ঃ** শক্তিপ্ৰবাহ যেতিয়া একমুখী হয় অৰ্থাৎ প্ৰস্তুতকাৰক উদ্ভিদৰ পৰা উদ্ভিদভোজীলৈ আৰু উদ্ভিদভোজীৰ পৰা মাংসভোজীলৈ একেটা দিশেৰে বয় তেতিয়া তাক একনলী সোঁত বুলি কোৱা হয়। কাষৰ চিত্ৰই নমুনাটো দেখুৱাইছে। ইয়াতো প্ৰতিটো স্তৰত অব্যৱহৃত অংশ কিদৰে ওলাই যায় দেখুওৱা হৈছে। চিত্ৰটো চৰণীয়া ঘাঁহনিৰ খাদ্য-শৃঙ্খলৰ (চিত্ৰ ৩.৮)।

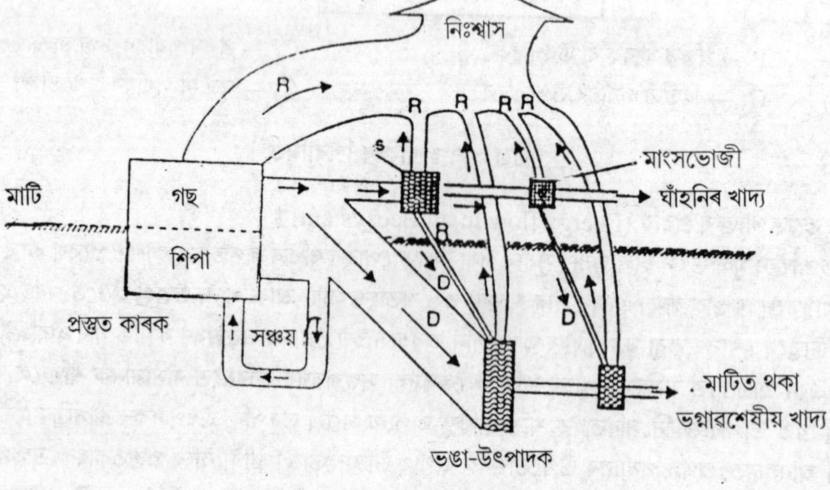

R→ নিঃশ্বাস, D→ ভগ্নাৱশেষীয় বা মৃত পদাৰ্থ

চিত্ৰ ৩.৮ ঃ শক্তি-প্ৰবাহৰ নমুনা

(গ) দ্বৈত নলীৰ বা Y-আকৃতিৰ নমুনা ঃ প্ৰকৃতিত ঘাঁহনি আৰু ভগ্নাৱশেষীয় খাদ্য শৃংঙল দুয়োটাই এক পৰিস্থিতি তন্ত্ৰ সংঘটিত হয়। কেতিয়াবা ইটোৱে সিটোক চেৰাই যায়। সাধাৰণতে সামুদ্ৰিক পৰিস্থিতিতন্ত্ৰত এনে হয়। কাৰণ, সাগৰত প্ৰস্তুতকাৰক সীমিত অৱস্থাত থাকে। গতিকে তাৰ অতি কম অংশহে ভগ্নাৱশেষ অৱস্থালৈ ৰয়। আনহাতে, ঘাঁহনিৰ খাদ্য-শৃঙ্খলত প্ৰস্তুতকাৰক ঘাঁহ-বন আদিয়ে ইমান বেছি জৈৱপদাৰ্থ প্ৰস্তুত কৰে যে প্ৰথম পৰ্যায়ৰ উপভোক্তা উদ্ভিদভোজী বোৰে তাক খাই শেষ কৰিব নোৱাৰে। ফলত বেছ কিছু অংশ জৈৱ পদাৰ্থ মৰি জাবৰ হৈ ভগ্নাৱশেষ অৱস্থা পায়।

পৌষ্টিক চক্ৰ (Nutrient Cycling) **ঃ**

কোনো পৰিস্থিতি তন্ত্ৰৰ আন এক কাৰ্যকৰী বৈশিষ্ট্য হ'ল পৌষ্টিক চক্ৰ গঠন। কাৰ্বন, নাইট্ৰ'জেন, গন্ধক, অক্সিজেন, হাইড্ৰজেন, ফচফোৰাচ আদি পুষ্টিৰ আধাৰবোৰ জৈৱিক আৰু অজৈৱিক উপাদানৰ জৰিয়তে চক্ৰাকাৰে চালিত হয়। এনে চক্ৰক জৈৱ-ভূ-ৰাসায়নিক চক্ৰ (Biogeochemical Cycles) বোলে। পোষক দ্ৰব্যসমূহো খাদ্য-শৃঙ্খলৰ মাজেদি প্ৰবাহিত হয় আৰু মূৰকত ভগ্নাৱশেষীয় উপাদান পায় আৰু শেষত পচি যায়। পানীও এইদৰে প্ৰবাহিত হয়। বিভিন্ন জৈৱিক পোষক

দ্ৰব্য (জন্তু আৰু উদ্ভিদৰ পৰা উৎপন্ন হোৱা) অৱশেষত অজৈৱ দ্ৰব্যলৈ ৰূপান্তৰিত হয় আৰু ভূমিভাগ সাৰুৱা কৰে। এনে সাৰ পুনৰ প্ৰস্তুতকাৰক উদ্ভিদে গ্ৰহণ কৰে। এইদৰে নতুন এক পৌষ্টিক চক্ৰ আৰম্ভ হয়।

নাইট্ৰ'জেন চক্ৰ (Nitrogen Cycle) ঃ

পোষকদ্ৰব্যৰ চক্ৰৰ ভিতৰত নাইট্ৰ'জেন চক্ৰ অন্যতম। আমাৰ বায়ুমণ্ডলত প্ৰচুৰ পৰিমাণৰ (প্ৰায় ৭৮ শতাংশ) নাইট্ৰ'জেন আছে। ই প্ৰায় সুস্থিৰ হাৰতে থাকে ; কাৰণ, প্ৰাকৃতিক বা জৈৱিক প্ৰক্ৰিয়াত ই খৰছ অনুপাতে উৎপাদিত হৈ থাকে। উদ্ভিদে বায়ুমণ্ডলৰ পৰা নাইট্ৰ'জেন সংগ্ৰহ কৰে, যিয়ে উদ্ভিদদেহৰ ভিতৰত জৈৱৰাসায়নিকভাৱে সংশ্লেষিত হয় আৰু এমিনোএচিড, পোষক দ্ৰব্য, খাদ্যপ্ৰাণ আদিক কামত লগায় জীৱন কাৰ্য্যৰ বাবে। তাৰ পাছত ই খাদ্য-শৃংখলৰ জৰিয়তে উপভোক্তাবোৰলৈ যায়। একেবোৰে শেষৰ স্তৰত বিয়োজক অৱস্থা পায় আৰু মৃত উপাদানবোৰ পঁচি মাটিত পুনৰ এম'নিয়া আৰু বিভিন্ন নাইট্ৰ'জেন যৌগ তৈয়াৰ কৰে। ফলত তাৰ পৰা নাইট্ৰ'জেন গেছ পুনৰ উত্থিত হয় বায়ুমণ্ডললৈ। এয়ে হ'ল নাইট্ৰ'জেন চক্ৰ।

কাৰ্বন চক্ৰ (Carbon Cycle) ঃ

মাজে সময়ে মানুহৰ কিছুমান কাৰ্য্যই পোষকৰ সাধাৰণ চক্ৰ ব্যহত কৰে। উদাহৰণতঃ প্ৰকৃতিত অতিকৈ সুষম হাৰত কাৰ্বন চক্ৰ চলি থাকে। কাৰ্বন প্ৰজাত কাৰ্বন-ডাই-অক্সাইড গেছ উদ্ভিদে শুহি লয় নিজৰ খাদ্য প্ৰস্তুত কৰিবৰ বাবে। গোহৰ সংশ্লেষণত উদ্ভিদে এই গেছ প্ৰয়োগ কৰে। এই প্ৰক্ৰিয়াত কিছুমান কাৰ্বন যৌগৰ সৃষ্টি হয় আৰু খাদ্য শৃংখলৰ জৰিয়তে ইবোৰ উপভোক্তা শ্ৰেণীলৈ যায়। মূৰকত বিয়োজকৰ মাজেদি পুনৰ কাৰ্বন-ডাই-অক্সাইড গেছ হৈ বায়ুমণ্ডলত প্ৰবেশ কৰে। সকলো জীৱই নিশাহত কাৰ্বন-ডাই-অক্সাইড গেছ এৰি দিয়ে আৰু উদ্ভিদে তাক গ্ৰহণ কৰে।

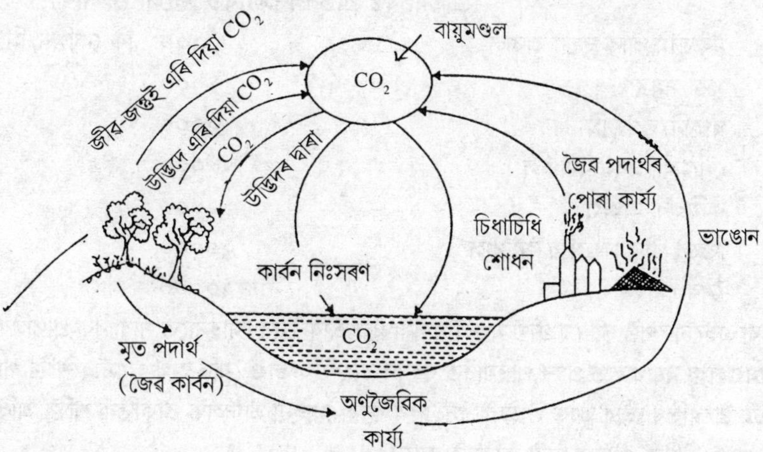

চিত্ৰ ৩.৯ ঃ কাৰ্বন-চক্ৰ

আজি কিছু বছৰৰ পৰা জৈৱ ইন্ধন (তেল, কয়লা আদি)ৰ অধিক ব্যৱহাৰে বায়ুমণ্ডলত কাৰ্বন-ডাই-অক্সাইডৰ মাত্ৰা বঢ়াই তুলিছে। ইয়ে প্ৰকৃতিত স্বাভাৱিকতে থকা কাৰ্বন চক্ৰ বিঘ্নিত কৰিছে। এনে কাৰ্যৰ ফলত সংঘটিত হৈছে ভু-উত্তাপৰ বৃদ্ধি, ওজ'নস্তৰৰ হ্ৰাস। এয়াই হ'ল মানুহৰ অপ-ব্যৱহাৰৰ কুফল।

ফচফ'ৰাচ চক্ৰ (Phosphorus Cycle) ঃ

কাৰ্বন চক্ৰৰ দৰে আন এটা চক্ৰ হ'ল ফচফ'ৰাচ চক্ৰ। পৰিৱেশত থকা শিল, জীৱাশ্ম আদিত যথেষ্ট পৰিমাণে ফচফ'ৰাচ থাকে। মানুহে ইয়াক সাৰ ৰূপে ব্যৱহাৰ কৰে। সৰাপাত পঁচি যি মাটি তৈয়াৰ কৰে তাত ফচফ'ৰাচ থাকে। তদুপৰি, খেতিয়কসকলে আজিকালি ফচফেট থকা কৃত্ৰিম সাৰ জধে মধে ব্যৱহাৰ কৰে। ফচফ'ৰাচৰ মাত্ৰা অধিক হ'লে মাটিত ৰৈ

যায় আৰু পানীৰে বিশেষকৈ বৰষুণৰ পানীৰে বৈ গৈ পুখুৰী আদিত পৰে। ফলত পুখুৰীত পোষক দ্ৰব্য অধিক হয় আৰু পুখুৰীৰ পানীত এলগী, পুনিখাৰ জাতীয় উদ্ভিদবোৰৰ জন্ম হয়। এইদৰে মাটিত সঞ্চিত হৈ ৰোৱা ফচফ'ৰাচ সাগৰতো পৰেগৈ। কিন্তু ই ফচফৰাচৰ অপব্যয়স্বৰূপ। প্ৰকৃততে মানুহৰ ব্যৱহাৰৰ দোষতেই পৰিৱেশত থকা ফচফ'ৰাচ চক্ৰ ব্যহত হৈ আছে। এই ক্ষেত্ৰত সামুদ্ৰিক চৰাই, জলজ খাদ্যভোজী চৰাই আদিয়ে এক উপকাৰী ভূমিকা গ্ৰহণ কৰে। ফচফৰাচ সমৃদ্ধ মাছ খাই চৰাইবোৰে বিষ্ঠাৰে ফচফ'ৰাচ মাটিলৈ ঘূৰাই দিয়ে।

পৰিস্থিতি তন্ত্ৰৰ প্ৰাথমিক উৎপাদন (Primary Production of an Ecosystem) ঃ পৰিস্থিতি তন্ত্ৰত প্ৰাথমিক প্ৰস্তুত কাৰকে সালোক-সংশ্লেষণ বা ৰাসায়নিক বিক্ৰিয়াৰে যি হাৰত বিকিৰিত শক্তিক জৈৱিক দ্ৰব্যলৈ পৰিৱৰ্তিত কৰে তাকে প্ৰাথমিক উৎপাদন বুলি কোৱা হয়।

প্ৰাথমিক প্ৰস্তুতকাৰক, বিশেষকৈ সেউজীয়া উদ্ভিদ আৰু কিছুমান অণুজীৱই জৈৱ পদাৰ্থ প্ৰস্তুত কৰি তাৰে একাংশ নিজৰ দৈহিক গঠন কাৰ্যত ব্যৱহাৰ কৰে আৰু কিছু অংশ স্বাভাৱিকভাৱে বিনষ্ট হয়। উপভোক্তা শ্ৰেণীয়ে নিশাহত এৰি দিয়া কাৰ্বন-ডাই-অক্সাইড এনে ক্ষতিৰ নমুনা। কিন্তু ইয়াৰো প্ৰয়োজন আছে পৰিৱেশত এক ভাৰসাম্য বজাই ৰাখিবলৈ। গতিকে দেখা যায় প্ৰস্তুত কাৰকে যি পৰিমাণৰ জৈৱিক পদাৰ্থ প্ৰস্তুত কৰে তাৰ কিছু অংশহে ৰৈ যায়। এই ৰৈ যোৱা খিনিয়েই হ'ল মুঠ প্ৰাথমিক উৎপাদন।

কোনো এক পৰিস্থিতিতন্ত্ৰত প্ৰাথমিক উৎপাদন নিৰ্ভৰ কৰে সৌৰ শক্তি, প্ৰাপ্ত পানীৰ পৰিমাণ, পোষক দ্ৰব্য আৰু প্ৰস্তুতকাৰক উদ্ভিদৰ ওপৰত। তলৰ তালিকাত কি ধৰণৰ পৰিস্থিতিত কিমান প্ৰাথমিক উৎপাদন সৃষ্টি হয় দেখুওৱা হৈছে—

পৰিস্থিতি তন্ত্ৰ	সৰ্বমুঠ উৎপাদনৰ মাত্ৰা **(প্ৰতিবছৰত প্ৰতিবৰ্গ মিটাৰত কিলো কেলৰি)**
মৰুভূমি আৰু তুন্দ্ৰা অঞ্চল	২০০ কি.কেলিৰ/মিং
মুক্ত সমুদ্ৰ	১০০০
ঘাঁহনি/তৃণভূমি	২৫০০
সেমেকা গৰম বনাঞ্চল	৮০০০
কৃষিকৰা অঞ্চল	১২০০০
ভিজা গ্ৰীষ্ম মণ্ডলীয় বনাঞ্চল	২০০০০
নৈৰ মোহনা	২০০০০

তালিকাৰ পৰা এইটো স্পষ্ট হয় যে গ্ৰীষ্ম মণ্ডলীয় বনাঞ্চল আৰু নৈৰ মোহনাতে সাৰ্বাধিক প্ৰাথমিক উৎপাদন হয়। ইয়াৰ কাৰণ হ'ল গ্ৰীষ্মমণ্ডলীয় বনাঞ্চলত প্ৰচুৰ পৰিমাণত বৰষুণ হয়, উষ্ণতাও বেছি অৰ্থাৎ সৌৰ শক্তি পায় অধিক হাৰত আৰু তাত আছে বিভিন্ন প্ৰজাতিৰ জীৱ আৰু উদ্ভিদ। সেইদৰে নৈৰ মোহনা অঞ্চলত প্ৰাকৃতিক শক্তি অধিক, বিশেষকৈ সাগৰৰ সোঁত আৰু ঢৌবোৰে বিভিন্ন পোষক দ্ৰব্য কঢ়িয়াই আনে।

কিন্তু মৰুভূমি অঞ্চলত পানী পায় কম ; তুন্দ্ৰা অঞ্চলত উত্তাপ কম। সেয়ে সেই দুটা অঞ্চলত আটাইতকৈ কম প্ৰাথমিক উৎপাদন হয়। কৃষিভূমি অঞ্চলত জলসিঞ্চনৰ দ্বাৰা পানী পায় অধিক আৰু ভাল বীজ, সাৰৰ প্ৰয়োগ আদিয়ে কৃত্ৰিম শক্তি প্ৰদান কৰি উৎপাদনৰ বাবে অনুকুল অৱস্থা আনে। তথাপি এই অঞ্চলৰ উৎপাদন গ্ৰীষ্ম মণ্ডলীয় বনাঞ্চলৰ তুলনাত কম। প্ৰকৃতিয়ে অঞ্চল সমূহত প্ৰাণী বা উদ্ভিদৰ নমুনা এনেদৰে সিচঁৰিত কৰি ৰাখিছে যে ঠাইভেদে ভিন ভিন পোষক চক্ৰ তৈয়াৰ হৈছে।

দ্বিতীয় পৰ্যায় বা গৌণ উৎপাদন (Secondary Production) ঃ

আলোক সংশ্লেষণৰ দ্বাৰা উদ্ভিদে প্ৰস্তুত কৰা খাদ্য (প্ৰাথমিক উৎপাদন) উদ্ভিদভোজীবোৰে গ্ৰহণ কৰে। উদ্ভিদত থকা শক্তি উদ্ভিদভোজীৰ দেহত বিপাকীয় ক্ৰিয়াৰে জৈৱিক পদাৰ্থলৈ ৰূপান্তৰিত হয়, যাক পুনৰ গ্ৰহণ কৰে মাংসভোজী উপভোক্তাবোৰে। উদ্ভিদভোজী বা মাংসভোজীৰ দেহত সঞ্চিত জৈৱপদাৰ্থ সমূহক দ্বিতীয় পৰ্য্যায়ৰ অৰ্থাৎ গৌণ উৎপাদন

বুলি কোৱা হয়। আচলতে উপভোক্তাশ্ৰেণীয়ে ব্যৱহাৰ কৰা শক্তি আহে এনে দ্বিতীয় পৰ্য্যায়ৰ উৎপাদনৰ পৰা।

পৰিস্থিতিতন্ত্ৰৰ নিয়ন্ত্ৰণ (Ecosystem Regulation) ঃ

সকলো পৰিস্থিতিতন্ত্ৰই নিজাববীয়াকৈ নিয়ন্ত্ৰিত হয়। পৰিৱেশৰ অৱস্থা অনুসৰি কোনো পৰিস্থিতি তন্ত্ৰই নিজকে পৰিচালনা কৰে। পৰিৱেশত পৰা হেঁচাই (বাহ্যিক কাৰণত সৃষ্টি হোৱা) অৱশ্যে পৰিস্থিতি তন্ত্ৰৰ স্বাভাৱিক কাম কাজত বাধা প্ৰদান কৰে। কিন্তু পৰিস্থিতি তন্ত্ৰই এনে বাধা নেওচি পৰ্য্যমানে সকলো কথাৰ ভাৰসাম্য ৰক্ষা কৰিবলৈ যত্ন কৰে। পৰিস্থিতি তন্ত্ৰৰ এই ধৰ্মটোক স্বনিয়ন্ত্ৰণ (ইংৰাজীত হোমিওষ্টেচিচ) ব্যৱস্থা বুলি ক'ব পাৰি। এনে ধৰ্ম প্ৰত্যেক জীৱৰে স্বাভাৱিকভাৱে থাকে। ইয়াৰ দ্বাৰাই জীৱই (এনেকি উদ্ভিদেও) পৰিৱৰ্তনত অভ্যস্ত হয়। কিন্তু ইয়াৰ এটা সীমা আছে। ইয়াক সহনসীমা বুলি কোৱা হয়। সহনসীমাৰ ভিতৰত যিকোনো জীৱিত প্ৰজাতিয়ে কোনো হেঁচাই সলনি আনিব খুজিলে সেই সলনিত নিজৰ ব্যৱস্থাৰে প্ৰতিৰোধ কৰিব পাৰে। এনে কাৰ্যক জীৱৰ ঋণাত্মক পুৰ্বানুবৃত্তিমূলক কাৰ্যপ্ৰণালী (negative feedback mechanism) বোলা হয়। ইয়াৰ দ্বাৰা পৰিস্থিতি পুনৰ আগৰ অৱস্থালৈ ঘূৰি অহাৰ প্ৰৱণতা দেখুৱায়। কিন্তু হেঁচাৰ পৰিমাণ অত্যধিক হৈ সহনসীমা অতিক্ৰম কৰি গ'লে, তেতিয়া জীৱদেহত ধনাত্মক পুৰ্বানুবৃত্তিমূলক কাৰ্যপ্ৰণালী আৰম্ভ হয়। ইয়ে কাৰ্যপ্ৰণালীৰ ঢং সলনিৰ পিনে আগুৱাই নিয়ে। এইদৰে ধনাত্মক পুৰ্বানুবৃত্তিমূলক কাৰ্যপ্ৰণালীয়ে হেঁচাপ্ৰজাত সলনি বৃদ্ধি কৰি তন্ত্ৰটোক নিজৰ স্থিতাবস্থাৰ পৰা আঁতৰাই নিয়ে। এনেকি ই জীৱৰ মৃত্যুও আনিব পাৰে এইবাবে আমি পৰিস্থিতিতন্ত্ৰৰ ওপৰত অত্যাচাৰ নকৰিবলৈ যত্নপৰ হোৱা উচিত যাতে জীৱৰ পৰিৱৰ্তনক বাধা দিব পৰা ক্ষমতা সহনসীমাৰ ভিতৰত থাকে আৰু ধনাত্মক পুৰ্বানুবৃত্তি আৰম্ভ নহয়। ধনাত্মক পুৰ্বানুবৃত্তিয়ে পৰিস্থিতি তন্ত্ৰৰ ধ্বংস আনিব পাৰে।

পাৰিস্থিতিক অনুক্ৰম (Ecological Succession) ঃ

যিকোনো পৰিস্থিতিতন্ত্ৰ স্থিৰ নহয়, বৰং ই গতিশীল আৰু পৰিৱৰ্তনশীল। সময়ৰ গতিত পৰিস্থিতি তন্ত্ৰৰ গঠন আৰু কাৰ্যপ্ৰণালী এক নিয়মত পৰিৱৰ্তিত হয় আৰু এনে পৰিৱৰ্তন আগতীয়াকৈ অনুমান কৰিব পাৰি। সাধাৰণতে কোনো এঠাইত থকা নিম্নস্তৰৰ উদ্ভিদ বা প্ৰাণীবোৰ নোহোৱা হয় আৰু তাৰ ঠাইত উন্নত ধৰণৰ উদ্ভিদ বা প্ৰাণী আহি যায়। এইদৰে প্ৰথমস্তৰৰ জীৱৰ ঠাইত দ্বিতীয়স্তৰৰ জীৱ আহে। এনে প্ৰথা চলি মূৰকত এক সুস্থিৰ অৱস্থাৰ জৈৱিক সম্প্ৰদায়ৰ স্থিতি সৃষ্টি হয়। এনেদৰে **সুস্থিৰ অৱস্থা নোপোৱালৈ কোনো এঠাইত বহু বছৰ ধৰি পৰ্য্যায়ক্ৰমে সৃষ্টি হৈ থকা জীৱ-সম্প্ৰদায়ৰ ক্ৰম ৰীতিক পাৰিস্থিতিক অনুক্ৰম বোলা হয়।**

প্ৰথমতে সৃষ্টি হোৱা জীৱ-সম্প্ৰদায়ক **প্ৰাৰম্ভিক সম্প্ৰদায়** (Pioneer Community) বোলে। শেলুৰৈ, লাইকেন, মছ জাতীয় সেউজীয়া উদ্ভিদ আদি এনে প্ৰাৰম্ভিক সম্প্ৰদায়ৰ অন্তৰ্ভুক্ত।

একেবাৰে শেষত সুস্থিৰ অৱস্থাত সৃষ্টিহোৱা জীৱ সম্প্ৰদায়ক **চৰম সম্প্ৰদায়** (Climax Community) বোলে। বৃক্ষসমূহ, জোপোহা উদ্ভিদ শ্ৰেণী এই সম্প্ৰদায়ৰ অন্তৰ্ভুক্ত।

ভিন ভিন ঠাইত উৎপন্ন হোৱা পাৰিস্থিতিক অনুক্ৰমক ভিন ভিন নামেৰে জনা যায়। যেনে—

(ক) পানী থকা অঞ্চলত (পুখুৰী, জলাশয় আদিত) ইয়াক বোলা হয় হাইড্ৰাৰ্ক (Hydrach)।

(খ) জলীয়বাষ্প প্ৰচুৰ হাৰত থকা ঠাইৰ অনুক্ৰমক মেচাৰ্ক (Mesarch) আৰু

(গ) শুকান ঠাইত কম জলীয়ভাপ থকা ঠাইৰ অনুক্ৰম ছিৰাৰ্ক (Xesarch) বোলা হয়।

অনুক্ৰমৰ প্ৰক্ৰম (Process of Succession) ঃ

অনুক্ৰমৰ কাৰ্যপ্ৰণালী এক বিশেষ ক্ৰম মতে ধাপে ধাপে সম্পাদিত হয়। যেনে—

(ক) প্ৰথমতে হয় **নগ্নীকৰণ** (nudation)। কোনো এক প্ৰাকৃতিক কাৰণত কোনো ঠাইত ভূমিস্খলন হলে বা আগ্নেয়গিৰিৰ উদ্গীৰণ হ'লে, খৰাং হ'লে, গ্লেচিয়াৰৰ দ্বাৰা প্ৰভাবান্বিত হ'লে বা অতিচাৰণৰ দ্বাৰা ভূমিভাগ অনুৰ্বৰ হৈ পৰিলে আৰু শিল্প উদ্যোগৰ দ্বাৰা উদ্ভিদৰ উচ্ছেদন ঘটিলে ঠাইডোখৰ একেবাৰে নগ্ন হৈ পৰে। এনেকি তাত ঘাঁহ-বনো নোহোৱা হয়।

(খ) তেনে ঠাইত বতাহত উদ্ভিদৰ বীজ উৰি আহি পৰিলে উদ্ভিদৰ গজালি ওলায়। শস্যৰ বীজ সাধাৰণতে বতাহ, পানী, পোক-পতঙ্গ বা চৰাইৰ দ্বাৰা সংবহিত হয়। মূৰকত তাত প্ৰাৰম্ভিক উদ্ভিদৰ সৃষ্টি হয়। তাৰ পাছত ই বাঢ়ি সংখ্যাত অধিক হয় আৰু ঠাইডোখৰ আগুৰি পেলায়। এনে কাৰ্যক **আক্ৰমণ** (Invasion) আখ্যা দিয়া হৈছে।

(গ) ঠাইডোখৰত উদ্ভিদৰ সৃষ্টি হোৱাৰ পাছত তাত ভিন ভিন প্ৰতিটো নমুনাই নিজৰ বাবে ঠাই, পানী আৰু পোষক পাবলৈ প্ৰতিযোগীতা চলায়। আচলতে গ্ৰহণ কাৰ্য সম্পাদিত হয় সহ-ক্ৰিয়াৰে। এয়া তৃতীয় স্তৰ বা ক্ৰমৰ কথা প্ৰতিযোগিতাৰ স্তৰ।

(ঘ) তাৰ পাছত আৰম্ভ হয় **প্ৰতিক্ৰিয়াৰ** ক্ৰম। ঠাই ডোখৰত থকা পানী, পোষক দ্ৰব্যবোৰ সংগ্ৰহ কৰি জীৱিত অংশীদাৰসমূহে পৰিৱেশত প্ৰভাৱ বিস্তাৰ কৰিবলৈ লয়। এয়ে হ'ল প্ৰতিক্ৰিয়াৰ ক্ৰম। প্ৰতিক্ৰিয়াৰ স্তৰত কিছুমান নমুনা তিষ্ঠি থাকিব নোৱাৰা হয়। ফলত ইহঁত নোহোৱা হৈ যায় আৰু তাৰ ঠাইত নতুন নমুনাৰ সৃষ্টি হয়। এইদৰে প্ৰতিক্ৰিয়াৰ পৰা বিভিন্ন গোষ্ঠীৰ আগমণ হয়।

(ঙ) ওপৰত বৰ্ণোৱা চাৰিটা স্তৰৰ অন্তত আহি পৰে এক **সুস্থিৰতা** (Stabilization)। এই অৱস্থাত ৰয়গৈ চৰম সম্প্ৰদায়ৰ জীৱ-গোষ্ঠী।

এই স্তৰত জীৱসমূহৰ পাৰস্পৰিক নিৰ্ভৰশীলতা আহে আৰু আন্তঃসম্বন্ধ তৈয়াৰ হয়। আন কথাত, জীৱবোৰে নিজৰ ভিতৰতে সমন্বয় সাধিব পৰা হয়। ইয়াত আমি দুটা পাৰিস্থিতিক অনুক্ৰমৰ বৰ্ণনা দিওঁহক—

১। হাইড্ৰাৰ্ক অনুক্ৰম ঃ পুখুৰীৰ দৰে জলজ অঞ্চলত আৰম্ভ হয় এনে অনুক্ৰম। প্ৰথমতে আৰম্ভ হয় উদ্ভিদ, প্লৱক, এল্‌গী আদি যি পানীত ওপঙি থাকে। তাৰ পাছত হয় শিপাযুক্ত পানীৰ তলত থকা উদ্ভিদ ; তাৰ পাছত পুনিজাতীয় ওপোঙা উদ্ভিদ। এইবোৰ মৰি যোৱাৰ পাছত প্ৰতিটো ক্ৰমতে জৈৱ পদাৰ্থ সংযোজিত হয়। ফলত পানীতে এক প্ৰকাৰ মাটিৰ সৃষ্টি হয় আৰু পানীৰ গভীৰতা কমি আহে। এইদৰেই পানীত আহি পৰে দলনিৰে ভৰা জলহুৰা অৱস্থা আৰু তাত গজিবলৈ লয় নল-খাগৰিজাতীয় বন। এই বনবোৰৰ একাংশ পানীত আৰু আন অংশ মাটিত থাকে। ইয়াৰ পাছত স্তৰত আহে ঘাঁহ-বন গজিব পৰা তৃণভূমি, চৰণীয়া পথাৰ য'ত আৰম্ভ হয় ডাঙৰ ডাঙৰ গছৰ জন্ম আৰু মূৰকত বনাঞ্চল।

২। চিৰাৰ্ক অনুক্ৰম ঃ এনে অনুক্ৰম আৰম্ভ হয় শিলাময় পানী নথকা ঠাইত। মজাৰ কথা হ'ল এনে ঠাইতো চৰম অৱস্থা সমাপ্ত হয় বন-জংগলেৰে।

এই চক্ৰৰ প্ৰাৰম্ভিক সম্প্ৰদায় হ'ল শিলৰ ওপৰত জন্ম পোৱা সৰু সৰু শেলুৱৈ আৰু পত্ৰবহুল বন। এনে শেলুৱৈৰ পৰা এবিধ এচিড উৎপন্ন হয় যাৰ প্ৰভাৱত শিলৰ ভাঙন আৰম্ভ হয়। এয়া হ'ল শিলৰ

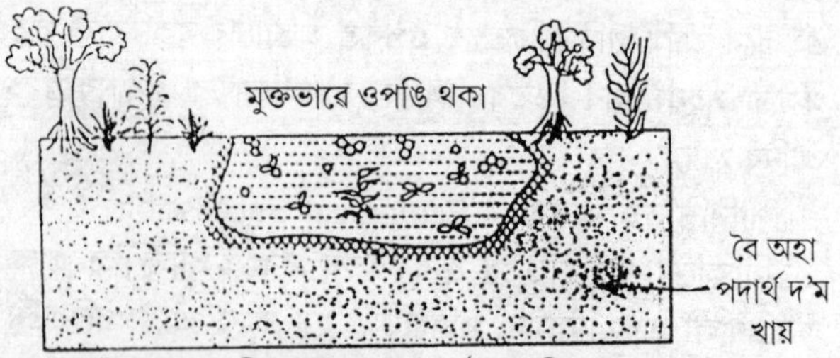

(ক) পুখুৰীত পৰা জাবৰ জোঠৰ, মাটি

(খ)

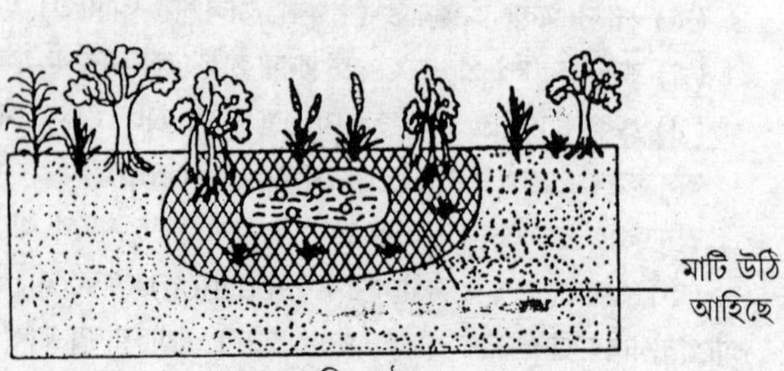

(গ) তৃণভূমিৰ গঠন

চিত্ৰ ৩.১০ ঃ হাইড্ৰাৰ্ক অনুক্ৰম

অৰক্ষয়। ইয়াৰ দ্বাৰা বন আৰু শিলৰ গুড়িৰ মিশ্ৰণত একপ্ৰকাৰ জৈৱ পদাৰ্থ হয়, তাৰ পাছত হয় জৈৱমৃত্তিকা আৰু মূৰকত মাটি। মাটিত গজিবলৈ ধৰে ঘাঁহ-বন, জোপোহাগছ আৰু শেষত ডাঙৰ গছ। এইদৰে শিলাময় ঠাইতো সৃষ্টি হয় বনাঞ্চল।

দেখা যায় যিকোনো অনুক্ৰমতে শেষ স্তৰ সমাপ্ত হয় অৰণ্য গঠনত।

কেইটামান প্ৰধান পৰিস্থিতি তন্ত্ৰৰ বৈশিষ্ট্য, গঠন আৰু ক্ৰিয়া (Characteristic features, structure and functions of some major ecosystem) ঃ

দেখা যায় জীৱমণ্ডলত ভিন ভিন পৰিস্থিতিতন্ত্ৰই একে সময়তে স্বয়ং সম্পূৰ্ণভাৱে সক্ৰিয় হৈ কাম কৰে। উদাহৰণস্বৰূপে পুখুৰী, হ্ৰদ, নদী, নিজৰা, মোহনা, সাগৰ, মৰুভূমি, ঘাঁহনি, অৰণ্য আদিৰ প্ৰতিটো তন্ত্ৰই প্ৰকৃতিত স্বতন্ত্ৰভাৱে কাম কৰে। অৱশ্যে এই তন্ত্ৰবোৰৰ মাজত গঠন আৰু কাৰ্য পদ্ধতিত কিছুমান মৌলিক সাদৃশ্য দেখা যায় প্ৰজাতি বিন্যাস, উৎপাদনৰ হাৰ আদিৰ ক্ষেত্ৰত। এতিয়া আমি কেইটামান বিশেষ পৰিস্থিতি তন্ত্ৰৰ গঠন ৰীতি আৰু কাৰ্য্য পদ্ধতি সম্পৰ্কে আলোচনা কৰোঁহক।

অৰণ্যৰ পৰিস্থিতিতন্ত্ৰ (Forest Ecosystem) ঃ

এই পৰিস্থিতিতন্ত্ৰৰ মূল উপাদান হ'ল সমগ্ৰ উদ্ভিদ শ্ৰেণী, বিভিন্ন প্ৰজাতিৰ বনৰীয়া জন্তু আৰু চৰাই। উদ্ভিদৰ ভিতৰত মচ, শেলুৱৈ আদিৰ পৰা লতাকে ধৰি গছবোৰ আছে। এনে তন্ত্ৰ জলবায়ুৰ ওপৰত নিৰ্ভৰ কৰি ভিন ভিন খণ্ডত গঠিত হৈছে। তাৰ ভিতৰত গ্ৰীষ্মমণ্ডলীয় বৃষ্টি প্ৰধান অৰণ্য আৰু ঘাঁহনি প্ৰধান অঞ্চলত দুই প্ৰকাৰৰ পৰিস্থিতিতন্ত্ৰ পোৱা যায়। মন কৰিবলগীয়া কথা হ'ল যে পৃথিৱীৰ মুঠ মাটি কালিৰ ৪০ শতাংশ জুৰি আছে এনে অৰণ্যই। আমাৰ দেশত মুঠ মাটি কালিৰ দহ শতাংশ অৰণ্যই আগুৰি আছে।

(ক) গ্ৰীষ্মমণ্ডলীয় অৰণ্য ঃ বিষুৱীয় অঞ্চলত ডাঙৰ পাতৰ সেউজীয়া গছবোৰে গ্ৰীষ্মমণ্ডলীয় অৰণ্য গঠন কৰিছে। এই অঞ্চলৰ উষ্ণতা অধিক, আৰ্দ্ৰতা অধিক আৰু বৰষুণো সৰ্বাধিক। এনে জলবায়ুৰ বাবেই ডাঙৰ ডাঙৰ গছবোৰ তাত পোৱা যায়। বছৰৰ বাৰ মাহে জলবায়ু একেদৰে থাকে। এই অঞ্চল অধিক জৈৱ-বিচিত্ৰতাৰে ভৰা। ইয়াৰ অঞ্চলভেদে পৃথক পৃথক জীৱজন্তু পোৱা যায়। সেয়ে ইয়াত জৈৱিক আৰু অজৈৱিক উপাদান ভৰি আছে। মাটি আৰু বায়ুমণ্ডলত থকা অজৈৱ পদাৰ্থসমূহ, মৃত পচা জাবৰ-জোথৰ, উষ্ণতা, পোহৰৰ মাত্ৰা আদি হ'ল অৰণ্যৰ অজৈৱিক উপাদান। আনহাতে, খাদ্য শৃঙ্খলত আৱদ্ধ বিভিন্ন জীৱ-জগতে (উৎপাদক, উপভোক্তা আৰু বিয়োজক শ্ৰেণীৰ) জৈৱিক উপাদান গঠিত কৰিছে অৰণ্যৰ পৰিস্থিতি তন্ত্ৰৰ ভিতৰতে।

গ্ৰীষ্মমণ্ডলীয় অৰণ্যত বিভিন্ন প্ৰজাতিৰ গছ-বন স্তৰীভূত অৱস্থাত পোৱা যায়। ডাঙৰ গছৰ উপৰিও গুল্ম, ঘাঁহনি আদিও থাকে। যেনে— ডাঙৰ পাত থকা বিয়াগোম গছবোৰে গঠন কৰে সৰ্বোচ্চ স্তৰ। ইহঁত হ'ল প্ৰভাৱী উদ্ভিদ প্ৰজাতি। শাল, চেগুণ, তিতাচপা, গামেৰী, ওক, এলেম (Elem), বাৰ্চ (Birch), মেপেল্ (Maple) আদিৰ দৰে টান কাঠবোৰ এই প্ৰজাতিত পৰে। এই গছবোৰৰ তলত আন কিছুমান তুলনামূলকভাৱে সৰু গছৰ ঢাকনি সদৃশ স্তৰ এটি গঠিত হয়। এনে গছত আশ্ৰয় কৰি লতা জাতীয় উদ্ভিদ বগাই অৰণ্যত ছাটি এটি সাজে। এই অঞ্চলত থকা গছৰ ডালত পৰজীৱী উদ্ভিদৰ (কপৌফুলৰ দৰে) জন্ম হয়। ইহঁতে ওপৰৰ পৰা অহা পানী আৰু পোষক খাদ্যৰূপে গ্ৰহণ কৰে। সেয়ে তাত জৈৱিক উপাদানৰ জন্ম হয়। এনে কাৰণতে সেই গছবোৰত চৰাই আৰু পতঙ্গই আশ্ৰয় লয়। গছবোৰত উৎপন্ন হোৱা ফলমূল খাবৰ বাবে আশ্ৰিত হয় বান্দৰ জাতীয় জীৱ-জন্তু।

ওখ গছৰ তলত থকা গছৰ স্তৰটোৱে অতি কম সূৰ্যৰ পোহৰ পায়। সেয়ে এই গছবোৰৰ পাত ঘন সেউজীয়া হয় আৰু তাত অধিক মাত্ৰাত ক্লৰোফিল থাকে আৰু ইয়াৰ সহায়ত কম পোহৰতো আলোক সংশ্লেষণ কাৰ্য্য সম্পাদিত হয়। এই স্তৰৰ তলত থাকে গুল্মজাতীয় ঘাঁহ-বনৰ স্তৰ, যাক অৰণ্যৰ মজিয়া বুলি কোৱা হয়। এই স্তৰত সূৰ্যৰ পোহৰ আৰু কমকৈ পৰে, প্ৰায় অন্ধকাৰ আচ্ছন্ন হৈ থাকে। কিন্তু এই স্তৰতো উপভোক্তাৰ অভাৱ নাই। সাপ, ভেঁকুলী, জেঠী জাতীয় সৰীসৃপ, এনেকি বান্দৰ আদি আৰু পোক-পৰুৱা কিছুমান (উইপোকৰ দৰে), ভেঁকুৰ আদি একেবাৰে তলৰ স্তৰৰ উপভোক্তা। অৱশ্যে বান্দৰ আৰু সৰীসৃপ জাতীয় উপভোক্তা কিছুমান মাজৰ স্তৰ বা ওপৰৰ স্তৰতো থাকে। উদ্ভিদভোজী

শহা, হৰিণ, নীল গাই, হাতী আদি লগতে মাংসভোজী বাঘ, সিংহ আদিও অৰণ্যৰ মজিয়াত বিচৰণ কৰে।

গ্ৰীষ্মপ্ৰধান সেমেকা অঞ্চলৰ অৰণ্যত থকা উদ্ভিদে মুখ্যতঃ প্ৰস্তুতকাৰকৰ কাম কৰে। গছৰ ডালপাত সৰি জহি পচি অতি উচ্চমানৰ পোষকো সৃষ্টি হয়। সেয়ে ইয়াত সকলো পৰ্যায়ৰ উপভোক্তা বিদ্যমান।

অৰণ্যত ফুলা ফুলবোৰো হয় ডাঙৰ, বাৰে বৰণীয়া, সুগন্ধি আৰু আকৰ্ষণীয়। এইবাবে ইয়াত পোক-পতঙ্গ বা চৰাইৰ দ্বাৰা পৰাগ-বিতৰণ কাৰ্য অধিক মাত্ৰাত ঘটে।

আমাৰ দেশত কেৱল কেৰেলাত থকা 'ডা চাইলেণ্ট ভেলী' অৰ্থাৎ নীৰৱ-উপত্যকা অঞ্চল গ্ৰীষ্মমণ্ডলীয় অৰণ্যৰ অন্তৰ্গত।

অৰণ্যৰ জৈৱ-বৈচিত্ৰ্য অতি আশ্চৰ্য্যজনক। ইয়াত আছে আমাৰ কাঠৰ ভাণ্ডাৰ— খৰিৰ পৰা ঔষধ উদ্ধাৰ কৰা কাঠলৈ; ঘৰত ব্যৱহাৰ আচবাব পত্ৰৰ উৎসও অৰণ্য। কিন্তু যি হাৰত মানুহে বনাঞ্চল ধ্বংস কৰিবলৈ লৈছে, হয়তো ৩০-৪০ বছৰৰ ভিতৰতে অৰণ্যৰ ধ্বংসাৱশেষহে ৰবগৈ। তেতিয়া আৰু আমি জৈৱ-বিচিত্ৰতাৰ 'আশ্চৰ্য্য' কি বুজি নোপোৱা হম।

গ্ৰীষ্মমণ্ডলীয় অৰণ্যৰ উপৰিও উদ্ভিদৰ প্ৰকাৰ অনুসৰি অৰণ্যৰ পৰিস্থিতি তন্ত্ৰক চাৰিটা প্ৰধান প্ৰকাৰত ভাগ কৰা হৈছে এনেদৰে ঃ

(১) উষ্ণ বৰ্ষাৰণ্য (Temperate Rain Forest) ঃ আমি ওপৰত বৰ্ণনা কৰা গ্ৰীষ্মমণ্ডলীয় অৰণ্যসমূহকে উষ্ণ বৰ্ষাৰণ্য বুলিও কব পাৰি। এই অঞ্চলতে আছে সৰ্বাধিক জৈৱ-বৈচিত্ৰ্যপূৰ্ণ গহীন অৰণ্য য'ত গুল্ম-ঘাঁহ বনৰ পৰা বিয়াগোম গছলৈ সৰ্বপ্ৰকাৰৰ উদ্ভিদ পোৱা যায়। লগতে আছে বিবিধ প্ৰাণী। সেয়ে ইয়াত প্ৰস্তুতকাৰক, সকলো ধৰণৰ উপভোক্তা আৰ বিয়োজক প্ৰচুৰ পৰিমাণত পোৱা যায়। ই হ'ল আটাইতকৈ অধিক সমৃদ্ধ পৰিস্থিতি তন্ত্ৰ।

(২) চিৰ সেউজীয়া সৰল বৰ্গীয় অৰণ্য (Every green coniferous forest) ঃ উত্তৰ মেৰুৰ তুন্দ্ৰা অঞ্চলত থকা অৰণ্যখিনিত সৰল বৰ্গীয় গছবোৰ, স্প্ৰুচ, ফাৰ (fir) আদিকে ধৰি মছ ঢেঁকীয়া আদি নিম্নবৰ্গৰ উদ্ভিদ পোৱা যায়। ইয়াক উত্তৰৰ সৰলবৰ্গীয় অৰণ্য বুলিও জনা যায়।

(৩) ক্ৰান্তীয় পৰ্ণপাতী অৰণ্য (Tropical Deeidious Forest) ঃ বহল পাতৰ ডাঙৰ গছবোৰ (ওক, এলেম, বাৰ্চ আদিকে ধৰি) থকা অৰণ্যক ক্ৰান্তীয় পৰ্ণপাতী অৰণ্য বুলি কোৱা হয়। এই অঞ্চলটো বিষুবৰেখাৰ পৰা অলপ আঁতৰত হলেও বছৰৰ বাৰ মাহে উষ্ণ জলবায়ুৰে সিক্ত। মৌচুমী বতাহৰ সময়তহে ইয়াত বৰষুণ হয়। বাকী সময়ছোৱাত শুকান বতৰ হয়। ইয়াত টান কাঠবোৰ জন্মে। শীতকালত এই গছবোৰৰ পাত সৰি যায়।

(৪) নাতিশীতোষ্ণীয় জোপোহা উদ্ভিদৰ অৰণ্য (Tropical Scrab forests) শুকান ঋতু চলি থকা উষ্ণমণ্ডলীয় অঞ্চলত সৰু সৰু জোপোহা গছ থকা অঞ্চল এই ভাগত ৰখা হৈছে।

সেউজীয়া ঘাঁহনিৰ পৰিস্থিতি তন্ত্ৰ (Grassland Eco System) ঃ ঘাঁহনি অঞ্চলত ঘাইকৈ ঘাঁহ-বন থাকিলেও তাৰ মাজতে কিছুমান গছ আৰু জোপোহা উদ্ভিদো গজে। ইয়াত সাধাৰণ বৰষুণ হয়; কিন্তু বৰ অনিয়মীয়াকৈ হয়। ঘাঁহনি অঞ্চলত অধিক চৰনীয়া জন্তু হোৱা হেতু ইয়াৰ কিছু স্খলন হৈছে। জলাবায়ু অনুসৰি তিনি প্ৰকাৰ ঘাঁহনি অঞ্চল পোৱা যায়। পৃথিবীৰ স্থলজ পৰিস্থিতি তন্ত্ৰৰ অন্তৰ্গত এই অঞ্চল পৃথিবীৰ উপৰিভাগৰ ১৯ শতাংশ আগুৰি আছে।

(১) ক্ৰান্তীয় ঘাঁহনি (Tropical Grassland) ঃ

বিষুব ৰেখাৰ ওচৰৰ বৰষুণ হোৱা অঞ্চলক ক্ৰান্তীয় ঘাঁহনি বোলা হয়। আফ্ৰিকাৰ চাভানাবোৰ ইয়াৰ অন্তৰ্গত। চাভানাত সৰু সৰু ঘাঁহ-বনৰ পৰা নলখাগৰি সদৃশ বনো পোৱা যায়। ইয়াৰ জৈৱ বিচিত্ৰতাও মন কৰিবলগীয়। জেব্ৰা, জিৰাফ, কৃষ্ণসৰ পহু আৰু হৰিণৰ বহু প্ৰকাৰ ইয়াত পোৱা যায়। সেইদৰে উইপোকো প্ৰচুৰ পৰিমাণত আছে। এই অঞ্চল সমূহত আলোক সংশ্লেষণ অধিক হাৰত হয়। এই অঞ্চল কাৰ্বন আৰু কাৰ্বনডাই অক্সাইড, হাইড্ৰ'জেন, অক্সিজেন, নাইট্ৰ'জেন, ফচফ'ৰাচ আৰু গন্ধক (চালফাৰ) আদি অজৈৱিক উপাদানসমূহ থকাৰ উপৰিও মাটিত কিছুমান অনুমাত্ৰিক মৌল (যাক ট্ৰেচ এলিমেন্ট বোলা হয়) আছে। সেইদৰে এই অঞ্চলত জৈৱিক উপাদানো বহুত। উদ্ভিদভোজী প্ৰথম স্তৰৰ উপভোক্তা, যেনে (ভেকুলীস সাপ, চৰাই, শিয়াল, মেকুৰী কিছুমান) পোৱা যায়। বিয়োজক আছে অধিক হাৰত। বিভিন্ন

ভেঁকুৰ আৰু জীৱাণু আদিয়ে খনিজ পদাৰ্থবোৰ পুনৰ মাটিলৈ ওভোটাই আনি প্ৰস্তুত কাৰকৰ ববে পোষকৰ যোগান ধৰে।

(২) নাতিশীতোষ্ণ ঘাঁহনি (Temperate Grasslands) **ঃ** সুমেৰু বৃত্ত আৰু কৰ্কট ক্ৰান্তি তথা কুমেৰুবৃত্ত আৰু মকৰ ক্ৰান্তিৰ মাজত থকা দুইটা অঞ্চলৰ ঘাঁহনিবোৰক নাতিশীতোষ্ণীয় ঘাঁহনি বোলা হয়। পৰ্ব্বতৰ নামনিত, আৰু সমভূমিত এনে ঘাঁহনি আছে। এই অঞ্চলত গৰমত বৰ গৰম আৰু শীতত বৰ শীত। পশুৰ চাৰন কাৰ্য্য আৰু গ্ৰীষ্ম কালত সংঘটিত বনজুইৰ ববে এই অঞ্চলত গছ গছনি নহয়। উত্তৰ আমেৰিকা আৰু কানাডাৰ ঘাঁহনি পেম্পাচ, আফ্ৰিকাত ভেল্ডচ আৰু মধ্য ইউৰোপত ইয়াক ষ্টেপচ্ বোলা হয়।

এই অঞ্চলত মাটি উৰ্বৰা হলেও জলাবায়ুৰ বিপৰীত প্ৰকৃতিৰ বাবে গছ গছনি নহয়। মাজে সময়ে তাত খেতি কৰা হয়।

(৩) মেৰু অঞ্চলীয় ঘাঁহনিক্ষেত্ৰ (Polar Grasslands) **ঃ**

এই অঞ্চলটো উত্তৰমেৰুত অৱস্থিত। অতিপাত শীত হেতু তাত বৰফৰ বতাহ বয়। সেয়ে তাত গছ হোৱাৰ কোনো অৱস্থা নাই। গ্ৰীষ্ম কালত সূৰ্য্যৰ পোহৰ দিনৰ দিনটোত পৰি থাকে বাবে সৰু সৰু ঘাঁহবন গজে। তাত উপভোক্তা হ'ল কুকুৰনেচীয়া বাঘ, মেৰু অঞ্চলীয় শিয়াল, বল্গা হৰিণ আদি। বছৰৰ সদায় মাটিৰ তলত এতৰপ বৰফ থাকে। তেতিয়া তাত কিছুমান পতঙ্গ, জীৱাণু, মহ আদি জন্মে আৰু কিছুমান ভ্ৰম্যমান চৰাই তালৈ আহে উপভোক্তাৰূপে।

মৰুভূমিৰ পৰিস্থিতি তন্ত্ৰ (Desert Eco Systems) **ঃ**

আমাৰ ভূ পৃষ্ঠৰ মুঠ মাটি কালিৰ এক তৃতীয়াংশ মৰুভূমিবোৰে আগুৰি আছে। এই অঞ্চল সমূহত বৰষুণৰ পৰিমাণ অতি কম বছৰত প্ৰায়২৫ ছে.মি. মান। সেয়ে এই অঞ্চল বিশেষ ধৰণৰ জৈৱিক আৰু অজৈবিক উপাদান বিদ্যমান। জলবায়ুৰ ওপৰত নিৰ্ভৰ কৰি মৰুভূমি অঞ্চল সমূহক তিনি প্ৰকাৰত ভাগ কৰা হৈছে (ক) ক্ৰান্তীয় মৰুভূমি (খ) নতিশীতোষ্ণীয় মৰুভূমি আৰু (গ) শীতাৰ্ত মৰুভূমি বুলি। প্ৰথম ভাগত আছে আফ্ৰিকাৰ চাহাৰা আৰু নামিব মৰুভূমি, ভাৰতৰ ৰাজস্থানত থকা থৰ মৰুভূমি। এই মৰুভূমিবোৰ অতি শুকান, বিশেষ ধৰণৰ বতাহ বৈ থকা ধৰণৰ।

দক্ষিণ কালিফোৰ্ণিয়াৰ ম'জেভ মৰুভূমি দ্বিতীয় প্ৰকাৰৰ। এই মৰুভূমিত গৰমত অতি গৰম শীতত অতি ঠাণ্ডা।

চীনত থকা গোবি মৰুভূমি হ'ল শীতাৰ্ত মৰুভূমি। এই অঞ্চলত গ্ৰীষ্মকাল মধ্যমীয়া, কিন্তু শীত অতি প্ৰবল।

মৰুভূমিৰ পৰিস্থিতি তন্ত্ৰত থাক জৈৱিক কাৰকৰ ভিতৰত আছে গুল্ম জাতীয় মছ, ঘাঁহ আৰু বিশেষ ধৰণ কাঁইট থকা (কেক্টাছ জাতীয়) উদ্ভিদ। ইহতে উৎপাদকৰ কাম কৰে আৰু পোক-পতংঙ্গ, সাপ জাতীয় কিছুমান মৰুজ অৱস্থাৰ লগত মিলি থাকিব পৰা প্ৰাণী, নিশাচৰ এন্দুৰ জাতীয় কৃন্তক প্ৰানী, (যাক ইংৰাজীত ৰোডেণ্ট-rodent বোলা হয়) আৰু কিছুমান বিশেষ ধৰণৰ চৰাই। অন্য অঞ্চলবোৰৰ তুলনাত মৰুভূমি অঞ্চলত পচা জৈৱ পদাৰ্থৰ মাত্ৰা অতি কম। এই বাবে তাত অণুজীৱৰ অৰ্থ্যাৎ বিয়োজকৰ সংখ্যাও কম। কেৱল তাপ সহিব পৰা ভেঁকুৰ আৰু বেক্টেৰিয়া কিছুমানহে পোৱা যায় বিয়োজকৰ ৰূপত।

মৰুভূমিত জন্মপোৱা উদ্ভিদৰ এক বিশেষ ধৰ্ম হ'ল পানী সংৰক্ষণ কৰি ৰাখিব পৰাটো। এই উদ্ভিদবোৰৰ পৰা পানীৰ ব্যয় কম হয়। এইবাবে মৰুভূমিত হোৱা উদ্ভিদৰ গঠনাকৃতি বেলেগ। ইয়াৰ মাটিত পোষক দ্ৰব্য প্ৰচুৰ কিন্তু পানীৰ অভাৱত ইহতৰ প্ৰয়োগ কম হয়।

জলজ পৰিস্থিতি তন্ত্ৰ (Aquatic Eco systems) ঃ

জলজ পৰিস্থিতি তন্ত্ৰত থাকে পানীত থকা জৈৱিক গোষ্ঠীসমূহ। ই সমুদ্ৰত বা নৈ-নিজৰা পুখুৰীত বিস্তৃত। তাৰ ভিতৰত অন্যতম হ'লপুখুৰীৰ পৰিস্থিতি তন্ত্ৰ।

সুপেয় পানীৰ পুখুৰীৰ পৰিস্থিতি তন্ত্ৰত প্ৰস্তুতকাৰক, উপভোক্তসমূহ (প্ৰথম, দ্বিতীয় আৰু সৰ্ব্বোচ্চ স্তৰৰ) আৰু বিয়োজককে ধৰি আটাইকেইটা উপাদান পোৱা যায়। এই উপাদানবোৰ মুখ্যতঃ দুই প্ৰকাৰৰ-অজৈৱিক আৰু জৈৱিক।

অজৈৱিক উপাদান ঃ অন্যান্য পৰিস্থিতি তন্ত্ৰত থকাৰ দৰে পুখুৰীতো কাৰ্বন, অক্সিজেন, ফচফ'ৰাচ হাইড্ৰ'জেন আদি উপাদান সমূহ বিদ্যমান। ইয়াৰে নাইট্ৰ'জেন, গন্ধক, ফচফ'ৰাচ আদি পানীৰে সৈতে উটি আহি পুখুৰীত পৰে। পুখুৰীৰ

উপৰিভাগত জৈৱিক প্ৰক্ৰিয়া অধিক হাৰত সংঘটিত হয়।

জৈৱিক উপাদান ঃ পুখুৰীত থকা শেলুৱৈ, মেটেকা, পুনি, কলমৌ, ভেঁট, এজলা, ঘাঁহ-বন আদিয়ে সৌৰ শক্তিৰ সহায়ত নিজৰ খাদ্য উৎপাদন কৰি প্ৰস্তুতকাৰকৰ ভূমিকা লয়। এইবোৰৰ ওপৰত আশ্ৰয় কৰি জীয়াই থকা বিভিন্ন পোক-পৰুৱা, পতঙ্গ, সৰু সৰু মাছ, শামুক, কেঁচু আদি হ'ল এই তন্ত্ৰৰ প্ৰাথমিক উপভোক্তা। প্ৰাথমিক উপভোক্তা ভক্ষণ কৰি জীয়াই থাকে দ্বিতীয়স্তৰৰ উপভোক্তাসমূহ। যেনে— মাছ, ভেকুলী, কোকোঁৱা, মিছা-মাছ, জোক আৰু কিছুমান সৰীসৃপ। আনহাতে উদ, সাপ, চৰাই আৰু মানুহে এই দ্বিতীয়স্তৰৰ উপভোক্তাক খাদ্য ৰূপে গ্ৰহণ কৰে। এইবোৰ হ'ল পুখুৰী তন্ত্ৰৰ সৰ্ব্বোচ্চ উপভোক্তা। দেখা যায় ওপৰত উল্লেখ কৰা প্ৰস্তুতকাৰক আৰু জীৱাণুবিলাকে খাদ্যৰূপে গ্ৰহণ কৰে। জীৱাণুবোৰে বিয়োজকৰ ভূমিকা লৈ জৈৱিক পদাৰ্থবোৰৰ খাদ্য শৃংখল চলি থাকে।

পুখুৰীতন্ত্ৰৰ দৰে আন এটি তন্ত্ৰ হ'ল **হ্ৰদৰ পৰিস্থিতি তন্ত্ৰ** (Lake Ecosystems)। হ্ৰদবোৰ সুপেয় পানীৰ অন্যতম ভাণ্ডাৰ। হ্ৰদৰ পানীত তিনিটা স্তৰ থাকে। প্ৰথম স্তৰটো হ'ল উপকুলীয় পাতল পানীৰ। ইয়াক উপকুলীয় স্তৰ বোলা হয়। ইয়াৰ পিছৰ স্তৰটো হ'ল সূৰ্য্যৰ পোহৰ পৰা সৰোবৰীয় স্তৰ, আৰু একেবাৰে গভীৰতাত থকা য'ত সূৰ্য্যৰ প্ৰবেশ নাই বুলি কব পাৰি, গভীৰ স্তৰ।

আমাৰ দেশৰ তিনিটা বিখ্যাত হ্ৰদ হ'ল শ্ৰীনগৰত থকা দল হ্ৰদ, নাইনিতালত থকা নাইনি হ্ৰদ আৰু মণিপুৰৰ ল'গটক হ্ৰদ।

হ্ৰদৰ পৰিস্থিতি তন্ত্ৰতো পুখুৰীৰ দৰে জৈৱিক উপাদান সমূহ পোৱা যায়। জৈৱিক উপাদানৰ ভিতৰত বিভিন্ন প্লৱক (প্লেংকটন, নেকটন, নিউষ্টন, বেন্থচ, পেৰিফিমটচ আদি) পোৱা যায়। তাৰে কিছুমান পানীৰ ওপৰত ওপঙি থাকে, কিছমানে সাঁতুৰি ৰয়, কিছুমানে ওপৰত জিৰাই থাকে, কিছমানে তলিত বাস কৰে (যেনে শামুক আদি) আৰু কিছুমানে হ্ৰদত ওপজা ঘাঁহ-বন আশ্ৰয় কৰি থাকে।

উষ্ণতাৰ ওপৰত ভিত্তি কৰি হ্ৰদৰ পানীৰো স্তৰ আছে। গ্ৰীষ্মকালত ওপৰ অংশৰ পানী গৰম হয় আৰু তলৰ পানী শীতল অৱস্থাত থাকে। তেতিয়া জলসঞ্চালন হয় কেৱল ওপৰ অংশত। এই মতে ওপৰৰ গৰম অংশ আৰু তলৰ অংশৰ তাৰতম্য ঘটে আৰু সেইমতে কেবা প্ৰকাৰৰ হ্ৰদৰ শ্ৰেণীভুক্ত কৰা হৈছে। তাৰে কিছুমানত পোষক দ্ৰব্য প্ৰচুৰ হাৰত দেখা যায় আৰু আন কিছুমানত পোষক দ্ৰব্য অতি কম মাত্ৰাত থাকে।

নিজৰাৰ পৰিস্থিতি তন্ত্ৰ ঃ জলজ পৰিস্থিতি তন্ত্ৰৰ আন এক তন্ত্ৰ দেখা যায় নিজৰাবোৰত। খৰস্ৰোতা নিজৰাবোৰত অক্সিজেন আৰু জলজ পোষক দ্ৰব্যৰ অভাব নঘটে। কাৰণ, নিজৰাবোৰ তৰাং আৰু অল্পি সময় ধৰি সৌৰ শক্তিৰে প্ৰভাৱান্বিত হৈ থাকে। নিজৰাৰ পানীত দ্ৰবীভূত অক্সিজেনৰ মাত্ৰাও অধিক। কিন্তু নিজৰাত থকা জীৱবোৰৰ অক্সিজেনৰ সহন মাত্ৰা কম বাবে অতি সোনকালে জৈৱিক প্ৰদূষণত দুষিত হৈ পৰে। বিশেষকৈ উদ্যোগৰ আৱৰ্জনাই নিজৰাৰ পানী অতি সোনকালে প্ৰদূষিত কৰে। নৈৰ পৰিস্থিতি তন্ত্ৰ হ'ল বৃহৎ নিজৰা সদৃশ তন্ত্ৰ। ইয়াত শিলত গজিব পৰা উদ্ভিদ আৰ পানীৰ শীতলতা সহিব পৰা উদ আৰু মাছ কিছুমান থাকে। তাৰ পাছৰ অংশ পৰ্বতীয়া হলেও মাটিৰ ওপৰেৰে বোৱা ধৰণৰ হয়। ইয়াতো দ্ৰবীভূত অক্সিজেন অধিক। কিন্তু এই অংশৰ পানী গৰম । ইয়াত বিভিন্ন উদ্ভিদ আৰু কম মাত্ৰাত অক্সিজেন গ্ৰহণ কৰা মাছ আদি পোৱা যায়। একেবাৰে তলৰ অংশ অৰ্থাৎ সমভূমিৰে বৈ যোৱা অংশ বিভিন্ন জীৱৰ আদৰ্শৰ বাসস্থান। মাটিৰে বৈ অহা পোষক দ্ৰব্যসমূহো এই অংশত সঞ্চিত হয়।

সামুদ্ৰিক পৰিস্থিতি তন্ত্ৰ ঃ জলজ পৰিস্থিতি তন্ত্ৰৰ ভিতৰত সমুদ্ৰ হ'ল পানীৰ সৰ্ববৃহৎ ভাণ্ডাৰ। পৃথিবী পৃষ্ঠৰ ৭০ শতাংশ সমুদ্ৰই আগুৰি আছে আৰু ই প্ৰায় আঢ়ৈ লাখ জলজ জীৱৰ অস্তিত্বৰ কাৰক হৈ আছে। এই নমুনাবোৰে মানুহ আৰু কিছুমান জীৱৰ বাবে খাদ্যৰ উৎপাদন কৰিছে। এনেকি ঔষধ প্ৰস্তুত কৰোতেও এনে সামুদ্ৰিক দ্ৰব্যৰ ব্যৱহাৰ হৈছে। সমুদ্ৰৰ পৰা আমি পাইছোঁ লো, ফচফ'ৰাচ, মেগনেচিয়াম, তেল, প্ৰকৃতিক গেছ, বালি আৰু শিল।

সমুদ্ৰই বহুতো জৈৱ ভূৰাসয়নিক চক্ৰৰ লগতে জলজ চক্ৰৰ নিয়ন্ত্ৰণত মুখ্য ভূমিকা গ্ৰহণ কৰিছে। ই হ'ল কাৰ্বন-ডাই-অক্সাইডৰ মূল জলাহ বা চৰিয়া।

সমুদ্ৰৰ জীৱন স্তৰ দুই প্ৰকাৰৰ— উপকুলীয় আৰু সুগভীৰ। উপকুলীয় স্তৰত পানী পাতল, সূৰ্য্যৰ পোহৰ পৰে প্ৰচুৰ।

সেয়ে এই স্তৰটো বহুতো পোষক দ্ৰব্যৰে ভৰপূৰ প্ৰাথমিক উৎপাদনৰ স্তৰ।

গভীৰতা থকা সমুদ্ৰৰ স্তৰটো সূৰ্য্যৰ পোহৰ পোৱা হিচাপত তিনিটা স্তৰত ভাগ কৰিব পাৰি। প্ৰথমস্তৰটো হ'ল প্ৰচুৰ ৰ'দ পৰা অংশ। ইয়াত আলোক সংশ্লেষণ ক্ৰিয়া সৰ্বাধিক হাৰত হয়।

দ্বিতীয় স্তৰটো গঠিত হৈছে কম পোহৰ পৰা পানী ভাগেৰে। এই স্তৰ ভূতাত্বিক সম্পদৰ প্ৰাচুৰ্য্য অধিক।

তাৰ তলত আছে অন্ধকাৰ স্তৰ। এই স্তৰটোত সৌৰ শক্তিৰ প্ৰবেশ নাই কিন্তু ই হ'ল পৃথিবীৰ সৰ্ববৃহৎ।

মোহনা অংশৰ পৰিস্থিতি তন্ত্ৰ (Estuarine Ecosystem) ঃ

মোহনা অংশ হৈছে সাগৰৰ সৈতে উন্মুক্তভাবে লগ লাগি থকা অৰ্দ্ধ আবদ্ধ উপকুলীয় অঞ্চল। এইঅংশত সাগৰৰ লুণীয়াপানী আৰু নদীৰ অৱবাহিকাত পৰা অলুণীয়া পানীৰ মিলন ঘটে। সেয়েমোহনা অঞ্চল হ'ল লুণীয়া আৰু অলুণীয়া পানীৰ সঙ্গম স্থল। ইয়াক ইংৰাজীত ইক'টোন (Ecotone) বুলি কোৱা হয়।

মোহনা অঞ্চলৰ পৰিস্থিতি তন্ত্ৰত আবদ্ধ জীৱবোৰে তাপ আৰু লৱণতা সহিব পৰা গুণ আয়ত্ব কৰে স্বাভৱিক ভাবে। ইয়াত প্ৰচুৰ হাৰত পোৱা যায় সামুদ্ৰিক বন, ঘাঁহ, শেলুৱৈৰ চামনি, নিমখীয়া জলাহবোৰ। আনহাতে পোহৰ নপৰা অংশত পোৱা যায় বিভিন্ন ধৰণৰ প্লাৱক শ্ৰেণী যি প্ৰস্তুত কাৰকৰ ভূমিকা গ্ৰহণ কৰে। ইয়াত বহুতো -ইল, চালমন আদিৰ দৰে মাছ থাকে যি লুণীয়া আৰু অলুণীয়া দুয়োপ্ৰকাৰৰ পানীত তিষ্ঠি থাকিব পাৰে। ইহঁত হ'ল উপভোক্তা। সময়ত ইহতে প্ৰস্তুত কাৰকৰ ভূমিকাও পালন কৰে।

প্ৰশ্নাৱলী

১। তলত দিয়া চুটী প্ৰশ্নবোৰৰ উত্তৰ লিখা—
   (ক) পাৰিপাৰ্শ্বিক অৱস্থা বা ইক'লজি বুলিলে কি বুজা?
   (খ) পৰিস্থিতি তন্ত্ৰ কি? ইয়াৰ মূখ্য উপাদান কি কি?
   (গ) খাদ্য শৃংখল কি?
   (ঘ) পৰিস্থিতি তন্ত্ৰৰ জৈৱিক উপাদন কেইটাৰ নাম লিখি প্ৰতিটোৰে উদাহৰণ একোটা দিয়।

২। পৰিস্থিতি তন্ত্ৰ সম্পৰ্কে এটি বৰ্ণনা দাঙি ধৰা।

৩। খাদ্য শৃংখলৰ বৈশিষ্ট সম্পৰ্কে বৰ্ণনা দিয়া।

৪। তলৰ পৰিস্থিতি তন্ত্ৰ কেইটাৰ বিষয়ে আলোচনা কৰা ঃ
   (ক) পুখুৰীৰ পৰিস্থিতি তন্ত্ৰ ;
   (খ) অৰণ্যৰ পৰিস্থিতি তন্ত্ৰ ;
   (গ) ঘাঁহনিৰ পৰিস্থিতি তন্ত্ৰ ;
   (ঘ) জলজ পৰিস্থিতি তন্ত্ৰ।

৫। প্ৰাথমিক প্ৰস্তুতকাৰক বুলিলে কি বুজা? উদাহৰণ দি বুজাই লিখা।

৬। সমুদ্ৰৰ স্তৰসম্পৰ্কে আলোচনা কৰা। পৰিস্থিতি তন্ত্ৰ নিয়ন্ত্ৰণত ই পালন কৰা ভূমিকা সম্পৰ্কে লিখা।

৭। ইক'লজিকেল পিৰামিড সম্পৰ্কে আলোচনা কৰা।

৮। জৈৱ-ভূৰাসয়নিক চক্ৰ কি? চিত্ৰ আঁকি নাইট্ৰ'জেন চক্ৰটো বুজাই দিয়া।

৯। হাইড্ৰাৰ্ক আৰু চিৰাৰ্ক সম্পৰ্কে আলোচনা কৰা।

১০। শক্তিপ্ৰবাহ (energy flow) বুলিলে কি বুজা? পৰিস্থিতি তন্ত্ৰত ইয়াৰ ভূমিকা সম্পৰ্কে আলোচনা কৰা।

চতুৰ্থ অধ্যায়	# জৈৱ বৈচিত্ৰ্য আৰু ইয়াৰ সংৰক্ষণ

আমি যদি পৃথিৱীৰ সমগ্ৰ পদাৰ্থ পৰিমাণক ১০০০ কোটি (১০ বিলিয়ন) ভাগত ভাগ কৰোঁ, তেনেহলে তাৰে এভাগত আছে জীৱজগতৰ সমগ্ৰ নমুনা। ভূপৃষ্ঠৰ এক কিলোমিটাৰ ডাঠ মাটি, পানী আৰু বায়ু আগুৰি আছে জীৱৰ এই নমুনাসমূহে। ই সঁচাকৈয়ে আশ্চৰ্য্যৰ কথা যে প্ৰকৃতিয়ে ইমানবোৰ জীৱৰ বিচিত্ৰ নমুনা সৃষ্টি কৰি মাত্ৰ এক কিলোমিটাৰ ডাঠ ভূপৃষ্ঠত ধৰি ৰাখিছে। জীৱৰ এনে বিভিন্নতাতেই সৃষ্টি হৈছে জৈৱ বৈচিত্ৰ্য। গতিকে জীৱন আৰু জৈৱ উৎসৰ লগত জৰিত পৰিস্থিতি তন্ত্ৰৰ বিষয়বস্তুই হ'ল জৈৱ-বৈচিত্ৰ্য।

অতি শুকান মৰুভূমিৰ পৰা বৃষ্টি প্ৰধান ক্ৰান্তীয় অঞ্চললৈ, বৰ্ফিল মেৰু অঞ্চলৰ পৰা সমুদ্ৰৰ গভীৰতালৈ বিচিত্ৰ জীৱৰ নমুনাবোৰে পৰিস্থিতি সাপেক্ষে নিজকে খাপ খুৱাই বৰ্তি আছে। তাৰ মাজতে প্ৰত্যেক জীৱই নিজৰ বংশবৃদ্ধি কৰিছে। কিছুমান সময়ৰ সোঁতত বিলুপ্ত হৈছে আৰু আন কিছুমান নতুন নমুনাৰ সৃষ্টি হৈছে। অনুমান কৰা হৈছে যে পৃথিৱীৰ জীৱৰ নমুনা দহৰ পৰা পোন্ধৰ নিযুত হ'ব। ১৯৯২ চনত অনুস্থিত 'জৈব-বৈচিত্ৰ্য সন্মিলন'ত (Convention of Biological Diversity, 1992) জৈৱ বৈচিত্ৰ্যৰ সংজ্ঞা এইদৰে দিয়া হয় ঃ **সকলো উৎসতে থকা অৰ্থাৎ মাটি, পানী আৰু বায়ুত থকা জীৱৰ বিভিন্নতা আৰু পৰিস্থিতি তন্ত্ৰত ইয়াৰ ভূমিকা সামৰি লোৱা বিষয়টিয়েই জৈৱ বৈচিত্ৰ্য।**

এই সূত্ৰমতে জৈৱ বৈচিত্ৰ্যৰ উপাদান ঘাইকৈ তিনি প্ৰকাৰ— (ক) আনুবংশিক বা জিন বৈচিত্ৰ্য (Genetic Diversity), (খ) প্ৰজাতিগত বৈচিত্ৰ্য (Species Diversity) আৰু (গ) পৰিস্থিতি তন্ত্ৰৰ বৈচিত্ৰ্য (Ecosystem Diversity)।

(ক) **আনুবংশিক বৈচিত্ৰ্য ঃ** জৈৱ বৈচিত্ৰ্যৰ মূল আধাৰ হ'ল জিন। ই ডি. এন. এ.ৰ অংশ বিশেষ বংশগতিৰ কাৰক। জিনে এটা বংশৰ বিশেষ লক্ষণ এক পুৰুষৰ পৰা আন পুৰুষলৈ সংবহন কৰে। এই লক্ষণ জীৱৰ আকৃতি-প্ৰকৃতিত প্ৰকাশ পায়। মানুহৰ ভিতৰত কাৰোবাৰ চকুৰ ৰং নীলা বা ক'লা বা বাদামী হোৱাৰ গুৰিতে আছে জিনৰ প্ৰভাৱ। কেতিয়াবা একে প্ৰজাতিৰ ভিতৰতে জিনৰ ভিন্নতা আহি যায় নতুন ৰাসায়নিক গঠনৰ প্ৰভাৱত। তেতিয়া তাক জিন ভিন্নতা বুলি গণ্য কৰা হয়। উদাহৰণ স্বৰূপে, সকলো ধৰণৰ ধানৰ উৎস হ'ল ওৰিজা চাটিভা (Oryza Sativa)। কিন্তু কাৰ্য্যতঃ বহুতো ভিন ভিন প্ৰকাৰৰ ধানৰ খেতি কৰা হয়। এই ধানসমূহৰ প্ৰকাৰ ভেদে আকৃতি, ৰং, গুণাগুণ পৃথক পৃথক। এয়া হ'ল ধানৰ আনুবংশিক বৈচিত্ৰ্য।

(খ) **প্ৰজাতিগত বৈচিত্ৰ্য ঃ** বিভিন্ন প্ৰজাতিৰ নমুনাৰ মাজত থকা ভিন্নতাই হ'ল প্ৰজাতিগত বৈচিত্ৰ্য। প্ৰজাতি বুলি ক'লে সাধাৰণতে একে ধৰণৰ প্ৰাণী বা উদ্ভিদ বুজা হয়, যিবোৰে নিজৰ ভিতৰতে প্ৰজনন কৰি অনুৰূপ উৎপাদনক্ষম প্ৰাণী বা উদ্ভিদৰ সৃষ্টি কৰে। কোনো এটা প্ৰজাতি (প্ৰাণী বা উদ্ভিদ যিয়েই নহওক) আন এক প্ৰজাতিৰ পৰা পৃথক হয়। আমাৰ পৃথিৱীখনত অণুজীৱৰ পৰা বিশাল বৃক্ষলৈ, অতি ডাঙৰ জন্তুলৈ বা জলজ তিমি মাছলৈ অজস্ৰ জীৱ আছে; কিন্তু প্ৰকৃততে কিমান জীৱ আছে কোৱা টান। ১৯৯২ চনত বিজ্ঞানী উইলচনে দিয়া হিচাপমতে পৃথিৱীত জীৱন্ত নমুনাৰ সংখ্যা ১০ নিযুতৰ পৰা ৫০ নিযুতৰ ভিতৰত। এতিয়ালৈ মাত্ৰ ১.৫ নিযুত জীৱন্ত আৰু তিনি লাখ জীৱাশ্মৰ নমুনাহে বৰ্ণিত হৈছে। ইতিমধ্যে বহুতো নমুনা চিনাক্তকৰণৰ আগেয়ে বিলুপ্ত হৈ গৈছে বুলিও কোৱা হৈছে। নমুনা চিনাক্তকৰণৰ দুটা সূচক আছে— **শ্বেনন-ওৱেনাৰ সূচক** আৰু **চিম্‌পচন সূচক**।

(গ) **পৰিস্থিতি তন্ত্ৰৰ বৈচিত্ৰ্য ঃ** প্ৰতিবিধ জীৱই নিজৰ পৰিৱেশত এক বিশেষ ভূমিকা পালন কৰে। সেয়ে একে পৰিস্থিতি তন্ত্ৰত বাস কৰা ভিন ভিন প্ৰজাতিৰ প্ৰত্যেকৰে কাৰ্য-কলাপ ভিন ভিন হোৱা দেখা যায়। কোনো এক পৰিৱেশত সৌৰ শক্তিৰ প্ৰত্যক্ষ প্ৰভাৱত তাত থকা জৈৱ আৰু অজৈৱ পদাৰ্থসমূহৰ মাজত বিভিন্ন ধৰণৰ ক্ৰিয়া-প্ৰতিক্ৰিয়া, শক্তিৰ প্ৰবাহ আৰু খনিজ পদাৰ্থৰ যৌথ ব্যৱস্থাতেই গঠিত হয় একো একোটা পৰিস্থিতি তন্ত্ৰ। এই পৰিস্থিতি তন্ত্ৰৰ বৈচিত্ৰ্যই কোনো এক অঞ্চলত বসবাস কৰা জীৱসমূহৰ ভিন ভিন কাৰ্য-কলাপ, ক্ৰিয়া-প্ৰতিক্ৰিয়া আদি সূচায়।

পৰিস্থিতি তন্ত্ৰই জলীয় বাষ্প, উষ্ণতা, উচ্চতা, আৰ্দ্ৰতা আদিৰ দৰে ভৌতিক উপাদান কিছুমানৰ পৰিবৰ্তনো দেখুৱায়। অৰণ্যৰ পৰিস্থিতিতন্ত্ৰ তাৰ এক উদাহৰণ। বিভিন্ন পৰিৱেশত বিভিন্ন প্ৰকাৰৰ অৰণ্য পোৱা যায় এনে ভৌতিক উপাদানৰ তাৰতম্যত। পৰিস্থিতিৰ বৈচিত্ৰ্যই উদ্ভিদ আৰু জীৱজগতৰ অস্তিত্ব সাঙুৰি ৰাখিছে। হেজাৰ হেজাৰ বছৰ ধৰি বিবৰ্তনৰ মাজেৰে আহি গঠিত হোৱা কোনো এক পৰিস্থিতিৰ ভাৰসাম্য বিঘ্নিত হয়। ইতিমধ্যে আমি বিঘ্নিত পৰিস্থিতি উপলব্ধি কৰিছোঁ। পৰিস্থিতি তন্ত্ৰ এটি আমি আন এক পৰিস্থিতি তন্ত্ৰেৰে সলাব নোৱাৰোঁ। কাৰণ, প্ৰত্যেক পৰিস্থিতি তন্ত্ৰৰে এক নিজস্ব বৈশিষ্ট্য আছে। এইবাবেই আমি সম্প্ৰতি বিভিন্ন প্ৰকাৰৰ পৰিস্থিতি তন্ত্ৰ পাইছোঁহক।

ভাৰতৰ জৈৱ-ভৌগোলিক শ্ৰেণী বিভাজন (Biogeographical Classification of India) ঃ ভৌগোলিক অৱস্থানভেদে (দ্ৰাঘিমা-অক্ষাংশ অনুসৰি) পৃথিবীৰ বিভিন্ন অঞ্চলত বিভিন্ন জলবায়ু পোৱা যায়। তদুপৰি, সাগৰ-মহাসাগৰ, পৰ্বত-পাহাৰ, নৈ-নিজৰা, হ্ৰদ-পুখুৰী আদিৰ অৱস্থান, বতাহৰ গতি-প্ৰকৃতি, সমুদ্ৰপৃষ্ঠৰ পৰা উচ্চতাৰ পৰিমাণ আদিৰ দৰে ভৌগোলিক উপাদানবোৰেও জলবায়ুৰ তাৰতম্য সৃষ্টি কৰে। জলবায়ুৰ প্ৰভাৱ যিকোনো পৰিৱেশৰ ওপৰত ক্ৰিয়াশীল। কাৰণ, ঋতু পৰিৱৰ্তনৰ দৰে কাৰ্য্য জলবায়ুৰ প্ৰভাৱত উৎপন্ন হয়। বৰষুণৰ মাত্ৰাও জলবায়ুৰ প্ৰভাৱতেই নিয়ন্ত্ৰিত হয়। আৰু, এনে কাৰকসমূহৰ ভিন্নতা হেতু ভিন ভিন ঠাইত ভিন ভিন উদ্ভিদৰ সৃষ্টি হয়, জীৱৰ জীৱনশৈলীৰ ভিন্নতা পৰিলক্ষিত হয়। আনহাতে, উদ্ভিদৰ বৈচিত্ৰ্যই কোনো এক অঞ্চলৰ চৰিত্ৰ সূচায় আৰু মূৰকত ই প্ৰাণী বৈচিত্ৰ্যৰো কাৰক হয়। কাৰণ, প্ৰাণী আৰু উদ্ভিদৰ এক অংগাগী সম্বন্ধ আছে।

জলবায়ুৰ বিভিন্নতাহেতু পৃথিবীৰ বিভিন্ন ঠাইত জৈৱ বৈচিত্ৰ্য পৰিলক্ষিত হয়। কেতিয়াবা আকৌ একে জলবায়ু থকা অৱস্থানতে বিভিন্ন পৰিস্থিতি তন্ত্ৰ গঠিত হোৱা দেখা যায়। সেয়ে একে জলবায়ুৰ ভিতৰতে বিভিন্ন প্ৰজাতিৰ জীৱৰ সমাহাৰ সংঘটিত হয়।

বৰ্ণনাৰ সুবিধাৰ বাবে একে ধৰণৰ জলবায়ু থকা অঞ্চল একোটাক তাত বাস কৰা জৈৱ-বৈচিত্ৰ্য সামৰি লৈ কিছুমান জৈৱ-ভৌগোলিক মণ্ডলত ভাগ কৰা হয়। অৱশ্যে এনে বিভাজনৰ সৈতে বায়'মৰ কোনো সম্পৰ্ক নাই (বায়'ম মানে হ'ল এক বৃহৎ পাৰিস্থিতিক গোষ্ঠী)। একে ধৰণৰ বায়'ম দুটা বেলেগ বেলেগ ভৌগোলিক অঞ্চলত থাকিব পাৰে। আনহাতে, জৈৱ-ভৌগোলিক মণ্ডলবোৰ ভাগ কৰোতে কেৱল ভৌগোলিক অৱস্থানৰ ওপৰতহে গুৰুত্ব দিয়া হয়।

ভাৰতবৰ্ষৰ বিভিন্ন অঞ্চলত বিভিন্ন জলবায়ু থকা দেখা যায়। এইবাবেই আমাৰ দেশত বিভিন্ন প্ৰাণী আৰু উদ্ভিদৰ বিচিত্ৰতা পোৱা যায়। জৈৱ-বৈচিত্ৰ্যত ভাৰতবৰ্ষ অতি ধনী। পৃথিবীৰ উদ্ভিদসমৃদ্ধ জাতিৰ ভিতৰত ভাৰতৰ স্থান দশম।

ৰ'জাৰ্চ আৰু পাৱাৰে (১৯৯২) ভাৰতবৰ্ষক ঘাইকৈ দহটা জৈৱ-ভৌগোলিক মণ্ডলত ভাগ কৰিছে এইদৰে—

ক্ৰমিক নং	জৈৱ ভৌগোলিক মণ্ডল	অঞ্চল	মুঠ কালি (বৰ্গ কি.মি.)
১	হিমালয়ৰ ওপৰ অংশ	লাডাখ আৰু তিব্বত মালভূমি	১৮৬২০০
২	হিমালয়	উত্তৰ পশ্চিম অংশ	৬৯০০
		মধ্য হিমালয়	১২৩০০০
		পূব হিমালয়	৮৩০০০
		পশ্চিম হিমালয়	৭২০০০০
৩	মৰুভূমি	থৰ	১৮০০০০
		কচ্চ	৪৫০০০
		লাডাখৰ একাংশ	(পোৱা নাই)
৪	অৰ্ধ শুষ্ক	মধ্য ভাৰত	১০৭৬০০
		গুজৰাট ৰাজপুতনা	৪০০৪০০

৫	পশ্চিম ঘাট	মালাবাৰ উপকুল	৫৯৭০০
		পশ্চিমঘাট পৰ্বতাঞ্চল	৯৯৩০০
৬	দক্ষিণাত্য উপদ্বীপ	দক্ষিণ দক্ষিণাত্য	৩৭৮০০০
		মধ্যাংশ	৩৪১০০০
		পূব উচ্চভূমি	১৯৮০০০
		চোট নাগপুৰ	২১৭০০০
		মধ্য উচ্চভূমি	২৮৭০০০
৭	গাঙ্গেয় উপত্যকা	ওপৰ অংশ	২০৬৪০০
		নামনি অংশ	১৫৩০০০
৮	উত্তৰ পূৰ্বাঞ্চল	ব্ৰহ্মপুত্ৰ উপত্যকা	৬৫২০০
		উত্তৰ পূব পাৰ্বত্যাঞ্চল	১০৬২০০
৯	দ্বীপসমূহ	আন্দামান দ্বীপপুঞ্জ	৬৩৯৭
		নিকোবৰ দ্বীপপুঞ্জ	১৯৩০
		লাক্ষাদ্বীপ	১৮০
১০	উপকুল অঞ্চল	পশ্চিম উপকুল	৬৫০০
		পূব উপকুল	৬৫০০

উৎস ঃ ভাৰতৰ প্ৰাণী জৰীপ বিভাগ

জৈৱ বৈচিত্ৰ্যৰ মূল্য (Value of Biodiversity) ঃ জৈৱ বৈচিত্ৰ্যৰ ব্যৱহাৰিক দিশৰ পৰা মূল্য উপভৌক্তিক, পাৰিৱেশিক, সামাজিক আদি কেবাটাও দিশত পৰিলক্ষিত হয়। আমি অন্যান্য জীৱজগতৰ পৰা বহুতো ধৰণৰ উপকাৰ পাওঁ। কেতিয়াবা যেতিয়া নমুনাটো পৃথিবীৰ পৰা নিঃচিহ্ন হৈ যায়, তেতিয়াহে তাৰ অভাব বা মূল্য অনুভৱ কৰা যায়। ৰাষ্ট্ৰীয় জৈৱ বৈচিত্ৰ্যনীতি আৰু কৰ্ম আঁচনিৰ সংজ্ঞা অনুসৰি হাবি বননিত পোৱা জীৱৰ উপৰিও মানুহে ঘৰত ৰখা ঘৰচীয়া জীৱ-জন্তুও জৈৱ-বৈচিত্ৰ্যৰ ভিতৰত পৰে। সেয়ে মানব জাতি টিকি থকাৰ (সুস্থিৰে) ক্ষেত্ৰত সৰু-ডাঙৰ সকলো জীৱৰে অনুদান অপৰিহাৰ্য্য। কাৰণ, বিভিন্ন জীৱ (উদ্ভিদকো সামৰি) আৰু মানুহৰ মাজত এক সাংস্কৃতিক বৈচিত্ৰ্যৰো সৃষ্টি হৈছে। অৱশ্যে সকলো প্ৰজাতিৰ বা সকলো পৰিস্থিতি-তন্ত্ৰৰ কোনটোৰ ভূমিকা কেনেকুৱা সম্পূৰ্ণভাৱে নজনাৰ বাবে জৈৱ বৈচিত্ৰ্যৰ মূল্যায়ণ সঠিকভাৱে হৈ উঠা নাই। তদুপৰি মানুহৰ অৰ্থনৈতিক তথা উন্নয়নমূলক আঁচনিবোৰে এনে মূল্যবোধ প্ৰায়েই এৰাই যায়। কিন্তু মনত ৰখা উচিত যে কোনো এটা নমুনা যিমানে ক্ষুদ্ৰ নহওক কিয়, তাৰো প্ৰয়োগ, বিশেষকৈ ঔষধিকৰণত, অমূল্য হব পাৰে। সম্প্ৰতি ৰোগ নিৰাময়ৰ ক্ষেত্ৰত বনজ সম্পদৰ প্ৰয়োগ অতি গুৰুত্বসহকাৰে গ্ৰহণ কৰা হৈছে।

১৯৯০ চনত মেক্ নীলি আদিৰ দ্বাৰা জৈৱ-বৈচিত্ৰ্যৰ বহুমুখী মূল্যায়ণ কৰা হৈছে এইদৰে—

(i) **উপভৌক্তিক মূল্য** (Consumptive use value) ঃ জৈৱ বৈচিত্ৰ্যজাত সামগ্ৰী মানুহে পোণপটীয়াভাৱে আহৰণ কৰে আৰু উপভোগ কৰে। পৃথিৱীৰ বহুতো দেশত মানুহৰ খাদ্য-দ্ৰব্যৰ প্ৰায় আধাখিনি আহে অকল উদ্ভিদ আৰু প্ৰাণীৰ পৰা। উদাহৰণ স্বৰূপে শাক-পাচলি, ফলমূল, মাছ-মাংস, কণী, দালি আদিৰ উপৰিও ইন্ধন সামগ্ৰী, ঘৰ সাজিবলৈ ব্যৱহাৰ কৰা বাঁহ-কাঠ আদি, বনৌষধিসমূহকে ধৰি বিবিধ দ্ৰব্য আহে জৈৱ বৈচিত্ৰ্যৰ পৰা। আমি তাৰ উপভোক্তা।

হিচাপমতে প্ৰায় ৮০ হেজাৰ বনজ উদ্ভিদৰ নমুনা খাদ্যৰূপে ব্যৱহাৰ কৰা হয়। আমাৰ সাম্প্ৰতিক খাদ্য দ্ৰব্যৰ ৯০ শতাংশ ঘৰুৱা বা বনৰীয়া গছ-গছনিৰ আধাৰত প্ৰস্তুত কৰা হয়। আমাৰ কৃষিবিজ্ঞানী সকলে বনৰীয়া নমুনাৰ সহায়ত বৰ্ণসংকৰ নমুনা তৈয়াৰ কৰি আছে প্ৰাকৃতিক দুৰ্যোগ আদি সাহিব পৰাকৈ।

ঔষধৰ ক্ষেত্রত প্রায় ৭৫ শতাংশ মানুহে উদ্ভিদ বা উদ্ভিদৰ আৰসৰ ওপৰত নির্ভৰশীল। উদাহৰণতঃ পেনিচিলিন নামৰ অতি গুণ থকা ঔষধবিধ তৈয়াৰ কৰা হয় পেনিচিলিয়াম নামৰ এবিধ ছত্রাকৰ পৰা। সেইদৰে টেট্রাচাইক্লিন, মেলেৰিয়াৰ প্রতিষেধক কুইনাইন (চিনক'না গছৰ ছালৰ পৰা তৈয়াৰ কৰা হয়), হৃদ্‌পিণ্ডৰ অসুখত ব্যৱহাৰ কৰা ডিজিটালিন, সম্প্রতি আৱিষ্কাৰ কৰা কেন্সাৰৰ ঔষধ **ভিনব্লাষ্টিন** আৰু **ভিনক্ৰীষ্টিন** আদি উদ্ভিদৰ পৰা উদ্ধাৰ কৰা হৈছে। সাগৰীয় বহুতো জীৱৰ পৰাও বিবিধ ঔষধ পোৱা হৈছে।

(ii) **উৎপাদনশীল মূল্য** (Productive use value) ঃ ব্যৱসায়িক দিশৰ পৰা অহা কথাটোক উৎপাদনশীল মূল্য বুলি কোৱা হয়। প্রকৃতিৰ পৰা সংগ্রহ কৰি অনা জৈৱ-বৈচিত্র্যৰ বা জৈৱ-বৈচিত্র্য-প্রজাত সামগ্রী আদি আমি বজাৰত বেচা কিনা কৰোঁ। অকল উদ্ভিদৰ পৰাই নহয়, প্রাণীৰ পৰাও সংগৃহীত বস্তুৰো বাণিজ্য হয়। উদাহৰণ স্বৰূপে, হাতীদাঁত, চিল্ক-সূতা, ভেড়াৰ উল, বহুতো জন্তুৰ নোম আৰু ছাল, মৃগনাভ কস্তুৰী আদিৰ কথা কব পাৰি। আমাৰ বহুতো উদ্যোগ উৎপাদনশীল মূল্যৰ সৈতে জৰিত। কাগজ তৈয়াৰ কৰা, প্লাইউড তৈয়াৰ কৰা, চর্ম উদ্যোগ, বস্ত্র-শিল্প আদি এনে দ্রব্যৰ ওপৰত নির্ভৰশীল। আন্তর্জাতিক বাধা থকাৰ পাছতো বহুতো বিপন্নশীল জীৱ-জন্তু বা উদ্ভিদক লৈ বেহা-বেপাৰ চোৰাংভাবে হলেও চলি আছে। এচিয়া, আফ্রিকা আৰু লেটিন আমেৰিকা জৈৱ বৈচিত্র্যত অতি চহকী হোৱা হেতু এই অঞ্চলসমূহতে বনজ সম্পদৰ চোৰাং কাৰবাৰ অধিক। পশ্চিমৰ ধনী দেশসমূহৰ লগতে চীন আৰু হংকঙত এই চোৰাং মালবোৰৰ বজাৰ অতি সুচল। সাপ, মেকুৰী আদিৰ ছালৰ পৰা বিবিধ কাঠৌলৈ জৈৱ বৈচিত্র্যজাত সম্পদসমূহৰ বাণিজ্য এতিয়াও অব্যাহত আছে।

(iii) **সামাজিক মূল্য** (Social Value) ঃ মানুহৰ জীৱন-চর্যা, আচাৰ-নীতি, ধর্মীয় ৰীতি, সাংস্কৃতিক পৰম্পৰা আদিৰ সৈতে জৈৱ বৈচিত্র্যৰ ওতঃপ্রোতঃ সম্বন্ধ গথাঁ আছে। কাৰণ, মানুহে দৈনন্দিন জীৱনত ব্যৱহাৰ কৰা বিভিন্ন উপাদান প্রকৃতিৰ পৰাই আহৰণ কৰে। আমাৰ দেশত তুলসী, পিপল, আম, বেল, পদুম ফুল, সমীধ আদিৰ দৰে গছক পবিত্র বুলি জ্ঞান কৰা হয় আৰু সেইবোৰৰ পাত, ফুল-ফল ধর্মীয় কাম-কাজত ব্যৱহাৰ কৰা হয়। মানুহৰ প্রত্যেক সমাজৰে জন-কৃষ্টি, গীত-মাত, নাচ-গান আদি প্রকৃতিৰ সৈতে বিজৰিত। বিশেষকৈ জন-জাতিসকলৰ সামাজিক জীৱনত জৈৱ বৈচিত্র্যৰ সামাজিক মূল্য অধিক দেখা যায়।

(iv) **নৈতিক মূল্য** (Ethical Value) ঃ পৰিৱেশ সংৰক্ষণৰ সৈতে জৈৱ বৈচিত্র্যৰ সংৰক্ষণৰ ওতঃপ্রোতঃ সম্পর্ক আছে। সেয়ে ইয়াক অর্থাৎ নৈতিক মূল্যক অস্তিত্বৰ মূল্য বুলিও কোৱা হয়। কাৰণ, পৃথিবীত সকলো জীৱৰে বাচি থকাৰ সমান অধিকাৰ আছে। সকলো ধর্ম, দর্শন আৰু সাংস্কৃতিক নীতিত ইয়াৰ উল্লেখ আছে। এতিয়া প্রায়েই কোৱা হয় 'সকলো জীৱৰ সংৰক্ষণ হব লাগিব', 'জীয়াই থকা, আনকো জীয়াই থাকিবলৈ দিয়া' (Live and let live) ধৰণৰ নৈতিক বাক্য। এইটো সঁচা কথা যে মানৱ জাতি বাচি থাকিবলৈ হ'লে, সকলো জৈৱ বৈচিত্র্যৰ ৰক্ষণা-বেক্ষণ সুনিশ্চিত হ'ব লাগিব। মানুহ আৰু প্রকৃতি-পৰিৱেশৰ পৰস্পৰ নির্ভৰশীলতা অংগাগীভাৱে সংলগ্নিত হৈ থকা কথা। মানুহৰ ভুলৰ বাবে বহুতো জৈৱ নমুনা ইতিমধ্যে বিলুপ্ত হৈ গৈছে। আমাৰ কামত চিধা চিধি ব্যৱহৃত নহলেও প্রকৃতিত সৃষ্টি হোৱা প্রতিটো জীৱৰে আমি জীয়াই থকাত অৱদান আছে। উদাহৰণতঃ কেঙাৰু, জেব্রা বা জিৰাফ আমাৰ কোনো কামত নালাগে যেন অনুভব হয়, কিন্তু এই জন্তুবোৰৰ অস্তিত্ব প্রকৃতিত থকাটো আমাৰ সকলোৰে বাবে কাম্য।

(v) **নান্দনিক মূল্য** (Aesthetic Value) ঃ প্রকৃতিৰ বিনন্দিয়া ৰূপে আদিম অৱস্থাৰে পৰা মানুহক এক অনাবিল আনন্দৰ খোৰাক জগাই আহিছে। সুন্দৰ সুন্দৰ ফুলেৰে ভৰা বাগিচা এখনত সোমোৱাৰ লগে লগে মনটো ভাল লাগি নাযায়নে বাৰু? এয়ে হ'ল নান্দনিক মূল্যৰ কথা। জাগতিক সমস্যাৰ পৰা পৰিত্রাণ পাবলৈ আমিচোন প্রকৃতিৰ মাজলৈকে যাওঁ। বনভোজ খাবলৈ জৈৱ বৈচিত্র্যৰে ভৰা ঠাইলৈকেহে যোৱা যায়। সম্প্রতি পাৰিৱেশিক পর্যটন (eco tourism) ব্যৱস্থা স্থাপিত হোৱা কথাই ইয়াৰ প্রমাণ দিছে। এইবাৰ (২০০৫ চনত) কাজিৰঙা অভয়াৰণ্যৰ শতবর্ষ উদ্‌যাপনতো জৈৱ বৈচিত্র্যৰ নান্দনিক মূল্য পৰিস্ফুট হৈছে। প্রমাণ পোৱা হৈছে যে কিছুমান জীৱ জন্তুৰ অৱলুপ্তিয়ে কিছুমান ভাষা-সংস্কৃতিৰো বিলুপ্তি সংঘটিত কৰিছে।

(vi) **ঐচ্ছিক মূল্য** (Optional Value) **ঃ মানৱ সমাজৰ পৰিৱৰ্তন ক্ৰমাগতভাৱে হৈ আছে।** এই পৰিৱৰ্তন সাপেক্ষে মানুহে জৈৱ বৈচিত্ৰ্যৰ কিছুমান উপাদান এতিয়াও ব্যৱহাৰ কৰা নাই। কিন্তু ভবিষ্যতত এনে অব্যৱহৃত উপাদানসমূহৰ প্ৰয়োগে হয়তো মানবজাতিৰ কল্যাণ সাধন কৰিব। উদাহৰণতঃ সামুদ্ৰিক জীৱৰ পৰা কেন্সাৰ বা এইডচ্ ৰোগৰ প্ৰতিষেধক পোৱাৰ প্ৰচেষ্টা আৰম্ভ হৈছে। ভবিষ্যতত মানব সমাজলৈ আগবঢ়াব পৰা জৈৱ বৈচিত্ৰ্যৰ মূল্যক ঐচ্ছিক মূল্য আখ্যা দিয়া হৈছে।

জৈৱ বৈচিত্ৰ্যত থকা কোনো কোনো নমুনাই হয়তো সঁচাকৈয়ে অদূৰ ভবিষ্যতত মানুহৰ কল্যাণ সাধন কৰিব। জৈৱ বৈচিত্ৰ্য প্ৰকৃতিৰ অৱদান। ইয়াক উচিত হাৰত জ্ঞান বিবেক খটুৱাই প্ৰয়োগ কৰিলেহে পাৰিস্থিতিক ভাৰসাম্য নিয়ন্ত্ৰিত হব।

(vii) **পৰিস্থিতি-তন্ত্ৰৰ সেৱামূলক মূল্য** (Eco-system service value) **ঃ** কোনো পৰিস্থিতিতন্ত্ৰই কেতিয়াবা কেতিয়াবা পাৰিৱেশিক ভাৰসাম্য সংৰক্ষণত বিশেষভাবে সহায়ক হয়। যেনে— ভূমি সংৰক্ষণ, বন্যা নিয়ন্ত্ৰণ, মাটিৰ উৰ্বৰতাৰ ৰক্ষণাবেক্ষণ, প্ৰোটিন চক্ৰৰ নিয়ন্ত্ৰণ, নাইট্ৰ'জেনৰ নিৰ্দিষ্টতা ৰক্ষণ, জল চক্ৰৰ নিয়ন্ত্ৰণ, প্ৰদূষণ প্ৰতিৰোধ, উত্তাপ হ্ৰাসকৰণ আদিৰ দৰে কাৰ্য্যবোৰে অ-উপভোক্তিক মূল্যৰ কাম কৰে। এনে কাৰ্য্যক পৰিস্থিতি তন্ত্ৰৰ সেৱা মূলক মূল্য বোলা হয়।

জৈৱ বৈচিত্ৰ্যৰ মূল্য এৰাব নোৱাৰা উপাদান। বিভিন্ন ধৰণৰ জৈৱ বৈচিত্ৰ্যই অঞ্চল বিশেষত, পৰিস্থিতি তন্ত্ৰত, নমুনা সংৰক্ষণত আৰু আনুবংশিক বৈচিত্ৰ্যৰ ওপৰত প্ৰভাৱ বিস্তাৰ কৰে। সেয়ে জৈৱ বৈচিত্ৰ্য সংৰক্ষণৰ প্ৰতি সজাগতা সভ্যতাৰ অংগ হৈ পৰিছে।

জৈৱ বৈচিত্ৰ্যৰ আৰ্থিক মূল্যায়ণৰ নমুনা

- *সাত বছৰ জীয়াই থকা সিংহ এটাৰ পৰা পৰ্য্যটকৰ জৰিয়তে ৫১৫,০০০ মাৰ্কিন ডলাৰ মূল্য আৰ্জিব পাৰি। আনহাতে, ছালৰ বাবে মাৰি পেলোৱা সিংহ এটাৰ পৰা মাত্ৰ এহেজাৰ মাৰ্কিন ডলাৰহে পোৱা যায় (ছালৰ মূল্য ৰূপে)।*
- *কেনিয়াত এটা হাতীয়ে জীৱন কালত পৰ্য্যটকৰ পৰা এক নিযুত মাৰ্কিন ডলাৰ আৰ্জে।*
- *ৰাৱন্দাৰ পৰ্বতীয়া গৰিলা এটাৰ পৰা বছৰি অৰ্জন হয় ৪ নিযুত মাৰ্কিন ডলাৰ (পাৰিৱেশিক পৰ্য্যটনৰ জৰিয়তে)*
- *কুইন্সলেণ্ডৰ উপকুলত হাৰ্ভে উপসাগৰত হোৱেল চাবলৈ অহা পৰ্য্যটকৰ পৰা উপাৰ্জন হয় বছৰি ১২ নিযুত ডলাৰ।*
- *অষ্ট্ৰেলিয়াৰ বৃহৎ প্ৰবাল দ্বীপৰ পৰা বছৰি আয় হয় দুশ কোটি ডলাৰ।*
- *এডাল ডাঙৰ গছে পাৰিস্থিতিক সেৱাৰে প্ৰায় ১৯,৬২,১৫০ ডলাৰৰ কাম কৰে। আনহাতে এই গছডালৰ কাঠ হিচাপে মূল্য মাত্ৰ ৫৯০ ডলাৰ।*

বিশ্ব জৈৱ-বৈচিত্ৰ্য (Global Biodiversity) **ঃ** ১৯৯২ চনত ৰায়ো ডি. জেনেৰিত বহা শীৰ্ষ সন্মিলনত আলোচিত হৈছিল যে পৃথিৱীৰ জৈৱ-বৈচিত্ৰৰ নমুনাৰ বহুতো এতিয়াও চিনাক্তই হোৱা নাই আৰু সেইবোৰ চিনাক্ত কৰা উচিত। এতিয়ালৈ প্ৰায় ১৫ লাখ নমুনাহে মানুহে চিনি উলিয়াইছে। প্ৰায় ৮৫ ভাগ নমুনা অজনা হৈয়ে আছে। ইপিনে কিছুমান নমুনা বিলুপ্ত হৈ আছে। বিষুবীয় অঞ্চলতে প্ৰতিবছৰে $\frac{1}{2}$ শতাংশ জৈৱ-বৈচিত্ৰ্য কমি আছে। অৱশ্যে বিশ্বৰ সৰ্বত্ৰ জৈৱ বৈচিত্ৰ্যৰ বিতৰণ সমান পৰিমাণৰ নহয়। জৈৱ ভৌগোলিক অঞ্চল অনুসৰি এনে ভিন্নতা পৰিলক্ষিত হয় পৰিৱেশ অৰ্থাৎ আৰ্দ্ৰতা-শুষ্কতা, দ্ৰাঘিমাংশ-অক্ষাংশ, ঠাইৰ উচ্চতা বা গভীৰতাৰ ওপৰত নিৰ্ভৰ কৰি। জৈৱ-বৈচিত্ৰ্যৰ এই ভিন্নতাকে পৰিৱেশ অধ্যয়নত বায়োমচ বুলি কোৱা হৈছে।

দেখা যায় বিষুব ৰেখাৰ দুয়োফালে থকা ক্ৰান্তীয় অঞ্চলত স্থলচৰ আৰু জলচৰ দুয়োবিধ জীৱৰ সংখ্যা বা বিচিত্ৰতা সৰ্বাধিক। উদাহৰণত ঃ ৬০ ডিগ্ৰী উত্তৰ অক্ষাংশত এটা নিৰ্দিষ্ট অঞ্চলত যদি ১০ বিধ পতংগ পোৱা যায়, একেই পৰিসৰৰ অঞ্চলত ২০ ডিগ্ৰী উত্তৰাঞ্চলত পোৱা যায় শতাধিক পতংগ। ভৌগোলিক ভাৱে আমেৰিকা আৰু বৃটেইনৰ

দৰে উন্নত দেশ সমূহ উচ্চ অক্ষাংশত অৱস্থিত। আনহাতে ভাৰত, বাংলাদেশ, পাকিস্তানৰ আদিৰ দৰে উন্নয়নশীল দেশ-সমূহ ক্ৰান্তীয় অঞ্চলত পৰে। অথচ উন্নয়নশীল দেশৰ তুলনাত উন্নত দেশবোৰত জৈৱ-বৈচিত্ৰ্যৰ পৰিমাণ বহুত কম।

সাধাৰণতে ক্ৰান্তীয় অঞ্চলত, য'ত বৰষুণ বেচি তাত থকা অৰণ্যত অজস্ৰ উদ্ভিদ , চৰাই, কীট-পতঙ্গ, উভচৰ প্ৰাণীকে ধৰি স্তন্যপায়ী জন্তু আছে। পৃথিবীৰ জৈৱ-বৈচিত্ৰ্যৰ সৰ্ববৃহৎ ভাণ্ডাৰ হ'ল এই অৰণ্যসমূহ। পৃথিবীৰ ৫০ ৰ পৰা ৮০ শতাংশ জৈৱ-বৈচিত্ৰ্য ইয়াতেই পোৱা যায়। তাৰে কিছুমান হয়তো প্ৰাকৃতিক পৰিৱেশৰ পৰিবৰ্তনত বিলুপ্ত হৈ গৈছে আৰু আন কিছুমান সৃষ্টি হৈছে।

কোৱা হয়, বনৌষধি বা ঔষধৰ উৎসৰূপে চিনাক্তকৰা উদ্ভিদৰ এক চতুৰ্থাংশ ক্ৰান্তীয় আৰণ্যত পোৱা যায়। কেন্সাৰ ৰোগ নিৰাময়কৰণৰ বাবে যিবোৰ-উদ্ভিদৰ আৰসে কাম কৰিব বুলি আশা কৰা হৈছে তাৰে ৩০০০ বিধ আমাৰ 'ৰাষ্ট্ৰীয় কেন্সাৰ গৱেষণা ইনষ্টিটিউট' ৰ দ্বাৰা চিনাক্ত কৰা হৈছে আৰু তাৰ ৭০শতাংশ নমুনা ক্ৰান্তীয় বৰ্ষাপুষ্ট অৰণ্যত পোৱা যায়। আমাৰ কেৰেলাত থকা 'চাইলেন্ট ভেলী' এনে এক ক্ৰান্তীয় অৰণ্য। আমাৰ দেশত পোৱা নিম গছ ঔষধৰ উত্তম উৎস। অলপতে ক্ৰান্তীয় অঞ্চলৰ কেমৰুনত পোৱা আঙুৰ জাতীয় লতাৰ সহায়ত এইডচ ৰোগ নিয়ন্ত্ৰণ কৰিব পৰা যাব বুলি আশা কৰা হৈছে।

ক্ৰান্তীয় অঞ্চলৰ অৰণ্যত ১,২৫,০০০ সপুষ্পক উদ্ভিদৰ নমুনা থকা বুলি কোৱা হয়। কিন্তু তাৰ ভিতৰত বৰ বেচি ৩ শতাংশ হে চিনাক্ত কৰিব পৰা গৈছে। সমগ্ৰ বিশ্বত ১,৭০,০০০ সপুষ্পক উদ্ভিদ, ৩০,০০০ মেৰুদণ্ডী প্ৰাণী আৰু প্ৰায় ২৫০,০০০ আন ধৰণৰ নমুনাৰ বৰ্ণনা দিয়া হৈছে। বাকী ৮০ লাখৰো অধিক নমুনাৰ বৰ্ণনা এতিয়ালৈ দিয়া হোৱা নাই। এই অচিনাক্ত নমুনা সমূহ চিনাক্ত কৰি তাৰ গুণাগুণ আয়ত্ব কৰাটো বিশ্বৰ বিজ্ঞানীৰ বাবে এক প্ৰত্যাহবান বুলি কব পাৰি।

তলত এতিয়ালৈ জীৱন্ত নমুনা কিছমানৰ সংখ্যা (১৯৯৯ চনত প্ৰকাশকৰা বিশ্বসম্পদ সন্থাৰ মতে) দিয়া হ'ল ঃ

প্ৰজাতি	সংখ্যা
জীৱাণু বা অণুজীৱ	৫০০০
প্ৰট'জা জাতীয় (এক কোষী জীৱ)	৩১,০০০
এলগী	২৭,০০০
ছত্ৰাক জাতীয় (বেংছটাৰ দৰে)	৪৫,০০০
ডাঙৰ উদ্ভিদ	২,৫০,০০০
স্পঞ্জ জাতীয়	৫,০০০
জেলীমাছ, প্ৰবাল আদি	১০,০০০
কেঁচু, কৃমি আদি	৩৬,০০০
শামুক জাতীয়	৭০,০০০
পোক-পতংগ	৭,৫০,০০০
উই, উৰহ, ঝিলি আদিৰ দৰে	১,২০,০০০
মাছ আৰু শ্বাৰ্ক	২২,০০০
উভচৰ প্ৰাণী	৪,০০০
সাপ আৰু সৰীসৃপ	৫,০০০
চৰাই	৯,০০০
স্তন্য পায়ী প্ৰাণী	৪,০০০
মুঠ	১৪,০০,০০০

সামুদ্ৰিক জৈৱ-বৈচিত্ৰ্যৰ সংখ্যা স্থলীয় জৈৱ-বৈচিত্ৰ্যৰ তুলনাত আৰু অধিক। কিন্তু সেইবোৰৰ বিষয়ে আমি এতিয়াও বৰ বেচি নাজানোঁ। সম্প্ৰতি বৰ্তি থকা ৩৫ বিধ বহুকোষী জন্তুৰ ভিতৰত ৩৪বিধেই সামুদ্ৰিক।

ৰাষ্ট্ৰীয় জৈৱ-বৈচিত্ৰ্য (Biological Diversity at National level) ঃ যিকোনো এখন দেশৰ বৈশিষ্ট্য নিৰ্ভৰ কৰে দেশখনৰ জলবায়ু আৰু তাক ভিত্তিকৰি গঠিত হোৱা জৈৱ-বৈচিত্ৰ্যৰ ওপৰত। আমাৰ ভাৰতবৰ্ষ বিশ্বৰ জৈৱ-বৈচিত্ৰ্যৰ চহকী দেশসমূহৰ ভিতৰত অন্যতম। বিশ্বৰ সমগ্ৰ নমুনাৰ ছয় শতাংশ ভাৰতত পোৱা যায়। উদ্ভিদৰ নমুনা থকা হিচাপত ভাৰতবৰ্ষৰ স্থান (বিশ্বৰ ভিতৰত) দশম, মেৰুদন্ডী প্ৰাণীৰ ক্ষেত্ৰত একাদশ আৰু কৃষিমূলক বৈচিত্ৰৰ ক্ষেত্ৰত ষষ্ঠ। আমাৰ দেশত থকা জীৱন্ত নমুনাৰ সংখ্যা ১,৫০,০০০ বিশ্বত থকা ২৫ খন লেখত লবলগীয়া জৈৱ-বৈচিত্ৰ্যৰ ভিতৰত দুখন ভাৰতত আছে— এখন উত্তৰ পূৰ্বঞ্চলত (কাজিৰঙা) আৰু আনখন পশ্চিমঘাট পৰ্বতত। বিশ্বজুৰি অধিক জৈৱ-বৈচিত্ৰ্য থকা বৃহৎ অঞ্চল চিহ্নিত কৰিবলৈ বিশ্ব ঐতিহ্য অভিবৰ্তনত সিদ্ধান্ত গ্ৰহণ কৰা হয়। সেইমৰ্মে ভাৰতত মানাস, কাজিৰঙা, নন্দাদেৱী, আৰু সুন্দৰবনৰ অঞ্চলো চিনাক্ত কৰা হৈছে।

ভাৰতবৰ্ষত পোৱা বহুতো উদ্ভিদ আৰু প্ৰাণীৰ নমুনা আন ঠাইত অতি কম পৰিমানত পোৱা যায়। কিছুমান নমুনাতো আন ঠাইত পাৰলৈকে নাই। ভাৰতত এতিয়ালৈকে ৪৫ হজাৰ প্ৰজাতিৰ উদ্ভিদ আৰু ৫০ হজাৰ প্ৰজাতিৰ কীট-পতংগ চিনাক্ত কৰা হৈছে। উদ্ভিদৰ ভিতৰত ঢেঁকীয়া জাতীয় হ'ল ১০২২ বিধ আৰু অৰ্কিড বা কপৌফুল জাতীয় ১০৮২ বিধ। সেইদৰে পতংগৰ ভিতৰত ১৩ হজাৰ বিধ হ'ল পখিলাজাতীয়। আমাৰ দেশত সপুষ্পক উদ্ভিদ আছে ১৪৫০০ বিধ।

স্থানীয় জৈৱ-বৈচিত্ৰ্য (Local Biodiversity) ঃ স্থানীয় পৰ্য্যায়ত জৈৱ-বৈচিত্ৰ্যৰ বৈশিষ্ট্য বুজাবলৈ নমুনাৰ সমৃদ্ধিৰ স্থানিক বিতৰণ জনা উচিত। এনে সমৃদ্ধিক চাৰি প্ৰকাৰে বৰ্ণোৱা হয়।

১। বিন্দু সমৃদ্ধি (Point Richness) — কোনো এক বিশেষ স্থানত পোৱা নমুনাৰ সংখ্যাই বিন্দু সমৃদ্ধি সূচায়।

২। আলফা সমৃদ্ধি — এডোখৰ সৰু, একে ধৰণৰ পৰিৱেশ থকা আবাসভূমিত থকা নমুনাৰ সংখ্যাক আলফা সমৃদ্ধি বা স্থানীয় সমৃদ্ধি বোলা হয়। ই ঠাইডোখৰৰ ভৌতিক পৰিৱেশৰ ওপৰত নিৰ্ভৰশীল।

৩। বিটা সমৃদ্ধি — বিভিন্ন আবাস ক্ষেত্ৰত থকা নমুনাৰ পৰিবৰ্তনৰ হাৰ অৰ্থাৎ প্ৰজাতিৰ সংখ্যাৰ বৈষম্যই হ'ল বিটা সমৃদ্ধি।

৪। গামা সমৃদ্ধি — ডাঙৰ সমভূমিৰ হেলনীয়া অঞ্চলৰ অৰ্থাৎ কোনো এক ভৌগোলিক এলেকাৰ আবাসভূমিত থকা নমুনাৰ মুঠ সংখ্যাই সূচায় গামা সমৃদ্ধি।

আচলত স্থানীয় বৈচিত্ৰ্য নিৰ্ভৰ কৰে স্থানীয় পৰিসৰৰ আকাৰ প্ৰকাৰৰ ওপৰত। এইবাবেই আবাসভূমি ভেদে আমি কিছমান অন্যান্য উদ্ভিদ আৰু প্ৰাণীৰ নমুনা পাওঁ। উদাহৰণতঃ আমাৰ উত্তৰ পূৰ্বাঞ্চলৰ আঞ্চলিক বৈচিত্ৰ্য দেশৰ আন ঠাইৰ তুলনাত সৰ্বাধিক। একেদৰে ভৌতিক পৰিৱেশ অনুসৰি উত্তৰমেৰুৰ পানীভাগত - যদি (১০০ বিধ) নমুনা পোৱা যায় উষ্ণ অঞ্চলৰ পানীত সেই নমুনা হব ৪০০ আৰু ক্ৰান্তীয় অঞ্চলৰ পানীত হব ৬০০ বিধ। ইয়ে প্ৰমাণ কৰে আলফা সমৃদ্ধিত উষ্ণতাৰ প্ৰভাব প্ৰত্যক্ষ। আনহাতে, পৰিৱেশৰ বিভিন্নতাত প্ৰজাতিৰ মুঠ সংখ্যা বাঢ়ে। উদাহৰণতঃ উত্তৰ মেৰুত পৰুৱাৰ নমুনা মাত্ৰ ১০। কিন্তু বিষুবৰেখাৰ পিনে আহি থাকিলে এই সংখ্যা ক্ৰমে বাঢ়ি বিযুবীয় অঞ্চলত হয়গৈ ২০০০ বিধ। আচলতে এয়াই হ'ল বিটা সমৃদ্ধি।

ভাৰতবৰ্ষ এক বৃহৎ জৈৱ বৈচিত্ৰ্য দেশ

জৈৱ বৈচিত্ৰ্যত চহকী ১২খন দেশৰ ভিতৰত ভাৰতবৰ্ষ অন্যতম। ভাৰত চৰকাৰৰ পৰিৱেশ আৰু বন বিভাগৰ মন্ত্ৰণালয়ে ২০০০ চনত প্ৰকাশ কৰা মতে ভাৰতত ৪৭ হেজাৰ উদ্ভিদৰ নমুনা (সমগ্ৰ বিশ্বৰ তুলনাত ৭ শতাংশ) আৰু ৮১ হেজাৰ প্ৰাণীৰ নমুনা (সমগ্ৰ বিশ্বৰ ৬.৫ শতাংশ) আছে। সেই মন্ত্ৰণালয়ে প্ৰকাশ কৰা তালিকা এনেধৰণৰ ঃ

প্ৰজাতি	প্ৰজাতিৰ সংখ্যা	জীৱ/প্ৰাণী	প্ৰজাতিৰ সংখ্যা
জীৱাণু	৮৫০	নিম্নখাপৰ প্ৰাণী	৯৯৭৯
ছত্ৰাক	২৩,০০০	শামুক জাতীয় প্ৰাণী	৫০৪২
এলগী	২৫০০	সন্ধিপদী	৫৭,৫২৫
শেলুৱৈ	২৫৬৪	মাছ	২৫৪৬
কোষহীন আদিবীজ	৬৪	উভচৰ	২০৪
ঢেকীয়া জাতীয়	১০২২	সৰীসৃপ	৪৫৩
আবৃতবীজী উদ্ভিদ	১৫,০০০	চৰাই	১২২৮
অৰ্কিড	১০৮২	স্তন্যপায়ী	৩৭২

স্থানীয় বৈশিষ্ট্য ঃ কোনো এক বিশেষ অঞ্চলত পোৱা প্ৰজাতিক স্থানীয় প্ৰজাতি বুলি কোৱা হয়। ভাৰতবৰ্ষত স্থানীয় প্ৰজাতিৰ সংখ্যা বেচ বেচি। প্ৰায় ৬২ শতাংশ উভচৰ প্ৰাণী আৰু ৫০ শতাংশ জেঠীজাতীয় প্ৰাণী অকল ভাৰতৰ স্থানীয় প্ৰজাতি। পশ্চিমঘাট অঞ্চল এই দিশত সকলোতকৈ আগত।

আদিভূমি ঃ বহুতো প্ৰজাতিৰ আদিভূমি ভাৰতবৰ্ষ বুলি কোৱা হয়। প্ৰায় ৫০০০ সপুষ্পক উদ্ভিদ জন্ম হৈছিল আমাৰ দেশত। কৃষি বৈচিত্ৰ্যৰ ক্ষেত্ৰতো ভাৰত বেচ চহকী। ১৬৬ বিধ শস্যৰ নমুনা ভাৰতীয়। সেইদৰে ৩২০ বিধ বন্য প্ৰাণীৰো জন্মস্থল ভাৰতবৰ্ষ।

ভাৰতবৰ্ষৰ উপকুল অঞ্চল ৭৫০০ কিঃ মিটাৰ দীঘল। এই অঞ্চলত অজস্ৰ জলজলতা, মোহনা, জলাভূমি, প্ৰবাল আদি আছে। তাত জৈৱ বৈচিত্ৰ্যও বহুত। পৃথিবীত পোৱা প্ৰবালৰ ৩৪০ বিধ প্ৰজাতি ভাৰতৰ এই অঞ্চলত পোৱা যায়। সামুদ্ৰিক জীৱৰ ভিতৰত বিভিন্ন শামুক, কেকোঁৰা আদিকে ধৰি বিভিন্ন এলগী, ঘাঁহ-বন আদি ভাৰতৰ উপকুল অঞ্চলত আছে।

ভাৰতৰ জৈৱ বৈচিত্ৰ্যৰ এক বুজন পৰিমাণ এতিয়াও অনাৱিষ্কৃত হৈ আছে। ভাৰতৰ বনাঞ্চল ৬৪.০১ নিযুত হেক্টৰ জৈৱ বৈচিত্ৰ্যৰে ভৰপূৰ। ইয়াৰ সম্পূৰ্ণ অধ্যয়ন এতিয়াও হোৱা নাই। আমাৰ উত্তৰ-পূৰ্বাঞ্চলৰ হাবি আৰু অভয়াৰণ্যত বিভিন্ন প্ৰাণী আৰু উদ্ভিদ এতিয়াও চিনাক্ত হৈ উঠা নাই। পৰিৱেশবিজ্ঞানী সকলে এই কাম শীঘ্ৰে হাতত লোৱা উচিত হব।

সমৃদ্ধিশালী জৈৱ বৈচিত্ৰ্য অঞ্চল ঃ

পৃথিবীৰ অঞ্চল ভেদে জীৱৰ বিচিত্ৰতাও পৃথক হয় যদিও তাৰে কিছুমান অঞ্চল তুলনামূলকভাৱে চহকী। জৈৱ বৈচিত্ৰ্যত চহকী এনে অঞ্চল কেইটামানক সমৃদ্ধিশালী জৈৱ বৈচিত্ৰ্য অঞ্চল বুলি চিনাক্ত কৰা হৈছে। বিশ্বত এনে অঞ্চল ২৫টা আছে আৰু তাৰে দুটা ভাৰতবৰ্ষত। এই অঞ্চলসমূহে পৃথিবীৰ ১.৪ শতাংশ স্থলভাগ আগুৰি প্ৰায় ৫০ শতাংশ জৈৱ বৈচিত্ৰ্য সংৰক্ষণ কৰি আছে। বিজ্ঞানী নৰ্মান মায়াৰ্চে চিনাক্ত কৰা এই অঞ্চলসমূহৰ পৃথিবীৰ প্ৰধান জৈৱ ভৌগোলিক মণ্ডলৰ সীমাৰ মিল দেখা যায়। ইয়াত ৪০ শতাংশ উদ্ভিদ আৰু ২৫ শতাংশ মেৰুদণ্ডী প্ৰাণী স্থানীয় প্ৰজাতি আছে। দুঃখৰ কথা যে ইতিমধ্যে বহুতো প্ৰজাতি, বিশেষকৈ উদ্ভিদ আৰু বন্যপ্ৰাণী বিনষ্ট হৈছে। মায়াৰ্চে চিনাক্ত কৰা সমৃদ্ধিশালী জৈৱ বৈচিত্ৰ্য কেইটাৰ হিচাপ এনেধৰণৰ—

	অঞ্চল	উদ্ভিদৰ নমুনা	স্থানীয় উদ্ভিদ	বিশ্বৰ শতাংশ	মেৰুদণ্ডী প্ৰাণীৰ নমুনা	স্থানীয় নমুনা	বিশ্বৰ শতাংশ
১.	ক্ৰান্তীয় এন্দিজ	৪৫,০০০	২০,০০০	৬.৭	৩৩৮৯	১৫৬৭	৫.৭
২.	মেচ'মেৰিকান বা মধ্য আমেৰিকা বনাঞ্চল	২৪,০০০	৫,০০০	১.৭	২৮৫৯	১১৫৯	৪.২
৩.	কেৰিবিয়ান অঞ্চল	১২,০০০	৭,০০০	২.৩	১৫১৮	৭৭৯	২.৯
৪.	ব্ৰাজিলীয় আটলান্তিক অঞ্চল	২০,০০০	৮,০০০	২.৭	১৩৬১	৫৬৭	২.১
৫.	চকো-ডেৰিয়ান পশ্চিম ইকুৱেডৰ	৯,০০০	২২৫০	০.৮	১৬২৫	৪১৮	১.৫
৬.	ব্ৰাজিলৰ চিৰাডো	১০,০০০	৪৪০০	১.৫	১২৬৮	১১৭	০.৪
৭.	মধ্য চিলি	৩৪২৯	১৬০৫	০.৫	৩৩৫	৬১	০.২
৮.	কালিফ'ৰ্নিয়া ফ্ল'ৰিষ্টিক প্ৰদেশ	৪৪২৬	২১২৫	০.৭	৫৮৪	৭১	০.৩
৯.	মাডাগাস্কাৰ	১২,০০০	৯৭০৪	৩.২	৯৮৭	৭৭১	২.৮
১০.	পূৰ্বীয় আৰু তাঞ্জানিয়া কেনিয়াৰ উপকুলীয় বনাঞ্চল	৪০০০	১৫০০	০.৫	১০১৯	১২১	০.৪
১১.	পশ্চিম আফ্ৰিকাৰ বনাঞ্চল	৯০০০	২২৫০	০.৮	১৩২০	২৭০	১
১২.	কেণ ফ্ল'ৰিষ্টিক প্ৰদেশ	৮২০০	৫৬৮২	১.৯	৫৬২	৫৩	০.২
১৩.	চাকুলেণ্ট কাৰু	৪৮৪৯	১৯৪০	০.৬	৪৭২	৪৫	০.২
১৪.	ভূমধ্যসাগৰীয় দ্ৰোনী	২৫০০০	১৩০০০	৪.৩	৭৭০	২৩৫	০.৯
১৫.	ককেচাচ	৬৩০০	১৬০০	০.৫	৬৩২	৫৯	০.২
১৬.	চুন্দালেণ্ড	২৫০০০	১৫০০০	৫	১৮০০	৭০১	২.৬
১৭.	ৱালাচিয়া	১০০০০	১৫০০	০.৫	১১৪২	৫২৯	১.৯
১৮.	ফিলিপাইনছ	৭৬২০	৫৮৩২	১.৯	১০৯৩	৫১৮	১.৯
১৯.	ভাৰত-বৰ্মাৰ পূব হিমালয়	১৩৫০০	৭০০০	২.৩	২১৮৫	৫২৮	১.৯
২০.	দক্ষিণ মধ্যচীন	১২০০০	৩৫০০	১.২	১১৪১	১৭৮	০.৭
২১.	পশ্চিম ঘাট আৰু শ্ৰীলঙ্কা	৪৭৮০	২১৮০	০.৭	১০৭৩	৩৫৫	১.৩
২২.	দক্ষিণ পশ্চিম অষ্ট্ৰেলিয়া	৫৪৬৯	৪৩৩১	১.৪	৪৫৬	১০০	০.৪
২৩.	নতুন কেলিডনিয়া	৩৩৩২	২৫৫১	০.৯	১৯০	৮৪	০.৩
২৪.	নিউজিলেণ্ড	২৩০০	১৮৬৫	০.৬	২১৭	১৩৬	০.৫
২৫.	প'লিনেছিয়া	৬৫৫৭	৩৩৩৪	১.১	৩৪২	২২৩	০.৮
	মুঠ	—	১,৩৩,১৪৯	৪৪.৪	—	৯৬৪৫	৩৫.৩

ভাৰতবৰ্ষত থকা সমৃদ্ধিশালী জৈৱ বৈচিত্ৰ্ৰ ক্ষেত্ৰ দুটি—

(ক) **পূব হিমালয় অঞ্চল ঃ** এই অঞ্চলত বিভিন্ন বন্য প্ৰজাতি আৰু স্থানীয় প্ৰজাতি পোৱা যায়। ইয়াৰে অন্তৰ্গত চিকিমত এতিয়াও একাংশ ঘন আৰু সাধাৰণ অৰ্থত অৰ্দ্ধ প্ৰবেশসূচক অৰণ্য আছে য'ত স্থানীয় প্ৰজাতি অসংখ্য থকা বুলি কোৱা হৈছে। চিকিমৰ ৭২৯৮ বৰ্গ কিলোমিটাৰ জুৰি থকা অঞ্চলত প্ৰায় ৪২৫০ বিধ উদ্ভিদ প্ৰজাতি আছে। ইয়াৰে ৬০ শতাংশ স্থানীয় নমুনা।

পূব-হিমালয়ৰ বন্যভূমি অনুক্ৰমে কমি গৈ আগৰ এক তৃতীয়াংশ আছে। কিছুমান জীৱাণু যোৱা ৭০ বছৰত মাত্ৰ দুবাৰহে দেখা গৈছে। সদ্য অধ্যয়নত কোৱা হৈছে উত্তৰ-পূৰ্বাঞ্চল লগতে বাৰ্মা আৰু চীনৰ একাংশ জৈৱিক বিৱৰ্তনৰ কেন্দ্ৰভূমি স্বৰূপ। ইয়াত সপুষ্পক উদ্ভিদ অসংখ্য আছে। পৃথিবীত চিনাক্ত কৰা উদ্ভিদৰ ৩০ শতাংশ ভাৰতৰ স্থানীয় নমুনা। তাৰ ভিতৰত ৩৫ হেজাৰ নমুনা কেৱল হিমালয়ত পোৱা যায়।

(খ) **পশ্চিমঘাট অঞ্চল ঃ** এই অঞ্চলৰ বিস্তৃতি ১৭,০০০ বৰ্গ কিলোমিটাৰ। মহাৰাষ্ট্ৰ, কৰ্ণাটক, তামিলনাডু আৰু কেৰেলা সামৰি গঠিত হৈছে পশ্চিমঘাট অঞ্চল। ইয়াত আমাৰ দেশৰ মুঠ নমুনাৰ প্ৰায় ৪০ শতাংশ স্থানীয় নমুনা আছে; উভচৰ প্ৰাণী আছে ৬২ শতাংশ আৰু ৫০ শতাংশ জেঠী জাতীয় জীৱৰ নমুনা আছে।

ইয়াত থকা বনাঞ্চলৰ এক পঞ্চমাংশ চিৰ সেউজীয়া প্ৰকৃতিৰ, বাকীখিনি অৰ্দ্ধ সেউজীয়া। বৈচিত্ৰ্যৰ মূল কেন্দ্ৰ হ'ল আগস্ত্যমালাই পৰ্বতশ্ৰেণী আৰু নীৰৱ উপত্যকা বা চাইলেণ্টভেলী। হিচাপমতে মাত্ৰ ৬.৮ শতাংশ বনাঞ্চলহে টিকি আছে। অধিক অংশ হয় অবনানীকৰণৰ দ্বাৰা, নহয় প্ৰাকৃতিক কাৰণত বিনষ্ট হৈছে। ইয়াৰ লগে লগে জৈৱ বৈচিত্ৰ্যৰ বহুতো নমুনা হেৰাই গৈছে।

জৈৱ বৈচিত্ৰ্যত চহকী বুলি ক'লে যদিও স্থানীয় নমুনাৰ ওপৰতহে অধিক গুৰুত্ব দিয়া হয়, তথাপি ভাৰতৰ দুয়োটা অঞ্চলতে কিছুমান একে ধৰণৰ আদি প্ৰজাতি দেখা যায়।

জৈৱ বৈচিত্ৰ্যৰ প্ৰতি ভাবুকি (Threats to Bio-diversity) **ঃ**

জীৱৰ বিৱৰ্তন আৰু বিলুপ্তি এক প্ৰাকৃতিক প্ৰক্ৰিয়া। সময়ৰ গতিত পাৰিৱেশিক পৰিৱৰ্তনৰ হেতু বহুতো নমুনা বিলুপ্ত হয় টিকি থাকিবলৈ অপাৰগ হৈ। বিৱৰ্তনৰ দ্বাৰা কিছুমান নমুনা বিলুপ্ত হয় আৰু আন কিছুমানৰ জন্ম হয়। কিন্তু সভ্যতাৰ অগ্ৰগতিত মানুহৰ দ্বাৰা প্ৰাকৃতিক পৰিৱেশ এনেদৰে স্খলিত হৈছে যে স্বাভাৱিক বিৱৰ্তনতকৈও দ্ৰুত হাৰত জীৱ আৰু উদ্ভিদৰ নমুনা বিনষ্ট হৈছে আৰু ফলত ই জৈৱ বৈচিত্ৰ্যৰ প্ৰতি এক ভাবুকিৰ সৃষ্টি কৰিছে। দেখা যায় আদিম যুগত বিৱৰ্তনৰ বাবে যি হাৰত জৈৱ বৈচিত্ৰ্যৰ ক্ষয়-ক্ষতি হৈছিল সাম্প্ৰতিক কালত তাতকৈ বহুত বেচি হাৰত জৈৱ বৈচিত্ৰ্যৰ অৱক্ষয় সাধিত হৈছে। বিখ্যাত পৰিৱেশ বিজ্ঞানী ই, ও, উইলছনৰ মতে প্ৰতি বছৰে দহ হেজাৰকৈ অৰ্থাৎ নিতৌ প্ৰায় ২৭ বিধ নমুনা বিলুপ্ত হৈ আছে। বিগত ১৫০ বছৰত সংঘটিত বিলুপ্তিৰ আধাৰত বিজ্ঞানী উইলছনে এনে খতিয়ন দাঙি ধৰিছে। এই গতিত বিলুপ্তি হৈ থাকিলে হয়তো একৈছ শতিকাৰ মাজভাগতে প্ৰায় ৬০ শতাংশ জৈৱ বৈচিত্ৰ্য হেৰুৱাই পেলাম।

জৈৱ বৈচিত্ৰ্য ক্ষয় হোৱাৰ মূল কাৰণসমূহ হ'ল এনে ধৰণৰ—

(ক) আবাসভূমিৰ ক্ষতি ঃ জলচৰ বা স্থলচৰ যিকোনো প্ৰজাতিৰ বাবে তিষ্ঠি থাকিবলৈ এক নিজস্ব আবাসভূমিৰ প্ৰয়োজন। এনে এক আবাসভূমিত একো একোটা জীৱগোষ্ঠী বৰ্তি থাকে। সিহঁতৰ ভিতৰতে কিছুমান নমুনাৰ সহনক্ষমতা (পৰিৱেশৰ পৰিৱৰ্তনৰ) বা পৰিৱৰ্তিত অৱস্থাত নিজকে খাপ খুৱাই লোৱাৰ ক্ষমতা থাকে, কিছুমানৰ নাথাকে বা কমকৈ থাকে। কিছুমান নমুনাই আকৌ বিশেষ এক পৰিৱেশতহে বৰ্তি থাকিব পাৰে। সম্প্ৰতি বিজ্ঞান আৰু প্ৰযুক্তিবিদ্যাৰ প্ৰসাৰতাৰ বাবে বহুতো আবাসভূমিৰ প্ৰাকৃতিক অৱস্থাৰ ক্ষতি হৈছে, কোনো কোনো ক্ষেত্ৰত সংকুচিত হৈছে আৰু কেনো কোনো ক্ষেত্ৰত আবাসভূমি নোহোৱা হৈ আছে। ফলত জৈব বৈচিত্ৰ্যৰ ক্ষতি হৈছে প্ৰচুৰ। বহুতো নমুনাৰ বিলুপ্তিৰ কাৰণ হ'ল আবাসভূমিৰ ক্ষতি। ক্ৰান্তীয় অঞ্চলৰ বন্যভূমিত বছৰি ০.৬ শতাংশ হাৰত আবাসভূমি ক্ষতিগ্ৰস্ত হৈ আছে। এই গতিত ক্ষতি হৈ থাকিলে কিছু বছৰৰ ভিতৰতে আমি বহুতো উদ্ভিদৰ নমুনা হেৰুৱাই পেলাম।

(খ) চোৰাং বেহা ঃ যুগ যুগ ধৰি মানুহে চিকাৰ কৰি নিজৰ ভোগ বিলাসৰ বাবে বা অৰ্থ উপাৰ্জনৰ বাবে বন্যজন্তু হত্যা কৰি আহিছে। হাতী মাৰে দাঁতৰ বাবে, গড় মাৰে খৰ্গৰ বাবে, বাঘ, সাপ, ঘৰীয়াল আদি মাৰে ছালৰ বাবে। একেদৰে পখিলা আৰু চৰাই কিছুমানৰ মূল্য আন্তৰ্জাতিক বজাৰত অতি বেচি। মানুহে নিৰ্বিচাৰে এনে জীৱ-জন্তু চোৰাংভাৱে হত্যা কৰি আছে কেৱল অৰ্থৰ লোভত।

চোৰাং বেহা উদ্ভিদৰ ক্ষেত্ৰতো চলি আছে। কিছুমান আপুৰুগীয়া উদ্ভিদ বিলুপ্ত হৈছে এনে চোৰাং বেহাৰ বাবে। বিশেষকৈ কপৌফুল আৰু বনৌষধিৰ বাবে গছ, গছৰ ছাল, লতা-গুল্ম আদি দ্ৰুতহাৰত হ্ৰাস পাই আছে। এনে কাৰ্য্যই জৈৱ বৈচিত্ৰ্যৰ প্ৰতি ভাবুকিৰ সৃষ্টি কৰিছে।

(গ) মানুহ আৰু বন্যপ্ৰাণীৰ সংঘৰ্ষ ঃ যিহেতু মানুহে নিজৰ ইচ্ছামতে বন্য-জীৱৰ বাসস্থান ধ্বংস কৰিছে, সেয়ে হাতী, বান্দৰ, বাঘ আদিৰ আবাসভূমিৰ অভাব হৈছে। ফলত সিহঁতে মুকলি ঠাইলৈ ওলাই আহি মানুহৰ লগত সংঘৰ্ষত উপনীত হৈছে। বনৰীয়া হাতীয়ে ধান, কুঁহিয়াৰ আদি খেতিত উপদ্ৰৱ কৰা, বান্দৰ জাকে জাকে আহি শস্যকে ধৰি ফলমূল খোৱা, হঠাৎ বাঘ ওলাই মানুহ মৰা আদি ঘটনা ক্ৰমে বাঢ়িছে। এটা হিচাপত কোৱা হৈছে যে যোৱা পাঁচ বছৰত উৰিষ্যাৰ সম্বলপুৰ এলেকাত বনৰীয়া হাতীয়ে ১৯৫ মানুহ মাৰিছে। তাৰ প্ৰতিশোধ লবলৈ গঞাঁবাসীয়ে ৯৮ টা হাতী হত্যা কৰিছে আৰু ৩০ টা বেয়াকৈ জখম কৰিছে। একেদৰে সদৃশ ঘটনা ঘটিছে মহীশুৰ অঞ্চলত আৰু অসমত। মহীশূৰ অঞ্চলত কপাহ আৰু কুঁহিয়াৰ খেতিত খেতিয়কে বিস্ফোৰক পদাৰ্থ ৰাখি বা বিজুলী তাঁৰ পেলাই থৈ হাতী মাৰে।

২০০৪ চনত নেপালত কাঠমাণ্ডুৰ পৰা ২৪০ কিলোমিটাৰ দক্ষিণ-পশ্চিমে থকা ৰয়েল চিত্বন নেচনেল পাৰ্কৰ পৰা এটা বাঘ ওলাই ১৬ জন মানুহ মাৰে। এনে ঘটনা প্ৰায়ে ঘটি থাকে। আমাৰ দেশতো কৰবেট, ডুধৱা, পালামেট আৰু ৰন্থম্ভৰ অঞ্চলত থকা নেচনেল পাৰ্কৰ ওচৰ পাজৰে একে ধৰণৰ বাঘ আৰু মানুহৰ সংঘৰ্ষ ঘটি আছে। ২০০৪ চনৰ জুন মাহত বোম্বেৰ পাৱাই অঞ্চলত নাহৰ ফুটুকী বাঘ এটা ওলাই দুজন মানুহ মাৰিছে। ইয়াৰ আগেয়ে সেই একেটা বাঘে ১৪ জন মানুহ মাৰিছে।

মানুহ আৰু বন্যজন্তুৰ সংঘৰ্ষৰ কাৰণ ঃ

বন্যজন্তু আৰু মানুহৰ মাজত সংঘৰ্ষৰ মূল কাৰণ হ'ল— (i) জন্তুৰ আবাসভূমিৰ হ্ৰাস। বনাঞ্চল উচ্ছেদকৰণৰ হেতু হাতী, বাঘ, গড়, ভালুক আদিৰ দৰে জন্তুই সময়ত বাধ্য হৈ ওলাই আহে আহাৰৰ অন্বেষণত।

(ii) সাধাৰণতে, বুঢ়া হলে বা চিকাৰীৰ দ্বাৰা আহত হলে জন্তুৱে মানুহ আক্ৰমণ কৰে। বাঘৰ ক্ষেত্ৰত ই এক সত্য ঘটনা সদৃশ। বাঘে এবাৰ মানুহৰ মাংস খালে পাছলৈ অন্য মাংসৰ প্ৰতি অনিচ্ছুক হয়।

(iii) আগেয়ে বন বিভাগে অভয়াৰণ্যৰ ভিতৰতে ধান বা কুঁহিয়াৰ খেতি কৰিছিল যেতিয়া হাতীৰ বাবে বাহপাত নোহোৱা হয়। এতিয়া এনেদৰে খেতি কৰা নহয় বাবে হাতী মানুহৰ খেতিলৈ আহে। কাৰণ, প্ৰাপ্তবয়স্ক হাতী এটাক নিতৌ দুই কুইণ্টল পৰিমাণ সেউজীয়া খাদ্য আৰু ১৫০ লিটাৰ পানীৰ দৰকাৰ।

(iv) মানুহে বন্যপ্ৰাণীৰ অত্যাচাৰৰ পৰা হাত সাৰিবলৈ সেই প্ৰাণীক হত্যা কৰিবলৈ লয়।

(v) আগেয়ে অৰণ্য ঘন-গহন আছিল বাবে ঋতু পৰিবৰ্তনৰ লগে লগে বাসস্থান সলাবলৈ এখন অৰণ্যৰ পৰা আন এখনলৈ যাব পাৰিছিল অৰণ্যৰ মাজেদি। এতিয়া তেনে অৰণ্যৰ অভাব হেতু জনবসতিৰ মাজেৰে অহা যোৱা কৰিবলৈ বাধ্য হৈছে আৰু এইবাবে মানুহৰ সৈতে সংঘৰ্ষত লিপ্ত হয়।

(ঘ) বন্যজন্তুৱে নষ্ট কৰা শস্যৰ বাবে চৰকাৰী অনুদান অতি সামান্য বা নোহোৱা যেন। উদাহৰণতঃ মহীশূৰ অঞ্চলত কপাহৰ কুইণ্টলে প্ৰতি ক্ষতিপূৰণ দিয়া হয় ৪০০ টকা ; আনহাতে এক কুইণ্টল কপাহৰ বজাৰ মূল্য প্ৰায় ২৪০০ টকা। সেয়ে ক্ষুব্ধ খেতিয়কে হাতীকেই হত্যা কৰে।

এনে সংঘৰ্ষ কমাবলৈ ইতিমধ্যে চৰকাৰীভাৱে আৰু বেচৰকাৰী সংগঠনৰ দ্বাৰাও ব্যৱস্থা হাতত লোৱা হৈছে। তাৰ ভিতৰত বাঘ সংৰক্ষণ প্ৰকল্প, অধিক অভয়াৰন্যৰ সৃষ্টি আদি বিশেষভাৱে উল্লেখযোগ্য।

ভাৰতৰ বিলুপ্ত প্ৰায় প্ৰজাতি (Endangered Species of India) ঃ

আন্তৰ্জাতিক প্ৰকৃতি আৰু প্ৰাকৃতিক সম্পদ সংৰক্ষণ সংস্থাই (The International Union of Conservation of Nature and Natural Resources, সংক্ষেপে IUCN) বিলুপ্ত প্ৰায় প্ৰজাতিৰ উদ্ভিদ আৰু প্ৰাণী দুয়োৰে হিচাপ প্ৰকাশ কৰে 'ৰেড ডাটা বুক' (Red Data Book) নামেৰে কিতাপৰ জৰিয়তে। ইয়াৰ দ্বাৰা সূচিত হয় যে কিতাপত থকা প্ৰজাতিবোৰ সংৰক্ষিত নহলে অনতিপলমে বিলুপ্ত হ'ব। ১৯৯৪ চনত সংস্থাই প্ৰকাশ কৰা হিচাপত কোৱা হৈছে যে যোৱা দহবছৰত প্ৰায় ৫০ শতাংশ প্ৰজাতি কমি গৈছে।

ভাৰতত প্ৰায় ৪৫০ বিধ প্ৰজাতি চিনাক্ত কৰা হৈছে বিলুপ্ত প্ৰায় প্ৰজাতি বুলি। তাৰ ভিতৰত আছে ১৫০ বিধ স্তন্যপায়ী প্ৰাণী আৰু ১৫০ বিধ চৰাই। বহুতো কীট-পতঙ্গও ইয়াৰ লগতে বিলুপ্ত প্ৰায় হৈছে। বিলুপ্ত প্ৰায় বুলি প্ৰকাশ কৰা প্ৰজাতিবোৰ এনে ধৰণৰ—

(ক) সৰীসৃপ ঃ ঘৰীয়াল, সেউজীয়া সামুদ্ৰিক কাছ, দুৰা-কাছ, অজগৰ, গুইসাপ।

(খ) চৰাই ঃ মাটিত চৰা ডাঙৰ চৰাই, ভাৰতীয় ময়ূৰ, পেলিকান বা মাছৰোকা, ধনেশ চৰাই, চাইবেৰিয়াৰ বগা বগলী।

(গ) মাসংভোজী স্তন্যপায়ী প্ৰাণী ঃ গঁড়, হাতী, ভাৰতীয় কুকুৰ নেচীয়া বাঘ, ৰঙা শিয়াল, সৰুভালুক, ৰঙা পাণ্ডা, বাঘ, নাহৰ ফুটুকী বাঘ, পখৰা হায়না, সিংহ, সোণালী মেকুৰী, মৰুভূমিৰ মেকুৰী, শিহু (সাগৰত থকা), খাগৰিকটা শহা, নল গাহৰি, বন্য গাধ।

(ঘ) বন মানুহ (বা প্ৰাইমেট) ঃ হুলক গিব্বন, সিংহ, নেজীয়া মেকাক্ বান্দৰ (ৰঙা টিকা থকা), নীলগিৰিৰ লেংগুৰ, টুপী থকা হলৌ বান্দৰ, সোণালী বান্দৰ।

(ঙ) উদ্ভিদ ঃ বহুতো কপৌফুল, ৰোড'ডেনড্ৰন ফুল, বনৌষধিৰ বহুতো নমুনা (সৰ্পজীবা, ভেনিলা, টেক্সাচ আদি) চন্দন-কাঠ জাতীয়। এনে বিলুপ্ত প্ৰায় উদ্ভিদৰ সংখ্যা ৪৫০ বিধ।

ভাৰত চৰকাৰৰ প্ৰাণী জৰীপকৰা বিভাগৰ মতে আমাৰ দেশত চিতাবাঘ, গোলাপীমূৰৰ হাঁহ আৰু পৰ্বতীয়া বটা চৰাই ইতিমধ্যে বিলুপ্ত হৈছে। কোনো এক প্ৰজাতি যেতিয়া ৫০ বছৰ ধৰি বনত দেখা নাযায়, তাক বিলুপ্ত (extinct) বুলি কোৱা হয়।

কোনো প্ৰজাতিৰ সংখ্যা যেতিয়া একেবাৰে কমি যায় বা যি প্ৰজাতিৰ বাসস্থান কমি গৈ আছে, তেতিয়া তাক বিলুপ্তপ্ৰায় বুলি ঘোষণা কৰা হয়। এনে প্ৰজাতিৰ উপযুক্ত সংৰক্ষণ ব্যৱস্থা নললে, ইও বিলুপ্ত হয়গৈ।

কোনো প্ৰজাতিৰ সংখ্যা ক্ৰমাগতভাৱে কমিবলৈ ললে তাক হননীয় (Vulnerable) বুলি গণ্য কৰা হয়। এনে প্ৰজাতিৰ আবাসভূমি ধ্বংস কৰি থাকিলে সময়ত ই বিলুপ্ত প্ৰায় হয়গৈ।

যি প্ৰজাতি বিলুপ্ত প্ৰায় নহয় বা হননীয়ও নহয় কিন্তু কমাৰ ক্ষেত্ৰত বিপদসঙ্কুল হৈছে, তাক দুৰ্লভ (rare) প্ৰজাতি বুলি ঘোষণা কৰা হয়। এনে প্ৰজাতিক স্থানিক ভাবে সংৰক্ষণৰ দিহা কৰা উচিত। ইহঁতৰ বিস্তৃতি অতি সীমিত ; কাৰণ, এনে স্থানিক প্ৰজাতি বিশেষ আবাস ভূমিতহে বাস কৰে। তাৰ ভিতৰতে কিছুমান প্ৰজাতি একো একোটা নিৰ্দিষ্ট অঞ্চলতহে পোৱা যায়। সেইবোৰক অতি স্থানিক প্ৰজাতি বোলা হয়। উদাহৰণস্বৰূপে, মণিপুৰত পোৱা চান্দ্ৰাই হৰিণ আন ক'তো পাবলৈ নাই। সেইদৰে মেঘালয়ত থকা কলচী উদ্ভিদ আন ক'তো পোৱা নাযায়। সেইদৰে আন্দামান নিকোবৰ দ্বীপপুঞ্জতো কেইবিধমান অতি স্থানীক প্ৰজাতিৰ জীৱ আছে।

অসম, অৰুণাচল, নৰ্থ বেঙ্গল আৰু ভূটানকে ধৰি ব্ৰহ্মপুত্ৰৰ উত্তৰে থকা হিমালয়ৰ পাদদেশ অঞ্চল জৈৱ বৈচিত্ৰ্যত অতি সমৃদ্ধ বুলি 'বিশ্ব বন্যপ্ৰাণী পুঁজিয়ে (World Wildlife Fund সংক্ষেপে WWF) প্ৰকাশ কৰা (২০০৫, ফেব্ৰুৱাৰী) প্ৰতিবেদনত কোৱা হৈছে। প্ৰায় ১৪ হেজাৰ বৰ্গ কিলোমিটাৰ জুৰি থকা হিমালয়ৰ পাদদেশত থকা ২০০ বৰ্গকিলোমিটাৰ অঞ্চল এটাত ১০৭ বিধ উদ্ভিদ প্ৰজাতি পোৱা হৈছে। ই বিশ্বৰ দ্বিতীয় সমৃদ্ধ অঞ্চল, প্ৰথম অঞ্চলটো আছে ইন্দোনেচিয়াৰ চুমাত্ৰাত। সেয়ে বিশ্ব বন্যপ্ৰাণী পুঁজিয়ে এই অঞ্চলক "বিশেষ সংৰক্ষণ এলেকা" বুলি গন্য কৰিছে।

ভাৰতৰ স্থানিক প্ৰজাতি (Endemic Species of India) ঃ

ভাৰতত থকা দুয়োটা জৈৱ-বৈচিত্ৰ্যত সমৃদ্ধিশালী অঞ্চলত বহুতো স্থানিক প্ৰজাতি আছে। মনকৰিবলগীয়া কথা হ'ল, জৈৱ-বৈচিত্ৰ্যৰ সমৃদ্ধিশালী অঞ্চল বুলি চিহ্নিত কৰা হয় স্থানিক বা থলুৱা প্ৰজাতিৰ সংখ্যাৰ ওপৰত। আমাৰ দেশত থকা ৪৭,০০০ উদ্ভিদ-প্ৰজাতিৰ ভিতৰত ৭০০০ বিধ থলুৱা প্ৰকৃতিৰ। বিশ্বৰ উদ্ভিদ প্ৰজাতিৰ ৬২ শতাংশ থলুৱা প্ৰজাতি পোৱা যায় ভাৰতৰ হিমালয়, খাচি পাহাৰ আৰু পশ্চিমঘাট অঞ্চলত। একেদৰে আমাৰ দেশত থকা ৮১,০০০ বিধ প্ৰাণীৰ ভিতৰত বহুতো থলুৱা প্ৰজাতিৰ। উদাহৰণস্বৰূপে, পশ্চিমঘাট অঞ্চলত ৬২ শতাংশ উভচৰ প্ৰাণী (ভেকুলী আদিৰ দৰে আৰু ৫০ শতাংশ জেঠী জাতীয় প্ৰজাতি থলুৱা।

জৈৱ-বৈচিত্ৰ্যৰ সংৰক্ষণ (Conservation of Bio-diversity) ঃ

জৈৱ-বৈচিত্ৰৰ বিবিধ মূল্য আছে মানৱ জাতিৰ বাবে। আনুবংশিক, ব্যৱসায়িক, ঔষধিজাতীয়, সৌন্দৰ্য্য সূচক, পাৰিস্থিতিক আদি এনে মূল্যৰ ভিতৰত পৰে। সেয়ে ইয়াৰ সদ্ব্যৱহাৰ কৰিবলৈ হ'লে আমি তাক উপযুক্ত হাৰত সংৰক্ষণ কৰিবৰ প্ৰয়োজন। সুখৰ কথা যে মানুহে এতিয়া বুজিবলৈ লৈছে বন্য প্ৰাণী কেৱল চিকাৰৰ বস্তু নহয়, বৰং ই হ'ল প্ৰকৃতিৰ উপহাৰ। সেয়ে আমি মানি লৈছোঁ যে জৈৱ বৈচিত্ৰ্যৰ প্ৰাচুৰ্য্য থাকিলেহে মানৱ জাতি জীয়াই থাকিব। ইয়াৰ বাবে পৰিস্থিতি তন্ত্ৰৰ ভাৰসাম্য ৰক্ষা কৰিব লাগিব। জৈৱ বৈচিত্ৰ্য সংৰক্ষণৰ বাবে ঘাইকৈ দুটা পদ্ধতিৰ কথা কোৱা হৈছে— স্বস্থান সংৰক্ষণ (In-situ Conservation) আৰু পৰস্থান সংৰক্ষণ (Ex-situ Conservation) বুলি।

(ক) স্বস্থান সংৰক্ষণ ঃ বন্য প্ৰাণী আৰু উদ্ভিদ সমূহক প্ৰকৃতিৰ বুকুতে অৰ্থাৎ প্ৰাকৃতিক পৰিৱেশতে সংৰক্ষণ কৰা কাৰ্যক স্ব-স্থান সংৰক্ষণ বুলি কোৱা হয়। আন কথাত যি পৰিৱেশত (অৰ্থাৎ স্বস্থানত) সমুদায় জীৱ জীয়াই থাকিব পাৰে, সেই পৰিৱেশ অক্ষুণ্ণ ৰাখি জীৱ সমূহক ৰক্ষণাবেক্ষণ দিয়া উচিত। এনে ব্যৱস্থা জৈৱ-বৈচিত্ৰ্য সংৰক্ষণৰ বাবে দীৰ্ঘম্যাদী। বন্য প্ৰাণী আৰু উদ্ভিদ সমূহক প্ৰাকৃতিক স্ব-স্থানীয় আবাসভূমিত মানুহৰ হনন কাৰ্য্যৰ পৰা ৰক্ষা কৰি ৰখাটোই হ'ল এনে ব্যৱস্থাৰ মূল উদ্দেশ্য।

ইয়াৰ বাবে ইতিমধ্যে আমাৰ দেশত ৭টা জৈৱ-বৈচিত্ৰ্য সংৰক্ষিত অঞ্চল চিনাক্ত কৰি লোৱা হৈছে। তদুপৰি, বৰ্তমান (২০০৪ চনত) ৮৯ খন ৰাষ্ট্ৰীয় উদ্যান, ৫০০ খন বন্য-প্ৰাণী অভয়াৰণ্য আৰু ১২০ খন উদ্ভিদ বাগিচা পতা হৈছে। ইয়ে আমাৰ দেশৰ ভৌগোলিক কালিৰ ৪ শতাংশ জুৰি আছে। এইবোৰ ১৯৭২ চনত ঘোষণা কৰা বন্যপ্ৰাণী আইন অনুসৰি বন-বিভাগে নিয়ন্ত্ৰণ কৰি আছে।

আমাৰ দেশত থকা জৈৱ বৈচিত্ৰ্য সংৰক্ষিত অঞ্চল কেইটা হ'ল নন্দা দেৱী (উত্তৰ প্ৰদেশ), নোক্ৰেক (মেঘালয়), মানস (অসম), সুন্দৰ বন (পশ্চিম বঙ্গ), মান্নাৰ উপসাগৰ (তামিলনাডু), নীলগিৰি (কৰ্ণাটক, কেৰেলা আৰু তামিল নাডু) বৃহৎ নিকোবৰ আৰু চিমিলি পাল (উৰিষ্যা)। এনে সংৰক্ষিত অঞ্চলৰ ভিতৰতে দুই এখন ৰাষ্ট্ৰীয় উদ্যানো পৰিছে। যেনে— নীলগিৰি অঞ্চলত আছে বন্দীপুৰ আৰু নাগৰহোল ৰাষ্ট্ৰীয় উদ্যান দুখন।

ৰাষ্ট্ৰীয় উদ্যানত বন্য জীৱ আৰু তাৰ পৰিৱেশ সংৰক্ষণৰ দিহা কৰা হয়। ইয়াত পৰ্য্যটকৰ বাবে মনোৰঞ্জনৰ সা-সুবিধা ৰখা হয় উদ্যানৰ প্ৰাকৃতিক পৰিৱেশ বিনষ্ট নোহোৱাকৈ। ৰাষ্ট্ৰীয় উদ্যানত ঘৰচীয়া জন্তু চৰোৱা বা বনাঞ্চলৰ ব্যৱসায়িক কাৰবাৰ নিষিদ্ধ কৰা হৈছে। তাত থলুৱা প্ৰজাতিৰ প্ৰাণী আৰু উদ্ভিদ সংৰক্ষণক উপযুক্ত ব্যৱস্থা লোৱা হয়।

আমাৰ দেশত থকা কেইখনমান উল্লেখযোগ্য ৰাষ্ট্ৰীয় উদ্যান হ'ল এনেধৰণৰ—

উদ্যান্য প্ৰদেশ	**থলুৱা প্ৰজাতি**	**বিশেষ সংৰক্ষণ**
কাজিৰঙা	অসম	এটা খড়গ থকা গঁড়
গীৰ	গুজৰাট	ভাৰতীয় সিংহ
দাচিগাম	জম্মু-কাশ্মীৰ	হেঙ্গুল
বন্দীপুৰ	কৰ্ণাটক	হাতী

পেৰিয়াৰ	কেৰেলা	হাতী, বাঘ
কান্‌হা	মধ্যপ্ৰদেশ	বাঘ
কৰবেট	উত্তৰ প্ৰদেশ	বাঘ
ডুদ্‌ৱা	উত্তৰ প্ৰদেশ	বাঘ
ৰন্থম্ভোৰ	ৰাজস্থান	বাঘ
চাৰিস্কা	ৰাজস্থান	বাঘ

অভয়াৰণ্যবোৰতো বন্য-প্ৰাণীৰ হত্যা, চিকাৰ বা ধৰাটো নিষিদ্ধ। অৱশ্যে ইয়াত নিজা ববীয়াকৈ বনজ সম্পদৰ ব্যৱসায়ৰ অনুমতি বন বিভাগে দিব পাৰে। অনুমতি দিওতে চৰ্ত দিয়া হয় যাতে বন্য-ভূমি বা বন্য প্ৰাণীৰ কোনো ধৰণৰ ক্ষতি নহয়। আমাৰ দেশত থকা অভয়াৰণ্য কেইখনমান হ'ল এনেধৰণৰ—

নাম/অভয়াৰণ্য	**প্ৰদেশ**	**প্ৰধান বন্য জীৱ**
ঘানা চৰাই	ৰাজস্থান	৩০০ বিধ নমুনা
হাজৰিবাগ	বিহাৰ	বাঘ আৰু চিতা
চুলটানপুৰ চৰাই	হাৰিয়ানা	পৰিব্ৰজনশীল চৰাই
নল সৰোবৰৰ চৰাই	গুজৰাট	পানীত থকা চৰাই
আবোহৰ বন্য প্ৰাণী	পঞ্জাব	ক'লা হাহ
মুডামালাই বন্যপ্ৰাণী	তামিলনাডু	পানীত থকা চৰাই
জন্তাপাৰা বন্যপ্ৰাণী	পশ্চিম বঙ্গ	গঁড়, হাতী আৰু বাঘ
বন্য-গাধ অভয়াৰণ্য	গুজৰাট	বন্য গাধ, কুকুৰ নেচীয়া, নীলগাই, চিঙ্কৰা

উদ্ভিদৰ ক্ষেত্ৰত উত্তৰ পূৰ্বাঞ্চলত এখন অভয়াৰণ্য আছে কাগজী-নেমুৰ বাবে আৰু আন এখন আছে পতঙ্গ ভুক কলচীফুলৰ বাবে। উল্লেখযোগ্য যে আমাৰ দেশত বন্যপ্ৰাণী সংৰক্ষণৰ বাবে কেবাটাও বিশেষ প্ৰকল্প হাতত লোৱা হৈছে। যেনে— ব্যাঘ্ৰ প্ৰকল্প, গীৰ সিংহ প্ৰকল্প, ঘৰীয়াল পোনা প্ৰদায়ক প্ৰকল্প, হাতী প্ৰকল্প, বৰফত থকা চিতা প্ৰকল্প ইত্যাদি।

(খ) পৰস্থান সংৰক্ষণ ঃ কেতিয়াবা কোনো কোনো প্ৰজাতি বিপদসঙ্কুল পৰিৱেশত পৰি সংকটাপন্ন হয়। তেতিয়া তেনে প্ৰজাতিক আন ঠাইলৈ নি সুৰক্ষিত কৰিবলগীয়া হয়। এনে কাৰ্যক **পৰস্থান সংৰক্ষণ** বুলি কোৱা হয়। সাধাৰণতে এনে কাৰ্যৰ দ্বাৰা বিলুপ্তপ্ৰায় প্ৰজাতিক নিজৰ পৰিৱেশ প্ৰদান কৰি বংশ বৃদ্ধিৰ সুবিধা কৰি দিয়া হয়। অৱশ্যে বংশ বৃদ্ধিৰ পাছত সিহঁতক পুণৰ বন্য-পৰিৱেশত এৰি দিয়া হয়। উদাহৰণস্বৰূপে, চিৰিয়াখানাত প্ৰাণীৰ বংশবিস্তাৰ কৰি বনত এৰি দিয়া ব্যৱস্থা ইতিমধ্যে প্ৰচলিত হৈছে। সেয়ে আজিকালি চিৰিয়াখানাৰ আন এটা নাম দিয়া হৈছে প্ৰাণী উদ্যান বুলি। সেইদৰে গঠিত হৈছে উদ্ভিদ উদ্যান, জিন বেংক আদি। গুৱাহাটীত স্থাপিত নল-গাহৰিৰ আবদ্ধ-প্ৰজনন কেন্দ্ৰ এই দিশত এক সফল পদক্ষেপ।

আমাৰ ভাৰতত স্থাপিত প্ৰধান জিন বেংক আৰু বীজ বেংক কেইটা হ'ল—

(ক) উদ্ভিদ জিন সম্পদৰ ৰাষ্ট্ৰীয় কাৰ্য্যালয় (National Bureau of Plant Genetic Resources, NBPGR)ঃ দিল্লীত থকা এই কেন্দ্ৰটোত কৃষি, উদ্যান শস্য আৰু ফলমূলৰ বীজ সংৰক্ষণ কৰা হয়।

(খ) প্ৰাণীৰ জিন সম্পদৰ ৰাষ্ট্ৰীয় কাৰ্যালয় (National Buneau of of Animal Genetic Resource, NBAGR)ঃ এই কেন্দ্ৰটো হাৰিয়ানাৰ কাৰ্ণালত অৱস্থিত। ইয়াত ঘৰচীয়া গবাদি পশুৰ বীৰ্য্য সংৰক্ষণ কৰা হয়।

(গ) উদ্ভিদ টিচু সংস্কাৰৰ সুবিধা থকা ৰাষ্ট্ৰীয় সুবিধা কেন্দ্ৰ (National Facility for Plant Tissue Culture Repository, NFPTCR) ঃ এই কেন্দ্ৰ স্থাপিত হৈছে G-15 দেশৰ প্ৰত্যেকতে একোটাকৈ উদ্ভিদৰ উন্নত মান উৎপন্ন কৰিবলৈ।

প্ৰশ্নাৱলী

(ক) চমু প্ৰশ্ন

১। জৈৱ বৈচিত্ৰ্য বুলিলে কি বুজা?

২। বংশগতিৰ বৈচিত্ৰ্য কি?

৩। জৈৱ বৈচিত্ৰ্য ভাগ কেইটাৰ নাম লিখা।

৪। স্থানীয় বৈচিত্ৰ্য বুলিলে কি বুজা?

৫। জৈৱ-বৈচিত্ৰ্যৰ ব্যৱহাৰ ক'ত ক'ত হয়?

৬। ভাৰতত কিমান প্ৰজাতিৰ উদ্ভিদ / পতংগ আছে?

৭। ভাৰতত অৰ্কিড / স্তন্যপায়ী প্ৰাণী / পক্ষী / সৰীসৃপ আৰু উভচৰ জীৱৰ সংখ্যা কিমান লিখা।

৮। ভাৰতত কিমানখন ৰাষ্ট্ৰীয় উদ্যান আছে? অসমত থকাখনৰ নাম কি? ই কিয় বিখ্যাত?

৯। ভাৰতৰ অভয়াৰণ্যৰ ক'ত বাঘ সংৰক্ষণৰ ব্যৱস্থা আছে?

১০। অসমত থকা বিলুপ্ত প্ৰায় উদ্ভিদ দুবিধ / বন্যপ্ৰাণী দুবিধৰ নাম লিখা।

(খ) দীঘল প্ৰশ্ন

১। জৈৱ-বৈচিত্ৰ্য বুলিলে কি বুজা? ই কেইপ্ৰকাৰৰ? প্ৰতিবিধৰে উদাহৰণ দি বুজাই লিখা।

২। জৈৱ-বৈচিত্ৰ্যৰ বিভিন্ন ব্যৱহাৰ সম্পৰ্কে বুজাই লিখা।

৩। জৈৱ-বৈচিত্ৰ্যৰ আলফা, বিটা আৰু গামা সমৃদ্ধিৰ ওপৰত উদাহৰণ দি বুজাই লিখা।

৪। ভাৰতীয় জৈৱ-বৈচিত্ৰৰ গুৰুত্ব সম্পৰ্কে চমুকৈ লিখা।

৫। জৈৱ-বৈচিত্ৰ্যৰ প্ৰতি ভাবুকি সৃষ্টিৰ কাৰণ কি কি? জৈৱ-বৈচিত্ৰ্য সংৰক্ষণৰ প্ৰয়োজন সম্পৰ্কে লিখা।

৬। জৈৱ-বৈচিত্ৰ্যৰ সমৃদ্ধি বুলিলে কি বুজা লিখা। ভাৰতত সমৃদ্ধিশালী জৈৱ-বৈচিত্ৰ্যৰ বিষয়ে চমুকৈ লিখা।

৭। জৈৱ-বৈচিত্ৰ্যৰ মূল্যায়ন কিদৰে কৰা হয় বুজাই লিখা।

৮। মানুহ আৰু বন্যপ্ৰাণীৰ সংঘৰ্ষ হোৱাৰ কাৰণ কি? এনে সংঘৰ্ষ এৰাই যাবলৈ কি কৰা উচিত লিখা।

৯। বিলুপ্ত, বিলুপ্ত-প্ৰায়, বিপদ-সংকুল আৰু স্থানিক প্ৰজাতি বুলিলে কি বুজা উদাহৰণ দি বৰ্ণোৱা।

১০। স্ব-স্থান আৰু পৰস্থান সংৰক্ষণ বুলিলে কি বুজা লিখা।

১১। পাঁচখন সংৰক্ষিত অঞ্চল, পাঁচখন ৰাষ্ট্ৰীয় উদ্যান আৰু পাঁচখন অভয়াৰণ্যৰ ওপৰত চমুটোকা লিখা।

১২। ভাৰতৰ জৈৱ-ভৌগোলিকমণ্ডলৰ ওপৰত টোকা এটি প্ৰস্তুত কৰা।

পঞ্চম অধ্যায়	# পৰিৱেশ প্ৰদূষণ

সুখকৰ, নিকাভাৱে বসবাস কৰিবলৈ হ'লে আমাৰ প্ৰয়োজন হয় সুস্থ পৰিৱেশ। পৰিৱেশ হ'ল প্ৰকৃতিত সন্নিবিষ্ট হৈ থকা কথা। মানুহে বিজ্ঞান আৰু কাৰিকৰী প্ৰগতিৰে আগুৱাই আহোতে প্ৰকৃতিৰ ওপৰত অত্যাচাৰ কৰিছে, প্ৰাকৃতিক সম্পদ আহৰণৰ বাবে প্ৰাকৃতিক পৰিৱেশ বিনষ্ট কৰিছে। প্ৰকৃতিৰ ভাৰসাম্যহীন অৱস্থাৰ বাবে মানুহৰ দোষ-দুষ্ট ক্ৰিয়া-কলাপ দায়ী। কাৰণ, মানুহৰ এনে ক্ৰিয়া-কলাপে প্ৰকৃতিত অবাঞ্ছিত পৰিৱৰ্তন আনিছে ভৌতিক, ৰাসায়নিক আৰু জৈৱিক ক্ষেত্ৰত। ফলত পৰিৱেশৰ বায়ু-পানী-মাটি হৈ পৰিছে দূষিত। অৰ্থাৎ,

পৰিৱেশ প্ৰদূষণ হ'ল পৰিৱেশত (বায়ু, পানী, মাটিত) সংঘটিত অবাঞ্ছিত ভৌতিক, ৰাসায়নিক আৰু জৈৱিক পৰিৱৰ্তন, যিয়ে জীৱ-জন্তু আৰু পৰিস্থিতিতন্ত্ৰত অনিষ্ট সাধন কৰে।

পৰিৱেশৰ প্ৰদূষণ প্ৰাকৃতিক বা মানৱসৃষ্ট বা দুয়োটাই হ'ব পাৰে। প্ৰাকৃতিক প্ৰদূষণ সৃষ্টিৰ আদিম অৱস্থাৰ পৰাই হৈ থকা ঘটনা। সেয়ে ইয়াৰ কুপ্ৰভাব তিমান নহয়। কিন্তু মানুহৰ বিভিন্ন ক্ৰিয়া-কলাপৰ দ্বাৰা সংঘটিত প্ৰদূষণৰ কু-প্ৰভাৱ অনুক্ৰমে বৃদ্ধি হৈছে আৰু ই জীৱ-জগতক বিপদাপন্ন কৰি তুলিছে, অস্তিত্বৰ সংকট মাতি আনিছে। প্ৰদূষণ কেবা প্ৰকাৰে হৈছে। যেনে—

❑ বায়ু প্ৰদূষণ (Air Pollution) ঃ

ভূমণ্ডলৰ পৰা ৬০০ মিটাৰলৈকে বিয়পি থকা স্তৰটো হ'ল বায়ুৰ স্তৰ। ইয়াৰ পৰাই বায়ু সেৱন কৰি মানুহকে ধৰি সমগ্ৰ প্ৰাণী আৰু উদ্ভিদজগত বৰ্তি আছে। এই স্তৰটো প্ৰদূষিত হোৱা কথাটোকে বায়ু-প্ৰদূষণ বুলি কোৱা হয় আৰু যাৰ দ্বাৰা বায়ু প্ৰদূষিত হৈছে সেয়া হ'ল প্ৰদূষক। প্ৰদূষকৰ কিছুমান চিধা চিধি বায়ুস্তৰত প্ৰবেশ কৰে। এনে প্ৰদূষকক মুখ্য বায়ুপ্ৰদূষক বোলা হয়। আন কিছুমান প্ৰদূষক বায়ুমণ্ডলতে সৃষ্টি হয়। এনে প্ৰদূষক হ'ল গৌণ।

বায়ু প্ৰদূষণত বিশেষকৈ গেছ, কিছুমান বিশেষ পদাৰ্থ যিয়ে জীৱৰ অনিষ্ট কৰে (ধূলি-বালি আদি), তেজষ্ক্ৰিয় পদাৰ্থ আদি থাকে। প্ৰদূষকৰ ভিতৰত কাৰ্বন মন'ক্সাইড (CO), নাইট্ৰ'জেনৰ অক্সাইড, (No, No_2 আদি), চালফাৰৰ অক্সাইড (SO_2, SO_3 আদি) সীহ (বা লেড)ৰ অক্সাইড, কিছুমান কণিকা, জৈৱ পদাৰ্থ, ধোঁৱা, ধূলি-বালি, উদ্ভিদৰ বীজ আৰু ফুলৰ পৰা উৰি যোৱা ৰেণু আদিয়েই প্ৰধান। তেজষ্ক্ৰিয় পদাৰ্থৰ ভিতৰত ৰেদন-২২২, আয়োডিন- ১৩১, ষ্ট্ৰ'ন্টিয়াম-৯০, প্লুটোনিয়াম- ২৩৯ আদি ধৰা হয়।

বায়ুপ্ৰদূষণৰ উৎস (Sources of Air Pollution) ঃ

বায়ু প্ৰদূষণৰ কাৰক দুবিধ— প্ৰাকৃতিক আৰু মানৱ-সৃষ্ট।

প্ৰাকৃতিক কাৰক ঃ আগ্নেয়গিৰি, বনজুই, সামুদ্ৰিক লৱণতা, জৈৱিক অৱক্ষয়, আলোক-ৰাসায়নিক কাৰ্য, বহিঃবিশ্বৰ পৰা পদাৰ্থপিণ্ড, শস্যৰ বা ফুলৰ ৰেণু আদি হ'ল প্ৰাকৃতিক প্ৰদূষণৰ প্ৰধান উৎস বা কাৰক। পৃথিৱীৰ অশ্মমণ্ডলত থকা তেজষ্ক্ৰিয় পদাৰ্থবোৰৰ পৰা তেজষ্ক্ৰিয়া তৰঙ্গ ওলাই বায়ুমণ্ডলত প্ৰৱেশ কৰে। অ'জন আন এক প্ৰাকৃতিক প্ৰদূষক।

মানৱ-সৃষ্ট কাৰক ঃ সভ্যতাৰ বিস্তৃতি, বিশেষকৈ নগৰীকৰণ, উদ্যোগীকৰণ, যান-বাহনৰ বৃদ্ধি, ঘৰুৱা তথা কৃষিজাত পেলনীয়া পদাৰ্থৰ দহন (বিশেষকৈ প্লাষ্টিক, ৰবৰ আদিৰ দহন কাৰ্য), তাপ-বিদ্যুৎপ্ৰকল্প স্থাপন আদিৰ দ্বাৰা বায়ুমণ্ডল অহৰহ প্ৰদূষিত হৈ আছে। আওপকীয়াভাৱে মানুহৰ সংখ্যা বৃদ্ধি অৰ্থাৎ জনবিস্ফোৰণ ইয়াৰ অন্যতম কাৰণ। আমাৰ দেশত তাপবিদ্যুৎ প্ৰকল্পই বিদ্যুৎ উৎপাদনৰ ক্ষেত্ৰত ঘাই স্থান পাইছে, যিহেতু পাৰমাণৱিক বিদ্যুৎপ্ৰকল্প স্থাপিত হোৱা নাই। ইয়াৰ দ্বাৰা ছাইযুক্ত ধোঁৱা ওলাই বায়ু প্ৰদূষিত কৰে। সেইদৰে তেল আৰু কয়লা উদ্ধাৰ কাৰ্যত নিৰ্গত হয় বায়ু-প্ৰদূষক। মানুহে পৰিৱেশৰ কথা নাভাবি কেৱল নিজৰ সুখ-সমৃদ্ধিৰ বাবে আগুৱাই যোৱাৰ ফলতে আমাৰ বায়ুমণ্ডল প্ৰদূষিত হৈ আছে। আনহাতে, নিজৰ অধিক ভূমিৰ প্ৰয়োজন হোৱাত মানুহে বনাঞ্চল ধ্বংস কৰিছে, যাৰ বাবে বায়ুত কাৰ্বন-ডাই-অক্সাইডৰ মাত্ৰা বহুলাংশে বৰ্দ্ধিত হৈছে। ইয়ে বিশ্বৰ উষ্ণতা বৃদ্ধি কৰিছে।

উদ্যোগীকৰণ ঃ জন-বিস্ফোৰণ আৰু প্ৰযুক্তবিদ্যাৰ প্ৰগতি হেতু মানুহে সুখ-সম্পদ পাবৰ বাবে বিভিন্ন উদ্যোগ স্থাপন কৰিছে। প্ৰত্যেক উদ্যোগৰ পৰা কিছুমান আবৰ্জনা আৰু বৰ্জিত গেছ ওলায়। আবৰ্জনাবোৰ হয় পুৰি পেলোৱা হয়, নহয় দূৰলৈ নলাৰে উলিয়াই দিয়া হয়। মূৰকত ইয়াৰ দ্বাৰাও জীৱৰ ক্ষতিকাৰক গেছ ওলায়। এই গেছবোৰ পোনে পোনে বায়ুমণ্ডলত প্ৰৱেশ কৰে। কাগজকল, চেনি আৰু কাপোৰৰ কল, তীখা, কীটনাশক দ্ৰব্য প্ৰস্তুত কৰা, চামৰা আৰু খাদ্যপ্ৰস্তুত কৰা উদ্যোগসমূহে বায়ুপ্ৰদূষণ কৰি আছে। এনে উদ্যোগসমূহৰ পৰা নিৰ্গত কাৰ্বন-ডাই-অক্সাইড, ছালফাৰ আৰু নাইট্ৰ'জেনৰ অক্সাইড বায়ুত মিহলি হয়। ছালফাৰ আৰু নাইট্ৰ'জেনৰ অক্সাইড অম্লবৃষ্টিৰ কাৰক।

নগৰীকৰণ ঃ দেখা যায় আমাৰ দেশত যোৱা চাৰি-পাঁচ দশক ধৰি নগৰীকৰণৰ ঢৌ উঠিছে। ইয়ে বনাঞ্চল ধ্বংস কৰাৰ উপৰিও ঘৰুৱা আৱৰ্জনা আদি পেলোৱাৰ বাবে ঠাইৰ অভাৱ, প্লাষ্টিক দহন আৰু আন ইন্ধনৰো দহন বঢ়াই তুলিছে। যান-বাহনৰ বৃদ্ধিৰো ই এক অন্যতম কাৰণ। মূৰকত ই বায়ুপ্ৰদূষণৰ কাৰণ হৈ পৰিছে।

যান-বাহনৰ বৃদ্ধি ঃ বিভিন্ন কাৰণত বিশেষকৈ খাদ্য, পৰিবহণ, যাত্ৰী পৰিবহণ, উদ্যোগপ্ৰজাত সামগ্ৰী পৰিবহণৰ বা উদ্যোগলৈ যন্ত্ৰ-পাতি পৰিবহণ, তেল-কয়লা আদি পৰিবহণকে ধৰি সমুদায় পৰিবহণ ব্যৱস্থাই মটৰ-গাড়ীৰ পৰা ৰেলগাড়ীলৈ সকলো যান-বাহনৰ সংখ্যা অতিপাত হাৰত বঢ়াইছে। কোৱা হৈছে যে আমাৰ দেশৰ নগৰ-মহানগৰ অঞ্চলত ৫০-৬০ শতাংশ বায়ুপ্ৰদূষণ হৈছে কেৱল যান-বাহনৰ বাবে। যান-বাহনত ব্যৱহাৰকৰা গেছ'লিন, ডিজেল আদিৰ পৰা টেট্ৰাথাইল, কাৰ্বন-ডাই-অক্সাইড বা কাৰ্বন মন'ক্সাইড আদি নিৰ্গত হয় আৰু বায়ুত মিহলি হৈ বায়ুপ্ৰদূষিত কৰে। প্ৰকৃততে, আমাৰ বহুতেই পুৰণিকলীয়া ইঞ্জিন, অত্যাধিক বা ক্ষমতাতকৈ অধিক বস্তু বহন কৰি বায়ু প্ৰদূষণ বঢ়াই তুলিছে। একেদৰে চুপাৰছনিক ইঞ্জিন ব্যৱহাৰ কৰা উৰাজাহাজৰ দ্বাৰাও বায়ু প্ৰদূষণ সংক্ৰামিত হৈছে।

আন এটা কথাত আমি গুৰুত্ব দিয়া উচিত। সেয়া হ'ল বিৰি, চিগাৰেট আদি ধপাতৰ ধোঁৱা। কাঠ খৰিৰ দৰে বা কয়লা আদি ইন্ধন ব্যৱহাৰ কৰিও বায়ু-প্ৰদূষণ বঢ়োৱা হৈছে।

বায়ু প্ৰদূষণৰ কু-প্ৰভাৱ (Evill Effects of Air Pollution) ঃ

বায়ুপ্ৰদূষণৰ কু-প্ৰভাৱ অকল মানুহৰ ওপৰতেই নহয়, আন প্ৰাণীসমূহ, উদ্ভিদ, জলবায়ু আৰু পৰিৱেশতন্ত্ৰৰ ওপৰতো পৰে। ই মানুহৰ অৰ্থনৈতিক দিশতো পৰোক্ষভাৱে কু-প্ৰভাৱ পেলায়। কথা হ'ল, বায়ু, জীৱ আৰু উদ্ভিদ দুয়োকে শ্বাশ-প্ৰশ্বাসত প্ৰয়োজন হয়। বায়ু পানীত থকা জীৱসমূহকো লাগে। সেয়ে মানুহৰ স্বাস্থ্যৰ ওপৰত বায়ু-প্ৰদূষণে উল্লেখনীয় কু-প্ৰভাৱ পেলায় প্ৰত্যক্ষ আৰু পৰোক্ষভাৱে।

অতি সৌভাগ্যৰ কথা যে মানুহৰ দেহযন্ত্ৰটোত চলি থকা শ্বাসক্ৰিয়াৰ সময়ত বায়ুত থকা কিছুমান প্ৰদূষক পৰাভূত কৰিব পৰা স্বাভাৱিক ক্ষমতা আছে। নাকৰ ভিতৰত থকা নোম আৰু জুলীয়া পদাৰ্থ এবিধ হ'ল প্ৰদূষকৰোধক আহিলা। কিন্তু এটা সীমাৰ পাছত বা বায়ুত প্ৰদূষণৰ মাত্ৰা অধিক হ'লে প্ৰদূষকবোৰ শ্বাসনলীৰে গৈ হৃদযন্ত্ৰত প্ৰৱেশ কৰে। তেতিয়া ই সময়ত হাওঁফাওঁৰ সংনম্যতা কমায় আৰু মূৰকত শ্বাস-প্ৰশ্বাসত বাধা দিবলৈ ধৰে। দেখা যায়,

১। বায়ু-প্ৰদূষণে ব্ৰংকাইটিছ, এজমা আদি ৰোগৰ সৃষ্টি কৰে। ইয়াৰ প্ৰমাণ হ'ল গাঁও অঞ্চলৰ তুলনাত নগৰত হাওঁফাওঁৰ অসুস্থতা অধিক।

২। কাৰ্বন মন'ক্সাইড শ্বাসনলীৰে সোমাই হিম'গ্লোবিনৰ সৈতে ৰাসায়নিক বিক্ৰিয়া কৰি কাৰ্বক্সি হিম'গ্লোবিনৰ সৃষ্টি কৰে। ইয়ে আমাৰ তেজত থকা ৰঙা কণিকাৰ অক্সিজেন সংবহন প্ৰক্ৰিয়া কমায়। ফলত সিৰা, হৃদপিণ্ড আৰু হাওঁফাওঁৰ ৰোগ হয়।

৩। বায়ু প্ৰদুষণত উৎপন্ন হোৱা ছালফাৰ-ডাই-অক্সাইডে (SO_2) মানুহৰ দেহত শুস্কতা আনে, বিশেষকৈ মুখমণ্ডল, ডিঙি আৰু চকু অঞ্চলত। কাৰণ এই অক্সাইডবিধ পানীত দ্ৰবীভূত হৈ দেহৰ কলা অংশত প্ৰৱেশ কৰে। আনহাতে ছালফাৰ-ট্ৰাই-অক্সাইড থকা বায়ুই ছালফিউৰিক এছিডলৈ ৰূপান্তৰিত হয় আৰু হাওঁফাওঁৰ ক্ষতি সাধন কৰে।

৪। ছালফাৰ-ডাই-অক্সাইডে শ্বাস নলী সঙ্কুচিত কৰি ব্ৰংকাইটিছৰ সৃষ্টি কৰে।

৫। বায়ু প্ৰদূষক নাইট্ৰ'জেনৰ অক্সাইডে হাওঁফাওঁত ক্ষতি কৰে।

৬। বিভিন্ন ইঞ্জিন, প্লাষ্টিক দহন, চিগাৰেট দহন কাৰ্যত উৎপন্ন হোৱা কাৰ্বন মন'ক্সাইড আৰু হাইড্ৰ'কাৰ্বনে আমাৰ ছাল, চকু আৰু হাওঁফাওঁৰ অন্যায় কৰে। এনেকি ই কেন্সাৰ ৰোগৰো কাৰক হয়।

আন প্ৰাণীৰ ওপৰত পৰা প্ৰভাৱ ঃ বায়ু প্ৰদূষণে আমি ঘৰত পোহা জীৱ-জন্তুৰ ওপৰতো মানুহৰ দৰেই ক্ষতি কৰে। বায়ুত থকা ক্ল'ৰাইডৰ দ্বাৰা জীৱ-জন্তুৰ হাড় থুনুকা হয় আৰু সিহঁতৰ দাঁতত কেলছিয়াম জমা হৈ শৰীৰৰ ওজন কমায়। ই জীৱ-জন্তুৰ হাগনি ৰোগৰ কাৰক হয়।

উদ্ভিদৰ ওপৰত পৰা প্ৰভাৱ ঃ উদ্ভিদৰ পাতত থকা ছিদ্ৰৰ মাজেৰে বায়ু প্ৰদূষক প্ৰৱেশ কৰি পাতৰ ক্ল'ৰোফিল নষ্ট কৰে আৰু আলোক-সংশ্লেষণ প্ৰক্ৰিয়াত বাধা প্ৰদান কৰে। প্ৰদূষকে পাতত থকা মমজাতীয় পিছল পদাৰ্থ বিনষ্ট কৰে। এয়া হ'ল বায়ু প্ৰদূষণৰ দৃশ্যমান প্ৰভাৱ। কিন্তু ইয়াৰ দ্বাৰা অদৃশ্যমান প্ৰভাৱো আছে। বায়ু প্ৰদূষকে উদ্ভিদৰ শ্ৰীবৃদ্ধিত বাধা দিয়ে।

বায়ু প্ৰদূষণৰ হেতু গছৰ পাত তললৈ ভাজ লাগি যোৱা, হালধীয়া পৰা, পাতৰ একাংশ শুকান হৈ অহাৰ দৰে ৰোগ সংক্ৰমিত হয়। গৱেষণাত প্ৰকাশ পাইছে যে

(ক) ছালফাৰ-ডাই-অক্সাইড, নাইট্ৰ'জেন অক্সাইড, হাইড্ৰ'জেন ছালফাইড, পাৰাৰ ঝাৰণ, ইথিলিন, গছত দিয়া ঔষধ আদি আৰু বিযাক্ত ধোঁৱা আদিয়ে গছৰ অংকুৰণত বাধা দিয়ে।

(খ) নাইট্ৰ'জেনৰ অক্সাইডে সৰিয়হ, সূৰ্যমুখী আদিৰ পাতত মুগা ধৰণৰ দাগৰ সৃষ্টি কৰে আৰু মূৰকত ইয়ে গছবোৰক উচিত হাৰত বাঢ়িব নিদিয়ে।

(গ) একেদৰে বাৰ্লি, কপাহ, ঘেঁহু, আপেল আদি গছৰ পাতৰ স্বাভাৱিক ৰং নষ্ট কৰে ছালফাৰ-ডাই-অক্সাইডে। ফলত ই শস্যৰ উৎপাদন হ্ৰাস কৰে।

(ঘ) পিঁয়াজ, বাৰ্লি, আঙুৰ আৰু আপেল গছৰ শ্ৰীবৃদ্ধি ৰোধ কৰে অ'জনে।

জলজ প্ৰাণীৰ ওপৰত প্ৰভাৱ ঃ কিছুমান বায়ু প্ৰদূষক বৰষুণৰ সৈতে দ্ৰবীভূত হৈ পানীভাগত প্ৰৱেশ কৰে আৰু ইয়ে নৈ-বিল, হ্ৰদ আদিৰ পানী এচিদযুক্ত কৰি তোলে। ইয়াৰ কু-প্ৰভাৱ পৰে জলজ প্ৰাণী, বিশেষকৈ মাছৰ ওপৰত।

অন্যান্য বস্তু বাহানিৰ ওপৰত প্ৰভাৱ ঃ বায়ু প্ৰদূষণৰ প্ৰভাৱত (ছালফাৰ-ডাই-অক্সাইড আৰু নাইট্ৰ'জেনৰ অক্সাইডৰ) পানীভাগ অম্লযুক্ত হয়। মাজে মাজে অম্লবৃষ্টি হয় এনে প্ৰভাৱত। ইয়ে পকীঘৰ, ধাতব পদাৰ্থ, মাৰ্বল, চূণশিল আদিৰ ক্ষতি কৰে। এনেকি ই কাপোৰ-কানি আদিৰো ক্ষতি কৰে। উদাহৰণস্বৰূপে, আগ্ৰাৰ তাজমহল বায়ু প্ৰদূষণৰ প্ৰভাৱত ক্ৰমে খহটা আৰু অনুজ্জ্বল হৈ আহিছে।

কিছুমান ৰাসায়নিক ধোঁৱা আৰু হাইড্ৰ'জেন ছালফাইডে ৰূপ, সীহ, কাঁহ-পিতল আদিৰ বাচন-বৰ্তনত ৰঙৰ উজ্জ্বলতা নষ্ট কৰে। সেইদৰে অ'জন গেছে ৰবৰৰ বস্তুৰ আয়ুস কমায়।

মুঠতে বায়ু প্ৰদূষণে আমাৰ পৰিৱেশৰ ওপৰত অহৰহ কু-প্ৰভাৱ পেলাই আছে। নগৰীয়া অঞ্চলত বিশেষকৈ শিল্প-উদ্যোগ, কল-কাৰখানা থকা অঞ্চলত এনে কু-প্ৰভাৱ সৰ্বাধিক। পৰিৱেশৰ উষ্ণতা বৃদ্ধি, বায়ুৰ গতিশীলতাৰ হ্ৰাস, ধূম্ৰময় আকাশ, বৰষুণৰ মাত্ৰা বৃদ্ধি আৰু অনিয়ম আদি বায়ুপ্ৰদূষণৰ কুফল। আমি সকলোৱে জানোঁ যে সম্প্ৰতি পৃথিৱীত অ'জন স্তৰৰ অৱক্ষয়, সেউজ গৃহ প্ৰভাৱ (Green House effect), সাগৰত পানীৰ স্তৰ বৃদ্ধি আদি পৰিঘটনাসমূহ সংঘটিত হৈছে বায়ু প্ৰদূষণৰ বাবে।

বায়ু প্ৰদূষণ নিয়ন্ত্ৰণ (Control of Air Pollution) ঃ

বায়ু প্ৰদূষণ কমাবলৈ হ'লে তলত দিয়া নিয়ন্ত্ৰণ ব্যৱস্থাবোৰ লোৱা উচিত হ'ব—

১। পৰিৱেশ অধ্যয়ন কৰি সাম্প্ৰতিক উদ্যোগক্ষেত্ৰ কিছুমান স্থানান্তৰিত কৰিব লাগিব।

২। উদ্যোগসমূহত য'ত কয়লা ব্যৱহাৰ কৰা হয় তাত ছালফাৰৰ মাত্ৰা অতি কম থকা কয়লা ব্যৱহাৰ কৰা উচিত। লগতে কয়লাক ছালফাৰ মুক্ত কৰাৰ ব্যৱস্থা লোৱাৰ প্ৰয়োজন।

৩। দহনৰ সময়ত নাইট্ৰ'জেনৰ অক্সাইডমুক্ত কৰাৰ দিহা কৰাৰ প্ৰয়োজন।

৪। যান-বাহনৰ পৰা নিৰ্গত প্ৰদূষক গেছ কমাবলৈ ব্যৱস্থা ল'ব লাগিব। ইয়াৰ বাবে 'বায়ু প্ৰতিৰোধ আৰু নিয়ন্ত্ৰণৰ আইন (১৯৮১)' কাৰ্যকৰী কৰিবলৈ বিহিত ব্যৱস্থা লোৱা হওক।

৫। যান-বাহনত পৰিশোধিত ইন্ধনৰ ব্যৱহাৰ বাধ্যতামূলক কৰিব লাগিব।

৬। পুৰণিকলীয়া উদ্যোগ আৰু যন্ত্ৰপাতি আধুনিকীকৰণ কৰিব লাগিব।

৭। প্ৰত্যেক ঔদ্যোগিক প্ৰতিষ্ঠানত বায়ু পৰিশোধনৰ আধুনিক ব্যৱস্থা বাধ্যতামূলক কৰা উচিত হ'ব।

৮। কয়লাৰ ঠাইত বৈকল্পিক শক্তিৰ (সৌৰশক্তি, পৱনশক্তি, জলশক্তি আদি) ব্যৱহাৰ প্ৰচলন কৰা উচিত।

৯। যিমান পাৰি বৃক্ষৰোপণ কৰি পৰিৱেশ উদ্ভিদসমৃদ্ধ কৰিব লাগিব।

১০। জৈৱ-বৈচিত্ৰ্যৰ ভাৰসাম্য ৰক্ষা কৰিবলৈ প্ৰয়োজনীয় ব্যৱস্থা হাতত ল'ব লাগিব।

লগতে বায়ু-প্ৰদূষণৰ পৰা প্ৰাণী আৰু উদ্ভিদকে ধৰি পৰিৱেশৰ সুৰক্ষা দিয়াৰ ব্যৱস্থা হাতত ল'ব লাগিব। জনতাক বায়ু-প্ৰদূষণ সম্পৰ্কে সজাগ কৰি চৰকাৰী-বেচৰকাৰী বিভাগবোৰে উন্নত কাৰ্য ব্যৱস্থা হাতত ল'লে, ব্যৱহাৰ পদ্ধতি সলনি কৰিলে আমি বায়ু-প্ৰদূষণ বহু পৰিমাণে কমাব পাৰোঁ।

কোলাহল বা শব্দ প্ৰদূষণ (Noise Pollutioh) ঃ

আমি নিতৌ কত যে শব্দ শুনোঁ! সাধাৰণতে আমি শুনা শব্দবোৰৰ বহুতো অনাৱশ্যকীয় আৰু অবাঞ্ছিত। এনেবোৰ শব্দক আমি **কোলাহল** বোলোঁ। কোলাহলে আমাৰ কাণত এক অস্বস্তিকৰ অনুভূতিৰ সৃষ্টি কৰে। কাৰণ, মানুহৰ কাণৰ শব্দ শুনাৰ এক সহনশীলতা-সীমা আছে। এই সীমাতকৈ অধিক জোখৰ তৰংগ কাণে গ্ৰহণ কৰিবলৈ টান পায়।

শব্দ তৰঙ্গ বায়ু, জুলীয়া বা গোটা বস্তুৰ দৰে মাধ্যমৰ মাজেদি গতি কৰে। শব্দ হ'ল মাধ্যমত সৃষ্টি হোৱা চাপৰ পৰিৱৰ্তনৰ তৰঙ্গ। মাধ্যমৰ গুণাগুণৰ ওপৰত নিৰ্ভৰ কৰি ইয়াৰ সংকোচন আৰু পাতলকৰণ হয় একান্তৰভাৱে; অৰ্থাৎ সংকোচন, তাৰ পাছত পাতলকৰণ, তাৰ পাছত পুনৰ সংকোচন হয়। ই হ'ল শব্দ তৰঙ্গৰ ধৰ্ম। প্ৰতি একক সময়ত সংঘটিত সংকোচন আৰু পাতলকৰণৰ সংখ্যাক স্পন্দনৰ দ্ৰুততা বুলি কোৱা হয় আৰু ইয়াক জোখা হয় **হাৰ্টজ** এককৰ দ্বাৰা।

কিন্তু কোলাহল জোখা হয় ডেছিবেল (dB) নামৰ এককত। আটাইতকৈ কম কম্পনাংকৰ শব্দ যি মানুহৰ কাণে গ্ৰহণ কৰি শুনাৰ উপযোগী কৰে, তাকে ডেছিবেল বোলা হয়। অৰ্থাৎ ডেছিবেল হ'ল ধ্বনিৰ তীব্ৰতা জোখাৰ একক।

কোলাহলে মানৱ দেহত বিভিন্ন ধৰণৰ শাৰিৰীক আৰু মানসিক বেমেজালি সৃষ্টি কৰিব পাৰে। ই মনৰ শান্তি নষ্ট কৰাৰ উপৰিও পাৰিবেশিক সৌন্দৰ্য বিনষ্ট কৰে। ই মানুহৰ শ্ৰৱণ শক্তিতো প্ৰভাৱ পেলায়। কেন্দ্ৰিয় প্ৰদূষণ নিয়ন্ত্ৰণ বোৰ্ডৰ অনুমোদিত কোলাহলৰ মাত্ৰা, ঠাইভেদে এনে ধৰণৰ ঃ

অঞ্চলৰ সাংকেতিক ক্ৰম	ক্ষেত্ৰ	শব্দ-মাত্ৰা dB ত	
		দিনত	ৰাতি
A.	উদ্যোগ	৭৫	৭০
B.	ব্যৱসায়িক	৬৫	৫৫
C.	বসবাস কৰা	৫৫	৪৫
D.	নীৰৱ	৫০	৪০

শব্দ-প্ৰদূষণৰ উৎস (Sources of Noise Pollution) ঃ

শব্দ প্ৰদূষণৰ মূল উৎসবোৰ হ'ল ট্ৰাক, বাছ, মটৰ চাইকেল, স্কুটাৰ, এম্বুলেঞ্চ, পুলিচৰ গাড়ী, উৰাজাহাজ, ৰেলগাড়ী আদি যান-বাহনসমূহ, কল-কাৰখানা, উচ্চ স্তৰত বজোৱা গান-বাজনা (মাইক, ৰেডিঅ', টেপৰেকৰ্ড, টেলিভিছন আদিৰ জৰিয়তে) নিৰ্মাণ কাৰ্য, উৎসৱ-অনুষ্ঠান বা সভা-সমিতি, আমোদ-প্ৰমোদৰ স্থান, বোমা-ফটকাৰ শব্দ আদি মানৱ সৃষ্ট কাৰ্যসমূহ। ইয়াৰ উপৰিও প্ৰাকৃতিকভাৱে সংঘটিত বতাহ-ধুমুহা, মেঘৰ গাজনি-ঢেৰেকনী আদিও শব্দ-প্ৰদূষণৰ কাৰক।

পৃথিৱীৰ কেইখনমান চহৰৰ কোলাহলৰ মাত্ৰা দিয়া হৈছে এনে ধৰণেঃ চীনৰ নান্‌জিঙত ১০৫ ডেছিবেল, ৰোমত ৯০ ডে., নিউইয়ৰ্ক ৮৮ ডে., কলিকতা ৮৫ ডে., দিল্লী ৮০ ডে., মুম্বাই ৮২ ডে. (কেতিয়াবা কেতিয়াবা ১০০ৰো অধিক হয়) আৰু

কাঠমাণ্ডু ৭৫ ডে.। মন কৰিবলগীয়া কথা হ'ল যে ঔদ্যোগিক আৰু ব্যস্ত ঠাইৰ কোলাহলৰ মাত্ৰা ঠাইখনৰ আকাৰৰ ওপৰত নিৰ্ভৰ নকৰে, কৰে কিছুমান কাৰ্যৰ ওপৰতহে। উদাহৰণস্বৰূপে লুধিয়ানাৰ বিভিন্ন উদ্যোগ কেন্দ্ৰত কোলাহলৰ মাত্ৰা ১০০ ডে.ৰ ওচৰ পায়। সেইদৰে লক্ষ্ণৌৰ লটাৰী বিক্ৰী কেন্দ্ৰবোৰত কোলাহলৰ মান সদায় ৯০ ডে.ৰ ওপৰ হয়। দিল্লী আৰু মুম্বাইত উৰাজাহাজে অতি বেছি মাত্ৰাৰ কোলাহল সৃষ্টি কৰে।

শব্দ-প্ৰদূষণৰ প্ৰভাৱত প্ৰথমতে আমাৰ সংযোগ ব্যৱস্থাত ক্ষতি হয়। তাৰ পাছতে ই শ্ৰৱণশক্তিত আঘাত দিয়ে। শব্দ-প্ৰদূষণৰ প্ৰভাৱত মানুহে সাময়িকভাৱে বা সম্পূৰ্ণৰূপে **শ্ৰৱণ শক্তি হেৰুৱাব** পাৰে। ইয়াৰ কোনো ধৰণৰ চিকিৎসা নাই। অৱশ্যে কোলাহলৰ মাত্ৰা আৰু কিমান সময় ধৰি ই থাকে তাৰ ওপৰত নিৰ্ভৰ কৰি শ্ৰৱণশক্তি ব্যহত হয়।

তদুপৰি, শব্দ প্ৰদূষণৰ প্ৰভাৱত মানুহৰ (আন প্ৰাণীৰো) শাৰিৰীক আৰু মানসিক দুয়ো প্ৰকাৰৰ বেমেজালি সংঘটিত হ'ব পাৰে। অহৰহ কোলাহলৰ মাজত থকা ব্যক্তিৰ ক্ষেত্ৰত মূৰৰ বিষ, ৰক্তচাপজনিত ৰোগ, গেছ আৰু তাৰ দ্বাৰা উত্তেজিত পেটৰ অসুখ, বদহজম, পেপটিক আলচাৰ হোৱা দেখা গৈছে। লগতে ব্যৱহাৰৰ আৰু আবেগিক পৰিৱৰ্তন আহিবও পাৰে। কোলাহলে মনৰ স্থিৰতা, একাগ্ৰতা আদি হ্ৰাস কৰে। কাৰণ, কোলাহলময় পৰিৱেশত আমাৰ মস্তিষ্কই সুচাৰুৰূপে কাম কৰিবলৈ অপাৰগ হয়। শব্দ প্ৰদূষণে মানৱদেহৰ অৱসাদ আনে, খং উঠাই খিঙখিঙিয়া স্বভাৱৰ কৰি তোলে। ফলত মানুহৰ সাধাৰণ কৰ্মক্ষমতা কমি আহে।

শব্দ প্ৰদূষণে টোপনিতো ব্যাঘাত জন্মায় আৰু ইয়াৰ বাবে সাধাৰণ স্বাস্থ্যৰ ক্ষতি হয়। কোৱা হৈছে যে ৰাতি শুই থকা মানুহ এজনে ৪০ ডেছিবেল মাত্ৰাৰ শব্দ প্ৰবলতাতে সাৰ পাব পাৰে আৰু গভীৰ টোপনিত থকা জনো ৬০ ডে. প্ৰবলতাত সাৰ পায়। সেয়ে কোলাহলময় ঠাইত টোপনি পাতল হয়; অৰ্থাৎ গভীৰ টোপনিৰ মাত্ৰা কমায়। মানুহৰ দেহ-মন সতেজ হৈ থাকিবলৈ হ'লে কমেও পাঁচ ঘণ্টাৰ পৰা আঠ ঘণ্টালৈ (বয়স অনুসৰি) গভীৰ টোপনিৰ প্ৰয়োজন। আজিকালি নগৰীয়া আৰু উদ্যোগপূৰ্ণ ঠাইত বাস কৰা মানুহৰ বহুতৰে হৃদযন্ত্ৰৰ বেমাৰ, স্নায়বিক ৰোগ, হীনমন্যতাবোধ আদি বিসঙ্গতি আহিছে কোলাহলৰ কুপ্ৰভাৱত।

মুঠতে কোলাহলৰ বাবে সাম্প্ৰতিক মানুহৰ শৰীৰত ৰক্ত সঞ্চালন বিসঙ্গতিৰ পৰা শ্বাস-প্ৰশ্বাস, বিপাকীয় কাৰ্য, স্নায়বিক দুৰ্বলতালৈ বহু প্ৰকাৰৰ বিসঙ্গতি সৃষ্টি হৈছে। কোলাহলৰ বাবে হোৱা অনিষ্টকাৰী প্ৰভাৱ এনে ধৰণৰ ঃ

কোলাহল (ডেছিবেলত)	বিসঙ্গতি
২০-৬০	ৰক্তচাপ, মানসিক বিপৰ্যয় ৰোগ-হৃদযন্ত্ৰ আক্ৰমণ আদি।
৬০-৯০	সাধাৰণ স্বাস্থ্যৰ ক্ষতি, মূৰৰ বিষ, মাংসপেশীৰ বিষ, যৌন-ক্ষমতা হানি, পাকস্থলীৰ বিপাকীয় বিকাৰ, মানসিক বিপৰ্যয়, উচ্চ ৰক্তচাপৰ সৃষ্টি।
৯০-১২০	স্বাস্থ্যৰ ক্ষতি, কাণৰ অৰ্থাৎ শ্ৰৱণঃশক্তিৰ বেমেজালি, মানসিক বিপৰ্যয় আদি।
১২০ ৰ ওপৰত	মানব দেহত দীৰ্ঘকালিন বিষৰ সংক্ৰমণ, স্নায়বিক দুৰ্বলতা।

দেৱালীৰ সময়ত হোৱা শব্দ-প্ৰদূষণ ঃ

দেৱালী বা দীপান্বিতা হ'ল পোহৰৰ উৎসৱ। কিন্তু ইয়াৰ লগতে আহি পৰিছে বোমা, ফটকাৰ দৰে বাৰুদৰ ব্যৱহাৰ। শব্দধ্বনি সৃষ্টি কৰা ফটকাবোৰ ফুটাই আৰু ফুলজাৰি, মটা আদি পুৰি মানুহে মনৰ আনন্দ প্ৰকাশ কৰে। সকলো বয়সৰ মানুহে ইয়াক উপভোগো কৰে। তেতিয়া পাহৰি যায় কোলাহলৰ বাবে হ'ব পৰা কুফলৰ কথা। সাধাৰণ ফটকাই ১২৫ ডেছিবেলৰ ওপৰত প্ৰাবল্যৰ কোলাহল সৃষ্টি কৰে, যি মানুহৰ সহনশীলতাৰ তুলনাত অতি বেছি। এই সম্পৰ্কে ইতিমধ্যে সচেতনতা সৃষ্টিৰ প্ৰয়াস আৰম্ভ হৈছে। গৱেষকসকলৰ মতে বোমা, ফটকা তৈয়াৰ কৰা কাৰখানাসমূহে কোনবিধ বাৰুদে কিমান প্ৰবলতাৰ কোলাহল সৃষ্টি কৰে পেকেটত উল্লেখ কৰা উচিত। ইতিমধ্যে ভাৰত চৰকাৰৰ ব্যৱসায় আৰু উদ্যোগ বিভাগক এই দিশত নিয়ন্ত্ৰণ কৰাৰ ব্যৱস্থা লোৱাৰ বাবে অনুৰোধো কৰা হৈছে।

ৰাষ্ট্ৰীয় ভৌতিক গৱেষণাগাৰ (National Physical Laboratory), নিউ দিল্লীয়ে প্ৰকাশ কৰা তথ্যমতে দেৱালীৰ সময়ত বা এনেয়ো ব্যৱহাৰ কৰা ফটকা আদিৰ দৰে সামগ্ৰীবোৰে ১২৫ ডেছিবেলৰ উৰ্দ্ধত শব্দ-ধ্বনি সৃষ্টি কৰে। পৰিৱেশ সংৰক্ষণ নীতি, ১৯৯৯ মতে ই অন্যায় কাৰক। গৱেষণাগাৰৰ পৰা ২১ এপ্ৰিল ২০০৩ চনত প্ৰকাশ কৰা মতে কোন বিধ বোমা বা ফটকাই কি পৰিমাণৰ শব্দ-ধ্বনি সৃষ্টি কৰে, তাক তলৰ তালিকাখনত দিয়া হ'ল—

বাৰুদৰ প্ৰকাৰ	প্ৰস্তুতকাৰক	শব্দ-ধ্বনিৰ মাত্ৰা ডেছিবেলত
খেল বোমা	কৰোনেচন ফায়াৰ ৱৰ্কচ, শিবকাশী	১২৫+২
চীনা-ফটকা (একেলগে এহেজাৰটা থকা)	শ্ৰীকালীশ্বৰী ফায়াৰ ৱৰ্কচ, শিবকাশী	১২৮
চীনা ফটকা ৬০০ টা	ঐ	১৩২
নাজী নামক বোমা	কৰোনেচন ফায়াৰ ৱৰ্কচ, শিবকাশী	১৩৫+
ফুল-বোমা	ৰাজন ফায়াৰ ৱৰ্কচ, শিবকাশী	১৩৬+১
ভাঁজ দিয়া বোমা	শ্ৰীকালীশ্বৰী ফায়াৰ ৱৰ্কচ, শিবকাশী	১৩১+২
হাইড্ৰ'জেনযুক্ত বোমা	শ্ৰীপত্ৰকালী ফায়াৰ ৱৰ্কচ, শিবকালী	১৩৪+২
ৰাজন ধামাকা বোমা	ৰাজন ফায়াৰ ৱৰ্কচ, শিৱকাশী	১৩৬
সম্ৰাট ক্লাচিক বোমা	ভেঙ্কটেশ্বৰ ফায়াৰ ৱৰ্কচ, শিৱকাশী	১৩৬
পানী বোমা (Hydrofiled)	শ্ৰীকালীশ্বৰী ফায়াৰ ৱৰ্কচ, শিৱকাশী	১৩২+২
তিনিটা শব্দ কৰা বোমা	কৰোনেচন ফায়াৰ ৱৰ্কচ, শিৱকাশী	১১৯+৭
স্থানীয় বোমা	স্থানীয়ভাৱে তৈয়াৰী	১৩৬

প্ৰকৃততে ওপৰত উল্লেখ কৰা প্ৰায়বোৰ বোমা বা ফটকাই মানুহৰ সহনশীলতাৰ উৰ্দ্ধত। গতিকে এনে বোমা ফুটোৱাটো নিষিদ্ধ কৰা উচিত। এই সন্দৰ্ভত ১৯৯৮ চনত উচ্চ ন্যায়ালয়ে দিয়া নিৰ্দেশাৱলী এনেধৰণৰ ঃ

প্ৰতিখন ৰাজ্যই আৰু কেন্দ্ৰিয় শাসিত অঞ্চলে পৰিৱেশ সংৰক্ষণ নীতি, ১৯৮৬ মানি চলিব। সেই আইনমতে—

১। সহনসীমা ১২৫ ডে. আৰু ১৪৫ ডে. (বস্তুৰ প্ৰকাৰ অনুসৰি থকা) অতিক্ৰম কৰা বোমা বা ফটকাৰ প্ৰস্তুতকৰণ বন্ধ কৰিব লাগিব। শব্দ-ধ্বনি ৪ মিটাৰতকৈ অধিক দূৰলৈ যোৱা হ'ব নালাগিব।

(ii) আঁটি বান্ধি সজা ফটকাৰ সংখ্যা কমাই শব্দ-ধ্বনি সহন-সীমাৰ ভিতৰত থকা বিধৰ হ'ব লাগিব।

২। ফটকা ফুটোৱাৰ সময় সন্ধিয়া ৬ বজাৰ পৰা ৰাতি ১০ বজাৰ ভিতৰতে সীমিত ৰাখিব লাগিব। ৰাতি দহবজাৰ পৰা পুৱা ৬ বজালৈ কোনো ধৰণৰ ফটকা ফুটোৱা নিষিদ্ধ।

৩। 'নীৰৱ অঞ্চল' বুলি গণ্য কৰা ঠাইত বা তাৰ আশে-পাশে ফটকা ফুটাব নোৱাৰিব।

সাধাৰণতে চিকিৎসালয়, শিক্ষানুষ্ঠান, কোৰ্ট, ধৰ্মীয় স্থান বা আন নীৰৱ-অঞ্চল বুলি ঘোষণা কৰা ঠাইৰ কমেও ১০০ মিটাৰৰ ভিতৰত কোনো ধৰণৰ ফটকা ফুটোৱা নিষিদ্ধ।

৪। ৰাজ্যিক শিক্ষা-সম্পদ কেন্দ্ৰসমূহে আৰু স্কুল-কলেজৰ মূৰব্বী ব্যক্তিসকলে ছাত্ৰ-ছাত্ৰীক সচেতন কৰিবলৈ ব্যৱস্থা হাতত ল'ব লাগিব। তেওঁলোকক কোলাহলৰ কু-প্ৰভাৱৰ কথা অৱগত কৰি ফটকা ফুটোৱাৰ ক্ষেত্ৰত সংযমী হ'বলৈ শিক্ষা দিয়া উচিত।

শব্দ-প্ৰদূষণ নিয়ন্ত্ৰণ (Control of Noise Pollution) ঃ

যিহেতু কোলাহল অকল বিৰক্তৰেই নহয়, ই স্বাস্থ্যৰো ক্ষতি কৰে, সেয়ে ইয়াৰ উপযুক্ত নিয়ন্ত্ৰণ একান্ত বাঞ্ছনীয়। শব্দ-প্ৰদূষণৰ বাবে জন-সচেতনতা সৃষ্টি কৰি যিমান পাৰি প্ৰদূষণৰ মাত্ৰা কমাবলৈ প্ৰচেষ্টা ল'ব লাগিব। তেতিয়াহে ই সহন-সীমালৈ

নামি আহিব। প্ৰসঙ্গক্ৰমে মানুহৰ স্বাস্থ্যৰ বাবে কোলাহলৰ সহনসীমা দিয়া হৈছে এনেদৰে—

কাৰ্য	ডেছিবেলত মান
কথা-বাৰ্তা	৫০
ঘৰুৱা কাম-কাজ	৪০
মটৰ চাইকেল	৬৫-১০৫
গধুৰ যান-বাহন	৮০-১০০
হাতুৰী আদিৰ শব্দ	১২০
উৰা জাহাজ	৯০-১০০

পৃথিৱীৰ বহুতো দেশে ইতিমধ্যে আইন প্ৰণয়ন কৰি কোলাহল নিয়ন্ত্ৰণ কৰিছে। আমাৰ দেশতো ১৯৮৬ চনতে বায়ু-আইন প্ৰণয়ন কৰি কোলাহল এক অপৰাধ বুলি ঘোষণা কৰা হৈছে। এই আইনৰ সৈতে সংগতি ৰাখি 'কেন্দ্ৰিয় প্ৰদূষণ আইন' কৰা হৈছে। এই আইনৰ সৈতে সংগতি ৰাখি কেন্দ্ৰিয় প্ৰদূষণ নিয়ন্ত্ৰণ পৰিষদে স্থান অনুসৰি কোলাহলৰ অনুমোদিত মান ঘোষণা কৰিছে। এইদৰে—

	দিনৰ ভাগত (পুৱা ৬ বজাৰ পৰা ৰাতি নবজালৈ) **ডেছিবেলত**	ৰাতিৰ ভাগত (ৰাতি ন বজাৰ পৰা পুৱা ৬ বজালৈ)
(ক) ঔদ্যোগিক অঞ্চল	৭৫	৬৫
(খ) ব্যৱসায়িক অঞ্চল	৬৫	৫৫
(গ) আবাসিক অঞ্চল	৫৫	৪৫
(ঘ) নীৰৱ অঞ্চল	৫০	৪০

শব্দ-প্ৰদূষণ প্ৰতিৰোধ কৰিবলৈ দুই প্ৰকাৰৰ ব্যৱস্থা হাতত ল'ব লাগিব। সেয়া হ'ল— (i) কাৰিকৰী প্ৰথা আৰু (ii) আইনগত প্ৰথা। প্ৰকৃততে কাৰিকৰী প্ৰথাতো প্ৰশাসনীয় কথা নিহিত হৈ আছে। মুঠতে শব্দ-প্ৰদূষণ প্ৰতিৰোধৰ বাবে তলত দিয়া কথাকেইটা পালন কৰিব লাগিব ঃ

১। কোলাহল সৃষ্টি কৰা যান-বাহন, কল-কাৰখানা আৰু বিভিন্ন যন্ত্ৰ-পাতিত শব্দ নিৰোধক ব্যৱস্থা লগোৱা। আওপুৰণি সাজ-সৰঞ্জাম সলাই উন্নত ধৰণৰ নতুন সাজ-সৰঞ্জাম লগোৱা।

২। উদ্যোগ প্ৰতিষ্ঠানসমূহৰ য'ত শব্দ-প্ৰদূষণ সম্ভৱ তাত শব্দশোষক ব্যৱস্থা লগোৱাৰ ওপৰত গুৰুত্ব আৰোপ কৰা।

৩। ঔদ্যোগিক অঞ্চলত ৰাষ্ট্ৰীয় পথৰ কাষত আৰু ৰেল লাইনৰ কাষে কাষে ডাঙৰ বা জোপোহা গছ ৰোৱাৰ ব্যৱস্থা কৰা। গছ-গছনিয়ে বহু পৰিমাণে শব্দ শুহি লয়।

৪। গাড়ী-মটৰবোৰক য'তে-ত'তে বা প্ৰয়োজন নোহোৱাকৈ হৰ্ণ বজোৱাটো বাৰণ কৰিব লাগে।

৫। অবাঞ্ছিতভাৱে বা অলাগতিয়ালকৈ সৃষ্টি কৰা কোলাহল (যেনে— উচ্চস্তৰত মাইক আদি বজোৱা) বন্ধ কৰা উচিত।

৬। অতিপাত কোলাহল সৃষ্টি কৰা অঞ্চল বা ঠাই চিনাক্ত কৰি কোলাহল নিয়ন্ত্ৰণৰ আইনগত ব্যৱস্থা হাতত লোৱা উচিত।

৭। সম্প্ৰতি প্ৰচলিত থকা কোলাহল নিৰোধক আইন কাৰ্যকৰী কৰিব লাগে। বিশেষকৈ দেৱালী, উৎসব আদিৰ সময়ত নিয়ন্ত্ৰণ ব্যৱস্থা কটকটীয়া কৰা উচিত।

৮। কোলাহলৰ দ্বাৰা হোৱা স্বাস্থ্য তথা পৰিৱেশৰ ক্ষতি সম্পৰ্কে জনসাধাৰণক সচেতন কৰি তুলিবলৈ বিহিত ব্যৱস্থা হাতত ল'ব লাগে।

৯। শব্দ-প্ৰদূষণ প্ৰতিৰোধক আইন ভঙ্গকাৰীক কঠোৰ শাস্তি দিয়াৰ দিহা কৰা উচিত।

পানী প্ৰদূষণ (Water Pollution) ঃ

যি পানীত পানীৰ স্বাভাৱিক অৱস্থা বিঘ্নিত হৈ অৰ্থাৎ পানীৰ ভৌতিক, ৰাসায়নিক আৰু জৈৱিক প্ৰকৃতি সলনি হোৱা অৱস্থা আহে, তাকেই প্ৰদূষিত পানী বোলা হয়। প্ৰদূষিত পানীত অনিষ্টকাৰী মৌল, ৰোগৰ কাৰক বীজাণু আদি আৰু অবাঞ্ছিত মল আদি মিহলি হৈ থাকে।

পানী প্ৰদূষণৰ উৎস ঃ পানী জীয়াই থকাৰ বাবে এক অপৰিহাৰ্য পদাৰ্থ। সকলো প্ৰাণী আৰু উদ্ভিদক পানীৰ প্ৰয়োজন। আমাৰ পৃথিৱীখনৰ প্ৰায় তিনি-চতুৰ্থাংশ পানীয়ে আগুৰি আছে। কিন্তু তাৰ ২.৭ শতাংশ পানীহে মানুহৰ ব্যৱহাৰযোগ্য। ইয়াৰো ৭২ শতাংশ বৰফৰ ৰূপত আছে। গতিকে আমাৰ নিত্য ব্যৱহাৰ বাবে অৰ্থাৎ খাবলৈ, ৰন্ধা-বঢ়া কৰিবলৈ, গা-ধোৱা কাপোৰ-কানি ধুবলৈ প্ৰয়োজন হোৱাৰ উপৰিও খেতি-বাতিত জলসিঞ্চনৰ বাবে আৰু উদ্যোগ-প্ৰতিষ্ঠানবোৰত যন্ত্ৰ-পাতি চলাবৰ বাবে পানীৰ প্ৰয়োজন। পানীত বহুতো পদাৰ্থ দ্ৰৱীভূত হয় আৰু এই বাবেই ই সহজে প্ৰদূষিত হয়। পানী-প্ৰদূষণৰ কেইবাটাও কাৰক আছে। তাৰ ভিতৰত মুখ্যকাৰক হ'ল উদ্যোগৰ পৰা নিৰ্গত বৰ্জিত (১) পদাৰ্থ, (২) কৃষি কাৰ্যৰ দ্বাৰা আৰু (৩) সামূহিকভাৱে বৰ্জিত পদাৰ্থ।

পানী আমি দুভাগে পাও। পৃথিৱীপৃষ্ঠৰ ওপৰত থকা নৈ-নিজৰা, হ্ৰদ আদিৰ দ্বাৰা আৰু ভূ-পৃষ্ঠৰ তলত থকা পানীৰ দ্বাৰা। ভূ-পৃষ্ঠৰ তলত উপৰিভাগত থকা পানীৰ তুলনাত প্ৰায় ৩০ গুণ অধিক পানী আছে। আচলতে, ভূ-পৃষ্ঠৰ তলত থকা পানীৰ প্ৰদূষণ কম। তথাপি মানুহে মাটিৰ তললৈ পঠিওৱা কিছুমান বৰ্জিত পদাৰ্থ মাটিৰ স্তৰৰ মাজেৰে গৈ প্ৰদূষণ সৃষ্টি কৰে। কিন্তু মাটিৰ তলৰ পানীত থকা আৰ্চেনিক, ফ্ল'ৰাইড আৰু নাইট্ৰেটৰ দৰে কিছুমান বিষাক্ত, স্বাস্থ্যৰ ক্ষতিকাৰক প্ৰদূষক থাকে।

ভূ-পৃষ্ঠৰ ওপৰভাগত থকা পানী প্ৰদূষিত হৈ আছে ঘাইকৈ ওপৰত উল্লেখ কৰা কাৰক তিনিটাৰে।

(ক) ঔদ্যোগিক বৰ্জিত পদাৰ্থ ঃ উদ্যোগ প্ৰতিষ্ঠানসমূহৰ পৰা ওলোৱা বৰ্জিত পদাৰ্থ পানীৰ সৈতে বাহিৰলৈ উলিয়াই দিয়া হয়। এনে বৰ্জিত পদাৰ্থৰ লগত উদ্যোগ অনুসৰি বহুতো ক্ষতিকাৰক জৈৱ আৰু অজৈৱ পদাৰ্থ (যেনে— বিষাক্ত ৰাসায়নিক দ্ৰব্য, এচিড, খাৰ জাতীয় বস্তু, ধাতব যৌগ, ফেনাইল, এমোনিয়া, চায়ানাইড, তেজস্ক্ৰিয় পদাৰ্থ আদি) থাকে, যি নৈ-নিজৰা বা পুখুৰী আদিৰ পানী প্ৰদূষিত কৰি আছে। এনে বৰ্জিত পদাৰ্থৰ কিছুমানে পানীৰ উষ্ণতাও বঢ়ায়।

(খ) সামূহিকভাৱে বৰ্জিত পানী-পুতিকা ঃ সাধাৰণতে বাণিজ্যিক প্ৰতিষ্ঠান, হস্পিতাল, মানুহৰ ঘৰৰ পৰা ওলোৱা বৰ্জিত পানী নলা আদিৰে বোৱাই নি নদীত পেলোৱা হয়। নগৰ অঞ্চলত এই সমস্যা অধিক। এইদৰে ওলোৱা বৰ্জিত পানী অৰ্থাৎ পুতিকাৰ সৈতে জীৱ-জন্তুৰ মল-মূত্ৰ, বীজাণু, খাদ্যৰ পেলনীয়া অংশ, চাবোন-পানীকে ধৰি আন কিছুমান প্ৰদূষক বৈ যায় আৰু ইয়ে পানী প্ৰদূষিত কৰে।

(গ) কৃষি ৰাসায়নিক পদাৰ্থ ঃ খেতিত ব্যৱহাৰ কৰা কৃত্ৰিম সাৰ, বীজাণু আৰু জীৱাণুনাশক দ্ৰব্য আদি বৰষুণৰ পানীয়ে বোৱাই নি ভূ-পৃষ্ঠৰ পানীত পেলায় আৰু ইয়ে পানী সাংঘাতিকভাৱে প্ৰদূষিত কৰিছে।

এই তিনিটা কাৰকৰ সৈতে পানী প্ৰদূষিত কৰা আন কাৰক হ'ল—

(ঘ) তেল ঃ সাগৰত তেল উদ্ধাৰ কৰাৰ সময়ত কিছু পৰিমাণৰ তেল সাগৰৰ পানীত পৰে আৰু তৈলক্ষেত্ৰৰ পৰা শোধানাগাৰলৈ কঢ়িয়াই নিয়া ডাঙৰ ডাঙৰ পাইপৰ গাঁঠি অংশৰ পৰা তেল নিগৰি মাটিত পৰে আৰু বৰষুণৰ পানীয়ে তাক ধুৱাই নি নদী, পুখুৰী আদিত পেলায়। তেল পানীৰ এক প্ৰদূষক।

(ঙ) বৰ্জিত উষ্ণতা ঃ উদ্যোগ-প্ৰতিষ্ঠান কিছুমানৰ পৰা নিৰ্গত উষ্ণ বৰ্জিত পদাৰ্থ পানীত পৰিলে পানীৰ উষ্ণতা বাঢ়ে। ইয়ে কিছুমান জলজ প্ৰজাতিৰ অন্যায় কৰে।

পানী প্ৰদূষণৰ কুফল ঃ সাধাৰণতে পানীত মিহলি হোৱা জৈৱ পদাৰ্থবোৰ পানীত থকা অণুজীৱৰ সহায়ত বিয়োজিত হয়। এই প্ৰক্ৰিয়াত পানীত থকা অক্সিজেনৰ প্ৰয়োগ হয়। সাধাৰণতে, উত্তাপ আৰু পাৰিৱেশিক চাপৰ ওপৰত নিৰ্ভৰ কৰি পানীত অক্সিজেন এটা মাত্ৰাত দ্ৰৱীভূত হয়। দ্ৰৱীভূত অক্সিজেনৰ মাত্ৰা পানীত থকা উদ্ভিদ আৰু জীৱনৰ শ্বাস-প্ৰশ্বাসৰ ওপৰতো নিৰ্ভৰ কৰে। বিভিন্ন জলজ প্ৰাণীক ভিন ভিন মাত্ৰাত দ্ৰৱীভূত অক্সিজেনৰ প্ৰয়োজন হয়। দ্ৰৱীভূত অক্সিজেনৰ মাত্ৰা কমি গ'লে মাছজাতীয় প্ৰাণীৰ ক্ষতিসাধন হয়। প্ৰদূষিত পানীত দ্ৰৱীভূত অক্সিজেনৰ মাত্ৰা কমিবলৈ লয়।

দেখা যায় নৈ, নিজৰা, হ্ৰদ আদিৰ পানী প্ৰদূষকৰ প্ৰভাৱত ভৌতিক আৰু ৰাসায়নিকভাৱে পৰিৱৰ্তিত হয়। ইয়ে পানী খোৱাৰ অনুপযোগী কৰে আৰু জলজ উদ্ভিদ, প্ৰাণীৰ ওপৰতো কু-প্ৰভাৱ পেলায়।

ৰাসায়নিক সাৰ আৰু কীটনাশক দ্ৰব্যৰ সৈতে থকা পদাৰ্থ কিছুমানে (বিশেষকৈ নাইট্ৰ'জেন আৰু ফছফৰাছ যৌগই) জলজ উদ্ভিদৰ বৃদ্ধি কৰে; কিন্তু ইয়ে জলজপ্ৰাণীৰ বাবে সমস্যাৰ সৃষ্টি কৰে। কাৰণ, জলজ উদ্ভিদৰ বৃদ্ধিয়ে পানীত দ্ৰবীভূত অক্সিজেনৰ মাত্ৰা কমায়।

বৰ্জিত পানীৰ সৈতে বহুতো ৰোগৰ বীজাণু বা ৰোগ উৎপাদক পদাৰ্থ থাকে। পানীৰ বাবে হোৱা কলেৰা, পেটৰ অসুখ বিশেষকৈ তেজহাগনি, টাইফয়েদ, জণ্ডিচ আদি ৰোগ এইদৰে দূষিত পানীৰ দ্বাৰা বিয়পে।

উদ্যোগ প্ৰতিষ্ঠান আদিৰ পৰা নিৰ্গত গধুৰ ধাতব যৌগ, চায়ানাইড আৰু অন্যান্য বিষাক্ত পদাৰ্থ কিছুমানে মানৱ দেহত আৰু জল জীৱৰ দেহত ঘোৰ অনিষ্ট কৰে।

ডিডিটি পানীত দ্ৰবীভূত নহয়। ই পানীত পৰিলে পানীত থকা জীৱৰ দেহত সঞ্চিত হয়। অনুক্ৰমে ইয়াৰ মাত্ৰা বাঢ়ে আৰু মূৰকত জলজ খাদ্যৰ দূষণ আনে। সাধাৰণতে জৈৱ সঞ্চয়ন এনে হাৰত হয়—

	ডি.ডি.টিৰ মাত্ৰা	
পানীত	০.০০০০০১	পি.পি.এম.
↓	↓	
শেলুৱৈ আদিত	০.০১	পি.পি.এম.
↓	↓	
দৰিকনাজাতীয় মাছ	০.১	পি.পি.এম.
↓	↓	
অলপ ডাঙৰ মাছ	১.০	পি.পি.এম.
↓	↓	
চৰাই (মাছ খোৱা)	১০.০	পি.পি.এম.

ডিডিটিৰ দৰে বিষাক্ত পদাৰ্থই খোৱাপানী আৰু খাদ্যৰ মাজেৰে সংবহিত হৈ মানৱ-স্বাস্থ্যৰ ক্ষতিসাধন কৰে।

সেইদৰে বৰ্জিত পদাৰ্থৰ মাধ্যমেৰে পানীত মিহলি হোৱা পাৰা, সীহ, কেডমিয়াম আদিৰ দৰে ধাতব মৌলই মানৱ দেহৰ যথেষ্ট ক্ষতি কৰে। পাৰা পানীত থকা জীৱাণুৰ সৈতে বিক্ৰিয়া কৰি মিথাইল-পাৰা নামৰ যৌগৰ সৃষ্টি কৰে। এনে যৌগ মাছ আদিৰ যোগেদি মানৱ দেহলৈ সংবহিত হয়। ইয়াৰ প্ৰভাৱত মিনামাতা নামৰ ৰোগ হোৱা সম্ভাৱনা অধিক। ১৯৫৩ চনত জাপানত মিথাইলযুক্ত পাৰদ যৌগ খোৱা মাছ খাই ৫০ জন মানুহৰ মৃত্যু হয় আৰু ৭০০ জন মানুহৰ অঙ্গ-পঙ্গু হোৱা, দৃষ্টিহীনতা আৰু শ্ৰৱণশক্তি হেৰুওৱাৰ দৰে ৰোগত ভুগিছিল। মিনামাতা উপসাগৰ অঞ্চলত মাছ খাই ৰোগ হোৱা বাবে তাৰ নাম দিয়া হয় মিনামাতা। সেইদৰে কেডমিয়াম নামৰ ধাতব যৌগৰ দ্বাৰা জাপানত আন এটা ৰোগ ইটাই-ইটাই হৈছিল। এইবিধ যৌগ ধানৰ খেতিত দিয়া প্ৰদূষিত পানীৰে সঞ্চাৰিত হৈছিল। ই মানৱ দেহৰ হাড়, যকৃৎ, ফুচফুচ, পাকস্থলী আৰু থাইৰয়ড গ্ৰন্থিৰ ওপৰত কুপ্ৰভাৱ পেলাইছিল।

সেইদৰে পানীত থকা ফ্ল'ৰাইডে হাড় দুৰ্বল কৰে, তিৰোতাৰ গৰ্ভধাৰণ ক্ষমতা কমায় আৰু কেন্সাৰ সৃষ্টিৰ কাৰক হয়। আৰ্ছেনিকযুক্ত পানীয়ে দেহৰ ভিতৰত বিষক্ৰিয়া আনে।

পানী প্ৰদূষণ নিয়ন্ত্ৰণ (Control of Water Pollution) ঃ

প্ৰথমতে আইন প্ৰণয়ন আৰু তাক কাৰ্যকৰণৰ দ্বাৰা মূলতে পানী প্ৰদূষণ কমাব পাৰি। তদুপৰি তলত দিয়া ব্যৱস্থা অৱলম্বন কৰি পানী প্ৰদূষণ নিয়ন্ত্ৰণ কৰিব পাৰি ঃ

১। কৃষিত ব্যৱহাৰ কৰা ৰাসায়নিক দ্ৰব্যসমূহৰ ন্যায়সংগত, বিবেচনাপূৰ্ণ নিয়ন্ত্ৰণ কৰিলে ভূ-পৃষ্ঠৰ অৰ্থাৎ নৈ-নিজৰা, হ্ৰদ-পুখুৰী আদিৰ প্ৰদূষণ কমিব।

২। সাৰৰ পৰিৱৰ্তে নাইট্ৰ'জেনৰ ব্যৱহাৰ প্ৰচলন কৰিলেও ভূ-পৃষ্ঠৰ পানীৰ প্ৰদূষণ কমিব।

৩। কীট আদি নিয়ন্ত্ৰণৰ বাবে কীটাণুনাশক দ্ৰব্যৰ সলনি ঘৰুৱা অৰ্থাৎ গঞা পদ্ধতি অৱলম্বন কৰা উচিত।

৪। কৃষিক্ষেত্ৰত প্ৰয়োগ কৰা কৃত্ৰিম সাৰ সংবহিত হোৱাটো ৰোধ কৰিব লাগিব।

৫। নলা-নৰ্দমাৰ পানী বৈ যোৱাৰ বাবে বিকল্প ব্যৱস্থা কৰি খোৱা পানীৰ উৎস নিৰাপদ কৰিব লাগিব।

৬। গছ-গছনি অধিক হাৰত ৰুই মাটিৰ খহনীয়া ৰোধ কৰা উচিত হ'ব।

৭। উপযুক্ত, বৈজ্ঞানিক শোধন প্ৰক্ৰিয়াৰ ব্যৱস্থা কৰা উচিত। বৰ্জিত পানী বৈ যাওতে ফিল্টাৰ, কাগজ, বালি, গেদ জমাকৰণ দিহা সংযোগ কৰিব লাগে। পাছত পানীত ক্ল'ৰিণ দি অনিষ্টকাৰী বীজাণু, ভাইৰাছ আদি ধ্বংস কৰাৰ ব্যৱস্থা কৰিব লাগিব। এনে প্ৰক্ৰিয়াৰে বৰ্জিত পানীৰ লগত ৬০ শতাংশ গোটা আৰু ৩০ শতাংশ অক্সিজেন শোষিত পদাৰ্থ আঁতৰ কৰিব পাৰি।

৮। প্ৰদূষিত পানীত ৰাসায়নিক দ্ৰব্য দি পৰিষ্কাৰ কৰাৰ ব্যৱস্থা কৰিব লাগে। উদাহৰণস্বৰূপে, প্ৰদূষিত পানীত থকা অজৈৱ পদাৰ্থবোৰ ফিটকাৰী, চূণ বা লৌহ-লৱণৰ প্ৰয়োগেৰে কমাব পাৰি। সেইদৰে পটাছৰ দৰে দ্ৰব্য ব্যৱহাৰ কৰি জৈৱ-প্ৰদূষক জাৰিত কৰিব পাৰি। কিছুমান শেলাইজাতীয় উদ্ভিদেও পানীত থকা নাইট্ৰেট, ফছফেট আদি গ্ৰহণ কৰি পানী শোধন কৰে।

৯। ১৯৭৪ চনত ভাৰত চৰকাৰে প্ৰস্তুত কৰা পানী প্ৰদূষণ নিয়ন্ত্ৰণ আইনৰ সদ্ব্যৱহাৰ প্ৰদূষণ নিয়ন্ত্ৰণ পৰিষদে সঠিকভাৱে কাৰ্যকৰী কৰা উচিত। অন্ততঃ ঔদ্যোগিক অঞ্চলত বৰ্জিত পদাৰ্থ পেলোৱাৰ সুব্যৱস্থা এই আইনৰ দ্বাৰা আনিব পাৰি।

১০। খোৱা পানী যোগান ধৰা কেন্দ্ৰবোৰে উপযুক্ত হাৰত পানী শোধন কৰাৰ ব্যৱস্থা লোৱা উচিত।

১১। সকলো ঠাইৰ জনসাধাৰণক পানী প্ৰদূষণৰ কুফল বুজাই দি জনচেতনা জাগ্ৰত কৰা উচিত। পানী কিদৰে প্ৰদূষিত হৈ আছে তাক জনসাধাৰণৰ মাজত প্ৰচাৰ কৰাৰ ব্যৱস্থা চৰকাৰী আৰু বেচৰকাৰী প্ৰতিষ্ঠানসমূহক অৰ্পণ কৰিব লাগিব।

তাপীয় প্ৰদূষণ (Thermal Pollution) ঃ

বৰ্জিত তাপৰ প্ৰভাৱত পানীৰ উষ্ণতা বৃদ্ধি হৈ পৰিৱেশত অবাঞ্ছিত পৰিৱৰ্তন অনা কাৰ্য হ'ল তাপীয় প্ৰদূষণৰ পৰিণাম। পানীৰ সাধাৰণ উষ্ণতা ৰক্ষিত হোৱাটো জলজ প্ৰাণী আৰু উদ্ভিদৰ উপৰিও পৰিস্থিতিতন্ত্ৰৰ বাবেও গুৰুত্বপূৰ্ণ কথা।

তাপীয় প্ৰদূষণৰ উৎস বা কাৰণ (Causes of Thermal Pollution) ঃ তাপীয় প্ৰদূষণৰ মুখ্য কাৰণ হ'ল—

১। উদ্যোগৰ পৰা ওলোৱা বৰ্জিত দ্ৰব্য,

২। নৰ্দমাৰে বৈ যোৱা পানী, মল আদি,

৩। জৈৱ ৰাসায়নিক কাৰ্য আৰু

৪। তাপ আৰু নিউক্লিয় শক্তি কাৰখানা সমূহ।

বিদ্যুৎ শক্তি উৎপন্ন কৰা কাৰখানাসমূহৰ প্ৰক্ৰিয়াত উৎপন্ন হোৱা এক তৃতীয়াংশ শক্তিহে কামত আহে, বাকী দুই-তৃতীয়াংশ তাপৰ মাধ্যমেৰে বিনষ্ট হয়। ইঞ্জিন আদিৰ তাপ কমাবলৈ পানী ছটিওৱা হয় আৰু সেই তাপগৰ্ভ পানী পুনৰ বৰ্জিত ৰূপত নৈ-নিজৰা, হ্ৰদ বা সাগৰত পৰেগৈ। এনে বৰ্জিত পানীৰ উত্তাপ পানীৰ সাধাৰণ উষ্ণতাৰ তুলনাত ১০-১৬ ডিগ্ৰী (চেলছিয়াছ) অধিক। মুৰকত ইয়ে পানীৰ তাপীয় প্ৰদূষণ আনে।

একেদৰে লো, তীখা, তেল আদিৰ দৰে কাৰখানা সমূহৰ বৰ্জিত জুলীয়া পদাৰ্থৰ উষ্ণতাও পানীৰ সাধাৰণ উত্তাপতকৈ ৪-৮ ডিগ্ৰী চেঃ অধিক। এই বৰ্জিত পদাৰ্থসমূহ নৰ্দমাৰে বৈ গৈ পানীৰ উৎসত পৰে। ইয়ে জলজ প্ৰাণী আৰু উদ্ভিদৰ অন্যায় সাধন কৰে।

নিউক্লিয় শক্তি প্ৰকল্পৰ পৰা অব্যৱহৃত তাপৰ সৈতে তেজষ্ক্ৰিয় আৱৰ্জনা নদীত পেলোৱা হয়। ইয়ে জলজ পৰিৱেশত অধিক তাপ সৃষ্টি কৰে।

পানীত পেলাই দিয়া বিভিন্ন জৈৱিক আৰু জাৰণক্ষৰণ পদাৰ্থই পানীত থকা অক্সিজেন ব্যৱহাৰ কৰে। ফলত ইয়ে পানীত অক্সিজেনৰ মাত্ৰা কমায় আৰু ইয়ে আন কিছুমান দুৰ্গন্ধযুক্ত, অপকাৰী গেছ উৎপন্ন কৰে। এনে কাৰ্যৰ দ্বাৰা পানীৰ সাধাৰণ উষ্ণতা বঢ়ায়।

যিকোনো ডাঙৰ উদ্যোগ কাৰখানাত বিদ্যুৎ সৃষ্টি কাৰ্যৰ দ্বাৰা পানীৰ সাধাৰণ উষ্ণতা বঢ়ায়।

যিকোনো ডাঙৰ উদ্যোগ কাৰখানাত বিদ্যুৎ সৃষ্টি কৰিবৰ বাবে তাপশক্তি উৎপাদক টাৰবাইন সংযুক্ত কৰা হয়। টাৰবাইনৰ বেগ বৃদ্ধি কৰিবৰ বাবে বাষ্পক পানীলৈ ৰূপান্তৰিত কৰিবৰ প্ৰয়োজন হয়। এই কাৰ্যত অধিক তাপ এৰি দিয়া হয়, যাৰ ফলত পৰিৱেশত তাপীয় প্ৰদূষণ সৃষ্টি হয়। এইবাবেই উদ্যোগ থকা অঞ্চলসমূহত সাধাৰণতে পৰিৱেশ তাপগৰ্ভ হয়।

তাপীয় প্ৰদূষণৰ প্ৰভাৱ (Effects of Thermal Pollution) ঃ

তাপীয় প্ৰদূষণৰ প্ৰভাৱত বহুতো অপকাৰ সাধিত হয়। যেনে—

১। জলতন্ত্ৰৰ ওপৰত বিভিন্ন কু-প্ৰভাৱ পৰিছে। তাপৰ প্ৰভাৱত পানীত থকা অক্সিজেনৰ পৰিমাণ কমে। ইয়াৰ ফলত পানীত থকা সৰু সৰু জীৱ, মাছ আদি মৰি যায়। বিশেষকৈ মাছৰ কণী আৰু কিছুমান জীৱাণুই তাপ বৃদ্ধি সহিব নোৱাৰে।

২। অধিক উত্তাপে পানীৰ গভীৰ অংশলৈ অক্সিজেন প্ৰৱেশ কৰাত বাধা প্ৰদান কৰে।

৩। তাপীয় প্ৰদূষণৰ ফলত পানীৰ উষ্ণতা বাঢ়ে বাবে তাত অপকাৰী ৰোগ সৃষ্টিকৰিব পৰা অণুজীৱৰ বৃদ্ধি হয়।

৪। পানীৰ উষ্ণতা বৃদ্ধিৰ বাবে সেউজীয়া শেলুৱৈ জাতীয় উদ্ভিদৰ বৃদ্ধি অধিক হয়; লগতে আন কিছুমান অবাঞ্ছিত জীৱৰো বংশ বৃদ্ধি হয়। ইয়ে পানীৰ স্বাভাৱিক তন্ত্ৰ ব্যহত কৰে।

৫। উষ্ণতা বৃদ্ধিয়ে পানীত থকা জীৱসমূহৰ শ্বাস-প্ৰশ্বাস আৰু পাচন ক্ৰিয়াত কু-প্ৰভাৱ পেলায়।

৬। উষ্ণতা বৃদ্ধি হেতু মাছৰ প্ৰব্ৰজন কমে।

৭। নিউক্লিয় আবৰ্জনাৰপৰা নিৰ্গত তেজষ্ক্ৰিয়তাই জীৱৰ অন্যায় কৰে। তেজষ্ক্ৰিয়তাই কোষ বিভাজনৰ গতি ত্বৰান্বিত কৰি কেন্সাৰ ৰোগ সৃষ্টি কৰাত সহায় কৰে।

তাপীয় প্ৰদূষণৰ নিয়ন্ত্ৰণ (Control of Thermal Pollution) ঃ

তাপীয় প্ৰদূষণ নিয়ন্ত্ৰণৰ বাবে ল'ব পৰা ব্যৱস্থাসমূহ হ'ল—

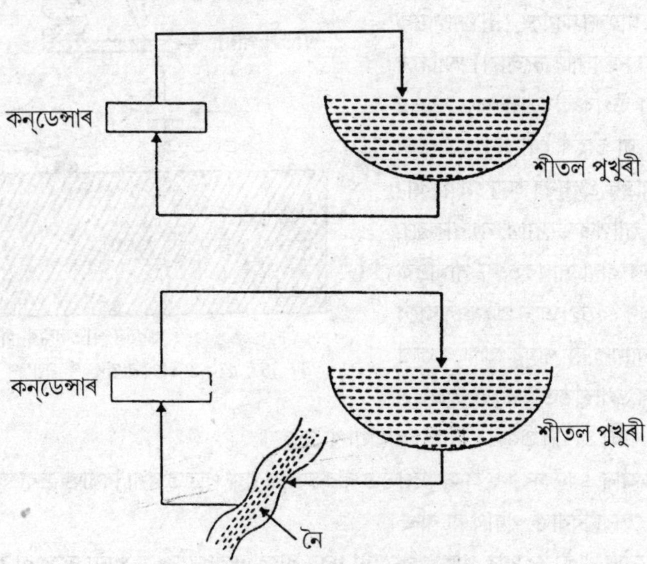

চিত্ৰ ৫.১ শীতল পুখুৰীৰে তাপ নিয়ন্ত্ৰণ

১। শীতল কৰা পুখুৰী সাজি উত্তাপ কম কৰা,

২। শীতলকৰণ ব্যৱস্থা স্থাপন কৰা আৰু

৩। কৃত্ৰিম হ্ৰদ বা পুখুৰীৰ ব্যৱস্থা কৰা।

উদ্যোগ স্থানতে শীতলীকৰণ ব্যৱস্থাৰে উত্তাপৰ কিছু অংশ বাষ্পীভূত কৰি বায়ুমণ্ডললৈ পঠিওৱাৰ দিহা কৰিব লাগে যাতে সম্পূৰ্ণ তাপ পানীলৈ যাব নোৱাৰে।

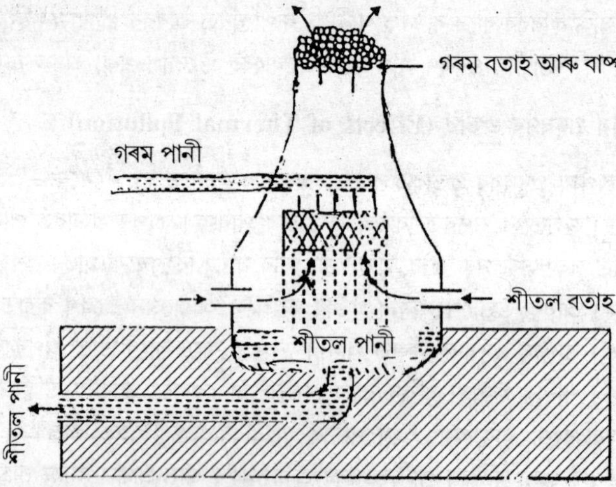

ভিজা শীতল কৰা গম্বুজ

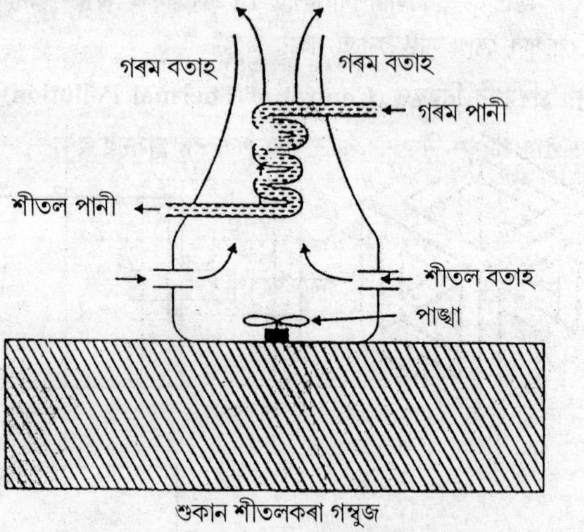

শুকান শীতলকৰা গম্বুজ

চিত্ৰ ৫.২ ঃ তাপীয় প্ৰদূষণ নিয়ন্ত্ৰণ শীতল কৰা গম্বুজ

কৃত্ৰিম পুখুৰী সাজি তাপ বিতৰণ কৰাৰ ব্যৱস্থা কৰিব লাগে। সেইদৰে কৃত্ৰিম হ্ৰদ সাজি তাৰ এটা মূৰৰ পৰা ঠাণ্ডা পানী শোষণ কৰি তাপ সংগৃহীত গৰম পানীখিনি আনটো মূৰত পৰাৰ দিহা কৰিব লাগে।

তদুপৰি, তাপ সৃষ্টিকাৰী প্ৰকল্পৰ সৈতে তাপ ব্যৱহাৰ হোৱা আন লঘু উদ্যোগ স্থাপন কৰি তাপীয় প্ৰদূষণ কমোৱাৰ লগতে তাপৰ অপচয় বন্ধ কৰিব পাৰি।

সামুদ্ৰিক প্ৰদূষণ (Marine Pollution) ঃ

যিহেতু পৃথিৱীৰ মুঠ পানীৰ ৯৭.২ শতাংশ কেৱল সাগৰ-মহাসাগৰতেই আছে, গতিকে সামুদ্ৰিক পৰিৱেশ আমাৰ প্ৰাকৃতিক পৰিৱেশৰ মুখ্য অংশ। সমুদ্ৰৰ পৰিৱেশ প্ৰদূষিত হৈছে (i) সাগৰত পৰা নদীবোৰেৰে, (ii) সাগৰত চলোৱা বিভিন্ন খনিজ সম্পদ— তেল আদি আহৰণ কাৰ্যৰে, (iii) সামুদ্ৰিক যাতায়াত ব্যৱস্থা (জাহাজ আদি চলোৱা) আদিৰে আৰু (iv) মোহনা বা উপকুলীয় অঞ্চলত স্থাপন কৰা বসতি, হোটেল বা চাহৰ দোকান আদিৰে। নিউক্লিয় আৱৰ্জনা সামুদ্ৰিক প্ৰদূষণৰ অন্যতম কাৰণ।

উপকূল অঞ্চলত স্থাপিত উদ্যোগ, নগৰীকৰণ, পৰ্যটন-ব্যৱসায় আদিৰ দ্বাৰা সাগৰত বা সামুদ্ৰিক পৰিৱেশৰ যথেষ্ট প্ৰদূষণ হৈছে। এনে প্ৰদূষণৰ বাবে বীজাণুৰ নিঃসৰণ, অন্যায়কাৰী শামুক আদিৰ জন্ম আৰু ৰাসায়নিক যৌগৰ উপস্থিতিত উপকূল অঞ্চলত থকা চৰাই আৰু স্তন্যপায়ী প্ৰাণীৰ প্ৰজনন ব্যৱস্থা বাধাপ্ৰাপ্ত হৈছে।

সামুদ্ৰিক প্ৰদূষণৰ আন এক কাৰণ হ'ল সমুদ্ৰগৰ্ভত বাকচত বা বন্ধ পাত্ৰত ৰখা বিষাক্ত দ্ৰব্য আৰু তেজষ্ক্ৰিয় আৱৰ্জনাৰ পৰা ওলোৱা বা নিঃসৰিত হোৱা বিষাক্ত পদাৰ্থ বা ৰশ্মি।

তেলবাহী টেঙ্কাৰবোৰ খালী হোৱাৰ পাছত পাত্ৰটো ধুবৰ বাবে এবিধ বিশেষ পানী ভৰোৱা হয় আৰু এই বৰ্জিত পানীখিনি

সাগৰতে পেলাই দিয়া হয়। এনে পানীৰ লগত তেল মিহলি হৈ থাকে, যিয়ে সামুহিক প্ৰদূষণ কৰে। আজিকালি অৱশ্যে পানীৰ লগত মিহলি হৈ থকা তেল উঠাই অনাৰ বিশেষ ব্যৱস্থা কৰা হয়।

সাগৰৰ পানীৰ লগত মিহলি হোৱা তৈলাক্ত পদাৰ্থই বহুতো সামুদ্ৰিক প্ৰাণী আৰু উদ্ভিদৰ অন্যায়সাধন কৰে; বিশেষকৈ শেলুৱৈ জাতীয় উদ্ভিদ, এলগী, উদ্ভিদপ্লৱক, জৈৱপ্লৱক আৰু অমেৰুদণ্ডী জীৱৰ উপৰিও প্ৰবাল, মাছ, চৰাই আৰু স্তন্যপায়ী প্ৰাণীৰ অন্যায় হয়। তেলে মাছৰ পাখি গধুৰ কৰে আৰু ফুচফুচত সোমাই উশাহ-নিশাহত বাধা দিয়ে। মূৰকত মাছৰ মৃত্যু হয়। ১৯৮৯ চনত আলাস্কাত তৈল-টেঙ্কাৰৰ পৰা নিৰ্গত তেলৰ প্ৰভাৱত বহুতো প্ৰবাল দ্বীপ ধ্বংসপ্ৰাপ্ত হৈছিল আৰু ৩৯০ হেজাৰ সামুদ্ৰিক চৰাইৰ মৃত্যু হৈছিল। সেইদৰে ১৯৭৮ চনত ফ্ৰান্স আৰু বৃটানী (Brettany) ৰ অঞ্চলত ২২০ টন তেল পৰি ২০ হেজাৰ চৰাইৰ মৃত্যু আনিছিল। ১৯৫৫ চনত জাৰ্মানৰ এলবে অঞ্চলত ৫০০ হেজাৰ চৰাইৰ মৃত্যু ঘটিছিল সামুদ্ৰিক তেলসিক্ত পানীৰ প্ৰভাৱত। ১৯৯১ চনৰ উপকূলীয় যুদ্ধত (যাক 'গাল্‌ফৱাৰ' (Gulf War) বুলি জনা যায়) প্ৰায় ২০০ নিযুত গেলন তেল পাৰস্য উপকূলত বিয়পি পৰে আৰু ইয়ে সামুদ্ৰিক পৰিস্থিতিতন্ত্ৰৰ ভীষণ অন্যায় কৰে।

সামুদ্ৰিক প্ৰদূষণ নিয়ন্ত্ৰণ (Control of Marine Pollution) ঃ

সামুদ্ৰিক প্ৰদূষণ নিয়ন্ত্ৰনৰ বাবে ল'ব পৰা ব্যৱস্থাসমূহ এনে ধৰণৰ ঃ

(ক) উদ্যোগ আৰু কল-কাৰখানাসমূহৰ পৰা নিৰ্গত বিষাক্ত পদাৰ্থবোৰ অৰ্থাৎ আৱৰ্জনাবোৰ সাগৰত পেলোৱাটো বন্ধ কৰিব লাগিব।

(খ) পেলনীয়া বস্তু নৰ্দমা আদিৰে বোৱাই সাগৰৰ উপকূলীয় অঞ্চললৈ নিয়াটো ৰোধ কৰিব লাগিব।

(গ) বিষাক্ত, অন্যায়কাৰী বৰ্জিত পদাৰ্থ বাকচ বা টেঙ্কত ভৰাই সাগৰত পেলোৱাটো বন্ধ কৰিব লাগিব।

(ঘ) উপকূলীয় অঞ্চলত ব্যৱসায় আৰু উদ্যোগ স্থাপন যিমান পাৰি কম কৰা উচিত হ'ব।

(ঙ) সাগৰৰ পানীত প্ৰোথিত তেল, গ্ৰীজ আদি সংগ্ৰহ কৰি পুনৰ ব্যৱহাৰ কৰাৰ বৈজ্ঞানিক ব্যৱস্থা হাতত ল'ব লাগিব।

(চ) সামুদ্ৰিক প্ৰদূষণ নিয়ন্ত্ৰক আন্তঃৰাষ্ট্ৰীয় নীতি কটকটীয়া কৰা উচিত হ'ব।

মাটি প্ৰদূষণ (Soil Pollution) ঃ

ভূ-পৃষ্ঠৰ ওপৰ অংশই হ'ল মাটি। মাটিত মিহলি হৈ থকা জৈৱ পদাৰ্থৰ বাবে ই জীৱৰ বসবাসৰ উপযোগী হৈছে। কিন্তু ঘৰুৱা আৰু ঔদ্যোগিক কাৰ্যৰ বাবে মাটিত জমা হোৱা অনাৱশ্যকীয় আৰু অনাকাংক্ষিত পদাৰ্থই মাটি প্ৰদূষণৰ কাৰক হৈছে। মাটি প্ৰদূষণৰ কাৰণবোৰ এনেধৰণৰ—

(i) পেলনীয়া দ্ৰব্য আৰু জাবৰ-জোথৰ মাটিত জমা কৰি ৰখা বা পুতি থোৱাৰ বাবে মাটি প্ৰদূষিত হয়।

(ii) অন্যায়কাৰী কৃত্ৰিম সাৰ, কীটনাশক দ্ৰব্য আৰু বীজাণুনাশক দ্ৰব্যৰ ব্যৱহাৰৰ বাবে মাটিৰ প্ৰদূষণ বাঢ়ে।

(iii) যিকোনো উদ্যোগ বা কল-কাৰখানাৰ পৰা মাটিৰ প্ৰদূষণ হৈ আছে। উদ্যোগ অঞ্চলৰ বহুতো বৰ্জিত পদাৰ্থ মাটিৰ সৈতে মিহলি হয়। উদাহৰণস্বৰূপে, ৰাসায়নিক উদ্যোগ, কাগজকল, চিমেণ্ট-কাৰখানা, চামৰা-শিল্প, কাপোৰ তৈয়াৰ কৰা কল, লো-তীখাৰ কাৰখানা, তেল-শোধন কেন্দ্ৰ, সাৰ আৰু কীটনাশক দ্ৰব্য প্ৰস্তুত কৰা কাৰখানা, ঔষধ তৈয়াৰ কৰা কাৰখানা, তাপ আৰু নিউক্লিয় আঁচনিসমূহ, খনি অঞ্চলকে ধৰি অসংখ্য আমাৰ বিকাশসূচক কাৰ্যৰ পৰা ওলোৱা বিভিন্ন ৰাসায়নিক আৱৰ্জনাৰ দ্বাৰা মাটিৰ প্ৰদূষণ হৈ আছে। তাপবিদ্যুৎ কেন্দ্ৰৰ পৰা প্ৰচুৰ পৰিমাণত এক প্ৰকাৰ ছাই (ইংৰাজীত 'ফ্লাই এচ' বুলি কোৱা হয়) ওলায়। এই ছাই মাটিত দমোৱা হয় যাৰ দ্বাৰা মাটি প্ৰদূষিত হয়।

(iv) কৃষিকাৰ্যত ব্যৱহৃত কৃত্ৰিম সাৰ, কীটানুনাশক ঔষধ আদি মেলেৰিয়া প্ৰতিৰোধ কৰিবৰ বাবে ব্যৱহাৰ কৰা ঔষধসমূহ, বিশেষকৈ ডিডিটি জাতীয় দ্ৰব্য আদি মাটিত পৰি ৰয়। ইয়াৰ দ্বাৰা মাটিৰ স্বাভাৱিক গুণ বিনষ্ট হয় আৰু প্ৰদূষিত হয়।

(v) মাটিত মানুহ, গৰু-মহকে ধৰি আন জীৱ-জন্তুৰ মল-মূত্ৰ আহি যায়। একেদৰে নলা-নৰ্দমাৰে বৈ অহা লেতেৰা পানী আৰু মলৰ একাংশ মাটিত জমা হয়। ইয়াৰ দ্বাৰা মাটিত বীজাণু, কৃত্ৰিম আৰু কিছুমান ভাইৰাচৰ জন্ম পায়। মূৰকত ইয়ে মাটিৰ প্ৰদূষকৰূপে কাম কৰে।

(vi) তেজষ্ক্ৰিয় পদাৰ্থ মাটি প্ৰদূষণৰ আন এক কাৰণ। তেজষ্ক্ৰিয় বস্তুৰ বিস্ফোৰণ, তেজষ্ক্ৰিয় আৱৰ্জনা, গৱেষণাগাৰৰ পেলনীয়া পদাৰ্থ য'ত তেজষ্ক্ৰিয় দ্ৰব্য থাকে আদিয়ে মাটিত ৰেডিয়াম, ইউৰেনিয়াম, থ'ৰিয়াম, ষ্ট্ৰ'ন্টিয়াম, আয়োডিন প্ৰভৃতিৰ আইচ'টোপ বহুত দিনলৈ ৰাখি থাকে আৰু মাটিৰ মাজেৰে তেজষ্ক্ৰিয় ৰশ্মি বিকিৰিত কৰে।

মাটি প্ৰদূষণৰ কু-প্ৰভাৱ একাধিক। ই উদ্ভিদ আৰু মানুহৰ লগতে অন্য প্ৰাণীৰো স্বাস্থ্যৰ অৱনতি ঘটায়।

পেলনীয়া আৱৰ্জনাৰ মাজেৰে মাটিত সংক্ৰমিত হোৱা বহুত প্ৰকাৰৰ বীজাণুৱে খাদ্যশস্য দূষিত কৰে। এনে দূষিত খাদ্যশস্য খাই জীৱ-জন্তু আৰু মানুহৰ যথেষ্ট অনিষ্ট হয়।

কীটনাশক দ্ৰব্যৰ ব্যৱহাৰৰ ফলত মাটিৰ উৰ্বৰতা কমে। তদুপৰি এই দ্ৰব্যসমূহৰ কিছু অংশ মাটিত জমা হৈ ৰয় আৰু ঘাঁহবনৰ মাজেৰে জন্তুৰ দেহত সোমায়। ইয়ে জন্তুৰ স্নায়ুতন্ত্ৰ শিথিল কৰে।

খাৰুৱা তেল উদ্ধাৰ কৰা ঠাইৰ আশে-পাশে মাটি খেতিৰ অনুপযোগী হয়। খাৰুৱা তেলে খোৱা পানীৰ গুণো নষ্ট কৰে আৰু মাটিত সঞ্চিত অৱশিষ্ট অংশ বৰষুণৰ পানীৰে সৈতে নৈ-নিজৰাত পৰে। তেতিয়া জলজ প্ৰাণী আৰু উদ্ভিদৰ অন্যায় হয়।

সেইদৰে কয়লাখনিৰ ওচৰৰ মাটি খেতিৰ অনুপযোগী হয়।

মাটিত মিহলি হোৱা তেজষ্ক্ৰিয় পদাৰ্থৰ প্ৰভাৱ শাক-পাচলি বা খাদ্যশৃংখলৰ মাজেৰে জীৱদেহত প্ৰৱেশ কৰে আৰু ইয়ে শৰীৰৰ বহু প্ৰকাৰ অন্যায় সাধে। ইয়াৰ বিকিৰণে পৰিৱেশৰ ওপৰতো কুপ্ৰভাৱ পেলায়।

মাটিৰ প্ৰদূষণ নিয়ন্ত্ৰণ ঃ তলত দিয়া ব্যৱস্থাসমূহ পালন কৰি মাটিৰ প্ৰদূষণ কমাব পাৰি।

১। জুলীয়া বৰ্জিত পদাৰ্থবোৰ পেলোৱাৰ আগেয়ে বৈজ্ঞানিকভাৱে নিৰপকাৰী কৰিবৰ প্ৰয়োজন। আজিকালি আৱৰ্জনা শোধনৰ উপায় পোৱা হৈছে।

২। গোটা বৰ্জিত পদাৰ্থবোৰ সংগ্ৰহ কৰি যথাবিহিত ব্যৱস্থাৰে ধ্বংস কৰাৰ দিহা অৱলম্বন কৰা উচিত।

৩। জন্তুৰ মল ব্যৱহাৰ কৰি মিথেন গেছ তৈয়াৰ কৰাৰ ব্যৱস্থা কৰিব লাগে। এনেকি মানুহৰ বিষ্ঠাৰেও জৈৱ গেছ তৈয়াৰ কৰিব পাৰি।

৫। ৰাসায়নিক সাৰ, কীটনাশক দ্ৰব্যৰ ব্যৱহাৰ বিজ্ঞানসন্মতভাৱে নিয়ন্ত্ৰণ কৰা উচিত। এনে দ্ৰব্যৰ বিকল্প ব্যৱস্থা— জৈৱসাৰৰ প্ৰয়োগ আৰু জৈৱিক প্ৰক্ৰিয়াৰে কীট-পতঙ্গ নিয়ন্ত্ৰণ কৰাৰ উপায় অৱলম্বন কৰা উচিত।

৬। বিভাগীয় নিয়ন্ত্ৰকে কঠা নীতি অৱলম্বন কৰি মাটি প্ৰদূষণ কৰা উদ্যোগকেন্দ্ৰ, কাৰখানা আদিৰ ওপৰত প্ৰশাসনিক ব্যৱস্থা হাতত ল'ব লাগে।

নিউক্লিয় সংকট (Nuclear Hazards) ঃ

নিউক্লিয় শক্তি উৎপাদন কৰোতে যি তেজষ্ক্ৰিয় পদাৰ্থ নিৰ্গত হয়, তাৰ প্ৰভাৱত পৰিৱেশৰ অন্যায় সাধিত হয়। ইয়াৰ উপৰিও প্ৰকৃতিতো তেজষ্ক্ৰিয় পদাৰ্থ আছে। তেজষ্ক্ৰিয় পদাৰ্থৰ পৰা তিনি প্ৰকাৰ ৰশ্মি— আল্‌ফা, বিটা আৰু গামা নামেৰে নিৰ্গত হয়। তিনিওবিধ ৰশ্মি জীৱৰ বাবে ক্ষতিকাৰক।

তেজষ্ক্ৰিয় পদাৰ্থৰ উৎস দুই প্ৰকাৰৰ— (১) প্ৰাকৃতিক আৰু (২) মানৱৰ দ্বাৰা সৃষ্ট।

বহিৰ্জগতৰ পৰা অহা তেজষ্ক্ৰিয় ৰশ্মি, শিল-মাটি-পানী আৰু খাদ্যত থকা যিকোনো তেজষ্ক্ৰিয় পদাৰ্থ বা ৰেডন -২২২ নামক পদাৰ্থ হ'ল প্ৰাকৃতিক উৎস। আনহাতে আনবিক শক্তি কেন্দ্ৰ, এক্স-ৰে আৰু আন কিছুমান চিকিৎসাৰ সঁজুলি, গৱেষণাগাৰ আদিত কৰা বিশেষ পৰীক্ষা কিছুমান য'ত তেজষ্ক্ৰিয় পদাৰ্থ ব্যৱহাৰ কৰা হয় মানৱসৃষ্ট উৎসৰ ভিতৰত পৰে।

সাধাৰণতে নিউক্লিয় আৱৰ্জনাসমূহে তেজষ্ক্ৰিয়তা সিঁচে। এনে আৱৰ্জনাক দুভাগত ভগোৱা হয়— উচ্চস্তৰীয় আৱৰ্জনা আৰু নিম্নস্তৰীয় আৱৰ্জনা বুলি। দুয়ো প্ৰকাৰ আৱৰ্জনা উৎপাদনক্ষেত্ৰৰ আশে-পাশে কিছুসময়লৈ জমা কৰি ৰখা হয় নষ্ট নকৰা সময়লৈ। কেতিয়াবা এনে সময়ৰ নিৰিখ দীঘল হয় আৰু ই অন্যায়ৰ কাৰণ হৈ পৰে।

দেখা যায় উচ্চস্তৰীয় আৱৰ্জনাসমূহৰ তেজষ্ক্ৰিয়তা অতি বেছি। কেবা হেজাৰ বছৰলৈকে ইয়াৰ প্ৰভাৱ ৰৈ থাকে। হিৰোচিমা-নাগাচাকি তাৰ জ্বলন্ত উদাহৰণ। প্ৰয়োজনীয় সাৱধানতা ল'ব নোৱাৰিলে এনে আৱৰ্জনাই বায়ু-পানী আৰু খাদ্য সামগ্ৰী দোষ-দুষ্ট কৰি তোলে। অৱশ্যে উচ্চস্তৰীয় আৱৰ্জনাৰ ব্যৱহাৰ হয় ইন্ধনৰূপে।

নিউক্লিয় নিম্নস্তৰীয় আৱৰ্জনা ওলায় ইউৰেনিয়াম শোধানাগাৰ আৰু নিউক্লিয় ইন্ধন প্ৰস্তুত কৰা কাৰখানাসমূহৰ পৰা। গৱেষণাগাৰত জমা হোৱা আৱৰ্জনাত থকা তেজষ্ক্ৰিয় পদাৰ্থবোৰো নিম্নস্তৰীয় আৱৰ্জনা।

তেজষ্ক্ৰিয় বিকিৰণৰ কু-প্ৰভাৱ ঃ তেজষ্ক্ৰিয় বিকিৰণে জীৱৰ শৰীৰকোষত অনিষ্টকাৰী পৰিৱৰ্তন দুই প্ৰকাৰে আনে। প্ৰথমতে— আনুবংশিক ক্ষতি আৰু দ্বিতীয়তে দৈহিক ক্ষতি।

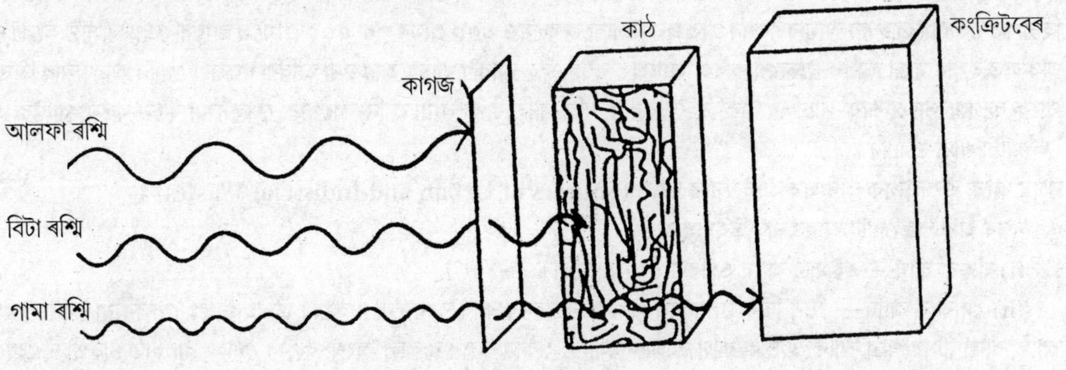

চিত্ৰ ৫.২ অনাবিক বিকিৰণ ক্ষমতা

আনুবংশিক ক্ষতি (Genetic damage) ঃ তেজষ্ক্ৰিয় বিকিৰণৰ প্ৰভাৱত জীৱদেহত ডি এন এৰ মৌলিক পৰিৱৰ্তন আহে আৰু ইয়ে মূৰ্কত জীন আৰু ক্ৰমজ'মৰ ওপৰত প্ৰভাৱ বিস্তাৰ কৰি সতি-সন্ততিলৈ সংবহিত হয়। ইয়াৰ কুফল বহুটা পীড়িলৈ থাকি যায়।

দৈহিক ক্ষতি (Somatic damage) ঃ তেজষ্ক্ৰিয় বিকিৰণে ছালৰ পোৰণি আনে; মাতৃত্বৰ প্ৰজনন ক্ৰিয়া ব্যহত কৰে; তদুপৰি ই এটা মাত্ৰাৰ পাছত কেন্সাৰৰ কাৰক হয়। বিশেষকৈ হাড়, থাইৰয়ড, স্তন, ফুচফুচ আৰু ছালৰ কেন্সাৰৰ মুখ্য কাৰক হয়।

অৱশ্যে ক্ষতিৰ পৰিমাণ নিৰ্ভৰ কৰে বিকিৰণৰ মাত্ৰাৰ ওপৰত। আলফা ৰশ্মিৰ দেহ বা বস্তু ভেদ কৰিব পৰা শক্তি কম; কিন্তু ই বিটা ৰশ্মিৰ তুলনাত অধিক শক্তিশালী। কাগজ এখনেৰেও আলফা ৰশ্মিক বাধা দিব পাৰি। ই সাধাৰণতে শ্বাস-প্ৰশ্বাস আৰু খাদ্যবস্তুৰ মাধ্যমেৰে আমাৰ দেহত প্ৰৱেশ কৰে। আলফা ৰশ্মিয়ে ছাল ভেদ কৰি দেহৰ ভিতৰ চ'ৰাত সোমাব নোৱাৰে। আনহাতে বিটা ৰশ্মিয়ে দেহৰ ভিতৰলৈ গৈ আভ্যন্তৰিণ অঙ্গৰ অন্যায় কৰিব পাৰে। আটাইতকৈ অধিক অন্যায় কৰে তেজষ্ক্ৰিয় আইচ'টোপে।

ইউৰেনিয়াম খনিৰ পৰা তেজষ্ক্ৰিয় আইচ'টোপ পৰিৱেশত প্ৰৱেশ কৰে। ইপিনে ভুত্বকত থকা তেজষ্ক্ৰিয় পদাৰ্থৰ পৰা নিৰ্গত তেজষ্ক্ৰিয় ৰশ্মি খাদ্যশস্যৰ মাধ্যমেৰে মানৱ দেহত প্ৰৱেশ কৰে। সেইদৰে ভূস্তৰীয় পানীৰ মাজতো তেজষ্ক্ৰিয় পদাৰ্থ মিহলি হৈ থাকে। এই আটাইবোৰে আমাৰ দেহৰ ক্ষতি কৰে বা কৰি আছে।

নিয়ন্ত্ৰণ ঃ নিউক্লিয় আৱৰ্জনাবোৰ অতি সাৱধানতাৰে বৈজ্ঞানিক পদ্ধতি অৱলম্বন কৰি নষ্ট কৰাৰ দিহা কৰা উচিত।

কম পৰিমাণে তেজষ্ক্ৰিয় আৱৰ্জনা দ্ৰৱীভূত কৰি অনিষ্ট নকৰা পৰ্যায়লৈ নিব পাৰি। বায়ু, পানী আৰু মাটিতো ইয়াক লঘু কৰাৰ দিহা আছে।

নিউক্লিয় কাৰখানাৰ অৱস্থান চাই-চিতি নিৰ্ণয় কৰা উচিত যাতে ই সামুহিকভাৱে প্ৰাণী আৰু উদ্ভিদৰ অন্যায় কৰিব নোৱাৰে।

কম অৰ্দ্ধ-জীৱন কালৰ তেজষ্ক্ৰিয় পদাৰ্থ (যেনে— তেজষ্ক্ৰিয় আইচ'টোপ) গ্ৰাহক পাত্ৰত বন্ধ কৰি ৰাখি তাৰ বিকিৰণ ক্ষমতা শেষ হোৱাৰ পাছতহে পেলোৱাৰ দিহা কৰিব লাগে।

উচ্চ ক্ষমতাৰ তেজস্ক্ৰিয় বিকিৰণ থকা আৱৰ্জনাবোৰক মানুহৰ বসতি, বন্য জীৱ-জন্তুৰ বসতি আৰু জলচৰ প্ৰাণীৰ বসতিৰ পৰা দূৰত খাল খান্দি পুতি থোৱাৰ ব্যৱস্থা কৰিব লাগে।

গোটা আৱৰ্জনাৰ পৰিচালনা ব্যৱস্থা (Solid waste management) ঃ

জনবিস্ফোৰণ আৰু জীৱন ধাৰণৰ উচ্চ, প্ৰতিযোগিতাসূচক মানদণ্ডৰ প্ৰভাৱত বিভিন্ন ধৰণৰ গোটা আৱৰ্জনাৰ মাত্ৰা অধিকভাৱে বাঢ়িছে। এতিয়া উপলব্ধি কৰা হৈছে যে এই হাৰত আৱৰ্জনা বাঢ়ি থাকিলে অনতিপলমে ইয়াৰ পৰিচালন নিয়ন্ত্ৰণ কঠিন হৈ পৰিব। এইবাবেই সম্প্ৰতি গোটা আৱৰ্জনাৰ পৰিচালন ব্যৱস্থা বিজ্ঞান ভিত্তিকভাৱে গ্ৰহণ কৰিবলৈ লোৱা হৈছে। সাধাৰণতে গোটা আৱৰ্জনাৰ উৎস হ'ল মিউনিচিপাল কৰ্তৃপক্ষ, বাণিজ্যিক প্ৰতিষ্ঠান, উদ্যোগসমূহ, কৃষিক্ষেত্ৰ, চিকিৎসালয়, খনি আৰু নৰ্দমাৰ বোকা আদি। এইবোৰ উৎসৰ পৰা নিৰ্গত গোটা বা অৰ্দ্ধগোটা পেলনীয়া পদাৰ্থই বৃহৎ পৰিমাণৰ আৱৰ্জনা সৃষ্টি কৰে। হিচাপত কোৱা হৈছে যে আমাৰ দেশৰ প্ৰতিজন নাগৰিকে কমেও ৩০০ গ্ৰামৰ পৰা ৫০০ গ্ৰামলৈ জাৱৰ-জোথৰ সৃষ্টি কৰে। নগৰ অঞ্চলত ইয়াৰ মাত্ৰা অধিক। অৱশ্যে গাঁও অঞ্চলত জীৱ-জন্তু আৰু খেতিৰ আৱৰ্জনা অধিক। ঘৰুৱা গোটা আৱৰ্জনাৰ ভিতৰত থাকে কাগজ-পাতি, শাক-পাচলিৰ বাকলি, জৈৱদ্ৰব্য, ধূলি-বালি, পেলনীয়া কানি-কাপোৰ, পেলনীয়া বাচন-বৰ্তন, প্লাষ্টিক আৰু ৰৈ যোৱা খাদ্য-দ্ৰব্যাদি।

নগৰ আৰু ঔদ্যোগিক অঞ্চলৰ আৱৰ্জনাৰ উৎস (Sources of Urban and Indistrial Wastes) ঃ

নগৰ অঞ্চলত গোটা আৱৰ্জনাৰ উৎস হ'ল—

(i) ঘৰুৱা কাৰ্য— এইমাত্ৰ আমি ওপৰত কৈ আহিছোঁ।

(ii) দোকান আদি— ভিন ভিন দোকানৰ পৰা ভিন ভিন ধৰণৰ আৱৰ্জনা ওলায়। উদাহৰণতঃ পেলনীয়া কাগজ, বাকচ আদি, বটল-টিনৰ পাত্ৰ আদি, প্লাষ্টিক কাগজ আৰু মোনা, শুকান কলৰ বাকলি অংশ, কণীৰ খোল, ব্যৱহৃত চাহপাত, হোটেল আৰু ৰেস্তোঁৰাৰ পেলনীয়া দ্ৰব্য আদি।

(iii) চিকিৎসালয়, শাৰিৰীক গৱেষণাগাৰ ঃ চিকিৎসালয়ৰ পৰা বহুতো বৰ্জ্য পদাৰ্থ ওলায় ৰোগীৰ চিকিৎসা কৰোতে। শৌচ-প্ৰস্বাৰ, তেজ আদি পৰীক্ষা কৰা লেববোৰৰ পৰাও গোটা আৱৰ্জনা ওলায়।

(iv) গৃহনিৰ্মাণ আৰু অন্যান্য নিৰ্মাণকাৰ্য ঃ ঘৰ সাঁজোতে, আলি-পদূলি বান্ধোতে বা ঘৰ ভাঙোতে শিল-বালি, লোহাৰ টুকুৰা আদি গোটা আৱৰ্জনাৰূপে ওলায়।

(v) বজাৰ, ফলমূল আৰু মাছ-মাংস আদি ঃ ফলমূলৰ ব্যৱসায় কৰা দোকানীয়ে পঁচা ফলমূল পেলায়। সেইদৰে মাছ-মাংস আৰু কণীৰ বেপাৰীসকলেও আৱৰ্জনা দমায়।

নগৰীয়া আৱৰ্জনাসমূহৰ অধিকাংশই জৈৱিক প্ৰক্ৰিয়াৰে বিনষ্ট কৰিব পৰা বা পুনৰ ব্যৱহাৰযোগ্য কৰি তুলিব পাৰি। উদাহৰণতঃ শাক-পাচলি বা তাৰ বাকলি আদি পচা খাদ্যদ্ৰব্য, ব্যৱহৃত চাহপাত, কণীৰ খোল, মাছ আৰু মাছৰ বাকলি, বাদামৰ বাকলি, শুকান পাত আদি এনে জৈৱিকভাৱে পৰিৱৰ্তিত কৰিব পৰা বিধৰ আৱৰ্জনা। আনহাতে প্লাষ্টিক, ধাতৰ দ্ৰব্য, গ্লাছৰ বটল আদি এইদৰে পৰিৱৰ্তিত কৰিব নোৱাৰা আৱৰ্জনা।

ঔদ্যোগিক আৱৰ্জনা ঃ যিকোনো উদ্যোগত উৎপাদন প্ৰক্ৰিয়াৰ শেষত কিছুমান বস্তু অৱশিষ্টৰূপে ৰৈ যায়। তদুপৰি উদ্যোগজাত সামগ্ৰী পঠাবলৈ ব্যৱহাৰ কৰা প্লাষ্টিক মোনা, কাগজ বা কাঠৰ বাকচ আদিও আৱৰ্জনাৰূপে ওলায়। এইবোৰেই হ'ল ঔদ্যোগিক আৱৰ্জনা। এনে আৱৰ্জনা উদ্যোগকেন্দ্ৰৰ ওচৰে-পাজৰে বা কোনো খাল আদিত দ'ম কৰি থোৱা হয়। যিমানে উদ্যোগৰ বৃদ্ধি হৈছে তিমানে গোটা আৱৰ্জনাৰ মাত্ৰাও বাঢ়ি আছে। এই গোটা বস্তুৰ সৈতে উদ্যোগ বিশেষত ব্যৱহৃত এচিড, খাৰজাতীয় পদাৰ্থ, ধাতৱ বস্তু আৰু বিষাক্ত পদাৰ্থ কিছুমানো থাকে। সেইদৰে নিউক্লিয় উদ্যোগৰ পৰা ওলায় তেজস্ক্ৰিয় পদাৰ্থ; তাপ বিদ্যুৎ কেন্দ্ৰৰ পৰা ওলায় 'ছাই'। কাঠৰগুড়ি, কাঠৰ টুকুৰা, তেল-গ্ৰীজ আদিৰ দৰে পদাৰ্থ, ৰঙৰ পেলনীয়া অংশ, চামড়াৰ বৰ্জ অংশ আৰু বহুতো ৰাসায়নিক পদাৰ্থ গোটা আৱৰ্জনাৰ সৈতে মিলি থাকে।

প্ৰতি বছৰে গোটা আৱৰ্জনা, বিশেষকৈ উদ্যোগকেন্দ্ৰৰ ওলোৱা, নোহোৱা কৰাৰ খৰছ বাঢ়ি আছে। সেয়ে বিকাশশীল দেশসমূহত ই এক সমস্যাৰ সৃষ্টি কৰিছে। ইউৰোপ আৰু আমেৰিকাত পৰিৱেশ সংৰক্ষণৰ আইন কটকটীয়া কৰা হৈছে। সেই দেশসমূহে জাহাজেৰে অন্য বিকাশশীল দেশলৈ আৱৰ্জনা পঠোৱাৰ দিহা কৰিছে। কাৰণ, এনে আৱৰ্জনাৰো পুনৰ প্ৰয়োগ হয়।

নগৰীয়া, ঔদ্যোগিক গোটা আৱৰ্জনাৰ প্ৰভাৱ (Effects of Urban and Industrial Solid Wates) ঃ

নগৰীয়া আৰু ঔদ্যোগিক আৱৰ্জনাই বিভিন্ন ধৰণৰ কু-প্ৰভাৱ পেলায়। যেনে—

১। মিউনিচিপাল কৰ্তৃপক্ষৰ সুনিয়ন্ত্ৰণ নোহোৱা হেতু আমাৰ ইয়াত গোটা আৱৰ্জনা ৰাস্তাৰ ওপৰতে বা নৰ্মদাত পৰি ৰয় কেবাদিনলৈ। আৱৰ্জনাৰ পচনক্ৰিয়াৰ ফলত দুৰ্গন্ধৰ সৃষ্টি হয় আৰু বায়ু প্ৰদূষণৰ কাৰণ হয়।

২। এইদৰে পেলোৱা আৱৰ্জনাৰ দ্বাৰা মহ-মাখিৰ সৃষ্টি হয় আৰু বেমাৰ-আজাৰ বিয়পাৰ কাৰণ হয়।

৩। উদ্যোগ অঞ্চলত দ'মাই থোৱা গোটা আৱৰ্জনাৰ সৈতে নানা বিষাক্ত পদাৰ্থ থাকে। ই ৰ'দৰ তাপত উৱলি গৈ এক ক'লা তৰল পদাৰ্থৰ সৃষ্টি কৰে, যিয়ে মাটি আৰু পানী দুয়োবিধকে প্ৰদূষিত কৰে।

৪। আৱৰ্জনাৰ সৈতে থকা মৃত জীৱ-জন্তু (এন্দুৰ, মিগনি আদি) পচি বায়ু, পানী দুয়োকে প্ৰদূষিত কৰে।

৫। আৱৰ্জনাৰ সৈতে থকা পলিথিন, প্লাষ্টিক পদাৰ্থ আদিয়ে মাটিৰ অন্যায় কৰে; উদ্ভিদৰ বৃদ্ধি ব্যহত হয়। জ্বলাই দিয়াৰ পাছত উৎপন্ন হোৱা অন্যায়কাৰী গেছে মানুহ আৰু আন আন জীৱ-জন্তুৰ লগতে উদ্ভিদৰো অনিষ্ট সাধন কৰিছে। এনে কিছুমান পদাৰ্থ জ্বলালে ডায়-অক্সিন, ডাইফেনাইল আৰু কাৰ্বন মনোক্সাইডৰ দৰে অন্যায়কাৰী, বিষাক্ত বস্তুই মানুহৰ অহৰহ অনিষ্ট কৰিছে। এনেকি ইয়াৰ প্ৰবাৱত কেন্সাৰ ৰোগৰো সৃষ্টি হ'ব পাৰে।

৬। তদুপৰি, আৱৰ্জনা দহনত সৃষ্টি হোৱা কাৰ্বন-ডাই-অক্সাইড গেছে পৰিৱেশৰ উষ্ণতা বৃদ্ধি কৰিছে। তদুপৰি, পুৰি নোযোৱা অংশ বৰষুণৰ পানীৰে বা আন প্ৰকাৰে বৈ গৈ নলা-নৰ্দমাৰ গতি বন্ধ কৰে। ফলত মহ-মাখিৰ জন্ম হয় অধিক হাৰত আৰু মুৰকত পৰিৱেশ প্ৰদূষিত হৈছে।

গোটা আৱৰ্জনাৰ পৰিচালনা বা নিয়ন্ত্ৰণ ঃ গোটা আৱৰ্জনা পৰিচালনাত তিনিটা R ৰ প্ৰয়োগ কৰা হয়। সেয়া হ'ল—

(i) Reduce – কমোৱা,

(ii) Re-use – পুনৰ ব্যৱহাৰ আৰু

(iii) Re-cycle– পুনৰ সংঘটিত কাৰ্য বা পুনৰাৱৰ্তন কৰণ।

(i) আৱৰ্জনাৰ মাত্ৰা কম কৰা ঃ উদ্যোগ আদিত কেঁচা সামগ্ৰীৰ ব্যৱহাৰ কমালে স্বাভাৱিকতে আৱৰ্জনাৰ পৰিমাণো কমিব। কেঁচা সামগ্ৰী কমাবলৈ হ'লে সামগ্ৰীৰ বিকল্প ব্যৱস্থা আয়ত্ব কৰিব লাগিব। উদাহৰণস্বৰূপে ধাতব প্ৰজাত সামগ্ৰী কমালে, খনিজ অঞ্চলত ধাতু উদ্ধাৰ কাৰ্য কমি যাব।

(ii) পুনৰ ব্যৱহাৰ কৰা ঃ আজিকালি আৱৰ্জনাবোৰক যিমান পাৰি ব্যৱহাৰ কৰিব পৰা পদাৰ্থলৈ ৰূপান্তৰিত কৰা হয়। যেনে— পুৰণি কাঁচৰ পৰা নতুন বটল, গ্লাচ আদি সজা, পুৰণি কাগজৰ পৰা আন কাগজ তৈয়াৰ কৰা, পুৰণি টায়াৰৰ পৰা জোতা, পানীৰ বেগ আদি বনোৱা হয়। সেইদৰে পুৰণি ধাতুৰ টেমা আদিকো পুনৰ ব্যৱহাৰ্য বস্তু সজা কামত লগোৱা হয়। আৱৰ্জনাৰ পুনৰ ব্যৱহাৰে পৰিৱেশৰ প্ৰদূষণ কমোৱাৰ লগতে আৰ্থিক দিশতো অৰিহণা যোগায়।

(iii) আৱৰ্জনাৰ পুনৰাৱৰ্তন কাৰ্যৰ বৈজ্ঞানিক পদ্ধতিক 'ৰি-চাইক্লিং' বা পুনৰ সংঘটিত কাৰ্য বুলি কোৱা হয়। বহুতো পুৰণি পেলনীয়া পদাৰ্থ গলাই নতুন সামগ্ৰী সজা হয়। এলুমিনিয়াম, টিন আদিৰ এনে ব্যৱহাৰে আৰ্থিকভাৱেও সহায় কৰিছে। সেইদৰে পেলনীয়া প্লাষ্টিক পদাৰ্থকো পুনৰ ব্যৱহাৰ্য সামগ্ৰী প্ৰস্তুত কৰিবলৈ ব্যৱহাৰ কৰা হয়। এনেকি জাবৰ-জোথৰৰ পৰাও পচনসাৰ, জৈৱিক সাৰ আদি প্ৰস্তুত কৰা হয়।

পৰিৱেশৰ অনিষ্ট নোহোৱাকৈ আৱৰ্জনা নষ্ট কৰিবলৈ আৱৰ্জনাৰ পুনৰ ব্যৱহাৰৰ উপৰিও আৱৰ্জনাৰ ভস্মীকৰণ, পচন সাৰ তৈয়াৰ কৰণ আৰু মাটিৰ তলত পুতি থোৱা ব্যৱস্থা লোৱা হয়।

যিকোনো আৱৰ্জনাকে বিজ্ঞানসন্মতভাৱে পুৰি পেলাব পাৰি। এয়ে হ'ল ভস্মীকৰণ পদ্ধতি। জনবসতি অঞ্চলত গোটা আৱৰ্জনা নষ্ট কৰাৰেই হ'ল সহজ উপায়। অৱশ্যে জুই জ্বলাই দিওতে চাব লাগিব যাতে তাত প্লাষ্টিক আদিৰ দৰে কাৰ্বন-ডাই-অক্সাইড সৃষ্টি কৰা পদাৰ্থ একো নেথাকে। আজিকালি আৱৰ্জনা ভস্মীকৰণৰ দ্বাৰা শক্তি উৎপাদন কৰা বৈজ্ঞানিক পদ্ধতিও প্ৰৱৰ্তিত হৈছে।

গোটা আৱৰ্জনাৰে খালপোতা কামো কৰিব পাৰি।

সেইদৰে গাঁত খান্দি আৱৰ্জনা জমা কৰা আৰু সেইবোৰ দ্ৰৱক বা ভেঁকুৰ আৰু জীৱাণুৰ দ্বাৰা নষ্ট কৰা হয়। তাৰ পাছত ই মাটি হৈ পৰে। গাঁও অঞ্চলত এনে প্ৰথা অতীজৰে পৰা চলি আহিছে। অৱশ্যে আৱৰ্জনাৰ সৈতে জীৱাণুৰ দ্বাৰা ৰাসায়নিক বিক্ৰিয়াৰে ভাঙিব বা নষ্ট কৰিব নোৱাৰা পদাৰ্থ (প্লাষ্টিক আদি) থাকিব নালাগিব।

খেতি-বাতি কৰা অঞ্চলত খেতিৰ আৱৰ্জনাসমূহ পচাই পচন সাৰ তৈয়াৰ কৰা পদ্ধতি ইতিমধ্যে প্ৰচলিত হৈছে। কৃত্ৰিম সাৰৰ তুলনাত পচন সাৰ অধিক উপকাৰী।

প্ৰদূষণ নিয়ন্ত্ৰণত ব্যক্তি বিশেষৰ ভূমিকা (Role of an Individual in Controlling Pollution) ঃ

প্ৰদূষণ নিয়ন্ত্ৰণত ব্যক্তি বা নাগৰিকৰ ভূমিকা মুখ্য বুলি কোৱা হয়। স্থানীয়ভাৱে প্ৰদূষণ সৃষ্ট হয় ব্যক্তিৰ ব্যৱহাৰিক জ্ঞান আৰু পৰিৱেশৰ প্ৰতি সচেতনতা নোহোৱা হেতুকে। প্ৰত্যেক ব্যক্তিয়ে কিছুমান কাৰ্য পদ্ধতিৰে প্ৰদূষণ নিয়ন্ত্ৰণ কৰিলে ই মূৰকত গাঁও বা চহৰ অঞ্চল, ৰাজ্যখন, দেশখন আৰু সমগ্ৰ বিশ্বখন বহুপৰিমাণে প্ৰদূষণমুক্ত হ'ব। প্ৰদূষণৰ মাত্ৰা অধিক হৈছে মানৱ-কাৰ্যৰ দ্বাৰা আৰু ইয়ে পৰিৱেশতন্ত্ৰৰ ভাৰসাম্য বিনষ্ট কৰি আমাৰ গ্ৰহটোৰ অস্তত্বিৰ সংকট মাতি আনিছে। ব্যক্তিৰ সমষ্টিয়েই সমাজ। গতিকে ব্যক্তিসচেতন হোৱা মানে সমাজখন সচেতন হোৱা। আমাৰ কিছুমান অপকৰ্মৰ ফলত আমাৰ ভৱিষ্যত বংশধৰসকলৰ আৰু আন পাৰিপাৰ্শ্বিক প্ৰাণী বা উদ্ভিদৰ জীৱনধাৰণ বিপন্ন হ'বলৈ গৈ আছে। উদাহৰণতঃ আমি নিজৰ সুখ-স্বাচ্ছন্দ্যৰ বাবে প্ৰকৃতিৰ সম্পদৰাজি জধেমধে লুণ্ঠন কৰি আছোঁ। ব্যক্তিৰ জ্ঞান আৰু সচেতনতাই এনে লুণ্ঠনৰ মাত্ৰা কমাব পাৰে। আমি বিশ্বভিত্তিত কথাখিনি ভাবি স্থানিকভাৱে ক্ৰিয়া কৰিলে বিশ্বৰ প্ৰতিখন দেশতে প্ৰদূষণ ৰোধৰ জোৱাৰ আহিব।

প্ৰদূষণৰোধৰ বাবে প্ৰত্যেক ব্যক্তিয়ে তথা সমাজে জীৱন ধাৰণৰ ধৰণ এনেদৰে পৰিৱৰ্তন কৰা উচিত যি পৰিৱেশ প্ৰদূষণ কমায়। উদাহৰণস্বৰূপে, পৰিৱেশ বিশুদ্ধ কৰি ৰখাত উদ্ভিদৰ ভূমিকা অতি গুৰুত্বপূৰ্ণ। গতিকে গছ-গছনি কাটি তহিলং কৰাৰ পৰা বিৰত থকাটো ব্যক্তিবিশেষৰ কথা। তদুপৰি গছ-গছনি ৰোৱাৰ ব্যৱস্থাও ব্যক্তিবিশেষৰ যত্নতেই হোৱা কথা।

প্ৰদূষণ ৰোধ কৰিবৰ বাবে ব্যক্তিপৰ্যায়ত ল'ব পৰা কাৰ্যসমূহ হ'ল এনেধৰণৰ—

- প্ৰদূষণ প্ৰতিৰোধ কাৰ্যত সংক্ৰিয় অংশগ্ৰহণ কৰা।
- পৰিৱেশ বান্ধৱসূচক দ্ৰব্যৰ ব্যৱহাৰ কৰা।
- প্লাষ্টিক, পলিথিন আদিৰ ব্যৱহাৰ বন্ধ কৰাত ভূমিকা লোৱা।
- ৰাসায়নিক দ্ৰব্য ব্যৱহাৰত সংযমী হোৱা।
- খেতি-বাতিত কৃত্ৰিম সাৰৰ সলনি পচন আৰু জৈৱিক সাৰ প্ৰয়োগ কৰা।
- যান-বাহনত প্ৰদূষণ সৃষ্টি কৰা ইন্ধন ব্যৱহাৰ নকৰা।
- ব্যক্তিগত যান-বাহন ইউৰো-২, ইউৰো-৩ ব্যৱস্থা থকা ব্যৱহাৰ কৰা। ইয়ে প্ৰদূষণ প্ৰতিৰোধ কৰাত সহায় কৰে।
- ঘৰুৱা ৰন্ধন কাৰ্যত, চাহৰ দোকানত, হোটেল আদিত কাঠ বা জীৱাশ্ম ইন্ধনৰ সলনি গেছীয় ইন্ধন, সৌৰশক্তি আদিৰ ব্যৱহাৰ কৰা।
- বাণিজ্যিকভাৱে চলা গাড়ী-মটৰৰ (বাছ, ট্ৰাক আদিত) পৰা অধিক হাৰত অন্যায়কাৰী ধোঁৱা ওলালে, তাক প্ৰতিৰোধ কৰাৰ বাবে ভূমিকা লোৱা। প্ৰয়োজন হ'লে নিয়ন্ত্ৰক কৰ্তৃপক্ষক অৱগত কৰি ধোঁৱা বন্ধ কৰাৰ দিহা লোৱা।
- আৱৰ্জনা পেলোৱাত সংযমী হোৱা। নিজৰ লগতে আনকো সংযমী হ'বলৈ উদ্‌গনি দিয়া উচিত।
- কোলাহল সৃষ্টি কৰাৰ পৰা বিৰত থকা। সামাজিক বা ধৰ্মীয় অনুষ্ঠানৰ নামত অযথা মাইক জোৰকৈ ব্যৱহাৰ কৰা, ফটকা-বোমা ফুটোৱা আদি কাৰ্যত যিমান পাৰি সংযম অৱলম্বন কৰা উচিত।

মুঠতে প্ৰদূষণ নিয়ন্ত্ৰণ কৰিবলৈ ব্যক্তি বিশেষে তলত দিয়া কাৰ্য ব্যৱস্থা গ্ৰহণ কৰা উচিত।

১। ঘৰৰ চৌহদত থকা নলা-নৰ্দমাসমূহ নিজে পৰিষ্কাৰ কৰি ৰাখিব লাগে।

২। ৰাজহুৱা নলা-নৰ্দমাত জাৱৰ-জোথৰ পেলাব নালাগে আৰু অইনকো পেলোৱাৰ পৰা বিৰত কৰাৰ চেষ্টা চলাব লাগে।

৩। য'তে-ত'তে মল-মূত্ৰ, থু-খেকাৰ পৰিত্যাগ কৰিব নালাগে।

৪। ৰাজহুৱা বা নিজাববীয়াকৈ থকা পুখুৰী আদিত পোহনীয়া জন্তুক গা-ধুৱাব নালাগে। পুখুৰীত, বিশেষকৈ য'ৰ পৰা পানী খোৱা হয়; তাৰ পাৰত কানি-কাপোৰ ধোৱাটো একেবাৰে অনুচিত।

৫। ব্যক্তিগত কাৰখানাৰ বৰ্জনীয় পদাৰ্থবোৰ শোধন কৰিহে পেলোৱাৰ ব্যৱস্থা কৰিব লাগে।

৬। মেলেৰিয়া আদি ৰোগৰ প্ৰতিষেধকৰূপে ডিডিটিৰ দৰে বস্তুৰ ব্যৱহাৰ বন্ধ কৰিব লাগে।

৭। ধুমপান আইনতঃ নিষিদ্ধ হৈছে স্থান বিশেষত। এই নিয়ম মানি চলা উচিত।

৮। সচেতন ব্যক্তিসকলে প্ৰদূষণৰ কু-প্ৰভাৱৰ বিষয়ে আনক জনোৱাৰ বাবে ভূমিকা ল'ব লাগে।

৯। নলা-নৰ্দমাত কীটাণুনাশক দ্ৰব্য, ৰং, তেলজাতীয় পদাৰ্থ বা অন্যায়কাৰী ৰাসায়নিক দ্ৰব্য পেলাব নালাগে।

১০। নিজৰ গাড়ী থাকিলেও খোজ-কঢ়া বা চাইকেল চলোৱা অভ্যাস কৰা উচিত ; অৰ্থাৎ যান্ত্ৰিক বাহনৰ ব্যৱহাৰ যিমান পাৰি কমাব লাগে।

কেইটামান ক্ষেত্ৰ ভিত্তিক অধ্যয়ন (Some Case Studies) ঃ

১। বায়ু প্ৰদূষণ ঃ বিগত ৭৫ বছৰত কেবাটাও বায়ু-প্ৰদূষণৰ উদাহৰণ পোৱা হৈছে। বেলজিয়মৰ মিউজ উপত্যকাৰ (১৯৩০) পৰা আৰম্ভ কৰি এসময়ত ৰাচিয়াত চাৰ্ণবিললৈ (১৯৮৬) আন এটা উল্লেখনীয় বায়ু প্ৰদূষণ হয় ড'নোৰাত (আমেৰিকা)।

ড'নোৰা বায়ু-প্ৰদূষণ বিপৰ্য্যয় ঃ পেনচিলভানিয়া আমেৰিকাৰ এখন সৰু চহৰ। চহৰখন তীখাৰ কল, জিঙ্ক স্মেলটাৰ আৰু চালফিউৰিক এচিড তৈয়াৰ কৰা কাৰখানাৰে ভৰা। ১৯৪৮ চনৰ অক্টোবৰ মাহত ২৫ৰ পৰা ৩১লৈ চহৰখনৰ আকাশ হঠাৎ কুঁৱলীময় হৈ পৰে। বতাহ নিশ্চল হয় আৰু বিপৰীত উষ্ণতাৰ লহৰ বয় কুঁৱলীৰ তলত। হঠাৎ নামি আহে শীত, শীতল বতাহৰ বাবে সৃষ্টি হোৱা কুঁৱলীৰ ঢাকনিয়ে সূৰ্য্যৰ ৰশ্মিকো ওফৰাই পঠায়। বিচাৰ কৰি গম পালে যে কল-কাৰখানাসমূহৰ পৰা ওলোৱা বিষাক্ত প্ৰদূষকেই হ'ল এনে অৱস্থাৰ কাৰণ। চহৰখনত থকা ১৪ হেজাৰ মানুহৰ ৬ হেজাৰেই অসুখত পৰে। কুৰিজনৰ মৃত্যুও হয়।

২। একে ধৰণৰ ঘটনা ঘটে ১৯৮৪ চনত ভূপালত। ইয়াক **ভূপাল গেছ দুৰ্ঘটনা** বুলি জনা যায়। এয়া হ'ল পৃথিৱীৰ আটাইতকৈ অধিক মাত্ৰাৰ শিল্প দুৰ্ঘটনা।

ভূপালত আমেৰিকাৰ ইউনিয়ন কাৰ্বাইড নামৰ কোম্পানীটোৱে কাৰ্বাইল নামৰ কীটাণুনাশক দ্ৰব্য তৈয়াৰ কৰা সংস্থাপিত হয়। সেই দ্ৰব্য তৈয়াৰ কৰোতে মিথাইল আইচ'ছায়ানেট নামৰ বিষাক্ত পদাৰ্থ এবিধ ব্যৱহাৰ কৰা হয়। সকলো ঠিকে ঠাকে চলি থকাৰ পাছত ১৯৮৪ চনৰ ২ ডিচেম্বৰৰ ৰাতি আৰু ৩ ডিচেম্বৰৰ পুৱা টেঙ্ক এটাত দুৰ্ঘটনা ক্ৰমে পানী সোমাই আন মিশ্ৰণ থকা টেঙ্ক অতিপাত গৰম কৰি তোলে আৰু হঠাৎ ফাটি যায়। আন সুৰক্ষা ব্যৱস্থাও বিকল হৈ পৰে। ফলত অতি বিষাক্ত মিথাইল আইচ' ছায়ানেট গেছ নিৰ্গত হৈ বায়ুমণ্ডল বিষাক্ত কৰি তোলে। এইবিধ গেছৰ অতি কম মাত্ৰাই মানুহৰ চকু আৰু ফুচফুচৰ ওপৰত বিৰূপ ক্ৰিয়া কৰে আৰু ছালৰ খজুৰতি আনে। অধিক মাত্ৰাত ই ফুচফুচৰ পৰা অক্সিজেন নোহোৱা কৰি মৃত্যু ঘটায়। কাৰখানাটো থকা অঞ্চলৰ আকাশ ধুৱলী-কুঁৱলী হয়। প্ৰায় ৪০ বৰ্গ কিলোমিটাৰ ঠাই গেছে আৱৰি ধৰে। চৰকাৰী তথ্যমতে ৫১০০ মানুহ মৃতু মুখত পৰে ; তাৰে ২৬০০ মানুহৰ মৃত্যু লগে লগে হয়। হিচাপমতে আঢ়ৈলাখ ব্যক্তি এই গেছৰ প্ৰদূষণত পৰে। ৬৫০০ জনৰ চকুৰ অসুখ, শ্বাস-প্ৰশ্বাসৰ বিসঙ্গতি, স্নায়ৱিক দুৰ্বলতা আৰু পেটৰ গোলমাল হয়। তিৰোতাসকলে প্ৰজনন জনিত ৰোগৰ বলি হয়। প্ৰায় এহেজাৰ মানুহ একেবাৰে অন্ধ হৈ পৰে। মৃত মানুহৰ কথা বাদ দিলেও প্ৰায় ৫৭০ নিযুত মাৰ্কিন ডলাৰ খৰছ হয় সেই অঞ্চলটো ঠিক ঠাক কৰা আৰু অনিষ্টৰ ক্ষতিপূৰণ দিওতে।

৩। মিনামাতা দুৰ্ঘটনা ঃ মিনামাতা হ'ল জাপানৰ য়াতচুছিৰ নামৰ সাগৰৰ উপকুল। তাত থকা মিনামাতা ৰাসায়নিক কোম্পানীটোৰ ভিনাইল ক্ল'ৰাইডৰ পৰা নিৰ্গত বৰ্জ্য পদাৰ্থৰ সৈতে আছিল পাৰাৰ বিষাক্ত দ্ৰব্য। এনে পাৰা জমা হৈ হৈ মিনামাতাৰ উপকুল বিষাক্ত কৰি তুলিছিল। কিন্তু কোনোৱে তাক মন কৰা নাছিল। ১৯৫৩-৬০ চনৰ ভিতৰত হঠাৎ সাগৰীয় মাছবোৰ (উপকুলত থকা) মৰিবলৈ ধৰে। এনে মাছ খাই মেকুৰী আৰু মানুহো মৰিল। কাৰণ বিচাৰি জনা গ'ল পাৰা-গৰ্ভ পদাৰ্থ খোৱাৰ ফলত মাছৰ দেহত ১০২ পি.পি.এম. পৰিমাণৰ পাৰা জমা হৈছিল। পাৰদ যৌগ অতি বিষাক্ত। ই মানুহৰ পেটৰ ৰোগ কৰে, মানুহক একাংগী কৰে আৰু মূৰকত মৃত্যুও ঘটায়। মিনামাতাত এনে ৰোগ সংঘটিত হোৱা বাবে ৰোগ বিধৰ নাম হ'ল গৈ মিনামাতা।

মিনামাতাৰ দুৰ্ঘটনা পানী প্ৰদূষণৰ এক জ্বলন্ত উদাহৰণ। ইয়াৰ দ্বাৰা পাৰাৰ বিষাক্ততা সম্পৰ্কে মানুহৰ মাজত প্ৰচাৰিত হ'ল।

মিনামাতা দুৰ্ঘটনাৰ পাছত আন এক একে কাৰণত দুৰ্ঘটনা ঘটে ইৰাকত (১৯৭২)। পাৰদযুক্ত কীটণাশক দ্ৰব্য গমধানত প্ৰয়োগ কৰাৰ ফলত সেই গমধান খাই ৫০০ মানুহৰ মৃত্যু হৈছিল।

৪। চাৰ্ণবিল আনৱিক দুৰ্ঘটনা ঃ সেইসময়ৰ ৰাচিয়াৰ অন্তৰ্গত ইউক্ৰেনৰ চাৰ্ণবিলত হোৱা আনৱিক দুৰ্ঘটনাটো হ'ল পৃথিৱীৰ অন্যতম আনৱিক দুৰ্ঘটনা। ১০০০ মেগাৱাট বিদ্যুৎ-শক্তি উৎপন্ন কৰিবলৈ স্থাপন কৰা আনৱিক প্ৰকল্পটোত নতুনকৈ সংযোজিত এককৰ পৰীক্ষণৰ সময়তে দুৰ্ঘটনাটো ঘটে। সিদিনা আছিল ২৬ এপ্ৰিল, ১৯৮৬। পৰীক্ষা কৰি থাকোঁতে সুৰক্ষা ব্যৱস্থা বিচ্ছিন্ন হৈ যায় আৰু একে একে দুটা বিস্ফোৰণ সংঘটিত হয়। লগে লগে তেজস্ক্ৰিয় পদাৰ্থ নিৰ্গত হৈ বায়ুমণ্ডল ঢাকি ধৰে। বিকিৰণৰ ক'লা ধোঁৱাই ইউৰোপৰ একাংশ— পোলেণ্ড, ডেনমাৰ্ক, চুইডেন আৰু নৰ'ৱেৰ আকাশ ছানি ধৰে।

দুৰ্ঘটনাৰ প্ৰথম দিনাই ৩১ জন বক্তিৰ মৃতু হয় আৰু ২৩৯ জন চিকিৎসালয়ত ভৰ্তি হয়। বিকিৰণত থকা আয়োডিন ১৩১, চিছিয়াম ১৩৪ আৰু চিছিয়াম ১৩৭ মিহলি হৈ থকা বাবে প্ৰায় ৫,৭৬,০০০ লোক কেন্সাৰ বা তৎসম ৰোগত আক্ৰান্ত হোৱাৰ আশঙ্কা কৰা হয়। বিশেষকৈ সৰু ল'ৰা-ছোৱালী অধিক হাৰত আক্ৰান্ত হয়। পাছলৈ ২০০০ লোকৰ মৃত্যু হয় আৰু ১০ লাখ লোক পৰোক্ষ প্ৰভাৱত পৰে। মানুহৰ ছালৰ বেমাৰ হয়, চুলি সৰে আৰু ৰক্তহীনতা আহে। দুৰ্ঘটনাৰ পাছত প্ৰায় ডেৰলাখ মানুহ তাৰ পৰা আঁতৰাই ৰখা হয় আৰু চাৰি বছৰলৈ সেই অঞ্চলটোত মানুহ সোমাবলৈ দিয়া হোৱা নাছিল।

বহু বছৰলৈ সেই অঞ্চলৰ খেতি-বাতি নষ্ট হৈছিল। বিকিৰণৰ প্ৰভাৱত গছ-গছনি, ঘাঁহ-বন সকলো ধ্বংস হৈছিল। মুঠতে জীৱ-জন্তু আৰু উদ্ভিদ সকলো বিকিৰণৰ প্ৰভাৱত বিনষ্ট হৈছিল।

পাৰমাণৱিক শক্তি কম খৰছতে উৎপাদন কৰিব পাৰি। কিন্তু চাৰ্ণবিলৰ দৰে দুৰ্ঘটনাই সমাজৰ প্ৰভূত ক্ষতি কৰাৰ আশঙ্কা আছে।

৫। ভূগৰ্ভস্থ পানীত আৰ্ছেনিক ঃ আৰ্ছেনিক হ'ল ৰাসায়নিক মৌলিক পদাৰ্থ। ইয়াৰ উৎস হ'ল লো, সীহ, তাম, টিন, মেংগানিজ আৰু কোৱাৰ্টজৰ আকৰ। বন আৰু কীটণাশক, জীৱাণুনাশক আৰু নিগনি আদি মৰা দ্ৰব্য প্ৰস্তুত কৰোতে আৰ্ছেনিকযুক্ত সীহ আৰু লোৰ যৌগ ব্যৱহাৰ কৰা হয়। চিমেণ্ট প্ৰস্তুত কৰোতেও আৰ্ছেনিকযুক্ত যৌগ প্ৰয়োগ কৰা হয়। এইদৰে ই ভূগৰ্ভস্থ পানী (আকৰিক উৎসৰ পৰা) আৰু ভূপৃষ্ঠৰ পানী (আন উৎসৰ পৰা বৰষুণৰ পানীৰে সংবহিত হৈ) প্ৰদূষিত কৰিছে।

আমাৰ দেশৰ পশ্চিমবংগত (১৯৭৮ চনত) আৰু বাংলাদেশৰ গঙ্গাউপত্যকাত (১৯৯৩ চনত) আৰ্ছেনিকযুক্ত পানীৰ কথা প্ৰকাশ পায়। মানুহৰ বাবে আৰ্ছেনিকৰ সহনসীমা হ'ল প্ৰতিলিটাৰ পানীত ০.০১ মিঃ গ্ৰামৰ পৰা ০.৫০ মি. গ্ৰামলৈ। তাতকৈ অধিক হ'লে ই মানুহৰ ছাল আৰু ফুচফুচৰ কেন্সাৰ কৰে, তেজ সংবহন কৰা শিৰাৰ সংকোচন আনে। বিশ্বস্বাস্থ্য সন্থাৰ ঘোষণা মতে পশ্চিমবংগত প্ৰায় ৪০ নিযুত ব্যক্তি আৰ্ছেনিকযুক্ত পানী সেৱন কৰি আছে। চব্বিছ পৰগনা, হুগলী আৰু মুৰ্ছিদাবাদৰ উপৰিও বেহেলা, ক'লকাতাৰ দক্ষিণ-পূব অঞ্চলৰ পানীত আৰ্ছেনিক থকা বুলি ঘোষণা কৰা হৈছে।

দেখা গৈছে গ্ৰীষ্মকালীন ধান আৰু মৰাপাটত ব্যৱহাৰ কৰা কীটণুনাশক দ্ৰব্যত থকা আৰ্ছেনিক যৌগই ভূ-পৃষ্ঠৰ পানীও প্ৰদূষিত কৰিছে। ইতিমধ্যে তাত অধিক মাত্ৰাত আৰ্ছেনিক থকা পানীৰ দ'মকলবোৰ বন্ধ কৰি দিয়া হৈছে।

বিপৰ্য্যয় পৰিচালন (Disaster Management)

যিকোনো বিপদজনক প্ৰতিকূল পৰিৱেশক আমি বিপৰ্য্যয় আখ্যা দিওঁ। ই মানুহ আৰু জীৱ-জন্তুৰ বসবাসত বিপদ আনে। উদাহৰণ— ভূমিকম্প, বানপানী, ধুমুহা আৰু ঘূৰ্ণীবতাহ, বজ্ৰপাত, ভূমিস্খলন, মহামাৰী আদিৰ দৰে সামাজিক সমস্যা হ'ল বিপৰ্য্যয়। এনে বিপৰ্য্যয়ে মানুহ আৰু জীৱ-জন্তুৰ জীৱন, সা-সম্পত্তি আদিৰ ক্ষতি সাধন কৰে। কিন্তু সম্প্ৰতি বিজ্ঞানৰ প্ৰভাৱত বিপৰ্য্যয় চম্ভালি ল'ব পৰা ব্যৱস্থা পোৱা হৈছে, যাক **বিপৰ্য্যয় পৰিচালন** বুলি কোৱা হয়। বিপৰ্য্যয় চম্ভালিবৰ বাবে লবলগীয়া সাৱধানতা আদি বিপৰ্য্যয় পৰিচালনাৰ অংগ।

১। প্ৰথমতেই লওঁ ভূমিকম্পৰ কথা ঃ ভূমিকম্প সৃষ্টিৰ কাৰণ বিৱৰ্তনিক (Tectonic) আৰু অবিৱৰ্তনিক (Non-tectonic) বুলি দুটা ভাগত ভগোৱা হয়।

প্ৰাকৃতিক আৰু কিছুমান কৃত্ৰিম কাৰণত ভূপৃষ্ঠত ভূমিকম্পৰ সৃষ্টি হয়। ইয়াক অবিৱৰ্তনিক ভূমিকম্প বুলি কোৱা হয়। প্ৰাকৃতিক কাৰণ বুলিলে আগ্নেয়গিৰিৰ উদ্গীৰণ, ভূমিস্খলন আদিক বুজা হয়। আনহাতে মাটিৰ তলত কৰা পাৰমাণৱিক

পৰীক্ষা, বান্ধ-বান্ধি প্ৰচুৰ পানী সংৰক্ষণ কৰা আৰু গভীৰ নলী খান্দি কৰা কুঁৱাৰ পেলনীয় পানী আদিৰ দ্বাৰা সৃষ্টি হোৱা ভূমিকম্প হ'ল কৃত্ৰিম কাৰণত সৃষ্ট। এনে অবিৱৰ্তনিক ভূমিকম্পৰ কু-প্ৰভাব কম পৰিসৰৰ আৰু সীমিত।

ভূগৰ্ভত কিছুমান ফলি (বা প্লেট) আছে। এই ফলিসমূহৰ সময়ে সময়ে আপেক্ষিক চলন সংঘটিত হয়। ফলিৰ এনে আপেক্ষিক চলনৰ ফলত সৃষ্টি হোৱা প্ৰতিক্ৰিয়াত ভূমিকম্প হয়। এয়া হ'ল *বিৱৰ্তনিক ভূমিকম্প*। তাৰোপৰি, ভূগৰ্ভত থকা শিলাস্তৰ সমূহৰ প্ৰতিৰোধ ক্ষমতা সকলোৰে একে নহয়। কিছুমান শিলাস্তৰৰ ওপৰত অতিৰিক্ত চাপ (ভূগৰ্ভীয়) পৰিলে শিলাস্তৰ খণ্ড-বিখণ্ডিত হয়। কিন্তু প্ৰাকৃতিকভাৱে এনে শিলাস্তৰ পুনৰ আগৰ অৱস্থালৈ ঘূৰি আহিব বিচাৰে আৰু তেতিয়াই ভূপৃষ্ঠত জোকাৰণি সংঘটিত হয়। ইও হ'ল বিৱৰ্তনিক ভূমিকম্প।

প্ৰাকৃতিক বিপৰ্য্যয়সমূহৰ ভিতৰত ভূমিকম্পই হ'ল অনিশ্চিত আৰু বিধ্বস্তকৰ। কাৰণ, ভূমিকম্প কেতিয়া হ'ব পাৰে তাৰ কোনো সঠিক ভৱিষ্যৎবাণী এতিয়ালৈকে সম্ভৱ হোৱা নাই। গতিকে কোনো বিশেষ সাৱধানতা ল'ব নোৱাৰা অৱস্থাতে ভূমিকম্প আহি যায় আৰু কোনো কোনো সময়ত প্ৰবল ভূমিকম্পই আহি যায় আৰু কোনো কোনো সময়ত প্ৰবল ভূমিকম্পই ক্ষয়-ক্ষতিৰ পৰিমাণ প্ৰচুৰ হাৰত সংঘটিত কৰে।

ভূমিকম্পৰ আগলীবতৰা জনাৰ কিছুমান উৎপাদক হ'ল পৰিসংখ্যা অৰ্থাৎ আগতে হোৱা ভূমিকম্পৰ খতিয়ন, কিছুমান জীৱ-জন্তুৰ অস্বাভাৱিক আচৰণ (চীনত এই উৎপাদক অতি সফল), জলস্তৰত সংঘটিত পানীৰ উচ্চতাৰ উত্থান (ভূমিকম্পৰ আগমুহূৰ্তত, যিয়ে চুনামি সৃষ্টি কৰে) আদি।

পৰিসংখ্যাৰ ওপৰত ভিত্তি কৰি ভূমিকম্প হ'ব পৰা ঠাই কিছুমান চিনাক্ত কৰি উলিওৱা হৈছে। তদুপৰি, সাম্প্ৰতিক বিজ্ঞান আৰু প্ৰযুক্তিবিদ্যাৰ সহায়ত বিৱৰ্তনিক কাৰণ চিনাক্ত কৰি কোনখন ফলি কোন কোন অঞ্চল জুৰি আছে জনা হৈছে। ভূখণ্ডত ভূমিকম্প হ'ব পৰা পাঁচটা মণ্ডল চিনাক্ত কৰা হৈছে। আমাৰ অসমখন 'অতি ভয়ানক' মণ্ডলত অৱস্থিত।

ভূমিকম্পৰ প্ৰাবল্য জোখা স্কেলৰ নাম হ'ল ৰিখটাৰ (Richter)। প্ৰতি একক প্ৰাবল্যৰ মান অনুসৰি জোকাৰণি দহগুণকৈ বাঢ়ে। অৰ্থাৎ ৪ ৰিখটাৰ প্ৰাবল্যৰ জোকৰণিৰ তুলনাত ৫ ৰিখটাৰ প্ৰাবল্যত তাৰ দহগুণ বেছি হ'ব। ৰিখটাৰ স্কেলৰ মান অনুসৰি ভূমিকম্পৰ প্ৰাবল্য দিয়া হয় এনে ধৰণে ঃ

ৰিখটাৰ স্কেল	প্ৰাবল্য
৪ তকৈ কম	অতি সামান্য
৪ — ৪.৯	সামান্য
৫ — ৫.৯	মজলীয়া
৬ — ৬.৯	ধ্বংসাত্মক
৭ — ৭.৯	প্ৰবল
৮ৰ ওপৰত	অতি প্ৰবল

এতিয়ালৈ হোৱা অতি প্ৰাবল্যৰ ভূমিকম্পটো হৈছিল চিলিত, ২২মে ১৯৬০ চনত। ৰিখটাৰ স্কেলত ইয়াৰ মান আছিল ৯.৫। ৯০ হেজাৰ বৰ্গমাইল এলেকাত হোৱা এই ভূমিকম্পত ৬০০০ ৰো অধিক মানুহৰ মৃত্যু হৈছিল।

আমাৰ অসমত ১৯৫০ চনৰ ১৫ আগষ্টত হোৱা ভূমিকম্পটোৰ মান আছিল প্ৰায় ৮ ৰিখটাৰ।

প্ৰবল ভূমিকম্পই সমুদ্ৰৰ উপকুল অঞ্চলত চুমানিৰ সৃষ্টি কৰে। চুনামিত সাগৰৰ ঢৌ ১৫ মিটাৰৰ পৰা ৬৫ মিটাৰ উচ্চতালৈ উঠে। প্ৰতি ঘণ্টাত এহেজাৰ কিলোমিটাৰ বেগত বৈ যোৱা তৰঙ্গমালাই উপকুল অঞ্চলত প্ৰভূত ক্ষতি সাধন কৰে। চীনৰ উপকুলত ১৯৭৬ চনত সংঘটিত চুনামিৰ ৫০ হেজাৰ আৰু তাৰ আগেয়ে ১৯৫৬ চনত ৮ লাখ ৩০ হেজাৰ লোকৰ মৃত্যু হৈছিল।

এইবাৰ ২০০4 চনৰ ২৬ ডিচেম্বৰৰ দিনা হোৱা বিধ্বংসী চুনামিয়ে ইণ্ডোনেচিয়া, শ্ৰীলংকা, ভাৰত, থাইলেণ্ড, মালয়েচিয়া, মালদ্বীপ, বাংলাদেশ আৰু মিয়ানমাৰত হেজাৰ-হেজাৰ লোকে প্ৰাণ হেৰুৱাইছে, কৌটি কৌটি টকাৰ সম্পত্তি, ঘৰ-দুৱাৰ বিনষ্ট হৈছে। ০.৯ প্ৰাবল্যৰ সমুদ্ৰ তলিত হোৱা ভুঁইকপ আছিল ইয়াৰ কাৰণ।

ভূমিকম্পৰ আগলি বতৰা পোৱা নাযায় আৰু ইয়াৰ দ্বাৰা সংঘটিত ধ্বংসলীলা প্ৰায় লগে লগে হোৱা বাবেই ই বহুতো ধ্বংসাত্মক ক্ৰিয়া সম্পন্ন কৰে। তাৰ ভিতৰত ঘৰ-দুৱাৰ ভাঙি পৰা, জীৱ-জন্তুৰ মৃত্যু, ভূতাত্বিক পৰিৱৰ্তন, সমুদ্ৰত চুনামিৰ সৃষ্টি, আবতৰীয়া বানপানী, ভূপৃষ্ঠত ফাঁটমেলা আদি প্ৰধান।

ভূমিকম্পৰ সৈতে মুখামুখি হ'বলৈ হ'লে, আমি সাধাৰণতে তিনি ধৰণৰ সাৱধানতা ল'ব পাৰোঁ। সেয়া হল— (১) ভূমিকম্পৰ আগেয়ে ল'ব পৰা ব্যৱস্থা, (২) ভূমিকম্পৰ সময়ত ল'ব পৰা ব্যৱস্থা আৰু (৩) ভূমিকম্পৰ পাছত ল'ব পৰা ব্যৱস্থা।

(ক) ভূমিকম্প প্ৰতিৰোধৰ বাবে ল'ব পৰা ব্যৱস্থাৱলী ঃ

(i) ভূমিকম্প হোৱা ঠাইত পকীঘৰ বনালে (বিশেষকৈ কেইবা মহলীয়া ঘৰ বনালে) ভূমিকম্প প্ৰতিৰোধ ব্যৱস্থা অৱলম্বন কৰা উচিত।

(ii) ঘৰৰ দৰ্জা ভিতৰফালৰ পৰা সহজে খুলিব পৰা হোৱা উচিত।

(iii) ঘৰত প্ৰাথমিক চিকিৎসাৰ ন্যুনতম সামগ্ৰীখিনি ৰখা উচিত।

(iv) ঘৰত অগ্নি-নিৰ্বাপক ব্যৱস্থা থকা উচিত।

(v) গেছ ব্যৱহাৰ কৰি ৰন্ধা ঘৰত ব্যৱহাৰৰ পাছত চিলিণ্ডাৰৰ চুইচ বন্ধ কৰা উচিত।

(vi) কিছুমান সামগ্ৰী, যেনে— পানী, টৰ্চ, দিয়া চলাই, মমবাতি আদি মজুত ৰখা উচিত।

(vii) ওচৰত থকা স্বাস্থ্যকেন্দ্ৰ আৰু অগ্নিনিৰ্বাপক বাহিনীৰ ফোন নং, ঠিকনা লিখি থোৱা উচিত।

(viii) ভূমিকম্প সম্পৰ্কে মাজে মাজে দিয়া প্ৰশিক্ষন ল'ব পাৰিলে ভাল।

(ক) ভূমিকম্পৰ সময়ত ল'বলগীয়া ব্যৱস্থা ঃ

(i) ভূমিকম্প হোৱা সময়ত ধৈৰ্য্য ধৰি থাকি দুৱাৰ খুলি বাহিৰলৈ ওলাই যাব লাগে অতি সাৱধানতাৰে। চাব লাগিব যাতে মূৰৰ ওপৰত কোনো ধৰণৰ গধূৰ বস্তু নপৰে।

(ii) পৰাপক্ষত মুকলি ঠাইলৈ ওলাই যাব পাৰিলে ভাল।

(iii) ঘৰৰ ভিতৰৰ পৰা ওলাই যাব নোৱাৰিলে মজবুত কাঠৰ মেজ, বেঞ্চ বা বিচনাৰ তলত আশ্ৰয় ল'ব লাগে।

(iv) বিজুলীৰ লাইন নোহোৱা কৰি (মুখ্য চুইচ নুমাই), জুই থকা বস্তু নুমাই থোৱাৰ ব্যৱস্থা কৰিব লাগে।

(v) ভূমিকম্প হোৱা সময়ত গাড়ী মটৰ চলাই থাকিলে তৎক্ষণাৎ ৰৈ যাব লাগে।

(ক) ভূমিকম্পৰ পাছত ল'বলগীয়া ব্যৱস্থা ঃ

(i) ভূমিকম্পৰ জোকাৰণি বন্ধ হ'লেও পতকৈ ওলাই যাব নালাগে।

(ii) ভূমিকম্পৰ পাছত ঘৰ-দুৱাৰৰ ক্ষতি, বেৰ আদিত হোৱা ফাট পৰীক্ষা কৰি চাব লাগে। ক'ৰবাত কিবা ভাঙি পৰিলে তাক সাৱধানে আঁতৰোৱাৰ দিহা কৰিব লাগে।

(iii) ঘৰৰ বিজুলী লাইন, গেছ-পাইপ আদি ভালদৰে চাই ল'ব লাগে। বিজুলীলাইনত বিজুতি ঘটিলে মুখ্য চুইচ বন্ধ ৰখাই ভাল।

(iv) ওচৰত যদি বিজুলী লাইন আৰু ফোনৰ তাঁৰ আদি চিঙি থাকে, তেনেহ'লে তাৰ পৰা আঁতৰত থাকিব লাগে।

(v) চুবুৰীয়াৰ ঘৰত যদি তুলনামূলকভাবে অধিক ক্ষতি হৈছে, তেনেহ'লে তাৰ প্ৰতি তৎপৰ হৈ সহায়ৰ হাত আগবঢ়াব লাগে।

(vi) ক'ত কি পৰিমাণৰ ধ্বংসলীলা ঘটিছে তাৰ উমান লৈ থাকিব লাগে।

ওপৰত উল্লেখ কৰা গাইগুটীয়া ব্যৱস্থাৰ উপৰি চৰকাৰী আৰু বেচৰকাৰী স্বেচ্ছাসেৱী সংগঠন আদিৰ কৰণীয় কিছু আছে। যেনে—

(i) ৰাইজৰ মাজত ভূমিকম্প সম্পৰ্কে আৰু আগে-পাছে ল'বলগীয়া সাৱধানতা সম্পৰ্কে সজাগতা সৃষ্টি কৰিব লাগে।

(ii) জনসাধাৰণৰ মাজত ল'বলগীয়া সাৱধানতা সম্পৰ্কে প্ৰশিক্ষণ দিয়াৰ ব্যৱস্থা কৰিব লাগে।

(iii) ভূমিকম্পৰ আগজাননী পালে ৰাইজক বিপদসঙ্কুল ঠাইৰ পৰা অপসৰণৰ ব্যৱস্থা হাতত ল'ব লাগে।

(iv) ভূমিকম্পৰ পাছত প্ৰয়োজন সাপেক্ষে তাৎক্ষণিক সহায় দিয়াৰ ব্যৱস্থা কৰা উচিত। পীড়িত লোকক স্থানান্তৰ কৰা, পুনৰ সংস্থাপন কৰা আদি এনে সহায়ৰে ভিতৰতে পৰে।

(v) প্ৰবল ভূমিকম্পৰ পাছত সাধাৰণতে মহামাৰীৰ প্ৰাদুৰ্ভাৱ হয়। মহামাৰী যাতে বিয়পি নপৰে তাৰ বাবে বিহিত ব্যৱস্থা ল'ব লাগে।

২। বানপানী ঃ

বানপানী অন্য এক প্ৰাকৃতিক দুৰ্যোগ। বৰ্ষাকালত নৈ-জান-জুৰি ভৰি পাৰ উপচি পানী বৈ আহে, তেতিয়া বানপানী হয়। ই ওচৰ-পাজৰৰ খেতি-পথাৰ, আলি-পদুলিকে ধৰি গাওঁ-ভূঁই ডুবাই পেলায় আৰু বিস্তৰ ক্ষতি সাধন কৰে।

বানপানী হোৱা দেশৰ ভিতৰত বাংলাদেশ প্ৰথম আৰু ভাৰতবৰ্ষ দ্বিতীয়। প্ৰতিবছৰে আমাৰ দেশৰ প্ৰায় ৪০ নিযুত হেক্টৰ মাটি বানপানীৰ কবলত পৰে। তাৰ ভিতৰত ৮৩ লাখ হেক্টৰ মাটিত অধিক অনিষ্ট হয়। প্ৰতিবছৰে মুঠ মৃত্যুৰ প্ৰায় ২০% মানুহৰ মৃত্যু হয় বানপানীৰ বাবে। গড় হিচাপত ৩০ নিযুত মানুহ স্থানান্তৰিত হ'বলগীয়া হয়। এটা হিচাপমতে ২০০০ চনত আমাৰ দেশত বানপানীৰ বাবে ক্ষতি হৈছিল ১০,৫৪২ নিযুত টকা।

বানপানী হোৱাৰ মুখ্য কাৰণ ঃ

বানপানী হোৱাৰ মুখ্য কাৰণ হ'ল মানুহৰ কাৰ্যাৱলী কিছুমান। জধে-মধে গছ কটা, অৰণ্য বিধ্বস্ত কৰা, পাহাৰ কটা আদি কাৰ্যই বানপানী সৃষ্টি কৰাত প্ৰভূত সহায় কৰিছে।

(ক) অতিৰিক্ত পানীৰ প্ৰবহন ঃ প্ৰচুৰ পৰিমাণৰ বৰষুণ, অত্যধিক বৰফ গলা কাৰ্য, ভূমিস্খলন আদিৰ বাবে হঠাতে পানী আহে। মথাউৰি ভাঙিও অত্যধিক পানীৰ প্ৰবহন হয়। সাধাৰণতে এক কিলোমিটাৰ অঞ্চলত ১০০ মিলি মিটাৰ বৰষুণ হ'লে একলাখ ঘনমিটাৰ পানী জমা হয়। তাৰে কিছু অংশ মাটিয়ে শুহি লয় আৰু নোৱাৰাখিনি বৈ যায়। ফলত বানপানী হয়। সামুদ্ৰিক অঞ্চলত ঢৌৱে উপকুল অঞ্চল জলমগ্ন কৰি বানপানীৰ সৃষ্টি কৰে।

(খ) নদীৰ পানী প্ৰবহন ক্ষমতাৰ হ্ৰাস ঃ নানা কাৰণত নদীবোৰৰ গভীৰতা কমিছে। নদীৰ তলি উঠি আহিছে। ইয়াৰ ফলত নদীবোৰৰ পানী প্ৰবহন কৰাৰ স্বাভাৱিক ক্ষমতা ক্ৰমে হ্ৰাস পাইছে। ফলত বাৰিষা পানীৰ ঢল নামি আহি (পৰ্বত-পাহাৰৰ পৰা) তৎক্ষণাৎ বানপানীৰ সৃষ্টি কৰে।

(গ) মানুহৰ দুষ্কৃতি ঃ আমাৰ দেশ স্বাধীন হোৱাৰ পাছত উদ্যোগ বিকাশ, নগৰীকৰণ আৰু জনবসতি বিস্তাৰ কৰাৰ নামত অপৰিকল্পনা আৰু বিবেচনাহীনভাৱে বনাঞ্চল ধ্বংস কৰা হৈছে। গছ-গছনি কাটি এনেকি গভীৰ অৰণ্যও ধ্বংস কৰা হৈছে। ইপিনে গৰীব মানুহে ৰন্ধনৰ বাবেও গছ-গছনি কাটে। ঘৰ দুৱাৰ নিৰ্মাণৰ বাবে প্ৰয়োজন হয় কাঠৰ। এইবোৰ কাৰণত বনাঞ্চল কমি আহি মাত্ৰ ১৯ শতাংশ ঠাইতহে ৰৈছে। ইয়াৰ ফলত মাটিৰ পানী ধৰি ৰখাৰ ক্ষমতা কমি গৈছে। অলপ অধিক বৰষুণ হ'লেই পানী প্ৰবল গতিত বৈ পৰে আৰু মাটি খহাই নিয়ে। ইয়ে নদীৰ তলিত গেদৰ পৰিমাণ বৃদ্ধি কৰিছে।

তদুপৰি, বিকাশৰ নামত বান্ধিবলৈ লোৱা আলিপদূলি, নল-নৰ্দমা, বান্ধ আদিয়েও বানপানী সৃষ্টি কৰাত গৌণ ভূমিকা গ্ৰহণ কৰিছে।

বানপানীৰ পৰিচালন ব্যৱস্থা ঃ বানপানী সম্পূৰ্ণৰূপে প্ৰতিৰোধ কৰাটো সহজ নহয়, প্ৰায় অসম্ভৱ। কিন্তু কিছুমান বিহিত ব্যৱস্থা লৈ তাৰ প্ৰকোপ কমাব পাৰি। পানী প্ৰবহনত বাধা দিয়া আৰু পানী ওলাই যোৱাৰ বাবে উপযুক্ত ব্যৱস্থা ল'লে বানপানী বহুত পৰিমাণে কমিব। ইয়াৰ বাবে কৰিবলগীয়া কাম হ'ল—

(১) নদী, জান-জুৰিৰ তলি খনন কৰা; অৰ্থাৎ পানী নিৰ্গমনৰ বাবে উন্নত ব্যৱস্থা হাতত ল'ব লাগিব।

(২) নদীত উপযুক্তভাৱে বৈজ্ঞানিক পদ্ধতিৰে বান্ধ নিৰ্মাণ কৰা।

(৩) জান-জুৰি আদি চাপা কৰি পানী বৈ যাব পৰা কৰা।

(৪) সমতল আৰু পাহাৰীয়া অঞ্চলত গছ ৰোৱা; অৰ্থাৎ বনানিকৰণ ব্যৱস্থাত অধিক গুৰুত্ব দিয়া। লগতে অবনানিকৰণ কাৰ্য ৰোধ কৰিব লাগিব।

(৫) নগৰৰ বা গাওঁৰ ওচৰে-পাজৰে থকা পাহাৰ আদি কটা বন্ধ কৰিব লাগিব।

(৬) খৰালি কালত ৰবিশস্যৰ বাবে খেতিপথাৰত পানীৰ অভাৱ হয়। এই সময়ত নদীৰপৰা পানী বোৱাই নিয়াৰ ব্যৱস্থা কৰিলে নদীত পানীৰ মাত্ৰা কম হ'ব। নলা, বান্ধ আদি বৈজ্ঞানিক পদ্ধতিৰে নিৰ্মাণ কৰি মাজে মাজে বান্ধ বা নলাত জমা হোৱা গেদ উঠাই থাকিলেও বানপানী কম হোৱাৰ সম্ভাৱনা আছে।

(৭) নদীৰ দুয়োপাৰে মথাউৰি দি বানপানীৰ প্ৰবলতা কমাব পাৰি। কিন্তু এনে মথাউৰি সুবিবেচনাৰে, বিজ্ঞানসন্মত পদ্ধতিৰে দিয়াৰ ব্যৱস্থা কৰিব লাগিব যাতে মথাউৰি ভাঙি বানপানীয়ে ৰাইজৰ দুৰ্দশা নানে।

(৮) নদী সংযোগ ব্যৱস্থাৰে বানপানীৰ প্ৰকোপ কমাব পাৰি। উদাহৰণতঃ, নৰ্মদা নদীৰ পানী গুজৰাটৰ খৰাং অঞ্চললৈ বোৱাই নি নৰ্মদাৰ দাঁতি-কাষৰীয়া অঞ্চলত বানপানীৰ প্ৰকোপ কমোৱা হৈছে। ভবা হৈছে যে নৰ্মদা, কাবেৰী আৰু গোদাবৰী নদী সংযোগ কৰি সেই অঞ্চলত বানপানীৰ সমস্যা কিছু কমাব পৰা যাব।

(৯) আমাৰ অসমত বহুতো (প্ৰায়বোৰেই) নদীৰ তলিত বালি, গেদ জমা হৈছে। ফলত বাৰিষা পৰ্বতীয়া ঢল নামি অহাৰ লগে লগে বানপানী হয়। নদীবোৰৰ তলি খনন কাৰ্য হাতত ল'ব পাৰিলে বা সম্ভৱস্থলত নদীৰ গতিপথ অন্যফালে ঘোৰাই দিব পাৰিলে আমাৰ অসমত বানপানীৰ সমস্যাটো কিছু পৰিমানে কমাব পৰা যাব।

ব্ৰহ্মপুত্ৰ নিয়ন্ত্ৰণ, গৰাখহনীয়া ৰোধ আদি হ'ল অন্য এক জৰুৰীকালীন কৰ্তব্য যাৰ দ্বাৰা অসমৰ বানপানী ৰোধ কৰিব পৰা হ'ব।

(১০) বনানীকৰণ ব্যৱস্থা বাধ্যতামূলকভাৱে কৰা উচিত।

বানপানীৰ পিছৰ সমস্যা আৰু তাৰ প্ৰতিকাৰ ঃ বানপানী আহে আৰু যায়। কিন্তু যোৱাৰ পিছত একাধিক সমস্যাই দেখা দিয়ে। যেনে, খোৱা পানী দূষিত হয়; মহ-মাখিৰ সংখ্যা বাঢ়ে; জীৱ-জন্তুৰ মৃতদেহে প্ৰদূষণ বঢ়ায়। ফলত (১) কলেৰা, (২) গ্ৰহণী, (৩) পেটৰ অসুখ গেছ্‌ট্ৰো এণ্ট্ৰাইটিচ, (৪) টাইফয়েড আৰু (৫) জণ্ডিছ আদি হয়।

এই বেমাৰ সমূহৰপৰা যিমান পাৰি হাত সাৰি থাকিবলৈ হ'লে কিছুমান প্ৰতিষেধক ব্যৱস্থা গ্ৰহণ কৰা উচিত। সেই ব্যৱস্থাবোৰ হ'ল—

(১) খোৱাপানী আৰু গাখীৰ ভালদৰে উতলাই চেঁচা কৰি খাব লাগে।

(২) খোৱা পানীত হেল'জেন টেবলেট দি ল'ব লাগে। এই টেবলেট চৰকাৰীভাৱে বিনা পইচাই দিয়া হয়।

(৩) ঘৰৰ জাৱৰ-জোঁথৰ, ৰোগী বা ল'ৰা-ছোৱালীৰ শৌচ-প্ৰস্বাব য'তে ত'তে নেপেলাই আঁতৰত গাত খান্দি পুতি থোৱাৰ ব্যৱস্থা কৰিব লাগে। নদী বা পুখুৰীত পেলাব নালাগে।

(৪) খোৱা বস্তুত মাখি পৰিব দিব নালাগে।

(৫) পৰিষ্কাৰ-পৰিচ্ছন্নতাৰ প্ৰতি সচেতন হ'ব লাগে। বাচন-বৰ্তন, কাপোৰ কানি পৰিস্কাৰকৈ ৰাখিব লাগে।

(৬) যিকোনো অসুখ হ'লে তৎক্ষণাৎ চিকিৎসকৰ পৰামৰ্শ ল'ব লাগে।

(৭) মাছ-মাংস আদি নোখোৱাই ভাল।

(৮) গেলা-পঁচা বস্তু কেতিয়াও খাব নালাগে।

(৩) ভূমিস্খলন ঃ সাধাৰণতে মধ্যাকৰ্ষণৰ প্ৰভাৱত পৰ্বত বা পাহাৰৰ পৰা হঠাতে শিল-মাটি আদি খহি আহে। ইয়াকে ভূমিস্খলন বোলা হয়। বৰষুণৰ তীব্ৰতাত গছ-গছনি উচ্ছেদ কৰা পাহাৰীয়া অঞ্চলতো ভূমিস্খলন হয়। একেদৰে ভূমিকম্প, জান-জুৰিৰ প্ৰবাহ, বজ্ৰপাত আদি প্ৰাকৃতিক কাৰণতো ভূমিস্খলন হয়। আনহাতে আজিকালি শিল বা পাহাৰ ভাঙিবলৈ দিয়া ডিনামাইটৰ বিস্ফোৰণ, বনাঞ্চল বিধ্বস্তীকৰণ আৰু মাটিখন্দাৰ দৰে কৃত্ৰিম কাৰণতো ভূমিস্খলন হ'বলৈ ধৰিছে। খনি খননতো ভূমিস্খলন হয়।

ভূমিস্খলনৰ গতি তীব্ৰ বা কম হয় খহনত লৈ অহা শিল-মাটি আদিৰ ওপৰত নিৰ্ভৰ কৰি। ডাঙৰ শিল থকা স্খলন সাধাৰণতে তীব্ৰ হয়। ৰাতি হোৱা ভূমিস্খলন বিপদজনক হয়। বসতি থকা অঞ্চলত হলে ই ঘৰ-দুৱাৰ, মানুহ-জীৱজন্তু পুতি পেলায়। পাহাৰীয়া অঞ্চলত ই আলি-পদুলি ৰুদ্ধ কৰে।

আমাৰ দেশত কেৰেলাৰ পৰা হিমালয়ৰ পাদদেশলৈ, উত্তৰ পূৰ্বাঞ্চলৰ পৰা গুজৰাটৰ পাহাৰীয়া অঞ্চলবোৰত ভূমিস্খলন হয়। তাৰ ভিতৰত হিমালয় অঞ্চল, উত্তৰ-পূৰ্বাঞ্চলৰ ৰাজ্যসমূহ, বিন্ধ্যাচল, নীলগিৰি পৰ্বতাঞ্চল আৰু পূব বা পশ্চিমঘাট অঞ্চলত বৰ্ষাকালত অতিপাত বৰষুণ হ'লে বা তাৰ পাছত প্ৰায়ে ভূমিস্খলন হয়। সেইদৰে হিমাচল, জম্মু-কাশ্মীৰ আৰু উত্তৰাঞ্চলতো ভূমিস্খলন হৈ ৰাস্তা-ঘাট বন্ধ কৰি তোলে। সম্প্ৰতি অসমতো বিশেষকৈ গুৱাহাটী আৰু বুঢ়াপাহাৰ অঞ্চলত মাটি কটা, গছ-গছনি কটা কাৰ্য্যৰ ফলত ভূমিস্খলন হ'বলৈ ধৰিছে।

ভূমিস্খলনৰ ফলত অকল ৰাস্তা-ঘাটেই যে বন্ধ হয় এনে নহয়। সেইসময়ত ভূমিস্খলনৰ গতিপথত ঘৰ, জীৱ-জন্তু আদি থাকিলে, সকলো পোত যায়। এনে গুৰুতৰ ধ্বংসলীলাৰ কথা আমি প্ৰায়ে বাতৰি কাকতত পঢ়িবলৈ পাওঁ।

ভূমিস্খলনৰ পাছত লবলগীয়া দিহা ঃ

(১) ভূমিস্খলনৰ কবলত পৰা লোক আৰু তেওঁলোকৰ সা-সম্পত্তি উদ্ধাৰৰ বাবে তৎকালীন উপযুক্ত ব্যৱস্থা ল'ব লাগে।

(২) আঘাতপ্ৰাপ্ত সকলৰ চিকিৎসাৰ ব্যৱস্থা ল'ব লাগে আৰু মৃতকৰ উদ্ধাৰ কাৰ্য অনতিপলমে কৰিব লাগে।

(৩) দুৰ্গত ব্যক্তিৰ বাবে খাদ্য, পানী আদি যোগান ধৰাৰ কাম হাতত ল'ব লাগে।

(৪) ক্ষতিগ্ৰস্তসকলৰ বাবে প্ৰয়োজন মতে ক্ষয়-ক্ষতিৰ বুজ লৈ সেইমতে ক্ষতিপূৰণ দিয়াৰ ব্যৱস্থা কৰিবৰ প্ৰয়োজন।

(৫) ৰাস্তা-ঘাট বন্ধ হ'লে, তাক পুনৰ মোকোলোৱা কাৰ্য হাতত ল'ব লাগে আৰু ৰাস্তা নোলোৱালৈ বিকল্প ব্যৱস্থা কৰিব লাগে।

এই দিশত চৰকাৰী আৰু বেচৰকাৰী স্বেচ্ছাসেৱী অনুষ্ঠানৰ দায়িত্ব অধিক।

(৪) ঘূৰ্ণীবতাহ ঃ ঘূৰ্ণীবতাহ হ'ল প্ৰাকৃতিক দুৰ্যোগসমূহৰ ভিতৰত অন্যতম। বিষুৱ ৰেখাৰ ক্ৰান্তীয় অঞ্চলৰ উপকুল ভাগত ঘূৰ্ণীবতাহ অধিক হয়। ঘূৰ্ণীবতাহৰ সৈতে আহে অশান্ত ধুমুহা-বতাহ আৰু অধিক মাত্ৰাৰ বৰষুণ, যাৰ ফলত বানপানী হৈ বিপৰ্যয়ৰ সৃষ্টি কৰে।

সাধাৰণতে বিষুৱীয় অঞ্চলৰ ৩০ ডিগ্ৰী উত্তৰ আৰু ৩০ ডিগ্ৰী দক্ষিণ অক্ষাংশৰ মাজত থকা গৰম মহাসাগৰৰ উপৰিভাগত ঘূৰ্ণীবতাহৰ সৃষ্টি হয়। আমাৰ দেশত বঙ্গোপসাগৰ আৰু আৰব সাগৰত ইয়াৰ উৎপত্তি হয়। অৱশ্যে আৰব সাগৰত মাত্ৰা অধিক। আৰব সাগৰত সৃষ্টি হোৱা ঘূৰ্ণীবতাহে গুজৰাটত প্ৰচুৰ ক্ষতিসাধন কৰে। সেইদৰে বঙ্গোপসাগৰৰ ঘূৰ্ণীবতাহ পশ্চিম বা উত্তৰ পশ্চিম দিশলৈ গতি কৰি উৰিষ্যা, বিহাৰ, উত্তৰ প্ৰদেশৰ একাংশ আৰু ঝাৰখণ্ডত প্ৰচুৰ ক্ষতি কৰে। ই বাংলাদেশতো বিস্তৰ ক্ষতি সাধন কৰে।

ঘূৰ্ণীবতাহ সাধাৰণতে মহাসাগৰৰ ওপৰত ঘণ্টাত ৩০০-৫০০ কি.মি. বেগত গতিশীল হয়। নিম্নচাপ অঞ্চলৰপৰা আৰম্ভ হৈ পৰ্যায়ক্ৰমে অতি নিম্নচাপ বা অত্যধিক নিম্নচাপৰ মাজেদি ঘূৰ্ণীবতাহ গতি কৰি পূৰ্ণতা পায়। বতাহৰ গতি যেতিয়া ঘণ্টাত প্ৰায় ৩৫০ কি.মি. হয়, তেতিয়া ই হিংস্ৰ হৈ উঠে। তেতিয়া তাৰ গতি পথত থকা সকলো বয়-বস্তু উৰাই নি লণ্ড-ভণ্ড কৰে। বঙ্গোপসাগৰ আৰু আৰব সাগৰত প্ৰতিবছৰে ৫-৬ টামান ঘূৰ্ণীবতাহৰ সৃষ্টি হয়। তাৰ ভিতৰত দুটামান অতি ভয়ানক, ক্ষতিকাৰক হয়। ভাৰতৰ সমগ্ৰ পূৰ্বঘাট আৰু পশ্চিমঘাট অঞ্চল ঘূৰ্ণীবতাহৰ বলি হয়।

ক্ৰান্তীয় অঞ্চলত সৃষ্টি হোৱা ঘূৰ্ণীবতাহৰ নাম ঠাইভেদে বেলেগ বেলেগ। আটলাণ্টিক, কাৰিবিয়ান আৰু প্ৰশান্ত মহাসাগৰৰ উত্তৰ-পশ্চিম অঞ্চলত ই **হাৰিকেন** নামে আৰু প্ৰশান্ত মহাসাগৰৰ পশ্চিম অঞ্চলত **টাইফুন** নামে জনাজাত। অষ্ট্ৰেলিয়াত ঘূৰ্ণীবতাহক **উইলী-উইলীজ** বোলে। ভাৰতত হ'ল **ঘূৰ্ণীবতাহ।**

গতিবেগ অনুসৰি ঘূৰ্ণীবতাহৰ শ্ৰেণীবিভাগ কৰা হৈছে এনেদৰে ঃ

শ্ৰেণী	সৰ্বোচ্চ বেগ (প্ৰতিঘণ্টাত কি.মি. হিচাপত)
(১) নিম্ন চাপৰ অঞ্চল	৩০ তকৈ কম
(২) অতি নিম্ন চাপ	৩০ – ৫০
(৩) অত্যধিক নিম্ন চাপ	৫০ – ৬০
(৪) ঘূৰ্ণীবতাহৰ ধুমুহা	৬০ – ৯০
(৫) ভয়ঙ্কৰ অৱস্থা	৯০ – ১২০
(৬) অতি ভয়ঙ্কৰ অৱস্থা	১২০ – ২২০
(৭) ভয়ঙ্কৰতম অৱস্থা	২২০ তকৈ অধিক

আগজাননী আৰু ল'বলগীয়া সাৱধানতা ঃ

ভাৰতবৰ্ষত ঘূৰ্ণীবতাহৰ সাৱধান বাণী জনোৱাৰ বাবে মুঠ ছয়টা কেন্দ্ৰ আছে কলকাতা, ভুবনেশ্বৰ, বিশাখাপট্টনম, চেন্নাই, মুম্বাই আৰু আহমেদাবাদত। কেন্দ্ৰ কেইটাই ঘূৰ্ণীবতাহৰ আগজাননী সংগ্ৰহ কৰি ৰেডিঅ', দূৰদৰ্শন আদিৰ জৰীয়তে ৰাইজক জনায় আৰু লগতে লবলগীয়া সাৱধানতা সম্পৰ্কেও অৱগত কৰায়। কেন্দ্ৰকেইটাই ইয়াৰ খবৰ কৃষি মন্ত্ৰণালয়কো জনায়। কৃষি মন্ত্ৰণালয় হ'ল যথোপযুক্ত এক সমন্বয়ক। ই বিভিন্ন নিকায় সমূহক যথোপযুক্ত ব্যৱস্থা লোৱাৰ বাবে নিৰ্দ্দেশ দিয়ে।

সাধাৰণতে ইনছাট উপগ্ৰহ, ৰাডাৰ আৰু বতৰৰ বতৰা সংগ্ৰহ কৰা কেন্দ্ৰৰ মাজেদি ঘূৰ্ণীবতাহৰ উৎপত্তি, প্ৰৱলতা, পৰিবৰ্তন আদিৰ বিষয়ে সংগ্ৰহ কৰা হয়। সেইমতে কেন্দ্ৰ ছয়টাৰপৰা ৰাইজক জনোৱা হয় ক'ত কিদৰে আৰম্ভ হৈ ক'ত শেষ হ'ব ইত্যাদি খবৰবোৰ। মুঠতে চাৰিবাৰ এইদৰে বাতৰি দিয়া হয়। এনেকি বন্দৰবোৰে ল'বলগীয়া সাৱধানতাৰ কথাও অৱগত কৰোৱা হয়। সাধাৰণতে এঘণ্টাৰ মূৰে মূৰে আৰু প্ৰয়োজন হ'লে আৰু ঘনকৈ খবৰ প্ৰেৰণ কৰা হয়। এনে খবৰৰ ওপৰত ভিত্তি কৰি ঘূৰ্ণীবতাহে বিপৰ্যয় সৃষ্টি কৰিব পৰা অঞ্চলবোৰৰ মানুহ, জীৱ-জন্তু আদি আঁতৰাই নিৰাপদ স্থানলৈ স্থানান্তৰিত কৰা হয়। সাগৰত মাছ-মৰা মাছমৰীয়াক সাৱধান কৰি দিয়া হয় সাগৰলৈ নাযাবৰ বাবে।

ঘূৰ্ণীবতাহ যিহেতু প্ৰায় ঘটি থকা আৰু আগতীয়াকৈ জানিব পৰা দুৰ্যোগ, তাক প্ৰতিৰোধ কৰাৰ বাবে স্থায়ী পৰিকল্পনা কৰাৰ প্ৰয়োজন। এই পৰিকল্পনাত মানুহক স্থানান্তৰিত কৰা, খাদ্য আৰু পানীৰ যোগান ধৰা, ঔষধ পাতিৰ ব্যৱস্থা কৰা আদি সংযোজিত হোৱা উচিত। দুৰ্যোগ প্ৰতিৰোধী ব্যৱস্থাৰ ভিতৰত সংশ্লিষ্ট বিভাগী আৰু স্বেচ্ছাসেৱী অনুষ্ঠানৰ কৰ্মচাৰীসকলক উপযুক্ত প্ৰশিক্ষণ দিয়াৰ ব্যৱস্থাও কৰিব লাগে। প্ৰয়োজনমতে ঘূৰ্ণীবতাহ হোৱা অঞ্চলত ৰাইজক সচেতন কৰি তোলাৰ ব্যৱস্থা কৰা উচিত। সেইবোৰ অঞ্চলত স্কুলীয়া বা মহাবিদ্যালীয় পাঠ্যক্ৰমৰ সৈতে ঘূৰ্ণীবতাহ আৰু তাৰ বাবে ল'বলগীয়া সাৱধানতা আদিৰ সৈতে ওপৰঞ্চি পাঠ্যক্ৰম সংযোজিত কৰা উচিত।

কেইটামান অনিষ্টকাৰী ঘূৰ্ণীবতাহৰ খতিয়ন ঃ

চন আৰু মাহ	ঘূৰ্ণীবতাহ হোৱা অঞ্চল	সৰ্বোচ্চ বেগ কি.মি./ঘণ্টা	জন হানিৰ পৰিমাণ	সম্পত্তি হানি (নিযুত টকা)
১৯৭৭, নৱেম্বৰ	চিৰালা	২৬০	৮৫৪৯	৩৫০০
১৯৭৯, মে	মচিলি পট্টনম	২১০	৭০০	১৭০০
১৯৮৪, নৱেম্বৰ	শ্ৰীহৰিকোটা	২১০	৬০৪	৪০০০
১৯৯০, মে	মচলি পট্টনম	২৩৫	৯৬৭	২২,৮০০
১৯৯৯, অক্টোবৰ	পাৰা দ্বীপ	২৬০	৯৮৮৭	—

আন এটা খতিয়ন ঃ প্ৰাকৃতিক দুৰ্যোগগ্ৰস্ত অঞ্চল

কি	অঞ্চল	ক্ষতিগ্ৰস্ত জনসংখ্যা (নিযুতত)
বানপানী	সমগ্ৰ দেশত ৮ খন ডাঙৰ নদীৰ উপত্যকাত ৪০ নিযুত হেক্টৰ	২৬০
খৰাং পীড়িত	১৪ খন প্ৰদেশ অন্ধ্ৰ, বিহাৰ, গুজৰাট, হাৰিয়ানা, জম্মু-কাশ্মীৰ, কৰ্ণাটক, মধ্যপ্ৰদেশ, মহাৰাষ্ট্ৰ, উৰিষ্যা, ৰাজস্থান, তামিলনাডু, উত্তৰ প্ৰদেশ, পশ্চিমবংগ আৰু হিমাচল প্ৰদেশৰ ১১৬ খন জিলা আৰু ৭৪০ টা ব্লক	৮৬
ভূমিকম্প	দেশৰ প্ৰায় ৫৫ শতাংশ অঞ্চল ভূমিকম্পৰ (iv) আৰু (v)নং ক্ষেত্ৰাধীন	৪০০
ঘূৰ্ণীবতাহ	দক্ষিণ উপকূল অঞ্চলৰ প্ৰায় ৫৭০০ কি. মিটাৰ দীঘল ভূখণ্ড; ৯ খন প্ৰদেশ- গুজৰাট, মহাৰাষ্ট্ৰ, গোৱা, কৰ্ণাটক, কেৰেলা, তামিলনাডু, অন্ধ্ৰ, উৰিষ্যা, পশ্চিমবঙ্গ, পণ্ডিচেৰী, আন্দামান আৰু লাক্ষা দ্বীপপুঞ্জ	১০
ভূমিস্খলন	সম্পূৰ্ণ হিমালয়ৰ পাদদেশ অঞ্চল আৰু পশ্চিমঘাট	১০

প্ৰশ্নাৱলী

চমু প্ৰশ্ন ঃ

১। (ক) প্ৰদূষণ কি? (খ) প্ৰদূষণ কাক বোলে?
(গ) প্ৰদূষণ কেই প্ৰকাৰ? (ঘ) ওজন বিন্ধা কি?

২। পানী প্ৰদূষণৰ মূল কাৰক কি কি?

৩। প্ৰদূষকৰ ভাগ কি কি?

৪। (ক) বায়ু প্ৰদূষণে সৃষ্টি কৰা সমস্যাকেইটা লিখা।
(খ) জল প্ৰদূষণে সৃষ্টি কৰা সমস্যা কি কি?
(গ) স্থল প্ৰদূষণৰ সমস্যা তিনিটা লিখা।

৫। কোলাহল কি? ইয়াৰ উৎস কেইটামানৰ নাম লিখা।

৬। শব্দ প্ৰদূষণৰ ফলত হোৱা কু-প্ৰভাৱ কি? ইয়াক কিদৰে ৰোধ কৰিব পাৰি?

৭। আৱৰ্জনা থানথিত লগোৱাৰ উপায় সম্পৰ্কে লিখা।

৮। পুনৰাৱৰ্তন কি? ইয়াৰপৰা হোৱা লাভ কি?

৯। পুনৰাৱৰ্তনৰ ক্ষেত্ৰত থকা প্ৰতিবন্ধকতা কি লিখা।

১০। (ক) ভূমিকম্প সৃষ্টি হোৱাৰ দুটা কাৰণ লিখা।
(খ) বানপানী হোৱাৰ দুটা কাৰণ লিখা।
(গ) ঘূৰ্ণীবতাহৰ ফলত হোৱা কু-প্ৰভাৱ দুটা লিখা।

দীঘল প্ৰশ্ন

১১। প্ৰদূষণ সম্পৰ্কে টোকা এটা লিখা।

১২। বায়ু প্ৰদূষণ কি? ইয়াৰ কু-প্ৰভাৱ আৰু নিয়ন্ত্ৰণৰ বিষয়ে চমুকৈ লিখা।

১৩। প্ৰাকৃতিক আৰু কৃত্ৰিম (মানুহে সৃষ্টি কৰা) প্ৰদূষক বুলিলে কি বুজা? ইয়াৰ দ্বাৰা বায়ু-প্ৰদূষণ কিদৰে হয় লিখা।

১৪। শব্দ প্ৰদূষণ কি? ই কিদৰে আমাক প্ৰভাৱান্বিত কৰে? ইয়াক নিয়ন্ত্ৰণ কৰিব পৰা ব্যৱস্থা সম্পৰ্কে লিখা।

১৫। চমুটোকা লিখা—
(ক) মিনামাতা ৰোগ (খ) সামুদ্ৰিক প্ৰদূষণ
(গ) ইটাই ইটাই ৰোগ. (ঘ) চাৰ্ণবিল দুৰ্ঘটনা
(ঙ) পানী শোধন প্ৰক্ৰিয়া (চ) ডেছিৱেল
(ছ) নিউক্লিয় আৱৰ্জনাৰ কু-প্ৰভাৱ (জ) নিউক্লিয় সংকটৰ নিয়ন্ত্ৰণ
(ঝ) ভূপাল দুৰ্ঘটনা (ঞ) অম্ল বৃষ্টি

১৬। আৱৰ্জনা বুলিলে কি বুজা? ভিন ভিন আৱৰ্জনাৰ উৎস, কু-প্ৰভাৱ আৰু নিৰ্য়ন্ত্ৰণ সম্পৰ্কে চমুকৈ লিখা।

১৭। প্ৰদূষণ নিয়ন্ত্ৰণত ব্যক্তি হিচাপে তুমি কি ভূমিকা গ্ৰহণ কৰিবা লিখা।

১৮। বিপৰ্য্যয় পৰিচালনা সম্পৰ্কে ৰচনা এখন লিখা।

১৯। বানপানীৰ আগেয়ে আৰু পাছত ল'বলগীয়া ব্যৱস্থা সম্পৰ্কে লিখা।

২০। (ক) ভূমিকম্পৰ আগেয়ে আৰু হোৱাৰ সময়ত কি কৰিব লাগে বা কি কৰিব নালাগে লিখা।
(খ) ৰিখটাৰ স্কেল কি? ভূমিকম্পৰ প্ৰবলতাৰ সীমা কি কি উল্লেখ কৰা।

২১। ঘূৰ্ণীবতাহ সম্পৰ্কে ৰচনা এখন লিখা।

২২। তেজস্ক্ৰিয়তা কি? তেজস্ক্ৰিয়তাৰ উৎস সম্পৰ্কে আলোচনা কৰা।

ষষ্ঠ অধ্যায়	কিছুমান সামাজিক বিষয় আৰু পৰিৱেশ

ষষ্ঠ অধ্যায়: কিছুমান সামাজিক বিষয় আৰু পৰিৱেশ

মানুহ প্ৰাকৃতিক আৰু সামাজিক দুয়োটা পৰিৱেশতে বাস কৰে। সাম্প্ৰতিক বিজ্ঞান আৰু কাৰিকৰী প্ৰগতিয়ে প্ৰাকৃতিক আৰু সামাজিক দুয়োটা অৱস্থাকে প্ৰভাৱান্বিত কৰিছে। ই প্ৰগতিৰ এৰাব নোৱাৰা উৎপাদক। কাৰণ, প্ৰগতি আৰু বিকাশ কেৱল এমুঠি মানুহৰ মাজত বা কোনো বিশেষ দেশ বা অঞ্চলৰ মাজত সীমিত হৈ থাকিব নোৱাৰে। বিকাশৰ সুফল সকলো জনতা-জনাৰ্দনে পাব লাগে। সেয়ে বিকাশৰ আঁচনি প্ৰস্তুত কৰোতে এক সৰ্বজনমুখী, বিবেচনাপূৰ্ণ মনোভাব গ্ৰহণ কৰা হয়। চোৱা হয় যাতে সমাজে, এনেকি ভৱিষ্যতৰ সমাজেও এনে বিকাশৰ পৰা উপকৃত হয়। তাকে কৰিবলৈ যাওতে আহি পৰে বিকাশ আৰু পৰিৱেশৰ মাজত ভাৰসাম্য ৰক্ষা কৰাৰ দায়িত্ব। বিকাশ আৰু পৰিৱেশৰ মাজত 'বন্ধুত্বসূচক' অৱস্থা থাকিব লাগিব।

স্থিতিহীন বিকাশ (বা উন্নয়ন)ৰ পৰা স্থিতিযোগ্য বিকাশলৈ

নৰৱেৰ প্ৰধানমন্ত্ৰী, জি. এই. ব্ৰুণ্ডলেণ্ডে (G.H. Brundtlard) দিয়া সূত্ৰমতে 'সম্প্ৰতি প্ৰয়োজন পূৰাব পৰা, কিন্তু ভৱিষ্যতত কোনো ধৰণৰ ক্ষতি নোহোৱা বিকাশ বা উন্নয়নকে স্থিতিযোগ্য বিকাশ' বোলা হয়। ব্ৰুণ্ডলেণ্ড এসময়ত বিশ্ব স্বাস্থ্যসংস্থা (হু, WHO) ৰো সঞ্চালক আছিল। আজিকালি স্থিতিযোগ্য বিকাশৰ নামত বহুতো আঁচনি প্ৰস্তুত কৰা হয়। কিন্তু এইবোৰ প্ৰকৃততে স্থিতিযাগ্য হৈছে নে? তাক জানিবলৈ হ'লে আমি কেইটামান প্ৰশ্ন কৰা উচিত। যথা— (১) এনে বিকাশে আমাৰ জৈৱ বৈচিত্ৰ্য ৰক্ষা কৰিছেনে? (২) ই ভূমিস্খলন ৰোধ কৰিছেনে? (৩) ই বনানীকৰণ সংৰক্ষিত কৰিছেনে? (৪) ইয়াৰ দ্বাৰা বিযাক্ত, অস্বাস্থ্যকৰ গেছ বায়ুমণ্ডলত প্ৰৱেশ কৰোৱা হৈছেনে? (৫) আৱৰ্জনা আদি কম হাৰত আৰু কাৰো অন্যায় নোহোৱাকৈ নিঃসৰিত হৈছেনে? বা আৱৰ্জনা পৰিচালনৰ বৈজ্ঞানিক দিহা অৱলম্বন কৰা হৈছেনে? এনেবোৰ প্ৰশ্নৰ ইতিবাচক উত্তৰ পালেহে আমি তাক স্থিতিযোগ্য বিকাশ বুলি ক'ব পাৰোঁ।

যিকোনো বিকাশেই মানৱ কেন্দ্ৰিক। কিন্তু প্ৰায় ক্ষেত্ৰত ধনী দেশ বা জাতি কিছুমানতে ই সীমিত হৈ আছে। উন্নত দেশবোৰৰ অধিক শক্তিৰ প্ৰয়োজন। সেয়ে সেইবোৰ দেশত বৰ্জিত পদাৰ্থৰ পৰিমাণো বহু বেছি। ইপিনে উন্নয়নশীল বা অনুন্নত দেশবোৰত সাধাৰণ জনতাই জীৱন ধাৰণৰ বাবে প্ৰাকৃতিক সম্পদ আহৰণ কৰে আৰু তাক অপচয়ো কৰে। এই দুয়োটা কাৰণতে প্ৰকৃতিৰ ওপৰত কুপ্ৰভাৱ পৰিছে আৰু পৰিৱেশৰ ভাৰসাম্য বিঘ্নিত হৈছে। আমি বায়ু সেৱন কৰিছোঁ দুষিত, খোৱা পানী খাইছোঁ দূষিত; খাদ্য খাইছোঁ দুষিত। আমাৰ বিকাশ যদি সাম্প্ৰতিক হাৰত হৈ থাকে, তেন্তে হয়তো নাতিদূৰ ভৱিষ্যততে আমাৰ 'সৰ্বনাশ' ঘটিব। এইবাবেই স্থিতিযোগ্য বিকাশৰ কথা কোৱা হৈছে। আমি মনত ৰখা উচিত যে মানুহৰ দ্বাৰা বিস্তাৰিত বিকাশ মানুহৰ বাবে, মানুহৰ উপকাৰৰ বাবে। এই কথা ১৯৭২ চনত প্ৰকাশ পোৱা 'উন্নতিৰ সীমা' (The Limits of Growth) নামৰ চনদত কোৱা হৈছে। তাত আৰু কোৱা হৈছিল যে অস্থিতিযোগ্য বিকাশৰ ফলত পৃথিৱীৰ আন্তঃপ্ৰগতি বিঘ্নিত হ'ব।

সত্তৰ-দশকৰ প্ৰাৰম্ভণতে স্থিতিযোগ্য বিকাশৰ কথা কোৱা হৈছিল, যদিও তাৰ ওপৰত চেতনা প্ৰবুদ্ধ আলোচনা কৰা হয় ১৯৯২ চনতহে ৰাষ্ট্ৰসংঘৰ দ্বাৰা আয়োজিত পৰিৱেশ আৰু বিকাশৰ পতা শীৰ্ষ সন্মিলনত। ৰায়ো ডি জেনেৰিঅ', ব্ৰাজিলত অনুষ্ঠিত এই সন্মিলনখনক 'আৰ্থ চামিট' (Earth Summit) বুলি জনা যায়। 'ৰায়ো ঘোষণা'ত কোৱা হয়, ঃ 'নতুন ধৰণৰ বিশ্ব-অংশীদাৰসূচক সম্বন্ধৰ সৃষ্টি কৰি সকলো জাতিয়ে সমহাৰত বিকাশৰ লাভালাভ পোৱাৰ ব্যৱস্থা কৰিব লাগিব.....।' ইয়াত পাঁচটা গুৰুত্বপূৰ্ণ সিদ্ধান্ত গ্ৰহণ কৰা কৰা হয়। তাৰ ভিতৰত 'কাৰ্যসূচী—২১' (Agenda 21) বিশেষ গুৰুত্বপূৰ্ণ। এই কাৰ্যসূচীৰে একৈশ শতিকাত স্থিতিযোগ্য বিকাশৰ বাবে এক বিশ্বজনীন কাৰ্যসূচী চিহ্নিত কৰা হয়। ইয়াৰ ভিতৰত দৰিদ্ৰতা নিৰ্মূলকৰণ, জৈৱ-বিচিত্ৰতা আৰু সুস্থ পৰিৱেশ সংৰক্ষণ আদিও আছে। কিন্তু দুঃখৰ বিষয় উন্নত দেশসমূহৰ মতবিৰোধৰ বাবে আজিও ইয়াৰ সুফল পোৱা হোৱা নাই।

স্থিতিযোগ্য বিকাশ পাবৰ বাবে আমি সকলোৱে আমাৰ মাজত আৰু পৰিৱেশৰ লগত এক বন্ধুত্বসূচক বসবাসৰ ধ্যান ধাৰণা পোষণ কৰিব পাৰোঁ। তেনে এখন পৃথিৱী পাবৰ বাবে বিশ্বৰ সকলো জাতিয়ে তলত দিয়া কথা কেইটা মানি চলিব লাগিব।

(i) আন্তঃসৃষ্টিকাৰী সমতা ঃ ইয়াৰ বাবে সম্পদ আৰু পৰিৱেশৰ ওপৰত কুপ্ৰভাৱ পেলোৱা বা পেলাব পৰা কথাবোৰ ভৱিষ্যৎ বংশধৰ সকলৰ বাবে যিমান পাৰি কম কৰিব লাগিব। অৰ্থাৎ আমি আমাৰ উত্তৰপুৰুষক এক নিকা, নিৰাপদ আৰু স্বাস্থ্যকৰ পৰিৱেশ দিব লাগিব। এইটো সম্ভৱ হ'ব যদিহে সকলো দেশে অতিৰিক্ত সম্পদ আহৰণৰ ধাৰণাটো ত্যাগ কৰি পৰিস্থিতি ভাৰসাম্য ৰক্ষা কৰে আৰু উদ্যোগ বৰ্জিত আৱৰ্জনাসমূহ নিয়ন্ত্ৰণৰ ব্যৱস্থা কৰে।

(ii) নিজৰ মাজতে সমতা ঃ দেশে দেশে থকা বিকাশৰ যি তফাৎ তাক কমোৱাৰ ব্যৱস্থা কৰিব লাগিব। উপযুক্ত কাৰিকৰী ব্যৱস্থা বিকাশশীল আৰু বিকাশহীন দেশসমূহত প্ৰচলন কৰি সম্পদ বিতৰণৰ ক্ষেত্ৰত সমতা স্থাপন কৰিব লাগিব।

(iii) যুক্তিসংগতভাৱে নবীকৰণযোগ্য সম্পদৰ মিতব্যয়িতাৰ ওপৰত গুৰুত্ব আৰোপ কৰি অনবীকৰণযোগ্য সম্পদসমূহৰ সংৰক্ষণ, পুনৰাবৰ্তন আৰু পুনৰ ব্যৱহাৰৰ উপযুক্ত ব্যৱস্থা কৰিব লাগিব।

(iv) উন্নয়নশীল দেশসমূহক সম্পদৰ সম-ব্যৱহাৰ সম্পৰ্কে সচেতন কৰিব লাগিব।

(v) সামাজিক প্ৰয়োজনীয়তা পূৰাবলৈ যাওতে দুখীয়া, অনুন্নত দেশৰ কথাও মনত ৰাখিহে বিকাশত গুৰুত্ব দিব লাগিব।

স্থিতিযোগ্য বিকাশৰ বাবে ল'বলগীয়া ব্যৱস্থা কিছুমান

(ক) প্ৰাসঙ্গিক প্ৰযুক্তিবিদ্যাৰ ব্যৱহাৰ হ'ল প্ৰথম কথা। স্থানীয়ভাৱে সম্ভৱ, পৰিৱেশ সমৰ্থক বন্ধুত্বসূচক প্ৰযুক্তিবিদ্যাৰ সহায়তহে সুস্থ বিকাশ সম্ভৱ। কাৰণ, ইয়াৰ বাবে প্ৰয়োজন হোৱা সম্পদ, বনুৱা আদি ঠাইতে পোৱা যায়। প্ৰাকৃতিক ভাৰসাম্য ৰক্ষা কৰা, খৰচ-অনুপাতে সুফল পোৱা প্ৰযুক্তি বিদ্যাৰ ব্যৱস্থা কৰা উচিত।

(খ) প্ৰযুক্তিবিদ্যাৰ প্ৰয়োগ কৰোতে যিমান পাৰি কম সম্পদ ব্যৱহাৰ কৰা উচিত আৰু যিমান পাৰি কম বৰ্জিত পদাৰ্থ ওলোৱাৰ ব্যৱস্থা লোৱা উচিত। এই ক্ষেত্ৰত প্ৰয়োজনীয় নীতি নিৰ্দেশনা মানিলেই হ'ল।

(গ) সকলো জাতিকে পৰিৱেশ শিক্ষা দি পৰিৱেশ সংৰক্ষণৰ প্ৰয়োজনীয়তা সম্পৰ্কে সচেতন কৰি তুলিব লাগিব। এনে পৰিৱেশ অধ্যয়নৰ পাঠ্যক্ৰম স্কুলীয়া পৰ্যায়ৰ পৰা বিশ্ববিদ্যালয়ৰ স্তৰলৈ থকা উচিত।

আমাৰ ভাৰতবৰ্ষত স্থিতিযোগ্য বিকাশৰ বাবে কৰিবলগীয়া বহুতো আছে। ইয়াৰ বাবে উপযুক্ত আঁচনি প্ৰস্তুত কৰি আমাৰ অৰ্থনৈতিক দিশত উন্নয়ন আনিব পৰা বিকাশৰ কথা ভবা উচিত। ভাৰতবৰ্ষ প্ৰাকৃতিক বিচিত্ৰতাৰে ভৰা। সেই অনুপাতে কিন্তু জনসংখ্যাও অতি বেছি। গতিকে সম্পদৰ সুব্যৱহাৰৰ পৰা আৰম্ভ কৰি সকলো প্ৰদেশৰ বাবে সমভাৱে বিকাশ অনা কামটো অতি জটিল। এই দিশত ৰাষ্ট্ৰীয় পৰিৱেশ আঁচনি আৰু সমন্বয় ৰক্ষা পৰিষদে (১৯৭২ চনত স্থাপিত) কাম কৰি আছে। ১৯৮৫ চনত স্থাপিত পৰিৱেশ আৰু বন-বিভাগৰ মন্ত্ৰণালয়ে ইতিমধ্যে কিছুমান বিকাশসূচক আঁচনি প্ৰস্তুত কৰি উলিয়াইছে স্থিতিযোগ্য বিকাশৰ নীতি নিৰ্দেশনা অনুসৰি।

মনত ৰখা উচিত যে সম্প্ৰতি পৰিৱেশ সুস্থ কৰি ৰখাৰ দায়িত্ব অকল কোনো এটা অঞ্চল বা এক বিশেষ দেশৰ কথা নহয়। ই সমগ্ৰ বিশ্বৰ বাবে এক উমৈহতীয়া সমস্যা। কাৰণ, কোনো এটা অঞ্চলৰ বনাঞ্চল ধ্বংস, বন্যপ্ৰাণী হনন কাৰ্যই কম-বেছি পৰিমাণে বিশ্ব-পৰিৱেশত আঘাত হানে। আমাৰ পৃথিৱীৰ পাৰিস্থিতিক তন্ত্ৰ এখন জালৰ দৰে সংলগ্নিত হৈ আছে। এইবাবেই সন্মিলিত ৰাষ্ট্ৰসংঘই বিশ্ব-পৰ্যায়ত চিন্তা-চৰ্চা কৰি দীৰ্ঘদিনৰ বাবে বৰ্তি থাকিব পৰা বিকাশ-প্ৰক্ৰিয়া পৃথিৱীত প্ৰচলন কৰিবলৈ উপায় উদ্ভাৱন কৰাৰ ওপৰত গুৰুত্ব আৰোপ কৰিছে। দুখৰ বিষয় হ'ল তথাপি ঔদ্যোগিক আৰু উন্নত দেশসমূহে গোলকীকৰণ নীতিৰ যোগেদি বিশ্বৰ অন্যত্ৰ বজাৰ দখল কৰাৰ প্ৰৱনতা যিদৰে দেখুৱাইছে, সিয়ে বিশ্বৰ অৰ্থনৈতিক উন্নয়নত সমতা স্থাপনৰ ক্ষেত্ৰত বিশেষ বাধক হৈছে।

শক্তিসম্পৰ্কীয় নগৰীয় সমস্যা (Urban Problems related to Energy) ঃ

অৰ্থনৈতিক কাৰণত পৃথিৱীৰ প্ৰায় ৫০ শতাংশ মানুহ নগৰত বাস কৰে। তাৰে একাংশ (প্ৰায় ২৫ শতাংশ) নগৰক কেন্দ্ৰ কৰি গঢ় লোৱা বস্তি অঞ্চলত থাকে। মহানগৰত এনে বস্তিৰ মাত্ৰা সৰ্বাধিক। দুশ বছৰ আগলৈ মানৱসভ্যতা যেতিয়া কৃষিকেন্দ্ৰিক আছিল, মানুহ গাঁও অঞ্চলতে বাস কৰিছিল। তেতিয়া কৃষিকাৰ্য আৰু জীৱ-জন্তু পোহাই আছিল জীৱিকাৰ অৱলম্বন। কিন্তু সম্প্ৰতি উদ্যোগ নিৰ্ভৰ পৰিস্থিতিত বৰ্দ্ধিত জনসংখ্যা অনুসৰি কৃষিকাৰ্যই জীৱিকা দিবলৈ ব্যৰ্থ হৈছে আৰু সেয়ে নিযুক্তি বিচাৰি গাঁওৰ পৰা মানুহ নগৰলৈ প্ৰব্ৰজন কৰিছে। ফলত নগৰৰ বহিঃসীমাত গঢ় লৈ উঠিছে বস্তি অঞ্চল।

প্ৰকৃততে ঔদ্যোগিক বিকাশৰ ফলতেই নগৰ, মহানগৰসমূহত জনসংখ্যা বাঢ়ি আছে। বিকাশশীল দেশত এই অৱস্থা আৰু গুৰুতৰ। ফলত সামাজিক, অৰ্থনৈতিক আৰু পৰিবেশিক সমস্যাও বাঢ়ি আছে। বায়ু, পানী, মাটি তিনিওটা দিশতে প্ৰদূষণ সংঘটিত হৈছে। শিল্প উদ্যোগৰ বৃদ্ধি হেতু চহৰ অঞ্চলত আৰু উদ্যোগক্ষেত্ৰবোৰত শক্তিৰ চাহিদা সৰ্বাধিক। গাঁওঅঞ্চলৰ তুপনাত নগৰ অঞ্চলৰ মানুহে জনমূৰি অধিক শক্তি খৰছ কৰে। ইয়াৰ কাৰণ হ'ল নগৰীয়া মানুহৰ জীৱন চৰ্য্যাত থকা, খোৱাকে ধৰি সকলোতে শক্তিৰ প্ৰয়োজন হয়। বিশেষকৈ বিজুলী, পেট্ৰ'ল, ডিজেল আদিৰ দৰে শক্তিৰ ইন্ধনৰ প্ৰয়োজন অতি বেছি। উদাহৰণত ঃ

(i) বসতি আৰু ব্যৱসায়ত বিজুলীৰ প্ৰয়োগ অপৰিহাৰ্য।

(ii) যাতায়তৰ বাবে গাড়ী-মটৰ আৰু অন্যান্য যন্ত্ৰপাতি চলাবলৈ পেট্ৰল-ডিজেল বা বিজুলীৰ প্ৰয়োজন।

(iii) নগৰীয়া জীৱনত নিতৌ বহুত প্ৰকাৰৰ বৈদ্যুতিক সা-সৰঞ্জাম প্ৰয়োগ কৰা হয়।

(iv) চহৰত বা চহৰৰ ওচৰতে স্থাপিত উদ্যোগ কেন্দ্ৰত অধিক পৰিমাণৰ বিজুলীশক্তি ক্ষয় হয়।

(v) এনেকি উদ্যোগকেন্দ্ৰৰ পৰা নিৰ্গত বৰ্জিত পদাৰ্থৰ পুনৰাবৰ্তনৰ বাবেও শক্তিৰ প্ৰয়োজন।

(vi) প্ৰদূষণ প্ৰতিৰোধক বৈজ্ঞানিক কৌশল প্ৰয়োগ কৰোতে শক্তি-নিৰ্ভৰ প্ৰযুক্তিবিদ্যা খটুওৱা হয়।

গতিকে দেখা যায় নগৰ-কেন্দ্ৰিক জীৱন শৈলীত সৰ্বত্ৰ শক্তিৰ চাহিদা অধিক। তদুপৰি আজিকালি গ্ৰামীন বৈদ্যুতিকৰণ ব্যৱস্থা প্ৰচলন কৰা হৈছে। তাতো শক্তিৰ প্ৰয়োজন হৈছে।

কিন্তু কথা হ'ল যি হাৰত নগৰ অঞ্চলত শক্তিৰ চাহিদা বাঢ়িছে, সেই হাৰত বিদ্যুৎশক্তি সৃষ্টিৰ উন্নয়ন সংঘটিত হোৱা নাই। সেয়ে প্ৰয়োজনতকৈ কম পৰিমাণৰ বিদ্যুৎশক্তিৰে অধিক মানুহৰ চাহিদা পূৰণ কৰিবলগীয়া হোৱাত সঘনে 'বিদ্যুৎ-কৰ্তন' ব্যৱস্থা হাতত লোৱা হৈছে, অৰ্থাৎ মাজে মাজে বিদ্যুৎ সৰবৰাহ বিচ্ছিন্ন কৰিবলগীয়া হৈছে।

নগৰ-মহানগৰত গাড়ীৰ বৃদ্ধি অভাৱনীয় হাৰত হৈছে। সেই অনুপাতে আন যান বাহনো বাঢ়িছে। ফলত ইন্ধনৰ প্ৰয়োজনীয়তাও বেছি হৈছে। কিন্তু জীৱাশ্ম ইন্ধনৰ দহন বৃদ্ধিৰ বাবে আমাৰ বায়ু প্ৰদূষিত হৈছে। ইয়ে সেউজগৃহ পৰিঘটনাৰ প্ৰভাৱ ক্ৰমে বঢ়াই তুলিছে আৰু মূৰকত ই জনস্বাস্থ্য বিঘ্নিত কৰিছে।

পানীসৰংক্ষণ (Water Conservation) ঃ

পানী এক অমূল্য আৰু অপৰিহাৰ্য সম্পদ। পানী অবিহনে কোনো জীৱ বা উদ্ভিদ বৰ্তি থাকিব নোৱাৰে। পৃথিৱীৰ অধিকাংশই পানী যদিও সকলো উৎসৰ পৰা পোৱা পানী ব্যৱহাৰৰ উপযোগী নহয়। সমগ্ৰ বিশ্বৰ এক তৃতীয়াংশ মানুহে খোৱাপানীৰ অভাৱত ভুগিছে। সেয়ে পানী সংৰক্ষণ কৰাটোই হ'ল অতি প্ৰয়োজনীয় কথা। পানী সংৰক্ষণৰ বাবে লবপৰা ব্যৱস্থা-সমূহ হ'ল এনে ধৰণৰ ঃ

(ক) বৈ-গৈ ক্ষতিহোৱা পানীৰ পৰিমাণ কমোৱা ঃ

বেছিভাগ পানী ভূমিভাগেৰে বৈ যায়, মাটিৰ ভিতৰলৈ সোমাই নাযায়। সাধাৰণতে খেতি কৰা পদ্ধতিৰ দোষত এনে হৈ আছে। তাক ৰোধ কৰিব পৰা যায় তলত দিয়া ব্যৱস্থাসমূহৰ দ্বাৰা ঃ

(ক) খলাবমা কৰি মাটিৰ অৱস্থান এনেদৰে তৈয়াৰ কৰি লব লাগে যাতে বৰষুণৰ পানী জমা হৈ ৰয় আৰু ভূগৰ্ভলৈ পানী সোমাই যায়। পাহাৰীয়া অঞ্চলত এইদৰে ধাপ দি খেতি কৰা হয়। ওখ মাটিত এনেদৰে ধাপ বন্ধাটো সহজ।

(খ) সংৰক্ষণ নীতি অনুসৰণ কৰিও পানী সঞ্চয় কৰিব পাৰি। আগেয়ে যেতিয়া খেতিৰ মাটিৰ অভাব নাছিল, খেতিয়কসকলে পথাৰতে ডাঙৰ খাল খান্দি পানী সংৰক্ষণ কৰিছিল। কিন্তু বৰ্তমান খালৰ পৰিবৰ্তে ধাপ বা বান্ধ দি পানী ৰখাৰ ব্যৱস্থা কৰিব পাৰি।

(গ) ৰাসায়নিক পদাৰ্থ কিছুমান পোৱা যায় যিয়ে মাটিৰ পানী শোহনক্ষমতা বৃদ্ধি কৰে। এনে ৰাসায়নিক পদাৰ্থ ব্যৱহাৰ কৰিও বৈ গৈ ক্ষতিহোৱা পানীৰ মাত্ৰা কমাব পাৰি।

(ঘ) ঠিকমতে চাহ কৰি পচন সাৰ আৰু গোবৰ আদি ব্যৱহাৰ কৰিলে মাটিত পানী আবদ্ধ হৈ ৰয় সৰহ সময়লৈ।

(ii) বাষ্পীভবনৰোধ ঃ সাধাৰণতে বালিযুক্ত মাটিত মাটিৰ অলপ তলত অনুভূমিক বাধক সাজি পানী মাটিৰ ভিতৰত ধৰি ৰাখিব পাৰি। ইয়ে খেতি পথাৰৰ বাষ্পীভবন হৈ পানী শুকাই যোৱা অৱস্থা ৰোধ কৰে।

(iii) জলসিঞ্চনত হোৱা ক্ষতি ৰোধ ঃ সাধাৰণতে জলসিঞ্চন পদ্ধতিত একাংশ পানীৰ অপচয় ঘটে। আজি কালি জলসিঞ্চনৰ এনে পদ্ধতি ওলাইছে যাৰ দ্বাৰা পানী সুষম হাৰত দিব পাৰি আৰু পানী বৈ গৈ নষ্ট হোৱাটো ৰোধ কৰিব পাৰি। পানী সিচৰিত কৰি দি ২০ ৰ পৰা ৫০ শতাংশ পানী বচাব পাৰি।

(iv) পানীৰ পুনৰ ব্যৱহাৰ ঃ আৱৰ্জনা আদিৰ সৈতে ওলোৱা পেলনীয়া পানী শোধিত কৰি পুনৰ ব্যৱহাৰ কৰা দিহা ইতিমধ্যে ওলাইছে। ঘৰত ওলোৱা পেলনীয়া পানীকো এইদৰে পুনৰ ব্যৱহাৰ কৰিব পাৰি। চাউল-দালি তৰকাৰী ধোৱা পানী, গাধোৱা পানী এইদৰে খেতিৰ কামত ব্যৱহাৰ কৰা উচিত।

(v) পানীৰ অপচয় ৰোধ ঃ আমাৰ বহুতে পানী অতি বেছি পৰিমাণে ব্যৱহাৰ কৰি পানী নষ্ট কৰে। ইয়াক ৰোধ কৰিব লাগে। মানুহৰ মাজত সচেতনতা বৃদ্ধি কৰি পানী সংৰক্ষণৰ ব্যৱস্থা কৰা উচিত।

মুঠতে পানী সংৰক্ষণ কৰিবলৈ হ'লে সকলো স্তৰৰ ৰাইজ সচেতন হোৱাৰ দৰকাৰ। ক্ৰমে পানীৰ নাটনি যি হাৰত হ'বলৈ ধৰিছে, অনতিপলমে পৃথিৱীত হাহাকাৰৰ সৃষ্টি হব এটুপি পানীৰ বাবে।

বৰষুণৰ পানী সংগ্ৰহ (Rain-water Harvesting) ঃ

ভূপৃষ্ঠত বৰষুণ পানী পৰাৰ পাছত বৈযোৱাৰ অগতে ধৰি ৰখা প্ৰক্ৰিয়াটোক বৰষুণৰ পানী সংগ্ৰহকৰণ বোলা হয়। ই এটা কৌশল আৰু অতি সৰল প্ৰক্ৰিয়া। এই পানী জমা কৰি ৰাখিবলৈ বিশেষ ধৰণৰ টেঙ্ক নিৰ্মাণ কৰা হয়। খেতি পথাৰত সংগ্ৰহ কৰিবৰ বাবে বান্ধ বন্ধা হয় বা পুখুৰীসদৃশ 'ৰিজাৰভাৰ' সজা হয়। বৰষুণৰ পানী সংগ্ৰহ কৰিলে ভূগৰ্ভৰ জলপৃষ্ঠত পুনৰ জমা হোৱা কাৰ্য্য ক্ষিপ্ৰতৰ হয়।

ভাৰতবৰ্ষত গড় হিচাপত বছৰি ১২০০ মিটাৰ বৰষুণ হয়। মৌচুমী বায়ু প্ৰভাব থকা অঞ্চলত সাধাৰণতে জুনৰ পৰা চেপ্তেম্বৰলৈ ধাৰাষাৰ হাৰত বৰষুণ হয়। কিন্তু দুঃখৰ বিষয় আমাৰ সৰ্বসাধাৰণে বৰষুণৰ পানী সংগ্ৰহ কৰাৰ অভ্যাস কৰা নাই বাবে পানীৰ কষ্টত ভুগে। চেৰাপুঞ্জীঅঞ্চলত বছৰি ১১,০০০ মিটাৰ বৰষুণ হয় যদিও সেই অঞ্চল এতিয়া পানীৰ অভাৱত ভুগি আছে। সকলো পানী বৈ যায়। সেই অঞ্চলত খেতি-বাতি বা গছ-গছনিৰ তেনেদৰে নাই বাবে বৰষুণৰ পানী মাটিয়ে ধৰি ৰাখিব নোৱাৰে।

বৰষুণৰ পানী সংগ্ৰহৰ উদ্দেশ্য হ'ল—

(১) বৈ গৈ পানী নষ্ট হোৱাটো বন্ধ কৰা,

(২) অঞ্চল বিশেষত বানপানী কমোৱা ; বিশেষকৈ ৰাস্তা-ঘাট ডুবি যোৱাটো বন্ধ কৰা,

(৩) পানীৰ চাহিদা পূৰণ কৰা,

(৪) ভূগৰ্ভত পানীৰ স্তৰ উন্নত কৰা আৰু

(৫) ভূগৰ্ভৰ পানী দূষিত হোৱাৰ পৰা ৰোধ কৰা।

বৰষুণৰ পানী ধৰি ৰখা কাৰ্য্য (Catchment) ঃ বৰষুণৰ পানী সংগ্ৰহ কৰিবৰ বাবে এখন পৃষ্ঠত বৰষুণ পৰিবলৈ দি তাৰ পৰা সংগ্ৰহ স্থললৈ লৈ অনা হয়। এনে পৃষ্ঠ থকা ঘৰৰ মুধচ বা নিৰ্দিষ্ট ভূমিখণ্ড হ'ব পাৰে। বৰষুণৰ প্ৰাৱল্য, বৰষুণ দি থকা মুঠ সময়, আৰু বৰষুণ পৰিবলৈ দিয়া পৃষ্ঠৰ প্ৰকৃতি আৰু গঠনৰ ওপৰত পানী সংগ্ৰহ কাৰ্য নিৰ্ভৰ কৰে।

পানী সংগ্ৰহ কৰা প্ৰক্ৰিয়াটোত পানী পৰিবলৈ দিয়া পৃষ্ঠখনৰ উপৰিও পানী প্ৰবহনৰ বাবে নলা বা পাইপ আৰু সংগ্ৰহস্থলী ব্যৱহাৰ কৰা হয়। সংগ্ৰহস্থললৈ পানী স্বতঃস্ফূৰ্তভাবে অহাৰ ব্যৱস্থা কৰা হয়। ব্যৱহাৰৰ প্ৰতি লক্ষ্য ৰাখি ইয়াৰ বাবে বিভিন্ন ধৰণৰ ধাৰক পাত্ৰ, পুখুৰী আদি ব্যৱহাৰ কৰা হয়। সংগৃহীত পানী উপযুক্ত ব্যৱহাৰৰ বাবে পাইপ, ছিদ্ৰযুক্ত পাইপ বা টোপ টোপকৈ পৰা ধৰণৰ জলসিঞ্চন প্ৰক্ৰিয়াৰ সহায় লোৱা হয়। স্বতঃ স্ফূৰ্তভাবে পানী নপৰিলে পাম্পৰ সহায় ল'ব পাৰি। বৰষুণৰ পানী সংগ্ৰহ কৰি ব্যৱহাৰ কৰা ব্যৱস্থা বানপানী নিয়ন্ত্ৰণৰ এক উপায় হিচাবে গ্ৰহণ কৰিব পাৰিলে এই কাৰ্যই বহুতো অঞ্চল সাঙুৰি ল'ব পাৰে।

চালৰ মুধচৰ বৰষুণৰ পানী সংগ্ৰহকৰণ প্ৰক্ৰিয়া (Roof top rain water harvesting) ঃ আমাৰ দেশৰ ভালেসংখ্যক মহানগৰ আৰু চহৰত পানীৰ গুণগত আৰু পৰিমাণাত্মক দুয়োটা দিশতে ঋণাত্মক প্ৰভাৱ পৰা পৰিলক্ষিত হৈছে। ৰাজ্যিক চৰকাৰে গভীৰ নলী-নাদ বা পৰিবহণৰ জৰিয়তে পানীৰ অভাৱ দূৰ কৰিব বিচাৰে যদিও এইক্ষেত্ৰত সফলতা তেনেই নগণ্য। এই প্ৰক্ৰিয়া দৈনন্দিন কাৰ্য্যত ব্যৱহাৰ কৰিব পাৰি। এনে পানীৰ গুণাগুণ অতি উত্তম নহয় যদিও বিশেষ অপকাৰী নহয়। ইয়ে পানীত

৪০-৭০% প্ৰদূষক কমাই দিয়ে। এই প্ৰক্ৰিয়াত পানী সহজে সংগ্ৰহ কৰি ব্যৱহাৰ কৰিব পাৰি। আমাৰ দেশত এই প্ৰক্ৰিয়া আৰম্ভ কৰা হৈছে। এনে ধৰণে সংগ্ৰহ কৰা পানী ভাৰতত প্ৰায় তিনিমাহ পৰিষ্কাৰ ৰূপত পোৱা যায় আৰু দক্ষিণ আফ্ৰিকাত প্ৰায় দুইবছৰ পৰ্য্যন্ত বৰষুণৰ পানী ব্যৱহাৰৰ উপযোগী হৈ থাকে।

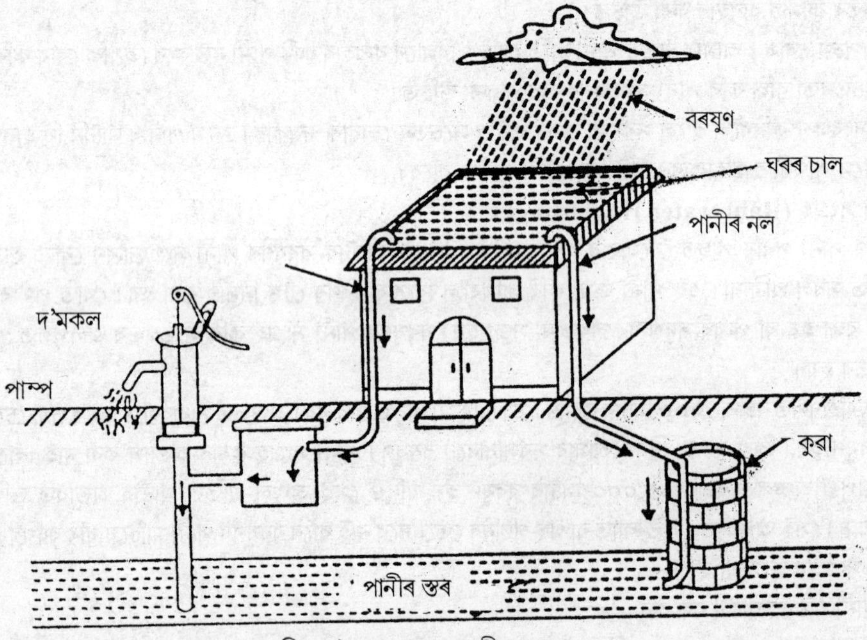

চিত্ৰ ৬.১ ঃ বৰষুণৰ পানী সংগ্ৰহ ব্যৱস্থা

ভাৰতত মাত্ৰ চাৰিমাহ সময় মৌচুমী বতাহৰ বাবে বৰষুণ হয়। গতিকে বছৰটোৰ বাবে বৰষুণৰ পানী জমা ৰাখি ব্যৱহাৰ কৰাটো অতি সহজ নহয়। ইয়াৰ লগত কৌশলগত পদ্ধতিৰ প্ৰয়োজনীয়তা আৰু খৰচৰ কথাও জড়িত হৈ থাকে। ইয়াৰ লগতে জড়িত গুৰুত্বপূৰ্ণ কথাটো হ'ল পানী ব্যৱহাৰৰ উপযোগী কৰি তোলাৰ বাবে এক কৃত্ৰিম পদ্ধতি ব্যৱহাৰ কৰা হয়। এই পদ্ধতিত নৃতাত্বিক ভাবে জলগ্ৰাহী শিলা ব্যৱহাৰ কৰি পুৰণি পানীৰ গুণাগুণ ঘূৰাই পাব পাৰি। এনে ধৰণৰ পদ্ধতিও ভাৰতকে ধৰি বিভিন্ন দেশত আৰম্ভ হৈ গৈছে আৰু তাৰ সুফলো পোৱা গৈছে।

বৰষুণৰ পানী সংগৃহীতকৰণৰ সুফলসমূহ ঃ

(১) মৃদু আৰু কম খনিজ লৱণ থকা তুলনামূলকভাৱে ভাল পানী পাব পাৰি।
(২) পানীৰ বাবে বান্ধ, নলা বা জলধাৰাৰ ওপৰত নিৰ্ভৰ কৰিবলগীয়া নহয়।
(৩) অব্যৱহৃত পানীৰ পৰিমাণ কমে।
(৪) উৎসৰ পৰাই পানী আহৰণ কৰাৰ বাবে বানপানী আৰু মাটিৰ ক্ষয়কৰণৰ প্ৰৱণতা কমে।
(৫) ভূ-পৃষ্ঠৰ পানী পুনৰ ব্যৱহাৰৰ সুবিধা হয়।
(৬) পানী প্ৰবহনৰ মাধ্যম সমূহৰ প্ৰদূষণৰ মাত্ৰা কমে।
(৭) পানীৰ গুণাগুণৰ বিশ্বাসযোগ্যতাৰ ওপৰত সন্দেহৰ অৱকাশ নাথাকে।
(৮) পানী সংৰক্ষণৰ বাবে জনজাগৰণ আৰু উৎসাহ উদ্দীপনাৰ সৃষ্টি কৰে।

জলবিভাজিকা ব্যৱস্থাপনা (Water Shed Management) ঃ

পৃথিৱী পৃষ্ঠৰ যি অংশৰ পৰা চৌদিশে নৈয়ে গাতি কৰে, তেনে অংশক জলবিভাজিকা বোলা হয়। এইটো হ'ল ভূ-জলতন্ত্ৰ (Geohydrological unit) আৰু নলাৰ এক সাধাৰণ অংশ, যিটোক পৃথিৱী জুৰি অঞ্চল বিশেষৰ উন্নয়নৰ এক বৈজ্ঞানিক আহিলা হিচাবে গণ্য কৰা হৈছে। মাটি, পানী আৰু গছ-গছনিৰ প্ৰাকৃতিক সম্পদসমূহৰ যুক্তিসংগত ব্যৱহাৰৰ যোগেদি স্থিতিযোগ্যভাৱে মাটিৰ শস্য উৎপাদন কৰিব পৰা ক্ষমতাৰ বৃদ্ধি কৰাটোয়েই হ'ল জলবিভাজিকা উন্নয়ণৰ দীৰ্ঘম্যাদী উদ্দেশ্য। জলবিভাজিকা উন্নয়নে মাটিৰ পানী ধৰি ৰাখিব পৰা ক্ষমতা বৃদ্ধি কৰে। নিম্নগামী পানী পুনৰ ব্যৱহাৰৰ উপযোগী কৰি তোলে আৰু খোৱা পানীৰ শক্তি বৰ্দ্ধন কৰে। ই ঘাঁহ, খৰি, কাঠ আৰু উদ্যোগৰ বাবে কেঁচা সামগ্ৰীৰ উৎপাদন বৃদ্ধিৰ যোগেদি কৃষিৰ উন্নয়ন ঘটায়। জলবিভাজিকা উন্নয়ন কাৰ্য্য ব্যৱস্থা নিশ্চিতৰূপে কাৰ্য্যসফলতাৰ এক গ্ৰহণযোগ্য মাধ্যম। কিন্তু ইয়াৰ বাবে জনগণৰ বিস্তৃত অংশগ্ৰহণ অতি প্ৰয়োজনীয়।

পৃথিৱীত পানীৰ গুৰুত্ব প্ৰতি মনোনিৱেশ কৰিলে দেখা যায় যে ভৱিষ্যতে ভাৰতৰ ব্যৱসায়িক ক্ষেত্ৰখনত পানী এক বিশেষ বিষয় হৈ পৰিব। যদিও ভাৰতবৰ্ষত ঔদ্যোগিক আৰু সেৱাখণ্ডই যথেষ্ট অগ্ৰগতি লাভ কৰিছে তথাপিও কৃষিখণ্ডৰ জৰিয়তে গৰিষ্ঠ সংখ্যক (প্ৰায় সত্তৰ শতাংশ) মানুহে জীৱন নিৰ্বাহ কৰি আছে। কৃষিৰ বাবে থকা মাটিখিনি জনসখ্যাৰ বিস্ফোৰণ, পৰিবহন আদিৰ বাবে হ্ৰাস পাই আহিছে। পানীৰ অবিহনে যেনেকৈ মাটি মৰুভূমিলৈ ৰূপান্তৰিত হয়, ঠিক একেদৰে মাটি নোহোৱাকৈ পানীৰ মূল্য নাথাকে। যিহেতু আমাৰ দেশত যথেষ্ট পৰিমাণে বৰষুণ হয় আৰু মৰুভূমিৰ সমস্যাও আছে, গতিকে পানী ব্যৱহাৰৰ উপযুক্ত ব্যৱস্থা লোৱাটো অতি প্ৰয়োজনীয় কাম। সকলো স্তৰৰ মানুহৰ অংশ গ্ৰহণে এনে ধৰণৰ ব্যৱস্থা সফল হোৱাত সহায় কৰিব পাৰে। বৰ্তমান সময়ত আমাৰ দেশত জলবিভাজিকা পদ্ধতিৰ জৰিয়তে কিছুমান অনুৰ্বৰ ভূমি কৃষিকাৰ্য্যৰ বাবে উপযোগী কৰি তোলা প্ৰয়াস কৰা হৈছে। ইয়ে ব্যক্তি অথবা পৰিয়ালৰ লগতে দেশৰো অৰ্থনীতিত উল্লেখনীয় অৱদান যোগাব পাৰে। পানীৰ উপযুক্ত ব্যৱহাৰৰ বাবে জনসাধাৰণক জড়িত কৰাটো অতি আৱশ্যকীয়। ইয়াৰ ফলত দীৰ্ঘকাল বৰ্ত্তি থাকিব পৰা উন্নয়ণৰ সম্ভাৱনা প্ৰকট হয়। আমাৰ দেশত বৰষুণ দি থকা সময়ত (বানপানী সংস্যা নাথাকিলে) কৃষি উৎপাদন ভাল হয় আৰু বৰষুণৰ নাটনি হ'লে শস্যৰ উৎপাদন কমি যায়। গতিকে বৰ্তমান হাৰত জনসংখ্যা বৃদ্ধি পাই থাকিলে ২০৫০ চন মানত জনসংখ্যা ১৫০ কোটি পাবগৈ আৰু সেইবাবে শস্যৰ উৎপাদন বৃদ্ধি কৰাটো নিতান্তই দৰকাৰী কৃাৰ্য হ'ব। ইয়াৰ বাবে কষি মাটিৰ বহুতো অঞ্চললৈ জলসিঞ্চনৰ ব্যৱস্থা কৰাটো অপৰিহাৰ্য্য হ'ব।

হৰিয়ানা ৰাজ্যৰ চুখোমাজৰি গাঁওত বাস কৰা পৰিয়ালবোৰে ১৯৭৫ চনলৈকে বছৰত মাত্ৰ এটা খেতি কৰি জীৱন নিৰ্বাহ কৰিছিল আৰু পোহনীয়া গৰু-ছাগলী আদি ওচৰৰ পাহাৰত এৰি দিছিল। মানুহবোৰে নিজেও গছ-গছনি আদি কাটিব ধৰিছিল। ইয়াৰ ফলত লাহে লাহে পাহাৰবোৰ গছ-গছনি, ঘাঁহ-বন নোহোৱা হৈ টকলা হৈ পৰিছিল। বৰষুণৰ পানী বাধাহীনভাৱে বাগৰি অহাৰ বাবে মাটিৰ ক্ষয়ীকৰণ আৰু খেতিপথাৰ বিধ্বস্ত হৈ পৰিছিল। ইয়াৰ প্ৰতিকাৰৰ বাবে বিভিন্ন গছ-গছনিৰ ৰোপণ আদি প্ৰক্ৰিয়া আৰম্ভ কৰা হৈছিল যদিও স্থানীয় ৰাইজৰ অসহযোগিতাৰ বাবে সুফল পোৱা নগৈছিল। কিন্তু স্থানীয় ৰাইজক জড়িত কৰি জলবিভাজিকা প্ৰক্ৰিয়াৰ সহায়ত জলসিঞ্চনৰ ব্যৱহাৰ কৰাৰ পিছৰে পৰা অঞ্চলটোৰ অৰ্থনীতিত পুনৰ সু-প্ৰভাৱ পৰিবলৈ আৰম্ভ হয় আৰু পৰিৱেশৰ সংৰক্ষণতো যথেষ্ট উন্নতি ঘটে।

পুনৰ সংস্থাপন আৰু পূৰ্বাৱস্থাৰ নিয়মীয়াকৰণ সমস্যা আৰু ইয়াৰ প্ৰাসঙ্গিকতা (Resettlement and Rehabilitation-Problems and Relevance) ঃ

ভৌগোলিক আৰু ভূ-তাত্বিক বিশেষত্বৰ বাবে ভাৰত উপমহাদেশ-বিশেষকৈ ভাৰতবৰ্ষই প্ৰতিবছৰে কিছুমান প্ৰাকৃতিক দুৰ্যোগৰ সন্মুখীন হ'ব লগা হয়। বানপানী, ঘূৰ্ণীবতাহ, ভুমিকম্প, খৰাং বতৰ, ভূমিস্খলন আদিৰ দৰে ভয়ঙ্কৰ প্ৰাকৃতিক দুৰ্যোগে আমাৰ দেশৰ জনসাধাৰণক সঘনে জোকাৰি যায়। এনে ধৰণৰ আপাতকালীন পৰিস্থিতিৰ মোকাবিলা কৰিবৰ বাবে বাৰে বাৰে সীমিত সম্পদখিনিক পৰিকল্পিত আঁচনিৰ পৰা কাটি আনিবলগীয়া হৈছে। ইয়াৰ ফলত আমাৰ উন্নয়নমুখী অৰ্থনীতিত যথেষ্ট চাপ পাৰে। গতিকে, পৰিকল্পনাকাৰী আৰু ইয়াৰ কাৰ্যকৰী কৰা সংস্থা বা ব্যক্তি সমূহে কিছুমান সুদূৰপ্ৰসাৰী, গুৰুত্বপূৰ্ণ সিদ্ধান্ত লবলগীয়া হৈছে যাৰ বাবে ভুক্তভোগী সকলে কিছু সকাহ পাব পাৰে আৰু দেশৰ অৰ্থনীতিৰও বিশেষ হানি-বিঘিনি নঘটে। কোনো প্ৰাকৃতিক দুৰ্যোগৰ পৰৱৰ্তীকালত ইয়াৰ মোকাবিলাৰ বাবে অতিকৈ গুৰুত্বপূৰ্ণ বিষয়টো হ'ল আপাতকালীন সাহায্য ব্যৱস্থাৰ বলি হোৱা

মানুহখিনিৰ দৰকাৰ হলে পুনৰ সংস্থাপনৰ ব্যৱস্থা কৰা আৰু তেওঁলোকৰ আগৰ অৱস্থালৈ প্ৰত্যাৱৰ্তন ঘটোৱাত সহায় সহযোগ কৰা।

প্ৰাকৃতিক দুৰ্যোগ, বিশেষকৈ বানপানী, ঘূৰ্ণীবতাহ নাইবা ভূমিস্খলনৰ বাবে মানুহে আন আন স্থাৱৰ-অস্থাৱৰ সম্পত্তিৰ লগতে নিজৰ থকা ঠাইখিনিও হেৰুৱাবলগীয়া হয়। উদাহৰণস্বৰূপে কোনো নদীৰ মথাউৰিৰ কাষত বাস কৰা মানুহৰ সংলগ্ন বা নিকটৱৰ্ত্তী অঞ্চলৰ মথাউৰি ভাগিলে ঘৰ-বাৰী সমন্বিতে সৰ্বস্ব হেৰুৱা মানুহৰ সংখ্যা আমাৰ অসমতো কম নহয়। এইসকল মানুহৰ বাবে নিজৰ ঠাই টুকুৰা পুনৰ ব্যৱহাৰ উপযোগী হৈ নাথাকিবও পাৰে। গতিকে তেওঁলোকক বেলেগ ঠাইত পুনৰ সংস্থাপনৰ ব্যৱস্থা কৰিবলগীয়া হয়। প্ৰাকৃতিক বিপৰ্যয়ৰ উপৰিও মানুহৰ দ্বাৰা সৃষ্ট গোষ্ঠীগত সংঘৰ্ষৰ ফলতো এঠাইৰ মানুহ আন এঠাইত সংস্থাপিত কৰিবলগীয়া হ'ব পাৰে। যি কাৰণতেই পুনৰ সংস্থাপন নহওক কিয় এনে কাৰ্য্যৰ ফলত মানুহে থাকিবৰ বাবে এটি ঘৰ পায় যদিও এই ক্ষেত্ৰত অনেক সমস্যাৰ সন্মুখীন হ'ব লগা হ'ব পাৰে। খহি-জহি যোৱা অৰ্থনৈতিক অৱস্থা, খাদ্য, বস্ত্ৰ, স্বাস্থ্য, শিক্ষাকে ধৰি সকলোবোৰ ক্ষেত্ৰতে কেৱল শূন্যতাই বিৰাজ কৰে। তাৰোপৰি কৰ্ম সংস্থানৰ সন্ধান, নতুন ঠাইখনৰ পৰিৱেশ, ওচৰ চুবুৰীয়া অঞ্চলৰ মানুহৰ ব্যৱহাৰ আদিৰ কু-প্ৰভাৱেও তেওঁলোকক হাৰাশাস্তি কৰিব পাৰে।

প্ৰাকৃতিক দুৰ্যোগৰ পৰৱৰ্ত্তী কালত অতিকৈ গুৰুত্বপূৰ্ণ বিষয়টো হ'ল দুৰ্য্যোগ পীড়িত মানুহখিনিক পুনৰ নিয়মিত জীৱন নিৰ্বাহ কৰিবলৈ দিবপৰা ব্যৱস্থাৰ উদ্যোগ লোৱা। পূৰ্বৰ অৱস্থালৈ ঘূৰি অহাৰ বাবে তেওঁলোকৰ কিছুমান মৌলিক প্ৰয়োজনৰ ব্যৱস্থা কৰিব লাগিব আৰু এনে প্ৰক্ৰিয়া সুদুৰপ্ৰসাৰী হ'ব লাগে। এনে উন্নয়নমুখী প্ৰক্ৰিয়া সুপৰিকল্পিত হ'ব লাগিব যাতে পীড়িত মানুহখিনিয়ে পূৰ্বৰ আৰ্থ-সামাজিক আৰু সাংস্কৃতিক জীৱন ঘূৰাই পাব পাৰে। তাৰোপৰি প্ৰক্ৰিয়াটোৰ যোগেদি আন্তঃগাঁথনি অতি সুদৃঢ় কৰি গঢ়ি তুলিব পাৰিব লাগিব যাতে ভৱিষ্যতৰ দুৰ্যোগসমূহ মোকাবিলা কৰাত বিশষ অসুবিধা নহয়। এনে কাৰ্য্য ব্যৱস্থাক মূলতঃ চাৰিটা ভাগত ভগাব পাৰি।

১) ঘৰ আৰু আচবাবৰ পুনৰ উন্নয়ন,
২) সামাজিক পূৰ্বাৱস্থাৰ ব্যৱস্থা,
৩) আৰ্থিক পূৰ্বাৱস্থাৰ ব্যৱস্থা আৰু
৪) অন্যান্য প্ৰাসঙ্গিক আঁচনি আৰু কাৰ্য্য ব্যৱস্থা।

এইবোৰৰ প্ৰথমটোৱে ঘৰ, ৰাস্তা, দলং, বিজুলী ব্যৱস্থা আৰু যোগাযোগ ব্যৱস্থাৰ পুনৰ সংযোগ, পানীৰ যোগান, জলসিঞ্চন আৰু ৰাজহুৱা গৃহৰ পূৰ্বাৱস্থাৰ ব্যৱস্থাক সাঙুৰি লয়। সামাজিক নিয়মীয়াকৰণত স্বাস্থ্য, শিক্ষা আৰু মহিলা তথা শিশুৰ বাবে বিশেষ ব্যৱস্থাৰ অৱলম্বন আৰু অৰ্থনৈতিক শাখাটোত কৃষিজীৱি, শ্ৰমজীৱি আৰু শিল্পীসকলৰ বাবে আৰ্থিক উন্নয়ণৰ ব্যৱস্থা কৰাৰ লগতে বিশেষ প্ৰশিক্ষণ, সামাজিক বাননীকৰণ আদিক অন্তৰ্ভুক্ত কৰা হয়। অনাগত ভৱিষ্যতৰ বাবে পৰিৱেশৰ উন্নয়ণ, ৰাজহুৱা উন্নয়ণমূলক কাৰ্য্য আদিক সাঙুৰি লোৱা হয়।

পুনৰ সংস্থাপন বা পূৰ্বাৱস্থাৰ নিয়মীয়াকৰণ পদ্ধতি প্ৰাকৃতিক দুৰ্যোগ সংঘটিত হোৱা সকলো ঠাইতে একে নহ'বও পাৰে। ইয়াৰ কাৰণ হ'ল ঠাইভেদে স্থানীয় কাৰক বা পৰিৱেশ বেলেগ বেলেগ হয়। গতিকে, এক প্ৰযুক্তিগতভাৱে সুষম প্ৰকল্প (Project) সকলো ঠাইতে সমানে কাৰ্য্যকৰী নহবও পাৰে। এনে প্ৰক্ৰিয়া সু-প্ৰণালীবদ্ধ হোৱাৰ লগতে কাৰ্য্য সম্পাদন নিস্বাৰ্থ হোৱাটো অতি দৰকাৰী। চৰকাৰী সংস্থাৰ লগতে স্বেচ্ছাসেৱী সংগঠন আৰু বেছৰকাৰী সংস্থাৰ যোগদানে এনে কাৰ্য্যত অধিক সুফলতা আনিব পাৰে।

১৯৮৮ চনৰ অসমৰ ভয়াবহ বানপানী ঃ অসম বানাক্ৰান্ত অঞ্চলসমূহৰ অন্যতম। প্ৰতিবছৰে অসমত দুটাৰ পৰা আঠটালৈ বানপানী হয়। ১৯৮৮ চনৰ বানপানীত অসমৰ প্ৰায় সকলো জিলা বেয়াকৈ ক্ষতিগ্ৰস্ত হৈছিল। প্ৰায় ২১,৭৪২ খন গাঁও জলমগ্ন হৈছিল আৰু মানুহৰ লগতে ৭৭ লাখ জন্তু (ইয়াৰে ৩,৫০০ ডাঙৰ জন্তু) মৃত্যুমুখত পৰিছিল নাইবা উটি গৈছিল। এইবোৰৰ মূল্য প্ৰায় ৩.৪ কোটি টকা বুলি ঠাৱৰ কৰা হৈছিল। গৰু-ছাগলী আদিৰ বাবে প্ৰায় ৬৪৪ খন আশ্ৰয়-স্থলৰ ব্যৱস্থা কৰা হৈছিল আৰু আপাতকালীন সাহায্য আৰু পুনৰ সংস্থাপনৰ বাবে ৪০১৮ জন লোকক নিযুক্তি দিয়া হৈছিল। মুঠতে ৰাজ্য চৰকাৰে প্ৰায় ৭.৫ কোটি খৰচ কৰিছিল। ২০০৪ চনত অসমত হোৱা বানপানী ১৯৮৮ চনৰ বানপানীতকৈও বেছি ভয়ঙ্কৰ আছিল। এই বানপানীটোত

আগৰ যিকোনো বানপানীতকৈ ধন-জনৰ ক্ষয়-ক্ষতি বহুতো বেছি হয়। ৰাজ্য তথা কেন্দ্ৰীয় চৰকাৰে বানপীড়িত ৰাইজক সকাহ দিয়াৰ বাবে ব্যৱস্থা লোৱা পৰিলক্ষিত হৈছিল।

১৯৭৭ চনৰ অন্ধ্ৰ প্ৰদেশৰ ঘূৰ্ণীবতাহ ঃ ভাৰতত ১০৫০ কিঃ মিঃ দৈৰ্ঘ্যযুক্ত উপকূলীয় অঞ্চল থকা অন্ধ্ৰ প্ৰদেশ অতি বেছি ঘূৰ্ণীবতাহ অধ্যুষিত ৰাজ্য। ১৯৭৭ চনত ঘূৰ্ণীবতাহে ৰাজ্যখনৰ উপকূল অঞ্চল বেয়াকৈ ক্ষতিগ্ৰস্ত কৰে। দুখন জিলাৰ প্ৰায় ৫.৭৪ লাখ ঘৰচীয়া জন্তুৰ মৃত্যু ঘটাৰ উপৰিও বহুতো সম্পত্তি চুৰমাৰ হৈ যায়। ৰাজ্য চৰকাৰে প্ৰায় ডেৰকোটি টকাৰ লোকচানৰ সন্মুখীন হয়।

একেদৰে ১৯৮৯ চনতো কাৰালী টেহচিল অঞ্চলত হোৱা ঘূৰ্ণীবতাহত ১৬০০ টা ঘৰচীয়া জন্তু, প্ৰায় এক লাখ কুকুৰা (৬৮০ খন কুকুৰা পাম) মৃত্যুমুখত পৰে। ৰাজ্য চৰকাৰে এইবাৰো প্ৰায় এক কোটি টকাৰ ক্ষতিপূৰণ দিয়ে।

প্ৰাকৃতিক দুৰ্যোগৰ উপৰিও প্ৰগতিৰ নামত তৈয়াৰ কৰা কিছুমান প্ৰকল্প নিৰ্মাণৰ বাবে পুনৰসংস্থাপন কাৰ্য্য আহি পৰে। যেনে-

(ক) বান্ধ বন্ধা প্ৰকল্প ঃ ডাঙৰ ডাঙৰ নদীত বান্ধিবলৈ লোৱা বান্ধ বান্ধোতে বহুতো স্থানীয় বাসিন্দা উঠাই অন্য ঠাইলৈ নিবলগীয়া হয়। বহুতো খিলঞ্জীয়া জনজাতিৰ বসতি এইদৰে নোহোৱা কৰা হৈছে। বিগত পঞ্চাছ বছৰত কমেও ২০ নিযুত পৰিয়াল বান্ধ বন্ধা প্ৰকল্পহেতু প্ৰভাৱান্বিত হৈছে।

উদাহৰণত ঃ হিৰাকুন্দ বান্ধ বান্ধোতে ২৫০ খন গাঁওৰ ২০ হেজাৰতকৈও অধিক মানুহক স্থানান্তৰিত কৰা হয়। সেইদৰে ভাক্ৰানাঙ্গল বান্ধ বান্ধোতে (১৯৫০ চনত) শ শ পৰিয়ালক স্থানান্তৰিত কৰা হয়। কিন্তু তাৰ আধাখিনি এতিয়াও ভালদৰে পুনৰ সংস্থাপিত হোৱা নাই। টেহৰী বান্ধ (ভাগীৰথী নদীত) নিৰ্মাণৰ ক্ষেত্ৰতো একে ধৰণৰ সমস্যাৰ উদ্ভৱ হোৱাৰ আশঙ্কাই দেখা দিছে। চিপকো আন্দোলনৰ নেতা সুন্দৰলাল বহুগুণাৰ তিনিদশকজোৰা আন্দোলনৰ পাছতো এই বান্ধটো বান্ধিবলৈ সূচনা জাৰী কৰা হৈছে। তাৰ দ্বাৰা কমেও দহহেজাৰ পৰিয়াল প্ৰভাৱান্বিত হব।

ঘটনা অধ্যয়ন ঃ চৰ্দাৰ সৰোবৰ প্ৰকল্প

নৰ্মদা নদীৰ উপত্যকাত বান্ধিব খোজা হৈছে চৰ্দাৰ সৰোবৰ প্ৰকল্প। ইয়াৰ দ্বাৰা ৩০ টা ডাঙৰ, ১৩৫ টা মজলীয়া আৰু ৩০০০ সৰু সৰু বান্ধ বন্ধাৰ প্ৰস্তাৱ কৰা হৈছে। ইয়াৰ দ্বাৰা প্ৰায় ৫৭৩ খন গাঁও (জনসংখ্যা তিনি লাখৰো অধিক) জলমগ্ন হৈ পৰিব। এই গাঁওবোৰত থকা পৰিয়ালৰ অধিকাংশই জনজাতিৰ লোক। এওঁলোকে বংশ পৰম্পৰা ধৰি তাত এক সুস্থিৰ জীৱন নিৰ্বাহ কৰি আছে। তেওঁলোকক আনঠাইলৈ নি পুনৰ সংস্থাপিত কৰিলেও তেওঁলোকে নিজৰ পৰিস্থিতিতন্ত্ৰ হেৰুৱাব। দেশৰ প্ৰগতিৰ বাবে তেওঁলোকৰ ই হব এক মহান ত্যাগ। সেয়ে, এই পৰিয়ালবোৰক উপযুক্ত হাৰত মাটি-ঘৰ, চাকৰি, ধন আদি দি পুনৰ সংস্থাপিত কৰা উচিত হব।

(খ) খনি খননত হোৱা অপসাৰণ ঃ খনি খনন অন্য এক উন্নয়ণ কাৰ্য। কিন্তু ইয়াৰ দ্বৰাও পৰিয়ালৰ অপসাৰণ সংঘটিত হয়। আমাৰ দেশত বহু হেজাৰ হেক্টৰ ভূমি খনিৰে আবৃত। গতিকে লোক-অপসাৰণৰ মাত্ৰা অনুমেয়।

ঘটনা অধ্যয়ন ঃ ঝাৰিয়া কয়লাখনি, ঝাৰখণ্ড

এই কয়লাখনি ভিতৰভাগত জুই লগাৰ ফলত স্থানীয় বাসিন্দাসকল বিপদগ্ৰস্ত হৈ পৰিছে। প্ৰায় তিনি লাখ লোক অতি সোনকালে পুনৰ সংস্থাপন কৰিবলগীয়া কাৰ্য্য এক সামাজিক সমস্যাৰূপে দেখা দিছে। ১৯৭৬ চনৰ পৰা জুই নুমাবলৈ ইতিমধ্যে ১১৫ কোটি টকা খৰছ কৰা হৈছে। তথাপিও সমস্যাটো শেষ হোৱা নাই। ঝাৰিয়াৰ জনবসতি স্থানান্তৰিত কৰিবলৈ কোৱা হৈছে। কিন্তু তেওঁলোকৰ পুনৰ সংস্থাপনৰ বাবে বিকল্প ভূমি আদি ঠিক কৰা হোৱা নাই। ইতিমধ্যে তাত 'ঝাৰিয়া কয়লাখনি বচাও সমিতি' এখন গঠিত হৈছে। তেওঁলোকে পুনৰ সংস্থাপনৰ বাবে সংগ্ৰাম কৰিছে। হিচাপমতে, পৰিয়ালসকলক আন ঠাইত পুনৰ সংস্থাপনাৰ্থে প্ৰায় ১৮,০০০ কোটি টকাৰ আৱশ্যক। ইপিনে অগ্নি নিৰ্বাপনৰ বাবে মুঠ খৰছ হব ৮০০০ কোটি।

(গ) ৰাষ্ট্ৰীয় উদ্যান সৃষ্টি হেতু হোৱা অপসাৰণ ঃ

বনাঞ্চলৰ কোনো অংশ যেতিয়া ৰাষ্ট্ৰীয় উদ্যানৰূপে ঘোষণা কৰা হয়, তাৰ মুখ্য উদ্দেশ্য হ'ল প্ৰাকৃতিক সম্পদ সংৰক্ষণ। কিন্তু ইয়াৰ লগত জৰিত হৈ আছে এক সামাজিক সমস্যা, যাক সাধাৰণতে অৱহেলা কৰা হয় নতুবা তাৰ বিষয়ে উদ্যান-আঁচনিত অন্তৰ্ভুক্ত কৰা নহয়। বনাঞ্চল যি অংশ ৰাষ্ট্ৰীয় উদ্যানৰ এলেকাত আহে তাত যুগ যুগান্তৰ ধৰি বসবাস কৰি থকা পৰিয়াল কিছুমান

থাকে। নীতিগতভাৱে তেওঁলোক ৰাষ্ট্ৰীয় উদ্যানৰ ভিতৰত থাকিব নোৱাৰে। চৰকাৰে তেওঁলোকক হয় উচ্ছেদ কৰে, নহয়, তেওঁলোকক আন ঠাইলৈ যাবলৈ কয়। কিন্তু যাব ক'লৈ? ভাবি চালে তেওঁলোকে বনাঞ্চল অধিকাৰ কৰি বেআইনী কাম কৰিছে। তথাপি মানবীয়তাৰ খাতিৰত ই জানো এক সামাজিক সমস্যা নহয়? তেওঁলোকৰ সমস্যাটো সমাধান কৰাটোও চৰকাৰৰ কৰ্তব্য।

ঘটনা অধ্যয়ন ঃ বাল্মিকী 'ব্যাঘ্ৰ-প্ৰকল্প'

বিহাৰৰ জনজাতি আৰু জনগোষ্ঠীৰ ১৪২ খন গাঁওৰ বাসিন্দাসকলে তাত স্থাপন কৰা ব্যাঘ্ৰ-প্ৰকল্পৰ দ্বাৰা বহু পৰিমাণে ক্ষতিগ্ৰস্ত হৈছে। তেওঁলোকৰ জীৱিকাৰ ক্ষেত্ৰতো বাধা আহিছে। সিহঁতৰ বাবে কোনো ধৰণৰ বিকল্প ব্যৱস্থাও কৰা হোৱা নাই। ফলত ক্ষুব্ধ বাসিন্দাই বন ধ্বংস কাৰ্যত লিপ্ত হৈছে। এনেকি বাঘ চিকাৰ কাৰ্যতো সিহঁতে চোৰাং-চিকাৰীক সহায় কৰিছে। এই বাবেই কোনো প্ৰকল্প স্থাপন কৰোতে সেই অঞ্চলত বাস কৰি থকা গঞা ৰাইজৰ সংস্থাপনৰ দিহা কৰা উচিত। এনে চিন্তা আঁচনিতে অন্তৰ্ভুক্ত কৰিবৰ প্ৰয়োজন।

ভাৰতীয় ধ্যান-ধাৰণাত প্ৰকৃতিক এক নিৰ্জীৱ ভৌতিক কিবা এটা বুলি ধৰি নলৈ মানুহ সমন্বিতে সামূহিক জীৱনধাৰাৰ এক জীৱন্ত আধাৰ হিচাবে বিবেচনা কৰা হৈছিল। মানুহ আৰু অন্যান্য জীৱসমূহৰ মাজত পাৰস্পৰিক সম্পৰ্ক কৰি ৰখাতহে অধিক গুৰুত্ব দিয়া হৈছিল। পৰিৱেশক এক মনস্তাত্বিক সত্বা আৰু বন্ধুত্বপূৰ্ণ বাসস্থান হিচাবে গণ্য কৰি প্ৰকৃতিৰ সকলো উপাদানৰে আন্তঃনিৰ্ভৰশীলতাৰ ওপৰত জোৰ দিয়া হৈছিল। ভাৰতীয় দাৰ্শনিক সকলে যুক্তি দৰ্শাইছিল যে বুদ্ধিদীপ্ত প্ৰাণী হিচাবে পৰিৱেশ সংৰক্ষণ কৰাতো মানুহৰ মৌলিক কৰ্তব্য হোৱা উচিত। তেওঁলোকৰ মতে যদিহে পৰিৱেশৰ লগত বন্ধুত্বপূৰ্ণ সহ-অৱস্থান কৰা হয়, তেনেহ'লে প্ৰকৃতিয়ে সকলোকে সন্তুষ্ট কৰি ৰাখে। প্ৰাণী আৰু গছ-গছনি অবিহনে মানুহৰ অস্তিত্ব থাকিব নোৱাৰে। এনে ধৰণৰ ধ্যান-ধাৰণাৰ বশৱৰ্তী হৈয়ে সম্ভৱতঃ বিভিন্ন জীৱ-জন্তু আৰু গছ-গছনিক পূজা কৰা কথাটো আহিছিল। মানুহক একক সত্বা হিচাবে গণ্য নকৰি পৰিৱেশ নিৰ্ভৰশীল এক প্ৰজাতি হিচাবে মানি লোৱা হৈছিল যিটো সম্প্ৰতি গুৰুত্ব দিয়া হৈছে।

প্ৰাচীন যুগৰ পৰা চলি অহা বহুতো ৰীতি-নীতি আজিও সমাজত প্ৰচলন হৈ আহিছে। অৱশ্যে জনসংখ্যাৰ প্ৰবল বৃদ্ধি, দৰিদ্ৰতা আৰু অসামাজিক কাৰ্যই এনে ধৰণৰ ধনাত্মক ৰীতি-নীতিৰ ওপৰত কুঠাৰঘাত কৰি আহিছে যদিও সময় থাকোতে এইবোৰ চম্ভালি নল'লে মানৱজাতিৰ সাংঘাতিক অঘটন হ'ব। চৰকাৰী তথা বেচৰকাৰী সংস্থাসমূহ আগবাঢ়ি আহি নীতিগত দিশৰ আধাৰত অকুশলী কাৰ্যসমূহ বন্ধ কৰাৰ উদ্যোগ ল'ব লাগিব। চৰকাৰেও উপযুক্ত আঁচনিৰ ৰূপায়ন কৰি পৰিৱেশ ধ্বংস কৰিব পৰা কাৰকসমূহ নিৰ্মূল কৰিবলৈ আগবাঢ়ি আহিব লাগিব।

প্ৰকৃততে পৰিৱেশ সম্পৰ্কীয় নৈতিকতা কথাবোৰ মানুহৰ ক্ৰিয়া-প্ৰতিক্ৰিয়া, মানি লোৱা ৰীতি-নীতি আৰু মনৰ চিন্তাৰ ওপৰত নিৰ্ভৰশীল। প্ৰাকৃতিক ভাৰসাম্য ৰক্ষা কৰা কথাটো নিৰ্ভৰ কৰে আমি কি দৰে চিন্তা কৰোঁ আৰু কিদৰে বাস্তৱত কাম কৰোঁ, তাৰ ওপৰত। আজিৰ মানুহে ভাবে যে তেওঁলোক সৰ্ব-শক্তিমান, প্ৰকৃতি বিজয়ী। গতিকে তেওঁলোকে যেনেদৰে ইচ্ছা কৰে, তেনেদৰে প্ৰাকৃতিক সম্পদৰাজি ব্যৱহাৰ কৰিব পাৰে। কিন্তু এনে ব্যৱহাৰ যে লুণ্ঠনত পৰিণত হৈছে সেই কথা মানুহে একেবাৰে ভাবি চোৱা নাই। ইয়াৰ বিপৰীতে মানুহে যদি ভাবে যে প্ৰকৃতি আমাৰ মাতৃ-সদৃশ ; ই আমাক সম্পদৰাজি দিছে 'সুন্দৰ' জীৱন যাপন কৰিবৰ বাবে ; গতিকে আমি সেই সম্পদৰাজিৰ সুব্যৱহাৰ কৰা উচিত। তেন্তে ভাব-চিন্তাইহে পৰিৱেশৰ ভাৰসাম্য ৰক্ষা কৰাত সহায়ক হ'ব।

সম্প্ৰতি বিশ্বত দুটা মত প্ৰচাৰিত হৈ আছে। প্ৰথমটো হ'ল **মানৱকেন্দ্ৰিক**। এই মত অনুসৰণ কৰি আছে শিল্প-উদ্যোগত সমৃদ্ধ উন্নয়নপ্ৰাপ্ত ব্যক্তিসকলে। তেওঁলোকে ভাবে যে মানুহ হ'ল সকলো প্ৰগতিৰ কেন্দ্ৰস্থ উৎপাদক। ই নিজে নিজৰ খ্যাতি অৰ্জন কৰি পৃথিৱী নামৰ গ্ৰহটোত আধিপত্য বিস্তাৰ কৰিছে। এনে জাতিসমূহৰ মতে,

(i) মানুহ পৃথিৱীৰ আটাইতকৈ গুৰুত্বপূৰ্ণ প্ৰজাতি আৰু প্ৰকৃতিৰ তত্বাৱধায়ক।

(ii) পৃথিৱীত অপৰিসীম সম্পদ আছে আৰু সেই সম্পদৰাজিৰ মালিক হ'ল মানুহ।

(iii) মানুহৰ প্ৰয়োজন হ'ল আৰ্থিক প্ৰগতি আৰু এনে প্ৰগতি যিমানে অধিক হয়, তিমানে ভাল।

(iv) সুস্থ আৰ্থিক অৱস্থাতহে সুস্থ পৰিৱেশ তিষ্ঠি থাকিব পাৰে।

(v) মানৱ জাতিৰ কৃতকাৰ্যতা নিৰ্ভৰ কৰে প্ৰকৃতিৰ পৰা অধিক হাৰত সম্পদ আহৰণ কৰিব পৰা ক্ষমতাৰ ওপৰত।

দ্বিতীয়টো অভিমত হ'ল **পাৰিপাৰ্শ্বিক কেন্দ্ৰিক**। এই মত জ্ঞানৰ ওপৰত প্ৰতিষ্ঠিত। পাৰিপাৰ্শ্বিক কেন্দ্ৰিক অনুসৰণ কৰাসকলে ভাবে

(i) প্ৰকৃতি অকল মানুহৰ বাবে নহয়। ই সকলো জীৱৰ বাবে, উদ্ভিদৰ বাবেও। গছ থাকিলেহে মানুহ থাকিব।

(ii) প্ৰাকৃতিক সম্পদ সীমিত আৰু ই সম্পদৰাজি অকল মানুহৰ বাবেই নহয়।

(iii) আৰ্থিক উন্নয়ন পৃথিৱীৰ স্থিতাৱস্থা ৰক্ষা কৰিহে কৰিব লাগে। পৃথিৱীৰ বিধ্বংস অনা উন্নয়ন প্ৰকৃত উন্নয়ন নহয়।

(iv) সুস্থ পৰিৱেশতহে সুস্থ আৰ্থিক উন্নয়ন সম্ভৱ।

(v) মানৱজাতিৰ কৃতকাৰ্যতা নিৰ্ভৰ কৰে প্ৰকৃতিৰ সৈতে কিমানখিনি বুজাবুজিৰ কথা গ্ৰহণ কৰা হৈছে, তাৰ ওপৰত। প্ৰকৃতিৰ সকলো প্ৰজাতিৰ সৈতে সহ-অৱস্থান ৰক্ষা কৰাটোই মানৱজাতিৰ কৃতকাৰ্যতাৰ চিন।

পৰিৱেশৰ ভাৰসাম্য ৰক্ষা কৰিবলৈ হ'লে আমি তলত দিয়া নীতিকেইটা মানি চলা উচিত।

১। পৃথিৱীক-মাতৃৰ দৰে ভাল পাব লাগে, মাতৃৰ দৰে সন্মান কৰিব লাগে। কাৰণ, পৃথিৱীয়ে আমাক জীয়াই থকাৰ বাবে আশীৰ্বাদ দি আছে।

২। প্ৰতিদিনে পৃথিৱীৰ পৱিত্ৰতা ৰক্ষাৰ্থে কাম কৰা উচিত।

৩। অন্য জীৱজগত আৰু উদ্ভিদজগতৰ ওপৰত আধিপত্য বিস্তাৰ কৰিব নালাগে। কোনো এক প্ৰজাতিকে অস্তিত্বহীন নকৰিবলৈ সচেষ্ট হ'ব লাগে।

৪। আমি উদ্ভিদ আৰু জীৱ-জন্তু সমূহৰ প্ৰতি কৃতজ্ঞ হোৱা উচিত, যিহেতু আমি আমাৰ খাদ্যসমূহ সিহঁতৰ পৰাই পাই আছোঁ।

৫। জনসংখ্যা বৃদ্ধি ৰোধ কৰিবলৈ কাম কৰা উচিত।

৬। ধ্বংসমূখী অস্ত্ৰ-শস্ত্ৰৰ বাবে প্ৰাকৃতিক সম্পদ ব্যৱহাৰ কৰিব নালাগে।

৭। প্ৰকৃতিৰ ক্ষতিৰ বিনিময়ত নিজৰ লাভ অৰ্জন বৰ্জন কৰা উচিত। বৰং প্ৰাকৃতিক ক্ষয়-ক্ষতি পুনৰ স্থাপিত কৰিবলৈহে কাম কৰা উচিত।

৮। আমি পৃথিৱীৰ যি ক্ষতি কৰোঁ বা কৰিছোঁ, তাক আনৰ পৰা লুকাব নালাগে।

৯। ভৱিষ্যৎ প্ৰজন্মৰ কথা ভাবিয়েই আমি প্ৰকৃতি লুণ্ঠন বন্ধ কৰা উচিত। আমি চোৱা উচিত যাতে আমাৰ ভৱিষ্যৎ প্ৰজন্মই এক নিকা, সুস্থ বাসোপযোগী পৰিৱেশ পায়।

১০। আমি আমাৰ লোভ সম্বৰণ কৰি পাৰ্থিব বস্তুবোৰৰ সদব্যৱহাৰ কৰা উচিত।

আমি এই দহটা নীতি অৱলম্বন কৰিলে আমাৰ ভাৰতীয় দৰ্শন অনুসৰণ কৰা হ'ব। প্ৰকৃতিক সন্মান কৰাটোই হ'ল মূল কথা। আমাৰ ঋষি-মুনিসকলে বান্ধি দি যোৱা পুৰণি ৰীতি-নীতিসমূহৰ তাৎপৰ্য এতিয়াহে অনুভব কৰা হৈছে। সেয়ে কোৱা হয় বসুধৈব কুটুম্বকম্।

জলবায়ুৰ পৰিৱৰ্তন (Climatic Change)ঃ

কোনো এটা অঞ্চলৰ গড় বতৰেই হ'ল জলবায়ুৰ মাপক। সাধাৰণতে কোনো এটা অঞ্চলত সংঘটিত হোৱা বতৰৰ পৰিৱৰ্তন আৰু ঋতুৰ সালসলনি আদি জলবায়ু পৰিৱৰ্তনৰ কাৰণ হয়। তদুপৰি কোনো এটা অঞ্চলৰ অৱস্থানে জলবায়ু নিৰ্ণয়ৰ কাৰক হয়। উদাহৰণতঃ বিষুৱৰেখাৰ পৰা দূৰত্ব, সাগৰ পৃষ্ঠৰ পৰা উচ্চতা, বতাহ-প্ৰবাহ, সাগৰীয় পানীৰ সোঁতৰ প্ৰভাৱ আদি উৎপাদকবোৰে কোনো এটা অঞ্চলৰ জলবায়ু নিৰ্ণয় কৰে। তদুপৰি কোনো ঠাইৰ উষ্ণতা আৰু তাত হোৱা বৰষুণৰ পৰিমাণেও জলবায়ুৰ ওপৰত প্ৰভাৱ বিস্তাৰ কৰে। সমগ্ৰ বিশ্বক তিনিটা বিশেষ জলবায়ু অঞ্চলত বিভক্ত কৰা হয় ক্ৰান্তীয় অঞ্চল, উষ্ণাঞ্চল আৰু মেৰু অঞ্চল নামেৰে।

১990 আৰু ১99২ চনত জলবায়ু পৰিৱৰ্তনৰ ওপৰত থকা আন্তৰ্জাতিক সন্থাই অতীতৰ পৰা এতিয়ালৈ হোৱা পৰিৱৰ্তনৰ খতিয়ান, সেউজগৃহ পৰিঘটনা, গোলকীয় উষ্ণতা বৃদ্ধি আদিৰ ওপৰত এক প্ৰতিবেদন প্ৰকাশ কৰে। সেইমতে জনা গৈছে যে পৃথিৱীৰ উষ্ণতা অতীজৰ তুলনাত বহুতো পৰিমাণে পৰিৱৰ্তিত হৈছে। বিগত দহহেজাৰ বছৰত এশৰ পৰা দুশ বছৰে প্ৰতি প্ৰায় এক আধা ডিগ্ৰী (চেন্টিগ্ৰেড) পৰিমাণৰ উষ্ণতা বাঢ়ি আছে। অৱশ্যে এনে পৰিৱৰ্তনৰ মাজতো মানুহে খেতি-বাতি কৰি বসবাস কৰি আছে। কাৰণ, প্ৰায় বহুহেজাৰ বছৰ ধৰি কোনো এক সাংঘাতিকভাৱে জলবায়ু পৰিৱৰ্তন সাধিত হোৱা নাই।

কিন্তু দুখৰ বিষয় যে আধুনিক কালত মানুহৰ ক্ৰিয়া-প্ৰক্ৰিয়াৰ ফলত মানুহে প্ৰকৃতিৰ ওপৰত প্ৰভাৱ বিস্তাৰ কৰিবলৈ লোৱাত জলবায়ুৰ পৰিৱৰ্তন দ্ৰুত হাৰত হ'বলৈ ধৰিছে। ইয়াৰ কু-প্ৰভাৱ ক্ৰমে মানুহকে ধৰি সমগ্ৰ জীৱ আৰু উদ্ভিদ জগতৰ ওপৰত পৰিছে। মানুহে নিজৰ সুখ-সম্ভোগ প্ৰাপ্তিৰ বাবে কৰা 'দুষ্কাৰ্যৰ' ফলত প্ৰকৃতিৰ ওপৰত ভীষণ হেচা পৰিছে যাৰ প্ৰভাৱত অ'জ'ন বিন্ধা, সেউজগৃহ পৰিঘটনা, অল্পবৃষ্টি আদি সংঘটিত হৈ জলবায়ুৰ পৰিৱৰ্তন আনিছে। কোৱা হৈছে যে (১) বনাঞ্চল ধ্বংস কাৰ্যই মৰুভূমিৰ সৃষ্টি কৰি আছে, (২) পৃথিৱীৰ উষ্ণতা বৃদ্ধি হৈ আছে; ২০৩০ চনলৈ পৃথিৱীৰ উষ্ণতা ১.৫ ডিগ্ৰীৰ পৰা ৪.৫ ডিগ্ৰী চেন্টিগ্ৰেডলৈ বঢ়াৰ আশংকা আছে, (৩) তুষাৰ আবৃত অঞ্চলত বৰফ গলি সাগৰৰ পানীৰ উচ্চতা বঢ়াই তুলিব ; (৪) বতাহত জলীয় বাষ্পৰ পৰিমাণৰ তাৰতম্য ঘটিব আৰু (৫) এনে অৱস্থাই বৰষুণ হোৱাত এক বিভ্ৰাট আনিব।

গোলকীয় উষ্ণতা বৃদ্ধি (Global Warming) ঃ

বায়ুমণ্ডলৰ একেবাৰে তলৰ স্তৰটো ট্ৰ'প'স্ফেয়াৰ। এই স্তৰতে কিছুমান গেছৰ উপস্থিতিত সৌৰ উত্তাপ প্ৰতিৰুদ্ধ হয়। এই পৰিঘটনাক সেউজগৃহ পৰিঘটনা বোলা হয়। ট্ৰ'প'স্ফেয়াৰে কিমানখিনি উত্তাপ ধৰি ৰাখিব পাৰে সেইটো নিৰ্ভৰ কৰে তাত থকা কাৰ্বনডায়-অক্সাইড, অ'জ'ন, মিথেন, নাইট্ৰাট অক্সাইড, ক্ল'ৰোফ্লৰো কাৰ্বন (সংক্ষেপে চি এফ চি নামে জনা যায়) আৰু জলীয় বাষ্পৰ ওপৰত। যোৱা ওঠৰ হেজাৰ বছৰত ভূমণ্ডল বা গোলোকৰ উষ্ণতা প্ৰায় ৪ ডিগ্ৰী চেন্টিগ্ৰেড বৃদ্ধি হৈছে। কিন্তু যোৱা এটা শতিকাতেই বৃদ্ধিৰ হাৰ হৈছে ১ ডিগ্ৰী। ই এক চিন্তাৰ কাৰণ। কিয়নো, যদি এই দৰে বাঢ়ে তেনেহ'লে ২০০5 ৰ পৰা ২০৫০ চনৰ ভিতৰত গোলকীয় উষ্ণতা বাঢ়িব ১.৫ ডিগ্ৰী আৰু ২০৫০ ৰ পৰা ২১০০ চনৰ ভিতৰত এই বৃদ্ধি হ'বগৈ ৩ ডিগ্ৰী চেন্টিগ্ৰেড।

আমাৰ ভূমণ্ডলৰ সাধাৰণ উষ্ণতা ১৫ ডিগ্ৰী চেন্টিগ্ৰেড। সেউজগৃহ পৰিঘটনা নাথাকিলে ই হ'লহেঁতেন (—১৮) ডিগ্ৰী চে.গ্ৰে.। তাৰ মানে সেউজগৃহ পৰিঘটনাই আমাক উষ্ণ কৰি ৰখাত সহায় কৰিছে। এনে পৰিঘটনাৰ প্ৰভাৱত গোলকীয় উত্তাপ ৩৩ ডিগ্ৰী চে. গ্ৰে. হ'ব পাৰে। সেউজগৃহ পৰিঘটনা নিয়ন্ত্ৰণৰ মুখ্য কাৰক হ'ল জলীয় বাষ্প আৰু কাৰ্বনডায়-অক্সাইড। আমাৰ ভূমণ্ডল আৰু জলমণ্ডলৰ লগত বায়ুমণ্ডলৰ এক গতিশীল স্থিতাৱস্থা টিকি আছে। জলীয় বাষ্প নিয়ন্ত্ৰিত হয় জলমণ্ডলৰ দ্বাৰা আৰু কাৰ্বনডায় অক্সাইডৰ মাত্ৰা নিয়ন্ত্ৰিত হয় পৃথিৱীৰ কিছুমান কাৰ্যৰ দ্বাৰা উদ্ভুত কাৰ্বন চক্ৰৰ দ্বাৰা।

বায়ুমণ্ডলৰ সাম্য অৱস্থাৰ লগত সৌৰ শক্তিৰ শোষণ আৰু ইয়াৰ বিকিৰণ জড়িত হৈ থাকে। সূৰ্যৰ পৰা অহা ৰশ্মি আমাৰ পৃথিৱীত পৰি তাৰ পৰা প্ৰতিফলিত হয়। কিন্তু আমাৰ বায়ুমণ্ডলত বৃদ্ধি পোৱা কিছুমান গেছ যেনে কাৰ্বন-ডায় অক্সাইড, মিথেন আদিয়ে সূৰ্যৰ ৰশ্মি পৃথিৱীৰ পৰা প্ৰতিফলিত হোৱাৰ পিছত ইয়াৰ অৱলোহিত অংশ শোষণ কৰি লয়। ইয়াৰ ফলতে পৃথিৱীৰ উষ্ণতা বৃদ্ধি পায়। এয়ে সেউজ গৃহ পৰিঘটনা।

জীৱাশ্ম ইন্ধন দহনৰ বৃদ্ধি আৰু বনাঞ্চল ধ্বংসৰ লগে লগে বায়ুমণ্ডলত কাৰ্বনডায় অক্সাইডৰ পৰিমাণ বৃদ্ধি পাইছে। ১৮৫০ চনৰ পৰা ইয়াৰ পৰিমাণ প্ৰায় ২৫ শতাংশ বাঢ়িছে। ঊনৈশ শতিকাৰ আগভাগৰ পৰা ১980 চনলৈ কাৰ্বনডায় অক্সাইডৰ পৰিমাণ ২৮০ পি. পি. এম. হৈছে গৈ। এইদৰে যদি বায়ুমণ্ডলত কাৰ্বন ডায় অক্সাইড বাঢ়ি গৈ থাকে, তেনেহ'লে ২০৫০ চনত ইয়াৰ পৰিমাণ ৬০০ পি. পি. এম. হ'বগৈ। পৰীক্ষাৰ পৰা পোৱা গৈছে যে বায়ুমণ্ডলত কাৰ্বন-ডায়-অক্সাইডৰ পৰিমাণ দুগুণ হ'লে পৃথিৱীৰ উষ্ণতা ১.৫° C ৰ পৰা ৫.৫° C লৈ বৃদ্ধি পাব।

মিথেন আৰু নাইট্ৰাছ অক্সাইডেও সেউজ গৃহ পৰিঘটনাত এক গুৰুত্বপূৰ্ণ ভূমিকা গ্ৰহণ কৰি আছে। খনিজ কাৰ্য, পৰিবহণ, কয়লা আৰু প্ৰাকৃতিক গেছৰ ব্যৱহাৰ, জৈৱ পদাৰ্থৰ দহন আদিৰ বৃদ্ধিৰ লগে লগে বায়ুমণ্ডলত মিথেন গেছ বৃদ্ধি পাইছে। বায়ুমণ্ডলত এই গেছ প্ৰতি বছৰে ১-১.৩ শতাংশ বৃদ্ধি পাই আছে। বননি, তৃণভূমি আৰু অন্যান্য জৈৱ পদাৰ্থৰ দহন, মাটি, আভ্যন্তৰীণ পানী, সাগৰ-মহাসাগৰ, নাইট্ৰ'জেনযুক্ত সাৰ আদিৰ যোগেদি বায়ুমণ্ডলত নাইট্ৰাছ অক্সাইডৰ পৰিমাণ বাঢ়ি আছে।

আৰু এক শ্ৰেণীৰ অন্যতম সেউজ গৃহ পদাৰ্থ হ'ল ক্ল'ৰোফ্লু'ৰ' কাৰ্বন। এই শ্ৰেণীৰ যৌগ শীত-তাপ নিয়ন্ত্ৰণ কাৰ্য, ৰিফ্রিজাৰেটৰ, ফ'ম আদিত ব্যৱহাৰ কৰা হয়। এইবোৰে বায়ুত প্ৰৱেশ কৰি পৃথিৱীৰ উষ্ণতা বৃদ্ধি কৰিছে। যদিও ক্ৰমানুসৰি কাৰ্বন-ডায়-অক্সাইড, মিথেন, নাইট্ৰাছ অক্সাইড আৰু ক্ল'ৰ'ফ্লু'ৰ' কাৰ্বনৰ তাপ শোষণ কৰিব পৰা ক্ষমতা বাঢ়ে, সেউজ গৃহ প্ৰভাৱৰ আধাখিনিয়েই কাৰ্বন-ডায় অক্সাইডৰ বাবেই সংঘটিত হৈছে।

সেউজ গৃহ পৰিঘটনাৰ বাবে আমাৰ পৃথিৱীত বহুতো ঋণাত্মক প্ৰভাৱ পৰিব পাৰে। এই ক্ষেত্ৰত জলবায়ুৰ বিশেষ পৰিৱৰ্তন হোৱাৰ আশংকাই অধিক। সম্ভাব্য পৰিৱৰ্তনসমূহ হ'ল—

(ক) ২০৩০ চনলৈ পৃথিৱীৰ উষ্ণতা ১.৫° Cৰ পৰা ৪.৫° C বৃদ্ধি পোৱাৰ সম্ভাৱনা আছে। গৰম আৰু শীত দুয়োটা কালতে উষ্ণতাৰ বৃদ্ধি হ'ব। ভাৰতৰ উত্তৰ অঞ্চলত ইয়াৰ প্ৰভাৱ বেছিকৈ হ'ব।

(খ) বৰষুণৰ মাত্ৰাৰ তাৰতম্য ঘটিব। গৰমকালি আমাৰ দেশৰ উত্তৰ আৰু দক্ষিণ অঞ্চলত বৰষুণৰ পৰিমাণ বেছি হ'ব। আনহাতে কৃষি প্ৰধান অঞ্চলত বৰষুণৰ পৰিমাণ কমি যাব।

(গ) পৃথিৱীত থকা বৰফৰ গলন বেছি হ'ব। ইয়ে সাগৰৰ পানীৰ উচ্চতা প্ৰায় ২০-১৪০ ছেঃ মিঃ বঢ়াই তুলিব। ইয়াৰ ফলত মালদ্বীপ, বাংলাদেশ, ভাৰত আদি দেশ ধুমুহা আৰু বানপানীৰ প্ৰবল আক্ৰমণৰ সন্মুখীন হ'ব।

(ঘ) দ অঞ্চলবোৰত সাগৰৰ নিমখীয়া পানী সতেজ পানীৰ লগত সোমাই পৰি খোৱা পানীৰ ভীষণ নাটনি হ'ব।

(ঙ) বিশ্বস্বাস্থ্য সংস্থাই জনোৱা মতে সেউজ গৃহ পৰিঘটনাৰ ফলত বিশ্বৰ কিছুমান অঞ্চলত মেলেৰিয়া আদি বেমাৰত বহুতো মানুহ আক্ৰান্ত হ'ব।

এইবোৰৰ উপৰিও পৃথিৱীত আন বহুতো কু-প্ৰভাৱ পৰিলক্ষিত হ'ব। উদাহৰণ স্বৰূপে কৃষিখণ্ড বেয়া ধৰণে ক্ষতিগ্ৰস্ত হ'ব। গম, মাকৈ আদি খেতিত জলীয় বাষ্পৰ নাটনি ঘটিব। মাটিৰ উৰ্বৰা শক্তি বঢ়াবলৈ বেছিকৈ ৰাসায়নিক সাৰ প্ৰয়োগ কৰিব লাগিব। কীট-পতঙ্গৰ বৃদ্ধি হ'ব আৰু এইবোৰে খেতি পথাৰৰ শস্য ধ্বংস কৰিব।

সেউজ গৃহ গেছসমূহৰ উৎপাদন কমাই আনিব পাৰিলে এই প্ৰভাৱৰ পৰা কিছু সকাহ পোৱাৰ আশা আছে। উদাহৰণস্বৰূপে বননি ধ্বংস ৰোধ কৰি বননিৰ আয়তন বৃদ্ধি কৰি, যান-বাহনৰ ইঞ্জিনৰ উন্নতি সাধনৰ জৰিয়তে কাৰ্বন-ডায় অক্সাইড নিয়ন্ত্ৰণ কৰি, ক্ল'ৰোফ্লু'ৰ' কাৰ্বন আদিৰ পৰিমাণ কমাই আনিব পাৰিলেহে সেউজ গৃহ পৰিঘটনাৰ কু-প্ৰভাৱ সমূহ নিয়ন্ত্ৰণ কৰিব পৰা যাব আৰু তেতিয়াহে মানুহকে ধৰি জীৱ-জগত, উদ্ভিদজগত সমন্বিতে সকলো বাৰ্তি থাকিব পাৰিব।

গোলকীয় উত্তাপ ৰোধ কৰিব পৰা কিছুমান উপায়ঃ

গোলকীয় উত্তাপ বৃদ্ধি কম কৰিবলৈ হ'লে আমি তলত দিয়া ব্যৱস্থাবোৰ হাতত লোৱা উচিত হ'বঃ

(i) ক্ল'ৰোফ্লু'ৰ' কাৰ্বন যুক্ত জীৱাশ্ম-ইন্ধনৰ ব্যৱহাৰ যিমান পাৰি কমাব লাগিব।

(ii) শক্তিৰ সুব্যৱহাৰ নিশ্চিত কৰিব লাগিব।

(iii) পুনৰ ব্যৱহাৰ কৰিব পৰা শক্তিৰ ব্যৱহাৰ প্ৰচলন কৰা উচিত হ'ব।

(iv) বিজুলী উৎপাদনৰ বাবে আণৱিক শক্তিৰ প্ৰয়োগ কৰিব লাগিব।

(v) কয়লাৰ ঠাইত প্ৰাকৃতিক গেছৰ ব্যৱহাৰ কৰা উচিত হ'ব।

(vi) মিথেন গেছ সংগ্ৰহ কৰি জ্বালানিৰূপে ব্যৱহাৰ কৰিব লাগিব।

(vii) কৃষি পদ্ধতি সলাই টিকি থকাত সহায় কৰা পদ্ধতি অৱলম্বন কৰিব লাগিব।

(viii) জনসংখ্যা বৃদ্ধি ৰোধ কৰিব লাগিব।

(ix) ধোৱাৰ পৰা কাৰ্বন-ডায় অক্সাইড আঁতৰ কৰাৰ বৈজ্ঞানিক পদ্ধতিৰ আশ্ৰয় ল'ব লাগিব।

(x) বনানীকৰণ পদ্ধতি বাধ্যতামূলক কৰি অধিক গছ-গছনি ৰুব লাগিব।

পৰিৱেশ নীতি ঃ সমস্যা আৰু সম্ভাব্য সমাধান
(Environmental ethics : Issues and possible solutions)

আমাৰ নীতিগত বিষয়সমূহ নৈতিক কৰ্তব্য আৰু দায়িত্বশীলতাৰ লগত জৰিত। এইবোৰে কিছুমান প্ৰমূল্যবোধ প্ৰদান কৰে। ইয়াৰ সহায়ত কোনো চৰিত্ৰ বা ব্যৱহাৰৰ যুক্তিযুক্ততাৰ বিবেচনা কৰা হয়। এনে ধৰণৰ মৌলিক নীতি সাৰোগত কৰি কল্যাণকামী

গোটৰ সদস্যসমূহে তেওঁলোকৰ কৰ্মক্ষেত্ৰত অগ্ৰসৰ হয় আৰু সিদ্ধান্ত গ্ৰহণ কৰে। মানুহৰ জীৱন তথা জনকল্যাণ, দায়বদ্ধতা আৰু উপযুক্ততাৰ সততা, সৰলতা, সমতা, বিশ্বাসযোগ্যতা, ভক্তি আৰু নিৰাপত্তাৰ ওপৰত ভিত্তি কৰিয়ে নীতিগত মূল্যবোধ সমূহৰ সৃষ্টি তথা সংযোজন হয়। জটিল সমস্যা সমাধানৰ ক্ষেত্ৰত নীতিগত প্ৰমূল্যৰ বিকল্প পোৱাটো অতি কঠিন হয়। নীতিশাস্ত্ৰত মাৰ্জিত চলন-ফুৰণৰ লগত কিছুমান মৌলিক মূল্যবোধ জৰিত কৰা হয়, যিবোৰৰ প্ৰচলনে আন আন দিশবোৰৰ লগতে পৰিৱেশ সংৰক্ষণতো যথেষ্ট গুৰুত্ব লাভ কৰে। পুৰণি যুগত মানুহে সমাজৰ ক্ষতি কৰিব পৰা কামৰ পৰা আঁতৰত আছিল আৰু সেইবোৰেই এদিন নীতি-নিয়মত পৰিণত হৈছে। এনেধৰণৰ কিছুমান নীতিগত মূল্যবোধ সমূহৰ ওপৰত বেছিকৈ গুৰুত্ব প্ৰদান কৰা হৈছে সেইবাবে সমাজৰ শক্তি বঢ়াই পৰিৱেশ উন্নয়নৰ বাবে প্ৰযোজ্য হোৱা নীতি প্ৰতিষ্ঠিত হৈছে।

এজন ব্যক্তিয়ে অতি কঠোৰ নীতি অৱলম্বন কৰি সমাজত প্ৰভাৱ খটুৱাটো সহজ নহয়। কিন্তু এনে ধৰণৰ বহুতো ব্যক্তি লগহৈ গোট হিচাবে কাম কৰিবলৈ সমাজে এদিনাখন তেওঁলোকৰ আহ্বানৰ প্ৰতি সহাৰি জনায়। আমাৰ দেশৰে বিভিন্ন সংগঠনে এনেদৰে পৰিৱেশ সংৰক্ষণত জৰিত থাকি সমাজৰ উপকাৰ সাধি আছে। এনে ধৰণৰ কৰ্ম অভিযানে পৰিৱেশ সংৰক্ষণত ৰাইজৰ অংশগ্ৰহণও সহজসাধ্য কৰি তুলিছে। পেশাদাৰী সংস্থাৰ সদস্যই পৰিস্থিতিতন্ত্ৰত, আন্তঃনিৰ্ভৰশীলতা, বিভিন্ন সংৰক্ষণ, সম্পদ আহৰণ আৰু আন্তঃ বুজাবুজিৰ নীতিৰ বিষয়ে সজাগ হ'ব লাগিব যাতে আমাৰ ভৱিষ্যতৰ জীৱনধাৰা সুষমভাৱে বৰ্তি থাকিব পাৰে। তেওঁ মানুহৰ সুৰক্ষা, স্বাস্থ্য আদি জনকল্যাণৰ বিষয়ে সচেতন হোৱাৰ লগতে পৰিৱেশ সংৰক্ষণৰ কৰ্ম ক্ষেত্ৰৰ উন্নয়নতো জৰিত হ'ব লাগিব।

অম্লবৃষ্টি (Acid Rain)

উদ্যোগ কেন্দ্ৰত আৰু জীৱাশ্ম-ইন্ধন ব্যৱহাৰৰ ফলত নিৰ্গত হোৱা গন্ধক (sulfer) আৰু নাইট্ৰোজেনৰ অক্সাইডবোৰে কিছুমান গেছ তৈয়াৰ কৰে। এই গেছ অম্লত্বৰ কাৰণ। অম্লযুক্ত গেছ বহুত দিনলৈ আকাশত উৰি ফুৰে আৰু বহুহাজাৰ কিলোমিটাৰ দূৰলৈ বিয়পি যায়। এনেকুৱা গেছে মূৰকত চালফিউৰিক আৰু নাইট্ৰিক এচিদ তৈয়াৰ কৰে। প্ৰকৃততে এই এচিদে অম্লবৃষ্টিৰ কাৰণ।

বৰষুণৰ পানীত অম্লত্ব সংগঠিত হয়, যেতিয়া তাৰ আপেক্ষিক অম্লত্ব বা খাৰুৱা ভাবৰ মান ৫.৬ৰ তললৈ যায় এই কথাটোকে চমুকৈ pH মান বুলি কোৱা হয়। এই মান সাধাৰণতে ০-১৪ লৈ সলনি হয় আৰু ৭ত সমানতা ৰক্ষা কৰে। ৭তকৈ কম হলে হয় অম্লত্ব আৰু ৭তকৈ বেছি হ'লে হয় খাৰুৱা। স্বাভাৱিক বৰষুণৰ পানীৰ pH মান ৫.৬ (২০ ডিগ্ৰী চেন্টিগ্ৰেড উষ্ণতাত)।

নিউইয়ৰ্কৰ আদ্ৰিৰোণ্ডক হ্ৰদত অম্লবৃষ্টি হয়। অম্লবৃষ্টিত চালফিউৰিক এচিড, নাইট্ৰিক এচিদ আৰু হাইড্ৰক্লোৰিক এচিড মিহলি হৈ থাকে। বৰষুণৰ টোপালৰ লগত এচিদ নামি আহে। সাধাৰণতে অম্লবৃষ্টিত চাউফিউৰিক এচিডৰ মাত্ৰাই সৰ্বাধিক ;তাৰ পাছতে নাইট্ৰিক এচিড। আন কিছুমান এচিদৰ অস্তিত্বও অম্লবৃষ্টিৰ লগত পোৱা যায়। কিন্তু নগৰ অঞ্চলত কেলচিয়াম, মেগনেচিয়াম আৰু ক্ৰমোনিয়ামৰ উপস্থিতিত অম্লবৃষ্টিৰ pH মান কমে। সেয়ে নগৰ অঞ্চলত অম্লবৃষ্টি কম হয়।

বৰষুণৰ অভাৱত শুকান এচিড অৰ্থাৎ অম্লতা শস্য, পানীত থকা বস্তু, মাটী আদিত জমা হয়। জলীয় বাষ্প থকা অঞ্চলত এনেকুৱা বস্তু গলি অম্লবৃষ্টিৰ কাৰক হয়। কিন্তু সেই জলীয় বাষ্পৰ লগত এনে কিছুমান বস্তু থাকে (বিশেষকৈ অক্সিজেন মিহলি যুক্ত পদাৰ্থ যাক ইংৰাজীত অক্সিডাইজাৰ বুলি কোৱা হয়) যিয়ে অম্লবৃষ্টিৰ দৰে প্ৰভাব আনে। একে ধৰণৰ অৱস্থা মেঘৰ মাজতো সৃষ্টি হয়। এনেকুৱা পৰিবৰ্ত্তনৰ ফলত বৰষুণত pH মান কমি যায় আৰু অম্লবৃষ্টিৰ কাৰক হয়। এটা হিচাপ মতে পূব আমেৰিকাত ১৯৭৯ চনৰ এপ্ৰিল মাহৰ পৰা ১৯৮০ চনৰ মাৰ্চ মাহৰ ভিতৰত এনেকুৱা কাৰণতে বৰষুণৰ pH মান ৭ তকৈ কম হৈছিল। আমাৰ ভাৰতবৰ্ষত অম্লবৃষ্টি হোৱা ৰেকৰ্ড হ'ল এনেকুৱা ঃ

ঠাইৰ নাম	বৰষুণত pH মান
(ক) কোডাইকানাল	৫.১৮
(খ) মিনিকম	৫.৫২
(গ) মোহনবাৰী	৫.৫০

অম্লবৃষ্টিৰ প্ৰভাব ঃ

অম্লবৃষ্টিয়ে নানা প্ৰকাৰৰ অন্যায় সাধন কৰে, যেতিয়া তাৰ pH মান ৫.১১ৰ তললৈ যায়। জলচৰ প্ৰাণী আৰু উদ্ভিদৰ ওপৰত pH মান ৫.৫১ পৰাই কুফল পৰিলক্ষিত হয়। মুঠতে অম্লবৃষ্টিৰ প্ৰভাৱত সংঘটিত হোৱা অন্যায়বোৰ হ'ল এনেধৰণৰ ঃ

১। ই মাৰ্বলেৰে সজা ঘৰ-দুৱাৰৰ অন্যায় সাধে। আগ্ৰাৰ তাজমহলত এনে প্ৰভাব ইতিমধ্যে পৰিলক্ষিত হৈছে।

২। ই কিছুমান শিলৰ মূৰ্ত্তি নষ্ট কৰে। গ্ৰীচ আৰু ইটালীত কিছুমান অমূল্য শিলৰ মূৰ্ত্তি অম্লবৃষ্টিৰ দ্বাৰা ইতিমধ্যে বিনষ্ট হৈছে।

৩। ই ধাতুৰে নিৰ্মিত বস্তুত বিশেষকৈ মটৰ গাড়ী আদিৰ ওপৰত থকা উজ্জ্বলতা নোহোৱা কৰে।

৪। জলচৰ প্ৰাণীৰ বিশেষকৈ মাছৰ ই বৰ অন্যায় কৰে। অম্লবৃষ্টিৰ প্ৰভাবত পৰ্ব্বত পাহাৰ শিলৰ সৈতে মিহলি হৈ থকা এলুমিনিয়াম, পাৰা, মেগানিজ, দস্তা আৰু সীহৰ দৰে ধাতব পদাৰ্থ বিচ্যুত হৈ জলচৰ প্ৰাণীৰ অন্যায় সাধন কৰে।

৫। মাছকে ধৰি আন কিছুমান জলচৰ প্ৰাণীৰ প্ৰজনন ক্ষমতা নোহোৱা হয়।

৬। চুইডেন, নৰ'ৱে আৰু কানাডাৰ বহুতো হ্ৰদত ইতিমধ্যে অম্লবৃষ্টিয়ে মাছ নোহোৱা কৰিছে।

৭। ই গছ-গছনিৰ শ্ৰীবৃদ্ধিত বাধা প্ৰদান কৰে। তদুপৰি গছবোৰ দুৰ্বল কৰি পোক-পৰুৱাৰ আক্ৰমণৰ বলি কৰে। কানাডাত ইয়াক নজৰ কৰা হৈছে।

অম্লবৃষ্টিৰ নিয়ন্ত্ৰণ ঃ

১। পৰিৱেশ নিয়ন্ত্ৰণ পদ্ধতি প্ৰয়োগ কৰি উদ্যোগ আৰু শক্তি কেন্দ্ৰবোৰে চালফাৰ-ডায়-অক্সাইড (SO_2) আৰু নাইট্ৰ'জেন-ডায়অক্সাইড (NO_2) নিঃসৰণ নিয়ন্ত্ৰণ কৰিব লাগিব।

২। মাটী আৰু পুখুৰী বা হ্ৰদত চুণ ছটিয়াই অম্লবৃষ্টিৰ কু-প্ৰভাব বহু পৰিমাণে কমাব পাৰি।

৩। খোৱা পানী যোৱা নলীবোৰত পলিমাৰ জাতীয় তৰপ এটি দি অম্লবৃষ্টিৰ প্ৰভাব নিয়ন্ত্ৰণ কৰিব পাৰি।

অ'জ'ন স্তৰৰ অৱক্ষয় (Ozone layer Depletion) :

বিগত চাৰিশ পঞ্চাছ নিযুত বছৰ ধৰি পৃথিৱীৰ বায়ুমণ্ডলৰ ষ্ট্ৰেট'স্ফেয়াৰৰ ওপৰৰ অংশত এখন প্ৰাকৃতিক ঢাকনি আছে। এই ঢাকনিখনেই হ'ল অ'জ'ন স্তৰৰ ঢাকনি। ই সূৰ্য্যৰ পৰা অহা অনিষ্টকাৰী অতিবেগুনী ৰশ্মিসমূহ প্ৰতিহত কৰি পৃথিৱীৰ জীৱ জগতক ৰক্ষা কৰি আহিছে।

অ'জ'ন অণু গঠিত হয় অক্সিজেনৰ তিনিটা পৰমাণুৰে। ষ্ট্ৰেট'স্ফেয়াৰত অ'জ'ন অবিৰত ভাবে গঠিত হৈ আছে কিছুমান অতি বেগুনী চুটী তৰঙ্গ দৈৰ্ঘ্যৰ ৰশ্মিৰ প্ৰভাবত। সাধাৰণতে ২৪২ নেনো মিটাৰ দৈৰ্ঘ্যৰ অতি বেগুনী ৰশ্মিৰ প্ৰভাৱত অক্সিজেন অণু পৰমাণুলৈ পৰিবৰ্তিত হয়।

$O_2 + hv \rightarrow o + o$, hv ৰে অতিবেগুনী ৰশ্মি বুজোৱা হৈছে।

ইপিনে অক্সিজেনৰ পৰমাণু পুনৰায় অক্সিজেন অণুৰ লগত এক বিশেষ শক্তিৰ প্ৰভাৱত অ'জ'নলৈ পৰিবৰ্তিত হয়—

$O + O_2 + M \rightarrow O_3 + M$

(M হ'ল ৰাসায়নিক বিক্ৰিয়াত সৃষ্টি হোৱা শক্তি কঢ়িয়াই নিয়া তৃতীয় বস্তু)।

এইদৰে গঠিত হোৱা অ'জ'ন ষ্ট্ৰেট'স্ফেয়াৰত বিয়পি পৰে আৰু অনিষ্টকাৰী অতিবেগুনী বিকীৰণ শুহি লয়। লগতে ই পুনৰায় অক্সিজেন অনুলৈ পৰিবৰ্তিত হয়।

$O_3 + hv \rightarrow O_2 + O$

অতি বেগুনী ৰশ্মি শুহি লোৱা কাৰ্য্যই ষ্ট্ৰেট'স্ফেয়াৰ গৰম কৰি তোলে। প্ৰকৃততে ওপৰত উল্লেখ কৰা বিক্ৰিয়াৰ ফলত

অ'জ'নৰ ভাৰসাম্য ৰক্ষিত হৈ থাকে। বায়ুমণ্ডলৰ ২৪ কিলোমিটাৰ মান উচ্চতাত এই অ'জ'ন গেছৰ আৱৰনটো আছে। এই স্তৰটো বিষুব ৰেখাৰ পৰা মেৰুলৈকে বিয়পি আছে যদিও, ই সকলো অঞ্চলতে সমানে ডাঠ নহয়। বায়ুমণ্ডলত অ'জ'ন গেছৰ পৰিমাণ প্ৰায় দুইশ কোটি টন। মন কৰিবলগীয়া কথা যে কিছুমান বৈদ্যুতিক প্ৰক্ৰিয়াৰ ফলতো অ'জ'ন গেছ সৃষ্টি হয়। কিন্তু এইদৰে সৃষ্টি হোৱা অ'জ'ন পাৰমাণৱিক অক্সিজেনৰ লগত বিক্ৰিয়া কৰি আৰু অতিবেগুনী ৰশ্মিৰ প্ৰভাৱত ধ্বংস প্ৰাপ্ত হয়।

বায়ুমণ্ডলৰ অ'জ'নৰ পৰিমাণ জোখা হয় ডবচন স্পেক্‌ট্ৰ'-মিটাৰেৰে আৰু তাক প্ৰকাশ কৰা হয় ডবচন একক বুলি। সাধাৰণতে উষ্ম অক্ষাংশৰ ওপৰত অ'জ'ন গেছৰ গাঢ়তা প্ৰায় ৩৫০ একক আৰু ক্ৰান্তীয় অঞ্চলত ২৫০ একক। কিন্তু মেৰু অঞ্চলত ইয়াৰ গাঢ়তা সৰ্বাধিক, গড় হিচাপত ৪৫০ একক। ইয়াৰ কাৰণ হ'ল বায়ুমণ্ডলৰ বতাহে অ'জ'ন গেছ বিষুব অঞ্চলৰ পৰা মেৰু অঞ্চললৈ কঢ়িয়াই নিয়ে।

অ'জ'ন স্তৰ পাতল হোৱা অৱস্থা আৰু তাৰ কাৰণ ঃ ১৯৫৭ চনত দক্ষিণ মেৰু জৰীপ কৰা কাৰ্য্যত ব্যস্ত বিজ্ঞানী ড° জে, চি, ফৰমান আৰু তেওঁৰ লগৰীয়াসকলে সেই অঞ্চলত অ'জ'ন স্তৰৰ বিন্ধা হোৱা বুলি অনুমান কৰে। তাত তেওঁলোকে প্ৰতি বছৰে চেপ্তেম্বৰৰ পৰা নবেম্বৰ মাহলৈ অ'জ'ন কমি যোৱা অৱস্থা এটা লক্ষ্য কৰে। অ'জ'নৰ হ্ৰাস প্ৰাপ্তি ক্ষিপ্ৰহাৰত হৈছে ১৯৭০ চনৰ মাজভাগৰ পৰা। ১৯৯৩ চনৰ অক্টোবৰ মাহত অ'জ'নৰ গাঢ়তা কমি ৯০ এককত ৰয়গৈ। প্ৰকৃততে আন এক আন্তৰ্জাতিক সংগঠনৰ ঘোষণা মতে অ'জ'নৰ গাঢ়তা ভালেখিনি কমে ১৯৭৮ চনৰ পৰা। তেওঁলোকৰ মতে বিভিন্ন ক্ৰিয়া প্ৰক্ৰিয়াৰ প্ৰভাৱত আমাৰ বায়ুমণ্ডলৰ অ'জ'ন স্তৰটোৰ অৱক্ষয় আৰম্ভ হৈছে আৰু মুৰকত তাত বিন্ধাৰ সৃষ্টি হৈছে।

১৯৮৫ চনত বৃটিছ বিজ্ঞানী এদলে আৰু আমেৰিকা মহাকাশ অধ্যয়নৰ প্ৰতিষ্ঠান নাছাই অ'জ'ন স্তৰৰ এই বিন্ধাটো প্ৰত্যক্ষ কৰে। বিভিন্ন তথ্যৰ আধাৰত কোৱা হৈছে যে ১৯৭৫ চনৰ পৰাই অ'জ'ন স্তৰৰ বিন্ধাৰ সৃষ্টি হৈছে। উত্তৰ মেৰু অঞ্চলতো আন এটা সৰু বিন্ধা নাছাই লক্ষ্য কৰিছিল ১৯৮৬ চনত। নাছাৰ মতে সেই সময়ত উত্তৰ মেৰুত অ'জ'নৰ পৰিমাণ শতকৰা ৩ ভাগ কমিছিল আৰু ১৯৯৪ চনত ইয়াৰ পৰিৰমান শতকৰা ৪ ভাগ কমিবলৈ লয়। অ'জ'ন গেছ ১ শতাংশ কমিলে ছালৰ কেন্সাৰ বাঢ়ে ৬ শতাংশ।

১৯৮৭ চনত মন্ট্ৰিল চহৰত ৩৪ খন দেশৰ আন্তৰ্জাতিক সন্মিলন এখন বহে। তাত স্থিৰ কৰা হয় যে ষ্ট্ৰেট'স্ফেয়াৰত অ'জ'ন কমাৰ অন্যতম কাৰণ হ'ল ক্ল'ৰো'-কাৰ্বনৰ (চমুকৈ চি.এফ.চি) ব্যৱহাৰ। চি.এফ.চিৰ অস্তিত্ব আবিস্কাৰ কৰে থমাচ মিজলে (Thomas Midgley Jr) নামৰ বিজ্ঞানীজনাই ১৯৩০ চনত। চি, এফ, চি সাধাৰণতে ব্যৱহাৰ কৰা হয় শীতলীকৰণ ব্যৱস্থা থকা যন্ত্ৰপাতিত। যেনে— ৰিফ্ৰেজিৰেটৰ, বায়ু শীতলকৰণ আৰু আকাশীজানত ইয়াৰ উপৰিও চি. এফ. চি ব্যৱহাৰ কৰা হয় পৰিস্কাৰ কৰা বা অৰ্নুবৰতা অনা দ্ৰৱক হিচাপে। এইদৰে ব্যৱহৃত চি.এফ.চি মুক্ত হৈ ষ্ট্ৰেট'স্ফেয়াৰৰ একাংশ ট্ৰ'প' স্ফেয়াৰত জমা হয়গৈ আৰু প্ৰায় ৬৫—১১০ বছৰলৈ তিষ্ঠি থাকি অ'জ'ন অণু নষ্ট কৰি থাকে। এইবাবে ১৯৮৭ চনত বহা মন্ট্ৰিল সন্মিলনে চি. এফ. চিৰ ব্যৱহাৰ কুৰি শতিকাৰ শেষলৈ ৫০ শতাংশ কমোৱাৰ সিদ্ধান্ত লয়। কিন্তু অধ্যয়ন কৰি জনা গৈছে যে এনে ব্যৱহাৰ ৮৫ শতাংশ কমালেহে বায়ুমণ্ডলত ইয়াৰ পৰিমাণ প্ৰয়োজনীয় হাৰত কমি যাব। ১৯৯০ চনত লণ্ডনত বহা আন এক সন্মিলনে চি.এফ.চিৰ ব্যৱহাৰ একেবাৰে নোহোৱা কৰিবৰ সিদ্ধান্ত লয়।

মন কৰিবলগীয়া কথা যে অতি শাব্দিক আকাশীজানৰ উৰণত, জীৱাশ্ম ইন্ধন পুৰাৰ সময়ত আৰু নাইট্ৰ'জেন মুক্ত সাৰ প্ৰয়োগৰ দ্বাৰাও অ'জ'ন অণুৰ ভাঙন সংঘটিত হয়। সেইদৰে চি.এফ.চিৰ পৰা মুক্ত হোৱা ক্ল'ৰিণৰ দ্বাৰা অ'জ'ন অণু ভাঙে। এইদৰে অ'জ'ন অনুৰ ভাঙনে অ'জ'নৰ গাঢ়তা কমাবলৈ লয়। মেৰু অঞ্চলত চেপ্তেম্বৰ-অক্টোবৰ মাহত বৰফ-কণাৰ অনুঘটকীয় প্ৰভাৱৰ দ্বাৰা অ'জ'ন বিন্ধাৰ পৰিসৰ সৰ্বোচ্চ হয়।

মেৰু অঞ্চলত সূৰ্য্যৰ পোহৰ কমকৈ পৰে। সেই অঞ্চলত জন বসতিও অতি পাতল। সেয়ে অ'জ'ন বিন্ধাই প্ৰথমতে মানুহৰ ওপৰত বিশেষ প্ৰভাৱ পেলোৱা নাছিল। কিন্তু অনুক্ৰমে মেৰু অঞ্চলৰ উপৰিও বাকী অঞ্চলতো অ'জ'নৰ পৰিমাণ কমিবলৈ লোৱাত মানুহৰ ওপৰত বেয়া ধৰণৰ কু প্ৰভাৱ পৰিছে।

অ'জ'ন অবক্ষয়ৰ ফলাফল ঃ (১) ও'জ'ন অবক্ষয়ৰ ফলত ষ্ট্ৰেট'স্ফেয়াৰত ও'জ'ন কমে আৰু তাৰ ফলত অতি বেগুনী ৰশ্মি সহজে আহি পৃথিৱী পায়হি। ইয়াৰ ফলত ডি এন এ (DNA) আৰু পোহৰ সংশ্লেষিত ৰাসায়নিক দ্ৰৱসমূহ বেয়াকৈ ক্ষতিগ্ৰস্ত হয়। মানৱদেহত ডি এন এৰ পৰিবৰ্তনে কেন্সাৰ সৃষ্টি কৰে। অতি বেগুনী ৰশ্মিয়ে ছালৰ কেন্সাৰ সৃষ্টি কৰে।

(২) অতিবেগুনী ৰশ্মিৰ প্ৰভাৱত চকুৰ পৰ্দা আদিৰ ক্ষতি হয়। আনকি ই কেটেৰেক সৃষ্টি কৰাটো সহায়ক হয়।

(৩) অতিবেগুনী ৰশ্মিয়ে মানৱ দেহত মেলানিন প্ৰস্তুত কৰা কোষ সমূহ ধ্বংস কৰে, যাৰ বাবে দেহৰ স্বাভাৱিক শক্তিবোধক ক্ষমতা কমে।

(৪) পানীত থকা ক্ষুদ্ৰাতি ক্ষুদ্ৰ অণুজীৱবোৰ (ফাইটোপাঙ্কটনৰ দৰে) অতিবেগুনী ৰশ্মিৰ দ্বাৰা ক্ষতিগ্ৰস্ত হয়। অ'জ'ন কমাৰ ফলত মাছ আৰু অন্যান্য জলচৰ জীৱ-জন্তুৰ সংখ্যা কমিবলৈ ধৰে। কাৰণ অতিবেগুনী ৰশ্মিৰ প্ৰভাৱত জল স্তৰীয় খাদ্য-শৃংখল বিনষ্ট হয়।

(৫) অ'জ'ন কমাৰ ফলত ধান-মাহ-গম, চয়াবীন, বীন, মটৰ আদি শস্যবোৰৰ উৎপাদন কমিবলৈ লয়।

(৬) অতিবেগুনী ৰশ্মিৰ প্ৰভাৱত মাৰ্বল, প্লাষ্টিক আৰু কিছুমান ৰঙৰ অবক্ষয় আৰম্ভ হয়।

নিউক্লিয় দুৰ্ঘটনা আৰু ধ্বংসলীলা (Nuclear accident and Holocaust) :

পঞ্চাছ দশকৰ মাজভাগৰ পৰা পাৰমাণৱিক শক্তিক জনকল্যাণাৰ্থে প্ৰয়োগ কৰাৰ চিন্তাচৰ্চা আৰম্ভ হয়। বিশেষকৈ উদ্যোগ বিকাশৰ বাবে ইয়াৰ প্ৰয়োগ আৰম্ভ হয় দুটা কাৰণত— প্ৰথমতে ই হয় কমখৰছী আৰু দ্বিতীয়তে তুলনামূলকভাবে নিৰ্ভৰযোগ্য। কিন্তু এইদৰে ব্যৱহাৰ আৰম্ভ কৰোতে পাৰমাণৱিক ৰিয়েক্টৰৰ দুৰ্ঘটনাৰ বিষয়ে ভবা হোৱা নাছিল। ১৯৮৬ চনৰ ২৮ এপ্ৰিলত সংঘটিত হোৱা চাৰ্নবিল দুৰ্ঘটনাই (চাৰ্নবিল সেইসময়ত চোভিয়েট ৰাচিয়াৰ অন্তৰ্ভূক্ত আছিল; বৰ্তমান ইউক্ৰেনৰ অংশ) পাৰমাণৱিক শক্তিৰ ব্যৱহাৰৰ ভয়াবহতাৰ বিষয়ে বিশ্ববাসীক সচেতন কৰি তুলিছে।

পাৰমাণৱিক শক্তিৰ প্ৰয়োগ প্ৰথমতে উন্নত আৰু তাৰ পাছত উন্নয়নশীল দেশবোৰে আৰম্ভ কৰে। আন্তঃৰাষ্ট্ৰীয় পৰমাণু শক্তি সংস্থাৰ মতে পৃথিৱীত স্থাপিত পাৰমাণৱিক শক্তি গৰ্ভ উদ্যোগৰ প্ৰায় সাত শতাংশ উন্নয়নশীল দেশসমূহত আছে। ইতিমধ্যে কেইবাখনো উন্নয়নশীল দেশে পাৰমাণৱিক শক্তি উদ্যোগ কাৰ্য ব্যৱহাৰ কৰিছে আৰু আন কিছুমানে ইয়াক ব্যৱহাৰ কৰিবলৈ আগ বাঢ়িছে। কোৱা হৈছে যে ১৯৮৯ চনৰ পৰা ২০০৫ চনৰ ভিতৰত প্ৰতি বছৰে ২.৮ পৰা ৩.৯ শতাংশ হাৰত পাৰমাণৱিক শক্তিৰ উৎপাদন বাঢ়িছে।

পাৰমাণৱিক শক্তিৰ ভয়াবহতা সম্বন্ধে বিশ্বই প্ৰথমতে অবগত হয় দ্বিতীয় বিশ্বযুদ্ধৰ সময়ত। ১৯৪৫ চনৰ আগষ্ট মাহত আমেৰিকা যুক্তৰাষ্ট্ৰই জাপানৰ হিৰোচিমা আৰু নাগাচাকিত দুটা পাৰমাণৱিক বোমা পেলায়। ইয়াৰ দ্বাৰা যি এক অবৰ্ণনীয় ক্ষতি হৈছিল আৰু এতিয়াও যি কু প্ৰভাৱ চলি আছে তাক আমি সকলোৱে জানোঁ। সেয়ে পাৰমাণৱিক বোমা নিৰ্মাণ কৰা কাৰ্য্যক সীমিত কৰিবলৈ আৰু ইতিমধ্যে তৈয়াৰ কৰা বোমা বোৰ নষ্ট কৰিবলৈ আন্তঃৰাষ্ট্ৰীয় শক্তি সংস্থাই পৰামৰ্শ দি আছে। পাৰমাণৱিক বোমাৰ বিস্ফোৰণত হাবি-বন, জীৱ-জন্তু, ঘৰ-দুৱাৰ, প্লাষ্টিক পেট্ৰোলিয়াম আদি সকলো বস্তু জ্বলি পুৰি ছাৰখাৰ হব। বৃহৎ সংখ্যক হাৰত ক'লা ধোৱা ওলাই ষ্ট্ৰেট'স্ফেয়াৰত জমা হব আৰু ই সূৰ্য্যৰ কিৰণ পৃথিৱীত প্ৰবেশ কৰাত বাধা প্ৰদান কৰিব। ইয়াৰ ফলত পৃথিৱীত নামি আহিব শীত আৰু শীত। এনেকুৱা শীতল অৱস্থাত পানীৰ বাস্পীভৱন বন্ধ হব আৰু অবলোহিত ৰশ্মিয়ে জলীয় বাষ্প বন্ধ হব। ইও পৃথিৱী শীতল হোৱাত সহায় কৰিব। এনেকুৱা শীতল অৱস্থাক পাৰমাণৱিক শীতকাল বোলা হয়, যাৰ প্ৰভাৱত পৃথিৱীত নামি আহিব এক দুৰ্বহ, অনুৰ্বৰ শীতে ঢকা অৱস্থা।

পাৰমাণৱিক শক্তি প্ৰয়োগত আন কিছুমান ক্ষতিৰ সম্ভাৱনাও আছে। উদাহৰণত ঃ এনে শক্তিৰে চলোৱা উদ্যোগ সমূহলৈ কেঁচা সামগ্ৰীৰ আমদানি (শক্তি উৎপন্নৰ বাবে) আৰু উদ্যোগৰ পৰা নিৰ্গত বৰ্জিত পদাৰ্থবোৰ আতঁৰ কৰাৰ ক্ষেত্ৰত প্ৰয়োজনীয় বিজ্ঞান সন্মত সাৱধানতা অবলম্বন নকৰিলে ভয়ঙ্কৰ ধ্বংসলীলা হোৱাৰ আশংকা আছে। তদুপৰি এই উদ্যোগবোৰৰ পৰা ওলোৱা কিছুমান অপজাত পদাৰ্থই মানুহকে ধৰি আন জীৱজন্তু আৰু পৰিৱেশ বিনষ্ট কৰিব পাৰে। মুঠতে দেখা যায় পাৰমাণৱিক শক্তিৰ উৎপাদন কম খৰছী হলেও ইয়াৰ পৰা হব পৰা অন্যায় অতি মাৰাত্মক।

ঘটনা অধ্যয়ন ঃ চাৰ্নবিল দুৰ্ঘটনা

১৯৮৬ চনৰ ২৮ এপ্ৰিল তাৰিখে ৰাতি ৭ বজাত চাৰ্নবিল পৰামাণৱিক কাৰখানাত পাৰমাণৱিক বিক্ৰিয়া চলি থাকোতে হঠাতে ৰিয়েক্টৰত বিস্ফোৰণ ঘটে। ইয়াৰ ফলত তেজষ্ক্ৰিয় পদাৰ্থ বহু দূৰলৈ সিচঁৰিত হৈ পৰে আৰু ক'লা ধোঁৱাৰে আকাশ ছানি ধৰে। প্ৰায় এসপ্তাহ ধৰি ইউৰোপৰ বিভিন্ন অংশৰ আকাশত এনে ক'লা ধোঁৱা দেখা গৈছিল। দুৰ্ঘটনাটোত অতি কমেও দুই হেজাৰ মানুহৰ মৃত্যু হৈছিল আৰু চাৰ্নবিল অঞ্চলৰ প্ৰায় ৬০ বৰ্গকিলোমিটাৰ এলেকাৰ মাটী, পানী আৰু উদ্ভিদ আদিৰ ভীষণ ক্ষতি সাধন হৈছিল। সেই অঞ্চলত কৃষি পথাৰকে ধৰি সকলোতে তেজষ্ক্ৰিয় পদাৰ্থৰ উপস্থিতি পৰিলক্ষিত হৈছিল। খেতি পথাৰত তেজষ্ক্ৰিয় পদাৰ্থৰ কু প্ৰভাবে খেতি-বাতি হোৱাত বাধা প্ৰদান কৰে। অনুমান কৰা হৈছে চাৰ্নবিল অঞ্চলৰ মানুহ হয়তো আশু ভৱিষ্যতে কেন্সাৰৰ দ্বাৰা আক্ৰান্ত হব।

দ্বিতীয় বিশ্বযুদ্ধত জাপানৰ অৱস্থা ঃ

১৯৪৫ চনত জাপানৰ হিৰোচিমা আৰু নাগাচাকিত আমেৰিকাই দুটা পাৰমাণৱিক বোমা পেলায়। লগে লগে নগৰ দুখনত জ্বলি উঠিল এক ভয়ানক অগ্নিকাণ্ড। একলাখ মানুহৰ থিতাতে মৃত্যু হ'ল আৰু নগৰ দুখন জ্বলি গৈ বিধস্ত হ'ল। বোমাৰ বিস্ফোৰণত নিৰ্গত হৈছিল নিউট্ৰ'ন আৰু গামা ৰশ্মিৰ বিকীৰণ। বিস্ফোৰণৰ শক্তি আছিল ১২ কিলোটন টি.এন.টি (TNT trinitrotoluene) পৰিমাণৰ। বিস্ফোৰণত ওলোৱা তেজষ্ক্ৰিয় পদাৰ্থ কিছুমানে মানুহৰ হাড়বোৰ ক্ষণভঙ্গুৰ কৰি তুলিছিল, ছালবোৰত কেন্সাৰ সৃষ্টি কৰিছিল। আচৰিত কথা যে এতিয়াও প্ৰায় ৬০ বছৰ পাছতো এই বিস্ফোৰণৰ কু-ফল নগৰ দুখনত সংঘটিত হৈ আছে।

বৰ্জিত ভূমিৰ পুনৰব্যৱহাৰ (Wasteland Reclamation) :

পাৰিবেশিক কাৰণত কোনো এডৰা মাটি অৰ্থনৈতিকভাবে ব্যৱহাৰৰ অনুপযোগী হৈ পৰিলে তাক বৰ্জিত ভূমি (Wasteland) **বুলি কোৱা হয়।** এনে মাটিত সাধাৰণতে গছ-গছনি, তৰু-তৃণ আদি একো নাথাকে। নিমখীয়া মাটি, বালি থকা মাটি, পিটনি, অনুৰ্বৰ পাহাৰৰ হেলনীয়া অংশ আদি বৰ্জিত ভূমিৰ ভিতৰত পৰে। ইয়াৰ উপৰিও বৰফে ঢকা অঞ্চল, গ্লেচিয়াৰ থকা অঞ্চল আৰু জুম খেতি কৰি এৰি দিয়া অঞ্চলবোৰ বৰ্জিত ভূমি বুলি জনা যায়। আমাৰ দেশৰ ভৌগোলিক ভাবে আধাতকৈও বেছি অংশ প্ৰায় ১৭৫ নিযুত হেক্টৰ অঞ্চল বৰ্জিত ভূমিৰে আৱৰা। ভাৰতবৰ্ষৰ দৰে জনবহুল দেশ এখনত এই পৰিমাণৰ মাটি বৰ্জিত হৈ থকাটো, এক চিন্তাৰ কাৰণ। সেয়ে ভূমি বৰ্জিত হোৱা কাৰণ সমূহ বিশ্লেষণ কৰি তাৰ প্ৰতিৰোধৰ উপায় পাবলৈ যত্ন কৰা হৈছে। আমাৰ দেশৰ ৰাজস্থান, মধ্যপ্ৰদেশ আৰু অন্ধ্ৰ প্ৰদেশতেই সৰ্ববাধিক বৰ্জিত ভূমি আছে। সেইদৰে হাৰিয়ানাটো বৰ্জিত ভূমি আছে মুঠ মাটিৰ ৮.৪ শতাংশ। সুখৰ কথা যে ইতিমধ্যে বৰ্জিত ভূমিক ব্যৱহাৰৰ উপযোগী ভূমিলৈ পৰিবৰ্তন কৰাৰ তৎপৰতা আৰম্ভ হৈছে। জলবিভাজিকা, বান্ধ দিয়া, বৈজ্ঞানিক পদ্ধতিৰে সাৰ প্ৰয়োগ কৰা আৰু জনসাধাৰণৰ সক্ৰিয় অংশ গ্ৰহণৰ দ্বাৰা বৰ্জিত ভূমিৰ পুনৰ ব্যৱহাৰ সম্ভৱ হৈছে। এনে কাৰ্য্যত জনসাধাৰণৰ লগতে বিভাগীয় চৰকাৰী কৰ্মচাৰী, বেচৰকাৰী সংস্থা আৰু স্বেচ্ছাসেৱী অনুষ্ঠানবোৰৰ অংশ গ্ৰহনে সু-ফল আনিব বুলি আশা কৰিব পাৰি।

বৰ্জিত ভূমি সাধাৰণতে প্ৰাকৃতিক প্ৰক্ৰিয়াৰে সৃষ্ট হয় যদিও সম্প্ৰতি মানৱ-কাৰ্য্য কিছুমানৰ দ্বাৰাও বৰ্জিত ভূমি অধিক হাৰত সৃষ্টি হবলৈ ধৰিছে। উদাহৰণত ঃ জধে মধে-বননি কটা বা উচ্ছেদকৰণ, একেডৰা মাটিত পোহনীয়া জন্তুৰ অতিচাৰণ, খনি-খনন আৰু অবৈজ্ঞানিক পদ্ধতিৰে কৃষি কৰা কাৰ্য্যই বৰ্জিত ভূমি সৃষ্টি কৰাত অধিক সহায় কৰিছে।

বৰ্জিত ভূমি ব্যৱহাৰ উপযোগী কৰাৰ উপায় ঃ

বৰ্জিত ভূমিক ব্যৱহাৰ উপযোগী কৰি তুলিবলৈ আমাৰ দেশত বৰ্জিত ভূমি উন্নয়ন পৰিষদ (Wateland Development Board) গঠন কৰা হৈছে। এই পৰিষদৰ মুখ্য উদ্দেশ্য হ'ল—

১। ভূমিৰ গুণগত আৰু আকৃতিগত উন্নতি সাধন কৰা।

২। এনে ভূমিত পানী দিবলৈ উপযুক্ত জলসিঞ্চন ব্যৱস্থা কৰা।

৩। বৰ্জিত ভূমি ব্যৱহাৰ উপযোগী কৰিবলৈ হ'লে ভূমিস্খলন, মাটিৰ খহন আৰু বন্যাৰোধ কৰা আৰু জৈৱিক সম্পদ সংৰক্ষণ কৰাত গুৰুত্ব দিব লাগিব।

বৰ্জিত ভূমি পুনৰ ব্যৱহাৰৰ উপযোগী কৰি তুলিব পৰা প্ৰক্ৰিয়াৰ ওপৰত ভিত্তি কৰি তাক ঘাইকৈ তিনিটা ভাগত ভগোৱা হয়।

(ক) সহজে ব্যৱহাৰ উপযোগী কৰি তুলিব পৰা বৰ্জিত ভূমি;

(খ) বৈজ্ঞানিক উপায় প্ৰয়োগ কৰি ব্যৱহাৰ-উপযোগী কৰি তুলিব পৰা বৰ্জিত ভূমি আৰু

(গ) বিশেষ জটিলতাৰ সন্মুখীন হৈ ব্যৱহাৰ-উপযোগী কৰি তুলিব পৰা বৰ্জিত ভূমি।

বৰ্জিত ভূমি পুনৰ ব্যৱহাৰ-উপযোগী কৰি তুলিব পৰা প্ৰক্ৰিয়া কিছুমান হ'ল এনেধৰণৰ—

(i) ভূমিৰ উন্নয়ন ঃ নিমখ মিহলি হৈ থকা বৰ্জিত ভূমিৰ পৰা লৱণৰ পৰিমাণ কমাবলৈ প্ৰচুৰ পানী প্ৰয়োগ কৰা হয়, যাতে কৃষিকাৰ্য কৰিব পৰা যায়। ইয়াৰ বাবে মাটিৰ তৰপে তৰপে লৱণ পৰীক্ষা কৰি তাক নোহোৱা কৰিবলৈ বহুবাৰ হাল বোৱা হয় আৰু তাৰ পাছত সৰু সৰু অঞ্চলত ভগাই জলসিঞ্চন কৰা হয়। সাধাৰণতে প্ৰায় ১ মিটাৰ পৰিমাণৰ পানী দি খেতি কৰা ঠাইখণ্ড ডুবাই ৰাখিলে প্ৰায় ৯০ শতাংশ লৱণ নোহোৱা হয়। অৱশ্যে অবিৰতভাৱে পানী সিঁচি থাকিলেও মাটিৰ পৰা নিমখ বা লৱণ আঁতৰি যায়।

(ii) নলী খনন ঃ পানী বন্ধ হৈ বৰ্জিত ভূমিলৈ পৰিৱৰ্তিত হোৱা অঞ্চলত নলী কাটি পানীখিনি বোৱাই নিব পাৰি। এনেয়ে বৰষুণৰ পানী বন্ধ হোৱা ঠাইত ৩০-৪৫ চেন্টিমটাৰ দ নলী ২০-৬০ মিটাৰ দূৰে দূৰে খান্দিলে ২৪ ঘণ্টাৰ ভিতৰত ৫ চেন্টিমটাৰ মান কমি যায়। আনহাতে মাটিৰ ঠিক তলতে থকা পানীভাগ প্লাষ্টিক বা লোৰ পাইপ বহুৱাই বোৱাই নিব পাৰি। পাইপবোৰ সাধাৰণতে ২-৩ মিটাৰ গভীৰতাত বহুওৱা উচিত। বিশ্ব বেঙ্কে এনে পদ্ধতি অৱলম্বন কৰা হাৰিয়ানাৰ চাম্পলা আৰু ৰোহটক জিলাৰ খেতিয়কসকলক আৰ্থিক অনুদান আগবঢ়াইছে।

(iii) জলসিঞ্চন ঃ বৰ্জিত ভূমিডোখৰ সমান কৰি জলসিঞ্চন কৰিলে পানী আৱদ্ধ হোৱাটো বন্ধ হয় আৰু মাটিৰ লৱণতা কমি যায়। খেতি কৰাৰ পাছতো ঘন ঘনকৈ পাতলভাৱে জলসিঞ্চন কৰিলে বেছ সুফল পোৱা যায়।

(iv) সহনশীল শস্য নিৰ্বাচন ঃ বাৰ্লি, বিটচুগাৰ আৰু খেজুৰ গছ আদিয়ে মাটিত থকা লৱণ সহিব পাৰে। সেইদৰে গম, জোৱাৰ, চয়াবীন, সৰিয়হ আৰু নাৰিকল লৱণ থকা মাটিত ভাল হয়। ইয়াৰ উপৰিও বেঙেনা, পানীলাউ, কুহিয়াৰ, সূৰ্যমুখী ফুল, ধান, গম আৰু মাহজাতীয় শস্য কিছুমান লৱণৰ ক্ষেত্ৰত অৰ্ধসহনশীল। গতিকে এনে শস্যবোৰৰ খেতি ঘূৰাই পকাই কৰিব পাৰিলে লৱণ থকা মাটিত সু-ফল পোৱা যায়।

(v) জীপচামৰ ব্যৱহাৰ ঃ কিছুমান খাৰুৱা মাটি জীপচাম প্ৰয়োগ কৰি সংশোধন কৰিব পাৰি আৰু তাৰ দ্বাৰা মাটিডৰা কৃষিৰ বাবে উপযুক্ত কৰি তুলিব পাৰি।

(vi) সেউজীয়া সাৰ আৰু আন কিছুমান জৈৱিক বা অজৈৱিক সাৰ প্ৰয়োগ ঃ জীপচামৰ দৰে ইউৰিয়া, পটাচ আৰু চূণ সাৰ ব্যৱহাৰ কৰিলেও বৰ্জিত ভূমি কৃষিকাৰ্যৰ বাবে উপযোগী হৈ উঠে। তদুপৰি সেউজীয়া এলগী, মেটেকা আদি বৰ্জিত ভূমিৰ ওপৰত ৰাখিলে মাটিৰ লৱণতা কমি যায় আৰু মাটিডৰা গছ-গছনি ৰোপণৰ বাবে উপযোগী হৈ উঠে।

(vii) বনানীকৰণ আঁচনি ঃ কৃষিৰ বাবে থকা জাতীয় কমিছনে বৰ্জিত ভূমিৰ সমস্যা সমাধান কৰিবলৈ কেইবাটাও বনানীকৰণ আঁচনি আৰম্ভ কৰিছে ষষ্ঠ পঞ্চবাৰ্ষিক আঁচনিৰ পৰাই। এই ক্ষেত্ৰত বৰ্জিত ভূমি উন্নয়ন পৰিষদ আৰু চৰকাৰৰ বন বিভাগে বৰ্জিতভূমি পৰিশোধন কৰিবলৈ আগবাঢ়ি আহিছে। প্ৰতি বছৰে প্ৰায় ৫ নিযুত হেক্টৰ মাটিত বা বৰ্জিত ভূমিত বনানীকৰণ ব্যৱস্থা কৰি থকা হৈছে।

একেদৰে ৰাস্তাৰ কাষত, ৰেল লাইনৰ কাষে কাষে আৰু পৰিত্যক্ত বনাঞ্চল আদিত সামাজিক বনানীকৰণ আঁচনিৰে বন বিভাগে বৃক্ষৰোপণ আঁচনি আৰম্ভ কৰিছে। এই কাৰ্যত অৱশ্যে বেচৰকাৰী সংস্থাৰ লগতে স্কুলকলেজ আদিয়েও গুৰুত্বপূৰ্ণ ভূমিকা গ্ৰহণ কৰিছে।

বৰ্জিত ভূমি উন্নয়নৰ ক্ষেত্ৰত প্ৰথমতে ল'ব লগা দিহা হ'ল কি কি কৰণত মাটিডৰা বৰ্জিত হৈ পৰিছে, তাক জনাটো। তেনে কাৰণসমূহ চিনাক্ত কৰি ললেহে প্ৰয়োজন অনুসৰি বিহিত ব্যৱস্থাৰে মাটিডৰা ব্যৱহাৰ উপযোগী কৰি তুলিব পাৰি। সুখৰ কথা যে এনেকুৱা প্ৰচেষ্টাই গাওঁ অঞ্চলত বিশেষ সু-ফল দেখুৱাইছে। গএগ্ৰ ৰাইজে এনে মাটিত হোৱা গছ-গছনিৰ পৰা কাঠ, খৰি আদিৰ অভাৱ আঁতৰোৱাৰ লগতে অৰ্থ উপাৰ্জনৰ পথ পাব পাৰিছে। আটাইতকৈ ডাঙৰ কথা হ'ল এনে কাৰ্যই পৰিৱেশ তন্ত্ৰত সাম্য অৱস্থা অনাৰ সহায়ক হৈছে।

এক অপূৰ্ব দৃষ্টান্ত

উত্তৰ প্ৰদেশৰ এখন গাঁও। নাম তাৰ নাগচান্দ। এসময়ত অবনানীকৰণৰ বলি হোৱা নাগচান্দ গাঁওৰ প্ৰায়ভাগ মাটিয়ে বৰ্জিত ভূমিলৈ পৰিৰ্তিত হৈছিল। ১৯৮৭ চনত সেনাবাহিনীৰ চাকৰিৰ পৰা অবসৰ পোৱা চৰণ সিং ভাণ্ডাৰী গাঁওলৈ ঘূৰি আহিল। তেওঁ গাঁওৰ দুৰাৱস্থা দেখি মৰ্মাহত হ'ল। তেওঁ গাঁওৰ উন্নতিৰ বাবে জৱাহৰ ৰোজগাৰ আঁচনিৰ জৰিয়তে নানান উন্নয়নমূলক কাম কৰিবলৈ ল'লে। তেওঁৰ সেই কামত গাঁওবাসীয়েও যথেষ্ট সঁহাৰি জনালে। গাঁওৰ সকলোৱে লগলাগি ভাণ্ডাৰীক গাঁওখনৰ মুখীয়াল পাতিলে। তেওঁৰ যত্নত ১৯৯০ চনত বন-বিভাগে ৩০ হেক্টৰ বৰ্জিত ভূমিত জল বিভাজিকাৰী ব্যৱস্থা কৰিলে। বন-বিভাগে দিয়া গছৰ পুলি ৰাইজে সেই মাটি ডৰাত ৰোপণ কৰিলে। ফলত গাঁওখনত খৰি আৰু কাঠৰ উৎপাদন আৰম্ভ হ'ল। তেওঁলোকে খৰি আৰু কাঠ বিক্ৰী কৰি আৰ্থিকভাৱে স্বচ্ছল হৈ পৰিল। তদুপৰি গাঁওখনত হেৰাই যোৱা পৰিৱেশৰ ভাৰসাম্য পুনৰ সংস্থাপিত হ'ল। ভাণ্ডাৰীৰ যত্নতেই নাগচান্দ গাঁও প্ৰাকৃতিক সম্পদেৰে পুনৰ প্ৰতিষ্ঠিত হ'ল। বৰ্জিত ভূমি পুনৰ ব্যৱহাৰ-উপযোগী কৰি কৃষি আৰু বনানীৰ প্ৰসাৰণ ঘটোৱা ই হ'ল এক অপূৰ্ব দৃষ্টান্ত।

গ্ৰাহক তন্ত্ৰ আৰু বৰ্জিত প্ৰজাত পদাৰ্থ (Consumerism and Waste Products) ঃ

জনগণৰ দ্বাৰা সম্পদৰ ব্যৱহাৰ কৰা কথাটোকে ইয়াত গ্ৰাহকতন্ত্ৰ বুলি কোৱা হৈছে। আদিম মানৱ সমাজত অতি কম পৰিমাণৰ সম্পদ ব্যৱহৃত হৈছিল। কিন্তু শিল্প বিপ্লৱৰ পাছৰে পৰা সম্পদৰ এনে ব্যৱহাৰ অৰ্থাৎ গ্ৰাহকতন্ত্ৰ উৰ্দ্ধগতিত বৃদ্ধি পাইছে। ইয়াৰ কাৰণ হ'ল বিশ্বৰ জনসংখ্যা বৃদ্ধি আৰু তাৰ বাবে প্ৰয়োজন হোৱা অধিক সম্পদৰ চাহিদা। আধুনিক জীৱনধাৰাৰ পৰিৱৰ্তনে সম্পদ-ব্যৱহাৰৰ মাত্ৰা বঢ়াই তুলিছে। আগেয়ে মানুহৰ জীৱন-ধাৰণ-প্ৰক্ৰিয়া আছিল সহজ-সৰল আৰু সেয়ে তেওঁলোকৰ চাহিদাও আছিল অতি কম। সেই তুলনাত আজিৰ মানুহৰ প্ৰয়োজন বহু ধৰণৰ আৰু বহুগুণে বেছি। সেয়ে প্ৰাকৃতিক সম্পদৰ আহৰণ, খোৱা পানীৰ চাহিদা আৰু শক্তি উৎপাদনৰ ক্ষেত্ৰত এক অভাৱনীয় পৰিৱৰ্তন আহি পৰিছে। ইয়াৰ মূল কাৰণ হ'ল জন-বিস্ফোৰণ। পৃথিৱীৰ জনসংখ্যা বাঢ়ি গৈ ৬০০০ নিযুত হৈছেগৈ আৰু বিশ্ববেংকৰ হিচাপ মতে ২০৪৫ চনত পৃথিৱীৰ জনসংখ্যা হ'বগৈ ১১০০০ নিযুত। এতিয়া আমি জনসংখ্যা বৃদ্ধিয়ে প্ৰাকৃতিক সম্পদৰ কিদৰে গ্ৰাহক তন্ত্ৰ প্ৰভাৱান্বিত কৰিছে আৰু তাৰ ফলত বৰ্জিত প্ৰজাত সামগ্ৰী উৎপাদিত হৈছে তাক বিশ্লেষণ কৰি চাওঁহক।

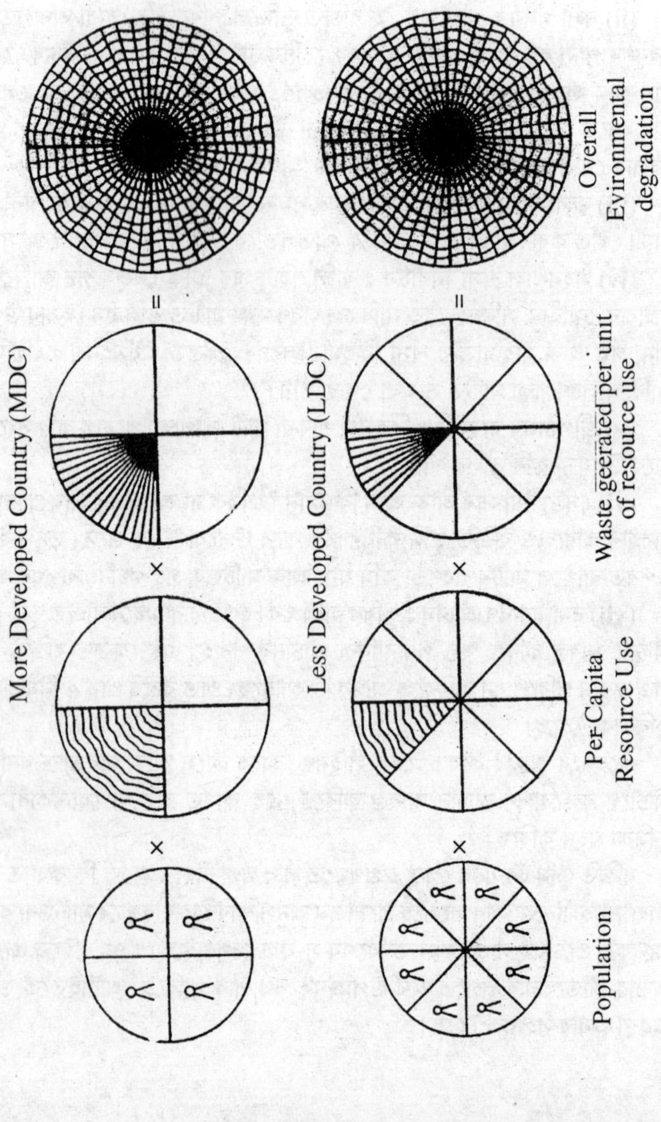

সাধাৰণতে জনসংখ্যা বৃদ্ধি আৰু সেইমতে গ্ৰাহকতন্ত্ৰৰ বৃদ্ধিৰ দুটা কথাৰে সূচিত কৰিব পাৰি। প্ৰথমটো হ'ল—

(i) জনসংখ্যা বৃদ্ধি ঃ জনসংখ্যা বৃদ্ধি হেতু পৃথিৱীত মানুহৰ খাদ্য, পানী আৰু আন আন প্ৰয়োজনীয় সম্পদৰ তুলনাত অধিক হৈ পৰিছে। তাৰ ফলত বৰ্জিত (প্ৰজাত) পদাৰ্থৰ সৃষ্টিও বৃদ্ধি পাইছে। গাঁও অঞ্চলৰ তুলনাত চহৰ অঞ্চলত ইয়াৰ দ্বাৰা সৃষ্টি হোৱা অসন্তোলন অধিক হাৰত হৈছে। প্ৰকৃততে মানৱ সমাজত দেখা দিয়া দৰিদ্ৰতা, অপুষ্টি আৰু অপৈনত মৃত্যু-হাৰ বৃদ্ধি পোৱাৰ গুৰিতে আছে জনবিস্ফোৰণ। সাধাৰণতে অবিকাশহীন দেশসমূহত এনে কু-প্ৰভাৱ অধিকভাৱে পৰিলক্ষিত হৈছে। কাৰণ, এই দেশসমূহত জনমূৰী সম্পদ লগাৰ জোখাৰে পোৱা নাযায়, অথচ তাত বস্তুৰ চাহিদা অতি বেছি।

(ii) গ্ৰাহকতন্ত্ৰৰ তাৰতম্য ঃ বিকাশ প্ৰাপ্ত দেশসমূহত মানুহৰ সংখ্যা সম্পদৰ তুলনাত কম আৰু সেয়ে বিলাসপূৰ্ণ জীৱন যাত্ৰা চলাওতে জনমূৰী সম্পদৰ চাহিদা হয় অতি বেছি। ফলত বৰ্জিত পদাৰ্থৰ পৰিমাণ হয় বেছি, যাৰ দ্বাৰা পৰিৱেশ অধিক হাৰত স্খলিত হৈছে। এই কথাটো ১৯৭২ চনত প'ল এৰলিক আৰু জন হডল্ৰেনে প্ৰকাশ কৰিছে এইদৰে—

চিত্ৰৰে ইয়াক দেখুৱাব পাৰি এইদৰে

চিত্ৰৰ পৰা বুজা যায় যে অবিকাশশীল অঞ্চলত জনসংখ্যা অতি বেছি। কিন্তু জনমূৰী সম্পদৰ ব্যৱহাৰ আৰু বৰ্জিত পদাৰ্থৰ উৎপাদন তুলনামূলকভাৱে কম। আনহাতে আৰ্থিক বিকাশপ্ৰাপ্ত দেশসমূহত জনসংখ্যা কম যদিও জনমূৰী সম্পদৰ ব্যৱহাৰ আৰু বৰ্জিত পদাৰ্থৰ উৎপাদন অতি বেছি। মূৰকত পৰিৱেশৰ ওপৰত প্ৰভাৱ প্ৰায় একে ধৰণৰ হৈছে।

দেখা যায় যে দেশে দেশে গ্ৰাহকতন্ত্ৰ পৃথক পৃথকভাৱে সম্বলিত হৈছে। আমেৰিকাত গ্ৰাহকতন্ত্ৰৰ পৰিমাণ আটাইতকৈ বেছি। কাৰণ, তাত স্বাস্থ্য, শিক্ষা, উন্নত মানৰ জীৱন ধাৰণ আদিৰ প্ৰভাৱত অধিক সম্পদ ব্যৱহৃত হৈছে আৰু সেয়ে বৰ্জিত পদাৰ্থৰ পৰিমাণো অধিক হৈছে। ইয়াৰ ফলত তাত পৰিৱেশ প্ৰদূষণ বৰ্দ্ধিত হৈছে।

আমেৰিকা আৰু ভাৰতৰ তুলনামূলক গ্ৰাহক তন্ত্ৰ আৰু বৰ্জিত পদাৰ্থ উৎপাদনৰ ছবিটো হ'ব এনেদৰে—

উৎপাদক	বিশ্বৰ তুলনাত শতাংশ মান	
	আমেৰিকা	ভাৰতবৰ্ষ
জনসংখ্যা	৪.৭%	১৬%
বস্তুৰ উৎপাদ	২১%	১%
শক্তিৰ ব্যৱহাৰ	২৫%	৩%
বৰ্জিত পদাৰ্থ/প্ৰদূষক	২৫%	৩%
চি.এফ.চিৰ. উৎপাদন	২২%	০.৭%

ওপৰৰ হিচাপৰ পৰা বুজা যায় যে ভাৰতৰ জনসংখ্যা আমেৰিকাৰ তুলনাত ৩.৪ গুণ অধিক কিন্তু সম্পদৰ ব্যৱহাৰ আৰু তাৰ দ্বাৰা উৎপাদিত বৰ্জিত পদাৰ্থৰ পৰিমাণ তাত ভাৰতবৰ্ষতকৈ প্ৰায় ৮ গুণ বেছি।

মন কৰিবলগীয়া ঃ প'ল এৰলিকে দিয়া মতে গ্ৰাহকতন্দ্ৰৰ আন এখন ছবি হ'ল এনেকুৱা ঃ গড় হিচাপত এজন আমেৰিকাৰ নাগৰিকে ভাৰতীয় নাগৰিক এজনৰ তুলনাত ৫০ গুণ অধিক সম্পদ ব্যৱহাৰ কৰে।

- আমেৰিকাত জন্মা শিশু এটিয়ে জীৱন কালত অবিকাশীল দেশৰ পৰিয়াল এটিত জন্মা শিশু এটিৰ তুলনাত পৃথিৱীত প্ৰদূষণ আনে ২০-২০০ গুণ অধিক।
- আনহাতে কিন্তু জাপানত জন্ম গ্ৰহণ কৰা শিশু এটিয়ে আমেৰিকাৰ সমপৰ্য্যয়ৰ জীৱন যাত্ৰা পৰিচালনা কৰিও আমেৰিকাৰ তুলনাত পৰিৱেশৰ ওপৰত আধাখিনি প্ৰভাব পেলায়। ইয়াৰ কাৰণ হ'ল জাপানত প্ৰচলিত সুস্থ প্ৰযুক্তিবিদ্যা। জাপানীসকলে বৰ্জিত পদাৰ্থ নিয়ন্ত্ৰণ বিজ্ঞানসন্মতভাৱে কৰিব পাৰিছে।

পৰিৱেশ সম্পৰ্কীয় আইনসমূহ ঃ

ভাৰতবৰ্ষই হ'ল বিশ্বৰ ভিতৰত প্ৰথম দেশ যিয়ে পৰিৱেশ সুৰক্ষা আৰু সংৰক্ষণৰ ব্যৱস্থা নিজৰ সংবিধানত অন্তৰ্ভুক্ত কৰিছে। ১৯৭২ চনৰ ৫ জুনত ষ্টকহলমত বহা আন্তৰ্জাতিক মানৱ পৰিৱেশ সম্পৰ্কীয় সন্মিলনত পৰিৱেশ সুৰক্ষা আৰু সংৰক্ষণ কৰা কথাটো পোণ প্ৰথমবাৰৰ বাবে আলোচনা কৰা হয় আৰু তাৰ পাছৰে পৰা ৫ জুন তাৰিখটো বিশ্ব পৰিৱেশ দিৱস হিচাপে সমগ্ৰ

বিশ্বতেই পালন কৰি অহা হৈছে। ষ্টকহলম সন্মিলনৰ পাছতে আমাৰ দেশে পৰিৱেশ সুৰক্ষাৰ বাবে কেইখনমান আইন প্ৰস্তুত কৰে। তাৰ ভিতৰত বন্যপ্ৰাণী সুৰক্ষা আইন ১৯৭২, জল (প্ৰদূষণ, প্ৰতিৰোধ আৰু নিয়ন্ত্ৰণ) আইন ১৯৭৪, বন সংৰক্ষণ আইন ১৯৮০, বায়ু (প্ৰদূষণ, প্ৰতিৰোধ আৰু নিয়ন্ত্ৰণ) আইন ১৯৮১ আৰু পৰিৱেশ সুৰক্ষা আইন ১৯৮৬ বিশেষভাৱে উল্লেখযোগ্য।

সাংবিধানিক ব্যৱস্থা ঃ

আমাৰ সংবিধানত অন্তৰ্ভুক্ত কৰা পৰিৱেশ সুৰক্ষা সম্পৰ্কীয় কথাখিনি ১৯৭৬ চনত ৪২ তম সংশোধনীৰে দিয়া হৈছে এনে ধৰণে— ৪৮-ক অনুচ্ছেদ, 'দেশে পৰিৱেশ সুৰক্ষা আৰু উন্নত কৰিবলৈ চেষ্টা চলাব আৰু দেশৰ হাবি-বননি, জীৱ-জন্তু ৰক্ষা কৰিব।" ৫১ক(৭) মতে কোৱা হৈছে ঃ "ভাৰতৰ প্ৰত্যেক নাগৰিকৰে প্ৰাকৃতিক পৰিৱেশ অৰ্থাৎ বনাঞ্চল, হ্ৰদ আদি, নদীসমূহ আৰু বন্য জীৱ-জন্তুৰ সুৰক্ষা আৰু উন্নত কৰি প্ৰত্যেক জীৱকে ৰক্ষা কৰাটো বা সিহঁতৰ সহ-অৱস্থানৰ ব্যৱস্থা কৰাটো নাগৰিকৰ কৰ্তব্য।"

এইদৰে আমাৰ সংবিধানত পৰিৱেশৰ সুৰক্ষা আৰু সংৰক্ষণ সম্পৰ্কে এক প্ৰাথমিক কৰ্তব্য বুলি নিশ্চিত হৈছে। এতিয়া আমি ভাৰত চৰকাৰে ইতিমধ্যে প্ৰণয়ন কৰা আইনসমূহৰ আলোচনা কৰোহঁক।

১। বন্য প্ৰাণী সংৰক্ষণ আইন, ১৯৭২ ঃ

১৯৭২ চনত ভাৰত চৰকাৰে বন্য জীৱ-জন্তু আইনখন চাৰি বছৰৰ ভিতৰত বলৱৎ হোৱাকৈ গ্ৰহণ কৰিছে। এই আইনখনৰ পৰিসৰ অসম, নাগালেণ্ড আৰু জম্মু-কাশ্মিৰক বাদ দি দেশৰ বাকী কেইখন ৰাজ্যত আইনখন বলৱৎ কৰিছে। ১৯৭৬ চনত বন্যপ্ৰাণী সংৰক্ষণৰ কথাটো প্ৰাদেশিক চৰকাৰৰ পৰা কেন্দ্ৰীয় চৰকাৰৰ অধীনলৈ নিয়া হয়।

মন কৰিবলগীয়া কথা যে ১৯৫২ চনতে আমাৰ দেশত ভাৰতীয় বন্য প্ৰাণী পৰিষদ এখন গঠন কৰা হয়। বন্যপ্ৰাণী সংৰক্ষণ আইনখন প্ৰণয়ন কৰাৰ পাছত এই পৰিষদে ৰাষ্ট্ৰীয় উদ্যান আৰু অভয়াৰণ্য গঠন কৰাত সক্ৰিয় ভূমিকা গ্ৰহণ কৰে। বন্যপ্ৰাণী সংৰক্ষণ আইনৰ মূখ্য কথাবোৰ হ'ল এনেকুৱা—

(i) এই আইনৰ দ্বাৰা বন্যপ্ৰাণী বুলিলে কি বুজা যায় তাক সূচিত কৰা হৈছে।

(ii) ই বন্যপ্ৰাণী তত্বাৱধায়কৰ নিযুক্তি আৰু তেওঁলোকৰ দায়িত্ব, কৰ্তব্য আদি সূচিত কৰিবলৈ বন্যপ্ৰাণী উপদেষ্টা পৰিষদক ক্ষমতা প্ৰদান কৰে।

(iii) আইনখনৰ অধীনত পোণ প্ৰথমবাৰৰ বাবে অবলুপ্ত হ'ব পৰা বন্য-প্ৰাণীৰ ফৰ্দি তৈয়াৰ কৰি উলিওৱা হয় আৰু তেনে প্ৰাণীৰ চিকাৰত বাধা নিষেধ কৰা হৈছে।

(iv) এই আইনমতে অবলুপ্ত হ'ব ধৰা কিছুমান জন্তু আৰু উদ্ভিদ বিশেষভাৱে নামাকৰণ কৰি তাক ৰক্ষা কৰাটো নিশ্চিত কৰা হৈছে।

(v) এই আইনমতে ৰাষ্ট্ৰীয় উদ্যান আৰু অভয়াৰণ্য স্থাপন নিশ্চিত কৰা হৈছে।

(vi) আইনখনে কেন্দ্ৰীয় চিৰিয়াখানাবোৰৰ কৰ্তপক্ষক সাংবিধানিক ক্ষমতা প্ৰদান কৰিছে।

(vii) কিছুমান বিশেষ নমুনাৰ বন্য প্ৰাণীৰ বিক্ৰী বন্ধ কৰিবলৈ আইনখনে ক্ষমতা প্ৰদান কৰিছে।

(viii) আইনখন মতে ফৰ্দিযুক্ত জীৱ-জন্তুৰ বেহা-বেপাৰত বাধা নিষেধ প্ৰদান কৰা হৈছে।

(ix) আইন ভঙ্গকাৰীক শাস্তি বিধান কৰিবলৈ বিভাগীয় বিষয়াক আইনখনে ক্ষমতা প্ৰদান কৰিছে।

(x) অৱলুপ্ত হ'ব খোজা প্ৰাণীক ধৰি ৰাখি তাৰ বংশবৃদ্ধি কৰাৰ আঁচনি (আইনখনমতে) গ্ৰহণ কৰিব পাৰি।

এই আইনখনত ৭টা অধ্যায়, ৬৬টা শাখা অধ্যায় আৰু ৫টা অনুচ্ছেদ আছে। ১৯৮২ চনত বন্যপ্ৰাণী সংৰক্ষণ আইনখন প্ৰথমবাৰৰ বাবে সংশোধন কৰা হয়। এই সংশোধনী মতে প্ৰথম অনুচ্ছেদত নথিভুক্ত কৰা বিৰল প্ৰাণীসমূহ চিকাৰ কৰাটো নিষেধ কৰা হৈছে। ইয়াৰ পাছত ১৯৮৬ চনত আইনখন পুনৰ সংশোধন কৰা হয়। সেই সংশোধনীত কিছুমান বিশেষ প্ৰজাতি বিদেশত বিক্ৰী কৰাটো নিষেধ কৰা হৈছে। এই সংশোধনীতে বন্যপ্ৰাণী তত্বাৱধায়কক আৰু অধিক ক্ষমতা প্ৰদান কৰা হয়। আইনখন পুনৰায় সংশোধন কৰা হৈছে ১৯৯২, ১৯৯৩ আৰু ২০০৩ চনত। প্ৰতিবাৰে আইনখনত কিছুমান কটকটীয়া নীতি-নিয়ম সংযোজন কৰা হৈছে। শেহতীয়াভাৱে সংশোধন কৰা মতে বন্য প্ৰাণীৰ ওপৰত হৈ থকা অত্যাচাৰ ৰোধ কৰিবলৈ চৰকাৰে এখন আন্তঃৰাজ্যিক কমিটি গঠন কৰাৰ ক্ষমতা লাভ কৰে। লগতে প্ৰজাতি সংৰক্ষণ আৰু সংৰক্ষণৰ ৰক্ষণা-বেক্ষণ নিশ্চিত কৰা হয়।

দুখৰ কথা যে এনেকুৱা এখন আইন কৰাৰ পাছতো বন্য-প্ৰাণীৰ চোৰাংচিকাৰ এতিয়ালৈ বন্ধ হোৱা নাই।

২। বন সংৰক্ষণ আইন, ১৯৮০ ঃ বনাঞ্চল আৰু ইয়াৰ লগত জৰিত বিষয়ৰ সংৰক্ষণ এই আইনখনৰ মূল কথা। এই আইনখন জম্মু-কাশ্মিৰত বাহিৰে বাকী সকলো ৰাজ্যতে প্ৰযোজ্য। সকলো ধৰণৰ বনাঞ্চল, সংৰক্ষণ কৰাটোই হ'ল আইনখনৰ ব্যৱস্থা। আইনখনৰ ধাৰা হ'ল—

(i) তদুপৰি ৰাজ্যিক চৰকাৰে কেন্দ্ৰীয় চৰকাৰৰ অনুমতি লৈ খনি খননৰ দৰে কাম কিছুমান আৰু আৰ্থিকভাৱে মূল্যৱান গছ কিছুমান পুনৰ ৰুবৰ বাবে বনাঞ্চল মুকলি কৰিব পাৰিব।

(ii) সকলোধৰণৰ বনাঞ্চল সংৰক্ষণ কৰিববৈলে কেন্দ্ৰীয় চৰকাৰে এখন উপদেষ্টা কমিটি গঠন কৰিব পাৰিব।

(iii) যিকোনো বনাঞ্চল বিৰোধী কাৰ্য বনাঞ্চলৰ ভিতৰত সংঘটিত হ'লে তাক অনতি পলমে বন্ধ কৰাৰ কৰ্তৃত্ব আইনখনে প্ৰদান কৰিছে।

১৯৯২ চনত আইনখনৰ সংশোধন কৰা হয় আৰু সেইমতে—

১। গছ-গছনি নকটাকৈ বা কম মাত্ৰাত কাটি কেন্দ্ৰীয় চৰকাৰৰ পৰা অনুমতি লৈ কিছুমান কাৰ্য কৰিব পৰা যায়। যেনে— বিজুলী তাঁৰ বহুওৱা, ভুইকঁপৰ বাবে নিৰিক্ষণ কেন্দ্ৰ স্থাপন কৰা, পানীৰ বাবে খনন কৰা আৰু জলবিদ্যুৎ প্ৰকল্প স্থাপন কৰা কাৰ্য আদি কৰিব পাৰি।

২। কিন্তু এইবোৰ কাৰ্য কৰোতে ৰাষ্ট্ৰীয় উদ্যান আৰু অভয়াৰণ্যৰ কোনো ক্ষতি হ'ব নোৱাৰে।

৩। সংৰক্ষিত বনাঞ্চলৰ ভিতৰত চাহ-কফি, মচলা, ৰবৰ আৰু অন্যান্য অৰ্থকাৰী উদ্ভিদৰ খেতি কৰিব নোৱাৰিব।

৪। এনেকি সংৰক্ষিত বনাঞ্চলৰ ভিতৰত তেল উৎপাদক উদ্ভিদ বা বনৌষধি জাতীয় উদ্ভিদৰ খেতি কৰিববৈলেও হ'লে কেন্দ্ৰীয় চৰকাৰৰ অনুমতি ল'ব লাগিব। কাৰণ, এনেকৈ খেতি কৰাৰ ফলত বনাঞ্চলৰ পৰিস্থিতি তন্ত্ৰত অসন্তোলন ঘটাৰ সম্ভাৱনা আছে।

৫। অৱশ্যে জন-জাতিৰ লোকসকলে নিজৰ জীৱিকাৰ বাবে পাট-সূতাৰ পলু পোহা কাৰ্য বনাঞ্চলৰ ভিতৰত কৰিব পাৰিব।

৬। এই সংশোধনৰ দ্বাৰা সংৰক্ষিত বনাঞ্চলৰ ওচৰত থকা নদীৰ পৰা শিল-বালি আদি সংগ্ৰহ কৰাটো নিষিদ্ধ কৰা হৈছে।

দুখৰ কথা যে সংৰক্ষিত বনাঞ্চলৰ ক্ৰমবৰ্দ্ধমান ধ্বংসৰ ফলত ইতিমধ্যে প্ৰায় ১৫-২০ প্ৰজাতিৰ উদ্ভিদ বিলুপ্ত হ'বলৈ ধৰিছে। হিচাপমতে প্ৰতি বছৰে শতকৰা ২ ৰ পৰা ২.৩ প্ৰজাতিৰ উদ্ভিদ হ্ৰাস পায়। বিশ্ব পৰ্যায়ত প্ৰতিদিনে একোটাকৈ উদ্ভিদ প্ৰজাতিৰ বিলুপ্তি ঘটি আছে। আমাৰ দেশত বহুমুখী নদী উপত্যকা প্ৰকল্প, জলসিঞ্চন, বিদ্যুৎশক্তি উৎপাদন, পুনৰ সংস্থাপন আৰু ৰাস্তা-ঘাট বন্ধা কাৰ্যত বহুতো বনাঞ্চল ধ্বংস কৰা হয়। বন সংৰক্ষণ আইনখন কাৰ্যকৰী হোৱাৰ পাছত প্ৰায় ৪ নিযুত হেক্টৰ বনাঞ্চল সংৰক্ষিত হৈছে।

৩। জল (প্ৰদূষণ প্ৰতিৰোধ আৰু নিয়ন্ত্ৰণ) আইন, ১৯৭৪ ঃ

জলসম্পদৰ সাৰ্বভৌমিক সুৰক্ষাৰ বাবে ১৯৭৪ চনত ভাৰত চৰকাৰে জল (প্ৰদূষণ, প্ৰতিৰোধ আৰু নিয়ন্ত্ৰণ) আইন প্ৰৱৰ্তন কৰে। তাত জলপ্ৰদূষণ বুলিলে কি বুজা যায়, তাৰো সংজ্ঞা দিয়া হয় এইদৰে ঃ **যাৰ দ্বাৰা পানীৰ ভৌতিক, ৰাসায়নিক বা জৈৱিক ধৰ্মসমূহ বিনষ্ট হয় বা কোনো বৰ্জিত পদাৰ্থৰ দ্বাৰা খোৱা পানীকে ধৰি সকলোধৰণৰ পানী জনস্বাস্থ্য বিৰোধী হয় বা যি পানীৰ দ্বাৰা পানীত থকা উদ্ভিদ আৰু জীৱৰ অন্যায় হয়, তাকে প্ৰদূষিত পানী বোলা হয়।** ইয়াৰ দ্বাৰা পানী প্ৰদূষিত কৰিব পৰা প্ৰতিনিধিসমূহ চিনাক্ত কৰা হৈছে।

আইনখনৰ মুখ্য কথাখিনি এইদৰে ক'ব পাৰি—

(i) ভূস্তৰৰ আৰু ভূগৰ্ভস্থ পানীৰ গুণগত মান ৰক্ষা কৰাটো আইনখনে নিশ্চিত কৰিছে।

(ii) এই আইনখনে কেন্দ্ৰীয় জল (প্ৰদূষণ, প্ৰতিৰোধ আৰু নিয়ন্ত্ৰণ) পৰিষদ আৰু ৰাজ্যসমূহত একে ধৰণৰ ৰাজ্যিক পৰিষদ গঠন কৰাৰ ব্যৱস্থা কৰে।

(iii) আইনখনে কেন্দ্ৰীয় আৰু ৰাজ্যিক পৰিষদসমূহক প্ৰদূষণৰ সংজ্ঞা দিয়াৰ দায়িত্ব অৰ্পণ কৰিছে। লগতে পৰিষদক ক্ষমতা আৰু কাৰ্যকৰণত বিধিগত ব্যৱস্থা প্ৰদান কৰিছে। প্ৰয়োজন সাপেক্ষে এই পৰিষদসমূহে নদী, জুৰি আদিত প্ৰৱাহিত জলৰাশি প্ৰদূষিত কৰা বা পানীৰ প্ৰৱাহত বাধা সৃষ্টি কৰা যিকোনো কাৰ্য নিষিদ্ধ কৰিববৈলে ক্ষমতা পাইছে।

(iv) আইনখনৰ মতে কেন্দ্ৰীয় আৰু ৰাজ্যিক প্ৰদূষণ নিয়ন্ত্ৰণ পৰিষদবোৰে কেন্দ্ৰৰ পৰা ধনৰ আৱন্তন পায়; কিন্তু সেই ধনৰ হিচাপ-নিকাচ ঠিকমতে ৰাখি পৰীক্ষকৰ দ্বাৰা পৰীক্ষা কৰোৱাৰ দায়িত্বও পৰিষদৰ হাতত অৰ্পিত হৈছে।

(v) প্ৰদূষক নিয়ন্ত্ৰণ কৰা পৰিষদসমূহে জল-প্ৰদূষণ কৰিব পৰা কাৰ্যবোৰ নকৰিবৰ বাবে উপদেশ দিব পাৰে, প্ৰয়োজন সাপেক্ষে কাৰিকৰী সহায় আগবঢ়াব পাৰে আৰু সেইমতে কাম নকৰিলে শাস্তিও প্ৰদান কৰিব পাৰে।

(vi) পৰিষদে যিকোনো পানীৰ নমুনা পৰীক্ষা কৰি পানীৰ প্ৰদূষণ পালে প্ৰদূষণকাৰী ব্যক্তি বা প্ৰতিষ্ঠানৰ বিৰুদ্ধে ন্যায়ালয়ত গোচৰ তৰিব পাৰে। আইনখন মতে দোষী ব্যক্তি বা প্ৰতিষ্ঠানক ছয় বছৰ পৰ্যন্ত কাৰাদণ্ড আৰু পাঁচ হেজাৰ টকা পৰ্যন্ত জৰিমনা কৰাৰ বিধান আছে।

এই আইনৰ অধীনত স্থাপন কৰা কেন্দ্ৰীয় প্ৰদূষণ নিয়ন্ত্ৰণ পৰিষদৰ কাৰ্যবিধি সূচিত কৰা হৈছে। সেইমতে

(ক) জলপ্ৰদূষণ নিয়ন্ত্ৰণ কৰিবলৈ আৰু জল সংৰক্ষাণাৰ্থে পৰিষদে কেন্দ্ৰীয় চৰকাৰক উপদেশ দিব।

(খ) কেন্দ্ৰীয় পৰিষদে ৰাজ্যিক পৰ্যায়ত গঠিত পৰিষদসমূহৰ কাম-কাজ তদাৰক কৰি প্ৰয়োজন হ'লে কাৰিকৰী সহায় আৰু পৰামৰ্শ আগবঢ়াব।

(গ) জলপ্ৰদূষণ নিয়ন্ত্ৰণ আৰু জল সংৰক্ষণৰ বাবে ই প্ৰশিক্ষণ দিয়াৰ ব্যৱস্থা কৰিব।

(ঘ) গণমাধ্যমৰ জৰিয়তে প্ৰদূষণ সম্পৰ্কীয় কথাবোৰ প্ৰচাৰ কৰাৰ দিহা কৰিব।

(ঙ) এই পৰিষদে সময়ে সময়ে প্ৰদূষণ সম্পৰ্কীয় তথ্য সংগ্ৰহ কৰি প্ৰকাশ কৰিব লাগিব।

(চ) জল-প্ৰদূষণ কৰা বৰ্জিত পদাৰ্থ পেলোৱা আৰু তাক শোধন কৰাৰ হাতপুথি প্ৰস্তুত কৰিব।

(ছ) পানীৰ গুণগত মান ৰক্ষা কৰা প্ৰামাণিক মান কৰি দিব।

(জ) এই পৰিষদে ৰাষ্ট্ৰজুৰি জলসংৰক্ষণ আৰু জলপ্ৰদূষণ নিয়ন্ত্ৰণ আঁচনি প্ৰস্তুত কৰিব।

(ঝ) প্ৰদূষিত পানীৰ নমুনা পৰীক্ষা কৰাৰ বাবে কিছুমান উপযুক্ত বিজ্ঞানগাৰক স্বীকৃতি দিয়াৰ দায়িত্বও পৰিষদৰ হাতত অৰ্পণ কৰা হৈছে।

একেদৰে ৰাজ্যিক স্তৰত গঠন কৰা প্ৰদূষণ নিয়ন্ত্ৰণ পৰিষদৰ কাৰ্যবিধিও সূচিত কৰা হৈছে। ৰাজ্যিক পৰিষদসমূহে কেন্দ্ৰীয় পৰিষদৰ নিৰ্দেশ ক্ৰমে জল-প্ৰদূষণ প্ৰতিৰোধ কৰিবলৈ কাম কৰি আছে।

(৪) বায়ু প্ৰদূষণ (প্ৰতিৰোধ আৰু নিয়ন্ত্ৰণ) আইন, ১৯৮১ (Air– Prevention and control of pollution, Act, 1981)

আমাৰ দেশৰ প্ৰচলিত আইন ব্যৱস্থাত বায়ু প্ৰদূষণ ৰোধ কৰিব পৰা আইনৰ প্ৰবৰ্ত্তন কৰা হয় ১৯০০ চনতে। তাৰ পাছতে ১৯০৫ চনত প্ৰবৰ্তিত হয় "দি বেঙ্গল স্মোক নুইচেঞ্চ আইন" (The Bengal Smoke Nuissance Act)। এই আইনখনে যানবাহনৰ দ্বাৰা সৃষ্টি কৰা অন্যায়কাৰী ধোঁৱা নিয়ন্ত্ৰণ কৰাৰ সুযোগ দিয়ে। গাড়ীৰ মালীকক অন্যায়কাৰী ধোঁৱাৰ বাবে দণ্ডিত কৰাৰ বিধান আইনখনত আছিল। এই আইনখনকে সংশোধন কৰি ১৯৩৯ চনত "যানবাহন আইন" প্ৰবৰ্তন কৰা হয় বায়ু প্ৰদূষণ ৰোধ কৰাৰ বাবে। সৰ্বশেষত ১৯৮১ চনত প্ৰবৰ্তন কৰা "বায়ু প্ৰদূষণ (প্ৰতিৰোধ আৰু নিয়ন্ত্ৰণ) আইনখন"। এই আইনত বায়ু প্ৰদূষণৰ সংজ্ঞা দিয়া হৈছে এনেদৰেঃ বায়ু মণ্ডলত যিকোনো বস্তুৰ (গোটা, জুলীয়া বা গেছীয়) উপস্থিতিয়ে মানুহকে ধৰি অন্যান্য জীৱ-জগত বা উদ্ভিদ জগতৰ অন্যায় সাধন কৰিব পাৰে তাকে বায়ু প্ৰদূষণ বোলা হয়।

আইনখনত কেইবাটাও অনুচ্ছেদ সূচিত হৈছে। সেইমতে (ক) দেশৰ কেন্দ্ৰীয় আৰু ৰাজ্যিক প্ৰদূষণ নিয়ন্ত্ৰণ বোৰ্ডে জল প্ৰদূষণ প্ৰতিৰোধ কৰাৰ দৰে বায়ুৰ প্ৰদূষণো প্ৰতিৰোধ আৰু নিয়ন্ত্ৰণ কাৰ্য পৰিচালনাৰ ক্ষমতা আৰু দায়িত্ব পাইছে।

(খ) আইনখনত শব্দ প্ৰদূষণ বা কোলাহলৰ সংজ্ঞাও সংযোজিত হৈছে ১৯৮৭ চনত।

(গ) এই আইনৰ অধীনত ৰাজ্যিক আৰু কেন্দ্ৰীয় প্ৰদূষণ নিয়ন্ত্ৰণ বোৰ্ডও বায়ুৰ গুণাগুণৰ মান নিৰূপণ কৰাৰ দায়িত্ব অৰ্পণ কৰা হৈছে।

(ঘ) আইনখনত সন্নিবিষ্ট আন এক অনুচ্ছেদ মতে উদ্যোগপতি সকলে উদ্যোগ স্থাপনৰ আগেয়ে ৰাজ্যিক প্ৰদূষণ নিয়ন্ত্ৰণ বোৰ্ডৰ পৰা আগতীয়া অনুমতী লব লাগে, যাতে উদ্যোগৰ পৰা নিৰ্গত ধোৱাই বায়ু প্ৰদূষণ আনিব নোৱাৰে।

(ঙ) এই আইনৰ নিৰ্দেশ অনুসৰি কেন্দ্ৰীয় প্ৰদূষণ নিয়ন্ত্ৰণ পৰিষদে বায়ুৰ বিভিন্ন প্ৰদূষকৰ উপস্থিতিৰ সৰ্বোচ্চ সীমা নিৰ্ধাৰণ কৰি দিছে তলত দিয়া ধৰণেঃ

অঞ্চল বায়ুত থাকিব পৰা প্ৰদূষকৰ সৰ্বোচ্চমান

(প্ৰতি ঘনমিটাৰত মাইক্ৰ'গ্ৰাম হিচাপত)

	এছ.পি.এম. (SPM) *	ছালফাৰ ডায়-অক্সাইড	কাৰ্বন মন'ক্সাইড	নাইট্ৰ'জেন অক্সাইড
উদ্যোগ থকা অঞ্চল	৫০০	১২০	৫০০০	১২০
আবাসিক অঞ্চল	২০০	৮০	২০০০	৮০
সংবেদনশীল	১০০	৩০	১০০০	৩০

এছ পি এম— Suspend Particulate Matter)– প্ৰলম্বিত কণিকাজাতীয় পদাৰ্থ।

কোনো প্ৰতিষ্ঠানে এই সীমা অতিক্ৰম কৰিলে ভঙ্গকাৰী প্ৰতিষ্ঠানক দণ্ডণীয় কৰাৰ দায়িত্ব আইনখনে প্ৰদান কৰিছে।

(চ) বায়ু প্ৰদূষণৰ সীমা উলংঘাকাৰীক নিন্মতম তিনিমাহৰ কাৰাদণ্ড বা পাঁচ হেজাৰ টকাৰ জৰিমনা বা দুয়োটাকে প্ৰয়োগ কৰি শাস্তি দিয়াৰ ব্যৱস্থা আইনখনত সংযুক্ত হৈছে।

পৰিৱেশ সুৰক্ষা আইন, ১৯৮৬
(Enviroament Protection Act, 1986)

পৰিৱেশ সুৰক্ষা আইনখন ১৯৮৬ চনৰ ১৯ নৱেম্বৰত প্ৰবৰ্ত্তন কৰা হয়। আগৰ জলআইন ১৯৭৪ আৰু বায়ু আইন ১৯৮১ আইন দুখনত থকা আসোঁৱাহ বোৰ আতঁৰাই পৰিৱেশ সুৰক্ষা কৰাৰ কটকটীয়া ব্যৱস্থা এই আইনখনত সন্নিবিষ্ট কৰা হয়। এই আইনখনত কোৱা হয়—

(i) বায়ু, পানী, মাটী আৰু এইবোৰক সাঙুঁৰি থকা কথাবোৰ যিয়ে মানুহ অন্যান্য জীৱ-জন্তু আৰু উদ্ভিদৰ সহ-সম্বন্ধ সুস্থিৰ কৰি ৰখাত সহায় কৰে, তাকে পৰিৱেশ বোলা হয়।

(ii) বায়ু, পানী, মাটীত থকা অন্যায়কাৰী যিকোনো পদাৰ্থ পৰিৱেশ প্ৰদূষক বুলি গণ্য কৰা হয়।

(iii) মানৱ সমাজকে ধৰি জীৱ-জগত আৰু জৈৱ-বৈচিত্ৰৰ অন্যায় কৰিব পৰা ভৌতিক আৰু ৰাসায়নিক পদাৰ্থক বিপদজনক পদাৰ্থ বুলি সূচিত কৰা হয়।

এই আইনখনে কেন্দ্ৰীয় চৰকাৰক পৰিৱেশ সুৰক্ষা আৰু উন্নত কৰিবলৈ কতৃত্ব প্ৰদান কৰিছে। কেন্দ্ৰীয় চৰকাৰে ৰাজ্যিক চৰকাৰৰ জৰিয়তে পৰিৱেশ সুৰক্ষা ব্যৱস্থা সমূহ ৰূপায়ন কৰিব। আইনখনৰ মতে কেন্দ্ৰীয় চৰকাৰে কৰিবলগীয়া কামবোৰ হ'ল—

(ক) বায়ু, পানী বা মাটীৰ গুণগত মান ৰক্ষা কৰা ;

(খ) বিভিন্ন ক্ষেত্ৰৰ বাবে পৰিৱেশ প্ৰদূষকৰ সৰ্বোচ্চ মান নিৰ্ধাৰণ কৰা ;

(গ) বিপদজনক পদাৰ্থ পৰিচালনা কৰাৰ সাৱধানতা আৰু বাধা আদি সূচিত কৰা ;

(ঘ) বিপদজনক পদাৰ্থসমূহ স্থানভেদে কিদৰে ব্যৱহাৰ কৰা হব, তাক নিৰ্ধাৰণ কৰা ;

(ঙ) উদ্যোগ পৰিচালনাৰ ক্ষেত্ৰত নিয়ন্ত্ৰণ ব্যৱস্থা নিশ্চিত কৰা ;

(চ) পৰিৱেশত অনায় কৰিব পৰা যিকোনো দুৰ্ঘটনা প্ৰতিৰোধ কৰিবলৈ নীতি নিয়ম আৰু লব লগা সাৱধানতা নিশ্চিত কৰি দিয়া।

আইনখনে যিকোনো ক্ষেত্ৰৰ পৰা বায়ু, পানী বা মাটীৰ নমুনা সংগ্ৰহ কৰি সম্ভাব্য পৰিৱেশ প্ৰদূষণ প্ৰতিৰোধ আৰু নিয়ন্ত্ৰণৰ বাবে কেন্দ্ৰীয় চৰকাৰক বিশেষ ক্ষমতা প্ৰদান কৰে। ইয়াৰ বাবে প্ৰয়োজন হোৱা বৈজ্ঞানিক পৰীক্ষা চলাবলৈ পাৰিবেশিক বিজ্ঞানাগাৰ স্থাপনৰ লগতে ইতিমধ্যে স্থাপিত বিজ্ঞানাগাৰ সমূহক সংগৃহীত নমুনাৰ পৰীক্ষা চলাবলৈ কেন্দ্ৰীয় চৰকাৰক কতৃত্ব প্ৰদান কৰে।

এই আইনমতে পৰিৱেশ সুৰক্ষা কৰিবলৈ উদ্যোগ কেন্দ্ৰৰ পৰা নিৰ্গত বৰ্জিত পদাৰ্থসমূহ আৰু গেছীয় প্ৰদূষক নিয়ন্ত্ৰণ কৰাৰ ব্যৱস্থা ৰখা হৈছে। কেন্দ্ৰীয় চৰকাৰে এইমতে বিভিন্ন শিল্প উদ্যোগৰ পৰা নিৰ্গত প্ৰদূষকৰ মান নিৰ্ধাৰণ কৰি দিছে। উদাহৰণ স্বৰূপে জৈব-ৰাসায়নিক অক্সিজেন উৎপন্ন কৰা উদ্যোগৰ বৰ্জিত পানীৰ মাত্ৰা হ'ল ৩০০ পি পি এম যদিহে তাক জলীয় উৎসত পেলোৱা হয়। আনহাতে বৰ্জিত পানী যদি ৰাজহুৱা নলীত নৰ্দমাত পেলোৱা হয় তেনেহলে তাৰ মাত্ৰা হ'ল ৩৫০ পি পি এম। কিন্তু মাটী বা উপকূলীয় অঞ্চলত পেলালে ইয়াৰ মাত্ৰা হ'ল ১০০ পি পি এম। এইদৰে আৱাসিক অঞ্চলত উদ্যোগ স্থাপন কৰিলে কি মাত্ৰাত বৰ্জিত পদাৰ্থ নিৰ্গত কৰা উচিত, তাৰো মাত্ৰা নিৰ্দ্ধাৰণ কৰাৰ দায়িত্ব আইনখনে সূচিত কৰিছে। প্ৰদূষণ নিয়ন্ত্ৰণ পৰিষদসমূহে এনে ব্যৱস্থা সমূহ প্ৰতিফলন কৰাৰ দিহা হাতত লব পাৰিব।

পৰিৱেশ সুৰক্ষা আইন, ১৯৮৬ মতে ৰাজ্যিক প্ৰদূষণ নিয়ন্ত্ৰণ পৰিষদবোৰে কিছুমান কতৃত্ব লাভ কৰিছে। সেয়া হ'ল—

(i) বৰ্জিত পদাৰ্থসমূহ শোধন কৰাৰ দিহা পৰিষদে উদ্যোগ কেন্দ্ৰসমূহক প্ৰদান কৰিব লাগিব।

(ii) উদ্যোগ কেন্দ্ৰ সমূহে যাতে বৰ্জিত পদাৰ্থসমূহ পৰিশোধন কৰি পুনৰ ব্যৱহাৰৰ ব্যৱস্থা কৰে, তাৰ বাবে উপযুক্ত সা-সুবিধা প্ৰদান কৰাৰ দায়িত্বও প্ৰদূষণ নিয়ন্ত্ৰণ পৰিষদৰ।

(iii) এনে পৰিষদবোৰে উদ্যোগ কেন্দ্ৰসমূহক জৈৱগেছ, শক্তি আৰু পুনৰ ব্যৱহাৰযোগ্য পদাৰ্থ উদ্ধাৰ কৰাৰ বাবে উৎসাহিত কৰিব।

(iv) বৰ্জিত পদাৰ্থসমূহ কোনো জলীয় উৎসত পেলালে তাৰ বহন-ক্ষমতা কিমান নিৰ্দ্ধাৰণ কৰি পৰিষদে উদ্যোগ প্ৰতিষ্ঠানক জনাব লাগিব।

(v) কেন্দ্ৰিয় আৰু ৰাজ্যিক পৰিষদে সম্ভাব্য উন্নত প্ৰযুক্তি বিদ্যা ব্যৱহাৰ কৰিবলৈ উদ্যোগ প্ৰতিষ্ঠানক উৎসাহিত কৰিব।

পৰিৱেশ সুৰক্ষা আইনখনত ১৯৯৪ চনত সংশোধনী সন্নিবিষ্ট কৰা হয়। সেইমতে বিভিন্ন প্ৰকল্পৰ পৰিৱেশৰ ওপৰত পৰিব পৰা প্ৰভাৱ সম্পৰ্কে অধ্যয়ন কৰাৰ দায়িত্ব কেন্দ্ৰীয় প্ৰদূষণ পৰিষদে লাভ কৰে। পৰিষদে ইতিমধ্যে ২৯ প্ৰকাৰ প্ৰকল্প চিনাক্ত কৰি উলিয়াইছে যিয়ে পৰিৱেশৰ ওপৰত কু প্ৰভাৱ পেলাব পাৰে। সেয়ে এনে ধৰণৰ প্ৰকল্প স্থাপনৰ আগেয়ে কেন্দ্ৰীয় চৰকাৰৰ পৰা অনুমতি লব লাগে।

এই আইনখন কটকটীয়া আইন। আইন উলংঘাকাৰী যিকোনো প্ৰতিস্থানৰ কাৰ্যক্ৰম নিয়ন্ত্ৰণ কৰাৰ আৰু প্ৰয়োজন হলে প্ৰতিষ্ঠানটোলৈ বিজুলী শক্তি আৰু পানী যোগান ব্যৱস্থা নাইবা প্ৰতিষ্ঠানটো একেবাৰে বন্ধ কৰি দিয়াৰ কতৃত্ব কেন্দ্ৰীয় চৰকাৰে লাভ কৰিছে। আইনখনৰ অন্যতম মন কৰিবলগীয়া দিশ হ'ল যে কোনো নাগৰিকে ষাঠি দিনৰ আগতে চৰকাৰৰ দৃষ্টিগোচৰলৈ অনা অভিযোগৰ কোনো ব্যৱস্থা লোৱা নহলে তাৰ ভিত্তিত ন্যায় বিচাৰি ন্যায়লয়ৰ ওচৰ চাপিব পাৰে। এই আইনমতে উলংঘাকাৰীক ৭ বছৰ পৰ্য্যন্ত কাৰাবাস বা একলাখ টকা পৰ্য্যন্ত জৰিমনা বা দুয়োটাকে প্ৰয়োগ কৰাৰ বিধান আছে।

পৰিৱেশ সম্পৰ্কীয় আইনখন বলবৎ কৰাৰ সমস্যা ঃ

পবিেশ সুৰক্ষাৰ কাৰণে অৰ্থাৎ সুস্থ পৰিৱেশ পাবৰ বাবে আমাৰ দেশত ইতিমধ্যে যি পাঁচখন আইন প্ৰনয়ন কৰা হৈছে তাৰ সঠিক প্ৰয়োগ এতিয়াও হোৱা নাই। প্ৰকৃততে আইনবোৰ দোষমুক্ত নহয়। সেয়ে আইন উলংঘাকাৰী সাৰি যোৱাৰ সুযোগ পায়। আইনৰ সঠিক প্ৰয়োগ নোহোৱাৰ বাবে আমি সমগ্ৰ দেশত শতকৰা ৩৩ ভাগ বনাঞ্চল পাব পৰা নাই, বন্য প্ৰাণী নিহত হৈ আছে, উদ্ভিদ জধে মধে কটা হৈ আছে আৰু উদ্যোগ স্থাপনত প্ৰয়োজনীয় বৈজ্ঞানিক দিহা পৰামৰ্শ লোৱা হোৱা নাই। ইয়াৰ ফলত বায়ু-পানী আৰৰু মাটীত প্ৰদূষণ অনুক্ৰমে বাঢ়ি আছে।

অলপ মন কৰিলে আমি আইনকেইখনৰ ত্ৰুটি ধৰিব পাৰোঁ। উদাহৰণ স্বৰূপে বন্য আইন খনৰ ত্ৰুটিবোৰ হ'ল এনেধৰণৰ ঃ

(ক) এই আইনখন বন্য প্ৰাণী সুৰক্ষাৰ্থে ষ্টকহলমত বহা সন্মিলনৰ পাছতে তৈয়াৰ কৰা হয়। কিন্তু তাত স্থানীয়ভাৱে লব পৰা সংৰক্ষণ ব্যৱস্থাৰ কোনো উল্লেখ নাই।

(খ) আইনখনত কিছুমান জীব-জন্তুৰ ছাল, হাড় আদি ৰখাৰ অনুমতি দিয়া হৈছে। সেয়ে চোৰাং চিকাৰীয়ে বন্য জন্তু চিকাৰ কৰাৰ ধাউতি এৰিব পৰা নাই।

(গ) যিহেতু জম্মু আৰু কাশ্মীৰত আইনখনৰ প্ৰয়োগ নাই, সেয়ে তাত অবৈধভাৱে ছাল আৰু নোম আদি সংগৃহিত হয়। এই

সংগৃহিত ছাল বা নোমেৰে টুপীকে ধৰি বিভিন্ন সামগ্ৰী তৈয়াৰ কৰি বজাৰত বিকি থকা হৈছে। জম্মু আৰু কাশ্মীৰত ৰাজ্যিক স্তৰত প্ৰনয়ণ কৰা আইনখনে জীৱ-জন্তুৰ চিকাৰ অনুমোদন কৰে। ইয়াৰ ফলত কিছুমান দুষ্প্ৰাপ্য বন্য প্ৰাণী নিহত হৈ আছে।

(ঘ) আইন উলংঘাকাৰীক কঠোৰ শাস্তি দিয়াৰ ব্যৱস্থা নাই বাবে চোৰাংচিকাৰীৰ প্ৰকোপ এতিয়াও কমা নাই।

সেইদৰে বন সংৰক্ষণ আইনখনৰো সুৰুঙা আছে। ইয়াৰ কাৰণ হ'ল আইনখনত বৃটিছ চৰকাৰে বনাঞ্চল নিজীকৰণ কৰাৰ যি কতৃত্ব প্ৰদান কৰিছিল তাক নুই কৰা হোৱা নাই। কেৱল ৰাজ্য চৰকাৰৰ দায়িত্ব কেন্দ্ৰীয় চৰকাৰলৈ আৰ্পিত হৈছে বনাঞ্চল সংৰক্ষণৰ বাবে। আইনখন তৈয়াৰ কৰোতে বনাঞ্চলত যুগ যুগ ধৰি বসবাস কৰি থকা জনজাতি লোকসকলৰ প্ৰয়োজনৰ কথা ভবা হোৱা নাছিল। অথচ এই লোকসকলৰ জীৱিকা নিৰ্বাহিত বন-সম্পদ হ'ল মূখ্য উৎস। সেয়ে তেওঁলোকে আইন অমান্য কৰি কাঠ-কটা বা জীব-জন্তু হত্যা কৰাৰ দৰে কামবোৰ কৰি থাকিবলৈ বাধ্য হৈছে। তদুপৰি আইনখনে সাধাৰণ জনতাকো আকৰ্ষিত কৰা নাই। কাৰণ, আইনখন সম্পৰ্কে জনসাধাৰণক সচেতন কৰা হোৱা নাই। মূখ্য কথা হ'ল আইন এখন প্ৰনয়ণ কৰিলে কাম উজু নহয়, আইনখন বলবৎ কৰিব পাৰিলেহে নিশ্চয়ৰূপে সুফল পোৱা যায়।

সাধাৰণ জনতাই পৰিবশে সুৰক্ষাৰ বাবে তৈয়াৰ কৰা আইনবোৰৰ কথা ভালদৰে নাজানে। কাৰণ, এই আইন সমূহ কিয় প্ৰনয়ণ কৰিব লগা হৈছে, কি কি ক্ষেত্ৰত প্ৰযোজ্য হয় আৰু এই আইন অমান্য কৰিলে কেনেকুৱা শাস্তিৰ ব্যৱস্থা আছে আদি কথাবোৰ জনসাধাৰণক অবগত কৰিব পাৰিলেহে আইন বলবৎ কৰাত সুবিধা হয়। তদুপৰি আমাৰ দেশৰ বনাঞ্চলৰ আশে পাশে থকা অধিকাংশ পৰিয়ালে আৰ্থিক দুৰবস্থাৰ কবলত থকা ব্যক্তি। সেয়ে তেওঁলোকে সংৰক্ষিত ভাবে ৰখা বনাঞ্চলৰ পৰাও গছ গছনি কাটে আৰু তাত থকা জীৱ-জন্তু বধ কৰে নিজৰ প্ৰয়োজনৰ বাবে। আইন প্ৰনয়ণ কৰোতে এনেকুৱা পৰিয়ালবোৰক স্থানান্তৰ কৰি আন ঠাইত বসবাস দিয়াৰ ব্যৱস্থা কৰা হোৱা নাই।

পৰিৱেশ সম্বন্ধীয় আইন সমূহ বলবৎ কৰা প্ৰক্ৰিয়াটো এতিয়াও সুস্থ সৰল হৈ উঠা নাই। কাৰণ, এনে প্ৰক্ৰিয়াৰ লগত জৰিত ব্যক্তি তথা অনুষ্ঠানবোৰৰ প্ৰয়োজনীয় নিষ্ঠাৰ অভাৱ। প্ৰকৃততে আইন বলবৎ কৰা প্ৰক্ৰিয়াৰ লগত জৰিত ব্যক্তিসকলক উপযুক্ত প্ৰশিক্ষণ দিয়াৰ ব্যৱস্থা কৰিব লাগিব। তেওঁলোকে সমাজ, দেশ তথা মানৱ জাতিৰ অস্তিত্বৰ কথা পৰিৱেশ সুৰক্ষাৰ সৈতে কিদৰে সাঙুৰ খাই আছে তাক উপলদ্ধি কৰিব লাগিব। তেতিয়াহে তেওঁলোকে মুক্ত, নিঃ স্বাৰ্থ আৰু আপোচবিহীন মনোভাবেৰে নিজ কাৰ্যত মনোনিবেশ কৰিব পাৰিব।

আন এটা গুৰুত্বপূৰ্ণ কথা হ'ল আইন বলবৎ কৰা কাৰ্যত আন্তঃ বিভাগীয় বুজা-পৰাৰ ব্যৱস্থা কৰাটো। কোনো এটা বিশেষ বিভাগৰ ওপৰত দায়িত্ব অৰ্পণ কৰা হলেও বিভাগটোক আন আন কিছুমান বিভাগে সহায় সহযোগ কৰাৰ প্ৰয়োজন হয়। এনে সহায় পাব পৰা ব্যৱস্থা চৰকাৰে নিশ্চিত কৰা উচিত।

পৰিৱেশ সুৰক্ষাৰ বাবে চৰকাৰৰ দৃষ্টিভঙ্গী কঠোৰ হোৱা উচিত। কাৰণ প্ৰয়োজনৰ খাটিৰতহে আইন প্ৰনয়ণ কৰা হৈছে। তাত ব্যক্তি বিশেষৰ বা বাণিজ্যিক দিশৰ প্ৰতি কোনো ধৰণৰ গুৰুত্ব দিয়া অনুচিত। দোষ-দুষ্ট পৰিৱেশত মানুহকে ধৰি আন জীৱ-জগত আৰু উদ্ভিদ-জগত সুস্থতাৰে তিষ্ঠি থাকিব নোৱাৰে। এইবাবে সকলোৰে হিতৰ বাবে প্ৰনয়ণ কৰা আইনবোৰ কাৰ্যকৰী হোৱাকৈ বিহিত ব্যৱস্থা লোৱাটো উটিত হব।

জন সচেতনমূলক কাৰ্য্যসূচী ঃ

আগতে উল্লেখ কৰা হৈছে যে পৰিৱেশ সুৰক্ষাৰ ক্ষেত্ৰত সৰ্ব সাধাৰণ জনগণৰ সচেতনতা অমোঘ অস্ত্ৰ। জনগণ সচেতন হৈ পৰিৱেশক ৰক্ষা কৰিবলৈ প্ৰতিজ্ঞাবদ্ধ নহলে কেৱল আইনৰ দ্বাৰা সুফল পাব নোৱাৰি। ইয়াৰ বাবে জন জাগৰণৰ ব্যৱস্থা কৰাটো নিতান্তই প্ৰয়োজনীয়। চাব লাগিব যাতে আইন বলবৎ কৰা কাৰ্যত জন সাধাৰণৰ সক্ৰিয় অংশ গ্ৰহণ নিশ্চিত হয়।

জনসাধাৰণক সচেতন কৰিবলৈ চাৰিটা মুখ্য ব্যৱস্থা গ্ৰহণ কৰিব পাৰি। এইবোৰ হ'ল—

(i) **মুখা-মুখি কথোপকথন ঃ** মুখামুখি কথোপকথনৰ দ্বাৰা মানুহৰ মাজত অতি সহজে সচেতনতা আনিব পাৰি। গাওঁ অঞ্চলত বসবাস কৰা গঞা ৰাইজৰ মাজত উপযুক্ত শিক্ষাৰ প্ৰসাৰণ কৰি সচেতনতাৰ বৃদ্ধি কৰিব পাৰি। ইয়াৰ বাবে তেওঁলোকক ৰাজহুৱা সভা, বাটৰ নাট বা দলগত হিচাবে আলোচনাত অংশ-গ্ৰহণ কৰিবলৈ উৎসাহিত কৰিব লাগে। তেওঁলোকৰ কেইজনমানক বিষয়টো বুজাই বাকী ব্যক্তিসকলক আলোচনাত বহিবলৈ দিলে সুফল পোৱা যায়। এনে ধৰণৰ কাৰ্য্যত চৰকাৰী অফিচ, বেচৰকাৰী অনুষ্ঠান বা পঞ্চায়তসমূহে গুৰুত্বপূৰ্ণ ভূমিকা গ্ৰহণ কৰিব পাৰে।

ইয়াৰ লগতে শিক্ষা ব্যৱস্থাত প্ৰাথমিক স্তৰৰ পৰাই পৰিৱেশ সম্পৰ্কীয় পাঠ অধ্যয়নৰ ব্যৱস্থা কৰি পৰিৱেশ সম্পৰ্কে সচেতনতা বৃদ্ধি কৰিব পাৰি। সুখৰ কথা যে সম্প্ৰতি সকলো স্তৰতে সৰ্বোচ্চ ন্যায়ালয়ৰ নিৰ্দেশ ক্ৰমে পৰিৱেশ অধ্যয়ন সন্নিবিষ্ট কৰা হৈছে। কিন্তু পৰিৱেশ অধ্যনৰ বাবে সম্প্ৰতি সংযোজন কৰা বিষয়ত ব্যৱহাৰিক জ্ঞান দিয়াৰ ব্যৱস্থাও কৰা উচিত। ইয়াৰ বাবে তলত দিয়া কাৰ্যসূচী সমূহ ৰূপায়ণ কৰিব পাৰি ঃ

(ক) বিশেষ বক্তৃতাৰ জৰিয়তে,
(খ) ৰাজহুৱা সভাৰ আয়োজন কৰি,
(গ) দলগত ভাৱে আলোচনা কৰি,
(ঘ) সামাজিক অনুষ্ঠানৰ মাজেৰে,
(ঙ) বাটৰ নাটৰ দৰে বিশেষ অনুষ্ঠানৰ মাজেৰে,
(চ) ঘৰে ঘৰে গৈ মানুহক বুজাই দিয়াৰ ব্যৱস্থাৰে আৰু
(ছ) পঞ্চায়ত সভাৰ যোগেদি বিশেষ কাৰ্যসূচী আলোচনা কৰি।

(ii) **গণমাধ্যমৰ জৰিয়তে ঃ** সম্প্ৰতি গণমাধ্যমৰ জৰিয়তে অতি সহজে জনসাধাৰণৰ মাজলৈ প্ৰচাৰ কাৰ্য সম্প্ৰসাৰিত কৰিব পাৰি। এইটো সঁচা কথা যে আমাৰ দেশত আকাশবাণী আৰু দুৰদৰ্শনৰ প্ৰভাব গাওঁ আৰু নগৰত সাৰ্থকভাবে বিয়পি পৰিছে। আনকি বিদ্যুৎ যোগান নথকা ভিতৰুৱা গাওঁ অঞ্চলতো বেটাৰীৰ দ্বাৰা আকাশবাণীৰ প্ৰচাৰ কাৰ্যকে ধৰি ভিন্ ভিন্ অনুষ্ঠান শুনিব পাৰি। সেয়ে জন সচেতনতা সৃষ্টিৰ বাবে গুণমাধ্যমৰ সহায় অপৰিহাৰ্য। এই মাধ্যমৰ দুটা বিশেষ সুবিধা আছে। সেয়া হ'ল (ক) অনুষ্ঠানবোৰ পুনঃ পুনঃ ভাবে প্ৰচাৰ কৰিব পাৰি আৰু (খ) এনে অনুষ্ঠানে ব্যক্তি আৰু পৰিয়াল তথা সমাজৰ অধিক সংখ্যকৰ মাজত প্ৰচাৰ কৰিব পাৰি।

ইতিমধ্যে গণমাধ্যমৰ সুপ্ৰভাব প্ৰমাণিত হৈছে পৰিয়াল পৰিকল্পনা, সাক্ষ্যৰতা অভিযান, স্বাস্থ্য মূলক প্ৰচাৰ আদিত। ঠিক সেইদৰে পৰিৱেশ সৰ্ম্পকীয় অনুষ্ঠানও আকৰ্ষণীয়ভাবে প্ৰচাৰ কৰি জনসাধাৰণৰ মাজত সচেতনতা সৃষ্টি কৰিব পাৰি।

(iii) **ছপা মাধ্যম আৰু আন আন প্ৰচাৰ সামগ্ৰী ঃ** শিক্ষিত সমাজত ছপা মাধ্যমৰ জৰিয়তে সচেতনতা সহজে আনিব পাৰি। উদাহৰণ স্বৰূপে বাতৰি কাকত আৰু আলোচনী আদিত পৰিৱেশ সম্পৰ্কীয় জ্ঞানদায়ক লেখনী নিয়মীয়া ভাবে প্ৰচাৰ কৰি জন সমাজক সচেতন কৰি তুলিব পাৰি। ইয়াৰ উপৰিও পৰিৱেশ সংৰক্ষণৰ প্ৰয়োজনীয়তা আদিৰ বিষয়ে প্ৰচাৰ-পত্ৰ, পোষ্টাৰ আদিৰ জৰিয়তে ৰাইজক সচেতন কৰিব পাৰি। কেৱল এনে প্ৰচাৰ প্ৰত্ৰিকা, জাননী সুচক পোষ্টাৰ আদিত অৰ্থপূৰ্ণ ৰাইজৰ কামত অহা বা ৰাইজক আকৰ্ষণ কৰিব পৰা লেখনী থাকিব লাগিব। কি কৰিলে পৰিৱেশ বিনষ্ট হয় আৰু কি কৰি পৰিৱেশৰ সুস্থতা বা ভাৰসাম্য ৰক্ষা কৰিব পাৰি তাক সুন্দৰভাবে এনে প্ৰচাৰ পত্ৰৰ মাজেদি প্ৰকাশ কৰা উচিত।

(iv) **চৰকাৰী বিষয়াৰ ভূমিকা ঃ** যিহেতু পৰিৱেশ সুৰক্ষাৰ কাৰ্য্য সুচীসমূহ প্ৰধানকৈ চৰকাৰৰ ফালৰ পৰা প্ৰণোদিত হয়, সেয়ে পৰিৱেশ সম্পৰ্কীয় বিভাগৰ দায়িত্বত থকা আঁচনিকাৰক, সিদ্ধান্তকাৰী বিষয়া আৰু সেই বিভাগৰ দায়িত্বত থকা মন্ত্ৰী আদিৰ দুৰদৃষ্টি অতি প্ৰয়োজন। তেওঁলোকে প্ৰয়োজন সাপেক্ষে ৰাইজক সচেতন কৰিবলৈ কৰ্ম্মশালা প্ৰশিক্ষণ শিবিৰ আদিৰ ব্যৱস্থা কৰা উচিত। এই দিশত কেন্দ্ৰীয় পৰিৱেশ আৰু বন মন্ত্ৰণালয়ে প্ৰকাশ কৰা কিতাপ আৰু প্ৰচাৰ প্ৰত্ৰিকা সমূহ সংগ্ৰহ কৰি স্থানীয় ভাষাত প্ৰচাৰ কৰাৰ দিহা কৰিব লাগে।

বে-চৰকাৰী প্ৰতিষ্ঠানৰ ভূমিকা ঃ

আমাৰ দেশত ইতিমধ্যে বহুতো বে-চৰকাৰী প্ৰতিষ্ঠান গঢ় লৈ উঠিছে ৰাইজক সেৱা কৰিবলৈ। এনে প্ৰতিষ্ঠানে পৰিৱেশ সম্পৰ্কীয় সকলো কথাকে সঙুৰি লৈ পৰিৱেশ সুৰক্ষাৰ বাবে কাম কৰিবলৈ লৈছে। চৰকাৰে এনে প্ৰতিষ্ঠানৰ পৰা কিছুমান চিনাক্ত কৰি "মুখ্য কাৰ্যকৰী দল" তৈয়াৰ কৰিব পাৰে। কিন্তু চৰকাৰৰ সহায় নোলোৱাকৈও আমাৰ দেশত ইতিমধ্যে কেইবাটাও নাম কৰা প্ৰতিষ্ঠানৰ ক্ৰিয়া-কলাপ কাৰ্যকৰী হৈছে। উদাহৰণ স্বৰূপে "চিপকো আন্দোলন" আৰু 'নৰ্মদা বচাও আন্দোলন'ৰ কথা বিশেষভাবে কব পাৰি। পৰিৱেশ সংৰক্ষণৰ ক্ষেত্ৰত এই দুয়োটা আন্দোলনে বিশেষ ভূমিকা গ্ৰহণ কৰিছে।

একেদৰে মুম্বাইত থকা "বোম্বাই প্ৰাকৃতিক ইতিহাস সমাজ" (The Bombay Natural History Society), কেৰেলা শাস্ত্ৰীয় সাহিত্য পৰিষদ, ডব্লিউ ডব্লিউ এফ, ভাৰত (World Wide Fund For Nature India) আদিৰ দৰে প্ৰতিষ্ঠান কিছুমানে পৰিৱেশ সচেতনতামুলক কাৰ্যসুচী ৰূপায়ন কৰি এক অনুকৰণীয় দৃষ্টান্ত প্ৰদৰ্শন কৰিছে। আমাৰ অসমতো এনে আৰ্হিত কিছু কাম কৰা হৈছে যদিও সেয়ে যথেষ্ট নহয়। আমি পৰিৱেশ সুৰক্ষাৰ কাৰণে জনগণক সচেতন কৰিবলৈ আন্দোলনমুখী কাৰ্যসুচী লবৰ সময় আহি পৰিছে। সেউজ পৃথিৱী পাবলৈ হলে, আমি সেউজ চিন্তাশ্ৰয়ী হব লাগিব। আমি উপলব্ধি কৰিব লাগিব যে

* এই পৃথিৱীখন অকল মানুহৰ বাবে নহয়; আমাৰ সৈতে সহ-অৱস্থান কৰি থকা জীৱ জগত আৰু উদ্ভিদ জগতৰ বাবেও
* আমাৰ পৰিৱেশ আমাৰ হাতত। নিকা পৰিৱেশতহে প্ৰকৃতিৰ ভাৰসাম্য ৰক্ষিত হয়।
* গছ থাকিলেহে জীৱজগত বৰ্তি থাকিব।
* প্ৰযুক্তিসম্বলিত প্ৰগতি কেৱল অৰ্থনৈতিক দিশত আগবাঢ়িলেই নহব ; ই প্ৰকৃতিৰ সৈতে বন্ধুত্বপূৰ্ণও হব লাগিব।
* আমি জীয়াই থকাৰ লগতে আমাৰ সহচৰ তৰু-তৃণ-জীৱজন্তু সকলোকো জীয়াই থাকিবলৈ দিব লাগিব।

প্ৰশ্নাৱলী

চমু প্ৰশ্ন ঃ

(ক) স্থিতিযোগ্য উন্নয়ন কি?

(খ) (i) জীৱাশ্ম-ইন্ধন বুলিলে কি বুজা?

(ii) দুবিধ জীৱাশ্ম-ইন্ধনৰ নাম লিখা।

(গ) অপাৰম্পৰিক শক্তি বুলিলে কি বুজা?

(ঘ) তিনি বিধ অপাৰম্পৰিক শক্তিৰ নাম লিখা।

(ঙ) (i) নৱীকৰণযোগ্য শক্তিৰ উৎস বুলিলে কি বুজা?

(ii) দুবিধ এনে শক্তিৰ উৎসৰ নাম লিখা।

(চ) পেট্ৰ'লিয়াম আৰু কয়লা কি ধৰণৰ শক্তিৰ উৎস?

(ছ) সংজ্ঞা লিখা— জল বিভাজিকা, সেউজগৃহ পৰিঘটনা, অম্লবৃষ্টি,

(জ) অম্লবৃষ্টিত কি কি এচিড থাকে?

(ঝ) অ'জ'ন কি? অ'জ'ন বিন্ধা বুলিলে কি বুজা যায়।

(ঞ) (i) পৰিৱেশ সংৰক্ষণৰ বাবে ভাৰতবৰ্ষত কিমানখন আইন প্ৰনয়ণ কৰা হৈছে?

(ii) আইনকেইখন কেতিয়া প্ৰনয়ণ কৰা হৈছে, নাম লিখি উল্লেখ কৰা।

দীঘল প্ৰশ্ন

১। স্থিতিযোগ্য বিকাশ (বা উন্নয়ণ) বুলিলে কি বুজা যায়? কি কি উপায়েৰে এনে উন্নয়ণ আনিব পাৰি? ইয়াৰ প্ৰয়োজনীয়তা কি চমুকৈ লিখা।

২। নগৰ অঞ্চলত গাওঁৰ তুলনাত শক্তিৰ প্ৰয়োজন অধিক কিয়?

৩। বৈকল্পিক শক্তি বুলিলে কি বুজা যায়? ইয়াৰ প্ৰয়োজনীয়তা সম্পৰ্কে চমুকৈ লিখা।

৪। পানী সংৰক্ষণ সম্পৰ্কে চমুকৈ আলোচনা কৰা।

৫। বৰষুণৰ পানী সংগ্ৰহ সম্পৰ্কে ৰচনা এখন লিখা।

৬। জলবিভাজিকা পৰিচালনা সম্পৰ্কে লিখা।

৭। পৰিৱেশ সংৰক্ষণৰ নীতিগত দিশ সম্পৰ্কে আলোচনা কৰা।

৮। অ'জ'ন স্তৰৰ অৱক্ষয় বুলিলে কি বুজা? এনে অৱক্ষয় অনাৰ কাৰক সম্পৰ্কে আলোচনা কৰা।

৯। সেউজগৃহ পৰিঘটনা সম্পৰ্কে চমু ৰচনা এখন লিখা।
১০। অম্লবৃষ্টি কি আৰু ই কিদৰে হয় আলোচনা কৰা। ভাৰতৰ ক'ত ক'ত অম্লবৃষ্টি হৈছে?
১১। নিউক্লিয় বা পাৰমাণৱিক দুৰ্ঘটনা সম্পৰ্কে আলোচনা কৰা। লগতে এটা দৃষ্টান্তৰ বিষয়ে লিখা।
১২। প্ৰাকৃতিক দুৰ্ঘটনা সম্পৰ্কে চমু ৰচনা এখন লিখা।
১৩। আলোচনা কৰা ঃ (ক) বন্য-প্ৰাণী আইন, ১৯৭২
(খ) বন সংৰক্ষণ আইন, ১৯৮০
(গ) জল আইন, ১৯৭৪
১৪। বায়ু প্ৰদূষণ নিয়ন্ত্ৰন আইন, ১৯৮১ আৰু পৰিৱেশ সংৰক্ষণ আইন, ১৯৮৬ সম্পৰ্কে আলোচনা কৰা।
১৫। পৰিৱেশ-সম্পৰ্কীয় আইন কেইখনৰ সুৰুঙা কি বুলি ভাবা? এই আইন উপযুক্তভাবে বলবৎ কৰিবলৈ কি কৰা উচিত লিখা।
১৬। পৰিৱেশ সংৰক্ষণৰ বাবে জন-সচেতনতাৰ প্ৰয়োজন আছেনে? যদি আছে, তাক কিদৰে পালন কৰা উচিত লিখা।
১৭। পৰিৱেশ সংৰক্ষণৰ ক্ষেত্ৰত বেচৰকাৰী প্ৰতিষ্ঠানৰ ভূমিকা সম্পৰ্কে আলোচনা কৰা।
১৮। চাৰ্নাবিল পাৰমানৱিক দুৰ্ঘটনাৰ ওপৰত টোকা এটি প্ৰস্তুত কৰা।

সপ্তম অধ্যায়	জনসংখ্যা আৰু পৰিৱেশ **HUMAN POPULATION AND THE ENVIRONMENT**

জনসংখ্যা বৃদ্ধি (Population Growth)

বিশ্ববেঙ্কে প্ৰকাশ কৰা জনসংখ্যাৰ খতিয়ান মতে দেখা যায় যে ১৮০০ চনত পৃথিৱীৰ জনসংখ্যা আছিল এক বিলিয়ন অৰ্থাৎ এহেজাৰ নিযুত। তাৰ পিছত জনসংখ্যাৰ বৃদ্ধি এনেভাৱে বাঢ়িব লৈছে যে ১৩০ বছৰৰ ভিতৰত জনসংখ্যা হয়গৈ দুই বিলিয়ন আৰু তাৰ ৪৫ বছৰ পিছতে জনসংখ্যা হৈছে চাৰি বিলিয়ন। এই হিচাব মতে ২০৪৫ চনত পৃথিৱীৰ জনসংখ্যা হ'বগৈ ১১ বিলিয়ন। সম্প্ৰতি আমাৰ জনসংখ্যা হৈছে ৬ বিলিয়ন।

জনসংখ্যাৰ এনে বৃদ্ধিৰ কাৰণ বিচাৰি চোৱাটো উচিত হ'ব। মানৱ সভ্যতাৰ আদিতে প্ৰস্তৰ যুগত জনসংখ্যা সুস্থিৰ হৈ আছিল। সেই সময়ত পাৰিৱেশিক অৱস্থা আছিল প্ৰাকৃতিক বা স্বাভাৱিক আৰু বিকাশৰ বাবে কোনো ধৰণৰ কৃত্ৰিম ব্যৱস্থা গ্ৰহণ কৰা হোৱা নাছিল। সেই সময়ত সংঘটিত হোৱা খৰাং বতৰ আৰু বানপানীৰ দৰে প্ৰাকৃতিক দুৰ্যোগৰ লগতে কলেৰা আদিৰ দৰে ৰোগৰ প্ৰকোপত বহুতো মানুহৰ মৃত্যু হৈছিল। ১৪ শতিকাত এচিয়া আৰু ইউৰোপত প্লেগ ৰোগ হৈ আধা খিনি মানুহৰ মৃত্যু হৈছিল।

কিন্তু বিজ্ঞান আৰু প্ৰযুক্তি বিদ্যাৰ বিকাশৰ লগে লগে মানৱ জীৱনৰ আয়ুস বাঢ়িল, জীৱন ধাৰণৰ মান সলনি হ'ল। মানুহে পৰিষ্কাৰ পৰিচ্ছন্নতা, ভাল খাদ্য আৰু চিকিৎসা ব্যৱস্থাৰ উন্নত অৱস্থা পালে। মানুহে দুৰ্ভিক্ষ আৰু শিশুৰ মৃত্যুৰ হাৰ কম কৰি জনসংখ্যাৰ বৃদ্ধি আৰম্ভ কৰিলে। কৃষিভিত্তিক সমাজে আৰ্থিক স্বচ্ছলতা লাভ কৰি বিকাশৰ পাতনি মেলিলে। এনে বিকাশ দ্ৰুত হাৰত বাঢ়িবলৈ ললে প্ৰযুক্তি বিদ্যাৰ প্ৰয়োগ আৰম্ভ হোৱাত। পৃথিৱীত সৃষ্টি হ'ল উন্নয়নশীল আৰু উন্নয়ন প্ৰাপ্ত দেশ। ফলত জনসংখ্যাৰ বৃদ্ধি অস্থিৰ হৈ পৰিল। বিশেষকৈ উন্নয়নশীল দেশবোৰত জনসংখ্যাৰ বৃদ্ধি অভুত পূৰ্বভাৱে সংঘটিত হ'ল। হিচাবমতে বিগত ৫০ বছৰত জনসংখ্যাৰ বৃদ্ধিৰ প্ৰায় ৯০-৯৫% কেৱল উন্নয়নশীল দেশতে হৈছে।

জনসংখ্যা বৃদ্ধি বুলিলে সাধাৰণতে এক নিৰ্দিষ্ট অঞ্চলত জনসংখ্যাৰ আকাৰ আৰু গঠন প্ৰক্ৰিয়াৰ বৃদ্ধিক বুজায়। জনসংখ্যাৰ বৃদ্ধিৰ কাৰণ বিচাৰিলে জন্ম, মৃত্যু আৰু প্ৰব্ৰজন মূলক কাৰক কেইটাৰ অসমান কথাকে দায়ী কৰিব পাৰি। জন্মৰ তুলনাত মৃত্যুৰ হাৰ কমি যোৱা আৰু জীৱিকাৰ তাড়নাত এঠাইৰ পৰা আনঠাইলৈ যোৱা ঘটনাবোৰে কোনো এখন ঠাইৰ বা দেশৰ জনসংখ্যাৰ স্বাভাৱিক বৃদ্ধিত বিসঙ্গগতি আনে। দেশ এখনৰ জন্ম-মৃত্যুৰ পাৰ্থক্যই হ'ল জনসংখ্যাৰ স্বাভাৱিক বৃদ্ধি। বিজ্ঞান আৰু প্ৰযুক্তি বিদ্যাৰ দ্ৰুত প্ৰগতিৰ ফলত মৃত্যুৰ তুলনাত জন্মৰ হাৰ বৃদ্ধি পাইছে যাৰফলত জনসংখ্যাৰ বৃদ্ধি উচ্চ হাৰত হ'বলৈ পাইছে। সম্প্ৰতি ইয়ে সমগ্ৰ বিশ্বক শংকিত কৰি তুলিছে। জাতি সংঘই জনসংখ্যাৰ বৃদ্ধিৰ ভয়াবহতা সম্পৰ্কে বিশ্বৰ জনগণক সজাগ কৰি তুলিবলৈ ১১ জুলাইৰ দিনটো "বিশ্ব জনসংখ্যা দিবস" হিচাপে পালন কৰিবলৈ লৈছে।

জাতিসংঘই ১৯২০ চনৰ পৰা পৃথিৱীৰ প্ৰধান অঞ্চল সমূহৰ জনসংখ্যাৰ এক সমীক্ষা প্ৰস্তুত কৰি উলিয়াইছে। সেইমতে ১৯০০ চনৰ পৰা ১৯৫০ চনৰ ভিতৰত বিশ্বৰ জনসংখ্যা বাঢ়িছিল বছৰি ০.৪ শতাংশ হাৰত। কিন্তু ১৯৫০ৰ পৰা ১৯৭০ চনৰ ভিতৰত এই হাৰ হয়গৈ ১.৯ শতাংশ। তাৰ পাছৰ ২০ বছৰত অৰ্থাৎ ১৯৯০ চনৰ ভিতৰত জনসংখ্যাৰ বৃদ্ধিৰ হাৰ হৈছে ২.২২ শতাংশ। ১৯৯০ চনত বিশ্বৰ জনসংখ্যা আছিল ৫.৩ বিলিয়ন আৰু তাৰ ঠিক ১০ বছৰ পাছতেই এই সংখ্যা হৈছেগৈ ৬.৩ বিলিয়ন। এই খিনিতেই মন কৰিবলগীয়া কথা হ'ল যে বিশ্বৰ জনসংখ্যা বৃদ্ধি পাই থাকিলে অহা ৫০ বছৰৰ ভিতৰত বিশ্বত খাদ্য, গৃহ, খোৱা পানী, নিয়োগ, আয়, শিক্ষা, স্বাস্থ্য সেৱা আৰু পৰিৱেশ আদিৰ এক ভয়াবহ সমস্যাৰ সৃষ্টি হ'ব।

বিভিন্ন দেশত জনসংখ্যা বিতৰণ (Population Variation among Nation) ঃ

বিশ্বজনসংখ্যাৰ খতিয়ান চালে বুজা যায় যে পৃথিৱীৰ বিভিন্ন দেশ বা মহাদেশত জনসংখ্যাৰ বিতৰণ বৰ অসমান। ১৯৯০ চনৰ গণনামতে অতি ঘনবসতিপূৰ্ণ অঞ্চল হ'ল এচিয়া, অতি জনবহুল দেশ হ'ল জাপান। এই গণনাত প্ৰকাশ পোৱা মতে এচিয়া মহাদেশৰ জনসংখ্যা হ'ল বিশ্বজনসংখ্যাৰ ৫৮.৫৭%। ইয়াৰ বিপৰীতে আফ্ৰিকাৰ জনসংখ্যা হ'ল মাত্ৰ ১২.৪২%। ইউৰোপৰ জনসংখ্যা হ'ল ৯.৪২% আৰু আটাইতকৈ কম জনসংখ্যাৰ অঞ্চল হ'ল ওচেনিয়া মাত্ৰ ০.৫%।

বিশ্ব জনসংখ্যাৰ গণনাৰ ক্ষেত্ৰত কেইটামান পদ বা শব্দৰ প্ৰয়োগ বাৰুকৈয়ে কৰা হয়। যেনে—

(i) সূচকীয় বৃদ্ধি (Exponential Growth) ঃ যেতিয়া কোনো এটা ৰাশি (বা সংখ্যা) এক এককে প্ৰতি বিশেষ ধ্ৰুৱক বা নিৰ্দিষ্ট পাৰ্থক্যৰে বৰ্দ্ধিত হয়, তাক ৰৈখিক বৃদ্ধি বুলি কোৱা হয়। যেনে— ১, ৩, ৫, ৭ আদিৰ দৰে। যদি এনে বৃদ্ধি কোনো নিৰ্দিষ্ট শতাংশ বা গুণেৰে বৰ্দ্ধিত হয়, তেন্তে তাক সূচকীয় বৃদ্ধি বোলা হয়। যেনে— ১০, ১০^২, ১০^৩, ১০^৪ .... হাৰত বা ২, ৪, ৮, ১৬ .... হাৰত হোৱা বৃদ্ধি। বিশ্বজনসংখ্যা সম্প্ৰতি সূচকীয় বৃদ্ধিৰে বৰ্দ্ধিত হৈছে।

(ii) দুগুণ হোৱা সময় (Doubling time) ঃ কোনো এক অৱস্থাত বা সময়ত জনসংখ্যাৰ বৃদ্ধি যদি বছৰি দুগুণ হাৰত হৈ থাকে, তেন্তে সেই সময়চোৱাক 'দুগুণ হোৱা সময়' বুলি কোৱা হয়। ইয়াৰ বাবে এটা সূত্ৰ প্ৰয়োগ কৰা হয় এনেদৰে— দুগুণ হোৱা সময়, $T_d = 70/r$, r হ'ল বছৰি বৃদ্ধিৰ হাৰ। উদাহৰণতঃ কোনো এটা জাতিৰ (বা দেশৰ) বাৰ্ষিক বৃদ্ধি যদি ২% হয়, তেন্তে তাৰ দুগুণ হোৱা সময় হ'ব ৭০/২ অৰ্থাৎ ৩৫ বছৰ।

(iii) মুঠ প্ৰজননতা (বা উৰ্বৰতা) হাৰ (Total Fertility rate) ঃ

জনসংখ্যা বৃদ্ধিৰ অন্যতম জোখৰ মাপ হ'ল প্ৰজননতাৰ হাৰ। প্ৰজননতা হাৰৰ সংজ্ঞা দিয়া হয় কোনো এজনী সন্তান জন্ম দিব পৰা নাৰীৰ গড় হিচাপত সন্তানৰ সংখ্যা অনুসৰি। ধৰি লোৱা হয় যে বয়স অনুপাতে সন্তান জন্ম দিয়াৰ হাৰ নিৰ্দিষ্ট হাৰতহে হ'ব। বিকাশপ্ৰাপ্ত দেশত প্ৰজননতাৰ হাৰ হ'ল ১.৯ আৰু বিকাশশীল দেশত ৪.৭। ১৯৫০ চনত মুঠতে প্ৰজননতাৰ হাৰ আছিল ৬.১। কিন্তু সম্প্ৰতি জন্মনিয়ন্ত্ৰণ আঁচনিৰ দ্বাৰা এই মান হ্ৰাস কৰা হৈছে।

(iv) শিশুৰ মৃত্যুৰ হাৰ (Infant mortality rate) ঃ

ভৱিষ্যতৰ জনসংখ্যা বৃদ্ধিত ই এক অতি গুৰুত্বপূৰ্ণ উৎপাদক। বছৰি যিমান শিশুৰ জন্ম হয়, তাৰ ভিতৰত মৃত্যু হোৱা শিশুৰ শতকৰা হিচাপেই হ'ল শিশুৰ মৃত্যুৰ হাৰ। বিগত ৫০ বছৰত এই হাৰ কমিছে। কিন্তু বিকাশপ্ৰাপ্ত দেশৰ তুলনাত বিকাশশীল বা অনুন্নত দেশত এই হাৰৰ তাৰতম্য আছে। বিকাশশীল দেশত শিশুৰ মৃত্যুৰ হাৰ বেছি; অনুন্নত দেশত আৰু বেছি।

(v) বয়স অনুসৰি বৃদ্ধি ঃ কোনো এটা জাতিৰ জনসংখ্যা বৃদ্ধি বয়স অনুসৰি হোৱা বৃদ্ধিৰ চেহেৰা পিৰামিড আকৃতিৰে সূচিত হয়। ইয়াত ০-১৪ বছৰলৈ শৈশব-কালছোৱা, ১৫-৪৪ বছৰলৈ সন্তান উৎপাদনক্ষম কাল আৰু ৪৫ বছৰৰ ওপৰৰ অ-উৎপাদনক্ষম কাল বুলি গণ্য কৰা হয়। সাধাৰণতে তিনি প্ৰকাৰৰ বয়সৰ পিৰামিড' পোৱা যায়। যেনে—

(ক) পিৰামিড আকৃতিৰ ঃ

এই আকৃতিত কম বয়সৰ সংখ্যা অধিক আৰু বুঢ়াকালৰ সংখ্যা কম। ই জনসংখ্যা বৃদ্ধিৰ হাৰ সূচিত কৰে। ভাৰতবৰ্ষ, বাংলাদেশ, ইথিওপিয়া আৰু নাইজেৰিয়াত এনে আকৃতি পোৱা যায়। এই দেশবোৰত ক্ৰমে উৎপাদন ক্ষম বয়সত অধিক সংখ্যক জনতা সোমাই অধিকজনৰ জন্ম দিব। চিত্ৰ ৭.২ (ক)টো জাতিসংঘই ২০০০ চনত প্ৰকাশ কৰা ভাৰতৰ ক্ষেত্ৰত অকা পিৰামিড। আনহাতে, চিত্ৰটোৰ পৰা বুজা যায় যে বৃদ্ধ অৱস্থাত মৃত্যুৰ হাৰ কম।

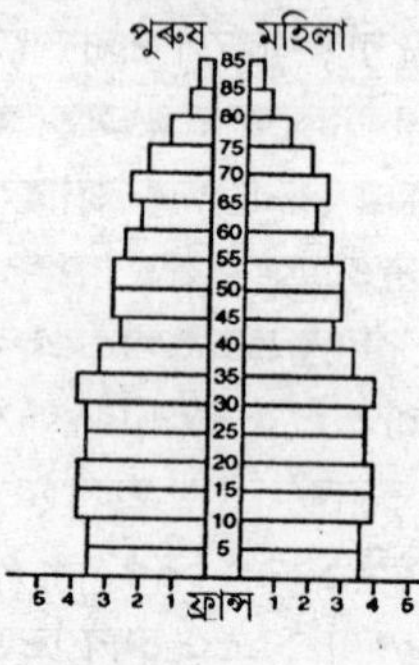

চিত্ৰ ৭.২ (ক)

(খ) ঘণ্টাকৃতিৰ ঃ আমেৰিকা, কানাডা আৰু ফ্ৰান্সত জন্মৰ হাৰ মাজতে কমি গৈছিল। সেয়ে ৩৫ বছৰলৈ জনসংখ্যা প্ৰায় একে হাৰত থাকি গৈছিল। চিত্ৰ ৭.২ (খ)ৰ পৰা বুজা যায় যে এনে ক্ষেত্ৰত অন্ততঃ ১০ বছৰত উৎপাদন ক্ষম বয়সৰ জনসংখ্যা প্ৰায় একে ধৰণে থাকি যায়। গতিকে তাত জনসংখ্যা স্থিৰ হৈ থাকে।

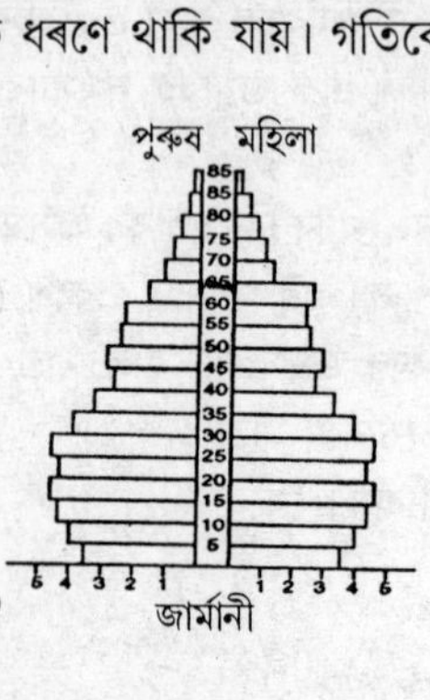

চিত্ৰ৭.২(খ) জাৰ্মানী

(গ) পুঁজি (খেৰৰ) আকৃতিৰ ঃ কিছুমান দেশত শিশুৰ জন্মহাৰ কম। সেয়ে দহ বছৰ পাছত প্ৰজনন হাৰো ক্ৰমে কমি যাব। এনে ক্ষেত্ৰত জনসংখ্যাৰ আকৃতি হয় খেৰৰ পুঁজিৰ দৰে। জাৰ্মানী, ইটালী, হাংগেৰী, চুইডেন আৰু জাপানত এনে জনসংখ্যা বৃদ্ধি দেখা যায়। কাষত দিয়া চিত্ৰটো জাৰ্মানীৰ।

শূন্য জনসংখ্যা বৃদ্ধি ঃ শিশুৰ জন্মৰ হাৰ, লগতে প্ৰব্ৰজন সংখ্যা যদি মৃত্যুৰ হাৰ আৰু দেশৰ পৰা ওলাই যোৱা সংখ্যাৰ সমান হয়, তেনেহ'লে জনসংখ্যা বৃদ্ধিৰ হাৰ হ'ব শূন্য মানৰ।

পুৰুষ-মহিলাৰ অনুপাত (Male-Female Ratio) ঃ

যিকোনো সুস্থ সমাজত ল'ৰা আৰু ছোৱালীৰ জন্ম সমপৰিমাণত হোৱা উচিত। সাধাৰণতে, $\frac{\text{পুৰুষ}}{\text{মহিলা}}$ = ১ হোৱা উচিত। কিন্তু কিছুমান সামাজিক কাৰণত এই অনুপাত হয় ১ তকৈ অধিক বা কম হোৱা দেখা যায়। ভাৰতবৰ্ষ আৰু চীনত সম্প্ৰতি পুৰুষৰ সংখ্যা বেছি।

জীৱন কাল (আয়ুস) ঃ জন্ম পোৱা শিশু জীয়াই থকাৰ গড় আয়ুকে জীৱন কাল বুলি গণ্য কৰা হয়। সম্প্ৰতি বিশ্বত এনে জীৱন কাল ৬৫.৫; অৰ্থাৎ গড় হিচাপত মানুহ এজন ৬৫.৫ বছৰ জীয়াই থাকে। যোৱা শতিকাৰ মাজভাগলৈ এই মান আছিল ৪০। ভাৰতবৰ্ষত ১৯০০ চনত পুৰুষৰ গড় আয়ুস আছিল ২২.৬ বছৰ আৰু মহিলাৰ ২৩.৩ বছৰ। কিন্তু ক্ৰমে চিকিৎসা সেৱা আৰু জীৱন যাপনৰ মান উন্নত হোৱাত মৃত্যুৰ হাৰ কমিছে আৰু সেয়ে গড় আয়ুসৰ মানো বাঢ়িছে। কুৰি শতিকাৰ শেষত ভাৰতত পুৰুষ আৰু মহিলাৰ গড় আয়ুস হৈছেগৈ ক্ৰমে ৬০.৩ বছৰ আৰু ৬০.৫ বছৰ। চুইডেন আৰু জাপানত জীৱন-কাল সৰ্বাধিক দীঘল। এই দেশ দুখনত মহিলাৰ জীৱন কাল ৮২.১ ৰ পৰা ৮৪.২ বছৰ আৰু পুৰুষৰ ৭৭-৭৭.৪ বছৰ।

উন্নত আৰু উন্নয়নশীল দেশবোৰত জনসংখ্যা বৃদ্ধি (Population Growth in Developed and Developing Countries) ঃ

জনসংখ্যাৰ খতিয়ান ল'লে দেখা যায় যে ইউৰোপ, আমেৰিকা যুক্তৰাষ্ট্ৰ, কানাডা আৰু জাপানৰ দৰে উন্নত দেশবোৰত জন্মৰ হাৰ হেজাৰে প্ৰতি ২০ জনতকৈও কম। ৯০ৰ দশকত এই হাৰ আছিল ১০ শতাংশতকৈও কম। আনহাতে, এচিয়া, আফ্ৰিকা আৰু লেটিন আমেৰিকাৰ দৰে উন্নতশীল বা অনুন্নত দেশবোৰত জন্মৰ হাৰ হেজাৰে প্ৰতি ৩৭ বা ততোধিক।

১৯৯০ চনত দেখা যায় যে বিশ্ব জনসংখ্যাৰ ৭৫% কেন্দ্ৰীভূত হৈছে আৰ্থিকভাৱে পিছ পৰা দেশবোৰত। এনে দেশসমূহত জনসংখ্যা বৃদ্ধিৰ হাৰ অতি উচ্চ আৰু সেয়ে তাত জনসংখ্যা দ্ৰুত হাৰত বাঢ়ি আছে। সম্প্ৰতি বিশ্বজনসংখ্যাৰ ৯৫% কেৱল উন্নয়নশীল দেশতে কেন্দ্ৰীভূত। উন্নত আৰু অনুন্নত অঞ্চলবোৰৰ মাজত জনসংখ্যা বৃদ্ধিৰ তাৰতম্য থকা বাবে আৰ্থিক অৱস্থাৰো তাৰতম্য আহি পৰিছে। এই ক্ষেত্ৰত উন্নয়নশীল দেশসমূহে ইতিমধ্যে জনসংখ্যা বৃদ্ধিৰ হাৰ কমাবলৈ যত্নপৰ হৈছে। কোৱা হৈছে যে বৰ্তমানৰ ১.৮ শতাংশ হাৰত জনসংখ্যা বৃদ্ধি পোৱা অৱস্থা ২০২০-২০২৫ ৰ ভিতৰত কমিগৈ ১.১ শতাংশলৈ নামিব। একেদৰে উন্নত দেশসমূহতো জনসংখ্যা বৃদ্ধিৰ হাৰ কমিব। ২০২০-২৫ ৰ কালছোৱাত উন্নত দেশবোৰত বৰ্তমানৰ ০.৫ শতাংশ বৃদ্ধিৰ হাৰ কমি গৈ ০.২ শতাংশ হ'ব। আনহাতে, আফ্ৰিকাৰ দৰে কম উন্নত অঞ্চলবোৰত জনসংখ্যা বৃদ্ধিৰ হাৰ সৰ্বাধিক হ'ব— ১.৯ শতাংশ। এচিয়া মহাদেশত এই কালছোৱাত জনসংখ্যা হ'বগৈ ৪৫০০ নিযুত।

২০০০ চনৰ তথ্য অনুসৰি বিশ্বৰ দহখন দেশৰ জনসংখ্যা হ'ল এনেধৰণৰ ঃ

ক্ৰমিক নং	দেশ	জনসংখ্যা	বিশ্বৰ তুলনাত (নিযুত) আপেক্ষিক শতাংশ
১	চীন	১,২৭৭.৬	২১.০৩
২	ভাৰতবৰ্ষ	১,০২৭.০	১৬.৮৭
৩	আমেৰিকা	২৮১.৪	৪.৬৩
৪	ইণ্ডোনেচিয়া	২১২.১	৩.৪৯
৫	ব্ৰাজিল	১৭০.১	২.৮০
৬	পাকিস্তান	১৫৬.৫	২.৫৮
৭	ৰুছগণৰাজ্য	১৪৬.৯	২.৪২
৮	বাংলাদেশ	১২৯.২	২.১৩
৯	জাপান	১২৬.৯	২.০৯
১০	নাইজেৰিয়া	১১১.৫	১.৮৪

জাতিসংঘৰ সমীক্ষা অনুসৰি ১৯৯০-২০০০ চনৰ দশকত জনসংখ্যা বৃদ্ধিৰ গড় বছৰি ১.৪%।

বিশ্ব উন্নয়ন পৰিষদৰ খতিয়ান প্ৰকাশ পোৱা শেহতীয়া হিচাপ হ'ল এনে ধৰণৰ —

দেশ / অঞ্চল	জনসংখ্যা (নিযুতত)			মুঠৰ শতাংশ			বছৰি বৃদ্ধিৰ হাৰ (%)		
	১৯৮০	১৯৯২	২০০০	১৯৮০	১৯৯২	২০০০	১৯৭০-৮০	১৯৮০-৯০	১৯৯০-২০০২
আৰ্থিক ভাবে অনুন্নত অঞ্চল	১৩৮৪	৩১৯১	২৪৫৯	৩১.৩	৫৮.৭	৪০.৬	২.২	২.৪	২.০
মধ্যবিত্ত অঞ্চল	২২১৭	১৪১৯	২৬৯৩	৫০	২৬.১	৪৪.৫	৩.১	১.৬	১.২
আৰ্থিকভাৱে স্বচ্ছন্ন অঞ্চল	৮২৫	৮২৫	৯০৩	১৮.৬	১৫.২	১৪.৯	০.৮	০.৭	০.৭
বিশ্বৰ	৪৪২৬	৫৪৩৮	৬০৫৫	১০০	১০০	১০০	২.২	১.৭	১.৪
ভাৰতবৰ্ষ	৬৮৭	৮৮৪	১০১৬	১৫.৫	১৬.৩	১৬.৭	২.৩	২.১	১.৮

জনসংখ্যা বিস্ফোৰণ (Population Explosion) ঃ

আমি আগতেই আলোচনা কৰিছোঁ যে কুৰি শতিকাৰ কালছোৱা জনসংখ্যাৰ বৃদ্ধি অতি উচ্চ হাৰত হৈ জন-বিস্ফোৰণৰ সৃষ্টি কৰিছে। জন বিস্ফোৰণ সংঘটিত হৈছে বিশেষভাৱে উন্নয়নশীল দেশসমূহত। ইপিনে জনসংখ্যা বৃদ্ধিৰ হাৰত অৰ্থনৈতিক বিকাশ দ্ৰুত হাৰত হোৱা নাই। এই বাবেই জনবিস্ফোৰণ উন্নয়নশীল দেশৰ বাবে এক প্ৰত্যাহ্বান মূলক সমস্যা ৰূপে দেখা দিছে। জনসংখ্যা বিস্ফোৰণ হ'ল কোনো এখন দেশৰ জনমূৰি হোৱাৰ আয়ৰ তুলনাত অধিক হাৰত হোৱা জনসংখ্যাৰ বৃদ্ধি। যেতিয়াই জনমূৰি আয়ৰ বৃদ্ধিত জনসংখ্যা বৃদ্ধিয়ে হেঙাৰ সৃষ্টি কৰা অৱস্থা আনে, তেতিয়াই তাক জনসংখ্যা বিস্ফোৰণ বুলি কোৱা হয়। ই জনমূৰি আয়ৰ মান নিম্নগামী কৰে। জনসংখ্যাৰ পৰিৱৰ্তন তত্ত্বই (Theory of Demographic Transition) উল্লেখ কৰিছে যে জন বিস্ফোৰণ হ'ল জনসংখ্যা বৃদ্ধিৰ হাৰত হোৱা এক অপ্ৰত্যাশিত দ্ৰুত বিস্তৃতি, যিটো জন্ম-মৃত্যু হাৰৰ ব্যাপক ব্যৱধানৰ বাবে জনসংখ্যা পৰিৱৰ্তনৰ দ্বিতীয় পৰ্যায়ত আহে। জনসংখ্যা পৰিৱৰ্তন তত্ত্ব অনুসৰি প্ৰত্যেক দেশে এনে পৰিৱৰ্তনৰ তিনিটা পৰ্যায়ৰ মাজেৰে অতিক্ৰম কৰে বা কৰি আহিছে। প্ৰথম পৰ্যায়ত জন্ম আৰু মৃত্যু উভয় হাৰেই উচ্চ হয়। ফলস্বৰূপে জনসংখ্যা কম-বেছি পৰিমাণে স্থিৰ হৈ থাকে। সাধাৰণতে বিশ্বৰ অতি পিছপৰা অৰ্থনীতিত, য'ত কৃষিয়েই মূল জীৱিকা, তাত জনসাধাৰণৰ জনমূৰি আয় অতি নিম্ন পৰ্যায়ৰ হয়। তাত জীৱন ধাৰণৰ মানো নিম্ন পৰ্যায়ৰ হয়। জনসংখ্যা পৰিৱৰ্তনৰ এই পৰ্যায়ত শিক্ষাৰ অভাৱ, কুসংস্কাৰ আৰু অন্যান্য সামাজিক ব্যাধিবোৰৰ বাবে জন্ম আৰু মৃত্যুৰ হাৰ দুয়োটা উচ্চ হয়।

জনসংখ্যা পৰিৱৰ্তনৰ দ্বিতীয় পৰ্যায়ত জনসংখ্যা দ্ৰুত হাৰত বৃদ্ধি পায়। কিন্তু উন্নয়নৰ প্ৰক্ৰিয়া আৰম্ভ হোৱাৰ লগে লগে জীৱন নিৰ্বাহৰ মান উন্নত হয়, শিক্ষাৰ প্ৰসাৰ ঘটে, চিকিৎসা সুবিধা আৰু স্বাস্থ্য সেৱাৰ উন্নতি হয়। এই উন্নয়নবোৰে মৃত্যুৰ হাৰ যথেষ্ট কমাই দিয়ে। অৱশ্যে মৃত্যুৰ হাৰ অনুপাতে জন্মৰ হাৰ হ্ৰাস নাপায়। সেয়ে জনসংখ্যা চিন্তনীয়ভাৱে বৃদ্ধি পায়। সাধাৰণতে এইটো পৰ্যায়ত জনসংখ্যা বাৰ্ষিক ২% বা ততোধিক হাৰত হয়। গতিকে অৰ্থনীতিৰ বাবে ই সঁচাকৈ এক গভীৰ সমস্যা সৃষ্টি কৰে। অৰ্থনীতিবিদ সকলে ইয়াকে জনবিস্ফোৰণ বুলি আখ্যা দিছে। ভাৰতৰ দৰে তৃতীয় বিশ্বৰ উন্নয়নশীল দেশবোৰে জনসংখ্যা পৰিৱৰ্তনৰ এইটো পৰ্যায়েৰে গতি কৰিছে। ভাৰতবৰ্ষৰ জনসংখ্যা ১৯২১ চনৰ ২৫.১ কোটিৰ পৰা ২০০১ চনৰ ১ মাৰ্চলৈ ১০২ কোটি অতিক্ৰম কৰিছে। আমি যদি জনসংখ্যা বৃদ্ধিৰ বৰ্তমান হাৰটোক বিচাৰ কৰোঁ তেন্তে ভাৰতবৰ্ষৰ জনসংখ্যাৰ প্ৰতি দহ বছৰলৈ ইংলেণ্ডৰ জনসংখ্যাৰ দুগুণতকৈ অধিক লোক সংযোজিত হৈ আছে।

জনসংখ্যা বিস্ফোৰণে দেশ এখনৰ খাদ্য, বস্ত্ৰ, বাসস্থান, শিক্ষা, স্বাস্থ্য, নিয়োগ সামাজিক কল্যাণ, পৰিৱেশ তথা পাৰিপাৰ্শ্বিক অৱস্থা ইত্যাদি বিভিন্ন দিশত গভীৰ সমস্যাৰ সৃষ্টি কৰে। জনসংখ্যাৰ বিস্ফোৰণে দেশ এখনত বিভিন্ন প্ৰাকৃতিক দুৰ্যোগৰ সম্ভাৱনাও বৃদ্ধি কৰে।

জনসংখ্যা বিস্ফোৰণ সাধাৰণতে দুটা তত্ত্বেৰে ব্যাখ্যা কৰা হয়। তাৰে প্ৰথমটো হ'ল মালথাচৰ তত্ব (Malthusian Theory) আৰু দ্বিতীয়টো হ'ল মাৰ্ক্সৰ তত্ব (Marxian Theory)। মালথাচৰ তত্ত্বমতে জনসংখ্যা বৃদ্ধি সূচকীয় হাৰত বা চক্ৰবৃদ্ধি সুত উলিওৱা সূত্ৰ অনুসৰি হয়। কিন্তু খাদ্যাদি উৎপন্ন হয় সেই তুলনাত স্থিৰ গতিত। সেয়ে দৰিদ্ৰতা, দুৰ্ভিক্ষ, ৰোগ সংক্ৰমন, বিভিন্ন ধৰণৰ সমাজ বিৰোধী পাপ-কাৰ্য অৰ্থাৎ দোষণীয় কাৰ্য জনসংখ্যা বিস্ফোৰণৰ সৈতে আহি পৰে। তেওঁ আৰু কয় যে দুৰ্ভিক্ষ, ৰোগসংক্ৰমন, হিংসামূলক কাৰ্য আদিৰ দৰে 'ধনাত্মক বাধা' (ইংৰাজীত positive checks) ৰ সৈতে ৰক্ষাসূচক প্ৰতিবন্ধক (যেনে জন্মনিয়ন্ত্ৰ) ৰে জনসংখ্যা নিয়ন্ত্ৰিত হয়।

কাৰ্লমাৰ্ক্সৰ মতে জনসংখ্যা বৃদ্ধি দুৰ্ভিক্ষ, দৰিদ্ৰতা, সম্পদৰ হ্ৰাসপ্ৰাপ্তি বা প্ৰদূষণ আদিৰ কাৰক হোৱাতকৈ এইবোৰৰ আদি লক্ষণহে হয়। তেওঁৰ মতে ধনী বা থকাসকলৰ দ্বাৰা নথকাসকলৰ বা গৰীব শ্ৰেণীৰ ওপৰত কৰা শোষণ নীতি হ'ল সামাজিক বিভ্ৰাটৰ মূল কাৰণ। ইয়াতেই সৃষ্টি হয় দৰিদ্ৰতা, দুৰ্ভিক্ষ, নিবনুৱা, পৰিৱেশৰ স্খলন আদিৰ দৰে উৎপাদকবোৰ।

জনা ভাল ঃ প্ৰতি ছেকেণ্ডত গড় হিচাপত ৪ বা ৫টা শিশুৰ জন্ম হয় আৰু ২.২ জন ব্যক্তিৰ মৃত্যু হয়। গতিকে ছেকেণ্ডে প্ৰতি প্ৰায় আঢ়ৈজন মানুহৰ বৃদ্ধি হয়। অৰ্থাৎ ঘণ্টাত প্ৰায় ৯০০০ জন আৰু সমস্ত দিনটোত প্ৰায় ২,১৪,০০০ জন মানুহৰ বৃদ্ধি হৈ আছে।

এখন দেশে জনসংখ্যা বিস্ফোৰণৰ এই জটিল সমস্যাৰ পৰা উদ্ধাৰ পোৱাৰ আশা কৰিব পাৰে যদিহে উদ্যোগীকৰণ আৰু নগৰীকৰণৰ প্ৰক্ৰিয়া দ্ৰুততৰ হয় আৰু শিক্ষাৰ ব্যাপক প্ৰসাৰ ঘটে। এনেকুৱা এক অৱস্থাতহে জন্মৰ হাৰ নিম্নগামী হয় আৰু ই মৃত্যুৰ হাৰৰ সৈতে সমতা স্থাপন কৰে। কোনো দেশে এবাৰ এনেকুৱা অৱস্থা এটা লাভ কৰিলে জনসংখ্যা বিস্ফোৰণৰ জটিল সমস্যাৰ পৰা উদ্ধাৰ পাব পাৰে। বিশ্বৰ উন্নত দেশবোৰে ইতিমধ্যে জনসংখ্যা পৰিৱৰ্তনৰ এই পৰ্যায়টো লাভ কৰিছে।

জনসংখ্যা ৰোধ কৰাৰ উপায় ঃ

পৰিয়াল কল্যাণ আঁচনি (Family Welfare Programme) ঃ পৰিয়াল কল্যাণৰ আঁচনিসমূহ দেশৰ ৰাষ্ট্ৰীয় জনসংখ্যাৰ নীতিৰ এক অপৰিহাৰ্য অংগ। এই আঁচনিত শিক্ষা, স্বাস্থ্য, শিশুৰ যতন, জন্ম নিয়ন্ত্ৰণ, মহিলাৰ অধিকাৰ, শিশুৰ পুষ্টি, মাতৃ আৰু শিশু কল্যাণ আদি বিভিন্ন কাৰ্যসূচী অন্তৰ্ভুক্ত কৰা হয়।

ভাৰতৰ দ্ৰুত জনসংখ্যা বৃদ্ধি আৰু পৰিণতিত দেখা দিয়া জন বিস্ফোৰণৰ সমস্যা অনুধাৱন কৰি ভাৰত চৰকাৰে পঞ্চ বাৰ্ষিক পৰিকল্পনাৰ আৰম্ভণিৰে পৰা পৰিয়াল পৰিকল্পনাৰ ওপৰত গুৰুত্ব দিছে। পৰিয়াল পৰিকল্পনাৰ অৰ্থ হ'ল স্বেচ্ছামূলকভাৱে সীমিত পৰিয়ালৰ আকাৰ পাবলৈ উৎসাহিত কৰা। পৰিয়াল পৰিকল্পনা আঁচনিৰ মূল সত্যটো হ'ল ক্ষুদ্ৰ পৰিয়ালৰ আদৰ্শ আৰু সন্তানৰ মাজত উপযুক্ত ব্যৱধান ৰখা। পৰিয়াল পৰিকল্পনাৰ আঁচনি গ্ৰহণত ভাৰত বিশ্বৰ ভিতৰতে প্ৰথম দেশ। চৰকাৰীভাৱে এই কাৰ্যসূচী ১৯৫১ চনতে আৰম্ভ হয়। কিন্তু দেশত জন্ম নিয়ন্ত্ৰণৰ আন্দোলন তাতোকৈও পুৰণি। ১৯২৫ চনতে কাৰ্ভেই বোম্বাইত পোন প্ৰথম জন্ম নিয়ন্ত্ৰণ কেন্দ্ৰ মুকলি কৰে। প্ৰথম তিনিটা পঞ্চ বাৰ্ষিক পৰিকল্পনাৰ সময়ছোৱাত পৰিয়াল পৰিকল্পনাৰ ওপৰত বৰ বেছি গুৰুত্ব দিয়া হোৱা নাছিল। কিন্তু চতুৰ্থ পঞ্চ বাৰ্ষিক পৰিকল্পনাৰ পিছৰ পৰা ভাৰত চৰকাৰে পৰিয়াল পৰিকল্পনাৰ আঁচনিত যথেষ্ট গুৰুত্ব দিয়ে। এই পৰিকল্পনাত জন্মৰ হাৰ প্ৰতি হাজাৰত ৩৯ ৰ পৰা ১৯৭০ চনত প্ৰতি হাজাৰত ২৩ লৈ হ্ৰাস কৰাৰ লক্ষ্য থিৰাং কৰা হয়। অষ্টম পৰিকল্পনাত পৰিয়াল কল্যাণ আঁচনি সমূহত ৬০০ কোটি টকা ব্যয় কৰা হয়।

১৯৭৬ চনৰ এপ্ৰিল মাহত ভাৰত চৰকাৰে পোন প্ৰথম বাৰৰ বাবে ৰাষ্ট্ৰীয় জনসংখ্যা নীতি ঘোষণা কৰে আৰু জনসংখ্যা নিয়ন্ত্ৰণক দেশৰ শীৰ্ষতম জাতীয় সমস্যা হিচাপে স্বীকৃতি দিয়ে। দেশত বিবাহযোগ্য বয়স ছোৱালীৰ বাবে ১৮ বছৰ আৰু ল'ৰাৰ বাবে ২১ বছৰলৈ বৃদ্ধি কৰে। মহিলা শিক্ষাৰ পৰিসৰ বৃদ্ধি আৰু বন্ধ্যাকৰণৰ আকাৰ বৃদ্ধিৰ বাবে আৰ্থিক ক্ষতিপূৰণ দিয়াৰ বিশেষ উপায় গ্ৰহণ কৰা হয়।

দেশত জনতা চৰকাৰৰ শাসন কালত কালত স্বাস্থ্য, মাতৃত্ব, শিশুৰ যতন আৰু পুষ্টি সাধন আদি আটাইবোৰ দিশ সাঙুৰি এক সংহত পৰিয়াল পৰিকল্পনাৰ ওপৰত গুৰুত্ব দিয়া হয় আৰু পৰিয়াল পৰিকল্পনাক *'পৰিয়াল কল্যাণ আঁচনি'* হিচাপে নতুন নামাকৰণ কৰা হয়।

পৰিয়াল কল্যাণ আঁচনিত গ্ৰহণ কৰা বিভিন্ন দিশসমূহ হ'ল ঃ

১। পৰিয়াল পৰিকল্পনাৰ জ্ঞান প্ৰসাৰিত কৰাৰ বাবে আৰু সজাগতা বৃদ্ধিৰ বাবে বহুমুখী প্ৰচাৰ মাধ্যম আৰু জনতাৰ জৰিয়তে বিভিন্ন আকৰ্ষণীয় কাৰ্যসূচী আৰম্ভ কৰা।

২। পৰিয়াল পৰিকল্পনাৰ কাম কাজক সাধাৰণ স্বাস্থ্য সেৱাৰ লগত জড়িত কৰা।

৩। স্বাস্থ্য কেন্দ্ৰবোৰৰ জৰিয়তে পৰিয়াল পৰিকল্পনাৰ সেৱা আগবঢ়োৱা আৰু দেশৰ সকলোবোৰ গ্ৰাম্য তথা চহৰ অঞ্চলত গৰ্ভ নিৰোধৰ সামগ্ৰী যোগান ধৰা।

৪। বন্ধ্যাকৰণক আৰ্থিক পুৰস্কাৰৰ জৰিয়তে উৎসাহিত কৰা।

৫। চিকিৎসা মহাবিদ্যালয় আৰু সংশ্লিষ্ট প্ৰতিষ্ঠানসমূহত পৰিয়াল পৰিকল্পনাৰ বিভিন্ন উপায়বোৰৰ সম্পৰ্কৰ প্ৰশিক্ষণ দিয়া।

৬। স্থানীয় স্বেচ্ছাসেৱী সংগঠনসমূহক জড়িত কৰি পৰিয়াল পৰিকল্পনাৰ ব্যাপক অভিযান হাতত লোৱা।

৭। মহিলা শিক্ষাৰ দ্ৰুত প্ৰসাৰৰ বাবে সা-সুবিধাৰ উন্নতি সাধন কৰা

৮। স্কুল, কলেজৰ যুৱক-যুৱতীসকলক জনসংখ্যা সম্পৰ্কীয় শিক্ষা প্ৰদান কৰা।

৯। পোষ্টাৰ, কাৰ্টুন আদিৰ জৰিয়তে জনসাধাৰণক সচেতন কৰা।

জানি থোৱা ভাল ঃ আমাৰ দেশত কেৰেলাত আটাইতকৈ কম জন্মহাৰ হৈছে। ইয়াৰ আঁৰত আছে তাত বিয়াৰ বয়স সীমা ছোৱালীৰ বাবে ২১ বছৰ কৰা কথাটো; দেশৰ নীতিমতে এই সীমা ১৮ বছৰ। কিছুমান প্ৰদেশত এতিয়াও বাল্য-বিবাহ প্ৰথা চলি আছে। কেৰেলাত মহিলাৰ শিক্ষাৰ হাৰ ৩৩% (সমগ্ৰ দেশৰ ১৩%)। তাত প্ৰাথমিক শিক্ষাৰ ওপৰত বিশেষ গুৰুত্ব দিয়া হৈছে। ৰাজ্যৰ শিক্ষা শিতানত ধাৰ্য কৰা ধনৰ ৬০% প্ৰাথমিক শিক্ষাৰ বাবে খৰচ কৰা হয়। তাত চিকিৎসা সেৱা, খাদ্য-বস্তুৰ বিতৰণ আৰু পৰিয়াল পৰিকল্পনাৰ আঁচনি গাঁও অঞ্চলতো সুন্দৰৰূপে ৰূপায়িত হৈছে। সেয়ে ৰেখেলাক পৰিয়াল পৰিকল্পনাৰ ক্ষেত্ৰত অৰ্থাৎ জন্ম নিয়ন্ত্ৰণৰ বাবে আদৰ্শ ৰূপে ঘোষণা কৰা হৈছে।

পৰিৱেশ আৰু মানৱ স্বাস্থ্য
(Environment and Human Health)

পৰিৱেশৰ লগত মানৱ স্বাস্থ্যৰ এক ওতঃপ্ৰোত সম্বন্ধ আছে। সুস্থ পৰিবেশে মানুহৰ শাৰীৰিক আৰু মানসিক উত্তৰণ ঘটায়। আমাৰ চাৰিওফালৰ পৰিৱেশ যেতিয়া পৰিষ্কাৰ পৰিচ্ছন্ন, মুক্ত আৰু নিকা বায়ু চলাচল কৰাৰ অনুকূল হয়, তেতিয়া আমাৰ শৰীৰ বিভিন্ন সাম্ভাব্য ৰোগৰ পৰা সুৰক্ষিত হয়। চিৰ সেউজ পৰিবেশে আমাৰ চকুজুৰিক প্ৰশস্তি দিয়ে, মনটো প্ৰফুল্লিত কৰে। প্ৰতিকূল পৰিৱেশৰ ফলত মানুহৰ স্বাস্থ্যৰ অৱনতি ঘটে আৰু মানসিক উত্তেজনা বৃদ্ধি পায়। চৌপাশৰ পৰিৱেশ সুস্থ নহ'লে সমাজত অস্বাস্থ্যকৰ অৱস্থা বৃদ্ধি পায়। আমাৰ পৰিৱেশ বিনষ্ট কৰাৰ কাৰকবোৰ হ'ল জনসংখ্যাৰ ভিৰ বা জনবিস্ফোৰণ, শৌচাগাৰৰ অভাৱ, পৰ্যাপ্ত সূৰ্যৰ পোহৰৰ অভাৱ, বিশুদ্ধ বায়ু আৰু পানীৰ অভাৱ, গছ-গছনি ধ্বংস কৰা, পৌৰ আৱৰ্জনা, জনসচেতনতাৰ অভাৱ ইত্যাদি। অ-পৰিকল্পিত ঔদ্যোগীকৰণ আৰু দ্ৰুত গতিত বৃদ্ধিহৈ অহা যান-বাহনেও পৰিৱেশৰ ওপৰত বিৰূপ প্ৰভাৱ পেলাইছে। উদ্যোগৰ পেলনীয়া আৱৰ্জনা বিশেষকৈ ৰাসায়নিক উদ্যোগৰ অপদ্ৰব্যই পৰিৱেশ অধিক বিনষ্ট কৰিছে। ইয়ে জনস্বাস্থ্যৰ দিশত সংশয় আনি দিছে। অৱশ্যে পৰিৱেশৰ সমস্যা নগৰ, চহৰ আৰু গ্ৰামাঞ্চল ভেদে বেলেগ বেলেগ। চহৰ বা নগৰ অঞ্চলত প্ৰদূষণ সৰ্বাধিক।

আমাৰ সকলোৱে সু-স্বাস্থ্য আৰু দীৰ্ঘ জীৱনকাল বিচাৰে। সু-স্বাস্থ্য মানে ৰোগ-ব্যাধিৰ অনুপস্থিতিসূচক অৱস্থা। সুস্বাস্থ্য আৰু দীৰ্ঘায়ুৰ অধিকাৰী হ'বৰ বাবে প্ৰত্যেক ব্যক্তিৰ কৰণীয় কৰ্তব্য আছে। যেনে— সোনকালে শুই উঠা, ৰাতি সোনকালে

শুৱলৈ যোৱা, বিশুদ্ধ বায়ু আৰু পানী সেৱন কৰা, নিয়মিত শৰীৰ চৰ্চা কৰা, পৰিষ্কাৰ-পৰিচ্ছন্ন সাজ-পাৰ পৰিধান কৰা, শুদ্ধ আৰু সতেজ খাদ্য খোৱা আদি স্বাস্থ্য ৰক্ষাৰ উৎপাদক। পৰিষ্কাৰ-পৰিচ্ছন্নতা আৰু প্ৰদুষণমুক্ত হৈ থকাতো অতি আৱশ্যক।

সু-স্বাস্থ্য আৰু দীৰ্ঘায়ুৰ অনুকূল সামাজিক কাৰকসমূহ (Social factors favouring healths and longivity) ঃ

সুস্থ-সবল আৰু দীৰ্ঘ জীৱন লাভৰ বাবে তলৰ উপাদানসমূহৰ প্ৰতি নজৰ দিয়াৰ প্ৰয়োজন ঃ

(ক) অনুকূল পৰিৱেশ (Favourable Environment) ঃ অনুকূল পৰিৱেশে সমাজত আভ্যন্তৰীণ আৰু বাহ্যিক শান্তি বজাই ৰখাটো বুজায়। যদি শান্তি নাথাকে তেন্তে মানুহে মানসিক অসুস্থতাত ভোগে। গতিকে অনুকূল সামাজিক বাতাৱৰণে সু-স্বাস্থ্য আৰু দীৰ্ঘ জীৱন প্ৰদান কৰে মনত শান্তি প্ৰদান কৰি।

(খ) আদৰ্শ জনসংখ্যা (Ideal population) ঃ সুস্থ পৰিৱেশৰ বাবে এখন সমাজত জনসংখ্যা ন্যূনতম হোৱা উচিত। যদি জনসংখ্যা দেশৰ উৎপন্ন অনুসৰি নূন্যতম হয় তেন্তে খাদ্য দ্ৰব্য সঠিকভাৱে বিতৰণ কৰিব পাৰি। ইয়াৰ ফলত জনসাধাৰণে উপযুক্ত খাদ্য লাভ কৰি সুস্বাস্থ্যৰ অধিকাৰী হ'ব পাৰে।

(গ) সুষম আহাৰ (Balanced diet) ঃ সুস্থ শৰীৰ আৰু দীৰ্ঘ জীৱন লাভৰ বাবে সুষম আহাৰ গ্ৰহণ কৰাটো অতি প্ৰয়োজনীয়। সুষম আহাৰে প্ৰয়োজনীয় সকলো ধৰণৰ খাদ্যপ্ৰাণযুক্ত পৰিমিত আহাৰক সূচায়।

(ঘ) উচ্চ জীৱন নিৰ্বাহে সু-স্বাস্থ্য বজাই ৰখাত সহায় কৰে। ইয়াৰ বাবে প্ৰয়োজন উপযোগী শিক্ষাৰ।

(ঙ) স্বাস্থ্য সেৱা আৰু চিকিৎসাৰ সা-সুবিধা সমূহ সহজলভ্য আৰু পৰ্যাপ্ত পৰিমাণত পোৱা উচিত।

(চ) পৰিষ্কাৰ, বিশুদ্ধ খোৱা পানীৰ যোগান আৰু উপযুক্ত শৌচাগাৰৰ ব্যৱস্থা সু-স্বাস্থ্য বৰ্তাই ৰখাৰ বাবে অতি প্ৰয়োজন।

(ছ) মানুহৰ কাম কৰাৰ পৰিৱেশ সুস্থ আৰু স্বাস্থ্যসন্মত হোৱা উচিত।

(জ) আৱাসিক ব্যৱস্থা, স্বাস্থ্যকৰ, পৰিষ্কাৰ পৰিচ্ছন্ন হ'ব লাগে।

(ঞ) ৰাগিয়াল আৰু নিচাযুক্ত দ্ৰব্যৰ ব্যৱহাৰ নিষিদ্ধকৰণে ব্যক্তিৰ স্বাস্থ্য অটুট ৰখাৰ লগতে সামাজিক পৰিৱেশো সুস্থ কৰি ৰখাত সহায় কৰে। এনে মৌলিক কথাবোৰৰ প্ৰতি জনসাধাৰণক সচেতন কৰা।

ভাৰতীয় মানুহৰ অধিকাংশৰে স্বাস্থ্য অতি দুঃখজনক। মানৱসৃষ্ট অ-স্বাস্থ্যকৰ পৰিৱেশে ভাৰতত মৃত্যুৰ হাৰ বৃদ্ধি কৰিছে। ভাৰতৰ চহৰাঞ্চলৰ দুৰ্গন্ধময় গলি আৰু বস্তি অঞ্চলবোৰে চহৰৰ পৰিৱেশ যথেষ্ট দূষিত কৰিছে। ভাৰতবৰ্ষত স্বাস্থ্য সেৱা খণ্ডত প্ৰতিবন্ধকতাৰ সৃষ্টি কৰা বিভিন্ন সামাজিক-সাংস্কৃতিক উপাদানসমূহ হ'ল— (১) দৰিদ্ৰতা, (২) গ্ৰাম্যাঞ্চল আৰু দুৰ্গম অঞ্চলত চিকিৎসা সেৱাৰ অভাৱ, (৩) অ-পুষ্টি আৰু পুষ্টিহীনতা, (৪) নিৰক্ষৰতা (৫) বিশুদ্ধ খোৱাপানী আৰু শৌচাগাৰৰ অভাৱ (৬) কম বয়সত বিবাহ হোৱা আৰু ধৰ্মীয় বিশ্বাস, অন্ধ বিশ্বাস, (৭) নিচাযুক্ত দ্ৰব্যৰ ব্যাপক প্ৰচলন (৮) অ-স্বাস্থ্যকৰ কামৰ পৰিৱেশ আৰু অ-স্বাস্থ্যকৰ আৱাস, (৯) ভেজাল খাদ্য আৰু (১০) জনবিস্ফোৰণ।

এইখিনিতে আমি মন কৰা উচিত যে সাধাৰণতে নিৰোগী ব্যক্তি এজনক স্বাস্থ্যবান বুলি কোৱা হয়। কিন্তু বিশ্ব স্বাস্থ্য সন্থা, হু (WHO)-ৰ মতে, স্বাস্থ্য বুলিলে এনে এক সম্পূৰ্ণ অৱস্থা য'ত দৈহিক, মানসিক আৰু সামাজিক পৰিৱেশ নিৰ্দোষ অৱস্থাত পোৱা যায়। মানুহৰ স্বাস্থ্য কেবাটাও উপাদানৰ ওপৰত নিৰ্ভৰশীল। তাৰ ভিতৰত নিকা পৰিৱেশ অন্যতম। কিন্তু সম্প্ৰতি কৃষিৰ নামত বা উদ্যোগৰ নামত এনে কিছুমান স্বাস্থ্যৰ ক্ষতিকাৰক ৰাসায়নিক দ্ৰব্যৰ ব্যৱহাৰ কৰা হয় বা আৱৰ্জনা ৰূপে ওলায়, যিয়ে নিৰোগী ব্যক্তি এজনকো সুস্বাস্থ্য পোৱাত বাধা দি আছে। আমি ইতিমধ্যে পঞ্চম অধ্যায়ত পৰিৱেশত সংক্ৰামিত অস্বাস্থ্যকৰ ৰাসায়নিক দ্ৰব্য, ধাতব পদাৰ্থ আৰু ভিন ভিন প্ৰদূষণে সাধাৰণ স্বাস্থ্যৰ কিদৰে ক্ষতি কৰি আছে কৈ আহিছোঁ।

মানৱ অধিকাৰ (Human Rights)

বৰ্তমান কালত ৰাষ্ট্ৰীয় তথা আন্তঃৰাষ্ট্ৰীয় স্তৰত সৰ্বাধিক চৰ্চিত এক বিষয় হ'ল বিশ্বৰ বিভিন্ন দেশৰ নাগৰিক মানৱ অধিকাৰ আৰু ইয়াৰ ব্যাপক উলংঘন। মানৱ অধিকাৰ মানে নো কি? এই প্ৰশ্নটোৰ উত্তৰ দিয়াৰ আগতে মানৱ অধিকাৰ সন্দৰ্ভত বিশ্ব সম্প্ৰদায়ৰ দৃষ্টিভংগী উনুকিওৱাটো উচিত হ'ব। দ্বিতীয় বিশ্ব যুদ্ধৰ পাছত বিশ্বৰ বিভিন্ন দেশৰ সহযোগিতাত ৰাষ্ট্ৰসংঘ বা জাতিসংঘ (United Nations, UN) গঢ় লৈ উঠে। বিশ্বৰ বিভিন্ন দেশে অনুভৱ কৰে যে যুদ্ধৰ সময়ত মানৱ

অধিকাৰৰ ব্যাপক উলংঘন ঘটিছিল। সেয়ে পুনৰ মানৱ অধিকাৰ উলংঘনৰ ঘটনা ৰোধ কৰাৰ বাবে আন্তঃৰাষ্ট্ৰীয় পৰ্যায়ত কিবা এটা কৰাৰ প্ৰয়াস কৰে। ফলস্বৰূপে, ১৯৪৮ চনৰ ১০ ডিচেম্বৰ তাৰিখে ***"মানৱ অধিকাৰৰ সাৰ্বজনীন ঘোষণা"*** (Universal Declaration of Human Rights) কৰা হয়। কিন্তু এইটো পৰিতাপৰ কথা যে বিশ্বৰ বহুতো দেশে ঘোষণা পত্ৰখন গ্ৰহণ কৰা নাছিল। ১৯৯৩ চনত ৰাষ্ট্ৰসংঘই বিশ্বৰ বিভিন্ন দেশৰ মানৱ অধিকাৰ লংঘন বা ৰক্ষাৰ বাবে কি কাৰ্যপন্থা গ্ৰহণ কৰা হৈছে তাক পৰ্যালোচনা কৰাৰ সিদ্ধান্ত লয়। *'এমনেষ্টি ইণ্টাৰনেছনেল'* (Amnesty International) নামৰ আন্তঃৰাষ্ট্ৰীয় অধিকাৰ সংস্থাটোৱে ভাৰতৰ পঞ্জাব, কাশ্মীৰ আৰু উত্তৰ পূৰ্বাঞ্চলত মানৱ অধিকাৰৰ ওপৰত হোৱা আঘাতবোৰ তথ্য সহকাৰে প্ৰকাশ কৰি আছে।

প্ৰকৃততে মানৱ অধিকাৰৰ কোনো সৰ্বসন্মত সংজ্ঞা নাই। বহল অৰ্থত মানুহ হিচাপে জীয়াই থাকিবৰ কাৰণে প্ৰয়োজনীয়, লোকক হস্তান্তৰ কৰিব নোৱাৰা অধিকাৰ সমূহকে মানৱ অধিকাৰ বুলি কোৱা হয়। প্ৰকৃতি প্ৰদত্ত এই অধিকাৰবিলাক জাতি, ধৰ্ম, বৰ্ণ, লিংগ নিৰ্বিশেষে সকলো মানুহে সমানে উপভোগ কৰিব পাৰে। এই অধিকাৰ অবিহনে এজন ব্যক্তি মানুহ হিচাপে জীয়াই থকা সম্ভৱ নহয়। মানৱ অধিকাৰে ব্যক্তিক এটা সুন্দৰ আৰু সভ্য জীৱন যাপনৰ সুবিধা প্ৰদান কৰে। ই সকলো মানুহৰ সন্মান, সমমৰ্যাদা আৰু সুৰক্ষাৰ নিশ্চয়তা প্ৰদান কৰে। মানৱ অধিকাৰে এনে কিছুমান অৱস্থাৰ সৃষ্টি কৰে যাৰ জৰিয়তে মানুহৰ জ্ঞান, বুদ্ধি, শাৰীৰিক আৰু ব্যক্তিত্বৰ পুনৰ্বিকাশ সম্ভৱপৰ হয়। মানৱ অধিকাৰ উপভোগৰ জৰিয়তে প্ৰত্যেক ব্যক্তিয়ে স্বচ্ছ তথা আনন্দময় জীৱন উপভোগ কৰিব পাৰে। সেয়ে মানৱ অধিকাৰ দেশৰ স্বাধীনতা তথা গণতন্ত্ৰৰ অপৰিহাৰ্য অংগ।

১৯৯৩ চনত ভাৰতীয় সংসদে গ্ৰহণ কৰা 'মানৱ অধিকাৰ সুৰক্ষা আইনে' মানৱ অধিকাৰক "ভাৰতীয় সংবিধানে নিশ্চয়তা প্ৰদান কৰা, আন্তঃৰাষ্ট্ৰীয় চুক্তি পত্ৰত সন্নিৱিষ্ট হোৱা আৰু ভাৰতীয় আদালতে বলবৎ কৰা ব্যক্তিৰ জীৱন, স্বতনত্ৰতা, সমতা আৰু মৰ্যাদা সম্পৰ্কীয় অধিকাৰ" বুলি ব্যাখ্যা কৰিছে।

১৯৯৬ চনৰ ১৬ ডিচেম্বৰ তাৰিখে ৰাষ্ট্ৰসংঘৰ সাধাৰণ পৰিষদে গ্ৰহণ কৰা আইনমতে, মানৱ অধিকাৰ হ'ল, "সংবিধানে নিশ্চয়তা দিয়া অৰ্থনৈতিক, নাগৰিক আৰু সাংস্কৃতিক অধিকাৰ সম্পৰ্কীয় আন্তঃৰাষ্ট্ৰীয় চুক্তি পত্ৰত সন্নিৱিষ্ট হোৱা ব্যক্তিৰ জীৱন, স্বতন্ত্ৰতা, সমতা আৰু মৰ্যাদা সম্পৰ্কীয় অধিকাৰ।" ইয়ে বুজায় যে ব্যক্তি এজনৰ সুস্থ স্বাস্থ্য, শিক্ষা, বিশুদ্ধ বায়ু, বিশুদ্ধ পানী, নিৰ্ভেজাল খাদ্য, বস্ত্ৰ আৰু আবাসৰ বাবে এটুকুৰা ঠাই পোৱাৰ অধিকাৰ আছে। ব্যক্তি এজনে জন্ম সূত্ৰে মানৱ অধিকাৰ সমূহ লাভ কৰে। আনকি মাতৃৰ গৰ্ভত থকা ভ্ৰূণটোৰো মানৱ অধিকাৰ আছে।

ৰাষ্ট্ৰসংঘই প্ৰস্তুত কৰা মানৱ অধিকাৰ আৰু পৰিৱেশ সম্পৰ্কীয় ঘোষণা —

এই ঘোষণাত প্ৰতি নাগৰিকৰ মানৱ অধিকাৰ আৰু কৰ্তব্যৰ ক্ষেত্ৰত খচৰা এটি প্ৰস্তুত কৰা হয়। খচৰাৰ প্ৰস্তাৱনা অংশত দৰিদ্ৰতা, ঋণ আঁচনি আৰু আন্তৰ্জাতিক বেহা-বেপাৰৰ দ্বাৰা অহা বা আহিব পৰা পাৰিৱেশিক বিপদৰ কথা উল্লিখিত হৈছে। পাৰিৱেশিক ক্ষতি অপূৰণীয়। মানৱ অধিকাৰ ভঙ্গ কৰি এনে ক্ষতি আৰু অধিক কৰি তোলা হয়।

খচৰাটোত পাঁচটা অংশ আছে এইদৰে—

১ম অংশ ঃ এই অংশত মানৱ অধিকাৰ, সুস্থ পৰিস্থিতিতন্ত্ৰৰ পৰিৱেশ, স্থিতিযোগ্য উন্নয়ন আৰু বিশ্বশান্তিৰ কথা কোৱা হৈছে। সুন্দৰ, সৌষ্ঠৱময় উন্নত জীৱন মানৱৰ বাবে প্ৰয়োজন হোৱা বৰ্তমান পুৰুষৰ অধিকাৰ আৰু কৰ্তব্য সম্পৰ্কেও এই অংশতে সন্নিবিষ্ট হৈছে। ভৱিষ্যৎ প্ৰজন্মৰ অধিকাৰৰ ওপৰত যাতে কোনো ধৰণৰ বিৰূপ প্ৰতিক্ৰিয়া বৰ্তমান পুৰুষৰ কাৰ্যৰ দ্বাৰা সংঘটিত নহয়, তাৰপ্ৰতি নজৰ দিয়াৰ কথাও ইয়াতেই কোৱা হৈছে।

২য় অংশ ঃ এই অংশত নিকা, প্ৰদুষণমুক্ত পৰিৱেশ সম্পৰ্কে মানুহৰ কৰণীয় সম্পৰ্কে আলোচনা কৰা হৈছে। লগতে মানুহে জৈৱ-বৈচিত্ৰ্যৰে ভৰা স্বাভাৱিক পৰিস্থিতিতন্ত্ৰ উপভোগ কৰাৰ অধিকাৰ বিষয়ক কথাও ইয়াত সন্নিবিষ্ট হৈছে। নিজৰ দেশ, নিজৰ ঘৰ পোৱাৰ অধিকাৰৰ কথাও ইয়াত কোৱা হৈছে। ইয়াত কোৱা হৈছে যে বিশেষ প্ৰয়োজনীয় সামাজিক স্বাৰ্থৰ বাহিৰে কোনো কাৰণতে ব্যক্তিক নিজৰ স্থান বা আবাসভূমিৰ পৰা আঁতৰ কৰা অনুচিত। কোনো প্ৰাকৃতিক বা প্ৰযুক্তি বিদ্যাৰ বাবে সংঘটিত দুৰ্ঘটনাত সময়মতে সহায় আগবঢ়োৱাটো প্ৰত্যেক নাগৰিকৰে কৰ্তব্য বুলিও এই অনুচ্ছেদত উল্লেখ কৰা হৈছে।

৩য় অংশ ঃ এই অনুচ্ছেদত প্ৰতি নাগৰিকৰে প্ৰাপ্য পৰিৱেশ সম্পৰ্কীয় তথ্য, শিক্ষা, সচেতনতা আৰু পৰিৱেশ সম্পৰ্কত ৰাজহুৱা মতামত লোৱা প্ৰয়োজন সম্পৰ্কে কোৱা হৈছে।

৪ৰ্থ অংশ ঃ পৰিৱেশ সংৰক্ষণৰ আৰু পৰিৱেশৰ ক্ষতিৰোধ কৰাৰ নাগৰিকৰ কৰ্তব্য সম্পৰ্কে এই অংশত কোৱা হৈছে। স্থিতিযোগ্য সম্পদ ব্যৱহাৰৰ বাবে পৰিৱেশক ৰক্ষণাবেক্ষণ দিয়া, স্খলনৰ পৰা ৰক্ষা কৰা আৰু তাৰ বাবে ল'বলগীয়া ব্যৱস্থাৰ কথাও ইয়াতেই উল্লিখিত হৈছে। প্ৰতি ৰাজ্যই বা দেশে পৰিৱেশ ৰক্ষাৰ বাবে আন্তৰ্জাতিক আইন মানি চলাৰ দায়বদ্ধতা এই অংশতে কোৱা হৈছে।

৫ম অংশ ঃ প্ৰাকৃতিক সম্পদ ব্যৱহাৰৰ দিশত সামাজিক ন্যায় আৰু সমতা প্ৰাপ্তিৰ কথা এই অংশত কোৱা হৈছে। স্থিতিযোগ্য উন্নয়নৰ বাবে এনে ন্যায় আৰু সমতাৰ অতি প্ৰয়োজন।

অৱশ্যে পৰিৱেশৰ কিমানখিনি স্খলন হ'লে নাগৰিকে হস্তক্ষেপ কৰা উচিত হ'ব, তেনে মানৰ কথা এতিয়ালৈ নিৰ্দ্ধাৰণ কৰা হোৱা নাই। বিকাশৰ বাবেও নিকা, নিৰাপদ পৰিৱেশৰ প্ৰয়োজন এনে নীতি দেশ বা জাতি এটাৰ প্ৰতি স্তৰতে অনুসৰণ কৰা উচিত।

আচলতে, মানৱীয় আদৰ্শৰ ৰক্ষা কৱচ হ'ল মানৱ অধিকাৰ। মানৱ অধিকাৰক কোনো এখন ৰাষ্ট্ৰৰ ভৌগোলিক পৰিসীমাৰ দ্বাৰা সীমাৰদ্ধ কৰিব নোৱাৰি। মানৱ অধিকাৰ বিশ্বৰ সকলো অঞ্চলৰ মানুহৰ অধিকাৰ। ই মানুহৰ মাজত সমতা, ভাতৃত্ববোধ আৰু মানৱতাবাদী নীতি-আদৰ্শ প্ৰতিষ্ঠা কৰে। বছৰৰ ১০ ডিচেম্বৰ দিনটো বিশ্বৰ সকলোবোৰ দেশে 'আন্তৰ্জাতিক মানৱ অধিকাৰ দিৱস" হিচাপে পালন কৰে।

ভাৰতত মানৱ অধিকাৰ আইন (Human Rights Act in India) ঃ

১৯৯৩ চনৰ ২৫ জুনত ভিয়েনাত (Vienna) অনুষ্ঠিত হয় মানৱ অধিকাৰ সম্পৰ্কীয় অধিৱেশন। তাত ৰাষ্ট্ৰসংঘৰ প্ৰত্যেক সদস্য ৰাষ্ট্ৰই মানৱ অধিকাৰ ভংগ কৰা বিষয়ৰ ওপৰত চকু ৰাখিবৰ কাৰণে আৰু সকলো মানুহে যাতে মানৱ অধিকাৰ উপভোগ কৰিব পাৰে তাৰ নিশ্চয়তা প্ৰদান কৰিবৰ কাৰণে প্ৰত্যেক ৰাষ্ট্ৰত একোখন মানৱ অধিকাৰ আয়োগ গঠন কৰাৰ সিদ্ধান্ত লয়। ভিয়েনা অধিৱেশনৰ কেইমাহ মানৰ পাছতে ১৯৯৩ চনৰ ২৮ চেপ্তেম্বৰত ভাৰতত ৰাষ্ট্ৰীয় মানৱ অধিকাৰ আয়োগ গঠন কৰা হয়। সেই বছৰতে সংসদত মানৱ অধিকাৰ আইন গৃহীত হয়। 'ৰাষ্ট্ৰীয় মানৱ অধিকাৰ আয়োগ' গঠিত হয় তলত দিয়া ধৰণে—

ৰাষ্ট্ৰীয় মানৱ অধিকাৰ আয়োগৰ সভাপতিজন ভাৰতৰ উচ্চতম ন্যায়ালয়ৰ প্ৰাক্তন মুখ্য ন্যায়াধীশ হ'ব লাগিব। আয়োগৰ অন্যান্য সদস্যসকলৰ ভিতৰত—

১। এজন সদস্য উচ্চতম ন্যায়ালয়ৰ ন্যায়াধীশ বা প্ৰাক্তন ন্যায়াধীশ থাকিব।

২। আন এজন সদস্য কোনো উচ্চ ন্যায়ালয়ৰ মুখ্য ন্যায়াধীশ বা প্ৰাক্তন মুখ্য ন্যায়াধীশ আৰু

৩। দুজন সদস্য মানৱ অধিকাৰ সম্পৰ্কে বাস্তৱ জ্ঞান আৰু অভিজ্ঞতা থকা ব্যক্তিৰ মাজৰ পৰা নিযুক্তি দিয়া হ'ব।

এওঁলোকৰ উপৰিও ৰাষ্ট্ৰীয় সংখ্যালঘু আয়োগৰ সভাপতি, অনুসূচিত জাতি আৰু জনজাতিৰ ৰাষ্ট্ৰীয় আয়োগৰ সভাপতি, আৰু ৰাষ্ট্ৰীয় মহিলা আয়োগৰ সভাপতি আয়োগৰ সদস্য হ'ব। ৰাষ্ট্ৰীয় আয়োগৰ দৰে ৰাজ্য সমূহতো ৰাজ্যিক আয়োগ গঠন কৰা হয়। বৰ্তমানলৈ ভাৰতৰ মাত্ৰ সাতখন ৰাজ্যতহে ৰাজ্যিক মানৱ অধিকাৰ আয়োগ আছে। সেই ৰাজ্য কেইখন হ'ল হিমাচল প্ৰদেশ, পশ্চিমবঙ্গ মধ্যপ্ৰদেশ, তামিলনাডু, অসম, পঞ্জাৱ আৰু কাশ্মীৰ। অসম মানৱ অধিকাৰ আয়োগ ১৯৯৬ চনৰ ১৯ মাৰ্চ তাৰিখে ন্যায়াধীশ সুৰেন্দ্ৰ নাথ ভাৰ্গৱৰ অধ্যক্ষতাত অসমৰ ৰাজ্যপালে গঠন কৰি দিয়ে।

মূল্যবোধাত্মক শিক্ষা (Value Education)

কোনো এক কাৰ্য বা বস্তুৰ প্ৰশংসা আহিলে সেয়া হয় সেই ইয়াৰ গুণৰ স্বীকৃতি আৰু নিন্দাই হ'ল ইয়াৰ দোষ। গুণটোৱেই হ'ল বস্তুৰ মূল্য (value)। এই গুণ নিৰ্ণয় আমাৰ ব্যক্তিগত বিচাৰ-বুদ্ধিৰ (Subjective judgement) ওপৰত বহু পৰিমাণে নিৰ্ভৰশীল। এই মূল্যায়ন বহু ক্ষেত্ৰত সঠিক নোহোৱাৰ কাৰণ, হয় বস্তুটোৰ সম্পৰ্কে আমাৰ অসম্যক জ্ঞানৰ অভাৱ নতুবা বিচাৰ বুদ্ধিৰ ক্ষেত্ৰত আমাৰ দৃষ্টিভংগীৰ সম্পৰ্কে আমাৰ সম্যক জ্ঞানৰ অভাৱ নতুবা বিচাৰ বুদ্ধিৰ ক্ষেত্ৰত আমাৰ দৃষ্টিভংগীৰ অভাৱ। আকৌ আমাৰ ব্যক্তিগত ৰুচি, ভাৱৰ তাৰতম্য, সময়ৰ প্ৰভাৱৰ ওপৰত বস্তুৰ মূল্যৰ নিৰূপণ নিৰ্ভৰশীল।

কেৱল বস্তুৰ তথ্যৰ ওপৰত ভিত্তি কৰি তাৰ মূল্য নিৰূপণ নহয়। তথ্য বহু সময়ত অনাবিস্কৃত ৰূপতো থাকিব পাৰে। সেয়ে বস্তুৰ মূল্য নিৰূপণৰ ক্ষেত্ৰত তথ্য, ব্যক্তিৰ জ্ঞান, বিচাৰ-বুদ্ধি, নিৰপেক্ষতা আদি সমূহ উপাদানৰ সংমিশ্ৰণত এটি বিশেষ শিক্ষা প্ৰক্ৰিয়াৰ প্ৰয়োজন হয়। অৰ্থাৎ যি প্ৰণালীবদ্ধ শিক্ষা প্ৰক্ৰিয়াই বস্তুৰ মূল্য নিৰূপণত সঠিক পথৰ সন্ধান দিয়ে সেয়াই মূল্য শিক্ষা (Value Education)। ব্যক্তিগত ৰুচিবোধৰ কথা আগতেই কোৱা হৈছে। ই বিবেচক ব্যক্তিৰ নীতিবোধ বা আদৰ্শৰ ইঙ্গিত বহন কৰে। গতিকে মূল্যশিক্ষাত জীৱনৰ আদৰ্শমূলক (Normative) বৈশিষ্ট্যসমূহৰ যেনে সত্য, নিষ্ঠা, অহিংসা, প্ৰেম, সেৱা আদি মূল্যবোধৰ গুৰুত্বও অপৰিসীম। অৰ্থাৎ মূল্য এহাতে বস্তুনিষ্ঠ আনহাতে আত্মনিষ্ঠ।

প্ৰাকৃতিক সৌন্দৰ্যত আমি অভিভূত হওঁ। এই সৌন্দৰ্যৰ অৱশ্যই মূল্য আছে, সেইবাবে আমি প্ৰাকৃতিক সুন্দৰ দৃশ্যৰ প্ৰশংসা কৰোঁ। এই মূল্য আত্মনিষ্ঠ (Subjective) ; কাৰণ, কিছুমান মানুহ আছে যাক প্ৰাকৃতিক সৌন্দৰ্যই স্পৰ্শ কৰিব নোৱাৰে।

কিন্তু পৰিৱেশৰ প্ৰভাৱ, পৰিৱেশ বিনিষ্টকৰণৰ বিষময় প্ৰতিশ্ৰুতি আদি পৰিৱেশ বিষয়ক বৈজ্ঞানিক জ্ঞানে প্ৰাকৃতিক পৰিৱেশৰ যি মূল্য নিৰূপণ কৰে সেয়া ৰীতিগত (formal) শিক্ষাৰ ওপৰত নিৰ্ভৰশীল। প্ৰাকৃতিক সম্পদৰ অপব্যৱহাৰ, বনাঞ্চল ধ্বংসকৰণ, বায়ু, পানী আদিৰ প্ৰদূষণৰ পৰিৱেশত যি ভাৰসাম্যৰ অভাৱ (Ecological Imbalance) ঘটিছে তাৰ ফলস্বৰূপে পৃথিৱীত মানুহৰ জীৱন যে বিপন্ন হৈ পৰিছে সেই কথা উপলব্ধি কৰিবলৈ আমি নিশ্চয়কৈ পৰিৱেশ অধ্যয়নৰ প্ৰয়োজনীয়তা স্বীকাৰ কৰিব লাগিব। এই শিক্ষাই আমাক পৰিৱেশৰ মূল্যৰ শিক্ষা দিয়ে।

গছে যে আমাক অক্সিজেন দি জীয়াই ৰাখে, কাৰ্বন-ডায়-অক্সাইডৰ বিষময়তাৰ পৰা প্ৰাণীকুলক ৰক্ষা কৰে, জীৱন ধাৰণৰ বাবে অনুকূল পাৰিপাৰ্শ্বিকতাৰ সৃষ্টি কৰে, সেয়াও গছৰ এক অন্যতম মূল্য। পৰিৱেশ সম্পৰ্কে আমাৰ জ্ঞান ইমানদিনে সীমাবদ্ধ হৈ আছিল। সেইবাবে গছৰ যথাযথ মূল্যায়ন কৰিবলৈ আমি সক্ষম হোৱা নাছিলোঁ। একেদৰে প্ৰাণী জগতৰ অৰিহণাও মানৱ জীৱৰ সৰ্বাঙ্গীন উন্নয়নৰ বাবে অপৰিহাৰ্য। পৰিৱেশ বিষয়ক বৈজ্ঞানিক জ্ঞানে আমাক এই 'মূল্য শিক্ষা'ত শিক্ষিত কৰি তুলিছে।

পৰিৱেশৰ বিনিময়ত যে আমাৰ আৰ্থিক উন্নতি ঘটিছে এই শিক্ষা আমাৰ নাছিল। প্ৰাকৃতিক সম্পদ নিশ্চিহ্ন হ'লে অৰ্থনৈতিক উন্নয়নৰ প্ৰৱাহমান ধাৰা যে পৰৱৰ্তী প্ৰজন্মলৈ অক্ষুণ্ণ হৈ থাকিব নোৱাৰে, এই জ্ঞানে বৰ্তমান অৰ্থনৈতিক উন্নয়নৰ মূল্য অস্বীকাৰ কৰিবলৈ আমাক শিকাইছে।

এতেকে মূল্যবোধাত্মক শিক্ষা এক জটিল শিক্ষা প্ৰণালী। শুদ্ধ প্ৰাকৃতিক জ্ঞানেৰেও পৰিৱেশৰ মূল্য নিৰূপণ নহয়। প্ৰকৃতিৰ প্ৰতি আমি সংবেদনশীলো হ'ব লাগিব। বস্তুনিষ্ঠ প্ৰাকৃতিক জ্ঞান যদি আমাৰ আত্মিক সহানুভূতিৰ ৰসেৰে সিক্ত নহয়, অহিংসা আৰু প্ৰেমৰ আদৰ্শৰ দ্বাৰা আদৰ্শায়িত নহয়, তেনেহ'লে মূল্য-শিক্ষা সম্পূৰ্ণ হ'ব নোৱাৰে।

মূল্যবোধ থকা পৰিৱেশ শিক্ষা ঃ মূলবোধ থকা পৰিৱেশ শিক্ষা প্ৰত্যেক ব্যক্তিৰে জাতি-বৰ্ণ দেশ নিৰ্বিশেষে প্ৰয়োজনীয়, বৰং অতি প্ৰয়োজনীয় বুলি ক'ব পাৰি। পৰিস্থিতি আৰু পৰিৱেশ সম্পৰ্কীয় মূলকথা আৰু নীতিৰ জ্ঞানে বিশ্বনাগৰিকত্বৰ জ্ঞান আনি দিব পাৰে। পৃথিৱীজুৰি স্থায়ী বিকাশ আনিবলৈ হ'লে এনে জ্ঞানৰ প্ৰয়োজন। তেতিয়াহে আমাৰ ভৱিষ্যত প্ৰজন্মই নিকা আৰু নিৰাপদ পৰিৱেশ, নিকা আবাসভূমি পাব পাৰিব।

পৰিৱেশ শিক্ষা মূল্যবোধাত্মক কৰিবলৈ হ'লে আমাৰ কৰণীয় হ'ল—

১। পৰিৱেশ শিক্ষা সম্পৰ্কীয় উপযুক্ত পাঠ্যপুথি প্ৰণয়ন কৰা। তাত এনে পাঠ থাকিবলাগিব যিয়ে শিক্ষাৰ্থীক পৰিৱেশ সম্পৰ্কে এক ৰচনাত্মক আৰু ধনাত্মক বিচাৰধাৰা অনাত সহায় কৰে।

২। পৰিৱেশ শিক্ষাৰ সৈতে নৈতিক কথাবোৰ (যেনে— প্ৰেম, সহনশীলতা, ন্যায়পৰায়ণতা, আনৰ প্ৰতি সহানুভূতিশীলতা আদি) সাঙুৰি দিব লাগিব। ইয়ে শিক্ষাৰ্থীৰ মনত সামাজিক মূল্যৰ প্ৰয়োজনীয়তা সম্পৰ্কে জ্ঞান দিব। তেওঁলোকে বুজিব লাগিব যে পৃথিৱীৰ বৃহত্তৰ সমাজত মানুহৰ লগতে আন জীৱজগত আৰু উদ্ভিদজগতো অন্তৰ্ভুক্ত।

৩। কৃষ্টি আৰু ধৰ্মাত্মক মূল্যবোধ যেনে— যজুৰবেদত থকা 'দেহি মে, দদামিতে' অৰ্থাৎ 'মোক দিয়া আৰু ময়ো তোমাক দিওঁ', ইংৰাজীত যাক 'Live, Let live' বুলি কোৱা হৈছে— আদি সূচক জ্ঞান পৰিৱেশ শিক্ষাৰ অংগ হ'ব লাগিব। প্ৰকৃতি আৰু মানুহৰ মাজত সহ-অৱস্থানৰ ভাব উদ্‌বুদ্ধ হোৱা ধৰণৰ পাঠ্যক্ৰম পৰিৱেশ শিক্ষাত সন্নিবিষ্ট কৰিব লাগিব।

৪। বিশ্ব-নীতি পৰিৱেশ শিক্ষাৰ অংগ হ'ব লাগিব। ব্যক্তিকেন্দ্ৰিক কথাতকৈ সমাজ কেন্দ্ৰিক শিক্ষা দিব পৰা পাঠ এনে পাঠ্যক্ৰমত সুমাব লাগিব। আমাৰ অতীজ ভাৰতীয় নীতি আছিল 'বসুধৈৱ কুটুম্বকম্', অৰ্থাৎ সমগ্ৰ বিশ্বই মিতিৰ বা বন্ধু। ইয়াৰ ভিতৰত গছ-গছনি, জীৱজন্তু আদি থকা প্ৰকৃতিও আছে। সেয়ে আমাৰ লোক-কৃষ্টিত প্ৰকৃতি পূজা বা প্ৰকৃতি প্ৰশস্তি এতিয়াও লোক-গীত, লোক আচাৰ নীতিৰ মাজেৰে সংবহিত হৈ আছে।

৫। সম্প্ৰতি বিশ্বায়নৰ চিন্তাধাৰা প্ৰবাহিত হৈছে শিক্ষা-দীক্ষা, বেহাবেপাৰ আদিৰ ক্ষেত্ৰত। এনে ধাৰণা পৰিৱেশ সংৰক্ষণৰ ক্ষেত্ৰতো আমদানি কৰিব লাগিব আৰু এনে ভাবৰ উদ্ৰেক কৰিব পৰা পাঠ পৰিৱেশ শিক্ষাত নিহিত কৰিব লাগিব।

ওপৰত উল্লেখ কৰা ধৰণে পৰিৱেশ-শিক্ষা প্ৰদত্ত হ'লে আমাৰ মাজত সামাজিক জ্ঞান বাঢ়িব ; নীতি-নিয়ম, কৃষ্টি-সংস্কৃতি আদি বিশ্বআধাৰিত হ'ব আৰু মূৰকত বিশ্ব-নাগৰিকত্বৰ জ্ঞান প্ৰদান কৰিব। সুন্দৰ ঘৰ এটি সাজি বাৰু কি হ'ব, যদিহে সুখ-শান্তিৰে থাকিব পৰা পৰিৱেশ নাথাকে? এতিয়াচোন নগৰমুখী কৃষ্টিত মানুহ সুখেৰে থাকিব পৰা নাই। ইয়াৰ মূলতে আছে প্ৰদূষিত পৰিৱেশ। পৰিৱেশ-শিক্ষাৰে প্ৰতিজন ব্যক্তিৰ অৰ্থাৎ সমাজৰ দৃষ্টিভঙ্গী সলাবৰ প্ৰয়োজন হৈছে।

➔ এইচ. আই.ভি./এইড্‌ছ (HIV/AIDS) এক দুৰ্বহ ব্যাধি

এইড্‌ছ শব্দটো গঠিত হৈছে এইদৰে

A = ACQUIRED,	অৰ্জিত
I = IMMUNO	ৰোগ প্ৰতিষেধক
D = DEFICIENCY	হ্ৰাসপ্ৰাপ্ত
S = SYNDROME	লক্ষণ

গতিকে এইড্‌ছ মানে হৈছে Acquired Immuno Deficiency Syndrome অৰ্থাৎ অৰ্জিত ৰোগ প্ৰতিষেধক হ্ৰাসপ্ৰাপ্ত লক্ষণ। এই অৱস্থা Human Immuno Deficiency Virus, অৰ্থাৎ চমুকৈ HIV-ৰ সংক্ৰমণৰ বাবে হয়। এই এইছ. আই. ভি. (HIV) নামৰ বীজাণুটোৱে যেতিয়া শৰীৰৰ ভিতৰত প্ৰৱেশ কৰি ই শৰীৰৰ ৰোগ প্ৰতিষেধক ব্যৱস্থাটোক ধ্বংস কৰিবলৈ আৰম্ভ কৰে আৰু প্ৰায় ৮-১০ বছৰমানৰ ভিতৰত ৰোগ প্ৰতিষেধক ব্যৱস্থাটোক সম্পূৰ্ণৰূপে ধ্বংস কৰি পেলায়। ইয়াৰ ফলত এইচ. আই. ভি.-ৰ দ্বাৰা আক্ৰান্ত ব্যক্তিজনে অনাক্ৰান্ত নোহোৱা ব্যক্তিজনৰ দৰে ৰোগ প্ৰতিৰোধ কৰিব নোৱাৰে। ফলত মৃত্যু অনিবাৰ্য। এইচ. আই. ভি. বীজাণুৱে এজন ব্যক্তিৰ পৰা আন এজনলৈ কিছুমান দৈহিক কাৰ্যকলাপৰ জৰিয়তে বিয়পে। এইডচ. আই. ভি সংক্ৰমণৰ অন্তিম অৱস্থা। এই অৱস্থাত আক্ৰান্ত ব্যক্তিৰ দেহত নানা ধৰণৰ ৰোগে দেখা দিয়ে। এইডচ্ নোহোৱালৈকে এইচ. আই. ভিৰ দ্বাৰা আক্ৰান্ত হ'লেও ব্যক্তিজনৰ দেহত কোনো ধৰণৰ বেমাৰৰ লক্ষণ দেখা নিদিয়ে। অৱশ্যে তেওঁলোকে তেওঁলোকৰ শৰীৰত থকা এইচ. আই. ভি.ৰ দ্বাৰা অন্য লোকক আক্ৰান্ত কৰিব পাৰে। এইচ. আই. ভি.ৰ কোনো মধ্যৱৰ্তী বাহক নাই আৰু সেইবাবে মহ বা অন্য কীট-পতঙ্গৰ দ্বাৰা এই ৰোগ নিবিয়পে।

এইচ. আই. ভি. বা এইড্‌ছ কেনেকৈ বিয়পে জনাটো অতি আৱশ্যক। এইডছ ভাইৰাচ এজ্যন ব্যক্তিৰ পৰা আন এজনলৈ তেজ, বীৰ্য (যৌনৰস) আৰু মাতৃদুগ্ধৰ জৰিয়তে সম্প্ৰসাৰিত হয়। গতিকে এইচ. আই. ভি. প্ৰধানতঃ তিনি প্ৰকাৰে বিয়পিব পাৰে ঃ

(ক) এজন এইচ. আই. ভি. আক্ৰান্ত ব্যক্তিৰ লগত হোৱা যৌন সম্পৰ্কৰ দ্বাৰা।

(খ) এজন এইচ. আই. ভি. আক্ৰান্ত ব্যক্তিৰ লগত প্ৰত্যক্ষভাৱে তেজৰ আদান-প্ৰদান হোৱাৰ দ্বাৰা। সাধাৰণতে এইচ. আই. ভি. সংক্ৰমিত ব্যক্তিক দিয়া বেজী পুনৰ ব্যৱহাৰ কৰাৰ দ্বাৰা।

(গ) এইচ. আই. ভি. আক্ৰান্ত মাকৰ পৰা তেওঁৰ শিশুটিলৈ গৰ্ভাৱস্থাত, জন্ম দিয়াৰ সময়ত নতুবা মাতৃদুগ্ধ খুউৱাৰ ফলত শিশুৰ দেহত ৰোগ সংক্ৰামিত হ'ব পাৰে। এক সমীক্ষা মতে এইচ. আই. ভি.ৰ দ্বাৰা আক্ৰান্ত মাতৃয়ে জন্ম দিয়া প্ৰতি পাঁচটি শিশুৰ এটা শিশু এই ৰোগত আক্ৰান্ত হয় মাকৰ গাখীৰৰ জৰিয়তে।

মনত ৰাখিবলগীয়া যে এইৰোগ সংস্পৰ্শৰ দ্বাৰা বা আক্ৰান্ত ব্যক্তিৰ সৈতে একেলগে খোৱা-বোৱা কৰিলে বা কাহ, হাচি আৰু কৰমৰ্দনৰ জৰিয়তে নিবিয়পে। এইচ. আই. ভি. বীজাণুটো যেতিয়ালৈকে এজন ব্যক্তিৰ তেজৰ লগত প্ৰত্যক্ষভাৱে মিলি নাযায়, তেতিয়ালৈকে সেই ব্যক্তিজনক আক্ৰমণ কৰিব নোৱাৰে।

এইচ. আই. ভি. অৰ্থাৎ এইডচ্ সংক্ৰমিত হোৱাৰ আটাইতকৈ বিপদজনক বয়সটো হ'ল ল'ৰাৰ বাবে ১৩ ৰ পৰা ৩৫ বছৰ আৰু ছোৱালীৰ বাবে ১৫ ৰ পৰা ২৪ বছৰ। এই ৰোগৰ ভাইৰাচ মহিলাতকৈ পুৰুষসকলৰ বীৰ্যতহে বেছিকৈ দেখিবলৈ পোৱা যায়। ইয়াৰ উপৰিও মহিলাতকৈ পুৰুষৰ দ্বাৰাহে এই ৰোগ সংক্ৰমণৰ সম্ভাৱনা অধিক।

এইডচ বা এইচ. আই. ভি.ৰোগত আক্ৰান্ত হোৱাটো ধৰা পেলাবলৈ,

সাধাৰণতে এইড্‌ছ টেষ্ট বুলি কোনো পৰীক্ষা নাই। এইড্‌ছ টেষ্টত তেজ পৰীক্ষা কৰি মাত্ৰ এইচ. আই. ভিৰ বিৰুদ্ধে দেহত কোনো ধৰণৰ এণ্টিবডি সৃষ্টি হৈছে নেকি তাকেহে চোৱা হয়। যদি কোনো এজন ব্যক্তিৰ তেজৰ পৰীক্ষাত সেই এণ্টিবডি পোৱা যায়, তেতিয়া ধৰি লোৱা হয় যে সেই ব্যক্তিজন এনে ভাইৰাছত আক্ৰান্ত হৈছে।

সাধাৰণতে এইডচৰ বাবে এলাইজা পৰীক্ষা (Elisa Test) কৰা হয়। এলাইজা পৰীক্ষাৰ মাধ্যমত এইচ. আই. ভি. নিৰূপণ কৰাৰ উপৰিও ইয়াক নিশ্চিত কৰিবৰ বাবে “ৱেষ্টাৰ্ণ ব্লটটেষ্ট’ (Western blot test) নামৰ পৰীক্ষাটোও কৰি ল'ব লাগে।

এইড্‌চৰ লক্ষণ ঃ

এইড্‌চৰ সাধাৰণ লক্ষণবোৰ হ'ল শৰীৰৰ ঠায়ে ঠায়ে গাঙটি উঠা, মুখৰ ভিতৰত চকলা-চকল বগা চামনি পৰা, শৰীৰত ওজন হ্ৰাস পোৱা, সঘনে জ্বৰ হোৱা, ৰাতি প্ৰচুৰ ঘাম হোৱা, শাৰীৰিক দুৰ্বলতা আৰু ডায়েৰিয়া। এই ৰোগে আমাৰ কেন্দ্ৰীয় স্নায়ুতন্ত্ৰত আঘাত হানিব পাৰে আৰু ফলত স্মৃতিশক্তি হেৰুওৱা আৰু কথা কোৱাত সমস্যাৰ সৃষ্টি কৰিব পাৰে।

এইডচ কেনেদৰে বিয়পে ঃ এইডচ কুৰি শতিকাৰ শেষৰ ফালে নতুনকৈ উদ্ভৱ হোৱা এটা মাৰাত্মক ৰোগ। বিশ্বত পোন প্ৰথমে এইডচ্ ৰোগী চিনাক্ত হয় আমেৰিকাৰ লচ্ এঞ্জেলচ্ চহৰত ১৯৮১ চনত। সম্প্ৰতি আফ্ৰিকাৰ লগতে এচিয়া মহাদেশ, বিশেষকৈ দক্ষিণ আৰু দক্ষিণ-পূৱ এচিয়াত এই ৰোগত আক্ৰান্ত হোৱা ব্যক্তিৰ সংখ্যা দ্ৰুতভাৱে বৃদ্ধি পাইছে। বিশ্বৰ সৰ্বাধিক জনবসতিপূৰ্ণ এচিয়াত এইড্‌ছ আক্ৰান্তৰ সংখ্যা উদ্বেগজনক হাৰত বৃদ্ধি পাইছে। ৰাষ্ট্ৰসংঘৰ তথ্য মতে সম্প্ৰতি সমগ্ৰ বিশ্বত প্ৰায় ৪০ নিযুত এইড্‌ছ আক্ৰান্ত ব্যক্তি আছে। ইয়াৰ ২৫ নিযুতেই আফ্ৰিকাৰ। আনহাতে এচিয়াৰ ভিতৰত চীন, ইণ্ডোনেছিয়া, ম্যানমাৰ, থাইলেণ্ড, কাম্বোডিয়া আৰু ভিয়েটনামত এইড্‌ছ আক্ৰান্তৰ সংখ্যা আটাইতকৈ অধিক। আনহাতে এইচ. আই. ভি. পজিটিভ বুলি জনা জীৱন্ত ব্যক্তিৰ সংখ্যা দক্ষিণ আফ্ৰিকাৰ পিছত ভাৰতত সৰ্বাধিক। ভাৰতৰ মাদ্ৰাজত ১৯৮৬ চনৰ এপ্ৰিল মাহত প্ৰথমে ছয়গৰাকী মহিলা যৌনকৰ্মীৰ তেজত এই ৰোগৰ বীজাণু ধৰা পৰে। সেই বছৰৰে মে' মাহত দেশৰ প্ৰথমজন এইডচ ৰোগীৰ মৃত্যু হয়। ভাৰতত ২০০৩ চনৰ ডিচেম্বৰ মাহলৈ ৪.৮ নিযুত এইচ. আই. ভি. পজিটিভ ব্যক্তি আৰু ৫১,১৫১ জন এইডচ্ ৰোগী পোৱা যায়। আমাৰ অসমতো এইচ আই ভিৰ দ্বাৰা আক্ৰান্ত ব্যক্তিৰ সংখ্যা আজি কিছু বছৰৰ পৰা বৰ ভয় লগাকৈ বৃদ্ধি পাইছে। ১৯৯১ চনত গুৱাহাটী চিকিৎসা মহাবিদ্যালয়ত অসমৰ প্ৰথমজন এইড্‌ছ ৰোগী চিনাক্ত হয়। অসমত ২০০৩ চনৰ ডিচেম্বৰলৈ ১৯৮ জন (১৬ জন পুৰুষ আৰু ৩২ গৰাকী মহিলা) এইডছ ৰোগী আৰু ৫৬৪ জন এইচ. আই. ভি. পজিটিভ ব্যক্তি চিনাক্ত হৈছে। এতিয়ালৈকে অসমত ২৫ জন এইডছ্ ৰোগীৰ মৃত্যু ঘটিছে। উত্তৰ-পূৰ ভাৰতত এইচ. আই. ভি. আক্ৰান্ত অৰ্থাৎ এইডচ ৰোগীৰ সংখ্যা মণিপুৰতেই সৰ্বাধিক।

এইড্‌ছৰ নিয়ন্ত্ৰণ আৰু প্ৰতিৰোধ ঃ

এইড্‌ছৰ পৰা আৰোগ্য হোৱাৰ এতিয়ালৈকে কোনো চিকিৎসা বা চিটা ওলোৱা নাই। অৱশ্যে ৰোগী এজনক এই ৰোগৰ প্ৰকোপ লেহেমীয়া কৰি ৰখাৰ বিভিন্ন ঔষধৰ বিধান আছে। বিজ্ঞানীসকলে এইড্‌ছৰ পৰা আৰোগ্য লাভ কৰাৰ ঔষধ-পাতি উলিওৱাৰ প্ৰচেষ্টা অব্যাহত ৰাখিছে। ইতিমধ্যে আয়ুৰ্বেদীয় ব্যৱস্থাত অৰ্থপূৰ্ণ গৱেষণা হৈছে।

প্ৰতিৰোধেই এইড্‌ছৰ শ্ৰেষ্ঠ তথা একমাত্ৰ চিকিৎসা। এইচ. আই. ভি. বা এইড্‌ছৰ বিৰুদ্ধে ল'বলগীয়া সাৱধানতা হ'ল—

১। কেৱল এজন বিশ্বাসী সঙ্গীৰ লগত যৌন সম্পৰ্ক বজাই ৰখা।

২। নিচাযুক্ত দ্ৰব্য ব্যৱহাৰ কৰিব নালাগে। অন্য লোকে ব্যৱহাৰ কৰা বেজী, চিৰিঞ্জ আদি কেতিয়াও ব্যৱহাৰ কৰিব নালাগে।

৩। যদি কেতিয়াবা তেজ গ্ৰহণ কৰিবলগীয়া হয় তেন্তে ভালদৰে পৰীক্ষা কৰিহে এইচ. আই. ভি. মুক্ত তেজ লোৱা উচিত।

৪। যৌন সম্পৰ্কৰ ক্ষেত্ৰত জন্মনিৰোধক কণ্ডম ব্যৱহাৰ কৰা উচিত।

মহিলা আৰু শিশু কল্যাণ (Women and Child Welfare) ঃ

কল্যাণকাৰী ৰাষ্ট্ৰ এখনৰ বাবে মহিলা আৰু শিশুৰ কল্যাণ সাধন অতি গুৰুত্বপূৰ্ণ কথা। ইয়াৰ উন্নয়নে দেশৰ সামাজিক কল্যাণ সৰ্বাধিক কৰে। স্বাধীনতাৰ আগতে ভাৰতত মহিলা আৰু শিশু কল্যাণ সেৱাসমূহ অতি পিছপৰা আছিল। অকল চহৰ অঞ্চলতহে মাত্ৰ এনেবোৰ সুবিধা সীমাৱদ্ধ আছিল। মহিলা আৰু শিশুৰ ওপৰত বিভিন্ন ধৰণৰ নিৰ্যাতন সংঘটিত হৈছিল। মাতৃত্বৰ সময়ত হোৱা মৃত্যু আৰু শিশুমৃত্যুৰ হাৰ অধিক আছিল। ১৯৪৬ চনত ভাৰতত মাতৃত্বৰ সময়ত হোৱা মৃত্যুৰ সংখ্যা আছিল প্ৰতি ১০০০ ত ২০ গৰাকী। ১৯৪১ চনত শিশু মৃত্যুৰ হাৰ আছিল প্ৰতি ১০০০ত ১৬১ জন। অবিৰত উচ্চ জন্মহাৰ মাতৃ-শিশু উভয়ৰ বাবে সমস্যা যেন আছিল। বিশ্বৰ বেছিভাগ উন্নয়নশীল দেশতে বিবাহিত মহিলাসকলৰ মাজত পুষ্টিহীনতাৰ সমস্যা আৰু পুনঃ পুনঃ গৰ্ভৱতী হোৱাৰ সমস্যা দেখা যায়। ভাৰতৰ স্বাধীনতাৰ পাছত মাতৃ আৰু শিশু কল্যাণ সেৱাবোৰৰ উল্লেখযোগ্য সম্প্ৰসাৰণ ঘটিছে। চহৰ অঞ্চলৰ উপৰিও দেশৰ গাঁও অঞ্চলতো সৰ্বসাধাৰণৰ বাবে প্ৰাথমিক স্বাস্থ্যকেন্দ্ৰ আৰু উপকেন্দ্ৰ গঢ়ি উঠিছে। স্বাধীনতাৰ পাছত পঞ্চবাৰ্ষিক পৰিকল্পনাৰ জৰিয়তে দেশৰ গাঁও আৰু চহৰ অঞ্চলত মাতৃ আৰু শিশুৰ স্বাস্থ্য সেৱা আগবঢ়াবৰ বাবে তলত দিয়া ধৰণৰ অনুষ্ঠান গঢ়ি উঠিছে ঃ

(ক) গ্ৰাম্য অঞ্চল ঃ
১। প্ৰাথমিক স্বাস্থ্য কেন্দ্ৰ।
২। স্বাস্থ্য উপকেন্দ্ৰ।
৩। মাতৃ আৰু শিশু স্বাস্থ্য কেন্দ্ৰ (MCH Centre)

(খ) চহৰ অঞ্চল ঃ
১। মাতৃ আৰু শিশু স্বাস্থ্য কেন্দ্ৰ (MCH Cenre)
২। প্ৰসূতি গৃহ (Maternity Home)
৩। প্ৰসূতি চিকিৎসালয় (Maternity Hospital)
৪। চিকিৎসালয়ত প্ৰসূতি বিভাগ আৰু প্ৰসূতি বিচনা।
৫। শিশু চিকিৎসালয় আৰু এনে চিকিৎসালয়ত শিশু ৱাৰ্ড আৰু শিশু বিচনাৰ সুবিধা।

ভাৰত চৰকাৰৰ স্বাস্থ্য সেৱা উন্নয়ন সম্পৰ্কত ১৯৪৫ চনত গঠিত ভোৰে কমিচনে মাতৃসকলৰ কল্যাণৰ বাবে বিভিন্ন সেৱাৰ অনুমোদন কৰে। সমিতিয়ে প্ৰসূতি গৃহ খোলাৰ বাবে বিশেষ অনুমোদন আগবঢ়ায়। কলিকতাৰ সৰ্বভাৰতীয় গাৰ্হস্থ্য বিজ্ঞান আৰু জনস্বাস্থ্যৰ প্ৰতিষ্ঠানে All India Institute of Hygienic and Public Health-য়ে মাতৃ কল্যাণৰ বাবে প্ৰশিক্ষণ কাৰ্যসূচী প্ৰস্তুত কৰে। দেশৰ কেন্দ্ৰীয় আৰু ৰাজ্যিক সমাজ কল্যাণ ব'ৰ্ডবোৰেও মাতৃ আৰু শিশু কল্যাণৰ বাবে কাম কৰি আছে।

দেশৰ সমাজ কল্যাণ বিভাগ, মাতৃত্ব আৰু শিশু কল্যাণ কেন্দ্ৰ, মহিলা মণ্ডল আদিয়ে শিশু আৰু মাতৃৰ আহাৰ, পৰিচৰ্যা, শিশুৰ যতন আদিৰ শিক্ষা সম্প্ৰসাৰণৰ বাবে কাম কৰি আছে। বৰ্তমান ভাৰতৰ বহুতো বিদ্যালয়ে মধ্যাহ্ন ভোজনৰ সুবিধা আগবঢ়াইছে। আন্তৰ্জাতিক সংস্থা ইউনিচেফৰ পৰা শিশু কল্যাণৰ বিভিন্ন আঁচনি দেশৰ গাঁও-চহৰত চলি আছে। ৰাষ্ট্ৰসংঘৰ শিশু কল্যাণ পুঁজিয়ে ভাৰতৰ শিশু কল্যাণ আঁচনিসমূহৰ ৰূপায়ণত এক অনন্য ভূমিকা পালন কৰি আহিছে। ইয়ে শিশুৰ স্বাস্থ্য, শিক্ষা, সামাজিক কল্যাণ আৰু পুষ্টিসাধনৰ বিভিন্ন কাৰ্যসূচী ৰূপায়ণত সহায় কৰি আছে। দেশৰ সংহত শিশু উন্নয়ন আঁচনিৰ (Integrated Child Development Scheme) অধীনত অঙ্গনবাৰী কেন্দ্ৰসমূহে এই সেৱাসমূহ আগবঢ়াই আছে।

দেশৰ পৰিয়াল কল্যাণ আঁচনিবোৰত জন্ম নিয়ন্ত্ৰণৰ উপৰিও মাতৃ আৰু শিশুৰ কল্যাণৰ দিশতো যথেষ্ট গুৰুত্ব দিয়া হৈছে। মাতৃ কল্যাণ সেৱা আঁচনিৰ অধীনত গৰ্ভৱতী মহিলাক নিয়মিত স্বাস্থ্য পৰীক্ষা লৈ থকা বড়ি, ৰোগ প্ৰতিষেধক চিটা আদি বিনামূলীয়াকৈ স্বাস্থ্য কেন্দ্ৰসমূহত আগবঢ়োৱাৰ ব্যৱস্থা আছে।

মহিলা সৱলীকৰণৰ বিভিন্ন কৰ্মসূচীয়ে মহিলাসকলৰ শাৰীৰিক, মানসিক, শৈক্ষিক, সামাজিক আৰু আৰ্থিক কল্যাণ বৃদ্ধি কৰিছে। মহিলা শিক্ষাৰ সম্প্ৰসাৰণৰ বাবে চৰকাৰে বিভিন্ন আঁচনি ৰূপায়ণ কৰি আছে। আন্তৰ্জাতিক নাৰী সংগঠনসমূহৰ

সক্রিয়তাই নাৰীৰ অধিকাৰ সম্পৰ্কত সচেনতা বৃদ্ধি কৰিছে। সম্প্ৰতি দেশৰ উন্নয়ন প্ৰক্ৰিয়াত নাৰীৰ অংশগ্ৰহণ নিশ্চিত কৰাৰ বাবে সকলো ক্ষেত্ৰতে ৩৩ শতাংশ আসন মহিলাৰ বাবে সংৰক্ষণৰ চিন্তা-চৰ্চা চলি আছে।

শিশু সকলৰ বাবে লোৱা বিভিন্ন কল্যাণমূলক আঁচনিয়ে শিশুৰ মৃত্যুৰ হাৰ যথেষ্ট কমাই দিছে। সম্প্ৰতি প্ৰত্যেক পাঁচ বছৰৰ তলৰ শিশুকে পাঁচটা ৰোগৰ প্ৰতিষেধক বেজী বিনামূলীয়াকৈ স্বাস্থ্য কেন্দ্ৰসমূহত আগবঢ়োৱা হয়। তাৰোপৰি, দেশৰ অনাথ শিশু সকলৰ বাবে 'অনাথালয়' আৰু সন্ত্ৰাসৰ বলি হোৱা শিশুসকলৰ বাবে বিভিন্ন আঁচনি হাতত লোৱা হৈছে। শিশু শ্ৰমিক ৰোধ কৰাৰ বাবে দেশত বিভিন্ন আইন গ্ৰহণ কৰা হৈছে।

পৰিৱেশ আৰু জনস্বাস্থ্য সেৱাত তথ্য-প্ৰযুক্তিবিদ্যাৰ ভূমিকা
(Role of Information Technology in Environment and Human Healt)

বৰ্তমানৰ যুগ হ'ল কম্পিউটাৰ তথা তথ্য-প্ৰযুক্তিৰ যুগ। তথ্য প্ৰযুক্তি বিদ্যাই বৰ্তমান সময়ত জীৱনৰ সকলো স্তৰতেকাম কৰিছে আৰু ই সমাজৰ সকলো প্ৰকাৰৰ আৰ্থসামাজিক উন্নয়নত এক গুৰুত্বপূৰ্ণ স্থান অধিকাৰ কৰিছে। তথ্য প্ৰযুক্তি হ'ল এক সামূহিক বা উমৈহতীয়া নাম যি তথ্যৰ সংগ্ৰহ, সঞ্চয়, পুনৰুদ্ধাৰ, বিশ্লেষণ আৰু সৰবৰাহৰ লগত জড়িত। বহলভাৱে ক'বলৈ গ'লে ই হ'ল কম্পিউটাৰ আৰু টেলিকমিউনিকেচন ক্ষেত্ৰৰ প্ৰযুক্তিবোৰৰ এক সংযোগ। তথ্য প্ৰযুক্তিয়ে বিশ্বৰ যিকোনো অংশৰ পৰা ঘৰতে বহি পৰ্যাপ্ত তথ্য সম্ভাৰ পোৱাটো সম্ভৱ কৰি তুলিছে। সম্প্ৰতি ইণ্টাৰনেট, কম্পিউটাৰ নেটৱৰ্ক আদিৰ জৰিয়তে পৃথিৱীৰ বিভিন্ন প্ৰান্তত বিভিন্ন সমস্যাৰ ক্ষেত্ৰত লোৱা সিদ্ধান্ত বা সমাধান সূত্ৰবোৰ ঘৰতে বহি লাভ কৰিব পৰা গৈছে।

তথ্য-প্ৰযুক্তিয়ে অন্যান্য দিশবোৰৰ লগতে পৰিৱেশ আৰু স্বাস্থ্য খণ্ডৰ বিশ্বয়াতনিক অগ্ৰগতিৰ সম্পৰ্কেও তথ্যৰ যোগান ধৰে। কোনো এক অঞ্চলৰ চহকী প্ৰাকৃতিক সম্পদসমূহ যেনে— উৰ্বৰ ভূমি, জলৰাশি, বন-জংগল, বন্যপ্ৰাণী আৰু খনিজ সম্পদবোৰৰ উদঘাটন বা সম্ভেদ উলিয়াবলৈ দূৰ-সংবেদী প্ৰযুক্তি (Remote Sensing Technology) যথেষ্ট ফলপ্ৰসূ উপায়। উপগ্ৰহৰ সহায়ত দূৰ সংবেদী প্ৰযুক্তি বিদ্যাৰ সহায়েৰে কোনো এক অঞ্চলৰ পৰিৱেশ তথা পাৰিপাৰ্শ্বিক অৱস্থাৰ তথ্য সংগ্ৰহ কৰা হয় আৰু সেইবোৰ প্ৰয়োজন সাপেক্ষে বিভিন্ন কামত ব্যৱহাৰ কৰা হয়।

প্ৰাকৃতিক সম্পদবোৰৰ উদঘাটনৰ উপৰিও দূৰ সংবেদী প্ৰযুক্তিৰ সহায়ত আগতীয়াকৈ বিভিন্ন তথ্য যেনে— বানপানী, খৰাং অৱস্থা, বৃষ্টিপাত, ঘূৰ্ণীবতাহ, মহামাৰী, ৰোগৰ বীজাণু, শস্যৰ উৎপাদন আদি পৰিঘটনাসমূহৰ তথ্য সংগ্ৰহ কৰা হয়। তথ্য প্ৰযুক্তিৰ সহায়ত এই তথ্যবোৰ দেশৰ চুকে-কোণে সৰবৰাহ কৰাটো সম্ভৱ হৈ পৰিছে। বতৰ বিজ্ঞান তথা বতৰ বিজ্ঞানৰ লগত জড়িত বিভাগবোৰক এনেবোৰ তথ্য-পাতিৰ অতি প্ৰয়োজন। দেশৰ নীতি নিৰ্দ্ধাৰণকাৰী ব্যক্তি-প্ৰতিষ্ঠান আৰু পৰিকল্পনাকাৰী সকলৰ বাবেও দেশৰ ভূ-ভাগৰ বিভিন্ন তথ্যৰ যথেষ্ট প্ৰয়োজন। বিশ্বৰ বৰ্ধিত জনসংখ্যাৰ ফলত ভূ-পৃষ্ঠৰ পৰিৱেশৰ যি দ্ৰুত অৱনতি ঘটিছে তাক তথ্য-প্ৰযুক্তি বিষয়বোৰ বিশ্বায়ন কৰিব পাৰি আৰু তাৰ দ্বাৰা এক একক গোলকীয় পাৰিপাৰ্শ্বিক সম্প্ৰদায় গঢ়ি তুলিব পাৰি।

তথ্য প্ৰযুক্তি বিদ্যাই চিকিৎসা আৰু স্বাস্থ্য সেৱা খণ্ডতো এক গুৰুত্বপূৰ্ণ স্থান অধিকাৰ কৰিছে। চিকিৎসা সেৱাৰ নতুন নতুন উদ্ভাৱন তথা গৱেষণাত তথ্য প্ৰযুক্তিয়ে সহায় কৰিছে। বিভিন্ন ৰোগৰ নতুন ঔষধৰ আৱিষ্কাৰ, যন্ত্ৰ-পাতিৰ উদ্ভাৱন, সা-সুবিধা, খৰচ আদি হস্পিতাল প্ৰশাসনৰ বিভিন্ন তথ্য-পাতি ৰোগীয়ে ঘৰতে বহি লাভ কৰিব পাৰে। দেশৰ ৰাষ্ট্ৰীয় তথ্য বিজ্ঞান কেন্দ্ৰৰ (National Informatics Centre) অধীনস্থ সমূহীয়া তথ্য কেন্দ্ৰবোৰে বিভিন্ন ৰূপত চিকিৎসা সেৱা, যেনে— টেলিপ্ৰেচক্ৰিপচন, পেছাদাৰী সকলৰ বাবে চিকিৎসা বিষয়ক আলোচনা, দুৰ্গম অঞ্চলৰ স্বাস্থ্যসেৱা আদি সম্পাদন কৰি আছে। সাধাৰণতে ভাৰতবৰ্ষৰ গ্ৰামাঞ্চলত চিকিৎসা সেৱা যথেষ্ট পিছপৰা আৰু সেয়ে এই সমূহীয়া তথ্য কেন্দ্ৰবোৰ গ্ৰাম্যলোকৰ বাবে এক বিশেষ স্বাস্থ্য সেৱা কেন্দ্ৰ হ'ব পাৰে যাৰ জৰিয়তে নগৰ-চহৰৰ চিকিৎসা বিশেষজ্ঞৰ দ্বাৰা শুশ্ৰূষা পাব পাৰে।

সম্প্ৰতি আমি **তথ্য-প্ৰযুক্তি বিদ্যাক** (ইংৰাজীত Information Technology) ব্যৱসায়, অৰ্থনীতি, ৰাজনীতি আৰু এনেকি বিকাশৰ পদে পদে ব্যৱহাৰ কৰিছোঁ। একেদৰে তথ্য-প্ৰযুক্তিৰ ব্যৱহাৰ পৰিৱেশ-শিক্ষা আৰু স্বাস্থ্য ৰক্ষাৰ ক্ষেত্ৰতো কৰিব পাৰি। সম্প্ৰতি পৰিৱেশ শিক্ষাত প্ৰয়োগ কৰিব পৰা বহুতো তথ্যভিত্তিক 'চফট্ওৱেৰ' পোৱা যায়। ইণ্টাৰনেটত তথ্য পোৱা যায় আৰু ভৌগোলিক তথ্য-পদ্ধতিৰ দ্বাৰা সংগৃহীত বহুতো তথ্য মজুত থাকে। একেদৰে স্বাস্থ্য সম্পৰ্কীয় তথ্যৰ ক্ষেত্ৰতো চফট্ওৱেৰ, ইণ্টাৰনেট ব্যৱস্থা আদি আছে।

ইয়াৰ বাবে আছে **তথ্য ভাণ্ডাৰ** (data-base)। কম্পিউটাৰ যোগে সংৰক্ষিত তথ্য ভাণ্ডাৰত বহুতো তথ্য বিজ্ঞানসন্মত পদ্ধতিৰে সংগৃহিত হয়। ভাৰতচৰকাৰৰ পৰিৱেশ আৰু বন বিভাগৰ মন্ত্ৰণালয়ে এনে সংগ্ৰহ কাৰ্য কৰি আছে। ইতিমধ্যে জীৱ-জন্তু, উদ্ভিদ সংৰক্ষণ, বন-সংৰক্ষণ, এইচ আই ভি বা এইডচ ৰোগ সম্পৰ্কীয় তথ্য ভাণ্ডাৰ এই মন্ত্ৰণালয়যোগে পাব পাৰি।

ভাৰত চৰকাৰৰ মন্ত্ৰণালয়ৰ উপৰিও **'ৰাষ্ট্ৰীয় তথ্য পৰিচালনা পদ্ধতি'** (National Management Information System চমুকৈ NMIS) স্থাপিত হৈছে ৰাষ্ট্ৰীয় বিজ্ঞান আৰু প্ৰযুক্তি বিদ্যাৰ অধীনত। এই তথ্য কেন্দ্ৰটোৱে দেশৰ ভিতৰত হোৱা গৱেষণা (পৰিৱেশ সম্পৰ্কীয়) আৰু উন্নয়ণমূলক প্ৰকল্প আদিৰ তথ্য সংগ্ৰহ কৰি ৰাখিছে।

পৰিৱেশ আৰু বন মন্ত্ৰণালয়ৰ এটা তথ্য পদ্ধতি আছে— 'পৰিৱেশ তথ্য পদ্ধতি' নামেৰে। ইয়াৰ মুখ্য কাৰ্য্যালয় দিল্লীত। কিন্তু ইয়াৰ শাখা দেশৰ আন ২৫ টা কেন্দ্ৰত স্থাপিত হৈছে। এই কেন্দ্ৰবোৰে প্ৰয়োজনীয় তথ্য মজুত ৰাখি জনতাক সহায় কৰে। প্ৰদূষণ নিয়ন্ত্ৰণ, নিৰাপদ প্ৰযুক্তিবিজ্ঞানৰ প্ৰয়োগ, দূৰ সংবেদন পদ্ধতি (Remote Sensing System), পৰিৱেশ সঞ্চালনা, পুনৰ ব্যৱহাৰ কৰিব পৰা শক্তি, বন্যপ্ৰাণী আদিকে ধৰি বহুতো খা-খবৰ এই কেন্দ্ৰই সৰবৰাহ কৰে। এনেকি হিমালয় অঞ্চলৰ পৰিস্থিতি অৱস্থা, খনি খনন, বন সংৰক্ষণৰ প্ৰয়োজনীয়তা, জলাহভূমিৰ ব্যৱহাৰ সম্পৰ্কীয় তথ্যও কেন্দ্ৰৰ যোগেদি পাব পাৰি। লগতে স্বাস্থ্য ৰক্ষা সম্পৰ্কীয় তথ্যও কেন্দ্ৰৰ যোগেদি পাব পাৰি। লগতে স্বাস্থ্য ৰক্ষা সম্পৰ্কীয় তথ্যও কেন্দ্ৰৰ মাধ্যমেৰে পোৱা যায়। বিশেষকৈ শিল্প উদ্যোগ আদিত চাকৰি কৰা সকলৰ স্বাস্থ্য-নীতি কেনে হোৱা উচিত অৰ্থাৎ কোন উদ্যোগত কি ধৰণৰ স্বাস্থ্যভগ্নৰ আশংকা আছে আৰু তাত লবলগীয়া সাৱধানতা বিষয়ক তথ্যও কেন্দ্ৰত মজুত আছে।

আমাৰ দেশত স্থাপিত হৈছে **'ভৌগোলিক তথ্য পদ্ধতি'** (Geographical Information System)। দূৰসংবেদন প্ৰক্ৰিয়াৰে কৃত্ৰিম উপগ্ৰহৰ জৰীয়তে এই কেন্দ্ৰই বতৰ বিষয়ক তথ্য সংগ্ৰহ কৰি খেতিয়কসকলক দি আছে। লগতে পাৰিৱেশিক তথ্যৰ যোগান ধৰি এই পদ্ধতিটোৱে অতি প্ৰয়োজনীয় সেৱা আগবঢ়াই আছে। ই ক'ত, কিমান পৰিমাণৰ ভূতলীয় পানীৰ বা তেলৰ উৎস আছে চিনাক্ত কৰে। লগতে ই মেপ তৈয়াৰ কৰি ক'ত কি ধৰণৰ আহ-যাহৰ ৰাস্তা ঘাট আছে, ক'ত গাঢ় বননি আছে, কি ঠাইৰ মাটি কেনে ধৰণৰ, শস্য ক্ষেত্ৰ আদি কথাবোৰ কম্পিউটাৰৰ সহায়ত চিহ্নিত কৰিছে। ইয়াৰ দ্বাৰা আমাৰ দেশত প্ৰাকৃতিক সম্পদৰ মেপ, পৰিৱেশ সংৰক্ষণ আৰু পৰিচালনৰ ইংগিত আদি পাব পৰা হৈছে। তদুপৰি কোনো অঞ্চলত কেনে ধৰণৰ ৰোগ হোৱাৰ সম্ভাৱনা আছে, তাৰ মেপও দিব পাৰিছে।

আমাৰ দেশত বহুতো **'তথ্য বিতৰণ কেন্দ্ৰ'** (Distribution-Information Centres) আছে। এই কেন্দ্ৰসমূহ ইটো সিটোৰ সৈতে কম্পিউটাৰৰ জৰীয়তে সংলগ্নিত হৈ আছে আৰু ইয়াৰ সংযোগ মূল কেন্দ্ৰীয় কাৰ্যালয়ৰ সৈতে ৰক্ষিত হৈছে। গতিকে ইচ্ছা কৰিলেই পাৰিৱেশিক বা পৰিস্থিতি তথ্য পাব পৰা যায়। আমাৰ অসমত ইয়াৰ সুপ্ৰয়োগ এতিয়াও হোৱা নাই।

বিশ্বৰ অজস্ৰ সমসাময়িক তথ্য (পৰিৱেশ সম্পৰ্কীয়) পাবৰ বাবে **'বিশ্ব ওৱেব'** (World Wide Web) আছে। ইয়াৰ ওৱেব সংকেত হ'ল 'www.mhhe.com'। পৰিৱেশ বিজ্ঞানৰ আংকিক পদ্ধতিৰে সংগৃহীত তথ্য 'চিডি-ৰোম' (CD-ROM) যোগেও পাব পাৰি। এই ওৱেব যোগে সদ্য শিকন প্ৰক্ৰিয়াও প্ৰচাৰিত হৈছে। ইয়াত শ্ৰেণীত কৰণীয় কাৰ্য, পাঠ্য বিষয়ৰ আলোচনা ফটো, কাৰ্টুন, ওৱেব প্ৰশ্নাৱলী, কুইজ আদি সন্নিবিষ্ট আছে যাৰ দ্বাৰা শিকাৰুই কম্পিউটাৰৰ বুটাম টিপিয়েই পাব পাৰে। এই প্ৰক্ৰিয়াটোক ইংৰাজীত 'অন-লাইন্ লাৰ্নিং' (On-line Learning) বুলি কোৱা হয়। এই প্ৰক্ৰিয়াটোত ছাত্ৰকেন্দ্ৰিক আৰু শিক্ষককেন্দ্ৰিক সা-সুবিধা অতি বন্ধুত্বপূৰ্ণভাৱে শিকাৰ ব্যৱস্থা আছে।

প্ৰশ্নাৱলী

চমু প্ৰশ্ন ঃ

১। জনসংখ্যা বৃদ্ধি বুলিলে কি বুজা?

২। জনসংখ্যা বৃদ্ধিৰ কাৰক কেইটা কি কি?

৩। বিশ্ব জনসংখ্যা দিবস কেতিয়া পালন কৰা হয়?

৪। ২০০০ চনৰ তথ্য অনুসৰি ভাৰতৰ জনসংখ্যা কিমান আছিল? বিশ্বজনসংখ্যাৰ তুলনাত ই কিমান শতাংশ?

৫। জাতিসংঘৰ সমীক্ষা অনুসৰি ১৯৯০-২০০০ৰ দশকটোত বিশ্বৰ জনসংখ্যা বছৰি কি হাৰত বৃদ্ধি হৈছে?

৬। বিশ্বৰ জনসংখ্যা তীব্ৰতৰ হোৱা সময়ছোৱা কি?

৭। বৰ্তমানৰত হাৰত জনসংখ্যা বাঢ়ি থাকিলে ২০২৫ চনত বিশ্বৰ জনসংখ্যা কিমান হ'ব?

৮। বিশ্বৰ আটাইতকৈ কম জনসংখ্যাৰ অঞ্চলটো কি?

৯। পৰিয়াল-কল্যাণ আঁচনি বুলিলে কি বুজা?

১০। জনস্বাস্থ্য সেৱাৰ উন্নয়ণত তথ্য-প্ৰযুক্তি বিদ্যাৰ মূল ভূমিকা কি?

দীঘল প্ৰশ্ন ঃ

১। মূলবোধাত্মক শিক্ষা সম্পৰ্কে কি জানা লিখা।

২। চমুটোকা লিখা— (ক) শূন্য জনসংখ্যা বৃদ্ধি (খ) জন-বিস্ফোৰণ (গ) বয়সৰ পিৰামিড আকাৰ।

৩। সু-স্বাস্থ্যৰ বাবে পৰিৱেশৰ অবদান সম্পৰ্কে আলোচনা কৰা।

৪। পৰিয়াল পৰিকল্পনা সম্পৰ্কে আলোচনা কৰা।

৫। জন-বিস্ফোৰণ বুলিলে কি বুজা? এই ক্ষেত্ৰত ভাৰতৰ অৱস্থা কেনেকুৱা বৰ্ণনা কৰা।

৬। মানৱস্বাস্থ্যৰ পৰিৱেশৰ প্ৰভাৱ সম্পৰ্কে আলোচনা কৰা।

৭। মানৱ অধিকাৰ সম্পৰ্কে আলোচনা কৰা। ৰাষ্ট্ৰীয় মানৱ অধিকাৰ আয়োগ কেতিয়া গঠন কৰা হৈছিল?

৮। মানৱ অধিকাৰ আৰু পৰিৱেশৰ ওপৰত ঘোষণা কৰা চনদৰ ওপৰত যি জানা লিখা।

৯। এজন ব্যক্তি এইচ.আই.ভি. অৰ্থাৎ এইডচৰ দ্বাৰা আক্ৰান্ত কি দৰে হ'ব পাৰে? লগতে এইচ.আই.ভি. আৰু এইডচ্ সম্পৰ্কে লিখা।

১০। পৰিৱেশৰ সুস্থিৰতা ৰক্ষাৰ্থে তথ্য-প্ৰযুক্তিবিদ্যা কিদৰে ব্যৱহৃত হৈছে আলোচনা কৰা।

অষ্টম অধ্যায়	ক্ষেত্ৰ ভিত্তিক অধ্যয়ন FIELD WORK

অষ্টম অধ্যায়: ক্ষেত্ৰ ভিত্তিক অধ্যয়ন (FIELD WORK)

কোনো স্থানীয় অঞ্চল পৰিদৰ্শন ঃ যিকোনো এবিধ পাৰিৱেশিক উপাদানগোট যেনে- নদী নাইবা বনাঞ্চল নাইবা ঘাঁহনি, নাইবা পাহাৰ আদিৰ বিষয়ে অধ্যয়ন কৰিব পাৰি। এনে প্ৰাকৃতিক অধ্যয়ন কৰোঁতে ছাত্ৰ-ছাত্ৰী সকলে এগৰাকী শিক্ষকৰ নেতৃত্বত দলবদ্ধ ভাৱে কৰা উচিত। অৱশ্যে একোটা দলত দহজনতকৈ অধিক ছাত্ৰ নথকাই ভাল। প্ৰত্যেক ছাত্ৰ-ছাত্ৰীয়ে ক্ষেত্ৰ অধ্যয়নৰ অন্তত পোৱা ফলাফল সমূহ সন্নিৱিষ্ট কৰি একোখন প্ৰতিবেদন নিজ হাতেৰে লিখি অধ্যক্ষ বা তদাৰকী শিক্ষকৰ হাতত জমা দিব। লক্ষণীয় কথাটো হ'ল, অকল হাতেৰে লিখা প্ৰতিবেদনহে (মুদ্ৰা লিখন যন্ত্ৰৰে নহয়) গ্ৰাহ্য কৰা হ'ব। প্ৰতিবেদনখনৰ আকাৰ ছয় পৃষ্ঠাতকৈ বেছি হ'ব নালাগিব আৰু আখৰৰ সংখ্যা ৫০০ ৰ ভিতৰত সীমাবদ্ধ থাকিব।

অধ্যয়ন সম্পৰ্কে সাধাৰণতে মানিবলগীয়া কথাবোৰ তলত আলচ কৰা হ'ল। মন কৰিব লাগিব যে ইতিমধ্যে পৰিৱেশ অধ্যয়নৰ পৰা লব্ধ জ্ঞানখিনিকে ছাত্ৰ-ছাত্ৰীসকলে কামত লগাব। গতিকে অতি গভীৰতালৈ নগৈ ন্যূন্যতম কথাখিনিকে বৰ্ণনা কৰা উচিত।

(i) যিকোনো প্ৰাথমিক অধ্যয়নৰ বাবে পোনতে এটা উদ্দেশ্য সাৰোগত কৰি ল'ব লাগিব ; অৰ্থাৎ কি অধ্যয়ন কৰা হ'ব, সেইটো স্থিৰ কৰি ল'ব লাগিব।

অথবা, কিছুমান প্ৰশ্ন প্ৰস্তুত কৰিব লাগিব। সেই প্ৰশ্নবোৰ অধ্যয়ন কৰিবলগীয়া বিষয়টোৰ লগত আৰু অধ্যয়ন কালৰ লগত সংগতি থকাটো বাঞ্ছনীয়। কোৱা বাহুল্য, আয়ত্বৰ বাহিৰত প্ৰশ্ন কৰি উত্তৰ আশা কৰাতকৈ সহজে উলিয়াব পৰা প্ৰশ্ন প্ৰস্তুত কৰাটো শ্ৰেয়।

অথবা, অধ্যয়ন কৰিবলগীয়া বিষয়টোৰ সন্দৰ্ভত কিছুমান প্ৰস্তাৱনা স্থিৰ কৰি ল'ব পৰা যায়। অৰ্থাৎ, কোনো প্ৰশ্নৰ সম্ভাব্য উত্তৰ বাছি লৈ পৰীক্ষাৰ দ্বাৰা বা অধ্যয়নৰ দ্বাৰা প্ৰমাণ কৰিব লাগে প্ৰস্তাৱনাটো সঁচা নে মিছা।

(ii) এইখিনি স্থিৰ কৰি লোৱাৰ পাছত ঠিক কৰিব লাগে কি কি পদ্ধতি অনুসৰণ কৰি অধ্যয়নটো সঠিক সময়ৰ ভিতৰত সুকলমে সমাপ্ত কৰিব পৰা যায়। যিমানে সৰল পদ্ধতি লোৱা হ'ব, সিমানে কম খৰচত, কম সময়ত আৰু সহজে কৰিব পৰা হ'ব। অৱশ্যে পদ্ধতিটোৰ বৈজ্ঞানিক ভিত্তি থাকিব লাগে, আৰু সুষম (Uniform) হ'ব লাগে যাতে পিছলৈ ফলাফল উলিওৱাতে অসুবিধা নহয়। অধ্যয়ন কালটো উল্লেখ কৰাটো অতিকৈ প্ৰয়োজনীয়।

(iii) সঠিক পদ্ধতিত অনুসৰণ কৰি তথ্য আহৰণ কৰাৰ পিছত সেইবিলাকৰ বৈজ্ঞানিক বিশ্লেষণ কৰিব লাগে। মন কৰিবলগীয়া যে তথ্যবোৰ বৰ্ণনামূলক নহৈ হিচাব কৰি দেখুৱাব পৰা বিধৰ হ'লে বিশ্লেষণ কৰিবলৈ সুবিধা হয়। অৱশ্যে অধ্যয়নৰ ক্ষেত্ৰখনৰ বিশদ বিৱৰণ দিব লাগে।

বিশ্লেষণ কৰাৰ পাছত ফলফল সমূহ পৰিপাটিকৈ প্ৰকাশ কৰিব লাগে।

(iv) ফলাফলসমূহৰ বিষয়ে আলোচনা কৰাটো যুগুত- অৰ্থাৎ কিয় এনে ধৰণৰ ফলাফল পোৱা হ'ল, তাৰ কাৰণ ব্যাখ্যা, লগতে অধ্যয়নৰ সময়ত পোৱা বিভিন্ন সুবিধাৰ কথা আলোচনাত ঠাই পাব লাগে।

(ক) নদীৰ পৰিৱেশ অধ্যয়ন ঃ

নদীৰ পৰিৱেশ অধ্যয়ন কৰিবলৈ তলত দিয়া কথাকেইটা নজৰ কৰা উচিত।

(১) **প্ৰাৰম্ভিক তথ্য ঃ** নদী বা উপনৈটোৰ নাম, নদীটোৰ উৎস কি, ইয়াৰ গতিপথ কি আৰু নদীটোৰ প্ৰকৃতি লিখা।

(২) **পানীৰ মান ঃ**

(i) প্ৰথমতেই নদীটোৰ পানী কেনেকুৱা- স্বচ্ছ নে ঘোলা লক্ষ্য কৰা।

• যদি স্বচ্ছ বা পৰিস্কাৰ, তেনেহ'লে তুমি আৰু কি বিচৰা? সূৰ্যৰ ৰশ্মি পানীৰ ভিতৰলৈ যায়নে চোৱা। তেতিয়াহে পানীত সেউজীয়া উদ্ভিদ ভালদৰে গজিব।

● আৰু যদি ঘোলা হয়, তেনেহলে ইয়াক পৰিস্কাৰ কিদৰে কৰা হব, তাক লিখা। ঘোলা পানী ভেদ কৰি সূৰ্য্যৰ ৰশ্মি পানীৰ ভিতৰলৈ নাযায়। তেতিয়া মাছ, জলজ উদ্ভিদ আদিৰ শ্ৰীবৃদ্ধি নহয়।

(ii) দ্বিতীয়তে, নৈৰ পানীভাগৰ উষ্ণতা কি লোৱা। তাৰ লগতে বাহিৰৰ উত্তাপ কিমান তাকো লিখি থোৱা।

● যদি পানীৰ উষ্ণতা সাধাৰণ উষ্ণতাতকৈ ৫ ডিগ্ৰী চেলচিয়াছতকৈ অধিক হয়, তেনেহলে তাৰ কাৰণ কি জানিবলৈ যত্ন কৰা। তাপীয় প্ৰদূষণ কিবা নৈৰ পানীত পৰিছেনেকি থিৰ কৰা।

● তাপীয় প্ৰদূষণৰ প্ৰভাবত জলজ প্ৰাণীৰ (বা জীৱৰ) ক্ষতি কি হৈছে বা হব পাৰে লিখা।

(iii) পানীত ফেনিল, তৈলাক্ত আৰু ক'লা বস্তু কিবা পৰিছে নেকি নজৰ কৰা।

● যদি এনে বস্তু পৰিছে, তেনেহলে ইয়াৰ উৎস কি চিনা।

(iv) নৈৰ কোনো অংশত মিউনিচিপাল কতৃপক্ষৰ নলী নৰ্দমা বা কোনো উদ্যোগৰ আবৰ্জনা পৰিছেনেকি নজৰ কৰা। যদি তেনে কোনো উৎস পোৱা যায়, তেনেহলে নদীৰ উজনিমুৱা আৰু ভাটিমুৱা সোঁতত কি প্ৰভাব পৰিছে লক্ষ্য কৰা।

(v) পানীৰ পি-এইচ (PH) মান নিৰ্দিষ্ট যন্ত্ৰৰ সহায়ত নিৰ্দ্ধাৰণ কৰা। ইয়াৰ বাবে তুমি পি-এইচ নিৰ্ণায়ক যন্ত্ৰ লগত নিব লাগিব। যদি এই মান ৬.৫—৮.৫ ৰ মাজত থাকে, তেন্তে পানী স্বাভাৱিক বুলি গণ্য কৰিব পাৰি। আৰু যদি পি-এইচ মান ৮.৫ ৰ অধিক হয়, তেন্তে পানী হব খাৰুৱা আৰু তাত মিউনিচিপালটিৰ নলীৰ বৰ্জিত পানী পোলোৱা হৈছে। পানীৰ পি-এইচ মান ৬.৫ ৰ কম হ'লে, পানী হব এচিডিক আৰু নৈৰ কোনো অংশ উদ্যোগৰ বৰ্জিত পদাৰ্থ পৰিছে বুলি নিশ্চিত হব পাৰা।

(৩) জলজ প্ৰাণীৰ ওপৰত অধ্যয়ন ঃ

(i) পানীত থকা বিবিন্ন জলজ জীৱৰ ফৰ্দ্দি এখন তৈয়াৰ কৰা। পানীত ওপঙা উদ্ভিদ, শেলুৱৈ আদি আছেনে নাই নজৰ কৰা। পানীত মাছ, কাছ, ঘৰীয়াল, সাপ আদিৰ দৰে জীৱ আছেনে অধ্যয়ন কৰা। পানীত থকা চৰাই কিবা আছে যদি নজৰ কৰা আৰু তাৰ নাম লিখা।

(ii) নদীত থকা খাদ্য-শৃঙ্খলৰ চিত্ৰ আঁকা।

(৪) নদীটোৰ পানী কি ধৰণে ব্যৱহাৰ কৰা হৈছে তাৰ খতিয়ান তৈয়াৰ কৰা।

(৫) সেই অঞ্চলৰ ৰাইজৰ প্ৰভাব নদীৰ ওপৰত কি ধৰণে পৰিছে অধ্যয়ন কৰা। নদীৰ পানীৰ পৰা জীৱ জন্তুৰ মৃত্যু হৈছেনেকি জানিবলৈ চেষ্টা কৰা। যদি হৈছে তাৰ কাৰণ উদ্ধাৰ কৰিবলৈ যত্ন কৰা।

(খ) বন- অধ্যয়ন ঃ

(i) **প্ৰাৰম্ভিক তথ্য ঃ** বনখনৰ নাম, প্ৰকাৰ অবস্থান আদি লিখি উলিওৱা। বনখন কোনো এক ৰাষ্ট্ৰীয় উদ্যান, অভয়াৰণ্য বা জৈৱ-সংৰক্ষণৰ অংগনেকি বিচাৰ কৰি লিখা।

(ii) **বনৰ আকাৰ ঃ** বনখনৰ তলত দিয়া কথাকেইটা বিচাৰ কৰাঃ

● তাত প্ৰধানকৈ কি কি গছ আছে? কি ধৰণৰ লতা জাতীয় বা পৰোজীৱী গছ আছে? কোনোবা ডাঙৰ অৰণ্যৰ ই অংশ নেকি?

● বনৰ গছ-গছনিৰ ঘনত্ব কেনে ধৰণৰ? আগৰ তুলনাত কমিছে নে বাঢ়িছে?

● তলত মাটিৰ ওপৰত ঘাঁহনি, গুল্মজাতীয়, বনৌষধি আধি আছে নেকি?

● গছৰ তলত পাত পৰি এলগী, ফাংগাচ বা ভেকুৰ জাতীয় উদ্ভিদৰ জন্ম হৈছে নেকি?

● বনখনত কি ধৰণৰ খেতি বাতি হোৱাৰ সম্ভাৱনা আছে?

(iii) **ব্যৱসায়িক দিশত ঃ** বনখনত কি কি গছ আছে তাৰ ফৰ্দ্দি এখন কৰা।

(iv) **পৰিস্থিতিৰ দিশত ঃ** বনখনৰ সাম্প্ৰতিক অৱস্থা কেনে? তাত মুক্ত, অপ্ৰদুষিত বতাহ আছেনে? বন খনত চৰাই-চিৰিকতি, জন্তু আৰু পোক-পৰুৱা কিমান ধৰণৰ আছে? পৰিস্থিতি নিয়ন্ত্ৰণত বনখনে কি ভূমিকা গ্ৰহণ কৰিব পাৰে, তাৰ খতিয়ন এটি তোমাৰ পৰ্য্যবেক্ষণৰ ওপৰত ভিত্তি কৰি তৈয়াৰ কৰা।

(v) বনখনত **মানুহৰ প্ৰভাৱ** কিদৰে প্ৰতিফলিত হৈছে? গছ-গছনি কটা বা ৰুৱা, খনি খনন,, শিলৰ কোৰেৰী পতা, ঘাঁহনিত চৰণীয়া কাৰ্য্য আদি যি ধৰণে চলি আছে, তাৰ হিচাপ লিখা।

(গ) ঘাঁহনি অঞ্চলৰ পৰিৱেশিক দিশ ঃ

(i) ঘাঁহনি অঞ্চল অধ্যয়ন কৰিবলৈ গ'লে, প্ৰথমতে ই কি ধৰণৰ ঘাঁহনি চিনাক্ত কৰা। ঘাঁহ থকা অঞ্চলটো সদা সজীৱ

নে ঋতুকালীন সজীৱ নিৰ্দ্ধাৰণ কৰা। ঘাঁহৰ আকৃতি— ওখ নে চাপৰ পৰ্য্যবেক্ষণ কৰা। ঘাঁহনি অঞ্চলটো সুৰক্ষিত নে? জানিব লাগিব। তেতিয়া পৰিৱেশৰ ক্ষেত্ৰত ইয়াৰ ভূমিকা জানিব পৰা হব।

(ii) **ঘাঁহৰ মান** নিৰ্ণয় কৰাটো অন্য এক পৰ্য্যবেক্ষণ হব। তাত ঘাইকৈ কি প্ৰকাৰৰ ঘাঁহ আছে বা ঘাঁহৰ সৈতে উদ্ভিদ আছে নজৰ কৰিব লাগিব। ঘাঁহবোৰ কোমল, ৰস থকা আদি গুণৰ কি কি আছে চাব লাগিব।

- ঘাঁহৰ শিপা কেনেকুৱা উঘালি নজৰ কৰিব লাগিব।
- ঘাঁহৰ শিপাই মাটি ধৰি ৰাখিব পাৰিছে নে নাই নজৰ কৰিব লাগিব। ভূমিস্খলনৰ ক্ষেত্ৰত এই গুণটোৰ ভূমিকা আছে। ইতিমধ্যে অঞ্চলটোত ভূমিস্খলন হৈছে নেকি?
- ঘাঁহনি থকা অঞ্চলত বৰষুণৰ মাত্ৰা কিমান জানি লব লাগিব।

(iii) **চৰণীয়া কাৰ্য্যত** বনখন কিদৰে ব্যৱহৃত হৈছে, তাক জানিব লাগিব। তাত কিমান সংখ্যক আৰু কি জাতৰ জন্তু চৰোৱা হয়?

বনত অধিক চৰণ কাৰ্য্য সংঘটিত হৈছে নে স্বাভাৱিক হাৰত হৈছে নজৰ কৰিব লাগিব। যদি অতি-চাৰণ (over grazing) কাৰ্য্য হৈছে, তেন্তে তাৰ দ্বাৰা কি কি ক্ষতি হৈছে জানিব লাগিব। এই কথাটো জানিব পৰা যাব ঘাঁহৰ গুণগত মান নিৰ্দ্ধাৰণ কৰি।

- যদি ঘাঁহনিডৰাত ভাল মানৰ ঘাঁহ আছে, তেন্তে তাত অতিচাৰণ হোৱা নাই বুলি মন্তব্য দিব পাৰা।
- আৰু যদি তাত মৃত্যু-মুখী, সৰু সৰু ঘাঁহ দেখা, তেন্তে তাত অতিচাৰণ হোৱা বুলি ধৰি লব পাৰা।
- ঘাঁহনি অঞ্চলত যদি কাঁইটীয়া গছ, টান গছ আদি গজিবলৈ লৈছে, তেন্ত ঘাঁহনিডৰাৰ স্খলন ঘটিছে বুলি ধৰি লব পাৰা।

(v) **ঘাঁহনিডৰাৰ** ব্যৱহাৰ কি দৰে হৈছে বা হব পাৰে তাৰ এখন ফৰ্দ্দি তৈয়াৰ কৰা।

(ঘ) পৰ্বতীয়া অঞ্চল অধ্যয়ন ঃ

(i) **প্ৰাথমিক তথ্য ঃ** পাহাৰ বা পৰ্বতখনৰ নাম কি লিখা, ই কোনো ডাঙৰ পৰ্বতৰ অংশ নেকি? সেই অঞ্চলৰ উচ্চতা কিমান? পাহাৰখনৰ দ্ৰাঘিমা- অক্ষাংশও নিৰ্দ্ধাৰণ কৰা।

সেই অঞ্চলত হোৱা বৰষুণৰ পৰিমাণ আৰু গড় উত্তাপ কি লিখা।

(ii) **প্ৰাকৃতিক উৎপন্নৰ হিচাপ ঃ** পৰ্বতৰ নামনিত আৰু ওপৰত কি ধৰণৰ গছ-গছনি আছে নজৰ কৰা। পৰ্বতৰ ওপৰত ঘন অৰণ্য আছে নেকি? তাত থকা কিছুমান প্ৰধান প্ৰধান গছৰ নাম লিখা আৰু সেই গছবোৰ স্থানীয় মানুহে কি কামত ব্যৱহাৰ কৰে জানি লোৱা।

(iii) **ভূমি স্খলন ঃ** পাহাৰীয়া অঞ্চলৰ ক'ত ক'ত আৰু কেতিয়া ভূমিস্খলন হৈছে নজৰ কৰা। কি কাৰণত মাটি খহিছে, জানিবৰ চেষ্টা কৰা। মানুহৰ কি ধৰণৰ কাৰ্য্যই মাটি খহাত অৰিহণা যোগাইছে লিখা। স্থানীয় মানুহক সুধি-পুছি পাহাৰীয়া অঞ্চলটোত পাহাৰখনৰ ভূমিৰ প্ৰকৃতি সম্পৰ্কে জানি লোৱা।

(iv) **পানীৰ উৎস ঃ** পাহাৰ বা পৰ্বতখনত পানীৰ উৎস (যেনে নিজৰা, নৈ, নলা আদি) কি কি আছে নজৰ কৰা। সেই পানী আহি ক'ত পৰিছে, স্থানীয় মানুহে পানী কিদৰে ব্যৱহাৰ কৰিছে জানি লোৱা। পানীৰ উৎস সম্পৰ্কে বৰ্তমান অৱস্থা, অতীতৰ পৰা ই কিমান আঁতৰি আহিছে জানি লব লাগিব।

(v) **কৃষিকাৰ্য্য ঃ** পৰ্বতৰ নামনিত বা ওপৰত কি ধৰণৰ খেতি কৰা হয় লিখা। তাত ধান, মাকৈ বা চাহখেতি কৰা হৈছে নেকি জানি লোৱা।

- লগতে কি ধৰণৰ খেতি- ঝুম নে স্থানান্তৰ প্ৰকাৰৰ নে পৰম্পৰাগত ভাৱে খেতি কৰা হয়? ইয়াৰ প্ৰভাৱ কি হৈছে?
- শস্যৰ বাবে কি ধৰণৰ সাৰ প্ৰয়োগ কৰা হৈছে? কৃত্ৰিম সাৰ কিবা প্ৰয়োগ কৰা হৈছেনেকি? যদি হৈছে, তাৰ পৰা কিবা অন্যায় হৈছে নেকি?— এইবোৰ কথা ৰেকৰ্ড কৰি আনিব লাগিব।

(iv) পাহাৰ বা পৰ্বতাঞ্চলত শিলভঙা বা বিজুলী উৎপাদনৰ কাৰ্য্য আদি সংঘটিত হৈছে নেকি? যদি হৈছে, তাৰ দ্বাৰা সাম্প্ৰতিক অৱস্থাত কি ধৰণৰ প্ৰভাৱ দেখা গৈছে? ভৱিষ্যতলৈ আৰু কি হব পাৰে— ইত্যাদি বিষয়ক কথাবোৰ লিখা।

(ঙ) কোনো উদ্যোগকেন্দ্ৰ অধ্যয়ন ঃ

আমি সকলোৱে জানোঁ যে সম্প্ৰতি জধে মধে স্থাপিত উদ্যোগবোৰে থিতাতে আৰু বৰ্জিত পদাৰ্থ পেলোৱা ঠাইত প্ৰভুত প্ৰদূষণ আনিছে। এনে প্ৰদূষণৰ কাৰক, মাত্ৰা আদি অধ্যয়নে পৰিৱেশ নিয়ন্ত্ৰণত বাৰুকৈয়ে সহায় কৰিব। তাৰ বাবে তথ্য সংগ্ৰহ কৰিব লাগিব এইদৰে ঃ

(i) **প্ৰাথমিক তথ্য ঃ** অধ্যয়ন কৰা উদ্যোগটোৰ নাম লিখা। উদ্যোগকেন্দ্ৰত কি উৎপন্ন কৰা হয়, তাৰ উৎপাদন ক্ষমতা কিমান, কেন্দ্ৰটোৰ পৰা কি ধৰণৰ বৰ্জিত পদাৰ্থ ওলায়— আদি লিখা।

(ii) **প্ৰদূষণ সম্পৰ্কীয় তথ্য ঃ** কেন্দ্ৰটোৰ পৰা ওলোৱা ধোঁৱা নজৰ কৰা। তাত বিষাক্ত গেছ কি কি ওলায় সংগ্ৰহ কৰা। গোন্ধই কিছুমান বিষাক্ত গেছৰ ইংগিত দিব।

বতাহ বলিলে গেছবোৰৰ গতি কোন পিনে হয়? উদ্যোগ কেন্দ্ৰৰ আশেপাশে বৰ্জিত পদাৰ্থ আৱৰ্জনাৰ দ'ম আছে নেকি? যদি আছে, তেন্তে তাত কি কি বস্তু দমোৱা হৈছে ৰেকৰ্ড কৰা।

• উদ্যোগ কেন্দ্ৰৰ পৰা ওলোৱা বৰ্জিত পদাৰ্থ শোধন কৰাৰ ব্যৱস্থা আছেনে? যদি নাই, উদ্যোগ স্থাপনৰ সময়ত অনুমতি পত্ৰত কি ধৰণৰ চৰ্ত দিয়া হৈছিল জানিবলৈ চেষ্টা কৰা।

(iii) **সেউজ-অঞ্চল ঃ** উদ্যোগ কেন্দ্ৰৰ ওচৰে-পাজৰে সেউজ অঞ্চল তৈয়াৰ কৰা হৈছে নেকি? কাৰণ, এতিয়া যি কোনো ডাঙৰ উদ্যোগ কেন্দ্ৰ স্থাপন কৰিলে, উদ্যোগ কেন্দ্ৰৰ ওচৰে পাজৰে গছ-গছনি ৰুই সেউজ অঞ্চল তৈয়াৰ কৰিবই লাগে। কাৰণ, গছ-গছনিয়ে বহুতো প্ৰদূষণ শুহি লয়।

(iv) **স্বাস্থ্য সম্পৰ্কীয় তথ্য ঃ** উদ্যোগ স্থাপনৰ দ্বাৰা তাত কাম কৰা কৰ্মীসকলৰ আৰু স্থানীয় বাসিন্দাৰ স্বাস্থ্যৰ কি অৱনতি ঘটিছে, জানিবলৈ চেষ্টা কৰা।

• কেন্দ্ৰৰ ওচৰত থকা নলী-নাদৰ পানী কেনেকুৱা জানি লোৱা। পানীত কি ধৰণৰ ধাতৱ পদাৰ্থ আৰু বিষাক্ত পদাৰ্থ আছে সংগ্ৰহ কৰা।

(চ) আৰু কেইটামান অধ্যায় ঃ

(i) অধ্যয়নকাৰী দলটোৱে জাৰকালি কোনো এখন পাহাৰলৈ গলে লগে লগে হয়তো তেওঁলোকৰ মনত বিভিন্ন প্ৰশ্নৰ উদয় হ'ব। কিন্তু আগতে কৈ অহাৰ দৰে, তেওঁলোকে কেইটামান নিৰ্দিষ্ট প্ৰশ্নহে বাছি ল'ব। যেনে—

উদ্দেশ্য — পাহাৰখনৰ ঢালটোৰ গছ বিৰিখেৰে আচ্ছাদিত অঞ্চল আৰু মুকলি অঞ্চলৰ তুলনামূলক অধ্যয়ন।

অথবা, পাহাৰখনৰ ঢালটোৰ কিমান শতাংশ গছ বিৰিখেৰে আৱৰা আৰু কিমান শতাংশ মুকলি? জানিবলৈ অধ্যয়ন।

পদ্ধতি — দলটোৱে পাহাৰখনৰ সেই ঢালটোৰ মুঠ কালি এশ শতাংশ হিচাবে ধৰি লৈ কেইটামান বৰ্গক্ষেত্ৰত সমানে ভাগ কৰিব। প্ৰতিটো ভাগতে থকা গছ-বিৰিখ বা মুকলি অঞ্চলৰ অংশ শতকৰা হিচাবত উলিয়াব। এনেদৰে সামগ্ৰিকভাৱে মুকলি অঞ্চল আৰু বৃক্ষ আচ্ছাদিত অঞ্চলসমূহ বেলেগে বেলেগে যোগ কৰি মুঠ পৰিমানৰ পাৰ্থক্য উলিয়াব পাৰি।

(ii) কোনো এটা কাৰখানাৰ পৰা ওলোৱা বৰ্জিত পদাৰ্থবিলাক এটা জানত পেলাইছে, সেই জানটো খেতিপথাৰৰ মাজেৰে বৈছে। তেনে ক্ষেত্ৰত অধ্যয়নকাৰী দলটোৰ উদ্দেশ্য হ'ব উক্ত প্ৰদুষণৰ ফলত ধাননিখন কেনেভাবে ক্ষতিগ্ৰস্ত হৈছে নিৰূপণ কৰা।

• কাৰখানাৰ পৰা কিমান দূৰলৈ ধাননিখন প্ৰদূষিত হৈছে জনাটো।

পদ্ধতি — প্ৰদূষণৰ উৎসৰ পৰা এক কিঃমিঃ অন্তৰে অন্তৰে দহ বৰ্গ মিটাৰ এলেকা এটাত ধানৰ থোকবোৰ নিৰীক্ষণ কৰা আৰু প্ৰতিটো থোকত কিমানটা ধান লাগিছে গণনা কৰা। দূৰত্ব অনুযায়ী বিভিন্ন খেতিপথাৰৰ গৰাকীসকলক লগ ধৰি উৎপাদিত ধানৰ পৰিমাণ জনা।

(iii) কোনো এখন অঞ্চললৈ গৈ অধ্যয়নকাৰী দলটোৱে চৰাইৰ বিষয়ে জানিব পাৰে।

উদ্দেশ্য — সেই অঞ্চলৰ স্থলচৰ আৰু দিবাচৰ চৰাইৰ প্ৰজাতিৰ সংখ্যা নিৰূপণ।

পদ্ধতি — দলটোৱে খোজ কাঢ়ি গৈ থকা বাটটোৰ দুয়ো কাষে ২০ বা ৩০ মিটাৰ দূৰে দূৰে থকা বা উৰি যোৱা চৰাইৰ প্ৰজাতি আৰু সিহঁতৰ সংখ্যা গণনা কৰিব। দূৰত্ব সুবিধামতে লোৱা উচিত।

(iv) অধ্যয়নকাৰী দলটোৱে কোনো এখন জলাহভূমিৰ পাৰত উপস্থিত হলে। তাতো বহু ধৰণৰ প্ৰশ্নৰ উদ্ৰেক হ'ব পাৰে। যেনে ঃ

জলাহখনৰ (বিল) পানীত ওপঙি থকা আৰু পানীৰ পৃষ্ঠভাগত ওলাই থকা জলজ উদ্ভিদৰ প্ৰজাতিৰ সংখ্যা কিমান।

পদ্ধতি — নাৱ বাই প্ৰত্যেক দহ বা বিছ মিটাৰ (বিলখনৰ আয়তনৰ সুবিধানুযায়ী) অন্তৰে অন্তৰে পোৱা উদ্ভিদৰ নমুনা আহৰণ। বিলখনৰ এটা পাৰ পোৱাৰ পিছত পুনৰ দহ বা বিছ মিটাৰ আঁতৰেদি তাৰ ওলোটা দিশেৰে আনটো পাৰলৈ নাৱ বাই উদ্ভিদৰ নমুনা আহৰণ।

ইয়াৰ উপৰিও ছাত্ৰ-ছাত্ৰীয়ে নিজৰ সুবিধা আৰু ইচ্ছা অনুসৰি বিভিন্ন প্ৰশ্নৰ উত্তৰ বিচাৰি ক্ষেত্ৰভিত্তিক অধ্যয়ণ কৰিব পাৰে। কেৱল পদ্ধতিবোৰ বিজ্ঞানসন্মত আৰু সুষম হোৱাটো বাঞ্চনীয়।

FIRST MULTICOLOUR EDITION

A TEXTBOOK OF

ELECTRICAL TECHNOLOGY

VOLUME II

AC & DC MACHINES

IN

S.I. SYSTEM OF UNITS

A TEXTBOOK OF
ELECTRICAL TECHNOLOGY

VOLUME II
AC & DC MACHINES

IN

S.I. SYSTEM OF UNITS

(Including rationalized M.K.S.A. System)

For the Examinations of B.E. (Common Course to All Branches), B.Tech., B.Sc. (Engg), Sec. A & B of AMIE(I), A.M.I.E.E. (London), I.E.R.E. (London), Grade I.E.T.E., Diploma and other Competitive Examinations

B.L. THERAJA

A.K. THERAJA

Revised by :

S.G. TARNEKAR

B.E. (Hons), M.Tech., (El. Machines)

Ph.D. (Electrical Power Systems)

Former Professor & Head, Electrical Engineering Department

Visvesvaraya National Institute of Technology, Nagpur

S. CHAND PUBLISHING
empowering minds

An ISO 9001 : 2008 Company

S. CHAND & COMPANY PVT. LTD.

RAM NAGAR, NEW DELHI-110 055

S.CHAND
PUBLISHING
empowering minds

S. CHAND & COMPANY PVT. LTD.

(An ISO 9001 : 2008 Company)

Head Office: 7361, RAM NAGAR, NEW DELHI - 110 055
Phone: 23672080-81-82, 9899107446, 9911310888 Fax: 91-11-23677446
Shop at: **schandgroup.com**; e-mail: **info@schandgroup.com**

Branches :

AHMEDABAD	: 1st Floor, Heritage, Near Gujarat Vidhyapeeth, Ashram Road, **Ahmedabad** - 380 014, Ph: 27541965, 27542369, ahmedabad@schandgroup.com
BENGALURU	: No. 6, Ahuja Chambers, 1st Cross, Kumara Krupa Road, **Bengaluru** - 560 001, Ph: 22268048, 22354008, bangalore@schandgroup.com
BHOPAL	: Bajaj Tower, Plot No. 2&3, Lala Lajpat Rai Colony, Raisen Road, **Bhopal** - 462 011, Ph: 4274723, 4209587. bhopal@schandgroup.com
CHANDIGARH	: S.C.O. 2419-20, First Floor, Sector - 22-C (Near Aroma Hotel), **Chandigarh** -160 022, Ph: 2725443, 2725446, chandigarh@schandgroup.com
CHENNAI	: No.1, Whites Road, Opposite Express Avenue, Royapettah, **Chennai** - 600014 Ph. 28410027, 28410058, chennai@schandgroup.com
COIMBATORE	: 1790, Trichy Road, LGB Colony, Ramanathapuram, **Coimbatore** -6410045, Ph: 2323620, 4217136 coimbatore@schandgroup.com **(Marketing Office)**
CUTTACK	: 1st Floor, Bhartia Tower, Badambadi, **Cuttack** - 753 009, Ph: 2332580; 2332581, cuttack@schandgroup.com
DEHRADUN	: 1st Floor, 20, New Road, Near Dwarka Store, **Dehradun** - 248 001, Ph: 2711101, 2710861, dehradun@schandgroup.com
GUWAHATI	: Dilip Commercial (Ist floor), M.N. Road, Pan Bazar, **Guwahati** - 781 001, Ph: 2738811, 2735640 guwahati@schandgroup.com
HALDWANI	: Bhatt Colony, Talli Bamori, Mukhani, **Haldwani** -263139 **(Marketing Office)** Mob. 09452294584
HYDERABAD	: Padma Plaza, H.No. 3-4-630, Opp. Ratna College, Narayanaguda, **Hyderabad** - 500 029, Ph: 27550194, 27550195, hyderabad@schandgroup.com
JAIPUR	: 1st Floor, Nand Plaza, Hawa Sadak, Ajmer Road, **Jaipur** - 302 006, Ph: 2219175, 2219176, jaipur@schandgroup.com
JALANDHAR	: Mai Hiran Gate, **Jalandhar** - 144 008, Ph: 2401630, 5000630, jalandhar@schandgroup.com
KOCHI	: Kachapilly Square, Mullassery Canal Road, Ernakulam, **Kochi** - 682 011, Ph: 2378740, 2378207-08, cochin@schandgroup.com
KOLKATA	: 285/J, Bipin Bihari Ganguli Street, **Kolkata** - 700 012, Ph: 22367459, 22373914, kolkata@schandgroup.com
LUCKNOW	: Mahabeer Market, 25 Gwynne Road, Aminabad, **Lucknow** - 226 018, Ph: 4076971, 4026791, 4065646, 4027188, lucknow@schandgroup.com
MUMBAI	: Blackie House, IInd Floor, 103/5, Walchand Hirachand Marg, Opp. G.P.O., **Mumbai** - 400 001, Ph: 22690881, 22610885, mumbai@schandgroup.com
NAGPUR	: Karnal Bagh, Near Model Mill Chowk, **Nagpur** - 440 032, Ph: 2720523, 2777666 nagpur@schandgroup.com
PATNA	: 104, Citicentre Ashok, Mahima Palace , Govind Mitra Road, **Patna** - 800 004, Ph: 2300489, 2302100, patna@schandgroup.com
PUNE	: Sadguru Enclave, Ground floor, Survey No. 114/3, Plot no. 8 Alandi Road , Vishrantwadi **Pune** – 411015 Ph: 64017298 pune@schandgroup.com
RAIPUR	: Kailash Residency, Plot No. 4B, Bottle House Road, Shankar Nagar, **Raipur** - 492 007, Ph: 2443142,Mb. : 09981200834, raipur@schandgroup.com **(Marketing Office)**
RANCHI	: Shanti Deep Tower, Opp.Hotel Maharaja, Radium Road, **Ranchi**-834001 Mob. 09430246440 ranchi@schandgroup.com
SILIGURI	: 122, Raja Ram Mohan Roy Road, East Vivekanandapally, P.O., Siliguri, **Siliguri**-734001, Dist., Jalpaiguri, (W.B.) Ph. 0353-2520750 **(Marketing Office)** siliguri@schandgroup.com
VISAKHAPATNAM	: No. 49-54-15/53/8, Plot No. 7, 1st Floor, Opp. Radhakrishna Towers, Seethammadhara North Extn., **Visakhapatnam** - 530 013, Ph-2782609 (M) 09440100555, visakhapatnam@schandgroup.com **(Marketing Office)**

First Edition 1959; Subsequent Editions and Reprints 1960, 61, 62, 64, 65, 66, 67, 68, 69, 70, 71, 72, 73 (Twice), 74 75, 76, 77, 78, 79, 80, 81, 82, 83, 84 (Twice), 85, 86, 89, 91, 93, 94, 95, 96, 97, 98, 99, 2000, 2001, 2002 (Twice), 2003, 2004; ***First Multicolour Edition 2005,*** *Reprints 2006, 2007, 2008 (Twice), 2009 (Twice), 2010 (Twice), 2011 (Twice), 2012, 2013 (Twice), Reprint 2014; Reprint 2015*

ISBN : 978-81-219-2437-5
Code : 1010A 293

PRINTED IN INDIA

Other Parts Available
Volume I : Basic Electrical Engineering; Volume III : Transmission, Distribution & Utilization; Volume IV : Electronic Devices & Circuits
Combined Edition Also Available

By Rajendra Ravindra Printers Pvt. Ltd., 7361, Ram Nagar, New Delhi -110 055 and published by S. Chand & Company Pvt. Ltd., 7361, Ram Nagar, New Delhi -110 055.

Preface to the Twenty-third Revised Multicoloured Edition

Authors feel happy to present to their esteemed readers this revised first multicoloured edition of Vol. II of "A Textbook of Electrical Technology".

To keep pace with the ever-increasing scope of essential and modern technical information, the syllabi are frequently revised. This often results into compressing established facts to accommodate recent information in the syllabi.

Previous revision resulted in enhancing the treatment of Synchronous machines. Unified view towards these has been highlighted through special illustrative examples added during this revision, for a faster, easier and clearer understanding of these important machines.

Fields of power-electronics and industrial power-conditioners have grown considerably resulting into changed priority of topics related to electrical machines. Switched reluctance-motors tend to threaten the most popular squirrel-cage induction motors due to their increased ruggedness, better performances including controllability and equal ease with which they suit rotary as well as Linear-motion-applications. An overview for fundamental understanding of broadened spectrum of electric-motor-types is possible only through "Elements of electro-mechanical energy conversion" which has been rightly added at the beginning of this revised vol. II, devoted to the electrical machines. This has been done only briefly in an edu-tainment (=education + entertainment) style with a view to introduce the aspect. Quite a few leading universities have included this topic in their first and basic course in Electrical Engineering/Electrical Machines.

Answers to recently set questions at the University examinations can be treated as a special effort during this revision. Brief answers to these numerical examples include tips and checks while solving, leading to such a confidence in the students that they will perform still better.

Repetitive variety of some recent numerical questions has been dealt with thorough tutorial problems with minimum hints and final answers.

It is felt that all these steps will result into the book serving still better to the cause of electrical engineering education. This will ensure in retaining the high esteem of the book in the minds of students, friends, teachers, colleagues, academicians and examiners– a response for which the authors shall feel grateful forever.

As ever before, we are thankful to M/s S. Chand & Co. and their entire staff all-over India for their initiative and interest in commercial aspects of the book. We owe our indebtedness to Shri. Ravindra Kumar Gupta for his personal interest in expeditious and quality-printing of the book. Our sincere thanks are due to the overseas marketing department for their efforts for the global popularity of the book.

All the secretarial assistance received in previous and the current revisions is also aknowledged.

B.L. THERAJA

A.K. THERAJA

S.G. TARNEKAR

Preface to the Twenty-Second Edition

Authors feel happy to present to their esteemed readers a thoroughly revised twenty-second edition of Vol. II of Electrical Technology whose popularity seems to be growing day by day. Each chapter has been properly pruned and updated with the help of subject material selected from the latest curricula of various engineering colleges and technical institutions in India and abroad. Special attention has been given to the chapters dealing with three-phase induction motors, single-phase motors and synchronous motors. Additions comprise Operation of Salient-pole synchronous Machines, Power Developed by a Synchronous Generator and Motor and detailed discussion of Salient-pole Synchronous Motor, etc.

A new chapter entitled Special Machines has been added to this volume for the first time. It deals with various types of Stepper Motors, Permanent-Magnet DC Motors, Printed-Circuit DC Motors, PM Synchronous Motors, Resolvers and Servomotors both DC and AC. Stepper motors are widely used for operation control in computer peripherals, textile industry, IC fabrication and robotics. They are also used for applications requiring incremental motion. PM synchronous motors are used where precise speed must be maintained to ensure consistent product. The switched-reluctance motor is still in its infancy but has been successfully applied to a wide range of applications both industrial and domestic.

Many redundant solved as well as unsolved examples have been deleted and selectively replaced by the latest numerical examples set in various engineering examination papers throughout India. Similarly, all Objective Tests have been recast and extended where required. It is hoped that with these new additions and deletions, the present volume would prove more useful to our esteemed readers than the earlier one.

As ever before, we are thankful to our publishers particularly Shri Ravindra Kumar Gupta for the personal interest he took in the expeditious printing of this book and for the highly attractive cover design suggested by him. Our sincere thanks go to their hyperactive and result-oriented overseas manager for his globetrotting efforts to popularise the book from one corner of the globe to the other. Lastly, we would love to record our sincere thanks to two brilliant ladies, nimbled-fingered mini-sized Mrs. Uma Arora and calm and quiet Ms. Shweta Bhardwaj for the secretarial support they provided us during the preparation of this book.

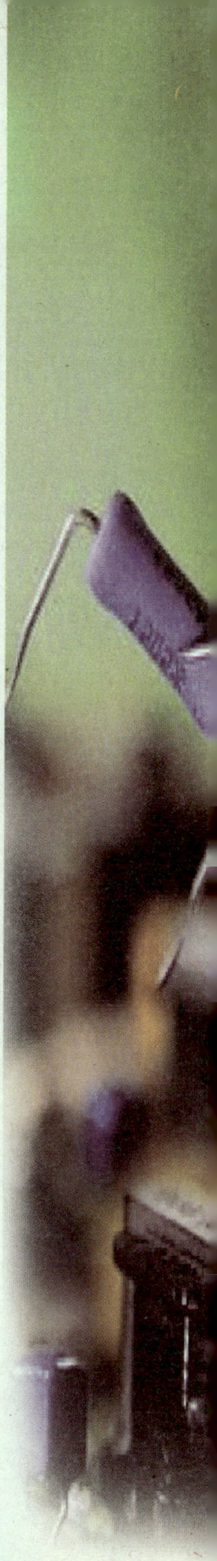

B.L. THERAJA
A.K. THERAJA

CONTENTS

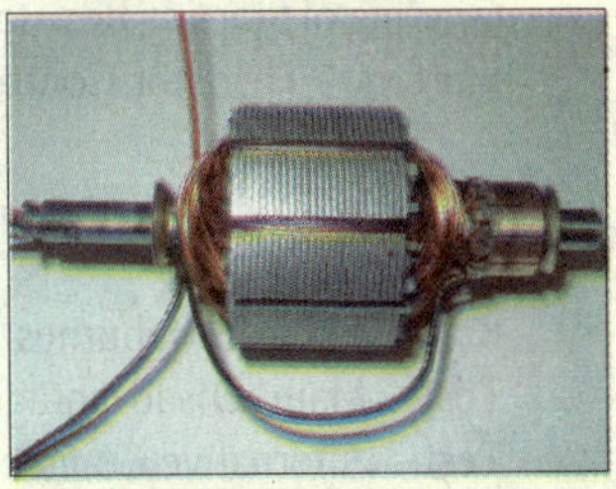

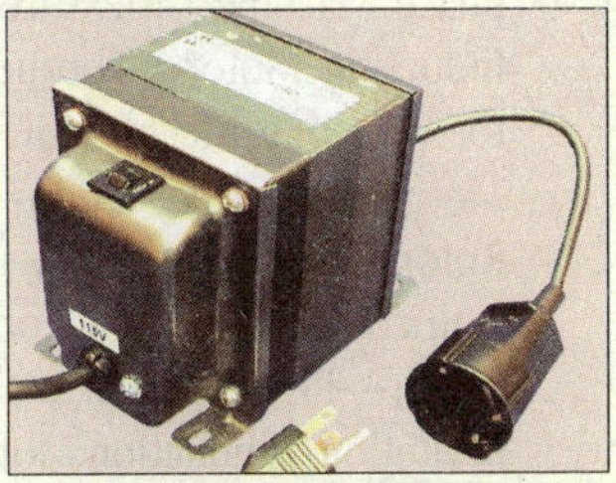

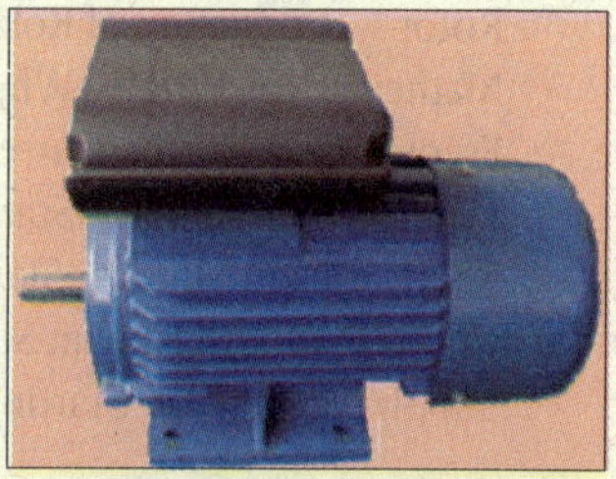

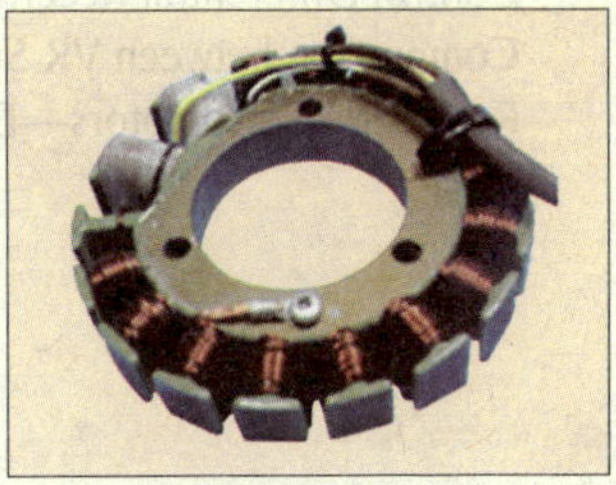

VOLUME – II

AC & DC MACHINES

CHAPTER 25

ELEMENTS OF ELECTRO-MECHANICAL ENERGY CONVERSION

Learning Objectives

- Introduction
- Salient aspects of conversions
- Energy-balance
- Magnetic-field system: Energy and Co-energy
- Linear System
- A Simple Electro-mechanical System
- In terms of Field Energy
- In terms of field Co-energy
- Energy in terms of Electrical parameters
- Rotary Motion
- Description of Simple System
- Energy stored in the coils
- Different Categories
- One coil each on Stator and on Rotor
- Vital Role of Air-gap
- Statically induced emf and Dynamically induced emf.

An electric motor is a machine which converts electrical energy into mechanical (rotational or kinetic) energy

25.1. Introduction

"Energy can ***neither*** be created ***nor*** be destroyed". We can only change its forms, using appropriate energy-conversion processes.

An interesting aspect about the energy in "Electrical form" is that neither it is so available ***directly from nature*** nor it is required to be finally consumed in that form. Still, it is the most popular form of Energy, since it can be transported at remote Load-locations, for optimum utilization of resources. Further, technological progress has now made it possible to device Electrical-Power-modulation systems so flexible and controllable that modern systems tend to be energy-efficient, with increase in life-span of main equipment and the associated auxiliary components (like switches, connecting cables, contactors, etc.) since it is now possible to avoid overstrain (= over-currents or over-voltage) on the system. This means a lot for the total production process (for which electrical energy is being used) since the quality of the production improves, and plant-maintenance is minimal. Energy-conversion systems then assume still higher importance.

Generator

Energy conversion takes place between well known pairs of forms of Energy: Electrical ↔ Chemical, Electrical ↔ Thermal, Electrical ↔ Optical, Electrical ↔ Sound, and Electrical ↔ Mechanical are the common forms with numerous varieties of engineering - applications. Electrical ↔ mechanical conversion is the focus of discussion in this chapter.

The elements of electro-mechanical energy conversion shall deal with basic principles and systems dealing with this aspect. Purpose of the study is to have a general approach to understand to design, and later to modify the system with the help of modern technologies, for overall improvisation.

It is necessary to be aware about:

(*a*) basic conditions to be fulfilled by the conversion system.

(*b*) methods for innovating the conversion systems.

Electromechanical energy-conversion finds applications in following categories of systems:

(*a*) transducers: Devices for obtaining signals for measurement / control,

(*b*) force-producing devices: Solenoid-actuators, relays, electromagnets,

(*c*) devices for continuous-energy-conversion: Motors / Generators

These systems have different configurations. But the principles of their working are common. Understanding these principles enables us to analyze / design / improvise / innovate such systems. As a result of such development, newer types of motors and the associated modern power controllers have recently been manufactured and become popular. Controllers using power-electronics switching devices offer energy-efficient, user-friendly, and high-performance drives. Their initial investment may be larger but two important parameters justify their use: (*i*) Considerable energy is saved, resulting into payback periods as short as 18-24 months, (*ii*) The controllers ensure to limit the currents to pre-set values under conditions of starting /overload/ unbalanced supply. Hence, the entire system enjoys longer life. Both these effects lead to better production-process and hence these are readily acceptable by industries.

25.2 Salient Aspects of Conversions

Purpose of electro-mechanical conversion device is to change the form of energy. Here, for simpler discussion, only rotary systems will be dealt with. When it is converting mechanical input to electrical output the device is "generating". With electrical input, when mechanical output is obtained, the device is motoring.

Some simple aspects of an electrical machine (motor / generator) have to be noted at this place:

(1) Electrical machine has a Stator, a Rotor, and an air-gap in between the two. For a flux path, the magnetic circuit has these three parts in series. In general, magnetic poles are established in Stator and in Rotor.

(2) Magnetic effects of following types can be categorized:

(*a*) **Electromagnetic:** Due to currents passed through windings on Stator and / or Rotor, producing certain number of poles on these members.

(*b*) **Permanent Magnets:** One side (Stator or Rotor) can have permanent magnets.

(*c*) **Reluctance variation:** Surface of Rotor near the air-gap can be suitably shaped to have a particular pattern of Reluctance-variation so as to control the machine behaviour as per requirements.

Stator and Rotor

(3) Basic conditions which must be satisfied by such devices are:

(*a*) Equal number of poles must be created on the two sides.

(*b*) In some cases, reluctance-variation is primarily used for machine-action. The Stator side must accommodate a winding carrying current for the electromagnetic effect, when rotor surface is shaped so as to have the desired pattern of reluctance variation. Or, non-cylindrical rotor cannot have the current -carrying winding for machine action.

(4) Out of stator, rotor and air-gap, maximum energy-storage at any angular position takes place in the air-gap, since its reluctance is highest out of the three members.

(5) Stored energy must depend on rotor-position and the device tends to occupy that angular position which corresponds to maximum stored energy. If this position varies as a function of time, the device produces continuous torque.

(6) Ideal output of a motor is a constant unidirectional torque with given currents through its windings. In some cases, the output torque (as a compromise) is an average value of a cyclically varying torque.

(7) Where current-switching is done for motor-control, as in modern controllers, instantaneous effect has to be understood to conclude on any of the points mentioned above.

(8) A device can work either as a generator or as a motor, provided pertinent conditions are satisfied for the concerned mode of operation.

25.3. Energy – Balance

For an electro-mechanical system, following terms are important:

(i) Electrical port (= armature terminals): receiving / delivering electrical energy.

(ii) Mechanical port (= shaft): delivering / receiving mechanical energy.

(iii) Coupling field: Magnetic field *or* Electric field.

Even though, theoretically, both the types of fields mentioned above are able to convert the energy, the magnetic medium is most popular since the voltage levels required are not very high, and the devices of given power rating are smaller in size and are economical. Hence, only those will be dealt with.

Conversion of electrical energy into mechanical energy

It is obvious that an electrical motor receives energy at the electrical port and delivers it at the mechanical port. While an electric generator receives the energy at the mechanical port and delivers it at the electrical port. It is also known that the following losses take place in such systems and are dissipated away as heat: *(i)* i^2r losses in the windings of the machines, *(ii)* friction and windage losses, *(iii)* core-losses.

These can be either neglected or attached to electrical port, mechanical port and coupling magnetic field respectively, for simpler analysis. With this, the simple energy balance equation can be written as:

Change in Electrical Energy = Change in Mechanical Energy + Change in Field-Energy

$$dW_{elec} = dW_{mech} + dW_{fld} \quad \ldots(25.1)$$

It is natural that this equation has +ve signs for electrical and mechanical-energy-terms when the device is motoring. For generating mode, however, both the terms assume –ve signs.

In case no mechanical work is done, eqn. (25.1) reduces to eqn. (25.2) below indicating that Electrical energy - input is stored in the magnetic field.

$$dW_{elec} = dW_{fld} \quad \ldots(25.2)$$

25.4. Magnetic-field System: Energy and Co-energy

25.4.1 Linear System

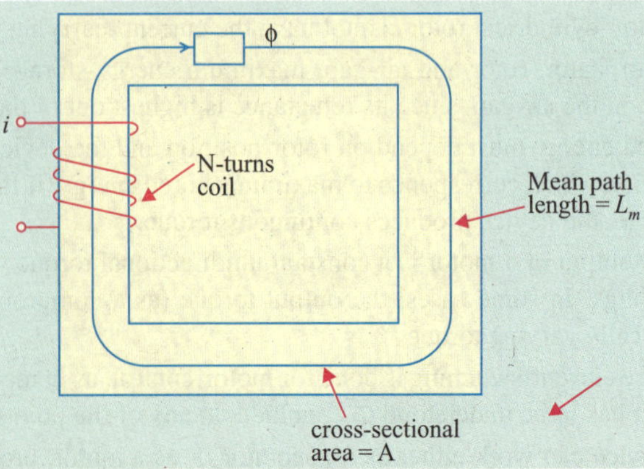

Fig. 25.1 (*a*) Magnetic circuit

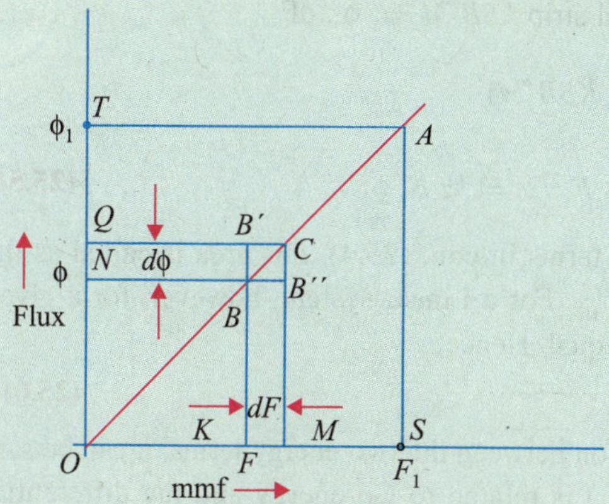

Fig. 25.1 (*b*) Characteristic of a magnetic circuit

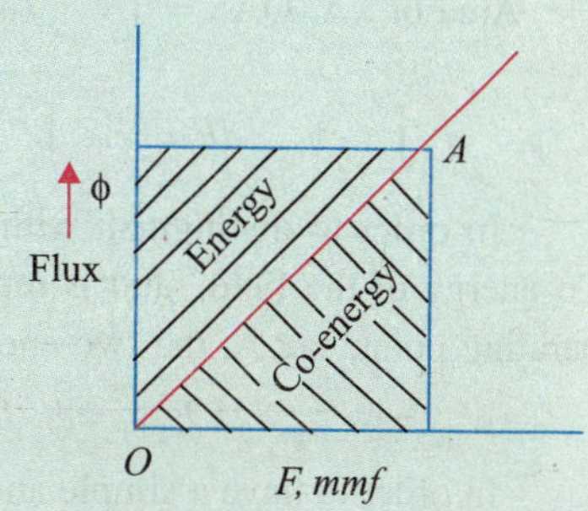

Fig. 25.1 (*c*) Energy and co-energy

A simple magnetic current is shown in Fig 25.1 (*a*), with assumptions that air-gap length at the joints is negligible, and the magnetic medium is not saturated. With *A* as the cross-sectional area of the core and L_m as the mean length of the path, a coil with *N* turns carrying a current of *i* amp has an mmf of *F*, establishing a flux of ϕ, related by

$$\phi = F \times \mathcal{P}_m$$

where $\mathcal{P}_m$ = Permeance of the Magnetic circuit

$= \mu_o \mu_r \; A/L_m$

with μ_r = relative permeability of the magnetic medium,

This corresponds to the following relationships:

Coil Inductance, $L = N^2 \mathcal{P}_m = N\phi \,/\, i = \lambda \,/\, i$

where λ = flux-linkage of the coil, in weber-turns

W_{fld} = Energy stored in the coil $= \frac{1}{2}\; Li^2 = \frac{1}{2} N^2 \mathcal{P}_m\, i^2 = \frac{1}{2} F^2 \mathcal{P}_m$

$$= \frac{1}{2} F(F\mathcal{P}_m) = \frac{1}{2} F\phi \qquad \ldots (25.3)$$

In this eqn., $\mathcal{P}_m$ is the slope of the characteristic in Fig 25.1 (*b*). Hence, the inductance is proportional to the slope of *F*-ϕ plot. In Fig., 25.1 (*b*), for the operating point *A*, the mmf is F_1 and the flux ϕ_1. At the point *A*, the energy stored in the field is given by eqn. below:

$$W_{fld} = \frac{1}{2} F_1\, \phi_1$$

F_1 is due to the current i_1. W_{fld} is given by area *OATO* in Fig 25.1(*b*).

In Fig 25.1(*b*), the origin refers to the system without magnetization.

The system can reach the point *A*, starting from *O* as the current in the coil is increased from *O* to i_1.

Let us understand the intermediate events.

At point B, the flux is ϕ due to the mmf *F*.

An increment in coil current results into increase in mmf by *dF*. This increases the core-flux by $d\phi$. New operating point is *C*.

Eqn. (25.3) is to be suitably re-written in terms of these incremental values.

$W_{fld} = \int dW_{fld} = \int_0^{\phi_1} F d\phi = \int_0^{\phi_1}$ (area of the strip *NBB'Q*) = area of triangle *OAT*

$$= (1/\mathcal{P}_m)\int_0^{\phi_1} \phi . d\phi = \frac{1}{2}.\phi_1 \,.\, F_1 \qquad \ldots (25.4)$$

Alternatively, we have the area of elemental strip $kBB''M = \phi \,.\, dF$

$$\text{Area of } \Delta \text{ OAS} = \int_0^{F_1} \text{(area of the strip } KBB''M)$$

$$= \int_0^{F_1} \phi \,.\, dF = \mathcal{P}m \int_0^{F_1} F\, dF = \mathcal{P}m \;\; F_1^2/2 = \tfrac{1}{2} F_1\, \phi_1 \qquad \ldots (25.5)$$

In order to distinguish with respect to the terms in eqn. (25.4), this area is called as the "Co-energy of the field" and is represented by W'_{fld}. For a Linear system, however, for a given operating point, say A, the two energy-terms are equal. Hence,

$$W_{fld} = W'_{fld} = \tfrac{1}{2} F_1\phi_1 = \tfrac{1}{2} Li_1^2 \qquad \ldots (25.6)$$

In order to have a simple and clear distinction between the two energy terms, it can be said that the differential variable ***"Current"*** (or mmf) is related to Co-energy and the differential variable "flux - linkage" (or flux) is related to Energy.

This energy stored in the magnetic field comes from the electrical source connected to the coil in Fig. 25.1(*a*).

25.4.2. A Simple Electromechanical System

A simple electro-mechanical system is shown in Fig. 25.2(*a*).

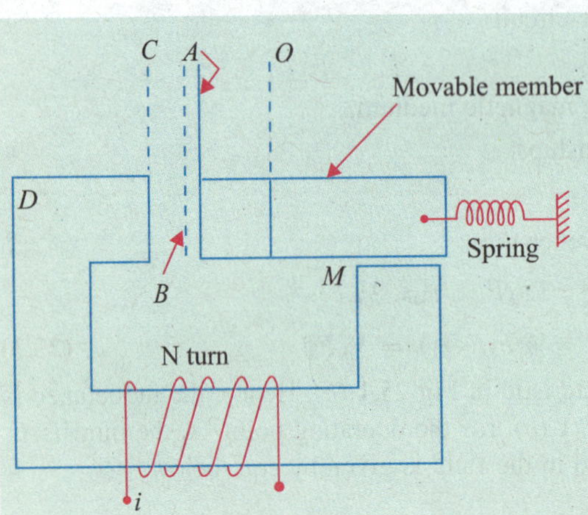

Fig. 25.2 (*a*)

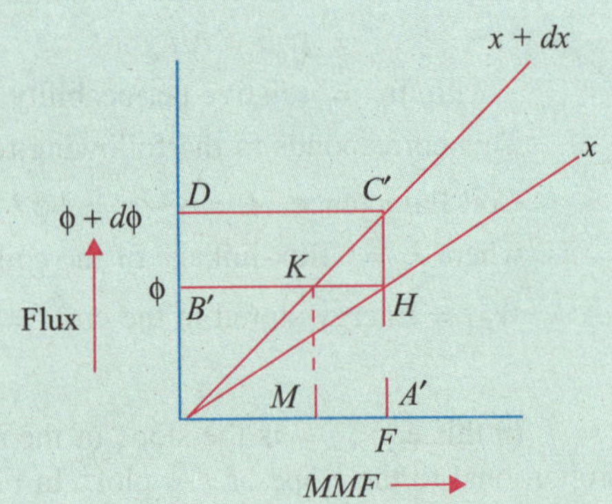

Fig. 25.2 (*b*)

Reference point *O* corresponds to the unstretched spring. Energy stored in the spring is then Zero. In position A of the movable member, the spring is elongated by *x*, and the corresponding energy stored in the spring is $\tfrac{1}{2} K_s x^2$, where K_s is "spring-constant" of the linear system in Nw / m. In Fig 25.2 (*a*), the distance *OA* is *x*. The elemental distance *AB* is *dx*, so that *OB* is *x* + *dx*. For simpler analysis, it is assumed that magnetic material is highly permeable and that the clearance at point M (for movement of the member) is negligible. So that the mmf of the coil is required to drive the flux in the region *OABC* only. The flux-mmf

A simple electromechanical system

relationships are plotted for these two positions in Fig 25.2 (*b*). In position A, the movable member has moved a distance of x from its unstretched position or reference point. Let the operating point be H, so that the coil-mmf OA (=F) establishes a flux OB (=ϕ). In this position, the movable member experiences a force in such a direction that the energy stored in the field tends to increase. It tends to reach B, so that an additional displacement of dx shifts the characteristic upwards and final operating point in position B is C'. From H to C', the operating point can move in any one of the following ways:

(*a*) HC' vertically, if the mechanical movement is too slow so that change of flux is slow and induced emf in the coil is negligible. This corresponds to the coil-mmf remaining constant at F during the transition. Constant mmf means vertical travel of the operating point from H to C'.

(*b*) H to K horizontally and then K to C' along the characteristic corresponding to $(x + dx)$ as the displacement of the movable part. This is possible when the motion is very fast, resulting into flux remaining constant till the operating point traverses from H to K. Then, from K to C', the flux increases, an emf in induced the coil and the mmf finally reaches its value of F, at the point C'.

(*c*) In reality, the transition from H to C' will be somewhere in between these two extremes mentioned above.

However, for simplicity, one of these extreme conditions has to be accepted. In (*a*) above, the mmf remains constant. In (*b*) above, the flux (and hence the flux-linkage) remains constant. Let us take the case of constant-mmf. If the process has taken a time of dt,

Electrical-energy input during the process = dW_{elec}

= (voltage applied to the coil) × current × dt = $eidt$

= $d\lambda/dt \times i \times dt = id\lambda = i\,N\,d\phi = Fd\phi$ = area of rectangle $B'HC'D$

In this case, coil-resistance has been neglected.

25.4.2.1. In terms of Field Energy

At the previous operating point H, the energy stored in the magnetic field,

W_{fld1} = area of $\Delta\ OHB'$

At the new position corresponding to the operating point C', the field energy stored is given by W_{fld2} = area of the $\Delta\ OC'D$

The difference of these two is the change in the energy stored in the magnetic field

$$= dW_{fld} = \tfrac{1}{2}[OA' \times A'C' - OA' \times A'H]$$
$$= \tfrac{1}{2}OA'\ [A'C' \times A'H] = \tfrac{1}{2}OA'\ HC'$$
$$= \tfrac{1}{2}.F.d\phi = \tfrac{1}{2}\ dW_{elec}$$

Out of the energy delivered by the source, half is stored in the magnetic field. Where has the remaining half been utilized? Obviously, this must have been transformed into the mechanical work done. In this case, neglecting losses, it is finally stored in the stretched spring due to its elongation by dx.

Comparing this with the equation (25.1),

$$dW_{elec} = dW_{mech} + dW_{fld}$$
$$= dW_{mech} + \tfrac{1}{2}\ dW_{elec}$$

or
$$dW_{mech} = dW_{fld} = \tfrac{1}{2}\ dW_{elec}$$

Consider that a force F is operative at the displacement of x. This force is in such a direction that x increases or the movable member is attracted towards D. In the same direction, a displacement by dx results into the increase in the energy stored by the spring. Relating the concerned terms,

$$F = k_s . x$$

dW_{mech} = mechanical work done against the force of the stretched spring

$= - F\,dx = dW_{fld}$

or $F = - dW_{fld} / dx$, in this case

$= - \delta W_{fld} / \delta x$, in general

Alternatively, the difference in the energy stored in the spring also gives a very useful relationship.

In the position corresponding to $x + dx$, the energy stored in the spring $= \frac{1}{2}\, k_s\, (x + dx)^2$. Similarly, at x, the energy $= \frac{1}{2}\, k_s\, x^2$

$$\text{Difference} = \tfrac{1}{2}\, k_s\, [(x + dx)^2 - (x)^2]$$

$$= \tfrac{1}{2}\, k_s\, [x^2 + 2.x.dx + (dx)^2 - x^2]$$

$$= \tfrac{1}{2}\, k_s\, [2.\ x.\ dx], \text{ neglecting } (dx)^2$$

$$= k_s .\ x.\ dx = F\,dx$$

This difference is nothing but dW_{mech}, which is equal in magnitude to dW_{fld} and confirms the relationship obtained earlier.

25.4.2.2. In terms of field Co-energy

Proceeding along lines similar to those while dealing with field-energy above, following relationships exist. For simpler discussion, the transition is assumed to be along HKC'. Neglecting area of the small triangle HKC', we have

at x, W'_{fld1} = area of $\Delta\ OA'H$

at $x + dx$, W'_{fld2} = area of $\Delta\ OA'C'$ (neglecting $\Delta\ HKC'$)

$dW'_{fld} = W'_{fld2} - W'_{fld1} = \phi.\ dF$ where $dF = MA'$

= Co-energy in the field $F\ dx$

Hence, $F = + dW'_{fld} / dx$, in this case

$= + \delta W'_{fld} / \delta x$, in general

25.5. Energy in Terms of Electrical Parameters

In the preceding article, the energy and force were related in terms of magnetic-system parameters, namely flux and mmf, through the third parameter, the permeance.

It is at times convenient to relate these things in terms of electrical-system-parameters, namely, the inductances and currents. That is being dealt with here only for linear systems. Let $\mathscr{P}$ be the permeance of the magnetic circuit and L be the coil-inductance.

$$W_{fld} = \text{Field-energy} = \tfrac{1}{2}\, F\,\phi = \tfrac{1}{2}\, Ni\ (Ni\ \mathscr{P}) = \tfrac{1}{2}\ (N^2\mathscr{P})i^2$$

$$= \tfrac{1}{2}\ Li^2$$

$$F = - dW_{fld} / dx = - \tfrac{1}{2}\ .\ i^2.\ dL/dx$$

Thus, a force exists if the coil-inductance is dependent on x. Such analysis is more suitable when the system has more than one coils coupled through the magnetic circuit. If two such coils are considered, following data should be known for evaluation of the force, in case of linear displacement:

L_{11} = self inductance of coil - 1

L_{22} = self inductance of coil - 2

L_{12} = Mutual inductance between two coils, 1 and 2

i_1, i_2 = currents through the two coils.

W_{fld} = Total energy stored in the field $= \frac{1}{2} L_{11} i_1^2 + \frac{1}{2} L_{22} i_2^2 + L_{12} i_1 i_2$

Magnitude of Force, $F = dW_{fld}/dx = \frac{1}{2} i_1^2 \, dL_{11}/dx + \frac{1}{2} i_2^2 \, dL_{22}/dx + i_1 i_2 \, dL_{12}/dx$

From the right-hand side of this equation, it is noted that the inductance-term which is dependent on x contributes to the force.

25.6. Rotary Motion

Most popular systems for electro-mechanical energy are Generators and Motors. The preceding discussion dealt with the Linear motions, wherein x represented the displacement parameter, and force was being calculated.

Now we shall deal with the rotary systems, wherein angular displacement parameters (such as θ) and corresponding torque developed by the system will be correlated, through a systematic procedure for a typical rotary machine.

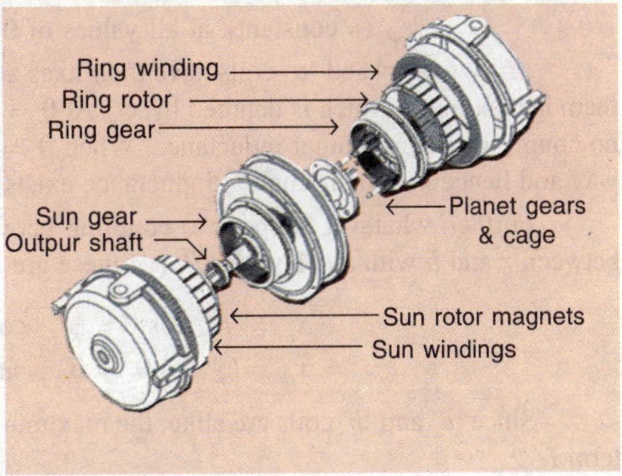

Rotary motion

25.6.1. Description of Simple System

A simple rotary system has a 'stator' and a 'rotor'. Air-gap separates these two. Stator has two similar coils 'a' and 'b' located at 90^0 electrical, with respect to each other. Inner surface of the stator is cylindrical. Outer surface of the rotor is also cylindrical resulting into uniform air-gap length for the machine.

The diagram represents a two-pole machine. Axis of coil 'a' may be taken as reference, with respect to which the rotor-coil axis makes an angle of θ, at a particular instant of time. For a continuous rotation of the rotor at ω radians / sec, θ = ωt. Coil-'b'-axis is perpendicular to the reference, as shown. Due to the uniform air-gap length, and due to the perpendi-cularity between coils 'a' and 'b', inductance-parameters exhibit the following patterns:

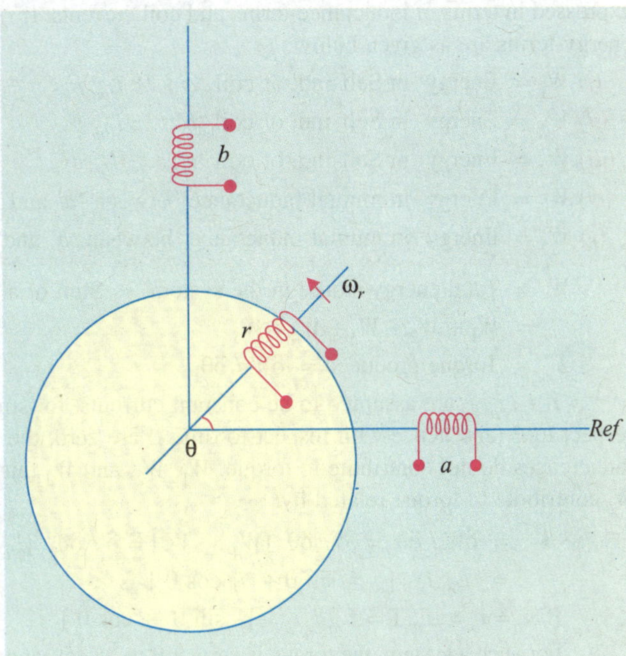

Fig. 25.3. Simple rotary system

Let x represents the inductance parameter as a function of θ. The subscripts indicate the particular parameter. x_{aa} = self-inductance of coil 'a' , x_{ab} = mutual inductance between coils a and b and so on. x represents value of the particular inductance parameter, which will help in knowing the variation of inductance with θ.

(*a*) Self inductances of coils '*a*' and '*b*' are not dependent on rotor position.

$x_{aa} = L_{aa}$ and $x_{bb} = L_{bb}$, at all values of θ.

(*b*) Mutual inductance between stator coils '*a*' and '*b*' is zero, due to perpendicularity.

x_{ab} = zero, for all values of θ.

(*c*) Self-inductance of rotor-coil is constant and not dependent on θ.

$x_{ra} = L_{rr}$ (= constant), at all values of θ.

(*d*) When '*r*' and '*a*' coils have their axes aligned, at θ = 0, the mutual inductance between them is maximum, which is denoted by x_{ar}. At θ = 90^0, their axes are perpendicular resulting into no coupling or zero mutual inductance. When θ = 180^0, *r* and a coils are aligned in anti-parallel way and hence maximum mutual inductance exists between them with negative sign.

Further, whatever happens to coupling between *r* and *a* at a value of θ happens to that between *r* and *b* with a delay of 90^0. All these are mathematically represented as :

$$x_{ra} = L_{ra} \cos\theta = L_{ra} \cos(\omega_r t)$$

$$x_{rb} = L_{ra} \sin\theta = L_{ra} \sin(\omega_r t) = L_{ra} \cos(\omega_r t - 90^0)$$

Since '*a*' and '*b*' coils are alike, the maximum mutual inductance is represented by the same term L_{ra}.

25.6.2. Energy stored in the coils

Energy stored in the magnetic field can *either* be expressed in terms of mmf and flux *or* be expressed in terms of inductance-terms and coil currents. If i_a, i_b and i_r are the coil-currents, stored-energy-terms are as given below:

(*i*) W_1 = Energy in Self-ind. of coil '*a*': $\frac{1}{2} L_{aa} i^2_a$

(*ii*) W_2 = Energy in Self-ind. of coil '*b*': $\frac{1}{2} L_{bb} i^2_b$

(*iii*) W_3 = Energy in Self-ind. of coil '*r*': $\frac{1}{2} L_{rr} i^2_r$

(*iv*) W_4 = Energy in mutual inductance between '*a*' and '*r*': $x_{ra}\, i_r i_a = x_{ra}\, i_r i_a = x_{ra} .\cos\theta . i_r . i_a$

(*v*) W_5 = Energy in mutual inductance between '*b*' and '*r*' : $x_{rb}\, i_r . i_b = x_{ra} \sin\theta . i_r . i_b$

W = Total energy stored in the system = Sum of all the energy-terms cited above

$= W_1 + W_2 + W_3 + W_4 + W_5$

T = Torque produced = $\delta W / \delta\theta$

If i_a, i_b, i_r are assumed to be constant currents, for simplicity, so that their derivatives with respect to θ (and hence with respect to time *t*) are zero, the energy-terms which include constant inductances do not contribute to torque. W_1, W_2, and W_3 thus cannot contribute to torque. W_4 and W_5 contribute to torque related by:

$$T = \delta W / \delta\theta = \delta / \delta\theta\, [W_4 + W_5] = \delta / \delta\theta\, [L_{ra}\, i_r i_a \cos\theta + L_{ra}\, i_r i_b \sin\theta]$$

$$= L_{ra}\, i_r\, [-i_a \sin\theta + i_b \cos\theta]$$

If $i_a = i_b = i_s$, $T = L_{ra}\, i_r\, i_s\, [-\sin\theta + \cos\theta]$

For such a system, the torque is zero at θ = + 45°, and the torque is maximum at θ = – 45°.

If one of the stator currents is reversed, the result differs. For this, let $i_a = -i_s$ and $i_b = +i_s$

$$T = L_{ra}\, i_r\, i_s\, [\sin\theta + \cos\theta]$$

And the maximum torque occurs at θ = 45^0. This is a position for rotor, which is midway between the two stator coils.

25.6.2.1. Different Categories

From the torque expressions above, it is clear that the torque exists only when stator and rotor-coils carry currents. When only stator-coils (or only rotor coil) carry current, torque cannot be produced.

***(a)* One coil each on Stator and on Rotor**

In the above mentioned case, let us excite only one stator-coil. Let $i_a = i_s$, $i_b = 0_1$ and i_r maintained as before.

$$T = -L_{ra}\ i_r i_s\ \sin\theta$$

Following observations are made for such a case:

(i) At $\theta = 0$, $T = 0$, Mutual inductance x_{ra} is maximum ($= L_{ra}$) and hence the stored energy in mutual inductance is maximum, but torque is zero.

(ii) At $\theta = 90^0$, T is maximum. x_{ra} is zero, hence the concerned stored energy is zero.

(iii) As seen earlier, $W_4 = L_{ra}\ i_r i_a \cos\theta = L_{ra}\ i_r i_s\ \cos\theta$

Torque $= dW_4 / d\theta = i_r i_s\ d\,(L_{ra}\cos\theta) / d\theta$

Contributed by W_4, the power is related as follows:

Power = rate of change of energy with time

$$= dW_4 / dt = dW_4 / d\theta .\ d\theta / dt = T.\ \omega_r = i_r i_s\ L_{ra}\ (-\sin\theta)\ \omega_r$$

Magnitudes of these terms are maximum for $\theta = 90^0$. If θ can be set at 90^0, at all instants of time, torque obtained is maximum. Such a situation does exist in a d. c. machine in which rotor carries an armature winding which is a lap- or wave-connected commutator winding. The brushes are so placed on the commutator that rotor-coil-axis satisfies the above-mentioned condition of $\theta = 90^0$, irrespective of the rotor-position or rotor speed. Such an equivalence of a **rotating** armature coil with such an **effectively stationary** coil is referred to as a **quasi-stationary** coil. It means that a rotating coil is being analyzed as a stationary coil due to its typical behaviour for electro-mechanical energy conversion purposes.

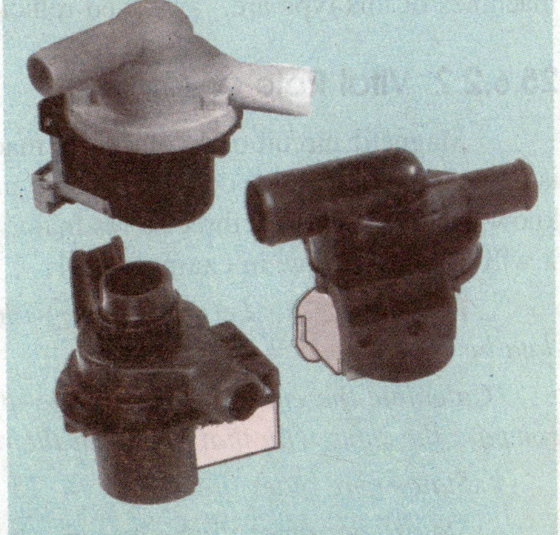

Permanent magnet synchronous motor for washing machine

***(b)* Two stator coils carrying two-phase currents and rotor-coil carrying d. c.:** When two stator coils carry two-phase alternating currents, a synchronously rotating mmf is established. If the rotor-coil carries direct current, and the rotor is run at same synchronous speed, a unidirectional constant torque is developed. Mathematically, similar picture can be visualized, with a difference that the total system is imagined to rotate at synchronous speed. Such a machine is Synchronous machine, (to be discussed in Later chapters). It can be understood through the simple system described here.

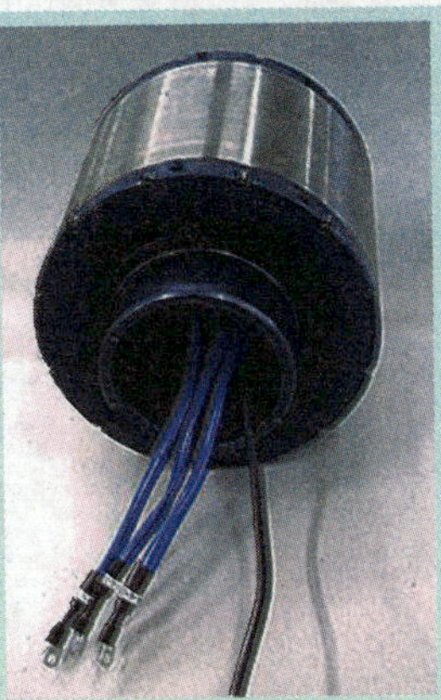

Permanent magnet

***(c)* Machines with Permanent Magnets.**

With suitable interpretation, the field side of the simple system can be imagined to be with permanent magnets in place of coil-excited electromagnets. All the interpretations made above are valid, except for the difference that in this case there is no scope for controlling the rotor-coil-current-magnitude.

(d) Machines with no rotor coil, but with premeance variation.

Smooth cylindrical rotor surfaces do not exist in such cases. There are no rotor-coils. Due to geometry of the rotor surface, stator-coil- self inductances vary with rotor position. Thinking on lines of relating energy terms and their derivatives for torque-calculations, the working principles can be understood. With simple construction, Reluctance motors belong to this category.

Current in stator coils

(e) Switched currents in Stator Coils.

In yet another type, stator coils are distributed and properly grouped. One group carries currents during certain time interval. Then, this current is switched off. Another group carries current in the next time interval and so on. The rotor surface is so shaped that it responds to this current switching and torque is produced. Even though stator-coil-inductances are complicated functions of rotor position, the method of analysis for such machines is same. Prominent types of machines of this type are: switched reluctance motors, stepper motors, etc.

25.6.2.2. Vital Role of Air-gap

Magnetic circuit of an electrical machine has a flux established due to coil-mmfs. This flux is associated with stator core, rotor core and air-gap. An important point for understanding is to know which out of these three stores major portion of the field energy. Through an illustrative case, it will be clear below, in example 25.1.

Example 25.1. *Let a machine with following data be considered.*

Calculate the energy stored in the air-gap and compare the same with that stored in the cores.

Stator-core outer diameter = 15 cm
Stator-core inner diameter = 10.05 cm
Rotor-core outer diameter = 10.00 cm
Rotor-core inner diameter = 5 cm
Axial length of the machine = 8 cm

Effect of slotting is neglected. The core volumes and air-gap volume for the machine shown in Fig 25.4 have to be calculated.

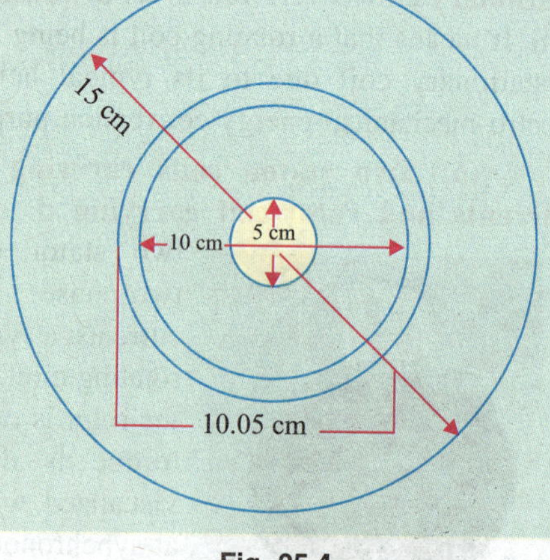

Fig. 25.4

Solution.

Volume of Stator-core $= (\pi / 4) \times (15^2 - 10.05^2) \times 8 \text{ cm}^3 = 779 \text{ cm}^3$

Volume of Rotor-core $= (\pi / 4) \times (10^2 - 5^2) \times 8 \text{ cm}^3 = 471 \text{ cm}^3$

Volume of air-gap in the machine $= (\pi / 4) \times (10.05^2 - 10^2) \times 8 \text{ cm}^3$

$= 6.3 \text{ cm}^3$

Let the relative permeability of the core material be 1000. If the flux density is B Wb / m^2, and μ is the permeability, the energy-density is ½ x B^2 / μ Joules / m^3. Let the flux density be 1.20 Wb / m^2. Energy density in air-gap = ½ × $1.20^2 / (4\pi \times 10^{-7})$ = 572350 Joules / m^3

= 0.573 Joules / cm^3

Energy stored in air-gap = 0.573 × 6.3 = 3.6 Joules

Energy-density in Magnetic medium = ½ × $1.20^2 / (4\pi \times 10^{-7} \times 1000)$ = 573 J / m^3

It is assumed only for simplicity that the flux density is same for the entire core of stator and of rotor.

Energy stored in stator-core = 573 × 779 × 10^{-6} = 0.45 Joule

Energy stored in rotor-core = 573 × 471 × 10^{-6} = 0.27 Joule

It is worth noting that even though the ratio of volumes is 198, the ratio of energies is 0.2, since, for the present case,

$$K_v = \frac{\text{volume of (Stator - core + Rotor - core)}}{\text{Volume of air - gap}} = \frac{779+471}{6.3} = 198$$

k_E = Energy stored in cores / Energy stored in air-gap = (0.45 + 0.27) / 3.6 = 0.2

The ratio are like this due to μ_r being 1000, and k_v / k_E = 198 /0.2 = 1000

Alternatively, an air-gap of volume 6.3 cm^3, [surrounded by the magnetic medium of μ_r = 1000] is equivalent to the magnetic medium of volume 6.3 × 1000 cm^3.

$$\frac{\text{Converted equivalent volume of air-gap}}{\text{Volume of (Stator + Rotor)}} = \frac{6300}{779+471}$$

$$\frac{\text{Energy stored in air-gap}}{\text{Energy stored in (Stator + Rotor)}} = \frac{3.6}{(0.45+0.27)} = 5$$

This correlates the various parameters and confirms that the stored energy is maximum in the air-gap.

Or, one can now say that in the process of electro-mechanical energy-conversion, the air-gap plays a very vital role.

However, the stator-core and rotor-core help in completing the flux-path in a well defined manner for effective and efficient working of a rotary machine.

Example 25.2. *An electromagnetic relay has an exciting coil of 800 turns. The coil has a cross-sectional area of 5 cm × 5 cm. Neglect reluctance of the magnetic circuit and fringing.*

(a) (i) Find the coil inductance if the air-gap length is 0.5 cm.

(ii) Find the field energy stored for a coil current of 1.25 amp.

(b) Coil-current remaining constant at 1.25 A, find the mechanical energy output based on field-energy changes when the armature moves to a position for which x = 0.25 cm. Assume slow movement of armature.

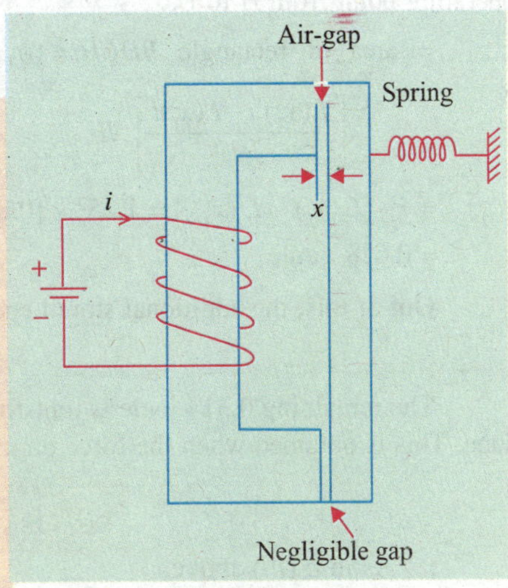

Fig. 25.5 Electro-magnetic relay

(c) Repeat (b) above based on force-calculations and mechanical displacement.

(d) What will be change in above results of mechanical work done, if the mechanical movement is fast, keeping the flux initially constant ?

Solution.

(a) (i) Permeance at air-gap $= \dfrac{\mu_0 \, 5\times5\times10^{-4}}{0.5\times10^{-2}} = 4\pi\times10^{-7}\times10^{-2} = 6.28\times10^{-7}$

Coil Inductance = $N_2\, \mathcal{P}_m = 800 \times 800 \times 6.28 \times 10^{-7} = 0.402$ H

(ii) Energy stored in magnetic field = $1/2\ Li^2 = 1/2 \times 0.402 \times 1.25^2$

$= 0.314$ joule

(iii) $W'_{fd} = 1/2\,L(x)i^2 = 1/2\left[\dfrac{H^2\mu_0 A}{l_x}\right] = \dfrac{1/2\times800\times800\times4\pi\times10^{-7}\times5\times5\times10^{-4}}{x}\times i^2$

$$= \frac{1.005\times10^{-3}}{x}\times i^2$$

$$F_f = \frac{\delta}{\delta_x}\frac{[i^2\times(1.005\times10^{-3})]}{x} = [1.005\times10^{-3}]\times i^2\times\frac{-1}{x^2}$$

This is to be evaluated at $x = 0.5\times10^{-2}$

$$= \frac{-1.005\times10^{-3}\times1.25\times1.25}{(0.5\times10^{-2})^2} = -62.8\,\text{NW}$$

This force has to be balanced by the spring-tension.

(b) Energy-computations : Inductance for $x = 0.25$ cm is first calculated. $L(x_2) = N^2\,\mathcal{P}_{m_2}$ $= 800 \times 800 \times 2 \times 6.28 \times 10^{-7} = 0.804$ Henry

If the mechanical movement is slow, net mmf remains unchanged and the operating point moves along *HC* vertically upwards and settles at *C*. Added Electrical Energy input during change-over of the operating point from *H* to *C*,

= area of rectangle $BDCH = (\phi_2 - \phi_1)\,F_1$

$$\left[\frac{L(x_2).i - L(x_1)i}{N}\right] Ni$$

$= i^2\ [L(x_2) - L(x_1)] = 1.25^2 \times [0.804 - 0.402]$

$= 0.628$ joule

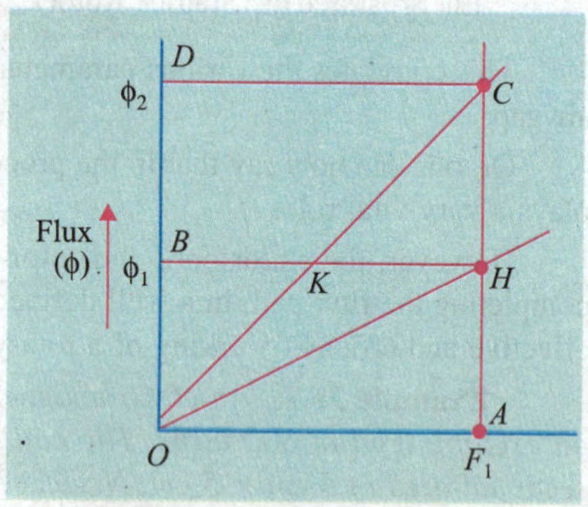

Fig. 25.6 Graphical correlation of energy-terms for the relay

Out of this, the additional stored energy in field, $dW_{fld} = ½\,[L(x_2) - L(x_1)]$

$= 0.314$ joule

The remaining 0.314 joule is transformed into mechanical form and is related to the work-done. This is obtained when the force on moving member is multiplied by the displacement.

$$\therefore \int_{x_1}^{x_2} dW_{mech} = 0.314 \text{ joule}$$

(c) As in *a (iii)* above,

$F(x) = [1.005 \times 10^{-3} \times 1.25^2]\,[-1/x^2]$

$$dW_{mech} = F(x).dx$$

$$W_{mech} = \int_{x_1}^{x_2} F(x)dx = k.\ [\int_{x_1}^{x_2} -1/x^2 d_x] = -k.\int_{x_1}^{x_2} x^{-2}dx$$

$$=1.005\times10^{-3}\times1.25^2\times\left[\frac{1}{0.25}-\frac{1}{0.5}\right]\times10^2=\frac{1.005\times1.25^2}{10}\times2=0.314 \text{ joule}$$

This agrees with answer obtained in (*b*) above.

With fast movement of armature, the operating point will move from H to K first, then follow the path *KC*.

This means that the energy represented by the area of the triangle KHC corresponds to the reduced consumption of energy.

OC has a slope of $\mathcal{P}m_2$ = 12.56 × 10^{-7}

OH has a slope of $\mathcal{P}m_1$ = 6.28 × 10^{-7}

BK = mmf required for establishing a flux of ϕ_1 with an air-gap of 0.25 cm

BK = ½ *OA* = ½ × (800 × 1.25) = 500 amp-turns = *HK* in the present case.

Area of the triangle *KHC* = ½ × *KH* × *HC*

= ½ × 500 × $[\phi_2 - \phi_1]$

= ¼th of area of rectangle *BDCH*, in this case

= ¼ × 0.628 = 0.157 joule.

Hence, Electrical energy fed during this process = area *BKCD*

= area *BDCH* – area *KHC* = 0.628 – 0.157 = 0.471 joule

Increase in field energy stored ΔW_{fld} = area *OKH*

= area OHC – area *KHC* = 0.314 – 0.157 = 0.157

Mechanical Energy output = 0.471 – 0.157 = 0.314 Joule

It indicates that with fast movement, the electrical energy-input and the field-stored energy have decreased by 0.157 J each but the mechanical-energy-term remains unaffected by fast or slow movements of armature.

25.7. Dynamic Equations and System-model of a Simple System

It is quite necessary to analyze electro-mechanical conversion system for predicting the performance and/or for monitoring the system. A simple system is being taken up here to deal with dynamic equations and a simple model with its components is being related to the system. The details will vary from system to system, and accordingly the equations will vary.

Fig. 25.7 shows different components of such a system meant for electrical to mechanical conversion. On one side, an electrical source feeds the device at the 'electrical port'. On the other side, a force f_e is developed at the 'mechanical port'. Mechanical load is connected to this port.

(a) At Electrical Port **:** A voltage source is shown to feed the device. r is its effective internal resistance. At the electrical port, the inputs are λ (= flux linkage with the coil) and *i*. From λ , the voltage induced in the coil can always be evaluated.

(b) Role of the Conversion device**:** With these inputs, the device converts the energy into mechanical form, and is available as a force f_e (in case of linear motions), and, displacement *x* measured from a suitable reference.

(c) At the Mechanical Port: The possible items are: spring, damper, mass and an applied mechanical force. Their natural and simple dependence on displacement x and its derivatives are indicated below:

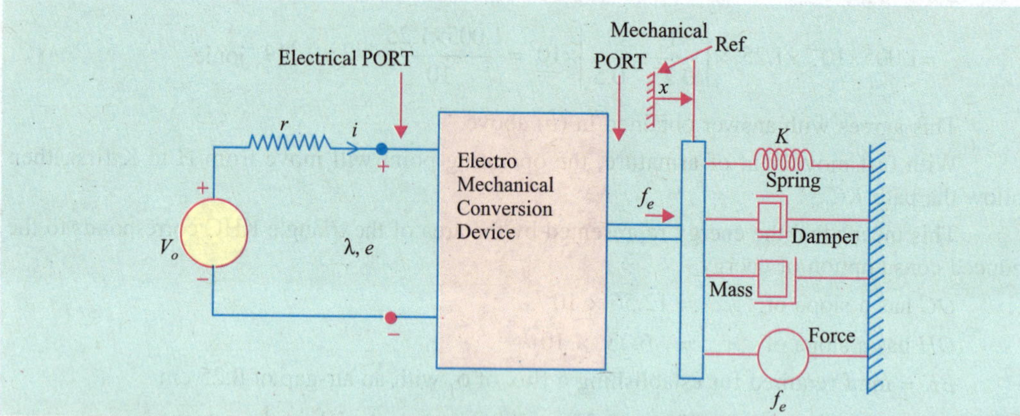

Fig. 25.7 Linear motion: MODEL

(i) **Spring:** Force required to overcome spring elongation is proportional to the displacement x.

(ii) **Damper:** Force required to overcome damping action in the system is proportional to derivative of x.

(iii) **Mass:** Force required to overcome acceleration of mass is proportional to second derivative of x.

(iv) **Applied force, f_o:** This has to be overcome by f_e . In terms of an equation, these terms are related as follows:

$$f_e = k_s\ (x - x_o) + B\dot{x} + M\ddot{x} + f_o$$

where

k_s = spring constant

x_o = value of x for unstretched spring

B = damping constant

M = Mass to be accelerated

f_o = External mechanical force applied to the system.

25.8. Statically induced emf and Dynamically Induced emf :

In Fig. 25.7 source voltage is v_o. Let $L\ (x)$ be the coil inductance as a function of displacement x. In a very general case,

$$\begin{aligned} v_o\ (t) &= ri + d\lambda / dt \\ &= ri + d/dt\ [L\ (x) \times i] \\ &= ri + L\ (x).\ di / dt + i.\ dL\ (x)/dx.\ dx/dt \end{aligned}$$

The second term on the right-hand side is statically induced emf (or transformer-emf), since change of current with time is responsible for it. This cannot produce any force (or torque) and hence cannot convert energy from electrical to mechanical form (or vice-versa).

The third term on the right hand side includes the speed (= dx/dt) and dependence of L (x) on x. Any of these, if non-existent, will mean that third term reduces to zero. This term relates dynamically induced emf (= speed emf) and is the main indicator of the process of electro-mechanical energy conversion. So, for conversion, there must be an inductance which varies with the system position, and a motion must be there. In addition, coil must carry a current.

Having understood the linear-motion-system, it is easier to understand the system with rotary motion, with due modifications.

Example 25.3. *A doubly excited rotating machine has the following self and mutual inductances.*

$$r_s = 40\ \Omega,\quad L_s = 0.16\ H$$
$$r_r = 2\ \Omega,\quad L_r = 0.04 + 0.02\cos 2\theta$$
$$M_{sr} = 0.08\cos\theta$$

where θ is the space-angle between axes of rotor-coil and of stator-coil. The rotor is revolving at a speed of 100 radians/sec. For i_s = 10 Amp d. c., and i_r = 2 Amp d. c., obtain an expression for torque and corresponding electrical power.

[Rajiv Gandhi Technical University, Bhopal, Summer 2001]

Solution. W_{fld} = Total energy stored

$$= \tfrac{1}{2} L_s i_s^2 + 1/2\, L_r i_r^2 + M_{sr}\, i_s i_r$$
$$= \tfrac{1}{2}(0.16)\, i_s^2 + \tfrac{1}{2}[0.04 + 0.02\cos 2\theta] i_r^2 + [0.08\cos\theta]\, i_s i_r$$

since i_s and i_r are direct currents of constant magnitudes, there is no variation with ϕ or with t. Relating torque with W_{fld} and substituting current-magnitudes,

$$\text{Torque, } T = \frac{-dW_{fld}}{d\theta} = -[0 + \tfrac{1}{2} \times 0.02 \times 2^2\,(-2\sin 2\theta) + 0.08\,(-\sin\theta)\,(10 \times 2)]$$
$$= 0.08\sin 2\theta + 1.6\sin\theta$$
$$= 1.6\sin\theta + 0.08\sin 2\theta \text{ Nw-m}$$

On the right hand side, the first term is electromagnetic Torque which is dependent on both the currents. Second term is dependent only on one current, and is of the type categorized as Reluctance-torque which depends on non-cylindrical shape,in this case, on the stator side, as shown in Fig. 25.8

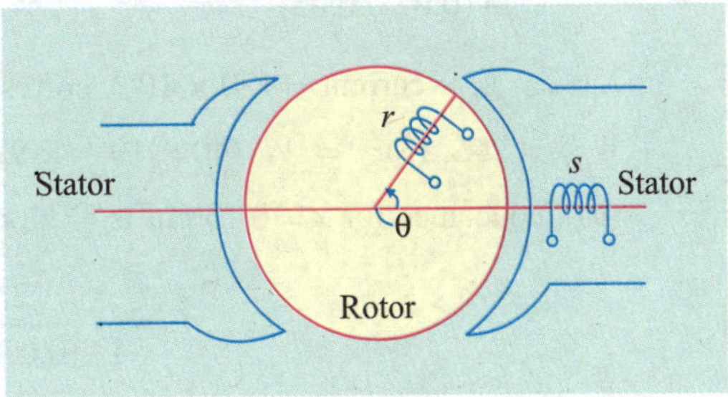

Fig. 25.8

Starting from W_{fld}, electrical power can be expressed, since it is well -known that

Power = time rate of change of energy

$$\text{Electrical power,}\quad p = \frac{dW_{fld}}{dt}$$
$$= \frac{d}{dt}\left[\tfrac{1}{2} L_s i_s^2 + \tfrac{1}{2} L_r i_r^2 + M_{ST}\, i_s i_r\right]$$
$$= \tfrac{1}{2} i_s^2 \frac{d}{dt}(L_s) + \tfrac{1}{2} i_r^2 \frac{d}{dt}(L_r) + i_s i_r \frac{d}{dt}(M_{sr})$$

$$=\frac{1}{2}i_s^2\left[\frac{d}{d\theta}(L_s)\right]\frac{d\theta}{dt}+\frac{1}{2}i_r^2\left[\frac{d}{d\theta}+(L_r)\right]\frac{d\theta}{dt}+i_si_r\left[\frac{d}{d\theta}(M_{st})\right]\frac{d\theta}{dt}$$

$$=\frac{1}{2}i_s^2[\text{zero}]\times 100+\frac{1}{2}i_r^2[-0.02\times 2\times\sin 2\theta]\times 100+i_si_r[-0.08\sin\theta]\times 100$$

Substituting numerical values of currents,the electrical power is expressed as a function of θ, as below :

$$p = [\text{zero} + (-8)\ \sin 2\theta + (-160)\sin\theta]\text{ watts}$$

$$= [-160\ \sin\theta - 8\sin 2\theta]\text{ watts}$$

Proper interpretation of sign of power (as dependent on θ) is important. Positive power is received by the coils, while negative power is received by the source.

Example 25.4. *An inductor has an inductance which varies with displacement x as*

$$L = 2L_o / [1 + (x / x_o)]$$

Where L_o = 50 mh, x_o = 0.05cm, x = displacement in cm,

The coil –resistance is 0.5 ohm.

(a) *The displacement x is held constant at 0.075 cm, and the current is increased from 0 to 3 amp. Find the resultant magnetic stored energy in the inductor.*

(b) *The current is then held constant at 3 amp and the displacement is increased to 0.15 cm. Find the corresponding change in the magnetic stored energy.*

Note. Assume that all electrical transients are negligible.

Solution. (a) Inductance at x = 0.075 cm is calculated first.

$$L_1=\frac{2L_0}{1+(0.075/0.05)}=40\text{ mH}$$

$\lambda_1 = L_1 \times$ current $= 120\times 10^{-3}$, corresponding to point A in Fig. 25.9

$W_{fld} = \frac{1}{2} L_1 (3)^2 = \frac{1}{2}(40\times 10^{-3}\times 9) = 0.18$ joule

(b) Inductance for x = 0.15 cm is to be calculated now.

$$L_2=\frac{2L_0}{1+(0.075/0.05)}=25\text{ mH}$$

With current held constant at 3amp, the flux-Linkage is now $\lambda_2 = (25\times 10^{-3})\times 3 = 75\times 10^{-3}$

Since the current is constant at 3amp, magnetic stored energy is reduced by the area of triangle *OAB*, in Fig. 25.9

Area of triangle *OAB* $= \frac{1}{2}\times 3\times(120-75)\cdot 10^{-3} = 0.0675$ joule

Check : Stored-energy at *B* in terms of L_2 and *i*, is given by

$W_{fld} = \frac{1}{2}(25\times 10^{-3})\times 3^2 = 0.1125$ joule

Alternatively, $W_{fld2} = W_{fld1} -$ area of Δ OAB

$= 0.18 - 0.0675 = 0.1125$ Joule

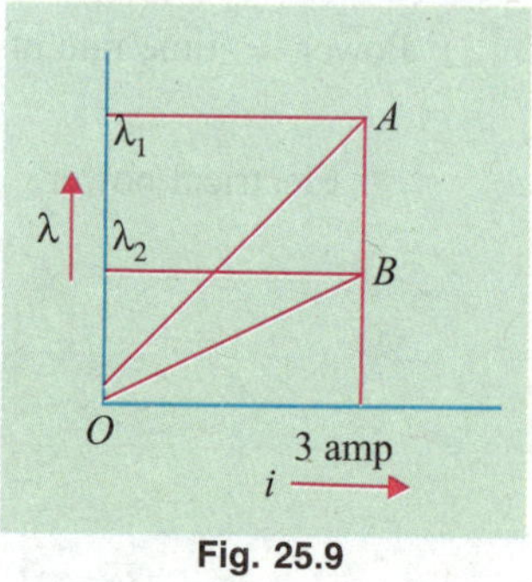

Fig. 25.9

Example 25.5. *If the inductor in the previous case is connected to a voltage source which increases from 0 to 3 V [part (a)] and then is held constant at 3 V [part (b)], repeat the problem, assuming that electrical transients are negligible.*

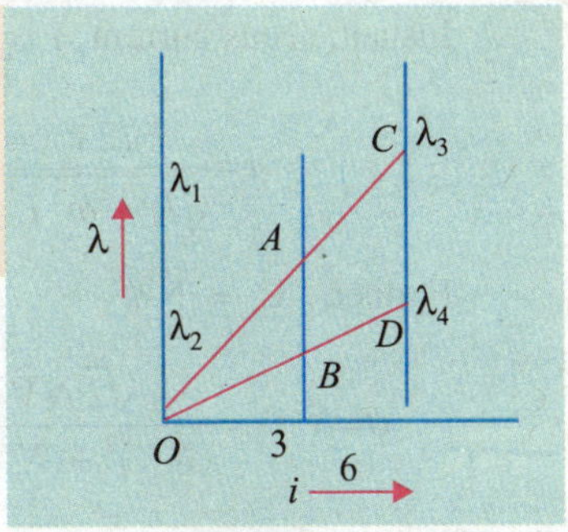

Fig. 25.10

Solution. Coil resistance is 0.5 ohm. When the voltage reaches 3 V, the coil current is 6 amp. In part (*a*), L_1 = 40 mH. Hence, W_{fld3} = energy stored = ½ $L_1\, i_1^2$ = 0.72 joule, at point *C* in Fig. 25.10. In part (*b*), L_2 = 25 *mH*. The current is held constant at 6 amp. Working on similar lines,

$\Delta\, W_{fld}$ = change in the field energy stored = area of triangle *ODC* or $\Delta W_{fld} = W_{fld3} - W_{fld4}$

W_{fld} = ½ × 25 × 10^{-3} × 36 = 0.45 Joule, at point *D*

Change in energy stored in the field = $W_{fld3} - W_{fld4}$ = 0.72 – 0.45 = 0.27 joule

Or $\Delta\, W_{fld}$ = area of ΔODC = ½ × 6 × ($\lambda_3 - \lambda_4$)

Here λ_3 = 40 × 10^{-3} × 6, and λ_4 = 25 × 10^{-3} × 6

$\Delta\, W_{fld}$ = ½ × 6 × 6 × 10^{-3} (40 – 25) = 0.27 joule

Example 25.6. *A coil of an electromagnetic relay is associated with a magnetic circuit whose reluctance is given by*

= *a* + *bx*

where a and b are positive constants decided by the details of the magnetic circuit, in which x is the length of the air-gap between fixed and movable members. If the coil is connected to an A.C. source where voltage is described by

$v = V_m \sin \omega t,$

find the expression for the average force on armature, with air-gap held constant at x.

Solution. If ϕ = flux established, in Webers

N = number of turns on the coil, λ = flux-linkage in Weber-turns

W_{fld} = ½ $\mathcal{R}$ ϕ^2

And force $F = \dfrac{\delta W_{fld}}{\delta x} = \tfrac{1}{2}\,\phi^2\,\dfrac{\delta\,\mathcal{R}}{\delta x} = -\tfrac{1}{2} b\,\phi^2$

The current in the coil is given by

$$v = R + L\frac{di}{dt}$$

for which, the steady-state solution for current with an a.c. voltage applied to the coil is given by

$$I = \frac{V}{\sqrt{R^2 + \omega^2 L^2}} \angle -\theta \text{ where } \theta = \tan^{-1}\frac{(\omega L)}{R}$$

RMS voltage, $V = (V_m) / \mathcal{R}\, \sqrt{2}$

Instantaneous current i is expressed as

$$i = \frac{\sqrt{2}V}{\sqrt{R^2 + \omega^2 L^2}} \sin(\omega t - \theta)$$

Further, $L = N^2/\mathcal{R}$

$$\phi = Ni/\mathcal{R} = \frac{\sqrt{2}NV}{(R\mathcal{R})^2 + (N^2\omega)^2} \sin(\omega t - \theta)$$

Force, $$F_f = \frac{\mathcal{R} - bN^2V^2}{(R\ \ )^2 + (N^2\omega)^2} \sin^2(\omega t - \theta)$$

The last term $\sin^2(\omega t - \theta)$ has a time average (over a cycle) of ½.

Hence, average force, $$F_f\,(\text{av}) = -\tfrac{1}{2}\frac{\mathcal{R}bN^2V^2}{(R\ \ )^2 + (N^2\omega)^2}$$

Force is in such a direction that x will be reduced, or that the energy stored tends to increase.

Example 25.7. *Two coupled coils have self- and mutual-inductances as expressed below:*

$$L_{11} = 1 + (1/x),$$
$$L_{22} = 0.5 + (1/x),$$
$$L_{12} = L_{21} = 1/x$$

These expressions are valid over a certain range of linear displacement x, in cms. The first coil is excited by a constant current of 20 A and the second one, by a constant current of – 10 A. Find

(a) *mechanical work done if x changes from 0.5 to 1.0 cm*

(b) *energy supplied by the two electrical sources in (a) above.*

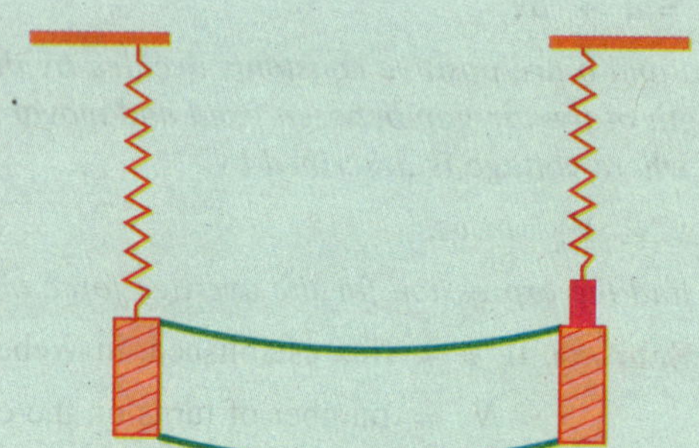

Two coupled coils

Solution. With data given, substituting the values of currents,

$$W_{fld} = \tfrac{1}{2}L_{11}i_1^2 + L_{12}i_1i_2 + \tfrac{1}{2}L_{22}i_2^2$$
$$= 225 + (50/x)$$

$$F_f = -\delta W_{fld}/\delta x = 50/x^2$$

(a) $$\Delta W_{mech} = \int_{0.5}^{1.0} (50/x^2)dx$$

$$= 50[x^{-1}/-1]_{0.5}^{1.0} = +50 \text{ joules}$$

At $x = 0.5$, $W_{fld} = 325$ joules, and

at $x = 1.0$, $W_{fld} = 275$ joules

Thus, increase in x from 0.50 to 1.0 cm decreases the stored energy in the field from 325 to 275 joules. The field-system, thus, releases an energy of 50 joules.

(*b*) Calculations of Energy input from electrical sources –

$$\lambda_1 = L_{11}\, i_1 + L_{12}\, i_2$$

$$= 20\ [1 + (1/x)] - 10\ (1/x) = 20 + (10/x)$$

At $x = 0.5$, $\lambda_1 = 20 + 20 = 40$ Wb-turns

$x = 1.0$, $\lambda_1 = 20 + 10 = 30$ Wb-turns

$$\Delta_{Welec1} = i_1\ [\text{change in } \lambda_1 \text{ due to displacement}]$$

$$= 20 \times (-10) = -200 \text{ Joules}$$

Similarly, $\lambda_2 = L_{12}\, i_1 + L_{22}\, i_2 = -5 + (10/x)$

At $x = 0.5$, $\lambda_2 = -5 + 20 = +15$ Wb-turns

$x = 1.0$, $\lambda_2 = -5 + 10 = +5$ Wb-turns

$\Delta W_{elec2} = (-10)\,(-10) = +100$ Joules.

Seeing the signs and numerical values, it can be seen that Source 1 receives an energy of 200 Joules, which comes from three constituents:

100 J from source 2,

50 J from field energy stored,

and 50 J from mechanical system.

Tutorial Problems 25.1

(*a*) A magnetic circuit has a coil with 1000 turns. Its reluctance is expressed as

$\mathcal{R} = [\,8.5 + 40\ g] \times 10^{+3}$ MKS units

where g = air- gap length in mm, between fixed and movable parts. For a coil current of 2.0 amp held constant and with slow movement, calculate the change in the field energy stored, if the length of the air-gap changes from 0.20 to 0.15 cm. Calculate the mechanical force experienced by the system.

Hint: $\Delta W_e = i\,(\lambda_2 - \lambda_1)$, $\Delta W_{fld} = ½\ \Delta W_e$

Force, $F = -\Delta W_{fld} / \Delta x$

[**Ans.** $\Delta W_{fld} = 6.60$ J, Force = 13200 Nw]

(*b*) An electro-magnetic relay with an air-gap of x cm has the current and flux-linkage relationship as

$$i = \lambda^2 + \lambda\ (o.5 - x)^2 \text{ amp, for } x < 0.5 \text{ cm}$$

Find the force on armature as a function of λ and x.

Hint: $W_f(\lambda_1 x) = \int_{0.5}^{1.0} i d\lambda$

And $F_f = -\delta W_f / \delta x$

[**Ans.** $W_f\ (\lambda, x) = (\lambda^3/3) + (\lambda^2/2)\,(0.5 - x)^2$

$F_f = \lambda^2\ (0.5 - x)$

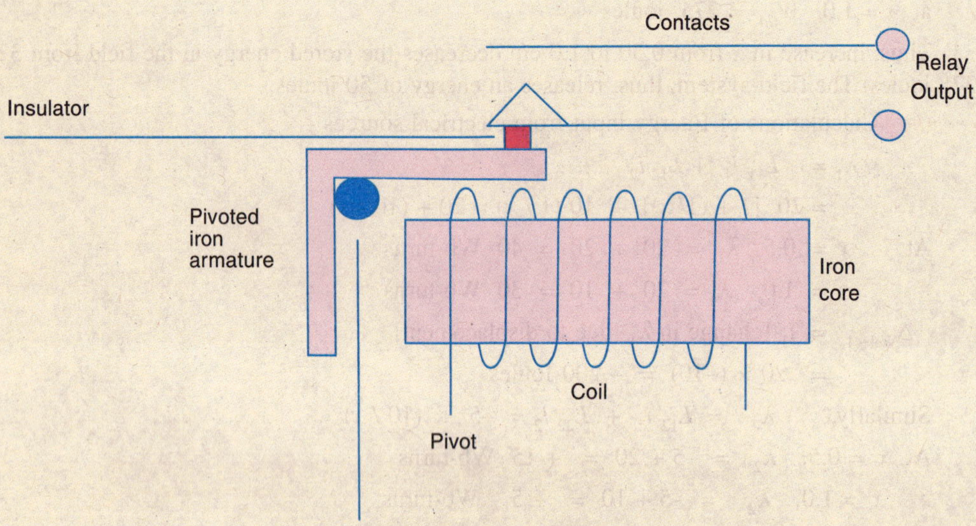

Electromagnetic Relay

(*c*) For a rotary system, the stator-coil and the rotor-coil have self and mutual-inductances as described below, with suffix 1 for stator and 2 for rotor:

$$L_{11} = L_{22} = 4 - (6\theta / \pi) \quad \text{for} \quad 0 < \theta < \pi / 2$$

$$= 1 + (6 / \pi)\ (\theta - 0.5\,\pi) \quad \text{for } \pi / 2 < \theta < \pi$$

(Note: Self inductances cannot be negative.)

$$L_{12} = L_{21} = 6\,(1 - 2\theta/\pi) \text{ for } 0 < \theta < \pi$$

Evaluate the inductances and the torque for $\theta = \pi / 4$ and the two coil currents of 5 amp constant in magnitude.

Hint: $\delta L / \delta\theta$ contributes to torque.

[**Ans.** $L_{11} = L_{22} = 2.5\ H$
$L_{12} = +\ 3\ H$
$T = 450 / \pi$ Nw]

CHAPTER 26

D.C. GENERATORS

Learning Objectives

- Generator Principal
- Simple Loop Generator
- Practical Generator
- Yoke
- Pole Cores and Pole Shoes
- Pole Coils
- Armature Core
- Armature Windings
- Bushes and Bearings
- Pole-pitch
- Conductor-Coil and Winding Element
- Coil-span or Coil-pitch
- Pitch of a Winding
- Back Pitch
- Front Pitch
- Resultant Pitch
- Commutator Pitch
- Single-layer Winding
- Two-layer Winding
- Degree of Re-entrancy of an Armature Winding
- Multiplex Winding
- Lap and Wave Winding
- Simplex-lap Winding
- Numbering of Coils and Commutator Segments
- Simplex Wave Winding
- Dummy or Idle Coils
- Uses of Lap and Wave Windings
- Types of Generators
- Brush Contact Drop
- Generated E.M.F. or E.M.F. Equation of a Generator
- Iron Loss in Armature
- Total loss in a D.C. Generator
- Stray Losses
- Constant or Standing Losses
- Power Stages
- Condition for Maximum Efficiency

Generator converts mechanical energy into electrical energy using electromagnetic induction

26.1. Generator Principle

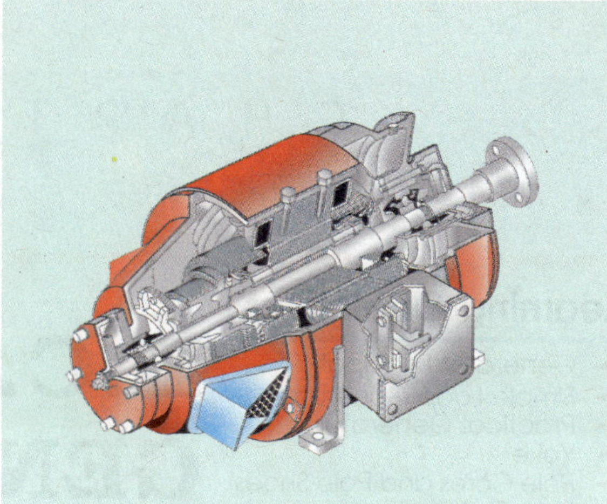

Cut-away view of dc generator

An electrical generator is a machine which converts mechanical energy (or power) into electrical energy (or power).

The energy conversion is based on the principle of the production of dynamically (or motionally) induced e.m.f. As seen from Fig. 26.1, whenever a conductor cuts magnetic flux, dynamically induced e.m.f. is produced in it according to Faraday's Laws of Electromagnetic Induction. This e.m.f. causes a current to flow if the conductor circuit is closed.

Hence, two basic essential parts of an electrical generator are *(i)* a magnetic field and *(ii)* a conductor or conductors which can so move as to cut the flux.

26.2. Simple Loop Generator

Construction

In Fig. 26.1 is shown a single-turn rectangular copper coil *ABCD* rotating about its own axis in a magnetic field provided by either permanent magnet is or electromagnets. The two ends of the coil

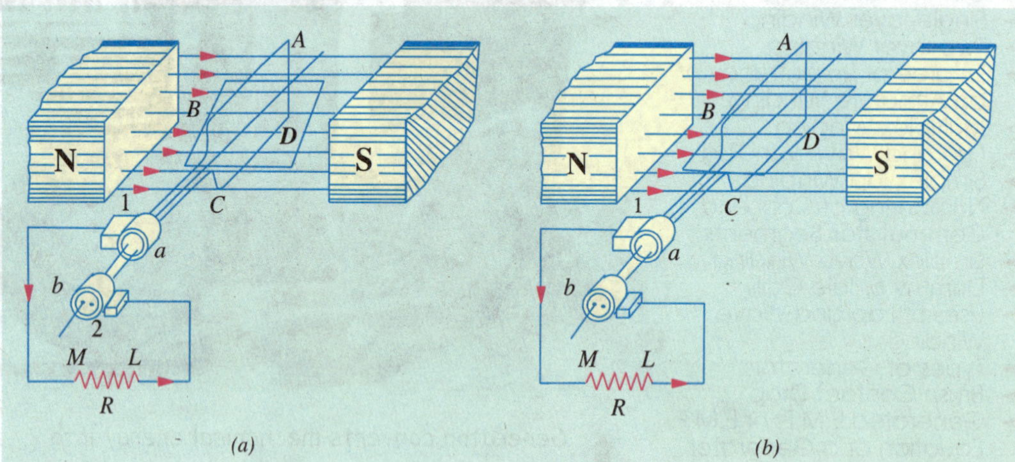

Fig. 26.1

are joined to two slip-rings '*a*' and '*b*' which are insulated from each other and from the central shaft. Two collecting brushes (of carbon or copper) press against the slip-rings. Their function is to collect the current induced in the coil and to convey it to the external load resistance *R*.

The rotating coil may be called 'armature' and the magnets as 'field magnets'.

Working

Imagine the coil to be rotating in clock-wise direction (Fig. 26.2). As the coil assumes successive positions in the field, the flux linked with it changes. Hence, an e.m.f. is induced in it which is proportional to the rate of change of flux linkages ($e = Nd\Phi dt$). When the plane of the coil is at right angles to lines of flux *i.e.* when it is in position, 1, then flux linked with the coil is maximum but ***rate of change of flux linkages is minimum.***

It is so because in this position, the coil sides *AB* and *CD* do not cut or shear the flux, rather they slide along them *i.e.* they move parallel to them. Hence, there is no induced e.m.f. in the coil. Let us take this no-e.m.f. or vertical position of the coil as the starting position. The angle of rotation or time will be measured from this position.

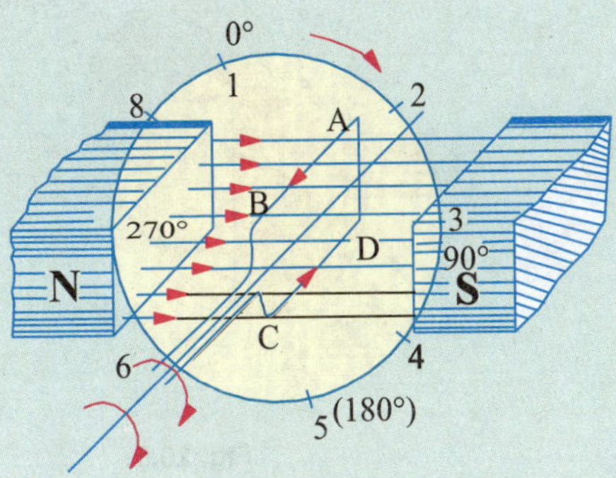

Fig. 26.2

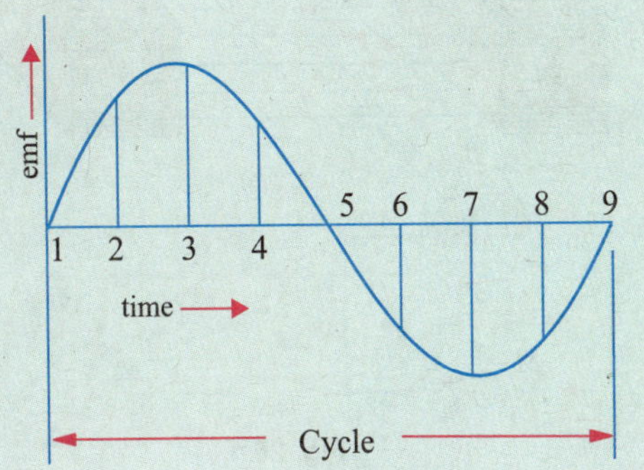

Fig. 26.3

As the coil continues rotating further, the rate of change of flux linkages (and hence induced e.m.f. in it) increases, till position 3 is reached where $\theta = 90°$. Here, the coil plane is horizontal *i.e.* parallel to the lines of flux. As seen, the flux linked with the coil is minimum but ***rate of change of flux linkages is maximum***. Hence, maximum e.m.f. is induced in the coil when in this position (Fig. 26.3).

In the next quarter revolution *i.e.* from 90° to 180°, the flux linked with the coil gradually ***increases*** but the rate of change of flux linkages ***decreases***. Hence, the induced e.m.f. decreases gradually till in position 5 of the coil, it is reduced to zero value.

So, we find that in the first half revolution of the coil, no (or minimum) e.m.f. is induced in it when in position 1, maximum when in position 3 and no e.m.f. when in position 5. The direction of this induced e.m.f. can be found by applying Fleming's Right-hand rule which gives its direction from *A* to *B* and *C* to *D*. Hence, the direction of current flow is ***ABMLCD*** (Fig. 26.1). The current through the load resistance *R* flows from *M* to *L* during the first half revolution of the coil.

In the next half revolution *i.e.* from 180° to 360°, the variations in the magnitude of e.m.f. are similar to those in the first half revolution. Its value is maximum when coil is in position 7 and minimum when in position 1. But it will be found that the direction of the induced current is from *D* to *C* and *B* to *A* as shown in Fig. 26.1 (*b*). Hence, the path of current flow is along ***DCLMBA*** which is just the reverse of the previous direction of flow.

Therefore, we find that the current which we obtain from such a simple generator reverses its direction after every half revolution. Such a current undergoing periodic reversals is known as alternating current. It is, obviously, different from a direct current which continuously flows in one and the same direction. It should be noted that alternating current not only reverses its direction, it does not even keep its magnitude constant while flowing in any one direction. The two half-cycles may be called positive and negative half-cycles respectively (Fig. 26.3).

For making the flow of current unidirectional in the ***external*** circuit, the slip-rings are replaced by split-rings (Fig. 26.4). The split-rings are made out of a conducting cylinder which is cut into two halves or segments insulated from each other by a thin sheet of mica or some other insulating material (Fig. 26.5).

As before, the coil ends are joined to these segments on which rest the carbon or copper brushes.

It is seen [Fig. 26.6 (*a*)] that in the first half revolution current flows along **(ABMNLCD)** *i.e.* the brush No. 1 in contact with segment **'*a*'** acts as the positive end of the supply and **'*b*'** as the negative end. In the next half revolution [Fig. 26.6 (*b*)], the direction of the induced current in the coil has reversed. But at the same time, the positions of segments **'*a*'** and **'*b*'** have also reversed with the result that brush No. 1 comes in touch with the segment which is positive *i.e.* segment **'*b*'** in this case. Hence, current in the load resistance again flows from ***M*** to ***L***. The waveform of the current through the external circuit is as shown in Fig. 26.7. ***This current is unidirectional but not continuous like pure direct current.***

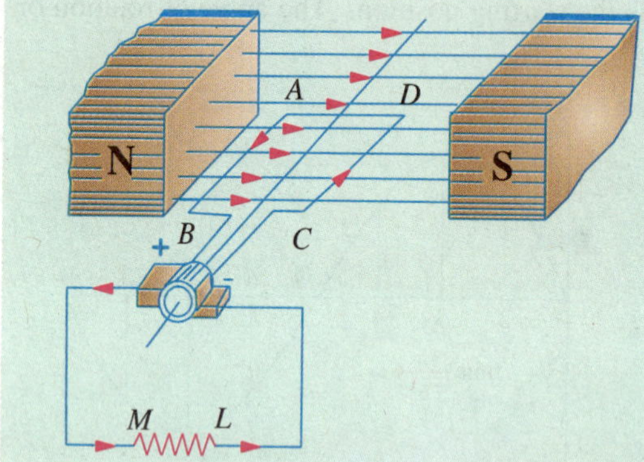

Fig. 26.4

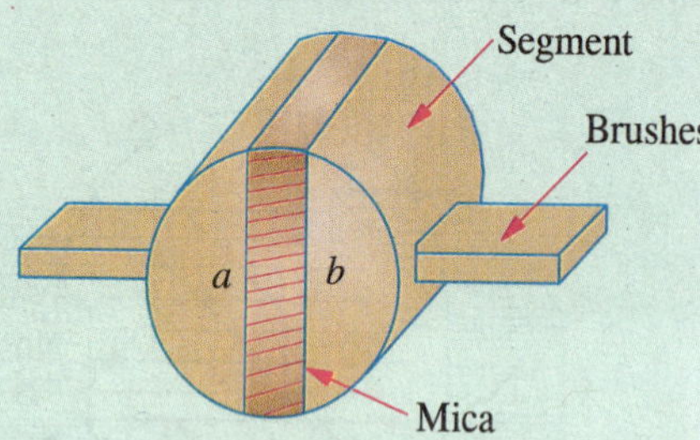

Fig. 26.5

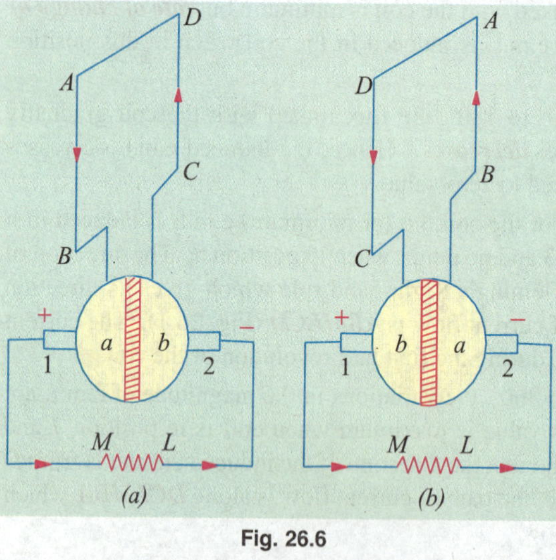

Fig. 26.6

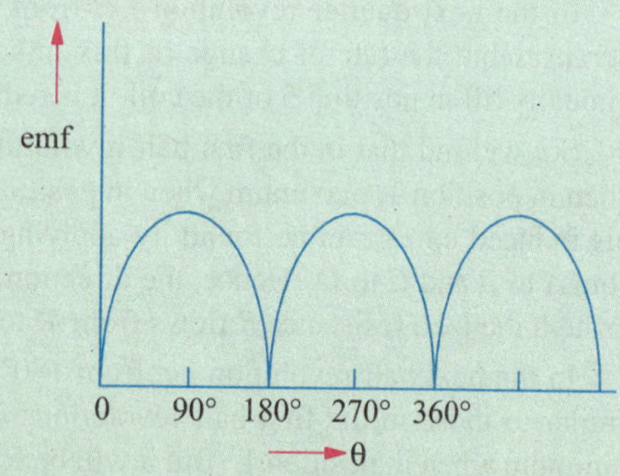

Fig. 26.7

It should be noted that the position of brushes is so arranged that the change over of segments **'*a*'** and **'*b*'** from one brush to the other takes place when the plane of the rotating coil is at right angles to the plane of the lines of flux. It is so because in that position, the induced e.m.f. in the coil is zero.

Another important point worth remembering is that even now the current induced in the coil sides is alternating as before. It is only due to the rectifying action of the split-rings (also called commutator) that it becomes unidirectional in the external circuit. Hence, it should be clearly understood that even in the armature of a d.c. generator, the induced voltage is alternating.

26.3. Practical Generator

The simple loop generator has been considered in detail merely to bring out the basic principle underlying construction and working of an actual generator illustrated in Fig. 26.8 which consists of the following essential parts :

1. Magnetic Frame or Yoke
2. Pole-Cores and Pole-Shoes
3. Pole Coils or Field Coils
4. Armature Core
5. Armature Windings or Conductors
6. Commutator
7. Brushes and Bearings

Of these, the yoke, the pole cores, the armature core and air gaps between the poles and the armature core or the magnetic circuit whereas the rest form the electrical circuit.

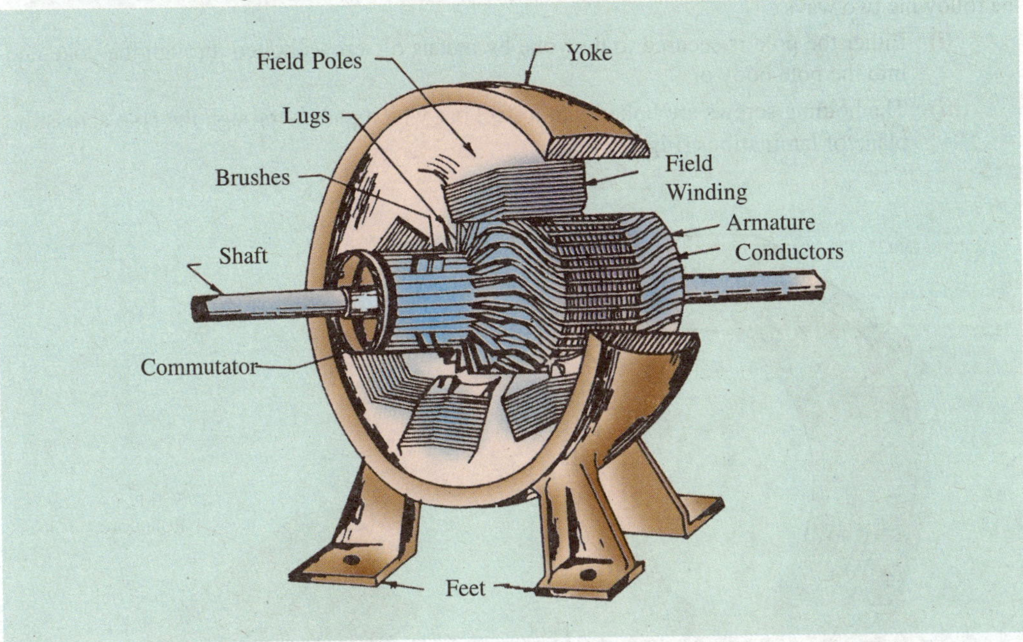

Fig. 26.8

26.4. Yoke

The outer frame or yoke serves double purpose :

(i) It provides mechanical support for the poles and acts as a protecting cover for the whole machine and

(ii) It carries the magnetic flux produced by the poles.

Yoke

In small generators where cheapness rather than weight is the main consideration, yokes are made of cast iron. But for large machines usually cast steel or rolled steel is employed. The modern process of forming the yoke consists of rolling a steel slab round a cylindrical mandrel and then welding it at the bottom. The feet and the terminal box etc. are welded to the frame afterwards. Such yokes possess sufficient mechanical strength and have high permeability.

26.5. Pole Cores and Pole Shoes

The field magnets consist of pole cores and pole shoes. The pole shoes serve two purposes (*i*) they spread out the flux in the air gap and also, being of larger cross-section, reduce the reluctance of the magnetic path (*ii*) they support the exciting coils (or field coils) as shown in Fig. 26.14.

There are two main types of pole construction.

(*a*) The pole core itself may be a solid piece made out of either cast iron or cast steel but the pole shoe is laminated and is fastened to the pole face by means of counter sunk screws as shown in Fig. 24.10.

(*b*) In modern design, the complete pole cores and pole shoes are built of thin laminations of annealed steel which are rivetted together under hydraulic pressure (Fig. 26.11). The thickness of laminations varies from 1 mm to 0.25 mm. The laminated poles may be secured to the yoke in any of the following two ways :

(*i*) Either the pole is secured to the yoke by means of screws bolted through the yoke and into the pole body or

(*ii*) The holding screws are bolted into a steel bar which passes through the pole across the plane of laminations (Fig. 26.12).

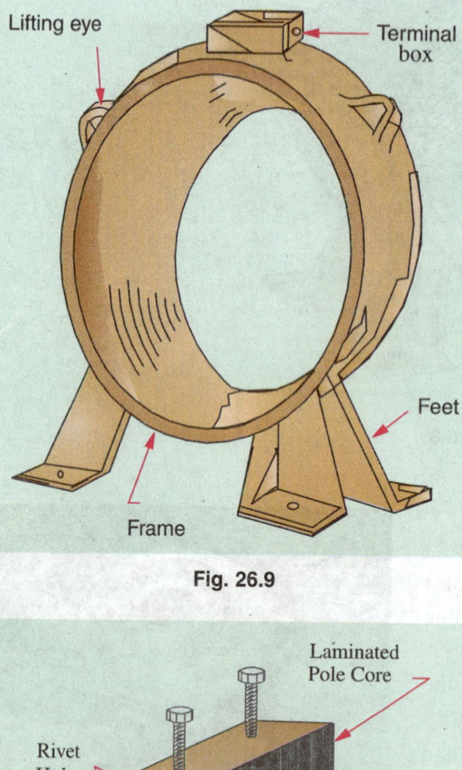

Fig. 26.9

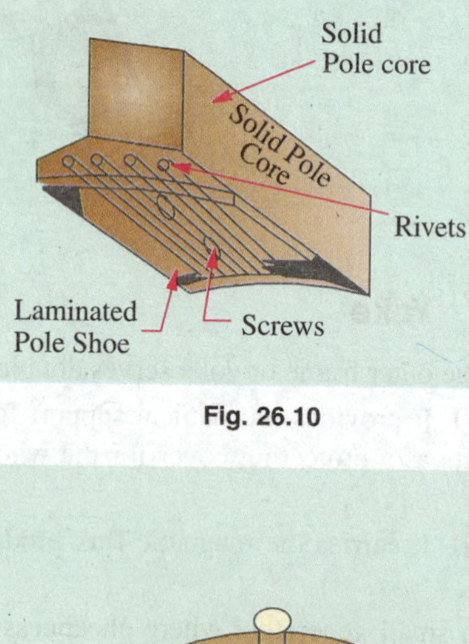

Fig. 26.10

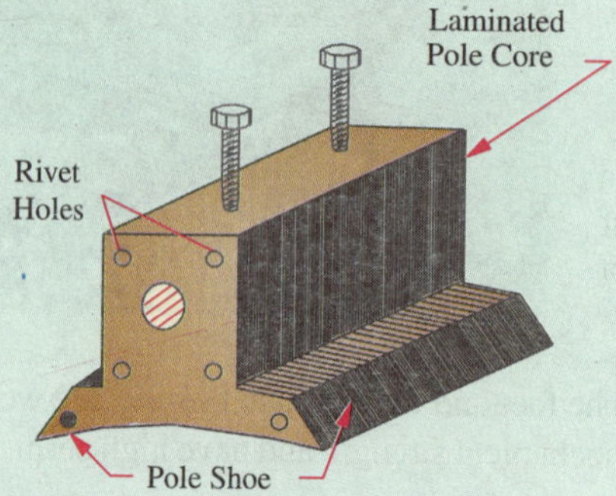

Fig. 26.11

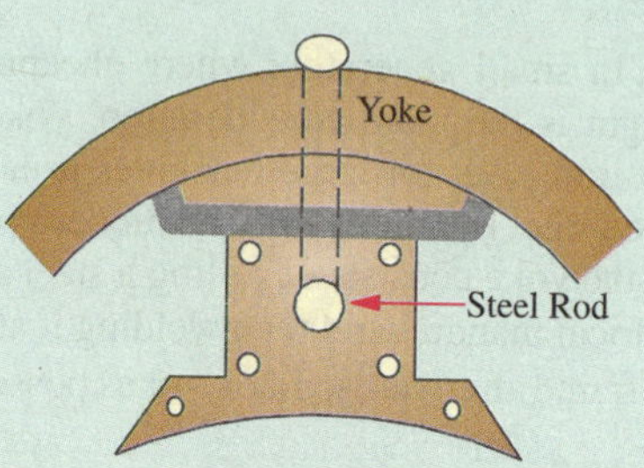

Fig. 26.12

26.6. Pole Coils

The field coils or pole coils, which consist of copper wire or strip, are former-wound for the correct dimension (Fig. 26.13). Then, the former is removed and wound coil is put into place over the core as shown in Fig. 26.14.

When current is passed through these coils, they electromagnetise the poles which produce the necessary flux that is cut by revolving armature conductors.

26.7. Armature Core

It houses the armature conductors or coils and causes them to rotate and hence cut the magnetic flux of the field magnets. In addition to this, its most important function is to provide a path of very low reluctance to the flux through the armature from a *N*-pole to a *S*-pole.

It is cylindrical or drum-shaped and is built up of usually circular sheet steel discs or laminations approximately 0.5 mm thick (Fig. 26.15). It is keyed to the shaft.

The slots are either die-cut or punched on the outer periphery of the disc and the keyway is located on the inner diameter as shown. In small machines, the armature stampings are keyed directly to the shaft. Usually, these laminations are perforated for air ducts which permits axial flow of air through the armature for cooling purposes. Such ventilating channels are clearly visible in the laminations shown in Fig. 26.16 and Fig. 26.17.

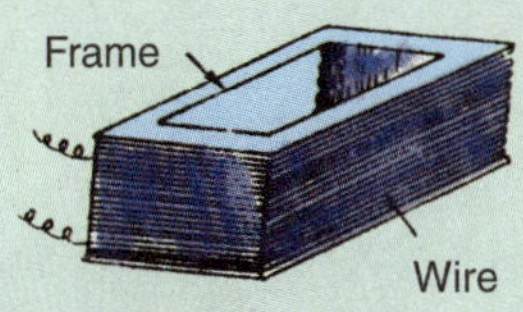

Fig. 26.13

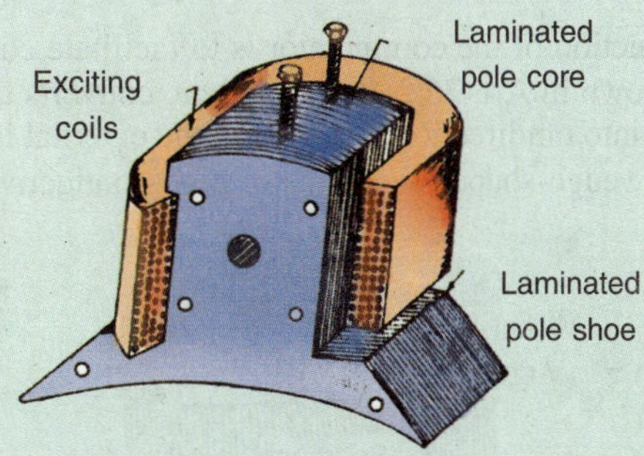

Fig. 26.14

Up to armature diameters of about one metre, the circular stampings are cut out in one piece as shown in Fig. 26.16. But above this size, these circles, especially of such thin sections, are difficult to handle because they tend to distort and become wavy when assembled together. Hence, the circular laminations, instead of being cut out in one piece, are cut in a number of suitable sections or segments which form part of a complete ring (Fig. 26.17).

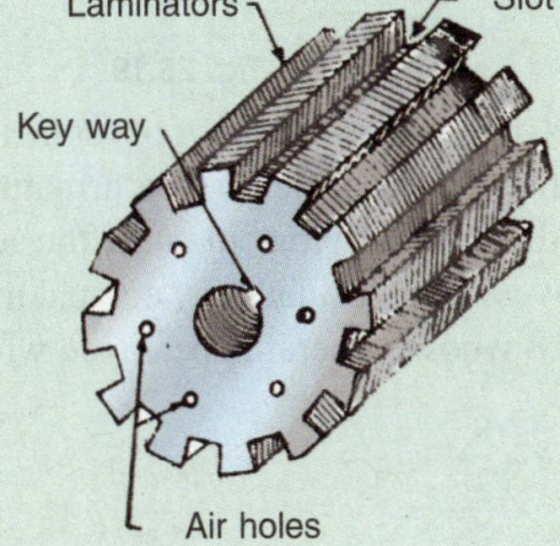

Fig. 26.15

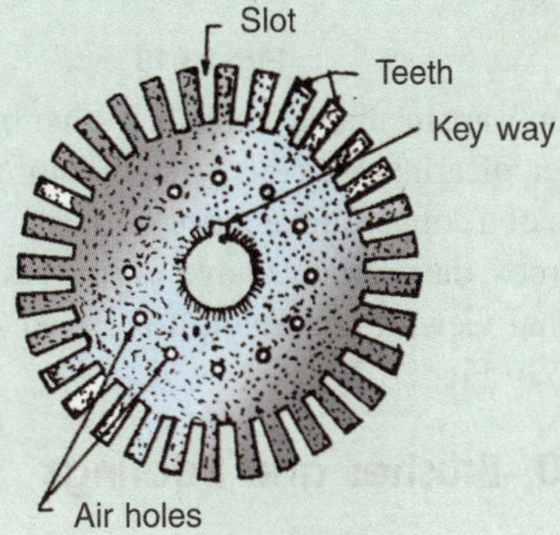

Fig. 26.16

A complete circular lamination is made up of four or six or even eight segmental laminations. Usually, two keyways are notched in each segment and are dove-tailed or wedge-shaped to make the laminations self-locking in position.

The purpose of using laminations is to reduce the loss due to eddy currents. Thinner the laminations, greater is the resistance offered to the induced e.m.f., smaller the current and hence lesser the $I^2 R$ loss in the core.

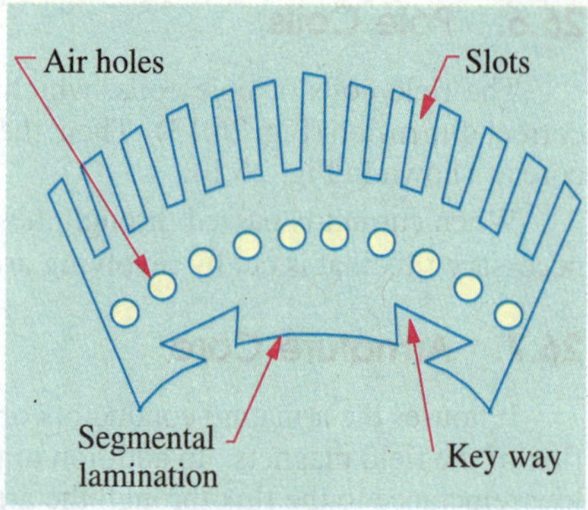

Fig. 26.17

26.8. Armature Windings

The armature windings are usually former-wound. These are first wound in the form of flat rectangular coils and are then pulled into their proper shape in a coil puller. Various conductors of the coils are insulated from each other. The conductors are placed in the armature slots which are lined with tough insulating material. This slot insulation is folded over above the armature conductors placed in the slot and is secured in place by special hard wooden or fibre wedges.

26.9. Commutator

The function of the commutator is to facilitate collection of current from the armature conductors. As shown in Art. 26.2, it rectified *i.e.* converts the alternating current induced in the armature conductors into unidirectional current in the external load circuit. It is of cylindrical structure and is built up of wedge-shaped segments of high-conductivity hard-drawn or drop forged copper. These

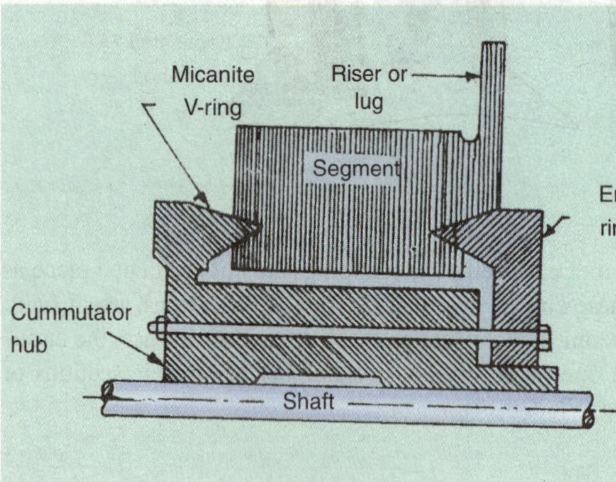

Fig. 26.18

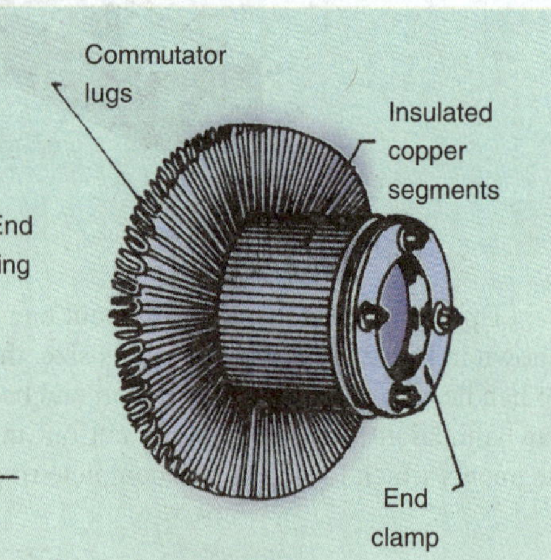

Fig. 26.19

segments are insulated from each other by thin layers of mica. The number of segments is equal to the number of armature coils. Each commutator segment is connected to the armature conductor by means of a copper lug or strip (or riser). To prevent them from flying out under the action of centrifugal forces, the segments have *V*-grooves, these grooves being insulated by conical micanite rings. A sectional view of commutator is shown in Fig. 26.18 whose general appearance when completed is shown in Fig. 26.19.

26.10. Brushes and Bearings

The brushes whose function is to collect current from commutator, are usually made of carbon or graphite and are in the shape of a rectangular block. These brushes are housed in brush-holders usually of the box-type variety. As shown in Fig. 26.20, the brush-holder is mounted on a spindle and the brushes can slide in the rectangular box open at both ends. The brushes are made to bear down on the commutator by a spring whose tension can be adjusted by changing the position of lever in the notches. A flexible copper pigtail mounted at the top of the brush conveys current from the brushes to the holder. The number of brushes per spindle depends on the magnitude of the current to be collected from the commutator.

Bearing

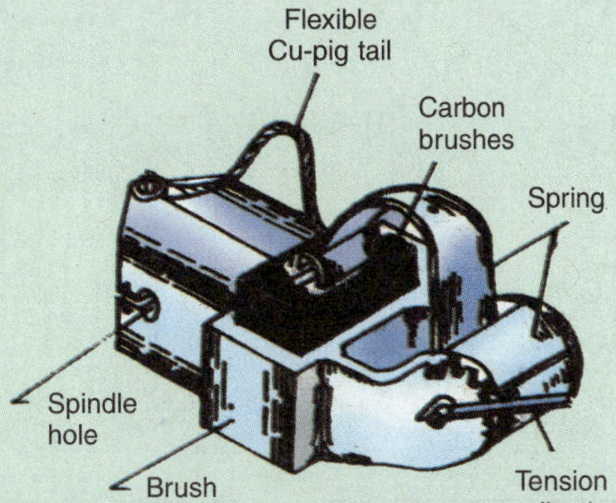

Fig. 26.20

Because of their reliability, ball-bearings are frequently employed, though for heavy duties, roller bearings are preferable. The ball and rollers are generally packed in hard oil for quieter operation and for reduced bearing wear, sleeve bearings are used which are lubricated by ring oilers fed from oil reservoir in the bearing bracket.

26.11. Armature Windings

Now, we will discuss the winding of an actual armature. But before doing this, the meaning of the following terms used in connection with armature winding should be clearly kept in mind.

Armature winding

26.12. Pole-pitch

It may be variously defined as :

(*i*) The periphery of the armature divided by the number of poles of the generator *i.e.* the distance between two adjacent poles.

(*ii*) It is equal to the number of armature conductors (or armature slots) per pole. If there are 48 conductors and 4 poles, the pole pitch is 48/4 = 12.

26.13. Conductor

The length of a wire lying in the magnetic field and in which an e.m.f. is induced, is called a conductor (or inductor) as, for example, length *AB* or *CD* in Fig. 26.21.

26.14. Coil and Winding Element

With reference to Fig. 26.21, the two conductors *AB* and *CD* along with their end connections constitute one coil of the armature winding. The coil may be single-turn coil (Fig. 26.21) or multi-turn coil (Fig. 26.22). A single-turn coil will have two conductors. But a multi-turn coil may have many conductors per coil side. In Fig. 26.22, for example, each coil side has 3 conductors. The

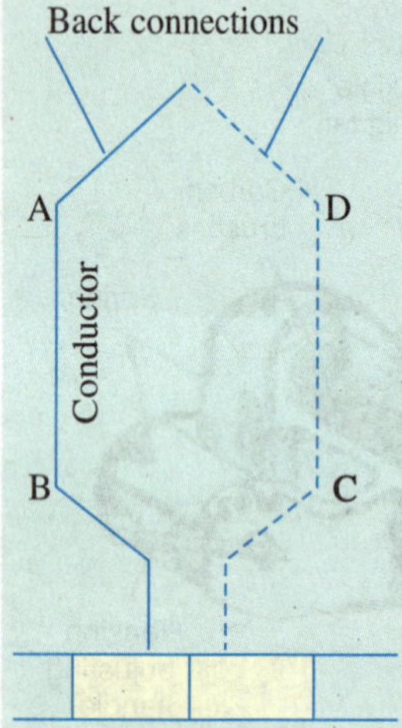

Fig. 26.21

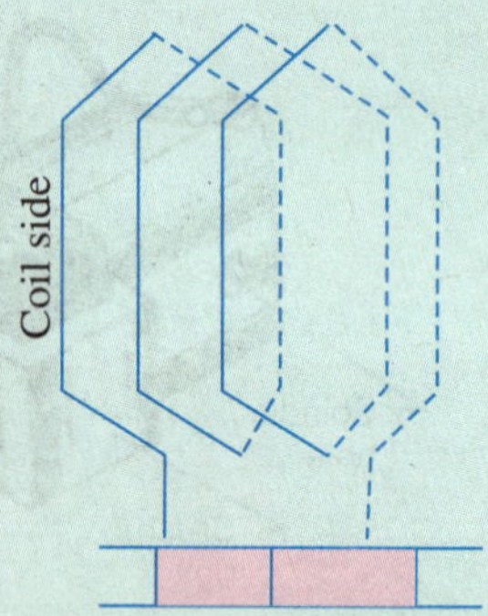

Fig. 26.22

Fig. 26.23

group of wires or conductors constituting a coil side of a multi-turn coil is wrapped with a tape as a unit (Fig. 26.23) and is placed in the armature slot. It may be noted that since the beginning and the end of each coil must be connected to a commutator bar, there are as many commutator bars as coils for both the lap and wave windings (see Example 26.1).

The side of a coil (1-turn or multiturn) is called a winding element. Obviously, the number of winding elements is twice the number of coils.

26.15. Coil-span or Coil-pitch (Y_S)

It is the distance, measured in terms of armature slots (or armature conductors) between two sides of a coil. It is, in fact, the periphery of the armature spanned by the two sides of the coil.

If the pole span or coil pitch is equal to the pole pitch (as in the case of coil *A* in Fig. 26.24 where pole-pitch of 4 has been assumed), then winding is called ***full-pitched.*** It means that coil span is 180 electrical degrees. In this case, the coil sides lie under opposite poles, hence the induced e.m.fs. in them are additive. Therefore, maximum e.m.f. is induced in the coil as a whole, it being the sum of the e.m.f.s induced in the two coil sides. For example, if there are 36 slots and 4 poles, then coil span is 36/4 = 9 slots. If number of slots is 35, then Y_S = 35/4 = 8 because it is customary to drop fractions.

If the coil span is less than the pole pitch (as in coil *B* where coil pitch is 3/4th of the pole pitch), then the

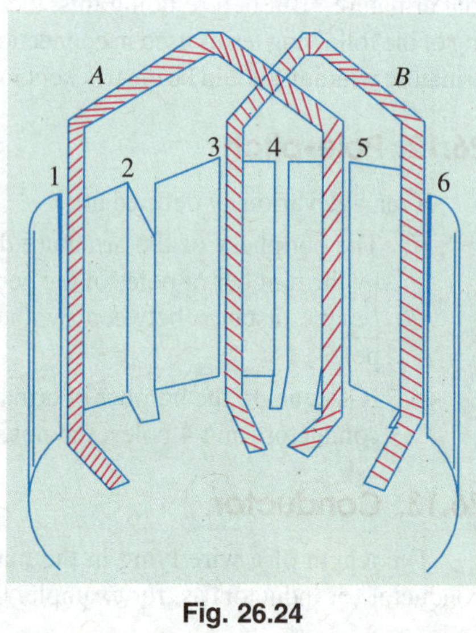

Fig. 26.24

winding is fractional-pitched. In this case, there is a phase difference between the e.m.fs. in the two sides of the coil. Hence, the total e.m.f. round the coil which is the vector sum of e.m.fs. in the two coil sides, is less in this case as compared to that in the first case.

26.16. Pitch of a Winding (Y)

In general, it may be defined as the distance round the armature between two successive conductors which are directly connected together. Or, it is the distance between the beginnings of two consecutive turns.

$$Y = Y_B - Y_F \quad \text{........for lap winding}$$
$$= Y_B + Y_F \quad \text{........for wave winding}$$

In practice, coil-pitches as low as eight-tenths of a pole pitch are employed without much serious reduction in the e.m.f. Fractional-pitched windings are purposely used to effect substantial saving in the copper of the end connections and for improving commutation.

26.17. Back Pitch (Y_B)

The distance, measured in terms of the armature conductors, which a coil advances on the back of the armature is called back pitch and is denoted by Y_B.

As seen from Fig. 26.28, element 1 is connected on the back of the armature to element 8. Hence, $Y_B = (8 - 1) = 7$.

26.18. Front Pitch (Y_F)

The number of armature conductors or elements spanned by a coil on the front (or commutator end of an armature) is called the front pitch and is designated by Y_F. Again in Fig. 26.28, element 8 is connected to element 3 on the front of the armature, the connections being made at the commutator segment. Hence, $Y_F = 8 - 3 = 5$.

Alternatively, the front pitch may be defined as the distance (in terms of armature conductors) between the second conductor of one coil and the first conductor of the next coil which are connected together at the front *i.e.* commutator end of the armature. Both front and back pitches for lap and wave-winding are shown in Fig. 26.25 and 26.26.

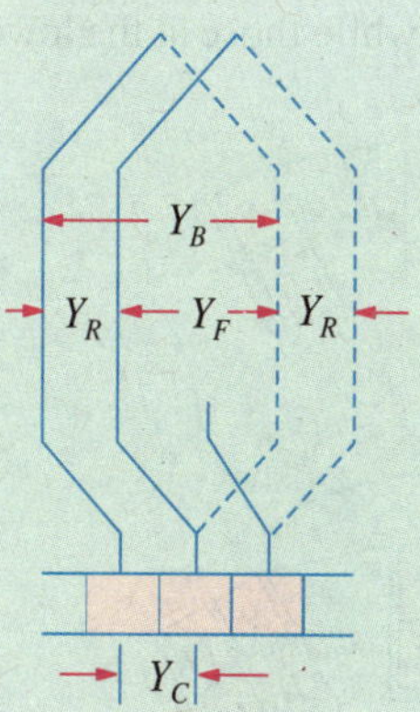

Fig. 26.25

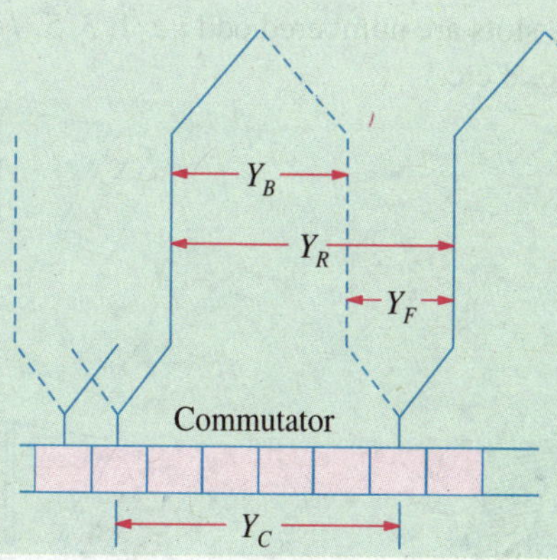

Fig. 26.26

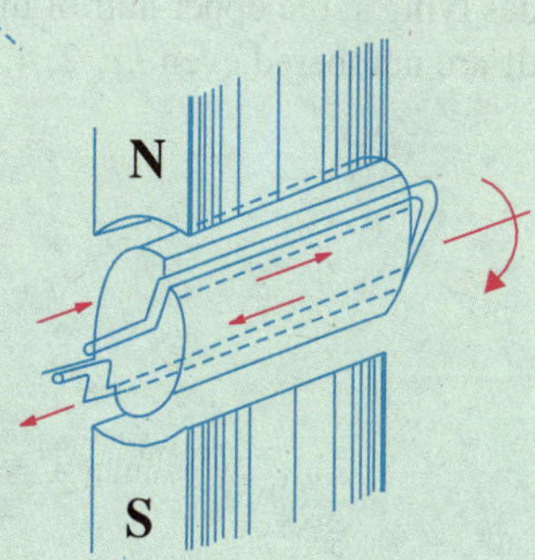

Fig. 26.27

26.19. Resultant Pitch (Y_R)

It is the distance between the beginning of one coil and the beginning of the next coil to which it is connected (Fig. 26.25 and 26.26).

As a matter of precaution, it should be kept in mind that all these pitches, though normally stated in terms of armature conductors, are also sometimes given in terms of armature slots or commutator bars because commutator is, after all, an image of the winding.

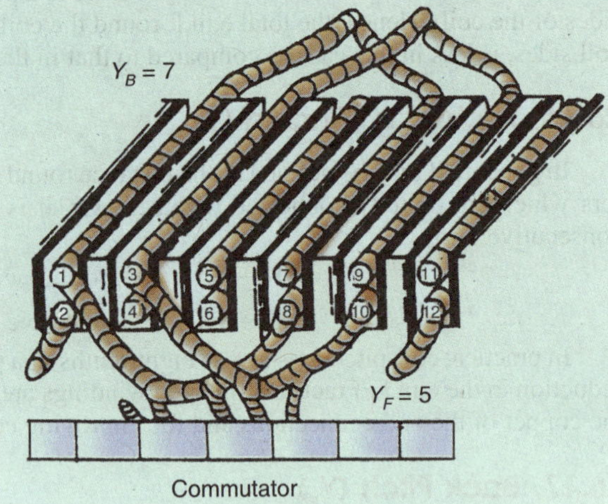

Fig. 26.28

26.20. Commutator Pitch (Y_C)

It is the distance (measured in commutator bars or segments) between the segments to which the two ends of a coil are connected. From Fig. 26.25 and 26.26 it is clear that for lap winding, Y_C is the ***difference*** of Y_B and Y_F whereas for wavewinding it is the *sum* of Y_B and Y_F. Obviously, commutator pitch is equal to the number of bars between coil leads. In general, Y_C equals the 'plex' of the lap-wound armature. Hence, it is equal to 1, 2, 3, 4 etc. for simplex-, duplex, triplex–and quadruplex etc. lap-windings.

26.21. Single-layer Winding

It is that winding in which one conductor or one coil side is placed in each armature slot as shown in Fig. 26.27. Such a winding is not much used.

26.22. Two-layer Winding

In this type of winding, there are two conductors or coil sides per slot arranged in two layers. Usually, one side of every coil lies in the upper half of one slot and other side lies in the lower half of some other slot at a distance of approximately one pitch away (Fig. 26.28). The transfer of the coil from one slot to another is usually made in a radial plane by means of a peculiar bend or twist at the back end as shown in Fig. 26.29. Such windings in which two coil sides occupy each slot are most commonly used for all medium-sized machines. Sometimes 4 or 6 or 8 coil sides are used in each slot in several layers because it is not practicable to have too many slots (Fig. 26.30). The coil sides lying at the upper half of the slots are numbered odd *i.e.* 1, 3, 5, 7 etc. while those at the lower half are numbered even *i.e.* 2, 4, 6, 8 etc.

Fig. 26.29

Fig. 26.30

26.23. Degree of Re-entrant of an Armature Winding

A winding is said to be single re-entrant if on tracing through it once, all armature conductors are included on returning to the starting point. It is double re-entrant if only half the conductors are included in tracing through the winding once and so on.

Multiplex Winding

26.24. Multiplex Winding

In such windings, there are several sets of completely closed and independent windings. If there is only one set of closed winding, it is called simplex wave winding. If there are two such windings on the same armature, it is called duplex winding and so on. The multiplicity affects a number of parallel paths in the armature. For a given number of armature slots and coils, as the multiplicity increases, the number of parallel paths in the armature increases thereby increasing the current rating but decreasing the voltage rating.

26.25. Lap and Wave Windings

Two types of windings mostly employed for drum-type armatures are known as Lap Winding and Wave Winding. The difference between the two is merely due to the different arrangement of the end connections at the front or commutator end of armature. Each winding can be arranged progressively or retrogressively and connected in simplex, duplex and triplex. The following rules, however, apply to both types of the windings :

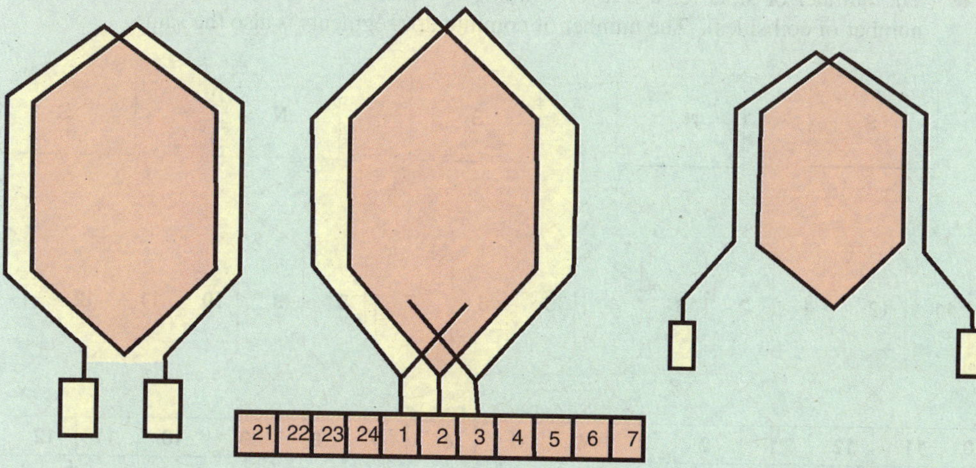

(i) The front pitch and back pitch are each approximately equal to the pole-pitch *i.e.* windings should be full-pitched. This results in increased e.m.f. round the coils. For special purposes, fractional-pitched windings are deliberately used (Art. 26.15).

(ii) Both pitches should be odd, otherwise it would be difficult to place the coils (which are former-wound) properly on the armature. For exmaple, if Y_B and Y_F were both even, the *all* the coil sides and conductors would lie either in the upper half of the slots or in the lower half. Hence, it would become impossible for one side of the coil to lie in the upper half. Hence, it would become impossible for one side of the coil to lie in the upper half of one slot and the other side of the same coil to lie in the lower half of some other slot.

(iii) The number of commutator segments is equal to the number of slots or coils (or half the number of conductors) because the front ends of conductors are joined to the segments in pairs.

(iv) The winding must close upon itself *i.e.* if we start from a given point and move from one coil to another, then all conductors should be traversed and we should reach the same point again without a break or discontinuity in between.

26.26. Simplex Lap-winding*

It is shown in Fig. 26.25 which employs single-turn coils. In lap winding, the finishing end of one coil is connected to a commutator segment and to the starting end of the adjacent coil situated under the same pole and so on, till and the coils have been connected. This type of winding derives its name from the fact it doubles or laps back with its succeeding coils.

Following points regarding simplex lap winding should be carefully noted :

1. The back and front pitches are odd and of opposite sign. But they cannot be equal. They differ by 2 or some multiple thereof.
2. Both Y_B and Y_F should be nearly equal to a pole pitch.
3. The average pitch $Y_A = \dfrac{Y_B + Y_F}{2}$. It equals pole pitch = $\dfrac{Z}{P}$.
4. Commutator pitch $Y_C = \pm 1$. (In general, $Y_C = \pm\, m$)
5. Resultant pitch Y_R is even, being the arithmetical difference of two odd numbers, *i.e.*, $Y_R = Y_B - Y_F$.
6. The number of slots for a 2-layer winding is equal to the number of coils (*i.e.* half the number of coil sides). The number of commutator segments is also the same.

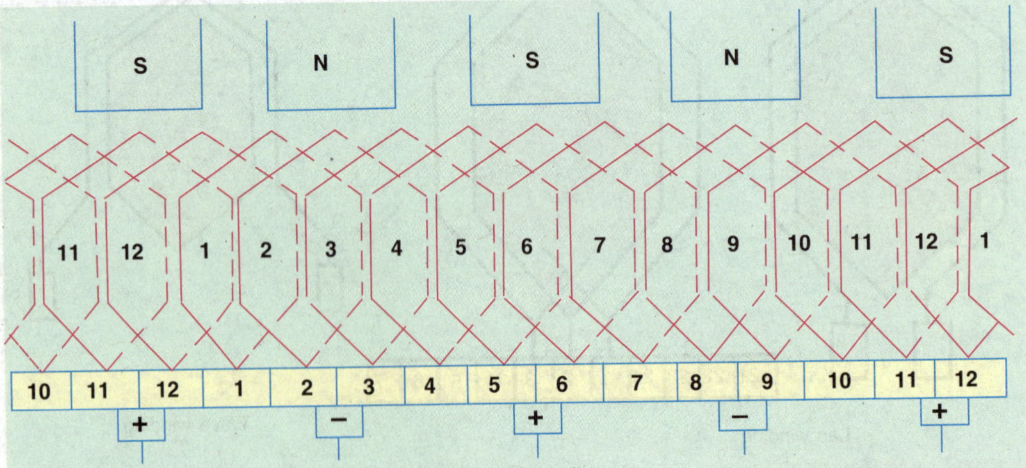

Simplex lap winding

* However, where heavy currents are necessary, duplex or triplex lap windings are used. The duplex lap winding is obtained by placing two similar windings on the same armature and connecting the even-numbered commutator bars to one winding and the odd-numbered ones to the second winding. Similarly, in triplex lap winding, there would be three windings, each connected to one third of the commutator bars.

7. The number of parallel paths in the armature = mP where m is the multiplicity of the winding and P the number of poles.

Taking the first condition, we have $Y_B = Y_F \pm 2$.**

(*a*) If $Y_B > Y_F$ *i.e.* $Y_B = Y_F + 2$, then we get a progressive or right-handed winding *i.e.* a winding which progresses in the clockwise direction as seen from the commutator end. In this case, obviously, $Y_C = +1$.

(*b*) If $Y_B < Y_F$ *i.e.* $Y_B = Y_F - 2$, then we get a retrogressive or left-handed winding *i.e.* one which advances in the anti-clockwise direction when seen from the commutator side. In this case, $Y_C = -1$.

(*c*) Hence, it is obvious that

$$\left.\begin{aligned} Y_F &= \frac{Z}{P} - 1 \\ Y_B &= \frac{Z}{P} + 1 \end{aligned}\right] \text{ for progressive winding and } \left.\begin{aligned} Y_F &= \frac{Z}{P} + 1 \\ Y_B &= \frac{Z}{P} - 1 \end{aligned}\right] \text{ for retrogressive winding}$$

Obviously, Z/P must be even to make the winding possible.

26.27. Numbering of Coils and Commutator Segments

In the d.c. winding diagrams to follow, we will number the coils only (not individual turns). The upper side of the coil will be shown by a firm continuous line whereas the lower side will be shown by a broken line. The numbering of coil sides will be consecutive *i.e.* 1, 2, 3 ..... etc. and such that odd numbers are assigned to the top conductors and even numbers to the lower sides for a two-layer winding. The commutator segments will also be numbered consecutively, the number of the segments will be the same as that of the upper side connected to it.

Example 26.1. *Draw a developed diagram of a simple 2-layer lap-winding for a 4-pole generator with 16 coils. Hence, point out the characteristics of a lap-winding.*

(Elect. Engineering, Madras Univ. 1981)

Solution. The number of commutator segments = 16

Number of conductors or coil sides $16 \times 2 = 32$; pole pitch = 32/4 = 8

Now remembering that (*i*) Y_B and Y_F have to be odd and (*ii*) have to differ by 2, we get for a progressive winding $Y_B = 9$; $Y_F = -7$ (retrogressive winding will result if $Y_B = 7$ and $Y_F = -9$). Obviously, commutator pitch $Y_C = -1$.

[Otherwise, as shown in Art. 26.26, for progressive winding

$$Y_F = \frac{Z}{P} - 1 = \frac{32}{4} - 1 = 7 \text{ and } Y_B = \frac{Z}{P} - 1 = \frac{32}{4} + 1 = 9]$$

The simple winding table is given as under :

Back Connections		*Front Connections*
1 to (1 + 9) = 10	⟶	10 to (10 − 7) = 3
3 to (3 + 9) = 12	⟶	12 to (12 − 7) = 5
5 to (5 + 9) = 14	⟶	14 to (14 − 7) = 7
7 to (7 + 9) = 16	⟶	16 to (16 − 7) = 9
9 to (9 + 9) = 18	⟶	18 to (18 − 7) = 11
11 to (11 + 9) = 20	⟶	20 to (20 − 7) = 13
13 to (13 + 9) = 22	⟶	22 to (22 − 7) = 15
15 to (15 + 9) = 24	⟶	24 to (24 − 7) = 17
17 to (17 + 9) = 26	⟶	26 to (26 − 7) = 19
19 to (19 + 9) = 28	⟶	28 to (28 − 7) = 21

** In general, $Y_B = Y_F \pm 2m$ where m = 1 for simplex lap winding and m = 2 for duplex lap winding etc.

21 to (21 + 9) = 30	⟶	30 to (20 − 7) = 23
23 to (23 + 9) = 32	⟶	32 to (32 − 7) = 25
25 to (25 + 9) = 34 = (34 − 32) = 2	⟶	2 to (34 − 7) = 27
27 to (27 + 9) = 36 = (36 − 32) = 4	⟶	4 to (36 − 7) = 29
29 to (29 + 9) = 38 = (38 − 32) = 6	⟶	6 to (38 − 7) = 31
31 to (31 + 9) = 40 = (40 − 32) = 8	⟶	8 to (40 − 7) = 33 = (33 − 32) = 1

The winding ends here because we come back to the conductor from where we started.

We will now discuss the developed diagram which is one that is obtained by imagining the armature surface to be removed and then laid out flat so that the slots and conductors can be viewed without the necessity of turning round the armature in order to trace out the armature windings. Such a developed diagram is shown in Fig. 26.31.

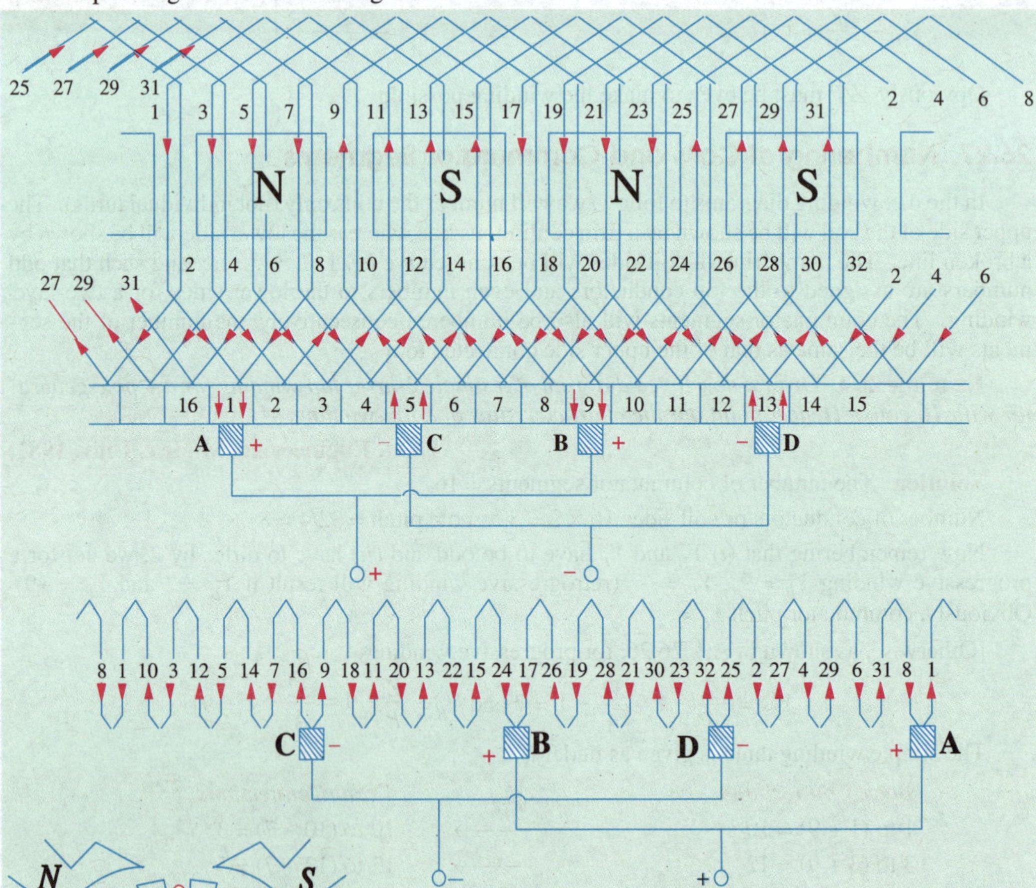

Fig. 26.31

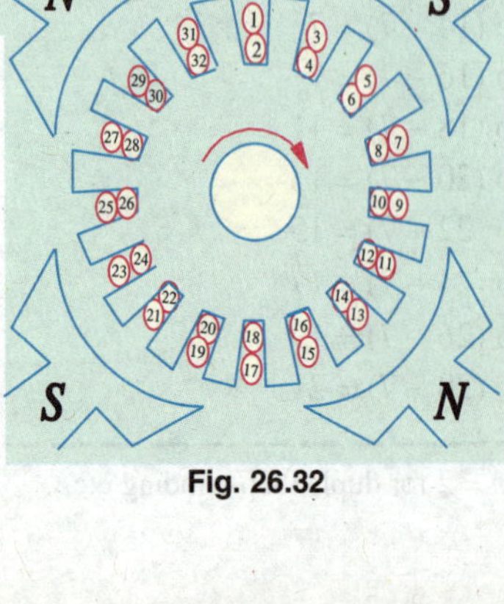

Fig. 26.32

The procedure of developing the winding is this :

Front end of the upper side of coil No. 1 is connected to a commutator segment (whose number is also 1). The back end is joined at the back to the 1 + 9 = 10th coil side in the *lower* half of 5th slot. The front end of coil side 10 is joined to commutator segment 2 to which is connected the front end of 10 − 7 = 3 *i.e.* 3rd coil side lying in the upper half of second armature slot. In this way, by travelling 9 coil sides to the right at the back and 7 to the left at the front we complete the winding, thus including every coil side once till we reach the coil side 1 from where we started. Incidentally, it should be noted that all upper coil sides have been given odd numbers, whereas lower ones have been given even numbers as shown in the polar diagram (Fig. 26.32) of the winding of Fig. 26.31.

Brush positions can be located by finding the direction of currents flowing in the various conductors. If currents in the conductors under the influence of a *N*-pole are assumed to flow downwards (as shown), then these will flow upwards in conductors under the influence of *S*-pole. By putting proper arrows on the conductors (shown separately in the equivalent ring diagram), it is found that commutator bars No. 1 and 9 are the meeting points of e.m.fs. and hence currents are flowing out of these conductors. The positive brushes should, therefore, be placed at these commutator bars. Similarly, commutator bars No. 5 and 13 are the separating points of e.m.fs. hence negative brushes are placed there. In all, there are four brushes, two positive and two negative. If brushes of the same polarity are connected together, then all the armature conductors are divided into four parallel paths.

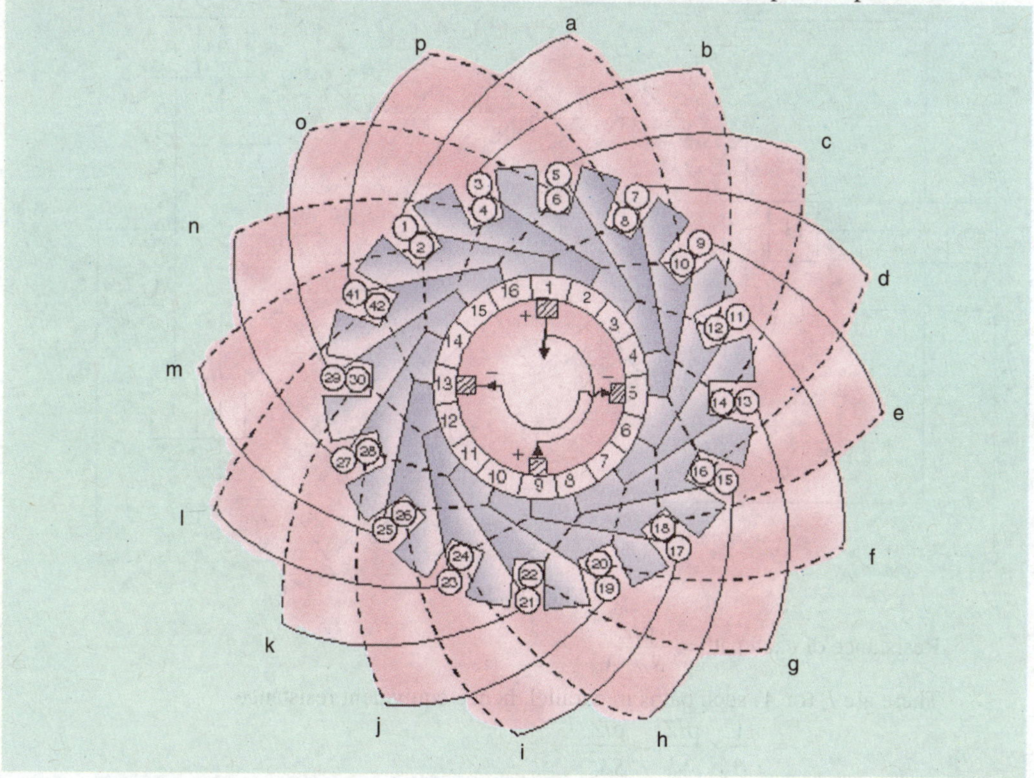

Fig. 26.33

Division of conductors into parallel paths is shown separately in the schematic diagram of Fig. 26.34. Obviously, if I_a is the total current supplied by the generator, then current carried by each parallel path is $I_a/4$.

Summarizing these conclusions, we have

1. The total number of brushes is equal to the number of poles.
2. There are as many parallel paths in the armature as the number of poles. That is why such a winding is sometimes known as 'multiple circuit' or 'parallel' winding. In general, number of parallel paths in armature = *mP* where *m* is the multiplicity (plex) of the lap winding. For example, a 6-pole duplex lap winding has (6 × 2) = 12 parallel paths in its armature.
3. The e.m.f. between the +ve and –ve brushes is equal to the e.m.f. generated in any one of the parallel paths. If *Z* is the total number of armature conductors and *P* the number of poles, then the number of armature conductors (connected in series) in any parallel path is *Z/P*.

$\therefore$ Generated e.m.f. E_g = (Average e.m.f./conductor) $\times \dfrac{Z}{P} = e_{av} \times \dfrac{Z}{P}$

4. The total or equivalent armature resistance can be found as follows :

Let $\quad l$ = length of each armature conductor; S = its cross-section

A = No. of parallel paths in armature = P – for simplex lap winding

R = resistance of the whole winding then $R = \dfrac{\rho l}{S} \times Z$

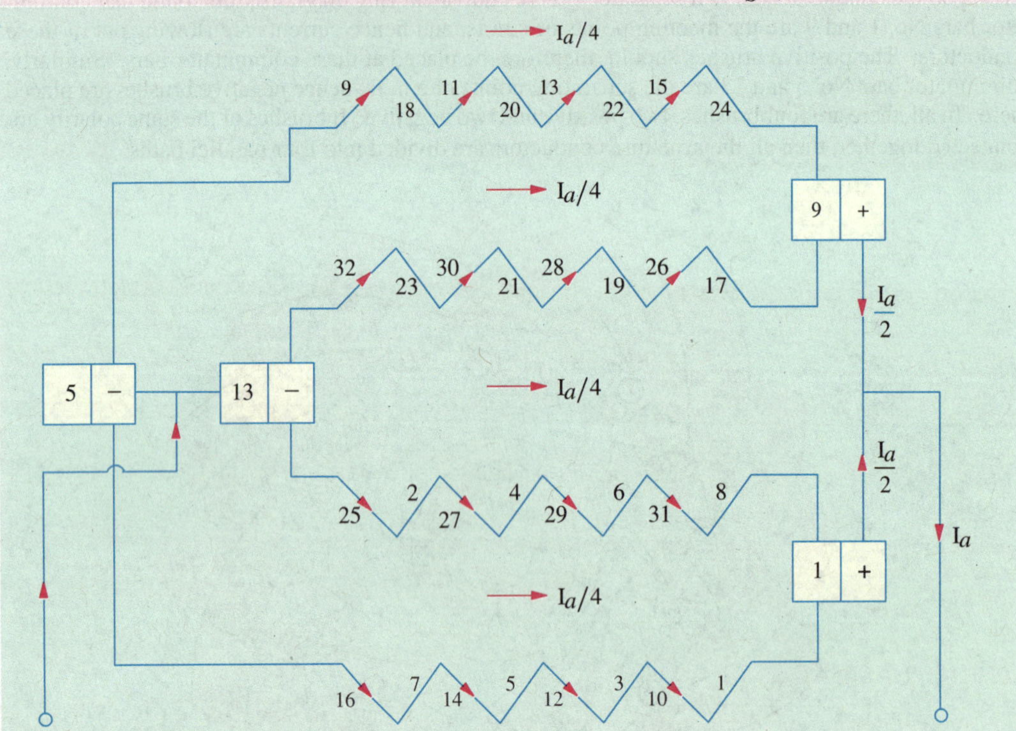

Fig. 26.34

Resistance of each path $= \dfrac{\rho l Z}{S \times A}$

There are P (or A) such paths in parallel, hence equivalent resistance

$$= \frac{1}{A} \times \frac{\rho l Z}{SA} = \frac{\rho l Z}{SA^2}$$

5. If I_a is the total armature current, then current per parallel path (or carried by each conductor) is I_a/P.

26.28. Simplex Wave Winding*

From Fig. 26.31, it is clear that in lap winding, a conductor (or coil side) under one pole is connected at the back to a conductor which occupies an almost corresponding position under the *next* pole of *opposite* polarity (as conductors 3 and 12). Conductor No. 12 is then connected to conductor No. 5 under the ***original*** pole but which is a little removed from the initial conductor No. 3. If, instead of returning to the same *N*-pole, the conductor No. 12 were taken *forward* to the next *N*-pole, it would make no difference so far as the direction and magnitude of the e.m.f. induced in the circuit are concerned.

* Like lap winding, a wave winding may be duplex, triplex or may have any degree of multiplicity. A simplex wave winding has two paths, a duplex wave winding four paths and a triplex one six paths etc.

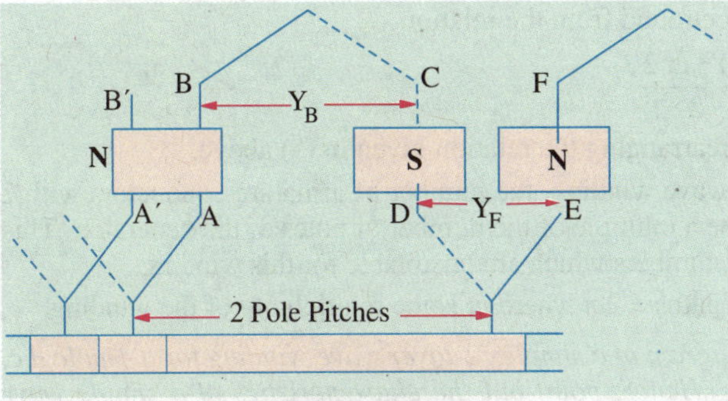

Fig. 26.35

As shown in Fig. 26.35, conductor *AB* is connected to *CD* lying under *S*-pole and then to *EF* under the next *N*-pole. In this way, the winding progresses, passing successively under every *N*-pole and *S*-pole till it returns to a conductor *A′B′* lying under the original pole. Because the winding progresses in one direction round the armature in a series of 'waves', it is known as wave winding.

If, after passing once round the armature, the winding falls in a slot to the left of its starting point (as *A′B′* in Fig. 26.35) then the winding is said to be retrogressive. If, however, it falls one slot to the right, then it is progressive.

Assuming a 2-layer winding and supposing that conductor *AB* lies in the upper half of the slot, then going once round the armature, the winding ends at *A′B′* which must be at the upper half of the slot at the left or right. Counting in terms of ***conductors,*** it means that *AB* and *A′B′* differ by two conductors (although they differ by one slot).

From the above, we can deduce the following relations. If P = No. of poles, then

$$\left.\begin{aligned} Y_B &= \text{back pitch} \\ Y_F &= \text{front pitch} \end{aligned}\right\} \text{nearly equal to pole pitch}$$

then $$Y_A = \frac{Y_B + Y_F}{2} = \text{average pitch ; Z = total No. of conductors or coil sides}$$

Then, $$Y_A \times P = Z \pm 2 \qquad Y_A = \frac{Z \pm 2}{P}$$

Since P is always even and $Z = PY_A \pm 2$, hence Z must always be even. Put in another way, it means that $\frac{Z \pm 2}{P}$ must be an even integer.

The plus sign will give a progressive winding and the negative sign a retrogressive winding.

Points to Note :

1. Both pitches Y_B and Y_F are odd and of the same sign.
2. Back and front pitches are nearly equal to the pole pitch and may be equal or differ by 2, in which case, they are respectively one more or one less than the average pitch.
3. Resultant pitch $Y_R = Y_F + Y_B$.
4. Commutator pitch, $Y_C = Y_A$ (in lap winding $Y_C = \pm 1$).

   Also, $$Y_C = \frac{\text{No. of Commutator bars} \pm 1}{\text{No. of pair of poles}}$$
5. The average pitch which must be an integer is given by

$$Y_A = \frac{Z \pm 2}{P} = \frac{\frac{Z}{2} + 1}{P/2} = \frac{\text{No. of Commutator bars} \pm 1}{\text{No. of pair of poles}}$$

It is clear that for Y_A to be an integer, there is a restriction on the value of Z. With $Z = 32$, this winding is impossible for a 4-pole machine (though lap winding is possible). Values of $Z = 30$ or 34 would be perfectly alright.

6. The number of coils *i.e.* N_C can be found from the relation.

$$N_C = \frac{PY_A \pm 2}{2}$$

This relation has been found by rearranging the relation given in (5) above.

7. It is obvious from (5) that for a wave winding, the number of armature conductors with 2 either added or subtracted must be a multiple of the number of poles of the generator. This restriction eliminates many even numbers which are unsuitable for this winding.

8. The number of armature parallel paths = $2m$ where m is the multiplicity of the winding.

Example 26.2. *Draw a developed diagram of a simplex 2-layer wave-winding for a 4-pole d.c. generator with 30 armature conductors. Hence, point out the characteristics of a simple wave winding.* **(Elect. Engg-I, Nagpur Univ. 1991)**

Solution. Here, $Y_A = \frac{30 \pm 2}{4} = 8^*$ or 7. Taking $Y_A = 7$, we have $Y_B = Y_F = 7$

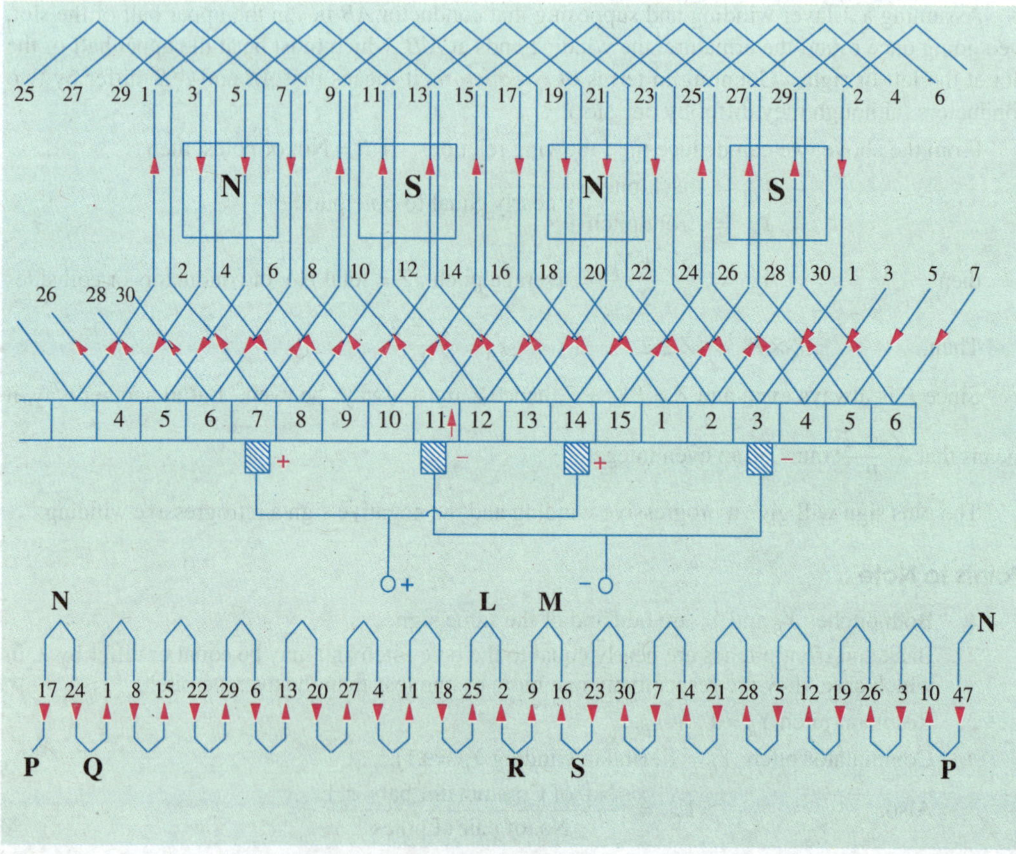

Fig. 26.36

As shown in Fig. 26.36 and 26.37, conductor No. 5 is taken to conductor No. 5 + 7 = 12 at the back and is joined to commutator segment 5 at the front. Next, the conductor No. 12 is joined to commutator segment 5 + 7 = 12 ($\because Y_C = 7$) to which is joined conductor No. 12 + 7 = 19. Continuing this way, we come back to conductor No. 5 from where we started. Hence, the winding closes upon itself.

* If we take 8, then the pitches would be : $Y_B = 9$ and $Y_F = 7$ or $Y_B = 7$ and $Y_F = 9$. Incidentally, if $Y_A = Y_C$ is taken as 7, armature will rotate in one direction and if $Y_C = 8$, it will rotate in the opposite direction.

The simple winding table is as under :

Back Connections		*Front Connections*
1 to (1 + 7) = 8	⟶	8 to (8 + 7) = 15
15 to (15 + 7) = 22	⟶	22 to (22 + 7) = 29
29 to (29 + 7) = 36 = (36 – 30) = 6	⟶	6 to (6 + 7) = 13
13 to (13 + 7) = 20	⟶	20 to (20 + 7) = 27
27 to (27 + 7) = 34 = (34 – 30) = 4	⟶	4 to (4 + 7) = 11
11 to (11 + 7) = 18	⟶	18 to (18 + 7) = 25
25 to (25 + 7) = 32 = (32 – 30) = 2	⟶	2 to (2 + 7) = 9
9 to (9 + 7) = 16	⟶	16 to (16 + 7) = 23
23 to (23 + 7) = 30	⟶	30 to (30 + 7) = 37 = (37 – 30) = 7
7 to (7 + 7) = 14	⟶	14 to (14 + 7) = 21
21 to (21 + 7) = 28	⟶	28 to (28 + 7) = 35 = (35 – 30) = 5
5 to (5 + 7) = 12	⟶	12 to (12 + 7) = 19
19 to (19 + 7) = 26	⟶	26 to (26 + 7) = 33 = (33 – 30) = 3
3 to (3 + 7) = 10	⟶	10 to (10 + 7) = 17
17 to (17 + 7) = 24	⟶	24 to (24 + 7) = 31 = (31 – 30) = 1

Since we come back to the conductor No. 1 from where we started, the winding gets closed at this stage.

Brush Position

Location of brush position in wave-winding is slightly difficult. In Fig. 26.36 conductors are supposed to be moving from left to right over the poles. By applying Fleming's Right-hand rule, the directions of the induced e.m.fs in various armature conductors can be found. The directions shown in the figure have been found in this manner. In the lower part of Fig. 26.36 is shown the equivalent ring or spiral diagram which is very helpful in understanding the formation of various parallel paths in the armature. It is seen that the winding is electrically divided into two portions. One portion consists of conductors lying between points *N* and *L* and the other of conductors lying between *N* and *M*. In the first portion, the general trend of the induced e.m.fs. is from left to right whereas in the second portion it is from right to left. Hence, in general, there are only two parallel paths through the winding, so that two brushes are required, one positive and one negative.

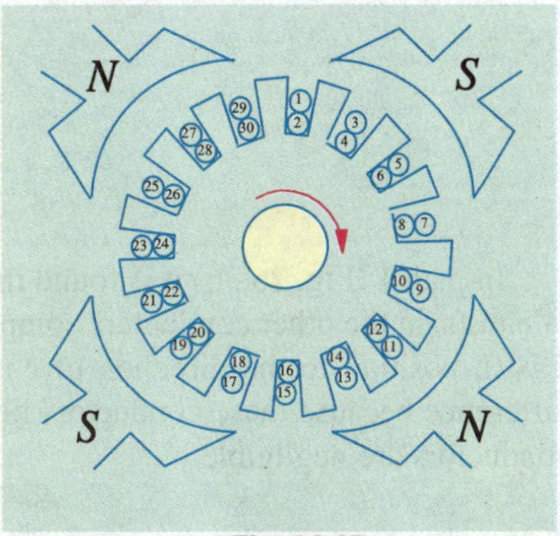

Fig. 26.37

From the equivalent ring diagram, it is seen that point *N* is the separating point of the e.m.fs. induced in the two portions of the winding. Hence, this fixes the position of the negative brush. But as it is at the back and not at the commutator end of the armature, the negative brush has two alternative positions *i.e.* either at point *P* or *Q*. These points on the equivalent diagram correspond to commutator segments No. 3 and 11.

Now, we will find the position of the positive brush. It is found that there are two meeting points of the induced e.m.fs. *i.e.* points *L* and *M* but both these points are at the back or non-commutator end of the armature. These two points are separated by one loop only, namely, the loop composed of conductors 2 and 9, hence the middle point *R* of this loop fixes the position of the positive brush, which should be placed in touch with commutator segment No. 7. We find that for one position of the +ve brush, there are two alternative positions for the –ve brush.

Taking the +ve brush at point *R* and negative brush at point *P*, the winding is seen to be divided into the following two paths.

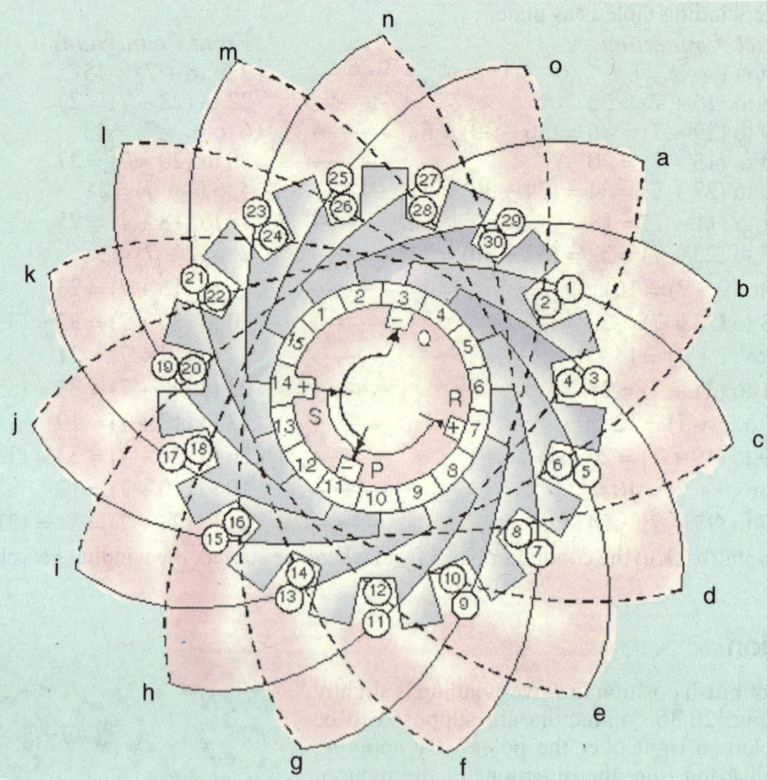

Fig. 26.38

In path 1 (Fig. 26.36) it is found that e.m.f. in conductor 9 is in opposition to the general trend of e.m.fs. in the other conductors comprising this path. Similarly, in path 2, the e.m.f. in conductor 2 is in position to the direction of e.m.fs. in the path as a whole. However, this will make no difference because these conductors lie almost in the interpolar gap and, therefore e.m.fs. in these conductors are negligible.

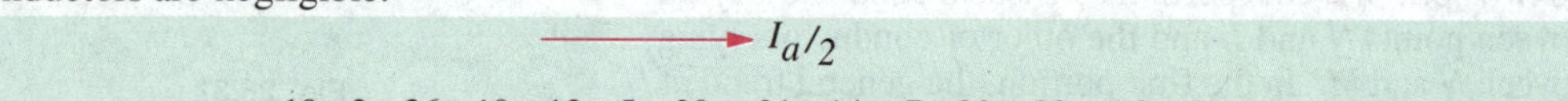

Fig. 26.39

Again, take the case of conductors 2 and 9 situated between points *L* and *M*. Since the armature conductors are in continuous motion over the pole faces, their positions as shown in the figure are only instantaneous. Keeping in this mind, it is obvious that conductor 2 is about to move from the influence of *S*-pole to that of the next *N*-pole. Hence, the e.m.f. in it is at the point of reversing. However, conductor 9 has already passed the position of reversal, hence its e.m.f. will not reverse, rather it will increase in magnitude gradually. It means that in a very short interval, point M will

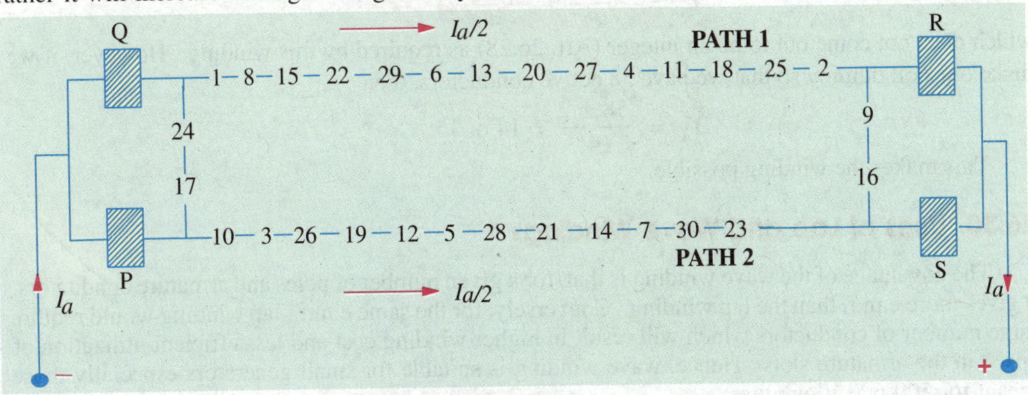

Fig. 26.40

become the meeting point of the e.m.fs. But as it lies at the back of the armature, there are two alternative positions for the +ve brush *i.e.* either point R which has already been considered or point S which corresponds to commutator segment 14. This is the second alternative position of the positive brush. Arguing in the same way, it can be shown that after another short interval of time, the alternative position of the positive brush will shift from segment 14 to segment 15. Therefore, if one positive brush is in the contact with segment 7, then the second positive brush if used, should be in touch with both segments 14 and 15.

It may be noted that if brushes are placed in both alternative positions for both positive and negative (*i.e.* if in all, 4 brushes are used, two +ve and two –ve), then the effect is merely to short-circuit the loop lying between brushes of the same polarity. This is shown in Fig. 26.40 where it will also be noted that irrespective of whether only two or four brushes are used, the number of parallel paths through the armature winding is still two.

Summarizing the above facts, we get

1. Only two brushes are necessary, though their number may be equal to the number of poles.
2. The number of parallel paths through the armature winding is two irrespective of the number of generator poles. That is why this winding is sometimes called 'two-circuit' or 'series' winding.
3. The generator e.m.f. is equal to the e.m.f. induced in any one of the two parallel paths. If e_{av} is the e.m.f. induced/conductor, then generator e.m.f. is $E_g = e_{av} \times Z/2$.
4. The equivalent armature resistance is nearly one-fourth of the total resistance of the armature winding.
5. If I_a is the total armature current, then current carried by each path or conductor is obviously $I_a/2$ whatever the number of poles.

26.29. Dummy or Idle Coils

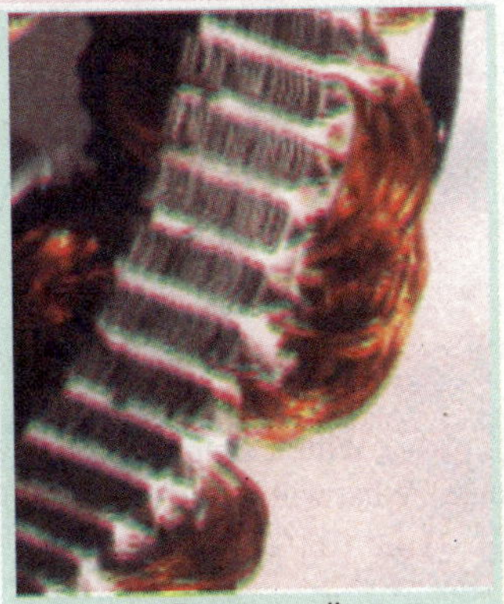

Dummy coils

These are used with wave-winding and are resorted to when the requirements of the winding are not met by the standard armature punchings available in armature-winding shops. These dummy coils do not influence the electrical characteristics of the winding because they are not connected to the commutator. They are exactly similar to the other coils except that their ends are cut short and taped. They are there simply to provide mechanical balance for the armature because an armature having some slots without windings would be out of balance mechanically. For example, suppose number of armature slots is 15, each containing 4 sides and the number of poles is 4. For a simplex wave-windings,

$$Y_A = \frac{Z \pm 2}{P} = \frac{60 \pm 2}{4}$$

which does not come out to be an integer (Art. 26.28) as required by this winding. However, if we make one coil dummy so that we have 58 active conductors, then

$$Y_A = \frac{58 \pm 2}{4} = 14 \text{ or } 15$$

This makes the winding possible.

26.30. Uses of Lap and Wave Windings

The advantage of the wave winding is that, for a given number of poles and armature conductors, it gives more e.m.f. than the lap winding. Conversely, for the same e.m.f., lap winding would require large number of conductors which will result in higher winding cost and less efficient utilization of space in the armature slots. Hence, wave winding is suitable for small generators especially those meant for 500-600 V circuits.

Another advantage is that in wave winding, equalizing connections are not necessary whereas in a lap winding they definitely are. It is so because each of the two paths contains conductors lying under all the poles whereas in lap-wound armatures, each of the *P* parallel paths contains conductors which lie under one pair of poles. Any inequality of pole fluxes affects two paths equally, hence their induced e.m.fs. are equal. In lap-wound armatures, unequal voltages are produced which set up a circulating current that produces sparking at brushes.

However, when large currents are required, it is necessary to use lap winding, because it gives more parallel paths.

Hence, lap winding is suitable for comparatively low-voltage but high-current generators whereas wave-winding is used for high-voltage, low-current machines.

Tutorial Problem No. 26.1

1. Write down the winding table for a 2-layer simplex lap-winding for a 4-pole d.c. generator having (*a*) 20 slots and (*b*) 13 slots. What are the back and front pitches as measured in terms of armature conductors ?

[Hint : (*a*) No. of conductors = 40 ; $Y_B = 11$ and $Y_F = -9$] **(Elect. Engineering, Madras Univ. 1978)**

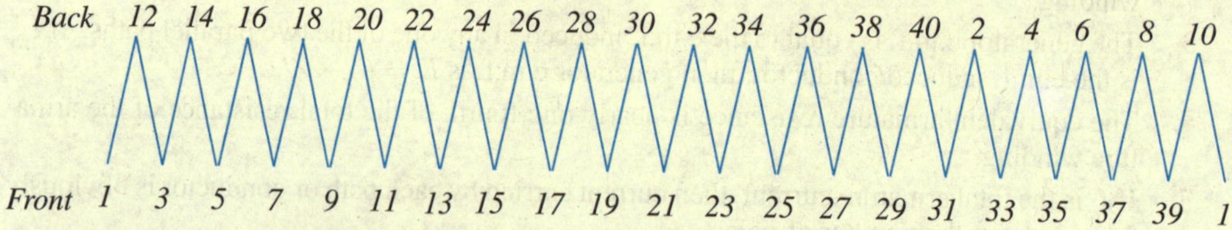

(*b*) No. of conductors = 26 ; $Y_B = 7$; $Y_F = -5$

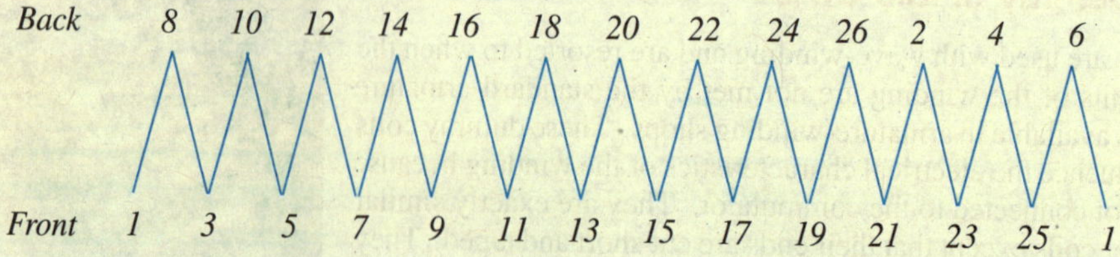

2. With a simplex 2-layer wave winding having 26 conductors and 4-poles, write down the winding table. What will be the front and back pitches of the winding ?

[Hint : $Y_F = 7$ and $Y_B = 5$] **(Electric Machinery-I, Madras Univ. Nov. 1979)**

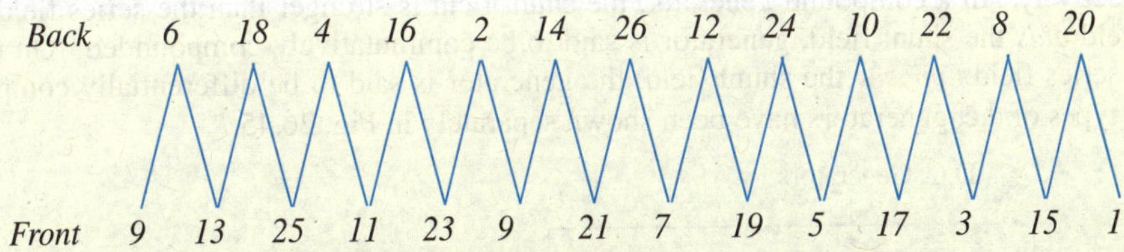

3. Is it possible to get simplex wave winding for a 4-pole d.c. machine with 28 conductors ? Explain the reason for your answer. **[No, it would contain only 4 conductors]**

4. State for what type of winding each of the following armatures could be used and whether the winding must be four or six-pole if no dummy coils are to be used (*a*) 33 slots, 165 commutator segments (*b*) 64 slots, 256 commutator segments (*c*) 65 slots, 260 commutator segments.

[(*a*) 4-pole lap with commutator pitch 82 or 83 or 6-pole lap.
(*b*) 4-pole lap or 6-pole wave with commutator pitch 85.
(*c*) 6-pole wave with commutator pitch 87.]

26.31. Types of Generators

Generators are usually classified according to the way in which their fields are excited. Generators may be divided into (*a*) separately-excited generators and (*b*) self-excited generators.

(*a*) Separately-excited generators are those whose field magnets are energised from an independent external source of d.c. current. It is shown diagramatically in Fig. 26.41.

(*b*) Self-excited generators are those whose field magnets are energised by the current produced by the generators themselves. Due to residual magnetism, there is always present some flux in the poles. When the armature is rotated, some e.m.f. and hence some induced current is produced which is partly or fully passed through the field coils thereby strengthening the residual pole flux.

There are three types of self-excited generators named according to the manner in which their field coils (or windings) are connected to the armature.

(*i*) Shunt wound

The field windings are connected across or in parallel with the armature conductors and have the full voltage of the generator applied across them (Fig. 26.42).

(*ii*) Series Wound

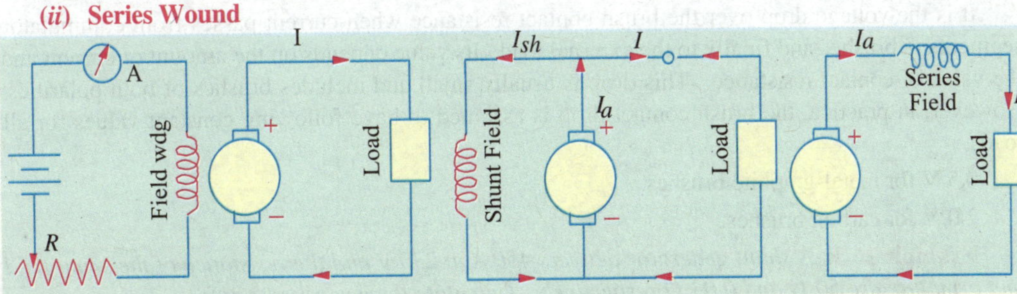

Fig. 26.41 Fig. 26.42 Fig. 26.43

In this case, the field windings are joined in series with the armature conductors (Fig. 26.43). As they carry full load current, they consist of relatively few turns of thick wire or strips. Such generators are rarely used except for special purposes *i.e.* as boosters etc.

(*iii*) Compound Wound

It is a combination of a few series and a few shunt windings and can be either short-shunt or long-shunt as shown in Fig. 26.44 (*a*) and

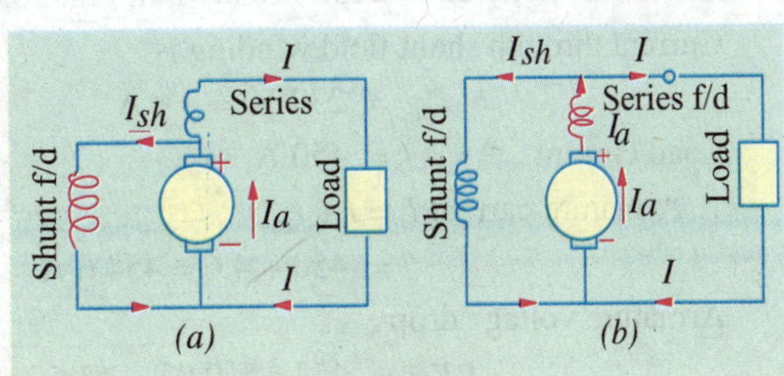

Fig. 26.44

(*b*) respectively. In a compound generator, the shunt field is stronger than the series field. When series field *aids* the shunt field, generator is said to be commutatively-compounded. On the other hand if series field ***opposes*** the shunt field, the generator is said to be differentially compounded. Various types of d.c. generators have been shown separately in Fig. 26.45.

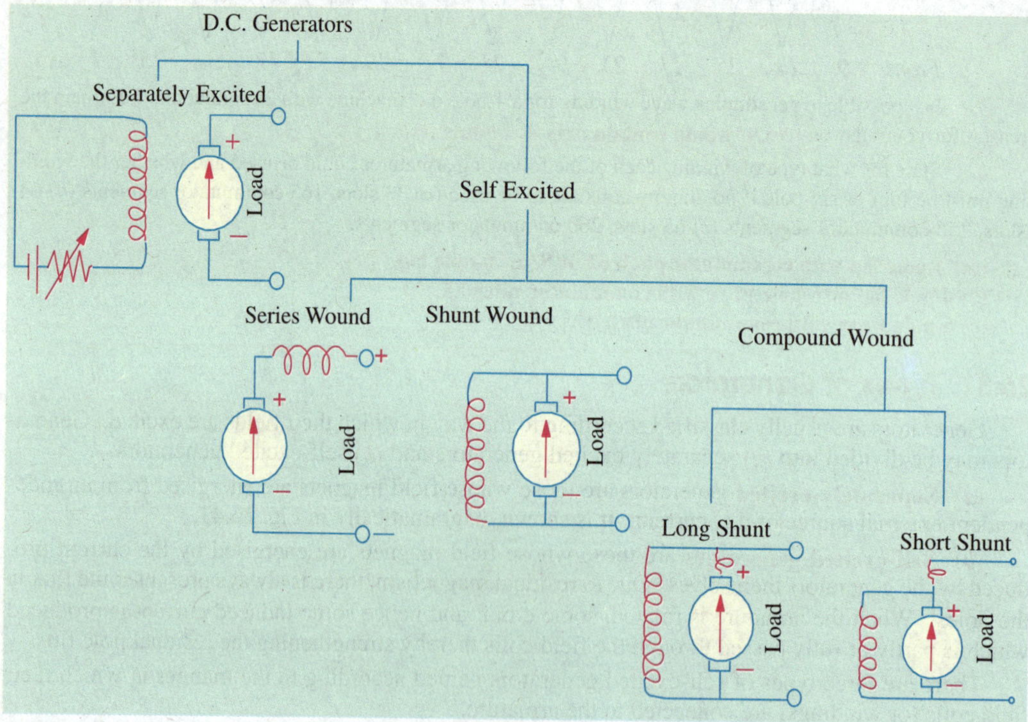

Fig. 26.45

26.32. Brush Contact Drop

It is the voltage drop over the brush contact resistance when current passes from commutator segments to brushes and finally to the external load. Its value depends on the amount of current and the value of contact resistance. This drop is usually small and includes brushes of both polarities. However, in practice, the brush contact drop is assumed to have following constant values for all loads.

0.5 V for metal-graphite brushes.

2.0 V for carbon brushes.

Example 26.3. *A shunt generator delivers 450 A at 230 V and the resistance of the shunt field and armature are 50 Ω and 0.03 Ω respectively. Calculate the generated e.m.f.*

Solution. Generator circuit is shown in Fig. 26.46.

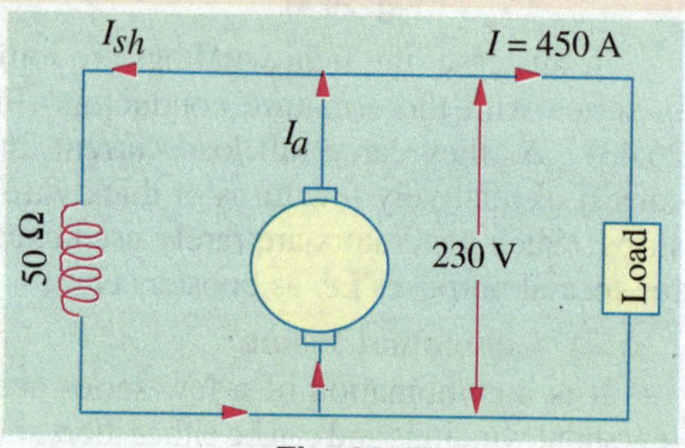

Fig. 26.46

Current through shunt field winding is

$$I_{sh} = 230/50 = 4.6 \text{ A}$$

Load current $I = 450$ A

$\therefore$ Armature current $I_a = I + I_{sh}$

$$= 450 + 4.6 = 454.6 \text{ A}$$

Armature voltage drop

$$I_a R_a = 454.6 \times 0.03 = \mathbf{13.6\ V}$$

Now E_g = terminal voltage + armature drop

$= V + I_a R_a$

∴ e.m.f. generated in the armature

$E_g = 230 + 13.6 = $ **243.6 V**

Example 26.4. *A long-shunt compound generator delivers a load current of 50 A at 500 V and has armature, series field and shunt field resistances of 0.05 Ω, 0.03 Ω and 250 Ω respectively. Calculate the generated voltage and the armature current. Allow 1 V per brush for contact drop.*

(Elect. Science 1, Allahabad Univ. 1992)

Solution. Generator circuit is shown in Fig. 26.47.

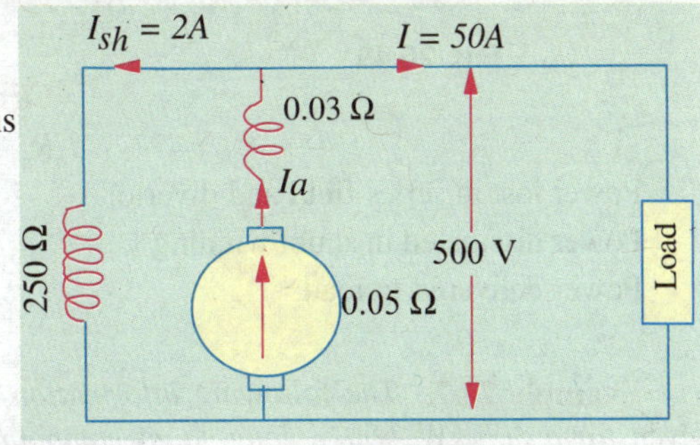

Fig. 26.47

$I_{sh} = 500/250 = 2$ A

Current through armature and series winding is

$= 50 + 2 = 52$ A

Voltage drop on series field winding

$= 52 \times 0.03 = 1.56$ V

Armature voltage drop

$I_a R_a = 52 \times 0.05 = 2.6$ V

Drop at brushes $= 2 \times 1 = 2$ V

Now, $E_g = V + I_a R_a$ + series drop + brush drop

$= 500 + 2.6 + 1.56 + 2 = $ **506.16 V**

Example 26.5. *A short-shunt compound generator delivers a load current of 30 A at 220 V, and has armature, series-field and shunt-field resistances of 0.05 Ω, 0.30 Ω and 200 Ω respectively. Calculate the induced e.m.f. and the armature current. Allow 1.0 V per brush for contact drop.*

(AMIE Sec. B. Elect. Machines 1991)

Solution. Generator circuit diagram is shown in Fig. 26.48.

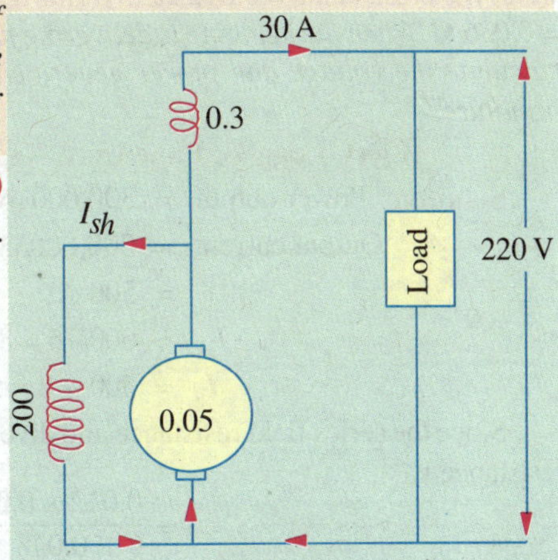

Fig. 26.48

Voltage drop in series winding $= 30 \times 0.3 = 9$ V

Voltage across shunt winding $= 220 + 9 = 229$ V

$I_{sh} = 229/200 = 1.145$ A

$I_a = 30 + 1.145 = 31.145$ A

$I_a R_a = 31.145 \times 0.05 = 1.56$ V

Brush drop $= 2 \times 1 = 2$ V

$E_g = V$ + series drop + brush drop + $I_a R_a$

$= 220 + 9 + 2 + 1.56 = 232.56$ V

Example 26.6. *In a long-shunt compound generator, the terminal voltage is 230 V when generator delivers 150 A. Determine (i) induced e.m.f. (ii) total power generated and (iii) distribution of this power. Given that shunt field, series field, divertor and armature resistance are 92 Ω, 0.015 Ω, 0.03 Ω and 0.032 Ω respectively.*

(Elect. Technology-II, Gwalior Univ. 1987)

Solution. $I_{sh} = 230/92 = 2.5$ A

$I_a = 150 + 2.5 = 152.5$ A

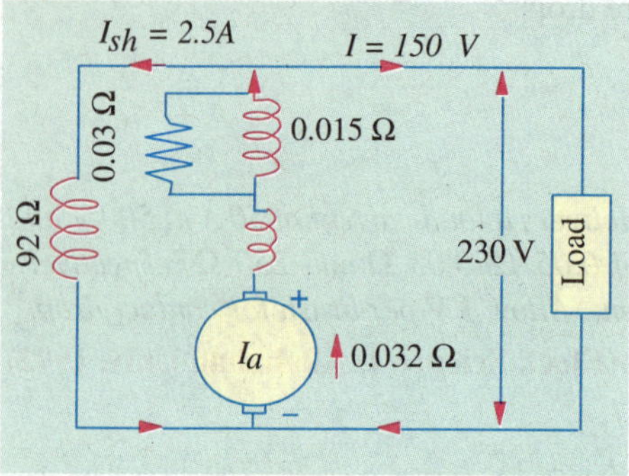

Fig. 26.49

Since series field resistance and divertor resistances are in parallel (Fig. 26.49) their combined resistance is

$$= 0.03 \times 0.015/0.045 = 0.01\ \Omega$$

Total armature circuit resistance is

$$= 0.032 + 0.01 = 0.042\ \Omega$$

Voltage drop $= 152.5 \times 0.042 = 6.4$ V

(i) Voltage generated by armature

$$E_g = 230 + 6.4 = \mathbf{236.4\ V}$$

(ii) Total power generated in armature

$$E_g I_a = 236.4 \times 152.5 = \mathbf{36{,}051\ W}$$

(iii) Power lost in armature

	$I_a R_a$	$= 152.5^2 \times 0.032$	= 744 W
Power lost in series field and divertor		$= 152.5^2 \times 0.01$	= 232 W
Power dissipated in shunt winding		$= VI_{sh} = 230 \times 0.01$	= 575 W
Power delivered to load		$= 230 \times 150$	= 34500 W
		Total	= 36,051 W.

Example 26.7. *The following information is given for a 300-kW, 600-V, long-shunt compound generator : Shunt field resistance = 75 Ω, armature resistance including brush resistance = 0.03 Ω, commutating field winding resistance = 0.011 Ω, series field resistance = 0.012 Ω, divertor resistance = 0.036 Ω. When the machine is delivering full load, calculate the voltage and power generated by the armature.*

(Elect. Engg-II, Pune Univ. Nov. 1989)

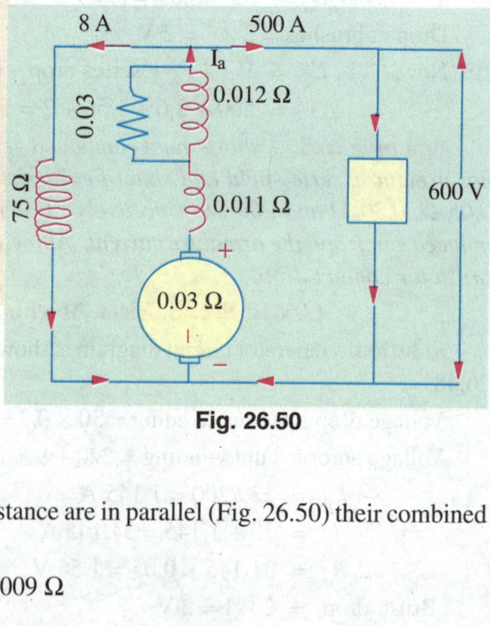

Fig. 26.50

Solution. Power output = 300,000 W

Output current = 300,000/600 = 500 A

$$I_{sh} = 600/75 = 8\text{ A},$$

$$I_a = 500 + 8 = 508\text{ A}$$

Since the series field resistance and divertor resistance are in parallel (Fig. 26.50) their combined resistance is

$$= \frac{0.012 \times 0.036}{0.048} = 0.009\ \Omega$$

Total armature circuit resistance

$$= 0.03 - 0.011 + 0.009 = 0.05\ \Omega$$

Voltage drop $= 508 \times 0.05 = 25.4$ V

Voltage generated by armature

$$= 600 + 25.4 = 625.4\text{ V}$$

Power generated $= 625.4 \times 508 = 317{,}700$

$W = \mathbf{317.7\ kW}$

26.33. Generated E.M.F. or E.M.F. Equation of a Generator

Let Φ = flux/pole in weber

Z = total number of armature conductors

= No. of slots × No. of conductors/slot

P = No. of generator poles

A = No. of parallel paths in armature

N = armature rotation in revolutions per minute (r.p.m.)

E = e.m.f. induced in any parallel path in armature

Generated e.m.f. E_g = e.m.f. generated in any one of the parallel paths *i.e.* E.

Average e.m.f. generated/conductor = $\frac{d\Phi}{dt}$ volt ($\because n = 1$)

Now, flux cut/conductor in one revolution $d\Phi = \Phi P$ Wb

No. of revolutions/second = $N/60$ $\therefore$ Time for one revolution, $dt = 60/N$ second

Hence, according to Faraday's Laws of Electromagnetic Induction,

E.M.F. generated/conductor = $\frac{d\Phi}{dt} = \frac{\Phi PN}{60}$ volt

For a simplex wave-wound generator

No. of parallel paths = 2

No. of conductors (in series) in one path = $Z/2$

$$\therefore \quad \text{E.M.F. generated/path} = \frac{\Phi PN}{60} \times \frac{Z}{2} = \frac{\Phi ZPN}{120} \text{ volt}$$

For a simplex lap-wound generator

No. of parallel paths = P

No. of conductors (in series) in one path = Z/P

$$\therefore \quad \text{E.M.F. generated/path} = \frac{\Phi PN}{60} \times \frac{Z}{P} = \frac{\Phi ZN}{60} \text{ volt}$$

In general generated e.m.f. $E_g = \frac{\Phi ZN}{60} \times \left(\frac{P}{A}\right)$ volt

where A = 2-for simplex wave-winding

= P-for simplex lap-winding

Also, $$E_g = \frac{1}{2\pi}\cdot\left(\frac{2\pi N}{60}\right)\Phi Z\left(\frac{P}{A}\right) = \frac{\omega\Phi Z}{2\pi}\left(\frac{P}{A}\right) \text{ volt} - \omega \text{ in rad/s}$$

For a given d.c. machine, Z, P and A are constant. Hence, putting $K_a = ZP/A$, we get

$$E_g = K_a \Phi N \text{ volts—where } N \text{ is in r.p.s.}$$

Example 26.8. *A four-pole generator, having wave-wound armature winding has 51 slots, each slot containing 20 conductors. What will be the voltage generated in the machine when driven at 1500 rpm assuming the flux per pole to be 7.0 mWb ?* **(Elect. Machines-I, Allahabad Univ. 1993)**

Solution. $$E_g = \frac{\Phi ZN}{60}\left(\frac{P}{A}\right) \text{ volts}$$

Here, $\Phi = 7 \times 10^{-3}$ Wb, $Z = 51 \times 20 = 1020$, $A = P = 4$, $N = 1500$ r.p.m.

$$\therefore \quad E_g = \frac{7 \times 10^{-3} \times 1020 \times 1500}{60}\left(\frac{4}{2}\right) = \mathbf{178.5\ V}$$

Example 26.9. *An 8-pole d.c. generator has 500 armature conductors, and a useful flux of 0.05 Wb per pole. What will be the e.m.f. generated if it is lap-connected and runs at 1200 rpm ? What must be the speed at which it is to be driven produce the same e.m.f. if it is wave-wound?*

(U.P. Technical Univ. 2001)

Solution. With lap-winding, $P = a = 8$

$$E = \phi\,(N/60)\,(P/a)$$
$$= 0.05 \times 500 \times 20 \times 1,$$
$$= 500 \text{ volts}$$

for lap-winding

If it is wave-wound, $P = 8, a = 2, P/a = 4$

and $E = 0.05 \times 500 \times (N/60) \times 4$

For $E = 500$ volts, $N = 300$ rpm

Hence, with wave-winding, it must be driven at 300 rpm to generate 500 volts.

Additional Explanation. Assume 1 amp as the current per conductor.

(*a*) Lap-wound, 1200 rpm : 500 V per coil-group, 8 groups in parallel

Net output current = 8 amp as in Fig. 26.51 (*a*).

Power output = 4 kW

(*b*) Wave-wound, 300 rpm : 2 groups in parallel, one group has four coils in series, as shown in Fig. 26.51 (*b*).

Total power-output is now

$$500 \times 2 = 1000 \text{ W}.$$

It is reduced to one fourth, being proportional to the speed.

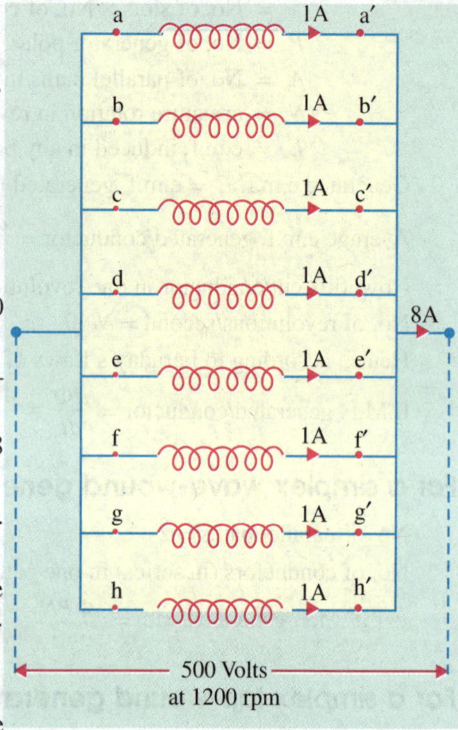

Fig. 26.51(*a*)

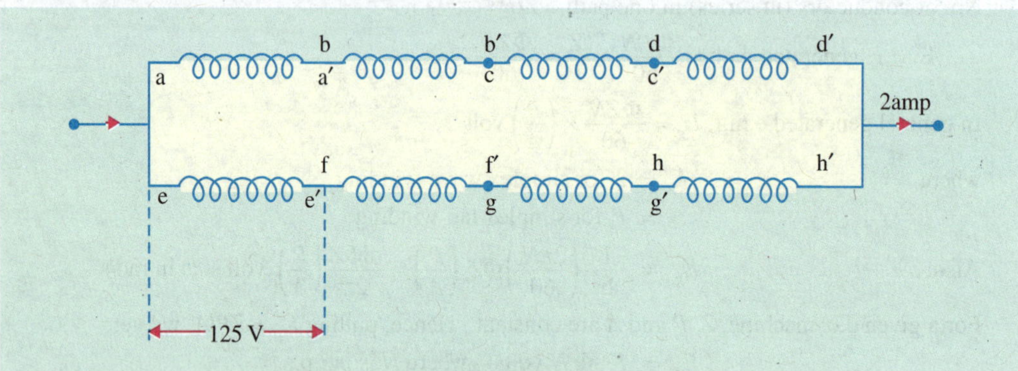

Fig. 26.51(*b*)

Example 26.10. *A d.c. shunt generator has an induced voltage on open-circuit of 127 volts. When the machine is on load, the terminal voltage is 120 volts. Find the load current if the field-circuit resistance is 15 ohms and the armature-resistance is 0.02 ohm. Ignore armature reaction.*

(Madras University April 1997, Bharathiar University Nov. 1997)

Solution.

Note : Even though the question does not specify some conditions, the solution given here is based on correct approach to deal with the case.

Generator on no load :

As shown in Fig. 26.52 (*a*), the machine is run at N_1 rpm.

$$E_g = 127 + 8.47 \times 0.02 = 127.17 \text{ volts}$$

As in Fig. 26.52 (*b*), $i_f = 8$ amp

E_g can be 127.17 volts, if the speed is increased to N_2 rpm, such that

$$8.47\ N_1 = 8N_2, \text{ or } N_2 = \frac{8.47}{8} N_1 = 1.05875\ N_1$$

Thus the effect due to 5.875% decrease in flux is compensated by 5.875% increase in speed.

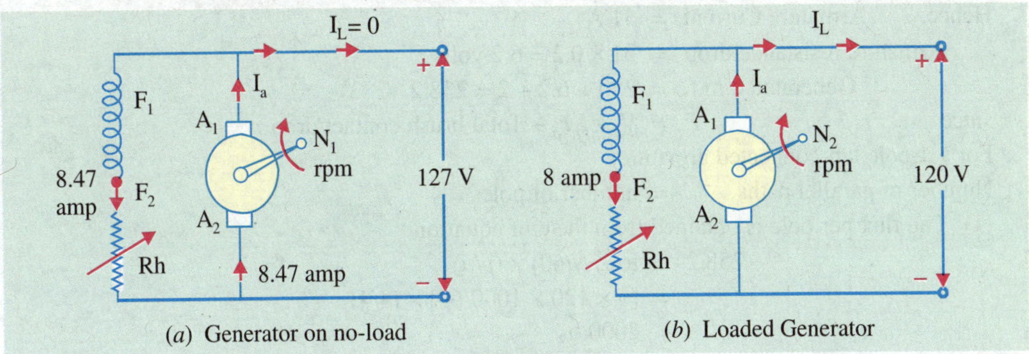

Fig. 26.52

If E_g is assumed to remain unaltered at 127.17 V,

$$I_a = \frac{127.17 - 120}{0.02} = 358.5 \text{ amp}$$

Hence, $$I_L = 358.5 - 8 = 350.5 \text{ amp.}$$

Example 26.11(*a*). *An 8-pole d.c. shunt generator with 778 wave-connected armature conductors and running at 500 r.p.m. supplies a load of 12.5 Ω resistance at terminal voltage of 50 V. The armature resistance is 0.24 Ω and the field resistance is 250 Ω. Find the armature current, the induced e.m.f. and the flux per pole.*

(Electrical Engg-I, Bombay Univ. 1988)

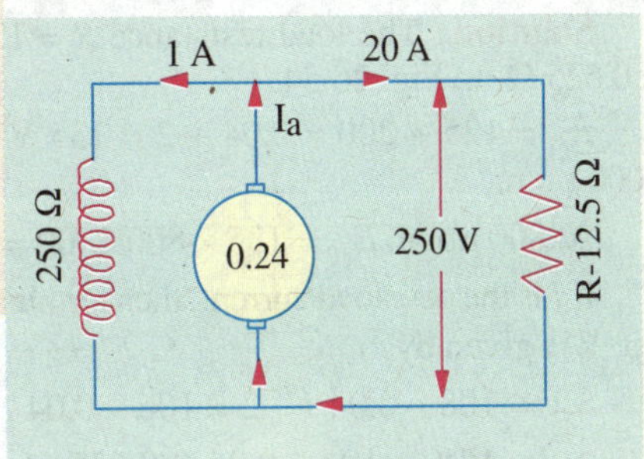

Fig. 26.53

Solution. The circuit is shown in Fig. 26.53

Load current = V/R = 250/12.5 = 20 A

Shunt current = 250/250 = 1 A

Armature current = 20 + 1 = **21 A**

Induced e.m.f. = 250 + (21 × 0.24) = **255.04 V**

Now, $$E_g = \frac{\Phi ZN}{60} \times \left(\frac{P}{A}\right)$$

$\therefore$ $$255.04 = \frac{\Phi \times 778 \times 500}{60}\left(\frac{8}{2}\right)$$

$\therefore$ $$\Phi = \mathbf{9.83\ mWb}$$

Example 26.11(*b*). *A 4-pole lap-connected armature of a d.c. shunt generator is required to supply the loads connected in parallel :*

(1) 5 kW Geyser at 250 V, and

(2) 2.5 kW Lighting load also at 250 V.

The Generator has an armature resistance of 0.2 ohm and a field resistance of 250 ohms. The armature has 120 conductors in the slots and runs at 1000 rpm. Allowing 1 V per brush for contact drops and neglecting friction, find

(1) Flux per pole, (2) Armature-current per parallel path. **(Nagpur University Nov. 1998)**

Solution. Geyser current $= 5000/250 = 20$ A

Current for Lighting $= 2500/250 = 10$ A

Total current $= 30$ A

Field Current for Generator $= 1$ A

Hence, Armature Current $= 31$ A

Armature resistance drop $= 31 \times 0.2 = 6.2$ volts

Generated e.m.f. $= 250 + 6.2 + 2 = 258.2$ V,

since $E = V_t + I_a r_a +$ Total brush contact drop

For a 4-pole lap-connected armature,

Number of parallel paths = number of poles = 4

(1) The flux per pole is obtained from the emf equation

$$258.2 = [\phi\, Z\, N/60] \times (p/a)$$
$$= [\phi \times 120 \times 1000/60] \times (4/4)$$
$$= 2000\, \phi$$
$$\phi = 129.1 \text{ mWb}$$

(2) Armature current per parallel path = 31/4 = 7.75 A.

Example 26.12. *A separately excited generator, when running at 1000 r.p.m. supplied 200 A at 125 V. What will be the load current when the speed drops to 800 r.p.m. if I_f is unchanged ? Given that the armature resistance = 0.04 ohm and brush drop = 2 V.*

(Elect. Machines Nagpur Univ. 1993)

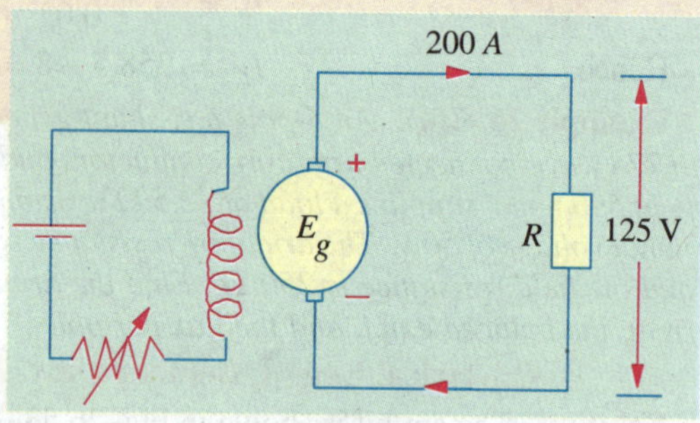

Fig. 26.54

Solution. The load resistance $R = 125/200 = 0.625\ \Omega$, in Fig. 26.54.

$E_{g1} = 125 + 200 \times 0.04 + 2 = 135$ V ; $N_1 = 1000$ r.p.m.

At 800 r.p.m. $E_{g2} = 135 \times 800/1000 = 108$ V

If I is the new load current, then terminal voltage V is given by

$$V = 108 - 0.04\, I - 2 = 106 - 0.04\, I$$

$\therefore\ I = V/R = (106 - 0.04\, I)/0.635$; $I = 159.4$ A

Example 26.13. *A 4-pole, 900 r.p.m. d.c. machine has a terminal voltage of 220 V and an induced voltage of 240 V at rated speed. The armature circuit resistance is 0.2 Ω. Is the machine operating as a generator or a motor ? Compute the armature current and the number of armature coils if the air-gap flux/pole is 10 mWb and the armature turns per coil are 8. The armature is wave-wound.* **(Elect. Machines AMIE Sec. B 1990)**

Solution. Since the induced voltage E is more than the terminal voltage v, the machine is working as a generator.

$$E - V = I_a R_a \quad \text{or} \quad 240 - 220 = I_a \times 0.2 \ ; \ I_a = 100 \text{ A}$$

Now, $E_b = ZN\,(P/A)$ or $240 = 10 \times 10^{-3} \times z \times (900/600)\,(4/2)$; $Z = 8000$

Since there are 8 turns in a coil, it means there are 16 active conductors/coil. Hence, the number of coils = 8000/16 = 500.

Example 26.14. *In a 120 V compound generator, the resistances of the armature, shunt and series windings are 0.06 Ω, 25 Ω and 0.04 Ω respectively. The load current is 100 A at 120 V. Find the induced e.m.f. and the armature current when the machine is connected as* **(i)** *long-shunt and as* **(ii)** *short-shunt. How will the ampere-turns of the series field be changed in* **(i)** *if a diverter of 0.1 ohm be connected in parallel with the series winding ? Neglect brush contact drop and ignore armature reaction.* **(Elect. Machines AMIE Sec. B, 1992)**

Solution. *(i)* Long Shunt [Fig. 26.55 (*a*)]

$$I_{sh} = 120/125 = 4.8 \text{ A} \; ; I = 100 \text{ A} \; ; I_a = 104.8 \text{ A}$$

Voltage drop in series winding $= 104.8 \times 0.04 = 4.19$ V

Armature voltage drop $= 104.8 \times 0.06 = 6.29$ V

$$\therefore \quad E_g = 120 + 3.19 + 6.29 = 130.5 \text{ V}$$

(ii) Short Shunt [Fig. 26.55 (*c*)]

Voltage drop in series winding $= 100 \times 0.04 = 4$ V

Voltage across shunt winding $= 120 + 4 = 124$ V

$$\therefore \quad I_{sh} = 124/25 = 5 \text{ A} \; ; \quad \therefore \quad I_a = 100 + 5 = 105 \text{ A}$$

Armature voltage drop $= 105 \times 0.06 = 6.3$ V

$$E_g = 120 + 5 + 4 = 129 \text{ V}$$

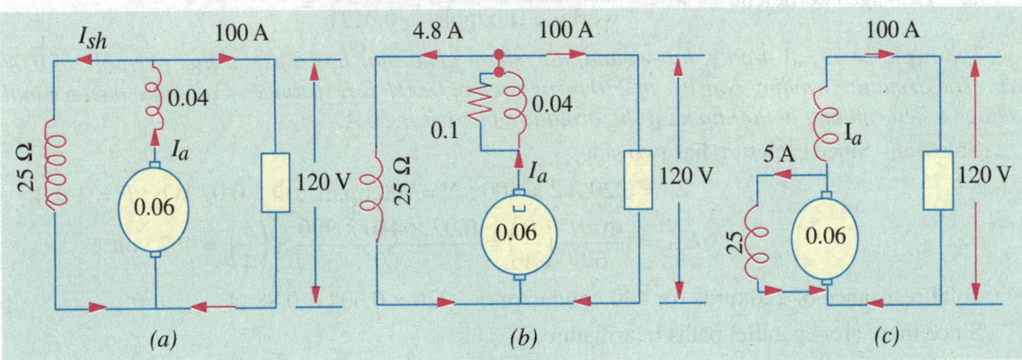

Fig. 26.55

When a diverter of 0.1 Ω is connected in parallel with the series winding, the diagram becomes as shown in Fig. 26.55 (*b*). As per current-divider rule, the current through the series winding is = 104.8 × 0.1/(0.1 + 0.04) = 74.86 A. It means that the series field current has decreased from an original value of 104.8 A to 74.86 A. Since No. of turns in the series winding remains the same, the change in series field ampere-turns would be the same as the change in the field current. Hence, the percentage decrease in the series field ampere-turns = (74.86 – 104.8) × 100/104.8 = –28.6%.

Example 26.15. *A 4-pole, long-shunt lap-wound generator supplies 25 kW at a termimal voltage of 500 V. The armature resistance is 0.03 ohm, series field resistance is 0.04 ohm and shunt field resistance is 200 ohm. The brush drop may be taken as 1.0 V. Determine the e.m.f. generated.*

Calculate also the No. of conductors if the speed is 1200 r.p.m. and flux per pole is 0.02 weber. Neglect armature reaction.

(Elec. Engineering-I, St. Patel Univ. 1986)

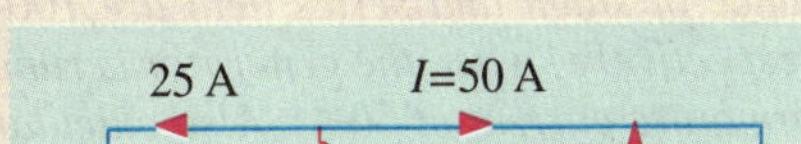

Fig. 26.56

Solution. $I = 25{,}000/500 = 50$ A, $I_{sh} = 500/200 = 2.5$ A (Fig. 26.56)

$$I_a = I + I_{sh} = 50 + 2.5 = 52.5 \text{ A}$$

Series field drop $= 52.5 \times 0.04 = 2.1$ V

Armature drop $= 52.5 \times 0.03 = 1.575$ V

Brush drop $= 2 \times 1 = 2$ V

Generated e.m.f., $E_g = 500 + 2.1 + 1.575 + 2 =$ **505.67 V**

Now, $$E_g = \frac{\Phi ZN}{60}\left(\frac{P}{A}\right)$$

or $$505.67 = \frac{0.02 \times Z \times 1200}{60}\left(\frac{4}{4}\right), Z = \mathbf{1264}$$

Example 26.16. *A 4-pole d.c. generator runs at 750 r.p.m. and generates an e.m.f. of 240 V. The armature is wave-wound and has 792 conductors. If the total flux from each pole is 0.0145 Wb, what is the leakage coefficient ?*

Solution. Formula used :

$$E = \frac{\Phi ZN}{60}\left(\frac{P}{A}\right) \text{ volt} \quad \therefore \quad 240 = \frac{\Phi \times 750 \times 792}{60} \times \frac{4}{2}$$

$\therefore$ Working flux/pole, $\Phi = 0.0121$ Wb ; Total flux/pole = 0.0145 Wb

$$\therefore \text{ Leakage coefficient} \quad \lambda = \frac{\text{total flux/pole}}{\text{working flux/pole}} = \frac{0.0145}{0.0121} = \mathbf{1.2}$$

Example 26.17. *A 4-pole, lap-wound, d.c. shunt generator has a useful flux per pole of 0.07 Wb. The armature winding consists of 220 turns each of 0.004 Ω resistance. Calculate the terminal voltage when running at 900 r.p.m. if the armature current is 50 A.*

Solution. Since each turn has two sides,

$$Z = 220 \times 2 = 400 \text{ ; } N = 900 \text{ r.p.m. ; } \Phi = 0.07 \text{ Wb ; } P = A = 4$$

$$\therefore \quad E_g = \frac{\Phi ZN}{60}.\left(\frac{P}{A}\right) = \frac{0.07 \times 440 \times 900}{60} \times \left(\frac{4}{4}\right) = 462 \text{ volt}$$

Total resistance of 220 turns (or 440 conductors) = 220 × 0.004 = 0.88 Ω

Since there are 4 parallel paths in armature,

$\therefore$ Resistance of each path = 0.88/4 = 0.22 Ω

Now, there are four such resistances in parallel each of value 0.22 Ω

$\therefore$ Armature resistance, $R_a = 0.22/4 = 0.055$ Ω

Armature drop $= I_aR_a = 50 \times 0.055 = 2.75$ Ω

Now, terminal voltage $V = E_g - I_aR_a = 462 - 2.75 =$ **459.25 volt.**

Example 26.18. *A 4-pole, lap-wound, long-shunt, d.c. compound generator has useful flux per pole of 0.07 Wb. The armature winding consists of 220 turns and the resistance per turn is 0.004 ohms. Calculate the terminal voltage if the resistance of shunt and series field are 100 ohms and 0.02 ohms respectively ; when the generator is running at 900 r.p.m. with armature current of 50 A. Also calculate the power output in kW for the generator.*

(Basic Elect. Machine Nagpur Univ. 1993)

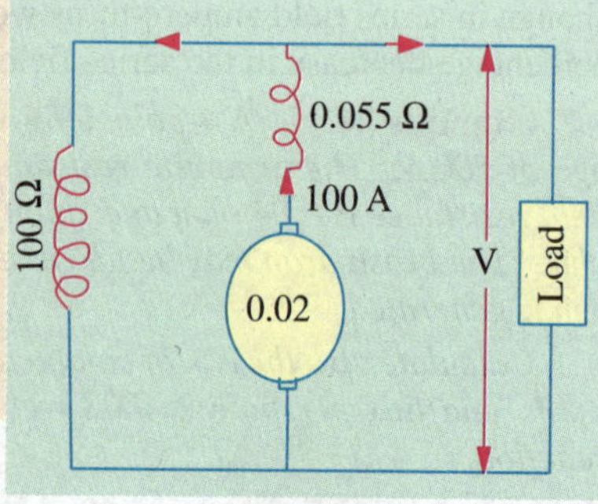

Fig. 26.57

Solution. $$E_b = \frac{0.07 \times (220 \times 2) \times 900}{60} \times \left(\frac{4}{4}\right) = 462 \text{ V}$$

As found in Ex. 26.17, $R_a = 0.055$ Ω

Arm. circuit resistance $= R_a + R_{se} = 0.055 + 0.02 = 0.075$ Ω

Arm. circuit drop = 50 × 0.075 = 3.75 V

$V = 462 - 3.75 = 458.25$ V, in Fig. 26.57.

$I_{sh} = 458.25/100 = 4.58$ A ; $I = 50 - 4.58 = 45.42$ A

Output $= VI = 458.25 \times 45.42 = 20{,}814$ W = 20.814 kW

Example 26.19. *A separately excited d.c. generator, when running at 1200 r.p.m. supplies 200 A at 125 V to a circuit of constant resistance. What will be the current when the speed is dropped to 1000 r.p.m. and the field current is reduced to 80% ? Armature resistance, 0.04 Ω and total drop at brushes, 2 V. Ignore saturation and armature reaction.*

(Elect. Machines AMIE Sec. B, 1991)

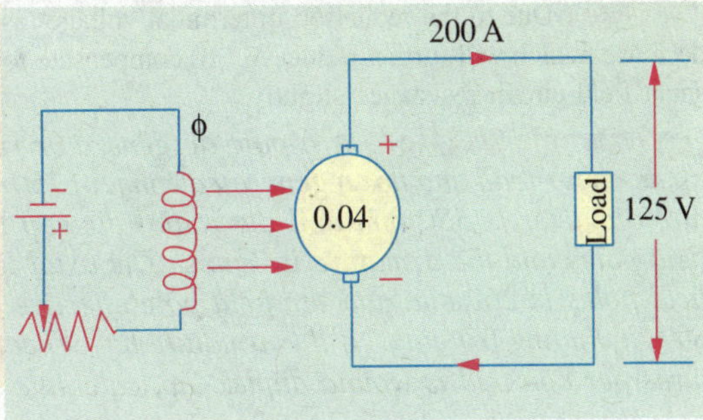

Fig. 26.58

Solution. We will find the generated e.m.f. when the load current is 200 A.

$E_{g1} = V + \text{brush drop} + I_a R_a = 125 + 200 \times 0.04 = 135$ V, in Fig. 26.58.

Now, $E_{g1} \propto \Phi_1 N_1$ and $E_{g2} \propto \Phi_2 N_2$

$$\therefore \quad \frac{E_{g2}}{E_{g1}} = \frac{\Phi_2 N_2}{\Phi_1 N_1}$$

$$\text{or} \quad \frac{E_{g2}}{135} = 0.8 \times \frac{1000}{1200} = 90 \text{ V}$$

Example 26.20(*a*). *A 4-pole, d.c. shunt generator with a shunt field resistance of 100 Ω and an armature resistance of 1 Ω has 378 wave-connected conductors in its armature. The flux per pole is 0.02 Wb. If a load resistance of 10 Ω is connected across the armature terminals and the generator is driven at 1000 r.p.m., calculate the power absorbed by the load.*

(Elect. Technology, Hyderabad Univ. 1991)

Solution. Induced e.m.f. in the generator is

$$E_s = \frac{\Phi Z N}{60}\left(\frac{P}{A}\right) \text{ volt}$$

$$= \frac{0.02 \times 378 \times 1000}{60}\left(\frac{4}{2}\right) = 252 \text{ volt}$$

Now, let V be the terminal voltage *i.e.* the voltage available across the load as well as the shunt resistance (Fig. 26.59).

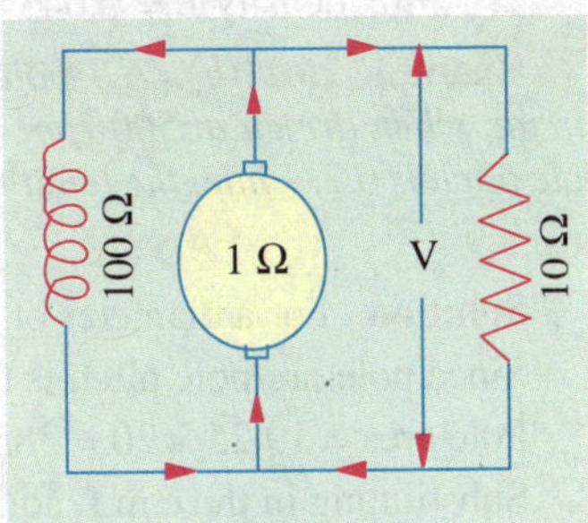

Fig. 26.59

Load current = V/10 A and Shunt current = V/100 A

$$\text{Armature current} = \frac{V}{10} + \frac{V}{100} = \frac{11 \text{ V}}{100}$$

Now, $V = E_g$ – armature drop

$$\therefore \quad V = 252 - 1 \times \frac{11 \text{ V}}{100} \quad \therefore \quad \text{V} = 227 \text{ volt}$$

Load current = 227/10 = 22.7 A, Power absorbed by the load is = 227 × 22.7 = **5,153 W**

Example 26.20(*b*). *A four-pole, lap-wound shunt generator has 300 armature-conductors and a flux/pole of 0.1 Wb. It runs at 1000 r.p.m. The armature and field-resistances are 0.2 ohm and 125 ohms respectively. Calculate the terminal voltage when it is loaded to take a load current of 90 A. Ignore armature reaction.* **(Nagpur University, April 1999)**

Solution. First, the e.m.f .should be calculated

$$E = 0.1 \times 300 \times (1000/60) \times (4/4) = 500 \text{ volts}$$

The field current 500/125 = 4 amp

For the load current of 90 amp, armature current = 94 amp

$$I_a r_a = 94 \times 0.20 = 18.8 \text{ volts}$$

Terminal voltage, $\quad V = 500 - 18.8 = 481.2$ volts

Note : Due to the reduction in terminal voltage (as an effect of loading), the shunt field current tends to decrease, which will further reduce V. To compensate for this, either increase the speed slightly or decrease the shunt-field-circuit resistance slightly.

Example 26.21(*a*). *A 6-pole dc generator runs at 1200 r.p.m. on no-load and has a generated e.m.f. of 250 V. Its armature diameter is 350 mm and the radial air-gap between the field poles and the armature is 3 mm. The axial length of the field poles is 260 mm and the field pole effective coverage is 80% including fringing. If the armature has 96 coils having 3 turns per coil and is wound duplex lap, calculate* **(a)** *flux per pole* **(b)** *effective pole arc length and* **(c)** *average air-gap flux density.*

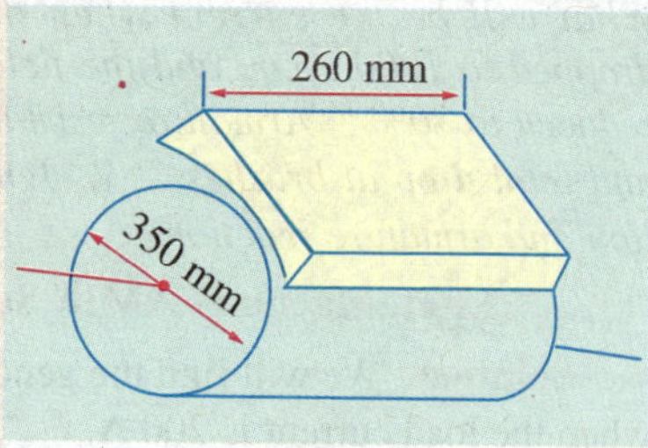

Fig. 26.60

Solution. (*a*) $Z = (96 \times 3) \times 2 = 576$, $P = 6$, $A = P \times$ plex $= 6 \times 2 = 12$, $N = 1200$ r.p.m.

$$\therefore \quad 250 = \frac{\Phi \times 576 \times 1200}{6}\left(\frac{6}{12}\right); \quad \therefore \quad \Phi = 0.0434 \text{ Wb}$$

(*b*) Inner diameter of the pole shoe circle is = 350 + 6 = 356 mm.

Since there are 6 poles, the net field pole flux coverage is 80% of one-sixth of the pole shoe circle. Hence, the effective pole arc length is

$$= \frac{1}{6} \times \pi d \times 0.8 = \frac{1}{6} \times \pi \times 356 \times 0.8 = 149 \text{ mm} = 0.149 \text{ m.}$$

(*c*) Pole surface area = pole shoe arc × axial length of the pole (Fig. 26.60).

$$= 0.149 \times 0.260 = 0.03874 \text{ mm}^2$$

$\therefore$ Flux density $B = 0.0434/0.03874 = 1.12$ T

Example 26.21(*b*). *A 4-pole d.c. Generator with 1200 conductors generates 250 volts on open circuit, when driven at 500 rpm. The pole-shoes have a bore of 35 cm and the ratio of pole-arc to pole pitch is 0.7, while, the length of the pole shoe is 20 cm. Find the mean flux density in the airgap.* **(Bharthiar Univ. Nov. 1972 & April 1998)**

Solution. For a diameter of 35, 4-pole machine has a pole-pitch of $(35\pi/4) = 27.5$ cm

Since pole-arc/pole pitch is 0.7, Pole-arc = 0.7 × 27.5 = 19.25 cm

Pole area = 19.25 × 20 = 385 sq. cm.

Substituting in the e.m.f. equation, $250 = (\phi\ ZN/60)\ (p/a)$

For Lap-winding, in the case, $p = a = 4$

Hence, flux/pole = (250 × 60)/(1200 × 500) = 0.025 Wb

This flux is uniformly distributed over the pole-area.

Mean flux density in the air-gap = $(0.025)/(385 \times 10^{-4}) = 0.65$ Wb/m^2

Example 26.21(*c*). *A four-pole lap-wound dc shunt generator having 80 slots with 10 conductors per slot generates at no-load an e.m.f. of 400 V, when run at 1000 rpm. How will you obtain a generated open-circuit voltage of 220 V ?* **(Nagpur University November 1996)**

Solution. (*i*) Keeping operating speed at 1000 rpm only, **change the flux per pole**

The O.C. e.m.f. is given by $E = (\phi\ ZN/60) \times (P/a)$

For the given operating conditions,

$$400 = \phi \times (80 \times 10) \times (1000/60) \times (4/4)$$

which gives $\phi = 30$ mWb

When speed is kept constant at 1000 rpm only,

$$E \propto \phi$$

Or to get 220 V on O.C., $\phi_2 = (220/400) \times 30 \text{ mWb} = 16.5 \text{ mWb}$

Thus, by increasing the shunt-field-circuit resistance with the help of adding external rheostatic, the current in the field-circuit is decreased so as to decrease the flux to 16.5 mWb.

(ii) Keep same flux per pole, change the speed.

If ϕ is held constant at 30 mWb, an O.C. e.m.f. of 220 V is obtained at a speed of N r.p.m., given by

$$220 = 30 \times 10^{-3} \times 800 \times N/60, \; N = 550 \text{ rpm}$$

At 220 V, the flux can be maintained at 30 mWb provided the field **current is unchanged.**

$$400/R_{f1} = 200/R_{f2}$$

or $$R_{f2} = 0.55\, R_{f1}$$

Thus, the field circuit resistance must be reduced to the new value of 0.55 R_{f1} in order to obtain 30 mWb of flux per pole from a voltage of 220 V.

(iii) Any other combination of proper speed and flux/pole can be chosen and worked out on similar lines.

Example 26.21(*d*). *A short-shunt d.c. compound generator supplies 200 A at 100 V. The resistance of armature, series field and shunt field windings are 0.04, 0.03 and 60 ohms respectively. Find the emf generated. Also find the emf generated if same machine is connected as a long-shunt machine.* **(Nagpur University, April 1998)**

Solution. With short-shunt connection, shown in Fig. 26.61 (*a*).

V_a = armature terminal voltage = 100 (200 × 0.03) = 106 V

Shunt field current = 106/60 = 1.767 amp

Armature current = I_a = 200 + 1.767 = 201.767 amp

Armature induced e.m.f. = 106 + (201.767 × 0.04) = 114.07 volts

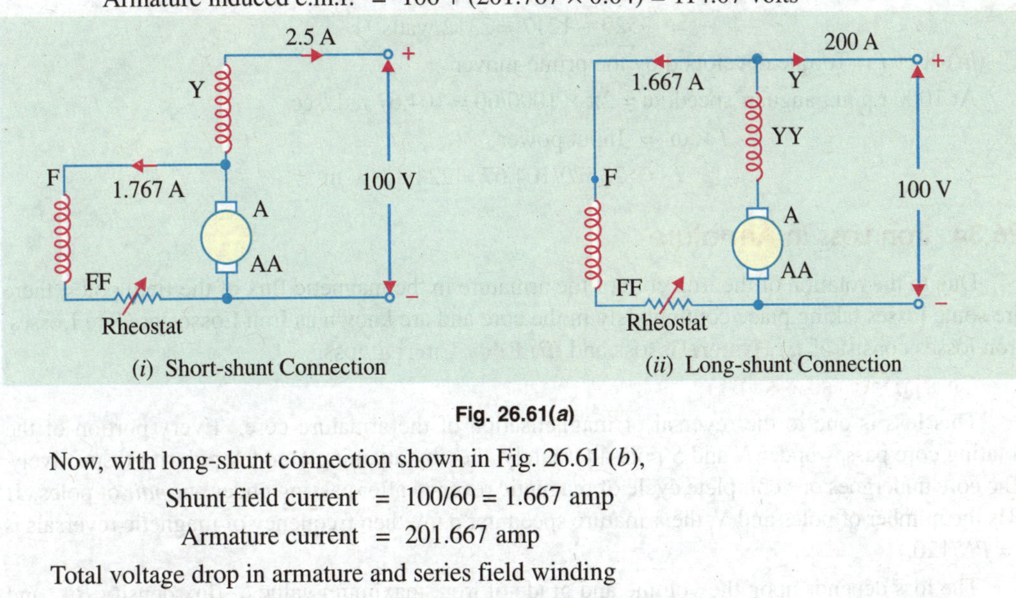

Fig. 26.61(*a*)

Now, with long-shunt connection shown in Fig. 26.61 (*b*),

Shunt field current = 100/60 = 1.667 amp

Armature current = 201.667 amp

Total voltage drop in armature and series field winding

= 201.667 (0.04 + 0.03) = 14.12 volts

Armature induced e.m.f. = 100 + 14.12 = 114.12 volts

Note : In case of long shunt connection, the generator has to develop the e.m.f. with shunt field current slightly reduced, compared to the case of short shunt connection. However, the series field winding carries a slightly higher current in latter case. Still, in practice, slight speed adjustment (or shunt field rheostatic variation) may be required to get this e.m.f., as per calculations done above.

Example 26.22. *A long shunt dynamo running at 1000 r.p.m. supplies 20 kW at a terminal voltage of 220 V. The resistance of armature, shunt field, and series field are 0.04, 110 and 0.05 ohm respectively. Overall efficiency at the above load is 85%. Find :*

(i) Copper loss,

(ii) Iron and friction loss,

(iii) Torque developed by the prime mover.

(Amravati University 1999)

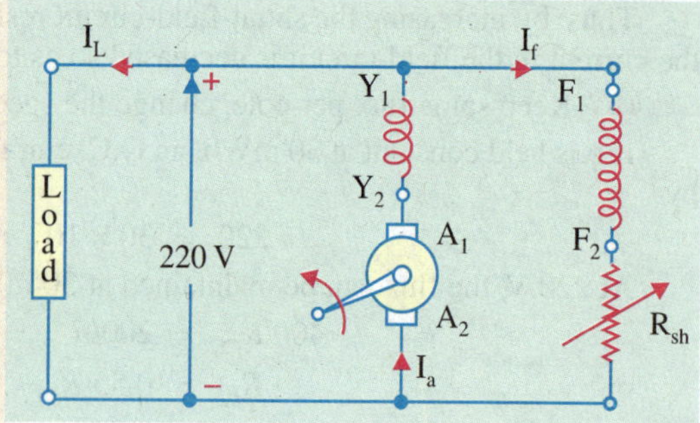

Fig. 26.61(*b*)

Solution. I_L, Load current $= \dfrac{20,000}{220} = 90.91$ amp

Shunt field current, $I_f = \dfrac{220}{110} = 2$ amp

Armature current, $I_a = 92.91$ amp

Input power $= 20,000/0.85 = 23529$ watts

Total losses in the machine $=$ Input $-$ Output $= 23529 - 20,000 = 3529$ watts

(i) ***Copper losses :***

Power loss in series field-winding + armature winding $= 92.91^2 \times 0.09$ watts $= 777$ watts

Power-loss in shunt field circuit : $2^2 \times 110 = 440$ watts

Total copper losses $= 777 + 400 = 1217$ watts

(ii) Iron and friction losses $=$ Total losses $-$ Copper losses

$= 3529 - 1217 = 2312$ watts

(iii) Let T = Torque developed by the prime-mover

At 1000 r.p.m., angular speed, $\omega = 2\pi \times 1000/60 = 104.67$ rad./sec

$$T \times \omega = \text{Input power}$$

$$\therefore \quad T = 23529/104.67 = 224.8 \text{ Nw-m}$$

26.34. Iron Loss in Armature

Due to the rotation of the iron core of the armature in the magnetic flux of the field poles, there are some losses taking place continuously in the core and are known as Iron Losses or Core Losses. Iron losses consist of *(i)* **Hysteresis** loss and *(ii)* **Eddy Current** loss.

(i) **Hysteresis Loss (W_h)**

This loss is due to the reversal of magnetisation of the armature core. Every portion of the rotating core passes under *N* and *S* pole alternately, thereby attaining *S* and *N* polarity respectively. The core undergoes one complete cycle of magnetic reversal after passing under one *pair* of poles. If *P* is the number of poles and *N*, the armature speed in r.p.m., then frequency of magnetic reversals is $f = PN/120$.

The loss depends upon the volume and grade of iron, maximum value of flux density B_{max} and frequency of magnetic reversals. For normal flux densities (*i.e.* upto 1.5 Wb/m²), hysteresis loss is given by **Steinmetz** formula. According to this formula,

$$W_h = \eta B_{max}^{1.6} f V \text{ watts}$$

where V = volume of the core in m³

η = Steinmetz hysteresis coefficient.

Value of η for :

Good dynamo sheet steel = 502 J/m^3, Silicon steel = 191 J/m^2, Hard Cast steel = 7040 J/m^3, Cast steel = 750 – 3000 J/m^3 and Cast iron = 2700 – 4000 J/m^3.

(*ii*) Eddy Current Loss (W_e)

When the armature core rotates, it also cuts the magnetic flux. Hence, an e.m.f. is induced in the body of the core according to the laws of electromagnetic induction. This e.m.f. though small, sets up large current in the body of the core due to its small resistance. This current is known as eddy current. The power loss due to the flow of this current is known as eddy current loss. This loss would be considerable if solid iron core were used. In order to reduce this loss and the consequent heating of the core to a small value, the core is built up of thin laminations, which are stacked and then riveted at right angles to the path of the eddy currents. These core laminations are insulated from each other by a thin coating of varnish. The effect of laminations is shown in Fig. 26.62. Due to the core body being one continuous solid iron piece [Fig. 26.62 (*a*)], the magnitude of eddy currents is large. As armature cross-sectional area is large, its resistance is very small, hence eddy current loss is large. In Fig. 26.62 (*b*), the same core has been split up into thin circular discs insulated from each other. It is seen that now each current path, being of much less cross-section, has a very high resistance. Hence, magnitude of eddy currents is reduced considerably thereby drastically reducing eddy current loss.

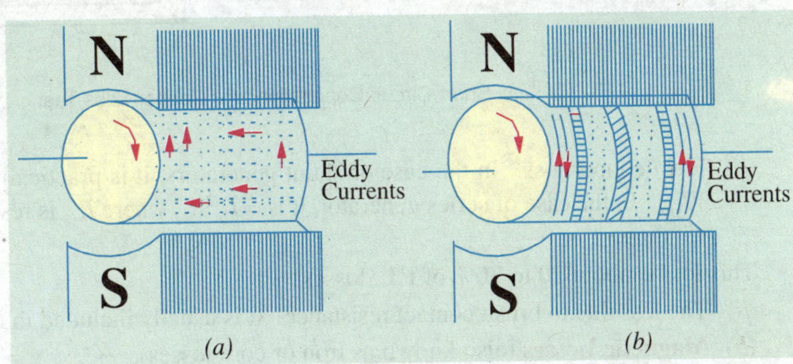

Fig. 26.62

It is found that eddy current loss W_e is given by the following relation :

$$W_e = KB_{max}^2 f^2 t^2 V^2 \text{ watt}$$

where B_{max} = maximum flux density f = frequency of magnetic reversals
t = thickness of each lamination V = volume of armature core.

It is seen from above that this loss varies directly as the square of the thickness of laminations, hence it should be kept as small as possible. Another point to note is that $W_h \propto f$ but $W_e \propto f^2$. This fact makes it possible to separate the two losses experimentally if so desired.

As said earlier, these iron losses if allowed to take place unchecked not only reduce the efficiency of the generator but also raise the temperature of the core. As the output of the machines is limited, in most cases, by the temperature rise, these losses have to be kept as small as is economically possible.

Eddy current loss is reduced by using laminated core but hysteresis loss cannot be reduced this way. For reducing the hysteresis loss, those metals are chosen for the armature core which have a low hysteresis coefficient. Generally, special silicon steels such as stalloys are used which not only have a low hysteresis coefficient but which also possess high electrical resistivity.

26.35. Total Loss in a D.C. Generator

The various losses occurring in a generator can be sub-divided as follows :

(*a*) Copper Losses

(*i*) Armature copper loss = $I_a^2 R_a$ **[Note :** $E_g I_a$ is the power output from armature.]

where R_a = resistance of armature and interpoles and series field winding etc.

This loss is about 30 to 40% of full-load losses.

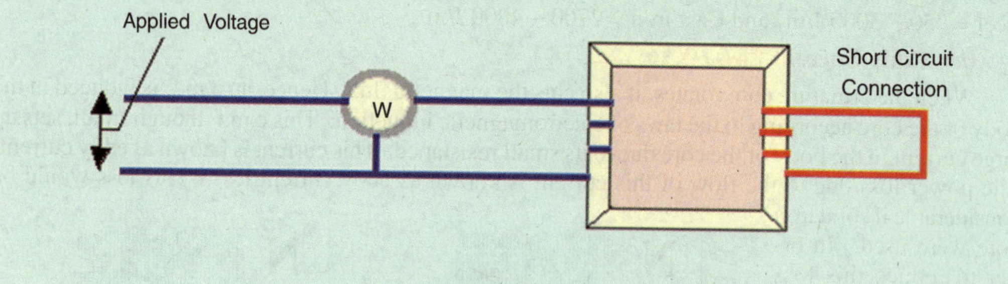

Short Circuit Connections for Copper Loss Test

(*ii*) Field copper loss. In the case of shunt generators, it is practically constant and $I_{sh}^2 R_{sh}$ (or VI_{sh}). In the case of series generator, it is $= I_{se}{}^2 R_{se}$ where R_{se} is resistance of the series field winding.

This loss is about 20 to 30% of F.L. losses.

(*iii*) The loss due to brush contact resistance. It is usually included in the armature copper loss.

(*b*) **Magnetic Losses** (also known as iron or core losses),

(*i*) hysteresis loss, $W_h \propto B_{max}^{1.6} f$ and (*ii*) eddy current loss, $W_e \propto B_{max}^2 f^2$

These losses are practically constant for shunt and compound-wound generators, because in their case, field current is approximately constant.

Both these losses total up to about 20 to 30% of F.L. losses.

(*c*) **Mechanical Losses.** These consist of :

(*i*) friction loss at bearings and commutator.

(*ii*) air-friction or windage loss of rotating armature.

These are about 10 to 20% of F.L. Losses.

The total losses in a d.c. generator are summarized below :

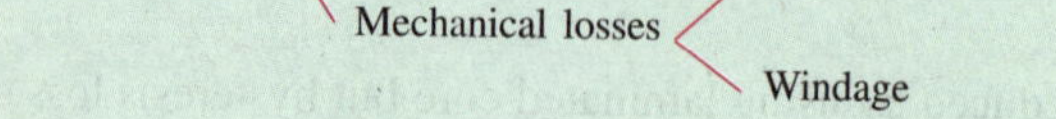

26.36. Stray Losses

Usually, magnetic and mechanical losses are collectively known as ***Stray Losses***. These are also known as rotational losses for obvious reasons.

26.37. Constant or Standing Losses

As said above, field Cu loss is constant for shunt and compound generators. Hence, stray losses and shunt Cu loss are constant in their case. These losses are together known as standing or constant losses W_c.

Hence, for shunt and compound generators,

Total loss = armature copper loss + $W_c = I_a^2 R_a + W_c = (I + I_{sh})^2 R_a + W_c$.

Armature Cu loss $I_a^2 R_a$ is known as variable loss because it varies with the load current.

Total loss = variable loss + constant losses W_c

26.38. Power Stages

Various power stages in the case of a d.c. generator are shown below :

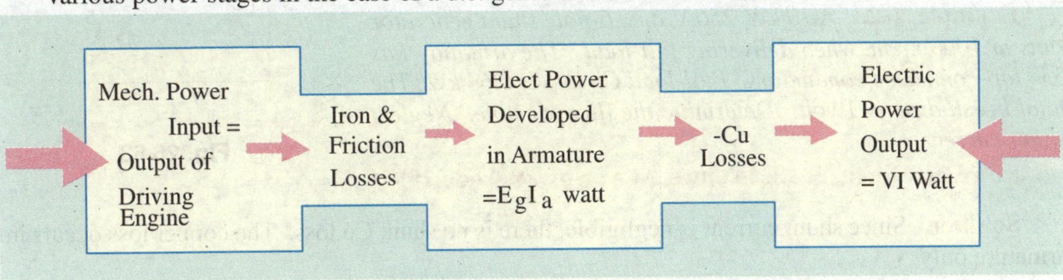

Following are the three generator efficiencies :

1. Mechanical Efficiency

$$\eta_m = \frac{B}{A} = \frac{\text{total watts generated in armature}}{\text{mechanical power supplied}} = \frac{E_g I_a}{\text{output of driving engine}}$$

2. Electrical Efficiency

$$\eta_e = \frac{C}{B} = \frac{\text{watts available in load circuit}}{\text{total watts generated}} = \frac{VI}{E_g I_a}$$

3. Overall or Commercial Efficiency

$$\eta_c = \frac{C}{A} = \frac{\text{watts available in load circuit}}{\text{mechanical power supplied}}$$

It is obvious that overall efficiency $\eta_c = \eta_m \times \eta_e$. For good generators, its value may be as high as 95%.

Note. Unless specified otherwise, commercial efficiency is always to be understood.

26.39. Condition for Maximum Efficiency

Generator output = VI

Generator input = output + losses

$$= VI + I_a^2 R_a + W_c = VI + (I + I_{sh})^2 R_a + W_c \qquad (\because I_a = I + I_{sh})$$

However, if I_{sh} is negligible as compared to load current, then $I_a = I$ (approx.)

$$\therefore \quad \eta = \frac{\text{output}}{\text{input}} = \frac{VI}{VI + I_a^2 R_a + W_c} = \frac{VI}{VI + I^2 R_a + W_c} \qquad (\because I_a = I)$$

$$= \frac{1}{1 + \left(\dfrac{IR_a}{V} + \dfrac{W_c}{VI}\right)}$$

Now, efficiency is maximum when denominator is minimum *i.e.* when

$$\frac{d}{dI}\left(\frac{IR_a}{V} + \frac{W_c}{VI}\right) = 0 \text{ or } \frac{R_a}{V} - \frac{W_c}{VI^2} = \quad \text{or} \quad I^2 R_a = W_c$$

Hence, generator efficiency is maximum when

Variable loss = constant loss.

The load current corresponding to maximum efficiency is given by the relation.

$$I^2R_a = W_c \quad \text{or} \quad I = \sqrt{\frac{W_c}{R_a}}.$$

Variation of η with load current is shown in Fig. 26.63.

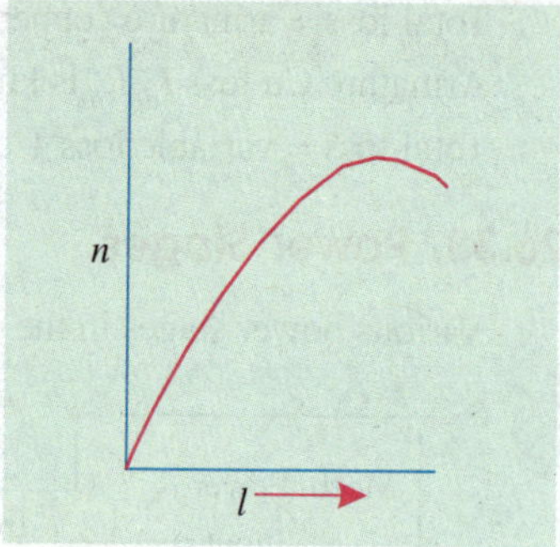

Fig. 26.63

Example 26.23. *A 10 kW, 250 V, d.c., 6-pole shunt generator runs at 1000 r.p.m. when delivering full-load. The armature has 534 lap-connected conductors. Full-load Cu loss is 0.64 kW. The total brush drop is 1 volt. Determine the flux per pole. Neglect shunt current.*

(Elect. Engg. & Electronics, M.S. Univ./Baroda 1987)

Solution. Since shunt current is negligible, there is no shunt Cu loss. The copper loss occurs in armature only.

$I = I_a = 10{,}000/250 = 40$ A ; $I_a^2R_a$ = Arm. Cu loss or $40^2 \times R_a = 0.64 \times 10^3$; $R_a = 0.4\ \Omega$

I_aR_a drop $= 0.4 \times 40 = 16$ V ; Brush drop $= 2 \times 1 = 2$ V

∴ Generated e.m.f. $E_g = 250 + 16 + 1 = 267$ V

Now, $E_g = \dfrac{\Phi ZN}{60}\left(\dfrac{P}{A}\right)$ volt $\quad \therefore\ 267 = \dfrac{\Phi \times 534 \times 1000}{60}\left(\dfrac{6}{6}\right) \quad \therefore\ \Phi = 30 \times 10^{-3}$ Wb = **30 mWb**

Example 26.24(*a*). *A shunt generator delivers 195 A at terminal p.d. of 250 V. The armature resistance and shunt field resistance are 0.02 Ω and 50 Ω respectively. The iron and friction losses equal 950 W. Find*

(a) E.M.F. generated (b) Cu losses (c) output of the prime motor

(d) commercial, mechanical and electrical efficiencies.

(Elect. Machines-I, Nagpur Univ. 1991)

Solution. (*a*) $I_{sh} = 250/50 = 5$ A ; $I_a = 195 + 5 = 200$ A

Armature voltage drop $= I_aR_a = 200 \times 0.02 = 4$ V

∴ Generated e.m.f. $= 250 + 4 =$ **254 V**

(*b*) Armature Cu loss $= I_a^2R_a = 200^2 \times 0.02 = 800$ W

Shunt Cu loss $= V.I_{sh} = 250 \times 5 = 1250$ W

∴ Total Cu loss $= 1250 + 800 =$ **2050 W**

(*c*) Stray losses = 950 W ; Total losses = 2050 + 950 = 3000 W

Output $= 250 \times 195 = 48{,}750$ W ; Input = 48,750 + 3000 = 51750 W

∴ Output of prime mover = **51,750 W**

(*d*) Generator input = 51,750 W ; Stray losses = 950 W

Electrical power produced in armature = 51,750 − 950 = 50,800

$\eta_m = (50{,}800/51{,}750) \times 100 =$ **98.2%**

Electrical or Cu losses = 2050 W

$$\therefore \quad \eta_e = \frac{48{,}750}{48{,}750 + 2{,}050} \times 100 = \mathbf{95.9\%}$$

and $\eta_c = (48{,}750/51{,}750) \times 100 =$ **94.2%**

Example 26.24(*b*). *A 500 V, D.C. shunt motor draws a line current of 5 amps, on light load. If armature resistance is 0.15 ohm, and field resistance is 200 ohms, determine the efficiency of the machine running as a generator, delivering a load current of 40 Amp.*

(Bharathiar Univ. Nov. 1997)

Solution. **(*i*)** As a motor, on Light load, out of 5 Amps of line current, 2.5 Amps are required for field circuit and 2.5 Amps are required for field circuit and 2.5 Amps are required for armature. Neglecting copper-loss in armature at no load (since it works out to be just one watt), the armature-power goes towards armature-core-loss and no-load mechanical loss at the rated speed. This amounts to $(500 \times 2.5) = 1250$ watts.

(*ii*) As a generator, for a line current of 40 Amp, the total current for the armature is 42.5 amp. Output of generator $= 500 \times 40 \times 10^{-3} = 20$ kW

$$\text{Total losses as a generator} = 1250 + \text{field copper-loss} + \text{arm. copper-loss}$$
$$= (1250 + 1250 + 42.5^2 \times 0.15) \text{ watts} = 2.771 \text{ kW}$$
$$\text{Efficiency} = \frac{20}{20 + 2.771} \times 100 = 87.83\%$$

Example 26.25. *A shunt generator has a F.L. current of 196 A at 220 V. The stray losses are 720 W and the shunt field coil resistance is 55 Ω. If it has a F.L. efficiency of 88%, find the armature resistance. Also, find the load current corresponding to maximum efficiency.*

(Electrical Technology Punjab Univ. Nov. 1988)

Solution. Output $= 220 \times 196 = 43{,}120$ W ; $\eta = 88\%$ (overall efficiency)

Electrical input $= 43{,}120/0.88 = 49{,}000$ W

Total losses $= 49{,}000 - 43{,}120 = 5{,}880$ W

Shunt field current $= 220/55 = 4$ A $\quad \therefore \; I_a = 196 + 4 = 200$ A

$\therefore$ Shunt Cu loss $= 220 \times 4 = 880$ W ; Stray losses $= 720$ W

Constant losses $= 880 + 720 = 1{,}600$

$\therefore$ Armature Cu loss $= 5{,}880 - 1{,}600 = 4{,}280$ W

$\therefore$ $I_a^2 R_a = 4{,}280$ W

$200^2 R_a = 4{,}280$ or $R_a = 4{,}280/200 \times 200 =$ **0.107 Ω**

For maximum efficiency,

$$I^2 R_a = \text{constant losses} = 1{,}600 \text{ W} ; I = \sqrt{1{,}600/0.107} = \mathbf{122.34\ A}$$

Example 26.26. *A long-shunt dynamo running at 1000 r.p.m. supplies 22 kW at a terminal voltage of 220 V. The resistances of armature, shunt field and the series field are 0.05, 110 and 0.06 Ω respectively. The overall efficiency at the above load is 88%. Find* **(*a*)** *Cu losses* **(*b*)** *iron and friction losses* **(*c*)** *the torque exerted by the prime mover.*

(Elect. Machinery-I, Bangalore Univ. 1987)

Solution. The generator is shown in Fig. 26.64.

$I_{sh} = 220/110 = 2$ A

$I = 22{,}000/220 = 100$ A,

$I_a = 102$ A

Drop in series field winding $= 102 \times 0.06 = 6.12$ V

(*a*) $I_a^2 R_a = 102^2 \times 0.05 = 520.2$ W

Series field loss $= 102^2 \times 0.06 = 624.3$ W

Shunt field loss $= 4 \times 110 = 440$ W

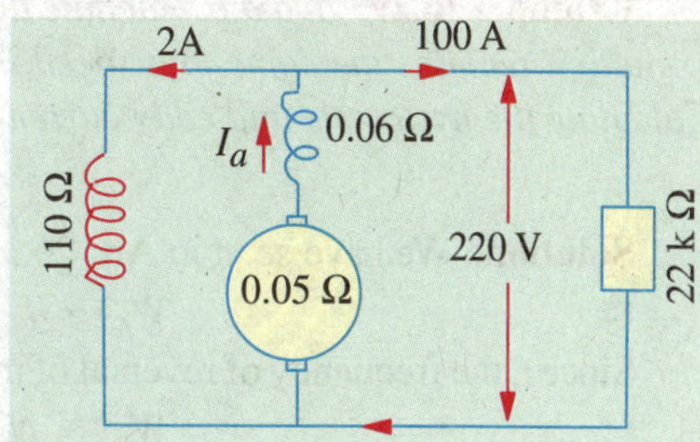

Fig. 26.64

Total Cu losses = 520.2 + 624.3 + 440 = **1584.5 W**

(*b*) Output = 22,000 W ; Input = 22,000/0.88 = 25,000 W

∴ Total losses = 25,000 − 22,000 = 3,000 W

∴ Iron and friction losses = 3,000 − 1,584.5 = **1,415.5 W**

Now, $T \times \frac{2\pi N}{60} = 25{,}000$; $T = \frac{25{,}000 \times 60}{1{,}000 \times 6.284} = $ **238.74 N-m**

Example 26.27. *A 4-pole d.c. generator is delivering 20 A to a load of 10 Ω. If the armature resistance is 0.5 Ω and the shunt field resistance is 50 Ω, calculate the induced e.m.f. and the efficiency of the machine. Allow a drop of 1 V per brush.*

(Electrical Technology-I, Osmania Univ., 1990)

Solution. Terminal voltage = 20 × 10 = 200 V

I_{sh} = 200/50 = 4 A ; I_a = 20 + 4 = 24 A

I_aR_a = 24 × 0.5 = 12 V ; Brush drop = 2 × 1 = 2 V

∴ E_g = 200 + 12 + 2 = **214 V**, as in Fig. 26.65.

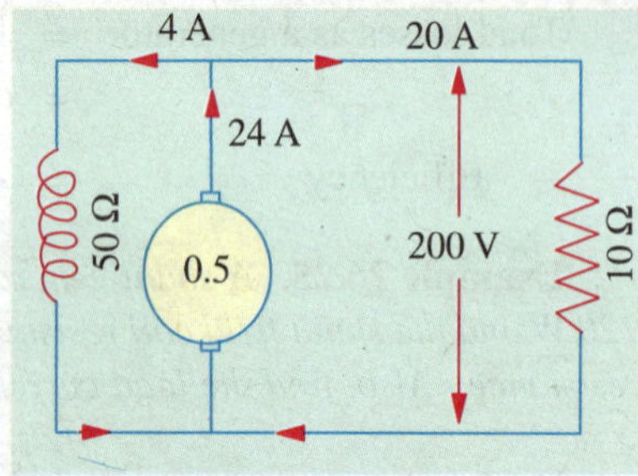

Fig. 26.65

Since iron and friction losses are not given, only electrical efficiency of the machine can be found out.

Total power generated in the armature

= 214 × 24 = 5,136 W

Useful output = 200 × 20 = 4,000 W

∴ η_e = 4,000/5,136 = 0.779 or **77.9%**

Example 26.28. *A long-shunt compound-wound generator gives 240 volts at F.L. output of 100 A. The resistances of various windings of the machine are : armature (including brush contact) 0.1 Ω, series field 0.02 Ω, interpole field 0.025 Ω, shunt field (including regulating resistance) 100 Ω. The iron loss at F.L. is 1000 W ; windage and friction losses total 500 W. Calculate F.L. efficiency of the machine.* **(Electrical Machinery-I, Indore Univ. 1989)**

Solution. Output = 240 × 100 = 24,000 W

Total armature circuit resistance = 0.1 + 0.02 + 0.025 = 0.145 Ω

I_{sh} = 240/100 = 2.4 A ∴ I_a = 100 + 2.4 = 102.4 A

∴ Armature circuit copper loss = $102.4^2 \times 0.145$ = 1,521 W

Shunt field copper loss = 2.4 × 240 = 576 W

Iron loss = 1000 W ; Friction loss = 500 W

Total loss = 1,521 + 1,500 + 576 = 3,597 W ; $\eta = \frac{24{,}000}{24{,}000 + 3{,}597} = 0.87 =$ **87%**

Example 26.29. *In a d.c. machine the total iron loss is 8 kW at its rated speed and excitation. If excitation remains the same, but speed is reduced by 25%, the total iron loss is found to be 5 kW. Calculate the hysteresis and eddy current losses at* **(i)** *full speed* **(ii)** *half the rated speed.*

(Similar Example, JNTU, Hyderabad, 2000)

Solution. We have seen in Art. 26.32 that

$$W_h \propto f \quad \text{and} \quad W_e \propto f^2$$

Since *f*, the frequency of reversal of magnetization, is directly proportional to the armature speed,

$$W_h \propto N \quad \text{and} \quad W_e \propto N^2$$

$\therefore$ $W_h = A \times N$ and $W_e = BN^2$, where A and B are constants.

Total loss $W = W_h + W_e = AN + BN^2$

Let the full rated speed be 1.

Then $8 = A \times 1 + B \times 1^2$ or $8 = A + B$ ...(*i*)

Now, when speed is 75% of full rated speed, then

$5 = A \times (0.75) + B(0.75)^2$ ...(*ii*)

Multiplying (*i*) by 0.75 and subtracting (*ii*) from it, we get

$0.1875\,B = 1$ $\therefore$ $B = 1/0.1875 =$ **5.33 kW**

Substituting this value in (*i*) above

$8 = 5.33 + A$ $\therefore$ $A =$ **2.67 kW**

(*i*) W_h at rated speed = 2.67 kW, W_e at rated speed = **5.33 kW**

(*ii*) W_h at half the rated speed $= 2.67 \times 0.5 =$ **1.335 kW**

W_e at half the rated speed $= 5.33 \times 0.5^2 =$ **1.3325 kW**

Example 26.30. *The hysteresis and eddy current losses in a d.c. machine running at 1000 r.p.m. are 250 W and 100 W respectively. If the flux remains constant, at what speed will be total iron losses be halved ?* **(Electrical Machines-I, Gujarat Univ. 1989)**

Solution. Total loss $W = W_h + W_e = AN + BN^2$

Now, $W_h = 250$ W $\therefore$ $A \times (1000/60) = 250$; $A = 15$

$W_e = 100$ W $\therefore$ $B \times (1000/60)^2 = 100$; $B = 9/25$

Let N be the new speed in r.p.s. at which total loss is one half of the loss at 1000 r.p.m. New loss = (250 + 100)/2 = 175 W

$\therefore$ $175 = 15\,N + (9/25)N^2$ or $9N^2 + 375\,N - 4{,}375 = 0$

$$\therefore \quad N = \frac{-375 \pm \sqrt{375^2 + 36 \times 4{,}375}}{2 \times 9} = \frac{-375 \pm 546}{18} = 9.5 \text{ r.p.s} = \textbf{570 r.p.m.*}$$

Note. It may be noted that at the new speed, $W_h = 250 \times (570/100) = 142.5$ W and $W_e = 100 \times (570/1000)^2 = 32.5$ W. Total loss = 142.5 + 32.5 = 175 W.

Example 26.31. *A d.c. shunt generator has a full load output of 10 kW at a terminal voltage of 240 V. The armature and the shunt field winding resistances are 0.6 and 160 ohms respectively. The sum of the mechanical and core-losses is 500 W. Calculate the power required, in kW, at the driving shaft at full load, and the corresponding efficiency.* **(Nagpur University November 99)**

Solution. Field current $= \dfrac{240}{160} = 1.5$ amp, Load current $= \dfrac{10{,}000}{240} = 41.67$ amp

Armature current $= 41.67 + 1.5 = 43.17$ amp

Field copper losses = 360 W, Armature copper losses $= 43.17^2 \times 0.6 = 1118$ W

Total losses in kW = 0.36 + 1,118 + 0.50 = 1,978 kW

Hence, Power input at the shaft = 11.978 kW

$$\text{Efficiency} = \frac{10}{11.978} \times 100\% = 83.5\%$$

---

* The negative value has been rejected–being mathematically absurd.

Example 26.32. *A long shunt d.c. compound generator delivers 110 kW at 220 V.*

If r_a = 0.01 ohm, r_{se} = 0.002 ohm, and shunt field has a resistance of 110 ohms, calculate the value of the induced e.m.f. **(Bharathithasan University Nov. 1997)**

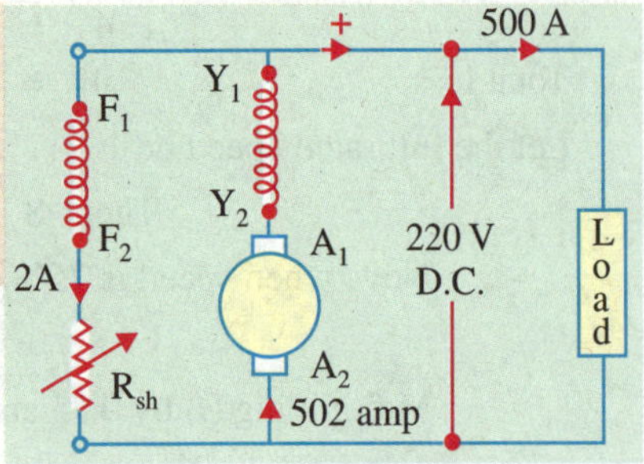

Fig. 26.66. Long-shunt d.c. compound generator

Solution. Load current = 110 × 1000/220

= 500 A

Shunt field current = 220/110 = 2 A

Armature current = 502 A

$r_a + r_{se}$ = 0.012 ohm

E_a = 220 + [502 × (0.012)]

= 226.024 V

Example 26.33. *The armature of a four-pole d.c. shunt generator is lap-wound and generates 216 V when running at 600 r.p.m. Armature has 144 slots, with 6 conductors per slot. If this armature is rewound, wave-connected, find the e.m.f. generated with the same flux per pole but running at 500 r.p.m.* **(Bharathithasan University April 1997)**

Solution. Total number of armature conductors = Z = 144 × 6 = 864

For a Lap winding, number of parallel paths in armature = number of poles

In the e.m.f. equation, $E = (\phi ZN/60)(P/a)$

Since $P = a$

$E = \phi ZN/60$

$216 = \phi \times 864 \times 600/60 = 8640\phi$

Hence ϕ = 25 milli-webers

If the armature is rewound with wave-connection, number of parallel paths = 2.

Hence, at 500 r.p.m., with 25 mWb as the flux per pole.

the armature emf $= (25 \times 10^{-3} \times 864 \times 500/60) \times 4/2$

$= 25 \times 864 \times 0.50 \times 2/60$

= 360 volts

Additional note :

Extension to Que : *Comment on the armature output power in the two cases.*

Solution. Assumption is that field side is suitably modified in the two cases.

Case (*i*) : Lap-wound Machine at 600 r.p.m.

Armature e.m.f.= 216 V

Let each armature-conductor be rated to carry a current of 10 amp.

In simple lap-wound machines, since a four-pole machine has four parallel paths in armature, the total armature output-current is 40 amp.

Hence, armature-output-power $= 216 \times 40 \times 10^{-3} = 8.64$ kW

Case (*ii*) : Wave-wound machine, at 500 r.p.m.

Armature e.m.f. = 360 V

Due to wave-winding, number of parallel paths in armature = 2

Hence, the total armature output current = 20 amp

Thus, Armature Electrical output-power = $360 \times 20 \times 10^{-3} = 7.2$ kW

Observation. With same flux per pole, the armature power outputs will be in the proportion of the speeds, as (7.2/8.64) = 5/6).

Further Conclusion. In case of common speed for comparing Electrical Outputs with same machine once lap-wound and next wave-wound, there is no difference in the two cases. Lap-wound machine has lower voltage and higher current while the wave-wound machine has higher voltage and lower current.

Example 26.34. *A 4-pole, Lap-connected d.c. machine has an armature resistance of 0.15 ohm. Find the armature resistance of the machine is rewound for wave-connection.*

(Bharthiar Univ. Nov. 1997)

Solution. A 4-pole lap-winding has 4 parallel paths in armature. If it is rewound for wave-connection, the resistance across the terminal becomes $(4 \times 0.15) = 0.6$ ohm, as it obvious from Fig. 26.67.

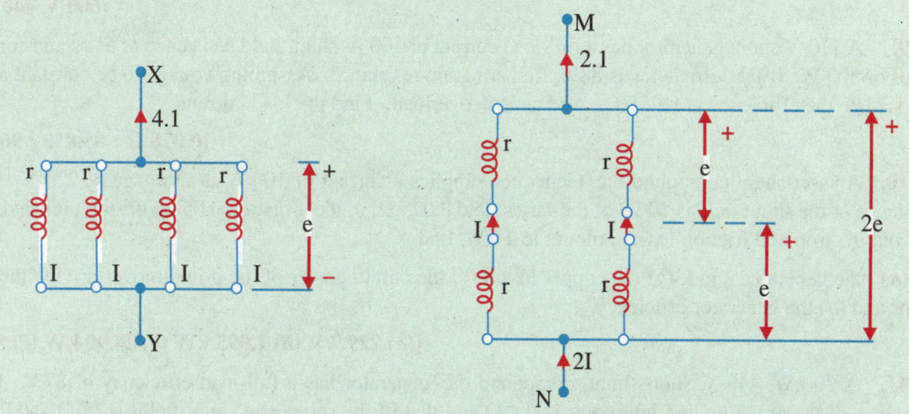

4 parallel paths (Lap-winding)
Power rating = $eI \times 4$
Resistance Between X and $Y = r/4$
(*a*) Lap-winding

2 parallel paths (wave-winding)
Power rating = $(2e) \times (2I) = 4eI$
Resistance Between M and $N = r$
(*b*) Wave-winding

Fig. 26.67. Resistances for different methods

Tutorial Problem No. 26.2

1. A 4-pole, d.c. generator has a wave-wound armature with 792 conductors. The flux per pole is 0.0121 Wb. Determine the speed at which it should be run to generate 240 V on no-load. **[751.3 r.p.m.]**

2. A 20 kW compound generator works on full-load with a terminal voltage of 230 V. The armature, series and shunt field resistances are 0.1, 0.05 and 115 Ω respectively. Calculate the generated e.m.f. when the generator is connected short-shunt. **[243.25 V]** ***(Elect. Engg. Madras Univ. April, 1978)***

3. A d.c. generator generates an e.m.f. of 520 V. It has 2,000 armature conductors, flux per pole of 0.013 Wb, speed of 1200 r.p.m. and the armature winding has four parallel paths. Find the number of poles. **[4]** ***(Elect. Technology, Aligarh Univ. 1978)***

4. When driven at 1000 r.p.m. with a flux per pole of 0.02 Wb, a d.c. generator has an e.m.f. of 200 V. If the speed is increased to 1100 r.p.m. and at the same time the flux per pole is reduced to 0.019 Wb per pole, what is then the induced e.m.f. ? **[209 V]**

5. Calculate the flux per pole required on full-load for a 50 kW, 400 V, 8-pole, 600 r.p.m. d.c. shunt generator with 256 conductors arranged in a lap-connected winding. The armature winding resistances is 0.1 Ω, the shunt field resistance is 200 Ω and there is a brush contact voltage drop of 1 V at each brush on full-load. **[0.162 Wb]**

6. Calculate the flux in a 4-pole dynamo with 722 armature conductors generating 500 V when running at 1000 r.p.m. when the armature is (*a*) lap connected (*b*) wave connected.

[(*a*) 41.56 mWb (*b*) 20.78 mWb] (*City & Guilds, London*)

7. A 4-pole machine running at 1500 r.p.m. has an armature with 90 slots and 6 conductors per slot. The flux per pole is 10 mWb. Determine the terminal e.m.f. as d.c. Generator if the coils are lap-connected. If the current per conductor is 100 A, determine the electrical power.

[810 V, 324 kW] (*London Univ.*)

8. An 8-pole lap-wound d.c. generator has 120 slots having 4 conductors per slot. If each conductor can carry 250 A and if flux/pole is 0.05 Wb, calculate the speed of the generator for giving 240 V on open circuit. If the voltage drops to 220 V on full load, find the rated output of the machine.

[600 V, 440 kW]

9. A 110-V shunt generator has a full-load current of 100 A, shunt field resistance of 55 Ω and constant losses of 500 W. If F.L. efficiency is 88%, find armature resistance. Assuming voltage to be constant at 110 V, calculate the efficiency at half F.L. And at 50% overload. Find the load current.

[0.078 Ω ; 85.8% ; 96.2 A]

10. A short-shunt compound d.c. Generator supplies a current of 100 A at a voltage of 220 V. If the resistance of the shunt field is 50 Ω, of the series field 0.025 Ω, of the armature 0.05 Ω, the total brush drop is 2 V and the iron and friction losses amount to 1 kW, find

(*a*) the generated e.m.f. (*b*) the copper losses (*c*) the output power of the prime-mover driving the generator and (*d*) the generator efficiency.

[(*a*) 229.7 V (*b*) 1.995 kW (*c*) 24.99 kW (*d*) 88%]

11. A 20 kW, 440-V, short-shunt, compound d.c. generator has a full-load efficiency of 87%. If the resistance of the armature and interpoles is 0.4 Ω and that of the series and shunt fields 0.25 Ω and 240 Ω respectively, calculate the combined bearing friction, windage and core-loss of the machine.

[725 W]

12. A long-shunt, compound generator delivers a load current of 50 A at 500 V and the resistances of armature, series field and shunt field are 0.05 ohm and 250 ohm respectively. Calculate the generated electromotive force and the armature current. Allow 1.0 V per brush for contact drop.

[506.2 V ; 52 A] (*Elect. Engg. Banaras Hindu Univ. 1977*)

13. In a 110-V compound generator, the resistances of the armature, shunt and the series windings are 0.06 Ω, 25 Ω and 0.04 Ω respectively. The load consists of 200 lamps each rated at 55 W, 110 V.

Find the total electromotive force and armature current when the machine is connected (*i*) long shunt (*ii*) short shunt. Ignore armature reaction and brush drop.

[(*a*) 1200.4, 104.4 A (*b*) 120.3 V, 104.6 A] (*Electrical Machines-I, Bombay Univ. 1979*)

14. Armature of a 2-pole, 200-V generator has 400 conductors and runs at 300 r.p.m. Calculate the useful flux per pole. If the number of turns in each field coil is 1200, what is the average value of e.m.f induced in each coil on breaking the field if the flux dies away completely in 0.1 sec ?

(*JNTU, Hyderabad, 2000*)

Hint: Calculate the flux per pole generating 200 V at 300 rpm. Calculate the e.m.f. induced in 1200-turn field coil due to this flux reducing to zero in 0.1 sec, from the rate of change of flux-linkage.

[ϕ = 0.1 Wb, e = 1200 V]

15. A 1500 kW, 550-V, 16 pole generator runs at 150 rev. per min. What must be the useful flux if there are 2500 conductors lap-connected and the full-load copper losses are 25 kW? Calculate the area of the pole shoe if the gap density has a uniform value of 0.9 wb/m^2 and find the no-load terminal voltage, neglecting armature reaction and change in speed.

(Rajiv Gandhi Techn. Univ., Bhopal, 2000) **[0.09944 m^2, 559.17 V]**

OBJECTIVE TESTS – 26

1. The basic requirement of a d.c. armature winding is that it must be
(*a*) a closed one
(*b*) a lap winding
(*c*) a wave winding
(*d*) either (*b*) or (*c*)

2. A wave winding must go at least .... around the armature before it closes back where it started.
(*a*) once
(*b*) twice
(*c*) thrice
(*d*) four times

3. The d.c. armature winding in which coil sides are a pole pitch apart is called .... winding.
(*a*) multiplex
(*b*) fractional-pitch
(*c*) full-pitch
(*d*) pole-pitch

4. For making coil span equal to a pole pitch in the armature winding of a d.c. generator, the back pitch of the winding must equal the number of
(*a*) commutator bars per pole
(*b*) winding elements
(*c*) armature conductors per path
(*d*) armature parallel paths.

5. The primary reason for making the coil span of a d.c. armature winding equal to a pole pitch is to
(*a*) obtain a coil span of 180º (electrical)
(*b*) ensure the addition of e.m.fs. of consecutive turns
(*c*) distribute the winding uniformly under different poles
(*d*) obtain a full-pitch winding.

6. In a 4-pole, 35 slot d.c. armature, 180 electrical-degree coil span will be obtained when coils occupy .... slots.
(*a*) 1 and 10
(*b*) 1 and 9
(*c*) 2 and 11
(*d*) 3 and 12

7. The armature of a d.c. generator has a 2-layer lap-winding housed in 72 slots with six conductors/slot. What is the minimum number of commutator bars required for the armature?
(*a*) 72
(*b*) 432
(*c*) 216
(*d*) 36

8. The sole purpose of a commutator in a d.c. Generator is to
(*a*) increase output voltage
(*b*) reduce sparking at brushes
(*c*) provide smoother output
(*d*) convert the induced a.c. into d.c.

9. For a 4-pole, 2-layer, d.c., lap-winding with 20 slots and one conductor per layer, the number of commutator bars is
(*a*) 80
(*b*) 20
(*c*) 40
(*d*) 160

10. A 4-pole, 12-slot lap-wound d.c. armature has two coil-sides/slot. Assuming single turn coils and progressive winding, the back pitch would be
(*a*) 5
(*b*) 7
(*c*) 3
(*d*) 6

11. If in the case of a certain d.c. armature, the number of commutator segments is found either one less or more than the number of slots, the armature must be having a simplex .... winding.
(*a*) wave
(*b*) lap
(*c*) frog leg
(*d*) multielement

12. Lap winding is suitable for .... current, ... voltage d.c. generators.
(*a*) high, low
(*b*) low, high
(*c*) low, low
(*d*) high, high

13. The series field of a short-shunt d.c. generator is excited by .... currents.
(*a*) shunt
(*b*) armature
(*c*) load
(*d*) external

14. In a d.c. generator, the generated e.m.f. is directly proportional to the
(*a*) field current
(*b*) pole flux
(*c*) number of armature parallel paths
(*d*) number of dummy coils

15. In a 12-pole triplex lap-wound d.c. armature, each conductor can carry a current of 100 A. The rated current of this armature is .... ampere.
(*a*) 600
(*b*) 1200
(*c*) 2400
(*d*) 3600

16. The commercial efficiency of a shunt generator is maximum when its variable loss equals .... loss.
(*a*) constant
(*b*) stray
(*c*) iron
(*d*) friction and windage

17. In small d.c. machines, armature slots are sometimes not made axial but are skewed. Though skewing makes winding a little more difficult, yet it results in
(*a*) quieter operation
(*b*) slight decrease in losses
(*c*) saving of copper
(*d*) both (*a*) and (*b*)

18. The critical resistance of the d.c. generator is the resistance of
(*a*) armature
(*b*) field
(*c*) load
(*d*) brushes **(Grad. I.E.T.E Dec. 1985)**

ANSWERS

1. (*a*) 2. (*b*) 3. (*c*) 4. (*a*) 5. (*b*) 6. (*b*) 7. (*c*) 8. (*d*) 9. (*b*) 10. (*b*)
11. (*a*) 12. (*a*) 13. (*c*) 14. (*b*) 15. (*d*) 16. (*a*) 17. (*d*) 18. (*b*)

C H A P T E R 27

ARMATURE REACTION AND COMMUTATION

Learning Objectives

- Armature Reaction
- Demagnetising and Cross-magnetising Conductors
- Demagnetising AT per Pole
- Cross-magnetising AT per pole
- Compensating Windings
- No. of Compensating Windings
- Commutation
- Value of Reactance Voltage
- Methods of Improving Commutation
- Resistance Commutation
- E.M.F. Commutation
- Interpoles or Compoles
- Equalising Connections
- Parallel Operation of Shunt Generators
- Paralleling D.C. Generator
- Load Sharing
- Procedure for Paralleling D.C. Generators
- Compound Generators in Parallel
- Series Generators in Parallel

Armature reaction is the change in the neutral plane and the reaction of the magnetic field

27.1 Armature Reaction

By armature reaction is meant the effect of magnetic field set up by armature current on the distribution of flux under main poles of a generator. The armature magnetic field has two effects :

(*i*) ***It demagnetises* or *weakens the main flux*** and

(*ii*) ***It cross-magnetises* or *distorts it.***

The first effect leads to reduced generated voltage and the second to the sparking at the brushes.

These effects are well illustrated in Fig. 27.1 which shows the flux distribution of a bi-polar generator when there is no current in the armature conductors. For convenience, only two poles have been considered, though the following remarks apply to multipolar fields as well. Moreover, the brushes are shown touching the armature conductors directly, although in practice, they touch commutator segments, It is seen that

(*a*) the flux is distributed symmetrically with respect to the polar axis, which is the line joining the centres of *NS* poles.

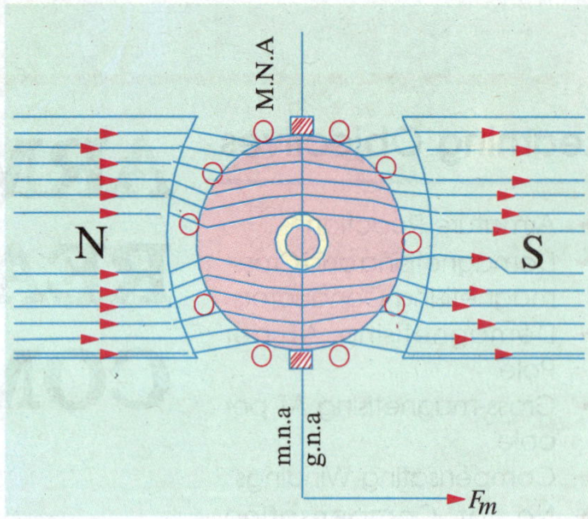

Fig. 27.1

(*b*) The magnetic neutral axis or plane (*M.N.A.*) coincides with the geometrical neutral axis or plane (*G.N.A.*)

Magnetic neutral axis may be defined as the axis along which no e.m.f. is produced in the armature conductors because they then move parallel to the lines of flux.

Or *M.N.A.* is the axis which is perpendicular to the flux passing through the armature.

As hinted in Art. 27.2, brushes are always placed along *M.N.A.* Hence, *M.N.A.* is also called 'axis of commutation' because reversal of current in armature conductors takes place across this axis.

In Fig. 27.1 is shown vector OF_m which represents, both in magnitude and direction, the m.m.f. producing the main flux and also *M.N.A.* which is perpendicular to OF_m.

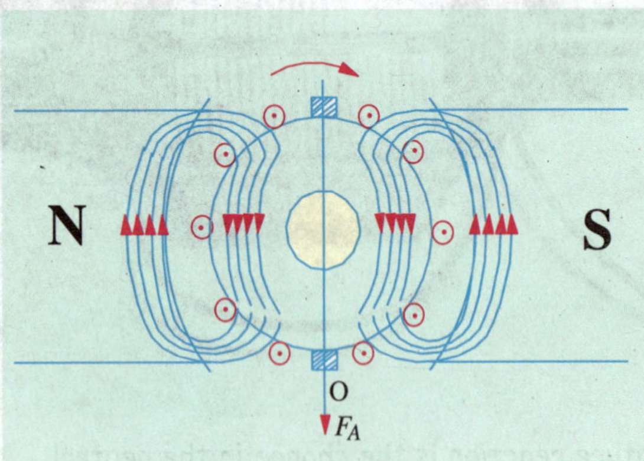

Fig. 27.2

In Fig. 27.2 is shown the field (or flux) set up by the armature conductors *alone* when carrying current, the field coils being unexcited. The direction of the armature current is the same as it would actually be when the generator is loaded. It may even be found by applying Fleming's Right-hand Rule. The current direction is downwards in conductors under *N*-pole and upwards in those under *S*-pole. The downward flow is represented by crosses and upward flow by dots.

As shown in Fig. 27.2, the m.m.fs. of the armature conductors combine to send flux downwards through the armature. The direction of the lines of force can be found by applying cork-screw rule. The armature m.m.f. (depending on the strength of the armature current) is shown separately both in magnitude and direction by the vector OF_A which is parallel to the brush axis.

So far, we considered the main m.m.f. and armature m.m.f. separately as if they existed independently, which is not the case in practice. Under actual load conditions, the two exist simultaneously in the generator as shown in Fig. 27.3.

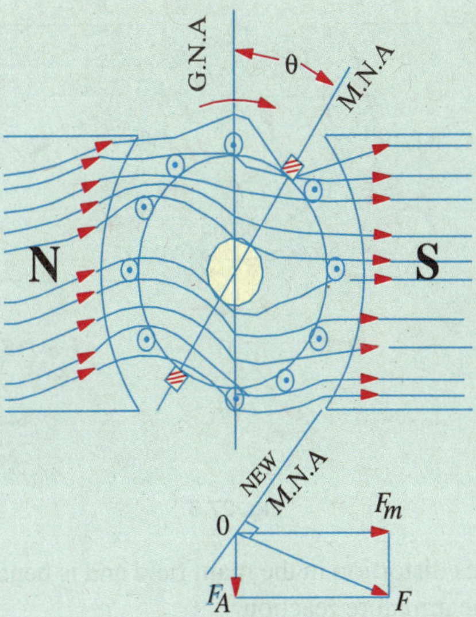

Fig. 27.3

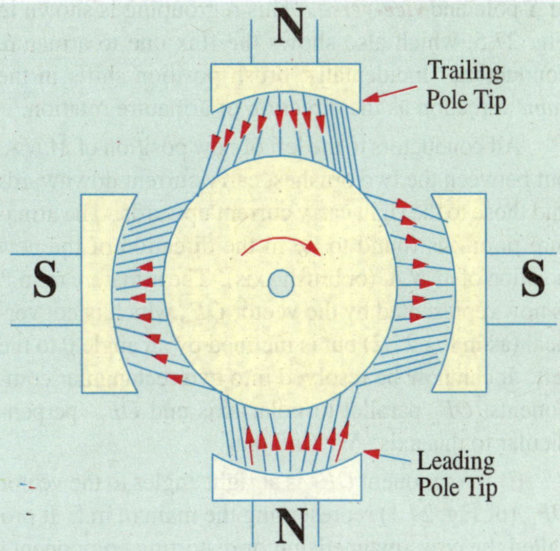

Fig. 27.4

It is seen that the flux through the armature is no longer uniform and symmetrical about the pole axis, rather it has been distorted. The flux is seen to be crowded at the trailing pole tips but weakened or thinned out at the leading pole tips (the pole tip which is first met during rotation by armature conductors is known as the leading pole tip and the other as trailing pole tip). The strengthening and weakening of flux is separately shown for a four-pole machine in Fig. 27.4. As seen, air-gap flux density under one pole half is greater than that under the other pole half.

If Fig. 27.3 is shown the resultant m.m.f. *OF* which is found by vectorially combining OF_m and OF_A.

The new position of *M.N.A.*, which is always perpendicular to the resultant m.m.f. vector *OF*, is also shown in the figure. With the shift of *M.N.A.*, say through an angle θ, brushes are also shifted so as to lie along the new position of *M.N.A.* Due to this brush shift (or forward lead), the armature conductors and hence armature current is redistributed. Some armature conductors which were earlier

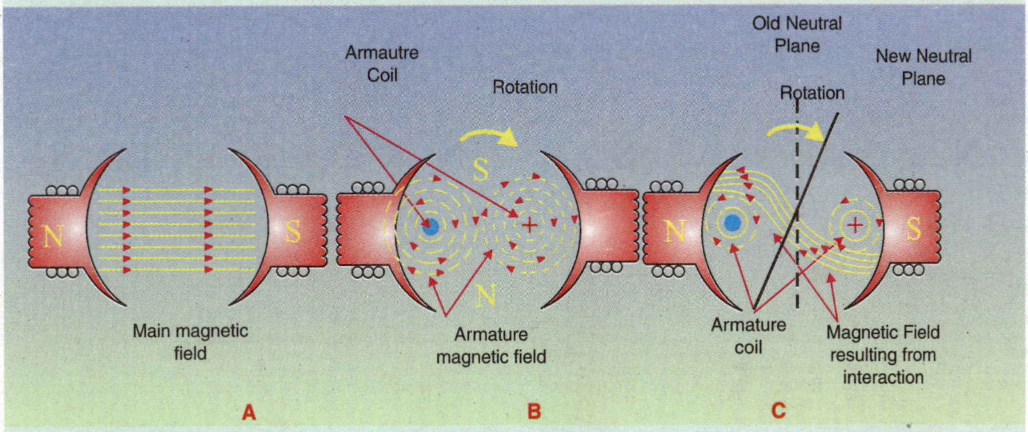

Armature reaction

under the influence of *N*-pole come under the influence of *S*-pole and ***vice-versa***. This regrouping is shown in Fig. 27.5, which also shows the flux due to armature conductors. Incidentally, brush position shifts in the *same* direction as the direction of armature rotation.

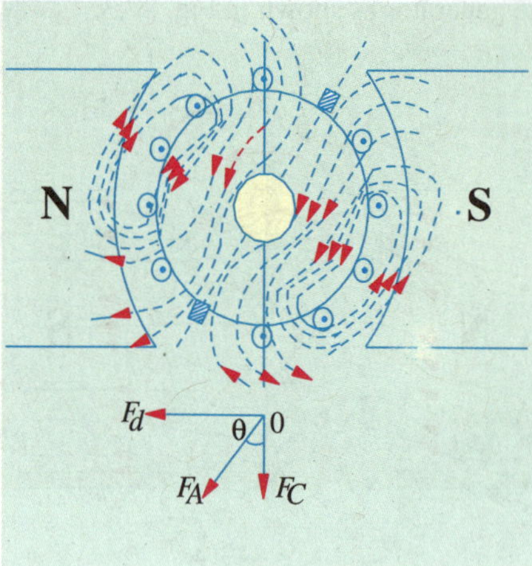

Fig. 27.5

All conductors to the left of new position of *M.N.A.* but between the two brushes, carry current downwards and those to the right carry current upwards. The armature m.m.f. is found to lie in the direction of the new position of *M.N.A.* (or brush axis). The armature m.m.f. is now represented by the vector OF_A which is not vertical (as in Fig 27.2) but is inclined by an angle θ to the left. It can now be resolved into two rectangular components, OF_d parallel to polar axis and OF_C perpendicular to this axis. We find that

(i) component OF_C is at right angles to the vector OF_m (of Fig. 27.1) representing the main m.m.f. It produces distortion in the main field and is hence called the cross-magnetising or distorting component of the armature reaction.

(ii) The component OF_d is in direct opposition of OF_m which represents the main m.m.f. It exerts a demagnetising influence on the main pole flux. Hence, it is called the demagnetising or weakening component of the armature reaction.

It should be noted that both distorting and demagnetising effects will increase with increase in the armature current.

27.2. Demagnetising and Cross-magnetising Conductors

The exact conductors which produce these distorting and demagnetising effects are shown in Fig. 27.6 where the brush axis has been given a forward lead of θ so as to lie along the new position of *M.N.A.* All conductors lying within angles $AOC = BOD = 2\theta$ at the top and bottom of the armature, are carrying current in such a direction as to send the flux *through* the armature from right to left. This fact may be checked by applying crockscrew rule. It is these conductors which act in direct opposition to the main field and are hence called the demagnetising armature conductors.

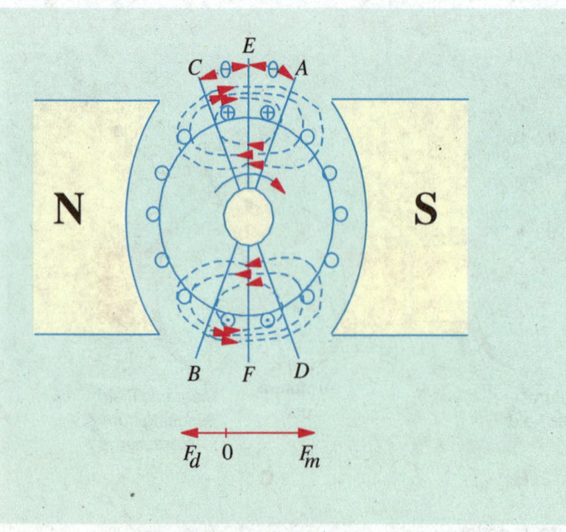

Fig. 27.6

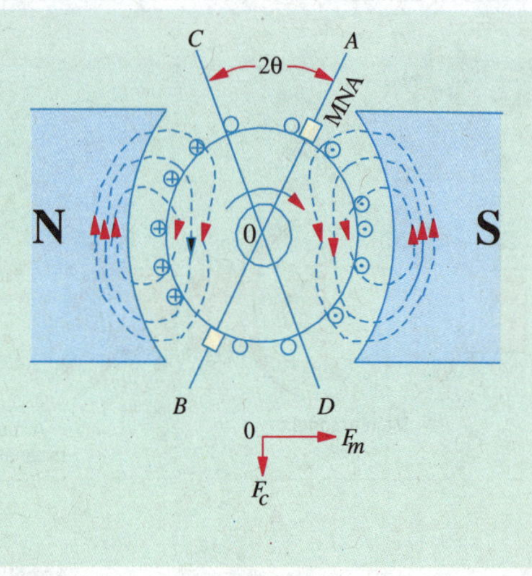

Fig. 27.7

Now consider the remaining armature conductors lying between angles *AOD* and *COB*. As shown in Fig. 27.7, these conductors carry current in such a direction as to produce a combined flux pointing vertically downwards *i.e.* at right angles to the main flux. This results in distortion of the main field. Hence, these conductors are known as cross-magnetising conductors and constitute distorting ampere-conductors.

27.3. Demagnetising AT per Pole

Since armature demagnetising ampere-turns are neutralized by adding extra ampere-turns to the main field winding, it is essential to calculate their number. But before proceeding further, it should be remembered that the number of turns is equal to half the number of conductors because two conductors-constitute one turn.

Let Z = total number of armature conductors

I = current in each armature conductor

$= I_d/2$ ... for simplex wave winding

$= I_d/P$ ... for simplex lap winding

θ_m = forward lead in mechanical or geometrical or angular degrees.

Total number of armature conductors in angles *AOC* and *BOD* is $\frac{4\theta_m}{360} \times Z$

As two conductors constitute one turn,

$$\therefore \quad \text{Total number of turns in these angles} = \frac{2\theta_m}{360} \times ZI$$

$$\therefore \quad \text{Demagnetising amp-turns per pair of poles} = \frac{2\theta_m}{360} \times ZI$$

$$\therefore \quad \text{Demagnetising amp - turns/pole} = \frac{\theta_m}{360} \times ZI \qquad \therefore AT_d \text{ per pole} = ZI \times \frac{\theta_m}{360}$$

27.4. Cross-magnetising AT per pole

The conductors lying between angles *AOD* and *BOC* constitute what are known as distorting or cross-magnetising conductors. Their number is found as under :

Total armature-*conductors*/pole both cross and demagnetising = Z / P

$$\text{Demagnetising } conductors\text{/pole} = Z.\frac{2\theta_m}{360} \qquad \text{(found above)}$$

$$\therefore \quad \text{Corss-magnetising } conductors\text{/pole} = \frac{Z}{P} - Z \times \frac{2\theta_m}{360} = Z\left(\frac{1}{P} - \frac{2\theta_m}{360}\right)$$

$$\therefore \quad \text{Cross-magnetising } amp\text{-}conductors\text{/pole} = ZI\left(\frac{1}{P} - \frac{2\theta_m}{360}\right)$$

$$\therefore \quad \text{Corss-magnetising } amp\text{-}turns\text{/pole} = ZI\left(\frac{1}{2P} - \frac{\theta_m}{360}\right)$$

(Remembering that two conductors make one turn)

$$\therefore \quad AT_c\text{/pole} = ZI\left(\frac{1}{2P} - \frac{\theta_m}{360}\right)$$

Note. (*i*) For neutralizing the demagnetising effect of armature-reaction, an extra number of turns may be put on each pole.

$$\text{No. of extra turns/pole} = \frac{AT_d}{I_{sh}} \qquad \text{–for shunt generator}$$

$$= \frac{AT_d}{I_a} \qquad \text{–for series generator}$$

If the leakage coefficient λ is given, then multiply each of the above expressions by it.

(ii) If lead angle is given in electrical degrees, it should be converted into mechanical degrees by the following relation.

$$\theta \text{ (mechanical)} = \frac{\theta \text{ (electrical)}}{\text{pair of poles}} \text{ or } \theta_m = \frac{\theta_e}{P/2} = \frac{2\theta_e}{P}$$

27.5. Compensating Windings

These are used for large direct current machines which are subjected to large fluctuations in load *i.e.* rolling mill motors and turbo-generators etc. Their function is to neutralize the cross magnetizing effect of armature reaction. In the absence of compensating windings, the flux will be suddenly shifting backward and forward with every change in load. This shifting of flux will induce ***statically*** induced e.m.f. in the armature coils. The magnitude of this e.m.f. will depend upon the rapidity of changes in load and the amount of change. It may be so high as to strike an arc between the consecutive commutator segments across the top of the mica sheets separating them. This may further develop into a flash-over around the whole commutator thereby short-circuiting the whole armature.

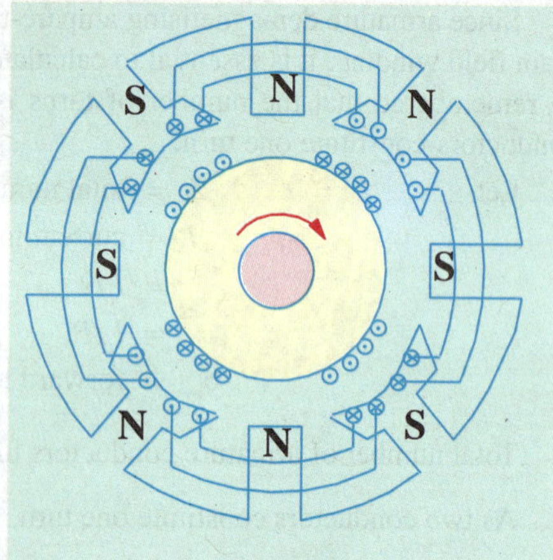

Fig. 27.8

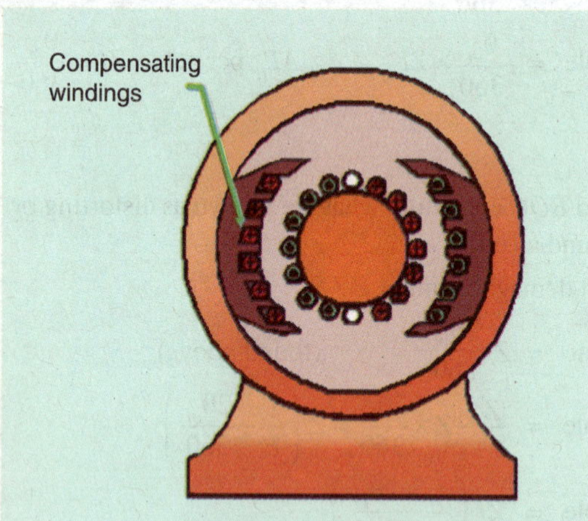

Compensating windings

These windings are embedded in slots in the pole shoes and are connected in series with armature in such a way that the current in them flows in opposite direction to that flowing in armature conductors directly below the pole shoes. An elementary scheme of compensating winding is shown in Fig. 27.8.

It should be carefully noted that compensating winding must provide sufficient m.m.f so as to counterbalance the armature m.m.f. Let

Z_c = No. of compensating conductos/pole face

Z_a = No. of active armature conductors/pole,

I_a = Total armature current

I_a/A = current/armature conductor

$$\therefore \; Z_c I_a = Z_a (I_d/A) \text{ or } Z_c = Z_d/A$$

Owing to their cost and the room taken up by them, the compensating windings are used in the case of large machines which are subject to violent fluctuations in load and also for generators which have to deliver their full-load output at considerable low induced voltage as in the Ward-Leonard set.

27.6. No. of Compensating Windings

No. of armature *conductors*/pole $= \dfrac{Z}{P}$ No. of armature *turns*/pole $= \dfrac{Z}{2P}$

$\therefore$ No. of armature-turns immediately under one pole

$$= \frac{Z}{2P} \times \frac{\text{Pole arc}}{\text{Pole pitch}} = 0.7 \times \frac{Z}{2P} \text{ (approx.)}$$

$\therefore$ No. of armature amp-*turns*/pole for compensating winding

$$= 0.7 \times \frac{Z}{2P} = 0.7 \times \text{armature amp-turns/pole}$$

Example 27.1. *A 4-pole generator has a wave-wound armature with 722 conductors, and it delivers 100 A on full load. If the brush lead is 8°, calculate the armature demagnetising and cross-magnetising ampere turns per pole.* **(Advanced Elect. Machines AMIE Sec. B 1991)**

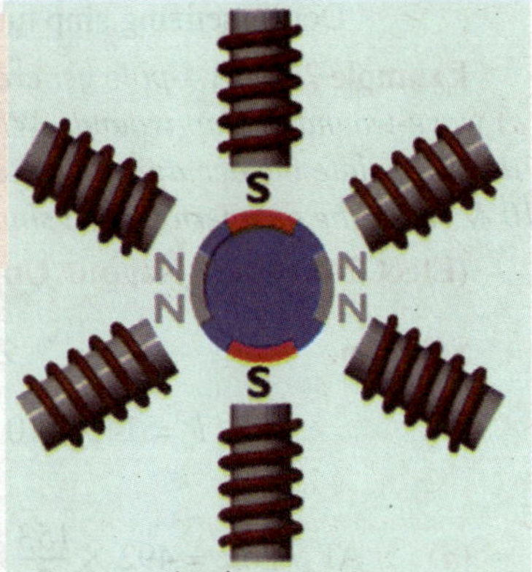

4-pole generator

Solution. $I = I_a/2 = 100/2 = 50\text{A}; Z = 722; \theta_m = 8°$

$$AT_d/\text{pole} = ZI.\frac{\theta_m}{360} = 722 \times 50 \times \frac{8}{360} = 802$$

$$AT_c/\text{pole} = ZI.\left(\frac{1}{2P} - \frac{\theta_m}{360}\right)$$

$$= 722 \times 50\left(\frac{1}{2 \times 4} - \frac{8}{360}\right) = 37/8$$

Example 27.2 *An 8-pole generator has an output of 200 A at 500 V, the lap-connected armature has 1280 conductors, 160 commutator segments. If the brushes are advanced 4-segments from the no-load neutral axis, estimate the armature demagnetizing and cross-magnetizing ampere-turns per pole.* **(Electrical Machines-I, South Gujarat Univ. 1986)**

Solution. $I = 200/8 = 25$ A, $Z = 1280$, $\theta_m = 4 \times 360/160 = 9°$; $P = 8$

$$AT_d/\text{pole} = ZI\theta_m/360 = 1280 \times 25 \times 9/360 = \mathbf{800}$$

$$AT_c/\text{pole} = ZI\left(\frac{1}{2p} - \frac{\theta_m}{360}\right) = 1280 \times 25\left(\frac{1}{2\times 8} - \frac{9}{360}\right) = \mathbf{1200}$$

Note. No. of coils = 160, No. of conductors = 1280. Hence, each coil side contains 1280/160 = 8 conductors.

Example 27.3(*a*). *A 4-pole wave-wound motor armature has 880 conductors and delivers 120 A. The brushes have been displaced through 3 angular degrees from the geometrical axis. Calculate* **(*a*)** *demagnetising amp-turns/pole* **(*b*)** *cross- magnetising amp-turns/pole* **(*c*)** *the additional field current for neutralizing the demagnetisation of the field winding has 1100 turns/pole.*

Solution. $Z = 880; I = 120/2 = 60$ A ; $\theta = 3°$ angular

(*a*) $\therefore AT_d = 880 \times 60 \times \frac{3}{360} = \mathbf{440\ AT}$

(*b*) $\therefore AT_c = 880 \times 60\left(\frac{1}{8} - \frac{3}{360}\right) = 880 \times \frac{7}{60} \times 60 = \mathbf{6,160}$

or Total AT/pole = 440 × 60/4 = 6600

Hence, $AT_C/\text{pole} = \text{Total AT/pole} - AT_d/\text{pole} = 6600 - 440 = 6160$

(*c*) Additional field current = 440/1100 = **0.4 A.**

Example 27.3(*b*). *A 4-pole lap-wound Generator having 480 armature conductors supplies a current of 150 Amps. If the brushes are given an actual lead of 10°, calculate the demagnetizing and cross-magnetizing amp-turns per pole.* **(Bharathiar Univ. April 1998)**

Solution. 10° mechanical (or actual) shift = 20° electrical shift for a 4-pole machine.

Armature current = 150 amp

For 4-pole lap-wound armature, number of parallel paths = 4. Hence, conductor-current = 150/4 = 37.5 amps.

$$\text{Total armature amp-turns/pole} = \frac{1}{2} \times \frac{(480 \times 37.5)}{14} = 2250$$

$$\text{Cross – magnetizing amp turns/pole} = 2250 \times \left(1 - \frac{2 \times 20°}{180°}\right) = 1750$$

$$\text{Demagnetizing amp turns/pole} = 2250 \times (2 \times 20°/180°) = 500$$

Example 27.4. *A 4-pole generator supplies a current of 143 A. It has 492 armature conductors **(a)** wave-wound **(b)** lap-wound. When delivering full load, the brushes are given an actual lead of 10°. Calculate the demagnetising amp-turns/pole. This field winding is shunt connected and takes 10 A. Find the number of extra shunt field turns necessary to neutralize this demagnetisation.*

(Elect. Machines, Nagpur Univ. 1993 & JNTU Hyderabad, 2000 & RGPU, Bhopal, 2000)

Solution. $Z = 492 \; ; \theta_m = 10° \; ; \text{AT}_d / \text{pole} = ZI \times \frac{\theta_m}{360}$

$I_a = 143 + 10 = 153 \text{ A} \; ; I = 153/2$ ... when wave-wound

$= 153/4$ ... when lap-wound

(a) $\therefore \text{AT}_d / \text{pole} = 492 \times \frac{153}{2} \times \frac{10}{360} = $ **1046 AT**

Extra shunt field turns = 1046/10 = **105 (approx.)**

(b) $\text{AT}_d / \text{pole} = 492 \times \frac{153}{2} \times \frac{10}{360} = $ **523**

Extra shunt field turns = 523/10 = **52 (approx.)**

Example 27.5. *A 4-pole, 50-kW, 250-V wave-wound shunt generator has 400 armature conductors. Brushes are given a lead of 4 commutator segments. Calculate the demagnetisation amp-turns/pole if shunt field resistance is 50 Ω. Also, calculate extra shunt field turns/pole to neutralize the demagnetisation.*

Solution. Load current supplied = 50,000/250 = 200 A

$I_{sh} = 250/50 = 5 \text{ A} \; \therefore \; I_a = 200 + 5 = 205 \text{ A}$

Current in each conductor $I = 205/2$ A

No. of commutator segments = N/A where $A = 2$ ... for wave-winding

$\therefore$ No. of segments = $\frac{400}{2} = 200 \; ; \theta = \frac{4}{200} \times 360 = \frac{36}{5}$ degrees

$$\therefore \quad \text{AT}_d / \text{pole} = 400 \times \frac{205}{2} \times \frac{36}{5 \times 360} = \textbf{820 AT}$$

$$\text{Extra shunt turns/poles} = \frac{\text{AT}_d}{I_{sh}} = \frac{820}{5} = \textbf{164}$$

Example 27.6. *Determine per pole the number **(i)** of cross-magnetising ampere-turns **(ii)** of back ampere-turns and **(iii)** of series turns to balance the back ampere-turns in the case of a d.c. generator having the following data.*

500 conductors, total current 200 A, 6 poles, 2-circuit wave winding, angle of lead = 10°, leakage coefficient = 1.3 **(Electrical Machines-I, Bombay University, 1986)**

Solution. Current/path, $I = 200/2 = 100$ A, $\theta = 10°$ (mech), $Z = 500$

(a) $\text{AT}_c / \text{pole} = ZI\left(\frac{1}{2P} - \frac{\theta_m}{360}\right) = 500 \times 100\left(\frac{1}{2 \times 6} - \frac{10}{360}\right) = $ **2,778**

(b) $\text{AT}_d / \text{pole} = 500 \times 100 \times 10/360 = $ **1390**

(*c*) Series turns required to balance the demagnetising ampere-turns are

$$= \lambda \times \frac{AT_d}{I_a} = 1.3 \times \frac{1390}{200} = \mathbf{9}$$

Example 27.7. *A 22.38 kW, 440-V, 4-pole wave-wound d.c. shunt motor has 840 armature conductors and 140 commutator segments. Its full-load efficiency is 88% and the shunt field current is 1.8 A. If brushes are shifted backward through 1.5 segments from the geometrical neutral axis, find the demagnetising and distorting amp-turns/pole.* **(Elect. Engg. Punjab Univ. 1991)**

Solution. The shunt motor is shown diagrammatically in Fig. 27.9.

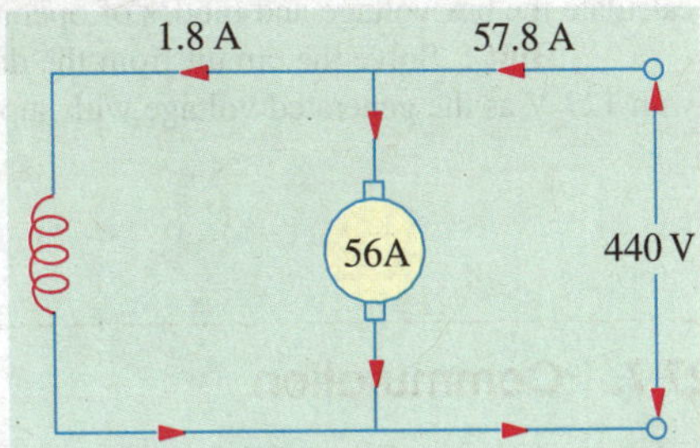

Fig. 27.9

Motor output = 22,380 W ; η = 0.88

∴ Motor input = 22,380/0.88 W

$$\text{Motor input current} = \frac{22,380}{0.88 \times 440} = 57.8 \text{ A}$$

$I_{sh} = 1.8\ A$; $I_a = 57.8 - 1.8 = 56$ A

Current in each conductor = 56/2 = 28 A

θ = 1.5 × 360/140

= 27/7 degrees

$$\therefore \quad AT_d/\text{pole} = 840 \times 28 \times \frac{27}{7 \times 360} = \mathbf{252}$$

$$AT_c/\text{pole} = ZI\left(\frac{1}{2P} - \frac{\theta_m}{360}\right) = 840 \times 28\left(\frac{1}{8} - \frac{27}{7 \times 360}\right) = \mathbf{2,688}$$

Example 27.8. *A 400-V, 1000-A, lap-wound d.c. machine has 10 poles and 860 armature conductors. Calculate the number of conductors in the pole face to give full compensation if the pole face covers 70 % of pole span.*

Solution. AT/pole for compensating winding

$$= \text{armature amp-turn/pole} \times \frac{\text{pole arc}}{\text{pole pitch}} = 0.7 \times \frac{ZI}{2P}$$

Here I = current in each armature conductor = 1,000/10 = 100 A

Z = 860 ; $P = 10$

∴ AT/pole for compensating winding = 0.7 × 860 × 100/2 × 10 = **3,010**

Tutorial Problem No. 27.1

1. Calculate the demagnetising amp-turns of a 4-pole, lap-wound generator with 720 turns, giving 50 A, if the brush lead is 10º (mechanical). **(250 AT/pole)**

2. A 250-V, 25-kW, 4-pole d.c. generator has 328 wave-connected armature conductors. When the machine is delivering full load, the brushes are given a lead of 7.2 electrical degrees. Calculate the cross-magnetising amp-turns/pole. **(1886, 164)**

3. An 8-pole lap-connected d.c. shunt generator delivers an output of 240 A at 500 V. The armature has 1408 conductors and 160 commutator segments. If the brushes are given a lead of 4 segments from the no-load neutral axis, estimate the demagnetising and cross-magnetising AT/pole.
(1056, 1584) (*Electrical Engineering, Bombay Univ. 1978*)

4. A 500-V, wave-wound, 750 r.p.m. shunt generator supplies a load of 195 A. The armature has 720 conductors and shunt field resistance is 100 Ω. Find the demagnetising amp-turns/pole if brushes are advanced through 3 commutator segments at this load. Also, calculate the extra shunt field turns required to neutralize this demagnetisation. **(600, 4800, 120)**

5. A 4-pole, wave-wound generator has 320 armature conductors and carries an armature current of 400 A. If the pole arc/pole pitch ratio is 0.68, calculate the AT/pole for a compensating winding to give uniform flux density in the air gap. **(5440)**

6. A 500-kW, 500-V, 10 pole d.c. generator has a lap-wound armature with 800 conductors. Calculate the number of pole-face conductors in each pole of a compensating winding if the pole face covers 75 percent of the pitch.

(6 conductors/pole)

7. Three shunt generators, each having an armature resistance of 0.1 ohm are connected across a common bus feeding a two ohms load. Their generated voltages are 127 V, 120 V, and 119 V. Neglecting field currents, calculate the bus voltage and modes of operations of the three machines. **(JNTU, Hyderabad, 200)**

Hint : Solve the circuit from the data given. Since the voltages differ considerably, first machine with 127 V as the generated voltage with supply the largest current.

(I_1 = 70 amp, Generating mode, I_2 = 0, Floating (= neither generating nor motoring). I_3 = −10 amp, motoring mode I_L = 60 amp.)

27.7. Commutation

It was shown in Art 26.2 that currents induced in armature conductors of a d.c. generator are alternating. To make their flow unidirectional in the external circuit, we need a commutator. Moreover, these currents flow in one direction when armature conductors are under *N*-pole and in the opposite direction when they are under *S*-pole. As conductors pass out of the influence of a *N*-pole and enter that of *S*-pole, the current in them is reversed. This reversal of current takes place along magnetic neutral axis or brush axis *i.e.* when the brush spans and hence short-circuits that particular coil undergoing reversal of current through it. This process by which current in the short-circuited coil is reversed while it crosses the *M.N.A.* is called commutation. The brief period during which coil remains short-circuited is known as commutation period T_c.

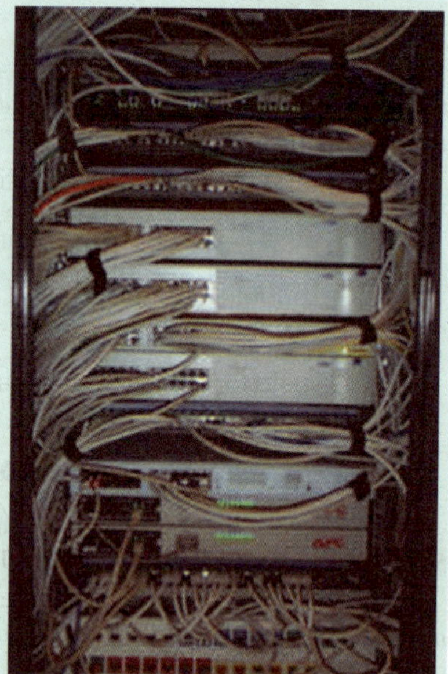

Commutation

If the current reversal *i.e.* the change from + *I* to zero and then to − *I* is completed by the end of short circuit or commutation period, then the commutation is ideal. If current reversal is not complete by that time, then sparking is produced between the brush and the commutator which results in progressive damage to both.

Let us discuss the process of commutation or current reversal in more detail with the help of Fig. 27.10 where ring winding has been used for simplicity. The brush width is equal to the width of one commutator segment and one mica insulation. In Fig. 27.10 (*a*) coil *B* is about to be short circuited because brush is about to come in touch with commutator segment '*a*'. It is assumed that each coil carries 20 A, so that brush current is 40 A. It is so because every coil meeting at the brush supplies half the brush current lap wound or wave wound. Prior to the beginning of short circuit, coil *B* belongs to the group of coils lying to the left of the brush and carries 20 A from left to right. In Fig. 27.10 (*b*) coil *B* has entered its period of short-circuit and is approximately at one-third of this period. The current through coil *B* has reduced down from 20 A to 10 A because the other 10 A flows *via* segment '*a*'. As area of contact of the brush is more with segment '*b*' than with segment '*a*', it receives 30 A from the former, the total again being 40 A.

Fig. 27.10 (*c*) shows the coil *B* in the middle of its short-circuit period. The current through it has decreased to zero. The two currents of value 20 A each, pass to the brush directly from coil *A* and *C* as shown. The brush contact areas with the two segments '*b*' and '*a*' are equal.

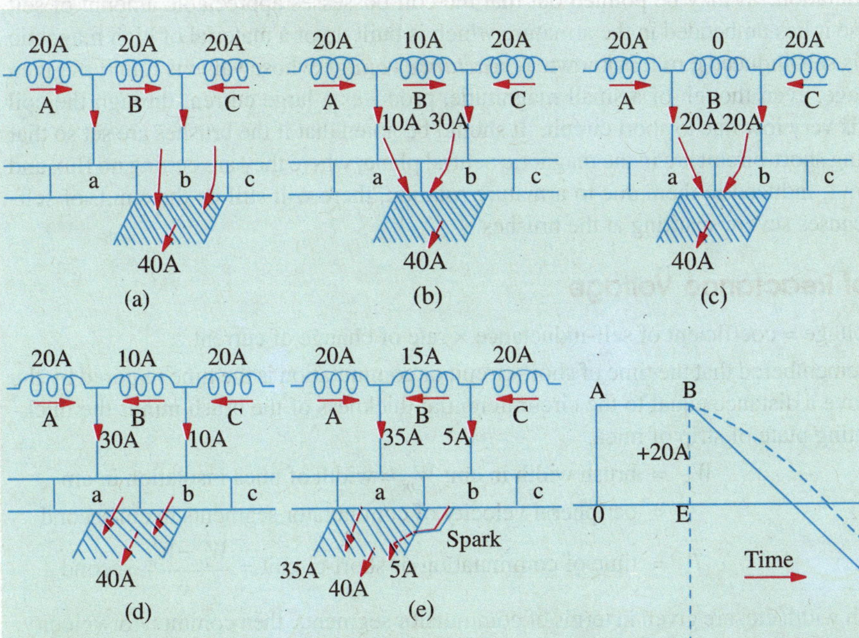

Fig. 27.10

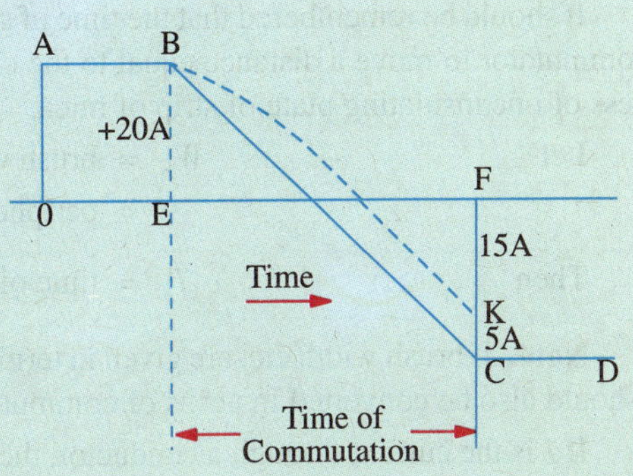

Fig. 27.11

In Fig. 27.10 (*d*), coil *B* has become part of the group of coils lying to the right of the brush. It is seen that brush contact area with segment '*b*' is decreasing rapidly whereas that with segment '*a*' is increasing. Coil *B* now carries 10 A in the reverse direction which combines with 20 A supplied by coil *A* to make up 30 A that passes from segment '*a*' to the brush. The other 10 A is supplied by coil *C* and passes from segment '*b*' to the brush, again giving a total of 40 A at the brush.

Fig. 27.10 (*e*) depicts the moment when coil *B* is almost at the end of commutation or short-circuit period. For ideal commutation, current through it should have reversed by now but, as shown, it is carrying 15 A only (instead of 20 A). The difference of current between coils *C* and *B i.e.* 20.15 = 5 A in this case, jumps directly from segment *b* to the brush through air thus producing spark.

If the changes of current through coil *B* are plotted on a time base (as in Fig. 27.11) it will be represented by a horizontal line *AB i.e.* a constant current of 20 A up to the time of beginning of commutation. From the finish of commutation, the current will be represented by another horizontal line *CD*. Now, again the current value is *FC* = 20 A, although in the reversed direction. The way in which current changes from its positive value of 20 A (= *BE*) to zero and then to its negative value of 20 A (= *CF*) depends on the conditions under which the coil *B* undergoes commutation. If the current varies at a uniform rate *i.e.* if *BC* is a straight line, then it is referred to as linear commutation. However, due to the production of self-induced e.m.f. in the coil (discussed below) the variations follow the dotted curve. It is seen that, in that case, current in coil *B* has reached only a value of *KF* = 15 A in the reversed direction, hence the difference of 5 A (20 A – 15 A) passes as a spark.

So, we conclude that sparking at the brushes, which results in poor commutation is due to the inability of the current in the short-circuited coil to reverse completely by the end of short-circuit period (which is usually of the order of 1/500 second).

At this stage, the reader might ask for the reasons which make this current reversal impossibly in the specified period *i.e.* what factors stand in the way of our achieving ideal commutation. The main cause which retards or delays this quick reversal is the production of self-induced e.m.f. in the coil undergoing commutation. It may be pointed out that the coil possesses appreciable amount of self inductance because it lies embedded in the armature which is built up of a material of high magnetic permeability. This self-induced e.m.f. is known as ***reactance voltage*** whose value is found as given below. This voltage, even though of a small magnitude, produces a large current through the coil whose resistance is very low due to short circuit. It should be noted that if the brushes are set so that the coils undergoing short-circuit are in the magnetic neutral plane, where they are cutting no flux and hence have no e.m.f. induced in them due to armature rotation, there will still be the e.m.f. of self-induction which causes severe sparking at the brushes.

27.8. Value of Reactance Voltage

Reactance voltage = coefficient of self-inductance × rate of change of current.

It should be remembered that the time of short-circuit or commutation is the time required by the commutator to move a distance equal to the circumferential thickness of the brush minus the thickness of one insulating plate of strip of mica.

Let W_b = brush width in cm; W_m = width of mica insulation in cm

v = peripheral velocity of commutator segments in cm/second

Then T_c = time of commutation or short-circuit = $\dfrac{W_b - W_m}{v}$ second

Note. If brush width etc. are given in terms of commutator segments, then commutator velocity should also be converted in terms of commutator segments per second.

If I is the current through a conductor, then total change during commutation = $I - (-I) = 2I$.

∴ Self-induced or reactance voltage

$$= L \times \frac{2I}{T_c} \quad \text{– if commutation is linear}$$

$$= 1.11\ L \times \frac{2I}{T_c} \quad \text{– if commutation is sinusodial}$$

As said earlier, the reactance e.m.f. hinders the reversal of current. This means that there would be sparking at the brushes due to the failure of the current in short-circuited coil to reach its full value in the reversed direction by the end of short-circuit. This sparking will not only damage the brush and the commutator but this being a cumulative process, it may worsen and eventually lead to the short-circuit of the whole machine by the formation of an arc round the commutator from brush to brush.

Example 27.9. *The armature of a certain dynamo runs at 800 r.p.m. The commutator consists of 123 segments and the thickness of each brush is such that the brush spans three segments. Find the time during which the coil of an armature remains short-circuited.*

Solution. As W_m is not given, it is considered negligible.

W_b = 3 segments and v = (800/60) × 123 segments/second

∴ commutation time = $\dfrac{3 \times 60}{800 \times 123}$ = 0.00183 second = **1.83 millisecond**

Example 27.10. *A 4-pole, wave-wound, d.c. machine running at 1500 r.p.m. has a commutator of 30 cm diameter. If armature current is 150 A, thickness of brush 1.25 cm and the self-inductance of each armature coil is 0.07 mH, calculate the average e.m.f. induced in each coil during commutation. Assume linear commutation.*

Solution. Formula : $E = L\dfrac{2I}{T_c}$

Here $L = 0.07 \times 10^{-3}$ H, $I = 150/2 = 75$ A (It is wave-wound)

$W_b = 1.25$ cm, $W_m = 0$ ...considered negligible

$v = \pi \times 30 \times (1500/60) = 2356$ cm/s ; $T_c = W_b/v = 1.25/2356 = 5.3 \times 10^{-4}$ second

$E = L \times 2I/T_c = 0.07 \times 10^{-3} \times 2 \times 75/5.3 \times 10^{-4}$ = **19.8 V**

Example 27.11. *Calculate the reactance voltage for a machine having the following particulars. Number of commutator segments = 55, Revolutions per minute = 900, Brush width in commutator segments = 1.74, Coefficient of self-induction = 153 × 10^{-6} henry, Current per coil = 27 A.*

(Advanced Elect. Machines. AMIE Sec. Winter 1991)

Solution. Current per coil, $I = 27$ A ; $L = 153 \times 10^{-6}$ H

$v = 55 \times (900/60) = 825$ segments/second; $T_c = W_b.v = 1.74/825 = 2.11 \times 10^{-3}$ second

Assuming linear commutation, $E = L \times 2I/T_C$

$\therefore \quad E = 153 \times 10^{-6} \times 2 \times 27/2.11 \times 10^{-3}$ = **3.91 V**

Example 27.12. *A 4-pole, lap-wound armature running at 1500 r.p.m. delivers a current of 150 A and has 64 commutator segments. The brush spans 1.2 segments and inductance of each armature coil is 0.05 mH. Calculate the value of reactance voltage assuming (i) linear commutation (ii) sinusoidal commutation. Neglect mica thickness.*

Solution. Formula : $E = L.\dfrac{2I}{T_c}$ Now, $L = 0.05 \times 10^{-3}$ H; $W_b = 1.2$ segments

$$v = \frac{1500}{60} \times 64 = 1600 \text{ segments/second}$$

$$\therefore \quad T_c = \frac{1.2}{1600} = 7.5 \times 10^{-4} \text{ second} ; I = \frac{150}{4} \text{ A} = 37.5 \text{ A}$$

$$\therefore \quad \frac{2I}{T_c} = \frac{2 \times 37.5}{7.5 \times 10^{-4}} = 10^5 \text{ A/s}$$

For linear commutation, $E = 0.05 \times 10^{-3} \times 10^5$ = **5 V**

For sinusoidal commutation, $E = 1.11 \times 5$ = **5.55 V**

27.9. Methods of Improving Commutation

There are two practical ways of improving commutation *i.e.* of making current reversal in the short-circuited coil as sparkless as possible. These methods are known as *(i)* resistance commutation and *(ii)* e.m.f. commutation (which is done with the help of either brush lead or interpoles, usually the later).

27.10. Resistance Commutation

This method of improving commutation consists of replacing low-resistance Cu brushes by comparatively high-resistance carbon brushes.

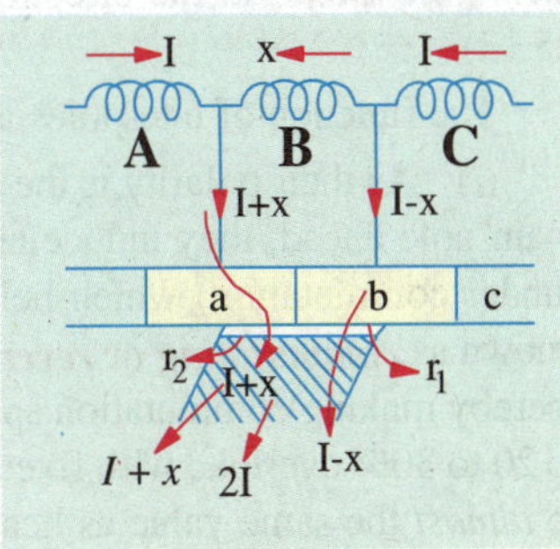

Fig. 27.12

From Fig. 27.12, it is seen that when current I from coil' C reaches the commutator segment b, it has two parallel paths open to it. The first part is straight from bar 'b' to the brush and the other parallel path is ***via*** the short-circuited coil B to bar 'a' and then to the brush. If the Cu brushes (which have low contact resistance) are used, then there is no inducement for the current to follow the second longer path, it would preferably follow the first path. But when carbon brushes having high resistance are used, then current *I* coming from *C* will prefer to pass through the second path because (*i*) the resistance r_1 of the first path will increase due to the diminishing area of contact of bar '*b*' with the brush and because (*ii*) resistance r_2 of second path will decrease due to rapidly increasing contact area of bar '*a*' with the brush.

Hence, carbon brushes have, usually, replaced Cu brushes. However, it should be clearly understood that the main cause of sparking commutation is the self-induced e.m.f. (*i.e.* reactance voltage), so brushes alone do not give a sparkless commutation; though they do help in obtaining it.

The additional advantages of carbon brushes are that (*i*) they are to some degree self-lubricating and polish the commutator and (*ii*) should sparking occur, they would damage the commutator less than when Cu brushes are used.

But some of their minor disadvantages are : (*i*) Due to their high contact resistance (which is beneficial to sparkless commutation) a loss of approximately 2 volt is caused. Hence, they are not much suitable for small machines where this voltage forms an appreciable percentage loss. (*ii*) Owing to this large loss, the commutator has to be made some what larger than with Cu brushes in order to dissipate heat efficiently without greater rise of temperature. (*iii*) because of their lower current density (about 7-8 A/cm^2 as compared to 25-30 A/cm^2 for Cu brushes) they need larger brush holders.

27.11. E.M.F. Commutation

In this method, arrangement is made to neutralize the reactance voltage by producing a reversing e.m.f. in the short-circuited coil under commutation. This reversing e.m.f., as the name shows, is an e.m.f. in opposition to the reactance voltage and if its value is made equal to the latter, it will completely wipe it off, thereby producing quick reversal of current in the short-circuited coil which will result in sparkless commutation. The reversing e.m.f. may be produced in two ways : (*i*) either by giving the brushes a forward lead sufficient enough to bring the short-circuited coil under the influence of next pole of opposite polarity or (*ii*) by using interpoles.

The first method was used in the early machines but has now been abandoned due to many other difficulties it brings along with.

27.12. Interpoles of Compoles

These are small poles fixed to the yoke and spaced in between the main poles. They are wound with comparatively few heavy gauge Cu wire turns and are connected in series with the armature so that they carry full armature current. Their polarity, in the case of a generator, is the same as that of the main pole ***ahead*** in the direction of rotation (Fig. 25.13).

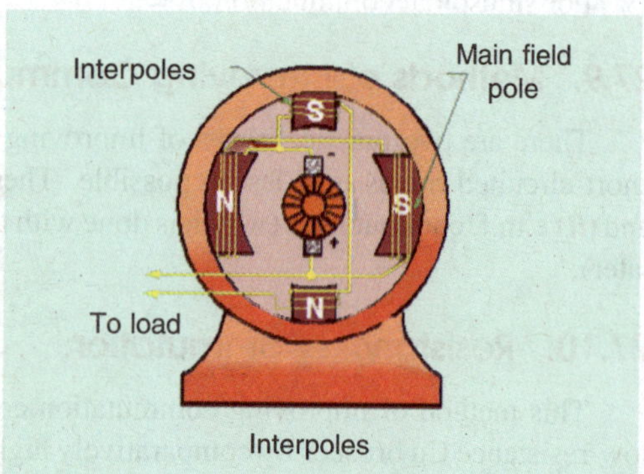

The function of interpoles is two-fold :

(*i*) As their polarity is the same as that of the main pole ahead, they induce an e.m.f. in the coil (under commutation) which helps the reversal of current. The e.m.f. induced by the compoles is known as ***commutating*** **or** ***reversing e.m.f.*** The commutating e.m.f. neutralizes the reactance e.m.f. thereby making commutation sparkless. With interpoles, sparkless commutation can be obtained up to 20 to 30% overload with fixed brush position. In fact, interpoles raise sparking limit of a machine to *almost* the same value as heating limit. Hence, for a given output, an interpole machine can be made smaller and, therefore, cheaper than a non-interpolar machine.

As interpoles carry armature current, their commutating e.m.f. is proportional to the armature current. ***This ensures automatic neutralization of reactance voltage which is also due to armature current.*** Connections for a shunt generator with interpoles are shown in Fig. 27.14.

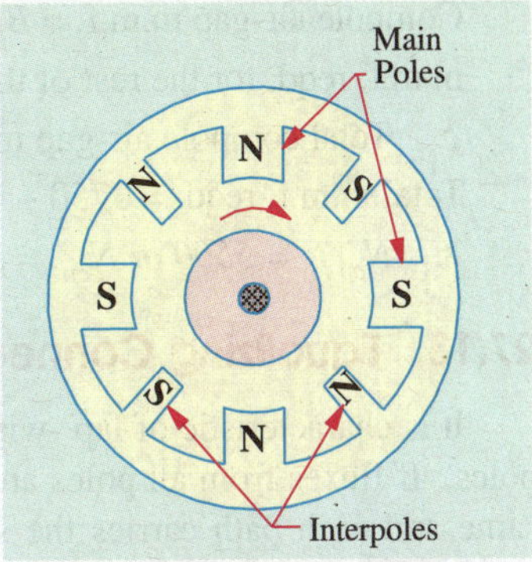

Fig. 27.13

(ii) Another function of the interpoles is to neutralize the cross-magnetising effect of armature reaction. Hence, brushes are not to be shifted from the original position. In Fig 27.15, *OF* as before, represents the m.m.f. due to main poles. *OA* represents the cross-magnetising m.m.f. due to armature. *BC* which represents m.m.f. due to interpoles, is obviously in opposition to *OA*, hence they cancel each other out. ***This cancellation of cross-magnetisation is automatic and for all loads because both are produced by the same armature current.***

The distinction between the interpoles and compensating windings should be clearly understood. Both are connected in series and thier m.m.fs. are such as to neutralize armature reaction. But compoles additionally supply m.m.f. for counteracting the reactance voltage induced in the coil undergoing commutation. Moreover, the action of the compoles is localized, they have negligible effect on the armature reaction occurring on the remainder of the armature periphery.

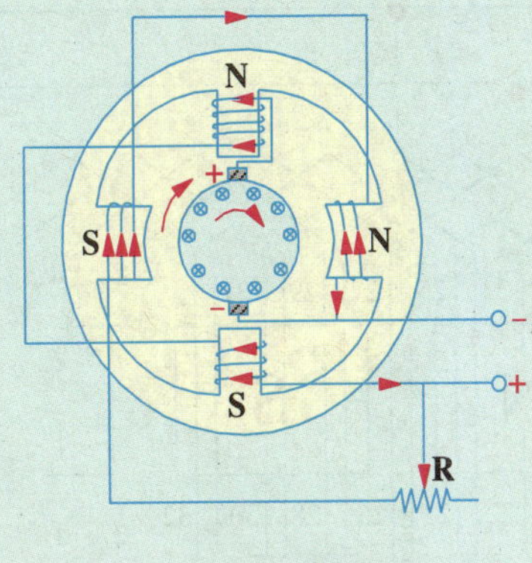

Fig. 27.14

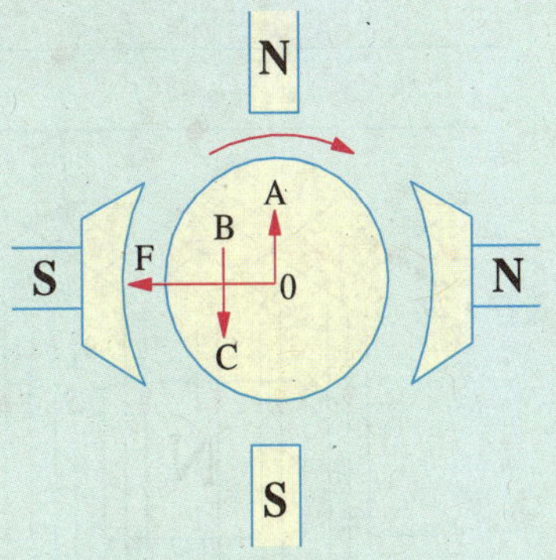

Fig. 27.15

Example 27.13. *Determine the number of turns on each commutating pole of a 6-pole machine, if the flux density in the air-gap of the commutating pole = 0.5 Wb/m^2 at full load and the effective length of the air-gap is 4 mm. The full-load current is 500 A and the armature is lap-wound with 540 conductors. Assume the ampere turns required for the remainder of the magnetic circuit to be one-tenth of that the air gap.* **(Advanced Elect. Machines AMIE Sec.B, 1991)**

Solution. It should be kept in mind that compole winding must be sufficient to oppose the armature m.m.f. (which is directed along compole axis) and to provide the m.m.f. for compole air-gap and its magnetic circuit.

$\therefore \quad N_{CP} I_a = ZI_C/2P + B_g\, l_g/\mu_0$

where N_{CP} = No. of turns on the compole ; I_a = Armature current

Z = No. of armature conductors ; I_c = Coil current

P = No. of poles ; l_g = Air-gap length under the compole

$Z = 540$; $I_a = 500$ A; $I_c = 500/6$ A; P = 6

$\therefore$ Arm. m.m.f. = 540 × (500/6)/2 × 6 = 3750

Compole air-gap m.m.f. $= B_g \times l_g/\mu_0 = 0.5 \times 4 \times 10^{-3}/4\pi \times 10^{-7} = 1591$

m.m.f. reqd. for the rest of the magnetic circuit = 10% of 1591 = 159

$\therefore$ Total compole air-gap m.m.f. = 1591 + 159 = 1750

Total m.m.f. reqd. = 3750 + 1750 = 5500

$\therefore$ $N_{cp} I_a = 5500$ or $N_{cp} = 5500/500 =$ **11**

27.13. Equalizing Connections

It is characteristic of lap -winding that all conductors in any parallel path lie under one pair of poles. If fluxes from all poles are exactly the same, then e.m.f. induced in each parallel path is the same and each path carries the same current. But despite best efforts, some inequalities in flux inevitably occur due either to slight variations in air-gap length or in the magnetic properties of steel. Hence, there is always a slight imbalance of e.m.f. in the various parallel paths. The result is that conductors under stronger poles generate greater e.m.f. and hence carry larger current. The current distribution at the brushes becomes unequal. Some brushes are overloaded *i.e.* carry more than their normal current whereas others carry less. Overloaded brushes spark badly whatever their position may be. This results in poor commutation and may even limit the output of the machine.

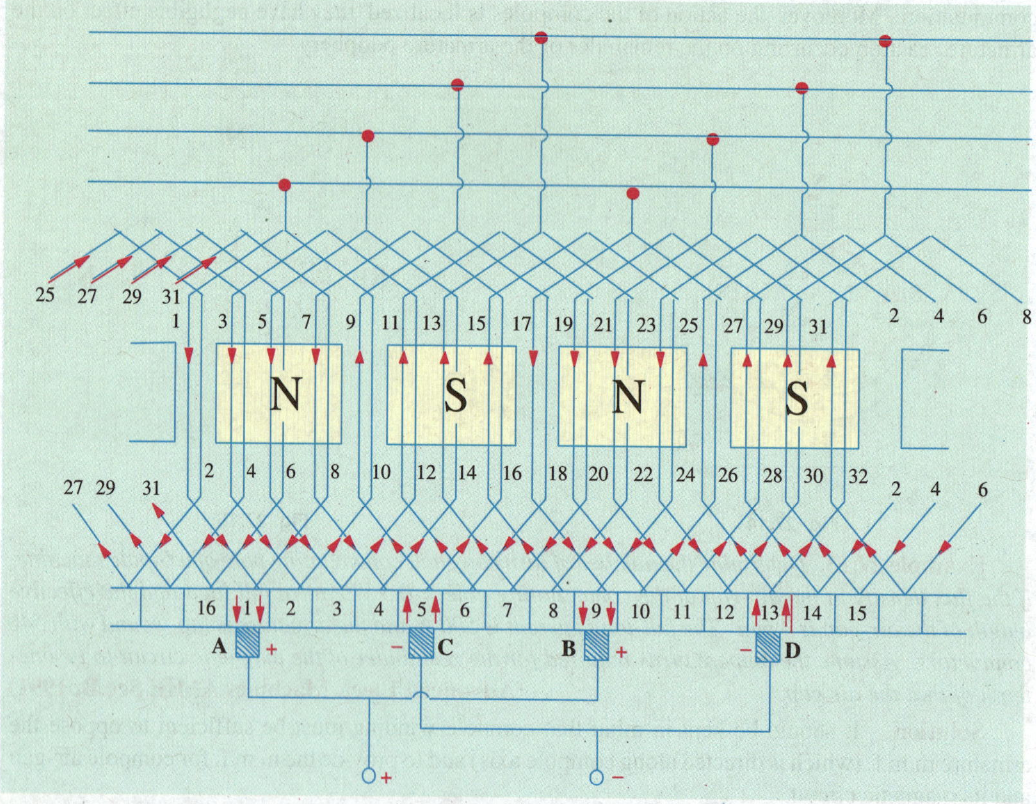

Fig. 27.16

By connecting together a number of symmetrical points on armature winding which would be at equal potential if the pole fluxes were equal, the difference in brush currents is diminished. This requires that there should be a whole number of slots per pair of poles so that, for example, if there is a slot under the centre of a *N*-pole, at some instant, then there would be one slot under the centre of every other *N*-pole. The equalizing conductors, which are in the form of Cu rings at the armature back and which connect such points are called *Equalizer Rings.* The circulating current due to the slight difference in the e.m.fs. of various parallel paths, passes through these *equalizer* rings instead of passing through the brushes.

Equalizer rings

Hence, the function of equalizer rings is to avoid unequal distribution of current at the brushes thereby helping to get sparkless commutation.

One equalizer ring is connected to all conductors in the armature which are two poles apart (Fig. 27.17). For example, if the number of poles is 6, then the number of connections for each equalizer ring is 3 *i.e.* equal to the number of pair of poles. Maximum number of equalizer rings is equal to the number of conductors under one pair of poles. Hence, number of rings is

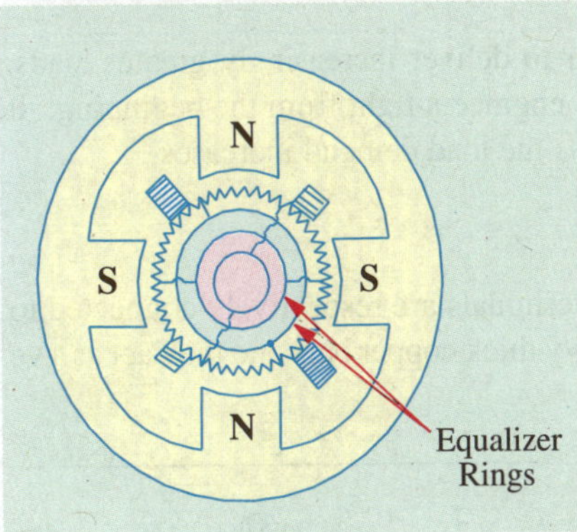

Fig. 27.17

$$= \frac{\text{No. of conductors}}{\text{No. of pair of poles}}$$

In practice, however, the number of rings is limited to 20 on the largest machines and less on smaller machines. In Fig. 27.16 is shown a developed armature winding. Here, only 4 equalizing bars have been used. It will be seen that the number of equalizing connections to each bar is two *i.e.* half the number of poles. Each alternate coil has been connected to the bar. In this case, the winding is said to be 50% equalized. If all conductors were connected to the equalizer rings, then the winding would have been 100% equalized.

Equalizer rings are not used in wave-wound armatures, because there is no imbalance in the e.m.fs. of the two parallel paths. This is due to the fact that armature conductors in either parallel path are not confined under one pair of poles as in lap-winding but are distributed under all poles. Hence, even if there are inequalities in the pole flux, they will affect each path equally.

27.14. Parallel Operation of Shunt Generators

Power plants, whether in d.c. or a.c. stations, will be generally found to have several smaller generators running in parallel rather than large single units capable of supplying the maximum peak load. These smaller units can be run single or in various parallel combinations to suit the actual load demand. Such practice is considered extremely desirable for the following reasons :

(*i*) Continuity of Service

Continuity of service is one of the most important requirements of any electrical apparatus. This would be impossible if the power plant consisted only of a single unit, because in the event of breakdown of the prime mover or the generator itself, the entire station will be shut down. In recent years, the requirement of uninterrupted service has become so important especially in factories etc. that it is now recognized as an economic necessity.

(*ii*) Efficiency

Usually, the load on the electrical power plant fluctuates between its peak value sometimes during the day and its minimum value during the late night hours. Since generators operate most efficiently when delivering full load, it is economical to use a single small unit when the load is light. Then, as the load demand increases, a larger generator can be substituted for the smaller one or another smaller unit can be connected to run in parallel with the one already in operation.

(iii) Maintenance and Repair

It is considered a good practice to inspect generators carefully and periodically to forestall any possibility of failure or breakdown. This is possible only when the generator is at rest which means that there must be other generators to take care of the load. Moreover, when the generator does actually breakdown, it can be repaired with more care and not in a rush, provided there are other generators available to maintain service.

(iv) Additions to Plant

Additions to power plants are frequently made in order to deliver increasingly greater loads. Provision for future extension is, in fact, made by the design engineers fight from the beginning. It becomes easy to add other generators for parallel operation as the load demand increases.

27.15. Paralleling DC Generator

Whenever generators are in parallel, their +ve and −ve terminals are respectively connected to the +ve and −ve sides of the bus-bars. These bus-bars are heavy thick copper bars and they act as +ve and −ve terminals for the whole power station. If polarity of the incoming generator is not the same as the line polarity, as serious short-circuit will occur when S_1, is closed.

Moreover, paralleling a generator with reverse polarity effectively short-circuits it and results in damaged brushes, a damaged commutator and a blacked-out plant. Generators that have been tripped off the bus-because of a heavy fault current should always be checked for reversed polarity before paralleling.

In Fig. 27.18 is shown a shunt generator No. 1 connected across the bus-bars *BB* and supplying some of the load. For putting generator No. 2 in parallel with it the following procedure is adopted.

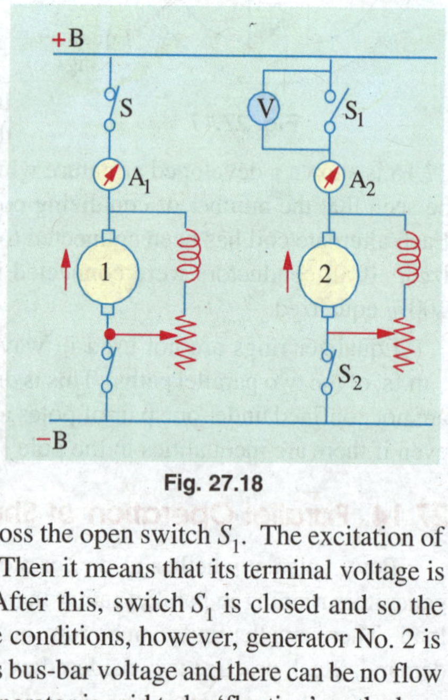

Fig. 27.18

The armature of generator No. 2 is speeded by the prime-mover up to its rated value and then switch S_2 is closed and circuit is completed by putting a voltmeter *V* across the open switch S_1. The excitation of the incoming generator No. 2 is changed till *V* reads zero. Then it means that its terminal voltage is the same as that of generator No. 1 or bus-bar voltage. After this, switch S_1 is closed and so the incoming machine is paralleled to the system. Under these conditions, however, generator No. 2 is not taking any load, because its ***induced*** e.m.f. is the same as bus-bar voltage and there can be no flow of current between two points at the same potential. The generator is said to be 'floating' on the bus-bar. If generator No. 2 is to deliver any current, then its induced e.m.f. *E* should be greater than the bus-bar voltage *V*. In that case, current supplied by it is $I = (E - V)/R_a$ where R_a is the resistance of the armature circuit. The induced e.m.f. of the incoming generator is increased by strengthening its field till it takes its proper share of load. At the same time, it may be found necessary to weaken the field of generator No. 1 to maintain the bus-bar voltage *V* constant.

27.16. Load Sharing

Because of their slightly drooping voltage characteristics, shunt generators are most suited for stable parallel operation. Their satisfactory operation is due to the fact that any tendency on the part of a generator to take more or less than its proper share of load results in certain changes of voltage in the system which immediately oppose this tendency thereby restoring the original division of load. Hence, once paralleled, they are automatically held in parallel.

Similarly, for taking a generator out of service, its field is weakened and that of the other generator is increased till the ammeter of the generator to be cleared reads zero. After that, its breaker and then the switch are opened thus removing the generator out of service. This method of connecting in and removing a generator from service helps in preventing any shock or sudden disturbance to the prime-mover or to the system itself.

It is obvious that if the field of one generator is weakened too much, then power will be delivered to it and it will run in its original direction as a motor, thus driving its prime-mover.

In Fig. 27.19. and 27.20 are shown the voltage characteristics of two shunt generators. It is seen that for a common terminal voltage V, the generator No. 1 delivers I_1 amperes and generator No. 2, I_2 amperes. It is seen that generator No. 1, having more drooping characteristic, delivers less current. It is found that two shunt generators will divide the load properly at all points if their characteristics are similar in form and each has the same voltage drop from no-load to full-load.

If it desired that two generators of different kW ratings automatically share a load in proportion to their ratings, then their external characteristics when plotted in terms of their percentage full-load currents (not actual currents) must be identical as shown in Fig. 27.21. If, for example, a 100-kW generator is working in parallel with a 200-kW generator to supply a total of 240-kW, then first generator will supply 80 kW and the other 160 kW.

When the individual characteristics of the generators are known, their combined characteristics can be drawn by adding the separate currents at a number of equal voltage (because generators are running in parallel). From this combined characteristic, the voltage for any combined load can be read off and from there, the current supplies by each generator can be found (Fig. 27.20).

If the generators have straight line characteristics, then the above result can be obtained by simple calculations instead of graphically.

Let us discuss the load sharing of two generators which have unequal no-load voltages.

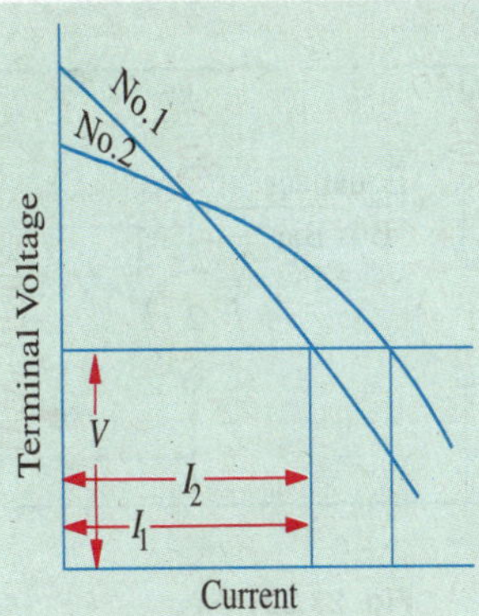

Fig. 27.19

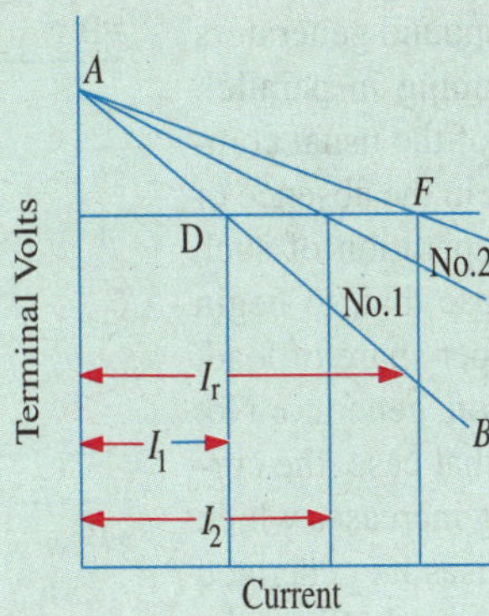

Fig. 27.20

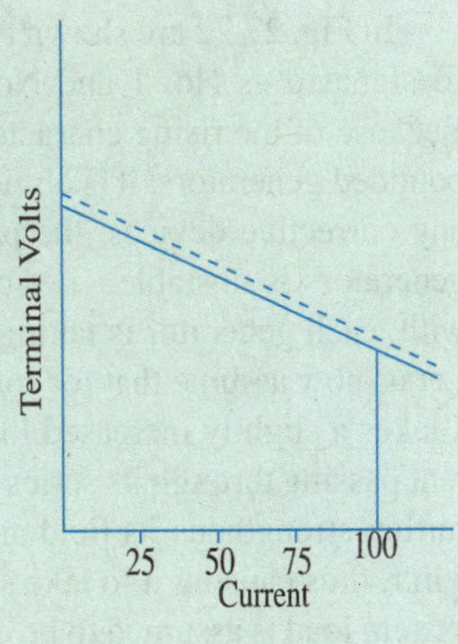

Fig. 27.21

Let E_1, E_2 = no-load voltages of the two generators

R_1, R_2 = their armature resistances

V = common terminal voltage

Then $I_1 = \dfrac{E_1 - V}{R_1}$ and $I_2 = \dfrac{E_2 - V}{R_2}$

$$\therefore \quad \frac{I_2}{I_1} = \frac{E_2 - V}{E_1 - V} \cdot \frac{R_1}{R_2} = \frac{K_2 N_2 \Phi_2 - V}{K_1 N_1 \Phi_1 - V} \cdot \frac{R_1}{R_2}$$

From the above equation, it is clear that bus-bar voltage can be kept constant (and load can be transferred from 1 to 2) by increasing Φ_2 or N_2 or by reducing N_1 and Φ_1.N_2 and N_1 are changed by changing the speed of driving engines and Φ_1 and Φ_2 are changed with the help of regulating shunt field resistances.

It should be kept in mind that

(*i*) Two parallel shunt generators having equal no-load voltages share the load in such a ratio that the load current of each machine produces the same drop in each generator.

(*ii*) In the case of two parallel generators having unequal no-load voltages, the load currents produce sufficient voltage drops in each so as to keep their terminal voltage the same.

(*iii*) The generator with the least drop assumes greater share of the change in bus load.

(*iv*) Paralleled generators with different power ratings but the same voltage regulation will divide any oncoming bus load in direct proportion to their respective power ratings (Ex. 27.14).

27.17. Procedure for Paralleling D.C. Generators

(*i*) Close the disconnect switch of the incoming generator

(*ii*) Start the prime-mover and adjust it to the rated speed of the machine

(*iii*) Adjust the voltage of the incoming machine a few volts higher than the bus voltage

(*iv*) Close the breaker of the incoming generator

(*v*) Turn the shunt field rheostat of the incoming machine in the raise-voltage direction and that of the other machine(s) already connected to the bus in the lower-voltage direction till the desired load distribution (as indicated by the ammeters) is achieved.

27.18. Compound Generators in Parallel

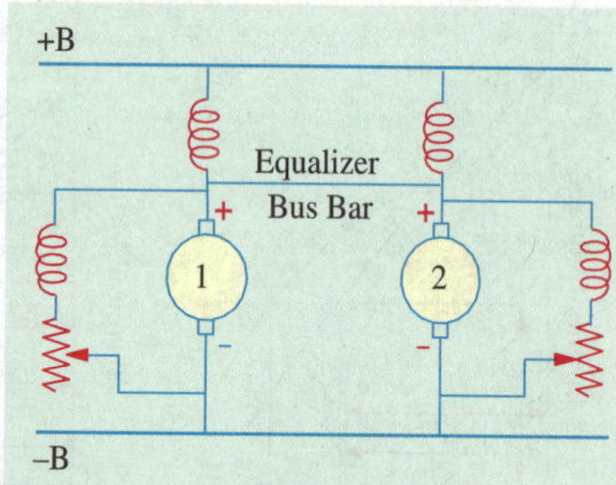

Fig. 27.22

In Fig. 27.22 are shown two compound generators (designated as No. 1 and No. 2) running in parallel. Because of the rising characteristics of the usual compounded generators, it is obvious that in the absence of any corrective devices, the parallel operation of such generators is unstable. Let us suppose that, to begin with, each generator is taking its proper share of load. Let us now assume that for some reason, generator No. 1 takes a slightly increased load. In that case, the current passing through its series winding increases which further strengthens its field and so raises its generated e.m.f. thus causing it to take still more load. Since the system load is assumed to be constant, generator No. 2 will drop some of its load, thereby weakening its series field which will result in its further dropping off its load. Since this effect is cumulative. Generator No. 1 will, therefore, tend to take the entire load and finally drive generator No. 2 as a motor. The circuit breaker of at least one of the two generators will open, thus stopping their parallel operation.

For making the parallel operation of over-compound and level-compound generators stable,* they are always used with an equalizer bar (Fig. 27.22) connected to the armature ends of the series coils of the generators. The equalizer bar is a conductor of low resistance and its operation is as follows :

* Like shunt generators, the under-compound generators also do not need equalizers for satisfactory parallel operation.

Suppose that generator No. 1 starts taking more than its proper share of load. Its series field current is increased. But now this increased current passes partly through the series field coil of generator No. 1 and partly it flows via the equalizer bar through the series field winding of generator No. 2. Hence, the generators are affected in a similar manner with the result the generator No. 1 cannot take the entire load. For maintaining proper division of load from no-load to full-load, it is essential that

(*i*) the regulation of each generator is the same.

(*ii*) the series field resistances are inversely proportional to the generator rating.

27.19. Series Generators in Parallel

Fig 27.23 shows two identical series generators connected in parallel. Suppose E_1 and E_2 are initially equal, generators supply equal currents and have equal shunt resistances. Suppose E_1 increases slightly so that $E_1 > E_2$. In that case, I_1 becomes greater than I_2. Consequently, field of machine 1 is strengthened thus increasing E_1 further whilst the field of machine 2 is weakened thus decreasing E_2 further. A final stage is reached when machine 1 supplies not only the whole load but also supplies power to machine 2 which starts running as a motor. Obviously, the two machines will form a short-circuited loop and the current will rise indefinitely. This condition can be prevented by using equalizing bar because of which two similar machines pass approximately equal currents to the load, the slight difference between the two currents being confined to the loop made by the armatures and the equalizer bar.

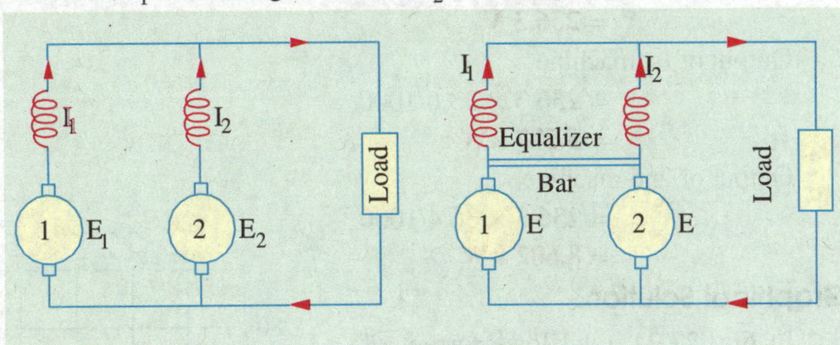

Fig. 27.23

Example 27.14. *A 100-kW, 250-V generator is paralleled with a 300 kW, 250-V generator. Both generators have the same voltage regulation. The first generator is supplying a current of 200 A and the other 500 A. What would be the current supplied by each generator if an additional load of 600 A is connected to the bus ?*

Solution. As explained in Art. 27.17, this additional load would be divided in direct proportion to the respective power ratings of the two generators.

$$\Delta I_1 = \left(\frac{100}{100+300}\right) \times 600 = 150 \text{ A};$$

$$\Delta I_2 = \left(\frac{300}{100+300}\right) \times 600 = 450 \text{ A}$$

Example 27.15. *Two 220–V, d.c. generators, each having linear external characteristics, operate in parallel. One machine has a terminal voltage of 270 V on no-load and 220 V at a load current of 35 A, while the other has a voltage of 280 V at no-load and 220 V at 50 A. Calculate the output current of each machine and the bus-bar voltage when the total load is 60 A. What is the kW output of each machine under this condition ?*

Solution. Generator No. 1.

Voltage drop for 35 A = 270–220 = 50 V

∴ Voltage drop/ampere = 50/35 = 10/7 V/A

Generator No. 2

Voltage drop/ampere $= (280–220)/50 = 1.2$ V/A

Let V = bus-bar voltage

I_1 = current output of generator No.1

I_2 = current output of generator No.2

then V $= 270–(10/7)\ I_1$ ...for generator No. 1

$= 280–1.2\ I_2$ ...for generator No. 2

Since bus-bar voltage is the same.

$\therefore$ $270–10\ I_1/7 = 280–1.2\ I_2$ or $4.2 I_2 – 5\ I_1 = 35$ ...(*i*)

Also $I_1 + I_2 = 60$ ...(*ii*)

Solving the two equations, we get I_1 = **23.6 A;** I_2 = **36.4 A**

Now $V = 280–1.2\ I_2 = 280–1.2 \times 36.4$

= **236.3 V**

Output of Ist machine

$= 236.3 \times 23.6/1000$

= **5.577 kW**

Output of 2nd machine

$= 236.3 \times 36.4/1000$

= **8.602 kW**

Graphical Solution.

In Fig. 27.24, total load current of 60 A has been plotted along *X*-axis and the terminal voltage along *Y*-axis. The linear characteristics of the two generators are drawn from the given data. The common bus-bar voltage is given by the point of intersection of the two graphs. From the graph, it is seen that $V = 236.3\ V$; I_1 = 23.6 A ; I_2 = 36.4 A.

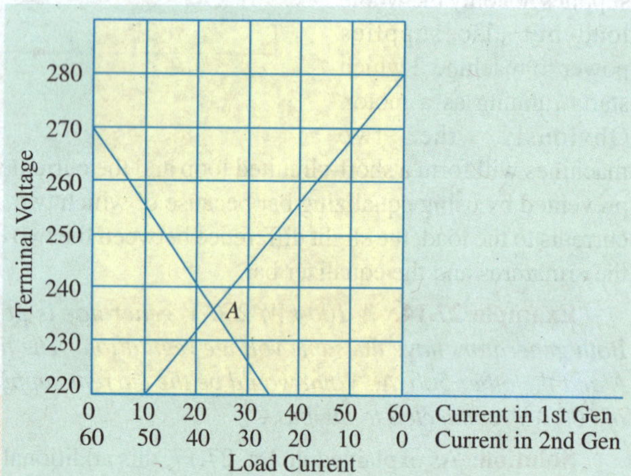

Fig. 27.24

Example 27.16. *Two shunt generators each with an armature resistance of 0.01 Ω and field resistance of 20 Ω run in parallel and supply a total load of 4000 A. The e.m.f.s are respectively 210 V and 220 V. Calculate the bus-bar voltage and output of each machine.* **(Electrical Machines-1, South Gujarat Univ. 1988)**

Solution. Generators are shown in Fig. 27.25.

Let V = bus-bar voltage

I_1 = output current of G_1

I_2 = output current of G_2

Now, $I_1 + I_2 = 4000$ A, $I_{sh} = V/20$.

$I_{a1} = (I_1 + V/20)$; $I_{a2} = (I_2 + V/20)$

In each machine,

V + armature drop = induced e.m.f.

$\therefore$ $V + I_{a1} R_a = E_1$

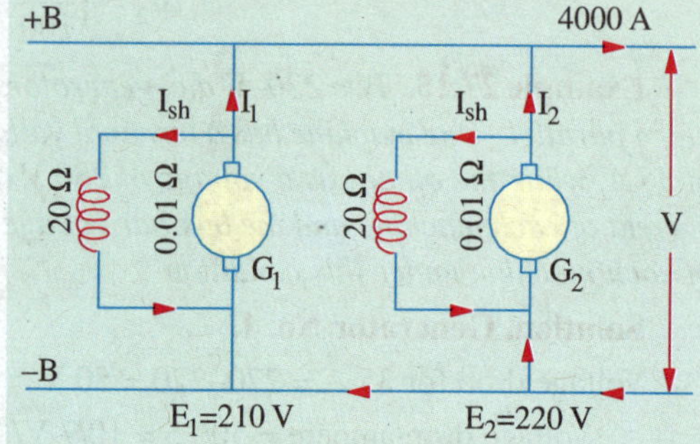

Fig. 27.25

or $V + (I_1 + V/20) \times 0.01$

$= 210$ ...1st machine

Also $V + I_{a2} R_a = E_2$

or $V + (I_2 + V/20) \times 0.01 = 220$ ...2nd machine

Subtracting, we have $0.01 (I_1 - I_2) = 10$ or $I_1 - I_2 = 1000$

Also, $I_1 + I_2 = 4000$ A $\therefore$ $I_1 =$ **2500 A ; I_2 = 1500 A**

Substituting the value of I_1 above, we get

$V + (2500 + V/20) \times 0.01 = 210$ $\therefore$ $V =$ **184.9 V**

Output of Ist generator $= 184.9 \times 2500/1000 =$ **462.25 kW**

Output of 2nd generator $= 184.49 \times 1500/1000 =$ **277.35 kW**

Example 27.17. *Two shunt generators operating in parallel deliver a total current of 250 A. One of the generators is rated 50 kW and the other 100 kW. The voltage rating of both machine is 500 V and have regulations of 6 per cent (smaller one) and 4 percent. Assuming linear characteristics, determine **(a)** the current delivered by each machine **(b)** terminal voltage.*

(Elect. Machines, Nagpur Univ. 1991)

Solution. 50 kW generator

F.L. voltage drop $= 500 \times 0.06 = 30$ V ; F.L. current = 50,000/500 = 100 A

Drop per ampere = 30/100 = 3/10 V/A

100 kW generator

F.L. drop $= 500 \times 0.04 = 20$ V ; F.L. current = 100,000/5000 = 200 A

Drop per ampere = 20/200 = 1/10 V/A

If I_1 and I_2 are currents supplied by the two generators and V the terminal voltage, then

$V = 500 - (3I_1/10)$ –1st generator

$= 500 - (I_2/10)$ –2nd generator

$\therefore$ $3I_1/10 = I_2/10$ or $3I_1 = I_2$; Also $I_1 + I_2 = 250$ –given

(a) Solving the above two equations, we get $I_1 =$ **62.5 A ; I_2 = 187.5 A**

(b) $V = 500 - (3 \times 62.5/10) =$ **481.25 V**

Example 27.18. *Two shunt generators, each with a no-load voltage of 125 V are running parallel. Their external characteristics can be taken as straight lines over this operating ranges. Generator No. 1 is rated at 25 kW and its full-load voltage is 119 V, Generator No. 2 is rated at 200 kW at 116 V. Calculate the bus-bar voltage when the total load is 3500 A. How is the load divided between the two ?*

(Elect. Machinery - I, Mysore Univ. 1988)

Solution. Let V = bus-bar voltage

x_1, x_2 = load carried by each generator in terms of percentage of rated load

P_1, P_2 = load carried by each generator in watts

$V = 125 - [(125 - 119)(x_1/100)]$ ...Generator No. 1

$V = 125 - [(125 - 116)(x_2/100)]$ ...Generator No. 2

$$\therefore \quad 125 - \frac{6x_1}{100} = 125 - \frac{9x_2}{100} \quad x_2 = \frac{6x_1}{9} = \frac{2x_1}{3}$$

Since in d.c. circuits, power delivered is given by VI watt, the load on both generators is

$$\left(250\, x_1 \times \frac{1000}{100}\right) + \left(200\, x_2 \times \frac{1000}{100}\right) = V \times 3500$$

Now, replacing V and x_2 by terms involving x_1, we get as a result

$$\left(250\, x_1 \times \frac{1000}{100}\right) + \left(200 \times \frac{2x_1}{3} \times \frac{1000}{100}\right) = \left(125 - \frac{6x_1}{100}\right) \times 3500$$

$$x_1 = 108.2 \text{ per cent}$$

$\therefore$ Bus-bar voltage $V = 125 - (6 \times 108.2/100) =$ **118.5 V**

The division of load between the two generators can be found thus :

$$x_1 = \frac{P_1 \times 1000}{250{,}000} \quad \text{and} \quad x_2 = \frac{P_2 \times 1000}{200{,}000}$$

$$\therefore \quad \frac{x_1}{x_2} = \frac{P_1 \times 200{,}000}{P_2 \times 250{,}000} = \frac{4P_1}{5P_2} = \frac{3}{2} \quad \therefore \frac{3}{2} = \frac{4P_1}{5P_2} = \frac{4\,VI_1}{5\,VI_2} = \frac{4I_1}{5I_2} \quad \text{...}(i)$$

Since $I_1 + I_2 = 3500 \quad \therefore I_2 = 3500 - I_1$

Hence (*i*) above becomes, $\dfrac{3}{2} = \dfrac{4I_1}{5(3500 - I_1)}$

$\therefore$ I_1 = **2,283** A and I_2 = **1,217 A**

Example 27.19. *Two shunt generators A & B operate in parallel and their load-characteristics may be taken as straight lines. The voltage of generator A falls from 240 V at no load to 220 V at 200 A, while that of B falls from 245 V at no load to 220 V to 150 A. Determine the currents supplied by each machine to a common load of 300 A and the bus-bar voltage.*

(Bharathithasan Univ. April 1997)

Solution. Two graphs are plotted as shown in Fig. 27.26.

Their equations are :

$$240 - (20/200)\, I_A = 245 - (25/150)\, I_B$$

$$\text{Futher, } I_A + I_B = 300$$

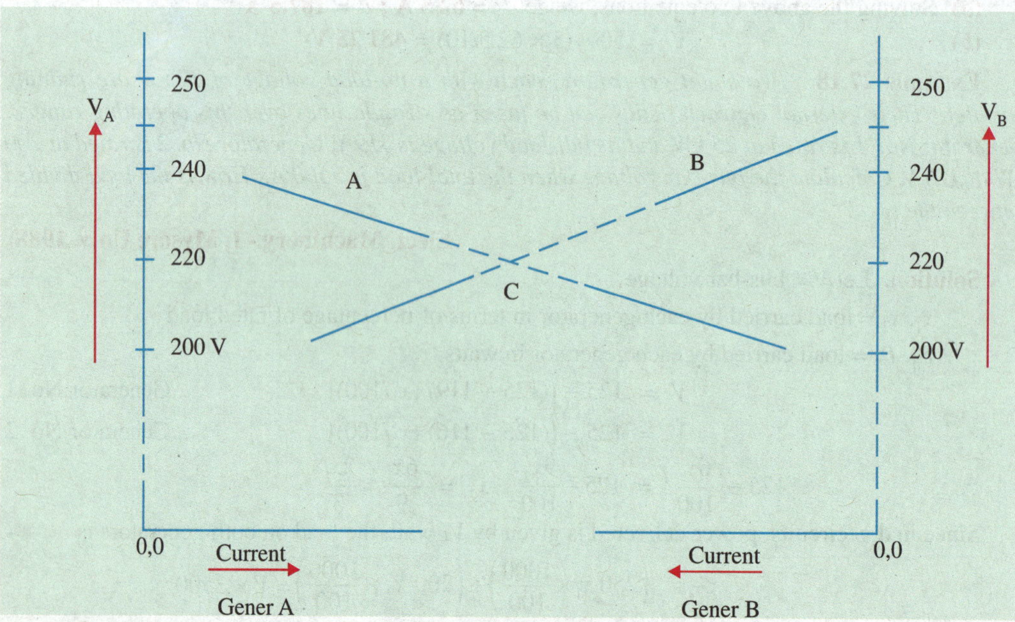

Fig. 27.26. Parallel operation of two D.C. Generators

This gives I_A = 168.75 A, I_B = 131.25 A

And common voltage of Bus-bar, V_{BUS}

$$= 240 - (20/200) \times 168.75, \text{ or}$$

$$V_{BUS} = 245 - (25/150) \times 131.25 = 223.125 \text{ volts.}$$

It is represented by the point *C*, in graph, as an intersection, satisfying the condition that two currents (I_A and I_B) add up to 300 amp.

Example 27.20. *In a certain sub-station, there are 5 d.c. shunt generators in parallel, each having an armature resistance of 0.1 Ω, running at the same speed and excited to give equal induced e.m.f.s. Each generator supplies an equal share of a total load of 250 kW at a terminal voltage of 500 V into a load of fixed resistance. If the field current of one generator is raised by 4%, the others remaining unchanged, calculate the power output of each machine and their terminal voltages under these conditions. Assume that the speeds remain constant and flux is proportional to field current.*
(Elect. Technology, Allahabad Univ. 1991)

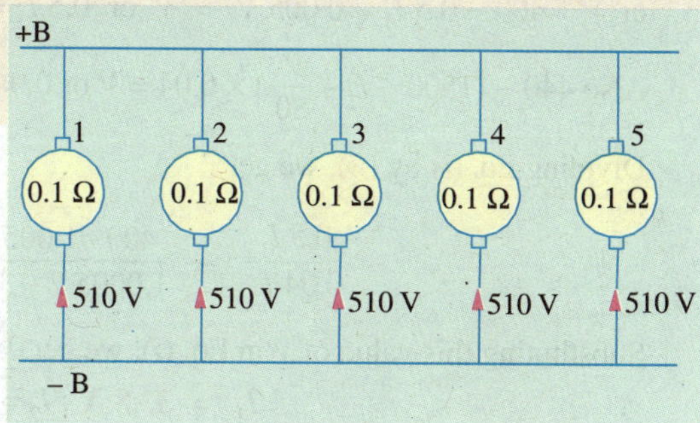

Fig. 27.27

Solution. Generator connections are shown in Fig. 27.27.

Load supplied by each =250/5 = 50kW

∴ Output of each = 50,000/500 = 100 A

Terminal voltage of each = 500 V

Armature drop of each = 0.1 × 100 = 10 V

Hence, induced e.m.f. of each = 510 V

When field current of one is increased, its flux and hence its generated e.m.f. is increased by 4%. Now, 4% of 510 V = 20.4 V

∴ Induced e.m.f. of one =510 + 20.4 = 530.4 V

Let I_1 = current supplied by one generator after increased excitation

I_2 = current supplied by each of the other 4 generators

V = new terminal or bus-bar voltage

$$\therefore \quad 530.4 - 0.1\, I_1 = V \quad \text{...(i)}$$

$$510 - 0.1\, I_2 = V \quad \text{...(ii)}$$

Now, fixed resistance of load = 500/500 = 1 Ω ; Total load current = $I_1 + 4I_2$

$$\therefore \quad 1 \times (I_1 + 4I_2) = V \text{ or } I_1 + 4I_2 = V \quad \text{...(iii)}$$

Subtracting *(ii)* from *(i)*, we get, $I_1 - I_2 = 204$ ...*(iv)*

Subtracting *(iii)* from *(ii)*, we have $I_1 + 4.1\, I_2 = 510$ ...*(v)*

From *(iv)* and *(v)*, we get I_2 = 3060/51 = 59/99 = 60 A (approx.)

From *(iv)* I_1 = 204 + 60 = 264 A

From *(iii)* V = 264 + 240 = **504 Volt**

Output of Ist machine = 504 × 264 watt = **133 kW**

Output of *each* of other four generators = 504 × 60 W = **30.24 kW**

Example 27.21. *Two d.c. generators are connected in parallel to supply a load of 1500 A. One generator has an armature resistance of 0.5 Ω and an e.m.f. of 400 V while the other has an armature resistance of 0.04 Ω and an e.m.f. of 440 V. The resistances of shunt fields are 100 Ω and 80 Ω respectively. Calculate the currents I_1 and I_2 supplied by individual generator and terminal voltage V of the combination.* **(Power Apparatus-I, Delhi Univ. Dec. 1987)**

Solution. Generator connection diagram is shown in Fig. 27.28.

Let V = bust–bar voltage

I_1 = output current of one generator

$$I_2 = \text{output current of other generator} = (1500 - I_1)$$

Now, $I_{sh1} = V/100$ A ; $I_{sh2} = V/80$ A

$$I_{a1} = \left(I_1 + \frac{V}{100}\right) \text{ and } I_{a2} = \left(I_2 + \frac{V}{80}\right)$$

or $$I_{a2} = \left(1500 - I_1 + \frac{V}{80}\right)$$

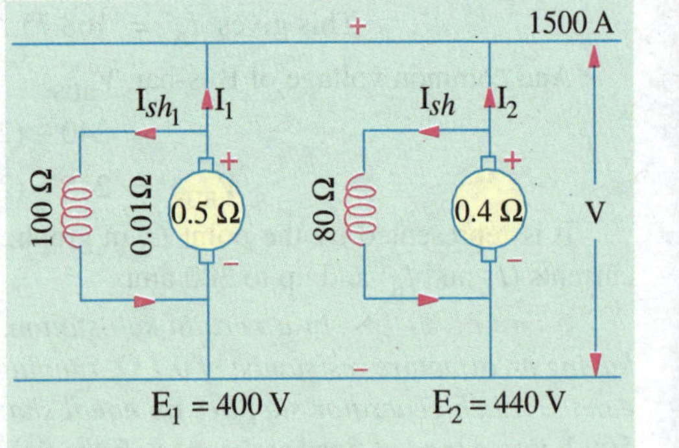

Fig. 27.28

For each machine

$$E - \text{armature drop} = V$$

$$\therefore\ 400 - \left(I_1 + \frac{V}{100}\right) \times 0.5 = V$$

or $400 - 0.5\,I_1 - 0.005\,V = V$ or $0.5\,I_1 = 400 - 1.0005 = V$ ...(*i*)

Also $440 - (1500 - I_1 + \frac{V}{80}) \times 0.04 = V$ or $0.04\,I_1 = 1.0005\,V - 380$ ...(*ii*)

Dividing Eq. (*i*) by (*ii*), we get

$$\frac{0.5\,I_1}{0.04\,I_2} = \frac{400 - 1.005\,V}{1.0005\,V - 380} \quad \therefore V = \mathbf{381.2\ V}$$

Substituting this value of V in Eq. (*i*), we get $0.5\,I_1 = 400 - 1.005 \times 381.2$

$\therefore$ $I_1 = \mathbf{33.8\ A}$; $I_2 = 1500 - 33.8 = \mathbf{1466.2\ A}$

Output of Ist generator $= 381.2 \times 33.8 \times 10^{-3} = \mathbf{12.88\ kW}$

Output of 2nd generator $= 381.2 \times 1466.2 \times 10^{-3} = \mathbf{558.9\ kW}$

Example 27.22. *Two shunt generators and a battery are working in parallel. The open circuit voltage, armature and field resistances of generators are 250 V, 0.24 Ω, 100 Ω are 248 V, 0.12 Ω and 100 Ω respectively. If the generators supply the same current when the load on the bus-bars is 40 A, calculate the e.m.f. of the battery if its internal resistance is 0.172 Ω.*

Solution. Parallel combination is shown in Fig. 27.29.

Values of currents and induced e.m.fs. are shown in the diagram.

$$V + \left(I + \frac{V}{100}\right) \times 0.24 = 250 \quad \text{...(i)}$$

$$V + \left(I + \frac{V}{100}\right) \times 0.12 = 248 \quad \text{...(ii)}$$

Also $$I + I + I_b = 40$$

$$I_b + 2I = 40 \quad \text{...(iii)}$$

Subtracting (*ii*) from (*i*), we get $\left(I + \frac{V}{100}\right) \times 0.12 = 2$ ...(*iv*)

Putting this value in (*ii*) above, $V = 246$ volt.

Putting this value of V in (*iv*), $\left(I + \frac{246}{100}\right) \times 0.12 = 2$ ...(*v*)

$\therefore$ $I = 50/3 - 2.46 = 14.2$ A

From (*iii*), we have $I_b = 40 - (2 \times 14.2) = 11.6$ A

Internal voltage drop in battery $= 11.6 \times 0.172 = 2$ V $\therefore E_b = 246 + 2 = \mathbf{248\ V}$

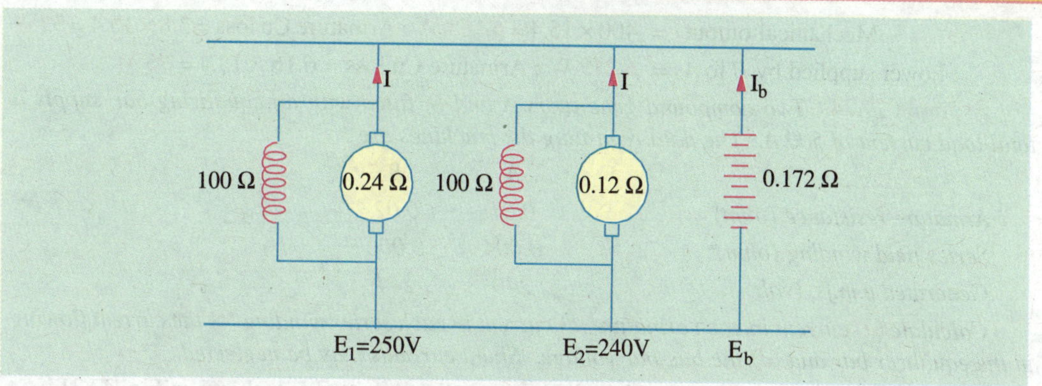

Fig. 27.29

Example 27.23. *Two d.c. generators A and B are connected to a common load. A had a constant e.m.f. of 400 V and internal resistance of 0.25 Ω while B has a constant e.m.f. of 410 V and an internal resistance of 0.4 Ω. Calculate the current and power output from each generator if the load voltage is 390 V. What would be the current and power from each and the terminal voltage if the load was open-circuited ?* **(Elect. Engg; I, Bangalore Univ. 1987)**

Solution. The generator connections are shown in Fig. 27.30 (*a*).

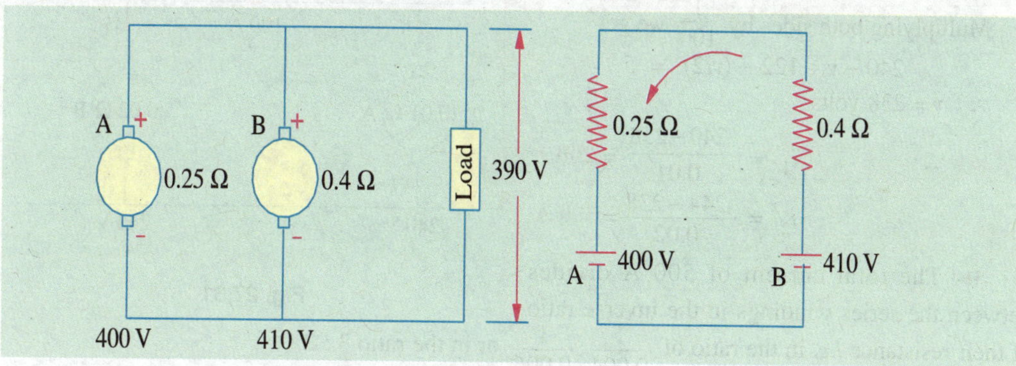

Fig. 27.30

Since the terminal or output voltage is 390 V, hence

Load supplied by $A = (400 - 390)/0.25 =$ **40 A**

Load supplied by $B = (410 - 390)/0.4 =$ **50A**

$\therefore$ Power output from $A = 40 \times 390 =$ **15.6 kW**

Power output from $B = 50 \times 390 =$ **19.5 kW**

If the load is open-circuited as shown in Fig. 27.30.(*b*), then the two generators are put in series with each other and a circulatory current is set up between them.

Net voltage in the circuit = 410 − 400 = 10 V

Total resistance = 0.4 + 0.25 = 0.65 Ω

$\therefore$ circulatory current = 10/0.65 = 15.4 A

The terminal voltage = 400 + (15.4 × 0.25) = **403.8 V**

Obviously, machine *B* with a higher e.m.f. acts as a generator and drives machine *A* as a motor.

Power taken by *A* from *B* = 403.8 × 15.4 = **6,219 W**

Part of this appears as mechanical output and the rest is dissipated as armature Cu loss.

Mechanical output = 400 × 15.4 = **6.16 kW ;** Armature Cu loss = 3.8 × 15.4 = **59 W**

Power supplied by *B* to *A* = **6,219** W ; Armature Cu loss = 6.16 × 15.4 = **95 W**

Example 27.24. *Two compound generators A and B, fitted with an equalizing bar, supply a total load current of 500 A. The data regarding the machines are :*

	A	*B*
Armature resistance (ohm)	*0.01*	*0.02*
Series field winding (ohm)	*0.004*	*0.006*
Generated e.m.fs. (volt)	*240*	*244*

Calculate (a) current in each armature (b) current in each series winding (c) the current flowing in the equalizer bar and (d) the bus-bar voltage. Shunt currents may be neglected.

Solution. The two generators (with their shunt windings omitted) are shown in Fig. 27.31.

Let V = bus-bar voltage ; v = voltage between equalizer bus-bar and the negative

i_1, i_2 = armature currents of the two generators

Now, $i_1 + i_2 = 500$

or $$\frac{240-v}{0.01}+\frac{244-v}{0.01}=500$$

Multiplying both sides by $\frac{1}{100}$ we get

$$240 - v + 122 - (v/2) = 5$$

$\therefore \quad v = 238$ volts

(*a*) $\therefore \quad i_1 = \frac{240-238}{0.01} =$ **200 A**

$i_2 = \frac{244-238}{0.02} =$ **300 A**

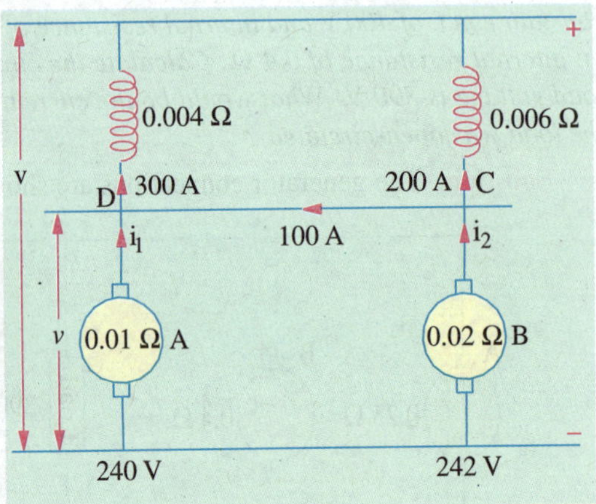

Fig. 27.31

(*b*) The total current of 500 A divides between the series windings in the inverse ratio of their resistance *i.e.* in the ratio of $\frac{1}{0.004} : \frac{1}{0.006}$ or in the ratio 3 : 2.

Hence, current in the series winding of generator $A = 500 \times 3/5 =$ **300 A**

Similarly, current in the series winding of generator $B = 500 \times 2/5 =$ **200 A**

(*c*) It is obvious that a current of 100 A flows in the equalizing bar from *C* to *D*. It is so because the armature current of generator *A* is 200 A only. It means that 100 A comes from the armature of generator, *B*, thus making 300 *A* for the series field winding of generator *A*.

(*d*) $V = v$ – voltage drop in one series winding = 238 – (300 × 0.004) = **236.8 V**

Tutorial Problem No. 27.2

1. Two separately-excited d.c. generators are connected in parallel supply a load of 200 A. The machines have armature circuit resistances of 0.05 Ω and 0.1 Ω and induced e.m.fs. 425 V and 440 V respectively. Determine the terminal voltage, current and power output of each machine. The effect of armature reaction is to be neglected. **(423.3 V ; 33.3 A ; 14.1 kW ; 166.7 A ; 70.6 kW)**

2. Two shunt generators operating in parallel given a total output of 600 A. One machine has an armature resistance of 0.02 Ω and a generated voltage of 455 V and the other an armature resistance of 0.025 Ω and a generated voltage of 460 V. Calculate the terminal voltage and the kilowatt output of each machine. Neglect field currents. **(450.56 V ; 100 kW ; 170.2 kW)**

3. The external characteristics of two d.c. shunt generators *A* and *B* are straight lines over the working range between no-load and full-load.

	Generator A		Generator B	
	No-load	*Full-load*	*No-load*	*Full-load*
Terminal P.D. (V)	400	360	420	370
Load current (A)	0	80	0	70

Determine the common terminal voltage and output current of each generator when sharing a total load of 100 A.

(57.7 A ; 42.3 A ; 378.8 V)

4. Two shunt generators operating in parallel have each an armature resistance of 0.02 Ω. The combined external load current is 2500 A. If the generated e.m.fs. of the machines are 560 V and 550 V respectively, calculate the bus-bar voltage and output in kW of each machine. **(530 V; 795 kW; 530 kW)**

5. Two shunt generators *A* and *B* operate in parallel and their load characteristics may be taken as straight lines. The voltage of *A* falls from 240 *V* at no-load to 220 V at 200 A, while that of *B* falls from 245 V at no-load to 220 V at 150 A. Determine the current which each machine supplies to a common load of 300 A and the bus-bar voltage at this load.

(169 A ; 131 A ; 223.1 V)

6. Two shunt-wound d.c. generators are connected in parallel to supply a load of 5,000 A. Each machine has an armature resistane of 0.03 Ω and a field resistance of 60 Ω, but the e.m.f. of one machine is 600 V and that of the other is 640 V. What power does each machine supply ?

(1,004 kW ; 1,730 kW including the fields)

7. Two shunt generators running in parallel share a load of 100 kW equally at a terminal voltage of 230 V. On no-load, their voltages rise to 240 V and 245 V respectively. Assuming that their volt-ampere characteristics are rectilinear, find how would they share the load when the total current is reduced to half its original value ? Also, find the new terminal voltage. **(20 kW ; 30 kW, 236 V)**

8. Two generators, each having no-load voltage of 500 V, are connected in parallel to a constant resistance load consuming 400 kW. The terminal p.d. of one machine falls linearly to 470 V as the load is increased to 850 A while that of the other falls linearly to 460 V when the load is 600 A. Find the load current and voltage of each generator.

If the induced e.m.f. of one machine is increased to share load equally, find the new current and voltage. **(I_1 = 626 A ; I_2 = 313 A ; V = 479 V ; I = 469.5 A ; V = 484.4 V)**

9. Estimate the number of turns needed on each interpole of a 6-pole generator delivering 200 kW at 200 V ; given : number of lap-connected armature conductors = 540 ; interpole air gap = 1.0 cm ; flux-density in interpole air-gap = 0.3 Wb/m^2. Ignore the effect of iron parts of the circuit and of leakage.

[10] (*Electrical Machines, B.H.U. 1980*)

OBJECTIVE TEST – 27

1. In d.c. generators, armature reaction is produced actually by
   (*a*) its field current
   (*b*) armature conductors
   (*c*) field pole winding
   (*d*) load current in armature
2. In a d.c. generator, the effect of armature reaction on the main pole flux is to
   (*a*) reduce it (*b*) distort it
   (*c*) reverse it (*d*) both (*a*) and (*b*)
3. In a clockwise-rotating loaded d.c. generator, brushes have to be shifted
   (*a*) clockwise
   (*b*) counterclockwise
   (*c*) either (*a*) or (*b*)
   (*d*) neither (*a*) nor (*b*).
4. The primary reason for providing compensating windings in a d.c. generator is to
   (*a*) compensate for decrease in main flux
   (*b*) neutralize armature mmf
   (*c*) neutralize cross-magnetising flux
   (*d*) maintain uniform flux distribution.
5. The main function of interpoles is to minimize .... between the brushes and the commutator when the d.c. machine is loaded.
   (*a*) friction (*b*) sparking
   (*c*) current (*d*) wear and tear

6. In a 6-pole d.c. machine, 90 mechanical degrees correspond to .... electrical degrees.
(*a*) 30 (*b*) 180
(*c*) 45 (*d*) 270

7. The most likely cause(s) of sparking at the brushes in a d.c. machine is /are
(*a*) open coil in the armature
(*b*) defective interpoles
(*c*) incorrect brush spring pressure
(*d*) all of the above

8. In a 10-pole, lap-wound d.c. generator, the number of active armature conductors per pole is 50. The number of compensating conductors per pole required is
(*a*) 5 (*b*) 50
(*c*) 500 (*d*) 10

9. The commutation process in a d.c. generator basically involves
(*a*) passage of current from moving armature to a stationary load
(*b*) reversal of current in an armature coil as it crosses MNA
(*c*) conversion of a.c. to d.c.
(*d*) suppression of reactance voltage

10. Point out the WRONG statement. In d.c. generators, commutation can be improved by
(*a*) using interpoles
(*b*) using carbon brushes in place of Cu brushes
(*c*) shifting brush axis in the direction of armature rotation
(*d*) none of the above

11. Each of the following statements regarding interpoles is true **except**
(*a*) they are small yoke-fixed poles spaced in between the main poles
(*b*) they are connected in parallel with the armature so that they carry part of the armature current
(*c*) their polarity, in the case of generators is the same as that of the main pole ahead
(*d*) they automatically neutralize not only reactance voltage but cross-magnetisation as well

12. Shunt generators are most suited for stable parallel operation because of their voltage characteristics.
(*a*) identical (*b*) dropping
(*c*) linear (*d*) rising

13. Two parallel shunt generators will divide the total load equally in proportion to their kilowatt output ratings only when they have the same
(*a*) rated voltage
(*b*) voltage regulation
(*c*) internal I_aR_a drops
(*d*) boths (*a*) and (*b*)

14. The main function of an equalizer bar is to make the parallel operation of two over-compounded d.c. generators
(*a*) stable (*b*) possible
(*c*) regular (*d*) smooth

15. The *essential* condition for stable parallel operation A Two d.c. generators having similar characteristics is that they should have
(*a*) same kilowatt ouput ratings
(*b*) droping voltage characterisitcs
(*c*) same percentage regulation
(*d*) same no-load and full-load speed

16. The main factor which loads to unstable parallel operation of flat-and over-compound d.c. generators is
(*a*) unequal number of turns in their series field windings
(*b*) unequal series field resistances
(*c*) their rising voltage characteristics
(*d*) unequal speed regulation of their prime movers

17. The simplest way to shift load from one d.c. shunt generator running in parallel with another is to
(*a*) adjust their field rheostats
(*b*) insert resistance in their armature circuits
(*c*) adjust speeds of their prime movers
(*d*) use equalizer connections

18. Which one of the following types of generators does NOT need equalizers for satisfactory parallel operation ?
(*a*) series (*b*) over-compound
(*c*) flat-compound (*d*) under-compound.

ANSWERS

1. (*d*) 2. (*d*) 3. (*a*) 4. (*c*) 5. (*b*) 6. (*d*) 7. (*d*) 8. (*a*) 9. (*b*) 10. (*d*) 11. (*b*) 12. (*b*) 13. (*d*) 14. (*a*) 15. (*b*) 16. (*c*) 17. (*a*) 18. (*d*)

CHAPTER 28

GENERATOR CHARACTERISTICS

Learning Objectives

- Characteristics of D.C. Generators
- Separately-excited Generator
- No-load Curve for Self-excited Generator
- How to find Critical Resistance R_c?
- How to draw O.C.C. at Different Speeds ?
- Critical Speed
- Voltage Build up of a Shunt Generator
- Conditions for Build-up of a Shunt Generator
- Other factors Affecting Voltage Building of a D.C. Generator
- External Characteristic
- Voltage Regulation
- Internal or Total Characteristic
- Series Generator
- Compound-wound Generator
- How to calculate Required Series Turns?
- Uses of D.C. Generators

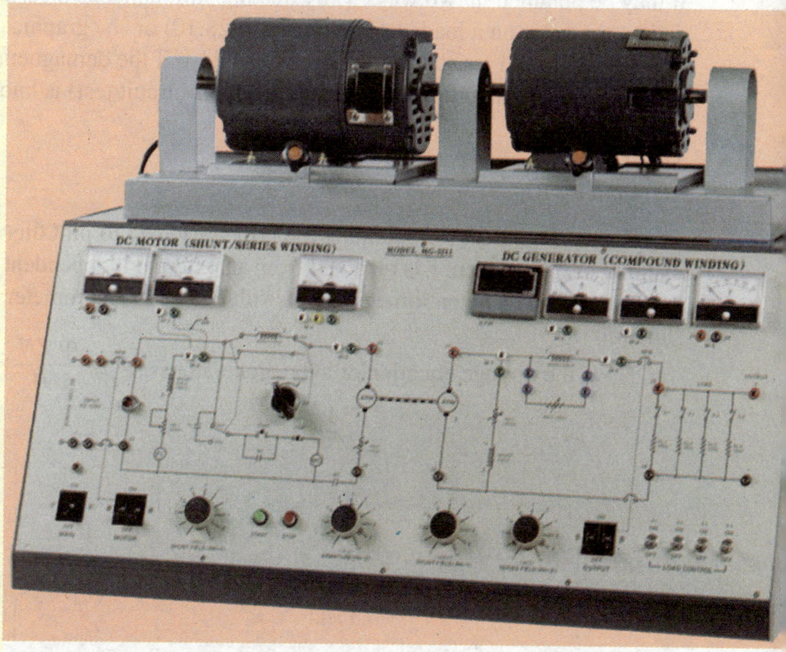

Generator characteristics gives the relation between terminal voltage and load current. It is of great importance in judging the suitability of a generator for a particular purpose

28.1. Characteristics of D.C. Generators

Following are the three *most* important characteristics or curves of a d.c. generator :

1. No-load saturation Characteristic (E_0/I_f)

It is also known as Magnetic Characteristic or Open-circuit Characteristic (*O.C.C.*). It shows the relation between the no-load generated e.m.f. in armature, E_0 and the field or exciting current I_f at a given fixed speed. It is just the magnetisation curve for the material of the electromagnets. Its shape is practically the same for all generators whether separately-excited or self-excited.

2. Internal or Total Characteristic (E/I_a)

It gives the relation between the e.m.f. *E actually* induces in the armature (after allowing for the demagnetising effect of armature reaction) and the armature current I_a. This characteristic is of interest mainly to the designer and can be obtained as explained in Art. 28.12.

3. External Characteristic (*V/I*)

It is also referred to as performance characteristic or sometimes voltage-regulating curve.

It gives relation between that terminal voltage *V* and the load current *I*. This curve lies below the internal characteristic because it takes into account the voltage drop over the armature circuit resistance. The values of *V* are obtained by subtracting I_aR_a from corresponding values of *E*. This characteristic is of great importance in judging the suitability of a generator for a particular purpose. It may be obtained in two ways (*i*) by making simultaneous measurements with a suitable voltmeter and an ammeter on a loaded generator (Art. 28.10) or (*ii*) graphically from the *O.C.C.* provided the armature and field resistances are known and also if the demagnetising effect (under rated load conditions) or the armature reaction (from the short-circuit test) is known.

28.2. Separately-excited Generator

(*a*) (*i*) No-load Saturation Characteristic (E_0/I_f)

The arrangement for obtaining the necessary data to plot this curve is shown in Fig. 28.1. The exciting or field current I_f is obtained from an external independent d.c. source. It can be varied from zero upwards by a potentiometer and its value read by an ammeter *A* connected in the field circuit as shown.

Now, the voltage equation of a d.c. generator is, $E_g = \dfrac{\Phi ZN}{60} \times \left(\dfrac{P}{A}\right)$ volt

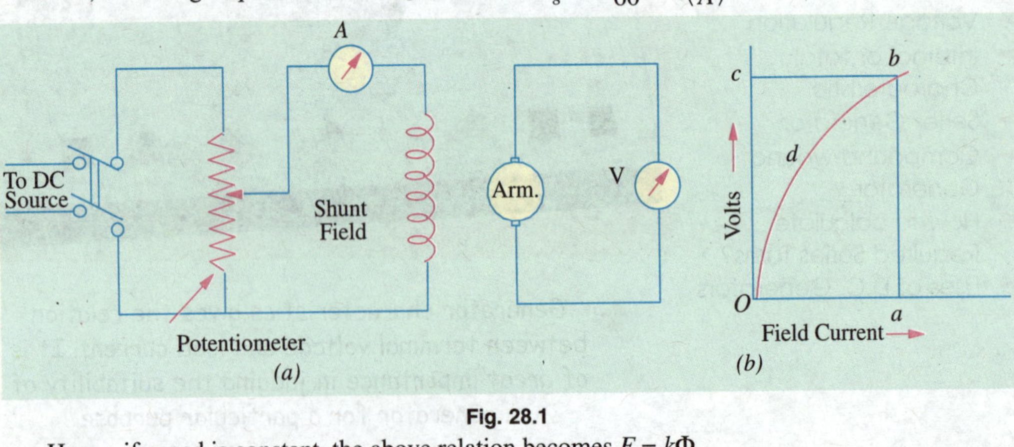

Fig. 28.1

Hence, if speed is constant, the above relation becomes $E = k\Phi$

It is obvious that when I_f is increased from its initial small value, the flux Φ and hence generated e.m.f. E_g increase directly as current so long as the poles are unsaturated. This is represented by the straight portion *Od* in Fig. 28.1 (*b*). But as the flux density increases, the poles become saturated, so a greater increase in I_f is required to produce a given increase in voltage than on the lower part of the curve. That is why the upper portion *db* of the curve *Odb* bends over as shown.

(ii) Load Saturation Curve (V/I_f)

The curve showing relation between the terminal voltage V and field current I_f when the generator is loaded, is known as Load Saturation Curve.

The curve can be deduced from the no-load saturation curve provided the values of armature reaction and armature resistance are known. While considering this curve, account is taken of the demagnetising effect of armature reaction and the voltage drop in armature which are practically absent under no-load conditions. The no-load saturation curve of Fig. 28.1 has been repeated in Fig. 28.2 on a base of field amp-turns (and not current) and it is seen that at no-load, the field amp-turns required for rated no-load voltage are given by *Oa*. Under load conditions, the voltage will decrease due to demagnetising effect of armature reaction. This decrease can be made up by suitably increasing the field amp-turns. Let *ac* represent the equivalent demagnetising amp-turns per pole. Then, it means that in order to generate the same e.m.f. on load as at no-load, the field amp-turns/pole must be increased by an amount *ac* = *bd*. The point *d* lies on the curve *LS* which shows relation between the voltage *E* generated under ***load*** conditions and the field amp-turns. The curve *LS* is practically parallel to curve *Ob*. The terminal voltage *V* will be less than this generated voltage *E* by an amount $= I_a R_a$ where R_a is the resistance of the armature circuit. From point *d*, a vertical line $de = I_aR_a$ is drawn. The point *e* lies on the full-load saturation curve for the generator. Similarly, other points are obtained in the same manner and the full-load saturation curve *Mp* is drawn. The right-angled triangle *bde* is known as **drop reaction triangle**. Load saturation curve for half-load can be obtained by joining the mid-points of such lines as *mn* and *bd* etc. In the case of self-excited generators, load saturation curves are obtained in a similar way.

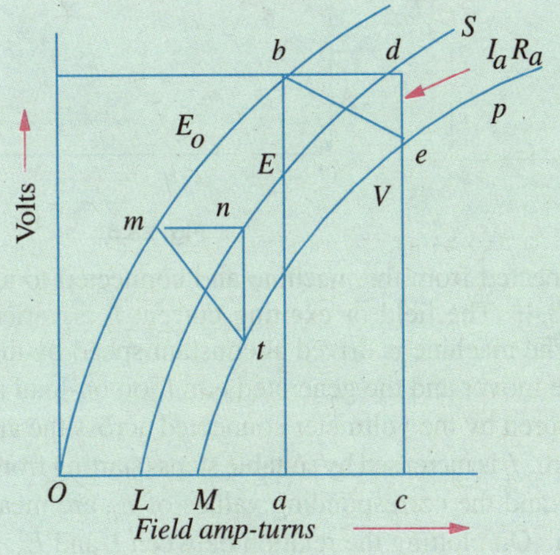

Fig. 28.2

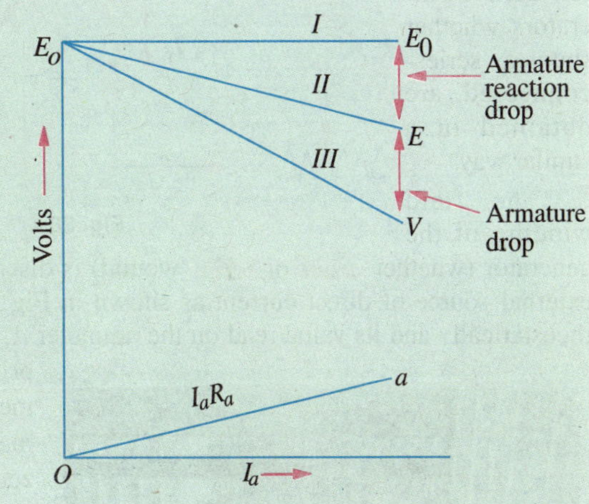

Fig. 28.3

(b) Internal and External Characteristics

Let us consider a separately-excited generator giving its rated no-load voltage of E_0 for a certain constant field current. If there were no armature reaction and armature voltage drop, then this voltage would have remained constant as shown in Fig. 28.3. by the dotted horizontal line *I*. But when the generator is loaded, the voltage falls due to these two causes, thereby giving slightly dropping characteristics. If we subtract from E_0 the values of voltage drops due to armature reaction for different loads, then we get the value of *E*–the e.m.f. ***actually*** induced in the armature under load conditions. Curve II is plotted in this way and is known as the ***internal characteristic***. The straight line *Oa* represents the I_aR_a drops corresponding to different armature currents. If we subtract from *E* the armature drop I_aR_a, we get terminal voltage *V*. Curve *III* represents the external characteristic and is obtained by subtracting ordinates the line *Oa* from those of curve *II*.

28.3. No-load Curve for Self-excited Generator

The *O.C.C.* or no-load saturated curves for self-excited generators whether shunt or series-connected, are obtained in a similar way.

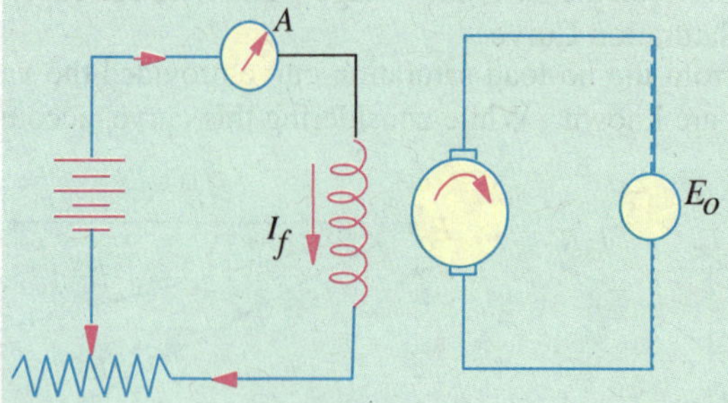

Fig. 28.4

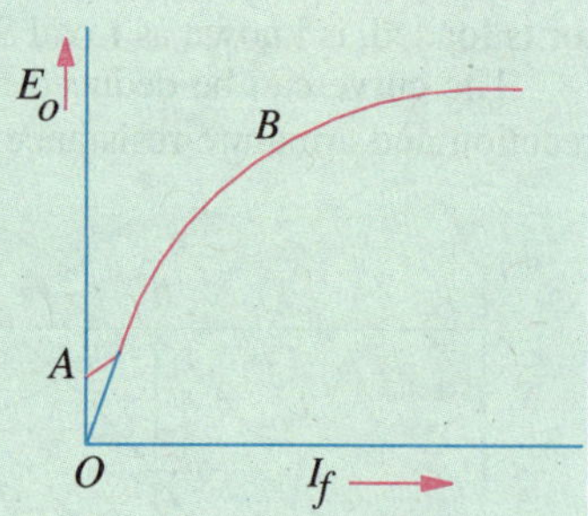

Fig. 28.5

The field winding of the generator (whether ***shunt*** or ***series*** wound) is disconnected from the machine and connected to an external source of direct current as shown in Fig. 28.4. The field or exciting current I_f is varied rheostatically and its value read on the ammeter *A*. The machine is drived at constant speed by the prime mover and the generated e.m.f. on on-load is measured by the voltmeter connected across the armature. I_f is increased by suitable steps (starting from zero) and the corresponding values of E_0 are measured. On plotting the relation between I_f and E_0, a curve of this form shown in Fig. 28.5 is obtained.

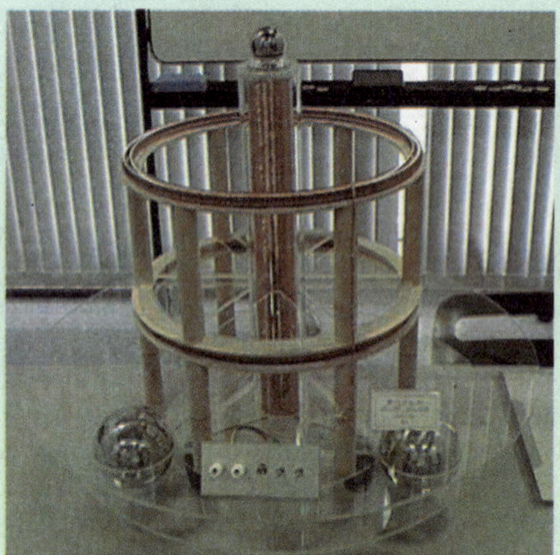

Self Excited Generator

Due to residual magnetism in the poles, some e.m.f. (= *OA*) is generated even when $I_f = 0$. Hence, the curve starts a little way up. The slight curvature at the lower end is due to magnetic inertia. It is seen that the first part of the curve is practically straight. This is due to the fact that at low flux densities, reluctance of iron path being negligible (due to high permeability), total reluctance is given by the air-gap reluctance which is constant. Hence, the flux and consequently, the generated e.m.f. is directly proportional to the exciting current. However, at high flux densities, – where μ is small, iron path reluctance becomes appreciable and straight relation between *E* and I_f no longer holds good. In other words, after point *B*, saturation of poles starts. However, the initial slope of the curve is determined by air-gap width.

It should be noted that *O.C.C.* for a higher speed would lie above this curve and for a lower speed, would lie below it.

It should also be noted and the load-saturation curve for a shunt generator is similar to the one shown in Fig. 28.2.

Critical Resistance for Shunt Generator

Now, connect the field windings back to the armature and run the machine as a shunt generator. Due to residual magnetism in the poles, some e.m.f. and hence current, would be generated. This current while passing through the field coils will strengthen the magnetism of the poles (provided field coils are properly connected as regards polarity). This will increase the pole flux which will further increase the generated e.m.f. Increased e.m.f. means more current which further increases the flux and so on. This mutual reinforcement of e.m.f. and flux proceeds on till equilibrium is reached at some point like *P* (Fig. 28.6). The point lies on the resistance line *OA* of the field winding. Let *R* be the resistance of the field winding. Line *OA* is drawn such that its slope equals the field winding resistance *i.e.* every point on this curve is such that volt/ampere = R.

The voltage OL corresponding to point P represents the maximum voltage to which the machine will build up with R as field resistance. OB represents smaller resistance and the corresponding voltage OM is slightly greater than OL. If field resistance is increased, then slope of the resistance line increased, and hence the maximum voltage to which the generator will build up at a given speed, decreases. If R is increased so much that the resistance line does not cut the *O.C.C.* at all (like OT), then obviously the machine will fail to excite *i.e.* there will be no 'build up' of the voltage. If the resistance line just lies along the slope, then with that value of field resistance, the machine will ***just*** excite. The value of the resistance represented by the tangent to the curve, is known as **critical resistance** R_c for a ***given speed***.

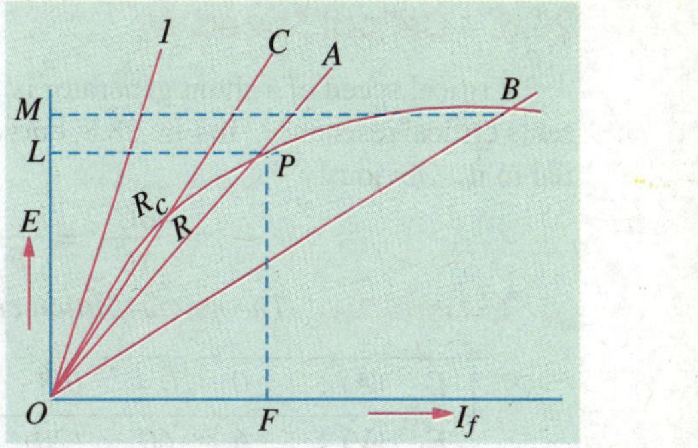

Fig. 28.6

28.4 How to Find Critical Resistance R_c ?

First, *O.C.C.* is plotted from the given data. Then, tangent is drawn to its initial portion. The slope of this curve gives the critical resistance for the speed at which the data was obtained.

28.5 How to Draw *O.C.C.* at Different Speeds ?

Suppose we are given the data for *O.C.C.* of a generator run at a fixed speed, say, N_1. It will be shown that *O.C.C.* at any other constant speed N_2 can be deduced from the *O.C.C.* for N_1. In Fig. 28.7 the *O.C.C.* for speed N_1 is shown.

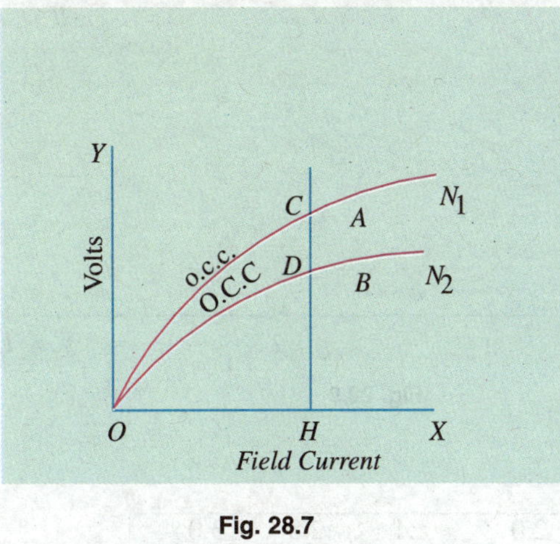

Fig. 28.7

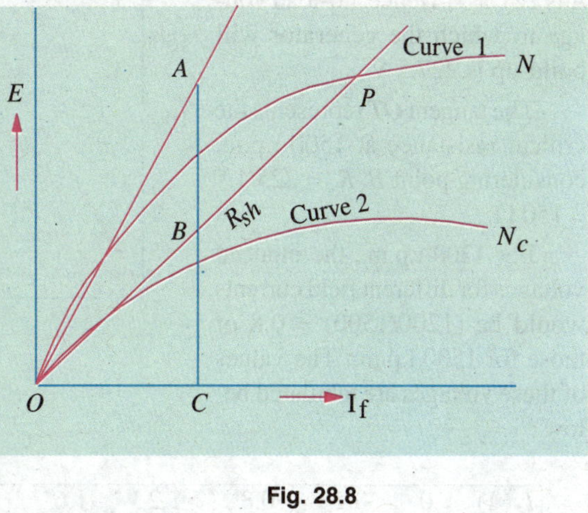

Fig. 28.8

Since $E \propto N$ for any fixed excitation, hence $\dfrac{E_2}{E_1} = \dfrac{N_2}{N_1}$ or $E_2 = E_1 \times \dfrac{N_2}{N_1}$

As seen, for $I_f = OH$, $E_1 = HC$. The value of new voltage for the same I_f but at N_2

$$E_2 = HC \times \frac{N_2}{N_1} = HD$$

In this way, point D is located. In a similar way, other such points can be found and the new *O.C.C.* at N_2 drawn.

28.6. Critical Speed N_c

Critical speed of a shunt generator is that speed for which the given shunt field resistance represents critical resistance. In Fig. 28.8, curve 2 corresponds to critical speed because R_{sh} line is tangential to it. Obviously

$$\frac{BC}{AC} = \frac{N_c}{\text{Full Speed}} = \frac{N_c}{N} \quad \therefore\ N_c = \frac{BC}{AC} \times \text{Full speed } N$$

Example 28.1. *The magnetization curve of a d.c. shunt generator at 1500 r.p.m. is :*

I_f (A) :	0	0.4	0.8	1.2	1.6	2.0	2.4	2.8	3.0
E_0 (V) :	6	60	120	172.5	202.5	221	231	237	240

For this generator find (i) no load e.m.f. for a total shunt field resistance of 100 Ω (ii) the critical field resistance at 1500 r.p.m. and (iii) the magnetization curve at 1200 r.p.m. and therefrom the open-circuit voltage for a field resistance of 100 Ω.

(b) A long shunt, compound generator fitted with interpoles is cummutatively-compounded. With the supply terminals unchanged, the machine is now run as compound motor. Is the motor differentially or cumulatively compounded ? Explain. **(Elect, Machines, A.M.I.E. Sec. B, 1990)**

Solution. The magnetisation curve at 1500 r.p.m. is plotted in Fig. 28.9 from the given data. The 100 Ω resistance line *OA* is obtained by joining the origin (0, 0) with the point (1A, 100 V). The voltage corresponding to point *A* is 227.5 V. Hence, no-load voltage to which the generator will build-up is 227.5 V.

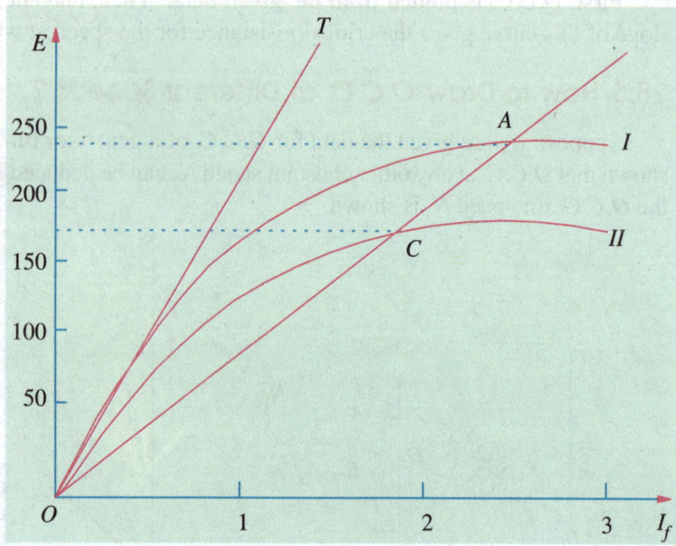

Fig. 28.9

The tangent *OT* represents the critical resistance at 1500 r.p.m. considering point *B*, R_c = 225/1.5 = 150 Ω.

For 1200 r.p.m., the induced voltages for different field currents would be (1200/1500) = 0.8 of those for 1500 r.p.m. The values of these voltages are tabulated below :

I_f (A) :	0	0.4	0.8	1.2	1.6	2.0	2.4	2.8	3.0
E_0 (V) :	4.8	48	96	138	162	176.8	184.8	189.6	192

The new magnetisation curve is also plotted in Fig. 28.9. The 100 Ω line cuts the curve at point *C* which corresponds to an induced voltage of 166 V.

Example 28.2. *A shunt generator is to be converted into a level compounded generator by the addition of a series field winding. From a test on the machine with shunt excitation only, it is found that the shunt current is 3.1 A to give 400 V on no load and 4.8 A to give the same voltage when the machine is supplying its full load of 200 A. The shunt winding has 1200 turns per pole. Find the number of series turns required per pole.* **(Elect. Machines, A.M.I.E. Sec. B, 1989)**

Solution. At no-load the ampere turns required to produce 400 V = 3.1 × 1200 = 3720

On full-load ampere turns required to produce the same voltage = 4.8 × 1200 = 5760

Additional ampere turns required due to de-magnetising effect of load current = 5760 − 3720 = 2040.

If N is a number of series turns required when load current is 200 A, then

$$N \times 200 = 2040, N = 10.2$$

Example 28.3. *The open-circuit characteristic of a d.c. shunt generator driven at rated speed is as follows :*

Field Amperes :	*0.5*	*1.0*	*1.5*	*2.0*	*2.5*	*3.0*	*3.5 A*
Induced Voltage :	*60*	*120*	*138*	*145*	*149*	*151*	*152 V*

If resistance of field circuit is adjusted to 53 Ω, calculate the open circuit voltage and load current when the terminal voltage is 100 V. Neglect armature reaction and assume an armature resistance of 0.1 Ω. **(Electrical Technology Punjab Univ. Dec. 1989)**

Solution. Take $I_f = 3$ A, $R_{sh} = 53\ \Omega$,

Point A is (3A, 159V) point. Line OA is the 53 Ω line in Fig. 28.10. It cuts drop = 3 × 53 = 159 V. $O.C.C.$ at B. Line BM is drawn parallel to the base. OM represents the $O.C.$ voltage which equals **150 V.**

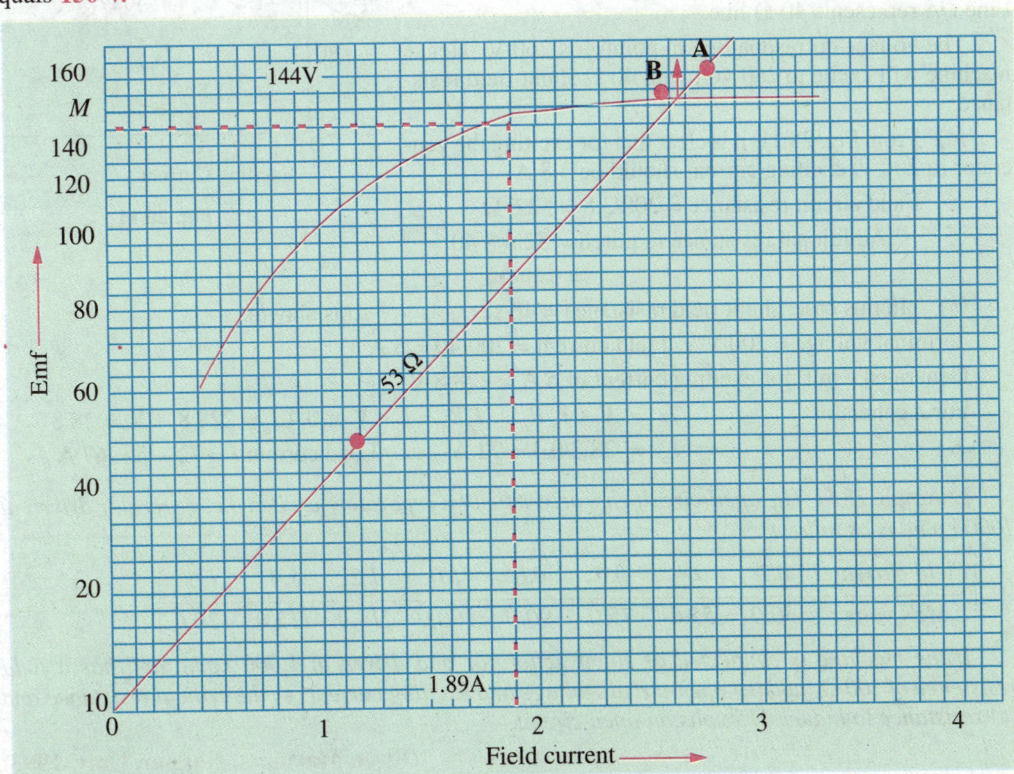

Fig. 28.10

Now, when $V = 100$ V, $I_{sh} = I_f = 100/53 = 1.89$ A

Generated or $O.C.$ voltage corresponding to this exciting current as seen from graph of Fig. 26.10 is 144 V.

Now $E = V + I_a R_a$ or $I_a R_a = 144 - 100 = 44$ V

∴ $0.1\, I_a = 44$ or $I_a = 44/0.1 =$ **440 A**

Example 28.4. *The following figures give the O.C.C. of a d.c. shunt generator at 300 r.p.m.*

Field amperes :	0	2	3	4	5	6	7
Armature volt :	7.5	92	132	162	183	190	212

Plot the O.C.C. for 375 r.p.m. and determine the voltage to which the machine will excite if field circuit resistance is 40 Ω.

(*a*) *What additional resistance would have to be inserted in the field circuit to reduce the voltage to 200 volts at 375 r.p.m.?*

(*b*) *Without this additional resistance, determine the load current supplied by the generator, when its terminal voltage is 200 V. Ignore armature reaction and assume speed to be constant. Armature resistance is 0.4 Ω.* **(Elect. Machines - I, South Gujarat Univ. 1986)**

Solution. The e.m.f. induced at 375 r.p.m. would be increased in the ratio 375/300 corresponding to different shunt field current values. A new table is given with the voltages multiplied by the above ratio.

Field amperes :	0	2	3	4	5	6	7
Armature volt :	9.4	115	165	202.5	228.8	248.8	265

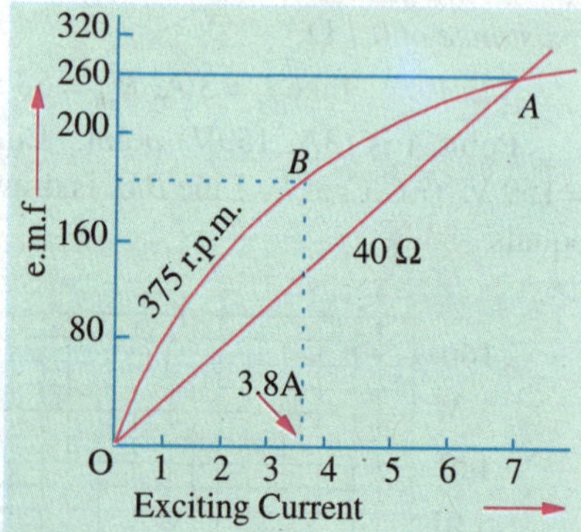

Fig. 28.11

The new *O.C.C.* at 375 r.p.m. is shown in Fig. 26.11. Line *OA* represents 40-Ω line.

The voltage corresponding to point *A* is 260 V. Hence machine will excite to 260 volt with 40 Ω shunt field resistance.

(*a*) From Fig. 28.11, it is clear that for exciting the generator to 200 V, exciting current should be 3.8 A.

∴ Field circuit resistance = 200/3.8 = 52.6 Ω

∴ Additional resistance required = 52.6 – 40 = **12.6 Ω**

(*b*) In this case, shunt field resistance = 40 Ω ...(as above)

Terminal voltage = 200 V ∴ Field current = 200/40 = 5 A

Generated e.m.f. for exciting current of 5 A = 228.8 V

For a generator $E = V + I_a R_a \therefore I_a R_a = E - V$ or $0.4\, I_a = 228.8 - 20 = 28.8$

∴ $I_a = 28.8/0.4 = 72$ A ∴ Load current $I = 72 - 5 =$ **67 A**

Example 28.5. *The open-circuit characteristic of a separately-excited d.c. generator driven at 1000 r.p.m. is as follows :*

Field current :	0.2	0.4	0.6	0.8	1.0	1.2	1.4	1.6
E.M.F. volts :	30.0	55.0	75.0	90.0	100.0	110.0	115.0	120.0

If the machine is connected as shunt generator and driven at 1,000 r.p.m. and has a field resistance of 100 Ω, find (*a*) *open-circuit voltage and exciting current* (*b*) *the critical resistance and* (*c*) *resistance to induce 115 volts on open circuit.*

(Elect. Machines, Nagpur, Univ. 1993)

Solution. The *O.C.C.* has been plotted in Fig. 28.12. The shunt resistance line *OA* is drawn as usual.

(*a*) *O.C.* voltage = **100 V**; Exciting current = **1 A**

(*b*) Line *OT* is tangent to the initial part of the *O.C.C.* It represents critical resistance. As seen from point *C*, value of critical resistance is 90/0.6 = **150 Ω.**

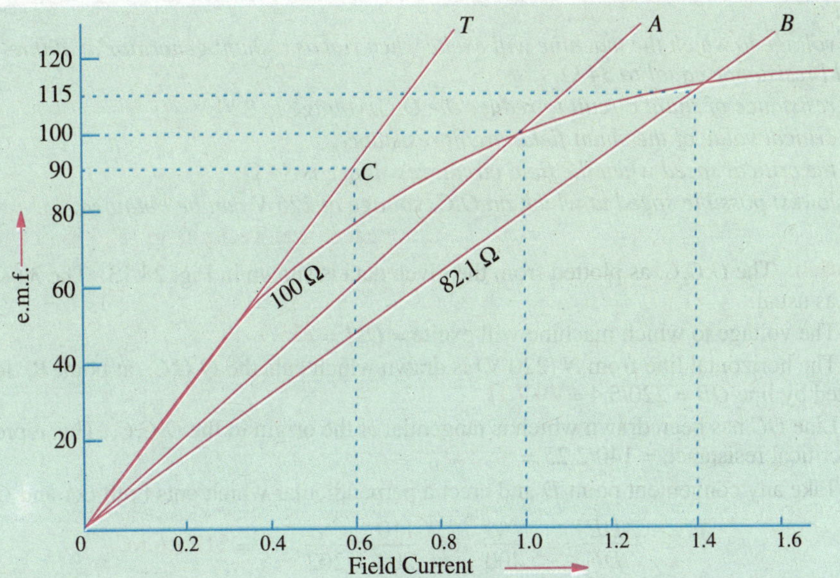

Fig. 28.12

(*c*) Line *OB* represents shunt resistance for getting 115 V on open-circuit. Its resistance = 115/1.4 = **82.1 Ω.**

Example 28.6. *A d.c. generator has the following magnetisation characteristics.*

Field current (A) :	*1*	*2*	*3*	*4*	*5*	*6*	*7*	*8*
Generated e.m.f. (V) :	*23*	*45*	*67*	*85*	*100*	*112*	*121*	*126*

If the generator is shunt excited, determine the load current.

(*a*) *when terminal p.d. is 120 V, the field resistance is 15 Ω at a speed of 600 r.p.m. And*

(*b*) *when terminal p.d. is 144 V, the field resistance is 18 Ω at a speed of 700 r.p.m.*

Solution. (*a*) When terminal p.d. = 120 V, then field current $I_f = V/R_{sh}$ = 120/15 = 8 Ω

From the given data, it is seen that the generated e.m.f. = 126 V*

Voltage drop = 126 − 120 = 6 V

Since drop due to armature reaction is neglected, this represents the armature drop.

∴ $I_a R_a = 6$ or $I_a = 6/0.02 = 300$ A   Load current = 300 − 8 = **292 A**

(*b*) The *O.C.* data at 700 r.p.m. can be obtained by multiplying the given values of generated e.m.f. by a factor of 700/600 = 7/6. Hence, the new data is :

Field current (*A*)	:	1	2	3	4	5	6	7	8
Generated e.m.f. (*V*)	:	26.8	52.5	78.2	99.2	116.6	131	141	146

When V = 144 V and R_{sh} = 18 Ω, field current = 144/18 = 8 A

From the given data, the corresponding generated e.m.f. is 146 V.

Voltage drop $I_a R_a$ = 146 − 144 = 2V

∴ I_a = 2/0.02 = 100 A   ∴ Load current = 100 − 8 = **92 A**

Example 28.7. *The O.C.C. of a d.c. generator driven at 400 rev/min is as follows :*

Field current (A)	:	*2*	*3*	*4*	*5*	*6*	*7*	*8*	*9*
Terminal volts	:	*110*	*155*	*186*	*212*	*230*	*246*	*260*	*271*

* We need not plot the *O.C.C.* in this particular case.

Find :

(*a*) *voltage to which the machine will excite when run as a shunt generator at 400 rev/min with shunt field resistance equal to 34 Ω.*

(*b*) *resistance of shunt circuit to reduce the O.C. voltage to 220 V.*

(*c*) *critical value of the shunt field circuit resistance.*

(*d*) *the critical speed when the field circuit resistance is 34 Ω.*

(*e*) *lowest possible speed at which an O.C. voltage of 225 V can be obtained.*

(Electrical Technology, Bombay Univ. 1987)

Solution. The *O.C.C.* as plotted from the given data is shown in Fig. 28.13. The 34-Ω line *OA* is drawn as usual.

(*a*) The voltage to which machine will excite = *OM* = **255 V.**

(*b*) The horizontal line from *N* (220 V) is drawn which cuts the *O.C.C.* at point *B*. Resistance represented by line *OB* = 220/5.4 = **40.7 Ω.**

(*c*) Line *OC* has been drawn which is tangential at the origin to the *O.C.C.* This represents the value of critical resistance = 140/2.25 = **62.2 Ω.**

(*d*) Take any convenient point *D* and erect a perpendicular which cuts both *OA* and *OC*.

$$\frac{DE}{DF} = \frac{N_C}{400} \quad \text{or} \quad \frac{110}{202} = \frac{N_C}{202}, \; N_C = \textbf{218 r.p.m.}$$

(*e*) From point *P* (225 V) drawn a horizontal line cutting *OA* at point *G*. From *G*, draw a perpendicular line *GK* cutting the *O.C.C.* at point *H*. If *N′* is the lowest speed possible for getting 225 volt with 34 Ω shunt circuit resistance, then

$$\frac{GK}{HK} = \frac{N'}{400} \quad \text{or} \quad \frac{225}{241} \text{ or } N' = \textbf{375 r.p.m.}$$

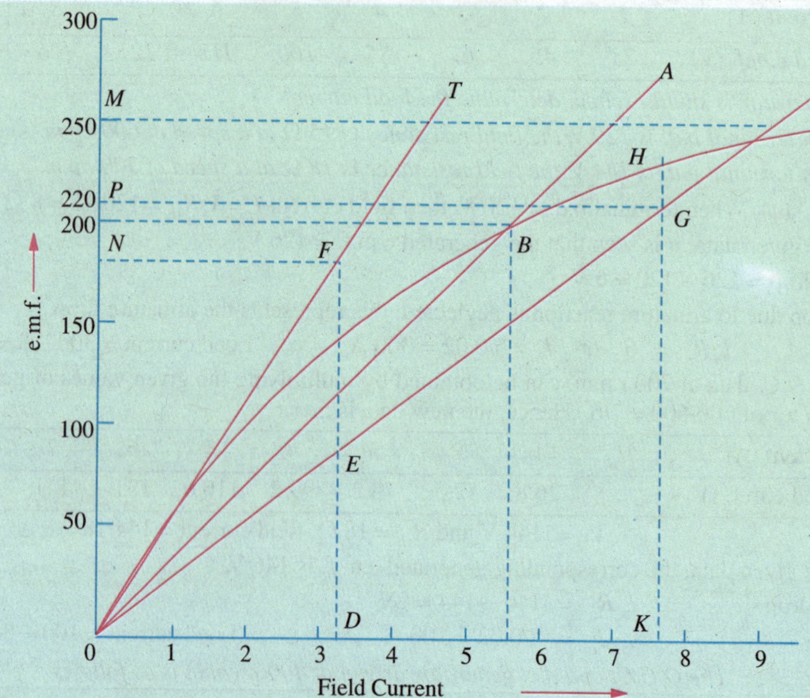

Fig. 28.13

Example 28.8. *The magnetization characteristic for a 4-pole, 110-V, 1000 r.p.m. shunt generator is as follows :*

Field current	0	0.5	1	1.5	2	2.5	3 A
O.C. voltage	5	50	85	102	112	116	120 V

Armature is lap-connected with 144 conductors. Field resistance is 45 ohms. Determine

(*i*) *voltage the machine will build up at no-load.*

(*ii*) *the critical resistance.*

(*iii*) *the speed at which the machine just fails to excite.*

(*iv*) *residual flux per pole.*

(Electrical Machinery- I, Mysore Unit. 1988)

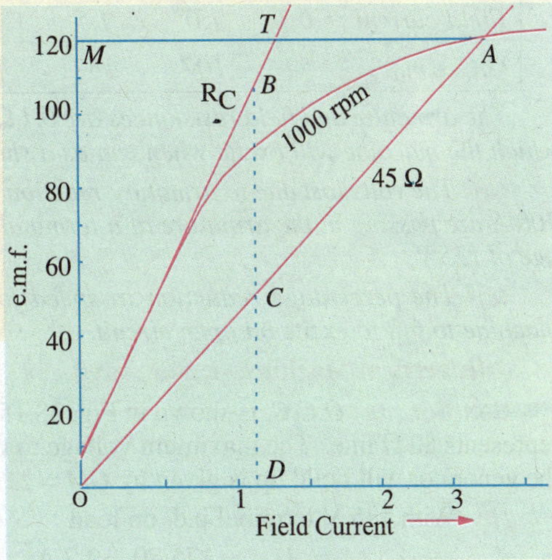

Fig. 28.14

Solution. In Fig. 28.14, *OA* represents the 45-Ω line which is drawn as usual.

(*i*) The voltage to which machine will build up = *OM* = **118 V.**

(*ii*) *OT* is tangent to the initial part of the *O.C.C.* It represents critical resistance. Take point *B* lying on this line. Voltage and exciting current corresponding to this point are 110 V and 1.1 A respectively.

$$\therefore \quad R_c = 110/1.1 = \textbf{100 Ω}$$

(*iii*) From any point on *OT*, say point *B*, drop the perpendicular *BD* on *X*-axis.

$$\frac{CD}{BD} = \frac{N_c}{1000} \quad \text{or} \quad \frac{49}{110} = \frac{N_c}{1000}$$

$$\therefore \quad N_c = \textbf{445 r.p.m.}$$

(*iv*) As given in the table, induced e.m.f. due to residual flux (*i.e.* when there is no exciting current) is 5 V.

$$\therefore \quad 5 = \frac{\Phi \times 144 \times 1000}{60}\left(\frac{4}{4}\right) \quad \therefore \Phi = \textbf{2.08 mWb.}$$

Example 28.9. *A shunt generator gave the following results in the O.C.C. test at a speed of r.p.m.*

Field current (A) :	1	2	3	4	6	8	10
E.M.F. (volt) :	90	185	251	290	324	345	360

The field resistance is adjusted to 50 Ω and the terminal is 300 V on load. Armature resistance is 0.1 Ω and assuming that the flux is reduced by 5% due to armature reaction, find the load supplied by the generator. **(Electromechanic, Allahabad Univ.; 1992)**

Solution. When the terminal voltage is 300 V and R_{sh} = 50 Ω, then field current is

$$= 300/40 = 6 \text{ A}$$

With this shunt current, the induced e.m.f. as seen from the given table (we need not draw the *O.C.C.*) is 324 V.

Due to armature reaction, the flux and hence the induced e.m.f. is reduced to 0.95 of its no-load value.

Hence, induced e.m.f. when generator is no load = 324 × 0.95 = 307.8 V

Armature drop at the given load = 307.8 – 300 = 7.8 V

$$I_a R_a = 7.8, \quad I_a = 7.8/0.1 = 78 \text{ A}$$

Load current = 78 – 6 = 72 A ; Generator output = 72 × 300/1000 = **21.6 kW**

Example 28.10. *A shunt generator gave the following open-circuit characteristic :*

Field current :	*0.5*	*1.0*	*1.5*	*2.0*	*2.5*	*3.0*	*3.5 A*
O.C. e.m.f. :	*54*	*107*	*152*	*185*	*210*	*230*	*245 V*

The armature and field resistances are 0.1 Ω and 80 Ω respectively. Calculate **(a)** *the voltage to which the machine will excite when run as a shunt generator at the same speed.*

(b) *The volts lost due to armature reaction when 100 A are passing in the armature at a terminal voltage of 175 V.*

(c) *The percentage reduction in speed for the machine to fail to excite on open circuit.*

(Electrical Machines-I, Bombay Univ. 1988)

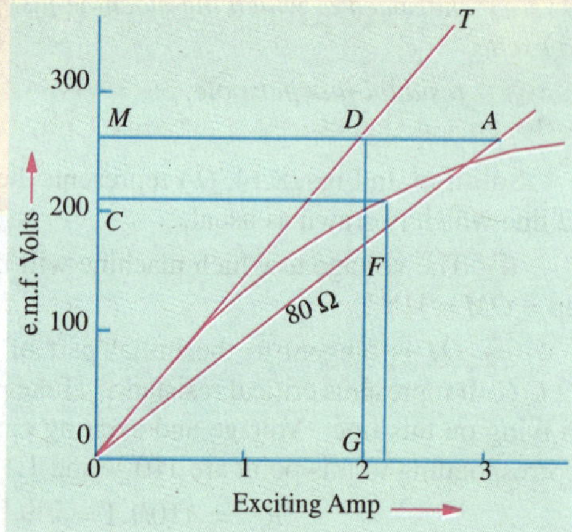

Fig. 28.15

Solution. **(a)** *O.C.C.* is shown in Fig. 28.15. *OA* represents 80 Ω line. The maximum voltage to which the generator will build up is given by *OM* = **222 V.**

(b) With 175 V terminal p.d. on load

$$I_{sh} = 175/80 = 2.2 \text{ A}$$

Voltage corresponding to this field current is given by *OC* = 195 V.

Voltage lost due to armature reaction and armature drop = 195 – 175 = 20 V.

Now, armature drop = 0.1 × 100 = 10 V

Let '*x*' be the volts lost due to armature reaction.

Then 10 + *x* = 20 ∴ *x* = **10 V**

(c) Line *OT* is drawn tangential to the curve. *DFG* is perpendicular to the base line.

$$\frac{N_c}{N} = \frac{FG}{DG} = \frac{160}{220} \quad \text{or} \quad \frac{N_e - N}{N} = \frac{-60}{220}$$

$$\text{Percentage reduction in speed} = \frac{-60}{220} \times 100 = \mathbf{-27.3\ \%}$$

Example 28.11. *The O.C.C. of a shunt generator running at 800 r.p.m. is as follows :*

Field current (amp.)	:	*1*	*2*	*3*	*4*	*5*	*6*
Induced e.m.f. (volt).	:	*82.5*	*180*	*225*	*252*	*273*	*282*

If the shunt field resistance is 60 Ω, find

(i) *the voltage to which the machine will build up running at the same speed* **(ii)** *the value of field regulating resistance if the machine is to build up to 120 V when its field coils are grouped in two parallel circuits and generator is runing at half the speed.*

(Electrical Technology, Hyderabad Univ. 1991)

Solution. *O.C.C.* is drawn from the given data and is shown in Fig. 28.16. *OA* represents 60 Ω. The voltage corresponding to point *A* is *OM* = 260 V.

(i) Generator will build up to **260 volts.**

(ii) Lower curve represents the induced e.m.f. for different exciting current values at 400 r.p.m. From point *B* which represents 120 V, draw *BC*. From *C* draw a perpendicular *CD* which gives the exciting current of 3.6 A. It means that current through *each* parallel path of shunt field coils is 3.6 A. Total current which passes through the field regulator resistance is 3.6 × 2 = 7.2 A because it is in series with the field coils.

Hence, total shunt field resistance = 120/7.2 = 16.67 Ω

Now, resistance of each shunt parallel path = 60/2 = 30 Ω

Joint resistance of two parallel paths = 30/2 = 15 Ω

∴ Shunt field regulator resistance = 16.67 − 15 = **1.67 Ω**

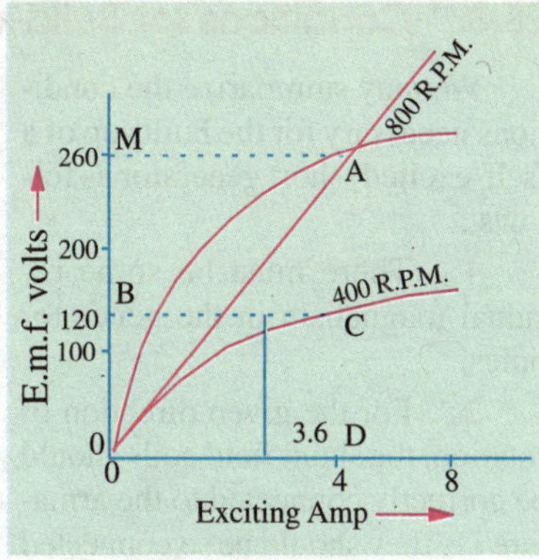

Fig. 28.16

28.7. Voltage Build up of a Shunt Generator

Before loading a shunt generator, it is allowed to build up its voltage. Usually, there is always present some residual magnetism in the poles, hence a small e.m.f. is produced initially. This e.m.f. circulates a small current in the field circuit which increases the pole flux (provided field circuit is properly connected to armature, otherwise this current may wipe off the residual magnetism). When flux is increased, generated e.m.f. is increased which further increases the flux and so on. As shown in Fig. 28.17, *Oa* is the induced e.m.f. due to residual magnetism which appears across the field circuit and causes a field current *Ob* to flow. This current aids residual flux and hence produces, a larger induced e.m.f. *Oc*. In turn, this increased e.m.f. *Oc* causes an even larger current *Od* which creates more flux for a still larger e.m.f. and so on.

Now, the generated e.m.f. in the armature has

(*a*) to supply the ohmic drop $I_f R_{sh}$ in the winding and (*b*) to overcome the opposing self-induced e.m.f. in the field coil *i.e.* $L. (dI_f/dt)$ because field coils have appreciable self-inductance.

$$e_g = I_f R_{sh} + L \, . \, dI_f/dt$$

If (and so long as), the generated e.m.f. is in excess of the ohmic drop $I_f R_{sh}$, energy would continue being stored in the pole fields. For example, as shown in Fig. 28.17, corresponding to field current *OA*, the generated e.m.f. is *AC*. Out of this, *AB* goes to supply ohmic drop $I_f R_{sh}$ and *BC* goes to overcome self-induced e.m.f. in the coil. Corresponding to $I_f = OF$, whole of the generated e.m.f. is used to overcome the ohmic drop. None is left to overcome $L.dI_f/dt$. Hence no energy is stored in the pole fields. Consequently, there is no further increase in pole flux and the generated e.m.f. With the given shunt field resistance represented by line *OP*, the maximum voltage to which the machine will build up is *OE*. If resistance is decreased, it will built up to a somewhat higher voltage. *OR* represents the resistance known as ***critical resistance***. If shunt field resistance is greater than this value, the generator will fail to excite.

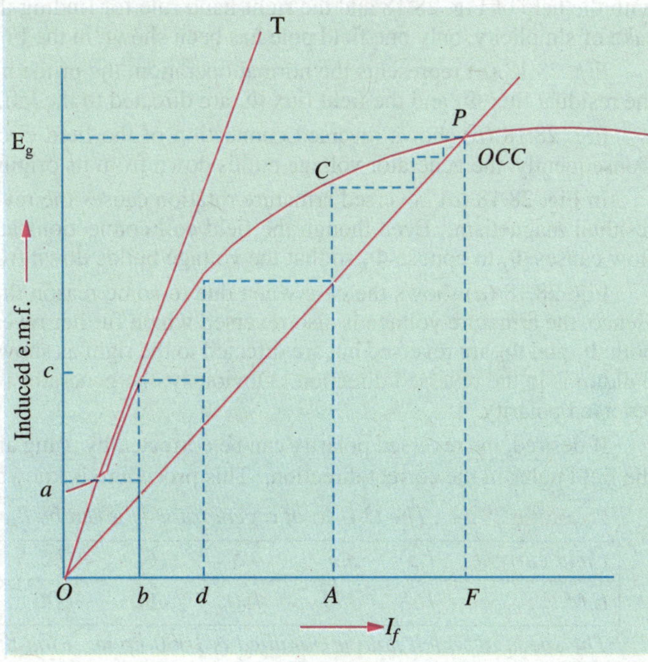

Fig. 28.17

28.8. Conditions for Build-up of a Shunt Generator

We may summarize the conditions necessary for the build-up of a (self-excited) short generator as follows :

1. There must be some residual magnetism in the generator poles.

2. For the given direction of rotation, the shunt field coils should be correctly connected to the armature *i.e.* they should be so connected that the induced current reinforces the e.m.f. produced initially due to residual magnetism.

3. If excited on open circuit, its shunt field resistance should be less than the critical resistance (which can be found from its O.C.C.)

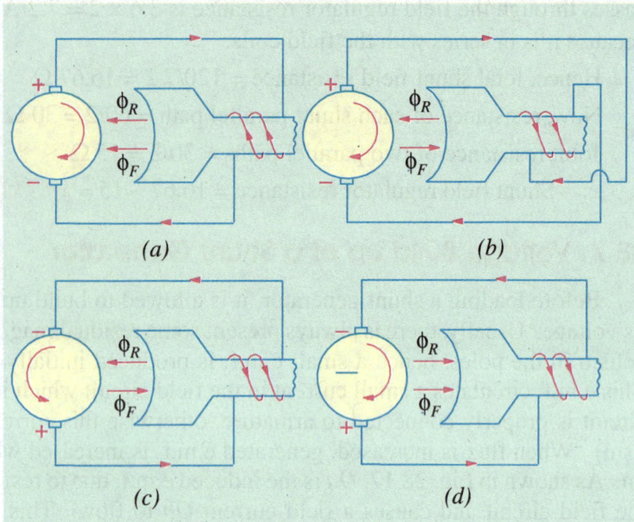

Fig. 28.18

4. If excited on load, then its shunt field resistance should be more than a certain minimum value of resistance which is given by internal characteristic (Art 28.11).

28.9. Other Factors Affecting Voltage Building of a DC Generator

In addition to the factors mentioned above, there are some other factors which affect the voltage building of a self-excited d.c. generator. These factors are *(i)* reversed shunt field connection *(ii)* reversed rotation and *(iii)* reversed residual magnetism. These adverse effects would be explained with the help of Fig. 28.18 and the right-hand rule for finding the direction of the coil flux. For the sake of simplicity, only one field pole has been shown in the Fig. 28.18.

Fig. 28.18 (*a*) represents the normal operation, the prime mover rotation is clockwise and both the residual flux Φ_R and the field flux Φ_F are directed to the left.

Fig. 28.18 (*b*) shows reversed connection of the field circuit which causes Φ_F to oppose Φ_R. Consequently, the generator voltage builds down from its original residual value.

In Fig. 28.18 (*c*), reversed armature rotation causes the reversal of the voltage produced by the residual magnetism. Even though the field coil connections are correct, the reversed field current flow causes Φ_F to oppose Φ_R so that the voltage builds down from its original residual value.

Fig. 28.18 (*d*) shows the case when due to some reason the residual magnetism gets reversed. Hence, the armature voltage is also reversed which further reverses the field current. Consequently, both Φ_F and Φ_R are reversed but are directed to the right as shown. Under this condition, the voltage buildup is in the reversed direction. Obviously, the generator will operate at rated voltage but with reversed polarity.

If desired, the reversed polarity can be corrected by using an external d.c. source to remagnetise the field poles in the correct direction. This procedure is known as field flashing.

Example 28.12. *The O.C.C. of a generator is given by the following :*

Field current :	*1.5*	*3.5*	*4.5*	*6*	*7.5*	*9*	*10.5*
E.M.F. :	*168*	*330*	*450*	*490*	*600*	*645*	*675*

The speed at which data is obtained is 1000 r.p.m. Find the value of the shunt field resistance that will give a p.d. of 600 V with an armature current of 300 A at the same speed. Due to armature *reaction, the shunt field current is given by I_{sh} (eff.) = I_{sh} – 0.003 I_a. Armature resistance, including brush contact resistance, is 0.1 Ω. What will be the p.d. on open circuit at the same speed ?*

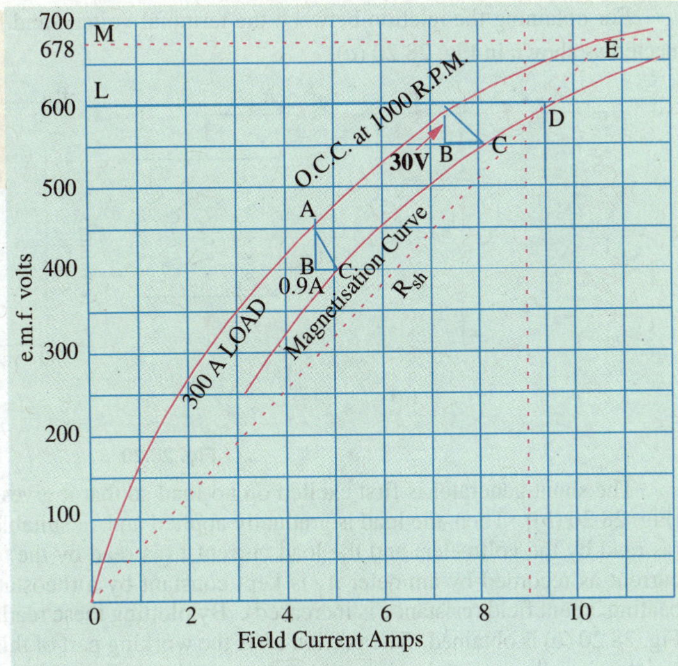

Fig. 28.19

Solution. As shown in Fig. 28.19, the *O.C.C.* has been plotted from the given data.

Voltage drop due to armature resistance = 300 × 0.1 = 30 V.

Reduction of field current due to armature reaction = 0.003 × 300 = 0.9 A.

Any point *A* is taken on the *O.C.C.* A vertical distance *AB* = 30 V is taken and then the horizontal line *BC* = 0.9 A is drawn thus completing triangle *ABC* which is known as drop reaction triangle. Then, point *C* lies on the 300 ampere load saturation curve. This curve can be drawn by finding such similar points like *C′* etc.

From point *L* representing 600 V, a horizontal line is drawn cutting the load saturation curve at *D*. Join *OD*. Current corresponding to point *D* is 9.4 A. The slope of I_f the line *OD* gives the value of shunt resistance to give 600 V with 300 amperes of armature current.

∴ R_{sh} = 600/9.4 = **63.8 Ω**

It is seen that e.m.f. on open circuit is **678 V.**

28.10. External Characteristic

After becoming familiar with the no-load characteristic of a shunt generator, we will now proceed to find its external characteristic (*V/I*) when loaded. It is found that if after building up, a shunt generator is loaded, then its terminal voltage *V* drops with increase in load current. Such a drop in voltage is undesirable especially when the generator is supplying current for light and power for which purpose it is desirable that *V* should remain practically constant and independent of the load. This condition of constant voltage is almost impossible to be fulfilled with a shunt generator unless the field current is being automatically adjusted by an automatic regulator. Without such regulation terminal voltage drops considerably as the load on the generator is increased. These are three main reasons for the drop in terminal voltage of a shunt generator when under load.

(*i*) Armature resistance drop :

As the load current increases, more and more voltage is consumed in the ohmic resistance of the armature circuit. Hence, the terminal voltage $V = E - I_a R_a$ is decreased where *E* is the induced e.m.f. in the armature under load condition.

(*ii*) Armature reaction drop

Due to the demagnetising effect of armature reaction, pole flux is weakened and so the induced e.m.f. in the armature is decreased.

(*iii*) The drop in terminal voltage *V* due to (*i*) and (*ii*) results in a decreased field current I_f which further reduces the induced e.m.f.

For obtaining the relation between the terminal voltage and load current, the generator is connected as shown in Fig. 28.20 (*a*).

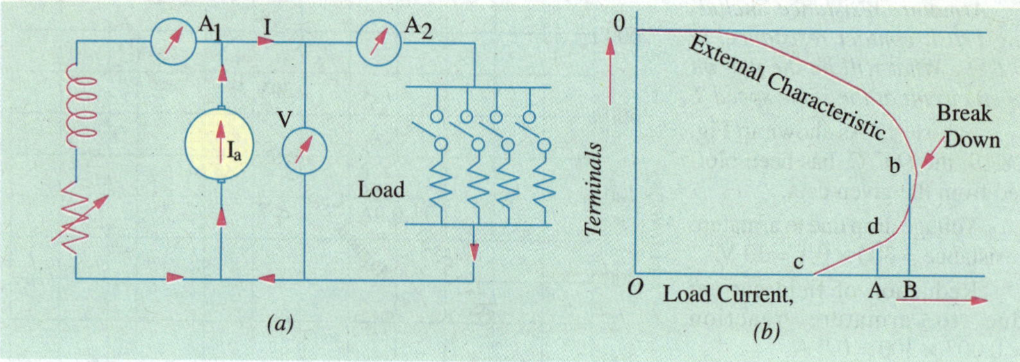

Fig. 28.20

The shunt generator is first excited on no-load so that it gives its full open circuit voltage = *Oa* [Fig. 28.20 (*b*)]. Then, the load is gradually applied and, at suitable intervals, the terminal voltage *V* (as read by the voltmeter) and the load current *I* (as read by the ammeter A_2) are noted. The field current as recorded by ammeter A_1 is kept constant by a rheostat (because during the test, due to heating, shunt field resistance is increased). By plotting these readings, the external characteristic of Fig. 28.20 (*b*) is obtained. The portion *ab* is the working part of this curve. Over this part, if the load resistance is decreased, load current is increased as usual, although this results in a comparatively small additional drop in voltage. These conditions hold good till point *b* is reached. This point is known as breakdown point. It is found that beyond this point (where load is maximum = *OB*) ***any effort to increase load current by further decreasing load resistance results in decreased load current (like OA) due to a very rapid decrease in terminal voltage.***

We will discuss the reason for this unusual behaviour of the generator in more details. Over the earlier portion *ab* [Fig. 28.20 (*b*)] where the load current is comparatively small, when external load resistance is decreased, it results in increased load current as might be expected keeping Ohm's law in mind. It should not, however, be forgotten that due to increase in load current, *V* is also decreased somewhat due to the cause (*iii*) given above. But over the portion *ab*, the effect of decrease in load resistance predominates the effect of decrease in *V* because load current is relatively small.

At point *b*, generator is delivering a very large current *i.e.* current which is many times greater than its normal current. If load resistance is decreased at this point so as to be able to draw a load current greater than *OB*, the current is ***increased*** momentarily. But due to the severe armature reaction for this heavy current and increased $I_a R_a$ drop, the terminal voltage *V* is drastically reduced. The effect of this drastic reduction in *V* results in less load current (= *OA*). In other words, over the portion *bdc* of the curve, the terminal voltage *V* decreases more rapidly than the load resistance. Hence, any, further decrease in load resistance actually causes a ***decrease*** in load current (it may seem to contravene Ohm's law but this law is not applicable, here since *V* is not constant). As load resistance is decreased beyond point *b*, the curve turns back till when the generator is actually short-circuited, it cuts the current axis at point *c*. Here, terminal voltage *V* is reduced to zero, though there would be some value of *E* due to residual magnetism (Fig. 28.22).

28.11. Voltage Regulation

By voltage regulation of a generator is meant the change in its terminal voltage with the change in load current when it is running at a constant speed. If the change in voltage between no-load and full load is small, then the generator is said to have good regulation but if the change in voltage is large, then it has poor regulation. The ***voltage regulation of a d.c. generator is the change in voltage when the load is reduced from rated value to zero, expressed as percentage of the rated load***

voltage.

If no-load voltage of a certain generator is 240 V and rated-load voltage is 220 V,

then, regn. = (240 – 220)/220 = 0.091 or 9.1 %

28.12. Internal or Total Characteristic

As defined before, internal characteristic gives the relation between E and I_a. Now in a shunt generator

$$I_a = I + I_f \quad \text{and} \quad E = V + I_a R_a$$

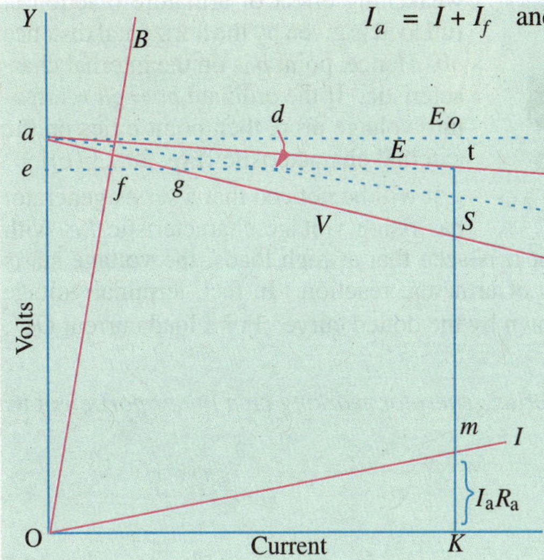

Fig. 28.21

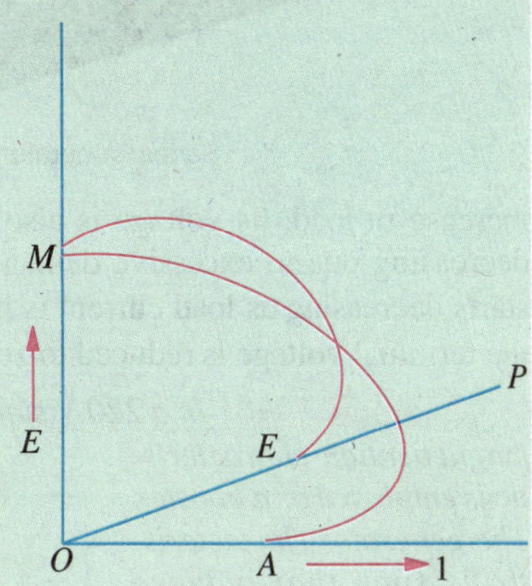

Fig. 28.22

Hence, E/I_a curve can be obtained from V/I curve as shown in Fig. 28.21. In this figure, *ab* represents the external characteristic as discussed above. The field resistance line *OB* is drawn as usual. The horizontal distances from *OY* line to the line *OB* give the values of field currents for different terminal voltages. If we add these distances horizontally to the external characteristic *ab*, then we get the curve for the total armature current *i.e.* dotted curve *ac*. For example, point *d* on *ac* is obtained by making *gd* = *ef*. The armature resistance drop line *Or* is then plotted as usual. If brush contact resistance is assumed constant, then armature voltage drop is proportional to the armature current. For any armature current = *OK*, armature voltage drop $I_aR_a = mK$. If we add these drops to the ordinates of curve *ac*, we get the internal characteristic. For example, *St* = *mK*. The point *t* lies on the internal characteristic. Other points like *t* can be found similarly at different armature currents as the total characteristic can be drawn.

It may be noted here, in passing, that product EI_a gives the total power developed within the armature. Some of this power goes to meet $I^2 R$ losses in armature and shunt field windings and the rest appears as output.

As explained in Art 28.10 if load resistance is decreased, the armature current increases up to a certain load current value. After that, any decrease in load resistance is not accompanied by increase in load current. Rather, it is decreased and the curve turns back as shown in Fig. 28.22. If the load resistance is too small, then the generator is short-circuited and there is no generated e.m.f. due to heavy demagnetisation of main poles.

Line *OP* is tangential to the internal characteristic *MB* and its slope gives the value of the ***minimum*** resistance with which the generator will excite if excited ***on load.***

28.13. Series Generator

Series generator

In this generator, because field windings are in series with the armature [Fig. 28.23 (*a*)], they carry full armature current I_a. As I_a is increased, flux and hence generated e.m.f. is also increased as shown by the curve. Curve *Oa* is the *O.C.C.* The extra exciting current necessary to neutralize the weakening effect of armature reaction at full load is given by the horizontal distance *ab*. Hence, point *b* is on the internal characteristic. If the ordinate *bc* = *gh* = armature voltage drop, then point *c* lies on the external characteristic [Fig. 28.23 (*b*)].

It will be noticed that a series generator has rising voltage characteristic *i.e.* with increase in load, its voltage is also increased. But it is seen that at high loads, the voltage starts decreasing due to excessive demagnetising effects of armature reaction. In fact, terminal voltage starts decreasing as load current is increased as shown by the dotted curve. For a load current *OC′*, the terminal voltage is reduced to zero as shown.

Example 28.13. *In a 220 V supply system, a series generator, working on a linear portion of its magnetisation characteristic is employed as a booster. The generator characteristic is such that induced e.m.f. increases by 1 volt for every increase of 6 amperes of load current through the generator. The total armature resistance of the generator is 0.02 Ω. If supply voltage remains constant, find the voltage supplied to the consumer at a load current of 96 A. Calculate also the power supplied by the booster itself.*

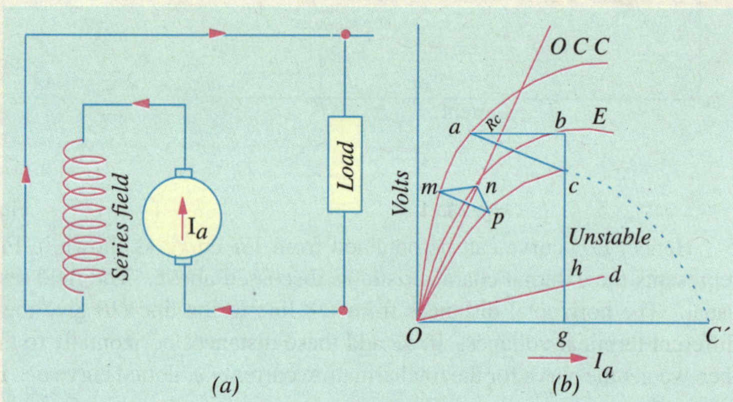

Fig. 28.23

Solution.

Voltage increase for 6 amperes = 1 V ∴ Voltage increase for 96 A = 96/6 = 16 V

Voltage drop in series coils = $96 \times 0.02 = 1.9$ V

Net Voltage rise due to booster = $16 - 1.9 = 14.1$ V

Voltage at consumer end = $220 + 14.1 =$ **234.1 V**

Power supplied by booster itself = $14.1 \times 96 = 1354$ W = **1.354 kW**

Example 28.14. *A d.c. series generator, having an external characteristic which is a straight line through zero to 50 V at 200 A is connected as a booster between a station bus bar and a feeder of 0.3 ohm resistance. Calculate the voltage difference between the station bus-bar and the far end of the feeder at a current of (i) 200 A and (ii) 50 A.*

(AIME Sec. B Elect. Machine Summer 1991)

Solution. (*i*) Voltage drop = $200 \times 0.3 = 60$ V

Booster voltage provided by series generator for 200 A current as given = 50 V.

$\therefore$ Net voltage decrease $= 60 - 50 = 10$ V

(ii) Feeder drop $= 50 \times 0.3 = 15$ V

Booster voltage provided by series generator (by proportion) is

$= 50 \times 50/200 = 12.5$ V

$\therefore$ Net decrease in voltage $= 15 - 12.5 = 2.5$ V

28.14. Compound-wound Generator

A shunt generator is unsuitable where constancy of terminal voltage is essential, because its terminal voltage decreases as the load on it increases. This decrease in V is particularly objectionable for lighting circuit where even slight change in the voltage makes an appreciable change in the candle power of the incandescent lamps. A shunt generator may be made to supply substantially constant voltage (or even a rise in voltage as the load increases) by adding to it a few turns joined in series with either the armature or the load (Fig. 28.24). These turns are so connected as to aid to shunt turns when the generator supplies load. As the load current increases, the current through the series windings also increase thereby increasing the flux. Due to the increase in flux, induced e.m.f. is also increased. By adjusting the number of series turns (or series amp-turns), this increase in e.m.f. can be made to balance the combined voltage drop in the generator due to armature reaction and the armature drop. Hence, V remains practically constant which means that field current is also almost unchanged. We have already discussed the three causes which decrease the terminal voltage of a shunt generator (Art 28.10). Out of these three, the first two are neutralized by the series field amp-turns and the third one, therefore, does not occur.

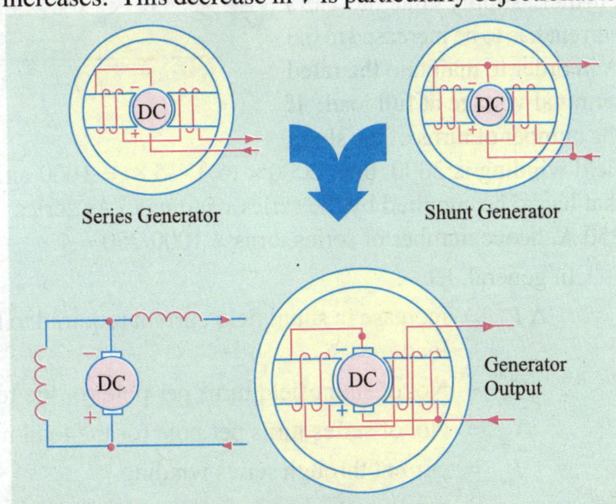

Compound-wound generator

If the series field amp-turns are such as to produce the same voltage at rated load as at no-load, then the generator is ***flat-compounded***. It should be noted, however, that even in the case of a flat-compounded generator, the voltage is not constant from no-load to rated- load. At half the load, the voltage is actually greater than the rated voltage as seen from Fig. 28.24.

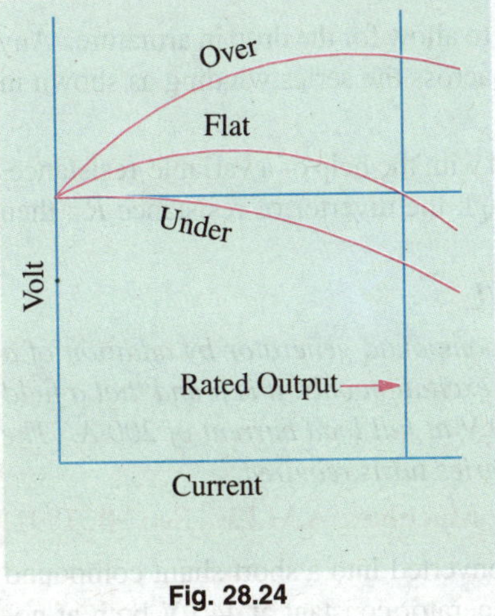

Fig. 28.24

If the series field amp-turns are such that the rated-load voltage is greater than the no-load voltage, then generator is ***over-compounded.*** If rated-load voltage is less than the no-load voltage, then the generator is ***under-compounded*** but such generators are seldom used.

For short distances such as in hotels and office buildings, flat-compound generators are used because the loss of voltage over small lengths of the feeder is negligible. But when it is necessary to maintain a constant voltage then an over-compounded generator, which combines the functions of a generator and a booster, is invariably used.

28.15. How to Calculate Required Series Turns ?

Consider a 110-V, 250-ampere generator. Suppose it gives its rated no-load voltage with a field current of 5.8 A. If, now, the series windings are disconnected and the shunt field rheostat is left unchanged then the machine will act as shunt generator, hence its voltage will fall with increase in load current. Further, supply that the field current has to be increased to 6.3 A in order to maintain the rated terminal voltage at full load. If the number of turns of the shunt field winding is 2000, then 2000 × (6.3 − 5.8) = 1000 amp-turns represent the additional excitation that has to be supplied by the series windings. As series turns will be carrying a full load current of 250 A, hence number of series turns = 1000/250 = 4.

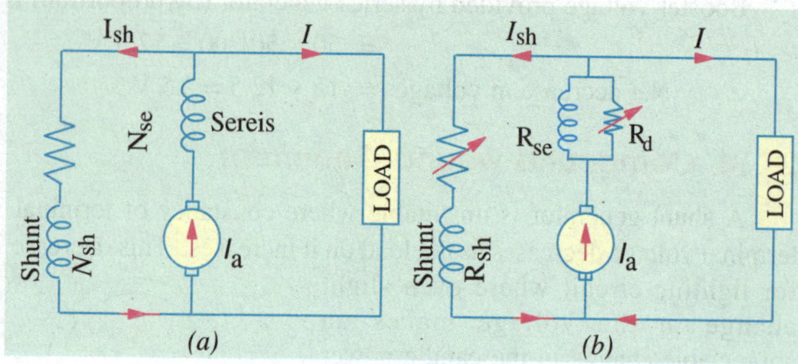

Fig. 28.25

In general, let

ΔI_{sh} = increase in shunt field current required to keep voltage constant from no-load to full-load

N_{sh} = No. of shunt field turns per pole (or the total number of turns)

N_{se} = No. of series turns per pole (or the total number of turns)

I_{se} = current through series winding

= armature current I_a —for long-shunt

= load current I —for short-shunt

It is seen that while running as a simple generator, the increase in shunt field ampere-turns necessary for keeping its voltage constant from no-load to full-load is $N_{sh} \cdot \Delta_{sh}$. This increase in field excitation can be alternatively achieved by adding a few series turns to the shunt generator [Fig. 28.25 (*a*)] thereby converting it into a compound generator.

$$\therefore \quad N_{sh} \cdot \Delta I_{sh} = N_{se} I_{se}$$

If other things are known, N_{se} may be found from the above equation.

In practice, a few extra series amp-turns are taken in order to allow for the drop in armature. Any surplus amp-turns can be changed with the help of a divertor across the series winding as shown in Fig. 28.25 (*b*).

As said above, the degree of compounding can be adjusted with the help of a variable-resistance, divertor as shown in Fig. 28.25 (*b*). If I_d is the current through the divertor of resistance R_d, then remembering that series windings and divertor are in parallel,

$$\therefore \quad I_{se} \cdot R_{se} = I_d R_d \quad \text{or} \quad R_d = I_{se} R_{se} / I_d$$

Example 28.15. *A shunt generator is converted into a compound generator by addition of a series field winding. From the test on the machine with shunt excitation only, it is found that a field current of 5 A gives 440 V on no-load and that 6 A gives 440 V at full load current of 200 A. The shunt winding has 1600 turns per pole. Find the number of series turns required.*

(Elect. Machines, A.M.I.E., Sec., B, 1991)

Solution. It would be assumed that shunt generator is converted into a short shunt compound generator. It is given that for keeping the voltage of shunt generator constant at 440 V both at no-load and full-load, shunt field ampere-turns per pole have to be increased from 1600 × 5 = 8000 to

$(1600 \times 6) = 9600$ *i.e.* an increase of $(9600 - 8000) = 1600\ AT$. The same increase in field AT can be brought about by adding a few series turns.

Let n be the number of series turns required per pole. Since they carry 200 A,

$\therefore \quad n \times 200 = 1600; n =$ **8 turns/pole**

Example 28.16. *A long shunt compound generator has a shunt field winding of 1000 turns per pole and series field winding of 4 turns per pole and resistance 0.05 Ω. In order to obtain the rated voltage both at no-load and full-load for operation as shunt generator, it is necessary to increase field current by 0.2 A. The full-load armature current of the compound generator is 80 A. Calculate the divertor resistance connected in parallel with series field to obtain flat compound operation.*

(Elect. Machines A.M.I.E. Sec. B, 1993)

Solution.

Additional AT required to maintain rated voltage both at no-load and full-load (Fig. 28.26) $= 1000 \times 0.2 = 200$

No. of series turns/pole = 4

Current required to produce 200 AT by the series field $= 200/4 = 50$ A.

Since $I_a = 80$ A, the balance of 30 A must pass through the parallel divertor resistance.

$\therefore \quad 30\,R = 50 \times 0.05, R = 0.0833\ \Omega$

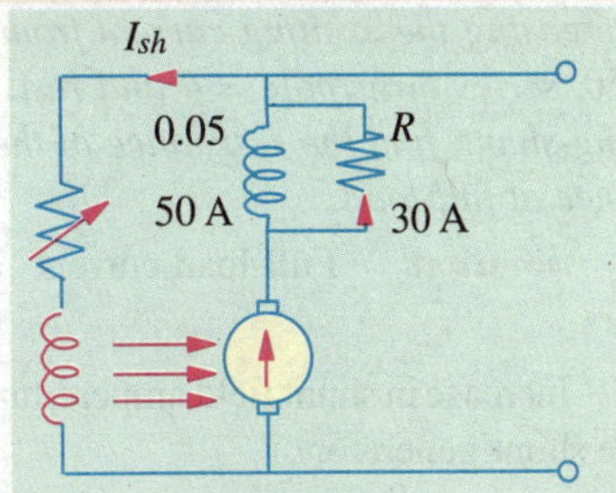

Fig. 28.26

Example 28.17. *A 220-V compound generator is supplying a load of 100 A at 220 V. The resistances of its armature, shunt and series windings are 0.1 Ω, 50 Ω and 0.06 Ω respectively. Find the induced e.m.f. and the armature current when the machine is connected* **(a)** *short shunt* **(b)** *long shunt* **(c)** *how will the series amp-turns be changed in* **(b)** *if a divertor of 0.14 Ω is connected in parallel with the series windings ? Neglect armature reaction and brush contact drop.*

Solution. (*a*) Short-shunt (Fig. 28.27).

Voltage drop in series $= 100 \times 0.06 = 6$ V; $I_{sh} = 220/50 = 4.4$ A.

$\therefore \quad I_a = 100 + 4.4 =$ **104.4**

Armature drop $= 104.4 \times 0.1 = 10.4$ V

$\therefore$ Induced e.m.f. $= 220 + 6 + 10.5 =$ **236.4 V**

(*b*) Long-shunt (Fig. 28.28)

$I_{sh} = 220/50 = 4.4$ A $\quad \therefore \quad I_a = 100 + 4.4 =$ **104.4 A**

Voltage drop over armature and series field winding $= 104.4 \times 0.16 = 16.7$ V

$\therefore$ Induced e.m.f. $= 200 + 16.7 =$ **216.7 V**

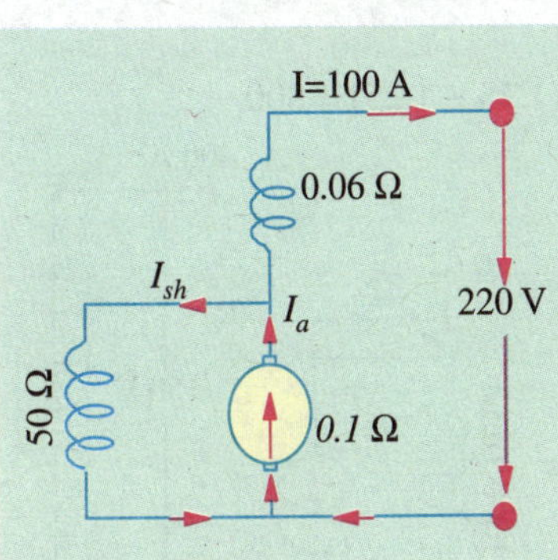

Fig. 28.27

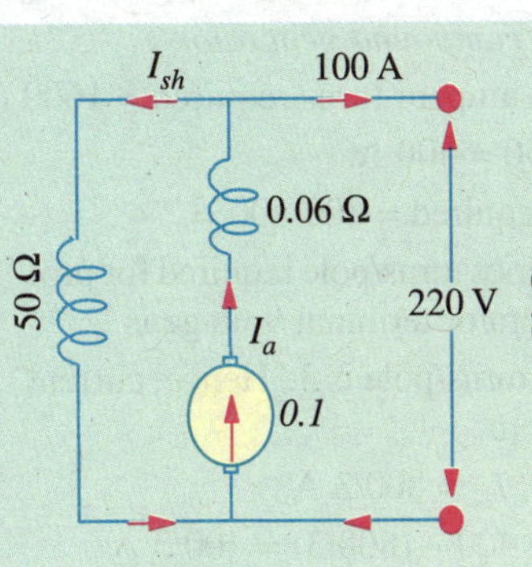

Fig. 28.28

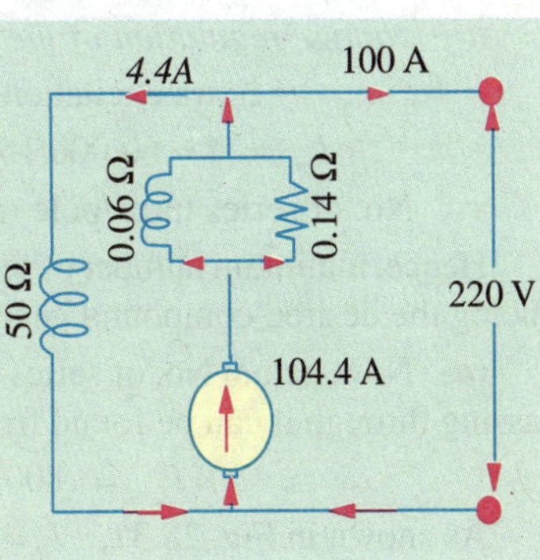

Fig. 28.29

(c) As shown in Fig. 28.29, a divertor of resistance 0.14 Ω is connected in parallel with the series field winding. Let n be the number of series turns.

Number of series amp-turns without divertor $= n \times 104.4 = 104.4\ n$

When divertor is applied, then current through series field is

$$= \frac{104.4 \times 0.14}{(0.14 + 0.06)} = 73.8\ A$$

$\therefore$ Series amp-turns $= 73.8 \times n$ $\therefore$ Series amp-turns are reduced to $\dfrac{73.8\ n}{104.4\ n} \times 100 =$ **70 %**

Example 28.18. *A 250-kW, 240-V generator is to be compounded such that its voltage rises from 220 volts at no-load to 240 V at full load. When series field is cut out and shunt field is excited from an external source, then from the load test it is found that this rise in voltage can be obtained by increasing the exciting current from 7 A at no-load to 12 A at full-load. Given shunt turns/pole = 650, series turns/pole = 4 and resistance of series winding, 0.006 Ω. If the machine is connected long-shunt, find the resistance of the series amp-turns at no-load and drop in series winding resistance at full-load.*

Solution. Full-load current $= 250 \times 10^3/240$

$= 1042$ A

Increase in shunt field ampere-turns to over-compound the shunt generator

$= 650\,(12 - 7) = 3{,}250$. As seen from Fig. 28.30

$4 \times I_{se} = 3250$

$I_{se} = 3250/4 = 812.5$ A

$\therefore\quad I_d = 1042 - 812.5 = 229.5$ A

It is so because no-load shunt current being negligible, $I_a = I = 1042$ A.

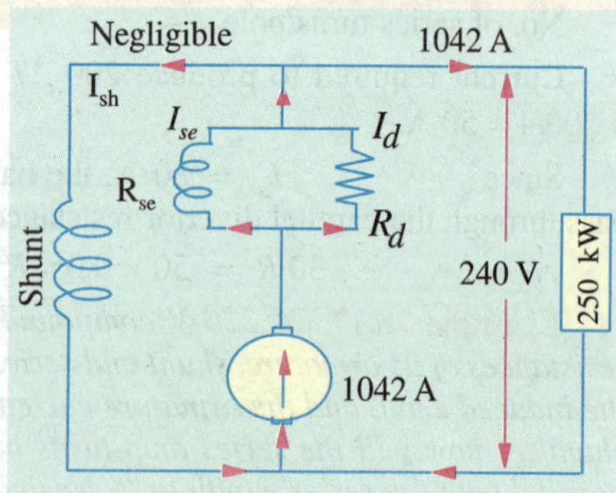

Fig. 28.30

Since series winding and divertor are in parallel, $I_d R_d = I_{se} R_{se}$ or $229.5\ R_d = 812.5 \times 0.006$

$\therefore\quad R_d =$ **0.0212 Ω**

Example 28.19. *A 60-kW d.c. shunt generator has 1600 turns/pole in its shunt winding. A shunt field current of 1.25 A is required to generate 125 V at no-load and 1.75 A to generate 150 V at full load. Calculate*

(i) the minimum number of series turns/pole needed to produce the required no-load and full-load voltages as a short-shunt compound generator.

(ii) if the generator is equipped with 3 series turns/pole having a resistance of 0.02 Ω, calculate divertor resistance required to produce the desired compounding.

(iii) voltage regulation of the compound generator.

Solution. (i) Extra excitation ampere-turns required = 1600 (1.75 – 1.25) = 800

$I_{se} = I = 60{,}000/150 = 400$ A

$\therefore$ No. of series turns/pole required = 800/400 = **2**

Hence, minimum number of series turns/pole required for producing the desired compound generator terminal voltage is **2**.

(ii) Now, actual No. of series turns/pole is 3. Hence, current passing through it can be found from

$3 \times I_{se} = 800;\ I_{se} = 800/3$ A

As shown in Fig. 28.31, $I_d = 400 - (800/3) = 400/3$ A

Also $(800/3) \times 0.02 = (400/3) \times R_d$; $R_d =$ **0.04 Ω**

(iii) % regn. $= (125 - 150) \times 100/150 =$ **– 16.7%**

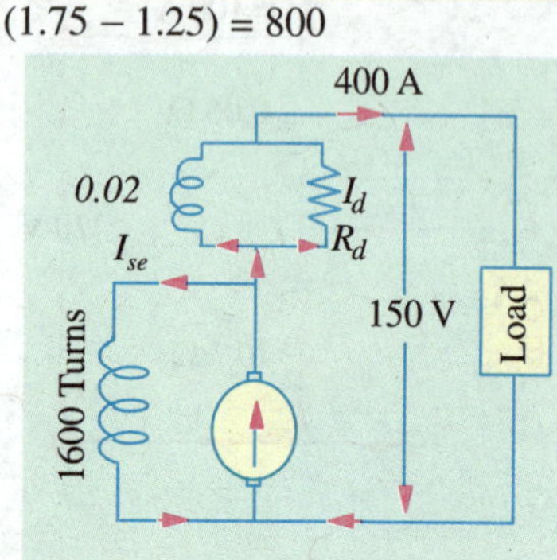

Fig. 28.31

Example 28.20. *A D.C. generator having an external characteristics which is a straight line through zero to 50 V at 200 Amp, is connected as a booster between a station bus-bar and a feeder of 0.3 ohm resistance. Calculate the voltage between the far end of the feeder and the bus-bar at a current of (i) 160 A, (ii) 50 A.* **(Manomaniam Surdaranar Univ. Nov. 1998)**

Solution. Due to the feeder resistance of 0.3 ohm there is a voltage drop of 1 × 0.3 volts in the direction of current, where *I* refers to the current flowing. Due to booster, there is a rise in voltage given by *I* × (50/200) according to the *V-I* characteristic given for the series generator. As a sum total of these two, the net feeder drop will be *I* × (0.3 – 0.25) or *I* volts, and that represents the voltage between far end of the feeder and the bus-bar.

(*i*) **At 160 A,** the net voltage drop in feeder = 160 × 0.05 or 48 – 40 = 9 volts.

Since 48 volts drop is partially compensated by 40 volts boosted up.

(*ii*) **At 50 A,** the required answer = (15 volts drop 12.5 volts boosted up) = 2.5 volts drop.

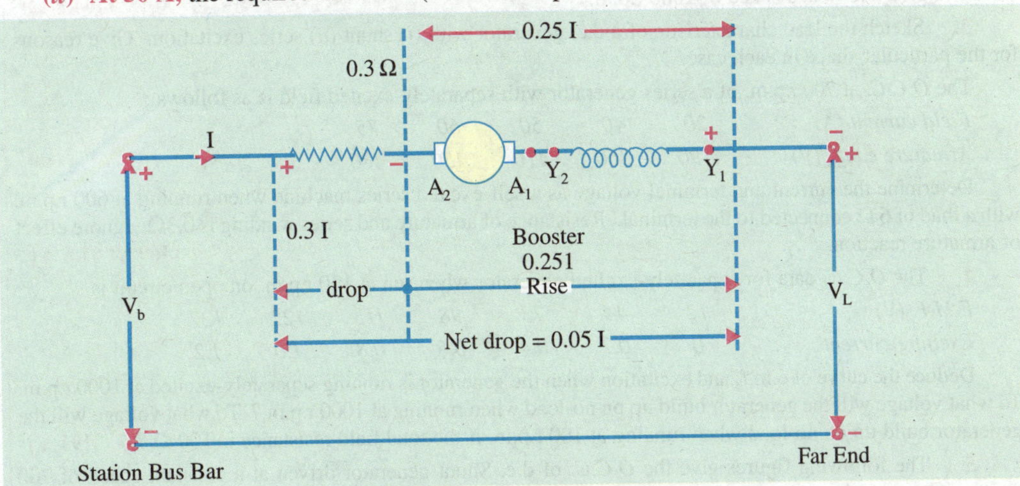

Fig. 28.32. Feeder and Booster

28.16. Uses of D.C. Generators

1. **Shunt generators** with field regulators are used for ordinary lighting and power supply purposes. They are also used for charging batteries because their terminal voltages are almost constant or can be kept constant.

2. **Series generators** are not used for power supply because of their rising characteristics. However, their rising characteristic makes them suitable for being used as boosters (Ex. 28.15) in certain types of distribution systems particularly in railway service.

Compound generators are used in electric railways

3. Compound generators

The cumulatively-compound generator is the most widely used d.c. generator because its external characteristic can be adjusted for compensating the voltage drop in the line resistance. Hence, such generators are used for motor driving which require d.c. supply at constant voltage, for lamp loads and for heavy power service such as electric railways.

The differential-compound generator has an external characteristic similar to that of a shunt generator but with large demagnetization armature reaction. Hence, it is widely used in arc welding where larger voltage drop is desirable with increase in current.

Tutorial Problem in 28.1

1. The *OC* curve of a d.c. shunt generator for a speed of 1000 r.p.m. is given by the following table.

Field current :	2.0	3.0	4.0	5.0	6.0	7.0
E.M.F. volts :	102	150	188	215	232	245

The shunt has a resistance of 37 Ω. Find the speed at which excitation may be expected to build up.

The aramture resistance of 0.04 Ω. Neglecting the effects of brush drop and armature reaction, estimate the p.d. when the speed is 1000 r.p.m. and the armature delivers a current of 100 A. **(725 r.p.m.; 231 V)**

2. A d.c. shunt generator running at 850 r.p.m. gave the followig *O.C.C.* data :

Field current (A) :	0	0.5	1	2	3	4	5
E.M.F. (V) :	10	60	120	199	232	248	258

If the resistance of the shunt field is 50 Ω, determine the additional resistance required in the shunt field circuit to give 240 V at a speed of 1000 r.p.m. **[64.3 Ω)**

3. Sketch the load characteristic of a d.c. generator with (*i*) shunt (*ii*) series excitation. Give reasons for the particular shape in each case.

The *O.C.C.* at 700 r.p.m. of a series generator with separately-excited field is as follows :

Field current (A) :	20	40	50	60	75
Armature e.m.f. (V) :	190	360	410	450	480

Determine the current and terminal voltage as a self-excited series machine when running at 600 r.p.m. with a load of 6 Ω connected to the terminal. Resistance of armature and series winding is 0.3Ω. Ignore effect of armature reaction. **[369 V; 61.5 A]**

4. The *O.C.C.* data for separately-excited generator when run at 130 r.p.m. on open circuit is

E.M.F. (V) :	12	44	73	98	113	122	127
Exciting current :	0	0.2	0.4	0.6	0.8	1.0	1.2

Deduce the curve of e.m.f. and excitation when the generator is running separately-excited at 1000 r.p.m. To what voltage will the generator build up on no-load when running at 1000 r.p.m.? To what voltage will the generator build up on no-load when running at 100 r.p.m. if the total field resistance is 100 Ω ? **[91 V]**

5. The following figures give the *O.C.C.* of d.c. Shunt generator driven at a constant speed of 700 r.p.m.

Terminal voltage (V):	10	20	40	80	120	160	200	240	260
Field Current (A) :	0	0.1	0.24	0.5	0.77	1.2	1.92	3.43	5.2

Determine the critical resistance at (*a*) 700 r.p.m. (*b*) 850 r.p.m. If resistance of field coils is 50 Ω, find the range of the field rheostat required to vary the voltage between the limits of 180 V and 250 V on open circuit at a speed of 700 r.p.m. **[160 Ω ; 194 Ω; 70 Ω to 10 Ω]**

6. The *O.C.C.* of a shunt generator when separately-excited and running at 1000 r.p.m. is given by :

O.C.C. volt :	56	112	150	180	200	216	230
Field amp. :	0.5	1.0	1.5	2.0	2.5	3.0	3.5

If the generator is shunt-connected and runs at 1100 r.p.m. with a total field resistance of 80 Ω, determine

(*a*) no-load e.m.f.

(*b*) the output when the terminal voltage is 200 V if the armature resistance is 0.1 Ω.

(*c*) the terminal voltage of the generator when giving the maximum output current.

Neglect the effect of armature reaction and of brush contact drop.

[236 V; 200 V; 460 V; 150 V (approx.)]

7. A long-shunt compound d.c. generator with armature, series field and shunt field resistance of 0.5, 0.4 and 250 Ω respectively gave the following readings when run at constant speed :

Load current (A) :	0	10	20	30	40
Terminal p.d. (V) :	480	478	475	471	467

Plot the curve of internal generated e.m.f. against load current. Explain fully the steps by which this curve is obtained and tabulate the values from which it is plotted. **[For 40 A; E = 504.7 V (approx.)]**

8. A shunt generator has the following open-circuit characteristic at 800 r.p.m.

Field amperes	:	*0.5*	*1.0*	*1.5*	*2.0*	*2.5*	*3.0*	*3.5*
E.M.F. Volt	:	54	107	152	185	210	230	245

Armature and shunt field resistances are respectively 0.1 Ω and 80 Ω. The terminal p.d. falls to 175 V when the armature current is 100 A. Find the O.C. volts and the volts lost due to (*i*) reduction in the field current (*ii*) armature resistance (*iii*) armature reaction. **[220 V (*i*) 27 V (*ii*) 120 V (*iii*) 8 V]**

9. The open-circuit characteristic of a shunt generator when driven at normal speed is as follows :

Field current	:	0.5	1.0	1.5	2.0	2.5	3.0	3.5 A
O.C. volts	:	54	107	152	185	210	230	240 V

The resistance of armature circuit is 0.1 Ω. Due to armature reaction the effective field current is given by the relation I_{sh} (eff.) = $I_{sh} - 0.003\, I_a$. Find the shunt field circuit resistance that will give a terminal voltage of 220 V with normal speed (*a*) on open circuit (*b*) at a load current of 100 A. Also find (*c*) number of series turns for level compounding at 220 V with 100 A armature current ; take number of shunt turns per pole as 1200 and (*d*) No. of series turns for over-compounding giving a terminal voltage of 220 V at no-load and 230 V with 100 A armature current. **[(*a*) 80 Ω (*b*) 66 Ω (*c*) 6.8 Ω (*d*) 9.1 turns]**

10. Find how many series turns per pole are needed on a 500-kW compound generator required to give 450 V on no-load and 500 V on full-load, the requisite number of ampere-turns per pole being 9,000 and 6,500 respectively. The shunt winding is designed to give 450 V at no-load when its temperature is 20°C. The final temperature is 60°C. Take α_0 = 1/234.5 per °C.

[2.76] (Electrical Technology, Allahabad Univ. 1977)

OBJECTIVE TESTS – 28

1. The external characteristic of a shunt generator can be obtained directly from its —— characteristic.
   (*a*) internal (*b*) open-circuit
   (*c*) load-saturation (*d*) performance
2. Load saturation characteristic of a d.c. generator gives relation between
   (*a*) V and I_a (*b*) E and I_a
   (*c*) E_0 and I_f (*d*) V and I_f
3. The slight curvature at the lower end of the *O.C.C.* of a self-excited d.c. generator is due to
   (*a*) residual pole flux
   (*b*) high armature speed
   (*c*) magnetic inertia
   (*d*) high field circuit resistance.
4. For the voltage built-up of a self-excited d.c. generator, which of the following is not an essential condition ?
   (*a*) There must be some residual flux
   (*b*) Field winding mmf must aid the residual flux
   (*c*) Total field circuit resistance must be less than the critical value
   (*d*) Armature speed must be very high.
5. The voltage build-up process of a d.c. generator is
   (*a*) difficult (*b*) delayed
   (*c*) cumulative (*d*) infinite
6. Which of the following d.c. generator cannot build up on open-circuit ?
   (*a*) shunt (*b*) series
   (*c*) short shunt (*d*) long shunt
7. If a self-excited d.c. generator after being installed, fails to build up on its first trial run, the first thing to do is to
   (*a*) increase the field resistance
   (*b*) check armature insulation
   (*c*) reverse field connections
   (*d*) increase the speed of prime mover.
8. If residual magnetism of a shunt generator is destroyed accidentally, it may be restored by connecting its shunt field
   (*a*) to earth
   (*b*) to an a.c. source
   (*b*) in reverse
   (*d*) to a d.c. source.
9. The three factors which cause decrease in the terminal voltage of a shunt generator are
   (*a*) armature reactances
   (*b*) armature resistance
   (*c*) armature leakages
   (*d*) armature reaction
   (*e*) reduction in field current
10. If field resistance of a d.c. shunt generator is increased beyond its critical value, the generator
    (*a*) output voltage will exceed its name-plate rating
    (*b*) will not build up

(c) may burn out if loaded to its name-plate rating

(d) power output may exceed its name-plate rating

11. An ideal d.c. generator is one that has .... voltage regulation.

(a) low (b) zero

(c) positive (d) negative

12. The .... generator has poorest voltage regulation.

(a) series (b) shunt

(c) compound (d) high

13. The voltage regulation of an overcompound d.c. generator is always ....

(a) positive

(b) negative

(c) zero

(d) high

14. Most commercial compound d.c. generator are normally supplied by the manufacturers as over compound machines because

(a) they are ideally suited for transmission of d.c. energy to remotely-located loads

(b) degree of compounding can be adjusted by using a divertor across series field

(c) they are more cost effective than shunt generators

(d) they have zero percent regulation.

ANSWERS

1. (b) 2. (d) 3. (c) 4. (d) 5. (c) 6. (b) 7. (c) 8. (d) 9. (b,d,e) 10. (b) 11. (b) 12. (a) 13. (b) 14. (b).

QUESTIONS AND ANSWERS ON D.C. GENERATORS

Q. 1. How may the number of parallel paths in an armature be increased ?

Ans. By increasing the number of magnetic poles.

Q. 2. How are brushes connected in a d.c. generator ?

Ans. Usually, all positive brushes are connected together and all the negative brushes together (Fig. 28.33).

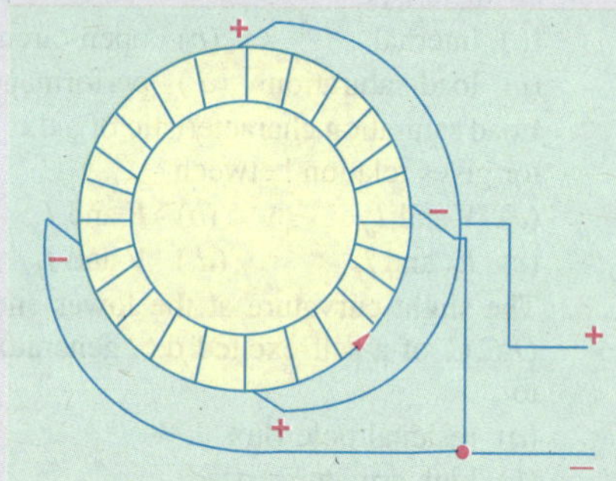

Fig. 28.33

Q. 3. What is meant by armature reaction ?

Ans. It is the effect of armature magnetic field on the distribution of flux under main poles of a generator. The armature magnetic field has two effects :

(i) It demagnetises or weakens the main flux and

(ii) It cross-magnetises or distorts it.

Q. 4. What is the effect of this distortion on the operation of the machine ?

Ans. It acts as a magnetic drag on the armature which consequently requires more power to turn it.

Q. 5. How can field distortion be remedied ?

Ans. By using compensating windings which are embedded in the slots in the pole-shoe and are connected in series with the armature.

Q. 6. What is meant by normal neutral plane ?

Ans. It is a plane which passes through the axis of the armature perpendicular to the magnetic field of the generator when there is no flow of current through the armature.

Q. 7. What is the importance of this plane in the working of the machine ?

Ans. It gives the position where brushes would be placed to prevent sparking during the operation of the generator where the main pole field not distorted by armature field and were there no self-induction in the coils.

Q. 8. How do you differentiate between normal neutral plane ?

Ans. The *NNP* is the position of zero induction and hence minimum sparking assuming no field distortion *i.e.* on no-load. It is perpendicular to magnetic axis. *NA* is the position of zero induction and hence minimum sparking with distorted field *i.e.* **when generator is on load.**

Q. 9. How do you define 'commutating plane' ?

Ans. It is the plane which passes through the axis of the armature and through centre of contact of the brushes as shown in Fig. 28.34.

Q. 10. What is the angle of lead ?

Ans. It is the angle between the *NNP* and the commutating plane.

Q. 11. What affects this angle ?

Ans. For sparkless commutation, the angle of lead varies directly with load. Its value can be kept small by making main pole field considerably more powerful than the armature field.

Q. 12. What is the best way of minimizing eddy currents in an armature ?

Ans. Lamination.

Q. 13. How should the armature be laminated for the purpose ?

Ans. It should be laminated at right angle to its axis.

Q. 14. How does field distortion affect communication ?

Ans. The neutral plane no longer coincides with the normal neutral plane but is advanced by a certain angle in the direction of rotation of the armature.

Q. 15. Should the brushes of a loaded generator be placed in the neutral plane ?

Ans. No.

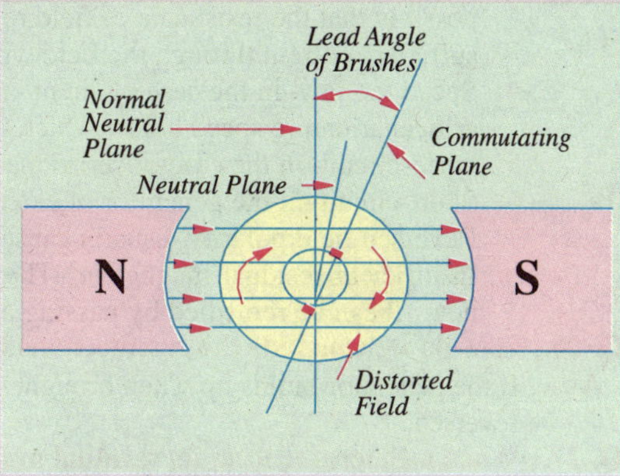

Fig. 28.34

Q. 16. Why not ?

Ans. The brushes must be advanced by a certain angle (called brush lead) beyond the neutral plane to prevent sparking.

Q. 17. What causes sparking at the brushes ?

Ans. It is due to the self-induction of the coil undergoing commutation.

Q. 18. What is the standard direction of rotation of the d.c. generators ?

Ans. Clockwise when viewed from the end opposite to the driven end.

Q. 19. What is meant by build-up of a generator ?

Ans. It means the gradual increase in the generator voltage to its maximum value after the generator is started from rest.

Q. 20. How should a generator be started ?

Ans. It is usually brought up to speed with the help of the driving engine called prime-mover.

Q. 21. How should a shunt or compound generator be started ?

Ans. Such machines excite best when all switches controlling the external circuit are open.

Q. 22. How about a series generator ?

Ans. In this case, the external circuit must be closed otherwise the generator will not build-up.

Q. 23. What is the procedure for shunting down a generator ?

Ans. First, the load should be gradually reduced, if possible, by easing down the driving engine, then when the generator is supplying little or no current, the main switch should be opened. When the voltmeter reads almost zero, then brushes should be raised from the commutator.

Q. 24. What are the indications and causes of an overloaded generator ?

Ans. A generator is said to be overloaded if a greater output is taken from it that it can safely carry. Overloading is indicated by *(i)* excessive sparking at brushes and *(ii)* overheating of the armature and other parts of the generator. Most likely causes of overloading are :

1. Excessive voltage-as indicated by the voltmeter or the increased brilliancy of the pilot lamp. This could be due to over-excitation of field magnets or too high speed of the engine.
2. Excessive current–which could be due to bad feeding of the load.
3. Reversal of polarity–this happens occasionally when the series or compound-wound generators are running in parallel. Polarity reversal occurs during stopping by the current from the machines at work.
4. Short-circuit or ground in the generator itself or in the external circuit.

Q. 25. Mention and explain the various causes for the failure of the generator to build up.

Ans. Principal causes due to which a generator may fail to excite are :

1. Brushes not properly adjusted–if brushes are not in their proper positions, then whole of the armature voltage will not be utilized and so would be insufficient to excite the machine.
2. Defective contacts-unclean contacts may interpose large resistance in the path of the exciting current and reduce it to such a small value that it fails to excite the machine.
3. Incorrect adjustment of regulators–in the case of shunt and compound generators, it is possibly that the resistance of field regulator may be too high to permit the passage of sufficient current through the field windings.
4. Speed too low–in the case of shunt–and compound-wound generators, there is certain critical armature speed below which they will not excite.
5. Open-circuit–in the case of series machines.
6. Short-circuit–in the generator of external circuit.
7. Reversed field polarity–usually caused by the reversed connections of the field coils.
8. Insufficient residual magnetism–The trouble normally occurs when the generator is new. It can be remedied by passing a strong direct current through the field coils.

Q. 26. How do we conclude that connections between field coils and armature are correct ?

Ans. If the generator builds up when brought to full speed. If it does not, then connections are reversed.

Q. 27. When a generator loses its residual magnetism either due to lighting or short circuit, how can it be made to build up ?

Ans. By temporarily magnetisng the main poles with the help of current from an external battery.

Q. 28. Can a generator be reversed by reversing the connections between the armature and field coils ?

Ans. No, because if these connections are reversed, the generator will not build up at all.

Q. 29. Will a generator build up if it becomes reversed ?

Ans. Yes.

Q. 30. Then, what is the objection to a reversed generator ?

Ans. Since the current of such a reversed generator is also reversed, serious trouble can occur if attempt is made to connect it in parallel with other machines which are not reversed.

Q. 31. What are the two kinds of sparking produced in a generator ?

Ans. One kind of sparking is due to bad adjustment of brushes and the other due to bad condition of the commutator. The sparking of the first are bluish whereas those of the other are reddish in colour.

Q. 32. What is the probable reason if sparking does not disappear in any position when brushes are rocked around the commutator ?

Ans. (*i*) The brushes may not be separated at correct distance.

(*ii*) The neutral plane may not be situated in the true theoretical position on the commutator due to faulty winding.

Q. 33. What is the permissible rise of temperature in a well-designed generator ?

Ans. 27°C above the surrounding air.

Q. 34. What are the causes of hot bearings ?

Ans. (*i*) lack of oil (*ii*) belt too tight (*iii*) armature not centered with respect of pole pieces (*iv*) bearing too tight or not in line.

Q. 35. What causes heating of armature ?

Ans.
1. Eddy currents.
2. Moisture which almost short-circuits the armature.
3. Unequal strength of magnetic poles.
4. Operation above rated voltage and below normal speed.

Q. 36. What is the commutator pitch of a 4-pole d.c. armature having 49 commutator bars?

Ans. $Y_c = (49 \pm 1)/2 = 24$ or 25.

Q. 37. Will it make any difference if lower figure of 24 is selected in preference to other.

Ans. Yes. Direction of armature rotation would be reversed.

CHAPTER 29

D.C. MOTOR

Learning Objectives

- Motor Principle
- Comparison of Generator and Motor Action
- Significance of the Back e.m.f.—Voltage Equation of a Motor
- Conditions for Maximum Power
- Torque
- Armature Torque of a Motor
- Shaft Torque
- Speed of a D.C. Motor
- Speed RegulationTorque and Speed of a D.C. Motor
- Motor Characteristics
- Characteristics of Series Motors
- Characteristics of Shunt Motors
- Compound Motors
- Performance Curves
- Comparison of Shunt and Series Motors
- Losses and Efficiency
- Power Stages

Design for optimum performance and durability in demanding variable speed motor applications. D.C. motors have earned a reputation for dependability in severe operating conditions

29.1. Motor Principle

An Electric motor is a machine which converts electric energy into mechanical energy. Its action is based on the principle that when a current-carrying conductor is placed in a magnetic field, it experiences a mechanical force whose direction is given by Fleming's Left-hand Rule and whose magnitude is given by $F = BIl$ Newton.

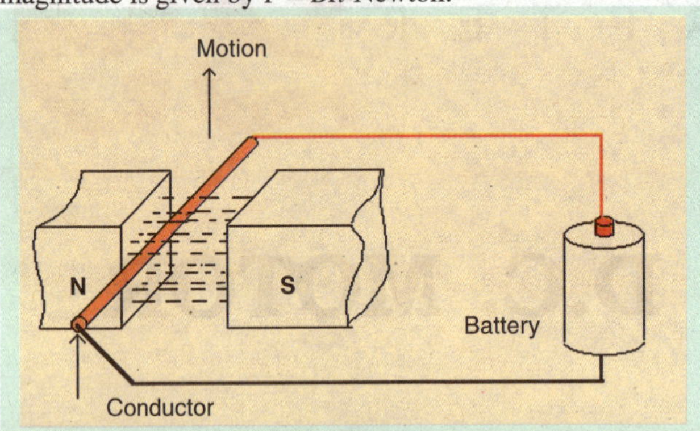

Principle of Motor

Constructionally, there is no basic difference between a d.c. generator and a d.c. motor. In fact, the same d.c. machine can be used interchangeably as a generator or as a motor. D.C. motors are also like generators, shunt-wound or series-wound or compound-wound.

In Fig. 29.1 a part of multipolar d.c. motor is shown. When its field magnets are excited and its armature conductors are supplied with current from the supply mains, they experience a force tending to rotate the armature. Armature conductors under *N*-pole are assumed to carry current downwards (crosses) and those under *S*-poles, to carry current upwards (dots). By applying Fleming's Left-hand Rule, the direction of the force on each conductor can be found. It is shown by small arrows placed above each conductor. It will be seen that each conductor can be found. It will be seen that each conductor experiences a force *F* which tends to rotate the armature in anticlockwise direction. These forces collectively produce a driving torque which sets the armature rotating.

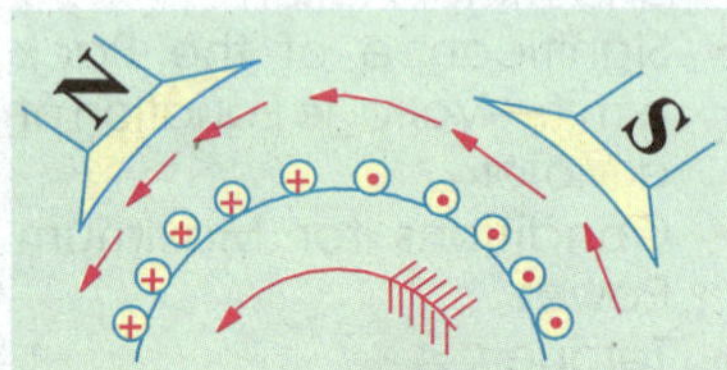

Fig. 29.1

It should be noted that the function of a commutator in the motor is the same as in a generator. By reversing current in each conductor as it passes from one pole to another, it helps to develop a continuous and unidirectional torque.

29.2. Comparison of Generator and Motor Action

As said above, the same d.c. machine can be used, at least theoretically, interchangeably as a generator or as a motor. When operating as a generator, it is driven by a mechanical machine and it develops voltage which in turn produces a current flow in an electric circuit. When operating as a motor, it is supplied by electric current and it develops torque which in turn produces mechanical rotation.

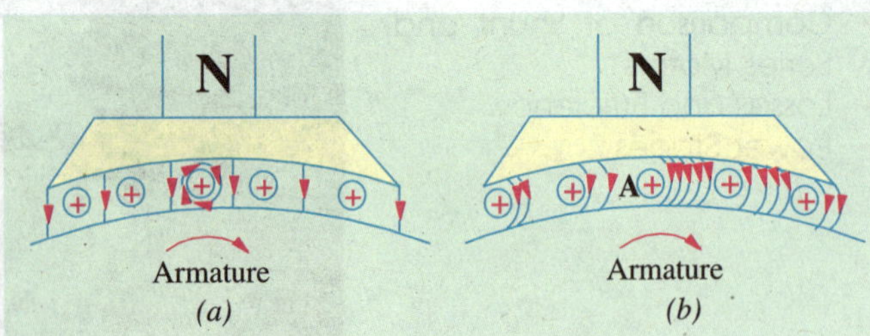

Fig. 29.2

Let us first consider its operation as a generator and see how exactly and through which agency, mechanical power is converted into electric power.

In Fig. 29.2 part of a generator whose armature is being driven clockwise by its prime mover is shown.

Fig. 29.2 (*a*) represents the fields set up independently by the main poles and the armature conductors like *A* in the figure. The resultant field or magnetic lines on flux are shown in Fig. 29.2 (*b*).

It is seen that there is a crowding of lines of flux on the right-hand side of *A*. These magnetic lines of flux may be likened to the rubber bands under tension. Hence, the bent lines of flux up a mechanical force on *A* much in the same way as the bent elastic rubber band of a catapult produces a mechanical force on the stone piece. It will be seen that this force is in a direction opposite to that of armature rotation. Hence, it is known as backward force or magnetic drag on the conductors. It is against this drag action on all armature conductor that the prime mover has to work. The work done in overcoming this opposition is converted into electric energy. Therefore, it should be clearly understood that it is only through the instrumentality of this magnetic drag that energy conversion is possible in a d.c. generator*.

Next, suppose that the above d.c. machine is uncoupled from its prime mover and that current is sent through the armature conductors under a *N*-pole in the downward direction as shown in Fig. 29.3 (*a*). The conductors will again experience a force in the anticlockwise direction (Fleming's Left hand Rule). Hence, the machine will start rotating anticlockwise, thereby developing a torque which can produce mechanical rotation. The machine is then said to be motoring.

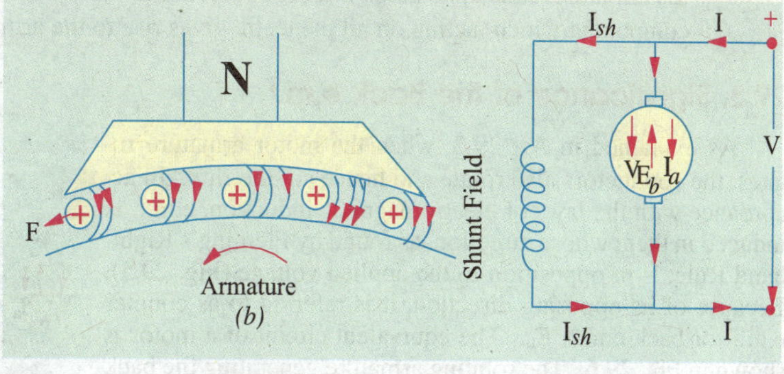

Fig. 29.3 (*a*) **Fig. 29.3 (*b*)**

As said above, energy conversion is not possible unless there is some opposition whose overcoming provides the necessary means for such conversion. In the case of a generator, it was the magnetic drag which provided the necessary opposition. But what is the equivalent of that drag in the case of a motor ? Well, it is the back e.m.f. It is explained in this manner :

As soon as the armature starts rotating, dynamically (or motionally) induced e.m.f. is produced in the armature conductors. The direction of this induced e.m.f. as found by Fleming's Right-hand Rule, is outwards *i.e.*, in direct opposition to the applied voltage (Fig. 29.3 (*b*)). This is why it is known as back e.m.f. E_b or counter e.m.f. Its value is the same as for the motionally induced e.m.f. in the generator *i.e.* $E_b = (\Phi ZN) \times (P/A)$ volts. The applied voltage *V* has to be force current through the armature conductors against this back e.m.f. E_b. The electric work done in overcoming this opposition is converted into mechanical energy developed in the armature. Therefore, it is obvious that but for the production of this opposing e.m.f. energy conversion would not have been possible.

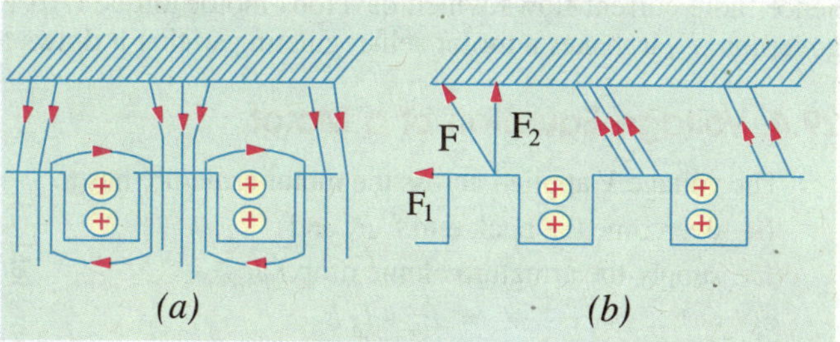

Fig. 29.4

Now, before leaving this topic, let it be pointed out that in an actual motor with slotted armature, the torque is not due to mechanical force on the conductors themselves, but due to tangential pull on the armature teeth as shown in Fig. 29.4.

It is seen from Fig. 29.4 (*a*) that the main flux is concentrated in the form of tufts at the armature teeth while the armature flux is shown by the dotted lines embracing the armature slots. The effect of

* In fact, it seems to be one of the fundamental laws of Nature that no energy conversion from one form to another is possible until there is some one to oppose the conversion. But for the presence of this opposition, there would simply be no energy conversion. In generators, opposition is provided by magnetic drag whereas in motors, back e.m.f. does this job. Moreover, it is only that part of the input energy which is used for overcoming this opposition that is converted into the other form.

armature flux on the main flux, as shown in Fig. 29.4 (*b*), is two-fold :

(*i*) It increases the flux on the left-hand side of the teeth and decreases it on the right-hand side, thus making the distribution of flux density across the tooth section unequal.

(*ii*) It inclines the direction of lines of force in the air-gap so that they are not radial but are disposed in a manner shown in Fig. 29.4 (*b*). The pull exerted by the poles on the teeth can now be resolved into two components. One is the tangential component F_1 and the other vertical component F_2. The vertical component F_2, when considered for all the teeth round the armature, adds up to zero. But the component F_1 is not cancelled and it is this tangential component which, acting on all the teeth, gives rise to the armature torque.

29.3. Significance of the Back e.m.f.

As explained in Art 29.2, when the motor armature rotates, the conductors also rotate and hence cut the flux. In accordance with the laws of electromagnetic induction, e.m.f. is induced in them whose direction, as found by Fleming's Right-hand Rule, is in opposition to the applied voltage (Fig. 29.5). Because of its opposing direction, it is referred to as counter e.m.f. or back e.m.f. E_b. The equivalent circuit of a motor is shown in Fig. 29.6. The rotating armature generating the back e.m.f. E_b is like a battery of e.m.f. E_b put across a supply mains of V volts. Obviously, V has to drive I_a against the opposition of E_b. The power required to overcome this opposition is E_bI_a.

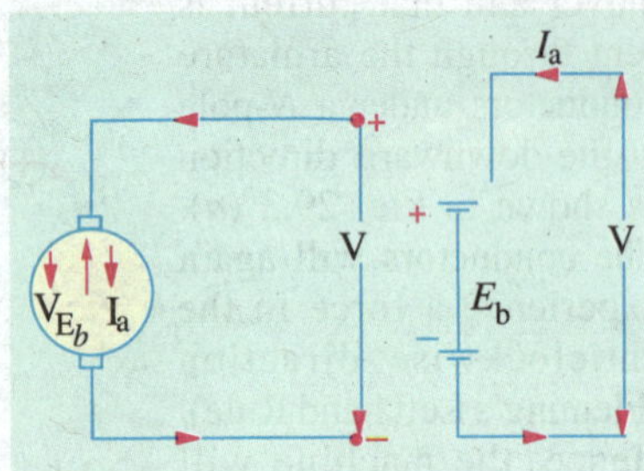
Fig. 29.5

In the case of a cell, this power over an interval of time is converted into chemical energy, but in the present case, it is converted into mechanical energy.

$$\text{It will be seen that } I_a = \frac{\text{Net voltage}}{\text{Resistance}} = \frac{V - V_b}{R_a}$$

where R_a is the resistance of the armature circuit. As pointed out above,

$E_b = \Phi ZN \times (P/A)$ volt where N is in r.p.s.

Back e.m.f. depends, among other factors, upon the armature speed. If speed is high, E_b is large, hence armature current I_a, seen from the above equation, is small. If the speed is less, then E_b is less, hence more current flows which develops motor torque (Art 29.7). So, we find that E_b acts like a governor *i.e.*, it makes a motor self-regulating so that it draws as much current as is just necessary.

29.4. Voltage Equation of a Motor

The voltage V applied across the motor armature has to

(*i*) overcome the back e.m.f. E_b and

(*ii*) supply the armature ohmic drop I_aR_a.

$$\therefore \quad V = E_b + I_a R_a$$

This is known as voltage equation of a motor.

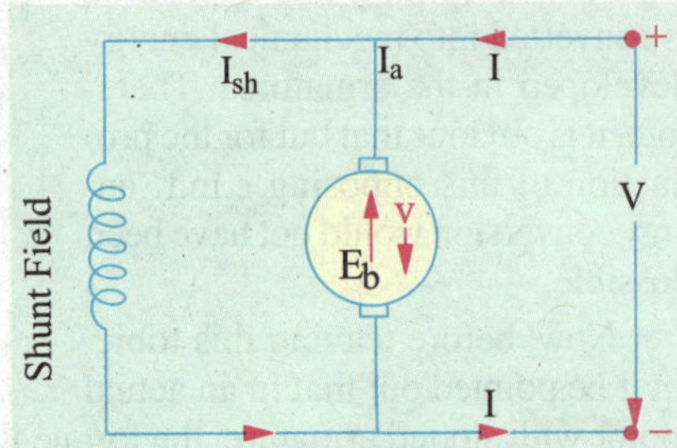
Fig.29.6

Now, multiplying both sides by I_a, we get

$$V I_a = E_b I_a + I_a^2 R_a$$

As shown in Fig. 29.6,

$V I_a$ = Eectrical input to the armature

$E_b I_a$ = Electrical equivalent of mechanical power developed in the armature

$I_a^2 R_a$ = Cu loss in the armature

Hence, out of the armature input, some is wasted in I^2R loss and the rest is converted into mechanical power ***within*** the armature.

It may also be noted that motor efficiency is given by the ratio of power developed by the armature to its input *i.e.*, $E_b I_d / V I_a = E_b / V$. Obviously, higher the value of E_b as compared to V, higher the motor efficiency.

29.5. Condition for Maximum Power

The gross mechanical power developed by a motor is $P_m = V I_a - I_a^2 R_a$.

Differentiating both sides with respect to I_a and equating the result to zero, we get

$$d P_m / d I_a = V - 2 I_a R_a = 0 \quad \therefore \quad I_a R_a = V/2$$

As $$V = E_b + I_a R_a \quad \text{and} \quad I_a R_a = V/2 \quad \therefore \quad E_b = V/2$$

Thus gross mechanical power developed by a motor is maximum when back e.m.f. is equal to half the applied voltage. This condition is, however, not realized in practice, because in that case current would be much beyond the normal current of the motor. Moreover, half the input would be wasted in the form of heat and taking other losses (mechanical and magnetic) into consideration, the motor efficiency will be well below 50 percent.

Example 29.1. *A 220-V d.c. machine has an armature resistance of 0.5 Ω. If the full-load armature current is 20 A, find the induced e.m.f. when the machine acts as* **(i)** *generator* **(ii)** *motor.* **(Electrical Technology-I, Bombay Univ. 1987)**

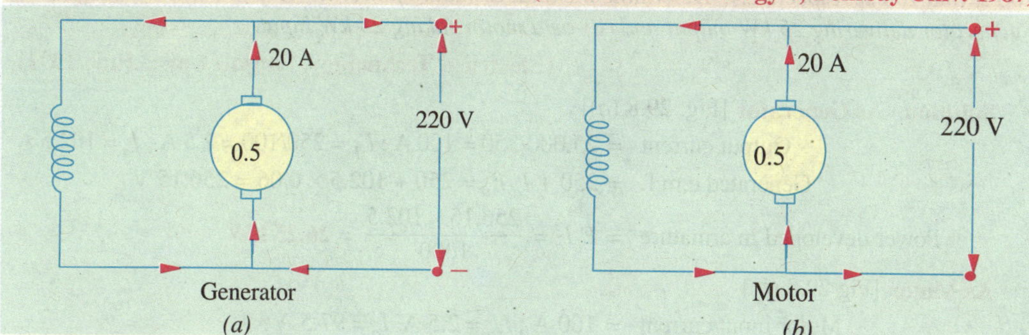

Fig. 29.7

Solution. As shown in Fig. 29.7, the d.c. machine is assumed to be shunt-connected. In each case, shunt current is considered negligible because its value is not given.

(*a*) As Generator [Fig. 29.7(*a*)] $\quad E_g = V + I_a R_a = 220 + 0.5 \times 20 =$ **230 V**

(*b*) As Motor [Fig 29.7 (*b*)] $\quad E_b = V - I_a R_a = 220 - 0.5 \times 20 =$ **210 V**

Example 29.2. *A separately excited D.C. generator has armature circuit resistance of 0.1 ohm and the total brush-drop is 2 V. When running at 1000 r.p.m., it delivers a current of 100 A at 250 V to a load of constant resistance. If the generator speed drop to 700 r.p.m., with field-current unaltered, find the current delivered to load.* **(AMIE, Electrical Machines, 2001)**

Solution. $R_L = 250/100 = 2.5$ ohms.

$E_{g1} = 250 + (100 \times 0.1) + 2 = 262$ V.

At 700 r.p.m., $E_{g2} = 262 \times 700/1000 = 183.4$ V

If I_a is the new current, $E_{g2} - 2 - (I_a \times 0.1) = 2.5\, I_a$

This gives $I_a = 96.77$ amp.

Extension to the Question : *With what load resistance will the current be 100 amp, at 700 r.p.m.?*

Solution. $E_{g2} - 2 - (I_a \times 0.1) = R_L \times I_a$

For $I_a = 100$ amp, and $E_{g2} = 183.4$ V, $R_L = 1.714$ ohms.

Example 29.3. *A 440-V, shunt motor has armature resistance of 0.8 Ω and field resistance of 200 Ω. Determine the back e.m.f. when giving an output of 7.46 kW at 85 percent efficiency.*

Solution. Motor input power $= 7.46 \times 10^3 / 0.85$ W

Motor input current $= 7460/0.85 \times 440 = 19.95$ A ; $I_{sh} = 440/200 = 2.2$ A

$I_a = 19.95 - 2.2 = 17.75$ A ; Now, $E_b = V - I_a R_a$

$\therefore \quad E_b = 440 - (17.75 \times 0.8) =$ **425.8 V**

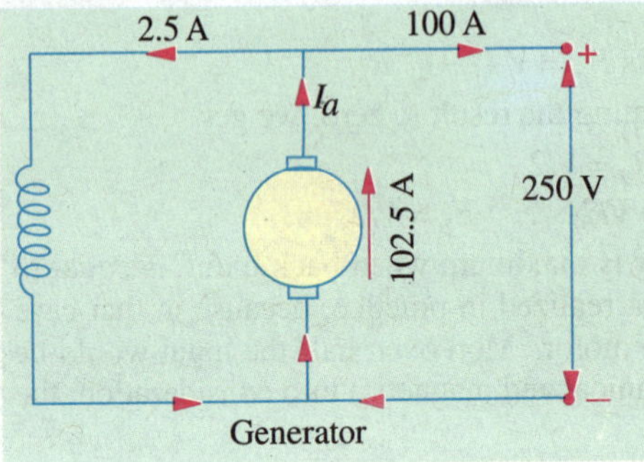

Fig. 29.8 (*a*)

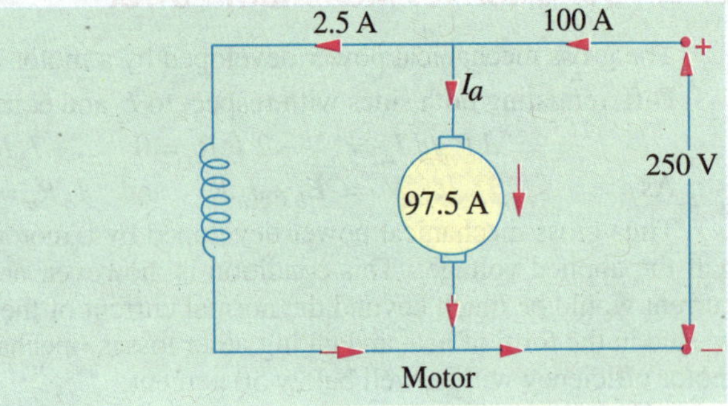

Fig. 29.8 (*b*)

Example 29.4. *A 25-kW, 250-V, d.c. shunt generator has armature and field resistances of 0.06 Ω and 100 Ω respectively. Determine the total armature power developed when working **(i)** as a generator delivering 25 kW output and **(ii)** as a motor taking 25 kW input.*

(Electrical Technology, Punjab Univ., June 1991)

Solution. As Generator [Fig. 29.8 (*a*)]

Output current $= 25{,}000/250 = 100$ A ; $I_{sh} = 250/100 = 2.5$ A ; $I_a = 102.5$ A

Generated e.m.f. $= 250 + I_a R_a = 250 + 102.5 \times 0.06 = 256.15$ V

Power developed in armature $= E_b I_a = \dfrac{256.15 \times 102.5}{1000} =$ **26.25 kW**

As Motor [Fig 29.8 (*b*)]

Motor input current $= 100$ A ; $I_{sh} = 2.5$ A, $I_a = 97.5$ A

$E_b = 250 - (97.5 \times 0.06) = 250 - 5.85 = 244.15$ V

Power developed in armature $= E_b I_a = 244.15 \times 97.5/1000 =$ **23.8 kW**

Example 29.5. *A 4 pole, 32 conductor, lap-wound d.c. shunt generator with terminal voltage of 200 volts delivering 12 amps to the load has $r_a = 2$ and field circuit resistance of 200 ohms. It is driven at 1000 r.p.m. Calculate the flux per pole in the machine. If the machine has to be run as a motor with the same terminal voltage and drawing 5 amps from the mains, maintaining the same magnetic field, find the speed of the machine.* **[Sambalpur University, 1998]**

Solution. Current distributions during two actions are indicated in Fig. 29.9 (*a*) and (*b*). As a generator, $I_a = 13$ amp

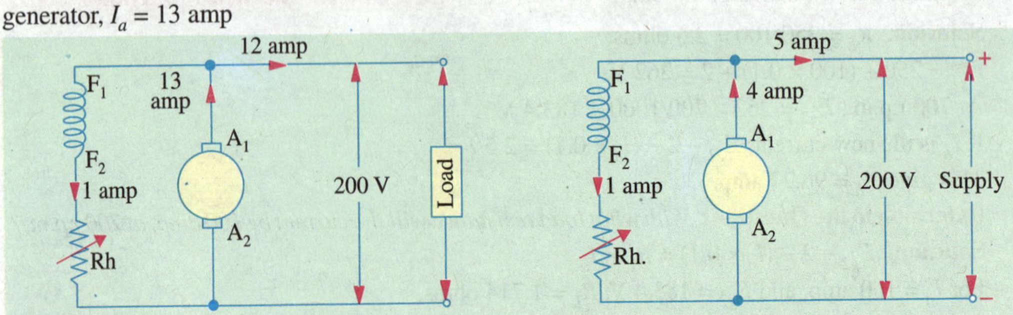

(*a*) Generator-action (*b*) Motor-action

Fig. 29.9

$E_g = 200 + 13 \times 2 = 226$ V

$$\phi \frac{ZN}{60} \times \frac{P}{a} = 226$$

For a Lap-wound armature,

$$P = a$$

$$\therefore \quad \phi = \frac{226 \times 60}{1000 \times 32} = 0.42375 \text{ wb}$$

As a motor, $\quad I_a = 4$ amp

$$E_b = 200 - 4 \times 2 = 192 \text{ V}$$

$$= \phi ZN/60$$

$$\text{Giving } N = \frac{60 \times 192}{0.42375 \times 32}$$

$$= 850 \text{ r.p.m.}$$

Tutorial Problems 29.1

1. What do you understand by the term 'back e.m.f.' ? A d.c. motor connected to a 460-V supply has an armature resistance of 0.15 Ω. Calculate

(*a*) The value of back e.m.f. when the armature current is 120 A.

(*b*) The value of armature current when the back e.m.f. is 447.4 V. **[(*a*) 442 V (*b*) 84 A]**

2. A d.c. motor connected to a 460-V supply takes an armature current of 120 A on full load. If the armature circuit has a resistance of 0.25 Ω, calculate the value of the back e.m.f. at this load. **[430 V]**

3. A 4-pole d.c. motor takes an armature current of 150 A at 440 V. If its armature circuit has a resistance of 0.15 Ω, what will be the value of back e.m.f. at this load ? **[417.5 V]**

29.6. Torque

By the term torque is meant the turning or twisting moment of a force about an axis. It is measured by the product of the force and the radius at which this force acts.

Consider a pulley of radius *r* metre acted upon by a circumferential force of *F* Newton which causes it to rotate at *N* r.p.m. (Fig. 29.10).

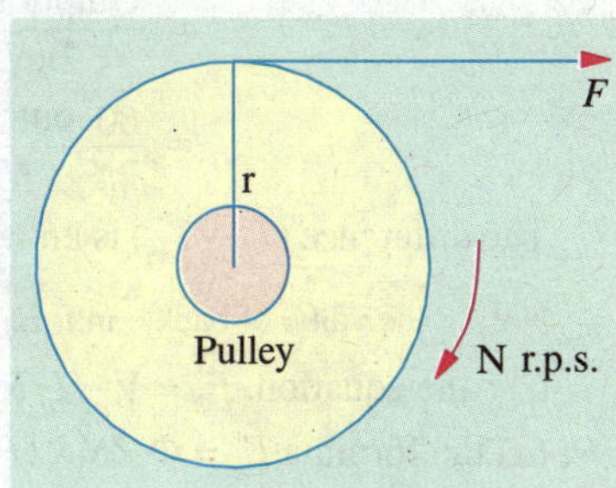

Fig. 29.10

Then torque $\quad T = F \times r$ Newton-metre (N - m)

Work done by this force in one revolution

$$= \text{Force} \times \text{distance} = F \times 2\pi r \text{ Joule}$$

$$\text{Power developed} = F \times 2\pi r \times N \text{ Joule/second or Watt}$$

$$= (F \times r) \times 2\pi N \text{ Watt}$$

Now $2\pi N$ = Angular velocity ω in radian/second and $F \times r$ = Torque T

∴ Power developed = $T \times \omega$ watt or $P = T\omega$ Watt

Moreover, if *N* is in r.p.m., then

$$\omega = 2\pi N/60 \text{ rad/s}$$

$$\therefore \quad P = \frac{2\pi N}{60} \times T \quad \text{or} \quad P = \frac{2\pi}{60} \,.\, NT = \frac{NT}{9.55}$$

29.7. Armature Torque of a Motor

Let T_a be the torque developed by the armature of a motor running at *N* r.p.s. If T_a is in *N/M*, then power developed $= T_a \times 2\pi N$ watt ...(*i*)

We also know that electrical power converted into mechanical power in the armature (Art 29.4)

$$= E_b I_a \text{ watt} \quad ...(ii)$$

Equating (*i*) and (*ii*), we get $T_a \times 2\pi N = E_b I_a$ ...(*iii*)

Since $E_b = \Phi ZN \times (P/A)$ volt, we have

$$T_a \times 2\pi N = \Phi\, ZN \left(\frac{P}{A}\right) . I_a \text{ or } T_a = \frac{1}{2\pi} . \Phi Z I_0 \left(\frac{P}{A}\right) N\text{-}m$$

$$= 0.159 \text{ N newton metre}$$

$$\therefore \quad T_a = 0.159\, \Phi Z I_a \times (P/A)\ N\text{-}m$$

Note. From the above equation for the torque, we find that $T_a \propto \Phi I_a$.

(*a*) In the case of a series motor, Φ is directly proportional to I_a (before saturation) because field windings carry full armature current $\therefore\ T_a \propto I_a^2$

(*b*) For shunt motors, Φ is practically constant, hence $T_a \propto I_a$.

As seen from (*iii*) above

$$T_a = \frac{E_b\, I_a}{2\pi\, N} \text{ N - m - N in r.p.s.}$$

If *N* is in r.p.m., then

$$T_a = \frac{E_b\, I_a}{2\pi\, N/60} = 60\frac{E_b\, I_a}{2\pi N} = \frac{60}{2\pi}\frac{E_b\, I_a}{N} = 9.55\,\frac{E_b I_a}{N} \text{ N-m}$$

29.8. Shaft Torque (T_{sh})

The whole of the armature torque, as calculated above, is not available for doing useful work, because a certain percentage of it is required for supplying iron and friction losses in the motor.

The torque which is available for doing useful work is known as shaft torque T_{sh}. It is so called because it is available at the shaft. The motor output is given by

Output = $T_{sh} \times 2\pi N$ Watt provided T_{sh} is in N-m and *N* in r.p.s.

$$\therefore \quad T_{sh} = \frac{\text{Output in watts}}{2\pi N} \text{ N- m} - N \text{ in r.p.s}$$

$$= \frac{\text{Output in watts}}{2\pi N/60} \text{ N-m} - N \text{ in r.p.m.}$$

$$= \frac{60}{2\pi}\frac{\text{output}}{N} = 9.55\,\frac{\text{Output}}{N} \text{ N-m.}$$

The difference $(T_a - T_{sh})$ is known as lost torque and is due to iron and friction losses of the motor.

Note. The value of back e.m.f. E_b can be found from

(*i*) the equation, $E_b = V - I_a R_a$

(*ii*) the formula $E_b = \Phi\, ZN \times (P/A)$ volt

Example 29.6. *A d.c. motor takes an armature current of 110 A at 480 V. The armature circuit resistance is 0.2 Ω. The machine has 6-poles and the armature is lap-connected with 864 conductors. The flux per pole is 0.05 Wb. Calculate (i), the speed and (ii) the gross torque developed by the armature.* **(Elect. Machines, A.M.I.E. Sec B, 1989)**

Solution. $E_b = 480 - 110 \times 0.2 = 458$ V, $\Phi = 0.05$ W, $Z = 864$

Now, $$E_b = \frac{\Phi\, ZN}{60}\left(\frac{P}{A}\right) \text{ or } 458 = \frac{0.05 \times 864 \times N}{60} \times \left(\frac{6}{6}\right)$$

$$\therefore \quad N = 636 \text{ r.p.m.}$$

$$T_a = 0.159 \times 0.05 \times 864 \times 110\ (6/6) = 756.3 \text{ N-m}$$

Example 29.7. *A 250-V, 4-pole, wave-wound d.c. series motor has 782 conductors on its armature. It has armature and series field resistance of 0.75 ohm. The motor takes a current of 40 A. Estimate its speed and gross torque developed if it has a flux per pole of 25 mWb.*

(Elect. Engg.-II, Pune Univ. 1991)

Solution. $E_b = \Phi ZN\ (P/A)$

Now, $E_b = V - I_a R_a = 50 - 40 \times 0.75 = 220$ V

$\therefore\ 220 = 25 \times 10^{-3} \times 782 \times N \times 0.75 = 220$ V

$\therefore\ 220 = 0.159\ \Phi\ ZI_a\ (P/A)$

$= 0.159 \times 25 \times 10^{-3} \times 782 \times 40 \times (4/2) =$ **249 N-m**

Example 29.8. *A d.c. shunt machine develops an a.c. e.m.f. of 250 V at 1500 r.p.m. Find its torque and mechanical power developed for an armature current of 50 A. State the simplifying assumptions.* **(Basic Elect. Machine Nagpur Univ., 1993)**

Solution. A given d.c. machine develops the same e.m.f. in its armature conductors whether running as a generator or as a motor. Only difference is that this armature e.m.f. is known as back e.m.f. when the machine is running as a motor.

Mechanical power developed in the arm $= E_b I_a = 250 \times 50 = 12{,}500$ W

$T_a = 9.55\ E_b\ I_a/N = 9.55 \times 250 \times 50/1500 =$ **79.6 N-m.**

Example 29.9. *Determine developed torque and shaft torque of 220-V, 4-pole series motor with 800 conductors wave-connected supplying a load of 8.2 kW by taking 45 A from the mains. The flux per pole is 25 mWb and its armature circuit resistance is 0.6 Ω.*

(Elect. Machine AMIE Sec. B Winter 1991)

Solution. Developed torque or gross torque is the same thing as armature torque.

$\therefore\ T_a = 0.159\ \Phi\ ZA\ (P/A)$

$= 0.159 \times 25 \times 10^{-3} \times 800 \times 45\ (4/2) = 286.2$ N-m

$E_b = V - I_a R_a = 220 - 45 \times 0.6 = 193$ V

Now, $E_b = \Phi\ ZN\ (P/A)$ or $193 = 25 \times 10^{-3} \times 800 \times N\ \pi \times (4/2)$

$\therefore\ N = 4.825$ r.p.s.

Also, $2\pi N T_{sh} =$ output or $2\pi \times 4.825\ T_{sh} = 8200$ $\quad \therefore\ T_{sh} = 270.5$ N-m

Example 29.10. *A 220-V d.c. shunt motor runs at 500 r.p.m. when the armature current is 50 A. Calculate the speed if the torque is doubled. Given that $R_a = 0.2\ \Omega$.*

(Electrical Technology-II, Gwalior Univ. 1985)

Solution. As seen from Art 27.7, $T_a \propto \Phi I_a$. Since Φ is constant, $T_a \propto I_a$

$\therefore\ T_{a1} \propto I_{a1}$ and $T_{a2} \propto I_{a2}$ $\quad \therefore\ T_{a2}/T_{a1} = I_{a2}/I_{a1}$

$\therefore\ 2 = I_{a2}/50$ or $I_{a2} = 100$ A

Now, $N_2/N_1 = E_{b2}/E_{b1}$ — since Φ remains constant.

$F_{b1} = 220 - (50 \times 0.2) = 210$ V $\qquad E_{b2} = 220 - (100 \times 0.2) = 200$ V

$\therefore\ N_2/500 = 200/210$ $\qquad \therefore\ N_2 =$ **476 r.p.m.**

Example 29.11. *A 500-V, 37.3 kW, 1000 r.p.m. d.c. shunt motor has on full-load an efficiency of 90 percent. The armature circuit resistance is 0.24 Ω and there is total voltage drop of 2 V at the brushes. The field current is 1.8 A. Determine **(i)** full-load line current **(ii)** full load shaft torque in N-m and **(iii)** total resistance in motor starter to limit the starting current to 1.5 times the full-load current.* **(Elect. Engg. I; M.S. Univ. Baroda 1987)**

Solution. (*i*) Motor input $= 37{,}300/0.9 = 41{,}444$ W

F.L. line current $= 41{,}444/500 =$ **82.9 A**

(*ii*) $T_{sh} = 9.55 \dfrac{\text{output}}{N} = 9.55 \times \dfrac{37,300}{1000} = 356$ N-m

(*iii*) Starting line current $= 1.5 \times 82.9 = 124.3$ A

Arm. current at starting $= 124.3 - 1.8 = 122.5$ A

If R is the starter resistance (which is in series with armature), then

$122.5 (R + 0.24) + 2 = 500 \quad \therefore \quad R =$ **3.825 Ω**

Example 29.12. *A 4-pole, 220-V shunt motor has 540 lap-wound conductor. It takes 32 A from the supply mains and develops output power of 5.595 kW. The field winding takes 1 A. The armature resistance is 0.09 Ω and the flux per pole is 30 mWb. Calculate (i) the speed and (ii) the torque developed in newton-metre.* **(Electrical Technology, Nagpur Univ. 1992)**

Solution. $I_a = 32 - 1 = 31$ A ; $E_b = V - I_a R_a = 220 - (0.09 \times 31) = 217.2$ V

Now, $E_b = \dfrac{\Phi ZN}{60}\left(\dfrac{P}{A}\right) \quad \therefore \quad 217.2 = \dfrac{30 \times 10^{-3} \times 540 \times N}{60}\left(\dfrac{4}{4}\right)$

(*i*) ∴ $N =$ **804.4 r.p.m.**

(*ii*) $T_{sh} = 9.55 \times \dfrac{\text{output in watts}}{N} = 9.55 \times \dfrac{5,595}{804.4} =$ **66.5 N-m**

Example 29.13 (*a*). *Find the load and full-load speeds for a four-pole, 220-V, and 20-kW, shunt motor having the following data :*

Field–current = 5 amp, armature resistance = 0.04 ohm,

Flux per pole = 0.04 Wb, number of armature-conductors = 160, Two-circuit wave-connection, full load current = 95 amp, No load current =9 A. Neglect armature reaction.

(Bharathithasan Univ. April 1997)

Solution. The machine draws a supply current of 9 amp at no load. Out of this, 5 amps are required for the field circuit, hence the armature carries a no-load current of 4 amp.

At load, armature-current is 90 amp. The armature-resistance-drop increases and the back e.m.f. decreases, resulting into decrease in speed under load compared to that at No-Load.

<u>At No Load</u> : $E_{ao} = 220 - 4 \times 0.04 = 219.84$ volts

Substituting this,

$0.04 \times 160 \times (N/60) \times (4/2) = 219.84$

No-Load speed, $N_0 = 1030.5$ r.p.m.

<u>At Full Load</u> : Armature current = 90 *A*, $E_a = 200 - 90 \times 0.04 = 216.4$ V

$N = (216.4/219.84) \times 1030.5 = 1014.4$ r.p.m.

Example 29.13 (*b*). *Armature of a 6-pole, 6-circuit D.C. shunt motor takes 400 A at a speed of 350 r.p.m. The flux per pole is 80 milli-webers, the number of armature turns is 600, and 3% of the torque is lost in windage, friction and iron-loss. Calculate the brake-horse-power.*

(Manonmaniam Sundaranar Univ. Nov. 1998)

Solution. Number of armature turns = 600

Therefore, Z = Number of armature conductors = 1200

If electromagnetic torque developed is T Nw – m,

Armature power $= T\omega = T \times 2\pi\, 350/60$

$= 36.67\, T$ watts

To calculate armature power in terms of Electrical parameters, E must be known.

$$E = \phi Z (N/60)(P/A)$$

$$= 80 \times 10^{-3} \times 1200 \times (350/60) \times (6/6)$$
$$= 560 \text{ volts}$$

With the armature current of 400 A, Armature power = 560 × 400 watts

Equating the two,

T = 560 × 400/36.67 = 6108.5 Nw – m. Since 3 % of this torque is required for overcoming different loss-terms,

$$\text{Net torque} = 0.97 \times 6180.5 = 5925 \text{ Nw - m}$$

For Brake-Horse-Power, net output in kW should be computed first. Then "kW" is to be converted to "BHP", with 1 HP = 0.746 kW.

Net output in kW = 5925 × 36.67 × 10^{-3} = 217.27 kW

Converting this to BHP, the output = 291.25 HP

Example 29.13 (*c*). *Determine the torque established by the armature of a four-pole D.C. motor having 774 conductors, two paths in parallel, 24 milli-webers of pole-flux and the armature current is 50 Amps.* **(Bharathiar Univ. April 1998)**

Solution. Expression for torque in terms of the parameters concerned in this problem is as follows :

$$T = 0.159\, \phi\, Z\, I_a\, p/a \text{ Nw - m}$$

Two paths in parallel for a 4-pole case means a wave winding.

$$T = 0.159 \times (24 \times 10^{-3}) \times 774 \times 50 \times 4/2$$
$$= 295.36 \text{ Nw-m}$$

Example 29.13 (*d*). *A 500-V D.C. shunt motor draws a line-current of 5 A on light-load. If armature resistance is 0.15 ohm and field resistance is 200 ohms, determine the efficiency of the machine running as a generator delivering a load current of 40 Amps.*

(Bharathiar Univ. April 1998)

Solution. (*i*) *No Load, running as a motor* :

$$\text{Input Power} = 500 \times 5 = 2500 \text{ watts}$$
$$\text{Field copper-loss} = 500 \times 2.5 = 1250 \text{ watts}$$

Neglecting armature copper-loss at no load (since it comes out to be $2.5^2 \times 0.15$ = 1 watt), the balance of 1250 watts of power goes towards no load losses of the machine running at rated speed. These losses are mainly the no load mechanical losses and the core-loss.

(*ii*) *As a Generator, delivering 40 A to load* :

$$\text{Output delivered} = 500 \times 40 \times 10^{-3} = 20 \text{ kW}$$

Losses : (*a*) Field copper-loss = 1250 watts

(*b*) Armature copper-loss = $42.5^2 \times 0.15$ = 271 watts

(*c*) No load losses = 1250 watts

Total losses = 2.771 kW

Generator Efficiency = (20/22.771) × 100 % = 87.83 %

Extension to the Question : *At what speed should the Generator be run, if the shunt-field is not changed, in the above case ? Assume that the motor was running at 600 r.p.m. Neglect armature reaction.*

Solution. As a motor on no-load,

$$E_{b0} = 500 - I_a\, r_a = 500 - 0.15 \times 2.5 = 499.625 \text{ V}$$

As a Generator with an armature current of 42.5 A,

$$E_{b0} = 500 + 42.5 \times 0.15 = 506.375 \text{ V}$$

Since, the terminal voltage is same in both the cases, shunt field current remains as 2.5 amp. With armature reaction is ignored, the flux/pole remains same. The e.m.f. then becomes proportional to the speed. If the generator must be driven at N r.p.m.

$$N = (506.375/449.625) \times 600 = 608.1 \text{ r.p.m.}$$

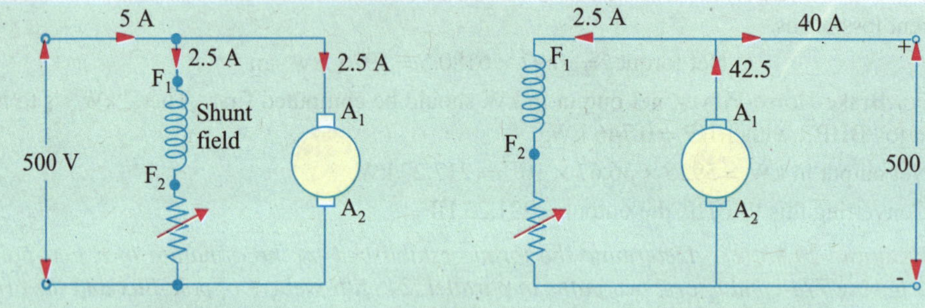

(a) Motor at no load (b) Generator loaded

Fig. 29.11

Note. Alternative to this slight increase in the speed is to increase the field current with the help of decreasing the rheostatic resistance in the field-circuit.

Example 29.13 (e). *A d.c. series motor takes 40 A at 220 V and runs at 800 r.p.m. If the armature and field resistance are 0.2 Ω and 0.1 Ω respectively and the iron and friction losses are 0.5 kW, find the torque developed in the armature. What will be the output of the motor ?*

Solution. Armature torque is given by $T_a = 9.55 \dfrac{E_b I_a}{N}$ N-m

Now $E_b = V - I_a (R_a + R_{se}) = 220 - 40 (0.2 + 0.1) = 208$ V

$\therefore$ $T_a = 9.55 \times 208 \times 40/800 =$ **99.3 N-m**

Cu loss in armature and series-field resistance $= 40^2 \times 0.3 = 480$ W

Iron and friction losses = 500 W ; Total losses = 480 + 500 = 980 W

Motor power input = 220 × 40 = 8,800 W

Motor output = 8,800 − 980 = 7,820 W = **7.82 kW**

Example 29.14. *A cutting tool exerts a tangential force of 400 N on a steel bar of diameter 10 cm which is being turned in a simple lathe. The lathe is driven by a chain at 840 r.p.m. from a 220 V d.c. Motor which runs at 1800 r.p.m. Calculate the current taken by the motor if its efficiency is 80 %. What size is the motor pulley if the lathe pulley has a diameter of 24 cm ?*

(Elect. Technology-II, Gwalior Univ. 1985)

Solution. Torque T_{sh} = Tangential force × radius = 400 × 0.05 = 20 N-m

Output power = $T_{sh} \times 2\pi N$ watt $= 20 \times 2\pi \times (840/60)$ watt = 1,760 W

Motor η = 0.8 ∴ Motor input = 1,760/0.8 = 2,200 W

Current drawn by motor = 2200/220 = **10 A**

Let N_1 and D_1 be the speed and diameter of the driver pulley respectively and N_2 and D_2 the respective speed and diameter of the lathe pulley.

Then $N_1 \times D_1 = N_2 \times D_2$ or $1{,}800 \times D_1 = 840 \times 0.24$

$\therefore$ $D_1 = 840 \times 0.24/1{,}800 = 0.112$ m = **11.2 cm**

Example 29.15. *The armature winding of a 200-V, 4-pole, series motor is lap-connected. There are 280 slots and each slot has 4 conductors. The current is 45 A and the flux per pole is 18 mWb. The field resistance is 0.3 Ω; the armature resistance 0.5 Ω and the iron and friction losses total 800 W. The pulley diameter is 0.41 m. Find the pull in newton at the rim of the pulley.*

(Elect. Engg. AMIETE Sec. A. 1991)

Solution. $E_b = V - I_a R_a = 200 - 45\,(0.5 + 0.3) = 164$ V

Now $E_b = \dfrac{\Phi ZN}{60} \cdot \left(\dfrac{P}{A}\right)$ volt

$$\therefore \quad 164 = \frac{18 \times 10^{-3} \times 280 \times 4 \times N}{60} \times \frac{4}{4} \quad \therefore \quad N = 488 \text{ r.p.m.}$$

$$\text{Total input} = 200 \times 45 = 9{,}000 \text{ W} \; ; \; \text{Cu loss} = I_a^2 R_a = 45^2 \times 0.8 = 1{,}620 \text{ W}$$

$$\text{Iron + Friction losses} = 800 \text{ W} \; ; \; \text{Total losses} = 1{,}620 + 800 = 2{,}420 \text{ W}$$

$$\text{Output} = 9{,}000 - 2{,}420 = 6{,}580 \text{ W}$$

$$\therefore \quad T_{sh} = 9 \times 55 \times \frac{6580}{488} = 128 \text{ N-m}$$

Let F be the pull in newtons at the rim of the pulley.

Then $F \times 0.205 = 128.8 \quad \therefore \quad F = 128.8/0.205\, N =$ **634 N**

Example 29.16. *A 4-pole, 240 V, wave connected shunt motor gives 1119 kW when running at 1000 r.p.m. and drawing armature and field currents of 50 A and 1.0 A respectively. It has 540 conductors. Its resistance is 0.1 Ω. Assuming a drop of 1 volt per brush, find* **(a)** *total torque* **(b)** *useful torque* **(c)** *useful flux / pole* **(d)** *rotational losses and* **(e)** *efficiency.*

Solution. $E_b = V - I_a R_a - \text{brush drop} = 240 - (50 \times 0.1) - 2 = 233$ V

Also $I_a = 50$ A

(a) Armature torque $T_a = 9.55 \dfrac{E_b I_a}{N}$ N-m $= 9.55 \times \dfrac{233 \times 50}{1000} =$ **111 N-m**

(b) $T_{sh} = 9.55 \dfrac{\text{output}}{N} = 9.55 \times \dfrac{11{,}190}{1000} =$ **106.9 N-m**

(c) $E_b = \dfrac{\Phi ZN}{60} \times \left(\dfrac{P}{A}\right)$ volt

$$\therefore \quad 233 = \frac{\Phi \times 540 \times 1000}{60} \times \left(\frac{4}{2}\right) \quad \therefore \quad \mathbf{\Phi = 12.9 \text{ mWb}}$$

(d) Armature input $= VI_a = 240 \times 50 =$ **12,000 W**

Armature Cu loss $= I_a^2 R_a = 50^2 \times 0.1 = 250$ W ; Brush contact loss $= 50 \times 2 = 100$ W

$\therefore$ Power developed $= 12{,}000 - 350 = 11{,}650$ W ; Output $= 11.19$ kW $= 11{,}190$ W

$\therefore$ Rotational losses $= 11{,}650 - 11{,}190 =$ **460 W**

(e) Total motor input $= VI = 240 \times 51 = 12{,}340$ W ; Motor output $= 11{,}190$ W

$\therefore$ Efficiency $= \dfrac{11{,}190}{12{,}240} \times 100 =$ **91.4 %**

Example 29.17. *A 460-V series motor runs at 500 r.p.m. taking a current of 40 A. Calculate the speed and percentage change in torque if the load is reduced so that the motor is taking 30 A. Total resistance of the armature and field circuits is 0.8 Ω. Assume flux is proportional to the field current.*

(Elect. Engg.-II, Kerala Univ. 1988)

Solution. Since $\Phi \propto I_a$, hence $T \propto I_a^2$

$$\therefore \quad T_1 \propto 40^2 \text{ and } T_2 \propto 30^2 \quad \therefore \quad \frac{T_2}{T_1} = \frac{9}{16}$$

$\therefore$ Percentage change in torque is

$$= \frac{T_1 - T_2}{T_1} \times 100 = \frac{7}{16} \times 100 = \mathbf{43.75\ \%}$$

Now $E_{b1} = 460 - (40 \times 0.8) = 428$ V ; $E_{b2} = 460 - (30 \times 0.8) = 436$ V

$$\frac{N_2}{N_1} = \frac{E_{b2}}{E_{b1}} \times \frac{I_{a1}}{I_{a2}} \quad \therefore \quad \frac{N_2}{500} = \frac{436}{428} \times \frac{40}{30} \quad \therefore \quad N_2 = \mathbf{679 \text{ r.p.m.}}$$

Example 29.18. *A 460-V, 55.95 kW, 750 r.p.m. shunt motor drives a load having a moment of inertia of 252.8 kg-m^2. Find approximate time to attain full speed when starting from rest against full-load torque if starting current varies between 1.4 and 1.8 times full-load current.*

Solution. Let us suppose that the starting current has a steady value of (1.4 + 1.8)/2 = 1.6 times full-load value.

Full-load output = 55.95 kW = 55,950 W ; Speed = 750 r.p.m. = 12.5 r.p.s.

F.L. shaft torque T = power/ω = power/2π N = 55,950 π × (750/60) = 712.4 N-m

During starting period, average available torque

$$= 1.6\,T - T = 0.6\,T = 0.6 \times 712.4 = 427.34 \text{ N-m}$$

This torque acts on the moment of inertial I = 252.8 km-m^2.

$$\therefore \quad 427.4 = 252.8 \times \frac{d\omega}{dt} = 252.8 \times \frac{2\pi \times 12.5}{dt}, \quad \therefore \quad dt = \textbf{46.4 s}$$

Example 29.19. *A 14.92 kW, 400 V, 400 -r.p.m. d.c. shunt motor draws a current of 40 A when running at full-load. The moment of inertia of the rotating system is 7.5 kg-m^2. If the starting current is 1.2 times full-load current, calculate*

(a) full-load torque

(b) the time required for the motor to attain the rated speed against full-load.

(Electrical Technology, Gujarat Univ. 1988)

Solution. (*a*) F.L. output 14.92 kW = 14,920 W ; Speed = 400 r.p.m. = 20/3 r.p.s

Now, $T\omega$ = output ∴ T = 14,920/2π × (20/3) = **356 N-m**

(*b*) During the starting period, the torque available for accelerating the motor armature is

$$= 1.2\,T - T = 0.2\,T = 0.2 \times 356 = 71.2 \text{ N-m}$$

$$\text{Now, torque} = I\,\frac{d\omega}{dt} \quad \therefore \quad 71.2 = 7.5 \times \frac{2\pi \times (20/3)}{dt} \quad \therefore \quad dt = \textbf{4.41 second}$$

29.9. Speed of a D.C. Motor

From the voltage equation of a motor (Art. 27.4), we get

$$E_b = V - I_a R_a \quad \text{or} \quad \frac{\Phi ZN}{60}\left(\frac{P}{A}\right) = V - I_a R_a$$

$$\therefore \quad N = \frac{V - I_a R_a}{\Phi} \times \left(\frac{60A}{ZP}\right) \text{ r.p.m.}$$

$$\text{Now} \quad V - I_a R_a = E_b \quad \therefore \quad N = \frac{E_b}{\Phi} \times \left(\frac{60A}{ZP}\right) \text{ r.p.m. or } N = K\,\frac{E_b}{\Phi}$$

It shows that speed is directly proportional to back e.m.f. E_b and inversely to the flux Φ on $N \propto E_b/\Phi$.

For Series Motor

Let N_1 = Speed in the 1st case ; I_{a1} = armature current in the 1st case

Φ_1 = flux/pole in the first case

N_2, I_{a2}, Φ_2 = corresponding quantities in the 2nd case.

Then, using the above relation, we get

$$N_1 \propto \frac{E_{b1}}{\Phi_1} \text{ where } E_{b1} = V - I_{a1} R_a \,;\, N_2 \propto \frac{E_{b2}}{\Phi_2} \text{ where } E_{b2} = V - I_{a2} R_a$$

$$\therefore \quad \frac{N_2}{N_1} = \frac{E_{b2}}{E_{b1}} \times \frac{\Phi_1}{\Phi_2}$$

Prior to saturation of magnetic poles ; $\Phi \propto I_a$ ∴ $\dfrac{N_2}{N_1} = \dfrac{E_{b2}}{E_{b1}} \times \dfrac{I_{a1}}{I_{a2}}$

For Shunt Motor

In this case the same equation applies,

i.e., $$\frac{N_2}{N_1} = \frac{E_{b2}}{E_{b1}} \times \frac{\Phi_1}{\Phi_2}$$ If $\Phi_2 = \Phi_1$, then $\frac{N_2}{N_1} = \frac{E_{b2}}{E_{b1}}$.

29.10. Speed Regulation

The term speed regulation refers to the change in speed of a motor with change in applied load torque, other conditions remaining constant. By change in speed here is meant the change which occurs under these conditions due to inherent properties of the motor itself and not those changes which are affected through manipulation of rheostats or other speed-controlling devices.

The speed regulation is defined ***as the change in speed when the load on the motor is reduced from rated value to zero, expressed as percent of the rated load speed.***

$$\therefore \quad \% \text{ speed regulation} = \frac{\text{N.L. speed} - \text{F.L. speed}}{\text{F.L. speed}} \times 100 = \frac{dN}{N} \times 100$$

29.11. Torque and Speed of a D.C. Motor

It will be proved that though torque of a motor is admittedly a function of flux and armature current, ***yet it is independent of speed***. In fact, it is the speed which depends on torque and not ***vice-versa***. It has been proved earlier that

$$N = K\frac{V - I_a R_a}{\phi} = \frac{KE_b}{\Phi} \qquad \text{...Art. 27.9}$$

Also, $$T_a \propto \Phi I_a \qquad \text{...Art. 27.7}$$

It is seen from above that increase in flux would decrease the speed but increase the armature torque. It cannot be so because torque always tends to produce rotation. If torque increases, motor speed must ***increase*** rather than ***decrease***. The apparent inconsistency between the above two equations can be reconciled in the following way :

Suppose that the flux of a motor is decreased by decreasing the field current. Then, following sequence of events take place :

1. Back e.m.f. E_b (= $N\Phi/K$) drops instantly (the speed remains constant because of inertia of the heavy armature).

2. Due to decrease in E_b, I_a is increased because $I_a = (V - E_b)/R_a$. Moreover, a small reduction in flux produces a proportionately large increase in armature current.

3. Hence, the equation $T_a \propto \Phi I_a$, a small decrease in ϕ is more than counterbalanced by a *large* increase in I_a with the result that there is a net *increase* in T_a.

4. This increase in T_a produces an increase in motor speed.

It is seen from above that with the applied voltage V held constant, motor speed varies inversely as the flux. However, it is possible to increase flux and, at the same time, increase the speed provided I_a is held constant as is actually done in a d.c. servomotor.

Example 29.20. *A 4-pole series motor has 944 wave-connected armature conductors. At a certain load, the flux per pole is 34.6 mWb and the total mechanical torque developed is 209 N-m. Calculate the line current taken by the motor and the speed at which it will run with an applied voltage of 500 V. Total motor resistance is 3 ohm.*

(Elect. Engg. AMIETE Sec. A Part II June 1991)

Solution. $T_a = 0.159\, \phi Z I_a\, (P/A)$ N-m

$\therefore$ $209 = 0.159 \times 34.6 \times 10^{-3} \times 944 \times I_a\,(4/2)$; $I_a = 20.1$ A

$E_a = V - I_a R_a = 500 - 20.1 \times 3 = 439.7$ V

Now, speed may be found either by using the relation for E_b or T_a as given in Art.

$$E_b = \Phi ZN \times (P/A) \text{ or } 439.7 = 34.6 \times 10^{-3} \times 944 \times N \times 2$$

$$\therefore \quad N = 6.73 \text{ r.p.s. or } \mathbf{382.2 \text{ r.p.m.}}$$

Example 29.21. *A 250-V shunt motor runs at 1000 r.p.m. at no-load and takes 8A. The total armature and shunt field resistances are respectively 0.2 Ω and 250 Ω. Calculate the speed when loaded and taking 50 A. Assume the flux to be constant.* **(Elect. Engg. A.M.Ae. S.I. June 1991)**

Solution. Formula used : $\dfrac{N}{N_0} = \dfrac{E_b}{E_{b0}} \times \dfrac{\Phi_0}{\Phi}$; Since $\Phi_0 = \Phi$ (given); $\dfrac{N}{N_0} = \dfrac{E_b}{E_{b0}}$

$$I_{sh} = 250/250 = 1 \text{ A}$$

$$E_{b0} = V - I_{a0} R_a = 250 - (7 \times 0.2) = 248.6 \text{ V}; E_b = V - I_a R_a = 250 - (49 \times 0.2) = 240.2 \text{ V}$$

$$\therefore \quad \frac{N}{1000} = \frac{240.2}{248.6}; \; N = \mathbf{9666.1 \text{ r.p.m.}}$$

Example 29.22. *A d.c. series motor operates at 800 r.p.m. with a line current of 100 A from 230-V mains. Its armature circuit resistance is 0.15 Ω and its field resistance 0.1 Ω. Find the speed at which the motor runs at a line current of 25 A, assuming that the flux at this current is 45 per cent of the flux at 100 A.* **(Electrical Machinery - I, Banglore Univ. 1986)**

Solution.

$$\frac{N_2}{N_1} = \frac{E_{b2}}{E_{b1}} \times \frac{\Phi_1}{\Phi_2}; \; \Phi_2 = 0.45\,\Phi_1 \text{ or } \frac{\Phi_1}{\Phi_2} = \frac{1}{0.45}$$

$$E_{b1} = 230 - (0.15 + 0.1) \times 100 = 205 \text{ V}; \; E_{b2} = 230 - 25 \times 0.25 = 223.75 \text{ V}$$

$$\frac{N_2}{800} = \frac{223.75}{205} \times \frac{1}{0.45}; \; N_2 = \mathbf{1940 \text{ r.p.m.}}$$

Example 29.23. *A 230-V d.c. shunt motor has an armature resistance of 0.5 Ω and field resistance of 115 Ω. At no load, the speed is 1,200 r.p.m. and the armature current 2.5 A. On application of rated load, the speed drops to 1,120 r.p.m. Determine the line current and power input when the motor delivers rated load.* **(Elect. Technology, Kerala Univ. 1988)**

Solution.

$$N_1 = 1200 \text{ r.p.m.}, \; E_{b1} = 230 - (0.5 \times 2.5) = 228.75 \text{ V}$$

$$N_2 = 1120 \text{ r.p.m.}, \; E_{b2} = 230 - 0.5\, I_{a2}$$

Now,

$$\frac{N_2}{N_1} = \frac{E_{b2}}{E_{b1}} \quad \therefore \quad \frac{1120}{1200} = \frac{230 - 0.5 I_{a2}}{228.75}; \; I_{a2} = \mathbf{33 \text{ A}}$$

Line current drawn by motor $= I_{a2} + I_{sh} = 33 + (230/115) = \mathbf{35 \text{ A}}$

Power input at rated load $= 230 \times 35 = \mathbf{8{,}050 \text{ W}}$

Example 29.24. *A belt-driven 100-kW, shunt generator running at 300 r.p.m. on 220-V bus-bars continues to run as a motor when the belt breaks, then taking 10 kW. What will be its speed ? Given armature resistance = 0.025 Ω, field resistance = 60 Ω and contact drop under each brush = 1 V, Ignore armature reaction.* **(Elect. Machines (E-3) AMIE Sec.C Winter 1991)**

Solution. As Generator [Fig. 29.12 (*a*)]

Load current,

$$I = 100{,}000/220 = 454.55 \text{ A}; \; I_{sh} = 220/60 = 3.67 \text{ A}$$

$$I_a = I + I_{sh} = 458.2 \text{ A}; \; I_a R_a = 458.2 \times 0.025 = 11.45$$

$$E_b = 220 + 11.45 + 2 \times 1 = 233.45 \text{ V}; \; N_1 = 300 \text{ r.p.m.}$$

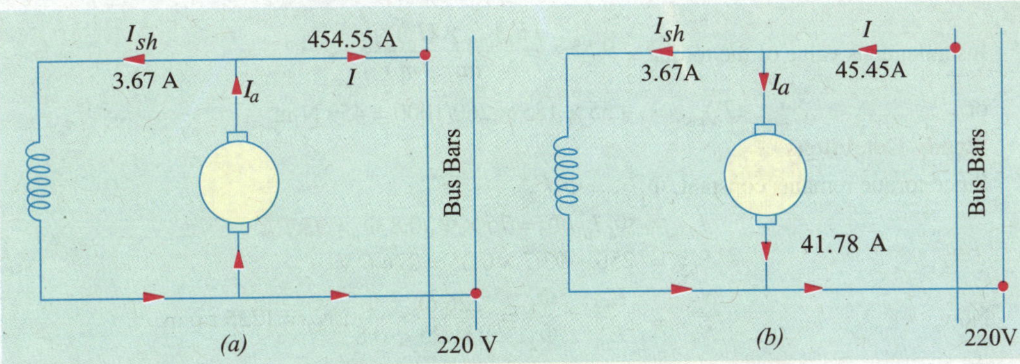

Fig. 29.12

As Motor [Fig. 29.12 (*b*)]

Input line current $= 100{,}000/220 = 45.45$ A; $I_{sh} = 220/60 = 3.67$ A

$I_a = 45.45 - 3.67 = 41.78$ A; $I_a R_a = 41.78 \times 0.025 = 1.04$ V; $E_{b2} = 220 - 1.04 - 2 \times 1 = 216.96$ V

$$\frac{N_2}{N_1} = \frac{E_{b2}}{E_{b1}} \times \frac{\Phi_1}{\Phi_2}; \text{ since } \Phi_1 = \Phi_2 \text{ because } I_{sh} \text{ is constant}$$

$$\therefore \quad \frac{N_2}{300} = \frac{216.96}{233.45}; \; N_2 = 279 \text{ r.p.m.}$$

Example 29.25. *A d.c. shunt machine generates 250-V on open circuit at 1000 r.p.m. Effective armature resistance is 0.5 Ω, field resistance is 250 Ω, input to machine running as a motor on no-load is 4 A at 250 V. Calculate speed of machine as a motor taking 40 A at 250 V. Armature reaction weakens field by 4%.* **(Electrical Machines-I, Gujarat Univ. 1987)**

Solution. Consider the case when the machine runs as a motor on no-load.

Now, $I_{sh} = 250/250 = 1$ A; Hence, $I_{a0} = 4 - 1 = 3$A; $E_{b0} = 250 - 0.5 \times 3 = 248.5$ V

It is given that when armature runs at 1000 r.p.m., it generates 250 V. When it generates 248.5 V, it must be running at a speed = 1000 × 248.5/250 = 994 r.p.m.

Hence, $N_0 = 994$ r.p.m.

When Loaded

$I_a = 40 - 1 = 39$ *A*; $E_b = 250 - 39 \times 0.5 = 230.5$ *V* Also, $\Phi_0/\Phi = 1/0.96$

$$\frac{N}{E} = \frac{E_b}{E_{b0}} \quad \therefore \quad \frac{N}{994} = \frac{230.5}{248.5} \times \frac{1}{0.96} \qquad N = \mathbf{960 \text{ r.p.m.}}$$

Example 29.26. *A 250-V shunt motor giving 14.92 kW at 1000 r.p.m. takes an armature current of 75 A. The armature resistance is 0.25 ohm and the load torque remains constant. If the flux is reduced by 20 percent of its normal value before the speed changes, find the instantaneous value of the armature current and the torque. Determine the final value of the armature current and speed.* **(Elect. Engg. AMIETE (New Scheme) 1990)**

Solution. $E_{b1} = 250 - 75 \times 0.25 = 231.25$ V, as in Fig. 29.13. When flux is reduced by 20%, the back e.m.f. is also reduced instantly by 20% because speed remains constant due to inertia of the heavy armature (Art. 29.11).

∴ Instantaneous value of back e.m.f. $(E_b)_{inst} = 231.25 \times 0.8 = 185$ V

$(I_a)_{inst} = [V - (E_b)_{inst}]/R_a = (250 - 185)/0.25 = 260$ A

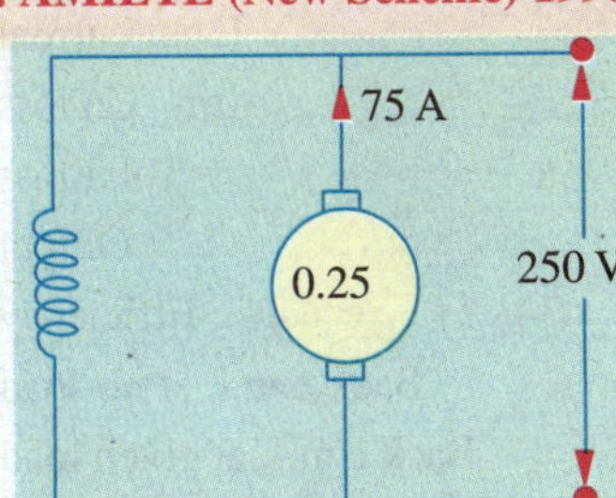

Fig. 29.13

Instantaneous value of the torque = $9.55 \times \dfrac{(E_b)_{inst} \times (I_a)_{inst}}{N\ (in\ r.p.m.)}$

or $(T_a)_{inst} = 9.55 \times 185 \times 260/1000 = 459$ N-m

Steady Conditions

Since torque remains constant, $\Phi_1 I_{a1} = \Phi_2 I_{a2}$

$$I_{a2} = \Phi_1 I_{a1}/\Phi_2 = 75 \times \Phi_1/0.8\ \Phi_1 = \mathbf{93.7\ A}$$

$$\therefore \quad E_{b2} = 250 - 93.7 \times 0.25 = 226.6 \text{ V}$$

Now, $\dfrac{N_2}{N_1} = \dfrac{E_{b2}}{E_{b1}} \times \dfrac{\Phi_1}{\Phi_2} = \dfrac{226.6}{231.25} \times \dfrac{1}{0.8}$; $N_2 = 1225$ r.p.m.

Example 29.27. *A 220-V, d.c. shunt motor takes 4 A at no-load when running at 700 r.p.m. The field resistance is 100 Ω. The resistance of armature at standstill gives a drop of 6 volts across armature terminals when 10 A were passed through it. Calculate* **(a)** *speed on load* **(b)** *torque in N-m and* **(c)** *efficiency. The normal input of the motor is 8 kW.*

(Electrotechnics-II; M.S. Univ. Baroda 1988)

Solution. **(*a*)** $I_{sh} = 200/100 = 2$ A

F.L. Power input = 8,000 W; F.L. line current = 8,000/200 = 40 A

$$I_a = 40 - 2 = 38 \text{ A}; \quad R_a = 6/10 = 0.6\ \Omega$$

$$E_{b0} = 200 - 2 \times 0.6 = 198.8 \text{ V}; \quad E_b = 200 - 38 \times 0.6 = 177.2 \text{ V}$$

Now, $\dfrac{N}{N_0} = \dfrac{E_b}{E_{b0}}$ or $\dfrac{N}{700} = \dfrac{177.2}{198.8}$; $N = \mathbf{623.9\ r.p.m.}$

(*b*) $T_a = 9.55\, E_b I_a/N = 9.55 \times 177.2 \times 38/623.9 = \mathbf{103\ N\text{-}m}$

(*c*) N.L. power input = $200 \times 4 = 800$ W; Arm. Cu loss = $I_a^2 R_a = 2^2 \times 0.6 = 2.4$ W

Constant losses = $800 - 2.4 = 797.6$ W; F.L. arm. Cu loss = $38^2 \times 0.6 = 866.4$ W

Total F.L. losses = $797.6 + 866.4 = 1664$ W; F.L. output = $8,000 - 1664 = 6336$ W

F.L. Motor efficiency = $6336/8,000 = 0.792$ or **79.2 %**

Example 29.28. *The input to 230-V, d.c. shunt motor is 11kW. Calculate* **(a)** *the torque developed* **(b)** *the efficiency* **(c)** *the speed at this load. The particulars of the motor are as follows :*

No-load current = 5 A; No-load speed = 1150 r.p.m.

Arm. resistance = 0.5 Ω; shunt field resistance = 110 Ω.

(Elect. Technology ; Bombay University 1988)

Solution. No-load input = $220 \times 5 = 1{,}100$ W; $I_{sh} = 220/110 = 2$A; $I_{ao} = 5 - 2 = 3$A

No-load armature Cu loss = $3^2 \times 0.5 = 4.5$ W

∴ Constant losses = $1{,}100 - 4.5 = 1{,}095.5$ W

When input is 11 kW.

Input current = $11{,}000/220 = 50$A ; Armature current = $50 - 2 =$ **48 A**

Arm. Cu loss = $48^2 \times 0.5 = 1{,}152$ W ;

Total loss = Arm. Cu loss + Constant losses = $1152 + 1095.5 = 2248$ W

Output = $11{,}000 - 2{,}248 = 8{,}752$ W

(*b*) Efficiency = $8{,}752 \times 100/11{,}000 =$ **79.6%**

(*c*) Back e.m.f. at no-load = $220 - (3 \times 0.5) = 218.5$ V

Back e.m.f. at given load = $220 - (48 \times 0.5) = 196$ V

∴ Speed $N = 1{,}150 \times 196/218.5 =$ **1,031 r.p.m.**

(*a*) $$T_a = 9.55 \times \frac{196 \times 48}{1031} = \mathbf{87.1\ N\text{-}m}$$

Example 29.29. *The armature circuit resistance of a 18.65 kW 250-V series motor is 0.1 Ω, the brush voltage drop is 3V, and the series field resistance is 0.05. When the motor takes 80 A, speed is 600 r.p.m. Calculate the speed when the current is 100 A.*

(Elect. Machines, A.M.I.E. Sec. B, 1993)

Solution. $$E_{b1} = 250 - 80\,(0.1 + 0.05) - 3 = 235\text{ V.}$$

$$E_{b2} = 250 - 100\,(0.1 + 0.05) - 3 = 232\text{ V}$$

Since $\Phi \propto I_a$, hence, $\Phi_1 \propto 80$, $\Phi_2 \propto 100$, $\Phi_1/\Phi_2 = 80/100$

Now $$\frac{N_2}{N_1} = \frac{E_{b2}}{E_{b1}} \times \frac{\Phi_1}{\Phi_2} \text{ or } \frac{N_2}{600} = \frac{232}{235} \times \frac{80}{100}\ ; \quad N_2 = 474\text{ r.p.m.}$$

Example 29.30. *A 220-volt d.c. series motor is running at a speed of 800 r.p.m. and draws 100 A. Calculate at what speed the motor will run when developing half the torque. Total resistance of the armature and field is 0.1 ohm. Assume that the magnetic circuit is unsaturated.*

(Elect. Machines ; A.M.I.E. Sec. B, 1991)

Solution. $$\frac{N_2}{N_1} = \frac{E_{b2}}{E_{b1}} \times \frac{\Phi_1}{\Phi_2} = \frac{E_{b2}}{E_{b1}} \times \frac{I_{a1}}{I_{a2}} \qquad (\because \Phi \propto I_a)$$

Since field is unsaturated, $T_a \propto \Phi I_a \propto I_a^2$. $\qquad (\because T_1 \propto I_{a1}^2 \text{ and } T_2 \propto I_{a2}^2)$

or $$T_2/T_1 = (I_{a2}/I_{a1})^2 \text{ or } 1/2 = (I_{a2}/I_{a1})^2\ ; \ I_{a1} = I_{a1}/\sqrt{2} = 70.7\text{ A}$$

$$E_{b1} = 220 - 100 \times 0.1 = 210\text{ V}\ ; \ E_{b2} = 220 - 0.1 \times 70.7 = 212.9\text{ V}$$

$$\therefore \quad \frac{N_2}{800} = \frac{212.9}{210} \times \frac{100}{70.7}\ ; \quad N_2 = \mathbf{1147\ r.p.m.}$$

Example 29.31. *A 4-pole d.c. motor runs at 600 r.p.m. on full load taking 25 A at 450 V. The armature is lap-wound with 500 conductors and flux per pole is expressed by the relation.*

$$\Phi = (1.7 \times 10^{-2} \times I^{0.5}) \text{ weber}$$

where 1 is the motor current. If supply voltage and torque are both halved, calculate the speed at which the motor will run. Ignore stray losses. **(Elect. Machines, Nagpur Univ. 1993)**

Solution. Let us first find R_a.

Now $$N = \frac{E_b}{Z\Phi}\left(\frac{60\,A}{P}\right)\text{r.p.m.}$$

$$\therefore \quad 600 = \frac{E_b}{1.7 \times 10^{-2} \times 25^{0.5}} \times \frac{60 \times 4}{500 \times 4}$$

$$\therefore \quad E_b = 10 \times 1.7 \times 10^{-2} \times 5 \times 500 = 425\text{ V}$$

$$I_a R_a = 450 - 425 = 25\text{ V}\ ; \ R_a = 25/25 = 1.0\ \Omega$$

Now in the Ist Case

$$T_1 \propto \Phi_1 I_1 \quad \therefore \quad T_1 \propto 1.7 \times 10^{-2} \times \sqrt{25} \times 25$$

Similarly $$T_2 \propto 1.7 \times 10^{-2} \times \sqrt{1 \times I}\ ; \quad \text{Now} \quad T_1 = 2T_2$$

$$\therefore \quad 1.7 \times 10^{-2} \times 125 = 1.7 \times 10^{-2} \times I^{3/2} \times 2 \quad \therefore \quad I = (125/2)^{2/3} = 15.75\text{ A}$$

$$E_{b1} = 425\text{ V}\ ; \quad E_{b2} = 225 - (15.75 \times 1) = 209.3\text{ V}$$

Using the relation $$\frac{N_2}{N_1} = \frac{E_{b2}}{E_{b1}} \times \frac{\Phi_1}{\Phi_2}\ ; \text{ we have}$$

$$\frac{N_2}{600} = \frac{209.3}{425} \times \frac{1.7 \times 10^{-2} \times 5}{1.7 \times 10^{-2} \times \sqrt{15.75}}; \quad N_2 = \textbf{372 r.p.m.}$$

Tutorial Problems 29.2

1. Calculate the torque in newton-metre developed by a 440-V d.c. motor having an armature resistance of 0.25 Ω and running at 750 r.p.m. when taking a current of 60 A. **[325 N-m]**

2. A 4-pole, lap-connected d.c. motor has 576 conductors and draws an armature current of 10 A. If the flux per pole is 0.02 Wb, calculate the armature torque developed. **[18.3 N-m]**

3. *(a)* A d.c. shunt machine has armature and field resistances of 0.025 Ω and 80 Ω respectively. When connected to constant 400-V bus-bars and driven as a generator at 450 r.p.m., it delivers 120 kW. Calculate its speed when running as a motor and absorbing 120 kW from the same bus-bars.

(b) Deduce the direction of rotation of this machine when it is working as a motor assuming a clockwise rotation as a generator. **[(*a*) 435 r.p.m. (*b*) Clockwise]**

4. The armature current of a series motor is 60 A when on full-load. If the load is adjusted to that this current decreases to 40-A, find the new torque expressed as a percentage of the full-load torque. The flux for a current of 40 A is 70% of that when current is 60 A. **[46%]**

5. A 4-pole, d.c. shunt motor has a flux per pole of 0.04 Wb and the armature is lap-wound with 720 conductors. The shunt field resistance is 240 Ω and the armature resistance is 0.2 Ω. Brush contact drop is 1V per brush. Determine the speed of the machine when running *(a)* as a motor taking 60 A and *(b)* as a generator supplying 120 A. The terminal voltage in each case is 480 V. **[972 r.p.m. ; 1055 r.p.m.]**

6. A 25-kW shunt generator is delivering full output to 400-V bus-bars and is driven at 950 r.p.m. by belt drive. The belt breaks suddenly but the machine continues to run as a motor taking 25 kW from the bus-bars. At what speed does it run ? Take armature resistance including brush contact resistance as 0.5 Ω and field resistance as 160 Ω. **[812.7 r.p.m.] *(Elect. Technology, Andhra Univ. Apr. 1977)***

7. A 4-pole, d.c. shunt motor has a wave-wound armature with 65 slots each containing 6 conductors. The *flux* per pole is 20 mWb and the armature has a resistance of 0.15 Ω. Calculate the motor speed when the machine is operating from a 250-V supply and taking a current of 60 A. **[927 r.p.m.]**

8. A 500-V, d.c. shunt motor has armature and field resistances of 0.5 Ω and 200 Ω respectively. When loaded and taking a total input of 25 kW, it runs at 400 r.p.m. Find the speed at which it must be driven as a shunt generator to supply a power output of 25 kW at a terminal voltage of 500 V. **[442 r.p.m.]**

9. A d.c. shunt motor runs at 900 r.p.m. from a 400 V supply when taking an armature current of 25 A. Calculate the speed at which it will run from a 230 V supply when taking an armature current of 15 A. The resistance of the armature circuit is 0.8 Ω. Assume the flux per pole at 230 V to have decreased to 75% of its value at 400 V. **[595 r.p.m.]**

10. A shunt machine connected to 250-A mains has an armature resistance of 0.12 Ω and field resistance of 100 Ω. Find the ratio of the speed of the machine as a generator to the speed as a motor, if line current is 80 A in both cases. **[1.08] *(Electrical Engineering-II, Bombay Univ. April. 1977, Madras Univ. Nov. 1978)***

11. A 20-kW d.c. shunt generator delivering rated output at 1000 r.p.m. has a terminal voltage of 500 V. The armature resistance is 0.1 Ω, voltage drop per brush is 1 volt and the field resistance is 500 Ω.

Calculate the speed at which the machine will run as a motor taking an input of 20 kW from a 500 V d.c. supply. **[976.1 r.p.m.] *(Elect. Engg-I Bombay Univ. 1975)***

12. A 4-pole, 250-V, d.c. shunt motor has a lap-connected armature with 960 conductors. The flux per pole is 2×10^{-2} Wb. Calculate the torque developed by the armature and the useful torque in newton-metre when the current taken by the motor is 30A. The armature resistance is 0.12 ohm and the field resistance is 125 Ω. The rotational losses amount to 825 W.

[85.5 N-m ; 75.3 N-m] *(Electric Machinery-I, Madras Univ. Nov. 1979)*

29.12. Motor Characteristics

The characteristic curves of a motor are those curves which show relationships between the following quantities.

1. **Torque and armature current** *i.e.* T_a/I_a characteristic. It is known as ***electrical characteristic***.
2. **Speed and armature current** *i.e.* N/I_a characteristic.
3. **Speed and torque** *i.e.* N/T_a characteristic. It is also known as ***mechanical characteristic***. It can be found from (1) and (2) above.

While discussing motor characteristics, the following two relations should always be kept in mind :

$$T_a \propto \Phi I_a \quad \text{and} \quad N \propto \frac{E_b}{\Phi}$$

29.13. Characteristics of Series Motors

1. T_a/I_a Characteristic. We have seen that $T_a \propto \Phi I_a$. In this case, as field windings also carry the armature current, $\Phi \propto I_a$ up to the point of magnetic saturation. Hence, before saturation,

$$T_a \propto \Phi I_a \quad \text{and} \quad \therefore \quad T_a \propto I_a^2$$

At light loads, I_a and hence Φ is small. But as I_a increases, T_a increases as the square of the current. Hence, T_a/I_a curve is a parabola as shown in Fig. 29.14. After saturation, Φ is almost independent of I_a hence $T_a \propto I_a$ only. So the characteristic becomes a straight line. The shaft torque T_{sh} is less than armature torque due to stray losses. It is shown dotted in the figure. So we conclude that (prior to magnetic saturation) on heavy loads, a series motor exerts a torque proportional to the square of armature current. Hence, in cases where huge starting torque is required for accelerating heavy masses quickly as in hoists and electric trains etc., series motors are used.

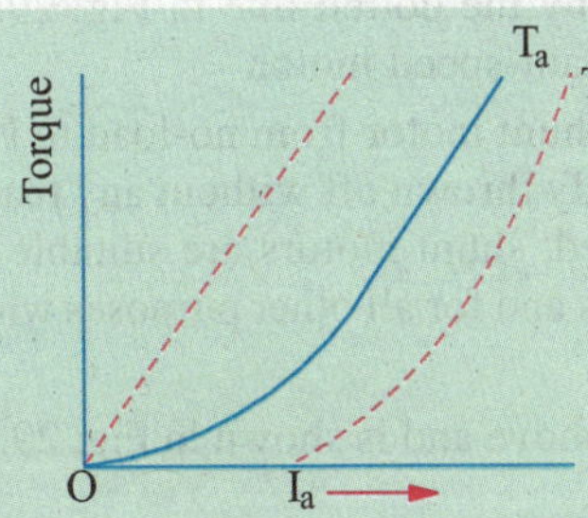

Fig. 29.14

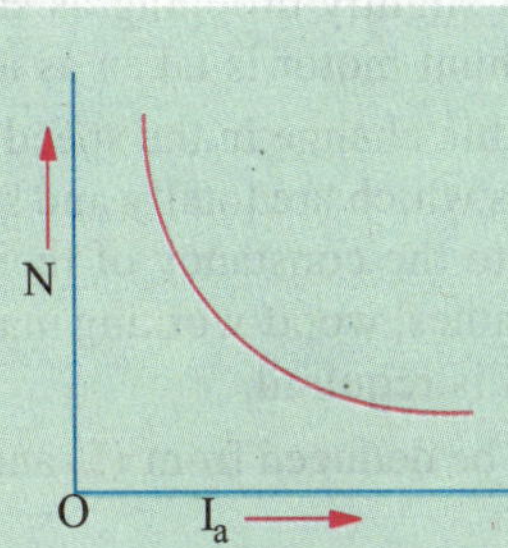

Fig. 29.15

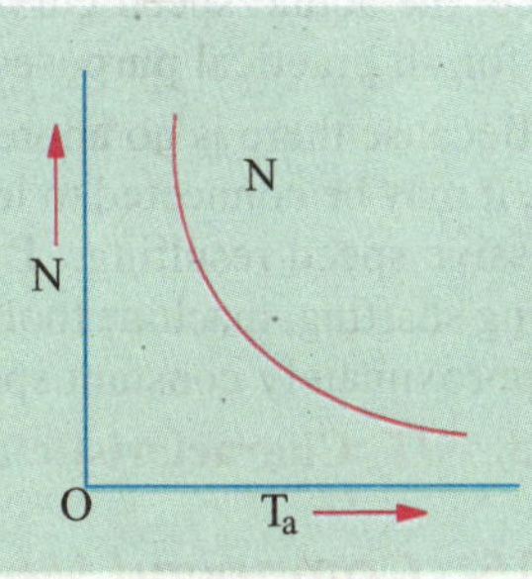

Fig. 29.16

2. N/I_a Characteristics. Variations of speed can be deduced from the formula :

$$N \propto \frac{E_b}{\Phi}$$

Change in E_b, for various load currents is small and hence may be neglected for the time being. With increased I_a, Φ also increases. Hence, speed varies inversely as armature current as shown in Fig. 29.15.

When load is heavy, I_a is large. Hence, speed is low (this decreases E_b and allows more armature current to flow). But when load current and hence I_a falls to a small value, speed becomes dangerously high. Hence, a series motor should never be started without some mechanical (not belt-driven) load on it otherwise it may develop excessive speed and get damaged due to heavy centrifugal forces so produced. It should be noted that series motor is a variable speed motor.

3. N/T_a or mechanical characteristic. It is found from above that when speed is high, torque is low and ***vice-versa***. The relation between the two is as shown in Fig. 29.16.

29.14. Characteristics of Shunt Motors

1. T_a/I_a Characteristic

Assuming Φ to be practically constant (though at heavy loads, ϕ decreases somewhat due to increased armature reaction) we find that $T_a \propto I_a$.

Hence, the electrical characteristic as shown in Fig. 29.17, is practically a straight line through the origin. Shaft torque is shown dotted. Since a heavy starting load will need a heavy starting current, shunt motor should never be started on (heavy) load.

2. N/I_a Characteristic

If Φ is assumed constant, then $N \propto E_b$. As E_b is also practically constant, speed is, for most purposes, constant (Fig. 29.18).

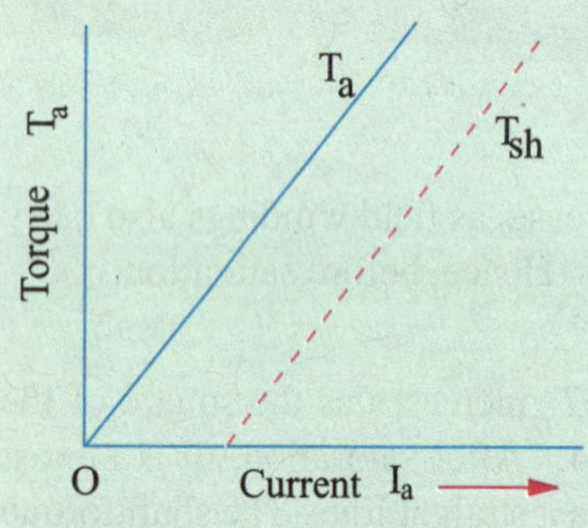

Fig. 29.17

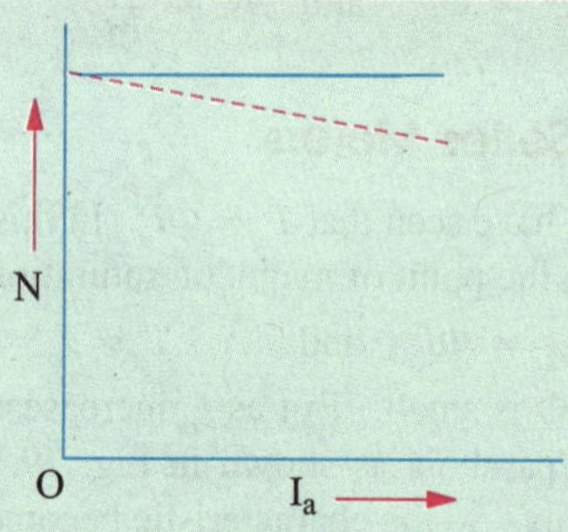

Fig. 29.18

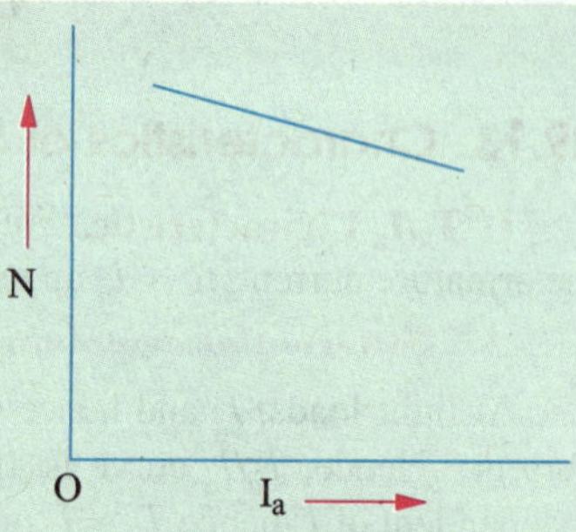

Fig. 29.19

But strictly speaking, both E_b and Φ decrease with increasing load. However, E_b decreases slightly more than ϕ so that on the whole, there is some decrease in speed. The drop varies from 5 to 15% of full-load speed, being dependent on saturation, armature reaction and brush position. Hence, the actual speed curve is slightly drooping as shown by the dotted line in Fig. 29.18. But, for all practical purposes, shunt motor is taken as a constant-speed motor.

Because there is no appreciable change in the speed of a shunt motor from no-load to full-load, it may be connected to loads which are totally and suddenly thrown off without any fear of excessive speed resulting. Due to the constancy of their speed, shunt motors are suitable for driving shafting, machine tools, lathes, wood-working machines and for all other purposes where an approximately constant speed is required.

3. N/T_a Characteristic can be deduced from (1) and (2) above and is shown in Fig. 29.19.

29.15. Compound Motors

These motors have both series and shunt windings. If series excitation helps the shunt excitation *i.e.* series flux is in the ***same*** direction (Fig. 29.20); then the motor is said to be cummulatively compounded. If on the other hand, series field opposes the shunt field, then the motor is said to be differentially compounded.

Compound Motors

The characteristics of such motors lie in between those of shunt and series motors as shown in Fig. 29.21.

(*a*) Cumulative-compound Motors

Such machines are used where series characteristics are required and where, in addition, the load is likely to be removed totally such as in some types of coal cutting machines or for driving heavy machine tools which have to take sudden cuts quite often. Due to shunt windings, speed will not become excessively high but due to series windings, it will be able to take heavy loads. In conjunction with fly-wheel (functioning as load equalizer), it is employed where there are sudden temporary loads as in rolling mills. The fly-wheel supplies its stored kinetic energy when motor slows down due to sudden heavy load. And when due to the removal of load motor speeds up, it gathers up its kinetic energy.

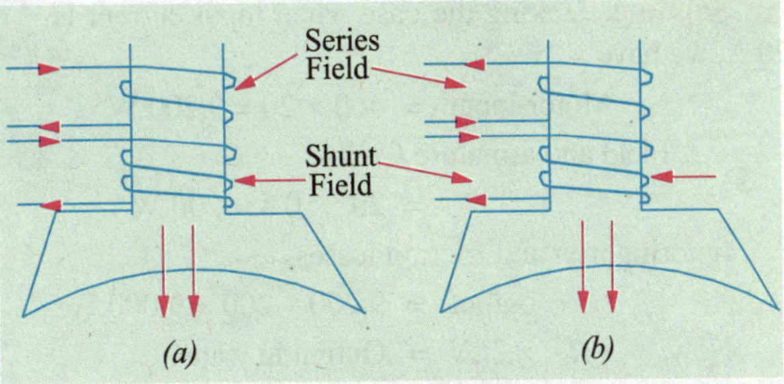

Fig. 29.20

Compound-wound motors have greatest application with loads that require high starting torques or pulsating loads (because such motors smooth out the energy demand required of a pulsating load). They are used to drive electric shovels, metal-stamping machines, reciprocating pumps, hoists and compressors etc.

(*b*) Differential-compound Motors

Since series field opposes the shunt field, the flux is decreased as load is applied to the motor. This results in the motor speed remaining almost constant or even increasing with increase in load (because, $N \propto E_b/(\Phi)$. Due to this reason, there is a decrease in the rate at which the motor torque increases with load. Such motors are not in common use. But because they can be designed to give an accurately constant speed under all conditions, they find limited application for experimental and research work.

One of the biggest drawback of such a motor is that due to weakening of flux with increases in load, there is a tendency towards speed instability and motor running away unless designed properly.

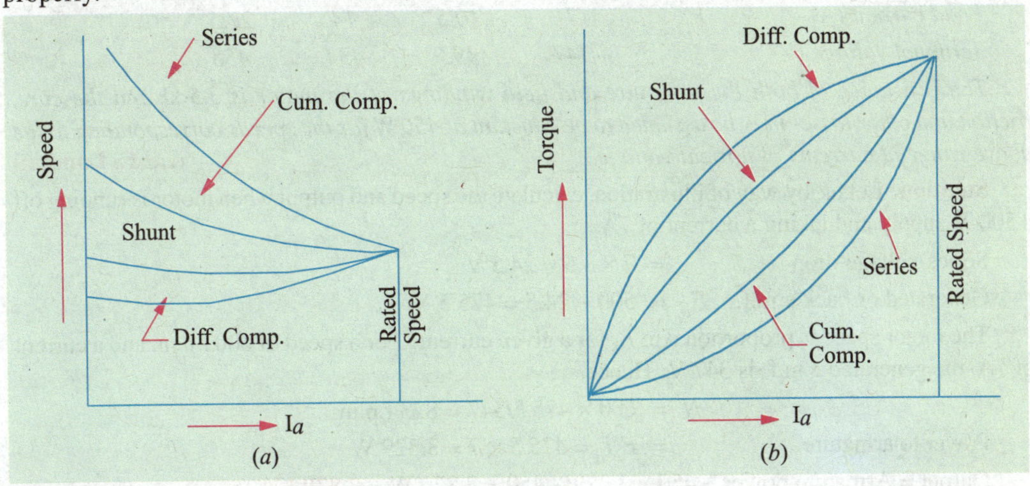

Fig. 29.21

Example 29.32. *The following results were obtained from a static torque test on a series motor :*

Current (A)	:	20	30	40	50
Torque (N - m)	:	128.8	230.5	349.8	46.2

Deduce the speed/torque curve for the machine when supplied at a constant voltage of 460 V. Resistance of armature and field winding is 0.5 Ω. Ignore iron and friction losses.

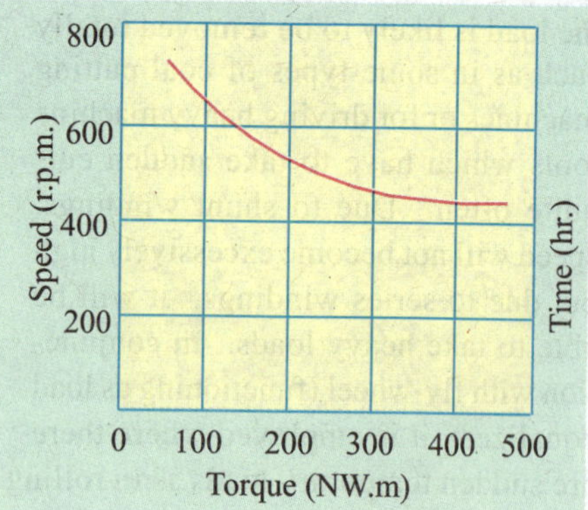

Fig. 29.22

Solution. Taking the case when input current is 20 A, we have

$$\text{Motor input} = 460 \times 20 = 9{,}200 \text{ W}$$

Field and armature Cu loss

$$= 20^2 \times 0.5 = 200 \text{ W}$$

Ignoring iron and friction losses,

$$\text{output} = 9{,}200 - 200 = 9{,}000 \text{ W}$$

Now, $T_{sh} \times 2\pi N$ = Output in watts.

$$\therefore \quad 128.8 \times 2\pi \times N = 9{,}000$$

$$\therefore \quad N = 9{,}000/2\pi \times 128.8$$

$$= 11.12 \text{ r.p.s.} = 667 \text{ r.p.m.}$$

Similar calculations for other values of current are tabulated below :

Current (A)	20	30	40	50
Input (W)	9,200	13,800	18,400	23,000
I^2R loss (W)	200	450	800	1,250
Output (W)	9,200	13,350	17,600	21,850
Speed (r.p.m.)	667	551	480	445
Torque (N-m)	128.8	230.5	349.8	469.2

From these values, the speed/torque curve can be drawn as shown in Fig. 29.22.

Example 29.33. *A fan which requires 8 h.p. (5.968 kW) at 700 r.p.m. is coupled directly to a d.c. series motor. Calculate the input to the motor when the supply voltage is 500 V, assuming that power required for fan varies as the cube of the speed. For the purpose of obtaining the magnetisation characteristics, the motor was running as a self-excited generator at 600 r.p.m. and the relationship between the terminal voltage and the load current was found to be as follows :*

Load current (A)	:	*7*	*10.5*	*14*	*27.5*
Terminal voltage (V)	:	*347*	*393*	*434*	*458*

The resistance of both the armature and field windings of the motor is 3.5 Ω and the core, friction and other losses may be assumed to be constant at 450 W for the speeds corresponding to the above range of currents at normal voltage. **(I.E.E. London)**

Solution. Let us, by way of illustration, calculate the speed and output when motor is running off a 500-V supply and taking a current of 7A.

Series voltage drop $= 7 \times 3.5 = 24.5$ V

Generated or back e.m.f. $E_b = 500 - 24.5 = 475.5$ V

The motor speed is proportional to E_b for a given current. For a speed of 600 r.p.m. and a current of 7A, the generated e.m.f is 347 V. Hence,

$$N = 600 \times 475.5/347 = 823 \text{ r.p.m.}$$

Power to armature $= E_b I_a = 475.5 \times 7 = 3{,}329$ W

Output = Armature power − 450 = 3,329 − 450 = 2.879 W = **2.879 kW**

Power required by the fan at 823 r.p.m. is $= 5.968 \times 823^2/700^2 = 9.498$ kW

These calculations are repeated for the other values of current in the following table.

Input currrent (A)	7	10.5	14	27.5
Series drop (V)	24.5	36.7	49	96.4
Back e.m.f. (V)	475.5	463.3	451	403.6

E.M.F. at 600 r.p.m. (V)	347	393	434	458
Speed *N* (r.p.m.)	823	707	623	528
Armature power (W)	3329	4870	6310	11,100
Motor output (kW)	2.879	4.420	5.860	10.65
Power required by fan (kW)	9.698	6.146	4.222	2.566

In Fig. 29.23 (*i*) the motor output in kW and (*ii*) power required by fan in kW against input currentis plotted. Since motor output equals the input to fan, hence the intersection point of these curves gives the value of motor input current under the given conditions.

Input current corresponding to intersection point = 12 A

∴ Motor input = 500 × 12 = **6,000 W**

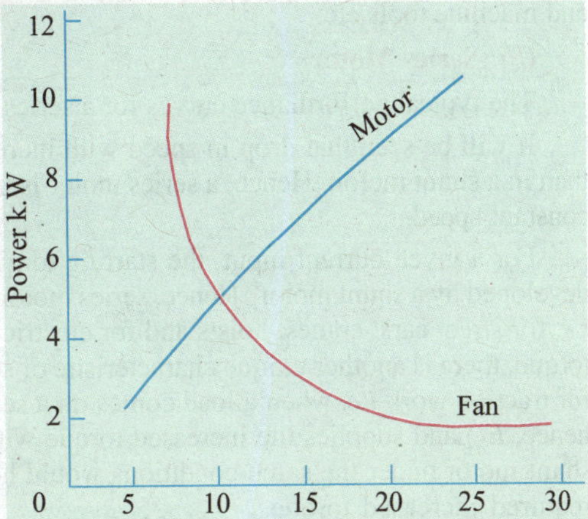

Fig. 29.23

29.16. Performance Curves

(*a*) Shunt Motor

In Fig. 29.24 the four essential characteristics of a shunt motor are shown *i.e.* torque, current speed and efficiency, each plotted as a function of motor output power. These are known as the ***performance curves*** of a motor.

It is seen that shunt motor has a definite no-load speed. Hence, it does not 'run away' when load is suddenly thrown off provided the field circuit remains closed. The drop in speed from no-load to full-load is small, hence this motor is usually referred to as ***constant speed*** motor. The speed for any load within the operating range of the motor can be readily obtained by varying the field current by means of a field rheostat.

The efficiency curve is usually of the same shape for all electric motors and generators. The shape of efficiency curve and the point of maximum efficiency can be varied considerably by the designer, though it is advantageous to have an efficiency curve which is farily flat, so that there is little change in efficiency between load and 25% overload and to have the maximum efficiency as near to the full load as possible.

It will be seen from the curves, that a certain value of current is required even when output is zero. The motor input under no-load conditions goes to meet the various losses occuring within the machine.

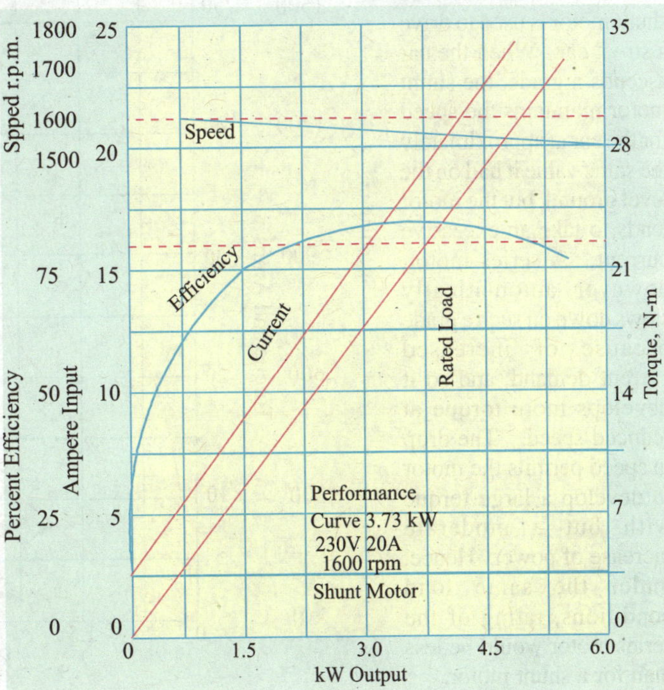

Fig. 29.24

As compared to other motors, a shunt motor is said to have a lower starting torque. But this should not be taken of mean that a shunt motor is incapable of starting a heavy load. Actually, it means that series and compound motors are capable of starting heavy loads with less excess of current inputs over normal values than the shunt motors and that consequently the depreciation on the motor will be relatively less. For example, if twice full load torque is required at start, then shunt motor draws twice the full-load current ($T_a \propto I_a$ or $I_a \propto \sqrt{T_a}$) whereas series motor draws only approximately one and a half times the full load current ($T_a \propto I_a^2$ or $I_a \propto \sqrt{T_a}$).

The shunt motor is widely used with loads that require essentially constant speed but where high starting torques are not needed. Such loads include centrifugal pumps, fans, winding reels conveyors and machine tools etc.

(*b*) Series Motor

The typical performance curves for a series motor are shown in Fig. 29.25.

It will be seen that drop in speed with increased load is much more prominent in series motor than in a shunt motor. Hence, a series motor is not suitable for applications requiring a substantially constant speed.

For a given current input, the starting torque developed by a series motor is greater than that developed by a shunt motor. Hence, series motors are used where huge starting torques are necessary *i.e.* for street cars, cranes, hoists and for electric-railway operation. In addition to the huge starting torque, there is another unique characteristic of series motors which makes them especially desirable for traction work *i.e.* when a load comes on a series motor, it responds by decreasing its speed (and hence, E_b) and supplies the increased torque with a small increase in current. On the other hand a shunt motor under the same conditions would hold its speed nearly constant and would supply the required increased torque with a large increase of input current. Suppose that instead of a series motor, a shunt motor is used to drive a street car. When the car ascends a grade, the shunt motor maintains the speed for the car at approximately the same value it had on the level ground, but the motor tends to take an excessive current. A series motor, however, automatically slows down on such a grade because of increased current demand, and so it develops more torque at reduced speed. The drop in speed permits the motor to develop a large torque with but a moderate increase of power. Hence, under the same load conditions, rating of the series motor would be less than for a shunt motor.

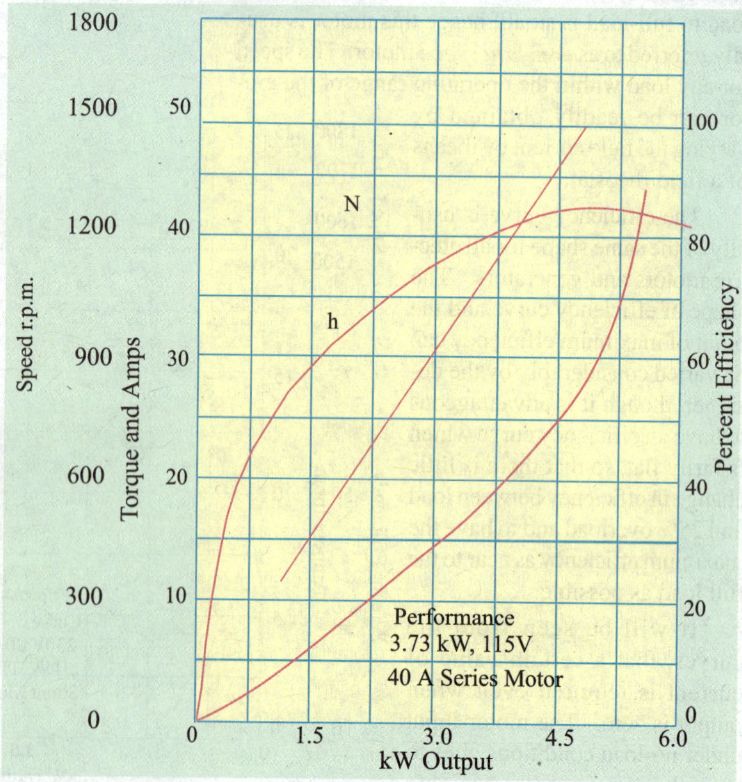

Fig. 29.25

29.17. Comparison of Shunt and Series Motors

Shunt Motors

(a) Shunt Motors

The different characteristics have been discussed in Art. 29.14. It is clear that

(*a*) speed of a shunt motor is sufficiently constant.

(*b*) for the same current input, its starting torque is not a high as that of series motor. Hence, it is used.

(*i*) When the speed has to be maintained approximately constant from N.L. to F.L. *i.e.* for driving a line of shafting etc.

(*ii*) When it is required to drive the load at various speeds, any one speed being kept constant for a relatively long period *i.e.* for individual driving of such machines as lathes. The shunt regulator enables the required speed control to be obtained easily and economically.

Summary of Applications

Type of motor	*Characteristics*	*Applications*
Shunt	Approximately constant speed Adjustable speed Medium starting torque (Up to 1.5 F.L. torque)	For driving constant speed line shafting Lathes Centrifugal pumps Machine tools Blowers and fans Reciprocating pumps
Series	Variable speed Adjustable variying speed High Starting torque	For traction work *i.e.* Electric locomotives Rapid transit systems Trolley, cars etc. Cranes and hoists Conveyors
Comulative Compound	Variable speed Adjustable varying speed High starting torque	For intermittent high torque loads For shears and punches Elevators Conveyors Heavy planers Heavy planers Rolling mills; Ice machines; Printing presses; Air compressors

(b) Series Motors

The operating characteristics have been discussed in Art 29.13. These motors

1. have a relatively huge starting torques.
2. have good accelerating torque.
3. have low speed at high loads and dangerously high speed at low loads.

Hence, such motors are used

1. when a large starting torque is required *i.e.* for driving hoists, cranes, trams etc.

2. when the motor can be directly coupled to a load such as a fan whose torque increases with speed.

3. if constancy of speed is not essential, then, in fact, the decrease of speed with increase of load has the advantage that the power absorbed by the motor does not increase as rapidly as the torque. For instance, when torque is doubled, the power approximately increases by about 50 to 60% only. ($\therefore I_a \propto \sqrt{T_a}$).

4. a series motor should not be used where there is a possibility of the load decreasing to a very small value. Thus, it should not be used for driving centrifugal pumps or for a belt-drive of any kind.

Series Motors

29.18. Losses and Efficiency

The losses taking place in the motor are the same as in generators. These are *(i)* Copper losses *(ii)* Magnetic losses and *(iii)* Mechanical losses.

The condition for maximum *power* developed by the motor is

$$I_a R_a = V/2 = E_b.$$

The condition for maximum ***efficiency*** is that armature Cu losses are equal to constant losses. (Art. 26.39).

29.19. Power Stages

The various stages of energy transformation in a motor and also the various losses occurring in it are shown in the flow diagram of Fig. 29.26.

Overall or commercial efficiency $\eta_c = \dfrac{C}{A}$, Electrical efficiency $\eta_e = \dfrac{B}{A}$, Mechanical efficiency $\eta_m = \dfrac{C}{B}$.

The efficiency curve for a motor is similar in shape to that for a generator (Art. 24.35).

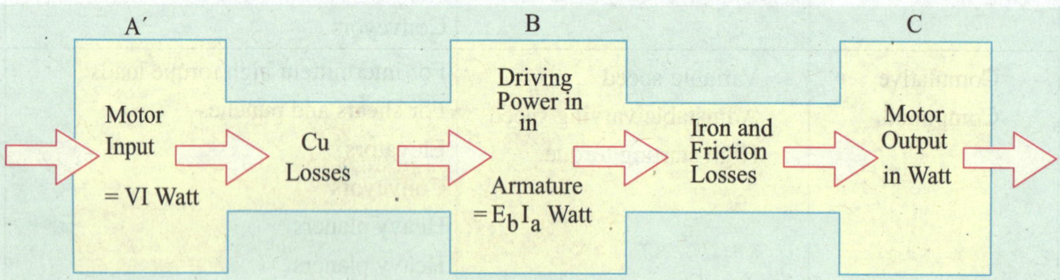

Fig. 29.26

It is seen that $A - B$ = copper losses and $B - C$ = iron and friction losses.

Example 29.34. *One of the two similar 500-V shunt machines A and B running light takes 3 A. When A is mechanically coupled to B, the input to A is 3.5 A with B unexcited and 4.5 A when B is separately-excited to generate 500 V. Calculate the friction and windage loss and core loss of each machine.* **(Electric Machinery-I, Madras Univ. 1985)**

Solution. When running light, machine input is used to meet the following losses *(i)* armature Cu loss *(ii)* shunt Cu loss *(iii)* iron loss and *(iv)* mechanical losses *i.e.* friction and windage losses. Obviously, these no-load losses for each machine equal 500 × 3 = 1500 W.

(a) With B unexcited

In this case, only mechanical losses take place in *B*, there being neither Cu loss nor iron-loss because *B* is unexcited. Since machine *A* draws 0.5 A more current.

Friction and windage loss of $B = 500 \times 0.5 =$ **250 W**

(b) With B excited

In this case, both iron losses as well as mechanical losses take place in machine *B*. Now, machine *A* draws, $4.5 - 3 = 1.5$ A more current.

Iron and mechanical losses of $B = 1.5 \times 500 = 750$ W

Iron losses of $B = 750 - 250 =$ **500 W**

Example 29.35. *A 220 V shunt motor has an armature resistance of 0.2 ohm and field resistance of 110 ohm. The motor draws 5 A at 1500 r.p.m. at no load. Calculate the speed and shaft torque if the motor draws 52 A at rated voltage.* **(Elect. Machines Nagpur Univ. 1993)**

Solution.

$$I_{sh} = 220/110 = 2\text{ A};\ I_{a1} = 5 - 2 = 3\text{ A};\ I_{a2} = 52 - 2 = 50\text{ A}$$

$$E_{b1} = 220 - 3 \times 0.2 = 219.4\text{ V};\ E_{b2} = 220 - 50 \times 0.2 = 210\text{ V}$$

$$\frac{N_2}{1500} = \frac{210}{219.4};\ N_2 = 1436\text{ r.p.m.} \quad (\because \Phi_1 = \Phi_2)$$

For finding the shaft torque, we will find the motor output when it draws a current of 52 A. First we will use the no-load data for finding the constant losses of the motor.

No load motor input $= 220 \times 5 = 1100$ W; Arm. Cu loss $= 3^2 \times 0.2 = 2$ W

$\therefore$ Constant or standing losses of the motor $= 1100 - 2 = 1098$

When loaded, arm. Cu loss $= 50^2 \times 0.2 = 500$ W

Hence, total motor losses $= 1098 + 500 = 1598$ W

Motor input on load $= 220 \times 52 = 11{,}440$ W; output $= 11{,}440 - 1598 = 9842$ W

$\therefore$ $T_{sh} = 9.55 \times \text{output}/N = 9.55 \times 9842/1436 =$ **65.5 N-m**

Example 29.36. *250 V shunt motor on no load runs at 1000 r.p.m. and takes 5 amperes. Armature and shunt field resistances are 0.2 and 250 ohms respectively. Calculate the speed when loaded taking a current of 50 A. The armature reaction weakens the field by 3%.*

(Elect. Engg.-I Nagpur Univ. 1993)

Solution.

$$I_{sh} = 250/250 = 1\text{ A};\ I_{a1} = 5 - 1 = 4\text{ A};\ I_{a2} = 50 - 1 = 49\text{ A}$$

$$E_{b1} = 250 - 4 \times 0.2 = 249.2\text{ V};\ E_{b2} = 250 - 49 \times 0.2 = 240.2\text{ V}$$

$$\frac{N_2}{1000} = \frac{240.2}{249.2} \times \frac{\Phi_1}{0.97\,\Phi_1};\ N_2 = 944\text{ r.p.m.}$$

Example 29.37. *A 500 V d.c. shunt motor takes a current of 5 A on no-load. The resistances of the armature and field circuit are 0.22 ohm and 250 ohm respectively. Find* **(a)** *the efficiency when loaded and taking a current of 100 A* **(b)** *the percentage change of speed. State precisely the assumptions made.* **(Elect. Engg-I, M.S. Univ. Baroda 1987)**

Solution. No-Load condition

$$I_{sh} = 500/250 = 2\text{ A};\ I_{a0} = 5 - 2 = 3\text{ A};\ E_{b0} = 500 - (3 \times 0.22) = 499.34\text{ V}$$

Arm. Cu loss $= 3^2 \times 0.22 = 2$ W; Motor input $= 500 \times 5 = 2500$ W

Constant losses $= 2500 - 2 = 2498$ W

It is assumed that these losses remain constant under all load conditions.

Load condition

(a) Motor current $= 100$ A; $I_a = 100 - 2 = 98$ A; $E_b = 500 - (98 \times 0.22) = 478.44$ V

$$\text{Arm. Cu loss} = 98^2 \times 0.22 = 2110 \text{ W, Total losses} = 2110 + 2498 = 4608 \text{ W}$$

$$\text{Motor input} = 500 \times 100 = 50{,}000 \text{ W, Motor output} = 50{,}000 - 4{,}608 = 45{,}392 \text{ W}$$

$$\text{Motor } \eta = 45{,}392/50{,}000 = 0.908 \text{ or } \mathbf{90.8\%}$$

$$\frac{N}{N_0} = \frac{E_b}{E_{b0}} = \frac{478.44}{499.34} \text{ or } \frac{N - N_0}{N_0} = \frac{-20.9}{499.34} = -0.0418 \text{ or } \mathbf{-4.18\%}$$

Example 29.38. *A 250 V d.c. shunt motor runs at 1000 r.p.m. while taking a current of 25 A. Calculate the speed when the load current is 50 A if armature reaction weakens the field by 3%. Determine torques in both cases.*

$$R_a = 0.2 \text{ ohm} ; R_f = 250 \text{ ohms}$$

Voltage drop per brush is 1 V. **(Elect. Machines Nagpur Univ. 1993)**

Solution.

$$I_{sh} = 250/250 = 1 \text{ A}; I_{a1} = 25 - 1 = 24 \text{ A}$$

$$E_{bh} = 250 - \text{arm. drop} - \text{brush drop}$$

$$= 250 - 24 \times 0.2 - 2 = 243.2 \text{ V}$$

$$I_{a2} = 50 - 1 = 49 \text{ A}; E_{b2} = 250 - 49 \times 0.2 - 2 = 238.2 \text{ V}$$

$$\frac{N_2}{1000} = \frac{238.2}{243.2} \times \frac{\Phi_1}{0.97\,\Phi_1}; N_2 = 1010 \text{ r.p.m.}$$

$$T_{a1} = 9.55\, E_{b1}\, I_{a1}/N_1 = 9.55 \times 243.2 \times 24/1000 = 55.7 \text{ N-m}$$

$$T_{a2} = 9.55 \times 238.2 \times 49/1010 = 110.4 \text{ r.p.m.}$$

Example 29.39. *A d.c. shunt machine while running as generator develops a voltage of 250 V at 1000 r.p.m. on no-load. It has armature resistance of 0.5 Ω and field resistance of 250 Ω. When the machine runs as motor, input to it at no-load is 4 A at 250 V. Calculate the speed and efficiency of the machine when it runs as a motor taking 40 A at 250 V. Armature reaction weakens the field by 4 %.* **(Electrical Technology, Aligarh Muslim Univ. 1989)**

Solution.

$$\frac{N_2}{N_1} = \frac{E_{b2}}{E_{b1}} \times \frac{\Phi_1}{\Phi_2}$$

Now, when running as a generator, the machine gives 250 V at 1000 r.p.m. If this machine was running as motor at 1000 r.p.m., it will, obviously, have a back e.m.f. of 250 V produced in its armature. Hence $N_1 = 1000$ r.p.m. and $E_{b1} = 250$ V.

When it runs as a motor, drawing 40 A, the back e.m.f. induced in its armature is

$$E_{b2} = 250 - (40 - 1) \times 0.5 = 230.5 \text{ V; Also } \Phi_2 = 0.96\,\Phi_1, N_2 = ?$$

Using the above equation we have

$$\frac{N_2}{1000} = \frac{230.5}{250} \times \frac{\Phi_1}{0.96\,\Phi_1}; N_2 = \mathbf{960 \text{ r.p.m.}}$$

Efficiency

No-load input represents motor losses which consists of

(*a*) armature Cu loss = $I_a^2 R_a$ which is variable.

(*b*) constant losses W_c which consists of (*i*) shunt Cu loss (*ii*) magnetic losses and (*iii*) mechanical losses.

No-load input or total losses = 250 × 4 = 1000 W

Arm. Cu loss = $I_a^2 R_a = 3^2 \times 0.5 = 4.5$ W, ∴ $W_c = 1000 - 4.5 = 995.5$ W

When motor draws a line current of 40 A, its armature current is (40 – 1) = 39 A

$$\text{Arm. Cu loss} = 39^2 \times 0.5 = 760.5 \text{ W; Total losses} = 760.5 + 955.5 = 1756 \text{ W}$$

$$\text{Input} = 250 \times 40 = 10{,}000 \text{ W; output} = 10{,}000 - 1756 = 8{,}244 \text{ W}$$

$$\therefore \quad \eta = 8{,}244 \times 100/10{,}000 = \mathbf{82.44\%}$$

Example 29.40. *The armature winding of a 4-pole, 250 V d.c. shunt motor is lap connected. There are 120 slots, each slot containing 8 conductors. The flux per pole is 20 mWb and current taken by the motor is 25 A. The resistance of armature and field circuit are 0.1 and 125 Ω respectively. If the rotational losses amount to be 810 W find,*

(*i*) *gross torque* (*ii*) *useful torque and* (*iii*) *efficiency.* **(Elect. Machines Nagpur Univ. 1993)**

Solution. $I_{sh} = 250/125 = 2$ A; $I_a = 25 - 2 = 23$ A; $E_b = 250 - (23 \times 0.1) = 247.7$ V

Now, $E_b = \dfrac{\Phi ZN}{60}\left(\dfrac{P}{A}\right)$ $\quad\therefore 247.7 = \dfrac{20 \times 10^{-3} \times 960 \times N}{60}\left(\dfrac{4}{4}\right)$; $N = 773$ r.p.m.

(*i*) Gross torque or armature torque $T_a = 9.55\,\dfrac{E_b I_a}{N} = 9.55 \times \dfrac{247.7 \times 23}{773} =$ **70.4 N - m**

(*ii*) Arm Cu loss $= 23^2 \times 0.1 = 53$ W; Shunt Cu loss $= 250 \times 2 = 500$ W

Rotational losses = 810 W; Total motor losses = 810 + 500 + 53 = 1363 W

Motor input = 250 × 25 = 6250 W; Motor output = 6250 − 1363 = 4887 W

$T_{sh} = 9.55 \times \text{output}/N = 9.55 \times 4887/773 = 60.4$ N-m

(*iii*) Efficiency = 4887/6250 = 0.782 = 78.2%

Example 29.41. *A 20-hp (14.92 kW); 230-V, 1150-r.p.m. 4-pole, d.c. shunt motor has a total of 620 conductors arranged in two parallel paths and yielding an armature circuit resistance of 0.2 Ω. When it delivers rated power at rated speed, it draws a line current of 74.8 A and a field current of 3 A. Calculate* (*i*) *the flux per pole* (*ii*) *the torque developed* (*iii*) *the rotational losses* (*iv*) *total losses expressed as a percentage of power.* **(Electrical Machinery-I, Banglore Univ. 1987)**

Solution. $I_a = 74.8 - 3 = 71.8$ A; $E_b = 230 - 71.8 \times 0.2 = 215.64$ V

(*i*) Now, $E_b = \dfrac{\Phi ZN}{60}\left(\dfrac{P}{A}\right)$; $215.64 = \dfrac{\Phi \times 620 \times 1150}{60}\left(\dfrac{4}{2}\right)$; $\Phi =$ **9 mWb**

(*ii*) Armature Torque, $T_a = 9.55 \times 215.64 \times 71.8/1150 =$ **128.8 N-m**

(*iii*) Driving power in armature $= E_b I_a = 215.64 \times 71.8 = 15{,}483$ W

Output = 14,920 W; Rotational losses = 15,483 − 14,920 = **563 W**

(*iv*) Motor input = $VI = 230 \times 74.8 = 17{,}204$ W; Total loss = 17,204 − 14,920 = 2,284 W

Losses expressed as percentage of power input = 2284/17,204 = 0.133 or **13.3%**

Example 29.42. *A 7.46 kW, 250-V shunt motor takes a line current of 5 A when running light. Calculate the efficiency as a motor when delivering full load output, if the armature and field resistance are 0.5 Ω and 250 Ω respectively. At what output power will the efficiency be maximum ? Is it possible to obtain this output from the machine ?* **(Electrotechnics-II, M.S. Univ. Baroda 1985)**

Solution. When loaded lightly

Total motor input (or total no-load losses) = 250 × 5 = 1,250 W

$I_{sh} = 250/250 = IA \quad \therefore I_a = 5 - 1 = 4$ A

Field Cu loss = 250 × 1 = 250 W; Armature Cu loss $= 4^2 \times 0.5 = 8$ W

∴ Iron losses and friction losses = 1250 − 250 − 8 = 992 W

These losses would be assumed constant.

Let I_a be the full-load armature current, then armature input is $= (250 \times I_a)$ W

F.L. output = 7.46 × 1000 = 7,460 W

The losses in the armature are :

(*i*) Iron and friction losses = 992 W

(*ii*) Armature Cu loss $= I_a^2 \times 0.05$ W $\qquad \therefore \quad 250\,I_a = 7{,}460 + 992 + I_a^2 \times 0.5$

or $\quad 0.5\,I_a^2 - 250\,I_a + 8{,}452 = 0 \qquad \therefore \quad I_a = 36.5$ A

$\therefore$ F.L. input current $= 36.5 + 1 = 37.5$ A ; Motor input $= 250 \times 37.5$ W

F.L. output $= 7{,}460$ W

$\therefore$ F.L. efficiency $= 7460 \times 100/250 \times 37.5 = 79.6\%$

Now, efficiency is maximum when armature Cu loss equals constant loss.

i.e., $\quad I_a^2 R_d = I_a^2 \times 0.5 = (1{,}250 - 8) = 1{,}242$ W or $I_a = 49.84$ A

$\therefore$ Armature input $= 250 \times 49.84 = 12{,}460$ W

Armature Cu loss $= 49.84^2 \times 0.5 = 1242$ W; Iron and friction losses $= 992$ W

$\therefore$ Armature output $= 12{,}460 - (1{,}242 + 992) = 10{,}226$ W

$\therefore$ Output power $= 10{,}226$ W $=$ **10.226 kW**

As the input current for maximum efficiency is beyond the full-load motor current, it is never realised in practice.

Example 29.43. *A d.c. series motor drives a load, the torque of which varies as the square of the speed. Assuming the magnetic circuit to be remain unsaturated and the motor resistance to be negligible, estimate the percentage reduction in the motor terminal voltage which will reduce the motor speed to half the value it has on full voltage. What is then the percentage fall in the motor current and efficiency ? Stray losses of the motor may be ignored.*

(Electrical Engineering-III, Pune Univ. 1987)

Solution. $T_a \propto \Phi\, I_a \propto I_a^2$. Also, $T_a \propto N^2$. Hence $N^2 \propto I_a^2$ or $N \propto I_a$

$\therefore \quad N_1 \propto I_{a1}$ and $N_2 \propto I_{a2}$ or $N_2/N_1 = I_{a2}/I_{a1}$

Since, $\quad N_2/N_1 = 1/2 \quad \therefore \quad I_{a2}/I_{a1} = 1/2$ or $I_{a2} = I_{a1}/2$

Let V_1 and V_2 be the voltages across the motor in the two cases. Since motor resistance is negligible, $E_{b1} = V_1$ and $E_{b2} = V_2$. Also $\Phi_1 \propto I_{a1}$ and $\Phi_2 \propto I_{a2}$ or $\Phi_1/\Phi_2 = I_{a1}/I_{a2} = I_{a1} \times 2/I_{a1} = 2$

Now, $$\frac{N_2}{N_1} = \frac{E_{b2}}{E_{b1}} \times \frac{\Phi_1}{\Phi_2} \text{ or } \frac{1}{2} = \frac{V_2}{V_1} \times 2 \text{ or } \frac{V_2}{V_1} = \frac{1}{4}$$

$$\therefore \quad \frac{V_1 - V_2}{V_1} = \frac{4-1}{4} = 0.75$$

$\therefore$ Percentage reduction in voltage $= \dfrac{V_1 - V_2}{V_1} \times 100 = 0.75 \times 100 =$ **75%**

Percentage change in motor current $= \dfrac{I_{a1} - I_{a2}}{I_{a1}} \times 100 = \dfrac{I_{a1} - I_{a1}/2}{I_{a1}} \times 100 =$ **50%**

Example 29.44. *A 6-pole, 500-V wave-connected shunt motor has 1200 armature conductors and useful flux/pole of 20 mWb. The armature and field resistance are 0.5 Ω and 250 Ω respectively. What will be the speed and torque developed by the motor when it draws 20 A from the supply mains ? Neglect armature reaction. If magnetic and mechanical losses amount to 900 W, find (i) useful torque (ii) output in kW and (iii) efficiency at this load.*

Solution. (*i*) $\quad I_{sh} = 500/250 = 2$ A $\quad \therefore \quad I_a = 20 - 2 = 18$ A

$\therefore \quad E_b = 500 - (18 \times 0.5) = 491$ V; Now, $E_b = \dfrac{\Phi\, ZN}{60} \times \left(\dfrac{P}{A}\right)$ volt

$\therefore \quad 491 = \dfrac{20 \times 10^{-3} \times 1200 \times N}{60} \times \left(\dfrac{6}{2}\right)$; $N =$ **410 r.p.m. (approx.)**

Now $\quad T_a = 9.55\,\dfrac{E_b I_a}{N} = 9.55\,\dfrac{491 \times 18}{410} =$ **206 N - m**

$$\text{Armature Cu loss} = 18^2 \times 0.5 = 162 \text{ W; Field Cu loss} = 500 \times 2 = 1000 \text{ W}$$

$$\text{Iron and friction loss} = 900 \text{ W; Total loss} = 162 + 1000 + 900 = 2{,}062 \text{ W}$$

$$\text{Motor input} = 500 \times 20 = 10{,}000 \text{ W}$$

(*i*) $T_{sh} = 9.55 \times \dfrac{7938}{410}$ = **184.8 N - m**

(*ii*) Output = 10,000 – 2062 = **7,938 kW**

(*iii*) $\% \eta = \dfrac{\text{Output}}{\text{Input}} \times 100 = \dfrac{7{,}938 \times 100}{10{,}000} = 0.794 =$ **79.4%**

Example 29.45. *A 50-h.p. (37.3 kW), 460-V d.c. shunt motor running light takes a current of 4 A and runs at a speed of 660 r.p.m. The resistance of the armature circuit (including brushes) is 0.3 Ω and that of the shunt field circuit 270 Ω.*

Determine when the motor is running at full load

(i) the current input (ii) the speed. Determine the armature current at which efficiency is maximum. Ignore the effect of armature reaction. **(Elect. Technology Punjab, Univ. 1991)**

Solution. I_{sh} = 460/270 = 1.7 A; Field Cu loss = 460 × 1.7 = 783 W

When running light

$I_a = 4 - 1.7 = 2.3$ A; Armature Cu loss = $2.3^2 \times 0.3 = 1.5$ W (negligible)

No-load armature input = 460 × 2.3 = 1,058 W

As armature Cu loss is negligible, hence 1,058 W represents iron, friction and windage losses which will be assumed to be constant.

Let full-load armature input current be I_a. Then

Armature input = 460 I_a W; Armature Cu loss = $I_a^2 \times 0.3$ W

Output = 37.3 kW = 37,300 W

$\therefore$ $460\, I_a = 37{,}300 + 1{,}058 + 0.3\, I_a^2$ or $0.3\, I_a^2 - 460\, I_a + 38{,}358 = 0$

$\therefore$ $I_a = 88.5$ A

(*i*) Current input = 88.5 + 1.7 = **90.2 A**

(*ii*) $E_{b1} = 460 - (2.3 \times 0.3) = 459.3\text{V}$; $E_{b2} = 460 - (88.5 \times 0.3) = 433.5$ V

$\therefore$ $N_2 = 660 \times 433.5/459.3 =$ **624 r.p.m.**

For maximum efficiency, $I_a^2 R_a$ = constant losses (Art. 24.37)

$\therefore$ $I_a^2 \times 0.3 = 1058 + 783 = 1{,}841$ $\therefore$ $I_a = (1841/0.3)^{1/2} =$ **78.33 A**

Tutorial Problems 29.3

1. A 4-pole 250-V, d.c. series motor has a wave-wound armature with 496 conductors. Calculate
(*a*) the gross torque (*b*) the speed
(*b*) the output torque and (*d*) the efficiency, if the motor current is 50 A
The value of flux per pole under these conditions is 22 mWb and the corresponding iron, friction and windage losses total 810 W. Armature resistance = 0.19 Ω, field resistance = 0.14 Ω.
[(*a*) **173.5 N-m** (*b*) **642 r.p.m.** (*c*) **161.4 N-m** (*d*) **86.9%**]

2. On no-load, a shunt motor takes 5 A at 250 V, the resistances of the field and armature circuits are 250 Ω and 0.1 Ω respectively. Calculate the output power and efficiency of the motor when the total supply current is 81 A at the same supply voltage. State any assumptions made.
[18.5 kW; 91%. It is assumed that windage, friction and eddy current losses are independent of the current and speed]

3. A 230 V series motor is taking 50 A. Resistance of armature and series field windings is 0.2 Ω and 0.1 Ω respectively. Calculate :
(*a*) brush voltage (*b*) back e.m.f.
(*c*) power wasted in armature (*d*) mechanical power developed
[(*a*) **215 V** (*b*) **205 V** (*c*) **500 W** (*d*) **13.74 h.p.**] **(10.25 kW)**

4. Calculate the shaft power of a series motor having the following data; overall efficiency 83.5%, speed 550 r.p.m. when taking 65 A; motor resistance 0.2 Ω, flux per pole 25 mWb, armature winding lap with 1200 conductor.
(15.66 kW)

5. A shunt motor running on no-load takes 5 A at 200 V. The resistance of the field circuit is 150 Ω and of the armature 0.1 Ω. Determine the output and efficiency of motor when the input current is 120 A at 200 V. State any conditions assumed. **(89.8%)**

6. A d.c. shunt motor with interpoles has the following particulars :
Output power ; 8,952 kW, 440-V, armature resistance 1.1 Ω, brush contact drop 2 V, interpole winding resistance 0.4 Ω shunt resistance 650 Ω, resistance in the shunt regulator 50 Ω. Iron and friction losses on full-load 450 W. Calculate the efficiency when taking the full rated current of 24 A. **(85%)**

7. A d.c. series motor on full-load takes 50 A from 230 V d.c. mains. The total resistance of the motor is 0.22 Ω. If the iron and friction losses together amount to 5% of the input, calculate the power delivered by the motor shaft. Total voltage drop due to the brush contact is 2 A. **(10.275 kW)**

8. A 2-pole d.c shunt motor operating from a 200 V supply takes a full-load current of 35 A, the no-load current being 2 A. The field resistance is 500 Ω and the armature has a resistance of 0.6 Ω. Calculate the efficiency of the motor on full-load. Take the brush drop as being equal to 1.5 V per brush arm. Neglect temperature rise.
[Rajiv Gandhi Tech. Univ. Bhopal,2000] **(82.63%)**

OBJECTIVE TESTS – 29

1. In a d.c. motor, undirectional torque is produced with the help of
(*a*) brushes (*b*) commutator
(*c*) end-plates (*d*) both (*a*) and (*b*)

2. The counter e.m.f. of a d.c. motor
(*a*) often exceeds the supply voltage
(*b*) aids the applied voltage
(*c*) helps in energy conversion
(*d*) regulates its armature voltage

3. The normal value of the armature resistance of a d.c. motor is
(*a*) 0.005 (*b*) 0.5
(*c*) 10 (*d*) 100
(Grad. I.E.T.E. June 1987)

4. The E_b/V ratio of a d.c. motor is an indication of its
(*a*) efficiency (*b*) speed regulation
(*c*) starting torque (*d*) Running Torque
(Grad. I.E.T.E. June 1987)

5. The mechanical power developed by the armature of a d.c. motor is equal to
(*a*) armature current multiplied by back e.m.f.
(*b*) power input minus losses
(*c*) power output multiplied by efficiency
(*d*) power output plus iron losses

6. The induced e.m.f. in the armature conductors of a d.c. motor is
(*a*) sinusoidal (*b*) trapezoidal
(*c*) rectangular (*d*) alternating

7. A d.c. motor can be looked upon as d.c. generator with the power flow
(*a*) reduced (*b*) reversed
(*c*) increased (*d*) modified

8. In a d.c. motor, the mechanical output power actually comes from
(*a*) field system
(*b*) air-gap flux
(*c*) back e.m.f.
(*d*) electrical input power

9. The maximum torque of d.c. motors is limited by
(*a*) commutation (*b*) heating

(*c*) speed (*d*) armature current

10. Which of the following quantity maintains the same direction whether a d.c. machine runs as a generator or as a motor ?

(*a*) induced e.m.f. (*b*) armature current
(*c*) field current (*d*) supply current

11. Under constant load conditions, the speed of a d.c. motor is affected by

(*a*) field flux (*b*) armature current
(*c*) back e.m.f. (*d*) both (*b*) and (*c*)

12. It is possible to increase the field flux and, at the same time, increase the speed of a d.c. motor provided its .... is held constant.

(*a*) applied voltage
(*b*) torque
(*c*) Armature circuit resistance
(*d*) armature current

13. The current drawn by a 120 - V d.c. motor of armature resistance 0.5 Ω and back e.m.f. 110 V is .... ampere.

(*a*) 20 (*b*) 240
(*c*) 220 (*d*) 5

14. The shaft torque of a d.c. motor is less than its armature torque because of .... losses.

(*a*) copper (*b*) mechanical
(*c*) iron (*d*) rotational

15. A d.c. motor develops a torque of 200 N-m at 25 rps. At 20 rps it will develop a torque of .... N-m.

(*a*) 200 (*b*) 160
(*c*) 250 (*d*) 128

16. Neglecting saturation, if current taken by a series motor is increased from 10 A to 12 A, the percentage increase in its torque is .... percent

(*a*) 20 (*b*) 44
(*c*) 30.5 (*d*) 16.6

17. If load on a d.c. shunt motor is increased, its speed is decreased due primarily to

(*a*) increase in its flux
(*b*) decrease in back e.m.f.
(*c*) increase in armature current
(*d*) increase in brush drop

18. If the load current and flux of a d.c. motor are held constant and voltage applied across its armature is increased by 10 per cent, its speed will

(*a*) decrease by about 10 per cent
(*b*) remain unchanged
(*c*) increase by about 10 per cent
(*d*) increase by 20 per cent.

19. If the pole flux of a d.c. motor approaches zero, its speed will

(*a*) approach zero
(*b*) approach infinity
(*c*) no change due to corresponding change in back e.m.f.
(*d*) approach a stable value somewhere between zero and infinity.

20. If the field circuit of a loaded shunt motor is suddenly opened

(*a*) it would race to almost infinite speed
(*b*) it would draw abnormally high armature current
(*c*) circuit breaker or fuse will open the circuit before too much damage is done to the motor
(*d*) torque developed by the motor would be reduced to zero.

21. Which of the following d.c. motor would be suitable for drives requiring high starting torque but only fairly constant speed such as crushers ?

(*a*) shunt (*b*) series
(*c*) compound (*d*) permanent magnet

22. A d.c. shunt motor is found suitable to drive fans because they require

(*a*) small torque at start up
(*b*) large torque at high speeds
(*c*) practically constant voltage
(*d*) both (*a*) and (*b*)

23. Which of the following load would be best driven by a d.c. compound motor ?

(*a*) reciprocating pump
(*b*) centrifugal pump
(*c*) electric locomotive
(*d*) fan

24. As the load is increased, the speed of a d.c. shunt motor

(*a*) increases proportionately
(*b*) remains constant
(*c*) increases slightly
(*d*) reduces slightly

25. Between no-load and full-load, ... motor develops the *least* torque

(*a*) series
(*b*) shunt
(*c*) cumulative compound
(*d*) differential compound

26. The T_d/I_a graph of a d.c. series motor is a
(a) parabola from no-load to overload
(b) straight line throughout
(c) parabola throughout
(d) parabola upto full-load and a straight line at overloads.

27. As compared to shunt and compound motors, series motor has the highest torque because of its comparatively .... at the start.
(a) lower armature resistance
(b) stronger series field
(c) fewer series turns
(d) larger armature current

28. Unlike a shunt motor, it is difficult for a series motor to stall under heavy loading because
(a) it develops high overload torque
(b) its flux remains constant
(c) it slows down considerably
(d) its back e.m.f. is reduced to almost zero.

29. When load is removed, ... motor will run at the ***highest*** speed.
(a) shunt
(b) cumulative-compound
(c) differential compound
(d) series

30. A series motor is best suited for driving
(a) lathes
(b) cranes and hoists
(c) shears and punches
(d) machine tools

31. A 220 V shunt motor develops a torque of 54 N-m at armature current of 10 A. The torque produced when the armature current is 20 A, is
(a) 54 N-m (b) 81 N-m
(c) 108 N-m (d) None of the above

(Elect. Machines, A.M.I.E. Sec. B, 1993)

32. The d.c. series motor should never be switched on at no load because
(a) the field current is zero
(b) The machine does not pick up
(c) The speed becomes dangerously high
(d) It will take too long to accelerate.

(Grad. I.E.T.E. June 1988)

33. A shunt d.c. motor works on a.c. mains
(a) unsatisfactorily (b) satisfactorily
(c) not at all (d) none of the above

(Elect. Machines, A.M.I.E. Sec. B, 1993)

34. A 200 V, 10 A motor could be rewound for 100 V, 20 A by using .... as many turns per coil of wire, having .... the cross-sectional area.
(a) twice, half
(b) thrice, one third
(c) half, twice
(d) four times, one-fourth

Answers

1. (d) **2.** (c) **3.** (b) **4.** (a) **5.** (a) **6.** (a) **7.** (b) **8.** (d) **9.** (a) **10.** (a) **11.** (a) **12.** (d) **13.** (a) **14.** (d) **15.** (a) **16.** (b) **17.** (b) **18.** (c) **19.** (b) **20.** (c) **21.** (c) **22.** (d) **23.** (a) **24.** (d) **25.** (a) **26.** (d) **27.** (b) **28.** (a) **29.** (d) **30.** (b) **31.** (c) **32.** (c) **33.** (a) **34.** (c).

C H A P T E R **30**

SPEED CONTROL OF D.C. MOTORS

Learning Objectives

- Factors Controlling Motor Speed
- Speed Control of Shunt Motors
- Speed Control of Series Motors
- Merits and Demerits of Rheostatic Control Method
- Series-Parallel Control
- Electric Braking
- Electric Braking of Shunt Motor
- Electric Braking of Series Motors
- Electronic Speed control Method for D.C. Motors
- Uncontrolled Rectifiers
- Controlled Rectifiers
- Thyristor Choppers
- Thyristor Inverters
- Thyristor Speed Control of Separately-excited D.C. Motor
- Thyristor Speed Control of D.C. Series Motor
- Full-wave Speed Control of a Shunt Motor
- Thyristor Control of a Shunt Motor
- Thyristor Speed Control of a Series D.C. Motor
- Necessity of a Starter
- Shunt Motor Starter
- Three-point Starter
- Four-point Starter
- Starting and Speed Control of Series Motors
- Grading of Starting Resistance
- Shunt Motors
- Series Motor Starters
- Thyristor Controller Starters

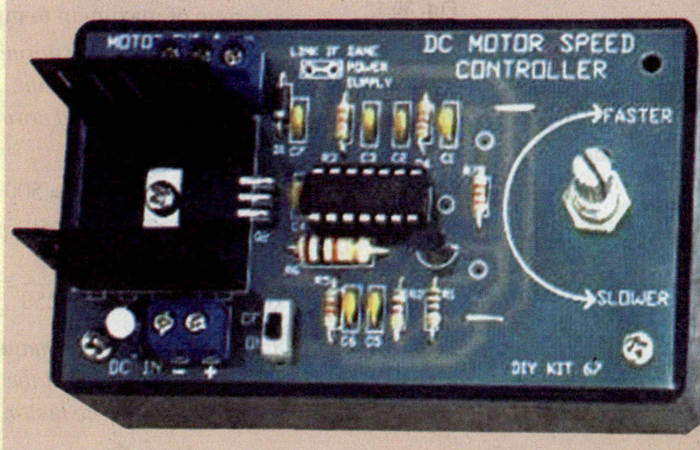

DC motor speed controller control the speed of any common dc motor rated upto 100 V. It operates on 5V to 15 V.

30.1. Factors Controlling Motor Speed

It has been shown earlier that the speed of a motor is given by the relation

$$N = \frac{V - I_a R_a}{Z\Phi} \cdot \left(\frac{A}{P}\right) = K\frac{V - I_a R_a}{\Phi} \text{ r.p.s.}$$

where R_a = armature circuit resistance.

It is obvious that the speed can be controlled by varying *(i)* flux/pole, Φ (Flux Control) *(ii)* resistance R_a of armature circuit (Rheostatic Control) and *(iii)* applied voltage V (Voltage Control). These methods as applied to shunt, compound and series motors will be discussed below.

30.2. Speed Control of Shunt motors

(i) Variation of Flux or Flux Control Method

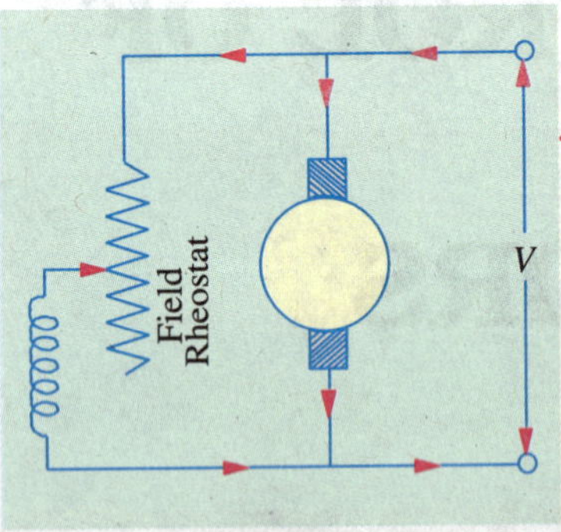

Fig. 30.1

It is seen from above that $N \propto 1/\Phi$. By decreasing the flux, the speed can be increased and ***vice versa***. Hence, the name ***flux*** or ***field control*** method. The flux of a d.c. motor can be changed by changing I_{sh} with help of a shunt field rheostat (Fig. 30.1). Since I_{sh} is relatively small, shunt field rheostat has to carry only a small current, which means I^2R loss is small, so that rheostat is small in size. This method is, therefore, very efficient. In non-interpolar machine, the speed can be increased by this method in the ratio 2 : 1. Any further weakening of flux Φ adversely affects the communication and hence puts a limit to the maximum speed obtainable with the method. In machines fitted with interpoles, a ratio of maximum to minimum speed of 6 : 1 is fairly common.

Example 30.1. *A 500 V shunt motor runs at its normal speed of 250 r.p.m. when the armature current is 200 A. The resistance of armature is 0.12 ohm. Calculate the speed when a resistance is inserted in the field reducing the shunt field to 80% of normal value and the armature current is 100 ampere.* **(Elect. Engg. A.M.A.E. S.I. June 1992)**

Solution. $E_{b1} = 500 - 200 \times 0.12 = 476$ V; $E_{b2} = 500 - 100 \times 0.12 = 488$ V

$$\Phi_2 = 0.8\,\Phi_1 \,;\, N_1 = 250 \text{ rpm} \,;\, N_2 = ?$$

Now,
$$\frac{N_2}{N_1} = \frac{E_{b2}}{E_{b1}} \times \frac{\Phi_1}{\Phi_2} \text{ or } \frac{N_2}{250} = \frac{488}{476} \times \frac{\Phi_1}{0.8\Phi_1},\; N_2 = \textbf{320 r.p.m.}$$

Example 30.2. *A 250 volt d.c. shunt motor has armature resistance of 0.25 ohm, on load it takes an armature current of 50 A and runs at 750 r.p.m. If the flux of motor is reduced by 10% without changing the load torque, find the new speed of the motor.* **(Elect. Eng-II, Pune Univ. 1987)**

Solution.
$$\frac{N_2}{N_1} = \frac{E_{b2}}{E_{b1}} \times \frac{\Phi_1}{\Phi_2}$$

Now, $T_a \propto \Phi I_a$. Hence $T_{a1} \propto \Phi_1 I_{a1}$ and $T_{a2} \propto \Phi_2 I_{a2}$.

Since $T_{a1} = T_{a2} \quad \therefore \quad \Phi_1 I_{a1} = \Phi_2 I_{a2}$

Now, $\Phi_2 = 0.9\,\Phi_1 \quad \therefore \quad 50\,\Phi_1 = 0.9\,\Phi,\; I_{a2} = 55.6$ A

$\therefore \quad E_{b1} = 250 - (50 \times 0.25) = 237.5$ V ; $E_{b2} = 250 - (55.6 \times 0.25) = 231.1$ V

$$\therefore \quad \frac{N_2}{750} = \frac{231.1}{237.5} \times \frac{\Phi_1}{0.9\Phi_1} \,;\, N_2 = \textbf{811 r.p.m.}$$

Example 30.3. *Describe briefly the method of speed control available for dc motors.*

A 230 V d.c. shunt motor runs at 800 r.p.m. and takes armature current of 50 A. Find resistance to be added to the field circuit to increase speed to 1000 r.p.m. at an armature current of 80 A. Assume flux proportional to field current. Armature resistance = 0.15 Ω and field winding resistance = 250 Ω. **(Elect. Technology, Hyderabad Univ. 1991)**

Solution. $\frac{N_2}{N_1} = \frac{E_{b2}}{E_{b1}} \times \frac{\Phi_1}{\Phi_2} = \frac{E_{b2}}{E_{b1}} \times \frac{I_{sh1}}{I_{sh2}}$ since flux ∝ field current

$E_{b1} = 230 - (50 \times 0.15) = 222.5 \text{ V} ; E_{b2} = 230 - (80 \times 0.15) = 218\text{V}$

Let R_t = total shunt resistance = (250 + R) where R is the additional resistance

$I_{sh1} = 230/250 = 0.92 \text{ A}, I_{sh2} = 230/R_t ; N_1 = 800 \text{ r.p.m.} ; N = 1000 \text{ r.p.m.}$

$\therefore \quad \frac{1000}{800} = \frac{218}{222.5} \times \frac{0.92}{230/R_t} ; R_t = 319\ \Omega \quad \therefore \quad R = 319 - 250 = \mathbf{69\ \Omega},$

$I_{sh2} = \frac{230}{319} = 0.721$

Ratio of torque in two cases $= \frac{T_2}{T_1} = \frac{I_{sh2}\, I_{a2}}{I_{sh1}\, I_{a1}} = \frac{0.721 \times 80}{0.92 \times 50} = \mathbf{1.254}$

Example 30.4. *A 250 V, d.c. shunt motor has shunt field resistance of 250 Ω and an armature resistance of 0.25 Ω. For a given load torque and no additional resistance included in the shunt field circuit, the motor runs at 1500 r.p.m. drawing an armature current of 20 A. If a resistance of 250 Ω is inserted in series with the field, the load torque remaining the same, find out the new speed and armature current. Assume the magnetisation curve to be linear.*

(Electrical Engineering-I, Bombay Univ. 1987)

Solution. In this case, the motor speed is changed by changing the flux.

Now, $\frac{N_2}{N_1} = \frac{E_{b2}}{E_{b1}} \times \frac{\Phi_1}{\Phi_2}$

Since it is given that magnetisation curve is linear, it means that flux is directly proportional to shunt current. Hence $\frac{N_2}{N_1} = \frac{E_{b2}}{E_{b1}} \times \frac{I_{sh1}}{I_{sh2}}$ where $E_{b2} = V - I_{a2} R_a$ and $E_{b1} = V - I_{a1} R_a$.

Since load torque remains the same $\therefore \quad T_a \propto \Phi_1 I_{a1} \propto \Phi_2 I_{a2}$ or $\Phi_1 I_{a1} = \Phi_2 Ia_2$

$\therefore \quad I_{a2} = I_{a1} \times \frac{\Phi_1}{\Phi_2} = I_{a1} \times \frac{I_{sh1}}{I_{sh2}}$

Now, $I_{sh1} = 250/250 = 1 \text{ A}; \ I_{sh2} = 250/(250 + 250) = 1/2 \text{ A}$

$\therefore \quad I_{a2} = 20 \times \frac{1}{1/2} = \mathbf{40\ A} \quad \therefore \quad E_{b2} = 250 - (40 \times 0.25) = 240 \text{ V}$ and

$E_{b1} = 250 - (20 \times 0.25) = 245 \text{ V} \quad \therefore \quad \frac{N_2}{1500} = \frac{240}{245} \times \frac{1}{1/2}$

$\therefore \quad N_2 = \mathbf{2,930\ r.p.m.}$

Example 30.5. *A 250 V, d.c. shunt motor has an armature resistance of 0.5 Ω and a field resistance of 250 Ω. When driving a load of constant torque at 600 r.p.m., the armature current is 20 A. If it is desired to raise the speed from 600 to 800 r.p.m., what resistance should be inserted in the shunt field circuit ? Assume that the magnetic circuit is unsaturated.*

(Elect. Engg. AMIETE, June 1992)

Solution. $\frac{N_2}{N_1} = \frac{E_{b2}}{E_{b1}} \times \frac{\Phi_1}{\Phi_2}$

Since the magnetic circuit is unsaturated, it means that flux is directly proportional to the shunt current.

$$\therefore \quad \frac{N_2}{N_1} = \frac{E_{b2}}{E_{b1}} \times \frac{I_{sh1}}{I_{sh2}} \quad \text{where } E_{b2} = V - I_{a2}R_a \text{ and } E_{b1} = V - I_{a1}R_a$$

Since motor is driving at load of constant torque,

$$T_a \propto \Phi_1 I_{a1} \propto \Phi_2 I_{a2} \quad \therefore \quad \Phi_2 Ia_2 = \Phi_1 I_{a1} \quad \text{or} \quad I_{a2} = I_{a1} \times \frac{\Phi_1}{\Phi_2} = I_{a1} \times \frac{I_{sh1}}{I_{sh2}}$$

Now, $\quad I_{sh1} = 250/250 = 1\text{ A}\ ;\ I_{sh2} = 250/R_t$

where R_t is the total resistance of the shunt field circuit.

$$\therefore \quad I_{a2} = 20 \times \frac{1}{250/R_t} = \frac{2R_t}{25}\ ;\ E_{b1} = 250 - (20 \times 0.5) = 240\text{ V}$$

$$E_{b2} = 250 - \left(\frac{2R_t}{25} \times 0.5\right) = 250 - (R_t/25) \quad \therefore \quad \frac{800}{600} = \frac{250 - (R_t/25)}{240} \times \frac{1}{250/R_t}$$

$$0.04R_t^2 - 250R_t + 80{,}000 = 0$$

$$\text{or} \quad R_t = \frac{250 \pm \sqrt{62{,}500 - 12{,}800}}{0.08} = \frac{27}{0.08} = 337.5\ \Omega$$

Additional resistance required in the shunt field circuit = 337.5 – 250 = **87.5 Ω**.

Example 30.6. *A 220 V shunt motor has an armature resistance of 0.5 Ω and takes a current of 40 A on full-load. By how much must the main flux be reduced to raise the speed by 50% if the developed torque is constant ?* **(Elect. Machines, AMIE, Sec B, 1991)**

Solution. Formula used is $\frac{N_2}{N_1} = \frac{E_{b2}}{E_{b1}} \times \frac{\Phi_1}{\Phi_2}$. Since torque remains constant,

$$\text{Hence} \quad \Phi_1 I_{a1} = \Phi_2 I_{a2} \quad \therefore \quad I_{a2} = I_{a1} \cdot \frac{\Phi_1}{\Phi_2} = 40x \text{ where } x = \frac{\Phi_1}{\Phi_2}$$

$$E_{b1} = 220 - (40 \times 0.5) = 200\text{ V}\ ;\ E_{b2} = 220 - (40x \times 0.5) = (220 - 20x)\text{ V}$$

$$\frac{N_2}{N_1} = \frac{3}{2} \ \text{... given} \quad \therefore \quad \frac{3}{2} = \frac{(220 - 20x)}{200} \times x \quad \therefore \quad x^2 - 11x + 15 = 0$$

$$\text{or} \quad x = \frac{11 \pm \sqrt{121 - 60}}{2} = \frac{11 \pm 7.81}{2} = 9.4^* \quad \text{or} \quad 1.6$$

$$\therefore \quad \frac{\Phi_1}{\Phi_2} = 1.6 \quad \text{or} \quad \frac{\Phi_2}{\Phi_1} = \frac{1}{1.6}$$

$$\therefore \quad \frac{\Phi_1 - \Phi_2}{\Phi_1} = \frac{1.6 - 1}{1.6} = \frac{3}{8} \quad \therefore \quad \text{percentage change in flux} = \frac{3}{8} \times 100 = \mathbf{37.5\%}$$

Example 30.7. *A 220-V, 10-kW, 2500 r.p.m. shunt motor draws 41 A when operating at rated conditions. The resistances of the armature, compensating winding, interpole winding and shunt field winding are respectively 0.2 Ω, 0.05 Ω, 0.1 Ω and 110 Ω. Calculate the steady-state values of armature current and motor speed if pole flux is reduced by 25%, a 1 Ω resistance is placed in series with the armature and the load torque is reduced by 50%.*

Solution. $I_{sh} = 220/110 = 2\text{ A}$; $I_{a1} = 41 - 2 = 39\text{ A}$ (Fig. 30.2)

$$T_1 \propto \Phi_1 I_{a1} \text{ and } T_2 \propto \Phi_2 I_{a2}$$

$$\therefore \quad \frac{T_2}{T_1} = \frac{\Phi_1}{\Phi_2} \times \frac{I_{a1}}{I_{a2}}$$

* This figure is rejected as it does not give the necessay increase in speed.

$$\text{or} \quad \frac{1}{2} = \frac{3}{4} \times \frac{I_{a2}}{39} \quad \therefore \quad I_{a2} = 26 \text{ A}$$

$$E_{b1} = 220 - 39\,(0.2 + 0.1 + 0.05) = 206.35 \text{ V}$$

$$E_{b2} = 220 - 26\,(1 + 0.35) = 184.9 \text{ V}$$

$$\text{Now,} \quad \frac{N_2}{2500} = \frac{184.9}{206.35} \times \frac{4}{3}\,; N_2 = \textbf{2987 r.p.m.}$$

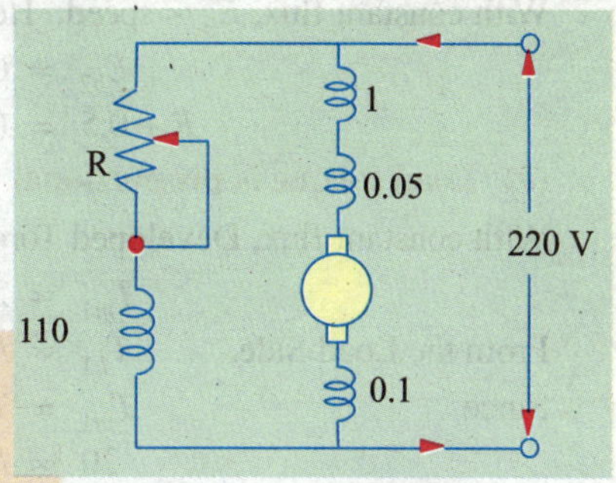

Fig. 30.2

Example 30.8. *A 220 V, 15 kW, 850 r.p.m. shunt motor draws 72.2 A when operating at rated condition. The resistances of the armature and shunt field are 0.25 Ω and 100 Ω respectively. Determine the percentage reduction in field flux in order to obtain a speed of 1650 r.p.m. when armature current drawn is 40 A.*

Solution.

$$I_{sh} = 220/100 = 2.2 \text{ A}; I_{a1} = 72.2 - 2.2 = 70 \text{ A}$$

$$E_{b1} = 220 - 70 \times 0.25 = 202.5 \text{ V}, \; E_{b2} = 220 - 40 \times 0.25 = 210 \text{ V.}$$

$$\text{Now,} \quad \frac{N_2}{N_1} = \frac{E_{b2}}{E_{b1}} \times \frac{\Phi_1}{\Phi_2} \quad \text{or} \quad \frac{1650}{850} = \frac{210}{202.5} \times \frac{\Phi_1}{\Phi_2}$$

$$\therefore \quad \Phi_2 = 0.534\,\Phi_1\,;$$

$$\therefore \quad \text{Reduction in field flux} = \frac{\Phi_1 - 0.534\,\Phi_1}{\Phi_1} \times 100 = \textbf{46.6\%}.$$

Example 30.9. *A 220 V shunt motor has an armature resistance of 0.5 ohm and takes an armature current of 40 A on a certain load. By how much must the main flux be reduced to raise the speed by 50% if the developed torque is constant ? Neglect saturation and armature reaction.*

(Elect. Machines, AMIE, Sec B, 1991)

Solution.

$$T_1 \propto \Phi_1 \times \Phi_1, \rightarrow \Phi_1 I_{a1}, \text{ and } T_2 \propto \Phi_2\, I_{a2} \quad \text{Since, } T_1 = T_2$$

$$\therefore \quad \Phi_2\, I_{a2} = \Phi_1\, I_{a1} \quad \text{or} \quad \Phi_2/\Phi_1 = I_{a1}/I_{a2} = 40/I_{a2}$$

$$E_{b1} = 220 - 40 \times 0.5 = 200 \text{ V}\,; \; E_{b2} = 220 - 0.5\, I_{a2}$$

$$\text{Now,} \quad \frac{E_{b2}}{E_{b1}} = \frac{N_2\,\Phi_2}{N_1\,\Phi_1} \quad \text{or} \quad \frac{220 - 0.5\, I_{a2}}{200} = \frac{1.5\, N_1}{N_1} \times \frac{40}{I_{a2}}$$

$$\therefore \quad I_{a2} - 40\, I_{a2} + 24{,}000 = 0 \quad \text{or} \quad I_{a2} = 63.8 \text{ A}$$

$$\therefore \quad \frac{\Phi_2}{\Phi_1} = \frac{40}{63.8} = 0.627 \quad \text{or} \quad \Phi_2 = 0.627\,\Phi_1 = \textbf{62.7\% of}\,\boldsymbol{\Phi_1}$$

Example 30.10. *A d.c. shunt motor takes an armature current of 20 A from a 220 V supply. Armature circuit resistance is 0.5 ohm. For reducing the speed by 50%, calculate the resistance required in the series, with the armature, if*

(a) *the load torque is constant*

(b) *the load torque is proportional to the square of the speed.* **(Sambalpur Univ., 1998)**

Solution.

$$E_{b1} = V - I_a\, r_a = 220 - 20 \times 0.5 = 210 \text{ V}$$

$$210 \propto N_1$$

(*a*) Constant Load torque

In a shunt motor, flux remains constant unless there is a change in terminal voltage or there is a change in the field-circuit resistance.

If torque is constant, armature-current then must remain constant. $I_a = 20$ amp

With an external armature-circuit resistor of R ohms, $20 \times (R + 0.5) = 220 - E_{b2}$

The speed required now is $0.5\, N_1$.

With constant flux, $E_b \propto$ speed. Hence, $210 \propto N_1$

$$E_{b2} \propto 0.5\,N_1,\ E_{b2} = 105$$

$$R + 0.5 = (220 - 105)/20 = 5.75, \text{ giving } R = \mathbf{5.25\ ohms}$$

(b) Load torque is proportional to the square of speed.

With constant flux, Developed Torque at N_1 r.p.m. $\propto I_{a1}$

$$T_{m1} \propto 20$$

From the Load Side, $T_{L1} \propto N_1^2$

Since $T_{m1} = T_{L1}$

$$20 \propto N_1^2 \quad \text{...(a)}$$

At 50% speed, Load Torque, $T_{L2} \propto (0.5\,N_1)^2$

For motor torque, $T_{m2} \propto I_{a2}$

Since $T_{L2} = T_{m2},\ I_{a2} \propto (0.5\,N_1)^2$ ...(b)

From eqn. (a) and (b) above

$$\frac{I_{a2}}{I_{a1}} = 0.25,\ I_{a2} = 5 \text{ amp}$$

$$\frac{E_{b2}}{E_{b1}} = \frac{220 - I_{a2}\,(R + 0.5)}{210} = 0.5\,N_1$$

$$220 - I_{a2}\,(R + 0.5) = 0.5 \times 210$$

$$R + 0.5 = \frac{220 - 105}{5} = 23,\ R = \mathbf{22.5\ ohms}$$

Check : With the concept of armature power output : (applied here for part (b) only as an illustration).

Armature power–output $= E_b \times I_a = T \times \omega$

When $T \propto (\text{speed})^2$, $E_b\,I_a = k_1\,T_\omega = K_2\,\omega^3$

At N_1 r.p.m. $210 \times 20 = K_3\,N_1^3$ ...(c)

With constant flux, at half speed

$$E_{b2} = 105$$

$$105 \times I_{a2} = K_3\,(0.5\,N_1)^3 \quad \text{...(d)}$$

From eqs. (c) and (d),

$$\frac{105 \times I_{a2}}{210 \times 20} = \frac{0.125 \times N_1^3}{N_1^3}, \text{ giving } I_{a2} = 5 \text{ amp}$$

This gives $R = \mathbf{22.5\ ohms.}$

Example 30.11. *A 250 V shunt motor runs at 1000 r.p.m. at no-load and takes 8 A. The total armature and shunt field resistances are respectively 0.2 ohm, 250 ohm. Calculate the speed when loaded and taking 50 A. Assume the flux to be constant.* **(Nagpur Univ. Summer 2000)**

Solution. The current distribution is shown in Fig. 30.3.

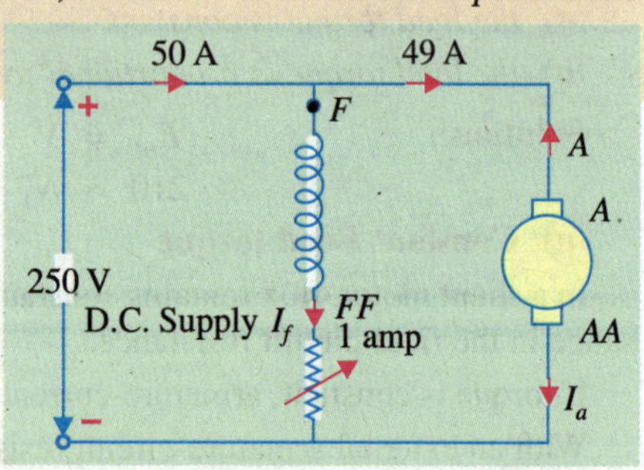

Fig. 30.3

At no load, $I_L = 8$ amp, $I_f = 1$ amp,

Hence, $I_a = 7$ amp

$$E_{b0} = 250 - 7 \times 0.2 = 248.6 \text{ volts,}$$

$$= K\phi \times 1000$$

$$\therefore \quad K\phi = 0.2486$$

At load, $I_a = 49$ amp

$$E_{b1} = 250 - 49 \times 0.2 = 240.2$$

$$N_1 = \frac{240.2}{0.2486} = 966.2 \text{ r.p.m.}$$

Notes : (*i*) The assumption of constant flux has simplified the issue. Generally, armature reaction tends to weaken the flux and then the speed tends to increase slightly.

(*ii*) The no load armature current of 7 amp is required to overcome the mechanical losses of motor as well as driven load, at about 1000 r.p.m.

Example 30.12. *A 240 V d.c. shunt motor has an armature-resistance of 0.25 ohm, and runs at 1000 r.p.m., taking an armature current 40 A. It is desired to reduce the speed to 800 r.p.m.*

(*i*) *If the armature current remains the same, find the additional resistance to be connected in series with the armature-circuit.*

(*ii*) *If, with the above additional resistance in the circuit, armature current decreases to 20 A, find the speed of the motor.* **(Bhartiar Univ., November 1997)**

Solution. $E_b = 240 - 0.25 \times 40 = 230$ V, $230 \propto 1000$ ...(*a*)

(*i*) For 800 r.p.m., $E_{b2} \propto 800$ ...(*b*)

From (*a*) and (*b*), $E_{b2} = \frac{800}{1000} \times 230 = 184$

$$240 - (R + 0.25) \times 40 = 184, \quad R = \mathbf{1.15 \text{ ohm}}$$

(*ii*) $E_{b3} = 240 - 20\,(1.40) = 212$

$$E_{b3} = \frac{N_3}{1000} \times 230 = 212, \quad N_3 = \frac{212}{230} \times 1000 = \mathbf{922 \text{ r.p.m.}}$$

Example 30.13. *A 7.48 kW, 220 V, 990 r.p.m. shunt motor has a full load efficiency of 88%, the armature resistance is 0.08 ohm and shunt field current is 2 A. If the speed of this motor is reduced to 450 r.p.m. by inserting a resistance in the armature circuit, find the motor output, the armature current, external resistance to be inserted in the armature circuit and overall efficiency. Assume the load torque to remain constant.* **(Nagpur Univ., November 1998)**

Solution. With an output of 7.48 kW and an efficiency of 88%, the input power is 8.50 kW. Losses are 1.02 kW.

Input Current = 85000/220 = 38.64 A

Armature-Current = 38.64 – 2.00 = **36.64 A**

Power Loss in the shunt field circuit = 220 × 2 = 440 W

Copper-Loss in armature-circuit = $36.64^2 \times 0.08 = 107.4$ W

No-Load-Loss at 900 r.p.m. = 1020 – 107.4 – 440 = 473 W

At 900 r.p.m. Back-emf = $E_{b1} = 200 - (36.64 \times 0.08) = 217.3$ V

Motor will run at 450 r.p.m. with flux per pole kept constant, provided the back-emf = E_{b2}

= (459/900) × 217.1V = 108.5 V

There are two simplifying assumptions in this case, which must be stated before further calculations :

1. Load-torque is constant,
2. No Load Losses are constant.

(These statements can be different which leads to variations in the next steps of calculations.)

For constant load-torque, the condition of constant flux per pole results into constant armature current, which is 36.64 A.

With an armature current of 36.64 A, let the external resistance required for this purpose be *R*.

$$36.64\,R = 217.1 - 108.5 = 108.6 \text{ V}, \quad R = 2.964 \text{ ohms}$$

Total Losses

Total i^2r - loss in armature = $36.64^2 \times (2.964 + 0.08) = 4086$ W

Field-copper-loss + No load loss = 440 + 473 = 913

Total Loss = 4999 W

Total Output = 8500 – 4999 = 3501 W

Hence, Efficiency = (3501/8500) × 100 = **41.2%**

(**Note :** Because of missing data and clarification while making the statements in the question, there can be variations in the assumption and hence in the final solutions.)

Example 30.14. *A d.c. shunt motor supplied at 230 V runs at 990 r.p.m. Calculate the resistance required in series with the armature circuit to reduce the speed to 500 r.p.m. assuming that armature current is 25 amp.* **(Nagpur Univ., November 1997)**

Solution. It is assumed that armature resistance is to

(*a*) At 900 r.p.m. : $E_{b1} = 230 = K \times 900$

(*b*) At 500 r.p.m. : $E_{b2} = K \times 500$

Therefore, $E_{b2} = E_{b1} \times 500/900 = 127.8$ volts

The difference between E_{b1} and E_{b2} must be the drop in the external resistance to be added to the armature circuit for the purpose of reducing the speed to 500 r.p.m.

$$E_{b1} - E_{b2} = 25 \times R$$

$$R = (230 - 127.8)/25 = \textbf{4.088 ohms.}$$

Example 30.15. *A 220 V d.c: shunt motor has an armature resistance of 0.4 ohm and a field circuit resistance of 200 ohms. When the motor is driving a constant-torque load, the armature-current is 20 A, the speed being 600 r.p.m. It is desired to run the motor at 900 r.p.m. by inserting a resistance in the field circuit. Find its value, assuming that the magnetic circuit is not saturated.* **(Nagpur Univ., November 1996)**

Solution. (*i*) At 600 r.p.m. $i_{f1} = 220/200 = 1.1$ amp

$$E_{b1} = 220 - (20 \times 0.4) = 212 \text{ volts}$$

$$T_L = K_1 \times 1.1 \times 20$$

The back e.m.f. $= 212 = K_2 \times 1.1 \times 600$

or $K_2 = 212/660 = 0.3212$

(*ii*) At 900 r.p.m. : $T_L = K_1 \times i_{f2} \times I_{a2}$

Due to constant load torque,

$$i_{f2} \times I_{a2} = 1.1 \times 20 = 22$$

$$E_{b2} = 220 - (0.4\, I_{a2}) = K_2 \times i_{f2} \times 900 = 289\, i_{f2}$$

$$220 - (0.4 \times 22/i_{f2}) = 289\, i_{f2}$$

Guess for approximate value of i_{f2} : Neglecting armature -resistance drop and saturation, 50% rise in speed is obtained with proportional decrease in i_{f2} related by

$$\frac{600}{900} \cong \frac{i_{f2}}{i_{f1}} \text{ giving } i_{f2} \cong 0.73 \text{ amp}$$

[In place of i_{f2}, I_{a2} can be evaluated first. Its guess-work will give $I_{a2} \cong 1.5 \times 20 \cong 30$ amp]

Continuing with the solution of the equation to evaluate a value of i_{f2}, accepting that value which is near 0.73 amp, we have $i_{f2} = 0.71865$. [Note that other value of i_{f2}, which is 0.04235, is not acceptable.]. Corresponding $I_{a2} = 30.6$ amp. Previous shunt field current, $i_{f1} = 1.1$, $R_{f1} = 200\ \Omega$. New shunt field current, $i_{f2} = 0.71865$, $R_{f2} = 220/0.71865 = 306\ \Omega$. Final answer is that a resistor of 106 ohms is to be added to the field circuit to run the motor at 900 r.p.m. at constant torque.

Example 30.16. *A 220 V d.c. shunt motor has an armature resistance of 0.40 ohm and field-resistance of 200 ohms. It takes an armature current of 22 A and runs at 600 r.p.m. It drives a load whose torque is constant. Suggest a suitable method to raise the speed to 900 r.p.m. Calculate the value of the controllable parameter.* **(Nagpur Univ., April 1998)**

Solution. At 600 r.p.m. I_{a1} = 22 amp, N_1 = 600 r.p.m., i_{f1} = 220/200 = 1.1 amp.

$$E_{b1} = 220 - (22 \times 0.40) = 211.2 \text{ volts.}$$

Let the Load-torque be denoted by T_2, k_1 and k_2 in the equations below represent machine constants appearing in the usual emf-equation and torque-equation for the d.c. shunt motor.

$$E_{b1} = 211.2 = k_1 \times i_{f1} \times N_1 = k_1 \times 1.10 \times 600 \quad \text{or} \quad k_1 = 211.2/660 = 0.32$$

$$T_L = k_2 \times i_{f1} \times I_{a1} = k_2 \times 1.10 \times 22$$

Since the load torque will remain constant at 900 r.p.m. also, the corresponding field current ($= i_{f2}$) and armature current ($= i_{a2}$) must satisfy the following relationships :

$$T_L = k_2\, i_{f2}\, I_{a2} = k_2 \times 1.10 \times 22$$

or $$i_{f2} \times I_{a2} = 24.2$$

And $$E_{b2} = 220 - (I_{a2} \times 0.40) = k_1 \times i_{f2} \times 900$$

$$220 - (I_{a2} \times 0.40) = 0.32 \times (24.2 \times I_{a2}) \times 900$$

(Alternatively, the above equation can also lead to a quadratic in i_{f2}.)

This leads to a quadratic equation in I_{a2}.

Guess for i_{f2} : Approximately, speed of a d.c. shunt motor is inversely proportional to the field current. Comparing the two speeds of 600 and 900 r.p.m., the value of i_{f2} should be approximately given by

$$i_{f2} \cong i_{f1} \times (600/900) = 0.733 \text{ amp}$$

Guess for I_{a2} : For approximate conclusions, armature-resistance drop can be ignored. With constant load-torque, armature-power must be proportional to the speed.

$$\frac{\text{Armature-power at 900 r.p.m.}}{\text{Armature-power at 600 r.p.m.}} = \frac{900}{600} = 1.5$$

$$E_{b2}\, I_{a2} = 1.5 \times E_{b1}\, I_{a1}$$

Neglecting armature-resistance drops, $E_{b1} - V$ and $E_{b2} - V$.

This gives $$I_{a2} = 1.5 \times 22 = 33 \text{ amps}$$

Thus, out of the two roots for i_{f2}, that which is close to 0.733 is acceptable. If quadratic equation for I_{a2} is being handled, that root which is near 33 amp is acceptable.

Continuing with the solution to quadratic equation for I_{a2}, we have

$$220 - 0.40\, I_{a2} = 0.32 \times (24.2 \times I_{a2}) \times 900$$

$$220 - 0.40\, I_{a2} = 6969/I_{a2}$$

$$I_{a2}^2 - 550\, I_{a2} + 17425 = 0$$

This gives I_{a2} as ***either*** 33.75 amp *or* 791.25 amp.

From the reasoning given above, acceptable root corresponds to I_{a2} = 33.75 amp.

Corresponding field current, i_{f2} = 24.2/33.75 = 0.717 amp

Previous field circuit resistance = 200 ohms

New field circuit resistance = 220/0.717 = 307 ohms

Hence, additional resistance of 107 ohms must be added to the shunt field circuit to run the motor at 900 r.p.m. under the stated condition of constant Load torque.

Additional Check : Exact calculations for proportions of armature-power in two cases will give the necessary check.

$$E_{b2} = 220 - (33.75 \times 0.40) = 206.5$$

As mentioned above, while guessing the value of I_{a2}, the proportion of armature-power should be 1.5.

$$\frac{E_{b2}\, I_{a2}}{E_{b1}\, I_{a1}} = \frac{206.56 \times 33.75}{211.2 \times 22} = 1.50$$

Thus, the results obtained are confirmed.

Example 30.17. *A 250 V, 25 kW d.c. shunt motor has an efficiency of 85% when running at 1000 r.p.m. on full load. The armature resistance is 0.1 ohm and field resistance is 125 ohms. Find the starting resistance required to limit the starting current to 150% of the rated current.*

(Amravati Univ., 1999)

Solution.

Output power = 25 kW, at full-load.

$$\text{Input power} = \frac{25{,}000}{0.85} = 29412 \text{ watts}$$

At Full load, Input Current = 29412/250 = 117.65 amp

Field Current = 250/125 = 2 amp

F.L. Armature Current = 117.65 – 2 = 115.65 amp

Limit of starting current = 1.50 × 115.65 = 173.5 amp

Total resistance in armature circuit at starting

$$= \frac{250}{173.5} = 1.441 \text{ ohms}$$

External resistance to be added to armature circuit

= 1.441 – 0.1 = 1.341 ohm.

Tutorial Problems 30.1

1. A d.c. shunt motor runs at 900 r.p.m. from a 460 V supply when taking an armature current of 25 A. Calculate the speed at which it will run from a 230-V supply when taking an armature current of 15 A. The resistance of the armature circuit is 0.8 Ω. Assume the flux per pole at 230 V to have decreased to 75% of its value at 460 V. **[595 r.p.m.]**
2. A 250 V shunt motor has an armature resistance of 0.5 Ω and runs at 1200 r.p.m. when the armature current is 80 A. If the torque remains unchanged, find the speed and armature current when the field is strengthened by 25%. **[998 r.p.m. ; 64 A]**
3. When on normal full-load, a 500 V, d.c. shunt motor runs at 800 r.p.m. and takes an armature current 42 A. The flux per pole is reduced to 75% of its normal value by suitably increasing the field circuit resistance. Calculate the speed of the motor if the total torque exerted on the armature is (*a*) unchanged (*b*) reduced by 20%.

   The armature resistance is 0.6 Ω and the total voltage loss at the brushes is 2 V.

   [(*a*) 1,042 r.p.m. (*b*) 1,061 r.p.m.]
4. The following data apply to d.c. shunt motor.

   Supply voltage = 460 V ; armature current = 28 A ; speed = 1000 r.p.m. ; armature resistance = 0.72 Ω. Calculate (*i*) the armature current and (*ii*) the speed when the flux per pole is increased to 120% of the initial value, given that the total torque developed by the armature is unchanged. **[(*i*) 23.33 A (*ii*) 840 r.p.m.]**
5. A 100-V shunt motor, with a field resistance of 50 Ω and armature resistance of 0.5 Ω runs at a speed of 1,000 r.p.m. and takes a current of 10 A from the supply. If the total resistance of the field circuit is reduced to three quarters of its original value, find the new speed and the current taken from the supply. Assume that flux is directly proportional to field current. **[1,089 r.p.m. ; 8.33 A]**

6. A 250 V d.c. shunt motor has armature circuit resistance of 0.5 Ω and a field circuit resistance of 125 Ω. It drives a load at 1000 r.p.m. and takes 30 A. The field circuit resistance is then slowly increased to 150 Ω. If the flux and field current can be assumed to be proportional and if the load torque remains constant, calculate the final speed and armature current. **[1186 r.p.m. 33.6 A]**

7. A 250 V, shunt motor with an armature resistance of 0.5 Ω and a shunt field resistance of 250 Ω drives a load the torque of which remains constant. The motor draws from the supply a line current of 21 A when the speed is 600 r.p.m. If the speed is to be raised to 800 r.p.m., what change must be affected in the shunt field resistance ? Assume that the magnetization curve of the motor is a straight line. **[88 Ω]**

8. A 240 V, d.c. shunt motor runs at 800 r.p.m. with no extra resistance in the field or armature circuit, on no-load. Determine the resistance to be placed in series with the field so that the motor may run at 950 r.p.m. when taking an armature current of 20 A. Field resistance = 160 Ω. Armature resistance = 0.4 Ω. It may be assumed that flux per pole is proportional to field current. **[33.6 Ω]**

9. A shunt-wound motor has a field resistance of 400 Ω and an armature resistance of 0.1 Ω and runs off 240 V supply. The armature current is 60 A and the motor speed is 900 r.p.m.; Assuming a straight line magnetization curve, calculate (*a*) the additional resistance in the field to increase the speed to 1000 r.p.m. for the same armature current and (*b*) the speed with the original field current of 200 A. **[(*a*) 44.4 Ω (*b*) 842.5 r.p.m.]**

10. A 230 V d.c. shunt motor has an armature resistance of 0.5 Ω and a field resistance of $76\,^2/_3$ Ω. The motor draws a line current of 13 A while running light at 1000 r.p.m. At a certain load, the field circuit resistance is increased by $38\,^1/_3$ Ω. What is the new speed of the motor if the line current at this load is 42 A ? **[1400 r.p.m.] (*Electrical Engg. ; Grad I.E.T.E. Dec. 1986*)**

11. A 250 V d.c. shunt motor runs at 1000 r.p.m. and takes an armature current of 25 amp. Its armature resistance is 0.40 ohm. Calculate the speed with increased load with the armature current of 50 amp. Assume that the increased load results into flux-weakening by 3%, with respect to the flux in previous loading condition. **(*Nagpur Univ., April 1996*)**

Hint : (*i*) First Loading condition :

$$E_{b1} = 250 - 25 \times 0.40 = K_1 \times 1000$$

(*ii*) Second Loading condition :

$$E_{b2} = 250 - 50 \times 0.40 = 230\ K_1 \times (0.97\ \phi) \times N_2. \text{ This gives } N_2.$$

[988 r.p.m.]

(*ii*) Armature or Rheostatic Control Method

This method is used when speeds below the no-load speed are required. As the supply voltage is normally constant, the voltage across the armature is varied by inserting a variable rheostat or resistance (called controller resistance) in series with the armature circuit as shown in Fig. 30.4 (*a*). As controller resistance is increased, p.d. across the armature is decreased, thereby decreasing the armature speed. For a load constant torque, speed is approximately proportional to the p.d. across the armature. From the speed/armature current characteristic [Fig. 30.4 (*b*)], it is seen that greater the resistance in the armature circuit, greater is the fall in the speed.

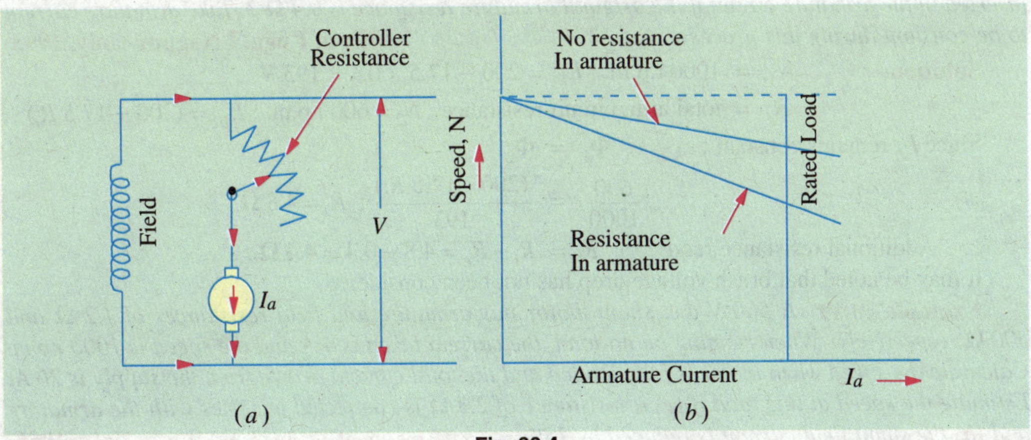

Fig. 30.4

Let $\quad I_{a1}$ = armature current in the first case

I_{a2} = armature current in the second case

(If $I_{a1} = I_{a2}$, then the load is of constant torque.)

N_1, N_2 = corresponding speeds, V = supply voltage

Then $\quad N_1 \propto V - I_{a1} R_a \propto E_{b1}$

Let some controller resistance of value R be added to the armature circuit resistance so that its value becomes $(R + R_a) = R_t$.

Then $\quad N_2 \propto V - I_{a2} R_t \propto E_{b2} \quad \therefore \quad \dfrac{N_2}{N_1} = \dfrac{E_{b2}}{E_{b1}}$

(In fact, it is a simplified form of relation given in Art. 27.9 because here $\Phi_1 = \Phi_2$.)

Considering no-load speed, we have $\dfrac{N}{N_0} = \dfrac{V - I_a R_t}{V - I_{a0} R_a}$

Neglecting $I_{a0} R_a$ with respect to V, we get

$$N = N_0 \left(1 - \frac{I_a R_t}{V}\right)$$

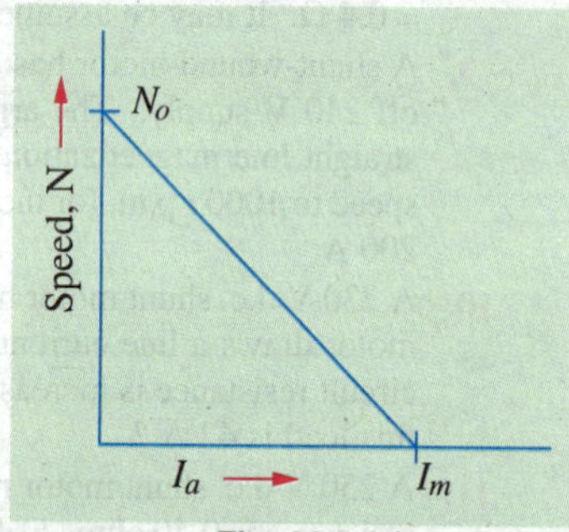

Fig. 30.5 (*a*)

It is seen that for a given resistance R_t the speed is a linear function of armature current I_a as shown in Fig. 30.5 (*a*).

The load current for which the speed would be zero is found by putting $N = 0$ in the above relation.

$$\therefore \quad 0 = N_0 \left(1 - \frac{I_a R_t}{V}\right) \quad \text{or} \quad I_a = \frac{V}{R_t}$$

This is the maximum current and is known as ***stalling*** current.

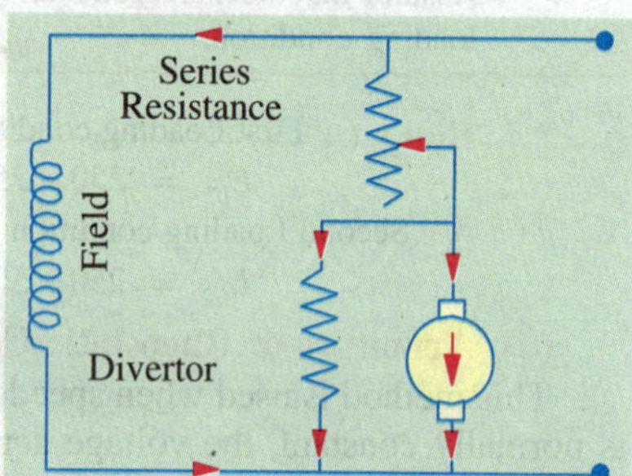

Fig. 30.5 (*b*)

As will be shown in Art. 30.5 (*a*), this method is very wasteful, expensive and unsuitable for rapidly changing loads because for a given value of R_t, speed will change with load. A more stable operation can be obtained by using a divertor across the armature in addition to armature control resistance (Fig. 30.5 (*b*)). Now, the changes in armature current (due to changes in the load torque) will not be so effective in changing the p.d. across the armature (and hence the armature speed).

Example 30.18. *A 200 V d.c. shunt motor running at 1000 r.p.m. takes an armature current of 17.5 A. It is required to reduce the speed to 600 r.p.m. What must be the value of resistance to be inserted in the armature circuit if the original armature resistance is 0.4 Ω ? Take armature current to be constant during this process.* **(Elect. Engg. I Nagpur Univ. 1993)**

Solution. $\quad N_1 = 1000$ r.p.m. ; $E_{b1} = 200 - 17.5 \times 0.4 = 193$ V

R_t = total arm. circuit resistance ; $N_2 = 600$ r.p.m. ; $E_{b2} = (200 - 17.5\,R_t)$

Since I_{sh} remains constant ; $\quad \Phi_1 = \Phi_2$

$$\therefore \quad \frac{600}{1000} = \frac{(200 - 17.5\,R_t)}{193}; \quad R_t = 4.8\ \Omega$$

$\therefore$ Additional resistance reqd. $\quad R = R_t - R_a = 4.8 - 0.4 = \mathbf{4.4\ \Omega}$.

It may be noted that brush voltage drop has not been considered.

Example 30.19. *A 500 V d.c. shunt motor has armature and field resistances of 1.2 Ω and 500 Ω respectively. When running on no-load, the current taken is 4 A and the speed is 1000 r.p.m. Calculate the speed when motor is fully loaded and the total current drawn from the supply is 26 A. Estimate the speed at this load if* (*a*) *a resistance of 2.3 Ω is connected in series with the armature and* (*b*) *the shunt field current is reduced by 15%.* **(Electrical Engg. I, Sd. Patel Univ. 1985)**

Solution. $I_{sh} = 500/500 = 1\text{ A}$; $I_{a1} = 4 - 1 = 3\text{ A}$

$E_{b1} = 500 - (3 \times 1.2) = 496.4\text{ V}$ $\quad I_{a2} = 26 - 1 = 25\text{ A}$

$E_{b2} = 500 - (25 \times 1.2) = 470\text{ V}$ $\quad \therefore \frac{N_2}{1000} = \frac{470}{496.4}$; $N_2 =$ **947 r.p.m.**

(*a*) In this case, total armature circuit resistance = 1.2 + 2.3 = 3.5 Ω

$\therefore \quad E_{b2} = 500 - (25 \times 3.5) = 412.5\text{ V} \quad \therefore \quad \frac{N_2}{1000} = \frac{412.5}{496.4}$; $N_2 =$ **831 r.p.m.**

(*b*) When shunt field is reduced by 15%, $\Phi_2 = 0.85\,\Phi_1$ assuming straight magnetisation curve.

$$\frac{N_2}{1000} = \frac{412.5}{496.4} \times \frac{1}{0.85} \;;\; N_2 = \textbf{977.6 r.p.m.}$$

Example 30.20. *A 250-V shunt motor (Fig. 30.6) has an armature current of 20 A when running at 1000 r.p.m. against full load torque. The armature resistance is 0.5 Ω. What resistance must be inserted in series with the armature to reduce the speed to 500 r.p.m. at the same torque and what will be the speed if the load torque is halved with this resistance in the circuit ? Assume the flux to remain constant throughout and neglect brush contact drop.*

(Elect. Machines AMIE Sec. B Summer 1991)

Solution. $E_{b1} = V - I_{a1} R_a = 250 - 20 \times 0.5 = 240\text{ V}$

Let R_t to be total resistance in the armature circuit *i.e.* $R_t = R_a + R$, where R is the additional resistance.

$\therefore \quad E_{b2} = V - I_{a2} R_t = 250 - 20\,R_t$

It should be noted that $I_{a1} = I_{a2} = 20$ A because torque remains the same and $\Phi_1 = \Phi_2$ in both cases.

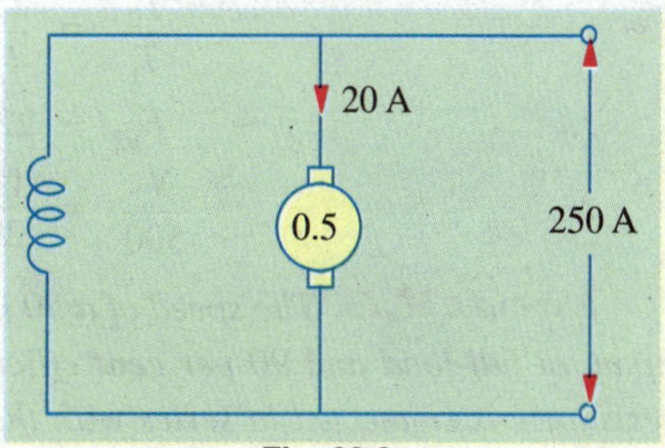

Fig. 30.6

$$\therefore \quad \frac{N_2}{N_1} = \frac{E_{b2}}{E_{b1}} \times \frac{\Phi_1}{\Phi_2} = \frac{E_{b2}}{E_{b1}} \text{ or } \frac{500}{1000} = \frac{250 - 20\,R_t}{240}$$

$\therefore \quad R_t = 6.5\ \Omega$; hence, $R = 6.5 - 0.5 =$ **6 Ω**

Since the load is halved, armature current is also halved because flux remains constant. Hence, $I_{a3} = 10$ A.

$$\therefore \frac{N_3}{1000} = \frac{250 - 10 \times 6.5}{240} \quad \text{or} \quad N_3 = \textbf{771 r.p.m.}$$

Example 30.21. *A 250-V shunt motor with armature resistance of 0.5 ohm runs at 600 r.p.m. on full-load and takes an armature current of 20 A. If resistance of 1.0 ohm is placed in the armature circuit, find the speed at* (i) *full-load torque* (ii) *half full-load torque.*

(Electrical Machines-II, Punjab Univ. May 1991)

Solution. Since flux remains constant, the speed formula becomes $\frac{N_2}{N_1} = \frac{E_{b2}}{E_{b1}}$.

(*i*) In the first case, full-load torque is developed.

$$N_1 = 600\text{ r.p.m.};\; E_{b1} = V - I_{a1} R_{a1} = 250 - 20 \times 0.5 = 240\text{ V}$$

Now, $\quad T \propto \Phi I_a \propto I_a \qquad (\because \Phi \text{ is constant})$

$\therefore \quad \frac{T_2}{T_1} = \frac{I_{a2}}{I_{a1}}$ Since $T_2 = T_1$; $I_{a2} = I_{a1} = 20$ A

$$E_{b2} = V - I_{a2} R_{a2} = 250 - 20 \times 1.5 = 220\text{ V},$$

$$N_2 = \frac{N_2}{600} = \frac{220}{240} \;;\; N_2 = \frac{600 \times 220}{240} = \textbf{550 r.p.m.}$$

(*ii*) In this case, the torque developed is half the full-load torque.

$$\frac{T_2}{T_1} = \frac{I_{a2}}{I_{a1}} \quad \text{or} \quad \frac{T_1/2}{T_1} = \frac{I_{a2}}{20}\ ; I_{a2} = 10 \text{ A} ; E_{b2} = 250 - 10 \times 1.5 = 235 \text{ V}$$

$$\frac{N_2}{600} = \frac{235}{240}\ ; N_2 = 600 \times \frac{235}{240} = \textbf{587.5 r.p.m.}$$

Example 30.22. *A 220 V shunt motor with an armature resistance of 0.5 ohm is excited to give constant main field. At full load the motor runs of 500 rev. per minute and takes an armature current of 30 A. If a resistance of 1.0 ohm is placed in the armature circuit, find the speed at (a) full-load torque (b) double full-load torque.* **(Elect. Machines-I, Nagpur Univ. 1993)**

Solution. Since flux remains constant, the speed formula becomes $N_2/N_1 = E_{b2}/E_{b1}$.

(a) Full-load torque

With no additional resistance in the armature circuit,

$$N_1 = 500 \text{ r.p.m.} ; I_{a1} = 30 \text{ A} ; E_{b1} = 220 - 30 \times 0.5 = 205 \text{ V}$$

Now, $T \propto I_a$ (since Φ is constant.) $\therefore \frac{T_2}{T_1} = \frac{I_{a2}}{I_{a1}}$ Since $T_2 = T_1$; $I_{a2} = I_{a1} = 30$ A

When additional resistance of 1 Ω is introduced in the armature circuit,

$$E_{b2} = 220 - 30\,(1 + 0.5) = 175 \text{ V} ; N_2 = ? \quad \frac{N_2}{500} = \frac{175}{205} ; N_2 = \textbf{427 r.p.m.}$$

(b) Double Full-load Torque

$$\frac{T_2}{T_1} = \frac{I_{a2}}{I_{a1}} \quad \text{or} \quad \frac{2T_1}{T_1} = \frac{I_{a2}}{30} ; I_{a2} = 60 \text{ A}$$

$$\therefore \quad E_{b2} = 220 - 60\,(1 + 0.5) = 130 \text{ V}$$

$$\therefore \quad \frac{N_2}{500} = \frac{130}{205} ; N_2 = \textbf{317 r.p.m.}$$

Example 30.23. *The speed of a 50 h.p (37.3 kW) series motor working on 500 V supply is 750 r.p.m. at full-load and 90 per cent efficiency. If the load torque is made 350 N-m and a 5 ohm resistance is connected in series with the machine, calculate the speed at which the machine will run. Assume the magnetic circuit to be unsaturated and the armature and field resistance to be 0.5 ohm.* **(Electrical Machinery I, Madras Univ. 1986)**

Solution. Load torque in the first case is given by

$$T_1 = 37{,}300/2\pi\,(750/60) = 474.6 \text{ N-m}$$

Input current, $I_{a1} = 37{,}300/0.9 \times 500 = 82.9$ A

Now, $T_2 = 250$ N-m ; $I_{a2} = ?$

In a series motor, before magnetic saturation,

$$T \propto \Phi I_a \propto I_{a2} \quad \therefore \quad T_1 \propto I_{a1}^2 \text{ and } T_2 \propto I_{a2}^2$$

$$\therefore \quad \left(\frac{I_{a2}}{I_{a1}}\right)^2 = \frac{T_2}{T_1} \quad \therefore \quad I_{a2} = 82.9 \times \sqrt{250/474.6} = 60.2 \text{ A}$$

Now, $E_{b1} = 500 - (82.9 \times 0.5) = 458.5$ V ;

$$E_{b2} = 500 - 60.2\,(5 + 0.5) = 168.9 \text{ V}$$

Using $\frac{N_2}{N_1} = \frac{E_{b2}}{E_{b1}} \times \frac{I_{a2}}{I_{a1}}$, we get $\frac{N_2}{750} = \frac{168.9}{458.5} \times \frac{82.9}{60.2}$ $\therefore N_2 =$ **381 r.p.m.**

Example 30.24. *A 7.46 kW, 220 V, 900 r.p.m. shunt motor has a full-load efficiency of 88 per cent, an armature resistance of 0.08 Ω and shunt field current of 2 A. If the speed of this motor is* *reduced to 450 r.p.m. by inserting a resistance in the armature circuit, the load torque remaining constant, find the motor output, the armature current, the external resistance and the overall efficiency.* **(Elect. Machines, Nagpur Univ. 1993)**

Solution. Full-load motor input current $I = 7460/220 \times 0.88 = 38.5$ A

$\therefore \quad I_{a1} = 38.5 - 2 = 36.5$ A

Now, $\quad T \propto \Phi I_a$. Since flux remains constant.

$\therefore \quad T \propto I_a \quad \therefore \quad T_{a1} \propto I_{a1}$ and $T_{a2} \propto I_{a2}$ or $\dfrac{T_{a2}}{T_{a1}} = \dfrac{I_{a2}}{I_{a1}}$

It is given that $\quad T_{a1} = T_{a2}$; hence $I_{a1} = I_{a2} =$ **36.5 A**

$E_{b1} = 220 - (36.5 \times 0.08) = 217.1\ \Omega$

$E_{b2} = 220 - 36.5\ R_t$; $N_1 = 900$ r.p.m.; $N_2 = 450$ r.p.m.

Now, $$\frac{N_2}{N_1} = \frac{E_{b2}}{E_{b1}} \times \frac{\Phi_1}{\Phi_2} = \frac{E_{b2}}{E_{b1}} \qquad (\because \quad \Phi_1 = \Phi_2)$$

$$\therefore \quad \frac{450}{900} = \frac{200 - 36.5\ R_t}{217.1}\ ;\ R_t = 3.05\ \Omega$$

$\therefore \quad$ External resistance $R = 3.05 - 0.08 =$ **2.97 Ω**

For calculating the motor output, it will be assumed that all losses except copper losses vary directly with speed.

Since motor speed is halved, stray losses are also halved in the second case. Let us find their value.

In the first case, motor input = 200 × 38.5 = 8,470 W; Motor output = 7,460 W

Total Cu losses + stray losses = 8470 − 7460 = 1010 W

Arm. Cu loss = $I_{a1}^2 R_a = 36.5^2 \times 0.08 = 107$ W ; Field Cu loss = 220 × 2 = 440 W

Total Cu loss = 107 + 440 = 547 W $\quad \therefore \quad$ Stray losses in first case = 1010 − 547 = 463 W

Stray losses in the second case = 463 × 450/900 = 231 W

Field Cu loss = 440 W, as before ; Arm. Cu loss = $36.5^2 \times 3.05 = 4{,}064$ W

Total losses in the 2nd case = 231 + 440 + 4,064 = 4,735 W

Input = 8,470 W – as before

Output in the second case = 8,470 − 4,735 = **3,735 W**

$\therefore \quad$ Overall η = 3,735/8,470 = 0.441 or **44.1 per cent***

Example 30.25. *A 240 V shunt motor has an armature current of 15 A when running at 800 r.p.m. against F.L. torque. The arm. resistance is 0.6 ohms. What resistance must be inserted in series with the armature to reduce the speed to 400 r.p.m., at the same torque ?*

What will be the speed if the load torque is halved with this resistance in the circuit ? Assume the flux to remain constant throughout. **(Elect. Machines-I Nagpur Univ. 1993)**

Solution. Here, $\quad N_1 = 800$ r.p.m., $E_{b1} = 240 - 15 \times 0.6 = 231$ V

Flux remaining constant, $T \propto I_a$. Since torque is the same in both cases, $I_{a2} = I_{a1} = 15$ A. Let R be the additional resistance inserted in series with the armature. $E_{b2} = 240 - 15\,(R + 0.6)$; $N_2 = 400$ r.p.m.

$$\therefore \quad \frac{400}{800} = \frac{240 - 15\,(R + 0.6)}{231}\ ;\ R = 7.7\ \Omega$$

---

* It may be noted that efficiency is reduced almost in the ratio of the two speeds.

When load torque is halved :

With constant flux when load torque is halved, I_a is also halved. Hence, $I_{a3} = I_{a1}/2 = 15/2 = 7.5$ A

$$\therefore \quad E_{b3} = 240 - 7.5\,(7.7 + 0.6) = 177.75 \text{ V} ; N_3 = ?$$

$$\frac{N_3}{N_1} = \frac{E_{b3}}{E_{b1}} \text{ or } \frac{N_3}{800} = \frac{177.75}{231} ; N_3 = \textbf{614.7 r.p.m.}$$

Example 30.26. (*a*) *A 400 V shunt connected d.c. motor takes a total current of 3.5 A on no load and 59.5 A at full load. The field circuit resistance is 267 ohms and the armature circuit resistance is 0.2 ohms (excluding brushes where the drop may be taken as 2 V). If the armature reaction effect at 'full-load' weakens the flux per pole by 2 percentage change in speed from no-load to full-load.*

(*b*) *What resistant must be placed in series with the armature in the machine of (a) if the full-load speed is to be reduced by 50 per cent with the gross torque remaining constant ? Assume no change in the flux.* **(Electrical Machines, AMIE Sec. B, 1989)**

Solution. (*a*) Shunt current $I_{sh} = 400/267 = 1.5$ A. At no load, $I_{a1} = 3.5 - 1.5 = 2$ A, $E_{b1} = V - I_{a1} R_{ai} -$ brush drop $= 400 - 2 \times 0.2 - 2 = 397.6$ V. On full-load, $I_{a2} = 59.5 - 1.5 = 58$ A, $E_{b2} = 400 - 58 \times 0.2 - 2 = 386.4$ V.

$$\therefore \quad \frac{E_{b1}}{E_{b2}} = \frac{\Phi_1 N_1}{\Phi_2 N_2} \text{ or } \frac{397.6}{386.4} = \frac{\Phi_1 N_1}{0.98\,\Phi_1 N_2} ; \frac{N_1}{N_2} = 1.0084$$

$$\% \text{ change in speed} = \frac{N_1 - N_2}{N_1} \times 100$$

$$= \left(1 - \frac{1}{1.0084}\right) \times 100 = 0.833$$

(*b*) Since torque remains the same, I_a remains the same, hence $I_{a3} = I_{a2}$. Let R be the resistance connected in series with the armature.

$$E_{b3} = V - I_{a2}\,(R_a + R) - \text{brush drop}$$

$$= 400 - 58\,(0.2 + R) - 2 = 386.4 - 58\,R$$

$$\therefore \quad \frac{E_{b2}}{E_{b3}} = \frac{\Phi_2 N_2}{\Phi_3 N_3} = \frac{N_2}{N_3} \qquad (\because \Phi_2 = \Phi_3)$$

$$\frac{386.4}{386.4 - 58R} = \frac{1}{0.5} ; R = \mathbf{3.338\ \Omega}$$

Example 30.27. *A d.c. shunt drives a centrifugal pump whose torque varies as the square of the speed. The motor is fed from a 200 V supply and takes 50 A when running at 1000 r.p.m. What resistance must be inserted in the armature circuit in order to reduce the speed to 800 r.p.m. ? The armature and field resistance of the motor are 0.1 Ω and 100 Ω respectively.*

(Elect. Machines, Allahabad Univ. 1992)

Solution. In general, $T \propto \Phi I_a$

For shunt motors whose excitation is constant,

$$T \propto I_a \propto N^2, \text{ as given.}$$

$$\therefore \quad I_a \propto N^2. \text{ Now } I_{sh} = 200/100 = 2 \text{ A} \quad \therefore \quad I_{a1} = 50 - 2 = 48 \text{ A}$$

Let I_{a2} = new armature current at 800 r.p.m.

then $48 \propto N_1^2 \propto 1000^2$ and $I_{a2} \propto N_2^2 \propto 800^2$

$$\therefore \quad \frac{I_{a2}}{48} = \left(\frac{800}{1000}\right)^2 = 0.8^2 \quad \therefore \quad I_{a2} = 48 \times 0.64 = 30.72 \text{ A}$$

$\therefore \quad E_{b1} = 200 - (48 \times 0.1) = 195.2 \text{ V} ; E_{b2} = (200 - 30.72 R_t) \text{ V}$

Now, $\quad \dfrac{N_2}{N_1} = \dfrac{E_{b2}}{E_{b1}} \quad \therefore \quad \dfrac{800}{1000} = \dfrac{200 - 30.72 R_t}{195.2}, R_t = 1.42\ \Omega$

Additional resistance $= 1.42 - 0.1 =$ **1.32 Ω**

Example 30.28. *A 250 V, 50 h.p. (373 kW) d.c. shunt motor has an efficiency of 90% when running at 1,000 r.p.m. on full-load. The armature and field resistances are 0.1 Ω and 115 Ω respectively. Find*

(a) the net and developed torque on full-load.

(b) the starting resistance to have the line start current equal to 1.5 times the full-load current.

(c) the torque developed at starting. **(Elect. Machinery-I, Kerala Univ. 1987)**

Solution. *(a)* $T_{sh} = 9.55 \times 37{,}300/1000 =$ **356.2 N-m**

$$\text{Input current} = \frac{37{,}300}{250 \times 0.9} = 165.8 \text{ A} ; I_{sh} = \frac{250}{125} = 2 \text{ A}$$

$$\therefore \quad I_a = 165.8 - 2 = 163.8 \text{ A} ; E_b = 250 - (163.8 \times 0.1) = 233.6 \text{ V}$$

$$\therefore \quad T_a = 9.55 \frac{233.6 \times 163.8}{1000} = \mathbf{365.4 \text{ N-m}}$$

(b) F.L. input line $I = 165.8$ A ; Permissible input $I = 165.8 \times 1.5 = 248.7$ A

Permissible armature current $= 248.7 - 2 = 246.7$ A

Total armature resistance $= 250/246.7 = 1.014\ \Omega$

∴ Starting resistance required $= 1.014 - 0.1 =$ **0.914 Ω**

(c) Torque developed with 1.5 times the F.L. current would be practically 1.5 times the F.L. torque.

i.e. $\quad 1.5 \times 365.4 =$ **548.1 N-m.**

Example 30.29. *A 200 V shunt motor with a shunt resistance of 40 Ω and armature resistance of 0.02 Ω takes a current of 55 A and runs at 595 r.p.m. when there is a resistance of 0.58 Ω in series with armature. Torque remaining the same, what change should be made in the armature circuit resistance to raise the speed to 630 r.p.m. ? Also find*

(i) At what speed will the motor run if the load torque is reduced such that armature current is 15 A.

(ii) Now, suppose that a divertor of resistance 5 Ω is connected across the armature and series resistance is so adjusted that motor speed is again 595 r.p.m., when armature current is 50 A. What is the value of this series resistance ? Also, find the speed when motor current falls of 15 A again.

Solution. The circuit is shown in Fig. 30.7.

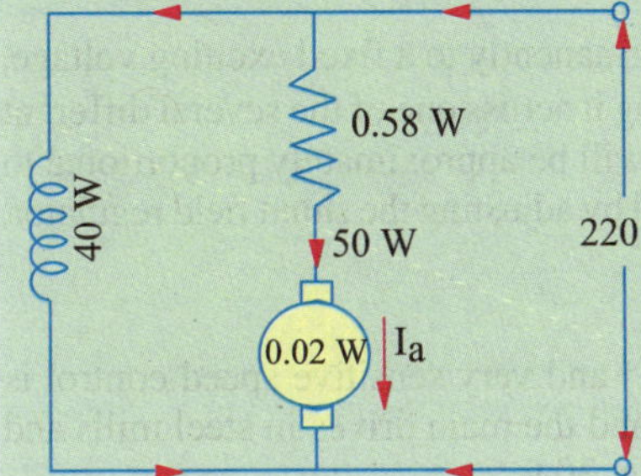

Fig. 30.7

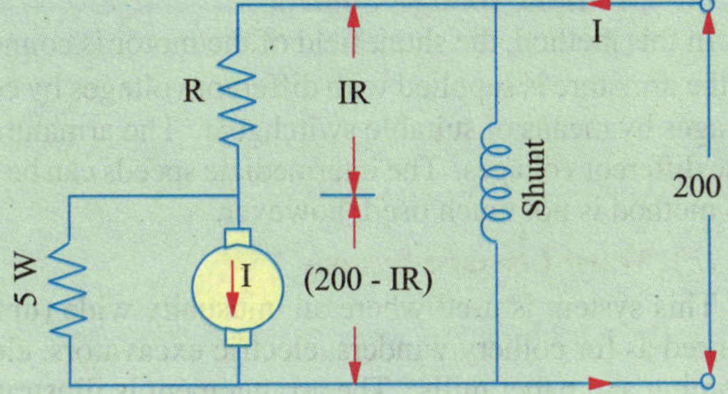

Fig. 30.8

$I_{sh} = 200/40 = 5$ A $\therefore$ $I_{a1} = 55 - 5 = 50$ A

Armature circuit resistance $= 0.58 + 0.02 = 0.6\ \Omega$

$\therefore$ $E_{b1} = 200 - (50 \times 0.6) = 170$ V

Since torque is the same in both cases, $I_{a1}\,\Phi_1 = I_{a2}\,\Phi_2$

Moreover, $\Phi_1 = \Phi_2$ $\therefore$ $I_{a1} = I_{a2}$ $\therefore$ $I_{a2} = 50$ A

Now $E_{b1} = 170$ V, $N_1 = 595$ r.p.m., $N_2 = 630$ r.p.m., $E_{b2} = ?$

Using $\dfrac{N_2}{N_1} = \dfrac{E_{b2}}{E_{b1}}$ $(\because \Phi_1 = \Phi_2)$

we get $E_{b2} = 170 \times (630/595) = 180$ V

Let R_2 be the new value of armature circuit resistance for raising the speed from 595 r.p.m. to 630 r.p.m.

$\therefore$ $180 = 200 - 50\,R_2$ $\therefore$ $R = 0.4\ \Omega$

Hence, armature circuit resistance should be reduced by $0.6 - 0.4 =$ **0.2 Ω.**

(*i*) We have seen above that

$I_{a1} = 50$ A, $E_{b1} = 170$ V, $N_1 = 595$ r.p.m.

If $I_{a2} = 15$ A, $E_{b2} = 200 - (15 \times 0.6) = 191$ V

$\therefore$ $\dfrac{N_2}{595} = \dfrac{191}{170}$ $\therefore$ $N_2 =$ **668.5 r.p.m.**

(*ii*) When armature divertor is used (Fig. 30.8).

Let R be the new value of series resistance

$\therefore$ $E_{b3} = 200 - IR - (50 \times 0.02) = 199 - IR$

Since speed is 595 r.p.m., E_{b3} must be equal to 170 V

$\therefore$ $170 = 199 - IR$ $\therefore$ $IR = 29$ V; P.D. across divertor $= 200 - 29 = 171$ V

Current through divertor $I_d = 171/5 = 34.2$ A $\therefore$ $I = 50 + 34.2 = 84.2$ A

As $IR = 29$ V $\therefore$ $R = 29/84.2 =$ **0.344 W**

When $I_a = 15$ A, then $I_d = (I - 15)$ A

P.D. across divertor $= 5\,(I - 15) = 200 - 0.344\,I$ $\therefore$ $I = 51.46$ A

$E_{b4} = 200 - 0.344\,I - (15 \times 0.02)$

$= 200 - (0.344 \times 51.46) - 0.3 = 182$ V

$\therefore$ $\dfrac{N_4}{N_1} = \dfrac{E_{b4}}{E_{b1}}$ or $\dfrac{N_4}{595} = \dfrac{182}{170}$ $\therefore$ $N_4 =$ **637 r.p.m.**

The effect of armature divertor is obvious. The speed without divertor is 668.5 r.p.m. and with armature divertor, it is 637 r.p.m.

(*iii*) Voltage Control Method

(*a*) Multiple Voltage Control

In this method, the shunt field of the motor is connected permanently to a fixed exciting voltage, but the armature is supplied with different voltages by connecting it across one of the several different voltages by means of suitable switchgear. The armature speed will be approximately proportional to these different voltages. The intermediate speeds can be obtained by adjusting the shunt field regulator. The method is not much used, however.

(*b*) Ward-Leonard System

This system is used where an unusually wide (upto 10 : 1) and very sensitive speed control is required as for colliery winders, electric excavators, elevators and the main drives in steel mills and blooming and paper mills. The arrangement is illustrated in Fig. 30.9.

M_1 is the main motor whose speed control is required. The field of this motor is permanently connected across the d.c. supply lines. By applying a variable voltage across its armature, any desired speed can be obtained. This variable voltage is supplied by a motor-generator set which consists of either a d.c. or an a.c. motor M_2 directly coupled to generator G.

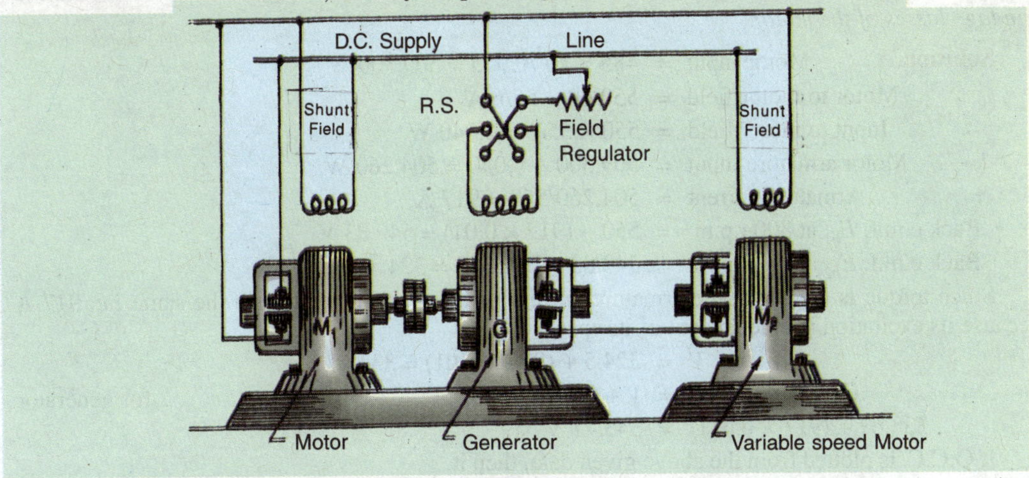

Fig. 30.9

The motor M_2 runs at an approximately constant speed. The output voltage of G is directly fed to the main motor M_1. The voltage of the generator can be varied from zero up to its maximum value by means of its field regulator. By reversing the direction of the field current of G by means of the reversing switch RS, generated voltage can be reversed and hence the direction of rotation of M_1. It should be remembered that motor generator set always runs in the same direction.

Despite the fact that capital outlay involved in this system is high because *(i)* a large output machine must be used for the motor generator set and *(ii)* that two extra machines are employed, still it is used extensively for elevators, hoist control and for main drive in steel mills where motor of ratings 750 kW to 3750 kW are required. The reason for this is that the almost unlimited speed control in either direction of rotation can be achieved entirely by field control of the generator and the resultant economies in steel production outwiegh the extra expenditure on the motor generator set.

A modification of the Ward-Leonard system is known as Ward-Leonard-Ilgner system which uses a smaller motor-generator set with the addition of a flywheel whose function is to reduce fluctuations in the power demand from the supply circuit. When main motor M_1 becomes suddenly overloaded, the driving motor M_2 of the motor generator set slows down, thus allowing the inertia of the flywheel to supply a part of the overload. However, when the load is suddenly thrown off the main motor M_1, then M_2 speeds up, thereby again storing energy in the flywheel.

When the Ilgner system is driven by means of an a.c. motor (whether induction or synchronous) another refinement in the form of a 'slip regulator' can be usefully employed, thus giving an additional control.

The chief disadvantage of this system is its low overall efficiency especially at light loads. But as said earlier, it has the outstanding merit of giving wide speed control from maximum in one direction through zero to the maximum in the opposite direction and of giving a smooth acceleration.

Example 30.30. *The O.C.C. of the generator of a Ward-Leonard set is*

Field amps :	*1.4*	*2.2*	*3*	*4*	*5*	*6*	*7*	*8*
Armature volts :	*212*	*320*	*397*	*472*	*522*	*560*	*586*	*609*

The generator is connected to a shunt motor, the field of which is separately-excited at 550 V. If the speed of motor is 300 r.p.m. at 550 V, when giving 485 kW at 95.5% efficiency, determine the excitation of the generator to give a speed of 180 r.p.m. at the same torque. Resistance of the motor armature circuit = 0.01 Ω, resistance of the motor field = 60 Ω, resistance of generator armature circuit = 0.01 Ω. Ignore the effect of armature reaction and variation of the core factor and the windage losses of the motor.

Solution. Motor input $= 485 \times 10^3/0.955 = 509{,}300$ W

Motor to motor field $= 550/60 = 55/6$ A

Input to motor field $= 550 \times 55/6 = 5{,}040$ W

∴ Motor armature input $= 509{,}300 - 5{,}040 = 504{,}260$ W

∴ Armature current $= 504{,}260/550 = 917$ A

Back e.m.f. E_{b1} at 300 r.p.m. $= 550 - (917 \times 0.01) = 540.83$ V

Back e.m.f. E_{b2} at 180 r.p.m. $= 540.83 \times 180/300 = 324.5$ V

Since torque is the same, the armature current of the main motor is also the same *i.e.* 917 A because its excitation is independent of its speed.

∴ $V = 324.5 + (917 \times 0.01) = 333.67$ V

Generated e.m.f. $= V + I_a R_a$ ...for generator

$333.67 + (917 \times 0.011) = 343.77$ V.

If O.C.C. is plotted from the above given data, then it would be found that the excitation required to give 343.77 V is 2.42 A.

∴ Generator exciting current = **2.42 A**

30.3. Speed Control of Series Motors

1. Flux Control Method

Variations in the flux of a series motor can be brought about in any one of the following ways :

(*a*) Field Divertors

The series winding are shunted by a variable resistance known as field divertor (Fig. 30.10). Any desired amount of current can be passed through the divertor by adjusting its resistance. Hence the flux can be decreased and consequently, the speed of the motor increased.

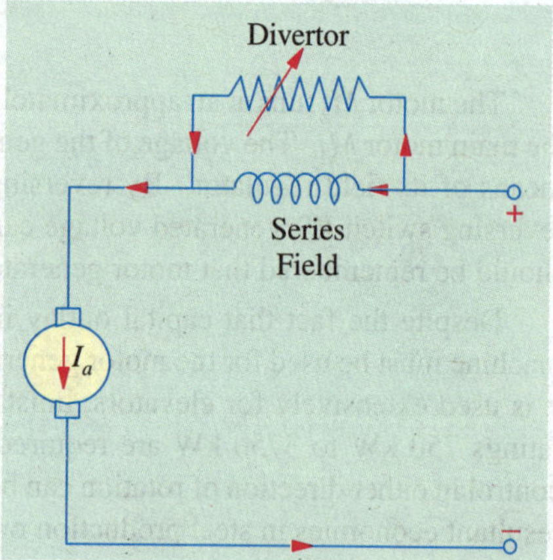

Fig. 30.10

(*b*) Armature Divertor

A divertor across the armature can be used for giving speeds lower than the normal speed (Fig. 30.11). For a ***given constant load torque***, if I_a is reduced due to armature divertor, the Φ must increase.

($\because \quad T_a \propto \Phi I_a$). This results in an increase in current taken from the supply (which increases the flux and a fall in speed ($N \propto I/\Phi$)). The variation in speed can be controlled by varying the divertor resistance.

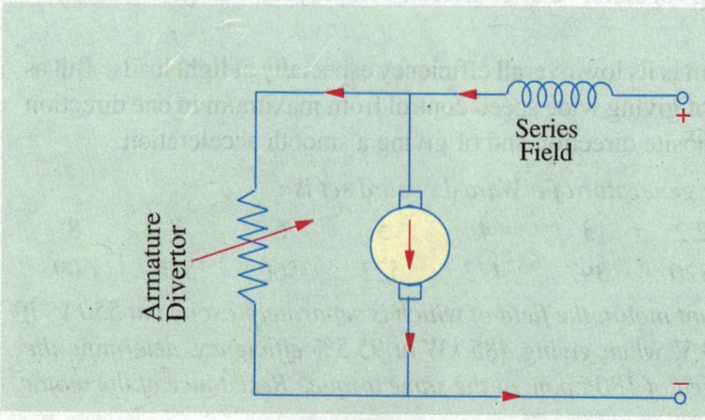

Fig. 30.11

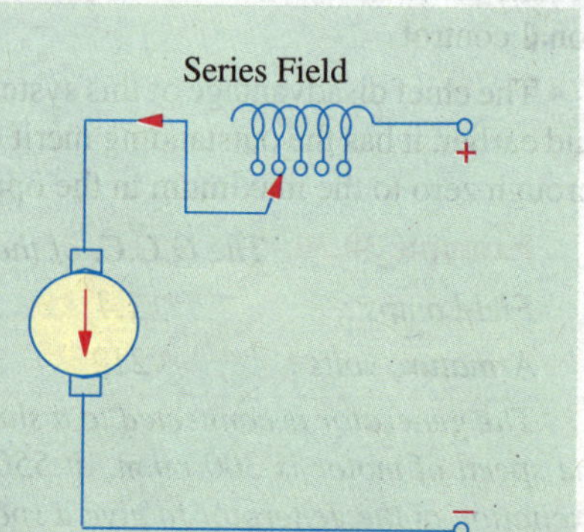

Fig. 30.12

(c) Trapped Field Control Field

This method is often used in electric traction and is shown in Fig. 30.12.

The number of series filed turns in the circuit can be changed at will as shown. With full field, the motor runs at its minimum speed which can be raised in steps by cutting out some of the series turns.

(d) Paralleling Field coils

In this method, used for fan motors, several speeds can be obtained by regrouping the field coils as shown in Fig. 30.13. It is seen that for a 4-pole motor, three speeds can be obtained easily. (Ex.30.35)

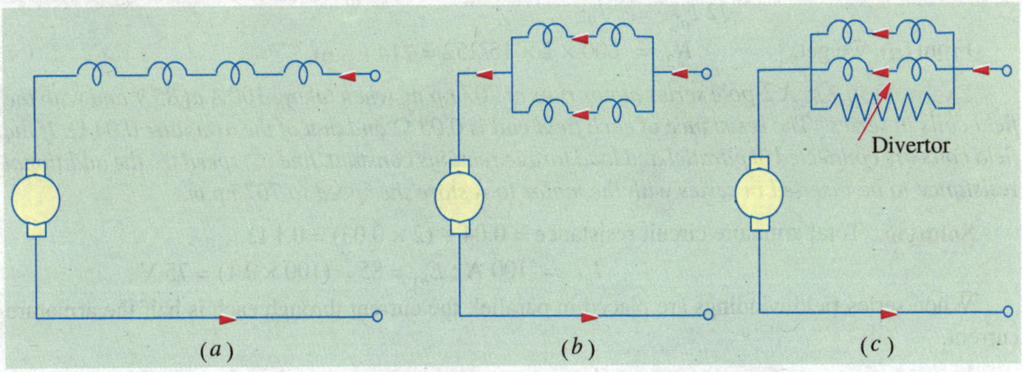

Fig. 30.13

2. Variable Resistance in Series with Motor

By increasing the resistance in series with the armature (Fig. 30.14) the voltage applied across the armature terminals can be decreased.

With reduced voltage across the armature, the speed is reduced. However, it will be noted that since full motor current passes through this resistance, there is a considerable loss of power in it.

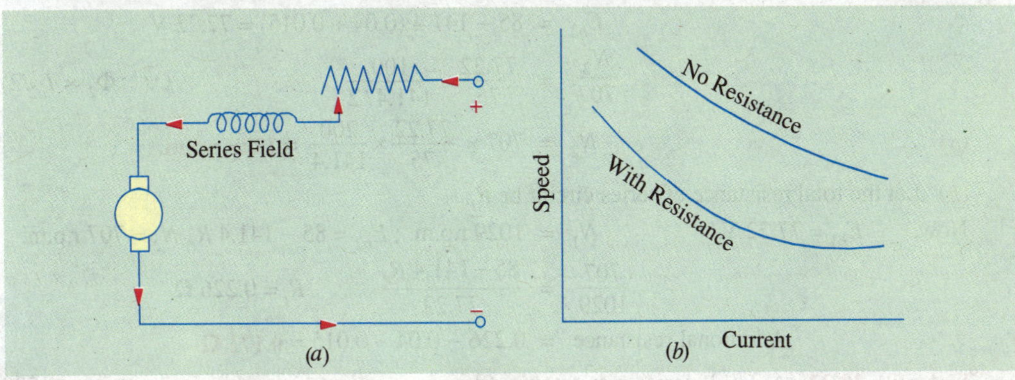

Fig. 30.14

Example 30.31. *A d.c. series motor drives a load the torque of which varies as the square of the speed. The motor takes a current of 15 A when the speed is 600 r.p.m. Calculate the speed and the current when the motor field winding is shunted by a divertor of the same resistance as that of the field winding. Mention the assumptions made, if any.* **(Elect. Machines, AMIE Sec B, 1993)**

Solution.

$$T_{a1} \propto N_1^2, T_{a2} \propto N_2^2 \quad \therefore \quad T_{a2}/T_{a1} = N_2^2/N_1^2$$

Also, $$T_{a1} \propto \Phi_1 I_{a1} \propto I_{a1}^2, T_{a2} \propto \Phi_2 I_{a2} \propto (I_{a2}/2) I_{a2} \propto I_{a2}^2/2$$

It is so because in the second case, field current is half the armature current.

$$\therefore \quad \frac{N_2^2}{N_1^2} = \frac{I_{a2}^2/2}{I_{a1}^2} \quad \text{or} \quad \frac{N_2}{N_1} = \frac{I_{a2}}{\sqrt{2}\, I_{a1}} \qquad \text{... (i)}$$

Now, $$\frac{N_2}{N_1} = \frac{E_{b2}}{E_{b1}} \times \frac{\Phi_1}{\Phi_2}$$

If we neglect the armature and series winding drops as well as brush drop, then $E_{b1} = E_{b2} = V$

$$\frac{N_2}{N_1} = \frac{\Phi_1}{\Phi_2} = \frac{I_{a1}}{I_{a2}/2} = \frac{2I_{a1}}{I_{a2}} \quad \text{...(ii)}$$

From (*i*) and (*ii*), $$\frac{I_{a2}}{\sqrt{2}\, I_{a1}} = \frac{2I_{a1}}{I_{a2}} \quad \text{or} \quad I_{a2}^2 = 2\sqrt{2}\, I_{a1}^2 = 2\sqrt{2} \times 15^2 \quad \text{or} \quad I_{a2} = 25.2 \text{ A}$$

From (*ii*), we get, $N_2 = 600 \times 2 \times 15/252 =$ **714 r.p.m.**

Example 30.32. *A 2-pole series motor runs at 707 r.p.m. when taking 100 A at 85 V and with the field coils in series. The resistance of each field coil is 0.03 Ω and that of the armature 0.04 Ω. If the field coils are connected in parallel and load torque remains constant, find (a) speed (b) the additional resistance to be inserted in series with the motor to restore the speed to 707 r.p.m.*

Solution. Total armature circuit resistance = 0.04 + (2 × 0.03) = 0.1 Ω

$$I_{a1} = 100 \text{ A} ; E_{b1} = 85 - (100 \times 0.1) = 75 \text{ V}$$

When series field windings are placed in parallel, the current through each is half the armature current.

If I_{a2} = new armature current ; then $\Phi_2 \propto I_{a2}/2$.

As torque is the same in the two cases,

$$\therefore \quad \Phi_1 I_{a1} = \Phi_2 I_{a2} \quad \text{or} \quad I_{a1}^2 = \frac{I_{a2}}{2} \times I_{a2} = \frac{I_{a2}^2}{2}$$

$$\therefore \quad 100^2 = I_{a2}^2 \quad \therefore \quad I_{a2} = 100\sqrt{2} = 141.4 \text{ A}$$

In this case, series field resistance = 0.03/2 = 0.015 Ω

$$\therefore \quad E_{b2} = 85 - 141.4\,(0.04 + 0.015) = 77.22 \text{ V}$$

$$\frac{N_2}{707} = \frac{77.22}{75} \times \frac{100}{141.4/2} \qquad (\because \ \Phi_2 \propto I_{a2}/2)$$

(*a*) ∴ $$N_2 = 707 \times \frac{77.22}{75} \times \frac{200}{141.4} = \textbf{1029 r.p.m.}$$

(*b*) Let the total resistance of series circuit be R_t.

Now, $E_{b1} = 77.22$ V, $N_1 = 1029$ r.p.m. ; $E_{b2} = 85 - 141.4\, R_t$, $N_2 = 707$ r.p.m.

$$\frac{707}{1029} = \frac{85 - 141.4\, R_t}{77.22} \quad \therefore \quad R_t = 0.226\ \Omega$$

∴ Additional resistance = 0.226 − 0.04 − 0.015 = **0.171 Ω**

Example 30.33. *A 240 V series motor takes 40 amperes when giving its rated output at 1500 r.p.m. Its resistance is 0.3 ohm. Find what resistance must be added to obtain rated torque (i) at starting (ii) at 1000 r.p.m.* **(Elect. Engg., Madras Univ. 1987)**

Solution. Since torque remains the same in both cases, it is obvious that current drawn by the motor remains constant at 40 A. $(\because \ T_a \propto I_a^2)$

(*i*) If R is the series resistance added, then $40 = 240/(R + 0.3)$ ∴ $R = 5.7\ \Omega$

(*ii*) Current remaining constant, $T_a \propto E_b/N$ – Art. 29.7

$$\frac{E_{b1}}{N_1} = \frac{E_{b2}}{N_2}$$

Now, $E_{b1} = 240 - 40 \times 0.3 = 228$ V ; $N_1 = 1500$ r.p.m.

$E_{b2} = 240 - 40\,(R + 0.3)$ V ; $N_2 = 1000$ r.p.m.

$$\therefore \quad \frac{228}{1500} = \frac{240 - 40\,(R + 0.3)}{1000} \; ; \; R = 1.9\ \Omega$$

Example 30.34. *A 4-pole, series-wound fan motor runs normally at 600 r.p.m. on a 250 V d.c. supply taking 20 A. The field coils are connected at in series. Estimate the speed and current taken by the motor if the coils are reconnected in two parallel groups of two in series. The load torque increases as the square of the speed. Assume that the flux is directly proportional to the current and ignore losses.* **(Elect. Machines, AMIE, Sec B. 1990)**

Solution. When coils are connected in two parallel groups, current through each becomes $I_{a2}/2$ where I_{a2} is the new armature current.

Hence, $\quad \Phi_2 \propto I_{a2}/2$

Now $\quad T_a \propto \Phi I_a$

$\quad \propto N^2$ – given

$$\therefore \quad \Phi_1 I_{a1} \propto N_1^2 \text{ and } \Phi_2 I_{a2} \propto N_2^2 \quad \therefore \quad \left(\frac{N_2}{N_1}\right)^2 = \frac{\Phi_2 I_{a2}}{\Phi_1 I_{a1}} \quad \text{... } (i)$$

Since losses are negligible, field coil resistance as well as armature resistance are negligible. It means that armature and series field voltage drops are negligible. Hence, back e.m.f. in each case equals the supply voltage.

$$\therefore \quad \frac{N_2}{N_1} = \frac{E_{b2}}{E_{b1}} \times \frac{\Phi_1}{\Phi_2} \text{ becomes } \frac{N_2}{N_1} = \frac{\Phi_1}{\Phi_2} \quad \text{... } (ii)$$

Putting this value in (*i*) above, we get

$$\left(\frac{\Phi_1}{\Phi_2}\right)^2 = \frac{\Phi_2 I_{a2}}{\Phi_1 I_{a1}} \quad \text{or} \quad \frac{I_{a2}}{I_{a1}} = \left(\frac{\Phi_1}{\Phi_2}\right)^3$$

Now, $\Phi_1 \propto 20$ and $\Phi_2 \propto I_{a2}/2 \quad \therefore \quad \dfrac{I_{a2}}{20} = \left(\dfrac{20}{I_{a2}/2}\right)^3$ or $I_{a2} = 20 \times 2^{3/4} = 33.64$ **A**

From (*ii*) above, we get $\dfrac{N_2}{N_1} = \dfrac{\Phi_1}{\Phi_2} = \dfrac{I_{a1}}{I_{a2}/2} = \dfrac{2I_{a1}}{I_{a2}}$; $N_2 = 600 \times 2 \times 20/33.64 =$ **714 r.p.m.**

Example 30.35. *A d.c. series motor having a resistance of 1 Ω drives a fan for which the torque varies as the square of the speed. At 220 V, the set runs at 350 r.p.m. and takes 25 A. The speed is to be raised to 500 r.p.m. by increasing the voltage. Determine the necessary voltage and the corresponding current assuming the field to be unsaturated.*

(Electrical Engg., Banaras Hindu Univ. 1998)

Solution. Since $\Phi \propto I_a$, hence $T_a \propto \Phi I_a \propto I_a^2$. Also $T_a \propto N^2$ ...(given)

$$\therefore \quad I_a^2 \propto N^2 \quad \text{or} \quad I_a \propto N \quad \text{or} \quad I_{a1} \propto N_1 \text{ and } I_{a2} \propto N_2$$

$$\therefore \quad \frac{I_{a2}}{I_{a1}} = \frac{N_2}{N_1} = \frac{500}{350}; \; I_{a2} = 25 \times \frac{500}{350} = \frac{250}{7}\text{ A}$$

$$E_{b1} = 220 - 25 \times 1 = 195\text{ V}; \; E_{b1} = V - (250/7) \times 1, \; \frac{\Phi_1}{\Phi_2} = \frac{25}{250/7} = \frac{7}{10}$$

$$\text{Now} \quad \frac{N_2}{N_1} = \frac{E_{b2}}{E_{b1}} \times \frac{\Phi_1}{\Phi_2}; \; \frac{500}{350} = \frac{V - (250/7)}{195} \times \frac{7}{10}; \; V = 433.7\text{ V}$$

Example 30.36. *A d.c. series motor runs at 1000 r.p.m. when taking 20 A at 200 V. Armature resistance is 0.5 Ω. Series field resistance is 0.2 Ω. Find the speed for a total current of 20 A when a divertor of 0.2 Ω resistance is used across the series field. Flux for a field current of 10 A is 70 per cent of that for 20 A.*

Solution. $E_{b1} = 200 - (0.5 + 0.2) \times 20 = 186$ V ; $N_1 = 1000$ r.p.m.

Since divertor resistance equals series field resistance, the motor current of 20 A is divided equally between the two. Hence, a current of 10 A flows through series field and produces flux which is 70% of that corresponding to 20 A. In other words, $\Phi_2 = 0.7$ or $\Phi_1/\Phi_2 = 1/0.7$

Moreover, their combined resistance = 0.2/2 = 0.1 Ω

Total motor resistance becomes = 0.5 + 0.1 = 0.6 Ω

$$\therefore \quad E_{b2} = 200 - 0.6 \times 20 = 188 \text{ V} ; N_2 = ?$$

$$\therefore \quad \frac{N_2}{1000} = \frac{188}{186} \times \frac{1}{0.7} ; \; N_2 = \mathbf{1444 \text{ r.p.m.}}$$

Example 30.37. *A 200 V, d.c. series motor takes 40 A when running at 700 r.p.m. Calculate the speed at which the motor will run and the current taken from the supply if the field is shunted by a resistance equal to the field resistance and the load torque is increased by 50%.*

Armature resistance = 0.15 Ω, field resistance = 0.1 Ω

It may be assumed that flux per pole is proportional to the field.

Solution. In a series motor, prior to magnetic saturation

$$T \propto \Phi I_a \propto I_a^2 \quad \therefore \quad T_1 \propto I_{a1}^2 \propto 40^2 \qquad \text{...}(i)$$

If I_{a2} is the armature current (or motor current) in the second case when divertor is used, then only $I_{a2}/2$ passes through the series field winding.

$$\therefore \quad \Phi_2 \propto I_{a2}/2 \text{ and } T_2 \propto \Phi_2 I_{a2} \propto (I_{a2}/2) \times I_{a2} \propto I_{a2}^2/2 \qquad \text{...}(ii)$$

From (*i*) and (*ii*), we get $\dfrac{T_2}{T_1} = \dfrac{I_{a2}^2}{2 \times 40^2}$

Also $T_2/T_1 = 1.5 \quad \therefore \quad 1.5 = I_{a2}/2 \times 40^2$

$$\therefore \quad I_{a2} = \sqrt{1.5 \times 2 \times 40^2} = 69.3 \text{ A} ;$$

Now
$$E_{b1} = 220 - (40 \times 0.25) = 210 \text{ V}$$

$$E_{b2} = 220 - (69.3 \times 0.2^*) = 206.14 \text{ V} ; N_1 = 700 \text{ r.p.m.} ; N_2 = ?$$

$$\frac{N_2}{N_1} = \frac{E_{b2}}{E_{b1}} \times \frac{\Phi_1}{\Phi_2} \quad \therefore \quad \frac{N_2}{700} = \frac{206.14}{210} \times \frac{40}{69.3/2} \quad \therefore N_2 = \mathbf{794 \text{ r.p.m.}}$$

Example 30.38. *A 4-pole, 250 V d.c. series motor takes 20 A and runs at 900 r.p.m. Each field coil has resistance of 0.025 ohm and the resistance of the armature is 0.1 ohm. At what speed will the motor run developing the same torque if :*

(*i*) *a divertor of 0.2 ohm is connected in parallel with the series field*

(*ii*) *rearranging the field coils in two series and parallel groups*

Assume unsaturated magnetic operation.

(Electric Drives and their Control, Nagpur Univ. 1993)

Solution. The motor with its field coils all connected in series is shown in Fig. 30.15 (*a*). Here, $N_1 = 900$ r.p.m., $E_{b1} = 250 - 20 \times (0.1 + 4 \times 0.025) = 246$ V.

In Fig. 30.15 (*b*), a divertor of resistance 0.2 Ω has been connected in parallel with the series field coils. Let I_{a2} be the current drawn by the motor under this condition. As per current-divider rule, part of the current passing through the series fields is $I_{a2} \times 0.2/(0.1 + 0.2) = 2\, I_{a2}/3$. Obviously, $\Phi_2 \propto 2\, I_{a2}/3$.

* The combined resistance of series field winding and the divertor is 0.1/2 = 0.05 Ω. Hence, the total resistance = 0.15 + 0.05 = 0.2 Ω, in example 30.37.

Now, $T_1 \propto \Phi_1 I_{a1} \propto I_{a1}^2$; $T_2 \propto \Phi_2 I_{a2} \propto (2\,I_{a2}/3)\,I_{a2} \propto 2\,I_{a2}^2/3$

Since $T_1 = T_2$; $\therefore\; I_{a1}^2 = 2\,I_{a2}^2/3$ or $20^2 = 2\,I_{a2}^2/3$; $\therefore\; I_{a2} = 24.5$ A.

Combined resistance of the field and divertor = $0.2 \times 0.1/0.3 = 0.667\ \Omega$; Arm. circuit resistance = $0.1 + 0.0667 = 0.1667\ \Omega$; $E_{b2} = 250 - 24.5 \times 0.1667 = 250 - 4.1 = 245.9$ V

$$\frac{N_2}{N_1} = \frac{E_{b2}}{E_{b1}} \times \frac{\Phi_1}{\Phi_2}\,;\; \frac{N_2}{900} = \frac{245.9}{246} \times \frac{20}{(2/3)\,24.5}\,;\; N_2 = 1102 \text{ r.p.m.} \qquad ...(\because\; \Phi_2 \propto 2\,I_{a2}/3)$$

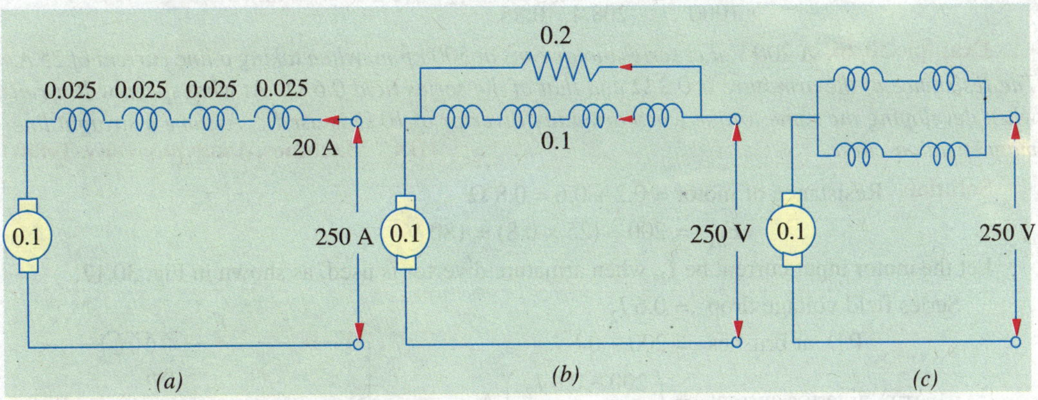

Fig. 30.15

(ii) In Fig. 30.15 (*c*), the series field coils have been arranged in two parallel groups. If the motor current is I_{a2}, then it is divided equally between the two parallel paths. Hence, $\Phi_2 \propto I_{a2}/2$.

Since torque remains the same,

$$T_1 \propto \Phi_1 I_{a1} \propto I_{a1}^2 \propto 20^2\,;\; T_2 \propto \Phi_2 I_{a2} \propto (I_{a2}/2)\,I_{a2} \propto I_{a2}^2/2$$

Since $T_1 = T_2$; $\therefore\; 20^2 = I_{a2}^2/2$; $I_{a2} = 28.28$ A

Combined resistance of the two parallel paths = $0.05/2 = 0.025\ \Omega$

Total arm. circuit resistance = $0.1 + 0.025 = 0.125\ \Omega$

$\therefore\quad E_{b2} = 250 - 28.28 \times 0.125 = 246.5$ V

$$\frac{N_2}{900} = \frac{246.5}{246} \times \frac{20}{28.28/2}\,;\; N_2 = \textbf{1275 r.p.m.}$$

Example 30.39. *A 4-pole, 230 V series motor runs at 1000 r.p.m., when the load current is 12 A. The series field resistance is 0.8 Ω and the armature resistance is 1.0 Ω. The series field coils are now regrouped from all in series to two in series with two parallel paths. The line current is now 20 A. If the corresponding weakening of field is 15%, calculate the speed of the motor.*

(Electrotechnology-I, Guwahati Univ. 1987)

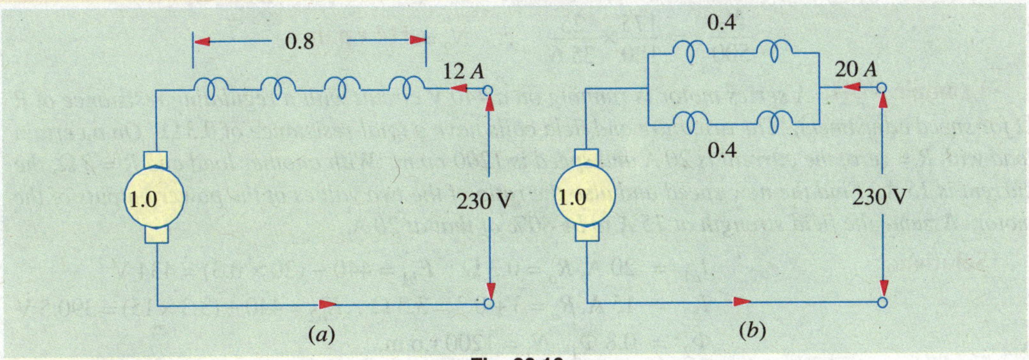

Fig. 30.16

Solution. $$\frac{N_2}{N_1} = \frac{E_{b2}}{E_{b1}} \times \frac{\Phi_1}{\Phi_2}, \ E_{b1} = 230 - 12 \times 1.8 = 208.4 \text{ V, as in Fig. 30.16}(a)$$

For circuit in Fig. 30.16 (*b*),

$$E_{b2} = 230 - 20\,(1 + 0.4/2) = 206 \text{ V};$$

$$\Phi_2 = 0.85\,\Phi_1 \text{ or } \Phi_1/\Phi_2 = 1/0.85$$

$$\therefore \quad \frac{N_2}{1000} = \frac{206}{208.4} \times \frac{1}{0.85} \quad \therefore \quad N_2 = \textbf{1163 r.p.m.}$$

Example 30.40. *A 200 V, d.c. series motor runs at 500 r.p.m. when taking a line current of 25 A. The resistance of the armature is 0.2 Ω and that of the series field 0.6 Ω. At what speed will it run when developing the same torque when armature divertor of 10 Ω is used ? Assume a straight line magnetisation curve.* **(D.C. Machines, Jadavpur Univ. 1988)**

Solution. Resistance of motor = 0.2 + 0.6 = 0.8 Ω

$$\therefore \quad E_{b1} = 200 - (25 \times 0.8) = 180 \text{ V}$$

Let the motor input current be I_2, when armature divertor is used, as shown in Fig. 30.17.

$$\text{Series field voltage drop} = 0.6\, I_2$$

$$\therefore \quad \text{P.D. at brushes} = 200 - 0.6\, I_2$$

$$\therefore \quad \text{Arm. divertor current} = \left(\frac{200 - 0.6\, I_2}{10}\right) \text{A}$$

$$\therefore \quad \text{Armature current} = I_2 - \left(\frac{200 - 0.6\, I_2}{10}\right)$$

$$\therefore \quad I_{a2} = \frac{10.6\, I_2 - 200}{10}$$

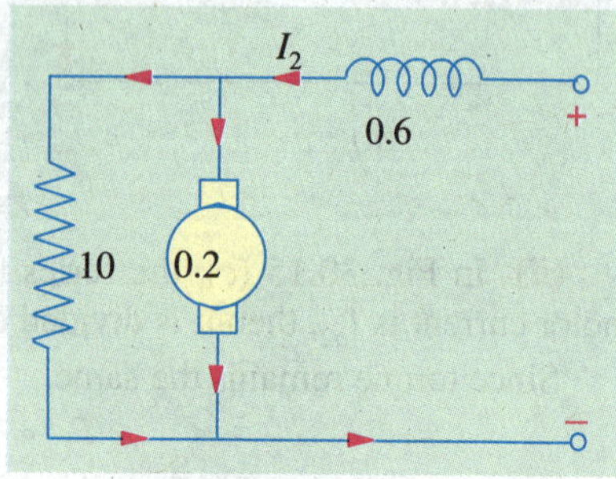

Fig. 30.17

As torque in both cases is the same, $\therefore \quad \Phi_1 I_{a1} = \Phi_2 I_{a2}$

$$\therefore \quad 25 \times 25 = I_2 \left(\frac{10.6 I_2 - 200}{10}\right) \quad \text{or} \quad 6{,}250 = 10.6\, I_2^2 - 200\, I_2$$

or $10.6\, I_2^2 - 200\, I_2 - 6250 = 0$ or $I_2 = 35.6$ A

$$\text{P.D. at brushes in this case} = 200 - (35.6 \times 0.6) = 178.6 \text{ V}$$

$$\therefore \quad I_{a2} = \frac{10.6 \times 35.6 - 200}{10} = 17.74 \text{ A};$$

$$E_{b2} = 178.6 - (17.74 \times 0.2) = 175 \text{ V}$$

Now $$\frac{N_2}{N_1} = \frac{E_{b2}}{E_{b1}} \times \frac{\Phi_1}{\Phi_2} \quad \text{or} \quad \frac{N_2}{N_1} = \frac{E_{b2}}{E_{b1}} \times \frac{I_1}{I_2} \qquad (\because \ \Phi \propto I)$$

$$\therefore \quad \frac{N_2}{500} = \frac{175}{180} \times \frac{25}{35.6} \quad \therefore \quad N_2 = \textbf{314 r.p.m.}$$

Example 30.41. *A series motor is running on a 440 V circuit with a regulating resistance of R Ω for speed adjustment. The armature and field coils have a total resistance of 0.3 Ω. On a certain load with R = zero, the current is 20 A and speed is 1200 r.p.m. With another load and R = 3 Ω, the current is 15 A. Find the new speed and also the ratio of the two values of the power outputs of the motor. Assume the field strength at 15 A to be 80% of that at 20 A.*

Solution.

$$I_{a1} = 20 \text{ A}, R_a = 0.3\,\Omega;\ E_{b1} = 440 - (20 \times 0.3) = 434 \text{ V}$$

$$I_{a2} = 15 \text{ A}, R_a = 3 + 0.3 = 3.3\,\Omega \ \therefore E_{b2} = 440 - (3.3 \times 15) = 390.5 \text{ V}$$

$$\Phi_2 = 0.8\,\Phi_1,\ N_1 = 1200 \text{ r.p.m.}$$

Using $\frac{N_2}{N_1} = \frac{E_{b2}}{E_{b1}} \times \frac{\Phi_1}{\Phi_2}$, we get $N_2 = 1200 \times \frac{390.5}{434} \times \frac{1}{0.8} =$ **1350 r.p.m.**

Now, in a series motor,

$$T \propto \Phi I_a \text{ and power } P \propto T \times N \quad \text{or} \quad P \propto \Phi N I_a$$

$$\therefore \quad P_1 \propto \Phi_1 \times 1200 \times 20 \quad \text{and} \quad P_2 \propto 0.8\, \Phi_1 \times 1350 \times 15$$

$$\therefore \quad \frac{P_1}{P_2} = \frac{1200 \times 20\, \Phi_1}{1350 \times 15 \times 0.8\, \Phi_1} = \mathbf{1.48}$$

Hence, power in the first case is 1.48 times the power in the second case.

Example 30.42. *A d.c. series with an unsaturated field and negligible resistance, when running at a certain speed on a given load takes 50 A at 460 V. If the load-torque varies as the cube of the speed, calculate the resistance required to reduce the speed by 25%.*

(Nagpur, Univ. November 1999, Madras Univ. 1987)

Solution. Let the speed be ω radians/sec and the torque, T_{em} Nw-m developed by the motor. Hence power handled = T. ω watts

Let load torque be T_L, $\quad T_L \propto \omega^3$

$$T_L = T_{em},\ T_{em} \propto (50)^2$$

Hence $\qquad$ Load power $= T_L\, \omega$

Since no losses have to be taken into account, $50^2 \propto \omega^3$

Armature power, $460 \times 50 \propto \omega^4$

Based on back e.m.f. relationship, $E_b \propto \omega I_a$

$$460 \propto \omega \times 50$$

To reduce the speed by 25%, operating speed = 0.75 ω rad/sec

Let the new current be I.

From Load side torque $\propto (0.75\, \omega)^3$

From electro-mech side, $T \propto I^2$

$$I^2 \propto (0.75\, \omega)^3$$

Comparing similar relationship in previous case,

$$\frac{I^2}{50^2} = \frac{(0.75\, \omega)^3}{\omega^3} = 0.75^3$$

$$I^2 = 50^2 \times 0.422 = 1055$$

$$I = 32.48 \text{ amp}$$

$$E_{b2} \propto I \times \text{speed}$$

$$\propto I \times 0.75\, \omega$$

$$\propto 32.48 \times 0.75\, \omega$$

$$\frac{E_{b2}}{460} = \frac{32.48 \times 0.75}{50}$$

$$E_{b2} = 224 \text{ volts}$$

If R is the resistance externally connected in series with the motor,

$$E_{b2} = 460 - 32.48 \times R = 224$$

$$\therefore \quad R = 7.266 \text{ ohms}$$

Previous armature power $= 460 \times 50 \times 10^{-3} = 23$ kW

New armature power should be

$$23 \times (0.75)^4 = 7.28 \text{ kW}$$

With E_b as 224 V and current as 32.48 amp

$$\text{Armature power} = 224 \times 32.48 \text{ watts} = 7.27 \text{ kW}$$

Thus, the final answer is checked by this step, since the results agree.

Example 30.43. *A d.c. series motor drives a load, the torque of which varies as the square of speed. The motor takes a current of 15 A when the speed is 600 r.p.m. Calculate the speed and current when the motor-field-winding is shunted by a divertor of equal resistance as that of the field winding. Neglect all motor losses and assume the magnetic circuit as unsaturated.*

(Bharathithasan Univ. April 1997)

Solution. Let the equations governing the characteristics of series motor be expressed as follows, with no losses and with magnetic circuit unsaturated.

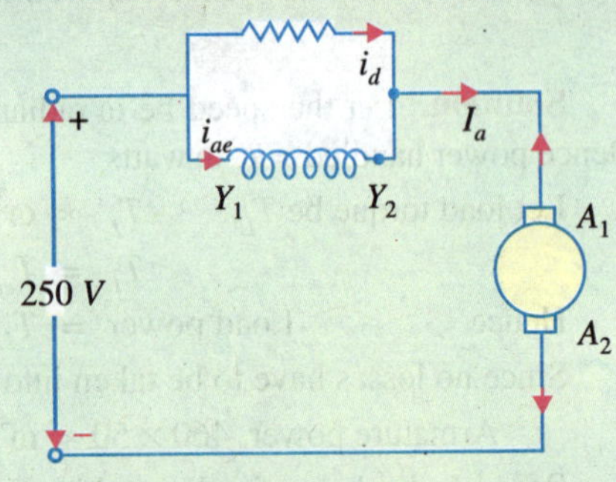

Fig. 30.18 (Divertor for speed control

$$\text{Torque developed by motor} = \text{Load torque}$$

$$k_m \times i_{se} \times I_a = k_L \times (600)^2$$

where k_m, k_L are constants

I_{se} = series field current

I_a = Armature current

In the first case $\quad i_{se} = I_a$

With divertor, $\quad i_{se} = i_d = 0.5\, I_a$,

Since, the resistances of divertor and series field are equal.

In the first case, $k_m \times 15 \times 15 = k_L \times (600)^2$ ...(*a*)

Let the supply voltage be V_L volts.

Since Losses are to be neglected, armature receives a power of ($V_L \times 15$) watts.

Case (*ii*) Let the new speed $= N_2$ r.p.m. and the new armature current = I_{a2} amp

So that new series-field current = $0.5\, I_{a2}$

$$\text{Torque developed by motor} = \text{Load torque}$$

$$k_m \times (0.5\, I_{a2}) \times I_{a2} = k_L \times (N_2)^2 \quad \text{...(b)}$$

From equations (*a*) and (*b*) above,

$$\frac{0.5\, I_{a2}^2}{225} = \frac{N_2^2}{600^2}$$

or

$$\left(\frac{N_2^2}{I_{a2}^2}\right) = \frac{600^2}{450} = 800 \quad \text{...(c)}$$

or

$$N_2/I_{a2} = 28.28 \quad \text{...(d)}$$

Now armature receives a power of $I_{a2}\, V_L$ watts. Mechanical outputs in the two cases have to be related with these electrical-power-terms.

$$k_L = (600)^2 \times 2600/60 = 15\, V_L \quad \text{...(e)}$$

$$k_L = N^2 \times 2\, N/60 = I_{a2}\, V_L \quad \text{...(f)}$$

From these two equations,

$$N^3/600^3 = I_{a2}/15 \quad \text{...(g)}$$

From (*c*) and (*g*), $\quad N_2\, I_{a2} = 18{,}000$ ...(*h*)

From (*d*) and (*h*), $N_2 = 713.5$ r.p.m.

And $I_{a2} = 25.23$ amp

Additional Correlation : Since the load-torque is proportional to the square of the speed, the mechanical output power is proportional to the cube of the speed. Since losses are ignored, electrical power (input) must satisfy this proportion.

$$(15\ V_L) / (25.23\ V_L) = (600/713.5)^3$$

$$\text{L.H.S.} = 0.5945,\ \text{R.H.S.} = 0.5947$$

Hence, correlated and checked.

30.4. Merits and Demerits of Rheostatic Control Method

1. Speed changes with every change in load, because speed variations depend not only on controlling resistance but on load current also. This double dependence makes it impossible to keep the speed sensibly constant on rapidly changing loads.
2. A large amount of power is wasted in the controller resistance. Loss of power is directly proportional to the reduction in speed. Hence, efficiency is decreased.
3. Maximum power developed is diminished in the same ratio as speed.
4. It needs expensive arrangement for dissipation of heat produced in the controller resistance.
5. It gives speeds *below* the normal, not above it because armature voltage can be decreased (not increased) by the controller resistance.

This method is, therefore, employed when low speeds are required for a short period only and that too occasionally as in printing machines and for cranes and hoists where motor is continually started and stopped.

Advantages of Field Control Method

This method is economical, more efficient and convenient though it can give speeds *above* (not below) the normal speed. The only limitation of this method is that commutation becomes unsatisfactory, because the effect of armature reaction is greater on a weaker field.

It should, however, be noted that by combining the two methods, speeds above and below the normal may be obtained.

30.5. Series-parallel Control

In this system of speed control, which is widely used in electric traction, two or more similar mechanically-coupled series motors are employed. At low speeds, the motors are joined in series Fig. 30.19 (*a*) and for high speeds, are joined in parallel Fig. 30.19 (*b*).

When in series, the two motors have the same current passing through them, although the voltage across each motor is *V*/2 *i.e.*, half the supply voltage. When joined in parallel, voltage across each machines is *V*, though current drawn by each motor is *I*/2.

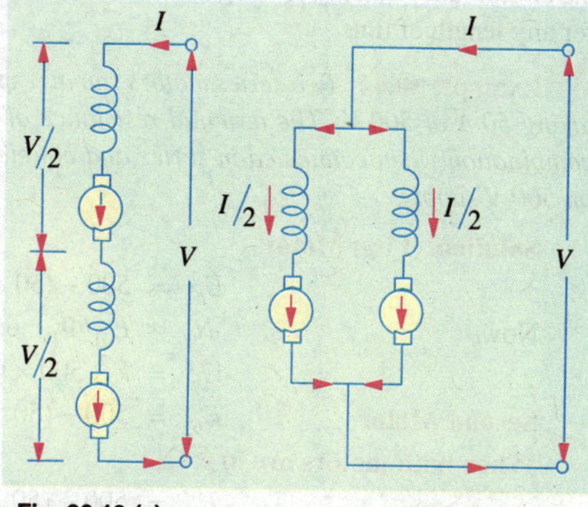

Fig. 30.19 (*a*) Fig. 30.19 (*b*)

When in Parallel

Now speed $\propto E_b / \phi \propto E_b$ / current (being series motors)

Since E_b is approximately equal to the applied voltage V :

$$\therefore \qquad \text{speed} \propto \frac{V}{I/2} \propto \frac{2V}{I}$$

$$\text{Also,} \qquad \text{torque} \propto \Phi I \propto I^2 \qquad (\because \quad \Phi \propto I) \quad ...(i)$$

$$\therefore \qquad T \propto (I/2)^2 \propto I^2/4 \qquad ...(ii)$$

When in Series

$$\text{Here} \qquad \text{speed} \propto \frac{E_b}{\Phi} \propto \frac{V/2}{I} \propto \frac{V}{2I} \qquad ...(iii)$$

This speed is one-fourth of the speed of the motors when in parallel.

Similarly $\qquad T \propto \Phi I \propto I^2$

The torque is four times that produced by motors when in parallel.

This system of speed control is usually combined with the variable resistance method of control described in Art. 30.3 (2).

The two motors are started up in series with each other and with variable resistance which is cut out in sections to increase the speed. When all the variable series resistance is cut out, the motors are connected in parallel and at the same time, the series resistance is reinserted. The resistance is again reduced gradually till full speed is attained by the motors. The switching sequence is shown in Fig.30.20. As the variable series controller resistance is not continuously rated, it has to be cut out of the circuit fairly quickly although in the four running positions A, B, C and D, it may be left in circuit for any length of time.

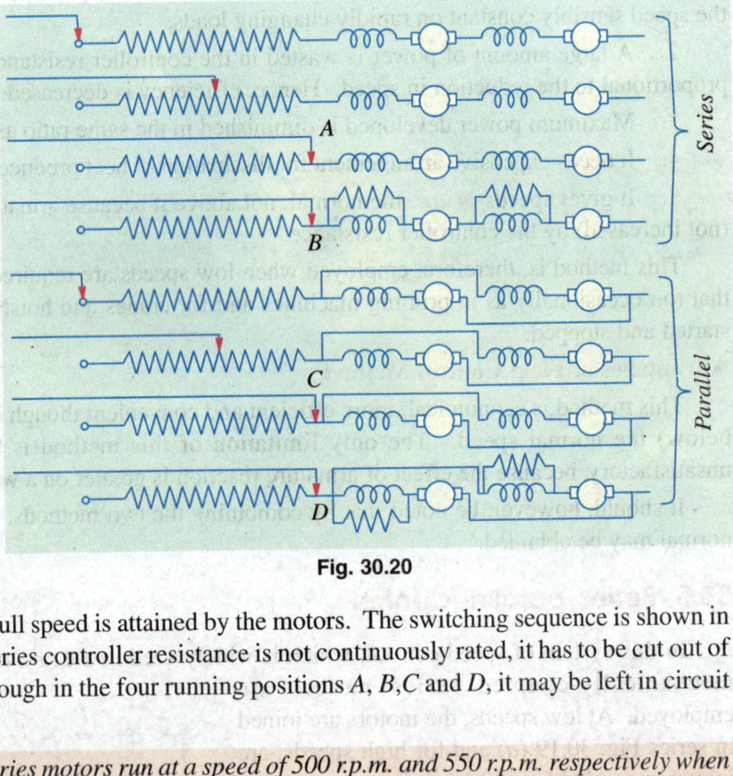

Fig. 30.20

Example 30.44. *Two series motors run at a speed of 500 r.p.m. and 550 r.p.m. respectively when taking 50 A at 500 V. The terminal resistance of each motor is 0.5 Ω. Calculate the speed of the combination when connected in series and coupled mechanically. The combination is taking 50 A on 500 V supply.* **(Electrical Machinery-I, Mysore Univ. 1985)**

Solution. First Motor

$$E_{b1} = 500 - (50 \times 0.5) = 475 \text{ V} ; I = 50 \text{ A}$$

$$\text{Now,} \qquad N_1 \propto E_{b1}/\Phi_1 \quad \text{or} \quad E_{b1} \propto N_1 \Phi_1 \quad \text{or} \quad E_{b1} = k N_1 \Phi_1$$

$$\therefore \qquad 475 = k \times 500 \times \Phi_1 \quad \therefore \quad k \Phi_1 = 475/500$$

Second Motor $\qquad E_{b2} = 500 - (50 \times 0.5) = 475$ V. Similarly, $k \Phi_2 = 475/550$

When both motors are in series

$$E_b' = 500 - (50 \times 2 \times 0.5) = 450 \text{ V}$$

Now, $E_b' = E_{b1} + E_{b2} = k\,\Phi_1\,N + k\,\Phi_2\,N$

where N is the common speed when joined in series.

$$\therefore \quad 450 = \frac{475}{500}N + \frac{475}{550}N \quad \therefore \quad N = \textbf{248 r.p.m.}$$

Example 30.45. *Two similar 20 h.p. (14.92 kW), 250 V, 1000 r.p.m. series motors are connected in series with each other across a 250 V supply. The two motors drive the same shaft through a reduction gearing 5 : 1 and 4 : 1 respectively. If the total load torque on the shaft is 882 N-m, calculate (i) the current taken from the supply main (ii) the speed of the shaft and (iii) the voltage across each motor. Neglect all losses and assume the magnetic circuits to be unsaturated.*

(Elect. Machines, Punjab Univ., 1991)

Solution. (*i*) Rated current of each motor = 14,920/250 = 59.68 A

Back e.m.f. $E_b = 250$ V (neglecting $I_a R_a$ drop)

Now, $E_b \propto N\Phi$ As $\Phi \propto I \therefore E_b \propto NI$ or $E_b = kNI$

$250 = k \times (1000/60) \times 59.68 \quad \therefore \quad k = 0.25$

Let N_{sh} be the speed of the shaft.

Speed of the first motor $N_1 = 5\,N_{sh}$; Speed of the second motor $N_2 = 4\,N_{sh}$

Let I be the new current drawn by the series set, then

$$E_b' = E_{b1} + E_{b2} = kI \times 5\,N_1 + kI \times N_2 = kI \times 5\,N_{sh} + kI \times 4\,N_{sh}$$

$$250 = 9 \times kI\,N_{sh} \quad \text{...(i)}$$

Now, torque $T = 0.159\dfrac{E_b I}{N} = 0.159 \times \dfrac{kI\,N_{sh} \times I}{N_{sh}} = 0.159\,k\,I^2$

Shaft torque due to gears of 1st motor $= 5 \times 0.159\,kI^2$

Shaft torque due to gears of 2nd motor $= 4 \times 0.159\,kI^2$

$\therefore \quad 882 = kI^2\,(5 \times 0.159 + 4 \times 0.159) = 1.431\,kI^2$

$\therefore \quad I^2 = 882/1.431 \times 0.25 = 2{,}449$ A $\quad \therefore \quad I = \textbf{49.5 A}$

(*ii*) From equation (*i*), we get

$250 = 9 \times 0.25 \times 49.5 \times N_{sh} \quad \therefore \quad N_{sh} = 2.233$ r.p.s. = **134 r.p.m.**

(*iii*) Voltage across the armature of Ist motor is

$$E'_{b1} = 5\,kI\,N_{sh} = 5 \times 0.25 \times 49.5 \times 2.233 = \textbf{139 V}$$

Voltage across the armature of 2nd motor

$$E_{b2} = 4\,kI\,N_{sh} = 4 \times 0.25 \times 49.5 \times 2.233 = \textbf{111 V}$$

Note that E_{b1} and E_{b2} are respectively equal to the applied voltage across each motor because $I_a R_a$ drops are negligible.

30.6. Electric Braking

A motor and its load may be brought to rest quickly by using either (*i*) Friction Braking or (*ii*) Electric Braking. The commonly-used mechanical brake has one drawback : it is difficult to achieve a smooth stop because it depends on the condition of the braking surface as well as on the skill of the operator.

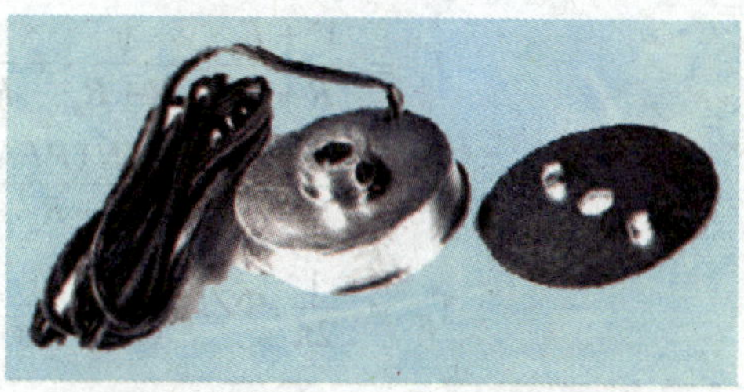

Strong electric brake for airwheels

The excellent electric braking methods are available which eliminate the need of brake lining levers and other mechanical gadgets. Electric braking, both for shunt and series motors, is of the following three types: (*i*) rheostatic or dynamic braking

(*ii*) plugging *i.e.*, reversal of torque so that armature tends to rotate in the opposite direction and
(*iii*) regenerative braking.

Obviously, friction brake is necessary for holding the motor even after it has been brought to rest.

30.7. Electric Braking of Shunt Motors

(*a*) Rheostatic or Dynamic Braking

In this method, the armature of the shunt motor is disconnected from the supply and is connected across a variable resistance *R* as shown in Fig. 30.21 (*b*). The field winding is, however, left connected across the supply undisturbed. The braking effect is controlled by varying the series resistance *R*. Obviously, this method makes use of generator action in a motor to bring it to rest.* As seen from Fig. 30.21 (*b*), armature current is given by

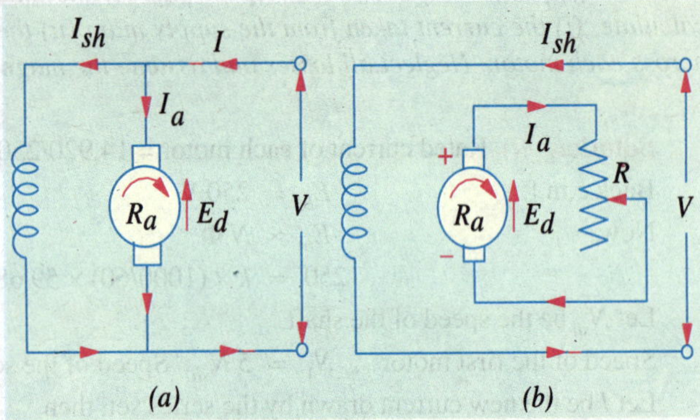

Fig. 30.21

$$I_a = \frac{E_b}{R+R_a} = \frac{\Phi ZN(P/A)}{R+R_a} = \frac{k_1 \Phi N}{R+R_a}$$

Braking torque is given by

$$T_B = \frac{1}{2\pi}\Phi Z I_a\left(\frac{P}{A}\right)\text{N-m}$$

$$= \frac{1}{2\pi}\Phi Z\left(\frac{P}{A}\right).\frac{\Phi ZN(P/A)}{R+R_a} = \frac{1}{2\pi}\left(\frac{ZP}{A}\right)^2\frac{\Phi^2 N}{R+R_a} = k_2\Phi^2 N \quad \therefore \; T_B \propto N$$

Obviously, T_B decreases as motor slows down and disappear altogether when it comes to a stop.

(*b*) Plugging or Reverse Current Braking

This method is commonly used in controlling elevators, rolling mills, printing presses and machine tools etc.

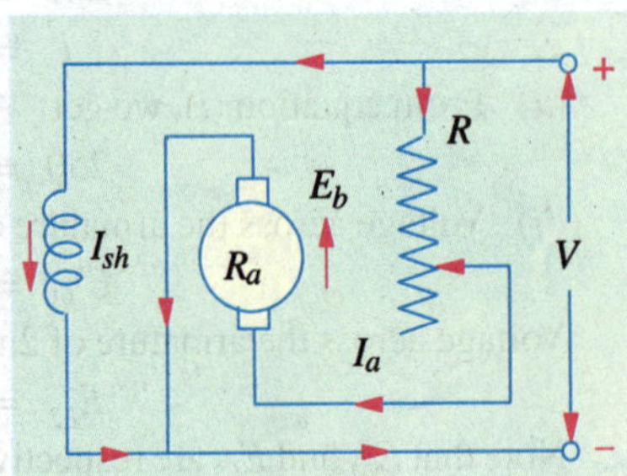

Fig. 30.22

In this method, connections to the armature terminals are reversed so that motor tends to run in the opposite direction (Fig. 30.22). Due to the reversal of armature connections, applied voltage *V* and E_b start acting *in the same direction* around the circuit. In order to limit the armature current to a reasonable value, it is necessary to insert a resistor in the circuit while reversing armature connections.

$$I_a = \frac{V+E_b}{R+R_a} = \frac{V}{R+R_a} + \frac{E_b}{R+R_a}$$

$$= \frac{V}{R+R_a} + \frac{\Phi ZN(P/A)}{R+R_a} = \frac{V}{R+R_a} + \frac{k_1\Phi Z}{R+R_a}$$

$$T_B = \frac{1}{2\pi}.\Phi Z I_a\left(\frac{P}{A}\right) = \frac{1}{2\pi}.\left(\frac{\Phi ZP}{A}\right).I_a = \frac{1}{2\pi}\left(\frac{\Phi ZP}{A}\right)\left[\frac{V}{R+R_a} + \frac{\Phi ZN(P/A)}{R+R_a}\right]$$

* The motor while acting as a generator feeds current to the resistor dissipating heat at the rate of I^2R. The current I_a produced by dynamic braking flow in the opposite direction, thereby producing a counter torque that slows down the machine.

$$= \frac{1}{2\pi}\left(\frac{ZP}{A}\right)\left(\frac{V}{R+R_a}\right).\Phi + \frac{1}{2\pi}.\left(\frac{ZP}{A}\right)^2.\frac{\Phi^2 N}{R+R_a} = k_2\Phi + k_3\Phi^2 N$$

or $\quad T_b = k_4 + k_5 N$, where $k_4 = \frac{1}{2\pi}\left(\frac{\Phi ZP}{A}\right)\left(\frac{V}{R+R_a}\right)$

and $\quad k_5 = \frac{1}{2\pi}\left(\frac{\Phi ZP}{A}\right)^2 \times \frac{1}{(R+R_a)}.$

Plugging gives greater braking torque than rheostatic braking. Obviously, during plugging, power is drawn from the supply and is dissipated by R in the form of heat. It may be noted that even when motor is reaching zero speed, there is some braking torque $T_B = k_4$ (see Ex. 30.47).

(c) Regenerative Braking

This method is used when the load on the motor has overhauling characteristic as in the lowering of the cage of a hoist or the downgrade motion of an electric train. Regeneration takes place when E_b becomes grater than V. This happens when the overhauling load acts as a prime mover and so drives the machines as a generator. Consequently, direction of I_a and hence of armature torque is reversed and speed falls until E_b becomes lower than V. It is obvious that during the slowing down of the motor, power is returned to the line which may be used for supplying another train on an upgrade, thereby relieving the powerhouse of part of its load (Fig. 30.23).

Regenerative braking demonstrations

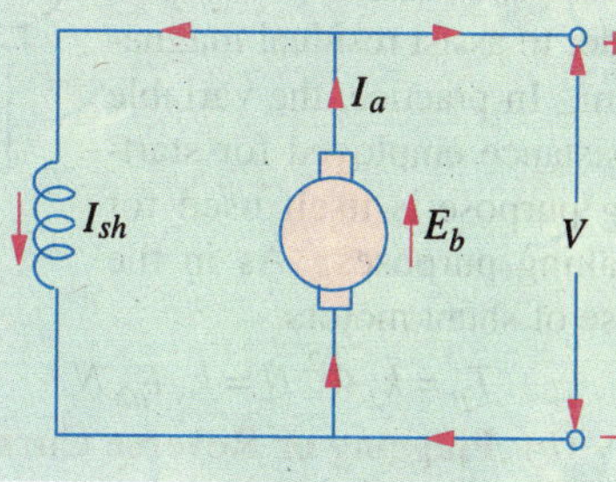

Fig. 30.23

For protective purposes, it is necessary to have some type of mechanical brake in order to hold the load in the event of a power failure.

Example 30.46. *A 220 V compensated shunt motor drives a 700 N-m torque load when running at 1200 r.p.m. The combined armature compensating winding and interpole resistance is 0.008 Ω and shunt field resistance is 55 Ω. The motor efficiency is 90%. Calculate the value of the dynamic braking resistor that will be capable of 375 N-m torque at 1050 r.p.m. The windage and friction losses may be assumed to remain constant at both speeds.*

Solution. Motor output $= \omega T = 2\pi NT = 2\pi\,(1200/60) \times 700 = 87{,}965$ W

Power drawn by the motor $= 87{,}965/0.9 = 97{,}740$ W

Current drawn by the motor $= 97{,}740/220 = 444$ A.

$$I_{sh} = 220/55 = 4 \text{ A}\ ;\ I_{a1} = 444 - 4 = 440 \text{ A}$$

$$E_{b1} = 220 - 440 \times 0.008 = 216.5 \text{ V}$$

Since field flux remains constant, T_1 is proportional to I_{a1} and T_2 to I_{a2}.

$$\frac{T_2}{T_1} = \frac{I_{a2}}{I_{a1}} \text{ or } I_{a2} = 440 \times \frac{375}{100} = 2650 \text{ A}$$

$$\frac{N_2}{N_1} = \frac{E_{b2}}{E_{b1}} \text{ or } \frac{1050}{1200} = \frac{E_{b2}}{216.5}\ ;\ E_{b2} = 189.4 \text{ V}$$

With reference to Fig. 30.23, we have

$$189.4 = 2650\,(0.008 + R)\ ;\ R = 0.794\ \Omega$$

30.8. Electric Braking of Series Motor

The above-discussed three methods as applied to series motors are as follows :

(a) Rheostatic (or Dynamic) Braking

The motor is disconnected from the supply, the field connections ***are reversed*** and the motor is connected in series with a variable resistance R as shown in Fig. 30.24. Obviously, now, the machine is running as a generator. The field connections are reversed to make sure that current through field winding flows in the *same* direction as before (*i.e.*, from M to N) in order to assist residual magnetism. In practice, the variable resistance employed for starting purpose is itself used for braking purposes. As in the case of shunt motors,

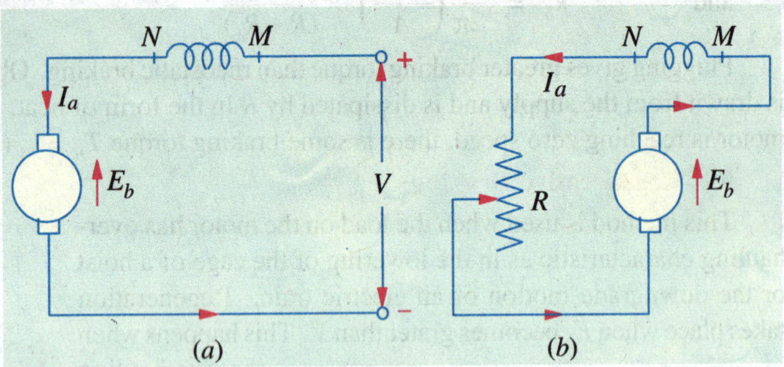

Fig. 30.24

$$T_B = k_2\,\Phi^2\,N = k_3\,I_{a2}\,N \qquad \text{... prior to saturation}$$

(b) Plugging or Reverse Current Braking

As in the case of shunt motors, in this case also the connections of the armature are reversed and a variable resistance R is put in series with the armature as shown in Fig. 30.25. As found in Art. 30.7 (*b*),

$$T_B = k_2\,\Phi + k_3\Phi^2 N$$

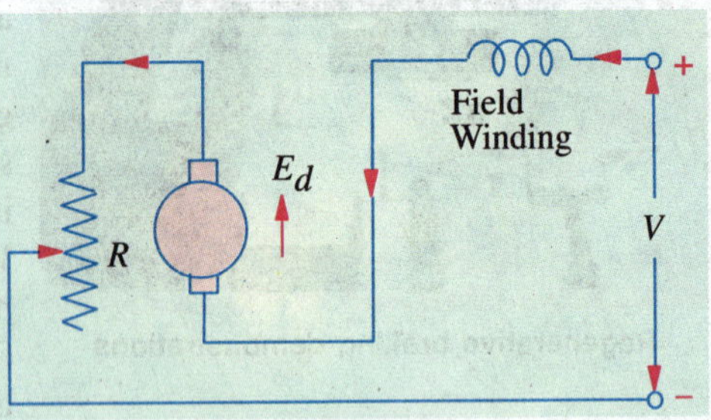

Fig. 30.25

(c) Regenerative Braking

This type of braking of a sereis motor is not possible without modification because reversal of I_a would also mean reversal of the field and hence of E_b. However, this method is sometimes used with traction motors, special arrangements being necessary for the purpose.

Example 30.47. *A 400 V, 25 h.p. (18.65 kW), 45 r.p.m., d.c. shunt motor is braked by plugging when running on full load. Determine the braking resistance necessary if the maximum braking current is not to exceed twice the full-load current. Determine also the maximum braking torque and the braking torque when the motor is just reaching zero speed. The efficiency of the motor is 74.6% and the armature resistance is 0.2 Ω.* **(Electrical Technology, M.S. Univ. Baroda, 1988)**

Solution.

F.L. Motor input current $\qquad I = 18{,}650/0.746 \times 400 = 62.5$ A

$I_a = 62.5$ A (neglecting I_{sh}); $\qquad E_b = 400 - 62.5 \times 0.2 = 387.5$ V

Total voltage around the circuit is $= 400 + 387.5 = 787.5$ V

Max. braking current $= 2 \times 62.5 = 125$ A

Total resistance required in the circuit $= 787.5/125 = 6.3\ \Omega$

Braking resistance $\qquad R = 6.3 - 0.2 =$ **6.1 Ω**

Maximum braking torque will be produced initially when the motor speed is maximum *i.e.*, 450 r.p.m. or 7.5 r.p.s.

$$\text{Maximum value of } T_B = k_4 + k_5\,N \qquad \text{– Art. 25.7(}b\text{)}$$

Now,
$$k_4 = \frac{1}{2\pi}\left(\frac{\Phi ZP}{A}\right)\left(\frac{V}{R+R_a}\right) \text{ and } k_5 = \frac{1}{2\pi}\left(\frac{\Phi ZP}{A}\right)^2 \cdot \frac{1}{(R+R_a)}$$

Now, $E_b = \Phi ZN\,(P/A)$; also $N = 450/60 = 7.5$ r.p.s.

$\therefore \quad 387.5 = 7.5\,(\Phi ZP/A)$ or $(\Phi ZP/A) = 51.66$

$$\therefore \quad k_4 = \frac{1}{2\pi}\times 51.66\times\frac{400}{6.3} = 522 \text{ and } k_5 = \frac{1}{2\pi}\times(51.66)^2\times\frac{1}{6.3} = 67.4$$

$\therefore$ Maximum $T_B = 522 + 67.4 \times 7.5 =$ **1028 N-m**

When speed is also zero *i.e.*, $N = 0$, the value of torque is $T_B = K_4 =$ **522 N-m.**

30.9. Electronic Speed Control Method for DC Motors

Of late, solid-state circuits using semiconductor diodes and thyristors have become very popular for controlling the speed of a.c. and d.c. motors and are progressively replacing the traditional electric power control circuits based on thyratrons, ignitrons, mercury arc rectifiers, magnetic amplifiers and motor-generator sets etc. As compared to the electric and electromechanical systems of speed control, the electronic methods have higher accuracy, greater reliability, quick response and also higher efficiency as there are no I^2R losses and moving parts. Moreover, full 4-quadrant speed control is possible to meet precise high-speed standards.

All electronic circuits control the motor speed by adjusting either *(i)* the voltage applied to the motor armature or *(ii)* the field current or *(iii)* both.

DC motors can be run from d.c. supply if available or from a.c. supply after it has been converted into d.c. supply with the help of rectifiers which can be either half-wave or full-wave and either controlled (by varying the conduction angle of the thyristors used) or uncontrolled.

AC motors can be run on the a.c. supply or from d.c. supply after it has been converted into a.c. supply with the help of inverters (opposite of rectifiers).

As stated above, the average output voltage of a thyristor-controlled rectifier can be changed by changing its conduction angle and hence the armature voltage of the d.c. motor can be adjusted to control its speed.

When run on a d.c. supply, the armature d.c. voltage can be changed with the help of a thyristor chopper circuit which can be made to interrupt d.c. supply at different rates to give different average values of the d.c. voltage. If d.c. supply is not available, it can be obtained from the available a.c. supply with the help of uncontrolled rectifiers (using only diodes and not thyristors). The d.c. voltages so obtained can be then chopped with the help of a thyristor chopper circuit.

A brief description of rectifiers, inverters* and d.c. choppers would now be given before discussing the motor speed control circuits.

30.10. Uncontrolled Rectifiers

As stated earlier, rectifiers are used for a.c. to d.c. conversion *i.e.*, when the supply is alternating but the motor to be controlled is a d.c. machine.

Fig. 30.26 (*a*) shows a half-wave uncontrolled rectifier. The diode *D* conducts only during positive half-cycles of the single-phase a.c. input *i.e.*, when its anode *A* is positive with respect to its cathode *K*. As shown, the average voltage available across the load (or motor) is 0.45 V where *V* is the r.m.s. value of the a.c. voltage (in fact, $V = V_m/\sqrt{2}$). As seen it is a pulsating d.c. voltage.

In Fig. 30.26 (*b*) a single-phase, full-wave bridge rectifier which uses four semiconductor diodes and provides double the voltage *i.e.*, 0.9 V is shown. During positive input half-cycles when end *A* is positive with respect to end *B*, diodes D_1 and D_4 conduct (*i.e.* opposite diodes) whereas during negative input half-cycles, D_2 and D_3 conduct. Hence, current flows through the load during both half-cycles in the *same* direction. As seen, the d.c. voltage supplied by a bridge rectifier is much less pulsating than the one supplied by the half-wave rectifier.

---

* Rectifiers convert a.c. power into d.c power, whereas inverters convert d.c. power into a.c. power. However, converter is a general term embracing both rectifiers and inverters.

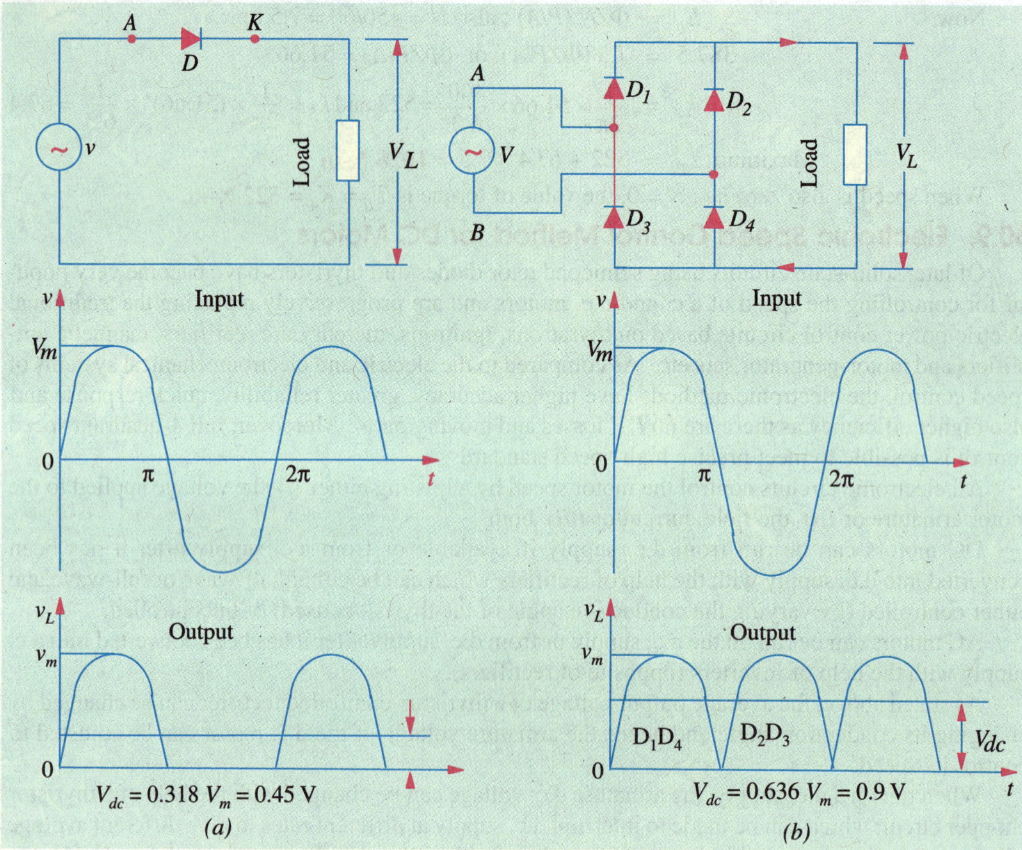

Fig. 30.26

30.11. Controlled Rectifiers

In these rectifiers, output load current (or voltage) can be varied by controlling the point in the input a.c. cycle at which the thyristor is turned ON with the application of a suitable low-power gate pulse. Once triggered (or fired) into conduction, the thyristor remains in the conducting state for the rest of the half-cycle *i.e.*, upto 180º. The firing angle α can be adjusted with the help of a control circuit. When conducting, it offers no resistance *i.e.*, it acts like a short-circuit.

Fig. 30.27 (*a*) shows an elementary half-wave rectifier in which thyristor triggering is delayed by angle α with the help of a phase-control circuit. As shown, the thyristor starts conducting at point *A* and not at point *O* because its gate pulse is applied after a delay of α. Obviously, the conduction angle is reduced from 180º to (180º – α) with a consequent decrease in output voltage whose value is given by

$$V_L = \frac{V_m}{2\pi}(1 + \cos\alpha) = 0.16\, V_m\,(1 + \cos\alpha) = 0.32\, V_m \cos^2\frac{\alpha}{2}$$

where V_m is the peak value of a.c. input voltage. Obviously, V_L is maximum when α = 0 and is zero when α = 180º.

Fig. 30.27 (*b*) shows the arrangement where a thyristor is used to control current through a load connected in series with the a.c. supply line.

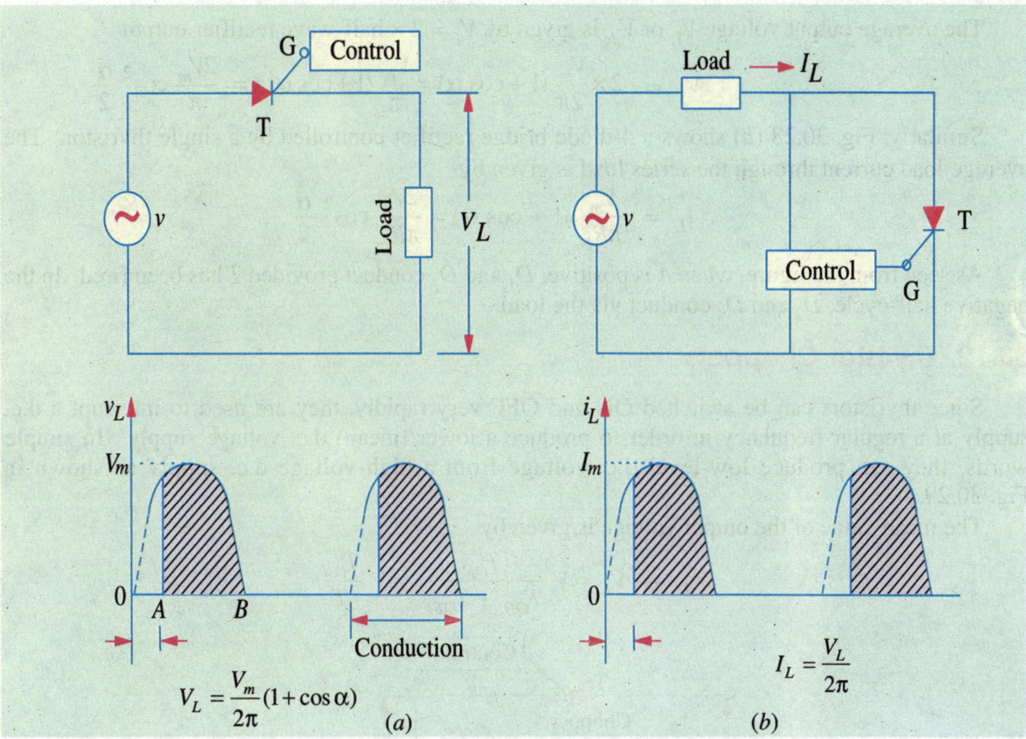

Fig. 30.27

The load current is given by

$$I_L = \frac{V_L}{R_L} = \frac{V_m}{2\pi R_L}(1+\cos\alpha) = \frac{V_m}{\pi R_L}\cos^2\frac{\alpha}{2}$$

Fig. 30.28 (*a*) shows a single-phase, full-wave half-controlled rectifier. It is called half-controlled because it uses two thyristors and two diodes instead of four thyristors. During positive input half-cycle when *A* is positive, conduction takes place via T_1, load and D_1. During the negative half-cycle when *B* becomes positive, conduction route is via T_2, load and D_2.

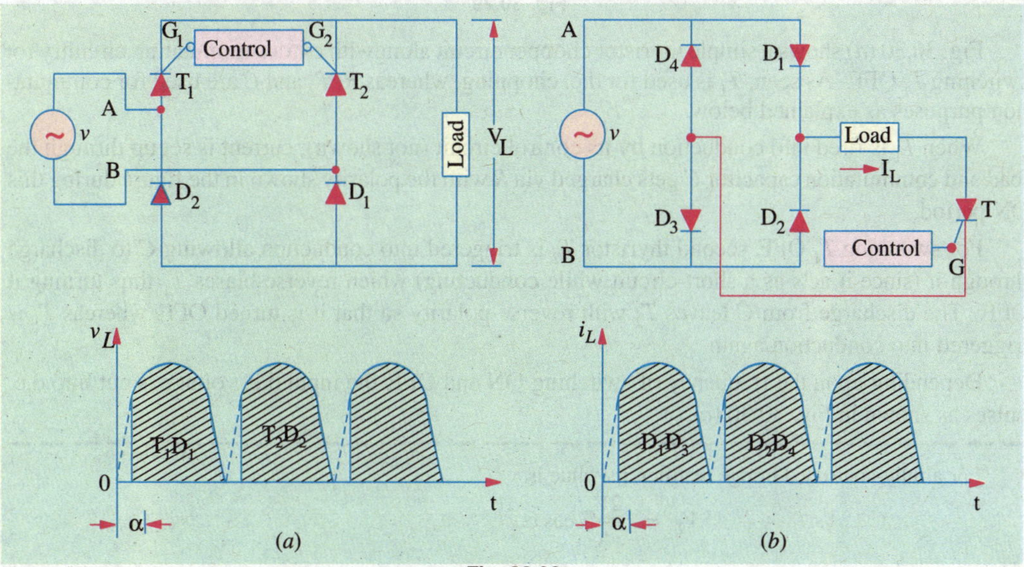

Fig. 30.28

The average output voltage V_L or V_{dc} is given by $V_L = 2 \times$ half-wave rectifier output

$$\therefore \quad V_L = 2 \times \frac{V_m}{2\pi}(1 + \cos\alpha) = \frac{V_m}{\pi}(1 + \cos\alpha)^* = \frac{2V_m}{\pi}\cos^2\frac{\alpha}{2}$$

Similarly, Fig. 30.28 (*b*) shows a 4-diode bridge rectifier controlled by a single thyristor. The average load current through the series load is given by

$$I_L = \frac{V_m}{\pi R_L}(1 + \cos\alpha) = \frac{2V_m}{\pi R_L}\cos^2\frac{\alpha}{2}$$

As seen from the figure, when *A* is positive, D_1 and D_3 conduct provided *T* has been fired. In the negative half-cycle, D_2 and D_4 conduct via the load.

30.12. Thyristor Choppers

Since thyristors can be switched ON and OFF very rapidly, they are used to interrupt a d.c. supply at a regular frequency in order to produce a lower (mean) d.c. voltage supply. In simple words, they can produce low-level d.c. voltage from a high-voltage d.c. supply as shown in Fig. 30.29.

The mean value of the output voltage is given by

$$V_{dc} = V_L = V\frac{T_{ON}}{T_{ON} + T_{OFF}} = V\frac{T_{ON}}{T}$$

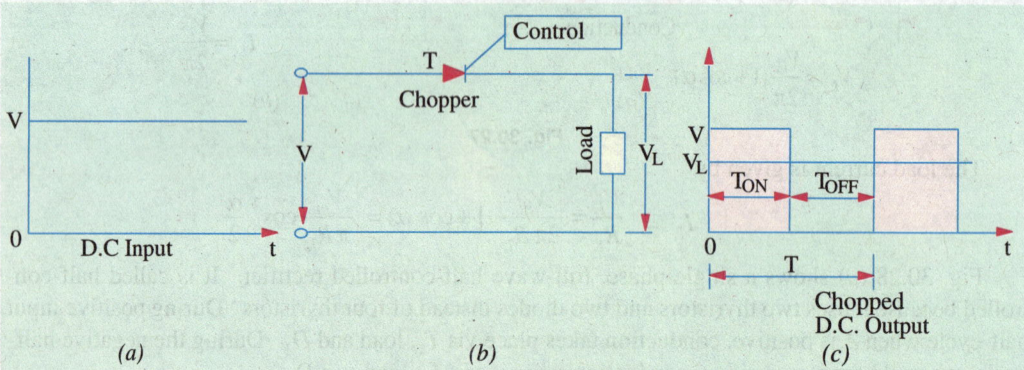

Fig. 30.29

Fig. 30.30 (*a*) shows a simple thyristor chopper circuit alongwith extra commutating circuitry for switching T_1 OFF. As seen, T_1 is used for d.c. chopping, whereas *R*, T_2 and *C* are used for commutation purposes as explained below.

When T_1 is fired into conduction by its control circuit (not shown), current is set up through the load and commutation capacitor *C* gets charged via *R* with the polarity shown in the figure during this ON period.

For switching T_1 OFF, second thyristor T_2 is triggered into conduction allowing *C* to discharge through it (since it acts as a short-circuit while conducting) which reverse-biases T_1 thus turning it OFF. The discharge from *C* leaves T_2 with reverse polarity so that it is turned OFF, whereas T_1 is triggered into conduction again.

Depending upon the frequency of switching ON and OFF, the input d.c. voltage is cut into d.c. pulses as shown in Fig. 30.30 (*c*).

* For a fully-controlled bridge rectifier, its value is

$$V_L = \frac{2V_m}{\pi}\cos\alpha.$$

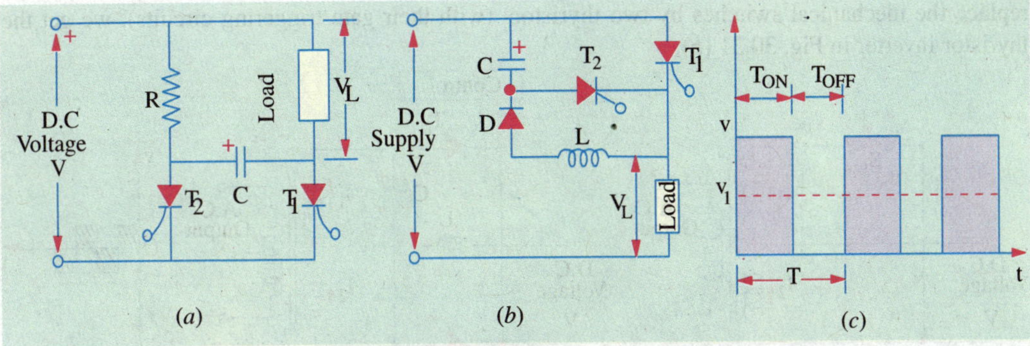

Fig. 30.30

In Fig. 30.30 (*b*), T_1 is the chopping thyristor, whereas *C, D,* T_2 and *L* constitute the commutation circuitry for switching T_1 OFF and ON at regular intervals.

When T_2 is fired, *C* becomes charged via the load with the polarity as shown. Next, when T_1 is fired, *C* reverse-biases T_2 to OFF by discharging via T_1, *L* and *D* and then recharges with reverse polarity. T_2 is again fired and the charge on *C* reverse-biases T_1 to non-conducting state.

It is seen that output (or load) voltage is present only when T_1 is ON and is absent during the interval it is OFF. The mean value of output d.c. voltage depends on the relative values of T_{ON} and T_{OFF}. In fact, output d.c. voltage is given by

$$V_{dc} = V_L \frac{T_{ON}}{T_{ON} + T_{OFF}} = V \frac{T_{ON}}{T}$$

Obviously, by varying thyristor ON/OFF ratio, V_L can be made any percentage of the input d.c. voltage *V*.

Example 30.48. *The speed of a separately excited d.c. motor is controlled by a chopper. The supply voltage is 120 V, armature circuit resistance = 0.5 ohm, armature circuit inductance = 20 mH and motor constant = 0.05 V/r.p.m. The motor drives a constant load torque requiring an average current of 20 A. Assume motor current is continuous. Calculate* **(a)** *the range of speed control* **(b)** *the range of duty cycle.* **(Power Electronics-I, Punjab Univ. Nov. 1990)**

Solution. The minimum speed is zero when $E_b = 0$

$$V_t = E_b + I_a R_a = I_a \times R_a = 200 \times 0.5 = 10 \text{ V}$$

Now,
$$V_t = \frac{T_{ON}}{T} V = \alpha V, \therefore 10 = 120, \alpha = \frac{1}{12}$$

Maximum speed corresponds to $\alpha = 1$ when $V_t = V = 120$ V

$\therefore$
$$E_b = 120 - 20 \times 0.5 = 110 \text{ V}$$

Now,
$$N = E_b/K_a \Phi = 110/0.05 = 2200 \text{ r.p.m.}$$

(*a*) Hence, speed range is from 0 to 2200 r.p.m.

(*b*) Range of duty cycle is from $\frac{1}{12}$ to 1.

30.13. Thyristor Inverters

Such inverters provide a very efficient and economical way of converting direct current (or voltage) into alternating current (or voltage). In this application, a thyristor serves as a controlled switch alternately opening and closing a d.c. circuit. Fig. 30.31 (*a*), shows a basic inverter circuit where an a.c. output is obtained by alternately opening and closing switches S_1 and S_2. When we replace the mechanical switches by two thyristors (with their gate triggering circuits), we get the thyristor inverter in Fig. 30.31 (*b*).

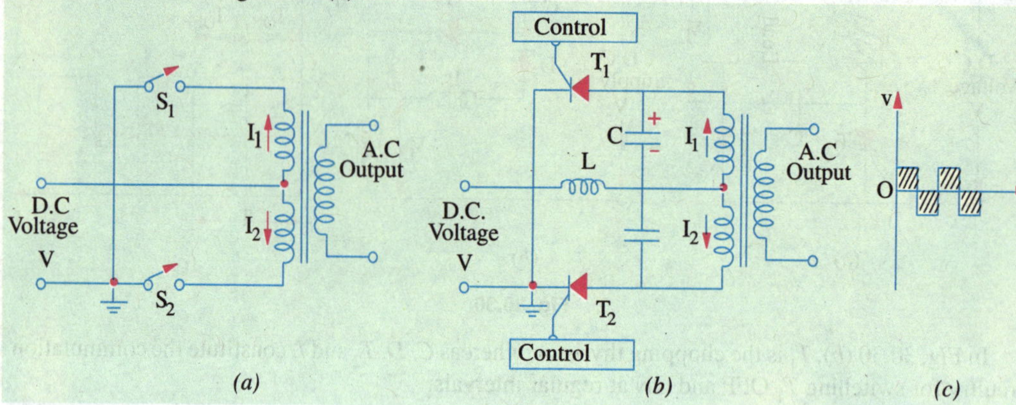

Fig. 30.31

Before discussing the actual circuit, it is worthwhile to recall that thyristor is a latching device which means that once it starts conducting, gate loses control over it and cannot switch it OFF whatever the gate signal. A separate ***commutating*** circuitry is used to switch the thyristor OFF and thus enable it to perform ON-OFF switching function.

Suppose T_1 is fired while T_2 is still OFF. Immediately I_1 is set up which flows through L, one half of transformer primary and T_1. At the same time, C is charged with the polarity as shown.

Next when T_2 is fired into condition, I_2 is set up and C starts discharging through T_1 thereby reverse-biasing it to CUT-OFF.

When T_1 is again pulsed into condition, I_1 is set up and C starts discharging thereby reverse-biasing T_2 to *OFF* and the process just described repeats. As shown in Fig. 30.31 (*c*), the output is an alternating voltage whose frequency depends on the switching frequency to thyristors T_1 and T_2.

Second generation thyristor inverter

30.14. Thyristor Speed Control of Separately-excited D.C. Motor

In Fig. 30.32, the bridge rectifier converts a voltage into d.c. voltage which is then applied to the armature of the separately-excited d.c. motor M.

As we know, speed of a motor is given by

$$N = \frac{V - I_a R_a}{\Phi}\left(\frac{A}{ZP}\right)$$

If Φ is kept constant and also if $I_a R_a$ is neglected, then, $N \propto V \propto$ voltage across the armature. The value of this voltage furnished by the rectifier can be changed by varying the firing angle α of the thyristor T with the help of its contol circuit. As α is increased *i.e.*, thyristor firing is delayed

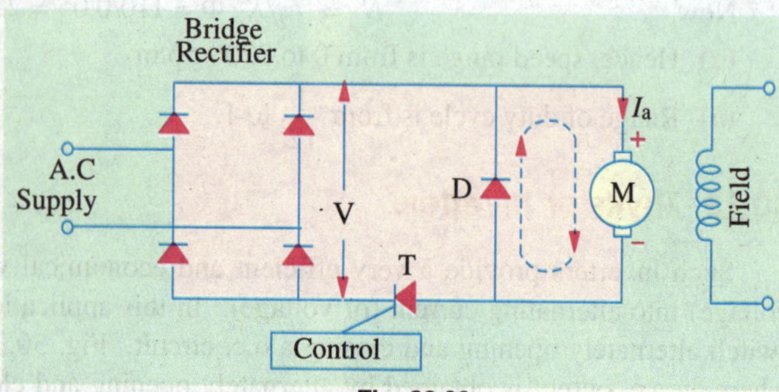

Fig. 30.32

more, its conduction period is reduced and, hence, armature voltage is decreased which, in turn, decreases the motor speed. When α is decreased *i.e.,* thyristor is fired earlier, conduction period is increased which increases the mean value of the voltage applied across the motor armature. Consequently, motor speed is increased. In short, as α increases, V decreases and hence N decreases. Conversely, as α decreases, V increases and so, N increases. The free-wheeling diode D connected across the motor provides a circulating current path (shown dotted) for the energy stored in the inductance of the armature winding at the time T turns OFF. Without D, current will flow through T and bridge rectifier, prohibiting T from turning OFF.

30.15. Thyristor Speed Control of a D.C. Series Motor

In the speed control circuit of Fig. 30.33, an RC network is used to control the diac voltage that triggers the gate of a thyristor. As the a.c. supply is switched ON, thyristor T remains OFF but the capacitor C is charged through motor armature and R towards the peak value of the applied a.c. voltage. The time it takes for the capacitor voltage V_C to reach the breakover voltage of the diac* depends on the setting of the variable resistor T. When V_C becomes equal to the breakover voltage of diac, it conducts and a triggering pulse is applied to the thyristor gate G. Hence, T is turned ON and allows current to pass through the motor. Increasing R delays the rise of V_C and hence the breakover of diac so that thyristor is fired later in each positive half cycle of the a.c. supply. It reduces the conduction angle of the thyristor which, consequently, delivers less power to the motor. Hence, motor speed is reduced.

If R is reduced, time-constant of the RC network is decreased which allows V_C to rise to the breakover voltage of diac more quickly. Hence, it makes the thyristor fire early in each positive input half-cycle of the supply. Due to increase in the conduction angle of the thyristor, power delivered to the motor is increased with a subsequent increase in its speed. As before D is the free-wheeling diode which provides circulating current path for the energy stored in the inductance of the armature winding.

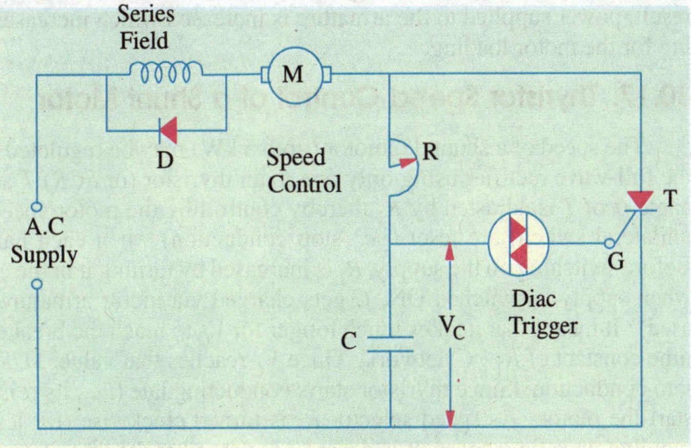

Fig. 30.33

30.16. Full-wave Speed Control of a Shunt Motor

Fig. 30.34 shows a circuit which provides a wide range of speed control for a fractional kW shunt d.c. motor. The circuit uses a bridge circuit for full-wave rectification of the a.c. supply. The shunt field winding is permanently connected across the d.c. output of the bridge circuit. The armature voltage is supplied through thyristor T. The magnitude of this

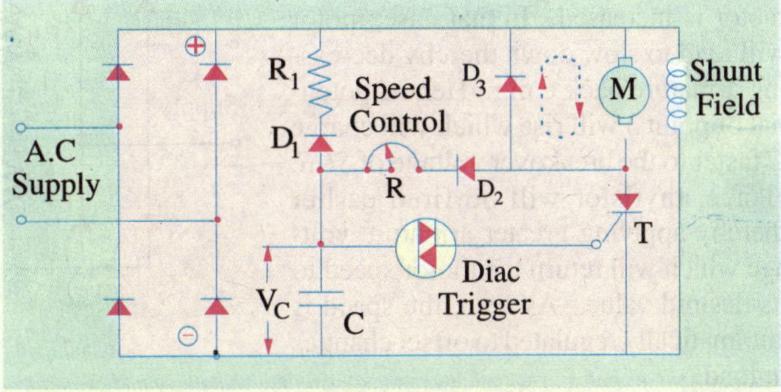

Fig. 30.34

* Like a triac, it has directional switching characteristics.

voltage (and hence, the motor speed) can be changed by turning T_{ON} at different points in each half-cycle with the help of R. The thyristor turns OFF only at the end of each half-cycle. Free-wheeling diode D_3 provides a circulating current path (shows dotted) for the energy stored in the armature winding at the time T turns OFF. Without D_3. This current would circulate through T and the bridge rectifier thereby prohibiting T from turning OFF.

At the beginning of each half-cycle, T is the OFF state and C starts charging up via motor armature, diode D_2 and speed-control variable resistor R (it cannot charge through R_1 because of reverse-biased diode D_1). When voltage across C *i.e.,* V_C builds up to the breakover voltage of diac, diac conducts and applies a sudden pulse to T thereby turning it ON. Hence, power is supplied to the motor armature for the remainder of that half-cycle. At the end of each half-cycle, C is discharged through D_1, R_1 and shunt field winding. The delay angle α depends on the time it takes V_C to become equal to the breakover voltage of the diac. This time, in turn, depends on the time-constant of the R-C circuit and the voltage available at point A. By changing R, V_C can be made to build-up either slowly or quickly and thus change the angle α at will. In this way, the average value of the d.c. voltage across the motor armature can be controlled. It further helps to control the motor speed because it is directly proportional to the armature voltage.

Now, when load is increased, motor tends to slow down. Hence, E_b is reduced. The voltage of point A is increased because it is equal to the d.c. output voltage of the bridge rectifier ***minus*** back e.m.f. E_b. Since V_A increases *i.e.,* voltage across the R-C charging circuit increases, it builds up V_C more quickly thereby decreasing which leads to early switching ON of T in each half-cycle. As a result, power supplied to the armature is increased which increases motor speed thereby compensating for the motor loading.

30.17. Thyristor Speed Control of a Shunt Motor

The speed of a shunt d.c.motor (upto 5 kW) may be regulated over a wide range with the help of the full-wave rectifier using only one main thyristor (or *SCR*) T as shown in Fig. 30.35. The firing angle α of T is adjusted by R_1 thereby controlling the motor speed. The thyristor and *SUS* (silicon unilateral switch) are reset (*i.e.,* stop conduction) when each half-wave of voltage drops to zero. Before switching on the supply, R_1 is increased by turning it in the counter-clockwise direction. Next, when supply is switched ON, C gets charged via motor armature and diode D_1 (being forward biased). It means that it takes much longer for V_C to reach the breakdown voltage of *SUS** due to large time constant of $R_1 - C$ network. Once V_C reaches that value, *SUS* conducts suddenly and triggers T into conduction. Since thyristor starts conducting late (*i.e.,* its α is large), it furnishes low voltage to start the motor. As speed selector R_1 is turned clockwise (for less resistance), C charges up more rapidly (since time constant is decreased) to the breakover voltage of *SUS* thereby firing T into conduction earlier. Hence, average value of the d.c. voltage across the motor armature increases thereby increasing its speed.

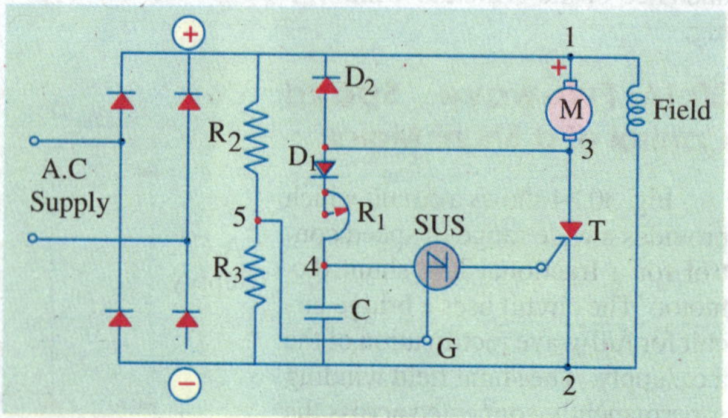

Fig. 30.35

While the motor is running at the speed set by R_1, suppose that load on the motor is increased. In that case, motor will tend to slow down thereby decreasing armature back e.m.f. Hence, potential of point 3 will rise which will charge C faster to the breakover voltage of *SUS*. Hence, thyristor will be fired earlier thereby applying greater armature voltage which will return the motor speed to its desired value. As seen, the speed is automatically regulated to offset changes in load.

The function of free-wheeling diode D_2 is to allow dissipation of energy stored in motor

* It is a four-layer semiconductor diode with a gate terminal. Unlike diac, it conducts in one direction only.

armature during the time the full-wave rectified voltage drops to zero between half-cycles. If D_2 is not there, then decreasing armature current during those intervals would be forced to flow through *T* thereby preventing its being reset. In that case, *T* would not be ready to be fired in the next half-cycle.

Similarly, towards the end of each half cycle as points 1 and 5 decrease towards zero potential, the negative going gate *G* turns *SUS* on thereby allowing *C* to discharge completely through *SUS* and thyristor gate-cathode circuit so that it can get ready to be charged again in the next half-cycle.

30.18. Thyristor Speed Control of a Series D.C. Motor

Fig. 30.36 shows a simple circuit for regulating the speed of a d.c. motor by changing the average value of the voltage applied across the motor armature by changing the thyristor firing angle α. The trigger circuit $R_1 - R_2$ can give a firing range of almost 180°. As the supply is switched on, full d.c. voltage is applied across $R_1 - R_2$. By changing the variable resistance R_2, drop across it can be made large enough to fire the *SCR* at any desired angle from 0° – 180°. In this way, output voltage of the bridge rectifier can be changed considerably, thus enabling a wide-range control of the motor speed. The speed control can be made somewhat smoother by joining a capacitor *C* across R_2 as shown in the figure.

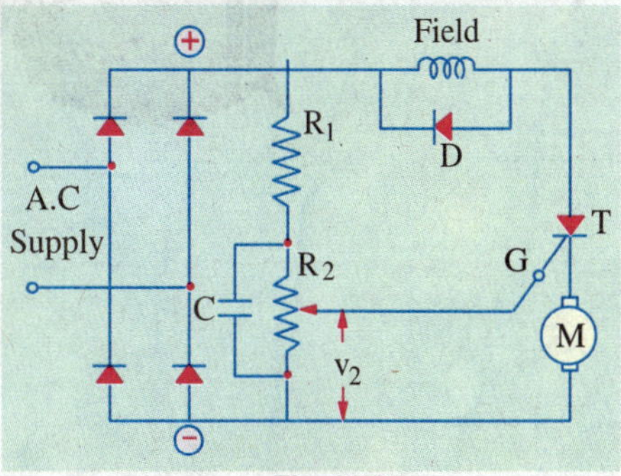

Fig. 30.36

30.19. Necessity of a Starter

It has been shown in Art 29.3 that the current drawn by a motor armature is given by the relation

$$I_a = (V - E_b)/R_a$$

where *V* is the supply voltage, E_b the back e.m.f. and R_a the armature resistance.

When the motor is at rest, there is, as yet, obviously no back e.m.f. developed in the armature. If, now, full supply voltage is applied across the stationary armature, it will draw a very large current because armature resitance is relatively small. Consider the case of a 440-V, 5 H.P. (3.73 kW) motor having a cold armature resistance of 0.25 Ω and a full-load current of 50 A. If this motor is started from the line directly, it will draw a starting current of 440/0.25 = 1760 A which is 1760/50 = 35.2 times its full-load current. This excessive current will blow out the fuses and, prior to that, it will damage the commutator and brushes etc. To avoid this happening, a resistance is introduced in series with the armature (for the duration of starting period only, say 5 to 10 seconds) which limits the starting current to a safe value. The starting resistance is gradually cut out as the motor gains speed and develops the back e.m.f. which then regulates its speed.

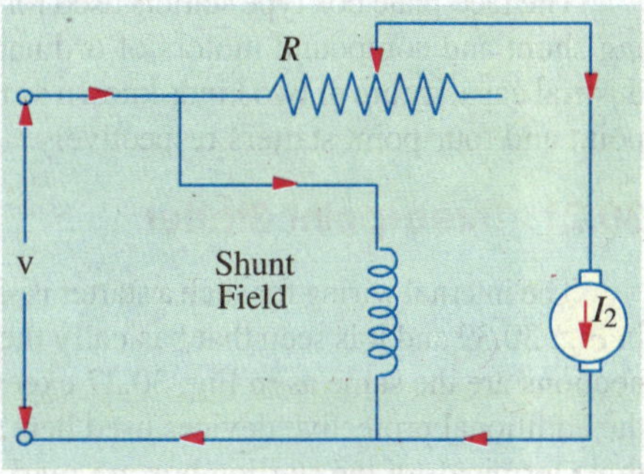

Fig. 30.37

Very small motors may, however, be started from rest by connecting them directly to the supply lines. It does not result in any harm to the motor for the following reasons :

1. Such motors have a relatively higher armature resistance than large motors, hence their starting current is not so high.
2. Being small, they have low moment of inertia, hence they speed up quickly.
3. The momentary large starting current taken by them is not sufficient to produce a large disturbance in the voltage regulation of the supply lines.

In Fig. 30.37 the resistance *R* used for starting a shunt motor is shown. It will be seen that the starting resistance *R* is in series with the ***armature*** and not with the ***motor*** as a whole. The field winding is connected directly across the lines, hence shunt field current is independent of the resistance R. If R wes introduced in the motor circuit, then I_{sh} will be small at the start, hence starting torque T_{st} would be small ($\because\ T_a \propto \Phi I_a$) and there would be experienced some difficulty in starting the motor. Such a simple starter is shown diagramatically in Fig. 30.38.

Fig. 30.38

30.20. Shunt Motor Starter

The face-plate box type starters used for starting shunt and compound motors of ordinary industrial capacity are of two kinds known as three-point and four-point starters respectively.

30.21. Three-point Starter

The internal wiring for such a starter is shown in Fig. 30.39 and it is seen that basically the connections are the same as in Fig. 30.37 except for the additional protective devices used here. The three terminals of the starting box are marked A, B and C. One line is directly connected to one armature terminal and one field terminal which are tied together. The other line is connected to point A which is further connected to the starting arm L, through the overcurrent (or overload) release M.

To start the motor, the main switch is first closed and then the starting arm is slowly moved to the right. As soon as the arm makes contact with stud No. 1, the field circuit is directly connected across the line and at the same time full starting resistance R_s is placed in series with the armature. The starting current drawn by the armature = $V/(R_a + R_s)$ where R_s is the starting

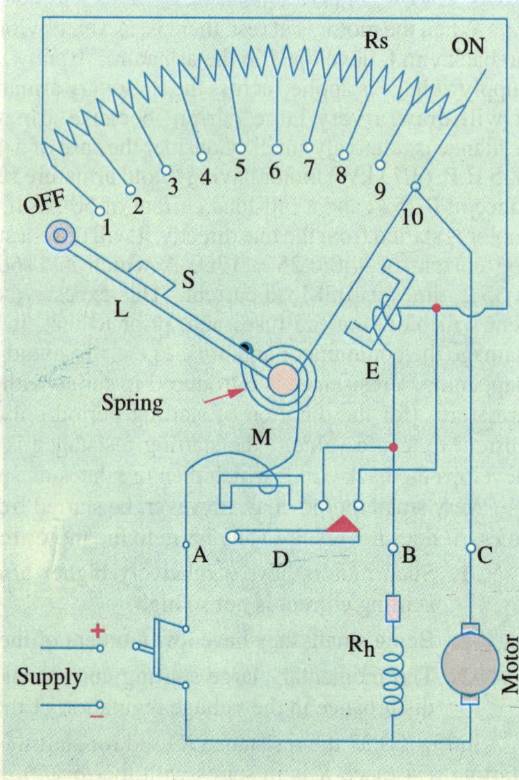

Fig. 30.39

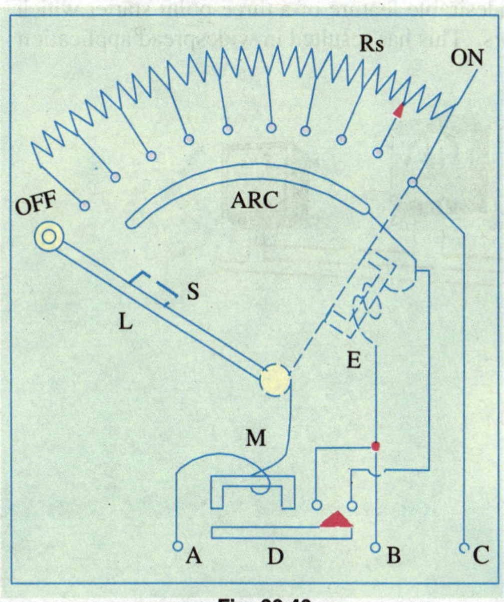

Fig. 30.40

resistance. As the arm is further moved, the starting resistance is gradually cut out till, when the arm reaches the running position, the resistance is all cut out. The arm moves over the various studs against a strong spring which tends to restore it to OFF position. There is a soft iron piece *S* attached to the arm which in the full 'ON' or running position is attracted and held by an electromagnet *E* energised by the shunt current. It is variously known as 'HOLD-ON' coil, LOW VOLTAGE (or NO-VOLTAGE) release.

It will be seen that as the arm is moved from stud NO. 1 to the last stud, the field current has to travel back through that portion of the starting resistance that has been cut out of the armature circuit. This results is slight decrease of shunt current. But as the value of starting resistance is very small as compared to shunt field resistance, this slight decreases in I_{sh} is negligible. This defect can, however, be remedied by using a brass arc which is connected to stud No. 1 (Fig. 30.40). The field circuit is completed through the starting resistance as it did in Fig. 30.39.

Now, we will discuss the action of the two protective devices shown in Fig. 30.39. The normal function of the HOLD-ON coil is to hold on the arm in the full running position when the motor is in normal operation. But, in the case of failure or disconnection of the supply or a break in the field circuit, it is de-energised, thereby releasing the arm which is pulled back by the spring to the OFF position. This prevents the stationary armature from being put across the lines again when the supply is restored after temporary shunt down. This would have happened if the arm were left in the full ON position. One great advantage of connecting the HOLD-ON coil in series with the shunt field is that, should the field circuit become open, the starting arm immediately springs back to the OFF position thereby preventing the motor from running away.

The overcurrent release consists of an electromagnet connected in the supply line. If the motor becomes overloaded beyond a certain predetermined value, then *D* is lifted and short circuits the electromagnet. Hence, the arm is released and returns to OFF position.

The form of overload protection described above is becoming obsolete, because it cannot be made either as accurate or as reliable as a separate well-designed circuit breaker with a suitable time element attachment. Many a times a separated magnetic contactor with an overload relay is also used.

Often the motors are protected by thermal overload relays in which a bimetallic strip is heated by the motor current at approximately the same rate at which the motor is itself heating up. Above a certain temperature, this relay trips and opens the line contactor, thereby isolating the motor from the supply.

If it is desired to control the speed of the motor in addition, then a field rheostat is connected in the filed circuit as indicated in Fig.30.39.The motor speed can be increased by weakening the flux ($N \propto I/\Phi$). Obviously, there is a limit to the speed increase obtained in this way, although speed ranges of three to four are possible. The connections of a starter and speed regulator with the motor are shown diagrammatically in Fig. 30.41. But there is one difficulty with such an arrangement for speed control. If too much resistance is 'cut in' by the field rheostat, then field current is reduced very much so that it is unable to create enough electromagnetic pull to overcome the spring tension. Hence, the arm is pulled back to OFF position. It is this undesirable feature of a three-point starter which makes it unsuitable for use with variable-speed motors. This has resulted in widespread application of four-point starter discussed below.

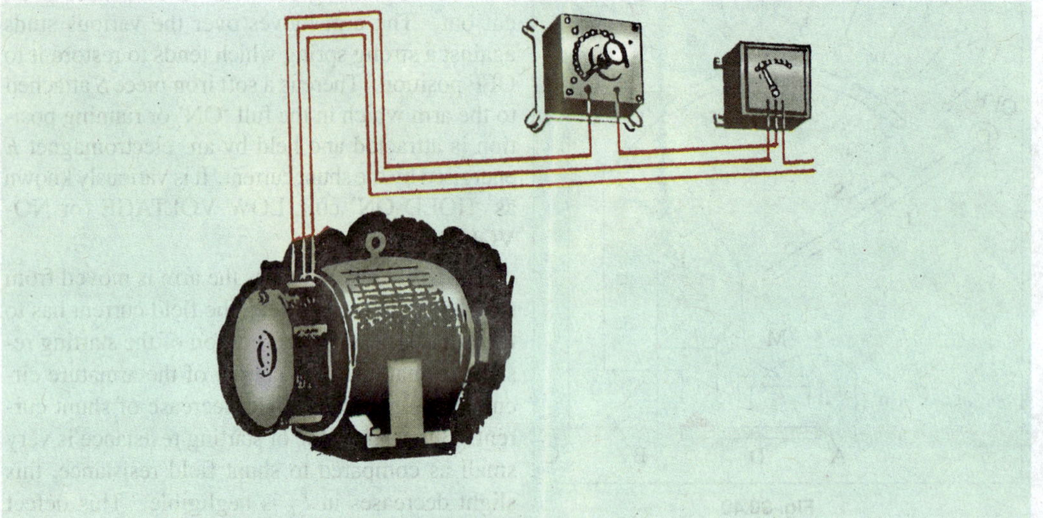

Fig. 30.41

30.22. Four-point Starter

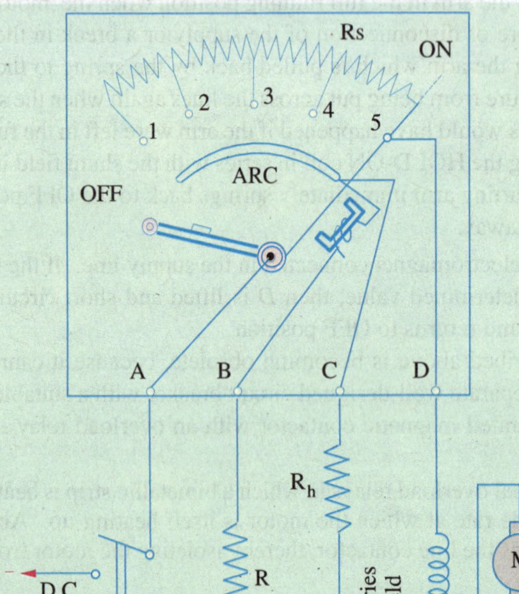

Fig. 30.42

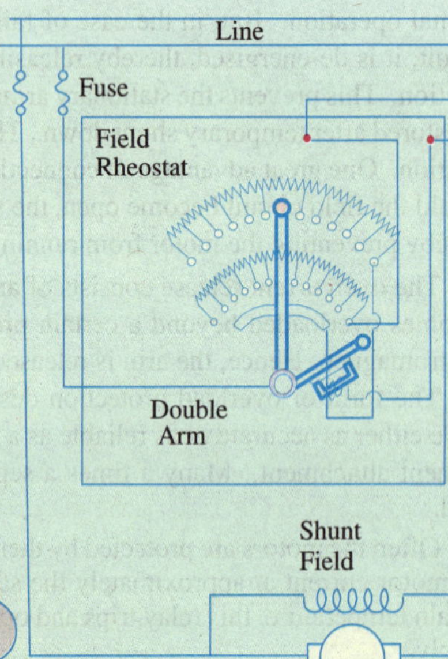

Fig. 30.43

Such a starter with its internal wiring is shown, connected to a long-shunt compound motor in Fig. 30.42. When compared to the three-point starter, it will be noticed that one important change has been made *i.e.*, the HOLD-ON coil has been taken out of the shunt field circuit and has been connected directly across the line through a protecting resistance as shown. When the arm touches stud No. 1, then the line current divides into three parts (*i*) one part passes through starting resistance R_s, series field and motor armature (*ii*) the second part passes through the shunt field and its field rheostat R_h and (*iii*) the third part passes through the HOLD-ON coil and current-protecting resistance R. It should be particularly noted that with this arrangement any change of current in the shunt field circuit does not at all affect the current passing through the HOLD-ON coil because the two circuits are independent of each other. It means that the electromagnetic pull exerted by the HOLD-ON coil will always be sufficient and will prevent the spring from restoring the starting arm to OFF position no matter how the field rheostat or regulator is adjusted.

30.23. Starter and Speed-control Rheostats

Sometimes, for convenience, the field rheostat is also contained within the starting box as shown in Fig. 30.43. In this case, two arms are used. There are two rows of studs, the lower ones being connected to the armature. The inside starting arm moves over the lower studs on the starting resistor, whereas the outside field lever moves over the upper ones on the field rheostat. Only the outside field arm is provided with an operating handle. While starting the motor, the two arms are moved together, but field lever is electrically inoperative because the field current flows directly from the starting arm through the brass arc to HOLD-ON coil and finally to the shunt field winding. At the end of the starting period, the starting arm is attracted and held in FULL-ON position by the HOLD-ON coil, and the contact between the starting arm and brass arc is broken thus forcing field current to pass through the field rheostat. The field lever can be moved back to increase the motor speed. It will be seen that now the upper row of contacts is operative because starting arm no longer touches the brass arc.

Speed-control Rheostats

When motor is stopped by opening the main switch, the starting arm is released and on its way back it strikes the field lever so that both arms are returned simultaneously to OFF position.

30.24. Starting and Speed Control of Series Motor

For starting and speed control of series motor either a face-plate type or drum-type controller is used which usually has the reversing feature also. A face-plate type of reversing controller is shown in Fig. 30.44.

Except for a separate overload circuit, no inter-locking or automatic features are required because the operator watches the performance continuously.

As shown, the regulating lever consists of three pieces separated by strips of insulation. The outside parts form the electrical connections and the middle one is insulated from them. By moving the regulating lever, resistance can be cut in and out of the motor circuit. Reversing is obtained by moving the lever in the opposite direction as shown, because in that case, connections to the armature are reversed. Such an arrangement is employed where series motors are used as in the case of cranes, hoists and streetcars etc.

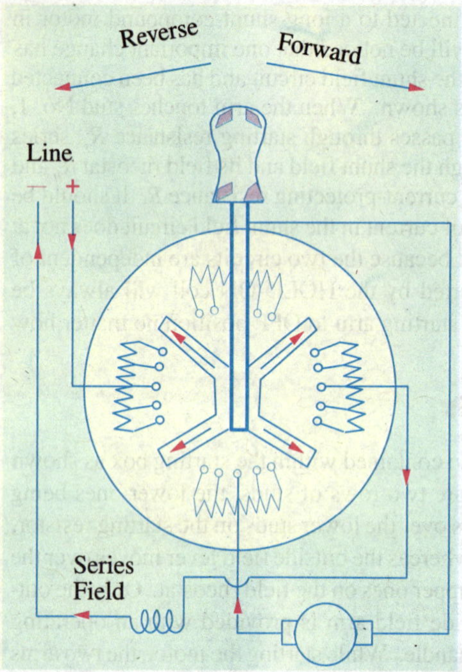

Fig. 30.44

However, for adjustable speed service in connection with the operation of machine tools, a drum controller is preferred. It is called 'controller' because in addition to accelerating the motor to its normal speed, it provides the means for reversing the direction of the motor. Other desirable features such as safety protection against an open field or the temporary failure of power supply and overloads are frequently provided in this type of controller.

The controller consists of armature resistance grids of cross-section sufficient to carry the full-load operating current continuously and are used for adjusting the motor speed to values lower than the base speed obtained with no external resistance in the armature of field circuit. As the operating handle is gradually turned, the resistance is cut out of the armature circuit–there being as yet no resistance in the field circuit at this stage, then when resistance in the armature circuit is completely cut out, further rotation of the handle inserts resistance into the field circuit. Turning of the handle in the opposite direction starts and speeds up the motor in the reverse direction.

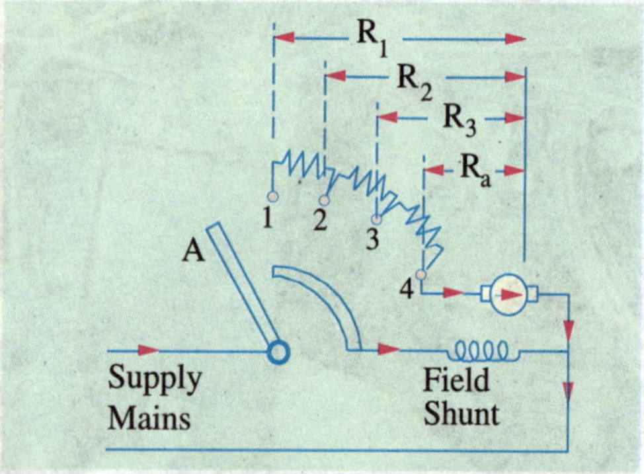

Fig. 30.45

30.25. Grading of Starting Resistance for Shunt Motors

T_{st} would be small in designing shunt motor starters, it is usual to allow an overload of 50% for starting and to advance the starter a step when armature current has fallen to definite lower value. Either this lower current limit may be fixed or the number of starter steps may be fixed. In the former case, the number of steps are so chosen as to suit the upper and lower current limits whereas in the latter case, the lower current limit will depend on the number of steps specified. It can be shown that the resistances in the circuit on successive studs from geometrical progression, having a common ratio equal to lower current limit/upper current limit *i.e.*, I_2/I_1.

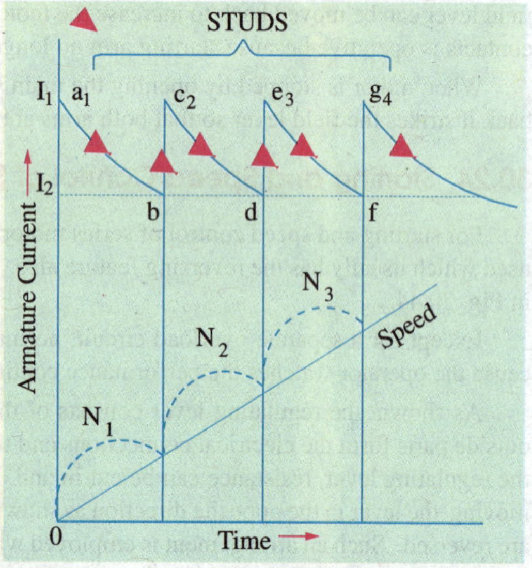

Fig. 30.46

In Fig. 30.45 the starter connected to a shunt motor is shown. For the sake of simplicity, four live studs have been taken. When arm *A* makes contact with stud No. 1, full shunt field is established and at the same time the armature current immediately jumps to a maximum value I_1 given by $I_1 = V/R_1$ where R_1 = armature and starter resistance (Fig. 30.45).

I_1 the maximum permissible armature current at the start (I_{max}) and is, as said above, usually limited to 1.5 times the full-load current of the motor. Hence, the motor develops 1.5 times its full-load torque and accelerates very rapidly. As the motor speeds up, its back e.m.f. grows and hence decreases the armature current as shown by curve *ab* in Fig. 30.46.

When the armature current has fallen to some predetermined value I_2 (also called I_{min}) arm *A* is moved to stud No. 2. Let the value of back e.m.f. be E_{b1} at the time of leaving stud No. 1. Then

$$I_2 = \frac{V - E_{b1}}{R_1} \quad ...(i)$$

It should be carefully noted that I_1 and I_2 [(I_{max}) and (I_{min})] are respectively the maximum and minimum currents of the motor. When arm *A* touches stud No. 2, then due to diminution of circuit resistance, the current again jumps up to its previous value I_1. Since speed had no time to change, the back e.m.f. remains the same as initially.

$$\therefore \quad I_1 = \frac{V - E_{b1}}{R_2} \quad ...(ii)$$

From (*i*) and (*ii*), we get $\quad \dfrac{I_1}{I_2} = \dfrac{R_1}{R_2} \quad ...(iii)$

When arm *A* is held on stud No. 2 for some time, then speed and hence the back e.m.f. increases to a value E_{b2}, thereby decreasing the current to previous value I_2, so that

$$I_2 = \frac{V - E_{b3}}{R_2} \quad ...(iv)$$

Similarly, on first making contact with stud No. 3, the current is

$$I_1 = \frac{V - E_{b2}}{R_3} \quad ...(v)$$

From (*iv*) and (*v*), we again get $\quad \dfrac{I_1}{I_2} = \dfrac{R_2}{R_3} \quad ...(vi)$

When arm *A* is held on stud No. 3 for some time, the speed and hence back e.m.f. increases to a new value E_{b3}, thereby decreasing the armature current to a value I_2 such that

$$I_2 = \frac{V - E_{b3}}{R_3} \quad ...(vii)$$

On making contact with stud No. 4, current jumps to I_1 given by

$$I_1 = \frac{V - E_{b3}}{R_a} \quad ...(viii)$$

From (*vii*) and (*viii*), we get $\quad \dfrac{I_1}{I_2} = \dfrac{R_3}{R_a} \quad ...(ix)$

From (*iii*), (*vi*) and (*ix*), it is seen that

$$\frac{I_1}{I_2} = \frac{R_1}{R_2} = \frac{R_2}{R_3} = \frac{R_3}{R_a} = K \text{ (say)} \quad ...(x)$$

Obviously, $\quad R_3 = KR_a;\ R_2 = KR_3 = K^2R_a$

$$R_1 = KR_2 = K.K^2R_a = K^3R_a$$

In general, if *n* is the number of live studs and therefore (*n* –1) the number of sections in the starter resistance, then

$$R_1 = K^{n-1}.R_a \text{ or } \frac{R_1}{R_a} = K^{n-1} \text{ or } \left(\frac{I_1}{I_2}\right)^{n-1} = \frac{R_1}{R_a} \quad \text{...from } (x)$$

Other variations of the above formula are

(*a*) $$K^{n-1} = \frac{R_1}{R_a} = \frac{V}{I_1 R_a} = \frac{V}{I_{max} R_a}$$

(*b*) $$K^n = \frac{V}{I_1 R_a} \cdot \frac{I_1}{I_2} = \frac{V}{I_2 R_a} = \frac{V}{I_{min.} R_a} \text{ and}$$

(*c*) $$n = 1 + \frac{\log (V / R_a . I_{max})}{\log K} \text{ from } (a) \text{ above.}$$

Since $R_1 = V/I_1$ and R_a are usually known and K is known from the given values of maximum and minimum currents (determined by the load against which motor has to start), the value of n can be found and hence the value of different starter sections.

When Number of Sections is Specified.

Since I_1 would be given, R_1 can be found from $R_1 = V/I_1$.

Since n is known, K can be found from $R_1/R_a = K^{n-1}$ and the lower current limit I_2 from $I_1/I_2 = K$.

Example 30.49. *A 10 b.h.p. (7.46 kW) 200-V shunt motor has full-load efficiency of 85%. The armature has a resistance of 0.25 Ω. Calculate the value of the starting resistance necessary to limit the starting current to 1.5 times the full-load current at the moment of first switching on. The shunt current may be neglected. Find also the back e.m.f. of the motor, when the current has fallen to its full-load value, assuming that the whole of the starting resistance is still in circuit.*

Solution. Full-load motor current $= 7,460/200 \times 0.85 = 43.88$ A

Starting current, $I_1 = 1.5 \times 43.88 = 65.83$ A

$$R_1 = V/I_1 = 200/65.83 = 3.038\ \Omega\ ;\ R_a = 0.25\ \Omega$$

∴ Starting resistance $= R_1 - R_a = 3.038 - 0.25 = 2.788\ \Omega$

Now, full-load current $I_2 = 43.88$ A

Now, $$I_2 = \frac{V - E_{b1}}{R_1}$$

∴ $$E_{b1} = V - I_2 R_1 = 200 - (43.88 \times 3.038) = \mathbf{67\ V}$$

Example 30.50. *A 220-V shunt motor has an armature resistance of 0.5 Ω. The armature current at starting must not exceed 40 A. If the number of sections is 6, calculate the values of the resistor steps to be used in this starter.* **(Elect. Machines, AMIE Sec. B, 1992)**

Solution. Since the number of starter sections is specified, we will use the relation.

$$R_1/R_a = K^{n-1} \quad \text{or} \quad R_1 = R_a K^{n-1}$$

Now, $$R_1 = 220/40 = 5.5\ \Omega,\ R_a = 0.4\ \Omega\ ;\ n-1 = 6,\ n = 7$$

∴ $$5.5 = 0.4\,K^6 \quad \text{or} \quad K^6 = 5.5/0.4 = 13.75$$

$$6 \log_{10} K = \log_{10} 13.75 = 1.1383\ ;\quad K = 1.548$$

Now,
$$R_2 = R_1/K = 5.5/1.548 = 3.553\ \Omega$$
$$R_3 = R_2/K = 3.553/1.548 = 2.295\ \Omega$$
$$R_4 = 2.295/1.548 = 1.482\ \Omega$$
$$R_5 = 1.482/1.548 = 0.958\ \Omega$$
$$R_6 = 0.958/1.548 = 0.619\ \Omega$$

Resistance of Ist section $= R_1 - R_2 = 5.5 - 3.553 =$ **1.947 Ω**

" 2nd " $= R_2 - R_3 = 3.553 - 2.295 =$ **1.258 Ω**

" 3rd " $= R_3 - R_4 = 2.295 - 1.482 =$ **0.813 Ω**

" 4th " $= R_4 - R_5 = 1.482 - 0.958 =$ **0.524 Ω**

$$,, \quad 5\text{th}" = R_5 - R_6 = 0.958 - 0.619 = \mathbf{0.339\ \Omega}$$

$$,, \quad 6\text{th}" = R_6 - R_a = 0.619 - 0.4 = \mathbf{0.219\ \Omega}$$

Example 30.51. *Find the value of the step resistance in a 6-stud starter for a 5 h.p. (3.73 kW), 200-V shunt motor. The maximum current in the line is limited to twice the full-load value. The total Cu loss is 50% of the total loss. The normal field current is 0.6 A and the full-load efficiency is found to be 88%.* **(D.C. Machines, Jadavpur Univ. 1988)**

Solution. Output = 3,730 W

Total loss = 4,238 – 3,730 = 508 W

Armature Cu loss alone = 508/2 = 254 W

Input current = 4,238/200 = 21.19 A

Armature current = 21.19 – 0.6 = 20.59 A

$\therefore \quad 20.59^2 R_a = 254 \quad \therefore \quad R_a = 254/20.59^2 = 0.5989\ \Omega$

Permissible input current = 21.19 × 2 = 42.38 A

Permissible armature current = 42.38 – 0.6 = 41.78 A

$\therefore \quad R_1 = 200/41.78 = 4.787\ \Omega; \quad n = 6\ ; \quad n - 1 = \mathbf{5}$

$\therefore \quad 4.787 = K^5 \times 0.5989 \qquad \therefore \quad K^5 = 4.787/0.5989 = 7.993$

or $\quad 5 \log K = \log 7.993 = 0.9027$

$\therefore \quad \log K = 0.1805\ ; \quad K = 1.516$

Now $\quad R_2 = R_1/K = 4.789/1.516 = 3.159\ \Omega$

$R_3 = 2.084\ \Omega\ ; \quad R_4 = 1.376\ \Omega\ ; \quad R_5 = 0.908\ \Omega$

Resistance in 1st step $= R_1 - R_2 = 4.787 - 3.159 = \mathbf{1.628\ \Omega}$

Resistance in 2nd step $= R_2 - R_3 = 3.159 - 2.084 = \mathbf{1.075\ \Omega}$

Resistance in 3rd step $= R_3 - R_4 = 2.084 - 1.376 = \mathbf{0.708\ \Omega}$

Resistance in 4th step $= R_4 - R_5 = 1.376 - 0.908 = \mathbf{0.468\ \Omega}$

Resistance in 5th step $= R_5 - R_a = 0.908 - 0.5989 = \mathbf{0.309\ \Omega}$

The various sections are shown in Fig. 28.47.

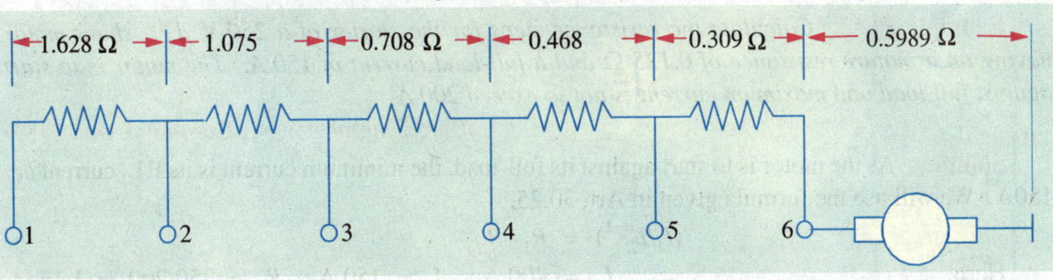

Fig. 30.47

Example 30.52. *Design the resistance sections of a seven-stud starter for 36.775 kW, 400V, d.c. shunt motor. Full-load efficiency is 92%, total Cu losses are 5% of the input. Shunt field resistance is 200 Ω. The lower limit of the current through the armature is to be full-load value.*

(Elec. Machines, Gujarat Univ. 1987)

Solution. Output = 36,775 W ; Input = 36,775/0.92 = 39,980 W

Total Cu loss = 0.05 × 39,980 = 1,999W

Shunt Cu loss $= V^2/R_{sh} = 400^2/200 = 800$ W

$$\text{Armature Cu loss} = 1{,}999 - 800 = 1199 \text{ W}$$

$$\text{F.L. input current} = 39{,}980/400 = 99.95 \text{ A}$$

$$I_{sh} = 400/200 = 2\text{A} \; ; \; I_a = 99.95 - 2 = 97.95 \text{ A}$$

$$\therefore \quad 97.95^2 R_a = 1199 \text{ W} \quad \text{or} \quad R_a = 0.125 \; \Omega$$

Now, minimum armature current equals full-load current *i.e.* I_a = 97.95 A. As seen from Art. 30.25 in its formula given in (*b*), we have

$$K^n = \frac{V}{I_a R_a}$$

or

$$K^7 = 400/97.95 \times 0.125 = 32.68$$

$$\therefore \quad K = 32.68^{1/7} = 1.645$$

$$I_1 = \text{maximum permissible armature current}$$

$$= KI_2 = 1.645 \times 97.94 = 161 \text{ A}$$

$$\therefore \quad R_1 = V/I_1 = 400/161 = 2.483 \; \Omega$$

$$R_2 = R_1/K = 2.483/1.645 = 1.51 \; \Omega$$

$$R_3 = 1.51/1.645 = 0.917 \; \Omega$$

$$R_4 = 0.917/1.645 = 0.557 \; \Omega$$

$$R_5 = 0.557/1.645 = 0.339 \; \Omega$$

$$R_6 = 0.339/1.645 = 0.206 \; \Omega$$

$$R_7 = 0.206/1.645 = 0.125 \; \Omega$$

Resistance in 1st step = $R_1 - R_2$ = **0.973 Ω**

Resistance in 2nd step = $R_2 - R_3$ = **0.593 Ω**

Resistance in 3rd step = $R_3 - R_4$ = **0.36 Ω**

Resistance in 4th step = $R_4 - R_5$ = **0.218 Ω**

Resistance in 5th step = $R_5 - R_6$ = **0.133 Ω**

Resistance in 6th step = $R_6 - R_a$ = **0.081 Ω**

The various starter sections are shown in Fig 30.48.

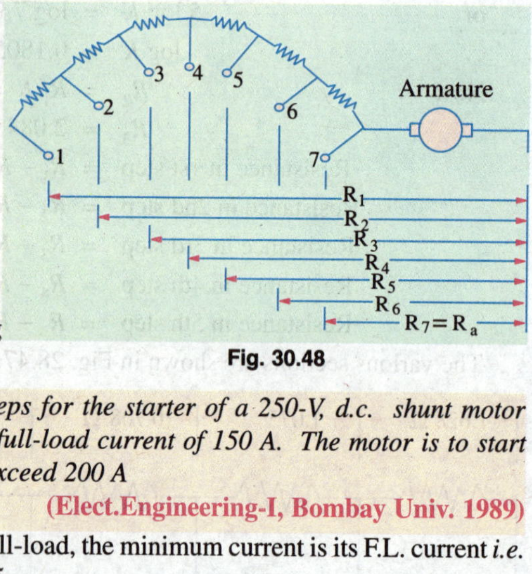

Fig. 30.48

Example 30.53. *Calculate the resistance steps for the starter of a 250-V, d.c. shunt motor having an armature resistance of 0.125 Ω and a full-load current of 150 A. The motor is to start against full-load and maximum current is not to exceed 200 A*

(Elect.Engineering-I, Bombay Univ. 1989)

Solution. As the motor is to start against its full-load, the minimum current is its F.L. current *i.e.* 150A. We will use the formula given in Art. 30.25.

$$(I_1/I_2^{n-1}) = R_1 / R_a$$

Here

$$I_1 = 200 \text{ A} \; ; \; I_2 = 150 \text{ A} \; ; \; R_1 = 250/200 = \mathbf{1.25 \; \Omega}$$

$$R_a = 0.125 \; \Omega \; ; \; n = \text{No. of live studs}$$

$$\therefore \quad (200/150)^{n-1} = 1.25/0.125 = 10 \quad \text{or} \quad (4/3)^{n-1} = 10$$

$$(n-1) \log 4/3 = \log 10 \quad \text{or} \quad (n-1) \times 0.1249 = 1$$

$$\therefore \quad (n-1) = 1/0.1249 = 8$$

Hence, there are 9 studs and 8 steps.

Now

$$R_2 = R_1 \times I_2/I_1 = 1.25 \times 3/4 = 0.938 \; \Omega$$

$$R_3 = 0.938 \times 3/4 = 0.703 \; \Omega$$

$$R_4 = 0.703 \times 3/4 = 0.527 \; \Omega$$

$$R_5 = 0.527 \times 3/4 = 0.395\ \Omega$$
$$R_6 = 0.395 \times 3/4 = 0.296\ \Omega$$
$$R_7 = 0.296 \times 3/4 = 0.222\ \Omega$$
$$R_8 = 0.222 \times 3/4 = 0.167\ \Omega$$
$$R_a = 0.167 \times 3/4 = 0.125\ \Omega$$

$\therefore$ Resistance of 1st element $= 1.25 - 0.938 =$ **0.312 Ω**

„ 2nd „ $= 0.938 - 0.703 =$ **0.235 Ω**

„ 3rd „ $= 0.703 - 0.527 =$ **0.176 Ω**

„ 4th „ $= 0.527 - 0.395 =$ **0.132 Ω**

„ 5th „ $= 0.395 - 0.296 =$ **0.099 Ω**

„ 6th „ $= 0.296 - 0.222 =$ **0.074 Ω**

„ 7th „ $= 0.222 - 0.167 =$ **0.055 Ω**

„ 8th „ $= 0.167 - 0.125 =$ **0.042 Ω**

Example 30.54. *The 4-pole, lap-wound armature winding of a 500-V, d.c. shunt motor is housed in a total number of 60 slots each slot containing 20 conductors. The armature resistance is 1.31 Ω. If during the period of starting, the minimum torque is required to be 218 N-m and the maximum torque 1.5 times the minimum torque, find out how many sections the starter should have and calculate the resistances of these sections. Take the useful flux per pole to be 23 mWb.*

(Elect. Machinery-II, Bangalore Univ. 1991)

Solution. From the given minimum torque, we will be able to find the minimum current required during starting. Now

$$T_a = 0.159\ \Phi Z I_a (P/A)$$

$$\therefore \quad 218 = 0.159 \times 23 \times 10^{-3} \times (60 \times 20)\, I_a \times (4/4) \quad \therefore I_a = 50 \text{ A (approx.)}$$

$$\text{Maximum current} = 50 \times 1.5 = 75 \text{ A}$$

$$\therefore \quad I_1 = 75 \text{ A};\ I_2 = 50 \text{ A} \quad \therefore I_1/I_2 = 75/50 = 1.5$$

$$R_1 = 500/75 = 6.667\ \Omega$$

If n is the number of stater studs, then

$$(I_1/I_2)^{n-1} = R_1/R_a \quad \text{or} \quad 1.5^{n-1} = 6.667/1.31 = 5.09$$

$$\therefore \quad (n-1)\log_{10} 1.5 = \log_{10} 5.09 \quad \therefore (n-1) \times 0.1761 = 0.7067 \quad \therefore (n-1) = 4 \text{ or } n = 5$$

Hence, there are five studs and four sections.

$$R_2 = R_1 \times I_2/I_1 = 6.667 \times 2/3 = 4.44\ \Omega$$

$$R_3 = 4.44 \times 2/3 = 2.96\ \Omega; \quad R_4 = 2.96 \times 2/3 = 1.98\ \Omega$$

Resistance of 1st section $= R_1 - R_2 = 6.67 - 4.44 =$ **2.23 Ω**

„ 2nd „ $= R_2 - R_3 = 4.44 - 2.96 =$ **1.48 Ω**

„ 3rd „ $= R_3 - R_4 = 2.96 - 1.98 =$ **0.98 Ω**

„ 4th „ $= R_4 - R_a = 1.98 - 1.31 =$ **0.67 Ω**

30.26. Series Motor Starters

The basic principle employed in the design of a starter for series motor is the same as for a shunt motor *i.e.*, the motor current is not allowed to exceed a certain upper limit as the starter arm moves from one stud to another. However, there is one significant difference. In the case of a series motor, the flux does not remain constant but varies with the current because armature current is also the exciting current. The determination of the number of steps is rather complicated as illustrated in Example 30.55. It may however, be noted that the section resistances form a geometrical progression.

The face-plate type of starter formerly used for d.c. series motor has been almost entirely replaced by automatic starter in which the resistance steps are cut out automatically by means of a contactor operated by electromagnets. Such starters are well-suited for remote control.

However, for winch and crane motors where frequent starting, stopping, reversing and speed variations are necessary, drum type controllers are used. They are called controllers because they can be left in the circuit for any length of time. In addition to serving their normal function of starters, they also used as speed controllers.

Example 30.55. *(a) Show that, in general, individual resistances between the studs for a rheostat starter for a series d.c. motor with constant ratio of maximum to minimum current at starting, are in geometrical progression, stating any assumptions made.*

(b) Assuming that for a certain d.c. series motor the flux per pole is proportional to the starting current, calculate the resistance of the each rheostat section in the case of a 50 b.h.p. (37.3 kW) 440-V motor with six sections.

The total armature and field voltage drop at full-load is 2% of the applied voltage, the full-load efficiency is 95% and the maximum starting current is 130% of full-load current.

Solution. *(a)* Let I_1 = maximum current, I_2 = minimum current

Φ_1 = flux/pole for I_1 ; Φ_2 = flux/pole for I_2

$$\frac{I_1}{I_2} = K \text{ and } \frac{\Phi_1}{\Phi_2} = \alpha .$$

Let us now consider the conditions when the starter arm is on the *n*th and $(n + 1)$th stud. When the current is I_2, then $E_b = V - I_2 R_n$.

If, now, the starter is moved up to the $(n + 1)$th stud, then

$$E_b' = \frac{\Phi_1}{\Phi_2} . E_b = \alpha E_b$$

$$\therefore \quad R_{n+1} = \frac{V - E_{b1}'}{I_1} = \frac{V - \alpha E_b}{I_1} = \frac{V - \alpha(V - I_2 R_n)}{I_1} = \frac{V}{I_1}(1 - \alpha) + \alpha \frac{I_2}{I_1} \cdot R_n$$

Now, $V/I_1 = R_1$–the total resistance in the circuit when the starter arm is on the first stud.

$$\therefore \quad R_{n+1} = R_1 (1 - \alpha) + \frac{\alpha}{K} R_n$$

Similarly, by substituting $(n - 1)$ for *n*, we get $R_n = R_1 (1 - \alpha) + \frac{\alpha}{K} R_{n-1}$

Therefore, the resistance between the *n*th and $(n + 1)$th studs is

$$r_n = R_n - R_{n+1} = \frac{\alpha}{K} R_{n-1} - \frac{\alpha}{K} R_n = \frac{\alpha}{K}(R_{n-1} - R_n) = \frac{\alpha}{K} r_{n-1}$$

$$\therefore \quad \frac{r_n}{r_{n-1}} = \frac{\alpha}{K} = \frac{\Phi_1}{\Phi_2} \times \frac{I_2}{I_1} = b \quad \text{– constant}$$

Obviously, the resistance elements form a geometrical progression series.

(b) Full-load input current $= \dfrac{37,300}{440 \times 0.95} = 89.2$ A

Max. starting current $I_1 = 1.3 \times 89.2 = 116$ A

Arm. and field voltage drop on full-load = 2% of 440 $= 0.02 \times 440 = 8.8$ V

Resistance of motor $= 8.8/89.2 = 0.0896\ \Omega$

Total circuit resistance on starting, $R_1 = V/I_1 = 440/116 = 3.79\ \Omega$

Assuming straight line magnetisation, we have $I_1 \propto \Phi_1$ and $I_2 \propto \Phi_2$

$\therefore \quad I_1/I_2 = \Phi_1/\Phi_2 \qquad \therefore \quad \alpha = K$ and $b = \alpha/K = 1 \qquad \therefore \quad r_n = b \times r_{n-1}$

In other words, all sections have the same resistance.

$$\therefore \qquad r = \frac{R_1 - R_{motor}}{\text{No. of sections}} = \frac{3.79 - 0.0896}{6} = \mathbf{0.6176\ \Omega}$$

Example 30.56. *A 75 h.p. (55.95 kW) 650-V, d.c. series tractions motor has a total resistance of 0.51 Ω. The starting current is to be allowed to fluctuate between 140 A and 100 A the flux at 140 A being 20 % greater than at 100 A. Determine the number of steps required in the controller and the resistance of each step.*

Solution. Let R_1 = total resistance on the first stud = 650/140 = 4.65 Ω

When motor speeds up, then back e.m.f. is produced and current falls to I_2.

$$V = E_{b1} + I_2R_1 \qquad \text{...(i)}$$

When the starter moves to the next stud, the speed is still the same, but since current rises to I_1 for which flux is 1.2 times greater than for I_2, hence back e.m.f. becomes 1.2 E_{b1}. Since resistance in the circuit is now R_2.

$$\therefore \qquad V = I_1R_2 + 1.2\,E_{b1} \qquad \text{...(ii)}$$

From *(i)* and *(ii)* we get, $0.2\,V = 1.2\,I_2R_1 - I_1R_2$

$$\therefore \qquad R_2 = (1.2I_2/I_1)\,R_1 - 0.2\,V/I_1 = (1.2I_2/I_1)\,R_1 - 0.2\,R_1 = (1.2I_2/I_1 - 0.2)\,R_1$$

Similarly $\qquad R_3 = (1.2I_2/I_1)\,R_2 - 0.2\,R_1$

In this way, we continue till we reach the value of resistance equal to the armature resistance. Hence, we obtain R_1, R_2 etc. and also the number of steps.

In the present case, $I_1 = 140$ A, $I_2 = 100$A, $V = 650$ V and $I_1/I_2 = 100/140 = 1.14$

$$\therefore \qquad R_1 = 4.65\ \Omega;\ R_2 = (1.2/1.4 - 0.2)\,4.65 = 3.07\ \Omega$$

$$R_3 = (1.2/1.4) \times 3.07 - 0.2 \times 4.65 = 1.70\ \Omega$$

$$R_4 = (1.2/1.4) \times 1.7 - 0.2 \times 4.65 = 0.53\ \Omega$$

We will stop here because R_4 is very near the value of the motor resistance. Hence, there are 4 studs and 3 sections or steps.

$$R_1 - R_2 = 4.65 - 3.07 = 1.58\ \Omega,\ R_2 - R_3 = 3.07 - 1.7 = 1.37\ \Omega$$

$$R_3 - R_4 = 1.70 - 0.53 = 1.17\ \Omega$$

Note. It will be seen that

$$R_2 - R_3 = (1.2\,I_2/I_1)\,(R_1 - R_2) \text{ and } R_3 - R_4 = (1.2\,I_2/I_1)\,(R_2 - R_3) \text{ and so on.}$$

or
$$\frac{R_2 - R_3}{R_1 - R_2} = \frac{R_3 - R_4}{R_2 - R_3} = 1.2\frac{I_2}{I_1} = \frac{\Phi_1}{\Phi_2} \times \frac{I_2}{I_1} = \frac{\alpha}{K} = b$$

It is seen that individual resistances of various sections decrease in the ratio of $\alpha/K = b$.

30.27. Thyristor Controller Starters

The moving parts and metal contacts etc., of the resistance starters discussed in Art. 30.21 can be eliminated by using thyristors which can short circuit the resistance sections one after another. A thyristor can be switched on to the conducting state by applying a suitable signal to its gate terminal. While conducting, it offers zero resistance in the forward (*i.e.*, anode-to-cathode) direction and thus acts as a short-circuit for the starter resistance section across which it is connected. It can be switched off (*i.e.*, brought back to the non-conducting state) by reversing the polarity of its anode-cathode voltage. A typical thyristor-controlled starter for d.c. motors is shown in Fig. 30.49.

After switching on the main supply, when switch S_1 is pressed, positive signal is applied to gate G of thyristor T_1 which is, therefore, turned ON. At the same time, shunt field gets established since it is directly connected across the d.c. supply. Consequently, motor armature current I_a flows *via* T_1,

R_2, R_3 and R_4 because T_2, T_3 and T_4 are, as yet in the non-conducting state. From now onwards, the starting procedure is automatic as detailed below :

1. As S_1 is closed, capacitor C starts charging up with the polarity as shown when I_a starts flowing.
2. The armature current and field flux together produce torque which accelerates the motor and load.

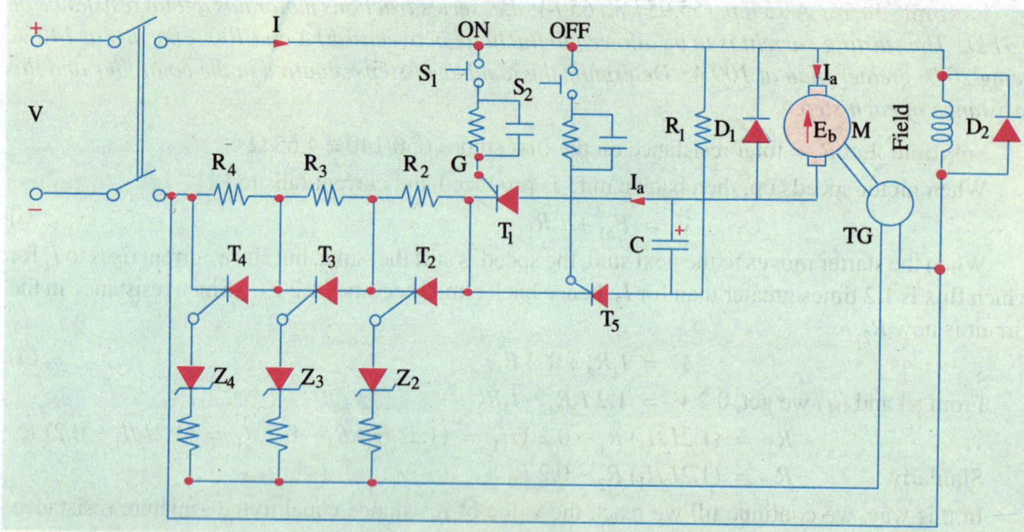

Fig. 30.49

3. As motor speeds up, voltage provided by tachogenerator (*TG*) is proportionately increased because it is coupled to the motor.
4. At some motor speed, the voltage provided by *TG* becomes large enough to breakdown Zener diode Z_2 and hence trigger T_2 into conduction. Consequently, R_2 is shorted out and now I_a flows via motor armature, T_1, T_2, R_3 and R_4 and back to the negative supply terminal.
5. As R_2 is cut out, I_a increases, armature torque increases, motor speed increases which further increases the voltage output of the tachogenerator. At some speed, Z_3 breaks down, thereby triggering T_3 into conduction which cuts out R_3.
6. After sometime, R_4 is cut out as Z_4 breaks down and triggers T_4 into conduction. In fact, Zener diodes Z_2, Z_3 and Z_4 can be rated for 1/3, 1/2 and 3/4 full speed respectively.

For stopping the motor, switch S_2 is closed which triggers T_5 into conduction, thereby establishing current flow via R_1. Consequently, capacitor C starts discharging thereby reverse-biasing T_1 which stops conducting. Hence I_a ceases and, at the same time, T_2, T_3 and T_4 also revert back to their non-conducting state.

Incidentally, it may be noted that the function of C is to switch T_1, ON and OFF. Hence, it is usually called ***commutating capacitor.***

The function of the diodes D_1 and D_2 is to allow the decay of inductive energy stored in the motor armature and field when supply is disconnected. Supply failure will cause the thyristors to block because of this current decay, thereby providing protection usually given by no-voltage release coil.

Recently, thyristor starting circuits have been introduced which use no starting resistance at all, thereby making the entire system quite efficient and optimized as regards starting time. These are based on the principle of 'voltage chopping' (Art. 30.12). By varying the chopping frequency, the ratio of the time the voltage is ON to the time it is OFF can be varied. By varying this ratio, the average voltage applied to the motor can be changed. A low average voltage is needed to limit the armature current while the motor is being started and gradually the ratio is increased to reach the maximum at the rated speed of the motor.

Tutorial Problems 32.2

1. A shunt-wound motor runs at 600 r.p.m. from a 230-V supply when taking a line current of 50 A. Its armature and field resistances are 0.4 Ω and 104.5 Ω respectively. Neglecting the effects of armature reaction and allowing 2 V brush drop, calculate (*a*) the no-load speed if the no-load line current is 5A (*b*) the resistance to be placed in armature circuit in order to reduce the speed to 500 r.p.m. when motor is taking a line current of 50 A (*c*) the percentage reduction in the flux per pole in order that the speed may be 750 r.p.m. when the armature current is 30 A with no added resistance in the armature circuit. **[(*a*) 652 r.p.m. (*b*) 0.73 Ω (*c*) 1.73 %]**
2. The resistance of the armature of a 250-V shunt motor is 0.3 Ω and its full-load speed is 1000 r.p.m. Calculate the resistance to be inserted in series with the armature to reduce the speed with full-load torque to 800 r.p.m., the full-load armature current being 5A. If the load torque is then halved, at what speed will the motor run ? Neglect armature reaction. **[0.94 Ω; 932 r.p.m.]**
3. A 230-V d.c. shunt motor takes an armature current of 20 A on a certain load. Resistance of the armature is 0.5 Ω. Find the resistance required in series with the armature to half the speed if (*a*) the load torque is constant (*b*) the load torque is proportional to the square of the speed. **[(*a*) 5.5 Ω (*b*) 23.5 Ω]**
4. A 230-V series motor runs at 1200 r.p.m. at a quarter full-load torque, taking a current of 16 A. Calculate its speed at half and full-load torques. The resistance of the armature brushes, and field coils is 0.25 Ω. Assume the flux per pole to be proportional to the current. Plot torque/speed graph between full and quarter-load. **[842 r.p.m. ; 589 r.p.m.]**
5. A d.c. series motor drives a load the torque of which is proportional to the square of the speed. The motor current is 20 A when speed is 500 r.p.m. Calculate the speed and current when the motor field winding is shunted by a resistance of the same value as the field winding. Neglect all motor losses and assume that the magnetic field is unsaturated. **[595 r.p.m. ; 33.64 A]**
(Electrical Machines-I, Aligarh Muslim Univ. 1979)
6. A d.c. series motor, with unsaturated magnetic circuit and with negligible resistance, when running at a certain speed on a given load takes 50 A at 500 V. If the load torque varies as the cube of the speed, find the resistance which should be connected in series with machine to reduce the speed by 25 per cent. **[7.89 Ω]**
(Electrical Engg-I, M.S. Univ. Baroda 1980)
7. A series motor runs at 500 r.p.m. on a certain load. Calculate the resistance of a divertor required to raise the speed to 650 r.p.m. with the same load current, given that the series field resistance is 0.05 Ω and the field is unsaturated. Assume the ohmic drop in the field and armature to be negligible. **[0.1665 Ω]**
8. A 230-V d.c. series motor has armature and field resistances of 0.5 Ω and 0.3 Ω respectively. The motor draws a line current of 40 A while running at 400 r.p.m. If a divertor of resistance 0.15 W is used, find the new speed of the motor for the same armature current.
It may be assumed that flux per pole is directly proportional to the field current. **[1204 r.p.m.]**
(Electrical Engineering Grad. I.E.T.E. June 1986)
9. A 250-V, d.c. shunt motor runs at 700 r.p.m. on no-load with no extra resistance in the field and armature circuit. Determine :
(*i*) the resistance to be placed in series with the armature for a speed of 400 r.p.m. when taking a total current of 16 A.
(*ii*) the resistance to be placed in series with the field to produce a speed of 1,000 r.p.m. when taking an armature current of 18 A.

Assume that the useful flux is proportional to the field. Armature resistance = 0.35 Ω, field resistance = 125 Ω. **[(*i*) 7.3 Ω (*ii*) 113 Ω] (Elect. Engg. Grad. I.E.T.E., June 1984)**

10. A d.c. series motor is operating from a 220-V supply. It takes 50 A and runs at 1000 r.p.m. The resistance of the motor is 0.1 Ω. If a resistance of 2 Ω is placed in series with the motor, calculate the resultant speed if the load torque is constant. **[534 r.p.m.]**

11. A d.c. shunt motor takes 25 A when running at 1000 r.p.m. from a 220-V supply.
Calculate the current taken form the supply and the speed if the load torque is halved, a resistance of 5 Ω is placed in the armature circuit and a resistance of 50 Ω is placed in the field circuit.
Armature resistance = 0.1 Ω ; field resistance = 100 Ω
Assume that the field flux per pole is directly proportional to the field current. **[17.1 A; 915 r.p.m.]**
(Elect. Technology, Gwalior Univ. Nov. 1977)

12. A 440-V shunt motor takes an armature current of 50 A and has a flux/pole of 50 mWb. If the flux is suddenly decreased to 45 mWb, calculate (*a*) instantaneous increase in armature current (*b*) percentage increase in the motor torque due to increase in current (*c*) value of steady current which motor will take eventually (*d*) the final percentage increase in motor speed. Neglect brush contact drop and armature reaction and assume an armature resistance of 0.6 Ω.
[(*a*) 118 A (*b*) 112 % (*c*) 5.55 A (*d*) 10%]

13. A 440-V shunt motor while running at 1500 r.p.m. takes an armature current of 30 A and delivers a mechanical output of 15 h.p. (11.19 kW). The load torque varies as the square of the speed. Calculate the value of resistance to be connected in series with the armature for reducing the motor speed to 1300 r.p.m. and the armature current at that speed. **[2.97 Ω, 22.5 A]**

14. A 460-V series motor has a resistance of 0.4 Ω and takes a current of 25 A when there is no additional controller resistance in the armature circuit. Its speed is 1000 r.p.m. The control resistance is so adjusted as to reduce the field flux by 5%. Calculate the new current drawn by the motor and its speed. Assume that the load torque varies as the square of the speed and the same motor efficiency under the two conditions of operation.
[22.6 A; 926 r.p.m.] (Elect. Machines, South Gujarat Univ. Oct. 1977)

15. A 460-V, series motor runs at 500 r.p.m. taking a current of 40 A. Calculate the speed and percentage change and torque if the load is reduced so that the motor is taking 30 A. Total resistance of armature and field circuit is 0.8 Ω. Assume flux proportional to the field current.
[680 r.p.m. 43.75%]

16. A 440-V, 25 h.p (18.65 kW) motor has an armature resistance of 1.2 Ω and full-load efficiency of 85%. Calculate the number and value of resistance elements of a starter for the motor if maximum permissible current is 1.5 times the full-load current. **[1.92 Ω, 1.30 Ω, 0.86 Ω; 0.59 Ω]**
(Similar example in JNTU, Hyderabad, 2000)

17. A 230-V, d.c. shunt motor has an armature resistance of 0.3 Ω. Calculate (*a*) the resistance to be connected in series with the armature to limit the armature current to 75 A at starting and (*b*) value of the generated e.m.f. when the armature current has fallen to 50 A with this value of resistance still in circuit. **[(*a*) 2.767 Ω (*b*) 76.7 A]**

18. A 200-V, d.c. shunt motor takes full-load current of 12 A. The armature circuit resistance is 0.3 Ω and the field circuit resistance is 100 Ω. Calculate the value of 5 steps in the 6-stud starter for the motor. The maximum starting current is not to exceed 1.5 times the full-load current.
[6.57 Ω, 3.12 Ω, 1.48 Ω, 0.7 Ω, 0.33 Ω]

19. The resistance of a starter for a 200-V, shunt motor is such that maximum starting current is 30 A. When the current has decreased to 24 A, the starter arm is moved from the first to the second stud. Calculate the resistance between these two studs if the maximum current in the second stud is 34 A. The armature resistance of the motor is 0.4 Ω. **[1.334 Ω]**

20. A totally-enclosed motor has thermal time constant of 2 hr. and final temperature rise at no-load and 40° on full load.

Determine the limits between which the temperature fluctuates when the motor operates on a load cycle consisting of alternate period of 1 hr. on full-load and 1 hr. on no-load, steady state conditions having been established. **[28.7° C, 21.3°C]**

21. A motor with a thermal time constant of 45 min. has a final temperature rise of 75°C on continuous rating (*a*) What is the temperature rise after one hour at this load ? (*b*) If the temperature rise on one-hour rating is 75°C, find the maximum steady temperature at this rating (*c*) When working at its one-hour rating, how long does it take the temperature to increase from 60°C to 75°C ? **[(*a*) 55 °C (*b*) 102 °C (*c*) 20 min]**

(Electrical Technology, M.S. Univ. Baroda. 1976)

OBJECTIVE TESTS – 30

1. The speed of a d.c. motor can be controlled by varying
(*a*) its flux per pole
(*b*) resistance of armature circuit
(*c*) applied voltage
(*d*) all of the above

2. The most efficient method of increasing the speed of a 3.75 kW d.c. shunt motor would be the ....method.
(*a*) armature control
(*b*) flux control
(*c*) Ward-Leonard
(*d*) tapped-field control

3. Regarding Ward-Leonard system of speed control which statement is **false ?**
(*a*) It is usually used where wide and very sensitive speed control is required.
(*b*) It is used for motors having ratings from 750 kW to 4000 kW
(*c*) Capital outlay involved in the system is right since it uses two extra machines.
(*d*) It gives a speed range of 10 : 1 but in one direction only.
(*e*) It has low overall efficiency especially at light loads.

4. In the rheostatic method of speed control for a d.c. shunt motor, use of armature divertor makes the method
(*a*) less wasteful
(*b*) less expensive
(*c*) unsuitable for changing loads
(*d*) suitable for rapidly changing loads

5. The chief advantage of Ward-Leonard system of d.c. motor speed control is that it
(*a*) can be used even for small motors
(*b*) has high overall efficiency at all speeds
(*c*) gives smooth, sensitive and wide speed control
(*d*) uses a flywheel to reduce fluctuations in power demand

6. The flux control method using paralleling of field coils when applied to a 4-pole series d.c. motor can give .... speeds.
(*a*) 2 (*b*) 3
(*c*) 4 (*d*) 6

7. The series-parallel system of speed control of series motors widely used in traction work gives a speed range of about
(*a*) 1 : 2 (*b*) 1 : 3
(*c*) 1 : 4 (*d*) 1 : 6

8. In practice, regenerative braking is used when
(*a*) quick motor reversal is desired
(*b*) load has overhauling characteristics
(*c*) controlling elevators, rolling mills and printing presses etc.
(*d*) other methods can not be used.

9. **Statement 1.** A direct-on-line (**DOL**) starter is used to start a small d.c. motor because
Statement 2. it limits initial current drawn by the armature circuit.
(*a*) both statement 1 and 2 are incorrect
(*b*) both statement 1 and 2 are correct
(*c*) statement 1 is correct but 2 is wrong
(*d*) statement 2 is correct but 1 is wrong

10. Ward-Leonard system of speed control is **NOT** recommended for
(*a*) wide speed range
(*b*) constant-speed operation
(*c*) frequent motor reversals
(*d*) very low speeds

11. Thyristor chopper circuits are employed for
(*a*) lowering the level of a d.c. voltage
(*b*) rectifying the a.c. voltage
(*c*) frequency conversion
(*d*) providing commutation circuitry

12. An invertor circuit is employed to convert
(*a*) a.c. voltage into d.c. voltage
(*b*) d.c.voltage into a.c. voltage
(*c*) high frequency into low frequency
(*d*) low frequency into high frequency

13. The phase-control rectifiers used for speed of d.c. motors convert fixed a.c. supply voltage into
(*a*) variable d.c. supply voltage
(*b*) variable a.c. supply voltage
(*c*) full-rectified a.c. voltage
(*d*) half-rectified a.c. voltage

14. If some of the switching devices in a convertor are controlled devices and some are diodes, the convertor is called
(*a*) full convertor (*b*) semiconvertor
(*c*) solid-state chopper
(*d*) d.c. convertor

15. A solid-state chopper converts a fixed-voltage d.c. supply into a
(*a*) variable-voltage a.c. supply
(*b*) variable-voltage d.c. supply
(*c*) higher-voltage d.c. supply
(*d*) lower-voltage a.c. supply

16. The d.c. motor terminal voltage supplied by a solid-state chopper for speed control purposes varies..........with the duty ratio of the chopper
(*a*) inversely (*b*) indirectly
(*c*) linearly (*d*) parabolically

ANSWERS

1. *d*	2. *b*	3. *d*	4. *d*	5. *c*	6. *b*	7. *c*	8. *b*	9. *c*	10. *b*	11. *a*
12. *b*	13. *a*	14. *b*	15. *b*	16. *c*						

CHAPTER 31

TESTING OF D.C. MACHINES

Learning Objectives

- Brake Test
- Swinburne's Test
- Advantages of Swinburne's Test
- Main Disadvantages
- Regenerative or Hopkinson's Test
- Alternative Connections for Hopkinson's Test
- Merits of Hopkinson's Test
- Retardation or Running Down Test
- Field's Test for Series Motors
- Objective Test
- Questions and Answers on D.C. Motors.

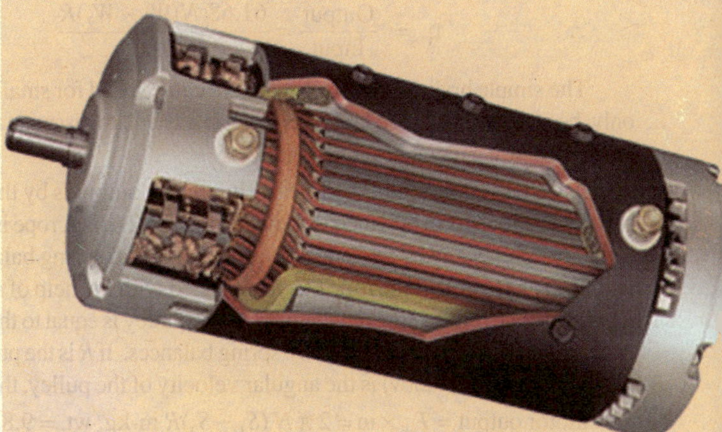

Testing is performed on D.C. machines to determine efficiency and power losses

31.1 Brake Test

It is a direct method and consists of applying a brake to a water-cooled pulley mounted on the motor shaft as shown in Fig. 31.1. The brake band is fixed with the help of wooden blocks gripping the pulley. One end of the band is fixed to earth via a spring balance S and the other is connected to a suspended weight W_1. The motor is running and the load on the motor is adjusted till it carries its full load current.

Motor shaft

Let W_1 = suspended weight in kg

W_2 = reading on spring balance in kg-wt

The net pull on the band due to friction at the pulley is $(W_1 - W_2)$ kg. wt. or 9.81 $(W_1 - W_2)$ newton.

If R = radius of the pulley in metre

and N = motor or pulley speed in r.p.s.

Then, shaft torque T_{sh} developed by the motor

$$= (W_1 - W_2) R \text{ kg-m} = 9.81 (W_1 - W_2) R \text{ N-m}$$

Motor output power $= T_{sh} \times 2\pi N$ watt

$$= 2\pi \times 9.81\, N (W_1 - W_2) R \text{ watt}$$

$$= 61.68\, N (W_1 - W_2) R \text{ watt}$$

Let V = supply voltage ; I = full-load current taken by the motor.

Then, input power = VI watt

$$\therefore \quad \eta = \frac{\text{Output}}{\text{Input}} = \frac{61.68\, N(W_1 - W_2)R}{VI}$$

The simple brake test described above can be used for small motors only, because in the case of large motors, it is difficult to dissipate the large amount of heat generated at the brake.

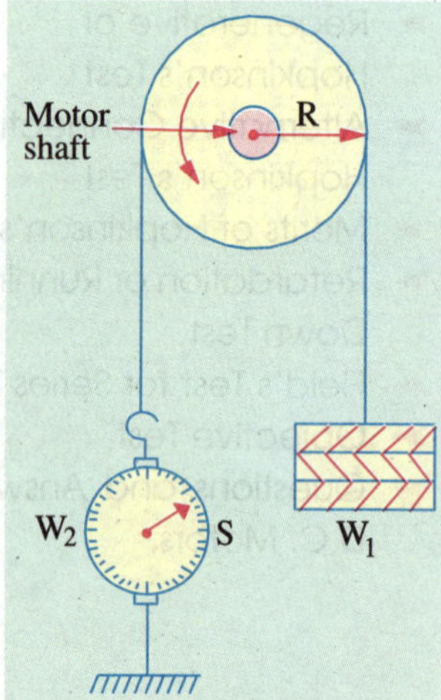

Fig. 31.1

Another simple method of measuring motor output is by the use of poney brake one form of which is shown in Fig. 31.2 (*a*). A rope is wound round the pulley and its two ends are attached to two spring balances S_1 and S_2. The tension of the rope can be adjusted with the help of swivels. Obviously, the force acting tangentially on the pulley is equal to the difference between the readings of the two spring balances. If R is the pulley radius, the torque at the pulley is $T_{sh} = (S_1 - S_2)R$. If ω (= $2\pi N$) is the angular velocity of the pulley, then

motor output $= T_{sh} \times \omega = 2\pi N (S_1 - S_2)R$ m-kg. wt. $= 9.81 \times 2\pi N (S_1 - S_2) R$ watt.

The motor input may be measured as shown in Fig. 31.2 (*b*). Efficiency may, as usual, be found by using the relation η = output/input.

Example 31.1. *In a brake test the effective load on the branch pulley was 38.1 kg, the effective diameter of the pulley 63.5 cm and speed 12 r.p.s. The motor took 49 A at 220 V. Calculate the output power and the efficiency at this load.*

Solution. Effective load $(W_1 - W_2) = 38.1$ kg. wt ; radius = 0.635/2 = 0.3175 m

Shaft torque = 38.1 × 0.3175 kg-m = 9.81 × 38.1 × 0.3175 = 118.6 N-m

Power output = torque × angular velocity in rad/s = 118.6 × 2π × 12 = **8,945 W**

Now, motor input = 49 × 220 W $\quad\therefore\quad$ Motor $\eta = \dfrac{8,945}{49 \times 220}$ = **0.83** or **83%**

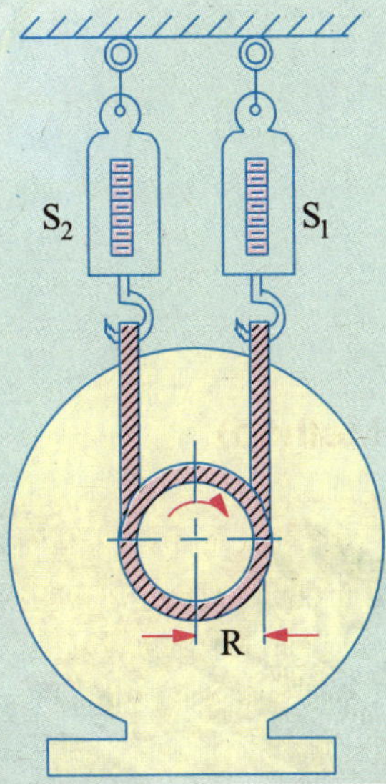

Fig. 31.2 (*a*)

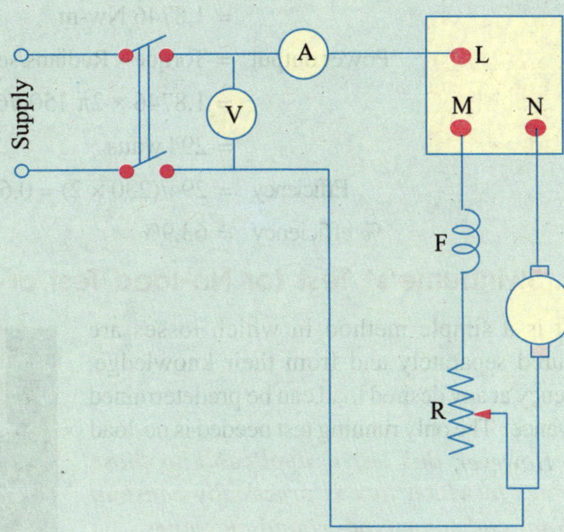

Fig. 31.2 (*b*)

Example 31.2(*a*). *The following readings are obtained when doing a load test on a d.c. shunt motor using a brake drum :*

Spring balance reading	*10 kg and 35 kg*	*Diameter of the drum*	*40 cm*
Speed of the motor	*950 r.p.m.*	*Applied voltage*	*200 V*
Line current	*30 A*		

Calculate the output power and the efficiency. **(Electrical Engineering, Madras Univ. 1986)**

Solution. Force on the drum surface $F = (35 - 10) = 25$ kg wt $= 25 \times 9.8$ N

Drum radius $R = 20 \text{ cm} = 0.2 \text{ m}$; Torque $T_{sh} = F \times R = 25 \times 9.8 \times 0.2 = 49$ N

$N = 950/60 = 95/6$ r.p.s. ; $\omega = 2\pi\,(95/6) = 99.5$ rad/s

Motor output $= T_{sh} \times \omega$ watt $= 49 \times 99.5 = 4{,}876$ W

Motor input $= 200 \times 30 = 6000$ W ; $\eta = 4876/6000 = 0.813$ or **81.3%**

Example 31.2(*b*). *In a brake-test, on a d.c. shunt motor, the tensions on the two sides of the brake were 2.9 kg and 0.17 kg. Radius of the pulley was 7 cm. Input current was 2 amp at 230 volts. The motor speed was 1500 rpm. Find the torque, power-output and efficiency.*

(Bharathiar Univ. April 1998)

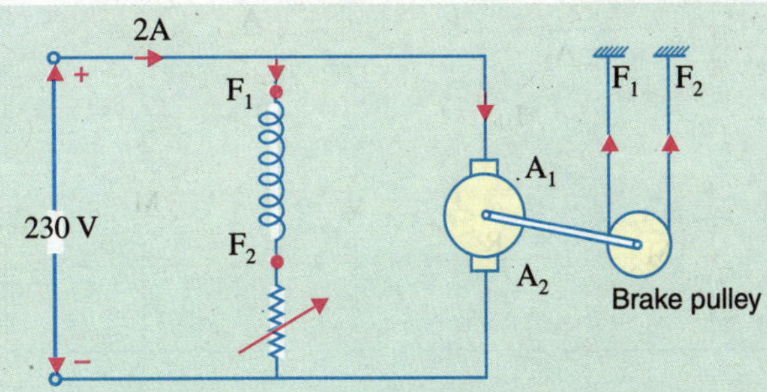

Fig. 31.3. D.C. Shunt Motor Brake Test

Solution. Net force on pulley $= 2.90 - 0.17 = 2.73$ kg

$= 2.73 \times 9.81 = 26.78$ Nw

Net torque = Force × Radius $= 26.78 \times 7/100$

$= 1.8746$ Nw-m

Power output = Torque × Radians/sec.

$= 1.8746 \times 2\pi\ 1500/60$

$= 294$ watts

Efficiency $= 294/(230 \times 2) = 0.639$

% efficiency $= 63.9\%$

31.2. Swinburne's* Test (or No-load Test or Losses Method)

It is a simple method in which losses are measured separately and from their knowledge, efficiency at any desired load can be predetermined in advance. The only running test needed is no-load test. *However,* ***this test is applicable to those machines in which flux is practically constant i.e. shunt and compound-wound machines.***

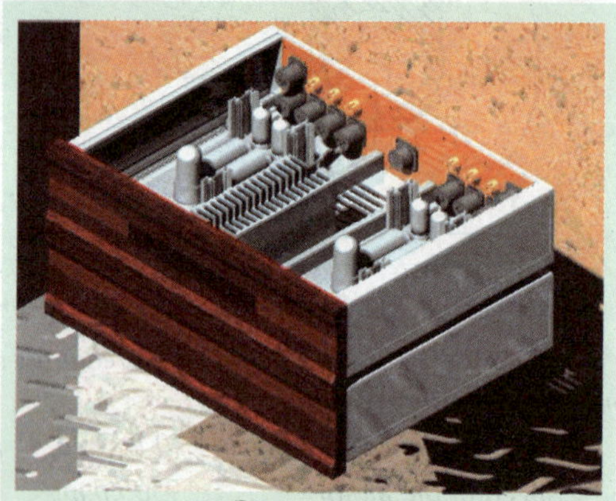

Shunt regulator

The machine is running as a motor on no-load at its rated voltage *i.e.* voltage stamped on the name-plate. The speed is adjusted to the rated speed with the help of shunt regulator as shown in Fig. 31.4.

The no-load current I_0 is measured by the ammeter A_1 whereas shunt field current I_{sh} is given by ammeter A_2. The no-load armature current is $(I_0 - I_{sh})$ or I_{a0}.

Let, supply voltage $= V$ no-load input $= VI_0$ watt

∴ Power input to armature $= V(I_0 - I_{sh})$;   Power input to shunt $= VI_{sh}$

No-load power input to armature supplies the following :

(*i*) Iron losses in core (*ii*) friction loss (*iii*) windage loss and

(*iv*) armature Cu loss, $(I_0 - I_{sh})^2 R_a$ or $I_{a0}^2 R_a$

In calculating armature Cu loss, 'hot' resistance of armature should be used. A stationary measurement of armature circuit resistance at the room-temperature of, say, 15°C is made by passing current through the armature from a low voltage d.c. supply [Fig. 31.5 (*a*)].

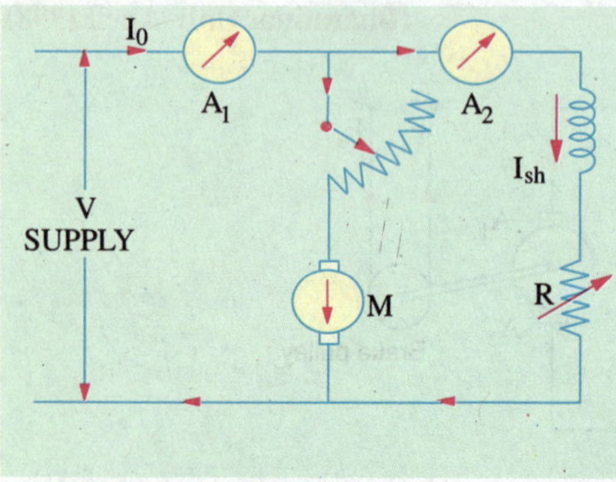

Fig. 31.4

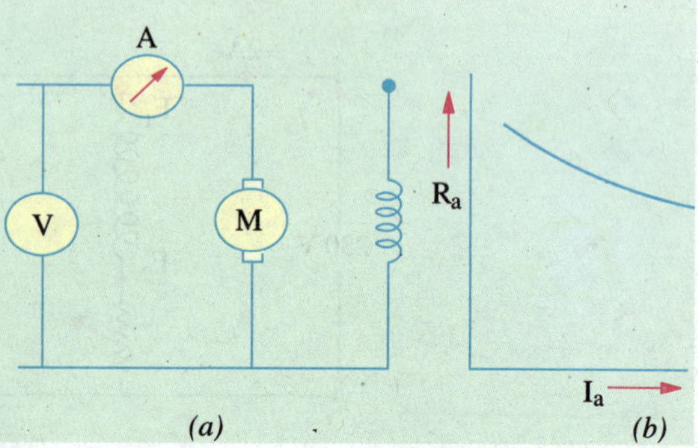

Fig. 31.5

* Sir James Swinburne (1858-1958) made outstanding contributions to the development of electric lamps, electric machines and synthetic resins.

Then, the 'hot' resistance, allowing a temperature rise of 50ºC is found thus :

$$R_{15} = R_0(1 + 15\alpha_0) \; ; R_{65} = (1 + 65\alpha_0), R_{65} = R_{15} \times \frac{1 + 65\alpha_0}{1 + 15\alpha_0}$$

Taking $\alpha_0 = 1/234.5$, we have $R_{65} = R_{15} \times \frac{234.5 + 65}{234.5 + 15} = 1.2\,R_{15}$ (approx.*)

If we subtract from the total input the no-load armature Cu loss, then we get constant losses.

∴ Constant losses $W_c = VI_0 - (I_0 - I_{sh})^2 R_a$

Knowing the constant losses of the machine, its efficiency at any other load can be determined as given below. Let I = load current at which efficiency is required.

Then, armature current is $I_a = I - I_{sh}$ ...if machine is motoring

$= I + I_{sh}$ ...if machine is generating

Efficiency when running as a motor

Input = VI, Armature Cu loss $= I_a^2 R_a = (I - I_{sh})^2 R_a$

Constant losses = W_c ...found above

$$\therefore \text{ Total losses} = (I - I_{sh})^2 R_a + W_c \; ; \; \eta_m = \frac{\text{input} - \text{losses}}{\text{input}} = \frac{VI - (I - I_{sh})^2 R_a - W_c}{VI}$$

Efficiency when running as a generator

Output = VI ; Armature, Cu loss $= (I + I_{sh})^2 R_a$; Constant loss = W_c ...found above

$$\therefore \text{ Total losses} = (I + I_{sh})^2 R + W_c \; ; \; \eta_g = \frac{\text{output}}{\text{output} + \text{losses}} = \frac{VI}{VI + (I + I_{sh})^2 R_a + W_c}$$

31.3. Advantages of Swinburne's Test

1. It is convenient and economical because power required to test a large machine is small *i.e.* only no-load input power.

2. The efficiency can be predetermined at any load because constant-losses are known.

31.4. Main Disadvantages

1. No account is taken of the change in iron losses from no-load to full-load. At full-load, due to armature reaction, flux is distorted which increases the iron losses in some cases by as much as 50%.

2. As the test is on no-load, it is impossible to know whether commutation would be satisfactory at full-load and whether the temperature rise would be within the specified limits.

Example 31.3. *A 220 V, d.c. shunt motor at no load takes a current of 2.5 A. The resistances of the armature and shunt field are 0.8 Ω and 200 Ω respectively. Estimate the efficiency of the motor when the input current is 20 A. State precisely the assumptions made.*

(Electrical Technology, Kerala Univ. 1986)

Solution. No-load input = 220 × 2.5 = 550 W

This input meets all kinds of no-load losses *i.e.* armature Cu loss and constant losses.

$I_{sh} = 220/200 = 1.1$ A. No-load arm current, $I_{a0} = 2.5 - 1.1 = 1.4$ A

* The armature resistance is found to decrease slightly with increasing armature current as shown in Fig. 31.5 (*b*). This is due to the fact that brush contact resistance is inversely proportional to the armature current.

No-load armature Cu loss = $I_{a0}^2 R_a = 1.4^2 \times 0.8 = 1.6$ W

Constant losses = 550 – 1.6 = 548.4 W

When input current is 20 A

$I_a = 32 - 1.1 = 30.9$ A ; Armature Cu loss = $30.9^2 \times 0.8 = 764$ W

Total loss = 764 + 548.4 = 1312 W (approx.) ; Input = 220 × 20 = 4,400 W

Output = 4,400 – 1,312 = 3,088 W ; Efficiency = (3088/4400) × 100 = **70.2%**

In the above calculations, it has been assumed that :

1. mechanical losses remain constant even through motor speed changes from no-load to the given load.

2. effect of armature reaction on main pole flux with a consequent change in iron losses has been neglected.

3. decrease in flux due to increase in shunt resistance by heating has been neglected.

Example 31.4. *When running on no-load, a 400-V shunt motor takes 5 A. Armature resistance is 0.5 Ω and field resistance 200 Ω. Find the output of the motor and efficiency when running on full-load and taking a current of 50 A. Also, find the percentage change in speed from no-load to full-load.*

(Electro Mechanics, Allahabad Univ. 1991)

Solution. No-load input = 400 × 5 = 2,000 W

This input goes to meet all kinds of no-load losses *i.e.* armature Cu loss and constant losses.

$I_{sh} = 400/200 = 2$ A ; No-load $I_a = 5 - 2 = 3$ A

No-load arm. Cu loss = $3^2 \times 0.5 = 4.5$ W ; Constant losses = 2,000 – 4.5 = **1,995.5 W**

When line current is 50 A

$I_a = 50 - 2 = 48$ A ; Arm. Cu loss = $48^2 \times 0.5 = 1,152$ W

Total loss on F.L. = 1,152 + 1,995.5 = 3,147.5 W ; Input = 50 × 400 = 20,000 W

Output = 20,000 – 3,147.5 = **16,852.5 W = 16.8 kW**

F.L. efficiency = 16,852.5/20,000 = 0.8426 or **84.26%**

Now, $E_{b1} = 400 - (3 \times 0.5) = 398.5$ V ; $E_{b2} = 400 - (48 \times 0.5) = 376$ V

$$\frac{N_1}{N_2} = \frac{E_{b1}}{E_{b2}} = \frac{398.5}{376} \quad \therefore \quad \frac{N_1 - N_2}{N_2} = \frac{22.5}{376} = 0.0598$$

∴ percentage change in speed = **5.98**

Example 31.5. *The no-load test of a 44.76 kW, 220-V, d.c. shunt motor gave the following figures:*

Input current = 13.25 A ; field current = 2.55 A ; resistance of armature at 75°C = 0.032 Ω and brush drop = 2 V. Estimate the full-load current and efficiency.

(Electrical Engineering, Madras Univ. 1987)

Solution. No-load Condition

No-load input = 220 × 13.25 = 2915 W ; Armature current = 13.25 – 2.55 = 10.7 A

Armature Cu loss = $10.7^2 \times 0.032 = 3.6$ W

Loss due to brush drop = 2 × 10.7 = 21.4 W

Variable loss = 21.4 + 3.6 = 25 W_e, Constant losses W_c = 2915 – 25 = 2890 W

Full-load Condition

If I_a is the full-load armature current, then full-load motor input current is (I_a + 2.55) A.

F.L. motor power input = 220 (I_a + 2.55) W

This input must be equal to the sum of

(i) output = 44.76 kW = 44,760 W *(ii)* W_c = 2,890 W

(iii) brush loss = $2I_a$ watt *(iv)* Arm. Cu loss = $0.032\, I_a^2$

$$\therefore \quad 220\,(I_a + 2.55) = 44{,}750 + 2{,}890 + 2I_a + 0.032\,I_a^2$$

or $\quad 0.032I_a^2 - 218\,I_a + 47{,}090 = 0$

$$\text{or} \quad I_a = \frac{218 \pm \sqrt{218^2 - 4 \times 0.032 \times 47{,}090}}{2 \times 0.032} = 223.5 \text{ A}$$

Line input current $I = I_a + I_{sh} = 223.5 + 2.55 =$ **226 A**

F.L. power input $= 226 \times 220 = 49{,}720$ W

$\therefore$ F.L. efficiency $= 44{,}760/49{,}720 = 0.9$ or **90%.**

Example 31.6. *A 200-V, shunt motor develops an output of 17.158 kW when taking 20.2 kW. The field resistance is 50 Ω and armature resistance 0.06 Ω. What is the efficiency and power input when the output is 7.46 kW ?* **(Elect. Machines-I, Aligarh Muslim Univ. 1989)**

Solution. In the first case :

Output = 17,158 W   Input = 20,200 W

Total losses = 20,200 − 17,158 = 3,042 W ; Input current = 20,200/200 = 101 A

$I_{sh} = 200/50 = 4$ A ; $I_a = 101 - 4 = 97$ A

$\therefore$ Armature Cu loss $= 97^2 \times 0.06 = 564.5$ W

$\therefore$ Constant losses = 3,042 − 564.5 = 2,477.5 = 2478 W (approx.)

In the second case :

Let, I_a = armature current   Input current = $(I_a + 4)$ A

Now, input power = output + $I_a^2R_a$ + constant losses

$\therefore \quad 200(I_a + 4) = 7{,}460 + 0.06\,I_a^2 + 2{,}478$

or $\quad 0.06I_a^2 - 200I_a + 9{,}138 = 0$

$$\therefore \quad I_a = \frac{200 \pm \sqrt{200^2 - 4 \times 0.06 \times 9{,}138}}{2 \times 0.06} = \frac{200 \pm 194}{0.12} = 3{,}283.3 \text{ A or } 46 \text{ A}$$

We will reject the larger value because it corresponds to unstable operation of the motor. Hence, take $I_a = 46$ A.

$\therefore$ Input current $I = I_a + I_{sh} = 46 + 4 = 50$ A

$$\text{Power input} = \frac{50 \times 200}{1000} = \textbf{10 kW} \quad \therefore \quad \eta = \frac{7{,}460 \times 100}{10{,}000} = \textbf{74.6\%}$$

Example 31.7. *A 200-V, 14.92 kW dc shunt motor when tested by the Swinburne method gave the following results :*

Running light : armature current was 6.5 A and field current 2.2 A. With the armature locked, the current was 70 A when a potential difference of 3 V was applied to the brushes. Estimate the efficiency of the motor when working under full-load conditions.

(Electrical Engg.-I, Bombay Univ. 1985)

Solution. No-load input current = 6.5 + 2.2 = 8.7 A

No-load power input = 200 × 8.7 = 1,740 W

No-load input equals Cu losses and stray losses.

Field Cu loss = 200 × 2.2 = 440 W

Armature Cu loss $= 6.5^2 \times 0.04286 = 1.8$ W   ($R_a = 3/70 = 0.04286$ Ω)

$\therefore$ Constant losses = 1,740 − 1.8 = 1738 W

We will assume that constant losses are the same at full-load also.

Let, I_a = full-load armature current

$$\text{F.L. armature Cu loss} = 0.04286\, I_a^2 \text{ W ; Constant losses} = 1{,}738 \text{ W}$$

$$\text{F.L. total loss} = 1{,}738 + 0.04286\, I_a^2$$

$$\text{F.L. output} = 14{,}920 \text{ W ; F.L. input} = 200\,(I_a + 2.2) \text{ W}$$

We know, $\text{input} = \text{output} + \text{losses}$

or $200\, I_a + 440 = 14{,}920 + 1{,}738 + 0.04286\, I_a^2$

or $0.04286\, I_a^2 - 200\, I_a + 16{,}218 = 0 \quad \therefore \quad I_a = 82.5 \text{ A}$

$\therefore$ $\text{Input current} = 82.5 + 2.2 = 84.7 \text{ A}$

$$\text{F.L. power input} = 200 \times 84.7 \text{ A} = \mathbf{16{,}940 \text{ W}}$$

$\therefore$ $\eta = 14{,}920 \times 100/16{,}940 = \mathbf{88\%}$

Example 31.8. *In a test on a d.c. shunt generator whose full-load output is 200 kW at 250 V, the following figures were obtained :*

(a) *When running light as a motor at full speed, the line current was 36 A, the field current 12 A, and the supply voltage 250.*

(b) *With the machine at rest, a p.d. of 6 V produced a current of 400 A through the armature circuit. Explain how these results may be utilised to obtain the efficiency of generator at full-load and half-load. Neglect brush voltage drop.*

Solution. At no-load :

$$I_a = 36 - 12 = 24 \text{ A} ; R_a = 6/400 = 0.015\,\Omega$$

$\therefore$ $\text{Armature Cu loss} = 24^2 \times 0.015 = 8.64 \text{ watt}$

$$\text{No-load input} = \text{total losses in machine} = 250 \times 36 = 9{,}000 \text{ W}$$

$$\text{Constant losses} = 9{,}000 - 8.64 = \mathbf{8{,}991.4 \text{ W}}$$

At full-load :

$$\text{Output} = 200{,}000 \text{ W ; Output current} = 200{,}000/250 = 800 \text{ A} ; I_{sh} = 12 \text{ A}$$

$\therefore$ F.L. armature current $= 800 + 12 = 812$ A

$\therefore$ F.L. armature Cu losses $= 812^2 \times 0.015 = 9890$ W

$\therefore$ F.L. total losses $= 9890 + 8{,}991.4 = 18881$ W $\quad \therefore \quad \eta = \dfrac{200{,}000 \times 100}{200{,}000 + 18{,}881} = \mathbf{91.4\%}$

At half-load :

$$\text{Output} = 100{,}000 \text{ W ; Output current} = 100{,}000/250 = 400 \text{ A}$$

$$I_a = 400 + 12 = 412 \text{ A} \quad \therefore \quad I_a^2 R_a = 412^2 \times 0.015 = 2{,}546 \text{ W}$$

$$\text{Total losses} = 8{,}991.4 + 2{,}546 = 11{,}537 \text{ W} \quad \therefore \quad \eta = \frac{100{,}000 \times 100}{111{,}537} = \mathbf{89.6\%}$$

Example 31.9. *A 250-V, 14.92 kW shunt motor has a maximum efficiency of 88% and a speed of 700 r.p.m. when delivering 80% of its rated output. The resistance of its shunt field is 100 Ω. Determine the efficiency and speed when the motor draws a current of 78 A from the mains.*

Solution. $\text{Full-load output} = 14{,}920 \text{ W}$

$$80\% \text{ of F.L. output} = 0.8 \times 14.920 = 11{,}936 \text{ W} ; \eta = 0.88$$

$$\text{Input} = 11{,}936/0.88 = 13{,}564 \text{ W}$$

$$\text{Total losses} = 13{,}564 - 11{,}936 = 1{,}628 \text{ W}$$

As efficiency is maximum at this load, the variable loss is equal to constant losses.

$\therefore$ $W_c = I_a^2 R_a = 1{,}628/2 \quad \therefore \quad I_a^2 R_a = 814 \text{ W}$

Now, $\text{input current} = 13{,}564/250 = 54.25 \text{ A}$

$\therefore$ $I_{sh} = 250/100 = 2.5 \text{ A} \quad \therefore \quad I_a = 54.25 - 2.5 = 51.75 \text{ A}$

$$\therefore \quad 51.75^2 R_a = 814 \quad \therefore \quad R_a = 814/51.75^2 = 0.3045\ \Omega$$

When input current is 78 A

$$I_a = 78 - 2.5 = 75.5 \text{ A} \quad \therefore \quad I_a^2 R_a = 75.5^2 \times 0.3045 = 1{,}736 \text{ W}$$

$$\text{Total losses} = 1{,}736 + 814 = 2{,}550 \text{ W} \; ; \; \text{Input} = 250 \times 78 = 19{,}500 \text{ W}$$

$$\eta = \frac{19{,}500 - 2{,}550}{19{,}550} \times 100 = \mathbf{86.9\%}$$

Speed :

$$\frac{N_2}{N_1} = \frac{E_{b2}}{E_{b1}} \quad \text{or} \quad \frac{N_2}{700} = \frac{250 - (75.5 \times 0.3045)}{250 - (51.75 \times 0.3045)} = \frac{227}{234.25} \; ; N_2 = \mathbf{680 \text{ r.p.m.}}$$

31.5. Regenerative or Hopkinson's Test (Back-to-Back Test)

By this method, ***full-load test*** can be carried out on two shunt machines, preferably identical ones, without wasting their outputs. The two machines are mechanically coupled and are so adjusted electrically that one of them runs as a motor and the other as a generator. The mechanical output of the motor drives the generator and the electrical output of generator is used in supplying the greater part of input to the motor. If there were no losses in the machines, they would have run without any external power supply. But due to these losses, generator output is not sufficient to drive the motor and ***vice-versa***. The losses are supplied either by an extra motor which is belt-connected to the motor-generator set or as suggested by Kapp, electrically from the supply mains.

Essential connections for the test are shown in Fig. 31.6. The two shunt machines are connected in parallel. They are, to begin with, started as unloaded motors. Then, the field of one is weakened and that of the other is strengthened so that the former runs as a motor and the latter as a generator. The usual method of procedure is as follows :

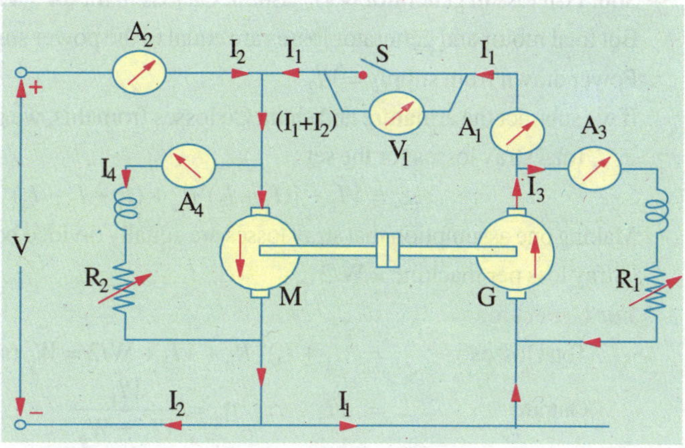

Fig. 31.6

Machine M is started up from the supply mains with the help of a starter (not shown) whereas main switch S of the other machine is kept open. Its speed is adjusted to normal value by means of its shield regulator. Machine M drives machine G as a generator and its voltage is read on voltmeter V_1. The voltage of G is adjusted by its field regulator until voltmeter V_1 reads zero, thereby showing that its voltage is the same, both in polarity and magnitude as that of the main supply. Thereafter, S is closed to parallel the machines. By adjusting the respective field regulators, any load can now be thrown on to the machines. Generator current I_1 can be adjusted to any desired value by increasing the excitation of G or by reducing the excitation of M and the corresponding values of different ammeters are read.

Motor-cum generator set

The electrical output of the generator ***plus*** the small power taken from the supply, is taken by the motor and is given out as a mechanical power ***after*** supplying the motor losses.

If supply voltage is V, then

$$\text{Motor input} = V(I_1 + I_2), \text{ where } I_2 \text{ is the current taken from the supply.}$$

$$\text{Generator output} = VI_1 \qquad ...(i)$$

Assuming that both machines have the same efficiency η,

$$\text{Output of motor} = \eta \times \text{input} = \eta\, V(I_1 + I_2) = \text{generator input}$$

$$\text{Output of generator} = \eta \times \text{input} = \eta \times \eta\, V(I_1 + I_2) = \eta^2\, V(I_1 + I_2) \qquad ...(ii)$$

Hence, from (*i*) and (*ii*), we get

$$\eta^2 V(I_1 + I_2) = VI_1 \quad \text{or} \quad \eta = \sqrt{\frac{I_1}{I_1 + I_2}}$$

However, it is not quite correct to assume equal efficiencies for two machines because their armature currents as well as excitations are different. We will not find the efficiencies separately.

Let R_a = armature resistance of each machine

I_3 = exciting current of the generator

I_4 = exciting current of the motor

Armature Cu loss in generator = $(I_1 + I_3)^2 R_a$; Armature Cu loss in motor = $(I_1 + I_2 - I_4)^2 R_a$

Shunt Cu loss in generator = VI_3 ; Shunt Cu loss in motor = VI_4

But total motor and generator losses are equal to the power supplied by the mains.

Power drawn from supply = VI_2

If we subtract the armature and shunt Cu losses from this, we get the stray losses of *both* machines.

∴ Total stray losses for the set

$$= VI_2 - [(I_1 + I_3)^2 R_a + (I_1 + I_2 - I_4)^2 R_a + VI_3 + VI_4] = \text{W (say)}$$

Making one assumption that stray losses are equally divided between the two machines, we have

Stray loss per machine = W/2

For Generator

$$\text{Total losses} = (I_1 + I_3)^2\, R_a + VI_3 + \text{W}/2 = W_g \text{ (say)}$$

$$\text{Output} = VI_1 \quad \therefore \quad \eta_g = \frac{VI_1}{VI_1 + W_g}$$

$$\text{Total losses} = (I_1 + I_2 - I_4)^2 R_a + VI_d + \text{W}/2 = W_m \text{ (say)}$$

$$\text{Input} = V(I_1 + I_2) \quad \therefore \quad \eta_m = \frac{V(I_1 + I_2) - W_m}{V(I_1 + I_2)}$$

31.6. Alternative Connections for Hopkinson's Test

In Fig. 31.7 is shown in slightly different method of connecting the two machines to the supply. Here, the main difference is that the shunt windings are directly connected across the lines. Hence, the line input current is I_1 ***excluding the field currents.*** The efficiencies can be calculated as detailed below :

Motor armature Cu loss = $(I_1 + I_2)^2 R_a$; Generator armature Cu loss = $I_2^2 R_a$

Power drawn from the supply = VI_1

∴ Total stray losses *i.e.* iron, friction and windage losses for the two machines are

$$= VI_1 - [(I_1 + I_2)^2\, R_a - I_2^2\, R_a] = \text{W (say)}$$

$\therefore$ stray loss for each machine = W/2

Motor Efficiency

$$\text{Motor input} = \text{armature input} + \text{shunt field input} = V(I_1 + I_2) + VI_3 + W_{input}$$

$$\text{Motor losses} = \text{armature Cu loss} + \text{shunt Cu loss} + \text{stray losses}$$

$$= (I_1 + I_2)^2 R_a + VI_3 + W/2 = W_m \text{ (say)}$$

$$\text{Motor} \quad \eta = \frac{W_{input} - W_m}{W_{input}} \times 100$$

Generator Efficiency

$$\text{Generator output} = VI_2 \text{; Generator losses} = I_2^2 R_a + VI_4 + W/2 = W_g \text{ (say)}$$

$$\therefore \text{Generator} \quad \eta = \frac{VI_2}{VI_2 + W_g}$$

31.7. Merits of Hopkinson's Test

1. Power required for the test is small as compared to the full-load powers of the two machines.

2. As machines are being tested under full-load conditions, the temperature rise and the commutation qualities of the machines can be observed.

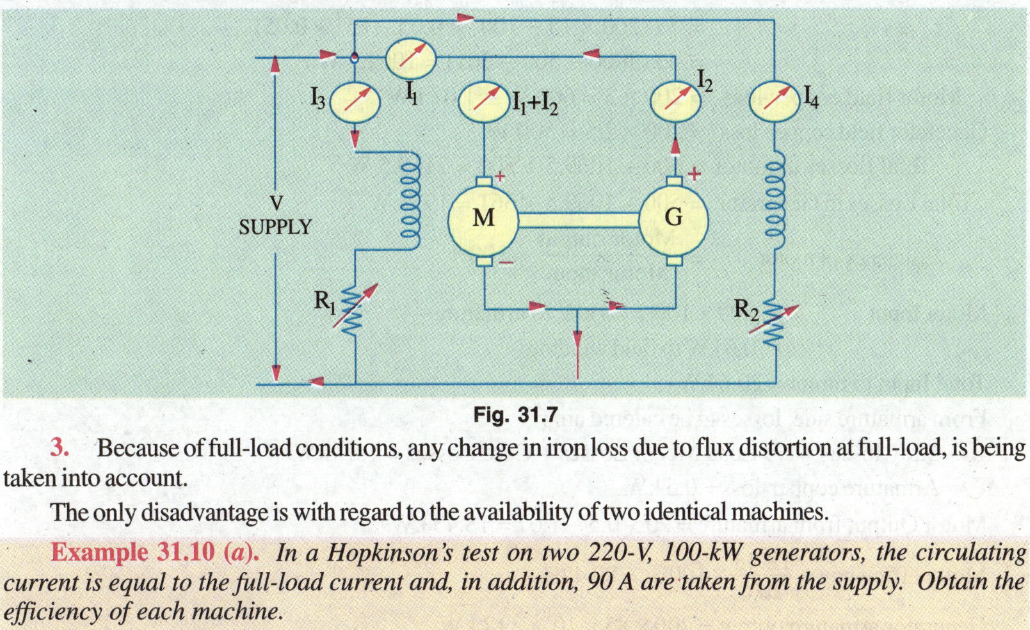

Fig. 31.7

3. Because of full-load conditions, any change in iron loss due to flux distortion at full-load, is being taken into account.

The only disadvantage is with regard to the availability of two identical machines.

Example 31.10 (*a*). *In a Hopkinson's test on two 220-V, 100-kW generators, the circulating current is equal to the full-load current and, in addition, 90 A are taken from the supply. Obtain the efficiency of each machine.*

Solution. Output current of the generator

$$I_1 = \frac{100{,}000}{220} = \frac{5{,}000}{11} = 454.4 \text{ A}, I_2 = 90 \text{ A}$$

Assuming equal efficiencies, from Art. 29.5, we have

$$\eta = \sqrt{\frac{I_1}{I_1 + I_2}} = \sqrt{\frac{454.5}{454.5 + 90}} = 0.914 \text{ or } \mathbf{91.4\%}$$

Example 31.10 (*b*). *In the Hopkinson's test on two d.c. machines, machine A has a field current of 1.4 A and machine B has a field current of 1.3 A. Which machine acts as a generator ?*

(Bharathithasan University April 1997)

Solution. In Hopkinson's test (on two identical d.c. shunt machines), since the two machines are coupled, the speed is common and is decided by the field current of the motor. The field windings of both the machines are in parallel with a separate D.C. source.

Since the machines are identical and are running at the ***same speed***, their e.m.fs are in proportion to their field currents.

$$\frac{\text{E.M.F. induced in the armature of machine A}}{\text{E.M.F. induced in the armature of machine B}} = \frac{1.4}{1.3}$$

$$E_A = (1.4/1.3) \times E_B = 1.077\, E_B$$

Since E_A is larger than E_B, Machine A supplies power to Machine B. It means, A is working as a generator, and B is motoring.

Example 31.11. *Two shunt machines loaded for the Hopkinson's test take 15 A at 200 V from the supply. The motor current is 100 A and the shunt currents are 3 A and 2.5 A. If the armature resistance of each machine is 0.05 ohm, calculate the efficiency of each machine for this particular load-condition.* **(Bharathithasan Univ. April 1997)**

Solution. Line current into armature circuits = 15 A, Motor armature copper-loss = 500 W

Motor-armature-current = 100 A, Generator armature copper loss = 361 W

Hence generator-armature-current = 85 A

For each machine, No load Mechanical losses + Core-loss + Stray losses

$$= \tfrac{1}{2}(VI_a - I_{am}^2\, r_{am} - I_{ag}^2\, r_{ag})$$

$$= \tfrac{1}{2}(200 \times 15 - 100^2 \times 0.05 - 85^2 \times 0.05)$$

$$= \tfrac{1}{2}(3000 - 500 - 361) = 1069.5 \text{ W}$$

Motor field copper-loss $= 200 \times 3 = 600 \text{ W} \cong 1.07 \text{ kW}$

Generator field copper-loss $= 200 \times 2.5 = 500$ W

Total Losses in motor $= 600 + 1069.5 + 500 = 2169.5$ W

Total Losses in Generator $= 500 + 1069.5 + 361 = 1931$ W

$$\text{Efficiency of motor} = \frac{\text{Motor output}}{\text{Motor input}} \times 100\%$$

Motor Input: ***(a)*** $200 \times 100 = 20$ kW to armature

(b) 0.6 kW to field winding

Total Input to motor = 20.6 kW

From armature side, losses to be catered are :

(i) Stray losses + No Load Mech. Losses + Core Losses = 1.07 kW

(ii) Armature copper-loss = 0.5 kW

Motor Output from armature $= 20 - 0.5 - 1.07 = 18.43$ kW

$$\text{Motor efficiency} = \frac{18.43}{20.6} \times 100\% = 89.47\%$$

Generator armature output $= 200 \times 85 \times 10^{-3} = 17$ kW

Generator losses : ***(a)*** Field wdg : 0.5 kW

(b) Total no-load-losses : 1.07 kW

(c) armature copper-loss = 0.36 kW

Total losses in Generator = 1.93 kW

$$\text{Generator efficiency} = \frac{17}{17 + 1.93} \times 100\% = \mathbf{89.80\%}$$

Special Note: 15 A current for d.c. supply is related here to armature-input for two machines which are under back-to-back regenerative tests. There are different variations in handling and giving the test data. It is always desirable to draw the circuit diagram according to which the calculations are being related.

Example 31.12. *The Hopkinson's test on two similar shunt machines gave the following full-load data :*

Line voltage	= *110 V*	*Field currents are 3 A and 3.5 A*
Line current	= *48 A*	*Arm. resistance of each is 0.035 Ω*
Motor arm. current	= *230 A*	

Calculate the efficiency of each machine assuming a brush contact drop of 1 volt per brush.

(Electrical Machines, Nagpur Univ. 1992)

Solution. The motor-generator set is shown in Fig. 31.8. It should also be noted that the machine with lesser excitation is motoring. We will find the total armature Cu losses and brush contact loss for both machines.

Motor

Arm. Cu loss $= 230^2 \times 0.035 = 1{,}851.5$ W

Brush contact loss $= 230 \times 2 = 460$ W

Total arm. Cu loss $= 1851.5 + 460 = 2{,}312$ W

Shunt Cu loss $= 110 \times 3 = 330$ W

Total Cu loss $= 2{,}312 + 330 = 2{,}642$ W

Generator

Generator arm. current $= 233 - 48 + 3.5$

$= 188.5$ W

Arm. Cu loss $= 188.5^2 \times 0.035 = 1{,}244$ W

Brush contact Cu loss $= 188.5 \times 2 = 377$ W

Total arm. Cu loss $= 1{,}244 + 377 = 1{,}621$ W

Shunt Cu loss $= 110 \times 3.5 = 385$ W ;

Total Cu loss $= 1{,}621 + 385 = 2{,}006$ W

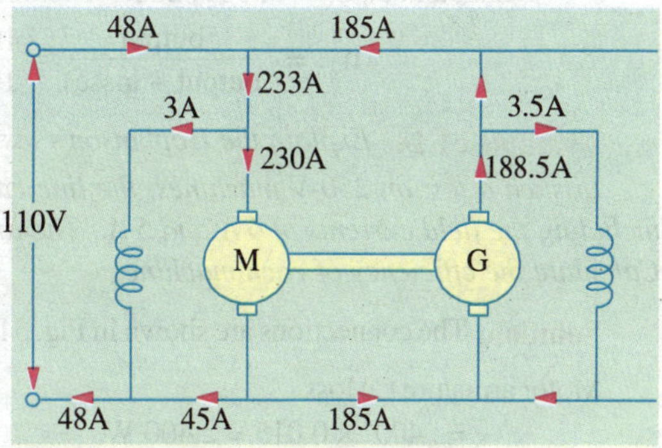

Fig. 31.8

For the Set

Total arm. and shunt Cu loss for the set

$= 2{,}642 + 2{,}006 = 4{,}648$ W

Total input $= 110 \times 48 = 5{,}280$ W ; Stray losses for the set $= 5{,}280 - 4{,}648 = 632$ W

Stray losses per machine $= 632/2 = 316$ W

Motor Efficiency

Arm. Cu + brush drop loss $= 2{,}312$ W   Shunt Cu loss $= 330$ W

Stray losses $= 316$ W   Total loss $= 2{,}312 + 330 + 316 = 2{,}958$ W

Motor input $= 110 \times 233 = 25{,}630$ W ; Motor output $= 25{,}630 - 2{,}958 = 22{,}672$

∴ $\eta = 22{,}672 \times 100/25{,}630 =$ **88.8%**

Generator Efficiency

Total losses $= 2{,}006 + 316 = 2{,}322$ W ; Output $= 110 \times 185 = 20{,}350$ W

Generator input $= 20{,}350 + 2{,}322 = 22{,}672$ W = motor input

$\eta = 20{,}350/22{,}672 = 0.894$ or **89.4%**

Example 31.13. *In a Hopkinson's test on a pair of 500-V, 100-kW shunt generators, the following data was obtained :*

Auxiliary supply, 30 A at 500 V : Generator output current, 200 A

Field currents, 3.5 A and 1.8 A

Armature circuit resistances, 0.075 Ω each machine. Voltage drop at brushes, 2 V (each machine).

Calculate the efficiency of the machine acting as a generator.

(Elect. Technology-1, Gwalior Univ. 1986)

Solution. Motor arm. current = 200 + 30 = 230 A, as shown in Fig. 31.9.

Motor arm. Cu loss $= 230^2 \times 0.075 + 230 \times 2 = 4{,}428$ W

Motor field Cu loss $= 500 \times 1.8 = 900$ W

Generator arm. Cu loss $= 200^2 \times 0.075 + 200 \times 2 = 3{,}400$ W

Geneator field Cu loss = $500 \times 3.5 = 1{,}750$ W

Total Cu loss for two machines

= 4,428 + 900 + 3400 + 1750

= 10,478 W

Power taken from auxiliary supply

$= 500 \times 30 = 15{,}000$ W

Stray losses for the two machines

= 15,000 − 10,478 = 4,522 W

Stray loss per machine = 4,522/2 = 2,261 W

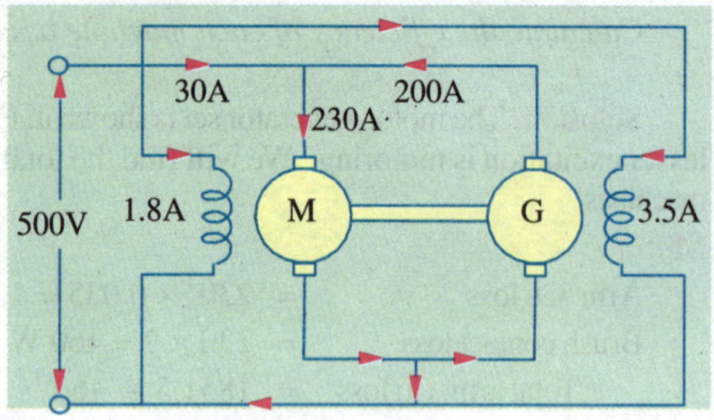

Fig. 31.9

Total losses in generator = 3400 + 1750 + 2261 = 7,411 W

Generator output $= 500 \times 200 = 100{,}000$ W

$$\therefore \quad \eta_g = \frac{\text{output}}{\text{output + losses}} = \frac{100{,}000}{107{,}411} \times 100 = \mathbf{93.09\%}$$

Example 31.14. *Explain the Hopkinson's test on a pair of shunt motors.*

In such a test on 250-V machines, the line current was 50 A and the motor current 400 A not including the field currents of 6 A and 5 A. The armature resistance of each machine was 0.015 Ω. Calculate the efficiency of each machine. **(Adv. Elect. Machines, A.M.I.E. Sec. B, 1991)**

Solution. The connections are shown in Fig. 31.10.

Motor armature Cu loss

$= 400^2 \times 0.015 = 2{,}400$ W

Generator armature Cu loss

$= 350^2 \times 0.015 = 1{,}838$ W

Power drawn from supply

$= 250 \times 50 = 12{,}500$ W

∴ Iron, friction and windage losses for the two machines

= 12,500 − (2,400 + 1,838)

= 8,262 W

Iron, friction and windage loss per machine

= 8.262/2 = 4,130 W* (approx.)

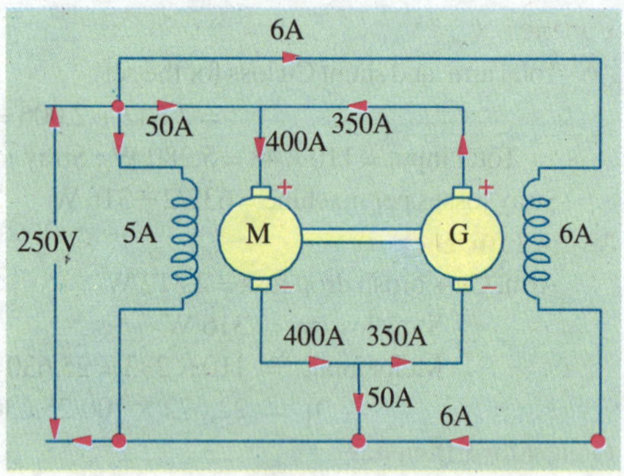

Fig. 31.10

Motor Losses and Efficiency

Motor arm. Cu loss = 2,400 W ; Motor field Cu loss = $250 \times 5 = 1{,}250$ W

Iron, friction and windage losses = 4,130 W

Total motor losses = 2,400 + 1,250 + 4,130 = 7,780 W

Motor input $= 250 \times 400 + 250 \times 5 = 101{,}250$ W

∴ Motor efficiency = (101,250 − 7,780)/101,250 = 0.923 or **92.3%**

* We could also get this value as follows :

Total supply input = $250 \times 61 = 15{,}250$ W ; Gen. and motor field Cu loss = $250 \times 6 + 250 \times 5 = 2{,}750$ W

Iron, friction and windage losses for both machines

= 15,250 − (2,400 + 1,838 + 2,750) = **8,262 W** – as before

Generator Losses and Efficiency

Generator arm. Cu loss = 1,838 W ; Generator field Cu loss = $250 \times 6 = 1{,}500$ W

Iron, friction and windage loss = 4,130 W

Total losses = 1,838 + 1,500 + 4,130 = 7.468 W

Generator output = $250 \times 350 = 87{,}500$ W

∴ Generator efficiency = (87,500 − 7.468)/87,500 = 0.915 or **91.5%**

Example 31.15. *The Hopkinson's test on two shunt machines gave the following results for full-load :*

Line voltage = 250 V ; current taken from supply system excluding field currents = 50 A ; motor armature current = 380 A ; field currents 5 A and 4.2 A. Calculate the efficiency of the machine working as a generator. Armature resistance of each machine is 0.2 Ω.

(Electrical Machinery-I Mysore Univ. 1988)

Solution. The connections are shown in Fig. 31.11.

Motor arm. Cu loss = $380^2 \times 0.02 = 2{,}888$ W

Generator arm. Cu loss = $330^2 \times 0.02 = 2{,}178$ W

Power drawn from supply = $250 \times 50 = 12{,}500$ W

Stray losses for the two machines

= 12,500 − (2,888 + 2,178) = 7.434 W

Stray losses per machine = 7,434/2 = 3,717 W

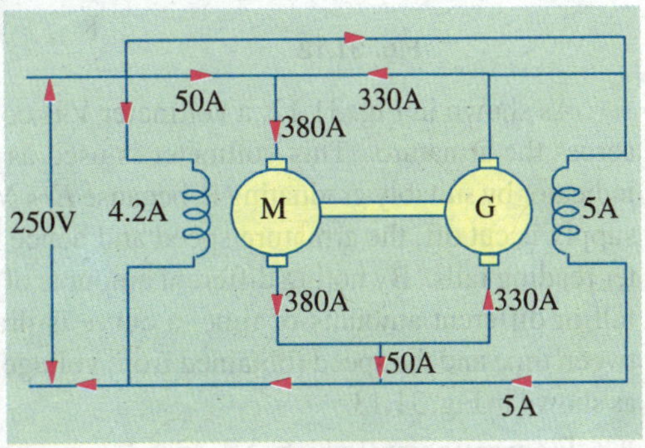

Fig. 31.11

Motor Efficiency

Arm. Cu loss = 2,888 W

Field Cu loss = $250 \times 4.2 = 1050$ W

Stray losses = 3,717 W

Total loss = 2,888 + 1050 + 3,717

= 7,655 W

Motor input = $250 \times 380 + 250 \times 4.2$

= 96,050 W

Motor output = 96,050 − 7,655

= 88,395 W

∴ η = 88,395/96,050 = 0.9203 or **92.03%**

Generator Efficiency

Arm. Cu loss = 2,178 W ; Field Cu loss = $250 \times 5 = 1250$ W

Stray losses = 3,717 W ; Total losses = 7,145 W

Generator output = $250 \times 330 = 82{,}500$ W

Generator input = 82,500 + 7,145 = 89,645 W

η = 82,500/89,645 = 0.9202 or **92.02%**

31.8. Retardation or Running Down Test

This method is applicable to shunt motors and generators and is ***used for finding stray losses.*** Then, knowing the armature and shunt Cu losses at a given load current, efficiency can be calculated.

The machine under test is speeded up slightly beyond its normal speed and then supply is cut off from the armature while keeping the field excited. Consequently, the armature slows down and its kinetic energy is used to meet the ***rotational losses i.e.*** friction, windage and iron losses.*

Kinetic energy of the armature is $K.E. = \frac{1}{2} I\omega^2$

where I = moment of inertia of the armature and ω = angular velocity

∴ Rotational losses, W = Rate of loss of $K.E.$

* If armature slows down with no excitation, then energy of the armature is used to overcome mechanical losses only, there being no iron losses (see Ex. 31.19).

$$\therefore \quad W = \frac{d}{dt}\left(\frac{1}{2}I\omega^2\right) = I\omega.\frac{d\omega}{dt}$$

Two quantities need be known (*i*) moment of inertia (*I*) of the armature and (*ii*) $\frac{d\omega}{dt}$ or $\frac{dN}{dt}$ because $\omega \propto N$. These are found as follows :

(*a*) Finding $\frac{d\omega}{dt}$

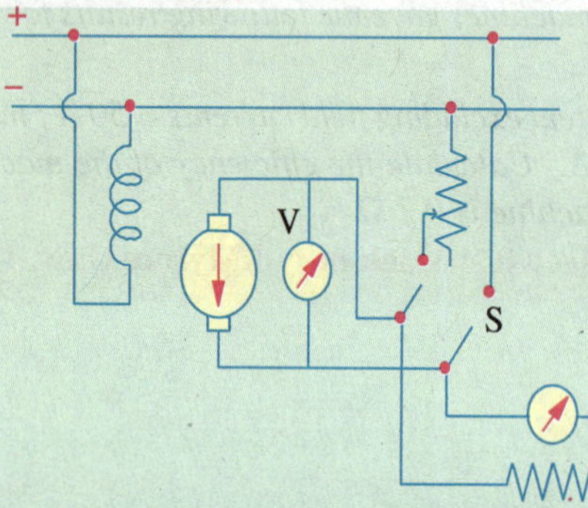

Fig. 31.12

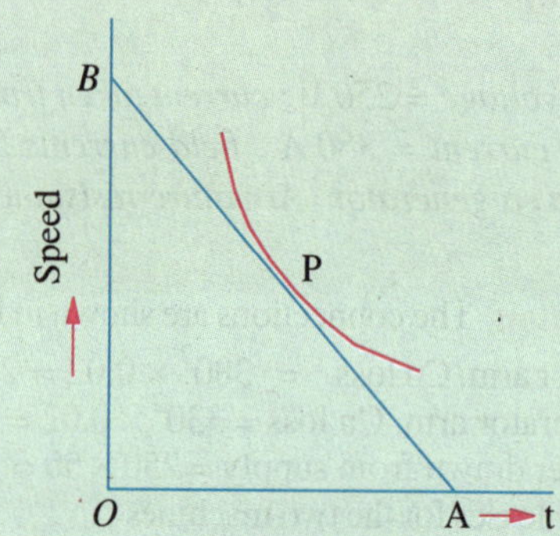

Fig. 31.13

As shown in Fig. 31.12, a voltmeter *V* is connected across the armature. This voltmeter is used as a speed indicator by suitably graduating it, because $E \propto N$. When supply is cut off, the armature speed and hence voltmeter reading falls. By noting different amounts of voltage fall in different amounts of time, a curve is drawn between time and the speed (obtained from voltage values) as shown in Fig. 31.13.

Shunt wound generator

From any point *P* which corresponds to normal speed, a tangent *AB* is drawn.

Then $\quad \frac{dN}{dt} = \frac{OB \text{ (in r.p.m.)}}{OA \text{ (in seconds)}}$

From (*i*), above $\quad W = I\,\omega\,\frac{d\omega}{dt}$

Now $\quad \omega = \frac{2\pi N}{60} \quad$ ...(*N* in r.p.m.)

$$W = I\left(\frac{2\pi N}{60}\right) \times \frac{d}{dt}\left(\frac{2\pi N}{60}\right); W = \left(\frac{2\pi}{60}\right)^2 I.N.\frac{dN}{dt} = 0.011\,I.N.\frac{dN}{dt} \quad \text{...(ii)}$$

(*ii*) Finding Moment of Inertia (I)

(*a*) First Method–*where I is calculated.*

First, slowing down curve is drawn with armature alone. Next, a fly-wheel of known moment of inertia I_1 is keyed onto the shaft and slowing down curve is drawn again. Obviously, slowing down time will be longer due to combined increased moment of inertia of the two. For any given speed, (dN/dt_1) and (dN/dt_2) are determined as before. It should be noted that the losses in both cases would be almost the same, because addition of a fly-wheel will not make much difference to the losses.

Hence, from equation (*ii*) above

In the first case, $\quad W = \left(\frac{2\pi}{60}\right)^2 IN\left(\frac{dN}{dt_1}\right)$

In the second case, $W = \left(\frac{2\pi}{60}\right)^2 (I + I_1)N \times \left(\frac{dN}{dt_2}\right)$

$$\therefore \quad (I + I_1)\left(\frac{dN}{dt_2}\right) = I\left(\frac{dN}{dt_1}\right) \text{ or } \left(\frac{I + I_1}{I}\right) = \left(\frac{dN}{dt_1}\right) \Big/ \left(\frac{dN}{dt_2}\right)$$

$$\therefore \quad I = I_1 \times \frac{(dN/dt_2)}{(dN/dt_1) - (dN/dt_2)} = I_1 \frac{dt_1}{dt_2 - dt_1}; \; I = I_1 \frac{t_1}{t_2 - t_1}$$

(*b*) Second Method–*where I is eliminated.*

In this method, first, time taken to slow down, say by 5%, is noted with armature alone. Next, a retarding torque–mechanical or preferably electrical, is applied to the armature and again time is noted. The method using electrical torque is shown in Fig. 31.12. The double-throw switch *S* while cutting off the armature from supply, automatically joins it to a non-inductive resistance *R* as shown. The power drawn by this resistance acts as a retarding torque on the armature, thereby making it slow down comparatively quickly. The additional loss is $I_a^2 (R_a + R)$ or VI_a,

where I_a = *average* current through *R* ; *V* = *average* voltage across *R*.

Let *W′* be this power. Then from (*i*) above

$$\left.\begin{aligned} W &= \left(\frac{2\pi}{60}\right)^2 I.N.\frac{dN}{dt_1} \\ W + W' &= \left(\frac{2\pi}{60}\right)^2 I.N.\frac{dN}{dt_2} \end{aligned}\right\} \text{If } dN \text{ is the same}$$

$$\therefore \quad \frac{W + W'}{W} = \frac{dt_1}{dt_2} \quad \therefore \quad W = W' \times \frac{dt_2}{dt_1 - dt_2} \text{ or } W = W' \times \frac{t_2}{t_1 - t_2}$$

where $\frac{dN}{dt_1}$ = rate of change of speed ***without*** extra load

$\frac{dN}{dt_2}$ = rate of change of speed ***with*** extra electrical load.

Example 31.16. *In a retardation test on a separately-excited motor, the induced e.m.f. in the armature falls from 220 V to 190 V in 30 seconds on disconnecting the armature from the supply. The same fall takes place in 20 seconds if, immediately after disconnection, armature is connected to a resistance which takes 10 A (average) during this fall. Find stray losses of the motor.*

(Adv. Elect. Machines, A.M.I.E. Sec. B, 1992)

Solution. Let W = stray losses (mechanical and magnetic losses)

Average voltage across resistance = (200 + 190)/2 = 195 V, Average current = 10 A

∴ Power absorbed W' = 1950 W

Using the relation $\frac{W}{W'} = \frac{t_2}{t_1 - t_2}$; we get $W = 1950 \times \frac{20}{30 - 20}$ = **3,900 watt**

Example 31.17. *In a retardation test on a d.c. motor, with its field normally excited, the speed fell from 1525 to 1475 r.p.m. in 25 seconds. With an average load of 1.0 kW supplied by the armature, the same speed drop occurred in 20 seconds. Find out the moment of inertia of the rotating parts in kg.m^2.* **(Electrical Machines-III, Gujarat Univ. 1984)**

Solution. As seen from Art. 31.8 (*ii*) (*b*).

$$W' = \left(\frac{2\pi}{60}\right)^2 I.N.\frac{dN}{dt}. \text{ Also } W = W' \times \frac{t_2}{t_1 - t_2}$$

Here, W' = 1 kW = 1000 W, t_1 = 25 second, t_2 = 20 second

$\therefore$ $W = 1000 \times 20/(25 - 20) = 4000$ W

Now, $N = 1500$ r.p.m. (average speed) ; $dN = 1525 - 1475 = 50$ r.p.m. ; $dt = 25$

$\therefore$ $4000 = (2\pi/60)^2 I.1500 \times 50/25$ $\therefore$ $I =$ **121.8 kg.m².**

Example 31.18. *A retardation test is made on a separately-excited d.c. machine as a motor. The induced voltage falls from 240 V to 225 V in 25 seconds on opening the armature circuit and 6 seconds on suddenly changing the armature connection from supply to a load resistance taking 10 A (average). Find the efficiency of the machines when running as a motor and taking a current of 25 A on a supply of 250 V. The resistance of its armature is 0.4 Ω and that of its field winding is 250 Ω.*

(Elect. Technology, Allahabad Univ. 1991)

Solution. Average voltage across load

$= (240 + 225)/2 = 232.5$ V ; $I_{av} = 10$ A

$\therefore$ Power absorbed $W' = 232.5 \times 10 = 2{,}325$ W

and $t_1 = 30$ second, $t_2 = 6$ second ; W = stray loss

Using $\dfrac{W}{W'} = \dfrac{t_2}{t_1 - t_2}$ = **734.1 W**, we get

Stray losses $W = 2325 \times \dfrac{6}{25 - 6}$ = **734.1 W**

Input current $= 25$ A ; $I_{sh} = 250/250 = 1$ A ; $I_a = 25 - 1 = 24$ A

Armature Cu loss $= 24^2 \times 0.4 = 230.4$ W ; Shunt Cu loss $= 250 \times 1 = 250$ W

$\therefore$ Total losses $= 734.1 + 230.4 + 250 = 1{,}215$ W (approx.)

Input $= 250 \times 25 = 6{,}250$ W ; Output $= 6{,}250 - 1{,}215 = 5{,}035$ W

$\therefore$ $\eta = 5{,}035/6{,}250 = 0.806$ or **80.6%**

Example 31.19. *A retardation test is carried out on a 1000 r.p.m. d.c. machine. The time taken for the speed to fall from 1030 r.p.m. to 970 r.p.m. is :*

(a) 36 seconds with no excitation

(b) 15 seconds with full excitation and

(c) 9 seconds with full excitation and the armature supplying an extra load of 10 A at 219 V.

Calculate (i) the moment of inertia of the armature in kg. m² (ii) iron losses and (iii) the mechanical losses at the mean speed of 1000 r.p.m.

Solution. It should be noted that

(*i*) when armature slows down with no excitation, its kinetic energy is used to overcome mechanical losses only ; because due to the absence of flux, there is no iron loss.

(*ii*) with excitation, kinetic energy is used to supply mechanical and iron losses collectively known as stray losses.

(*iii*) If I is taken in kg-m² unit, then rate of loss of energy is in watts.

Mechanical loss $W_m = \left(\dfrac{2\pi}{60}\right)^2 I.N.\dfrac{dN}{dt}$ ...Art. 31.8

Here $dN = 1030 - 970 = 60$ r.p.m., $dt = 36$ seconds, $N = 1000$ r.p.m.

$$W_m = \left(\frac{2\pi}{60}\right)^2 I.N.\frac{60}{36} \quad ...(i)$$

Similarly
$$W_s = \left(\frac{2\pi}{60}\right)^2 I.N.\frac{60}{15} \quad ...(ii)$$

Also W_s $= W'\dfrac{t_2}{t_1 - t_2} = 219 \times 10 \times \dfrac{9}{15 - 9} = 3{,}285$ W

Using equation (*ii*), we get

$$3{,}285 = \left(\frac{2\pi}{60}\right)^2 \times I \times 1000 \times \frac{60}{15}$$

(*i*) $\therefore$ $I = 75$ **kg.m^2**

Dividing (*i*) by (*ii*), we get $\dfrac{W_m}{W_s} = \dfrac{15}{36}$

(*ii*) $\therefore$ $W_m = 3{,}285 \times 15/36 =$ **1,369 W**

(*iii*) $\therefore$ Iron losses $= W_s - W_m = 3{,}285 - 1{,}369 =$ **1,916 W**

31.9. Field's Test for Series Motor

This test is applicable to two similar *series motors*. Series motors which are mainly used for traction work are easily available in pairs. The two machines are coupled mechanically.

One machine runs normally as a motor and drives generator whose output is wasted in a variable load R (Fig. 31.14). Iron and friction losses of two machines are made equal (*i*) by joining the series field winding of the generator in the motor armature circuit so that both machines are equally excited and (*ii*) by running them at equal speed. Load resistance R is varied till the motor current reaches its full-load value indicated by ammeter A_1. After this adjustment for full-load current, different ammeter and voltmeter readings are noted.

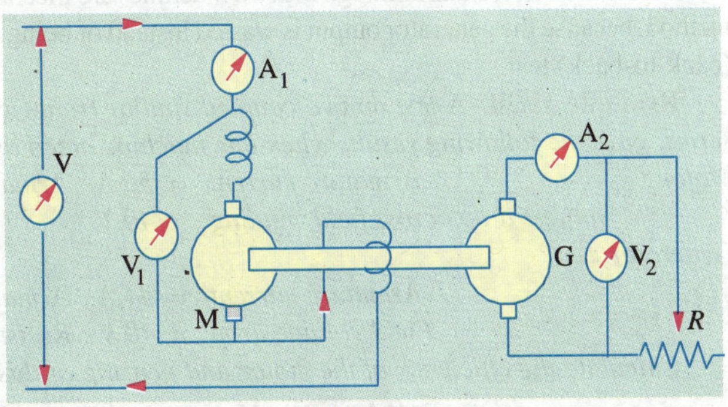

Fig. 31.14

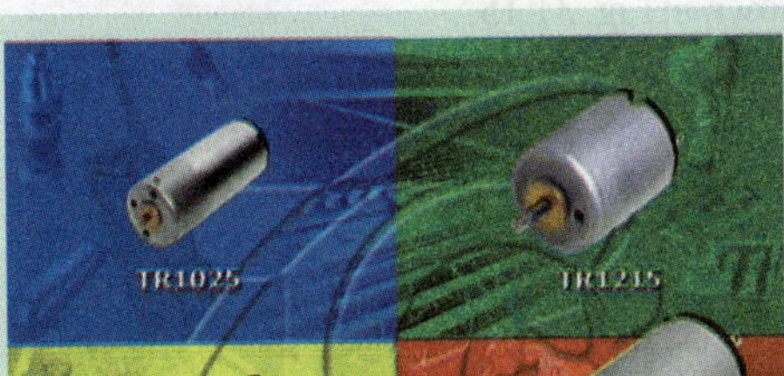

Micro series motors

Let V = supply voltage ; I_1 = motor current ; V_2 = terminal p.d. of generator ; I_2 = load current.

$\therefore$ Intake of the whole set $= VI_1$; output $= V_2I_2$.

Total losses in the set, $W_t = VI_1 - V_2I_2$

Armature and field Cu losses $W_{cu} = (R_a + 2R_{se})I_1^2 + I_2^2R_a$

where R_a = hot armature resistance of each machine

R_{se} = hot series field resistance of each machine

$\therefore$ Stray losses for the set $= W_t - W_{cu}$

Stray losses per machine $\quad W_s = \dfrac{W_t - W_{cu}}{2}$

Stray losses are equally divided between the machines because of their equal excitation and speed.

Motor Efficiency

Motor input $= V_1I_1$

Motor losses $=$ armature + field Cu losses + stray losses

$= (R_a + R_{se})I_1^2 + W_s = W_m$ (say)

$$\eta_m = \frac{V_1I_1 - W_m}{V_1I_1}$$

Generator Efficiency

The generator efficiency will be of little use because it is running under abnormal conditions of *separate* excitation. However, the efficiency under these unusual conditions can be found if desired.

Generator output $= V_2I_2$

Field Cu loss $= I_1^2R_{se}$ (∵ Motor current is passing through it.)

Armature Cu loss $= I_2^2R_a$; Stray losses $= W_s$

Total losses $= I_1^2R_{se} + I_2^2R_a + W_s = W_g$ (say)

$$\eta_g = \frac{V_2 I_2}{V_2I_2 + W_g}$$

It should be noted that although the two machines are mechanically coupled yet it is not a regenerative method, because the generator output is wasted instead of being fed back into the motor as in Hopkinson's (back-to-back) test.

Example 31.20. *A test on two coupled similar tramway motors, with their fields connected in series, gave the following results when one machine acted as a motor and the other as a generator.*

Motor :

Armature current = 56 A ; Armature voltage = 590 V

Voltage drop across field winding = 40 V

Generator :

Armature current = 44 A ; Armature voltage = 400 V

Field voltage drop = 40 V ; Resistance of each armature = 0.3 Ω

Calculate the efficiency of the motor and gearing at this load.

(Elect. Machinery-II, Nagpur Univ. 1992 & JNTU, Hyderabad, 2000)

Solution. The connection for the two machines are shown in Fig. 31.15.

Total input $= 630 \times 56 = 35{,}280$ W

Output $= 400 \times 44 = 17{,}600$ W

Total losses in the two machines are

$= 35{,}280 - 17{,}600 = 17{,}680$ W

Series field resistance

$R_{se} = 40/56$

$= 0.714\ \Omega$

Total Cu loss $= (0.3 + 2 \times 0.714) \times 56^2 + 44^2 \times 0.3 = 5{,}425 + 581 = 6{,}006$ W

Stray losses of the set $= 17{,}680 - 6{,}006$

$= 11{,}674$ W

∴ Stray losses/machine $= 11{,}674/2 = 5{,}837$ W

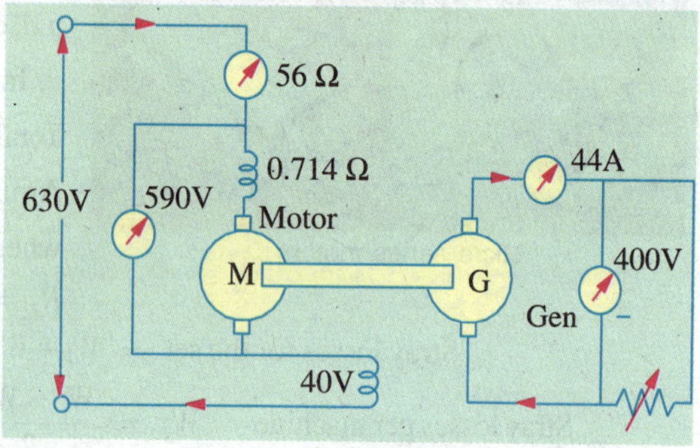

Fig. 31.15

Motor Efficiency

Motor armature input = arm. voltage × motor current $= 590 \times 56 = 33{,}040$ W

Armature circuit Cu loss

$= (0.3 + 0.714) \times 56^2 = 3{,}180$ W

Stray loss $= 5{,}837$ W – found above

Total losses $= 3{,}180 + 5{,}837 = 9{,}017$ W, Output $= 33{,}040 - 9{,}017 = 24{,}023$ W

∴ $\eta_m = 24{,}023/33{,}040 = 0.727$ or **72.7%**

Generator Efficiency

$$\text{Armature Cu loss} = 44^2 \times 0.3 = 581 \text{ W, Series field Cu loss} = 40 \times 56 = 2{,}240 \text{ W}$$

$$\text{Stray losses} = 5{,}837 \text{ W ; Total losses} = 581 + 2{,}240 + 5{,}837 = 8{,}658 \text{ W}$$

$$\text{Output} = 400 \times 44 = 17{,}600 \text{ W}$$

$$\therefore \quad \eta_g = 17{,}600/(17{,}600 + 8{,}658) = 0.67 \text{ or } 67\%$$

Tutorial Problem No. 31.1

1. A 500-V, shunt motor takes a total current of 5 A when running unloaded. The resistance of armature circuit is 0.25 Ω and the field resistance is 125 Ω. Calculate the efficiency and output when the motor is loaded and taking a current of 100 A. **[90.4% ; 45.2 kW]**

2. A d.c. shunt motor rated at 12.5 kW output runs at no-load at 1000 r.p.m. from a 250-V supply consuming an input current of 4 A. The armature resistance is 0.5 Ω and shunt field resistance is 250 Ω. Calculate the efficiency of the machine when delivering full-load output of 12.5 kW while operating at 250 V. **[81.57%]** (*Elect. Technology-I Madras Univ. 1979*)

3. The following results were obtained during Hopkinson's test on two similar 230-V machines; armature currents 37 A and 30 A; field currents 0.85 A and 0.8 A. Calculate the efficiencies of machines if each has an armature resistance of 0.33 Ω. **[Generator 87.9%, Motor 87.7%]**

4. In a Field's test on two 230-V, 1.492 kW mechanically-coupled similar series motors, the following figures were obtained. Each has armature and compole winding resistance of 2.4 Ω, series field resistance of 1.45 Ω and total brush drop of 2 V. The p.d. across armature and field was 230 V with a motor current of 10.1 A. The generator supplied a current of 8.9 A at a terminal p.d. of 161 V. Calculate the efficiency and output of the motor for this load. **[76.45%, 1.775 kW]**

5. Describe the Hopkinson's test for obtaining the efficiency of two similar shunt motors. The readings obtained in such a test were as follows ; line voltage 100 V ; motor current 30 A ; generator current 25 A ; armature resistance of each machine 0.25 Ω. Calculate the efficiency of each machine from these results, ignoring the field currents and assuming that their iron and mechanical losses are the same.

[Motor 90.05%, Generator 92.5%]

6. The Hopkinson's test on two similar d.c. shunt machines gave the following results :

Line voltage = 220 V ; line current excluding field currents = 40 A ; the armature current of motoring machine = 200 A ; field currents 6 A and 7 A. Calculate the efficiency of each of the machines at the given load conditions. The armature resistance of each of the machines is 0.05 Ω.

[η_m = 86.58% ; η_g = 86.3%] (*Electrical Engg-I, M.S. Univ. Baroda 1980*)

OBJECTIVE TEST – 31

1. One of the main advantages of Swinburne's test is that it
(*a*) is applicable both to shunt and compound motors
(*b*) needs one running test
(*c*) is very economical and convenient
(*d*) ignores any charge in iron loss

2. The main disadvantage of Hopkinson's test for finding efficiency of shunt d.c. motors is that it
(*a*) requires full-load power
(*b*) ignores any change in iron loss
(*c*) needs one motor and one generator
(*d*) requires two identical shunt machines

3. The most economical method of finding no-load losses of a large d.c. shunt motor is—test.
(*a*) Hopkinson's
(*b*) Swinburne's
(*c*) retardation
(*d*) Field's

4. Retardation test on a d.c. shunt motor is used for finding—losses.
(*a*) stray
(*b*) copper
(*c*) friction
(*d*) iron

5. The main thing common between Hopkinson's test and Field's test is that both
   (a) require two electrically-coupled series motors
   (b) need two similar mechanically-coupled motors
   (c) use negligible power
   (d) are regenerative tests

6. The usual test for determining the efficiency of a traction motor is the .... test.
   (a) Field's
   (b) retardation
   (c) Hopkinson's
   (d) Swinburne's

ANSWERS

1. *c* **2.** *d* **3.** *b* **4.** *a* **5.** *b* **6.** *a*

QUESTIONS AND ANSWERS ON D.C. MOTORS

Q. 1. How may the direction of rotation of a d.c. motor be reversed ?

Ans. By reversing either the field current or current through the armature. Usually, reversal of current through the armature is adopted.

Q. 2. What will happen if both currents are reversed ?

Ans. The motor will run in the original direction.

Q. 3. What will happen if the field of a d.c. shunt motor is opened ?

Ans. The motor will achieve dangerously high speed and may destroy itself.

Q. 4. What happens if the direction of current at the terminals of a series motor is reversed ?

Ans. It does not reverse the direction of rotation of motor because current flows through the armature in the same direction as through the field.

Q. 5. Explain what happens when a d.c. motor is connected across an a.c. supply ?

Ans. 1. Since on a.c. supply, reactance will come into the picture, the a.c. supply will be offered impedance (not resistance) by the armature winding. Consequently, with a.c. supply, current will be much less. The motor will run but it would not carry the same load as it would on d.c. supply.

2. There would be more sparking at the brushes.

3. Though motor armature is laminated as a rule, the field poles are not. Consequently, eddy currents will cause the motor to heat up and eventually burn on a.c. supply.

Q. 6. What will happen if a shunt motor is directly connected to the supply line ?

Ans. Small motors up to 1 kW rating may be line-started without any adverse results being produced. High rating motors must be started through a suitable starter in order to avoid the huge starting current which will

(*i*) damage the motor itself and (*ii*) badly affect the voltage regulation of the supply line.

Q. 7. What is the function of interpoles and how are interpole windings connected ?

Ans. Interpoles are small poles placed in between the main poles. Their function is to assist commutation by producing the auxiliary or commutating flux. Consequently, brush sparking is practically eliminated. Interpole windings are connected in series with the armature windings.

Q. 8. In rewinding the armature of a d.c. motor, progressive connections are changed to retrogressive ones. Will it affect the operation in any way ?

Ans. Yes. Now, the armature will rotate in the opposite direction.

Q. 9. A d.c. motor fails to start when switched on. What could be the possible reasons and remedies ?

Ans. Any one of the following reasons could be responsible :

1. Open-circuit in controller–should be checked for open starting resistance or open switch or open fuse.
2. Low terminal voltage–should be adjusted to name-plate value.
3. Overload–should be reduced if possible otherwise larger motor should be installed.
4. Excessive friction–bearing lubrication should be checked.

Q. 10. A d.c. motor is found to stop running after a short period of time. What do you think could be the reasons ? How would you remedy each ?

Ans. Possible causes are as under :

1. Motor not getting enough power–check voltage at motor terminals as well as fuses, clups and overload relay.
2. Weak or no field–in the case of adjustable-speed motors, check if rheostat is correctly set. Also, check field winding for any 'open'. Additionally, look for any loose winding or broken connection.
3. Motor torque insufficient for driving the given load–check line voltage with name-plate voltage. If necessary, use larger motor to match the load.

Q. 11. What are the likely causes if a d.c. motor is found to run too slow under load ? And the remedy ?

Ans.
1. Supply line voltage too low–remove any excessive resistance in supply line, connections or controller.
2. Brushes ahead of neutral–set them on neutral.
3. Overload–reduce it to allowable value or use larger motor.

Q. 12. Why does a d.c. motor sometime run too fast when under load ? Give different possible causes and their remedies.

Ans. Different possible causes are as under :

1. Weak field–remove any extra resistance in shunt field circuit. Also, check for 'grounds'.
2. Line voltage too high–reduce it to name-plate value.
3. Brushes back of neutral–set them on neutral.

Q. 13. Under what conditions is sparking produced at the brushes of a d.c. motor ? How would you remedy it ?

Ans.
1. Commutator in bad condition–clean and reset brushes.
2. commutator either eccentric or rough–grind and true the commutator. Also, undercut mica.
3. Excessive vibration–balance armature. Make sure that brushes ride freely in holders.
4. Brush-holding spring broken or sluggish–replace spring and adjust pressure to recommended value.
5. Motor overloaded–reduce load or install motor of proper rating.
6. Short-circuit in armature circuit–remove any metallic particles between commutator segments and check for short between adjacent commutator risers. Locate and repair internal armature short if any.

Q. 14. Sometimes a hissing noise (or brush chatter) is heard to emanate from the commutator end of a running d.c. motor. What could it be due to and how could it be removed ?

Ans. Any one of the following causes could produce brush chatter :

1. Excessive clearance of brush holders–adjust properly
2. Incorrect angle of brushes–adjust to correct value
3. Unsuitable brushes–replace them
4. High mica–undercut it
5. Wrong brush spring pressure–adjust to correct value.

Q. 15. What are the possible causes of excessive sparking at brushes in a d.c. motor ?

Ans.
1. Poor brush fit on commutator–sand-in the brushes and polish commutator.
2. Brushes binding in the brush holders–clean holders and brushes and remove any irregularities on surfaces of brush holders or rough spots on brushes.
3. Excessive or insufficient pressure on brushes–adjust pressure.
4. Brushes off neutral–set them on neutral.

Q. 16. Why does a d.c. motor sometime spark on light load ?

Ans. Due to the presence of paint spray, chemical, oil or grease etc. on commutator.

Q. 17. When is the armature of a d.c. motor likely to get over-heated ?

Ans.
1. When motor is over-loaded.
2. When it is installed at a place having restricted ventilation.
3. When armature winding is shorted.

Q. 18. What causes are responsible for over-heating of commutator in a d.c. motor ?

Ans. It could be due either to the brushes being off neutral or being under excessive spring pressure. Accordingly, brushes should be adjusted properly and the spring pressure should be reduced but not to the point where sparking is introduced.

CHAPTER 32

TRANSFORMER

Learning Objectives

- Working Principle of Transformer
- Transformer Construction
- Core-type Transformers
- Shell-type Transformers
- E.M.F. Equation of Transformer
- Voltage Transformation Ratio
- Transformer with losses
- Equivalent Resistance
- Magnetic Leakage
- Transformer with Resistance and Leakage Reactance
- Total Approximate Voltage Drop in Transformer
- Exact Voltage Drop
- Separation of Core Losses
- Short-Circuit or Impedance Test
- Why Transformer Rating in KVA?
- Regulation of a Transformer
- Percentage Resistance, Reactance and Impedance
- Kapp Regulation Diagram
- Sumpner or Back-to-back-Test
- Efficiency of a Transformer
- Auto-transformer

To overcome losses, the electricity from a generator is passed through a step-up transformer, which increases the voltage. Throughout the distribution system, the voltages are changed using step-down transformers to voltages suitable to the applications at industry and homes.

32.1. Working Principle of a Transformer

A transformer is a static (or stationary) piece of apparatus by means of which electric power in one circuit is transformed into electric power of the same frequency in another circuit. It can raise or lower the voltage in a circuit but with a corresponding decrease or increase in current. The physical basis of a transformer is ***mutual induction*** between two circuits linked by a common magnetic flux. In its simplest form, it consists of two inductive coils which are electrically separated but magnetically linked through a path of low reluctance as shown in Fig. 32.1. The two coils possess high mutual inductance. If one coil is connected to a source of alternating voltage, an alternating flux is set up in the laminated core, most of which is linked with the other coil in which it produces mutually-induced e.m.f. (according to Faraday's Laws of Electromagnetic Induction $e = MdI/dt$). If the second coil circuit is closed, a current flows in it and so electric energy is transferred (entirely magnetically) from the first coil to the second coil. The first coil, in which electric energy is fed from the a.c. supply mains, is called ***primary*** winding and the other from which energy is drawn out, is called ***secondary*** winding. In brief, a transformer is a device that

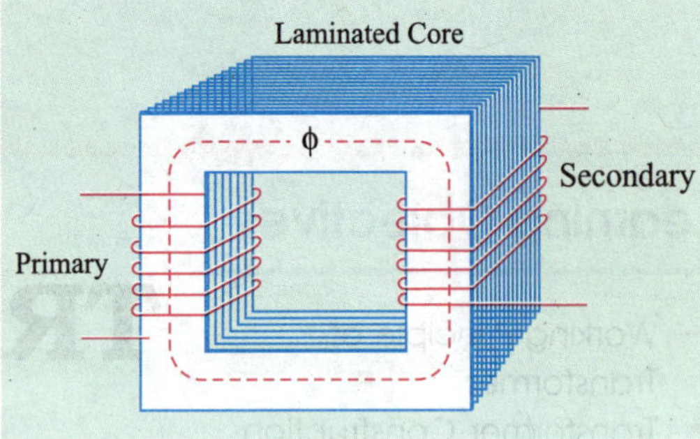

Fig. 32.1

1. transfers electric power from one circuit to another
2. it does so without a change of frequency
3. it accomplishes this by electromagnetic induction and
4. where the two electric circuits are in mutual inductive influence of each other.

32.2. Transformer Construction

The simple elements of a transformer consist of two coils having mutual inductance and a laminated steel core. The two coils are insulated from each other and the steel core. Other necessary parts are : some suitable container for assembled core and windings ; a suitable medium for insulating the core and its windings from its container ; suitable bushings (either of porcelain, oil-filled or capacitor-type) for insulating and bringing out the terminals of windings from the tank.

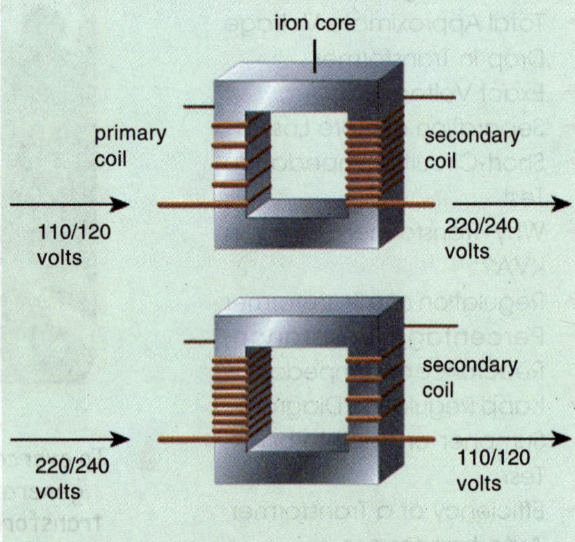

Principle of transformer

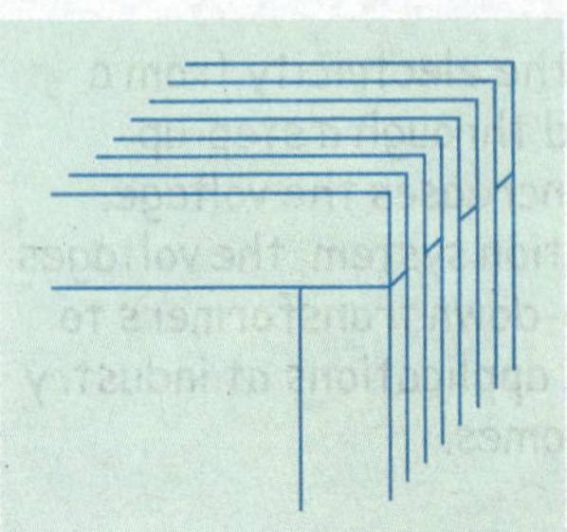
Fig. 32.2

In all types of transformers, the core is constructed of transformer sheet steel laminations assembled to provide a continuous magnetic path with a minimum of air-gap included. The steel used is of high silicon content, sometimes heat treated to produce a high permeability and a low hysteresis loss at the

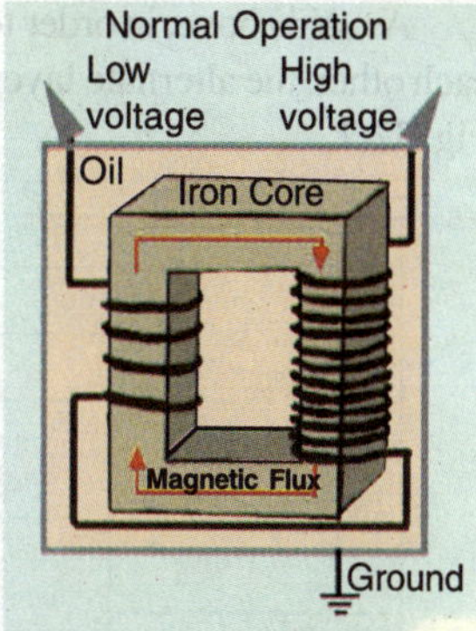

Core-type transformer

usual operating flux densities. The eddy current loss is minimised by laminating the core, the laminations being insulated from each other by a light coat of core-plate varnish or by an oxide layer on the surface. The thickness of laminations varies from 0.35 mm for a frequency of 50 Hz to 0.5 mm for a frequency of 25 Hz. The core laminations (in the form of strips) are joined as shown in Fig. 32.2. It is seen that the joints in the alternate layers are staggered in order to avoid the presence of narrow gaps right through the cross-section of the core. Such staggered joints are said to be 'imbricated'.

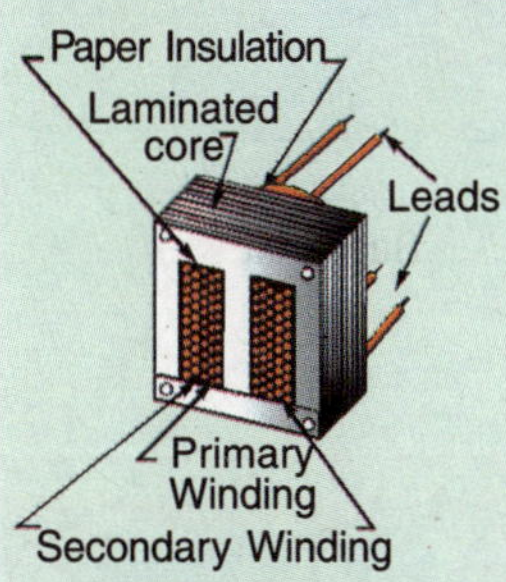

Shell-Type transformer

Constructionally, the transformers are of two general types, distinguished from each other merely by the manner in which the primary and secondary coils are placed around the laminated core. The two types are known as **(*i*) core-type** and **(*ii*) shell-type.** Another recent development is ***spiral-core* or *wound-core type***, the trade name being *spirakore* transformer.

In the so-called core type transformers, the ***windings surround a considerable part of the core*** whereas in shell-type transformers, the *core* ***surrounds a considerable portion of the windings*** as shown schematically in Fig. 32.3 (*a*) and (*b*) respectively.

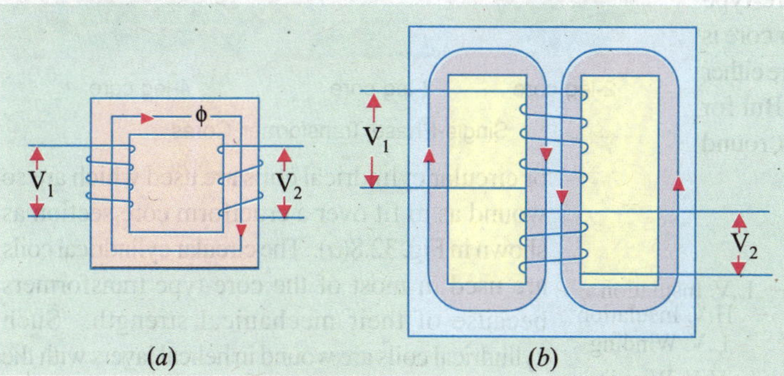

Fig. 32.3

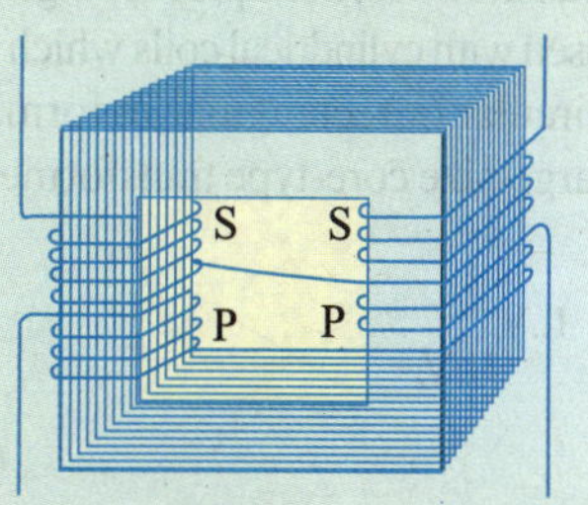

Fig. 32.4

In the simplified diagram for the core type transformers [Fig. 32.3 (*a*)], the primary and secondary winding are shown located on the opposite legs (or limbs) of the core, but in actual construction, these are always interleaved to reduce leakage flux. As shown in Fig. 32.4, half the primary and half the secondary winding have been placed side by side or concentrically on each limb, not primary on one limb (or leg) and the secondary on the other.

Fig. 32.5

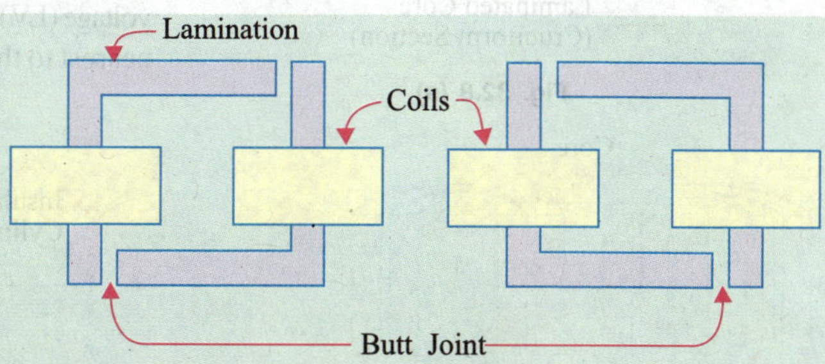

Fig. 32.6

In both core and shell-type transformers, the individual laminations are cut in the form of long strips of *L*'s, *E*'s and *I*'s as shown in Fig. 32.5. The assembly of the complete core for the two types of transformers is shown in Fig. 32.6 and Fig. 32.7.

As said above, in order to avoid high reluctance at the joints where the laminations are butted against each other, the alternate layers are stacked differently to eliminate these joints as shown in Fig. 32.6 and Fig. 32.7.

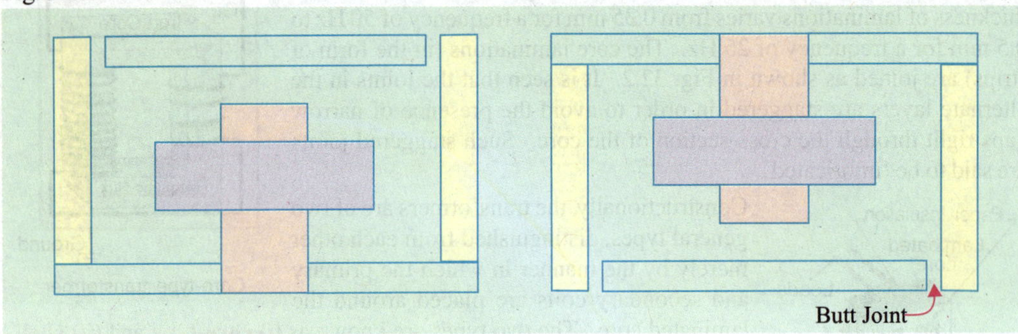

Fig. 32.7

32.3. Core-type Transformers

The coils used are form-wound and are of the cylindrical type. The general form of these coils may be circular or oval or rectangular. In small size core-type transformers, a simple rectangular core is used with cylindrical coils which are either circular or rectangular in form. But for large-size core-type transformers, round or circular cylindrical coils are used which are so wound as to fit over a cruciform core section as shown in Fig. 32.8(*a*). The circular cylindrical coils are used in most of the core-type transformers because of their mechanical strength. Such cylindrical coils are wound in helical layers with the different layers insulated from each other by paper, cloth, micarta board or cooling ducts. Fig. 32.8(*c*) shows the general arrangement of these coils with respect to the core. Insulating cylinders of fuller board are used to separate the cylindrical windings from the core and from each other. Since the low-voltage (LV) winding is easiest to insulate, it is placed nearest to the core (Fig. 32.8).

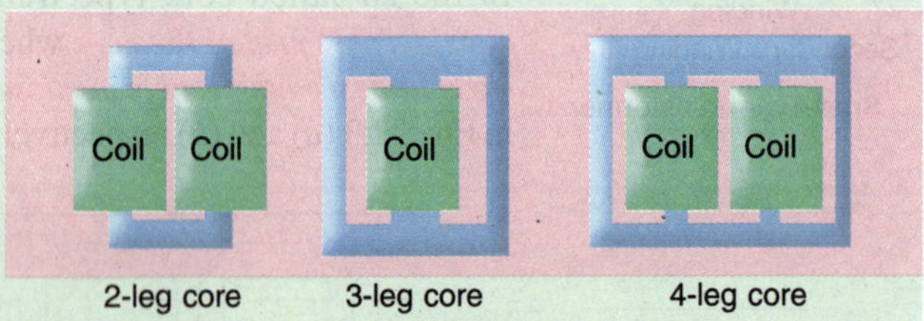

Single-Phase Transformer Cores

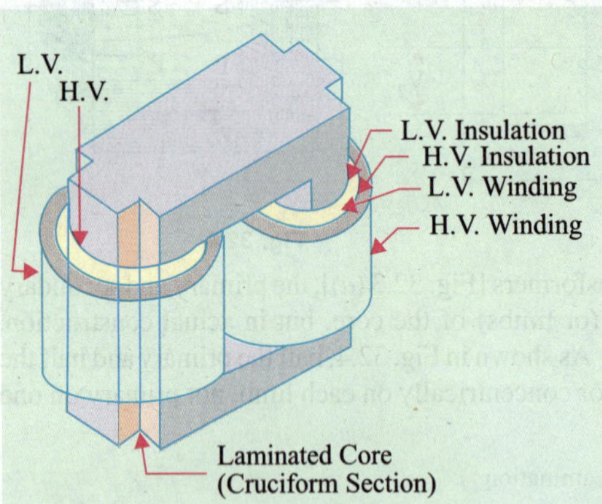

Fig. 32.8 (a)

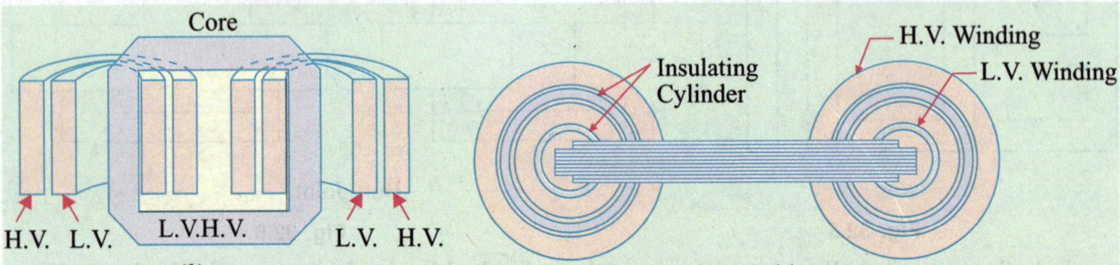

(*b*) (*c*)

Fig. 32.8

Because of laminations and insulation, the net or effective core area is reduced, due allowance for which has to be made (Ex. 32.6). It is found that, in general, the reduction in core sectional area due to the presence of paper, surface oxide etc. is of the order of 10% approximately.

As pointed out above, rectangular cores with rectangular cylindrical coils can be used for small-size core-type transformers as shown in Fig. 32.9 (*a*) but for large-sized transformers, it becomes wasteful to use rectangular cylindrical coils and so circular cylindrical coils are preferred. For such purposes, square cores may be used as shown in Fig. 32.9 (*b*) where circles represent the tubular former carrying the coils. Obviously, a considerable amount of useful space is still wasted. A common improvement on square core is to employ cruciform core as in Fig. 32.9 (*c*) which demands, at least, two sizes of core strips. For very large transformers, further core-stepping is done as in Fig. 32.9 (*d*) where at least three sizes of core plates are necessary. Core-stepping not only gives high space factor but also results in reduced length of the mean turn and the consequent I^2R loss. Three stepped core is the one most commonly used although more steps may be used for very large transformers as in Fig. 32.9 (*e*). From the geometry of Fig. 32.9, it can be shown that maximum gross core section for Fig. 32.9 (*b*) is 0.5 d^2 and for Fig. 32.9 (*c*) it is 0.616 d^2 where *d* is the diameter of the cylindrical coil.

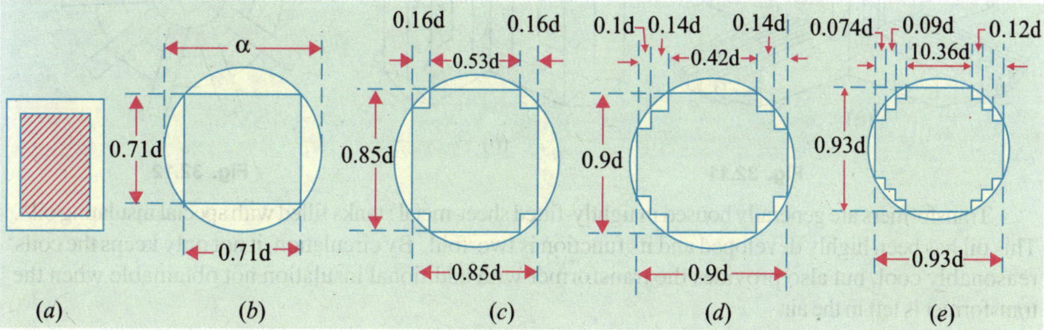

Fig. 32.9

32.4. Shell-type Transformers

In these case also, the coils are form-would but are multi-layer disc type usually wound in the form of pancakes. The different layers of such multi-layer discs are insulated from each other by paper. The complete winding consists of stacked discs with insulation space between the coils–the spaces forming horizontal cooling and insulating ducts. A shell-type transformer may have a simple rectangular form as shown in Fig. 32.10 or it may have distributed form as shown in Fig. 32.11.

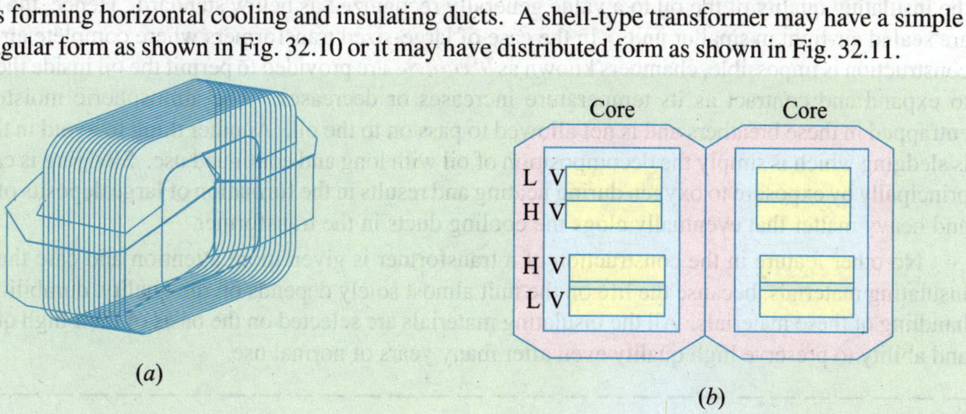

Fig. 32.10

A very commonly-used shell-type transformer is the one known as Berry Transformer–so called after the name of its designer and is cylindrical in form. The transformer core consists of laminations arranged in groups which radiate out from the centre as shown in section in Fig. 32.12.

It may be pointed out that cores and coils of transformers must be provided with rigid mechanical bracing in order to prevent movement and possible insulation damage. Good bracing reduces vibration and the objectionable noise–a humming sound–during operation.

The spiral-core transformer employs the newest development in core construction. The core is assembled of a continuous strip or ribbon of transformer steel wound in the form of a circular or elliptical cylinder. Such construction allows the core flux to follow the grain of the iron. Cold-rolled steel of high silicon content enables the designer to use considerably higher operating flux densities with lower loss per kg. The use of higher flux density reduces the weight per kVA. Hence, the advantages of such construction are *(i)* a relatively more rigid core *(ii)* lesser weight and size per kVA rating *(iii)* lower iron losses at higher operating flux densities and *(iv)* lower cost of manufacture.

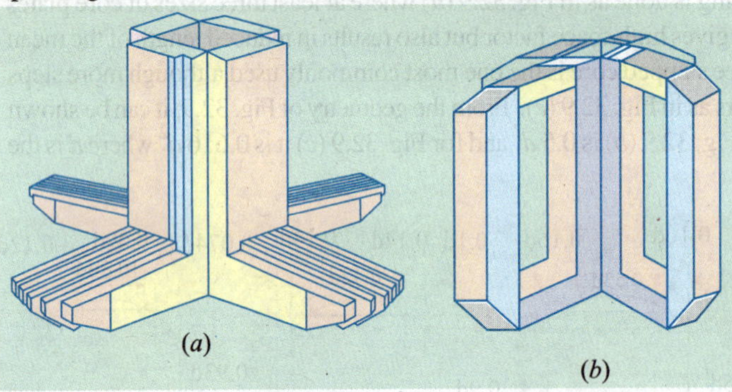

Fig. 32.11

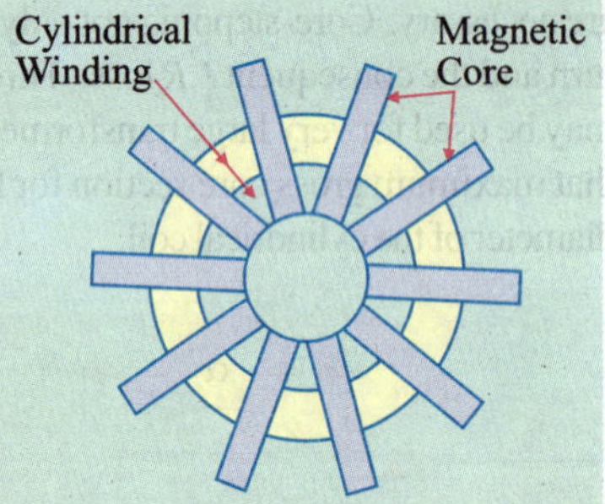

Fig. 32.12

Transformers are generally housed in tightly-fitted sheet-metal ; tanks filled with special insulating oil*. This oil has been highly developed and its function is two-fold. By circulation, it not only keeps the coils reasonably cool, but also provides the transformer with additional insulation not obtainable when the transformer is left in the air.

In cases where a smooth tank surface does not provide sufficient cooling area, the sides of the tank are corrugated or provided with radiators mounted on the sides. Good transformer oil should be absolutely free from alkalies, sulphur and particularly from moisture. The presence of even an extremely small percentage of moisture in the oil is highly detrimental from the insulation viewpoint because it lowers the dielectric strength of the oil considerably. The importance of avoiding moisture in the transformer oil is clear from the fact that even an addition of 8 parts of water in 1,000,000 reduces the insulating quality of the oil to a value generally recognized as below standard. Hence, the tanks are sealed air-tight in smaller units. In the case of large-sized transformers where complete air-tight construction is impossible, chambers known as ***breathers*** are provided to permit the oil inside the tank to expand and contract as its temperature increases or decreases. The atmospheric moisture is entrapped in these breathers and is not allowed to pass on to the oil. Another thing to avoid in the oil is sledging which is simply the decomposition of oil with long and continued use. Sledging is caused principally by exposure to oxygen during heating and results in the formation of large deposits of dark and heavy matter that eventually clogs the cooling ducts in the transformer.

No other feature in the construction of a transformer is given more attention and care than the insulating materials, because the life on the unit almost solely depends on the quality, durability and handling of these materials. All the insulating materials are selected on the basis of their high quality and ability to preserve high quality even after many years of normal use.

---

* Instead of natural mineral oil, now-a-days synthetic insulating fluids known as ASKARELS (trade name) are used. They are non-inflammable and, under the influence of an electric arc, do not decompose to produce inflammable gases. One such fluid commercially known as PYROCLOR is being extensively used because it possesses remarkable stability as a dielectric and even after long service shows no deterioration through sledging, oxidation, acid or moisture formation. Unlike mineral oil, it shows no rapid burning.

All the transformer leads are brought out of their cases through suitable bushings. There are many designs of these, their size and construction depending on the voltage of the leads. For moderate voltages, porcelain bushings are used to insulate the leads as they come out through the tank. In general, they look almost like the insulators used on the transmission lines. In high voltage installations, oil-filled or capacitor-type bushings are employed.

The choice of core or shell-type construction is usually determined by cost, because similar characteristics can be obtained with both types. For very high-voltage transformers or for multiwinding design, shell-type construction is preferred by many manufacturers. In this type, usually the mean length of coil turn is longer than in a comparable core-type design. Both core and shell forms are used and the selection is decided by many factors such as voltage rating, kVA rating, weight, insulation stress, heat distribution etc.

Another means of classifying the transformers is according to the type of cooling employed. The following types are in common use :

(a) oil-filled self-cooled ***(b) oil-filled water-cooled*** ***(c) air-blast type***

Small and medium size distribution transformers–so called because of their use on distribution systems as distinguished from line transmission–are of type (*a*). The assembled windings and cores of such transformers are mounted in a welded, oil-tight steel tank provided with steel cover. After putting the core at its proper place, the tank is filled with purified, high quality insulating oil. The oil serves to convey the heat from the core and the windings to the case from where it is radiated out to the surroundings. For small size, the tanks are usually smooth-surfaced, but for larger sizes, the cases are frequently corrugated or fluted to get greater heat radiation area without increasing the cubical capacity of the tank. Still larger sizes are provided with radiators or pipes.

Construction of very large self-cooled transformers is expensive, a more economical form of construction for such large transformers is provided in the oil-immersed, water-cooled type. As before, the windings and the core are immersed in the oil, but there is mounted near the surface of oil, a cooling coil through which cold water is kept circulating. The heat is carried away by this water. The largest transformers such as those used with high-voltage transmission lines, are constructed in this manner.

Oil-filled transformers are built for outdoor duty and as these require no housing other than their own, a great saving is thereby effected. These transformers require only periodic inspection.

For voltages below 25,000 V, transformers can be built for cooling by means of an air-blast. The transformer is not immersed in oil, but is housed in a thin sheet-metal box open at both ends through which air is blown from the bottom to the top by means of a fan or blower.

32.5. Elementary Theory of an Ideal Transformer

An ideal transformer is one which has no losses *i.e.* its windings have no ohmic resistance, there is no magnetic leakage and hence which has no I^2R and core losses. In other words, an ideal transformer consists of two purely inductive coils wound on a loss-free core. It may, however, be noted ***that it is impossible to realize such a transformer in practice, yet for convenience, we will start with such a transformer and step by step approach an actual transformer***

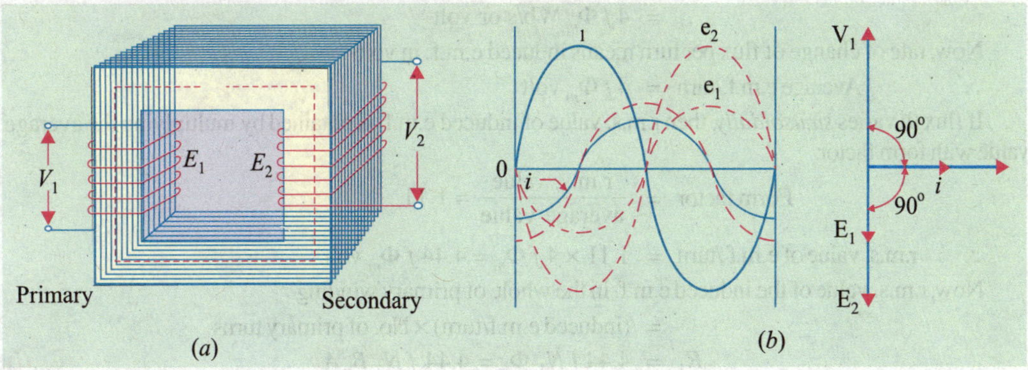

Fig. 32.13

Consider an ideal transformer [Fig. 32.13 (*a*)] whose secondary is open and whose primary is connected to sinusoidal alternating voltage V_1. This potential difference causes an alternating current to flow in the primary. Since the primary coil is purely inductive and there is no output (secondary being open) the primary draws the magnetising current I_μ only. The function of this current is merely to magnetise the core, it is small in magnitude and lags V_1 by 90°. This alternating current I_μ produces an alternating flux ϕ which is, at all times, proportional to the current (assuming permeability of the magnetic circuit to be constant) and, hence, is in phase with it. This changing flux is linked both with the primary and the secondary windings. Therefore, it produces self-induced e.m.f. in the primary. This *self-induced* e.m.f. E_1 is, at every instant, equal to and in opposition to V_1. It is also known as counter e.m.f. or back e.m.f. of the primary.

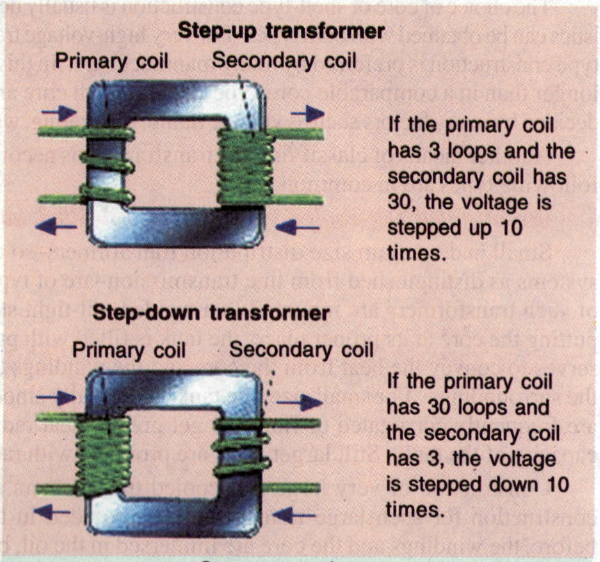

Step-up transformer

Similarly, there is produced in the secondary an induced e.m.f. E_2 which is known as *mutually* induced e.m.f. This e.m.f. is antiphase with V_1 and its magnitude is proportional to the rate of change of flux and the number of secondary turns.

The instantaneous values of applied voltage, induced e.m.fs, flux and magnetising current are shown by sinusoidal waves in Fig. 32.13 (*b*). Fig. 32.13 (*c*) shows the vectorial representation of the effective values of the above quantities.

32.6. E.M.F. Equation of a Transformer

Let N_1 = No. of turns in primary

N_2 = No. of turns in secondary

Φ_m = Maximum flux in core in webers

$= B_m \times A$

f = Frequency of a.c. input in Hz

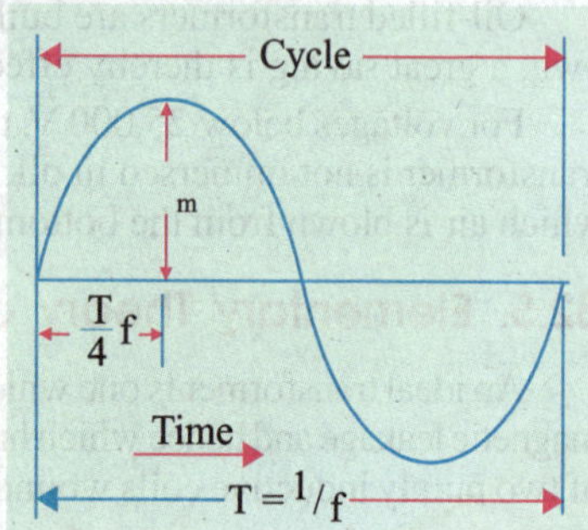

Fig. 32.14

As shown in Fig. 32.14, flux increases from its zero value to maximum value Φ_m in one quarter of the cycle *i.e.* in 1/4f second.

$$\therefore \quad \text{Average rate of change of flux} = \frac{\Phi_m}{1/4f}$$

$$= 4f\Phi_m \text{ Wb/s or volt}$$

Now, rate of change of flux per turn means induced e.m.f. in volts.

$$\therefore \quad \text{Average e.m.f./turn} = 4f\Phi_m \text{ volt}$$

If flux Φ varies *sinusoidally*, then r.m.s. value of induced e.m.f. is obtained by multiplying the average value with form factor.

$$\text{Form factor} = \frac{\text{r.m.s. value}}{\text{average value}} = 1.11$$

$$\therefore \quad \text{r.m.s. value of e.m.f./turn} = 1.11 \times 4f\Phi_m = 4.44 f\Phi_m \text{ volt}$$

Now, r.m.s. value of the induced e.m.f. in the whole of primary winding

$$= (\text{induced e.m.f/turn}) \times \text{No. of primary turns}$$

$$E_1 = 4.44 f N_1 \Phi_m = 4.44 f N_1 B_m A \quad \text{...(i)}$$

Similarly, r.m.s. value of the e.m.f. induced in secondary is,

$$E_2 = 4.44\, f N_2\, \Phi_m = 4.44\, f N_2\, B_m A \qquad \text{...}(ii)$$

It is seen from (*i*) and (*ii*) that $E_1/N_1 = E_2/N_2 = 4.44 f\Phi_m$. It means that e.m.f./turn is the *same* in both the primary and secondary windings.

In an ideal transformer on no-load, $V_1 = E_1$ and $E_2 = V_2$ where V_2 is the terminal voltage (Fig. 32.15).

32.7 Voltage Transformation Ratio (K)

From equations (*i*) and (*ii*), we get

$$\frac{E_2}{E_1} = \frac{N_2}{N_1} = K$$

This constant K is known as voltage transformation ratio.

(*i*) If $N_2 > N_1$ *i.e.* $K > 1$, then transformer is called **step-up** transformer.

(*ii*) If $N_2 < N_1$ *i.e.* $K < 1$, then transformer is known as **step-down** transformer.

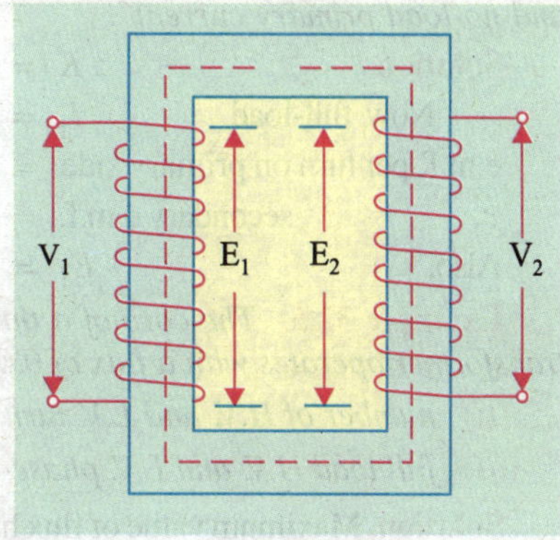

Fig. 32.15

Again, for an *ideal* transformer, input *VA* = output *VA*.

$$V_1 I_1 = V_2 I_2 \text{ or } \frac{I_2}{I_1} = \frac{V_1}{V_2} = \frac{1}{K}$$

Hence, currents are in the inverse ratio of the (voltage) transformation ratio.

Example 32.1. *The maximum flux density in the core of a 250/3000-volts, 50-Hz single-phase transformer is 1.2 Wb/m². If the e.m.f. per turn is 8 volt, determine*

(*i*) *primary and secondary turns* (*ii*) *area of the core.*

(Electrical Engg.-I, Nagpur Univ. 1991)

Solution. (*i*) $E_1 = N_1 \times \text{e.m.f. induced/turn}$

$N_1 = 250/8 = \mathbf{32}$; $N_2 = 3000/8 = \mathbf{375}$

(*ii*) We may use $E_2 = -\,4.44\, f N_2\, B_m A$

$\therefore \quad 3000 = 4.44 \times 50 \times 375 \times 1.2 \times A$; $\mathbf{A = 0.03 m^2}$.

Example 32.2. *The core of a 100-kVA, 11000/550 V, 50-Hz, 1-ph, core type transformer has a cross-section of 20 cm × 20 cm. Find* (*i*) *the number of H.V. and L.V. turns per phase and* (*ii*) *the e.m.f. per turn if the maximum core density is not to exceed 1.3 Tesla. Assume a stacking factor of 0.9.*

What will happen if its primary voltage is increased by 10% on no-load ?

(Elect. Machines, A.M.I.E. Sec. B, 1991)

Solution. (*i*) $B_m = 1.3\,T,\ A = (0.2 \times 0.2) \times 0.9 = 0.036 \text{ m}^2$

$\therefore \quad 11{,}000 = 4.44 \times 50 \times N_1 \times 1.3 \times 0.036,\ N_1 = 1060$

$550 = 4.44 \times 50 \times N_2 \times 1.3 \times 0.036;\ N_2 = 53$

or, $N_2 = KN_1 = (550/11{,}000) \times 1060 = 53$

(*ii*) e.m.f./turn $= 11{,}000/1060 = 10.4$ V or $550/53 = 10.4$ V

Keeping supply frequency constant, if primary voltage is increased by 10%, magnetising current will increase by much more than 10%. However, due to saturation, flux density will increase only marginally and so will the eddy current and hysteresis losses.

Example 32.3. *A single-phase transformer has 400 primary and 1000 secondary turns. The net cross-sectional area of the core is 60 cm². If the primary winding be connected to a 50-Hz supply at 520 V, calculate* (*i*) *the peak value of flux density in the core* (*ii*) *the voltage induced in the secondary winding.* **(Elect. Engg-I, Pune Univ. 1989)**

Solution. $K = N_2/N_1 = 1000/400 = 2.5$

(i) $E_2/E_1 = K \quad \therefore \quad E_2 = KE_1 = 2.5 \times 520 =$ **1300 V**

(ii) $E_1 = 4.44\, f N_1\, B_m A$

or $520 = 4.44 \times 50 \times 400 \times B_m \times (60 \times 10^{-4}) \;\therefore\; B_m =$ **0.976 Wb/m²**

Example 32.4. *A 25-kVA transformer has 500 turns on the primary and 50 turns on the secondary winding. The primary is connected to 3000-V, 50-Hz supply. Find the full-load primary and secondary currents, the secondary e.m.f. and the maximum flux in the core. Neglect leakage drops and no-load primary current.* **(Elect. & Electronic Engg., Madras Univ. 1985)**

Solution. $K = N_2/N_1 = 50/500 = 1/10$

Now, full-load $I_1 = 25{,}000/3000 =$ **8.33 A.** F.L. $I_2 = I_1/K = 10 \times 8.33 =$ **83.3 A**

e.m.f. per turn on primary side = 3000/500 = 6 V

$\therefore$ secondary e.m.f. = $6 \times 50 =$ **300 V** (or $E_2 = KE_1 = 3000 \times 1/10 = 300$ *V*)

Also, $E_1 = 4.44\, f N_1 \Phi_m$; $3000 = 4.44 \times 50 \times 500 \times \Phi_m \;\therefore\; \Phi_m =$ **27 mWb**

Example 32.5. *The core of a three phase, 50 Hz, 11000/550 V delta/star, 300 kVA, core-type transformer operates with a flux of 0.05 Wb. Find*

(i) number of H.V. and L.V. turns per phase. (ii) e.m.f. per turn

(iii) full load H.V. and L.V. phase-currents. **(Bharathithasan Univ. April 1997)**

Solution. Maximum value of flux has been given as 0.05 Wb.

(ii) e.m.f. per turn $= 4.44\, f\, \phi_m$

$= 4.44 \times 50 \times 0.05 = 11.1$ volts

(i) Calculations for number of turns on two sides :

Voltage per phase on delta-connected primary winding = 11000 volts

Voltage per phase on star-connected secondary winding = 550/1.732 = 317.5 volts

T_1 = number of turns on primary, per phase

= voltage per phase/e.m.f. per turn

= 11000/11.1 = 991

T_2 = number of turns on secondary, per phase

= voltage per phase/e.m.f. per turn

= 317.5/11.1 = 28.6

Note : *(i)* Generally, Low-voltage-turns are calculated first, the figure is rounded off to next higher even integer. In this case, it will be 30. Then, number of turns on primary side is calculated by turns-ratio.

In this case, $T_1 = T_2(V_1/V_2) = 30 \times 11000/317.5 = 1040$

This, however, reduces the flux and results into less saturation. This, in fact, is an elementary aspect in Design-calculations for transformers. (Explanation is added here only to overcome a doubt whether a fraction is acceptable as a number of L.V. turns).

(ii) Full load H.V. and L.V. phase currents :

Output per phase = (300/3) = 100 kVA

$$\text{H.V. phase-current} = \frac{100 \times 1000}{11{,}000} = 9.1 \text{ Amp}$$

L.V. phase-current = (100 × 1000/317.5) = 315 Amp

Example 32.6. *A single phase transformer has 500 turns in the primary and 1200 turns in the secondary. The cross-sectional area of the core is 80 sq. cm. If the primary winding is connected to a 50 Hz supply at 500 V, calculate (i) Peak flux-density, and (ii) Voltage induced in the secondary.* **(Bharathiar University November 1997)**

Solution. From the e.m.f. equation for transformer,

$$500 = 4.44 \times 50 \times \phi_m \times 500$$

$$\phi_m = 1/222 \text{ Wb}$$

(*i*) Peak flux density, $B_m = \phi_m / (80 \times 10^{-4}) = 0.563 \text{ wb/m}^2$

(*ii*) Voltage induced in secondary is obtained from transformation ratio or turns ratio

$$\frac{V_2}{V_1} = \frac{N_2}{N_1}$$

or $$V_2 = 500 \times 1200/500 = 1200 \text{ volts}$$

Example 32.7. *A 25 kVA, single-phase transformer has 250 turns on the primary and 40 turns on the secondary winding. The primary is connected to 1500-volt, 50 Hz mains. Calculate (i) Primary and Secondary currents on full-load, (ii) Secondary e.m.f., (iii) maximum flux in the core.* **(Bharathiar Univ. April 1998)**

Solution. (*i*) If V_2 = Secondary voltage rating, = secondary e.m.f.,

$$\frac{V_2}{1500} = \frac{40}{250}, \text{ giving } V_2 = 240 \text{ volts}$$

(*ii*) Primary current $= 25000/1500 = 16.67$ amp

Secondary current $= 25000/240 = 104.2$ amp

(*iii*) If ϕ_m is the maximum core-flux in *Wb*,

$$1500 = 4.44 \times 50 \times \phi_m \times 250, \text{ giving } \phi_m = 0.027 \text{ Wb or } 27 \text{ mWb}$$

Example 32.8. *A single-phase, 50 Hz, core-type transformer has square cores of 20 cm side. Permissible maximum flux-density is 1 Wb/m^2. Calculate the number of turns per Limb on the High and Low-voltage sides for a 3000/220 V ratio.* **(Manonmaniam Sundaranar Univ. April 1998)**

Solution. E.M.F. equation gives the number of turns required on the two sides. We shall first calculate the L.V.-turns, round the figure off to the next higher even number, so that given maximum flux density is not exceeded. With the corrected number of L.V. turns, calculate H.V.-turns by transformation ratio. Further, there are two Limbs. Each Limb accommodates half-L.V. and half H.V. winding from the view-point of reducing leakage reactance.

Starting with calculation for L.V. turns, T_2,

$$4.44 \times 50 \times [(20 \times 20 \times 10^{-4}) \times 1] \times T_2 = 220$$

$$T_2 = 220/8.88 = 24.77$$

Select $T_2 = 26$

$$T_1/T_2 = V_1/V_2$$

$$T_1 = 26 \times 3000/220 = 354, \text{ selecting the nearest even integer.}$$

Number of H.V. turns on each Limb = 177

Number of L.V. turns on each Limb = 13

32.8. Transformer with Losses but no Magnetic Leakage

We will consider two cases (*i*) when such a transformer is on no load and (*ii*) when it is loaded.

32.9. Transformer on No-load

In the above discussion, we assumed an ideal transformer *i.e.* one in which there were no core losses and copper losses. But practical conditions require that certain modifications be made in the foregoing theory. When an *actual* transformer is put on load, there is iron loss in the core and copper loss in the windings (both primary and secondary) and these losses are not entirely negligible.

Even when the transformer is on no-load, the primary input current is not wholly reactive. The primary input current under no-load conditions has to supply *(i)* iron losses in the core *i.e.* hysteresis loss and eddy current loss and *(ii)* a very small amount of copper loss in primary (there being no Cu loss in secondary as it is open). Hence, the no-load primary input current I_0 is not at 90° behind V_1 but lags it by an angle $\phi_0 <$ 90°. No-load input power

$$W_0 = V_1 I_0 \cos \phi_0$$

where $\cos \phi_0$ is primary power factor under no-load conditions. No-load condition of an actual transformer is shown vectorially in Fig. 32.16.

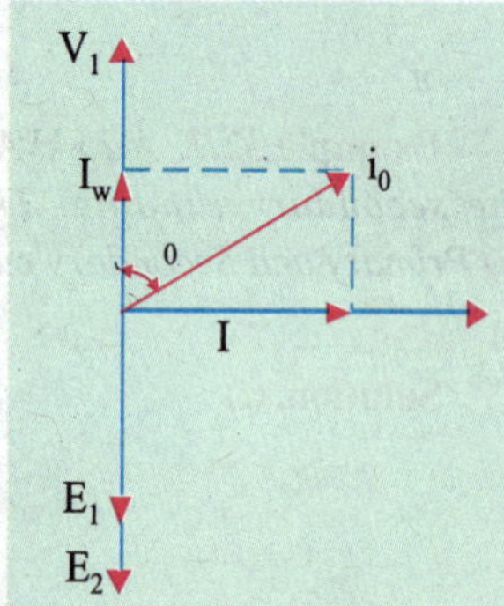

Fig. 32.16

As seen from Fig. 32.16, primary current I_0 has two components :

(i) One in phase with V_1. This is known as ***active*** or ***working*** or ***iron*** loss component I_w because it mainly supplies the iron loss plus small quantity of primary Cu loss.

$$I_w = I_0 \cos \phi_0$$

(ii) The other component is in quadrature with V_1 and is known as ***magnetising*** component I_μ because its function is to sustain the alternating flux in the core. It is wattless.

$$I_\mu = I_0 \sin \phi_0$$

Obviously, I_0 is the vector sum of I_w and I_μ, hence $I_0 = (I_\mu^2 + I_\omega^2)$.

The following points should be noted carefully :

1. The no-load primary current I_0 is very small as compared to the full-load primary current. It is about 1 per cent of the full-load current.

2. Owing to the fact that the permeability of the core varies with the instantaneous value of the exciting current, the wave of the exciting or magnetising current is not truly sinusoidal. As such it should not be represented by a vector because only sinusoidally varying quantities are represented by rotating vectors. But, in practice, it makes no appreciable difference.

3. As I_0 is very small, the no-load primary Cu loss is negligibly small which means ***that no-load primary input is practically equal to the iron loss in the transformer***.

4. As it is principally the core-loss which is responsible for shift in the current vector, angle ϕ_0 is known as ***hysteresis angle of advance***.

Example 32.9. *(a) A 2,200/200-V transformer draws a no-load primary current of 0.6 A and absorbs 400 watts. Find the magnetising and iron loss currents.*

(b) A 2,200/250-V transformer takes 0.5 A at a p.f. of 0.3 on open circuit. Find magnetising and working components of no-load primary current.

Solution. *(a)* Iron-loss current

$$= \frac{\text{no-load input in watts}}{\text{primary voltage}} = \frac{400}{2,200} = \mathbf{0.182\ A}$$

Now $$I_0^2 = I_w^2 + I_\mu^2$$

Magnetising component $$I_\mu = \sqrt{(0.6^2 - 0.182)^2} = \mathbf{0.572\ A}$$

The two components are shown in Fig. 29.15.

(*b*) $I_0 = 0.5\text{ A}, \cos\phi_0 = 0.3 \therefore I_w = I_0\cos\phi_0 = 0.5\times 0.3 = 0.15\text{ A}$

$$I_\mu = \sqrt{0.5^2 - 0.15^2} = 0.476\text{ A}$$

Example 32.10. *A single-phase transformer has 500 turns on the primary and 40 turns on the secondary winding. The mean length of the magnetic path in the iron core is 150 cm and the joints are equivalent to an air-gap of 0.1 mm. When a p.d. of 3,000 V is applied to the primary, maximum flux density is 1.2 Wb/m². Calculate (a) the cross-sectional area of the core (b) no-load secondary voltage (c) the no-load current drawn by the primary (d) power factor on no-load. Given that AT/cm for a flux density of 1.2 Wb/m² in iron to be 5, the corresponding iron loss to be 2 watt/kg at 50 Hz and the density of iron as 7.8 gram/cm³.*

Solution. (*a*) $3{,}000 = 4.44\times 50\times 500\times 1.2\times A \therefore A = 0.0225\text{ m}^2 = \mathbf{225\text{ cm}^2}$

This is the net cross-sectional area. However, the gross area would be about 10% more to allow for the insulation between laminations.

(*b*) $K = N_2/N_1 = 40/500 = 4/50$

$\therefore$ N.L. secondary voltage $= KE_1 = (4/50)\times 3000 = \mathbf{240\text{ V}}$

(*c*) AT per cm $= 5 \therefore AT$ for iron core $= 150\times 5 = \mathbf{750}$

$$AT \text{ for air-gap} = Hl = \frac{B}{\mu_0}\times l = \frac{1.2}{4\pi\times 10^{-7}}\times 0.0001 = 95.5$$

Total AT for given $B_{max} = 750 + 95.5 = 845.5$

Max. value of magnetising current drawn by primary $= 845.5/500 = 1.691$ A

Assuming this current to be sinusoidal, its r.m.s. value is $I_\mu = 1.691/\sqrt{2} = 1.196$ A

Volume of iron $=$ length $\times$ area $= 150\times 225 = 33{,}750\text{ cm}^3$

Density $= 7.8\text{ gram/cm}^3$ $\therefore$ Mass of iron $= 33{,}750\times 7.8/1000 = 263.25$ kg

Total iron loss $= 263.25\times 2 = 526.5$ W

Iron loss component of no-load primary current I_0 is $I_w = 526.5/3000 = 0.176$ A

$$I_0 = \sqrt{I_u^2 + I_w^2} = \sqrt{1.196^2 + 0.176^2} = \mathbf{0.208\text{ A}}$$

(*d*) Power factor, $\cos\phi_0 = I_w/I_0 = 0.176/1.208 = \mathbf{0.1457}$

Example 32.11. *A single-phase transformer has 1000 turns on the primary and 200 turns on the secondary. The no load current is 3 amp. at a p.f. of 0.2 lagging. Calculate the primary current and power-factor when the secondary current is 280 Amp at a p.f. of 0.80 lagging.*

(Nagpur University, November 1997)

Solution. V_2 is taken as reference. $\cos^{-1} 0.80 = 36.87°$

$$I_2 = 280\angle -36.87° \text{ amp}$$

$$I'_2 = (280/5)\angle -36.87° \text{ amp}$$

$$\phi = \cos^{-1} 0.20 = 78.5°, \sin\phi = 0.98$$

$$I_1 = I_0 + I'_2 = 3(0.20 - j0.98) + 56(0.80 - j0.60)$$

$$= 0.6 - j2.94 + 44.8 - j33.6$$

$$= 45.4 - j2.94 + 44.8 - j33.6$$

$$= 45.4 - j36.54 = 58.3\angle 38.86°$$

Thus I lags behind the supply voltage by an angle of 38.86°.

Tutorial Problems 32.1

1. The number of turns on the primary and secondary windings of a 1–ϕ transformer are 350 and 35 respectively. If the primary is connected to a 2.2 kV, 50-Hz supply, determine the secondary voltage on no-load. **[220 V]** ***(Elect. Engg.-II, Kerala Univ. 1980)***

2. A 3000/200-V, 50-Hz, 1-phase transformer is built on a core having an effective cross-sectional area of 150 cm^2 and has 80 turns in the low-voltage winding. Calculate

(*a*) the value of the maximum flux density in the core

(*b*) the number of turns in the high-voltage winding. **[(*a*) 0.75 Wb/m^2 (*b*) 1200]**

3. A 3,300/230-V, 50-Hz, 1-phase transformer is to be worked at a maximum flux density of 1.2 Wb/m^2 in the core. The effective cross-sectional area of the transformer core is 150 cm^2. Calculate suitable values of primary and secondary turns. **[830; 58]**

4. A 40-kVA, 3,300/240-V, 50 Hz, 1-phase transformer has 660 turns on the primary. Determine

(*a*) the number of turns on the secondary

(*b*) the maximum value of flux in the core

(*c*) the approximate value of primary and secondary full-load currents.

Internal drops in the windings are to be ignored. **[(*a*) 48 (*b*) 22.5 mWb (*c*) 12.1 A; 166.7 A]**

5. A double-wound, 1-phase transformer is required to step down from 1900 V to 240 V, 50-Hz. It is to have 1.5 V per turn. Calculate the required number of turns on the primary and secondary windings respectively.

The peak value of flux density is required to be not more than 1.2 Wb/m^2. Calculate the required cross-sectional area of the steel core. If the output is 10 kVA, calculate the secondary current.

[1,267; 160; 56.4 cm^2; 41.75 A]

6. The no-load voltage ratio in a 1-phase, 50-Hz, core-type transformer is 1,200/440. Find the number of turns in each winding if the maximum flux is to be 0.075 Wb. **[24 and 74 turns]**

7. A 1-phase transformer has 500 primary and 1200 secondary turns. The net cross-sectional area of the core is 75 cm^2. If the primary winding be connected to a 400-V, 50 Hz supply, calculate.

(*i*) the peak value of flux density in the core and (*ii*) voltage induced in the secondary winding.

[0.48 Wb/m^2; 60 V]

8. A 10-kVA, 1-phase transformer has a turn ratio of 300/23. The primary is connected to a 1500-V, 60 Hz supply. Find the secondary volts on open-circuit and the approximate values of the currents in the two windings on full-load. Find also the maximum value of the flux. **[115 V; 6.67 A; 87 A; 11.75 mWb]**

9. A 100-kVA, 3300/400-V, 50 Hz, 1 phase transformer has 110 turns on the secondary. Calculate the approximate values of the primary and secondary full-load currents, the maximum value of flux in the core and the number of primary turns.

How does the core flux vary with load ? **[30.3 A; 250 A; 16.4 mWb; 907]**

10. The no-load current of a transformer is 5.0 A at 0.3 power factor when supplied at 230-V, 50-Hz. The number of turns on the primary winding is 200. Calculate (*i*) the maximum value of flux in the core (*ii*) the core loss (*iii*) the magnetising current. **[5.18 mWb; 345 W; 4.77 A]**

11. The no-load current of a transformer is 15 at a power factor of 0.2 when connected to a 460-V, 50-Hz supply. If the primary winding has 550 turns, calculate

(*a*) the magnetising component of no-load current

(*b*) the iron loss

(*c*) the maximum value of the flux in the core. **[(*a*) 14.7 A (*b*) 1,380 W (*c*) 3.77 mWb]**

12. The no-load current of a transformer is 4.0 A at 0.25 p.f. when supplied at 250-V, 50 Hz. The number of turns on the primary winding is 200. Calculate

(*i*) the r.m.s. value of the flux in the core (assume sinusoidal flux)

(*ii*) the core loss

(*iii*) the magnetising current. **[(*i*) 3.96 mWb (*ii*) 250 W (*iii*) 3.87 A]**

13. The following data apply to a single- phase transformer:
output : 100 kVA, secondary voltage; 400 V; Primary turns: 200; secondary turns: 40; Neglecting the losses, calculate: (*i*) the primary applied voltage (*ii*) the normal primary and secondary currents (*iii*) the secondary current, when the load is 25 kW at 0.8 power factor.
(Rajiv Gandhi Technical University, Bhopal 2000) **[(*i*) 2000 V, (*ii*) 50 amp, (*iii*) 78.125 amp]**

32.10. Transformer on Load

When the secondary is loaded, the secondary current I_2 is set up. The magnitude and phase of I_2 with respect to V_2 is determined by the characteristics of the load. Current I_2 is in phase with V_2 if load is non-inductive, it lags if load is inductive and it leads if load is capacitive.

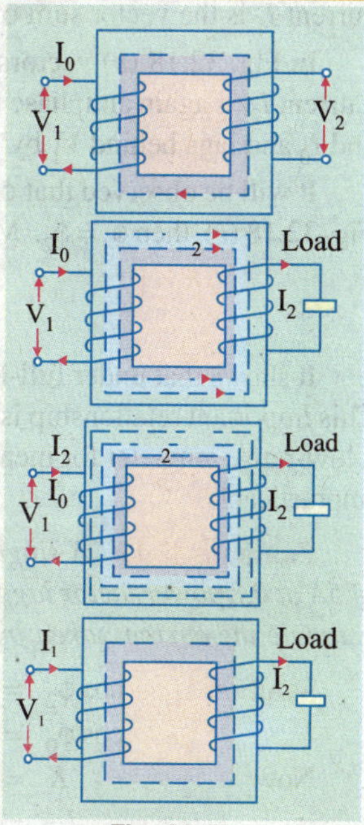

Fig. 32.17

The secondary current sets up its own m.m.f. ($=N_2I_2$) and hence its own flux Φ_2 which is in opposition to the main primary flux Φ which is due to I_0. The secondary ampere-turns $N_2\,I_2$ are known as ***demagnetising*** amp-turns. The opposing secondary flux Φ_2 weakens the primary flux Φ momentarily, hence primary back e.m.f. E_1 tends to be reduced. For a moment V_1 gains the upper hand over E_1 and hence causes more current to flow in primary.

Let the additional primary current be I_2'. It is known as ***load component of primary current***. This current is antiphase with I_2'. The additional primary m.m.f. $N_1\,I_2$ sets up its own flux Φ_2' which is in opposition to Φ_2 (but is in the same direction as Φ) and is equal to it in magnitude. Hence, the two cancel each other out. So, we find that the magnetic effects of secondary current I_2 are immediately neutralized by the additional primary current I_2' which is brought into existence exactly at the same instant as I_2. The whole process is illustrated in Fig. 32.17.

Hence, whatever the load conditions, ***the net flux passing through the core is approximately the same as at no-load***. An important deduction is that due to the constancy of core flux at all loads, ***the core loss is also practically the same under all load conditions***.

As $\quad \Phi_2 = \Phi_2' \quad \therefore \quad N_2I_2 = N_1I_2' \quad \therefore \quad I_2' = \dfrac{N_2}{N_1} \times I_2 = KI_2$

Hence, when transformer is on load, the primary winding has two currents in it; one is I_0 and the other is I_2' which is anti-phase with I_2 and K times in magnitude. ***The total primary current is the vector sum of I_0 and I_2'***

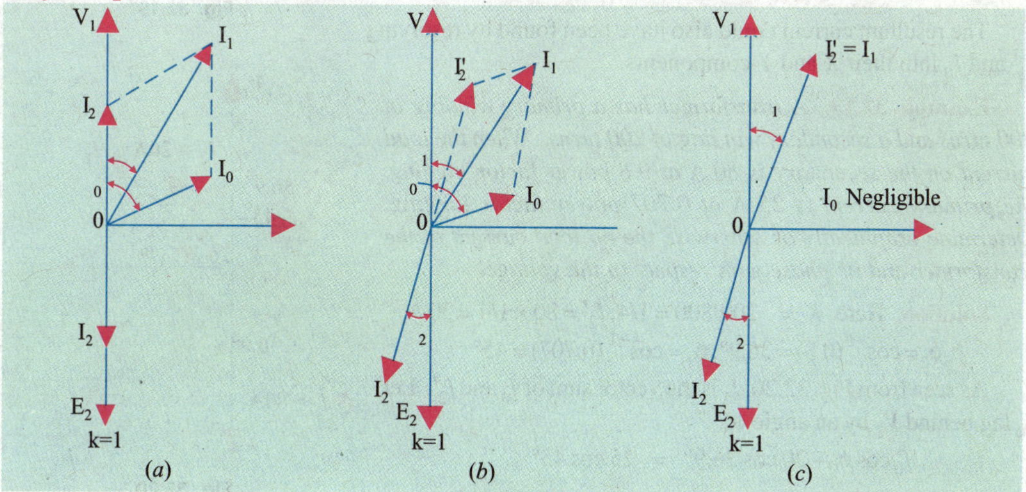

Fig. 32.18

In Fig. 32.18 are shown the vector diagrams for a load transformer when load is non-inductive and when it is inductive (a similar diagram could be drawn for capacitive load). Voltage transformation ratio of unity is assumed so that primary vectors are equal to the secondary vectors. With reference to Fig. 32.18 (*a*), I_2 is secondary current in phase with E_2 (strictly speaking it should be V_2). It causes primary current I_2' which is anti-phase with it and equal to it in magnitude ($K = 1$). Total primary current I_1 is the vector sum of I_0 and I_2' and lags behind V_1 by an angle ϕ_1.

In Fig. 32.18 (*b*) vectors are drawn for an inductive load. Here I_2 lags E_2 (actually V_2) by ϕ_2. Current I_2' is again antiphase with I_2 and equal to it in magnitude. As before, I_1 is the vector sum of I_2' and I_0 and lags behind V_1 by ϕ_1.

It will be observed that ϕ_1 is slightly greater than ϕ_2. But if we neglect I_0 as compared to I_2' as in Fig. 32.18 (*c*), then $\phi_1 = \phi_2$. Moreover, under this assumption

$$N_1 I_2' = N_2 I_1 = N_1 I_2 \quad \therefore \quad \frac{I_2'}{I_2} = \frac{I_1}{I_2} = \frac{N_2}{N_1} = K$$

It shows that under full-load conditions, the ratio of primary and secondary currents is constant. This important relationship is made the basis of current transformer–a transformer which is used with a low-range ammeter for measuring currents in circuits where the direct connection of the ammeter is impracticable.

Example 32.12. *A single-phase transformer with a ratio of 440/110-V takes a no-load current of 5A at 0.2 power factor lagging. If the secondary supplies a current of 120 A at a p.f. of 0.8 lagging, estimate the current taken by the primary.* **(Elect. Engg. Punjab Univ. 1991)**

Solution.

$$\cos\phi_2 = 0.8, \phi_2 = \cos^{-1}(0.8) = 36°54'$$

$$\cos\phi_0 = 0.2 \quad \therefore \quad \phi_0 = \cos^{-1}(0.2) = 78°\,30'$$

Now $K = V_2/V_1 = 110/440 = 1/4$

$\therefore$ $I_2' = KI_2 = 120 \times 1/4 = 30$ A

$I_0 = 5$ A.

Angle between I_0 and I_2'

$$= 78°\,30' - 36°\,54' = 41°\,36'$$

Using parallelogram law of vectors (Fig. 32.19) we get

$$I_1 = \sqrt{(5^2 + 30^2 + 2 \times 5 \times 30 \times \cos 41°\,36')}$$

$$= \mathbf{34.45\ A}$$

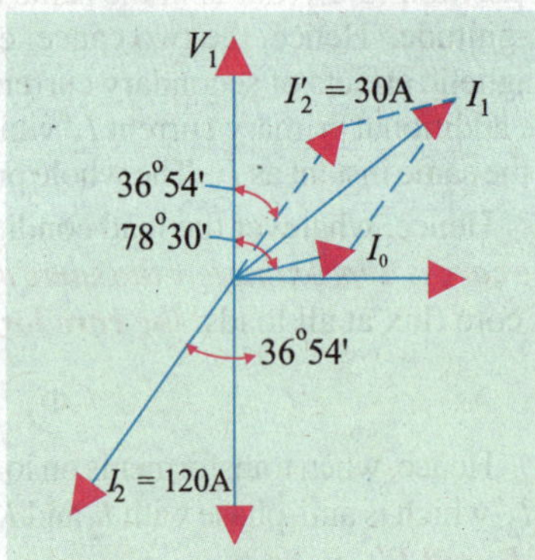

Fig. 32.19

The resultant current could also have been found by resolving I_2' and I_0 into their X and Y-components.

Example 32.13. *A transformer has a primary winding of 800 turns and a secondary winding of 200 turns. When the load current on the secondary is 80 A at 0.8 power factor lagging, the primary current is 25 A at 0.707 power factor lagging. Determine graphically or otherwise the no-load current of the transformer and its phase with respect to the voltage.*

Solution. Here $K = 200/800 = 1/4; I_2' = 80 \times 1/4 = 20$ A

$$\phi_2 = \cos^{-1}(0.8) = 36.9°; \phi_1 = \cos^{-1}(0.707) = 45°$$

As seen from Fig. 32.20, I_1 is the vector sum of I_0 and I_2'. Let I_0 lag behind V_1 by an angle ϕ_0.

$$I_0 \cos\phi_0 + 20\cos 36.9° = 25\cos 45°$$

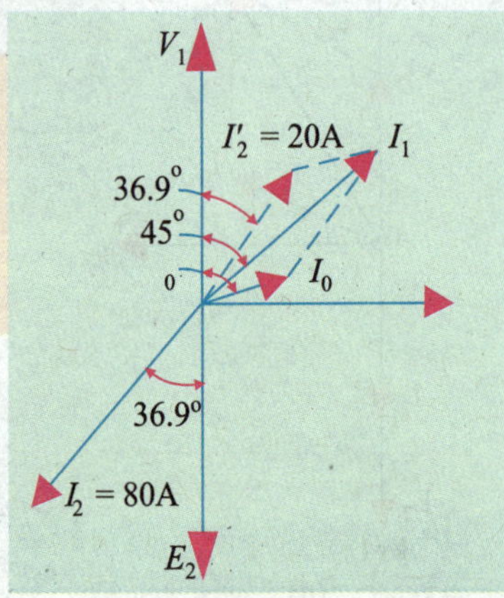

Fig. 32.20

$$\therefore \quad I_0 \cos \phi_2 = 25 \times 0.707 - 20 \times 0.8$$
$$= 1.675 \text{ A}$$
$$I_0 \sin \phi_0 + 20 \sin 36.9° = 25 \sin 45°$$
$$\therefore \quad I_0 \sin \phi_0 = 25 \times 0.707 - 20 \times 0.6$$
$$= 5.675 \text{ A}$$
$$\therefore \quad \tan \phi_0 = 5.675/1.675 = 3.388$$
$$\therefore \quad \phi_0 = 73.3°$$
$$\text{Now,} \quad I_0 \sin \phi_0 = 5.675$$
$$\therefore \quad I_0 = 5.675/\sin 73.3° = 5.93 \text{ A}$$

Example 32.14. *A single phase transformer takes 10 A on no load at p.f. of 0.2 lagging. The turns ratio is 4 : 1 (step down). If the load on the secondary is 200 A at a p.f. of 0.85 lagging. Find the primary current and power factor.*

Neglect the voltage-drop in the winding. **(Nagpur University November 1999)**

Solution. Secondary load of 200 A, 0.85 lag is reflected as 50 A, 0.85 lag in terms of the primary equivalent current.

$$I_0 = 10\angle -\phi_0, \text{ where } \phi_0 = \cos^{-1} 0.20 = 78.5° \text{ lagging}$$
$$= 2 - j9.8 \text{ amp}$$
$$I_2' = 50\angle -\phi_L \text{ where } \phi_L = \cos^{-1} 0.85 = 31.8°, \text{ lagging}$$
$$I_2' = 42.5 - j26.35$$

Hence primary current I_1

$$= I_0 + I_2'$$
$$= 2 - j9.8 + 42.5 - j26.35$$
$$= 44.5 - j36.15$$
$$|I_1| = 57.333 \text{ amp}, \phi = 0.776 \text{ Lag.}$$
$$\phi = \cos^{-1} \frac{44.5}{57.333} = 39.10° \text{ lagging}$$

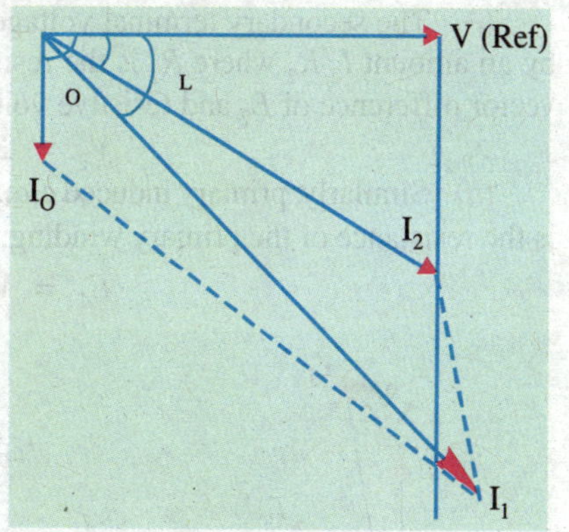

Fig. 32.21

The phasor diagram is shown in Fig. 32.21.

Tutorial Problems 32.2

1. The primary of a certain transformer takes 1 A at a power factor of 0.4 when it is connected across a 200-V, 50-Hz supply and the secondary is on open circuit. The number of turns on the primary is twice that on the secondary. A load taking 50 A at a lagging power factor of 0.8 is now connected across the secondary. What is now the value of primary current ? **[25.9 A]**
2. The number of turns on the primary and secondary windings of a single-phase transformer are 350 and 38 respectively. If the primary winding is connected to a 2.2 kV, 50-Hz supply, determine
   (*a*) the secondary voltage on no-load,
   (*b*) the primary current when the secondary current is 200 A at 0.8 p.f. lagging, if the no-load current is 5 A at 0.2 p.f. lagging,
   (*c*) the power factor of the primary current. **[239 V; 25-65 A; 0.715 lag]**
3. A 400/200-V, 1-phase transformer is supplying a load of 25 A at a p.f. of 0.866 lagging. On no-load the current and power factor are 2 A and 0.208 respectively. Calculate the current taken from the supply. **[13.9 A lagging V1 by 36.1°]**
4. A transformer takes 10 A on no-load at a power factor of 0.1. The turn ratio is 4 : 1 (step down). If

a load is supplied by the secondary at 200 A and p.f. of 0.8, find the primary current and power factor (internal voltage drops in transformer are to be ignored). **[57.2 A; 0.717 lagging]**

5. A 1-phase transformer is supplied at 1,600 V on the h.v. side and has a turn ratio of 8 : 1. The transformer supplies a load of 20 kW at a power factor of 0.8 lag and takes a magnetising current of 2.0 A at a power factor of 0.2. Calculate the magnitude and phase of the current taken from the h.v. supply. **[17.15 A ; 0.753 lag]** *(Elect. Engg. Calcutta Univ. 1980)*
6. A 2,200/200-V, transformer takes 1 A at the H.T. side on no-load at a p.f. of 0.385 lagging. Calculate the iron losses.

   If a load of 50 A at a power of 0.8 lagging is taken from the secondary of the transformer, calculate the actual primary current and its power factor. **[847 W; 5.44 A; 0.74 lag]**
7. A 400/200-V, I-phase transformer is supplying a load of 50 A at a power factor of 0.866 lagging. The no-load current is 2 A at 0.208 p.f. lagging. Calculate the primary current and primary power factor. **[26.4 A; 0.838 lag]** *(Elect. Machines-I, Indore Univ. 1980)*

32.11. Transformer with Winding Resistance but No Magnetic Leakage

An ideal transformer was supposed to possess no resistance, but in an actual transformer, there is always present some resistance of the primary and secondary windings. Due to this resistance, there is some voltage drop in the two windings. The result is that :

(*i*) The secondary terminal voltage V_2 is vectorially less than the secondary induced e.m.f. E_2 by an amount $I_2 R_2$ where R_2 is the resistance of the secondary winding. Hence, V_2 is equal to the vector difference of E_2 and resistive voltage drop $I_2 R_2$.

$$\therefore \quad V_2 = E_2 - I_2 R_2 \quad \text{...vector difference}$$

(*ii*) Similarly, primary induced e.m.f. E_1 is equal to the vector difference of V_1 and $I_1 R_1$ where R_1 is the resistance of the primary winding.

$$E_1 = V_1 - I_1 R_1 \quad \text{...vector difference}$$

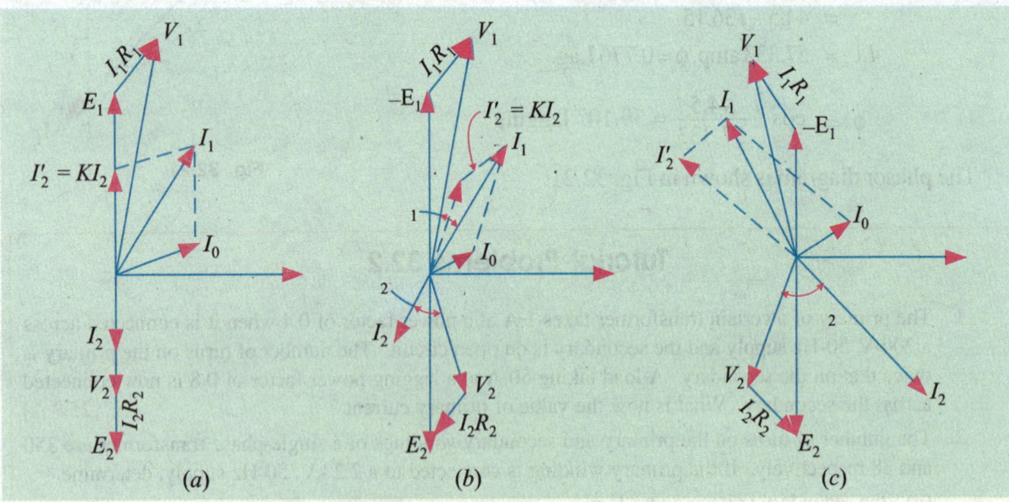

Fig. 32.22

The vector diagrams for non-inductive, inductive and capacitive loads are shown in Fig. 32.22 (*a*), (*b*) and (*c*) respectively.

32.12. Equivalent Resistance

In Fig. 32.23 a transformer is shown whose primary and secondary windings have resistances of R_1 and R_2 respectively. The resistances have been shown external to the windings.

It would now be shown that the resistances of the two windings can be transferred to any one of the two windings. The advantage of concentrating both the resistances in one winding is that it makes calculations very simple and easy because one has then to work in one winding only. It will be proved that a resistance of R_2 in secondary is equivalent to R_2/K^2 in primary. The value R_2/K^2 will be denoted by R_2'– ***the equivalent secondary resistance as referred to primary***.

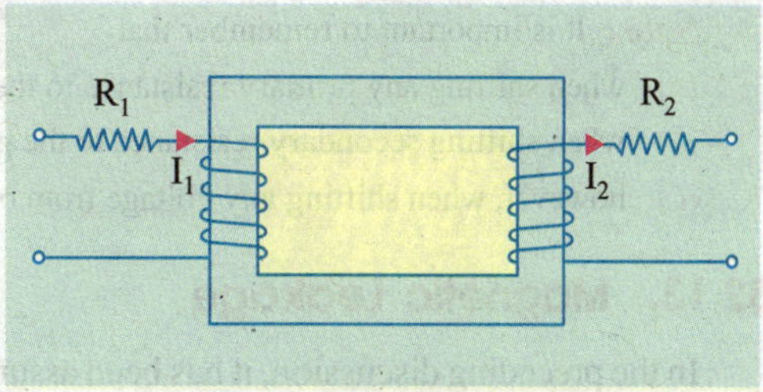

Fig. 32.23

The copper loss in secondary is $I_2^2 R_2$. This loss is supplied by primary which takes a current of I_1. Hence if R_2' is the ***equivalent resistance in primary which would have caused the same loss*** as R_2 in secondary, then

$$I_1^2 R_2' = I_2^2 R_2 \text{ or } R_2' = (I_2/I_1)^2 R_2$$

Now, if ***we neglect no-load current*** I_0, then $I_2/I_1 = I/K$*. Hence, $R_2' = R_2/K^2$

Similarly, equivalent primary resistance as referred to secondary is $R_1' = K^2 R_1$

In Fig. 32.24, secondary resistance has been transferred to primary side leaving secondary circuit resistanceless. The resistance $R_1 + R_2' = R_1 + R_2/K^2$ is known as the ***equivalent*** or ***effective resistance of the transformer as referred to primary*** and may be designated as R_{01}.

$$\therefore \quad R_{01} = R_1 + R_2' = R_1 + R_2/K^2$$

Similarly, the ***equivalent resistance of the transformer as referred to secondary is***

$$R_{02} = R_2 + R_1' = R_2 + K^2 R_1.$$

This fact is shown in Fig. 32.25 where all the resistances of the transformer has been concentrated in the secondary winding.

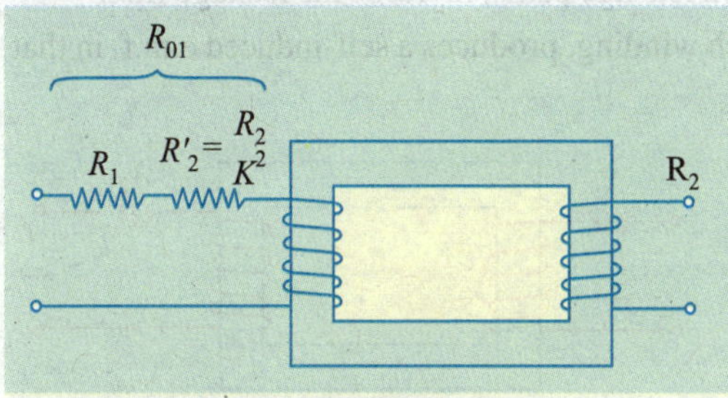

Fig. 32.24

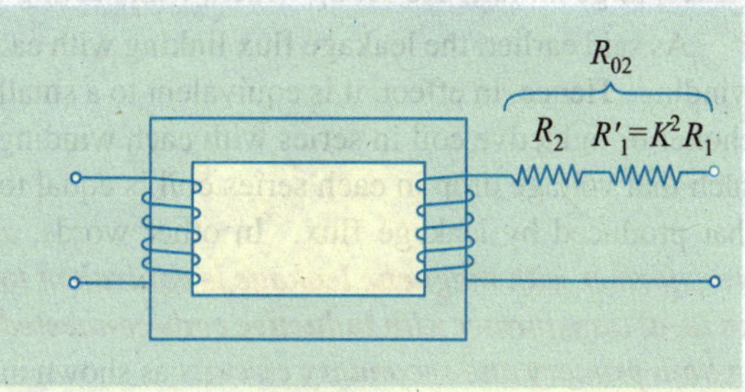

Fig. 32.25

It is to be noted that

1. a resistance of R_1 in primary is equivalent to K^2R_1 in secondary. Hence, it is called ***equivalent resistance as referred to secondary*** *i.e.* R_1.

2. a resistance of R_2 in secondary is equivalent to R_2/K^2 in primary. Hence, it is called the ***equivalent secondary resistance as referred to primary*** *i.e.* R_2'.

3. Total or effective resistance of the transformer as referred to primary is

$$R_{01} = \text{primary resistance + equivalent secondary resistance as referred to primary}$$
$$= R_1 + R_2' = R_1 + R_2/K^2$$

4. Similarly, total transformer resistance as referred to secondary is,

$$R_{02} = \text{secondary resistance + equivalent primary resistance as referred to secondary}$$
$$= R_2 + R_1' = R_2 + K^2 R_1$$

* Actually $I_2 \# 2/I_2' = I/K$ and not $I_2 \# 2/I_1$. However, if I_0 is neglected, then $I_2' = I_1$.

Note : It is important to remember that

(*a*) when shifting any primary resistance to the secondary, ***multiply*** it by K^2 *i.e.* (transformation ratio)^2.

(*b*) when shifting secondary resistance to the primary, ***divide*** it by K^2.

(*c*) however, when shifting any voltage from one winding to another only K is used.

32.13. Magnetic Leakage

In the preceding discussion, it has been assumed that all the flux linked with primary winding also links the secondary winding. But, in practice, it is impossible to realize this condition. It is found, however, that all the flux linked with primary does not link the secondary but part of it *i.e.* Φ_{L_1} completes its magnetic circuit by passing through air rather than around the core, as shown in Fig. 32.26. This leakage flux is produced when the m.m.f. due to primary ampere-turns existing between points a and b, acts along the leakage paths. Hence, this flux is known as ***primary leakage flux*** and is proportional to the primary ampere-turns alone because the secondary turns do not link the magnetic circuit of Φ_{L_1}. The flux Φ_{L_1} is in time phase with I_1. It induces an e.m.f. e_{L_1} in primary but not in secondary.

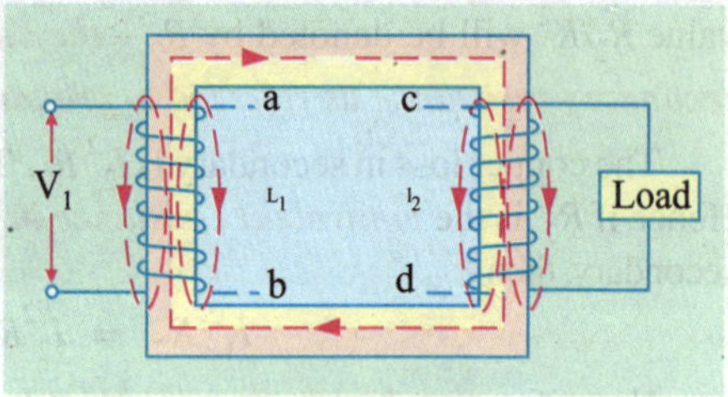

Fig. 32.26

Similarly, secondary ampere-turns (or m.m.f.) acting across points c and d set up leakage flux Φ_{L_2} which is linked with secondary winding alone (and not with primary turns). This flux Φ_{L_2} is in time phase with I_2 and produces a self-induced e.m.f. e_{L_2} in secondary (but not in primary).

At no load and light loads, the primary and secondary ampere-turns are small, hence leakage fluxes are negligible. But when load is increased, both primary and secondary windings carry huge currents. Hence, large m.m.f.s are set up which, while acting on leakage paths, increase the leakage flux.

As said earlier, the leakage flux linking with each winding, produces a self-induced e.m.f. in that winding. Hence, in effect, it is equivalent to a small choker or inductive coil in series with each winding such that voltage drop in each series coil is equal to that produced by leakage flux. In other words, ***a transformer with magnetic leakage is equivalent to an ideal transformer with inductive coils connected in both primary and secondary circuits*** as shown in Fig. 32.27 such that the internal e.m.f. in each inductive coil is equal to that due to the corresponding leakage flux in the actual transformer.

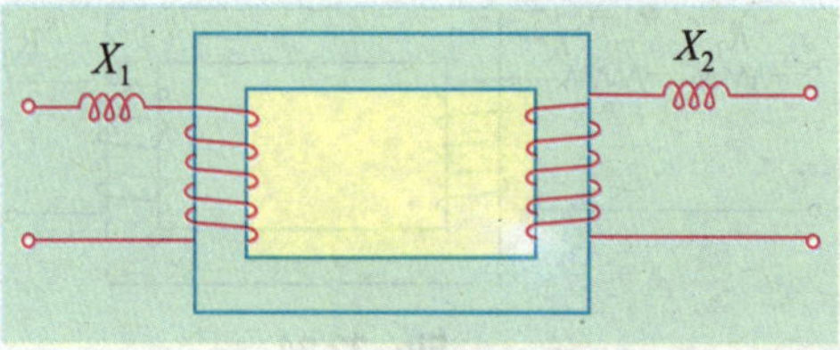

Fig. 32.27

$$X_1 = e_{L1}/I_1 \text{ and } X_2 = e_{L2}/I_2$$

The terms X_1 and X_2 are known as primary and secondary *leakage* reactances respectively.

Following few points should be kept in mind :

1. The leakage flux links one or the other winding but ***not both***, hence it in no way contributes to the transfer of energy from the primary to the secondary winding.

2. The primary voltage V_1 will have to supply reactive drop I_1X_1 in addition to I_1R_1. Similarly E_2 will have to supply $I_2 R_2$ and $I_2 X_2$.

3. In an actual transformer, the primary and secondary windings are not placed on separate legs or limbs as shown in Fig. 32.27 because due to their being widely separated, large primary and secondary leakage fluxes would result. These leakage fluxes are minimised by sectionalizing and interleaving the primary and secondary windings as in Fig. 32.6 or Fig. 32.8.

32.14. Transformer with Resistance and Leakage Reactance

In Fig. 32.28 the primary and secondary windings of a transformer with reactances taken out of the windings are shown. The primary impedance is given by

$$Z_1 = \sqrt{(R_1^2 + X_1^2)}$$

Similarly, secondary impedance is given by

$$Z_2 = \sqrt{(R_2^2 + X_2^2)}$$

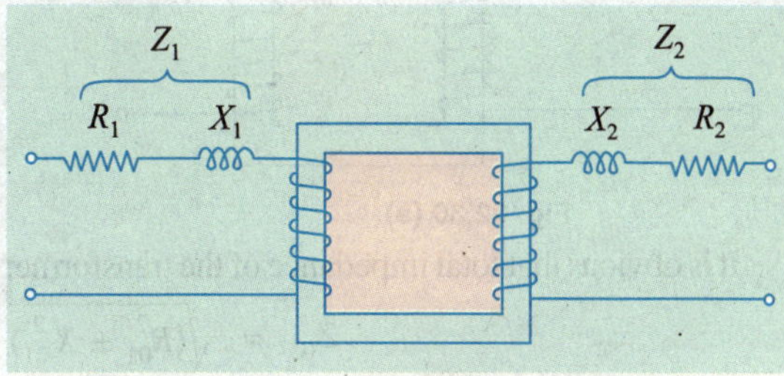

Fig. 32.28

The resistance and leakage reactance of each winding is responsible for some voltage drop in each winding. In primary, the leakage reactance drop is I_1X_1 (usually 1 or 2% of V_1). Hence

$$\mathbf{V_1} = \mathbf{E_1} + \mathbf{I_1}(R_1 + jX_1) = \mathbf{E_1} + \mathbf{I_1}\mathbf{Z_1}$$

Similarly, there are I_2R_2 and I_2X_2 drops in secondary which combine with V_2 to give E_2.

$$\mathbf{E_2} = \mathbf{V_2} + \mathbf{I_2}(R_2 + jX_2) = \mathbf{V_2} + \mathbf{I_2}\mathbf{Z_2}$$

The vector diagram for such a transformer for different kinds of loads is shown in Fig. 32.29. In these diagrams, vectors for resistive drops are drawn parallel to current vectors whereas reactive drops are perpendicular to the current vectors. The angle ϕ_1 between V_1 and I_1 gives the power factor angle of the transformer.

It may be noted that leakage reactances can also be transferred from one winding to the other in the same way as resistance.

$$\therefore \qquad X_2' = X_2/K^2 \quad \text{and} \quad X_1' = K^2X_1$$

and $$X_{01} = X_1 + X_2' = X_1 + X_2/K^2 \text{ and } X_{02} = X_2 + X_1' = X_2 + K^2 X_1$$

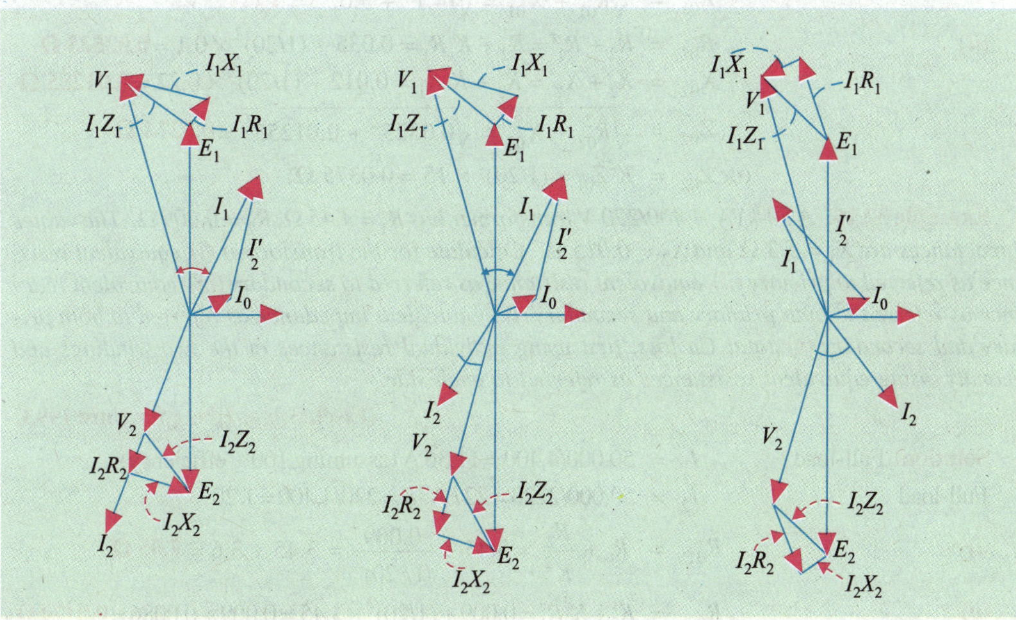

Fig. 32.29

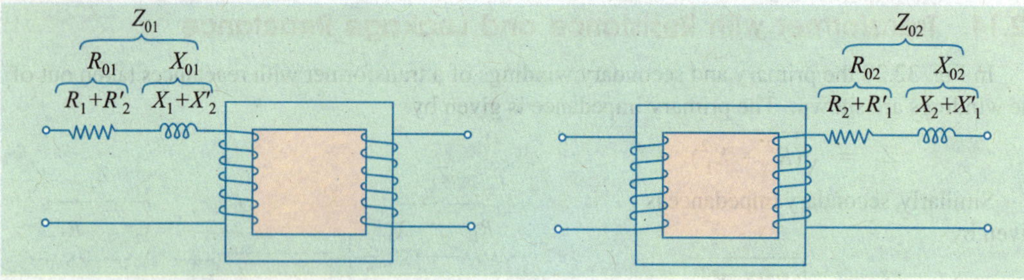

Fig. 32.30 (a) Fig. 32.30 (b)

It is obvious that total impedance of the transformer as referred to primary is given by

$$Z_{01} = \sqrt{(R_{01}^2 + X_{01}^2)} \quad \text{...Fig. 32.30 (a)}$$

and

$$Z_{02} = \sqrt{(R_{02}^2 + X_{02}^2)} \quad \text{...Fig. 32.30 (b)}$$

Example 32.15. *A 30 kVA, 2400/120-V, 50-Hz transformer has a high voltage winding resistance of 0.1 Ω and a leakage reactance of 0.22Ω. The low voltage winding resistance is 0.035 Ω and the leakage reactance is 0.012 Ω. Find the equivalent winding resistance, reactance and impedance referred to the (i) high voltage side and (ii) the low-voltage side.*

(Electrical Machines-I, Bangalore Univ. 1987)

Solution. $K = 120/2400 = 1/20;\ R_1 = 0.1\ \Omega,\ X_1 = 0.22\ \Omega$

$R_2 = 0.035\ \Omega$ and $X_2 = 0.012\ \Omega$

(*i*) Here, high-voltage side is, obviously, the primary side. Hence, values as referred to primary side are

$$R_{01} = R_1 + R_2' = R_1 + R_2/K^2 = 0.1 + 0.035/(1/20)^2 = \mathbf{14.1\ \Omega}$$
$$X_{01} = X_1 + X_2' = X_1 + X_2/K^2 = 0.22 + 0.12/(1/20)^2 = \mathbf{5.02\ \Omega}$$
$$Z_{01} = \sqrt{R_{01}^2 + X_{01}^2} = \sqrt{14.1^2 + 5.02^2} = \mathbf{15\ \Omega}$$

(*ii*)

$$R_{02} = R_2 + R_1' = R_2 + K^2R_1 = 0.035 + (1/20)^2 \times 0.1 = \mathbf{0.03525\ \Omega}$$
$$X_{02} = X_2 + X_1' = X_2 + K^2X_1 = 0.012 + (1/20)^2 \times 0.22 = \mathbf{0.01255\ \Omega}$$
$$Z_{02} = \sqrt{R_{02}^2 + X_{02}^2} = \sqrt{0.0325^2 + 0.01255^2} = \mathbf{0.0374\ \Omega}$$
$$(\text{or } Z_{02} = K^2Z_{01} = (1/20)^2 \times 15 = 0.0375\ \Omega)$$

Example 32.16. *A 50-kVA, 4,400/220-V transformer has $R_1 = 3.45\ \Omega$, $R_2 = 0.009\ \Omega$. The values of reactances are $X_1 = 5.2\ \Omega$ and $X_2 = 0.015\ \Omega$. Calculate for the transformer (i) equivalent resistance as referred to primary (ii) equivalent resistance as referred to secondary (iii) equivalent reactance as referred to both primary and secondary (iv) equivalent impedance as referred to both primary and secondary (v) total Cu loss, first using individual resistances of the two windings and secondly, using equivalent resistances as referred to each side.*

(Elect. Engg.-I, Nagpur Univ. 1993)

Solution. Full-load $I_1 = 50{,}000/4{,}400 = 11.36$ A (assuming 100% efficiency)

Full-load $I_2 = 50{,}000/2220 = 227$ A; $K = 220/4{,}400 = 1/20$

(*i*) $$R_{01} = R_1 + \frac{R_2}{K^2} = 3.45 + \frac{0.009}{(1/20)^2} = 3.45 + 3.6 = \mathbf{7.05\ \Omega}$$

(*ii*) $$R_{02} = R_2 + K^2R_1 = 0.009 + (1/20)^2 \times 3.45 = 0.009 + 0.0086 = \mathbf{0.0176\ \Omega}$$

Also, $$R_{02} = K^2\, R_{01} = (1/20)^2 \times 7.05 = 0.0176\ \Omega \text{ (check)}$$

(iii) $X_{01} = X_1 + X_2' = X_1 + X_2/K^2 = 5.2 + 0.015/(1/20)^2 =$ **11.2 Ω**

$X_{02} = X_2 + X_1' = X_2 + K^2 X_1 = 0.015 + 5.2/20^2 =$ **0.028 Ω**

Also $X_{02} = K^2 X_{01} = 11.2/400 = 0.028\ \Omega$ (check)

(iv) $Z_{01} = \sqrt{(R_{01}^2 + X_{01}^2)} = \sqrt{(7.05^2 + 11.2)^2} =$ **13.23 Ω**

$Z_{02} = \sqrt{(R_{02}^2 + X_{02}^2)} = \sqrt{(0.0176^2 + 0.028)^2} =$ **0.03311 Ω**

Also $Z_{02} = K^2 Z_{01} = 13.23/400 = 0.0331\ \Omega$ (check)

(v) Cu loss $= I_1^2 R_2 + I_2^2 R_2 = 11.36^2 \times 3.45 + 227^2 \times 0.009 =$ **910 W**

Also Cu loss $= I_1^2 R_{01} = 11.36^2 \times 7.05 =$ **910 W**

$= I_2^2 R_{02} = 227^2 \times 0.0176 =$ **910 W**

Example 32.17. *A transformer with a 10 : 1 ratio and rated at 50-kVA, 2400/240-V, 50-Hz is used to step down the voltage of a distribution system. The low tension voltage is to be kept constant at 240 V.*

(a) *What load impedance connected to low-tension size will be loading the transformer fully at 0.8 power factor (lag) ?*

(b) *What is the value of this impedance referred to high tension side ?*

(c) *What is the value of the current referred to the high tension side ?*

(Elect. Engineering-I, Bombay Univ. 1987)

Solution. (a) F. L. $I_2 = 50{,}000/240 = 625/3$ A; $Z_2 = \dfrac{240}{(625/3)} =$ **1.142 Ω**

(b) $K = 240/2400 = 1/10$

The secondary impedance referred to primary side is

$Z_2' = Z_2/K^2 = 1.142/(1/10)^2 =$ **114.2 Ω**

(c) Secondary current referred to primary side is $I_2' = KI_2 = (1/10) \times 625/3 =$ **20.83 A**

Example 32.18. *The full-load copper loss on the h.v. side of a 100-kVA, 11000/317-V, 1-phase transformer is 0.62 kW and on the L.V. side is 0.48 kW.*

(i) *Calculate R_1, R_2 and R_3 in ohms* **(ii)** *the total reactance is 4 per cent, find X_1, X_2 and X_3 in ohms if the reactance is divided in the same proportion as resistance.*

(Elect. Machines A.M.I.E,. Sec. B, 1991)

Solution. (i) F.L. $I_1 = 100 \times 10^3/11000 = 9.1$ A. F.L. $I_2 = 100 \times 10^3/317 = 315.5$ A

Now, $I_1^2 R_1 = 0.62$ kW or $R_1 = 620/9.1^2 = 7.5\ \Omega$

$I_2^2 R_2 = 0.48$ kW, $R_2 = 480/315.5^2 = 0.00482\ \Omega$

$R_2' = R_2/K^2 = 0.00482 \times (11{,}000/317)^2 = 5.8\ \Omega$

$$\%\text{ reactance} = \frac{I_1 \times X_{01}}{V_1} \times 100 \text{ or } 4 = \frac{9.1 \times X_{01}}{11000} \times 100,\ X_{01} = 48.4\ \Omega$$

$X_1 + X_2' = 48.4\ \Omega$. Given $R_1/R_2' = X_1/X_2'$

or $(R_1 + R_2')/R_2' = (X_1 + X_2')/X_2'$ $(7.5 + 5.8)/5.8 = 48.4/X_2'$ $\therefore$ $X_2' = 21.1\ \Omega$

$\therefore$ $X_1 = 48.4 - 21.1 = 27.3\ \Omega$, $X_2 = 21.1 \times (317/11000)^2 =$ **0.175 Ω**

Example 32.19. *The following data refer to a I-phase transformer :*

Turn ratio 19.5 : 1 ; $R_1 = 25\ \Omega$; $X_1 = 100\ \Omega$; $R_2 = 0.06\ \Omega$; $X_2 = 0.25\ \Omega$. No-load current = 1.25 A leading the flux by 30°.

The secondary delivers 200 A at a terminal voltage of 500 V and p.f. of 0.8 lagging. Determine by the aid of a vector diagram, the primary applied voltage, the primary p.f. and the efficiency.

(Elect. Machinery-I, Madras Univ. 1989)

Solution. The vector diagram is similar to Fig. 30.28 which has been redrawn as Fig. 32.31. Let us take V_2 as the reference vector.

$$\therefore \quad \mathbf{V_2} = 500\angle 0° = 500 + j0$$
$$\mathbf{I_2} = 200(0.8 - j0.6) = 160 - j\,120$$
$$\mathbf{Z_2} = (0.06 + j0.25)$$
$$\mathbf{E_2} = V_2 + \mathbf{I_2 Z_2}$$
$$= (500 + j\,0) + (160 - j\,120)(0.06 + j\,0.25)$$
$$= 500 + (39.6 + j\,32.8) = 539.6 + j\,32.8 = 541\angle 3.5°$$

Obviously, $\beta = 3.5°$

$\mathbf{E_1} = \mathbf{E_2}/K = 19.5\,\mathbf{E_2} = 19.5\,(539.6 + j\,32.8)$

$= 10{,}520 + j\,640$

$\therefore -\mathbf{E_1} = -10{,}520 - j\,640 = 10{,}540\angle 183.5°$

$\mathbf{I_2'} = -\mathbf{I_2}K = (-160 + j\,120)/19.5$

$= -8.21 + j\,6.16$

As seen from Fig. 32.31, $\mathbf{I_0}$ leads $\mathbf{V_2}$ by an angle

$= 3.5° + 90° + 30° = 123.5°$

$\therefore \quad \mathbf{I_0} = 1.25\angle 123.5°$

$= 1.25\,(\cos 123.5° + j\sin 123.5°)$

$= 1.25\,(-\cos 56.5° + j\sin 56.5°)$

$= -0.69 + j\,1.04$

$\mathbf{I_1} = \mathbf{I_2'} + \mathbf{I_0} = (-8.21 + j\,6.16) + (-0.69 + j\,1.04)$

$= -8.9 + j\,7.2 = 11.45\angle 141°$

$\mathbf{V_2} = -\mathbf{E_1} + \mathbf{I_1 Z_1}$

$= -10{,}520 - j\,640 + (-8.9 + j\,7.5)(25 + j\,100)$

$= -10{,}520 - j\,640 - 942 - j\,710$

$= -11{,}462 - j\,1350$

$= 11{,}540\angle 186.7°$

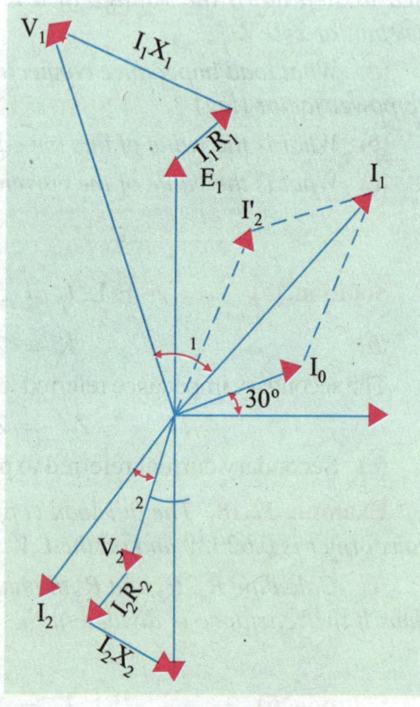

Fig. 32.31

Phase angle between $\mathbf{V_1}$ and $\mathbf{I_1}$ is $= 186.7° - 141° = 45.7°$

$\therefore$ primary p.f. $= \cos 45.7° =$ **0.698 (lag)**

No-load primary input power $= V_1 I_0 \sin\phi_0$

$= 11{,}540 \times 1.25 \times \cos 60° = 7{,}210$ **W**

$R_{02} = R_2 + K^2 R_1 = 0.06 + 25/19.5^2 = 0.1257\,\Omega$

Total Cu loss as referred to secondary $= I_2^2 R_{02} = 200^2 \times 0.1257 = 5{,}030$ W

Output $= V_2 I_2 \cos\phi_2 = 500 \times 200 \times 0.8 = 80{,}000$ W

Total losses $= 5030 + 7210 = 12{,}240$ W

Input $= 80{,}000 + 12{,}240 = 92{,}240$ W

$\eta = 80{,}000/92{,}240 = 0.8674$ or **86.74%**

Example 32.20. *A 100 kVA, 1100/220 V, 50 Hz, single-phase transformer has a leakage impedance of (0.1 + 0/40) ohm for the H.V. winding and (0.006 + 0.015) ohm for the L.V. winding. Find the equivalent winding resistance, reactance and impedance referred to the H.V. and L.V. sides.*

(Bharathiar Univ. Nov. 1997)

Solution. Turns ratio $= (N_1/N_2) = (V_1/V_2) = 1100/220 = 5$

(i) Referred to H.V. side :

Resistance $= r_1 + r_2 = 0.1 + (25 \times 0.006) = 0.25$ ohm

Reactance $= x_1 + x_2' = 0.4 + (25 \times 0.015) = 0.775$ ohm

Impedance $= (0.25^2 + 0.775^2)^{0.5} = 0.8143$ ohm

(ii) Referred to L.V. side :

Resistance $= 0.25/25 = 0.01$

(or resistance $= 0.006 + (0.1/25) = 0.01$ ohm)

Reactance $= 0.775/25 = 0.031$ ohm

Impedance $= 0.8143/25 = 0.0326$ ohm

32.15. Simplified Diagram

The vector diagram of Fig. 32.29 may be considerably simplified if the no-load current I_0 is neglected. Since I_0 is 1 to 3 per cent of full-load primary current I_1, it may be neglected without serious error. Fig. 32.32 shows the diagram of Fig. 32.29 with I_0 omitted altogether.

In Fig. 32.32, V_2, V_1, ϕ_2 are known, hence E_2 can be found by adding vectorially $I_2 R_2$ and $I_2 X_2$ to V_2. Similarly, V_1 is given by the vector addition of $I_1 R_1$ and $I_1 X_1$ to E_1. All the voltages on the primary side can be transferred to the secondary side as shown in figure, where the upper part of the diagram has been rotated through 180°. However, it should be noted that each voltage or voltage drop should be multiplied by transformation ratio K.

The lower side of the diagram has been shown separately in Fig. 32.34 laid horizontally where vector for V_2 has been taken along X-axis.

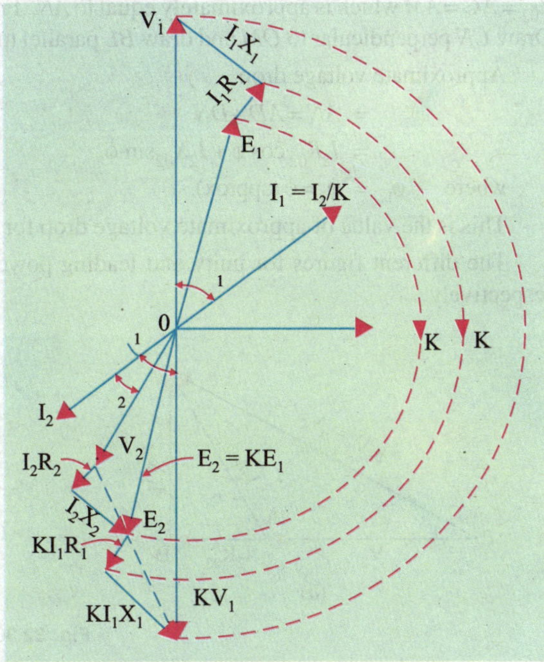

Fig. 32.32

It is a simple matter to find transformer regulation as shown in Fig. 32.34 or Fig. 32.35.

It may be noted that $\mathbf{V_2} = K\mathbf{V}_1 - \mathbf{I_2}\,(R_{02} + jX_{02}) = K\mathbf{V_1} - \mathbf{I_2 Z}_{02}$.

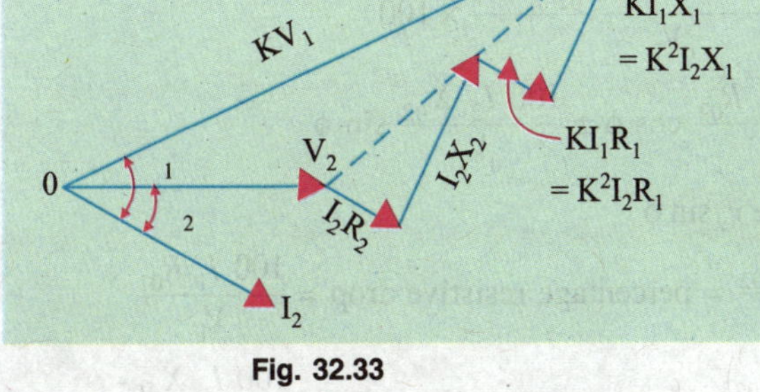

Fig. 32.33

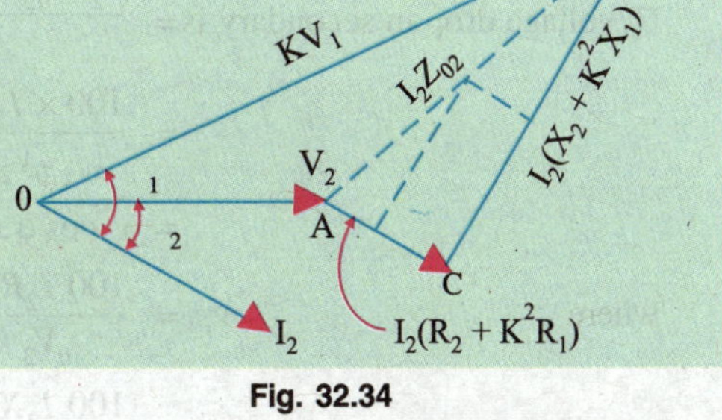

Fig. 32.34

* Also, $\mathbf{V}_1 = (\mathbf{V}_2 + \mathbf{I}_2\, \mathbf{Z}_{02})$ #3/K

32.16. Total Approximate Voltage Drop in a Transformer

When the transformer is on *no-load,* then V_1 is approximately equal to E_1. Hence $E_2 = KE_1 = KV_1$. Also, $E_2 = {}_0V_2$ where ${}_0V_2$ is secondary terminal voltage on *no-load*, hence no-load secondary terminal voltage is KV_1. The secondary voltage on load is V_2. The difference between the two is $I_2\,Z_{02}$ as shown in Fig. 32.35. The approximate voltage drop of the transformer *as referred to secondary* is found thus :

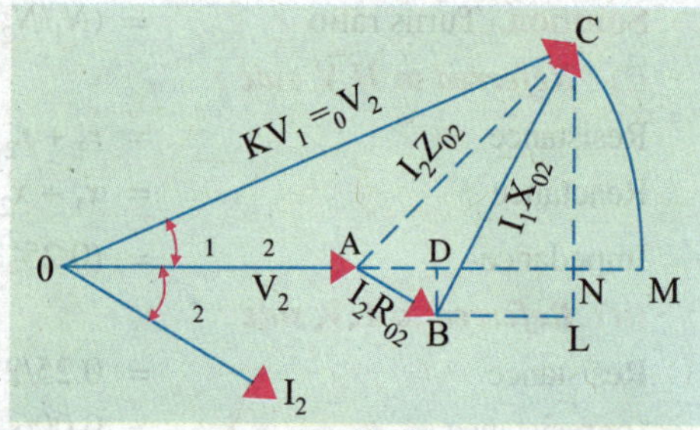

Fig. 32.35

With O as the centre and radius OC draw an arc cutting OA produced at M. The total voltage drop $I_2\,Z_{02} = AC = AM$ which is approximately equal to AN. From B draw BD perpendicular on OA produced. Draw CN perpendicular to OM and draw BL parallel to OM.

Approximate voltage drop

$$= AN = AD + DN$$

$$= I_2R_{02}\cos\phi + I_2X_{02}\sin\phi$$

where $\phi_1 = \phi_2 = \phi$ (approx).

This is the value of approximate voltage drop for a *lagging* power factor.

The different figures for unity and leading power factors are shown in Fig. 32.36 (*a*) and (*b*) respectively.

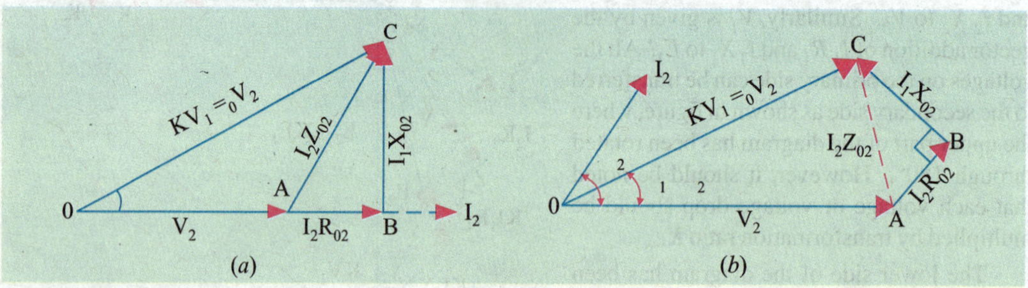

Fig. 32.36

The approximate voltage drop for *leading* power factor becomes

$$(I_2R_{02}\cos\phi \pm I_2\,X_{02}\sin\phi)$$

In general, approximate voltage drop is $(I_2\,R_{02}\cos\phi \pm I_2\,X_{02}\sin\phi)$

It may be noted that approximate voltage drop as referred to primary is

$$(I_1R_{01}\cos\phi \pm I_1\,X_{01}\sin\phi)$$

$$\%\text{ voltage drop in secondary is} = \frac{I_2\,R_{02}\cos\phi \pm I_2\,X_{02}\sin\phi}{{}_0V_2}\times 100$$

$$= \frac{100\times I_2\,R_{02}}{{}_0V_2}\cos\phi \pm \frac{100\,I_2\,X_{02}}{{}_0V_2}\sin\phi$$

$$= v_r\cos\phi \pm v_x\sin\phi$$

where $v_r = \dfrac{100\,I_2R_{02}}{{}_0V_2}$ = percentage resistive drop $= \dfrac{100\,I_1\,R_{01}}{V_1}$

$v_x = \dfrac{100\,I_2X_{02}}{{}_0V_2}$ = percentage reactive drop $= \dfrac{100\,I_1\,X_{01}}{V_1}$

32.17. Exact Voltage Drop

With reference to Fig. 32.35, it is to be noted that exact voltage drop is *AM* and not *AN*. If we add the quantity *NM* to *AN*, we will get the exact value of the voltage drop.

Considering the right-angled triangle *OCN*, we get

$$NC^2 = OC^2 - ON^2 = (OC + ON)(OC - ON) = (OC + ON)(OM - ON) = 2\,OC \times NM$$

$$\therefore \quad NM = NC^2/2.OC \quad \text{Now, } NC = LC - LN = LC - BD$$

$$\therefore \quad NC = I_2 X_{02} \cos\phi - I_2 R_{02} \sin\phi \quad \therefore NM = \frac{(I_2 X_{02} \cos\phi - I_2 R_{02} \sin\phi)^2}{2_0 V_2}$$

∴ For a ***lagging*** power factor, exact voltage drop is

$$= AN + NM = (I_2 R_{02} \cos\phi + I_2 X_{02} \sin\phi) + \frac{(I_2 X_{02} \cos\phi - I_2 R_{02} \sin\phi)^2}{2_0 V_2}$$

For a ***leading*** power factor, the expression becomes

$$= (I_2 R_{02} \cos\phi - I_2 X_{02} \sin\phi) + \frac{(I_2 X_{02} \cos\phi + I_2 R_{02} \sin\phi)^2}{2_0 V_2}$$

In general, the voltage drop is

$$= (I_2 R_{02} \cos\phi \pm I_2 R_{02} \sin\phi) + \frac{(I_2 X_{02} \cos\phi \pm I_2 R_{02} \sin\phi)^2}{2_0 V_2}$$

Percentage drop is

$$= \frac{(I_2 R_{02} \cos\phi \pm I_2 X_{02} \sin\phi) \times 100}{_0V_2} + \frac{(I_2 X_{02} \cos\phi \mp I_2 R_{02} \sin\phi)^2 \times 100}{2_0 V_2^2}$$

$$= (v_r \cos\phi \pm v_x \sin\phi) + (1/200)(v_x \cos\phi \mp v_r \sin\phi)^2$$

The upper signs are to be used for a ***lagging*** power factor and the lower ones for a ***leading*** power factor.

Example 32.21. *A 230/460-V transformer has a primary resistance of 0.2 Ω and reactance of 0.5 Ω and the corresponding values for the secondary are 0.75 Ω and 1.8 Ω respectively. Find the secondary terminal voltage when supplying 10 A at 0.8 p.f. lagging.*

(Electric. Machines-II, Bangalore Univ. 1991)

Solution.

$$K = 460/230 = 2;\ R_{02} = R_2 + K^2 R_1 = 0.75 + 2^2 \times 0.2 = 1.55\,\Omega$$

$$X_{02} = X_2 + K^2 X_1 = 1.8 + 2^2 \times 0.5 = 3.8\,\Omega$$

$$\text{Voltage drop} = I_2 (R_{02} \cos\phi + X_{02} \sin\phi) = 10(1.55 \times 0.8 + 3.8 \times 0.6) = 35.2\text{V}$$

$$\therefore \text{Secondary terminal voltage} = 460 - 35.2 = \mathbf{424.8\ V}$$

Example 32.22. *Calculate the regulation of a transformer in which the percentage resistance drops is 1.0% and percentage reactance drop is 5.0% when the power factor is* (*a*) *0.8 lagging* (*b*) *unity and* (*c*) *0.8 leading.* **(Electrical Engineering, Banaras Hindu Univ. 1988)**

Soluion. We will use the approximate expression of Art 30.16.

(*a*) **p.f. = cos φ = 0.8 lag** $\quad \mu = v_r \cos\phi + v_x \sin\phi = 1 \times 0.8 + 5 \times 0.6 = \mathbf{3.8\%}$

(*b*) **p.f. = cos φ = 1** $\quad \mu = 1 \times 1 + 5 \times 0 = \mathbf{1\%}$

(*c*) **p.f. = cos φ = 0.8 lead** $\quad \mu = 1 \times 0.8 - 5 \times 0.6 = \mathbf{-2.2\%}$

Example 32.23. *A transformer has a reactance drop of 5% and a resistance drop of 2.5%. Find the lagging power factor at which the voltage regulation is maximum and the value of this regulation.* **(Elect. Engg. Punjab Univ. 1991)**

Solution. The percentage voltage regulation (μ) is given by

$$\mu = v_r \cos\phi + v_x \sin\phi$$

where v_r is the percentage resistive drop and v_x is the percentage reactive drop.

Differentiating the above equation, we get $\dfrac{d\mu}{d\phi} = -v_r \sin\phi + v_x \cos\phi$

For regulation to be maximum, $d\mu/d\phi = 0 \quad \therefore \quad -v_r \sin\phi + v_x \cos\phi = 0$

or $\tan\phi = v_x/v_r = 5/2.5 = 2 \therefore \phi = \tan^{-1}(2) = 63.5°$ Now, $\cos\phi = 0.45$ and $\sin\phi = 0.892$

Maximum percentage regulation $= (2.5 \times 0.45) + (5 \times 0.892) = 5.585$

Maximum percentage regulation is **5.585** and occurs at a power factor of **0.45** (lag).

Example 32.24. *Calculate the percentage voltage drop for a transformer with a percentage resistance of 2.5% and a percentage reactance of 5% of rating 500 kVA when it is delivering 400 kVA at 0.8 p.f. lagging.* **(Elect. Machinery-I, Indore Univ. 1987)**

Solution.
$$\% \text{ drop} = \frac{(\%R)\, I \cos\phi}{I_f} + \frac{(\%X)\, I \sin\phi}{I_f}$$

where I_f is the full-load current and I the actual current.

$$\therefore \quad \% \text{ drop} = \frac{(\%R)kW}{kVA \text{ rating}} + \frac{(\%X)\ kVAR}{kVA \text{ rating}}$$

In the present case, $\quad kW = 400 \times 0.8 = 320$ and $kVAR = 400 \times 0.6 = 240$

$$\therefore \quad \% \text{ drop} = \frac{2.5 \times 320}{500} + \frac{5 \times 240}{500} = 4\ \%$$

32.18. Equivalent Circuit

The transformer shown diagrammatically in Fig. 32.37 (*a*) can be resolved into an equivalent circuit in which the resistance and leakage reactance of the transformer are imagined to be external to the winding whose only function then is to transform the voltage (Fig. 32.37 (*b*)). The no-load

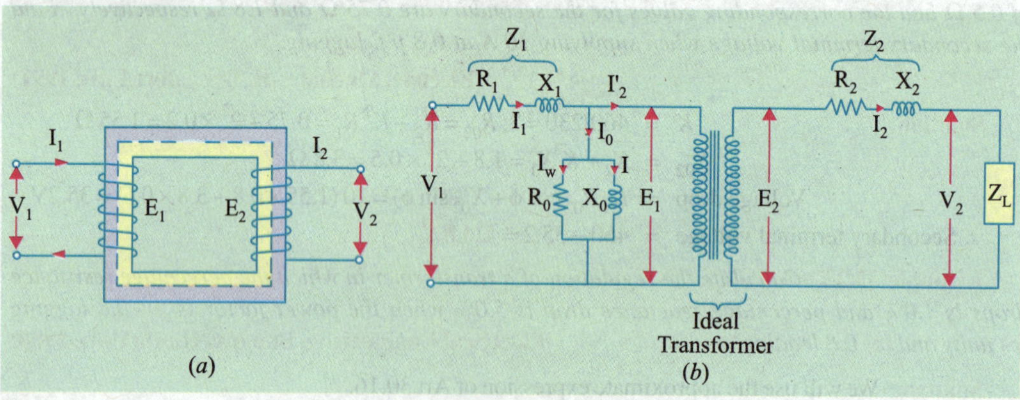

Fig. 32.37

current I_0 is simulated by pure inductance X_0 taking the magnetising component I_μ and a non-inductive resistance R_0 taking the working component I_w connected in parallel across the primary circuit. The value of E_1 is obtained by subtracting vectorially $I_1 Z_1$ from V_1. The value of $X_0 = E_1/I_0$ and of $R_0 = E_1/I_w$. It is clear that E_1 and E_2 are related to each other by expression

$$E_2/E_1 = N_2/N_1 = K.$$

To make transformer calculations simpler, it is preferable to transfer voltage, current and impedance either to the primary or to the secondary. In that case, we would have to work in one winding only which is more convenient.

The primary equivalent of the secondary induced voltage is $E_2' = E_2/K = E_1$.

Similarly, primary equivalent of secondary terminal or output voltage is $V_2' = V_2/K$.

Primary equivalent of the secondary current is $I_2' = KI_2$.

For transferring secondary impedance to primary K^2 is used.

$$R_2' = R_2/K^2, X_2' = X_2/K^2, Z_2' = Z_2/K^2$$

The same relationship is used for shifting an external load impedance to the primary.

The secondary circuit is shown in Fig. 32.38 (*a*) and its equivalent primary values are shown in Fig. 32.38 (*b*).

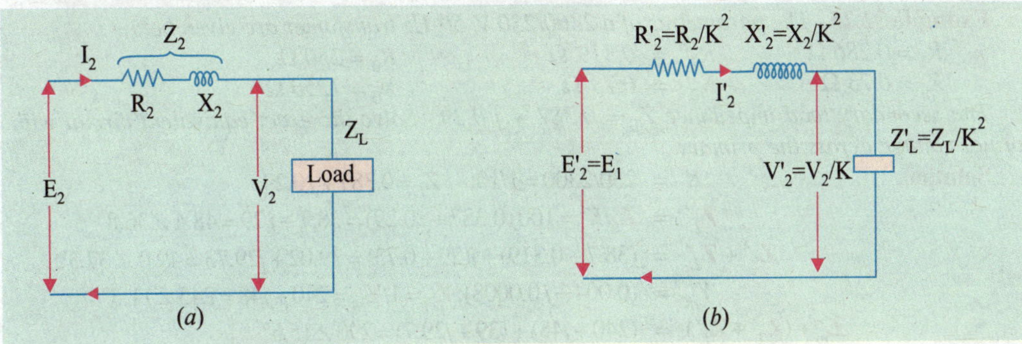

Fig. 32.38

The total equivalent circuit of the transformer is obtained by adding in the primary impedance as shown in Fig. 32.39. This is known as the exact equivalent circuit but it presents a somewhat harder circuit problem to solve. A simplification can be made by transferring the exciting circuit across the terminals as in Fig. 32.40 or in Fig. 32.41 (*a*). It should be noted that in this case $X_0 = V_1/I_\mu$.

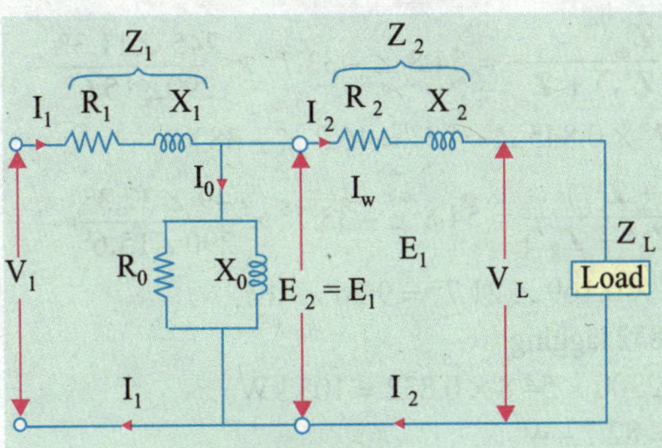

Fig. 32.39

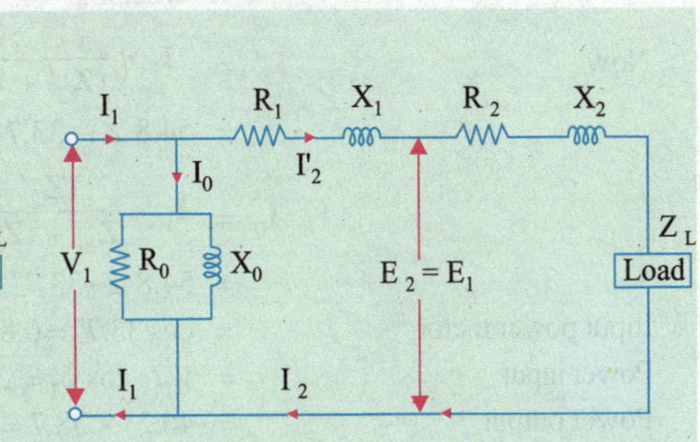

Fig. 32.40

Further simplification may be achieved by omitting I_0 altogether as shown in Fig. 32.41(*b*).

From Fig. 32.39 it is found that total impedance between the input terminal is

$$\mathbf{Z} = \mathbf{Z}_1 + \mathbf{Z}_m \,||\, (\mathbf{Z}_2' + \mathbf{Z}_L') = \left(\mathbf{Z}_1 + \frac{\mathbf{Z}_m (\mathbf{Z}_2' + \mathbf{Z}_L')}{\mathbf{Z}_m + (\mathbf{Z}_2' + \mathbf{Z}_L')} \right)$$

where $\mathbf{Z}_2' = R_2' + jX_2'$ and $\mathbf{Z}_m$ = impedance of the exciting circuit.

This is so because there are two parallel circuits, one having an impedance of $\mathbf{Z}_m$ and the other having $\mathbf{Z}_2'$ and $\mathbf{Z}_L'$ in series with each other.

$$\therefore \quad \mathbf{V}_1 = \mathbf{I}_1 \left[\mathbf{Z}_1 + \frac{\mathbf{Z}_m (\mathbf{Z}_2' + \mathbf{Z}_L')}{\mathbf{Z}_m + (\mathbf{Z}_2' + \mathbf{Z}_L')} \right]$$

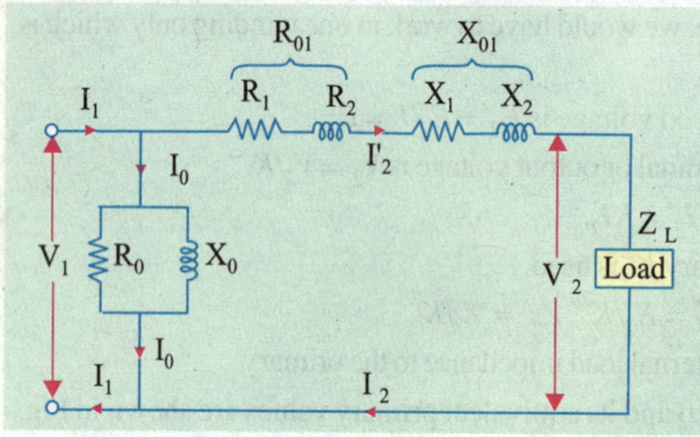

Fig. 32.41 (a)

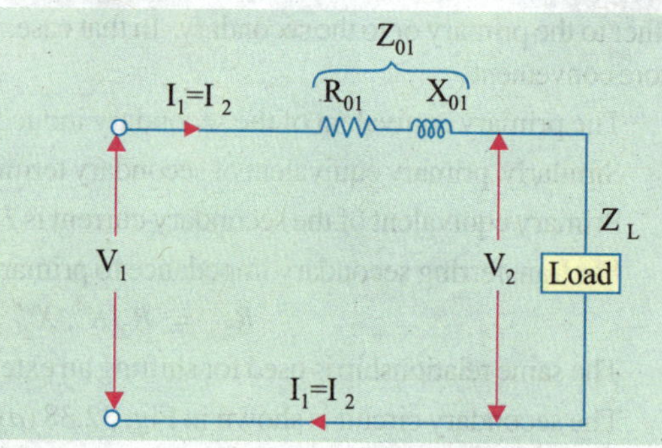

Fig. 32.41 (b)

Example 32.25. *The parametres of a 2300/230 V, 50-Hz transfomer are given below :*

$R_1 = 0.286\ \Omega \qquad R_2' = 0.319\ \Omega \qquad R_0 = 250\ \Omega$

$X_1 = 0.73\ \Omega \qquad X_2' = 0.73\ \Omega \qquad X_0 = 1250\ \Omega$

The secondary load impedance $Z_L = 0.387 + j\,0.29$. *Solve the exact equivalent circuit with normal voltage across the primary.*

Solution.

$$K = 230/2300 = 1/10; \quad Z_L = 0.387 + j0.29$$

$$\mathbf{Z}_L' = \mathbf{Z}_L/K^2 = 100\,(0.387 + j0.29) = 38.7 + j29 = 48.4\angle 36.8°$$

$$\therefore \quad \mathbf{Z}_2' + \mathbf{Z}_L' = (38.7 + 0.319) + j(29 + 0.73) = 39.02 + j29.73 = 49.0\angle 37.3°$$

$$Y_m = (0.004 - j\,0.0008);\ \mathbf{Z}_m = 1/\mathbf{Y}_m = 240 + j48 = 245\angle 11.3°$$

$$\mathbf{Z}_m + (\mathbf{Z}_2' + \mathbf{Z}_L') = (240 + j48) + (39 + j29.7) = 290\angle 15.6°$$

$$\therefore \quad \mathbf{I}_1 = \frac{\mathbf{V}_1}{\mathbf{Z}_1 + \dfrac{\mathbf{Z}_m(\mathbf{Z}_2' + \mathbf{Z}_L')}{\mathbf{Z}_m(\mathbf{Z}_2' + \mathbf{Z}_L')}} = \left[\frac{2300\angle 0°}{0.286 + j0.73 + 41.4\angle 33°}\right]$$

$$= \frac{2300\angle 0°}{42\angle 33.7°} = 54.8\angle -33.7°$$

Now
$$\mathbf{I}_2' = \mathbf{I}_1 \times \frac{\mathbf{Z}_m}{(\mathbf{Z}_2' + \mathbf{Z}'_L) + \mathbf{Z}_m} = 54.8\angle -33.7° \times \frac{245\angle 11.3°}{290\angle 15.6°}$$

$$= 54.8\angle -33.7° \times 0.845\angle -4.3° = 46.2\angle -38°$$

$$\mathbf{I}_0 = \mathbf{I}_1 \times \frac{(\mathbf{Z}_2' + \mathbf{Z}'_L)}{\mathbf{Z}_m + (\mathbf{Z}_2' + \mathbf{Z}_L')} = 54.8\angle -33.7° \times \frac{49\angle 37.3°}{290\angle 15.6°}$$

$$= 54.8\angle -33.7° \times 0.169\angle 21.7° = 9.26\angle -12°$$

Input power factor $= \cos 33.7° = 0.832$ lagging

Power input $= V_1 I_1 \cos\phi_1 = 2300 \times 54.8 \times 0.832 = 105$ kW

Power output $= 46.2^2 \times 38.7 = 82.7$ kW

Primary Cu loss $= 54.8^2 \times 0.286 = 860$ W

Secondary Cu loss $= 46.2^2 \times 0.319 = 680$ W; Core loss $= 9.26^2 \times 240 = 20.6$ kW

$$\eta = (82.7/105) \times 100 = 78.8\%;\ V_2' = I_2' Z_L' = 46.2 \times 48.4 = 2{,}240\text{V}$$

$$\therefore \quad \text{Regulation} = \frac{2300 - 2240}{2240} \times 100 = \mathbf{2.7\%}$$

Example 32.26. *A transformer has a primary winding with a voltage-rating of 600 V. Its secondary-voltage rating is 1080 V with an additional tap at 720 V. An 8 kW resistive load is connected across 1080-V output terminals. A purely inductive load of 10kVA is connected across the tapping point and common secondary terminal so as to get 720 V. Calculate the primary current and its power-factor. Correlate it with the existing secondary loads. Neglect losses and magnetizing current.* **(Nagpur University, Winter 1999)**

Solution. Loads are connected as shown in Fig. 32.42.

$$I_{r_2} = \frac{8000}{1080} = 7.41 \text{ at unity p.f.}$$

$$I_{L_2} = 10000/720 = 13.89 \text{ at zero lagging p.f.}$$

These are reflected on to the primary sides with appropriate ratios of turns, with corresponding power-factors. If the corresponding transformed currents are represented by the above symbols modified by dashed superscripts,

$$I'_{r_2} = 7.41 \times 1080/600 = 13.34 \text{ A at unity p.f.}$$

$$I'_{L_2} = 13.89 \times 720/600 = 16.67 \text{ A at zero lag. p.f.}$$

Hence, $$I_{r_2} = [I'^2_{r_2} + I'^2_{L_2}]^{0.5} = 21.35 \text{ A, at } 0.625 \text{ lag p.f.}$$

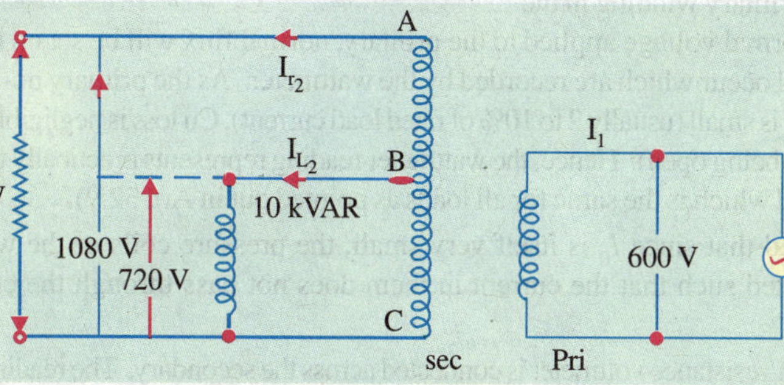

Fig. 32.42

Correlation : Since losses and magnetizing current are ignored, the calculations for primary current and its power-factor can also be made with data pertaining to the two Loads (in kW/kVAR), as supplied by the 600 V source.

S = Load to be supplied : 8 kW at unity p.f. and 10 kVAR lagging

Thus, $$S = P + jQ = 8 - j\ 10 \text{ kVA}$$

$$S = (8^2 + 10^2)^{0.5} = 12.8 \text{ kVA}$$

$$\text{Power-factor} = \cos\phi = 8/12.8 = 0.625 \text{ lag}$$

$$\text{Primary current} = 12.8 \times 1000/600 = 21.33 \text{ A}$$

32.19. Transformer Tests

As shown in Ex 32.25, the performance of a transformer can be calculated on the basis of its equivalent circuit which contains (Fig. 32.41) four main parameters, the equivalent resistance R_{01} as referred to primary (or secondary R_{02}), the equivalent leakage reactance X_{01} as referred to primary (or secondary X_{02}), the core-loss conductance G_0 (or resistance R_0) and the magnetising susceptance B_0 (or reactance X_0). These constants or parameters can be easily determined by two tests *(i)* **open-circuit test** and *(ii)* **short-circuit test.** These tests are very economical and convenient, because they furnish the required information without actually loading the transformer. In fact, the testing of very large a.c. machinery consists of running two tests similar to the open and short-circuit tests of a transformer.

Small transformer

32.20. Open-circuit or No-load Test

The purpose of this test is to determine no-load loss or core loss and no-load I_0 which is helpful in finding X_0 and R_0.

One winding of the transformer – whichever is convenient but usually high voltage winding – is left open and the other is connected to its supply of normal voltage and frequency. A wattmeter W, voltmeter V and an ammeter A are connected in the low-voltage winding *i.e.* primary winding in the present case. With normal voltage applied to the primary, normal flux will be set up in the core, hence normal iron losses will occur which are recorded by the wattmeter. As the primary no-load current I_0 (as measured by ammeter) is small (usually 2 to 10% of rated load current), Cu loss is negligibly small in primary and nil in secondary (it being open). Hence, the wattmeter reading represents practically the core loss under no-load condition (and which is the same for all loads as pointed out in Art. 32.9).

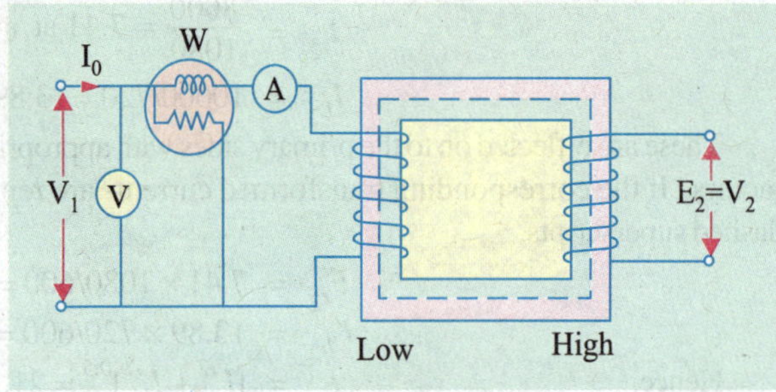

Fig. 32.43

It should be noted that since I_0 is itself very small, the pressure coils of the wattmeter and the voltmeter are connected such that the current in them does not pass through the current coil of the wattmeter.

Sometimes, a high-resistance voltmeter is connected across the secondary. The reading of the voltmeter gives the induced e.m.f. in the secondary winding. This helps to find transformation ratio K.

The no-load vector diagram is shown in Fig. 32.16. If W is the wattmeter reading (in Fig. 32.43), then

$$W = V_1 I_0 \cos \phi_0 \quad \therefore \quad \cos \phi_0 = W/V_1 I_0$$

$$\therefore \quad I_\mu = I_0 \sin \phi_0, \quad I_w = I_0 \cos \phi_0 \quad \therefore \quad X_0 = V_1/I_\mu \text{ and } R_0 = V_1/I_w$$

Or since the current is practically all-exciting current when a transformer is on no-load (*i.e.* $I_0 \cong I_\mu$) and as the voltage drop in primary leakage impedance is small*, hence the exciting admittance Y_0 of the transformer is given by $I_0 = V_1 Y_0$ or $Y_0 = I_0/V_1$.

The exciting conductance G_0 is given by $W = V_1^2 G_0$ or $G_0 = W/V_1^2$.

The exciting susceptance $B_0 = \sqrt{(Y_0^2 - G_0^2)}$

Example. 32.27. *In no-load test of single-phase transformer, the following test data were obtained :*

Primary voltage : 220 V ; Secondary voltage : 110 V ;

Primary current : 0.5 A ; Power input : 30 W.

Find the following :

(i) The turns ratio (ii) the magnetising component of no-load current (iii) its working (or loss) component (iv) the iron loss.

Resistance of the primary winding = 0.6 ohm.

Draw the no-load phasor diagram to scale. **(Elect. Machine A.M.I.E. 1990)**

Solution. *(i)* Turn ratio, $N_1/N_2 = 220/110 = 2$

(ii) $W = V_1 I_0 \cos \phi_0$; $\cos \phi_0 = 30/220 \times 0.5 = 0.273$; $\sin \phi_0 = 0.962$

$$I_\mu = I_0 \sin \phi_0 = 0.5 \times 0.962 = 0.48 \text{ A}$$

---

* If it is not negligibly small, then $I_0 = E_1 Y_0$ *i.e.* instead of V_1 we will have to use E_1.

(*iii*) $I_w = I_0 \cos\phi_0 = 0.5 \times 0.273 = 0.1365$ A

(*iv*) Primary Cu loss $= I_0^2 R_1 = 0.5^2 \times 0.6 = 0.15$ W

$\therefore$ Iron loss $= 30 - 0.15 = 29.85$ W

Example 32.28. *A 5 kVA 200/1000 V, 50 Hz, single-phase transformer gave the following test results :*

O.C. Test (L.V. Side) : 2000 V, 1.2 A, 90 W

S.C. Test (H.V. Side) : 50 V, 5A, 110 W

(*i*) *Calculate the parameters of the equivalent circuit referred to the L.V. side.*

(*ii*) *Calculate the output secondary voltage when delivering 3 kW at 0.8 p.f. lagging, the input primary voltage being 200 V. Find the percentage regulation also.*

(Nagpur University, November 1998)

Solution. (*i*) Shunt branch parameters from O.C. test (L.V. side) :

$$R_0 = V^2/P_i = 200^2/90 = 444 \text{ ohms}, \quad I_{ao} = 200/444 = 0.45 \text{ amp}$$

$$I_\mu = (1.2^2 - 0.45^2)^{0.5} = 1.11 \text{ amp}, \quad X_m = 200/1.11 = 180.2 \text{ ohms}$$

All these are referred to L.V. side.

(*ii*) Series-branch Parameters from S.C test (H.V side) :

Since the S.C. test has been conducted from H.V. side, the parameters will refer to H.V. side. They should be converted to the parameters referred to L.V. side by transforming them suitably.

From S.C. Test readings, $Z = 50/5 = 10$ ohms

$$R = 110/25 = 4.40 \text{ ohms}, \quad X = (10^2 - 4.4^2)^{0.5} = 8.9 \text{ ohms}$$

These are referred to H.V. side.

For referring these to L.V. side, transform these using the ratio of turns, as follows :

$$r_1 = 4.40 \times (200/1000)^2 = 0.176 \text{ ohm}$$

$$x_1 = 8.98 \times (200/1000)^2 = 0.36 \text{ ohm}$$

Equivalent circuit can be drawn with R_0 and X_m calculated above and r_1 and x_1 as above.

L.V. Current at rated load= 5000/200 = 25 A

L.V. Current at 3 kW at 0.8 lagging p.f. = (3000/0.80)/200 = 18.75 A

$$\text{Regulation at this load} = 18.75\,(r_1 \cos\phi + x_1 \sin\phi)$$
$$= 18.75\,(0.176 \times 0.80 + 0.36 \times 0.6)$$
$$= +6.69 \text{ Volts} = +(6.69/200) \times 100\% = +3.345\%$$

This is referred to L.V. side, and positive sign means voltage drop.

Regulation in volts ref. to H.V. side = 6.69 × 1000/200 = 33.45 V

With 200 V across primary (*i.e.* L.V. side), the secondary (*i.e.* H.V. side)

terminal voltage = 1000 − 33.45 = 966.55 V

Note : Since approximate formula for voltage regulation has been used, the procedure is simpler, and faster.

32.21. Separation of Core Losses

The core loss of a transformer depends upon the frequency and the maximum flux density when the volume and the thickness of the core laminations are given. The core loss is made up of two parts (*i*) hysteresis loss $W_h = PB_{max}^{1.6} f$ as given by Steinmetz's empirical relation and (*ii*) eddy current loss $W_e = QB_{max}^2 f^2$ where Q is a constant. The total core-loss is given by

$$W_i = W_h + W_e = PB_{max}^{1.6} f^2 + QB_{max}^2 f^2$$

If we carry out two experiments using two different frequencies but the same maximum flux density, we should be able to find the constants P and Q and hence calculate hysteresis and eddy current losses separately.

Example 32.29. *In a transformer, the core loss is found to be 52 W at 40 Hz and 90 W at 60 Hz measured at same peak flux density. Compute the hysteresis and eddy current losses at 50 Hz.*

(Elect. Machines, Nagpur Univ. 1993)

Solution. Since the flux density is the same in both cases, we can use the relation

$$\text{Total core loss } W_i = Af + Bf^2 \quad \text{or} \quad W_i/f = A + Bf$$

$\therefore$ $52/40 = A + 40B$ and $90/60 = A + 60B$; $\therefore$ $A = 0.9$ and $B = 0.01$

At 50 Hz, the two losses are

$$W_h = A_f = 0.9 \times 50 = 45 \text{ W} \; ; \; W_e = Bf^2 = 0.01 \times 50^2 = 25 \text{ W}$$

Example 32.30. *In a power loss test on a 10 kg specimen of sheet steel laminations, the maximum flux density and waveform factor are maintained constant and the following results were obtained:*

Frequency (Hz)	*25*	*40*	*50*	*60*	*80*
Total loss (watt)	*18.5*	*36*	*50*	*66*	*104*

Calculate the eddy current loss per kg at a frequency of 50 Hz.

(Elect. Measur. A.M.I.E. Sec B, 1991)

Solution. When flux density and wave form factor remain constant, the expression for iron loss can be written as

$$W_i = Af + Bf^2 \quad \text{or} \quad W_i/f = A + Bf$$

The values of W_i/f for different frequencies are as under :

f	25	40	50	60	80
W_i/f	0.74	0.9	1.0	1.1	1.3

The graph between f and W_i/f has been plotted in Fig. 32.44. As seen from it, $A = 0.5$ and $B = 0.01$

$\therefore$ Eddy current loss at 50 Hz $= Bf^2 = 0.01 \times 50^2 = 25$ W

$\therefore$ Eddy current loss/kg $= 25/10 = 2.5$ W

Example 32.31. *In a test for the determination of the losses of a 440-V, 50-Hz transformer, the total iron losses were found to be 2500 W at normal voltage and frequency. When the applied voltage and frequency were 220 V and 25 Hz, the iron losses were found to be 850 W. Calculate the eddy-current loss at normal voltage and frequency.*

(Elect. Inst. and Meas. Punjab Univ. 1991)

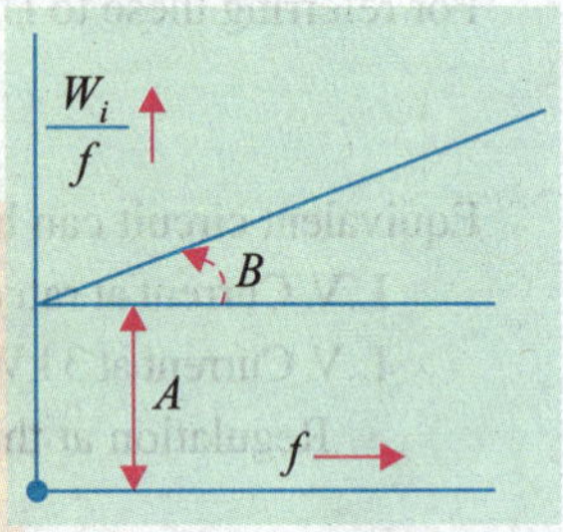

Fig. 32.44

Solution. The flux density in both cases is the same because in second case voltage as well as frequency are halved. Flux density remaining the same, the eddy current loss is proportional to f^2 and hysteresis loss $\propto f$.

Hysteresis loss $\propto f = Af$ and eddy current loss $\propto f^2 = Bf^2$

where A and B are constants.

$$\text{Total iron loss} \quad W_i = Af + Bf^2 \quad \therefore \quad \frac{W_i}{f} = A + Bf \qquad \ldots(i)$$

Now, when $f = 50$ Hz : $W_i = 2500$ W

and when $f = 25$ Hz ; $W_i = 850$ W

Using these values in (*i*) above, we get, from Fig. 32.44

$$2{,}500/50 = A + 50\,B \text{ and } 850/25 = A + 25\,B \quad \therefore \quad B = 16/25 = 0.64$$

Hence, at normal p.d. and frequency

$$\text{eddy current loss} = Bf^2 = 0.64 \times 50^2 = \mathbf{1600\ W}$$

$$\text{Hystersis loss} = 2500 - 1600 = 900 \text{ W}$$

Example 32.32. *When a transformer is connected to a 1000-V, 50-Hz supply the core loss is 1000 W, of which 650 is hysteresis and 350 is eddy current loss. If the applied voltage is raised to 2,000 V and the frequency to 100 Hz, find the new core losses.*

Solution. Hysteresis loss $W_h \propto B_{max}^{1.6} f = PB_{max}^{1.6} f$

Eddy current loss $W_e \propto B^2_{max} f^2 = QB^2_{max} f^2$

From the relation $E = 4.44 fNB_{max}$ A volt, we get $B_{max} \propto E/f$

Putting this value of B_{max} in the above equations, we have

$$W_h = P\left(\frac{E}{f}\right)^2 f = PE^{1.6} f^{-0.6} \text{ and } W_e = Q\left(\frac{E}{f}\right)^2 f^2 = QE^2$$

In the first case, $E = 1000$ V, $f = 50$ Hz, $W_h = 650$ W, $W_e = 350$ W

$\therefore \quad 650 = P \times 1000^{1.6} \times 50^{-0.6} \qquad \therefore \quad P = 650 \times 1000^{-1.6} \times 50^{0.6}$

Similarly, $350 = Q \times 1000^2 \qquad \therefore \quad Q = 350 \times 1000^{-2}$

Hence, constants P and Q are known.

Using them in the second case, we get

$$W_h = (650 \times 1000^{-1.6} \times 50^{0.6}) \times 2000^{1.6} \times 100^{-0.6} = 650 \times 2 = 1{,}300 \text{ W}$$

$$W_e = (350 \times 1000^{-2}) \times 2{,}000^2 = 350 \times 4 = 1{,}400 \text{ W}$$

$\therefore$ Core loss under new condition is $= 1{,}300 + 1{,}400 =$ **2700 W**

Alternative Solution

Here, both voltage and frequency are doubled, leaving the flux density unchanged.

With 1000 V at 50 Hz

$$W_h = Af \text{ or } 650 = 50\text{ A}\ ;\ A = 13$$

$$W_e = Bf^2 \text{ or } 350 = B \times 50^2\ ;\ B = 7/50$$

With 2000 V at 100 Hz

$$W_h = Af = 13 \times 100 = 1300 \text{ W and}$$

$$W_e = Bf^2 = (7/50) \times 100^2 = 1400 \text{ W}$$

$\therefore$ New core loss $= 1300 + 1400 =$ **2700 W**

Example 32.33. *A transformer with normal voltage impressed has a flux density of 1.4 Wb/m² and a core loss comprising of 1000 W eddy current loss and 3000 W hysteresis loss. What do these losses become under the following conditions ?*

(*a*) *increasing the applied voltage by 10% at rated frequency.*

(*b*) *reducing the frequency by 10% with normal voltage impressed.*

(*c*) *increasing both impressed voltage and frequency by 10 per cent.*

(Electrical Machinery-I, Madras Univ. 1985)

Solution. As seen from Ex. 32.32

$$W_h = PE^{1.6} f^{-0.6} \quad \text{and} \quad W_e = QE^2$$

From the given data, we have $3000 = PE^{1.6} f^{-0.6}$ ...(*i*)

and $1000 = QE^2$ ...(*ii*)

where E and f are the normal values of primary voltage and frequency.

(*a*) Here voltage becomes $= E + 10\% E = 1.1 E$

The new hysteresis loss is $W_h = P(1.1 E)^{1.6} f^{-0.6}$ ...(*iii*)

Dividing Eq. (*iii*) by (*i*), we get $\dfrac{W_h}{3000} = 1.1^{1.6}$; $W_h = 3000 \times 1.165 =$ **3495 W**

The new eddy-current loss is

$$W_e = Q\,(1.1.\ E)^2 \quad \therefore \quad \frac{W_e}{1000} = 1.1^2$$

$$\therefore \quad W_e = 1000 \times 1.21 = \mathbf{1210\ W}$$

(*b*) As seen from Eq. (*i*) above eddy-current loss would not be effected. The new hysteresis loss is

$$W_h = PE^{1.6}\,(0.9\,f)^{-0.6} \quad ...(iv)$$

From (*i*) and (*iv*), we get $\dfrac{W_h}{3000} = 0.9^{-0.6}$, $W_h = 3000 \times 1.065 = \mathbf{3{,}196\ W}$

(*c*) In this case, both E and f are increased by 10%. The new losses are as under :

$$W_h = P\,(1.1\ E)^{1.6}\ (1.1\,f)^{-0.6}$$

$$\therefore \quad \frac{W_h}{3000} = 1.1^{1.6} \times 1.1^{-0.6} = 1.165 \times 0.944$$

$$\therefore \quad W_h = 3000 \times 1.165 \times 0.944 = \mathbf{3{,}299\ W}$$

As W_e is unaffected by changes in f, its value is the same as found in (*a*) above *i.e.* **1210 W**

Example 32.34. *A transformer is connected to 2200 V, 40 Hz supply. The core-loss is 800 watts out of which 600 watts are due to hysteresis and the remaining, eddy current losses. Determine the core-loss if the supply voltage and frequency are 3300 V and 60 Hz respectively.*

(Bharathiar Univ. Nov. 1997)

Solution. For constant flux density (*i.e.* constant V/f ratio), which is fulfilled by 2200/40 or 3300/60 figures in two cases,

$$\text{Core-loss} = Af + Bf^2$$

First term on the right-hand side represents hysteresis-loss and the second term represents the eddy-current loss.

At 40 Hz, 800 = 600 + eddy current loss.

Thus, $\quad Af = 600, \quad$ or $\quad A = 15$

$\quad Bf^2 = 200, \quad$ or $\quad B = 200/1600 = 0.125$

At 60 Hz, $\quad$ core-loss $= 15 \times 60 + 0.125 \times 60^2$

$= 900 + 450$

$= 1350$ watts

32.22 Short-Circuit or Impedance Test

This is an economical method for determining the following :

(*i*) Equivalent impedance ($\mathbf{Z}_{01}$ or $\mathbf{Z}_{02}$), leakage reactance (X_{01} or X_{02}) and total resistance (R_{01} or R_{02}) of the transformer as referred to the winding in which the measuring instruments are placed.

(*ii*) Cu loss at full load (and at any desired load). This loss is used in calculating the efficiency of the transformer.

(*iii*) Knowing Z_{01} or Z_{02}, the total voltage drop in the transformer as referred to primary or secondary can be calculated and hence regulation of the transformer determined.

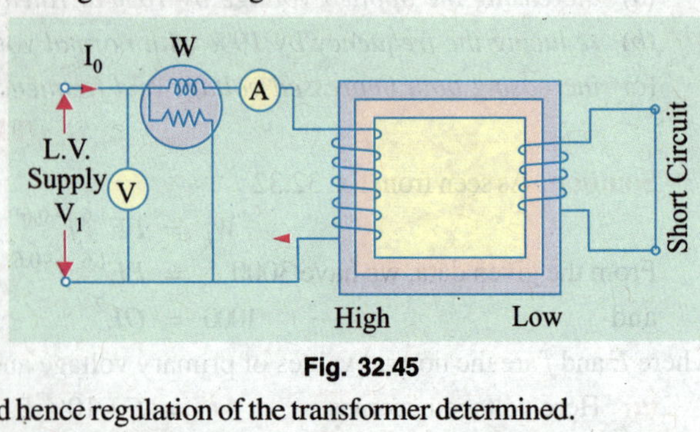

Fig. 32.45

In this test, one winding, usually the low-voltage winding, is solidly short-circuited by a thick conductor (or through an ammeter which may serve the additional purpose of indicating rated load current) as shown in Fig. 32.45.

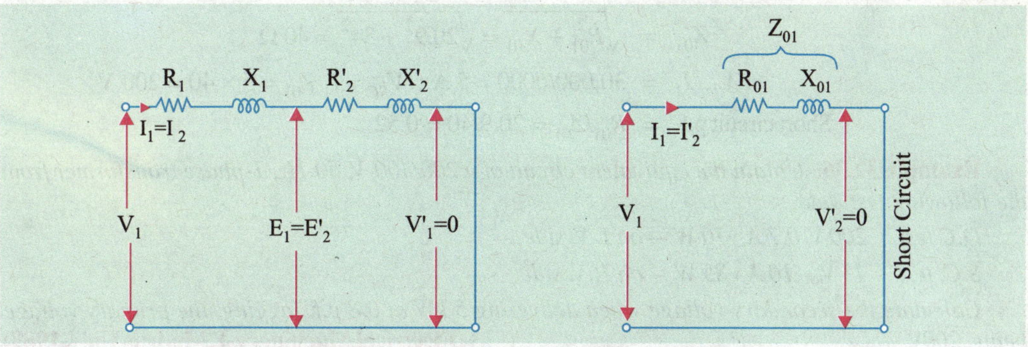

Fig. 32.46

A low voltage (usually 5 to 10% of normal primary voltage) at correct frequency (though for Cu losses it is not essential) is applied to the primary and is cautiously increased till full-load currents are flowing both in primary and secondary (as indicated by the respective ammeters).

Since, in this test, the applied voltage is a small percentage of the normal voltage, the mutual flux Φ produced is also a small percentage of its normal value (Art. 32.6). Hence, core losses are very small with the result that the wattmeter reading represent the full-load Cu loss or I^2R loss for the whole transformer *i.e.* both primary Cu loss and secondary Cu loss. The equivalent circuit of the transformer under short-circuit condition is shown in Fig. 32.46. If V_{sc} is the voltage required to circulate rated load currents, then $Z_{01} = V_{sc}/I_1$

Also $\quad W = I_1^2 R_{01}$

$\therefore \quad R_{01} = W/I_1$

$\therefore \quad X_{01} = \sqrt{\left(Z_{01}^2 - R_{01}^2\right)}$

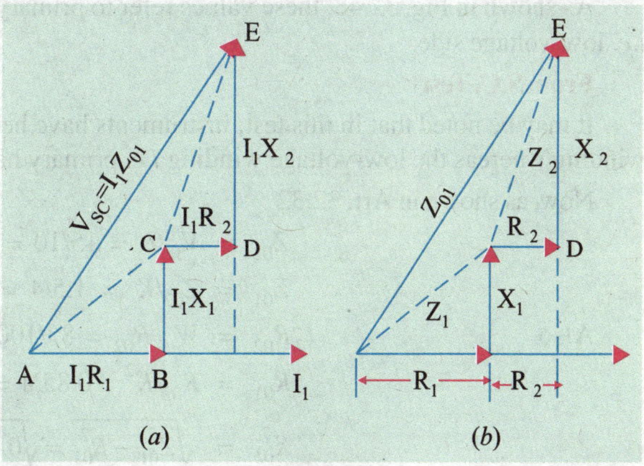

Fig. 32.47

In Fig. 32.47 (*a*) the equivalent circuit vector diagram for the short-circuit test is shown. This diagram is the same as shown in Fig. 32.34 except that all the quantities are referred to the primary side. It is obvious that the entire voltage V_{SC} is consumed in the impedance drop of the two windings.

If R_1 can be measured, then knowing R_{01}, we can find $R_2' = R_{01} - R_1$. The impedance triangle can then be divided into the appropriate equivalent triangles for primary and secondary as shown in Fig. 32.47 (*b*).

32.23. Why Transformer Rating in kVA ?

As seen, Cu loss of a transformer depends on current and iron loss on voltage. Hence, total transformer loss depends on volt-ampere (VA) and not on phase angle between voltage and current *i.e.* it is independent of load power factor. That is why rating of transformers is in kVA and not in kW.

Example 32.35. *The primary and secondary windings of a 30 kVA 76000/230, V, 1-phase transformer have resistance of 10 ohm and 0.016 ohm respectively. The reactance of the transformer referred to the primary is 34 ohm. Calculate the primary voltage required to circulate full-load current when the secondary is short-circuited. What is the power factor on short circuit ?*

(Elect. Machines AMIE Sec. B 1991)

Solution. $\quad K = 230/6000 = 23/600, \; X_{01} = 34\,\Omega,$

$$R_{01} = R_1 + R_2/K^2 = 10 + 0.016\,(600/23)^2 = 20.9\,\Omega$$

$$Z_{01} = \sqrt{R_{01}^2 + X_{01}^2} = \sqrt{20.9^2 + 34^2} = 40\ \Omega$$

$$\text{F.L., } I_1 = 30{,}000/6000 = 5\text{ A}\ ;\ V_{SC} = I_1 Z_{01} = 5 \times 40 = 200\text{ V}$$

$$\text{Short circuit p.f.} = R_{01}/Z_{01} = 20.9/40 = 0.52$$

Example 32.36. *Obtain the equivalent circuit of a 200/400-V, 50-Hz, 1-phase transformer from the following test data :*

O.C test : 200 V, 0.7 A, 70 W – on L.V. side

S.C. test : 15 V, 10 A, 85 W – on H.V. side

Calculate the secondary voltage when delivering 5 kW at 0.8 p.f. lagging, the primary voltage being 200V. **(Electrical Machinery-I, Madras Univ. 1987)**

Solution. From O.C. Test

$$V_1 I_0 \cos\phi_0 = W_0$$

$$\therefore\quad 200 \times 0.7 \times \cos\phi_0 = 70$$

$$\cos\phi_0 = 0.5 \text{ and } \sin\phi_0 = 0.866$$

$$I_w = I_0 \cos\phi_0 = 0.7 \times 0.5 = 0.35\text{ A}$$

$$I_\mu = I_0 \sin\phi_0 = 0.7 \times 0.866 = 0.606\text{ A}$$

$$R_0 = V_1/I_w = 200/0.35 = 571.4\ \Omega$$

$$X_0 = V_1/I_\mu = 200/0.606 = 330\ \Omega$$

As shown in Fig. 32.48, these values refer to primary *i.e.* low-voltage side.

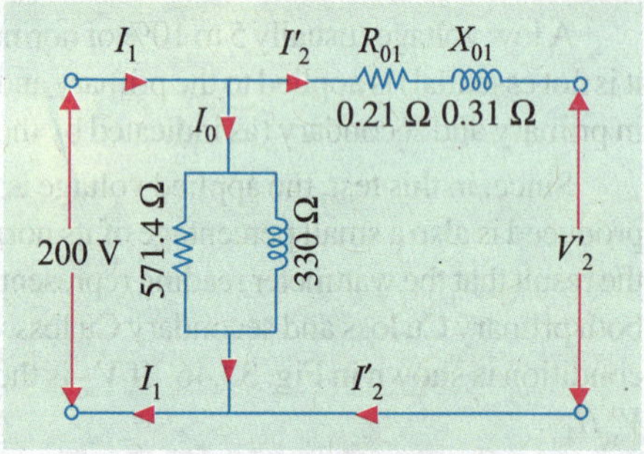

Fig. 32.48

From S.C. Test

It may be noted that in this test, instruments have been placed in the secondary *i.e.* high-voltage winding whereas the low-voltage winding *i.e.* primary has been short-circuited.

Now, as shown in Art. 32.32

$$Z_{02} = V_{sc}/I_2 = 15/10 = 1.5\ \Omega\ ;\ K = 400/200 = 2$$

$$Z_{01} = Z_{02}/K^2 = 1.5/4 = 0.375\ \Omega$$

$$\text{Also}\quad I_2^2 R_{02} = W\ ;\ R_{02} = 85/100 = 0.85\ \Omega$$

$$R_{01} = R_{02}/K^2 = 0.85/4 = 0.21\ \Omega$$

$$X_{01} = \sqrt{Z_{01}^2 - R_{01}^2} = \sqrt{0.375^2 - 0.21^2} = 0.31\ \Omega$$

$$\text{Output kVA} = 5/0.8\ ;\ \text{Output current } I_2 = 5000/0.8 \times 400 = 15.6\text{ A}$$

This value of I_2 is approximate because V_2 (which is to be calculated as yet) has been taken equal to 400 V (which, in fact, is equal to E_2 or ${}_0V_2$).

$$\text{Now,}\quad Z_{02} = 1.5\ \Omega,\ R_{02} = 0.85\ \Omega \quad \therefore\quad X_{02} = \sqrt{1.5^2 - 0.85^2} = 1.24\ \Omega$$

Total transformer drop as referred to secondary

$$= I_2 (R_{02} \cos\phi_2 + X_{02} \sin\phi_2) = 15.6\,(0.85 \times 0.8 + 1.24 \times 0.6) = 22.2\text{ V}$$

$$\therefore\quad V_2 = 400 - 22.2 = \mathbf{377.8\ V}$$

Example 32.37. *Starting from the ideal transformer, obtain the approximate equivalent circuit of a commercial transformer in which all the constants are lumped and represented on one side.*

A 1-phase transformer has a turn ratio of 6. The resistance and reactance of primary winding are 0.9 Ω and 5 Ω respectively and those of the secondary are 0.03 Ω and 0.13 Ω respectively. If 330 -V at 50-Hz be applied to the high voltage winding with the low-voltage winding short-circuited, find the current in the low-voltage winding and its power factor. Neglect magnetising current.

Solution. Here $K = 1/6\,;\, R_{01} = R_1 + R'_2 = 0.9 + (0.03 \times 36) = 1.98\ \Omega$

$$X_{01} = X_1 + X_2' = 5 + (0.13 \times 36) = 9.68\ \Omega$$

$$\therefore \quad Z_{01} = \sqrt{(9.68^2 + 1.98^2)} = 9.9\ \Omega;\ V_{SC} = 330\ \text{V}$$

$\therefore$ Full-load primary current $I_1 = V_{sc}/Z_{01} = 330/0.9 = 100/3$ A

As I_0 is negligible, hence $I_1 = I'_2 = 100/3$ A. Now, $I'_2 = KI_2$

F.L. secondary current $I_2 = I'_2 K = (100/3) \times 6 = 200$ A

Now, Power input on short-circuit $= V_{SC} I_1 \cos\phi_{SC} =$ Cu loss $= I_1^2 R_{01}$

$$\therefore \quad (100/3)^2 \times 1.98 = 330 \times (100/3) \times \cos\phi_{SC}\,;\ \cos\phi_{SC} = \mathbf{0.2}$$

Example 32.38. *A 1-phase, 10-kVA, 500/250-V, 50-Hz transformer has the following constants:*

Reactance : primary 0.2 Ω; secondary 0.5 Ω

Resistance : primary 0.4 Ω; secondary 0.1 Ω

Resistance of equivalent exciting circuit referred to primary, R_0 = 1500 Ω

Reactance of equivalent exciting circuit referred to primary, X_0 = 750 Ω

What would be the reading of the instruments when the transformer is connected for the open-circuit and short-circuit tests ?

Solution. While solving this question, reference may please be made to Art. 30.20 and 30.22.

O.C. Test

$$I_\mu = V_1/X_0 = 500/750 = 2/3\ \text{A}\,;\ I_w = V_1/R_0 = 500/1500 = 1/3\ \text{A}$$

$$\therefore \quad I_0 = \sqrt{\left[1/3)^2 + (2/3)^2\right]} = 0.745\ \text{A}$$

No-load primary input $= V_1 I_w = 500 \times 1/3 = 167$ W

Instruments used in primary circuit are : voltmeter, ammeter and wattmeter, their readings being 500 V, 0.745 A and 167 W respectively.

S.C. Test

Suppose S.C. test is performed by short-circuiting the *l.v.* winding *i.e.* the secondary so that all instruments are in primary.

$R_{01} = R_1 + R'_2 = R_1 + R_2/K^2$; Here $K = 1/2 \quad \therefore \quad R_{01} = 0.2 + (4 \times 0.5) = 2.2\ \Omega$

Similarly, $X_{01} = X_1 + X'_2 = 0.4 + (4 \times 0.1) = 0.8\ \Omega$

$$Z_{01} = \sqrt{(2.2^2 + 0.8^2)} = 2.341\ \Omega$$

Full-load primary current

$I_1 = 10{,}000/500 = 20$ A $\therefore V_{SC} = I_1 Z_{01} = 20 \times 2.341 = 46.8$ V

Power absorbed $= I_1^2 R_{01} = 20^2 \times 2.2 = 880$ W

Primary instruments will read : **46.8 V, 20 A, 880 W.**

Example 32.39. *The efficiency of a 1000-kVA, 110/220 V, 50-Hz, single-phase transformer, is 98.5 % at half full-load at 0.8 p.f. leading and 98.8 % at full-load unity p.f. Determine (i) iron loss (ii) full-load copper loss and (iii) maximum efficiency at unity p.f.*

(Elect. Engg. AMIETE Sec. A Dec. 1991)

Solution. Output at F.L. unity p.f. = 1000 × 1 = 1000 kW

F.L. input = 1000/0.988 = 1012.146 kW

F.L. lossses = 1012.146 − 1000 = 12.146 kW

If F.L. Cu and iron losses are x and y respectively then

$$x + y = 12.146\ \text{kW} \qquad \text{...}(i)$$

Input at half F.L. 0.8 p.f. = $500 \times 0.8/0.985 = 406.091$ kW

Total losses at half F.L. = $406.091 - 400 = 6.091$ kW

Cu loss at half-load = $x\,(1/2)^2 = x/4$

$\therefore \quad x/4 + y = 6.091$ ...(*ii*)

From Eqn. (*i*) and (*ii*), we get (*i*) $x = 8.073$ kW and (*ii*) $y = 4.073$ kW

(*iii*) kVA for $\eta_{max} = 1000 \times \sqrt{4.073/8.073} = 710.3$ kVA

Output at u.p.f. $= 710.3 \times 1 = 710.3$ kW

Cu loss = iron loss = 4.037 kW ; Total loss = $2 \times 4.037 = 8.074$ kW

$\therefore \quad \eta_{max} = 710.3/(710.3 + 8.074) = 0.989$ or 98.9 %

Example 32.40. *The equivalent circuit for a 200/400-V step-up transformer has the following parameters referred to the low-voltage side.*

Equivalent resistance = 0.15 Ω ; Equivalent reactance = 0.37 Ω

Core-loss component resistance = 600 Ω ; Magnetising reactance = 300 Ω

When the transformer is supplying a load at 10 A at a power factor of 0.8 lag, calculate (i) the primary current (ii) secondary terminal voltage. **(Electrical Machinery-I, Bangalore Univ. 1989)**

Solution. We are given the following :

$R_{01} = 0.15\,\Omega, X_{01} = 0.37\,\Omega\,; R_0 = 600\,\Omega, X_0 = 300\,\Omega$

Using the approximate equivalent circuit of Fig. 32.41, we have,

$$I_\mu = V_1/X_0 = 200/300 = (2/3)\text{ A}$$

$$I_w = V_1/R_0 = 200/600 = (1/3)\text{ A}$$

$$I_0 = \sqrt{I_\mu^2 + I_w^2} = \sqrt{(2/3)^2 + (1/3)^2} = 0.745\text{ A}$$

As seen from Fig. 32.49

$$\tan\theta = \frac{I_w}{I_\mu} = \frac{1/3}{2/3} = \frac{1}{2}\,;\ \theta = 26.6^\circ$$

$\therefore \quad \phi_0 = 90^\circ - 26.6^\circ = 63.4^\circ$; Angle between I_0 and

$I'_2 = 63.4^\circ - 36.9^\circ = 26.5^\circ$; $K = 400/200 = 2$

$I'_2 = KI_2 = 2 \times 10 = 20$ A

(*i*) $\quad I_1 = (0.745^2 + 20^2 + 2 \times 0.745 \times 20 \times \cos 26.5^\circ)^{1/2}$

$= \mathbf{20.67\ A}$

(*ii*) $\quad R_{02} = K^2 R_{01} = 2^2 \times 0.15 = 0.6\,\Omega$

$X_{02} = 22 \times 0.37 = 1.48\,\Omega$

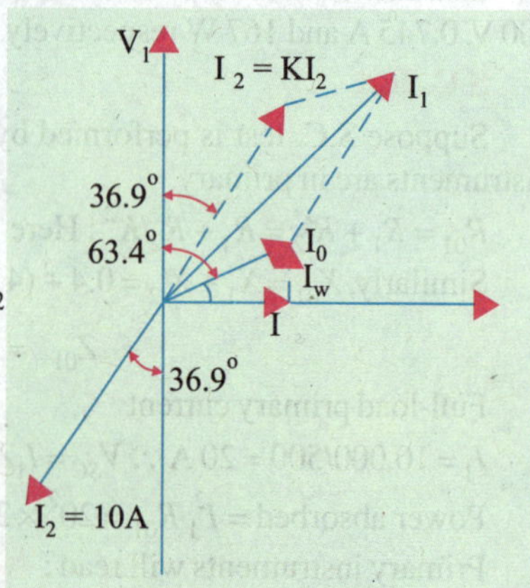

Fig. 32.49

Approximate voltage drop

$= I_2\,(R_{02}\cos\phi + X_{02}\sin\phi)$

$= 10\,(0.6 \times 0.8 + 1.48 \times 0.6) = 13.7$ V

$\therefore \quad$ Secondary terminal voltage = $400 - 13.7$

$= \mathbf{386.3\ V}$

Example 32.41. *The low voltage winding of a 300-kVA, 11,000/2500-V, 50-Hz transformer has 190 turns and a resistance of 0.06. The high-voltage winding has 910 turns and a resistance of 1.6 Ω. When the l.v. winding is short-circuited, the full-load current is obtained with 550-V applied to the h.v. winding. Calculate (i) the equivalent resistance and leakage reactance as referred to h.v. side and (ii) the leakage reactance of each winding.*

Solution. Assuming a full-load efficiency of 0.985, the full-load primary current is

$$= 300{,}000/0.985 \times 11{,}000 = 27.7\text{A}$$

$$\therefore \quad Z_{01} = 550/27.7 = 19.8\ \Omega\ ;\ R'_2 = R^2/K^2 = 0.06\ (910/190)^2 = 1.38\ \Omega$$

$$\therefore \quad R_{01} = R_1 + R'_2 = 1.6 + 1.38 = 2.98\ \Omega$$

$$X_{01} = \sqrt{(Z_{01}^2 - R_{01}^2)} = \sqrt{(19.8^2 - 2.98^2)} = 19.5\ \Omega$$

Let us make another assumption that for each winding the ratio (reactance/resistance) is the same, then

$$X_1 = 19.5 \times 1.6/2.98 = 10.5\ \Omega$$

$$X'_2 = 19.5 \times 1.38/2.98 = 9.0\ \Omega\ ;\ X_2 = 9(190/910)^2 = 0.39\ \Omega$$

(*a*) $R_{01} = $ **2.98 Ω** ; $X_{01} =$ **19.5 Ω** (*b*) $X_1 =$ **10.5 Ω** : $X_2 =$ **0.39 Ω**

Example 32.42. *A 230/115 volts, single phase transformer is supplying a load of 5 Amps, at power factor 0.866 lagging. The no-load current is 0.2 Amps at power factor 0.208 lagging. Calculate the primary current and primary power factor.*

(Nagpur University Summer 2000)

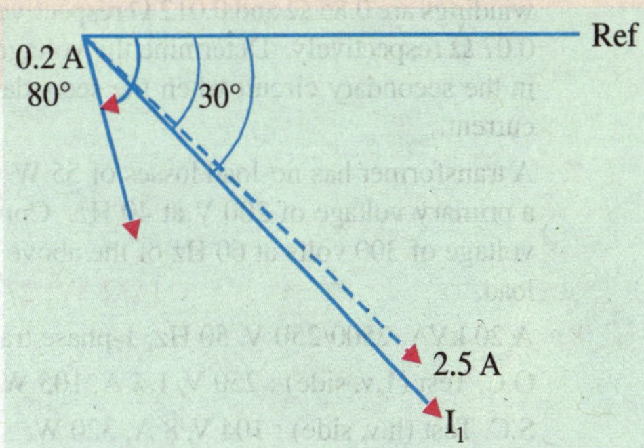

Fig. 32.50. Phasor diagram for Currents

Solution. L.V. current of 5 amp is referred to as a 2.5 amp current on the primary (= H.V.) side, at 0.866 lagging p.f. To this, the no load current should be added, as per the phasor diagram in Fig. 32.50. The phase angle of the load-current is 30° lagging. The no load current has a phase angle of 80° lagging. Resultant of these two currents has to be worked out. Along the reference, active components are added.

Active components of currents $= 2.5 \times 0.866 + 0.2 \times 0.208$

$$= 2.165 + 0.0416$$

$$= 2.2066 \text{ amp}$$

Along the perpendicular direction, the reactive components get added up.

$$\text{Reactive component} = 2.5 \times 0.5 + 0.2 \times 0.9848$$

$$= 1.25 + 0.197 = 1.447 \text{ amp.}$$

$$I_1 = 2.2066 - j\,1.447$$

$$\phi = \tan^{-1}\frac{1.447}{2.2066} = \mathbf{33.25°\ ;\ as\ shown}$$

Tutorial Problems 32.3

1. The S.C. test on a 1-phase transformer, with the primary winding short-circuited and 30 V applied to the secondary gave a wattmeter reading of 60 W and secondary current of 10 A. If the normal applied primary voltage is 200, the transformation ratio 1 :2 and the full-load secondary current 10 A, calculate the secondary terminal p.d. at full-load current for (*a*) unity power factor (*b*) power factor 0.8 lagging. If any approximations are made, they must be explained. **[394 V, 377.6 V]**
2. A single-phase transformer has a turn ratio of 6, the resistances of the primary and secondary windings are 0.9 Ω and 0.025 Ω respectively and the leakage reactances of these windings are 5.4 Ω and 0.15 Ω respectively. Determine the voltage to be applied to the low-voltage winding to obtain a current of 100 A in the short-circuited high voltage winding. Ignore the magnetising current. **[82 V]**
3. Draw the equivalent circuit for a 3000/400-V, I-phase transformer on which the following test results were obtained. Input to high voltage winding when l.v. winding is open-circuited : 3000 V, 0.5 A, 500

W. Input to l.v. winding when h.v. winding is short-circuited : 11 V, 100 A, 500 W. Insert the appropriate values of resistance and reactance.

[R_0 = 18,000 Ω, X_0 = 6,360 Ω, R_{01} = 2.81 Ω, X_{01} = 5.51 Ω] *(I.E.E. London)*

4. The iron loss in a transformer core at normal flux density was measured at frequencies of 30 and 50 Hz, the results being 30 W and 54 W respectively. Calculate (*a*) the hysteresis loss and (*b*) the eddy current loss at 50 Hz. **[44 W, 10 W]**

5. An iron core was magnetised by passing an alternating current through a winding on it. The power required for a certain value of maximum flux density was measured at a number of different frequencies. Neglecting the effect of resistance of the winding, the power required per kg of iron was 0.8 W at 25 Hz and 2.04 W at 60 Hz. Estimate the power needed per kg when the iron is subject to the same maximum flux density but the frequency is 100 Hz. **[3.63 W]**

6. The ratio of turns of a 1-phase transformer is 8, the resistances of the primary and secondary windings are 0.85 Ω and 0.012 Ω respectively and leakage reactances of these windings are 4.8 Ω and 0.07 Ω respectively. Determine the voltage to be applied to the primary to obtain a current of 150 A in the secondary circuit when the secondary terminals are short-circuited. Ignore the magnetising current. **[176.4 W]**

7. A transformer has no-load losses of 55 W with a primary voltage of 250 V at 50 Hz and 41 W with a primary voltage of 200 V at 40 Hz. Compute the hysteresis and eddy current losses at a primary voltage of 300 volts at 60 Hz of the above transformer. Neglect small amount of copper loss at no-load. **[43.5 W ; 27 W] *(Elect. Machines AMIE Sec. B. (E-3) Summer 1992)***

8. A 20 kVA, 2500/250 V, 50 Hz, 1-phase transformer has the following test results :

   O.C. Test (1.v. side) : 250 V, 1.4 A, 105 W

   S.C. Test (h.v. side) : 104 V, 8 A, 320 W

   Compute the parameters of the approximate equivalent circuit referred to the low voltage side and draw the circuit. **(R_0 = 592.5 Ω ; X_0 = 187.2 Ω ; R_{02} = 1.25 Ω ; X_{12} = 3 Ω)**

   (Elect. Machines A.M.I.E. Sec. B Summer 1990)

9. A 10-kVA, 2000/400-V, single-phase transformer has resistances and leakage reactances as follows :

   $R_1 = 5.2\ \Omega$, $X_1 = 12.5\ \Omega$, $R_2 = 0.2\ \Omega$, $X_2 = 0.5\ \Omega$

   Determine the value of secondary terminal voltage when the transformer is operating with rated primary voltage with the secondary current at its rated value with power factor 0.8 lag. The no-load current can be neglected. Draw the phasor diagram. **[376.8 V] *(Elect. Machines, A.M.I.E. Sec B, 1989)***

10. A 1000-V, 50-Hz supply to a transformer results in 650 W hysteresis loss and 400 W eddy current loss. If both the applied voltage and frequency are doubled, find the new core losses.

    [W_h = 1300 W ; W_e = 1600 W] *(Elect. Machine, A.M.I.E. Sec. B, 1993)*

11. A 50 kVA, 2200/110 V transformer when tested gave the following results :

    O.C. test (L.V. side) : 400 W, 10 A, 110 V.

    S.C. test (H.V. side) : 808 W, 20.5 A, 90 V.

    Compute all the parameters of the equivalent ckt. referred to the H.V. side and draw the resultant ckt.

    (Rajiv Gandhi Technical University, Bhopal 2000)

[Shunt branch : R_0 = 12.1 k-ohms, X_m = 4.724 k-ohms Series branch : r = 1.923 ohms, x = 4.39 ohms]

32.24. Regulation of a Transformer

1. When a transformer is loaded with a ***constant primary voltage***, the secondary voltage decreases* because of its internal resistance and leakage reactance.

Let $_0V_2$ = secondary terminal voltage at *no-load*.

---

* Assuming lagging power factor. It will increase if power factor is leading.

$= E_2 = EK_1 = KV_1$ because at no-load the impedance drop is negligible.

V_2 = secondary terminal voltage on *full-load*.

The change in secondary terminal voltage from no-load to full-load is $= {}_0V_2 - V_2$. This change divided by ${}_0V_2$ is known as regulation 'down'. If this change is divided by V_2, *i.e.*, full-load secondary terminal voltage, then it is called regulation 'up'.

$$\therefore \quad \% \text{ regn 'down'} = \frac{{}_0V_2 - V_2}{{}_0V_2} \times 100 \text{ and } \% \text{ regn 'up'} = \frac{{}_0V_2 - V_2}{V_2} \times 100$$

In further treatment, unless stated otherwise, regulation is to be taken as regulation 'down'.

We have already seen in Art. 32.16 (Fig. 32.35) that the change in secondary terminal voltage from no-load to full-load, expressed as a percentage of no-load secondary voltage is,

$$= v_r \cos\phi \pm v_x \sin\phi \qquad \text{(approximately)}$$

Or more accurately

$$= (v_r \cos\phi \pm v_x \sin\phi) + \frac{1}{200}(v_x \cos\phi \mp v_r \sin\phi)^2$$

$$\therefore \quad \% \text{ regn} = v_r \cos\phi \pm v_x \sin\phi \qquad \text{...approximately.}$$

The lesser this value, the better the transformer, because a good transformer should keep its secondary terminal voltage as constant as possible under all conditions of load.

(2) The regulation may also be explained in terms of primary values.

In Fig. 32.51 (*a*) the approximate equivalent circuit of a transformer is shown and in Fig. 32.51 (*b*), (*c*) and (*d*) the vector diagrams corresponding to different power factors are shown.

The secondary ***no-load*** terminal voltage as referred to primary is $E_2' = E_2/K = E_1 = V_1$ and if the secondary full-load voltage as referred to primary is $V_2' (= V_2/K)$ then

$$\% \text{ regn} = \frac{V_1 - V_2'}{V_1} \times 100$$

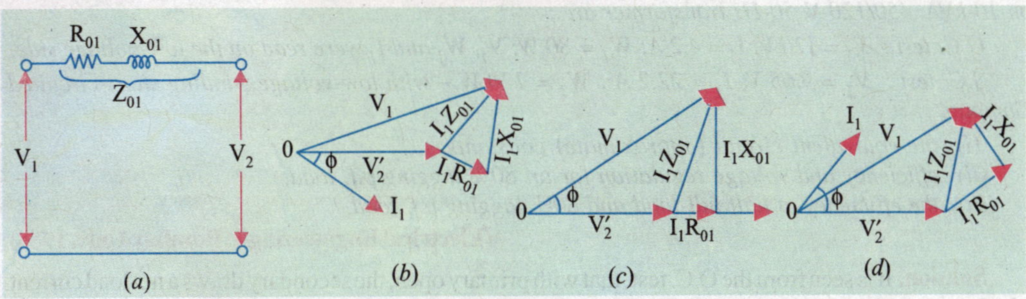

Fig. 32.51

From the vector diagram, it is clear that if angle between V_1 and V_2' is neglected, then the value of numerical difference $V_1 - V_2'$ is given by $(I_1 R_{01} \cos\phi + I_1 X_{01} \sin\phi)$ for lagging p.f.

$$\therefore \quad \% \text{ regn} = \frac{I_1 R_{01} \cos\phi + I_1 X_{01} \sin\phi}{V_1} \times 100 = v_r \cos\phi + v_x \sin\phi$$

$$\text{where} \quad \frac{I_1 R_{01} \times 100}{V_1} = v_r \text{ and } \frac{I_1 X_{01} \times 100}{V_1} = v_x \qquad \text{...Art. 32.16}$$

As before, if angle between V_1 and V_2' is not negligible, then

$$\% \text{ regn} = (v_r \cos\phi \pm v_x \sin\phi) + \frac{1}{200}(v_x \cos\phi \mp v_r \sin\phi)^2$$

(3) In the above definitions of regulation, ***primary voltage was supposed to be kept constant*** and the changes in secondary terminal voltage were considered.

As the transformer is loaded, the secondary terminal voltage falls (for a lagging p.f.). Hence, to keep the output voltage constant, the primary voltage must be increased. The rise in primary voltage required to maintain rated output voltage from no-load to full-load at a given power factor expressed as percentage of rated primary voltage gives the regulation of the transformer.

Suppose primary voltage has to be raised from its rated value V_1 to V_1', then

$$\%\text{ regn.} = \frac{V_1' - V_1}{V_1} \times 100$$

Example 32.43. *A-100 kVA transformer has 400 turns on the primary and 80 turns on the secondary. The primary and secondary resistances are 0.3 Ω and 0.01 Ω respectively and the corresponding leakage reactances are 1.1 and 0.035 Ω respectively. The supply voltage is 2200 V. Calculate (i) equivalent impedance referred to primary and (ii) the voltage regulation and the secondary terminal voltage for full load having a power factor of 0.8 leading.*

(Elect. Machines, A.M.I.E. Sec. B, 1989)

Solution. $K = 80/400 = 1/5$, $R_1 = 0.3\ \Omega$, $R_{01} = R_1 + R_2/K^2 = 0.3 + 0.01/(1/5)^2 = 0.55\ \Omega$

$$X_{01} = X_1 + X_2/K^2 = 1.1 + 0.035/(1/5)^2 = 1.975\ \Omega$$

(*i*) $$Z_{01} = 0.55 + j\,1.975 = 2.05\ \angle 74.44°$$

(*ii*) $$Z_{02} = K^2 Z_{01} = (1/5)^2\,(0.55 + j\,1.975) = (0.022 + j\,0.079)$$

No-load secondary voltage $= KV_1 = (1/5) \times 2200 = 440$ V, $I_2 = 10 \times 10^3/440 = 227.3$ A

Full-load voltage drop as referred to secondary

$$= I_2\,(R_{02}\cos\phi - X_{02}\sin\phi)$$

$$= 227.3\,(0.022 \times 0.8 - 0.079 \times 0.6) = -6.77\text{ V}$$

$$\%\text{ regn.} = -6.77 \times 100/440 = -1.54$$

Secondary terminal voltage on load $= 440 - (-6.77) =$ **446.77 V**

Example 32.44. *The corrected instrument readings obtained from open and short-circuit tests on 10-kVA, 450/120-V, 50-Hz transformer are :*

O.C. test : $V_1 = 120$ *V;* $I_1 = 4.2$ *A;* $W_1 = 80$ *W;* V_1, W_1 *and* I_1 *were read on the low-voltage side.*

S.C. test : $V_1 = 9.65$ *V;* $I_1 = 22.2$ *A ;* $W_1 = 120$ *W – with low-voltage winding short-circuited*

Compute :

(*i*) *the equivalent circuit (approximate) constants,*
(*ii*) *efficiency and voltage regulation for an 80% lagging p.f. load,*
(*iii*) *the efficiency at half full-load and 80% lagging p.f. load.*

(Electrical Engineering-I, Bombay Univ. 1988)

Soluion. It is seen from the O.C. test, that with primary open, the secondary draws a no-load current of 4.2 A. Since $K = 120/450 = 4/15$, the corresponding no-load primary current $I_0 = 4.2 \times 4/15 = 1.12$ A.

(*i*) Now, $V_1 I_0 \cos\phi_0 = 80 \quad \therefore \quad \cos\phi_0 = 80/450 \times 1.12 = 0.159$

$\therefore \quad \phi_0 = \cos^{-1}(0.159) = 80.9°;\ \sin\phi_0 = 0.987$

$I_w = I_0\cos\phi_0 = 1.12 \times 0.159 = 0.178$ A and $I_\mu = 1.12 \times 0.987 =$ **1.1 A**

$\therefore \quad R_0 = 450/0.178 =$ **2530 Ω** and $X_0 = 450/1.1 =$ **409 Ω**

During S.C. test, instruments have been placed in primary.

$$\therefore \quad Z_{01} = 9.65/22.2 = 0.435\ \Omega$$

$$R_{01} = 120/22.2^2 = 0.243\ \Omega$$

$$X_{01} = \sqrt{0.435^2 - 0.243^2} = 0.361\ \Omega$$

The equivalent circuit is shown in Fig. 32.52.

(*ii*) Total approximate voltage drop as referred to primary is $I_1\,(R_{01}\cos\phi + X_{01}\sin\phi)$.

* *Assuming* $\phi_1 = \phi_2 = \cos^{-1}(0.8)$.

Now, full-load $I_1 = 10,000/450 = 22.2$ A

$\therefore$ Drop $= 22.2\,(0.243 \times 0.8 + 0.361 \times 0.6) = 9.2$ V

Regulation $= 9.2 \times 100/450 = 2.04\%$

F.L. losses $= 80 + 120 = 200$ W;

F.L. output $= 10,000 \times 0.8 = 8000$ W

$\eta = 8000/8200 = 0.9757$ or **97.57%**

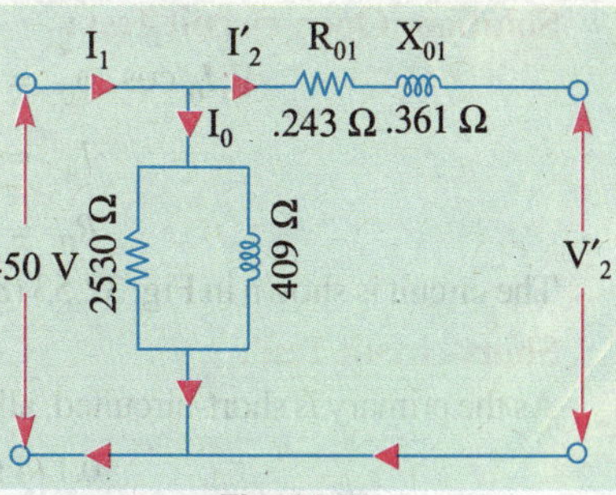

Fig. 32.52

(iii) Half-load

Iron loss $= 80$ W; Cu loss $= (1/2)^2 \times 120 = 30$ W

Total losses $= 110$ W; Output $= 5000 \times 0.8 = 4000$ W

$\therefore \quad \eta = 4000/4110 = 0.9734$ or **97.34%**

Example 32.45. *Consider a 20 kVA, 2200/220 V, 50 Hz transformer. The O.C./S.C. test results are as follows :*

O.C. test : 220 V, 4.2 A, 148 W (1.v. side)

S.C. test : 86 V, 10.5 A, 360 W (h.v. side)

Determine the regulation at 0.8 p.f. lagging and at full load. What is the p.f. on short-circuit ?

(Elect. Machines Nagpur Univ. 1993)

Solution. It may be noted that O.C. data is not required in this question for finding the regulation. Since during S.C. test instruments have been placed on the h.v. side *i.e.* primary side.

$$\therefore \quad Z_{01} = 86/10.5 = 8.19\,\Omega;\; R_{01} = 360/10.5^2 = 3.26\,\Omega$$

$$X_{01} = \sqrt{8.19^2 - 3.26^2} = 7.5\,\Omega$$

F.L. primary current, $I_1 = 20,000/2200 = 9.09$ A

Total voltage drop as referred to primary $= I_1\,(R_{01} \cos\phi + X_{01} \sin\phi)$

Drop $= 9.09\,(3.26 \times 0.8 + 7.5 \times 0.6) = 64.6$ V

% age regn. $= 64.6 \times 100/2200 =$ **2.9%**, p.f. on short-circuit $= R_{01}/Z_{01} = 3.26/8.19 =$ **0.4 lag**

Example 32.46. A *short-circuit test when performed on the h.v. side of a 10 kVA, 2000/400 V single phase transformer, gave the following data ; 60 V, 4 A, 100 W.*

If the 1.v. side is delivering full load current at 0.8 p.f. lag and at 400 V, find the voltage applied to h.v. side. **(Elect. Machines-I, Nagpur Univ. 1993)**

Solution. Here, the test has been performed on the h.v. side *i.e.* primary side.

$$Z_{01} = 60/4 = 15\,\Omega;\; R_{01} = 100/4^2 = 6.25\,\Omega;\; X_{01} = \sqrt{15^2 - 6.25^2} = 13.63\,\Omega$$

F.L. $I_1 = 10,000/2000 = 5$A

Total transformer voltage drop as referred to primary is

$$I_1\,(R_{01} \cos\phi + X_{01} \sin\phi) = 5\,(6.25 \times 0.8 + 13.63 \times 0.6) = 67 \text{ V}$$

Hence, primary voltage has to be raised from 2000 V to 2067 V in order to compensate for the total voltage drop in the transformer. In that case secondary voltage on load would remain the same as on no-load.

Example 32.47. *A 250/500-V transformer gave the following test results :*

Short-circuit test : with low-voltage winding short-circuited :

20 V; 12 A, 100 W

Open-circuit test : 250 V, 1 A, 80 W on low-voltage side.

Determine the circuit constants, insert these on the equivalent circuit diagram and calculate applied voltage and efficiency when the output is 10 A at 500 volt and 0.8 power factor lagging.

(Elect. Machines, Nagpur Univ. 1993)

Solution. Open-circuit Test :

$$V_1 I_0 \cos \phi_0 = 80 \quad \therefore \quad \cos \phi_0 = 80/250 \times I = 0.32$$

$$I_w = I_0 \cos \phi_0 = I \times 0.32 = 0.32\ A,\ I_\mu = \sqrt{(1^2 - 0.32^2)} = 0.95\ A$$

$$R_0 = V_1/I_w = 250/0.32 = 781.3\ \Omega,\ X_0 = V_1/I_\mu = 250/0.95 = 263.8\ \Omega$$

The circuit is shown in Fig. 32.53 (*a*).

Short-circuit Test :

As the primary is short-circuited, all values refer to secondary winding.

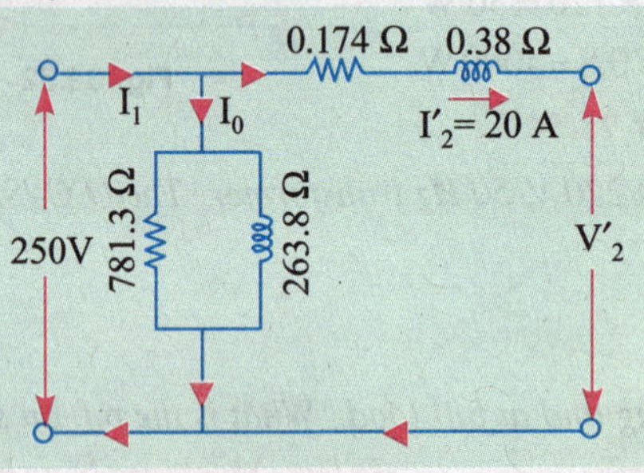

Fig. 32.53 (a)

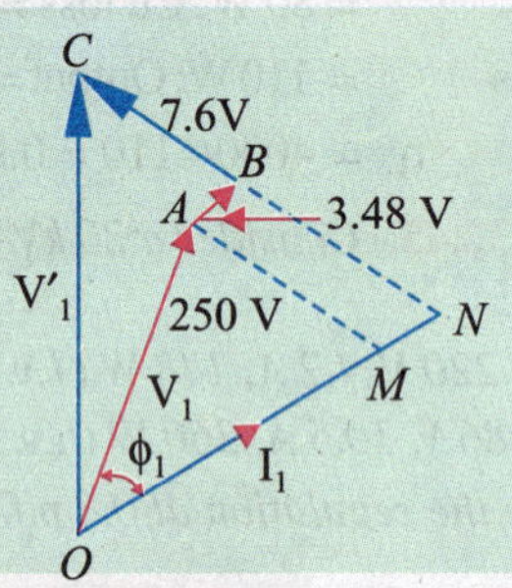

Fig. 32.53 (b)

$$\therefore \quad R_{02} = \frac{\text{short-circuit power}}{\text{F.L. secondary current}} = \frac{100}{12^2} = 0.694\ \Omega$$

$$Z_{02} = 20/12 = 1.667\ \Omega\ ;\ X_{02} = \sqrt{(1.667^2 - 0.694^2)} = 1.518\ \Omega$$

As R_0 and X_0 refer to primary, hence we will transfer these values to primary with the help of transformation ratio.

$$K = 500/250 = 2 \quad \therefore \quad R_{01} = R_{02}/K^2 = 0.694/4 = 0.174\ \Omega$$

$$X_{01} = X_{02}/K^2 = 1.518/4 = 0.38\ \Omega\ ;\ Z_{01} = Z_{02}/K^2 = 1.667/4 = 0.417\ \Omega$$

The equivalent circuit is shown in Fig. 32.53 (*a*).

Efficiency

Total Cu loss $= I_2^2 R_{02} = 100 \times 0.694 = 69.4$ W ; Iron loss = 80 W

Total loss $= 69.4 + 80 = 149.4$ W $\quad \therefore \quad \eta = \dfrac{5000 \times 0.8 \times 100}{4000 + 149.4} =$ **96.42%**

The applied voltage V_1' is the vector sum of V_1 and $I_1 Z_{01}$ as shown in Fig. 32.53 (*b*).

$$I_1 = 20\ \text{A}\ ;\ I_1 R_{01} = 20 \times 0.174 = 3.84\ \text{V}\ ;\ I_1 X_{01} = 20 \times 0.38 = 7.6\ \text{V}$$

Neglecting the angle between V_1 and V_1', we have

$$V_1'^2 = OC^2 = ON^2 + NC^2 = (OM + MN)^2 + (NB + BC)^2$$

$$= (250 \times 0.8 + 3.48)^2 + (250 \times 0.6 + 7.6)^2$$

$$V_1'^2 = 203.5^2 + 157.6^2 \quad \therefore \quad V_1' = \mathbf{257.4\ V}$$

Example 32.48. *A 230/230 V, 3 kVA transformer gave the following results :*

O.C. Test : *230 V, 2 amp, 100 W*

S.C. Test : *15 V, 13 amp, 120 W*

Determine the regulation and efficiency at full load 0.80 p.f. lagging.

(Sambalpur University, 1998)

Solution. This is the case of a transformer with turns ratio as 1 : 1. Such a transformer is mainly required for isolation.

$$\text{Rated Current} = \frac{3000}{230} = 13 \text{ amp}$$

$$\text{Cu-losses at rated load} = 120 \text{ watts, from S.C. test}$$

$$\text{Core losses} = 100 \text{ watts, from O.C. test}$$

$$\text{At full load, VA output} = 3000$$

At 0.8 lag p.f., $\quad$ Power output $= 3000 \times 0.8 = 2400$ watts

$$\text{Required efficiency} = \frac{2400}{2400 + 220} \times 100\% = 91.6\%$$

From S.C. test, $\quad Z = \dfrac{15}{13} = 1.154$ ohms

$$R = \frac{120}{15 \times 15} = 0.53 \text{ ohm}, \quad X = \sqrt{1.154^2 - 0.53^2} = 1.0251 \text{ ohm}$$

Approximate voltage regulation

$$= IR\cos\phi + IX\sin\phi = 13[0.53 \times 0.8 + 1.0251 \times 0.6]$$

$$= 13[0.424 + 0.615] = 13.51 \text{ volts}$$

In terms of %, the voltage regulation $= \dfrac{13.51}{230} \times 100\% = 5.874\%$

Example 32.49. *A 10 kVA, 500/250 V, single-phase transformer has its maximum efficiency of 94% when delivering 90% of its rated output at unity p.f. Estimate its efficiency when delivering its full-load output at p.f. of 0.8 lagging.* **(Nagpur University, November 1998)**

Solution. Rated output at unity p.f. = 10000 W. Hence, 90% of rated output = 9,000 W

Input with 94% efficiency = 9000/0.94 W

Losses = 9000((1/0.94) – 1) = 574 W

At maximum efficiency, variable copper-loss = constant = Core loss = 574/2 = 287 W

At rated current, Let the copper-loss = P_c watts

At 90% load with unity p.f., the copper-loss is expressed as $0.90^2 \times P_c$.

Hence, $\quad P_c = 287/0.81 = 354$ W

(*b*) Output at full-load, 0.8 lag p.f. = 10,000 × 0.80 = 8000 W

At the corresponding load, Full Load copper-loss = 354 W

Hence, efficiency = 8000/(8000 + 354 + 287) = 0.926 = 92.6%

Example 32.50. *Resistances and Leakage reactance of 10 kVA, 50 Hz, 2300/230 V single phase distribution transformer are r_1 = 3.96 ohms, r_2 = 0.0396 ohms, x_1 = 15.8 ohms, x_2 = 0.158 ohm. Subscript 1 refers to HV and 2 to LV winding (a) transformer delivers rated kVA at 0.8 p.f. Lagging to a load on the L.V. side. Find the H.V. side voltage necessary to maintain 230 V across Load-terminals. Also find percentage voltage regulation. (b) Find the power-factor of the rated load-current at which the voltage regulation will be zero, hence find the H.V. side voltage.*

(Nagpur University, November 1997)

Solution. (*a*) Rated current on L.V. side = 10,000/230 = 43.5 A. Let the total resistance and total leakage reactance be referred to L.V. side. Finally, the required H.V. side voltage can be worked out after transformation.

Total resistance, $\quad r = r_1' + r_2 = 3.96 \times (230/2300)^2 + 0.0396$

$= 0.0792$ ohms

Total leakage-reactance, $\quad x = x_1' + x_2 = 15.8 \times (230/2300)^2 + 0.158$

$= 0.316$ ohm

For purpose of calculation of voltage-magnitudes, approximate formula for voltage regulation can be used. For the present case of 0.8 lagging p.f.

$$V_1' = V_2 + I\,[r\cos\phi + x\sin\phi]$$
$$= 230 + 43.5\,[(0.0792 \times 0.8) + (0.316 \times 0.6)]$$
$$= 230 + 43.5\,[0.0634 + 0.1896] = 230 + 11 = 241 \text{ volts}$$

Hence, $V_1 = 241 \times (2300/230) = 2410$ volts.

It means that H.V. side terminal voltage must be 2410 for keeping 230 V at the specified load.

(*b*) Approximate formula for voltage regulation is : $V_1' - V_2 = I\,[r\cos\phi \pm x\sin\phi]$

With Lagging p.f., +ve sign is retained. With leading power-factor, the –ve sign is applicable. For the voltage-regulation to be zero, only leading P.f. condition can prevail.

Thus, $r\cos\phi - x\sin\phi = 0$

or $\tan\phi = r/x = 0.0792/0.316 = 0.25$

or $\phi = 14°, \quad \cos\phi = 0.97$ leading

Corresponding $\sin\phi = \sin 14° = 0.243$

H.V. terminal voltage required is 2300 V to maintain 230 V at Load, since Zero regulation condition is under discussion.

Example 32.51. *A 5 kVA, 2200/220 V, single-phase transformer has the following parameters.*

H.V. side : $r_1 = 3.4$ *ohms,* $x_1 = 7.2$ *ohms*

L.V. side : $r_2 = 0.028$ *ohms,* $x_2 = 0.060$ *ohms*

Transformer is made to deliver rated current at 0.8 lagging P.f. to a load connected on the L.V. side. If the load voltage is 220 V, calculate the terminal voltage on H.V. side (Neglect the exciting current). **(Rajiv Gandhi Technical University, Bhopal, Summer 2001)**

Solution. Calculations may be done referring all the parameters the L.V. side first. Finally, the voltage required on H.V. side can be obtained after transformation.

Rated current ref. to L.V. side = 5000/220 = 22.73 A

Total winding resistance ref. to L.V. side $= r_1' + r_2 = (220/2200)^2 \times 3.4 + 0.028$

Total winding-leakage-reactance ref. to L.V. side $= x_1' + x_2$

$$= (220/2200)^2 \times 7.2 + 0.060 = 0.132 \text{ ohm}$$

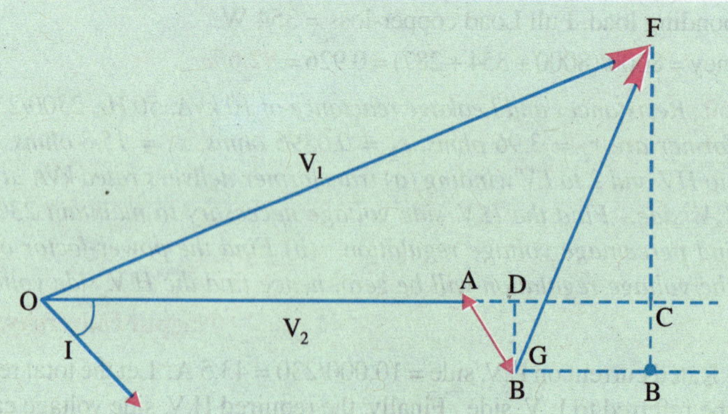

Fig. 32.53(c)

In the phasor diagram of Fig. 32.53 (*c*).

$QA = V_2 = 220$ volts, $I = 22.73$ A at lagging phase angle of 36.87°

$AB = Ir$, $AD = Ir\cos\phi = 22.73 \times 0.062 \times 0.80 = 1.127$ V

$DC = Ix\sin\phi = 22.73 \times 0.132 \times 0.60 = 1.80$ V

$$OC = 220 + 1.127 + 1.80 = 222.93 \text{ volts}$$
$$BD = Ir \sin\phi = 0.85 \text{ V}$$
$$B'F = x \cos\phi = 2.40 \text{ V}$$
$$CF = 2.40 - 0.85 = 1.55 \text{ V}$$
$$V_1' = OF = (222.93^2 + 1.55^2)^{0.50} = 222.935 \text{ volts}$$

Required terminal voltage of H.V. side = $V_1 = 222.935 \times (2200/220) = 2229.35$ volts

[**Note.** In approximate and fast calculations, CF is often ignored for calculation of magnitude of V_1'. The concerned expression is : $V_1' = V_2 + Ir\cos\phi + Ix\sin\phi$, for lagging P.f.]

Example 32.52. *A 4-kVA, 200/400 V, single-phase transformer takes 0.7 amp and 65 W on Open-circuit. When the low-voltage winding is short-circuited and 15 V is applied to the high-voltage terminals, the current and power are 10 A and 75 W respectively. Calculate the full-load efficiency at unity power factor and full-load regulation at 0.80 power-factor lagging.*

(Nagpur University April 1999)

Solution. At a load of 4 kVA, the rated currents are :

L.V. side : 4000/200 = 20 amp

And H.V. side : 4000/400 = 10 amp

From the test data, full-load copper-loss = 75 W

And constant core-loss = 65 W

From S.C. test, $Z = 15/10 = 1.5$ ohms

$R = 75/100 = 0.75$ ohm

Hence $x = \sqrt{1.5^2 - 0.75^2} = 1.30$ ohms

All these series-parameters are referred to the H.V. side, since the S.C. test has been conducted from H.V. side.

Full-load efficiency at unity p.f. = 4000 / (4000 + 65 + 75)

= 0.966 = 96.6%

Full load voltage regulation at 0.80 lagging p.f.

$$= Ir\cos\phi + Ix\sin\phi$$
$$= 10(0.75 \times 0.80 + 1.30 \times 0.60) = 16.14 \text{ Volts}$$

Thus, due to loading, H.V. side voltage will drop by 16.14 volts (*i.e.* terminal voltage for the load will be 383.86 volts), when L.V. side is energized by 200-V source.

32.25. Percentage Resistance, Reactance and Impedance

These quantities are usually measured by the voltage drop at full-load current expressed as a percentage of the normal voltage of the winding on which calculations are made.

(*i*) Percentage resistance at full-load

$$\% R = \frac{I_1 R_{01}}{V_1} \times 100 = \frac{I_1^2 R_{01}}{V_1 I_1} \times 100$$
$$= \frac{I_2^2 R_{02}}{V_2 I_2} \times 100 = \% \text{ Cu loss at full-load}$$
$$\% R = \% \text{ Cu loss} = v_r \qquad \text{...Art.32.16}$$

(*ii*) Percentage reactance at full-load

$$\% X = \frac{I_1 X_{01}}{V_1} \times 100 = \frac{I_2 X_{02}}{V_2} \times 100 = v_x$$

(iii) Percentage impedance at full-load

$$\% Z = \frac{I_1 Z_{01}}{V_1} \times 100 = \frac{I_2 Z_{02}}{V_2} \times 100$$

(iv)
$$\%Z = \sqrt{(\%R^2 + \%X^2)}$$

It should be noted from above that the reactances and resistances in ohm can be obtained thus :

$$R_{01} = \frac{\%R \times V_1}{100 \times I_1} = \frac{\%\text{ Cu loss} \times V_1}{100 \times I_1}\text{; Similarly } R_{02} = \frac{\%R \times V_2}{100 \times I_2} = \frac{\%\text{ Cu loss} \times V_2}{100 \times I_2}$$

$$X_{01} = \frac{\%X \times V_1}{100 \times I_1} = \frac{\text{v}_z \times V_1}{100 \times I_1}\text{; Similarly } X_{02} = \frac{\%X \times V_2}{100 \times I_2} = \frac{\text{v}_x \times V_2}{100 \times I_2}$$

It may be noted that percentage resistance, reactance and impedance have the same value whether referred to primary or secondary.

Example 32.53. *A 3300/230 V, 50-kVA, transformer is found to have impedance of 4% and a Cu loss of 1.8% at full-load. Find its percentage reactance and also the ohmic values of resistance, reactance and impedance as referred to primary. What would be the value of primary short-circuit current if primary voltage is assumed constant ?*

Solution.
$$\% X = \sqrt{(\%Z^2 - \%R^2)} = \sqrt{(4^2 - 1.8^2)} = 3.57\% \;(\text{ Cu loss} = \% R)$$

Full load $I_1 = 50{,}000/3300 = 15.2$ A (assuming 100% efficiency). Considering primary winding, we have

$$\% R = \frac{R_{01} I_1 \times 100}{V_L} = 1.8 \qquad \therefore R_{01} = \frac{1.8 \times 3300}{100 \times 15.2} = \mathbf{3.91\ \Omega}$$

Similarly
$$\% X = \frac{X_{01} I_1 \times 100}{V_1} = 3.57 \qquad \therefore X_{01} = \frac{3.57 \times 3300}{100 \times 15.2} = \mathbf{7.76\ \Omega}$$

Similarly
$$Z_{01} = \frac{4 \times 3300}{100 \times 15.2} = \mathbf{8.7\ \Omega}$$

Now
$$\frac{\text{Short-circuit current}^*}{\text{Full load current}} = \frac{100}{4} \qquad \therefore \text{S.C. current} = 15.2 \times 25 = \mathbf{380\ A}$$

Example 32.54. *A 20-kVA, 2200/220-V, 50-Hz distribution transformer is tested for efficiency and regulation as follows :*

O.C. test : 220 V	*4.2 A,*	*148 W*	*–l.v side*
S.C. test : 86 V	*10.5 A,*	*360 W*	*– l.v. side*

Determine (a) core loss (b) equivalent resistance referred to primary (c) equivalent resistance referred to secondary (d) equivalent reactance referred to primary (e) equivalent reactance referred to secondary (f) regulation of transformer at 0.8 p.f. lagging current (g) efficiency at full-load and half the full-load at 0.8 p.f. lagging current.

Solution. *(a)* As shown in Art 32.9, no-load primary input is practically equal to the core loss. Hence, core loss as found from no-load test, is **148 W.**

(b) From S.C. test,
$$R_{01} = 360/10.5^2 = \mathbf{3.26\ \Omega}$$

(c)
$$R_{02} = K^2 R_{01} = (220/2200)^2 \times 3.26 = \mathbf{0.0326\ \Omega}$$

---

* Short circuit
$$I_{SC} = \frac{V_1}{Z_{01}} \qquad \text{Now, } Z_{01} = \frac{V_1 \times \%Z}{100 \times I_1}$$

$$I_{SC} = \frac{V_1 \times 100 \times I_1}{V_1 \times \%Z} = \frac{100 \times I_1}{\%Z} \qquad \therefore \frac{I_{SC}}{I_1} = \frac{100}{\%Z}$$

(*d*) $$Z_{10} = \frac{V_{SC}}{I_{SC}} = \frac{86}{10.5} = 8.19\ \Omega$$

$$X_{01} = \sqrt{(8.19^2 - 3.26^2)} = \mathbf{7.51\ \Omega}$$

(*e*) $$X_{02} = K^2 X_{01} = (220/2200)^2 \times 7.51 = \mathbf{0.0751\ \Omega}$$

(*f*) We will use the definition of regulation as given in Art. 32.24 (3).

We will find the rise in primary voltage necessary to maintain the output terminal voltage constant from no-load to full-load.

$$\text{Rated primary current} = 20{,}000/2200 = 9.1\text{ A}$$

$$V_1' = \sqrt{[2200 \times 0.8 + 9.1 \times 3.26)^2 + (2200 \times 0.6 + 9.1 \times 7.51)^2]} = \mathbf{2265\ V}$$

$$\therefore \quad \%\text{ regn} = \frac{2265 - 2200}{2200} \times 100 = \mathbf{2.95\%}$$

We would get the same result by working in the secondary. Rated secondary current = **91 A.**

$${}_0V_2 = \sqrt{(220 \times 0.8 + 91 \times 0.0326)^2 + (220 \times 0.6 + 91 \times 0.0751)^2]} = 226.5\ V$$

$$\therefore \quad \%\text{ regns.} = \frac{226.5 - 220}{220} \times 100 = \mathbf{2.95\%}$$

(*g*) Core loss $= 1.48$ W. It will be the same for all loads.

Cu loss at full load $= I_1^2 R_{01} = 9.1^2 \times 3.26 = 270$ W

Cu loss at half full-load $= 4.55^2 \times 3.26 = 67.5$ W (or F.L. Cu loss/4)

$$\therefore \quad \eta \text{ at full-load} = \frac{22{,}000 \times 0.8 \times 100}{20{,}000 \times 0.8 + 148 + 270} = \mathbf{97.4\%}$$

$$\therefore \quad \eta \text{ at half-load} = \frac{10{,}000 \times 0.8 \times 100}{10{,}000 \times 0.8 + 148 + 67.5} = \mathbf{97.3\%}$$

Example 32.55. *Calculate the regulation of a transformer in which the ohmic loss is 1% of the output and the reactance drop is 5% of the voltage, when the power factor is (i) 0.80 Lag (ii) unity (iii) 0.80 Leading.* **(Madras University, 1997)**

Solution. When 1% of output is the ohmic loss, p.u. resistance of the transformer, $\varepsilon_r = 0.01$

When 5% is the reactance drop, p.u. reactance of the transformer $\varepsilon_x = 0.05$

(*i*) Per Unit regulation of the transformer at full-load, 0.8 Lagging p.f.

$= 0.01 \times \cos\phi + 0.05 \times \sin\phi = 0.01 \times 0.8 + 0.05 \times 0.06 = 0.038$ or 3.8%

(*ii*) Per Unit regulation at unity p.f. $= 0.01 \times 1 = 0.01$ or 1%

(*iii*) Per Unit regulation at 0.08 Leading p.f. $= 0.01 \times 0.8 - 0.05 \times 0.6 = -0.022$ or -2.2%

Example 32.56. *The maximum efficiency of a 500 kVA, 3300/500 V, 50 Hz, single phase transformer is 97% and occurs at 3/4th full-load u.p.f. If the impedance is 10% calculate the regulation at fullload, 0.8 p.f. Lag.* **(Madurai Kamraj University, November 1997)**

Solution. At unity p.f. with 3/4th full load, the output of the transformer

$$= 500 \times 0.75 \times 1\text{ kW} = 375\text{ kW}$$

$$0.97 = \frac{375}{375 + 2\,P_i}$$

where P_i = core loss in kW, at rated voltage.

At maximum efficiency, $x^2 P_c = P_i$

$$(0.75)^2 P_c = P_i$$

where $x = 0.75$, *i.e.* 3/4th which is the fractional loading of the transformer

$$P_c = \text{copper losses in kW, at rated current}$$

$$P_i = \frac{1}{2}\left\{(375) \times \left(\frac{1}{0.97} - 1\right)\right\} = ½ \times 375 \times \frac{3}{97} = 5.8 \text{ kW}$$

$$P_c = 5.8/(0.75)^2 = 10.3 \text{ kW}$$

Full load current in primary (H.V.) winding $= \frac{500 \times 1000}{3300} =$ **151.5 amp**

Total winding resistance ref. to primary

$$= \frac{10.3 \times 1000}{(151.5)^2} = 0.44876 \text{ ohm}$$

$$\varepsilon_r = \% \text{ resistance} = \frac{151.5 \times 0.44876}{3300} \times 100\ \% = \mathbf{2.06\%}$$

$$\varepsilon_z = \% \text{ Impedance} = 10\%$$

$$\varepsilon_x = \% \text{ reactance} = \sqrt{100 - 4.244} = \mathbf{9.7855\%}$$

By Approximate formula at 0.8 p.f. lag

$$\% \text{ regulation} = \varepsilon_r \cos\phi + \varepsilon_x \sin\phi$$

$$= 2.06 \times 0.8 + 9.7855 \times 0.6$$

$$= 1.648 + 5.87 = \mathbf{7.52\ \%}$$

Example 32.57. *A transformer has copper-loss of 1.5% and reactance-drop of 3.5% when tested at full-load. Calculate its full-load regulation at (i) u.p.f. (ii) 0.8 p.f. Lagging and (iii) 0.8 p.f. Leading.* **(Bharathithasan Univ. April 1997)**

Solution. The test-data at full-load gives following parameters :

p.u. resistance = 0.015, p.u. reactance = 0.035

(*i*) Approximate Voltage – Regulation at unity p.f. full load

$$= 0.015 \cos\phi + 0.035 \sin\phi$$

$$= 0.015 \text{ per unit} = \mathbf{1.5\%}$$

(*ii*) Approximate Voltage – Regulation at 0.80 Lagging p.f.

$$= (0.015 \times 0.8) + (0.035 \times 0.6) = 0.033 \text{ per unit} = \mathbf{3.3\%}$$

(*iii*) Approximate Voltage Regulation at 0.8 leading p.f.

$$= I_r \cos\phi - I_x \sin\phi$$

$$= (0.015 \times 0.8) - (0.035 \times 0.6) = -0.009 \text{ per unit} = \mathbf{-0.9\%}$$

32.26. Kapp Regulation Diagram

It has been shown that secondary terminal voltage falls as the load on the transformer is increased when p.f. is lagging and it increases when the power factor is leading. In other words, secondary terminal voltage not only depends on the load but on power factor also (Art. 32.16). For finding the voltage drop (or rise) which is further used in determining the regulation of the transformer, a graphical construction is employed which was proposed by late Dr. Kapp.

For drawing Kapp regulation diagram, it is necessary to know the equivalent resistance and reactance as referred to secondary *i.e.* R_{02} and X_{02}. If I_2 is the secondary load current, then secondary terminal voltage on load V_2, is obtained by subtracting $I_2 R_{02}$ and $I_2 X_{02}$ voltage drops vectorially from secondary no-load voltage ${}_0V_2$.

Now, ${}_0V_2$ is constant, hence it can be represented by a circle of constant radius OA as in Fig. 32.54. This circle is known as no-load or open-circuit e.m.f. circle. For a given load, OI_2 represents the load current and is taken as the reference vector, CB represents $I_2 R_{02}$ and is parallel to OI_2, AB represents $I_2 X_{02}$ and is drawn at right angles to CB. Vector OC obviously represents $I_2 X_{02}$ and is drawn at right angles to CB. Vector OC obviously represents secondary terminal voltage V_2. Since I_2 is constant, the drop triangle ABC remains constant in size. It is seen that end point C of V_2 lies on another circle whose centre is O'. This point O' lies at a distance of $I_2 X_{02}$ vertically below the point O and a distance of $I_2 R_{02}$ to its left as shown in Fig. 32.54.

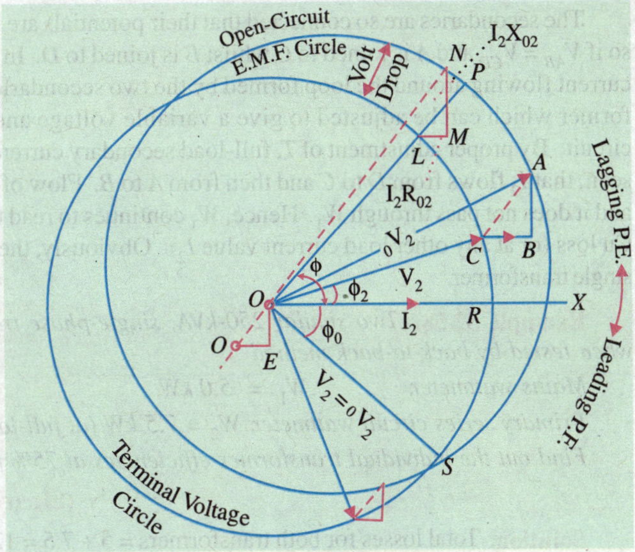

Fig. 32.54

Suppose it is required to find the voltage drop on full-load at a lagging power factor of cos ϕ, then a radius OLP is drawn inclined at an angle of ϕ with OX. $LM = I_2 R_{02}$ and is drawn horizontal $MN = I_2 X_{02}$ and is drawn perpendicular to LM. Obviously, ON is no-load voltage $_0V_2$. Now, $ON = OP = {}_0V_2$. Similarly, OL is V_2. The voltage drop $= OP - OL = LP$.

Hence, percentage regulation 'down' is $= \dfrac{OP - OL}{OP} \times 100 = \dfrac{LP}{OP} \times 100$

It is seen that for finding voltage drop, triangle LMN need not be drawn, but simply the radius OLP.

The diagram shows clearly how the secondary terminal voltage falls as the angle of lag increases. Conversely, for a leading power factor, the fall in secondary terminal voltage decreases till for an angle of ϕ_0 leading, the fall becomes zero; hence $V_2 = {}_0V_2$. For angles greater than ϕ_0, the secondary terminal voltage V_2 becomes greater than $_0V_2$.

The Kapp diagram is very helpful in determining the variation of regulation with power factor but it has the disadvantage that since the lengths of the sides of the impedance triangle are very small as compared to the radii of the circles, the diagram has to be drawn on a very large scale, if sufficiently accurate results are desired.

32.27. Sumpner of Back-to-Back Test

This test provides data for finding the regulation, efficiency and heating under load conditions and is employed only when two similar transformers are available. One transformer is loaded on the other and both are connected to supply. The power taken from the supply is that necessary for supplying the losses of both transformers and the negligibly small loss in the control circuit.

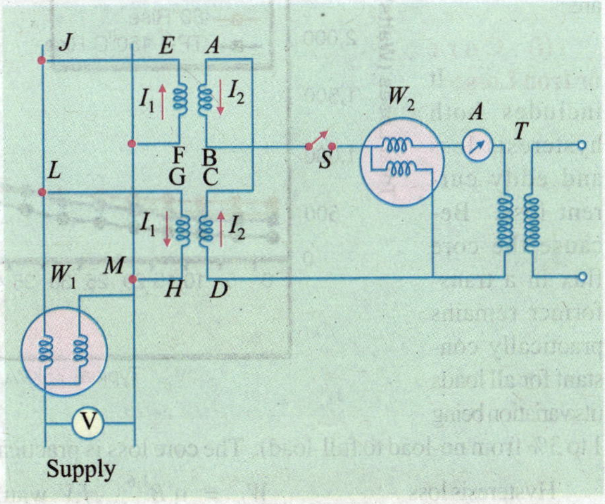

Fig. 32.55

As shown in Fig. 32.55, primaries of the two transformers are connected in parallel across the same a.c. supply. With switch S open, the wattmeter W_1 reads the core loss for the two transformers.

The secondaries are so connected that their potentials are in opposition to each other. This would so if $V_{AB} = V_{CD}$ and A is joined to C whilst B is joined to D. In that case, there would be no secondary current flowing around the loop formed by the two secondaries. T is an auxiliary low-voltage transformer which can be adjusted to give a variable voltage and hence current in the secondary loop circuit. By proper adjustment of T, full-load secondary current I_2 can be made to flow as shown. It is seen, that I_2 flows from D to C and then from A to B. Flow of I_1 is confined to the loop $FEJLGHMF$ and it does not pass through W_1. Hence, W_1 continues to read the core loss and W_2 measures full-load Cu loss (or at any other load current value I_2). Obviously, the power taken in is twice the losses of a single transformer.

Example 32.58. *Two similar 250-kVA, single-phase transformers gave the following results when tested by back-to-back method :*

Mains wattmeter, $W_1 = 5.0$ *kW*

Primary series circuit wattmeter, $W_2 = 7.5$ *kW (at full-load current).*

Find out the individual transformer efficiencies at 75% full-load and 0.8 p.f. lead.

(Electrical Machines-III, Gujarat Univ. 1986)

Solution. Total losses for both transformers = 5 + 7.5 = 12.5 kW

F.L. loss for each transformer = 12.5/2 = 6.25 kW

$$\text{Copper-loss at 75\% load} = \left(\frac{3}{4}\right)^2 \times \frac{7.5}{2} \text{ kW} = 2.11 \text{ kW}$$

Output of each transformer at 75% F.L. and 0.8 p.f. = (250 × 0.75) × 0.8 = 150 kW

$$\eta = \frac{150}{150 + 2.5 + 2.11} = \mathbf{97\%}$$

32.28. Losses in a Transformer

In a static transformer, there are no friction or windage losses. Hence, the only losses occuring are :

(i) **Core or Iron Loss :** It includes both hysteresis loss and eddy current loss. Because the core flux in a transformer remains practically constant for all loads (its variation being 1 to 3% from no-load to full-load). The core loss is practically the same at all loads.

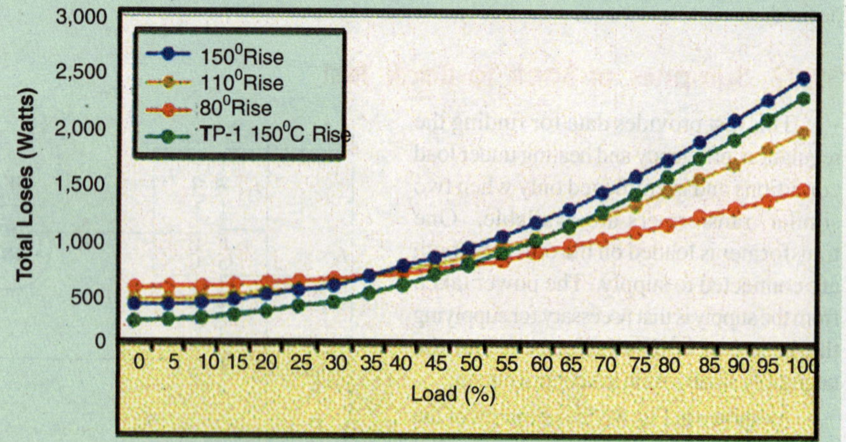

Typical 75kVA Transformer Losses vs. Load

Hysteresis loss $W_h = \eta B^{1.6}_{max} f V$ watt; eddy current loss $W_e = PB^2_{max} f^2 t^2$ watt

These losses are minimized by using steel of high silicon content for the core and by using very thin laminations. Iron or core loss is found from the *O.C.* test. ***The input of the transformer when on no-load measures the core loss.***

(ii) **Copper loss.** This loss is due to the ohmic resistance of the transformer windings. Total Cu loss $= I_1^2R_1 + I_2^2R_2 = I_1^2R_{01} + I_2^2R_{02}$. It is clear that Cu loss is proportional to (current)^2 or kVA^2. In other words, Cu loss at half the full-load is one-fourth of that at full-load.

The value of Cu loss is found from the short-circuit test (Art. 32.22).

32.29. Efficiency of a Transformer

As is the case with other types of electrical machines, the efficiency of a transformer at a particular load and power factor is defined as the output divided by the input–the two being measured in the same units (either watts or kilowatts).

$$\text{Efficiency} = \frac{\text{Output}}{\text{Input}}$$

But a transformer being a highly efficient piece of equipment, has very small loss, hence it is impractical to try to measure transformer, efficiency by measuring input and output. These quantities are nearly of the same size. A better method is to determine the losses and then to calculate the efficiency from ;

$$\text{Efficiency} = \frac{\text{Output}}{\text{Output + losses}} = \frac{\text{Output}}{\text{Output + Cu loss + iron loss}}$$

or
$$\eta = \frac{\text{Input} - \text{Losses}}{\text{Input}} = 1 - \frac{\text{losses}}{\text{Input}}$$

It may be noted here that efficiency is based on power output in watts and not in volt-amperes, although losses are proportional to VA. Hence, at any volt-ampere load, the efficiency depends on power factor, being maximum at a power factor of unity.

Efficiency can be computed by determining core loss from no-load or open-circuit test and Cu loss from the short-circuit test.

32.30. Condition for Maximum Efficiency

$$\text{Cu loss} = I_1^2R_{01} \text{ or } I_2^2R_{02} = W_{cu}$$

$$\text{Iron loss} = \text{Hysteresis loss} + \text{Eddy current loss} = W_h + W_e = W_i$$

Considering primary side,

$$\text{Primary input} = V_1I_1 \cos\phi_1$$

$$\eta = \frac{V_1I_1\cos\phi_1 - \text{losses}}{V_1I_1\cos\phi_1} = \frac{V_1I_1\cos\phi_1 - I_1^2R_{01} - W_i}{V_1I_1\cos\phi_1}$$

$$= 1 - \frac{I_1R_{01}}{V_1\cos\phi_1} - \frac{W_i}{V_1I_1\cos\phi_1}$$

Differentiating both sides with respect to I_1, we get

$$\frac{d\eta}{dI_1} = 0 - \frac{R_{01}}{V_1\cos\phi_1} + \frac{W_i}{V_1I_1^2\cos\phi_1}$$

For η to be maximum, $\dfrac{d\eta}{dI_1} = 0$. Hence, the above equation becomes

$$\frac{R_{01}}{V_1\cos\phi_1} = \frac{W_i}{V_1I_1^2\cos\phi_1} \quad \text{or} \quad W_i = I_1^2R_{01} \text{ or } I_2^2R_{02}$$

or **Cu loss = Iron loss**

The output current corresponding to maximum efficiency is $I_2 = \sqrt{(W_i/R_{02})}$.

It is this value of the output current which will make the Cu loss equal to the iron loss. By proper design, it is possible to make the maximum efficiency occur at any desired load.

Note. *(i)* If we are given iron loss and full-load Cu loss, then the load at which two losses would be equal (*i.e.* corresponding to maximum efficiency) is given by

$$= \text{Full load} \times \sqrt{\left(\frac{\text{Iron loss}}{\text{F.L. Cu loss}}\right)}$$

In Fig. 32.56, Cu losses are plotted as a percentage of power input and the efficiency curve as deduced from these is also shown. It is obvious that the point of intersection of the Cu and iron loss curves gives the point of maximum efficiency. It would be seen that the efficiency is high and is practically constant from 15% full-load to 25% overload.

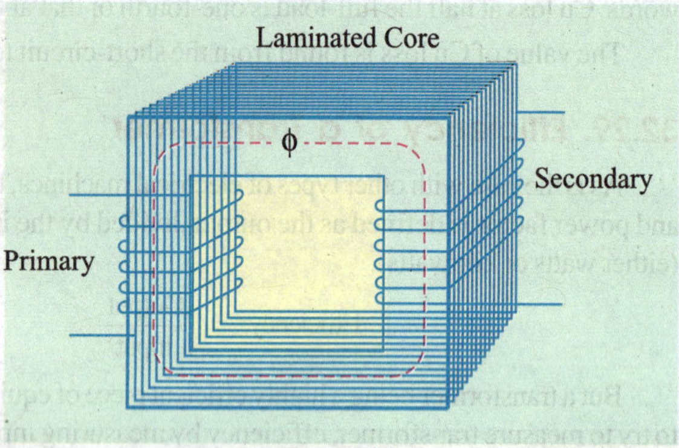

Fig. 32.56

(ii) The efficiency at any load is given by

$$\eta = \frac{x \times \text{full-load kVA} \times \text{p.f.}}{(x \times \text{full-load kVA} \times \text{p.f.}) + W_{cu} + W_i} \times 100$$

where x = ratio of actual to full-load kVA

W_i = iron loss in kW ; W_{cu} = Cu loss in kW.

Example 32.59. *In a 25-kVA, 2000/200 V, single-phase transformer, the iron and full-load copper losses are 350 and 400 W respectively. Calculate the efficiency at unity power factor on (i) full load (ii) half full-load.* **(Elect. Engg. & Electronic, Bangalore Univ. 1990 and Similar example in U.P. Technical University 2001)**

Solution. ***(i)* Full-load Unity p.f.**

$$\text{Total loss} = 350 + 400 = 750 \text{ W}$$

$$\text{F.L. output at u.p.f.} = 25 \times 1 = 25 \text{ kW} ; \eta = 25/25.75 = 0.97 \text{ or } \mathbf{97\%}$$

***(ii)* Half F.L. Unity p.f.**

Cu loss = 400 × $(1/2)^2$ = 100 W. Iron loss remains constant at 350 W, Total loss = 100 + 350 = 450 W.

Half-load output at u.p.f. = 12.5 kW

$$\therefore \quad \eta = 12.5/(12.5 + 0.45) = \mathbf{96.52\%}$$

Example 32.60. *If P_1 and P_2 be the iron and copper losses of a transformer on full-load, find the ratio of P_1 and P_2 such that maximum efficiency occurs at 75% full-load.*

(Elect. Machines AMIE Sec. B, Summer 1992)

Solution. If P_2 is the Cu loss at full-load, its value at 75% of full-load is $= P_2 \times (0.75)^2 = 9P_2/16$. At maximum efficiency, it equals the iron loss P_1 which remains constant throughout. Hence, at maximum efficiency.

$$P_1 = 9P_2/16 \quad \text{or} \quad P_1/P_2 = 9/16.$$

Example 32.61. *A 11000/230 V, 150-kVA, 1-phase, 50-Hz transformer has core loss of 1.4 kW and F.L. Cu loss of 1.6 kW. Determine*

(i) the kVA load for max. efficiency and value of max. efficiency at unity p.f.

(ii) the efficiency at half F.L. 0.8 p.f. leading **(Basic Elect. Machine, Nagpur Univ. 1993)**

Solution. *(i)* Load kVA corresponding to maximum efficiency is

$$= \text{F.L. kVA} \times \sqrt{\frac{\text{Iron loss}}{\text{F.L. Cu loss}}} = 250 \times \sqrt{\frac{1.6}{1.4}} = 160 \text{ kVA}$$

Since Cu loss equals iron loss at maximum efficiency, total loss = 1.4 + 1.4 = 2.8 kW ; output = 160 × 1 = 160 kW

$$\eta_{max} = 160/162.8 = 0.982 \text{ or } \mathbf{98.2\%}$$

(ii) Cu loss at half full-load = $1.6 \times (1/2)^2 = 0.4$ kW ; Total loss = 1.4 + 0.4 = 1.8 kW

Half F.L. output at 0.8 p.f.= (150/2) × 0.8 = 60 kW

$\therefore$ Efficiency = 60/(60 + 1.8) = 0.97 or **97%**

Example 32.62. *A 5-kVA, 2,300/230-V, 50-Hz transformer was tested for the iron losses with normal excitation and Cu losses at full-load and these were found to be 40 W and 112 W respectively. Calculate the efficiencies of the transformer at 0.8 power factor for the following kVA outputs :*

1.25 2.5 3.75 5.0 6.25 7.5

Plot efficiency vs kVA output curve. **(Elect. Engg. -I, Bombay Univ. 1987)**

Solution. F.L. Cu loss = 112 W ; Iron loss = 40 W

(i) Cu loss at 1.25 kVA = $112 \times (1.25/5)^2 = 7$ W

Total loss = 40 + 7 = 47 W Output = 1.25 × 0.8 = 1 kW = 1,000 W

η = 100 × 1,000/1,047 = **95.51 %**

(ii) Cu loss at 2.5 kVA = $112 \times (2.5/5)^2 = 28$ W

Total loss = 40 + 28 = 68 W

Output = 2.5 × 0.8 = 2 kW

η = 2,000 × 100/2,068 = **96.71%**

(iii) Cu loss at 3.75 kVA

= $112 \times (3.75/5)^2 = 63$ W

Total loss = 40 + 63 = 103 W

η = 3,000 × 100/3,103 = **96.68 %**

(iv) Cu loss at 5 kVA

= 112 W

Total loss = 152 W = 0.152 kW

Output = 5 × 0.8 = 4 kW

η = 4 × 100/4.142 = **96.34 %**

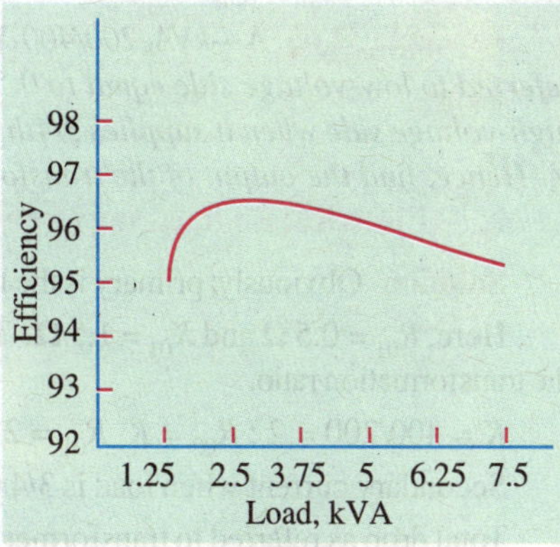

Fig. 32.57

(v) Cu loss at 6.25 kVA

= $112 \times (6.25/5)^2 = 175$ W

Total loss = 125 W = 0.125 kW ; Output = 6.25 × 0.8 = 5 kW

η = 5 × 100/5.215 = **95.88 %**

(vi) Cu loss at 7.5 kVA = $112 \times (7.5/5)^2 = 252$ W

Total loss = 292 W = 0.292 kW ; Output = 7.5 × 0.8 = 6 kW

η = 6 × 100/6.292 = **95.36 %**

The curve is shown in Fig. 32.57.

Example 32.63. *A 200-kVA transformer has an efficiency of 98% at full load. If the max. efficiency occurs at three quarters of full-load, calculate the efficiency at half load. Assume negligible magnetizing current and p.f. 0.8 at all loads.* **(Elect. Technology Punjab Univ. Jan. 1991)**

Solution. As given, the transformer has a F.L. efficiency of 98 % at 0.8 p.f.

$$\text{F.L. output} = 200 \times 0.8 = 160 \text{ kW} ; \text{F.L. input} = 160/0.98 = 163.265 \text{ kW}$$

$$\text{F.L. losses} = 163.265 - 160 = 3.265 \text{ kW}$$

This loss consists of F.L. Cu loss x and iron loss y.

$$\therefore \quad x + y = 3.265 \text{ kW} \quad ...(i)$$

It is also given that η_{max} occurs at three quarters of full-load when Cu loss becomes equal to iron loss.

$$\therefore \quad \text{Cu loss at 75 \% of F.L.} = x\,(3/4)^2 = 9\,x/16$$

Since y remains constant, hence $9\,x/16 = y$ ...(ii)

Substituting the value of y in Eqn. (i), we get $x + 9\,x/16 = 3265$ or $x = 2090$ W; $y = 1175$ W

Half-load Unity p.f.

$$\text{Cu loss} = 2090 \times (1/2)^2 = 522 \text{ W} ; \text{total loss} = 522 + 1175 = 1697 \text{ W}$$

$$\text{Output} = 100 \times 0.8 = 80 \text{ kW} ; \eta = 80/81.697 = 0.979 \text{ or } \mathbf{97.9\ \%}$$

Example 32.64. *A 25-kVA, 1-phase transformer, 2,200 volts to 220 volts, has a primary resistance of 1.0 Ω and a secondary resistance of 0.01 Ω. Find the equivalent secondary resistance and the full-load efficiency at 0.8 p.f. if the iron loss of the transformer is 80% of the full-load Cu loss.*

(Elect. Technology, Utkal Univ. 1998)

Solution. $K = 220/2{,}200 = 1/10 ; R_{02} = R_2 + K_2 R_1 = 0.01 + 1/100 = \mathbf{0.02\ \Omega}$

$$\text{Full-load } I_2 = 25{,}000/220 = 113.6 \text{ A} ; \text{F.L. Cu loss} = I_2^2 R_{02} = 113.6^2 \times 0.02 = 258 \text{ W.}$$

$$\text{Iron loss} = 80\% \text{ of } 258 = 206.4 \text{ W} ; \text{Total loss} = 258 + 206.4 = 464.4 \text{ W}$$

$$\text{F.L. output} = 25 \times 0.8 = 20 \text{ kW} = 20{,}000 \text{ W}$$

$$\text{Full-load } \eta = 20{,}000 \times 100/(20{,}000 + 464.4) = \mathbf{97.7\ \%}$$

Example 32.65. *A 4-kVA, 200/400-V, 1-phase transformer has equivalent resistance and reactance referred to low-voltage side equal to 0.5 Ω and 1.5 Ω respectively. Find the terminal voltage on the high-voltage side when it supplies 3/4th full-load at power factor of 0.8, the supply voltage being 220 V. Hence, find the output of the transformer and its efficiency if the core losses are 100 W.*

(Electrical Engineering ; Bombay Univ. 1985)

Solution. Obviously, primary is the low-voltage side and the secondary, the high voltage side.

Here, $R_{01} = 0.5\ \Omega$ and $X_{01} = 1.5\ \Omega$. These can be transferred to the secondary side with the help of the transformation ratio.

$K = 400/200 = 2 ; R_{02} = K^2 R_{01} = 2^2 \times 0.5 = 2\ \Omega ; X_{02} = K^2 X_{01} = 4 \times 1.5 = 6\ \Omega$

Secondary current when load is 3/4 the, full-load is $= (1{,}000 \times 4 \times 3/4)/400 = 7.5$ A

Total drop as referred to transformer secondary is

$= I_2 (R_{02} \cos \phi + X_{02} \sin \phi)$* $= 7.5\,(2 \times 0.8 + 6 \times 0.6) = 39$ V

$\therefore$ Terminal voltage on high-voltage side under given load condition is

$$= 400 - 39 = \mathbf{361\ V}$$

$$\text{Cu loss} = I_2^2 R_{02} = 7.5^2 \times 2 = 112.5 \text{ W} \qquad \text{Iron loss} = 100 \text{ W}$$

$$\text{Total loss} = 212.5 \text{ W} \qquad \text{output} = (4 \times 3/4) \times 0.8 = \mathbf{2.4\ kW}$$

$$\text{Input} = 2{,}400 + 212.5 = 2{,}612.5 \text{ W} \qquad \eta = 2{,}400 \times 100/2{,}612.5 = \mathbf{91.87\ \%}$$

Example 32.66. *A 20-kVA, 440/220 V, I-ϕ, 50 Hz transformer has iron loss of 324 W. The Cu loss is found to be 100 W when delivering half full-load current. Determine (i) efficiency when*

* Assuming a lagging power factor

delivering full-load current at 0.8 lagging p.f. and (ii) the percent of full-load when the efficiency will be maximum. **(Electrotechnique-II, M.S. Univ., Baroda 1987)**

Solution. F.L. Cu loss $= 2^2 \times 100 = 400$ W ; Iron loss = 324 W

(*i*) F.L. efficiency at 0.8 p.f. $= \dfrac{20 \times 0.8}{(20 \times 0.8) + 0.724} \times 100 =$ **95.67 %**

(*ii*) $\dfrac{\text{kVA for maximum}}{\text{F.L. kVA}} = \sqrt{\dfrac{\text{Iron loss}}{\text{F.L. Cu loss}}} = \sqrt{\dfrac{324}{400}} = 0.9$

Hence, efficiency would be maximum at **90** % of F.L.

Example 32.67. *Consider a 4-kVA, 200/400 V single-phase transformer supplying full-load current at 0.8 lagging power factor. The O.C./S.C. test results are as follows :*

O.C. test	:	*200 V,*	*0.8 A,*	*70 W*	*(I.V. side)*
S.C. test	:	*20 V,*	*10 A,*	*60*	*(H.V. side)*

Calculate efficiency, secondary voltage and current into primary at the above load.

Calculate the load at unity power factor corresponding to maximum efficiency.

(Elect. Machines Nagpur Univ. 1993)

Solution. Full-load, $I_2 = 4000/400 = 10$ A

It means that S.C. test has been carried out with full secondary flowing. Hence, 60 W represents full-load Cu loss of the transformer.

Total F.L. losses = 60 + 70 = 130 W ; F.L. output $= 4 \times 0.8 = 3.2$ kW

F.L. $\eta = 3.2/3.33 = 0.96$ or **96 %**

S.C. Test

$\mathbf{Z}_{02} = 20/10 = 2\,\Omega$; $I_2^2 R_{02} = 60$ or $R_{02} = 60/10^2 = 0.6\,\Omega$; $X_{02} = \sqrt{2^2 - 0.6^2} = 1.9\,\Omega$

Transformer voltage drop as referred to secondary

$$= I_2 (R_{02} \cos\phi + X_{02} \sin\phi) = 10\,(0.6 \times 0.8 + 1.9 \times 0.6) = 16.2 \text{ V}$$

$$\therefore \quad V_2 = 400 - 16.2 = 383.8 \text{ V}$$

Primary current = 4000/200 = 20 A

kVA corresponding to $\eta_{max} = 4 \times \sqrt{70/60} = 4.32$ kVA

$\therefore$ Load at u.p.f. corresponding to $\eta_{max} = 4.32 \times 1 =$ **4.32 kW**

Example 32.68. *A 600 kVA, 1-phase transformer has an efficiency of 92 % both at full-load and half-load at unity power factor. Determine its efficiency at 60 % of full-load at 0.8 power factor lag.*

(Elect. Machines, A.M.I.E. Sec. B, 1992)

Solution.

$$\eta = \frac{x \times kVA \times \cos\phi}{(x \times kVA) \times \cos\phi + W_i + x^2 W_{Cu}} \times 100$$

where x represents percentage of full-load

W_i is iron loss and W_{Cu} is full-load Cu loss.

At F.L. u.p.f. Here $x = 1$

$$\therefore \quad 92 = \frac{1 \times 600 \times 1}{1 \times 600 \times 1 + W_1 + I^2 W_{Cu}} \times 100,\ W_i + W_{Cu} = 52.174 \text{ kW} \quad \text{...(i)}$$

At half F.L. UPF. Here $x = 1/2$

$$92 = \frac{1/2 \times 600 \times 1}{(1/2) \times 600 \times 1 + W_i + (1/2)^2 W_{Cu}} \times 100;$$

$\therefore \quad W_i + 0.25 \quad W_{Cu} = 26.087$ kW ...(*ii*)

From (*i*) and (*ii*), we get, $W_i = 17.39$ kW, $W_{Cu} = 34.78$ kW

60 % F.L. 0.8 p.f. (lag) Here, $x = 0.6$

$$\eta = \frac{0.6 \times 600 \times 0.8 \times 100}{(0.6 \times 600 \times 0.8) + 17.39 + (0.6)^2\, 34.78} = \mathbf{85.9\ \%}$$

Example 32.69. *A 600-kVA, 1-ph transformer when working at u.p.f. has an efficiency of 92 % at full-load and also at half-load. Determine its efficiency when it operates at unity p.f. and 60 % of full-load.* **(Electric. Machines, Kerala Univ. 1987)**

Solution. The fact that efficiency is the same *i.e.* 92 % at both full-load and half-load will help us to find the iron and copper losses.

At full-load

Output = 600 kW ; Input = 600/0.92 = 652.2 kW ; Total loss = 652.2 − 600 = 52.2 kW

Let x = Iron loss — It remains constant at all loads.

y = F.L. Cu loss — It is $\propto (\text{kVA})^2$. $\therefore \quad x + y = 52.2$ ...(*i*)

At half-load

Output = 300 kW ; Input = 300/0.92 $\therefore$ Losses = (300/0.92 − 300) = 26.1 kW

Since Cu loss becomes one-fourth of its F.L. value, hence

$$x + y/4 = 26.1$$

Solving for x and y, we get x = **17.4 kW** ; y = 34.8 kW ...(*ii*)

At 60 % full-load

Cu loss = $0.6^2 \times 34.8$ = 12.53 kW ; Total loss = 17.4 + 12.53 = 29.93 kW

Output = 600 × 0.6 = 360 kW $\therefore$ η = 360/389.93 = 0.965 or **96.5 %**

Example 32.70. *The maximum efficiency of a 100-kVA, single phase transformer is 98% and occurs at 80% of full load at 8 p.f. If the leakage impedance of the transformer is 5 %, find the voltage regulation at rated load of 0.8 power factor lagging.*

(Elect. Machines-I, Nagpur Univ. 1993)

Solution. Since maximum efficiency occurs at 80 percent of full-load at 0.8 p.f.,

Output at η_{max} = (100 × 0.8) × 0.8 = 64 kW ; Input = 64/0.98 = 65.3 kW

$\therefore$ Total loss = 65.3 − 64 = 1.3 kW. This loss is divided equally between Cu and iron.

$\therefore$ Cu loss at 80 % of full-load = 1.3/2 = 0.65 kW

Cu loss at full-load = $0.65/0.8^2$ = 1 kW

$$\%\ R = \frac{\text{Cu loss}}{V_2 I_2} \times 100 = 1 \times \frac{100}{100} = 1\ \% = v_r\ ;\ v_x = 5\ \%$$

$$\therefore \quad \%\text{age regn.} = (1 \times 0.8 + 5 \times 0.6) + \frac{1}{200}(5 \times 0.8 - 1 \times 0.6)^2 = \mathbf{0.166\ \%}$$

Example 32.71. *A 10 kVA, 5000/440-V, 25-Hz single phase transformer has copper, eddy current and hysteresis losses of 1.5, 0.5 and 0.6 per cent of output on full load. What will be the percentage losses if the transformer is used on a 10-kV, 50-Hz system keeping the full-load current constant ? Assume unity power factor operation. Compare the full load efficiencies for the two cases.*

(Elect. Machines, A.M.I.E., Sec. B, 1991)

Solution. We know that $E_1 = 4{,}44\, f N_1 B_1 A$.. When both excitation voltage and frequency are doubled, flux remains unchanged.

F.L. output at upf = 10 kVA × 1 = 10 kW

F.L. Cu loss = 1.5 × 10/100 = 0.15 kW ; Eddy current loss

= 0.5 × 10/100 = 0.05 kW ; Hysteresis loss = 0.6 × 10/100 = 0.06 kW

Now, full-load current is kept constant but voltage is increased from 5000 V to 10,000 V. Hence, output will be doubled to 20 kW. Due to constant current, Cu loss would also remain constant.

New Cu loss = 0.15 kW, % Cu loss = (0.15/20) × 100 = 0.75 %

Now, eddy current loss $\propto f^2$ and hysteresis loss $\propto f$.

New eddy current loss = 0.05 $(50/25)^2$ = 0.2 kW, % eddy current loss = (0.2/20) × 100 = 1 %

Now, $W_h = 0.06 \times (50/25) = 0.12$ kW, % $W_h = (0.12/20) \times 100 = 0.6$ %

$$\eta_1 = \frac{10}{10 + 0.15 + 0.05 + 0.06} \times 100 = \mathbf{87.4\ \%}$$

$$\eta_2 = \frac{20}{20 + 0.15 + 0.2 + 0.12} \times 100 = \mathbf{97.7\ \%}$$

Example 32.72. *A 300-kVA, single-phase transformer is designed to have a resistance of 1.5 % and maximum efficiency occurs at a load of 173.2 kVA. Find its efficiency when supplying full-load at 0.8 p.f. lagging at normal voltage and frequency.* **(Electrical Machines-I, Gujarat Univ. 1985)**

Solution.

$$\% R = \frac{\text{F.L. Cu loss}}{\text{Full-load } V_2 I_2} \times 100 \; ; \; 1.5 = \frac{\text{F.L. Cu loss}}{300 \times 1000} \times 100$$

$$\therefore \quad \text{F.L. Cu loss} = 1.5 \times 300 \times 1000/100 = 4500 \text{ W}$$

Also,

$$173.2 = 300\sqrt{\frac{\text{Iron Loss}}{4500}} \; ; \; \text{Iron loss} = 1500 \text{ W}$$

$$\text{Total F.L. loss} = 4500 + 1500 = 6 \text{ kW}$$

$$\text{F.L. } \eta \text{ at 0.8 p.f.} = \frac{300 \times 0.8}{(300 \times 0.8) + 6} \times 100 = \mathbf{97.6\ \%}$$

Example 32.73. *A single phase transformer is rated at 100-kVA, 2300/230-V, 50 Hz. The maximum flux density in the core is 1.2 Wb/m² and the net cross-sectional area of the core is 0.04 m². Determine*

(a) The number of primary and secondary turns needed.

(b) If the mean length of the magnetic circuit is 2.5 m and the relative permeability is 1200, determine the magnetising current. Neglect the current drawn for the core loss.

(c) On short-circuit with full-load current flowing, the power input is 1200 W and an open-circuit with rated voltage, the power input was 400 W. Determine the efficiency of the transformer at 75 % of full-load with 0.8 p.f. lag.

(d) If the same transformer is connected to a supply of similar voltage but double the frequency (i.e., 100 Hz). What is the effect on its efficiency ? **(Elect. Engg., Bombay Univ. 1988)**

Solution. (*a*) Applying e.m.f. equation of the transformer to the primary, we have

$$2300 = 4.44 \times 50 \times N_1 \times (1.2 \times 0.0.4) \quad \therefore \quad N_1 = \mathbf{216}$$

$$K = 230/2300 = 1/10 \quad N_2 = KN_1 = 216/10 = 21.6 \text{ or } \mathbf{22}$$

(*b*)

$$AT = H \times l = \frac{B}{\mu_0 \mu_r} \times l = \frac{1.2 \times 2.5}{4\pi \times 10^{-7} \times 1200} = 1989 \quad \therefore I = \frac{1989}{216} = \mathbf{9.21\ A}$$

(*c*)

$$\text{F.L. Cu loss} = 1200 \text{ W} - \text{S.C. test} \; ; \; \text{Iron loss} = 400 \text{ W} - \text{O.C. test}$$

$$\text{Cu loss at 75 \% of F.L.} = (0.75)^2 \times 1200 = 675 \text{ W}$$

$$\text{Total loss} = 400 + 675 = 1075 \text{ kW}$$

Output = 100 × (3/4) × 0.8 = 60 kW ; η = (60/61.075) × 100 = **98.26 %**

(*d*) When frequency is doubled, iron loss is increased because

(*i*) hysteresis loss is doubled – $W_h \propto f$

(*ii*) eddy current loss is quadrupled – $W_e \propto f^2$

Hence, efficiency will be decreased.

Example 32.74. *A transformer has a resistance of 1.8 % and a reactance of 5.4 %. (a) At full load, what is the power-factor at which the regulation will be : (i) Zero, (ii) positive-maximum ? (b) If its maximum efficiency occurs at full-load (at unity p.f.), what will be the efficiency under these conditions ?*

Solution : Approximate percentage regulation is given, in this case, by the relationship $1.8 \cos\phi \pm 5.4 \sin\phi$.

(*a*) **Regulation :**

(*i*) If regulation is zero, negative sign must be applicable. This happens at leadings p.f.

$$\text{Corresponding p.f.} = \tan\phi = 1.8/5.4 = 0.333 \text{ leading}$$

$$\phi = \mathbf{18.44^0 \text{ leading}}$$

(*ii*) For maximum positive regulation, lagging p.f. is a must. From phasor diagram, the result can be obtained.

$$\text{Corresponding } \tan\phi = 5.4/1.8 = 3, \phi = 71.56 \text{ lagging}$$

$$\% \text{ Voltage regulation} = 1.8\cos\phi + 5.4\sin\phi = \mathbf{5.7\ \%}$$

(*b*) **Efficiency :** Maximum efficiency occurs at such a load when

$$\text{Iron losses} = \text{Copper losses}$$

This means Iron-losses are 1.8 %.

$$\text{Efficiency} = 100/(100 + 1.8 + 1.8) = \mathbf{96.52\ \%}$$

Example 32.75. *A 10 kVA, 1 phase, 50 Hz, 500/250 V transformer gave following test results :*

OC test (LV) side : 250 V, 3.0 A, 200 W

SC test (LV) side : 15 V, 30 A, 300 W.

Calculate efficiency and regulation at full load, 0.8 p.f. lagging.

(Nagpur University, Summer 2000)

Solution. For efficiency calculations, full load current should be calculated, on the L.V. side in this case,

$$\text{F.L. Current} = \frac{10{,}000}{250} = 40 \text{ amp}$$

Short-circuit test data have been given at 30 A current on the L.V. side.

$$i^2 r \text{ losses at 40 A L.V. side} = \left(\frac{40}{30}\right)^2 \times 300 \text{ Watts} = 533.3 \text{ Watts}$$

At rated voltage, iron losses (from O.C. test) = 200 Watts

F.L. Output at 0.8 P.F. = 10,000 × 0.8 = 8000 Watts

$$\text{Hence, } \eta = \frac{8000}{8000 + 4733.3} \times 100\ \% = \mathbf{91.6\ \%}$$

For regulation, series resistance and reactance parameters of the equivalent circuit have to be evaluated, from the S.C. test.

$$\text{Series Impedance, } Z = \frac{15}{30} = 0.5 \text{ ohm}$$

$$\text{Series resistance, } r = \frac{300}{30 \times 30} = 0.333 \text{ ohm}$$

$$\text{Series reactance, } x = \sqrt{0.5^2 - 0.333^2} = \mathbf{0.373\ ohm}$$

By Approximate formula,

p.u. regulation at full load, 0.8 p.f. lagging

$$= \frac{40}{250}[0.333 \times 0.8 - 0.373 \times 0.6] = 6.82 \times 10^{-3} \text{ p.u.}$$

When converted into volts, this is $6.82 \times 10^{-3} \times 250 =$ **1.70 volt**

Example 32.76. *A 40 kVA, 1-ph, transformer has an iron loss of 400 W, and full copper loss of 800 W. Find the load at which maximum efficiency is achieved at unity power factor.*

(Amravati University, Winter 1999)

Solution. If x = fraction of rated load at which the efficiency is maximum.

$$P_i = \text{Iron–loss} = 400 \text{ W}$$

$$P_c = \text{F.L. copper–loss} = 800 \text{ W}$$

Then $$x^2 P_c = P_i$$

On substitution of numerical values of P_i and P_c, we get

$$x = 0.707$$

Hence, the efficiency is maximum, at unity p.f. and at 70.7 % of the rated Load. At this load, copper–loss = Iron–loss = 0.40 kW

$$\text{Corresponding output} = 40 \times 0.707 \times 1 = 28.28 \text{ kW}$$

$$\text{Corresponding efficiency} = \frac{28.28}{28.28 + 0.4 + 0.4} = \mathbf{97.25\ \%}$$

Extension to Question : (*a*) *At what load (s) at unity p.f. the efficiency will be 96.8 % ?*

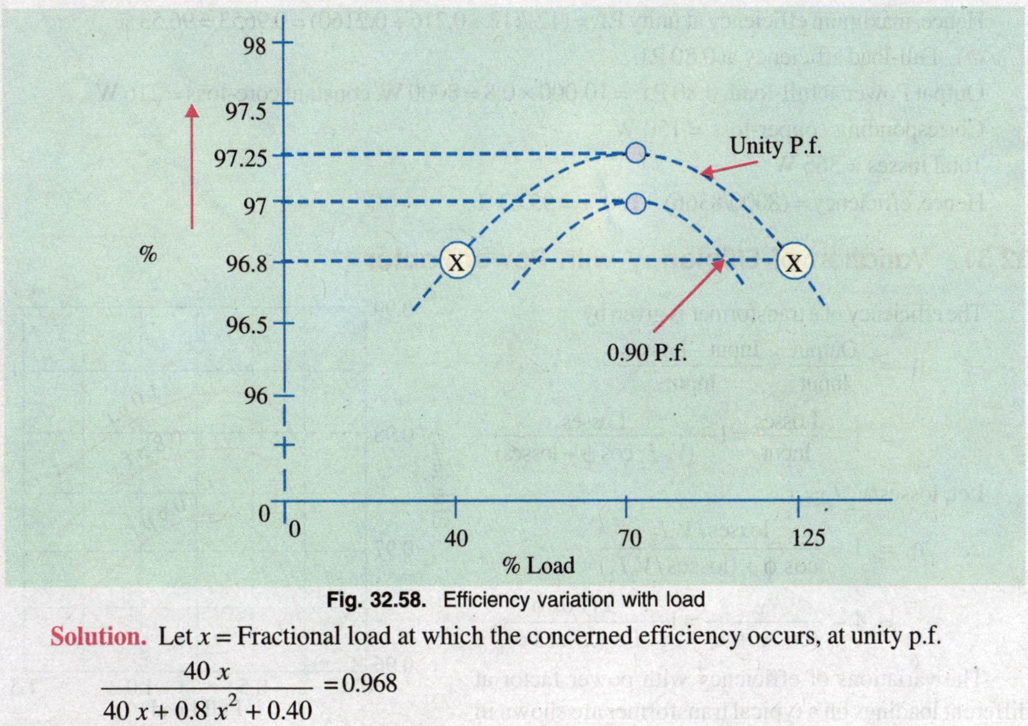

Fig. 32.58. Efficiency variation with load

Solution. Let x = Fractional load at which the concerned efficiency occurs, at unity p.f.

$$\frac{40\,x}{40\,x + 0.8\,x^2 + 0.40} = 0.968$$

This gives the following values of x : $x_1 = 1.25$ $x_2 = 0.40$

Thus, at 40 % and at 125 % of the rated load, the efficiency will be 96.8 % as marked on the graph, in Fig. 32.58.

(b) How will maximum-efficiency condition be affected if the power factor is 0.90 lagging ?

Solution.

The condition for efficiency-variation-statement is that the power factor remains constant. Thus, for 0.90 lagging p.f., another curve (Lower curve in Fig. 32.58) will be drawn for which the maximum efficiency will occur at the same value of x (= 0.707), but

$$\text{Maximum efficiency} = \frac{40\,x\cos\phi}{40\cos\phi + 0.80\,x^2 + 0.40}$$

$$= \frac{28.28 \times 0.90}{(28.28 \times 0.90) + 0.80} = 97\ \%$$

Example 32.77. *A 10 kVA, 500/250 V, single-phase transformer gave the following test results:*

S.C. Test (H.V. side) : 60 V, 20 A, 150 W

The maximum efficiency occurs at unity power factor and at 1.20 times full-load current. Determine full-load efficiency at 0.80 p.f. Also calculate the maximum efficiency.

(Rajiv Gandhi Technical University, Bhopal, Summer 2001)

Solution. Full-load current on H.V. side = 10,000/500 = 20 Amp

S.C. test has been conducted from H.V. side only. Hence, full-load copper-loss, at unity p.f. = 150 watts

(a) Maximum efficiency occurs at 1.2 times full-load current, at unity p.f. corresponding copper-loss = $(1.2)^2 \times 150 = 216$ watts

At maximum efficiency, copper-loss = core-loss = 216 watts

Corresponding Power-output = $1.2 \times 10{,}000 \times 1.0 = 12$ kW

Hence, maximum efficiency at unity P.f. = (12)/(12 + 0.216 + 0.2160) = 0.9653 = 96.53 %

(b) Full-load efficiency at 0.80 P.f.

Output Power at full-load, 0.80 P.f. = $10{,}000 \times 0.8 = 8000$ W, constant core-loss = 216 W

Corresponding copper-loss = 150 W

Total losses = 366 W

Hence, efficiency = $(8000/8366) \times 100\ \% = 95.63\ \%$.

32.31. Variation of Efficiency with Power Factor

The efficiency of a transformer is given by

$$\eta = \frac{\text{Output}}{\text{Input}} = \frac{\text{Input - Losses}}{\text{Input}}$$

$$= 1 - \frac{\text{Losses}}{\text{Input}} = 1 - \frac{\text{Losses}}{(V_2 I_2 \cos\phi + \text{losses})}$$

Let, losses/$V_2 I_2 = x$

$$\therefore \quad \eta = 1 - \frac{\text{losses}/V_2 I_2}{\cos\phi + (\text{losses}/V_2 I_2)}$$

$$= 1 - \frac{x}{(\cos\phi + x)} = 1 - \frac{x/\cos\phi}{1 + (x/\cos\phi)}$$

The variations of efficiency with power factor at different loadings on a typical transformer are shown in Fig. 32.59.

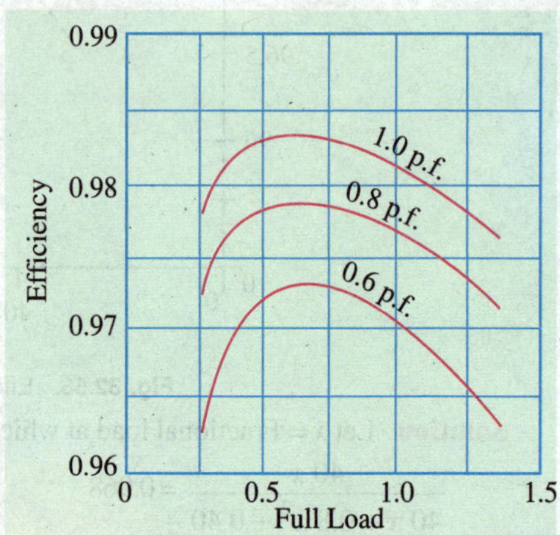

Fig. 32.59

Tutorial Problems 32.4

1. A 200-kVA transformer has an efficiency of 98 % at full-load. If the maximum efficiency occurs at three-quarters of full-load, calculate (*a*) iron loss at F.L. (*b*) Cu loss at F.L. (*c*) efficiency at half-load. Ignore magnetising current and assume a p.f. of 0.8 at all loads.
[(*a*) 1.777 kW (*b*) 2.09 kW (*c*) 97.92%]

2. A 600 kVA, 1-ph transformer has an efficiency of 92 % both at full-load and half-load at unity power factor. Determine its efficiency at 60 % of full load at 0.8 power factor lag.
[90.59%] (*Elect. Machines, A.M.I.E. Sec. B, 1992*)

3. Find the efficiency of a 150 kVA transformer at 25 % full load at 0.8 p.f. lag if the copper loss at full load is 1600 W and the iron loss is 1400 W. Ignore the effects of temperature rise and magnetising current. **[96.15%] (*Elect. Machines, A.M.I.E. Sec. B, 1991*)**

4. The F.L. Cu loss and iron loss of a transformer are 920 W and 430 W respectively. (*i*) Calculate the loading of the transformer at which efficiency is maximum (*ii*) what would be the losses for giving maximum efficiency at 0.85 of full-load if total full-load losses are to remain unchanged ?
[(*a*) 68.4% of F.L. (*ii*) W_i = 565 W ; W_{cu} = 785 W]

5. At full-load, the Cu and iron losses in a 100-kVA transformer are each equal to 2.5 kW. Find the efficiency at a load of 65 kVA, power factor 0.8. **[93.58%] (City & Guilds London)**

6. A transformer, when tested on full-load, is found to have Cu loss 1.8% and reactance drop 3.8%. Calculate its full-load regulation (*i*) at unity p.f. (*ii*) 0.8 p.f. lagging (*iii*) 0.8 p.f. leading.
[(*i*) 1.80% (*ii*) 3.7 % (*iii*) −0.88%]

7. With the help of a vector diagram, explain the significance of the following quantities in the open-circuit and short-circuit tests of a transformer (*a*) power consumed (*b*) input voltage (*c*) input current.
When a 100-kVA single-phase transformer was tested in this way, the following data were obtained : On open circuit, the power consumed was 1300 W and on short-circuit the power consumed was 1200 W. Calculate the efficiency of the transformer on (*a*) full-load (*b*) half-load when working at unity power factor. **[(*a*) 97.6% (*b*) 96.9%] (*London Univ.*)**

8. An 11,000/230-V, 150-kVA, 50-Hz, 1-phase transformer has a core loss of 1.4 kW and full-load Cu loss of 1.6 kW. Determine (*a*) the kVA load for maximum efficiency and the minmum efficiency (*b*) the efficiency at half full-load at 0.8 power factor lagging. **[140.33 kVA, 97.6% ; 97%]**

9. A single-phase transformer, working at unity power factor has an efficiency of 90 % at both half-load and a full-load of 500 kW. Determine the efficiency at 75 % of full-load. **[90.5%] (*I.E.E. London*)**

10. A 10-kVA, 500/250-V, single-phase transformer has its maximum efficiency of 94 % when delivering 90 % of its rated output at unity power factor. Estimate its efficiency when delivering its full-load output at p.f. of 0.8 lagging. **[92.6%] (*Elect. Machinery, Mysore Univ, 1979*)**

11. A single-phase transformer has a voltage ratio on open-circuit of 3300/660-V. The primary and secondary resistances are 0.8 Ω and 0.03 Ω respectively, the corresponding leakage reactance being 4 Ω and 0.12 Ω. The load is equivalent to a coil of resistance 4.8 Ω and inductive reactance 3.6 Ω. Determine the terminal voltage of the transformer and the output in kW. **[636 V, 54 kW]**

12. A 100-kVA, single-phase transformer has an iron loss of 600 W and a copper loss of 1.5 kW at full-load current. Calculate the efficiency at (*a*) 100 kVA output at 0.8 p.f. lagging (*b*) 50 kVA output at unity power factor. **[(*a*) 97.44% (*b*) 98.09%]**

13. A 10-kVA, 440/3300-V, 1-phase transformer, when tested on open circuit, gave the following figures on the primary side : 440V ; 1.3 A ; 115 W.
When tested on short-circuit with full-load current flowing, the power input was 140 W. Calculate the efficiency of the transformer at (*a*) full-load unity p.f. (*b*) one quarter full-load 0.8 p.f.
[(*a*) 97.51% (*b*) 94.18%] (*Elect. Engg-I, Sd. Patel Univ. June 1977*)

14. A 150-kVA single-phase transformer has a core loss of 1.5 kW and a full-load Cu loss of 2 kW. Calculate the efficiency of the transformer (*a*) at full-load, 0.8 p.f. lagging (*b*) at one-half full-load

unity p.f. Determine also the secondary current at which the efficiency is maximum if the secondary voltage is maintained at its rated value of 240 V. **[(*a*) 97.17% (*b*) 97.4% ; 541 A]**

15. A 200-kVA, 1-phase, 3300/400-V transformer gave the following results in the short-circuit test. With 200 V applied to the primary and the secondary short-circuited, the primary current was the full-load value and the input power 1650 W. Calculate the secondary p.d. and percentage regulation when the secondary load is passing 300 A at 0.707 p.f. lagging with normal primary voltage. **[380 V ; 480%]**

16. The primary and secondary windings of a 40-kVA, 6600/250-V, single-phase transformer have resistances of 10 Ω and 0.02 Ω respectively. The leakage reactance of the transformer referred to the primary is 35 Ω. Calculate

(*a*) the primary voltage required to circulate full-load current when the secondary is short-circuited.

(*b*) the full-load regulations at (*i*) unity (*ii*) 0.8 lagging p.f. Neglect the no-load current.

[(*a*) 256 V (*b*) (*i*) 2.2% (*ii*) 3.7%] ***(Elect. Technology, Kerala Univ. 1979)***

17. Calculate :

(*a*) F.L. efficiency at unity p.f.

(*b*) The secondary terminal voltage when supplying full-load secondary current at p.f. (*i*) 0.8 lag (*ii*) 0.8 lead for the 4-kVA, 200/400 V, 50 Hz, 1-phase transformer of which the following are the test figures :

Open circuit with 200 V supplied to the primary winding-power 60 W. Short-circuit with 16 V applied to the h.v. winding-current 8 A, power 40 W. **[0.97 ; 383 V ; 406 V]**

18. A 100-kVA, 6600/250-V, 50-Hz transformer gave the following results :

O.C. test : 900 W, normal voltage.

S.C. test (data on h.v. side) : 12 A, 290 V, 860 W

Calculate

(*a*) the efficiency and percentage regulation at full-load at 0.8 p.f. lagging.

(*b*) the load at which maximum efficiency occurs and the value of this efficiency at p.f. of unity, 0.8 lag and 0.8 lead. **[(*a*) 97.3%, 4.32% (*b*) 81 kVA, 97.8%, 97.3% ; 97.3%]**

19. The primary resistance of a 440/110-V transformer is 0.5 Ω and the secondary resistance is 0.04 Ω. When 440 V is applied to the primary and secondary is left open-circuited, 200 W is drawn from the supply. Find the secondary current which will give maximum efficiency and calculate this efficiency for a load having unity power factor.

[53 A ; 93.58%] ***(Basic Electricity & Electronics. Bombay Univ. 1981)***

20. Two tests were performed on a 40-kVA transformer to predetermine its efficiency. The results were:

Open circuit : 250 V at 500 W

Short circuit : 40 V at F.L. current, 750 W both tests from primary side.

Calculate the efficiency at rated kVA and 1/2 rated kVA at (*i*) unity p.f. (*ii*) 0.8 p.f.

[96.97% ; 96.68% ; 96.24% ; 95.87%]

21. The following figures were obtained from tests on a 30-kVA, 3000/110-V transformer :

O.C. test : 3000 V 0.5 A 350 W ; S.C. test ; 150 V 10 A 500 W

Calculate the efficiency of the transformer at

(*a*) full-load, 0.8 p.f. (*b*) half-load, unity p.f.

Also, calculate the kVA output at which the efficiency is maximum. **[96.56% ; 97% ; 25.1 kVA]**

22. The efficiency of a 400 kVA, 1-phase transformer is 98.77 % when delivering full load at 0.8 power factor, and 99.13 % at half load and unity power factor. Calculate (*a*) the iron loss, (*b*) the full load copper loss. **[(*a*) 1012 W (*b*) 2973 W]** ***(Rajiv Gandhi Technical University, 2000)***

32.32. All-day Efficiency

The ordinary or commercial efficiency of a transformer is given by the ratio

$$\frac{\text{Output in watts}}{\text{Input in watts}}.$$

The world first 5,000 KVA amorphous transformer commissioned in August 2001 in Japan

But there are certain types of transformers whose performance cannot be judged by this efficiency. Transformers used for supplying lighting and general network *i.e.*, distribution transformers have their primaries energised all the twenty-four hours, although their secondaries supply little or no-load much of the time during the day except during the house lighting period. It means that whereas core loss occurs throughout the day, the Cu loss occurs only when the transformers are loaded. Hence, it is considered a good practice to design such transformers so that core losses are very low. The Cu losses are relatively less important, because they depend on the load. The performance of such is compared on the basis of *energy* consumed during a certain time period, usually a day of 24 hours.

$$\therefore \qquad \eta_{\text{all-day}} = \frac{\text{Output in kWh}}{\text{Input in kWh}} \text{ (For 24 hours)}$$

This efficiency is always less than the commercial efficiency of a transformer.

To find this all-day efficiency or (as it is also called) energy efficiency, we have to know the load cycle on the transformer *i.e.*, how much and how long the transformer is loaded during 24 hours. Practical calculations are facilitated by making use of a ***load factor***.

Example 32.78. *Find the all-day efficiency of 500-kVA distribution transformer whose copper loss and iron loss at full load are 4.5 kW and 3.5 kW respectively. During a day of 24 hours, it is loaded as under :*

No. of hours	*Loading in kW*	*Power factor*
6	400	0.8
10	300	0.75
4	100	0.8
4	0	–

(Elect. Machines, Nagpur Univ. 1993)

Solution. It should be noted that a load of 400 kW at 0.8 p.f. is equal to 400/0.8 = 500 kVA. Similarly, 300 kW at 0.75 p.f. means 300/0.75 = 400 kVA and 100 kW at 0.8 p.f. means 100/0.8 = 125 kVA *i.e.*, one-fourth of the full-load.

$$\text{Cu loss at F.L. of 500 kVA} = 4.5 \text{ kW}$$

$$\text{Cu loss at 400 kVA} = 4.5 \times (400/500)^2 = 2.88 \text{ kW}$$

$$\text{Cu loss at 125 kVA} = 4.5 \times (125/500)^2 = 0.281 \text{ kW}$$

$$\text{Total Cu loss in 24 hrs} = (6 \times 4.5) + (10 \times 2.88) + (4 \times 0.281) + (4 \times 0) = 56.924 \text{ kWh}$$

The iron loss takes place throughout the day irrespective of the load on the transformer because its primary is energized all the 24 hours.

$\therefore$ Iron loss in 24 hours $= 24 \times 3.5 = 84$ kWh

Total transformer loss $= 56.924 + 84 = 140.924$ kWh

Transformer output is 24 hrs $= (6 \times 400) + (10 \times 300) + (4 \times 100) = 5800$ kWh

$$\therefore \quad \eta_{all\text{-}day} = \frac{\text{output}}{\text{output + losses}} = \frac{5800}{5800 + 140.924} = 0.976 \text{ or } \mathbf{97.6\ \%}$$

Example 32.79. *A 100-kVA lighting transformer has a full-load loss of 3 kW, the losses being equally divided between iron and copper. During a day, the transformer operates on full-load for 3 hours, one half-load for 4 hours, the output being negligible for the remainder of the day. Calculate the all-day efficiency.* **(Elect. Engg. Punjab Univ. 1990)**

Solution. It should be noted that lighting transformers are taken to have a load p.f. of unity.

Iron loss for 24 hour $= 1.5 \times 24 = 36$ kWh ; F.L. Cu loss $= 1.5$ kW

$\therefore$ Cu loss for 3 hours on F.L. $= 1.5 \times 3 = 4.5$ kWh

Cu loss at half full-load $= 1.5/4$ kW

Cu loss for 4 hours at half the load $= (1.5/4) \times 4 = 1.5$ kWh

Total losses $= 36 + 4.5 + 1.5 = 42$ kWh

Total output $= (100 \times 3) + (50 \times 4) = 500$ kWh

$\therefore$ $\eta_{all\text{-}day} = 500 \times 100/542 = \mathbf{92.26\ \%}$

Incidentally, ordinary or commercial efficiency of the transformer is

$= 100/(100 + 3) = 0.971$ or **97.1 %**

Example 32.80. *Two 100-kW transformers each has a maximum efficiency of 98 % but in one the maximum efficiency occurs at full-load while in the other, it occurs at half-load. Each transformer is on full-load for 4 hours, on half-load for 6 hours and on one-tenth load for 14 hours per day. Determine the all-day efficiency of each transformer.* **(Elect. Machines-I, Vikram Univ. 1988)**

Solution. Let x be the iron loss and y the full-load Cu loss. If the ordinary efficiency is a maximum at $1/m$ of full-load, then $x = y/m^2$.

Now, output $= 100$ kW ; Input $= 100/0.98$

$\therefore$ Total losses $= 100/0.98 - 100 = 2.04$ kW

$\therefore$ $y + x/m^2 = 2.04$

Ist Transformer

Here $m = 1$; $y + y = 2.04$; $y = 1.02$ kW and $x = 1.02$ kW

Iron loss for 24 hours $= 1.02 \times 24 = 24.48$ kWh

Cu loss for 24 hours $= 4 \times 1.02 + 6 \times (1.02/4) + 14\,(1.02/10^2) = 5.73$ kWh

Total loss $= 24.48 + 5.73 = 30.21$ kWh

$= 4 \times 100 + 6 \times 50 + 14 \times 10 = 840$ kWh

$\therefore$ $\eta_{all\text{-}day} = 840/870.21 = 0.965$ or **96.5 %**

2nd Transformer

Here $1/m = 1/2$ or $m = 2$ $\therefore$ $y + y/4 = 2.04$

or $y = 1.63$ kW ; $x = 0.14$ kW

Output $= 840$ kWh ...as above

Iron loss for 24 hours $= 0.41 \times 24 = 9.84$ kWh

Cu loss for 24 hours $= 4 \times 1.63 + 6\,(1.63/4) + 14\,(1.63/10^2) = 9.19$ kWh

Total loss $= 9.84 + 9.19 = 19.03$ kWh

$\therefore$ $\eta_{all\text{-}day} = 840/859.03 = 0.978$ or **97.8 %**

Example 32.81. *A 5-kVA distribution transformer has a full-load efficiency at unity p.f. of 95 %, the copper and iron losses then being equal. Calculate its all-day efficiency if it is loaded throughout the 24 hours as follows :*

No load for	*10 hours*	*Quarter load for*	*7 hours*
Half load for	*5 hours*	*Full load for*	*2 hours*

Assume load p.f. of unity. **(Power Apparatus-I, Delhi Univ. 1987)**

Solution. Let us first find out the losses from the given commercial efficiency of the transformer.

Output = 5 × 1 = 5 kW ; Input = 5/0.95 = 5.264 kW

Losses = (5.264 − 5.000) = 0.264 kW = 264W

Since efficiency is maximum, the losses are divided equally between Cu and iron.

$$\therefore \quad \text{Cu loss at F.L. of 5 kVA} = 264/2 = 132 \text{ W} ; \text{Iron loss} = 132 \text{ W}$$

$$\text{Cu loss at one-fourth F.L.} = (1/4)^2 \times 132 = 8.2 \text{ W}$$

$$\text{Cu loss at one-half F.L.} = (1/2)^2 \times 132 = 33 \text{ W}$$

$$\text{Quarter load Cu loss for 7 hours} = 7 \times 8.2 = 57.4 \text{ Wh}$$

$$\text{Half-load Cu loss for 5 hours} = 5 \times 33 = 165 \text{ Wh}$$

$$\text{F.L. Cu loss for 2 hours} = 2 \times 132 = 264 \text{ Wh}$$

$$\text{Total Cu loss during one day} = 57.4 + 165 + 264 = 486.4 \text{ Wh} = 0.486 \text{ kWh}$$

$$\text{Iron loss in 24 hours} = 24 \times 132 = 3168 \text{ Wh} = 3.168 \text{ kWh}$$

$$\text{Total losses in 24 hours} = 3.168 + 0.486 = 3.654 \text{ kWh}$$

Since load p.f. is to be assumed as unity.

F.L. output = 5 × 1 = 5 kW ; Half F.L. output = (5/2) × 1 = 2.5 kW

Quarter load output = (5/4) × 1 = 1.25 kW

Transformer output in a day of 24 hours = (7 × 1.25) + (5 × 2.5) + (2 × 5) = 31.25 kWh

$$\eta_{\text{all-day}} = \frac{31.25}{(31.25 + 3.654)} \times 100 = \mathbf{89.53\ \%}$$

Example 32.82. *Find "all day" efficiency of a transformer having maximum efficiency of 98 % at 15 kVA at unity power factor and loaded as follows :*

12 hours – 2 kW at 0.5 p.f. lag

6 hours – 12 kW at 0.8 p.f. lag

6 hours – at no load. **(Elect. Machines-I, Nagpur Univ. 1993)**

Solution.

$$\text{Output} = 15 \times 1 = 15 \text{ kW, input} = 15/0.98$$

$$\text{Losses} = (15/0.98 - 15) = 0.306 \text{ kW} = 306 \text{ W}$$

Since efficiency is maximum, the losses are divided equally between Cu and iron.

$$\therefore \quad \text{Cu loss at 15 kVA} = 306/2 = 153 \text{ W, Iron loss} = 153 \text{ W}$$

$$\text{2 kW at 0.5 p.f.} = 2/0.5 = 4 \text{ kVA, 12 kW at 0.8 p.f.} = 12/0.8 = 15 \text{ kVA}$$

$$\text{Cu loss at 4 kVA} = 153\,(4/15)^2 = 10.9 \text{ W} ; \text{Cu loss at 15 kVA} = 153 \text{ W.}$$

$$\text{Cu loss in 12 hrs} = 12 \times 10.9 = 131 \text{ Wh} ; \text{Cu loss in 6 hr} = 6 \times 153 = 918 \text{ Wh.}$$

$$\text{Total Cu loss for 24 hr} = 131 + 918 = 1050 \text{ Wh} = 1.05 \text{ kWh}$$

$$\text{Iron loss for 24 hrs} = 24 \times 153 = 3{,}672 \text{ Wh} = 3.672 \text{ kWh}$$

$$\text{Output in 24 hrs} = (2 \times 12) + (6 \times 12) = 96 \text{ kWh}$$

$$\text{Input in 24 hrs} = 96 + 1.05 + 3.672 = 100.72 \text{ kWh}$$

$$\therefore \quad \eta_{\text{all-day}} = 96 \times 100/100.72 = \mathbf{95.3\ \%}$$

Example 32.83. *A 150-kVA transformer is loaded as follows :*

Load increases from zero to 100 kVA in 3 hours from 7 a.m. to 10.00 a.m., stays at 100 kVA from 10 a.m. to 6 p.m. and then the transformer is disconnected till next day. Assuming the load to be resistive and core-loss equal to full-load copper loss of 1 kW, determine the all-day efficiency and the ordinary efficiency of the transformer. **(Electrical Machines-II, Indore Univ. 1990)**

Solution. Since load is resistive, its p.f. is unity.

Average load from 7 a.m. to 10 a.m. = (0 + 100)/2 = 50 kVA *i.e.*, one-third F.L.

Load from 10 a.m. to 6 p.m. = 100 kVA *i.e.*, 2/3 of F.L.

Ordinary Efficiency

In this case, load variations are not relevant.

Output = 150 × 1 = 150 kW ; Iron loss = Cu loss = 1 kW ; Total loss = 2 kW.

∴ Ordinary η = 150/(150 + 2) = 0.9868 or **98.68 %**

All-day Efficiency

$$\text{Cu loss from 7-10 a.m.} = 3 \times (1/3)^2 \times 1 = 0.333 \text{ kWh}$$

$$\text{Cu loss from 10 a.m. to 6.p.m.} = 8 \times (2/3)^2 \times 1 = 3.555 \text{ kWh}$$

$$\text{Total Cu loss for 24 hrs} = 0.333 + 3.555 = 3.888 \text{ kWh}$$

$$\text{Total iron loss for 24 hrs} = 24 \times 1 = 24 \text{ kWh}$$

$$\text{Losses for a day of 24 hrs} = 27.888 \text{ kWh}$$

$$\text{Output for 24 hrs} = 3 \times (50 \times 1) + 8\,(100 \times 1) = 950 \text{ kWh}$$

$$\therefore \quad \eta_{\text{all-day}} = \frac{950 \times 100}{(950 + 27.888)} = \mathbf{97.15\ \%}$$

Example 32.84. *Find the all-day efficiency of a 50 kVA distribution transformer having full load efficiency of 94 % and full-load copper losses are equal to the constant iron losses. The loading of the transformer is as follows, the power factor being 1.0.*

(i) No load for 10 hours *(ii) Half load for 5 hours*

(iii) 25 % load for 6 hours *(iv) Full load for 3 hours.* **(Sambalpur University, 1998)**

Solution. At full load unity p.f.

$$\text{efficiency} = 94\,\% = \frac{50,000}{50,000 + 2P_i}$$

$$2P_i = \left[\frac{50,000}{0.94} - 50,000\right], \quad \text{or} \quad P_i = \frac{1}{2} \times 50,000\left[\frac{1-0.94}{0.94}\right],$$

$$P_i = 25,000 \times \frac{0.06}{0.94} = 1596 \text{ Watts}$$

Hence, full load Cu-losses = 1596 Watts

(a) Energy required in overcoming Cu-losses, during 24 hours

(i) No load for 10 hours : zero

(ii) At half load, Cu-losses = $(0.5)^2 \times 1596$ Watts = 399

$$\text{Energy in 5 hours} = \frac{399 \times 5}{1000} \text{ kWh} = 1.995 \text{ kWh}$$

(iii) At 25 % load, Cu-loss = $(0.25)^2 \times 1596 = 99.75$ Watts

$$\text{Energy in 6 hours} = \frac{6 \times 99.75}{1000} = 0.5985 \text{ kWh}$$

(iv) Energy lost during 3 hours of full load = $\dfrac{1596 \times 3}{1000} = 4.788$ kWh

(b) Energy lost in constant core-losses for 2 hours = $\dfrac{1596}{1000} \times 24 = 38.304$ kWh

(*c*) Energy required by the load = $25 \times 5 + 12.5 \times 6 + 50 \times 3 = 125 + 75 + 150 = 350$ kWh

$$\text{All-day efficiency} = \frac{350}{350 + 38.304 + 7.3815} \times 100 = 88.454\ \%$$

Example 32.85. *A 10 kVA, 1-ph transformer has a core-loss of 40 W and full load ohmic loss of 100 W. The daily variation of load on the transformer is as follows :*

6 a.m. to	*1 p.m.*	*3 kW at 0.60 p.f.*
1 p.m. to	*5 p.m.*	*– 8kW at 0.8 p.f.*
5 p.m. to	*1 a.m.*	*full load at u.p.f.*
1 a.m. to	*6 a.m.*	*no load*

Determine all day efficiency of the transformer **(Amravati University, 1999)**

Solution. Fractional loading (= *x*) and the output kWh corresponding to load variations can be worked out in tabular form, as below :

S.N.	*Number of hours*	$x = \frac{\text{load kVA}}{\text{Xmer Rating}}$	$x^2 P_c$ *in kW*	*Output in kWh*	*Copper Loss in kWh*
1	7	$\frac{3/0.6}{10} = 0.5$	$0.50^2 \times 0.10 = 0.025$	$3 \times 7 = 21$	$0.025 \times 7 = 0.175$
2	4	$\frac{8/0.8}{10} = 1.0$	0.10	$8 \times 4 = 32$	$0.1 \times 4 = 0.40$
3	8	$\frac{10/1}{10} = 1.0$	0.10	$10 \times 8 = 80$	$0.1 \times 8 = 0.8$
4	5	Zero	Zero	Zero	Zero
			Output in kWh	21 + 32 + 80 = 133	
			Ohmic Loss, in kWh		0.175 + 0.40 + 0.80 = 1.375
		Core loss during 24 Hrs = $\frac{400}{1000} \times 24 = 0.96$ kWh			

$$\text{Hence, Energy efficiency (= All day Efficiency)} = \frac{133}{133 + 1.375 + 0.96} \times 100 = 98.3\ \%$$

Example 32.86. *A transformer has its maximum efficiency of 0.98 at 15 kVA at unity p.f. During a day, it is loaded as follows :*

12 hours	:	*2 kW*	*at*	*0.8 p.f.*
6 hours	:	*12 kW*	*at*	*0.8 p.f.*
6 hours	:	*18 kW*	*at*	*0.9 p.f.*

Find the all day efficiency. **(Manomaniam Sundaranar Univ. April 1998)**

Solution. Let 15 kVA be treated as full load.

Output at maximum efficiency = 15000×1 watts

Input = 15000/0.98 watts

Losses = Input – Output = $15000\ (1/0.98 - 1) = 15000 \times 2/98 = 306$ Watts

At maximum efficiency, since the variable copper-loss and constant core-loss are equal.

Full load copper-loss = Constant core-loss = 306/2 = 153 Watts

Let the term *x* represents the ratio of required Load/Full load.

Output = $15 \times \cos \phi$

Following tabular entries simplify the calculations for all-day efficiency.

S.N.	x	Hrs	x^2P_c in kW	Energy in Copper -loss in kWh	Output during the period in kWh
1	$\frac{2/0.5}{15} = \frac{4}{15}$	12	0.01088	0.131	24
2	$\frac{12/0.8}{15} = 1.0$	6	0.153	0.918	72
3	$\frac{18/0.9}{15} = 4/3$	6	0.272	1.632	108

Total output during the day = 204 kWh

Total copper-loss during the day = 2.681 kWh

Total core-loss during the day = $0.153 \times 24 = 3.672$

All day efficiency = $(204/210.353) \times 100 = 96.98$ %

Tutorial Problems 32.5

1. A 100-kVA distribution transformer has a maximum efficiency of 98 % at 50 % full-load and unity power factor. Determine its iron losses and full-load copper losses.

The transformer undergoes a daily load cycle as follows :

Load	*Power factor*	*Load duration*
100 kVA	1.0	8 hrs
50 kVA	0.8	6 hrs
No load		10 hrs

Determine its all-day efficiency. ***(Electrical Engineering, MS Univ. Baroda 1979)***

2. What is meant by energy efficiency of a transformer ?

A 20-kVA transformer has a maximum efficiency of 98 percent when delivering three-fourth full-load at u.p.f. If during the day, the transformer is loaded as follows :

12 hours	No load
6 hours	12 kWh, 0.8 p.f.
6 hours	20 kW, u.p.f.

Calculate the energy efficiency of the transformer.

(Electrical Technology-III, Gwalior Univ., 1980)

32.33. Auto-transformer

It is a transformer with one winding only, part of this being common to both primary and secondary. Obviously, in this transformer the primary and secondary are not electrically *isolated* from each other as is the case with a 2-winding transformer. But its theory and operation are similar to those of a two-winding transformer. Because of one winding, it uses less copper and hence is cheaper. It is used where transformation ratio differs little from unity. Fig. 32.60 shows both step down and step-up auto-transformers.

As shown in Fig. 32.60 (*a*), *AB*, is primary winding having N_1 turns and *BC* is secondary winding having N_2 turns. Neglecting iron losses and no-load current.

$$\frac{V_2}{V_1} = \frac{N_2}{N_1} = \frac{I_1}{I_2} = K$$

The current in section CB is vector difference* of I_2 and I_1. But as the two currents are practically in phase opposition, the resultant current is $(I_2 - I_1)$ where I_2 is greater than I_1.

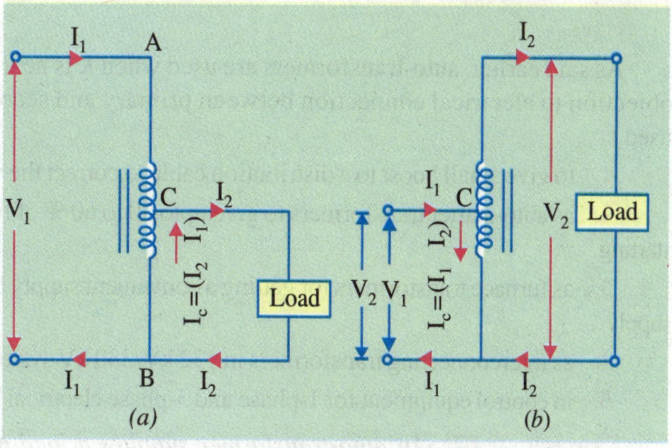

Fig. 32.60

As compared to an ordinary 2-winding transformer of same output, an auto-transformer has higher efficiency but smaller size. Moreover, its voltage regulation is also superior.

Saving of Cu

Volume and hence weight of Cu, is proportional to the length and area of the cross-section of the conductors. Now, length of conductors is proportional to the number of turns and cross-section depends on current. Hence, weight is proportional to the product of the current and number of turns.

With reference to Fig. 32.60,

Wt. of Cu in section AC is $\propto (N_1 - N_2) I_1$; Wt. of Cu in section BC *is* $\propto N_2 (I_2 - I_1)$.

$\therefore$ Total Wt. of Cu in auto-transformer $\propto (N_1 - N_2) I_1 + N_2 (I_2 - I_1)$

If a two-winding transformer were to perform the same duty, then

Wt. of Cu on its primary $\propto N_1 I_1$; Wt. of Cu on secondary $\propto N_2 I_2$

Total Wt. of Cu $\propto N_1 I_1 + N_2 I_2$

$$\therefore \quad \frac{\text{Wt. of Cu in auto-transformer}}{\text{Wt. of Cu in ordinary transformer}} = \frac{(N_1 - N_2) I_1 + N_2 (I_2 - I_1)}{N_1 I_1 + N_2 I_2}$$

$$= I - \frac{2\dfrac{N_2}{N_1}}{1 + \dfrac{N_2}{N_1} \times \dfrac{I_2}{I_1}} = 1 - \frac{2K}{2} = 1 - K \left(\because \frac{N_1}{N_1} = K \; ; \frac{I_2}{I_1} = \frac{1}{K} \right)$$

Wt. of Cu in auto-transformer $(W_a) = (1 - K) \times$ (Wt. of Cu in ordinary transformer W_0)

$\therefore$ Saving $= W_0 - W_a$

$= W_0 - (1 - K) W_0 = KW_0$

$\therefore$ Saving $= K \times$ (Wt. of Cu in ordinary transformer)

Hence, saving will increase as K approaches unity.

It can be proved that power transformed ***inductively*** is input $(1 - K)$.

The rest of the power $= (K \times \text{input})$ is ***conducted*** directly from the source to the load *i.e.*, it is transferred **conductively** to the load.

Step up auto-transformer

* In fact, current flowing in the common winding of the auto-transformer is always equal to the difference between the primary and secondary currents of an ordinary transformer.

Uses

As said earlier, auto-transformers are used when K is nearly equal to unity and where there is no objection to electrical connection between primary and secondary. Hence, such transformers are used :

1. to give small boost to a distribution cable to correct the voltage drop.

2. as auto-starter transformers to give upto 50 to 60 % of full voltage to an induction motor during starting.

3. as furnace transformers for getting a convenient supply to suit the furnace winding from a 230-V supply

4. as interconnecting transformers in 132 kV/330 kV system.

5. in control equipment for 1-phase and 3-phase electrical locomotives.

Example 32.87. *An auto-transformer supplies a load of 3 kW at 115 volts at a unity power factor. If the applied primary voltage is 230 volts, calculate the power transferred to the load (a) inductively and (b) conductively.* **(Basic Elect. Machines, Nagpur Univ, 1991)**

Solution. As seen from Art 32.33

Power transferred inductively = Input $(1 - K)$

Power transferred conductively = Input $\times K$

Now, $K = 115/230 = 1/2$, input $\cong$ output = 3 kW

$\therefore$ Inductively transferred power = 3 (1 – 1/2) = **1.5 kW**

Conductivley transferred power = (1/2) × 3 = **1.5 kW**

Example 32.88. *The primary and secondary voltages of an auto-transformer are 500 V and 400 V respectively. Show with the aid of diagram, the current distribution in the winding when the secondary current is 100 A and calculate the economy of Cu in this particular case.*

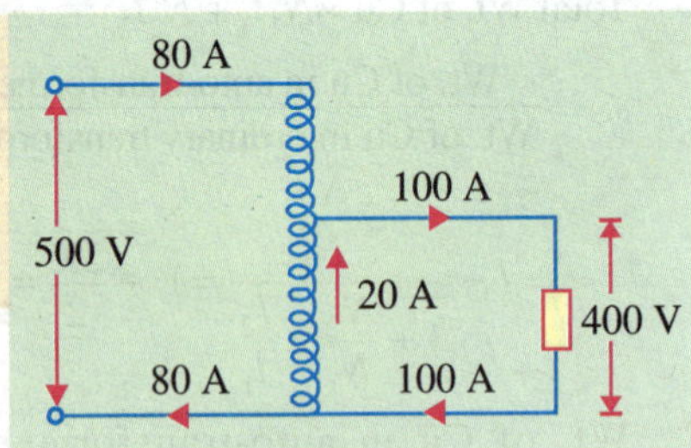

Fig. 32.61

Solution. The circuit is shown in Fig, 30.61.

$K = V_2/V_1 = 400/500 = 0.8$

$\therefore \quad I_1 = KI_2 = 0.8 \times 100 = 80$ A

The current distribution is shown in Fig. 32.61.

Saving = $KW_0 = 0.8\ W_0$ - Art 32.33

$\therefore$ Percentage saving = 0.8 × 100 = **80**

Example 32.89. *Determine the core area, the number of turns and the position of the tapping point for a 500-kVA, 50-Hz, single-phase, 6,600/5,000-V auto-transformer, assuming the following approximate values : e.m.f. per turn 8 V. Maximum flux density 1.3 Wb/m².*

Solution.

$$E = 4.44 f \Phi_m N \text{ volt}$$

$$\Phi_m = \frac{E/N}{4.44 f} = \frac{8}{4.44 \times 50} = 0.03604 \text{ Wb}$$

Core area = 0.03604/1.3 = 0.0277 m^2 = **277 cm^2**

Turns of h.v. side = 6600/8 = **825** ; Turns of $L.V.$ side = 5000/8 = **625**

Hence, tapping should be 200 turns from high voltage end or 625 turns from the common end.

32.34. Conversion of 2-Winding Transformer into Auto-transformer

Any two-winding transformer can be converted into an auto-transformer either step-down or step-up. Fig. 32.62 (*a*) shows such a transformer with its polarity markings. Suppose it is a 20-kVA,

2400/240 V transformer. If we employ ***additive*** polarity between the high-voltage and low-voltage sides, we get a step-up auto-transformer. If, however, we use the ***subtractive*** polarity, we get a step-down auto-transformer.

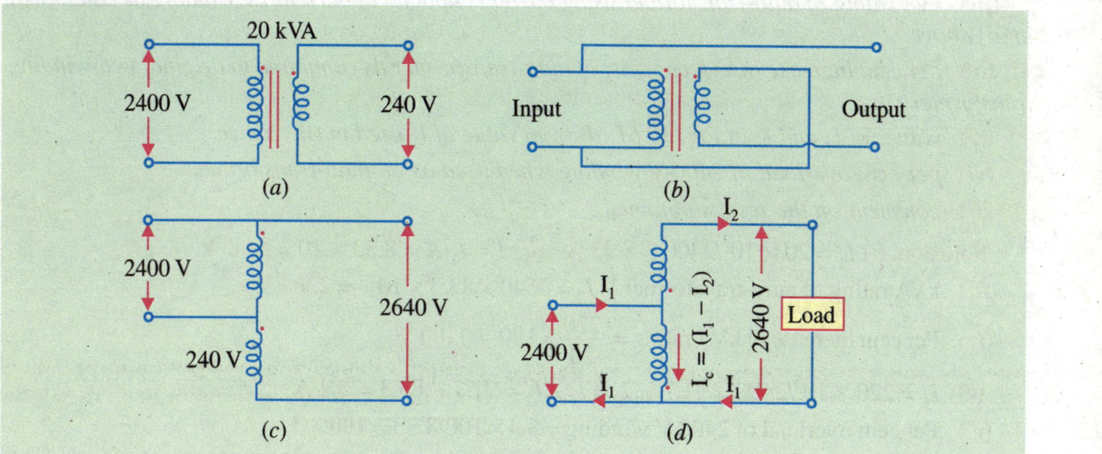

Fig. 32.62

(a) Additive Polarity

Connections for such a polarity are shown in Fig. 32.62 (*b*). The circuit is re-drawn in Fig. 32.62 (*c*) showing common terminal of the transformer at the top whereas Fig. 32.62 (*d*) shows the same circuit with common terminal at the bottom. Because of additive polarity, $V_2 = 2400 + 240 = 2640$ V and V_1 is 2400 V. There is a marked increase in the kVA of the auto-transformer (Ex. 32.90). As shown in Fig. 32.62 (*d*), common current flows ***towards*** the common terminal. The transformer acts as a step-up transformer.

(b) Subtractive Polarity

Such a connection is shown in Fig. 32.63 (*a*). The circuit has been re-drawn with common polarity at top in Fig. 32.63 (*b*) and at bottom in Fig. 32.63 (*c*). In this case, the transformer acts as a step-down auto-transformer.

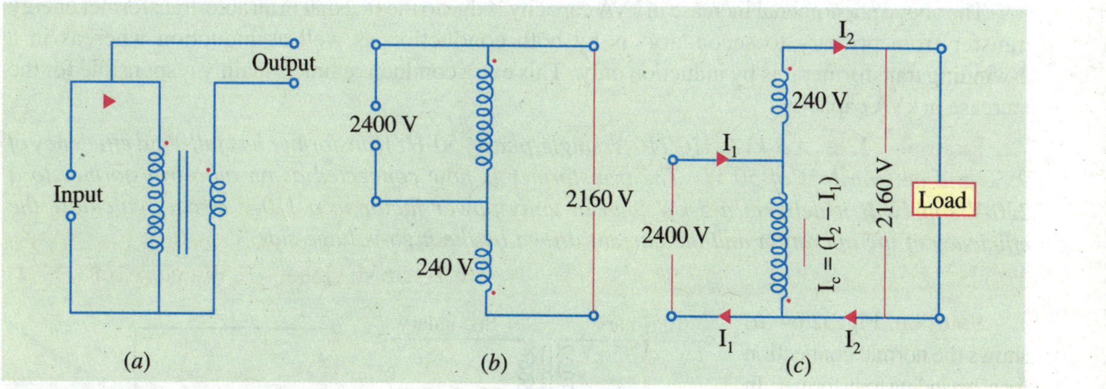

Fig. 32.63

The common current flows ***away*** from the common terminal. As will be shown in Example 32.91, in this case also, there is a very large increase in kVA rating of the auto-transformer though not as marked as in the previous case. Here, $V_2 = 2400 - 240 = 2160$ V.

Example 32.90. *For the 20-kVA, 2400/240-V two-winding step-down transformer shown in Fig. 32.63 (a) connected as an auto-transformer with additive polarity as shown in Fig. 30.61 (d), compute*

(i) original current capacity of HV-windings.

(ii) original current capacity of LV-windings.

(iii) kVA rating of auto-transformer using current capacity of current LV winding as calculated in (ii) above.

(iv) per cent increase in kVA capacity of auto-transformer as compared to original two-winding transformer.

(v) values of I_1 and I_c in Fig. 30.61 (d) from value of I_2 used in (iii) above.

(vi) per cent overload of 2400-V winding when used as an auto-transformer.

(vii) comment on the results obtained.

Solution. *(i)* $I_1 = 20 \times 10^3/2400 =$ **8.33 A** *(ii)* $I_2 = I_1/K = 8.33 \times 10 =$ **83.3 A**

(iii) kVA rating of auto-transformer $V_2I_2 = 2640 \times 83.3 \times 10^{-3} =$ **220 kVA**

(iv) Per cent increase in kVA rating $= \dfrac{220}{20} \times 100 =$ **1100%**

(v) $I_1 = 220 \times 10^3/2400 =$ **91.7A**, $I_c = I_1 - I_2 = 91.7 - 83.3 =$ **8.4 A**

(vi) Per cent overload of 2400 V winding $= 8.4 \times 100/8.33 =$ **100.8%**

(vii) As an auto-transformer, the kVA has increased tremendously to 1100% of its original value with *LV* coil at its rated current capacity and *HV* coil at negligible overload *i.e.* 1.008 × rated load.

Example 32.91. *Repeat Example 30.64 for subtractive polarity as shown in Fig. 32.62 (c).*

Solution. *(i)* $I_1 =$ **8.33 A** *(ii)* $I_2 =$ **83.3 A**

(iii) New kVA rating of auto-transformer is $2160 \times 83.3 \times 10^{-3} =$ **180 kVA**

(iv) Per cent increase in kVA rating $= \dfrac{180}{20} \times 100 =$ **900%**

(v) $I_1 = 180 \times 10^3/2400 =$ **75 A**, $I_c = I_2 - I_1 = 83.3 - 75 =$ **8.3 A**

(vi) Per cent overload of 2400V winding $= 8.3 \times 100/8.33 =$ **100%**

(vii) In this case, kVA has increased to 900% of its original value as a two-winding transformer with both low-voltage and high-voltage windings carrying their rated currents.

The above phenomenal increase in kVA capacity is due to the fact that in an auto-transformer energy transfer from primary to secondary is by both conduction as well as induction whereas in a 2-winding transformer it is by induction only. This extra conductive link is mainly responsible for the increase in kVA capacity.

Example 32.92. *A 5-kVA, 110/110-V, single-phase, 50-Hz transformer has full-load efficiency of 95% and an iron loss of 50 W. The transformer is now connected as an auto-transformer to a 220-V supply. If it delivers a 5-kW load at unity power factor to a 110-V circuit, calculate the efficiency of the operation and the current drawn by the high-voltage side.*

(Electric Machinery-II, Banglore Univ. 1991)

Solution. Fig. 32.64 (*a*) shows the normal connection for a 2-winding transformer. In Fig. 32.64 (*b*) the same unit has been connected as an auto transformer. Since the two windings are connected in series, voltage across each is 110 V.

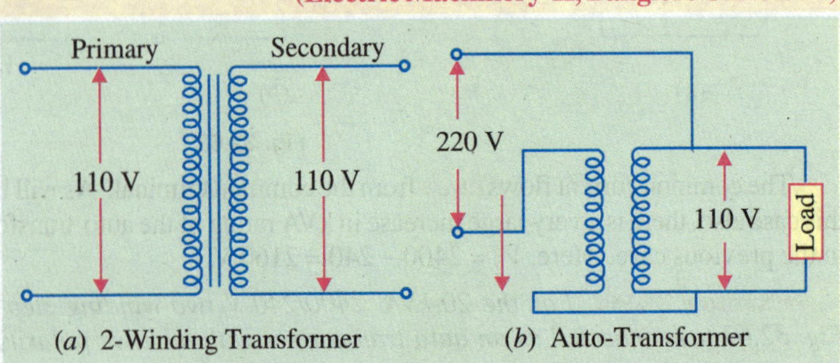

Fig. 32.64

The iron loss would

remain the same in both connections. Since the auto-transformer windings will each carry but half the current as compared to the conventional two-winding transformer, the copper loss will be one-fourth of the previous value.

Two-winding Transformer

$$\eta = 0.95 \qquad \therefore\ 0.95 = \frac{\text{output}}{\text{output + losses}} = \frac{5,000}{5,000 + 50 + \text{Cu loss}}$$

$\therefore$ Cu loss = 212 W

Auto-transformer

Cu loss = 212/4 = 53 W; Iron loss = 50 W $\therefore\ \eta = \dfrac{5,000}{5,000 + 53 + 50} = 0.9797$ or **97.97%**

Current of the h.v. side = 5103/220 = 23.2 A

Example 32.93. *A transformer has a primary voltage rating of 11500 volts and secondary voltage rating of 2300 volts. Two windings are connected in series and the primary is connected to a supply of 11500 volts, to act as a step-up auto transformer. Determine the voltage output of the transformer.*

Question extended : If the two winding transformer is rated at 115 kVA, what will be the kVA raitng of the auto-transformer ? **(Madras University, 1997)**

Solution. As in Fig. 32.65 (*a*), 115 kVA, 11500/2300 V, transformer has the current ratings of 10 A and 50 A.

Referring to Fig. 32.65 (*b*), the step-up connections have been shown. Winding currents have to be at the same rated values. As in Fig. 32.65 (*b*), the voltage obtainable at $B_1 - B_2$ is 13800 *V*, and from b_1 a load-current of 50 A can be supplied.

kVA rating $= 13800 \times 50 \times 10^{-3} = 690$

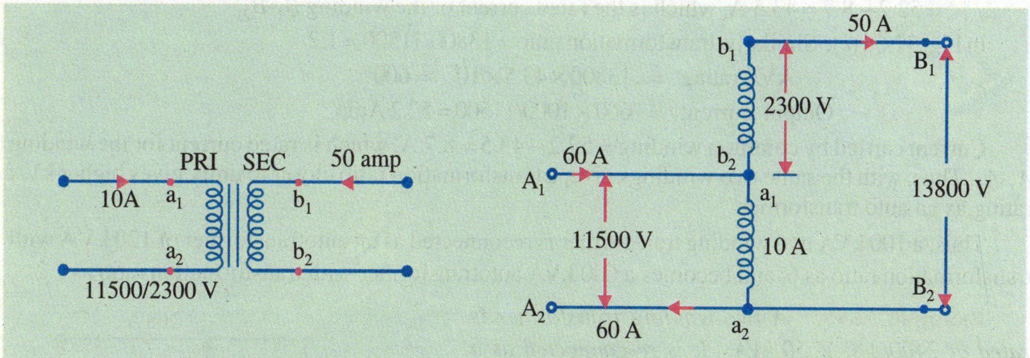

(*b*) 2 winding transformer Rating : 115kVA (*b*) Auto transformer

Fig. 32.65

Example 32.94. *An 11500/2300 V transformer is rated at 100 kVA as a 2 winding transformer. If the two windings are connected in series to form an auto-transformer, what will be the possible voltage ratios ?* **(Manonmaniam Sundaranar Univ. April 1998)**

Solution. Fig. 32.66 (*a*) shows this 2-winding transformer with rated winding currents marked.

Rated current of 11.5 kV winding = 100 × 100/11500 = 8.7 Amp

Rated current of 2300 V winding = 43.5 Amp

Fig. 32.66 (*b*) and Fig. 32.66 (*c*) show autotransformer

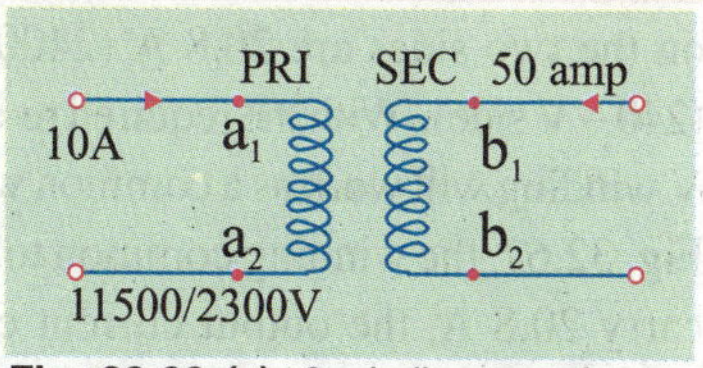

Fig. 32.66 (*a*). 2 winding transformer

connections. On H.V. side, they have a rating of 13.8 kV. On L.V. side, with connection as in Fig. 32.66 (*b*), the rating is 2300 V. On L.V. side of Fig. 32.66 (*c*), the output is at 11.5 kV.

Thus, possible voltage ratios are : 13800/2300 V and 13800/11500 V.

With both the connections, step-up or step-down versions are possible.

Extension of Question : Calculate kVA ratings in the two cases.

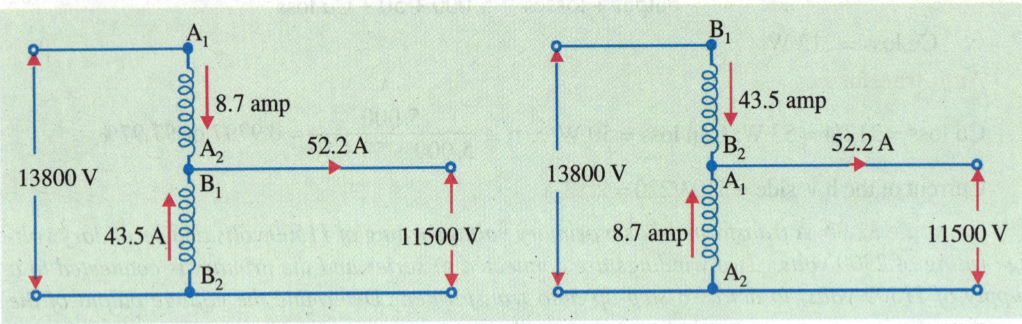

Fig. 32.66

Windings will carry the rated currents, while working out kVA outputs.

In Fig. 32.66 (*b*), Input current (into terminal A_1 of windings A_1-A_2) can be 8.7 Amp with H.V.-side-voltage ratings as 13.8 kV. Transformation ratio = 13800/2300 = 6

Hence, kVA rating $= 13.8 \times 8.7 = 120$

Output current $= 120 \times 1000/2300 = 52.2$ Amp

Current in the winding B_1-B_2

= Difference of Output current and Input current

$= 52.2 - 8.7 = 43.5$ A, which is the rated current of the winding B_1-B_2.

In Fig. 32.66 (*c*). Similarly, transformation ratio = 13800/11500 = 1.2

kVA rating $= 13800 \times 43.5 \times 10^{-3} = 600$

Output current $= 600 \times 1000/11500 = 52.2$ Amp

Current carried by common winding = 52.2 – 43.5 = 8.7 A, which is rated current for the winding A_1-A_2. Thus, with the same two windings give, a transformation ratio closer to unity gives higher kVA rating as an auto transformer.

Thus, a 100 kVA two winding transformer is reconnected as an autotransformer of 120 kVA with transformation ratio as 6, and becomes a 600 kVA autotransformer with transformation ratio as 1.2.

Example 32.95. *A two-winding transformer is rated at 2400/240 V, 50-kVA. It is re-connected as a step-up auto-transformer, with 2400 V input. Calculate the rating of the auto-transformer and the inductively and conductively transferred powers while delivering the rated output at unity power-factor.*

(Nagpur University, Winter 1999)

Solution. With 50 kVA as the rating, the rated currents on the two sides are 20.8 A (2400-V side) and 208 A (240 – V side). With the required re-connection, the 2400-V winding will work as a common winding. As shown in Fig. 32.67, the winding common to input and output can carry 20.8 A, the output current can be 208 A with a voltage of 2640 V, which means that the output of this auto

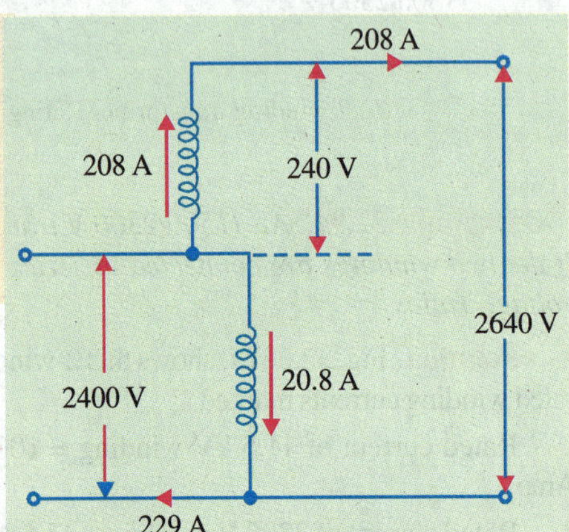

Fig. 32.67

transformer is (2640 × 208) = 550 kVA.

The corresponding input-current is

(208 × 2640/2400) = 229 A.

The ratio of turns in this case is given by

$k = 2640/2400 = 1.1$

With the step-up job, and $k = 1.1$

$$\frac{\text{Rating of Auto-transformer}}{\text{Rating as two-winding transformer}} = \frac{k}{k \sim 1} = \frac{1.1}{0.1}$$

This gives the rating as auto-transformer of 550 kVA.

At unity power-factor, the rated load = 550 kW.

Out of this, the "***inductively***" transferred power

= Power handled by the common winding

= (2400 V) × (20.8 A) × 10^{-3} = 50 kW.

= Rated output as a two-winding transformer.

Remaining Power = 550 kW − 50 kW = 500 kW.

This power of 500 kW is "***conductively***" transferred as is clear from the division of currents at the input node. Out of the total current of 229 A from the source, 208 A goes straight to the output. The remaining current of 20.8 A is through the "***common***" and "***inductive***" path, as marked in the Fig. 32.67.

32.35. Parallel Operation of Single-phase Transformers

For supplying a load in excess of the rating of an existing transformer, a second transformer may be connected in parallel with it as shown in Fig. 32.68. It is seen that primary windings are connected to the supply bus bars and secondary windings are connected to the load bus-bars. In connecting two or more than two transformers in parallel, it is essential that their terminals of similar polarities are joined to the same bus-bars as in Fig. 32.68. If this is not done, the two e.m.fs. induced in the secondaries which are paralleled with incorrect polarities, will act together in the local secondary circuit even when supplying no load and will hence produce the equivalent of a dead short-circuit as shown in Fig. 32.69.

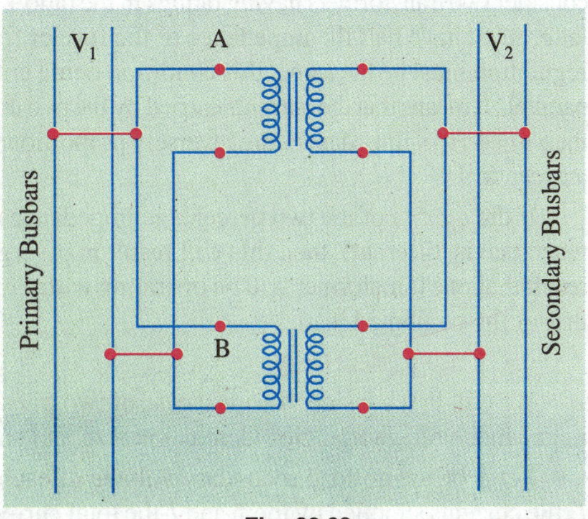

Fig. 32.68

There are certain definite conditions which must be satisfied in order to avoid any local circulating currents and to ensure that the transformers share the common load in proportion to their kVA ratings. The conditions are :

1. Primary windings of the transformers should be suitable for the supply system voltage and frequency.
2. The transformers should be properly connected with regard to polarity.
3. The voltage ratings of both primaries and secondaries should be identical. In other words, the transformers should have the same turn ratio *i.e.* transformation ratio.
4. The percentage impedances should be equal in magnitude and have the same X/R ratio in order to avoid circulating currents and operation at different power factors.

5. With transformers having different kVA ratings, the equivalent impedances should be inversely proportional to the individual kVA rating if circulating currents are to be avoided.

Of these conditions, (1) is easily comprehended ; condition (2) is absolutely essential (otherwise paralleling with incorrect polarities will result in dead short-circuit). There is some lattitude possible with conditions (3) and (4). If condition (3) is not exactly satisfied *i.e.* the two transformers have slightly different transformation or voltage ratios, even then parallel operation is possible. But due to inequality of induced e.m.fs. in secondaries, there will be even on no-load, some circulating current between them (and therefore between the primary windings also) when secondary terminals are connected in parallel. When secondaries are loaded, this localized circulating current will tend to produce unequal loading condition. Hence, it may be impossible to take full kVA output from the parallel connected group without one of the transformers becoming over-heated.

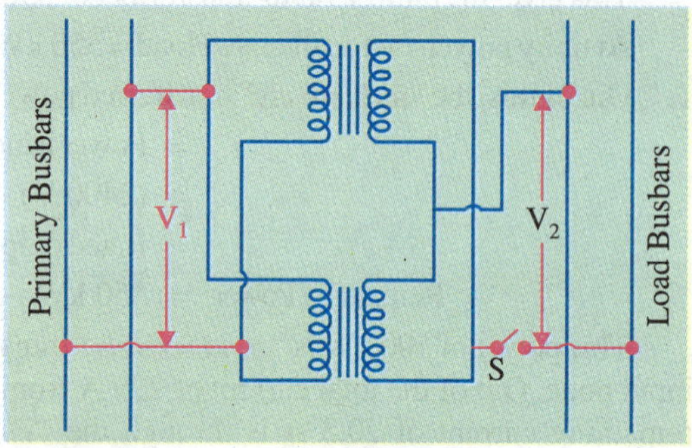

Fig. 32.69

If condition (4) is not exactly satisfied *i.e.* impedance triangles are not identical in shape and size, parallel operation will still be possible, but the power factors at which the two transformers operate will be different from the power factor of the common load. Therefore, in this case, the two transformers will not share the load in proportion to their kVA ratings.

It should be noted that the impedances of two transformers may differ in magnitude and in quality (*i.e.* ratio of equivalent resistance to reactance). It is worthwhile to distinguish between the ***percentage*** and ***numerical*** value of an impedance. For example, consider two transformers having ratings in the ratio 1 : 2. It is obvious that to carry double the current, the latter must have half the impedance of the former for the same regulation. For parallel operation, the regulation must be the same, this condition being enforced by the very fact of their being connected in parallel. It means that the currents carried by the two transformers are proportional to their ratings provided their ***numerical*** impedances are inversely proportional to these ratings and their ***percentage*** impedances are identical.

If the ***quality*** of the two percentage impedances is different (*i.e.* ratio of percentage resistance to reactance is different), then this will result in divergence of phase angle of the two currents, with the result that one transformer will be operating with a higher and the other with a lower power factor than that of the combined load.

(*a*) Case 1. Ideal Case

We will first consider the ideal case of two transformers having the same voltage ratio and having impedance voltage triangles identical in size and shape.

Let E be the no-load secondary voltage of each transformer and V_2 the terminal voltage ; I_A and I_B the currents supplied by them and I-the total current, lagging behind V_2 by an angle ϕ (Fig. 32.70(*a*)

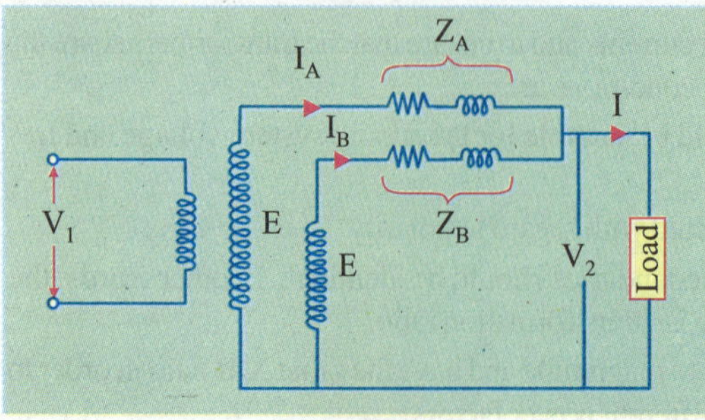

Fig. 32.70 (a)

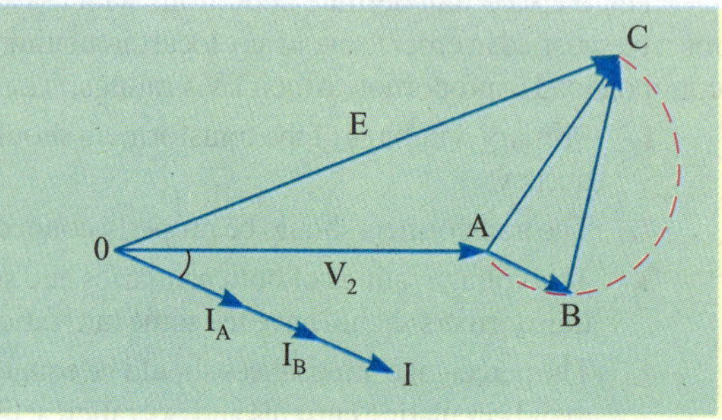

Fig. 32.70 (b)

In Fig. 32.70 (*b*) a single triangle *ABC* represents the identical impedance voltage triangles of both the transformers. The currents I_A and I_B of the individual transformers are in phase with the load current *I* and are inversely proportional to the respective impedances. Following relations are obvious.

$$\mathbf{I} = \mathbf{I}_A + \mathbf{I}_B;\ \mathbf{V}_2 = \mathbf{E} - \mathbf{I}_A\mathbf{Z}_A = \mathbf{E} - \mathbf{I}_B\mathbf{Z}_B = \mathbf{E} - \mathbf{I}\mathbf{Z}_{AB}$$

Also $$\mathbf{I}_A\mathbf{Z}_A = \mathbf{I}_B\mathbf{Z}_B \text{ or } \mathbf{I}_A/\mathbf{I}_B = \mathbf{Z}_B/\mathbf{Z}_A$$

$\therefore$ $$\mathbf{I}_A = \mathbf{I}\mathbf{Z}_B/(\mathbf{Z}_A + \mathbf{Z}_B) \text{ and } \mathbf{I}_B = \mathbf{I}\mathbf{Z}_A/(\mathbf{Z}_A + \mathbf{Z}_B)$$

(*b*) Case 2. Equal Voltage Ratios

Let us assume that no-load voltages of both secondaries is the same *i.e.* $E_A = E_B = E$, and that the two voltages are coincident *i.e.* there is no phase difference between E_A *and* E_B, which would be true if the magnetising currents of the two transformers are not much different from each other. Under these conditions, both primaries and secondaries of the two transformers can be connected in parallel and there will circulate no current between them on ***on-load.***

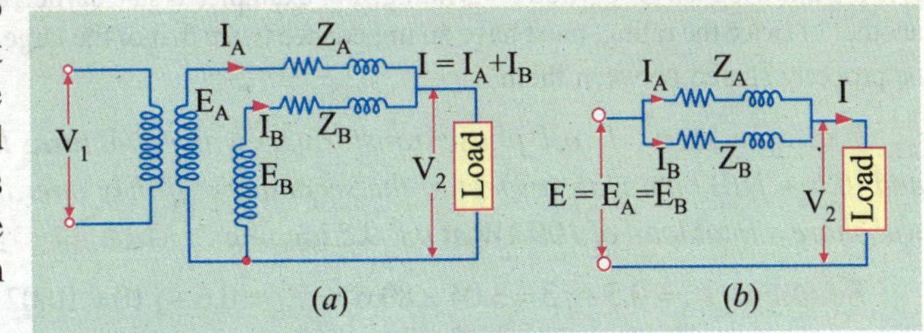

Fig. 32.71

However, if we neglect the magnetising admittances, the two transformers can be connected as shown by their equivalent circuits in Fig. 32.71. The vector diagram is shown in Fig. 32.72.

From Fig. 32.71 (*a*) or (*b*) it is seen that it represents two impedances in parallel. Considering all values ***consistently with reference to secondaries,*** let

$\mathbf{Z}_A, \mathbf{Z}_B$ = impedances of the transformers

$\mathbf{I}_A, \mathbf{I}_B$ = their respective currents

$\mathbf{V}_2$ = common terminal voltage

$\mathbf{I}$ = combined current

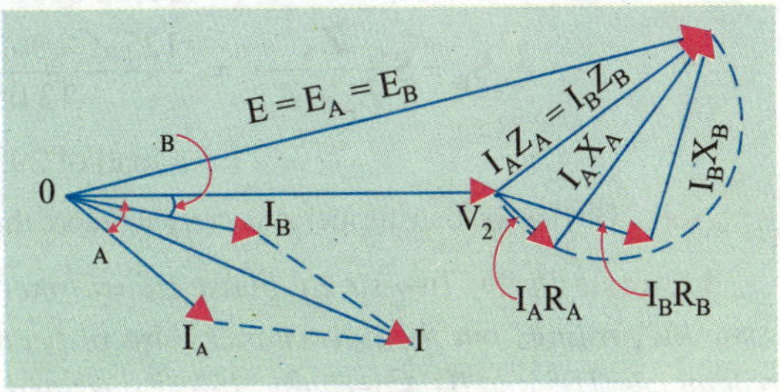

Fig. 32.72

It is seen that $\mathbf{I}_A\mathbf{Z}_A = \mathbf{I}_B\mathbf{Z}_B = \mathbf{I}\mathbf{Z}_{AB}$ ...(*i*)

where $\mathbf{Z}_{AB}$ is the combined impedance of $\mathbf{Z}_A$ and $\mathbf{Z}_B$ in parallel.

$$1/\mathbf{Z}_{AB} = 1/\mathbf{Z}_A + 1/\mathbf{Z}_B$$

Hence $$\mathbf{Z}_{AB} = \mathbf{Z}_A\mathbf{Z}_B/(\mathbf{Z}_A + \mathbf{Z}_B) \quad ...(ii)$$

From equation (*i*), we get

$$\mathbf{Z}_A = \mathbf{I}\mathbf{Z}_{AB}\,\mathbf{Z}_A = \mathbf{I}\mathbf{Z}_B/(\mathbf{Z}_A + \mathbf{Z}_B) \text{ and } \mathbf{I}_B = \mathbf{I}\mathbf{Z}_{AB}/\mathbf{Z}_B = \mathbf{I}\mathbf{Z}_A/(\mathbf{Z}_A + \mathbf{Z}_B)$$

Multiplying both sides by common terminal voltage $\mathbf{V}_2$, we have

$$\mathbf{V}_2\mathbf{I}_A = \mathbf{V}_2\mathbf{I}\frac{\mathbf{Z}_B}{\mathbf{Z}_A + \mathbf{Z}_B}\text{; Similarly } \mathbf{V}_2\mathbf{I}_B = \mathbf{V}_2\mathbf{I}\frac{\mathbf{Z}_A}{\mathbf{Z}_A + \mathbf{Z}_B}$$

Let $\mathbf{V}_2\mathbf{I} \times 10^{-3} = \mathbf{S}$-the combined load kVA. Then, the kVA carried by each transformer is

$$\mathbf{S}_A = \mathbf{S}\frac{\mathbf{Z}_B}{\mathbf{Z}_A + \mathbf{Z}_B} = \mathbf{S}\frac{1}{1 + \mathbf{Z}_A/\mathbf{Z}_B} \quad \text{and} \quad \mathbf{S}_B = \mathbf{S}\frac{\mathbf{Z}_A}{\mathbf{Z}_A + \mathbf{Z}_B} = \mathbf{S}\frac{1}{1 + \mathbf{Z}_B/\mathbf{Z}_A} \quad ...(iii)$$

Hence, $\mathbf{S}_A$ and $\mathbf{S}_B$ are obtained in magnitude as well as in phase from the above vectorial expressions.

The above problem may be solved graphically, although somewhat more laboriously. As shown in Fig. 32.72, drawn I_A and I_B with an angular difference of $(\phi_A - \phi_B)$ and magnitude (according to some suitable scale) inversely proportional to the respective impedances. Vector sum of I_A and I_B gives total combined current *I*. The phase angle and magnitude of *I* will be known from the conditions of loading, so that angle ϕ

between V_2 and I will be known. Inserting this, the transformer currents I_A and I_B become known in magnitude and phase with respect to V_2.

Note. (*a*) In equation (*iii*) above, it is not necessary to use the ohmic values of resistances and reactances, because only impedance ratios are required.

(*b*) The two percentage impedances must be adjusted to the same kVA in the case of transformers of different rating as in Ex. 32.101.

(*c*) From equation (*iii*) above, it is seen that if two transformers having the same rating and the same transformation ratio are to share the load equally, then their impedances should be equal *i.e.* equal resistances and reactances and not numerical equality of impedances. In general, for transformers of different ratings but same transformation ratio, their equivalent impedances must be inversely proportional to their ratings if each transformer is to assume a load in proportion to its rating. For example, as said earlier, a transformer operating in parallel with another of twice the rating, must have an impedance twice that of the large transformer in order that the load may be properly shared between them.

Example 32.96. *Two 1-phase transformers with equal turns have impedances of (0.5 + j3) ohm and (0.6 + j10) ohm with respect to the secondary. If they operate in parallel, determine how they will share a total load of 100 kW at p.f. 0.8 lagging ?* **(Electrical Technology, Madras Univ. 1987)**

Solution. $\mathbf{Z}_A = 0.5 + j3 = 3.04\angle 80.6°$ $\quad \mathbf{Z}_B = 0.6 + j10 = 10.02\angle 86.6°$

$$\mathbf{Z}_A + \mathbf{Z}_B = 1.1 + j13 = 13.05\angle 85.2°$$

Now, a load of 100 kW at 0.8 p.f. means a kVA of 100/0.8 = 125. Hence,

$$\mathbf{S} = 125\angle -36.9°$$

$$\mathbf{S}_A = \mathbf{S}\frac{\mathbf{Z}_A}{\mathbf{Z}_A + \mathbf{Z}_B} = \frac{125\angle -36.9° \times 10.02\angle 86.6°}{13.05\angle 85.2°} = 96\angle -35.5°$$

$$= \text{a load of } 96 \times \cos 35.5° = 78.2 \text{ kW}$$

$$\mathbf{S}_B = \mathbf{S}\frac{\mathbf{Z}_A}{\mathbf{Z}_A + \mathbf{Z}_B} = \frac{125\angle -36.9° \times 3.04\angle 80.6°}{13.05\angle 85.2°} = 29.1\angle -41.5°$$

$$= \text{a load of } 29.1 \times \cos 41.5° = \mathbf{21.8\ kW}$$

Note. Obviously, transformer *A* is carrying more than its due share of the common load.

Example 32.97. *Two single-phase transformers A and B are connected in parallel. They have same kVA ratings but their resistances are respectively 0.005 and 0.01 per unit and their leakage reactances 0.05 and 0.04 per unit. If A is operated on full-load at a p.f. of 0.8 lagging, what will be the load and p.f. of B ?* **(A.C. Machines-I, Jadavpur Univ. 1985)**

Solution. In general, $\mathbf{S}_A = \mathbf{S}\dfrac{\mathbf{Z}_B}{\mathbf{Z}_A + \mathbf{Z}_B}$ and $\mathbf{S}_B = \mathbf{S}\dfrac{\mathbf{Z}_A}{\mathbf{Z}_A + \mathbf{Z}_B}$

where S is the total kVA supplied and $\mathbf{Z}_A$ and $\mathbf{Z}_B$ are the percentage impedances of these transformers.

$$\frac{\mathbf{S}_B}{\mathbf{S}_A} = \frac{\mathbf{Z}_A}{\mathbf{Z}_B}$$

Now, $\quad \mathbf{Z}_A = 0.005 + j\,0.05$ per unit ; $\%\ \mathbf{Z}_A = 0.5 + j5$ and $\%\mathbf{Z}_B = 1 + j4$

Let $\quad \mathbf{S}_A = S_A\angle -36.87°$

where S_A represents the rating of transformer *A* (and also of *B*).

$$\mathbf{S}_B = \mathbf{S}_A\angle -36.87° \times \frac{(0.5 + j5)}{(1 + j4)}$$

$$= S_A\angle -36.87° \times \frac{20.7}{17}\angle 8.3° = 1.22\ S_A\angle -28.57°$$

It is obvious that transformer *B* is working **22%** over-load and its power factor is

$$\cos 28.57° = \mathbf{0.878\ (lag)}$$

Example 32.98. *Two 1-phase transformers A and B rated at 250 kVA each are operated in parallel on both sides. Percentage impedances for A and B are (1 + j 6) and (1.2 + j 4.8) respectively. Compute the load shared by each when the total load is 500 kVA at 0.8 p.f. lagging.*

(Electrical Machines-II, Indore Univ. 1989)

Solution.

$$\frac{\mathbf{Z_A}}{\mathbf{Z_A + Z_B}} = \frac{1 + j\,6}{2.2 + j\,10.8} = 0.55\angle 2.1° \;;\; \frac{\mathbf{Z_B}}{\mathbf{Z_A + Z_B}} = \frac{1.2 + j\,4.8}{2.2 + j\,10.8} = 0.45\angle -2.5°$$

$$\mathbf{S_A} = \mathbf{S}\frac{\mathbf{Z_B}}{\mathbf{Z_A + Z_B}} = 500\angle -36.9° \times 0.45\angle -2.5° = \mathbf{225\angle -39.4°}$$

$$\mathbf{S_B} = \mathbf{S}\frac{\mathbf{Z_A}}{\mathbf{Z_A + Z_B}} = 500\angle -36.9° \times 0.55\angle 2.1° = \mathbf{275\angle -34.8°}$$

Obviously, transformer *B* is overloaded to the extent of (275 − 250) × 100/250 = 10%. It carries (275/500) × 100 = 55% of the total load.

Example 32.99. *Two 100-kW, single-phase transformers are connected in parallel both on the primary and secondary. One transformer has an ohmic drop of 0.5% at full-load and an inductive drop of 8% at full-load current. The other has an ohmic drop of 0.75% and inductive drop of 2%. Show how will they share a load of 180 kW at 0.9 power factor.*

(Elect. Machines-I, Calcutta Univ. 1988)

Solution. A load of 180 kW at 0.9 p.f. means a kVA of 180/0.9 = 200

$$\therefore \text{ Load } \quad \mathbf{S} = 200 - 25.8°$$

$$\frac{\mathbf{Z_1}}{\mathbf{Z_1 + Z_2}} = \frac{(0.5 + j\,8)}{(1.25 + j\,12)} = \frac{(0.5 + j\,8)(1.25 - j\,12)}{1.25^2 + 12^2}$$

$$= \frac{96.63 + j\,4}{145.6} = \frac{96.65\angle 2.4°}{145.6} = 0.664\angle 2.4°$$

$$\frac{\mathbf{Z_2}}{\mathbf{Z_1 + Z_2}} = \frac{(0.75 + j\,4)(1.25 - j\,12)}{145.6}$$

$$= \frac{48.94 - j\,4}{145.6} = \frac{49.1\angle -5°}{145.6}$$

$$= 0.337\angle -5°$$

$$\mathbf{S_1} = \mathbf{S}\frac{\mathbf{Z_2}}{\mathbf{Z_1 + Z_2}} = 200\angle -25.8° \times 0.337\angle -5° = 67.4\angle -30.8°$$

$$\therefore \quad \text{kW}_1 = 67.4 \times \cos 30.8° = 67.4 \times 0.859 = 57.9 \text{ kW}$$

$$\mathbf{S_2} = 200\angle -25.8° \times 0.664\angle 2.4° = 132.8\angle -23.4$$

$$\text{kW}_2 = 132.8 \times \cos 23.4° = 132.8 \times 0.915 = 121.5 \text{ kW}$$

Note. Second transformer is working 21.5% over-load. Also, it shares 65.7% of the total load.

Example 32.100. *A load of 200 kW at 0.85 power factor lagging is to be shared by two transformers A and B having the same ratings and the same transformation ratio. For transformer A, the full-load resistive drop is 1% and reactance drop 5% of the normal terminal voltage. For transformer B the corresponding values are : 2% and 6%. Calculate the load kVA supplied by each transformer.*

Solution. $\mathbf{Z_A} = 1 + j5; \mathbf{Z_B} = Z + j\,6$

$$\frac{\mathbf{Z_A}}{\mathbf{Z_B}} = \frac{1+j5}{2+j6} = 0.8 + j\,0.1\,; \quad \frac{\mathbf{Z_B}}{\mathbf{Z_A}} = \frac{2+j6}{1+j5} = 1.23 - j\,0.514$$

Load kVA = kW/p.f. = 200/0.85 = 235

$$\mathbf{kVA = S} = 235(0.85 - j\,0.527)$$

$$= 200 - j\,123.8 \qquad (\cos\phi = 0.85;\ \sin\phi = 0.527)$$

$$\mathbf{S}_A = \mathbf{S}\frac{\mathbf{Z_B}}{\mathbf{Z_A+Z_B}} = \mathbf{S}\frac{1}{1+(\mathbf{Z_A}/\mathbf{Z_B})}$$

$$= \frac{200 - j\,123.8}{1+(0.8+j0.1)} = \frac{200 - j\,123.8}{1.8+j0.1} = 107.3 - j\,74.9$$

$$S_A = \sqrt{(107.3^2 + 74.9^2)} = 131;\ \cos\phi_A = 107.3/131 = 0.82 \text{ (lag)}$$

Similarly

$$\mathbf{S_B} = \mathbf{S}\frac{\mathbf{Z_A}}{\mathbf{Z_A+Z_B}} = \mathbf{S}\frac{1}{1+(\mathbf{Z_B}/\mathbf{Z_A})}$$

$$= \frac{200 - j\,123.8}{1+(1.23 - j0.514)} = \frac{200 - j\,123.8}{2.23 - j\,0.154} = 93 - j\,49$$

$$\therefore \qquad S_B = \sqrt{(93^2 + 49^2)} = 105;\ \cos\phi_B = 90/105 = 0.888 \text{ (lag)}$$

(As a check, $S = S_A + S_B = 131 + 105 = 236$. The small error is due to approximations made in calculations.)

Example 32.101. *Two 2,200/110-V, transformers are operated in parallel to share a load of 125 kVA at 0.8 power factor lagging. Transformers are rated as below :*

A : 100 kVA ; 0.9% resistance and 10% reactance

B : 50 kVA ; 1.0% resistance and 5% reactance

Find the load carried by each transformer. **(Elect. Technology, Utkal Univ. 1989)**

Solution. It should be noted that the percentages given above refer to different ratings. As pointed out in Art. 32.35, these should be adjusted to the same basic kVA, say, 100 kVA.

$$\%\,\mathbf{Z_A} = 0.9 + j\,10\,; \quad \%\,\mathbf{Z_B} = (100/50)(1+j5) = (2+j\,10)$$

$$\frac{\mathbf{Z_A}}{\mathbf{Z_A+Z_B}} = \frac{0.9+j\,10}{(2.9+j20)} = \frac{(0.9+j\,10)\,(2.9-j\,20)}{2.9^2+20^2}$$

$$= \frac{(202.6+j\,11)}{408.4} = \frac{202.9\angle 3.1^\circ}{408.4} = 0.4968\angle 3.1^\circ$$

$$\frac{\mathbf{Z_B}}{\mathbf{Z_A+Z_B}} = \frac{(2+j\,10)(2.9-j\,20)}{408.4} = \frac{206 - j\,11}{408.4}$$

$$= \frac{206.1\angle -3.1^\circ}{408.4} = 0.504\angle -3.1^\circ$$

Also $\cos\phi = 0.8,\ \phi = \cos^{-1}(0.8) = 36.9^\circ$

$$\mathbf{S_A} = \mathbf{S}\frac{\mathbf{Z_B}}{\mathbf{Z_A+Z_B}} = 125\angle -36.9^\circ \times 0.504\angle -3.1^\circ = 63\angle -40^\circ$$

$$\mathbf{S_B} = \mathbf{S}\frac{\mathbf{Z_A}}{\mathbf{Z_A+Z_B}} = 125\angle -36.9^\circ \times 0.4968\angle 3.1^\circ = 62.1\angle -33.8^\circ$$

Example 32.102. *A 500-kVA transformer with 1% resistance and 5% reactance is connected in parallel with a 250-kVA transformer with 1.5% resistance and 4% reactance. The secondary voltage of each transformer is 400 V on no-load. Find how they share a load of 750-kVA at a p.f. of 0.8 lagging.* **(Electrical Machinery-I, Madras Univ. 1987)**

Solution. It may be noted that percentage drops given above refer to different ratings. These should be adjusted to the same basic kVA *i.e.* 500 kVA.

$$\% \mathbf{Z_A} = 1 + j5 = 5.1 \angle 78.7° \; ; \; \% \mathbf{Z_B} = \left(\frac{500}{250}\right)(1.5 + j4) = 3 + j8 = 8.55 \angle 69.4°$$

$$\%(\mathbf{Z_A} + \mathbf{Z_B}) = 4 + j\,13 = 13.6 \angle 72.9° \; ; \; \mathbf{S} = 750 \angle -36.9°$$

$$\mathbf{S_A} = \mathbf{S}\frac{\mathbf{Z_B}}{\mathbf{Z_A} + \mathbf{Z_B}} = \frac{750 \angle -36.9° \times 8.55 \angle 69.4°}{13.6 \angle 72.9°} = 470 \angle -40.4°$$

$$= 470 \text{ kVA at p.f. of } 0.762 \text{ lagging}$$

$$\mathbf{S_B} = \mathbf{S}\frac{\mathbf{Z_A}}{\mathbf{Z_A} + \mathbf{Z_B}} = \frac{750 \angle -36.9° \times 5.1 \angle 78.7°}{13.6 \angle 72.9°} = 280 \angle -31.1°$$

$$= 280 \text{ kVA at p.f. } 0.856 \text{ lagging}$$

Note. The above solution has been attempted vectorially, but in practice, the angle between I_A and I_B is so small that if instead of using vectorial expressions, arithmetic expressions were used, the answer would not be much different. In most cases, calculations by both vectorial and arithmetical methods generally yield results that do not differ sufficiently to warrant the more involved procedure by the vector solution. The above example will now be attempted arithmetically :

$$Z_A = 5.1\,\Omega, Z_B = 8.55\,\Omega \; ; \; I_A/I_B = Z_B/Z_A = 8.55/5.1 = 1.677 \; \therefore \; I_A = 1.677\, I_B$$

$$\text{Total current} = 750{,}000/400 = 1875 \text{ A}$$

$$I = I_A + I_B \; ; \; 1875 = 1.677 I_B + I_B = 2.677\, I_B \; \therefore \; I_B = 1875/2.677$$

$$\therefore \quad S_B = 400 \times 1875/2.677 \times 100 = 280 \text{ kVA}$$

$$I_A = 1.677 \times 1875/2.677$$

$$S_A = 400 \times 1.677 \times 1875/2.677 \times 1000 = 470 \text{ kVA}$$

Example 32.103. *Two single-phase transformers A and B of equal voltage ratio are running in parallel and supply a load of 1000 A at 0.8 p.f. lag. The equivalent impedances of the two transformers are (2 + j3) and (2.5 + j5) ohms respectively. Calculate the current supplied by each transformer and the ratio of the kW output of the two transformers.*

(Electrical Machines-I, Bombay Univ. 1986)

Solution. $\mathbf{Z_A} = (2 + j3), \mathbf{Z_B} = (2.5 + j5)$

Now, $$\frac{\mathbf{I_A}}{\mathbf{I_B}} = \frac{\mathbf{Z_B}}{\mathbf{Z_A}} = \frac{2.5 + j5}{2 + j3} = (1.54 + j0.2) \; ; \; \mathbf{I_A} = \mathbf{I_B}(1.54 + j0.2)$$

Taking secondary terminal voltage as reference vector, we get

$$\mathbf{I} = 1000(0.8 - j0.6) = 800 - j\,600 = 200\,(4 - j\,3)$$

Also, $$\mathbf{I} = \mathbf{I_A} + \mathbf{I_B} = \mathbf{I_B}(1.54 + j\,0.2) + \mathbf{I_B} = \mathbf{I_B}(2.54 + j\,0.2)$$

$$\therefore \quad 200(4 - j3) = \mathbf{I_B}(2.54 + j0.2) \; ; \; \mathbf{I_B} = 294.6 - j\,259.5 = \mathbf{392.6 \angle -41.37°}$$

$$\mathbf{I_A} = \mathbf{I_B}(1.54 + j\,0.2) = (294.6 - j\,259.5)(1.54 + j\,0.2) = 505.6 - j\,340.7$$

$$= \mathbf{609.7 \angle -33.95°}$$

The ratio of the kW output is given by the ratio of the in-phase components of the two currents.

$$\frac{\text{output of } A}{\text{output of } B} = \frac{505.6}{294.6} = \frac{1.7}{1}$$

Note. Arithmetic solution mentioned above could also be attempted.

Example 32.104. *Two transformers A and B, both of no-load ratio 1,000/500-V are connected in parallel and supplied at 1,000 V. A is rated at 100 kVA, its total resistance and reactance being 1% and 5% respectively, B is rated at 250 kVA, with 2% resistance and 2% reactance. Determine the load on each transformer and the secondary voltage when a total load of 300 kVA at 0.8 power factor lagging is supplied.*

Solution. Let the percentage impedances be adjusted to the common basic kVA of 100.

Then $\%\mathbf{Z_A} = (1+j\,5)\,;\ \%\mathbf{Z_B} = (100/250)(2+j\,2) = (0.8+j\,0.8)$

$$\frac{\mathbf{Z_A}}{\mathbf{Z_A}+\mathbf{Z_B}} = \frac{1+j5}{(1.8+j5.8)} = 0.839\angle 5.9$$

$$\frac{\mathbf{Z_B}}{\mathbf{Z_A}+\mathbf{Z_B}} = \frac{0.8+j0.8}{(1.8+j5.8)} = 0.1865\angle -27.6°$$

Now, $\mathbf{S} = 300\angle -36.9° = 240 - j\,180$

$$\mathbf{S_A} = \mathbf{S}.\frac{\mathbf{Z_B}}{\mathbf{Z_A}+\mathbf{Z_B}} = 300\angle -36.9° \times 0.1865\angle -27.6° = 55.95\angle -64.5°$$

$$\mathbf{S_B} = \mathbf{S}\frac{\mathbf{Z_A}}{\mathbf{Z_A}+\mathbf{Z_B}} = 300\angle -36.9° \times 0.839\angle 5.9° = 251.7\angle -31°$$

Since $\mathbf{Z_A}$ and $\mathbf{Z_B}$ are in parallel, their combined impedance on 100 kVA basis is

$$\mathbf{Z_{AB}} = \frac{\mathbf{Z_A}\,\mathbf{Z_B}}{\mathbf{Z_A}+\mathbf{Z_B}} = \frac{(1+j5)(0.8+j0.8)}{(1.8+j5.8)} = 0.6 + j0.738$$

Percentage drop over $\mathbf{Z_{AB}}$ is $= (0.6\times 240/100) + (0.738\times 180/100) = 1.44 + 1.328 = 2.768\%$

$$\therefore \quad V_2 = \left(500 - \frac{500\times 2.768}{100}\right) = \mathbf{486.12\ V}$$

Example 32.105. *Two 1-φ transformers are connected in parallel at no-load. One has a turn ratio of 5,000/440 and a rating of 200 kVA, the other has a ratio of 5,000/480 and a rating of 350 kVA. The leakage reactance of each is 3.5%.*

What is the no-load circulation current expressed as a percentage of the nominal current of the 200 kVA transformer.

Solution. The normal currents are

$$200\times 10^3/440 = 455\text{ A and } 350\times 10^3/480 = 730\text{ A}$$

Reactances seen from the secondary side are

$$\frac{3.5}{100}\times\frac{440}{455} = 0.034\,\Omega,\quad \frac{3.5}{100}\times\frac{480}{730} = 0.023\,\Omega$$

The difference of induced voltage is 40 V. The circulating current is

$I_C = 40/0.057 = 704$ A = **1.55 times** the normal current of 200 kVA unit.

Tutorial Problems 32.6

1. Two single-phase transformers *A* and *B* of equal voltage ratio are running in parallel and supplying a load requiring 500 A at 0.8 power factor lagging at a terminal voltage of 400 V. The equivalent impedances of the transformers, as referred to secondary windings, are $(2 + j\,3)$ and $(2.5 + j\,5)$ ohm. Calculate the current supplied by each transformer.

   (Note. The student is advised to try by arithmetic method also). **[I_A = 304 A ; I_B = 197 A]**

2. Two single-phase transformers *A* and *B* are operating in parallel and supplying a common load of 1000 kVA at 0.8 p.f. lagging. The data regarding the transformers is as follows :

Transformer	Rating	%Resistance	% Reactance
A	750 kVA	3	5
B	500 kVA	2	4

Determine the loading of each transformer. **[$S_A = 535 \angle -34.7°$; $S_B = 465 \angle -39.3°$]**

3. Two transformers *A* and *B* give the following test results. With the low-tension side short-circuited, *A* takes a current of 10 A at 200 V, the power input being 1000 W. Similarly, *B* takes 30 A at 200 V ; the power input being 1,500 W. On open circuit, both transformers give a secondary voltage of 2200 when 11,000 volts are applied to the primary terminals. These transformers are connected in parallel on both high tension and low tension sides Calculate the current and power in each transformer when supplying a load of 200 A at 0.8 power factor lagging. The no-load currents may be neglected.

   (Hint : Calculate $\mathbf{Z_A}$ and $\mathbf{Z_B}$ from S.C. test data)

   [I_A = 50.5 A, P_A = 100 kW ; I_B = 151 A, P_B = 252 kW] ***(London University)***

4. Two 6600/250-V transformers have the following short-circuit characteristics : Applied voltage 200 V, current 30 A, power input 1,200 W for one of the transformers ; the corresponding data for the other transformer being 120 V, 20 A and 1,500 W. All values are measured on the H.V. side with the L.V. terminals short circuited. Find the approximate current and the power factor of each transformer when working in parallel with each other on the high and low voltage sides and taking a total load of 150 kW at a p.f. of 0.8 lagging from the high voltage bus-bars.

   [I_A = 13.8 A, cos ϕA = 0.63 ; I_B = 15.35 A , cos ϕB = 0.91] ***(Electrical Engg-IV, Baroda Univ. 1978)***

5. Two 11,000/2,200-V, 1-phase transformers are connected in parallel to supply a total load of 200 at 0.8 p.f. lagging at 2,200 V. One transformer has an equivalent resistance of 0.4 Ω and equivalent reactance of 0.8 Ω referred to the low-voltage side. The other has equivalent resistance of 0.1 Ω and a reactance of 0.3 Ω. Determine the current and power supplied by each transformer.

   [52 A ; 148 A ; 99 A ; 252 kW]

6. A 2,000-kVA transformer (*A*) is connected in parallel with a 4,000-kVA transformer (B) to supply a 3-phase load of 5,000 kVA at 0.8 p.f. lagging. Determine the kVA supplied by each transformer assuming equal no-load voltages. The percentage volt drops in the windings at the rated loads are as follows :

   Transformer *A* : resistance 2% ; reactance 8%

   Transformer *B* : resistance 1.6% ; reactance 3%

   [A : 860 kVA, 0.661 lag ; B : 4170 kVA, 0.824 lag] ***(A.C. Machines-I, Jadavpur Univ. 1979)***

7. Two single-phase transformers work in parallel on a load of 750 A at 0.8 p.f. lagging. Determine secondary voltage and the output and power factor of each transformer. Test data are :

   Open circuit : 11,00/13,300 V for each transformer

   Short circuit : with h.v. winding short-circuit

   Transformer *A* : secondary input 200 V, 400 A, 15 kW

   Transformer *B :* secondary input 100 V, 400 A, 20 kW

   [3,190 VA : 80 kVA, 0.65 lag ; B : 1,615 kVA ; 0.86 lag]

(c) Case 3. Unequal Voltage Ratios

In this case, the voltage ratios (or transformation ratios) of the two transformers are different. It means that their no-load secondary voltages are unequal. Such cases can be more easily handled by phasor algebra than graphically.

Let $\mathbf{E_A}$, $\mathbf{E_B}$ = no-load secondary e.m.f.s of the two transformers.

$\mathbf{Z_L}$ = load impedance across the secondary.

The equivalent circuit and vector diagram are also shown in Fig. 32.73 and 32.74.

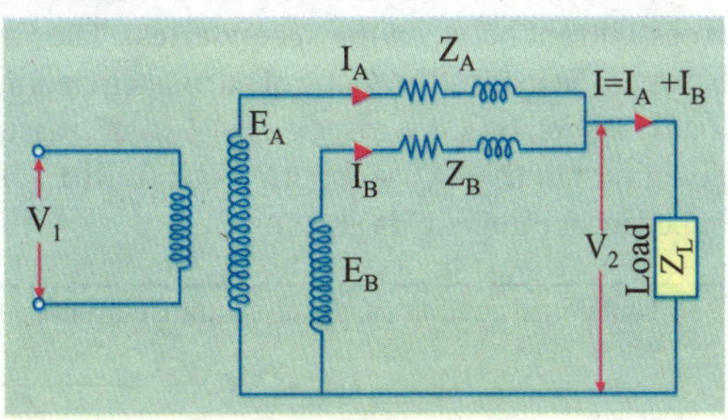

Fig. 32.73

It is seen that even when secondaries are on no-load, there will be some cross-current in them because of inequality in their induced e.m.fs. This circulating current I_C is given by

$$\mathbf{I_C = (E_A - E_B)/(Z_A + Z_B)} \qquad ...(i)$$

As the induced e.m.fs. of the two transformers are equal to the total drops in their respective circuits.

$\therefore \quad \mathbf{Z_A = I_A Z_A + V_2 \, ; \, E_B = I_B Z_B + V_2}$

Now, $\quad \mathbf{V_2 = IZ_L = (I_A + I_B) Z_L}$

where $\quad \mathbf{Z_L}$ = load impedance

$$\mathbf{E_A = I_A Z_A + (I_A + I_B) Z_L} \qquad ...(ii)$$

$$\mathbf{E_B = I_B Z_B + (I_A + I_B) Z_L} \qquad ...(iii)$$

$$\therefore \quad \mathbf{E_A - E_B = I_A Z_A - I_B Z_B} \qquad ...(iv)$$

$$\mathbf{I_A = [(E_A - E_B) + I_B Z_B]/Z_A}$$

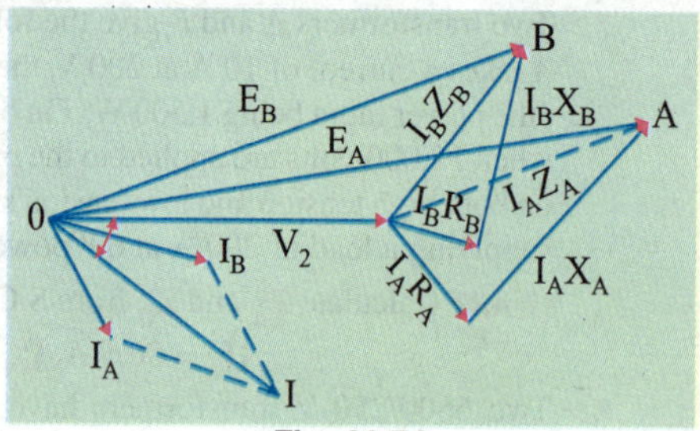

Fig. 32.74

Substituting this value of $\mathbf{I_A}$ in equation (*iii*), we get

$$\mathbf{E_B = I_B Z_B + [\{(E_A - E_B) + I_B Z_B\}/Z_A + I_B]/Z_L}$$

$$\mathbf{I_B = [E_B Z_A - (E_A - E_B) Z_L]/[Z_A Z_B + Z_L.(Z_A + Z_B)]} \qquad ...(v)$$

From the symmetry of the expression, we get

$$\mathbf{I_A = [E_A Z_B + (E_A - E_B) Z_L [Z_A Z_B + Z_L (Z_A + Z_B)]} \qquad ...(vi)$$

Also, $\quad \mathbf{I = I_A + I_B = \dfrac{E_A Z_B + E_B Z_A}{Z_A Z_B + Z_L (Z_A + Z_B)}}$

By multiplying the numerator and denominator of this equation by $1/\mathbf{Z_A Z_B}$ and the result by $\mathbf{Z_L}$ we get

$$\mathbf{V_2 = IZ_L = \frac{E_A/Z_A + E_B Z_B}{1/Z_A + 1/Z_B + 1/Z_L}}$$

The two equations (*v*) and (*vi*) then give the values of secondary currents. The primary currents may be obtained by the division of transformation ratio *i.e.* *K* and by addition (if not negligible) of the no-load current. Usually, $\mathbf{E_A}$ and $\mathbf{E_B}$ have the same phase (as assumed above) but there may be some phase difference between the two due to some difference of internal connection in parallel of a star/star and a star/delta 3-phase transformers.

If $\mathbf{Z_A}$ and $\mathbf{Z_B}$ are small as compared to $\mathbf{Z_L}$ *i.e.* when the transformers are not operated near short-circuit conditions, then equations for $\mathbf{I_A}$ and $\mathbf{I_B}$ can be put in a simpler and more easily under-standable form. Neglecting $\mathbf{Z_A Z_B}$ in comparison with the expression $\mathbf{Z_L(Z_A + Z_B)}$, we have

$$\mathbf{I_A = \frac{E_A Z_B}{Z_L (Z_A + Z_B)} + \frac{E_A - E_B}{Z_A + Z_B}} \qquad ...(vii)$$

$$\mathbf{I_B = \frac{E_B Z_A}{Z_L (Z_A + Z_B)} - \frac{E_A - E_B}{Z_A + Z_B}} \qquad ...(viii)$$

The physical interpretation of the second term in equations (*vii*) and (*viii*) is that it represents the cross-current between the secondaries. The first term shows how the actual load current divides between the loads. The value of current circulating in transformer secondaries (even when there is no-load) is given by* $\mathbf{I_C = (E_A - E_B)/(Z_A + Z_B)}$ assuming that $\mathbf{E_A > E_B}$. It lags behind $\mathbf{E_A}$ by an angle α given by $\tan \alpha = (X_A + X_B)/(R_A + R_B)$. If $E_A + E_B$ the ratios of the currents are inversely as the impedances (numerical values).

---

* Under load conditions, the circulating current is

$$I_C = \frac{E_A - E_B}{Z_A + Z_B + Z_A Z_B / Z_L}$$

If $\quad Z_L = \infty$ *i.e.* on open-circuit, the expression reduces to that given above.

If in Eq. (*iv*) we substitute $I_B = I - I_A$ and simplify, we get

$$I_A = \frac{IZ_B}{Z_A + Z_B} + \frac{E_A - E_B}{Z_A + Z_B} \quad ...(ix)$$

Similarly, if we substitute $I_A = I - I_B$ and simplify, then

$$I_B = \frac{IZ_A}{Z_A + Z_B} + \frac{E_A - E_B}{Z_A + Z_B} \quad ...(x)$$

In a similar manner, value of terminal voltage V_2 is given by

$$V_2 = IZ_L = \frac{E_A Z_B + E_B Z_A - IZ_A Z_B}{Z_A + Z_B} \quad ...(xi)$$

These expressions give the values of transformer currents and terminal voltage in terms of the load current. The value of V_2 may also be found as under :

As seen from Fig. 30.70.

$$I_A = (E_A - V_2)/Z_A = (E_A - V_2)Y_A ; I_B = (E_B - V_2)Y_B$$

$$I = V_2 Y_L = I_A + I_B \text{ or } V_2 Y_L = (E_A - V_2)Y_A + (E_B - V_2)Y_B$$

$$\therefore \quad V_2(Y_L + Y_A + Y_B) = E_A Y_A + E_B Y_B \text{ or } V_2 = \frac{E_A Y_A + E_B Y_B}{Y_L + Y_A + Y_B} \quad ...(xii)$$

Eq. (*xi*) gives V_2 in terms of load current. But if only load kVA is given, the problem becomes more complicated and involves the solution of a quadratic equation in V_2.

Now, $S = V_2 I$. When we substitute this value of **I** in Eq. (*xi*), we get

$$V_2 = \frac{E_A Z_B + E_B Z_A - SZ_A Z_B / V_2}{(Z_A + Z_B)}$$

or

$$V_2^2(Z_A + Z_B) - V(E_A Z_B E_B Z_A) + SZ_A Z_B = 0$$

When V_2 becomes known, then I_A and I_B may be directly found from

$$V_2 = E_A - I_A Z_A \text{ and } V_2 = E_B - I_B Z_B.$$

Note. In the case considered above, it is found more convenient to work with *numerical* values of impedances instead of % values.

Example 32.106. *Two transformers A and B are joined in parallel to the same load. Determine the current delivered by each transformer having given : open-circuit e.m.f. 6600 V for A and 6,400 V for B. Equivalent leakage impedance in terms of the secondary = 0.3 + j3 for A and 0.2 + j1 for B. The load impedance is 8 + j6.* **(Elect. Machines-I, Indore Univ. 1987)**

Solution.

$$I_A = \frac{E_A Z_B + (E_A - E_B)Z_L}{Z_A Z_B + Z_L(Z_A + Z_B)}$$

Here $E_A = 6{,}600$ V ; $E_B = 6{,}400$ V ; $Z_L = 8 + j6$; $Z_A = 0.3 + j3$; $Z_B = 0.2 + j1$

$$I_A = \frac{6600(0.2 + j1) + (6600 - 6400)(8 + j6)}{(0.3 + j3)(0.2 + j1) + (8 + j6)(0.3 + j3 + 0.2 + j1)}$$

$$117 - j\,156 = 195\text{A in magnitude}$$

Similarly,

$$I_B = \frac{E_B Z_A - (E_A - E_B)Z_L}{Z_A Z_B + Z_L(Z_A + Z_B)}$$

$$= \frac{6400\,(0.3 + j3) - (6600 - 6400)(8 + j6)}{(0.3 + j3) + (0.2 + j1)(8 + j6) + (0.5 + j4)}$$

$$= 349 - j\,231 = 421 \text{ A (in magnitude)}$$

Example 32.107. *Two 1-ϕ transformers, one of 100 kVA and the other of 50 kVA are connected in parallel to the same bus-bars on the primary side, their no-load secondary voltages being 1000 V and 950 V respectively. Their resistances are 2.0 and 2.5 per cent respectively and their reactances 8 and 6 percent respectively. Calculate no-load circulating current in the secondaries.*

(Adv. Elect Machines, A.M.I.E. Sec. B, 1991)

Solution. The circuit connections are shown in Fig. 32.75.

Ist transformer

Normal secondary current = 100,000/1000 = 100 A

$$R_A = \frac{1000 \times 2.0}{100 \times 100} = 0.2\ \Omega\ ;\ X_A = \frac{1000 \times 8}{100 \times 100} = 0.8\ \Omega$$

2nd Transformer

Normal secondary current = 50,000/950 = 52.63 A

$$R_B = 950 \times 2.5/100 \times 52.63 = 0.45\ \Omega$$

$$X_B = 850 \times 6/100 \times 52.63 = 1.08\ \Omega$$

Combined impedance of the two secondaries is

$$Z = \sqrt{(R_A + R_B)^2 + (X_A + X_B)^2}$$

$$= \sqrt{0.65^2 + 1.88^2} = 1.99\ \Omega$$

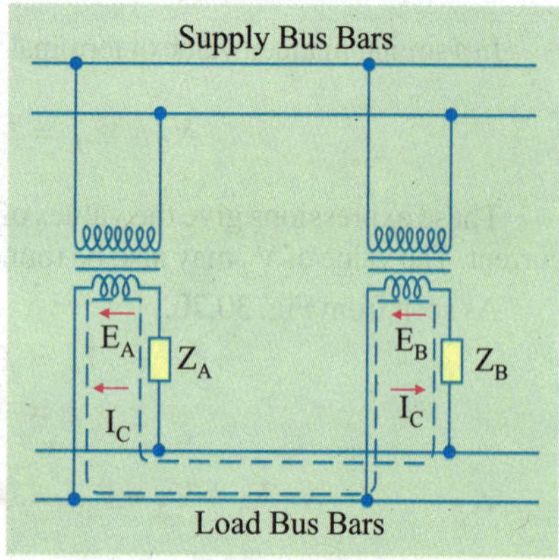

Fig. 32.75

$\therefore\ I_c = (1000 - 950)/1.99 =$ **25.1 A** ; $\alpha = \tan^{-1}(1.88/0.65) =$ **71°**

Example 32.108. *Two single-phase transformers, one of 1000-kVA and the other of 500-kVA are connected in parallel to the same bus-bars on the primary side ; their no-load secondary voltages being 500 V and 510 V respectively. The impedance voltage of the first transformer is 3% and that of the second 5%. Assuming that ratio of resistance to reactance is the same and equal to 0.4 in each. What will be the cross current when the secondaries are connected in parallel ?*

(Electrical Machines-I, Madras Univ. 1985)

Solution. Let us first determine the ohmic value of the two impedances. Also, let the secondary voltage be 480 V*.

Full-load $I_A = 1000 \times 1000/480 = 2083$ A ; F.L. $I_B = 500 \times 1000/480 = 1042$ A

$$Z_A = \frac{\%Z_A \times E_A}{100 \times I_A} = \frac{9 \times 500}{100 \times 2083} = 0.0072\ \Omega$$

$$Z_B = \frac{5 \times 510}{100 \times 1042} = 0.0245\ \Omega$$

$$I_C = \frac{E_B - E_A}{Z_A + Z_B} = \frac{510 - 500}{(0.0072 + 0.0245)} = \mathbf{315.4\ A}$$

Note. Since the value of *X/R* is the same for the two transformers, there is no phase difference between E_A and E_B.

Example 32.109. *Two transformers A and B of ratings 500 kVA and 250 kVA are supplying a load kVA of 750 at 0.8 power factor lagging. Their open-circuit voltages are 405V and 415 V respectively. Transformer A has 1% resistance and 5% reactance and transformer B has 1.5% resistance and 4% reactance. Find (a) cross-current in the secondaries on no-load and (b) the load shared by each transformer.*

* Though it is chosen arbitrarily, its value must be less than either of the two no-load e.m.fs.

Solution. As said earlier, it is more convenient to work with ohmic impedances and for that purpose, we will convert percentage value into numerical values by assuming 400 volt as the terminal voltage (this value is arbitrary but this assumption will not introduce appreciable error).

Now $$I_A R_A = 1\% \text{ of } 400 \quad \therefore \quad R_A = \frac{1}{100}\times\frac{400}{1250} = 0.0032\ \Omega$$

where $$I_A = 500{,}000/400 = 1250\text{ A}$$

$$I_A X_A = 5\% \text{ of } 400\ ;\ X_A = \frac{5}{100}\times\frac{400}{1250} = 0.016\ \Omega\ (i.e.\ X_A = 5R_A)$$

In a similar way, we can find R_B and X_B ; $R_B = 0.0096\ \Omega$; $X_B = 0.0256\ \Omega$

$$\therefore \quad \mathbf{Z}_A = 0.0032 + j0.016 = 0.0163 \angle 78.5°\ ;\ \mathbf{Z}_B = 0.0096 + j0.0256 = 0.0275 \angle 69.4°$$

$$\mathrm{Z_A + Z_B} = 0.0128 + j0.0416 = 0.0436 \angle 72.9°$$

Next step is to calculate load impedance. Let $\mathbf{Z}_L$ be the load impedance and V_2 the terminal voltage which has been assumed as 400 *V*.

$$\therefore \quad (V_2^{\,2}/Z_L) = 750\angle -36.9°$$

$$\therefore \quad \mathbf{Z}_L = 400^2 \times 10^{-3}/750\angle -36.9° = 0.214\angle 36.9° = (0.171 + j0.128)\,\Omega$$

(a) $$\mathbf{I}_C = \frac{\mathbf{E_A - E_B}}{\mathbf{Z_A + Z_B}} = \frac{(405 - 415)}{0.0436\angle 72.9°} = -\,230\angle -72.9°$$

(b) $$\mathbf{I}_A = \frac{405 \times 0.0275\angle 69.4° + (405-415)\times 0.214\angle 36.9°}{0.0163\angle 78.5° \times 0.0275\angle 69.4° + 0.214\angle 36.9° \times 0.0436\angle 72.9°}$$

$$= 970\angle -35°$$

Similarly, $$I_B = \frac{415 \times 0.0163\angle 78.5° - (405-415)\times 0.214\angle 36.9°}{0.0163\angle 78.5° \times 0.0275\angle 69.4° + 214\angle 369° \times 0.0436\angle 72.9°}$$

$$\therefore \quad \mathbf{S_A} = 400 \times 970 \times 10^{-3}\angle -35° = 388\angle -35°\text{ kVA}\ ;\ \cos\phi_A = \cos 35° = 0.82\text{ (lag)}$$

$$\mathbf{S_B} = 400 \times 875 \times 10^{-3}\angle 42.6° = 350\angle -42.6°\text{ kVA}$$

$$\cos\phi_B = \cos 42.6° = 0.736\text{ (lag)}$$

Example 32.110. *Two transformers A and B are connected in parallel to a load of (2 + j 1.5) ohms. Their impedances in secondary terms are $Z_A = (0.15 + j\,0.5)$ ohm and $Z_B = (0.1 + j\,0.6)$ ohm. Their no-load terminal voltages are $E_A = 207\angle 0°$ volt and $E_B = 205\angle 0°$ volt. Find the power output and power factor of each transformer.* **(Elect. Machines-I, Punjab Univ. 1991)**

Solution. Using the equations derived in Art. 30.34 (*c*), we have

$$\mathbf{I_A} = \frac{\mathbf{E_A Z_B + (E_A - E_B)Z_L}}{\mathbf{Z_A Z_B + Z_L(Z_A + Z_B)}}$$

$$\mathbf{Z_A} = (0.15 + j\,0.5)\,\Omega\ ;\ \mathrm{Z_B} = (0.1 + j0.6)\,\Omega\ ;\ \mathbf{Z_L} = (2 + j\,1.5) = 2.5\angle 36.9°$$

$$\therefore \quad \mathbf{I_A} = \frac{207(0.1 + j\,0.6) + (207-205)\,(2 + j1.5)}{(0.15 + j0.5)(0.1 + j0.6) + (2 + j1.5)(0.25 + j1.1)}$$

$$= \frac{24.7 + j\,127.2}{-1.435 + j\,2.715} = \frac{129.7\angle 79°}{3.07\angle 117.9°} = 42.26\angle -38.9°A = (32.89 - j26.55)A$$

$$\mathbf{I_B} = \frac{\mathbf{E}_B\mathbf{Z}_A - (\mathbf{E}_A - \mathbf{E}_B)\mathbf{Z}_L}{\mathbf{Z}_A\mathbf{Z}_B + \mathbf{Z}_L(\mathbf{Z}_A + \mathbf{Z}_B)} = \frac{205(0.15 + j\,0.5) - 2(2 + j\,1.5)}{-1.435 + j\,2.715} = \frac{103\angle 75°}{3.07\angle 117.9°}$$

$$= 33.56\angle -42.9° = (24.58 - j\,22.84)\ A$$

Now $$\mathbf{V_2'} = \mathbf{IZ_L} = (\mathbf{I_A} + \mathbf{I_B})\,\mathbf{Z_L}$$

$$= (57.47 - j\,49.39)\,(2 + j\,1.5) = 189 - j\,12.58 = 189.4\angle -3.9°$$

p.f. angle of transformer $A = -3.9° - (-38.9°) = 35°$

$\therefore$ p.f. of $A = \cos 35° = 0.818$ (lag) ; p.f. of $B = \cos [-3.9° - (-42.9°)] = 0.776$ (lag)

Power output of transformer A is $P_A = 189.4 \times 42.26 \times 0.818 =$ **6,548 W**

Similarly, $P_B = 189.4 \times 33.56 \times 0.776 =$ **4,900 W**

Example 32.111. *Two transformers have the following particulars :*

	Transformer A	*Transformer B*
Rated current	*200 A*	*600 A*
Per unit resistance 0.02	*0.025*	
Per unit reactance	*0.05*	*0.06*
No-load e.m.f.	*245 V*	*240 V*

Calculate the terminal voltage when they are connected in parallel and supply a load impedance of (0.25 + j 0.1) Ω. **(Elect. Machines-I, Sd. Patel Univ. 1981)**

Solution. Impedance in ohms = $\mathbf{Z}_{pu} \times$ N.L. e.m.f./full-load current

$$\mathbf{Z}_A = (245/200)(0.02 + j\,0.05) = 0.0245 + j\,0.0613\ \Omega = 0.066\ \angle 68.2°$$

$$\mathbf{Z}_B = (240/600)(0.025 + j\,0.06) = 0.01 + j\,0.024\ \Omega = 0.026\ \angle 67.3°$$

$$\mathbf{Z} = (0.25 + j\,0.1) = 0.269\ \angle 21.8°\ ;\ \mathbf{Z}_A + \mathbf{Z}_B = 0.0345 + j\,0.0853 = 0.092\ \angle 68°$$

$$\mathbf{Z}_L(\mathbf{Z}_A + \mathbf{Z}_B) = 0.269 \times 0.092\ \angle 89.8° = 0.0247\ \angle 89.8° = (0 + j\,0.0247)$$

$$\mathbf{Z}_A\mathbf{Z}_B = 0.066 \times 0.026\ \angle 135.5° = (-0.001225 + j\,0.001201)$$

$$\therefore\ \mathbf{Z}_A\mathbf{Z}_B + \mathbf{Z}_L(\mathbf{Z}_A + \mathbf{Z}_B) = (-0.00125 + j\,0.259) = 0.0259\ \angle 92.7°$$

Let us take $\mathbf{E}_A$ as reference quantity.

Also $\mathbf{E}_b$ is in phase with $\mathbf{E}_A$ because transformers are in parallel on both sides.

$$\mathbf{E}_A\mathbf{Z}_B = 245(0.01 + j\,0.0245) = 2.45 + j\,5.87$$

$$\mathbf{E}_B\mathbf{Z}_A = 240(0.0245 + j\,0.0613) = 5.88 + j\,14.7$$

$$\mathbf{E}_A\mathbf{Z}_B + \mathbf{E}_B\mathbf{Z}_A = 8.33 + j\,20.57 = 22.15\ \angle 67.9°$$

Now, $$\mathbf{I} = \frac{\mathbf{E}_A\mathbf{Z}_B + \mathbf{E}_B\mathbf{Z}_A}{\mathbf{Z}_A\mathbf{Z}_B + \mathbf{Z}_L(\mathbf{Z}_A + \mathbf{Z}_B)} = \frac{22.15\ \angle 67.9°}{0.0259\ \angle 92.7°} = 855\ \angle -24.8°$$

$$\therefore\ \mathbf{V}_2 = \mathbf{IZ}_L = 885\ \angle -24.8° \times 0.269\ \angle 21.8° = 230 - 3°$$

Tutorial Problems 29.1

1. A 1000-kVA and a 500-kVA, 1-phase transformers are connected to the same bus-bars on the primary side. The secondary e.m.fs. at no-load are 500 and 510 V respectively. The impedance voltage of the first transformer is 3.4% and of the second 5%. What cross-current will pass between them when the secondaries are connected together in parallel ? Assuming that the ratio of resistance to reactance is the same in each, what currents will flow in the windings of the two transformers when supplying a total load of 1200 kVA.

   [(*i*) 290 A (*ii*) 1577 and 900 A] (*City & Guilds, London*)

2. Two transformers *A* and *B* are connected in parallel to supply a load having an impedance of $(2 + j\,1.5\Omega)$. The equivalent impedances referred to the secondary windings are $0.15 + j\,0.5\ \Omega$ and $0.1 + j\,0.6\ \Omega$ respectively. The open-circuit e.m.f. of *A* is 207 V and of *B* is 205 V. Calculate (*i*) the voltage at the load (*ii*) the power supplied to the load (*iii*) the power output of each transformer and (*iv*) the kVA input to each transformer.

   [(*i*) 189 ∠– 3.8°V (*ii*) 11.5 kW (*iii*) 6.5 kW, 4.95 kW (iv) 8.7 kVA, 6.87 kVA]

QUESTIONS AND ANSWERS ON TRANSFORMERS

Q.1. How is magnetic leakage reduced to a minimum in commerical transformers ?

Ans. By interleaving the primary and secondary windings.

Q.2. Mention the factors on which hysteresis loss depends ?

Ans. (*i*) Quality and amount of iron in the core (*ii*) Flux density and (*iii*) Frequency.

Q.3. How can eddy current loss be minimised ?

Ans. By laminating the core.

Q.4. In practice, what determines the thickness of the laminae or stampings ?

Ans. Frequency.

Q.5. Does the transformer draw any current when its secondary is open ?

Ans. Yes, no-load primary current.

Q.6. Why ?

Ans. For supplying no-load iron and copper losses in primary.

Q.7. Is Cu loss affected by power factor ?

Ans. Yes, Cu loss varies inversely with power factor.

Q.8. Why ?

Ans. Cu loss depends on current in the primary and secondary windings. It is well-known that current required is higher when power factor is lower.

Q.9. What effects are produced by change in voltage ?

Ans.
1. Iron loss.........varies approximately as V^2.
2. Cu loss.........it also varies as V^2 but decreases with an increase in voltage ***if constant kVA output is assumed.***
3. Efficiency.........for distribution transformers, efficiency at fractional loads decreases with increase in voltage while at full load or overload it increases with increase in voltage and *vice-versa.*
4. Regulation.........it varies as V^2 but decreases with increase in voltage ***if constant kVA output is assumed.***
5. Heating.........for constant kVA output, iron temperatures increase whereas Cu temperatures decrease with increase in voltages and ***vice-versa***.

Q. 10. How does change in frequency affect the operation of a given transformer ?

Ans.
1. Iron loss ....increases with a decrease in frequency. A 60-Hz transformer will have nearly 11% higher losses when worked on 50Hz instead of 60 Hz. However, when a 25-Hz transformer is worked on 60 Hz, iron losses are reduced by 25%.
2. Cu loss.........in distribution transformers, it is independent of frequecy.
3. Efficiency.........since Cu loss is unaffected by change in frequency, a given transformer efficiency is less at a lower frequency than at a higher one.
4. Regulation.........regulation at unity power factor is not affected because *IR* drop is independent of frequency. Since reactive drop is affected, regulation at low power factors decreases with a decrease in frequency and *vice-versa.* For example, the regulation of a 25-Hz transformer when operated at 50-Hz and low power factor is much poorer.
5. Heating.........since total loss is greater at a lower frequency, the temperature is increased with decrease in frequency.

OBJECTIVE TESTS – 32

1. A transformer transforms
   (a) frequency
   (b) voltage
   (c) current
   (d) voltage and current.
2. Which of the following is not a basic element of a transformer ?
   (a) core
   (b) primary winding
   (c) secondary winding
   (d) mutual flux.
3. In an ideal transformer,
   (a) windings have no resistance
   (b) core has no losses
   (c) core has infinite permeability
   (d) all of the above.
4. The main purpose of using core in a transformer is to
   (a) decrease iron losses
   (b) prevent eddy current loss
   (c) eliminate magnetic hysteresis
   (d) decrease reluctance of the common magnetic circuit.
5. Transformer cores are laminated in order to
   (a) simplify its construction
   (b) minimise eddy current loss
   (c) reduce cost
   (d) reduce hysteresis loss.
6. A transformer having 1000 primary turns is connected to a 250-V a.c. supply. For a secondary voltage of 400 V, the number of secondary turns should be
   (a) 1600 (b) 250
   (c) 400 (d) 1250
7. The primary and secondary induced e.m.fs. E_1 and E_2 in a two-winding transformer are **always**
   (a) equal in magnitude
   (b) antiphase with each other
   (c) in-phase with each other
   (d) determined by load on transformer secondary.
8. A step-up transformer increases
   (a) voltage (b) current
   (c) power (d) frequency.
9. The primary and secondary windings of an ordinary 2-winding transformer **always** have
   (a) different number of turns
   (b) same size of copper wire
   (c) a common magnetic circuit
   (d) separate magnetic circuits.
10. In a transformer, the leakage flux of each winding is proportional to the current in that winding because
    (a) Ohm's law applies to magnetic circuits
    (b) leakage paths do not saturate
    (c) the two windings are electrically isolated
    (d) mutual flux is confined to the core.
11. In a two-winding transformer, the e.m.f. per turn in secondary winding is **always**.......the induced e.m.f. power turn in primary.
    (a) equal to K times
    (b) equal to $1/K$ times
    (c) equal to
    (d) greater than.
12. In relation to a transformer, the ratio 20 : 1 indicates that
    (a) there are 20 turns on primary one turn on secondary
    (b) secondary voltage is 1/20th of primary voltage
    (c) primary current is 20 times greater than the secondary current.
    (d) for every 20 turns on primary, there is one turn on secondary.
13. In performing the short circuit test of a transformer
    (a) high voltage side is usually short circuited
    (b) low voltage side is usually short circuited
    (c) any side is short circuited with preference
    (d) none of the above.

    (Elect. Machines, A.M.I.E. Sec. B, 1993)
14. The equivalent resistance of the primary of a transformer having $K = 5$ and $R_1 = 0.1$ ohm when referred to secondary becomes.......ohm.
    (a) 0.5
    (b) 0.02
    (c) 0.004
    (d) 2.5
15. A transformer has negative voltage regulation when its load power factor is
    (a) zero
    (b) unity
    (c) leading
    (d) lagging.

16. The primary reason why open-circuit test is performed on the low-voltage winding of the transformer is that it
(*a*) draws sufficiently large on-load current for convenient reading
(*b*) requires least voltage to perform the test
(*c*) needs minimum power input
(*d*) involves less core loss.

17. No-load test on a transformer is carried out to determine
(*a*) copper loss
(*b*) magnetising current
(*c*) magnetising current and no-load loss
(*d*) efficiency of the transformer.

18. The main purpose of performing open-circuit test on a transformer is to measure its
(*a*) Cu loss
(*b*) core loss
(*c*) total loss
(*d*) insulation resistance.

19. During short-circuit test, the iron loss of a transformer is negligible because
(*a*) the entire input is just sufficient to meet Cu losses only
(*b*) flux produced is a small fraction of the normal flux
(*c*) iron core becomes fully saturated
(*d*) supply frequency is held constant.

20. The iron loss of a transformer at 400 Hz is 10 W. Assuming that eddy current and hysteresis losses vary as the square of flux density, the iron loss of the transformer at rated voltage but at 50 Hz would be....... watt.
(*a*) 80 (*b*) 640
(*c*) 1.25 (*d*) 100

21. In operating a 400 Hz transformer at 50 Hz
(*a*) only voltage is reduced in the same proportion as the frequency
(*b*) only kVA rating is reduced in the same proportion as the frequency
(*c*) both voltage and kVA rating are reduced in the same proportion as the frequency
(*d*) none of the above.

22. The voltage applied to the h.v. side of a transformer during short-circuit test is 2% of its rated voltage. The core loss will be.......percent of the rated core loss.
(*a*) 4 (*b*) 0.4
(*c*) 0.25 (*d*) 0.04

23. Transformers are rated in kVA instead of kW because
(*a*) load power factor is often not known
(*b*) kVA is fixed whereas kW depends on load p.f.
(*c*) total transformer loss depends on volt-ampere
(*d*) it has become customary.

24. When a 400-Hz transformer is operated at 50 Hz its kVA rating is
(*a*) raduced to 1/8
(*b*) increased 8 times
(*c*) unaffected
(*d*) increased 64 times.

25. At relatively light loads, transformer efficiency is low because
(*a*) secondary output is low
(*b*) transformer losses are high
(*c*) fixed loss is high in proportion to the output
(*d*) Cu loss is small.

26. A 200 kVA transformer has an iron loss of 1 kW and full-load Cu loss of 2kW. Its load kVA corresponding to maximum efficiency is .... kVA.
(*a*) 100 (*b*) 141.4
(*c*) 50 (*d*) 200

27. If Cu loss of a transformer at 7/8th full load is 4900 W, then its full-load Cu loss would be ....watt.
(*a*) 5600 (*b*) 6400
(*c*) 375 (*d*) 429

28. The ordinary efficiency of a given transformer is maximum when
(*a*) it runs at half full-load
(*b*) it runs at full-load
(*c*) its Cu loss equals iron loss
(*d*) it runs slightly overload.

29. The output current corresponding to maximum efficiency for a transformer having core loss of 100 W and equivalent resistance referred to secondary of 0.25 Ω is .... ampere.
(*a*) 20
(*b*) 25
(*c*) 5
(*d*) 400

30. The maximum efficiency of a 100-kVA transformer having iron loss of 900 kW and F.L. Cu loss of 1600 W occurs at .... kVA.
(*a*) 56.3 (*b*) 133.3
(*c*) 75 (*d*) 177.7

31. The all-day efficiency of a transformer depends primarily on
(*a*) its copper loss
(*b*) the amount of load
(*c*) the duration of load
(*d*) both (*b*) and (*c*).

32. The marked increase in kVA capacity produced by connecting a 2 winding transformer as an autotransfomer is due to
(*a*) increase in turn ratio
(*b*) increase in secondary voltage
(*c*) increase in transformer efficiency
(*d*) establishment of conductive link between primary and secondary.

33. The kVA rating of an ordinary 2-winding transformer is increased when connected as an autotransformer because
(*a*) transformation ratio is increased
(*b*) secondary voltage is increased
(*c*) energy is transferred both inductively and conductivity
(*d*) secondary current is increased.

34. The saving in Cu achieved by converting a 2-winding transformer into an autotransformer is determined by
(*a*) voltage transformation ratio
(*b*) load on the secondary
(*c*) magnetic quality of core material
(*d*) size of the transformer core.

35. An autotransformer having a transformation ratio of 0.8 supplies a load of 3 kW. The power transferred conductively from primary to secondary is.......kW.
(*a*) 0.6 (*b*) 2.4
(*c*) 1.5 (*d*) 0.27

36. The essential condition for parallel opearation of two 1-ϕ transformers is that they should have the same
(*a*) polarity
(*b*) kVA rating
(*c*) voltage ratio
(*d*) percentage impedance.

37. If the impedance triangles of two transformers operating in parallel are not identical in shape and size, the two transformers will
(*a*) share the load unequally
(*b*) get heated unequally
(*c*) have a circulatory secondary current even when unloaded
(*d*) run with different power factors.

38. Two transformers *A* and *B* having equal outputs and voltage ratios but unequal percentage impedances of 4 and 2 are operating in parallel. Transformer *A* will be running over-load by .... percent.
(*a*) 50 (*b*) 66
(*c*) 33 (*d*) 25

ANSWERS

1. *d* 2. *d* 3. *d* 4. *d* 5. *b* 6. *a* 7. *c* 8. *a* 9. *c* 10. *b* 11. *c* 12. *d* 13. *b* 14. *d* 15. *c* 16. *a* 17. *c* 18. *b* 19. *b* 20. *b* 21. *b* 22. *d* 23. *c* 24. *a* 25. *c* 26. *b* 27. *b* 28. *c* 29. *a* 30. *c* 31. *d* 32. *d* 33. *c* 34. *a* 35. *b* 36. *a* 37. *d* 38. *c*

CHAPTER 33

TRANSFORMER: THREE PHASE

Learning Objectives

- ➢ Three-phase Transformers
- ➢ Three-phase Transformer Connections
- ➢ Star/Star or Y/Y Connection
- ➢ Delta-Delta or Connection
- ➢ Wye/Delta or Y/ Connection
- ➢ Delta/Wye or /Y Connection
- ➢ Open-Delta or V-V Connection
- ➢ Power Supplied by V-V Bank
- ➢ Scott Connection or T-T Connection
- ➢ Three-phase to Two-Phase Conversion and vice-versa
- ➢ Parallel Operation of 3-phase Transformers
- ➢ Instrument Transformers
- ➢ Current Transformers
- ➢ Potential Transformers

Three phase transformers are used throughout industry to change values of three phase voltage and current. Three phase power is the most common way in which power is produced.

33.1. Three-Phase Transformer

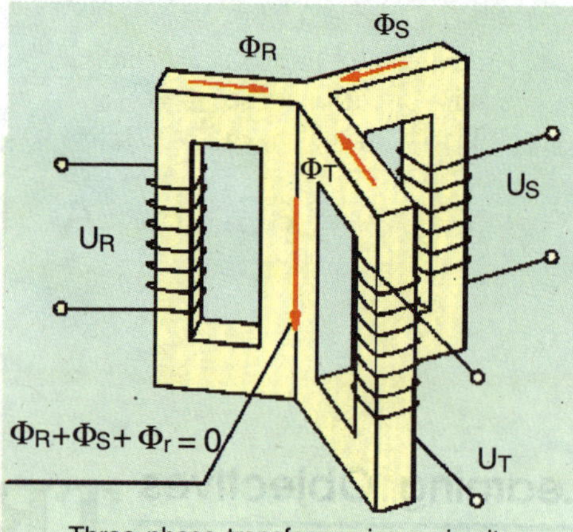

Three phase transformer inner circuits

Large scale generation of electric power is usually 3-phase at generated voltages of 13.2 kV or somewhat higher. Transmission is generally accomplished at higher voltages of 110, 132, 275, 400 and 750 kV for which purpose 3-phase transformers are necessary to step up the generated voltage to that of the transmission line. Next, at load centres, the transmission voltages are reduced to distribution voltages of 6,600, 4,600 and 2,300 volts. Further, at most of the consumers, the distribution voltages are still reduced to utilization voltages of 440, 220 or 110 volts. Years ago, it was a common practice to use suitably interconnected three single-phase transformers instead of a single 3-phase transformer. But these days, the latter is gaining popularity because of improvement in design and manufacture but principally because of better acquaintance of operating men with the three-phase type. As compared to a bank of single-phase transformers, the main advantages of a 3 phase transformer are that it occupies less floor space for equal rating, weighs less, costs about 15% less and further, that only one unit is to be handled and connected.

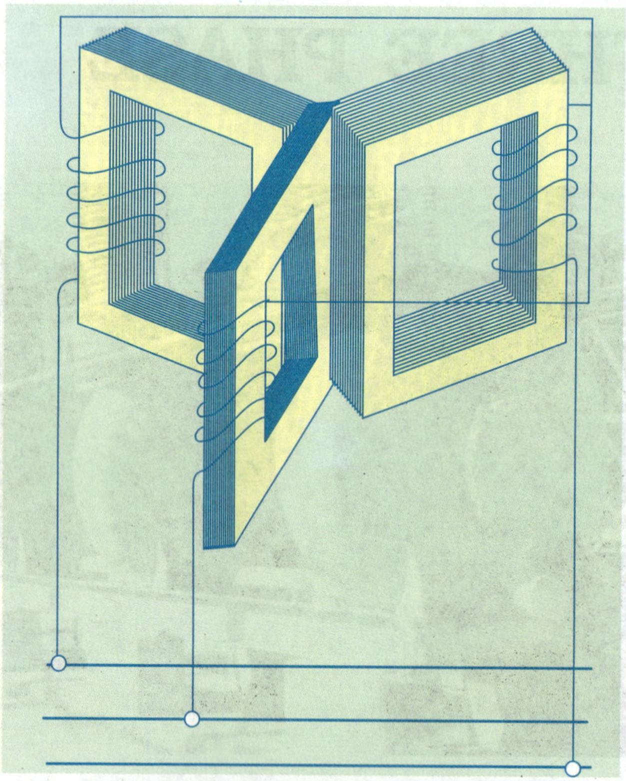

Fig. 33.1

Like single-phase transformers, the three-phase transformers are also of the core type or shell type. The basic principle of a 3-phase transformer is illustrated in Fig. 33.1 in which only primary windings have been shown interconnected in star and put across 3-phase supply. The three cores are 120° apart and their empty legs are shown in contact with each other. The centre leg, formed by these three, carries the flux produced by the three-phase currents I_R, I_Y and I_B. As at any instant $I_R + I_Y + I_B = 0$, hence the sum of three fluxes is also zero. Therefore, it will make no difference if the common leg is removed. In that case any two legs will act as the return for the third just as in a 3-phase system any two conductors act as the return for the current

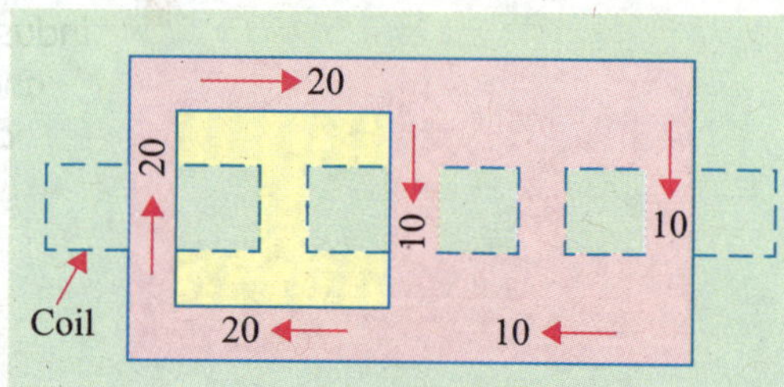

Fig. 33.2 (*a*)

in the third conductor. This improved design is shown in Fig. 33.2 (*a*) where dotted rectangles indicate the three windings and numbers in the cores and yokes represent the directions and magnitudes of fluxes at a particular instant. It will be seen that at any instant, the amount of 'up' flux in any leg is equal to the sum of 'down' fluxes in the other two legs. The core type transformers are usually wound with circular cylindrical coils.

In a similar way, three single-phase shell type transformers can be combined together to form a 3-phase shell type unit as shown in Fig. 33.2(*b*). But some saving in iron can be achieved in constructing a single 3-phase transformer as shown in Fig. 33.3. It does not differ from three single-phase transformers put side by side. Saving in iron is due to the joint use of the magnetic paths between the coils. The three phases, in this case, are more independent than they are in the core type transformers, because each phase has a magnetic circuit independent of the other.

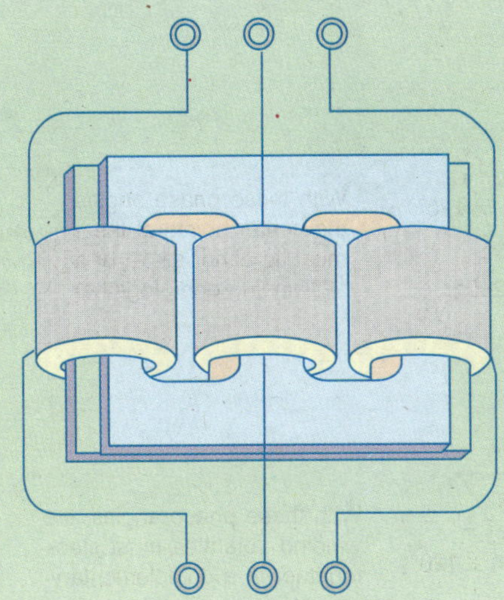

Fig. 33.2 (*b*)

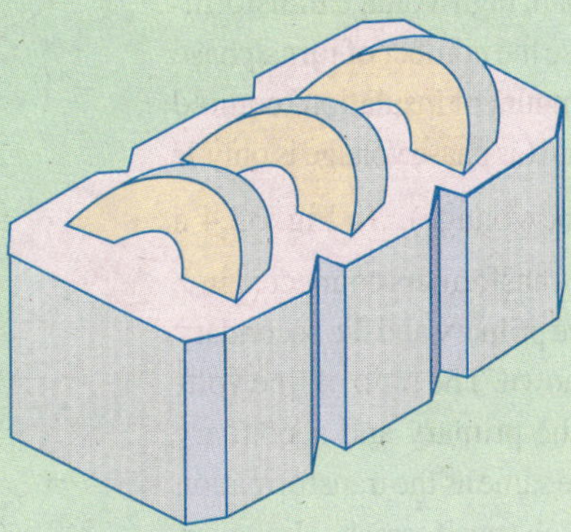

Fig. 33.3

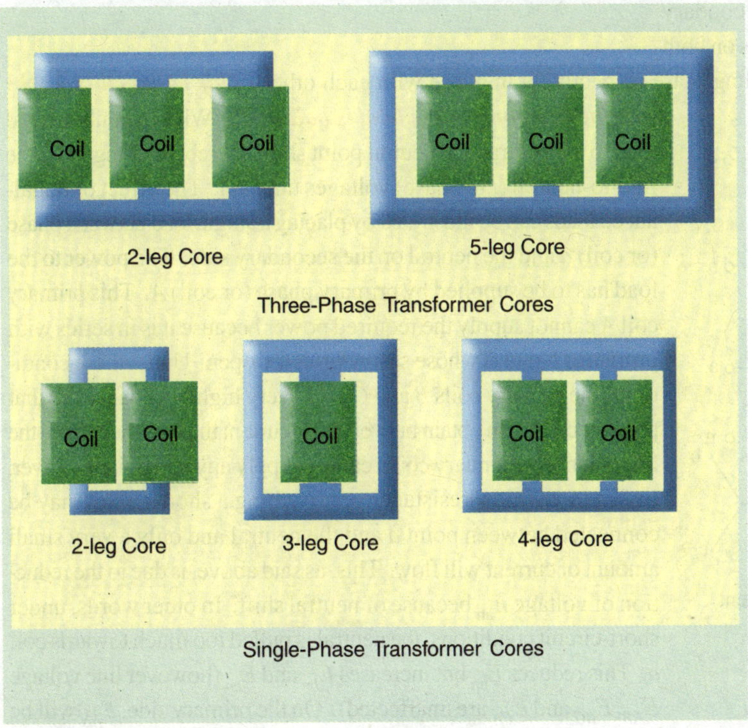

One main drawback in a 3-phase transformer is that if any one phase becomes disabled, then the whole transformer has to be ordinarily removed from service for repairs (the shell type may be operated open

Δ or Vee but this is not always feasible). However, in the case of a 3-phase bank of single-phase transformers, if one transformer goes out of order, the system can still be run open-Δ at reduced capacity or the faulty transformer can be readily replaced by a single spare.

33.2. Three-phase Transformer Connections

There are various methods available for transforming 3-phase voltages to higher or lower 3-phase voltages *i.e.* for handling a considerable amount of power. The most common connections are (*i*) $Y-Y$ (*ii*) $\Delta-\Delta$ (*iii*) $Y-\Delta$ (*iv*) $\Delta-Y$ (*v*) open-delta or $V-V$ (*vi*) Scott connection or $T-T$ connection.

33.3. Star/Star or *Y/Y* Connection

This connection is most economical for small, high-voltage transformers because the number of turns/phase and the amount of insulation required is minimum (as phase voltage is only $1/\sqrt{3}$ of line voltage). In Fig. 33.4 a bank of 3 transformers connected in Y on both the primary and the secondary sides is shown. The ratio of line voltages on the primary and secondary sides is the same as the transformation ratio of each transformer. However, there is a phase shift of 30° between the phase voltages and line voltages both on the primary and secondary sides. Of course, line voltages on both sides as well as primary voltages are respectively in phase with each other. ***This connection works satisfactorily only if the load is balanced.*** With the unbalanced load to the neutral, the neutral point shifts thereby making the three line-to-neutral (*i.e.* phase) voltages unequal. The effect of unbalanced loads can be illustrated by placing a single load between phase (or coil) a and the neutral on the secondary side. The power to the load has to be supplied by primary phase (or coil) A. This primary coil A cannot supply the required power because it is in series with primaries B and C whose secondaries are open. Under these conditions, the primary coils B and C act as very high impedances so that primary coil A can obtain but very little current through them from the line. Hence, secondary coil a cannot supply any appreciable power. In fact, a very low resistance approaching a short-circuit may be connected between point a and the neutral and only a very small amount of current will flow. This, as said above, is due to the reduction of voltage E_{an} because of neutral shift. In other words, under short-circuit conditions, the neutral is pulled too much towards coil a. This reduces E_{an} but increases E_{bn} and E_{cn} (however line voltage E_{AB}, E_{BC} and E_{CA} are unaffected). On the primary side, E_{AN} will be

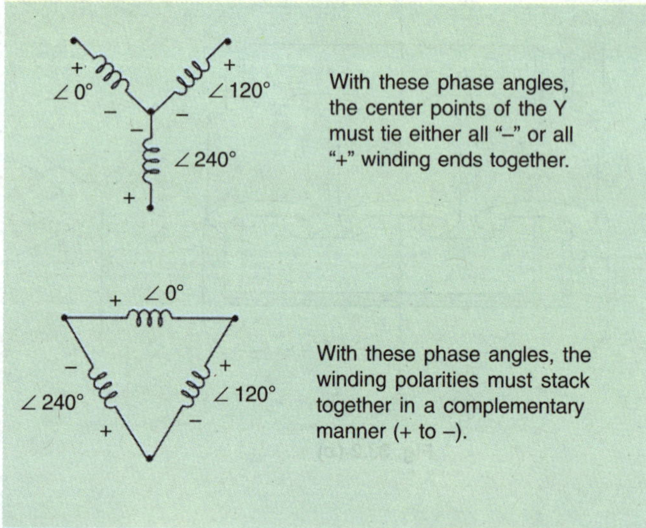

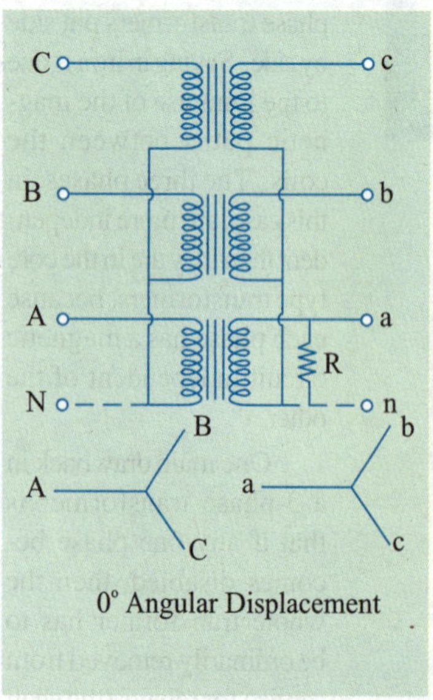

Fig. 33.4

practically reduced to zero whereas E_{BN} and E_{CN} will rise to nearly full primary line voltage. This difficulty of shifting (or floating) neutral can be obviated by connecting the primary neutral (shown dotted in the figure) back to the generator so that primary coil *A* can take its required power from between its line and the neutral. It should be noted that if a single phase load is connected between the lines *a* and *b*, there will be a similar but less pronounced neutral shift which results in an overvoltage on one or more transformers.

Another advantage of stabilizing the primary neutral by connecting it to neutral of the generator is that it eliminates distortion in the secondary phase voltages. This is explained as follows. For delivering a sine wave of voltage, it is necessary to have a sine wave of flux in the core, but on account of the characteristics of iron, a sine wave of flux requires a third harmonic component in the exciting current. As the frequency of this component is thrice the frequency of the circuit, at any given instant, it tends to flow either towards or away from the neutral point in all the three transformers. If the primary neutral is isolated, the triple frequency current cannot flow. Hence, the flux in the core cannot be a sine wave and so the voltages are distorted. But if the primary neutral is earthed *i.e.* joined to the generator neutral, then this provides a path for the triple-frequency currents and e.m.fs. and the difficulty is overcome. Another way of avoiding this trouble of oscillating neutral is to provide each of the transformers with a third or tertiary winding of relatively low kVA rating. This tertiary winding is connected in Δ and provides a circuit in which the triple-frequency component of the magnetising current can flow (with an isolated neutral, it could not). In that case, a sine wave of voltage applied to the primary will result in a sine wave of phase voltage in the secondary. As said above, the advantage of this connection is that insulation is stressed only to the extent of line to neutral voltage *i.e.* 58% of the line voltage.

33.4. Delta-Delta or Δ – Δ Connection

This connection is economical for large, low-voltage transformers in which insulation problem is not so urgent, because it increases the number of turns/phase. The transformer connections and voltage triangles are shown in Fig. 33.5. The ratio of transformation between primary and secondary line voltage is exactly the same as that of each transformer. Further, the secondary voltage triangle *abc* occupies the same relative position as the primary voltage triangle *ABC i.e.* there is no angular displacement between the two. Moreover, there is no internal phase shift between phase and line voltages on either side as was the case in $Y-Y$ connection. This connection has the following advantages :

1. As explained above, in order that the output voltage be sinusoidal, it is necessary that the magnetising current of the transformer must contain a third harmonic component. In this case, the third harmonic component of the magnetising current can flow in the Δ-connected transformer primaries without flowing in the line wires. The three phases are 120° apart which is $3 \times 120 = 360°$ with respect to the third harmonic, hence it merely circulates in the Δ. Therefore, the flux is sinusoidal which results in sinusoidal voltages.

2. No difficulty is experienced from unbalanced loading as was the case in $Y-Y$ connection. The three-phase voltages remain practically constant regardless of load imbalance.

3. An added advantage of this connection is that if one transformer becomes disabled, the system can continue to operate in open-delta or in $V-V$ although with reduced available capacity. The reduced capacity is 58% and not 66.7% of the normal value, as explained in Art. 33.7.

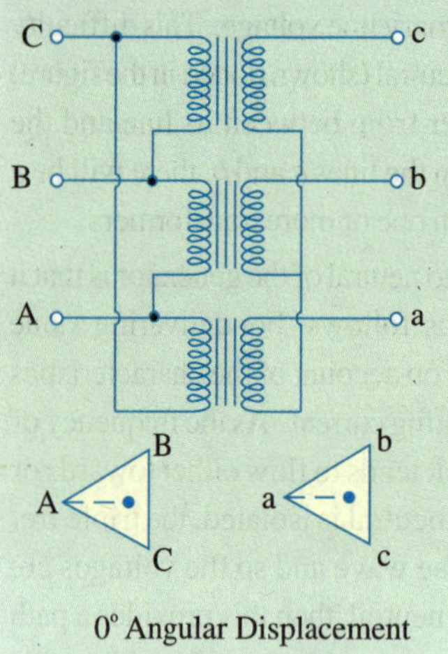

Fig. 33.5

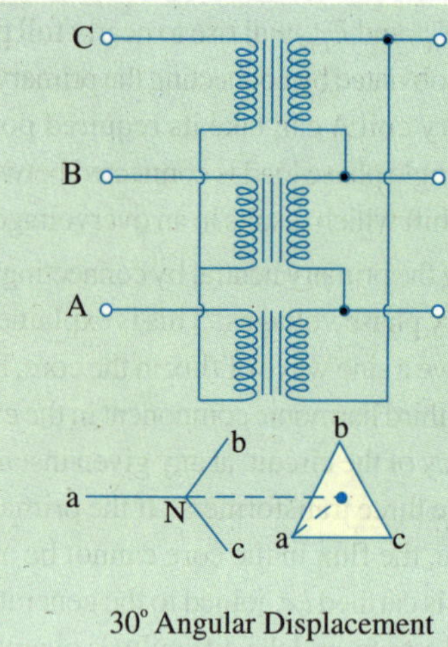

Fig. 33.6

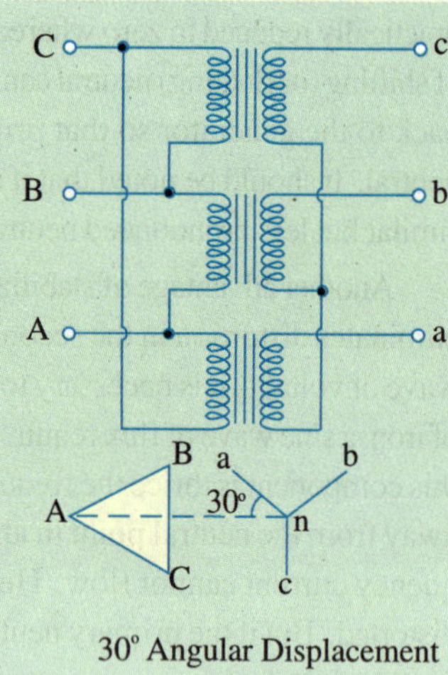

Fig. 33.7

33.5. Wye/Delta or *Y*/Δ Connection

The main use of this connection is at the substation end of the transmission line where the voltage is to be stepped down. The primary winding is *Y*-connected with grounded neutral as shown in Fig. 33.6. The ratio between the secondary and primary line voltage is $1/\sqrt{3}$ times the transformation ratio of each transformer. There is a 30° shift between the primary and secondary line voltages which means that a $Y-\Delta$ transformer bank cannot be paralleled with either a $Y-Y$ *or* a $\Delta-\Delta$ bank. Also, third harmonic currents flows in the Δ to provide a sinusoidal flux.

33.6. Delta/Wye or Δ/*Y* Connection

This connection is generally employed where it is necessary to step up the voltage as for example, at the beginning of high tension transmission system. The connection is shown in Fig. 33.7. The neutral of the secondary is grounded for providing 3-phase 4-wire service. In recent years, this connection has gained considerable popularity because it can be used to serve both the 3-phase power equipment and single-phase lighting circuits.

This connection is not open to the objection of a floating neutral and voltage distortion because the existence of a Δ-connection allows a path for the third-harmonic currents. It would be observed that the primary and secondary line voltages and line currents are out of phase with each other by 30°. Because of this 30° shift, it is impossible to parallel such a bank with a $\Delta - \Delta$ or $Y - Y$ bank of transformers even though the voltage ratios are correctly adjusted. The ratio of secondary to primary voltage is $\sqrt{3}$ times the transformation ratio of each transformer.

Example 33.1. *A 3-phase, 50-Hz transformer has a delta-connected primary and star-connected secondary, the line voltages being 22,000 V and 400 V respectively. The secondary has a star-connected balanced load at 0.8 power factor lagging. The line current on the primary side is 5 A. Determine the current in each coil of the primary and in each secondary line. What is the output of the transformer in kW ?*

Solution. It should be noted that in three-phase transformers, the *phase* transformation ratio is equal to the turn ratio but the terminal or line voltages depend upon the method of connection employed. The Δ/*Y* connection is shown in Fig. 33.8.

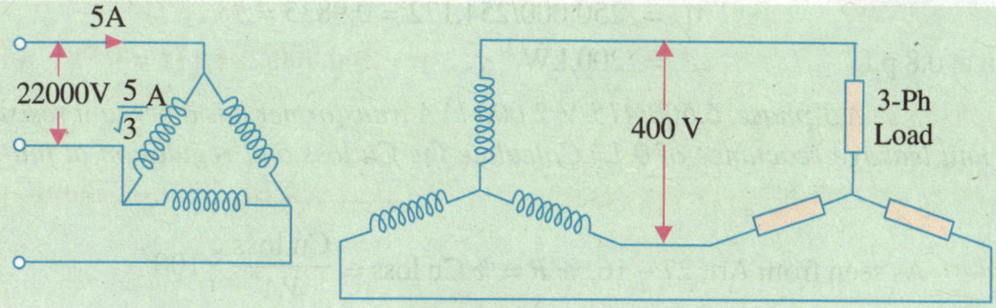

Fig. 33.8

Phase voltage on primary side = 22,000 V

Phase voltage on secondary side = $400/\sqrt{3}$

$\therefore$ $K = 400/22{,}000 \times \sqrt{3} = 1/55\sqrt{3}$

Primary phase current = $5/\sqrt{3}$ A

Secondary phase current = $\frac{5}{\sqrt{3}} \div \frac{1}{55\sqrt{3}} = 275$ A

Secondary line current = **275 A**

$\therefore$ Output = $\sqrt{3} V_L I_L \cos\phi = \sqrt{3} \times 400 \times 275 \times 0.8 =$ **15.24 kW.**

Example 33.2. *A 500-kVA, 3-phase, 50-Hz transformer has a voltage ratio (line voltages) of 33/11-kV and is delta/star connected. The resistances per phase are : high voltage 35 Ω, low voltage 0.876 Ω and the iron loss is 3050 W. Calculate the value of efficiency at full-load and one-half of full-load respectively (a) at unity p.f. and (b) 0.8 p.f.* **(Electrical Machinery, Madras Univ. 1985)**

Solution. Transformation ratio $K = \frac{11{,}000}{\sqrt{3} \times 33{,}000} = \frac{1}{3\sqrt{3}}$

Per phase $R_{02} = 0.876 + (1/3\sqrt{3})^2 \times 35 = 2.172\ \Omega$

Secondary phase current $= \frac{500{,}000}{\sqrt{3} \times 11{,}000} = \frac{500}{11\sqrt{3}}$ A

Full-load condition

Full load total Cu loss = $3 \times (500/11\sqrt{3})^2 \times 2.172 = 4{,}490$ W; Iron loss = 3,050 W

Total full-load losses = 4,490 + 3,050 = 7,540 W; Output at unity p.f. = 500 kW

$\therefore$ F.L. efficiency = 500,000/507,540 = 0.9854 or **98.54%**; Output at 0.8 p.f. = 400 kW

$\therefore$ Efficiency = 400,000/407.540 = 0.982 or **98.2%**

Half-load condition

Output at unity p.f.= 250 kW

Cu losses = $(1/2)^2 \times 4{,}490$ = **1,222 W**

Total losses = 3,050 + 1,122 = 4,172 W

Three-phase transformer

$\therefore \quad \eta = 250{,}000/254{,}172 = 0.9835 =$ **98.35 %**

Output at 0.8 p.f. $= 200$ kW $\therefore$ $\eta = 200{,}000/204{,}172 = 0.98$ **or 98%**

Example 33.3. *A 3-phase, 6,600/415-V, 2,000-kVA transformer has a per unit resistance of 0.02 and a per unit leakage reactance of 0.1. Calculate the Cu loss and regulation at full-load 0.8 p.f. lag.* **(Electrical Machines-I, Bombay Univ. 1987)**

Solution. As seen from Art. 27 – 16, $\% R = \%\text{ Cu loss} = \dfrac{\text{Cu loss}}{VA} \times 100$

Now, $\% R = 0.02 \times 100 = 2\,\%$ $\quad \therefore \quad 2 = \dfrac{\text{Cu loss}}{2{,}000} \times 100$ $\therefore$ Cu loss = **40 kW**

Now, percentage leakage reactance $= 0.1 \times 100 = 10\%$

$$\text{Regn.} = v_r \cos\phi + v_x \sin\phi = 2 \times 0.8 + 10 \times 0.6 = \mathbf{7.6\%}$$

Example 33.4. *A 120-kVA, 6,000/400-V, Y/Y 3-ph, 50-Hz transformer has an iron loss of 1,600 W. The maximum efficiency occurs at 3/4 full load.*

Find the efficiencies of the transformer at

(i) full-load and 0.8 power factor *(ii) half-load and unity power factor*

(iii) the maximum efficiency. **(Elect. Technology Utkal Univ. 1987)**

Solution. Since maximum efficiency occurs at 3/4 full-load, Cu loss at 3/4 full-load equals iron loss of 1,600 W.

Cu loss at 3/4 F.L. $= 1{,}600$ W; Cu loss at F.L. $= 1{,}600 \times (4/3)^2 = 2{,}845$ W

(i) F.L. output at 0.8 p.f. $= 120 \times 0.8 = 96$ kW $= 96{,}000$ W

Total loss $= 1{,}600 + 2{,}845 = 4{,}445$ W

$$\therefore \quad \eta = \frac{96{,}000}{100{,}445} \times 100 = \mathbf{95.57\ \%}$$

(ii) Cu loss at 1/2 full-load $= (1/2)^2 \times 2{,}845 = 710$ W

Total loss $= 710 + 1{,}600 = 2310$ W

Output at 1/2 F.L. and u.p.f. is= 60 kW = 60,000 W; $\eta = \dfrac{60{,}000}{62{,}310} \times 100 = \mathbf{96.57\%}$

(iii) Maximum efficiency occurs at 3/4 full-load when iron loss equals Cu loss.

Total loss $= 2 \times 1{,}600 = 3{,}200$ W

Output at u.p.f. $= (3/4) \times 120 = 90$ kW $= 90{,}000$ W

Input $= 90{,}000 + 3{,}200 = 93{,}200$ W $\therefore \eta = \dfrac{90{,}000}{93{,}200} \times 100 = \mathbf{96.57\%}$

Example 33.5. *A 3-phase transformer, ratio 33/6.6-kV, Δ/Y, 2-MVA has a primary resistance of 8 Ω per phase and a secondary resistance of 0.08 ohm per phase. The percentage impedance is 7%. Calculate the secondary voltage with rated primary voltage and hence the regulation for full-load 0.75 p.f. lagging conditions.* **(Elect. Machine-I, Nagpur, Univ. 1993)**

Solution. F.L. secondary current $= \dfrac{2 \times 10^6}{\sqrt{3} \times 6.6 \times 10^3} = 175$ A

$K = 6.6/\sqrt{3} \times 33 = 1/8.65$; $R_{02} = 0.08 + 8/8.65^2 = 0.1867\ \Omega$ per phase

Now, secondary impedance drop per phase $= \dfrac{7}{100} \times \dfrac{6{,}600}{\sqrt{3}} = 266.7$ V

$$\therefore \quad Z_{02} = 266.7/175 = 1.523\ \Omega \text{ per phase}$$

$$X_{02} = \sqrt{Z_{02}^2 - R_{02}^2} = \sqrt{1.523^2 - 0.1867^2} = 1.51\ \Omega/\text{phase}$$

Drop per phase $= I_2 (R_{02} \cos \phi + X_{02} \sin \phi) = 175\ (0.1867 \times 0.75 + 1.51 \times 0.66) = 200$ V

Secondary voltage/phase $= 6{,}600/\sqrt{3} = 3{,}810$ V $\quad \therefore \quad V_2 = 3{,}810 - 200 = 3{,}610$ V

$\therefore$ Secondary *line* voltage $= 3{,}610 \times \sqrt{3} =$ **6,250 V**

%regn. $= 200 \times 100/3{,}810 =$ **5.23 %**

Example 33.6. *A 100-kVA, 3-phase, 50-Hz 3,300/400 V transformer is Δ-connected on the h.v. side and Y-connected on the l.v. side. The resistance of the h.v. winding is 3.5 Ω per phase and that of the l.v. winding 0.02 Ω per phase. Calculate the iron losses of the transformer at normal voltage and frequency if its full-load efficiency be 95.8% at 0.8 p.f. (lag).*

(A.C. Machines-I, Jadavpur Univ. 1989)

Solution. F.L. output $= 100 \times 0.8 = 80$ kW; Input $= 80/0.958 = 83.5$ kW

Total loss $=$ Input $-$ Output $= 83.5 - 80 = 3.5$ kW

Let us find full-load Cu losses for which purpose, we would first calculate R_{02}.

$$K = \frac{\text{secondary voltage/phase}}{\text{primary voltage/phase}} = \frac{400/\sqrt{3}}{3{,}300} = \frac{4}{33\sqrt{3}}$$

$$R_{02} = R_2 + K^2 R_1 = 0.02 + (4/\sqrt{3} \times 33)^2 \times 3.5 = 0.037\ \Omega$$

Full-load secondary phase current is $I_2 = 100{,}000/\sqrt{3} \times 400 = 144.1$ A

Total Cu loss $= 3 I_2^2 R_{02} = 3 \times 144.1^2 \times 0.037 = 2{,}305$ W

Iron loss $=$ Total loss $-$ F.L. Cu loss $= 3{,}500 - 2{,}305 =$ **1,195 W**

Example 33.7. *A 5,000-kVA, 3-phase transformer, 6.6/33-kV, Δ/Y, has a no-load loss of 15 kW and a full-load loss of 50 kW. The impedance drop at full-load is 7%. Calculate the primary voltage when a load of 3,200 kW at 0.8 p.f. is delivered at 33 kV.*

Solution. Full-load $\quad I_2 = 5 \times 10^6/\sqrt{3} \times 33{,}000 = 87.5$ A

Impedance drop/phase $= 7\%$ of $(33/\sqrt{3}) = 7\%$ of 19 kV $= 1{,}330$ V

$\therefore \quad Z_{02} = 1{,}330/87.5 = 15.3\ \Omega$/phase; F.L. Cu loss $= 50 - 15 = 35$ kW

$\therefore \quad 3 I_2 R_{02} = 35{,}000;\ R_{02} = 35{,}000/3 \times 8.75^2 = 1.53\ \Omega$/phase

$\therefore \quad X_{02} = \sqrt{15.3^2 - 1.53^2} =$ **15.23 Ω**

When load is 3,200 kW at 0.8 p.f.

$I_2 = 3{,}200/\sqrt{3} \times 33 \times 0.8 = 70$ A; drop $= 70\ (1.53 \times 0.8 + 15.23 \times 0.6) = 725$ V/phase

$$\therefore \quad \%\ \text{regn.} = \frac{725 \times 100}{19{,}000} = 3.8\ \%$$

Primary voltage will have to be increased by 3.8%.

$\therefore$ Primary voltage $= 6.6 + 3.8\%$ of $6.6 = 6.85$ kV $=$ **6,850 V**

Example 33.8. *A 3-phase transformer has its primary connected in Δ and its secondary in Y. It has an equivalent resistance of 1% and an equivalent reactance of 6%. The primary applied voltage is 6,600 V. What must be the ratio of transformation in order that it will deliver 4,800 V at full-load current and 0.8 power factor (lag) ?* **(Elect. Technology-II, Magadh Univ. 1991)**

Solution. Percentage regulation

$$= v_r \cos \phi + v_x \sin \phi$$

$= 1 \times 0.8 + 6 \times 0.6 = 4.4\%$

Induced secondary e.m.f. (line value)

$= 4{,}800 + 4.4\%$ of $4{,}800 = 5{,}010$ V, as in Fig. 33.9.

Secondary phase voltage

$= 5{,}010/\sqrt{3} = 2{,}890$ V

Transformation ratio

$K = 2{,}890/6{,}600 =$ **0.437.**

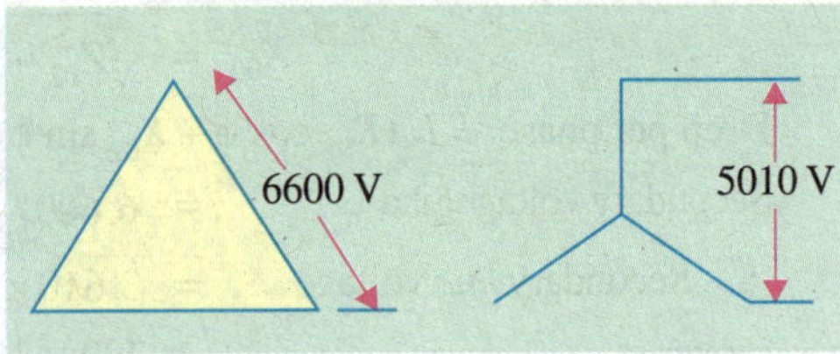

Fig. 33.9

Example 33.9. *A 2000-kVA, 6,600/400-V, 3-phase transformer is delta-connected on the high voltage side and star-connected on the low-voltage side. Determine its % resistance and % reactance drops, % efficiency and % regulation on full load 0.8 p.f. leading given the following data :*

S.C. test ; H.V. data : 400 V, 175 A and 17 kW

O.C. test; L.V. data : 400 V, 150 A and 15 kW **(Basic Elect., Machines Nagpur Univ. 1993)**

Solution. From S.C. test data, we have

Primary voltage/phase $= 400$ V; Primary current/phase $= 175/\sqrt{3} = 100$ A

$$\therefore \quad Z_{01} = \frac{400}{101} = 3.96\ \Omega$$

$$I_1^2 R_{01} = \frac{17000}{3} \text{ or } R_{01} = 0.555\ \Omega;\ X_{01} = \sqrt{3.96^2 - 0.555^2} = 3.92\ \Omega$$

$$\% R = \frac{I_1 R_{01}}{V_1} \times 100 = \frac{101 \times 0.555}{6{,}600} \times 100 = \mathbf{0.849}$$

$$\% X = \frac{I_1 X_{01}}{V_1} \times 100 = \frac{101 \times 3.92}{6{,}600} \times 100 = \mathbf{6}$$

$$\% \text{ regn} = v_r \cos\phi - v_x \sin\phi = 0.49 \times 0.8 - 6 \times 0.6 = -2.92\%$$

Full-load primary line current can be found from

$$\sqrt{3} \times 6{,}600 \times I_1 = 2000 \times 1{,}000;\ I_1 = 175 \text{ A}$$

It shows that S.C. test has been carried out under full-load conditions.

Total losses $= 17 + 15 = 32$ kW; F.L. output $= 2{,}000 \times 0.8 = 1600$ kW

$$\eta = 1{,}600/1{,}632 = 0.98 \text{ or } \mathbf{98\%}$$

Example 33.10. *A 3-ph, delta/star connected 11,000/440 V, 50 Hz transformer takes a line current of 5 amp, when secondary Load of 0.8 Lagging p.f. is connected. Determine each coil-current and output of transformer.* **(Amravati Univ. 1999)**

Solution. Due to delta/star connections the voltage ratings of the two sides on per phase basis are :

Primary coil rating = 11,000 V, Secondary coil rating $= \dfrac{440}{\sqrt{3}} = 254$ volts

Primary coil-current $= 5/\sqrt{3} = 2.887$ amp

Each coil is delivering equal volt. amps.

Since three phase volt – amps $= 3 \times 11{,}000 \times 5/\sqrt{3}$

$= 95266$

Volts amps/phase $= 31755$

This corresponds to the secondary coil-current of I_2, given by

$$I_2 = \frac{31755}{254} = 125 \text{ amp. This is shown in Fig. 33.10.}$$

Total Output of transformer, in kVA = 31,755

Since, the p.f. given is 0.8 lagging.

The total output power in kW $= 31{,}755 \times 0.80 =$ **25.4 kW**

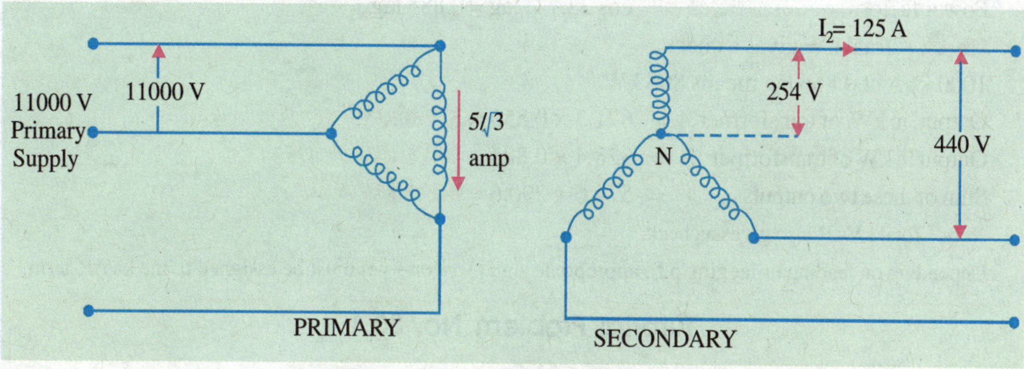

Fig. 33.10. Transformer coil currents

Example 33.11. *A load of 1000 kVA at 0.866 p.f. lagging is supplied by two 3 phase transformers of 800 kVA capacity operating in parallel. Ratio of transformation is same : 6600/400 V, delta/star. If the equivalent impedances referred to secondary are (0.005 + j.015) ohm and (0.012 + j 0.030) ohm per phase respectively. Calculate load and power factor of each transformer.*

(Amravati Univ. 1999)

Solution. Total load $= 1000$ kVA

$$\cos\phi = 0.866 \text{ Lag}, \phi = 30° \text{ lag}$$

Total power output $= 866$ kW

Secondary current with star connection,

$$I_2 = \frac{1000}{\sqrt{3}\times 440}\times 1000 = \textbf{1312.2 amp}$$

If the two transformers are identified as *A* and *B*, with their parameters with subscripts of *a* and *b*, we have :

$$\dot{Z}_a = 0.005 + j\,0.015 = 0.0158 \angle 71.56° \text{ ohm}$$

$$\dot{Z}_b = 0.012 + j\,0.030 = 0.0323 \angle 68.2° \text{ ohm}$$

$$\dot{Z}_a + \dot{Z}_b = 0.017 + j0.045 = 0.0481 \angle 69.3° \text{ ohm}$$

$$\dot{I}_{2a} = \text{secondary current of transformer } A$$

$$\dot{I}_{2b} = \text{secondary current of transformer } B$$

$$\dot{I}_{2a} = \frac{\dot{Z}_b}{\dot{Z}_b + \dot{Z}_a}\times \dot{I}_2 = \frac{0.0323\angle 68.2°}{0.0481\angle 69.3°}\times 1312\angle -30°$$

$$= 88.1\angle -31.1°$$

$$\dot{I}_{2b} = \frac{\dot{Z}_a}{\dot{Z}_a + \dot{Z}_b}\times \dot{I}_2 = \frac{0.0158\angle 71.56°}{0.0481\angle 69.3°}\times 1312\angle -30°$$

$$= 43.1\angle -27.74°$$

For Transformer *A*

Load $= 3 \times 254 \times 881 \times 10^{-3} = 671.3$ kVA

Power factor $= \cos 31.1°$ lag $= 0.856$ lag

For Transformer *B*

Load $= 3 \times 254 \times 431 \times 10^{-3} = 328.4$ kVA

Power factor $= \cos 23.74°$ lag $= 0.885$ lag

Check : Total kW gives a check.

1000 kVA at 0.866 lag means 866 kW.

Output, in kW, of transformer $A = 671.3 \times 0.856 =$ **574.6 kW**

Output in kW of transformer $B = 328.4 \times 0.885 =$ **290.6 kW**

Sum of these two outputs $= 574.6 + 290.6 =$ **865.2 kW**

Note. Total kVAR also gives a check.

Depending on leading or lagging p.f., appropriate sign (+ *ve* or – *ve*) must be assigned to the kVAR-term.

Tutorial Problem No. 33.1

1. A 3-phase, star-connected alternator generates 6,360 V per phase and supplies 500 kW at a p.f. 0.9 lagging to a load through a step-down transformer of turns 40 : 1. The transformer is delta connected on the primary side and star-connected on the secondary side. Calculate the value of the line volts at the load. Calculate also the currents in (*a*) alternator windings (*b*) transformer primary windings (*c*) transformen secondary windings. **[476 V (*a*) 29.1 A (*b*) 16.8 A (*c*) 672 A]**

2. A 11,000/6,600 V, 3-ϕ, transformer has a star-connected primary and a delta-connected secondary. It supplies a 6.6 kV motor having a star-connected stator, developing 969.8 kW at a power factor of 0.9 lagging and an efficiency of 92 per cent. Calculate (*i*) motor line and phase currents (*ii*) transformer secondary current and (*iii*) transformer primary current.

[(*a*) Motor ; $I_L = I_{ph} = 126.3$ A (*b*) phase current 73 A (*c*) 75.8 A]

33.7. Open-Delta or *V* – *V* connection

If one of the transformers of a $\Delta - \Delta$ is removed and 3-phase supply is connected to the primaries as shown in Fig. 33.11, then three equal 3-phase voltages will be available at the secondary terminals on no-load. This method of transforming 3-phase power by means of only two transformers is called the open – Δ or $V - V$ connection.

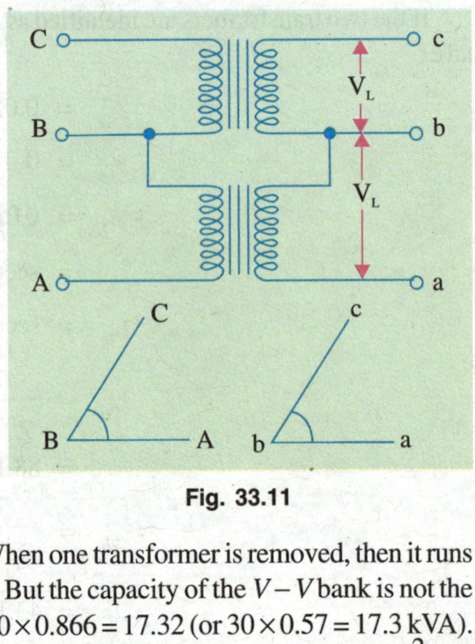

Fig. 33.11

It is employed :

1. when the three-phase load is too small to warrant the installation of full three-phase transformer bank.
2. when one of the transformers in a $\Delta - \Delta$ bank is disabled, so that service is continued although at reduced capacity, till the faulty transformer is repaired or a new one is substituted.
3. when it is anticipated that in future the load will increase necessitating the closing of open delta.

One important point to note is that the total load that can be carried by a $V - V$ bank is *not* two-third of the capacity of a $\Delta - \Delta$ bank but it is only 57.7% of it. That is a reduction of 15% (strictly, 15.5%) from its normal rating. Suppose there is $\Delta - \Delta$ bank of three 10-kVA transformers. When one transformer is removed, then it runs in $V - V$. The total rating of the two transformers is 20 kVA. But the capacity of the $V - V$ bank is not the sum of the transformer kVA ratings but only 0.866 of it *i.e.* $20 \times 0.866 = 17.32$ (or $30 \times 0.57 = 17.3$ kVA). The fact that the ratio of V-capacity to Δ-capacity is $1/\sqrt{3} = 57.7\%$ (or nearly 58%) instead of $66\frac{2}{3}$ per cent can be proved as follows :

As seen from Fig. 33.12 (*a*)

$$\Delta - \Delta \text{ capacity} = \sqrt{3}\,.\,V_L\,.\,I_L = \sqrt{3}\,.\,V_L\,(\sqrt{3}\,.I_S) = 3V_L I_S$$

In Fig. 33.12 (*b*), it is obvious that when $\Delta-\Delta$ bank becomes $V-V$ bank, the secondary line current I_L becomes equal to the secondary phase current I_S.

$$\therefore \qquad V-V \text{ capacity} = \sqrt{3}\,.V_L I_L = \sqrt{3}\,V_L\,.\,I_S$$

$$\therefore \qquad \frac{V-V \text{ capacity}}{\Delta-\Delta \text{ capacity}} = \frac{\sqrt{3}\,.V_L I_S}{3V_L\,I_S} = \frac{1}{\sqrt{3}} = 0.577 \text{ or } 58 \text{ per cent}$$

It means that the 3-phase load which can be carried ***without exceeding the ratings*** of the transformers is 57.7 per cent of the original load rather than the expected 66.7%.

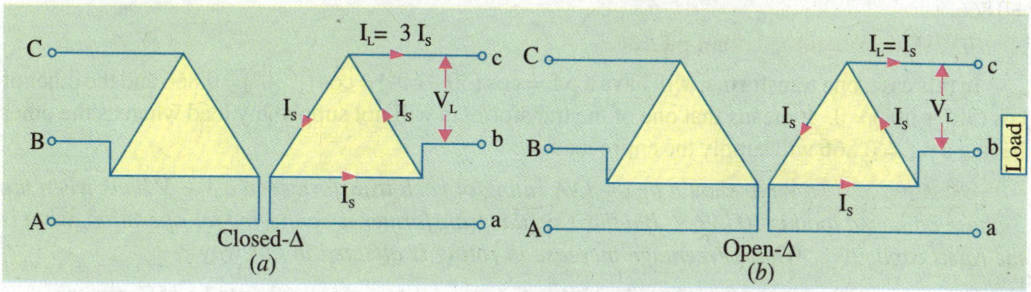

Fig. 33.12

It is obvious from above that when one transformer is removed from a $\Delta-\Delta$ bank.

1. the bank capacity is reduced from 30 kVA to $30 \times 0.577 = 17.3$ kVA and not to 20 kVA as might be thought off-hand.
2. only 86.6% of the rated capacity of the two remaining transformers is available (*i.e.* $20 \times 0.866 = 17.3$ kVA). In other words, ratio of *operating* capacity to *available* capacity of an open-Δ is 0.866. This factor of 0.866 is sometimes called the ***utility factor***.
3. each transformer will supply 57.7% of load and not 50% when operating in $V-V$ (Ex. 33.13).

However, it is worth noting that if three transformers in a $\Delta-\Delta$ bank are delivering their *rated load** and one transformer is removed, the overload on *each* of the two remaining transformers is 73.2% because

$$\frac{\text{total load in } V-V}{VA/\text{transformer}} = \frac{\sqrt{3}\,.\,V_L I_S}{V_L I_S} = \sqrt{3} = 1.732$$

This over-load may be carried temporarily but some provision must be made to reduce the load if overheating and consequent breakdown of the remaining two transformers is to be avoided.

The disadvantages of this connection are :

1. The average power factor at which the *V*-bank operates is less than that of the load. ***This power factor is actually 86.6% of the balanced load power factor.*** Another significant point to note is that, except for a balanced unity power factor load, the two transformers in the $V-V$ bank operate at different power factors (Art. 33.8).
2. Secondary terminal voltages tend to become unbalanced to a great extent when the load is increased, this happens even when the load is perfectly balanced.

It may, however, be noted that if two transformers are operating in $V-V$ and loaded to rated capacity (in the above example, to 17.3 kVA), the addition of a third transformer increases the total capacity by $\sqrt{3}$ or 173.2% (*i.e.* to 30 kVA). It means that for an increase in cost of 50% for the third transformer, the increase in capacity is 73.2% when converting from a $V-V$ system to a $\Delta-\Delta$ system.

* In Ex. 33.13, the three transformers are not supplying their rated load of $20 \times 3 = 60$ kVA but only 40 kVA.

33.8. Power Supplied by V – V Bank

When a V – V bank of two transformers supplies a balanced 3-phase load of power factor cos ϕ, then one transformer operates at a p.f. of cos (30° – ϕ) and the other at cos (30° + ϕ). Consequently, the two transformers will not have the same voltage regulation.

$$\therefore \quad P_1 = \text{kVA} \cos(30° - \phi) \text{ and } P_2 = \text{kVA} \cos(30° + \phi)$$

(i) When $\phi = 0$ *i.e.* load p.f. = 1

Each transformer will have a p.f. = cos 30° = 0.866

(ii) When $\phi = 30°$ *i.e.* load p.f. = 0.866.

In this case, one transformer has a p.f. of cos (30° – 30°) = 1 and the other of cos (30° + 30°) = 0.866.

(iii) When $\phi = 60°$ *i.e.* load p.f. = 0.5

In this case, one transformer will have a p.f. = cos (30 – 60°) = cos (– 30°) = 0.866 and the other of cos (30° + 60°) = 0. It means that one of the transformers will not supply any load whereas the other having a p.f. = 0.866 will supply the entire load.

Example 33.12. *What should be the kVA rating of each transformer in a V – V bank when the 3-phase balanced load is 40 kVA ? If a third similar transformer is connected for operation, what is the rated capacity ? What percentage increase in rating is affected in this way ?*

Solution. As pointed out earlier, the kVA rating of each transformer has to be 15% greater.

$\therefore$ kVA/trasformer = (40/2) × 1.15 = **23**

$\Delta - \Delta$ bank rating = 23 × 3 = 69; Increase = [(69 – 40)/ 40] × 100 = **72.5%**

Example 33.13. *A $\Delta - \Delta$ bank consisting of three 20-kVA, 2300/230-V transformers supplies a load of 40 kVA. If one transformer is removed, find for the resulting V – V connection*

(i) *kVA load carried by each transformer*

(ii) *per cent of rated load carried by each transformer*

(iii) *total kVA rating of the V-V bank*

(iv) *ratio of the V-V bank to $\Delta - \Delta$ bank transformer ratings.*

(v) *per cent increase in load on each transformer when bank is converted into V-V bank.*

Solution. (*i*) As explained earlier in Art. 33.7, $\dfrac{\text{total kVA load in } V - V \text{ bank}}{VA/\text{transformer}} = \sqrt{3}$

$\therefore$ kVA load supplied by *each* of the two transformers = $40/\sqrt{3}$ = **23.1 kVA**

Obviously, each transformer in V - V bank does not carry 50% of the original load but 57.7%.

(*ii*) per cent of rated load = $\dfrac{\text{kVA load/transformer}}{\text{kVA rating/transformer}} = \dfrac{23.1}{20}$ = **115.5 %**

carried by each transformer.

Obviously, in this case, each transformer is overloaded to the extent of 15.5 per cent.*

(*iii*) kVA *rating* of the V - V bank = (2 × 20) × 0.866 = **34.64 kVA**

(*iv*) $\dfrac{V - V \text{ rating}}{\Delta - \Delta \text{ rating}} = \dfrac{34.64}{60} = 0.577$ or **57.7%**

---

* Overloading becomes 73.2% only when full rated load is supplied by the $\Delta - \Delta$ bank (*i.e.* 3 × 20 = 60 kVA in this case) before it becomes V – V bank.

As seen, the rating is reduced to 57.7% of the original rating.

(*v*) Load supplied by each transformer in $\Delta - \Delta$ bank = 40/3 = 13.33 kVA

∴ Percentage increase in load supplied by each transformer

$$= \frac{\text{kVA load/transformer in } V - V \text{ bank}}{\text{kVA load/transformer in } \Delta - \Delta \text{ bank}} = \frac{23.1}{13.3} = 1.732 = \textbf{173.2 \%}$$

It is obvious that each transformer in the $\Delta - \Delta$ bank supplying 40 kVA was running underloaded (13.33 *vs* 20 kVA) but runs overloaded (23.1 *vs* 20 kVA) in $V - V$ connection.

Example 33.14. *A balanced 3-phase load of 150 kW at 1000 V, 0.866 lagging power factor is supplied from 2000 V, 3-phase mains through single-phase transformers (assumed to be ideal) connected in (i) delta-delta (ii) Vee-Vee. Find the current in the windings of each transformer and the power factor at which they operate in each case. Explain your calculations with circuit and vector diagrams.*

Solution. (*i*) Delta-Delta Connection

$$\sqrt{3}\, V_L I_L \cos\phi = 150{,}000$$

$$\sqrt{3} \times 1000 \times I_L \times 0.866 = 150{,}000 \quad \therefore I_L = 100 \text{ A}$$

∴ Secondary line current = 100 A; secondary phase current = $100/\sqrt{3}$ = **57.7 A**

Transformation ratio = 1000/2000 = 1/2

∴ Primary phase current = 57.7/2 = **28.85 A**

(*ii*) Vee-Vee Connection

Let I be the secondary line current which is also the phase current in $V - V$ connection. Then

$$\sqrt{3} \times 1000 \times I \times 0.866 = 150{,}000 \quad \therefore \quad I = 100 \text{ A}$$

∴ Secondary phase current = **100 A**; primary phase current = 100 × 1/2 = **50 A**

Transformer power factor = 86.6 per cent of 0.866 = **0.75 (lag).**

Example 33.15. (*a*) *Two identical 1-phase transformers are connected in open-delta across 3-phase mains and deliver a balanced load of 3000 kW at 11 kV and 0.8 p.f. lagging. Calculate the line and phase currents and the power factors at which the two transformers are working.*

(*b*) *If one more identical unit is added and the open delta is converted to closed delta, calculate the additional load of the same power factor that can now be supplied for the same temperature rise. Also calculate the phase and line currents.* **(Elect. Machinery-I, Madras Univ. 1987)**

Solution. (*a*) If I is the line current, then

$$\sqrt{3} \times 11{,}000 \times I \times 0.8 = 3{,}000{,}000 \qquad \mathbf{I = 197\ A}$$

Since, this also represents the phase current,

∴ Secondary phase current = **197 A**; Transformer p.f. = 86.6 per cent of 0.8 = **0.693**

(*b*) Additional load = 72.5 per cent of 3000 = **2175 kW**

Total load = 3000 + 2175 = 5175 kW

Now, $\sqrt{3} \times V_L I_L \cos\phi$ = 5,175,000 or $\sqrt{3} \times 11{,}000 \times I_L \times 0.8$ = 5,175,000

∴ I_L = **340 A**; phase current = $340/\sqrt{3}$ = **196 A**

Example 33.16. *Two transformers connected in open delta supply a 400-kVA balanced load operating at 0.866 p.f. (lag). The load voltage is 440 V. What is the (a) kVA supplied by each transformer ? (b) kW supplied by each transformer ?* **(Elect. Machines-I, Gwalior Univ. 1991)**

Solution. As stated in Art 33.7, the ratio of operating capacity to available capacity in an open-Δ is 0.866. Hence, kVA of each transformer is one-half of the total kVA load divided by 0.866.

(*a*) kVA of each transformer $= \dfrac{(400/2)}{0.866} =$ **231 kVA**

(*b*) As stated in Art 33.8, the two transformers have power factors of cos (30° – φ) and cos (30° + φ).

$\therefore \quad P_1 = \text{kVA} \cos(30° - \phi)$ and $P_2 = \text{kVA} \cos(30 + \phi)$

Now, load p.f. $= \cos\phi = 0.866; \quad \phi = \cos^{-1}(0.866) = 30°$

$\therefore \quad P_1 = 231 \times \cos 0° =$ **231 kW**; $P_2 = 231 \times \cos 60° =$ **115.5 kW**

Obviously, $P_1 + P_2$ must equal $400 \times 0.86 = 346.5$ kW

Tutorial Problem No. 33.2

1. Three 1100/110-V transformers connected delta-delta supply a lighting load of 100 kW. One of the transformers is damaged and removed for repairs. Find

(*a*) What currents were flowing in each transformer when the three transformers were in service ?

(*b*) What current flows in each transformer when the third is removed ? and

(*c*) The output kVA of each transformer if the transformers connected in open Δ supply the full-load with normal heating ?

[(*a*) primary = 30.3 A; secondary 303 A (*b*) primary = 30.3 $\sqrt{3}$A ; secondary = 303$\sqrt{3}$A (*c*) 33.33 kVA] ***(Elect. Machines-I, Gwalior Univ. Apr. 1977)***

33.9. Scott Connection or *T* - *T* Connection

This is a connection by which 3-phase to 3-phase transformation is accomplished with the help of two transformers as shown in Fig. 33.13. Since it was first proposed by Charles *F*. Scott, it is frequently referred to as Scott connection. This connection can also be used for 3-phase to 2-phase transformation as explained in Art. 33.10.

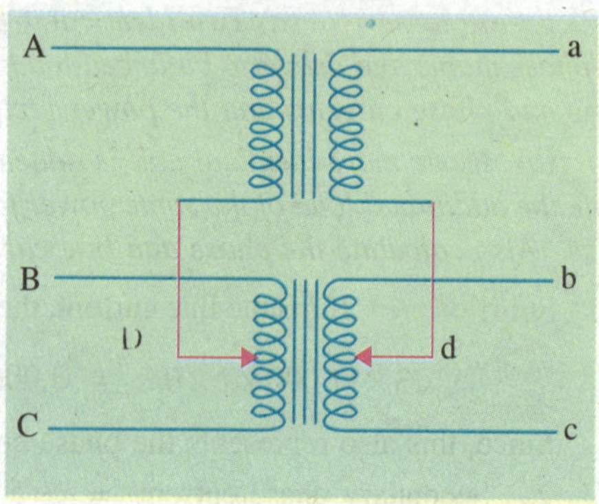

Fig. 33.13

One of the transformers has centre taps both on the primary and secondary windings (Fig. 33.13) and is known as the ***main*** transformer. It forms the horizontal member of the connection (Fig. 33.14).

The other transformer has a 0.866 tap and is known as ***teaser*** transformer. One end of both the primary and secondary of the teaser transformer is joined to the centre taps on both primary and secondary of the main transformer respectively as shown in Fig. 33.14 (*a*). The other end *A* of the teaser primary and the two ends *B* and *C* of the main transformer primary are connected to the 3-phase supply.

The voltage diagram is shown in Fig. 33.14 (*a*) where the 3-phase supply line voltage is assumed to be 100 V and a transformation ratio of unity. For understanding as to how 3-phase transformation results from this arrangement, it is desirable to think of the primary and secondary vector voltages as forming geometrical T_S' (from which this connection gets its name).

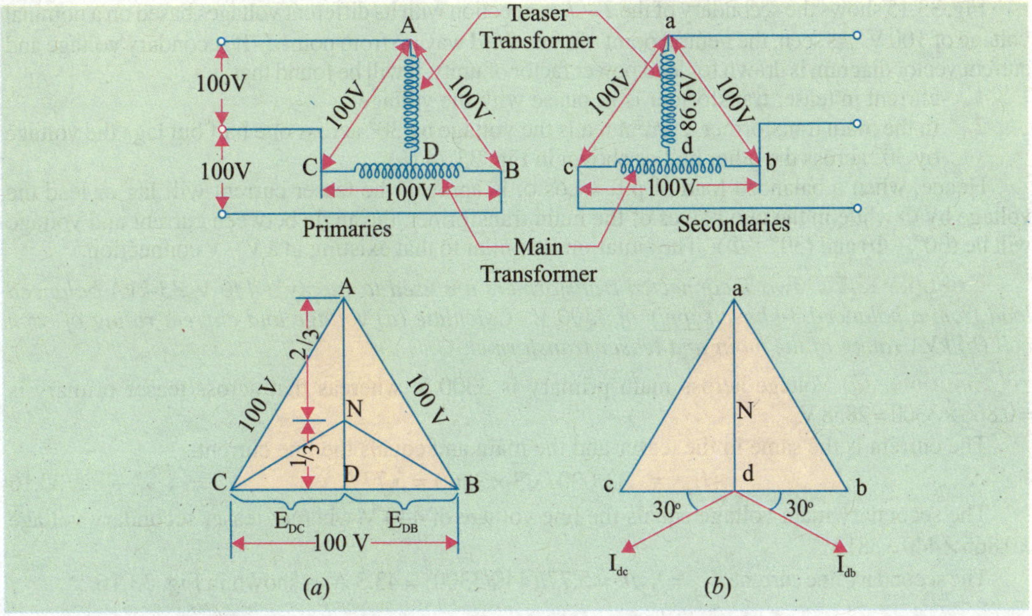

Fig. 33.14

In the primary voltage *T* of Fig. 33.14 (*a*), E_{DC} and E_{DB} are each 50 *V* and differ in phase by 180°, because both coils *DB* and *DC* are on the same magnetic circuit and are connected in opposition. Each side of the equilateral triangle represents 100 V. The voltage E_{DA} being the altitude of the equilateral triangle is equal to $(\sqrt{3}/2) \times 100 = 86.6$ V and lags behind the voltage across the main by 90°. The same relation holds good in the secondary winding so that *abc* is a symmetrical 3-phase system.

With reference to the secondary voltage triangle of Fig. 33.14 (*b*), it should be noted that for a load of unity power factor, current I_{db} lags behind voltage E_{db} by 30° and I_{dc} leads E_{dc} by 30°. In other words, the teaser transformer and each half of the main transformer, all operate at different power factors.

Obviously, the full rating of the transformers is not being utilized. The teaser transformer operates at only 0.866 of its rated voltage and the main transformer coils operate at cos 30° = 0.866 power factor, which is equivalent to the main transformer's coils working at 86.6 per cent of their kVA rating. Hence the capacity to rating ratio in a *T–T*. connection is 86.6% — the same as in *V – V* connection if two identical units are used, although heating in the two cases is not the same.

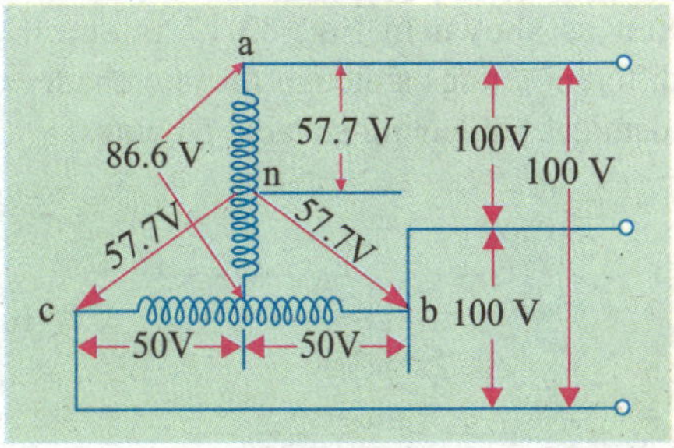

Fig. 33.15

If, however, both the teaser primary and secondary windings are designed for 86.6 volts only, then they will be operating at full rating, hence the combined rating of the arrangement would become (86.6 + 86.6)/(100 + 86.6) = 0.928 of its total rating.* In other words, ratio of kVA utilized to that available would be 0.928 which makes this connection more economical than open-Δ with its ratio of 0.866.

* Alternatively, *VA* capacity available is = $V_L I_L + (0.866\ V_L)I_L = 1.866\ V_L I_L$ where I_L is the primary line current. Since 3-phase power is supplied, volt-amperes actually utilized = $1.732\ V_L I_L$. Hence, ratio of kVA actually utilized to those available is = $1.732\ V_L I_L / 1.866\ V_L I_L = 0.928$.

Fig. 33.15 shows the secondary of the $T-T$ connection with its different voltages based on a nominal voltage of 100 V. As seen, the neutral point n is one third way up from point d. If secondary voltage and current vector diagram is drawn for load power factor of unity, it will be found that

1. current in teaser transformer is in phase with the voltage.
2. in the main transformer, current leads the voltage by 30° across one half but lags the voltage by 30° across the other half as shown in Fig. 33.14 (*b*).

Hence, when a balanced load of p.f. = cos ϕ, is applied, the teaser current will lag or lead the voltage by Φ while in the two halves of the main transformer, the angle between current and voltage will be $(30° - \Phi)$ and $(30° + \Phi)$. The situation is similar to that existing in a $V-V$ connection.

Example 33.17. *Two T-connected transformers are used to supply a 440-V, 33-kVA balanced load from a balanced 3-phase supply of 3300 V. Calculate (a) voltage and current rating of each coil (b) kVA rating of the main and teaser transformer.*

Solution. (*a*) Voltage across main primary is 3300 V whereas that across teaser primary is $= 0.866 \times 3300 = 2858$ V.

The current is the same in the teaser and the main and equals the line current.

$$\therefore \quad I_{LP} = 33{,}000/\sqrt{3} \times 3300 = 5.77 \text{ A} \qquad \text{—Fig. 33.16}$$

The secondary main voltage equals the line voltage of 440 V whereas teaser secondary voltage $= 0.866 \times 440 = 381$ V.

The secondary line current, $I_{LS} = I_{LP}/k = 5.77/(440/3300) = 43.3$ A as shown in Fig. 33.16.

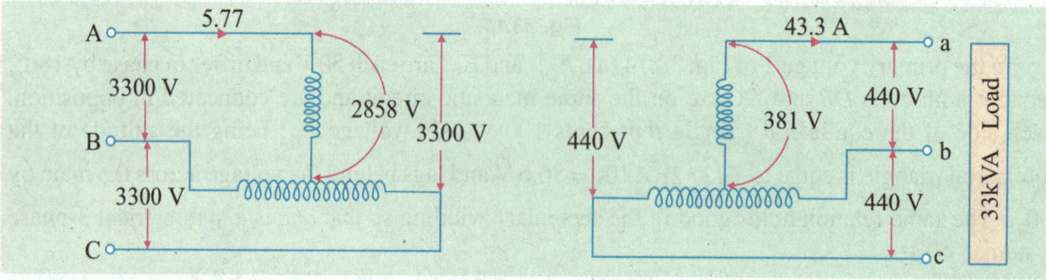

Fig. 33.16

(*b*) Main kVA $= 3300 \times 5.77 \times 10^{-3} =$ **19 kVA**

Teaser kVA $= 0.866 \times \text{main kVA} = 0.866 \times 19 =$ **16.4 kVA**

33.10. Three-phase to Two-phase Conversion and *vice-versa*

This conversion is required to supply two-phase furnaces, to link two-phase circuit with 3-phase system and also to supply a 3-phase apparatus from a 2-phase supply source. For this purpose, Scott connection as shown in Fig. 33.17 is employed. This connection requires two transformers of different ratings although for interchangeability and provision of spares, both transformers may be identical but having suitable tappings.

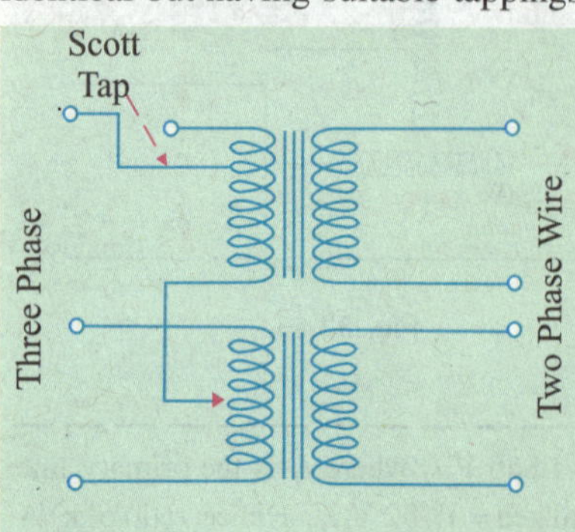

Fig. 33.17

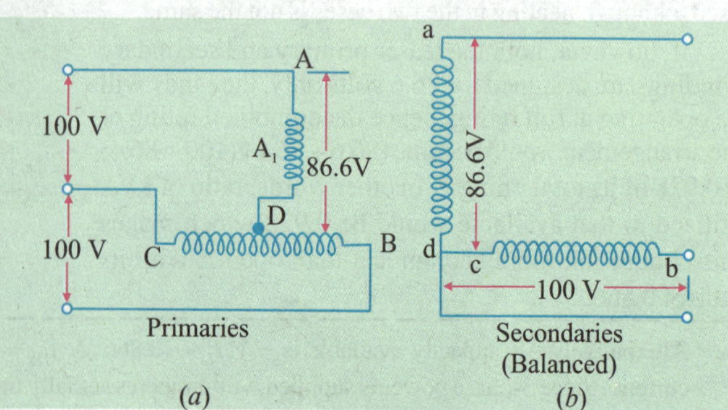

Fig. 33.18

If, in the secondaries of Fig. 33.14 (*b*), points *c* and *d* are connected as shown in Fig. 33.18 (*b*), then a 2-phase, 3-wire system is obtained. The voltage E_{dc} *is 86.6 V but* E_{Cb} = 100 V, hence the resulting 2-phase voltages will be unequal. However, as shown in Fig. 33.19 (*a*) if the 3-phase line is connected to point A_1, such that DA_1 represents 86.6% of the teaser primary turns (which are the same as that of main primary), then this will increase the volts/turn in the ratio of 100 : 86.6, because now 86.6 volts are applied across 86.6 per cent of turns and not 100% turns. In other words, this will make volts/turn the same both in primary of the teaser and that of the main transformer. If the secondaries of both the transformers have the same number of turns, then secondary voltage will be equal in magnitude as shown, thus resulting in a symmetrical 2-phase, 3-wire system.

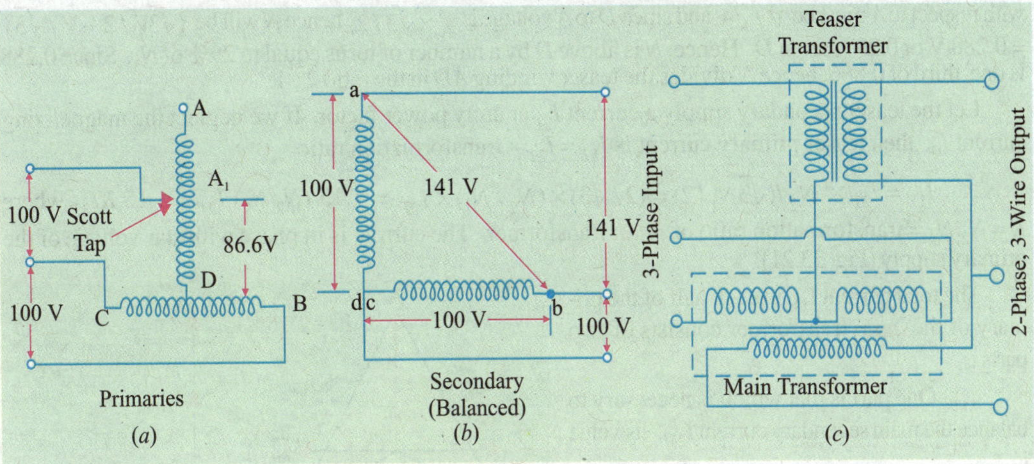

Fig. 33.19

Consider the same connection drawn slightly differently as in Fig. 33.20. The primary of the main transformer having N_1 turns is connected between terminals *CB* of a 3-phase supply. If supply line voltage is *V*, then obviously $V_{AB} = V_{BC} = V_{CA} = V$ but voltage between *A* and *D* is $V \times \sqrt{3}/2$. As said

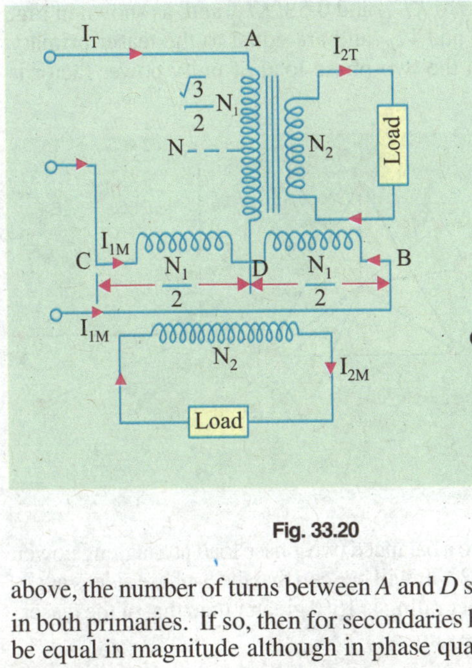

Fig. 33.20

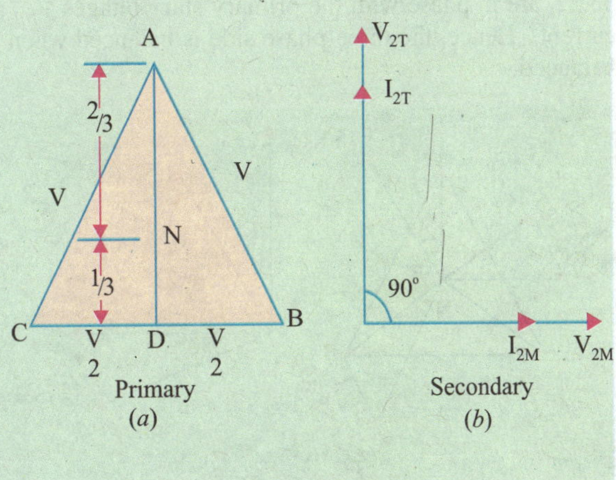

Fig. 33.21

above, the number of turns between *A* and *D* should be also $(\sqrt{3}/2)\ N_1$ for making volt/turn the same in both primaries. If so, then for secondaries having equal turns, the secondary terminal voltages will be equal in magnitude although in phase quadrature.

It is to be noted that point D is not the neutral point of the primary supply because its voltage with respect to any line is not $V/\sqrt{3}$. Let N be the neutral point. Its position can be determined as follows. Voltage of N with respect to A must be $V/\sqrt{3}$ and since D to A voltage is $V \times \sqrt{3}/2$, hence N will be $(\sqrt{3}V/2 - V/\sqrt{3})$ = 0.288 V or 0.29 V from D. Hence, N is above D by a number of turns equal to 29% of N_1. Since 0.288 is one-third of 0.866, hence N divides the teaser winding AD in the ratio 2 : 1.

Let the teaser secondary supply a current I_{2T} at unity power factor. If we neglect the magnetizing current I_0, then teaser primary current is $I_{1T} = I_{2T} \times$ transformation ratio.

$\therefore \quad I_{1T} = I_{2T} \times N_2/(\sqrt{3}N_1/2) = (2/\sqrt{3}) \times (N_2/N_1) \times I_{2T} = 1.15\,(N_2/N_1)\,I_{2T} = 1.15\,KI_{2T}$ where $K = N_2/N_1$ = transformation ratio of ***main*** transformer. The current is in phase with star voltage of the primary supply (Fig. 33.21).

The total current I_{1M} in each half of the primary of the ***main*** transformer consists of two parts :

(i) One part is that which is necessary to balance the main secondary current I_{2M}. Its value is

$$= I_{2M} \times \frac{N_2}{N_1} = KI_{2M}$$

(ii) The second part is equal to one-half of the teaser primary current *i.e.* $\frac{1}{2}I_{1T}$. This is so because the main transformer primary forms a return path for the teaser primary current which divides itself into two halves at mid-point D in either direction. The value of each half is $= I_{1T}/2 = 1.15\,KI_{2T}/2 = 0.58\,KI_{2T}$.

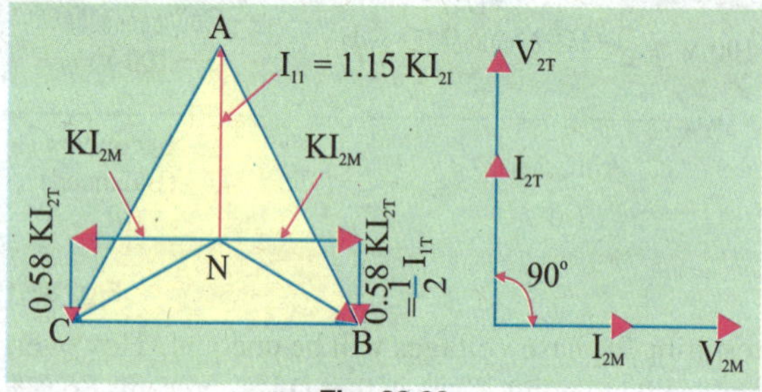

Fig. 33.22

Hence, the currents in the lines B and C are obtained vectorially as shown in Fig. 33.22. It should be noted that as the two halves of the teaser primary current flow in opposite directions from point D, they have no magnetic effect on the core and play no part at all in balancing the secondary ampere-turns of the main transformer.

The line currents thus have rectangular components of KI_{2M} and 0.58, KI_{2T} and, as shown in Fig. 33.22, are in phase with the primary star voltages V_{NB} and V_{NC} and are equal to the teaser primary current. Hence, the three-phase side is balanced when the two-phase load of unity power factor is balanced.

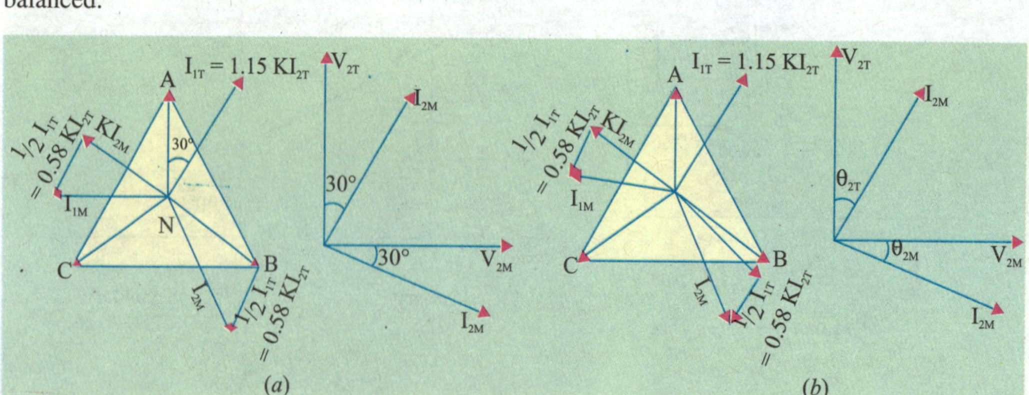

Fig. 33.23

Fig. 33.23 *(a)* illustrates the condition corresponding to a balanced two-phase load at a lagging power factor of 0.866. The construction is the same as in Fig. 33.22. It will be seen that the 3-phase side is again balanced. But under these conditions, the main transformer rating is 15% greater than that of the teaser, because its voltage is 15% greater although its current is the same.

Hence, **we conclude *that if the load is balanced on one side, it would always be balanced on the other side.***

The conditions corresponding to an unbalanced two-phase load having different currents and power factors are shown in Fig. 33.23 (*b*). The geometrical construction is similar to those explained in Fig. 33.22 and 33.23 (*a*).

Summarizing the above we have :

1. Teaser transformer primary has $\sqrt{3}/2$ times the turns of main primary. But volt/turn is the same. Their secondaries have the same turns which results in equal secondary terminal voltages.

2. If main primary has N_1 turns and main secondary has N_2 turns, then main transformation ratio is N_2/N_1. However, the transformation ratio of teaser is

$$N_2/(\sqrt{3}N_1/2) = 1.15\ N_2/N_1 = 1.15\ K$$

3. If the load is balanced on one side, it is balanced on the other side as well.

4. Under balanced load conditions, main transformer rating is 15% greater than that of the teaser.

5. The currents in either of the two halves of main primary are the vector sum of KI_{2M} and $0.58\ KI_{2T}$ (or $\frac{1}{2}I_{1T}$).

Example 33.18. *Two transformers are required for a Scott connection operating from a 440-V, 3-phase supply for supplying two single-phase furnaces at 200 V on the two-phase side. If the total output is 150 kVA, calculate the secondary to primary turn ratio and the winding currents of each transformer.*

Solution. Main Transformer

Primary volts $= 440$ V ; secondary volts $= 200$ V $\therefore \dfrac{N_2}{N_1} = \dfrac{200}{440} = \dfrac{1}{2.2}$

Secondary current $= 150{,}000/2 \times 200 = \mathbf{375\ A}$

$\therefore$ Primary current $= 375 \times 1/_{2.2} = \mathbf{197\ A}$

Teaser Transformer

Primary volts $= (\sqrt{3}/2 \times 440) = 381$ V : Secondary volts $= 200$ V

$$\frac{\text{secondary turns}}{\text{primary turns}} = \frac{200}{381} = \mathbf{\frac{1}{1.905}} \quad \text{(also teaser ratio} = 1.15 \times 1/2.2 = 1/1.905)$$

Example 33.19. *Two single-phase furnaces working at 100 V are connected to 3300-V, 3-phase mains through Scott-connected transformers. Calculate the current in each line of the 3-phase mains when the power taken by each furnace is 400-kW at a power factor of 0.8 lagging. Neglect losses in the transformers.* **(Elect. Machines-III, South Gujarat Univ. 1988)**

Solution. Here $K = 100/3{,}300 = 1/33$ (main transformer)

$$I_2 = \frac{400{,}000}{0.8 \times 100} = 5{,}000\text{A (Fig. 33.24); Here } I_{2T} = I_{2M} = I_2 = 5{,}000\text{ A}$$

As the two-phase load is balanced, the 3-phase side is also balanced.

Primary phase currents are $= 1.15\ KI_2 = 1.15 \times (1/33) \times 5{,}000 = 174.3$ A

Since for a star-connection, phase current is equal to line current,

$\therefore$ Line current $= \mathbf{174.3\ A}$

Note. We have made use of the fact that since secondary load is balanced, primary load is also balanced. If necessary, I_{1M} can also be found.

I_{1M} is the vector sum of (*i*) KI_{2M} and (*ii*) $\frac{1}{2}\, I_{1T}$ or $0.58\, KI_{2T}$.

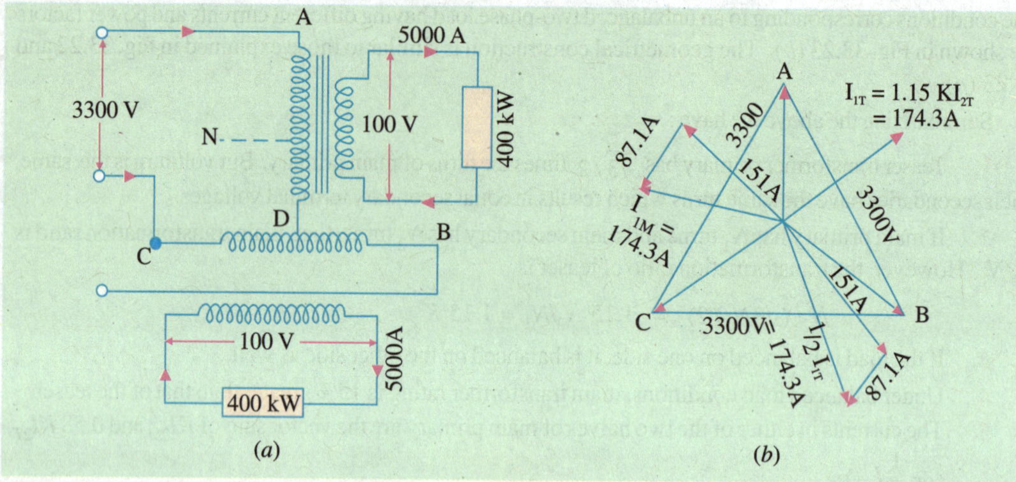

Fig. 33.24

Now, $\quad KI_{2M} = (1/33) \times 5{,}000 = 151\text{ A}$ and $0.58\, KI_2 = \frac{1}{2}\, I_{1T} = 174.3/2 = 87.1\text{ A}$

$\therefore \quad I_{1M} = \sqrt{151^2 + 87.1^2} = \textbf{174.3 A}$

Example 33.20. *In a Scott-connection, calculate the values of line currents on the 3-phase side if the loads on the 2-phase side are 300 kW and 450 kW both at 100 V and 0.707 p.f. (lag) and the 3-phase line voltage is 3,300 V. The 300-kW load is on the leading phase on the 2-phase side. Neglect transformer losses.* **(Elect. Technology, Allahabad Univ. 1991)**

Solution. Connections are shown in Fig. 33.25 (*a*) and phasor diagram in Fig. 33.25 (*b*).

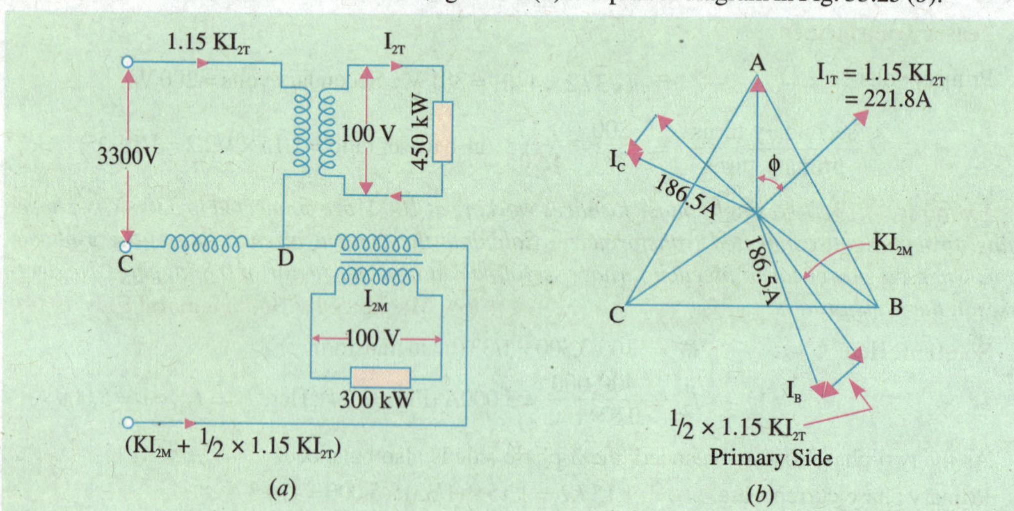

Fig. 33.25

Here, $\quad K = 100/3{,}300 = 1/33$

Teaser secondary current is $I_{2T} = 450{,}000/100 \times 0.707 = 6360\text{ A}$

Teaser primary current is $\quad I_{1T} = 1.15\, KI_{2T} = 1.5 \times (1/33) \times 6360 = 221.8\text{ A}$

As shown in Fig. 33.25 (*b*), main primary current I_{1M} has two rectangular components.

(*i*) KI_{2M} where I_{2M} is the secondary current of the main transformer and

(*ii*) Half of the teaser primary current $\frac{1}{2}I_{1T} = \frac{1}{2}\times 1.15\ KI_{2T} = 0.577\ KI_{2T}$

Now $KI_{2M} = \frac{1}{33}\times\frac{300,000}{100\times 0.707} = 128.58\text{ A}$; Also $\frac{1}{2}I_{1T} = \frac{1}{2}\times 221.8 = 110.9\text{A}$

Main Primary current $= \sqrt{128.58^2 + 110.9^2} = 169.79\text{A}$

Hence, the 3-phase line currents are **221.8 A** in one line and **169.79 A** in each of the other two.

Example 33.21. *Two electric furnaces are supplied with 1-phase current at 80 V from a 3-phase, 11,000 V system by means of two single-phase Scott-connected transformers with similar secondary windings. When the load on one furnace is 500 kW (teaser secondary) and on the other 800 kW (secondary of main transformer) what current will flow in each of the 3-phase lines (a) at unity power factor and (b) at 0.5 power factor ? Neglect phase displacement in and efficiency of, the transformers.* **(Electrical Engineering, Madras Univ. 1987)**

Solution. The connections are shown in Fig. 33.26 and the phasor diagrams for unity and 0.5 p.f. are shown in Fig. 33.27 (*a*) and (*b*) respectively.

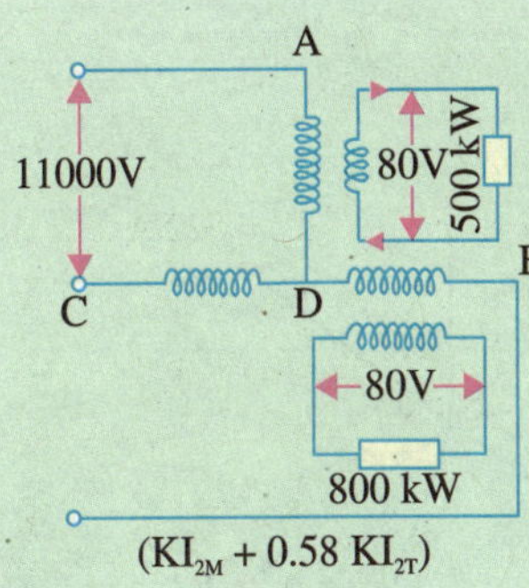

Fig. 33.26

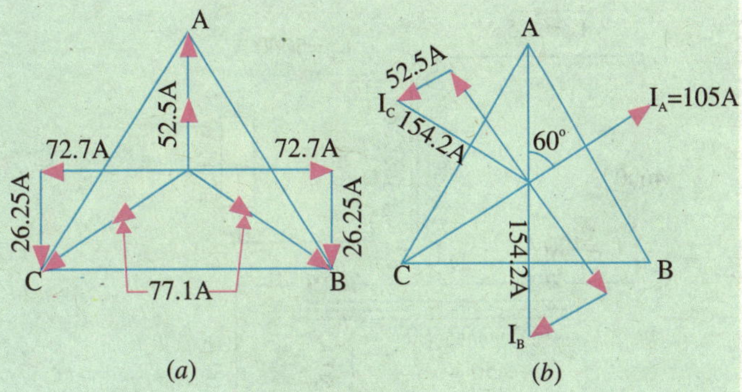

Fig. 33.27

Here, $K = 80/11{,}000 = 2/275$

(*a*) Unity p.f.

With reference to Fig. 33.27 (*a*), we have $I_{2T} = 500{,}000/80\times 1 = 6{,}250$ A

Teaser primary current $I_{1T} = 1.15\,KI_{2T} = 1.15\times(2/275)\times 6{,}250 = 52.5$ A

For the main transformer primary

(*i*) $KI_{2M} = \frac{2}{275}\times\frac{800{,}000}{80\times 1} = 72.7\text{ A}$ (*ii*) $\frac{1}{2}\times I_{1T} = 52.5/2 = 26.25\text{ A}$

Current in the primary of the main transformer is $= \sqrt{72.7^2 + 26.25^2} = 77.1$ A

Hence, one 3-phase line carries **52.5 A** whereas the other 2 carry **77.1 A** each [Fig. 33.27 (*a*)].

(*b*) 0.5 p.f.

With reference to Fig. 33.27 (*b*) we have $I_{2T} = 500{,}000/80\times 0.5 = 12{,}500$ A

Teaser primary current $I_{1T} = 1.15\times(2/275)\times 12{,}500 = 105$ A

For the main transformer primary

(*i*) $$KI_{2M} = \frac{2}{275} \times \frac{800,000}{80 \times 0.5} = 145.4 \text{ A (ii) } \frac{1}{2} I_{1T} = 105/2 = 52.5 \text{ A.}$$

Current in the primary of the main transformer is $= \sqrt{145.4^2 + 52.5^2} = 154.2$ A.

Hence, one 3-phase line carries **105 A** and the other two carry **154.2 A** each.

Note : Part (*b*) need not be worked out in full because at 0.5 p.f., each component current and hence the resultant are doubled. Hence, in the second case, answers can be found by multiplying by a factor of 2 the line currents found in (*a*).

Example 33.22. *Two furnaces are supplied with 1-phase current at 50 V from a 3-phase, 4.6 kV system by means of two 1-phase, Scott-connected transformers with similar secondary windings. When the load on the main transformer is 350 kW and that on the other transformer is 200 kW at 0.8 p.f. lagging, what will be the current in each 3-phase line ? Neglect phase displacement and losses in transformers.* **(Electrical Machinery-II, Bangalore Univ. 1991)**

Solution. Connections and vector diagrams are shown in Fig. 33.28.

$$K = 50/4,600 = 1/92; I_{2T} = 200,000/50 \times 0.8 = 5,000 \text{ A}$$

$$I_{1T} = 1.15\, KI_{2T} = 1.1 \times (1/92) \times 5,000 = 62.5 \text{ A}$$

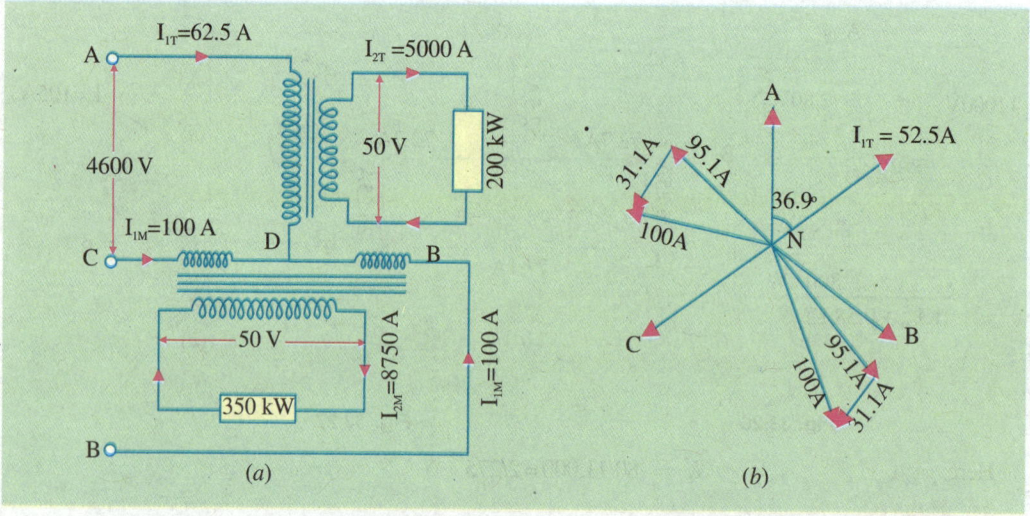

Fig. 33.28

As shown in Fig. 33.28 (*b*), main primary current I_{1M} has two rectangular components.

(*i*) KI_{2M} where $I_{2M} = 350,000/50 \times 0.8 = 8,750$ A $\therefore$ $KI_{2M} = 8,750/92 = 95.1$ A

(*ii*) $(1/2)\, I_{1T} = 62.5/2 = 31.3$ A $\therefore$ $I_{1M} = \sqrt{95.1^2 + 31.3^2} = 100$ A

$\therefore$ Current in line A = **62.5 A;** Current in line B = **100 A**; Current in line C = **100 A.**

Example 33.23. *Two single-phase Scott-connected transformers supply a 3-phase four-wire distribution system with 231 volts between lines and the neutral. The h.v. windings are connected to a two-phase system with a phase voltage of 6,600 V. Determine the number of turns in each section of the h.v. and l.v. winding and the position of the neutral point if the induced voltage per turn is 8 volts.*

Solution. As the volt/turn is 8 and the h.v. side voltage is 6,600 V, the h.v. side turns are = 6,600/8 = **825** on both transformers.

Now, voltage across points B and C of main winding

$= \text{line voltage} = 231 \times \sqrt{3} = 400 \text{ V}$

No. of turns on the l.v. side of the main transformer = 400/8 = **50**

No. of turns on the l.v. side of teaser transformer =

$\sqrt{(3/2)} \times \text{mains turns}$

$= \sqrt{3} \times 50/2 =$ **43** (whole number)

The neutral point on the 3-phase side divides teaser turns in the ratio 1 : 2.

∴ Number of turns between A and $N = (2/3) \times AD$

$= (2/3) \times 43 =$ **29**

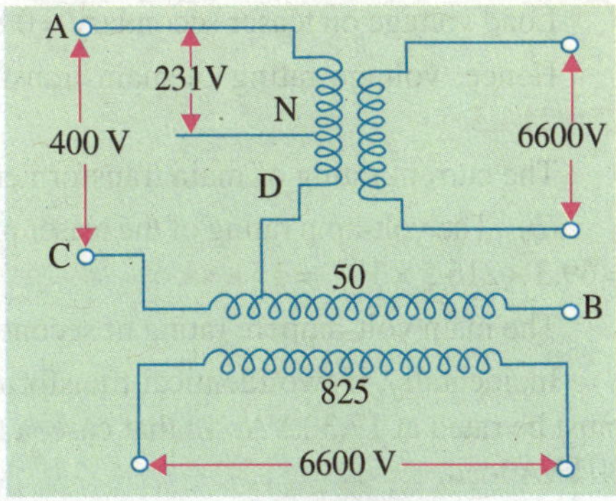

Fig. 33.29

Hence, neutral point is located on the 29th turn from A downwards (Fig. 33.29).

Example 33.24. *A Scott-connected (2 to 3-phase) transformer links a 6,000 V, 2-phase system with a 440 V; 3-phase system. The frequency is 50 Hz, the gross core area is 300 cm², while the maximum flux density is to be about 1.2 Wb/m². Find the number of turns on each winding and the point to be tapped for the neutral wire on the 3-phase side. If the load is balanced on the one side of such a transformer, find whether it will also be balanced on the other side.* **(London Univ.)**

Solution. Use the transformer voltage equation 1,

$E = 4.44 fN\Phi_x$ volt

Gross core area = 300 cm^2

Assuming net iron = 0.9 of gross area, and considering the h.v. side, we have

$6000 = 4.44 \times 50 \times N_1 \times 1.2\,(300 \times 0.9 \times 10^{-4})$

$N_1 =$ **834**

Hence, h.v. sides of both transformers have 834 turns each.

Now $K = 440/6000 = 11/150$

∴ Turns on the *l.v.* side of main transformer

$N_2 = 834 \times 11/150 =$ **61**

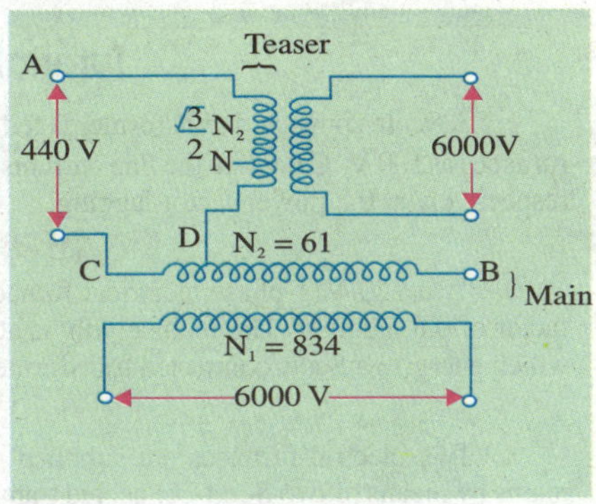

Fig. 33.30

Turns on the *l.v.* side of teaser = $(\sqrt{3}/2) \times 61 =$ **53**

With reference to Fig. 33.30, number of turns in $AN = 53 \times 2/3 =$ **35**

Example 33.25. *A 2-phase, 4-wire, 250 V system is supplied to a plant which has a 3-phase motor load of 30 kVA. Two Scott-connected transformers supply the 250 V motors. Calculate (a) voltage (b) kVA rating of each transformer. Draw the wiring connection diagram.*

Solution. *(a)* Both the main and the teaser have the same voltage rating as the supply voltage *i.e.* 250 V. The current in the main and the teaser coils is the same as the supply current and is

$$= \frac{\text{Total kVA}}{2 \times \text{Line voltage}} = \frac{30{,}000}{2 \times 250} = 60 \text{ A arcsin } \theta$$

On the three-phase side, current is the same in all coils and is equal to the load line current $= 30{,}000/\sqrt{3} \times 250 = 69.3$ A

Load voltage on main secondary = line voltage = 250 V

Load voltage on teaser secondary = 0.866 × 250 = 216.5 V

Hence, voltage rating of main transformer is **250/250** whereas that of teaser transformer is **250/216.5.**

The current rating of main transformer is **60/69.3** and it is the same for the teaser transformer.

(*b*) The volt-amp rating of the teaser primary as well as secondary is the same *i.e.* $60 \times 250 \times 10^{-3} = 69.3 \times 216.5 \times 10^{-3}$ = **15 kVA**

The main volt-ampere rating of secondary is = $250 \times 69.3 \times 10^{-3}$ = **17.3 kVA**

Incidentally, if two identical transformers are used for providing inter-changeability, then both must be rated at 17.3 kVA. In that case, a total capacity of 34.6 kVA would be required to provide a 30 kVA load.

The wiring connections are shown in Fig. 33.31.

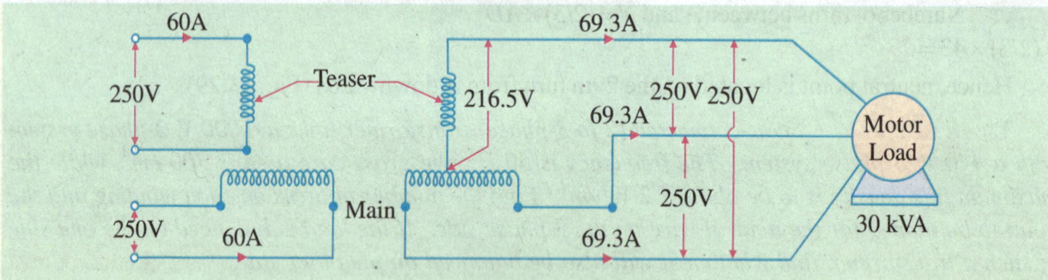

Fig. 33.31

Tutorial Problem No. 33.3

1. A Scott-connected transformer is fed from a 6,600-V, 3-phase network and supplies two single-phase furnaces at 100 V. Calculate the line currents on the 3-phase side when the furnaces take 400 kW and 700 kW respectively at 0.8 power factor lagging. **(Elect. Machines II, Indore Univ. 1977)**

[With 400 kW on teaser, line currents are 87. 2 A; 139 A; 139 A]

2. Two 220-V, 1-phase electrical furnaces take loads of 350 kW and 500 kW respectively at a power factor of 0.8 lagging. The main supply is at 11-kV, 3-phase, 50 Hz. Calculate current in the 3-phase lines which energise a Scott-connected transformer combination. **(Elect. Machines, Madras Univ. 1978)**

[With 350 kW on teaser line currents are : 45.7 A ; 61.2 A; 61.2 A]

3. Two electric furnaces are supplied with 1-phase current at 80 V from 3-phase, 11,000-V supply mains by means of two Scott-connected transformers with similar secondary windings. Calculate the current flowing kW respectively in each of the 3-phase lines at U.P.P. when the loads on the two transformers are 550 kW of 800 kW.

[With 550 kW on teaser, line currents are : 57.5 A; 78.2; 78.2 A] (Electrical Machines-I, Madras University, 1977)

33.11. Parallel Operation of 3-phase Transformers

All the conditions which apply to the parallel operation of single-phase transformers also apply to the parallel running of 3-phase transformers but with the following additions :

1. The voltage ratio must refer to the terminal ***voltage of primary and secondary***. It is obvious that this ratio may not be equal to the ratio of the number of turns per phase. For example, if V_1, V_2 are the primary and secondary terminal voltages, then for *Y*/Δ connection, the turn ratio is $V_2/(V_1/\sqrt{3})$ $= \sqrt{3}V_2/V_1$.

2. The phase displacement between primary and secondary voltages must be the same for all transformers which are to be connected for parallel operation.

3. The phase sequence must be the same.

4. All three transformers in the 3-phase transformer bank will be of the same construction either core or shell.

Note. *(i)* In dealing with 3-phase transformers, calculations are made for one phase only. The value of equivalent impedance used is the equivalent impedance per phase referred to secondary.

(ii) In case the impedances of primary and secondary windings are given separately, then primary impedance must be referred to secondary by multiplying it with (transformation ratio)^2.

(iii) For Y/Δ or Δ/Y transformers, it should be remembered that the voltage ratios as given in the questions, refer to terminal voltages and are quite different from turn ratio.

Example 33.26. *A load of 500 kVA at 0.8 power factor lagging is to be shared by two three-phase transformers A and B of equal ratings. If the equivalent delta impedances as referred to secondary are (2 + j6) Ω for A and (2 + j5) Ω for B, calculate the load supplied by each transformer.*

Solution.
$$\mathbf{S_A} = \mathbf{S}\frac{\mathbf{Z_B}}{\mathbf{Z_A}+\mathbf{Z_B}} = \mathbf{S}\frac{1}{1+(\mathbf{Z_A}/\mathbf{Z_B})}$$

Now
$$S = 500\,(0.8 - j0.6) = (400 - j300)$$
$$\mathbf{Z_A/Z_B} = (2+j6)/(2+j5) = 1.17 + j\,0.07;\ \mathbf{Z_B/Z_A} = (2+j5)/(2+j6) = 0.85 - j\,0.05$$
$$\mathbf{S_A} = (400 - j300)/(2.17 + j0.07) = 180 - j\,144.2 = 230.7\angle -38.7°$$
$$\cos\phi_A = 0.78 \text{ lagging}$$
$$\mathbf{S_B} = (400 - j\,300)/(1.85 - j0.05) = 220.1 - j\,156 = 270\angle -40°28' \therefore \cos\Phi_B = \mathbf{0.76 \text{ lagging.}}$$

Example 33.27. *State (i) the essential and (ii) the desirable conditions to be satisfied so that two 3-phase transformers may operate successfully in parallel.*

A 2,000-kVA transformer (A) is connected in parallel with a 4,000 kVA transformer (B) to supply a 3-phase load of 5,000 kVA at 0.8 p.f. lagging. Determine the kVA supplied by each transformer assuming equal no-load voltages. The percentage voltage drops in the windings at their rated loads are as follows :

Transformer A	*resistance 2% ;*	*reactance 8 %*
Transformer B	*resistance 1.6 % ;*	*reactance 3 %*

(Elect. Engineering-II, Bombay Univ. 1987)

Solution. On the basis of 4,000 kVA

$$\%\,\mathbf{Z}_A = (4{,}000/2{,}000)\,(2+j8) = (4+j16) = 16.5\angle 76°$$
$$\%\,\mathbf{Z_B} = (1.6+j3);\ \%\,Z_A + \%\,Z_B = (5.6+j16) = 19.8\angle 73.6°$$
$$\mathbf{S} = 5{,}000\angle -36.9° = (4{,}000 - j\,3{,}000)$$

Now
$$\mathbf{S_B} = \mathbf{S}.\frac{\mathbf{Z_A}}{\mathbf{Z_A}+\mathbf{Z_B}} = 5{,}000\angle -36.9° \times \frac{16.5\angle 76°}{19.8\angle 73.6°}$$
$$= 5{,}000\angle -36.9° \times 0.832\angle 2.4° = 4{,}160\angle -34.5° = (3{,}425 - j\,2{,}355)$$
$$\mathbf{S_A} = \mathbf{S} - \mathbf{S_B} = (4{,}000 - j\,3{,}000) - (3{,}425 - j\,2355)$$
$$= (575 - j\,645) = 864\angle -48.3°$$
$$\cos\phi_B = \cos 34.5° = 0.824 \text{ (lag)};\ \cos\phi_A = \cos 48.3° = \mathbf{0.665 \text{ (lag).}}$$

Example 33.28. *A load of 1,400 kVA at 0.866 p.f. lagging is supplied by two 3-phase transformers of 1,000 kVA and 500 kVA capacity operating in parallel. The ratio of transformation is the same in both : 6,600/400 delta-star. If the equivalent secondary impedances are (0.001 + j 0.003) ohm and (0.0028 + j0.005) ohm per phase respectively, calculate the load and power factor of each transformer.* **(Elect. Engg-I, Nagpur Univ. 1993)**

Solution. On the basis of 1000 kVA, $\mathbf{Z_A} = (0.001 + j\,0.003)\ \Omega$

$$\mathbf{Z_B} = (1000/500)\,(0.0028 + j\,0.005) = (0.0056 + j\,0.01)\ \Omega$$

$$\frac{\mathbf{Z_A}}{\mathbf{Z_A} + \mathbf{Z_B}} = \frac{(0.001 + j\,0.003)}{(0.0066 + j\,0.013)} = \frac{3.162 \times 10^{-3}\ \angle 71.6°}{14.57 \times 10^{-3}\ \angle 63.1°} = 0.2032\ \angle\ 8.5°$$

$$\mathbf{S} = 1400\ \angle\ \cos^{-1}(0.866) = 1400\ \angle -30° = (1212 - j\,700)$$

$$\mathbf{S_B} = \mathbf{S} \cdot \frac{\mathbf{Z_A}}{\mathbf{Z_A} + \mathbf{Z_B}} = 1400\ \angle -30° \times 0.2032\ \angle\ 8.5°$$

$$= 284.5\ \angle -21.5° = 265 - j\,104$$

$$\mathbf{S_A} = \mathbf{S} - \mathbf{S_B} = (1212 - j\,700) - (265 - j\,104) = (947 - j\,596) = 1145\ \angle -32.2°$$

$$\cos\phi_A = \cos 32.3° = 0.846 \text{ (lag)};\ \cos\phi_B = \cos 21.5° = \mathbf{0.93\ (lag).}$$

Example 33.29. *Two 3-phase transformers A and B having the same no-load line voltage ratio 3,300/400-V supply a load of 750 kVA at 0.707 lagging when operating in parallel. The rating of A is 500 kVA, its resistance is 2% and reactance 3%. The corresponding values for B are 250 kVA; 1.5% and 4% respectively. Assuming that both transformers have star-connected secondary windings, calculate*

(*a*) *the load supplied by each transformer,*

(*b*) *the power factor at which each transformer is working,*

(*c*) *the secondary line voltage of the parallel circuit.*

Solution. On the basis of 500 kVA,

$$\%\,\mathbf{Z_A} = 2 + j3,\ \%\,\mathbf{Z_B} = (500/200)\,(1.5 + j4) = (3 + j8)$$

$$\frac{\mathbf{Z_A}}{\mathbf{Z_A} + \mathbf{Z_B}} = \frac{2 + j3}{5 + j1} = 0.3\ \angle -9.3°;\ \frac{\mathbf{Z_B}}{\mathbf{Z_A} + \mathbf{Z_B}} = \frac{3 + j8}{5 + j11} = 0.711\ \angle 3.8°$$

Now, $\mathbf{S} = 750\ \angle -45°$

(*a*)
$$\mathbf{S_A} = \mathbf{S}\,\frac{\mathbf{Z_B}}{\mathbf{Z_A} + \mathbf{Z_B}} = 750\ \angle -45° \times 0.711\ \angle 3.8°$$

$$= 533\ \angle -41.2° = (400 - j\,351)$$

$$\mathbf{S_B} = 750\ \angle -45° \times 0.3\ \angle\ 09.3° = 225\ \angle -54.3°$$

(*b*)
$$\cos\phi_A = \cos 41.2° = 0.752 \text{ (lag)};\ \cos\phi_B = \cos 54.3° = \mathbf{0.5835} \text{ (lag)}$$

(*c*) Since voltage drop of each transformer is the same, its value in the case of transformer *A* would only be calculated. Now, for transformer *A*, kW = 400 for the active component of the current and kVAR = 351 for the reactive component.

∴ % resistive drop = 2 × 400/500

= 1.6%; % reactive drop = 3 × 351/500 = 2.1%

Total percentage drop = 1.6 + 2.1 = 3.7

Secondary line voltage = 400 – (3.7 × 400/100) = **385.2 V.**

33.12. Instrument Transformers

In d.c. circuit when large currents are to be measured, it is usual to use low-range ammeters with suitable shunts. For measuring high voltages, low-range voltmeters are used with a high resistance connected in series with them. But it is not convenient to use this methods with alternating current and voltage instruments. For this purpose, specially constructed accurate ratio instrument transformers are employed in conjunction with standard low-range a.c. instruments. These instrument transformers are of two kinds : (*i*) current transformers for measuring large alternating currents and (*ii*) potential transformers for measuring high alternating voltages.

Current transformers

33.13. Current Transformers

These transformers are used with low-range ammeters to measure currents in high-voltage alternating-current circuits where it is not practicable to connect instruments and meters directly to the lines. In addition to insulating the instrument from the high voltage line, they step down the current in a known ratio. The current (or series) transformer has a primary coil of one or more turns of thick wire connected in ***series*** with the line whose current is to be measured as shown in Fig. 33.32. The secondary consists of a large number of turns of fine wire and is connected across the ammeter terminals (usually of 5-ampere bracket should be removed or 1-ampere range).

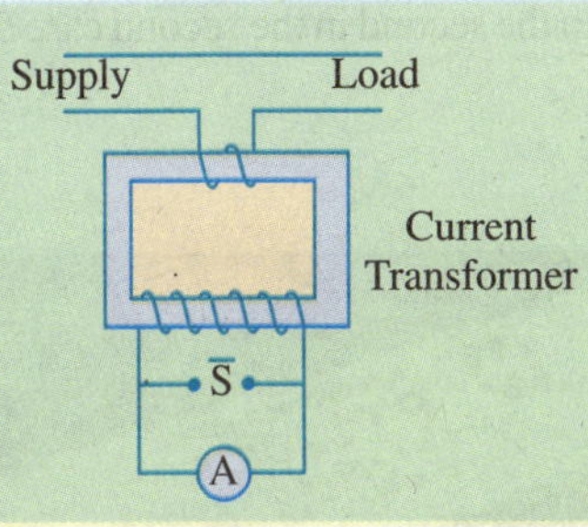

Fig. 33.32

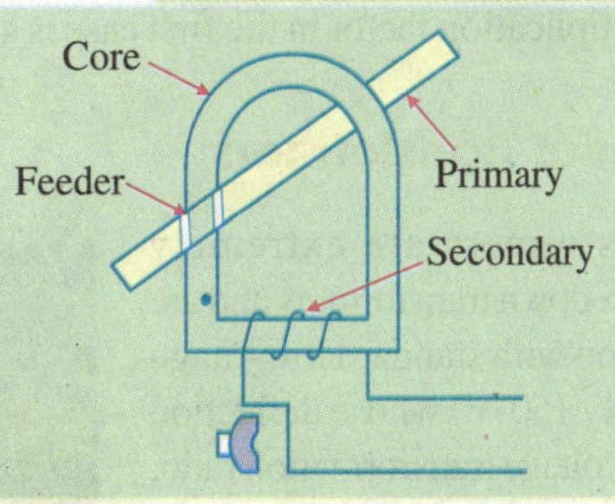

Fig. 33.33

As regards voltage, the transformers is of step-up variety but it is obvious that current will be stepped down. Thus, if the current transformer has ***primary to secondary*** current ratio of 100 : 5, then it steps up the voltage 20 times whereas it steps down the current to 1/20th of its actual value. Hence, if we know current ratio (I_1/I_2) of the transformer and the reading of the a.c. ammeter, the line current can be calculated. In fact, line current is given by the current transformation ratio times the reading on the ammeter. One of the most commonly used current transformer is the one known as ***clamp-on or clip-on type.*** It has a laminated core which is so arranged that it can be opened out at hinged section by merely pressing a triggr-like projection (Fig. 33.33). When the core is thus opened, it permits the admission of very heavy current-carrying bus bars or feeders whereupon the trigger is released and the core is tightly closed by a spring. The current carrying conductor or feeder acts as a single-turn primary whereas the secondary is connected across the standard ammeter conveniently mounted in the handle.

Small current transformer

It should be noted that, since the ammeter resistance is very low, the current transformer normally works short circuited. If for any reason, the ammeter is taken out of the secondary winding, then this winding must be short-circuited with the help of short-circulating switch S. If this is not done, then due to the absence of counter amp-turns of the secondary, the unopposed primary m.m.f. will set up an abnormally high flux in the core which will produce excessive core loss with subsequent heating and a high voltage across the secondary terminals. This is not the case with ordinary constant-potential transformers, because their primary current is determined by the load in their secondary whereas in a current transformer, the primay current is determined entirely by the load on the system and not by the load on its own secondary.

Hence, ***the secondary of a current transformer should never be left open under any circumstances.***

Example 33.30. *A 100 : 5 transformer is used in conjunction with a 5-amp ammeter. If the latter reads 3.5 A, find the line current.*

Solution. Here, the ratio 100 : 5 stands for the ratio of primary-to-secondary currents *i.e.* $I_1/I_2 = 100/5$

$\therefore$ Primary (or line) current $= 3.5 \times (100/5) =$ **70 A**

Example 33.31. *It is desired to measure a line current of the order of 2,000 A to 2,500 A. If a standard 5-amp ammeter is to be used along with a current transformer, what should be the turn ratio of the latter ? By what factor should the ammeter reading be multiplied to get the line current in each case ?*

Solution. $I_1/I_2 = 2000/5 = 400$ or $2500/5 = 500$. Since $I_1/I_2 = N_2/N_1$ hence $N_2/N_1 = 400$ in the first case and 500 in the second case. It means that $N_1 : N_2 :: 1 : 400$ or $1 : 500$.

Ratio or multiplication factor in the first case is 400 and in the second in the second case 500.

33.14. Potential Transformers

These transformers are extremely accurate-ratio step-down transformers and are used in conjunction with standard low-range voltmeters (usually 150-V) whose deflection when divided by voltage transformation ratio, gives the true voltage on the high voltage side. In general, they are of the shell-type and do not differ much from the ordinary two-winding transformers discussed so far, except that their power rating is extremely small. Upto voltages of 5,000, potential transformers are usually of the dry type, between 5,000 and 13,800 volts, they may be either dry type or oil immersed type, although for voltages above 13,800 they are always oil immersed type. Since their secondary windings are required to operate instruments or relays or pilot lights, their ratings are usually of 40 to 100 W. For safety, the secondary should be completely insulated from the high-voltage primary and should be, in addition, grounded for affording protection to the operator. Fig. 33.34 shows the connections of such a transformer.

Small Potential transformer

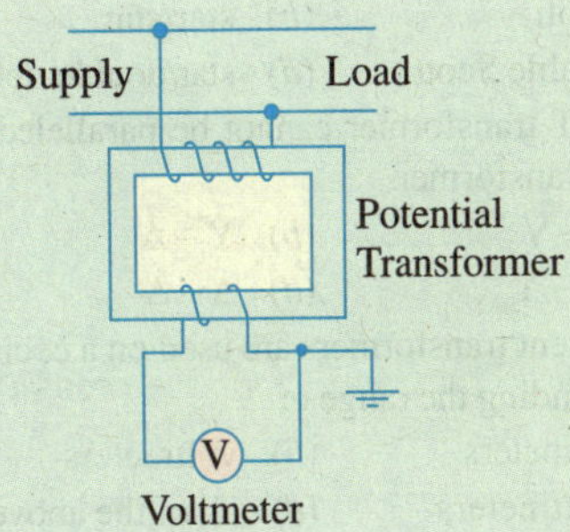

Fig. 33.34

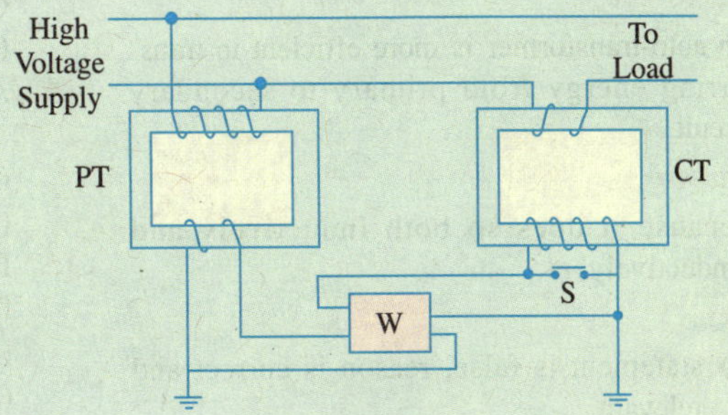

Fig. 33.35

Fig. 33.35 shows the connections of instrument transformers to a wattmeter. While connecting the wattmeter, the relative polarities of the secondary terminals of the transformers with respect to their primary terminals must be known for connections of the instruments.

OBJECTIVE TEST – 33

1. Which of the following connections is best suited for 3-phase, 4-wire service ?
(*a*) Δ – Δ (*b*) Y – Y
(*c*) Δ – Y (*d*) Y – Δ
2. In a three-phase Y-Y transformer connection, neutral is fundamental to the
(*a*) suppression of harmonics
(*b*) passage of unbalanced currents due to unbalanced loads
(*c*) provision of dual electric service
(*d*) balancing of phase voltages with respect to line voltages.
3. As compared to Δ – Δ bank, the capacity of the *V* – *V* bank of transformers is .... percent.
(*a*) 57.7 (*b*) 66.7
(*c*) 50 (*d*) 86.6
4. If three transformers in a Δ – Δ are delivering their rated load and one transformer is removed, then overload on *each* of the remaining transformers is .... percent.
(*a*) 66.7 (*b*) 173.2
(*c*) 73.2 (*d*) 58
5. When a V – V system is converted into a Δ – Δ system, increase in capacity of the system is .... percent.
(*a*) 86.6 (*b*) 66.7
(*c*) 73.2 (*d*) 50
6. For supplying a balanced 3 – φ load of 40-kVA, rating of each transformer in V – V bank should be nearly .... kVA.
(*a*) 20 (*b*) 23
(*c*) 34.6 (*d*) 25
7. When a closed – Δ bank is converted into an open – Δ bank, each of the two remaining transformers supplies .... percent of the original load.
(*a*) 66.7 (*b*) 57.7
(*c*) 50 (*d*) 73.2
8. If the load p.f. is 0.866, then the average p.f. of the V – V bank is
(*a*) 0.886 (*b*) 0.75
(*c*) 0.51 (*d*) 0.65
9. A T – T connection has higher ratio of utilization that a V – V connection only when
(*a*) identical transformers are used
(*b*) load power factor is leading
(*c*) load power factor is unity
(*d*) non-identical transformers are used.
10. The biggest advantage of T - T connection over the V - V connection for 3-phase power transformation is that it provides
(*a*) a set of balanced voltages under load
(*b*) a true 3-phase, 4-wire system
(*c*) a higher ratio of utilization
(*d*) more voltages.
11. Of the following statements concerning parallel operation of transformers, the one which is **not** correct is
(*a*) transformers must have equal voltage ratings
(*b*) transformers must have same ratio of transformation
(*c*) transformers must be operated at the same frequency
(*d*) transformers must have equal kVA ratings.

12. **Statement**

An auto-transformer is more efficient in transferring energy from primary to secondary circuit.

Reason

Because it does so both inductively and conductively.

Key

(*a*) statement is false, reason is correct and relevant

(*b*) statement is correct, reason is correct but irrelevant

(*c*) both statement and reason are correct and are connected to each other as cause and effect

(*d*) both statement and reason are false.

13. Out of the following given choices for poly phase transformer connections which one will you select for three-to-two phase conversion ?

(*a*) Scott (*b*) star/star

(*c*) double Scott (*d*) star/double-delta

14. A T – T transformer cannot be paralleled with .... transformer.

(*a*) V – V (*b*) Y – Δ

(*c*) Y – Y (*d*) Δ – Δ

15. Instrument transformers are used on a.c. circuits for extending the range of

(*a*) ammeters (*b*) voltmeters

(*c*) wattmeters (*d*) all of the above.

16. Before removing the ammeter from a current transformer, its secondary must be short-circuited in order to avoid

(*a*) excessive heating of the core

(*b*) high secondary e.m.f.

(*c*) increase in iron losses

(*d*) all of the above.

ANSWERS

1. *c* 2. *a* 3. *a* 4. *c* 5. *c* 6. *b* 7. *b* 8. *b* 9. *d* 10. *b* 11. *d* 12. *c* 13. *a* 14. *b* 15. *d* 16. *d*

CHAPTER 34

INDUCTION MOTOR

Learning Objectives

- Classification of AC Motors
- Induction Motor: General Principal
- Construction
- Phase-wound Rotor
- Mathematical Proof
- Relation between Torque and Rotor Power Factor
- Condition for Maximum Starting Torque
- Rotor E.M.F and Reactance under Running Conditions
- Condition for Maximum Torque Under Running Conditions
- Rotor Torque and Breakdown Torque
- Relation between Torque and Slip
- Full-load Torque and Maximum Torque
- Starting Torque and Maximum Torque
- Torque/Speed Characteristic Under Load
- Complete Torque/Speed Curve of a Three-phase Machine
- Power Stages in an Induction Motor
- Torque Developed by an Induction Motor
- Induction Motor Torque Equation
- Variation in Rotor Current
- Sector Induction Motor
- Magnetic Levitation
- Induction Motor as a Generalized Transformer
- Power Balance Equation
- Maximum Power Output

The high-speed magnetic levitation trains employ the principle of linear induction motor

34.1. Classification of A.C. Motors

With the almost universal adoption of a.c. system of distribution of electric energy for light and power, the field of application of a.c. motors has widened considerably during recent years. As a result, motor manufactures have tried, over the last few decades, to perfect various types of a.c. motors suitable for all classes of industrial drives and for both single and three-phase a.c. supply. This has given rise to bewildering multiplicity of types whose proper classification often offers considerable difficulty. Different a.c. motors may, however, be classified and divided into various groups from the following different points of view :

1. AS REGARDS THEIR PRINCIPLE OF OPERATION

(A) Synchronous motors

(*i*) plain and (*ii*) super—

(B) Asynchronous motors

(*a*) **Induction motors**

(*i*) Squirrel cage { single / double

(*ii*) Slip-ring (external resistance)

(*b*) **Commutator motors**

(*i*) Series { single phase / universal

(*ii*) Compensated { conductively / inductively

(*iii*) shunt { simple / compensated

(*iv*) repulsion { straight / compensated

(*v*) repulsion-start induction (*vi*) repulsion induction

Three phase high voltage asynchronous motors

2. AS REGARDS THE TYPE OF CURRENT

(*i*) single phase (*ii*) three phase

3. AS REGARDS THEIR SPEED

(*i*) constant speed (*ii*) variable speed (*iii*) adjustable speed

4. AS REGARDS THEIR STRUCTURAL FEATURES

(*i*) open (*ii*) enclosed (*iii*) semi-enclosed

(*iv*) ventilated (*v*) pipe-ventilated (*vi*) riverted frame eye etc.

Fig. 34.1 Squirrel cage AC induction motor opened to show the stator and rotor construction, the shaft with bearings, and the cooling fan.

34.2. Induction Motor : General Principle

As a general rule, conversion of electrical power into mechanical power takes place in the *rotating* part of an electric motor. In d.c. motors, the electric power is *conducted* directly to the armature (*i.e.* rotating part) through brushes and commutator (Art. 29.1). Hence, in this sense, a d.c. motor can be called a *conduction* motor. However, in a.c. motors, the rotor does not receive electric power by conduction but by *induction* in exactly the same way as the secondary of a 2-winding transformer receives its power from the primary. That is why such motors are known as ***induction*** motors. In fact, an induction motor can be treated as a ***rotating transformer*** *i.e.* one in which primary winding is stationary but the secondary is free to rotate (Art. 34.47).

Of all the a.c. motors, the polyphase induction motor is the one which is extensively used for various kinds of industrial drives. It has the following main advantages and also some dis-advantages:

Advantages:

1. It has very simple and extremely rugged, almost unbreakable construction (especially squirrel-cage type).
2. Its cost is low and it is very reliable.
3. It has sufficiently high efficiency. In normal running condition, no brushes are needed, hence frictional losses are reduced. It has a reasonably good power factor.
4. It requires minimum of maintenance.
5. It starts up from rest and needs no extra starting motor and has not to be synchronised. Its starting arrangement is simple especially for squirrel-cage type motor.

Disadvantages:

1. Its speed cannot be varied without sacrificing some of its efficiency.
2. Just like a d.c. shunt motor, its speed decreases with increase in load.
3. Its starting torque is somewhat inferior to that of a d.c. shunt motor.

34.3. Construction

An induction motor consists essentially of two main parts :

(a) a stator and *(b)* a rotor.

(a) Stator

The stator of an induction motor is, in principle, the same as that of a synchronous motor or generator. It is made up of a number of stampings, which are slotted to receive the windings [Fig.34.2 *(a)*]. The stator carries a 3-phase winding [Fig.34.2 *(b)*] and is fed from a 3-phase supply. It is wound for a definite number of poles*, the exact number of poles being determined by the requirements of speed. Greater the number of poles, lesser the speed and ***vice versa***. It will be shown in Art. 34.6 that the stator windings, when supplied with 3-phase currents, produce a magnetic flux, which is of constant magnitude but which revolves (or rotates) at synchronous speed (given by $N_s = 120\,f/P$). This revolving magnetic flux induces an e.m.f. in the rotor by mutual induction.

Fig. 34.2 *(a)* Unwound stator with semi-closed slots. Laminations are of high-quality low-loss silicon steel. (*Courtesy : Gautam Electric Motors*)

Fig. 34.2 *(b)* Completely wound stator for an induction motor. (*Courtesy : Gautam Electric Motors*)

* The number of poles *P*, produced in the rotating field is $P = 2n$ where *n* is the number of stator slots/pole/phase.

(*b*) **Rotor**

(*i*) ***Squirrel-cage rotor*** **:** Motors employing this type of rotor are known as squirrel-cage induction motors.

(*ii*) ***Phase-wound or wound rotor*** **:** Motors employing this type of rotor are variously known as 'phase-wound' motors or 'wound' motors or as 'slip-ring' motors.

34.4. Squirrel-cage Rotor

Almost 90 per cent of induction motors are squirrel-cage type, because this type of rotor has the simplest and most rugged construction imaginable and is almost indestructible. The rotor consists of a cylindrical laminated core with parallel slots for carrying the rotor conductors which, it should be

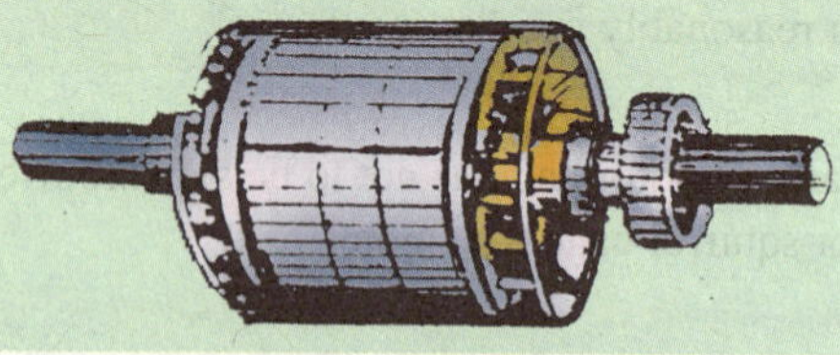

Fig. 34.3 (*a*) Squirrel-cage rotor with copper bars and alloy brazed end-rings (*Courtesy : Gautam Electric Motors*)

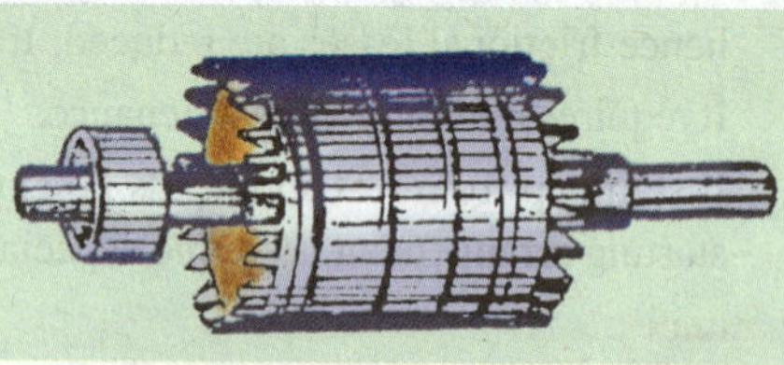

Fig. 34.3 (*b*) Rotor with shaft and brings (*Courtesy : Gautam Electric Motors*)

noted clearly, are not wires but consist of heavy bars of copper, aluminium or alloys. One bar is placed in each slot, rather the bars are inserted from the end when semi-closed slots are used. The rotor bars are brazed or electrically welded or bolted to two heavy and stout short-circuiting end-rings, thus giving us, what is so picturesquely called, a squirrel-case construction (Fig. 34.3).

It should be noted that the ***rotor bars are permanently short-circuited on themselves***, hence it is not possible to add any external resistance in series with the rotor circuit for starting purposes.

The rotor slots are usually not quite parallel to the shaft but are purposely given a slight skew (Fig. 34.4). This is useful in two ways :

(*i*) it helps to make the motor run quietly by reducing the magnetic hum and

(*ii*) it helps in reducing the locking tendency of the rotor *i.e.* the tendency of the rotor teeth to remain under the stator teeth due to direct magnetic attraction between the two.*

In small motors, another method of construction is used. It consists of placing the entire rotor core in a mould and casting all the bars and end-rings in one piece. The metal commonly used is an aluminium alloy.

Another form of rotor consists of a solid cylinder of steel without any conductors or slots at all. The motor operation depends upon the production of eddy currents in the steel rotor.

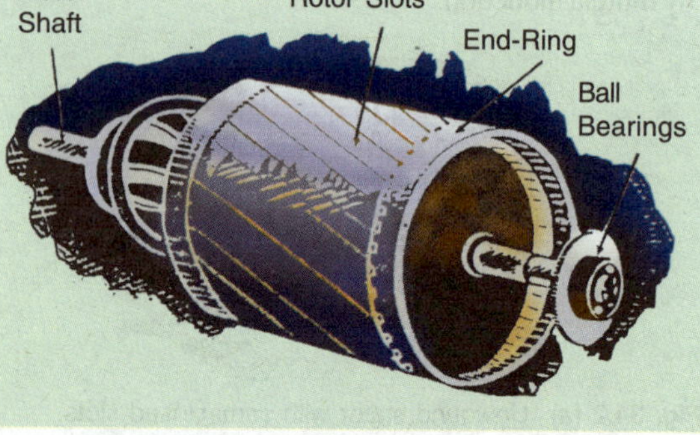

Fig. 34.4

* Other results of skew which may or may not be desirable are (*i*) increase in the effective ratio of transformation between stator and rotor (*ii*) increased rotor resistance due to increased length of rotor bars (*iii*) increased impedance of the machine at a given slip and (*iv*) increased slip for a given torque.

34.5. Phase-wound Rotor

This type of rotor is provided with 3-phase, double-layer, distributed winding consisting of coils as used in alternators. The rotor is wound for as many poles as the number of stator poles and is always wound 3-phase even ***when the stator is wound two-phase***.

Fig. 34.5 (*a*)

The three phases are starred internally. The other three winding terminals are brought out and connected to three insulated slip-rings mounted on the shaft with brushes resting on them [Fig. 34.5 (*b*)]. These three brushes are further externally connected to a 3-phase star-connected rheostat [Fig. 34.5 (*c*)]. This makes possible the introduction of additional resistance in the rotor circuit during the starting period for increasing the starting torque of the motor, as shown in Fig. 34.6 (*a*) (Ex.34.7 and 34.10) and for changing its speed-torque/current characteristics. When running under normal conditions, the ***slip-rings are automatically short-circuited*** by means of a metal collar, which is pushed along the shaft and connects all the rings together. Next, the brushes are automatically lifted from the slip-rings to reduce the frictional losses and the wear and tear. Hence, it is seen that under normal running conditions, the wound rotor is short-circuited on itself just like the squirrel-case rotor.

Fig. 34.6 (*b*) shows the longitudinal section of a slip-ring motor, whose structural details are as under :

Fig. 34.5 (*b*) Slip-ring motor with slip-rings brushes and short-circuiting devices (*Courtesy : Kirloskar Electric Company*)

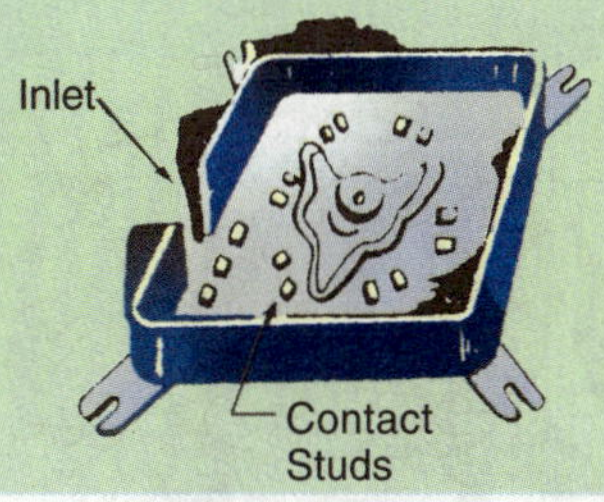

Fig. 34.5 (*c*)

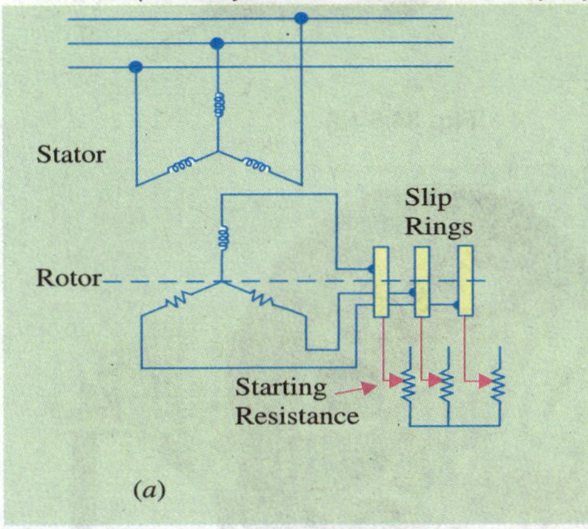

Fig. 34.6 (a)

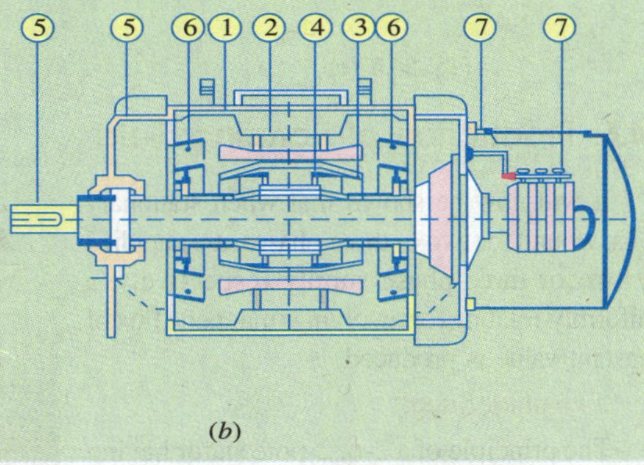

Fig. 34.6 (*b*) Longitudinal section of a Jyoti splash-proof slip-ring motor (*Courtesy : Jyoti Colour-Emag Ltd.*)

1. **Frame.** Made of close-grained alloy cast iron.
2. **Stator and Rotor Core.** Built from high-quality low-loss silicon steel laminations and flash-enamelled on both sides.
3. **Stator and Rotor Windings.** Have moisture proof tropical insulation embodying mica and high quality varnishes. Are carefully spaced for most effective air circulation and are rigidly braced to withstand centrifugal forces and any short-circuit stresses.
4. **Air-gap.** The stator rabbets and bore are machined carefully to ensure uniformity of air-gap.
5. **Shafts and Bearings.** Ball and roller bearings are used to suit heavy duty, toruble-free running and for enhanced service life.
6. **Fans.** Light aluminium fans are used for adequate circulation of cooling air and are securely keyed onto the rotor shaft.
7. **Slip-rings and Slip-ring Enclosures.** Slip-rings are made of high quality phosphor-bronze and are of moulded construction.

Fig. 34.6 (*c*) shows the disassembled view of an induction motor with squirrel-cage rotor. According to the labelled notation (*a*) represents stator (*b*) rotor (*c*) bearing shields (*d*) fan (*e*) ventilation grill and (*f*) terminal box.

Similarly, Fig. 34.6 (*d*) shows the disassembled view of a slip-ring motor where (*a*) represents stator (*b*) rotor (*c*) bearing shields (*d*) fan (*e*) ventilation grill (*f*) terminal box (*g*) slip-rings (*h*) brushes and brush holders.

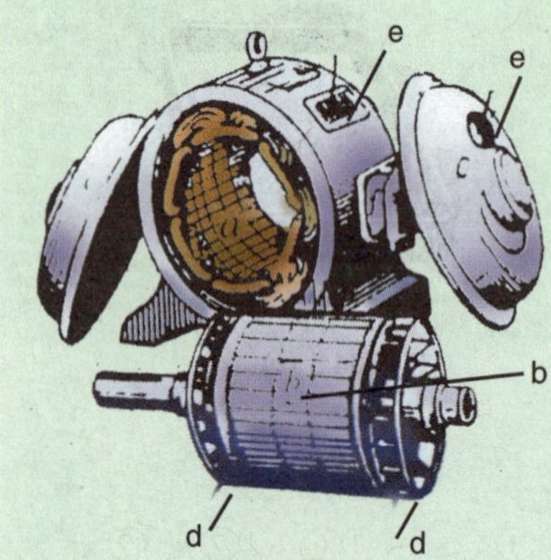

Fig. 34.6 (*c*)

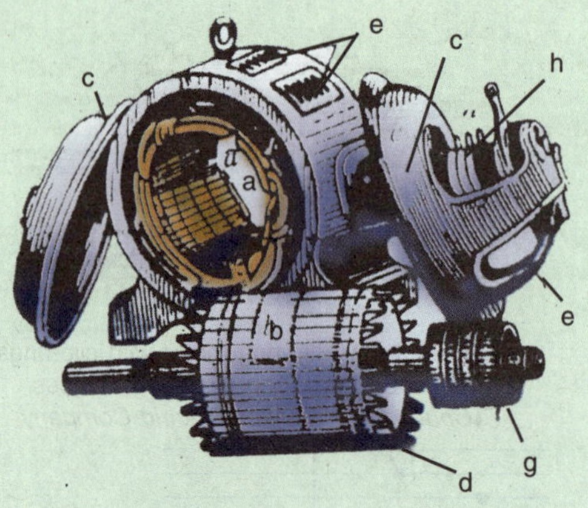

Fig. 34.6 (*d*)

34.6. Production of Rotating Field

It will now be shown that when stationary coils, wound for two or three phases, are supplied by two or three-phase supply respectively, a uniformly-rotating (or revolving) magnetic flux of constant value is produced.

Two-phase Supply

The principle of a 2-ϕ, 2-pole stator having two identical windings, 90 space degrees apart, is illustrated in Fig. 34.7.

Induction motor

The flux due to the current flowing in each phase winding is assumed sinusoidal and is represented in Fig. 34.9. The assumed positive directions of fluxes are those shown in Fig. 34.8.

Let Φ_1 and Φ_2 be the instantaneous values of the fluxes set up by the two windings. The resultant flux Φ_r at any time is the vector sum of these two fluxes (Φ_1 and Φ_2) at that time. We will consider conditions at intervals of 1/8th of a time period *i.e.* at intervals corresponding to angles of 0º, 45º, 90º, 135º and 180º. It will be shown that resultant flux Φ_r is constant in magnitude *i.e.* equal to Φ_m-the maximum flux due to either phase and is making one revolution/cycle. In other words, it means that the resultant flux rotates synchronously.

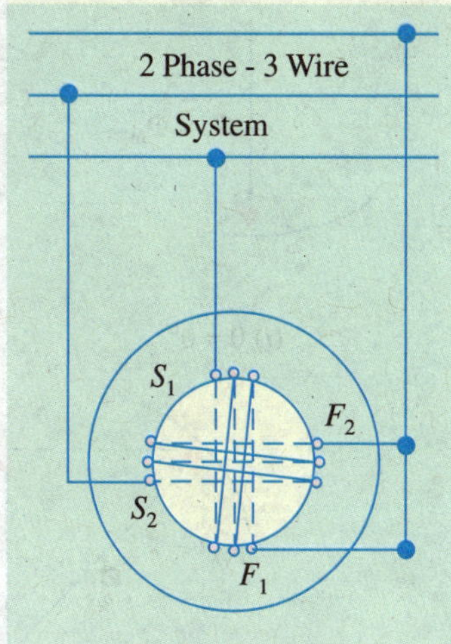

Fig. 34.7

(*a*) When $\theta = 0º$ *i.e.* corresponding to point 0 in Fig. 34.9, $\Phi_1 = 0$, but Φ_2 is maximum *i.e.* equal to Φ_m and negative. Hence, resultant flux $\Phi_r = \Phi_m$ and, being negative, is shown by a vector pointing downwards [Fig. 34.10 (*i*)].

(*b*) When $\theta = 45º$ *i.e.* corresponding to point 1 in Fig. 34.9. At this instant, $\Phi_1 = \Phi_m/\sqrt{2}$ and is positive; $\Phi_2 = \Phi_m/\sqrt{2}$ but is still negative. Their resultant, as shown in Fig. 34.10 (*ii*), is $\Phi_r = \sqrt{[(\phi_m/\sqrt{2})^2 + (\phi_m/\sqrt{2})^2]} = \Phi_m$ although this resultant has shifted 45º clockwise.

(*c*) When $\theta = 90º$ *i.e.* corresponding to point 2 in Fig. 34.9. Here $\Phi_2 = 0$, but $\Phi_1 = \Phi_m$ and is positive. Hence, $\Phi_r = \Phi_m$ and has further shifted by an angle of 45º from its position in (*b*) or by 90º from its original position in (*a*).

(*d*) When $\theta = 135º$ *i.e.* corresponding to point 3 in Fig. 34.9. Here, $\Phi_1 = \Phi_m/\sqrt{2}$ and is positive, $\Phi_2 = \Phi_m/\sqrt{2}$ and is also positive. The resultant $\Phi_r = \Phi_m$ and has further shifted clockwise by another 45º, as shown in Fig. 34.10 (*iv*).

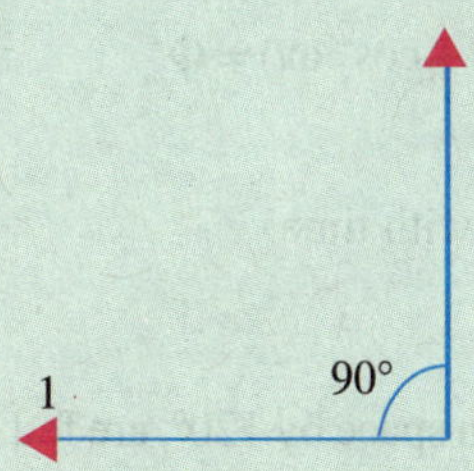

Fig. 34.8

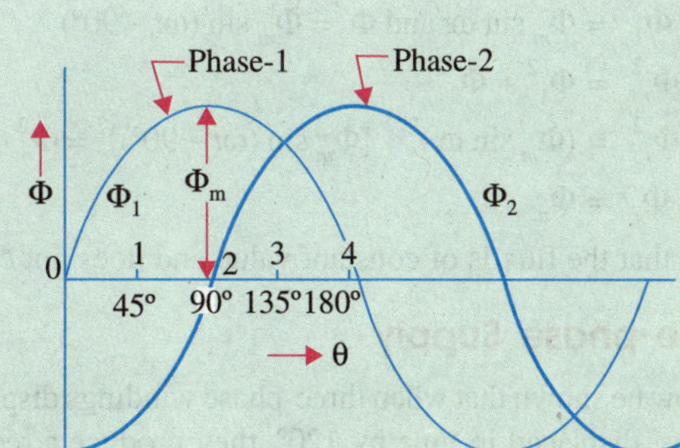

Fig. 34.9

(*e*) When $\theta = 180º$ *i.e.* corresponding to point 4 in Fig. 34.9. Here, $\Phi_1 = 0$, $\Phi_2 = \Phi_m$ and is positive. Hence, $\Phi_r = \Phi_m$ and has shifted clockwise by another 45º or has rotated through an angle of 180º from its position at the beginning. This is shown in Fig. 34.10(*v*).

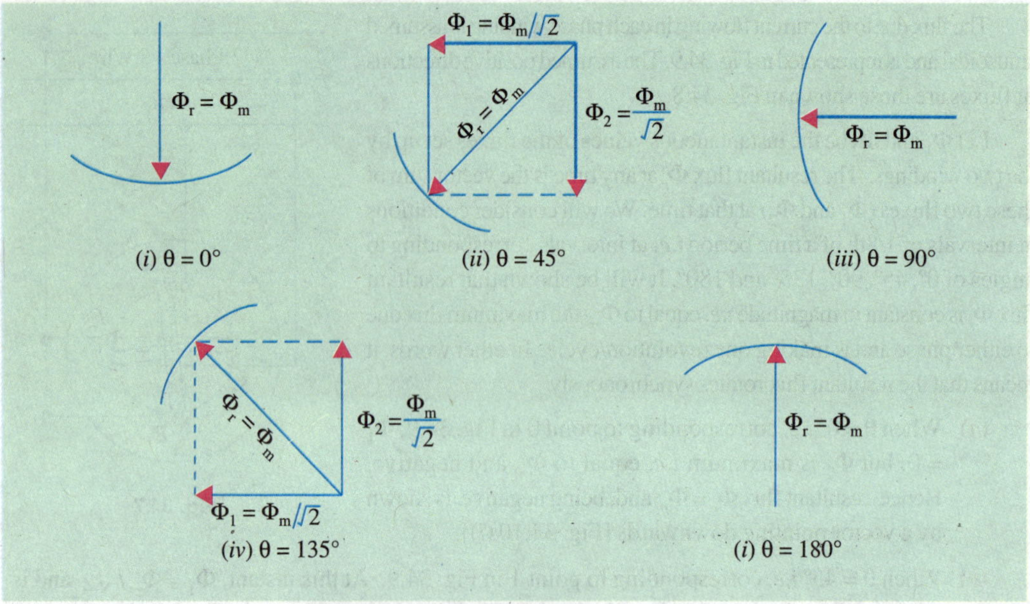

Fig. 34.10

Hence, we conclude

1. ***that the magnitude of the resultant flux is constant and is equal to Φ_m — the maximum flux due to either phase.***
2. ***that the resultant flux rotates at synchronous speed given by $N_s = 120\ f/P$ rpm.***

However, it should be clearly understood that in this revolving field, there is no actual revolution of the flux. The flux due to each phase changes periodically, according to the changes in the phase current, but the magnetic flux itself does not move around the stator. It is only the *seat* of the resultant flux which keeps on shifting synchronously around the stator.

Mathematical Proof

Let $\Phi_1 = \Phi_m \sin \omega t$ and $\Phi_2 = \Phi_m \sin (\omega t - 90°)$

$$\therefore \quad \Phi_r^2 = \Phi_1^2 + \Phi_2^2$$

$$\Phi_r^2 = (\Phi_m \sin \omega t)^2 + [\Phi_m \sin (\omega t - 90°)]^2 = \Phi_m^2 (\sin^2 \omega t + \cos^2 \omega t) = \Phi_m^2$$

$$\therefore \quad \Phi_r = \Phi_m$$

It shows that the flux is of constant value and does not change with time.

34.7. Three-phase Supply

It will now be shown that when three-phase windings displaced in space by 120º, are fed by three-phase currents, displaced in time by 120º, they produce a resultant magnetic flux, which rotates in space as if actual magnetic poles were being rotated mechanically.

The principle of a 3-phase, two-pole stator having three identical windings placed 120 space degrees apart is shown in Fig. 34.11. The flux (assumed sinusoidal) due to three-phase windings is shown in Fig 34.12.

The assumed positive directions of the fluxes are shown in Fig 34.13. Let the maximum value of flux due to any one of the three phases be Φ_m. The resultant flux Φ_r, at any instant, is given by the vector sum of the individual fluxes, Φ_1, Φ_2 and Φ_3 due to three phases. We will consider values of Φ_r at four instants 1/6th time-period apart corresponding to points marked 0, 1, 2 and 3 in Fig. 34.12.

(*i*) When $\theta = 0°$ *i.e.* corresponding to point 0 in Fig. 34.12.

Here $\Phi_1 = 0,\ \Phi_2 = -\frac{\sqrt{3}}{2}\Phi_m,\quad \Phi_3 = \frac{\sqrt{3}}{2}\Phi_m$. The vector for Φ_2 in Fig. 34.14 (*i*) is drawn in a direction opposite to the direction assumed positive in Fig. 34.13.

$$\therefore \quad \Phi_r = 2 \times \frac{\sqrt{3}}{2}\Phi_m \cos\frac{60°}{2} = \sqrt{3} \times \frac{\sqrt{3}}{2}\Phi_m = \frac{3}{2}\Phi_m$$

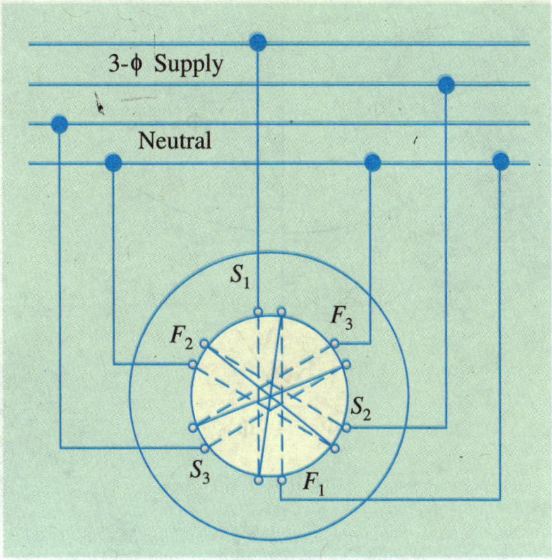

Fig. 34.11

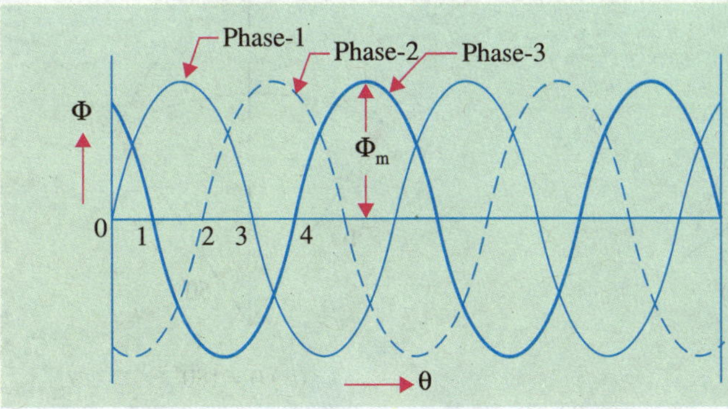

Fig. 34.12

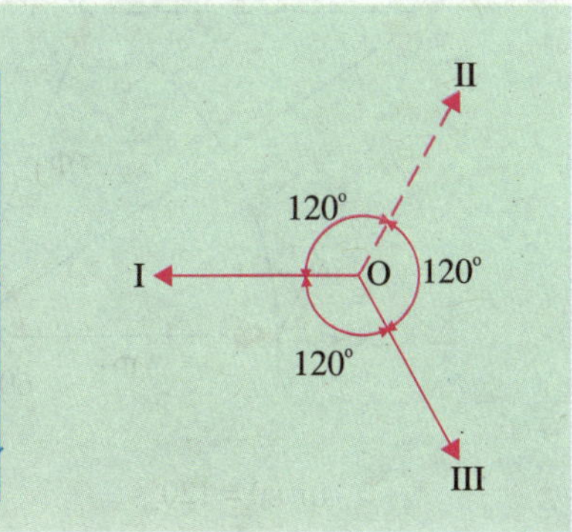

Fig. 34.13

(*ii*) when $\theta = 60°$ *i.e.* corresponding to point 1 in Fig. 34.12.

Here $\Phi_1 = \frac{\sqrt{3}}{2}\Phi_m$ ...drawn parallel to *OI* of Fig. 34.13 as shown in Fig. 34.14 (*ii*)

$\Phi_2 = -\frac{\sqrt{3}}{2}\Phi_m$ ...drawn in opposition to *OII* of Fig. 34.13.

$\Phi_3 = 0$

$$\therefore \quad \Phi_r = 2 \times \frac{\sqrt{3}}{2}\Phi_m \times \cos 30° = \frac{3}{2}\Phi_m \qquad \text{[Fig. 34.14 (ii)]}$$

It is found that the resultant flux is again $\frac{3}{2}\Phi_m$ but has rotated clockwise through an angle of 60°.

(*iii*) When $\theta = 120°$ *i.e.* corresponding to point 2 in Fig. 34.12.

Here, $\Phi_1 = \frac{\sqrt{3}}{2}\Phi_m,\qquad \Phi_2 = 0,\quad \Phi_3 = -\frac{\sqrt{3}}{2}\Phi_m$

It can be again proved that $\Phi_r = \frac{3}{2}\Phi_m$.

So, the resultant is again of the same value, but has further rotated clockwise through an angle of 60° [Fig. 34.14 (*iii*)].

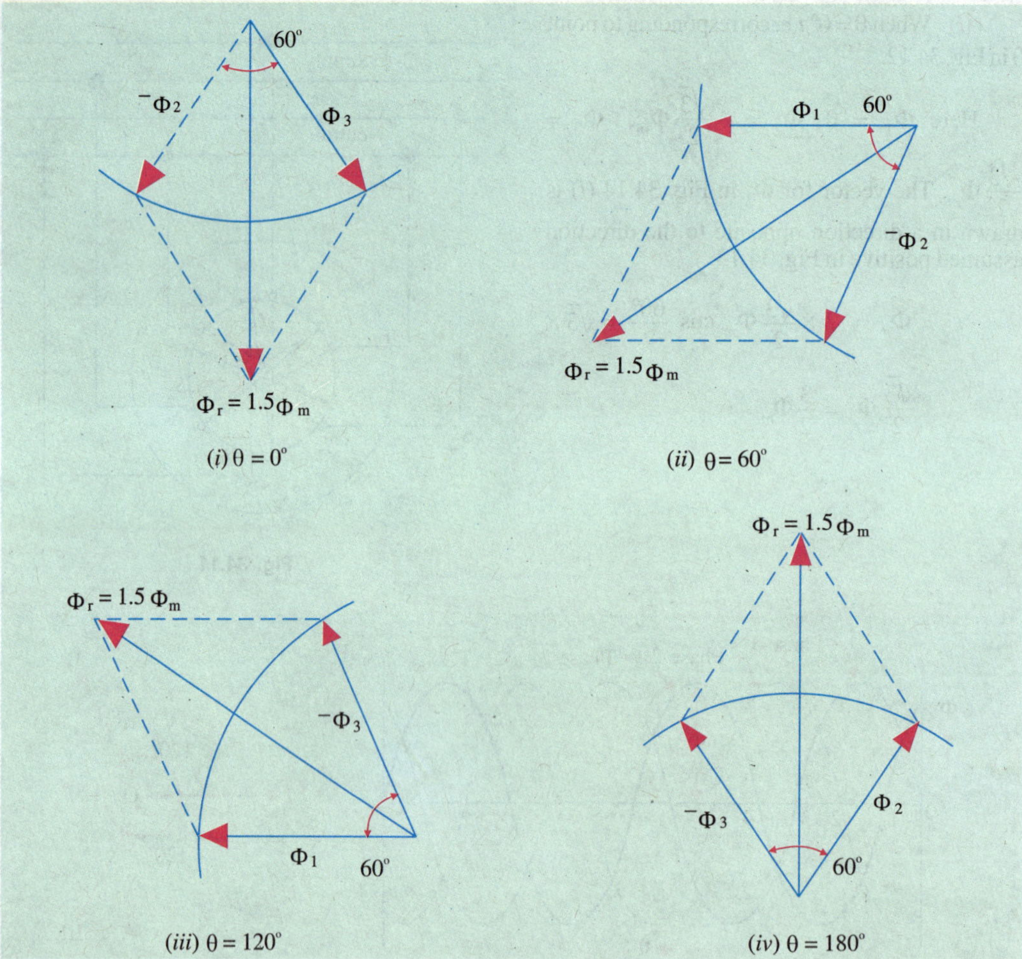

Fig. 34.14

(iv) When θ = 180° *i.e.* corresponding to point 3 in Fig. 34.12.

$$\Phi_1 = 0,\ \Phi_2 = \frac{\sqrt{3}}{2}\Phi_m,\ \Phi_3 = -\frac{\sqrt{3}}{2}\Phi_m$$

The resultant is $\frac{3}{2}\Phi_m$ and has rotated clockwise through an additional angle 60° or through an angle of 180° from the start.

Hence, we conclude that

1. the resultant flux is of constant value = $\frac{3}{2}\Phi_m$ *i.e.* 1.5 ***times the maximum value of the flux due to any phase.***
2. ***the resultant flux rotates around the stator at synchronous speed given by $N_s = 120\ f/P$.***

Fig. 34.15 (*a*) shows the graph of the rotating flux in a simple way. As before, the positive directions of the flux phasors have been shown separately in Fig. 34.15 (*b*). Arrows on these flux phasors are reversed when each phase passes through zero and becomes negative.

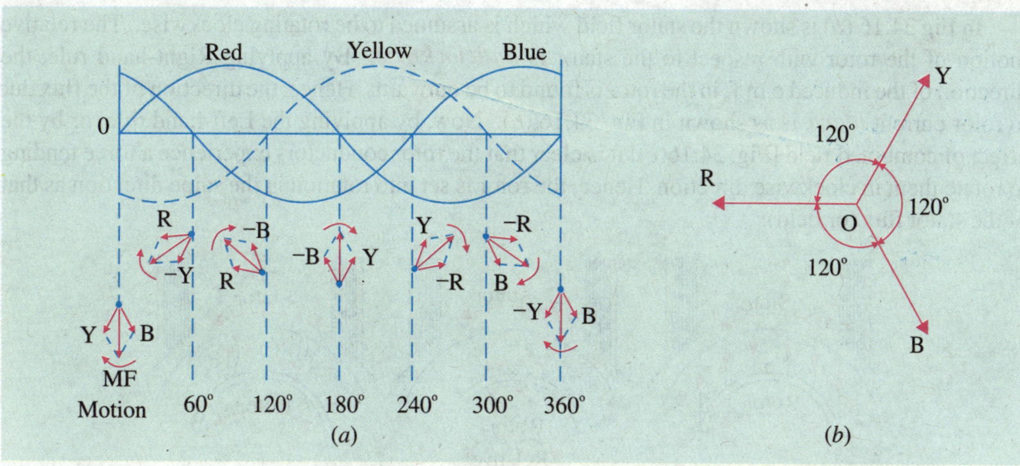

Fig. 34.15

As seen, positions of the resultant flux phasor have been shown at intervals of 60° only. The resultant flux produces a field rotating in the clockwise direction.

34.8. Mathematical Proof

Taking the direction of flux due to phase 1 as reference direction, we have

$$\Phi_1 = \Phi_m (\cos 0° + j \sin 0°) \sin \omega t$$
$$\Phi_2 = \Phi_m (\cos 240° + j \sin 240°) \sin (\omega t - 120°)$$
$$\Phi_3 = \Phi_m (\cos 120° + j \sin 120°) \sin (\omega t - 240°)$$

Expanding and adding the above equations, we get

$$\Phi_r = \frac{3}{2}\Phi_m (\sin \omega t + j \cos \omega t) = \frac{3}{2}\ \Phi_m \angle 90° - \omega t$$

The resultant flux is of constant magnitude and does not change with time '*t*'.

34.9. Why Does the Rotor Rotate ?

The reason why the rotor of an induction motor is set into rotation is as follow:

When the 3-phase stator windings, are fed by a 3-phase supply then, as seen from above, a magnetic flux of constant magnitude, but rotating at synchronous speed, is set up. The flux passes through the air-gap, sweeps past the rotor surface and so cuts the rotor conductors which, as yet, are stationary. Due to the relative speed between the rotating flux and the stationary conductors, an e.m.f. is induced in the latter, according to Faraday's laws of electro-magnetic induction. ***The frequency of the induced e.m.f. is the same as the supply frequency.*** Its magnitude is proportional to the relative velocity between the flux and the conductors and its direction is given by Fleming's Right-hand rule. Since the rotor bars or conductors form a closed circuit, rotor current is produced whose direction, as given by Lenz's law, is such as to oppose the very cause producing it. In this case, the cause which produces the rotor current is the relative velocity between the rotating flux of the stator and the stationary rotor conductors. Hence, to reduce the relative speed, the rotor starts running in the ***same*** direction as that of the flux and tries to catch up with the rotating flux.

Windings of induction electric motor

The setting up of the torque for rotating the rotor is explained below :

In Fig 34.16 (*a*) is shown the stator field which is assumed to be rotating clockwise. The relative motion of the rotor with respect to the stator is ***anticlockwise***. By applying Right-hand rule, the direction of the induced e.m.f. in the rotor is found to be outwards. Hence, the direction of the flux due to rotor current *alone*, is as shown in Fig. 34.16 (*b*). Now, by applying the Left-hand rule, or by the effect of combined field [Fig. 34.16(*c*)] it is clear that the rotor conductors experience a force tending to rotate them in clockwise direction. Hence, the rotor is set into rotation in the same direction as that of the stator flux (or field).

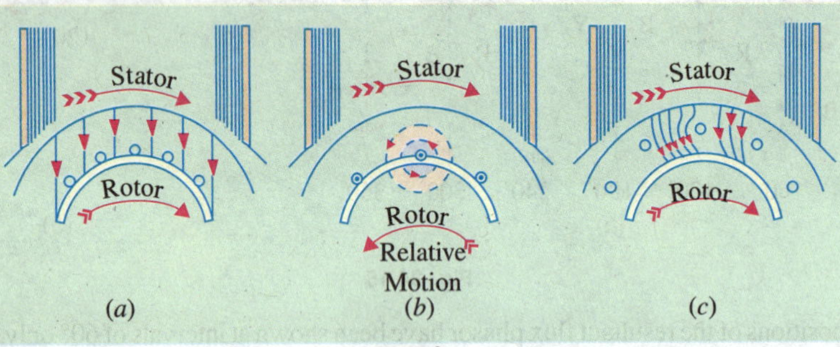

Fig. 34.16

34.10. Slip

In practice, the rotor never succeeds in 'catching up' with the stator field. If it really did so, then there would be no relative speed between the two, hence no rotor e.m.f., no rotor current and so no torque to maintain rotation. That is why the rotor runs at a speed which is always less than the speed of the stator field. The difference in speeds depends upon the load on the motor.*

The difference between the synchronous speed N_s and the actual speed N of the rotor is known as ***slip***. Though it may be expressed in so many revolutions/second, yet it is usual to express it as a percentage of the synchronous speed. Actually, the term '***slip***' is descriptive of the way in which the rotor 'slips back' from synchronism.

$$\% \text{ slip} \quad s = \frac{N_s - N}{N_s} \times 100$$

Sometimes, $N_s - N$ is called the ***slip speed.***

Obviously, rotor (or motor) speed is $N = N_s (1 - s)$.

It may be kept in mind that revolving flux is rotating synchronously, relative to the stator (*i.e.* stationary space) but at slip speed relative to the rotor.

34.11. Frequency of Rotor Current

When the rotor is stationary, the frequency of rotor current is *the same as the supply frequency.* But when the rotor starts revolving, then the frequency depends upon the relative speed or on slip-speed. Let at any slip-speed, the frequency of the rotor current be f'. Then

$$N_s - N = \frac{120 f'}{P} \qquad \text{Also,} \quad N_s = \frac{120 f}{P}$$

Dividing one by the other, we get, $\dfrac{f'}{f} = \dfrac{N_s - N}{N_s} = s \qquad \therefore \quad f' = sf$

As seen, rotor currents have a frequency of $f' = sf$ and when flowing through the individual

* It may be noted that as the load is applied, the natural effect of the load or braking torque is to slow down the motor. Hence, slip increases and with it increases the current and torque, till the driving torque of the motor balances the retarding torque of the load. This fact determines the speed at which the motor runs on load.

phases of rotor winding, give rise to rotor magnetic fields. These individual rotor magnetic fields produce a combined rotating magnetic field, whose speed relative to rotor is

$$= \frac{120\,f'}{P} = \frac{120\,sf}{P} = sN_S$$

However, the rotor itself is running at speed N with respect to space. Hence,

speed of rotor field in ***space*** = speed of rotor magnetic field relative to rotor + speed of rotor relative to space

$$= sN_s + N = sN_s + N_s\,(1-s) = N_s$$

It means that no matter what the value of slip, rotor currents and stator currents each produce a sinusoidally distributed magnetic field of constant magnitude and constant space speed of N_s. In other words, both the rotor and stator fields rotate synchronously, which means that they are stationary with respect to each other. These two synchronously rotating magnetic fields, in fact, superimpose on each other and give rise to the actually existing rotating field, which corresponds to the magnetising current of the stator winding.

Example 34.1. *A slip-ring induction motor runs at 290 r.p.m. at full load, when connected to 50-Hz supply. Determine the number of poles and slip.*

(Utilisation of Electric Power AMIE Sec. B 1991)

Solution. Since N is 290 rpm; N_s has to be somewhere near it, say 300 rpm. If N_s is assumed as 300 rpm, then $300 = 120 \times 50/P$. Hence, $P = 20$. $\therefore\ s = (300 - 290)/300 = 3.33\%$

Example 34.2. *The stator of a 3-φ induction motor has 3 slots per pole per phase. If supply frequency is 50 Hz, calculate*

(*i*) *number of stator poles produced and total number of slots on the stator*

(*ii*) *speed of the rotating stator flux (or magnetic field).*

Solution. (*i*) $P = 2n = 2 \times 3 =$ **6 poles**

Total No. of slots = 3 slots/pole/phase × 6 poles × 3 phases = **54**

(*ii*) $N_s = 120\,f/P = 120 \times 50/6 =$ **1000 r.p.m.**

Example 34.3. *A 4-pole, 3-phase induction motor operates from a supply whose frequency is 50 Hz. Calculate :*

(*i*) *the speed at which the magnetic field of the stator is rotating.*

(*ii*) *the speed of the rotor when the slip is 0.04.*

(*iii*) *the frequency of the rotor currents when the slip is 0.03.*

(*iv*) *the frequency of the rotor currents at standstill.*

(Electrical Machinery II, Banglore Univ. 1991)

Solution. (*i*) Stator field revolves at synchronous speed, given by

$$N_s = 120\,f/P = 120 \times 50/4 = \mathbf{1500\ r.p.m.}$$

(*ii*) rotor (or motor) speed, $N = N_s(1 - s) = 1500(1 - 0.04) =$ **1440 r.p.m.**

(*iii*) frequency of rotor current, $f' = sf = 0.03 \times 50 = 1.5$ r.p.s = **90 r.p.m**

(*iv*) Since at standstill, $s = 1$, $f' = sf = 1 \times f = f =$ **50Hz**

Example 34.4. *A 3-φ induction motor is wound for 4 poles and is supplied from 50-Hz system. Calculate* (*i*) *the synchronous speed* (*ii*) *the rotor speed, when slip is 4% and* (*iii*) *rotor frequency when rotor runs at 600 rpm.* **(Electrical Engineering-I, Pune Univ. 1991)**

Solution. (*i*) $N_s = 120\,f/P = 120 \times 50/4 = 1500$ rpm

(*ii*) rotor speed, $N = N_s(1 - s) = 1500\,(1 - 0.04) =$ **1440 rpm** *(iii)* when rotor speed is 600 rpm, slip is

$$s = (Ns - N)/N_s = (1500 - 600)/1500 = 0.6$$

rotor current frequency, $f' = sf = 0.6 \times 50 =$ **30 Hz**

Example 34.5. *A 12-pole, 3-phase alternator driven at a speed of 500 r.p.m. supplies power to an 8-pole, 3-phase induction motor. If the slip of the motor, at full-load is 3%, calculate the full-load speed of the motor.*

Solution. Let N = actual motor speed; Supply frequency, $f = 12 \times 500/120 = 50$ Hz. Synchronous speed $N_s = 120 \times 50/8 = 750$ r.p.m.

$$\% \text{ slip} \quad s = \frac{N_S - N}{N} \times 100\,; \quad 3 = \frac{750 - N}{750} \times 100 \qquad \therefore N = \textbf{727.5 r.p.m.}$$

Note. Since slip is 3%, actual speed N is less than N_s by 3% of N_s *i.e.* by $3 \times 750/100 = 22.5$ r.p.m.

34.12. Relation Between Torque and Rotor Power Factor

In Art. 29.7, it has been shown that in the case of a d.c. motor, the torque T_a is proportional to the product of armature current and flux per pole *i.e.* $T_a \propto \phi I_a$. Similarly, in the case of an induction motor, the torque is also proportional to the product of flux per stator pole and the rotor current. However, there is one more factor that has to be taken into account *i.e.* the power factor of the rotor.

$$\therefore \quad T \propto \phi I_2 \cos \phi_2 \quad \text{or} \quad T = k \phi I_2 \cos \phi_2$$

where I_2 = rotor current at standstill

ϕ_2 = angle between rotor e.m.f. and rotor current

k = a constant

Denoting rotor e.m.f. at ***standstill*** by E_2, we have that $E_2 \propto \phi$

$$\therefore \quad T \propto E_2 I_2 \cos \phi_2$$

$$\text{or} \quad T = k_1 E_2 I_2 \cos \phi_2$$

where k_1 is another constant.

The effect of rotor power factor on rotor torque is illustrated in Fig. 34.17 and Fig. 34.18 for various values of ϕ_2. From the above expression for torque, it is clear that as ϕ_2 increases (and hence, $\cos \phi_2$ decreases) the torque decreases and ***vice versa***.

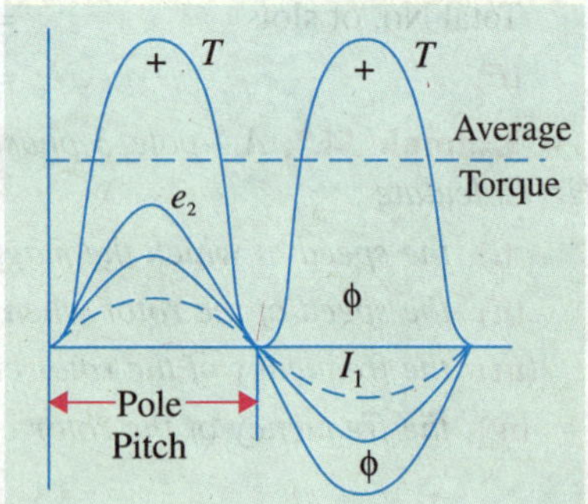

Fig. 34.17

In the discussion to follow, the stator flux distribution is assumed sinusoidal. This revolving flux induces in each rotor conductor or bar an *e.m.f.* whose value depends on the flux density, in which the conductor is lying at the instant considered ($e = Blv$ volt). Hence, the induced e.m.f. in the rotor is also sinusoidal.

(i) Rotor Assumed Non-inductive (or $\phi_2 = 0$)

In this case, the rotor current I_2 is in phase with the e.m.f. E_2 induced in the rotor (Fig. 34.17). The instantaneous value of the torque acting on each rotor conductor is given by the product of instantaneous value of the flux and the rotor current ($F \propto BI_2 l$). Hence, torque curve is obtained by plotting the products of flux ϕ (or flux density B) and I_2. It is seen that the torque is always positive *i.e.* unidirectional.

(ii) Rotor Assumed Inductive

This case is shown in Fig. 34.18. Here, I_2 lags behind E_2 by an angle $\phi_2 = \tan^{-1} X_2/R_2$ where R_2 = rotor resistance/phase; X_2 = rotor reactance/phase at ***standstill***.

It is seen that for a portion '*ab*' of the pole pitch, the torque is negative *i.e.* reversed. Hence, the total torque which is the difference of the forward and the backward torques, is considerably reduced. If $\phi_2 = 90°$, then the total torque is zero because in that case the backward and the forward torques become equal and opposite.

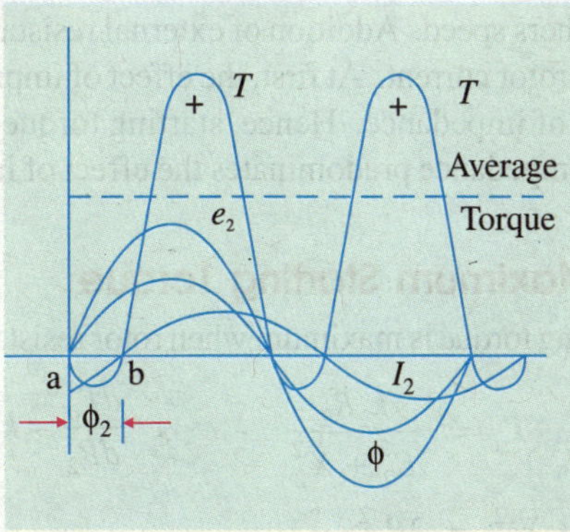

Fig. 34.18

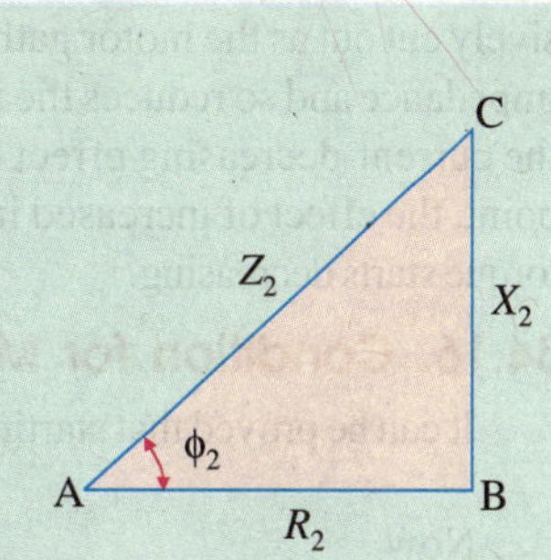

Fig. 34.19

34.13. Starting Torque

The torque developed by the motor at the instant of starting is called starting torque. In some cases, it is greater than the normal running torque, whereas in some other cases it is somewhat less.

Let E_2 = rotor *e.m.f.* per phase at ***standstill;***

R_2 = rotor resistance/phase

X_2 = rotor reactance/phase at ***standstill***

$\therefore \quad Z_2 = \sqrt{(R_2^2 + X_2^2)}$ = rotor impedance/phase at ***standstill*** ...Fig. 34.19

Then, $\quad I_2 = \dfrac{E_2}{Z_2} = \dfrac{E_2}{\sqrt{(R_2^2 + X_2^2)}}; \quad \cos\phi_2 = \dfrac{R_2}{Z_2} = \dfrac{R_2}{\sqrt{(R_2^2 + X_2^2)}}$

Standstill or starting torque $T_{st} = k_1 E_2 I_2 \cos\phi_2$ ...Art. 34.12

or $$T_{st} = k_1 E_2 \,.\, \frac{E_2}{\sqrt{(R_2^2 + X_2^2)}} \times \frac{R_2}{\sqrt{(R_2^2 + X_2^2)}} = \frac{k_1 E_2^2 R_2}{R_2^2 + X_2^2} \quad ...(i)$$

If supply voltage V is constant, then the flux Φ and hence, E_2 both are constant.

$$\therefore \quad T_{st} = k_2 \frac{R_2}{R_2^2 + X_2^2} = k_2 \frac{R_2}{Z_2^2} \text{ where } k_2 \text{ is some other constant.}$$

Now, $\quad k_1 = \dfrac{3}{2\pi N_s}, \quad \therefore \quad T_{st} = \dfrac{3}{2\pi N_s} \cdot \dfrac{E_2^2 R_2}{R_2^2 + X_2^2}$

Where Ns → synchronous speed in rps.

34.14. Starting Torque of a Squirrel-cage Motor

The resistance of a squirrel-cage motor is fixed and small as compared to its reactance which is very large especially at the start because at standstill, the frequency of the rotor currents equals the supply frequency. Hence, the starting current I_2 of the rotor, though very large in magnitude, lags by a very large angle behind E_2, with the result that the starting torque per ampere is very poor. It is roughly 1.5 times the full-load torque, although the starting current is 5 to 7 times the full-load current. Hence, such motors are not useful where the motor has to start against heavy loads.

34.15. Starting Torque of a Slip-ring Motor

The starting torque of such a motor is increased by improving its power factor by adding external resistance in the rotor circuit from the star-connected rheostat, the rheostat resistance being progressively cut out as the motor gathers speed. Addition of external resistance, however, increases the rotor impedance and so reduces the rotor current. At first, the effect of improved power factor predominates the current-decreasing effect of impedance. Hence, starting torque is increased. But after a certain point, the effect of increased impedance predominates the effect of improved power factor and so the torque starts decreasing.

34.16. Condition for Maximum Starting Torque

It can be proved that starting torque is maximum when rotor resistance equals rotor reactance.

Now $$T_{st} = \frac{k_2 R_2}{R_2^2 + X_2^2} \qquad \therefore \frac{dT_{st}}{dR_2} = k_2\left[\frac{1}{R_2^2 + X_2^2} - \frac{R_2\,(2R_2)}{(R_2^2 + X_2^2)^2}\right] = 0$$

or $$R_2^{\,2} + X_2^{\,2} = 2R_2^{\,2} \qquad \therefore \quad R_2 = X_2.$$

34.17. Effect of Change in Supply Voltage on Starting Torque

We have seen in Art. 34.13 that $T_{st} = \dfrac{k_1 E_2^2\, R_2}{R_2^2 + X_2^2}$. Now $E_2 \propto$ supply voltage V

$$\therefore \qquad T_{st} = \frac{k_3 V^2 R_2}{R_2^2 + X_2^2} = \frac{k_3 V^2 R_2}{Z_2^2}$$ where k_3 is yet another constant. Hence $T_{st} \propto V^2$.

Clearly, the torque is very sensitive to any changes in the supply voltage. A change of 5 per cent in supply voltage, for example, will produce a change of approximately 10% in the rotor torque. This fact is of importance in star-delta and auto transformer starters (Art. 33-11).

Example 34.6. *A 3-6 induction motor having a star-connected rotor has an induced e.m.f. of 80 volts between slip-rings at standstill on open-circuit. The rotor has a resistance and reactance per phase of 1 Ω and 4 Ω respectively. Calculate current/phase and power factor when* **(a)** *slip-rings are short-circuited* **(b)** *slip-rings are connected to a star-connected rheostat of 3 Ω per phase.*

(Electrical Technology, Bombay Univ. 1987, and similar example: Rajiv Gandhi Techn. Univ. Bhopal, Dec. 2000)

Solution. Standstill e.m.f./rotor phase $= 80/\sqrt{3} = 46.2$ V

(*a*) Rotor impedance/phase $= \sqrt{(1^2 + 4^2)} = 4.12\,\Omega$

Rotor current/phase $= 46.2/4.12 =$ **11.2 A**

Power factor $= \cos\phi = 1/4.12 =$ **0.243**

As p.f. is low, the starting torque is also low.

(*b*) Rotor resistance/phase $= 3 + 1 = 4\,\Omega$

Rotor impedance/phase $= \sqrt{(4^2 + 4^2)} = 5.66\,\Omega$

$\therefore$ Rotor current/phase $= 46.2/5.66 =$ **8.16 A**; $\cos\phi = 4/5.66 =$ **0.707**.

Hence, the starting torque is increased due to the improvement in the power factor. It will also be noted that improvement in p.f. is much more than the decrease in current due to increased impedance.

Example 34.7. *A 3-phase, 400-V, star-connected induction motor has a star-connected rotor with a stator to rotor turn ratio of 6.5. The rotor resistance and standstill reactance per phase are 0.05 Ω and 0.25 Ω respectively. What should be the value of external resistance per phase to be inserted in the rotor circuit to obtain maximum torque at starting and what will be rotor starting current with this resistance?*

Solution. Here $K = \dfrac{1}{6.5}$ because transformation ratio K is defined as

$$= \frac{\text{rotor turns/phase}}{\text{stator turns/phase}}$$

Standstill rotor e.m.f./phase, $E_2 = \frac{400}{\sqrt{3}} \times \frac{1}{6.5} = 35.5$ volt

It has been shown in Art. 34.16 that starting torque is maximum when $R_2 = X_2$ *i.e.* when $R_2 = 0.25\ \Omega$ in the present case

$\therefore$ External resistance/phase required $= 0.25 - 0.05 =$ **0.2 Ω**

Rotor impedance/phase $= \sqrt{(0.25^2 + 0.25^2)} = 0.3535\ \Omega$

Rotor current/phase, $I_2 = 35.5/0.3535 =$ **100 A (approx)**

Example 34.8. *A 1100-V, 50-Hz delta-connected induction motor has a star-connected slip-ring rotor with a phase transformation ratio of 3.8. The rotor resistance and standstill leakage reactance are 0.012 ohm and 0.25 ohm per phase respectively. Neglecting stator impedance and magnetising current determine.*

(i) the rotor current at start with slip-rings shorted

(ii) the rotor power factor at start with slip-rings shorted

(iii) the rotor current at 4% slip with slip-rings shorted

(iv) the rotor power factor at 4% slip with slip-rings shorted

(v) the external rotor resistance per phase required to obtain a starting current of 100 A in the stator supply lines. **(Elect. Machines AMIE Sec. B 1992)**

Solution. It should be noted that in a Δ/*Y* connection, primary phase voltage is the same as the line voltage. The rotor phase voltage can be found by using the phase transformation ratio of 3.8 *i.e.* $K = 1/3.8$.

Rotor phase voltage at standstill $= 1100 \times 1/3.8 = 289.5$V

(i) Rotor impedence/phase $= \sqrt{0.012^2 + 0.25^2} = 0.2503\ \Omega$

Rotor phase current at start $= 289.5/0.2503 =$ **1157 A**

(ii) $p.f. = R_2/Z_2 = 0.012/0.2503 =$ **0.048 lag**

(iii) at 4% slip, $X_r = sX_2 = 0.04 \times 0.25 = 0.01\ \Omega$

$\therefore$ $Z_r = \sqrt{0.012^2 + 0.01^2} =$ **0.0156 Ω**

$E_r = sE_2 = 0.04 \times 289.5 = 11.58$ V; $I_2 = 11.58/0.0156 =$ **742.3 A**

(iv) $p.f. = 0.012/0.0156 =$ **0.77**

(v) $I_2 = I_1/K = 100 \times 3.8 = 380$ A; E_2 at standstill $= 289.5$ V

$Z_2 = 289.5/380 = 0.7618\ \Omega$; $R_2 = \sqrt{Z_2^2 - X_2^2} = \sqrt{0.7618^2 - 0.25^2} = 0.7196\ \Omega$

$\therefore$ External resistance reqd./phase $= 0.7196 - 0.012 =$ **0.707 Ω**

Example 34.9. *A 150-kw, 3000-V, 50-Hz, 6-pole star-connected induction motor has a star-connected slip-ring rotor with a transformation ratio of 3.6 (stator/rotor). The rotor resistance is 0.1Ω/phase and its per phase leakage reactance is 3.61 mH. The stator impedance may be neglected. Find the starting current and starting torque on rated voltage with short-circuited slip rings.*

(Eleet. Machines, A.M.I.E. Sec. B, 1989)

Solution. $X_2 = 2\pi \times 50 \times 5.61 \times 10^{-3} = 1.13\ \Omega$

$K = 1/3.6,\ R_2' = R_2/K^2 = (3.6)^2 \times 0.1 = 1.3\ \Omega$

$X_2 = 2\pi \times 50 \times 3.61 \times 10^{-3} = 1.13\ \Omega;\ X_2' = (3.6)^2 \times 1.13 = 14.7\Omega$

$$I_{st} = \frac{V}{(R_2')^2 + (X_2')^2} \cdot \frac{3000/\sqrt{3}}{\sqrt{(1.3)^2 + (14.7)^2}} = \mathbf{117.4\ A}$$

Now, $N_s = 120 \times 50/6 = 1000 \text{ rpm} = (50/3) \text{ rps}$

$$T_{st} = \frac{3}{2\pi N_s} \cdot \frac{V^2 R_2'}{(R_2')^2 + (X_2')^2} = \frac{3}{2\pi\,(50/3)} \times \frac{(3000/\sqrt{3})^2 \times 1.3}{(1.3^2 + 14.7^2)} = \mathbf{513\ N\text{-}m}$$

Tutorial Problem No. 34.1

1. In the case of an 8-pole induction motor, the supply frequency was 50-Hz and the shaft speed was 735 r.p.m. What were the magnitudes of the following: ***(Nagpur Univ., Summer 2000)***
   (*i*) synchronous speed (*ii*) speed of slip
   (*iii*) per unit slip (*iv*) percentage slip
   [750 r.p.m. ; 15 r.p.m.; 0.02 ; 2%]
2. A 6-pole, 50-Hz squirrel-cage induction motor runs on load at a shaft speed of 970 r.p.m. Calculate:-
   (*i*) the percentage slip
   (*ii*) the frequency of induced current in the rotor. **[3% ; 1.5 Hz]**
3. An 8-pole alternator runs at 750. r.p.m. and supplies power to a 6-pole induction motor which has at full-load a slip of 3%. Find the full-load speed of the induction motor and the frequency of its rotor e.m.f. **[970 r.p.m. ; 1.5 Hz]**
4. A 3-phase, 50-Hz induction motor with its rotor star-connected gives 500 V (r.m.s.) at standstill between the slip-rings on open-circuit. Calculate the current and power factor at standstill when the rotor winding is joined to a star-connected external circuit, each phase of which has a resistance of 10 Ω and an inductance of 0.04 H. The resistance per phase of the rotor winding is 0.2 Ω and its inductance is 0.04 H.

   Also, calculate the current and power factor when the slip-rings are short-circuited and the motor is running with a slip of 5 per cent. Assume the flux to remain constant.
   [10.67 A; 0.376; 21.95 A; 0.303]
5. Obtain an expression for the condition of maximum torque of an induction motor. Sketch the torque-slip curves for several values of rotor circuit resistance and indicate the condition for maximum torque to be obtained at starting.

   If the motor has a rotor resistance of 0.02 Ω and a standstill reactance of 0.1 Ω, what must be the value of the total resistance of a starter for the rotor circuit for maximum torque to be exerted at starting ? **[0.08 Ω] (*City and Guilds, London*)**
6. The rotor of a 6-pole, 50-Hz induction motor is rotated by some means at 1000 r.p.m. Compute (*i*) rotor voltage (*ii*) rotor frequency (*iii*) rotor slip and (iv) torque developed. Can the rotor rotate at this speed by itself ? **[(*i*) 0 (*ii*) 0 (*iii*) 0 (*iv*) 0; No] (*Elect. Engg. Grad I.E.T.E. June 1985*)**
7. The rotor resistances per phase of a 4-pole, 50-Hz, 3-phase induction motor are 0.024 ohm and 0.12 ohm respectively. Find the speed at maximum torque. Also find the value of the additional rotor resistance per phase required to develop 80% of maximum torque at starting.
   [1200 r.p.m. 0.036 Ω] (*Elect. Machines, A.M.I.E. Sec. B, 1990*)
8. The resistance and reactance per phase of the rotor of a 3-phase induction motor are 0.6 ohm and 5 ohms respectively. The induction motor has a star-connected rotor and when the stator is connected to a supply of normal voltage, the induced e.m.f. between the slip rings at standstill is 80 V. Calculate the current in each phase and the power factor at starting when (*i*) the slip-rings are shorted, (*ii*) slip-rings are connected to a star-connected resistance of 4 ohm per phase.

[(*i*) 9.17 amp, 0.1194 lag (*ii*) 6.8 amp, 0.6765 lag][*Rajiv Gandhi Technical University, Bhopal, 2000*]

34.18. Rotor E.M.F. and Reactance Under Running Conditions

Let E_2 = *standstill* rotor induced e.m.f./phase

X_2 = *standstill* rotor reactance/phase, f_2 = rotor current frequency at *standstill*

When rotor is stationary *i.e.* $s = 1$, the frequency of rotor e.m.f. is the same as that of the stator supply frequency. The value of e.m.f. induced in the rotor at standstill is maximum because the relative speed between the rotor and the revolving stator flux is maximum. In fact, the motor is equivalent to a 3-phase transformer with a short-circuited rotating secondary.

When rotor starts running, the relative speed between it and the rotating stator flux is decreased. Hence, the rotor induced e.m.f. which is directly proportional to this relative speed, is also decreased (and may disappear altogether if rotor speed were to become equal to the speed of stator flux). Hence, for a slip s, the rotor induced e.m.f. will be s times the induced e.m.f. at standstill.

Therefore, under *running conditions* $E_r = sE_2$

The frequency of the induced e.m.f. will likewise become $f_r = sf_2$

Due to decrease in frequency of the rotor e.m.f., the rotor reactance will also decrease.

$$\therefore \quad X_r = sX_2$$

where E_r and X_r are rotor e.m.f. and reactance under *running* conditions.

34.19. Torque Under Running Conditions

$$T \propto E_r I_r \cos \phi_2 \text{ or } T \propto \phi\, I_r \cos \phi_2 \qquad (\because E_r \propto \phi)$$

where E_r = rotor e.m.f./phase under *running conditions*

I_r = rotor current/phase under *running conditions*

Now $E_r = sE_2$

$$\therefore \quad I_r = \frac{E_r}{Z_r} = \frac{sE_2}{\sqrt{[R_2^2 + (sX_2)^2]}}$$

$$\cos \phi_2 = \frac{R_2}{\sqrt{[R_2^2 + (sX_2)^2]}} \quad \text{—Fig. 34.20}$$

$$\therefore \quad T \propto \frac{s\,\Phi\, E_2 R_2}{R_2^2 + (sX_2)^2} = \frac{k\Phi\, .\, s\, .\, E_2 R_2}{R_2^2 + (sX_2)^2}$$

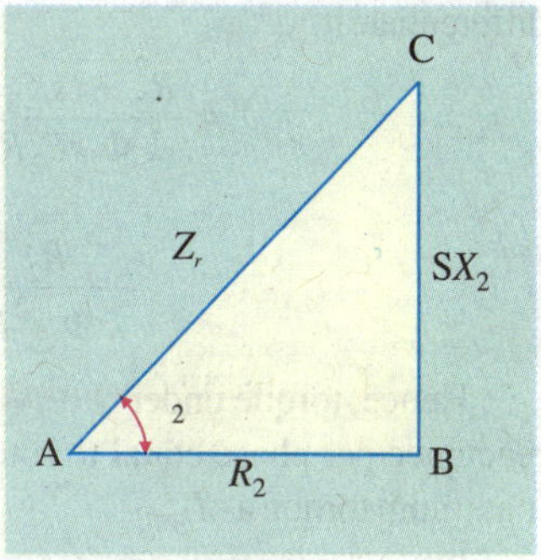

Fig. 34.20

$$\text{Also } T = \frac{k_1\, .\, sE_2^2\, R_2}{R_2^2 + (sX_2)^2} \qquad (\because E_2 \propto \phi)$$

where k_1 is another constant. Its value can be proved to be equal to $3/2\,\pi N_s$ (Art. 34.38). Hence, in that case, expression for torque becomes

$$T = \frac{3}{2\pi N_S} \cdot \frac{sE_2^2\, R_2}{R_2^2 + (sX_2)^2} = \frac{3}{2\pi N_S} \cdot \frac{sE_2^2\, R_2}{Zr^2}$$

At standstill when $s = 1$, obviously

$$T_{st} = \frac{k_1 E_2^2\, R_2}{R_2^2 + X_2^2} \left(\text{or} = \frac{3}{2\pi N_S} \cdot \frac{E_2^2 R_2}{R_2^2 + X_2^2}\right)$$ the same as in Art. 34.13.

Example 34.10. *The star connected rotor of an induction motor has a standstill impedance of (0.4 + j4) ohm per phase and the rheostat impedance per phase is (6 + J2) ohm.*

The motor has an induced emf of 80 V between slip-rings at standstill when connected to its normal supply voltage. Find (i) *rotor current at standstill with the rheostat is in the circuit.*

(ii) *when the slip-rings are short-circuited and motor is running with a slip of 3%.*

(Elect.Engg. I, Nagpur Univ. 1993)

Solution. (1) Standstill Conditions

Voltage/rotor phase $= 80/\sqrt{3} = 46.2$. V; rotor and

starter impedance/phase $= (6.4 + j6) = 8.77 \angle 43.15°$

Rotor current/phase $= 46.2/8.77 =$ **5.27 A** (p.f. = cos 43.15° = 0.729)

(2) Running Conditions. Here, starter impedance is cut out.

Rotor voltage/phase, $E_r = sE_2 = 0.03 \times 46.2 = 1.386$ V

Rotor reactance/phase, $X_r = 0.03 \times 4 = 0.12\ \Omega$

Rotor impedance/phase, $Z_r = 0.4 + j0.12 = 0.4176 \angle 16.7°$

Rotor current/phase $= 1.386/0.4176 =$ **3.32 A** (p.f. = cos 16.7° = 0.96)

Note. It has been assumed that flux across the air -gap remains constant

34.20. Condition for Maximum Torque Under Running Conditions

The torque of a rotor under *running* conditions is

$$T = \frac{k\Phi sE_2R_2}{R_2^2 + (sX_2)^2} = k_1 \frac{sE_2^2\ R_2}{R_2^2 + (sX_2)^2} \quad ...(i)$$

The condition for maximum torque may be obtained by differentiating the above expression with respect to slip s and then putting it equal to zero. However, it is simpler to put $Y = \frac{1}{T}$ and then differentiate it.

$$\therefore \quad Y = \frac{R_2^2 + (sX_2)^2}{k\ \Phi\ sE_2R_2} = \frac{R_2}{k\ \Phi\ sE_2} + \frac{sX_2^2}{k\Phi\ E_2R_2};\ \frac{dY}{ds} = \frac{-R_2}{k\Phi\ s^2E_2} + \frac{X_2^2}{k\Phi E_2R_2} = 0$$

$$\therefore \quad \frac{R_2}{k\ \Phi\ s^2E_2} = \frac{X_2^2}{k\ \Phi\ E_2R_2} \quad \text{or } R_2^2 = s^2\ X_2^2 \text{ or } R_2 = sX_2$$

Hence, torque under *running condition* is maximum at that value of the slip s which makes rotor reactance per phase equal to rotor resistance per phase. This slip is sometimes written as s_b and the maximum torque as T_b.

Slip corresponding to maximum torque is $s = R_2/X_2$

Putting $R_2 = sX_2$ in the above equation for the torque, we get

$$T_{max} = \frac{k\ \Phi\ s^2\ E_2X_2}{2\ s^2\ X_2^2}\left(\text{or } \frac{k\ \Phi\ sE_2R_2}{2R_2^2}\right) \text{or } T_{max} = \frac{k\ \Phi\ E_2}{2\ X_2}\left(\text{or } \frac{k\ \Phi\ sE_2}{2\ R_2}\right) \quad ...(ii)$$

Substituting value of $s = R_2/X_2$ in the other equation given in (*i*) above, we get

$$T_{max} = k_1 \frac{(R_2/X_2).E_2^2.R_2}{R_2^2 + (R_2/X_2)^2.X_2^2} = k_1 \frac{E_2^2}{2\ X_2}$$

Since, $k_1 = 3/2\pi N_s$, we have $T_{max} = \frac{3}{2\pi N_s} \cdot \frac{E_2^2}{2X_2}$ N-m

From the above, it is found

1. *that the maximum torque is independent of rotor resistance as such.*
2. *however, the speed or slip at which maximum torque occurs is determined by the rotor*

resistance. As seen from above, torque becomes maximum when rotor reactance equals its resistance. Hence, by varying rotor resistance (possible only with slip-ring motors) maximum torque can be made to occur at any desired slip (or motor speed).

3. *maximum torque varies inversely as standstill reactance. Hence, it should be kept as small as possible.*
4. *maximum torque varies directly as the square of the applied voltage.*
5. *for obtaining maximum torque at starting (s =1), rotor resistance must be equal to rotor reactance.*

Example 34.11. *A 3-phase, slip-ring, induction motor with star-connected rotor has an induced e.m.f. of 120 volts between slip-rings at standstill with normal voltage applied to the stator. The rotor winding has a resistance per phase of 0.3 ohm and standstill leakage reactance per phase of 1.5 ohm.*

Calculate (i) rotor current/phase when running short-circuited with 4 percent slip and (ii) the slip and rotor current per phase when the rotor is developing maximum torque.

(Elect. Engg.-II, Pune Univ. 1989)

Solution. (*i*) induced e.m.f./rotor phase, $E_r = sE_2 = 0.04 \times (120/\sqrt{3}) = \mathbf{2.77V}$

rotor reactance/phase, $X_r = sX_2 = 0.04 \times 1.5 = 0.06\ \Omega$

rotor impedance/phase $= \sqrt{0.3^2 + 0.06^2} = 0.306\ \Omega$

rotor current/phase $= 2.77/0.306 = \mathbf{9A}$

(*ii*) For developing maximum torque,

$$R_2 = sX_2 \quad \text{or} \quad s = R_2/X_2 = 0.3/1.5 = \mathbf{0.2}$$

$$X_r = 0.2 \times 1.5 = 0.3\ \Omega, Z_r = \sqrt{0.3^2 + 0.3^2} = 0.42\ \Omega$$

$$E_r = sE_2 = 0.2 \times (120/\sqrt{3}) = 13.86\ \text{V}$$

$\therefore$ Rotor current/phase $= 13.86/0.42 = \mathbf{33\ A}$

34.21. Rotor Torque and Breakdown Torque

The rotor torque at any slip s can be expressed in terms of the maximum (or breakdown) torque T_b by the following equation

$$T = T_b\left[\frac{2}{(s_b/s) + (s/s_b)}\right]$$ where s_b is the breakdown or pull-out slip.

Example 34.12. *Calculate the torque exerted by an 8-pole, 50-Hz, 3-phase induction motor operating with a 4 per cent slip which develops a maximum torque of 150 kg-m at a speed of 660 r.p.m. The resistance per phase of the rotor is 0.5 Ω.* **(Elect. Machines, A.M.I.E. Sec. B, 1989)**

Solution. $N_s = 120 \times 50/8 = 750$ r.p.m.

Speed at maximum torque $= 660$ r.p.m. Corresponding slip $s_b = \dfrac{750 - 660}{750} = 0.12$

For maximum torque, $R_2 = s_b X_2$

$\therefore$ $X_2 = R_2/s_b = 0.5/0.12 = \mathbf{4.167\ \Omega}$

As seen from Eq. (*ii*) of Art. 34.20,

$$T_{max} = k\,\Phi\,E_2 \cdot \frac{s_b}{2R_2} = k\,\Phi\,E_2 \cdot \frac{0.12}{2 \times 0.5} = 0.12\,k\,\Phi\,E_2 \qquad ...(i)$$

When slip is 4 per cent

As seen from Eq. (*i*) of Art. 34.20

$$T = k\Phi E_2 \frac{sR_2}{R_2^2+(sX_2)^2} = k\Phi E_2 \frac{0.04\times 0.5}{0.5^2+(0.04\times 4.167)^2} = \frac{0.02\,k\,\Phi\,E_2}{0.2778}$$

$$\therefore \quad \frac{T}{T_{max}} = \frac{T}{150} = \frac{0.02}{0.2778\times 0.12} \qquad \therefore \quad T = \mathbf{90\ kg\text{-}m}$$

Alternative Solution

$$T_b = 150 \text{ kg.m}; \; s_b = 0.12,\; s = 4\% = 0.04,\; T = ?$$

$$T = T_b\left(\frac{2}{(s_b/s)+(s/s_b)}\right) \qquad \text{...Art 34.21}$$

$$= 150\left(\frac{2}{(0.12/0.04)+(0.04/0.12)}\right) = \mathbf{90\ kg\text{-}m}$$

34.22. Relation Between Torque and Slip

A family of torque/slip curves is shown in Fig. 34.21 for a range of $s = 0$ to $s = 1$ with R_2 as the parameter. We have seen above in Art. 34.19 that

$$T = \frac{k\,\Phi\, sE_2R_2}{R_2^2+(sX_2)^2}$$

It is clear that when $s = 0$, $T = 0$, hence the curve starts from point O.

At normal speeds, close to synchronism, the term $(s\,X_2)$ is small and hence negligible *w.r.t.* R_2.

$$\therefore \quad T \propto \frac{s}{R_2}$$

or $\quad T \propto s$ if R_2 is constant.

Hence, for low values of slip, the torque/slip curve is approximately a straight line. As slip increases (for increasing load on the motor), the torque also increases and becomes maximum when $s = R_2/X_2$. This torque is known as '***pull-out***' or '***breakdown***' torque T_b or stalling torque. As the slip further increases (*i.e.* motor speed falls) with further increase in motor load, then R_2 becomes negligible as compared to $(sX_2.)$. Therefore, for large values of slip

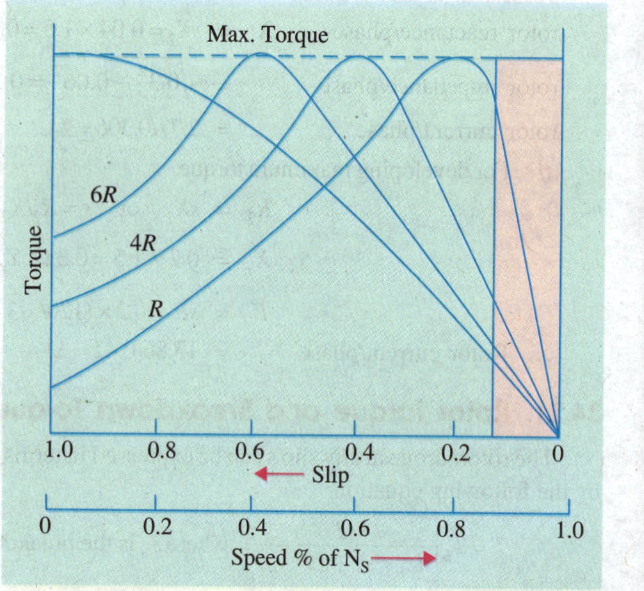

Fig. 34.21

$$T \propto \frac{s}{(sX_2)^2} \propto \frac{1}{s}$$

Hence, the torque/slip curve is a rectangular hyperbola. So, we see that beyond the point of maximum torque, any further increase in motor load results in decrease of torque developed by the motor. The result is that the motor slows down and eventually stops. The circuit-breakers will be tripped open if the circuit has been so protected. In fact, the stable operation of the motor lies between the values of $s = 0$ and that corresponding to maximum torque. The operating range is shown shaded in Fig. 34.21.

It is seen that although maximum torque does not depend on R_2, yet the *exact location* of T_{max} is dependent on it. Greater the R_2, greater is the value of slip at which the maximum torque occurs.

34.23. Effect of Change in Supply Voltage on Torque and Speed

As seen from Art. 34.19, $T = \dfrac{k\Phi\, sE_2R_2}{R_2^2 + (sX_2)^2}$

As $E_2 \propto \phi \propto V$ where V is supply voltage $\therefore T \propto sV^2$

Obviously, torque at any speed is proportional to the square of the applied voltage. If stator voltage decreases by 10%, the torque decreases by 20%. Changes in supply voltage not only affect the starting torque T_{st} but torque under running conditions also. If V decreases, then T also decreases. Hence, for maintaining the same torque, slip increases *i.e.* speed falls.

Let V change to V', s to s' and T to T'; then $\dfrac{T}{T'} = \dfrac{sV^2}{s'V'^2}$

34.24. Effect of Changes in supply Frequency on Torque and Speed

Hardly any important changes in frequency take place on a large distribution system except during a major disturbance. However, large frequency changes often take place on isolated, low-power systems in which electric energy is generated by means of diesel engines or gas turbines. Examples of such systems are : emergency supply in a hospital and the electrical system on a ship etc.

The major effect of change in supply frequency is on motor ***speed***. If frequency drops by 10%, then motor speed also drops by 10%. Machine tools and other motor-driven equipment meant for 50 Hz causes problem when connected to 60-Hz supply. Everything runs $(60 - 50) \times 100/50 = 20\%$ faster than normal and this may not be acceptable in all applications. In that case, we have to use either gears to reduce motor speed or an expensive 50-Hz source.

A 50-Hz motor operates well on a 60-Hz line provided its terminal voltage is raised to $60/50 = 6/5$ (*i.e.* 120%) of the name-plate rating. In that case, the new breakdown torque becomes equal to the original breakdown torque and the starting torque is only slightly reduced. However, power factor, efficiency and temperature rise remain satisfactory.

Similarly, a 60-Hz motor can operate satisfactorily on 50-Hz supply provided its terminal voltage is reduced to 5/6 (*i.e.* 80%) of its name-plate rating.

34.25. Full-load Torque and Maximum Torque

Let s_f be the slip corresponding to full-load torque, then

$$T_f \propto \frac{s_f\, R_2}{R_2^2 + (s_f\, X_2)^2} \quad \text{and} \quad T_{max} \propto \frac{1}{2 \times X_2} \qquad \text{...Art 34.20}$$

$$\therefore \quad \frac{T_f}{T_{max}} = \frac{2s_f\, R_2\, X_2}{R_2^2 + (s_f\, X_2)^2}$$

Dividing both the numerator and the denominator by X_2^2, we get

$$\frac{T_f}{T_{max}} = \frac{2s_f \,.\, R_2/X_2}{(R_2/X_2)^2 + s_f^2} = \frac{2as_f}{a^2 + s_f^2}$$

where $a = R_2/X_2$ = resistance/standstill reactance*

---

* In fact $a = s_m$ —slip corresponding to maximum torque. In that case, the relation becomes

$$\frac{T_f}{T_{max}} = \frac{2s_m s_f^2}{s_m^2 + s_f^2} \quad \text{— where } s_f = \text{full-load slip.}$$

In general, $\dfrac{\text{operating torque at any slip } s}{\text{maximum torque}} = \dfrac{2as}{a^2 + s_f^2}$

34.26. Starting Torque and Maximum Torque

$$T_{st} \propto \frac{R_2}{R_2^2 + X_2^2} \qquad \text{...Art 34.13}$$

$$T_{max} \propto \frac{1}{2X_2} \qquad \text{...Art. 34.20}$$

$$\therefore \quad \frac{T_{st}}{T_{max}} = \frac{2R_2X_2}{R_2^2 + X_2^2} = \frac{2R_2/X_2}{1 + (R_2/X_2)^2} = \frac{2a}{1+a^2}$$

where $a = \dfrac{R_2}{X_2} = \dfrac{\text{rotor resistance}}{\text{stand still reactance}}$ per phase*

Example. 34.13(*a*). *A 3-φ induction motor is driving full-load torque which is independent of speed. If line voltage drops to 90% of the rated value, find the increase in motor copper losses.*

Solution. As seen from Art. 34.23, when T remains constant, $s_1 V_1^2 = s_2 V_2^2$

$$\therefore \quad \frac{s_2}{s_1} = \left(\frac{V_1}{V_2}\right)^2 = \left(\frac{1}{0.9}\right)^2 = 1.23$$

Again from Art. 34-19, $I_2 \propto sV \quad \therefore \quad \dfrac{I_2'}{I_2} = \dfrac{s_2V_2}{s_1V_1} = 1.2 \times 0.9 = 1.107$

Now, Cu losses are nearly proportional to I_2^2

$$\therefore \quad \frac{\text{Cu loss in the 2nd case}}{\text{Cu loss in the 1st case}} = \frac{(I_2')^2}{I_2^2} = 1.107^2 = 1.23$$

Thus a reduction of 10% in line voltage causes about 23% increase in Cu losses.

Example. 34.13 (*b*). *A 230-V, 6-pole, 3-φ, 50-Hz, 15-kW induction motor drives a constant torque load at rated frequency, rated voltage and rated kW output and has a speed of 980 rpm and an efficiency of 93%. Calculate (i) the new operating speed if there is a 10% drop in voltage and 5% drop in frequency and (ii) the new output power. Assume all losses to remain constant.*

Solution. (*i*) $V_2 = 0.9 \times 230 = 207$ V; $f_2 = 0.95 \times 50 = 47.5$ Hz; $N_{s1} = 120 \times 50/6 = 1000$ rpm; $N_{s2} = 120 \times 47.5/6 = 950$ rpm; $s_1 = (1000 - 980)/1000 = 0.02$

Since the load torque remains constant, the product (sV^2/f) remains constant.

$$\therefore \quad s_1V_1^2/f_1 = \frac{s_2V_2^2}{f_2} \text{ or } s_2 = s_1\left(\frac{V_1}{V_2}\right)^2 .f_2/f_1 = 0.02\,(230/230 \times 0.9)^2 \times 47.5/50 = 0.2234$$

$$\therefore \quad N_2 = Ns_2(1 - s_2) = 950\,(1 - 0.0234) = 928 \text{ rpm}$$

(*ii*) $P \propto TN$. Since torque remains constant, $P \propto N$

$\therefore \quad P_1 \propto N_1; P_2 \propto N_2;$ or $P_2 = P_1 \times N_2/N_1 = 15 \times 928/980 =$ **14.2 kW**

---

* Similarly, the relation becomes $\dfrac{T_f}{T_{max}} = \dfrac{2s_m}{1 + s_m^2}$

Example 34.14 (a). *A 3-phase, 400/200-V, Y-Y connected wound-rotor induction motor has 0.06Ω rotor resistance and 0.3 Ω standstill reactance per phase. Find the additional resistance required in the rotor circuit to make the starting torque equal to the maximum torque of the motor.* **(Electrical Technology, Bombay Univ. 1990)**

Solution. $\frac{T_{st}}{T_{max}} = \frac{2a}{1+a^2}$; Since $T_{st} = T_{max}$

$\therefore \quad 1 = \frac{2a}{1+a^2}$ or $a = 1$ Now, $a = \frac{R_2 + r}{X_2}$

where r = external resistance per phase added to the rotor circuit

$\therefore \quad 1 = \frac{0.06 + r}{0.3} \quad \therefore \quad r = 0.3 - 0.06 = \mathbf{0.24\ \Omega}$

Example 34.14 (b). *3-phase, 50-Hz, 8-pole, induction motor has full-load slip of 2%. The rotor-resistance and stand still rotor-reactance per phase are 0.001 ohm and 0.005 ohm respectively. Find the ratio of the maximum to full-load torque and the speed at which the maximum torque occurs.* **(Amravati University, 1999)**

Solution. Synchronous speed, $N_s = 120 \times 50/8 = 750$ rpm

Slip at maximum torque, $s_{mT} = r_2/x_2$

Thus, let a $= \frac{r_2}{x_2} = \frac{0.001}{0.005} = 0.2$

Corresponding speed $= (1 - 0.2) \times 750 = 600$ rpm

$$\frac{\text{Full-load torque}}{\text{Maximum torque}} = \frac{2\, s_{mT}\, s_{fL}^2}{s_{mT}^2 + s_{fL}^2} \therefore \frac{T_{fL}}{T_{max}} = \frac{2 \times 0.2 \times 0.02^2}{0.20^2 + 0.02^2} = \frac{1.6 \times 10^{-4}}{0.0404}$$

$$\therefore \quad \frac{T_{max}}{T_f} = 252.5$$

$= \mathbf{3.96 \times 10^{-3}}$

Example 34.14 (c). *A 12-pole, 3-phase, 600-V, 50-Hz, star-connected, induction motor has rotor-resistance and stand-still reactance of 0.03 and 0.5 ohm per phase respectively. Calculate:*

***(a)** Speed of maximum torque. **(b)** ratio of full-load torque to maximum torque, if the full-load speed is 495 rpm.* **(Nagpur University, April 1999)**

Solution. For a 12-pole, 50 Hz motor,

Synchronous speed $= 120 \times 50 / 12 = 500$ rpm

For $r = 0.03$ and $x = 0.5$ ohm, the slip for maximum torque is related as :

$S_{mT} = a = r/x = 0.03/0.5 = 0.06$

(a) Corresponding speed $= 500\,(1 - s_{mT}) = 470$ rpm

(b) Full-load speed $= 495$ rpm, slip $s = 0.01$, at full load.

$$\frac{\text{Full-load torque}}{\text{Maximum torque}} = \frac{2\,as}{a^2 + s^2} = \frac{2 \times 0.06 \times 0.01}{0.06^2 + 0.01^2} = \mathbf{0.324}$$

Example 34.15. *A 746-kW, 3-phase, 50-Hz, 16-pole induction motor has a rotor impedance of (0.02 + j 0.15) W at standstill. Full-load torque is obtained at 360 rpm. Calculate **(i)** the ratio of maximum to full-load torque **(ii)** the speed of maximum torque and **(iii)** the rotor resistance to be added to get maximum starting torque.* **(Elect. Machines, Nagpur Univ. 1993)**

Solution. Let us first find out the value of full-load slip s_f

$N_s = 120 \times 50/16 = 375$ rpm.; F.L. Speed = 360 rpm.

$s_f = (375 - 360)/375 = 0.04; a = R_2/X_2 = 0.02/0.15 = 2/15$

(*i*) $$\frac{T_f}{T_{max}} = \frac{2as_f}{a^2 + s_f^2} = \frac{2\times(2/15)\times 0.04}{(2/15)^2 + (0.04)^2} = 0.55 \text{ or } \frac{T_{max}}{T_f} = \frac{1}{0.55} = \mathbf{1.818}$$

(*ii*) At maximum torque, $a = s_m = R_2/X_2 = 0.02/0.15 = 2/15$

$$N = N_s(1-s) = 375\,(1 - 2/15) = \mathbf{325\ r.p.m.}$$

(*iii*) For maximum starting torque, $R_2 = X_2$. Hence, total rotor resistance per phase = **0.15Ω**

∴ external resistance required/phase = 0.15 – 0.02 = **0.13 Ω**

Example 34.16. *The rotor resistance and reactance per phase of a 4-pole, 50-Hz, 3-phase induction motor are 0.025 ohm and 0.12 ohm respectively. Make simplifying assumptions, state them and :*

(*i*) *find speed at maximum torque*

(*ii*) *find value of additional rotor resistance per phase required to give three-fourth of maximum torque at starting. Draw the equivalent circuit of a single-phase induction motor.*

(Elect. Machines, Nagpur Univ. 1993)

Solution. (*i*) At maximum torque, $s = R_2/X_2 = 0.025/0.12 = 0.208$.

$$N_s = 120\times 50/4 = 1500 \text{ rpm} \qquad \therefore N = 1500\,(1 - 0.208) = \mathbf{1188\ rpm}$$

(*ii*) It is given that $T_{st} = 0.75\,T_{max}$ Now, $\frac{T_{st}}{T_{max}} = \frac{2a}{1+a^2} = \frac{3}{4}$

∴ $3a^2 - 8a + 3 = 0$; $a = \frac{8 \pm \sqrt{64-36}}{6} = 0.45\ \Omega$*

Let, r = additional rotor resistance reqd., then

$$a = \frac{R_2 + r}{R_2} \text{ or } 0.45 = \frac{0.025 + r}{0.12} \qquad \therefore r = \mathbf{0.029\Omega}$$

Example. 34.17. *A 50-Hz, 8-pole induction motor has F.L. slip of 4%. The rotor resistance/phase = 0.01 ohm and standstill reactance/phase = 0.1 ohm. Find the ratio of maximum to full-load torque and the speed at which the maximum torque occurs.*

Solution. $$\frac{T_f}{T_{max}} = \frac{2as_f}{a^2 + s_f^2}$$

Now, $a = R_2/X_2 = 0.01/0.1 = 0.1,\ s_f = 0.04$

$$\therefore \frac{T_f}{T_{max}} = \frac{2\times 0.1\times 0.04}{0.1^2 + 0.04^2} = \frac{0.008}{0.0116} = 0.69 \quad \therefore \frac{T_{max}}{T_f} = \frac{1}{0.69} = \mathbf{1.45}$$

$$N_s = 120\times 50/8 = 750 \text{ rpm}, s_m = 0.1$$
$$N = (1 - 0.1)\times 750 = 675 \text{ rpm}$$

Example 34.18. *For a 3-phase slip-ring induction motor, the maximum torque is 2.5 times the full-load torque and the starting torque is 1.5 times the full-load torque. Determine the percentage reduction in rotor circuit resistance to get a full-load slip of 3%. Neglect stator impedance.*

(Elect. Machines, A.M.I.E. Sec. B, 1992)

Solution. Given, $T_{max} = 2.5\,T_f$; $T_{st} = 1.5\,T_f$; $T_{st}/T_{max} = 1.5/2.5 = 3/5$.

---

* The larger value of 2.214 Ω has been rejected.

Now, $\frac{T_{st}}{T_f} = \frac{3}{5} = \frac{2a}{1+a^2}$ or $3a^2 - 10a + 3 = 0$ or $a = 1/3$

Now, $a = R_2/X_2$ or $R_2 = X_2/3$

When F.L. slip is 0.03

$$\frac{T_f}{T_{st}} = \frac{2as}{a^2 + s^2} \quad \text{or} \quad \frac{2}{2.5} = \frac{2a \times 0.03}{a^2 + 0.03^2}$$

$$a^2 - 0.15\,a + 0.009 = 0 \quad \text{or} \quad a = 0.1437$$

If R'_2 is the new rotor circuit resistance, then $0.1437 = R'_2/X_2$ or $R'_2 = 0.1437\,X_2$

% reduction in rotor resistance is

$$= \frac{(X_2/3) - 0.1437 \times X_2}{(X_2/3)} \times 100 = \mathbf{56.8\%}$$

Example 34.19. *An 8-pole, 50-Hz, 3-phase slip-ring induction motor has effective rotor resistance of 0.08 Ω/phase. Stalling speed is 650 r.p.m. How much resistance must be inserted in the rotor phase to obtain the maximum torque at starting? Ignore the magnetising current and stator leakage impedance.* **(Elect. Machines-I, Punjab Univ. 1991)**

Solution. It should be noted that stalling speed corresponds to maximum torque (also called stalling torque) and to maximum slip ***under running conditions***.

$$N_s = 120 \times 50/8 = 750 \text{ r.p.m.; stalling speed is} = 650 \text{ r.p.m.}$$

$$s_b = (750 - 650)/750 = 2/15 = 0.1333 \text{ or } 13.33\%$$

Now, $s_b = R_2/X_2 \quad \therefore \quad X_2 = 0.08 \times 15/2 = 0.6\ \Omega$

$$\frac{T_{st}}{T_{max}} = \frac{2a}{1+a^2}. \text{ Since } T_{st} = T_{max} \quad \therefore \quad 1 = \frac{2a}{1+a^2} \text{ or } a = 1$$

Let r be the external resistance per phase added to the rotor circuit. Then

$$a = \frac{R_2 + r}{X_2} \quad \text{or} \quad 1 = \frac{0.08 + r}{0.6} \quad \therefore \quad \mathbf{r = 0.52\ \Omega\ \text{per phase.}}$$

Example 34.20. *A 4-pole, 50-Hz, 3-φ induction motor develops a maximum torque of 162.8 N-m at 1365 r.p.m. The resistance of the star-connected rotor is 0.2 Ω/phase. Calculate the value of the resistance that must be inserted in series with each rotor phase to produce a starting torque equal to half the maximum torque.*

Solution. $N_s = 120 \times 50/4 = 1500$ r.p.m. $N = 1365$ r.p.m.

∴ Slip corresponding to maximum torque is

$$s_b = (1500 - 1365)/1500 = 0.09 \quad \text{But } s_b = R_2/X_2 \quad \therefore X_2 = 0.2/0.09 = 2.22\ \Omega$$

Now, $$T_{max} = \frac{k\,\Phi\,E_2}{2\,X_2} = \frac{K}{2X_2} \quad (\text{where } K = k\Phi E_2) \qquad \text{...Art 34.20}$$

$$= \frac{K}{2 \times 2.22} = 0.225\ \text{K}$$

Let 'r' be the external resistance introduced per phase in the rotor circuit, then

Starting torque $$T_{st} = \frac{k\,\Phi\,E_2\,(R_2 + r)}{(R_2 + r)^2 + (X_2)^2} = \frac{K\,(0.2 + r)}{(0.2 + r)^2 + (0.2/0.09)^2}$$

$$\because \quad T_{st} = \frac{1}{2}.T_{max} \quad \therefore \quad \frac{K\,(0.2 + r)}{(0.2 + r)^2 + (2.22)^2} = \frac{0.225\,K}{2}$$

Solving the quadratic equation for 'r', we get r = **0.4 Ω**

Example 34.21. *A 4-pole, 50-Hz, 7.46.kW motor has, at rated voltage and frequency, a starting torque of 160 per cent and a maximum torque of 200 per cent of full-load torque. Determine (i) full-load speed (ii) speed at maximum torque.* **(Electrical Technology-I, Osmania Univ. 1990)**

Solution. $\frac{T_{st}}{T_f} = 1.6$ and $\frac{T_{max}}{T_f} = 2 \qquad \therefore \frac{T_{st}}{T_{max}} = \frac{1.6}{2} = 0.8$

Now, $\frac{T_{st}}{T_{max}} = \frac{2a}{1+a^2} \qquad \therefore \frac{2a}{1+a^2} = 0.8$

or $0.8a^2 - 2a + 0.8 = 0 \quad a = 0.04 \quad \therefore \quad a = R_2/X_2 = 0.04$ or $R_2 = 0.04X_2$

Also, $\frac{T_f}{T_{max}} = \frac{2as_f}{a^2 + s_f^2} = \frac{1}{2}$ or $\frac{2\times 0.04\, s_f}{0.0016 + s_f^2} = \frac{1}{2}$ or $s_f = 0.01$

(*i*) full-load speed occurs at a slip of 0.01 or 1 per cent. Now,

$$N_s = 120\times 50/4 = 1500 \text{ r.p.m.}; N = 1500 - 15 = \mathbf{1485 \text{ r.p.m.}}$$

(*ii*) Maximum torque occurs at a slip given by $s_b = R_2/X_2$. As seen from above slip corresponding to maximum torque is 0.04.

$$\therefore \quad N = 1500 - 1500\times 0.04 = \mathbf{1440 \text{ r.p.m.}}$$

Example 34.22. *A 3-phase induction motor having a 6-pole, star-connected stator winding runs on 240-V, 50-Hz supply. The rotor resistance and standstill reactance are 0.12 ohm and 0.85 ohm per phase. The ratio of stator to rotor turns is 1.8. Full load slip is 4%.*

Calculate the developed torque at full load, maximum torque and speed at maximum torque. **(Elect. Machines, Nagpur Univ. 1993)**

Solution. Here, $K = \frac{\text{rotor turns/phase}}{\text{stator turns/phase}} = \frac{1}{1.8}$

$$E_2 = KE_1 = \frac{1}{1.8}\times\frac{240}{\sqrt{3}} = 77 \text{ V}; \; s = 0.04;$$

$$N_s = 120\times 50/6 = 1000 \text{ rpm} = 50/3 \text{ rps}$$

$$T_f = \frac{3}{2\pi N_s}\cdot\frac{sE_2^2 R_2}{R_2^2 + (sX_2)^2} \qquad \text{...Art. 34.19}$$

$$= \frac{3}{2\pi\,(50/3)}\cdot\frac{0.04\times 77^2\times 0.12}{0.12^2 + (0.14\times 0.85)^2} = 52.4 \text{ N-m}$$

For maximum torque, $s = R_2/X_2 = 0.12/0.85 = 0.14$

$$\therefore \quad T_{max} = \frac{3}{2\pi\,(50/3)}\cdot\frac{0.14\times 77^2\times 0.12}{0.12^2 + (0.14\times 0.85)^2} = 99.9 \text{ N-m}$$

Alternatively, as seen from Art 34.20.

$$T_{max} = \frac{3}{2\pi N_s}\cdot\frac{E_2^2}{2\,X_2}$$

$$\therefore \quad T_{max} = \frac{3}{2\pi\,(50/3)}\cdot\frac{77^2}{2\times 0.85} = 99.9 \text{ N-m}$$

Speed corresponding to maximum torque, $N = 1000(1 - 0.14) =$ **860 rpm**

Example 34.23. *The rotor resistance and standstill reactance of a 3-phase induction motor are respectively 0.015 Ω and 0.09 Ω per phase. At normal voltage, the full-load slip is 3%. Estimate the percentage reduction in stator voltage to develop full-load torque at half full-load speed. Also, calculate the power factor.* **(Adv. Elect. Machines, A.M.I.E. 1989)**

Solution. Let $N_s = 100$ r.p.m. F.L. speed $= (1 - 0.03)100 = 97$ r.p.m.

Let the normal voltage be V_1 volts.

Speed in second case $= 97/2 = 48.5$ r.p.m.

$\therefore$ slip $= (100 - 48.5)/100 = 0.515$ or 51.5%

Now, $$T = \frac{k\,\Phi\, sE_2R_2}{R_2^2 + (sX_2)^2} = \frac{ksV^2R_2}{R_2^2+(sX_2)^2} \qquad (\because E_2 \propto \Phi \propto V)$$

Since torque is the same in both cases,

$$\frac{kV_1^2\, s_1R_2}{R_2^2+(s_1X_2)^2} = \frac{kV_2^2\, s_2R_2}{R_2^2+(s_2X_2)^2} \qquad \text{where } V_2 = \text{stator voltage in second case}$$

$$\therefore \quad \left(\frac{V_1}{V_2}\right)^2 = \frac{s_2}{s_1}\cdot\frac{R_2^2+(s_1X_2)^2}{R_2^2+(s_2X_2)^2}$$

$$= \frac{51.3}{3}\cdot\frac{0.015^2+(0.03\times 0.09)^2}{0.015^2+(0.515\times 0.09)^2} = 1.68$$

$$\therefore \quad \frac{V_1}{V_2} = \sqrt{1.68} = 1.296 \quad \text{or} \quad \frac{V_1 - V_2}{V_1} = \frac{0.296}{1.296}$$

Hence, percentage, reduction in stator (or supply voltage) is

$$= \frac{V_1 - V_2}{V_1}\times 100 = \frac{0.296\times 100}{1.296} = \mathbf{22.84\%}$$

In the second case, $\tan\phi = s_2X_2/R_2 = 0.515\times 0.09/0.015 = 3.09$

$\therefore$ $\phi = \tan^{-1}(3.09) = 72°4'$ and p.f. $= \cos\phi = \cos 72°4' = \mathbf{0.31}$

34.27. Torque/Speed Curve

The torque developed by a conventional 3-phase motor depends on its speed but the relation between the two cannot be represented by a simple equation. It is easier to show the relationship in the form of a curve (Fig. 34.22). In this diagram, T represents the nominal full-load torque of the motor. As seen, the starting torque (at $N = 0$) is 1.5 T and the maximum torque (also called breakdown torque) is 2.5 T.

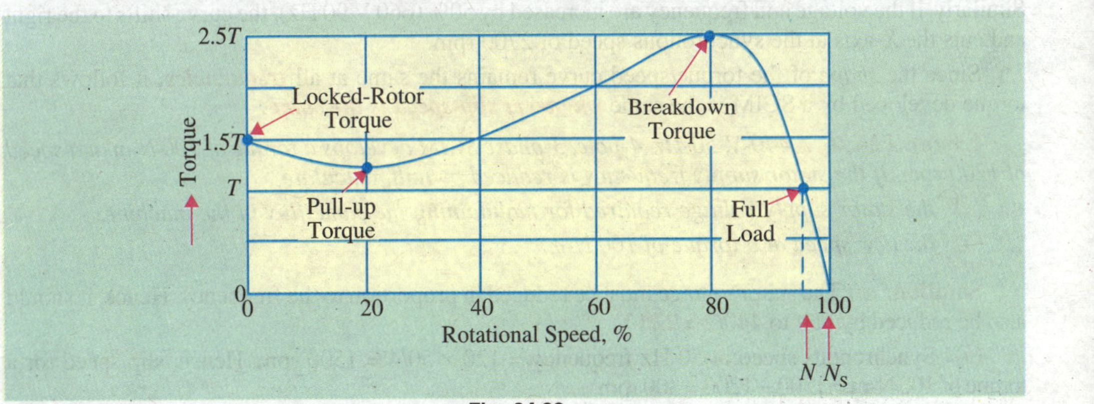

Fig. 34.22

At full-load, the motor runs at a speed of N. When mechanical load increases, motor speed decreases till the motor torque again becomes equal to the load torque. As long as the two torques are in balance, the motor will run at constant (but lower) speed. However, if the load torque exceeds 2.5 T, the motor will suddenly stop.

34.28. Shape of Torque/Speed Curve

For a squirrel-cage induction motor (SCIM), shape of its torque/speed curve depends on the voltage and frequency applied to its stator. If *f* is fixed, $T \propto V^2$ (Art 34.22). Also, synchronous speed

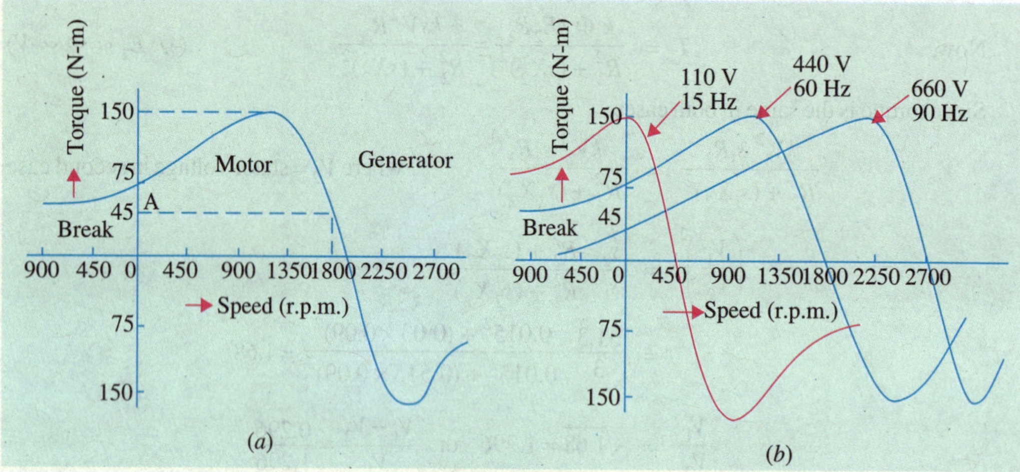

Fig. 34.23

depends on the supply frequency. Now, let us see what happens when *both* stator voltage and frequency are changed. In practice, supply voltage and frequency are varied in the ***same proportion*** in order to maintain a constant flux in the air-gap. For example, if voltage is doubled, then frequency is also doubled. Under these conditions, shape of the torque/speed curve remains the same but its position along the *X*-axis (*i.e.*speed axis) shifts with frequency.

Fig. 34.23 (*a*) shows the torque/speed curve of an 11.kW, 440-V, 60-Hz 3-ϕ SCIM. As seen, full-load speed is 1728 rpm and full-load torque is 45 N-m (point-A) whereas breakdown torque is 150 N-m and locked-rotor torque is 75 N–m.

Suppose, we now reduce both the voltage and fequency to ***one-fourth*** their original values *i.e.* to 110 V and 15 Hz respectively. As seen in Fig. 34.23 (*b*), the torque/speed curve shifts to the left. Now, the curve crosses the *X*-axis at the synchronous speed of $120 \times 15/4 = 450$ rpm (*i.e.* $1800/4 = 450$ rpm). Similarly, if the voltage and frequency are increased by 50% (660 V 90 Hz), the curve shifts to the right and cuts the *X*-axis at the synchronous speed of 2700 rpm.

Since the *shape* of the torque/speed curve remains the same at all ***frequencies***, it follows that torque developed by a SCIM is the same ***whenever slip-speed is the same***.

Exampel 34.26. *A 440-V, 50-Hz, 4-pole, 3-phase SCIM develops a torque of 100 N-m at a speed of 1200 rpm. If the stator supply frequency is reduced by half, calculate*

(a) the stator supply voltage required for maintaining the same flux in the machine.

(b) the new speed at a torque of 100 N-m.

Solution. (*a*) The stator voltage must be reduced in proportion to the frequency. Hence, it should also be reduced by half to 440/2 = **220 V.**

(*b*) Synchronous speed at 50 Hz frequency = $120 \times 50/4 = 1500$ rpm. Hence, slip speed for a torque of 100 N-m = 1500 – 1200 = 300 rpm.

Now, synchronous speed at 25 Hz = 1500/2 = 750 rpm.

Since slip-speed has to be the same for the same torque irrespective of the frequency, the new speed at 100 N-m is = 750 + 300 = **1050 rpm.**

34.29. Current/Speed Curve of an Induction Motor

It is a *V*-shaped curve having a minimum value at synchronous speed. This minimum is equal to the magnetising current which is needed to create flux in the machine. Since flux is purposely kept constant, it means that magnetising current is the same at all synchronous speeds.

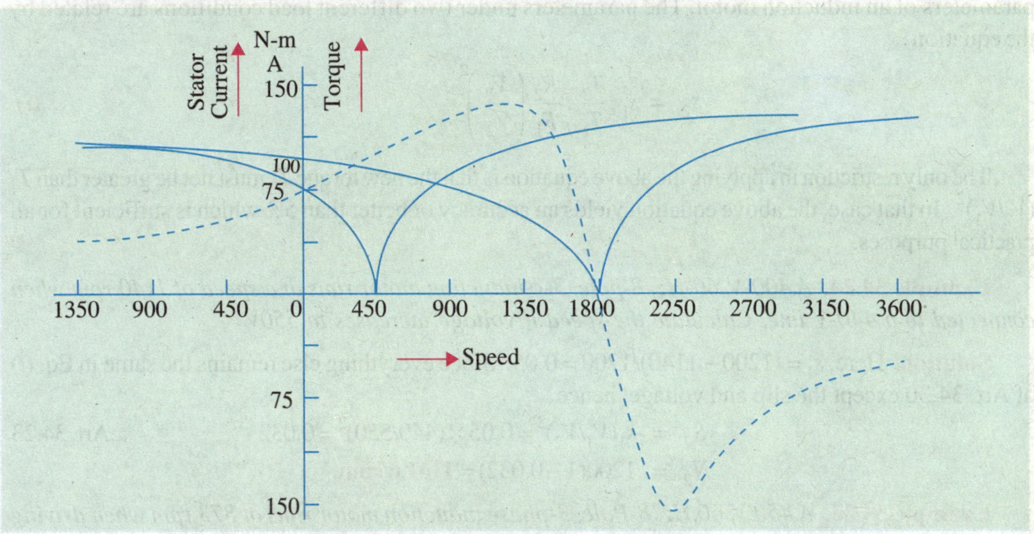

Fig. 34.24

Fig. 34.24. shows the current/speed curve of the SCIM discussed in Art. 34.28 above. Refer Fig. 34.23(*b*) and Fig. 34.24, As seen, locked rotor current is 100 A and the corresponding torque is 75 N-m. If stator voltage and frequency are varied in the same proportion, current/speed curve has the same shape, but shifts along the speed axis. Suppose that voltage and frequency are reduced to one-fourth of their previous values *i.e.* to 110 V, 15 Hz respectively. Then, locked rotor current decreases to 75 A but corresponding torque ***increases*** to 150 N-m which is equal to full breakdown torque (Fig. 34.25). It means that by reducing frequency, we can obtain ***a larger torque with a reduced current***. This is one of the big advantages of frequency control method. By progressively increasing the voltage and current during the start-up period, a SCIM can be made to develop close to its breakdown torque all the way from zero to rated speed.

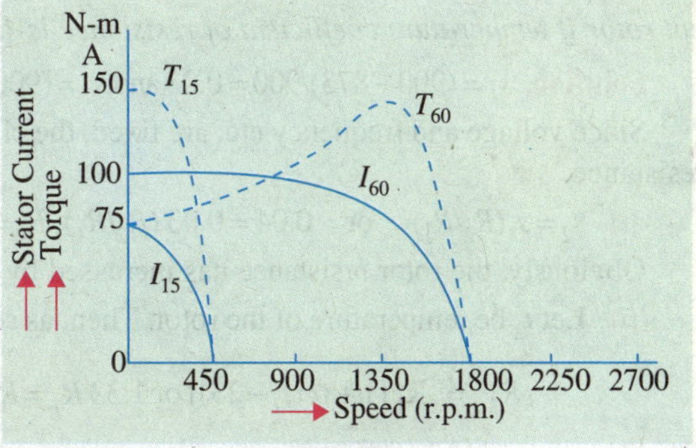

Fig. 34.25

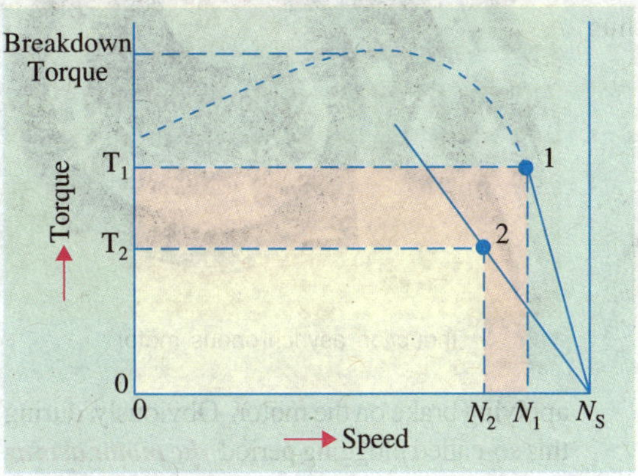

Fig. 34.26

Another advantage of frequency control is that it permits regenerative braking of the motor. In fact, the main reason for the popularity of frequency-controlled induction motor drives is their ability to develop high torque from zero to full speed together with the economy of regenerative braking.

34.30. Torque/Speed Characteristic Under Load

As stated earlier, stable operation of an induction motor lies over the linear portion of its torque/speed curve. The slope of this straight line depends mainly on the rotor resistance. Higher the resistance, sharper the slope. This linear relationship between torque and speed (Fig. 34.26) enables us to establish a very simple equation between different parameters of an induction motor. The parameters under two different load conditions are related by the equation

$$s_2 = s_1 \cdot \frac{T_2}{T_1} \cdot \frac{R_2}{R_1}\left(\frac{V_1}{V_2}\right)^2 \quad \text{...}(i)$$

The only restriction in applying the above equation is that the new torque T_2 must not be greater than $T_1 (V_2/V_1)^2$. In that case, the above equation yields an accuracy of better than 5% which is sufficient for all practical purposes.

Example 34.24. *A 400-V, 60-Hz, 8-pole, 3-φ induction motor runs at a speed of 1140 rpm when connected to a 440-V line. Calculate the speed if voltage increases to 550V.*

Solution. Here, $s_1 = (1200 - 1140)/1200 = 0.05$. Since everything else remains the same in Eq. (*i*) of Art. 34.30 except the slip and voltage, hence

$$S_2 = s_1(V_1/V_2)^2 = 0.05 \times (440/550)^2 = 0.032 \quad \text{...Art. 34.23}$$

$$\therefore \quad N_2 = 1200(1 - 0.032) = \textbf{1161.6 rpm.}$$

Example 34.25. *A 450.V, 60.Hz, 8-Pole, 3-phase induction motor runs at 873 rpm when driving a fan. The initial rotor temperature is 23°C. The speed drops to 864 rpm when the motor reaches its final temperature. Calculate (i) increase in rotor resistance and (ii) approximate temperature of the hot rotor if temperature coefficient of resistance is 1/234 per °C.*

Solution. $s_1 = (900 - 873)/900 = 0.03$ and $s_2 = (900 - 864)/900 = 0.04$

Since voltage and frequency etc. are fixed, the change in speed is entirely due to change in rotor resistance.

(*i*) $s_2 = s_1(R_2/R_1)$ or $0.04 = 0.03\,(R_2/R_1)$; $R_2 = 1.33\,R_1$

Obviously, the rotor resistance has increased by **33 percent.**

(*ii*) Let t_2 be temperature of the rotor. Then, as seen from Art.1-11,

$$R_2 = R_1[1 + \alpha(t_2 - 23)] \text{ or } 1.33\,R_1 = R_1\left[1 + \frac{1}{234}(t_2 - 23)\right] \quad \therefore t_2 = \textbf{100.2°C}$$

34.31. Plugging of an Induction Motor

An induction motor can be quickly stopped by simply inter-changing any of its two stator leads. It reverses the direction of the revolving flux which produces a torque in the reverse direction, thus applying brake on the motor. Obviously, during this so-called plugging period, ***the motor acts as a brake***. It absorbs kinetic energy from the still

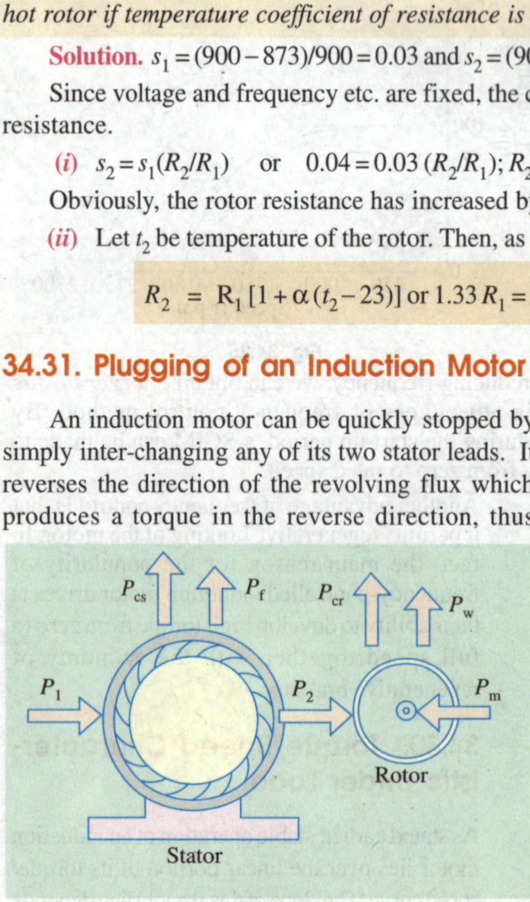

Fig. 34.27

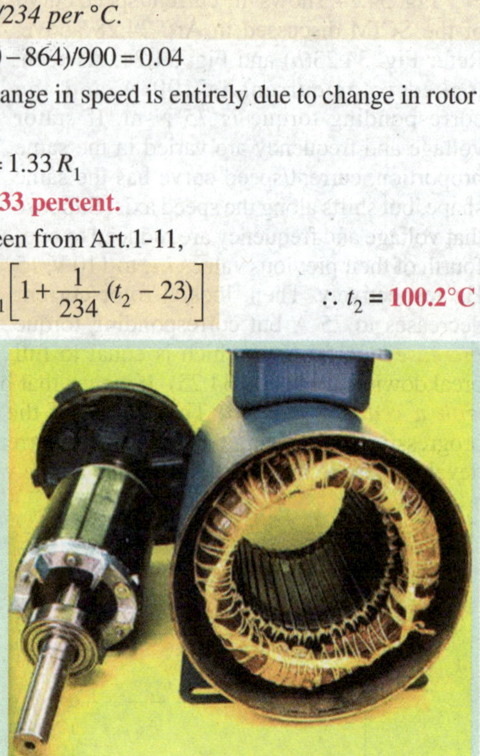
Induction asynchronous motor

revolving load causing its speed to fall. The associated Power P_m is dissipated as heat in the rotor. At the same time, the rotor also continues to receive power P_2 from the stator (Fig. 34.27) which is also dissipated as heat. Consequently, plugging produces rotor I^2R losses which even exceed those when the rotor is locked.

34.32. Induction Motor Operating as a Generator

When run *faster than* its synchronous speed, an induction motor runs as a generator called a ***Induction generator***. It converts the mechanical energy it receives into electrical energy and this energy is released by the stator (Fig. 34.29). Fig. 34.28 shows an ordinary squirrel-cage motor which is driven by a petrol engine and is connected to a 3-phase line. As soon as motor speed exceeds its synchronous speed, it starts delivering ***active*** power P to the 3-phase line. However, for creating its own magnetic field, it absorbs *reactive* power Q from the line to which it is connected. As seen, Q flows in the ***opposite*** direction to P.

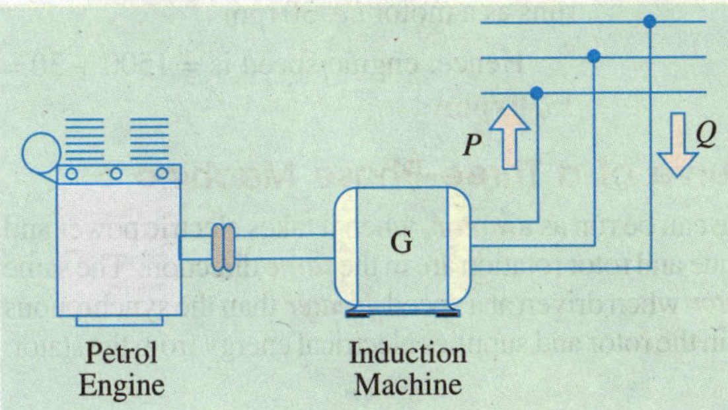

Fig. 34.28

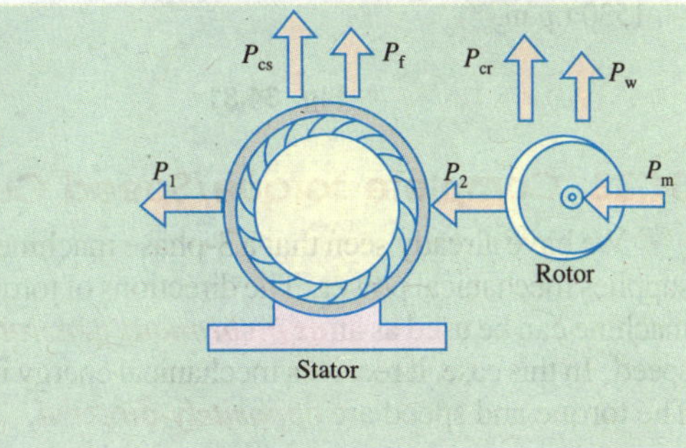

Fig. 34.29

The active power ***is directly proportional to the slip*** above the synchronous speed. The reactive power required by the machine can also be supplied by a group of capacitors connected across its terminals (Fig. 34.30). This arrangement can be used to supply a 3-phase load without using an external source. The frequency generated is slightly less than that corresponding to the speed of rotation.

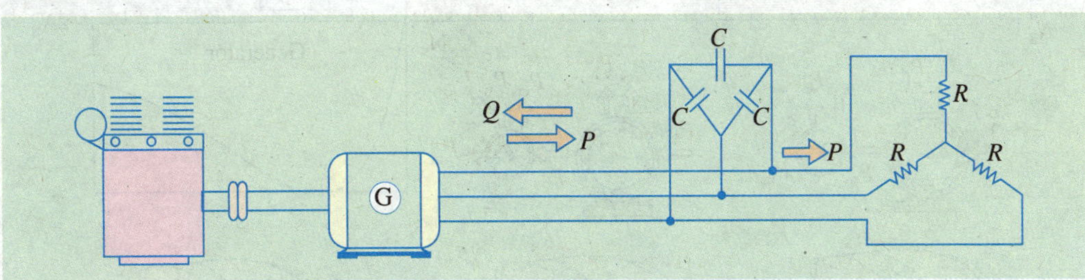

Fig. 34.30

The terminal voltage increases with capacitance. If capacitance is insufficient, the generator voltage will not build up. Hence, capacitor bank must be large enough to supply the reactive power normally drawn by the motor.

Example 34.26. *A 440-V, 4-pole, 1470 rpm. 30-kW, 3-phase induction motor is to be used as an asynchronous generator. The rated current of the motor is 40 A and full-load power factor is 85%. Calculate*

(a) capacitance required per phase if capacitors are connected in delta.

(b) speed of the driving engine for generating a frequency of 50 Hz.

Solution. (*i*) $S = \sqrt{3}\,VI = 1.73 \times 440 \times 40 = 30.4 \text{ kVA}$

$$P = S\cos\phi = 30.4 \times 0.85 = 25.8 \text{ kW}$$

$$Q = \sqrt{S^2 - P^2} = \sqrt{30.4^2 - 25.8^2} = 16 \text{ kVAR}$$

Hence, the Δ-connected capacitor bank (Fig. 32.31) must provide 16/3 = 5.333 kVAR per phase.

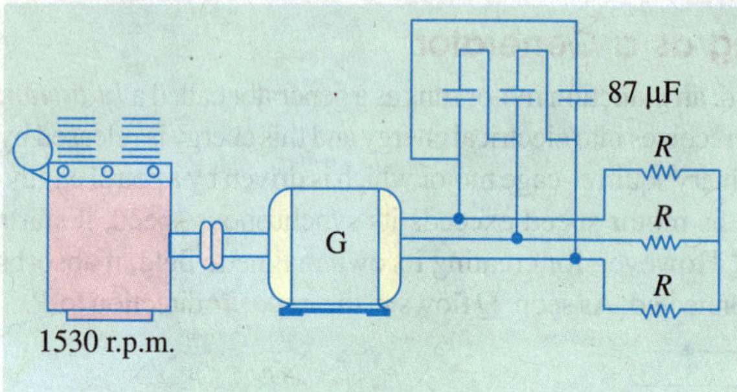

Fig. 34.31

Capacitor current per phase is = 5,333/440 = 12 A. Hence $X_c = 440/12 = 36.6\ \Omega$. Now,

$$C = \frac{1}{2\pi_f X_C} = 1/2\pi \times 50 \times 36.6 = \mathbf{87\mu F}$$

(*ii*) The driving engine must run at slightly more than synchronous speed. The slip speed is usually the same as that when the machine runs as a motor *i.e.* 30 rpm.

Hence, engine speed is = 1500 + 30 = **1530 rpm.**

34.33. Complete Torque/Speed Curve of a Three-Phase Machine

We have already seen that a 3-phase machine can be run as a ***motor***, when it takes electric power and supplies mechanical power. The directions of torque and rotor rotation are in the ***same*** direction. The same machine can be used as an ***asynchronous generator*** when driven at a speed ***greater*** than the synchronous speed. In this case, it receives mechanical energy in the rotor and supplies electrical energy from the stator. The torque and speed are ***oppositely-directed***.

The same machine can also be used as a ***brake*** during the plugging period (Art. 34.31). The three modes of operation are depicted in the torque/speed curve shown in Fig. 34.32.

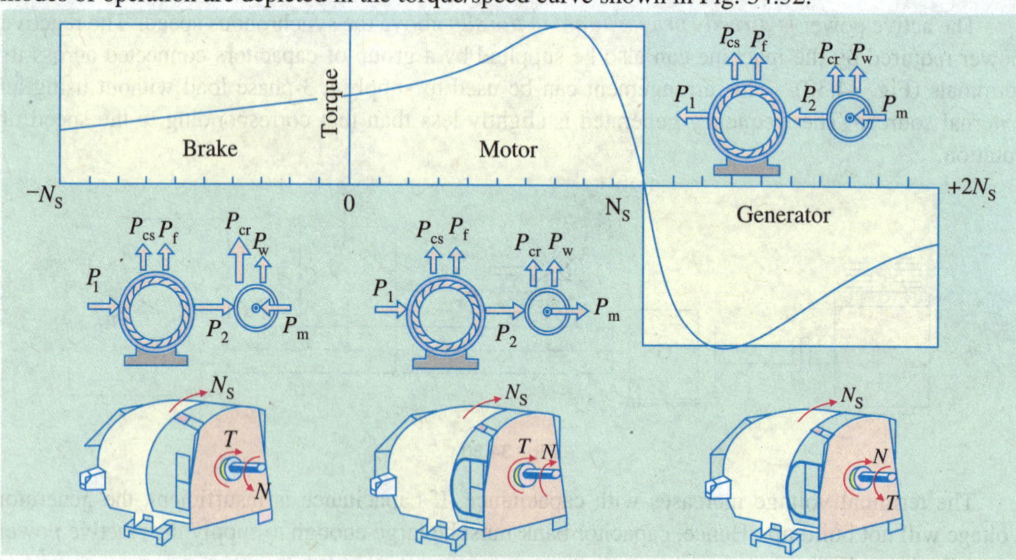

Fig. 34.32

Tutorial Problem No. 34.2

1. In a 3-phase, slip-ring induction motor, the open-circuit voltage across slip-rings is measured to be 110 V with normal voltage applied to the stator. The rotor is star-connected and has a resistance of 1 Ω and reactance of 4 Ω at standstill condition. Find the rotor current when the machine is (*a*) at standstill with slip-rings joined to a star-connected starter with a resistance of 2Ω per phase and negligible reactance (*b*) running normally with 5% slip. State any assumptions made.

[12.7 A ; 3.11 A] (*Electrical Technology-I, Bombay Univ. 1978*)

2. The star-connected rotor of an induction motor has a standstill impedance of $(0.4 + j4)$ ohm per phase and the rheostat impedance per phase is $(6+j2)$ ohm. The motor has an induced e.m.f. of 80 V between slip-rings at standstill when connected to its normal supply voltage. Find (*a*) rotor current at standstill with the rheostat in the circuit (*b*) when the slip-rings are short-circuited and the motor is running with a slip of 3%. **[5.27 A ; 3.3 A]**
3. A 4-pole, 50-Hz induction motor has a full-load slip of 5%. Each rotor phase has a resistance of 0.3 Ω and a standstill reactance of 1.2 Ω. Find the ratio of maximum torque to full-load torque and the speed at which maximum torque occurs. **[2.6 ; 1125 r.p.m.]**
4. A 3-phase, 4-pole, 50-Hz induction motor has a star-connected rotor. The voltage of each rotor phase at standstill and on open-circuit is 121 V. The rotor resistance per phase is 0.3 Ω and the reactance at standstill is 0.8 Ω. If the rotor current is 15 A, calculate the speed at which the motor is running. Also, calculate the speed at which the torque is a maximum and the corresponding value of the input power to the motor, assuming the flux to remain constant. **[1444 r.p.m.; 937.5 r.p.m.]**
5. A 4-pole, 3-phase, 50 Hz induction motor has a voltage between slip-rings on open-circuit of 520 V. The star-connected rotor has a standstill reactance and resistance of 2.0 and 0.4 Ω per phase respectively. Determine :
   (*a*) the full-load torque if full-load speed is 1,425 r.p.m.
   (*b*) the ratio of starting torque to full-load torque
   (*c*) the additional rotor resistance required to give maximum torque at standstill
   [(*a*) 200 N-m (*b*) 0.82 (*c*) 1.6 Ω] (*Elect. Machines-II, Vikram Univ. Ujjain 1977*)
6. A 50-Hz, 8-pole induction motor has a full-load slip of 4 per cent. The rotor resistance is 0.001 Ω per phase and standstill reactance is 0.005 Ω per phase. Find the ratio of the maximum to the full-load torque and the speed at which the maximum torque occurs. **[2.6; 600 r.p.m.] (*City & Guilds, London*)**
7. A 3-ϕ, 50-Hz induction motor with its rotor star-connected gives 500 V (r.m.s.) at standstill between slip-rings on open circuit. Calculate the current and power factor in each phase of the rotor windings at standstill when joined to a star-connected circuit, each limb of which has a resistance of 10 Ω and an inductance of 0.03 H. The resistance per phase of the rotor windings is 0.2 Ω and inductance 0.03 H. Calculate also the current and power factor in each rotor phase when the rings are short-circuited and the motor is running with a slip of 4 per cent. **[13.6 A, 0.48; 27.0 A, 0.47] (*London University*)**
8. A 4-pole, 50-Hz, 3-phase induction motor has a slip-ring rotor with a resistance and standstill reactance of 0.04 Ω and 0.2 Ω per phase respectively. Find the amount of resistance to be inserted in each rotor phase to obtain full-load torque at starting. What will be the approximate power factor in the rotor at this instant ? The slip at full-load is 3 per cent. **[0.084 Ω, 0.516 p.f.] (*London University*)**
9. A 3-ϕ induction motor has a synchronous speed of 250 r.p.m. and 4 per cent slip at full-load. The rotor has a resistance of 0.02 Ω/phase and a standstill leakage reactance of 0.15 Ω/phase. Calculate (*a*) the ratio of maximum and full-load torque (*b*) the speed at which the maximum torque is developed. Neglect resistance and leakage of the stator winding. **[(*a*) 1.82 (*b*) 217 r.p.m.] (*London University*)**
10. The rotor of an 8-pole, 50-Hz, 3-phase induction motor has a resistance of 0.2 Ω/phase and runs at 720 r.p.m. If the load torque remains unchanged. Calculate the additional rotor resistance that will reduce this speed by 10% **[0.8 Ω] (*City & Guilds, London*)**
11. A 3-phase induction motor has a rotor for which the resistance per phase is 0.1 Ω and the reactance per phase when stationary is 0.4 Ω. The rotor induced e.m.f. per phase is 100 V when stationary. Calculate the rotor current and rotor power factor (*a*) when stationary (*b*) when running with a slip of 5 per cent. **[(*a*) 242.5 A; 0.243 (*b*) 49 A; 0.98]**
12. An induction motor with 3-phase star-connected rotor has a rotor resistance and standstill reactance of 0.1 Ω and 0.5 Ω respectively. The slip-rings are connected to a star-connected resistance of 0.2 Ω per phase. If the standstill voltage between slip-rings is 200 volts, calculate the rotor current per phase when the slip is 5%, the resistance being still in circuit. **[19.1 A]**
13. A 3-phase, 50-Hz induction motor has its rotor windings connected in star. At the moment of starting

the rotor, induced e.m.f. between each pair of slip-rings is 350 V. The rotor resistance per phase is 0.2 Ω and the standstill reactance per phase is 1 Ω. Calculate the rotor starting current if the external starting resistance per phase is 8 Ω and also the rotor current when running with slip-rings short-circuited, the slip being 3 per cent. **[24.5 A ; 30.0 A]**

14. In a certain 8-pole, 50-Hz machine, the rotor resistance per phase is 0.04 Ω and the maximum torque occurs at a speed of 645 r.p.m. Assuming that the air-gap flux is constant at all loads, determine the percentage of maximum torque (a) at starting (b) when the slip is 3%.
[(*a*) 0.273 (*b*) 0.41] (*London University*)

15. A 6-pole, 3-phase, 50-Hz induction motor has rotor resistance and reactance of 0.02 Ω and 0.1 Ω respectively per phase. At what speed would it develop maximum torque ? Find out the value of resistance necessary to give half of maximum torque at starting.
[800 rpm; 0.007 Ω] (*Elect.Engg. Grad I.E.T.E. June 1988*)

34.34. Measurement of Slip

Following are some of the methods used for finding the slip of an induction motor whether squirrel-cage or slip-ring type.

(*i*) By actual measurement of motor speed

This method requires measurement of actual motor speed N and calculation of synchronous speed N_s. N is measured with the help of a speedometer and N_s calculated from the knowledge of supply frequency and the number of poles of the motor.* Then slip can be calculated by using the equation.

$$s = (N_s - N) \times 100/N_s$$

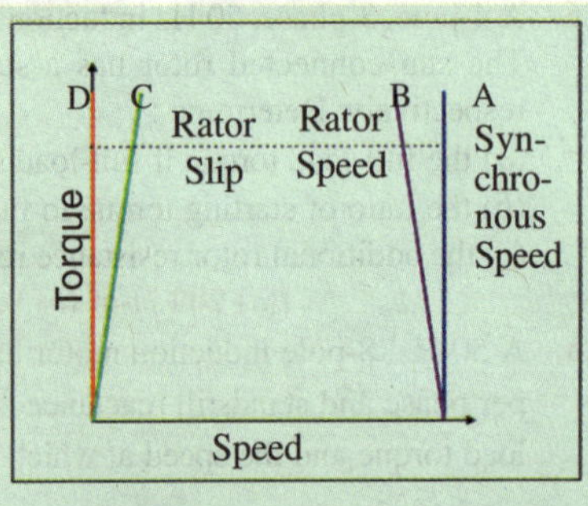

The speed curve of an induction motor. The slip is the difference in rotor speed relative to that of the synchronous speed. CD = AD - BD = AB.

(*ii*) By comparing rotor and stator supply frequencies

This method is based on the fact that $s = f_r/f$

Since f is generally known, s can be found if frequency of rotor current can be measured by some method. In the usual case, where f is 50 Hz, f_r is so low that individual cycles can be easily counted. For this purpose, a d.c. moving-coil millivoltmeter, preferably of centre-zero, is employed as described below :

(*a*) In the case of a slip-ring motor, the leads of the millivoltmeter are lightly pressed against the adjacent slip-rings as they revolve (Fig. 34.33). Usually, there is sufficient voltage drop in the brushes and their short-circuiting strap to provide an indication on the millivoltmeter. The current in the millivoltmeter follows the variations of the rotor current and hence the pointer oscillates about its mean zero position. The number of complete cycles made by the pointer per second can be easily counted (it is worth remembering that one cycle consists of a movement from zero to a maximum to the right, back to zero and on to a maximum to the left and then back to zero).

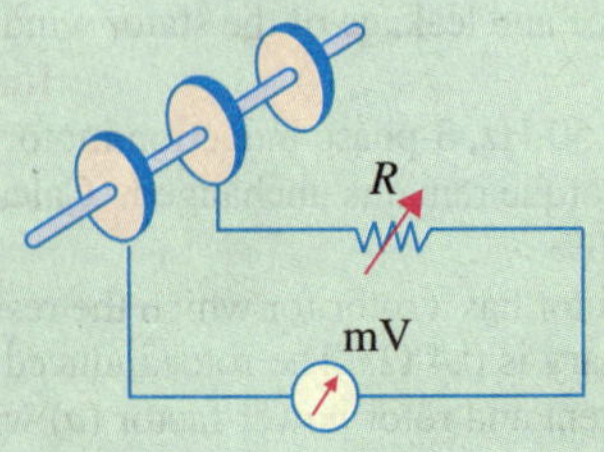

Fig. 34.33

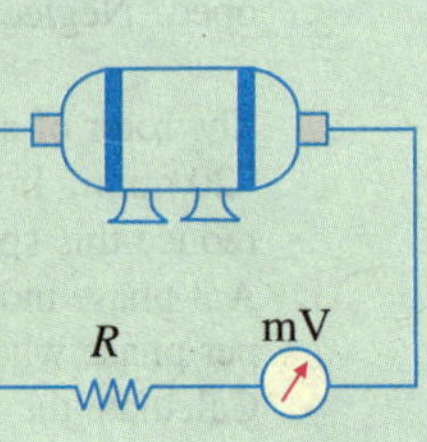

Fig. 34.34

As an example, consider the case of a 4-pole motor fed from a 50-Hz supply and running at 1,425 r.p.m. Since

* Since an induction motor does not have salient poles, the number of poles is usually inferred from the no-load speed or from the rated speed of the motor.

$N_s = 1{,}500$ r.p.m., its slip is 5% or 0.05. The frequency of the rotor current would be $f_r = s_f = 0.05 \times 50 = 2.5$ Hz which (being slow enough) can be easily counted.

(*b*) For squirrel-cage motors (which do not have slip-rings) it is not possible to employ the millivoltmeter so ***directly***, although it is sometimes possible to pick up some voltage by connecting the millivoltmeter across the ends of the motor shaft (Fig. 34.34)

Another method, sometime employed, is as follows :

A large flat search coil of many turns is placed centrally against the end plate on the non-driving end of the motor. Quite often, it is possible to pick up sufficient voltage by induction from the leakage fluxes to obtain a reading on the millivoltmeter. Obviously, a large 50-Hz voltage will also be induced in the search coil although it is too rapid to affect the millivoltmeter. Commercial slip-indicators use such a search coil and, in addition, contain a low-pass filter amplifier for eliminating fundamental frequency and a bridge circuit for comparing stator and rotor current frequencies.

(*iii*) Stroboscopic Method

In this method, a circular metallic disc is taken and painted with alternately black and white segments. The number of segments (both black and white) is equal to the number of poles of the motor. For a 6-pole motor, there will be six segments, three black and three white, as shown in Fig. 34.35(*a*). The painted disc is mounted on the end of the shaft and illuminated by means of a neon-filled stroboscopic lamp, which may be supplied preferably with a combined d.c. and a.c. supply although only a.c. supply will do*. The connections for combined supply are shown in Fig. 34.36 whereas Fig. 34.35 (*b*) shows the connection for a.c. supply only. It must be noted that with combined d.c. and a.c. supply, the lamp will flash once per cycle**. But with a.c. supply, it will flash twice per cycle.

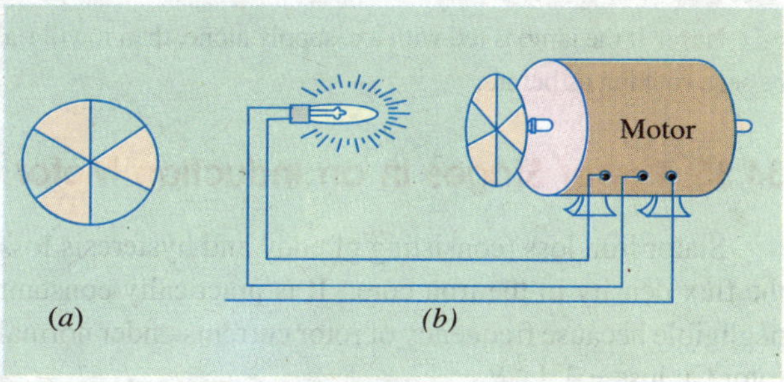

Fig. 34.35

Consider the case when the revolving disc is seen in the flash light of the bulb which is fed by the combined d.c. and a.c. supply.

If the disc were to rotate at synchronous speed, it would appear to be stationary. Since, in actual practice, its speed is slightly less than the synchronous speed, it appears to rotate slowly backwards. The reason for this apparent backward movement is as follows :

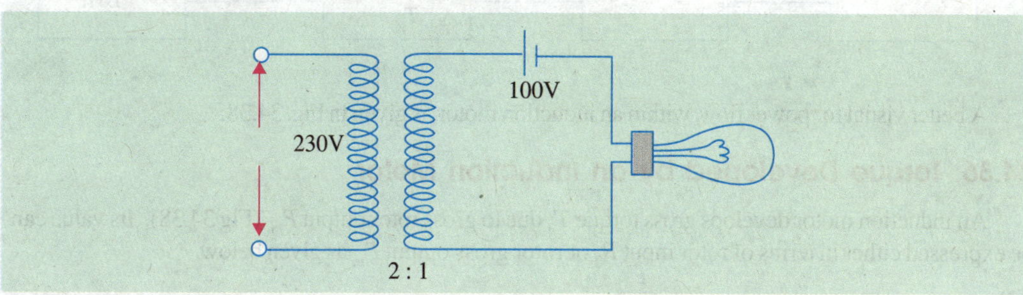

Fig. 34.36

* When combined d.c. and a.c. supply is used, the lamp should be tried both ways in its socket to see which way it gives better light.

** It will flash only when the two voltages add and remain extinguished when they oppose.

Let Fig. 34.37(*a*) represent the position of the white lines when they are illuminated by the first flash. When the next flash comes, they have ***nearly*** reached positions 120° ahead (but not quite), as shown in Fig. 34.37(*b*). Hence, line No. 1 has ***almost*** reached the position previously occupied by line No. 2 and one flash still later [Fig. 34.37 (*c*)] it has ***nearly*** reached the position previously occupied by line No. 3 in Fig. 34.37(*a*).

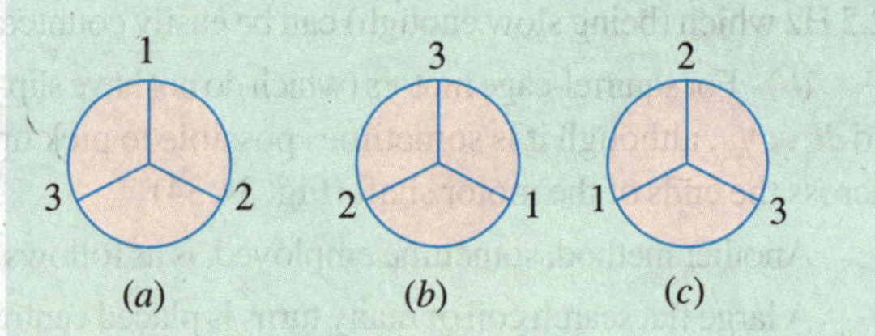

Fig. 34.37

By counting the number of lines passing a fixed point in, say, a minute and dividing by the number of lines seen (*i.e.* three in the case of a 6-pole motor and so on) the apparent backward speed in r.p.m. can be found. This gives slip-speed in r.p.m. *i.e.* $N_s - N$. The slip may be found from the relation $s = \dfrac{N_S - N}{N_S} \times 100$

Note. If the lamp is fed with a.c. supply alone, then it will flash twice per cycle and twice as many lines will be seen rotating as before.

34.35. Power Stages in an Induction Motor

Stator iron loss (consisting of eddy and hysteresis losses) depends on the supply frequency and the flux density in the iron core. It is practically constant. The iron loss of the rotor is, however, negligible because frequency of rotor currents under normal running conditions is always small. Total rotor Cu loss = $3\ I_2^2 R_2$.

Different stages of power development in an induction motor are as under :

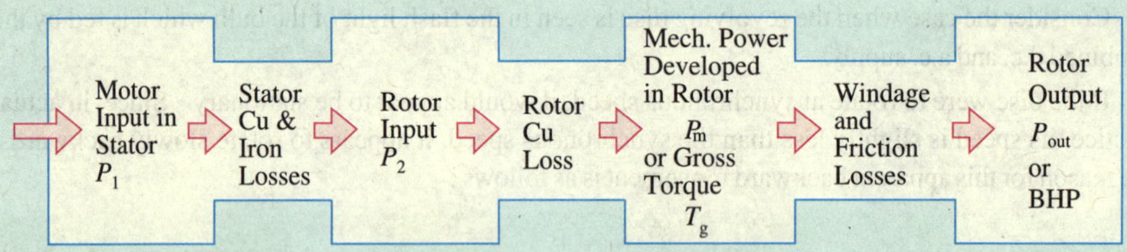

A better visual for power flow, within an induction motor, is given in Fig. 34.38.

34.36. Torque Developed by an Induction Motor

An induction motor develops gross torque T_g due to gross rotor output P_m (Fig 34.38). Its value can be expressed either in terms of rotor input P_2 or rotor gross output P_m as given below.

$$T_g = \frac{P_2}{\omega_s} = \frac{P_2}{2\pi N_s} \qquad \text{...in terms of rotor input}$$

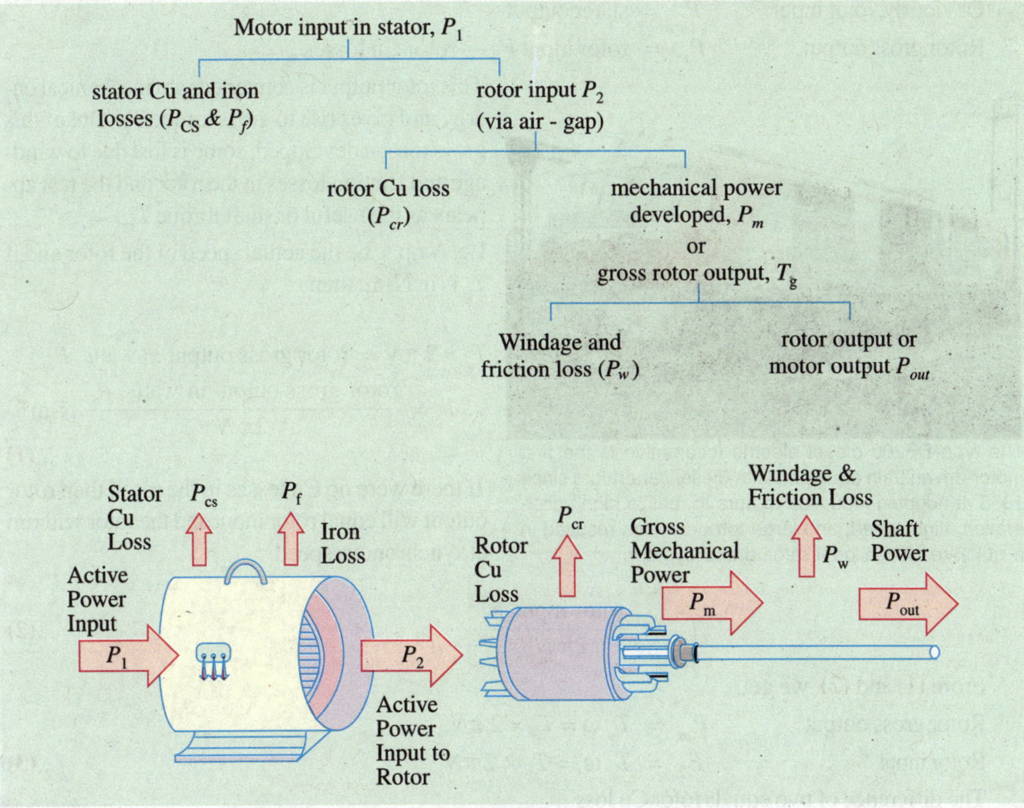

Fig. 34.38

$$T_g = \frac{P_m}{\omega} = \frac{P_m}{2\pi N} \qquad \text{... in terms of rotor output}$$

The shaft torque T_{sh} is due to output power P_{out} which is less than P_m because of rotor friction and windage losses.

$$\therefore \qquad T_{sh} = P_{out}/\omega = P_{out}/2\pi N$$

The difference between T_g and T_{sh} equals the torque lost due to friction and windage loss in the motor.

In the above expressions, N and N_s are in r.p.s. However, if they are in r.p.m., the above expressions for motor torque become

$$T_g = \frac{P_2}{2\,\pi\,N_s/60} = \frac{60}{2\pi}\cdot\frac{P_2}{N_s} = 9.55\,\frac{P_2}{N_s}\ \text{N-m}$$

$$= \frac{P_m}{2\,\pi\,N/60} = \frac{60}{2\pi}\cdot\frac{P_m}{N} = 9.55\,\frac{P_m}{N}\ \text{N-m}$$

$$T_{sh} = \frac{P_{out}}{2\pi N/60} = \frac{60}{2\pi}\cdot\frac{P_{out}}{N} = 9.55\,\frac{P_{out}}{N}\ \text{N-m}$$

34.37. Torque, Mechanical Power and Rotor Output

Stator input $\qquad P_1$ = stator output + stator losses

The stator output is transferred entirely inductively to the rotor circuit.

Obviously, rotor input P_2 = stator output

Rotor gross output, P_m = rotor input P_2 — rotor Cu losses

The type DF200 diesel electric locomotive is the first motor-driven train equipped with diesel generators since 1958. It adopted induction motors to realize high acceleration, high speed, and large torque, which resulted in a quick-response generator brake system.

This rotor output is converted into mechanical energy and gives rise to gross torque T_g. Out of this gross torque developed, some is lost due to windage and friction losses in the rotor and the rest appears as the useful or shaft torque T_{sh}.

Let N r.p.s. be the actual speed of the rotor and if T_g is in N-m, then

$$T_g \times 2\pi N = \text{rotor gross output in watts, } P_m$$

$$\therefore T_g = \frac{\text{rotor gross output in watts, } P_m}{2\pi N} \text{ N-m*} \quad ...(1)$$

If there were no Cu losses in the rotor, then rotor output will equal rotor input and the rotor will run at synchronous speed.

$$\therefore \quad T_g = \frac{\text{rotor input } P_2}{2\pi N_S} \quad ...(2)$$

From **(1)** and **(2)**, we get,

Rotor gross output $\quad P_m = T_g\,\omega = T_g \times 2\pi N$

Rotor input $\quad P_2 = T_g\,\omega_s = T_g \times 2\pi N_s \quad ...(3)$

The difference of two equals rotor Cu loss.

$\therefore$ rotor Cu loss $= P_2 - P_m = T_g \times 2\pi (N_s - N) \quad ...(4)$

From **(3)** and **(4)**, $\quad \dfrac{\text{rotor Cu loss}}{\text{rotor input}} = \dfrac{N_s - N}{N_s} = s$

$\therefore$ rotor Cu loss $= s \times$ rotor input $= s \times$ power across air-gap $= s\,P_2 \quad ...(5)$

Also, rotor input $=$ rotor Cu loss/s

Rotor gross output, P_m = input P_2 − rotor Cu loss = input − $s \times$ rotor input

$= (1 - s)$ input $P_2 \quad ...(6)$

$\therefore$ rotor gross output $\quad P_m = (1 - s)$ rotor input P_2

or $\quad \dfrac{\text{rotor gross output, } P_m}{\text{rotor input, } P_2} = 1 - s = \dfrac{N}{N_s}; \quad \dfrac{P_m}{P_2} = \dfrac{N}{N_s}$

$\therefore \quad$ rotor efficiency $= \dfrac{N}{N_s} \quad$ Also, $\quad \dfrac{\text{rotor Cu loss}}{\text{rotor gross output}} = \dfrac{s}{1 - s}$

Important Conclusion

If some power P_2 is delivered to a rotor, then a part sP_2 is lost in the rotor itself as copper loss (and appears as heat) and the remaining $(1 - s)P_2$ appears as gross mechanical power P_m (including friction and windage losses).

$$\therefore \quad P_2 : P_m : I^2R :: 1 : (1 - s) : s \quad \text{or} \quad P_2 : P_m : P_{cr} :: 1 : (1 - s) : s$$

---

* The value of gross torque in kg-m is given by

$$T_g = \frac{\text{rotor gross output in watts}}{9.81 \times 2\pi N} \text{ kg-m.} = \frac{P_m}{9.81 \times 2\pi N} \text{ kg-m}$$

The rotor input power will always divide itself in this ratio, hence it is advantageous to run the motor with as small a slip as possible.

Example 34.27. *The power input to the rotor of 440 V, 50 Hz, 6-pole, 3-phase, induction motor is 80 kW. The rotor electromotive force is observed to make 100 complete alterations per minute. Calculate (i) the slip, (ii) the rotor speed, (iii) rotor copper losses per phase.* **[Madras University, 1997]**

Solution. 100 alterations/minute $= \dfrac{100}{60}$ cycles/sec

$$1.6667 \text{ Hz} = sf$$

Hence, the slip, $s = \dfrac{1.6667}{50} = \mathbf{0.3333 \text{ P.u. or } 3.333\%}$

(ii) rotor speed, $N = (1-s)N_S = (1-0.03333) \times 1000$

Since $N_s = \dfrac{120 \times 50}{6} = 1000$ rpm, $N = \mathbf{966.67 \text{ rpm}}$

(iii) rotor copper losses/phase $= \dfrac{1}{3} \times (s \times \text{rotor input})$

total rotor power input = 80 kW

rotor power input per phase = 80/3 kW

rotor copper losses per phase

$$= \frac{0.0333 \times 80}{3} \text{ kW} = \mathbf{0.8888 \text{ kW}}$$

Example 34.28. *A 440-V, 3-ϕ, 50-Hz, 4-pole, Y-connected induction motor has a full-load speed of 1425 rpm. The rotor has an impedance of (0.4 + J 4) ohm and rotor/stator turn ratio of 0.8. Calculate (i) full-load torque (ii) rotor current and full-load rotor Cu loss (iii) power output if windage and friction losses amount to 500 W (iv) maximum torque and the speed at which it occurs (v) starting current and (vi) starting torque.*

Solution. $N_s = 120 \times 50/4 = 1500 \text{ rpm} = 25 \text{ rps}, s = 75/1500 = 0.05$

$$E_1 = 440/1.73 = 254 \text{ V/phase}$$

(i) Full-load $T_f = \dfrac{3}{2\pi \times 25} \times \dfrac{0.05\,(0.8 \times 254)^2 \times 0.4}{(0.4)^2 + (0.05 \times 4)^2}$

$= \mathbf{78.87 \text{ N-m}}$

(ii) $I_r = \dfrac{sE_2}{\sqrt{R_2^2 + (sX_2)^2}} = \dfrac{sKE_1}{\sqrt{R_2^2 + (sX_2)^2}} = \dfrac{0.05 \times (0.8 \times 254)}{\sqrt{(0.4)^2 + (0.05 \times 4)^2}}$

$= \mathbf{22.73 \text{ A}}$

Total Cu loss $= 3I_r^2 R = 3 \times 22.73^2 \times 0.4 = \mathbf{620 \text{ W}}$

(iii) Now, $P_m = 2\pi NT = 2\,\pi \times (1425/60) \times 78.87 = 11{,}745\ \Omega$

∴ $P_{out} = P_m$ – windage and friction loss = 11,745 – 500 = **11,245 W**

(iv) For maximum torque, $s = R_2/X_2 = 0.4/4 = 0.1$

∴ $T_{max} = \dfrac{3}{2\pi \times 25} \times \dfrac{0.1 \times (0.8 \times 254)^2 \times 0.4}{(0.4)^2 + (0.1 \times 4)^2} = \mathbf{98.5 \text{ N-m}}$

Since $s = 0.1$, slip speed $= s\,N_s = 0.1 \times 1500 = 150$ rpm.

∴ Speed for maximum torque = 1500 – 150 = **1350 rpm.**

(*v*) starting current $= \dfrac{E_2}{\sqrt{R_2^2 + X_2^2}} = \dfrac{KE_1}{\sqrt{R_2^2 + X_2^2}} = \dfrac{0.8 \times 254}{\sqrt{0.4^2 + 4^2}} = $ **50.5 A**

(*vi*) At start, $s = 1$, hence

$$T_{st} = \frac{3}{2\pi \times 25} \times \frac{(0.8 \times 254)^2 \times 0.4}{(0.4)^2 + 4^2} = \textbf{19.5 N-m}$$

It is seen that as compared to full-load torque, the starting torque is much less-almost 25 per cent.

34.38. Induction Motor Torque Equation

The gross torque T_g developed by an induction motor is given by

$$T_g = P_2 / 2\,\pi N_s \qquad \text{—}N_s \text{ in r.p.s.}$$

$$= 60\,P_2 / 2\pi N_s = 9.55\,P_2 / N_s \qquad \text{—}N_s \text{ in r.p.m.}$$

Now, $P_2 = \text{rotor Cu loss}/s = 3I_2^2\,R_2/s$

As seen from Art. 34.19, $I_2 = \dfrac{sE_2}{\sqrt{R_2^2 + (s\,X_2)^2}} = \dfrac{sKE_1}{\sqrt{R_2^2 + (s\,X_2)^2}}$

where K is rotor/stator turn ratio per phase.

$$\therefore \quad P_2 = 3 \times \frac{s^2 E_2^2 R_2}{R_2^2 + (s\,X_2)^2} \times \frac{1}{s} = \frac{3\,s\,E_2^2 R_2}{R_2^2 + (s\,X_2)^2}$$

$$\text{Also,} \quad P_2 = 3 \times \frac{s^2 K^2 E_1^2 R_2}{R_2^2 + (s\,X_2)^2} \times \frac{1}{s} = \frac{3\,s\,K^2 E_1^2 R_2}{R_2^2 + (s\,X_2)^2}$$

$$\therefore \quad T_g = \frac{P_2}{2\pi\,N_s} = \frac{3}{2\,\pi\,N_S} \times \frac{s\,E_2^2 R_2}{R_2^2 + (s\,X_2)^2} \qquad \text{— in terms of } E_2$$

$$\text{or} \quad = \frac{3}{2\,\pi\,N_S} \times \frac{s\,K^2 E_1^2 R_2}{R_2^2 + (sX_2)^2} \qquad \text{— in terms of } E_1$$

Here, E_1, E_2, R_2 and X_2 represent phase values.

In fact, $3\,K^2/2\,\pi\,N_s = k$ is called the constant of the given machine. Hence, the above torque equation may be simplified to

$$T_g = k\frac{s\,E_1^2 R_2}{R_2^2 + (sX_2)^2} \qquad \text{— in terms of } E_1$$

34.39. Synchronous Watt

It is clear from the above relations that torque is proportional to rotor input. By defining a new unit of torque (instead of the force-at-radius unit), we can say that the rotor torque ***equals*** rotor input. The new unit is synchronous watt. When we say that a motor is developing a torque of 1,000 synchronous watts, we mean that the rotor input is 1,000 watts and that the torque is such that power developed would be 1,000 watts provided the rotor were running synchronously and developing the same torque.

Or

Synchronous watt is that torque which, at the synchronous speed of the machine under consideration, would develop a power of 1 watt.

$$\text{rotor input} = T_{sw} \times 2\,\pi\,N_S \qquad \therefore \quad T_{sw} = \frac{\text{rotor input, } P_2}{2\pi \times \text{synch. speed}}$$

$$= \frac{1}{\omega_s} \cdot \frac{N_S}{N} . P_g = \frac{1}{\omega_s} \cdot \frac{N_S}{N} . P_m$$

Synchronous wattage of an induction motor equals the power transferred across the air-gap to the rotor.

$\therefore$ torque in synchronous watt

$$= \text{rotor input} = \frac{\text{rotor Cu loss}}{s} = \frac{\text{gross output power, } P_m}{(1-s)}$$

Obviously, at $s = 1$, torque in synchronous watt equals the total rotor Cu loss because at standstill, entire rotor input is lost as Cu loss.

Suppose a 23-kW, 4-pole induction motor has an efficiency of 92% and a speed of 1440 r.p.m. at rated load. If mechanical losses are assumed to be about 25 per cent of the total losses, then

$$\text{motor input} = 23/0.92 = 25 \text{ kW, total loss} = 25 - 23 = 2 \text{ kW.}$$

$$\text{Friction and windage loss} = 2/4 = 0.5 \text{ kW}$$

$$\therefore \quad P_m = 23 + 0.5 = 23.5 \text{ kW}$$

$$\text{Power in synchronous watts } P_{sw} = P_2 = 23.5 \times 1500/1440 = 24.5 \text{ kW}$$

$$\text{synchronous speed} \quad w_S = 2\pi\,(1500/60) = 157 \text{ rad/s}$$

$$\therefore \quad \text{synchronous torque,} \quad T_{sw} = 24.5 \times 10^3/157 = 156 \text{ N-m}$$

or

$$T_{sw} = P_m \frac{N_S}{N} \frac{1}{\omega_S} = 23.5 \times \frac{1500}{1440} \times \frac{1}{2\pi\,(1500/60)}$$

$$= 156 \text{ N–m} \qquad \text{—Art 34.39}$$

34.40. Variations in Rotor Current

The magnitude of the rotor current varies with load carried by the motor.

As seen from Art. 34.37

$$\frac{\text{rotor output}}{\text{rotor input}} = \frac{N}{N_S} \text{ or rotor output} = \text{rotor input} \times \frac{N}{N_S}$$

$$\therefore \quad \text{rotor input} = \text{rotor output} \times N_s / N$$

$$\text{Also, rotor output} \propto 2\pi NT = kNT$$

$$\therefore \quad \text{rotor input} = kNT \times N_s / N = kN_sT$$

$$\text{Now,} \quad \frac{\text{rotor Cu loss}}{\text{rotor input}} = s \text{ or } \frac{3 I_2^2 R_2}{s} = \text{rotor input}$$

$$\therefore \quad 3 I_2^2 R_2/s = kN_sT \text{ or } T \propto I_2^2 R_2/s$$

$$T_{st} \propto I_{2st}^2 R_2 \qquad \text{— since } s = 1$$

$$T_f \propto I_{2f}^2 R_2 / s_f \qquad \text{— } s_f = \text{full-load slip}$$

$$\therefore \quad \frac{T_{st}}{T_f} = s_f \left(\frac{I_{2st}}{I_2 f}\right)^2$$

where I_{2st} and I_{2f} are the rotor currents for starting and full-load running conditions.

34.41. Analogy with a Mechanical Clutch

We have seen above that, rotor Cu loss = slip × rotor input

This fact can be further clarified by considering the working of a mechanical clutch (though it is not meant to be a proof for the above) similar to the one used in automobiles. A plate clutch is shown in Fig. 34.39. It is obvious that the torque on the driving shaft must exactly equal the torque on the driven shaft. In fact, these two torques are actually one and the same torque, because the torque is caused by friction between the discs and it is true whether the clutch is slipping or not. Let ω_1 and ω_2 be the angular velocities of the shaft when the clutch is slipping.

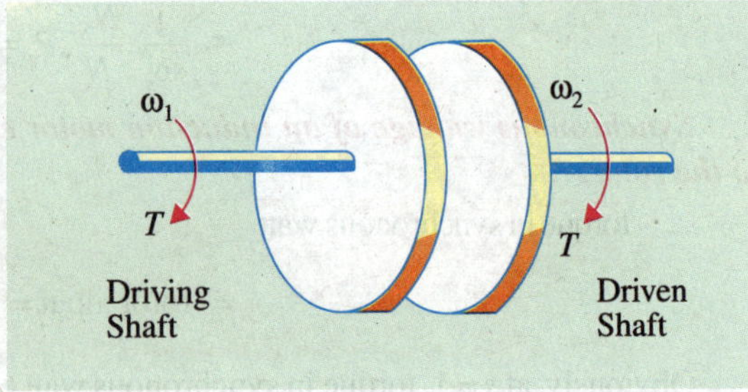

Fig. 34.39

Then, input = $T\omega_1$ and output = $T\omega_2 = T\omega_1(1-s)$: [$\omega_2 = \omega_1(1-s)$]

loss = $T\omega_1 - T\omega_2 = T\omega_1 - T\omega_1(1-s) = sT\omega_1$ = slip × input

34.42. Analogy with a D.C. Motor

The above relations could also be derived by comparing an induction motor with a d.c. motor. As shown in Art 29.3, in a d.c. shunt motor, the applied voltage is always opposed by a back e.m.f. E_b. The power developed in the motor armature is $E_b I_a$ where I_a is armature current. This power, as we know, is converted into mechanical power in the armature of the motor.

Now, in an induction motor, it is seen that the induced e.m.f in the rotor decreases from its standstill value of E_2 to sE_2 when in rotation. Obviously, the difference $(1-s)E_2$ is the e.m.f. called forth by the rotation of the rotor similar to the back e.m.f. in a d.c. motor. Hence, gross power P_m developed in the rotor is given by the product of the back e.m.f., armature current and rotor power factor.

$$P_m = (1-s)E_2 \times I_2 \cos\phi_2\,; \quad \text{Now } I_2 = \frac{sE_2}{\sqrt{[R_2^2 + (sX_2)^2]}} \text{ and } \cos\phi_2 = \frac{R_2}{\sqrt{[R_2^2 + (sX_2)^2]}}$$

$$\therefore \quad P_m = (1-s)E_2 \times \frac{sE_2}{\sqrt{[R_2^2 + (sX_2)^2]}} \times \frac{R_2}{\sqrt{[R_2^2 + (sX_2)^2]}} = \frac{s(1-s)E_2^2 R_2}{R_2^2 + (sX_2)^2}$$

Multiplying the numerator and the denominator by s, we get

$$P_m = \left(\frac{1-s}{s}\right) R_2 \times \frac{s^2 E_2^2}{[R_2^2 + (sX_2)^2]} = \left(\frac{1-s}{s}\right) I_2^2 R_2 \qquad \left(\because \; I_2 = \frac{sE_2}{\sqrt{[R_2^2 + (sX_2)^2]}}\right)$$

Now, $\quad I_2^2 R_2$ = rotor Cu loss/phase $\quad \therefore \quad \dfrac{\text{Cu loss}}{\text{rotor output}} = \dfrac{s}{1-s}$

This is the same relationship as derived in Art. 34-37.

Example 34.30. *The power input to a 3-phase induction motor is 60 kW. The stator losses total 1 kW. Find the mechanical power developed and the rotor copper loss per phase if the motor is running with a slip of 3%.*

(Elect. Machines AMIE Sec. E Summer 1991)

Solution. Rotor input, $\quad P_2$ = stator input – stator losses = 60 – 1 = 59 kW

$P_m = (1-s)P_2 = (1-0.03) \times 59 = 57.23$ kW

Total rotor Cu loss = $sP_2 = 0.03 \times 59 = 1.77$ kW = 1770 W

Rotor Cu loss/phase = 1770/3 = 590 W

Example 34.31. *The power input to the rotor of a 400 V, 50.Hz, 6-pole, 3-phase induction motor is 20 kW. The slip is 3%. Calculate* **(i)** *the frequency of rotor currents* **(ii)** *rotor speed* **(iii)** *rotor copper losses and* **(iv)** *rotor resistance per phase if rotor current is 60 A.*

(Elect. Engg. Punjab Univ. 1991)

Solution. *(i)* Frequency of rotor current = $sf = 0.03 \times 50 = 1.5$ Hz

(ii) $N_s = 120 \times 50/6 = 1000$ rpm; $N = 1000(1 - 0.03) = 700$ rpm

(iii) rotor Cu loss = $s \times$ rotor input = $0.03 \times 20 = 0.6$ kW = 600 W

(iv) rotor Cu loss/phase = 200 W; $\therefore\ 60^2 R_2 = 200$; $R_2 = 0.055\ \Omega$

Example 34.32. *A 3-phase, 6-pole, 50-Hz induction motor develops 3.73 kW at 960 rpm. What will be the stator input if the stator loss is 280 W?* **(Madurai Kamraj Univ. 1999)**

Solution. As seen from Art. 34.37, $\dfrac{\text{power developed in rotor}}{\text{rotor input}} = \dfrac{N}{N_s}$

Now, mechanical power developed in rotor = 3.73 kW., $N_s = 120 \times 50/6 = 1000$ r.p.m.

$\therefore$ 3,730/rotor input = 960/1000 $\therefore$ rotor input = 3,885 W

Stator input = rotor input + stator losses = 3885 + 280 = **4,156 W**

Example 34.33. *The power input to the rotor of a 400 V, 50-Hz, 6-pole, 3-ϕ induction motor is 75 kW. The rotor electromotive force is observed to make 100 complete alteration per minute. Calculate:* **(i)** *slip* **(ii)** *rotor speed* **(iii)** *rotor copper losses per phase* **(iv)** *mechanical power developed.*

(Elect. Engg. I, Nagpur Univ. 1993)

Solution. Frequency of rotor emf, $f' = 100/60 = 5/3$ Hz

(i) Now, $f' = sf$ or $5/3 = s \times 50$; $s = 1/30 =$ **0.033 or 3.33%**

(ii) $N_s = 120 \times 50/6 = 1000$ rpm ; $N = N_s(1 - s) = 1000(1 - 1/30) = 966.7$ rpm

(iii) $P_2 = 75$ *kW* ; total rotor Cu loss = $sP_2 = (1/30) \times 75 = 2.5$ kW

rotor Cu loss/phase = 2.5/3 = **0.833 kW**

(iv) $P_m = (1 - s)P_2 = (1 - 1/30) \times 75 =$ **72.5 kW**

Example 34.34. *The power input to a 500 V, 50-Hz, 6-pole, 3-phase induction motor running at 975 rpm is 40 kW. The stator losses are 1 kW and the friction and windage losses total 2 kW. Calculate :* **(i)** *the slip* **(ii)** *the rotor copper loss* **(iii)** *shaft power and* **(iv)** *the efficiency.*

(Elect. Engg. - II, Pune Univ. 1989)

Solution. *(i)* $N_s = 120 \times 50/6 = 1000$ rpm ; $s = (100 - 975)/1000 = 0.025$ or 2.5%

(ii) Motor input P_1=40 kW ; stator loss = 1 kW; rotor input $P_2 = 40 - 1 = 39$ kW

$\therefore$ rotor Cu loss = $s \times$ rotor input = $0.025 \times 39 =$ **0.975 kW**

(iii) $P_m = P_2 -$ rotor Cu loss = $39 - 0.975 = 38.025$ kW

$P_{out} = P_m -$ friction and windage loss = $38.025 - 2 =$ **36.025 kW**

(iv) $\eta = P_{out}/P_1 = 36.025/40 = 0.9$ or **90%**

Example 34.35. *A 100-kW (output), 3300-V, 50-Hz, 3-phase, star-connected induction motor has a synchronous speed of 500 r.p.m. The full-load slip is 1.8% and F.L. power factor 0.85. Stator copper loss = 2440 W. Iron loss = 3500 W. Rotational losses = 1200 W. Calculate* **(i)** *the rotor copper loss* **(ii)** *the line current* **(iii)** *the full-load efficiency.* **(Elect. Machines, Nagpur Univ. 1993)**

Solution. P_m = output + rotational loss = 100 + 1.2 = 101.2 kW

(*i*) $$\text{rotor Cu loss} = \frac{s}{1-s} \times P_m = \frac{0.018}{1-0.018} \times 101.2 = \mathbf{1.855\ kW}$$

(*ii*) rotor input, $P_2 = P_m$ + rotor Cu loss = 101.2 + 1.855 = 103.055 kW

Stator input = P_2 + stator Cu and iron losses

= 103.055 + 2.44 + 3.5 = 108.995 kW

$\therefore$ 108,995 = $\sqrt{3} \times 3300 \times I_L \times 0.85$; I_L = **22.4 A**

The entire power flow in the motor is given below.

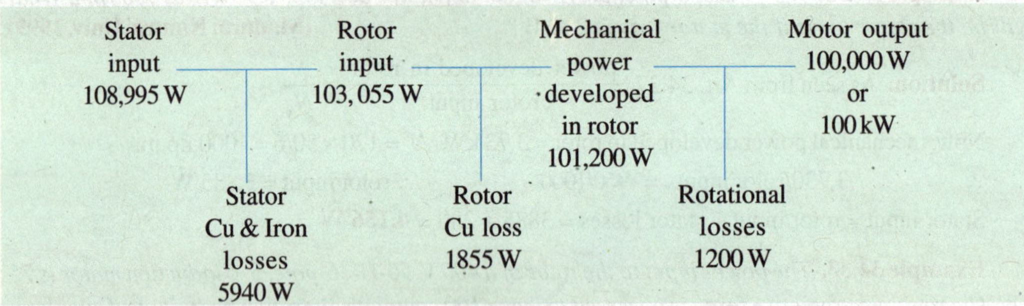

(*iii*) F.L. efficiency = 100,000/108,995 = 0.917 or **91.7%**

Example 34.36. *The power input to the rotor of a 440 V, 50-Hz, 6-pole, 3-phase induction motor is 100 kW. The rotor electromotive force is observed to make 120 cycles per minute, Calculate* (*i*) *the slip* (*ii*) *the rotor speed* (*iii*) *mechanical power developed* (*iv*) *the rotor copper loss per phase and* (*v*) *speed of stator field with respect to rotor.* **(Elect. Engg. AMIETE Sec. A June 1991)**

Solution. (*i*) $f' = sf$ or (120/60) = $s \times 50$; s = **0.01**

(*ii*) N_s = 120 × 50/6 = 1000 rpm; N = 1000(1 − 0.01) = **990 rpm**

(*iii*) P_m (1− s)P_2 = (1− 0.01) × 100 = **99 kW**

(*iv*) total rotor Cu loss = sP_2 = 0.01 × 100 = 1 kW ; Cu loss/phase = **1/3 kW**

(*v*) N_s = 1000 rpm; N = 990 rpm. Hence, speed of stator field with respect to rotor is = 1000 − 990 = **10 rpm.**

Example 34.37. *An induction motor has an efficiency of 0.9 when delivering an output of 37 kW. At this load, the stator Cu loss and rotor Cu loss each equals the stator iron loss. The mechanical losses are one-third of the no-load loss. Calculate the slip.*

(Adv. Elect. Machines, A.M.I.E. Sec. B Winter 1993)

Solution. Motor input = 37,000/0.9 = 41,111 W

$\therefore$ total loss = 41,111 − 37,000 = 4,111 W

This includes (*i*) stator Cu and iron losses (*ii*) rotor Cu loss (its iron loss being negligibly small) and (*iii*) rotor mechanical losses.

Now, no-load loss of an induction motor consists of (*i*) stator iron loss and (*ii*) mechanical losses provided we neglect the small amount of stator Cu loss under no-load condition. Moreover, these two losses are independent of the load on the motor.

$$\text{no-load loss} = W_i + W_m = 3W_m$$

$$\therefore \quad W_m = W_i/2$$

where W_i is the stator iron loss and W_m is the rotor mechanical losses.

Let, stator iron loss = x; then stator Cu loss = x; rotor Cu loss = x; mechanical loss = x/2

$\therefore \quad 3x + x/2 = 4{,}111$ or $x = 1175$ W

Now, rotor input = gross output + mechanical losses + rotor Cu loss

$$= 37{,}000 + (1175/2) + 1175 = 38{,}752 \text{ W}$$

$$s = \frac{\text{rotor Cu loss}}{\text{rotor input}} = \frac{1175}{38{,}752} = 0.03 \text{ or } \mathbf{3\%}.$$

Example 34.38. *A 400 V, 50-Hz, 6-pole, Δ-connected, 3-φ induction motor consumes 45 kW with a line current of 75 A and runs at a slip of 3%. If stator iron loss is 1200 kW, windage and fricition loss is 900 W and resistance between two stator terminals is 0.12 Ω, calculate* **(i)** *power supplied to the rotor* P_2 **(ii)** *rotor Cu loss* P_{cr} **(iii)** *power supplied to load* P_{out} **(iv)** *efficiency and* **(v)** *shaft torque developed.*

Solution. $\cos\phi = \dfrac{45\times 1000}{\sqrt{3}\times 400\times 75} = 0.866$ lag

A line current of 75 amp means a phase-current of $75/\sqrt{3}$ *i.e.* 43.3 amp

Next, winding resistance has to be worked out

Refer to Fig. 34.40.

r and 2*r* in parallel have an equivalent resistance measured at *a* and *b* in delta connected motor as $r \times 2r/3r = 2r/3$ ohms

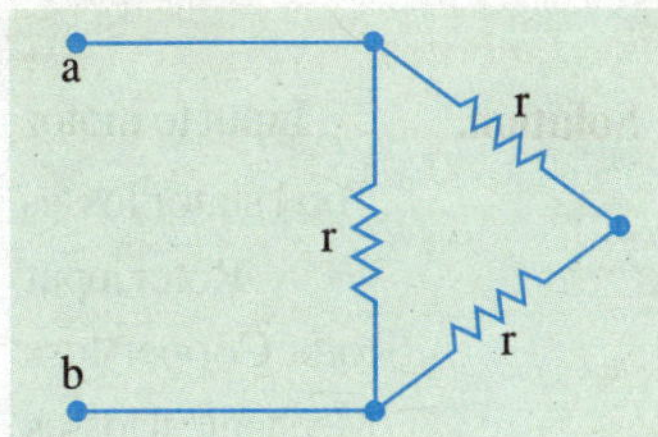

Fig. 34.40

From the data given $\quad \dfrac{2r}{3} = 0.12, \; r = 0.18$

Total stator copper loss $= 3 \times 43.3^2 \times 0.18 = 1012$ Watts

Total input to stator = 45,000 Watts

Stator copper loss = 1012 Watts, stator core loss = 1200 Watts

Stator output = Rotor input = 42,788 Watts

Rotor copper loss = Slip × Rotor input = 0.03 × 42,788 = 1284 Watts

Rotor mech. output power = 42,788 − 1284 = 41,504 Watts

Shaft output = Mech. output of rotor − Mech losses

= 41504 − 900 = 40604 Watts

$$\text{Efficiency} = \frac{40604}{45000} \times 100\% = 92.23\%$$

$$\text{Shaft output torque, } T = \frac{40604 \times 60}{2\pi \times 970} = \mathbf{400 \text{ Nw-m}}$$

Example 34.39(*a*). *A 3-phase induction motor has a 4-pole, star-connected stator winding and runs on a 220-V, 50-Hz supply. The rotor resistance per phase is 0.1 Ω and reactance 0.9 Ω. The ratio of stator to rotor turns is 1.75. The full-load slip is 5%. Calculate for this load:*

(*a*) *the load torque in kg-m*

(*b*) *speed at maximum torque*

(*c*) *rotor e.m.f. at maximum torque.* **(Electrical Machines-I, South Gujarat Univ. 1985)**

Solution. (*a*) *K* = rotor turns/stator turns = 1/1.75

stator voltage/phase, $E_1 = 220/\sqrt{3}$ V

$\therefore$ standstill rotor e.m.f./phase, $E_2 = K E_1 = \dfrac{220}{\sqrt{3}} \times \dfrac{1}{1.75} = \mathbf{72.6 \text{ V}}$

$$Z_r = \sqrt{R_2^2 + (sX_2^2)} = \sqrt{0.1^2 + (0.05 \times 0.9)^2} = 0.11\,\Omega$$

$$I_2 = sE_2/Z_r = 0.05 \times 72.6/0.11 = 33 \text{ A}$$

Rotor Cu loss $\quad P_{cr} = 3I_2^2 R_2 = 3 \times 33^2 \times 0.1 = 327 \text{ W}$

$$\frac{\text{rotor Cu loss}}{\text{mech. power developed}} = \frac{s}{1-s}; \quad \frac{327}{P_m} = \frac{0.05}{1-0.05}; \quad P_m = 6213 \text{ W}$$

$$T_g = 9.55\, P_m / N; \quad N = N_s(1-s) = 1500(1-0.05) = 1425 \text{ rpm}$$

$\therefore \quad T_g = 9.55 \times 6213/1425 = 41.6 \text{ N-m} = 41.6/9.81 =$ **4.24 kg.m**

(b) For maximum torque, $s_m = R_2/X_2 = 0.1/0.81 =$ **1/9**

$\therefore \quad N = N_s(1-s) = 1500(1-1/9) =$ **1333 r.p.m.**

(c) rotor e.m.f./phase at maximum torque = (1/9) × 72.6 = **8.07 V**

Example 34.39 (b). *A 400 V, 3-phase, 50 Hz, 4-pole, star-connected induction-motor takes a line current of 10 A with 0.86 p. f. lagging. Its total stator losses are 5 % of the input. Rotor copper losses are 4 % of the input to the rotor, and mechanical losses are 3 % of the input of the rotor. Calculate **(i)** slip and rotor speed, **(ii)** torque developed in the rotor, and **(iii)** shaft-torque.*

[Nagpur University, April 1998]

Solution. Input to motor $= \sqrt{3} \times 400 \times 10 \times 0.86 = 5958$ Watts

Total stator losses = 5% of 5958 = 298 Watts

Rotor input = Stator Output = 5958 − 298 = 5660 Watts

Rotor Copper-loss = 4 % of 5660 = 226.4 Watts

Mechanical losses = 3% of 5660 = 169.8 Watts

Shaft output = 5660 − 226.4 − 169.8 = 5264 Watts

(i) slip, s = Rotor-copper-loss / rotor-input = 4 %, as given

Synchronous speed, $N_s = 120 \times f/P = 1500$ rpm

Rotor speed, $N = N_s(1-s) = 1500\,(1-0.04) = 1440$ rpm

(ii) Let the torque developed in the rotor = T_r

ω_r, Angular speed of rotor $= 2\pi N/60 = 150.72$ radians/sec

Rotor output = Rotor input − Rotor-copper-loss

= 5660 − 226.4 = 5433.6 watts

$T_r \omega_r = 5433.6$, giving $T_r = 5433.6 / 150.72 = 36.05$ Nw-m

(Alternatively, synchronous angular speed $= \omega_s = 2\pi \times 1500/60 = 157$ rad / sec

$T_r \omega_s$ = rotor input in Watts = 5660

$T_r = 5660/157 = 36.05$ Nw − m

(iii) Shaft-torque $= T_m$ = Shaft output in Watts $/\omega_r$

= 5264 / 150.72 = 34.93 Nw − m.

Example 34.40. *A 3-phase, 440-V, 50-Hz, 40-pole, Y-connected induction motor has rotor resistance of 0.1 Ω and reactance 0.9 Ω per phase. The ratio of stator to rotor turns is 3.5. Calculate:*

(a) *gross output at a slip of 5%*

(b) *the maximum torque in synchronous watts and the corresponding slip.*

Solution. (a) Phase voltage $= \frac{440}{\sqrt{3}}$ V ; $K = \frac{\text{rotor turns}}{\text{stator turns}} = \frac{1}{3.5}$

Standstill e.m.f. per rotor phase is $E_2 = KE_1 = \frac{440}{\sqrt{3}} \times \frac{1}{3.5} = 72.6$ V

$$E_r = s.E_2 = 0.05 \times 72.6 = 3.63 \text{ V} ; Z_r = \sqrt{0.1^2 + (0.05 \times 0.9)^2} = 0.1096 \ \Omega$$

$$I_2 = \frac{E_r}{Z_r} = \frac{3.63}{0.1096} = 33.1 \text{ A}; \quad \text{Total Cu loss} = 3 \, I_2^2 R = 3 \times (33.1)^2 \times 0.1 = 330\text{W}$$

$$\frac{\text{rotor Cu loss}}{\text{rotor gross output}} = \frac{s}{1-s} \quad \therefore \text{rotor gross output} = \frac{330 \times 0.95}{0.05} = \mathbf{7{,}250 \ W}$$

(*b*) For Maximum Torque

$$R_2 = s_m \cdot X_2 \qquad \therefore s_m = R_2 / X_2 = 0.1/0.9 = \mathbf{1/9}; \ E_r = (1/9) \times 72.6 = 8.07 \text{ V}$$

$$Z_r = \sqrt{0.1^2 + (0.9/9)^2} = 0.1414 \ \Omega ; I_2 = 8.07/0.1414 = 57.1 \text{ A}$$

$$\text{Total rotor Cu loss} = 3 \times 57.1^2 \times 0.1 = 978 \text{ W}$$

$$\text{rotor input} = \frac{\text{rotor Cu loss}}{S} = \frac{978}{1/9} = 8{,}802 \text{ W}$$

$\therefore$ Maximum torque in synchronous watts = rotor input = **8,802 W**

Example 34.41. *An 18.65-kW, 4-pole, 50-Hz, 3-phase induction motor has friction and windage losses of 2.5 per cent of the output. The full-load slip is 4%. Compute for full load* **(*a*)** *the rotor Cu loss* **(*b*)** *the rotor input* **(*c*)** *the shaft torque* **(*d*)** *the gross electromagnetic torque.*

(Elect. Machines-II, Indore Univ. 1987)

Solution. Motor output $P_{out} = 18{,}650$ W

Friction and windage loss $P_w = 2.5\%$ of $18{,}650 = 466$ W

Rotor gross output $P_m = 18{,}650 + 466 = 19{,}116$ W

(*a*) $$\frac{\text{rotor Cu loss}}{\text{rotor gross output}} = \frac{s}{1-s}, \text{ rotor Cu loss} = \frac{0.04}{(1-0.04)} \times 19{,}116 = \mathbf{796.6 \ W}$$

(*b*) Rotor input $$P_2 = \frac{\text{rotor Cu loss}}{s} = \frac{796.5}{0.04} = \mathbf{19{,}912.5 \ W}$$

(or rotor input = 19,116 + 796.6 = 19,913 W)

(*c*) $T_{sh} = 9.55 \, P_{out} / N$: $\quad N_s = 120 \times 50/4 = 1500$ r.p.m.

$N = (1 - 0.04) \times 1500 = 1440$ r.p.m

$\therefore \quad T_{sh} = 9.55 \times 18{,}650/1440 = $ **123.7 N-m**

(*d*) Gross torque $\quad T_g = 9.55 \, P_m / N = 9.55 \times 19{,}116/1440 = $ **126.8 N-m**

(or $T_g = P_2 / 2\pi N_s = 19{,}913/2\pi \times 25 = 127$ N-m)

Example 34.42. *An 8-pole, 3-phase, 50 Hz, induction motor is running at a speed of 710 rpm with an input power of 35 kW. The stator losses at this operating condition are known to be 1200 W while the rotational losses are 600 W. Find* **(*i*)** *the rotor copper loss,* **(*ii*)** *the gross torque developed,* **(*iii*)** *the gross mechanical power developed,* **(*iv*)** *the net torque and* **(*v*)** *the mechanical power output.*

(Elect. Engg. AMIETE Sec. A 1991 & Rajiv Gandhi Techn. Univ., Bhopal, 2000)

Solution. **(*i*)** $P_2 = 35 - 1.2 = 33.8$ kW ; $N_s = 120 \times 50/8 = 750$ rpm ; $N = 710$ rpm; $s = (750 - 710)/750 = 0.0533$

$\therefore \quad$ Rotor Cu loss $= sP_2 = $ **1.8 kW**

(*ii*) $\quad P_m = P_2 -$ rotor Cu loss = 33.8 - 1.8 = **32 kW**

(*iii*) $\quad T_g = 9.55 \, P_m / N = 9.55 \times 32000/710 = 430.42$ N-m

(*iv*) $\quad P_{out} = P_m -$ rotational losses = 32000 − 600 = **31400 W**

(*v*) $T_{sh} = 9.55\ P_{out}/N = 9.55 \times 31400/710 =$ **422.35 N-m**

Example 34.43. *A 6-pole, 50-Hz, 3-phase, induction motor running on full-load with 4% slip develops a torque of 149.3 N-m at its pulley rim. The friction and windage losses are 200 W and the stator Cu and iron losses equal 1,620 W. Calculate* **(a)** *output power* **(b)** *the rotor Cu loss and* **(c)** *the efficiency at full-load.* **(Elect. Technology, Mysore Univ. 1989)**

Solution. $N_s = 120 \times 50/6 = 1{,}000$ r.p.m; $N = (1 - 0.04) \times 1{,}000 = 960$ r.p.m.

Out put power $= T_{sh} \times 2\pi N = 2\pi \times (960/60) \times 149.3 =$ **15 kW**

Now, output $= 15{,}000$ W

Friction and windage losses $= 200$ W ; Rotor gross output $= 15{,}200$ W

$$\frac{P_m}{P_2} = \frac{N}{N_S} \quad \therefore \text{ rotor input } P_2 = 15{,}200 \times 1{,}000/960 = 15{,}833 \text{ W}$$

(*b*) $\therefore$ rotor Cu loss $= 15{,}833 - 15{,}200 =$ **633 W**

$$\left(\text{rotor Cu loss is given by : } \frac{\text{rotor Cu loss}}{\text{rotor output}} = \frac{s}{1-s}\right)$$

(*c*) stator output = rotor input = 15,833 W

Stator Cu and iron losses = 1,620 W

$\therefore$ Stator input $P_1 = 15{,}833 + 1{,}620 = 17{,}453$ W

overall efficiency, $\eta = 15{,}000 \times 100/17{,}453 =$ **86%**

Example 34.44. *An 18.65-kW, 6-pole, 50-Hz, 3-φ slip-ring induction motor runs at 960 r.p.m. on full-load with a rotor current per phase of 35 A. Allowing 1 kW for mechanical losses, find the resistance per phase of 3-phase rotor winding.* **(Elect. Engg-I, Nagpur Univ. 1992)**

Solution. Motor output = 18.65 kW; Mechanical losses = 1 kW

$\therefore$ Mechanical power developed by rotor, $P_m = 18.65 + 1 = 19.65$ kW

Now, $N_s = 120 \times 50/6 = 1000$ r.p.m. ; $s = (1000 - 960)/1000 = 0.04$

$$\text{rotor Cu loss} = \frac{s}{1-s} \times P_m = \frac{0.04}{(1-0.04)} \times 19.65 = 0.819 \text{ kW} = 819 \text{ W}$$

$\therefore$ $3I_2^2 R_2 = 819$ or $3 \times 35^2 \times R_2 = 819$ $\quad R_2 =$ **0.023 Ω/phase**

Example 34.45. *A 400 V, 4-pole, 3-phase, 50-Hz induction motor has a rotor resistance and reactance per phase of 0.01 Ω and 0.1 Ω respectively. Determine* **(a)** *maximum torque in N-m and the corresponding slip* **(b)** *the full-load slip and power output in watts, if maximum torque is twice the full-load torque. The ratio of stator to rotor turns is 4.*

Solution. Applied voltage/phase $E_1 = 400/\sqrt{3} = 231$ V

Standstill e.m.f. induced in rotor, $E_2 = KE_1 = 231/4 = 57.75$ V

(*a*) Slip for maximum torque, $s_m = R_2/X_2 = 0.01/0.1 = 0.1$ or **10%**

$$T_{max} = \frac{3}{2\pi N_S} \times \frac{E_2^2}{2\, X_2} \quad \text{... Art. 34.20}$$

$$N_s = 120 \times 50/4 = 1500 \text{ r.p.m.} = 25 \text{ r.p.s.}$$

$$\therefore \quad T_{max} = \frac{3}{2\pi \times 25} \times \frac{57.75^2}{2 \times 0.1} = \textbf{320 N-m}$$

(*b*) $$\frac{T_f}{T} = \frac{2as_f}{a^2 + s^2} = \frac{1}{2}; \text{ Now, } a = R_2/X_2 = 0.01/0.1 = 0.1$$

$\therefore \quad 2 \times 0.1 \times s_f/(0.1^2 + s_f^2) = 1/2 \quad \therefore s_f = 0.027$ or 0.373

Since $s_f = 0.373$ is not in the operating region of the motor, we select $s_f = 0.027$.

Hence, $s_f =$ **0.027.** $N = 1500\,(1 - 0.027) = 1459.5$ r.p.m.

Full-load torque $T_f = 320/2 = 160$ N-m

F.L. Motor output $= 2\,\pi\,N\,T_f/60 = 2\,\pi \times 1459.5 \times 160/60 =$ **24,454 W**

Example 34.46. *A 3-phase induction motor has a 4-pole, Y-connected stator winding. The motor runs on 50-Hz supply with 200V between lines. The motor resistance and standstill reactance per phase are 0.1 Ω and 0.9 Ω respectively. Calculate*

(a) the total torque at 4% slip(b) the maximum torque

(c) the speed at maximum torque if the ratio of the rotor to stator turns is 0.67. Nelgect stator impedance. **(Elect. Machinery, Mysore Univ. 1987)**

Solution. (a) Voltage/phase $= \dfrac{200}{\sqrt{3}}$ V; $K = \dfrac{\text{rotor turns}}{\text{stator turns}} = 0.67$

Standstill rotor e.m.f. per phase is $E_2 = \dfrac{200}{\sqrt{3}} \times 0.67 = 77.4$ V and $s = 0.04$

$$Z_r = \sqrt{R_2^2 + \left(sX_2^2\right)} = \sqrt{0.1^2 + (0.04 \times 0.9)^2} = 0.106\,\Omega$$

$$I_2 = \frac{sE_2}{Z_r} = \frac{77.4 \times 0.04}{0.106} = 29.1\text{ A}$$

Total Cu loss in rotor $= 3\,I_2^2 R_2 = 3 \times 29.1^2 \times 0.1 = 255$ W

Now, $\dfrac{\text{rotor Cu loss}}{\text{rotor gross output}} = \dfrac{s}{1-s} \quad \therefore \; P_m = 255 \times 0.96/0.04 = 6{,}120$ W

$N_s = 120 \times 50/4 = 1{,}500$ r.p.m; $N = (1 - 0.04) \times 1{,}500 = 1440$ r.p.m.

Gross torque developed, $T_g = 9.55\,P_m/N = 9.55 \times 6120/1440 =$ **40.6 N-m**

(b) For maximum torque, $s_m = R_2/X_2 = 0.1/0.9 = 1/9$ and $E_r = sE_2 = 77.4 \times 1/9 = 8.6$ V

$Z_r = \sqrt{0.1^2 + (0.9 \times 1/9)^2} = 0.1414\,\Omega$; $I_2 = 8.6/0.1414 = 60.8$ A

Total rotor Cu loss $= 3 \times 60.8^2 \times 0.1 = 1{,}110$ W

Rotor gross output $= \dfrac{1{,}100 \times (1 - 1/9)}{1/9} = 8{,}800$ W

$N = (1 - 1/9) \times 1{,}500 = 1{,}333$ rpm

$\therefore \quad T_{max} = 9.55 \times 8{,}800/1333 =$ **63 N-m**

(c) Speed at maximum torque, as found above, is **1333.3 r.p.m.**

Example 34.47. *The rotor resistance and standstill reactance of a 3-phase induction motor are respectively 0.015 Ω and 0.09 Ω per phase.*

(i) What is the p.f. of the motor at start?

(ii) What is the p.f. at a slip of 4 percent ?

(iii) If the number of poles is 4, the supply frequency is 50-Hz and the standstill e.m.f. per rotor phase is 110 V, find out the full-load torque. Take full-load slip as 4 per cent.

(Electrical Technology-I, Osmania Univ. 1990)

Solution. *(i)* rotor impedance/phase $= \sqrt{0.015^2 + 0.09^2} = 0.0912\,\Omega$

p.f. $= 0.015/0.0912 =$ **0.164**

(ii) reactance/phase $= sX_2 = 0.04 \times 0.09 = 0.0036\,\Omega$

rotor impedance/phase $= \sqrt{0.015^2 + 0.0036^2} = 0.0154\ \Omega$

p.f. $= 0.015/0.0154 =$ **0.974**

(iii) $N_s = 120 \times 50/4 = 1{,}500$ r.p.m.; $N = 1{,}500 - (0.04 \times 1{,}500) = 1{,}440$ r.p.m.

$E_r = sE_2 = 0.04 \times 110 = 4.4$ V ; $Z_r = 0.0154\ \Omega$ ...found above

$I_2 = 4.4/0.0154 = 286$ A

Total rotor Cu loss $= 3I_2^2 R_2 = 3 \times 286^2 \times 0.015 = 3{,}650$ W

Now, $\dfrac{\text{rotor Cu loss}}{\text{rotor gross output}} = \dfrac{s}{1-s}$

∴ Rotor gross output $P_m = 3{,}650 \times 0.96/0.04 = 87{,}600$ W

If T_g is the gross torque developed by the rotor, then

$T_g = 9.55\, P_m/N = 9.55 \times 87{,}600/1440 =$ **581 N-m**

Example 34.48. *The useful full load torque of 3-phase, 6-pole, 50-Hz induction motor is 162.84 N-m. The rotor e.m. f. is observed to make 90 cycles per minute. Calculate* **(a)** *motor output* **(b)** *Cu loss in rotor* **(c)** *motor input and* **(d)** *efficiency if mechanical torque lost in windage and friction is 20.36 N-m and stator losses are 830 W.* **(Elect. Machines-II, Indore Univ. 1988)**

Solution. $N_s = 120 \times 50/6 = 1{,}000$ r.p.m.

Frequency of rotor e.m.f. $= 90/60 = 1.5$ Hz; $s = f_r/f = 1.5/50 = 0.03$

Rotor speed $= 1{,}000(1 - 0.03) = 970$ r.p.m. ; Useful F.L. torque $= 162.84$ N-m

(a) motor output $= T_{sh}\dfrac{2\pi N}{60} = \dfrac{2\pi \times 970 \times 162.84}{60} =$ **16,540 W**

(b) *gross torque* $T_g = 162.84 + 20.36 = 183.2$ N-m

Now, $T_g = 9.55\dfrac{P_2}{N_s}$ ∴ $183.2 = 9.55 \times \dfrac{P_2}{1000}$

∴ rotor input, $P_2 = 183.2 \times 1000/9.55 = 19{,}170$ W

∴ rotor Cu loss $= s \times$ rotor input $= 0.03 \times 19{,}170 =$ **575.1 W**

(c) Motor input, $P_1 = 19{,}170 + 830 =$ **20,000 W**

(d) $\eta = (16{,}540/20{,}000) \times 100 =$ **82.27%**

Example 34.49. *Estimate in kg-m the starting torque exerted by an 18.65-kW, 420-V, 6-pole, 50-Hz, 3-phase induction motor when an external resistance of 1 Ω is inserted in each rotor phase.*

stator impedance : (0.25 + j 0.75) Ω *rotor impedance : (0.173 + J 0.52) Ω*

stato/rotor voltage ratio: 420/350 *connection: Star-Star*

Solution. $K = E_2/E_1 = 350/420 = 5/6$

Equivalent resistance of the *motor* as referred to rotor is

$$R_{02} = R_2 + K^2 R_1 = 0.173 + (5/6)^2 \times 0.25 = 0.346\ \Omega/\text{phase}$$

Similarly, $X_{02} = 0.52 + (5/6)^2 \times 0.75 = 1.04\ \Omega/\text{phase}$

When an external resistance of 1 ohm/phase is added to the rotor circuit, the equivalent motor impedance as referred to rotor circuit is

$$Z_{02} = \sqrt{(1+0.346)^2 + 1.04^2} = 1.7\ \Omega$$

Short-circuit rotor current is $I_2 = \dfrac{350/\sqrt{3}}{1.7} = 119$ A

Rotor Cu loss per phase on short-circuit $= 119^2 \times 1.173 = 16{,}610$ W

Now, rotor power input $= \dfrac{\text{rotor Cu loss}}{s}$; On short-circuit, $s = 1$

$\therefore$ rotor power input = rotor Cu loss on short-circuit

= 16,610 W/phase = 49,830 W for 3 phases

$N_s = 120 \times 50/6 = 1000$ r.p.m.

If T_{st} is the starting torque in newton-metres, then

$T_{st} = 9.55 \quad P_2/N_s = 9.55 \times 49{,}830/1000 = 476$ N-m = 476/9.81 = **46.7 kg-m.**

Example 34.50. *An 8-pole, 37.3-kW, 3-phase induction motor has both stator and rotor windings connected in star. The supply voltage is 280 V per phase at a frequency of 50 Hz. The short-circuit current is 200 A per phase at a short-circuit power factor of 0.25. The stator resistance per phase is 0.15 Ω. If transformation ratio between the stator and rotor windings is 3, find*

(i) the resistance per phase of the rotor winding

(ii) the starting torque of the motor.

Solution. Under short circuit, all the power supplied to the motor is dissipated in the stator and rotor winding resistances. Short-circuit power supplied to the motor is

$$W_{sc} = 3V_1 I_{sc} \cos \phi_{sc} = 3(280 \times 200 \times 0.25) \text{ W}$$

$$\text{Power supplied/phase} = 280 \times 200 \times 0.25 = 14{,}000 \text{ W}$$

Let r_2' be the rotor resistance per phase as referred to stator. If r_1 is the stator resistance per phase, then

$$I_{sc}^2 (r_1 + r_2') = 14{,}000 \qquad \therefore \quad r_1 + r_2' = 14{,}000 / 200^2 = 0.35\ \Omega$$

$$\therefore \quad r_2' = 0.35 - 0.15 = 0.2\ \Omega \quad ; \quad \text{Now, } r_2' = r_2/K^2 \text{ where } K = 1/3$$

(i) $\therefore$ $r_2 = K^2 r_2' = 0.2/9 =$ **0.022 Ω** per phase

(ii) Power supplied to the rotor circuit is

$$= 3I_{sc}^2 r_2' = 3 \times 200^2 \times 0.2 = 24{,}000 \text{ W}$$

$$N_s = 120 f/P = 120 \times 50/8 = 750 \text{ r.p.m.} = 12.5 \text{ r.p.s.}$$

$\therefore$ Starting torque $= 9.55\, P_2/N_s = 9.55 \times 24{,}000/750 =$ **305.6 N-m**

Example 34.51. *A 3-phase induction motor, at rated voltage and frequency has a starting torque of 160 per cent and a maximum torque of 200 per cent of full-load torque. Neglecting stator resistance and rotational losses and assuming constant rotor resistance, determine*

(a) the slip at full-load

(b) the slip at maximum torque

(c) the rotor current at starting in terms of F.L. rotor current.

(Electrical Machine - II, Bombay Univ. 1987)

Solution. As seen from Example 34.22 above,

(a) $s_f = 0.01$ or **1** %

(b) From the same example it is seen that at maximum torque, $a = s_b = 0.04$ or **4** %

(c) As seen from Art. 34.40.

$$\frac{I_{2st}}{I_{2f}} = \sqrt{\frac{T_{st}}{s_f \cdot T_f}} = \sqrt{\frac{1.6}{0.01}} = 12.65$$

$\therefore$ Starting rotor current = 12.65 × F.L. rotor current

34.43. Sector Induction Motor

Consider a standard 3-phase, 4-pole, 50-Hz, Y-connected induction motor. Obviously, its $N_s = 1500$ rpm. Suppose we cut the stator in half *i.e.* we remove half the stator winding with the result that only two complete *N* and *S* poles are left behind. Next, let us star the three phases without making any other changes in the existing connections. Finally, let us mount the original rotor above this ***sector stator*** leaving a small air-gap between the two. When this stator is energised from a 3-phase 50-Hz source, the rotor is found to run at almost 1500 rpm. In order to prevent saturation, the stator voltage should be reduced to half its original value because the sector stator winding has only half the original number of turns. It is found that under these conditions, this half-truncated sector motor still develops about 30% of its original rated power.

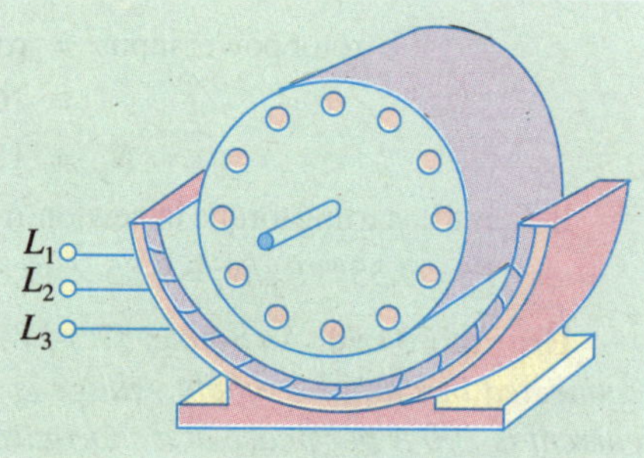

Fig. 34.41

The stator flux of the sector motor revolves at the same peripheral speed as the flux in the original motor. But instead of making a complete round, the flux in the sector motor simply travels ***continuously from one end of the stator to the other***.

34.44. Linear Induction Motor

If, in a sector motor, the sector is laid out flat and a flat squirrel-cage winding is brought near to it, we get a linear induction motor (Fig. 34.42). In practice, instead of a flat squirrel-cage winding, an aluminium or copper or iron plate is used as a 'rotor'. The flat stator produces a flux that moves in a straight line from its one end to the other at a linear synchronous speed given by

$$\upsilon_s = 2\,w.f.$$

where υ_s = linear synchronous speed (m/s)
w = width of one pole-pitch (m)
f = supply frequency (Hz)

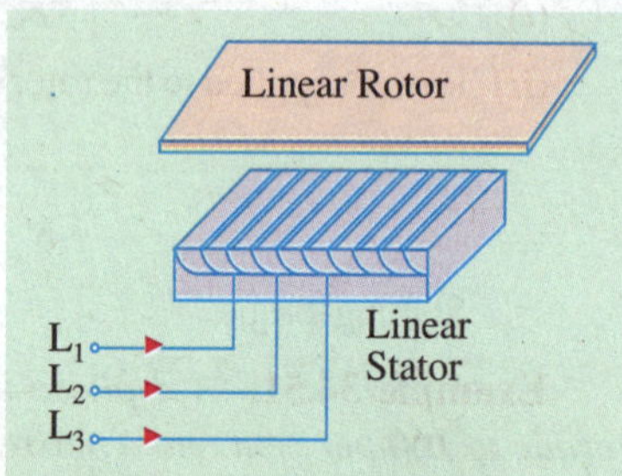

Fig. 34.42

It is worth noting that speed ***does not depend on the number of poles***, but only on the pole-pitch and stator supply frequency. As the flux moves linearly, it drags the rotor plate along with it in the ***same direction***. However, in many practical applications, the 'rotor' is stationary, while the stator moves. For example, in high-speed trains, which utilize magnetic levitation (Art. 34.46), the rotor is composed of thick aluminium plate that is fixed to the ground and extends over the full length of the track. The linear stator is bolted to the undercarriage of the train.

34.45. Properties of a Linear Induction Motor

These properties are almost identical to those of a standard rotating machine.

1. ***Synchronous speed***. It is given by $\upsilon_s = 2wf$
2. ***Slip***. It is given by $s = (v_s - v) / v_s$

where *v* is the actual speed.

3. ***Thrust or Force***. It is given by $F = P_2/v_s$

where P_2 is the active power supplied to the rotor.

4. ***Active Power Flow***. It is similar to that in a rotating motor.

(*i*) $P_{cr} = sP_2$ and (*ii*) $P_m = (1 - s)\,P_2$

Example 34.52. *An electric train, driven by a linear motor, moves with 200 km/h, when stator frequency is 100 Hz. Assuming negligible slip, calculate the pole-pitch of the linear motor.*

Solution. $\upsilon_s = 2\,\omega f \qquad \omega = \dfrac{(200 \times 5/18)}{2 \times 100} = \mathbf{277.8\ mm}$

Example 34.53. *An overhead crane in a factory is driven horizontally by means of two similar linear induction motors, whose 'rotors' are the two steel I-beams, on which the crane rolls. The 3-phase, 4-pole linear stators, which are mounted on opposite sides of the crane, have a pole-pitch of 6 mm and are energised by a variable-frequency electronic source. When one of the motors was tested, it yielded the following results:*

Stator frequency = 25 Hz; Power to stator = 6 kW

Stator Cu and iron loss = 1.2 kW; crane speed = 2.4 m/s

Calculate (i) synchronous speed and slip (ii) power input to rotor (iii) Cu losses in the rotor (iv) gross mechanical power developed and (v) thrust.

Solution. (i)
$$v_s = 2\,\omega f = 2 \times 0.06 \times 25 = \mathbf{3\ m/s}$$
$$s = (\upsilon_s - \upsilon)/\upsilon_s = (3 - 2.4)/3 = 0.2 \text{ or } \mathbf{20\%}$$

(ii) $P_2 = 6 - 1.2 = \mathbf{4.8\ kW}$

(iii) $P_{cr} = sP_2 = 0.2 \times 4.8 = \mathbf{0.96\ kW}$

(iv) $P_m = P_2 - P_{cr} = 4.8 - 0.96 = \mathbf{3.84\ kW}$

(v) $F = P_2/\upsilon_s = 4.8 \times 10^3/3 = 1600\text{ N} = \mathbf{1.60\ kN}$

34.46. Magnetic Levitation

As shown in Fig. 34.43 (*a*), when a moving permanent magnet sweeps across a conducting ladder, it tends to drag the ladder along with, because it applies a horizontal tractive force $F = BIl$. It will now be shown that this horizontal force is also accompanied by a ***vertical*** force (particularly, at high magnet speeds), which tends to push the magnet away from the ladder in the upward direction.

Magnetic levitation

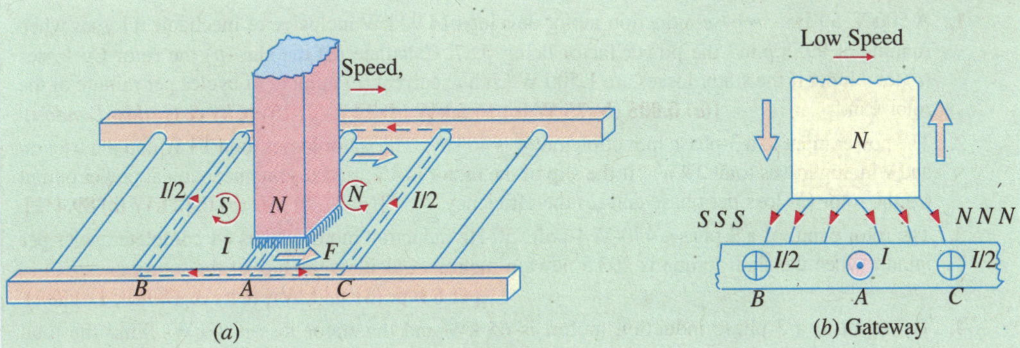

Fig. 34.43

A portion of the conducting ladder of Fig. 34.43 (*a*) has been shown in Fig. 34.43 (*b*). The voltage induced in conductor (or bar) *A* is maximum because flux is greatest at the centre of the *N* pole. If the magnet speed is very low, the induced current reaches its maximum value in *A* at virtually the ***same time*** (because delay due to conductor inductance is negligible). As this current flows via conductors *B* and *C*, it produces induced *SSS* and *NNN* poles, as shown. Consequently, the front half of the magnet is pushed upwards while the rear half is pulled downwards. Since distribution of *SSS* and *NNN* pole is symmetrical with respect to the centre of the magnet, the vertical forces of attraction and repulsion, being equal and opposite, cancel each other out, leaving behind only horizontal tractive force.

Now, consider the case when the magnet sweeps over the conductor *A* with a *very high speed*, as shown in Fig. 34.44. Due to conductor inductance, current in A reaches its maximum value a fraction of a second (Δt) after voltage reaches its maximum value. Hence, by the time *I* in conductor *A* reaches its maximum value, the centre of the magnet is already ahead of *A* by a distance $= \upsilon . \Delta t$ where υ is the magnet velocity. The induced poles *SSS* and *NNN* are produced, as before, by the currents returning via conductors *B* and *C* respectively. But, by now, the *N* pole of the permanent magnet lies over the induced *NNN* pole, which pushes it upwards with a strong vertical force. * This forms the basis of ***magnetic levitation*** which literally means 'floating in air'.

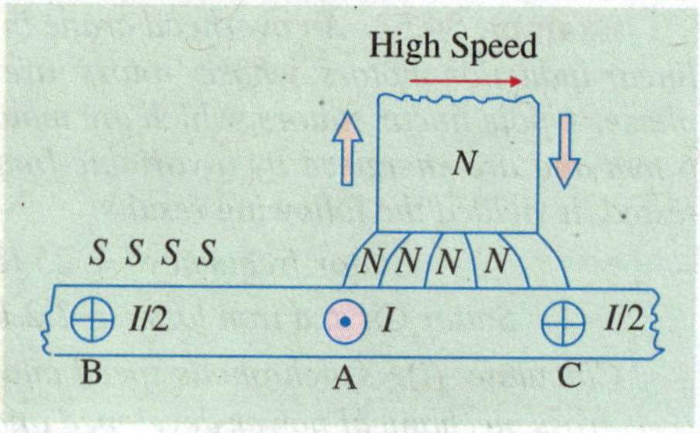

Fig. 34.44

Magnetic levitation is being used in ultrahigh speed trains (upto 300 km/h) which float in the air about 100 mm to 300 mm above the metallic track. They do not have any wheels and do not require the traditional steel rail. A powerful electromagnet (whose coils are cooled to about 4 °K by liquid helium) fixed underneath the train moves across the conducting rail, thereby inducing current in the rail. This gives rise to vertical force (called force of levitation) which keeps the train pushed up in the air above the track. Linear motors are used to propel the train.

A similar magnetic levitation system of transit is being considered for connecting Vivek Vihar in East Delhi to Vikaspuri in West Delhi. The system popularly known as Magneto-Bahn (*M*-Bahn) completely eliminates the centuries-old 'steel-wheel-over steel rail' traction. The *M*-Bahn train floats in the air through the principle of magnetic levitation and propulsion is by linear induction motors. There is 50% decrease in the train weight and 60% reduction in energy consumption for propulsion purposes. The system is extraordinarily safe (even during an earthquake) and the operation is fully automatic and computer-based.

Tutorial Problem No. 34.3

1. A 500-V, 50-Hz, 3-phase induction motor develops 14.92 kW inclusive of mechanical losses when running at 995 r.p.m., the power factor being 0.87. Calculate (*a*) the slip (*b*) the rotor Cu losses (*c*) total input if the stator losses are 1,500 W (*d*) line current (*e*) number of cycles per minute of the rotor e.m.f. **[(*a*) 0.005 (*b*) 75 W (*c*) 16.5 kW (*d*) 22 A (*e*) 15] (*City & Guilds, London*)**
2. The power input to a 3-phase induction motor is 40 kW. The stator losses total 1 kW and the friction and winding losses total 2 kW. If the slip of the motor is 4%, find (*a*) the mechanical power output (*b*) the rotor Cu loss per phase and (*c*) the efficiency. **[(*a*) 37.74 kW (*b*) 0.42 kW (*c*) 89.4%]**
3. The rotor e.m.f. of a 3-phase, 440-V, 4-pole, 50-Hz induction motor makes 84 complete cycles per minute when the shaft torque is 203.5 newton-metres. Calculate the h.p. of the motor. **[41.6 h.p. (31.03 kW)] (*City & Guilds, London*)**
4. The input to a 3-phase induction motor, is 65 kW and the stator loss is 1 kW. Find the total mechanical power developed and the rotor copper loss per phase if the slip is 3%. Calculate also in

* The induced current is always delayed (even at low magnet speeds) by an interval of time Δt which depends on the *L/R* time-constant of the conductor circuit. This delay is so brief at slow speed that voltage and the current reach their maximum value virtually at the same *time* and *place.* But at high speed, the same delay Δt is sufficient to produce large shift *in space between* the points where the voltage and current achieve their maximum values.

terms of the mechanical power developed the input to the rotor when the motor yields full-load torque at half speed. **[83.2 h.p. (62.067 kW) : 640 W, Double the output]** ***(City & Guilds. London)***

5. A 6-pole, 50-Hz, 8-phase induction motor, running on full-load, develops a useful torque of 162 N-m and it is observed that the rotor electromotive force makes 90 complete cycles per min. Calculate the shaft output. If the mechanical torque lost in friction be 13.5 Nm, find the copper loss in the rotor windings, the input to the motor and the efficiency. Stator losses total 750 W. **[16.49 kW; 550 W; 19.2 kW; 86%]**

6. The power input to a 500-V, 50-Hz, 6-pole, 3-phase induction motor running at 975 rpm is 40 kW. The stator losses are 1 kW and the friction and windage losses total 2 kW. Calculate (*a*) the slip (*b*) the rotor copper loss (*c*) shaft output (*d*) the efficiency. **[(*a*) 0.025 (*b*) 975 W (*c*) 36.1 kW (*d*) 90%]**

7. A 6-pole, 3-phase induction motor develops a power of 22.38kW, including mechanical losses which total 1.492 kW at a speed of 950 rpm on 550-V, 50-Hz mains. The power factor is 0.88. Calculate for this load (*a*) the slip (*b*) the rotor copper loss (*c*) the total input if the stator losses are 2000 W (*d*) the efficiency (*e*) the line current (*f*) the number of complete cycles of the rotor electromotive force per minute. **[(*a*) 0.05 (*b*) 1175 (*c*) 25.6 kW (*d*) 82% (*e*) 30.4 A (*f*) 150]**

8. A 3-phase induction motor has a 4-pole, star-connected stator winding. The motor runs on a 50-Hz supply with 200 V between lines. The rotor resistance and standstill reactance per phase are 0.1 Ω and 0.9 Ω respectively. The ratio of rotor to stator turns is 0.67. Calculate (*a*) total torque at 4% slip (*b*) total mechanical power at 4% slip (*c*) maximum torque (*d*) speed at maximum torque (*e*) maximum mechanical power. Prove the formulae employed, neglecting stator impedance. **[(*a*) 40 Nm (*b*) 6 kW (*c*) 63.7 Nm (*d*) 1335 rpm (*e*) 8.952 kW.]**

9. A 3-phase induction motor has a 4-pole, star-connected, stator winding and runs on a 220-V, 50-Hz supply. The rotor resistance is 0.1 Ω and reactance 0.9. The ratio of stator to rotor turns is 1.75. The full load slip is 5%. Calculate for this load (*a*) the total torque (*b*) the shaft output. Find also (*c*) the maximum torque (*d*) the speed at maximum torque. **[(*a*) 42 Nm (*b*) 6.266 kW (*c*) 56 Nm (*d*) 1330 rpm]**

10. A 3000-V, 24-pole, 50-Hz 3-phase, star-connected induction motor has a slip-ring rotor of resistance 0.016 Ω and standstill reactance 0.265 Ω per phase. Full-load torque is obtained at a speed of 247 rpm.
Calculate (*a*) the ratio of maximum to full-load torque (*b*) the speed at maximum torque. Neglect stator impedance. **[(*a*) 2.61 (*b*) 235 rpm]**

11. The rotor resistance and standstill reactance of a 3-phase induction motor are respectively 0.015 Ω and 0.09 Ω per phase. At normal voltage, the full-load slip is 3%. Estimate the percentage reduction in stator voltage to develop full-load torque at one-half of full-load speed. What is then the power factor ? **[22.5%; 0.31]**

12. The power input to a 3-phase, 50-Hz induction motor is 60 kW. The total stator loss is 1000 W. Find the total mechanical power developed and rotor copper loss if it is observed that the rotor e.m.f. makes 120 complete cycles per minute. **[56.64 kW; 2.36 kW]** ***(AMIE Sec. B Elect. Machine (E-3) Summer 1990)***

13. A balanced three phase induction motor has an efficiency of 0.85 when its output is 44.76 kW. At this load both the stator copper loss and the rotor copper loss are equal to the core losses. The mechanical losses are one-fourth of the no-load loss. Calculate the slip. **[4.94%]** ***(AMIE Sec. B Elect. Machines (E-3) Winter 1991)***

14. An induction motor is running at 20% slip, the output is 36.775 kW and the total mechanical losses are 1500 W. Estimate Cu losses in the rotor circuit. If the stator losses are 3 kW, estimate efficiency of the motor. **[9,569 W, 72.35%]** ***(Electrical Engineering-II, Bombay Univ. 1978)***

15. A 3- ϕ, 50-Hz, 500-V, 6-pole induction motor gives an output of 37.3 kW at 955 r.p.m. The power factor is 0.86, frictional and windage losses total 1.492 kW; stator losses amount to 1.5 kW. Determine (*i*) line current (*ii*) the rotor Cu loss for this load. **[(*i*) 56.54 A (*ii*) 88.6% (*iii*) 1.828 kW]** ***(Electrical Technology, Kerala Univ. 1977)***

16. Determine the efficiency and the output horse-power of a 3-phase, 400-V induction motor running on load with a slip of 4 per cent and taking a current of 50 A at a power factor of 0.86. When running light at 400 V, the motor has an input current of 15 A and the power taken is 2,000 W, of which 650 W represent the friction, windage and rotor core loss. The resistance per phase of the stator winding (delta-connected) is 0.5 Ω.

[85.8 per cent; 34.2 h.p. (25.51 kW)] ***(Electrical Engineering-II, M.S. Univ. Baroda 1977)***

17. The power input to the rotor of a 440-V, 50-Hz, 3-phase, 6-pole induction motor is 60 kW. It is observed that the rotor e.m.f. makes 90 complete cycles per minute. Calculate *(a)* the slip *(b)* rotor speed *(c)* rotor Cu loss per phase *(c)* the mechanical power developed and *(e)* the rotor resistance per phase if rotor current is 60 A. **[*(a)* 0.03 *(b)* 970 r.p.m. *(c)* 600 W *(d)* 58.2 kW *(e)* 0.167 Ω]**

18. An induction motor is running at 50% of the synchronous speed with a useful output of 41.03 kW and the mechanical losses total 1.492 kW. Estimate the Cu loss in the rotor circuit of the motor. If the stator losses total 3.5 kW, at what efficiency is the motor working ?

[42.52 kW; 46.34%] ***(Electrical Engineering-II, Bombay Univ. 1975)***

19. Plot the torque/speed curve of a 6-pole, 50-Hz, 3-phase induction motor. The rotor resistance and reactance per phase are 0.02 Ω and 0.1 Ω respectively. At what speed is the torque a maximum? What must be the value of the external rotor resistance per phase to give two-third of maximum torque at starting ? **[*(a)* 800 rpm *(b)* 0.242 Ω or 0.018 Ω]**

34.47. Induction Motor as a Generalized Transformer

The transfer of energy from stator to the rotor of an induction motor takes place entirely *inductively*, with the help of a flux mutually linking the two. Hence, an induction motor is essentially a transformer with stator forming the primary and rotor forming (the short-circuited) rotating secondary (Fig. 34.45). The vector diagram is similar to that of a transformer (Art. 32.15).

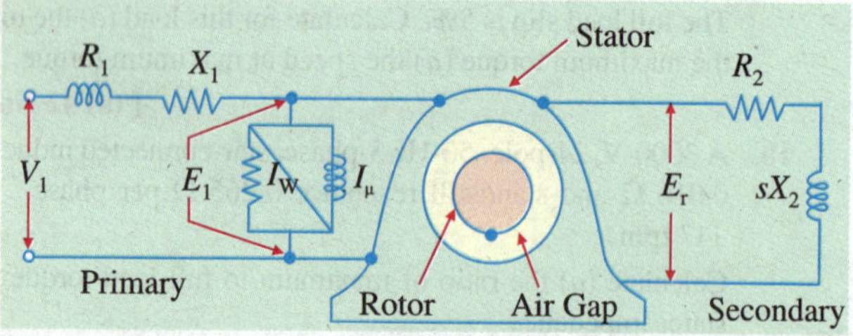

Fig. 34.45

In the vector diagram of Fig. 34.46, V_1 is the applied voltage per stator phase, R_1 and X_1 are stator resistance and leakage reactance per phase respectively, shown external to the stator winding in Fig. 34.45. The applied voltage V_1 produces a magnetic flux which links both primary and secondary thereby producing a counter e.m.f of self-induction E_1 in primary (*i.e.* stator) and a mutually-induced e.m.f. $E_r (= sE_2)$ in secondary (*i.e.* rotor). There is no secondary terminal voltage V_2 in secondary because whole of the induced e.m.f. E_r is used up in circulating the rotor current as the rotor is closed upon itself (which is equivalent to its being short-circuited).

Obviously $\quad \mathbf{V_1} = \mathbf{E_1} + I_1R_1 + j\,I_1X_1$

The magnitude of $\mathbf{E_r}$ depends on voltage transformation ratio K between stator and rotor and the slip. As it is wholly absorbed in the rotor impedance.

$\therefore \quad \mathbf{E_r} = \mathbf{I_2Z_2} = I_2\,(R_2 + jsX_2)$

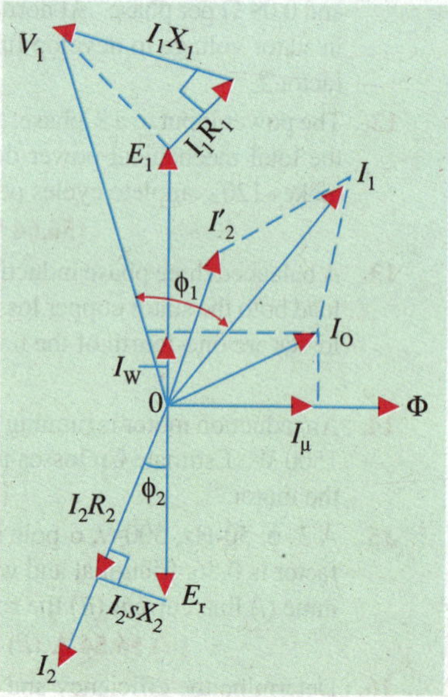

Fig. 34.46

In the vector diagram, I_0 is the no-load primary current. It has two components *(i)* the working or iron loss components I_w which supplies the no-load motor losses and *(ii)* the magnetising component I_μ which sets up magnetic flux in the core and the air-gap.

Obviously $I_0 = \sqrt{(I_\omega^2 + I_\mu^2)}$ I_n Fig. 34.45, I_ω and I_μ are taken care of by an exciting circuit containing $R_0 = E_1/I_\omega$ and $X_0 = E_1/I_\mu$ respectively.

It should be noted here, in passing that in the usual two-winding transformer, I_0 is quite small (about 1 % of the full-load current). The reason is that the magnetic flux path lies almost completely in the steel core of low reluctance, hence I_μ is small, with the result that I_0 is small But in an induction motor, the presence of an air-gap (of high reluctance) necessitates a large I_μ hence I_0 is very large (approximately 40 to 50% of the full-load current).

In the vector diagram, I_2' is the equivalent load current in primary and is equal to KI_2. Total primary current is the ***vector*** sum of I_0 and I_2'.

At this place, a few words may be said to justify the representation of the stator and rotor quantities on the same vector diagram, even though the frequency of rotor current and e.m.f. is only a fraction of that of the stator. We will now show that even though the frequencies of stator and rotor currents are different, yet magnetic fields due to them are synchronous with each other, when seen by an observer stationed in space—both fields rotate at synchronous speed N_s (Art. 34.11).

The current flowing in the short-circuited rotor produces a magnetic field, which revolves round the rotor in the same direction as the stator field. The speed of rotation of the rotor field is

$$= \frac{120\,f_r}{P} = \frac{120\,sf}{P} = sN_s = N_s \times \frac{N_S - N}{N_s} = (N_S - N)$$

Rotor speed $\quad N = (1 - s)\,N_s$

Hence, speed of the rotating field of the rotor with respect to the stationary stator or space is

$$= sN_S + N = (N_S - N) + N = N_s$$

34.48. Rotor Output

Primary current I_1 consists of two parts, I_0 and I_2'. It is the latter which is transferred to the rotor, because I_0 is used in meeting the Cu and iron losses in the stator itself. Out of the applied primary voltage V_1, some is absorbed in the primary itself $(= I_1Z_1)$ and the remaining E_1 is transferred to the rotor. If the angle between E_1 and I_2' is ϕ, then

$$\text{Rotor input / phase} = E_1I_2'\cos\phi\,; \quad \text{Total rotor input} = 3E_1I_2'\cos\phi$$

The electrical input to the rotor which is wasted in the form of heat is

$$= 3I_2\,E_r\cos\phi \qquad (\text{or } = 3\,I_2^{\,2}\,R_2)$$

Now $\quad I_2' = KI_2 \quad$ or $\quad I_2 = I_2'/K$

$\quad E_r = s\,E_2 \quad$ or $\quad E_2 = KE_1$

$\therefore \quad E_r = sKE_1$

$\therefore$ electrical input wasted as heat

$$= 3 \times (I_2'/K) \times sK\,E_1 \times \cos\phi = 3E_1I'_2\cos\phi \times s = \text{rotor input} \times s$$

$$\text{Now, rotor output} = \text{rotor input} - \text{losses} = 3E_1\,I_2'\cos\phi - 3E_1I_2'\cos\phi \times s$$

$$= (1 - s)\,3E_1I_2'\cos\phi = (1 - s) \times \text{rotor input}$$

$$\therefore \quad \frac{\text{rotor output}}{\text{rotor input}} = 1 - s \quad \therefore \quad \text{rotor Cu loss} = s \times \text{rotor input}$$

$$\text{rotor efficiency} = 1 - s = \frac{N}{N_S} = \frac{\text{actual speed}}{\text{synchronous speed}}$$

In the same way, other relation similar to those derived in Art. 34.37 can be found.

34.49. Equivalent Circuit of the Rotor

When motor is loaded, the rotor current I_2 is given by

$$I_2 = s\frac{E_2}{\sqrt{\left[R_2^2 + (sX_2)^2\right]}} = \frac{E_2}{\sqrt{\left[(R_2/s)^2 + X_2^2\right]}}$$

From the above relation it appears that the rotor circuit which actually consists of a fixed resistance R_2 and a variable reactance sX_2 (proportional to slip) connected across $E_r = sE_2$ [Fig. 34.47 (*a*)] can be looked upon as equivalent to a rotor circuit having a fixed reactance X_2 connected in series with a variable resistance R_2/s (inversely proportional to slip) and supplied with constant voltage E_2, as shown in Fig. 34.47 (*b*).

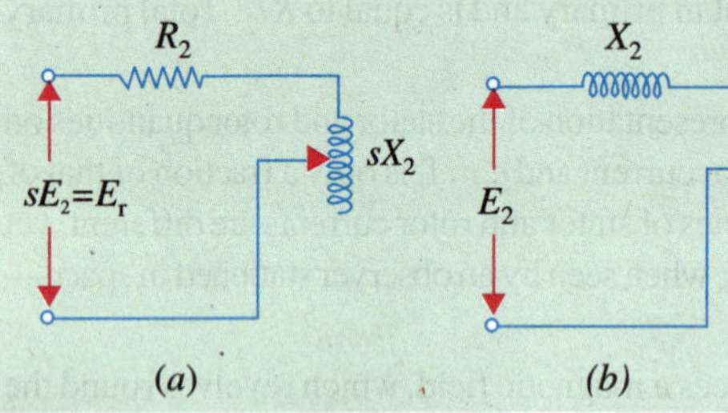

Fig. 34.47

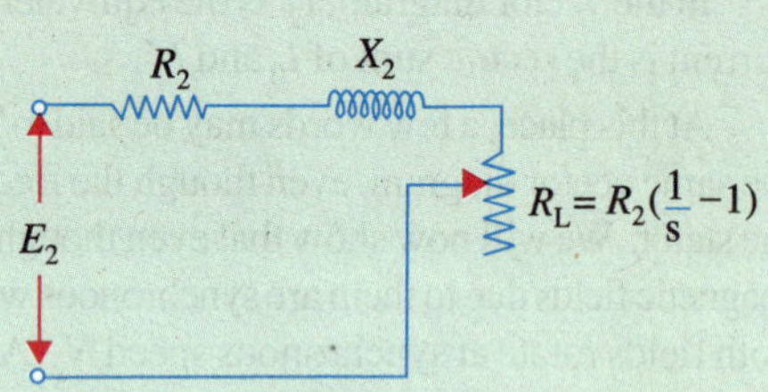

Fig. 34.48

Now, the resistance $\frac{R_2}{s} = R_2 + R_2\left(\frac{1}{s} - 1\right)$. It consists of two parts :

(*i*) the first part R_2 is the rotor resistance itself and represents the rotor Cu loss.

(*ii*) the second part is $R_2\left(\frac{1}{s} - 1\right)$

This is known as the load resistance R_L and is the electrical equivalent of the mechanical load on the motor. In other words, the mechanical load on an induction motor can be represented by a non-inductive resistance of the value $R_2\left(\frac{1}{s} - 1\right)$. The equivalent rotor circuit along with the load resistance R_L may be drawn as in Fig. 34.48.

34.50. Equivalent Circuit of an Induction Motor

As in the case of a transformer (Fig. 32.14), in this case also, the secondary values may be transferred to the primary and *vice versa*. As before, it should be remembered that when shifting impedance or resistance from secondary to primary, it should be ***divided*** by K^2 whereas current should be ***multiplied*** by K. The equivalent circuit of an induction motor where all values have been referred to primary *i.e.* stator is shown in Fig. 34.49.

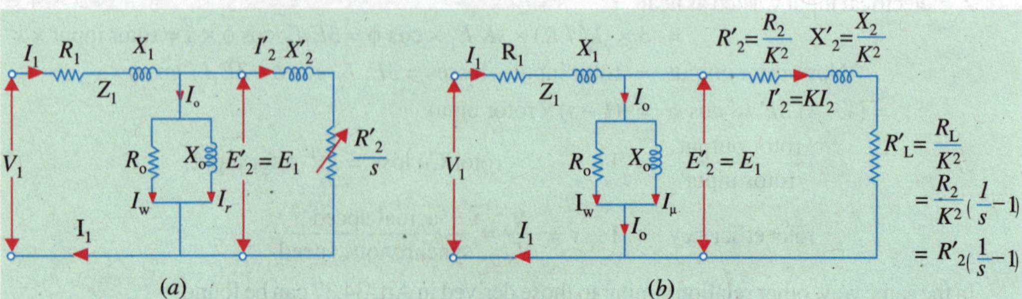

Fig. 34.49

As shown in Fig. 34.50, the exciting circuit may be transferred to the left, because inaccuracy involved is negligible but the circuit and hence the calculations are very much simplified. This is known as the ***approximate equivalent*** circuit of the induction motor.

If transformation ratio is assumed unity *i.e.* $E_2/E_1 = 1$, then the equivalent circuit is as shown in Fig. 34.51 instead of that in Fig. 34.49.

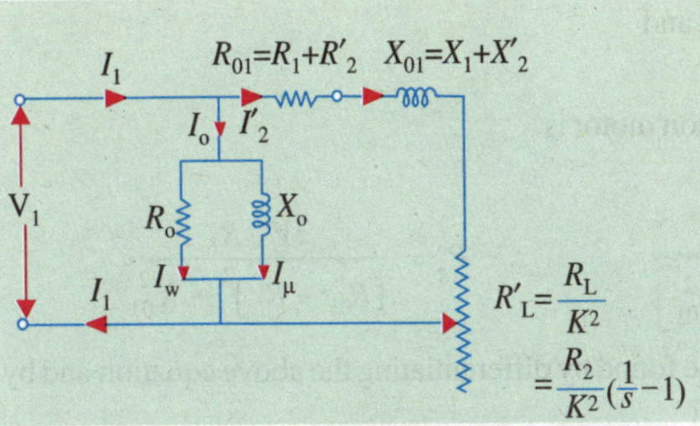

Fig. 34.50

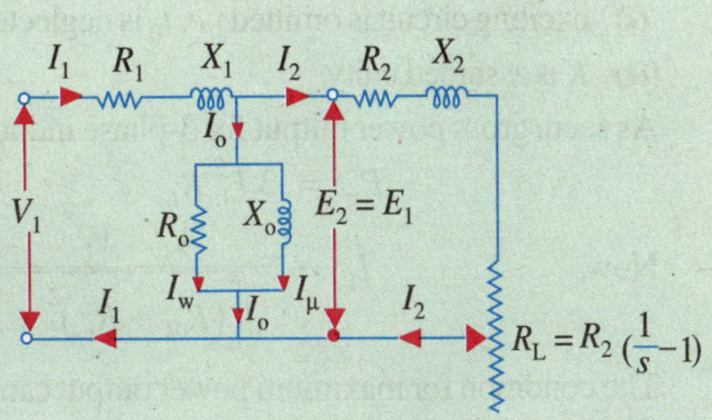

Fig. 34.51

34.51. Power Balance Equations

With reference to Fig. 34.49 (*a*), following power relations in an induction motor can be deduced:

Input power $= 3V_1 I_1 \cos\phi_1$; stator core loss $= I_\omega^2 R_0$; stator Cu loss $= 3 I_1^2 R_1$

Power transferred to rotor $= 3 I_2'^2 R_2'/s$; Rotor Cu loss $= 3 I_2'^2 R_2'$

Mechanical power developed by rotor (P_m) or gross power developed by rotor (P_g)

$$= \text{rotor input} - \text{rotor Cu losses}$$

$$= 3 I_2'^2 R_2'/s - 3I_2'^2 R_2' = 3 I_2'^2 R_2' \left(\frac{1-s}{s}\right) \text{ Watt}$$

If T_g is the gross torque* developed by the rotor, then

$$T_g \times \omega = T_g \times 2\pi \frac{N}{60} = 3 I_2'^2 R_2' \left(\frac{1-s}{s}\right)$$

$$\therefore \quad T_g = \frac{3 I_2'^2 R_2' \left(\frac{1-s}{s}\right)}{2\pi N/60} \text{ N-m}$$

Now, $N = N_S(1-s)$. Hence gross torque becomes

$$T_g = \frac{3 I_2'^2 R_2'/s}{2\pi N_s/60} \text{ N-m} = 9.55 \times \frac{3 I_2'^2 R_2'/s}{N_s} \text{ N-m}$$

Since gross torque in ***synchronous watts*** is equal to the power transferred to the rotor across the air-gap.

$$\therefore \quad T_g = 3I_2'^2 R_2'/s \text{ synch. watt.}$$

It is seen from the approximate circuit of Fig. 34.50 that

$$I_2' = \frac{V_1}{(R_1 + R_2'/s) + j(X_1 + X_2')}$$

$$T_g = \frac{3}{2\pi N_s/60} \times \frac{V_1^2}{(R_1 + R_2'/s)^2 + (X_1 + X_2')^2} \times \frac{R_2'}{s} \text{ N-m}$$

---

* It is different from shaft torque, which is less than T_g by the torque required to meet windage and frictional losses.

34.52. Maximum Power Output

Fig. 34.52 shows the approximate equivalent circuit of an induction motor with the simplification that :

(i) exciting circuit is omitted *i.e.* I_0 is neglected and

(ii) K is assumed unity.

As seen, gross power output for 3-phase induction motor is

$$P_g = 3I_1^2 R_L$$

Now, $$I_1 = \frac{V_1}{\sqrt{\left[(R_{01}+R_L)^2 + X_{01}^2\right]}} \qquad \therefore \quad P_g = \frac{3V_1^2 R_L}{(R_{01}+R_L)^2 + X_{01}^2}$$

The condition for maximum power output can be found by differentiating the above equation and by equating the first derivative to zero. If it is done, it will be found that

$$R_L^2 = R_{01}^2 + X_{01}^2 = Z_{01}^2$$

where Z_{01} = leakage impedance of the motor as referred to primary

$$\therefore \quad R_L = Z_{01}$$

Hence, the power output is maximum ***when the equivalent load resistance is equal to the standstill leakage impedance of the motor.***

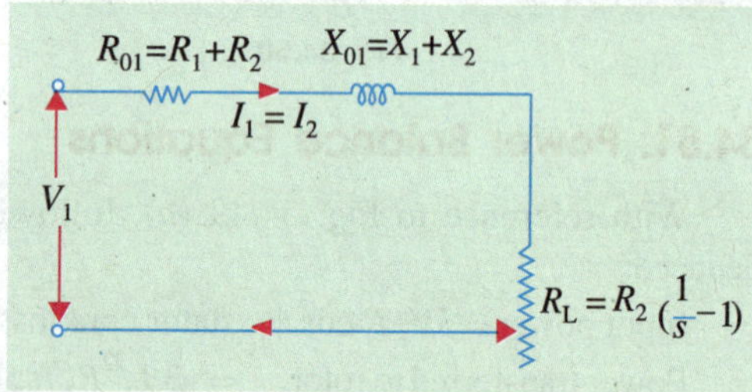

Fig. 34.52

34.53. Corresponding Slip

Now $$R_L = R_2[(1/s) - 1] \qquad \therefore \quad Z_{01} = R_L = R_2\,[(1/s) - 1] \text{ or } s = \frac{R_2}{R_2 + Z_{01}}$$

This is the slip corresponding to maximum gross power output. The vlaue of P_{gmax} is obtained by substituting R_L by Z_{01} in the above equation.

$$\therefore \quad P_{gmax} = \frac{3V_1^2 Z_{01}}{(R_{01}+Z_{01})^2 + X_{01}^2} = \frac{3V_1^2 Z_{01}}{R_{01}^2 + Z_{01}^2 + 2R_{01}Z_{01} + X_{01}^2} = \frac{3V_1^2}{2(R_{01}+Z_{01})}$$

It should be noted that V_1 is voltage/phase of the motor and K has been taken as unity.

Example 34.54. *The maximum torque of a 3-phase induction motor occurs at a slip of 12%. The motor has an equivalent secondary resistance of 0.08 Ω/phase. Calculate the equivalent load resistance R_L, the equivalent load voltage V_L and the current at this slip if the gross power output is 9,000 watts.*

Solution. $R_L = R_2[(1/s) - 1] = 0.08\,[(1/0.12) - 1] =$ **0.587 Ω /phase.**

As shown in the equivalent circuit of the rotor in Fig. 34.53, V is a fictitious voltage drop equivalent to that consumed in the load connected to the secondary *i.e.* rotor. The value of $V = I_2 R_L$

Now, gross power $P_g = 3I_2^2 R_L = 3V^2/R_L$

$$V = \sqrt{(P_g \times R_L / 3)}$$

$$= \sqrt{(0.587 \times 9000/3)} = \mathbf{42\ V}$$

Equivalent load current $= V/R_L = 42/0.587 =$ **71.6A**

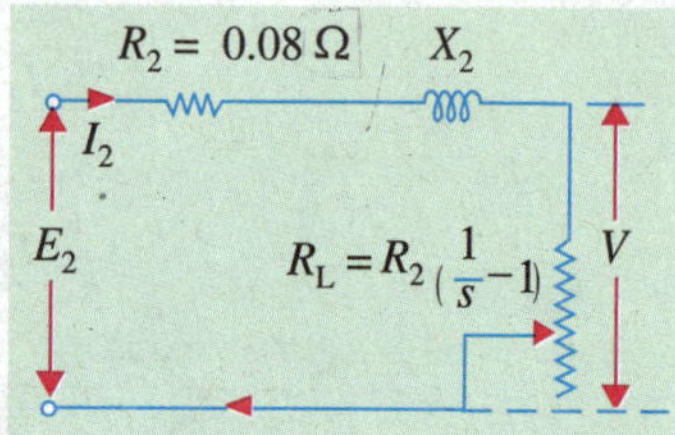

Fig. 34.53

Example 34.55. *A 3-phase, star-connected 400 V, 50-Hz, 4-pole induction motor has the following per phase parameters in ohms, referred to the stators.*

$$R_1 = 0.15, X_1 = 0.45, R_2' = 0.12, X_2' = 0.45, X_m = 28.5$$

Compute the stator current and power factor when the motor is operated at rated voltage and frequency with s = 0.04. **(Elect. Machines, A.M.I.E. Sec. B, 1990)**

Solution. The equivalent circuit with all values referred to stator is shown in Fig. 34.54.

$$R_L' = R_2'\left(\frac{1}{s}-1\right)$$

$$= 0.12\left(\frac{1}{0.04}-1\right) = 2.88\ \Omega$$

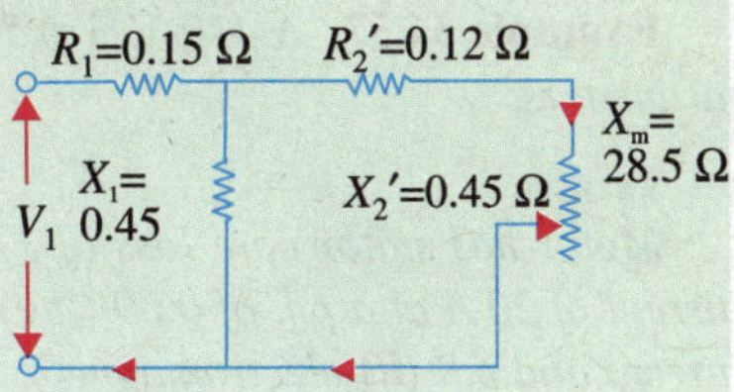

Fig. 34.54

$$I_2' = \frac{V}{(R_{01}+R_L')+j\,X_{01}}$$

$$= \frac{400/\sqrt{3}}{(0.15+0.12+2.88)+j(0.45+0.45)}$$

$$= 67.78 - j\,19.36$$

$$I_0 = \frac{400/\sqrt{3}}{X_m} = \frac{400}{\sqrt{3}\times j\,28.5} = -j\,8.1$$

Stator current, $\quad I_1 = I_0 + I_2' = 67.78 - j\,19.36 - j\,8.1 = \mathbf{73.13\ \angle -22°}$

p.f. $= \cos\phi = \cos 22° = 0.927$ (lag)

Example 34.56. *A 220-V, 3-ϕ, 4-pole, 50-Hz, Y-connected induction motor is rated 3.73 kW. The equivalent circuit parameters are:*

$$R_1 = 0.45\ \Omega,\ X_1 = 0.8\ \Omega;\ R_2' = 0.4\ \Omega,\ X_2' = 0.8\ \Omega,\ B_0 = -1/30\ \text{mho}$$

The stator core loss is 50 W and rotational loss is 150 W. For a slip of 0.04, find **(i)** *input current* **(ii)** *p.f.* **(iii)** *air-gap power* **(iv)** *mechanical power* **(v)** *electro-magnetic torque* **(vi)** *output power and* **(vii)** *efficiency.*

Solution. The exact equivalent circuit is shown in Fig. 34.55. Since R_0 (or G_0) is negligible in determining I_1, we will consider B_0 (or X_0) only

$$Z_{AB} = \frac{j\,X_m\,[(R_2'/s)+j\,X_2']}{(R_2'/s)+j\,(X_2'+X_m)} = \frac{j\,30\,(10+j\,0.8)}{10+j\,30.8} = 8.58 + j\,3.56 = 9.29\ \angle 22.5°$$

$$\mathbf{Z}_{01} = \mathbf{Z}_1 + \mathbf{Z}_{AB} = (0.45 + j\,0.8) + (8.58 + j\,3.56) = 9.03 + j\,4.36 = 10\ \angle 25.8°$$

$$V_{ph} = \frac{220}{\sqrt{3}}\ \angle 0° = 127\ \angle 0°$$

(i) $\therefore\ \mathbf{I}_1 = V_1/Z_{01} = 127\ \angle 0°/10\ \angle 25.8°$

$= \mathbf{12.7\ \angle -25.8°\ A}$

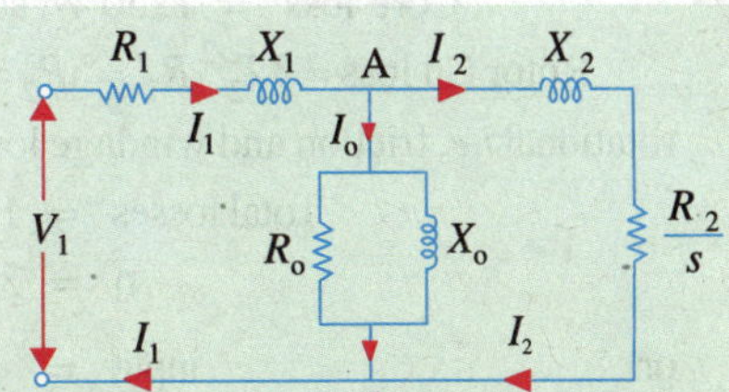

Fig. 34.55

(ii) p.f. $= \cos 25.8° = \mathbf{0.9}$

(iii) air-gap power, $P_2 = 3\,I_2'^2\,(R_2'/s) = 3I_1^2 R_{AB}$

$= 3 \times 12.7^2 \times 8.58 = \mathbf{4152\ W}$

(iv) $P_m = (1-s)\,P_2 = 0.96 \times 4152 = \mathbf{3{,}986\ W}$

(v) Electromagnetic torque (*i.e.* gross torque)

$$T_g = \frac{P_m}{2\pi N/60} = 9.55\,\frac{P_m}{N}\ \text{N-m}$$

Now, $\quad N_s = 1500$ r.p.m., $N = 1500\,(1-0.04) = 1440$ r.p.m.

$$T_g = 9.55 \times 3986/1440 = \mathbf{26.4\ N\text{-}m}$$

$$(\text{or } T_g = 9.55\frac{P_2}{N_s} = 9.55 \times \frac{4152}{1500} = \mathbf{26.4\ N\text{-}m}$$

(vi) output power $= 3986 - 150 =$ **3836 W**

(vii) stator core loss $= 50$ W; stator Cu loss $= 3\,I_1^2 R_1 = 3 \times 12.7^2 \times 0.45 = 218$ W

Rotor Cu loss $= 3\,I_2'^2 R_2' = sP_2 = 0.04 \times 4152 = 166$ W; Rotational losses = 150 W

Total loss $= 50 + 218 + 166 + 150 = 584$ W; $\eta = 3836/(3836 + 584) = 0.868$ or **86.8%**

Example 34.57. *A 440-V, 3-φ 50-Hz, 37.3 kW, Y-connected induction motor has the following parameters:*

$$R_1 = 0.1\ \Omega,\ X_1 = 0.4\ \Omega,\ R_2' = 0.15\ \Omega,\ X_2' = 0.44\ \Omega$$

Motor has stator core loss of 1250 W and rotational loss of 1000 W. It draws a no-load line current of 20 A at a p.f. of 0.09 (lag). When motor operates at a slip of 3%, calculate **(i)** *input line current and p.f.* **(ii)** *electromagnetic torque developed in N-m* **(iii)** *output and* **(iv)** *efficiency of the motor.* **(Elect. Machines -II, Nagpur Univ. 1992)**

Solution. The equivalent circuit of the motor is shown in Fig. 34.49 (*a*). Applied voltage per phase = $440/\sqrt{3} = 254$ V.

$$I_2' = \frac{V_1}{(R_1 + R_2'/s) + j\,(X_1 + X_2')} = \frac{254 \angle 0°}{(0.1 + 0.15/0.03) + j\,(0.4 + 0.44)}$$

$$= \frac{254 \angle 0°}{5.1 + j\,0.84} = \frac{254 \angle 0°}{5.17 \angle 9.3°} = 49.1 \angle -9.3° = 48.4 - j\,7.9$$

For all practical purposes, no-load motor current may be taken as equal to magnetising current I_0. Hence, $I_0 = 20 \angle -84.9° = 1.78 - j\,19.9$.

(i) $\mathbf{I_1 = I_0 + I_2'} = (48.4 - j\,7.9) + (1.78 - j\,19.9) = 50.2 - j\,27.8 =$ **57.4 ∠ − 29°**

∴ p.f. $= \cos 29° =$ **0.875 (lag).**

(ii) $P_2 = 3\,I_2'^2\,(R_2'/s) = 3 \times 49.1^2 \times (0.15/0.03) = 36{,}160$ W

$N_s = 1500$ r.p.m.

∴ $T_g = 9.55 \times 36{,}160/1500 =$ **230 N-m**

(iii) $P_m = (1 - s)\,P_2 = 0.97 \times 36{,}160 = 35{,}075$ W

Output power $= 35{,}075 - 1000 =$ **34,075 W**

Obviously, motor is delivering less than its rated output at this slip.

(iv) Let us total up the losses.

Core loss = 1250 W, stator Cu loss $= 3\,I_1^2\,R_1 = 3 \times 57.4^2 \times 0.1 = 988$ W

Rotor Cu loss $= 3\,I_2'^2\,R_2' = sP_2 = 0.03 \times 36{,}160 = 1085$ W

rotational *i.e.* friction and windage losses = 1000 W

Total losses $= 1250 + 988 + 1085 + 1000 = 4323$ W

$\eta = 34{,}075/(34{,}075 + 4323) = 0.887$ or **88.7%**

or input $= \sqrt{3} \times 440 \times 57.4 \times 0.875 = 38{,}275$ W

∴ $\eta = 1 - (4323/38{,}275) = 0.887$ or **88.7%**

Example 34.58. *A 400 V, 3-φ, star-connected induction motor has a stator exciting impedance of (0.06 + j 0.2) Ω and an equivalent rotor impedance of (0.06 + j 0.22) Ω. Neglecting exciting current, find the maximum gross power and the slip at which it occurs.* **(Elect. Engg.-II, Bombay Univ. 1987)**

Solution. The equivalent circuit is shown in Fig. 34.56.

$$R_{01} = R_1 + R_2' = 0.06 + 0.06 = 0.12\ \Omega$$
$$X_{01} = X_1 + X_2' = 0.2 + 0.22 = 0.42\ \Omega$$
$$\therefore\quad Z_{01} = \sqrt{(0.12^3 + 0.42^2)} = 0.44\ \Omega$$

As shown in Art. 34.53, slip corresponding to maximum gross power output is given by

$$s = \frac{R_2}{R_2 + Z_{01}} = \frac{0.06}{0.06 + 0.44}$$
$$= 0.12 \text{ or } \mathbf{12\%}$$

Voltage/phase, $V_1 = 400/\sqrt{3}\,V$

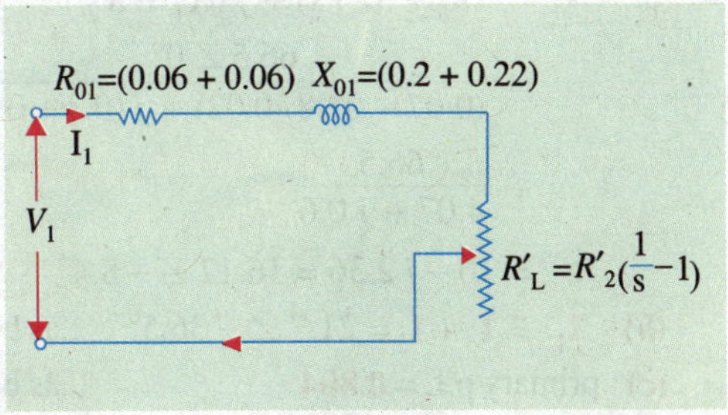

Fig. 34.56

$$P_{g\ max} = \frac{3V_1^2}{2\,(R_{01} + Z_{01})} = \frac{3\,(400/\sqrt{3})^2}{2\,(0.12 + 0.44)} = \mathbf{142{,}900\ W.}$$

Example 34.59. *A 115V, 60-Hz, 3-phase, Y-Connected, 6-pole induction motor has an equivalent T-circuit consisting of stator impedance of (0.07 + j 0.3) Ω and an equivalent rotor impedance at standstill of (0.08 + j 0.3) Ω. Magnetising branch has G_o = 0.022 mho, B_o = 0.158 mho. Find (a) secondary current (b) primary current (c) primary p.f. (d) gross power output (e) gross torque (f) input (g) gross efficiency by using approximate equivalent circuit. Assume a slip of 2%.*

Solution. The equivalent circuit is shown in Fig. 34.57 $R_L' = R_2'\,[(1/s) - 1]$

$$= 0.88\left(\frac{1}{0.02} - 1\right) = 3.92\ \Omega/\text{phase}$$

The impedance to the right of terminals *c* and *d* is

$$Z_{cd} = R_{01} + R_L' + j\,X_{01}$$
$$= (0.07 + 0.08) + 3.92 + j\,0.6$$
$$= 4.07 + j\,0.6$$
$$= 4.11 \angle 8.4°\ \Omega/\text{phase}$$
$$V = 115/\sqrt{3} = 66.5\ \text{V}$$

(*a*) Secondary current $\mathbf{I_2' = I_2}$

$$= \frac{66.5}{4.11\angle 8.4°} = 16.17 \angle -j\,8.4°$$
$$= 16 - j\,2.36\ \text{A}$$

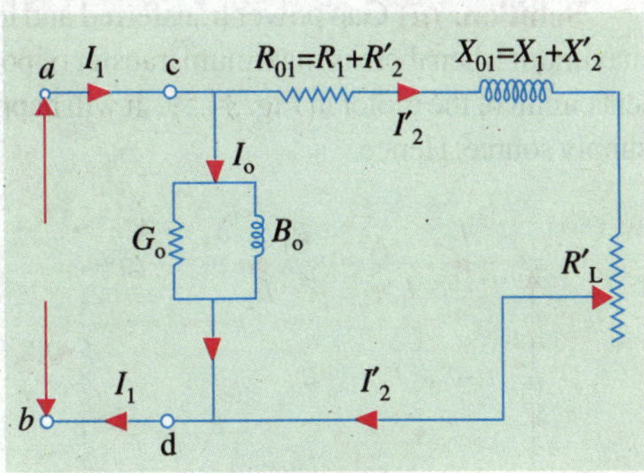

Fig. 34.57

The exciting current $\mathbf{I_0} = V\,(G_0 - j\,B_0) = 66.5\,(0.022 - j\,0.158) = 1.46 - j\,10.5$ A

(*b*) $\mathbf{I_1 = I_0 + I_2' = I_0 + I_2} = (1.46 - j\,10.5) + (16 - j\,2.36)$
$= 17.46 - j\,12.86 = 21.7 \angle -36.5°$

(*c*) Primary p.f. $= \cos 36.5° = \mathbf{0.804}$

(*d*) $P_g = 3\,I_2^2\,R_L' = 3 \times 16.17^2 \times 3.92 = \mathbf{3{,}075\ W}$

(*e*) Synchronous speed $N_s = 120 \times 60/6 = 1{,}200$ r.p.m.

Actual rotor speed $N = (1 - s)\,N_s = (1 - 0.02) \times 1200 = 1{,}176$ r.p.m.

$$\therefore\quad T_g = 9.55.\frac{P_m}{N} = 9.55 \times \frac{3075}{1176} = \mathbf{24.97\ N-m}$$

(*f*) Primary power input $= \sqrt{3}\,V_1\,I_1\cos\phi = \sqrt{3} \times 115 \times 21.7 \times 0.804 = \mathbf{3{,}450\ W}$

(*g*) Gross efficiency $= 3{,}075 \times 100/3{,}450 = \mathbf{89.5\ \%}$

Alternative Solution

Instead of using the equivalent circuit of Fig. 34.57, we could use that shown in Fig. 34.49 which is reproduced in Fig. 34.58.

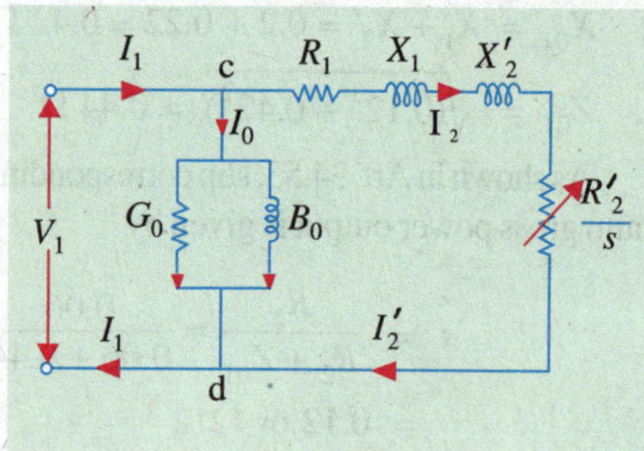

Fig. 34.58

(*a*) $$I_2' = \frac{V_1}{(R_1 + R_2'/s) + j(X_1 + X_2')} = \frac{66.5\angle 0°}{(0.07 + 0.08/0.02) + j(0.3 + 0.3)} = \frac{66.5}{4.07 + j\,0.6}$$

$$= 16 - j\,2.36 = 16.17\angle -8.4°$$

(*b*) $\mathbf{I_1} = \mathbf{I_o} + \mathbf{I_2} = 21.7\angle -36.5°$ ...as before

(*c*) primary p.f. = **0.804** ...as before

(*d*) gross power developed, $$P_g = 3\,I_2'^2 R_2'\left(\frac{1-s}{s}\right) = 3 \times 16.17^2 \times 0.08\left(\frac{1-0.02}{0.02}\right) = \mathbf{3075\ W}$$

The rest of the solution is the same as above.

Example 34.60. *The equivalent circuit of a 400 V, 3-phase induction motor with a star-connected winding has the following impedances per phase referred to the stator at standstill:*

Stator : (0.4 + j 1) ohm; Rotor : (0.6 + j 1) ohm; Magnetising branch : (10 + j 50) ohm.

Find (i) maximum torque developed (ii) slip at maximum torque and (iii) p.f. at a slip of 5%. Use approximate equivalent circuit. **(Elect. Machinery-III, Bangalore Univ. 1987)**

Solution. (*ii*) Gap power transferred and hence the mechanical torque developed by rotor would be maximum when there is maximum transfer of power to the resistor R_2'/s shown in the approximate equivalent circuit of the motor in Fig. 34.59. It will happen when R_2'/s equals the impedance looking back into the supply source. Hence,

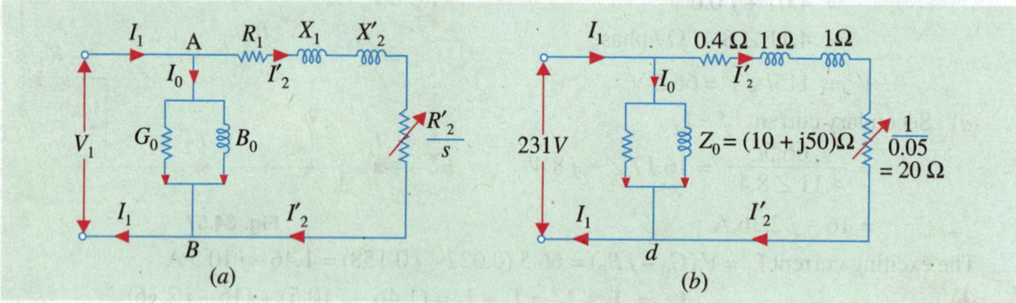

Fig. 34.59

$$\frac{R_2'}{s_m} = \sqrt{R_1^2 + (X_1 + X_2')^2}$$

or $$s_m = \frac{R_2'}{\sqrt{R_1^2 + (X_1 + X_2')^2}} = \frac{0.6}{\sqrt{0.4^2 + 2^2}} = 0.29 \text{ or } \mathbf{29\%}$$

(*i*) Maximum value of gross torque developed by rotor

$$T_{g\,max} = \frac{P_{g\,max}}{2\pi N_s/60} = \frac{3\,I_2'^2\,R_2'/s_m}{2\pi N_s/60}\ \text{N-m}$$

Now, $$I_2' = \frac{V_1}{\sqrt{(R_1 + R_2')^2 + (X_1 + X_2')^2}} = \frac{400/\sqrt{3}}{\sqrt{(0.4+0.6)^2 + (1+1)^2}} = 103.3 \text{ A}$$

$$\therefore \quad T_{g\text{-}max} = \frac{3 \times 103.3^2 \times 1/0.29}{2\pi \times 1500/60} = 351 \text{ N-m} \quad \text{... assuming } N_S = 1500 \text{ r.p.m.}$$

(iii) The equivalent circuit for one phase for a slip of 0.05 is shown in Fig. 32.59 (*b*).

$$I_2' = 231/\,[(20 + 0.4) + j\,2] = 11.2 - j\,1.1$$

$$I_0 = 231/\,(10 + j\,50) = 0.89 - j\,4.4$$

$$I_1 = I_0 + I_2' = 12.09 - j\,5.5 = 13.28 \angle -24.4°;\ \text{p.f.} = \cos 24.4° = 0.91 \text{ (lag)}$$

Tutorial Problem No. 34.4.

1. A 3-phase, 115-volt induction motor has the following constants : $R_2 = 0.07\ \Omega$; $R_2' = 0.08\ \Omega$, $X_1 = 0.4\ \Omega$ and $X_2' = 0.2\ \Omega$. All the values are for one phase only. At which slip the gross power output will be maximum and the value of the gross power output ? **[11.4% ; 8.6 kW]**
2. A 3-phase, 400-V, Y-connected induction motor has an equivalent *T*-circuit consisting of $R_1 = 1\ \Omega$, $X_1 = 2\ \Omega$, equivalent rotor values are $R_2' = 1.2\ \Omega$, $X_2' = 1.5\ \Omega$. The exciting branch has an impedance of $(4 + j\,40)\ \Omega$. If slip is 5% find (*i*) current (*ii*) efficiency (*iii*) power factor (*iv*) output. Assume friction loss to be 250 W. ***[(i) 10.8 A (ii) 81% (iii) 0.82 (iv) 5 kW]***
3. A 50 HP, 440 Volt, 3-phase, 50 Hz Induction motor with star-connected stator winding gave the following test results:

   (*i*)No load test: Applied line voltage 440 V, line current 24 A, wattmeter reading 5150 and 3350 watts.

   (*ii*)Blocked rotor test: applied line voltage 33.6 volt, line current 65 A, wattmeter reading 2150 and 766 watts.

   Calculate the parameters of the equivalent circuit.

   [Rajiv Gandhi Technical University, Bhopal, 2000]

   [(*i*) Shunt branch : R_o = 107.6 ohms, X_m = 10.60 ohms (*ii*) Series branch : *r* = 0.23 ohm, *x* = 0.19 ohm]

OBJECTIVE TESTS – 34

1. Regarding skewing of motor bars in a squirrel-cage induction motor, (SCIM) which statement is false ?
   (*a*) it prevents cogging
   (*b*) it increases starting torque
   (*c*) it produces more uniform torque
   (*d*) it reduces motor 'hum' during its operation.
2. The principle of operation of a 3-phase. Induction motor is most similar to that of a
   (*a*) synchronous motor
   (*b*) repulsion-start induction motor
   (*c*) transformer with a shorted secondary
   (*d*) capacitor-start, induction-run motor.
3. The magnetising current drawn by transformers and induction motors is the cause of their ....power factor.
   (*a*) zero (*b*) unity
   (c) lagging (*d*) leading.
4. The effect of increasing the length of air-gap in an induction motor will be to increase the
   (*a*) power factor
   (*b*) speed
   (*c*) magnetising current
   (*d*) air-gap flux.
   (Power App-II, Delhi Univ. Jan. 1987)
5. In a 3-phase induction motor, the relative speed of stator flux with respect to ....is zero.
   (*a*) stator winding (*b*) rotor
   (c) rotor flux (*d*) space.
6. An eight-pole wound rotor induction motor operating on 60 Hz supply is driven at 1800 r.p.m. by a prime mover in the opposite direction of revolving magnetic field. The frequency of rotor current is
   (*a*) 60 Hz (*b*) 120 Hz
   (c) 180 Hz (*d*) none of the above.

(Elect. Machines, A.M.I.E. Sec. B, 1993)

7. A 3-phase, 4-pole, 50-Hz induction motor runs at a speed of 1440 r.p.m. The rotating field produced by the rotor rotates at a speed of ....r.p.m. with respect to the rotor.
   (*a*) 1500 (*b*) 1440
   (c) 60 (*d*) 0.
8. In a 3-ϕ induction motor, the rotor field rotates at synchronous speed with respect to
   (*a*) stator (*b*) rotor
   (*c*) stator flux (*d*) none of the above.
9. Irrespective of the supply frequency, the torque developed by a SCIM is the same whenever .... is the same.
   (*a*) supply voltage (*b*) external load
   (*c*) rotor resistance (*d*) slip speed.
10. In the case of a 3-ϕ induction motor having N_s = 1500 rpm and running with *s* = 0.04
    (*a*) revolving speed of the stator flux is space is .....rpm
    (*b*) rotor speed is ....rpm
    (*c*) speed of rotor flux relative to the rotor is ....rpm
    (*d*) speed of the rotor flux with respect to the stator is ....rpm.
11. The number of stator poles produced in the rotating magnetic field of a 3-ϕ induction motor having 3 slots per pole per phase is
    (*a*) 3 (*b*) 6
    (c) 2 (*d*) 12
12. The power factor of a squirrel-cage induction motor is
    (*a*) low at light loads only
    (*b*) low at heavy loads only
    (*c*) low at light and heavy loads both
    (*d*) low at rated load only.

(Elect. Machines, A.M.I.E. Sec.B, 1993)

13. Which of the following rotor quantity in a SCIM does NOT depend on its slip ?
    (*a*) reactance (*b*) speed
    (*c*) induced emf (*d*) frequency.
14. A 6-pole, 50-Hz, 3-ϕ induction motor is running at 950 rpm and has rotor Cu loss of 5 kW. Its rotor input is ......kW.
    (*a*) 100 (b) 10
    (c) 95 (*d*) 5.3.
15. The efficiency of a 3-phase induction motor is approximately proportional to
    (*a*) (1– s) (*b*) *s*
    (*c*) *N* (*d*) N_s.
16. A 6-pole, 50-Hz, 3-ϕ induction motor has a full-load speed of 950 rpm. At half-load, its speed would be ......rpm.
    (*a*) 475 (*b*) 500
    (*c*) 975 (*d*) 1000
17. If rotor input of a SCIM running with a slip of 10% is 100 kW, gross power developed by its rotor is ...... kW.
    (*a*) 10 (*b*) 90
    (*c*) 99 (*d*) 80
18. Pull-out torque of a SCIM occurs at that value of slip where rotor power factor equals
    (*a*) unity (*b*) 0.707
    (*c*) 0.866 (*d*) 0.5
19. Fill in the blanks.
    When load is placed on a 3-phase induction motor, its
    (*i*) speed ......
    (*ii*) slip ......
    (*iii*) rotor induced emf ......
    (*iv*) rotor current ......
    (*v*) rotor torque ......
    (*vi*) rotor continues to rotate at that value of slip at which developed torque equals ...... torque.
20. When applied rated voltage per phase is reduced by one-half, the starting torque of a SCIM becomes ...... of the starting torque with full voltage.
    (*a*) 1/2 (*b*) 1/4
    (*c*) $1/\sqrt{2}$ (*d*) $\sqrt{3}/2$
21. If maximum torque of an induction motor is 200 kg-m at a slip of 12%, the torque at 6% slip would be ...... kg-m.
    (*a*) 100 (*b*) 160
    (*c*) 50 (*d*) 40
22. The fractional slip of an induction motor is the ratio
    (*a*) rotor Cu loss/rotor input
    (*b*) stator Cu loss/stator input
    (*c*) rotor Cu loss/rotor output
    (*d*) rotor Cu loss/stator Cu loss
23. The torque developed by a 3-phase induction motor depends on the following three factors:
    (*a*) speed, frequency, number of poles
    (*b*) voltage, current and stator impedance
    (*c*) synchronous speed, rotor speed and frequency

(*d*) rotor emf, rotor current and rotor p.f.

24. If the stator voltage and frequency of an induction motor are reduced proportionately, its

(*a*) locked rotor current is reduced

(*b*) torque developed is increased

(*c*) magnetising current is decreased

(*d*) both (*a*) and (*b*)

25. The efficiency and p.f. of a SCIM increases in proportion to its

(*a*) speed (*b*) mechanical load

(*c*) voltage (*d*) rotor torque

26. A SCIM runs at ***constant*** speed only so long as

(*a*) torque developed by it remains constant

(*b*) its supply voltage remains constant

(*c*) its torque exactly equals the mechanical load

(*d*) stator flux remains constant

27. The synchronous speed of a linear induction motor does NOT depend on

(*a*) width of pole pitch

(*b*) number of poles

(*c*) supply frequency

(*d*) any of the above

28. Thrust developed by a linear induction motor depends on

(*a*) synchronous speed

(*b*) rotor input

(*c*) number of poles

(*d*) both (*a*) and (*b*)

ANSWERS

1. *b* **2.** *c* **3.** *c* **4.** *c* **5.** *c* **6.** *c* **7.** *c* **8.** *a* **9.** *d* **10.** (*i*) 1500 (*ii*) 1440 (*iii*) 60 (*iv*) 1500 **11.** *b* **12.** *a* **13.** *b* **14.** *a* **15.** *a* **16.** *c* **17.** *b* **18.** *b* **19.** (*i*) decreases (*ii*) increases (*iii*) increases (*iv*) increases (*v*) increases (*vi*) applied **20.** *b* **21.** *b* **22.** *a* **23.** *d* **24.** *d* **25.** *b* **26.** *c* **27.** *b* **28.** *d*

ROUGH WORK

CHAPTER 35

COMPUTATIONS AND CIRCLE DIAGRAMS

Learning Objectives

- General
- Circle Diagram for a Series Circuit
- Circle Diagram of the Approximate Equivalent Circle
- Determination of G0 and B0
- No-load Test
- Blocked Rotor Test
- Construction of the Circle Diagram
- Maximum Quantities
- Starting of Induction Motors
- Direct-Switching or Line Starting of Induction Motors
- Squirrel-cage Motors
- Starting of Slip-ring Motors
- Starter Steps
- Crawling
- Cogging or Magnetic Locking
- Double Sqiurrel-cage Motor
- Equivalent circuit
- Speed Control of Induction Motor
- Three-Phase A.C. Commutator Motors
- Schrage Motor
- Motor Enclosures
- Standard type of Squirrel-cage Motors
- Class A Motors
- Class B Motors
- Class C Motors
- Class D Motors
- Class E Motors
- Class F Motors
- Questions and Answer on Induction Motors

This chapter explains you how to derive performance characteristics of induction motors using circular diagrams

35.1. General

In this chapter, it will be shown that the performance characteristics of an induction motor are derivable from a circular locus. The data necessary to draw the circle diagram may be found from no-load and blocked-rotor tests, corresponding to the open-circuit and short-circuit tests of a transformer. The stator and rotor Cu losses can be separated by drawing a torque line. The parameters of the motor, in the equivalent circuit, can be found from the above tests, as shown below.

35.2. Circle Diagram for a Series Circuit

It will be shown that the end of the current vector for a series circuit with constant reactance and voltage, but with a variable resistance is a circle. With reference to Fig. 35.1, it is clear that

$$I = \frac{V}{Z} = \frac{V}{\sqrt{(R^2 + X^2)}}$$

$$= \frac{V}{X} \times \frac{X}{\sqrt{(R^2 + X^2)}} = \frac{V}{X} \sin \phi$$

$$\because \sin \phi = \frac{X}{\sqrt{(R^2 + X^2)}} \quad \text{– Fig. 35.2}$$

$$\therefore \quad I = (V/X) \sin \phi$$

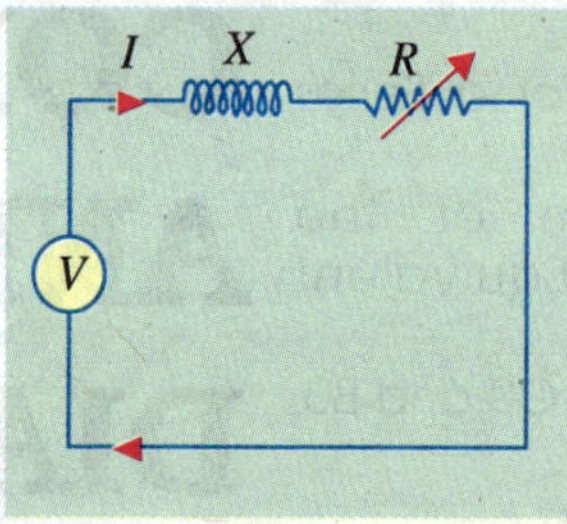

Fig. 35.1

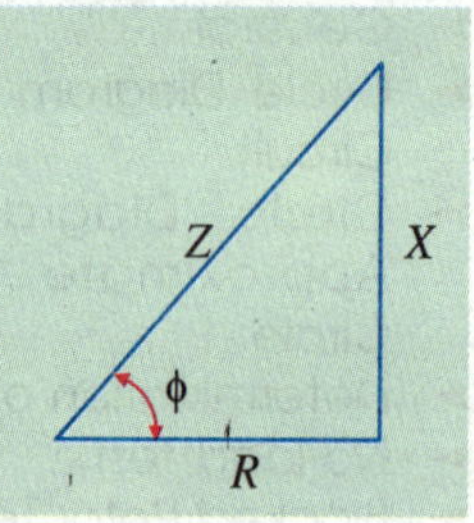

Fig. 35.2

It is the equation of a circle in polar co-ordinates, with diameter equal to V/X. Such a circle is drawn in Fig. 35.3, using the magnitude of the current and power factor angle ϕ as polar co-ordinates of the point A. In other words, as resistance R is varied (which means, in fact, ϕ is changed), the end of the current vector lies on a circle with diameter equal to V/X. For a lagging current, it is usual to orientate the circle of Fig. 35.3 (*a*) such that its diameter is horizontal and the voltage vector takes a vertical position, as shown in Fig. 35.3 (*b*). There is no difference between the two so far as the magnitude and phase relationships are concerned.

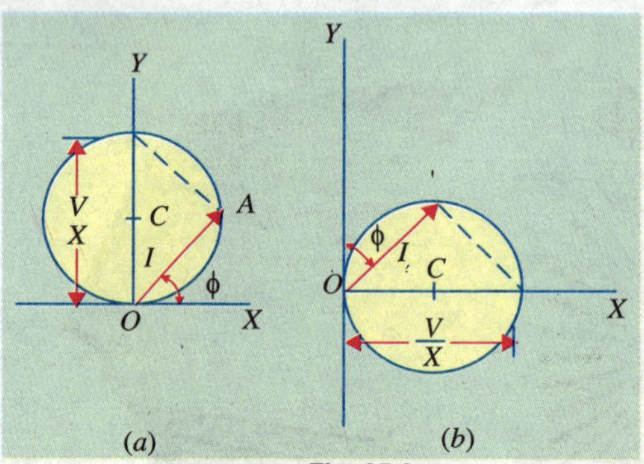

Fig. 35.3

35.3. Circle Diagram for the Approximate Equivalent Circuit

The approximate equivalent diagram is redrawn in Fig. 35.4. It is clear that the circuit to the right of points *ab* is similar to a series circuit, having a constant voltage V_1 and reactance X_{01} but variable resistance (corresponding to different values of slip *s*).

Hence, the end of current vector for I_2' will lie on a circle with a diameter of V/X_{01}. In Fig. 35.5, I_2' is the rotor current referred to stator, I_0 is no-load current (or exciting current) and I_1 is the total stator current and is the vector sum of the first two. When I_2' is lagging and $\phi_2 = 90°$, then the position of vector for I_2' will be along OC *i.e.* at right angles to the voltage vector OE. For any other value of ϕ_2, point A will move along the circle shown dotted. The exciting current I_0 is drawn lagging V by an angle ϕ_0. If conductance G_0 and susceptance

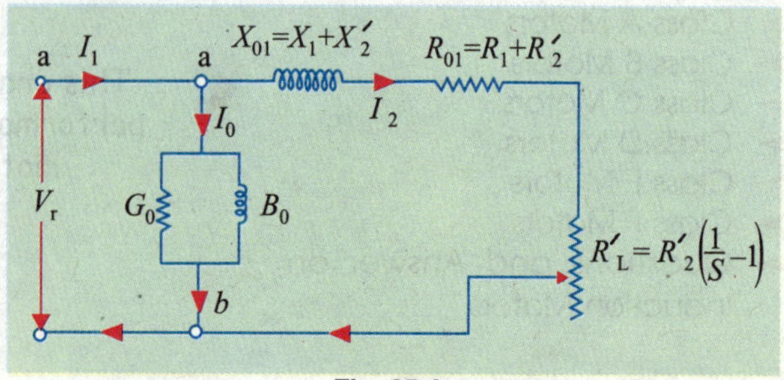

Fig. 35.4

B_0 of the exciting circuit are assumed constant, then I_0 and ϕ_0 are also constant. The end of current vector for I_1 is also seen to lie on another circle which is displaced from the dotted circle by an amount I_0. Its diameter is still V/X_{01} and is parallel to the horizontal axis OC. Hence, we find that if an induction motor is tested at various loads, the locus of the end of the vector for the current (drawn by it) is a circle.

35.4. Determination of G_0 and B_0

If the total leakage reactance X_{01} of the motor, exciting conductance G_0 and exciting susceptance B_0 are found, then the position of the circle $O'BC'$ is determined uniquely. One method of finding G_0 and B_0 consists in running the motor synchronously so that slip $s = 0$. In practice, it is impossible for an induction motor to run at synchronous speed, due to the inevitable presence of friction and windage losses. However, the induction motor may be run at synchronous speed by another machine which supplies the friction and windage losses. In that case, the circuit to the right of points *ab* behaves like an open circuit, because with $s = 0$, $R_L = \infty$ (Fig. 35.6). Hence, the current drawn by the motor is I_0 only. Let

V = applied voltage/phase; I_0 = motor current / phase

W = wattmeter reading *i.e.* input in watt ; Y_0 = exciting admittance of the motor. Then, for a 3-phase induction motor

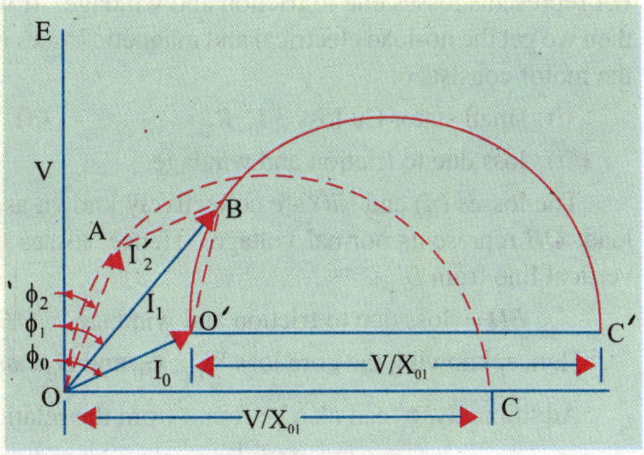

Fig. 35.5

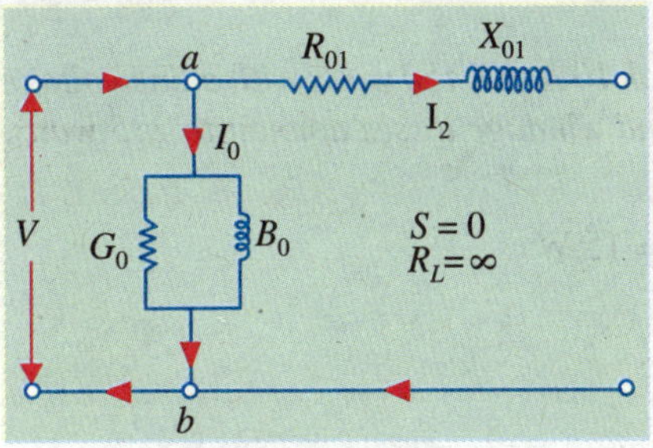

Fig. 35.6

$$W = 3G_0V^2 \quad \text{or} \quad G_0 = \frac{W}{3V^2} \quad \text{Also, } I_0 = VY_0 \text{ or } Y_0 = I_0/V$$

$$B_0 = \sqrt{(Y_0^2 - G_0^2)} = \sqrt{[(I_0/V)^2 - G_0^2]}$$

Hence, G_0 and B_0 can be found.

35.5. No-load Test

In practice, it is neither necessary nor feasible to run the induction motor synchronously for getting G_0 and B_0. Instead, the motor is run without any external mechanical load on it. The speed of the rotor would not be synchronous, but very much near to it ; so that, for all practical purposes, the speed may be assumed synchronous. The no load test is carried out with different values of applied voltage, below and above the value of normal voltage. The power input is measured by two wattmeters,

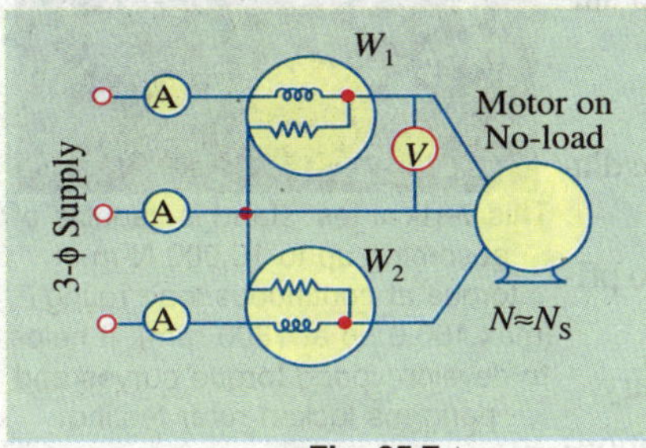

Fig. 35.7

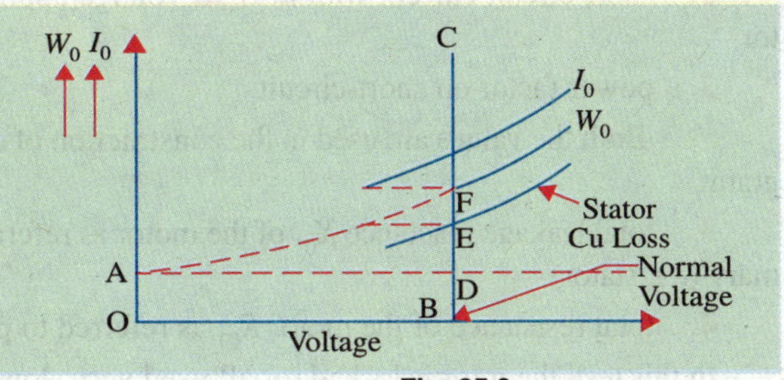

Fig. 35.8

I_0 by an ammeter and V by a voltmeter, which are included in the circuit of Fig. 35.7. As motor is running on light load, the p.f. would be low *i.e.* less than 0.5, hence total power input will be the difference of the two wattmeter readings W_1 and W_2. The readings of the total power input W_0, I_0 and voltage V are plotted as in Fig. 35.8. If we extend the curve for W_0, it cuts the vertical axis at point A. OA represents losses due to friction and windage. If we subtract loss corresponding to OA from W_0, then we get the no-load electrical and magnetic losses in the machine, because the no-load input W_0 to the motor consists of

(*i*) small stator Cu loss $3\,I_0^2\,R_1$ (*ii*) stator core loss $W_{CL} = 3G_0V^2$
(*iii*) loss due to friction and windage.

The losses (*ii*) and (*iii*) are collectively known as fixed losses, because they are independent of load. OB represents normal voltage. Hence, losses at normal voltage can be found by drawing a vertical line from B.

BD = loss due to friction and windage DE = stator Cu loss EF = core loss

Hence, knowing the core loss W_{CL}, G_0 and B_0 can be found, as discussed in Art. 35.4.

Additionally, ϕ_0 can also be found from the relation $W_0 = \sqrt{3}\,V_L I_0 \cos\phi_0$

$$\therefore \quad \cos\phi_0 = \frac{W_0}{\sqrt{3}\,V_L I_0}$$ where V_L = line voltage and W_0 is no-load stator input.

Example 35.1. *In a no-load test, an induction motor took 10 A and 450 watts with a line voltage of 110 V. If stator resistance/phase is 0.05 Ω and friction and windage losses amount to 135 watts, calculate the exciting conductance and susceptance/phase.*

Solution. stator Cu loss $= 3\,I_0^2\,R_1 = 3 \times 10^2 \times 0.05 = 15$ W

$\therefore$ stator core loss $= 450 - 135 - 15 = 300$ W

Voltage/phase $V = 110/\sqrt{3}$ V ; Core loss $= 3\,G_0\,V^2$

$$300 = 3\,G_0 \times (110/\sqrt{3})^2 \;;\; G_0 = \frac{300}{3 \times (110/\sqrt{3})^2}$$

$= \mathbf{0.025}$ **siemens/phase**

$Y_0 = I_0/V = (10 \times \sqrt{3})/110 = 0.158$ siemens/phase

$$B_0 = \sqrt{(Y_0^2 - G_0^2)} = \sqrt{(0.158^2 - 0.025^2)}$$

$= \mathbf{0.156}$ **siemens/phase.**

35.6. Blocked Rotor Test

It is also known as locked-rotor or short-circuit test. This test is used to find–

1. short-circuit current with ***normal*** voltage applied to stator
2. power factor on short-circuit

Both the values are used in the construction of circle diagram

3. total leakage reactance X_{01} of the motor as referred to primary (*i.e.* stator)
4. total resistance of the motor R_{01} as referred to primary.

This vertical test stand is capable of absorbing up to 10,000 N-m of torque at continuous load rating (max 150.0 hp at 1800 rpm). It helps to develop speed torque curves and performs locked rotor testing

In this test, the rotor is locked (or allowed very slow rotation)

and the rotor windings are short-circuited at slip-rings, if the motor has a wound rotor. Just as in the case of a short-circuit test on a transformer, a reduced voltage (up to 15 or 20 per cent of normal value) is applied to the stator terminals and is so adjusted that full-load current flows in the stator. As in this case $s = 1$, the equivalent circuit of the motor is exactly like a transformer, having a short-circuited secondary. The values of current, voltage and power input on short-circuit are measured by the ammeter, voltmeter and wattmeter connected in the circuits as before. Curves connecting the above quantities may also be drawn by taking two or three additional sets of readings at progressively reduced voltages of the stator.

(*a*) It is found that relation between the short-circuit current and voltage is approximately a straight line. Hence, if V is normal stator voltage, V_s the short-circuit voltage (a fraction of V), then short-circuit or standstill rotor current, if normal voltage were applied to stator, is found from the relation

$$I_{SN} = I_s \times V/V_s$$

where I_{SN} = short-circuit current obtainable with normal voltage

I_s = short-circuit current with voltage V_S

(*b*) Power factor on short-circuit is found from

$$W_S = \sqrt{3}\, V_{SL}\, I_{SL} \cos\phi_S\,; \qquad \therefore \quad \cos\phi_S = W_S / (\sqrt{3}\, V_{SL}\, I_{SL})$$

where W_S = total power input on short-circuit

V_{SL} = line voltage on short-circuit

I_{SL} = line current on short-circuit.

(*c*) Now, the motor input on short-circuit consists of

(*i*) mainly stator and rotor Cu losses

(*ii*) core-loss, which is small due to the fact that applied voltage is only a small percentage of the normal voltage. This core-loss (if found appreciable) can be calculated from the curves of Fig. 35.8.

$$\therefore \quad \text{Total Cu loss} = W_S - W_{CL}$$

$$3\, I_s^2 R_{01} = W_s - W_{CL}\,: \quad R_{01} = (W_s - W_{CL}) / 3\, I_s^2$$

(*d*) With reference to the approximate equivalent circuit of an induction motor (Fig. 35.4), motor leakage reactance per phase X_{01} as referred to the stator may be calculated as follows :

$$Z_{01} = V_S / I_S \qquad X_{01} = \sqrt{(Z_{01}^2 - R_{01}^2)}$$

Usually, X_1 is assumed equal to X_2' where X_1 and X_2 are stator and rotor reactances per phase respectively as referred to stator. $X_1 = X_2' = X_{01} / 2$

If the motor has a wound rotor, then stator and rotor resistances are separated by dividing R_{01} in the ratio of the d.c. resistances of stator and rotor windings.

In the case of squirrel-cage rotor, R_1 is determined as usual and after allowing for 'skin effect' is subtracted from R_{01} to give R_2' – the effective rotor resistance as referred to stator.

$$\therefore \quad R_2' = R_{01} - R_1$$

Example 35.2. *A 110-V, 3-ϕ, star-connected induction motor takes 25 A at a line voltage of 30 V with rotor locked. With this line voltage, power input to motor is 440 W and core loss is 40 W. The d.c. resistance between a pair of stator terminals is 0.1 Ω. If the ratio of a.c. to d.c. resistance is 1.6, find the equivalent leakage reactance/phase of the motor and the stator and rotor resistance per phase.* **(Electrical Technology, Madras Univ. 1987)**

Solution. S.C. voltage/phase, $V_s = 30/\sqrt{3} = 17.3$ V : $I_s = 25$ A per phase

$$Z_{01} = 17.3/25 = 0.7\ \Omega \text{ (approx.) per phase}$$

$$\text{Stator and rotor Cu losses} = \text{input} - \text{core loss} = 440 - 40 = 400 \text{ W}$$

$$\therefore \quad 3 \times 25^2 \times R_{01} = 400 \qquad \therefore R_{01} = 400/3 \times 625 = \mathbf{0.21\ \Omega}$$

where R_{01} is equivalent resistance/phase of motor as referred to stator.

$$\text{Leakage reactance/phase} \quad X_{01} = \sqrt{(0.7^2 - 0.21^2)} = 0.668\ \Omega$$

$$\text{d.c. resistance/phase of stator} = 0.1/2 = 0.05\ \Omega$$

$$\text{a.c. resistance/phase} \quad R_1 = 0.05 \times 1.6 = 0.08\ \Omega$$

Hence, effective resistance/phase of rotor as referred to stator

$$R_2' = 0.21 - 0.08 = \mathbf{0.13\ \Omega}$$

35.7. Construction of the Circle Diagram

Windings inside a motor

Circle diagram of an induction motor can be drawn by using the data obtained from **(1) no-load (2) short-circuit test** and **(3) stator resistance test**, as shown below.

Step No. 1

From no-load test, I_0 and ϕ_0 can be calculated. Hence, as shown in Fig. 35.9, vector for I_0 can be laid off lagging ϕ_0 behind the applied voltage V.

Step No. 2

Next, from blocked rotor test or short-circuit test, short-circuit current I_{SN} ***corresponding to normal voltage*** and ϕ_S are found. The vector ***OA*** represents $I_{SN} = (I_S V/V_S)$ in magnitude and phase. Vector $O'A$ represents rotor current I_2' as referred to stator.

Clearly, the two points O' and A lie on the required circle. For finding the centre C of this circle, chord $O'A$ is bisected at right angles–its bisector giving point C. The diameter $O'D$ is drawn perpendicular to the voltage vector.

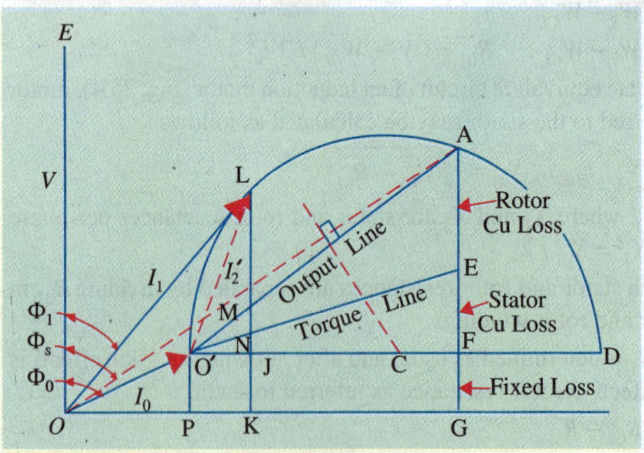

Fig. 35.9

As a matter of practical contingency, it is recommended that the scale of current vectors should be so chosen that the diameter is more than 25 cm, in order that the performance data of the motor may be read with reasonable accuracy from the circle diagram. With centre C and radius = CO', the circle can be drawn. The line $O'A$ is known as **out-put line.**

It should be noted that as the voltage vector is drawn vertically, all vertical distances represent the active or power or energy components of the currents. For example, the vertical component $O'P$ of no-load current OO' represents the no-load input, which supplies core loss, friction and windage loss and a negligibly small amount of stator I^2R loss. Similarly, the vertical component AG of short-circuit current OA is proportional to the motor input on short-circuit or if measured to a proper scale, may be said to equal power input.

Step No. 3

Torque line. ***This is the line which separates the stator and the rotor copper losses***. When the rotor is locked, then all the power supplied to the motor goes to meet core losses and Cu losses in the stator and rotor windings. The power input is proportional to *AG*. Out of this, *FG* (= *O′P*) represents fixed losses *i.e.* stator core loss and friction and windage losses. *AF* is proportional to the sum of the stator and rotor Cu losses. The point *E* is such that

$$\frac{AE}{EF} = \frac{\text{rotor Cu loss}}{\text{stator Cu loss}}$$

As said earlier, line *O′E* is known as torque line.

How to locate point E ?

(i) Squirrel-cage Rotor. Stator resistance/phase *i.e.* R_1 is found from stator-resistance test. Now, the short-circuit motor input W_s is approximately equal to motor Cu losses (neglecting iron losses).

$$\text{Stator Cu loss} = 3I_S^2 R_1 \qquad \therefore \text{ rotor Cu loss} = W_S - 3I_S^2 R_1 \qquad \therefore \frac{AE}{EF} = \frac{W_S - 3I_S^2 R_1}{3I_S^2 R_1}$$

(ii) Wound Rotor. In this case, rotor and stator resistances per phase r_2 and r_1 can be easily computed. For any values of stator and rotor currents I_1 and I_2 respectively, we can write

$$\frac{AE}{EF} = \frac{I_2^2 r_2}{I_1^2 r_1} = \frac{r_2}{r_1}\left(\frac{I_2}{I_1}\right)^2; \qquad \text{Now, } \frac{I_1}{I_2} = K = \text{transformation ratio}$$

$$\frac{AE}{EF} = \frac{r_2}{r_1} \times \frac{1}{K^2} = \frac{r_2/K^2}{r_1} = \frac{r_2'}{r_1} = \frac{\text{equivalent rotor resistance per phase}}{\text{stator resistance per phase}}$$

Value of *K* may be found from short-circuit test itself by using two ammeters, both in stator and rotor circuits.

Let us assume that the motor is running and taking a current *OL* (Fig. 35.9). Then, the perpendicular *JK* represents fixed losses, *JN* is stator Cu loss, *NL* is the rotor input, *NM* is rotor Cu loss, *ML* is rotor output and *LK* is the total motor input.

From our knowledge of the relations between the above-given various quantities, we can write :

$\sqrt{3} \cdot V_L \cdot LK$ = motor input $\qquad \sqrt{3} \cdot V_L \cdot JK$ = fixed losses

$\sqrt{3} \cdot V_L \cdot JN$ = stator copper loss $\qquad \sqrt{3} \cdot V_L \cdot MN$ = rotor copper loss

$\sqrt{3} \cdot V_L \cdot MK$ = total loss $\qquad \sqrt{3} \cdot V_L \cdot ML$ = mechanical output

$\sqrt{3} \cdot V_L \cdot NL$ = rotor input $\propto$ torque

1. ML/LK = output/input = efficiency

2. MN/NL = (rotor Cu loss)/(rotor input) = slip, *s*.

3. $$\frac{ML}{NL} = \frac{\text{rotor output}}{\text{rotor input}} = 1 - s = \frac{N}{N_S} = \frac{\text{actual speed}}{\text{synchronous speed}}$$

4. $$\frac{LK}{OL} = \text{power factor}$$

Hence, it is seen that, at least, theoretically, it is possible to obtain all the characteristics of an induction motor from its circle diagram. As said earlier, for drawing the circle diagram, we need ***(a)*** stator-resistance test for separating stator and rotor Cu losses and ***(b)*** the data obtained from ***(i)*** no-load test and ***(ii)*** short-circuit test.

35.8. Maximum Quantities

It will now be shown from the circle diagram (Fig. 35.10) that the maximum values occur at the positions stated below :

(i) Maximum Output

It occurs at point M where the tangent is parallel to output line *O′A*. Point *M* may be located by drawing a line *CM* from point *C* such that it is perpendicular to the output line *O′A*. Maximum output is represented by the vertical MP.

(ii) Maximum Torque or Rotor Input

It occurs at point *N* where the tangent is parallel to torque line *O′E*. Again, point *N* may be found by drawing *CN* perpendicular to the torque line. Its value is represented by *NQ* . Maximum torque is also known as stalling or pull-out torque.

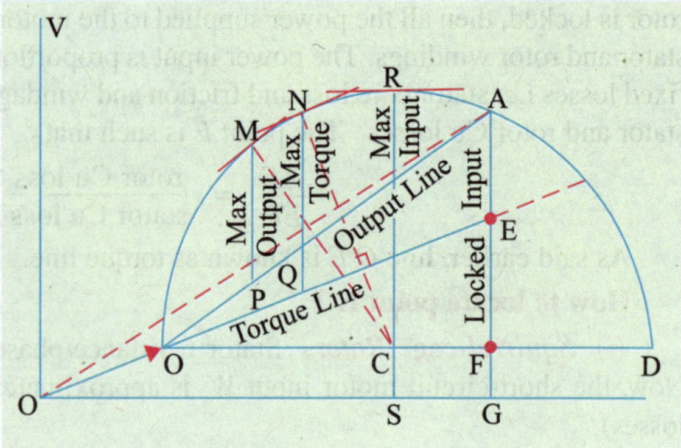

Fig. 35.10

(iii) Maximum Input Power

It occurs at the highest point of the circle *i.e.* at point R where the tangent to the circle is horizontal. It is proportional to RS. As the point R is beyond the point of maximum torque, the induction motor will be unstable here. However, the maximum input is a measure of the size of the circle and is an indication of the ability of the motor to carry short-time over-loads. Generally, RS is twice or thrice the motor input at rated load.

Example 35.3. *A 3-ph, 400-V induction motor gave the following test readings;*
No-load : 400 V, 1250 W, 9 A, Short-circuit : 150 V, 4 kW, 38 A
Draw the circle diagram.
If the normal rating is 14.9 kW, find from the circle diagram, the full-load value of current, p.f. and slip. **(Electrical Machines-I, Gujarat Univ. 1985)**

Solution. $\cos\phi_0 = \dfrac{1250}{\sqrt{3}\times 400\times 9} = 0.2004$; $\phi_0 = 78.5°$

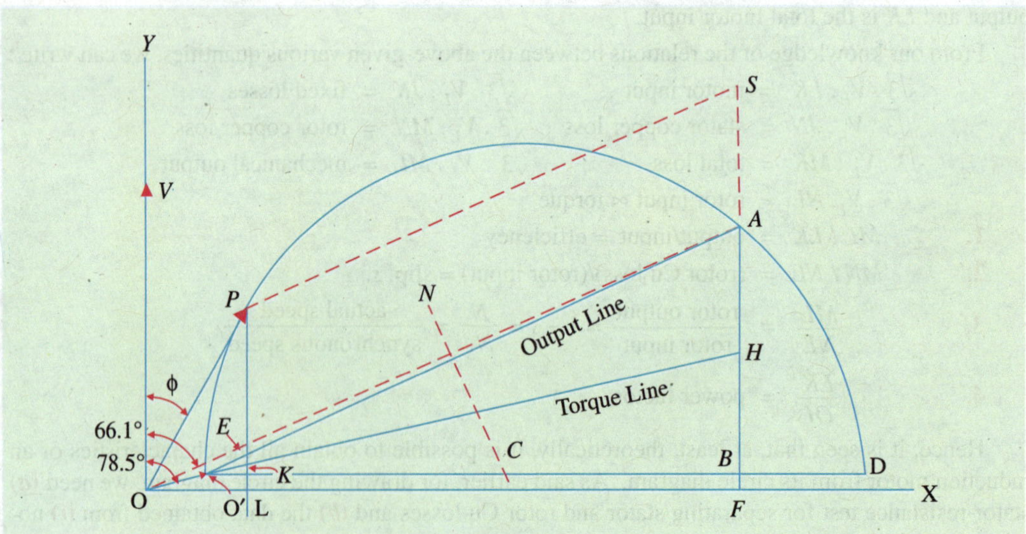

Fig. 35.11

$$\cos\phi_S = \frac{4000}{\sqrt{3}\times 150\times 38} = 0.405 \; ; \quad \phi_S = 66.1°$$

Short-circuit current with normal voltage is $I_{SN} = 38\,(400/150) = 101.3$ A. Power taken would be $= 4000\,(400/150)^2 = 28{,}440$ W. In Fig. 33.11, OO' represents I_0 of 9 A. If current scale is 1 cm = 5 A, then vector $OO' = 9/5 = 1.8$ cm* and is drawn at an angle of $\phi_0 = 78.5°$ with the vertical OV (which represents voltage). Similarly, OA represents I_{SN} (S.C. current with normal voltage applied) equal to 101.3 A. It measures $101.3/5 = 20.26$* cm and is drawn at an angle of 66.1°, with the vertical OV.

Line $O'D$ is drawn parallel to OX. NC is the right-angle bisector of $O'A$. The semi-circle $O'AD$ is drawn with C as the centre. This semi-circle is the locus of the current vector for all load conditions from no-load to short-circuit. Now, AF represents 28,440 W and measures 8.1 cm. Hence, power scale becomes : 1 cm = 28,440/8.1 = 3,510 W. Now, full-load motor output = $14.9 \times 10^3 = 14{,}900$ W. According to the above calculated power scale, the intercept between the semi-circle and output line $O'A$ should measure = 14,900/3510 = 4.25 cm. For locating full-load point P, BA is extended. AS is made equal to 4.25 cm and SP is drawn parallel to output line $O'A$. PL is perpendicular to OX.

$$\text{Line current} = OP = 6 \text{ cm} = 6 \times 5 = \mathbf{30\ A};\ \phi = 30° \text{ (by measurement)}$$

$$\text{p.f.} = \cos 30° = \mathbf{0.886} \text{ (or } \cos\phi = PL/OP = 5.2/6 = 0.865)$$

Now,
$$\text{slip} = \frac{\text{rotor Cu loss}}{\text{rotor input}}$$

In Fig. 35.11, EK represents rotor Cu loss and PK represents rotor input.

$$\therefore \quad \text{slip} = \frac{EK}{PK} = \frac{0.3}{4.5} = 0.067 \text{ or } \mathbf{6.7\%}$$

Example 35.4. *Draw the circle diagram for a 3.73 kW, 200-V, 50-Hz, 4-pole, 3-φ star-connected induction motor from the following test data :*

No-load : Line voltage 200 V, line current 5 A; total input 350 W

Blocked rotor : Line voltage 100 V, line current 26 A; total input 1700 W

Estimate from the diagram for full-load condition, the line current, power factor and also the maximum torque in terms of the full-load torque. The rotor Cu loss at standstill is half the total Cu loss. **(Electrical Engineering, Bombay Univ. 1987)**

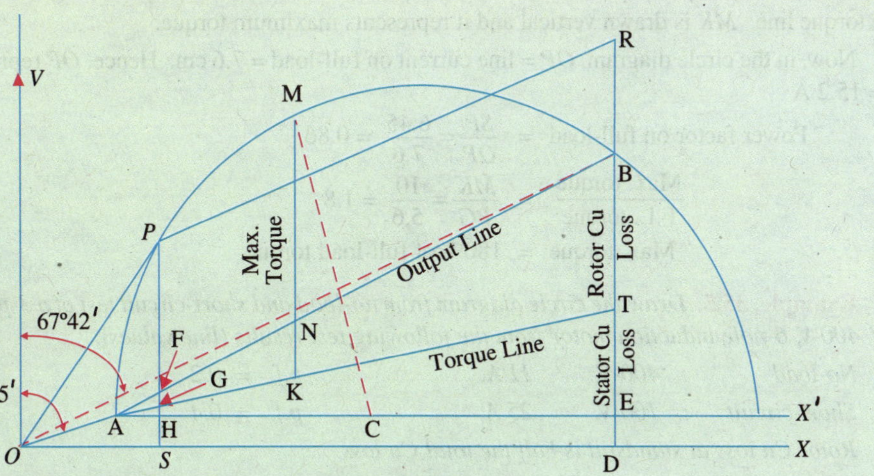

Fig. 35.12

Solution. No-load test

$$I_0 = 5 \text{ A}, \cos\phi_0 = \frac{350}{\sqrt{3} \times 200 \times 5} = 0.202\ ;\ \phi_0 = 78°15'$$

---

* The actual lengths are different from these values, due to reduction in block making.

Blocked-rotor test :

$$\cos \phi_s = \frac{1700}{\sqrt{3} \times 100 \times 26} = 0.378 \; ; \; \phi_s = 67°42'$$

Short-circuit current with normal voltage, $I_{SN} = 26 \times 200/100 = 52$ A

Short-circuit/blocked rotor input with normal voltage = $1700(52/26)^2 = 6{,}800$ W

In the circle diagram of Fig. 35.12, voltage is represented along *OV* which is drawn perpendicular to *OX*. Current scale is 1 cm = 2 *A*

Line *OA* is drawn at an angle of $\phi_0 = 78°15'$ with *OV* and 2.5 cm in length. Line *AX′* is drawn parallel to *OX*. Line *OB* represents short-circuit current with normal voltage *i.e.* 52 A and measures 52/2 = 26 cm. *AB* represents output line. Perpendicular bisector of *AB* is drawn to locate the centre *C* of the circle. With *C* as centre and radius = *CA*, a circle is drawn which passes through points *A* and *B*. From point *B*, a perpendicular is drawn to the base. *BD* represents total input of 6,800 W for blocked rotor test. Out of this, *ED* represents no-load loss of 350 W and *BE* represents 6,800 − 350 = 6,450 W. Now *BD* = 9.8 cm and represents 6,800 W

∴ power scale = 6,800/9.8 = 700 watt/cm or 1 cm = **700 W**

BE which represents total copper loss in rotor and stator, is bisected at point *T* to separate the two losses. *AT* represents torque line.

Now, motor output = 3,730 watt. It will be represented by a line = 3,730/700 = 5.33 cm

The output point *P* on the circle is located thus :

DB is extended and *BR* is cut = 5.33 cm. Line *RP* is drawn parallel to output line *AB* and cuts the circle at point *P*. Perpendicular *PS* is drawn and *P* is joined to origin *O*.

Point *M* corresponding to maximum torque is obtained thus :

From centre *C*, a line *CM* is drawn such that it is perpendicular to torque line *AT*. It cuts the circle at *M* which is the required point. Point *M* could also have been located by drawing a line parallel to the torque line. *MK* is drawn vertical and it represents maximum torque.

Now, in the circle diagram, *OP* = line current on full-load = 7.6 cm. Hence, *OP* represents 7.6 × 2 = 15.2 A

$$\text{Power factor on full-load} = \frac{SP}{OP} = \frac{6.45}{7.6} = 0.86$$

$$\frac{\text{Max. torque}}{\text{F.L. torque}} = \frac{MK}{PG} = \frac{10}{5.6} = 1.8$$

∴ Max. torque = 180% of full-load torque.

Example. 35.5. *Draw the circle diagram from no-load and short-circuit test of a 3-phase. 14.92 kW, 400-V, 6-pole induction motor from the following test results (line values).*

No-load	*: 400-V,*	*11 A,*	*p.f. = 0.2*
Short-circuit	*: 100-V,*	*25 A,*	*p.f. = 0.4*

Rotor Cu loss at standstill is half the total Cu loss.

From the diagram, find (a) line current, slip, efficiency and p.f. at full-load (b) the maximum torque. **(Electrical Machines-I, Gujarat Univ. 1985)**

Solution. No-load p.f. = 0.2; $\phi_0 = \cos^{-1}(0.2) = 78.5°$

Short-circuit p.f. = 0.4: $\phi_s = \cos^{-1}(0.4) = 66.4°$

S.C. current I_{SN} if normal voltage were applied = 25 (400/100) = 100 A

S.C. power input with this current = $\sqrt{3} \times 400 \times 100 \times 0.4 = 27{,}710$ W

Assume a current scale of 1 cm = 5 A.* The circle diagram of Fig. 35.13 is constructed as follows :

(*i*) No-load current vector OO' represents 11 A. Hence, it measures 11/5 = 2.2 cm and is drawn at an angle of 78.5° with OY.

(*ii*) Vector OA represents 100 A and measures 100/5 = 20 cm. It is drawn at an angle of 66.4° with OY.

(*iii*) $O'D$ is drawn parallel to OX. NC is the right angle bisector of $O'A$.

(*iv*) With C as the centre and CO' as radius, a semicircle is drawn as shown.

(*v*) AF represents power input on short-circuit with normal voltage applied. It measures 8 cm and (as calculated above) represents 27,710 W. Hence, power scale becomes

$$1 \text{ cm} = 27{,}710/8 = 3{,}465 \text{ W}$$

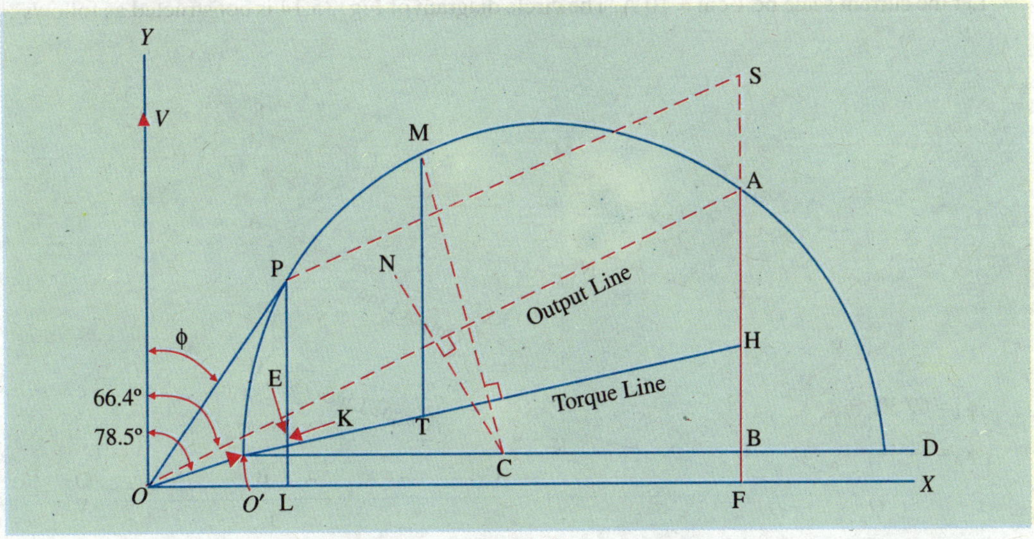

Fig. 35.13

(*a*) F.L motor output = 14,920 W. According to the above power scale, the intercept between the semicircle and the output line $O'A$ should measure = 14,920/3,465 = 4.31 cm. Hence, vertical line PL is found which measures 4.31 cm. Point P represents the full-load operating point.**

(*a*) Line current = OP = 6.5 cm which means that full-load line current

$$= 6.5 \times 5 = \mathbf{32.5\ A.} \qquad \phi = 32.9° \text{ (by measurement)}$$

$$\therefore \quad \cos 32.9° = \mathbf{0.84} \text{ (or } \cos\phi = PL/OP = 5.4/6.5 = 0.84)$$

$$\text{slip} = \frac{EK}{PK} = \frac{0.3}{5.35} = 0.056 \text{ or } \mathbf{5.6\%}\ ; \quad \eta = \frac{PE}{PL} = \frac{4.3}{5.4} = 0.8 \text{ or } \mathbf{80\%}$$

(*b*) For finding maximum torque, line CM is drawn ⊥ to torque line $O'H$. MT is the vertical intercept between the semicircle and the torque line and represents the maximum torque of the motor in synchronous watts

Now, MT = 7.8 cm (by measurement) $\therefore \quad T_{max} = 7.8 \times 3465 =$ **27,030 synch. watt**

Example 35.6. *A 415-V, 29.84 kW, 50-Hz, delta-connected motor gave the following test data :*

No-load test	: *415 V,*	*21 A,*	*1,250 W*
Locked rotor test	: *100 V,*	*45 A,*	*2,730 W*

Construct the circle diagram and determine

* The actual scale of the book diagram is different because it has been reduced during block making.

** The operating point may also be found by making AS = 4.31 cm and drawing SP parallel to $O'A$.

(a) the line current and power factor for rated output (b) the maximum torque. Assume stator and rotor Cu losses equal at standstill. **(A.C. Machines-I, Jadavpur Univ. 1990)**

Solution. Power factor on no-load is $= \dfrac{1250}{\sqrt{3} \times 415 \times 21} = 0.0918$

$\therefore \qquad \phi_0 = \cos^{-1}(0.0918) = 84°44'$

Power factor with locked rotor is $= \dfrac{2,730}{\sqrt{3} \times 100 \times 45} = 0.3503$

$\therefore \qquad \phi_S = \cos^{-1}(0.3503) = 69°30'$

The input current I_{SN} on short-circuit if normal voltage were applied = 45 (415/100) = 186.75 A and power taken would be = 2,730 $(415/100)^2$ = 47,000 W.

Let the current scale be 1 cm = 10 A. The circle diagram of Fig. 35.14 is constructed as follows :

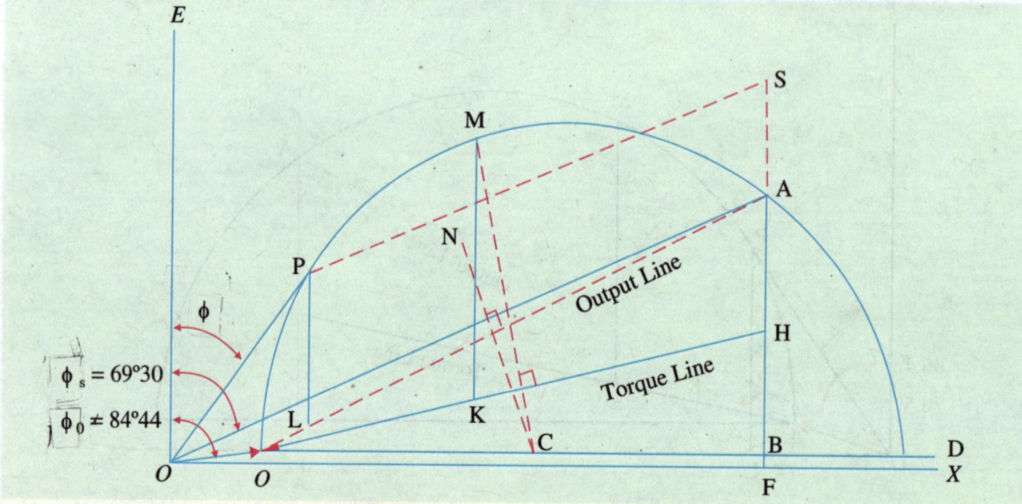

Fig. 35.14

(i) Vector OO' represents 21 A so that it measures 2.1 cm and is laid at an angle of 84°44′ with OE (which is vertical *i.e.* along *Y*-axis).

(ii) Vector OA measures 186.75/10 = 18.675 cm and is drawn at an angle of 69°30′ with OE.

(iii) $O'D$ is drawn parallel to OX. NC is the right-angle bisector of $O'A$

(iv) With C as the centre and CO' as radius, a semi-circle is drawn as shown. This semi-circle is the locus of the current vector for all load conditions from no-load to short-circuit.

(v) The vertical AF represents power input on short-circuit with normal voltage applied. AF measures 6.6 cm and (as calculated above) represents 47,000 W. Hence, power scale becomes, 1 cm = 47,000/6.6 = 7,120 W

(a) Full-load output = 29,840 W. According to the above power scale, the intercept between the semicircle and output line $O'A$ should measure 29,840/7,120 = 4.19 cm. Hence, line PL is found which measures 4.19 cm. Point P represents the full-load operating point.*

Phase current $= OP = 6$ cm $= 6 \times 10 = 60$ A; Line current $= \sqrt{3} \times 60 =$ **104 A**

Power factor $= \cos \angle POE = \cos 35° =$ **0.819**

(b) For finding the maximum torque, line CM is drawn ⊥ to the torque line $O'H$. Point H is such that

$$\frac{AH}{BH} = \frac{\text{rotor Cu loss}}{\text{stator Cu loss}}$$

* The operating point may also by found be making AS = 4.19 cm and drawing SP parallel to $O'A$.

Since the two Cu losses are equal, point H is the mid-point of AB.

Line MK represents the maximum torque of the motor in synchronous watts

$$MK = 7.3 \text{ cm (by measurement)} = 7.3 \times 7{,}120 = \mathbf{51{,}980 \text{ synch. watt.}}$$

Example 35.7. *Draw the circle diagram for a 5.6 kW, 400-V, 3-φ, 4-pole, 50-Hz, slip-ring induction motor from the following data :*

No-load readings : 400 V, 6 A, cos ϕ_0 = 0.087 : Short-circuit test : 100 V, 12 A, 720 W.

The ratio of primary to secondary turns = 2.62, stator resistance per phase is 0.67 Ω and of the rotor is 0.185 Ω. Calculate

(i) *full-load current* (ii) *full-load slip*

(iii) *full-load power factor*

(iv) $\dfrac{\textit{maximum torque}}{\textit{full-load torque}}$ (v) *maximum power.*

Solution. No-load condition

$$\phi_0 = \cos^{-1}(0.087) = 85°$$

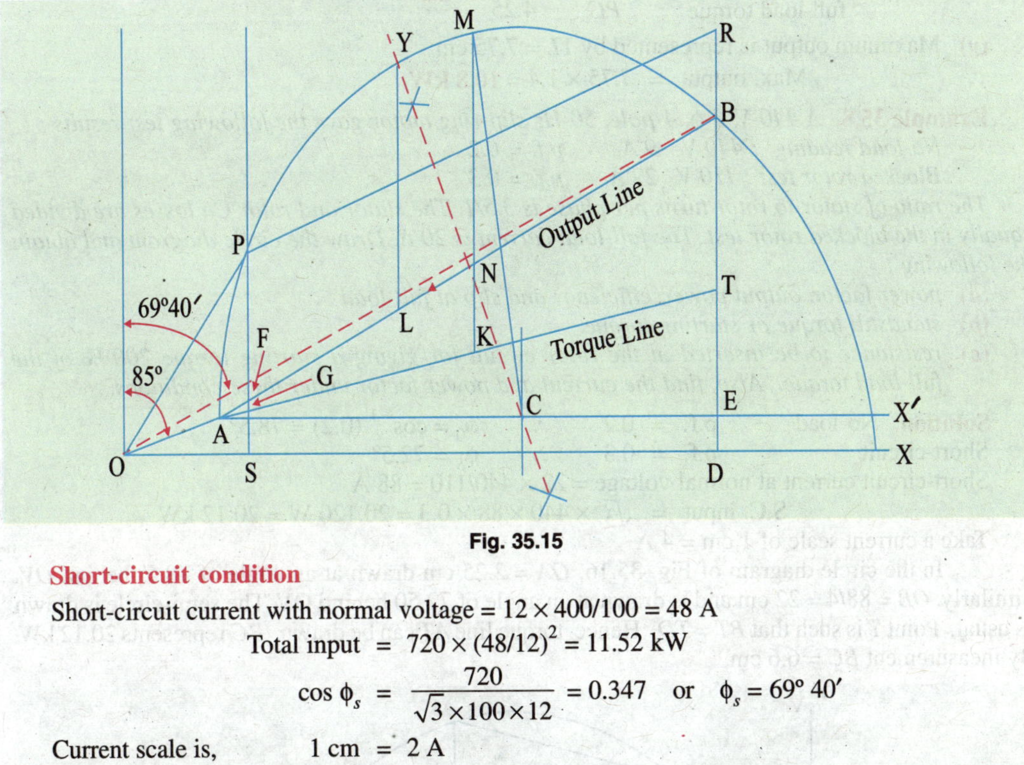

Fig. 35.15

Short-circuit condition

Short-circuit current with normal voltage = 12 × 400/100 = 48 A

$$\text{Total input} = 720 \times (48/12)^2 = 11.52 \text{ kW}$$

$$\cos \phi_s = \frac{720}{\sqrt{3} \times 100 \times 12} = 0.347 \quad \text{or} \quad \phi_s = 69° \ 40'$$

Current scale is, 1 cm = 2 A

In the circle diagram of Fig. 35.15, OA = 3 cm and inclined at 85° with OV. Line OB represents short-circuit current with normal voltage. It measures 48/2 = 24 cm and represent 48 A. BD is perpendicular to OX.

For Drawing Torque Line

$K = 2.62$ $R_1 = 0.67\ \Omega$ $R_2 = 0.185\ \Omega$

(in practice, an allowance of 10% is made for skin effect)

$$\therefore \frac{\text{rotor Cu loss}}{\text{stator Cu loss}} = 2.62^2 \times \frac{0.185}{0.67} = 1.9 \qquad \therefore \frac{\text{rotor Cu loss}}{\text{total Cu loss}} = \frac{1.9}{2.9} = 0.655$$

Now BD = 8.25 cm and represents 11.52 kW

$$\text{power scale} = 11.52/8.25 = 1.4 \text{ kW/cm}$$

$\therefore$ 1 cm = 1.4 kW

BE represents total Cu loss and is divided at point *T* in the ratio 1.9 : 1.

$$BT = BE \times 1.9/2.9 = 0.655 \times 8 = 5.24 \text{ cm}$$

AT is the torque line

Full-load output = 5.6 kW

It is represented by a line = 5.6/1.4 =4 cm

DB is produced to *R* such that *BR* = 4 cm. Line *RP* is parallel to output line and cuts the circle at *P*. OP represents full-load current.

PS is drawn vertically. Points *M* and *Y* represent points of maximum torque and maximum output respectively.

(i) F.L. current $= OP = 5.75 \text{ cm} = 5.75 \times 2 =$ **11.5 A**

(ii) F.L. slip $= \dfrac{FG}{PG} = \dfrac{0.2}{4.25} = 0.047$ or **4.7%**

(iii) p.f. $= \dfrac{SP}{OP} = \dfrac{4.6}{5.75} =$ **0.8**

(iv) $\dfrac{\text{max. torque}}{\text{full-load torque}} = \dfrac{MK}{PG} = \dfrac{10.05}{4.25} =$ **2.37**

(v) Maximum output is represented by *YL* = 7.75 cm.

$\therefore$ Max. output $= 7.75 \times 1.4 =$ **10.8 kW**

Example 35.8. *A 440-V, 3-φ, 4-pole, 50-Hz slip-ring motor gave the following test results :*

No-load reading : 440 V, 9 A, p.f. = 0.2

Blocked rotor test : 110 V, 22 A, p.f. = 0.3

The ratio of stator to rotor turns per phase is 3.5/1. The stator and rotor Cu losses are divided equally in the blocked rotor test. The full-load current is 20 A. Draw the circle diagram and obtain the following :

(a) *power factor, output power, efficiency and slip at full-load*

(b) *standstill torque or starting torque.*

(c) *resistance to be inserted in the rotor circuit for giving a starting torque 200 % of the full-load torque. Also, find the current and power factor under these conditions.*

Solution. No-load p.f. = 0.2 $\therefore$ $\phi_0 = \cos^{-1}(0.2) = 78.5°$

Short-circuit p.f. = 0.3 $\therefore$ $\phi_S = 72.5°$

Short-circuit current at normal voltage = 22 × 440/110 = 88 A

$$\text{S.C. input} = \sqrt{3} \times 440 \times 88 \times 0.3 = 20{,}120 \text{ W} = 20.12 \text{ kW}$$

Take a current scale of 1 cm = 4 A

In the circle diagram of Fig. 35.16, *OA* = 2.25 cm drawn at an angle of 78.5° behind *OV*. Similarly, *OB* = 88/4 = 22 cm and is drawn at an angle of 72.50 behind OV. The semi-circle is drawn as usual. Point *T* is such that *BT* = *TD*. Hence, torque line *AT* can be drawn. *BC* represents 20.12 kW. By measurement *BC* = 6.6 cm.

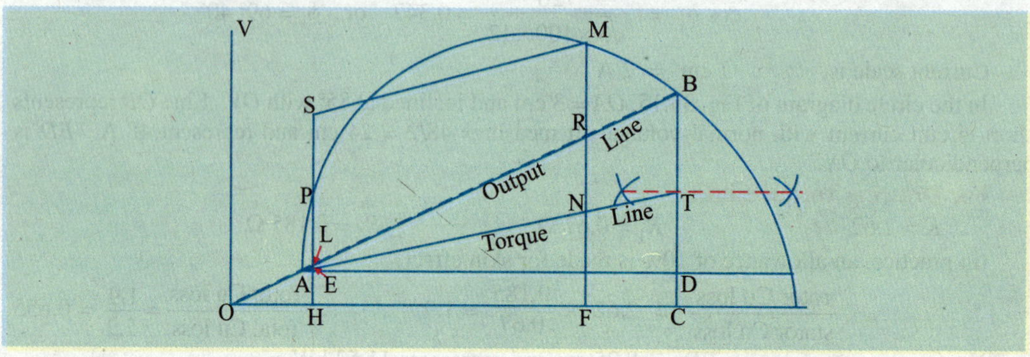

Fig. 35.16

$\therefore$ power scale $= 20.12/6.6 = 3.05$

$\therefore$ 1 cm $= 3.05$ kW

Full-load current = 20 A. Hence, it is represented by a length of 20/4 = 5 cm. With O as centre and 5 cm as radius, an arc is drawn which cuts the semi-circle at point P. This point represents full-load condition. PH is drawn perpendicular to the base OC.

(*a*) (*i*) p.f. = $\cos\phi = PH/OP = 4.05/5 =$ **0.81**

(*ii*) Torque can be found by measuring the input.

$$\text{Rotor input} = PE = 3.5 \text{ cm} = 3.5 \times 3.05 = 10.67 \text{ kW}$$

Now $N_s = 120 \times 50/4 = 1500$ r.p.m.

$\therefore$ $T_g = 9.55\, P_2/N_s = 9.55 \times 10{,}670/1500 =$ **61 N-m**

(*iii*) output $= PL = 3.35 \times 3.05 =$ **10.21 kW**

(*iv*) $$\text{efficiency} = \frac{\text{output}}{\text{input}} = \frac{PL}{PH} = \frac{3.35}{4.05} = 0.83 \text{ or } \mathbf{83\%}$$

(*v*) $$\text{slip } s = \frac{\text{rotor Cu loss}}{\text{rotor input}} = \frac{LE}{PE} = \frac{0.1025}{3.5} = 0.03 \text{ or } \mathbf{3\%}$$

(*b*) Standstill torque is represented by BT.

$$BT = 3.1 \text{ cm} = 3.1 \times 3.05 = 9.45 \text{ kW} \quad \therefore \quad T_{st} = 9.55 \times \frac{9.45 \times 10^3}{1500} = \mathbf{60.25 \text{ N-m}}$$

(*c*) We will now locate point M on the semi-circle which corresponds to a starting torque twice the full-load torque *i.e.* 200% of F.L. torque.

Full-load torque = PE. Produce EP to point S such that $PS = PE$. From point S draw a line parallel to torque line AT cutting the semi-circle at M. Draw MN perpendicular to the base.

At starting when rotor is stationary, MN represents total rotor copper losses.

NR = Cu loss in rotor itself as before ; RM = Cu loss in external resistance

$RM = 4.5$ cm $= 4.5 \times 3.05 = 13.716$ kW = 13,716 watt.

Cu loss/phase = 13,716/3 = 4,572 watt

Rotor current $AM = 17.5$ cm $= 17.5 \times 4 = 70$ A

Let r_2' be the additional external resistance in the rotor circuit (as referred to stator) then

$r_2' \times 70^2 = 4{,}572$ or $r_2' = 4{,}572/4{,}900 = 0.93\ \Omega$

Now $K = 1/3.5$

$\therefore$ rotor resistance/phase, $r_2 = r_2' \times K^2 = 0.93/3.5^2 =$ **0.076 Ω**

Stator current = $OM = 19.6 \times 4 =$ **78.4 A**; power factor $= \dfrac{MF}{OM} = \dfrac{9.75}{18.7} =$ **0.498**

Example 35.9. *Draw the circle diagram of a 7.46 kW, 200-V, 50-Hz, 3-phase slip-ring induction motor with a star-connected stator and rotor, a winding ratio of unity, a stator resistance of 0.38 ohm/phase and a rotor resistance of 0.24 ohm/phase. The following are the test readings ;*

No-load	*: 200 V, 7.7 A,*	$\cos\phi_0 = 0.195$
Short-circuit	*: 100 V, 47.6 A,*	$\cos\phi_s = 0.454$

Find (*a*) *starting torque and* (*b*) *maximum torque, both in synchronous watts*

(*c*) *the maximum power factor* (*d*) *the slip for maximum torque*

(*e*) *the maximum output* **(Elect. Tech.-II, Madras Univ. 1989)**

Solution. $\phi_0 = \cos^{-1}(0.195) = 78°45'$; $\phi_S = \cos^{-1}(0.454) = 63°$

The short-circuit I_{SN} with normal voltage applied is $= 47.6 \times (200/100) = 95.2$ A

The circle diagram is drawn as usual and is shown in fig. 35.17.

With a current scale of 1 cm = 5 A, vector OO' measures 7.7/5 = 1.54 cm and represents the no-load current of 7.7 A.

Similarly, vector OA represents I_{SN} *i.e.* short-circuit current with normal voltage and measures 95.2/5 = 19.04 cm

Both vectors are drawn at their respective angles with OE.

The vertical line AF measures the power input on short-circuit with normal voltage and is $= \sqrt{3} \times 200 \times 95.2 \times 0.454 = 14{,}970$ W.

Since AF measures 8.6 cm, the power scale is 1 cm = 14,970/8.6 = 1740 W

The point H is such that

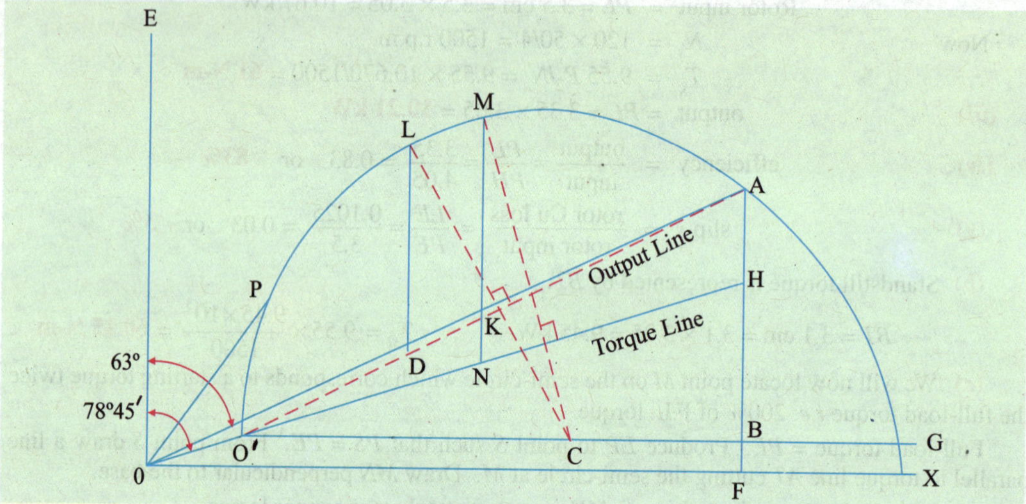

Fig. 35.17

$$\frac{AH}{AB} = \frac{\text{rotor Cu loss}}{\text{total Cu loss}} = \frac{\text{rotor resistance *}}{\text{rotor + stator resistance}} = \frac{0.24}{0.62}$$

Now AB = 8.2 cm (by measurement) $\therefore AH = 8.2 \times 0.24/0.62 = 3.2$ cm

(a) Starting torque = AH = 3.2 cm = 3.2 × 1740 = **5,570 synch. watt.**

(b) Line CM is drawn perpendicular to the torque line $O'H$. The intercept MN represents the maximum torque in synchronous watts.

Maximum torque = MN = 7.15 cm = 7.15 × 1740 = **12,440 synch. watts.**

(c) For finding the maximum power, line OP is drawn tangential to the semi-circle.

$\angle POE = 28.5°$

$\therefore$ maximum p.f. = cos 28.5° = **0.879**

(d) The slip for maximum torque is = KN/MN= 1.4/7.15 = **0.195**

(e) Line CL is drawn perpendicular to the output line $O'A$. From L is drawn the vertical line LD. It measures 5.9 cm and represents the maximum output.

$\therefore$ maximum output = 5.9 × 1740 = **10,270 W**

Tutorial Problems 35.1

1. A 300 h.p. (223.8 kW), 3000-V, 3-ϕ, induction motor has a magnetising current of 20 A at 0.10 p.f. and a short-circuit (or locked) current of 240 A at 0.25 p.f. Draw the circuit diagram, determine the p.f. at full-load and the maximum horse-power. **[0.85 p.f. 621 h.p. (463.27 kW)] (*I.E.E. London*)**
2. The following are test results for a 18.65 kW, 3-ϕ, 440.V slip-ring induction motor :
   Light load : 440-V, 7.5 A, 1350 W (including 650 W friction loss).

* Because K = 1, otherwise it should be $R_2' = R_2/K^2$.

S.C. test : 100 V, 32 A, 1800 W

Draw the locus diagram of the stator current and hence obtain the current, p.f. and slip on full-load. On short-circuit, the rotor and stator copper losses are equal. **[30 A, 0.915, 0.035] (*London Univ*)**

3. Draw the circle diagram for 20 h.p. (14.92 kW), 440-V, 50-Hz, 3-ϕ induction motor from the following test figures (line values) :

No-load : 440 V, 10A, p.f. 0.2 Short-circuit : 200 V, 50 A, p.f. 0.4

From the diagram, estimate (*a*) the line current and p.f. at full-load (*b*) the maximum power developed (*c*) the starting torque. Assume the rotor and stator I^2R losses on short-circuit to be equal.

[(*a*) 28.1 A at 0.844 p.f. (*b*) 27.75 kW (*c*) 11.6 synchronous kW/phase] (*London Univ.*)

4. A 40 h.p. (29.84.kW), 440-V, 50-Hz, 3-phase induction motor gave the following test results

No. load : 440 V, 16 A, p.f. = 0.15 S.C. test : 100 V, 55 A, p.f. = 0.225

Ratio of rotor to stator losses on short-circuit = 0.9. Find the full-load current and p.f., the pull-out torque and the maximum output power developed.

[49 A at 0.88 p.f. ; 78.5 synch. kW or 2.575 times F.L. torque ; 701.2 kW] (*I.E.E. London*)

5. A 40 h.p. (29.84 kW), 50-Hz, 6-pole, 420-V, 3-ϕ, slip-ring induction motor furnished the following test figures :

No-load : 420 V, 18 A, p.f. = 0.15 S.C. test : 210 V, 140 A, p.f. = 0.25

The ratio of stator to rotor Cu losses on short-circuit was 7 : 6. Draw the circle diagram and find from it (*a*) the full-load current and power factor (*b*) the maximum torque and power developed.

[(*a*) 70 A at 0.885 p.f. (*b*) 89.7 kg.m ; 76.09 kW] (*I.E.E. London*)

6. A 500 h.p. (373 kW), 8-pole, 3-ϕ, 6,000-V, 50-Hz induction motor gives on test the following figures :

Running light at 6000 V, 14 A/phase, 20,000 W ; Short-circuit at 2000 V, 70 A/phase, 30,500 W

The resistance/phase of the star-connected stator winding is 1.1 Ω, ratio of transformation is 4 :1. Draw the circle diagram of this motor and calculate how much resistance must be connected in each phase of the rotor to make it yield full-load torque at starting. **[0.138 Ω] (*London Univ.*)**

7. A 3-phase induction motor has full-load output of 18.65 kW at 220 V, 720 r.p.m. The full-load p.f. is 0.83 and efficiency is 85%. When running light, the motor takes 5 A at 0.2 p.f. Draw the circle diagram and use it to determine the maximum torque which the motor can exert (*a*) in N-m (*b*) in terms of full-load torque and (*c*) in terms of the starting torque.

[(*a*) 268.7 N-m (*b*) 1.08 (*c*) 7.2 approx.] (*London Univ.*)

8. A 415-V, 40 h.p. (29.84 kW), 50.Hz, Δ-connected motor gave the following test data :

No-load test : 415 V, 21 A, 1250 W ; Locked rotor test : 100 V, 45 A, 2,730 W

Construct the circle diagram and determine

(*a*)the line current and power factor for rated output (*b*) the maximum torque. Assume stator and rotor Cu losses equal at standstill.

[(*a*) 104 A : 0.819 (*b*) 51,980 synch watt] (*A.C. Machines-I, Jadavpur Univ. 1978*)

9. Draw the no-load and short circuit diagram for a 14.92 kW., 400-V, 50-Hz, 3-phase star-connected induction motor from the following data (line values) :

No load test : 400 V, 9 A, cos ϕ = 0.2

Short circuit test : 200 V, 50 A, cos ϕ = 0.4

From the diagram find (*a*) the line current and power factor at full load, and (*b*) the maximum output power. **[(*a*) 32.0 A, 0.85 (*b*) 21.634 kW]**

35.9. Starting of Induction Motors

It has been shown earlier that a plain induction motor is similar in action to a polyphase transformer with a short-circuited rotating secondary. Therefore, if normal supply voltage is applied to the stationary motor, then, as in the case of a transformer, a very large initial current is taken by the primary, at least, for a short while. It would be remembered that exactly similar conditions exist in the case of a d.c. motor, if it is thrown directly across the supply lines, because at the time of starting it, there is no back e.m.f. to oppose the initial inrush of current.

Induction motors, when direct-switched, take five to seven times their full-load current and develop only 1.5 to 2.5 times their full-load torque. This initial excessive current is objectionable because it will produce large line-voltage drop that, in turn, will affect the operation of other electrical equipment connected to the same lines. Hence, it is not advisable to line-start motors of rating above 25 kW to 40 kW.

It was seen in Art. 34.15 that the starting torque of an induction motor can be improved by increasing the resistance of the rotor circuit. This is easily feasible in the case of slip-ring motors but not in the case of squirrel-cage motors. However, in their case, the initial in-rush of current is controlled by applying a reduced voltage to the stator during the starting period, full normal voltage being applied when the motor has run up to speed.

35.10. Direct-switching or Line starting of Induction Motors

It has been shown earlier that

Rotor input $= 2\pi N_s T = kT$ —Art. 34.36

Also, rotor Cu loss $= s \times$ rotor input

$\therefore \quad 3 I_2^2 R_2 = s \times kT \qquad \therefore \quad T \propto I_2^2/s$ (if R_2 is the same)

Now $\quad I_2 \propto I_1 \qquad \therefore \quad T \propto I_1^2/s$ or $T = K I_1^2/s$

At starting moment $s = 1 \qquad \therefore \quad T_{st} = K I_{st}^2$ where I_{st} = starting current

If $\quad I_f$ = normal full-load current and $\quad s_f$ = full-load slip

then $T_f = K I_f^2 / s_f \qquad \therefore \quad \dfrac{T_{st}}{T_f} = \left(\dfrac{I_{st}}{I_f}\right)^2 . s_f$

When motor is direct-switched onto normal voltage, then starting current is the short-circuit current I_{sc}.

$$\therefore \quad \frac{T_{st}}{T_f} = \left(\frac{I_{sc}}{I_f}\right)^2 . s_f = a^2 . s_f \quad \text{where } a = I_{sc} / I_f$$

Suppose in a case, $\quad I_{sc} = 7 I_f$, $s_f = 4\% = 0.04$, the $T_{st} / T_f = 7^2 \times 0.04 = 1.96$

$\therefore$ starting torque $= 1.96 \times$ full-load torque

Hence, we find that with a current as great as seven times the full-load current, the motor develops a starting torque which is only 1.96 times the full-load value.

Some of the methods for starting induction motors are discussed below :

Squirrel-cage Motors

(*a*) Primary resistors (or rheostat) or reactors
(*b*) Auto-transformer (or autostarter)
(*c*) Star-delta switches

In all these methods, terminal voltage of the squirrel-cage motor is reduced during starting.

Slip-ring Motors

(*a*) Rotor rheostat

35.11. Squirrel-cage Motors

(*a*) Primary resistors

Their purpose is to drop some voltage and hence reduce the voltage applied across the motor terminals. In this way, the initial current drawn by the motor is reduced. However, it should be noted that whereas current varies directly as the voltage, the torque varies as square of applied voltage*

* When applied voltage is reduced, the rotating flux Φ is reduced which, in turn, decreases rotor e.m.f. and hence rotor current I_2. Starting torque, which depends both on Φ and I_2 suffers on two counts when impressed voltage is reduced.

Squirrel Cage Rotor

When the stator's moving magnetic field cuts across the rotor's conductor bars, it induces voltage in them.

This voltage produces current, which circulates through the bars and around the rotor end ring. This current in turn produces magnetic fields around each rotor bar. The continuously changing stator magnetic field results in a continuously changing rotor field. The rotor becomes an electromagnet with continuously alternating poles, which interact with the stator's poles.

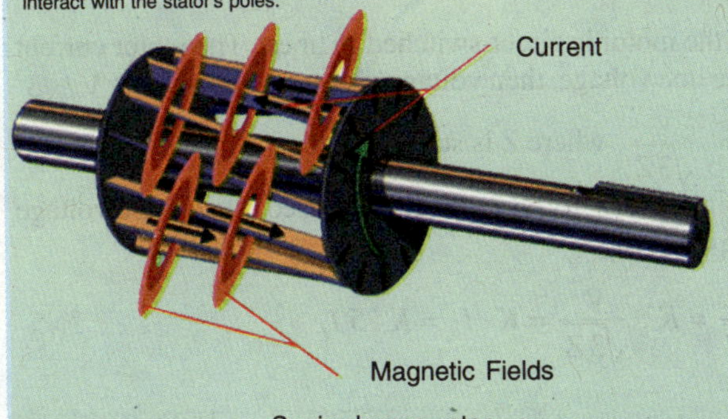

Squirrel cage rotor

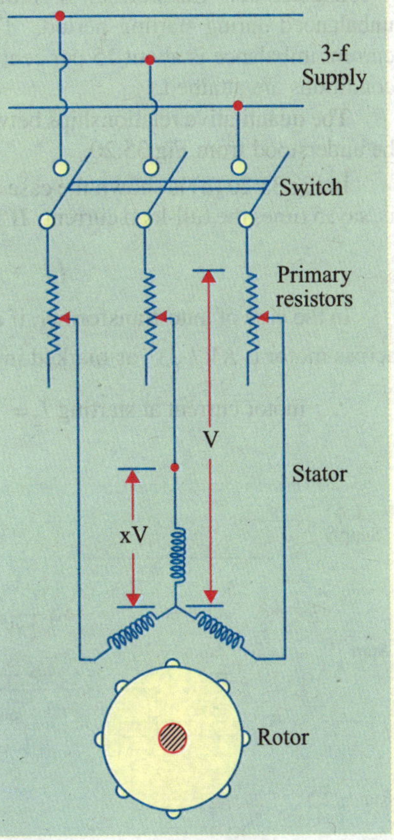

Fig. 35.18

(Art 34.17). If the voltage applied across the motor terminals is reduced by 50%, starting current is reduced by 50%, but torque is reduced to 25% of the full-voltage value.

By using primary resistors (Fig. 35.18), the applied voltage/phase can be reduced by a fraction '*x*' (and it additionally improves the power factor of the line slightly).

$$I_{st} = x\,I_{sc} \quad \text{and} \quad T_{st} = x^2\,T_{sc}$$

As seen from Art 35.10, above,

$$\frac{T_{st}}{T_f} = \left(\frac{I_{st}}{I_f}\right)^2 . s_f = \left(\frac{x\,I_{sc}}{I_f}\right)^2 s_f$$

$$= x^2\left(\frac{I_{sc}}{I_f}\right)^2 s_f = x^2 . a^2 . s_f$$

It is obvious that the ratio of the starting torque to full-load torque is x^2 of that obtained with direct switching or across-the-line starting. This method is useful for the smooth starting of small machines only.

(*b*) Auto-transformers

Variable auto-transformer

Such starters, known variously as ***auto-starters or compensators***, consist of an auto-transformer, with necessary switches. We may use either two auto-transformers connected as usual [Fig. 35.19 (*b*)] or 3 auto-transformers connected in open delta [Fig. 35.19 (*a*)]. ***This method can be used both for star-and delta-connected motors***. As shown in Fig. 35.20 with starting connections, a reduced voltage is applied across the motor terminals. When the motor has ran up to say, 80% of its normal speed, connections are so changed that auto-transformers are cut out and full supply voltage is applied across the motor. The switch making these changes from 'start' to 'run' may be airbreak (for small motors) or may be oil-immersed (for large motors) to reduce sparking. There is also provision for no-voltage and over-load protection, along with a time-delay device, so that momentary interruption of voltage or momentary over-load do not disconnect the motor from supply line. Most of the auto-starters are provided with 3 sets of taps, so as to reduce voltage to 80, 65 or 50 per cent of the line voltage, to suit the local conditions of supply. The

V-connected auto-transformer is commonly used, because it is cheaper, although the currents are unbalanced during starting period. This is, however, not much objectionable firstly, because the current imbalance is about 15 per cent and secondly, because balance is restored as soon as running conditions are attained.

The quantitative relationships between the motor current, line current, and torque developed can be understood from Fig.35.20.

In Fig 35.20 (*a*) is shown the case when the motor is direct-switched to lines. The motor current is, say, 5 times the full-load current. If *V* is the line voltage, then voltage/phase across motor is $V/\sqrt{3}$.

$$\therefore \quad I_{sc} = 5\,I_f = \frac{V}{\sqrt{3}Z} \quad \text{where } Z \text{ is stator impedance/phase.}$$

In the case of auto-transformer, if a tapping of transformation ratio *K* is used, then phase voltage across motor is $KV/\sqrt{3}$, as marked in Fig. 35.20 (*b*).

$$\therefore \quad \text{motor current at starting } I_2 = \frac{KV}{\sqrt{3}Z} = K.\frac{V}{\sqrt{3}Z} = K.I_{sc} = K.5\,I_f$$

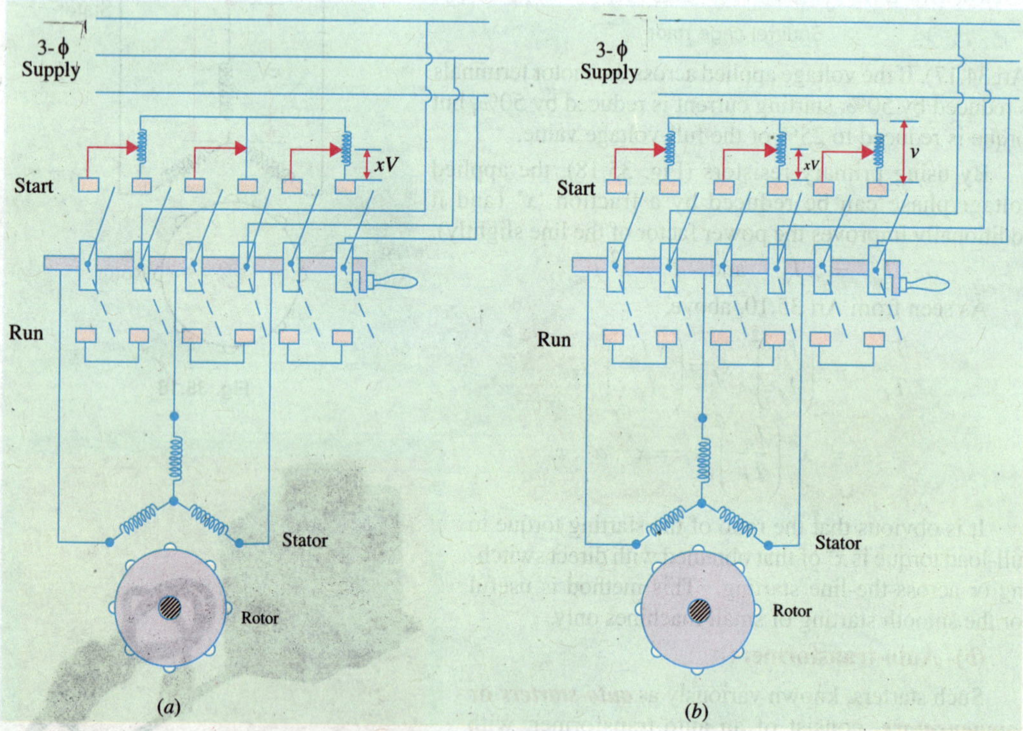

Fig. 35.19

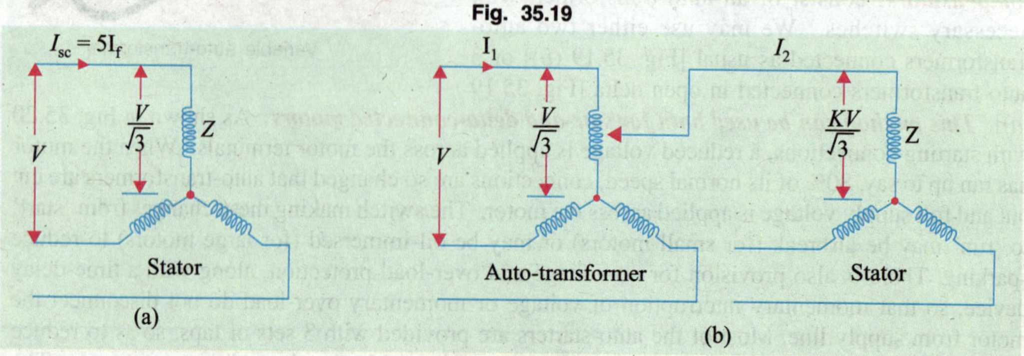

Fig. 35.20

The current taken from supply or by auto-transformer is $I_1 = KI_2 = K^2 \times 5I_f = K^2 I_{sc}$ if magnetising current of the transformer is ignored. Hence, we find that although motor current per phase is reduced only K times the direct-switching current ($\because K < 1$), the current taken by the line is reduced K^2 times.

Now, remembering that torque is proportional to the square of the voltage, we get

With direct-switching, $T_1 \propto (V/\sqrt{3})^2$; With auto-transformer, $T_2 \propto (KV/\sqrt{3})^2$

$\therefore \quad T_2/T_1 = (KV/\sqrt{3})^2/(V/\sqrt{3})^2$ or $T_2 = K^2 T_1$ or $T_{st} = K^2 . T_{sc}$

$\therefore$ torque with auto-starter $= K^2 \times$ torque with direct-switching.

Relation Between Starting and F.L. Torque

It is seen that voltage across motor phase on direct-switching is $V/\sqrt{3}$ and starting current is $I_{st} = I_{sc}$. With auto-starter, voltage across motor phase is $KV/\sqrt{3}$ and $I_{st} = KI_{sc}$

Now, $T_{st} \propto I_{st}^2 \ (s = 1)$ and $T_f \propto \dfrac{I_f^2}{s_f}$

$$\therefore \quad \frac{T_{st}}{T_f} = \left(\frac{I_{st}}{I_f}\right)^2 s_f \quad \text{or} \quad \frac{T_{st}}{T_f} = K^2 \left(\frac{I_{sc}}{I_f}\right)^2 s_f = K^2 . a^2 . s_f \qquad (\because I_{st} = KI_{sc})$$

Note that this expression is similar to the one derived in Art. 34.11. (*a*) except that x has been replaced by transformation ratio K.

Example 35.10. *Find the percentage tapping required on an auto-transformer required for a squirrel-cage motor to start the motor against 1/4 of full-load torque. The short-circuit current on normal voltage is 4 times the full-load current and the full-load slip is 3%.*

Solution. $\dfrac{T_{st}}{T_f} = \dfrac{1}{4}, \quad \dfrac{I_{sc}}{I_f} = 4, \quad s_f = 0.03$

$\therefore$ Using $\dfrac{T_{st}}{T_f} = K^2 \left(\dfrac{I_{sc}}{I_f}\right)^2 s_f$, we get $\dfrac{1}{4} = K^2 \times 4^2 \times 0.03$

$$\therefore \quad K^2 = \frac{1}{64 \times 0.03} \quad \therefore \quad K = 0.722 \quad \text{or} \quad K = 72.2\%$$

Example 35.11. *A 20 h.p. (14.92 kW), 400-V, 950 r.p.m., 3-ϕ, 50-Hz, 6-pole cage motor with 400 V applied takes 6 times full-load current at standstill and develops 1.8 times full-load running torque. The full-load current is 30 A.*

(*a*) *what voltage must be applied to produce full-load torque at starting ?*

(*b*) *what current will this voltage produce ?*

(*c*) *if the voltage is obtained by an auto-transformer, what will be the line current ?*

(*d*) *if starting current is limited to full-load current by an auto-transformer, what will be the starting torque as a percentage of full-load torque ?*

Ignore the magnetising current and stator impedance drops.

Solution. (*a*) Remembering that $T \propto V^2$, we have

In the first case, $1.8\, T_f \propto 400^2$, ; In the second case, $T_f \propto V^2$

$$\therefore \quad \left(\frac{V}{400}\right)^2 = \frac{1}{1.8} \quad \text{or} \quad V = \frac{400}{\sqrt{1.8}} = 298.1 \text{ V}$$

(*b*) Currents are proportional to the applied voltage.

$$\therefore \quad 6I_f \propto 400 \ ; I \propto 298.1 \quad \therefore \quad I = 6 \times \frac{298.1}{400}, I_f = \frac{6 \times 298.1 \times 30}{400} = 134.2 \text{ A}$$

(*c*) Here $K = 298.1/400$

Line current $= K^2 I_{sc} = (298.1/400)^2 \times 6 \times 30 =$ **100 A**

(*d*) We have seen in Art. 33.11 (*b*) that line current $= K^2 I_{sc}$

Now, line current = full-load current I_f (given)

$\therefore \quad 30 = K^2 \times 6 \times 30 \quad \therefore \quad K^2 = 1/6$

Now, using $\dfrac{T_{st}}{T_f} = K^2 \left(\dfrac{I_{sc}}{I_f}\right)^2 \times s_f$ we get $\dfrac{T_{st}}{T_f} = \dfrac{1}{6} \times \left(\dfrac{6 I_f}{I_f}\right)^2 \times 0.05 = 0.3$

Here $N_s = 120 \times 50/6 = 1000$ r.p.m. $N = 950$ r.p.m.; $s_f = 50/1000 = 0.05$

$\therefore \quad T_{st} = 0.3\, T_f$ or **30%** F.L. torque

Example 35.12. *Determine the suitable auto-transformation ratio for starting a 3-phase induction motor with line current not exceeding three times the full-load current. The short-circuit current is 5 times the full-load current and full-load slip is 5%.*

Estimate also the starting torque in terms of the full-load torque.

(Elect. Engg.II, Bombay Univ. 1987)

Solution. Supply line current $= K^2 I_{sc}$

It is given that supply line current at start equals $3\, I_f$ and short-circuit current $I_{sc} = 5\, I_f$ where I_f is the full-load current

$\therefore \quad 3\, I_f = K^2 \times 5\, I_f$ or $K^2 = 0.6 \quad \therefore \quad K = 0.775$ or **77.5%**

In the case of an auto starter,

$$\frac{T_{st}}{T_f} = K^2 \left(\frac{I_{sc}}{I_f}\right)^2 \times s_f \quad \therefore \quad \frac{T_{st}}{T_f} = 0.6 \times \left(\frac{5 I_f}{I_f}\right)^2 \times 0.05 = 0.75$$

$\therefore \quad T_{st} = 0.75\, T_f =$ **75%** of full-load torque.

Example 35.13. *The full-load slip of a 400-V, 3-phase cage induction motor is 3.5% and with locked rotor, full-load current is circulated when 92 volt is applied between lines. Find necessary tapping on an auto-transformer to limit the starting current to twice the full-load current of the motor. Determine also the starting torque in terms of the full-load torque.*

(Elect. Machines, Banglore Univ. 1991)

Solution. Short-circuit current with full normal voltage applied is

$$I_{sc} = (400/92)\, I_f = (100/23)\, I_f$$

Supply *line* current $= I_{st} = 2\, I_f$

Now, line current $I_{st} = K^2 I_{sc}$

$\therefore \quad 2\, I_f = K^2 \times (100/23)\, I_f \qquad \therefore \; K^2 = 0.46\,;\; K = 0.678$ or **67.8%**

Also, $\dfrac{T_{st}}{T_f} = K^2 \left(\dfrac{I_{sc}}{I_f}\right)^2 \times s_f = 0.46 \times (100/23)^2 \times 0.035 = 0.304$

$\therefore \quad T_{st} =$ **30.4%** of full-load torque

Tutorial Problems 35.2

1. A 3-φ motor is designed to run at 5% slip on full-load. If motor draws 6 times the full-load current at starting at the rated voltage, estimate the ratio of starting torque to the full-load torque.

   [1.8] (*Electrical Engineering Grad, I.E.T.E. Dec. 1986*)

2. A squirrel-cage induction motor has a short-circuit current of 4 times the full-load value and has a full-load slip of 5%. Determine a suitable auto-transformer ratio if the supply line current is not to

exceed twice the full-load current. Also, express the starting torque in terms of the full-load torque. Neglect magnetising current. **[70.7%, 0.4]**

3. A 3-ϕ, 400-V, 50-Hz induction motor takes 4 times the full-load current and develops twice the full-load torque when direct-switched to 400-V supply. Calculate in terms of full-load values (*a*) the line current, the motor current and starting torque when started by an auto-starter with 50% tap and (*b*) the voltage that has to be applied and the motor current, if it is desired to obtain full-load torque on starting. **[(*a*) 100%, 200%, 50% (*b*) 228 V, 282%]**

(*c*) Star-delta Starter

This method is used in the case of motors which are built to run normally with a delta-connected stator winding. It consists of a two-way switch which connects the motor in star for starting and then in delta for normal running. The usual connections are shown in Fig. 35.21. When star-connected, the applied voltage over each motor phase is reduced by a factor of $1/\sqrt{3}$ and hence the torque developed becomes 1/3 of that which would have been developed if motor were directly connected in delta. The line current is reduced to 1/3. Hence, during starting period when motor is *Y*-connected, it takes 1/3rd as much starting current and develops 1/3rd as much torque as would have been developed were it directly connected in delta.

Relation Between Starting and F.L. Torque

$$I_{st} \text{ per phase } = \frac{1}{\sqrt{3}} I_{sc} \text{ per phase}$$

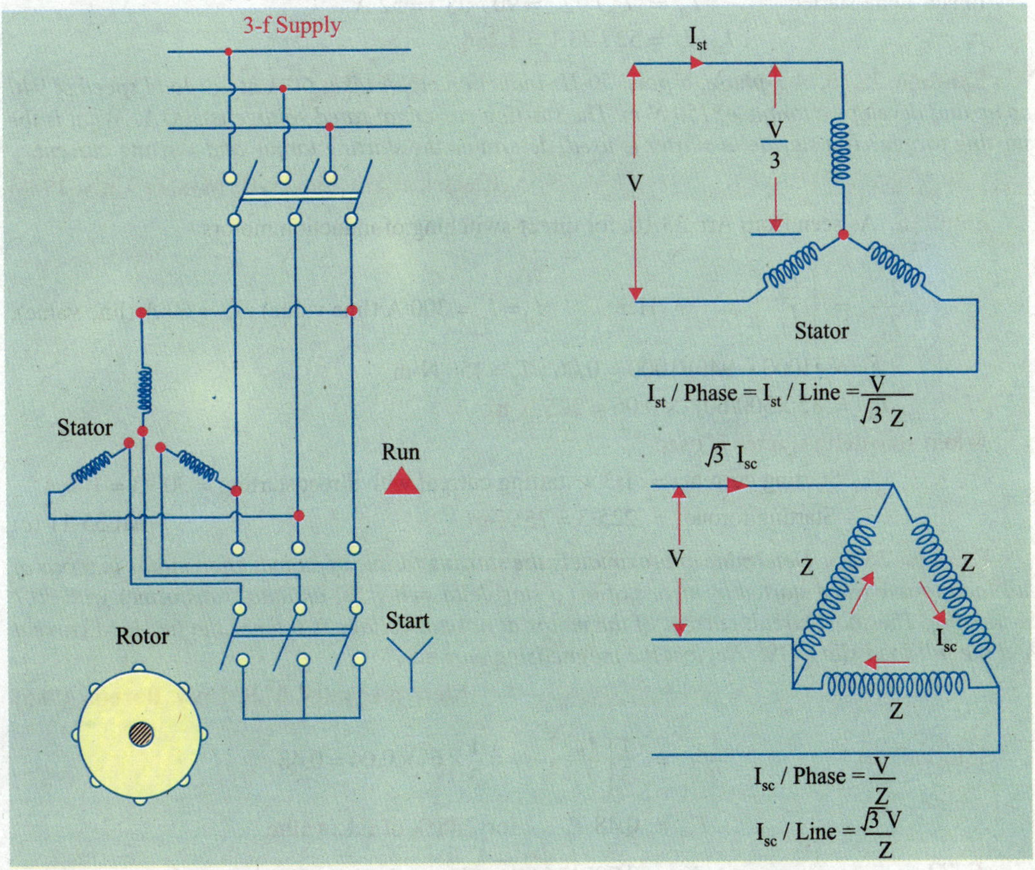

Fig. 35.21

where I_{sc} is the current/phase which Δ-connected motor would have taken if switched on to the supply directly (however, line current at start = 1/3 of line I_{sc})

Now $$T_{st} \propto I_{st}^2 \quad (s = 1) \qquad \text{– Art. 35.10}$$
$$T_f \propto I_f^2/s_f$$

$$\therefore \quad \frac{T_{st}}{T_f} = \left(\frac{I_{st}}{I_f}\right)^2 s_f = \left(\frac{I_{sc}}{\sqrt{3}\,I_f}\right)^2 s_f = \frac{1}{3}\left(\frac{I_{sc}}{I_f}\right)^2 s_f = \frac{1}{3}a^2 s_f$$

Here, I_{st} and I_{sc} represent phase values.

It is clear that the star-delta swith is equivalent* to an auto-transformer of ratio 1/ $\sqrt{3}$ or 58% approximately.

This method is cheap and effective provided the starting torque is required not to be more than 1.5 times the full-load torque. Hence, it is used for machine tools, pumps and motor-generators etc.

Example 35.14. *The full-load efficiency and power factor of a 12-kW, 440-V, 3-phase induction motor are 85% and 0.8 lag respectively. The blocked rotor line current is 45 A at 220 V. Calculate the ratio of starting to full-load current, if the motor is provided with a star-delta starter. Neglect magnetising current.* **(Elect. Machines, A.M.I.E. Sec. B, 1991)**

Solution. Blocked rotor current with full voltage applied

$$I_{sc} = 45 \times 440/220 = 90 \text{ A}$$

Now, $\sqrt{3} \times 440 \times I_f \times 0.8 = 12{,}000/0.85, \quad \therefore \quad I_f = 23.1 \text{ A}$

In star-delta starter, $I_{st} = I_{sc}/\sqrt{3} = 90/\sqrt{3} = 52 \text{ A}$

$\therefore \quad I_{st}/I_f = 52/23.1 = \mathbf{2.256}$

Example 35.15. *A 3-phase, 6-pole, 50-Hz induction motor takes 60 A at full-load speed of 940 r.p.m. and develops a torque of 150 N-m. The starting current at rated voltage is 300 A. What is the starting torque? If a star/delta starter is used, determine the starting torque and starting current.*

(Electrical Machinery-II, Mysore Univ. 1988)

Solution. As seen from Art. 33.10, for direct-switching of induction motors

$$\frac{T_{st}}{T_f} = \left(\frac{I_{sc}}{I_f}\right)^2 s_f$$

Here, $I_{st} = I_{sc} = 300$ A (line value) ; $I_f = 60$ A (line value),

$$s_f = (1000 - 940)/1000 = 0.06 \; ; \; T_f = 150 \text{ N-m}$$

$$\therefore \quad T_{st} = 150(300/60)^2 \times 0.06 = \mathbf{225 \text{ N-m}}$$

When star/delta starter is used

Starting current = 1/3 × starting current with direct starting = 300/3 = **100 A**

Starting torque = 225/3 = **75 N-m** –Art 35-11 (*c*)

Example 35.16. *Determine approximately the starting torque of an induction motor in terms of full-load torque when started by means of* **(*a*)** *a star-delta switch* **(*b*)** *an auto-transformer with 70.7 % tapping. The short-circuit current of the motor at normal voltage is 6 times the full-load current and the full-load slip is 4%. Neglect the magnetising current.*

(Electrotechnics, M.S. Univ. Baroda 1986)

Solution. (*a*)
$$\frac{T_{st}}{T_f} = \frac{1}{3}\left(\frac{I_{sc}}{I_f}\right)^2 s_f = \frac{1}{3} \times 6^2 \times 0.04 = 0.48$$

$\therefore \quad T_{st} = 0.48\, T_f$ or **48% of F.L. value**

(*b*) Here $K = 0.707 = 1/\sqrt{2}\,;\; K^2 = 1/2$

* By comparing it with the expression given in Art. 35.11 (*b*)

Now, $$\frac{T_{st}}{T_f} = K^2\left(\frac{I_{sc}}{I_f}\right)^2 s_f = \frac{1}{2}\times 6^2 \times 0.04 = 0.72$$

$\therefore$ $T_{st} = 0.72\, T_f$ or **72% of T_f**

Example 35.17. *A 15 h.p. (11.2 kW), 3-φ, 6-pole, 50-HZ, 400-V, Δ-connected induction motor runs at 960 r.p.m. on full-load. If it takes 86.4 A on direct starting, find the ratio of starting torque to full-load torque with a star-delta starter. Full-load efficiency and power factor are 88% and 0.85 respectively.*

Solution. Here, I_{sc}/phase $= 86.4/\sqrt{3}$ A

$$I_{st}\text{ per phase} = \frac{1}{\sqrt{3}}\cdot I_{sc}\text{ per phase} = \frac{86.4}{\sqrt{3}\times\sqrt{3}} = 28.8\text{ A}$$

Full-load input line current may be found from

$\sqrt{3}\times 400\times I_L\times 0.85 = 11.2\times 10^3/0.88$ $\therefore$ Full-load $I_L = 21.59$ A

F.L. $I_{ph} = 21.59/\sqrt{3}$ A ; $I_f = 21.59/\sqrt{3}$ A per phase

$N_s = 120\times 50/6 = 1000$ r.p.m., $N = 950$; $s_f = 0.05$

$$\frac{T_{st}}{T_f} = \left(\frac{I_{st}}{I_f}\right)^2 s_f = \left(\frac{28.8\times\sqrt{3}}{21.59}\right)^2\times 0.05 \quad\therefore\quad T_{st} = 0.267\,T_f$$ or **26.7% F.L. torque**

Example 35.18. *Find the ratio of starting to full-load current in a 10 kW (output), 400-V, 3-phase induction motor with star/delta starter, given that full-load p.f. is 0.85, the full-load efficiency is 0.88 and the blocked rotor current at 200 V is 40 A. Ignore magnetising current.*

(Electrical Engineering, Madras Univ. 1985)

Solution. F.L. line current drawn by the Δ-connected motor may be found from

$\sqrt{3}\times 400\times I_L\times 0.85 = 10\times 1000/0.88$ $\therefore$ $I_L = 19.3$ A

Now, with 200 V, the line value of S.C. current of the Δ-connected motor is 40 A. If full normal voltage were applied, the line value of S.C. current would be $= 40\times(400/200) = 80$ A.

$\therefore$ I_{sc} (line value) $= 80$ A ; I_{sc} (phase value) $= 80/\sqrt{3}$ A

When connected in star across 400 V, the starting current per phase drawn by the motor stator during starting is

$$I_{st}\text{ per phase} = \frac{1}{\sqrt{3}}\times I_{sc}\text{ per phase} = \frac{1}{\sqrt{3}}\times\frac{80}{\sqrt{3}} = \frac{80}{3}\text{ A}$$ – Art. 35.10

Since during starting, motor is star-connected, I_{st} per phase = line value of I_{sc} = 80/3A

$$\therefore\quad \frac{\text{line value of starting current}}{\text{line value of F.L. current}} = \frac{80/3}{19.3} = \mathbf{1.38}$$

Example 35.19. *A 5 h.p. (3.73 kW), 400-V, 3-φ, 50-Hz cage motor has a full-load slip of 4.5%. The motor develops 250% of the rated torque and draws 650% of the rated current when thrown directly on the line. What would be the line current, motor current and the starting torque if the motor were started (i) be means of a star/delta starter and (ii) by connecting across 60% taps of a starting compensator.* **(Elect. Machines-II, Indore Univ. 1989)**

Solution. (*i*) Line current $= (1/3)\times 650 =$ **216.7%**

Motor being star-connected, line current is equal to phase current.

$\therefore$ motor current $= 650/3 =$ **216.7%**

As shown earlier, starting torque developed for star-connection is one-third of that developed on direct switching with delta-connection $\therefore$ $T_{st} = 250/3 =$ **83.3%**

(*ii*) Line current $= K^2\times I_{sc} = (60/100)^2\times 650 =$ **234%**

$$\text{Motor current} = K \times I_{sc} = (60/100) \times 650 = \textbf{390\%}$$
$$T_{st} = K^2 \times T_{sc} = (60/100)^2 \times 250 = \textbf{90\%}$$

Example. 35.20. *A squirrel-cage type induction motor when started by means of a star/delta starter takes 180% of full-load line current and develops 35% of full-load torque at starting. Calculated the starting torque and current in terms of full-load values, if an auto-transformer with 75% tapping were employed.* **(Utilization of Elect. Power, A.M.I.E. 1987)**

Solution. With star-delta starter, $\dfrac{T_{st}}{T_f} = \dfrac{1}{3}\left(\dfrac{I_{sc}}{I_f}\right)^2 s_f$

Line current on line-start $I_{sc} = 3 \times 180\%$ of $I_f = 3 \times 1.8\, I_f = 5.4\, I_f$

Now, $T_{st}/T_f = 0.35$ (given) ; $I_{sc}/I_f = 5.4$.

$\therefore$ $0.35 = (1/3) \times 5.4^2\, s_f$ or $5.4^2\, s_f = 1.05$

Autostarter : Here, $K = 0.75$

Line starting current $= K^2\, I_{sc} = (0.75)^2 \times 5.4\, I_f = \mathbf{3.04\, I_f = 304\%}$ **of F.L. current**

$$\frac{T_{st}}{T_f} = K^2\left(\frac{I_{sc}}{I_f}\right)^2 s_f\,;\quad \frac{T_{st}}{T_f} = (0.75)^2 \times 5.4^2\, s_f$$
$$= (0.75)^2 \times 1.05 = 0.59$$
$$T_{st} = 0.59\, T_f = \textbf{59\% F.L. torque}$$

Example. 35.21. *A 10 h.p. (7.46 kW) motor when started at normal voltage with a star-delta switch in the star position is found to take an initial current of 1.7 × full-load current and gave an initial starting torque of 35% of full-load torque. Explain what happens when the motor is started under the following conditions : (a) an auto-transformer giving 60% of normal voltage (b) a resistance in series with the stator reducing the voltage to 60% of the normal and calculate in each case the value of starting current and torque in terms of the corresponding quantities at full-load.*

(Elect. Machinery-III, Kerala Univ. 1987)

Solution. If the motor were connected in delta and direct-switched to the line, then it would take a line current three times that which it takes when star-connected.

$\therefore$ line current on line start or $I_{sc} = 3 \times 1.7\, I_f = 5.1\, I_f$

We know $\dfrac{T_{st}}{T_f} = \dfrac{1}{3}\left(\dfrac{I_{sc}}{I_f}\right)^2 s_f$

Now $\dfrac{T_{st}}{T_f} = 0.35$ ...given ; $\dfrac{I_{sc}}{I_f} = 5.1$ ...calculated

$\therefore$ $0.35 = (1/3) \times 5.1^2 \times s_f$

We can find s_f from $5.1^2 \times s_f = 1.05$

(a) When it is started with an auto-starter, then $K = 0.6$

Line starting current $= K^2 \times I_{sc} = 0.6^2 \times 5.1\, I_f = \mathbf{0.836\, I_f}$

$T_{st}/T_f = 0.6^2 \times 5.1^2 \times s_f = 0.6^2 \times 1.05 = 0.378$ $\therefore$ $T_{st} = \mathbf{37.8\%}$ of F.L. torque

(b) Here, voltage across motor is reduced to 60% of normal value. In this case *motor* current is the same as line current but it decreases in proportion to the decrease in voltage.

As voltage across motor = 0.6 of normal voltage

$\therefore$ line starting current $= 0.6 \times 5.1\, I_f = \mathbf{3.06\, I_f}$

Torque at starting would be the same as before.

$T_{st}/T_f = 0.6^2 \times 5.1^2 \times s_f = 0.378$ $\therefore$ $T_{st} = \mathbf{37.8\%}$ of F.L. torque.

Tutorial Problems 35.3

1. A 3-phase induction motor whose full-load slip is 4 per cent, takes six times full-load current when switched directly on to the supply. Calculate the approximate starting torque in terms of the full-load torque when started by means of an auto-transformer starter, having a 70 percent voltage tap. **[0.7 T_f]**
2. A 3-phase, cage induction motor takes a starting current at normal voltage of 5 times the full-load value and its full-load slip is 4 per cent. What auto-transformer ratio would enable the motor to be started with not more than twice full-load current drawn from the supply ?

   What would be the starting torque under these conditions and how would it compare with that obtained by using a stator resistance starter under the same limitations of line current ? **[63.3% tap ; 0.4 T_f; 0.16 T_f]**
3. A 3-phase, 4-pole, 50-Hz induction motor takes 40 A at a full-load speed of 1440 r.p.m. and develops a torque of 100 N-m at full-load. The starting current at rated voltage is 200 A. What is the starting torque ? If a star-delta starter is used, what is the starting torque and starting current ? Neglect magnetising current. **[100 N-m; 33.3 N-m; 66.7 A]** ***(Electrical Machines-IV, Bangalore Univ. Aug. 1978)***
4. Determine approximately the starting torque of an induction motor in terms of full-load torque when started by means of (*a*) a star-delta switch (*b*) an auto-transformer with 50% tapping. Ignore magnetising current. The short-circuit current of the motor at normal voltage is 5 times the full-load current and the full-load slip is 4 per cent. **[(*a*) 0.33 (*b*) 0.25]** ***(A.C. Machines, Madras Univ. 1976)***
5. Find the ratio of starting to full-load current for a 7.46 kW, 400-V, 3-phase induction motor with star/delta starter, given that the full-load efficiency is 0.87, the full-load p.f. is 0.85 and the short-circuit current is 15 A at 100 V. **[1.37]** ***(Electric Machinery-II, Madras Univ. April 1978)***
6. A four-pole, 3-phase, 50-Hz, induction motor has a starting current which is 5 times its full-load current when directly switched on. What will be the percentage reduction in starting torque if (*a*) star-delta switch is used for starting (*b*) auto-transformer with a 60 per cent tapping is used for starting ? ***(Electrical Technology-III, Gwalior Univ. Nov. 1917)***
7. Explain how the performance of induction motor can be predicted by circle diagram. Draw the circle diagram for a 3-phase, mesh-connected, 22.38 kW, 500-V, 4-pole, 50-Hz induction motor. The data below give the measurements of line current, voltage and reading of two wattmeters connected to measure the input :

No load	500 V	8.3 A	2.85 kW	– 1.35 kW
Short circuit	100 V	32 A	– 0.75 kW	2.35 kW

From the diagram, find the line current, power factor, efficiency and the maximum output. **[83 A, 0.9, 88%, 50.73 kW]** ***(Electrical Machines-II, Vikram Univ. Ujjan 1977)***

35.12. Starting of Slip-ring Motors

Slip-ring electric motor

These motors are practically always started with full line voltage applied across the stator terminals. The value of starting current is adjusted by introducing a variable resistance in the rotor circuit. The controlling resistance is in the form of a rheostat, connected in star (Fig. 35.22), the resistance being gradually cut-out of the rotor circuit, as the motor gathers speed. It has been already shown that by increasing the rotor resistance, not only is the rotor (and hence stator) current reduced at starting, but at the same time, the starting torque is also increased due to improvement in power factor.

The controlling rheostat is either of stud or contactor type and

Rheostat

may be hand-operated or automatic. The starter unit usually includes a line switching contactor for the stator along with no-voltage (or low- voltage) and over-current protective devices. There is some form of interlocking to ensure proper sequential operation of the line contactor and the starter. This interlocking prevents the closing of stator contactor unless the starter is 'all in'.

As said earlier, the introduction of additional external resistance in the rotor circuit enables a slip-ring motor to develop a high starting torque with reasonably moderate starting current. Hence, such motors can be started under load. This additional resistance is for starting purpose only. It is gradually cut out as the motor comes up to speed.

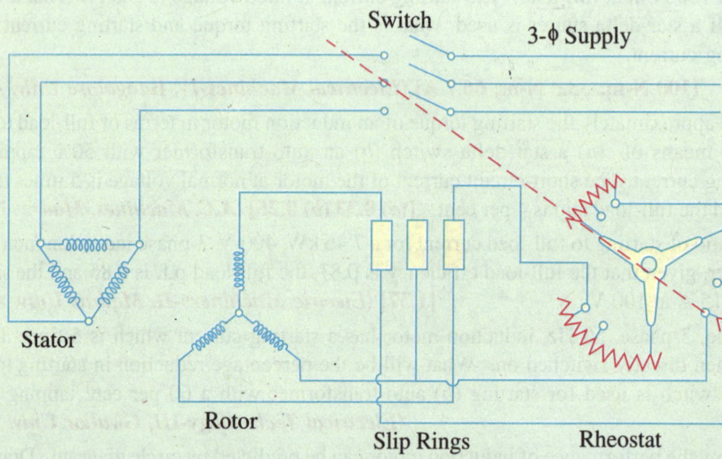

Fig. 35.22

The rings are, later on, short-circuited and brushes lifted from them when motor runs under normal conditions.

35.13. Starter Steps

Let it be assumed, as usually it is in the case of starters, that (*i*) the motor starts against a constant torque and (*ii*) that the rotor current fluctuates between fixed maximum and minimum values of I_{2max} and I_{2min} respectively.

In Fig. 35.23 is shown one phase of the 3-phase rheostat *AB* having *n* steps and the rotor circuit. Let R_1, R_2 ....etc. be the *total* resistances of the rotor circuit on the first, second step...etc. respectively. The resistances R_1, R_2 ..., etc. consist of rotor resistance per phase r_2 and the external resistances ρ_1, ρ_2 .... etc. Let the corresponding values of slips be s_1, s_2 ...etc. at stud No.1, 2...etc. At the commencement of each step, the current is I_{2max} and at the instant of leaving it, the current is I_{2min}. Let E_2 be the standstill e.m.f. induced in each phase of the rotor. When the handle touches first stud, the current rises to a maximum value I_{2max}, so that

$$I_{2max} = \frac{s_1 E_2}{\sqrt{[R_1^2 + (s_1 X_2)^2]}} = \frac{E_2}{\sqrt{[(R_1/s_1)^2 + X_2^2]}}$$

where s_1 = slip at starting *i.e.* unity and X_2 = rotor reactance/phase

Then, *before* moving to stud No. 2, the current is reduced to I_{2min} and slip changes to s_2 such that

$$I_{2min} = \frac{E_2}{\sqrt{[(R_1/s_2)^2 + X_2^2]}}$$

As we now move to stud No. 2, the speed momentarily remains the same, but current rises to I_{2max} because some resistance is cut out.

Hence, $I_{2max} = \dfrac{E_2}{\sqrt{[(R_2/s_2)^2 + X_2^2]}}$

After some time, the current is again reduced to I_{2min} and the slip changes to s_3 such that

$$I_{2min} = \frac{E_2}{\sqrt{[(R_2/s_3)^2 + X_2^2]}}$$

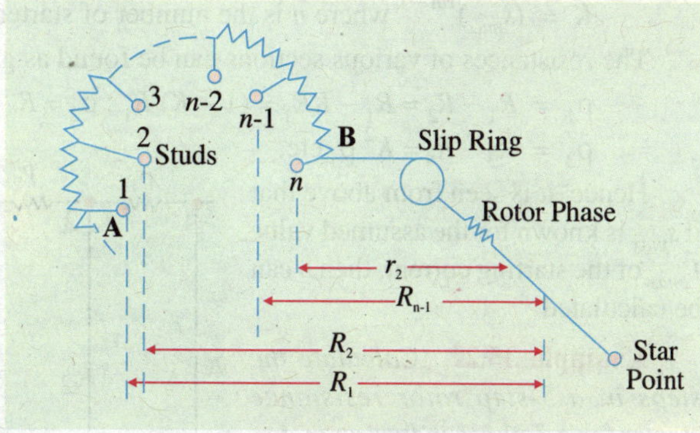

Fig. 35.23

As we next move over to stud No.3, again current rises to I_{2max} although speed remains momentarily the same.

$\therefore \quad I_{2max} = \dfrac{E_2}{\sqrt{[(R_2/s_3)^2 + X_2^2]}}$ Similarly $I_{2min} = \dfrac{E_2}{\sqrt{[(R_3/s_4)^2 + X_2^2]}}$

At the last stud *i.e.* nth stud, $I_{2max} = \dfrac{E_2}{\sqrt{[(r_2/s_{max})^2 + X_2^2]}}$ where s_{max} = slip under normal running conditions, when external resistance is completely cut out.

It is found from above that

$$I_{2max} = \frac{E_2}{\sqrt{[(R_1/s_1)^2 + X_2^2]}} = \frac{E_2}{\sqrt{[(R_2/s_2)^2 + X_2^2]}} = \ldots\ldots = \frac{E_2}{\sqrt{[(r_2/s_{max})^2 + X_2^2]}}$$

or $\dfrac{R_1}{s_1} = \dfrac{R_2}{s_2} = \dfrac{R_3}{s_3} = \ldots\ldots = \dfrac{R_{n-1}}{s_{n-1}} = \dfrac{R_n}{s_n} = \dfrac{r_2}{s_{max}}$ ...(*i*)

Similarly,

$$I_{2min} = \frac{E_2}{\sqrt{[(R_1/s_2)^2 + X_2^2]}} = \frac{E_2}{\sqrt{[(R_2/s_3)^2 + X_2^2]}} = \ldots\ldots = \frac{E_2}{\sqrt{[(R_{n-1}/s_{max})^2 + X_2^2]}}$$

or $\dfrac{R_1}{s_2} = \dfrac{R_2}{s_3} = \dfrac{R_3}{s_4} = \ldots\ldots = \dfrac{R_{n-1}}{s_{max}}$ ...(*ii*)

From (*i*) and (*ii*), we get

$\dfrac{s_2}{s_1} = \dfrac{s_3}{s_2} = \dfrac{s_4}{s_3} = \ldots\ldots = \dfrac{R_2}{R_1} = \dfrac{R_3}{R_2} = \dfrac{R_4}{R_3} = \ldots\ldots = \dfrac{r_2}{R_{n-1}} = K$ (say) ...(*iii*)

Now, from (*i*) it is seen that $R_1 = \dfrac{s_1 \times r_2}{s_{max}}$.

Now, $s_1 = 1$ at starting, when rotor is stationary.

$\therefore \; R_1 = r_2/s_{max}$. Hence, R_1 becomes known in terms of rotor resistance/phase and normal slip. From (*iii*), we obtain

$$R_2 = KR_1\,;\; R_3 = KR_2 = K^2R_1\,;\; R_4 = KR_3 = K^3R_1 \text{ and } r_2 = KR_{n-1} = K^{n-1}.R_1$$

or $r_2 = K^{n-1} \cdot \dfrac{r_2}{s_{max}}$ (putting the value of R_1)

$K = (s_{max})^{1/n-1}$ where n is the number of starter studs.

The resistances of various sections can be found as given below :

$$\rho_1 = R_1 - R_2 = R_1 - KR_1 = (1-K)R_1 \; ; \; \rho_2 = R_2 - R_3 = KR_1 - K^2R_1 = K\rho_1$$

$$\rho_3 = R_3 - R_4 = K^2 \rho_1 \text{ etc.}$$

Hence, it is seen from above that if s_{max} is known for the assumed value I_{2max} of the starting current, then n can be calculated.

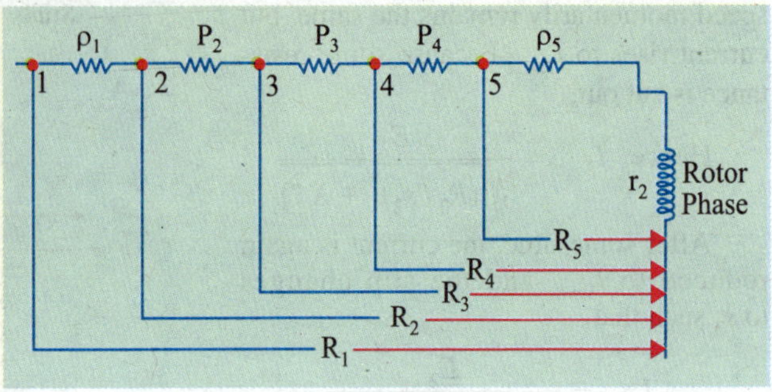

Fig. 35.24

Example 35.22. *Calculate the steps in a 5-step rotor resistance starter for a 3 phase induction motor. The slip at the maximum starting current is 2% with slip-ring short-circuited and the resistance per rotor phase is 0.02 Ω.*

Solution. Here, $s_{max} = 2\%$

$= 0.02;\ r_2 = 0.02\ \Omega,\ n = 6$

$R_1 =$ total resistance in rotor circuit/phase on first stud

$= r_2/s_{max} = 0.02/0.02 = 1\ \Omega$

Now, $K = (s_{max})^{1/n-1} = (0.02)^{1/5} = 0.4573$

$R_1 = 1\ \Omega;\ R_2 = KR_1 = 0.4573 \times 1 = 0.4573\ \Omega$

$R_3 = KR_2 = 0.4573 \times 0.4573 = 0.2091\ \Omega;\ R_4 = KR_3 = 0.4573 \times 0.2091 = 0.0956\ \Omega$

$R_5 = KR_4 = 0.4573 \times 0.0956 = 0.0437\ \Omega;\ r_2 = KR_5 = 0.4573 \times 0.0437 = 0.02\ \Omega$ (as given)

The resistances of various starter sections are as found below :

$\rho_1 = R_1 - R_2 = 1 - 0.4573 =$ **0.5427 Ω**; $\rho_2 = R_2 - R_3 = 0.4573 - 0.2091 =$ **0.2482 Ω**

$\rho_3 = R_3 - R_4 = 0.2091 - 0.0956 =$ **0.1135 Ω**; $\rho_4 = R_4 - R_5 = 0.0956 - 0.0437 =$ **0.0519 Ω**

$\rho_5 = R_5 - r_2 = 0.0437 - 0.02 =$ **0.0237 Ω**

The resistances of various sections are shown in Fig. 35.24.

35.14. Crawling

It has been found that induction motors, particularly the squirrel-cage type, sometimes exhibit a tendency to run stably at speeds as low as one-seventh of their synchronous speed N_s. This phenomenon is known as crawling of an induction motor.

This action is due to the fact that the a.c. winding of the stator produces a flux wave, which is not a pure sine wave. It is a complex wave consisting of a fundamental wave, which revolves synchronously and odd harmonics like 3rd, 5th, and 7th etc. which rotate either in the forward or backward direction at $N_s / 3$, $N_s / 5$ and $N_s / 7$ speeds respectively. As a result, in addition to the fundamental torque, harmonic torques are also developed, whose synchronous speeds are 1/*n*th of the speed for the fundamental torque *i.e.* N_s / n, where n is the order of the harmonic torque. Since 3rd harmonic currents are absent in a balanced 3-phase system, they produce no rotating field and, therefore, no torque. Hence, total motor torque has three components : (*i*) the fundamental torque, rotating with the synchronous speed N_s (*ii*) 5th harmonic torque* rotating at $N_s / 5$ speed and (*iii*) 7th harmonic torque, having a speed of $N_s / 7$.

* The magnitude of the harmonic torques is $1/n^2$ of the fundamental torque.

Now, the 5th harmonic currents have a phase difference of $5 \times 120° = 600° = -120°$ in three stator windings. The revolving field, set up by them, rotates in the *reverse* direction at $N_s / 5$. The forward speed of the rotor corresponds to a slip greater than 100%. The small amount of 5th harmonic reverse torque produces a braking action and may be neglected.

The 7th harmonic currents in the three stator windings have a phase difference of $7 \times 120° = 2 \times 360° + 120° = 120°$. They set up a forward rotating field, with a synchronous speed equal to 1/7th of the synchronous speed of the fundamental torque.

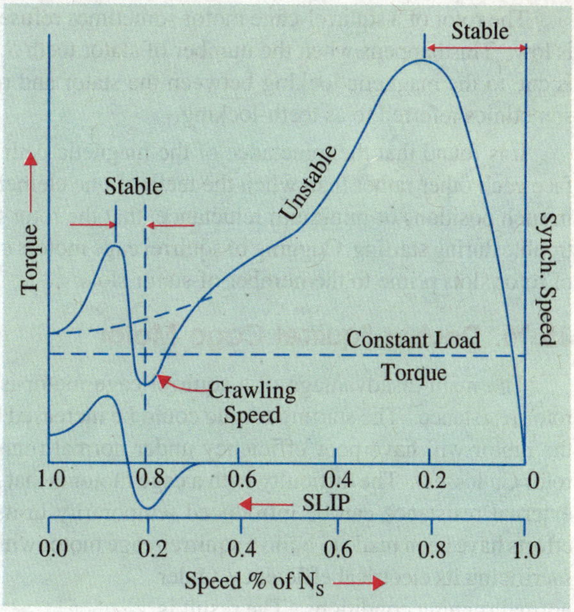

Fig. 35.25

If we neglect all higher harmonics, the resultant torque can be taken as equal to the sum of the fundamental torque and the 7th harmonic torque, as shown in Fig. 35.25. It is seen that the 7th harmonic torque reaches its maximum positive value just before 1/7th synchronous speed N_s, beyond which it becomes negative in value. Consequently, the resultant torque characteristic shows a dip which may become very pronounced with certain slot combinations. If the mechanical load on the shaft involves a constant load torque, it is possible that the torque developed by the motor may fall below this load torque. When this happens, the motor will not accelerate upto its normal speed but will remain running at a speed, which is nearly 1/7th of its full-speed. This is referred to as crawling of the motor.

35.15. Cogging or Magnetic Locking

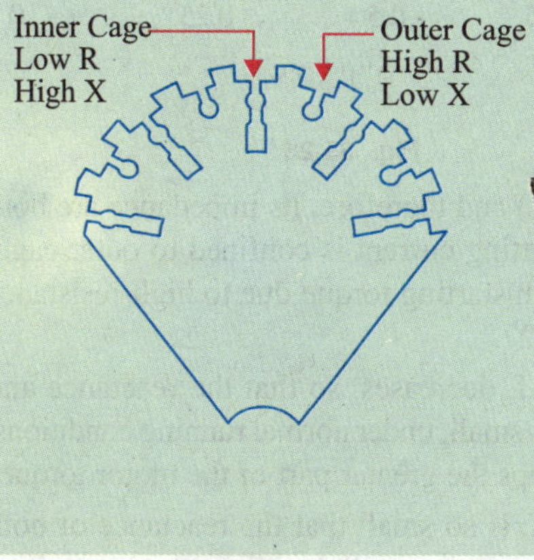

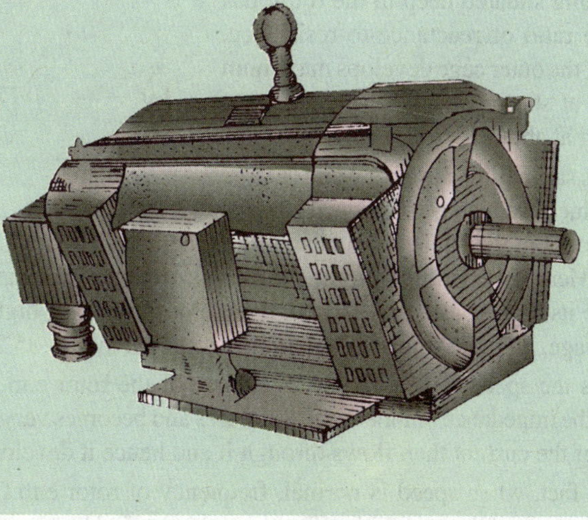

Fig. 35.26 **Fig. 35.27**

Double-cage, 30-kW, 400/440-V, 3-f, 960 r.p.m. squirrel-cage motor. (*Courtesy : Jyoti Ltd., Baroda*)

The rotor of a squirrel-cage motor sometimes refuses to start at all, particularly when the voltage is low. This happens when the number of stator teeth S_1 is equal to the number of rotor teeth S_2 and is due to the magnetic locking between the stator and rotor teeth. That is why this phenomenon is sometimes referred to as teeth-locking.

It is found that the reluctance of the magnetic path is minimum when the stator and rotor teeth face each other rather than when the teeth of one element are opposite to the slots on the other. It is in such positions of minimum reluctance, that the rotor tends to remain fixed and thus cause serious trouble during starting. Cogging of squirrel cage motors can be easily overcome by making the number of rotor slots prime to the number of stator slots.

35.16. Double Squirrel Cage Motor

The main disadvantage of a squirrel-cage motor is its poor starting torque, because of its low rotor resistance. The starting torque could be increased by having a cage of high resistance, but then the motor will have poor efficiency under normal running conditions (because there will be more rotor Cu losses). The difficulty with a cage motor is that its cage is permanently short-circuited, so no external resistance can be introduced temporarily in its rotor circuit during starting period. Many efforts have been made to build a squirrel-cage motor which should have a high starting torque without sacrificing its electrical efficiency, under normal running conditions. The result is a motor, due to Boucheort, which has two independent cages on the same rotor, one inside the other. A punching for such a double cage rotor is shown in Fig. 35.26.

The ***outer*** cage consists of bars of a ***high-resistance*** metal, whereas the inner cage has low-resistance copper bars.

Hence, outer cage has high resistance and low ratio of reactance-to-resistance, whereas the inner cage has low resistance but, being situated deep in the rotor, has a large ratio of reactance-to-resistance. Hence, the outer cage develops maximum torque at starting, while the inner cage does so at about 15% slip.

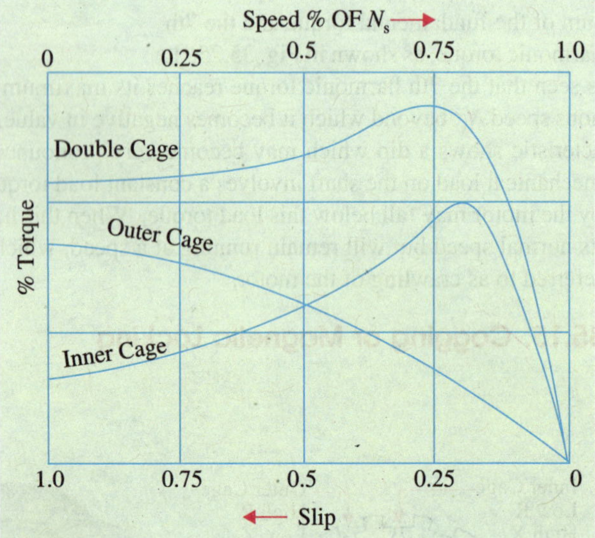

Fig. 35.28

As said earlier, at starting and at large slip values, frequency of induced e.m.f in the rotor is high. So the reactance of the inner cage ($= 2\pi f L$) and therefore, its impedance are both high. Hence, very little current flows in it. Most of the starting current is confined to outer cage, despite its high resistance. Hence, the motor develops a high starting torque due to high-resistance outer cage. Double squirrel-cage motor is shown in Fig. 35.27.

As the speed increases, the frequency of the rotor e.m.f. decreases, so that the reactance and hence the impedance of inner cage decreases and becomes very small, under normal running conditions. Most of the current then flows through it and hence it develops the greater part of the motor torque.

In fact, when speed is normal, frequency of rotor e.m.f. is so small that the reactance of both cages is practically negligible. The current is carried by two cages in parallel, giving a low combined resistance.

Hence, it has been made possible to construct a single machine, which has a good starting torque with reasonable starting current and which maintains high efficiency and good speed regulation, under normal operating conditions.

The torque-speed characteristic of a double cage motor may be approximately taken to be the sum of two motors, one having a high-resistance rotor and the other a low-resistance one (Fig. 35.28).

Such motors are particularly useful where frequent starting under heavy loads is required.

35.17. Equivalent Circuit

The two rotor cages can be considered in parallel, if it is assumed that both cages completely link the main flux. The equivalent circuit for one phase of the rotor, as referred to stator, is shown in Fig. 35.29. If the magnetising current is neglected, then the figure is simplified to that shown in Fig. 35.30. Hence, R_0'/s and R_i'/s are resistances of outer and inner rotors as referred to stator respectively and X_0' and X_i' their reactances

Total impedance as referred to primary is given by

$$Z_{01} = R_1 + jX_1 + \frac{1}{1/Z_1' + 1/Z_0'} = R_1 + jX_1 + \frac{Z_i'Z_0'}{Z_0' + Z_i'}$$

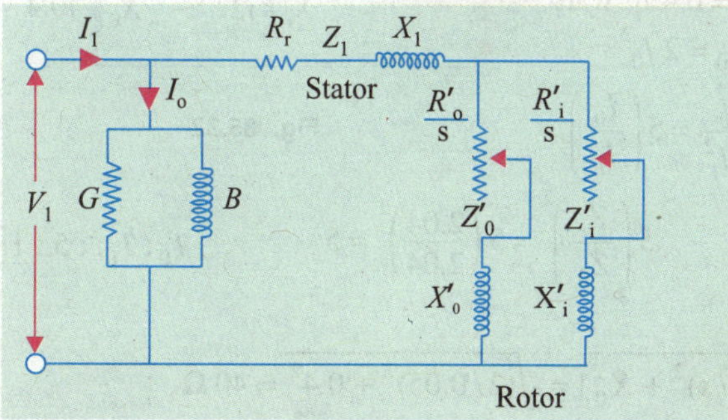

Fig. 35.29

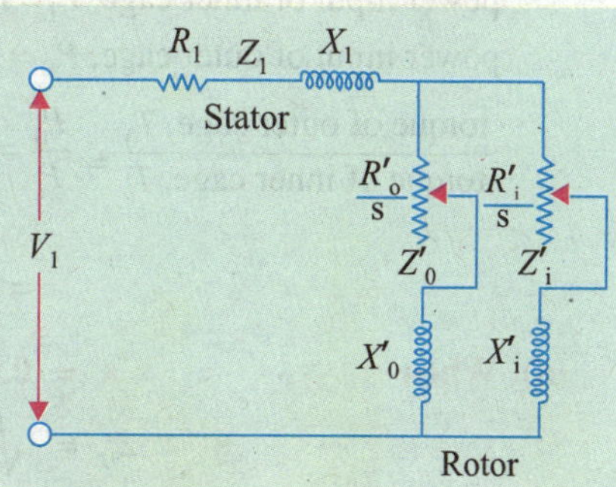

Fig. 35.30

Example 35.23. *A double-cage induction motor has the following equivalent circuit parameters, all of which are phase values referred to the primary :*

Primary	$R_1 = 1\,\Omega$	$X_1 = 3\,\Omega$
Outer cage	$R_0' = 3\,\Omega$	$X_0' = 1\,\Omega$
Inner cage	$R_i' = 0.6\,\Omega$	$X_i' = 5\,\Omega$

The primary is delta-connected and supplied from 440 V. Calculate the starting torque and the torque when running at a slip of 4%. The magnetising current may be neglected.

Solution.

Refer to Fig. 35.31

(*i*) At start, s = 1

$$Z_{01} = 1 + j3 + \frac{1}{1/(3 + j1) + 1/(0.6 + j5)}$$

$$= 2.68 + j\,4.538\,\Omega$$

$$\text{Current / phase} = 440/(2.68^2 + 4.538^2)^{1/2} = 83.43 \text{ A}$$

$$\text{Torque} = 3 \times 83.43^2 \times (2.68 - 1)$$

= **35,000 synch watt.**

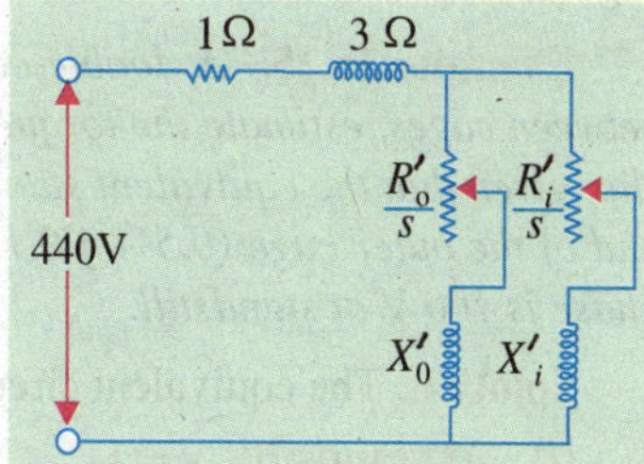

Fig. 35.31

(*ii*) when *s* = 4 per cent

In this case, approximate torque may be found by neglecting the outer cage impedance altogether. However, it does carry some current, which is almost entirely determined by its resistance.

$$Z_{01} = 1 + j3 + \frac{1}{1/(3/0.04) + 1/(0.6/0.04 + j5)} = 13.65 + j\,6.45$$

$$\text{Current/phase} = 440/(13.65^2 + 6.45^2)^{1/2} = 29.14 \text{ A}$$

$$\text{Torque} = 3 \times 29.14^2 \times (13.65 - 1) = \textbf{32,000 synch watt.}$$

Example 35.24. *At standstill, the equivalent impedance of inner and outer cages of a double-cage rotor are (0.4 + j2) Ω and (2+ j0.4) Ω respectively. Calculate the ratio of torques produced by the two cages (i) at standstill (ii) at 5% slip.* **(Elect. Machines-II, Punjab Univ. 1989)**

Solution. The equivalent circuit for one phase is shown in Fig. 35.32.

(*i*) At standstill, s = 1

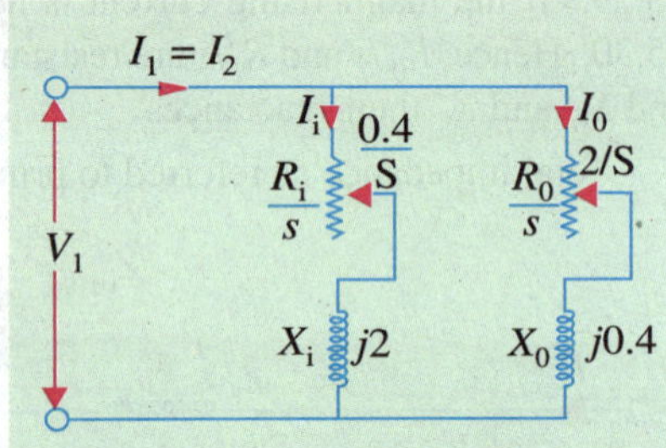

Fig. 35.32

Impedance of inner cage $= Z_i = \sqrt{0.4^2 + 2^2} = 2.04\ \Omega$

Impedance of outer cage $= Z_0 = \sqrt{2^2 + 0.4^2} = 2.04\ \Omega$

If I_0 and I_i are the current inputs of the two cages, then

power input of inner cage, $P_i = I_i^2 R_i = 0.4\, I_i^2$ watt

power input of outer cage, $P_0 = I_0^2 R_0 = 2\, I_0^2$

$$\therefore \quad \frac{\text{torque of outer cage, } T_0}{\text{torque of inner cage, } T_i} = \frac{P_0}{P_i} = \frac{2 I_0^2}{0.4 I_i^2} = 5\left(\frac{I_0}{I_i}\right)^2$$

$$= 5\left(\frac{Z_i}{Z_0}\right)^2 = 5\left(\frac{2.04}{2.04}\right)^2 = 5 \qquad \therefore \quad T_0 : T_i :: 5 : 1$$

(*ii*) When s = 0.05

$$Z_0 = \sqrt{[(R_0/s)^2 + X_0^2]} = \sqrt{(2/0.05)^2 + 0.4^2} = 40\ \Omega$$

$$Z_i = \sqrt{[(R_i/s)^2 + X_i^2]} = \sqrt{(0.4/0.05)^2 + 2^2} = 8.25\ \Omega$$

$$\therefore \quad \frac{I_o}{I_i} = \frac{Z_i}{Z_o} = \frac{8.25}{40} = 0.206$$

$$P_0 = I_0^2 R_0/s = 40\, I_0^2;\ P_i = I_i^2 R_i/s = 8\, I_i^2$$

$$\therefore \quad \frac{T_o}{T_i} = \frac{P_o}{P_i} = \frac{40 I_o^2}{8 I_i^2} = 5\left(\frac{I_o}{I_i}\right)^2 = 5\,(0.206)^2 = 0.21$$

$\therefore$ **$T_0 : T_i :: 0.21 : 1$**

It is seen from above, that the outer cage provides maximum torque at starting, whereas inner cage does so later.

Example 35.25. *A double-cage rotor has two independent cages. Ignoring mutual coupling between cages, estimate the torque in synchronous watts per phase (i) at standstill and at 5 per cent slip, given that the equivalent standstill impedance of the inner cage is (0.05 + j 0.4) ohm per phase and of the outer cage (0.5 + j 0.1) ohm per phase and that the rotor equivalent induced e.m.f. per phase is 100 V at standstill.*

Solution. The equivalent circuit of the double-cage rotor is shown in Fig. 35.33.

(*i*) At standstill, s = 1

The combined impedance of the two cages is

$$Z = \frac{Z_0 Z_i}{Z_0 + Z_i}$$

where Z_0 = impedance of the outer cage

Z_i = impedance of the inner cage

$$Z = \frac{(0.5 + j\,0.1)\,(0.05 + j\,0.4)}{(0.55 + j\,0.5)}$$

$$= 0.1705 + j\,0.191 \text{ ohm}$$

$$\therefore \quad Z = \sqrt{0.1705^2 + 0.191^2} = 0.256\ \Omega$$

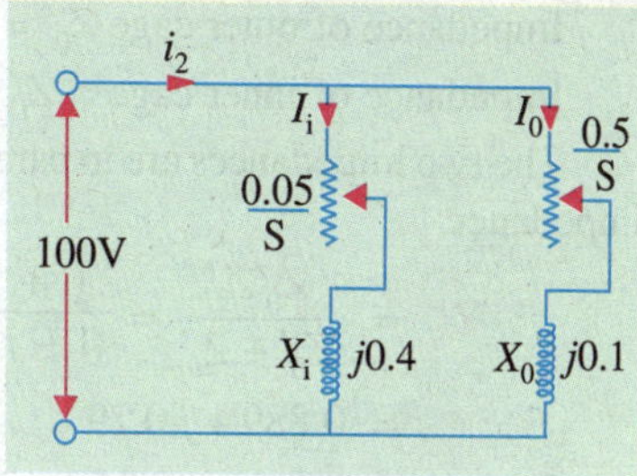

Fig. 35.33

Rotor current I_2 = 100/0.256 A; Combined resistance R_2 = 0.1705 Ω

Torque at standstill in synchronous watts per phase is

$$= I_2^2 R_2 = \left(\frac{100}{0.256}\right)^2 \times 0.1705 = \textbf{26,000 synch watts}$$

(*ii*) Here s = 0.05

$$Z = \frac{\left(\frac{0.5}{0.05} + j\,0.1\right)\left(\frac{0.05}{0.05} + j\,0.4\right)}{\left(\frac{0.05}{0.5} + \frac{0.5}{0.05} + j\,0.5\right)} = 1.01 + j\,0.326 \text{ ohm}$$

$$Z = \sqrt{(1.01)^2 + 0.326^2} = 1.06\ \Omega$$

Combined resistance R_2 = 1.01 Ω ; rotor current = 100/1.06 A

Torque in synchronous watts per phase is

$$= I_2^2 R_2 = (100/1.06)^2 \times 1.1 = \textbf{9,000 synch.watt.}$$

Example 35.26. *In a double-cage induction motor, if the outer cage has an impedance at standstill of (2 + j 1.2) ohm, determine the slip at which the two cages develop equal torques if the inner cage has an impedance of (0.5 + j 3.5) ohm at standstill.*

(Electric Machines, Osmania Univ. 1991)

Solution. Let s be the slip at which two cage develop equal torques.

Then $\quad Z_1 = \sqrt{(2/s)^2 + 1.2^2}$ and $Z_2 = \sqrt{(0.5/s)^2 + 3.5^2}$

$$\therefore \quad \left(\frac{I_1}{I_2}\right)^2 = \left(\frac{Z_2}{Z_1}\right)^2 = \frac{(0.25/s^2) + 3.5^2}{(4/s^2) + 1.44}$$

Power input to outer cage $P_1 = I_1^2 R_1/s$

$$\therefore \quad P_1 = I_1^2 \times \frac{2}{s}; \qquad P_2 = I_2^2 \times \frac{0.5}{s}$$

$$\therefore \quad \frac{T_1}{T_2} = \frac{P_1}{P_2} = \left(\frac{I_1}{I_2}\right)^2 \times 4 = \frac{(0.25/s^2) + 3.5^2}{(4/s^2) + 1.44} \times 4$$

As $\quad T_1 = T_2$

$$\therefore \quad \frac{4}{s^2} + 1.44 = \left(\frac{0.25}{s^2} + 12.25\right) \times 4 \qquad \therefore \quad s = 0.251 = \textbf{25.1\%}$$

Example 35.27. *The resistance and reactance (equivalent) values of a double-cage induction motor for stator, outer and inner cage are 0.25, 1.0 and 0.15 ohm resistance and 3.5, zero and 3.0 ohm reactance respectively. Find the starting torque if the phase voltage is 250 V and the synchronous speed is 1000 r.p.m.* **(I.E.E. London)**

Solution. The equivalent circuit is shown in Fig. 35.34 where magnetising current has been neglected. At starting, $s = 1$

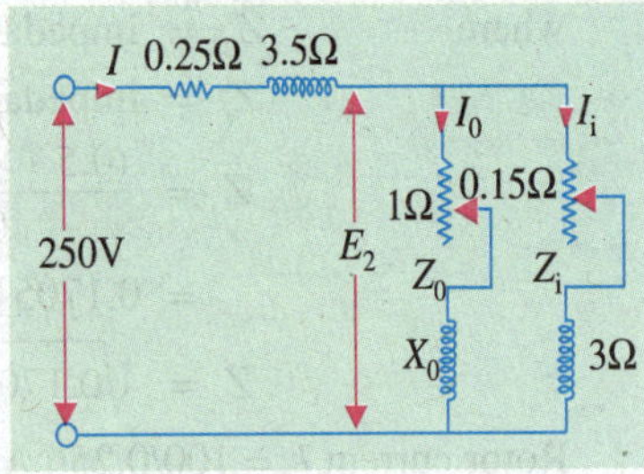

Fig. 35.34

Impedance of outer cage $Z_0' = (1 + j\,0)$

Impedance of inner cage $Z_i' = (0.15 + j\,3)$

The two impedances are in parallel. Hence, their equivalent impedance

$$Z_2' = \frac{Z_0'Z_i'}{Z_0' + Z_i'} = \frac{(1 + j\,0)\,(0.15 + j\,3)}{(1 + j\,0) + (0.15 + j\,3)}$$

$$= 0.889 + j\,0.29$$

Stator impedance = $(0.25 + j\,3.5)$

$\therefore$ total impedance $Z_{01} = (0.889 + j\,0.29) + (0.25 + j\,3.5)$ $= (1.14 + j\,3.79)\ \Omega$ (approx.)

$$\text{Current } I = \frac{\text{phase voltage}}{\text{total phase impedance}} = \frac{250 + j\,0}{1.14 + j\,3.79} = 18.2 - j\,60.5 = 66.15\ \text{A}$$

Rotor Cu loss/phase = $(\text{current})^2 \times$ total resistance/phase of two rotors

$$= 66.15^2 \times 0.889 = 3{,}890\ \text{W}$$

Total Cu loss in 3-phases = $3 \times 3890 = 11{,}670$ W

Now, rotor input = $\dfrac{\text{rotor Cu loss}}{s}$; At starting, $s = 1$ $\therefore$ rotor input = 11,670 W

$\therefore$ T_{start} = 11,670 synchronous watts

Also $T_{start} \times 2\pi\,N_S = 11{,}670$ or $T_{start} = \dfrac{11{,}670}{2\pi \times (1000/60)}$ = **111.6 N-m (approx.)**

Note. If torques developed by the two rotors separately are required, then find E_2 (Fig. 35.34), then I_1 and I_2. Knowing these values, T_1 and T_2 can be found as given in previous example.

Example 35.28. *A double-cage induction motor has the following equivalent circuit parameters all of which are phase values referred to the primary :*

Primary : R_1 = 1 ohm X_1 = 2.8 ohm

Outer cage : R_0' = 3 ohm X_0' = 1.0 ohm

Inner cage : R_i' = 0.5 ohm X_i' = 5 ohm

The primary is delta-connected and supplied from 440 V. Calculate the starting torque and the torque when running at a slip of 4 per cent. The magnetizing branch can be assumed connected across the primary terminals.

(Electrical Machines-II, South Gujarat Univ. 1987)

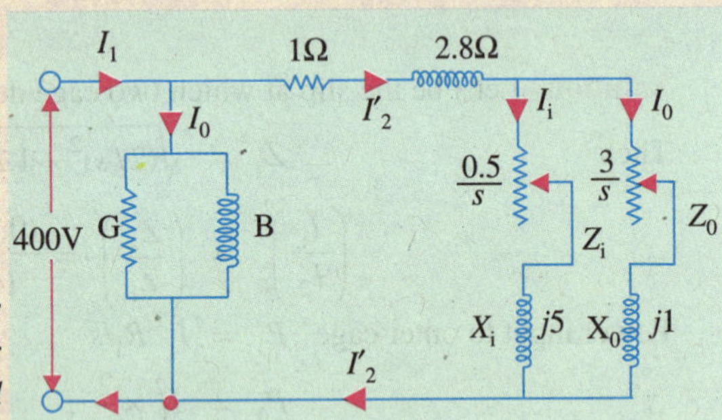

Fig. 35.35

Solution. The equivalent circuit for one phase is shown in Fig. 35.35. It should be noted that magnetising impedance Z_0 has no bearing on the torque and speed and hence, can be neglected so far as these two quantities are concerned

(i) At standstill s = 1

$$Z_2' = \frac{Z_0'Z_i'}{Z_0' + Z_i'} = \frac{(3 + j1.0)\,(0.5 + j5)}{(3.5 + j6)}$$

$$= 1.67 + j\,1.56$$

$$Z_{01} = Z_1 + Z_2' = (1 + j\,2.8) + (1.67 + j\,1.56)$$

$$= (2.67 + j\,4.36) = 5.1 \angle 58.5^\circ$$

Voltage per phase, $V_1 = 440$ V. Since stator is delta-connected.

$\mathbf{I_2' = V_1/Z_{01}} = 440/5.1 \angle 58.5° = 86.27 \angle -58.5°$

Combined resistance $R_2 = 1.6\ \Omega$

$\therefore$ starting torque per phase $= I_2'^2 R_2 = 86.27^2 \times 1.67 =$ **12,430 synch. watt.**

(*ii*) when s = 0.04

$$\mathbf{Z_0'} = (3/0.04) + j\,1.0 = 75 + j\,1.0; \quad \mathbf{Z_i'} = (0.5/0.04) + j\,5 = 12.5 + j\,5$$

$$\mathbf{Z_2'} = \frac{Z_0' Z_i'}{Z_0' + Z_i'} = \frac{(75 + j1.0)\,(12.5 + j5)}{(87.5 + j6)} = 10.3 + j\,3.67$$

$$\mathbf{Z_{01}} = Z_1 + Z_2' = (1 + j\,2.8) + (10.3 + j\,6.47) = 11.3 + j\,6.47 = 13.03 \angle 29.8°$$

$$\mathbf{I_2'} = \mathbf{V_1/Z_{01}} = 440/13.03 \angle 29.8° = 33.76 \angle -29.8°$$

combined resistance $\mathbf{R_2} = 10.3\ \Omega$

$\therefore$ full-load torque per phase $= I_2' R_2 = 33.76^2 \times 10.3 =$ **11.740 synch. watts**

Obviously, starting torque is higher than full-load torque.

Tutorial Problems 35.4

1. Calculate the steps in a 5-section rotor starter of a 3-phase induction motor for which the starting current should not exceed the full-load current, the full-load slip is 0.018 and the rotor resistance is 0.015 Ω per phase

   $\rho_1 = 0.46\ \Omega$; $\rho_2 = 0.206\ \Omega$; $\rho_3 = 0.092\ \Omega$; $\rho_4 = 0.042\ \Omega$; $\rho_5 = 0.0185\ \Omega$

   (Electrical Machinery-III, Kerala Univ. Apr. 1976)

2. The full-load slip of a 3-phase double-cage induction motor is 6% and the two cages have impedances of (3.5 + *j* 1.5) Ω and (0.6 + *j* 7.0) Ω respectively. Neglecting stator impedances and magnetising current, calculate the starting torque in terms of full-load torque. **[79%]**

3. In a double-cage induction motor, if the outer cage has an impedance at standstill of (2 + *j* 2) ohm and the inner cage an impedance of (0.5 + *j* 5) Ω, determine the slip at which the two cages develop equal torques. **[17.7%]**

4. The two independent cages of a rotor have the respective standstill impedance of (3 + *j* 1) ohm and (1 + *j* 4) ohm. What proportion of the total torque is due to the outer cage (*a*) at starting and (*b*) at a fractional slip of 0.05 ?**[(*a*) 83.6% (*b*) 25.8%]** ***(Principle of Elect. Engg.I, Jadavpur Univ. 1975)***

5. An induction motor has a double cage rotor with equivalent impedance at standstill of (1.0 + *j* 1.0) and (0.2 + *j* 4.0) ohm. Find the relative value of torque given by each cage at a slip of 5%.

   [(*a*) 40.1 (*b*) 0.4 : 1] ***(Electrical Machines-I, Gwalior Univ. Nov. 1977)***

35.18. Speed Control of Induction Motors*

A 3-phase induction motor is practically a constant-speed machine, more or less like a d.c. shunt motor. The speed regulation of an induction motor (having low resistance) is usually less than 5% at full-load. However, there is one difference of practical importance between the two. Whereas d.c. shunt motors can be made to run at any speed within wide limits, with good efficiency and speed regulation, merely by manipulating a simple field rheostat, the same is not possible with induction motors. In their case, speed reduction is accompanied by a corresponding loss of efficiency and good speed regulation. That is why it is much easier to build a good adjustable-speed d.c. shunt motor than an adjustable speed induction motor.

Different methods by which speed control of induction motors is achieved, may be grouped under two main headings :

* For Electronic Control of AC Motors, please consult the relevant chapter of this book, in vol. III.

1. **Control from stator side**
   (*a*) by changing the applied voltage (*b*) by changing the applied frequency
   (*c*) by changing the number of stator poles
2. **Control from rotor side**
   (*d*) rotor rheostat control
   (*e*) by operating two motors in concatenation or cascade
   (*f*) by injecting an e.m.f. in the rotor circuit.

A brief description of these methods would be given below :

(*a*) Changing Applied Voltage

This method, though the cheapest and the easiest, is rarely used because

(*i*) a large change in voltage is required for a relatively small change in speed

(*ii*) this large change in voltage will result in a large change in the flux density thereby seriously disturbing the magnetic conditions of the motor.

(*b*) Changing the Applied Frequency

This method is also used very rarely. We have seen that the synchronous speed of an induction motor is given by $N_s = 120\, f/P$. Clearly, the synchronous speed (and hence the running speed) of an induction motor can be changed by changing the supply frequency *f*. However, this method could only be used in cases where the induction motor happens to be the only load on the generators, in which case, the supply frequency could be controlled by controlling the speed of the prime movers of the generators. But, here again the range over which the motor speed may be varied is limited by the economical speeds of the prime movers. This method has been used to some extent on electrically-driven ships.

(*c*) Changing the Number of Stator Poles

This method is ***easily applicable to squirrel-cage motors*** because the squirrel-cage rotor adopts itself to any reasonable number of stator poles.

From the above equation it is also clear that the synchronous (and hence the running)speed of an induction motor could also be changed by changing the number of stator poles. This change of number of poles is achieved by having two or more entirely independent stator windings in the same slots. Each winding gives a different number of poles and hence different synchronous speed. For example, a 36-slot stator may have two 3-ϕ windings, one with 4 poles and the other with 6-poles. With a supply frequency of 50-Hz, 4-pole winding will give $N_s = 120 \times 50/4 = 1500$ r.p.m. and the 6-pole winding will give $N_s = 120 \times 50/6 = 1000$ r.p.m. Motors with four independent stator winding are also in use and they give four different synchronous (and hence running) speeds. Of course, one winding is used at a time, the others being entirely disconnected.

This method has been used for elevator motors, traction motors and also for small motors driving machine tools.

Speeds in the ratio of 2:1 can be produced by a single winding if wound on the consequent-pole principle. In that case, each of the two stator windings can be connected by a simple switch to give two speeds, each, which means four speeds in all. For example, one stator winding may give 4 or 8-poles and the other 6 or 12-poles. For a supply frequency of 50-Hz, the four speeds will be 1500, 750, 1000 and 500 r.p.m. Another combination, commonly used, is to group 2- and 4-pole winding with a 6- and 12-pole winding, which gives four synchronous speeds of 3000, 1500, 1000 and 500 r.p.m.

(*d*) Rotor Rheostat Control

In this method (Fig. 35.36), which is applicable to slip-ring motors alone, the motor speed is reduced by introducing an external resistance in the rotor circuit. For this purpose, the rotor starter may be used, provided it is continuously rated. ***This method is, in fact, similar to the armature rheostat control method of d.c. shunt motors.***

It has been shown in Art 34.22 that near synchronous speed (*i.e.* for very small slip value), $T \propto s/R_2$.

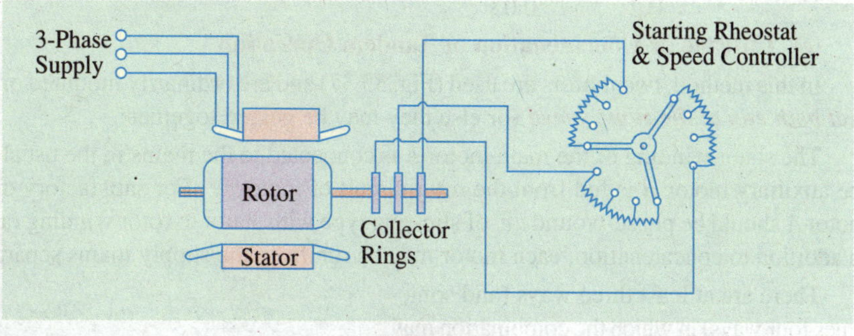

Fig. 35. 36

It is obvious that for a given torque, slip can be increased *i.e.* speed can be decreased by increasing the rotor resistance R_2.

One serious disadvantage of this method is that with increase in rotor resistance, I^2R losses also increase which decrease the operating efficiency of the motor. In fact, the loss is directly proportional to the reduction in the speed.

The second disadvantage is the double dependence of speed, not only on R_2 but on load as well.

Because of the wastefulness of this method, it is used where speed changes are needed for short periods only.

Example 35.29. *The rotor of a 4-pole, 50-Hz slip-ring induction motor has a resistance of 0.30 Ω per phase and runs at 1440 rpm. at full load. Calculate the external resistance per phase which must be added to lower the speed to 1320 rpm, the torque being the same as before.*

(Advanced Elect. Machines AMIE Sec.E1992)

Solution. The motor torque is given by $T = \dfrac{K\,s\,R_2}{R_2^2 + (s\,X_2)^2}$

Since, X_2 is not given, $T = \dfrac{K\,s\,R_2}{R_2^2} = \dfrac{K\,s}{R_2}$

In the first case, $T_1 = Ks_1/R_2$; in the second case, $T_2 = Ks_2/(R_2 + r)$

where r is the external resistance per phase, added to the rotor circuit

Since $T_1 = T_2$ $\quad\therefore\quad K\,s_1/R_2 = K\,s_2/(R_2 + r)$ or $(R_2 + r)/R_2 = s_2/s_1$

Now, $N_s = 120 \times 50/4 = 1500$ rpm; $N_1 = 1440$ rpm; $N_2 = 1320$ rpm

$\therefore s_1 = (1500 - 1440)/1500 = 0.04$; $s_2 = (1500 - 1320)/1500 = 0.12$

$$\therefore \quad \frac{0.3 + r}{0.3} = \frac{0.12}{0.04} \qquad \therefore \quad r = \mathbf{0.6\ \Omega}$$

Example 35.30. *A certain 3-phase, 6-pole, 50-Hz induction motor when fully-loaded, runs with a slip of 3%. Find the value of the resistance necessary in series per phase of the rotor to reduce the speed by 10%. Assume that the resistance of the rotor per phase is 0.2 ohm.*

(Electrical Engineering-II (M), Bangalore Univ. 1989)

Solution. $$T = \frac{K\,s\,R_2}{R_2^2 + (s\,X_2)^2} = \frac{K_s\,R_2}{R_2^2} = \frac{K\,s}{R_2} \quad \text{- neglecting } (s\,X_2)$$

$\therefore$ $T_1 = Ks_1/R_2$ and $T_2 = K\,s_2/(R_2 + r)$ where r is the external resistance per phase added to the rotor circuit.

Since $\quad T_1 = T_2,\ K\,s_1/R_2 = K\,s_2/(R_2 + r)$ or $(R_2 + r)/R_2 = s_2/s_1$

Now, $\quad N_s = 120 \times 50/6 = 1000$ rpm., $s_1 = 0.03$, $N_1 = 1000\,(1 - 0.030) = 970$ rpm.

$$N_2 = 970 - 10\% \text{ of } 970 = 873 \text{ rpm., } s_2 = (1000 - 873)/1000 = 0.127$$

$$\therefore \quad \frac{0.2 + r}{0.2} = \frac{0.127}{0.03}; \quad r = \mathbf{0.65\ \Omega.}$$

(e) Cascade or Concatenation or Tandem Operation

In this method, two motors are used (Fig. 35.37) and are ordinarily mounted on the same shaft, *so that both run at the same speed* (or else they may be geared together).

The stator winding of the main motor *A* is connected to the mains in the usual way, while that of the auxiliary motor *B* is fed from the rotor circuit of motor *A*. For satisfactory operation, the main motor *A* should be phase-wound *i.e.* of slip-ring type with stator to rotor winding ratio of 1 : 1, so that, in addition to concatenation, each motor may be run from the supply mains separately.

There are at least three ways (and sometimes four ways) in which the combination may be run.

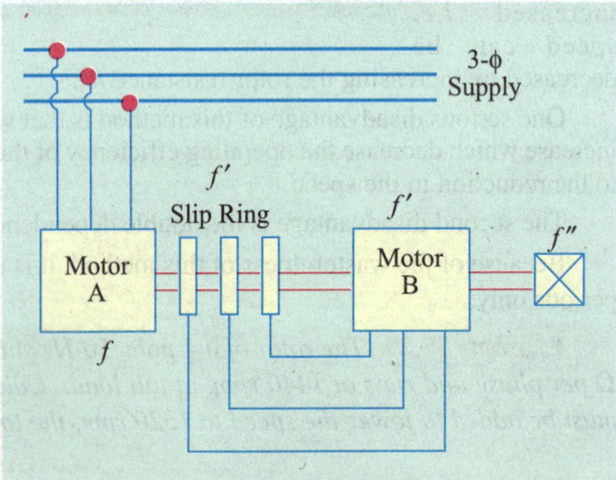

Fig. 35. 37

1. Main motor *A* may be run separately from the supply. In that case, the synchronous speed is $N_{sa} = 120\, f / P_a$ where P_a = Number of stator poles of motor *A*.

2. Auxiliary motor *B* may be run separately from the mains (with motor *A* being disconnected). In that case, synchronous speed is $N_{sb} = 120 \times f / P_b$ where P_b = Number of stator poles of motor *B*.

3. The combination may be connected in cumulative cascade *i.e.* in such a way that the phase rotation of the stator fields of both motors is in the same direction. The synchronous speed of the cascaded set, in this case, is $N_{sc} = 120\, f/(P_a + P_b)$.

Proof

Let N = actual speed of concatenated set ;

N_{sa} = synchronous speed of motor *A*, it being independent of *N*.

Clearly, the relative speed of rotor *A* with respect to its stator field is $(N_{sa} - N)$. Hence, the frequency f' of the induced e.m.f. in rotor *A* is given by

$$f' = \frac{N_{sa} - N}{N_{sa}} \times f$$

This is also the frequency of the e.m.f. applied to the stator of motor B. Hence, the synchronous speed of motor *B* with this input frequency is

$$N' = 120\,\frac{f'}{P_b} = \frac{120\,(N_{sa} - N)\,f}{P_b \times N_{sa}} \qquad \text{...(i)}$$

(Note that N' is not equal to N_{sb} which is the synchronous speed of motor *B* with supply frequency *f*).

This will induce an e.m.f. of frequency, say, f'' in the rotor *B*. Its value is found from the fact that the stator and rotor frequencies are proportional to the speeds of stator field and the rotor

$$\therefore \quad f'' = \frac{N' - N}{N'}\, f$$

Now, on no-load, the speed of rotor *B* is almost equal to its synchronous speed, so that the frequency of induced e.m.f. is, to a first approximation, zero.

$$f'' = 0, \text{ or } \frac{N' - N}{N'} f = 0 \text{ or } N' = N \qquad ...(ii)$$

From (*i*) above $$N' = \frac{120\, f\,(N_{sa} - N)}{P_b \times N_{sa}} = \frac{120\, f}{P_b}\left(1 - \frac{N}{N_{sa}}\right)$$

Hence, from (*ii*) above,

$$\frac{120\, f}{P_b}\left(1 - \frac{N}{N_{sa}}\right) = N \text{ or } \frac{120\, f}{P_b} = N\left(1 + \frac{1}{N_{sa}} \times \frac{120\, f}{P_b}\right)$$

Putting $N_{sa} = 120\, f/P_a$, we get

$$\frac{120 f}{P_b} = N\left(1 + \frac{P_a}{120 f} \times \frac{120\, f}{P_b}\right) = N\left(1 + \frac{P_a}{P_b}\right) \quad \therefore N = \frac{120\, f}{(P_a + P_b)}$$

Concatenated speed of the set = $120\, f\,/\,(P_a + P_b)$

How the Set Starts ?

When the cascaded set is started, the voltage at frequency *f* is applied to the stator winding of machine *A*. An induced e.m.f. of the same frequency is produced in rotor *A* which is supplied to auxiliary motor *B*. Both the motors develop a forward torque. As the shaft speed rises, the rotor frequency of motor *A* falls and so does the synchronous speed of motor *B*. The set settles down to a stable speed when the shaft speed becomes equal to the speed of rotating field of motor *B*.

Considering load conditions, we find that the electrical power taken in by stator *A* is partly used to meet its I^2R and core losses and the rest is given to its rotor. The power given to rotor is further divided into two parts : one part, proportional to the speed of set *i.e.* *N* is converted into mechanical power and the other part proportional to $(N_{sa} - N)$ is developed as electrical power at the slip frequency, and is passed on to the auxliary motor *B*, which uses it for producing mechanical power and losses. Hence, approximately, the mechanical outputs of the two motors are in the ratio $N : (N_{sa} - N)$. ***In fact, it comes to that the mechanical outputs are in the ratio of the number of poles of the motors***

It may be of interest to the reader to know that it can be proved that

(*i*) $s = f''\,/\,f$ where *s* = slip of the set referred to its synchronous speed N_{sc}.

$= (N_{sc} - N)\,/\,N_{sc}$

(*ii*) $s = s_a\, s_b$

where s_a and s_b are slips of two motors, referred to their respective stators *i.e*

$$s_a = \frac{N_{sa} - N}{N_{sa}} \quad \text{and} \quad s_b = \frac{N' - N}{N}$$

Conclusion

We can briefly note the main conclusions drawn from the above discussion :

(*a*) the mechanical outputs of the two motors are in the ratio of their number of poles.

(*b*) $s = f''/f$ (*c*) $s = s_a . s_b$

4. The fourth possible connection is the ***differential cascade***. In this method, the phase rotation of stator field of the motor *B* is opposite to that of the stator of motor *A*. This reversal of phase rotation of stator of motor *B* is obtained by interchanging any of its two leads. It can be proved in the same way as above, that for this method of connection, the synchronous speed of the set is

$$N_{sc} = 120\, f\,/\,(P_a - P_b)$$

As the differentially-cascaded set has a very small or zero starting torque, this method is rarely used. Moreover, the above expression for synchronous speed becomes meaningless for $P_a = P_b$.

Example 35.31. *Two 50-Hz, 3-φ induction motors having six and four poles respectively are cumulatively cascaded, the 6-pole motor being connected to the main supply. Determine the* *frequencies of the rotor currents and the slips referred to each stator field if the set has a slip of 2 per cent.* **(Elect. Machinery-II Madras Univ. 1987)**

Solution. Synchronous speed of set $N_{sc} = 120 \times 50/10 = 600$ r.p.m.

Actual rotor speed $N = (1 - s)\,N_{sc} = (1 - 0.02)\,600 = 588$ r.p.m.

Synchronous speed of the stator field of 6-pole motor, $N_{sa} = 120 \times 50/6 = 1000$ r.p.m.

Slip referred to this stator field is

$$s_a = \frac{N_{sa} - N}{N_{sa}} = \frac{1000 - 588}{1000} = 0.412 \quad \text{or} \quad \mathbf{41.2\%}$$

Frequency of the rotor currents of 6-pole motor $f' = s_a f = 0.412 \times 50 =$ **20.6 Hz**

This is also the frequency of stator currents of the four pole motor. The synchronous speed of the stator of 4-pole motor is

$$N' = 120 \times 20.6/4 = 618 \text{ r.p.m.}$$

This slip, as referred to the 4-pole motor, is $s_b = \dfrac{N' - N}{N'} = \dfrac{618 - 588}{618}$

$= 0.0485$ or **4.85 %**

The frequency of rotor current of 4-pole motor is

$$f'' = s_b f' = 0.0485 \times 20.6 = \mathbf{1.0\ Hz\ (approx)}$$

As a check, $f'' = sf = 0.02 \times 50 = 1.0$ Hz

Example 35.32. *A 4-pole induction motor and a 6-pole induction motor are connected in cumulative cascade. The frequency in the secondary circuit of the 6-pole motor is observed to be 1.0 Hz. Determine the slip in each machine and the combined speed of the set. Take supply frequency as 50 Hz.* **(Electrical Machinery-II, Madras Univ. 1986)**

Solution. With reference to Art. 35.18 (*e*) and Fig. 35.38

$N_{sc} = 120 \times 50/(4 + 6) = 600$ r.p.m.

$s = f''/f = 1/50 = 0.02$

N = actual speed of the concatenated set

$$\therefore \quad 0.02 = \frac{600 - N}{600} \quad \text{or} \quad N = \mathbf{588\ r.p.m.}$$

$N_{sa} = 120 \times 50/4 = 1500$ r.p.m.

$s_a = (1500 - 588)/1500$

$= 0.608$ or **60.8%**

$f' = s_a f = 0.608 \times 50 = 30.4$ Hz

N' = synchronous speed of 6-pole motor with frequency f'

$= 120 \times 30.4/6 = 608$ r.p.m.

$$s_b = \frac{N' - N}{N'} = \frac{608 - 588}{608} = 0.033 \quad \text{or} \quad \mathbf{3.3\%}$$

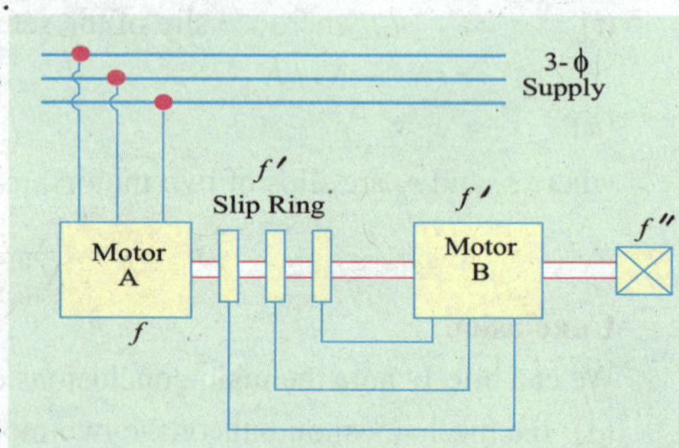

Fig. 35.38

Example 35.33. *The stator of a 6-pole motor is joined to a 50-Hz supply and the machine is mechanically coupled and joined in cascade with a 4-pole motor, Neglecting all losses, determine the speed and output of the 4-pole motor when the total load on the combination is 74.6 kW.*

Solution. As all losses are neglected, the actual speed of the rotor is assumed to be equal to the synchronous speed of the set.

Now, $N_{sc} = 120 \times 50/10 =$ **600 r.p.m.**

As said earlier, mechanical outputs are in the ratio of the number of poles of the motors.

∴ output of 4-pole motor = 74.6 × 4/10 = **29.84 kW**

Example 35.34. *A cascaded set consists of two motors A and B with 4 poles and 6 poles respectively. The motor A is connected to a 50-Hz supply. Find*

(*i*) the speed of the set

(*ii*) *the electric power transferred to motor B when the input to motor A is 25 kW. Neglect losses.* **(Electric Machines-I, Utkal Univ. 1990)**

Solution. Synchronous speed of the set is*

$N_{sc} = 120\, f/(P_a + P_b) = 120 \times 50/(6 + 4) =$ **600 r.p.m.**

(*ii*) The outputs of the two motors are proportional to the number of their poles.

∴ output of 4-pole motor $B = 25 \times 4/10 =$ **10 kW**

(*f*) Injecting an e.m.f. in the Rotor Circuit

In this method, the speed of an induction motor is controlled by injecting a voltage in the rotor circuit, it being of course, necessary for the injected voltage to have the same frequency as the slip frequency. There is, however, no restriction as to the phase of the injected e.m.f.

When we insert a voltage which is in ***phase opposition*** to the induced rotor e.m.f., it amounts to increasing the rotor resistance, whereas inserting a voltage which is in phase with the induced rotor e.m.f., is equivalent to ***decreasing*** its resistance. Hence, by changing the phase of the injected e.m.f. and hence the rotor resistance, the speed can be controlled.

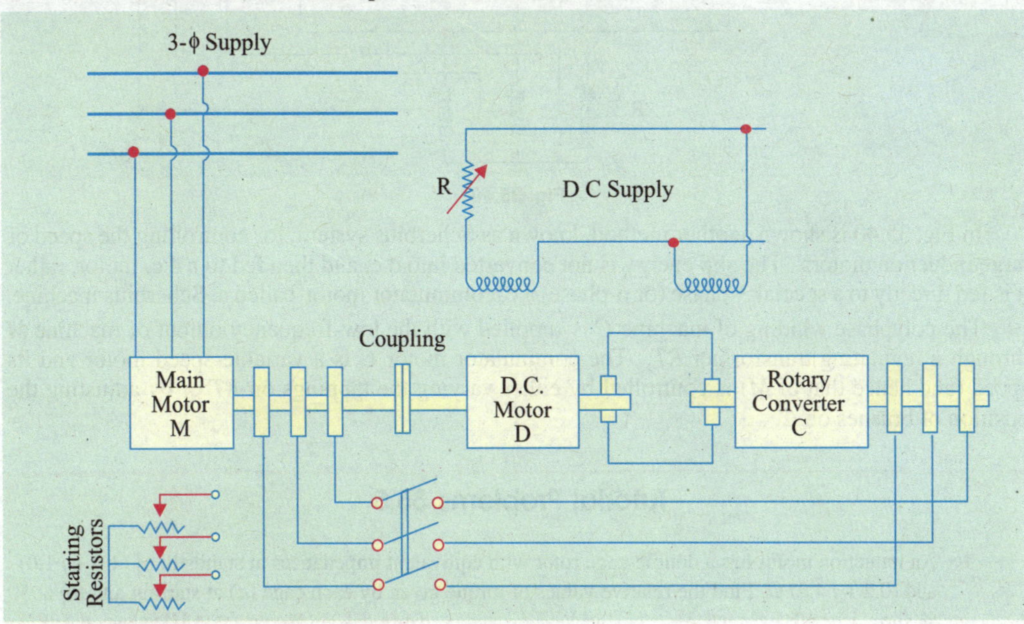

Fig. 35.39

One such practical method of this type of speed control is Kramer system, as shown in Fig. 35.39, which is used in the case of large motors of 4000 kW or above. It consists of a rotary converter *C* which converts the low-slip frequency a.c. power into d.c. power, which is used to drive a d.c. shunt motor *D*, mechanically coupled to the main motor *M*.

The main motor is coupled to the shaft of the d.c. shunt motor *D*. The slip-rings of *M* are connected to those of the rotary converter *C*. The d.c. output of *C* is used to drive *D*. Both *C* and *D*

* It is assumed that the two motors are connected in cumulative cascade.

are excited from the d.c. bus-bars or from an exciter. There is a field regulator which governs the back e.m.f. E_b of D and hence the d.c. potential at the commutator of C which further controls the slip-ring voltage and therefore, the speed of M.

One big advantage of this method is that any speed, within the working range, can be obtained instead of only two or three, as with other methods of speed control.

Yet another advantage is that if the rotary converter is over-excited, it will take a leading current which compensates for the lagging current drawn by main motor M and hence improves the power factor of the system.

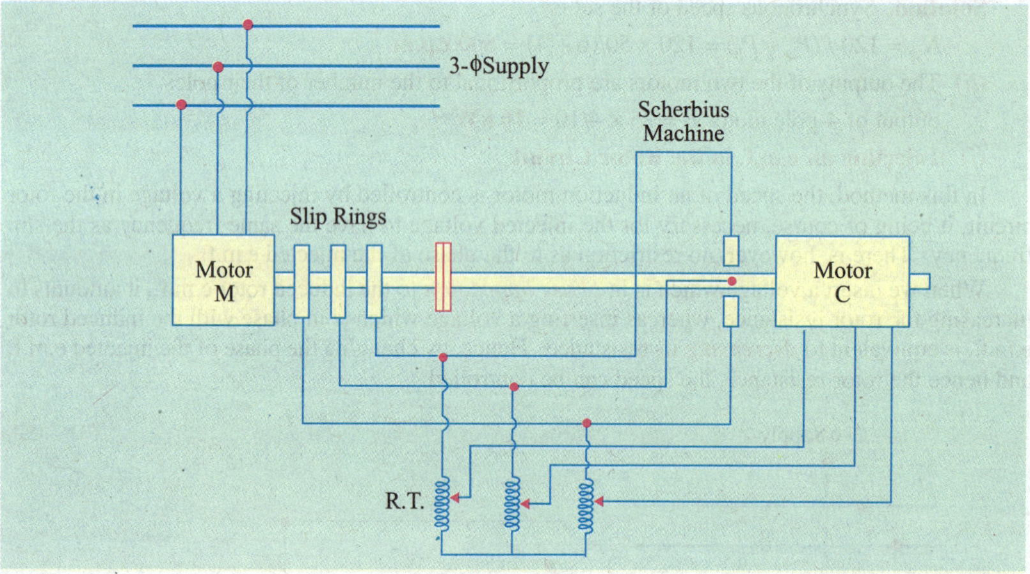

Fig. 35.40

In Fig. 35.40 is shown another method, known as Scherbius system, for controlling the speed of large induction motors. The slip energy is not converted into d.c. and then fed to a d.c. motor, rather it is fed directly to a special 3-phase (or 6-phase) a.c. commutator motor-called a, Scherbius machine.

The polyphase winding of machine C is supplied with the low-frequency output of machine M through a regulating transformer RT. The commutator motor C is a variable-speed motor and its speed (and hence that of M) is controlled by either varying the tappings on RT or by adjusting the position of brushes on C.

Tutorial Problems 35.5

1. An induction motor has a double-cage rotor with equivalent impedances at standstill of (1.0 + j 1.0) and (0.2 + j 4.0) Ω. Find the relative values of torque given by each cage (a) at starting and (b) at 5 % slip [(a) **40:1** (b) **0.4:1**] ***(Adv. Elect. Machines AMIE Sec. B 1991)***
2. The cages of a double-cage induction motor have standstill impedances of (3.5 + j 1.5) Ω and (0.6 + j 7.0) Ω respectively. The full-load slip is 6%. Find the starting torque at normal voltage in terms of full-load torque. Neglect stator impedance and magnetizing current. **[300%]** ***(Elect. Machines-I, Nagpur Univ. 1993)***
3. The rotor of a 4 pole, 50 Hz, slip ring induction motor has a resistance of 0.25 ohm per phase and runs at 1440 rpm at full-load. Calculate the external resistance per phase, which must be added to lower the speed to 1200 rpm, the torque being same as before. **[1 Ω]** ***(Utilisation of Electric Power (E-8) AMIE Sec. B Summer 1992)***

35.19. Three-phase A.C. Commutator Motors

Such motors have shunt speed characteristics *i.e.* change in their speed is only moderate, as compared to the change in the load. They are ideally suited for drives, requiring a uniform accelerating torque and continuously variable speed characteristics over a wide range. Hence, they find wide use in high-speed lifts, fans and pumps and in the drives for cement kilns, printing presses, pulverised fuel plants, stokers and many textile machines. Being more complicated, they are also more expensive than single-speed motors. Their efficiency is high over the whole speed range and their power factor varies from low value at synchronous speed to unity at maximum (supersynchronous) speed.

The speed control is obtained by injecting a variable voltage at *correct* frequency into the secondary winding of the motor via its commutator. If injected voltage assists the voltage induced in the secondary winding, the speed is increased but if it is in the opposing direction, then motor speed is reduced. The commutator acts as a frequency changer because it converts the supply frequency of the regulating voltage to the slip frequency corresponding to the speed required.

Following are the two principal types of such motors :

(*i*) Schrage or rotor-fed or brush shift motor and (*ii*) stator-fed or induction-regulator type motor.

35.20. Schrage Motor*

It is a rotor-fed, shunt-type, brush-shifting, 3-phase commutator induction motor which has built-in arrangement both for ***speed control and power factor improvement***. In fact, it is an induction motor with a built-in slip-regulator. It has **three** windings:two in rotor and one in stator as shown in Fig. 35.41 and 35.42 (*a*) The three windings are as under:

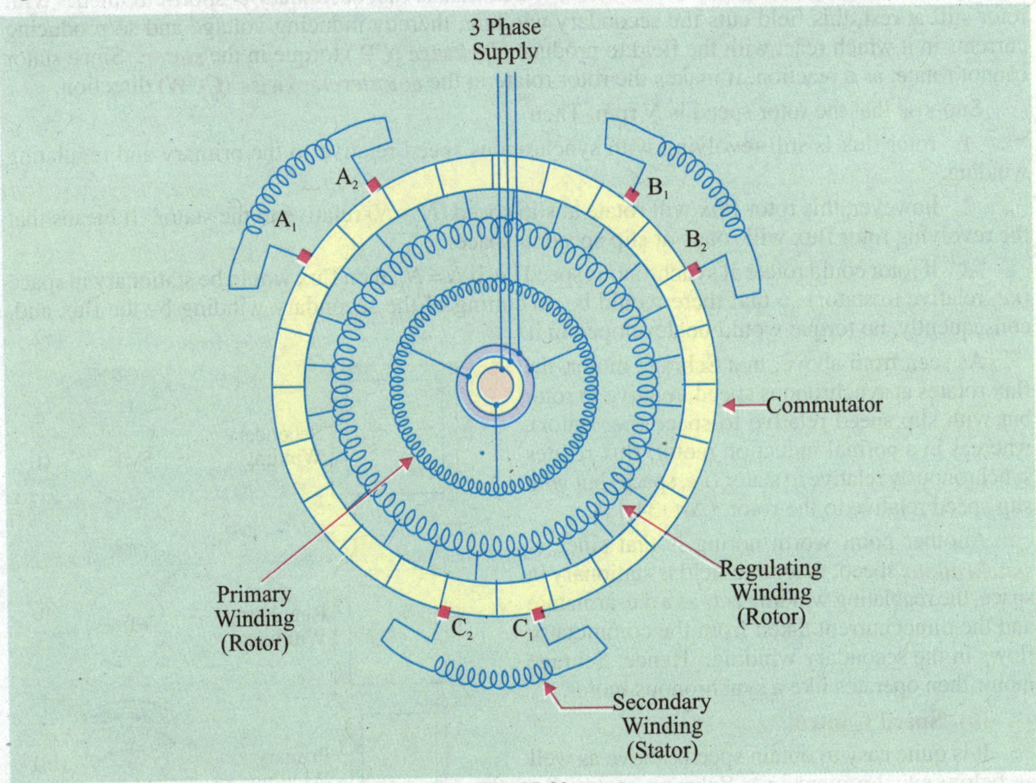

Fig. 35.41

(*i*) **Primary winding.** It is housed in the lower part of the rotor slots (not stator) and is supplied through slip-rings and brushes at *line* frequency. It generates the working flux in the machine.

* After the name of its inventor K.H. Schrage of Sweden.

(ii) Regulating winding. It is variously known as ***compensating*** winding or ***tertiary*** winding. It is also housed in ***rotor slots*** (in the upper part) and is connected to the commutator in a manner similar to the armature of a d.c. motor.

(iii) Secondary winding. It is contained in the ***stator slots***, but end of each phase winding is connected to one of the pair of brushes arranged on the commutator. These brushes are mounted on two separate brush rockers, which are designed to move in opposite directions relative to the centre line of the corresponding stator phase (usually by a rack and pinion mechanism). Brushes A_1, B_1, and C_1 move together and are 120 electrical degrees apart. Similarly, brushes A_2, B_2 and C_2 move together and are also 120 electrical degrees apart. A sectional drawing of the motor is shown in Fig. 35.44.

(a) Working

When primary is supplied at line frequency, there is transformer action between primary and regulating winding and normal induction motor action between primary and secondary winding. Hence, voltage at line frequency is induced in the regulating winding by transformer action. The commutator, acting as a frequency changer, converts this line-frequency voltage of the regulating winding to the slip frequency for feeding it into the secondary winding on the stator. The voltage across brush pairs A_1A_2, B_1B_2 and C_1C_2 increases as brushes are separated. In fact, magnitude of the voltage injected into the secondary winding depends on the angle of separation of the brushes A_1 and A_2, B_1 and B_2 and C_1 and C_2. How slip-frequency e.m.f. is induced in secondary winding is detailed below:

When 3-ϕ power is connected to slip-rings, synchronously rotating field is set up in the rotor core. Let us suppose that this field revolves in the clockwise direction. Let us further suppose that brush pairs are on ***one commutator segment***, which means that secondary is short-circuited. With rotor still at rest, this field cuts the secondary winding, thereby inducing voltage and so producing currents in it which react with the field to produce ***clockwise (CW)*** torque in the ***stator***. Since stator cannot rotate, as a reaction, it makes the rotor rotate in the ***counterclockwise (CCW)*** direction.

Suppose that the rotor speed is N rpm. Then

1. rotor flux is still revolving with synchronous speed relative to the primary and regulating winding.

2. however, this rotor flux will rotate at slip speed (N_s - N) relative to the stator. It means that the revolving rotor flux will rotate at slip speed in space.

3. if rotor could rotate at synchronous speed *i.e.* if $N = N_s$, then flux would be stationary in space (*i.e.* relative to stator) so that there would be no cutting of the secondary winding by the flux and, consequently, no torque would be developed in it.

As seen from above, in a Schrage motor, the flux rotates at synchronous speed, relative to rotor but with slip speed relative to space (*i.e.* stator), whereas in a normal induction motor, flux rotates synchronously relative to stator (*i.e.* space) but with slip speed relative to the rotor. (Art. 34.11).

Another point worth noting is that since at ***synchronous*** speed, magnetic field is stationary in space, the regulating winding acts as a d.c. armature and the direct current taken from the commutator flows in the secondary winding. Hence, Schrage motor then operates like a synchronous motor.

(b) Speed Control

It is quite easy to obtain speeds above as well as below synchronism in a Schrage motor. As shown in Fig. 35.42 (*b*) (*i*) when brush pairs are together on the same commutator segment (*i.e.* are electrically connected via commutator), the secondary winding is short-circuited and the machine

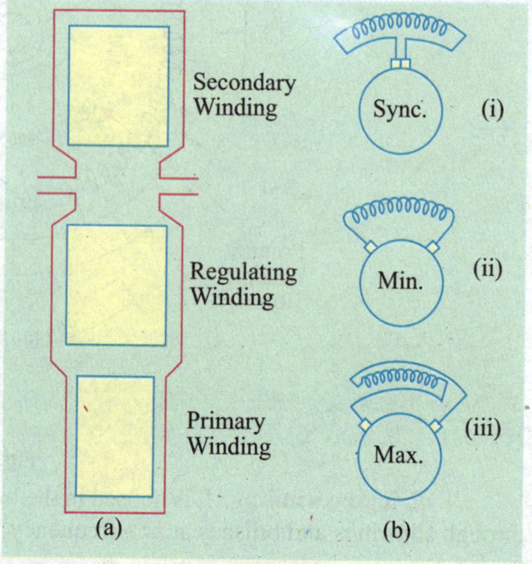

Fig. 35.42

operates as an inverted* plain squirrel-cage induction motor, running with a small positive slip. Parting the brushes in one direction, as shown in Fig. 35.42 (*b*) (*ii*) produces subsynchronous speeds, because in this case, regulating voltage injected into the secondary winding ***opposes*** the voltage induced in it from primary winding. However, when movement of brushes is reversed and they are parted in opposite directions, the direction of the regulating voltage is reversed and so motor speed ***increases*** to super synchronous (maximum) value, as shown in Fig. 35.41 (*b*) (*iii*) The commutator provides maximum voltage when brushes are separated by one pole pitch.

No-load motor speed is given by $N \cong N_s\,(1 - \mathrm{K}\sin 0.5\beta)$ where β is brush separation in electrical degrees and *K* is a constant whose value depends on turn ratio of the secondary and regulating windings.

Maximum and minimum speeds are obtained by changing the magnitude of the regulating voltage. Schrage motors are capable of speed variations from zero to nearly twice the synchronous speed, though a speed range of 3:1 is sufficient for most applications. It is worth noting that Schrage motor is essentially a shunt machine, because for a particular brush separation, speed remains approximately constant as the load torque is increased as happens with dc shunt motors (Art 29.14).

(*c*) Power Factor Improvement

Power factor improvement can be brought about by changing the phase angle of the voltage injected into the secondary winding. As shown in Fig. 35.43, when one set of brushes is advanced more rapidly than the other is retarted, then injected voltage has a quadrature component which leads the rotor induced voltage. Hence, it results in the improvement of motor power factor. This differential movement of brush sets is obtained by coupling the racks driving the brush rockers to the hand wheel with gears having differing ratios. In Schrage motor, speed depends on angular distance between the individual brush sets (A_1 and A_2 in Fig. 35.41) but p.f. depends on the angular positions of the brushes as a whole.

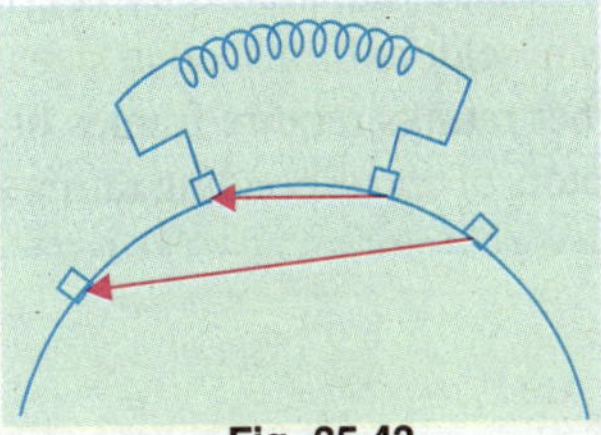

Fig. 35.43

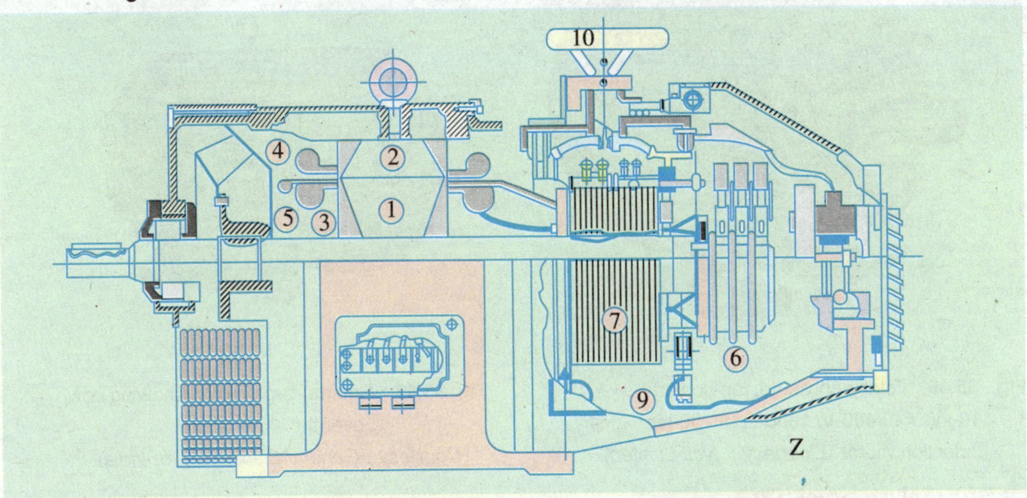

Fig. 35.44. Sectional drawing of a Schrage motor (*Courtesy : Elekrta Faurandou, Germany*)

(*d*) Starting

Schrage motors are usually started with brushes in the lowest speed position by direct-on contactor starters. Usually, interlocks are provided to prevent the contactor getting closed on the line when brushes are in any other position. One major disadvantage of this motor is that its operating voltage is limited to about 700 V because a.c. power has to be fed through slip-rings. It is available in sizes upto 40 kW and is designed to operate on 220, 440 and 550 V. It is ordinarily wound for four or six poles.

* Inverted in the sense that primary is in the rotor and secondary in the stator - just opposite of that in the normal induction motor (Art. 34.3).

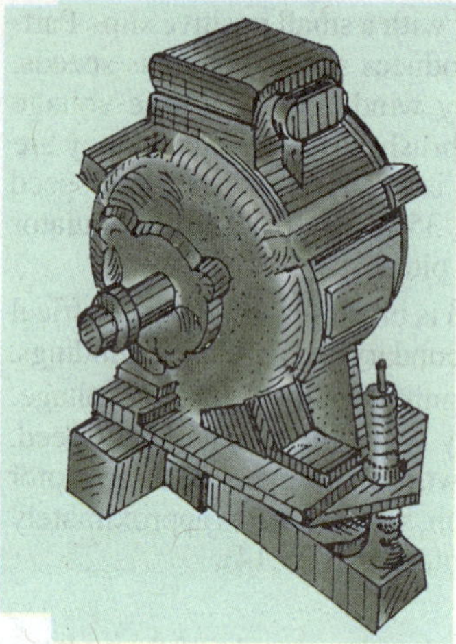

Fig. 35.45. Totally-enclosed surface cooled 750 W, 750 r.pm. high torque induction motor (*Courtesy : Jyoti Limited*)

Fig. 35.44 shows a sectional drawing of a Schrage motor. The details of different parts labelled in the diagram are as under: **1.** rotor laminations **2.** stator laminations **3.** primary winding **4.** secondary winding **5.** regulating winding **6.** slip-ring unit **7.** commutator **8.** cable feed for outer brush yoke **9.** cable feed for inner brush yoke **10.** hand wheel.

35.21. Motor Enclosures

Enclosed and semi-enclosed motors are practically identical with open motors in mechanical construction and in their operating characteristics. Many different types of frames or enclosures are available to suit particular requirements. Some of the common type enclosures are described below:

(*i*) Totally-enclosed, Non-ventilated Type

Such motors have solid frames and end- shields, but no openings for ventilation. They get cooled by surface radiation only (Fig. 35.45). Such surface-cooled motors are seldom furnished in sizes above two or three kW, because higher ratings require frames of much larger sizes than fan-cooled motors of corresponding rating.

Fig. 35.46. Totally-enclosed, fan-cooled 10-kW 440/400-V, 1000 r.p.m. 50-Hz induction motor (*Courtesy : Jyoti Limited*)

Fig. 35.47. Squirrel-cage motor, showing cowl over the external fan. (*Courtesy : General Electric Co. of India*)

(*ii*) Splash-proof Type

In the frames of such motors, the ventilating openings are so constructed that the liquid drops or dust particles falling on the motor are coming towards it in a straight line at any angle not greater than 100° from the vertical are not able to enter the motor either directly or by striking and running along the surface.

(*iii*) Totally-enclosed, Fan-cooled Type

In such motors (Fig. 35.46), cooling air is drawn into the motor by a fan mounted on the shaft. This air is forced through the motor between the inner fully-enclosed frame and an outer shell, over the end balls and the stator laminations and is then discharged through openings in the opposite side. An internal fan carries the generated heat to the totally enclosing frame, from where it is conducted to the outside. Because of totally enclosing frame, all working parts are protected against corrosive or abrasive effects of fumes, dust, and moisture.

(*iv*) Cowl-covered Motor

These motors are simplified form of fan-cooled motors (Fig. 35.47). These consist of totally-enclosed frame with a fan and cowl mounted at the end opposite to the driving end. The air is drawn into the cowl with the help of fan and is then forced over the frame. The contours of the cowl guide the cooling air in proper directions. These motors are superior to the usual fan-cooled motors for operation in extremely dusty atmosphere *i.e.* gas works, chemical works, collieries and quarries etc. because there are no air passages which will become clogged with dust.

Fig. 35.48. Squirrel cage motor

(*v*) Protected Type

This construction consists of perforated covers for the openings in both end shields

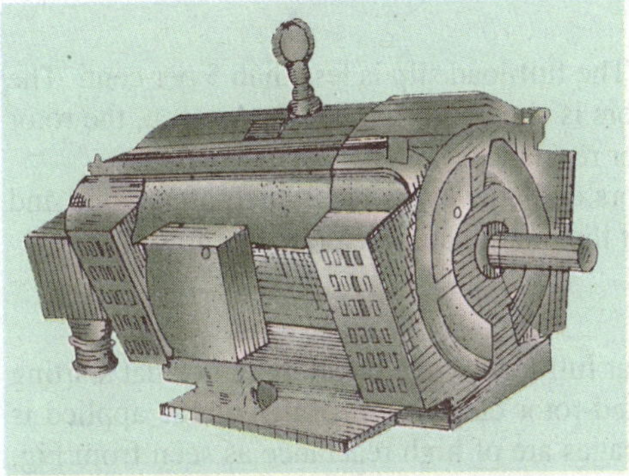

Fig. 35.49. Protected slip-ring motor with totally enclose slip -rings. (*Courtesy : General Electric Co. of India*)

(*vi*) Drip-proof Motors

The frames of such motors are so constructed that liquid drops or dust particles, falling on the machine at any angle greater than 15° from the vertical, cannot enter the motor, either directly or by striking and running along a horizontal or inwardly inclined smooth surface (Fig. 35.51).

(*vii*) Self (Pipe) Ventilated Type

The construction of such motors consists of enclosed shields with provision for pipe connection on both the shields. The motor fan circulates sufficient air through pipes which are of ample section.

(*viii*) Separately (Forced) Ventilated Type

These motors are similar to the self-ventilated type except that ventilation is provided by a separated blower.

35.22. Standard Types of Squirrel-cage Motors

Different types of 3-phase squirrel-cage motors have been standardized, according to their electric characteristics, into six types, designated as design *A*, *B*, *C*, *D*, *E* and *F* respectively. The original commercial squirrel-cage induction motors which were of shallow-slot type are designated as class *A*. For this reason, Class *A* motors are used as a reference and are referred to as 'normal starting-torque, normal starting-current, normal slip' motors.

(*i*) Class *A* - *N*ormal starting torque, normal starting current, normal slip

(*ii*) Class *B* - *N*ormal starting torque, low starting current, normal slip

(*iii*) Class *C* - High starting torque, low starting current, normal slip

Fig. 35.50. Squirrel cage A C induction motor

(*iv*) Class *D* - High starting torque, low starting current, high slip

(*v*) Class *E* - Low starting torque, normal starting current, low slip

(*vi*) Class *F* - Low starting torque, low starting current, normal slip

35.23. Class A Motors

Fig. 35.51. Drip-proof slip-ring 50 up, 440/400-V, 50HZ, 1000 r.p.m. motor (courtesy : Jyoti Limited)

It is the most popular type and employs squirrel cage having relatively low resistance and reactance. Its locked-rotor current with full voltage is generally more than 6 times the rated full-load current. For smaller sizes and number of poles, the starting torque with full voltage is nearly twice the full-load torque whereas for larger sizes and number of poles, the corresponding figure is 1.1 times the full-load torque. The full-load slip is less than 5 per cent. The general configuration of slot construction of such motors is shown in Fig. 35.52. As seen, the rotor bars are placed close to the surface so as to reduce rotor reactance.

Such motors are used for fans, pumps, compressors and conveyors etc. which are started and stopped in frequently and have low inertia loads so that the motor can accelerate in a few seconds.

35.24. Class B Motors

These motors are so built that they can be started at full-load while developing normal starting torque with relatively low starting current. Their locked-rotor current with full voltage applied is generally 5 to 5 1/2 times the full-load current. Their cages are of high reactance as seen from Fig. 35.53. The rotor is constructed with deep and narrow bars so as to obtain high reactance during starting.

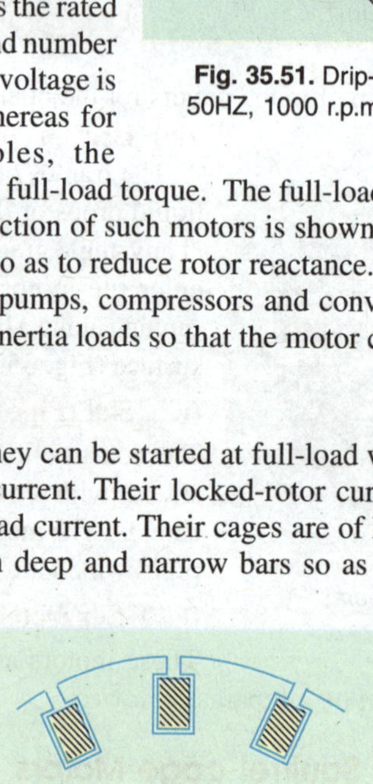

Fig. 35.52

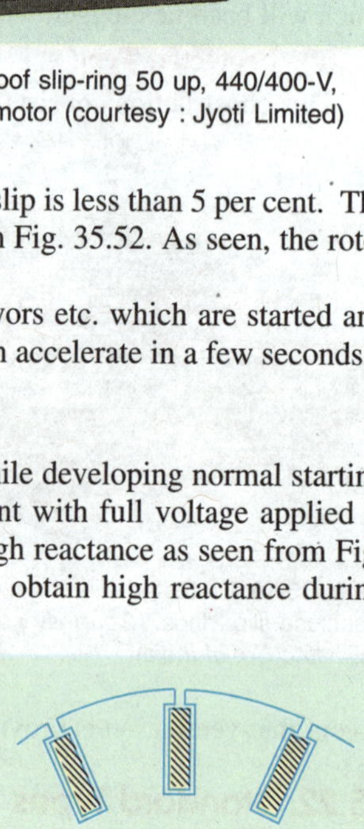

Fig. 35.53

Such motors are well-suited for those applications where there is limitation on the starting current or if the starting current is still in excess of what can be permitted, then reduced voltage starting is employed. One of the common applications of such motors is large fans most of which have high moment of inertia. It also finds wide use in many machine tool applications, for pumps of centrifugal type and for driving electric generators.

35.25. Class C Motors

Such motors are usually of double squirrel-cage type (Fig. 35.54) and combine high starting torque with low starting current. Their locked-rotor currents and slip with full voltage applied are nearly the same as for class *B* motors. Their starting torque with full voltage applied is usually 2.75 times the full-load torque.

For those applications where reduced voltage starting does not give sufficient torque to start the load with either class *A* or *B* motor, class C motor, with its high inherent starting torque along with reduced starting current supplied by reduced-voltage starting may be used. Hence, it is frequently used for crushers, compression pumps, large refrigerators, coveyor equipment, textile machinery, boring mills and wood-working equipment etc.

35.26. Class D Motors

Such motors are provided with a high-resistance squirrel cage giving the motor a high starting torque with low starting current. Their locked-rotor currents with full voltage applied are of the same order as for class *C* motors. Their full-load slip varies from 5% to 20 per cent depending on the application. Their slot structure is shown in Fig. 35.55. For obtaining high starting torque with low starting current, thin rotor bars are used which make the leakage flux of the rotor low and the useful flux high.

Since these motors are used where extremely high starting torque is essential, they are usually used for bulldozers, shearing machines, punch presses, foundry equipment, stamping machines, hoists, laundry equipment and metal drawing equipment etc.

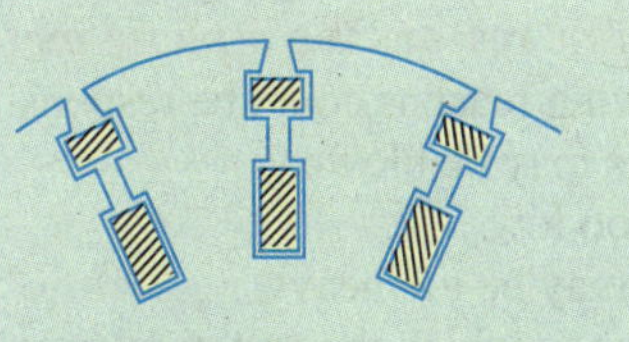

Fig. 35.54

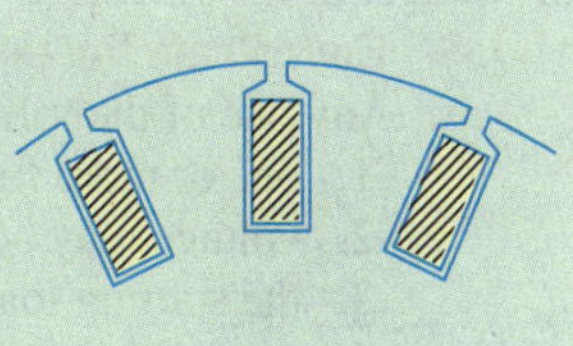

Fig. 35.55

35.27. Class E Motors

These motors have a relatively low slip at rated load. For motors above 5 kW rating, the starting current may be sufficiently high as to require a compensator or resistance starter. Their slot structure is shown in Fig. 35.56 (*a*).

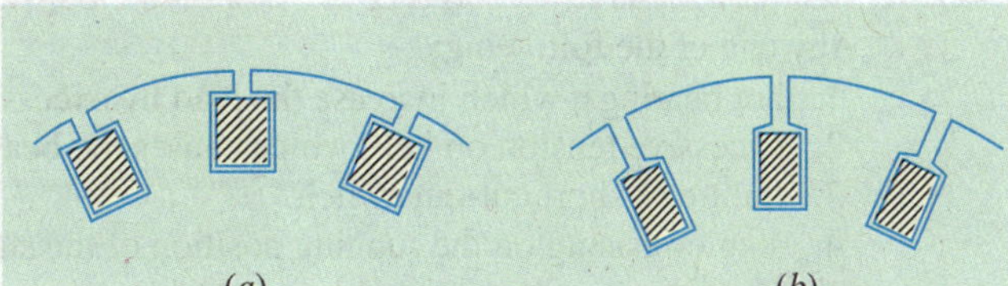

(*a*) (*b*)

Fig. 35.56

35.28. Class F Motors

Such motors combine a low starting current with a low starting torque and may be started on full voltage. Their low starting current is due to the design of rotor which has high reactance during starting [Fig. 35.56 (*b*)]. The locked rotor currents with full voltage applied and the full-load slip are in the same range as those for class *B* and *C* motors. The starting torque with full voltage applied is nearly 1.25 times the full-torque.

QUESTIONS AND ANSWERS ON THREE-PHASE INDUCTION MOTORS

Q. 1. How do changes in supply voltage and frequency affect the performance of an induction motor ?

Ans. High voltage decreases both power factor and slip, but increases torque. Low voltage does just the opposite. Increase in frequency increases power factor but decreases the torque. However, per cent slip remains unchanged. Decrease in frequency decreases power factor but increases torque leaving per cent slip unaffected as before.

Q. 2. What is, in brief, the basis of operation of a 3-phase induction motor ?

Ans. The revolving magnetic field which is produced when a 3-phase stator winding is fed from a 3-phase supply.

Q. 3. What factors determine the direction of rotation of the motor ?

Ans. The phase sequence of the supply lines and the order in which these lines are connected to the stator winding.

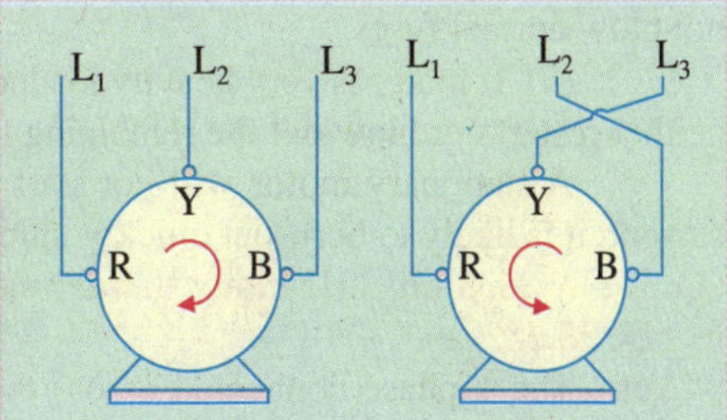

Fig. 35.57

Q. 4. How can the direction of rotation of the motor be reversed ?

Ans. By transposing or changing over any two line leads, as shown in Fig. 35.57.

Q. 5. Why are induction motors called asynchronous ?

Ans. Because their rotors can never run with the synchronous speed.

Q. 6. How does the slip vary with load ?

Ans. The greater the load, greater is the slip or slower is the rotor speed.

Q. 7. What modifications would be necessary if a motor is required to operate on voltage different from that for which it was originally designed ?

Ans. The number of conductors per slot will have to be changed in the same ratio as the change in voltage. If the voltage is doubled, the number of conductors per slot will have to be doubled.

Q. 8. Enumerate the possible reasons if a 3-phase motor fails to start.

Ans. Any one of the following reasons could be responsible :

1. one or more fuses may be blown.
2. voltage may be too low.
3. the starting load may be too heavy.
4. worn bearings due to which the armature may be touching field laminae, thus introducing excessive friction.

Q. 9. A motor stops after starting *i.e.* it fails to carry load. What could be the causes ?

Ans. Any one of the following:

1. hot bearings, which increase the load by excessive friction.
2. excessive tension on belt, which causes the bearings to heat.
3. failure of short cut-out switch.
4. single-phasing on the running position of the starter.

Q. 10. Which is the usual cause of blow-outs in induction motors ?

Ans. The commonest cause is single-phasing.

Q. 11. What is meant by 'single-phasing' and what are its causes ?

Ans. By single-phasing is meant the opening of one wire (or leg) of a three-phase circuit whereupon the remaining leg at once becomes single-phase. When a three-phase circuit functions normally, there are three distinct currents flowing in the circuit. As is known, any two of these currents use the third wire as the return path *i.e.* one of the three phases acts as a return path for the other two. Obviously, an open circuit in one leg kills two of the phases and there will be only one current or phase working, even though two wires are left intact. The remaining phase attempts to carry all the load. The usual cause of single-phasing is, what is generally referred to as ***running fuse***, which is a fuse whose current-carrying capacity is equal to the full-load current of the motor connected in the circuit. This fuse will blow-out whenever there is overload (either momentary or sustained) on the motor.

Q. 12. What happens if single-phasing occurs when the motor is running ? And when it is stationary ?

Ans. (*i*) If already running and carrying half load or less, the motor will continue running as a single-phase motor on the remaining single-phase supply, without damage because half loads do not blow normal fuses.

(*ii*) If motor is very heavily loaded, then it will stop under single-phasing and since it can neither restart nor blow out the remaining fuses, the burn-out is very prompt.

A stationary motor will not start with one line broken. In fact, due to heavy standstill current, it is likely to burn-out quickly unless immediately disconnected.

Q. 13. Which phase is likely to burn-out in a single-phasing delta-connected motor, shown in Fig. 35.58.

Ans. The *Y*-phase connected across the live or operative lines carries nearly three times its normal current and is the one most likely to burn-out.

The other two phases *R* and *B*, which are in series across L_2 and L_3 carry more than their full-load currents.

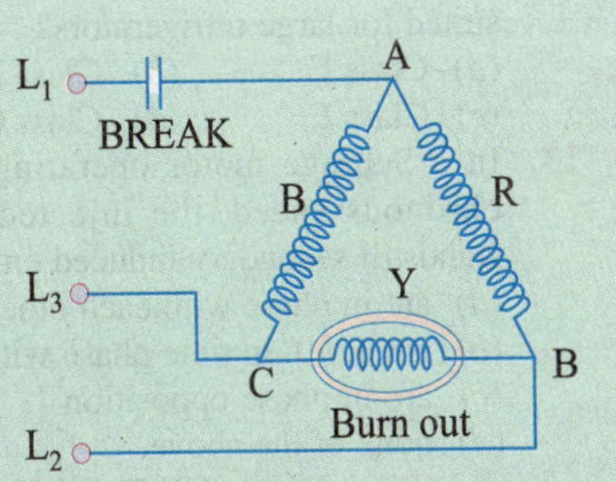

Fig. 35.58

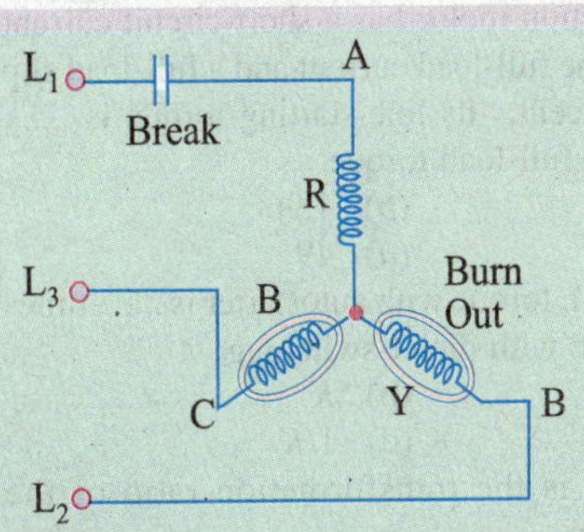

Fig. 35.59

Q. 14. What currents flow in single-phasing star-connected motor of Fig. 35.59.

Ans. With L_1 disabled, the currents flowing in L_2 and L_3 and through phases Y and B in series will be of the order of 250 per cent of the normal full-load current, 160 per cent on 3/4 load and 100 per cent on 1/2 load.

Q. 15. How can the motors be protected against single-phasing ?

Ans. (*i*) By incorporating a combined overload and single-phasing relay in the control gear.

(*ii*) By incorporating a phase-failure relay in the control gear. The relay may be either voltage or current-operated.

Q. 16. Can a 3-phase motor be run on a single-phase line ?

Ans. Yes, it can be. But a phase-splitter is essential.

Q. 17. What is a meant by a phase-splitter ?

Ans. It is a device consisting of a number of capacitors so connected in the motor circuit that it produces, from a single input wave, three output waves which differ in phase from each other.

Q. 18. What is the standard direction of rotation of an induction motor ?

Ans. Counterclockwise, when looking from the front end *i.e.* non-driving end of the motor.

Q. 19. Can a wound-motor be reversed by transposing any two leads from the slip-rings ?

Ans. No. There is only one way of doing so *i.e.* by transposing any two line leads.

Q. 20. What is jogging ?

Ans. It means inching a motor i.e. make it move a little at a time by constant starting and stopping.

Q. 21. What is meant by plugging ?

Ans. It means stopping a motor by instantaneously reversing it till it stops.

Q. 22. What are the indications of winding faults in an induction motor ?

Ans. Some of the indications are as under:

(*i*) excessive and unbalanced starting currents

(*ii*) some peculiar noises and (*iii*) overheating.

OBJECTIVE TESTS – 35

1. In the circle diagram for a 3-ϕ induction motor, the diameter of the circle is determined by
   (*a*) rotor current
   (*b*) exciting current
   (*c*) total stator current
   (*d*) rotor current referred to stator.
2. Point out the WRONG statement.
   Blocked rotor test on a 3-ϕ induction motor helps to find
   (*a*) short-circuit current with normal voltage
   (*b*) short-circuit power factor
   (*c*) fixed losses
   (*d*) motor resistance as referred to stator.
3. In the circle diagram of an induction motor, point of maximum input lies on the tangent drawn parallel to
   (*a*) output line
   (*b*) torque line
   (*c*) vertical axis
   (*d*) horizontal axis.

4. An induction motor has a short-circuit current 7 times the full-load current and a full-load slip of 4 per cent. Its line-starting torque is .... times the full-load torque.
(a) 7 (b) 1.96
(c) 4 (d) 49

5. In a SCIM, torque with autostarter is .... times the torque with direct-switching.
(a) K^2 (b) K
(c) $1/K^2$ (d) $1/K$
where K is the transformation ratio of the autostarter.

6. If stator voltage of a SCIM is reduced to 50 per cent of its rated value, torque developed is reduced by .... per cent of its full-load value.
(a) 50 (b) 25
(c) 75 (d) 57.7

7. For the purpose of starting an induction motor, a Y-Δ switch is equivalent to an auto-starter of ratio.......per cent.
(a) 33.3 (b) 57.7
(c) 73.2 (d) 60.

8. A double squirrel-cage motor (DSCM) scores over SCIM in the matter of
(a) starting torque
(b) high efficiency under running conditions
(c) speed regulation under normal operating conditions
(d) all of the above.

9. In a DSCM, outer cage is made of high resistance metal bars primarily for the purpose of increasing its
(a) speed regulation
(b) starting torque
(c) efficiency
(d) starting current.

10. A SCIM with 36-slot stator has two separate windings : one with 3 coil groups/ phase/pole and the other with 2 coil groups/phase/pole. The obtainable two motor speeds would be in the ratio of
(a) 3 : 2 (b) 2 : 3
(c) 2 : 1 (d) 1 : 2

11. A 6-pole 3-ϕ induction motor taking 25 kW from a 50-Hz supply is cumulatively-cascaded to a 4-pole motor. Neglecting all losses, speed of the 4-pole motor would be .... r.p.m.
(a) 1500 (b) 1000
(c) 600 (d) 3000.
and its output would be .... kW.
(e) 15 (f) 10
(g) 50/3 (h) 2.5.

12. Which class of induction motor will be well suited for large refrigerators?
(a) Class E (b) Class B
(c) Class F (d) Class C

13. In a Schrage motor operating at supersynchronous speed, the injected emf and the standstill secondary induced emf
(a) are in phase with each other
(b) are at 90° in time phase with each other
(c) are in phase opposition
(d) none of the above.
(Power App.-III, Delhi Univ. July 1987)

14. For starting a Schrage motor, 3-ϕ supply is connected to
(a) stator
(b) rotor via slip-rings
(c) regulating winding
(d) secondary winding via brushes.

15. Two separate induction motors, having 6 poles and 5 poles respectively and their cascade combination from 60 Hz, 3-phase supply can give the following synchronous speeds in rpm
(a) 720, 1200, 1500 and 3600
(b) 720, 1200 1800
(c) 600, 1000, 15000
(d) 720 and 3000
(Power App.-II, Delhi Univ.Jan 1987)

16. Mark the WRONG statement.
A Schrage motor is capable of behaving as a/an
(a) inverted induction motor
(b) slip-ring induction motor
(c) shunt motor
(d) series motor
(e) synchronous motor.

17. When a stationary 3-phase induction motor is switched on with one phase disconnected
(a) it is likely to burn out quickly unless immediately disconnected
(b) it will start but very slowly
(c) it will make jerky start with loud growing noise
(d) remaining intact fuses will be blown out due to heavy inrush of current

18. If single-phasing of a 3-phase induction motor occurs under running conditions, it
(a) will stall immediately
(b) will keep running though with slightly increased slip
(c) may either stall or keep running depending on the load carried by it
(d) will become noisy while it still keeps running.

ANSWERS

1. c **2.** c **3.** d **4.** b **5.** a **6.** c **7.** b **8.** d **9.** b **10.** a **11.** c, f **12.** d **13.** a **14.** b **15.** a **16.** d **17.** a **18.** c

CHAPTER 36

SINGLE-PHASE MOTORS

Learning Objectives

- Types of Single-phase Motors
- Single-phase Induction Motor
- Double-field Revoling Theory
- Making Single-phase Induction Motor Self-starting
- Equivalent Circuit of Single-phase Induction Motor without Core Loss
- Equivalent Cuicuit With Core Loss
- Types of Capacitors Start Motors
- Capacitor Start-and-Run Motor
- Shaded-pole Single-phase Motor
- Repulsion Type Motors
- Repulsion Motor
- Repulsion Principle
- Compensated Repulsion Motor
- Repulsion-start Induction-Run Motor
- Repulsion Induction Motor
- A.C. Series Motors
- Universal Motor
- Speed control of Universal Motors
- Reluctance Motor
- Hysteresis Motor

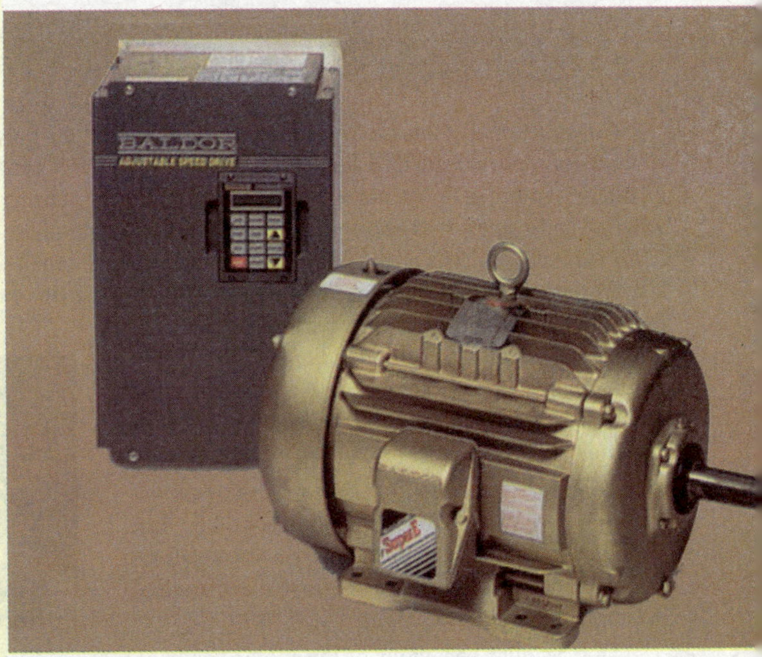

Single phase motor

36.1. Types of Single-Phase Motors

Such motors, which are designed to operate from a single-phase supply, are manufactured in a large number of types to perform a wide variety of useful services in home, offices, factories, workshops and in business establishments etc. Small motors, particularly in the fractional kilo watt sizes are better known than any other. In fact, most of the new products of the manufacturers of space vehicles, aircrafts, business machines and power tools etc. have been possible due to the advances made in the design of fractional-kilowatt motors. Since the performance requirements of the various applications differ so widely, the motor-manufacturing industry has developed many different types of such motors, each being designed to meet specific demands.

Split-phase motor. Switch mechanism disconnects start winding when motor reached three-fourths of rated speed

Single-phase motors may be classified as under, depending on their construction and method of starting :

1. ***Induction Motors*** (split-phase, capacitor and shaded-pole etc.)
2. ***Repulsion Motors*** (sometime called Inductive-Series Motors)
3. ***A.C. Series Motor***
4. ***Un-excited Synchronous Motors***

36.2. Single-phase Induction Motor

Constructionally, this motor is, more or less, similar to a polyphase induction motor, except that (*i*) its stator is provided with a single-phase winding and (*ii*) a centrifugal switch is used in some types of motors, in order to cut out a winding, used only for starting purposes. It has distributed stator winding and a squirrel-cage rotor. When fed from a single-phase supply, its stator winding produces a flux (or field) which is only ***alternating i.e.*** one which alternates along one space axis only. It is not a synchronously revolving (or rotating) flux, as in the case of a two- or a three-phase stator winding, fed from a 2-or 3-phase supply. Now, an alternating or pulsating flux acting on a ***stationary*** squirrel-cage rotor cannot produce rotation (only a revolving flux can). That is why a single-phase motor is *not self-starting*.

However, if the rotor of such a machine is given an initial start by hand (or small motor) or otherwise, ***in either*** direction, then immediately a torque arises and the motor accelerates to its final speed (unless the applied torque is too high).

This peculiar behaviour of the motor has been explained in two ways : (*i*) by two -field or double-field revolving theory and (*ii*) by cross-field theory. Only the first theory will be discussed briefly.

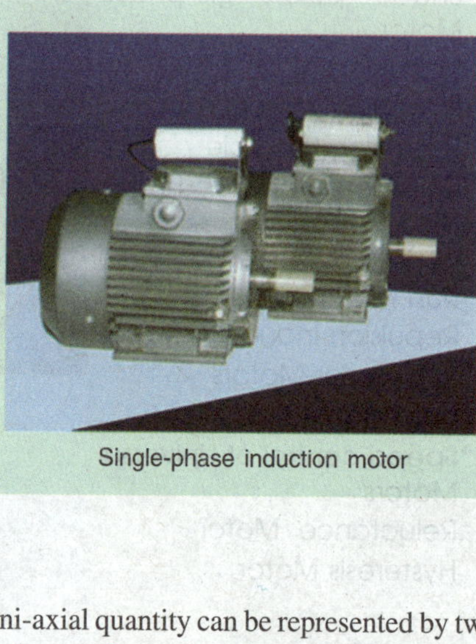

Single-phase induction motor

36.3. Double-field Revolving Theory

This theory makes use of the idea that an alternating uni-axial quantity can be represented by two oppositely-rotating vectors of half magnitude. Accordingly, an ***alternating*** sinusoidal flux can be represented by two ***revolving*** fluxes, each equal to half the value of the alternating flux and each rotating synchronously ($N_s = 120f/P$) in opposite direction*.

As shown in Fig. 36.1 (*a*), let the alternating flux have a maximum value of Φ_m. Its component fluxes A and B will each be equal to $\Phi_m/2$ revolving in anticlockwise and clockwise directions respectively.

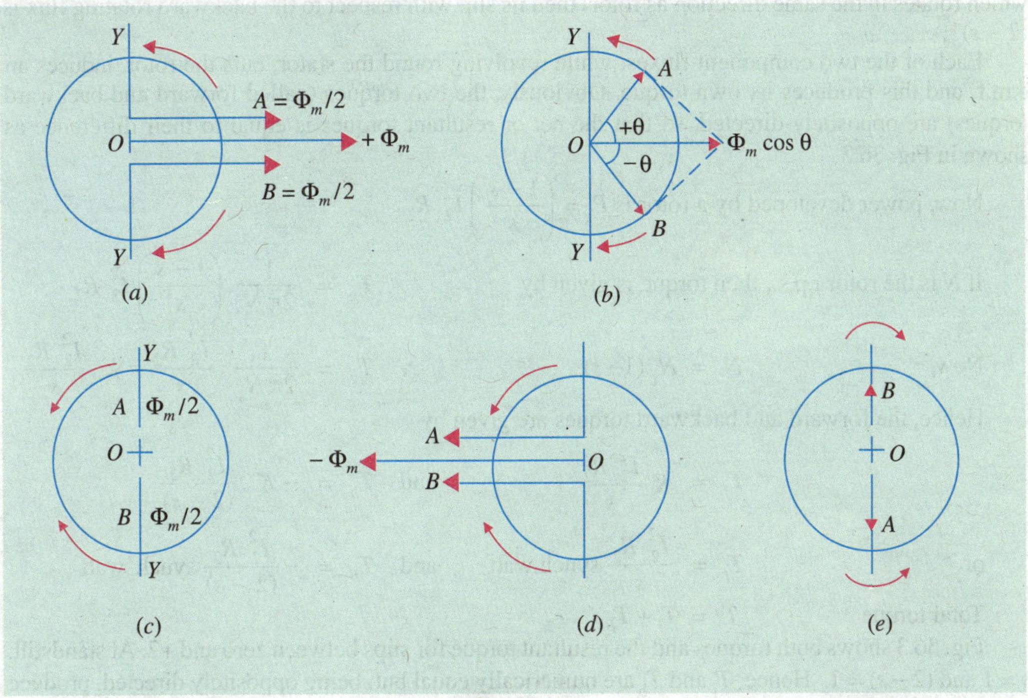

Fig. 36.1

After some time, when A and B would have rotated through angle $+\theta$ and $-\theta$, as in Fig. 36.1 (*b*), the resultant flux would be

$$= 2 \times \frac{\Phi_m}{2} \cos\frac{2\theta}{2} = \Phi_m \cos\theta$$

After a quarter cycle of rotation, fluxes A and B will be oppositely-directed as shown in Fig. 36.1 (*c*) so that the resultant flux would be zero.

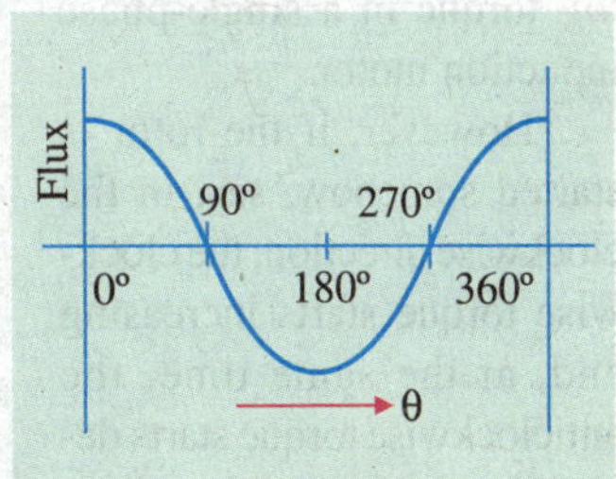

Fig. 36.2

After half a cycle, fluxes A and B will have a resultant of $-2 \times \Phi_m/2 = -\Phi_m$. After three-quarters of a cycle, again the resultant is

* For example, a flux given by $\Phi = \Phi_m \cos 2\pi ft$ is equivalent to two fluxes revolving in opposite directions, each with a magnitude of $1/2\Phi$ and an angular velocity of $2\pi f$. It may be noted that Euler's expressions for $\cos\theta$ provides interesting justification for the decomposition of a pulsating flux. His expression is

$$\cos\theta = \frac{e^{j\theta} + e^{-j\theta}}{2}$$

The term $e^{j\theta}$ represents a vector rotated clockwise through an angle θ whereas $e^{-j\theta}$ represents rotation in anticlockwise direction. Now, the above given flux can be expressed as

$$\phi_m \cos 2\pi ft = \frac{\phi_m}{2}\left(e^{j2\pi ft} + e^{-j2\pi ft}\right)$$

The right-hand expression represents two oppositely-rotating vectors of half magnitude.

zero, as shown in Fig. 36.1 (*e*) and so on. If we plot the values of resultant flux against θ between limits θ = 0° to θ= 360°, then a curve similar to the one shown in Fig. 36.2 is obtained. That is why an alternating flux can be looked upon as composed of two revolving fluxes, each of half the value and revolving synchronously in opposite directions.

It may be noted that if the slip of the rotor is s with respect to the forward rotating flux (*i.e.* one which rotates in the same direction as rotor) then its slip with respect to the backward rotating flux is $(2 - s)$*.

Each of the two component fluxes, while revolving round the stator, cuts the rotor, induces an e.m.f. and this produces its own torque. Obviously, the two torques (called forward and backward torques) are oppositely-directed, so that the net or resultant torques is equal to their difference as shown in Fig. 36.3.

Now, power developed by a rotor is $P_g = \left(\frac{1-s}{s}\right) I_2^2 R_2$

If N is the rotor r.p.s., then torque is given by $$T_g = \frac{1}{2\pi N} \cdot \left(\frac{1-s}{s}\right) I_2^2 R_2$$

Now, $N = N_s(1 - s)$ $\quad \therefore \quad T_g = \frac{1}{2\pi N_s} \cdot \frac{I_2^2 R_2}{s} = k \cdot \frac{I_2^2 R_2}{s}$

Hence, the forward and backward torques are given by

$$T_f = K \frac{I_2^2 R_2}{s} \quad \text{and} \quad T_b = -K \cdot \frac{I_2^2 R_2}{(2-s)}$$

or $$T_f = \frac{I_2^2 R_2}{s} \text{ synch.watt} \quad \text{and} \quad T_b = -\frac{I_2^2 R_2}{(2-s)} \text{ synch. watt}$$

Total torque $T = T_f + T_b$

Fig. 36.3 shows both torques and the resultant torque for slips between zero and +2. At standstill, $s = 1$ and $(2 - s) = 1$. Hence, T_f and T_b are numerically equal but, being oppositely directed, produce no resultant torque. That explains why there is no ***starting*** torque in a single-phase induction motor.

However, if the rotor is started somehow, say, in the clockwise direction, the clockwise torque starts increasing and, at the same time, the anticlockwise torque starts decreasing. Hence, there is a certain amount of net torque in the clockwise direction which accelerates the motor to full speed.

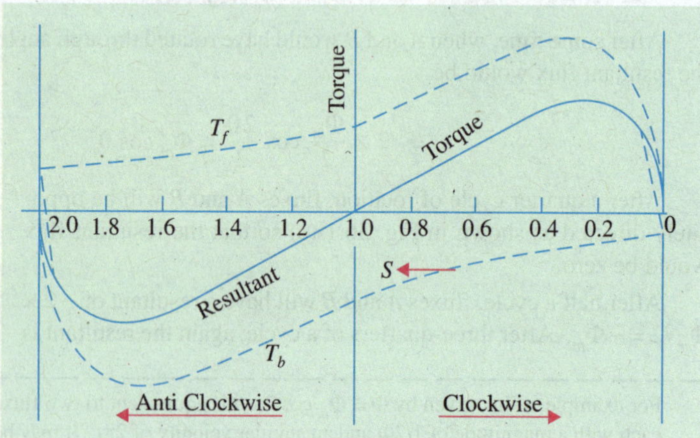

Fig. 36.3

---

* It may be proved thus : If N is the r.p.m. of the rotor, then its slip with respect to forward rotating flux is

$$s = \frac{N_s - N}{N_s} = 1 - \frac{N}{N_s} \quad \text{or} \quad \frac{N}{N_s} = 1 - s$$

Keeping in mind the fact that the backward rotating flux rotates opposite to the rotor, the rotor slip with respect to this flux is

$$s_b = \frac{N_s - (-N)}{N_s} = 1 + \frac{N}{N_s} = 1 + (1 - s) = (2 - s)$$

36.4. Making Single-phase Induction Motor Self-starting

As discussed above, a single-phase induction motor is not self-starting. To overcome this drawback and make the motor self-starting, it is temporarily converted into a two-phase motor during starting period. For this purpose, the stator of a single-phase motor is provided with an extra winding, known as ***starting*** (or auxiliary) winding, in addition to the ***main*** or ***running winding***. The two windings are spaced 90° electrically apart and are connected in *parallel* across the single-phase supply as shown in Fig. 36.4.

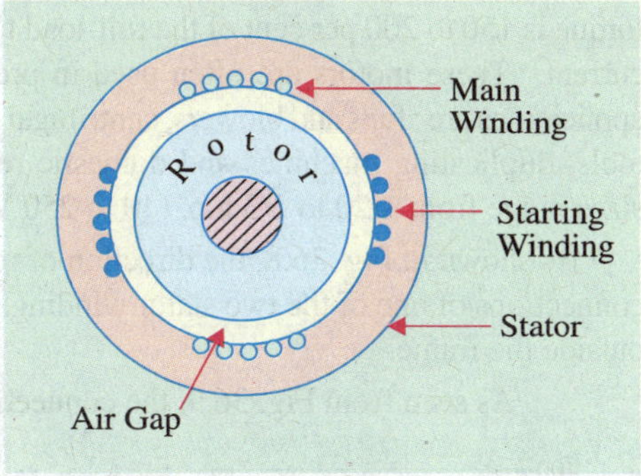

Fig. 36.4

It is so arranged that the phase-difference between the currents in the two stator windings is very large (ideal value being 90°). Hence, the motor behaves like a two-phase motor. These two currents produce a revolving flux and hence make the motor self-starting.

There are many methods by which the necessary phase-difference between the two currents can be created.

(*i*) In *split*-phase machine, shown in Fig. 36.5 (*a*), the main winding has low resistance but high reactance whereas the starting winding has a high resistance, but low reactance. The resistance of the starting winding may be increased either by connecting a high resistance *R* in series with it or by choosing a high-resistance fine copper wire for winding purposes.

Single-phase motor.

Hence, as shown in Fig. 36.5 (*b*), the current I_s drawn by the starting winding lags behind the applied voltage *V* by a small angle whereas current I_m taken by the main winding lags behind *V* by a very large angle. Phase angle between I_s and I_m is made as large as possible because the starting torque of a split-phase motor is proportional to sin α. A centrifugul switch *S* is connected in series with the starting winding and is located inside the motor. Its function is to automatically disconnect the starting winding from the supply when the motor has reached 70 to 80 per cent of its full-load speed.

In the case of split-phase motors that are hermetically sealed in refrigeration units, instead of internally-mounted centrifugal switch, an electromagnetic type of relay is used. As shown in Fig. 36.6, the relay coil is connected in series with main winding and the pair of contacts which are normally open, is included in the starting winding.

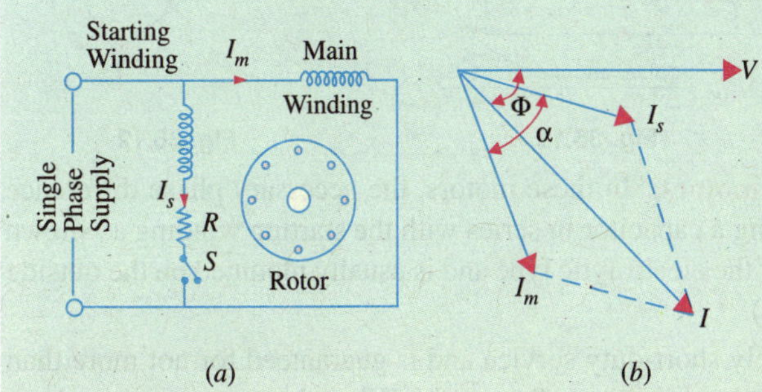

Fig. 36.5

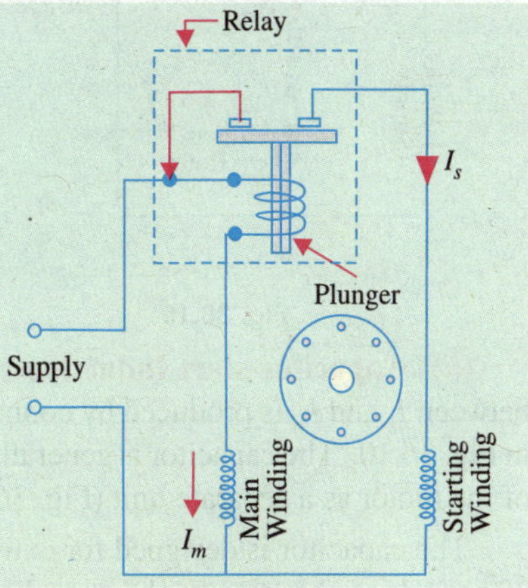

Fig. 36.6

During starting period, when I_m is large, relay contacts close thereby allowing I_s to flow and the motor starts as usual. After motor speeds up to 75 per cent of full-load speed, I_m drops to a value that is low enough to cause the contacts to open.

A typical torque/speed characteristic of such a motor is shown in Fig. 36.7. As seen, the starting torque is 150 to 200 per cent of the full-load torque with a starting current of 6 to 8 times the full-load current. These motors are often used in preference to the costlier capacitor-start motors. Typical applications are : fans and blowers, centrifugal pumps and separators, washing machines, small machine tools, duplicating machines and domestic refrigerators and oil burners etc. Commonly available sizes range from 1/20 to 1/3 h.p. (40 to 250 W) with speeds ranging from 3,450 to 865 r.p.m.

As shown in Fig. 36.8, the direction of rotation of such motors can be reversed by reversing the connections of one of the two stator windings (not both). For this purpose, the four leads are brought outside the frame.

As seen from Fig. 36.9, the connections of the starting winding have been reversed.

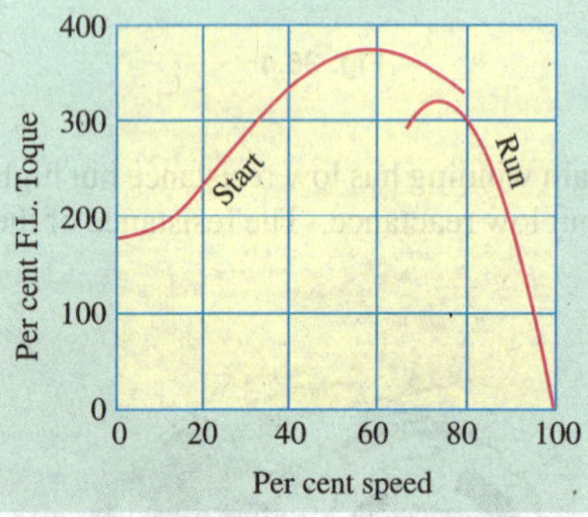

Fig. 36.7

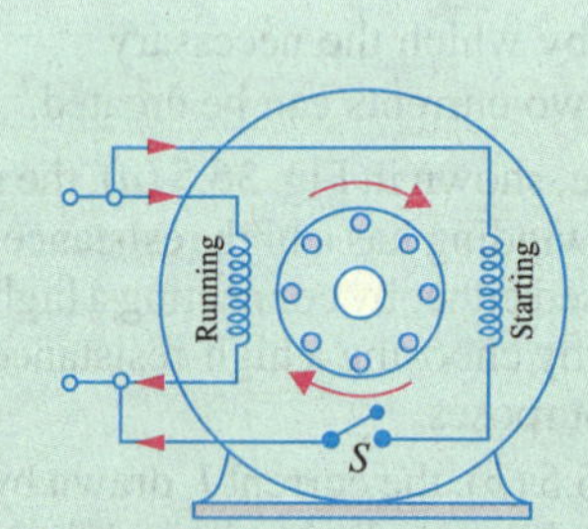

Fig. 36.8

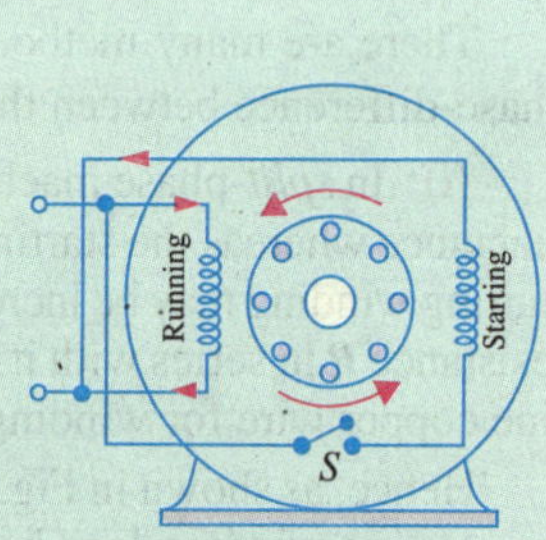

Fig. 36.9

The speed regulation of standard split-phase motors is nearly the same as of the 3-phase motors. Their speed varies about 2 to 5% between no load and full-load. For this reason such motors are usually regarded as practically constant-speed motors.

Note. Such motors are sometimes referred to as resistance-start split-phase induction motors in order to distinguish them from capacitor-start induction run and capacitor start-and-run motors described later.

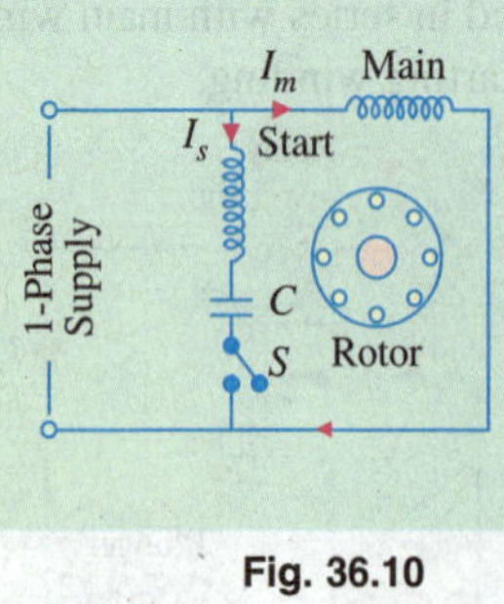

Fig. 36.10

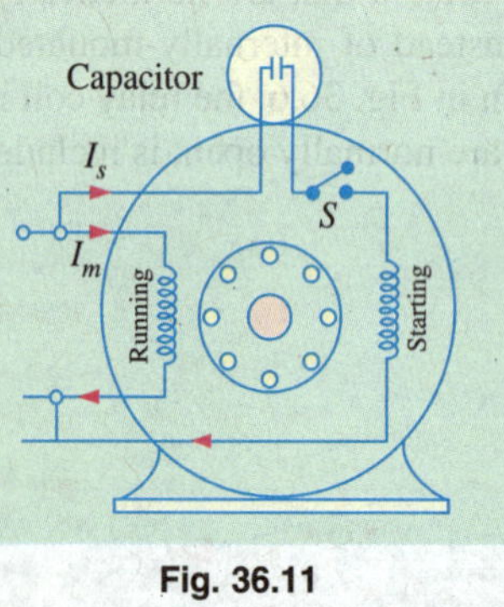

Fig. 36.11

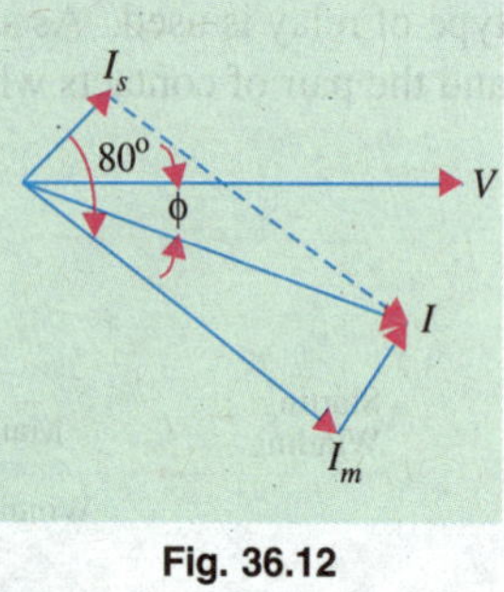

Fig. 36.12

(ii) Capacitor-start Induction-run motors. In these motors, the necessary phase difference between I_s and I_m is produced by connecting a capacitor in series with the starting winding as shown in Fig. 36.10. The capacitor is generally of the electrolytic type and is usually mounted on the outside of the motor as a separate unit (Fig. 36.11).

The capacitor is designed for extremely short-duty service and is guaranteed for not more than 20 periods of operation per hour, each period not to exceed 3 seconds. When the motor reaches about

75 per cent of full speed, the centrifugal switch S opens and cuts out both the starting winding and the capacitor from the supply, thus leaving only the running winding across the lines. As shown in Fig. 36.12, current I_m drawn by the main winding lags the supply voltage V by a large angle whereas I_s leads V by a certain angle. The two currents are out of phase with each other by about 80° (for a 200-W 50-Hz motor) as compared to nearly 30° for a split-phase motor. Their resultant current I is small and is almost in phase with V as shown in Fig. 36.12.

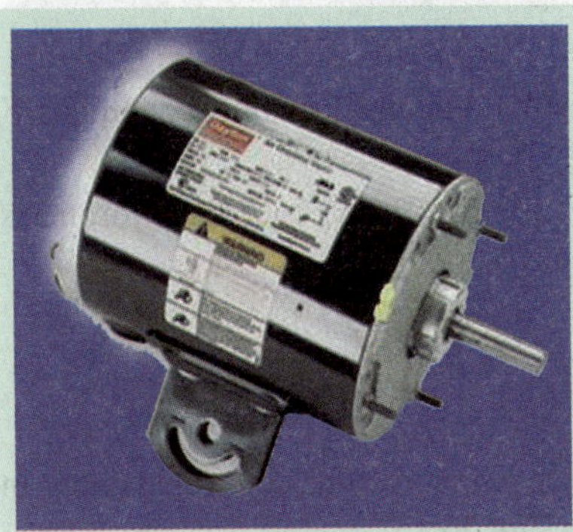

Capacitor start/capacitor-run motor.

Since the torque developed by a split-phase motor is proportional to the sine of the angle between I_s and I_m, it is obvious that the increase in the angle (from 30° to 80°) alone increases the starting torque to nearly twice the value developed by a standard split-phase induction motor. Other improvements in motor design have made it possible to increase the starting torque to a value as high as 350 to 450 per cent.

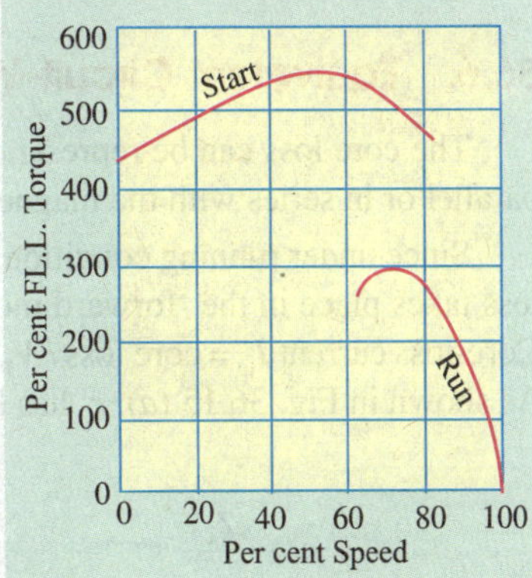

Fig. 36.13

Typical performance curve of such a motor is shown in Fig. 36.13.

36.5. Equivalent Circuit of a Single-phase Induction Motor–Without Core Loss

A single-phase motor may be looked upon as consisting of two motors, having a common stator winding, but with their respective rotors revolving in opposite directions. The equivalent circuit of such a motor based on double-field revolving theory is shown in Fig. 36.14. Here, the single-phase motor has been imagined to be made-up of (*i*) one stator winding and (*ii*) two imaginary rotors. The stator impedance is $Z = R_1 + j X_1$. The impedance of each rotor is $(r_2 + jx_2)$ where r_2 and x_2 represent half the actual rotor values in stator terms (*i.e.* x_2 stands for half the standstill reactance of the rotor, as referred to stator). Since iron loss has been neglected, the exciting branch is shown consisting of exciting reactance only. Each rotor has been assigned half the magnetising reactance* (*i.e* x_m represents half the actual reactance). The impedance of 'forward running' rotor is

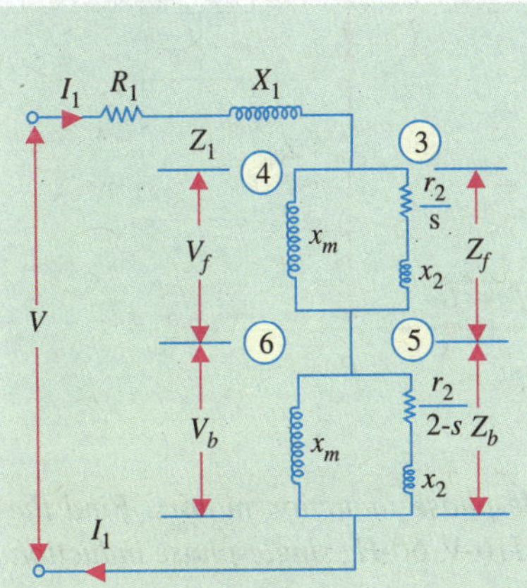

Fig. 36.14

$$Z_f = \frac{j\,x_m\left(\dfrac{r_2}{s} + j\,x_2\right)}{\dfrac{r_2}{s} + j\,(x_m + x_2)}$$

and it runs with a slip of s. The impedance of 'backward' running rotor is

* In fact, full values are shown by capital letters and half values by small letters.

$$Z_b = \frac{j\,x_m\left(\dfrac{r_2}{2-s} + j\,x_2\right)}{\dfrac{r_2}{2-s} + j\,(x_m + x_2)}$$

and it runs with a slip of $(2 - s)$. Under standstill conditions, $V_f = V_b$, but under running conditions V_f is almost 90 to 95% of the applied voltage.

The forward torque in synchronous watts is $T_f = I_3^2\, r_2 / s$. Similarly, backward torque is $T_b = I_5^2\, r_2 / (2 - s)$

The total torque is $\quad T = T_f - T_b.$

36.6. Equivalent Circuit–With Core Loss

The core loss can be represented by an equivalent resistance which may be connected either in parallel or in series with the magnetising reactance as shown in Fig. 36.15.

Since under running conditions V_f is very high (and V_b is correspondingly, low) most of the iron loss takes place in the 'forward motor' consisting of the common stator and forward-running rotor. Core-loss current I_w = core loss / V_f. Hence, half value of core-loss equivalent resistance is $r_c = V_f / I_w$. As shown in Fig. 36.15 (*a*), r_c has been connected in parallel with x_m in each rotor.

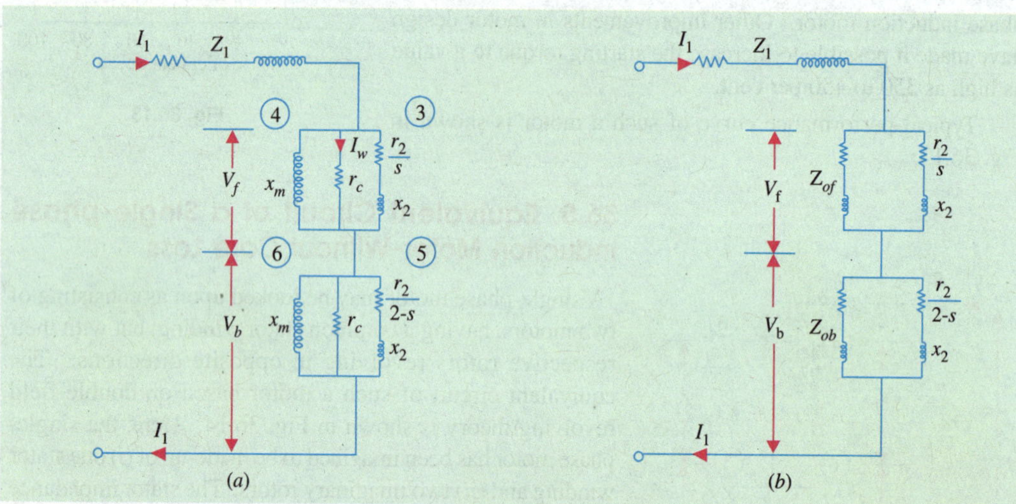

Fig. 36.15

Example 36.1. *Discuss the revolving field theory of single-phase induction motors. Find the mechanical power output at a slip of 0.05 of the 185-W, 4-pole, 110-V, 60-Hz single-phase induction motor, whose constants are given below:*

Resistance of the stator main winding	R_1	= 1.86 ohm
Reactance of the stator main winding	X_1	= 2.56 ohm
Magnetizing reactance of the stator main winding	X_m	= 53.5 ohm
Rotor resistance at standstill	R_2	= 3.56 ohm
Rotor reactance at standstill	X_2	= 2.56 ohm

(Elect. Machines, Nagpur Univ. 1991)

Solution. Here, $X_m = 53.5\ \Omega$, hence $x_m = 53.5/2 = 26.7\ \Omega$

Similarly, $\quad r_2 = R_2 / 2 = 3.56 / 2 = 1.78\ \Omega$ and $x_2 = X_2 / 2 = 2.56 / 2 = 1.28\ \Omega$

$$\therefore \quad Z_f = \frac{j\,x_m\left(\frac{r_2}{s} + j\,x_2\right)}{\frac{r_2}{s} + j\,(x_2 + x_m)} = x_m \frac{\frac{r_2}{s}\,.\,x_m + j\left[(r_2/s)^2 + x_2\,x_0\right]}{(r_2/s)^2 + x_0^2} \quad \text{where } x_0 = (x_m + x_2)$$

$$\therefore \quad Z_f = 26.7\,\frac{(1.78/0.05)\times 26.7 + j\,[(1.78/0.05)^2 + 1.28\times 27.98]}{(1.78/0.05)^2 + (27.98)^2}$$

$$= 12.4 + j\,17.15 = 21.15\,\angle 54.2°$$

Similarly,
$$Z_b = \frac{j\,x_m\left(\frac{r_2}{2-s} + j\,x_2\right)}{\frac{r_2}{2-s} + j\,(x_2 + x_m)} = x_m \frac{\left(\frac{r_2}{2-s}\right)x_m + j\left[\left(\frac{r_2}{2-s}\right)^2 + x_0\,x_2\right]}{\left(\frac{r_2}{2-s}\right)^2 + x_0^2}$$

$$= 26.7\,\frac{(1.78/1.95)\times 26.7 + j\,[(1.78/1.95)^2 + 1.28\times 27.98]}{(1.78/1.95)^2 + (27.98)^2}$$

$$= 0.84 + j\,1.26 = 1.51\,\angle 56.3°$$

$$\mathbf{Z_1} = R_1 + j\,X_1 = 1.86 + j\,2.56 = 3.16\,\angle\,54°$$

Total circuit impedance is

$$\mathbf{Z_{01}} = \mathbf{Z_1} + \mathbf{Z_f} + \mathbf{Z_b} = (1.86 + j\,2.56) + (12.4 + j\,17.15) + (0.84 + j\,1.26)$$

$$= 15.1 + j\,20.97 = 25.85\angle 54.3°$$

Motor current $I_1 = 110/25.85 = 4.27$ A

$$V_f = I_1\,Z_f = 4.27\times 21.15 = 90.4\text{ V};\; V_b = I_1\,Z_b = 4.27\times 1.51 = 6.44\text{ V}$$

$$Z_3 = \sqrt{\left(\frac{r_2}{s}\right)^2 + x_2^2} = 35.7\,\Omega,\; Z_5 = \sqrt{\left(\frac{r_2}{2-s}\right)^2 + x_2^2} = 1.57\,\Omega$$

$$I_3 = V_f/\,Z_3 = 90.4/35.7 = 2.53\text{ A},\; I_5 = V_b\,/Z_5 = 6.44/1.57 = 4.1\text{ A}$$

$$T_f = I_3^2\,R_2\,/\,s = 228\text{ synch. watts},\; T_5 = I_5^2\,r_2/(2-s) = 15.3\text{ synch. watts.}$$

$$T = T_f - T_b = 228 - 15.3 = 212.7\text{ synch. watts}$$

Output = synch. watt × $(1 - s) = 212.7 \times 0.95 =$ **202 W**

Since friction and windage losses are not given, this also represents the net output.

Example 36.2. *Find the mechanical power output of 185-W, 4 pole, 110-V, 50-Hz single-phase induction motor, whose constants are given below at a slip of 0.05.*

$R_1 = 1.86\,\Omega \quad X_1 = 2.56\,\Omega \quad X_\phi = 53.5\,\Omega \quad R_2 = 3.56\,\Omega \quad X_2 = 2.56\,\Omega$

Core loss = 3.5 W, Friction and windage loss = 13.5 W.

(Electrical Machines-III, Indore Univ. 1987)

Solution. It would be seen that major part of this problem has already been solved in Example 36.1. Let us, now, assume that $V_f = 82.5\%$ of 110 V = 90.7 V. Then the core-loss current $I_c = 35/90.7 = 0.386$ A ; $r_c = 90.7/0.386 = 235\,\Omega$.

Motor I

conductance of core-loss branch $= 1/r_c = 1/235 = 0.00426$ S

susceptance of magnetising branch $= -j\,/\,x_m = -j/26.7 = -j\,0.0374$ S

$$\text{admittance of branch 3} = \frac{(r_2/s) - j\,x_2}{(r_2/s)^2 + x_2^2} = 0.028 - j\,0.00101\text{ S}$$

$$\text{admittance of 'motor' } I \text{ is } \mathbf{Y}_f = 0.00426 - j\,0.0374 + 0.028 - j\,0.00101$$
$$= 0.03226 - j\,0.03841 \text{ S}$$
$$\text{impedance } \mathbf{Z}_f = \mathbf{1/Y}_f = 12.96 + j\,15.2 \text{ or } 19.9\ \Omega$$

Motor II

$$\text{admittance of branch 5} = \frac{\dfrac{r_2}{2-s} - j\,x_2}{\left(\dfrac{r_2}{2-s}\right)^2 + x_2^2} = \frac{0.91 - j\,1.28}{2.469} = 0.369 - j\,0.517$$

$$\text{admittance of 'motor' II, } \mathbf{Y}_b = 0.00426 - j\,0.0374 + 0.369 - j\,0.517$$
$$= 0.3733 - j\,0.555 \text{ S}$$

Impedance of 'motor' II, $\mathbf{Z}_b = 1/\mathbf{Y}_b = 0.836 + j\,1.242$ or $1.5\ \Omega$

Impedance of entire motor (Fig. 36.16) $Z_{01} = \mathbf{Z_1} + \mathbf{Z_f} + \mathbf{Z_b} = 15.66 + j\,19$ or $24.7\ \Omega$

$$I_1 = V/Z_{01} = 110/24.7 = 4.46 \text{ A}$$
$$V_f = I_1 Z_f = 4.46 \times 19.9 = 88.8 \text{ V}$$
$$V_b = 4.46 \times 1.5 = 6.69 \text{ V}$$

$$I_3 = 88.8/35.62 = 2.5 \text{ A}$$
$$I_5 = 6.69/1.57 = 4.25 \text{ A}$$
$$T_f = I_3^2(r_2/s) = 222 \text{ synch. watt}$$
$$T_b = I_5^2\left(\frac{r_2}{2-s}\right) = 16.5 \text{ synch. watt}$$
$$T = T_f - T_b = 205.5 \text{ synch. watt}$$

Watts converted = synch. watt $(1 - s)$

$= 205.5 \times 0.95 = 195$ W

Net output $= 195 - 13.5 =$ **181.5 W.**

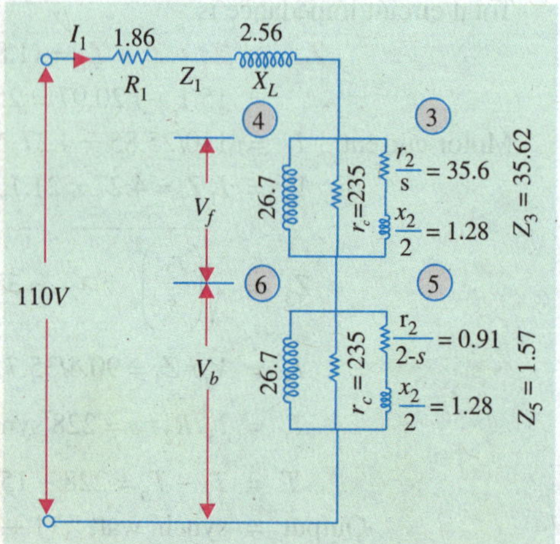

Fig. 36.16

Example 36.3. *A 250-W, 230-V, 50-Hz capacitor-start motor has the following constants for the main and auxiliary windings: Main winding, $Z_m = (4.5 + j\,3.7)$ ohm. Auxiliary winding $Z_a = (9.5 + j\,3.5)$ ohm. Determine the value of the starting capacitor that will place the main and auxiliary winding currents in quadrature at starting.*

(Electrical Machines-III, South Gujarat Univ. 1985)

Solution. Let X_C be the reactance of the capacitor connected in the auxiliary winding.

Then $\mathbf{Z_a} = 9.5 + j\,3.5 - j\,X_C = (9.5 + jX)$

where X is the net reactance.

Now, $\mathbf{Z_m} = 4.5 + j\,3.5 = 5.82 \angle 39.4°$ ohm

Obviously, I_m lags behind V by 39.4°

Since, time phase angle between I_m and I_a has to be 90°, I_a must lead V by

$$(90° - 39.4°) = 50.6°.$$

For auxiliary winding, $\tan \phi_a = X/R$ or $\tan 50.6° = X/9.5$

or $X = 9.5 \times 1.217 = 11.56\ \Omega$ (capacitive)

$\therefore$ $X_C = 11.56 + 3.5 = 15.06\ \Omega$ $\quad\therefore\quad 15.06 = 1/314\,C$; $C =$ **211 μF.**

Tutorial Problem No. 36.1.

1. A 1-ϕ, induction motor has stator windings in space quadrature and is supplied with a single-phase voltage of 200 V at 50 Hz. The standstill impedance of the main winding is $(5.2 + j\ 10.1)$ and of the auxiliary winding is $(19.7 + j\ 14.2)$. Find the value of capitance to be inserted in the auxiliary winding for maximum starting torque. ***(Electrical Machines-III, Indore Univ. July, 1977)***

2. A 230-V, 50-Hz, 6-pole, single-phase induction motor has the following constants.

$$r_1 = 0.12\ \Omega,\ r_2 = 0.14\ \Omega,\ x_1 = x_2 = 0.25\ \Omega,\ x_m = 15\ \Omega.$$

If the core loss is 250 W and friction and windage losses are 500 W, determine the efficiency and torque at $s = 0.05$. ***(Electrical Machines-IV, Bangalore Univ. Aug. 1978)***

3. Explain how the pulsating mmf of a single-phase induction motor may be considered equivalent to two oppositely-rotating fields. Develop an expression for the torque of the motor.

A 125-W, 4-pole, 110-V, 50-Hz single-phase induction motor has the no-load rotational loss of 25 watts and total rotor copper loss at rated load of 25 watts at a slip of 0.06. The rotor I^2R loss may be neglected.

At a slip s = 0.06, what is the power input to the machine ?

(Electrical Machines-III, Indore Univ. July 1977)

36.7. Types of Capacitor–start Motors

Some of the important types of such motors are given below :

1. Single-voltage, externally-reversible type

In this motor, four leads are brought outside its housing; two from the main winding and two from the starting-winding circuit. These four leads are necessary for external reversing. As usual, internally, the starting winding is connected in series with the electrolytic capacitor and a centrifugal switch. The direction of rotation of the motor can be easily reversed externally by reversing the starting winding leads with respect to the running winding leads.

2. Single-voltage, non-reversible type

In this case, the starting winding leads are connected internally to the leads of the running winding. Consequently, there are only two external leads in such motors. Obviously, direction of rotation cannot be reversed unless the motor is taken apart and leads of the starting winding reversed.

3. Single-voltage reversible and with thermostat type

Many motors are fitted with a device called thermostat which provides protection against overload, overheating, and short-circuits etc. The thermostat usually consists of a bimetallic element that is connected in series with the motor and is often mounted on the outside of the motor.

The wiring diagram of a capacitor-start motor fitted with this protective device is shown in Fig. 36.17. When due to some reasons, excessive current flows through the motor, it produces abnormal heating of the bimetallic strip with the result that it bends and opens the contact points thus disconnecting the motor from the supply lines. When the thermostat element cools, it automatically closes the contacts*.

In the case of capacitor-start motors used for refrigerators, generally a terminal block is attached to the motor. Three out of the four block terminals are marked *T*, *TL* and *L* as shown in Fig. 36.18. Thermostat is connected to *T* and *TL*, capacitor between *L* and the unmarked terminal and the supply lines to *TL* and *L*.

---

* However, in some thermal units, a reset button has to be operated manually to restore the motor to operation. In certain types of thermal units, a heating element is used for heating the bimetallic strip. In that case, the heating element is connected in the line and the element or bimetallic strip is placed either inside the heating unit or besides it.

4. Single-voltage, non-reversible with magnetic switch type

Such motors are commonly used in refrigerators where it is not possible to use a centrifugal switch. The circuit diagram is similar to that shown in Fig. 36.6. Since their application requires just one direction of rotation, these motors are not connected for reversing.

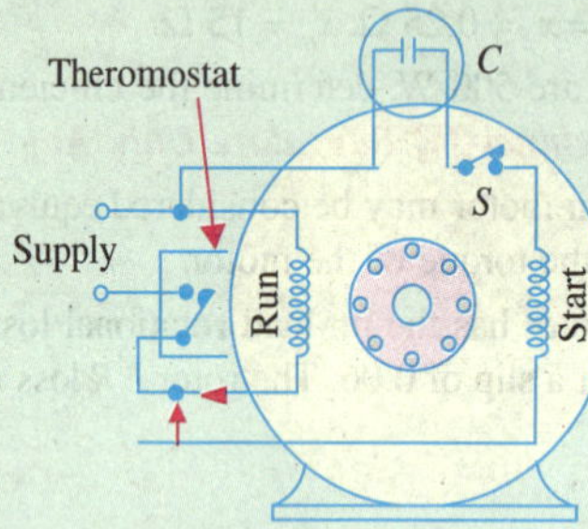

Fig. 36.17

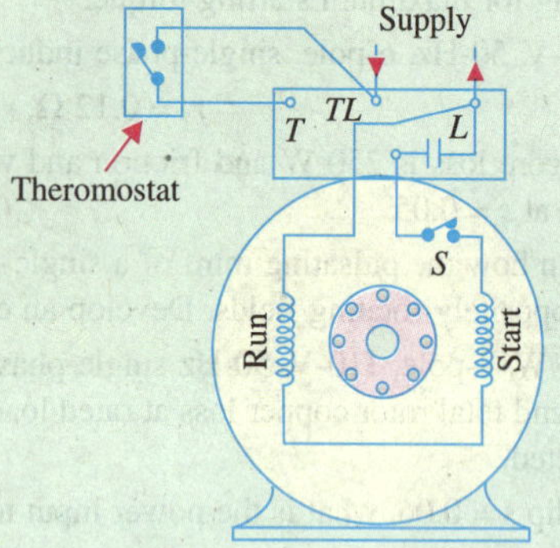

Fig. 36.18

One disadvantage of a capacitor-start motor having magnetic switch lies in the possibility that slight overloads may operate the plunger thereby connecting the starting winding circuit to the supply. Since this winding is designed to operate for very short periods (3 seconds or less) it is likely to be burnt out.

5. Two-voltage, non-reversible Type

These motors can be operated from two a.c. voltage either 110 V and 220 V or 220 V and 440 V. Such motors have two main windings (or one main winding in two sections) and one starting winding with suitable number of leads brought out to permit changeover from one voltage to another.

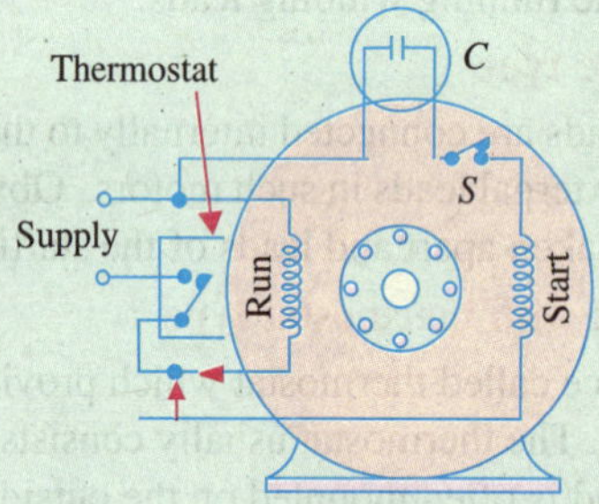

Fig. 36.19

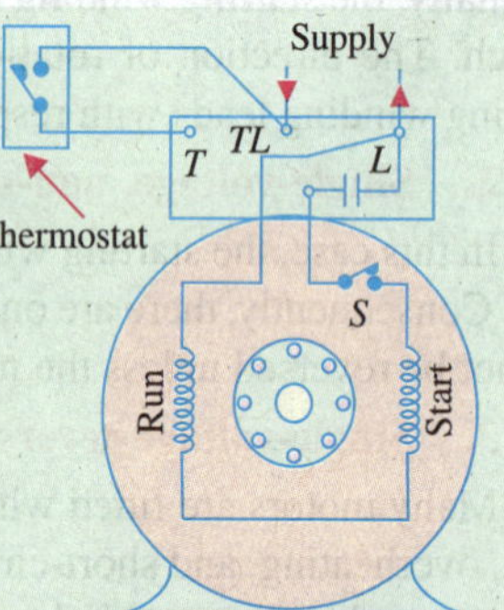

Fig. 36.20

When the motor is to operate from lower voltage, the two main windings are connected in parallel (Fig. 36.19). Whereas for higher voltage, they are connected in series (Fig. 34.20). As will be seen from the above circuit diagrams, the starting winding is always operated on the low-voltage for which purpose it is connected across one of the main windings.

6. Two-voltage, reversible type

External reversing is made possible by means of two additional leads that are brought out from the starting winding.

Fig. 36.21 and 36.22 show connections for clockwise and anticlockwise rotations respectively when motor is operated from lower voltage. Similar wiring diagram can be drawn for higher voltage supply.

7. Single-voltage, three-lead reversible type

In such motors, a two-section running winding is used. The two sections R_1 and R_2 are internally connected in series and one lead of the starting winding is connected to the mid-point of R_1 and R_2.

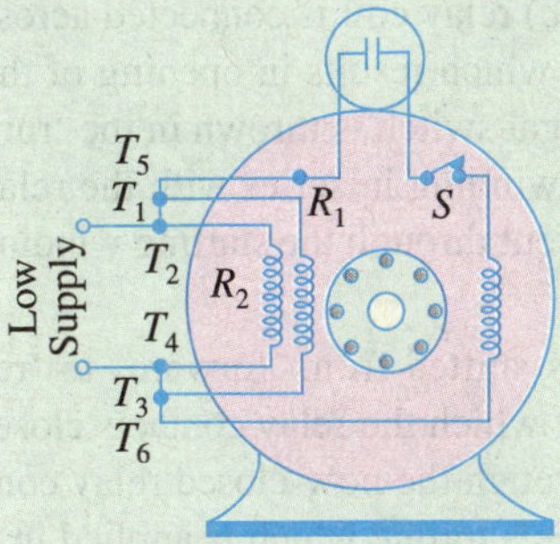

Fig. 36.21

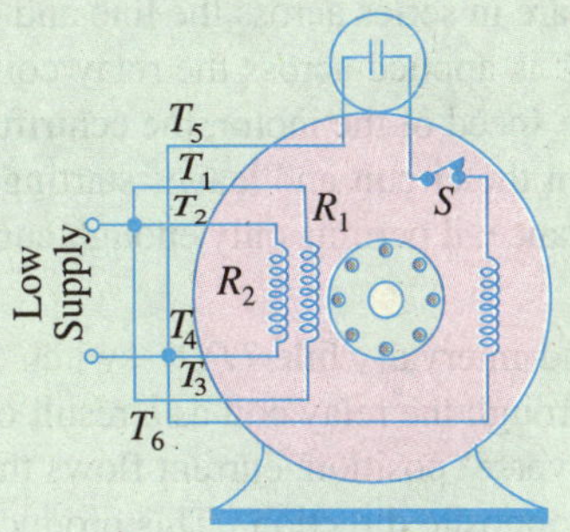

Fig. 36.22

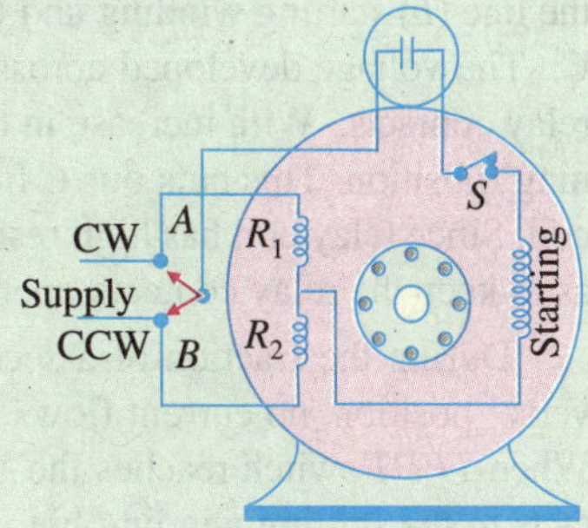

Fig. 36.23

The second lead of the starting winding and both leads of the running winding are brought outside as shown in Fig. 36.23. When the external lead of the starting winding is connected to point *A*, the winding is connected across R_1 and the motor runs clockwise. When the lead of starter winding is connected to point *B*, it is connected across R_2. Since current flowing through starting winding is reversed, the motor runs in counter-clockwise direction.

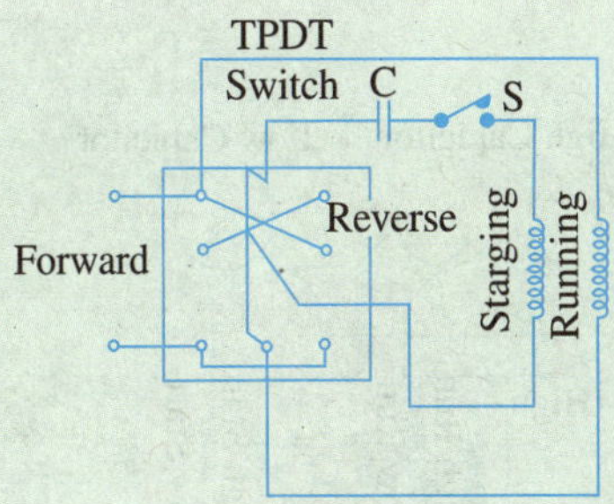

Fig. 36.24

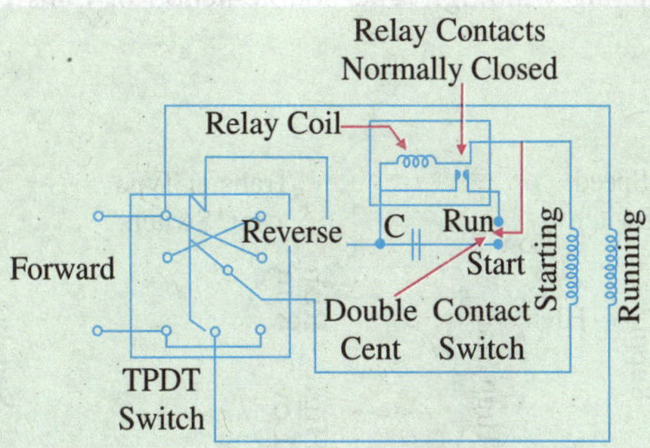

Fig. 36.25

8. Single-voltage, instantly-reversible type

Normally, a motor must be brought to complete rest before it can be started in the reverse direction. It is so because the centrifugal switch cannot close unless the motor has practically stopped. Since starting winding is disconnected from supply when the motor is running, reversal of starting winding leads will not affect the operation of the motor. This reversal is achieved by a triple-pole, double-throw (*TPDT*) switch as shown in Fig. 36.24. The switch consists of three blades or poles which move together as one unit in either of the two positions. In one position of the switch (shown in one figure) motor runs clockwise and in the other, in counter-clockwise direction. Obviously, in this type of arrangement, it is necessary to wait till motor stops.

In certain applications where instant reversal is necessary while the motor is operating at full speed, a relay is fitted in the circuit to short-circuit the centrifugal switch and connect the starting winding in the circuit in the reversed direction (Fig. 36.25).

It will be seen that when at rest, the double-contact centrifugal switch is in the `start' position. In this position, two connections are made :

(*i*) the starting winding and capacitor *C* are placed in series across the supply line and

(*ii*) the coil of the normally-closed relay is connected across *C*

With the manual *TPDT* switch in the 'forward' position (*a*) running winding is connected across the line (*b*) starting winding and *C* are in series across the line and (*c*) relay coil is connected across *C*. The voltage developed across *C* is applied across the relay coil which results in opening of the relay contacts. With increase in the speed of the motor, the centrifugal switch is thrown in the 'running' position. This cuts out *C* from the circuit and leaves starting winding in series with the relay coil. Since relay coil has high resistance, it permits only enough current through the starting winding as to keep the relay contacts open.

During the fraction-of-a-second interval while *TPDT* switch is shifted from 'forward' to 'reverse' position, no current flows through the relay coil as a result of which the relay contacts close. When *TPDT* switch reaches the 'reverse' position, current flows through the now-closed relay contacts to the starting winding but in opposite direction. This produces a torque which is applied in a direction opposite to the rotation. Hence, (*i*) rotor is immediately brought to rest and (*ii*) centrifugal switch falls to the 'start' position. As before, *C* is put in series with the starter winding and the motor starts rotating in the opposite direction.

9. Two-speed type

Speed can be changed by changing the number of poles in the winding for which purpose two separate running windings are placed in the slots of the stator, one being 6-pole winding and the other, 8-pole winding. Only one starting winding is used which always acts in conjunction with the higher-speed running winding. The double-action or transfer type centrifugal switch *S* has two contact

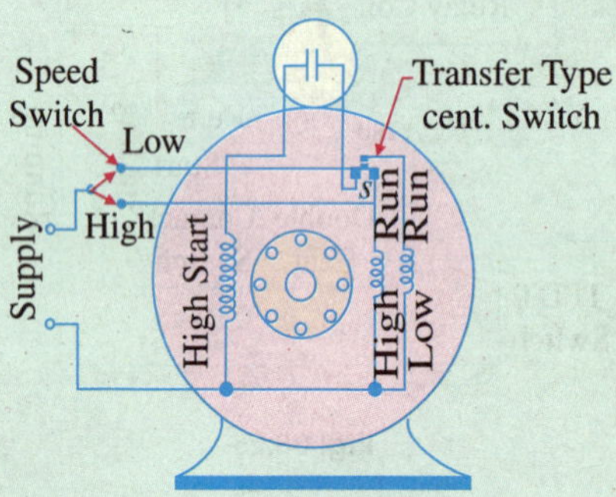

Fig. 36.26

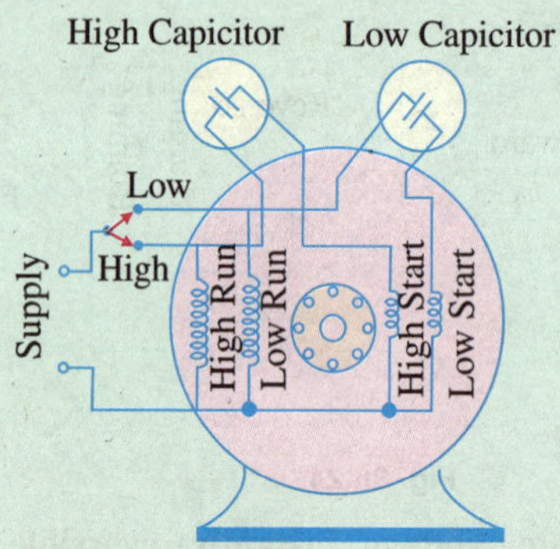

Fig. 36.27

points on the 'start' side and one on the 'run' side. As shown in Fig. 36.26, an external speed switch is used for changing the motor speed. The motor will always start on high speed irrespective of whether the speed switch is on the 'high' or 'low' contact. If speed switch is set on 'low', then as soon as the motor comes up to speed, the centrifugal switch

(*a*) cuts out the starting winding and high-speed running winding and

(*b*) cuts in the low-speed running winding.

10. Two-speed with two-capacitor type

As shown in Fig. 36.27, this motor has two running windings, two starting windings and two capacitors. One capacitor is used for high-speed operation and the other for low-speed operation. A double centrifugal switch *S* is employed for cutting out the starting winding after start.

36.8. Capacitor Start-and-Run Motor

This motor is similar to the capacitor-start motor [Art.36.4 (*ii*)] except that the starting winding and capacitor are connected in the circuit at ***all times***. The advantages of leaving the capacitor permanently in circuit are (*i*) improvement of over-load capacity of the motor (*ii*) a higher power factor (*iii*) higher efficiency and (*iv*) quieter running of the motor which is so much desirable for small power drives in offices and laboratories. Some of these motors which start and run with one value of capacitance in the circuit are called ***single-value*** capacitor-run motors. Other which start with high value of capacitance but run with a low value of capacitance are known as ***two-value*** capacitor-run motors.

Capacitor starts and run motor

(*i*) Single-value capacitor-Run Motor

It has one running winding and one starting winding in series with a capacitor as shown in Fig. 36.28. Since capacitor remains in the circuit permanently, this motor is often referred to as permanent-

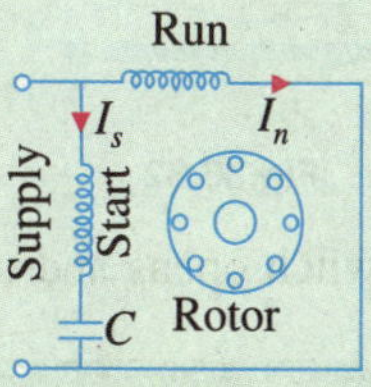

Fig. 36.28

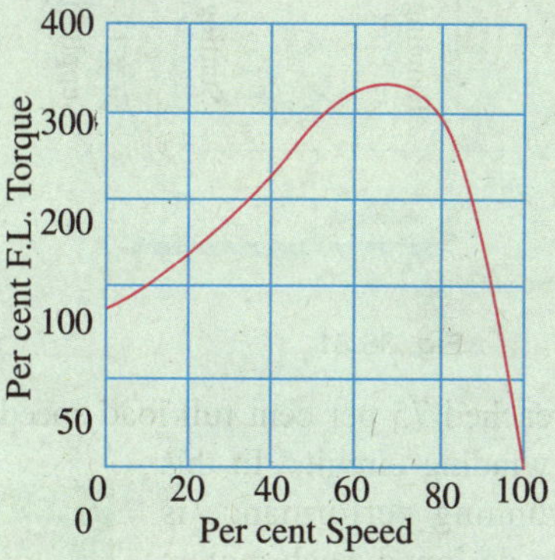

Fig. 36.29

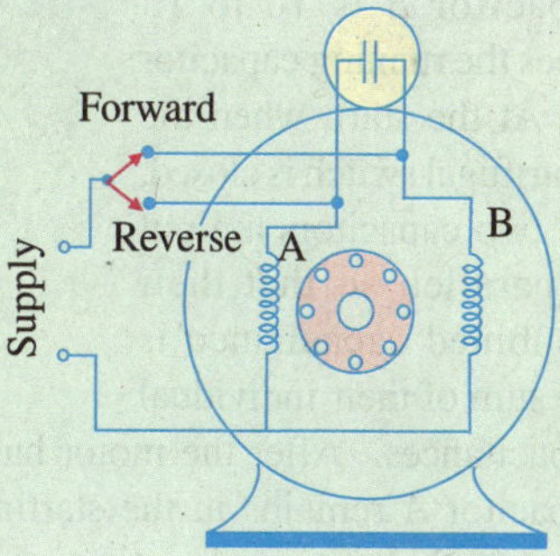

Fig. 36.30

split capacitor-run motor and behaves practically like an unbalanced 2-phase motor. Obviously, there is no need to use a centrifugal switch which was necessary in the case of capacitor-start motors. Since the same capacitor is used for starting and running, it is obvious that neither optimum starting nor optimum running performance can be obtained because value of capacitance used must be a compromise between the best value for starting and that for running. Generally, capacitors of 2 to 20 μF capacitance are employed and are more expensive oil or pyranol-insulated foil-paper capacitors because of continuous-duty rating. The low value of the capacitor results in small starting torque which is about 50 to 100 per cent of the rated torque (Fig. 36.29). Consequently, these motors are used where the required starting torque is low such as air - moving equipment *i.e.* fans, blowers and voltage regulators and also oil burners where quiet operation is particularly desirable.

One unique feature of this type of motor is that it can be easily reversed by an external switch provided its ***running and starting windings are identical***. One serves as the running winding and the other as a starting winding for one direction of rotation. For reverse rotation, the one that previously served as a running winding becomes the starting winding while the former starting winding serves as the running winding. As seen from Fig. 36.30 when the switch is in the forward position, winding *B* serves as running winding and *A* as starting winding. When switch is in 'reverse' position, winding *A* becomes the running winding and *B* the starting winding.

Such reversible motors are often used for operating devices that must be moved back and forth very frequently such as rheostats, induction regulations, furnace controls, valves and arc-welding controls.

(ii) Two-value capacitor-Run Motor

This motor starts with a high capacitor in series with the starting winding so that the starting torque is high. For running, a lower capacitor is substituted by the centrifugal switch. Both the running and starting windings remain in circuit.

The two values of capacitance can be obtained as follows:

1. by using two capacitors in parallel at the start and then switching out one for low-value run. (Fig. 36.31) or
2. by using a step-up auto-transformer in conjunction with one capacitor so that effective capacitance value is increased for starting purposes.

In Fig. 36.31, *B* is an electrolytic capacitor of high capacity (short duty) and *A* is an oil capacitor of low value (continuous duty). Generally, starting capacitor *B* is 10 to 15 times the running capacitor *A*. At the start, when the centrifugal switch is closed, the two capacitors are put in parallel, so that their combined capacitance is the sum of their individual capacitances. After the motor has reached 75 per cent full-load speed, the switch opens and only capacitor *A* remains in the starting winding circuit. In this way, both optimum starting and running performance is achieved in such motors. If properly designed, such motors have operating characteristics very closely resembling those displayed by two-phase motors. Their performance is characterised by

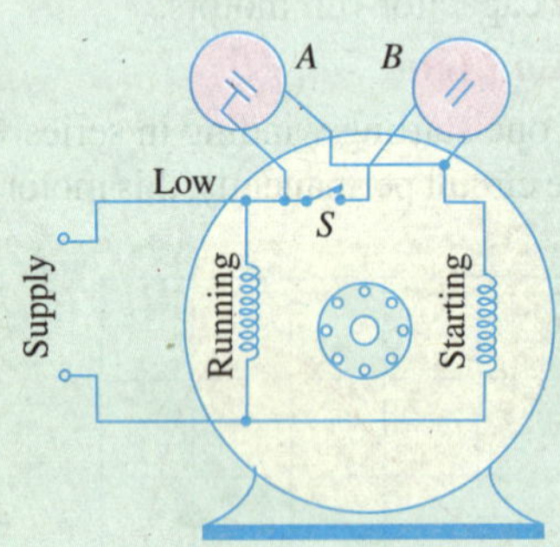

Fig. 36.31

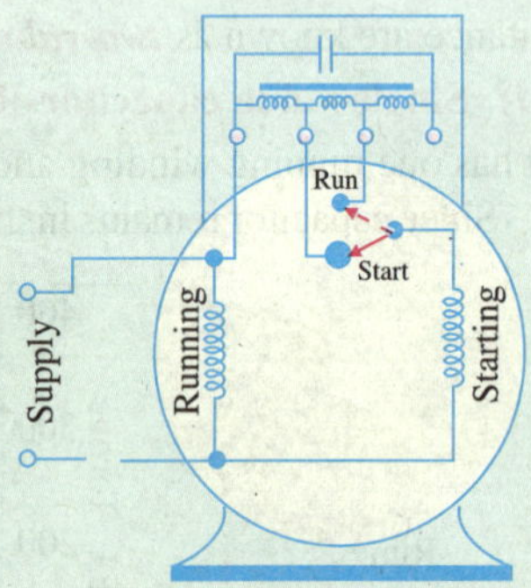

Fig.36.32

1. ability to start heavy loads
2. extremely quiet operation
3. higher efficiency and power factor
4. ability to develop 25 per cent overload capacity

Auto-transformer

Hence, such motors are ideally suited where load requirements are severe as in the case of compressors and fire strokers etc.

The use of an auto-transformer and single oil-type capacitor is illustrated in Fig.36.32. The transformer and capacitor are sealed in a rectangular iron box and mounted on top of the motor. The idea behind using this combination is that a capacitor of value *C* connected to the secondary of a step-up transformer, appears to the primary as though it had a value of K^2C where *K* is voltage transformation ratio. For example, if actual value of $C = 4$ μF and $K = 6$, then low-voltage primary acts as if it had a 144 μF ($= 6^2 \times 4$) capacitor connected across its terminals. Obviously, effective value of capacitance has increased 36 times. In the 'start' position of the switch, the connection is made to the mid-tap of the auto-transformer so that $K = 2$. Hence, effective value of capacitance at start is 4 times the running value and is sufficient to give a high starting torque. As the motor speeds up, the centrifugal switch shifts the capacitor from one voltage tap to another so that the voltage transformation ratio changes from higher value at starting to a lower value for running. The capacitor which is actually of the paper-tinfoil construction is immersed in a high grade insulation like wax or mineral oil.

36.9. Shaded-pole Single-phase Motor

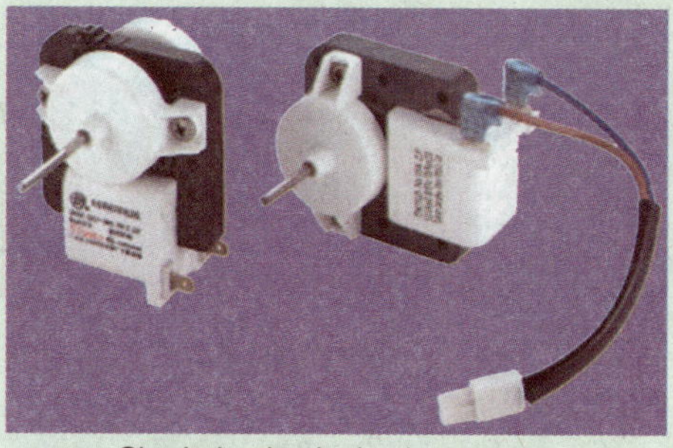

Shaded pole single phase motor

In such motors, the necessary phase-splitting is produced by induction. These motors have salient poles on the stator and a squirrel-cage type rotor Fig. 36.33 shows a four-pole motor with the field poles connected in series for alternate polarity. One pole of such a motor is shown separately in Fig. 36.34. The laminated pole has a slot cut across the laminations approximately one-third distance from one edge. Around the small part of the pole is placed a short-circuited Cu coil known as ***shading coil***. This part of the pole is known as ***shaded*** part and the other as ***unshaded*** part. When an alternating current is passed through the exciting (or field) winding surrounding the whole pole, the axis of the pole shifts from the unshaded part a to the shaded part *b*. This shifting of the magnetic axis is, in effect, equivalent to the actual physical movement of the pole. Hence, the rotor starts rotating in the direction of this shift *i.e.* from unshaded part to the shaded part.

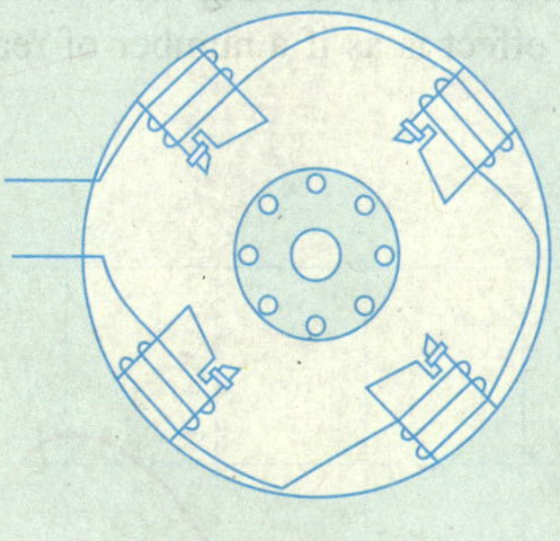

Fig. 36.33

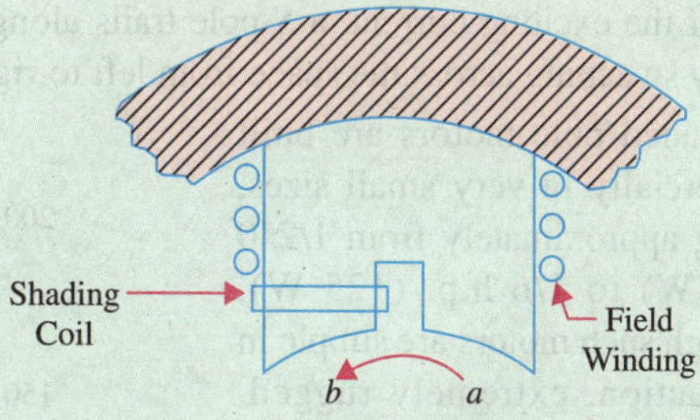

Fig. 36.34

Let us now discuss why shifting of the magnetic axis takes place. It is helpful to remember that the shading coil is highly inductive. When the alternating current through exciting coil tends to increase, it induces a current in the shading coil by transformer action in such a direction as to oppose its growth. Hence, flux density decreases in the shaded part when exciting current increases. However, flux density increases in the shaded part when exciting current starts decreasing (it being assumed that exciting current is sinusoidal).

In Fig. 36.35 (*a*) exciting current is rapidly increasing along *OA* (shown by dots). This will produce an e.m.f. in the shading coil. As shading coil is of low resistance, a large current will be set up in such a direction (according to Lenz's law) as to oppose the rise of exciting current (which is responsible for its production). Hence, the flux mostly shifts to the unshaded part and the magnetic axis lies along the middle of this part *i.e.* along *NC*.

Next, consider the moment when exciting current is near its peak value *i.e.* from point *A* to *B* [Fig. 36.35 (*b*)]. Here, the change in exciting current is very slow. Hence, practically no voltage and, therefore, no current is induced in the shading coil. The flux produced by exciting current is at its maximum value and is uniformly distributed over the pole face. So the magnetic axis shifts to the centre of the pole *i.e.* along positions *ND*.

Fig. 36.35 (*c*) represents the condition when the exciting current is rapidly decreasing from *B* to *C*. This again sets up induced current in the shading coil by transformer action. This current will flow in such a direction as to oppose this decrease in exciting current, with the result that the flux is strengthened in the shaded part of the pole. Consequently, the magnetic axis shifts to the middle part of the shaded pole *i.e.* along *NE*.

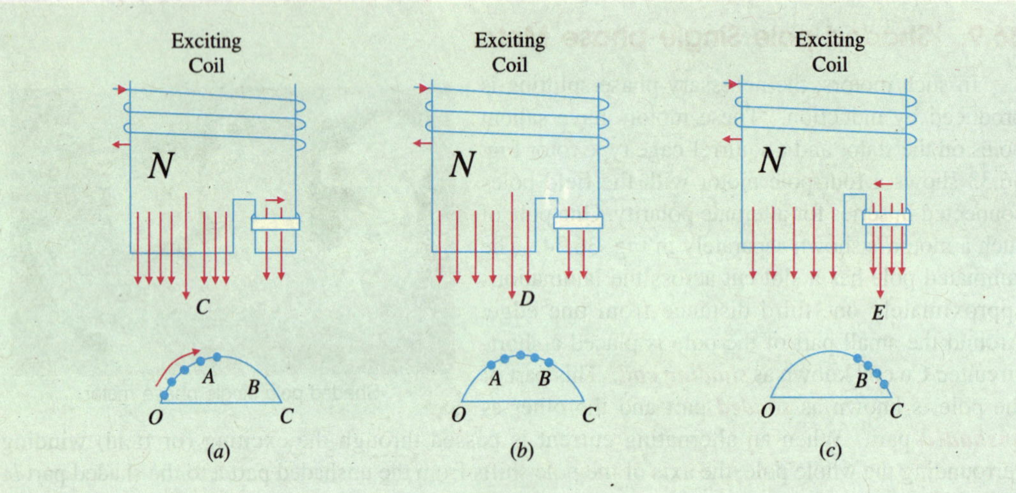

Fig. 36.35

From the above discussion we find that during the positive half-cycle of the exciting current, a *N*-pole shifts along the pole from the unshaded to the shaded part. During the next negative half-cycle of the exciting current, a *S*-pole trails along. The effect is as if a number of real poles were actually sweeping across the space from left to right.

Shaded pole motors are built commercially in very small sizes, varying approximately from 1/250 h.p. (3W) to 1/6 h.p. (125 W). Although such motors are simple in construction, extremely rugged, reliable and cheap, they suffer from the disadvantages of (*i*) low starting torque (*ii*) very little overload capacity and (*iii*) low efficiency. Efficiencies vary from 5% (for tiny sizes) to 35 (for higher ratings). Because of its low starting torque, the shaded-pole motor is generally used for small fans, toys, instruments, hair dryers, ventilators, circulators and electric clocks. It is also frequently used for such devices as churns, phonograph turntables and advertising displays etc. The direction of rotation of this motor cannot be changed, because it is fixed by the position of copper rings.

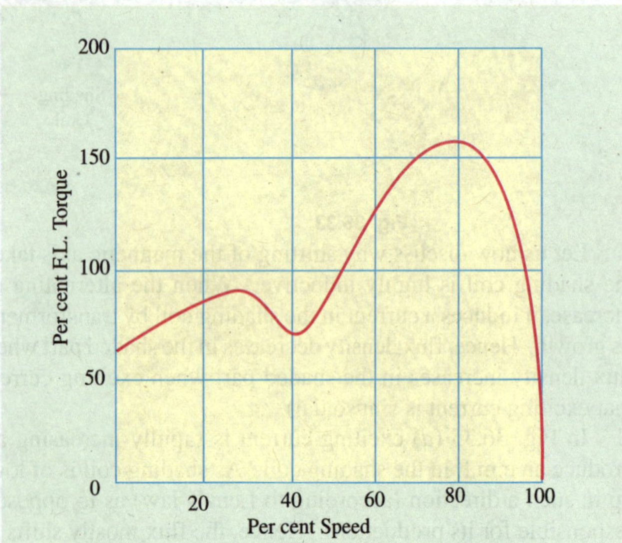

Fig. 36.36

A typical torque / speed curve for such a motor is shown in Fig. 36.36.

36.10. Repulsion Type Motors

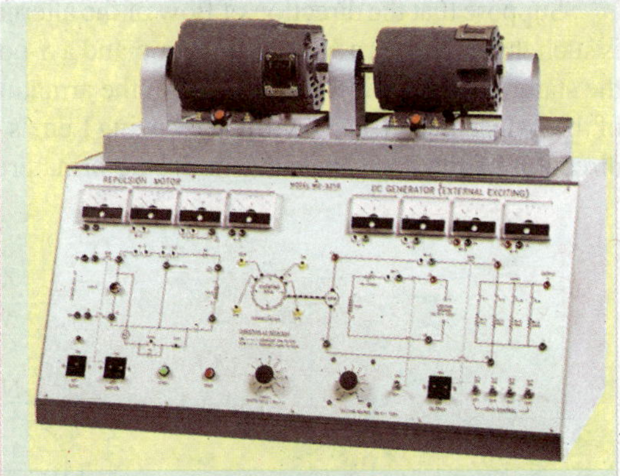

Repulsion induction motor

These can be divided into the following four distinct categories :

1. **Repulsion Motor.** It consists of *(a)* one stator winding *(b)* one rotor which is wound like a d.c. armature *(c)* commutator and *(d)* a set of brushes, which are short-circuited and remain in contact with the commutator at all times. It operates continuously on the 'repulsion' principle. No short-circuiting mechanism is required for this type.
2. **Compensated Repulsion Motor.** It is identical with repulsion motor in all respects, except that *(a)* it carries an additional stator winding, called compensating winding *(b)* there is another set of two brushes which are placed midway between the usual short-circuited brush set. The compensating winding and this added set are connected in series.
3. **Repulsion-start Induction-run Motor.** This motor starts as a repulsion motor, but normally runs as an induction motor, with constant speed characteristics. It consists of *(a)* one stator winding *(b)* one rotor which is similar to the wire-wound d.c. armature *(c)* a commutator and *(d)* a centrifugal mechanism which short-circuits the commutator bars all the way round (with the help of a short-circuiting necklace) when the motor has reached nearly 75 per cent of full speed.
4. **Repulsion Induction Motor.** It works on the combined principle of repulsion and induction. It consists of *(a)* stator winding *(b)* two rotor windings : one squirrel cage and the other usual d.c. winding connected to the commutator and *(c)* a short-circuited set of two brushes.

It may be noted that repulsion motors have excellent characterstics, but are expensive and require more attention and maintenance than single-phase motors. Hence, they are being replaced by two-value capacitor motors for nearly all applications.

36.11. Repulsion Motor

Constructionally, it consists of the following :

1. Stator winding of the distributed non-salient pole type housed in the slots of a smooth-cored stator (just as in the case of split-phase motors). The stator is generally wound for four, six or eight poles.
2. A rotor (slotted core type) carrying a distributed winding (either lap or wave) which is connected to the commutator. The rotor is identical in construction to the d.c. armature.
3. A commutator, which may be one of the two types : an axial commutator with bars parallel to the shaft or a radial or vertical commutator having radial bars on which brushes press horizontally.
4. Carbon brushes (fitted in brush holders) which ride against the commutator and are used for conducting current through the armature (*i.e.* rotor) winding.

36.12. Repulsion Principle

To understand how torque is developed by the repulsion principle, consider Fig. 36.37 which shows a 2-pole salient pole motor with the magnetic axis vertical. For easy understanding, the stator winding has been shown with concentrated salient-pole construction (actually it is of distributed non-salient type). The basic functioning of the machine will be the same with either type of construction. As mentioned before, the armature is of standard d.c. construction with commutator and brushes (which are short-circuited with a low-resistance jumper).

Suppose that the direction of flow of the alternating current in the exciting or field (stator) winding is such that it creates a *N*-pole at the top and a *S*-pole at the bottom. The alternating flux produced by the stator winding will induce e.m.f. in the armature conductors by transformer action. The direction of the induced e.m.f. can be found by using Lenz's law and is as shown in Fig. 36.37 (*a*). However, the direction of the ***induced*** currents in the armature conductors will depend on the ***positions of the short-circuited brushes***. If brush axis is colinear with magnetic axis of the main poles, the directions of the induced currents (shown by dots and arrows) will be as indicated in Fig. 36.37 (*a*)*. As a result, the armature will become an electromagnet with a *N*-pole on its top, directly under the main *N*-pole and with a *S*-pole at the bottom, directly over the main *S*-pole. Because of this face-to-face positioning of the main and induced magnetic poles, no torque will be developed. The two forces of repulsion on top and bottom act along *YY′* in direct opposition to each other.**

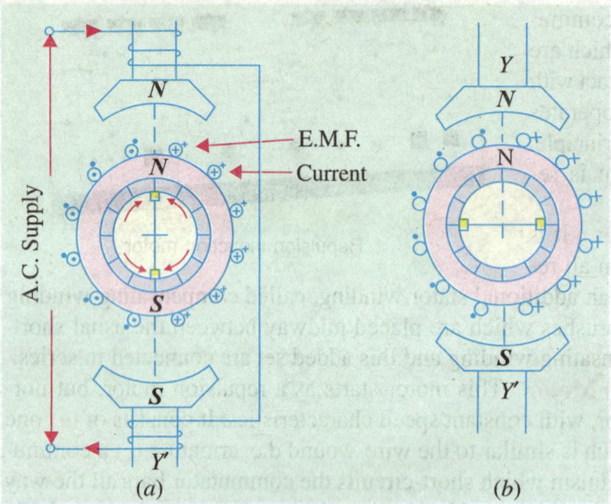

Fig. 36.37

If brushes are shifted through 90° to the position shown in Fig. 36.37 (*b*) so that the brush axis is at right angles to the magnetic axis of the main poles, the directions of the induced voltages at any time in the respective armature conductors are exactly the same as they were for the brush position of Fig. 36.37 (*a*). However, with brush positions of Fig. 36.37 (*b*), the voltages induced in the armature conductors in each path between the brush terminals will neutralize each other, hence there will be no net voltage across brushes to produce armature current. If there is no armature current, obviously, no torque will be developed.

If the brushes are set in position shown in Fig. 36.38 (*a*) so that the brush axis is neither in line with nor 90° from the magnetic axis *YY′* of the main poles, a net voltage*** will be induced between the brush terminals which will produce armature current. The armature will again act as an elec-

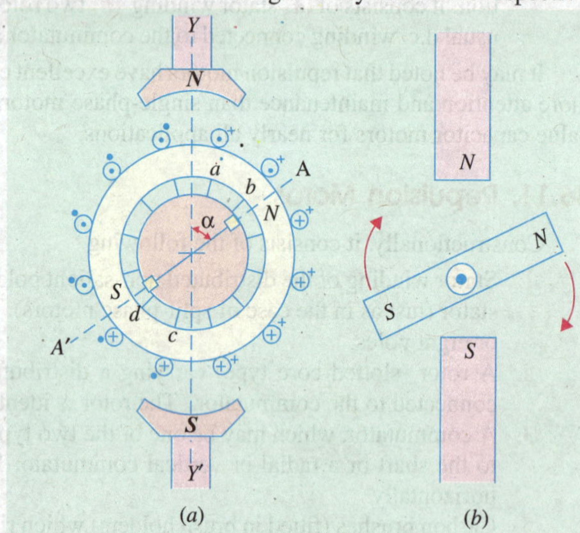

Fig. 36.38

* It should be noted that during the next half-cycle of the supply current, the directions of the respective voltages will be in the opposite directions.

** Alternatively, the absence of the torque may be explained by arguing that the torques developed in the four quadrants neutralize each other.

*** It will be seen from Fig. 36.38 (*a*) that the induced voltages in conductors *a* and *b* oppose the voltages in other conductors lying above brush-axis. Similarly, induced voltages in conductors *c* and *d* oppose the voltages in other conductors, lying below the brush-axis. Yet the net voltage across brush terminals will be sufficient to produce current which will make the armature a powerful magnet.

tromagnet and develop its own *N*-and *S*-poles which, in this case, will not directly face the respective main poles. As shown in Fig. 36.38 (*a*), the armature poles lie along *AA′* making an angle of α with *YY′*.

Hence, *rotor N*-pole will be repelled by the main *N*-pole and the rotor *S*-pole will, similarly, be repelled by the ***main*** *S*-pole. Consequently, the rotor will rotate in clockwise direction [Fig.36.38 (*b*)]. Since the forces are those of ***repulsion***, it is appropriate to call the motor as repulsion motor.

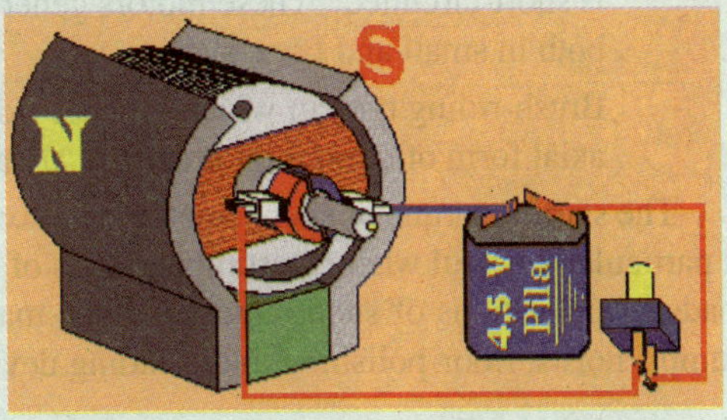

Repulsion motor

It should be noted that if the brushes are shifted counter-clockwise from *YY′*, rotation will also be counter-clockwise. Obviously, direction of rotation of the motor is determined by the position of brushes with respect to the main magnetic axis.

It is worth noting that the value of starting torque developed by such a motor will depends on the ***amount*** of brush-shift whereas direction of rotation will depend on the ***direction*** of shift [Fig. 36.39 (*a*)]. Maximum starting torque is developed at some position where brush axis makes, an angle lying between 0° and 45° with the magnetic axis of main poles. Motor speed can also be controlled by means of brush shift. Variation of starting torque of a repulsion motor with brush-shift is shown in Fig. 36.39 (*b*).

A straight repulsion type motor has high starting torque (about 350 per cent) and moderate starting current (about 3 to 4 times full-load value).

Principal shortcomings of such a motor are :

1. speed varies with changing load, becoming dangerously high at no load.
2. low power factor, except at high speeds.
3. tendency to spark at brushes.

36.13. Compensated Repulsion Motor

It is a modified form of the straight repulsion motor discussed above. It has an additional stator winding, called compensating winding whose purpose is (*i*) to improve power-factor and (*ii*) to provide better speed regulation. This winding is much smaller than the stator winding and is usually wound in the inner slots of each main pole and is connected in series with the armature (Fig. 36.40) through an additional set of brushes placed mid-way between the usual short-circuited brushes.

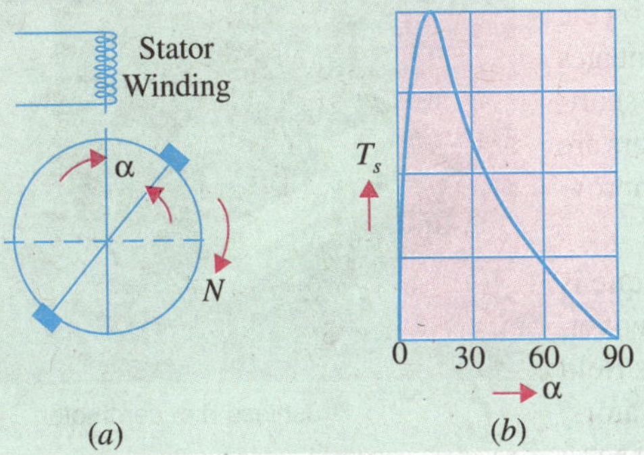

Fig. 36. 39

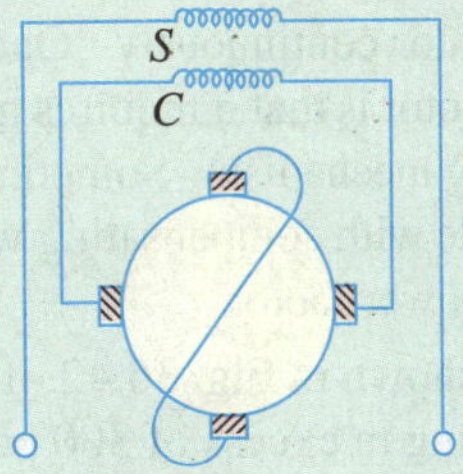

Fig. 36. 40

36.14. Repulsion-start Induction-Run Motor

As mentioned earlier, this motor starts as an ordinary repulsion motor, but after it reaches about 75 per cent of its full speed, centrifugal short-circuiting device short-circuits its commutator. From then on, it runs as an induction motor, with a short-circuited squirrel-cage rotor. After the commutator is short-circuited, brushes do not carry any current, hence they may also be lifted from the commutator, in order to avoid unnecessary wear and tear and friction losses.

Repulsion-start motors are of two different designs :

1. Brush-lifting type in which the brushes are automatically lifted from the commutator when it is short-circuited. These motors generally employ radial form of commutator and are built both in small and large sizes.
2. Brush-riding type in which brushes ride on the commutator at all times. These motors use axial form of commutator and are always built in small sizes.

The starting torque of such a motor is in excess of 350 per cent with moderate starting current. It is particularly useful where starting period is of comparatively long duration, because of high inertia loads. Applications of such motors include machine tools, commercial refrigerators, compressors, pumps, hoists, floor-polishing and grinding devices etc.

36.15. Repulsion Induction Motor

In the field of repulsion motor, this type is becoming very popular, because of its good all-round characteristics which are comparable to those of a compound d.c. motor. It is particularly suitable for those applications where the load can be removed entirely by de-clutching or by a loose pulley.

This motor is a combination of the repulsion and induction types and is sometimes referred to as ***squirrel-cage repulsion motor***. It possesses the desirable characteristics of a repulsion motor and the constant-speed characteristics of an induction motor.

It has the usual stator winding as in all repulsion motors. But there are two separate and independent windings in the rotor (Fig. 36.41).

(*i*) a squirrel-cage winding and

(*ii*) commutated winding similar to that of a d.c. armature.

Both these windings function during the *entire period* of operation of the motor. The commutated winding lies in the outer slots while squirrel-cage winding is located in the inner slots*. At start, the commutated winding supplies most of the torque, the squirrel-cage winding being practically inactive because of its high reactance. When the rotor accelerates, the squirrel-cage winding takes up a larger portion of the load.

Brushless d.c. seromotor

The brushes are short-circuited and ride on the commutator continuously. One of the advantages of this motor is that it requires no centrifugal short-circuiting mechanism. Sometimes such motors are also made with compensating winding for improving the power factor.

As shown in Fig. 36.42, its starting torque is high, being in excess of 300 per cent. Moreover, it has a fairly constant speed regulation. Its field of application includes house-hold refrigerators, garage air pumps, petrol pumps, compressors, machine tools, mixing machines, lifts and hoists etc.

* Hence, commutated winding has low resistance whereas the squirrel-cage winding has inherently a high reactance.

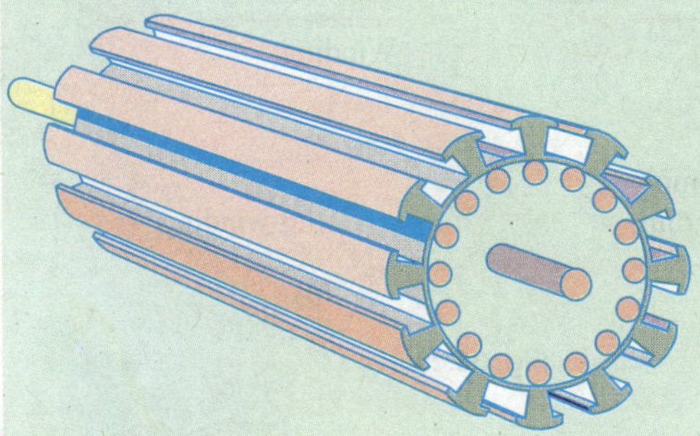

Fig. 36.41

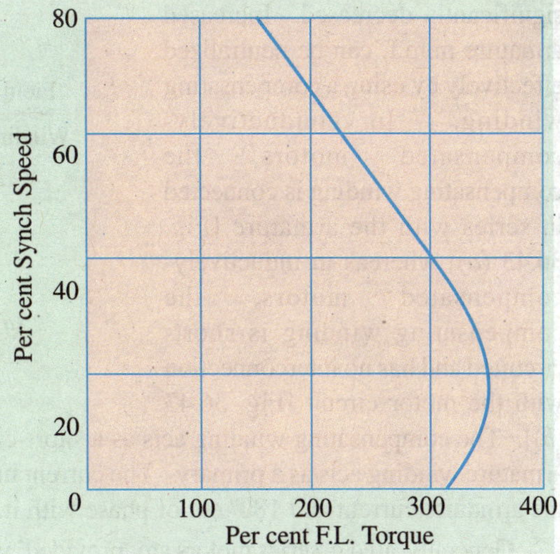

Fig. 36.42

These motors can be reversed by the usual brush-shifting arrangement.

36.16. A.C. Series Motors

If an ordinary d.c. series motor were connected to an a.c. supply, it will rotate and exert unidirectional torque* because the current flowing both in the armature and field reverses at the same time. But the performance of such a motor will not be satisfactory for the following reasons :

1. the alternating flux would cause excessive eddy current loss in the yoke and field cores which will become extremely heated.
2. vicious sparking will occur at brushes because of the huge voltage and current induced in the short-circuited armature coils during their commutation period.
3. power factor is low because of high inductance of the field and armature circuits.

Induction type AC sevro motor and control box

However, by proper modification of design and other refinements, a satisfactory single-phase motor has been produced.

The eddy current loss has been reduced by laminating the entire iron structure of the field cores and yoke.

Power factor improvement is possible only by reducing the magnitudes of the reactances of the field and armature windings. Field reactance is reduced by reducing the number of turns on the field windings. For a given current, it will reduce the field m.m.f. which will result in reduced air- gap flux. This will tend to increase the speed but reduce motor torque. To obtain the same torque, it will now be necessary to increase the number of armature turns proportionately. This will, however, result in increased inductive reactance of the armature, so that the overall reactance of the motor will not be

* However, torque developed is not of constant magnitude (as in d.c. series motors) but pulsates between zero and maximum value each half-cycle.

significantly decreased. Increased armature m.m.f. can be neutralized effectively by using a compensating winding. In conductively-compensated motors, the compensating winding is connected in series with the armature [Fig. 36.43 (*a*)] whereas in inductively-compensated motors, the compensating winding is short-circuited and has no interconnection with the motor circuit [Fig. 36.43 (*b*)]. The compensating winding acts as a short-circuited secondary of a transformer, for which the armature winding acts as a primary. The current in the compensating winding will be proportional to the armature current and 180º out of phase with it.

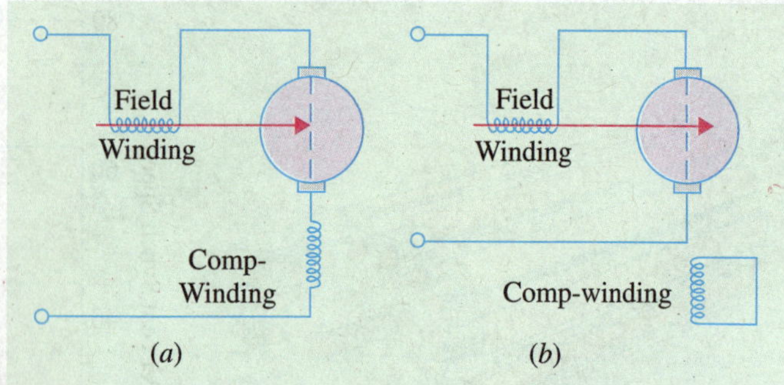

Fig. 36.43

Generally, all d.c. series motors are 'provided' with commutating poles for improving commutation (as in d.c. motors). But commutating poles alone will not produce satisfactory commutation, unless something is done to neutralize the huge voltage induced in the short-circuited armature coil by transformer action (this voltage is not there in d.c. series motor). It should be noted that in an a.c. series motor, the flux produced by the field winding is alternating and it induces voltage (by transformer action) in the short-circuited armature coil during its commutating period. The field winding, associated with the armature coil undergoing commutation, acts as primary and the armature coil during its commutating period acts as a short-circuited secondary. This transformer action produces heavy current in the armature coil as it passes through its commutating period and results in vicious sparking, unless the transformer voltage is neutralized. One method, which is often used for large motors, consists of shunting the winding of each commutating pole with a non-inductive resistance, as shown in Fig. 36.44 (*a*).

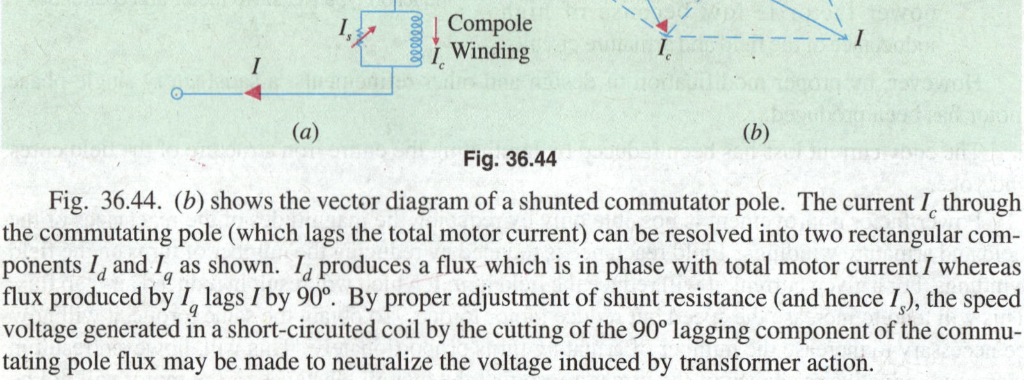

Fig. 36.44

Fig. 36.44. (*b*) shows the vector diagram of a shunted commutator pole. The current I_c through the commutating pole (which lags the total motor current) can be resolved into two rectangular components I_d and I_q as shown. I_d produces a flux which is in phase with total motor current I whereas flux produced by I_q lags I by 90º. By proper adjustment of shunt resistance (and hence I_s), the speed voltage generated in a short-circuited coil by the cutting of the 90º lagging component of the commutating pole flux may be made to neutralize the voltage induced by transformer action.

36.17. Universal Motor

A universal motor is defined as a motor which may be operated either on direct or single-phase a.c. supply at approximately the same speed and output.

In fact, it is a smaller version (5 to 150 W) of the a.c. series motor described in Art. 36.16. Being a series-wound motor, it has high starting torque and a variable speed characteristic. It runs at dangerously high speed on no-load. That is why such motors are usually built into the device they drive.

Generally, universal motors are manufactured in two types:

1. ***concentrated-pole, non-compensated type*** (low power rating)
2. ***distributed-field compensated type*** (high power rating)

The non-compensated motor has two salient poles and is just like a 2-pole series d.c. motor except that whole of its magnetic path is laminated (Fig. 36.45). The laminated stator is necessary because the flux is alternating when motor is operated from a.c. supply. The armature is of wound type and similar to that of a small d.c. motor. It consists essentially of a laminated core having either straight or skewed slots and a commutator to which the leads of the armature winding are connected. The distributed-field compensated type motor has a stator core similar to that of a split-phase motor and a wound armature similar to that of a small d.c. motor. The compensating winding is used to reduce the reactance voltage present in the armature when motor runs on a.c. supply. This voltage is caused by the alternating flux by transformer action (Art. 36.16).

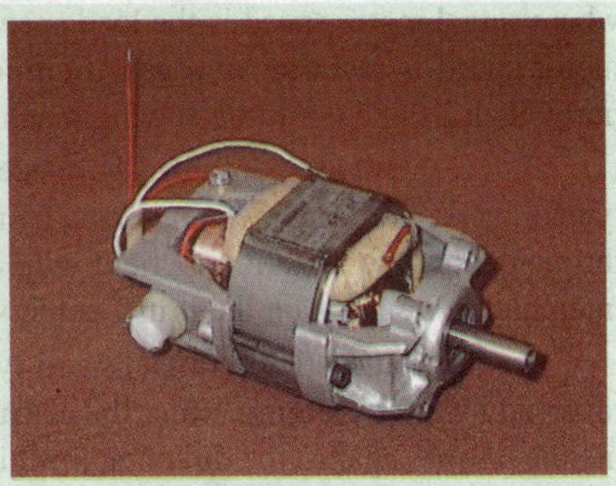

Universal motor.

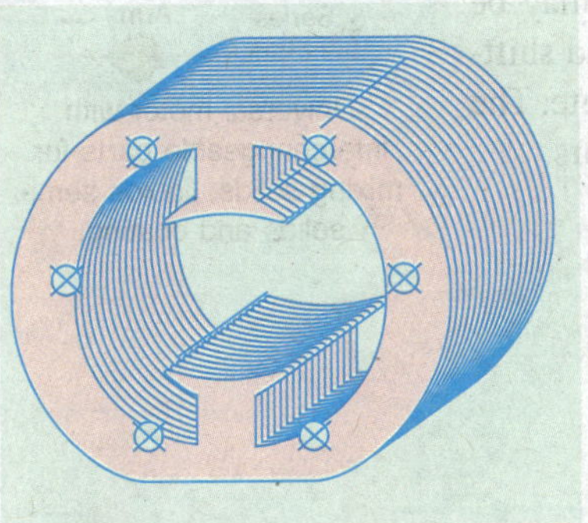

Fig. 36.45

In a 2-pole non-compensated motor, the voltage induced by transformer action in a coil during its commutation period is not sufficient to cause any serious commutation trouble. Moreover, high-resistance brushes are used to aid commutation.

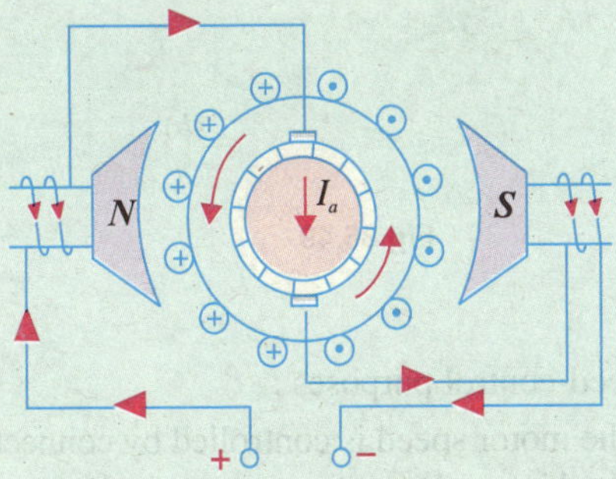

Fig. 36.46

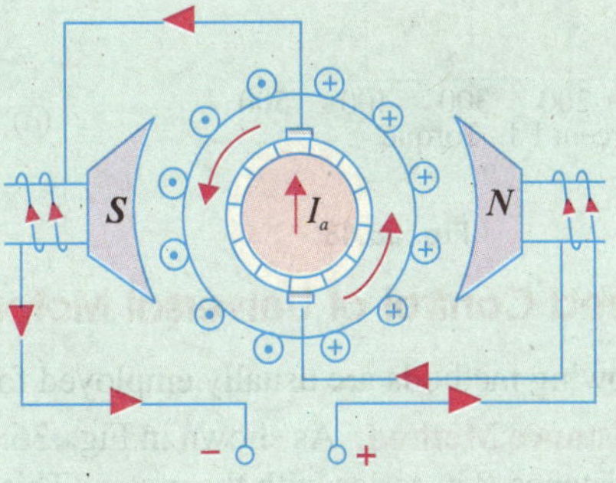

Fig.36.47

(a) **Operation.** As explained in Art. 36.16, such motors develop unidirectional torque, regardless of whether they operate on d.c. or a.c. supply. The production of unidirectional torque, when the motor runs on a.c. supply can be easily understood from Fig. 36.46. The motor works on the same principle as a d.c. motor *i.e.* force between the main pole flux and the current-carrying armature conductors. This is true regardless of whether the current is alternating or direct (Fig. 36.47).

(b) Speed/Load Characteristic. The speed of a universal motor varies just like that of a d.c. series motor *i.e.* low at full-load and high on no-load (about 20,000 r.p.m. in some cases). In fact, on no-load the speed is limited only by its own friction and windage load. Fig. 36.48 shows typical torque characteristics of a universal motor both for d.c. and a.c. supply. Usually, gear trains are used to reduce the actual load speeds to proper values.

(c) Applications. Universal motors are used in vacuum cleaners where actual motor speed is the load speed. Other applications where motor speed is reduced by a gear train are : drink and food mixers, portable drills and domestic sewing machine etc.

(d) Reversal of Rotation. The concentrated-pole (or salient-pole) type universal motor may be reversed by reversing the flow of current through either the armature or field windings. The usual method is to interchange the leads on the brush holders (Fig.36.49).

The distributed-field compensated type universal motor may be reversed by interchanging either the armature or field leads and shifting the brushes against the direction in which the motor will rotate. The extent of brush shift usually amounts to several commutator bars.

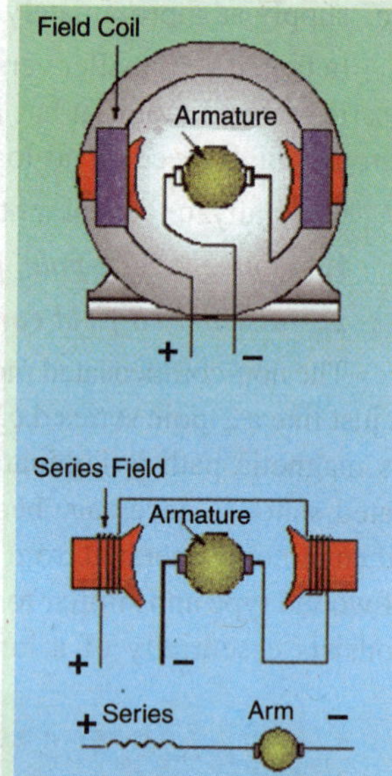

Universal motor with interchangeable parts for mixing solids, liquids semi-solids and coating.

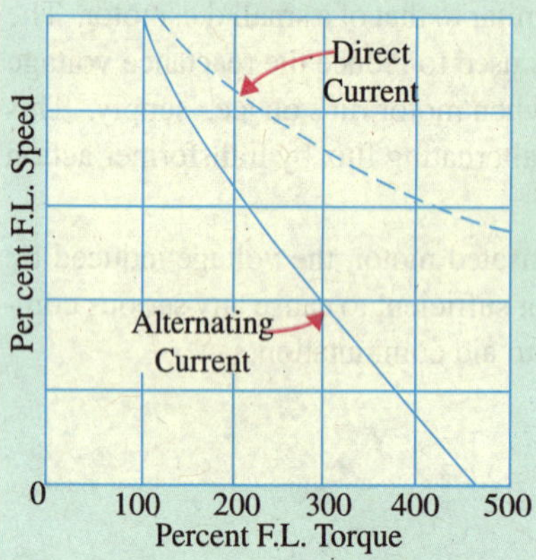

Fig. 36.48

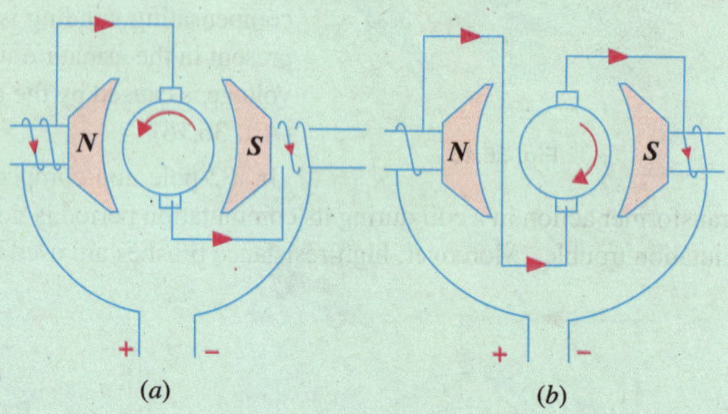

Fig.36.49

36.18. Speed Control of Universal Motors

The following methods are usually employed for speed-control purposes :

(i) Resistance Method. As shown in Fig. 36.50, the motor speed is controlled by connecting a variable resistance *R* in series with the motor. This method is employed for motors used in sewing machines. The amount of resistance in the circuit is changed by means of a foot-pedal.

(ii) Tapping-field Method. In this method, a field pole is tapped at various points and speed is controlled by varying the field strength (Fig. 36.51). For this purpose, either of the following two arrangements may be used :

(a) The field pole is wound in various sections with different sizes of wire and taps are brought out from each section.

(b) Nichrome resistance wire is wound over one field pole and taps are brought out from this wire.

***(iii)* Centrifugal Mechanism.** Universal motors, particularly those used for home food and drink mixers, have a number of speeds.Selection is made by a centrifugal device located inside the motor and connected, as shown in Fig. 36.52. The switch is adjustable by means of an external lever. If the motor speed rises above that set by the lever, the centrifugal device opens two contacts and inserts resistance R in the circuit, which causes the motor speed to decrease. When motor runs slow, the two contacts close and short-circuit the resistance, so that the motor speed rises. This process is repeated so rapidly that variations in speed are not noticeable.

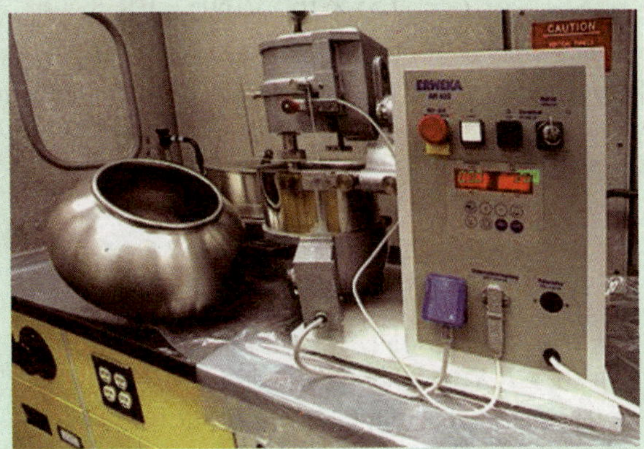

Universal motor used for home food and drink mixers

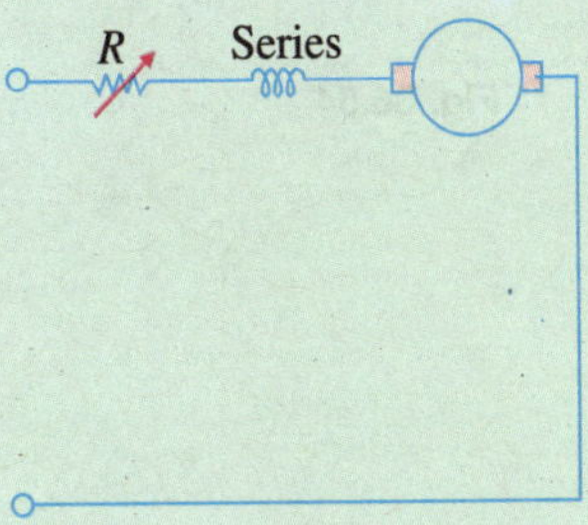

Fig. 36.50

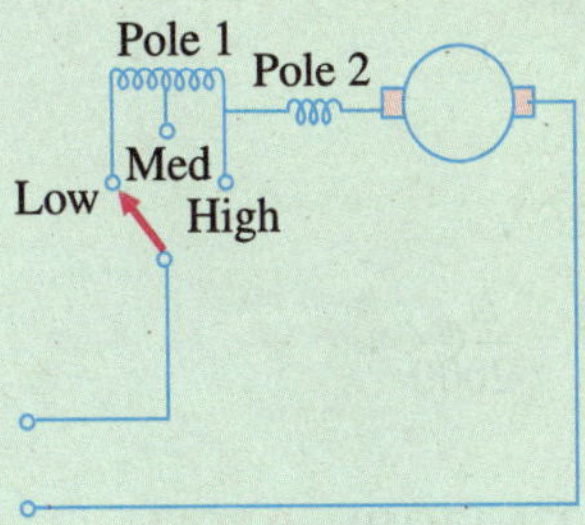

Fig. 36.51

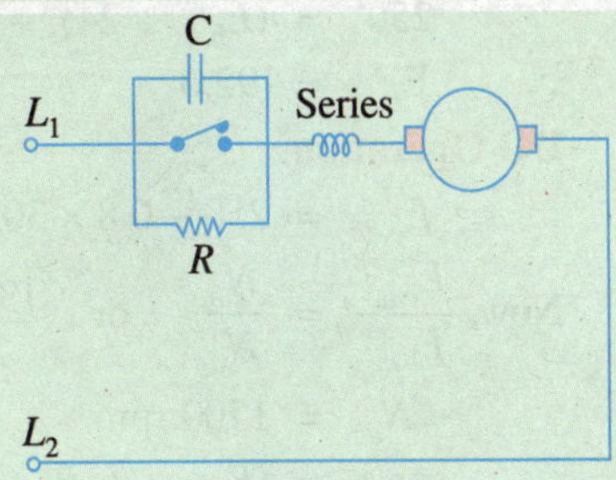

Fig.36.52

The resistance R is connected across the governor points as shown in Fig. 36.52. A capacitor C is used across the contact points in order to reduce sparking produced due to the opening and closing of these points. Moreover, it prevents the pitting of contacts.

Example 36.4. *A 250-W, single-phase, 50-Hz, 220-V universal motor runs at 2000 rpm and takes 1.0 A when supplied from a 220-V dc. supply. If the motor is connected to 220-V ac supply and takes 1.0 A (r.m.s), calculate the speed, torque and power factor. Assume $R_a = 20\ \Omega$ and $L_a = 0.4$ H.*

Solution. DC Operation : $E_{b.dc} = V - I_a R_a$

$$= 220 - 20 \times 1 = 200 \text{ V}$$

AC Operation

$$X_a = 2\pi \times 50 \times 0.4 = 125.7\ \Omega.$$

As seen from Fig.36.53.

$$V^2 = (E_{b.ac} + I_a R_a)^2 + (I_a \times X_a)^2$$

$$\therefore \quad E_{b.ac} = -I_a R_a + \sqrt{V^2 - (I_a X_a)^2}$$

$$= -1 \times 20 + \sqrt{220^2 - (125.7 \times 1)^2} = 160.5 \text{ V}$$

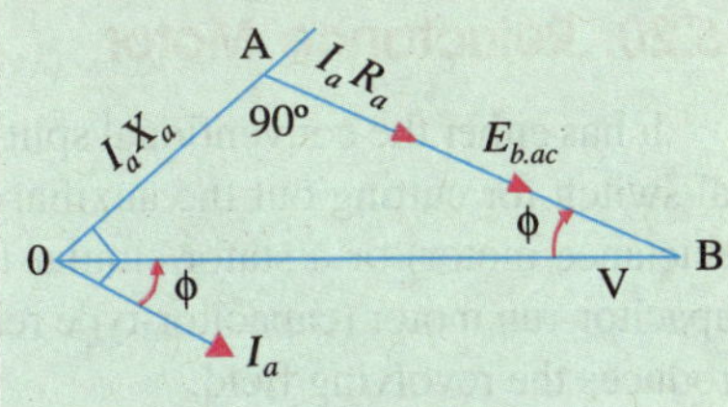

Fig. 36.53

Since armature current is the same for both dc and ac excitations, hence

$$\frac{E_{b.dc}}{E_{b.ac}} = \frac{N_{dc}}{N_{ac}}; \quad \therefore \quad N_{ac} = 2000 \times \frac{160.5}{200} = 1605 \text{ rpm}$$

$$\cos\phi = AB/OB = (E_{b.ac} + I_a R_a) / V = (160.5 + 20)/220 = 0.82 \text{ lag}$$

$$P_{mech} = E_{b.ac} \cdot I_a = 160.5 \times 1 = 160.5 \text{ W}$$
$$T = 9.55 \times 160.5/1605 = \mathbf{0.955 \text{ N-m}}$$

Example 36.5. *A universal series motor has resistance of 30 Ω and an inductance of 0.5 H. When connected to a 250 V d.c. supply and loaded to take 0.8 A, it runs at 2000 r.p.m. Estimate its speed and power factor, when connected to a 250-V, 50-Hz a.c. supply and loaded to take the same current.* **(Elect. Machine, A.M.I.E. Sec. B, 1992)**

Solution. A.C. Operation

$$X_a = 2\pi \times 50 \times 0.5 = 157\ \Omega,$$
$$R_a = 30\ \Omega$$
$$I_a R_a = 0.8 \times 30 = 24\ \Omega$$
$$I_a X_a = 0.8 \times 157 = 125.6 \text{ V}$$

The phasor diagram is shown in Fig. 36.54 (*b*)

$$V^2 = (E_{b.ac} + I_a R_a)^2 + (I_a X_a)^2$$
$$250^2 = (E_{b.ac} + 24)^2 + 125.6^2$$
$$\therefore \quad E_{b.as} = 192.6$$

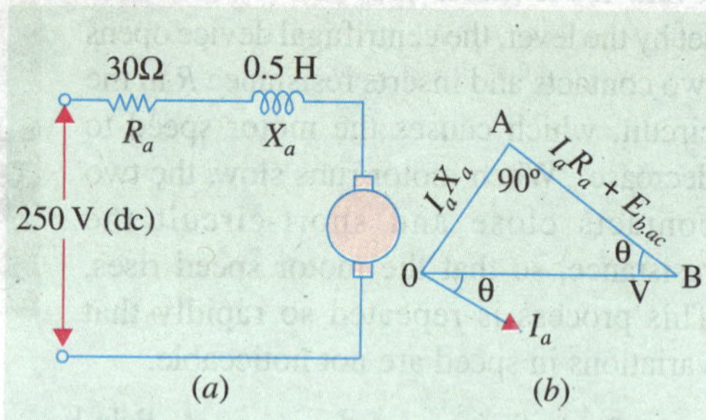

Fig. 36.54

DC Operation

$$E_{b.dc} = 250 - 0.8 \times 30 = 226 \text{ V}$$

Now, $\dfrac{E_{b.ac}}{E_{b.dc}} = \dfrac{N_{ac}}{N_{dc}}$ or $\dfrac{192.12}{226} = \dfrac{N_{ac}}{2000}$;

$$N_{ac} = 1700 \text{ rpm}$$
$$\cos\phi = (E_{b.ac} + I_a R_a)/V = 236.12/250 = \mathbf{0.864 \text{ lag}}$$

36.19. Unexcited Single-phase Synchronous Motors

These motors

1. operate from a single-phase a.c. supply
2. run at a constant speed – the synchronous speed of the revolving flux
3. need no d.c. excitation for their rotors (that is why they are called *unexcited*)
4. are self-starting.

These are of two types (*a*) reluctance motor and (*b*) hysteresis motor.

36.20. Reluctance Motor

It has either the conventional split-phase stator and a centrifugal switch for cutting out the auxiliary winding (split-phase type reluctance motor) or a stator similar to that of a permanent-split capacitor-run motor (capacitor-type reluctance motor). The stator produces the revolving field.

The squirrel-cage rotor is of unsymmetrical magnetic construction. This type of unsymmetrical construction can be achieved by removing some of the teeth of a symmetrical squirrel-cage rotor punching. For example, in a 48-teeth, four-pole rotor following teeth may be cut away :

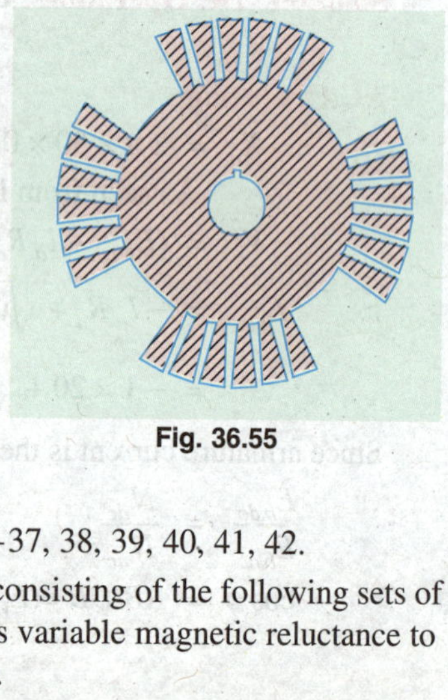

Fig. 36.55

1, 2, 3, 4, 5, 6–13, 14, 15, 16, 17, 18–25, 26, 27, 28, 29, 30–37, 38, 39, 40, 41, 42.

This would leave four projecting or salient poles (Fig. 36.55) consisting of the following sets of teeth : 7–12; 19–24; 31–36 and 43–48. In this way, the rotor offers variable magnetic reluctance to the stator flux, the reluctance varying with the position of the rotor.

Working

Reluctance brushless motor

For understanding the working of such a motor one basic fact must be kept in mind. And it is that when a piece of magnetic material is located in a magnetic field, a force acts on the material, tending to bring it into the most dense portion of the field. The force tends to align the specimen of material in such a way that the reluctance of the magnetic path that lies through the material will be minimum.

When the stator winding is energised, the revolving magnetic field exerts reluctance torque on the unsymmetrical rotor tending to align the salient pole axis of the rotor with the axis of the revolving magnetic field (because in this position, the reluctance of the magnetic path is minimum). If the reluctance torque is sufficient to start the motor and its load, the rotor will pull into step with the revolving field and continue to run at the speed of the revolving field.*

However, even though the rotor revolves synchronously, its poles lag behind the stator poles by a certain angle known as torque angle, (something similar to that in a synchronous motor). The reluctance torque increases with increase in torque angle, attaining maximum value when $\alpha = 45°$. If α increases beyond 45°, the rotor falls out of synchronism. The average value of the reluctance torque is given by $T = K (V/f)^2 \sin 2\delta$ where K is a motor constant.

It may be noted that the amount of load which a reluctance motor could carry at its ***constant speed*** would only be a fraction of the load that the motor could normally carry when functioning as an induction motor. If the load is increased beyond a value under which the reluctance torque cannot maintain synchronous speed, the rotor drops out of step with the field. The speed, then, drops to some value at which the slip is sufficient to develop necessary torque to drive the load by induction-motor action.

The constant-speed characteristic of a reluctance motor makes it very suitable for such applications as signalling devices, recording instruments, many kinds of timers and phonographs etc.

36.21. Hysteresis Motor

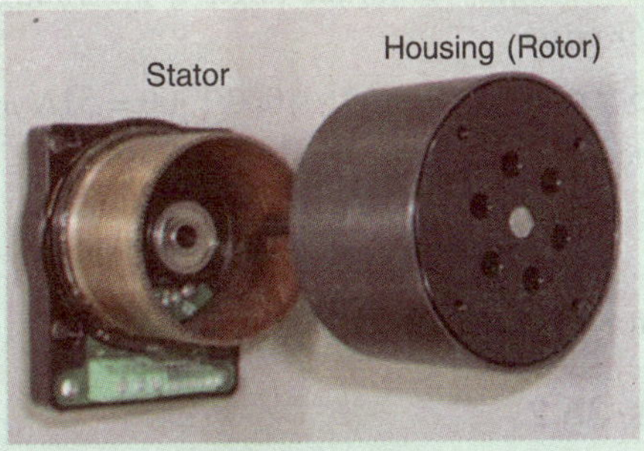

Hysteresis motor

The operation of this motor depends on the presence of a ***continuously-revolving*** magnetic flux. Hence, for the split-phase operation, its stator has two windings which remain connected to the single-phase supply continuously both at starting as well as during the running of the motor. Usually, shaded-pole principle is employed for this purpose giving shaded-pole hysteresis motor. Alternatively, stator winding of the type used in capacitor-type motor may be used giving capacitor-type shaded-pole motor. Obviously, in either type, no centrifugal device is used.

The rotor is a smooth chrome-steel cylinder** having

* Actually, the motor starts as an induction motor and after it has reached its maximum speed as an induction, motor, the reluctance torque pulls its rotor into step with the revolving field so that the motor now runs as a synchronous motor by virtue of its saliency.

** Rotors of ceramic permanent magnet material are used whose resistivity approaches that of an insulator. Consequently, it is impossible to set up eddy currents in such a rotor. Hence, there is no eddy current loss but only hysteresis loss.

high retentivity so that the hysteresis loss is high. It has no winding. Because of high retentivity of the rotor material, it is very difficult to change the magnetic polarities once they are induced in the rotor by the revolving flux. The rotor revolves synchronously because the rotor poles magnetically lock up with the revolving stator poles of opposite polarity. However, the rotor poles always lag behind the stator poles by an angle α. Mechanical power developed by rotor is given by $P_m = P_h \left(\frac{1-s}{s}\right)$ where P_h is hysteres loss in rotor. Also $T_h = 9.55\ P_m/N_s$. It is seen that hysteresis torque depends solely on the area of rotor's hysteresis loop.

The fact that the rotor has no teeth or winding of any sort, results in making the motor extremely quiet in operation and free from mechanical and magnetic vibrations. This makes the motor particularly useful for driving tape-decks, tape-decks, turn-tables and other precision audio equipment. Since, commercial motors usually have two poles, they run at 3,000 r.p.m. at 50-Hz single-phase supply. In order to adopt such a motor for driving an electric clock and other indicating devices, gear train is connected to the motor shaft for reducing the load speed. The unit accelerates rapidly, changing from rest to full speed almost instantaneously. It must do so because it cannot accelerate gradually as an ordinary motor it is either operating at synchronous speed or not at all.

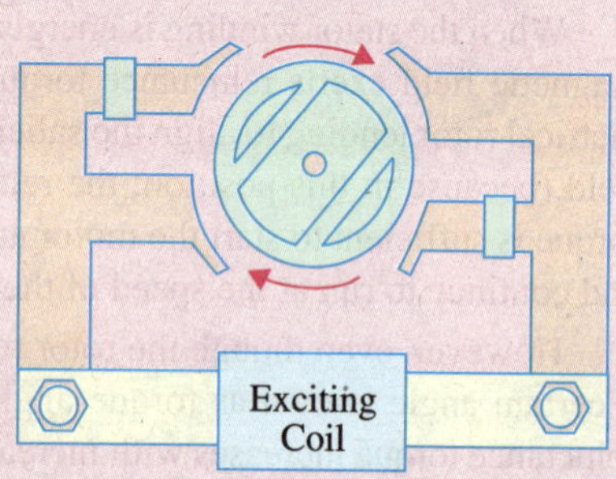

Fig. 36.56

Some unique features of a hysteresis motor are as under :

(i) since its hysteresis torque remains practically constant from locked rotor to synchronous speed, a hysteresis motor is able to synchronise any load it can accelerate–something no other motor does.

(ii) due to its smooth rotor, the motor operates quietly and does not suffer from magnetic pulsations caused by slots/salient-poles that are present in the rotors of other motors.

In Fig. 36.56. is shown a two-pole shaded-pole type hysteresis motor used for driving ordinary household electric clocks. The rotor is a thin metal cylinder and the shaft drives a gear train.

Example 36.6. *A 8-kW, 4-pole, 220-V, 50-Hz reluctance motor has a torque angle of 30° when operating under rated load conditions. Calculate (i) load torque (ii) torque angle if the voltage drops to 205 V and (iii) will the rotor pulled out of synchronism ?*

Solution. *(i)* $N_s = 120 \times 50/4 = 1500$ rpm; $T_{sh} = 9.55 \times \text{output}/N = 9.55 \times 8000/1500 = 51\,N\text{-}m$

(ii) With the same load torque and constant frequency,

$$V_1 \sin 2\alpha_1 = V_2^2 \sin 2\,\alpha_2$$

$$\therefore \quad 220^2 \times \sin(2 \times 30°) = 205^2 \times \sin 2\alpha; \qquad \therefore \quad \alpha = 42.9°$$

(iii) since the new load angle is less than 45°, the rotor will not pull out of synchronous.

Tutorial Problems-36.2.

1. A 230-V, 50-Hz, 4-pole, class-A, single-phase induction motor has the following parameters at an operating temperature 63°C :

$r_{1m} = 2.51$ ohms, $r_2' = 7.81$ ohm, $X_m = 150.88$ ohm, $X_{im} = 4.62$ ohm, $X_2' = 4.62$ ohms

Determine stator main winding current and power factor when the motor is running at a slip of 0.05 at the specified temperature of 63°C.

[3.74 ∠48.24°, 0.666] ***(AMIE Sec. B Elect. Machines (E-B) Summer 1991)***

2. A fractional horse-power universal motor has armature circuit resistance of 20 ohm and inductance of 0.4 H. On being connected to a 220-V d.c. supply, it draws 1.0 A from the mains and runs at 2000 r.p.m. Estimate the speed and power factor of the motor, when connected to a 230-V, 50-Hz supply drawing the same armature current. Draw relevant phasor diagram.

[1726 rpm, 0.84] (*AMIE Sec. B Elect. Machines 1991*)

3. A universal series motor, when operating on 220 V d.c. draws 10 A and runs at 1400 r.p.m. Find the new speed and power factor, when connected to 220 V, 25 Hz supply, the motor current remaining the same. The motor has total resistance of 1 ohm and total inductance of 0.1 H.

[961 rpm; 0.7] (*AMIE Sec. B Elect. Machines 1990*)

QUESTIONS AND ANSWERS ON SINGLE-PHASE MOTORS

Q.1. How would you reverse the direction of rotation of a capacitor start-induction-run motor ?

Ans. By reversing either the running or starting-winding leads where they are connected to the lines. Both must not be reversed.

Q.2. In which direction does a shaded-pole motor run ?

Ans. It runs from the unshaded to the shaded pole (Fig.36.57)

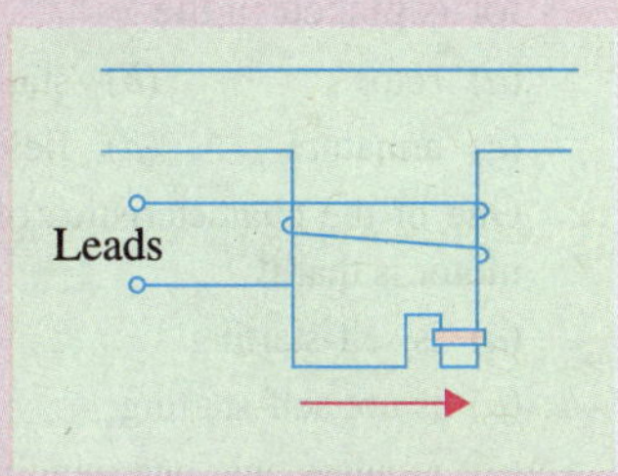

Fig. 36.57

Q.3. Can such a motor be reversed ?

Ans. Normally, such motors are not reversible because that would involve mechanical dismantling and re-assembly. However, special motors are made having two rotors on a common shaft, each having one stator assembly for rotation in opposite direction.

Q.4. What is a universal motor ?

Ans. It is built like a series d.c. motor with the difference that both its stator and armature are laminated. They can be used either on d.c. or a.c. supply although the speed and power are greater on direct current. They cannot be satisfactorly made to run at less than about 2000 r.p.m.

Q.5. How can a universal motor be reversed ?

Ans. By reversing either the field leads or armature leads but not both.

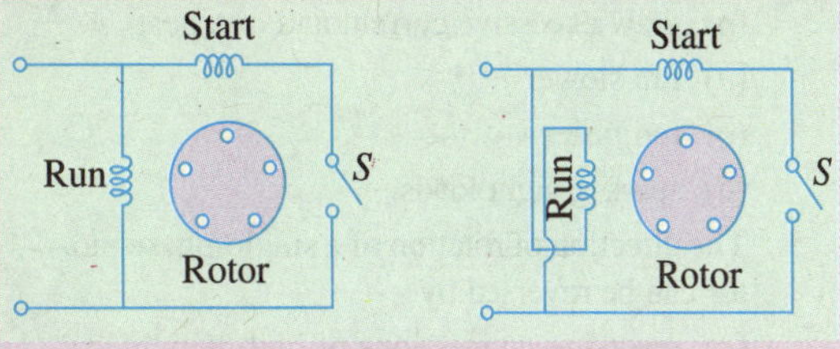

Fig. 36.58

Q.6. How can we reverse the direction of rotation of repulsion, repulsion-induction and repulsion-induction and repulsion- start-induction-run motors ?

Ans. By shifting the brush positions by about 15° electrical.

Q.7. How can we reverse the rotation of a 1-phase, split-phase motor ?

Ans. By reversing the leads to either the running or starter winding (Fig. 36.58) but not both.

Q.8. What could be the reasons if a repulsion-induction motor fails to start ?

Ans. Any one of the following :

1. no supply voltage
2. low voltage
3. excessive overload
4. the bearing lining may be stuck or 'frozen' to the shaft
5. armature may be rubbing
6. brush yoke may be incorrectly located
7. brush spacing may be wrong.

Q.9. What could be the reasons if a split-phase motor fails to start and hums loudly ?

Ans. It could be due to the starting winding being open or grounded or burnt out.

Q.10. What could be the reasons if a split-phase motor runs too slow ?

Ans. Any one of the following factors could be responsible :

1. wrong supply voltage and frequency
2. overload
3. grounded starting and running windings
4. short-circuited or open winding in field circuit.

OBJECTIVE TESTS – 36

1. The starting winding of a single-phase motor is placed in the
(*a*) rotor (*b*) stator
(*c*) armature (*d*) field.

2. One of the characteristics of a single- phase motor is that it
(*a*) is self-starting
(*b*) is not self-starting
(*c*) requires only one winding
(*d*) can rotate in one direction only.

3. After the starting winding of a single- phase induction motor is disconnected from supply, it continues to run only on ....winding.
(*a*) rotor (*b*) compensating
(*c*) field (*d*) running

4. If starting winding of a single-phase induction motor is left in the circuit, it will
(*a*) draw excessive current and overheat
(*b*) run slower
(*c*) run faster
(*d*) spark at light loads.

5. The direction of rotation of a single-phase motor can be reversed by
(*a*) reversing connections of both windings
(*b*) reversing connections of starting winding
(*c*) using a reversing switch
(*d*) reversing supply connections.

6. If a single-phase induction motor runs slower than normal, the more likely defect is
(*a*) improper fuses
(*b*) shorted running winding
(*c*) open starting winding
(*d*) worn bearings.

7. The capacitor in a capacitor-start induction- run ac motor is connected in series with ...... winding.
(*a*) starting (*b*) running
(*c*) squirrel-cage (*d*) compensating

8. A permanent-split single-phase capacitor motor does not have
(*a*) centrifugal switch
(*b*) starting winding
(*c*) squirrel-cage rotor
(*d*) high power factor.

9. The starting torque of a capacitor-start induction-run motor is directly related to the angle α between its two winding currents by the relation
(*a*) cos α (*b*) sin α
(*c*) tan α (*d*) sin α/2.

10. In a two-value capacitor motor, the capacitor used for running purposes is a/an
(*a*) dry-type ac electrolytic capacitor
(*b*) paper-spaced oil-filled type
(*c*) air-capacitor
(*d*) ceramic type.

11. If the centrifugal switch of a two-value capacitor motor using two capacitors fails to open, then
(*a*) electrolytic capacitor will, in all probability, suffer breakdown
(*b*) motor will not carry the load
(*c*) motor will draw excessively high current
(*d*) motor will not come upto the rated speed.

12. Each of the following statements regarding a shaded-pole motor is true **except**
(*a*) its direction of rotation is from un- shaded to shaded portion of the poles
(*b*) it has very poor efficiency
(*c*) it has very poor p.f.
(*d*) it has high starting torque.

13. Compensating winding is employed in an ac series motor in order to

(a) compensate for decrease in field flux
(b) increase the total torque
(c) reduce the sparking at brushes
(d) reduce effects of armature reaction.

14. A universal motor is one which
(a) is available universally
(b) can be marketed internationally
(c) can be operated either on dc or ac supply
(d) runs at dangerously high speed on no-load.

15. In a single-phase series motor the main purpose of inductively-wound compensating winding is to reduce the
(a) reactance emf of commutation
(b) rotational emf of commutation
(c) transformer emf of commutation
(d) none of the above.
(Power App.-II, Delhi Univ. Jan. 1987)

16. A repulsion motor is equipped with
(a) a commutator (b) slip-rings
(c) a repeller
(d) neither (a) nor (b).

17. A repulsion-start induction-run single- phase motor runs as an induction motor only when
(a) brushes are shifted to neutral plane
(b) short-circuiter is disconnected
(c) commutator segments are short- circuited
(d) stator winding is reversed.

18. If a dc series motor is operated on ac supply, it will
(a) have poor efficiency
(b) have poor power factor
(c) spark excessively
(d) all of the above
(e) none of the above.

19. An outstanding feature of a universal motor is its
(a) best performance at 50 Hz supply
(b) slow speed at all loads
(c) excellent performance on dc. supply
(d) highest output kW/kg ratio.

20. The direction of rotation of a hysteresis motor is determined by the
(a) retentivity of the rotor material
(b) amount of hysteresis loss
(c) permeability of rotor material
(d) position of shaded pole with respect to the main pole.

21. Speed of the universal motor is
(a) dependent on frequency of supply
(b) proportional to frequency of supply
(c) independent of frequency of supply
(d) none of the above.
(Elect. Machines, A.M.I.E. Sec. B, 1993)

22. In the shaded pole squirrel cage induction motor the flux in the shaded part always
(a) leads the flux in the unshaded pole segment
(b) is in phase with the flux in the unshaded pole segment
(c) lags the flux in the unshaded pole segment
(d) none of the above.
(Elect. Machines, A.M.I.E. Sec. B, 1993)

23. Which of the following motor is an interesting example of beneficially utilizing a phenomenon that is often considered undesirable ?
(a) hysteresis motor
(b) reluctance motor
(c) stepper motor
(d) shaded-pole motor.

24. Usually, large motors are more efficient than small ones. The efficiency of the tiny motor used in a wrist watch is approximately.......... per cent.
(a) 1
(b) 10
(c) 50
(d) 80

ANSWERS

1. b **2.** b **3.** d **4.** a **5.** b **6.** d **7.** a **8.** a **9.** b **10.** b **11.** a **12.** d **13.** d **14.** c **15.** d **16.** a **17.** c **18.** d **19.** d **20.** d **21.** a **22.** c **23.** a **24.** a

ROUGH WORK

CHAPTER 37

ALTERNATORS

Learning Objectives

- Basic Principle
- Stationary Armature
- Rotor
- Armature Windings
- Wye and Delta Connections
- Distribution or Breadth Factor or Winding Factor or Spread Factor
- Equation of Induced E.M.F.
- Factors Affecting Alternator Size
- Alternator on Load
- Synchronous Reactance
- Vector Diagrams of Loaded Alternator
- Voltage Regulation
- Rothert's M.M.F. or Ampere-turn Method
- Zero Power Factor Method or Potier Method
- Operation of Salient Pole Synchronous Machine
- Power Developed by a Synchonous Generator
- Parallel Operation of Alternators
- Synchronizing of Alternators
- Alternators Connected to Infinite Bus-bars
- Synchronizing Torque Tsy
- Alternative Expression for Synchronizing Power
- Effect of Unequal Voltages
- Distribution of Load
- Maximum Power Output
- Questions and Answers on Alternators

Alternator

37.1. Basic Principle

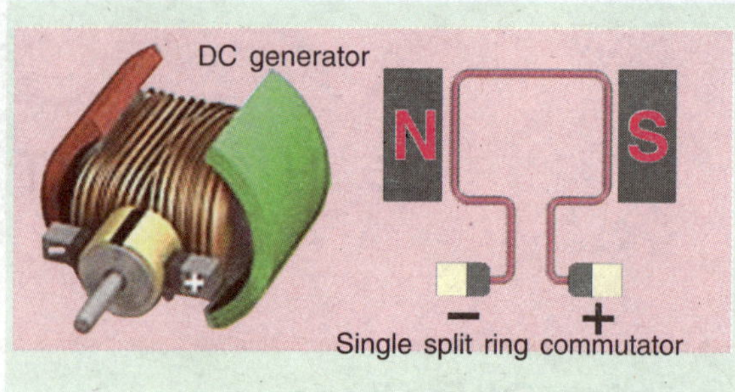

A.C. generators or alternators (as they are usually called) operate on the same fundamental principles of electromagnetic induction as d.c. generators. They also consist of an armature winding and a magnetic field. But there is one important difference between the two. Whereas in d.c. generators, the ***armature rotates*** and the field system is ***stationary***, the arrangement in alternators is just the reverse of it. In their case, standard construction consists of armature winding mounted on a stationary element called ***stator*** and field windings on a rotating element called rotor. The details of construction are shown in Fig. 37.1.

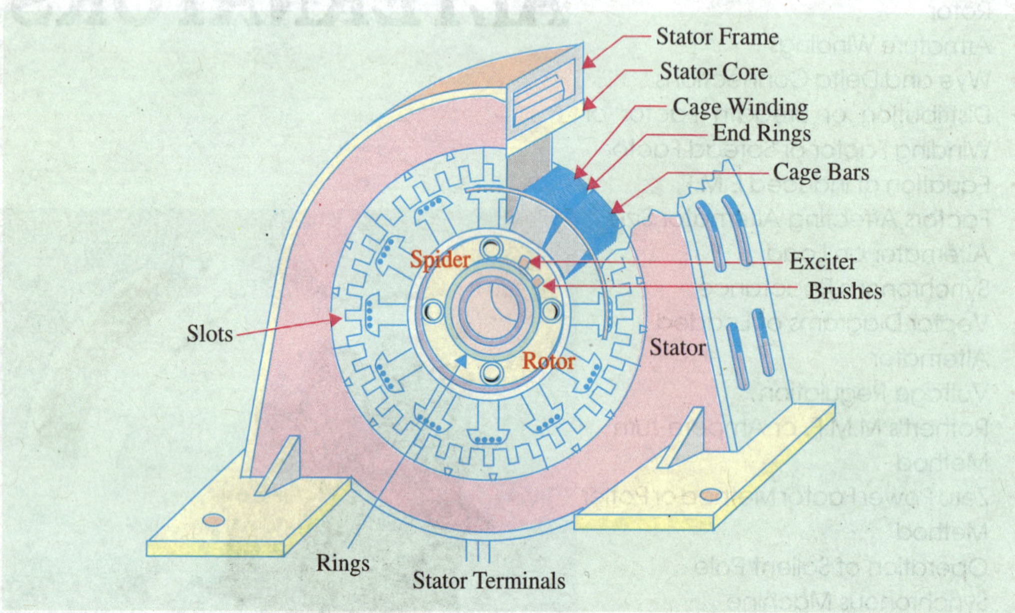

Fig. 37.1

The stator consists of a cast-iron frame, which supports the armature core, having slots on its inner periphery for housing the armature conductors. The rotor is like a flywheel having alternate *N* and *S* poles fixed to its outer rim. The magnetic poles are excited (or magnetised) from direct current supplied by a d.c. source at 125 to 600 volts. In most cases, necessary exciting (or magnetising) current is obtained from a small d.c. shunt generator which is belted or mounted on the shaft of the alternator itself. Because the field magnets are rotating, this current is supplied through two sliprings. As the exciting voltage is relatively small, the slip-rings and brush gear are of light construction. Recently, brushless excitation systems have been developed in which a 3-phase a.c. exciter and a group of rectifiers supply d.c. to the alternator. Hence, brushes, slip-rings and commutator are eliminated.

When the rotor rotates, the stator conductors (being stationary) are cut by the magnetic flux, hence they have induced e.m.f. produced in them. Because the magnetic poles are alternately *N* and *S*, they induce an e.m.f. and hence current in armature conductors, which first flows in one direction and then in the other. Hence, an alternating e.m.f. is produced in the stator conductors ***(i)*** whose frequency depends on the number of N and S poles moving past a conductor in one second and *(ii)* whose direction is given by Fleming's Right-hand rule.

37.2. Stationary Armature

Advantages of having stationary armature (and a rotating field system) are :

1. The output current can be led directly from fixed terminals on the stator (or armature windings) to the load circuit, without having to pass it through brush-contacts.

Alternators

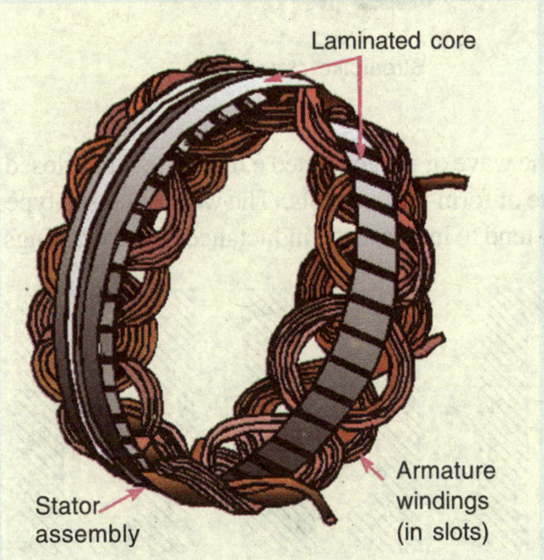

Stationary armature windings

2. It is easier to insulate stationary armature winding for high a.c. voltages, which may have as high a value as 30 kV or more.
3. The sliding contacts *i.e.* slip-rings are transferred to the low-voltage, low-power d.c. field circuit which can, therefore, be easily insulated.
4. The armature windings can be more easily braced to prevent any deformation, which could be produced by the mechanical stresses set up as a result of short-circuit current and the high centrifugal forces brought into play.

37.3. Details of Construction

1. Stator Frame

In d.c. machines, the outer frame (or yoke) serves to carry the magnetic flux but in alternators, it is not meant for that purpose. Here, it is used for holding the armature stampings and windings in position. Low-speed large-diameter alternators have frames which because of ease of manufacture, are cast in sections. Ventilation is maintained with the help of holes cast in the frame itself. The provision of radial ventilating spaces in the stampings assists in cooling the machine.

But, these days, instead of using castings, frames are generally fabricated from mild steel plates welded together in such a way as to form a frame having a box type section.

In Fig. 37.2 is shown the section through the top of a typical stator.

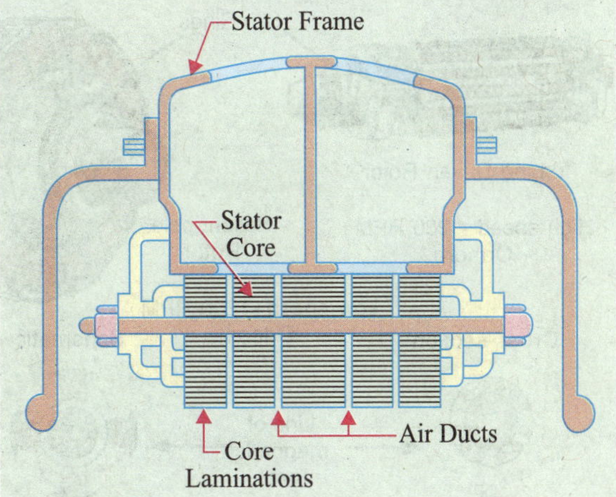

Fig. 37.2

2. Stator Core

The armature core is supported by the stator frame and is built up of laminations of special magnetic iron or steel alloy. The core is laminated to minimise loss due to eddy currents. The laminations are stamped out in complete rings (for smaller machine) or in segments (for larger machines). The laminations are insulated from each other and have spaces between them for allowing the cooling air to pass through. The slots for housing the armature conductors lie along the inner periphery of the core and are stamped out at the same time when laminations are formed. Different shapes of the armature slots are shown in Fig. 37.3.

Streetbike stator

The wide-open type slot (also used in d.c. machines) has the advantage of permitting easy installation of form-wound coils and their easy removal in case of repair. But it has the disadvantage of distributing the air-gap flux into bunches or tufts, that produce ripples in the wave of the generated e.m.f. The semi-closed type slots are better in this respect, but do not allow the use of form-wound coils. The wholly-closed type slots or tunnels do not disturb the air-gap flux but *(i)* they tend to increase the inductance of the windings *(ii)* the armature conductors have to be threaded through, thereby increasing initial labour and cost of winding and *(iii)* they present a complicated problem of end-connections. Hence, they are rarely used.

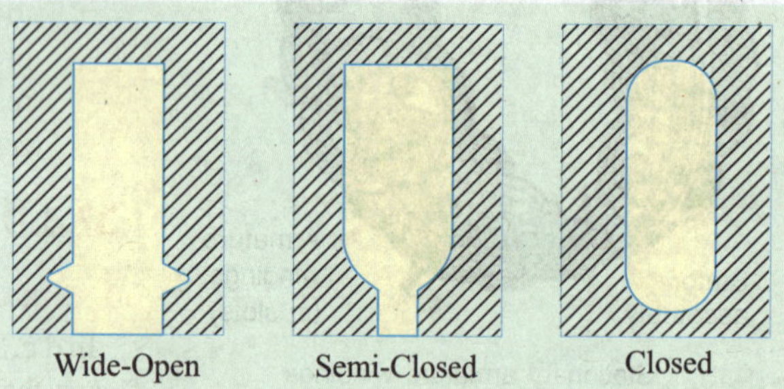

Fig. 37.3

37.4. Rotor

Two types of rotors are used in alternators *(i)* salient-pole type and *(ii)* smooth-cylindrical type.

(i) Salient (or projecting) Pole Type

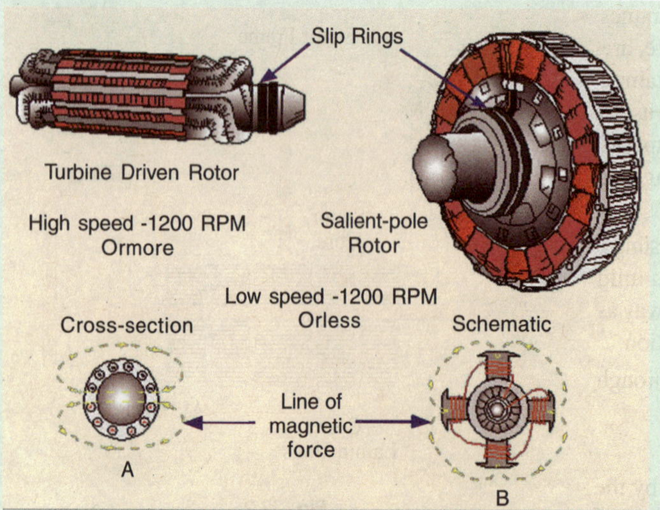

Types of rotors used in alternators

It is used in low-and medium-speed (engine driven) alternators. It has a large number of projecting (salient) poles, having their cores bolted or dovetailed onto a heavy magnetic wheel of cast-iron, or steel of good magnetic quality (Fig. 37.4). Such generators are characterised by their large diameters and short axial lengths. The poles and pole-shoes (which cover 2/3 of pole-pitch) are laminated to minimize heating due to eddy currents. In large machines, field windings consist of rectangular copper strip wound on edge.

(ii) Smooth Cylindrical Type

It is used for steam turbine-driven alternators *i.e.* turbo-alternators, which run at very high speeds. The rotor consists of a smooth solid forged steel cylinder, having a number of slots milled out at intervals along the outer periphery (and parallel to the shaft) for accommodating field coils. Such rotors are designed mostly for 2-pole (or 4-pole) turbo-generators running at 3600 r.p.m. (or 1800 r.p.m.). Two (or four) regions corresponding to the central polar areas are left unslotted, as shown in Fig. 37.5 (*a*) and (*b*).

Fig. 37.4

Turbine alternator

The central polar areas are surrounded by the field windings placed in slots. The field coils are so arranged around these polar areas that flux density is maximum on the polar central line and gradually falls away on either side. It should be noted that in this case, poles are non-salient *i.e.* they do not project out from the surface of the rotor. To avoid excessive peripheral velocity, such rotors have very small diameters (about 1 metre or so). Hence, turbo-generators are characterised by small diameters and very long axial (or rotor) length. The cylindrical construction of the rotor gives better balance and quieter-operation and also less windage losses.

37.5. Damper Windings

Most of the alternators have their pole-shoes slotted for receiving copper bars of a grid or damper winding (also known as squirrel-cage winding). The copper bars are short-circuited at both ends by heavy copper rings (Fig. 37.6). These dampers are useful in preventing the hunting (momentary speed fluctuations) in generators and are needed in synchronous motors to provide the starting torque. Turbo-generators usually do not have these damper windings (except in special case to assist in synchronizing) because the solid field-poles themselves act as efficient dampers. It should be clearly understood that under normal running conditions, damper winding does not carry any current because rotor runs at synchronous speed.

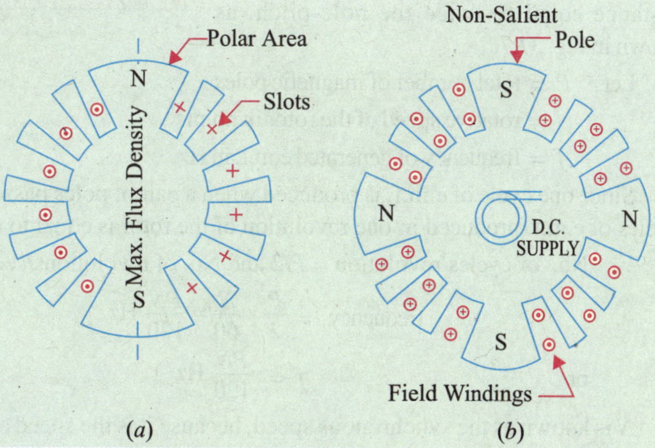

Fig. 37.5

The damper winding also tends to maintain balanced 3-ϕ voltage under unbalanced load conditions.

37.6. Speed and Frequency

In an alternator, there exists a definite relationship between the rotational speed (N) of the rotor, the frequency (f) of the generated e.m.f. and the number of poles P.

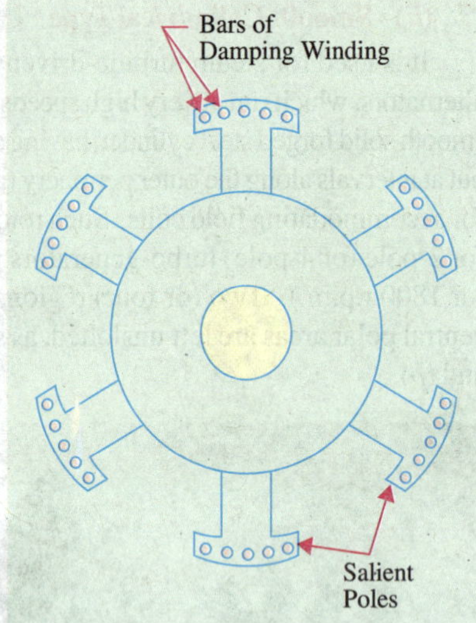

Fig. 37.6

Consider the armature conductor marked X in Fig. 37.7 situated at the centre of a N-pole rotating in clockwise direction. The conductor being situated at the place of maximum flux density will have maximum e.m.f. induced in it.

The direction of the induced e.m.f. is given by Fleming's right hand rule. But while applying this rule, one should be careful to note that the thumb indicates the direction of the motion of the conductor relative to the field. To an observer stationed on the clockwise revolving poles, the conductor would seem to be rotating anti-clockwise. Hence, thumb should point to the left. The direction of the induced e.m.f. is downwards, in a direction at right angles to the plane of the paper.

When the conductor is in the interpolar gap, as at A in Fig. 37.7, it has minimum e.m.f. induced in it, because flux density is minimum there. Again, when it is at the centre of a S-pole, it has maximum e.m.f. induced in it, because flux density at B is maximum. But the direction of the e.m.f. when conductor is over a N-pole is opposite to that when it is over a S-pole.

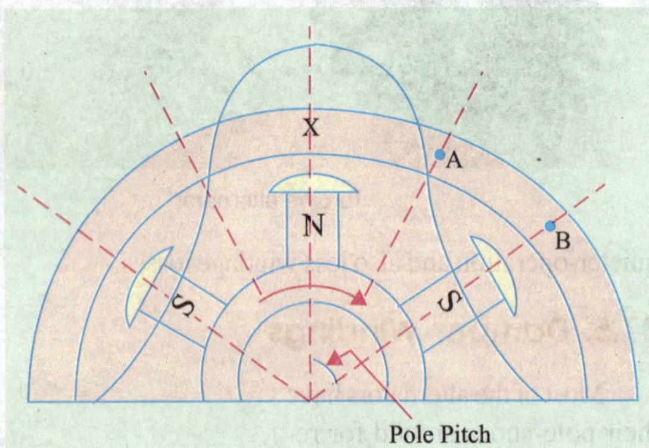

Fig. 37.7

Obviously, one cycle of e.m.f. is induced in a conductor when one pair of poles passes over it. In other words, the e.m.f. in an armature conductor goes through one cycle in angular distance equal to twice the pole-pitch, as shown in Fig. 37.7.

Let P = total number of magnetic poles

N = rotative speed of the rotor in r.p.m.

f = frequency of generated e.m.f. in Hz.

Since one cycle of e.m.f. is produced when a pair of poles passes past a conductor, the number of cycles of e.m.f. produced in one revolution of the rotor is equal to the number of pair of poles.

$\therefore$ No. of cycles/revolution = $P/2$ and No. of revolutions/second = $N/60$

$$\therefore \quad \text{frequency} = \frac{P}{2} \times \frac{N}{60} = \frac{PN}{120} \text{ Hz}$$

$$\text{or} \quad f = \frac{PN}{120} \text{ Hz}$$

N is known as the synchronous speed, because it is the speed at which an alternator must run, in order to generate an e.m.f. of the required frequency. In fact, for a given frequency and given number of poles, the speed is fixed. For producing a frequency of 60 Hz, the alternator will have to run at the following speeds :

No. of poles	2	4	6	12	24	36
Speed (r.p.m.)	3600	1800	1200	600	300	200

Referring to the above equation, we get $P = 120f/N$

It is clear from the above that because of slow rotative speeds of engine-driven alternators, their number of poles is much greater as compared to that of the turbo-generators which run at very high speeds.

37.7. Armature Windings

The armature windings in alternators are different from those used in d.c. machines. The d.c. machines have closed circuit windings but alternator windings are open, in the sense that there is no closed path for the armature currents in the winding itself. One end of the winding is joined to the neutral point and the other is brought out (for a star-connected armature).

D.C. Armature

The two types of armature windings most commonly used for 3-phase alternators are :

(i) single-layer winding

(ii) double-layer winding

Single-layer Winding

It is variously referred to as concentric or chain winding. Sometimes, it is of simple bar type or wave winding.

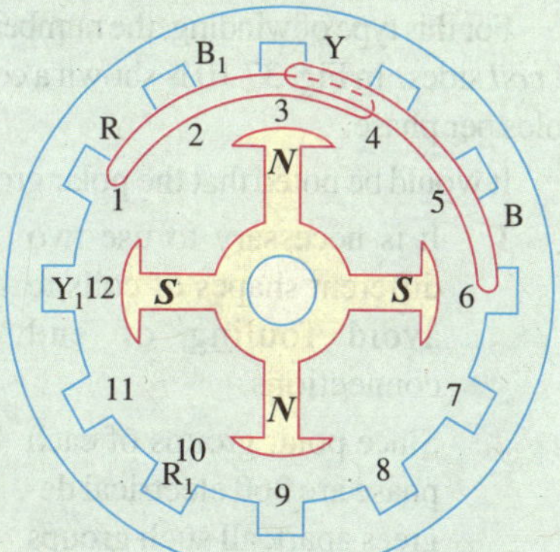

Fig. 37.8

The fundamental principle of such a winding is illustrated in Fig. 37.8 which shows a single-layer, one-turn, full-pitch winding for a four-pole generator. There are 12 slots in all, giving 3 slots per pole or 1 slot/phase/pole. The pole pitch is obviously 3. To get maximum e.m.f., two sides of a coil should be one pole-pitch apart *i.e.* coil span should be equal to one pole pitch. In other words, if one side of the coil is under the centre of a *N*-pole, then the, other side of the same *coil* should be under the centre of *S*-pole *i.e.* 180° (electrical) apart. In that case, the e.m.fs. induced in the two sides of the coil are added together. It is seen from the above figure, that *R* phase starts at slot No. 1, passes through slots 4, 7 and finishes at 10. The *Y*-phase starts 120° afterwards *i.e.* from slot No. 3 which is two slots away from the start of *R*-phase (because when 3 slots correspond to 180° electrical degrees, two slots correspond to an angular displacement of 120° electrical). It passes through slots 6, 9 and finishes at 12. Similarly, *B*-phase starts from slot No.5 *i.e.* two slots away from the start of *Y*-phase. It passes through slots 8, 11 and finishes at slot No. 2, The developed diagram is shown in Fig. 37.9. The ends of the windings are joined to form a star point for a *Y*-connection.

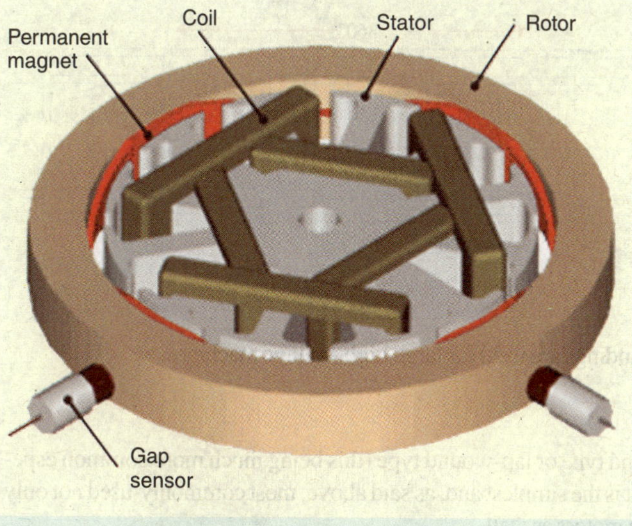

Single layer winding

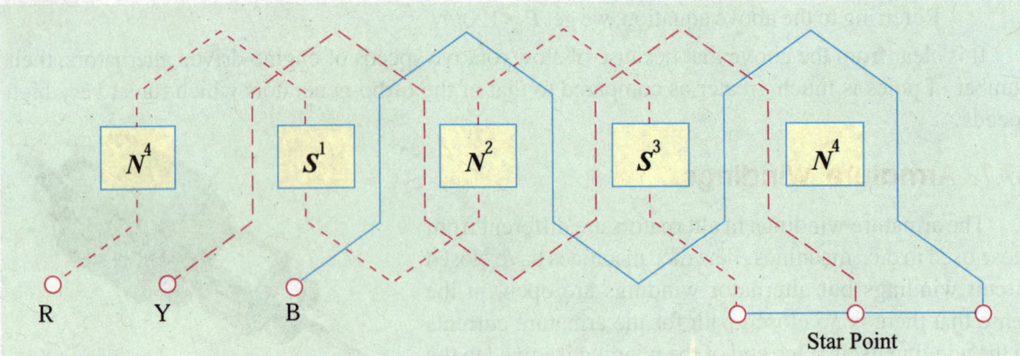

Fig. 37.9

37.8. Concentric or Chain Windings

For this type of winding, the number of slots is equal to twice the number of coils or equal to the number of *coil* sides. In Fig. 37.10 is shown a concentric winding for 3-phase alternator. It has one coil per pair of poles per phase.

It would be noted that the polar group of each phase is 360° (electrical) apart in this type of winding

1. It is necessary to use two different shapes of coils to avoid fouling of end connections.
2. Since polar groups of each phase are 360 electrical degrees apart, all such groups are connected in the same direction.
3. The disadvantage is that short-pitched coils cannot be used.

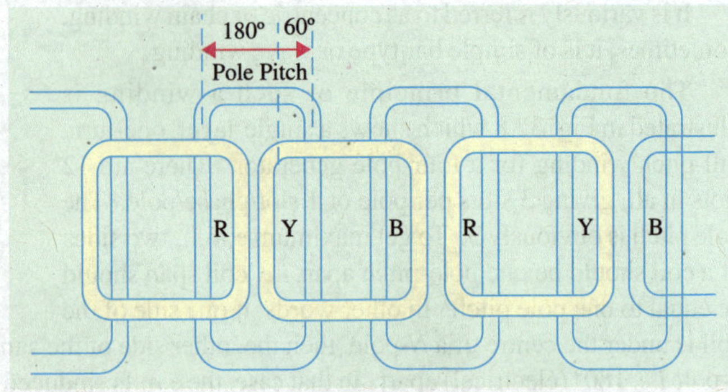

Fig. 37.10

In Fig. 37.11 is shown a concentric winding with two coils per group per pole. Different shapes of coils are required for this winding.

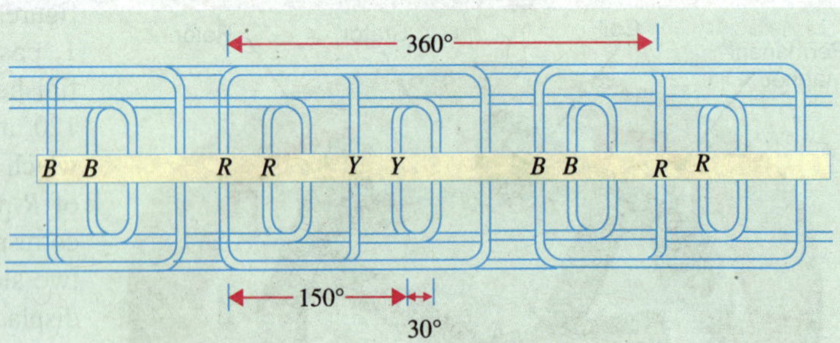

Fig. 37.11

All coil groups of phase *R* are connected in the same direction. It is seen that in each group, one coil has a pitch of 5/6 and the other has a pitch of 7/6 so that pitch factor (explained later) is 0.966. Such windings are used for large high-voltage machines.

37.9. Two-Layer Winding

This winding is either of wave-wound type or lap-wound type (this being much more common especially for high-speed turbo-generators). It is the simplest and, as said above, most commonly-used not only in synchronous machines but in induction motors as well.

Two important points regarding this winding should be noted :

(*a*) Ordinarily, the number of slots in stator (armature) is a multiple of the number of poles and the number of phases. Thus, the stator of a 4-pole, 3-phase alternator may have 12, 24, 36, 48 etc. slots all of which are seen to be multiple of 12 (*i.e.* 4×3).

(*b*) The number of stator slots is equal to the number of coils (which are all of the same shape). In other words, each slot contains two coil sides, one at the bottom of the slot and the other at the top. The coils overlap each other, just like shingles on a roof top.

For the 4-pole, 24-slot stator machine shown in Fig. 37.12, the pole-pitch is $24/4 = 6$. For maximum voltage, the coils should be full-pitched. It means that if one side of the coil is in slot No.1, the other side should be in slot No.7, the two slots 1 and 7 being one pole-pitch or 180° (electrical) apart. To make matters simple, coils have been labelled as 1, 2, 3 and 4 etc. In the developed diagram of Fig. 37.14, the coil number is the number of the slot in which the left-hand side of the coil is placed.

Each of the three phases has $24/3 = 8$ coils, these being so selected as to give maximum voltage when connected in series. When connected properly, coils 1, 7, 13 and 19 will add directly in phase. Hence, we get 4 coils for this phase. To complete eight coils for this phase, the other four selected are 2, 8, 14 and 20 each of which is at an angular displacement of 30° (elect.) from the adjacent coils of the first. The coils 1 and 2 of this phase are said to constitute a polar group (which is defined as the group of coils/phase/pole). Other polar groups for this phase are 7 and 8, 13 and 14, 19 and 20 etc. After the coils are placed in slots, the polar groups are joined. These groups are connected together with alternate poles reversed (Fig. 37.13) which shows winding for one phase only.

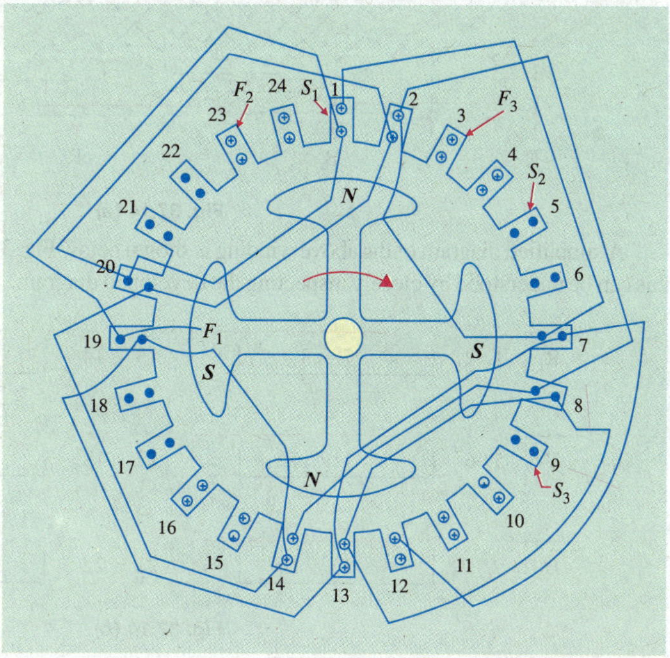

Fig. 37.12

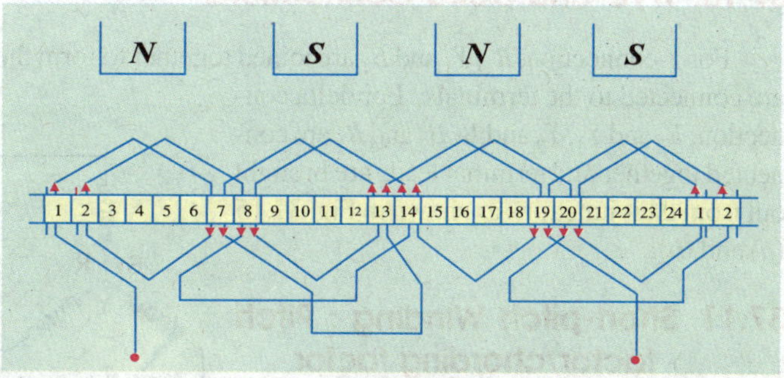

Fig. 37.13

Now, phase Y is to be so placed as to be 120° (elect.) away from phase R. Hence, it is started from slot 5 *i.e.* 4 slots away (Fig. 37.14). It should be noted that angular displacement between slot No. 1 and 5 is $4 \times 30 = 120°$ (elect). Starting from coil 5, each of the other eight coils of phase Y will be placed 4 slots to the right of corresponding coils for phase R. In the same way, B phase will start from coil 9. The complete wiring diagram for three phases is shown in Fig. 37.14. The terminals R_2, Y_2 and B_2 may be connected together to form a neutral for Y-connection.

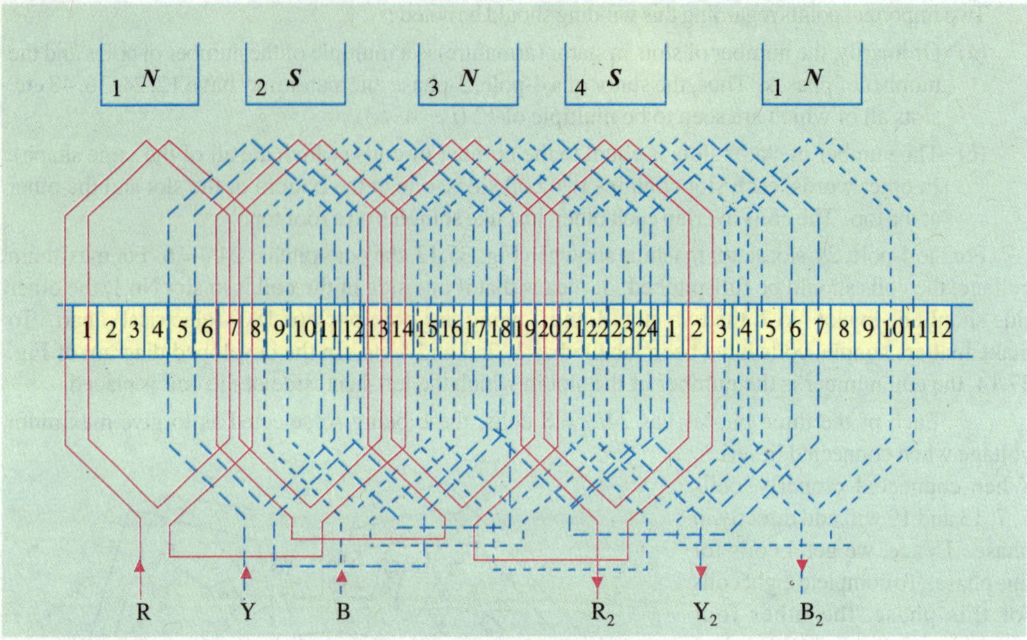

Fig. 37.14 (*a*)

A simplified diagram of the above winding is shown below Fig. 37.14. The method of construction for this can be understood by closely inspecting the developed diagram.

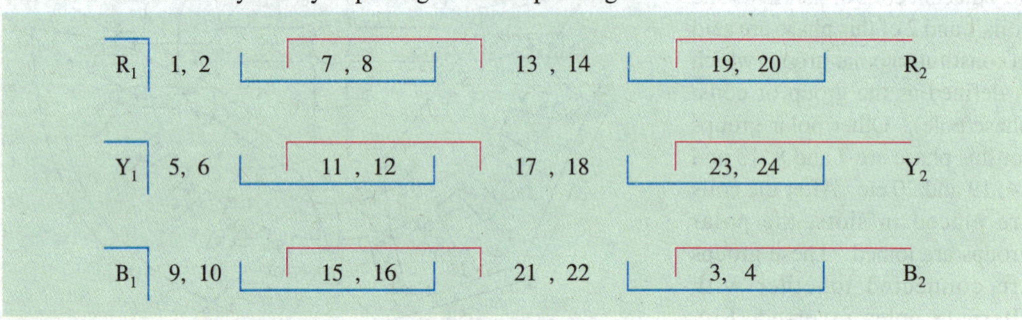

Fig. 37.14 (*b*)

37.10. Wye and Delta Connections

For *Y*-connection, R_1, Y_1 and B_1 are joined together to form the star-point. Then, ends R_2, Y_2 and B_2 are connected to the terminals. For delta connection, R_2 and Y_1, Y_2 and B_1 B_2 and R_1 are connected together and terminal leads are brought out from their junctions as shown in Fig. 37.15 (*a*) and (*b*).

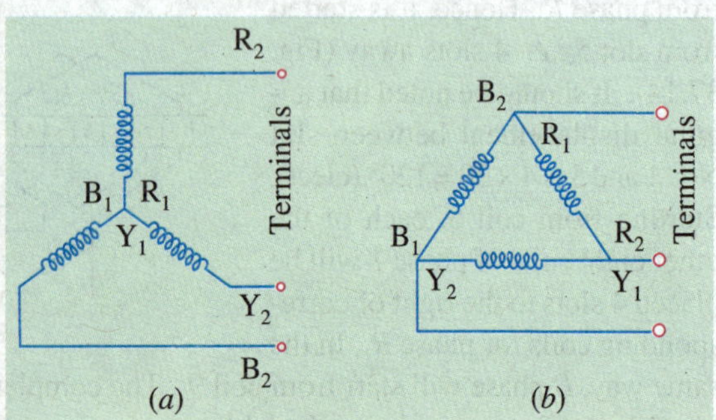

Fig. 37.15

37.11. Short-pitch Winding : Pitch factor/chording factor

So far we have discussed full-pitched coils *i.e.* coils having span which is equal to one pole-pitch *i.e.* spanning over 180° (electrical).

As shown in Fig. 37.16, if the coil sides are placed in slots 1 and 7, then it is full-pitched. If the coil sides are placed in slots 1 and 6, then it is short-pitched or fractional-pitched because coil span is equal to 5/6 of a pole-pitch. It falls short by 1/6 pole-pitch or by 180°/6 = 30°. Short-pitched coils are deliberately used because of the following advantages:

1. They save copper of end connections.
2. They improve the wave-form of the generated e.m.f. *i.e.* the generated e.m.f. can be made to approximate to a sine wave more easily and the distorting harmonics can be reduced or totally eliminated.
3. Due to elimination of high frequency harmonics, eddy current and hysteresis losses are reduced thereby increasing the efficiency.

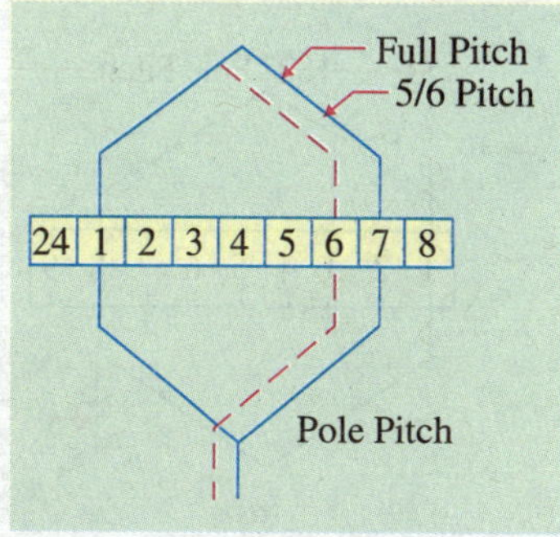

Fig. 37.16

But the disadvantage of using short-pitched coils is that the total voltage around the coils is somewhat reduced. Because the voltages induced in the two sides of the short-pitched coil are slightly out of phase, their resultant vectorial sum is less than their arithmetical sum.

The pitch factor or coil-span factor k_p or k_c is defined as

$$= \frac{\text{vector sum of the induced e.m.fs. per coil}}{\text{arithmetic sum of the induced e.m.fs. per coil}}$$

It is always less than unity.

Let E_S be the induced e.m.f. in each side of the coil. If the coil were full-pitched *i.e.* if its two sides were one pole-pitch apart, then total induced e.m.f. in the coil would have been = $2E_S$ [Fig. 37.17 (*a*).

If it is short-pitched by 30° (elect.) then as shown in Fig. 37.17 (*b*), their resultant is E which is the vector sum of two voltage 30° (electrical) apart.

$$\therefore \qquad E = 2\,E_S \cos 30°/2 = 2E_S \cos 15°$$

$$k_c = \frac{\text{vector sum}}{\text{arithmetic sum}} = \frac{E}{2\,E_S} = \frac{2\,E_S \cos 15°}{2\,E_S} = \cos 15° = 0.966$$

Hence, pitch factor, $k_c = 0.966$.

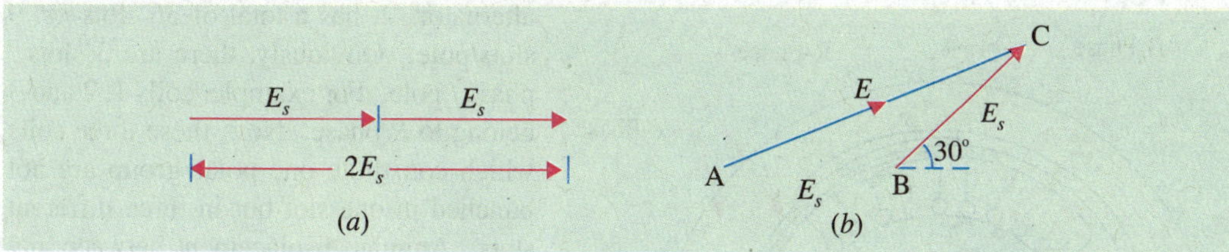

Fig. 37.17

In general, if the coil span falls short of full-pitch by an angle α (electrical)*, then $k_c = \cos \alpha/2$.

Similarly, for a coil having a span of 2/3 pole-pitch, $k_c = \cos 60°/2 = \cos 30° = 0.866$.

It is lesser than the value in the first case.

Note. The value of α will usually be given in the question, if not, then assume $k_c = 1$.

* This angle is known as chording angle and the winding employing short-pitched coils is called chorded winding.

Example 37.1. *Calculate the pitch factor for the under-given windings : (a) 36 stator slots, 4-poles, coil-span, 1 to 8 (b) 72 stator slots, 6 poles, coils span 1 to 10 and (c) 96 stator slots, 6 poles, coil span 1 to 12. Sketch the three coil spans.*

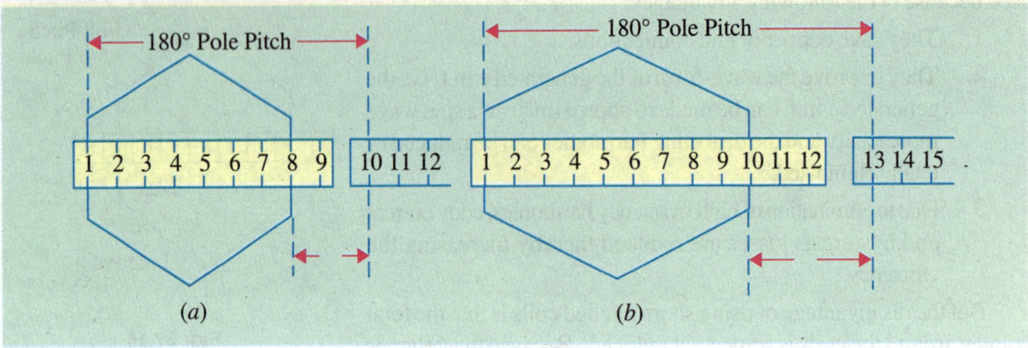

Fig. 37.18

Solution. (*a*) Here, the coil span falls short by $(2/9) \times 180° = 40°$

$$\alpha = 40°$$

$\therefore\ k_c = \cos 40°/2 = \cos 20° = \mathbf{0.94}$

(*b*) Here $\alpha = (3/12) \times 180° = 45°$ $\quad\therefore\ k_c = \cos 45°/2 = \cos 22.5° = \mathbf{0.924}$

(*c*) Here $\alpha = (5/16) \times 180° = 56°\ 16'$ $\quad\therefore\ k_c = \cos 28°8' = \mathbf{0.882}$

The coil spans have been shown in Fig. 37.18.

37.12. Distribution or Breadth Factor or Winding Factor or Spread Factor

It will be seen that in each phase, coils are not concentrated or bunched in one slot, but are distributed in a number of slots to form polar groups under each pole. These coils/phase are displaced from each other by a certain angle. The result is that the e.m.fs. induced in coil sides constituting a polar group are not in phase with each other but differ by an angle equal to angular displacement of the slots.

In Fig. 37.19 are shown the end connections of a 3-phase single-layer winding for a 4-pole alternator. It has a total of 36 slots *i.e.* 9 slots/pole. Obviously, there are 3 slots / phase / pole. For example, coils 1, 2 and 3 belong to *R* phase. Now, these three coils which constitute one polar group are not bunched in one slot but in three different slots. Angular displacement between any two adjacent slots = 180°/9 = 20° (elect.)

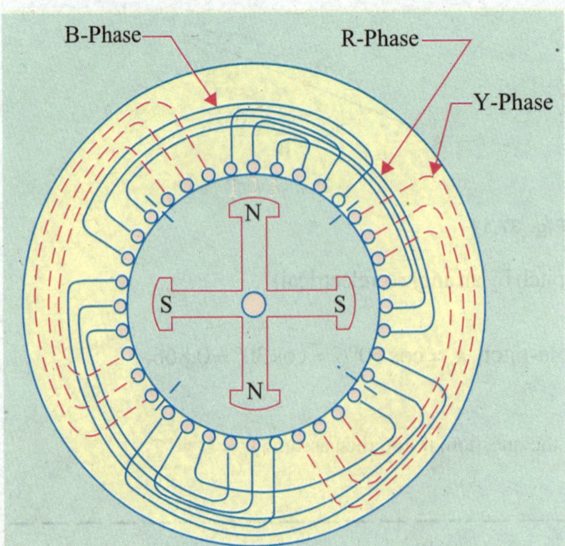

Fig. 37.19

If the three coils were bunched in one slot, then total e.m.f. induced in the three sides of the coil would be the arithmetic sum of the three e.m.f.s. *i.e.* = 3 E_S, where E_S is the e.m.f. induced in one coil *side* [Fig.37.20 (*a*)].

Since the coils are distributed, the individual e.m.fs. have a phase difference of 20° with each other. Their vector sum as seen from Fig. 35.20 (*b*) is

$$
\begin{aligned}
E &= E_S \cos 20° + E_S + E_S \cos 20° \\
&= 2\,E_S \cos 20° + E_S \\
&= 2\,E_S \times 0.9397 + E_S = 2.88\,E_S
\end{aligned}
$$

The distribution factor (k_d) is defined as

$$= \frac{\text{e.m.f. with distributed winding}}{\text{e.m.f. with concentrated winding}}$$

In the present case

$$k_d = \frac{\text{e.m.f. with winding in 3 slots/pole/phase}}{\text{e.m.f. with winding in 1 slots/pole/phase}} = \frac{E}{3\,E_S} = \frac{2.88\,E_S}{3\,E_S} = 0.96$$

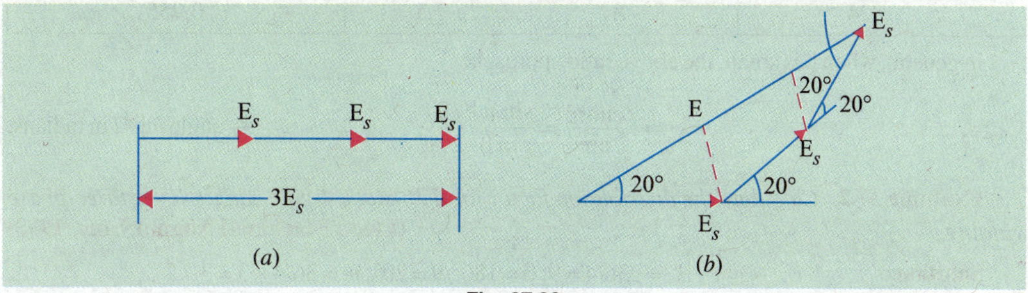

Fig. 37.20

General Case

Let β be the value of angular displacement between the slots. Its value is

$$\beta = \frac{180°}{\text{No. of slots/pole}} = \frac{180°}{n}$$

Let $\quad m$ = No. of slots/phase/pole

$\quad m\beta$ = phase spread angle

Then, the resultant voltage induced in one polar group would be mE_S

where E_S is the voltage induced in one coil side. Fig. 37.21 illustrates the method for finding the vector sum of m voltages each of value E_S and having a mutual phase difference of β (if m is large, then the curve $ABCDE$ will become part of a circle of radius r).

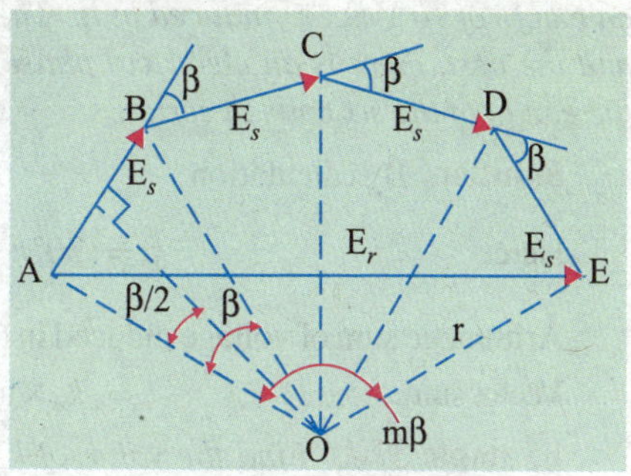

Fig. 37.21

$$AB = E_S = 2r \sin \beta/2$$

Arithmetic sum is $= mE_S = m \times 2r \sin \beta/2$

Their vector sum$= AE = E_r = 2r \sin m\beta/2$

$$k_d = \frac{\text{vector sum of coils e.m.fs.}}{\text{arithmetic sum of coil e.m.fs.}}$$

$$= \frac{2r \sin m\beta/2}{m \times 2r \sin \beta/2} = \frac{\sin m\,\beta/2}{m \sin \beta/2}$$

The value of distribution factor of a 3-phase alternator for different number of slots/pole/phase is given in table No. 37.1.

Table 37.1

Slots per pole	*m*	β°	*Distribution factor k_d*
3	1	60	1.000
6	2	30	0.966
9	3	20	0.960
12	4	15	0.958
15	5	12	0.957
18	6	10	0.956
24	8	7.5	0.955

In general, when β is small, the above ratio approaches

$$= \frac{\text{chord}}{\text{arc}} = \frac{\sin m\beta/2}{m\beta/2} \quad \text{— angle } m\beta/2 \text{ in radians.}$$

Example 37.2. *Calculate the distribution factor for a 36-slots, 4-pole, single-layer three-phase winding.* **(Elect. Machine-I Nagpur Univ. 1993)**

Solution.
$$n = 36/4 = 9;\ \beta = 180°/9 = 20°;\ m = 36/4 \times 3 = 3$$

$$kd = \frac{\sin m\beta/2}{m \sin \beta/2} = \frac{\sin 3\times 20°/2}{3 \sin 20°/2} = \mathbf{0.96}$$

Example. 37.3. *A part of an alternator winding consists of six coils in series, each coil having an e.m.f. of 10 V r.m.s. induced in it. The coils are placed in successive slots and between each slot and the next, there is an electrical phase displacement of 30°. Find graphically or by calculation, the e.m.f. of the six coils in series.*

Solution. By calculation

Here
$$\beta = 30° : m = 6 \therefore k_d = \frac{\sin m\beta/2}{m \sin \beta/2} = \frac{\sin 90°}{6 \times \sin 15°} = \frac{1}{6 \times 0.2588}$$

Arithmetic sum of voltage induced in 6 coils = 6 × 10 = 60 V

Vector sum $= k_d \times$ arithmetic sum $= 60 \times 1/6 \times 0.2588 =$ **38.64V**

Example 37.4. *Find the value of k_d for an alternator with 9 slots per pole for the following cases :*

(i) One winding in all the slots (ii) one winding using only the first 2/3 of the slots/pole (iii) three equal windings placed sequentially in 60° group.

Solution. Here, β = 180°/9 = 20° and values of *m i.e.* number of slots in a group are 9, 6 and 3 respectively.

(i) $m = 9, \quad \beta = 20°, \quad k_d = \frac{\sin 9\times 20°/2}{9 \sin 20°/2} = \mathbf{0.64} \left[\text{or } k_d = \frac{\sin \pi/2}{\pi/2} = 0.637\right]$

(ii) $m = 6, \quad \beta = 20°, \quad k_d = \frac{\sin 6\times 20°/2}{6 \sin 20°/2} = \mathbf{0.83} \left[\text{or } k_d = \frac{\sin \pi/3}{\pi/3} = 0.827\right]$

(iii) $m = 3, \quad \beta = 20°, \quad k_d = \frac{\sin 3\times 20°/2}{3 \sin 20°/2} = \mathbf{0.96} \left[\text{or } k_d = \frac{\sin \pi/6}{\pi/6} = 0.955\right]$

37.13. Equation of Induced E.M.F.

Let Z = No. of conductors or coil sides in series/phase

$= 2T$ — where T is the No. of coils or turns per phase (remember one turn or coil has two sides)

P = No. of poles

f = frequency of induced e.m.f. in Hz

Φ = flux/pole in webers

k_d = distribution factor $= \dfrac{\sin m\beta/2}{m \sin \beta/2}$

k_c or k_p = pitch or coil span factor $= \cos \alpha/2$

k_f = from factor = **1.11** —if e.m.f. is assumed sinusoidal

N = rotor r.p.m.

In one revolution of the rotor (*i.e.* in 60./N second) each stator conductor is cut by a flux of ΦP webers.

$\therefore \quad d\Phi = \Phi P$ and $dt = 60/N$ second

$\therefore$ Average e.m.f. induced per conductor $= \dfrac{d\Phi}{dt} = \dfrac{\Phi P}{60/N} = \dfrac{\Phi NP}{60}$

Now, we know that $f = PN/120$ or $N = 120\, f/P$

Substituting this value of N above, we get

Average e.m.f. per conductor $= \dfrac{\Phi P}{60} \times \dfrac{120 f}{P} = 2 f \Phi$ volt

If there are Z conductors in series/phase, then Average e.m.f./phase = $2f\,\Phi Z$ volt = $4 f \Phi T$ volt

R.M.S. value of e.m.f./phase $= 1.11 \times 4f\,\Phi T = 4.44 f\,\Phi T$ volt*.

This would have been the actual value of the induced voltage if all the coils in a phase were *(i)* full-pitched and *(ii)* concentrated or bunched in one slot (instead of being distributed in several slots under poles). But this not being so, the actually available voltage is reduced in the ratio of these two factors.

$\therefore$ Actually available voltage/phase $= 4.44\, k_c\, k_d f \Phi\, T = 4\, k_f k_c k_d f \Phi\, T$ volt.

If the alternator is star-connected (as is usually the case) then the line voltage is $\sqrt{3}$ times the phase voltage (as found from the above formula).

37.14. Effect of Harmonics on Pitch and Distribution Factors

(a) If the short-pitch angle or chording angle is α degrees (electrical) for the fundamental flux wave, then its values for different harmonics are

for 3rd harmonic $= 3\alpha$; for 5th harmonic $= 5\alpha$ and so on.

$\therefore$ pitch-factor, $k_c = \cos \alpha/2$ —for fundamental

$= \cos 3\alpha/2$ —for 3rd harmonic

$= \cos 5\alpha/2$ —for 5th harmonic etc.

(b) Similarly, the distribution factor is also different for different harmonics. Its value becomes

$k_d = \dfrac{\sin m\beta/2}{m \sin \beta/2}$ where n is the order of the harmonic

* It is exactly the same equation as the e.m.f. equation of a transformer. (Art 32.6)

for fundamental, $n = 1$ $\quad k_{d1} = \dfrac{\sin m\,\beta/2}{m \sin \beta/2}$

for 3rd harmonic, $n = 3$ $\quad k_{d3} = \dfrac{\sin 3\,m\,\beta/2}{m \sin 3\,\beta/2}$

for 5th harmonic, $n = 5$ $\quad k_{d5} = \dfrac{\sin 5\,m\,\beta/2}{m \sin 5\,\beta/2}$

(c) Frequency is also changed. If fundamental frequency is 50 Hz *i.e.* $f_1 = 50$ Hz then other frequencies are :

3rd harmonic, $f_3 = 3 \times 50 = 150$ Hz, 5th harmonic, $f_5 = 5 \times 50 = 250$ Hz etc.

Example 37.5. *An alternator has 18 slots/pole and the first coil lies in slots 1 and 16. Calculate the pitch factor for* **(i)** *fundamental* **(ii)** *3rd harmonic* **(iii)** *5th harmonic and* **(iv)** *7th harmonic.*

Solution. Here, coil span is $= (16 - 1) = 15$ slots, which falls short by 3 slots.

Hence, $\alpha = 180° \times 3/18 = 30°$

(i) $k_{c1} = \cos 30°/2 = \cos 15° =$ **0.966** $\qquad$ *(ii)* $k_{c3} = \cos 3 \times 30°/2 =$ **0.707**

(iii) $k_{c5} = \cos 5 \times 30°/2 = \cos 75° =$ **0.259** *(iv)* $k_{c7} = \cos 7 \times 30°/2 = \cos 105° = \cos 75° =$ **0.259.**

Example 37.6. *A 3-phase, 16-pole alternator has a star-connected winding with 144 slots and 10 conductors per slot. The flux per pole is 0.03 Wb, Sinusoidally distributed and the speed is 375 r.p.m. Find the frequency rpm and the phase and line e.m.f. Assume full-pitched coil.*

(Elect. Machines, AMIE Sec. B, 1991)

Solution. $f = PN/120 = 16 \times 375/120 =$ **50 Hz**

Since k_c is not given, it would be taken as unity.

$$n = 144/16 = 9;\ \beta = 180°/9 = 20°;\ m = 144/16 \times 3 = 3$$

$$k_d = \sin 3 \times (20°/2)/3 \sin (20°/2) = 0.96$$

$$Z = 144 \times 10/3 = 480;\ T = 480/2 = 240/\text{phase}$$

$$E_{ph} = 4.44 \times 1 \times 0.96 \times 50 \times 0.03 \times 240 = \mathbf{15.34\ V}$$

Line voltage, $E_L = \sqrt{3}\,E_{ph} = \sqrt{3} \times 1534 =$ **2658 V**

Example 37.7. *Find the no-load phase and line voltage of a star-connected 3-phase, 6-pole alternator which runs at 1200 rpm, having flux per pole of 0.1 Wb sinusoidally distributed. Its stator has 54 slots having double layer winding. Each coil has 8 turns and the coil is chorded by 1 slot.*

(Elect. Machines-I, Nagput Univ. 1993)

Solution. Since winding is chorded by one slot, it is short-pitched by 1/9 or 180°/9 = 20°

$\therefore$ $k_c = \cos 20°/2 = 0.98$; $f = 6 \times 1200/120 = 60$ Hz

$$n = 54/6 = 9;\ \beta = 180°/9 = 20°,\ m = 54/6 \times 3 = 3$$

$$k_d = \sin 3 \times (20°/2)/3 \sin (20°/2) = 0.96$$

$$Z = 54 \times 8/3 = 144;\ T = 144/2 = 72,\ f = 6 \times 1200/120 = 60\text{ Hz}$$

$$E_{ph} = 4.44 \times 0.98 \times 0.96 \times 60 \times 0.1 \times 72 = 1805\text{ V}$$

Line voltage, $E_L = \sqrt{3} \times 1805 =$ **3125 V.**

Example 37.8. *The stator of a 3-phase, 16-pole alternator has 144 slots and there are 4 conductors per slot connected in two layers and the conductors of each phase are connected in series. If the speed of the alternator is 375 r.p.m., calculate the e.m.f. inducted per phase. Resultant flux in the air-gap is 5×10^{-2} webers per pole sinusoidally distributed. Assume the coil span as 150° electrical.*

(Elect. Machine, Nagpur Univ. 1993)

Solution. For sinusoidal flux distribution, $k_f = 1.11$; $\alpha = (180° - 150°) = 30°$ (elect)

$$k_c = \cos 30°/2 = 0.966^{*}$$

No. of slots / pole, $n = 144/16 = 9$;

$$\beta = 180°/9 = 20°$$

$$m = \text{No. of slots/pole/phase} = 144/16 \times 3 = 3$$

$$\therefore \quad k_d = \frac{\sin m\,\beta/2}{m \sin \beta/2} = \frac{\sin 3 \times 20°/2}{3 \sin 20°/2} = 0.96; f = 16 \times 375/120 = 50 \text{ Hz}$$

No. of slots / phase $= 144/3 = 48$; No of conductors / slot = 4

$\therefore$ No. of conductors in series/phase $= 48 \times 4 = 192$

$\therefore$ turns / phase = conductors per phase/2 $= 192/2 = 96$

$$E_{ph} = 4\, k_f\, k_c\, k_d\, f\, \Phi T$$

$$= 4 \times 1.11 \times 0.966 \times 0.96 \times 50 \times 5 \times 10^{-2} \times 96 = \mathbf{988\ V}$$

Example 37.9. *A 10-pole, 50-Hz, 600 r.p.m. alternator has flux density distribution given by the following expression*

$$B = \sin \theta + 0.4 \sin 3\,\theta + 0.2 \sin 5\theta$$

The alternator has 180 slots wound with 2-layer 3-turn coils having a span of 15 slots. The coils are connected in 60° groups. If armature diameter is = 1.2 m and core length = 0.4 m, calculate

(i) *the expression for instantaneous e.m.f. / conductor*

(ii) *the expression for instantaneous e.m.f./coil*

(iii) *the r.m.s. phase and line voltages, if the machine is star-connected.*

Solution. For finding voltage/conductor, we may either use the relation *Blv* or use the relation of Art. 35-13.

Area of pole pitch $= (1.2\pi/10) \times 0.4 = 0.1508 \text{ m}^2$

Fundamental flux/pole, ϕ_1 = av. flux density × area $= 0.637 \times 1 \times 0.1508 = 0.096$ Wb

(a) RMS value of fundamental voltage per conductor,

$$= 1.1 \times 2 f\phi_1 = 1.1 \times 2 \times 50 \times 0.096 = \mathbf{10.56\ V}$$

Peak value $= \sqrt{2} \times 10.56 = 14.93$ V

Since harmonic conductor voltages are in proportion to their flux densities,

3rd harmonic voltage $= 0.4 \times 14.93 = 5.97$ V

5th harmonic voltage $= 0.2 \times 14.93 = 2.98$ V

Hence, equation of the instantaneous e.m.f./conductor is

$$\mathbf{e = 14.93 \sin \theta + 5.97 \sin 3\,\theta + 2.98 \sin 5\theta}$$

(b) Obviously, there are 6 conductors in a 3-turn coil. Using the values of k_c found in solved Ex. 37.5, we get

fundamental coil voltage $= 6 \times 14.93 \times 0.966 = 86.5$ V

3rd harmonic coil voltage $= 6 \times 5.97 \times 0.707 = 25.3$ V

5th harmonic coil voltage $= 6 \times 2.98 \times 0.259 = 4.63$ V

---

* Since they are not of much interest, the relative phase angles of the voltages have not been included in the expression.

Hence, coil voltage expression is*

$$e = 86.5 \sin \theta + 25.3 \sin 3\theta + 4.63 \sin 5\theta$$

(c) Here, $m = 6, \beta = 180°/18 = 10°;\quad k_{d1} = \dfrac{\sin 6 \times 10°/2}{6 \sin 10°/2} = 0.956$

$$k_{d3} = \frac{\sin 3 \times 6 \times 10°/2}{6 \sin 3 \times 10°/2} = 0.644 \qquad k_{d5} = \frac{\sin 5 \times 6 \times 10°/2}{6 \sin 5 \times 10°/2} = 0.197$$

It should be noted that number of coils per phase = 180/3 = 60

Fundamental phase e.m.f.= $(86.5A\sqrt{2}) \times 60 \times 0.956 = 3510$ V

3rd harmonic phase e.m.f.= $(25.3A\sqrt{2}) \times 60 \times 0.644 = 691$ V

5th harmonic phase e.m.f.= $(4.63A\sqrt{2}) \times 60 \times 0.197 = 39$ V

RMS value of phase voltage = $(3510^2 + 691^2 + 39^2)^{1/2}$ = **3577 V**

RMS value of line voltage = $\sqrt{3} \times (3510^2 + 39^2)^{1/2}$ = **6080 V**

Example 37.10. *A 4-pole, 3-phase, 50-Hz, star-connected alternator has 60 slots, with 4 conductors per slot. Coils are short-pitched by 3 slots. If the phase spread is 60º, find the line voltage induced for a flux per pole of 0.943 Wb distributed sinusoidally in space. All the turns per phase are in series.* **(Electrical Machinery, Mysore Univ. 1987)**

Solution. As explained in Art. 37.12, phase spread = $m\beta = 60°$ —**given**

Now, $m = 60/4 \times 3 = 5 \quad \therefore \quad 5\beta = 60°, \beta = 12°$

$$k_d = \frac{\sin 5 \times 12°/2}{5 \sin 12°/2} = 0.957;\ \alpha = (3/15) \times 180° = 36°;\ k_c = \cos 18° = 0.95$$

$$Z = 60 \times 4/3 = 80;\ T = 80/2 = 40;\ \Phi = 0.943 \text{ Wb};\ k_f = 1.11$$

$$\therefore \quad E_{ph} = 4 \times 1.11 \times 0.95 \times 0.975 \times 50 \times 0.943 \times 40 = 7613 \text{ V}$$

$$E_L = \sqrt{3} \times 7613 = \mathbf{13{,}185\ V}$$

Example 37.11. *A 4-pole, 50-Hz, star-connected alternator has 15 slots per pole and each slot has 10 conductors. All the conductors of each phase are connected in series' the winding factor being 0.95. When running on no-load for a certain flux per pole, the terminal e.m.f. was 1825 volt. If the windings are lap-connected as in a d.c. machine, what would be the e.m.f. between the brushes for the same speed and the same flux/pole. Assume sinusoidal distribution of flux.*

Solution. Here $k_f = 1.11, k_d = 0.95, k_c = 1$ (assumed)

$f = 50$ Hz; e.m.f./phase = $1825/\sqrt{3}$ V

Total No. of slots = $15 \times 4 = 60$

$\therefore$ No. of slots/phase = $60/3 = 20$; No. of turns/phase = $20 \times 10/2 = 100$

$$\therefore \quad 1825/\sqrt{3} = 4 \times 1.11 \times 1 \times 0.95 \times \Phi \times 50 \times 100 \quad \therefore \Phi = 49.97 \text{ mWb}$$

When connected as a d.c. generator

$$E_g = (\Phi ZN/60) \times (P/A) \text{ volt}$$

$$Z = 60 \times 10 = 600, \qquad N = 120\,f/P = 120 \times 50/4 = 1500 \text{ r.p.m.}$$

$$\therefore \quad E_g = \frac{49.97 \times 10^{-3} \times 600 \times 1500}{60} \times \frac{4}{4} = \mathbf{750\ V}$$

---

* Also $k_c = \sin 150°/2 = \sin 75° = 0.966$

Example 37.12. *An alternator on open-circuit generates 360 V at 60 Hz when the field current is 3.6 A. Neglecting saturation, determine the open-circuit e.m.f. when the frequency is 40 Hz and the field current is 2.4 A.*

Solution. As seen from the e.m.f. equation of an alternator,

$$E \propto \Phi f \quad \therefore \frac{E_1}{E_2} = \frac{\Phi_1 f_1}{\Phi_2 f_2}$$

Since saturation is neglected, $\Phi \propto I_f$ where I_f is the field current

$$\therefore \quad \frac{E_1}{E_2} = \frac{I_{f1} \cdot f_1}{I_{f2} \cdot f_2} \quad \text{or} \quad \frac{360}{E_2} = \frac{3.6 \times 60}{2.4 \times 40}; \; E_2 = \mathbf{160\ V}$$

Example 37.13. *Calculate the R.M.S. value of the induced e.m.f. per phase of a 10-pole, 3-phase, 50-Hz alternator with 2 slots per pole per phase and 4 conductors per slot in two layers. The coil span is 150°. The flux per pole has a fundamental component of 0.12 Wb and a 20% third component.* **(Elect. Machines-III, Punjab Univ. 1991)**

Solution. Fundamental E.M.F.

$$\alpha = (180° - 150°) = 30°; \; k_{c1} = \cos \alpha/2 = \cos 15° = 0.966$$

$$m = 2; \text{No. of slots/pole} = 6; \beta = 180°/6 = 30°$$

$$\therefore \quad k_{d1} = \frac{\sin m\beta/2}{m \sin \beta/2} = \frac{\sin 2 \times 30°/2}{2 \sin 30°/2} = 0.966$$

$$Z = 10 \times 2 \times 4 = 80; \text{turn/phase}, T = 80/2 = 40$$

$$\therefore \quad \text{Fundamental E.M.F./phase} = 4.44\, k_c k_d f \Phi T$$

$$\therefore \quad E_1 = 4.44 \times 0.966 \times 0.966 \times 50 \times 0.12 \times 40 = 995 \text{V}$$

Hormonic E.M.F.

$$K_{c3} = \cos 3\,\alpha/2 = \cos 3 \times 30°/2 = \cos 45° = 0.707$$

$$k_{d3} = \frac{\sin mn\beta/2}{m \sin n\beta/2} \quad \text{where } n \text{ is the order of the harmonic } i.e. \; n = 3$$

$$\therefore \quad k_{d3} = \frac{\sin 2 \times 3 \times 30°/2}{2 \sin 3 \times 30°/2} = \frac{\sin 90°}{2 \sin 45°} = 0.707, f_2 = 50 \times 3 = 150 \text{ Hz}$$

$$\Phi_3 = (1/3) \times 20\% \text{ of fundamental flux} = (1/3) \times 0.02 \times 0.12 = 0.008 \text{ Wb}$$

$$\therefore \quad E_3 = 4.44 \times 0.707 \times 0.707 \times 150 \times 0.008 \times 40 = 106 \text{ V}$$

$$\therefore \quad E \text{ per phase} = \sqrt{E_1^2 + E_3^2} = \sqrt{995^2 + 106^2} = \mathbf{1000\ V}$$

Note. Since phase e.m.fs. induced by the 3rd, 9th and 15th harmonics etc. are eliminated from the line voltages, the line voltage for a *Y*-connection would be = 995 × √3 volt.

Example 37.14. *A 3-phase alternator has generated e.m.f. per phase of 230 V with 10 per cent third harmonic and 6 per cent fifth harmonic content. Calculate the r.m.s. line voltage for* **(a)** *star connection* **(b)** *delta-connection. Find also the circulating current in delta connection if the reactance per phase of the machine at 50-Hz is 10 Ω.* **(Elect. Machines-III, Osmania Univ. 1988)**

Solution. It should be noted that in both star and delta-connections, the third harmonic components of the three phases cancel out at the line terminals because they are co-phased. Hence, the line e.m.f. is composed of the fundamental and the fifth harmonic only.

(*a*) Star-connection

$$E_1 = 230 \text{ V}; E_5 = 0.06 \times 230 = 13.8 \text{ V}$$

$$\text{E.M.F./phase} = \sqrt{E_1^2 + E_5^2} = \sqrt{230^2 + 13.8^2} = 230.2\ V$$

$$\text{R.M.S. value of line e.m.f.} = \sqrt{3} \times 230.2 = \mathbf{3.99\ V}$$

(b) Delta-connection

Since for delta-connection, line e.m.f. is the same as the phase e.m.f.

R.M.S. value of line e.m.f. = **230.2 V**

In delta-connection, third harmonic components are additive round the mesh, hence a circulating current is set up whose magnitude depends on the reactance per phase at the third harmonic frequency.

R.M.S. value of third harmonic e.m.f. per phase $= 0.1 \times 230 = 23$ V

Reactance at triple frequency $= 10 \times 3 = 30\ \Omega$

Circulating current $= 23/30 =$ **0.77 A**

Example 37.15 (a). *A motor generator set used for providing variable frequency a.c. supply consists of a three-phase, 10-pole synchronous motor and a 24-pole, three- phase synchronous generator. The motor-generator set is fed from a 25 Hz, three-phase a.c. supply. A 6-pole, three-phase induction motor is electrically connected to the terminals of the synchronous generator and runs at a slip of 5%. Determine :*

(i) the frequency of the generated voltage of the synchronous generator.

(ii) the speed at which the induction motor is running. **(U.P. Technical University 2001)**

Solution. Speed of synchronous motor $= (120 \times 25)/10 = 300$ rpm.

(i) At 300 rpm, frequency of the voltage generated by 24-pole synchronous generator

$$= \frac{24 \times 300}{120} = 60 \text{ Hz}$$

Synchronous speed of the 6-pole induction motor fed from a 60 Hz supply

$$= \frac{120 \times 60}{6} = 1200 \text{ rpm}$$

(ii) With 5 % slip, the speed of this induction motor $= 0.95 \times 1200 = 1140$ rpm.

Further, the frequency of the rotor-currents $= s\,f = 0.05 \times 60 = 3$ Hz.

Example 37.15 (b). *Find the no load line voltage of a star connected 4-pole alternator from the following :*

Flux per pole = 0.12 Weber, Slots per pole per phase = 4

Conductors/ slot = 4, Two layer winding, with coil span = 150°

[Bharthithasan University, April 1997]

Solution. Total number of slots $= 4 \times 3 \times 4 = 48$, Slot pitch = 15° electrical

Total number of conductors $= 48 \times 4 = 192$, Total number of turns = 96

No. of turns in series per phase = 32

For a 60° phase spread,

$$k_b = \frac{\sin (60°/2)}{4 \times \sin 7.5°} = 0.958$$

For 150° coil-span, pitch factor $k_p = \cos 15° = 0.966$, and for 50 Hz frequency,

$$E_{ph} = 4.44 \times 50 \times 0.12 \times 0.958 \times 0.966 \times 32 = 789 \text{ volts}$$

$$E_{line} = 789 \times 1.732 = 1366.6 \text{ volts}$$

Tutorial Problems 37.1

1. Find the no-load phase and line voltage of a star-connected, 4-pole alternator having flux per pole of 0.1 Wb sinusoidally distributed; 4 slots per pole per phase, 4 conductors per slot, double-layer winding with a coil span of 150°.
[Assuming f = 50 Hz; 789 V; 1366 V] *(Elect. Technology-I, Bombay Univ. 1978)*

2. A 3-ϕ, 10-pole, *Y*-connected alternator runs at 600 r.p.m. It has 120 stator slots with 8 conductors per slot and the conductors of each phase are connected in series. Determine the phase and line e.m.fs. if the flux per pole is 56 mWb. Assume full-pitch coils.
[1910 V; 3300 V] *(Electrical Technology-II, Madras Univ. April 1977)*

3. Calculate the speed and open-circuit line and phase voltages of a 4-pole, 3-phase, 50-Hz, star-connected alternator with 36 slots and 30 conductors per slot. The flux per pole is 0.0496 Wb and is sinusoidally distributed. **[1500 r.p.m.; 3,300 V; 1,905 V]** *(Elect. Engg-II, Bombay Univ. 1979)*

4. A 4-pole, 3-phase, star-connected alternator armature has 12 slots with 24 conductors per slot and the flux per pole is 0.1 Wb sinusoidally distributed.
Calculate the line e.m.f. generated at 50 Hz. **[1850 V]**

5. A 3-phase, 16-pole alternator has a star-connected winding with 144 slots and 10 conductors per slot. The flux per pole is 30 mWb sinusoidally distributed. Find the frequency, the phase and line voltage if the speed is 375 rpm. **[50 Hz; 1530 V; 2650 V]** *(Electrical Machines-I, Indore Univ. April 1977)*

6. A synchronous generator has 9 slots per pole. If each coil spans 8 slot pitches, what is the value of the pitch factor ? **[0.985]** *(Elect. Machines, A.M.I.E. Sec. B. 1989)*

7. A 3-phase, *Y*-connected, 2-pole alternator runs at 3,600 r.p.m. If there are 500 conductors per phase in series on the armature winding and the sinusoidal flux per pole is 0.1 Wb, calculate the magnitude and frequency of the generated voltage from first principles. **[60 Hz; 11.5 kV]**

8. One phase of a 3-phase alternator consists of twelve coils in series. Each coil has an r.m.s. voltage of 10 V induced in it and the coils are arranged in slots so that there is a successive phase displacement of 10 electrical degrees between the e.m.f. in each coil and the next. Find graphically or by calculation, the r.m.s. value of the total phase voltage developed by the winding. If the alternator has six pole and is driven at 100 r.p.m., calculate the frequency of the e.m.f. generated. **[108 V; 50 Hz]**

9. A 4-pole, 50-Hz, 3-phase, Y-connected alternator has a single-layer, full-pitch winding with 21 slots per pole and two conductors per slot. The fundamental flux is 0.6 Wb and air-gap flux contains a third harmonic of 5% amplitude. Find the r.m.s. values of the phase e.m.f. due to the fundamental and the 3rd harmonic flux and the total induced e.m.f.
[3,550 V; 119.5 V; 3,553 V] *(Elect. Machines-III, Osmania Univ. 1977)*

10. A 3-phase, 10-pole alternator has 90 slots, each containing 12 conductors. If the speed is 600 r.p.m. and the flux per pole is 0.1 Wb, calculate the line e.m.f. when the phases are (*i*) star connected (*ii*) delta connected. Assume the winding factor to be 0.96 and the flux sinusoidally distributed.
[(i) 6.93 kV (ii) 4 kV] *(Elect. Engg-II, Kerala Univ. 1979)*

11. A star-connected 3-phase, 6-pole synchronous generator has a stator with 90 slots and 8 conductors per slot. The rotor revolves at 1000 r.p.m. The flux per pole is 4×10^{-2} weber. Calculate the e.m.f. generated, if all the conductors in each phase are in series. Assume sinusoidal flux distribution and full-pitched coils. **[Eph = 1,066 V]** *(Elect. Machines, A.M.I.E. Summer, 1979)*

12. A six-pole machine has an armature of 90 slots and 8 conductors per slot and revolves at 1000 r.p.m. the flux per pole being 50 milli weber. Calculate the e.m.f. generated as a three-phase star-connected machine if the winding factor is 0.96 and all the conductors in each phase are in series.
[1280 V] *(Elect. Machines, AMIE, Sec. B, (E-3), Summer 1992)*

13. A 3-phase, 16 pole alternator has a star connected winding with 144 slots and 10 conductors per slot. The flux/pole is 0.04 wb (sinusoidal) and the speed is 375 rpm. Find the frequency and phase and line e.m.f. The total turns/phase may be assumed to series connected.
[50 Hz, 2035 Hz, 3525 V] *(Rajiv Gandhi Technical University, Bhopal, 2000)*

37.15. Factors Affecting Alternator Size

The efficiency of an alternator always increases as its power increases. For example, if an alternator of 1 kW has an efficiency of 50%, then one of 10 MW will inevitably have an efficiency of about 90%. It is because of this improvement in efficiency with size that alternators of 1000 MW and above possess efficiencies of the order of 99%.

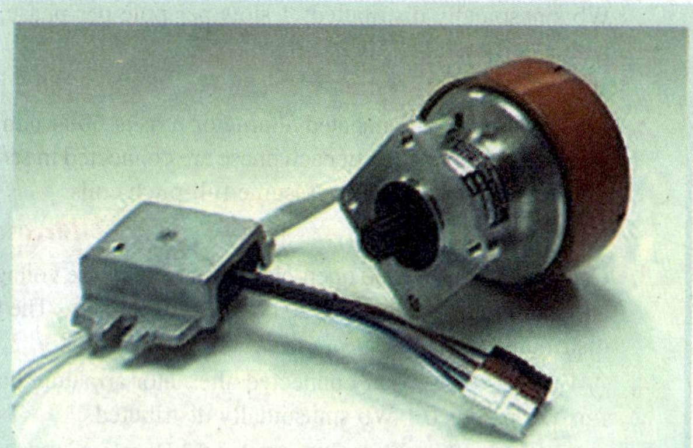

Light weight alternator

Another advantage of large machines is that power output per kilogram increases as the alternator power increases. If 1 kW alternator weighs 20 kg (*i.e.* 50 W/kg), then 10MW alternator weighing 20,000 kg yields 500 W/kg. In other words, larger alternators weigh relatively less than smaller ones and are, consequently, cheaper.

However, as alternator size increases, cooling problem becomes more serious. Since large machines inherently produce high power loss per unit surface area (W/m^2), they tend to overheat. To keep the temperature rise within acceptable limits, we have to design efficient cooling system which becomes ever more elaborate as the power increases. For cooling alternators of rating upto 50 MW, circulating cold-air system is adequate but for those of rating between 50 and 300 MW, we have to resort to hydrogen cooling. Very big machines in 1000 MW range have to be equipped with hollow water-cooled conductors. Ultimately, a point is reached where increased cost of cooling exceeds the saving made elsewhere and this fixes the upper limit of the alternator size.

Large weight alternator

So for as the speed is concerned, low-speed alternators are always bigger than high speed alternators of the same power. Bigness always simplifies the cooling problem. For example, the large 200-rpm, 500-MVA alternators installed in a typical hydropower plant are air-cooled whereas much smaller 1800-r.p.m., 500-MVA alternators installed in a steam plant are hydrogen cooled.

37.16. Alternator on Load

As the load on an alternator is varied, its terminal voltage is also found to vary as in d.c. generators. This variation in terminal voltage V is due to the following reasons:

1. voltage drop due to armature resistance R_a
2. voltage drop due to armature leakage reactance X_L
3. voltage drop due to armature reaction

(a) Armature Resistance

The armature resistance/phase R_a causes a voltage drop/phase of IR_a which is in phase with the armature current I. However, this voltage drop is practically negligible.

(b) Armature Leakage Reactance

When current flows through the armature conductors, fluxes are set up which do not cross the air-gap, but take different paths. Such fluxes are known as *leakage fluxes*. Various types of leakage fluxes are shown in Fig. 37.22.

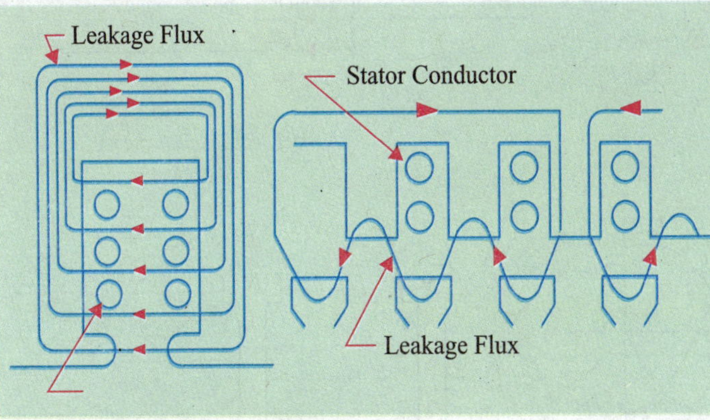

Fig. 37.22

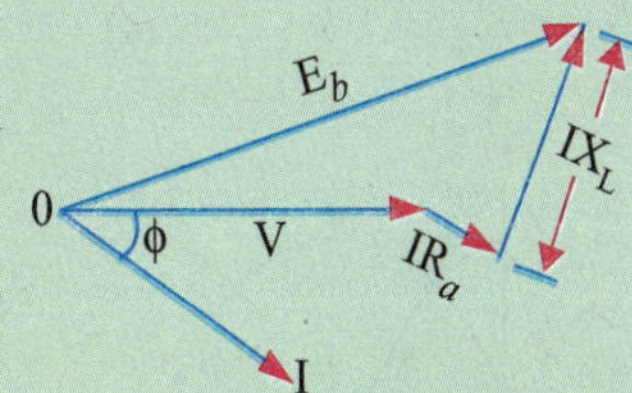

Fig. 37.23

The leakage flux is practically independent of saturation, but is dependent on I and its phase angle with terminal voltage V. This leakage flux sets up an e.m.f. of self-inductance which is known as *reactance e.m.f.* and which is ahead of I by 90°. Hence, armature winding is assumed to possess leakage reactance X_L (also known as Potier rectance X_P) such that voltage drop due to this equals IX_L. A part of the generated e.m.f. is used up in overcoming this reactance e.m.f.

$$\therefore \quad E = V + I\,(R + jX_L)$$

This fact is illustrated in the vector diagram of Fig. 37.23.

(c) Armature Reaction

As in d.c. generators, armature reaction is the effect of armature flux on the main field flux. ***In the case of alternators, the power factor of the load has a considerable effect on the armature reaction*** We will consider three cases : (*i*) when load of p.f. is unity (*ii*) when p.f. is zero lagging and (*iii*) when p.f. is zero leading.

Before discussing this, it should be noted that in a 3-phase machine the combined ampere-turn wave (or m.m.f. wave) is sinusoidal which moves synchronously. This amp-turn or m.m.f. wave is fixed relative to the poles, its amplitude is proportional to the load current, but its position depends on the p.f. of the load.

Consider a 3-phase, 2-pole alternator having a single-layer winding, as shown in Fig. 37.24 (*a*). For the sake of simplicity, assume that winding of each phase is concentrated (instead of being distributed) and that the number of turns per phase is N. Further suppose that the alternator is loaded with a resistive load of unity power factor, so that phase currents I_a, I_b and I_c are in phase with their respective phase voltages. Maximum current I_a will flow when the poles are in position shown in Fig. 37.24 (*a*) or at a time t_1 in Fig. 37.24 (*c*). When I_a has a maximum value, I_b and I_c have one-half their maximum values (the arrows attached to I_a, I_b and I_c are only polarity marks and are not meant to give the instantaneous directions of these currents at time t_1). The instantaneous directions of currents are shown in Fig. 37.24 (*a*). At the instant t_1, I_a flows in conductor α whereas I_b and I_c flow out.

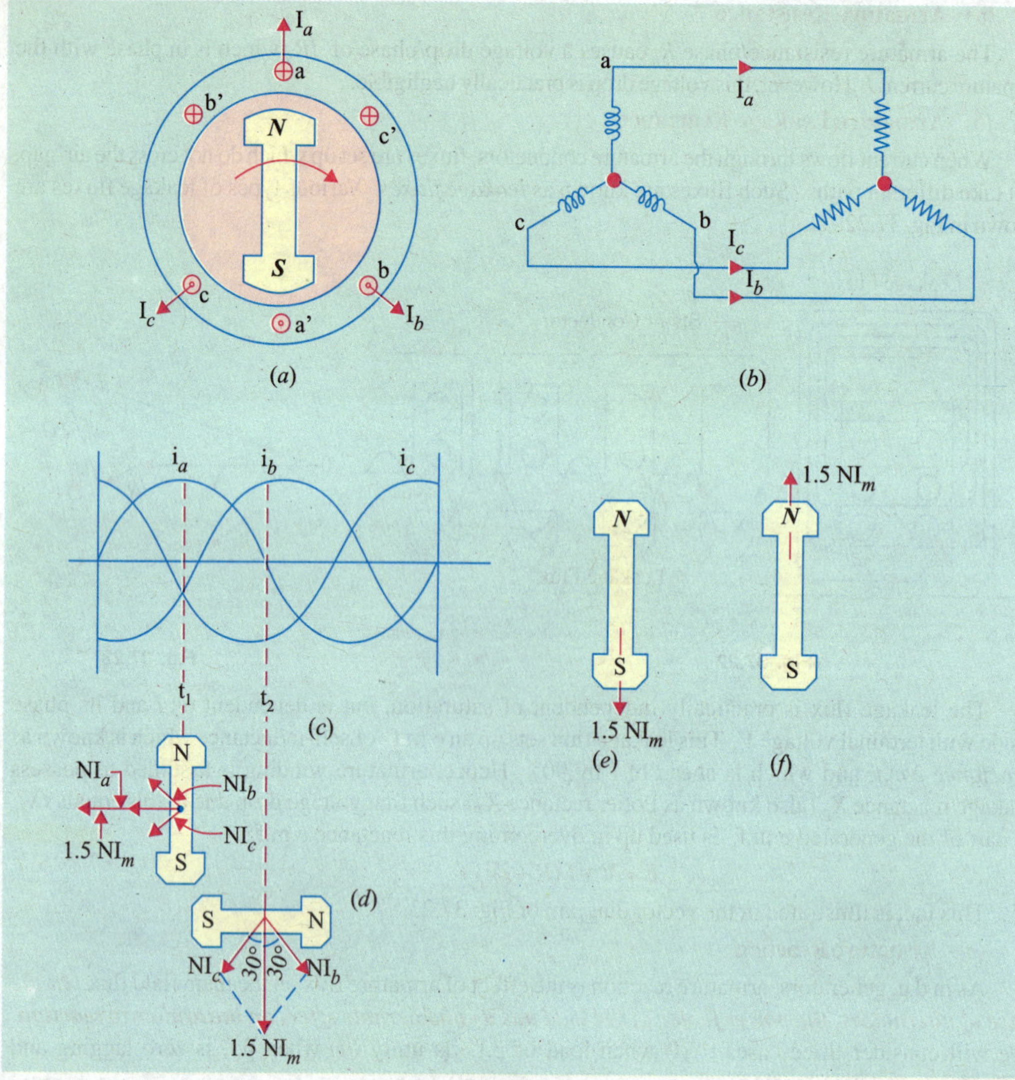

Fig. 37.24

As seen from Fig. 37.24 (*d*), the m.m.f. (= NI_m) produced by phase *a-a′* is horizontal, whereas that produced by other two phases is $(I_m/2)\ N$ each at 60° to the horizontal. The total armature m.m.f. is equal to the vector sum of these three m.m.fs.

$\therefore$ Armature m.m.f. $= NI_m + 2.(1/2\ NI_m)\cos 60° = 1.5\ NI_m$

As seen, at this instant t_1, the m.m.f. of the main field is upwards and the armature m.m.f. is behind it by 90 electrical degrees.

Next, let us investigate the armature m.m.f. at instant t_2. At this instant, the poles are in the horizontal position. Also $I_a = 0$, but I_b and I_c are each equal to 0.866 of their maximum values. Since I_c has not changed in direction during the interval t_1 to t_2, the direction of its m.m.f. vector remains unchanged. But I_b has changed direction, hence, its m.m.f. vector will now be in the position shown in Fig. 37.24 (*d*). Total armature m.m.f. is again the vector sum of these two m.m.fs.

$\therefore$ Armature m.m.f. $= 2 \times (0.866\ NI_m) \times \cos 30° = 1.5\ NI_m$.

If further investigations are made, it will be found that.

1. armature m.m.f. remains constant with time

2. it is 90 space degrees behind the main field m.m.f., so that it is only distortional in nature.
3. it rotates synchronously round the armature *i.e.* stator.

For a lagging load of zero power factor, all currents would be delayed in time 90° and armature m.m.f. would be shifted 90° with respect to the poles as shown in Fig. 37.24 (*e*). Obviously, armature m.m.f. would demagnetise the poles and cause a reduction in the induced e.m.f. and hence the terminal voltage.

For leading loads of zero power factor, the armature m.m.f. is advanced 90° with respect to the position shown in Fig. 37.24 (*d*). As shown in Fig. 37.24 (*f*), the armature m.m.f. strengthens the main m.m.f. In this case, armature reaction is wholly magnetising and causes an increase in the terminal voltage.

The above facts have been summarized briefly in the following paragraphs where the matter is discussed in terms of 'flux' rather than m.m.f. waves.

1. Unity Power Factor

In this case [Fig. 37.25 (*a*)] the armature flux is cross-magnetising. The result is that the flux at the leading tips of the poles is reduced while it is increased at the trailing tips. However, these two effects nearly offset each other leaving the average field strength constant. In other words, armature reaction for unity p.f. is distortional.

2. Zero P.F. lagging

As seen from Fig. 37.25 (*b*), here the armature flux (whose wave has moved backward by 90°) is in direct opposition to the main flux.

Hence, the main flux is decreased. Therefore, it is found that armature reaction, in this case, is wholly ***demagnetising***, with the result, that due to weakening of the main flux, less e.m.f. is generated. To keep the value of generated e.m.f. the same, field excitation will have to be increased to compensate for this weakening.

3. Zero P.F. leading

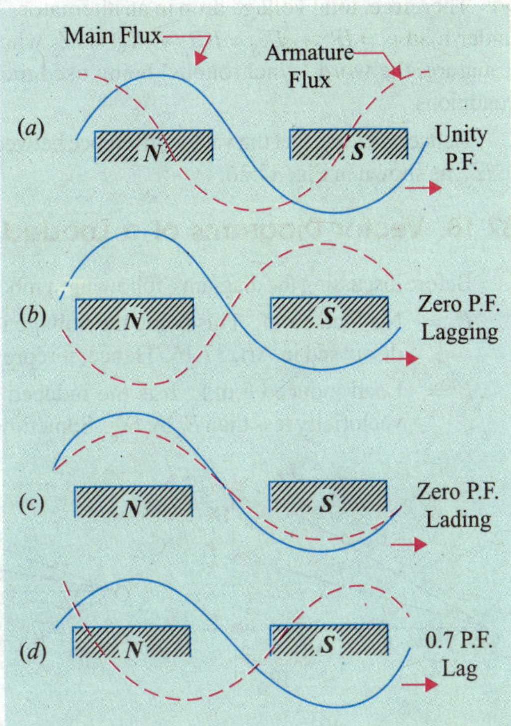

Fig. 37.25

In this case, shown in Fig. 37.25 (*c*) armature flux wave has moved forward by 90° so that it is in phase with the main flux wave. This results in added main flux. Hence, in this case, armature reaction is wholly *magnetising*, which results in greater induced e.m.f. To keep the value of generated e.m.f. the same, field excitation will have to be reduced somewhat.

4. For intermediate power factor [Fig. 37.25 (*d*)], the effect is partly distortional and partly demagnetising (because p.f. is lagging).

37.17. Synchronous Reactance

From the above discussion, it is clear that for the same field excitation, terminal voltage is decreased from its no-load value E_0 to V (for a lagging power factor). This is because of

1. drop due to armature resistance, IR_a
2. drop due to leakage reactance, IX_L
3. drop due to armature reaction.

The drop in voltage due to armature reaction may be accounted for by assumiung the presence of a fictitious reactance X_a in the armature winding. The value of X_a is such that IX_a represents the voltage drop due to armature reaction.

The leakage reactance X_L (or X_P) and the armature reactance X_a may be combined to give synchronous reactance X_S.

Hence $\quad X_S = X_L + X_a$*

Therefore, total voltage drop in an alternator under load is $= IR_a + jIX_S = I(R_a + jX_S) = IZ_S$ where Z_S is known as synchronous impedance of the armature, the word 'synchronous' being used merely as an indication that it refers to the working conditions.

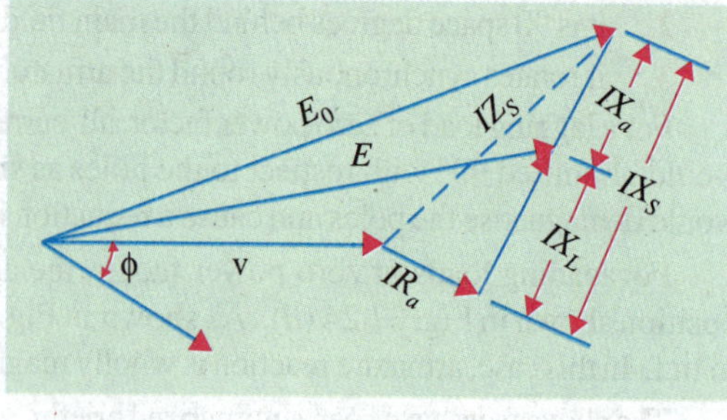

Fig. 37.26

Hence, we learn that the vector difference between no-load voltage E_0 and terminal voltage V is equal to IZ_S, as shown in Fig. 37.26.

37.18. Vector Diagrams of a Loaded Alternator

Before discussing the diagrams, following symbols should be clearly kept in mind.

E_0 = No-load e.m.f. This being the voltage induced in armature in the absence of three factors discussed in Art. 37.16. Hence, it represents the maximum value of the induced e.m.f.

E = Load induced e.m.f. It is the induced e.m.f. after allowing for armature reaction. E is vectorially less than E_0 by IX_a. Sometimes, it is written as E_a (Ex. 37.16).

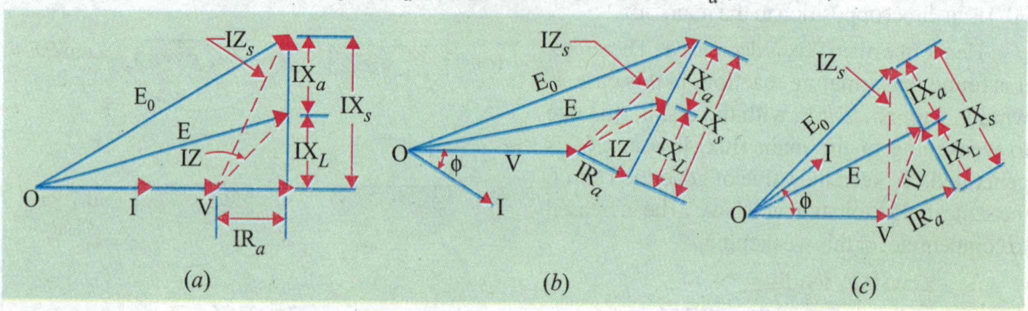

Fig. 37.27

V = Terminal voltage, It is vectorially less than E_0 by IZ_S or it is vectorially less than E by I_Z where

Z = $\sqrt{(R_a^2 + X_L^2)}$. It may also be written as Z_a.

I = armature current/phase and ϕ = load p.f. angle.

In Fig. 37.27 **(a)** is shown the case for unity p.f., in Fig. 37.27 **(b)** for lagging p.f. and in Fig. 37.27 **(c)** for leading p.f. All these diagrams apply to one phase of a 3-phase machine. Diagrams for the other phases can also be drawn similary.

Example 37.16. *A 3-phase, star-connected alternator supplies a load of 10 MW at p.f. 0.85 lagging and at 11 kV (terminal voltage). Its resistance is 0.1 ohm per phase and synchronous reactance 0.66 ohm per phase. Calculate the line value of e.m.f. generated.*

(Electrical Technology, Aligarh Muslim Univ. 1988)

* The ohmic value of X_a varies with the p.f. of the load because armature reaction depends on load p.f.

Solution. F.L. output current $= \dfrac{10 \times 10^6}{\sqrt{3} \times 11,000 \times 0.85} = 618\ A$

$$IR_a \text{ drop} = 618 \times 0.1 = 61.8 \text{ V}$$
$$IX_S \text{ drop} = 618 \times 0.66 = 408 \text{ V}$$

Terminal voltage/phase = $11,000/\sqrt{3} = 6,350$ V

$$\phi = \cos^{-1}(0.85) = 31.8°; \sin\phi = 0.527$$

As seen from the vector diagram of Fig. 37.28 where *I* instead of *V* has been taken along reference vector,

$$E_0 = \sqrt{(V\cos\phi + IR_a)^2 + (V\sin\phi + IX_S)^2}$$
$$= \sqrt{(6350 \times 0.85 + 61.8)^2 + (6350 \times 0.527 + 408)^2}$$
$$= 6,625 \text{ V}$$

Line e.m.f. $= \sqrt{3} \times 6,625 =$ **11,486 volt**

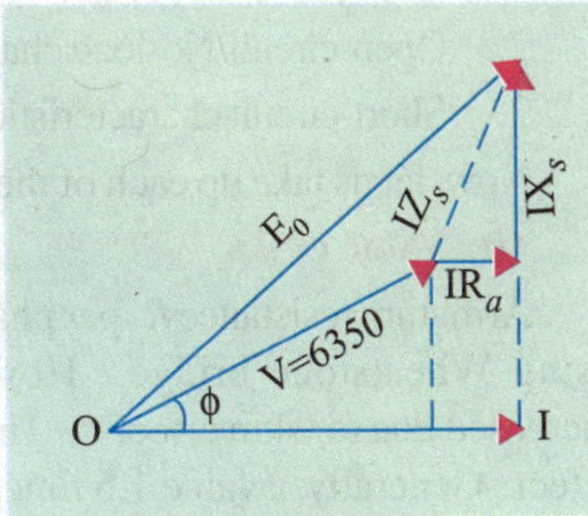

Fig. 37.28

37.19. Voltage Regulation

It is clear that with change in load, there is a change in terminal voltage of an alternator. The magnitude of this change depends ***not only on the load but also on the load power factor.***

The voltage regulation of an alternator is defined as "the rise in voltage when full-load is removed (field excitation and speed remaining the same) divided by the rated terminal voltage."

$$\therefore \text{ \% regulation 'up'} = \frac{E_0 - V}{V} \times 100$$

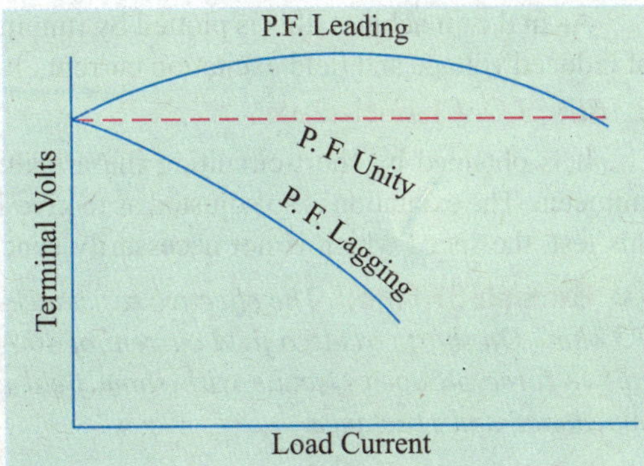

Fig. 37.29

Note. *(i)* $E_0 - V$ is the arithmetical difference and not the vectorial one.

(ii) In the case of *leading* load p.f., terminal voltage will fall on removing the full-load. Hence, regulation is negative in that case.

(iii) The rise in voltage when full-load is thrown off is not the same as the fall in voltage when full-load is applied.

Voltage characteristics of an alternator are shown in Fig. 37.29.

37.20. Determination of Voltage Regulation

In the case of small machines, the regulation may be found by direct loading. The procedure is as follows :

The alternator is driven at synchronous speed and the terminal voltage is adjusted to its rated value *V*. The load is varied until the wattmeter and ammeter (connected for the purpose) indicate the rated values at desired p.f. Then the entire load is thrown off while the speed and field excitation are kept constant. The open-circuit or no-load voltage E_0 is read. Hence, regulation can be found from

$$\text{\% regn} = \frac{E_0 - V}{V} \times 100$$

In the case of large machines, the cost of finding the regulation by direct loading becomes prohibitive. Hence, other indirect methods are used as discussed below. It will be found that all these methods differ chiefly in the way the no-load voltage E_0 is found in each case.

1. ***Synchronous Impedance or E.M.F. Method.*** It is due to Behn Eschenberg.
2. ***The Ampere-turn or M.M.F. Method.*** This method is due to Rothert.
3. ***Zero Power Factor or Potier Method.*** As the name indicates, it is due to Potier.

All these methods require—

1. Armature (or stator) resistance R_a
2. Open-circuit/No-load characteristic.
3. Short-circuit characteristic (but zero power factor lagging characteristic for Potier method).

Now, let us take up each of these methods one by one.

(*i*) Value of Ra

Armature resistance R_a per phase can be measured directly by voltmeter and ammeter method or by using Wheatstone bridge. However, under working conditions, the effective value of R_a is increased due to 'skin effect'*. The value of R_a so obtained is increased by 60% or so to allow for this effect. Generally, a value 1.6 times the d.c. value is taken.

(*ii*) O.C. Characteristic

As in d.c. machines, this is plotted by running the machine on no-load and by noting the values of induced voltage and field excitation current. It is just like the *B-H* curve.

(*iii*) S.C. Characteristic

It is obtained by short-circuiting the armature (*i.e.* stator) windings through a low-resistance ammeter. The excitation is so adjusted as to give 1.5 to 2 times the value of full-load current. During this test, the speed which is not necessarily synchronous, is kept constant.

Example 37.17 (*a*). *The effective resistance of a 2200V, 50Hz, 440 KVA, 1-phase, alternator is 0.5 ohm. On short circuit, a field current of 40 A gives the full load current of 200 A. The electromotive force on open-circuits with same field excitation is 1160 V. Calculate the synchronous impedance and reactance.* **(Madras University, 1997)**

Solution. For the 1-ph alternator, since the field current is same for O.C. and S.C. conditions

$$Z_S = \frac{1160}{200} = 5.8 \text{ ohms}$$

$$X_S = \sqrt{5.8^2 - 0.5^2} = 5.7784 \text{ ohms}$$

Example 37.17 (*b*). *A 60-KVA, 220 V, 50-Hz, 1-φ alternator has effective armature resistance of 0.016 ohm and an armature leakage reactance of 0.07 ohm. Compute the voltage induced in the armature when the alternator is delivering rated current at a load power factor of* **(*a*)** *unity* **(*b*)** *0.7 lagging and* **(*c*)** *0.7 leading.* **(Elect. Machines-I, Indore Univ. 1981)**

Solution. Full load rated current $I = 60{,}000/220 = 272.2$ A

$$IR_a = 272.2 \times 0.016 = 4.3 \text{ V};$$

$$IX_L = 272.2 \times 0.07 = 19 \text{ V}$$

(*a*) Unity p.f. — Fig. 37.30 (*a*)

$$E = \sqrt{(V + IR_a)^2 + (I X_L)^2} = \sqrt{(220 + 4.3)^2 + 19^2} = \mathbf{225 \ V}$$

* The 'skin effect' may sometimes increase the effective resistance of armature conductors as high as 6 times its d.c. value.

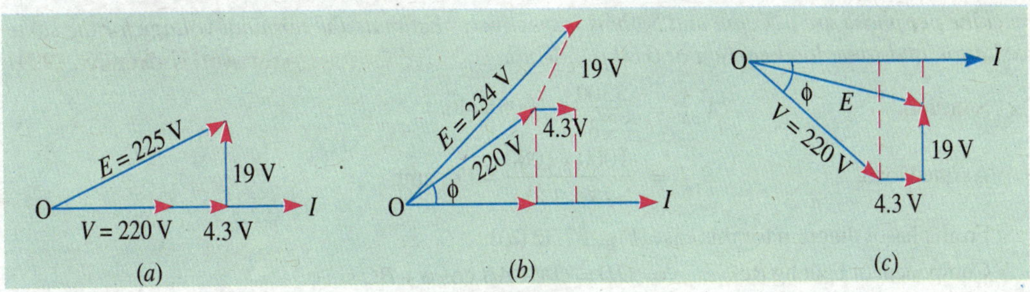

Fig. 37.30

(b) p.f. 0.7 (lag) —Fig. 37.30 (b)

$$E = [V\cos\phi + IR_a)^2 + (V\sin\phi + IX_L)^2]^{1/2}$$
$$= [(220\times 0.7 + 4.3)^2 + (220\times 0.7 + 19)^2]^{1/2} = \mathbf{234\ V}$$

(c) p.f. = 0.7 (lead) —Fig. 37.30 (c)

$$E = [(V\cos\phi + IR_a)^2 + (V\sin\phi - IX_L)^2]^{1/2}$$
$$= [(220\times 0.7 + 4.3)^2 + (220\times 0.7 - 19)^2]^{1/2} = \mathbf{208\ V}$$

Example 37.18 (a). *In a 50-kVA, star-connected, 440-V, 3-phase, 50-Hz alternator, the effective armature resistance is 0.25 ohm per phase. The synchronous reactance is 3.2 ohm per phase and leakage reactance is 0.5 ohm per phase. Determine at rated load and unity power factor :*

(a) *Internal e.m.f.* E_a ***(b)*** *no-load e.m.f.* E_0 ***(c)*** *percentage regulation on full-load* ***(d)*** *value of synchronous reactance which replaces armature reaction.*

(Electrical Engg. Bombay Univ. 1987)

Solution. (a) The e.m.f. E_a is the vector sum of (*i*) terminal voltage V **(ii)** IR_a and **(iii)** IX_L as detailed in Art. 37.17. Here,

$$V = 440/\sqrt{3} = 254\ \text{V}$$

F.L. output current at u.p.f. is

$$= 50{,}000/\sqrt{3}\times 440 = 65.6\ \text{A}$$

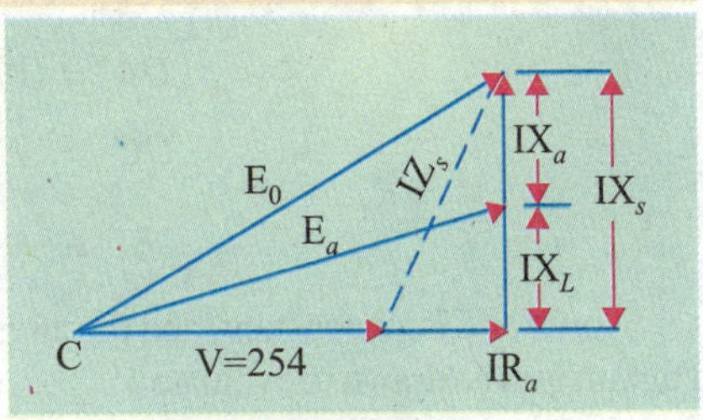

Fig. 37.31

Resistive drop = 65.6 × 0.25 = 16.4 V

Leakage reactance drop IX_L = 65.6 × 0.5 = 32.8 V

$$\therefore \quad E_a = \sqrt{(V + IR_a)^2 + (IX_L)^2}$$
$$= \sqrt{(254 + 16.4)^2 + 32.8^2} = 272\ \text{volt}$$

Line value $= \sqrt{3}\times 272 =$ **471 volt.**

(b) The no-load e.m.f. E_0 is the vector sum of **(i)** V **(ii)** IR_a and **(iii)** IX_S or is the vector sum of V and IZ_S (Fig. 37.31).

$$\therefore \quad E_0 = \sqrt{(V + IR_a)^2 + (IX_S)^2} = \sqrt{(254+16.4)^2 + (65.6\times 3.2)^2} = 342\ \text{volt}$$

Line value $= \sqrt{3}\times 342 =$ **592 volt**

(c) % age regulation 'up' $= \dfrac{E_0 - V}{V}\times 100 = \dfrac{342 - 254}{254}\times 100 =$ **34.65 per cent**

(d) $X_a = X_S - X_L = 3.2 - 0.5 =$ **2.7 Ω** ...Art. 37.17

Example 37.18 (b). *A 1000 kVA, 3300-V, 3-phase, star-connected alternator delivers full-load current at rated voltage at 0.80 p. f. Lagging. The resistance and synchronous reactance of the* *machine per phase are 0.5 ohm and 5 ohms respectively. Estimate the terminal voltage for the same excitation and same load current at 0.80 p. f. leading.* **(Amravati University, 1999)**

Solution. $V_{ph} = \frac{3300}{\sqrt{3}} = 1905$ volts

At rated load, $I_{ph} = \frac{1000 \times 1000}{\sqrt{3} \times 3300} = 175$ amp

From phasor diagram for this case [Fig. 37.32 (*a*)]

Component of E along Ref $= OD = OA + AB \cos\phi + BC \sin\phi$

$= 1905 + (87.5 \times 0.80) + (875 \times 0.60) = 2500$

Component of E along perpendicular direction

$= CD = -AB \sin\phi + BC \cos\phi$

$= 87.5 \times 0.6 + 875 \times 0.80 = 647.5$ volts

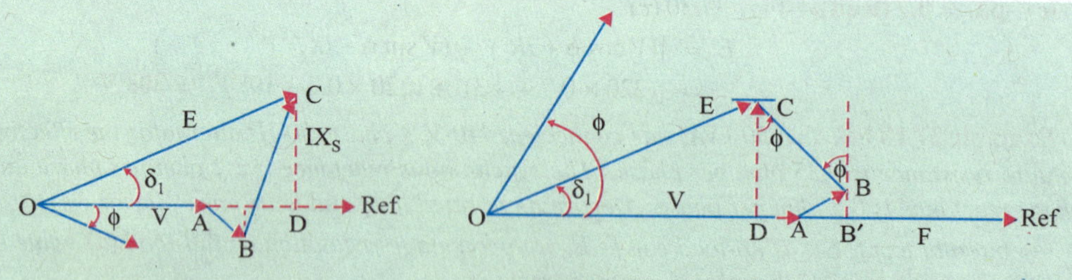

(*a*) Phasor diagram at lagging P.f. (*b*) Phasor diagram for leading P.F.

Fig. 37.32

$$OA = 1950, AB = I_r = 87.5, BC = IX_S = 875$$

$$OC = E = \sqrt{OD^2 + DC^2} = \sqrt{2500^2 + 647.5^2} = \textbf{2582.5 volts}$$

$$\delta_1 = \sin^{-1}\frac{CD}{OC} = \sin^{-1}(647.5/2582.5) = 14.52°$$

Now, for *E* kept constant, and the alternator delivering rated current at 0.80 leading p.f., the phasor diagram is to be drawn to evaluate *V*.

Construction of the phasor diagram starts with marking the reference. Take a point *A* which is the terminating point of phasor *V* which starts from *O*. *O* is the point yet to be marked, for which the other phasors have to be drawn.

$$AB = 87.5, BC = 875$$

$$BAF = 36.8°$$

BC perpendicular to *AB*. From *C*, draw an arc of length *E*, *i.e.* 2582.5 volts to locate *O*.

Note. Construction of Phasor diagram starts from known *AE*, *V* is to be found.

Along the direction of the current, *AB* = 87.5, ∠ *BAF* = 36.8°, since the current is leading. *BC* = 875 which must be perpendicular to *AB*. Having located *C*, draw a line *CD* which is perpendicular to the reference, with point *D*, on it, as shown.

Either proceed graphically drawing to scale or calculate geometrically :

$CD = AB \sin\phi + BC \cos\phi = (87.5 \times 0.60) + (875 \times 0.80) = 752.5$ volts

Since $CD = E \sin\delta_2, \sin\delta_2 = 752.5/2582.5$ giving $\delta_2 = 17°$

$OD = E \cos\delta = 2470$ volts

$DA = DB' - AB'$

$= BC \sin\phi - AB \cos\phi - 875 \times 0.6 - 87.5 \times 0.8 = 455$ volts

Terminal voltage, $V = OA = OD + DA = 2470 + 455 = 2925$ volts/phase

Since the alternator is star connected, line voltage $\sqrt{3} \times 2925 = 5066$ volts

Check : While delivering lagging p.f. current,

Total power delivered= (100 kVA) × 0.80 = 800 kW

In terms of E and δ_1 referring to the impedance-triangle in Fig. 37.32 (c)

total power delivered

$$= 3\left[\frac{VE}{Z_S}\cos(\theta - \delta_1) - \frac{V^2}{Z_S}\cos\theta\right]$$

$$= 3\left[\frac{1905 \times 2582.5}{5.025}\cos(84.3° - 14.52°) - 1905^2 \times \cos 84.3°\right]$$

$$= 800 \text{ kW} \quad \text{...checked}$$

$$OA = 0.5, \quad AB = 5$$

$$OB = \sqrt{0.5^2 + 5^2} = 5.025\ \Omega$$

$$\theta = \angle BOA = \tan^{-1}(X_S/R) = \tan^{-1} 10 = 84.3°$$

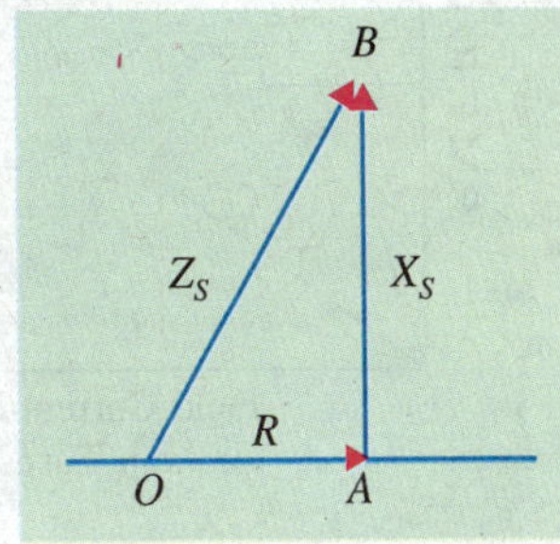

Fig. 37.32 (c) Impedance triangle for the Alternator

While delivering leading p.f. current the terminal voltage is 5.066 kV line to line.

Total power delivered in terms of V and I

$$= \sqrt{3} \times 5.066 \times 175 \times 0.8 \text{ kW} = 1228.4 \text{ kW}$$

In terms of E and with voltages expressed in volts,

total power output

$$= 3\left[\frac{VE}{Z_S}\cos(\theta - \delta_2) - \frac{V^2}{Z_S}\cos\theta\right] \times 10^{-3} \text{ kW}$$

$$= 3\left[\frac{2925 \times 2582.5}{5.025}\cos(84.3 - 17°) - \frac{2925^2}{5.025} \times \cos 84.3°\right] \times 10^{-3} \text{ kW}$$

$$= 3\left[\frac{2925 \times 2582.5}{5.025} \times \cos(67.3°) - \frac{2925 \times 2925}{5.025}\cos 84.3°\right] \text{kW}$$

$= 3\,(580.11 - 169.10) = 1233$ kW, which agrees fairly closely to the previous figure and hence checks our answer.

37.21. Synchronous Impedance Method

Following procedural steps are involved in this method:

1. O.C.C is plotted from the given data as shown in Fig. 37.33 (a).

2. Similarly, S.C.C. is drawn from the data given by the short-circuit test. It is a straight line passing through the origin. Both these curves are drawn on a common field-current base.

Consider a field current I_f. The O.C. voltage corresponding to this field current is E_1. When winding is short-circuited, the terminal voltage is zero. Hence, it may be assumed that the whole of this voltage E_1 is being used to circulate the armature short-circuit current I_1 against the synchronous impedance Z_S.

$$\therefore \quad E_1 = I_1 Z_S \qquad \therefore Z_S = \frac{E_1 \text{ (open-circuit)}}{I_1 \text{ (short-circuit)}}$$

3. Since R_a can be found as discussed earlier, $X_S = \sqrt{(Z_S^2 - R_a^2)}$

4. Knowing R_a and X_S, vector diagram as shown in Fig. 37.33 (*b*) can be drawn for any load and any power factor.

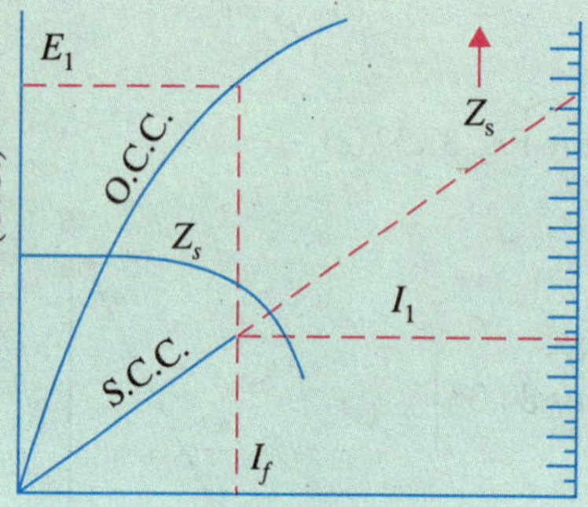

Fig. 37.33 (a)

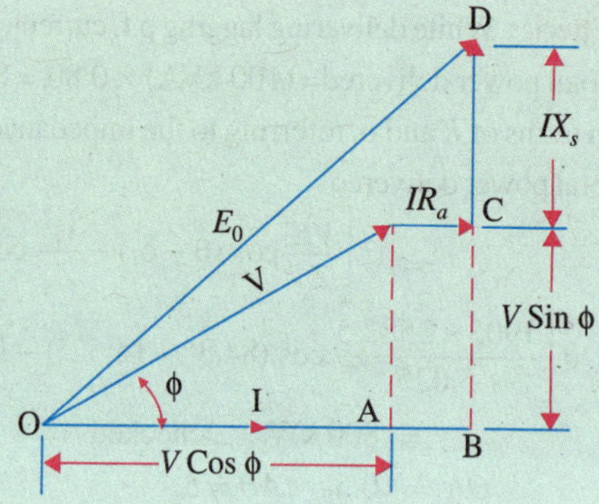

Fig. 37.33 (b)

Here $\qquad OD = E_0 \quad \therefore \; E_0 = \sqrt{(OB^2 + BD^2)}$

or $\qquad E_0 = \sqrt{[(V\cos\phi + IR_a)^2 + (V\sin\phi + IX_S)^2]}$

$\therefore \qquad$ % regn. 'up' $= \dfrac{E_0 - V}{V} \times 100$

Note. *(i)* Value of regulation for unity power factor or leading p.f. can also be found in a similar way.

(ii) This method is not accurate because the value of Z_S so found is always more than its value under normal voltage conditions and saturation. Hence, the value of regulation so obtained is always more than that found from an actual test. That is why it is called pessimistic method. The value of Z_S is not constant but varies with saturation. At low saturation, its value is larger because then the effect of a given armature ampere-turns is much more than at high saturation. Now, under short-circuit conditions, saturation is very low, because armature m.m.f. is directly demagnetising. Different values of Z_S corresponding to different values of field current are also plotted in Fig. 37.33 (*a*).

(iii) The value of Z_S usually taken is that obtained from full-load current in the short-circuit test.

(iv) Here, armature reactance X_a has not been treated separately but along with leakage reactance X_L.

Example 37.19. *Find the synchronous impedance and reactance of an alternator in which a given field current produces an armature current of 200 A on short-circuit and a generated e.m.f. of 50 V on open-circuit. The armature resistance is 0.1 ohm. To what induced voltage must the alternator be excited if it is to deliver a load of 100 A at a p.f. of 0.8 lagging, with a terminal voltage of 200V.* **(Elect. Machinery, Banglore Univ. 1991)**

Solution. It will be assumed that alternator is a single phase one. Now, for same field current,

$$Z_S = \frac{\text{O.C. volts}}{\text{S.C. current}} = \frac{50}{200} = \mathbf{0.25\ \Omega.}$$

$$X_S = \sqrt{Z_S^2 - R_a^2} = \sqrt{0.25^2 - 0.1^2} = \mathbf{0.23\ \Omega.}$$

Now, $\quad IR_a = 100 \times 0.1 = 10$ V, $IX_S = 100 \times 0.23 = 23$ V;

$\cos\phi = 0.8, \sin\phi = 0.6$. As seen from Fig. 37.34.

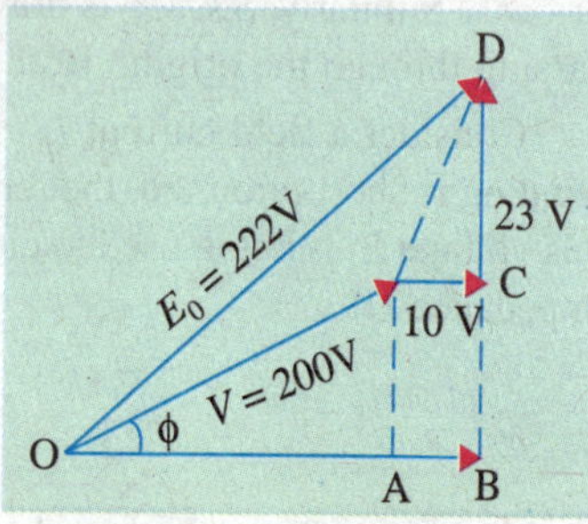

Fig. 37.34

$$E_0 = \sqrt{(V\cos\phi + IR_a)^2 + (V\sin\phi + IX_S)^2}$$
$$= [(200 \times 0.8 + 10)^2 + (200 \times 0.6 + 23)^2]^{1/2} = \textbf{222 V}$$

Example 37.20. *From the following test results, determine the voltage regulation of a 2000-V, 1-phase alternator delivering a current of 100 A at (i) unity p.f. (ii) 0.8 leading p.f. and (iii) 0.71 lagging p.f.*

Test results : Full-load current of 100 A is produced on short-circuit by a field excitation of 2.5A. An e.m.f. of 500 V is produced on open-circuit by the same excitation. The armature resistance is 0.8Ω. **(Elect. Engg.-II, M.S. Univ. 1987)**

Solution. $Z_S = \dfrac{\text{O.C. volts}}{\text{S.C. current}}$ —for same excitation

for same excitation

$$= 500/100 = 5\,\Omega$$
$$X_S = \sqrt{Z_S^2 - R_a^2} = \sqrt{5^2 - 0.8^2} = 4.936\,\Omega$$

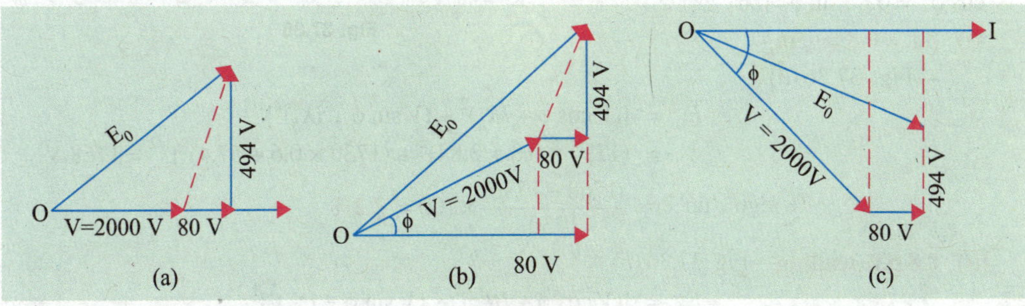

Fig. 37.35

***(i)* Unity p.f.** (Fig. 37.35 (*a*)]

$$IR_a = 100 \times 0.8 = 80\text{ V}; \quad IX_S = 100 \times 4.936 = 494\text{ V}$$
$$\therefore \quad E_0 = \sqrt{(2000 + 80)^2 + 494^2} = 2140\,V$$
$$\%\text{ regn} = \frac{2140 - 2000}{2000} \times 100 = \textbf{7\%}$$

***(ii)* p.f. = 0.8 (lead)** [Fig. 37.35 (*c*)]

$$E_0 = [(2000 \times 0.8 + 80)^2 + (2000 \times 0.6 - 494)^2]^{1/2} = 1820\text{ V}$$
$$\%\text{ regn} = \frac{1820 - 2000}{2000} \times 100 = \textbf{-9\%}$$

***(iii)* p.f. = 0.71(lag)** [Fig.37.35 (*b*)]

$$E_0 = [(2000 \times 0.71 + 80)^2 + (2000 \times 0.71 + 494)^2]^{1/2} = 2432\text{ V}$$
$$\%\text{ regn} = \frac{2432 - 2000}{2000} \times 100 = \textbf{21.6\%}$$

Example 37.21. *A 100-kVA, 3000-V, 50-Hz 3-phase star-connected alternator has effective armature resistance of 0.2 ohm. The field current of 40 A produces short-circuit current of 200 A and an open-circuit emf of 1040 V (line value). Calculate the full-load voltage regulation at 0.8 p.f. lagging and 0.8 p.f. leading. Draw phasor diagrams.*

(Basic Elect. Machines, Nagpur Univ. 1993)

Solution. $Z_S = \dfrac{\text{O.C. voltage/phase}}{\text{S.C. current/phase}}$ —for same excitation

$$= \frac{1040/\sqrt{3}}{200} = 3\ \Omega$$

$$X_S = \sqrt{Z_S^2 - R_a^2} = \sqrt{3^2 - 0.2^2}$$

$$= 2.99\ \Omega$$

F.L. current,

$$I = 100{,}000/\sqrt{3} \times 3000$$
$$= 19.2\text{ A}$$
$$IR_a = 19.2 \times 0.2 = 3.84\text{ V}$$
$$IX_S = 19.2 \times 2.99 = 57.4\text{ V}$$

Voltage/phase

$$= 3000/\sqrt{3} = 1730\text{V}$$

$\cos\phi = 0.8$; $\sin\phi = 0.6$

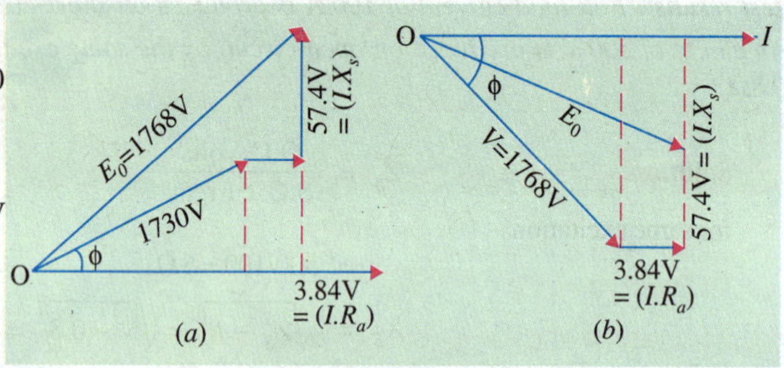

Fig. 37.36

***(i)* p.f. = 0.8 lagging**

—Fig. 37.36 (*a*)

$$E_0 = [(V\cos\phi + IR_a)^2 + (V\sin\phi + IX_S)^2]^{1/2}$$
$$= (1730 \times 0.8 + 3.84)^2 + (1730 \times 0.6 + 57.4)^2]^{1/2} = 1768\text{ V}$$

$$\%\text{ regn. 'up'} = \frac{(1768 - 1730)}{1730} \times 100 = \mathbf{2.2\%}$$

***(ii)* 0.8 p.f. leading**—Fig. 37.36 (*b*)

$$E_0 = [(V\cos\phi + IR_a)^2 + (V\sin\phi - IX_S)^2]^{1/2}$$
$$= [(1730 \times 0.8 + 3.84)^2 + (1730 \times 0.6 - 57.4)^2]^{1/2}$$
$$= 1699\text{ V}$$

$$\%\text{ regn.} = \frac{1699 - 1730}{1730} \times 100 = \mathbf{-1.8\%}$$

Example 37.22. *A 3-phase, star-connected alternator is rated at 1600 kVA, 13,500 V. The armature resistance and synchronous reactance are 1.5 Ω and 30 Ω respectively per phase. Calculate the percentage regulation for a load of 1280 kW at 0.8 leading power factor.*

(Advanced Elect. Machines AMIE Sec. B, 1991)

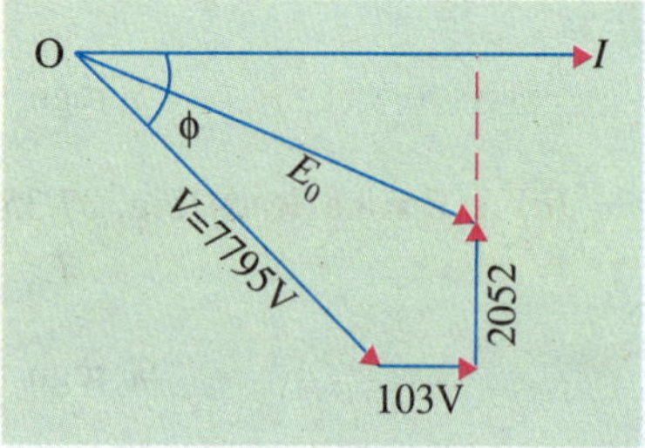

Fig. 37.37

Solution.

$$1280{,}000 = \sqrt{3} \times 13{,}500 \times I \times 0.8;$$

$$\therefore\quad I = 68.4\text{ A}$$

$$IR_a = 68.4 \times 1.5 = 103\text{ V}\ ;\ IX_S = 68.4 \times 30 = 2052$$

$$\text{Voltage/phase} = 13{,}500/\sqrt{3} = 7795\text{ V}$$

As seen from Fig. 37.37.

$$E_0 = [(7795 \times 0.8 + 103)^2 + (7795 \times 0.6 - 2052)]^{1/2} = 6663\text{ V}$$

$$\%\text{ regn.} = (6663 - 7795)/7795$$
$$= -0.1411 \text{ or } -\mathbf{14.11\%}$$

Example 37.23. *A 3-phase, 10-kVA, 400-V, 50-Hz, Y-connected alternator supplies the rated load at 0.8 p.f. lag. If arm. resistance is 0.5 ohm and syn. reactance is 10 ohms, find the power angle and voltage regulation.* **(Elect. Machines-I Nagpur Univ. 1993)**

Solution. F.L. current, $I = 10,000/\sqrt{3} \times 400 = 14.4\ A$

$$IR_a = 14.4 \times 0.5 = 7.2\ \text{V}$$

$$IX_S = 14.4 \times 10 = 144\ \text{V}$$

$$\text{Voltage/phase} = 400/\sqrt{3} = 231\ \text{V}$$

$$\phi = \cos^{-1} 0.8 = 36.87°, \text{ as shown in Fig. 37.38.}$$

$$E_0 = [(V\cos\phi + IR_a)^2 + (V\sin\phi + IX_S)^2]^{1/2}$$

$$= (231 \times 0.8 + 7.2)^2 + (231 \times 0.6 + 144)^2]^{1/2}$$

$$= 342\ \text{V}$$

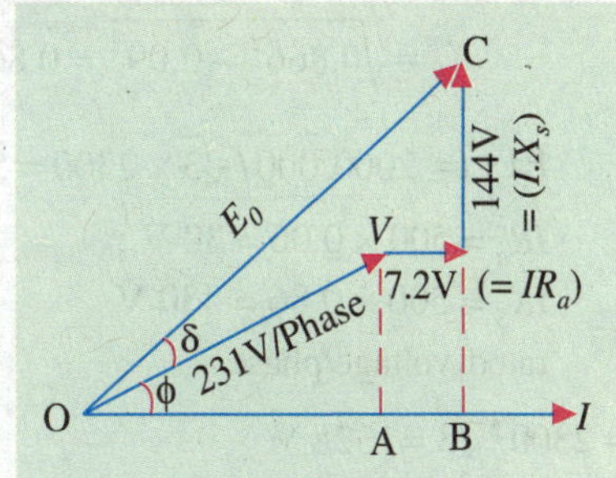

Fig. 37.38

$$\%\ \text{regn.} = \frac{342 - 231}{231} \times 100 = 0.48 \text{ or } 48\%$$

The power angle of the machine is defined as the angle between V and E_0 *i.e.* angle δ

As seen from Fig. 37.38, $\tan(\phi + \delta) = \dfrac{BC}{OB} = \dfrac{231 \times 0.6 + 144}{231 \times 0.8 + 7.2} = \dfrac{282.6}{192} = 1.4419$;

$\therefore$ $(\phi + \delta) = 55.26°$

$\therefore$ power angle $\delta = 55.26° - 36.87° = $ **18.39°**

Example 37.24. *The following test results are obtained from a 3-phase, 6,000-kVA, 6,600 V, star-connected, 2-pole, 50-Hz turbo-alternator:*

With a field current of 125 A, the open-circuit voltage is 8,000 V at the rated speed; with the same field current and rated speed, the short-circuit current is 800 A. At the rated full-load, the resistance drop is 3 per cent. Find the regulation of the alternator on full-load and at a power factor of 0.8 lagging. **(Electrical Technology, Utkal Univ. 1987)**

Solution. $$Z_S = \frac{\text{O.C. voltage/phase}}{\text{S.C. current/phase}} = \frac{8000/\sqrt{3}}{800} = 5.77\ \Omega$$

Voltage/phase $= 6,600\sqrt{3} = 3,810$ V

Resistive drop $= 3\%$ of $3,810\ \text{V} = 0.03 \times 3,810 = 114.3$ V

Full-load current $= 6,000 \times 10^3/\sqrt{3} \times 6,600 = 525$ A

Now $IR_a = 114.3$V

$\therefore$ $R_a = 114.3/525 = 0.218\ \Omega$

$$X_S = \sqrt{Z_S^2 - R_a^2} = \sqrt{5.77^2 - 0.218^2} = 5.74\ \Omega \text{ (approx.)}$$

As seen from the vector diagram of Fig. 37.33, (*b*)

$$E_0 = \sqrt{[3,810 \times 0.8 + 114.3)^2 + (3,810 \times 0.6 + 525 \times 5.74)^2]} = 6,180\ \text{V}$$

$\therefore$ regulation $= (6,180 - 3,810) \times 100/3,810 = $ **62.2%**

Example 37.25. *A 3-phase 50-Hz star-connected 2000-kVA, 2300 V alternator gives a short-circuit current of 600 A for a certain field excitation. With the same excitation, the open circuit voltage was 900 V. The resistance between a pair of terminals was 0.12 Ω. Find full-load regulation at (i) UPF (ii) 0.8 p.f. lagging.* **(Elect. Machines, Nagpur Univ. 1993)**

Solution. $$Z_S = \frac{\text{O.C. volts/phase}}{\text{S.C. current/phase}} = \frac{900/\sqrt{3}}{600} = 0.866\ \Omega$$

Resistance between the terminals is 0.12 Ω. It is the resistance of two phases connected in series.

∴ Resistance/phase = 0.12/2 = 0.06 Ω;

effective resistance/phase $= 0.06 \times 1.5 = 0.09\ \Omega$;

$$X_S = \sqrt{0.866^2 - 0.09^2} = 0.86\ \Omega$$

F.L. $I = 2000,000/\sqrt{3} \times 2300 = 500$ A

$IR_a = 500 \times 0.06 = 30$ V ;

$IX_S = 500 \times 0.86 = 430$ V

rated voltage/phase

$= 2300/\sqrt{3} = 1328$ V

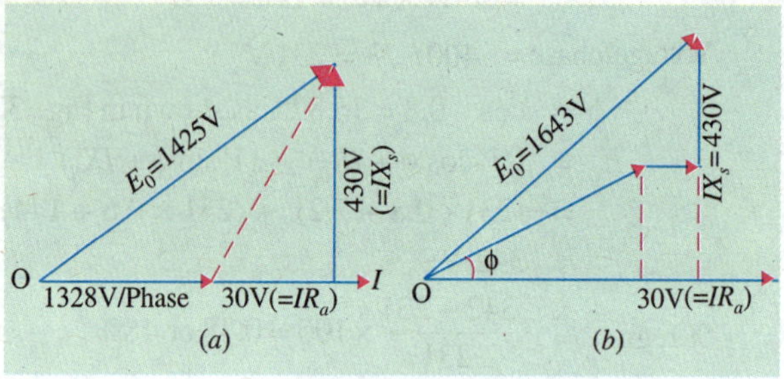

Fig. 37.39

(i) U.P.F. —Fig. 37.39 (*a*),

$$E_0 = [(V \cos \phi + IR_a)^2 + (IX_S)^2]^{1/2}$$

$$= \sqrt{(1328+30)^2 + 430^2} = 1425 \text{ V}$$

% regn. = (1425 − 1328)/1328 = 0.073 or **7.3%**

(ii) 0.8 p.f. lagging —Fig. 37.39 (*b*)

$$E_0 = [(V \cos \phi + IR_a)^2 + (V \sin \phi + IX_s)^2]^{1/2}$$

$$= [(1328 \times 0.8 + 30)^2 + (1328 \times 0.6 + 430)^2]^{1/2} = 1643 \text{ V}$$

∴ % regn. = (1643 − 1328)/1328 = 0.237 or **23.7%.**

Example 37.26. *A 2000-kVA, 11-kV, 3-phase, star-connected alternator has a resistance of 0.3 ohm and reactance of 5 ohm per phase. It delivers full-load current at 0.8 lagging power factor at rated voltage. Compute the terminal voltage for the same excitation and load current at 0.8 power factor leading.* **(Elect. Machines, Nagpur Univ. 1993)**

Solution. (i) At 0.8 p.f. lagging

F.L. $I = 2000,000/\sqrt{3} \times 11,000 = 105$ A

Terminal voltage $= 11,000/\sqrt{3} = 6350$ V

$IR_a = 105 \times 0.3 = 31.5$ V;

$IX_S = 105 \times 5 = 525$ V

As seen from Fig. 37.40 (*a*)

$E_0 = [6350 \times 0.8 + 31.5)^2 + (6350 \times 0.6 + 525)^2]^{1/2} = 6700$ V

As seen from Fig. 37.40 (*b*), now, we are given $E_0 = 6700$ V and we are required to find the terminal voltage V at 0.8 p.f. leading.

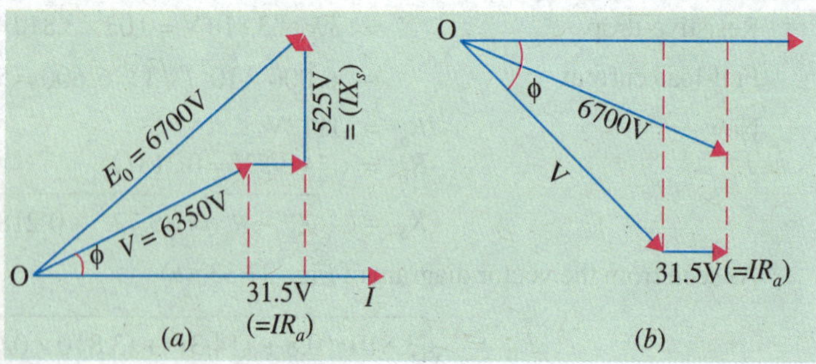

Fig. 37.40

$6700^2 = (0.8\text{V} + 31.5)^2 + (0.6\text{V} - 525)^2$; V = **6975 V**

Example 37.27. *The effective resistance of a 1200-kVA, 3.3-kV, 50-Hz, 3-phase, Y-connected alternator is 0.25 Ω/phase. A field current of 35 A produces a current of 200 A on short-circuit and 1.1 kV (line to line) on open circuit. Calculate the power angle and p.u. change in magnitude of the terminal voltage when the full load of 1200 kVA at 0.8 p.f. (lag) is thrown off. Draw the corresponding phasor diagram.* **(Elect. Machines, A.M.I.E. Sec. B, 1993)**

Solution. $Z_s = \dfrac{\text{O.C. voltage}}{\text{S.C. voltage}}$ —same excitation

$$= \frac{1.1\times 10^3/\sqrt{3}}{200} = 3.175\ \Omega$$

$$X_S = \sqrt{3.175^2 - 0.25^2} = 3.165\ \Omega$$

$$V = 3.3\times 10^3/\sqrt{3} = 1905\text{ V}$$

$$\tan\theta = X_s/R_a = 3.165/0.25,\ \theta = 85.48°$$

$$\therefore \quad Z_s = 3.175\angle 85.48°$$

Rated $I_a = 1200\times 10^3/\sqrt{3}\times 3.3\times 10^3 = 210\text{ A}$

Let, $V = 1905\angle 0°,\quad I_a = 210\angle -36.87°$

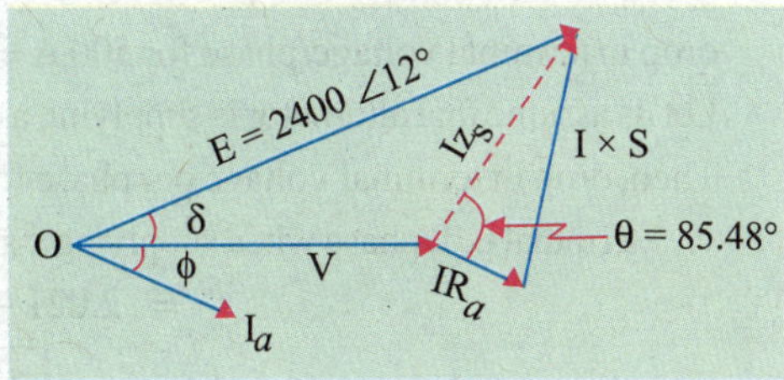

Fig. 37.41

As seen from Fig. 37.41,

$$E = V + I_aZ_s = 1905 + 210\angle -36.87° \times 3.175\angle 85.48° = 2400\angle 12°$$

Power angle $= \delta = 12°$

Per unit change in terminal voltage is

$$= (2400 - 1905)/1905 = \mathbf{0.26}$$

Example 37.28. *A given 3-MVA, 50-Hz, 11-kV, 3-φ, Y-connected alternator when supplying 100 A at zero p.f. leading has a line-to-line voltage of 12,370 V; when the load is removed, the terminal voltage falls down to 11,000 V. Predict the regulation of the alternator when supplying full-load at 0.8 p.f. lag. Assume an effective resistance of 0.4 Ω per phase.* **(Elect. Machines, Nagpur Univ. 1993)**

Solution. As seen from Fig. 37.42 (*a*), at zero p.f. leading

$$E_0^2 = (V\cos\phi + IR_a)^2 + (V\sin\phi - IX_S)^2$$

Now, $E_0 = 11{,}000/\sqrt{3} = 6350\text{ V}$

$$V = 12370/\sqrt{3} = 7{,}142\text{ V},$$

$$\cos\phi = 0,\ \sin\phi = 1$$

$$\therefore \quad 6350^2 = (0 + 100\times 0.4)^2 + (7142 - 100X_S)^2$$

$$\therefore \quad 100X_S = 790 \text{ or } X_S = 7.9\ \Omega$$

F.L. current

$$I = \frac{3\times 10^6}{\sqrt{3}\times 11{,}000} = 157\text{ A}$$

$$IR_a = 0.4\times 157 = 63\text{ V};\ IX_S = 157\times 7.9 = 1240\text{ V}$$

$$\therefore \quad E_0 = [(6350\times 0.8 + 63)^2 + (6350\times 0.6 + 1240)^2]^{1/2} = 7210\text{ V/phase}$$

$$\therefore \quad \%\text{ regn} = \frac{7210 - 6350}{6350}\times 100 = \mathbf{13.5\%}$$

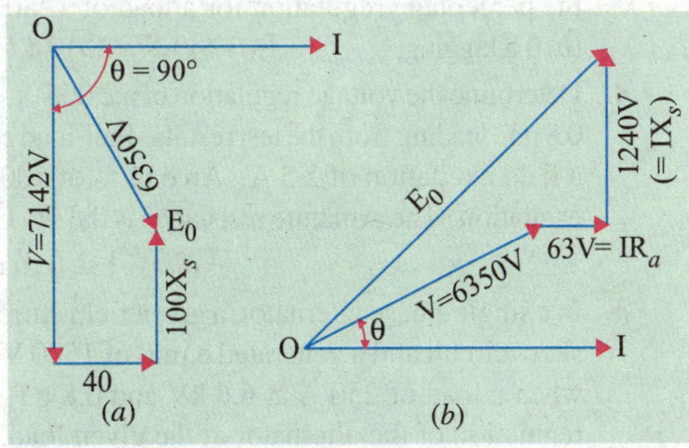

Fig. 37.42

Example 37.29. *A straight line law connects terminal voltage and load of a 3-phase star-connected alternator delivering current at 0.8 power factor lagging. At no-load, the terminal voltage is 3,500 V and at full-load of 2,280 kW, it is 3,300 V. Calculate the terminal voltage when delivering current to a 3-φ, star-connected load having a resistance of 8 Ω and a reactance of 6 Ω per phase. Assume constant speed and field excitation.* **(London Univ.)**

Solution. No-load phase voltage $= 3{,}500/\sqrt{3} = 2{,}021$ V

Phase voltage on full-load and 0.8 power factor $= 3{,}300/\sqrt{3} = 1905$ V

Full-load current is given by

$$\sqrt{3}\, V_L I_L \cos\phi = 2{,}280 \times 1000 \qquad \therefore \quad I_L = \frac{2{,}280 \times 1000}{\sqrt{3} \times 3{,}300 \times 0.8} = 500 \text{ A}$$

drop in terminal voltage/phase for 500 A $= 2{,}021 - 1{,}905 = 116$ V

Let us assume that alternator is supplying a current of x ampere.

Then, drop in terminal voltage per phase for x ampere is $= 116\,x/500 = 0.232\,x$ volt

$\therefore$ terminal p.d./phase when supplying x amperes at a p.f. of 0.8 lagging is

$$= 2{,}021 - 0.232\,x \text{ volt}$$

Impedance of connected load/phase $= \sqrt{(8^2 + 6^2)} = 10\,\Omega$

load p.f. $= \cos\phi = 8/10 = 0.8$

When current is x, the applied p.d. is $= 10\,x$

$\therefore \quad 10\,x = 2021 - 0.232\,x \quad \text{or} \quad x = 197.5$ A

$\therefore$ terminal voltage/phase $= 2021 - (0.232 \times 197.5) = 1975.2$ V

$\therefore$ terminal voltage of alternator $= 1975.2 \times \sqrt{3} =$ **3,421 V**

Tutorial Problem No. 37.2

1. If a field excitation of 10 A in a certain alternator gives a current of 150 A on short-circuit and a terminal voltage of 900 V on open-circuit, find the internal voltage drop with a load current of 60A. **[360 V]**

2. A 500-V, 50-kVA, 1-ϕ alternator has an effective resistance of 0.2 Ω. A field current of 10 A produces an armature current of 200 A on short-circuit and an e.m.f. of 450 V on open-circuit. Calculate the full-load regulation at p.f. 0.8 lag. **[34.4%]**

(Electrical Technology, Bombay Univ. 1978)

3. A 3-ϕ star-connected alternator is rated at 1600 kVA, 13,500 V. The armature effective resistance and synchronous reactance are 1.5 Ω and 30 Ω respectively per phase. Calculate the percentage regulation for a load of 1280 kW at power factors of (*a*) 0.8 leading and (*b*) 0.8 lagging. **[(*a*) −11.8% (*b*) 18.6%]** ***(Elect. Engg.-II, Bombay Univ. 1977)***

4. Determine the voltage regulation of a 2,000-V, 1-phase alternator giving a current of 100 A at 0.8 p.f. leading from the test results. Full-load current of 100 A is produced on short-circuit by a field excitation of 2.5 A. An e.m.f. of 500 V is produced on open-circuit by the same excitation. The armature resistance is 0.8 Ω. Draw the vector diagram.

[− 8.9%] ***(Electrical Machines-I, Gujarat Univ. Apr. 1976)***

5. In a single-phase alternator, a given field current produces an armature current of 250 A on short-circuit and a generated e.m.f. of 1500 V on open-circuit. Calculate the terminal p.d. when a load of 250 A at 6.6 kV and 0.8 p.f. lagging is switched off. Calculate also the regulation of the alternator at the given load.

[7,898 V; 19.7%] ***(Elect. Machines-II, Indore Univ. Dec. 1977)***

6. A 500-V, 50-kVA, single-phase alternator has an effective resistance of 0.2 Ω. A field current of 10 A produces an armature current of 200 A on short-circuit and e.m.f. of 450 V on open circuit. Calculate (a) the synchronous impedance and reactance and (*b*) the full-load regulation with 0.8 p.f. lagging.

[(*a*) 2.25 Ω, 2.24 Ω, (b) 34.4%] ***(Elect. Technology, Mysore Univ. 1979)***

7. A 100-kVA, 3,000-V, 50-Hz, 3-phase star-connected alternator has effective armature resistance of 0.2 Ω. A field current of 40 A produces short-circuit current of 200 A and an open-circuit e.m.f. of 1040 V (line value). Calculate the full-load percentage regulation at a power factor of 0.8 lagging. How will the regulation be affected if the alternator delivers its full-load output at a power factor of 0.8 leading?

[24.4% – 13.5%] ***(Elect. Machines-II, Indore Univ. July 1977)***

8. A 3-ϕ, 50-Hz, star-connected, 2,000 kVA, 2,300-V alternator gives a short-circuit current of 600 A for a certain field excitation. With the same excitation, the O.C. voltage was 900 V. The resistance between a pair of terminals was 0.12 Ω. Find full-load regulation at (*a*) u.p.f. (*b*) 0.8 p.f.lagging (*c*) 0.8 p.f. leading.

[(*a*) 7.3% (b) 23.8% (*c*) –13.2%] ***(Elect. Machinery-III, Bangalore Univ. Aug. 1979)***

9. A 3-phase star-connected alternator is excited to give 6600 V between lines on open circuit. It has a resistance of 0.5 Ω and synchronous reactance of 5 Ω per phase. Calculate the terminal voltage and regulation at full load current of 130 A when the P.F. is (*i*) 0.8 lagging, (*ii*) 0.6 leading. ***[Rajive Gandhi Technical University, Bhopal, 2000]***

[(*i*) 3318 Volts/Ph, + 14.83% (*ii*) 4265 Volts/Ph, - 10.65%]

37.22. Rothert's M.M.F. or Ampere-turn Method

This method also utilizes O.C. and S.C. data, but is the converse of the E.M.F. method in the sense ***that armature leakage reactance is treated as an additional armature reaction***. In other words, it is assumed that the change in terminal p.d. on load is due entirely to armature reaction (and due to the ohmic resistance drop which, in most cases, is negligible). This fact is shown in Fig. 37.43.

Now, field A.T. required to produce a voltage of *V* on full-load is the vector sum of the following :

(*i*) Field A.T. required to produce *V* (or if R_a is to be taken into account, then $V + IR_a \cos \phi$) on *no-load*. This can be found from O.C.C. and

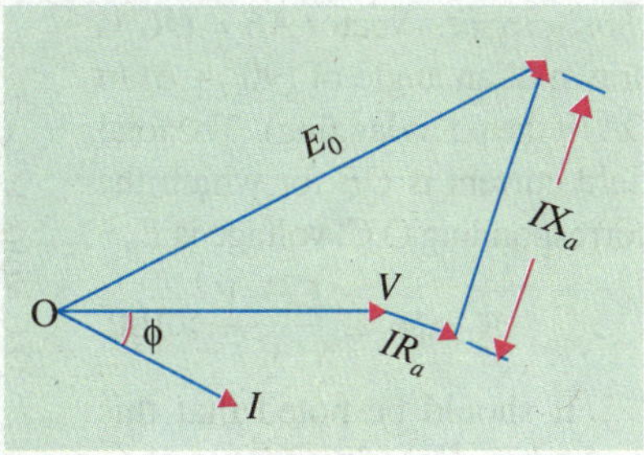

Fig. 37.43

(*ii*) Field A.T. required to overcome the demagnetising effect of armature reaction on full-load. This value is found from short-circuit test. The field A.T. required to produce full-load current on short-circuit balances the armature reaction and the ***impedance drop***.

The impedance drop can be neglected because R_a is usually very small and X_S is also small under short-circuit conditions. Hence, p.f. on short-circuit is almost zero lagging and the field A.T. are used entirely to overcome the armature reaction which is wholly demagnetising (Art. 37.15). ***In other words, the demagnetising armature A.T. on full-load are equal and opposite to the field A.T. required to produce full-load current on short-circuit***.

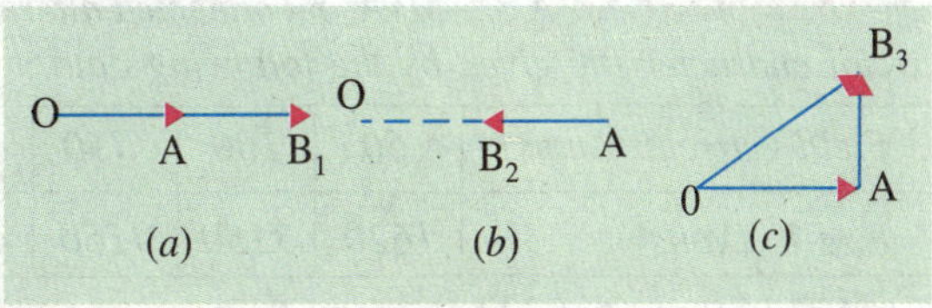

Fig. 37.44

Now, if the alternator, instead of being on short-circuit, is supplying full-load current at its normal voltage and zero p.f. lagging, then total field A.T. required are the vector sum of

(*i*) the field A.T. = *OA* necessary to produce normal voltage (as obtained from O.C.C.) and

(*ii*) the field A.T. necessary to neutralize the armature reaction AB_1. The total field A.T. are represented by OB_1 in Fig. 37.44 (*a*) and equals the vector sum of *OA* and AB_1

If the p.f. is zero leading, the armature reaction is *wholly magnetising*. Hence, in that case, the field A.T. required is OB_2 which is less than OA by the field A.T. = AB_2 required to produce full-load current on short-circuit [Fig. 37.44 (*b*)]

If p.f. is unity, the armature reaction is *cross-magnetising i.e.* its effect is distortional only. Hence, field A.T. required is OB_3 *i.e.* vector sum of OA and AB_3 which is drawn at right angles to OA as in Fig. 37.44 (*c*).

37.23. General Case

Let us consider the general case when the p.f. has any value between zero (lagging or leading) and unity. Field ampere-turns OA corresponding to V(or $V + IR_a \cos\phi$) is laid off horizontally. Then AB_1, representing full-load short-circuit field A.T. is drawn at an angle of $(90° + \phi)$ for a lagging p.f. The total field A.T. are given by OB_1 as in Fig. 37.45. (*a*). For a leading p.f., short-circuit A.T. = AB_2 is drawn at an angle of $(90° - \phi)$ as shown in Fig. 37.45 (*b*) and for unity p.f., AB_3 is drawn at right angles as shown in Fig. 37.45 (*c*).

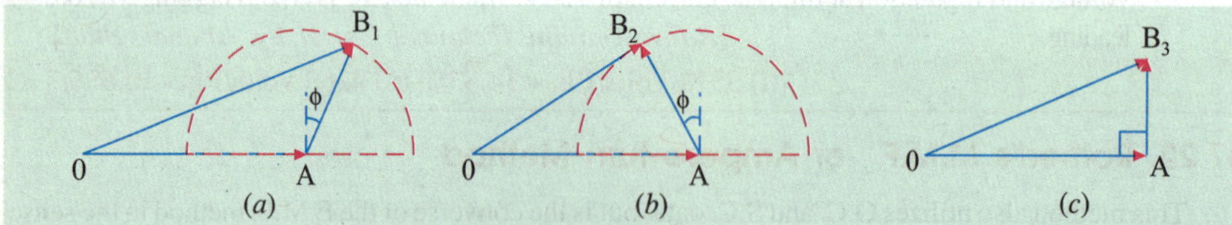

Fig. 37.45

In those cases where the number of turns on the field coils is not known, it is usual to work in terms of the field current as shown in Fig. 37.46.

In Fig. 37.47. is shown the complete diagram along with O.C. and S.C. characteristics. OA represents field current for normal voltage V. OC represents field current required for producing full-load current on *short-circuit*. Vector $AB = OC$ is drawn at an angle of $(90° + \phi)$ to OA (if the p.f. is lagging). The total field current is OB for which the corresponding O.C. voltage is E_0

$$\therefore \quad \% \text{ regn.} = \frac{E_0 - V}{V} \times 100$$

It should be noted that this method gives results which are less than the actual results, that is why it is sometimes referred to as optimistic method.

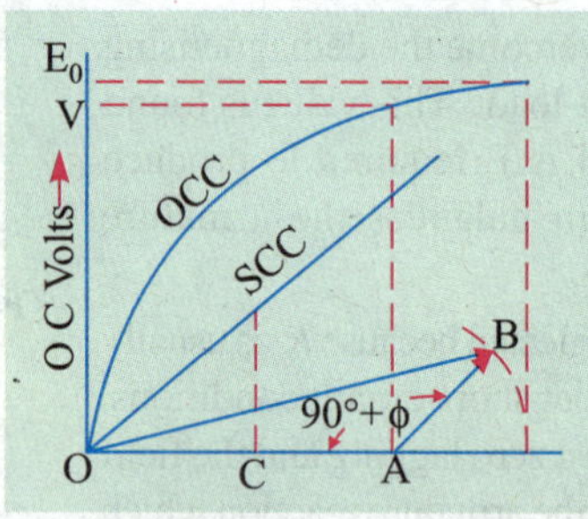

Fig. 37.46

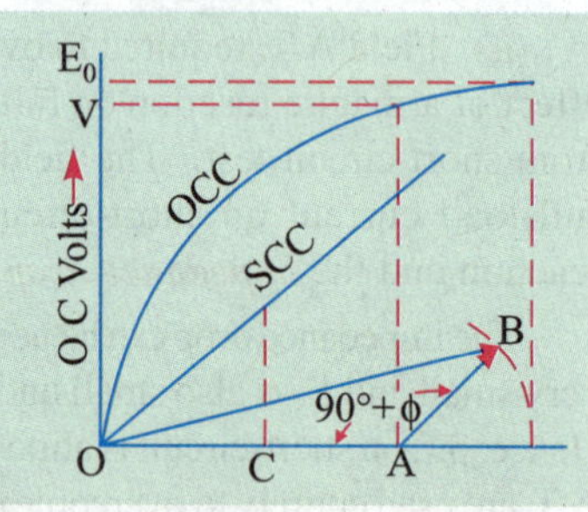

Fig. 37.47

Example 37.30. *A 3.5-MVA, Y-connected alternator rated at 4160 volts at 50-Hz has the open-circuit characteristic given by the following data :*

Field Current (Amps)	50	100	150	200	250	300	350	400	450
E.M.F. (Volts)	1620	3150	4160	4750	5130	5370	5550	5650	5750

A field current of 200 A is found necessary to circulate full-load current on short-circuit of the alternator. Calculate by (i) synchronous impedance method and (ii) ampere-turn method the full-load voltage regulation at 0.8 p.f. lagging. Neglect resistance. Comment on the results obtained.

(Electrical Machines-II, Indore Univ. 1984)

Solution. *(i)* As seen from the given data, a field current of 200 A produces O.C. voltage of 4750 (line value) and full-load current on short-circuit which is

$$= 3.5 \times 10^6 / \sqrt{3} \times 4160 = 486 \text{ A}$$

$$Z_S = \frac{\text{O.C. volt/phase}}{\text{S.C. current/phase}} = \frac{4750/\sqrt{3}}{486} = \frac{2740}{486} = 5.64\ \Omega/\text{phase}$$

Since $R_a = 0, X_S = Z_S \quad \therefore \quad IR_a = 0, IX_S = IZ_S = 486 \times 5.64 = 2740$ V

$$\text{F.L. Voltage/phase} = 4160/\sqrt{3} = 2400 \text{ V}, \cos\phi = 0.8, \sin\phi = 0.6$$

$$E_0 = (V\cos\phi + IR_a)^2 + (V\sin\phi + I_r X_S)^2]^{1/2}$$

$$= [(2400 \times 0.8 + 0)^2 + (2400 \times 0.6 + 2740)^2]^{1/2} = 4600 \text{ V}$$

$$\%\text{ regn. up} = \frac{4600 - 2400}{2400} \times 100 = \mathbf{92.5\%}$$

(ii) It is seen from the given data that for normal voltage of 4160 V, field current needed is 150 A. Field current necessary to circulate F.L. current on short-circuit is 200 A.

In Fig. 37.48, *OA* represents 150 A. The vector *AB* which represents 200 A is vectorially added to *OA* at (90° + ϕ) = (90° +36°52′) = 126°52′. Vector *OB* represents excitation necessary to produce a terminal p.d. of 4160 *V* at 0.8 p.f. lagging at *full-load*.

$$OB = [150^2 + 200^2 + 2 \times 150 \times 200 \times \cos(180° - 126°52')]^{1/2}$$

$$= 313.8 \text{ A}$$

The generated phase e.m.f. E_0, corresponding to this excitation as found from *OCC* (if drawn) is 3140 V. Line value is $3140 \times \sqrt{3} = 5440$ V.

$$\%\text{ regn.} = \frac{5440 - 4160}{4160} \times 100 = \mathbf{30.7\%}$$

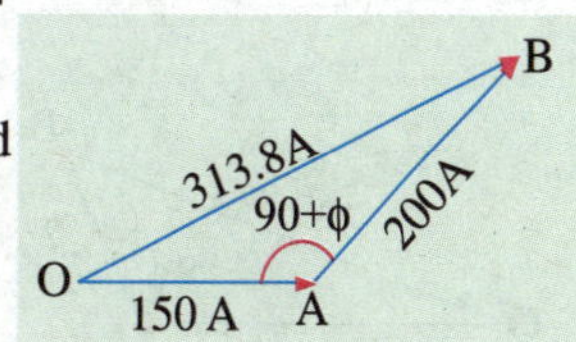

Fig. 37.48

Example 37.31. *The following test results are obtained on a 6,600-V alternator:*

Open-circuit voltage :	*3,100*	*4,900*	*6,600*	*7,500*	*8,300*
Field current (amps) :	*16*	*25*	*37.5*	*50*	*70*

A field current of 20 A is found necessary to circulate full-load current on short-circuit of the armature. Calculate by (i) the ampere-turn method and (ii) the synchronous impedance method the full-load regulation at 0.8 p.f. (lag). Neglect resistance and leakage reactance. State the drawbacks of each of these methods. **(Elect. Machinery-II, Bangalore Univ. 1992)**

Solution. (i) Ampere-turn Method

It is seen from the given data that for the normal voltage of 6,600 V, the field current needed is 37.5 A.

Field-current for full-load current, on short-circuit, is given as 20 A.

In Fig. 37.49, *OA* represents 37.5 A. The vector *AB*, which represents 20 A, is vectorially added to *OA* at (90° + 36°52′) = 126°52′. Vector *OB* represents the excitation necessary to produce a terminal p.d. of 6,600 V at 0.8 p.f. lagging on ***full-load***

$$OB = \sqrt{37.5^2 + 20^2 + 2 \times 3.75 \times 20 \times \cos 53°8'} = 52 \text{ A}$$

The generated e.m.f. E_0 corresponding to this excitation, as found from O.C.C. of Fig. 37.49 is 7,600 V.

$$\text{Percentage regulation} = \frac{E_0 - V}{V} \times 100 = \frac{7,600 - 6,600}{6,600} \times 100 = \mathbf{15.16\%}$$

(ii) Synchronous Impedance Method

Let the voltage of 6,600 V be taken as 100 per cent and also let 100 per cent excitation be that which is required to produce 6,600 V on open-circuit, that is, the excitation of 37.5 A.

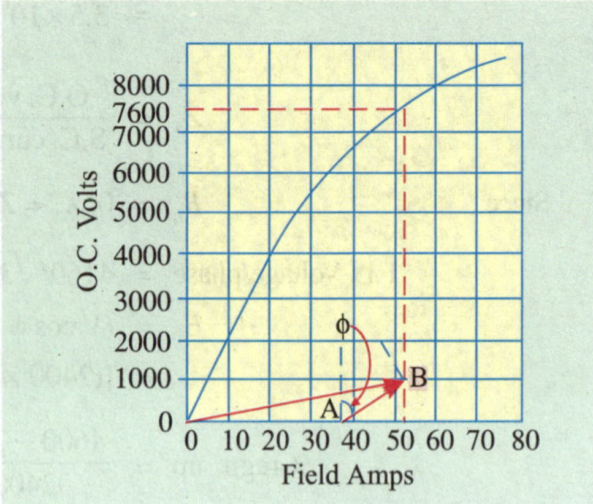

Fig. 37.49

Full-load or 100 per cent armature current is produced on short-circuit by a field current of 20 A. If 100 per cent field current were applied on short-circuit, then S.C. current would be 100 × 37.5/20 = 187.5 per cent.

$$\therefore \quad Z_S = \left.\frac{\text{O.C. voltage}}{\text{S.C. current}}\right| \text{same excitation}$$

$$= 100/187.5 \text{ or } 0.533 \text{ or } 53.3\%$$

The impedance drop IZ_S is equal to 53.3% of the normal voltage. When the two are added vectorially (Fig. 37.50), the value of voltage is

$$E_0 = \sqrt{[100 + 53.3 \cos (90 - \phi)]^2 + [53.3 \sin (90 - \phi)]^2}$$

$$= \sqrt{(100 + 53.3 \times 0.6)^2 + (53.3 \times 0.8)^2} = 138.7\%$$

$$\% \text{ reg} = \frac{138.7 - 100}{100} \times 100 = \mathbf{38.7\%}$$

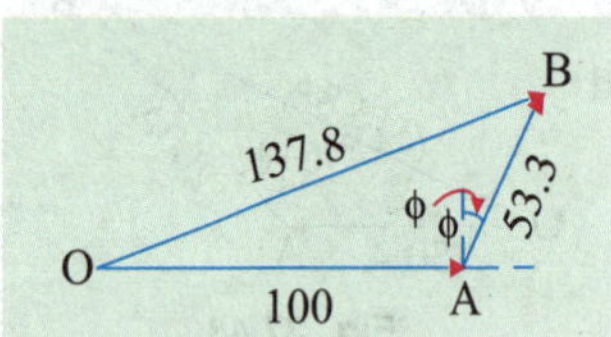

Fig. 37.50

The two value of regulation, found by the two methods, are found to differ widely from each other. The first method gives somewhat lesser value, while the other method gives a little higher value as compared to the actual value. However, the first value is more likely to be nearer the actual value, because the second method employs Z_S, which does not have a constant value. Its value depends on the field excitation.

Example 37.32. *The open-and short-circuit test readings for a 3-ϕ, star-connected, 1000-kVA, 2000 V, 50-Hz, synchronous generator are :*

Field Amps ;	*10*	*20*	*25*	*30*	*40*	*50*
O.C. Terminal V	*800*	*1500*	*1760*	*2000*	*2350*	*2600*
S.C. armature current in A.	—	*200*	*250*	*300*	—	—

The armature effective resistance is 0.2 Ω per phase. Draw the characteristic curves and estimate the full-load percentage regulation at (a) 0.8 p.f. lagging (b) 0.8 p.f. leading.

Solution. The O.C.C. and S.C.C. are plotted in Fig. 37.51

The phase voltages are : 462, 866, 1016, 1155, 1357, 1502.

Full-load phase voltage $= 2000/\sqrt{3} = 1155$ V

Full-load current $= 1,000,000/2000 \times \sqrt{3} = 288.7$ A

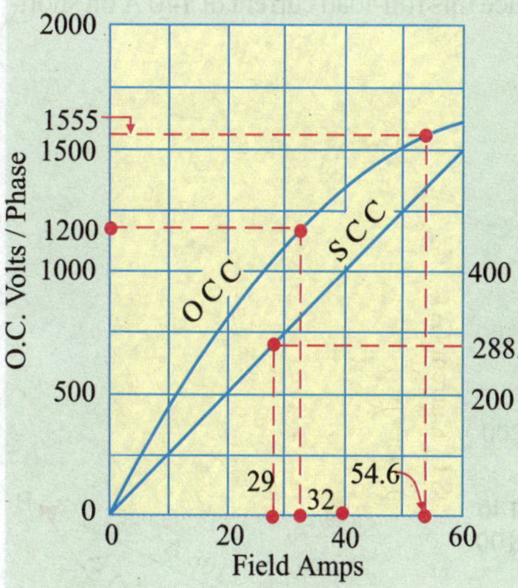

Fig. 37.51

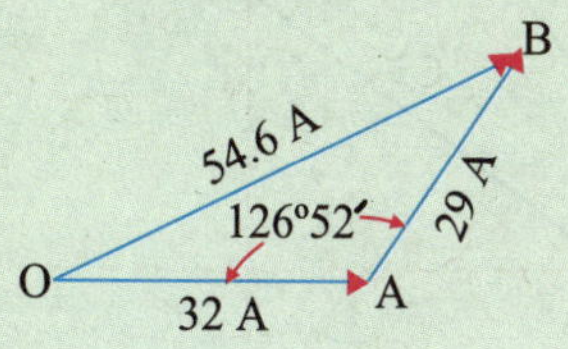

Fig. 37.52

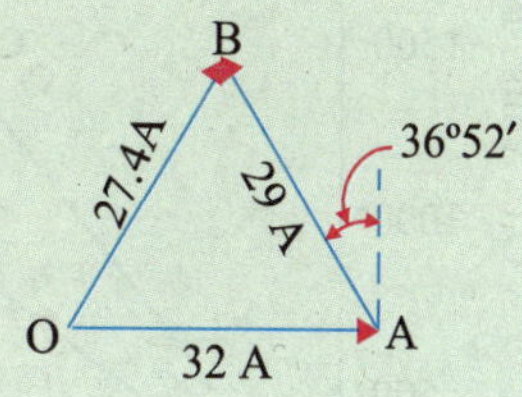

Fig. 37.53

Voltage/phase at full-load at 0.8 p.f. = $V + IR_a \cos\phi = 1155 + (288.7 \times 0.2 \times 0.8) = 1200$ volt

Form open-circuit curve, it is found that field current necessary to produce this voltage = 32 A.

From short-circuit characteristic, it is found that field current necessary to produce full-load current of 288.7 A is = 29 A.

(a) $\cos\phi = 0.8, \phi = 36°52'$ (lagging)

In Fig. 37.52, $OA = 32$ A, $AB = 29$ A and is at an angle of $(90° + 36°52') = 126°52'$ with OA. The total field current at full-load 0.8 p.f. lagging is $OB = 54.6$ A

O.C. volt corresponding to a field current of 54.6 A is = 1555 V

% regn. = $(1555 - 1155) \times 100/1155 = 34.6\%$

(b) In this case, as p.f. is leading, AB is drawn with OA (Fig. 37.53) at an angle of $90° - 36°\,52' = 53°8'$. $OB = 27.4$ A.

O.C. voltage corresponding to 27.4 A of field excitation is 1080 V.

$$\% \text{ regn.} = \frac{1080 - 1155}{1155} \times 100 = \mathbf{-6.4\%}$$

Example 37.33. *A 3-phase, 800-kV A, 3,300-V, 50-Hz alternator gave the following results:*

Exciting current (A)	50	60	70	80	90	100
O.C. volt (line)	2560	3000	3300	3600	3800	3960
S.C. current	190	—	—	—	—	—

The armature leakage reactance drop is 10% and the resistance drop is 2% of the normal voltage. Determine the excitation at full-load 0.8 power factor lagging by the m.m.f. method.

Solution. The phase voltages are : 1478, 1732, 1905, 2080, 2195, 2287

The O.C.C. is drawn in Fig. 37.54.

Normal phase voltage = $3300/\sqrt{3} = 1905$ V; IR_a drop = 2% of 1905 = 38.1 volt

Leakage reactance drop = 10% of 1905 = 190.5 Volt

$$\therefore \quad E = \sqrt{[(1905 \times 0.8 \times + 38.1)^2 + (1905 \times 0.6 + 190.5)^2]} = 2{,}068 \text{ V}$$

The exciting current required to produce this voltage (as found from O.C.C.) is 82 A.

Full load current = $800.000/\sqrt{3} \times 3300 = 140$A

As seen from S.C.C., the exciting current required to produce this full-load current of 140 A on short-circuit is 37 A.

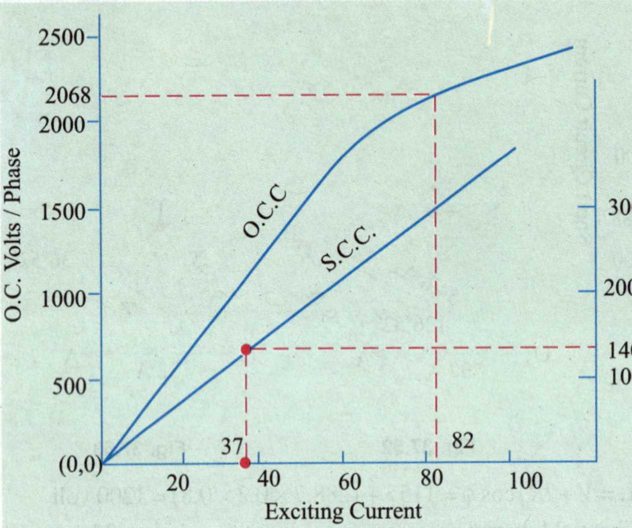

Fig. 37.54

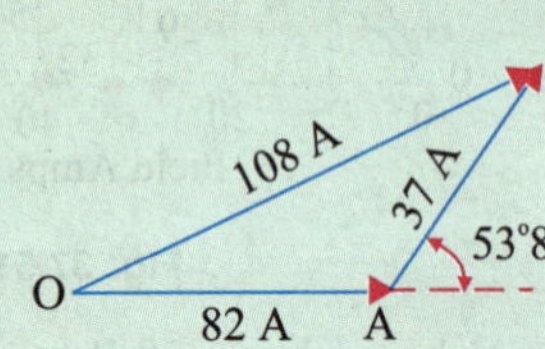

Fig. 37.55

In Fig. 37.55, *OB* gives the excitation required on full-load to give a terminal phase voltage of 1905 V (or line voltage of 3300 V) at 0.8 p.f. lagging and its value is

$$= \sqrt{82^2 + 37^2 + 2 \times 82 \times 37 \times \cos 53°8'} = \mathbf{108\ A}$$

Tutorial Problem No. 37.3

1. A 30-kVA, 440-V, 50-Hz, 3-φ, star-connected synchronous generator gave the following test data :

Field current (A)	:	2	4	6	7	8	10	12	14
Terminal volts	:	155	287	395	440	475	530	570	592
S.C. current	:	11	22	34	40	46	57	69	80

Resistance between any two terminals is 0.3 Ω

Find regulation at full-load 0.8 p.f. lagging by (*a*) synchronous impedance method and (*b*) Rothert's ampere-turn method. Take Z_S corresponding to S.C. current of 80 A. **[(*a*) 51% (b) 29.9%]**

37.24. Zero Power Factor Method or Potier Method

This method is based on the separation of armature-leakage reactance drop and the armature reaction effects. Hence, it gives more accurate results. It makes use of the first two methods to some extent. The experimental data required is (*i*) no-load curve and (*ii*) full-load zero power factor curve (not the short-circuit characteristic) also called wattless load characteristic. It is the curve of terminal volts against excitation when armature is delivering F.L. current at zero p.f.

The reduction in voltage due to armature reaction is found from above and (*ii*) voltage drop due to armature leakage reactance X_L (also called Potier reactance) is found from both. By combining these two, E_0 can be calculated.

It should be noted that if we vectorially add to V the drop due to resistance and leakage reactance X_L, we get *E*. If to *E* is further added the drop due to armature reaction (assuming lagging p.f.), then we get E_0 (Art. 37.18).

The zero p.f. lagging curve can be obtained.

(*a*) if a similar machine is available which may be driven at no-load as a synchronous motor at practically zero p.f. or

(*b*) by loading the alternator with pure reactors

(*c*) by connecting the alternator to a 3-ϕ line with ammeters and wattmeters connected for measuring current and power and by so adjusting the field current that we get full- load armature current with zero wattmeter reading.

Point *B* (Fig. 37.56) was obtained in this manner when wattmeter was reading zero. Point *A* is obtained from a short-circuit test with full-load armature current. Hence, *OA* represents field current which is equal and opposite to the demagnetising armature reaction and for balancing leakage reactance drop at full-load (please refer to A.T. method). Knowing these two points, full-load zero p.f. curve *AB* can be drawn as under.

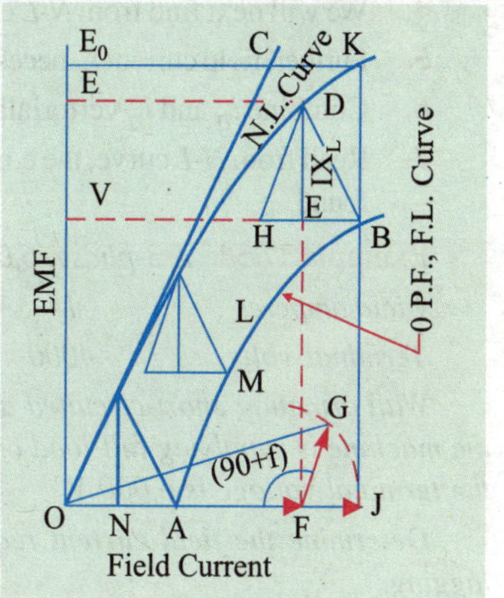

Fig. 37.56

From *B*, *BH* is drawn equal to and parallel to *OA*. From *H*, *HD* is drawn parallel to initial straight part of *N-L* curve *i.e.* parallel to *OC*, which is tangential to *N-L* curve. Hence, we get point *D* on no-load curve, which corresponds to point *B* on full-load zero p.f. curve. The triangle *BHD* is known as Potier triangle. This triangle is constant for a given armature current and hence can be transferred to give us other points like *M*, *L* etc. Draw *DE* perpendicular to *BH*. The length *DE* represents the drop in voltage due to armature leakage reactance X_L *i.e.* $I.X_L$. *BE* gives field current necessary to overcome demagnetising effect of armature reaction at full-load and *EH* for balancing the armature leakage reactance drop *DE*.

Let *V* be the terminal voltage on full-load, then if we add to it vectorially the voltage drop due to armature leakage reactance alone (neglecting R_a), then we get voltage $E = DF$ (and not E_0). Obviously, field excitation corresponding to *E* is given by *OF*. *NA* (= *BE*) represents the field current needed to overcome armature reaction. Hence, if we add *NA* vectorially to *OF* (as in Rothert's A.T. method) we get excitation for E_0 whose value can be read from *N-L* curve.

In Fig. 37.56, *FG* (= *NA*) is drawn at an angle of (90° + ϕ) for a lagging p.f. (or it is drawn at an angle of 90° − ϕ for a leading p.f.). The voltage corresponding to this excitation is $JK = E_0$

$$\therefore \quad \% \text{ regn.} = \frac{E_0 - V}{V} \times 100$$

The vector diagram is also shown separately in Fig. 37.57.

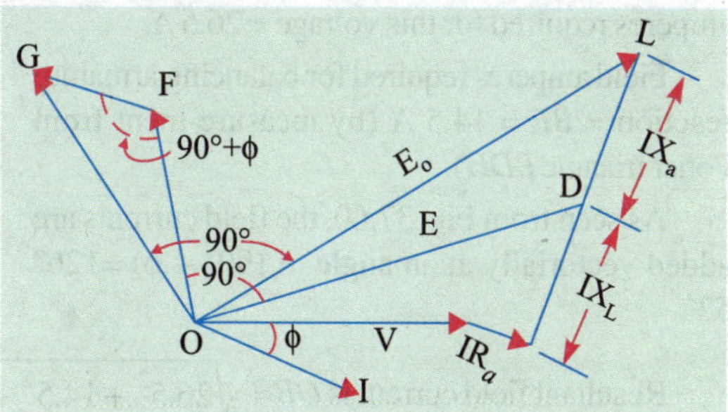

Fig. 37.57

Assuming a lagging p.f. with angle ϕ, vector for *I* is drawn at an angle of ϕ to *V*. IR_a is drawn parallel to current vector and IX_L is drawn perpendicular to it. *OD* represents voltage *E*. The excitation corresponding to it *i.e.*. *OF* is drawn at 90° ahead of it. *FG* (= *NA* = *BE* in Fig. 37.56) representing field current equivalent of full-load armature reaction, is drawn parallel to current vector *OI*. The closing side *OG* gives field excitation for E_0. Vector for E_0 is 90° lagging behind *OG*. *DL* represents voltage drop due to armature reaction.

37.25. Procedural Steps for Potier Method 1.

1. Suppose we are given *V*-the terminal voltage/phase.
2. We will be given or else we can calculate armature leakage reactance X_L and hence can calculate IX_L.

3. Adding IX_L (and IR_a if given) vectorially to V, we get voltage E.
4. We will next find from N-L curve, field excitation for voltage E. Let it be i_{f1}.
5. Further, field current i_{f2} necessary for balancing armature reaction is found from Potier triangle.
6. Combine i_{f1} and i_{f2} vertorially (as in *A.T.* method) to get i_f.
7. Read from N-L curve, the e.m.f. corresponding to i_f. This gives us E_0. Hence, regulation can be found.

Example 37.34. *A 3-phase, 6,00-V alternator has the following O.C.C. at normal speed :*

Field amperes :	*14*	*18*	*23*	*30*	*43*
Terminal volts :	*4000*	*5000*	*6000*	*7000*	*8000*

With armature short-circuited and full-load current flowing the field current is 17 A and when the machine is supplying full-load of 2,000 kVA at zero power factor, the field current is 42.5 A and the terminal voltage is 6,000 V.

Determine the field current required when the machine is supplying the full-load at 0.8 p.f. lagging. **(A.C. Machines-I, Jadavpur Univ. 1988)**

Solution. The *O.C.C.* is drawn in Fig. 37.58 with phase voltages which are

2310, 2828, 3465 4042 4620

The full-load zero p.f. characteristic can be drawn because two points are known *i.e.* (17, 0) and (42.5, 3465).

In the Potier Δ*BDH*, line *DE* represents the leakage reactance drop (= IX_L) and is (by measurement) equal to 450 V. As seen from Fig. 37.59.

$$E = \sqrt{(V\cos\phi)^2 + (V\sin\phi + IX_L)^2}$$

$$= \sqrt{(3465\times 0.8)^2 + (3465\times 0.6 + 450)^2}$$

$$= 3750 \text{ V}$$

From *O.C.C.* of Fig. 37.58, it is found that field amperes required for this voltage = 26.5 *A*.

Field amperes required for balancing armature reaction = *BE* = 14.5 A (by measure-ment from Potier triangle *BDH*).

As seen from Fig. 37.60, the field currents are added vectorially at an angle of (90° + φ) =126° 52′.

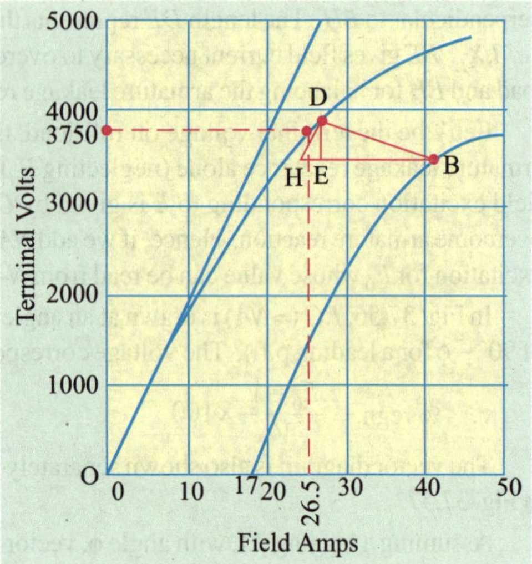

Fig. 37.58

Resultant field current is $OB = \sqrt{26.5^2 + 14.5^2 + 2\times 26.5\times 14.4\cos 53°8'}$ = **37.2 A**

Example 37.35. *An 11-kV, 1000-kVA, 3-phase, Y-connected alternator has a resistance of 2 Ω per phase. The open-circuit and full-load zero power factor characteristics are given below. Find the voltage regulation of the alternator for full load current at 0.8 p.f. lagging by Potier method.*

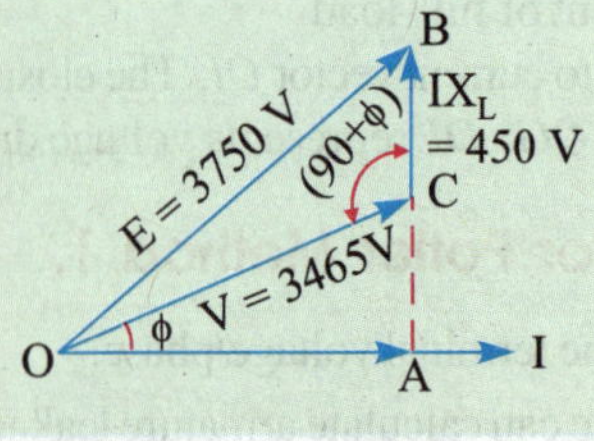

Fig. 37.59

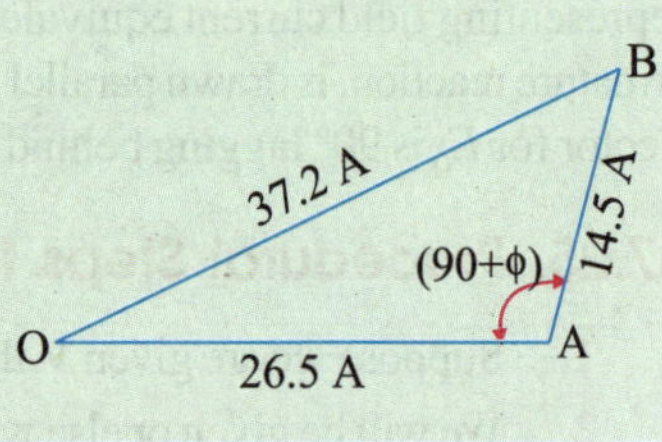

Fig. 37.60

Field current (A)	:	*40*	*50*	*110*	*140*	*180*
O.C.C. line voltage	:	*5,800*	*7,000*	*12,500*	*13,750*	*15,000*
Line volts zero p.f.		*0*	*1500*	*8500*	*10,500*	*12,500*

(Calcutta Univ. 1987 and S. Ramanandtirtha Univ. Nanded, 2001)

Solution. The O.C.C. and full-load zero p.f. curve for phase voltage are drawn in Fig. 37.61. The corresponding phase voltages are :

O.C.C. phase voltage	3350	4040	7220	7940	8660
Phase voltage zero p.f.	0	866	4900	6060	7220

Full-load current $= 1000 \times 1000/\sqrt{3} \times 11{,}000 = 52.5$ A

Phase voltage $= 11{,}000/\sqrt{3} = 6{,}350$ A

In the Potier ΔABC, $AC = 40$ A, CB is parallel to the tangent to the initial portion of the *O.C.C.* and *BD* is ⊥ to *AC*.

BD = leakage reactance drop $IX_L = 1000$ V – by measurement

$AD = 30$ A — field current required to overcome demagnetising effect of armature reaction on full-load.

As shown in Fig. 37.62,

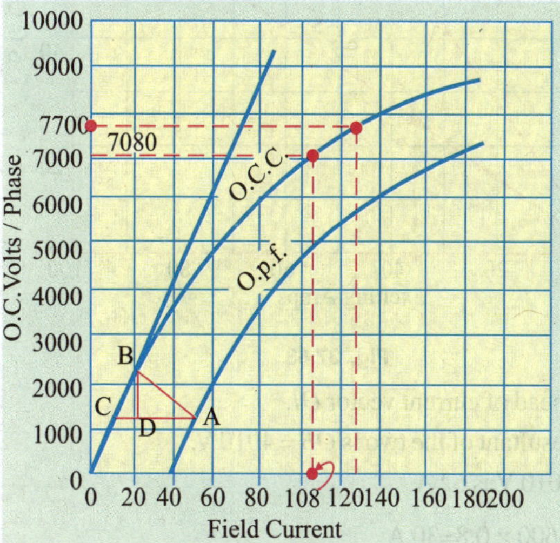

Fig. 37.61

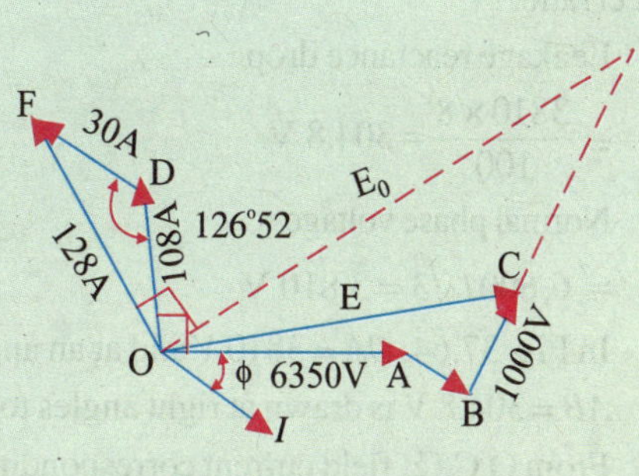

Fig. 37.62

$$OA = 6{,}350 \text{ V}; AB = IR_a = 52.5 \times 2 = 105 \text{ V}$$

$$IX_L = BC = 1000 \text{ V} \qquad \text{—by measurement}$$

$$OC = E = \sqrt{(V\cos\phi + IR_a)^2 + (V\sin\phi + IX_L)^2}$$

$$= \sqrt{(6350 \times 0.8 + 105)^2 + (6350 \times 0.6 + 1000)^2}\ ; E = 7{,}080 \text{ V}$$

As seen from O.C.C., field current required for 7,080 V is 108 A. Vector *OD* (Fig. 37.62) represents 108 A and is drawn ⊥ to *OC*. *DF* represents 30 A and is drawn parallel to *OI* or at (90° + 36° 52′) = 126° 52′ with *OD*. Total field current is *OF*.

$$OF = \sqrt{108^2 + 30^2 + 2 \times 108 \times 30 \cos 53°8'} = 128 \text{ A}$$

From O.C.C., it is found that the e.m.f. corresponding to this field current is 7,700V

$$\therefore \qquad E_0 = 7{,}700 \text{ V; regulation} = \frac{7{,}700 - 6{,}350}{6{,}350} \times 100 = \textbf{21.3 per cent}$$

Example 37.36. *The following test results were obtained on a 275-kW, 3-φ, 6,600-V non-salient pole type generator.*

Open-circuit characteristic :

Volts	:	*5600*	*6600*	*7240*	*8100*
Exciting amperes	:	*46.5*	*58*	*67.5*	*96*

Short-circuit characteristic : Stator current 35 A with an exciting current of 50 A. Leakage reactance on full-load = 8%. Neglect armature resistance. Calculate as accurately as possible the exciting current (for full-load) at power factor 0.8 lagging and at unity. **(City & Guilds, London)**

Solution. First convert the O.C. line volts into phase volts by dividing the given terminal values by √3.

∴ O.C. volts (phase) : 3233, 3810, 4180, 4677.

O.C.C. is plotted in Fig. 37.63. For plotting S.C.C., we need two points. One is (0, 0) and the other is (50 A, 35 A). In fact, we can do without plotting the S.C.C. because it being a straight line, values of field currents corresponding to any armature current can be found by direct ratio.

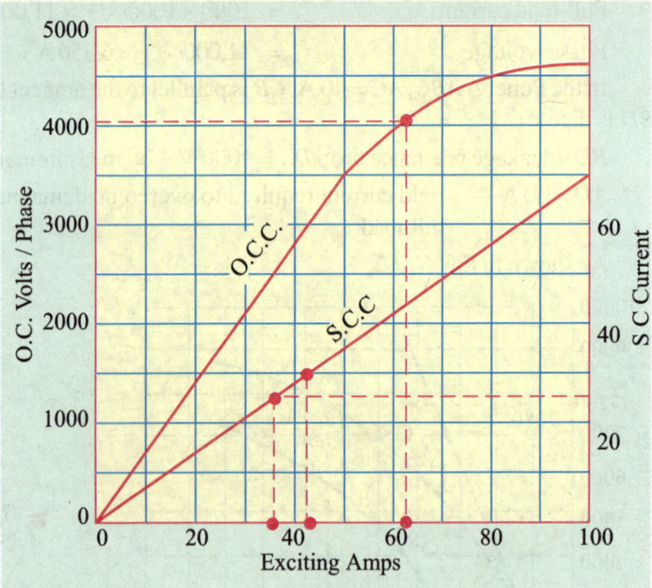

Fig. 37.63

Leakage reactance drop

$$= \frac{3810 \times 8}{100} = 304.8 \text{ V}$$

Normal phase voltage

$$= 6{,}600/\sqrt{3} = 3{,}810 \text{ V}$$

In Fig. 37.64, *OA* = 3810 *V* and at an angle φ ahead of current vector *OI*.

AB = 304.8 V is drawn at right angles to *OI*. Resultant of the two is *OB* = 4010 V.

From O.C.C., field current corresponding to 4,010 V is 62 A.

Full-load current at 0.8 p.f. = $275{,}000/\sqrt{3} \times 6600 \times 0.8 = 30$ A

35 A of armature current need 50 A of field current, hence 30 A of armature current need 30 × 50/35 = 43 A.

In Fig. 37.64, *OC* = 62 A is drawn at right angles to *OB*. Vector *CD* = 43 A is drawn parallel to *OI*. Then, *OD* = **94.3 A**

Note. Here. 43 A pf field excitation is assumed as having all been used for balancing armature reaction. In fact, a part of it is used for balancing armature leakage drop of 304.8 V. This fact has been clarified in the next example.

At Unity p.f.

In Fig. 37.65, *OA* again represents *V* = 3810 V, *AB* = 304.8 V and at right angles to *OA*.

The resultant $OB = \sqrt{(3810^2 + 304.8^2)} = 3830$ V

Field current from O.C.C. corresponding to this voltage = 59.8 A.

Hence, *OC* = 59.8 A is drawn perpendicular to *OB* (as before)

Full-load current at u.p.f. = $275{,}000/\sqrt{3} \times 6600 \times 1 = 24$ A

Now, 35 A armature current corresponds to a field current of 50 A, hence 24 A of armature current corresponds to $50 \times 24/35 = 34.3$ A.

Hence, $CD = 34.3$ A is drawn || to OA (and ⊥ to OC approximately).*

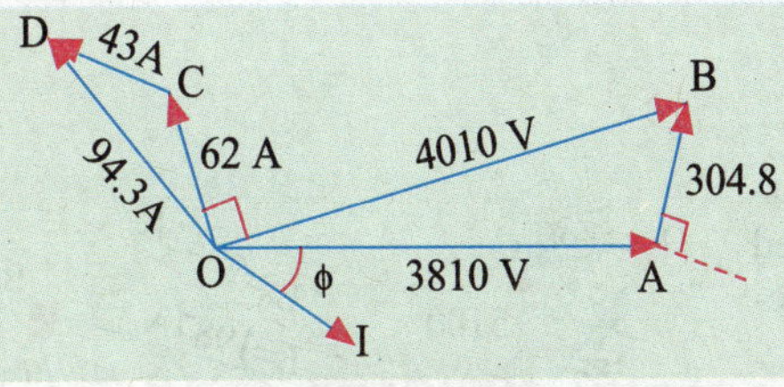

Fig. 37.64

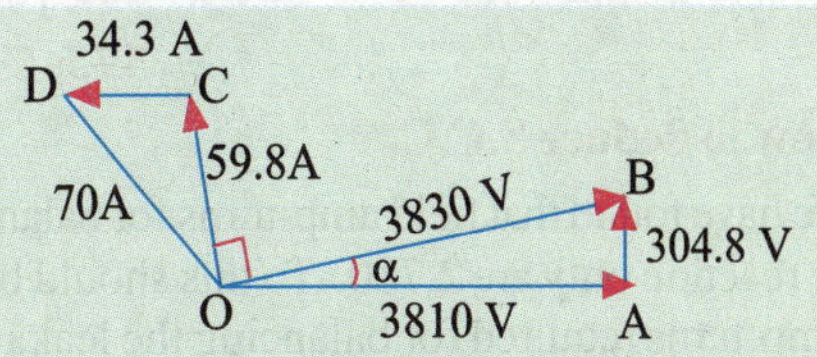

Fig. 37.65

$$\therefore \quad OD = \sqrt{(59.8^2 + 34.3^2)} = \mathbf{70\ A}$$

Example 37.37. *A 600-kVA, 3,300-V, 8-pole, 3-phase, 50-Hz alternator has following characteristic :*

Amp-turns/pole :	*4000*	*5000*	*7000*	*10,000*
Terminal E.M.F. :	*2850*	*3400*	*3850*	*4400*

There are 200 conductor in series per phase.

Find the short-circuit characteristic, the field ampere-turns for full-load 0.8 p.f. (lagging) and the voltage regulation, having given that the inductive drop at full-load is 7% and that the equivalent armature reaction in amp-turns per pole = 1.06 × ampere-conductors per phase per pole.

(London Univ.)

Solution. O.C. terminal voltages are first converted into phase voltages and plotted against field amp-turns, as shown in Fig. 37.66.

Full-load current

$$= \frac{600,000}{\sqrt{3} \times 3300} = 105 \text{ A}$$

Demagnetising amp-turns per pole per phase for full-load at zero p.f.

$$= 1.06 \times 105 \times 200/8$$
$$= 2,780$$

Normal phase voltage

$$= 3300/\sqrt{3} = 1910 \text{ volt}$$

Leakage reactance drop

$$= \frac{3300 \times 7}{\sqrt{3} \times 100} = 133 \text{ V}$$

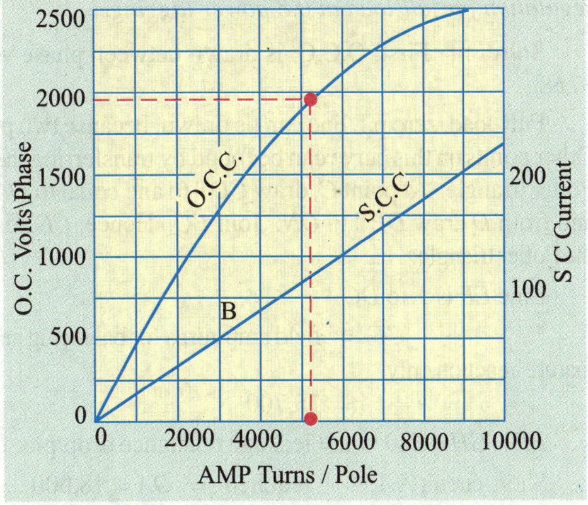

Fig. 37.66

In Fig. 37.67, *OA* represents 1910 V.

$AB = 133$ V is drawn ⊥ *OI*, *OB* is the resultant voltage *E* (not E_0).

$\therefore OB = E = 1987$ volt

From O.C.C., we find that 1987 V correspond to 5100 field amp-turns. Hence, $OC = 5100$ is drawn ⊥ to OB. $CD = 2780$ is || to *OI*. Hence, $OD = 7240$ (approx). From O.C.C. it is found that this

* It is so because angle between *OA* and *OB* is negligibly small. If not, then *CD* should be drawn at an angle of $(90 + \alpha)$ where α is the angle between *OA* and *OB*.

corresponds to an O.C. voltage of 2242 volt. Hence, when load is thrown off, the voltage will rise to 2242 V.

$$\therefore \quad \% \text{ regn.} = \frac{2242-1910}{1910} \times 100 = \mathbf{17.6\ \%}$$

How to deduce S.C.C. ?

We have found that field amp-turns for balancing armature reaction only are 2,780. To this should be added field amp-turns required for balancing the leakage reactance voltage drop of 133 V.

Field amp-turns corresponding to 133 volt on O.C. are 300 approximately. Hence, with reference to Fig. 37.56, $NA = 2780$, $ON = 300$

$\therefore$ Short-circuit field amp-turns

$= OA = 2780 + 300$

$= 3080$

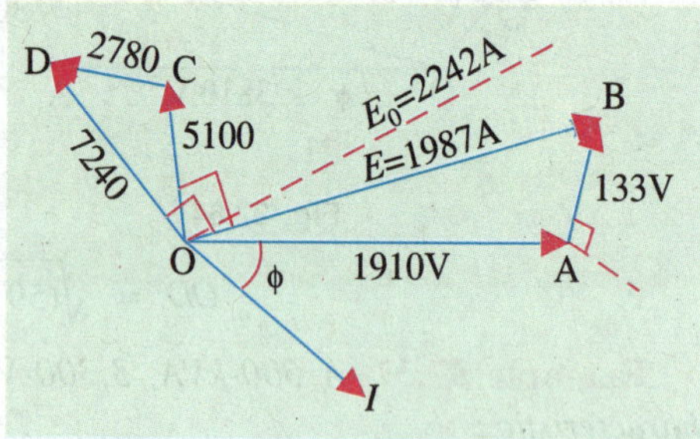

Fig. 37.67

Hence, we get a point B on S.C.C. *i.e.* (3080, 105) and the other point is the origin. So S.C.C. (which is a straight line) can be drawn as shown in Fig. 37.66.

Example 37.38. *The following figures give the open-circuit and full-load zero p.f saturation curves for a 15,000-kVA. 11,000 V, 3-ϕ, 50-Hz, star-connected turbo-alternator:*

Field AT in 10^3	:	10	18	24	30	40	45	50
O.C. line kV	:	4.9	8.4	10.1	11.5	12.8	13.3	13.65
Zero p.f. full-load line kV	:	—	0	—	—	—	10.2	—

Find the armature reaction, the armature reactance and the synchronous reactance. Deduce the regulation for full-load at 0.8 power lagging.

Solution. First, O.C.C. is drawn between phase voltages and field amp-turns, as shown in Fig. 37.68.

Full-load, zero p.f. line can be drawn, because two points are known *i.e.* A (18, 0) and C (45, 5890). Other points on this curve can be found by transferring the Potier triangle. At point C, draw CD ‖ to and equal to OA and from D draw DE ‖ to ON. Join EC. Hence, CDE is the Potier triangle.

Line EF is ⊥ to DC

CF = field amp-turns for balancing armature-reaction only

= 15,700

$EF = GH = 640$ volt = leakage reactance drop/phase

Short-circuit A.T. required $= OA = 18{,}000$

$$\text{Full-load current} = \frac{15{,}000 \times 1000}{\sqrt{3} \times 11{,}000} = 788 \text{ A}$$

$\therefore \quad 640 = I \times X_L \quad \therefore \quad X_L = 640/788 = 0.812\ \Omega$

From O.C.C., we find that 18,000 A.T. correspond to an O.C. voltage of $8{,}400/\sqrt{3} = 4{,}850$ V.

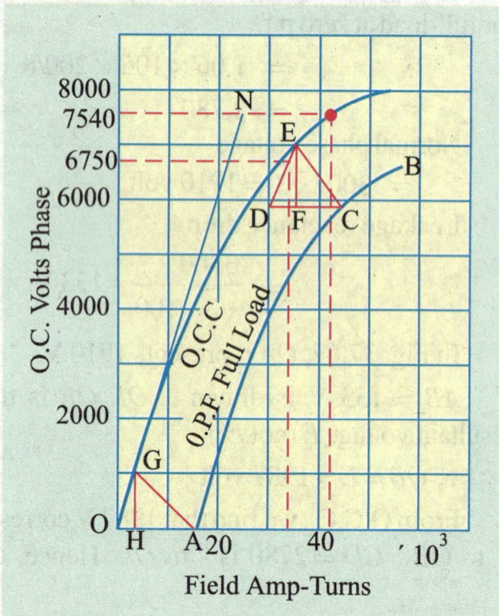

Fig. 37.68

$$\therefore \quad Z_S = \frac{\text{O.C. volt}}{\text{S.C. cuerrent}} = \frac{4{,}850}{788} = 6.16\ \Omega$$

(Art. 37.21)

As R_a is negligible, hence Z_S equals X_S.

Regulation

In Fig. 37.69, OA = phase voltage = $11{,}000/\sqrt{3}$

= 6,350 V

AB = 640 V and is drawn at right angles to OI or at $(90° + \phi)$ to OA.

Resultant is OB = 6,750 V

Field A.T. corresponding to O.C voltage of 6,750 V is = OC = 30,800 and is drawn ⊥ to OB.

CD = armature reaction at F.L. = 15,700 and is drawn ∥ to OI or at $(90° + \phi)$ to OC.

Hence, OD = 42,800.

From O.C.C., e.m.f. corresponding to 42,800 A.T. of rotor = 7,540 V

∴ % regn. up = (7,540 − 6,350)/6,350 = **0.187 or 18.7%**

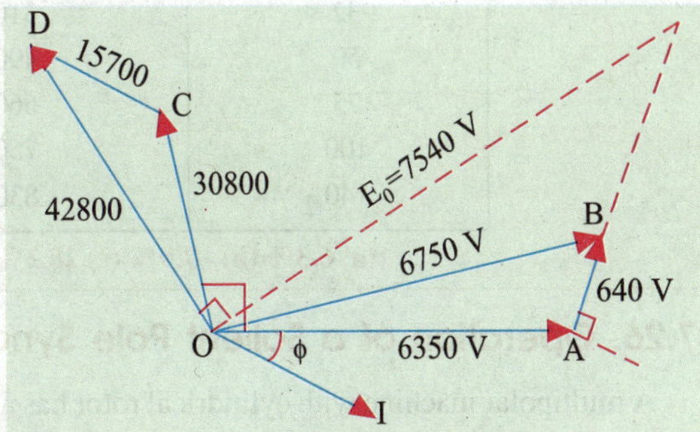

Fig. 37.69

Tutorial Problem No. 37.4

1. The following data relate to a 6,600-V, 10,000-kVA, 50-Hz, 3-φ, turbo- alternator:

O.C. kilovolt	4.25	5.45	6.6	7.3	8	9
Exciting A.T. in 10^3	60	80	100	120	145	220

Excitation needed to circulate full-load current on short circuit : 117,000 A.T. Inductive drop in stator winding at full-load = 15%. Find the voltage regulation at full-load 0.8 power factor.

[34.4%] *(City & Guilds, London)*

2. Deduce the exciting current for a 3-φ, 3300-V generator when supplying 100 kW at 0.8 power factor lagging, given magnetisation curve on open-circuit :

Line voltage :	3300	3600	3900
Exciting current :	80	96	118

There are 16 poles, 144 slots, 5 conductors/slot, single-circuit, full-pitched winding, star- connected. The stator winding has a resistance per phase of 0.15 Ω and a leakage reactance of 1.2 Ω. The field coils have each 108 turns.

[124 A] *(London Univ.)*

3. Estimate the percentage regulation at full-load and power factor 0.8 lagging of a 1000-kVA, 6,600-V, 3-φ, 50-Hz, star-connected salient-pole synchronous generator. The open-circuit characteristic is as follows :

Terminal volt	4000	6000	6600	7200	8000
Field A.T.	5200	8500	10,000	12,500	17,500

Leakage reactance 10%, resistance 2%. Short-circuit characteristic : full-load current with a field excitation of 5000 A.T. Take the permeance to cross armature reaction as 35% of that to direct reaction. **[20% up]**

4. A 1000-kVA, 11,000-V, 3-φ, 50-Hz, star-connected turbo-generator has an effective resistance of 2Ω /phase. The O.C.C. and zero p.f. full-load data is as follows :

O.C. volt	5,805	7,000	12,550	13,755	15,000
Field current A	40	50	110	140	180
Terminal volt at F.L. zero p.f.	0	1500	8,500	10,500	12,400

Estimate the % regulation for F.L. at 0.8 p.f. lagging. **[22 %]**

5. A 5-MVA, 6.6 kV, 3-ϕ, star-connected alternator has a resistance of 0.075 Ω per phase. Estimate the regulation for a load of 500 A at p.f. (*a*) unity and (*b*) 0.9 leading (*c*) 0.71 lagging from the following open-circuit and full-load zero power factor curve.

Field current (A)	Open-circuit terminal voltage (V)	Saturation curve zero p.f.
32	3100	0
50	4900	1850
75	6600	4250
100	7500	5800
140	8300	7000

[(a) 6.3% (b) −7.9% (c) 20.2%] (***Electrical Machines-II, Indore Univ. Feb. 1978***)

37.26. Operation of a Salient Pole Synchronous Machine

A multipolar machine with cylindrical rotor has a uniform air-gap, because of which its reactance remains the same, irrespective of the spatial position of the rotor. However, a synchronous machine with salient or projecting poles has non-uniform air-gap due to which its reactance varies with the rotor position. Consequently, a cylindrical rotor machine possesses one axis of symmetry (pole axis or direct axis) whereas salient-pole machine possesses two axes of geometric symmetry (*i*) field poles axis, called direct axis or *d*-axis and (*ii*) axis passing through the centre of the interpolar space, called the quadrature axis or *q*-axis, as shown in Fig. 37.70.

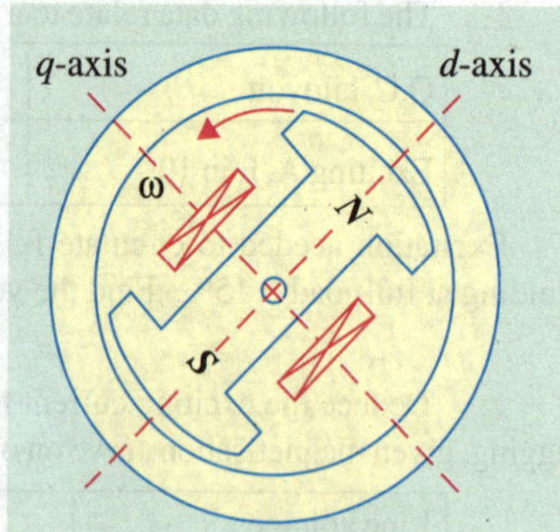

Fig. 37.70

Obviously, two mmfs act on the *d*-axis of a salient-pole synchronous machine *i.e.* field m.m.f. and armature m.m.f. whereas only one m.m.f., *i.e.* armature mmf acts on the *q*-axis, because field mmf has no component in the *q*-axis. The magnetic reluctance is low along the poles and high between the poles. The above facts form the basis of the two-reaction theory proposed by Blondel, according to which

(*i*) armature current I_a can be resolved into two components *i.e.* I_d perpendicular to E_0 and I_q along E_0 as shown in Fig. 37.71 (*b*).

(*ii*) armature reactance has two components *i.e.* *q*-axis armature reactance X_{ad} associated with I_d and *d*-axis armature reactance X_{aq} linked with I_q.

If we include the armature leakage reactance X_l which is the same on both axes, we get

$$X_d = X_{ad} + X_l \text{ and } X_q = X_{aq} + X_1$$

Since reluctance on the *q*-axis is higher, owing to the larger air-gap, hence,

$$X_{aq} < X_{ad} \text{ or } X_q < X_d \text{ or } X_d > X_q$$

37.27. Phasor Diagram for a Salient Pole Synchronous Machine

The equivalent circuit of a salient-pole synchronous generator is shown in Fig. 37.71 (*a*). The component currents I_d and I_q provide component voltage drops jI_dX_d and $j\,I_qX_q$ as shown in Fig. 37.71(*b*) for a lagging load power factor.

The armature current I_a has been resolved into its rectangular components with respect to the axis for excitation voltage E_0. The angle ψ between E_0 and I_a is known as the internal power factor angle. The vector for the armature resistance drop $I_a R_a$ is drawn parallel to I_a. Vector for the drop $I_d X_d$ is drawn perpendicular to I_d whereas that for $I_q \times X_q$ is drawn perpendicular to I_q. The angle δ between E_0 and V is called the power angle. Following phasor relationships are obvious from Fig. 37.71 (*b*)

$$E_0 = V + I_a R_a + jI_d X_d + jI_q X_q \text{ and } I_a = I_d + I_q$$

If R_a is neglected the phasor diagram becomes as shown in Fig. 37.72 (*a*). In this case,

$$E_0 = V + jI_d X_d + jI_q X_q$$

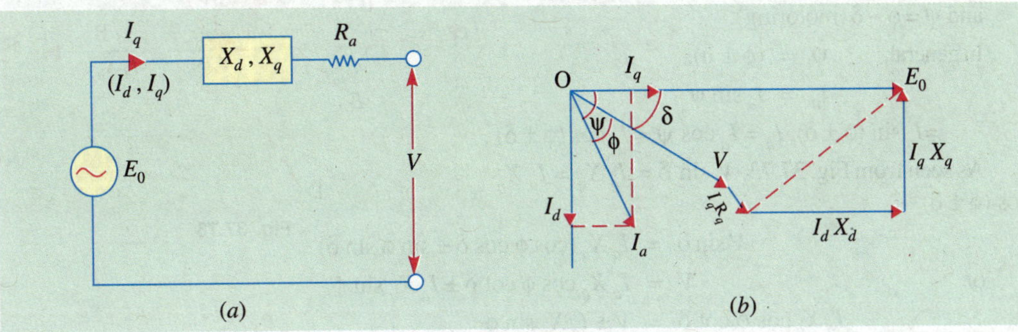

Fig. 37.71

Incidentally, we may also draw the phasor diagram with terminal voltage V lying in the horizontal direction as shown in Fig. 37-72 (*b*). Here, again drop $I_a R_a$ is $\parallel I_a$ and $I_d X_d$ is $\perp$ to I_d and drop $I_q X_q$ is $\perp$ to I_q as usual.

37.28. Calculations from Phasor Diagram

In Fig. 37.73, dotted line AC has been drawn perpendicular to I_a and CB is perpendicular to the phasor for E_0. The angle $ACB = \psi$ because angle between two lines is the same as between their perpendiculars. It is also seen that

$$I_d = I_a \sin\psi \,;\, I_q = I_a \cos\psi \,;\text{ hence, } I_a = I_q/\cos\psi$$

In ΔABC, $\quad BC/AC = \cos\psi$ or $AC = BC/\cos\psi = I_q X_q / \cos\psi = I_a X_q$

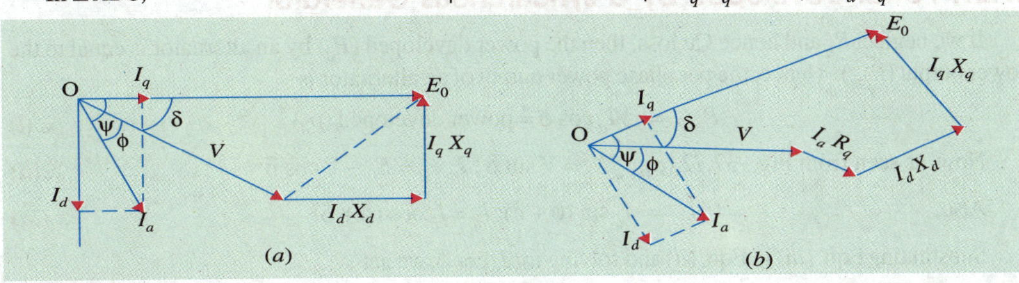

Fig. 37.72

From $\Delta\, ODC$, we get

$$\tan\psi = \frac{AD + AC}{OE + ED} = \frac{V \sin\phi + I_a X_q}{V \cos\phi + I_a R_a} \quad \text{—generating}$$

$$= \frac{V \sin\phi - I_a X_q}{V \sin\phi - I_a R_a} \quad \text{—motoring}$$

The angle ψ can be found from the above equation. Then, $\delta = \psi - \phi$ (generating) and $\delta = \phi - \psi$ (motoring)

As seen from Fig. 37.73, the excitation voltage is given by

$E_0 = V \cos\delta + I_q R_a + I_d X_d$ —generating

$= V\cos\delta - I_q R_a - I_d X_d$ —motoring

Note. Since angle ϕ is taken positive for lagging p.f., it will be taken negative for leading p.f.

If we neglect the armatrue resistance as shown in Fig. 37.72, then angle δ can be found directly as under :

$\psi = \phi + \delta$ (generating)

and $\psi = \phi - \delta$ (motoring).

In general, $\psi = (\phi \pm \delta)$.

$$I_d = I_a \sin\psi$$

$$= I_a \sin(\phi \pm \delta);\ I_q = I_a \cos\psi = I_a \cos(\phi \pm \delta)$$

As seen from Fig. 37.73, $V\sin\delta = I_q X_q = I_a X_q \cos(\phi \pm \delta)$

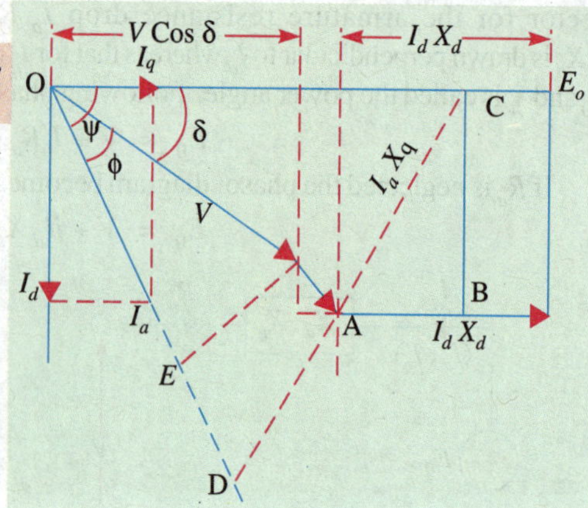

Fig. 37.73

$$\therefore \quad V\sin\delta = I_a X_q(\cos\phi\cos\delta \pm \sin\phi\sin\delta)$$

$$\text{or} \quad V = I_a X_q \cos\phi\cot\delta \pm I_a X_q \sin\phi$$

$$\therefore \quad I_a X_q \cos\phi\cot\delta = V \pm I_a X_q \sin\phi$$

$$\therefore \quad \tan\delta = \frac{I_a X_q \cos\phi}{V \pm I_a X_q \sin\phi}$$

In the above expression, plus sign is for synchronous generators and minus sign for synchronous motors.

Similarly, when R_a is neglected, then,

$$E_0 = V\cos\delta \pm I_d X_d$$

However, if R_a and hence $I_a R_a$ drop is not negligible then,

$$E_0 = V\cos\delta + I_q R_a + I_d X_d \quad \text{—generating}$$

$$= V\cos\delta - I_q R_a - I_d X_d \quad \text{—motoring}$$

37.29. Power Developed by a synchronous Generator

If we neglect R_a and hence Cu loss, then the power developed (P_d) by an alternator is equal to the power output (P_{out}). Hence, the per phase power output of an alternator is

$$P_{out} = VI_a\cos\phi = \text{power developed } (p_d) \quad \text{...(i)}$$

Now, as seen from Fig., 37.72 (*a*), $I_q X_q = V\sin\delta$; $I_d X_d = E_0 - V\cos\delta$ ...(*ii*)

Also, $$I_d = I_a\sin(\phi + \delta);\ I_q = I_a\cos(\phi + \delta) \quad \text{...(iii)}$$

Substituting Eqn. (*iii*) in Eqn. (*ii*) and solving for $I_a\cos\phi$, we get

$$I_a\cos\phi = \frac{V}{X_d}\sin\delta + \frac{V}{2X_q}\sin 2\delta - \frac{V}{2X_d}\sin 2\delta$$

Finally, substituting the above in Eqn. (*i*), we get

$$P_d = \frac{E_0 V}{X_d}\sin\delta + \frac{1}{2}V^2\left(\frac{1}{X_q} - \frac{1}{X_d}\right)\sin 2\delta = \frac{E_0 V}{X_d}\sin\delta + \frac{V^2(X_d - X_q)}{2X_d X_q}\sin 2\delta$$

The total power developed would be three times the above power.

As seen from the above expression, the power developed consists of two components, the first term represents power due to field excitation and the second term gives the reluctance power *i.e.*

power due to saliency. If $X_d = X_q$ *i.e.* the machine has a cylinderical rotor, then the second term becomes zero and the power is given by the first term only. If, on the other hand, there is no field excitation *i.e.* $E_0 = 0$, then the first term in the above expression becomes zero and the power developed is given by the second term. It may be noted that value of δ is positive for a generator and negative for a motor.

Example 37.39. *A 3-phase alternator has a direct-axis synchronous reactance of 0.7 p.u. and a quadrature axis synchronous reactance of 0.4 p.u. Draw the vector diagram for full-load 0.8 p.f. lagging and obtain therefrom (i) the load angle and (ii) the no-load per unit voltage.*

(Advanced Elect. Machines, AMIE Sec. B 1991)

Solution.

$$V = 1 \text{ p.u.}; X_d = 0.7 \text{ p.u.}; X_q = 0.4 \text{ p.u.};$$

$$\cos\phi = 0.8; \sin\phi = 0.6; \phi = \cos^{-1} 0.8 = 36.9°; I_a = 1 \text{ p.u.}$$

(i)
$$\tan\delta = \frac{I_a X_q \cos\phi}{V + I_q \sin\phi} = \frac{1 \times 0.4 \times 0.8}{1 + 0.4 \times 0.6} = 0.258, \delta = 16.5°$$

(ii)
$$I_d = I_a \sin(\phi + \delta) = 1 \sin(36.9° + 14.9°) = 0.78 \text{ A}$$

$$E_0 = V\cos\delta + I_d X_d = 1 \times 0.966 + 0.78 \times 0.75 = \mathbf{1.553}$$

Example 37.40. *A 3-phase, star-connected, 50-Hz synchronous generator has direct-axis synchronous reactance of 0.6 p.u. and quadrature-axis synchronous reactance of 0.45 p.u. The generator delivers rated kVA at rated voltage. Draw the phasor diagram at full-load 0.8 p.f. lagging and hence calculate the open-circuit voltage and voltage regulation. Resistive drop at full-load is 0.015 p.u.*

(Elect. Machines-II, Nagpur Univ. 1993)

Solution.

$$I_a = 1 \text{ p.u.}; V = 1 \text{ p.u.}; X_d = 0.6 \text{ p.u.}; X_q = 0.45 \text{ p.u.}; R_a = 0.015 \text{ p.u.}$$

$$\tan\psi = \frac{V\sin\phi + I_a X_q}{V\cos\phi + I_a R_a} = \frac{1 \times 0.6 + 1 \times 0.45}{1 \times 0.8 + 1 \times 0.015} = 1.288; \quad \psi = 52.2°$$

$$\delta = \psi - \phi = 52.2° - 36.9° = 15.3°$$

$$I_d = I_a \sin\psi = 1 \times 0.79 = 0.79 \text{ A}; I_q = I_a \cos\psi = 1 \times 0.61 = 0.61 \text{A}$$

$$E_0 = V\cos\delta + I_q R_a + I_d X_d$$

$$= 1 \times 0.965 + 0.61 \times 0.015 + 0.79 \times 0.6 = 1.448$$

$$\therefore \quad \% \text{ regn.} = \frac{1.448 - 1}{1} \times 100 = \mathbf{44.8\%}$$

Example 37.41. *A 3-phase, Y-connected syn. generator supplies current of 10 A having phase angle of 20° lagging at 400 V. Find the load angle and the components of armature current I_d and I_q if X_d = 10 ohm and X_q = 6.5 ohm. Assume arm. resistance to be negligible.*

(Elect. Machines-I, Nagpur Univ. 1993)

Solution.

$$\cos\phi = \cos 20° = 0.94; \sin\phi = 0.342; I_a = 10 \text{ A}$$

$$\tan\delta = \frac{I_a X_q \cos\phi}{V + I_a X_q \sin\phi} = \frac{10 \times 6.5 \times 0.94}{400 + 10 \times 6.5 \times 0.342} = 0.1447$$

$$\delta = 8.23°$$

$$I_d = I_a \sin(\phi + \delta) = 10 \sin(20° + 8.23°) = 4.73 \text{ A}$$

$$I_q = I_a \cos(\phi + \delta) = 10 \cos(20° + 8.23°) = 8.81 \text{ A}$$

Incidentally, if required, voltage regulation of the above generator can be found as under:

$$I_d X_d = 4.73 \times 10 = 47.3 \text{ V}$$

$$E_0 = V\cos\delta + I_d X_d = 400 \cos 8.23° + 47.3 = 443 \text{ V}$$

$$\% \text{ regn.} = \frac{E_0 - V}{V} \times 100$$

$$= \frac{443 - 400}{400} \times 100 = \mathbf{10.75\%}$$

Tutorial Problem No. 37.5.

1. A 20 MVA, 3-phase, star-connected, 50-Hz, salient-pole has $X_d = 1$ p.u.; $X_q = 0.65$ p.u. and $R_a = 0.01$ p.u. The generator delivers 15 MW at 0.8 p.f. lagging to an 11-kV, 50-Hz system. What is the load angle and excitation e.m.f. under these conditions? **[18°; 1.73 p.u]**
2. A salient-pole synchronous generator delivers rated kVA at 0.8 p.f. lagging at rated terminal voltage. It has $X_d = 1.0$ p.u. and $X_q = 0.6$ p.u. If its armature resistance is negligible, compute the excitation voltage under these conditions. **[1.77 p.u]**
3. A 20-kVA, 220-V, 50-Hz, star-connected, 3-phase salient-pole synchronous generator supplies load at a lagging power factor angle of 45°. The phase constants of the generator are $X_d = 4.0\ \Omega$; $X_q = 2\ \Omega$ and $R_a = 0.5\ \Omega$. Calculate (*i*) power angle and (*ii*) voltage regulation under the given load conditions. **[(*i*) 20.6° (*ii*) 142%]**
4. A 3-phase salient-pole synchronous generator has $X_d = 0.8$ p.u.; $X_q = 0.5$ p.u. and $R_a = 0$. Generator supplies full-load at 0.8 p.f. lagging at rated terminal voltage. Compute (*i*) power angle and (*ii*) no-load voltage if excitation remains constant. **[(*i*) 17.1° (*ii*) 1.6 p.u]**

37.30. Parallel Operation of Alternators

The operation of connecting an alternator in parallel with another alternator or with common bus-bars is known as ***synchronizing***. Generally, alternators are used in a power system where they are in parallel with many other alternators. It means that the alternator is connected to a live system of constant voltage and constant frequency. Often the electrical system to which the alternator is connected, has already so many alternators and loads connected to it that no matter what power is delivered by the incoming alternator, the voltage and frequency of the system remain the same. In that case, the alternator is said to be connected to ***infinite*** bus-bars.

It is never advisable to connect a stationary alternator to live bus-bars, because, stator induced e.m.f. being zero, a short-circuit will result. For proper synchronization of alternators, the following three conditions must be satisfied :

1. The terminal voltage (effective) of the incoming alternator must be the same as bus-bar voltage.
2. The speed of the incoming machine must be such that its frequency (= $PN/120$) equals bus-bar frequency.
3. The phase of the alternator voltage must be identical with the phase of the bus-bar voltage. It means that the switch must be closed at (or very near) the instant the two voltages have correct phase relationship.

Condition (1) is indicated by a voltmeter, conditions (2) and (3) are indicated by synchronizing lamps or a synchronoscope.

37.31. Synchronizing of Alternators

(*a*) Single-phase Alternators

Suppose machine 2 is to be synchronized with or 'put on' the bus-bars to which machine 1 is already connected. This is done with the help of two lamps L_1 and L_2 (known as synchronizing lamps) connected as shown in Fig. 37.74.

It should be noted that E_1 and E_2 are in-phase relative to the external circuit but are in direct phase opposition in the local circuit (shown dotted).

If the speed of the incoming machine 2 is not brought up to that of machine 1, then its frequency will also be different, hence there will be a phase-difference between their voltages (even when they are equal in magnitude, which is determined by field excitation). This phase-difference will be continously changing with the changes in their frequencies. The result is that their resultant voltage will undergo changes similar to the frequency changes of beats produced, when two sound sources of nearly equal frequency are sounded together, as shown in Fig. 37.75.

Sometimes the resultant voltage is maximum and some other times minimum. Hence, the current is alternatingly maximum and minimum. Due to this changing current through the lamps, a flicker will be produced, the frequency of flicker being $(f_2 \sim f_1)$. Lamps will dark out and glow up alternately. Darkness indicates that the two voltages E_1 and E_2 are in exact phase opposition relative to the local circuit and hence

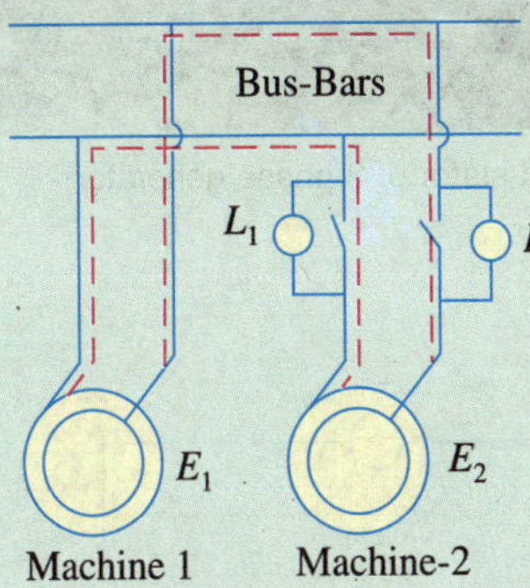

Fig. 37.74

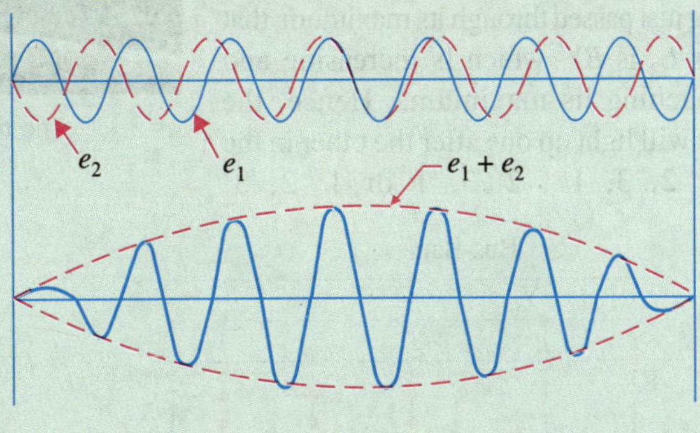

Fig. 37.75

there is no resultant current through the lamps. Synchronizing is done at the middle of the dark period. That is why, sometimes, it is known as 'lamps dark' synchronizing. Some engineers prefer 'lamps bright' synchronization because of the fact the lamps are much more sensitive to changes in voltage at their maximum brightness than when they are dark. Hence, a sharper and more accurate synchronization is obtained. In that case, the lamps are connected as shown in Fig. 37.76. Now, the lamps will glow brightest when the two voltages are in-phase with the bus-bar voltage because then voltage across them is twice the voltage of each machine.

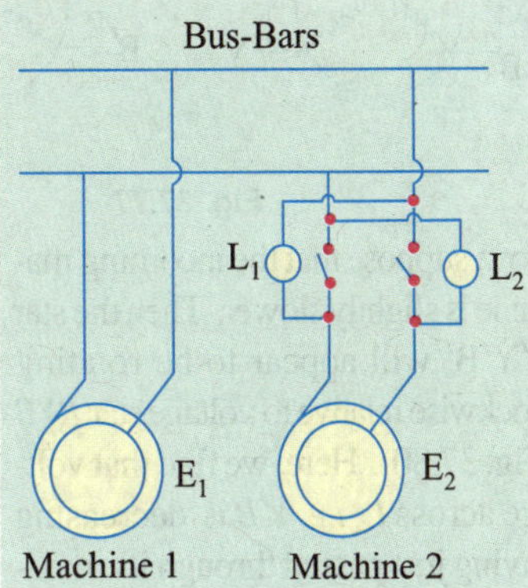

Fig. 37.76

(*b*) Three-phase Alternators

In 3-ϕ alternators, it is necessary to synchronize one phase only, the other two phases will then be synchronized automatically. However, first it is necessary that the incoming alternator is correctly 'phased out' *i.e.* the phases are connected in the proper order of *R, Y, B* and not *R, B, Y* etc.

In this case, three lamps are used. But they are deliberately connected asymmetrically, as shown in Fig. 37.77 and 37.78.

This transposition of two lamps, suggested by Siemens and Halske, helps to indicate whether the incoming machine is running too slow. If lamps were connected symmetrically, they would dark out or glow up simultaneously (if the phase rotation is the same as that of the bus-bars).

Lamp L_1 is connected between R and R', L_2 between Y and B' (not Y and Y') and L_3 between B and Y' (and not B and B'), as shown in Fig. 37.78.

Voltage stars of two machines are shown superimposed on each other in Fig. 37.79.

Two sets of star vectors will rotate at unequal speeds if the frequencies of the two machines are different. If the incoming alternator is running faster, then voltage star $R'Y'B'$ will appear to rotate anticlockwise with respect to the bus-bar voltage star RYB at a speed corresponding to the difference between their frequencies. With reference to Fig. 37.79, it is seen that voltage across L_1 is RR' and is seen to be increasing from zero, that across L_2 is YB' which is decreasing, having just passed through its maximum, that across L_3 is BY' which is increasing and approaching its maximum. Hence, the lamps will light up one after the other in the order 2, 3, 1 ; 2, 3, 1 or 1, 2, 3.

The rotor and stator of 3-phase generator

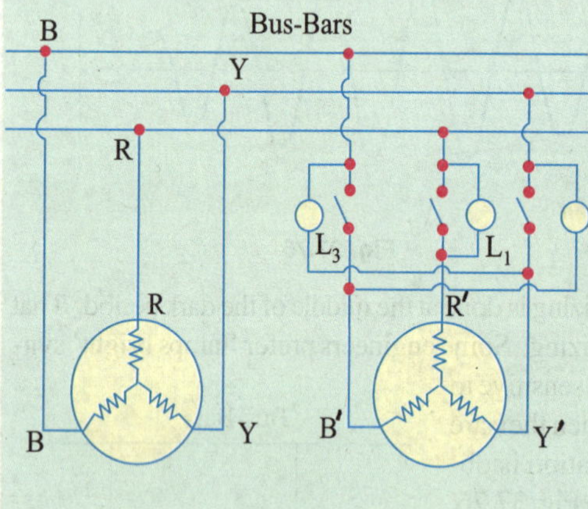

Fig. 37.77

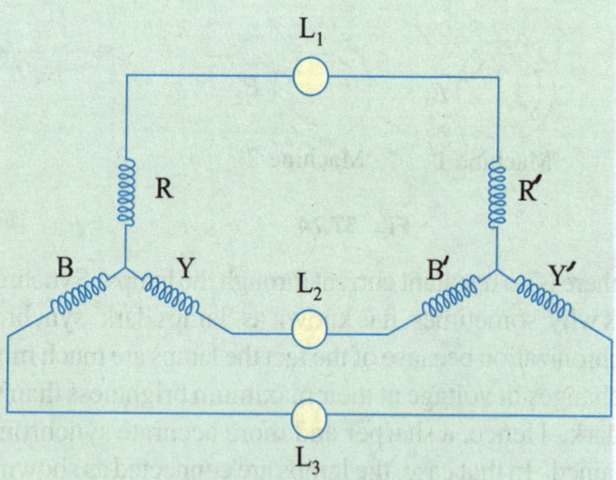

Fig. 37.78

Now, suppose that the incoming machine is slightly slower. Then the star R′Y′B′ will appear to be rotating clockwise relative to voltage star RYB (Fig. 37.80). Here, we find that voltage across L_3 *i.e.* $Y'B$ is decreasing having just passed through its maximum, that across L_2 *i.e.* YB' is increasing and approaching its maximum, that across L_1 is decreasing having passed through its maximum earlier. Hence, the lamps will light up one after the other in the order 3, 2, 1 ; 3, 2, 1, etc. which is just the reverse of the first order. Usually, the three lamps are mounted at the three corners of a triangle and the apparent direction of rotation of light

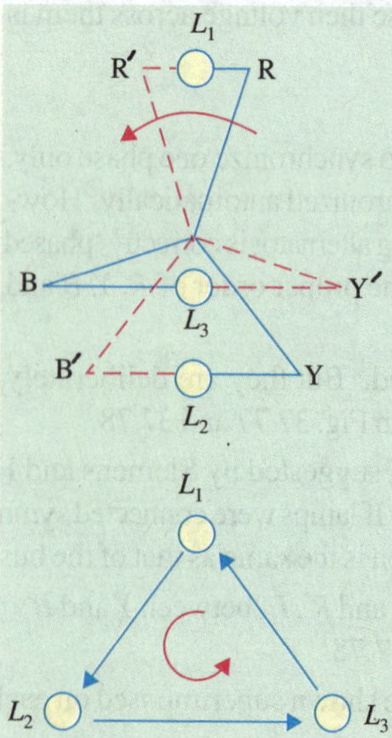

Fig. 37.79

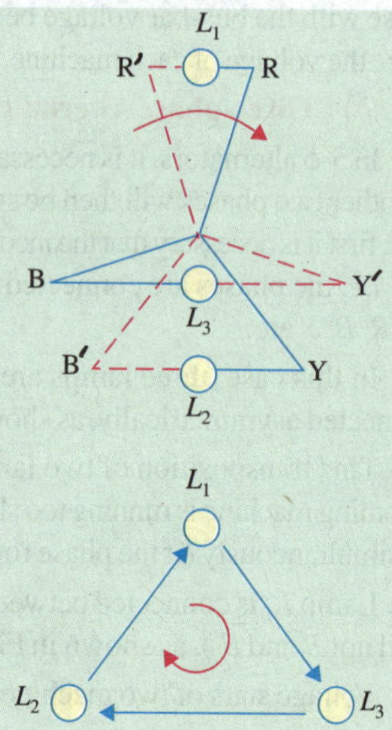

Fig. 37.80

indicates whether the incoming alternator is running too fast or too slow (Fig. 37.81). Synchronization is done at the moment the uncrossed lamp L_1 is in the middle of the dark period. When the alternator voltage is too high for the lamps to be used directly, then usually step-down transformers are used and the synchronizing lamps are connected to the secondaries.

It will be noted that when the uncrossed lamp L_1 is dark, the other two 'crossed' lamps L_2 and L_3 are dimly but equally bright. Hence, this method of synchronizing is also sometimes known as 'two bright and one dark' method.

It should be noted that synchronization by lamps is not quite accurate, because to a large extent, it depends on the sense of correct judgement of the operator. Hence, to eliminate the element of personal judgment in routine operation of alternators, the machines are synchronized by a more accurate device called a synchronoscope. It consists of 3 stationary coils and a rotating iron vane which is attached to a pointer. Out of three coils, a pair is connected to one phase of the line and the other to the corresponding machine terminals, potential transformer being usually used. The pointer moves to one side or the other from its vertical position depending on whether the incoming machine is too fast or too slow. For correct speed, the pointer points vertically up.

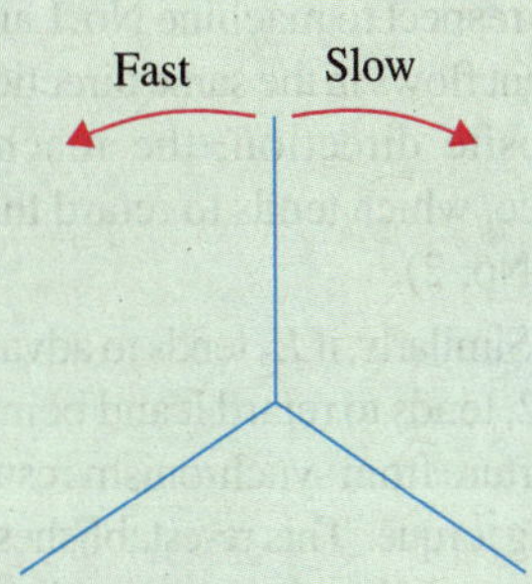

Fig. 37.81

Example 37.42. *In Fig. 37.74, E_1 = 220 V and f_1 = 60 Hz, whereas E_2 = 222 V and f_2 = 59 Hz. With the switch open; calculate*

(*i*) *maximum and minimum voltage across each lamp.*

(*ii*) *frequency of voltage across the lamps.*

(*iii*) *peak value of voltage across each lamp.*

(*iv*) *phase relations at the instants maximum and minimum voltages occur.*

(*v*) *the number of maximum light pulsations/minute.*

Solution. (*i*) E_{max}/lamp = (220 + 222)/2 = **221 V**

E_{min}/lamp = (222 − 220)/2 = **1.0 V**

(*ii*) $f = (f_1 - f_2) = (60 - 59) =$ **1.0 Hz**

(*iii*) E_{peak} = 221/0.707 = **313 V**

(*iv*) in-phase and anti-phase respectively in the local circuit.

(*v*) No. of pulsation/min = (60 − 59) × 60 = **60.**

37.32. Synchronizing Current

Once synchronized properly, two alternators continue to run in synchronism. Any tendency on the part of one to drop out of synchronism is immediately counteracted by the production of a synchronizing torque, which brings it back to synchronism.

When in exact synchronism, the two alternators have equal terminal p.d.'s and are in exact phase opposition, so far as the local circuit (consisting of their armatures) is concerned. Hence, there is no current circulating round the local circuit. As shown in Fig. 37.82 (*b*) e.m.f. E_1 of machine No. 1 is in exact phase opposition to the e.m.f. of machine No. 2 *i.e.* E_2. It should be clearly understood that the two e.m.f.s. are in opposition, so far as their local circuit is concerned but are in the same direction with respect to the external circuit. Hence, there is no resultant voltage (assuming $E_1 = E_2$ in magnitude) round the local circuit.

But now suppose that due to change in the speed of the governor of second machine, E_2 falls back* by a phase angle of α electrical degrees, as shown in Fig. 37.82 (*c*) (though still $E_1 = E_2$). Now, they have a resultant voltage E_r, which when acting on the local circuit, circulates a current known as synchronizing current. The value of this current is given by $I_{SY} = E_r/Z_S$ where Z_S is the synchronous impedance of the phase windings of both the machines (or of one machine only if it is connected to infinite bus-bars**). The current I_{SY} lags behind E_r by an angle θ given by $\tan\theta = X_S/R_a$ where X_S is the combined synchronous reactance of the two machines and R_a their armature resistance. Since R_a is negligibly small, θ is almost 90 degrees. So I_{SY} lags E_r by 90° and is almost in phase with E_1. It is seen that I_{SY} is generating current with respect to machine No.1 and motoring current with respect to machine No. 2 (remember when the current flows in the same direction as e.m.f., then the alternator acts as a generator, and when it flows in the opposite direction, the machine acts as a motor). This current I_{SY} sets up a synchronising torque, which tends to retard the generating machine (*i.e.* No. 1) and accelerate the motoring machine (*i.e.* No. 2).

Similarly, if E_2 tends to advance in phase [Fig. 37.82 (*d*)], then I_{SY}, being generating current for machine No. 2, tends to retard it and being motoring current for machine No. 1 tends to accelerate it. Hence, any departure from synchronism results in the production of a synchronizing current I_{SY} which sets up synchronizing torque. This re-establishes synchronism between the two machines by retarding the leading machine and by accelerating the lagging one. This current I_{SY}, it should be noted, is superimposed on the load currents in case the machines are loaded.

37.33. Synchronizing Power

Consider Fig. 37.82 (*c*) where machine No. 1 is generating and supplying the synchronizing power $= E_1 I_{SY}\cos\phi_1$ which is approximately equal to $E_1 I_{SY}$ (ϕ_1 is small). Since $\phi_1 = (90° - \theta)$, synchronizing power $= E_1 I_{SY}\cos\phi_1 = E_1 I_{SY}\cos(90° - \theta) = E_1 I_{SY}, \sin\theta \cong E_1 I_{SY}$ because $\theta \cong 90°$ so that

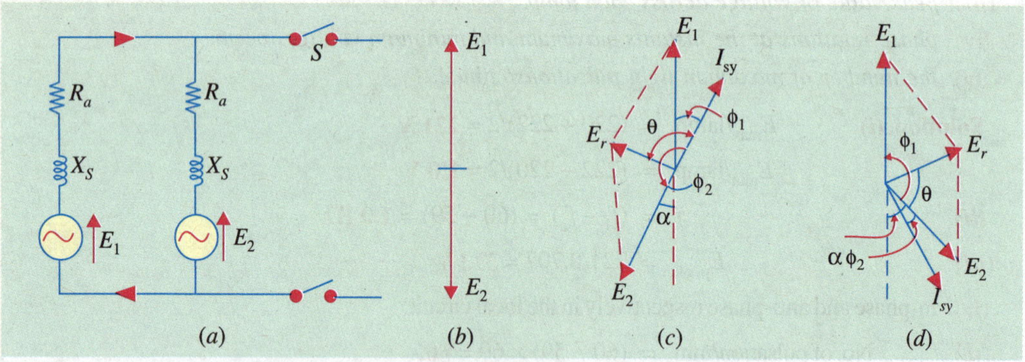

Fig. 37.82

$\sin\theta \cong 1$. This power output from machine No. 1 goes to supply (*a*) power input to machine No. 2 (which is motoring) and (*b*) the Cu losses in the local armature circuit of the two machines. Power input to machine No. 2 is $E_2 I_{SY}\cos\phi_2$ which is approximately equal to $E_2 I_{SY}$.

$$\therefore \qquad E_1 I_{SY} = E_2 I_{SY} + \text{Cu losses}$$

$$\text{Now, let} \qquad E_1 = E_2 = E \text{ (say)}$$

$$\text{Then,} \qquad E_r = 2E\cos[(180° - \alpha)/2]^{***} = 2E\cos[90° - (\alpha/2)]$$

* Please remember that vectors are supposed to be rotating anticlockwise.

** Infinite bus-bars are those whose frequency and the phase of p.d.'s are not affected by changes in the conditions of any one machine connected in parallel to it. In other words, they are constant-frequency, constant-voltage bus-bars.

*** Strictly speaking, $E_r = 2E\sin\theta.\ \sin\alpha/2 \cong 2E\sin\alpha/2$.

$$= 2\,E \sin \alpha/2 = 2\,E \times \alpha/2 = \alpha E \qquad (\because \alpha \text{ is small})$$

Here, the angle α is in electrical radians.

Now, $$I_{SY} = \frac{E_r}{\text{synch. impedance } Z_S} \cong \frac{E_r}{2\,X_S} = \frac{\alpha\,E}{2\,X_S}$$

—if R_a of both machines is negligible

Here, X_S represents synchronous reactance of one machine and not of both as in Art. 37.31 Synchronizing power (supplied by machine No. 1) is

$$P_{SY} = E_1 I_{SY} \cos \phi_1 = E\,I_{SY} \cos (90° - \theta) = EI_{SY} \sin \theta \cong EI_{SY}$$

Substituting the value of I_{SY} from above,

$$P_{SY} = E.\alpha E/2\,Z_S = \alpha E^2/2Z_S \cong \alpha E^2/2X_S \qquad \text{—per phase}$$

(more accurately, $P_{SY} = \alpha\,E^2 \sin \theta/2X_S$)

Total synchronizing power for three phases

$$= 3P_{SY} = 3\,\alpha E^2/2X_S \text{ (or } 3\,\alpha E^2 \sin \theta/2X_S)$$

This is the value of the synchronizing power when two alternators are connected in parallel and are on no-load.

37.34. Alternators Connected to Infinite Bus-bars

Now, consider the case of an alternator which is connected to infinite bus-bars. The expression for P_{SY} given above is still applicable but with one important difference *i.e.* impedance (or reactance) of only that one alternator is considered (and not of two as done above). Hence, expression for synchronizing power in this case becomes

$$E_r = \alpha E \qquad \text{—as before}$$

$$I_{SY} = E_r/Z_S \cong E_r/X_S = \alpha E/X_S \qquad \text{—if } R_a \text{ is negligible}$$

$\therefore$ Synchronizing power $$P_{SY} = E\,I_{SY} = E.\alpha E/Z_S = \alpha E^2/Z_S \cong \alpha E^2/X_S \qquad \text{— per phase}$$

Now, $$E/Z_S \cong E/X_S = \text{S.C. current } I_{SC}$$

$$\therefore \quad P_{SY} = \alpha E^2/XS = \alpha E.E/X_S = \alpha E.I_{SY} \qquad \text{—per phase}$$

(more accurately, $P_{SY} = \alpha E^2 \sin \theta/X_S = \alpha E.I_{SC}.\sin \theta$)

Total synchronizing power for three phases = $3\,P_{SY}$

37.35. Synchronizing Torque T_{SY}

Let T_{SY} be the synchronizing torque per phase in newton-metre (N-m)

(a) When there are two alternators in parallel

$$\therefore \quad T_{SY} \times \frac{2\,\pi\,N_S}{60} = P_{SY} \quad \therefore \quad T_{SY} = \frac{P_{SY}}{2\,\pi\,N_S/60} = \frac{\alpha E^2/2X_S}{2\pi\,N_S/60} \text{ N-m}$$

Total torque due to three phases. $$= \frac{3P_{SY}}{2\pi N_S/60} = \frac{3\alpha E^2/2X_S}{2\pi N_S/60} \text{ N-m}$$

(b) Alternator connected to infinite bus-bars

$$T_{SY} \times \frac{2\pi N_S}{60} = P_{SY} \quad \text{or} \quad T_{SY} = \frac{P_{SY}}{2\pi N_S/60} = \frac{\alpha E^2/X_S}{2\pi N_S/60} \text{ N-m}$$

Again, torque due to 3 phase $$= \frac{3P_{SY}}{2\pi N_S/60} = \frac{3\alpha E^2/X_S}{2\pi N_S/60} \text{ N-m}$$

where N_S = synchronous speed in r.p.m. = $120\,f/P$

37.36. Effect of Load on Synchronizing Power

In this case, instead of $P_{SY} = \alpha\, E^2/X_S$, the approximate value of synchronizing power would be $\cong \alpha EV/X_S$ where V is bus-bar voltage and E is the alternator induced e.m.f. per phase. The value of $E = V + IZ_S$

As seen from Fig. 37.83, for a lagging p.f.,

$$E = (V \cos\phi + IR_a)^2 + (V \sin\phi + IX_S)^2]^{1/2}$$

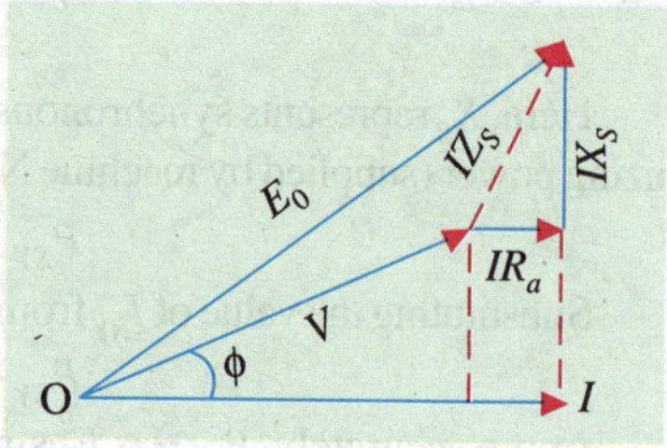

Fig. 37.83

Example 37.43. *Find the power angle when a 1500-kVA, 6.6 kV, 3-phase, Y-connected alternator having a resistance of 0.4 ohm and a reactance of 6 ohm per phase delivers full-load current at normal rated voltage and 0.8 p.f. lag. Draw the phasor diagram.*

(Electrical Machinery-II, Bangalore Univ. 1981)

Solution. It should be remembered that angle α between V and E is known as power angle (Fig. 37.84)

Full-load $\quad I = 15 \times 10^5/\sqrt{3} \times 6600 = 131$ A

$$IR_a = 131 \times 0.4 = 52.4 \text{ V}, IX_S = 131 \times 6 = 786 \text{ V}$$

V/phase $= 6600/\sqrt{3} = 3810$ V;

$$\phi = \cos^{-1}(0.8) = 36°50'.$$

As seen from Fig. 37.84

$$\tan(\phi + \alpha) = \frac{AB}{OA} = \frac{V \sin\phi + IX_S}{V \cos\phi + I R_a} = \frac{3810 \times 0.6 + 786}{3810 \times 0.8 + 52.4} = 0.991$$

$$\therefore \quad (\phi + \alpha) = 44° \quad \therefore \alpha = 44° - 36°50' = 7°10'$$

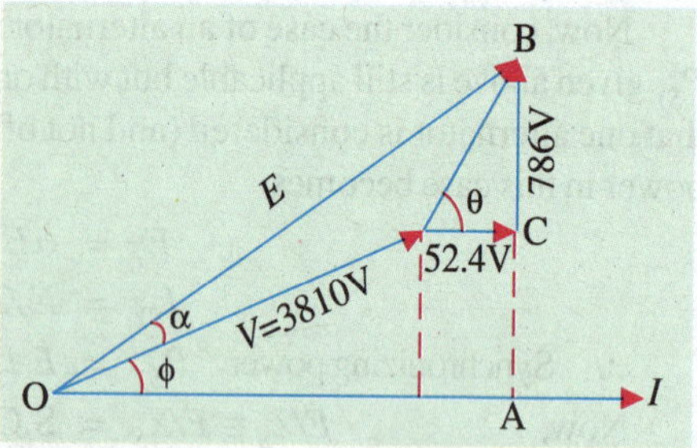

Fig. 37.84

The angle α is also known as load angle or torque angle.

37.37. Alternative Expression for Synchronizing Power

As shown in Fig. 37.85, let V and E (or E_0) be the terminal voltage and induced e.m.f. per phase of the rotor. Then, taking $V = V\angle 0°$, the load current supplied by the alternator is

$$I = \frac{E - V}{Z_S} = \frac{E\angle\alpha - V\angle 0°}{Z_S\angle\theta}$$

$$= \frac{E}{Z_S}\angle\alpha - \theta - \frac{V}{Z_S}\angle -\theta$$

$$= \frac{E}{Z_S}[\cos(\theta - \alpha) - j\sin(\theta - \alpha)]$$

$$= -\frac{V}{Z_S}(\cos\theta - j\sin\theta)$$

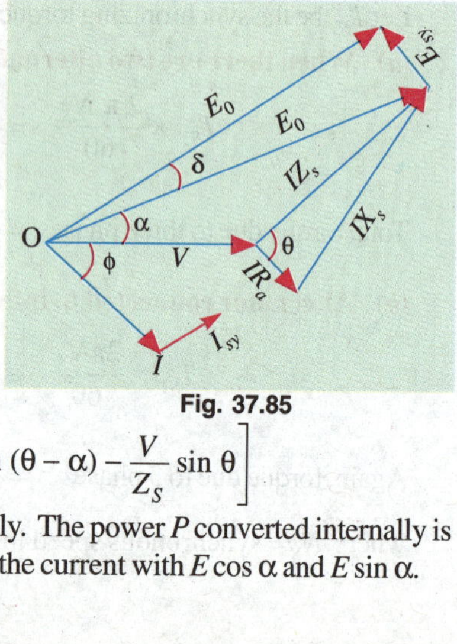

Fig. 37.85

$$= \left[\frac{E}{Z_S}\cos(\theta - \alpha) - \frac{V}{Z_S}\cos\theta\right] - j\left[\frac{E}{Z_S}\sin(\theta - \alpha) - \frac{V}{Z_S}\sin\theta\right]$$

These components represent the $I\cos\phi$ and $I\sin\phi$ respectively. The power P converted internally is given be the sum of the product of corresponding components of the current with $E\cos\alpha$ and $E\sin\alpha$.

$$\therefore \quad P = E\cos\alpha\left[\frac{E}{Z_S}\cos(\theta-\alpha) - \frac{V}{Z_S}\cos\theta\right] - E\sin\alpha\left[\frac{E}{Z_S}\sin(\theta-\alpha) - \frac{V}{Z_S}\sin\theta\right]$$

$$= E\left[\frac{E}{Z_S}\cos\theta\right] - E\left[\frac{V}{Z_S}.\cos(\theta+\alpha)\right] = \frac{E}{Z_S}[E\cos\theta - V(\cos\theta+\alpha)] \quad \text{—per phase*}$$

Now, let, for some reason, angle α be changed to $(\alpha \pm \delta)$. Since V is held rigidly constant, due to displacement $\pm\,\delta$, an additional e.m.f. of divergence *i.e.* $I_{SY} = 2E.\sin\alpha/2$ will be produced, which will set up an additional current I_{SY} given by $I_{SY} = E_{SY}/Z_S$. The internal power will become

$$P' = \frac{E}{Z_s}[E\cos\theta - V\cos(\theta+\alpha\pm\delta)]$$

The difference between P' and P gives the synchronizing power.

$$\therefore \quad P_{SY} = P' - P = \frac{EV}{Z_s}[\cos(\theta+\alpha) - \cos(\theta+\alpha\pm\delta)]$$

$$= \frac{EV}{Z_s}[\sin\delta\,.\,\sin(\theta+\alpha) \pm 2\cos(\theta+\alpha)\sin^2\delta/2]$$

If δ is very small, then $\sin^2(\delta/2)$ is zero, hence P_{SY} per phase is

$$P_{SY} = \frac{EV}{Z_S}.\sin(\theta+\alpha)\sin\delta \quad \text{...(i)}$$

(*i*) In large alternators, R_a is negligible, hence $\tan\theta = X_S/R_a = \infty$, so that $\theta \cong 90°$. Therefore, $\sin(\theta+\alpha) = \cos\alpha$.

$$\therefore \quad P_{SY} = \frac{EV}{Z_S}.\cos\alpha\sin\delta \quad \text{— per phase} \quad \text{...(ii)}$$

$$= \frac{EV}{X_S}\cos\alpha\sin\delta \quad \text{—per phase} \quad \text{...(iii)}$$

(*ii*) Consider the case of synchronizing an unloaded machine on to a constant-voltage bus-bars. For proper operation, $\alpha = 0$ so that E coincides with V. In that case, $\sin(\theta+\alpha) = \sin\theta$.

$$\therefore \quad P_{SY} = \frac{EV}{Z_S}\sin\theta\sin\delta \quad \text{—from (i) above.}$$

Since δ is very small, $\sin\delta = \delta$,

$$\therefore \quad P_{SY} = \frac{EV}{Z_S}\delta\sin\theta = \frac{EV}{X_S}\delta\sin\theta$$

Usually, $\sin\theta \cong 1$, hence

$$\therefore \quad P_{SY} = \frac{EV}{Z_S}.\delta^{**} = V\left(\frac{E}{Z_S}\right)\delta = V\left(\frac{E}{X_S}\right)\delta = VI_{SC}.\delta \quad \text{—per phase}$$

37.38. Parallel Operation of Two Alternators

Consider two alternators with identical speed/load characteristics connected in parallel as shown in Fig. 37.86. The common terminal voltage **V** is given by

$$\mathbf{V} = \mathbf{E}_1 - \mathbf{I}_1\mathbf{Z}_1 = \mathbf{E}_2 - \mathbf{I}_2\mathbf{Z}_2$$

$$\therefore \quad \mathbf{E}_1 - \mathbf{E}_2 = \mathbf{I}_1\mathbf{Z}_1 - \mathbf{I}_2\mathbf{Z}_2$$

Also $\quad \mathbf{I} = \mathbf{I}_1 + \mathbf{I}_2$ and $\mathbf{V} = \mathbf{IZ}$

$$\therefore \quad \mathbf{E}_1 = \mathbf{I}_1\mathbf{Z}_1 + \mathbf{IZ} = \mathbf{I}_1(\mathbf{Z}+\mathbf{Z}_1) + \mathbf{I}_2\mathbf{Z}$$

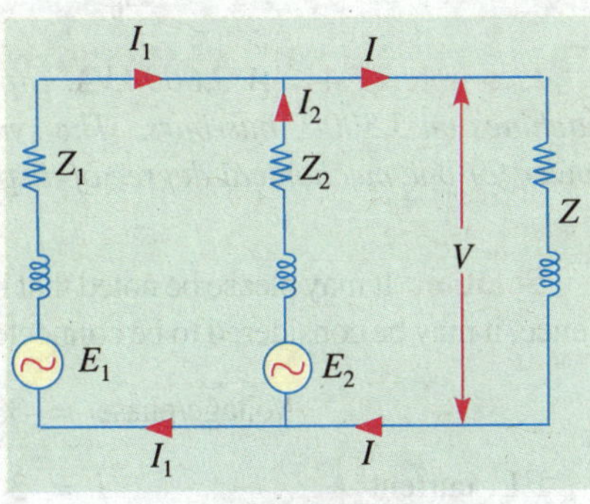

Fig. 37.86

* In large machines, R_a is very small so that $\theta = 90°$, hence $P = \frac{E}{Z_S}V\cos(90°\,\alpha) = \frac{E}{Z_S}V\sin\alpha = \alpha\,EV/Z_S$ —*if α is so small that $\sin\alpha = \alpha$*

** With $E = V$, the expression becomes $P_{SY} = \frac{V^2}{Z_S}\delta = \frac{\delta V^2}{X_S}$ It is the same as in Art. 37.33 —*per phase*

$$E_2 = I_2Z_2 + IZ = I_2(Z + Z_2) + I_1Z$$

$$\therefore \quad I_1 = \frac{(E_1 - E_2)\,Z + E_1Z_2}{Z\,(Z_1 + Z_2) + Z_1Z_2}$$

$$I_2 = \frac{(E_2 - E_1)\,Z + E_2Z_1}{Z\,(Z_1 + Z_2) + Z_1Z_2};$$

$$I = \frac{E_1Z_2 + E_2Z_1}{Z\,(Z_1 + Z_2) + Z_1Z_2}$$

$$V = IZ = \frac{E_1Z_2 + E_2Z_1}{Z_1 + Z_2 + (Z_1Z_2/Z)};\ I_1 = \frac{E_1 - V}{Z_1};\ I_2 = \frac{E_2 - V}{Z_2}$$

The circulating current under no-load condition is $I_C = (E_1 - E_2)/(Z_1 + Z_2)$.

Using Admittances

The terminal Voltage may also be expressed in terms of admittances as shown below:

$$V = IZ = (I_1 + I_2)Z \qquad \therefore\ I_1 + I_2 = V/Z = VY \qquad ...(i)$$

Also $\quad I_1 = (E_1 - V)/Z_1 = (E_1 - V)Y_1; \qquad I_2 = (E_2 - V)/Z_2 = (E_2 - V)Y_2$

$$\therefore \quad I_1 + I_2 = (E_1 - V)\,Y_1 + (E_2 - V)Y_2 \qquad ...(ii)$$

From Eq. (*i*) and (*ii*), we get

$$VY = (E_1 - V)Y_1 + (E_2 - V)Y_2 \quad \text{or} \quad V = \frac{E_1Y_1 + E_2Y_2}{Y_1 + Y_2 + Y}$$

Using Parallel Generator Theorem

$$V = IZ = (I_1 + I_2)\,Z = \left(\frac{E_1 - V}{Z_1} + \frac{E_2 - V}{Z_2}\right)Z$$

$$= \left(\frac{E_1}{Z_1} + \frac{E_2}{Z_2}\right)Z - V\left(\frac{1}{Z_1} + \frac{1}{Z_2}\right)Z$$

$$\therefore \quad V\left(\frac{1}{Z} + \frac{1}{Z_1} + \frac{1}{Z_2}\right) = \frac{E_1}{Z_1} + \frac{E_2}{Z_2} = I_{SC1} + I_{SC2} = I_{SC}$$

where I_{SC1} and I_{SC2} are the short-circuit currents of the two alternators.

If $\quad \frac{1}{Z_0} = \left(\frac{1}{Z} + \frac{1}{Z_1} + \frac{1}{Z_2}\right)$; then $V \times \frac{1}{Z_0} = I_{SC}$ or $V = Z_0\, I_{SC}$

Example 37.44. *A 3,000-kVA, 6-pole alternator runs at 1000 r.p.m. in parallel with other machines on 3,300-V bus-bars. The synchronous reactance is 25%. Calculate the synchronizing power for one mechanical degree of displacement and the corresponding synchronizing torque.*

(Elect. Machines-I, Gwalior Univ. 1984)

Solution. It may please be noted that here the alternator is working in parallel with many alternators. Hence, it may be considered to be connected to infinite bus-bars.

$$\text{Voltage/phase} = 3{,}300/\sqrt{3} = 1905\ \text{V}$$

F.L. current $\quad I = 3 \times 10^6/\sqrt{3} \times 3300 = 525$ A

Now, $\quad IX_S = 25\%$ of $1905 \quad \therefore\ X_S = 0.25 \times 1905/525 = 0.9075\ \Omega$

Also, $\quad P_{SY} = 3 \times \alpha E^2/X_S$

Here $\quad \alpha = 1°$ (mech.); α (elect.) $= 1 \times (6/2) = 3°$

$\therefore \quad \alpha = 3 \times \pi/180 = \pi/60$ elect. radian.

$$\therefore \qquad P_{SY} = \frac{3 \times \pi \times 1905^2}{60 \times 0.9075 \times 1000} = 628.4 \text{ kW}$$

$$T_{SY} = \frac{60.P_{SY}}{2\pi N_S} = 9.55\frac{P_{SY}}{N_S} = 9.55\frac{628.4 \times 10^3}{1000} = \textbf{6,000 N-m}$$

Example 37.45. *A 3-MVA, 6-pole alternator runs at 1000 r.p.m on 3.3-kV bus-bars. The synchronous reactance is 25 percent. Calculate the synchronising power and torque per mechanical degree of displacement when the alternator is supplying full-load at 0.8 lag.*

(Electrical Machines-1, Bombay Univ. 1987)

Solution. $V = 3{,}300/\sqrt{3} = 1905$ V/phase, F.L. $I = 3 \times 10^6/\sqrt{3} \times 3{,}300 = 525$ A

$IX_S = 25\%$ of $1905 = 476$ V; $X_S = 476/525 = 0.9075\ \Omega$

Let, $\mathbf{I} = 525 \angle 0°$, then, $\mathbf{V} = 1905\,(0.8 + j0.6) = 1524 + j1143$

$\mathbf{E_0} = \mathbf{V + IX_S} = (1524 + j1143) + (0 + j476) = (1524 + j1619) = 2220 \angle 46°44'$

Obviously, E_0 leads I by 46°44′. However, V leads I by $\cos^{-1}(0.8) = 36°50'$.

Hence, $\alpha = 46°44' - 36°50' = 9°54'$

$\alpha = 1°$ (mech.), No. of pair of poles $= 6/2 = 3 \quad \therefore\ \alpha = 1 \times 3 = 3°$ (elect.)

$$P_{SY} \text{ per phase} = \frac{EV}{X_S}\cos\alpha\sin\delta = \frac{2220 \times 1905}{0.9075} \times \cos 9°54' \sin 3° = 218 \text{ kW}$$

P_{SY} for three phases $= 3 \times 218 =$ **654 kW**

$T_{SY} = 9.55 \times P_{SY}/N_S = 9.55 \times 654 \times 10^2/1000 = 6245$ N-m

Example 37.46. *A 750-kVA, 11-kV, 4-pole, 3-φ, star-connected alternator has percentage resistance and reactance of 1 and 15 respectively. Calculate the synchronising power per mechanical degree of displacement at **(a)** no-load **(b)** at full-load 0.8 p.f. lag. The terminal voltage in each case is 11 kV.*

(Electrical Machines-II, Indore Univ. 1985)

Solution. F.L. Current $I = 75 \times 10^3/\sqrt{3} \times 11 \times 10^3 = 40$ A

$V_{ph} = 11{,}000/\sqrt{3} = 6{,}350$ V, $IR_a = 1\%$ of $6{,}350 = 63.5$

or $40\,R_a = 63.5$, $R_a = 1.6\ \Omega$; $40 \times X_S = 15\%$ of $6{,}350 = 952.5$ V

$\therefore\ X_S = 23.8\ \Omega$; $Z_S = \sqrt{1.6^2 + 23.8^2} \cong 23.8\ \Omega$

(*a*) No-load

α (mech) = 1° : α (elect) $= 1 \times (4/2) = 2°$

$= 2 \times \pi/180 = \pi/90$ elect. radian.

$$P_{SY} = \frac{\alpha E^2}{Z_S} \cong \frac{\alpha E^2}{X_S} = \frac{(\pi/90) \times 6350^2}{23.8}$$

$= 59{,}140$ W $=$ **59.14 kW/phase.**

On no-load, V has been taken to be equal to E.

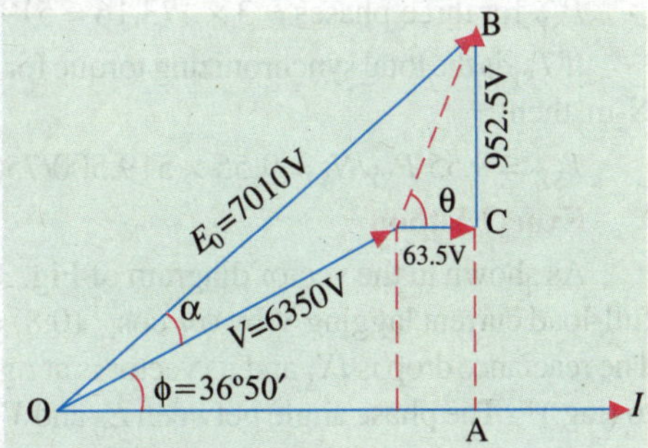

Fig. 37.87

(*b*) F.L. 0.8 p.f.

As indicated in Art. 37.35, $P_{SY} = \alpha EV/X_S$. The value of E (or E_0) can be found from Fig. 37.87.

$$E = [(V\cos\phi + IR_a)^2 + (V\sin\phi + IX_S)^2]^{1/2}$$

$$= [(6350 \times 0.8 + 63.5)^2 + (6350 \times 0.6 + 952.5)^2]^{1/2} = 7010 \text{ V}$$

$$P_{SY} = \frac{\alpha EV}{X_S} = \frac{(\pi/90) \times 7010 \times 6350}{23.8} = 65{,}290 \text{ W}$$

$=$ **65.29 kW/phase**

More Accurate Method [Art. 37.35]

$$P_{SY} = \frac{EV}{X_S} \cos\alpha \sin\delta$$

Now, $E = 7010$ V, V = 6350 V, $\delta = 1° \times (4/2) = 2°$ (elect)

As seen from Fig. 37.87, $\sin(\phi + \alpha) = AB/OB = (6350 \times 0.6 + 952.5)/7010 = 0.6794$

$\therefore \quad (\phi + \alpha) = 42°30'$; $\alpha = 42°30' - 36°50' = 5°40'$

$$\therefore \quad P_{SY} = \frac{7010 - 6350}{23.8} \times \cos 5°40' \times \sin 2°$$

$= 7010 \times 6350 \times 0.9953 \times 0.0349/23.8 = 64{,}970$ W = **64.97 kW/phase**

Note. It would be instructive to link this example with Ex. 38.1 since both are concerned with synchronous machines, one generating and the other motoring.

Example 37.47. *A 2,000-kVA, 3-phase, 8-pole alternator runs at 750 r.p.m. in parallel with other machines on 6,000 V bus-bars. Find synchronizing power on full-load 0.8 p.f. lagging per mechanical degree of displacement and the corresponding synchronizing torque. The synchronous reactance is 6 ohm per phase.* **(Elect. Machines-II, Bombay Univ. 1987)**

Solution. Approximate Method

As seen from Art. 37.37 and 38, $P_{SY} = \alpha EV/X_S$ —per phase

Now $\quad \alpha = 1°$(mech); No. of pair of poles = 8/2 = 4;

$\alpha = 1 \times 4 = 4°$ (elect)

$= 4\pi/180 = \pi/45$ elect. radian

$V = 6000/\sqrt{3} = 3{,}465$ —assuming *Y*-connection

F.L. current $I = 2000 \times 10^3 / \sqrt{3} \times 6000 = 192.4$ *A*

As seen from Fig. 37.88,

$E_0 = [(V\cos\phi)^2 + (V\sin\phi + IX_S)^2]^{1/2} = 4295$ V

$= [(3465 \times 0.8)^2 + (3465 \times 0.6 + 192.4 \times 6)^2]^{1/2}$

$= 4295$ V

$P_{SY} = (\pi/45) \times 4295 \times 3465/6 = 173{,}160$ W

$=$ **173.16 kW/phase**

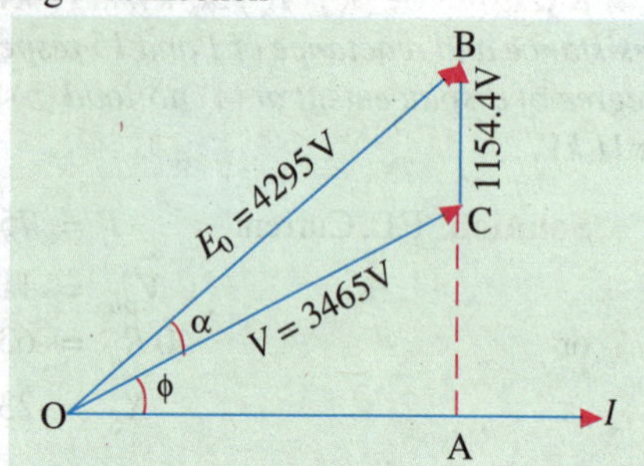

Fig. 37.88

P_{SY} for three phases = 3 × 173.16 = 519.5 kW

If T_{SY} is the total synchronizing torque for three phases in N-m, then

$T_{SY} = 9.55\, P_{SY}/N_S = 9.55 \times 519{,}500/750 =$ **6,614 N-m**

Exact Method

As shown in the vector diagram of Fig. 37.89, I is full-load current lagging V by $\phi = \cos^{-1}(0.8) = 36°50'$. The reactance drop is IX_S and its vector is at right angles to (lag.)*. The phase angle between E_0 and V is α.

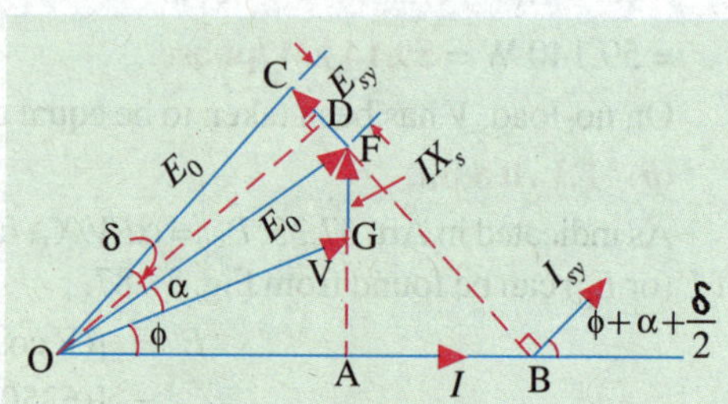

Fig. 37.89

F.L. current $I = 2{,}000{,}000 / \sqrt{3} \times 6{,}000$

$= 192.4$ A

Let, $\quad I = 192.4 \angle 0°$

V $= 3{,}465\,(0.8 + j\,0.6) = 2{,}772 + j\,2{,}079$

* Earlier, we had called this e.m.f. as *E* when discussing regulation.

$IX_S = 192.4 \times 6 = 1154 \text{ V} = (0 + j\,1154) \text{ V}$

$\mathbf{E_0} = \mathbf{V + IX_S}$

$= (2{,}772 + j\,2{,}079) + (0 + j\,1154)$

$= 2{,}772 + j\,3{,}233 = 4{,}259 \angle 49°24'$

$\alpha = 49°24' - 36°50' = 12°34'$

$E_{SY} = 2E_0 \sin \delta/2 = 2E_0 \sin (4°/2)$

$= 2 \times 4{,}259 \times 0.0349 = 297.3 \text{ V}$

$I_{SY} = 297.3/6 = 49.55 \text{ A}$

As seen, V leads I by ϕ and I_{SY} leads I by $(\phi + \alpha + \delta/2)$, hence I_{SY} leads V by $(\alpha + \delta/2) = 12°34' + (4°/2) = 14°34'$.

$\therefore$ P_{SY}/phase $= VI_{SY} \cos 14°34' = 3465 \times 49.55 \times \cos 14°34' = 166{,}200 \text{ W} = 166.2 \text{ kW}$

Synchronising power for three phases is $= 3 \times 166.2 =$ **498.6 kW**

If T_{SY} is the total synchronizing torque, then $T_{SY} \times 2\pi \times 750/60 = 498{,}600$

$\therefore$ $T_{SY} = 9.55 \times 498{,}600/750 =$ **6,348 N-m**

Alternative Method

We may use Eq. (*iii*) of Art. 37.36 to find the total synchronizing power.

$$P_{SY} = \frac{EV}{X_s} \cos \alpha \sin \delta \qquad \text{—per phase}$$

Here, $E = 4{,}259 \text{ V};\ V = 3{,}465 \text{ V};\ \alpha = 12°\,34';\ \delta = 4° \text{ (elect.)}$

$\therefore$ $P_{SY}/\text{phase} = 4{,}259 \times 3{,}465\,' \cos 12°\,34' \times \sin 4°/6$

$= 4{,}259 \times 3{,}465 \times 0.976 \times 0.0698/6 = 167{,}500 \text{ W} = 167.5 \text{ kW}$

P_{SY} for 3 phases $= 3 \times 167.5 =$ **502.5 kW**

Next, T_{SY} may be found as above.

Example 37.48. *A 5,000-kV A, 10,000 V, 1500-r.p.m., 50-Hz alternator runs in parallel with other machines. Its synchronous reactance is 20%. Find for (a) no-load (b) full-load at power factor 0.8 lagging, synchronizing power per unit mechanical angle of phase displacement and calculate the synchronizing torque, if the mechanical displacement is 0.5°.*

(Elect. Engg. V, M.S. Univ. Baroda, 1986)

Solution. Voltage / phase $= 10{,}000/\sqrt{3} = 5{,}775 \text{ V}$

Full -load current $= 5{,}000{,}000/\sqrt{3} \times 10{,}000 = 288.7 \text{ A}$

$$X_S = \frac{20}{100} \times \frac{5{,}775}{288.7} = 4\ \Omega,\ P = \frac{120\,f}{N_S} = \frac{120 \times 50}{1500} = 4$$

$\alpha = 1°$ (mech.) ; No. of pair of poles $= 2$ $\quad \therefore \alpha = 1 \times 2 = 2°$ (elect.) $= 2\,\pi/180 = \pi/90$ radian

(*a*) At no-load

$$P_{SY} = \frac{3\,\alpha\,E^2}{X_S} = 3 \times \frac{\pi}{90} \times \frac{5{,}775^2}{4 \times 1000} = \mathbf{873.4\ kW}$$

$\therefore$ $T_{SY} = 9.55 \times (873.4 \times 10^3)/1500 = 5{,}564 \text{ N-m}$

$\therefore$ T_{SY} for $0.5° = 5564/2 =$ **2,782 N-m**

(*b*) At F.L. p.f. 0.8 lagging

Let $\mathbf{I} = 288.7 \angle 0°$. Then $\mathbf{V} = 5775\,(0.8 + j\,0.6) = 4620 + j\,3465$

$\mathbf{I.X_S} = 288.7 \angle 0° \times 4 \angle 90° = (0 + j\,1155)$

$\mathbf{E_0} = \mathbf{V + IX_S} = (4620 + j3465) + (0 + j1155)$

$$= 4620 + j4620 = 6533 \angle 45°$$

$$\cos\phi = 0.8, \phi = \cos^{-1}(0.8) = 36°50'$$

Now, E_0 leads I by 45° and V leads I by 36° 50′. Hence, E_0 leads V by (45° − 36°50′) =8°10′ *i.e.* α = 8°10′. As before, δ = 2° (elect).

As seen from Art. 37.36, $P_{SY} = \dfrac{EV}{X_S}\cos\alpha\sin\delta$ —per phase

$$= 6533 \times 5775 \times \cos 8°\ 10' \times \sin 2°/4 = 326 \text{ kW}$$

P_{SY} for three phases $= 3 \times 326 = 978$ kW

T_{SY}/ unit displacement $= 9.55 \times 978 \times 10^3/1500 = 6{,}237$ N-m

T_{SY} for 0.5° displacement $= 6{,}237/2 =$ **3118.5 N-m**

(c) We could also use the approximate expression of Art. 37.36

P_{SY} per phase $= \alpha E V/X_S = (\pi/90) \times 6533 \times 5775/4 =$ **329.3 kW**

Example 37.49. *Two 3-phase, 6.6-kW, star-connected alternators supply a load of 3000 kW at 0.8 p.f. lagging. The synchronous impedance per phase of machine A is (0.5 + j10) Ω and of machine B is (0.4 + j 12) Ω. The excitation of machine A is adjusted so that it delivers 150 A at a lagging power factor and the governors are so set that load is shared equally between the machines. Determine the current, power factor, induced e.m.f. and load angle of each machine.*

(Electrical Machines-II, South Gujarat Univ. 1985)

Solution. It is given that each machine carries a load of 1500 kW. Also, $V = 6600/\sqrt{3} = 3810$ V. Let $V = 3810 \angle 0° = (3810 + j\,0)$.

For machine No. 1

$$\sqrt{3}/6600 \times 150 \times \cos\phi_1 = 1500 \times 10^3;$$

$$\cos\phi_1 = 0.874, \phi_1 = 29°; \sin\phi_1 = 0.485$$

Total current $I = 3000/\sqrt{3} \times 6.6 \times 0.8 = 328$ A

or $I = 828\,(0.8 - j\,0.6) = 262 - j\,195$

Now, $\mathbf{I_1} = 150\,(0.874 - j\,0.485) = 131 - j\,72.6$

∴ $\mathbf{I_2} = (262 - j\,195) - (131 - j\,72.6)$

$= (131 - j\,124.4)$

or $I_2 =$ **181 A,** $\cos\phi_2 = 131/181 =$ **0.723 (lag).**

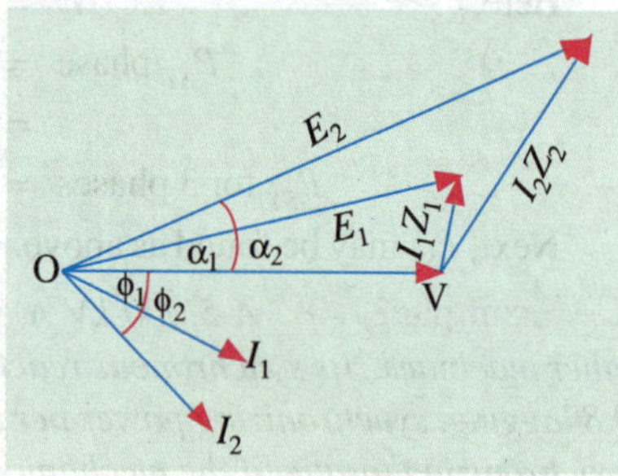

Fig. 37.90

$\mathbf{E_A} = \mathbf{V + I_1Z_1} = 3810 + (131 - j\,72.6)\,(0.5 + j10)$

$= 4600 + j1270$

Line value of e.m.f. $= \sqrt{3}\sqrt{(4600^2 + 1270^2)} =$ **8,260 V**

Load angle $\alpha_1 = (1270/4600) =$ **15.4°**

$\mathbf{E_B} = \mathbf{V + I_2Z_2} = 3810 + (131 - j124.4)\,(0.4 + j12)$

$= 5350 + j1520$

Line value of e.m.f $= \sqrt{3}\sqrt{5350^2 + 1520^2} =$ **9600 V**

Load angle $\alpha_2 = \tan^{-1}(1520/5350) =$ **15.9°**

Example 37.50. *Two single-phase alternator operating in parallel have induced e.m.fs on open circuit of 230 ∠ 0° and 230 ∠ 10° volts and respective reactances of j2 Ω and j3 Ω. Calculate* **(i)** *terminal voltage* **(ii)** *currents and* **(iii)** *power delivered by each of the alternators to a load of impedance 6 Ω (resistive).* **(Electrical Machines-II, Indore Univ. 1987)**

Solution. Here, $\mathbf{Z_1} = j2$, $\mathbf{Z_2} = j.3$, $\mathbf{Z} = 6$; $\mathbf{E_1} = 230 \angle 0°$ and

$$\mathbf{E_2} = 230\angle 10° = 230\,(0.985 + j\,0.174) = (226.5 + j\,39.9), \text{ as in Fig. 37.90}$$

(ii) $$\mathbf{I_1} = \frac{(E_1 - E_2)\,Z + E_1Z_2}{Z\,(Z_1 + Z_2) + Z_1Z_2} = \frac{[(230 + j0) - (226.5 + j39.9)] \times 6 + 230 \times j3}{6\,(j2 - j3) + j2 \times j3}$$

$$= 14.3 - j3.56 = 14.73\angle -14°$$ —Art. 37.38

$$\mathbf{I_2} = \frac{(E_2 - E_1)\,Z + E_2Z_1}{Z\,(Z_1 + Z_2) + Z_1Z_2} = \frac{(-3.5 + j39.9) + (222.5 + j39.9) \times j2}{6\,(j2 + j3) + j2 \times j3}$$

$$= 22.6 - j\,1.15 = 22.63\angle -3.4°$$

(i) $$\mathbf{I} = \mathbf{I_1} + \mathbf{I_2} = 36.9 - j\,4.71 = 37.2\angle -7.3°$$

$$\mathbf{V} = \mathbf{IZ} = (36.9 - j4.71) \times 6 = 221.4 - j28.3 = 223.2\angle -7.3°$$

(iii) $$P_1 = VI_1 \cos\phi_1 = 223.2 \times 14.73 \times \cos 14° = \mathbf{3190\ W}$$

$$P_2 = VI_2 \cos\phi_1 = 223.2 \times 22.63 \times \cos 3.4° = \mathbf{5040\ W}$$

Tutorial Problem No. 37.6.

1. Calculate the synchronizing torque for unit mechanical angle of phase displacement for a 5,000-kVA, 3-ϕ alternator running at 1,500 r.p.m. when connected to 6,600-volt, 50-Hz bus-bars. The armature has a short-circuit reactance of 15%. **[43,370 kg-m]** ***(City & Guilds, London)***
2. Calculate the synchronizing torque for one mechanical degree of phase displacement in a 6,000-kVA, 50-Hz, alternator when running at 1,500 r.p.m with a generated e.m.f. of 10,000 volt. The machine has a synchronous impedance of 25%.
   [544 kg.m] ***(Electrical Engineering-III, Madras Univ. April 1978; Osmania Univ. May 1976)***
3. A 10,000-kVA, 6,600-V, 16-pole, 50-Hz, 3-phase alternator has a synchronous reactance of 15%. Calculate the synchronous power per mechanical degree of phase displacement from the full load position at power factor 0.8 lagging. **[10 MW]** ***(Elect.Machines-I, Gwalior Univ. 1977)***
4. A 6.6 kV, 3-phase, star-connected turbo-alternator of synchronous reactance 0.5 ohm/phase is applying 40 MVA at 0.8 lagging p.f. to a large system. If the steam supply is suddenly cut off, explain what takes place and determine the current the machine will then carry. Neglect losses.
   [2100 A] ***(Elect. Machines (E-3) AMIE Sec. B Summer 1990)***
5. A 3-phase 400 kVA, 6.6 kV, 1500 rpm., 50 Hz alternator is running in parallel with infinite bus bars. Its synchronous reactance is 25%. Calculate (*i*) for no load (*ii*) full load 0.8 p.f. lagging the synchronizing power and torque per unit mechanical angle of displacement.
   [Rajive Gandhi Technical University, 2000] **[(*i*) 55.82 kW, 355 Nw-m (*ii*) 64.2 kW, 409 Nw-m]**

37.39. Effect of Unequal Voltages

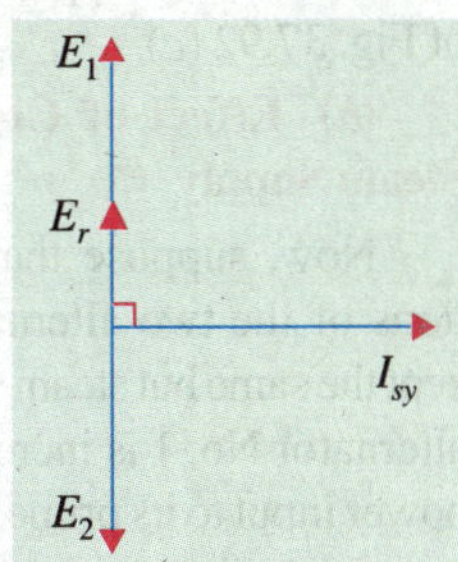

Fig. 37.91

Let us consider two alternators, which are running exactly in-phase (relative to the external circuit) but which have slightly unequal voltages, as shown in Fig. 37.91. If E_1 is greater than E_2, then their resultant is $E_r = (E_1 - E_2)$ and is in-phase with E_1. This E_r or E_{SY} set up a local synchronizing current I_{SY} which (as discussed earlier) is almost 90° behind E_{SY} and hence behind E_1 also. This lagging current produces demagnetising effect (Art. 37.16) on the first machine, hence E_1 is reduced. The other machine runs as a synchronous motor, taking almost 90° leading current. Hence, its field is strengthened due to magnetising effect of armature reaction (Art. 37.16). This tends to increase E_2. These two effects act together and hence lessen the inequalities between the two voltages and tend to establish stable conditions.

37.40. Distribution of Load

It will, now be shown that the amount of load taken up by an alternator running, in parallel with other machines, is solely determined by its driving torque *i.e.* by the power input to its prime mover (by giving it more or less steam, in the case of steam drive). Any alternation in its excitation merely changes its kVA output, but not its kW output. In other words, it merely changes the power factor at which the load is delivered.

(*a*) Effect of Change in Excitation

Suppose the initial operating conditions of the two parallel alternators are identical *i.e.* each alternator supplies one half of the active load (kW) and one-half of the reactive load (kVAR), the operating power factors thus being equal to the load p.f. In other words, both active and reactive powers are divided equally thereby giving equal apparent power triangles for the two machines as shown in Fig. 37.92 (*b*). As shown in Fig. 37.92 (*a*), each alternator supplies a load current *I* so that total output current is 2 *I*.

Now, let excitation of alternator No. 1 be increased, so that E_1 becomes greater than E_2. The difference between the two e.m.fs. sets up a circulating current $I_C = I_{SY} = (E_1 - E_2)/2Z_S$ which is confined to the local path through the armatures and round the bus-bars. This current is superimposed on the original current distribution. As seen, I_C is vectorially added to the load current of alternator No. 1 and subtracted from that of No. 2. The two machines now deliver load currents I_1 and I_2 at respective power factors of cos ϕ_1 and cos ϕ_2. These changes in load currents lead to changes in power factors, such that cos ϕ_1 is reduced, whereas cos ϕ_2 is increased. However, effect on the

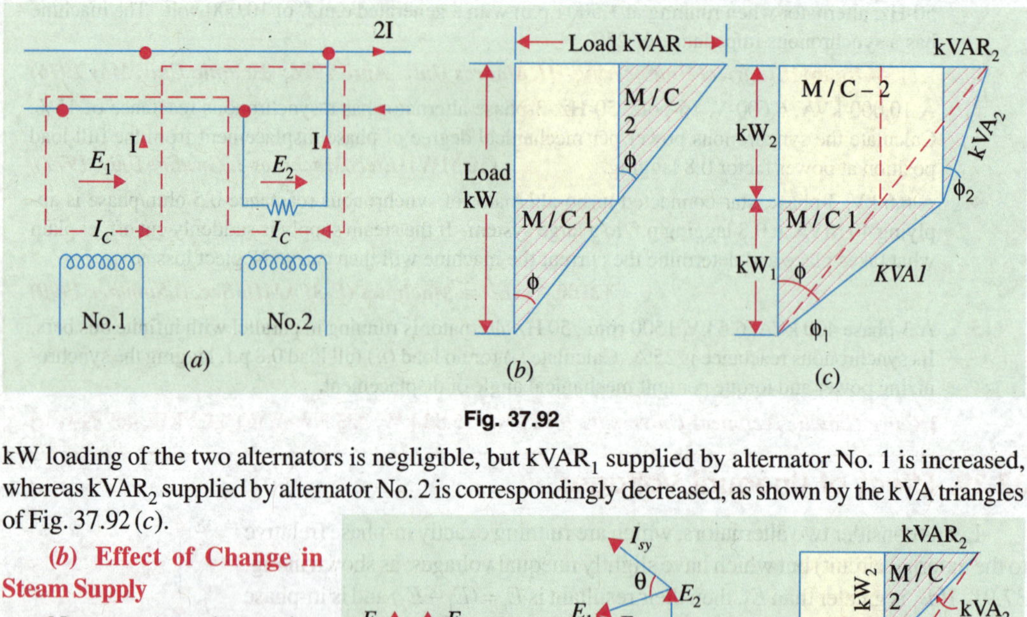

Fig. 37.92

kW loading of the two alternators is negligible, but $kVAR_1$ supplied by alternator No. 1 is increased, whereas $kVAR_2$ supplied by alternator No. 2 is correspondingly decreased, as shown by the kVA triangles of Fig. 37.92 (*c*).

(*b*) Effect of Change in Steam Supply

Now, suppose that excitations of the two alternators are kept the same but steam supply to alternator No. 1 is increased *i.e.* power input to its prime mover is increased. Since the speeds of the two machines are tied together by their synchronous bond, machine No. 1 cannot overrun machine No 2. Alternatively, it utilizes its increased power input for carrying

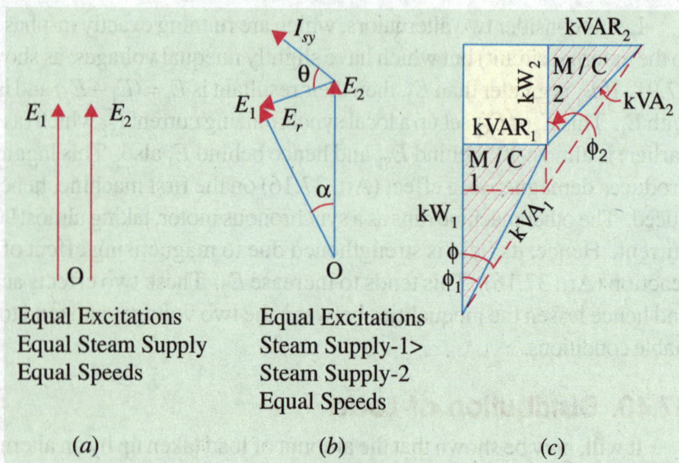

Fig. 37.93

more load than No. 2. This can be made possible only when rotor No. 1 advances its angular position with respect to No. 2 as shown in Fig. 37.93 (*b*) where E_1 is shown advanced ahead of E_2 by an angle α. Consequently, resultant voltage E_r (or E_{sy}) is produced which, acting on the local circuit, sets up a current I_{sy} which lags by almost 90° behind E_r but is almost in phase with E_1 (so long as angle α is small). Hence, power per phase of No. 1 is increased by an amount = $E_1 I_{sy}$ whereas that of No. 2 is decreased by the same amount (assuming total load power demand to remain unchanged). Since I_{sy} has no appreciable reactive (or quadrature) component, the increase in steam supply does not disturb the division of reactive powers, but it increases the active power output of alternator No. 1 and decreases that of No. 2. Load division, when steam supply to alternator No. 1 is increased, is shown in Fig. 37.93 (*c*).

So, it is found that by increasing the input to its prime mover, an alternator can be made to take a greater share of the load, though at a different power factor.

The points worth remembering are :

1. The load taken up by an alternators directly depends upon its driving torque or in other words, upon the angular advance of its rotor.

2. The excitation merely changes the p.f. at which the load is delivered without affecting the load so long as steam supply remains unchanged.

3. If input to the prime mover of an alternator is kept constant, but its excitation is changed, then kVA component of its output is changed, not kW.

Example 37.51. *Two identical 3-phase alternators work in parallel and supply a total load of 1, 500 kW at 11 kV at a power factor of 0.867 lagging. Each machine supplies half the total power. The synchronous reactance of each is 50 Ω per phase and the resistance is 4 Ω per phase. The field excitation of the first machine is so adjusted that its armature current is 50 A lagging. Determine the armature current of the second alternator and the generated voltage of the first machine.*

(Elect. Technology, Utkal Univ. 1983)

Solution. Load current at 0.867 p.f. lagging is

$$= \frac{1{,}500 \times 1{,}000}{\sqrt{3} \times 11{,}000 \times 0.887} = 90.4 \text{ A}; \cos\phi = 0.867; \sin\phi = 0.4985$$

Wattful component of the current = 90.4 × 0.867 = 78.5 A

Wattless component of the current = 90.4 × 0.4985 = 45.2 A

Each alternator supplies half of each of the above two component when conditions are identical (Fig. 37.94).

Current supplied by each machine = 90.4/2 = 45.2 A

Since the steam supply of first machine is not changed, the working components of both machines would remain the same at 78.5 / 2 = 39.25 A. But the wattless or reactive components would be redivided due to change in excitation. The armature current of the first machine is changed from 45.2 A to 50 A.

∴ Wattless component of the 1st machine $= \sqrt{50^2 - 39.25^2} = 31$ A

Wattless component of the 2nd machine = 45.2 − 31 = 14.1 A

The new current diagram is shown in Fig. 37.95 (*a*)

(*i*) Armative current of the 2nd alternator, $I_2 = \sqrt{39.25^2 + 14.1^2} = 41.75$ A

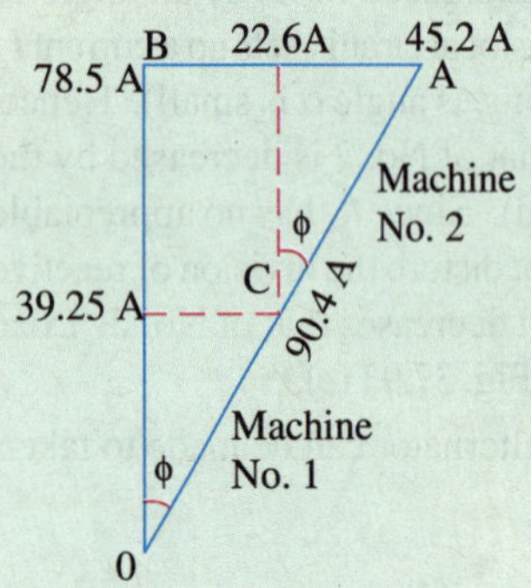

Fig. 37.94

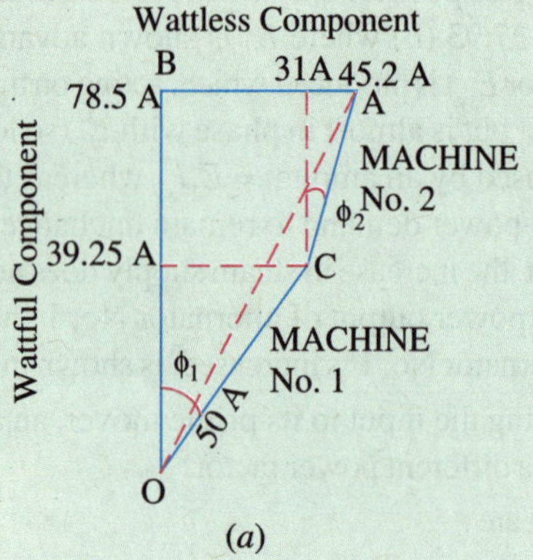

(a)

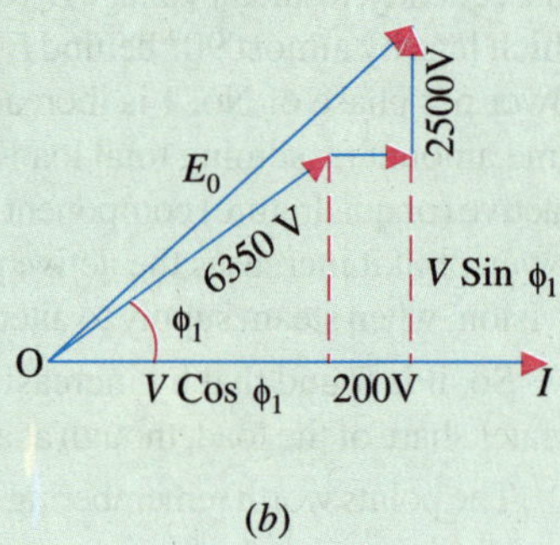

(b)

Fig. 37.95

(*ii*) Terminal voltage / phase = $11,000/\sqrt{3} = 6350$ V

Considering the first alternator,

$$IR \text{ drop} = 4 \times 50 = 200 \text{ V}; \quad IX \text{ drop} = 50 \times 50 = 2,500 \text{ V}$$

$$\cos\phi_1 = 39.25/50 = 0.785; \quad \sin\phi_1 = 0.62$$

Then, as seen from Fig. 37.95 (*b*)

$$E = \sqrt{(V\cos\phi_1 + IR)^2 + (V\sin\phi_1 + IX)^2}$$

$$= \sqrt{(6,350 \times 0.785 + 200)^2 + (6,350 \times 0.62 + 2,500)^2} = 8,350 \text{ V}$$

Line voltage $= 8,350 \times \sqrt{3}$ = **14,450 V**

Example 37.52. *Two alternators A and B operate in parallel and supply a load of 10 MW at 0.8 p.f. lagging (a) By adjusting steam supply of A, its power output is adjusted to 6,000 kW and by changing its excitation, its p.f. is adjusted to 0.92 lag. Find the p.f. of alternator B.*

(b) If steam supply of both machines is left unchanged, but excitation of B is reduced so that its p.f. becomes 0.92 lead, find new p.f. of A.

Solution. (*a*) $\cos\phi = 0.8, \phi = 36.9°, \tan\phi = 0.7508; \cos\phi_A = 0.92, \phi_A = 23°; \tan\phi_A = 0.4245$

load kW = 10,000, load kVAR = 10,000 × 0.7508 = 7508 (lag)

kW of A = 6,000, kVAR of A = 6,000 × 0.4245 = 2547 (lag)

Keeping in mind the convention that lagging kVAR is taken as negative we have,

kW of B = (10,000 − 6,000) = 4,000 : kVAR of B = (7508 − 2547) = 4961 (lag)

∴ kVA of $B = 4,000 - j4961 = 6373 \angle -51.1°$; $\cos\phi_B = \cos 51.1° =$ **0.628**

(*b*) Since steam supply remains unchanged, load kW of each machine remains as before but due to change in excitation, kVARs of the two machines are changed.

kW of B = 4,000, new kVAR of B = 4000 × 0.4245 = 1698 (lead)

kW of A = 6,000, new kVAR of A = −7508 − (+1698) = − 9206 (lag.)

∴ new kVA of A = $6,000 - j9206 = 10,988 \angle -56.9°$; $\cos\phi_A =$ **0.546 (lag)**

Example 37.53. *A 6,000-V, 1,000-kVA, 3-φ alternator is delivering full-load at 0.8 p.f. lagging. Its reactance is 20% and resistance negligible. By changing the excitation, the e.m.f. is increased by 25% at this load. Calculate the new current and the power factor. The machine is connected to infinite bus-bars.*

Solution. Full-load current $I = \dfrac{1,000,000}{\sqrt{3} \times 6,600} = 87.5$ A

Voltage/phase $= 6,600/\sqrt{3} = 3,810$ V

Reactance $= \dfrac{3810 \times 20}{87.5 \times 100} = 8.7\ \Omega$

$IX = 20\%$ of $3810 = 762$ V

In Fig. 37.96, current vector is taken along X-axis. ON represents bus-bar or terminal voltage and is hence constant.

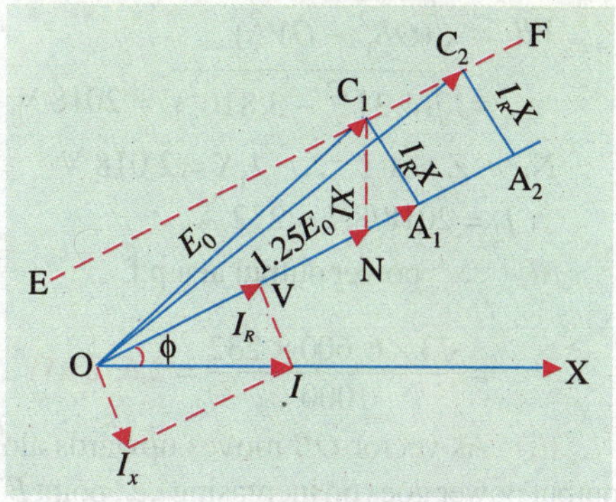

Fig. 37.96

Current I has been split up into its active and reactive components I_R and I_X respectively.

$$NA_1 = I_X.X = 52.5 \times 7.8 = 457 \text{ V}$$

$$A_1C_1 = I_R..X = 70 \times 8.7 = 609 \text{ V}$$

$$E_0 = OC_1 = \sqrt{[(V + I_X X)^2 + (I_R X)^2]}$$

$$= \sqrt{[(3,810 + 457)^2 + 609^2]} = 4,311 \text{ V}$$

When e.m.f. is increased by 25%, then E_0 becomes equal to $4,311 \times 1.25 = 5,389$ V

The locus of the extremity of E_0 lies on the line EF which is parallel to ON. Since the kW is unchanged, I_R and hence $I_R.X$ will remain the same. It is only the $I_X.X$ component which will be changed. Let OC_2 be the new value of E_0. Then $A_2C_2 = A_1C_1 = I_RX$ as before. But the $I_X X$ component will change. Let I' be the new line current having active component I_R (the same as before) and the new reactive component I_X'. Then, $I_X'X = NA_2$

From right-angled triangle OC_2A_2

$$OC_2^2 = OA_2^2 + A_2C_2^2;\ 5,389^2 = (3810 + VA_2)^2 + 609^2$$

$$\therefore \quad VA_2 = 1546 \text{ V or } I_X' X = 1546$$

$$\therefore \quad I_X' = 1546/8.7 = 177.7 \text{ A}$$

$\therefore$ New line current $\quad I' = \sqrt{(70^2 + 177.7^2)} =$ **191 A**

New angle of lag, $\quad \phi' = \tan^{-1}(177.7/70) = 68°\ 30'$; $\cos\phi' = \cos 68°30' =$ **0.3665**

As a check, the new power $= \sqrt{3} \times 6,600 \times 191 \times 0.3665 = 800$ kW

It is the same as before $= 1000 \times 0.8 = 800$ kW

Example 37.54. *A 6,600-V, 1000-kVA alternator has a reactance of 20% and is delivering full-load at 0.8 p.f. lagging. It is connected to constant-frequency bus-bars. If steam supply is gradually increased, calculate* **(i)** *at what output will the power factor become unity* **(ii)** *the maximum load which it can supply without dropping out of synchronism and the corresponding power factor.*

Solution. We have found in Example 37.52 that

$$I = 87.5\ A,\ X = 8.7\ \Omega,\ V/\text{phase} = 3,810 \text{ V}$$

$$E_0 = 4,311\ V,\ I_R = 70\ A,\ I_X = 52.5\ A \text{ and}$$

$$IX = 87.5 \times 8.7 = 762 \text{ V}$$

Using this data, vector diagram of Fig. 37.97 can be constructed.

Since excitation is constant, E_0 remains constant, the extremity of E_0 lies on the arc of a circle of radius E_0 and centre O. Constant power lines have been shown dotted and they are all parallel to OV. Zero power output line coincides with OV. When p.f. is unity, the current vector lies along OV, I_1Z is ⊥ to OV and cuts the arc at B_1. Obviously

$$VB_1 = \sqrt{(OB_1^2 - OV^2)}$$

$$= \sqrt{(4{,}311^2 - 3{,}810^2)} = 2018 \text{ V}$$

Now $Z = X$ $\therefore$ $I_1X = 2{,}018$ V

$\therefore I_1 = 2018/8.7 = 232$ A

(i) $\therefore$ power output at u.p.f.

$$= \frac{\sqrt{3} \times 6{,}600 \times 232}{1000} = \mathbf{2{,}652\ kW}$$

(ii) As vector *OB* moves upwards along the arc, output power goes on increasing *i.e.*, point *B* shifts on to a higher output power line. Maximum output power is reached when *OB* reaches the position OB_2 where it is vertical to *OV*. The output power line passing through B_2 represents the maximum output for that excitation. If *OB* is further rotated, the point B_2 shifts down to a lower power line *i.e.* power is decreased. Hence, $B_2V = I_2Z$ where I_2 is the new current corresponding to maximum output.

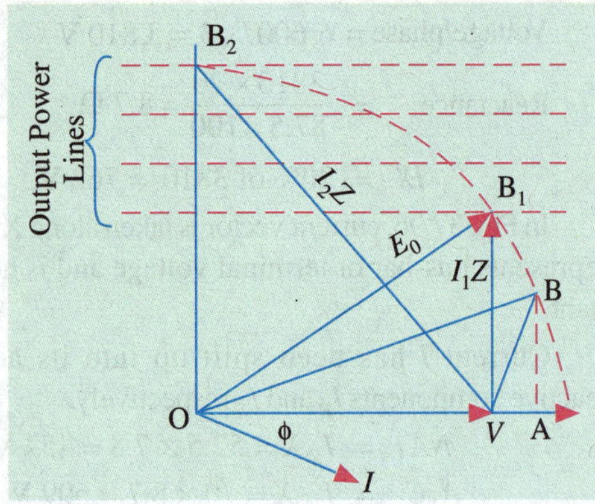

Fig. 37.97

From triangle OB_2V, it is seen that

$$B_2V = \sqrt{(OV^2 + OB_2^2)} = \sqrt{(3{,}810^2 + 4{,}311^2)} = 5{,}753 \text{ V}$$

$$\therefore \quad I_2Z = 5{,}753 \text{ V} \quad \therefore \quad I_2 = 5753/8.7 = 661 \text{ A}$$

Let I_{2R} and I_{2X} be the power and wattless components of I_2, then

$$I_{2R}X = OB_2 = 4311 \text{ and } I_{2R} = 4311/8.7 = 495.6 \text{ A}$$

Similarly $I_{2X} = 3810/8.7 = 438$ A; $\tan\phi_2 = 438/495.6 = \mathbf{0.884}$

$\therefore$ $\phi_2 = 41°28'$; $\cos\phi_2 = 0.749$

$$\therefore \quad \text{Max. power output} = \frac{\sqrt{3} \times 6{,}600 \times 661 \times 0.749}{1000} = \mathbf{5{,}658\ kW}$$

Example 37.55. *A 3-phase, star-connected turbo-alternator, having a synchronous reactance of 10 Ω per phase and negligible armature resistance, has an armature current of 220 A at unity p.f. The supply voltage is constant at 11 kV at constant frequency. If the steam admission is unchanged and the e.m.f. raised by 25%, determine the current and power factor.*

If the higher value of excitation is maintained and the steam supply is slowly increased, at what power output will the alternator break away from synchronism ?

Draw the vector diagram under maximum power condition.

(Elect.Machinery-III, Banglore Univ. 1992)

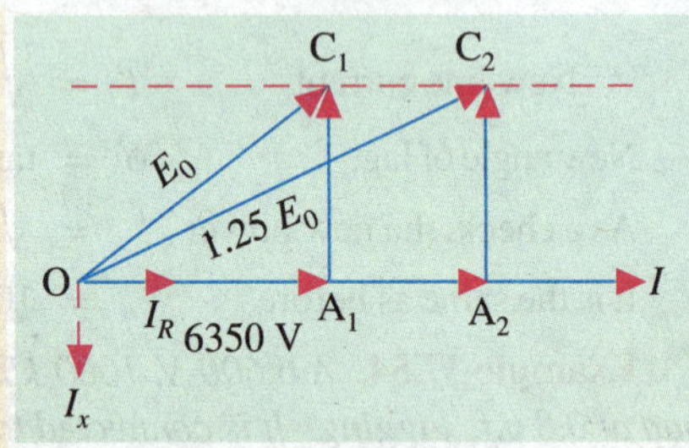

Fig. 37.98

Solution. The vector diagram for unity power factor is shown in Fig. 37.98. Here, the current is wholly active.

$$OA_1 = 11{,}000/\sqrt{3} = 6{,}350 \text{ V}$$

$$A_1C_1 = 220 \times 10 = 2{,}200 \text{ V}$$

$$E_0 = \sqrt{(6350^2 + 2{,}200^2)} = 6{,}810 \text{ V}$$

When e.m.f. is increased by 25%, the e.m.f. becomes $1.25 \times 6{,}810 = 8{,}512$ V and is represented by OC_2. Since the kW remains unchanged, $A_1C_1 = A_2C_2$. If I' is the new current, then its active component

I_R would be the same as before and equal to 220 *A*. Let its reactive component be I_X. Then

$$A_1A_2 = I_X.X_S = 10\, I_X$$

From right-angled $\Delta\, OA_2C_2$, we have

$$8{,}512^2 = (6350 + A_1A_2)^2 + 2{,}200^2$$

$$\therefore \quad A_1A_2 = 1870 \text{ V} \quad \therefore \quad 10\, I_X = 1870 \quad I_X = 187 \text{ A}$$

Hence, the new current has active component of 220 A and a reactive component of 187 A.

$$\text{New current} = \sqrt{220^2 + 187^2} = \mathbf{288.6\ A}$$

$$\text{New power factor} = \frac{\text{active component}}{\text{total current}} = \frac{220}{288.6} = \mathbf{0.762\ (lag)}$$

Since excitation remains constant, E_0 is constant. But as the steam supply is increased, the extremity of E_0 lies on a circle of radius E_0 and centre *O* as shown in Fig. 37.99.

The constant-power lines (shown dotted) are drawn parallel to *OV* and each represents the locus of the e.m.f. vector for a constant power output at varying excitation. Maximum power output condition is reached when the vector E_0 becomes perpendicular to *OV*. In other words, when the circular e.m.f. locus becomes tangential to the constant-power lines *i.e.* at point *B*. If the steam supply is increased further, the alternator will break away from synchronism.

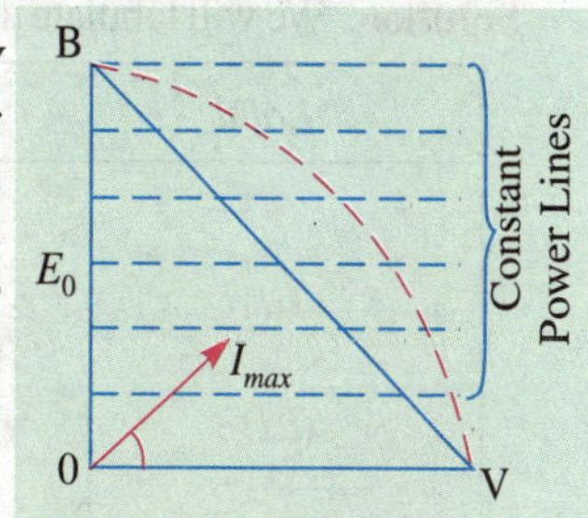

Fig. 37.99

$$B.V. = \sqrt{6350^2 + 8{,}512^2} = 10{,}620 \text{ V}$$

$$\therefore \quad I_{max} \times 10 = 10{,}620 \text{ or } I_{max} = 1{,}062 \text{ A}$$

If I_R and I_X are the active and reactive components of I_{max}, then

$$10\, I_R = 8{,}512 \quad \therefore \quad I_R = 851.2 \text{ A};\ 10\, I_X = 6{,}350 \quad \therefore \quad I_X = 635 \text{ A}$$

Power factor at maximum power output = 851.2/1062 = 0.8 (lead)

$$\text{Maximum power output} = \sqrt{3} \times 11{,}000 \times 1062 \times 0.8 \times 10^{-3} = \mathbf{16{,}200\ kW}$$

Example 37.56. *Two 20-MVA, 3-φ alternators operate in parallel to supply a load of 35MVA at 0.8 p.f. lagging. If the output of one machine is 25 MVA at 0.9 lagging, what is the output and p.f. of the other machine?* **(Elect. Machines, Punjab Univ. 1990)**

Solution. Load MW = 35 × 0.8 = 28; load MVAR = 35 × 0.6 = 21

First Machine $\cos\phi_1 = 0.9$, $\sin\phi_1 = 0.436$; $MVA_1 = 25$, $MW_1 = 25 \times 0.9 = 22.5$

$MVAR_1 = 25 \times 0.436 = 10.9$

Second Machine $MW_2 = MW - MW_1 = 28 - 22.5 = 5.5$

$MVAR_2 = MVAR - MVAR_1 = 21 - 10.9 = 10.1$

$$\therefore \quad MVA_2 = \sqrt{MW_2^2 + MVAR_2^2} = \sqrt{5.5^2 + 10.1^2} = \mathbf{11.5}$$

$$\cos\phi_2 = 5.5/11.5 = \mathbf{0.478\ (lag)}$$

Example 37.57. *A lighting load of 600 kW and a motor load of 707 kW at 0.707 p.f. are supplied by two alternators running in parallel. One of the machines supplies 900 kW at 0.9 p.f. lagging. Find the load and p.f. of the second machine.*

(Electrical Technology, Bombay Univ. 1988 & Bharatiar University, 1997)

Solution.

	Active Power	*kVA*	*Reactive Power*
(*a*) Lighting Load (unity P.f.)	600 kW	600	—
(*b*) Motor, 0.707 P.f.	707 kW	1000	707 k VAR
Total Load :	1307	By Phasor addition	707 k VAR

One machine supplies an active power of 900 kW, and due to 0.9 lagging p.f., kVA = 1000 kVA and its k VAR = $1000 \times \sqrt{(1-0.9^2)}$ = 436 kVAR. Remaining share will be catered to by the second machine.

Active power shared by second machine = 1307 − 900 = **407 kW**

Reactive power shared by second machine = 707 − 436 = **271 kVAR**

Example 37.58. *Two alternators, working in parallel, supply the following loads :*

(i) Lighting load of 500 kW *(ii) 1000 kW at p.f. 0.9 lagging*

(iii) 800 kW at p.f. 0.8 lagging *(iv) 500 kW at p.f. 0.9 leading*

One alternator is supplying 1500 kW at 0.95 p.f. lagging. Calculate the kW output and p.f of the other machine.

Solution. We will tabulate the kW and kVAR components of each load separately :

Load	*kW*	*kVAR*
(i)	500	
(ii)	1000	$\dfrac{1000}{0.9} \times 0.436 = 485$
(iii)	800	$\dfrac{800 \times 0.6}{0.8} = 600$
(iv)	500	$\dfrac{500 \times 0.436}{0.9} = -242$
Total	2800	+ 843

For 1st machine, it is given : kW = 1500, kVAR = (1500/0.95) × 0.3123 = 493

∴ kW supplied by other machine = 2800 − 1500 = **1300**

kVAR supplied = 843 − 493 = 350 ∴ tan ϕ 350/1300 = 0.27 ∴ cos ϕ = **0.966**

Example 37.59 *Two 3-ϕ synchronous mechanically-coupled generators operate in parallel on the same load. Determine the kW output and p.f. of each machine under the following conditions: synchronous impedance of each generator : 0.2 + j2 ohm/phase. Equivalent impedance of the load : 3 + j4 ohm/phase. Induced e.m.f. per phase, 2000 + j0 volt for machine I and 2,2000 + j 100 for II.*

[London Univ.]

Solution. Current of 1st machine $= \mathbf{I_1} = \dfrac{\mathbf{E_1} - \mathbf{V}}{0.2 + j2}$ or $\mathbf{E_1} - \mathbf{V} = \mathbf{I_1}\,(0.2 + j2)$

Similarly $\mathbf{E_2} - \mathbf{V} = \mathbf{I_2}\,(0.2 + j2)$

Also $\mathbf{V} = (\mathbf{I_1} + \mathbf{I_2})\,(3 + j4)$ where $3 + j4$ = load impedance

Now $\mathbf{E_1} = 2{,}000 + j\,0$, $\mathbf{E_2} = 2{,}200 + j100$

Solving from above, we get $\mathbf{I_1} = 68.2 - j\,102.5$

Similarly $\mathbf{I_2} = 127 - j\,196.4$; $\mathbf{I} = \mathbf{I_1} + \mathbf{I_2} = 195.2 - j299$

Now $\mathbf{V} = \mathbf{IZ} = (192.2 - j\,299)\,(3 + j\,4) = 1781 - j\,115.9$

Using the method of conjugate for power calculating, we have for the first machine

$$P_{VA1} = (1781 - j\,115.9)\,(68.2 + j\,102.5) = 133{,}344 + j\,174{,}648$$

∴ kW_1 = 133.344 kW/phase = 3 × 133.344 = **400 kW** —for 3 phases

Now $\tan^{-1}(102.5/68.2) = 56°24'$; $\tan^{-1}(115.9/1781) = 3°43'$

∴ for 1st machine ; cos(56°24′ − 3°43′) = **0.6062**

$$PVA_2 = (1781 - j115.9)\,(127 + j\,196.4) = 248{,}950 + j\,335{,}069$$

$$\therefore \quad kW_2 = 248.95 \text{ kW/phase} = 746.85 \text{ kW} \qquad \text{—for 3 phases}$$

$$\tan^{-1}(196.4/127) = 57°6'; \cos\phi = \cos(57°6' - 3°43') = \mathbf{0.596}$$

Example 37.60. *The speed regulations of two 800-kW alternators A and B, running in parallel, are 100% to 104% and 100% to 105% from full-load to no-load respectively. How will the two alternators share a load of 1000 kW? Also, find the load at which one machine ceases to supply any portion of the load.* **(Power Systems-I, A.M.I.E. 1989)**

Solution. The speed / load characteristics (assumed straight) for the alternators are shown in Fig. 37.100. Out of the combined load AB = 1000 kW, A's share is AM and B's share is BM. Hence, $AM + BM$ = 1000 kW. PQ is the horizontal line drawn through point C, which is the point of intersection.

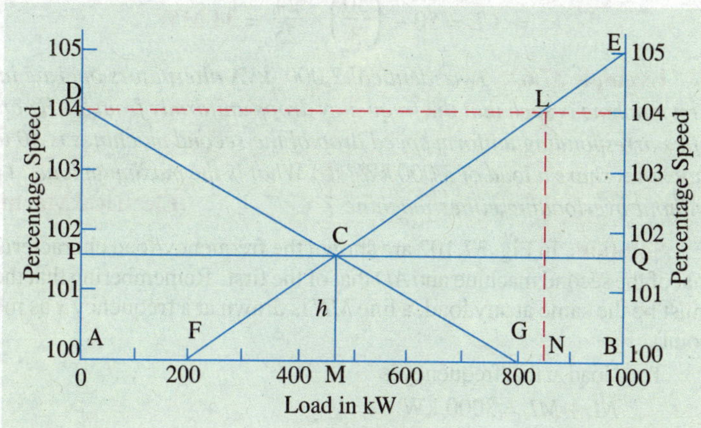

Fig. 37.100

From similar Δs GDA and CDP, we have

$$\frac{CP}{GA} = \frac{PD}{AD} \text{ or}$$

$$CP = GA.\frac{PD}{AD}$$

Since,

$$PD = (4 - h)$$

$$\therefore\ CP = 800\,(4 - h)/4$$

$$= 200(4 - h)$$

Similarly, from similar Δs BEF and QEC, we get

$$\frac{QC}{BF} = \frac{QE}{BE} \text{ or}$$

$$QC = 800(5 - h)/5$$

$$= 160\,(5 - h)$$

$$\therefore\ CP + QC = 1000 \text{ or } 200\,(4 - h) + 160\,(5 - h) = 1000 \text{ or } h = 5/3$$

$$\therefore \quad CP = 200(4 - 5/3) = 467 \text{ kW},\ QC = 160\,(5 - 5/3) = 533 \text{ kW}$$

Hence, alternator A supplies **467 kW** and B supplies **533 kW.**

Alternator A will cease supplying any load when line PQ is shifted to point D. Then, load supplied by alternator B (= BN) is such that the speed variation is from 105% to 104%.

Knowing that when its speed varies from 105% to 100%, alternator B supplies a load of 800 kW, hence load supplied for speed variation from 105% to 100% is (by proportion)

$$= 800 \times 1/5 = \mathbf{160\ kW\ (= BN)}$$

Hence, when load drops from 1000 kW to 160 kW, alternator A will cease supplying any portion of this load.

Example 37.61. *Two 50-MVA, 3-φ alternators operate in parallel. The settings of the governors are such that the rise in speed from full-load to no-load is 2 per cent in one machine and 3 per cent in the other, the characteristics being straight lines in both cases. If each machine is fully loaded when the total load is 100 MW, what would be the load on each machine when the total load is 60 MW?* **(Electrical Machines-II, Punjab Univ. 1991)**

Solution. Fig. 37.101 shows the speed/load characteristics of the two machines, NB is of the first machine and MA is that of the second. Base AB shows equal load division at full-load and speed. As the machines are running in parallel, their frequencies must be the same. Let CD be drawn through x% speed where total load is 60 MW.

$$CE = 50 - AP = 50 - \frac{50}{3}x$$

$$ED = 50 - QB = 50 - \frac{50}{2}x$$

$$\therefore \quad CD = 50 - (50/3)x + 50 - 25x$$

$$\therefore \quad 60 = 50 - (50/3)x + 50 - 25x$$

$$x = \frac{24}{25}; \therefore LE = 100\frac{24}{25}\%$$

Load supplied by 1st machine

$$= ED = 50 - 25 \times \frac{24}{25} = \textbf{26 MW}$$

Load supplied by 2nd machine.

$$= CE = 50 - \left(\frac{50}{3}\right) \times \frac{24}{25} = \textbf{34 MW}$$

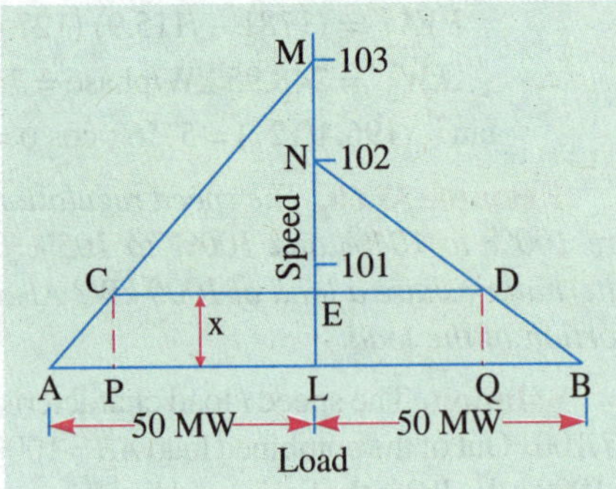

Fig. 37.101

Example 37.62. *Two identical 2,000 -kVA alternators operate in parallel. The governor of the first machine is such that the frequency drops uniformly from 50-Hz on no-load to 48-Hz on full-load. The corresponding uniform speed drop of the second machines is 50 to 47.5 Hz* **(a)** *How will the two machines share a load of 3,000 kW?* **(b)** *What is the maximum load at unity p.f. that can be delivered without overloading either machine ?* **(Electrical Machinery-II, Osmania Univ. 1989)**

Solution. In Fig. 37.102 are shown the frequency/load characteristics of the two machines, AB is that of the second machine and AD that of the first. Remembering that the frequency of the two machines must be the same at any load, a line MN is drawn at a frequency x as measured from point A (common point).

Total load at that frequency is

$$NL + ML = 3000 \text{ kW}$$

From Δs ABC and ANL, $NL/2000 = x/2.5$

$$\therefore \quad NL = 2000\,x/2.5 = 800\,x$$

Similarly, $ML = 2000\,x/2 = 1000x$

$$\therefore \quad 1800\,x = 3000 \text{ or } x = 5/3$$

$$\text{Frequency} = 50 - 5/3 = 145/3 \text{ Hz.}$$

(*a*) $NL = 800 \times 5/3 =$ **1333 kW (assuming u.p.f.)**

$ML = 1000 \times 5/3 =$ **1667 kW (assuming u.p.f.)**

(*b*) For getting maximum load, DE is extended to cut AB at F. Max. load = DF.

Now, $EF = 2000 \times 2/3.5 = 1600$ kW

$\therefore$ Max. load $= DF = 2{,}000 + 1{,}600$

$=$ **3,600 kW.**

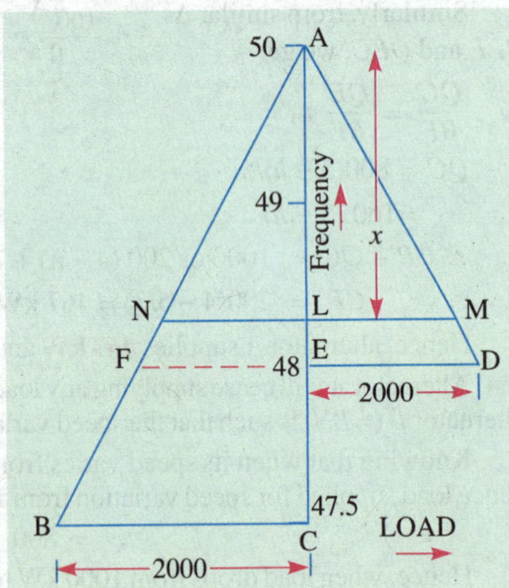

Fig. 37.102

Tutorial Problem No. 37.7

1. Two similar 6,600-V, 3-ϕ, generators are running in parallel on constant-voltage and frequency bus-bars. Each has an equivalent resistance and reactance of 0.05 Ω and 0.5 Ω respectively and supplies one half of a total load of 10,000 kW at a lagging p.f. of 0.8, the two machines being similarly excited. If the excitation of one machine be adjusted until the armature current is 438 A and the steam supply to the turbine remains unchanged, find the armature current, the e.m.f. and the p.f. of the other alternator. **[789 A, 7200 V, 0.556]** ***(City & Guilds, London)***

2. A single-phase alternator connected to 6,600-V bus-bars has a synchronous impedance of 10Ω and a resistance of 1 Ω. If its excitation is such that on open circuit the p.d. would be 5000 V, calculate the maximum load the machine can supply to the external circuit before dropping out of step and the corresponding armature current and p.f. **[2864 kW, 787 A, 0.551]** *(London Univ.)*

3. A turbo-alternator having a reactance of 10 Ω has an armature current of 220 A at unity power factor when running on 11,000 V, constant-frequency bus-bars. If the steam admission is unchanged and the e.m.f. raised by 25%, determine graphically or otherwise the new value of the machine current and power factor. If this higher value of excitation were kept constant and the steam supply gradually increased, at what power output would the alternator break from synchronism? Find also the current and power factor to which this maximum load corresponds. State whether this p.f. is lagging or leading.

[360 A at 0.611 p.f. ; 15.427 kW ; 1785 A at 0.7865 leading] *(City & Guilds, London)*

4. Two single-phase alternators are connected to a 50-Hz bus-bars having a constant voltage of $10 \angle 0°$ kV. Generator *A* has an induced e.m.f. of $13 \angle 22.6°$ kV and a reactance of 2 Ω; generator *B* has an e.m.f. of $12.5 \angle 36.9°$ kV and a reactance of 3 Ω. Find the current, kW and kVAR supplied by each generator. *(Electrical Machine-II, Indore Univ. July 1977)*

5. Two 15-kVA, 400-V, 3-ph alternators in parallel supply a total load of 25 kVA at 0.8 p.f. lagging. If one alternator shares half the power at unity p.f., determine the p.f. and kVA shared by the other alternator. **[0.5548; 18.03 kVA]** *(Electrical Technology-II, Madras Univ. Apr. 1977)*

6. Two 3-ϕ, 6,600-V, star-connected alternators working in parallel supply the following loads :

   (i) Lighting load of 400 kW *(ii)* 300 kW at p.f. 0.9 lagging

   (iii) 400 kW at p.f. 0.8 lagging *(iv)* 1000 kW at p.f. 0.71 lagging

   Find the output, armature current and the p.f. of the other machine if the armature current of one machine is 110 A at 0.9 p.f. lagging. **[970 kW, 116 A, 0.73 lagging]**

7. A 3-ϕ, star-connected, 11,000-V turbo-generator has an equivalent resistance and reactance of 0.5 Ω and 8 Ω respectively. It is delivering 200 A at u.p.f. when running on a constant-voltage and constant-frequency bus-bars. Assuming constant steam supply and unchanged efficiency, find the current and p.f. if the induced e.m.f. is raised by 25%. **[296 A, 0.67 lagging]**

8. Two similar 13,000-V, 3-ph alternators are operated in parallel on infinite bus-bars. Each machine has an effective resistance and reactance of 0.05 Ω and 0.5 Ω respectively. When equally excited, they share equally a total load of 18 MW at 0.8 p.f. lagging. If the excitation of one generator is adjusted until the armature current is 400 A and the steam supply to its turbine remains unaltered, find the armature current, the e.m.f. and the p.f. of the other generator.

[774.6 A; 0.5165 : 13,470 V] *(Electric Machinery-II, Madras Univ. Nov. 1977)*

37.41. Time-period of Oscillation

Every synchronous machine has a natural time period of free oscillation. Many causes, including the variations in load, create phase-swinging of the machine. If the time period of these oscillations coincides with natural time period of the machine, then the amplitude of the oscillations may become so greatly developed as to swing the machine out of synchronism.

The expression for the natural time period of oscillations of a synchronous machine is derived below :

Let T = torque per mechanical radian (in N-m/mech. radian)

$J = \Sigma m r^2$ —moment of inertia in kg-m^2.

The period of undamped free oscillations is given by $t = 2\pi \sqrt{\dfrac{J}{T}}$.

We have seen in Art. 37.32 that when an alternator swings out of phase by an angle α (electrical radian), then synchronizing power developed is

$$P_{SY} = \alpha E^2/Z \qquad \text{—}\alpha \text{ in elect. radian}$$

$$= \frac{E^2}{Z} \text{ per electrical radian per phase.}$$

Now, 1 electrical radian $= \frac{P}{2} \times$ mechanical radian—where P is the number of poles.

$\therefore$ P_{SY} per mechanical radian displacement $= \frac{E^2 P}{2 Z}$.

The synchronizing or restoring torque is given by

$$T_{SY} = \frac{P_{SY}}{2\pi N_S} = \frac{E^2 P}{4\pi Z N_S} \quad \text{—}N_S \text{ in r.p.s.}$$

Torque for three phases is $T = 3T_{SY} = \frac{3\,E^2 P}{4\,\pi\, Z N_S}$ where E is e.m.f. per phase ...(*i*)

Now E/Z = short-circuit current $= I_{SC}$

$f = PN_S/2$; hence $P/N_S = 2\,f/N_S^2$

Substituting these values in (*i*) above, we have

$$T_{SY} = \frac{3}{4\pi}\cdot\left(\frac{E}{Z}\right).E.\frac{P}{N_S} = \frac{3}{4\,\pi}.I_{SC}.E.\frac{2f}{N_S^2} = 0.477\frac{EI_{SC}f}{N_S^2}$$

Now,

$$t = 2\,\pi\sqrt{\frac{J}{0.477\,E\,I_{SC}\,f/N_S^2}} = 9.1\,N_S\sqrt{\frac{J}{E.I_{SC}.f}} \text{ second}$$

$$= 9.1\,N_S\sqrt{\frac{J}{\frac{1}{\sqrt{3}}.E_L.I.(I_{SC}/I).f}}$$

$$= 9.1\,N_S\sqrt{\frac{J}{\frac{1}{2}.\sqrt{3}\,E_L.I.(I_{SC}/I).f}}$$

$$= 9.1\,N_S\sqrt{\frac{J}{\frac{1000}{3}.\frac{\sqrt{3}\,E_L.I}{1000}\left(\frac{I_{SC}}{I}\right).f}}$$

$$= \frac{9.1\times\sqrt{3}}{\sqrt{1000}}.N_S.\sqrt{\frac{J}{kVA.(I_{SC}/I)\,f}}$$

$$\therefore \quad t = 0.4984\,N_S\sqrt{\frac{J}{kVA.(I_{SC}/I).f}}$$

where kVA = full-load kVA of the alternator; N_S = r.p.s. of the rotating system

If N_S represents the speed in r.p.m., then

$$t = \frac{0.4984}{60}.N_S.\sqrt{\frac{J}{kVA.(I_{SC}/I).f}} = 0.0083\;N_S\sqrt{\frac{J}{kVA\,(I_{SC}/I).f}} \text{ second}$$

Note. It may be proved that I_{SC}/I = 100/percentage reactance = 100/% X_S.

Proof. Reactance drop $= I.X_S = \frac{V\times\%\,X_s}{100}$ $\quad\therefore\quad X_S = \frac{\text{reactance drop}}{\text{full-load current}} = \frac{V\times\%\,X_S}{100\times I}$

Now $$I_{SC} = \frac{V}{X_S} = \frac{V \times 100 \times I}{V \times \% X_S} = \frac{100}{\% X_S} \times I \text{ ; or } \frac{I_{SC}}{I} = \frac{100}{\% X_S}$$

For example, if synchronous reactances is 25 per cent, then

I_{SC}/I =100/25 = 4 (please see Ex. 37.64)

Example 37.63. *A 5,000-kVA, 3-phase, 10,000-V, 50-Hz alternate runs at 1500 r.p.m. connected to constant-frequency, constant-voltage bus-bars. If the moment of inertia of entire rotating system is 1.5×10^4 kg.m^2 and the steady short-circuit current is 5 times the normal full-load current, find the natural time period of oscillation.* **(Elect. Engg. Grad. I.E.T.E. 1991)**

Solution. The time of oscillation is given by

$$t = 0.0083\, NS \sqrt{\frac{J}{kVA\,.\,(I_{SC}/I)f}} \text{ second}$$

Here, N_S = 1500 r.p.m. ; $I_{SC}/I = 5$* ; $J = 1.5 \times 10^4$ kg-m^2 ; $f = 50$ Hz

$$t = 0.0083 \times 1500 \sqrt{\frac{1.5 \times 10^4}{5000 \times 5 \times 50}} = \mathbf{1.364\ s.}$$

Example 37.64. *A 10,000-kVA, 4-pole, 6,600-V, 50-Hz, 3-phase star-connected alternator has a synchronous reactance of 25% and operates on constant-voltage, constant frequency bus-bars. If the natural period of oscillation while operating at full-load and unity power factor is to be limited to 1.5 second, calculate the moment of inertia of the rotating system.*

(Electric Machinery-II, Andhra Univ. 1990)

Solution. $$t = 0.0083\, N_S \sqrt{\frac{J}{kVA\,(I_{SC}/I)f}} \text{ second.}$$

Here I_{SC}/I = 100/25 = 4; N_S = 120 × 50/4 = 1500 r.p.m.

$$\therefore \quad 1.5 = 0.0083 \times 1500 \sqrt{\frac{J}{10{,}000 \times 4 \times 50}} = 12.45 \times \frac{\sqrt{J}}{10^3 \times \sqrt{2}}$$

$$\therefore \quad J = (1.5 \times 10^3 \times \sqrt{2}/12.45)^2 = \mathbf{2.9 \times 10^4\ kg\text{-}m^2}$$

Example 37.65. *A 10-MVA, 10-kV, 3-phase, 50-Hz, 1500 r.p.m. alternator is paralleled with others of much greater capacity. The moment of inertia of the rotor is 2×10^5 kg-m2 and the synchronous reactance of the machine is 40%. Calculate the frequency of oscillation of the rotor.*

(Elect. Machinery-III, Bangalore Univ. 1992)

Solution. Here, I_{SC}/I = 100/40 = 2.5

$$t = 0.0083 \times 1500 \sqrt{\frac{2 \times 10^5}{10^4 \times 2.5 \times 50}} = 5 \text{ second}$$

Frequency = 1/5 = **0.2 Hz.**

---

* It means that synchronous reactance of the alternator is 20 %.

Tutorial Problem No. 37.8

1. Show that an alternator running in parallel on constant-voltage and frequency bus-bars has a natural time period of oscillation. Deduce a formula for the time of one complete oscillation and calculate its value for a 5000-kVA, 3-phase, 10,000 V machine running at 1500 r.p.m. on constant 50-Hz bus-bars.

   The moment of inertia of the whole moving system is 14112 kg-m^2 and the steady short-circuit current is five times the normal full-load value. **[1.33 second]**

2. A 10,000-kVA, 5-kV, 3-phase, 4-pole, 50-Hz alternator is connected to infinite bus-bars. The short-circuit current is 3.5 times the normal full-load current and the moment of inertia of the rotating system is 21,000 kg-m^2. Calculate its normal period of oscillation. **[1.365 second]**

3. Calculate for full-load and unity p.f., the natural period of oscillation of a 50-Hz, 10,000-kVA, 11-kV alternator driven at 1500 r.p.m. and connected to an infinite bus-bar. The steady short-circuit current is four times the full-load current and the moment of the inertia of the rotating masses is 17,000 kg-m^2. **[1.148 s.] (*Electrical Machinery-II, Madras Univ. Apr. 1976*)**

4. Calculate the rotational inertia in kg-m^2 units of the moving system of 10,000 kVA, 6,600-V, 4-pole, turbo-alternator driven at 1500 r.p.m. for the set to have a natural period of 1 second when running in parallel with a number of other machines. The steady short-circuit current of the alternator is five times the full-load value. **[16,828 kg-m2] (*City & Guilds, London*)**

5. A 3-ϕ, 4-pole, 6,000 kVA, 5,000-V, 50-Hz star-connected alternator is running on constant-voltage and constant-frequency bus-bars. It has a short-circuit reactance of 25% and its rotor has a moment of inertia of 16,800 kg-m^2. Calculate its natural time period of oscillation. **[1.48 second]**

37.42. Maximum Power Output

For given values of terminal voltage, excitation and frequency, there is a maximum power that the alternator is capable of delivering. Fig. 37.103 (*a*) shows full-load conditions for a cylindrical rotor where IR_a drop has been neglected*.

The power output per phase is

$$P = VI \cos \phi = \frac{VIX_S \cos \phi}{X_S}$$

Now, from $\Delta\, OBC$, we get

$$\frac{IX_S}{\sin \alpha} = \frac{E}{\sin (90 + \phi)} = \frac{E}{\cos \phi}$$

$$IX_S \cos \phi = E \sin \alpha$$

$$\therefore \quad P = \frac{EV \sin \alpha}{X_S}$$

Power becomes maximum when $\alpha = 90°$, if V, E and X_S are regarded as constant (of course, E is fixed by excitation).

$$\therefore \quad P_{max} = EV/X_S$$

It will be seen from Fig. 37.103 (*b*) that under maximum power output conditions, I leads V by ϕ and since IX_S leads I by 90°, angle ϕ and hence $\cos \phi$ is fixed $= E/IX_S$.

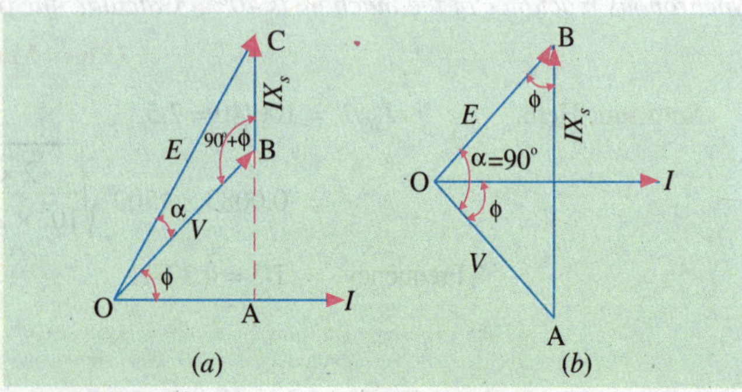

Fig. 37.103

* In fact, this drop can generally be neglected without sacrificing much accuracy of results.

Now, from right-angled ΔAOB, we have that $IX_S = \sqrt{E^2 + V^2}$. Hence, p.f. corresponding to maximum power output is

$$\cos\phi = \frac{E}{\sqrt{E^2 + V^2}}$$

The maximum power output per phase may also be written as

$$P_{max} = VI_{max}\cos\phi = VI_{max}\frac{E}{\sqrt{E^2 + V^2}}$$

where I_{max} represents the current/phase for maximum power output.

If I_f is the full-load current and $\% X_S$ is the percentage synchronous reactance, then

$$\% X_S = \frac{I_f X_S}{V}\times 100 \quad \therefore \quad \frac{V}{X_S} = \frac{I_f \times 100}{\% X_S}$$

Now, $$P_{max} = VI_{max}\frac{E}{\sqrt{E^2 + V^2}} = \frac{EV}{X_S} = \frac{EI_f \times 100}{\% X_S}$$

Two things are obvious from the above equations.

(i) $$I_{max} = \frac{100\, I_f}{\% X_S}\times\frac{\sqrt{E^2 + V^2}}{V}$$

Substituting the value of $\% X_S$ from above,

$$I_{max} = \frac{100\, I_f}{100\, I_f X_S}\times V \times \frac{\sqrt{E^2 + V^2}}{V} = \frac{\sqrt{E^2 + V^2}}{X_S}$$

(ii) $$P_{max} = \frac{100\, EI_f}{\% X_S} = \frac{E}{V}\cdot\frac{100}{\% X_S}\times VI_f \text{ per phase}$$

$$= \frac{E}{V}\cdot\frac{100}{\% X_S}\times \text{ F.L. power output at u.p.f.}$$

Total maximum power output of the alternator is

$$= \frac{E}{V}\cdot\frac{100}{\% X_S}\times \text{ F.L. power output at u.p.f.}$$

Example 37.66. *Derive the condition for the maximum output of a synchronous generator connected to infinite bus-bars and working at constant excitation.*

A 3-φ, 11-kV, 5-MVA, Y-connected alternator has a synchronous impedance of (1 + j 10) ohm per phase. Its excitation is such that the generated line e.m.f. is 14 kV. If the alternator is connected to infinite bus-bars, determine the maximum output at the given excitation

(Electrical Machines-III, Gujarat Univ. 1984)

Solution. For the first part, please refer to Art. 37.41

$$P_{max} \text{ per phase} = \frac{EV}{X_S} \text{ — if } R_a \text{ is neglected} = \frac{V}{Z_s}(E - V\cos\theta) \text{ — if } R_a \text{ is considered}$$

Now, $$E = 14{,}000/\sqrt{3} = 8{,}083 \text{ V} ; V = 11{,}000/\sqrt{3} = 6352 \text{ V}$$

$$\cos\theta = R_a/Z_S = 1\sqrt{1^2 + 10^2} = 1/10.05$$

$\therefore$ $$P_{max} \text{ per phase} = \frac{8083\times 6352}{10\times 1000} = 5{,}135 \text{ kW}$$

Total $$P_{max} = 3\times 5{,}135 = \mathbf{15{,}405 \text{ kW}}$$

More accurately, $$P_{max}/\text{phase} = \frac{6352}{10.05}\left(8083 - \frac{6352}{10.05}\right) = \frac{6352}{10.05}\times\frac{7451}{1000} = 4{,}711 \text{ kW}$$

Total $$P_{max} = 4{,}711\times 3 = \mathbf{14{,}133 \text{ kW.}}$$

Example 37.67. *A 3-phase, 11-kVA, 10-MW, Y-connected synchronous generator has synchronous impedance of (0.8 + j 8.0) ohm per phase. If the excitation is such that the open circuit voltage is 14 kV, determine (i) the maximum output of the generator (ii) the current and p.f. at the maximum output.*

(Electrical Machines-III, Gujarat Univ. 1987)

Solution. (*i*) If we neglect R_a*, the P_{max} per phase = EV/X_S

where V is the terminal voltage (or bus-bar voltage in general) and **E** the e.m.f. of the machine.

$$\therefore \quad P_{max} = \frac{(11,000/\sqrt{3}) \times (14,000/\sqrt{3})}{8} = \frac{154,000}{24} \text{ kW/phase}$$

Total P_{max} = $3 \times 154,000/24 = 19,250$ kW = **19.25 MW**

Incidentally, this output is nearly twice the normal output.

$$(ii) \quad I_{max} = \frac{\sqrt{E^2 + V^2}}{X_S} = \frac{\sqrt{[(14,000/\sqrt{3})^2 + (11,000/\sqrt{3})^2]}}{8} = \mathbf{1287\ A}$$

$$(iii) \quad \text{p.f.} = \frac{E}{\sqrt{E^2 + V^2}} = \frac{14000/\sqrt{3}}{\sqrt{(14,000/\sqrt{3})^2 + (11,000/\sqrt{3})^2}} = \mathbf{0.786\ (lead).}$$

QUESTIONS AND ANSWERS ON ALTERNATORS

Q. 1. What are the two types of turbo-alternators ?

Ans. Vertical and horizontal.

Q. 2. How do you compare the two ?

Ans. Vertical type requires less floor space and while step bearing is necessary to carry the weight of the moving element, there is very little friction in the main bearings. The horizontal type requires no step bearing, but occupies more space.

Q. 3. What is step bearing ?

Ans. It consists of two cylindrical cast iron plates which bear upon each other and have a central recess between them. Suitable oil is pumped into this recess under considerable pressure.

Q. 4. What is direct-connected alternator ?

Ans. One in which the alternator and engine are directly connected. In other words, there is no intermediate gearing such as belt, chain etc. between the driving engine and alternator.

Q. 5. What is the difference between direct-connected and direct-coupled units ?

Ans. In the former, alternator and driving engine are directly and permanently connected. In the latter case, engine and alternator are each complete in itself and are connected by some device such as friction clutch, jaw clutch or shaft coupling.

Q. 6. Can a d.c. generator be converted into an alternator ?

Ans. Yes.

Q. 7. How ?

Ans. By providing two collector rings on one end of the armature and connecting these two rings to two points in the armature winding 180° apart.

Q. 8. Would this arrangement result in a desirable alternator ?

Ans. No.

---

* If R_a is not neglected, then $P_{max} = \dfrac{V}{Z_S}(E - V\cos\theta)$ where $\cos\theta = R_a/Z_S$ (Ex. 37.66)

Q. 9. How is a direct-connected exciter arranged in an alternator ?

Ans. The armature of the exciter is mounted on the shaft of the alternator close to the spider hub. In some cases, it is mounted at a distance sufficient to permit a pedestal and bearing to be placed between the exciter and the hub.

Q. 10. Any advantage of a direct-connected exciter ?

Ans. Yes, economy of space.

Q. 11. Any disadvantage ?

Ans. The exciter has to run at the same speed as the alternator which is slower than desirable. Hence, it must be larger for a given output than the gear-driven type, because it can be run at high speed and so made proportionately smaller.

OBJECTIVE TESTS – 37

1. The frequency of voltage generated by an alternator having 4-poles and rotating at 1800 r.p.m. is ....hertz.

(*a*) 60 (*b*) 7200

(*c*) 120 (*d*) 450.

2. A 50-Hz alternator will run at the greatest possible speed if it is wound for .... poles.

(*a*) 8 (*b*) 6

(*c*) 4 (*d*) 2.

3. The main disadvantage of using short-pitch winding in alterators is that it

(*a*) reduces harmonics in the generated voltage

(*b*) reduces the total voltage around the armature coils

(*c*) produces asymmetry in the three phase windings

(*d*) increases Cu of end connections.

4. Three-phase alternators are invariably Y-connected because

(*a*) magnetic losses are minimised

(*b*) less turns of wire are required

(*c*) smaller conductors can be used

(*d*) higher terminal voltage is obtained.

5. The winding of a 4-pole alternator having 36 slots and a coil span of 1 to 8 is short-pitched by .... degrees.

(*a*) 140 (*b*) 80

(*c*) 20 (*d*) 40.

6. If an alternator winding has a fractional pitch of 5/6, the coil span is .... degrees.

(*a*) 300 (*b*) 150

(*c*) 30 (*d*) 60.

7. The harmonic which would be totally eliminated from the alternator e.m.f. using a fractional pitch of 4/5 is

(*a*) 3rd (*b*) 7th

(*c*) 5th (*d*) 9th.

8. For eliminating 7th harmonic from the e.m.f. wave of an alternator, the fractional-pitch must be

(*a*) 2/3 (*b*) 5/6

(*c*) 7/8 (*d*) 6/7.

9. If, in an alternator, chording angle for fundamental flux wave is α, its value for 5th harmonic is

(*a*) 5α (*b*) $\alpha/5$

(*c*) 25α (*d*) $\alpha/25$.

10. Regarding distribution factor of an armature winding of an alternator which statement is false?

(*a*) it decreases as the distribution of coils (slots/pole) increases

(*b*) higher its value, higher the induced e.m.f. per phase

(*c*) it is not affected by the type of winding either lap, or wave

(*d*) it is not affected by the number of turns per coil.

11. When speed of an alternator is changed from 3600 r.p.m. to 1800 r.p.m., the generated e.m.f./phases will become

(*a*) one-half (*b*) twice

(*c*) four times (*d*) one-fourth.

12. The magnitude of the three voltage drops in an alternator due to armature resistance, leakage reactance and armature reaction is solely determined by

(*a*) load current, I_a

(*b*) p.f. of the load

(*c*) whether it is a lagging or leading p.f. load

(*d*) field construction of the alternator.

13. Armature reaction in an alternator primarily affects

(*a*) rotor speed

(*b*) terminal voltage per phase

(*c*) frequency of armature current

(*d*) generated voltage per phase.

14. Under no-load condition, power drawn by the prime mover of an alternator goes to

(*a*) produce induced e.m.f. in armature winding

(*b*) meet no-load losses

(*c*) produce power in the armature

(*d*) meet Cu losses both in armature and rotor windings.

15. As load p.f. of an alternator becomes more leading, the value of generated voltage required to give rated terminal voltage

(*a*) increases

(*b*) remains unchanged

(*c*) decreases

(*d*) varies with rotor speed.

16. With a load p.f. of unity, the effect of armature reaction on the main-field flux of an alternator is

(*a*) distortional (*b*) magnetising

(*c*) demagnetising (*d*) nominal.

17. At lagging loads, armature reaction in an alternator is

(*a*) cross-magnetising (*b*) demagnetising

(*c*) non-effective (*d*) magnetising.

18. At leading p.f., the armature flux in an alternator .... the rotor flux.

(*a*) opposes (*b*) aids

(*c*) distorts (*d*) does not affect.

19. The voltage regulation of an alternator having 0.75 leading p.f. load, no-load induced e.m.f. of 2400V and rated terminal voltage of 3000V is .... percent.

(*a*) 20 (*b*) – 20

(*c*) 150 (*d*) – 26.7

20. If, in a 3-ϕ alternator, a field current of 50A produces a full-load armature current of 200 A on short-circuit and 1730 V on open circuit, then its synchronous impedance is .... ohm.

(*a*) 8.66 (*b*) 4

(*c*) 5 (*d*) 34.6

21. The power factor of an alternator is determined by its

(*a*) speed

(*b*) load

(*c*) excitation

(*d*) prime mover.

22. For proper parallel operation, a.c. polyphase alternators must have the same

(*a*) speed (*b*) voltage rating

(*c*) kVA rating (*d*) excitation.

23. Of the following conditions, the one which does not have to be met by alternators working in parallel is

(*a*) terminal voltage of each machine must be the same

(*b*) the machines must have the same phase rotation

(*c*) the machines must operate at the same frequency

(*d*) the machines must have equal ratings.

24. After wiring up two 3-ϕ alternators, you checked their frequency and voltage and found them to be equal. Before connecting them in parallel, you would

(*a*) check turbine speed

(*b*) check phase rotation

(*c*) lubricate everything

(*d*) check steam pressure.

25. Zero power factor method of an alternator is used to find its

(*a*) efficiency

(*b*) voltage regulation

(*c*) armature resistance

(*d*) synchronous impedance.

26. Some engineers prefer `lamps bright' synchronization to 'lamps dark' synchronization because

(*a*) brightness of lamps can be judged easily

(*b*) it gives sharper and more accurate synchronization

(*c*) flicker is more pronounced

(*d*) it can be performed quickly.

27. It is never advisable to connect a stationary alternator to live bus-bars because it

(*a*) is likely to run as synchronous motor

(*b*) will get short-circuited

(*c*) will decrease bus-bar voltage though momentarily

(*d*) will disturb generated e.m.fs. of other alternators connected in parallel.

28. Two identical alternators are running in parallel and carry equal loads. If excitation of one alternator is increased without changing its steam supply, then
   (*a*) it will keep supplying almost the same load
   (*b*) kVAR supplied by it would decrease
   (*c*) its p.f. will increase
   (*d*) kVA supplied by it would decrease.
29. Keeping its excitation constant, if steam supply of an alternator running in parallel with another identical alternator is increased, then
   (*a*) it would over-run the other alternator
   (*b*) its rotor will fall back in phase with respect to the other machine
   (*c*) it will supply greater portion of the load
   (*d*) its power factor would be decreased.
30. The load sharing between two steam-driven alternators operating in parallel may be adjusted by varying the
   (*a*) field strengths of the alternators
   (*b*) power factors of the alternators
   (*c*) steam supply to their prime movers
   (*d*) speed of the alternators.
31. Squirrel-cage bars placed in the rotor pole faces of an alternator help reduce hunting
   (*a*) above synchronous speed only
   (*b*) below synchronous speed only
   (*c*) above and below synchronous speeds both
   (*d*) none of the above.
   (Elect. Machines, A.M.I.E. Sec. B, 1993)
32. For a machine on infinite bus active power can be varied by
   (*a*) changing field excitation
   (*b*) changing of prime cover speed
   (*c*) both (*a*) and (*b*) above
   (*d*) none of the above .
   (Elect. Machines, A.M.I.E. Sec. B, 1993)

ANSWERS

1. *a*	2. *d*	3. *b*	4. *d*	5. *d*	6. *b*	7. *c*	8. *d*	9. *a*	10. *b*	11. *a*
12. *a*	13. *d*	14. *b*	15. *c*	16. *a*	17. *d*	18. *b*	19. *b*	20. *c*	21. *b*	22. *b*
23. *d*	24. *b*	25. *b*	26. *b*	27. *b*	28. *a*	29. *c*	30. *c.*	31. *c*	32. *b*	

ROUGH WORK

CHAPTER 38

SYNCHRONOUS MOTOR

Learning Objectives

- Synchronous Motor-General
- Principle of Operation
- Method of Starting
- Motor on Load with Constant Excitation
- Power Flow within a Synchronous Motor
- Equivalent Circuit of a Synchronous Motor
- Power Developed by a Synchronous Motor
- Synchronous Motor with Different Excitations
- Effect of increased Load with Constant Excitation
- Effect of Changing Excitation of Constant Load
- Different Torques of a Synchronous Motor
- Power Developed by a Synchronous Motor
- Alternative Expression for Power Developed
- Various Conditions of Maxima
- Salient Pole Synchronous Motor
- Power Developed by a Salient Pole Synchronous Motor
- Effects of Excitation on Armature Current and Power Factor
- Constant-Power Lines
- Construction of V-curves
- Hunting or Surging or Phase Swinging
- Methods of Starting
- Procedure for Starting a Synchronous Motor
- Comparison between Synchronous and Induction Motors
- Synchronous Motor Applications

Rotary synchronous motor for lift applications

38.1. Synchronous Motor—General

A synchronous motor (Fig. 38.1) is electrically identical with an alternator or a.c. generator. In fact, a given synchronous machine may be used, at least theoretically, as an alternator, when driven mechanically or as a motor, when driven electrically, just as in the case of d.c. machines. Most synchronous motors are rated between 150 kW and 15 MW and run at speeds ranging from 150 to 1800 r.p.m.

Synchronous motor

Some characteristic features of a synchronous motor are worth noting :

1. It runs either at synchronous speed or not at all *i.e.* while running it maintains a constant speed. The only way to change its speed is to vary the supply frequency (because $Ns = 120 f / P$).
2. It is not inherently self-starting. It has to be run upto synchronous (or near synchronous) speed by some means, before it can be synchronized to the supply.
3. It is capable of being operated under a wide range of power factors, both lagging and leading. Hence, it can be used for power correction purposes, in addition to supplying torque to drive loads.

38.2. Principle of Operation

As shown in Art. 34.7, when a 3-ϕ winding is fed by a 3-ϕ supply, then a magnetic flux of constant magnitude but *rotating* at synchronous speed, is produced. Consider a two-pole stator of Fig. 38.2, in which are shown two stator poles (marked N_S and S_S) rotating at synchronous speed, say, in clockwise direction. With the rotor position as shown, suppose the stator poles are at that instant situated at points A and B. The two similar poles, N (of rotor) and N_S (of stator) as well as S and S_S will repel each other, with the result that the rotor tends to rotate in the anticlockwise direction.

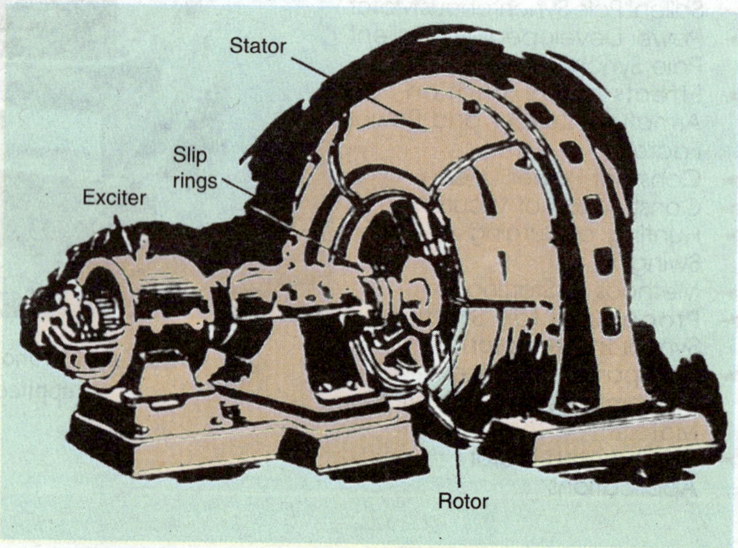

Fig. 38.1

But half a period later, stator poles, having rotated around, interchange their positions *i.e.* N_S is at point *B* and S_S at point *A*. Under these conditions, N_S attracts *S* and S_S attracts *N*. Hence, rotor tends to rotate clockwise (which is just the reverse of the first direction). Hence, we find that due to continuous and rapid rotation of stator poles, the rotor is subjected to a torque which is rapidly reversing *i.e.*, in quick succession, the rotor is subjected to torque which tends to move it first in one direction and then in the opposite direction. Owing to its large inertia, the rotor cannot instantaneously respond to such quickly-reversing torque, with the result that it remains stationary.

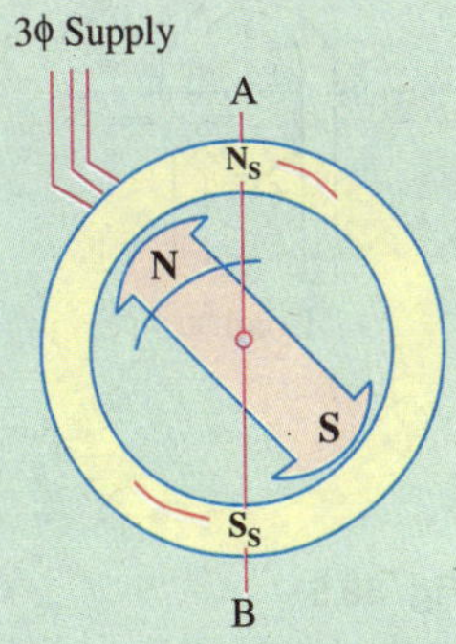

Fig. 38.2

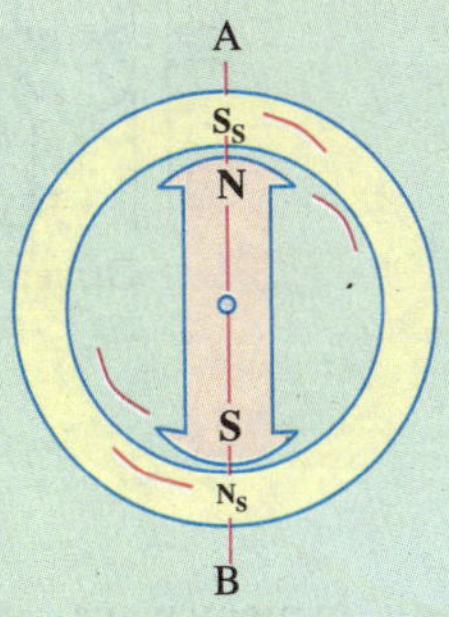

(*a*)

Fig. 38.3

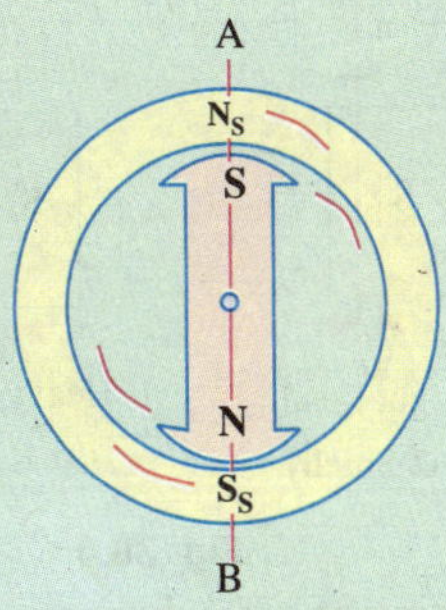

(*b*)

Fig. 38.3

Now, consider the condition shown in Fig. 38.3 (*a*). The stator and rotor poles are attracting each other. Suppose that the rotor is not stationary, but is rotating clockwise, with such a speed that it turns through one pole-pitch by the time the stator poles interchange their positions, as shown in Fig. 38.3 (*b*). Here, again the stator and rotor poles attract each other. It means that if the rotor poles also shift their positions along with the stator poles, then they will continuously experience a unidirectional torque *i.e.*, clockwise torque, as shown in Fig. 38.3.

The rotor and the stator parts of motor.

38.3. Method of Starting

The rotor (which is as yet unexcited) is speeded up to synchronous / near synchronous speed by some arrangement and then excited by the d.c. source. The moment this (near) synchronously rotating rotor is excited, it is magnetically locked into position with the stator *i.e.*, the rotor poles are engaged with the stator poles and both run synchronously in the same direction. It is because of this interlocking of stator and rotor poles that the motor has either to run synchronously or not at all. The synchronous speed is given by the usual relation $N_S = 120\,f\,/\,P$.

However, it is important to understand that the arrangement between the stator and rotor poles is ***not an absolutely rigid one***. As the load on the motor is increased, the rotor progressively tends to fall back ***in phase*** (but *not* in speed as in d.c. motors) by some angle (Fig. 38.4) ***but it still continues to run synchronously***. The value of this load angle or coupling angle (as it is called) depends on the amount of load to be met by the motor. In other words, the torque developed by the motor depends on this angle, say, α.

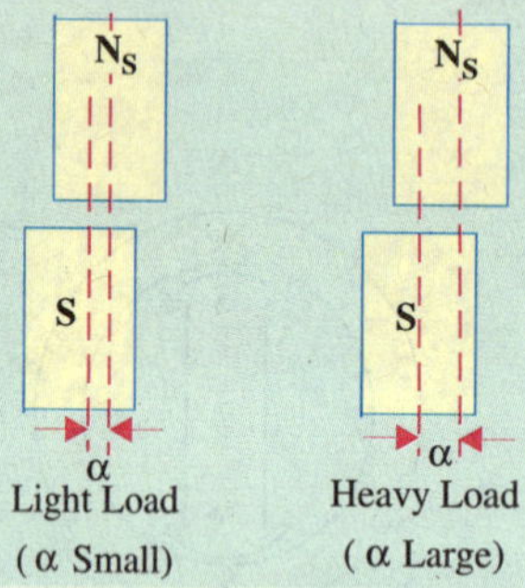

Fig. 38.4

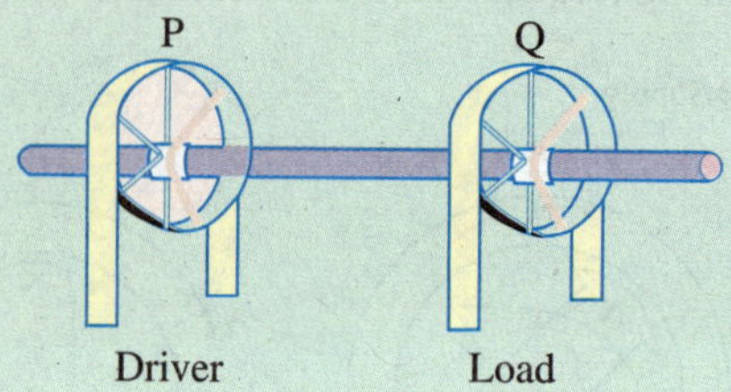

Fig. 38.5

The working of a synchronous motor is, in many ways, similar to the transmission of mechanical power by a shaft. In Fig. 38.5 are shown two pulleys *P* and *Q* transmitting power from the driver to the load. The two pulleys are assumed to be keyed together (just as stator and rotor poles are interlocked) hence they run at exactly the same (average) speed. When *Q* is loaded, it slightly falls behind owing to the twist in the shaft (twist angle corresponds to α in motor), the angle of twist, in fact, being a measure of the torque transmitted. It is clear that unless *Q* is so heavily loaded as to break the coupling, both ***pulleys must run at exactly the same (average) speed***.

38.4. Motor on Load with Constant Excitation

Before considering as to what goes on inside a synchronous motor, it is worthwhile to refer briefly to the d.c. motors. We have seen (Art. 29.3) that when a d.c. motor is running on a supply of, say, *V* volts then, on rotating, a back e.m.f. E_b is set up in its armature conductors. The resultant voltage across the armature is $(V - E_b)$ and it causes an armature current $I_a = (V - E_b)/ R_a$ to flow where R_a is armature circuit resistance. The value of E_b depends, among other factors, on the speed of the rotating armature. The mechanical power developed in armature depends on $E_b I_a$ (E_b and I_a being in opposition to each other).

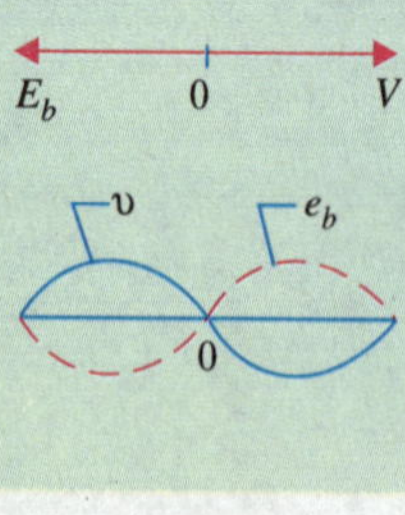

Fig. 38.6

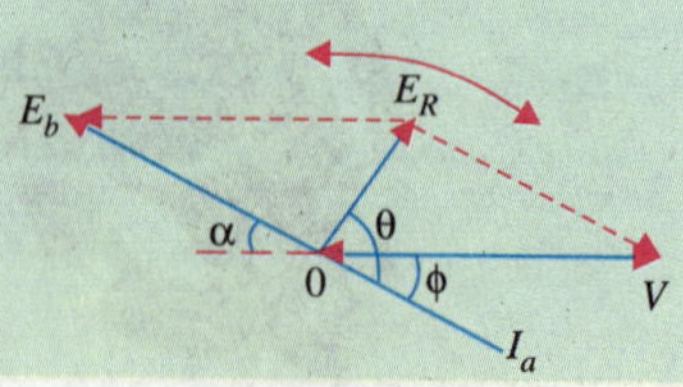

Fig. 38.7

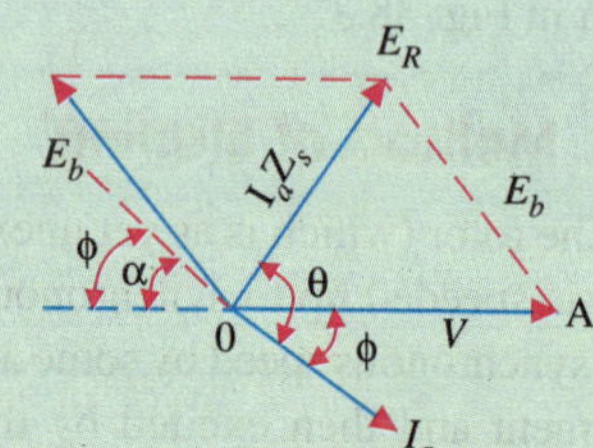

Fig. 38.8

Similarly, in a synchronous machine, a back e.m.f. E_b is set up in the armature (stator) by the rotor flux which opposes the applied voltage *V*. This back e.m.f. depends on rotor excitation only (and not on speed, as in d.c. motors). The net voltage in armature (stator) is the ***vector difference*** (not arithmetical, as in d.c. motors) of *V* and E_b. Armature current is obtained by dividing this *vector* difference of voltages by armature impedance (not resistance as in d.c. machines).

Stator of synchronous motor

Fig. 38.6 shows the condition when the motor (properly synchronized to the supply) is running on ***no-load*** and has ***no losses***.* and is having field excitation which makes $E_b = V$. It is seen that vector difference of E_b and V is zero and so is the armature current. Motor intake is zero, as there is neither load nor losses to be met by it. In other words, the motor just floats.

If motor is on no-load, but it has losses, then the vector for E_b falls back (vectors are rotating anti-clockwise) by a certain small angle α (Fig. 38.7), so that a resultant voltage E_R and hence current I_a is brought into existence, which supplies losses.**

If, now, the motor is loaded, then its rotor will further fall back ***in phase*** by a greater value of angle α – called the load angle or coupling angle (corresponding to the twist in the shaft of the pulleys). The resultant voltage E_R is increased and motor draws an increased armature current (Fig. 38.8), though at a slightly decreased power factor.

38.5. Power Flow within a Synchronous Motor

Let R_a = armature resistance / phase ; X_S = synchronous reactance / phase

then $\mathbf{Z_S} = \mathbf{R}_a + j\,X_S$; $\qquad \mathbf{I}_a = \dfrac{\mathbf{E_R}}{\mathbf{Z_S}} = \dfrac{\mathbf{V} - \mathbf{E_b}}{\mathbf{Z_S}}$; Obviously, $\mathbf{V} = \mathbf{E}_b + \mathbf{I}_a\,\mathbf{Z_S}$

The angle θ (known as internal angle) by which I_a lags behind E_R is given by $\tan\theta = X_S / R_a$.

If R_a is negligible, then $\theta = 90°$. $\qquad$ Motor input $= V I_a \cos\phi$ —per phase

Here, V is applied voltage / phase.

Total input for a star-connected, 3-phase machine is, $P = \sqrt{3}\, V_L \,.\, I_L \cos\phi$.

The mechanical power developed in the rotor is

P_m = back e.m.f. × armature current × cosine of the angle between the two *i.e.*, angle between I_a and E_b reversed.

$= E_b\, I_a \cos(\alpha - \phi)$ per phase ...Fig. 38.8

Out of this power developed, some would go to meet iron and friction and excitation losses. Hence, the power available at the shaft would be less than the developed power by this amount.

Out of the input power / phase $V I_a \cos\phi$, and amount $I_a^2 R_a$ is wasted in armature***, the rest $(V.\, I_a \cos\phi - I_a^2 R_a)$ appears as mechanical power in rotor; out of it, iron, friction and excitation losses are met and the rest is available at the shaft. If power input / phase of the motor is P, then

$$P = P_m + I_a^2 R_a$$

or mechanical power in rotor $\qquad P_m = P - I_a^2 R_a$ —per phase

For three phases $\qquad P_m = \sqrt{3}\, V_L I_L \cos\phi - 3\, I_a^2 R_a$

The per phase power development in a synchronous machine is as under :

* This figure is exactly like Fig. 37.74 for alternator except that it has been shown horizontally rather than vertically.

** It is worth noting that magnitude of E_b does not change, only its phase changes. Its magnitude will change only when rotor dc excitation is changed *i.e.*, when magnetic strength of rotor poles is changed.

*** The Cu loss in rotor is not met by motor ac input, but by the dc source used for rotor excitation.

Power input/phase in stator

$P = VI_a \cos \phi$

Armature (*i.e.*, stator) Cu loss $= I_a^2 R_a$

Mechanical power in armature $P_m = E_b I_a \cos (\alpha - \phi)$

Iron, excitation & friction losses

Output power P_{out}

Different power stages in a synchronous motor are as under :

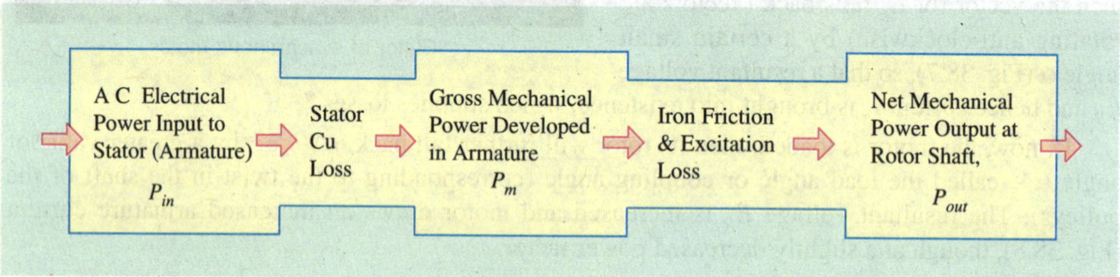

38.6. Equivalent Circuit of a Synchronous Motor

Fig. 38.9 (*a*) shows the equivalent circuit model for one armature phase of a cylindrical rotor synchronous motor.

It is seen from Fig. 38.9 (*b*) that the phase applied voltage V is the vector sum of reversed back e.m.f. *i.e.*, $-E_b$ and the impedance drop $I_a Z_S$. In other words, $V = (-E_b + I_a Z_S)$. The angle α* between the phasor for V and E_b is called the load angle or power angle of the synchronous motor.

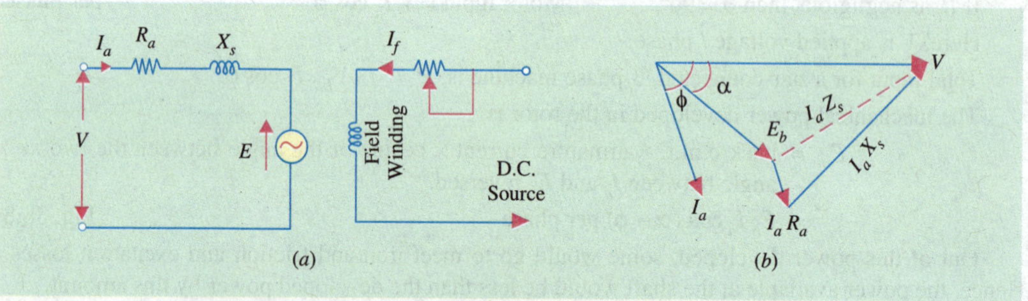

Fig. 38.9

38.7. Power Developed by a Synchronous Motor

Except for very small machines, the armature resistance of a synchronous motor is negligible as compared to its synchronous reactance. Hence, the equivalent circuit for the motor becomes as shown in Fig. 38.10 (*a*). From the phasor diagram of Fig. 38.10 (*b*), it is seen that

$$AB = E_b \sin \alpha = I_a X_S \cos \phi$$

or $$VI_a \cos \phi = \frac{E_b V}{X_S} \sin \alpha$$

Now, $VI_a \cos \phi =$ motor power input/phase

* This angle was designated as δ when discussing synchronous generators.

$$\therefore \quad P_{in} = \frac{E_b V}{X_S} \sin \alpha \qquad \text{...per phase*}$$

$$= 3\frac{E_b V}{X_S} \sin \alpha \qquad \text{... for three phases}$$

Since stator Cu losses have been neglected, P_{in} also represents the gross mechanical power $\{P_m\}$ developed by the motor.

$$\therefore \quad P_m = \frac{3E_b V}{X_S} \sin \alpha$$

The gross torque developed by the motor is $T_g = 9.55\ P_m / N_s$ N–m ...Ns in rpm.

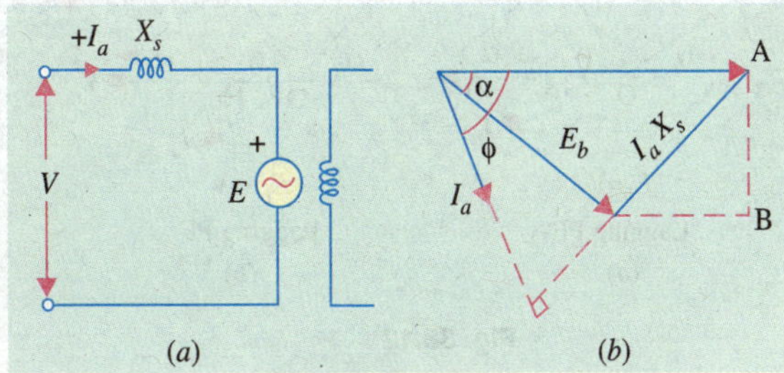

Fig. 38.10

Example 38.1. *A 75-kW, 3-ϕ, Y-connected, 50-Hz, 440-V cylindrical rotor synchronous motor operates at rated condition with 0.8 p.f. leading. The motor efficiency excluding field and stator losses, is 95% and X_S = 2.5 Ω. Calculate (i) mechanical power developed (ii) armature current (iii) back e.m.f. (iv) power angle and (v) maximum or pull-out torque of the motor.*

Solution. $N_S = 120 \times 50/4 = 1500$ rpm = 25 rps

(*i*) $P_m = P_{in} = P_{out} / \eta = 75 \times 10^3/0.95 =$ **78,950 W**

(*ii*) Since power input is known

$\therefore \quad \sqrt{3} \times 440 \times I_a \times 0.8 = 78{,}950; \quad I_a =$ **129 A**

(*iii*) Applied voltage/phase = $440/\sqrt{3}$ = 254 V. Let V = 254 ∠0° as shown in Fig. 38.11.

Now, $V = E_b + j\,IX_S$ or $E_b = V - j\,I_a X_S = 254 \angle 0° - 129 \angle 36.9° \times 2.5 \angle 90° = 250 \angle 0° - 322 \angle 126.9° = 254 - 322$ (cos 126.9° + j sin 126.9°) = 254 – 322 (– 0.6 + j 0.8) = **516 ∠–30°**

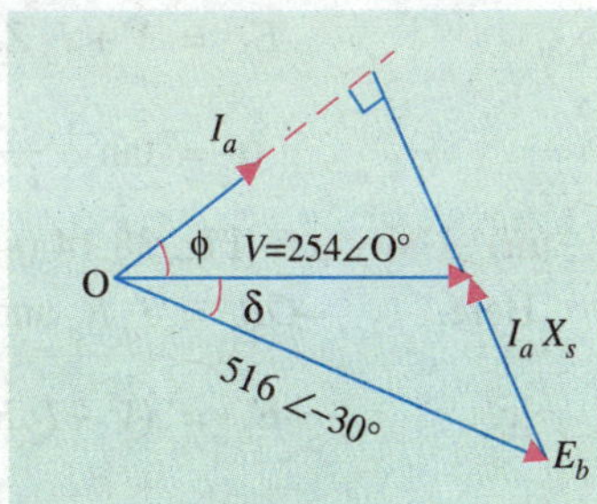

Fig. 38.11

(*iv*) ∴ α = **–30°**

(*v*) pull-out torque occurs when α = 90°

$$\text{maximum } P_m = 3\frac{E_b V}{X_S} \sin \delta = 3\,\frac{256 \times 516}{2.5} = \sin 90° = 157{,}275 \text{ W}$$

∴ pull-out torque = 9.55 × 157, 275/1500 = **1,000 N-m**

38.8. Synchronous Motor with Different Excitations

A synchronous motor is said to have normal excitation when its $E_b = V$. If field excitation is such that $E_b < V$, the motor is said to be ***under-excited***. In both these conditions, it has a lagging power factor as shown in Fig. 38.12.

On the other hand, if d.c. field excitation is such that $E_b > V$, then motor is said to be ***over-excited*** and draws a leading current, as shown in Fig. 38.13 (*a*). There will be some value of excitation for which armature current will be in phase with V, so that power factor will become unity, as shown in Fig. 38.13 (*b*).

* Strictly speaking, it should be $P_{in} = \dfrac{-E_b V}{X_S} \sin \alpha$

The value of α and back e.m.f. E_b can be found with the help of vector diagrams for various power factors, shown in Fig. 38.14.

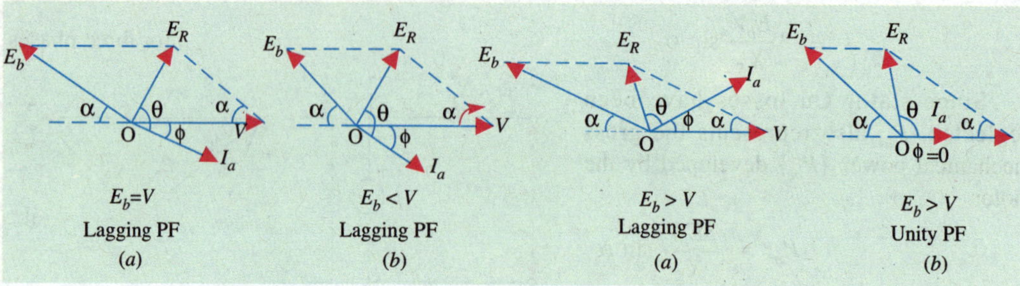

Fig. 38.12 **Fig. 38.13**

(i) **Lagging p.f.** As seen from Fig. 38.14 (*a*)

$$AC^2 = AB^2 + BC^2 = [V - E_R \cos(\theta - \phi)]^2 + [E_R \sin(\theta - \phi)]^2$$

$$\therefore \quad E_b = \sqrt{[V - I_a Z_S \cos(\theta - \phi)]^2 + [I_a Z_S \sin(\theta - \phi)]^2}$$

Load angle $\alpha = \tan^{-1}\left(\frac{BC}{AB}\right) = \tan^{-1}\left[\frac{I_a Z_S \sin(\theta - \phi\}}{V - I_a Z_S \cos(\theta - \phi)}\right]$

(ii) **Leading p.f.** [38.14 (*b*)]

$$E_b = V + I_a Z_S \cos[180^\circ - (\theta + \phi)] + j\, I_a Z_S \sin[180^\circ - (\theta + \phi)]$$

$$\alpha = \tan^{-1}\frac{I_a Z_S \sin[180^\circ - (\theta + \phi)]}{V + I_a Z_S \cos[180^\circ - (\theta + \phi)]}$$

(iii) **Unity p.f.** [Fig. 38.14 (*c*)]

Here, $OB = I_a R_a$ and $BC = I_a X_S$

$$\therefore \quad E_b = (V - I_a R_a) + j\, I_a X_S; \; \alpha = \tan^{-1}\left(\frac{I_a X_S}{V - I_a R_a}\right)$$

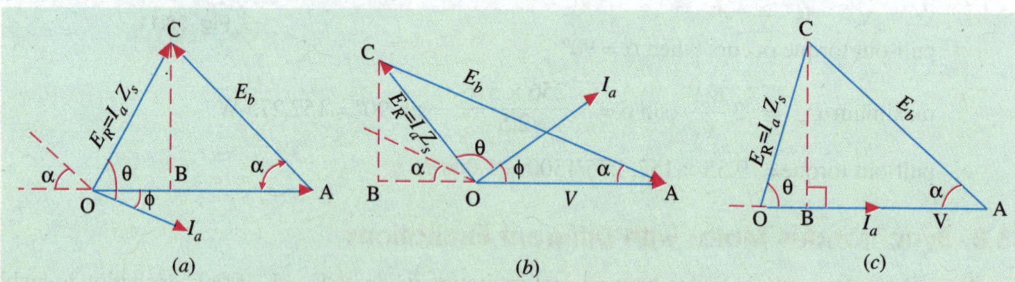

Fig. 38.14

38.9. Effect of Increased Load with Constant Excitation

We will study the effect of increased load on a synchronous motor under conditions of normal, under and over-excitation (ignoring the effects of armature reaction). With normal excitation, $E_b = V$, with under excitation, $E_b < V$ and with over-excitation, $E_b > V$. Whatever the value of excitation, it would be kept ***constant*** during our discussion. It would also be assumed that R_a is negligible as compared to X_S so that phase angle between E_R and I_a *i.e.*, $\theta = 90^\circ$.

(i) **Normal Excitation**

Fig. 38.15. (*a*) shows the condition when motor is running with light load so that *(i)* torque angle

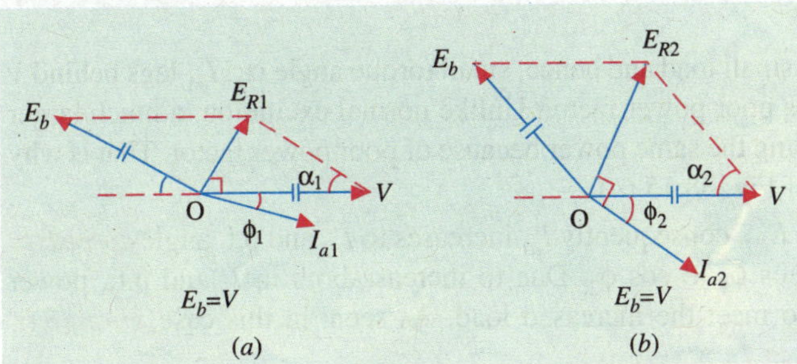

Fig. 38.15

α_1 is small *(ii)* so E_{R1} is small *(iii)* hence I_{a1} is small and *(iv)* ϕ_1 is small so that cos ϕ_1 is large.

Now, suppose that load on the motor is ***increased*** as shown in Fig. 38.15 (*b*). For meeting this extra load, motor must develop more torque by drawing more armature current. Unlike a d.c. motor, a synchronous motor cannot increase its I_a by decreasing its speed and hence E_b because both are constant in its case. What actually happens is as under :

1. rotor falls back ***in phase i.e.***, load angle increases to α_2 as shown in Fig. 38.15 (*b*),

2. the resultant voltage in armature is increased ***considerably*** to new value E_{R2},

3. as a result, I_{a1} increases to I_{a2}, thereby increasing the torque developed by the motor,

4. ϕ_1 increases to ϕ_2, so that power factor ***decreases*** from cos ϕ_1 to the new value cos ϕ_2.

Geared motor added to synchronous servo motor line offers a wide range of transmission ratios, and drive torques.

Since increase in I_a is much greater than the ***slight*** decrease in power factor, the torque developed by the motor is ***increased*** (on the whole) to a new value sufficient to meet the extra load put on the motor. It will be seen that essentially it is by increasing its I_a that the motor is able to carry the extra load put on it.

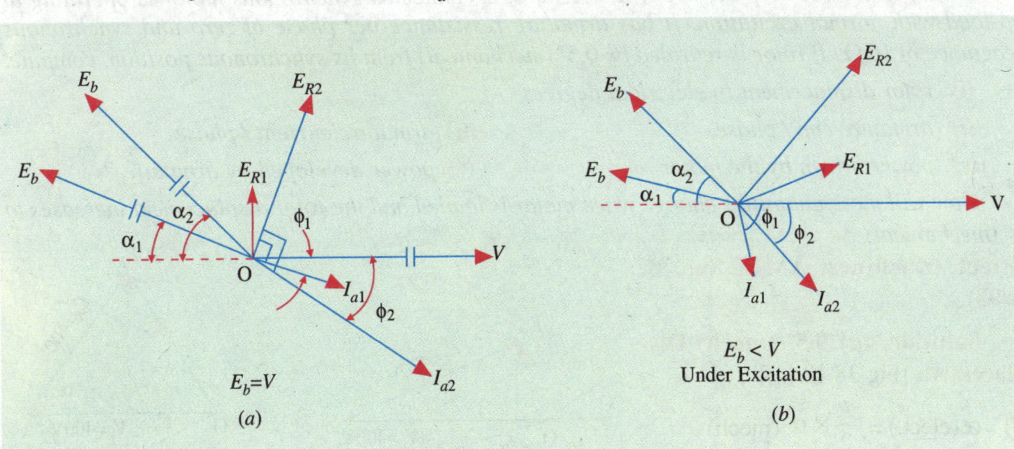

Fig. 38.16

A phase summary of the effect of increased load on a synchronous motor at ***normal excitation*** is shown in Fig. 38.16 (a) It is seen that there is a comparatively much greater ***increase*** in I_a than in ϕ.

(ii) Under-excitation

As shown in Fig. 38.16 (*b*), with a small load and hence, small torque angle α_1, I_{a1} lags behind V by a ***large*** phase angle ϕ_1 which means poor power factor. Unlike normal excitation, a much larger armature current must flow for developing the same power because of poor power factor. That is why I_{a1} of Fig. 38.16 (*b*) is larger than I_{a1} of Fig. 38.15 (*a*).

As load increases, E_{R1} increases to E_{R2}, consequently I_{a1} increases to I_{a2} and p.f. angle ***decreases*** from ϕ_1 to ϕ_2 or p.f. ***increases*** from cos ϕ_1 to cos ϕ_2. Due to increase both in I_a and p.f., power generated by the armature increases to meet the increased load. As seen, in this case, ***change in power factor is more than the change in*** I_a.

(iii) Over-excitation

When running on light load, α_1 is small but I_{a1} is comparatively larger and ***leads V*** by a larger angle ϕ_1. Like the under-excited motor, as more load is applied, the power factor improves and ***approaches*** unity. The armature current also increases thereby producing the necessary increased armature power to meet the increased applied load (Fig. 38.17). However, it should be noted that in this case, power factor angle ϕ decreases (or p.f. increases) at a faster rate than the armature current thereby producing the necessary increased power to meet the increased load applied to the motor.

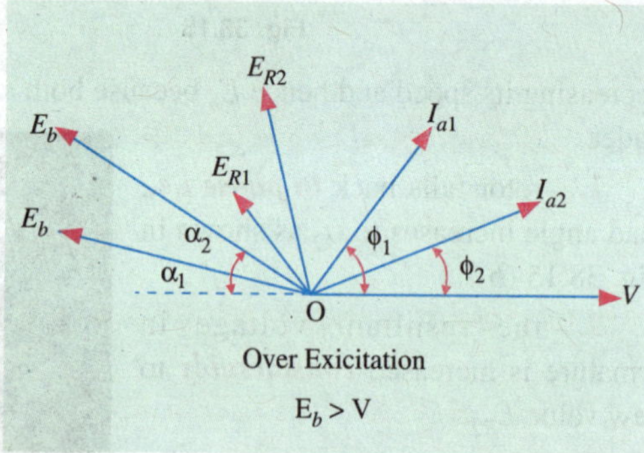

Fig. 38.17

Summary

The main points regarding the above three cases can be summarized as under :

1. As load on the motor increases, I_a ***increases regardless of excitation***.
2. For under-and over-excited motors, p.f. tends to approach unity with increase in load.
3. Both with under-and over-excitation, change in p.f. is greater than in I_a with increase in load.
4. With normal excitation, when load is increased change in I_a is greater than in p.f. which tends to become increasingly lagging.

Example 38.2. *A 20-pole, 693-V, 50-Hz, 3-φ, Δ-connected synchronous motor is operating at no-load with normal excitation. It has armature ressistance per phase of zero and synchronous reactance of 10 Ω. If rotor is retarded by 0.5° (mechanical) from its synchronous position, compute.*

(i) *rotor displacement in electrical degrees*

(ii) *armature emf / phase*

(iii) *armature current / phase*

(iv) *power drawn by the motor*

(v) *power developed by armature*

How will these quantities change when motor is loaded and the rotor displacement increases to 5° (mechanical) ?

(Elect. Machines, AMIE Sec. B, 1993)

Solution. (*a*) 0.5° (mech) Displacement [Fig 38.18 (*a*)]

(*i*) $\alpha \text{ (elect.)} = \dfrac{P}{2} \times \alpha \text{ (mech)}$

$\therefore \quad \alpha \text{ (elect)}$

$= \dfrac{20}{2} \times 0.5 = $ **5° (elect)**

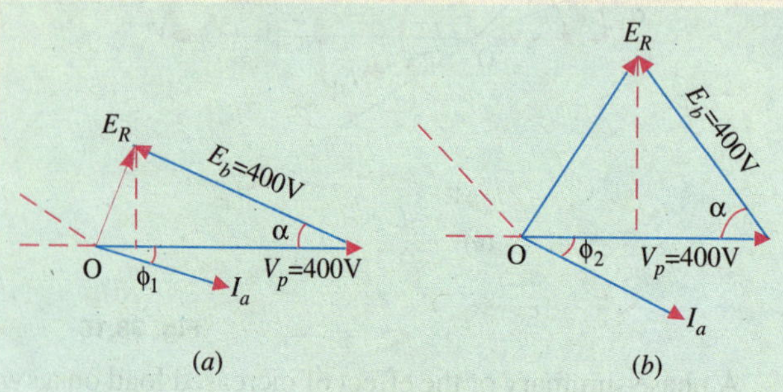

Fig. 38.18

(*ii*) $V_p = V_L / \sqrt{3} = 693 / \sqrt{3}$
$= 400$ V,

$E_b = V_p = 400$ V

$\therefore \quad E_R = (V_p - E_b \cos \alpha) + j\, E_b \sin \alpha = (400 - 400 \cos 5° + j\, 400 \sin 5°)$
$= 1.5 + j\, 35 =$ **35 ∠ 87.5 V/phase**

(*iii*) $Z_S = 0 + j10 = 10 \angle 90°$; $I_a = E_R / Z_S = 35 \angle 87.5°/10 \angle 90° =$ **3.5 ∠ −2.5° A/phase**

Obviously, I_a lags behind V_p by 2.5°

(*iv*) Power input/phase $V_p\, I_a \cos \phi = 400 \times 3.5 \times \cos 2.5° = 1399$ W

Total input power $= 3 \times 1399 =$ **4197 W**

(*v*) Since R_a is negligible, armature Cu loss is also negligible. Hence 4197 W also represent power developed by armature.

(*b*) **5° (mech) Displacement** – Fig. 38.18 (*b*)

(*i*) α (elect) $= \dfrac{20}{2} \times 5° =$ **50°**

(*ii*) $E_R = (400 - 400 \cos 50°) + j400 \sin 50° = 143 + j\, 306.4 =$ **338.2 ∠ 64.9°**

(*iii*) $I_a = 338.2 \times 64.9°/10 \angle 90° =$ **33.8 ∠ −25.1° A/phase**

(*iv*) motor power/phase $= V_p\, I_a \cos \phi = 400 \times 33.8 \cos 25.1° = 12{,}244$ W

Total power $= 3 \times 12{,}244 = 36{,}732$ W $=$ **36.732 kW**

It is seen from above that as motor load is increased

1. rotor displacement increases from 5° (elect) to 50° (elect) *i.e.* E_b falls back in phase considerably.
2. E_R increases from 35 V to 338 V/phase
3. I_a increases from 3.5 A to 33.8 A
4. angle ϕ increases from 2.5° to 25.1° so that p.f. ***decreases*** from 0.999 (lag) to 0.906 (lag)
5. increase in power is almost ***directly proportional to increase in load angle***.

Obviously, increase in I_a is much more than decrease in power factor.

It is interesting to note that not only power but even I_a, E_R and ϕ also increase almost as many times as α.

Special Illustrative Example 38.3

Case of Cylindrical Rotor Machine :

A 3-Phase synchronous machine is worked as follows: Generator - mode : 400 V/Ph, 32 A/Ph, Unity p.f. X_S = 10 ohms. Motoring - mode : 400 V/Ph, 32 A/Ph, Unity p.f. , X_S = 10 ohms. Calculate E and δ in both the cases and comment.

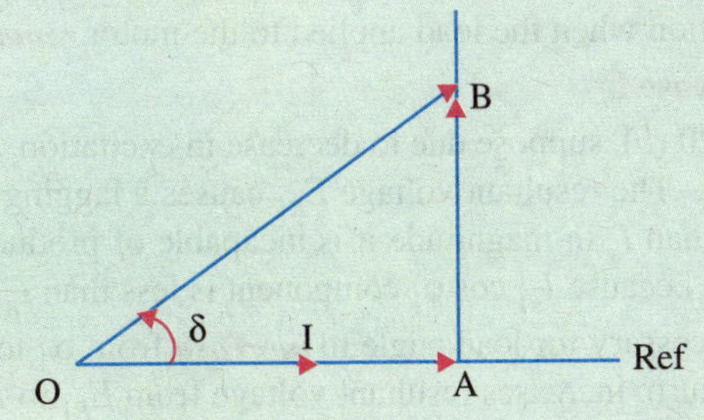

Fig. 38.19 (*a*) Generator-mode

Solution. In Fig. 38.19 (*a*), $V = OA = 400$, $IX_S = AB = 320$ V

$$E = OB = 512.25, \delta = \tan^{-1}\frac{320}{400} = 38.66°$$

Total power in terms of parameters measurable at terminals (*i.e.*, *V*, *I*, and ϕ)

$$= 3\ V_{ph}\ I_{ph}\cos\phi = 3 \times 400 \times 32 = 38.4 \text{ kW}$$

$$\text{Total power using other parameters} = 3 \times \left[\frac{VE}{X_S}\sin\delta\right] \times 10^{-3} \text{ kW}$$

$$= 3 \times \frac{400 \times 512.25}{10} \times (\sin 38.66°) \times 10^{-3} = 38.4 \text{ kW}$$

Since losses are neglected, this power is the electrical output of generator and also is the required mechanical input to the generator.

For motoring mode : $V = OA = 400, \quad -IX_S = AB = 320$

$E = OB = 512.25$, as in Fig. 38.19 (*b*)

Hence, $|\delta| = 38.66°$, as before.

Comments : The change in the sign of δ has to be noted in the two modes. It is +ve for generator and –ve for motor. *E* happens to be equal in both the cases due to unity p.f. At other p.f., this will be different.

As before, power can be calculated in two ways and it will be electrical power input to motor and also the mechanical output of the motor.

Naturally, Power = 38.4 kW

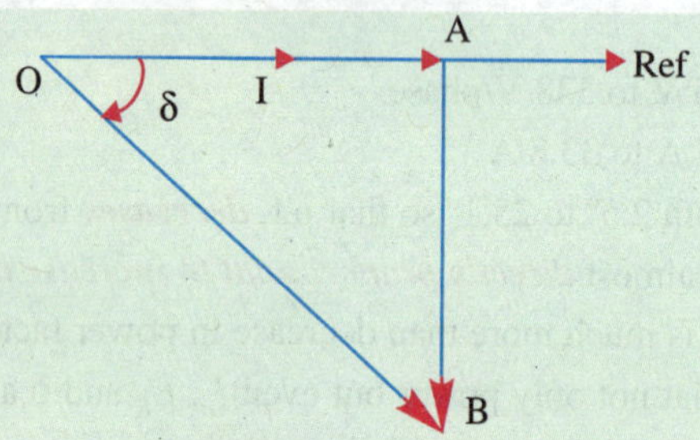

Fig. 38.19 (*b*) Motoring mode

38.10. Effect of Changing Excitation on Constant Load

As shown in Fig. 38.20 (*a*), suppose a synchronous motor is operating with normal excitation ($E_b = V$) at unity p.f. with a given load. If R_a is negligible as compared to X_S, then I_a lags E_R by 90° and is in phase with *V* because p.f. is unity. The armature is drawing a power of $V.I_a$ per phase which is enough to meet the mechanical load on the motor. Now, let us discuss the effect of decreasing or increasing the field excitation when the load applied to the motor ***remains constant***.

(*a*) Excitation Decreased

As shown in Fig. 38.20 (*b*), suppose due to decrease in excitation, back e.m.f. is reduced to Eb_1 at the ***same load angle*** α_1. The resultant voltage E_{R1} causes a lagging armature current I_{a1} to flow. Even though I_{a1} is larger than I_a in magnitude it is incapable of producing necessary power VI_a for carrying the ***constant*** load because $I_{a1}\cos\phi_1$ component is less than I_a so that $VI_{a1}\cos\phi_1 < VI_a$.

Hence, it becomes necessary for load angle to ***increase*** from α_1 to α_2. It increases back e.m.f. from E_{b1} to E_{b2} which, in turn, increases resultant voltage from E_{R1} to E_{R2}. Consequently, armature current increases to I_{a2} whose in-phase component produces enough power ($VI_{a2}\cos\phi_2$) to meet the constant load on the motor.

(b) Excitation Increased

The effect of increasing field excitation is shown in Fig. 38.20 (c) where increased E_{b1} is shown at the original load angle α_1. The resultant voltage E_{R1} causes a ***leading*** current I_{a1} whose in-phase component is larger than I_a. Hence, armature develops more power than the load on the motor. Accordingly, load angle ***decreases*** from α_1 to α_2 which decreases resultant voltage from E_{R1} to E_{R2}. Consequently, armature current decreases from I_{a1} to I_{a2} whose in-phase component $I_{a2} \cos \phi_2 = I_a$. In that case, armature develops power sufficient to carry the constant load on the motor.

Hence, we find that variations in the excitation of a synchronous motor running with a ***given*** load produce variations in its ***load angle only***.

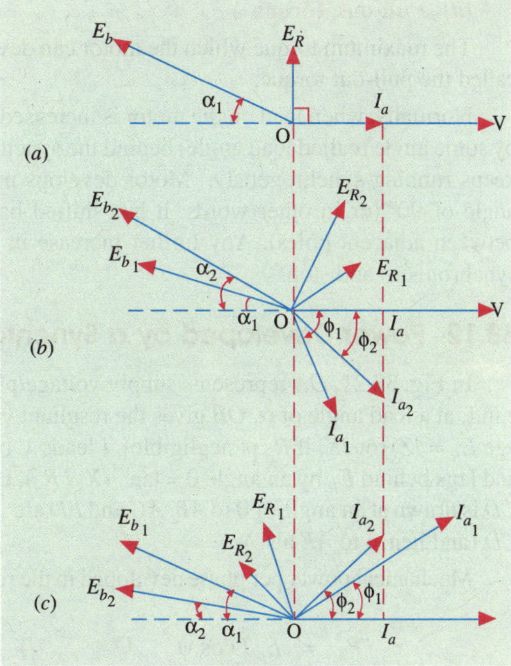

Fig. 38.20

38.11. Different Torques of a Synchronous Motor

Various torques associated with a synchronous motor are as follows:

1. starting torque
2. running torque
3. pull-in torque and
4. pull-out torque

(a) Starting Torque

It is the torque (or turning effort) developed by the motor when full voltage is applied to its stator (armature) winding. It is also sometimes called ***breakaway*** torque. Its value may be as low as 10% as in the case of centrifugal pumps and as high as 200 to 250% of full-load torque as in the case of loaded reciprocating two-cylinder compressors.

Torque motors are designed to privide maximum torque at locked rotor or near stalled conditions

(b) Running Torque

As its name indicates, it is the torque developed by the motor under running conditions. It is determined by the horse-power and speed of the ***driven*** machine. The peak horsepower determines the maximum torque that would be required by the driven machine. The motor must have a break-down or a maximum running torque greater than this value in order to avoid stalling.

(c) Pull-in Torque

A synchronous motor is started as induction motor till it runs 2 to 5% below the synchronous speed. Afterwards, excitation is switched on and the rotor pulls into step with the synchronously-rotating stator field. The amount of torque at which the motor will pull into step is called the pull-in torque.

(d) Pull-out Torque

The maximum torque which the motor can develop without pulling out of step or synchronism is called the pull-out torque.

Normally, when load on the motor is increased, its rotor progressively tends to fall back ***in phase*** by some angle (called load angle) behind the synchronously-revolving stator magnetic field though it keeps running synchronously. Motor develops maximum torque when its rotor is retarded by an angle of 90º (or in other words, it has shifted backward by a distance equal to half the distance between adjacent poles). Any further increase in load will cause the motor to pull out of step (or synchronism) and stop.

38.12. Power Developed by a Synchronous Motor

In Fig. 38.21, *OA* represents supply voltage/phase and $I_a = I$ is the armature current, *AB* is back e.m.f. at a load angle of α. *OB* gives the resultant voltage $E_R = IZ_S$ (or IX_S if R_a is negligible). *I* leads *V* by φ and lags behind E_R by an angle $\theta = \tan^{-1}(X_S / R_a)$. Line *CD* is drawn at an angle of θ to *AB*. *AC* and *ED* are ⊥ to *CD* (and hence to *AE* also).

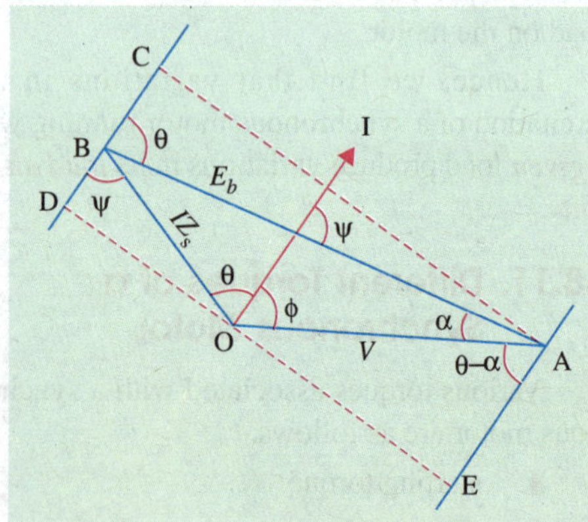

Fig. 38.21

Mechanical power per phase developed in the rotor is

$$P_m = E_b I \cos\psi \qquad \text{...(i)}$$

In Δ *OBD*, $BD = I Z_S \cos\psi$

Now, $BD = CD - BC = AE - BC$

$$I Z_S \cos\psi = V \cos(\theta - \alpha) - E_b \cos\theta$$

$$\therefore \quad I \cos\psi = \frac{V}{Z_S}\cos(\theta-\alpha) - \frac{E_b}{Z_S}\cos\theta$$

Substituting this value in (*i*), we get

$$P_m \text{ per phase} = E_b\left[\frac{V}{Z_S}\cos(\theta-\alpha) - \frac{E_b}{Z_S}\cos\theta\right] = \frac{E_b V}{Z_S}\cos(\theta-\alpha) - \frac{E_b^2}{Z_S}\cos\theta^{*} \qquad \text{...(ii)}$$

This is the expression for the mechanical power developed in terms of the load angle (α) and the internal angle (θ) of the motor for a constant voltage *V* and E_b (or excitation because E_b depends on excitation only).

If T_g is the gross armature torque developed by the motor, then

$$T_g \times 2\pi N_S = P_m \text{ or } T_g = P_m/\omega_s = P_m / 2\pi N_S \qquad -N_S \text{ in rps}$$

$$T_g = \frac{P_m}{2\pi N_S/60} = \frac{60}{2\pi}\cdot\frac{P_m}{N_S} = 9.55\frac{P_m}{N_S} \qquad -N_S \text{ in rpm}$$

Condition for maximum power developed can be found by differentiating the above expression with respect to load angle and then equating it to zero.

$$\therefore \quad \frac{dP_m}{d\alpha} = -\frac{E_b V}{Z_S}\sin(\theta-\alpha) = 0 \quad \text{or} \quad \sin(\theta-\alpha) = 0 \quad \therefore \quad \theta = \alpha$$

* Since R_a is generally negligible, $Z_S = X_S$ so that $\theta \cong 90°$. Hence

$$P_m = \frac{E_b V}{X_S}\cos(90° - \alpha) = \frac{E_b V}{X_S}\sin\alpha$$

This gives the value of mechanical power developed in terms of α – the basic variable of a synchronous machine.

$\therefore$ value of maximum power $(P_m)_{max} = \dfrac{E_bV}{Z_S} - \dfrac{E_b^2}{Z_S}\cos\alpha$ or $(P_m)_{max} = \dfrac{E_bV}{Z_S} - \dfrac{E_b^2}{Z_S}\cos\theta$. ...(*iii*)

This shows that the maximum power and hence torque ($\because$ speed is constant) depends on V and E_b *i.e.*, excitation. Maximum value of θ (and hence α) is 90°. For all values of V and E_b, this limiting value of α is the same but maximum torque will be proportional to the maximum power developed as given in equation (*iii*). Equation (*ii*) is plotted in Fig. 38.22.

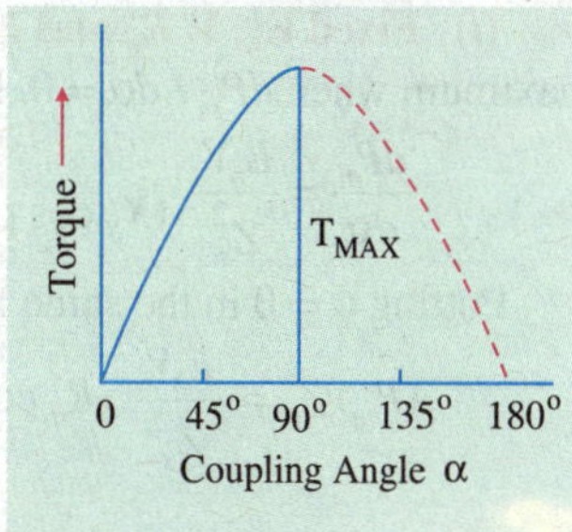

Fig. 38.22

If R_a is neglected, then $Z_S \cong X_S$ and $\theta = 90°$ $\therefore \cos\theta = 0$

$$P_m = \frac{E_bV}{X_S}\sin\alpha \quad ...(iv) \qquad (P_m)_{max} = \frac{E_bV}{X_S} \text{ ... from equation}$$

(*iii*)* The same value can be otained by putting $\alpha = 90°$ in equation (*iv*). This corresponds to the 'pull-out' torque.

38.13. Alternative Expression for Power Developed

In Fig. 38.23, as usual, *OA* represents the supply voltage per phase *i.e.*, V and *AB* (= *OC*) is the induced or back e.m.f. per phase *i.e.*, E_b at an angle α with *OA*. The armature current I (or I_a) lags V by ϕ.

Mechanical power developed is,

$$\begin{aligned} P_m &= E_b \,.\, I \times \text{cosine of the angle between } E_b \text{ and } I \\ &= E_b I \cos \angle DOI \\ &= E_b I \cos(\pi - \angle COI) \\ &= -E_b I \cos(\theta + \gamma) \\ &= -E_b\left(\frac{E_R}{Z_S}\right)(\cos\theta\cos\gamma - \sin\theta\sin\gamma) \qquad ...(i) \end{aligned}$$

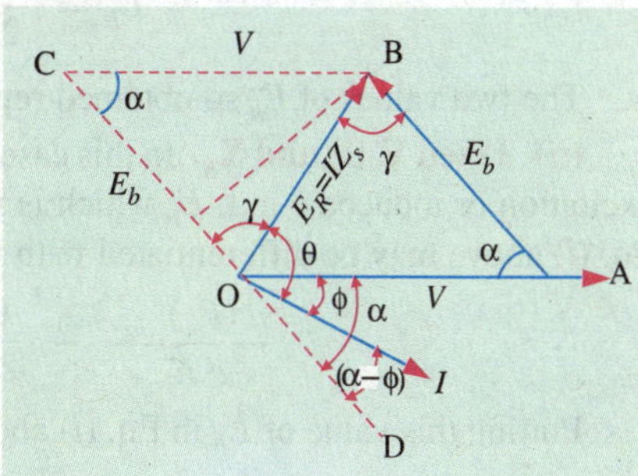

Fig. 38.23

Now, E_R and functions of angles θ and γ will be eliminated as follows :

From Δ *OAB* ; $V/\sin\gamma = E_R/\sin\alpha$ $\quad\therefore\quad \sin\gamma = V\sin\alpha/E_R$

From Δ *OBC* ; $E_R\cos\gamma + V\cos\alpha = E_b$ $\quad\therefore\quad \cos\gamma = (E_b - V\cos\alpha)/E_R$

Also $\cos\theta = R_a/Z_S$ and $\sin\theta = X_S/Z_S$

Substituting these values in Eq. (*i*) above, we get

$$P_m = -\frac{E_b \cdot E_R}{Z_S}\left(\frac{R_a}{Z_S}\cdot\frac{E_b - V\cos\alpha}{E_R} - \frac{X_S}{Z_S}\cdot\frac{V\sin\alpha}{E_R}\right)$$

$$= \frac{E_bV}{Z_{S^2}}(\mathrm{R_a}\cos\alpha + X_S\sin\alpha) - \frac{E_b^2 R_a}{Z_{S^2}} \qquad ...(ii)$$

It is seen that P_m varies with E_b (which depends on excitation) and angle α (which depends on the motor load).

Note. If we substitute $R_a = Z_S\cos\theta$ and $X_S = Z_S\sin\theta$ in Eq. (*ii*), we get

$$P_m = \frac{E_bV}{Z_{S^2}}(Z_S\cos\theta\cos\alpha + Z_S\sin\theta\sin\alpha) - \frac{E_b^{\,2}Z_S\cos\theta}{Z_{S^2}} = \frac{E_bV}{Z_S}\cos(\theta-\alpha) - \frac{E_{b^2}}{Z_S}\cos\theta$$

It is the same expression as found in Art. 38.10.

* It is the same expression as found for an alternator or synchronous generator in Art. 37.37.

38.14. Various Conditions of Maxima

The following two cases may be considered :

(i) Fixed E_b, V, R_a and X_S. Under these conditions, P_m will vary with load angle α and will be maximum when $dP_m / d\alpha = 0$. Differentiating Eq. (ii) in Art. 38.11, we have

$$\frac{dP_m}{d\alpha} = \frac{E_b V}{Z_s^2}(X_S \cos\alpha - R_a \sin\alpha) = 0 \quad \text{or} \quad \tan\alpha = X_S / R_a = \tan\theta \quad \text{or} \quad \alpha = \theta$$

Putting α = θ in the same Eq. (ii), we get

$$(P_m)_{max} = \frac{E_b V}{Z_s^2}(R_a \cos\theta + X_S \sin\theta) - \frac{E_b^2 R_a}{Z_s^2} = \frac{E_b V}{Z_s^2}\left(R_a \cdot \frac{R_a}{Z_S} + X_S \cdot \frac{X_S}{Z_S}\right) - \frac{E_b^2 R_a}{Z_s^2}$$

$$= \frac{E_b V}{Z_s^2}\left(\frac{R_a^2 + X_s^2}{Z_S}\right) - \frac{E_b^2 R_a}{Z_s^2} = \frac{E_b V}{Z_S} - \frac{E_b^2 R_a}{Z_s^2} \qquad \text{...(i)}$$

This gives the value of power at which the motor falls out of step.

Solving for E_b from Eq. (i) above, we get

$$E_b = \frac{Z_S}{2R_a}\left[V \pm \sqrt{V^2 - 4R_a \cdot (P_m)_{max}}\right]$$

The two values of E_b so obtained represent the excitation limits for any load.

(ii) Fixed V, R_a and X_S. In this case, P_m varies with excitation or E_b. Let us find the value of the excitation or induced e.m.f. E_b which is necessary for maximum power possible. For this purpose, Eq. (i) above may be differentiated with respect to E_b and equated to zero.

$$\therefore \quad \frac{d(P_m)_{max}}{dE_b} = \frac{V}{Z_S} - \frac{2R_a E_b}{Z_{S^2}} = 0\,; \qquad E_b = \frac{V Z_S}{2R_a}^{*} \qquad \text{...(ii)}$$

Putting this value of E_b in Eq. (i) above, maximum power developed becomes

$$(P_m)_{max} = \frac{V^2}{2R_a} - \frac{V^2}{4R_a} = \frac{V^2}{4R_a}$$

38.15. Salient Pole Synchronous Motor

Cylindrical-rotor synchronous motors are much easier to analyse than those having salient-pole rotors. It is due to the fact that cylindrical-rotor motors have a uniform air-gap, whereas in salient-pole motors, air-gap is much greater between the poles than along the poles. Fortunately, cylindrical rotor theory is reasonably accurate in predicting the steady-state performance of salient-pole motors. Hence, salient-pole theory is required only when very high degree of accuracy is needed or when problems concerning transients or power system stability are to be handled.

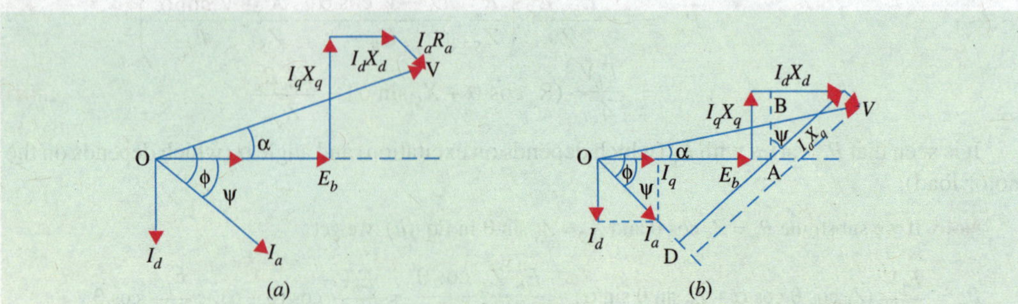

Fig. 38.24

* This is the value of induced e.m.f. to give maximum power, but it is not the maximum possible value of the generated voltage, at which the motor will operate.

The *d-q* currents and reactances for a salient-pole synchronous motor are exactly the same as discussed for salient-pole synchronous generator. The motor has *d*-axis reactance X_d and *q*-axis reactance X_q. Similarly, motor armature current I_a has two components : I_d and I_q. The complete phasor diagram of a salient-pole synchronous motor, for a lagging power factor is shown in Fig. 38.24 (*a*).

With the help of Fig. 38.24 (*b*), it can be proved that $\tan\psi = \dfrac{V\sin\phi - I_q X_q}{V\cos\phi - I_a R_a}$

If R_a is negligible, then $\tan\psi = (V\sin\phi + I_a X_q)/V\cos\phi$

For an overexcited motor *i.e.*, when motor has leading power factor,

$$\tan\psi = (V\sin\phi + I_a X_q)/V\cos\phi$$

The power angle α is given by $\alpha = \phi - \psi$

The magnitude of the excitation or the back e.m.f. E_b is given by

$$E_b = V\cos\alpha - I_q R_a - I_d X_d$$

Similarly, as proved earlier for a synchronous generator, it can also be proved from Fig. 38.24 (*b*) for a synchronous motor with $R_a = 0$ that

$$\tan\alpha = \frac{I_a X_q \cos\phi}{V - I_a X_q \sin\phi}$$

In case R_a is not negligible, it can be proved that

$$\tan\alpha = \frac{I_a X_q \cos\phi - I_a R_a \sin\phi}{V - I_a X_q \sin\phi - I_a R_a \cos\alpha}$$

38.16. Power Developed by a Salient Pole Synchronous Motor

The expression for the power developed by a salient-pole synchronous generator derived in Chapter 35 also applies to a salient-pole synchronous motor.

$$\therefore \quad P_m = \frac{E_b V}{X_d}\sin\alpha + \frac{V^2(X_d - X_q)}{2X_d X_q}\sin 2\alpha \quad \text{... per phase}$$

$$= 3\times\left[\frac{E_b V}{X_d}\sin\alpha + \frac{V^2(X_d - X_q)}{2X_d X_q}\sin 2\alpha\right] \text{... per three phases}$$

$$T_g = 9.55\,P_m / N_S \quad \text{...}N_S \text{ in rps.}$$

As explained earlier, the power consists of two components, the first component is called excitation power or magnet power and the second is called reluctance power (because when excitation is removed, the motor runs as a reluctance motor).

Example 38.4. *A 3-φ, 150-kW, 2300-V, 50-Hz, 1000-rpm salient-pole synchronous motor has X_d = 32 Ω / phase and X_q = 20 Ω / phase. Neglecting losses, calculate the torque developed by the motor if field excitation is so adjusted as to make the back e.m.f. twice the applied voltage and α = 16º.*

Solution. $V = 2300/\sqrt{3} = 1328$ V ; $E_b = 2 \times 1328 = 2656$ V

$$\text{Excitation power / phase} = \frac{E_b V}{X_d}\sin\alpha = \frac{2656\times1328}{32}\sin 16° = 30{,}382 \text{ W}$$

$$\text{Reluctance power / phase} = \frac{V^2(X_d - X_q)}{2X_d X_q}\sin 2\alpha = \frac{1328^2(32-20)}{2\times32\times20}\sin 32° = 8760 \text{ W}$$

Total power developed, $P_m = 3(30382 + 8760) = 117,425$ W

$T_g = 9.55 \times 117{,}425/1000 =$ **1120 N-m**

Example 38.5. *A 3300-V, 1.5-MW, 3-ϕ, Y-connected synchronous motor has $X_d = 4\Omega$ / phase and $X_q = 3\ \Omega$/ phase. Neglecting all losses, calculate the excitation e.m.f. when motor supplies rated load at unity p.f. Calculate the maximum mechanical power which the motor would develop for this field excitation.* **(Similar Example, Swami Ramanand Teertha Marathwada Univ. Nanded 2001)**

Solution.

$$V = 3300/\sqrt{3} = 1905 \text{ V};\ \cos\phi = 1;\ \sin\phi = 0;\ \phi = 0°$$

$$I_a = 1.5 \times 10^6/\sqrt{3} \times 3300 \times 1 = 262 \text{ A}$$

$$\tan\psi = \frac{V\sin\phi - I_a X_q}{V\cos\phi} = \frac{1905 \times 0 - 262 \times 3}{1905} = -0.4125;\ \psi = -22.4°$$

$$\alpha = \phi - \psi = 0 - (-22.4°) = 22.4°$$

$$I_d = 262 \times \sin(-22.4°) = -100 \text{ A};\ I_q = 262\cos(-22.4°) = 242 \text{ A}$$

$$E_b = V\cos\alpha - I_d X_d = 1905\cos(-22.4°) - (-100 \times 4) = 2160 \text{ V}$$

$$= 1029\sin\alpha + 151\sin 2\alpha$$

$$P_m = \frac{E_b V}{X_d}\sin\alpha + \frac{V^2 (X_d - X_q)}{2X_d X_q}\sin 2\alpha \quad \text{... per phase}$$

$$= \frac{2160 \times 1905}{4 \times 1000} + \frac{1905^2 (4-3)}{2 \times 4 \times 3 \times 1000}\sin 2\alpha \quad \text{...kW/phase}$$

$$= 1029\sin\alpha + 151\sin 2\alpha \quad \text{...kW/phase}$$

If developed power has to achieve maximum value, then

$$\frac{dP_m}{d\alpha} = 1029\cos\alpha + 2 \times 151\cos 2\alpha = 0$$

$$\therefore\ 1029\cos\alpha + 302(2\cos^2\alpha - 1) = 0 \quad \text{or} \quad 604\cos^2\alpha + 1029\cos\alpha - 302 = 0$$

$$\therefore\ \cos\alpha = \frac{-1029 \pm \sqrt{1029^2 + 4 \times 604 \times 302}}{2 \times 604} = 0.285;\ \alpha = 73.4°$$

$$\therefore\ \text{maximum } P_m = 1029\sin 73.4° + 151\sin 2 \times 73.4° = 1070 \text{ kW/phase}$$

Hence, maximum power developed for three phases = 3 × 1070 = **3210 kW**

Example 38.6. *The input to an 11000-V, 3-phase, star-connected synchronous motor is 60 A. The effective resistance and synchronous reactance per phase are respectively 1 ohm and 30 ohm. Find **(i)** the power supplied to the motor **(ii)** mechanical power developed and **(iii)** induced emf for a power factor of 0.8 leading.* **(Elect. Engg. AMIETE (New Scheme) June 1990)**

Solution. ***(i)*** Motor power input = $\sqrt{3} \times 11000 \times 60 \times 0.8 = 915$ kW

(ii) stator Cu loss/phase = $60^2 \times 1 = 3600$ W; Cu loss for three phases = 3 × 3600 = 10.8 kW

$$P_m = P_2 - \text{rotor Cu loss} = 915 - 10.8 = 904.2 \text{ kW}$$

$$V_p = 11000/\sqrt{3} = 6350 \text{ V};\ \phi = \cos^{-1} 0.8 = 36.9°;$$

$$\theta = \tan^{-1}(30/1) = 88.1°$$

$$Z_S \cong 30\ \Omega;\ \text{stator impedance drop / phase} = I_a Z_S$$

$$= 60 \times 30 = 1800 \text{ V}$$

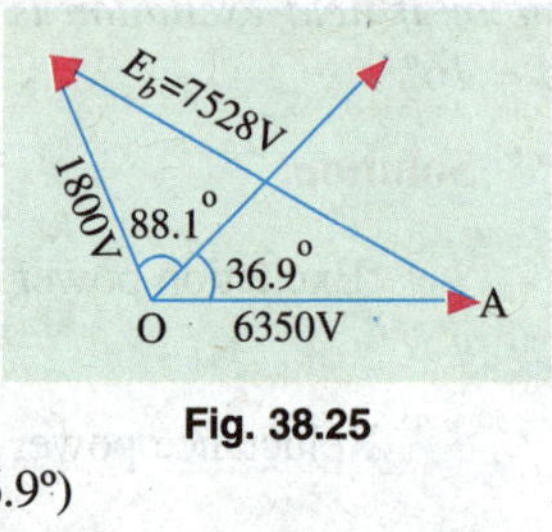

Fig. 38.25

As seen from Fig. 38.25,

$$E_b^2 = 6350^2 + 1800^2 - 2 \times 6350 \times 1800 \times \cos(88.1° + 36.9°)$$

$$= 6350^2 + 1800^2 - 2 \times 6350 \times 1800 \times -0.572$$

$$\therefore\ E_b = 7528 \text{ V};\ \text{line value of } E_b = 7528 \times \sqrt{3} = \mathbf{13042}$$

Special Example 38.7. Case of Salient - Pole Machines

A synchronous machine is operated as below :

As a Generator : 3 -Phase, V_{ph} = 400, I_{ph} = 32, unity p.f.

As a Motor : 3 - Phase, V_{ph} = 400, I_{ph} = 32, unity p.f.

Machine parameters : X_d = 10 Ω, X_q = 6.5 Ω

Calculate excitation emf and δ in the two modes and deal with the term power in these two cases.

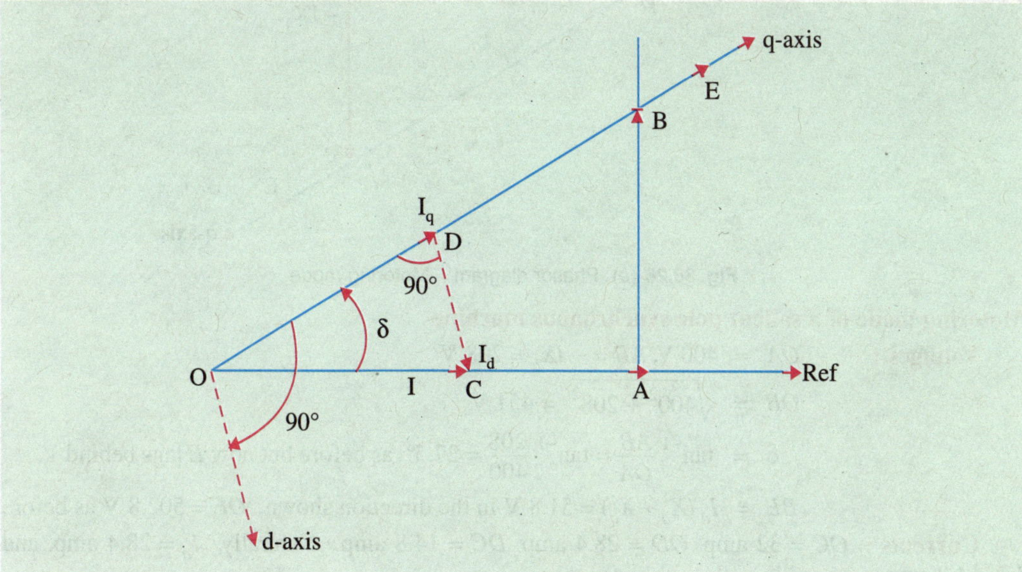

Fig. 38.26 (*a*) Generator-action

Solution.

Generating Mode :

Voltages :

$$OA = 400 \text{ V}, AB = IX_q$$
$$= 32 \times 6.5 = 208 \text{ V}$$
$$OB = \sqrt{400^2 + 208^2} = 451 \text{ V},$$
$$\delta = \tan^{-1}\frac{AB}{OA} = \tan^{-1}\frac{208}{400} = 27.5°$$
$$BE = I_d(X_d - X_q)$$
$$= 140 \times 3.5 = 51.8 \text{ V},$$
$$E = OE = OB + BE = 502.8 \text{ V}$$

Currents : $I = OC = 32$, $I_q = I\cos\delta = OD = 28.4$ amp., $I_d = DC = I\sin\delta = 14.8$ amp. E leads V in case of generator, as shown in Fig. 38.26 (*a*)

$$\text{Power (by one formula)} = 3 \times 400 \times 32 \times 10^{-3} = 38.4 \text{ kW}$$

or
$$\text{Power (by another formula)} = 3 \times \left[\frac{400 \times 502.8}{10}\sin 27.5° + \frac{400^2}{2} \times \left(\frac{3.5}{65}\right) \times \sin 55°\right]$$
$$= 38.44 \text{ kW}$$

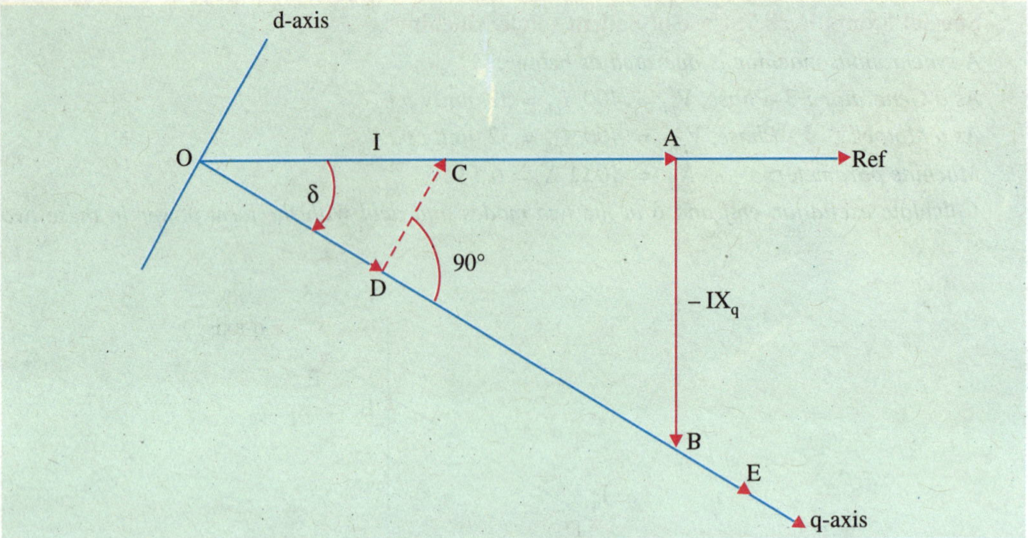

Fig. 38.26 (*b*) Phasor diagram : Motoring mode

Motoring mode of a salient pole synchronous machine

Voltages : $OA = 400\text{ V}, AB = -IX_q = 208\text{ V}$

$$OB = \sqrt{400^2 + 208^2} = 451\text{ V}$$

$$\delta = \tan^{-1}\frac{AB}{OA} = \tan^{-1}\frac{208}{400} = 27.5^\circ$$ as before but now E lags behind V.

$BE = I_d(X_d - X_q) = 51.8$ V in the direction shown. $OE = 502.8$ V as before

Currents : $OC = 32$ amp. $OD = 28.4$ amp. $DC = 14.8$ amp. Naturally, $I_q = 28.4$ amp. and $I_d = 14.8$ amp

Power (by one formula) = 38.4 kW

Power (by another formula) = 38.44 kW

Note. Numerical values of E and δ are same in cases of generator-mode and motor-mode, due to unity p.f. δ has different signs in the two cases.

Example 38.8. *A 500-V, 1-phase synchronous motor gives a net output mechanical power of 7.46 kW and operates at 0.9 p.f. lagging. Its effective resistance is 0.8 Ω. If the iron and friction losses are 500 W and excitation losses are 800 W, estimate the armature current. Calculate the commercial efficiency.* **(Electrical Machines-I, Gujarat Univ. 1988)**

Solution. Motor input $= VI_a \cos\phi$; Armature Cu loss $= I_a R_a^2$

Power developed in *armature* is $P_m = VI_a\cos\phi - I_a^2 R_a$

$$\therefore \quad I_a^2 R_a - VI_a\cos\phi + P_m = 0 \quad \text{or} \quad I_a = \frac{V\cos\phi \pm \sqrt{V^2\cos^2\phi - 4R_a P_m}}{2R_a}$$

Now, $P_{out} = 7.46\text{ kW} = 7{,}460\text{ W}$

$P_m = P_{out}$ + iron and friction losses + excitation losses

$= 7460 + 500 + 800 = 8760$ W ... Art. 38.5

$$I_a = \frac{500\times0.9 \pm \sqrt{(500\times0.9)^2 - 4\times0.8\times3760}}{2\times0.8}$$

$$= \frac{450 \pm \sqrt{202{,}500 - 28{,}030}}{1.6} = \frac{450 \pm 417.7}{1.6} = \frac{32.3}{1.6} = \mathbf{20.2\ A}$$

$$\text{Motor input} = 500 \times 20.2 \times 0.9 = 9090 \text{ W}$$

$$\eta_c = \text{net output / input} = 7460 / 9090 = 0.8206 \quad \text{or} \quad \mathbf{82.06\%.}$$

Example 38.9. *A 2,300-V, 3-phase, star-connected synchronous motor has a resistance of 0.2 ohm per phase and a synchronous reactance of 2.2 ohm per phase. The motor is operating at 0.5 power factor leading with a line current of 200 A. Determine the value of the generated e.m.f. per phase.* **(Elect. Engg.-I, Nagpur Univ. 1993)**

Solution. Here,

$$\phi = \cos^{-1}(0.5) = 60^\circ \text{ (lead)}$$

$$\theta = \tan^{-1}(2.2/0.2) = 84.8^\circ$$

$$\therefore \quad (\theta + \phi) = 84.8^\circ + 60^\circ = 144.8^\circ$$

$$\cos 144.8^\circ = -\cos 35.2^\circ$$

$$V = 2300/\sqrt{3} = 1328 \text{ volt}$$

$$Z_S = \sqrt{0.2^2 + 2.2^2} = 2.209\ \Omega$$

$$IZ_S = 200 \times 2.209 = 442 \text{ V}$$

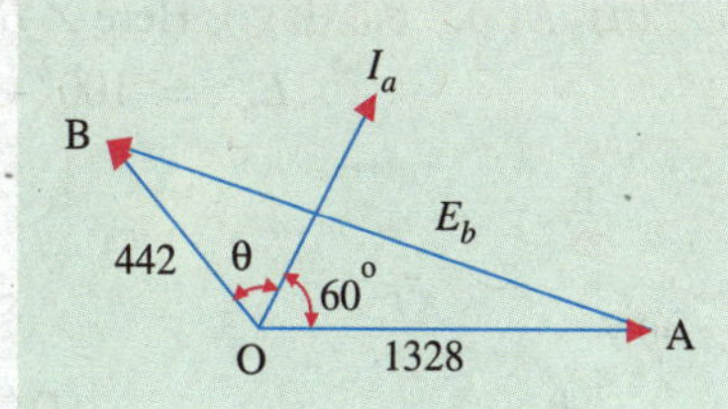

Fig. 38.27

The vector diagram is shown in Fig. 38.27.

$$E_b = \sqrt{V^2 + E_{R^2} - 2V \cdot E_R \cos(\theta + \phi)}$$

$$= \sqrt{1328^2 + 442^2 + 2 \times 1328 \times 442 \times \cos 35.2^\circ} = \mathbf{1708\ Volt / Phase}$$

Example 38.10. *A 3-phase, 6,600-volts, 50-Hz, star-connected synchronous motor takes 50 A current. The resistance and synchronous reactance per phase are 1 ohm and 20 ohm respectively. Find the power supplied to the motor and induced emf for a power factor of* (*i*) *0.8 lagging and* (*ii*) *0.8 leading.* **(Eect. Engg. II pune Univ. 1988)**

Solution. (*i*) **p.f. = 0.8 lag** (Fig. 38.28 (*a*)).

$$\text{Power input} = \sqrt{3} \times 6600 \times 50 \times 0.8 = 457{,}248 \text{ W}$$

$$\text{Supply voltage / phase} = 6600/\sqrt{3} = 3810 \text{ V}$$

$$\phi = \cos^{-1}(0.8) = 36^\circ 52'; \ \theta = \tan^{-1}(X_S / R_a) = (20/1) = 87.8'$$

$$Z_S = \sqrt{20^2 + 1^2} = 20\ \Omega \text{ (approx.)}$$

$$\text{Impedance drop} = I_a Z_S = 50 \times 20 = 1000 \text{ V/phase}$$

$$\therefore \quad E_b^2 = 3810^2 + 1000^2 - 2 \times 3810 \times 1000 \times \cos(87^\circ 8' - 36^\circ 52') \quad \therefore \quad E_b = 3263 \text{ V / phase}$$

$$\text{Line induced e.m.f.} = 3263 \times \sqrt{3} = \mathbf{5651\ V}$$

(*ii*) Power input would remain the same.

As shown in Fig. 38.28 (*b*), the current vector is drawn at a ***leading*** angle of

$$\phi = 36^\circ 52'$$

Now, $(\theta + \phi) = 87^\circ 8' + 36^\circ 52' = 124^\circ$, $\cos 124^\circ = -\cos 56^\circ$

$\therefore \ E_b^2 = 3810^2 + 1000^2 - 2 \times 3810 \times 1000 \times -\cos 56^\circ \quad \therefore \ E_b = 4447 \text{ V / phase}$

$$\text{Line induced e.m.f.} = \sqrt{3} \times 4447 = \mathbf{7{,}700\ V}$$

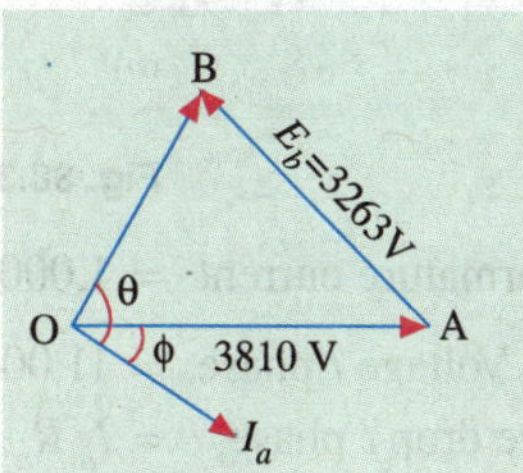

Fig. 38.28 (*a*)

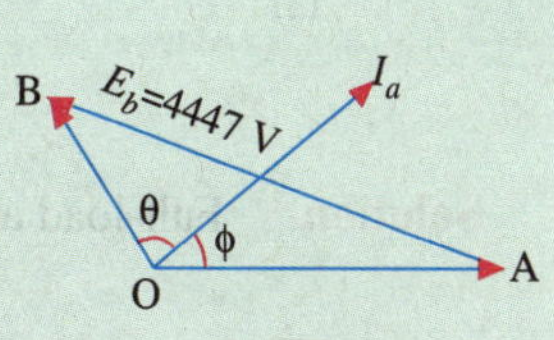

Fig. 38.28 (*b*)

Note. It may be noted that if $E_b > V$, then motor has a leading power factor and if $E_b < V$.

Example 38.11. *A synchronous motor having 40% reactance and a negligible resistance is to be operated at rated load at (i) u.p.f. (ii) 0.8 p.f. lag (iii) 0.8 p.f. lead. What are the values of induced e.m.f. ? Indicate assumptions made, if any.* **(Electrical Machines-II, Indore Univ. 1990)**

Solution. Let $V = 100$ V, then reactance drop $= I_a X_S = 40$ V

(*i*) At unity p.f.

Here, $\theta = 90°$, $E_b = \sqrt{100^2 + 40^2} = 108$ V ...Fig. 38.29 (*a*)

(*ii*) At p.f. 0.8 (lag.) Here $\angle BOA = \theta - \phi = 90° - 36°54' = 53°6'$

$$E_b^2 = 100^2 + 40^2 - 2 \times 100 \times 40 \times \cos 53°6'; \; E_b = \textbf{82.5 V}, \text{ as in Fig. 38.29 } (b)$$

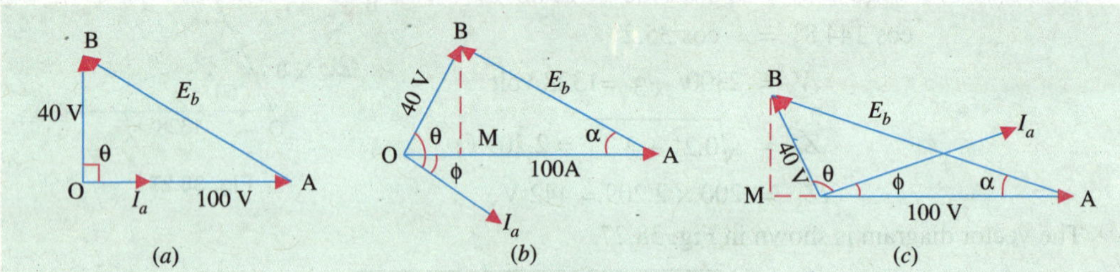

Fig. 38.29

Alternatively, $E_b = AB = \sqrt{AM^2 + MB^2} = \sqrt{76^2 + 32^2} = \textbf{82.5 V}$

(*iii*) At p.f. 0.8 (lead.) Here, $(\theta + \phi) = 90° + 36.9° = 126.9°$

$$E_b^2 = 100^2 + 40^2 - 2 \times 40 \times \cos 126.9° = \textbf{128 V}$$

Again from Fig. 38.29 (*c*), $E_b^2 = (OM + OA)^2 + MB^2 = 124^2 + 32^2$; $E_b = \textbf{128 V.}$

Example 38.12. *A 1,000-kVA, 11,000-V, 3-φ, star-connected synchronous motor has an armature resistance and reactance per phase of 3.5 Ω and 40 Ω respectively. Determine the induced e.m.f. and angular retardation of the rotor when fully loaded at (a) unity p.f. (b) 0.8 p.f. lagging (c) 0.8 p.f. leading.* **(Elect. Engineering-II, Bangalore Univ. 1992)**

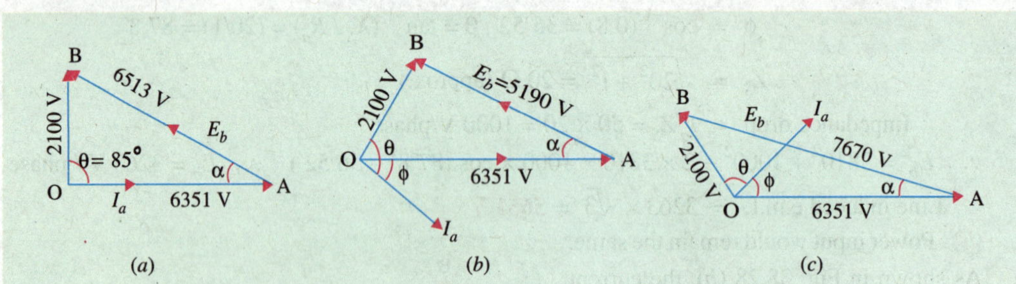

Fig. 38.30

Solution. Full-load armature current $= 1{,}000 \times 1{,}000 / \sqrt{3} \times 11{,}000 = 52.5$ A

Voltage / phase $= 11{,}000 / \sqrt{3} = 6{,}351$ V ; $\cos\phi = 0.8 \quad \therefore \phi = 36°53'$

Armature resistance drop / phase $= I_a R_a = 3.5 \times 52.5 = 184$ V

reactance drop / phase $= I_a X_S = 40 \times 52.5 = 2{,}100$ V

$\therefore$ impedance drop / phase $= I_a Z_S = \sqrt{(184^2 + 2100^2)} = 2{,}100$ V (approx.)

$\tan\theta = X_S / R_a \quad \therefore \quad \theta = \tan^{-1}(40/3.5) = 85°$

(*a*) At unity p.f. Vector diagram is shown in Fig. 38.30 (*a*)

$$E_b^2 = 6{,}351^2 + 2{,}100^2 - 2 \times 6{,}351 \times 2{,}100 \cos 85°;\ E_b = 6{,}513 \text{ V per phase}$$

$$\text{Induced line voltage} = 6{,}513 \times \sqrt{3} = \mathbf{11{,}280\ V}$$

From $\Delta\, OAB$, $\dfrac{2100}{\sin\alpha} = \dfrac{6153}{\sin 85°} = \dfrac{6153}{0.9961}$

$$\sin\alpha = 2{,}100 \times 0.9961 / 6{,}513 = 0.3212 \qquad \therefore \quad \alpha = \mathbf{18°44'}$$

(*b*) At p.f. 0.8 lagging – Fig. 38.30 (*b*)

$$\angle BOA = \theta - \phi = 85° - 36°53' = 48°7'$$

$$E_b^2 = 6{,}351^2 + 2{,}100^2 - 2 \times 6{,}351 \times 2{,}100 \times \cos 48°7'$$

$$E_b = 5{,}190 \text{ V per phase}$$

$$\text{Induced line voltage} = 5{,}190 \times \sqrt{3} = \mathbf{8{,}989\ V}$$

Again from the $\Delta\, OAB$ of Fig. 36.30 (*b*)

$$\frac{2100}{\sin\alpha} = \frac{5190}{\sin 48°\,7'} = \frac{5.190}{0.7443}$$

$$\therefore \quad \sin\alpha = 2100 \times 0.7443/5190 = 0.3012 \qquad \therefore \quad \alpha = \mathbf{17°32'}$$

(*c*) At p.f. 0.8 leading [Fig. 38.30 (*c*)]

$$\angle BOA = \theta + \phi = 85° + 36°53' = 121°53'$$

$$\therefore \quad E_b^2 = 6{,}351^2 + 2{,}100^2 - 2 \times 6{,}351 \times 2{,}100 \times \cos 121°53'$$

$$\therefore \quad E_b = 7{,}670 \text{ volt per phase.}$$

$$\text{Induced line e.m.f} = 7{,}670 \times \sqrt{3} = \mathbf{13{,}280\ V}$$

Also, $\dfrac{2{,}100}{\sin\alpha} = \dfrac{7{,}670}{\sin 121°53'} = \dfrac{7{,}670}{0.8493}$

$$\therefore \quad \sin\alpha = 2{,}100 \times 0.8493 / 7{,}670 = 0.2325 \quad \therefore \alpha = \mathbf{13°27'}$$

Special Example 38.13. *Both the modes of operation : Phase - angle = 20° Lag*

Part (a) : A three phase star-connected synchronous generator supplies a current of 10 A having a phase angle of 20° lagging at 400 volts/phase. Find the load angle and components of armature current (namely I_d and I_q) if X_d = 10 ohms, X_q = 6.5 ohms. Neglect r_a. Calculate voltage regulation.

Solution. The phasor diagram is drawn in Fig 38.31 (*a*)

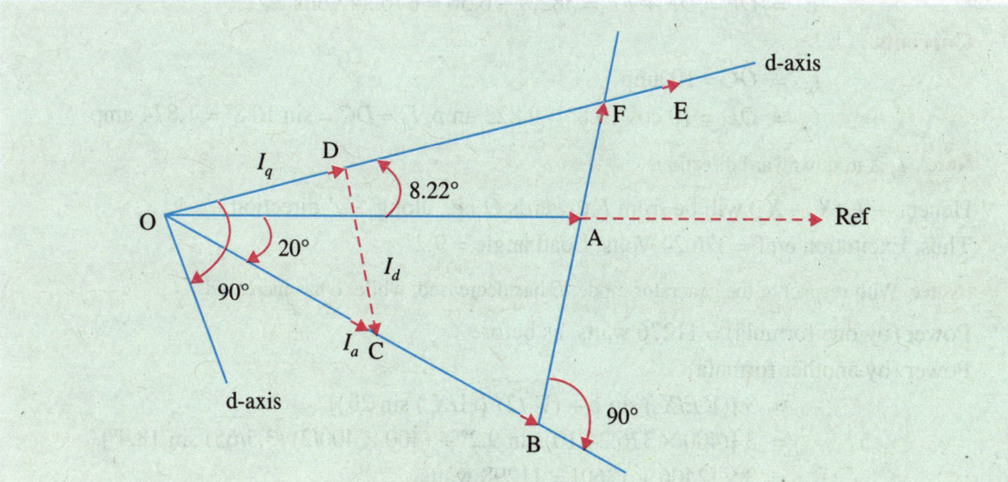

Fig. 38.31 (*a*) : Generator-mode

$$OA = 400 \text{ V}, OB = 400 \cos 20° = 376 \text{ V}, AB = 400 \sin 20° = 136.8 \text{ V}$$
$$AF = IX_q = 10 \times 6.5 = 65 \text{ V}, BF = BA + AF = 201.8 \text{ V}$$
$$OF = \sqrt{376^2 + 201.8^2} = 426.7 \text{ V}, \delta = 8.22°$$
$$DC = I_d = I_a \sin 28.22° = 4.73 \text{ amp}, DC \text{ perpendicular to } OD,$$
$$OD = I_q = I_a \cos 28.22° = 8.81 \text{ amp}$$
$$FE = I_d (X_d - X_q) = 4.73 \times 3.5 = 16.56 \text{ V. This is along the direction of '+q' –axis}$$
$$E = OE = OF + FE = 426.7 + 16.56 = 443.3 \text{ V}$$
$$\% \text{ Regulation} = \frac{443 - 400}{400} \times 100\% = \textbf{10.75 \%}$$

If the same machine is now worked as a synchronous motor with terminal voltage, supply-current and its power-factor kept unaltered, find the excitation emf and the load angle.

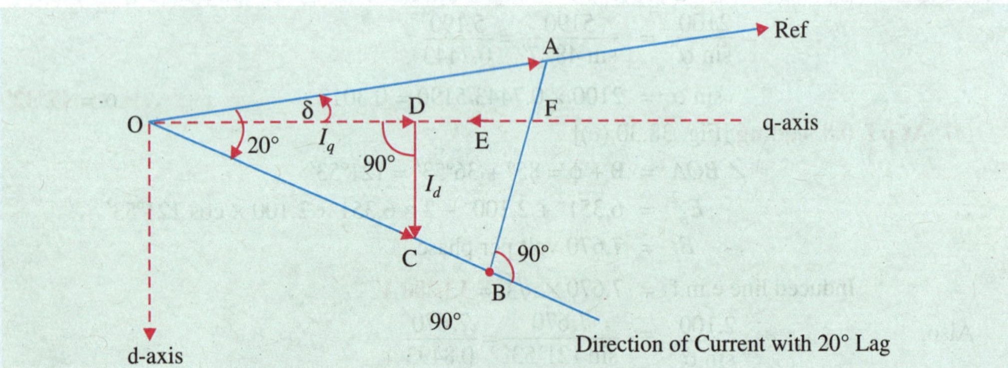

Fig. 38.31 (*b*) Motoring-mode

$$AF = -I_a X_q = -65 \text{ V}, AB = 136.8 \text{ V}, FB = 71.8 \text{ V}$$
$$OB = 400 \cos 20° = 376 \text{ V}$$
$$OF = \sqrt{376^2 + 71.8^2} = 382.8 \text{ V}$$
$$20° - \delta = \tan^{-1} BF/OB = \tan^{-1} 71.8/376 = 10.8°, \delta = 9.2°$$
$$FE = -I_d (X_d - X_q) = -1.874 \times (3.5) = -6.56 \text{ volts, as shown in Fig.38.31 } (b)$$
$$E = OE = OF + FE = 382.8 - 6.56 = 376.24 \text{ volts}$$

Currents :

$$I_a = OC = 10 \text{ amp}$$
$$I_q = OD = 10 \cos 10.8° = 9.823 \text{ amp}, I_d = DC = \sin 10.8° = 1.874 \text{ amp}$$

Note. I_d is in downward direction.

Hence, $-I_d (X_d - X_q)$ will be from *F* towards *O i.e.*, along '–*q*' direction.

Thus, Excitation emf = 376.24 Volts, Load angle = 9.2°

(Note. With respect to the generator mode, *E* has decreased, while δ has increased.)

Power (by one formula) = 11276 watts, as before

Power (by another formula)

$$= 3 [(V E/X_d) \sin \delta + (V^2/2) \{(1/X_q) \sin 2\delta\}]$$
$$= 3 [(400 \times 376.24/10) \sin 9.2° + (400 \times 400/2) (3.5/65) \sin 18.4°]$$
$$= 3 \times [2406 + 1360] = 11298 \text{ watts.}$$

[This matches quite closely to the previous value calculated by other formula.]

Example 38.14. *A 1-ϕ alternator has armature impedance of (0.5 + j0.866). When running as a synchronous motor on 200-V supply, it provides a net output of 6 kW. The iron and friction losses amount to 500 W. If current drawn by the motor is 50 A, find the two possible phase angles of current and two possible induced e.m.fs.* **(Elec. Machines-I, Nagpur Univ. 1990)**

Solution. Arm. Cu loss/phase $= I_a^2 R_a = 50^2 \times 0.5 = 1250$ W

Motor intake $= 6000 + 500 + 1250 = 7750$ W

p.f. $= \cos\phi = $ Watts / VA $= 7750 / 200 \times 50 = 0.775 \therefore \phi = 39°$ **lag or lead.**

$\theta = \tan^{-1}(X_S/R_a) = \tan^{-1}(0.866/0.5) = 60°$;

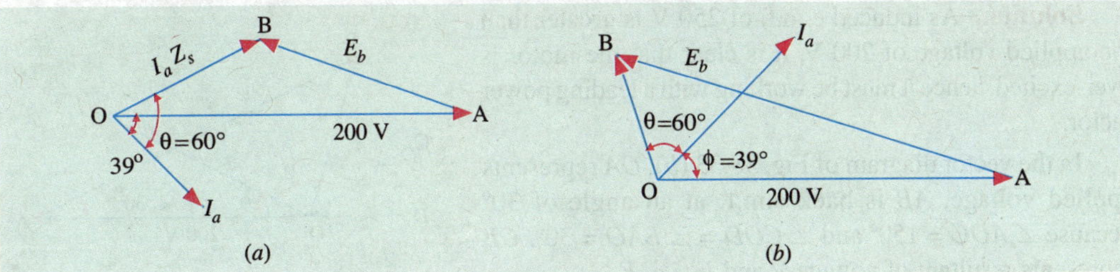

Fig. 38.32

$\angle BOA = 60° - 39° = 21°$ – Fig. 38.32 (*a*)

$Z_S = \sqrt{0.5^2 + 0.866^2} = 1\ \Omega$; $I_a Z_S = 50 \times 1 = 50$ V

$AB = E_b = \sqrt{200^2 + 50^2 - 2 \times 200 \times 50 \cos 21°}$; $E_b =$ **154 V.**

In Fig. 38.32 (*b*), $\angle BOA = 60° + 39° = 99°$

$\therefore \quad AB = E_b = \sqrt{(200^2 + 50^2) - 2 \times 200 \times 50 \cos 99°}$; $E_b =$ **214 V.**

Example 38.15. *A 2200-V, 3-ϕ, Y-connected, 50-Hz, 8-pole synchronous motor has $Z_S = (0.4 + j\,6)$ ohm/phase. When the motor runs at no-load, the field excitation is adjusted so that E is made equal to V. When the motor is loaded, the rotor is retarded by 3° mechanical.*

Draw the phasor diagram and calculate the armature current, power factor and power of the motor. What is the maximum power the motor can supply without falling out of step? **(Power Apparatus-II, Delhi Univ. 1988)**

Solution. Per phase $E_b = V = 2200/\sqrt{3} = 1270$ V

$\alpha = 3°$ (mech) $= 3° \times (8/2) = 12°$ (elect).

As seen from Fig 38.33 (*a*).

$E_R = (1270^2 + 1270^2 - 2 \times 1270 \times 1270 \times \cos 12°)^{1/2}$

$= 266$ V; $Z_S = \sqrt{0.4^2 + 6^2} = 6.013\ \Omega$

$I_a = E_R / Z_S = 266 / 6.013 =$ **44.2 A.** From Δ *OAB*,

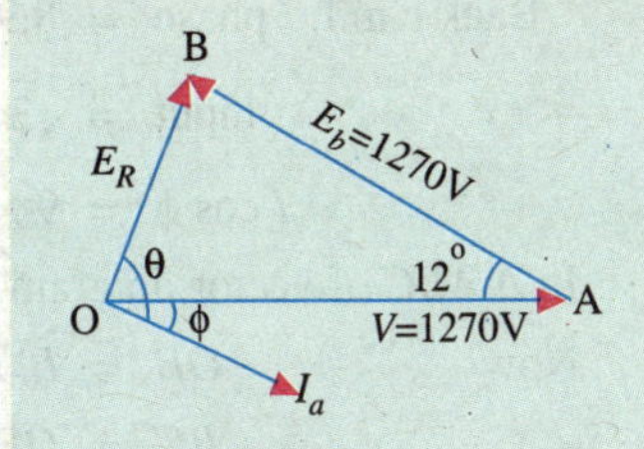

Fig. 38.33 (*a*)

we get, $$\frac{1270}{\sin(\theta - \phi)} = \frac{266}{\sin 12°}$$

$\therefore \quad \sin(\theta - \phi) = 1270 \times 0.2079/266 = 0.9926 \qquad \therefore (\theta - \phi) = 83°$

Now, $\theta = \tan^{-1}(X_S/R_a) = \tan^{-1}(6/0.4) = 86.18°$

$\phi = 86.18° - 83° = 3.18° \qquad \therefore$ p.f. $= \cos 3.18° =$ **0.998(lag)**

Total motor power input $= 3\,VI_a\cos\phi = 3 \times 1270 \times 44.2 \times 0.998 = 168$ kW

$$\text{Total Cu loss} = 3\, I_a^2 R_a = 3 \times 44.2^2 \times 0.4 = 2.34 \text{ kW}$$

Power developed by motor = 168 − 2.34 = **165.66 kW**

$$P_{m(max)} = \frac{E_b V}{Z_S} - \frac{E_b^2 R_a}{Z_s^2} = \frac{1270 \times 1270}{6.013} - \frac{1270^2 \times 0.4}{6.013^2} = \mathbf{250 \text{ kW}}$$

Example 38.16. *A 1–φ, synchronous motor has a back e.m.f. of 250 V, leading by 150 electrical degrees over the applied voltage of 200 volts. The synchronous reactance of the armature is 2.5 times its resistance. Find the power factor at which the motor is operating and state whether the current drawn by the motor is leading or lagging.*

Solution. As induced e.m.f. of 250 V is greater than the applied voltage of 200 V, it is clear that the motor is over-excited, hence it must be working with a leading power factor.

In the vector diagram of Fig. 38.33 (*b*), *OA* represents applied voltage, *AB* is back e.m.f. at an angle of 30° because ∠ *AOC* = 150° and ∠ *COD* = ∠ *BAO* = 30°. *OB* represents resultant of voltage *V* and E_b *i.e.* E_R

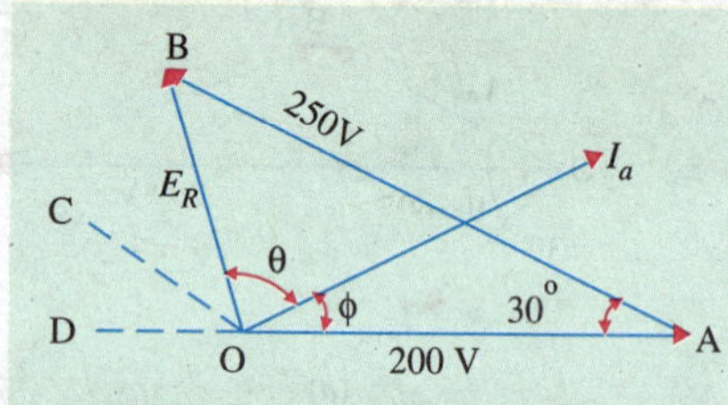

Fig. 38.33 (*b*)

In Δ *OBA*,

$$E_R = \sqrt{(V^2 + E_b^2 - 2V\, E_b \cos 30°)}$$

$$= \sqrt{(220^2 + 250^2 - 2 \times 200 \times 250 \times 0.866)} = 126 \text{ V}$$

Now, $\dfrac{E_R}{\sin 30°} = \dfrac{E_b}{\sin(\theta + \phi)}$ or $\dfrac{126}{0.5} = \dfrac{250}{\sin(\theta + \phi)}$

∴ $\sin(\theta + \phi) = 125/126$ (approx.) ∴ $(\theta + \phi) = 90°$

Now $\tan\theta = 2.5$ ∴ $\theta = 68°12'$ ∴ $\phi = 90° - 68°12' = 21°48'$

∴ p.f. of motor = cos 21°48′ = **0.9285 (leading)**

Example 38.17. *The synchronous reactance per phase of a 3-phase star-connected 6,600 V synchronous motor is 10 Ω. For a certain load, the input is 900 kW and the induced line e.m.f. is 8,900 V. (line value). Evaluate the line current. Neglect resistance.*

(Basic Elect. Machines, Nagpur Univ. (1993))

Solution. Applied voltage / phase = 6,600 / $\sqrt{3}$ = 3,810 V

Back e.m.f. / phase = 8,900 / $\sqrt{3}$ = 5,140 V

Input = $\sqrt{3}\, V_L \,.\, I \cos\phi$ = 900,000

∴ $I \cos\phi$ = 9 × 105 / $\sqrt{3}$ × 6,600 = 78.74 A

In Δ *ABC* of vector diagram in Fig. 38.34, we have $AB^2 = AC^2 + BC^2$

Now $OB = I \,.\, X_S = 10\, I$

$BC = OB \cos\phi = 10\, I \cos\phi$

= 10 × 78.74 = 787.4 V

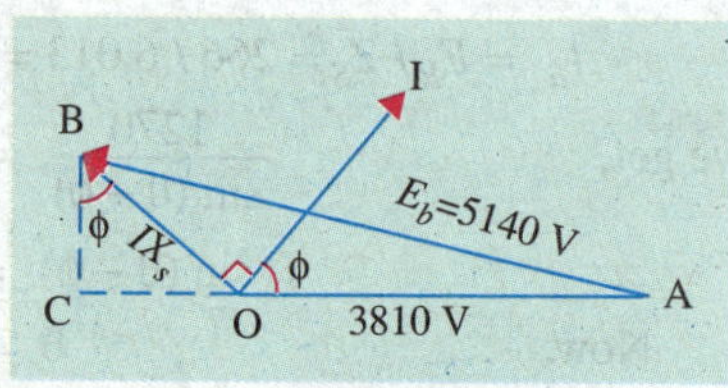

Fig. 38.34

∴ $5{,}140^2 = 787.4^2 + AC^2$ ∴ AC = 5,079 V

∴ OC = 5,079 − 3,810 = 1,269 V

tan φ = 1269/787.4 = 1.612; φ = 58.2°, cos φ = 0.527

Now $I \cos\phi$ = 78.74 ; I = 78.74/0.527 = **149.4 A**

Example 38.18. *A 6600-V, star-connected, 3-phase synchronous motor works at constant voltage and constant excitation. Its synchronous reactance is 20 ohms per phase and armature resistance negligible when the input power is 1000 kW, the power factor is 0.8 leading. Find the power angle and the power factor when the input is increased to 1500 kW.*

(Elect. Machines, AMIE Sec. B 1991)

Solution. When Power Input is 1000 kW (Fig. 38.35 (*a*))

$$\sqrt{3} \times 6600 \times I_{a1} \times 0.8 = 1000{,}000; \; I_{a1} = 109.3 \text{ A}$$

$$Z_S = X_S = 20\ \Omega \; ; I_{a1} Z_S = 109.3 \times 20 = 2186 \text{ V} \; ; \phi_1 = \cos^{-1} 0.8 = 36.9^\circ; \theta = 90^\circ$$

$$E_b^2 = 3810^2 + 2186^2 - 2 \times 3810 \times 2186 \times \cos(90^\circ + 36.9^\circ)$$

$$= 3810^2 + 2186^2 - 2 \times 3810 \times 2186 \times -\cos 53.1^\circ; \; \therefore \; E_b = 5410 \text{ V}$$

Since excitation remains constant, E_b in the second case would remain the same *i.e.*, 5410 V.

When Power Input is 1500 kW :

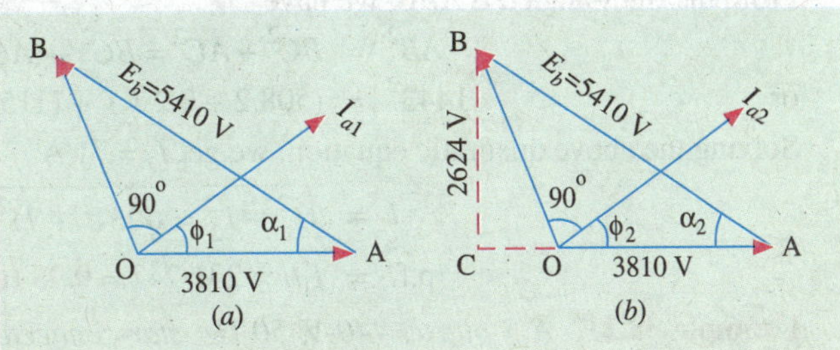

Fig. 38.35

$\sqrt{3} \times 6600 \times I_{a2} \cos \phi_2 = 1500{,}000$; $I_{a2} \cos \phi_2 = 131.2$ A

As seen from Fig. 38.35 (*b*), $OB = I_{a2} Z_S = 20\, I_a$

$BC = OB \cos \phi_2 = 20\, I_{a2}$

$\cos \phi_2 = 20 \times 131.2 = 2624$ V

In ΔABC, we have, $AB^2 = AC^2 + BC^2$ or $5410^2 = AC^2 + 2624^2$

$$\therefore \quad AC = 4730 \text{ V}; \; OC = 4730 - 3810 = 920 \text{ V}$$

$$\tan \phi_2 = 920 / 2624 \; ; \phi_2 = 19.4^\circ; \text{ p.f.} = \cos \phi_2 = \cos 19.4^\circ = 0.9432 \text{ (lead)}$$

$$\tan \alpha_2 = BC / AC = 2624/4730; \; \alpha_2 = \mathbf{29^\circ}$$

Example 38.19. *A 3-phase, star-connected 400-V synchronous motor takes a power input of 5472 watts at rated voltage. Its synchronous reactance is 10 Ω per phase and resistance is negligible. If its excitation voltage is adjusted equal to the rated voltage of 400 V, calculate the load angle, power factor and the armature current.* **(Elect. Machines AMIE Sec. B, 1990)**

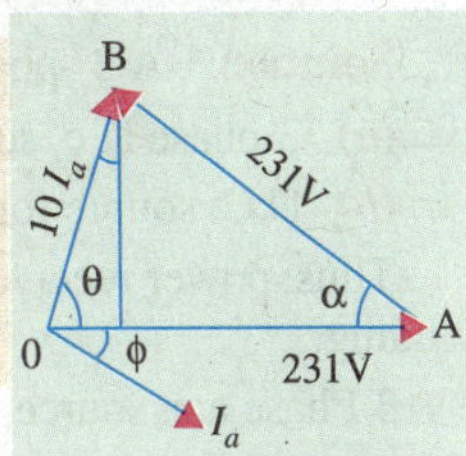

Fig. 38.36

Solution. $\sqrt{3} \times 400 \times I_a \cos \phi = 5472 \; ; I_a \cos \phi = 7.9$ A

$$Z_S = 10\ \Omega; \; E_R = I_a Z_S = 10\, I_a$$

As seen from Fig. 38.36, $BC = OB \cos \phi = 10,\; I_a \cos \phi = 79$ V

$$AC = \sqrt{231^2 - 79^2} = 217 \text{ V}; \; OC = 231 - 217 = 14 \text{ V}$$

$$\tan \phi = 14/79; \; \phi = 10^\circ; \; \cos \phi = 0.985 \text{ (lag)}$$

$$I_a \cos \phi = 7.9; \; I_a = 7.9 / 0.985 = 8 \text{ A}; \; \tan \alpha = BC / AC = 79/217; \; \alpha = \mathbf{20^\circ}$$

Example 38.20. *A 2,000-V, 3-phase, star-connected synchronous motor has an effective resistance and synchronous reactance of 0.2 Ω and 2.2 Ω respectively. The input is 800 kW at normal voltage and the induced e.m.f. is 2,500 V. Calculate the line current and power factor.*

(Elect. Engg. A.M.I.E.T.E., June 1992)

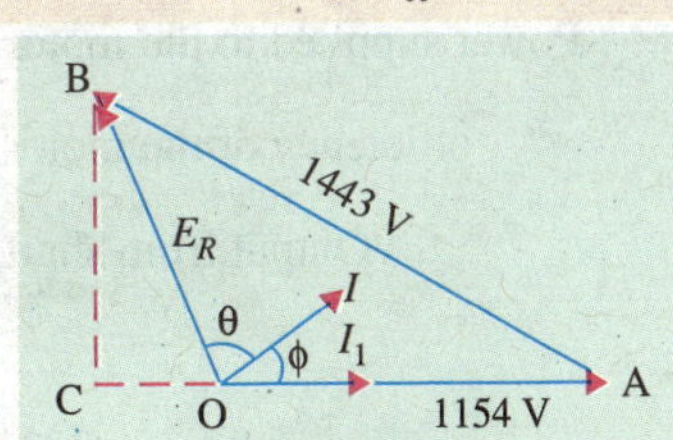

Fig. 38.37

Solution. Since the induced e.m.f. is greater than the applied voltage, the motor must be running with a leading p.f. If the motor current is I, then its in-phase or power component is $I \cos \phi$ and reactive component is $I \sin \phi$.

Let $I\cos\phi = I_1$ and $I\sin\phi = I_2$ so that $\boldsymbol{I} = (I_1 + jI_2)$

$$I\cos\phi = I_1 = 800{,}00/\sqrt{3} = 231 \text{ A}$$

$$\text{Applied voltage / phase} = 2{,}000/\sqrt{3} = 1{,}154 \text{ V}$$

$$\text{Induced e.m.f. / phase} = 2500/\sqrt{3} = 1{,}443 \text{ V}$$

In Fig. 38.37 OA = 1154 V and

AB = 1443 V, OI leads OA by ϕ

$E_R = IZ_S$ and $\theta = \tan^{-1}(2.2/0.2) = 84.8°$

BC is $\perp AO$ produced.

Now, $\mathbf{E_R = I\,Z_S} = (I_1 + jI_2)(0.2 + j2.2)$

$$= (231 + jI_2)(0.2 + j2.2) = (46.2 - 2.2\,I_2) + j\,(508.2 + 0.2\,I_2)$$

Obviously, $OC = (46.2 - 2.2\,I_2)$; $BC = j\,(508.2 + 0.2\,I_2)$

From the right-angled $\Delta\, ABC$, we have

$$AB^2 = BC^2 + AC^2 = BC^2 + (AO + OC)^2$$

or

$$1443^2 = (508.2 + 0.2\,I_2)^2 + (1154 + 46.2 - 2.2\,I_2)^2$$

Solving the above quadratic equation, we get $I_2 = 71$ A

$$I = \sqrt{I_1^2 + I_2^2} = \sqrt{231^2 + 71^2} = \mathbf{242\ A}$$

$$\text{p.f.} = I_1/I = 231/242 = \mathbf{0.95\ (lead)}$$

Example 38.21. *A 3 phase, 440-V, 50 Hz, star-connected synchronous motor takes 7.46 kW from the three phase mains. The resistance per phase of the armature winding is 0.5 ohm. The motor operates at a p. f. of 0.75 lag. Iron and mechanical losses amount to 500 watts. The excitation loss is 650 watts. Assume the source for excitation to be a separate one.*

Calculate. ***(i)*** *armature current,* ***(ii)*** *power supplied to the motor,* ***(iii)*** *efficiency of the motor*

(Amravati University 1999)

Solution. A 3 -phase synchronous motor receives power from two sources :

(a) 3-phase a. c. source feeding power to the armature.

(b) D.C. source for the excitation, feeding electrical power only to the field winding.

Thus, power received from the d. c. source is utilized only to meet the copper-losses of the field winding.

3 Phase a.c. source feeds electrical power to the armature for following components of power:

(i) Net mechanical power output from the shaft

(ii) Copper-losses in armature winding

(iii) Friction, and armature-core-losses.

In case of the given problem

$$\sqrt{3} \times I_a \times 440 \times 0.75 = 7460$$

$$I_a = 13.052 \text{ amp}$$

Total copper-loss in armature winding = $3 \times 13.052^2 \times 0.50$ = 255 watts

Power supplied to the motor = 7460 + 650 = **8110 watts**

$$\text{efficiency of the motor} = \frac{\text{Output}}{\text{Input}}$$

Output from shaft = (Armature Input) – (Copper losses in armature winding) – (friction and iron losses)

= 7460 – 255 – 500 = 6705 watts

$$\text{Efficiency of the motor} = \frac{6705}{8110} \times 100\% = \mathbf{82.7\%}$$

Example 38.22. *Consider a 3300 V delta connected synchronous motor having a synchronous reactance per phase of 18 ohm. It operates at a leading pf of 0.707 when drawing 800 kW from mains. Calculate its excitation emf and the rotor angle (= delta), explaining the latter term.* **(Elect. Machines Nagpur Univ. 1993)**

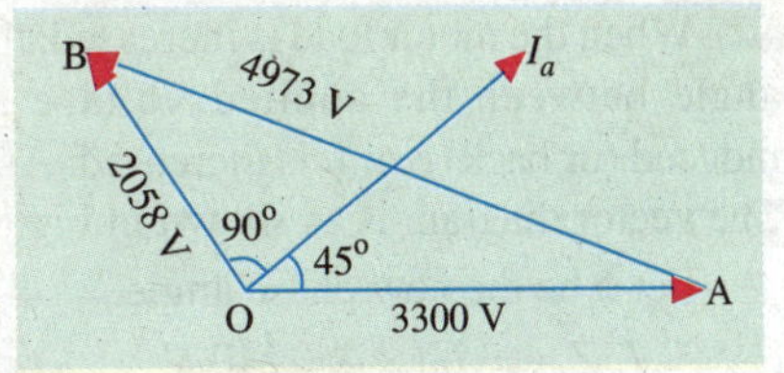

Fig. 38.38

Solution. $\sqrt{3} \times 3300 \times I_a \times 0.707 = 800{,}000$

$\therefore$ Line current = 198 A, phase current, $I_a = 198 / \sqrt{3} = 114.3$ A;

$$Z_S = 18\ \Omega\ ;\ I_a Z_S = 114.3 \times 18 = 2058 \text{ V}$$
$$\phi = \cos^{-1} 0.707;\ \phi = 45°;\ \theta = 90°;$$
$$\cos(\theta + \phi) = \cos 135° = -\cos 45° = -0.707$$

From Fig. 38.38, we find

$$E_b^2 = 3300^2 + 2058^2 - 2 \times 3300 \times 2058 \times -0.707$$
$$\therefore \quad E_b = \mathbf{4973\ V}$$

From Δ *OAB*, we get 2058/sin α = 4973/sin 135°. Hence, α = **17°**

Example 38.23. *A 75-kW, 400-V, 4-pole, 3-phase star connected synchronous motor has a resistance and synchronous reactance per phase of 0.04 ohm and 0.4 ohm respectively. Compute for full-load 0.8 p.f. lead the open circuit e.m.f. per phase and mechanical power developed. Assume an efficiency of 92.5%.* **(Elect. Machines AMIE Sec. B 1991)**

Solution. Motor input = 75,000 / 0.925 = 81,080 Ω

$$I_a = 81{,}080 / \sqrt{3} \times 400 \times 0.8 = 146.3 \text{ A}\ ;\ Z_S = \sqrt{0.04^2 + 0.4^2} = 0.402\ \Omega$$

$$I_a Z_S = 146.3 \times 0.402 = 58.8 \text{ V};\ \tan\phi = 0.4 / 0.04 = 10\ ;$$
$$\theta = 84.3°;\ \phi = \cos^{-1} 0.8\ ;\ \phi = 36.9°;\ (\theta + \phi) = 121.2°;$$

$$V_{ph} = 400 / \sqrt{3} = 231 \text{ V}$$

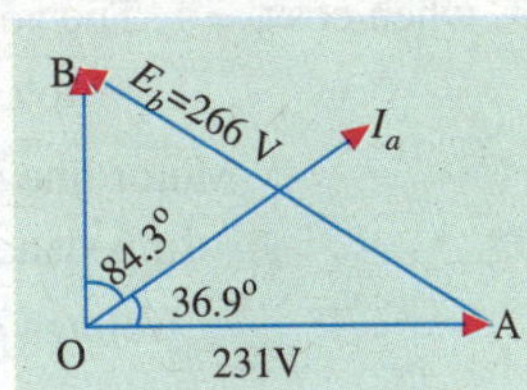

Fig. 38.39

As seen from Fig. 36.39,

$$E_b^2 = 231^2 + 58.8^2 - 2 \times 231 \times 58.8 \times \cos 121.2;\ E_b / \text{phase} = 266 \text{ V}$$

Stator Cu loss for 3 phases = $3 \times 146.3^2 \times 0.04 = 2570$ W;

$$N_s = 120 \times 50/40 = 1500 \text{ r.p.m.}$$

$$P_m = 81080 - 2570 = \mathbf{78510\ W}\ ;\ T_g = 9.55 \times 78510/1500 = \mathbf{500\ N\text{-}m.}$$

Example 38.24. *A 400-V, 3-phase, 50-Hz, Y-connected synchronous motor has a resistance and synchronous impedance of 0.5 Ω and 4 Ω per phase respectively. It takes a current of 15 A at unity power factor when operating with a certain field current. If the load torque is increased until the line current is increased to 60 A, the field current remaining unchanged, calculate the gross torque developed and the new power factor.* **(Elect. Machines, AMIE Sec. B 1992)**

Solution. The conditions corresponding to the first case are shown in Fig. 38.40.

$$\text{Voltage/phase} = 400/\sqrt{3} = 231 \text{ V}\ ;\ I_a Z_S = OB = 15 \times 4 = 60 \text{ V}$$

$$X_S = \sqrt{Z_S^2 - R_a^2} = \sqrt{4^2 - 0.5^2} = 3.968\ \Omega$$

$$\theta = \tan^{-1}(3.968/0.5) = \tan^{-1}(7.936) = 81.8°$$

$$E_b^2 = 231^2 + 60^2 - 2 \times 231 \times 60 \times \cos 81°\ 48';\ E_b = 231\ V$$

It is obvious that motor is running with normal excitation because $E_b = V$

When the motor load is increased, the phase angle between the applied voltage and the induced (or back) e.m.f. is increased. Art (38.7). The vector diagram is as shown in Fig. 38.41.

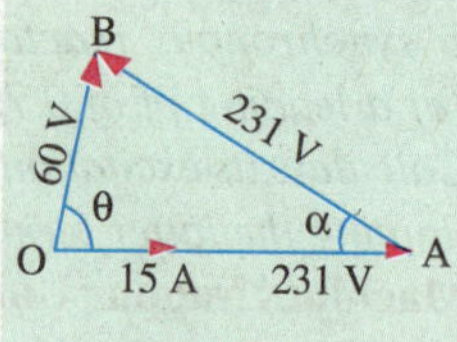

Fig. 38.40

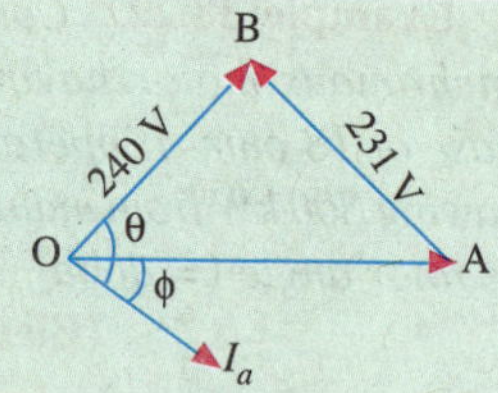

Fig. 38.41

Let ϕ be the new phase angle.

$$I_a Z_S = 60 \times 4 = 240 \text{ V}$$

$$\angle BOA = (81°48' - \phi).$$

Since the field current remains constant, the value of E_b remains the same.

$\therefore \quad 231^2 = 231^2 + 240^2 - 2 \times 231 \times 240 \cos (81°48' - \phi)$

$\therefore \quad \cos (81°48' - \phi) = 0.4325$ or $81° 48' - \phi = 64°24'$

$\therefore \quad \phi = 81°48' - 64°24' = 17°24'$. New p.f. = cos 17°24′ = **0.954 (lag)**

$$\text{Motor input} = \sqrt{3} \times 400 \times 60 \times 0.954 = 39{,}660 \text{ W}$$

$$\text{Total armature Cu loss} = 3 \times 60^2 \times 0.5 = 5{,}400 \text{ W}$$

Electrical power converted into mechanical power = 39,660 – 5,400 – 34,260 W

$N_S = 120 \times 50/6 = 1000$ r.p.m. $\quad T_g = 9.55 \times 34{,}260/1000 =$ **327 N-m**

Example 38.25. *A 400-V, 10 h.p. (7.46 kW), 3-phase synchronous motor has negligible armature resistance and a synchronous reactance of 10 W / phase. Determine the minimum current and the corresponding induced e.m.f. for full-load conditions. Assume an efficiency of 85%.*

(A.C. Machines-I, Jadavpur Univ. 1987)

Solution. The current is minimum when the power factor is unity *i.e.*, when cos ϕ = 1. The vector diagram is as shown in Fig. 38.42.

$$\text{Motor input} = 7460 / 0.85 = 8{,}775 \text{ W}$$

$$\text{Motor line current} = 8{,}775 / \sqrt{3} \times 400 \times 1 = \mathbf{12.67 \text{ A}}$$

$$\text{Impedance drop} = I_a X_S = 10 \times 12.67 = 126.7 \text{ V}$$

$$\text{Voltage / phase} = 400 / \sqrt{3} = 231 \text{ V}$$

$$E_b = \sqrt{231^2 + 126.7^2} = \mathbf{263.4 \text{ V}}$$

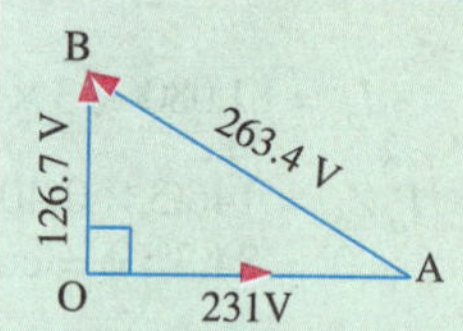

Fig. 38.42

Example 38.26. *A 400-V, 50-Hz, 3-phase, 37.5 kW, star-connected synchronous motor has a full-load efficiency of 88%. The synchronous impedance of the motor is (0.2 + j 1.6) ohm per phase. If the excitation of the motor is adjusted to give a leading power factor of 0.9, calculate the following for full load :*

(i) *the excitation e.m.f.*

(ii) *the total mechanical power developed* **(Elect.Machines, A.M.I.E. Sec. B, 1989)**

Solution. Motor input = 37.5/0.88 = 42.61 kW; $I_a = 42{,}610 / \sqrt{3} \times 400 \times 0.9 = 68.3$ A

$$V = 400 / \sqrt{3} = 231 \text{ V}; \; Z_S = 0.2 + j\,1.6 = 1.612 \angle 82.87°$$

$$E_R = I_a Z_S = 68.3 \times 1.612 = 110 \text{ V};$$

$$\phi = \cos^{-1} (0.9) = 25.84°$$

Now, $(\phi + \theta) = 25.84° + 82.87° = 108.71°$

$\cos (\phi + \theta) = \cos 108.71° = -0.32$

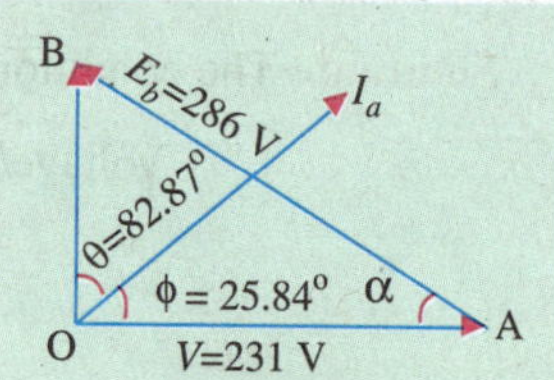

Fig. 38.43

(a) $\therefore \; E_b^2 = V^2 + E_R^2 - 2\,VE_R \cos 108.71°$ or $E_b = 286$ V

Line value of excitation voltage = $\sqrt{3} \times 285 =$ **495 V**

(b) From Δ *OAB*, (Fig. 38.43) $E_R / \sin \alpha = E_b / \sin (\phi + \theta)$, $\alpha = 21.4°$

$$P_m = 3 \frac{E_b V}{Z_S} \sin \alpha = 3 \frac{286 \times 231}{1.612} \sin 21.4° = \mathbf{14{,}954 \text{ W}}$$

Example 38.27. *A 6600-V, star-connected, 3-phase synchronous motor works at constant voltage and constant excitation. Its synchronous reactance is 20 ohm per phase and armature resistance negligible. When the input power is 1000 kW, the power factor is 0.8 leading. Find the power angle and the power factor when the input is increased to 1500 kW.*

(Elect. Machines, A.M.I.E., Sec. B, 1991)

Solution. $V = 6600/\sqrt{3} = 3810$ V, $I_a = 1000 \times 10^3/\sqrt{3} \times 6600 \times 0.8 = 109.3$ A

The phasor diagram is shown in Fig. 38.44. Since R_a is negligible, $\theta = 90°$

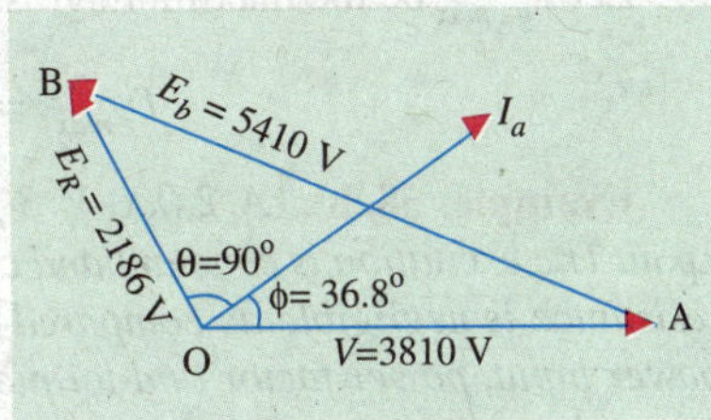

Fig. 38.44

$$E_R = I_a X_S = 109.3 \times 20 = 2186 \text{ V}$$
$$\cos = 0.8, \phi = 36.87°$$
$$E_b^2 = V^2 + E_R^2 - 2E_bV\cos(90° + 36.87°);$$
$$E_b = 5410 \text{ V}$$

Now, excitation has been kept constant but power has been increased to 1500 kW

$$\therefore \quad 3\frac{E_bV}{Z_S}\sin\alpha = P; \; 3 \times \frac{5410 \times 3810}{20}\sin\alpha = 1500 \times 10^3; \; \alpha = 29°$$

$$\text{Also,} \quad \frac{E_b}{(\sin 90° + \phi)} = \frac{V}{\sin[180° - (\alpha + 90 + \phi)]} = \frac{V}{\cos(\alpha + \phi)}$$

$$\text{or} \quad \frac{E_b}{\cos\phi} = \frac{V}{\cos(\alpha + \phi)} \quad \text{or} \quad \frac{V}{E_b} = \frac{\cos(29° + \phi)}{\cos\phi} = 0.3521$$

$$\therefore \quad \phi = 19.39°, \cos\phi = \cos 19.39° = \mathbf{0.94\ (lead)}$$

Example 38.28. *A 400-V, 50-Hz, 6-pole, 3-phase, Y-connected synchronous motor has a synchronous reactance of 4 ohm/phase and a resistance of 0.5 ohm/phase. On full-load, the excitation is adjusted so that machine takes an armature current of 60 ampere at 0.866 p.f. leading.*

Keeping the excitation unchanged, find the maximum power output. Excitation, friction, windage and iron losses total 2 kW. **(Electrical Machinery-III, Bangalore Univ. 1990)**

Solution. $V = 400/\sqrt{3} = 231$ V/phase; $Z_S = 0.5 + j4 = 4.03\angle 82.9°$; $\theta = 82.9°$

$$I_a Z_S = 60 \times 4.03 = 242 \text{ V}; \cos\phi = 0.866$$
$$\phi = 30° \text{ (lead)}$$

As seen from Fig. 36.45,

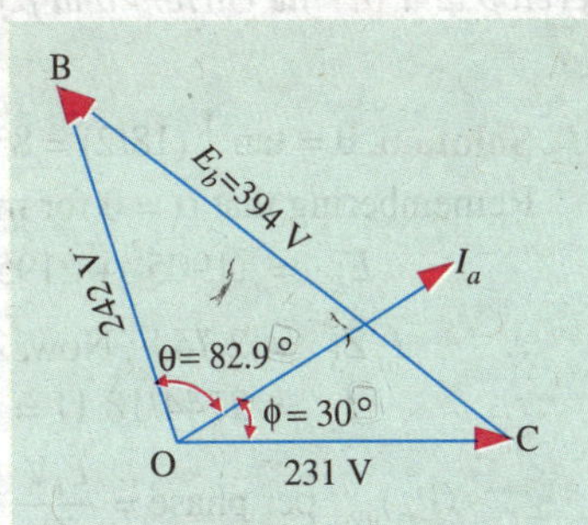

Fig. 38.45

$$E_b^2 = 231^2 + 242^2 - 2 \times 231 \times 242\cos 112.9°$$
$$E_b = \mathbf{394\ V}$$
$$(P_m)_{max} = \frac{E_bV}{Z_S} - \frac{E_b^2 R_a}{Z_{S^2}} = \frac{394 \times 231}{4.03} - \frac{394^2 \times 0.5}{4.03^2}$$
$$= 17{,}804 \text{ W/phase.} \qquad \text{–Art. 38.12}$$

Maximum power developed in armature for 3 phases

$$= 3 \times 17{,}804 = 52{,}412 \text{ W}$$

$$\text{Net output} = 52{,}412 - 2{,}000 = 50{,}412 \text{ W} = \mathbf{50.4\ kW}$$

Example 38.29. *A 6-pole synchronous motor has an armature impedance of 10 Ω and a resistance of 0.5 Ω. When running on 2,000 volts, 25-Hz supply mains, its field excitation is such that the e.m.f. induced in the machine is 1600 V. Calculate the maximum total torque in N-m developed before the machine drops out of synchronism.*

Solution. Assuming a three-phase motor,

$V = 2000$ V, $E_b = 1600$ V ; $R_a = 0.5\ \Omega$; $Z_S = 10\ \Omega$; $\cos\theta = 0.5/10 = 1/20$

Using equation (*iii*) of Art. 37-10, the total max. power for 3 phases is

$$(P_m)_{max} = \frac{E_b V}{Z_S} - \frac{E_b^2}{Z_S}\cos\theta = \frac{2000 \times 1600}{10} - \frac{1600^2 \times 1}{10 \times 20} = 307{,}200 \text{ watt}$$

Now, $N_S = 120 f/P = 120 \times 25/6 = 500$ r.p.m.

Let $T_{g.max}$ be the maximum gross torque, then

$$T_{g\,max} = 9.55 \times \frac{307200}{500} = \mathbf{5{,}868\ N\text{-}m}$$

Example. 38.30. *A 2,000-V, 3-phase, 4-pole, Y-connected synchronous motor runs at 1500 r.p.m. The excitation is constant and corresponds to an open-circuit terminal voltage of 2,000 V. The resistance is negligible as compared with synchronous reactance of 3 Ω per phase. Determine the power input, power factor and torque developed for an armature current of 200 A.*

(Elet. Engg.-I, Nagpur Univ. 1993)

Solution. Voltage/phase $= 2000/\sqrt{3} = 1150$ V

Induced e.m.f. $= 1150$ V – given

Impedance drop $= 200 \times 3 = 600$ V

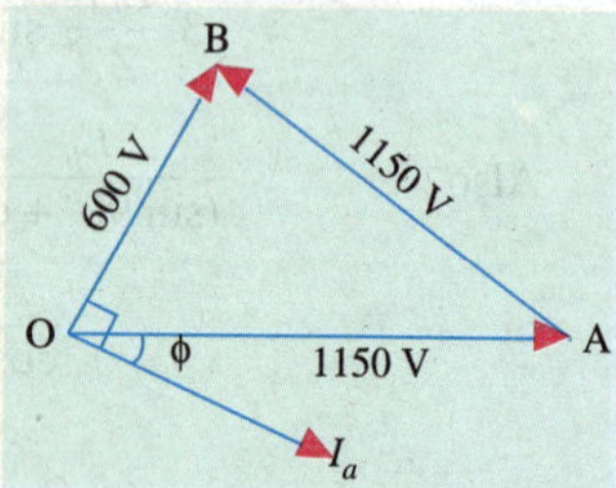

Fig. 38.46

As shown in Fig. 38.46, the armature current is assumed to lag behind V by an angle ϕ. Since R_a is negligible, $\theta = 90°$.

$$\angle BOA = (90° - \phi)$$

Considering ΔBOA, we have

$$1150^2 = 1150^2 + 600^2 - 2 \times 600 \times 1150 \cos(90 - \phi°)$$

$$\sin\phi = 0.2605;\ \phi = 16.2°;\ \text{p.f.} = \cos 16.2° = \mathbf{0.965\ (lag)}$$

Power input $= \sqrt{3} \times 2{,}000 \times 200 \times 0.965 = \mathbf{668.5\ kW}$

$N_S = 1500$ r.p.m. $\quad\therefore\quad T_g = 9.55 \times 66{,}850/1500 = \mathbf{4{,}255\ N\text{-}m.}$

Example 38.31. *A 3-ϕ, 3300-V, Y-connected synchronous motor has an effective resistance and synchronous reactance of 2.0 Ω and 18.0 Ω per phase respectively. If the open-circuit generated e.m.f. is 3800 V between lines, calculate **(i)** the maximum total mechanical power that the motor can develop and **(ii)** the current and p.f. at the maximum mechanical power.*

(Electrical Machines-III. Gujarat Univ. 1988)

Solution. $\theta = \tan^{-1}(18/2) = 83.7°$; $V_{ph} = 3300/\sqrt{3} = 1905$ V; $E_b = 3800/\sqrt{3} = 2195$ V

Remembering that $\alpha = \theta$ for maximum power development (Ar. 38-10)

$$E_R = (1905^2 + 2195^2 - 2 \times 1905 \times 2195 \times \cos 83.7°)^{1/2} = 2744 \text{ volt per phase}$$

$$\therefore\quad I_a Z_S = 2{,}744\ ;\ \text{Now, } Z_S = \sqrt{2^2 + 18^2} = 18.11\ \Omega$$

$$\therefore\quad I_a = 2744/18.11 = 152 \text{ A/phase ; line current} = \mathbf{152\ A}$$

$$(P_m)_{max} \text{ per phase} = \frac{E_b V}{Z_S} - \frac{E_b^2 R_a}{Z_{S^2}} = \frac{2195 \times 1905}{18.11} - \frac{2195^2 \times 2}{18.11^2}$$

$$= 230{,}900 - 29{,}380 = 201520 \text{ W per phase}$$

Maximum power for three phases that the motor can develop *in its armature*

$$= 201,520 \times 3 = \mathbf{604{,}560\ W}$$

Total Cu losses $= 3 \times 152^2 \times 2 = 138{,}700$ W

Motor input $= 604{,}560 + 138{,}700 = 743{,}260$ W

$\therefore\quad \sqrt{3} \times 3300 \times 152 \times \cos\phi = 743{,}260 \quad\therefore\quad \cos\phi = \mathbf{0.855\ (lead).}$

Example 38.32. *The excitation of a 415-V, 3-phase, mesh-connected synchronous motor is such that the induced e.m.f. is 520 V. The impedance per phase is (0.5 + j4.0) ohm. If the friction and iron losses are constant at 1000 W, calculate the power output, line current, power factor and efficiency for maximum power output.* **(Elect. Machines-I, Madras Univ. 1987)**

Solution. As seen from Art. 38-12, for fixed E_b, V, R_a and X_S, maximum power is developed when $\alpha = \theta$.

Now, $\theta = \tan^{-1}(4/0.5) = \tan^{-1}(8) = 82.90° = \alpha$

$$E_R = \sqrt{415^2 + 520^2 - 2 \times 415 \times 520 \times \cos 82.9°} = 625 \text{ V per phase}$$

Now, $IZ_S = 625$; $Z_S = \sqrt{4^2 + 0.5^2} = 4.03\ \Omega$ $\therefore$ $I = 625/4.03 = 155$ A

Line current $= \sqrt{3} \times 155 = 268.5$ A

$$(P_m)_{max} = \frac{E_b V}{Z_S} - \frac{E_b^2 R_a}{Z_S^2} = \frac{520 \times 415}{4.03} - \frac{520^2 \times 0.5}{16.25} = 45{,}230 \text{ W}$$

Max. power for 3 phases $= 3 \times 45{,}230 = 135{,}690$ W

Power output = power developed − iron and friction losses

$= 135{,}690 - 1000 = 134{,}690$ W = **134.69 kW**

Total Cu loss $= 3 \times 155^2 \times 0.5 = 36{,}080$ W

Total motor input $= 135{,}690 + 36{,}080 = 171{,}770$ W

$\therefore$ $\sqrt{3} \times 415 \times 268..5 \times \cos\phi = 171{,}770$; $\cos\phi =$ **0.89 (lead)**

Efficiency $= 134{,}690/171{,}770 = 0.7845$ or **78.45%**

Tutorial Problems 38.1

1. A 3-phase, 400-V, synchronous motor takes 52.5 A at a power factor of 0.8 leading. Calculate the power supplied and the induced e.m.f. The motor impedance per phase is (0.25 + *j*3.2) ohm. **[29.1 kW; 670V]**

2. The input to a 11-kV, 3ϕ, Y-connected synchronous motor is 60 A. The effective resistance and synchronous reactance per phase are *I* Ω and 30 Ω respectively. Find (*a*) power supplied to the motor and (*b*) the induced e.m.f. for a p.f. of 0.8 leading. **[(*a*) 915 kW (*b*) 13kV]** ***(Grad. I.E.T.E. Dec. 1978)***

3. A 2,200-V, 3-phase, star-connected synchronous motor has a resistance of 0.6 Ω and a synchronous reactance of 6 Ω. Find the generated e.m.f. and the angular retardation of the motor when the input is 200 kW at (*a*) power factor unity and (*b*) power factor 0.8 leading. **[(*a*) 2.21 kV; 14.3° (*b*) 2.62 kV; 12.8°]**

4. A 3-phase, 220-V, 50-Hz, 1500 r.p.m., mesh-connected synchronous motor has a synchronous impedance of 4 ohm per phase. It receives an input line current of 30 A at a leading power factor of 0.8. Find the line value of the induced e.m.f. and the load angle expressed in mechanical degrees.
   If the mechanical load is thrown off without change of excitation, determine the magnitude of the current under the new conditions. Neglect losses. **[268 V; 6°, 20.6 A]**

5. A 400-V, 3-phase, Y-connected synchronous motor takes 3.73 kW at normal voltage and has an impedance of (1 + *j*8) ohm per phase. Calculate the current and p.f. if the induced e.m.f. is 460 V. **[6.28 A; 0.86 lead]** ***(Electrical Engineering, Madras Univ. April 1979)***

6. The input to 6600-V, 3-phase, star-connected synchronous motor is 900 kW. The synchronous reactance per phase is 20 Ω and the effective resistance is negligible. If the generated voltage is 8,900 V

(line), calculate the motor current and its power factor.

[Hint. See solved Ex. 38.17] ***(Electrotechnics, M.S. Univ. April 1979)***

7. A 3-phase synchronous motor connected to 6,600-V mains has a star-connected armature with an impedance of (2.5 + j15) ohm per phase. The excitation of machine gives 7000 V. The iron, friction and excitation losses are 12 kW. Find the maximum output of the motor. **[153.68 kW]**

8. A 3300-V, 3-phase, 50-Hz, star-connected synchronous motor has a synchronous impedance of (2 + j15) ohm. Operating with an excitation corresponding to an e.m.f. of 2,500 V between lines, it just falls out of step at full-load. To what open-circuit e.m.f. will it have to be excited to stand a 50% excess torque. **[4 kV]**

9. A 6.6 kV, star-connected, 3-phase, synchronous motor works at constant voltage and constant excitation. Its synchronous impedance is (2.0 + j 20) per phase. When the input is 1000 kW, its power factor is 0.8 leading. Find the power factor when the input is increased to 1500 kW (solve graphically or otherwise).

[0.925 lead] ***(AMIE Sec. B Advanced Elect. Machines (E-9) Summer 1991)***

10. A 2200-V, 373 kW, 3-phase, star-connected synchronous motor has a resistance of 0.3 Ω and a synchronous reactance of 3.0 Ω per phase respectively. Determine the induced e.m.f. per phase if the motor works on full-load with an efficiency of 94 per cent and a p.f. of 0.8 leading.

[1510 V] ***(Electrical Machinery, Mysore Univ. 1992)***

11. The synchronous reactance per phase of a 3-phase star-connected 6600 V synchronous motor is 20 Ω. For a certain load, the input is 915 kW at normal voltage and the induced line e.m.f. is 8,942 V. Evaluate the line current and the p.f. Neglect resistance. **[97 A; 0.8258 (lead)]**

12. A synchronous motor has an equivalent armature reactance of 3.3 Ω. The exciting current is adjusted to such a value that the generated e.m.f. is 950 V. Find the power factor at which the motor would operate when taking 80 kW from a 800-V supply mains. **[0.965 leading]** ***(City & Guilds, London)***

13. The input to an 11000 V, 3-phase star-connected synchronous motor is 60 A. The effective resistance and synchronous reactance per phase are respectively 1 ohm and 30 ohms. Find the power supplied to the motor and the induced electromotive force for a power factor of 0.8 leading.

[914.5 kW, 13 kV] ***(Elect. Machines, A.M.I.E. Sec. B, 1990)***

14. A 400-V, 6-pole, 3-phase, 50-Hz, star-connected synchronous motor has a resistance and synchronous reactance of 0.5 ohm per phase and 4-ohm per phase respectively. It takes a current of 15 A at unity power factor when operating with a certain field current. If the load torque is increased until the line current is 60 A, the field current remaining unchanged, find the gross torque developed, and the new power factor. **[354 Nm; 0.93]** ***(Elect. Engg. AMIETE Dec. 1990)***

15. The input to a 11,000-V, 3-phase, star-connected synchronous motor is 60 amperes. The effective resistance and synchronous reactance per phase are respectively 1 ohm and 30 ohm. Find the power supplied to the motor and the induced e.m.f. for power factor of 0.8 (*a*) leading and (*b*) lagging.

[915 kW (a) 13 kV (*b*) 9.36 kV] ***(Elect. Machines-II, South Gujarat Univ. 1981)***

16. Describe with the aid of a phasor diagram the behaviour of a synchronous motor starting from no-load to the pull-out point.

What is the output corresponding to a maximum input to a 3-ϕ delta-connected 250-V, 14.92 kW synchronous motor when the generated e.m.f. is 320 V ? The effective resistance and synchronous reactance per phase are 0.3 Ω and 4.5 Ω respectively. The friction, windage, iron and excitation losses total 800 watts and are assumed to remain constant. Give values for (*i*) output (*ii*) line current (*iii*) p.f.

[(*i*) 47.52 kW (*ii*) 161 A (*iii*) 0.804] ***(Elect. Machines, Indore Univ. Feb. 1982)***

17. A synchronous motor takes 25 kW from 400 V supply mains. The synchronous reactance of the motor is 4 ohms. Calculate the power factor at which the motor would operate when the field excitation is so adjusted that the generated EMF is 500 volts.

[0.666 Leading] ***(Rajiv Gandhi Technical University, Bhopal, 2000)***

38.17. Effect of Excitation on Armature Current and Power Factor

The value of excitation for which back e.m.f. E_b is equal (in magnitude) to applied voltage V is known as 100% excitation. We will now discuss what happens when motor is either over-excited or under-exicted although we have already touched this point in Art. 38-8.

Consider a synchronous motor in which the mechanical load is constant (and hence output is also constant if losses are neglected).

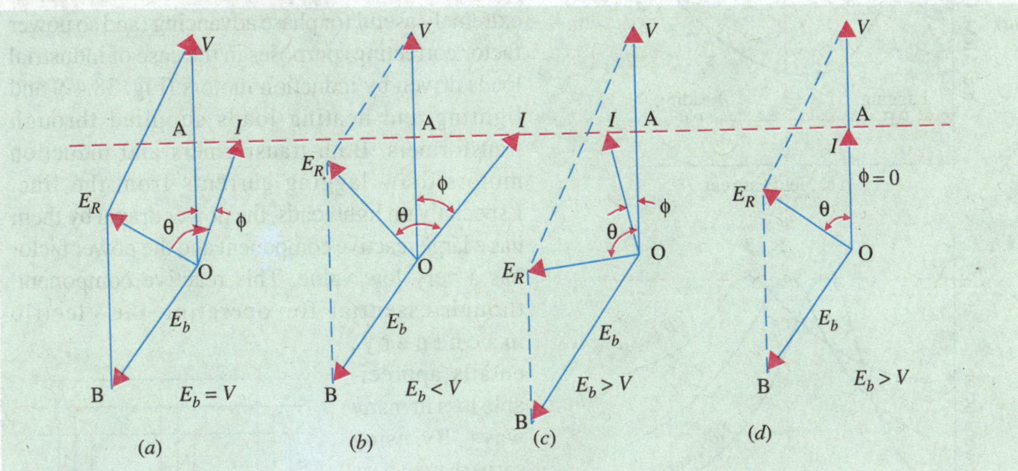

Fig. 38.47

Fig. 38.47 (*a*) shows the case for 100% excitation *i.e.*, when $E_b = V$. The armature current I lags behind V by a small angle ϕ. Its angle θ with E_R is fixed by stator constants *i.e.* $\tan\theta = X_S / R_a$.

In Fig. 38.47 (*b*)* excitation is less than 100% *i.e.*, $E_b < V$. Here, E_R is advanced clockwise and so is armature current (because it lags behind E_R by fixed angle θ). We note that the magnitude of I is increased but its power factor is decreased (ϕ has increased). Because input as well as V are constant, hence the power component of I *i.e.*, $I\cos\phi$ remains the same as before, but wattless component $I\sin\phi$ is increased. Hence, as excitation is decreased, I will increase but p.f. will decrease so that power component of I *i.e.*, $I\cos\phi = OA$ will remain constant. In fact, the locus of the extremity of current vector would be a straight horizontal line as shown.

Incidentally, it may be noted that when field current is reduced, the motor pull-out torque is also reduced in proportion.

Fig. 38.47 (*c*) represents the condition for overexcited motor *i.e.* when $E_b > V$. Here, the resultant voltage vector E_R is pulled anticlockwise and so is I. It is seen that now motor is drawing a leading current. It may also happen for some value of excitation, that I may be in phase with V *i.e.*, p.f. is unity [Fig. 38.47 (*d*)]. At that time, the current drawn by the motor would be ***minimum***.

Two important points stand out clearly from the above discussion :

(*i*) The magnitude of armature current varies with excitation. The current has large value both for low and high values of excitation (though it is lagging for low excitation and leading for higher excitation). In between, it has minimum value corresponding to a certain excitation. The variations of I with excitation are shown in Fig. 38.48 (*a*) which are known as 'V' curves because of their shape.

(*ii*) For the same input, armature current varies over a wide range and so causes the power factor also to vary accordingly. When over-excited, motor runs with leading p.f. and with lagging p.f. when under-excited. In between, the p.f. is unity. The variations of *p.f.* with excitation

* These are the same diagrams as given in Fig. 38.7 and 8 expect that vector for V has been shown vertical.

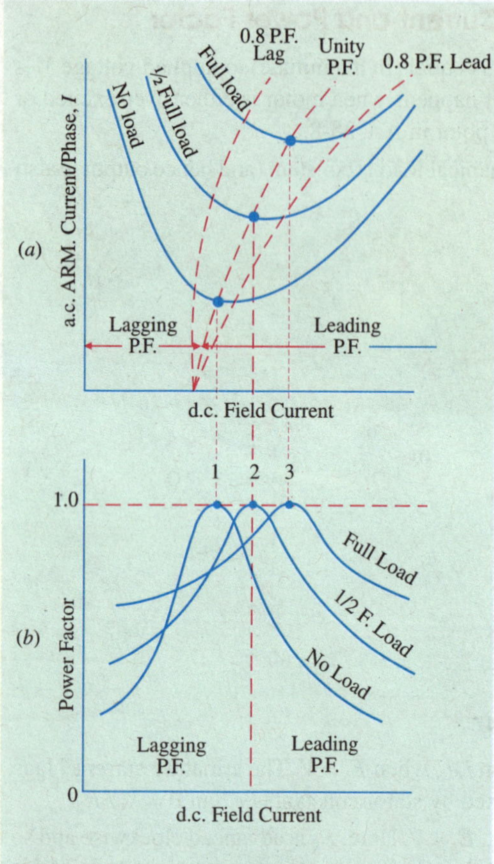

Fig. 38.48

Inductor motor

are shown in Fig. 38.48 (*b*). The curve for p.f. looks like inverted '*V*' curve. It would be noted that ***minimum armature current corresponds to unity power factor***.

It is seen (and it was pointed out in Art. 38.1) that an over-excited motor can be run with leading power factor. This property of the motor renders it extremely useful for phase advancing (and so power factor correcting) purposes in the case of industrial loads driven by induction motors (Fig. 38.49) and lighting and heating loads supplied through transformers. Both transformers and induction motors draw lagging currents from the line. Especially on light loads, the power drawn by them has a large reactive component and the power factor has a very low value. This reactive component, though essential for operating the electric machinery, entails appreciable loss in many ways. By using synchronous motors in conjunction with induction motors and transformers, the lagging reactive power required by the latter is supplied locally by the leading reactive component taken by the former, thereby relieving the line and generators of much of the reactive component. Hence, they now supply only the active component of the load current. When used in this way, a synchronous motor is called a ***synchronous capacitor***, because it draws, like a capacitor, leading current from the line. Most synchronous capacitors are rated between 20 MVAR and 200 MVAR and many are hydrogen-cooled.

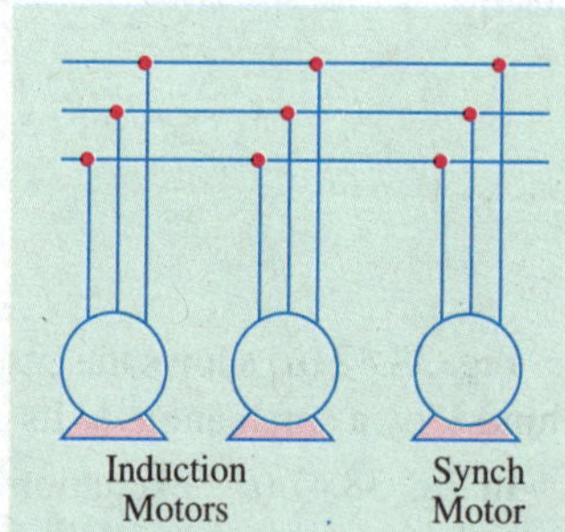

Fig. 38.49

Example 38.33. *Describe briefly the effect of varying excitation upon the armature current and p.f. of a synchronous motor when input power to the motor is maintained constant.*

A 400-V, 50-Hz, 3-ϕ, 37.3 kW, star-connected synchronous motor has a full-load efficiency of 88%. The synchronous impedance of the motor is (0.2 + j 1.6) Ω per phase. If the excitation of the motor is adjusted to give a leading p.f. of 0.9, calculate for full-load (a) *the induced e.m.f.* (b) *the total mechanical power developed.*

Solution. Voltage / phase = $400/\sqrt{3} = 231$ V;

$$Z_S = \sqrt{(1.6^2 + 0.2^2)} = 1.61\ \Omega;$$

$$\text{Full-load current} = \frac{37,300}{\sqrt{3} \times 400 \times 0.88 \times 0.9} = 68\ \text{A}$$

$$\therefore \quad I Z_S = 1.61 \times 68 = 109.5\ \text{V}$$

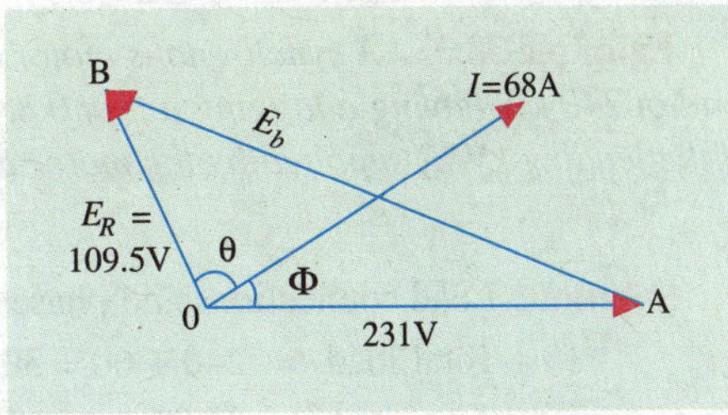

Fig. 38.50

With reference to Fig. 38.50

$$\tan\theta = 1.6/0.2 = 8, \theta = 82°54'$$

$$\cos\phi = 0.9, \phi = 25°50'.$$

$$\therefore \quad (\theta + \phi) = 82°54' + 25°50' = 108°44'$$

Now $\cos 108°44' = -0.3212$

(a) In $\Delta\ OAB$, $E_b^2 = 231^2 + 109.5^2 - 2 \times 231 \times 109.5 \times (-0.3212) = 285.6^2$; $E_b = 285.6$ V

Line value of $E_b = \sqrt{3} \times 285.6 =$ **495 V**

(b) Total motor input = 37,300 / 0.88 = 42,380 W

Total Cu losses = $3 \times I^2 R_a = 3 \times 68^2 \times 0.2 = 2,774$ W

$\therefore$ Electric power converted into mechanical power = 42,380 – 2,774 = **39.3 kW.**

Example 38.34. *A 3-ϕ, star-connected synchronous motor takes 48 kW at 693 V, the power factor being 0.8 lagging. The induced e.m.f. is increased by 30%, the power taken remaining the same. Find the current and the p.f. The machine has a synchronous reactance of 2 W per phase and negligible resistance.*

Solution. Full-load current

$$= 48.000/\sqrt{3} \times 693 \times 0.8 = 50\ \text{A}$$

Voltage/phase = $693/\sqrt{3} = 400$ V

$Z_S = X_S = 2\ \Omega \quad \therefore \quad IZ_S = 50 \times 2 = 100$ V

$\tan\theta = 2/0 = \infty \quad \therefore \theta = 90°; \cos\phi = 0.8, \sin\phi = 0.6$

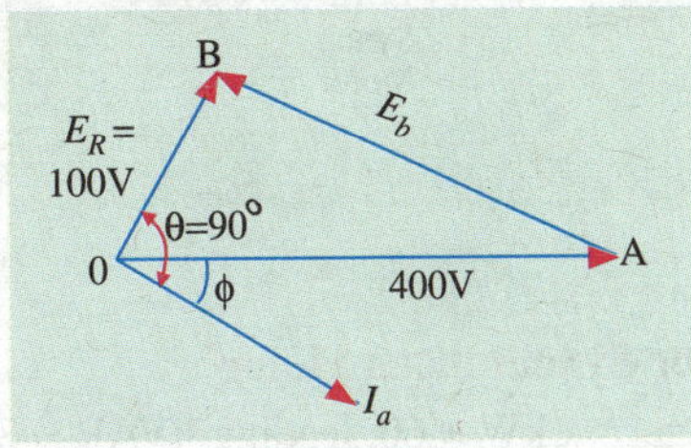

Fig. 38.51

The vector diagram is shown in Fig. 38.51. In $\Delta\ OAB$,

$$E_b^2 = 400^2 + 100^2 - 2 \times 400 \times 100 \times \cos(90° - \phi)$$

$$= 400^2 + 100^2 - 2 \times 400 \times 100 \times 0.6 = 349^2 \quad \therefore \quad E_b = 349\ \text{V}.$$

The vector diagram for increased e.m.f. is shown in Fig. 38.52. Now, $E_b = 1.3 \times 349 = 454$ V. It can be safely assumed that in the second case, current is leading V by some angle ϕ'.

Let the new current and the leading angle of current by I' and ϕ' respectively. As power input remains the same and V is also constant, $I \cos\phi$ should be the same far the same input.

$\therefore \quad I\cos\phi = 50 \times 0.8 = 40 = I'\cos\phi'$

In $\quad \Delta ABC, AB^2 = AC^2 + BC^2$

Now $\quad BC = I' X_S \cos\phi' \quad (\because OB = I' X_S)$

$= 40 \times 2 = 80$ V

$\therefore \quad 454^2 = AC^2 + 80^2$ or $AC = 447$ V

$\therefore \quad OC = 447 - 400 = 47$ V

$\therefore \quad \tan\phi' = 47/80, \phi' = 30°26'$

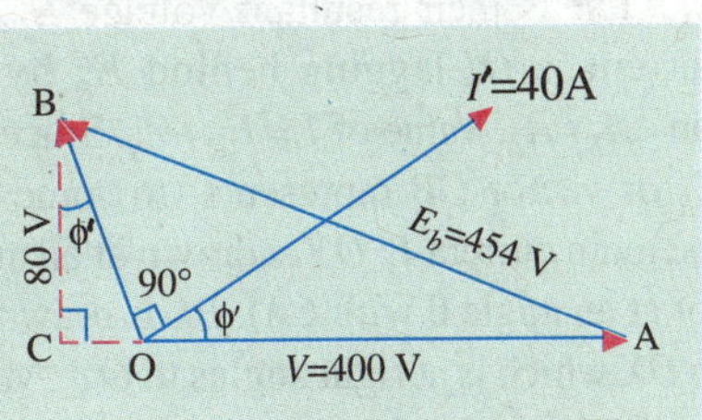

Fig. 38.52

$\therefore$ New p.f. = $\cos 30°26'$

= **0.8623 (leading)**

Also, $I'\cos\phi' = 40 \quad \therefore \quad I' = 40/0.8623 =$ **46.4 A.**

Example 38.35. *A synchronous motor absorbing 60 kW is connected in parallel with a factory load of 240 kW having a lagging p.f. of 0.8. If the combined load has a p.f. of 0.9, what is the value of the leading kVAR supplied by the motor and at what p.f. is it working ?*

(Electrical Engineering-II, Banglore Univ. 1990)

Solution. Load connections and phase relationships are shown in Fig. 38.53.

Total load = 240 + 60 = 300 kW; combined p.f. = 0.9 (lag)

ϕ = 25.8°, tan ϕ = 0.4834, combined kVAR = 300 × 0.4834 = 145(lag)

Factory Load

$\cos\phi_L$ = 0.8, ϕ_L = 36.9°, $\tan\phi_L$ = 0.75, load kVAR = 240 × 0.75 = 180 (lag)

or load kVA = 240/0.8 = 300, kVAR = 300 × sin ϕ_L = 300 × 0.6 = 180

∴ *leading* kVAR supplied by synchronous motor = 180 – 145 = **35.**

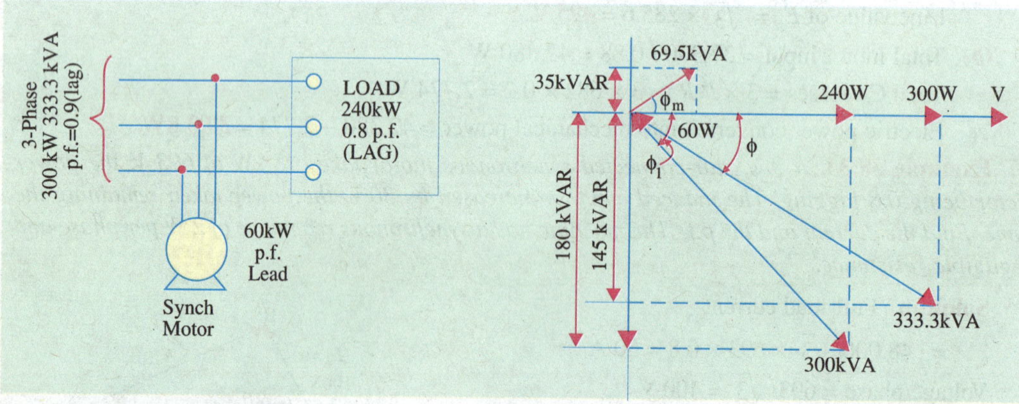

Fig. 38.53

For Synchronous Motor

kW = 60, leading kVAR = 35, $\tan\phi_m$ = 35/60 ; ϕ_m = 30.3° ; cos 30.3° = 0.863

∴ motor p.f. = **0.863 (lead).** Incidentally, motor kVA = $\sqrt{60^2 + 35^2}$ = **69.5.**

38.18. Constant-power Lines

In Fig. 38.54, *OA* represents applied voltage / phase of the motor and *AB* is the back e.m.f. / phase, E_b. *OB* is their resultant voltage E_R. The armature current is *OI* lagging behind E_R by an angle $\theta = \tan^{-1} X_S / R_a$. Value of $I = E_R / Z_S$. Since Z_S is constant, E_R or vector *OB* represents (to some suitable scale) the main current *I*. *OY* is drawn at an angle ϕ with *OB* (or at an angle θ with *CA*). *BL* is drawn perpendicular to *OX* which is at right angles to *OY*. Vector *OB*, when referred to *OY*, also represents, on a different scale, the current both in magnitude and phase.

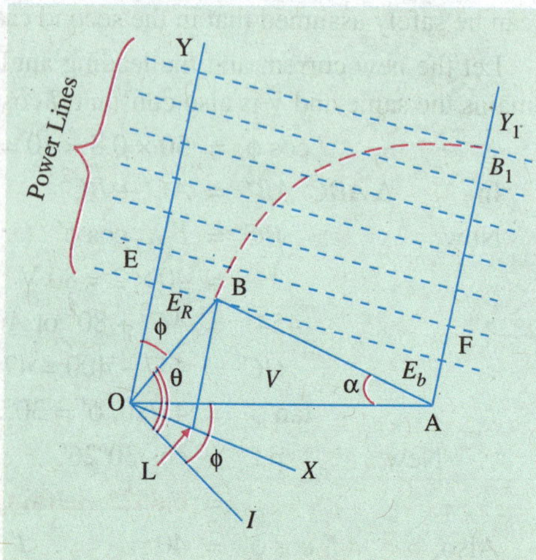

Fig. 38.54

Hence, $OB\cos\phi = I\cos\phi = BL$

The power input / phase of the motor

$= VI\cos\phi = V \times BL.$

As V is constant, power input is dependent on BL. If motor is working with a constant intake, then locus of B is a straight line || to OX and ⊥ to OY *i.e.* line EF for which BL is constant. Hence, EF, represents a constant-power input line for a given voltage but varying excitation. Similarly, a series of such parallel lines can be drawn each representing a definite power intake of the motor. As regards these constant-power lines, it is to be noted that

1. for equal increase in intake, the power lines are parallel and equally-spaced
2. zero power line runs along OX
3. the perpendicular distance from B to OX (or zero power line) represents the motor intake
4. If excitation is fixed *i.e.* AB is constant in length, then as the load on motor is increased, increases. In other words, locus of B is a circle with radius = AB and centre at A. With increasing load, B goes on to lines of higher power till point B_1 is reached. Any further increase in load on the motor will bring point B down to a lower line. It means that as load increases beyond the value corresponding to point B_1, the motor intake decreases which is impossible. The area to the right of AY_1 represents unstable conditions. For a given voltage and excitation, the maximum power the motor can develop, is determined by the location of point B_1 beyond which the motor pulls out of synchronism.

38.19. Construction of V-curves

The V-curves of a synchornous motor show how armature current varies with its field current when motor ***input is kept constant***. These are obtained by plotting a.c. armature current against d.c. field current while motor input is kept constant and are so called because of their shape (Fig. 38.55). There is a family of such curves, each corresponding to a definite power intake.

In order to draw these curves experimentally, the motor is run from constant voltage and constant-frequency bus-bars. Power input to motor is kept constant at a definite value. Next, field current is increased in small steps and corresponding armature currents are noted. When plotted, we get a V-curve for a particular constant motor input. Similar curves can be drawn by keeping motor input constant at different values. A family of such curves is shown in Fig. 38.55.

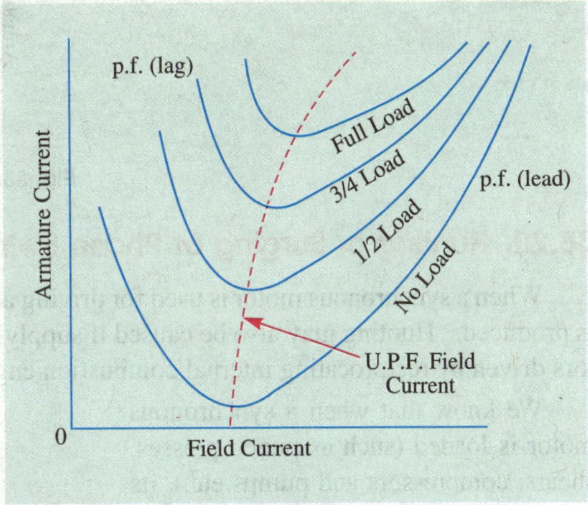

Fig. 38.55

Detailed procedure for graphic construction of V-curves is given below :

1. First, constant-power lines are drawn as discussed in Art. 38.14.
2. Then, with A as the centre, concentric circles of different radii AB, AB_1, AB_2, etc. are drawn where AB, AB_1, AB_2, etc., are the back e.m.fs corresponding to different excitations. The intersections of these circles with lines of constant power give positions of the working points for specific loads and excitations (hence back e.m.fs). The vectors OB, OB_1, OB_2 etc., represent different values of E_R (and hence currents) for different excitations. Back e.m.f. vectors AB, AB_1 etc., have not been drawn purposely in order to avoid confusion (Fig. 38.56).

3. The different values of back e.m.fs like AB, AB_1, AB_2, etc., are projected on the magnetisation and corresponding values of the field (or exciting) amperes are read from it.
4. The field amperes are plotted against the corresponding armature currents, giving us 'V' curves.

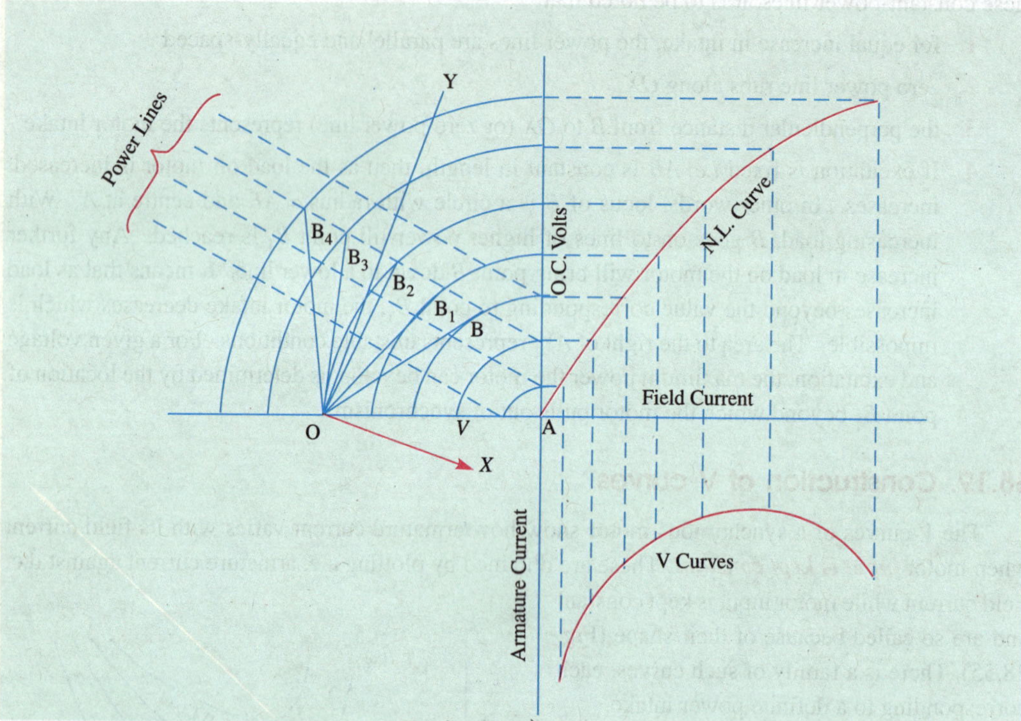

Fig. 38.56

38.20. Hunting or Surging or Phase Swinging

When a synchronous motor is used for driving a varying load, then a condition known as hunting is produced. Hunting may also be caused if supply frequency is pulsating (as in the case of generators driven by reciprocating internal combustion engines).

We know that when a synchronous motor is loaded (such as punch presses, shears, compressors and pumps etc.), its rotor falls back in phase by the coupling angle α. As load is progressively increased, this angle also increases so as to produce more torque for coping with the increased load. If now, there is sudden decrease in the motor load, the motor is immediately pulled up or advanced to a new value of α corresponding to the new load. But in this process, the rotor overshoots and hence is again pulled back. In this way, the rotor starts oscillating (like a pendulum) about its new position of

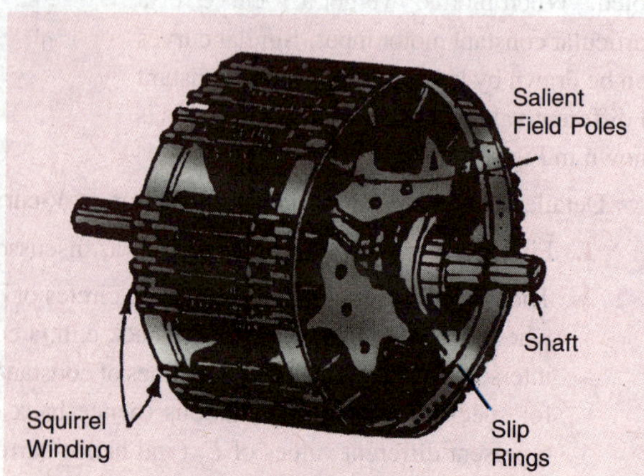

Fig. 38.57

Salient - poled squirrel eage motor

equilibrium corresponding to the new load. If the time period of these oscillations happens to be equal to the natural time period of the machine (refer Art. 37.36) then mechanical resonance is set up. The amplitude of these oscillations is built up to a large value and may eventually become so great as to throw the machine out of synchronism. To stop the build-up of these oscillations, dampers or damping grids (also known as squirrel-cage winding) are employed. These dampers consist of short-circuited Cu bars embedded in the faces of the field poles of the motor (Fig. 38.57). The oscillatory motion of the rotor sets up eddy currents in the dampers which flow in such a way as to suppress these oscillations.

But it should be clearly understood that dampers do not completely prevent hunting because their operation depends upon the presence of some oscillatory motion. However, they serve the additional purpose of making the synchronous motor self-starting.

38.21. Methods of Starting

As said above, almost all synchronous motors are equipped with dampers or squirrel cage windings consisting of Cu bars embedded in the pole-shoes and short-circuited at both ends. Such a motor starts readily, acting as an induction motor during the starting period. The procedure is as follows :

The line voltage is applied to the armature (stator) terminals and the field circuit is left ***unexcited***. Motor starts as an induction motor and while it reaches nearly 95% of its synchronous speed, the d.c. field is excited. At that moment the stator and rotor poles get engaged or interlocked with each other and hence pull the motor into synchronism.

However, two points should be noted :

1. At the beginning, when voltage is applied, the rotor is stationary. The rotating field of the stator winding induces a very large e.m.f. in the rotor during the starting period, though the value of this e.m.f. goes on decreasing as the rotor gathers speed.

Normally, the field windings are meant for 110-V (or 250 V for large machines) but during starting period there are many thousands of volts induced in them. Hence, the rotor windings have to be highly insulated for withstanding such voltages.

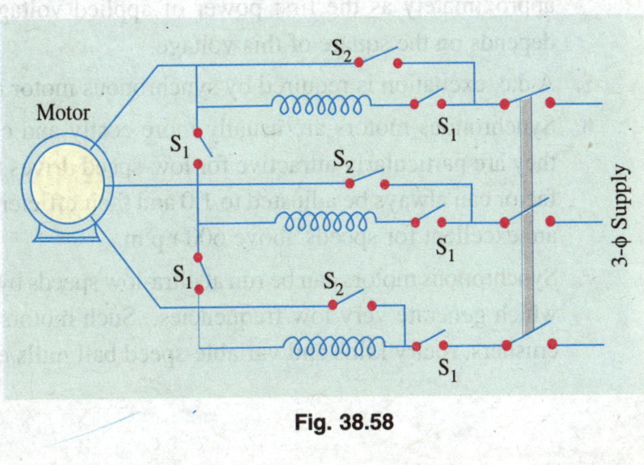

Fig. 38.58

2. When full line voltage is switched on to the armature at rest, a very large current, usually 5 to 7 times the full-load armature current is drawn by the motor. In some cases, this may not be objectionable but where it is, the applied voltage at starting, is reduced by using auto-transformers (Fig. 38.58). However, the voltage should not be reduced to a very low value because the starting torque of an induction motor varies approximately as the square of the applied voltage. Usually, a value of 50% to 80% of the full-line voltage is satisfactory.

   Auto-transformer connections are shown in Fig. 38.58. For reducing the supply voltage, the switches S_1 are closed and S_2 are kept open. When the motor has been speeded-up, S_2 are closed and S_1 opened to cut out the transformers.

38.22. Procedure for Starting a Synchronous Motor

While starting a modern synchronous motor provided with damper windings, following procedure is adopted.

1. First, main field winding is short-circuited.
2. Reduced voltage with the help of auto-transformers is applied across stator terminals. The motor starts up.
3. When it reaches a steady speed (as judged by its sound), a weak d.c. excitation is applied by removing the short-circuit on the main field winding. If excitation is sufficient, then the machine will be pulled into synchronism.
4. Full supply voltage is applied across stator terminals by cutting out the auto-transformers.
5. The motor may be operated at any desired power factor by changing the d.c. excitation.

38.23. Comparison Between Synchronous and Induction Motors

1. For a given frequency, the synchronous motor runs at a constant average speed whatever the load, while the speed of an induction motor falls somewhat with increase in load.
2. The synchronous motor can be operated over a wide range of power factors, both lagging and leading, but induction motor always runs with a lagging p.f. which may become very low at light loads.
3. A synchronous motor is inherently not self-starting.
4. The changes in applied voltage do not affect synchronous motor torque as much as they affect the induction motor torque. The breakdown torque of a synchronous motor varies approximately as the first power of applied voltage whereas that of an induction motor depends on the square of this voltage.
5. A d.c. excitation is required by synchronous motor but not by induction motor.
6. Synchronous motors are usually more costly and complicated than induction motors, but they are particularly attractive for low-speed drives (below 300 r.p.m.) because their power factor can always be adjusted to 1.0 and their efficiency is high. However, induction motors are excellent for speeds above 600 r.p.m.
7. Synchronous motors can be run at ultra-low speeds by using high power electronic converters which generate very low frequencies. Such motors of 10 MW range are used for driving crushers, rotary kilns and variable-speed ball mills etc.

38.24. Synchronous Motor Applications

Synchronous motors find extensive application for the following classes of service :

1. Power factor correction
2. Constant-speed, constant-load drives
3. Voltage regulation

(a) Power factor correction

Overexcited synchronous motors having leading power factor are widely used for improving power factor of those power systems which employ a large number of induction motors (Fig. 38.49) and other devices having lagging p.f. such as welders and flourescent lights etc.

(b) Constant-speed applications

Because of their high efficiency and high-speed, synchronous motors (above 600 r.p.m.) are well-suited for loads where constant speed is required such as centrifugal pumps, belt-driven reciprocating compressors, blowers, line shafts, rubber and paper mills etc.

Low-speed synchronous motors (below 600 r.p.m.) are used for drives such as centrifugal and screw-type pumps, ball and tube mills, vacuum pumps, chippers and metal rolling mills etc.

(c) Voltage regulation

The voltage at the end of a long transmission line varies greatly especially when large inductive loads are present. When an inductive load is disconnected suddenly, voltage tends to rise considerably above its normal value because of the line capacitance. By installing a synchronous motor with a field regulator (for varying its excitation), this voltage rise can be controlled.

When line voltage decreases due to inductive load, motor excitation is increased, thereby raising its p.f. which compensates for the line drop. If, on the other hand, line voltage rises due to line capacitive effect, motor excitation is decreased, thereby making its p.f. lagging which helps to maintain the line voltage at its normal value.

QUESTIONS AND ANSWERS ON SYNCHRONOUS MOTORS

Q. 1. Does change in excitation affect the synchronous motor speed ?

Ans. No.

Q. 2. The power factor ?

Ans. Yes.

Q. 3. How ?

Ans. When over-excited, synchronous motor has leading power factor. However, when underexcited, it has lagging power factor.

Q. 4. For what service are synchronous motors especially suited ?

Ans. For high voltage service.

Q. 5. Which has more efficiency; synchronous or induction motor ?

Ans. Synchronous motor.

Q. 6. Mention some specific applications of synchronous motor ?

Ans. 1. constant speed load service 2. reciprocating compressor drives 3. power factor correction 4. voltage regulation of transmission lines.

Q. 7. What is a synchronous capacitor ?

Ans. An overexcited synchronous motor is called synchronous capacitor, because, like a capacitor, it takes a leading current.

Q. 8. What are the causes of faulty starting of a synchronous motor ?

Ans. It could be due to the following causes :

1. voltage may be too low – at least half voltage is required for starting
2. there may be open-circuit in one phase – due to which motor may heat up
3. static friction may be large – either due to high belt tension or too tight bearings
4. stator windings may be incorrectly connected
5. field excitation may be too strong.

Q. 9. What could be the reasons if a synchronous motor fails to start ?

Ans. It is usually due to the following reasons :

1. voltage may be too low
2. some faulty connection in auxiliary apparatus
3. too much starting load
4. open-circuit in one phase or short-circuit
5. field excitation may be excessive.

Q. 10. A synchronous motor starts as usual but fails to develop its full torque. What could it be due to ?

Ans. 1. exciter voltage may be too low 2. field spool may be reversed 3. there may be either open-circuit or short-circuit in the field.

Q. 11. Will the motor start with the field excited ?

Ans. No.

Q. 12. Under which conditions a synchronous motor will fail to pull into step ?

Ans. 1. no field excitation 2. excessive load 3. excessive load inertia

OBJECTIVE TESTS – 38

1. In a synchronous motor, damper winding is provided in order to
   (a) stabilize rotor motion
   (b) suppress rotor oscillations
   (c) develop necessary starting torque
   (d) both (b) and (c)
2. In a synchronous motor, the magnitude of stator back e.m.f. E_b depends on
   (a) speed of the motor
   (b) load on the motor
   (c) both the speed and rotor flux
   (d) d.c. excitation only
3. An electric motor in which both the rotor and stator fields rotates with the same speed is called a/an ....motor.
   (a) d.c.
   (b) chrage
   (c) synchronous
   (d) universal
4. While running, a synchronous motor is compelled to run at synchronous speed because of
   (a) damper winding in its pole faces
   (b) magnetic locking between stator and rotor poles
   (c) induced e.m.f. in rotor field winding by stator flux
   (d) compulsion due to Lenz's law
5. The direction of rotation of a synchronous motor can be reversed by reversing
   (a) current to the field winding
   (b) supply phase sequence
   (c) polarity of rotor poles
   (d) none of the above

6. When running under no-load condition and with normal excitation, armature current I_a drawn by a synchronous motor
   (*a*) leads the back e.m.f. E_b by a small angle
   (*b*) is large
   (*c*) lags the applied voltage V by a small angle
   (*d*) lags the resultant voltage E_R by 90°.
7. The angle between the synchronously-rotating stator flux and rotor poles of a synchronous motor is called........ angle.
   (*a*) synchronizing
   (*b*) torque
   (*c*) power factor
   (*d*) slip
8. If load angle of a 4-pole synchronous motor is 8° (elect), its value in mechanical degrees is ....
   (*a*) 4
   (*b*) 2
   (*c*) 0.5
   (*d*) 0.25
9. The maximum value of torque angle a in a synchronous motor is ....degrees electrical.
   (*a*) 45
   (*b*) 90
   (*c*) between 45 and 90
   (*d*) below 60
10. A synchronous motor running with normal excitation adjusts to load increases *essentially* by increase in its
   (a) power factor
   (b) torque angle
   (c) back e.m.f.
   (d) armature current.
11. When load on a synchronous motor running with normal excitation is increased, armature current drawn by it increases because
   (a) back e.m.f. E_b becomes less than applied voltage V
   (*b*) power factor is decreased
   (*c*) net resultant voltage E_R in armature is increased
   (*d*) motor speed is reduced
12. When load on a normally-excited synchronous motor is increased, its power factor tends to
   (*a*) approach unity
   (*b*) become increasingly lagging
   (*c*) become increasingly leading
   (*d*) remain unchanged.
13. The effect of increasing load on a synchronous motor running with normal excitation is to
   (*a*) increase both its I_a and p.f.
   (*b*) decrease I_a but increase p.f.
   (*c*) increase I_a but decrease p.f.
   (*d*) decrease both I_a and p.f.
14. Ignoring the effects of armature reaction, if excitation of a synchronous motor running with constant load is increased, its torque angle must necessarily
   (*a*) decrease
   (*b*) increase
   (*c*) remain constant
   (*d*) become twice the no-load value.
15. If the field of a synchronous motor is under-excited, the power factor will be
   (*a*) lagging (*b*) leading
   (*c*) unity (*d*) more than unity
16. Ignoring the effects of armature reaction, if excitation of a synchronous motor running with constant load is decreased from its normal value, it leads to
   (*a*) increase in but decrease in E_b
   (*b*) increase in E_b but decrease in I_a
   (*c*) increase in both I_a and p.f. which is lagging
   (*d*) increase in both I_a and ϕ
17. A synchronous motor connected to infinite bus-bars has at *constant* full-load, 100% excitation and unity p.f. On changing the excitation only, the armature current will have
   (*a*) leading p.f. with under-excitation
   (*b*) leading p.f. with over-excitation
   (*c*) lagging p.f. with over-excitation
   (*d*) no change of p.f.

   (Power App.-II, Delhi Univ. Jan 1987)
18. The *V*-curves of a synchronous motor show relationship between
   (*a*) excitation current and back e.m.f.
   (*b*) field current and p.f.
   (*c*) d.c. field current and a.c. armature current
   (*d*) armature current and supply voltage.

19. When load on a synchronous motor is increased, its armature currents is increas- ed provided it is
(*a*) normally-excited
(*b*) over-excited
(*c*) under-excited
(*d*) all of the above

20. If main field current of a salient-pole synchronous motor fed from an infinite bus and running at no-load is reduced to zero, it would
(*a*) come to a stop
(*b*) continue running at synchronous speed
(*c*) run at sub-synchronous speed
(*d*) run at super-synchronous speed

21. In a synchronous machine when the rotor speed becomes more than the synchronous speed during hunting, the damping bars develop
(*a*) synchronous motor torque
(*b*) d.c. motor torque
(*c*) induction motor torque
(*d*) induction generator torque

(Power App.-II, Delhi Univ. Jan. 1987)

22. In a synchronous motor, the rotor Cu losses are met by
(*a*) motor input
(*b*) armature input
(*c*) supply lines
(*d*) d.c. source

23. A synchronous machine is called a doubly-excited machine because
(*a*) it can be overexcited
(*b*) it has two sets of rotor poles
(*c*) both its rotor and stator are excited
(*d*) it needs twice the normal exciting current.

24. Synchronous capacitor is
(*a*) an ordinary static capacitor bank
(*b*) an over-excited synchronous motor driving mechanical load
(*c*) an over-excited synchronous motor running without mechanical load
(*d*) none of the above 623

(Elect. Machines, A.M.I.E. Sec. B, 1993)

ANSWERS

1. *d*	**2.** *d*	**3.** *c*	**4.** *b*	**5.** *b*	**6.** *c*	**7.** *b*	**8.** *a*	**9.** *b*	**10.** *d*	**11.** *c*
12. *b*	**13.** *c*	**14.** *a*	**15.** *a*	**16.** *d*	**17.** *b*	**18.** *c*	**19.** *d*	**20.** *b*	**21.** *d*	**22.** *d*
23. *c*	**24.** *c*									

CHAPTER 39

SPECIAL MACHINES

Learning Objectives

- Introduction
- Stepper Motors
- Types of Stepper Motors
- Variable Reluctance Stepper Motors
- Multi-stack VR Stepper Motor
- Permanent-Magnet Stepping Motor
- Hybrid Stepper Motor
- Summary of Stepper Motors
- Permanent-Magnet DC Motor
- Low-inertia DC Motors
- Shell-type Low-intertia DC Motor
- Printed-circuit (Disc) DC Motor
- Permanent-Magnet Synchronous Motors
- Synchros
- Types of Synchros
- Applications of Synchros
- Control Differential Transmitter
- Control Differential Receiver
- Switched Reluctance Motor
- Comparison between VR Stepper Motor and SR Motor
- The Resolver
- Servomotors
- DC Servomotors
- AC Servomotors

Stepper motor

39.1. Introduction

This chapter provides a brief introduction to electrical machines which have special applications. It includes machines whose stator coils are energized by electronically switched currents. The examples are: various types of stepper motors, brushless d.c. motor and switched reluctance motor etc. There is also a brief description of d.c./a.c. servomotors, synchro motors and resolvers. These motors are designed and built primarily for use in feedback control systems.

39.2. Stepper Motors

These motors are also called stepping motors or step motors. The name stepper is used because this motor rotates through a fixed angular step in response to each input current pulse received by its controller. In recent years, there has been wide-spread demand of stepping motors because of the explosive growth of the computer industry. Their popularity is due to the fact that they can be controlled directly by computers, microprocessors and programmable controllers.

Stepper Motor

As we know, industrial motors are used to convert electric energy into mechanical energy but they cannot be used for precision positioning of an object or precision control of speed without using closed-loop feedback. Stepping motors are ideally suited for situations where either precise positioning or precise speed control or both are required in automation systems.

Apart from stepping motors, other devices used for the above purposes are synchros and resolvers as well as dc/ac servomotors (discussed later).

The unique feature of a stepper motor is that its output shaft rotates in a series of discrete angular intervals or steps, one step being taken each time a command pulse is received. When a definite number of pulses are supplied, the shaft turns through a definite known angle. This fact makes the motor well-suited for open-loop position control because no feedback need be taken from the output shaft.

Such motors develop torques ranging from 1 μN-m (in a tiny wrist watch motor of 3 mm diameter) upto 40 N-m in a motor of 15 cm diameter suitable for machine tool applications. Their power output ranges from about 1 W to a maximum of 2500 W. The only moving part in a stepping motor is its rotor which has no windings, commutator or brushes. This feature makes the motor quite robust and reliable.

Step Angle

The angle through which the motor shaft rotates for each command pulse is called the step angle β. Smaller the step angle, greater the number of steps per revolution and higher the resolution or accuracy of positioning obtained. The step angles can be as small as 0.72° or as large as 90°. But the most common step sizes are 1.8°, 2.5°, 7.5° and 15°.

The value of step angle can be expressed either in terms of the rotor and stator poles (teeth) N_r and N_s respectively or in terms of the number of stator phases (m) and the number of rotor teeth.

$$\beta = \frac{(N_s - N_r)}{N_s \cdot N_r} \times 360^\circ$$

or $$\beta = \frac{360^\circ}{m\,N_r} = \frac{360^\circ}{\text{No. of stator phases} \times \text{No. of rotor teeth}}$$

For example, if $N_s = 8$ and $N_r = 6$, $\beta = (8 - 6) \times 360 / 8 \times 6 = 15^\circ$

Resolution is given by the number of steps needed to complete one revolution of the rotor shaft. Higher the resolution, greater the accuracy of positioning of objects by the motor

$\therefore$ Resolution = No. of steps / revolution = $360^\circ / \beta$

A stepping motor has the extraordinary ability to operate at very high stepping rates (upto 20,000 steps per second in some motors) and yet to remain fully in synchronism with the command pulses. When the pulse rate is high, the shaft rotation seems continuous. Operation at high speeds is called 'slewing'. When in the slewing range, the motor generally emits an audible whine having a fundamental frequency equal to the stepping rate. If f is the stepping frequency (or pulse rate) in pulses per second (pps) and β is the step angle, then motor shaft speed is given by

$$n = \beta \times f / 360 \text{ rps} = \text{pulse frequency resolution}$$

If the stepping rate is increased too quickly, the motor loses synchronism and stops. Same thing happens if when the motor is slewing, command pulses are suddenly stopped instead of being progressively slowed.

Stepping motors are designed to operate for long periods with the rotor held in a fixed position and with rated current flowing in the stator windings. It means that stalling is no problem for such motors whereas for most of the other motors, stalling results in the collapse of back emf (E_b) and a very high current which can lead to a quick burn-out.

Applications :

Such motors are used for operation control in computer peripherals, textile industry, IC fabrications and robotics etc. Applications requiring incremental motion are typewriters, line printers, tape drives, floppy disk drives, numerically-controlled machine tools, process control systems and *X-Y* plotters. Usually, position information can be obtained simply by keeping count of the pulses sent to the motor thereby eliminating the need for expensive position sensors and feedback controls. Stepper motors also perform countless tasks outside the computer industry. It includes commercial, military and medical applications where these motors perform such functions as mixing, cutting, striking, metering, blending and purging. They also take part in the manufacture of packed food stuffs, commercial end-products and even the production of science fiction movies.

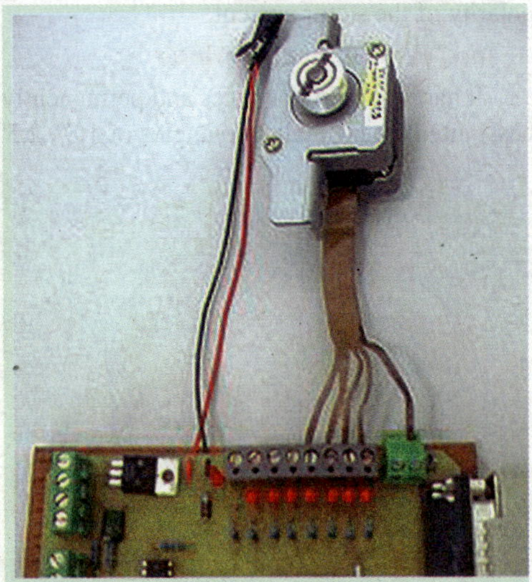

Connecting a stepper motor to the interface

Example 39.1. *A hybrid VR stepping motor has 8 main poles which have been castleated to have 5 teeth each. If rotor has 50 teeth, calculate the stepping angle.*

Solution. $N_s = 8 \times 5 = 40; \quad N_r = 50$

$\therefore \quad \beta = (50 - 40) \times 360 / 50 \times 40 = 1.8^\circ.$

Example 39.2. *A stepper motor has a step angle of 2.5°. Determine* (*a*) *resolution* (*b*) *number of steps required for the shaft to make 25 revolutions and* (*c*) *shaft speed, if the stepping frequency is 3600 pps.*

Solution. (*a*) Resolution = 360° / β = 360° / 2.5° = 144 steps / revolution.

(*b*) Now, steps / revolution = 144. Hence, steps required for making 25 revolutions = 144 × 25 = 3600.

(*c*) $n = \beta \times f / 360° = 2.5 \times 3600 / 360° = 25$ rps

39.3. Types of Stepper Motors

There is a large variety of stepper motors which can be divided into the following three basic categories :

(*i*) Variable Reluctance Stepper Motor

It has wound stator poles but the rotor poles are made of a ferromagnetic material as shown in Fig.39.1 (*a*). It can be of the single stack type (Fig.39.2) or multi-stack type (Fig.39.5) which gives smaller step angles. Direction of motor rotation is independent of the polarity of the stator current. It is called variable reluctance motor because the reluctance of the magnetic circuit formed by the rotor and stator teeth varies with the angular position of the rotor.

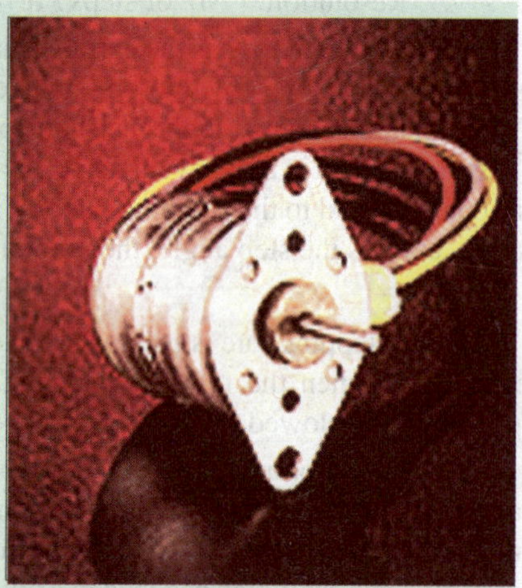

Permanent magnet stepper motor

(*ii*) Permanent Magnet Stepper Motor

It also has wound stator poles but its rotor poles are permanently magnetized. It has a cylindrical rotor as shown in Fig. 39.1 (*b*). Its direction of rotation depends on the polarity of the stator current.

(*iii*) Hybrid Stepper Motor

It has wound stator poles and permanently-magnetized rotor poles as shown in Fig.39.1(*c*). It is best suited when small step angles of 1.8°, 2.5° etc. are required.

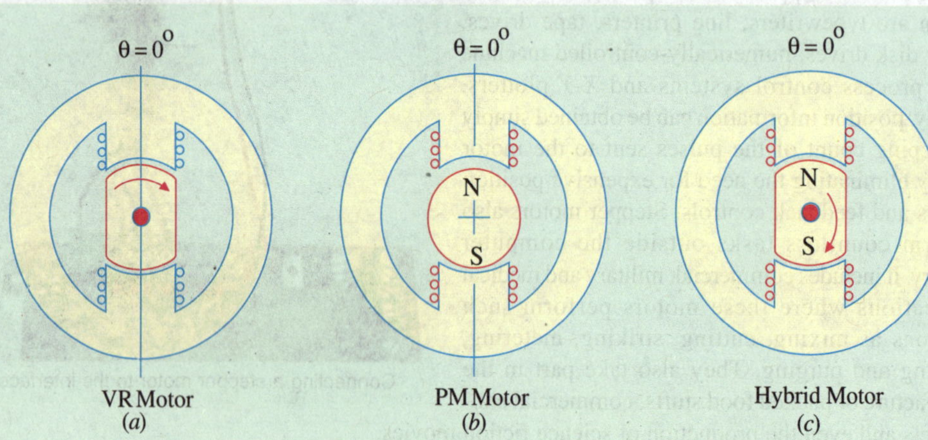

Fig. 39.1

As a variable speed machine, *VR* motor is sometime designed as a switched-reluctance motor. Similarly, *PM* stepper motor is also called variable speed brushless dc motor. The hybrid motor combines the features of *VR* stepper motor and *PM* stepper motor. Its stator construction is similar to the single-stack *VR* motor but the rotor is cylindrical and is composed of radially magnetized permanent magnets. A recent type uses a disc rotor which is magnetized axially to give a small stepping angle and low inertia.

39.4. Variable Reluctance Stepper Motors

Construction : A variable-reluctance motor is constructed from ferromagnetic material with salient poles as shown in Fig. 39.2. The stator is made from a stack of steel laminations and has six equally-spaced projecting poles (or teeth) each wound with an exciting coil. The rotor which may be solid or laminated has four projecting teeth of the same width as the stator teeth. As seen, there are three independent stator circuits or phases *A*, *B* and *C* and each one can be energised by a direct current pulse from the drive circuit (not shown in the figure).

Variable reluctance motor

A simple circuit arrangement for supplying current to the stator coils in proper sequence is shown in Fig. 39.2 (*e*). The six stator coils are connected in 2-coil groups to form three separate circuits called phases. Each phase has its own independent switch. Diametrically opposite pairs of stator coils are connected in series such that when one tooth becomes a *N*-pole, the other one becomes a *S*-pole. Although shown as mechanical switches in Fig. 39.2 (*e*), in actual practice, switching of phase currents is done with the help of solid-state control. When there is no current in the stator coils, the rotor is completely free to rotate. Energising one or more stator coils causes the rotor to step forward (or backward) to a position that forms a path of least reluctance with the magnetized stator teeth. The step angle of this three-phase, four rotor teeth motor is $\beta = 360/4 \times 3 = 30°$.

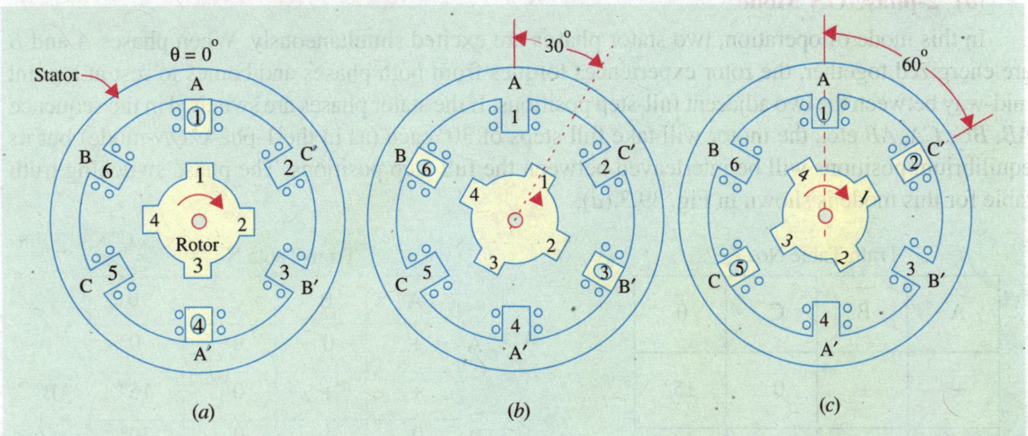

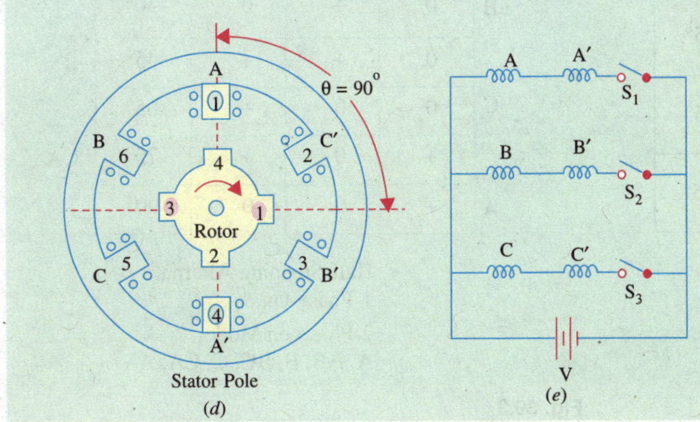

Truth Table No 1

A	B	C	θ
+	0	0	0°
0	+	0	30°
0	0	+	60°
+	0	0	90°

1-Phase-ON Mode, ABCA

(*f*)

Fig. 39.2

Working. The motor has following modes of operation :

(*a*) 1-phase-ON or Full-step Operation

Fig. 39.2 (*a*) shows the position of the rotor when switch S_1 has been closed for energising phase *A*. A magnetic field with its axis along the stator poles of phase *A* is created. The rotor is therefore, attracted into a position of minimum reluctance with diametrically opposite rotor teeth 1 and 3 lining up with stator teeth 1 and 4 respectively. Closing S_2 and opening S_1 energizes phase *B* causing rotor teeth 2 and 4 to align with stator teeth 3 and 6 respectively as shown in Fig. 39.2 (*b*). The rotor rotates through full-step of 30º in the clockwise (CW) direction. Similarly, when S_3 is closed after opening S_2, phase *C* is energized which causes rotor teeth 1 and 3 to line up with stator teeth 2 and 5 respectively as shown in Fig. 39.2 (*c*). The rotor rotates through an additional angle of 30º in the clockwise (CW) direction. Next if S_3 is opened and S_1 is closed again, the rotor teeth 2 and 4 will align with stator teeth 4 and 1 respectively thereby making the rotor turn through a further angle of 30º as shown in Fig. 39.2 (*d*). By now the total angle turned is 90º. As each switch is closed and the preceding one opened, the rotor each time rotates through an angle of 30º. By repetitively closing the switches in the sequence 1-2-3-1 and thus energizing stator phases in sequence *ABCA* etc., the rotor will rotate clockwise in 30º steps. If the switch sequence is made 3-2-1-3 which makes phase sequence *CBAC* (or *ACB*), the rotor will rotate anticlockwise. This mode of operation is known as 1-phase-ON mode or full-step operation and is the simplest and widely-used way of making the motor step. The stator phase switching truth table is shown in Fig. 39.2 (*f*). It may be noted that the direction of the stator magnetizing current is not significant because a stator pole of either magnetic polarity will always attract the rotor pole by inducing opposite polarity.

(*b*) 2-phase-ON Mode

In this mode of operation, two stator phases are excited simultaneously. When phases *A* and *B* are energized together, the rotor experiences torques from both phases and comes to rest at a point mid-way between the two adjacent full-step positions. If the stator phases are switched in the sequence *AB*, *BC*, *CA*, *AB* etc., the motor will take full steps of 30º each (as in the 1-phase-*ON* mode) but its equilibrium positions will be interleaved between the full-step positions. The phase switching truth table for this mode is shown in Fig. 39.3 (*a*).

Truth Table No. 2

A	B	C	θ
+	+	0	15°
0	+	+	45°
+	0	+	75°
+	+	0	105°

2 Phase-ON Mode
AB, BC, CA, AB

Truth Table No. 3

	A	B	C	θ	
A	+	0	0	0°	
	+	+	0	15°	AB
B	0	+	0	30°	
	0	+	+	45°	BC
C	0	0	+	65°	
	+	0	+	75°	CA
A	+	0	0	90°	

Half-Stepping Alternate 1-Phase-On &
2-Phase-on Mode
A, AB, B, BC, C, CA, A

Fig. 39.3

The 2-phase-ON mode provides greater holding torque and a much better damped single-stack response than the 1-phase-ON mode of operation.

(*c*) Half-step Operation

Half-step operation or 'half-stepping' can be obtained by exciting the three phases in the sequence *A*, *AB*, *B*, *BC*, *C* etc. *i.e.* alternately in the 1-phase-ON and 2-phase-ON modes. It is sometime known as 'wave' excitation and it causes the rotor to advance in steps of 15° *i.e.* half the full-step angle. The truth table for the phase pulsing sequence in half-stepping is shown in Fig. 39.3 (*b*).

Half-stepping can be illustrated with the help of Fig. 39.4 where only three successive pulses have been considered. Energizing only phase *A* causes the rotor position shown in Fig. 39.4 (*a*). Energising phases *A* and *B* simultaneously moves the rotor to the position shown in Fig. 39.4 (*b*) where rotor has moved through half a step only. Energising only phase *B* moves the rotor through another half-step as shown in Fig. 39.4 (*c*). With each pulse, the rotor moves 30 / 2 = 15° in the CCW direction.

It will be seen that in half-stepping mode, the step angle is halved thereby doubling the resolution. Moreover, continuous half-stepping produces a smoother shaft rotation.

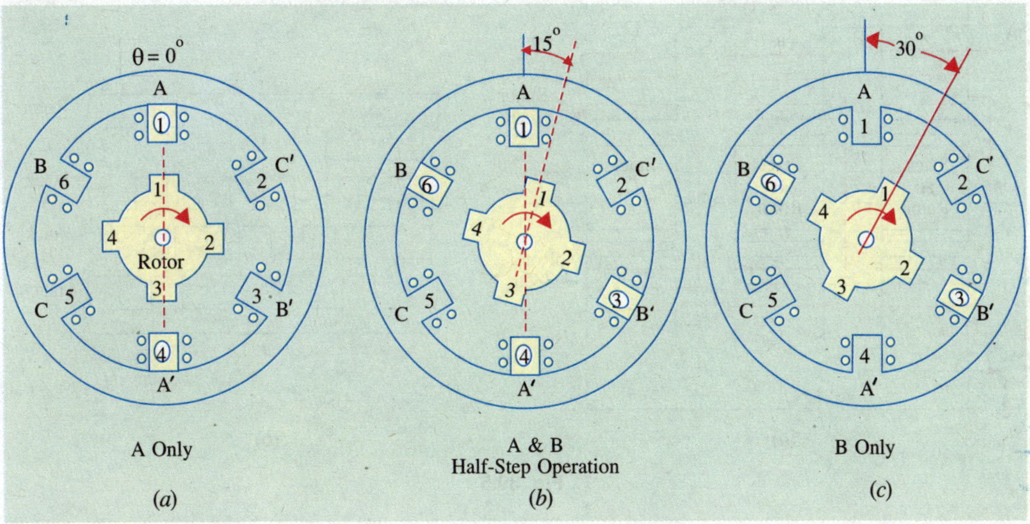

Fig. 39.4

(*d*) Microstepping

It is also known as mini-stepping. It utilizes two phases simultaneously as in 2-phase-*ON* mode but with the two currents deliberately made unequal (unlike in half-stepping where the two phase currents have to be kept equal). The current in phase *A* is held constant while that in phase *B* is increased in very small increments until maximum current is reached. The current in phase *A* is then reduced to zero using the same very small increments. In this way, the resultant step becomes very small and is called a microstep. For example, a *VR* stepper motor with a resolution of 200 steps / rev ($\beta = 1.8°$) can with microstepping have a resolution of 20,000 steps / rev ($\beta = 0.018°$). Stepper motors employing microstepping technique are used in printing and phototypesetting where very fine resolution is called for. As seen, microstepping provides smooth low-speed operation and high resolution.

Torque. If I_a is the d.c. current pulse passing through phase *A*, the torque produced by it is given by $T = (1/2)\, I_a^2\, dL/d\theta$. *VR* stepper motors have a high (torque / inertia) ratio giving high rates of acceleration and fast response. A possible disadvantage is the absence of detent torque which is necessary to retain the rotor at the step position in the event of a power failure.

39.5. Multi-stack VR Stepper Motor

So, far, we have discussed single-stack *VR* motors though multi-stack motors are also available which provide smaller step angles. The multi-stack motor is divided along its axial length into a number of magnetically-isolated sections or stacks which can be excited by a separate winding or phase. Both stator and rotor have the same number of poles. The stators have a common frame while rotors have a common shaft as shown in Fig. 39.5 (*a*) which represents a three-stack *VR* motor. The teeth of all the rotors are perfectly aligned with respect to themselves but the stator teeth of various stacks have a progressive angular displacement as shown in the developed diagram of Fig. 39.5 (*b*) for phase excitation.

Three-stack motors are most common although motors with upto seven stacks and phases are available. They have step angles in the range of 2° to 15°. For example, in a six-stack *VR* motor having 20 rotor teeth, the step angle $\beta = 360° / 6 \times 20 = 3°$.

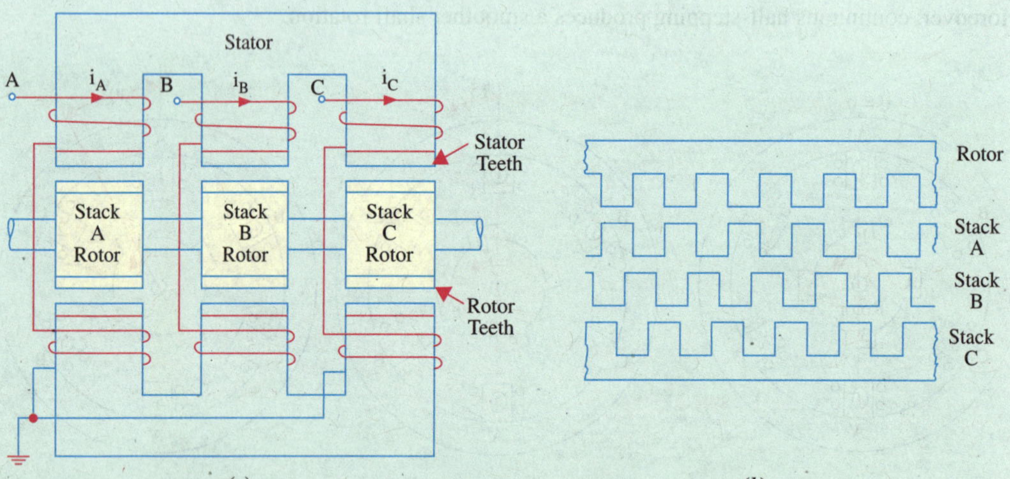

(*a*) (*b*)

Fig. 39.5

39.6. Permanent-Magnet Stepping Motor

(*a*) **Construction.** Its stator construction is similar to that of the single-stack *VR* motor discussed above but the rotor is made of a permanent-magnet material like magnetically 'hard' ferrite. As shown in the Fig. 39.6 (*a*), the stator has projecting poles but the rotor is cylindrical and hasradially magnetized permanent magnets. The operating principle of such a motor can be understood with the help of Fig. 39.6 (*a*) where the rotor has two poles and the stator has four poles. Since two stator poles are energized by one winding, the motor has two windings or phases marked *A* and *B*. The step angle of this motor $\beta = 360° / mN_r = 360° / 2 \times 2 = 90°$ or $\beta = (4 - 2) \times 360° / 2 \times 4 = 90°$.

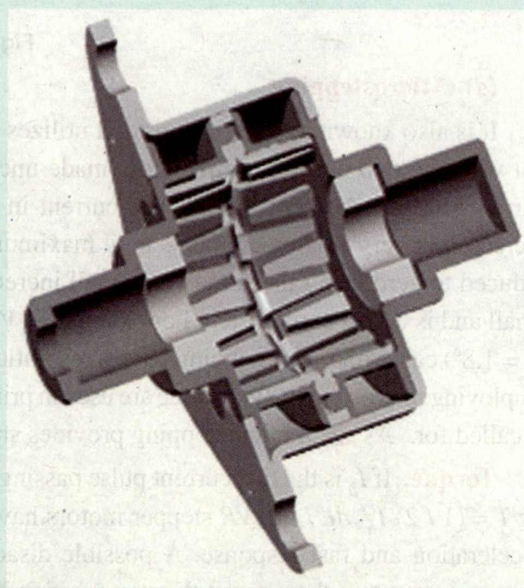

Permanent magnet stepper motor

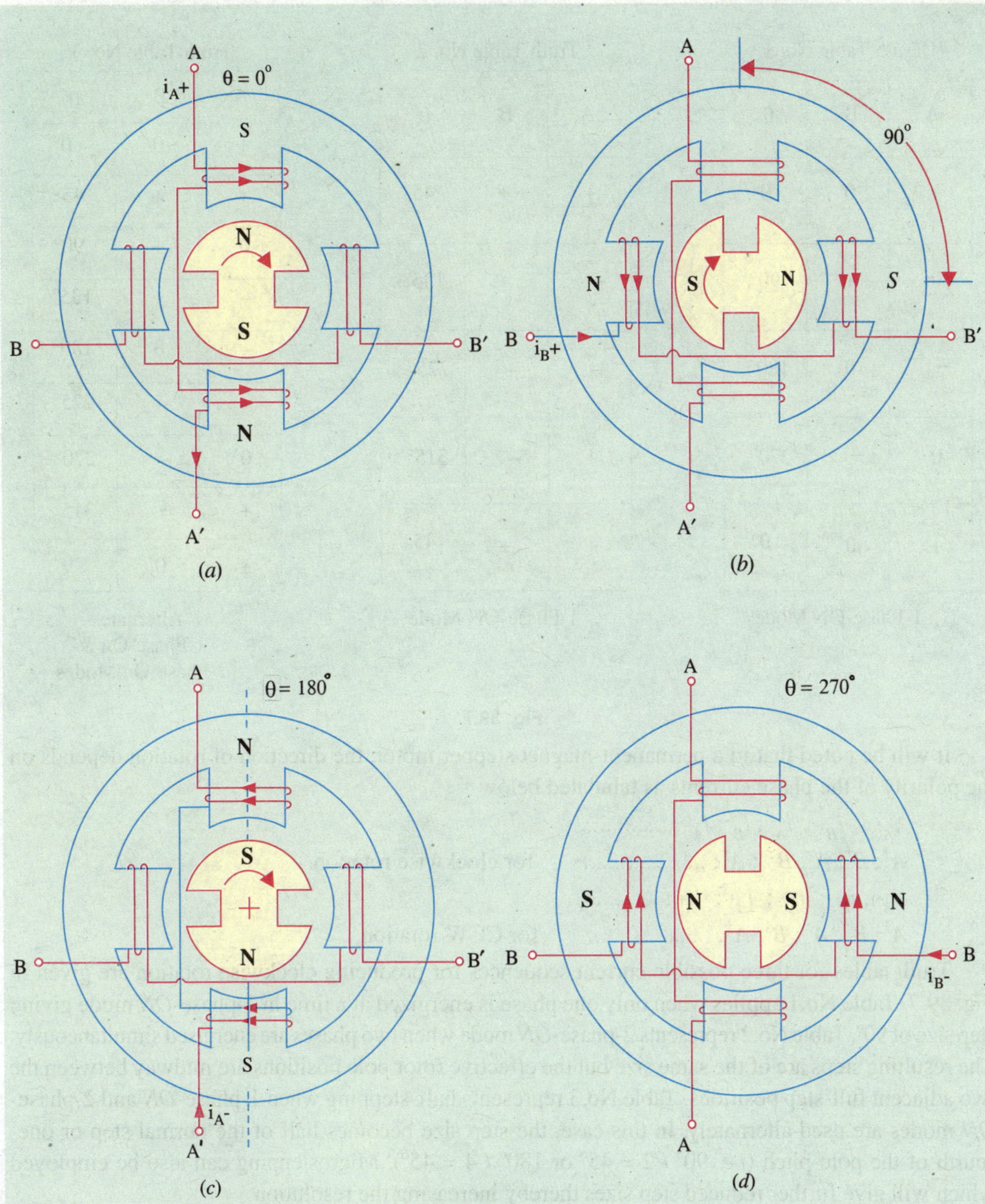

Fig. 39.6

(b)* Working.** When a particular stator phase is energized, the rotor magnetic poles move into alignment with the excited stator poles. The stator windings *A* and *B* can be excited with either polarity current (A^+ refers to positive current i_A+ in the phase *A* and A^- to ***negative current i_A-). Fig.39.6 (*a*) shows the condition when phase *A* is excited with positive current i_A+. Here, $\theta = 0°$. If excitation is now switched to phase *B* as in Fig. 39.6 (*b*), the rotor rotates by a full step of 90° in the clockwise direction. Next, when phase *A* is excited with negative current i_A-, the rotor turns through another 90° in *CW* direction as shown in Fig. 39.6 (*c*). Similarly, excitation of phase *B* with i_B- further turns the rotor through another 90° in the same direction as shown in Fig. 39.6 (*d*). After this, excitation of phase *A* with i_A+ makes the rotor turn through one complete revolution of 360°.

Truth Table No. 1

A	B	θ
+	0	0°
0	+	90°
−	0	180°
0	−	270°
+	0	0°

1-Phase-ON Mode

Truth Table No. 2

A	B	θ
+	+	45°
−	+	135°
−	−	225°
+	−	315°
+	+	45°

1-Phase-ON Mode

Truth Table No. 3

A	B	θ
+	0	0°
+	+	45°
0	+	90°
−	+	135°
−	0	180°
−	−	225°
0	−	270°
+	−	315°
+	0	0°

Alternate
1-Phase-On &
2-Phase-On Modes

Fig. 39.7

It will be noted that in a permanent-magnet stepper motor, the direction of rotation depends on the polarity of the phase currents as tabulated below :

i_{A^+}; i_{B^+}; i_A^-; i_B^-; i_{A^+}, ...

A^+; B^+; A^-; B^- ; A^+; .... for clockwise rotation

i_{A^+}; i_{B^-}; i_{A^-}; i_{B^+}; i_{A^+}; ....

A^+; B^-; A^-; B^+; A^+; .... for CCW rotation

Truth tables for three possible current sequences for producing clockwise rotation are given in Fig. 39.7. Table No.1 applies when only one phase is energized at a time in 1-phase-*ON* mode giving step size of 90º. Table No.2 represents 2-phase-*ON* mode when two phases are energised simultaneously. The resulting steps are of the same size but the effective rotor pole positions are midway between the two adjacent full-step positions. Table No.3 represents half-stepping when 1-phase-*ON* and 2-phase-*ON* modes are used alternately. In this case, the step size becomes half of the normal step or one-fourth of the pole-pitch (*i.e.* 90º / 2 = 45º or 180º / 4 = 45º). Microstepping can also be employed which will give further reduced step sizes thereby increasing the resolution.

(*c*) Advantages and Disadvantages. Since the permanent magnets of the motor do not require external exciting current, it has a low power requirement but possesses a high detent torque as compared to a *VR* stepper motor. This motor has higher inertia and hence slower acceleration. However, it produces more torque per ampere stator current than a *VR* motor. Since it is difficult to manufacture a small permanent-magnet rotor with large number of poles, the step size in such motors is relatively large ranging from 30º to 90º. However, recently disc rotors have been manufactured which are magnetized axially to give a small step size and low inertia.

Example 39.3. *A single-stack, 3-phase VR motor has a step angle of 15º. Find the number of its rotor and stator poles.*

Solution. Now, $\beta = 360° / mN_r$ or $15° = 360° / 3 \times N_r$; $\therefore N_r = 8$.

For finding the value of N_s, we will use the relation $\beta = (N_s - N_r) \times 360° / N_s . N_r$

(i) **When $N_s > N_r$.** Here, $\beta = (N_s - N_r) \times 360° / N_s . N_r$

or $15° = (N_s - 8) \times 360° / 8 N_s$; $\therefore N_s = 12$

(ii) **When $N_s < N_r$.** Here, $15° = (8 - N_s) \times 360° / 8 N_s$; $\therefore N_s = 6$.

Example 39.4. *A four-stack VR stepper motor has a step angle of 1.8°. Find the number of its rotor and stator teeth.*

Solution. A four-stack motor has four phases. Hence, $m = 4$.

$\therefore$ $1.8° = 360° / 4 \times N_r$; $\therefore N_r = 50$.

Since in multi-stack motors, rotor teeth equal the stator teeth, hence $N_s = 50$.

39.7. Hybrid Stepper Motor

Hybrid stepper motor

(a) **Construction.** It combines the features of the variable reluctance and permanent-magnet stepper motors. The rotor consists of a permanent-magnet that is magnetized axially to create a pair of poles marked *N* and *S* in Fig. 39.8 (*b*). Two end-caps are fitted at both ends of this axial magnet. These end-caps consist of equal number of teeth which are magnetized by the respective polarities of the axial magnet. The rotor teeth of one end-cap are offset by a half tooth pitch so that a tooth at one end-cap coincides with a slot at the other. The cross-sectional views perpendicular to the shaft along *X-X′* and *Y-Y′* axes are shown in Fig. 39.8 (*a*) and (*c*) respectively. As seen, the stator consists of four stator poles which are excited by two stator windings in pairs. The rotor has five *N*-poles at one end and five *S*-poles at the other end of the axial magnet. The step angle of such a motor is $= (5-4) \times 360° / 5 \times 4 = 18°$.

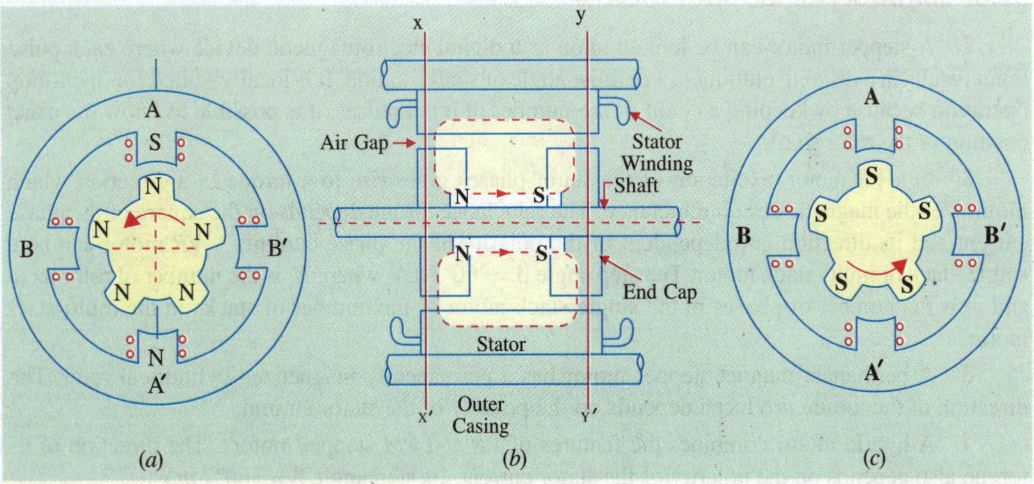

Fig. 39.8

(b) **Working.** In Fig.39.8 (*a*), phase *A* is shown excited such that the top stator pole is a *S*-pole so that it attracts the top *N*-pole of the rotor and brings it in line with the *A-A′* axis. To turn the rotor,

Truth Table

A	B	
+	0	0°
0	+	18°
–	0	36°
0	–	54°
+	0	72°

1-Phase ON
Full-Step Mode

(*a*)

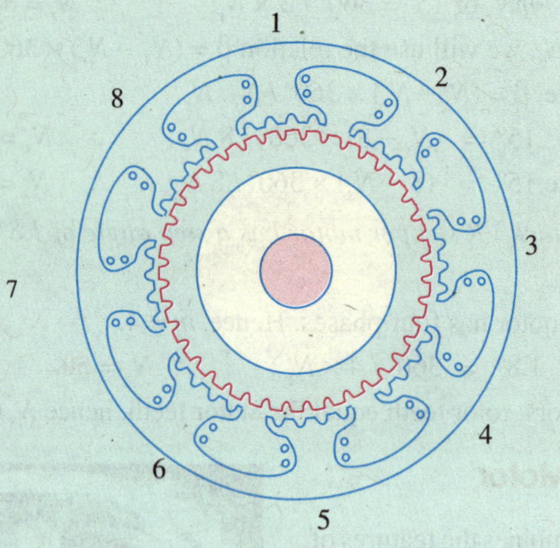

(*b*)

Fig. 39.9

phase *A* is denergized and phase *B* is excited positively. The rotor will turn in the CCW direction by a full step of 18°.

Next, phase *A* and *B* are energized negatively one after the other to produce further rotations of 18° each in the same direction. The truth table is shown in Fig. 39.9 (*a*). For producing clockwise rotation, the phase sequence should be A^+; B^-; A^-; B^+; A^+ etc.

Practical hybrid stepping motors are built with more rotor poles than shown in Fig. 39.9 in order to give higher angular resolution. Hence, the stator poles are often slotted or castleated to increase the number of stator teeth. As shown in Fig. 39.9 (*b*), each of the eight stator poles has been alloted or castleated into five smaller poles making $N_s = 8 \times 5 = 40°$. If rotor has 50 teeth, then step angle = $(50 - 40) \times 360° / 50 \times 40 = 1.8°$. Step angle can also be decreased (and hence resolution increased) by having more than two stacks on the rotor.

This motor achieves small step sizes easily and with a simpler magnet structure whereas a purely *PM* motor requires a multiple permanent-magnet. As compared to *VR* motor, hybrid motor requires less excitation to achieve a given torque. However, like a *PM* motor, this motor also develops good detent torque provided by the permanent-magnet flux. This torque holds the rotor stationary while the power is switched off. This fact is quite helpful because the motor can be left overnight without fear of its being accidentally moved to a new position.

39.8. Summary of Stepper Motors

1. A stepper motor can be looked upon as a digital electromagnetic device where each pulse input results in a discrete output *i.e.* a definite angle of shaft rotation. It is ideally-suited for open-loop operation because by keeping a count of the number of input pulses, it is possible to know the exact position of the rotor shaft.

2. In a *VR* motor, excitation of the stator phases gives rise to a torque in a direction which minimizes the magnetic circuit reluctance. The reluctance torque depends on the square of the phase current and its direction is independent of the polarity of the phase current. A *VR* motor can be a single-stack or multi-stack motor. The step angle $\beta = 360° / mN_r$ where N_r is the number of rotor teeth and *m* is the number of phases in the single-stack motor or the number of stacks in the multi-stack motor.

3. A permanent-magnet stepper motor has a permanently-magnetized cylindrical rotor. The direction of the torque produced depends on the polarity of the stator current.

4. A hybrid motor combines the features of *VR* and *PM* stepper motors. The direction of its torque also depends on the polarity of the stator current. Its step angle $\beta = 360° / mN_r$.

5. In the 1-phase *ON* mode of excitation, the rotor moves by one full-step for each change of excitation. In the 2-phase-*ON* mode, the rotor moves in full steps although it comes to rest at a point midway between the two adjacent full-step positions.

6. Half-stepping can be achieved by alternating between the 1-phase-*ON* and 2-phase-*ON* modes. Step angle is reduced by half.

7. Microstepping is obtained by deliberately making two phase currents unequal in the 2-phase-*ON* mode.

Tutorial Problems 39.1

1. A stepper motor has a step angle of 1.8°. What number should be loaded into the encoder of its drive system if it is desired to turn the shaft ten complete revolutions ? **[2000]**
2. Calculate the step angle of a single-stack, 4-phase, 8/6-pole *VR* stepper motor. What is its resolution ? **[15°; 24 steps/rev]**
3. A stepper motor has a step angle of 1.8° and is driven at 4000 pps. Determine (*a*) resolution (*b*) motor speed (*c*) number of pulses required to rotate the shaft through 54°. **[(*a*) 200 steps/rev (*b*) 1200 rpm (*c*) 30]**
4. Calculate the pulse rate required to obtain a rotor speed of 2400 rpm for a stepper motor having a resolution of 200 steps/rev. **[4000 pps]**
5. A stepper motor has a resolution of 500 steps/rev in the 1-phase-*ON* mode of operation. If it is operated in half-step mode, determine (*a*) resolution (*b*) number of steps required to turn the rotor through 72°. **[(*a*) 1000 steps/rev (*b*) 200]**
6. What is the required resolution for a stepper motor that is to operate at a pulse frequency of 6000 pps and a travel 180° in 0.025 s ? **[300 steps/rev]**

39.9. Permanent-Magnet DC Motor

A permanent-magnet d.c. (PMDC) motor is similar to an ordinary d.c. shunt motor except that its field is provided by permanent magnets instead of salient-pole wound-field structure. Fig. 39.10 (*a*) shows 2-pole PMDC motor whereas Fig. 39.10 (*b*) shows a 4-pole wound-field d.c. motor for comparison purposes.

Permanent magnet DC - motor

(*a*) Construction

As shown in Fig. 39.10 (*a*), the permanent magnets of the PMDC motor are supported by a cylindrical steel stator which also serves as a return path for the magnetic flux. The rotor (*i.e.* armature) has winding slots, commutator segments and brushes as in conventional d.c. machines.

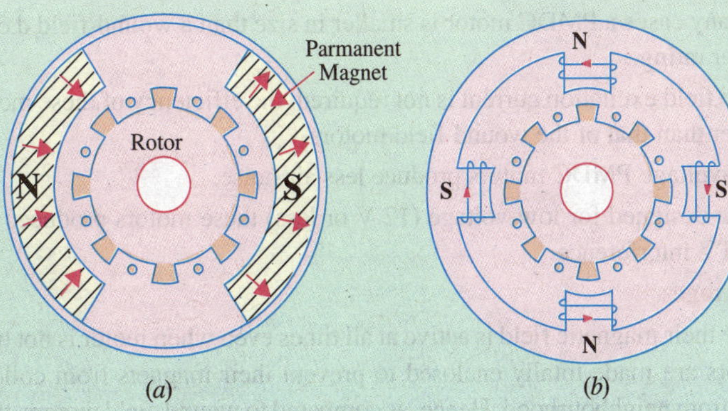

Fig. 39.10

There are three types of permanent magnets used for such motors. The materials used have residual flux density and high coercivity.

(*i*) Alnico magnets – They are used in motors having ratings in the range of 1 kW to 150 kW.

(*ii*) Ceramic (ferrite) magnets – They are much economical in fractional kilowatt motors.

(*iii*) Rare-earth magnets – Made of samarium cobalt and neodymium iron cobalt which have the highest energy product. Such magnetic materials are costly but are best economic choice for small as well as large motors.

Another form of the stator construction is the one in which permanent-magnet material is cast in the form of a continuous ring instead of in two pieces as shown in Fig. 39.10 (*a*).

(*b*) Working

Most of these motors usually run on 6 V, 12 V or 24 V dc supply obtained either from batteries or rectified alternating current. In such motors, torque is produced by interaction between the axial current-carrying rotor conductors and the magnetic flux produced by the permanent magnets.

(*c*) Performance

Fig. 39.11 shows some typical performance curves for such a motor. Its speed-torque curve is a straight line which makes this motor ideal for a servomotor. Moreover, input current increases linearly with load torque. The efficiency of such motors is higher as compared to wound-field dc motors because, in their case, there is no field Cu loss.

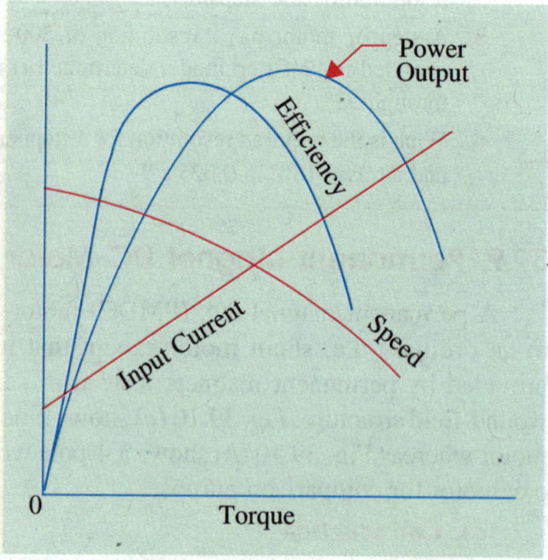

Fig. 39.11

(*d*) Speed Control

Since flux remains constant, speed of a PMDC motor cannot be controlled by using Flux Control Method (Art 33.2). The only way to control its speed is to vary the armature voltage with the help of an armature rheostat (Art 33.2) or electronically by using *x*-choppers. Consequently, such motors are found in systems where speed control below base speed only is required.

(*e*) Advantages

(*i*) In very small ratings, use of permanent-magnet excitation results in lower manufacturing cost.

(*ii*) In many cases a PMDC motor is smaller in size than a wound-field d.c. motor of equal power rating.

(*iii*) Since field excitation current is not required, the efficiency of these motors is generally higher than that of the wound-field motors.

(*iv*) Low-voltage PMDC motors produce less air noise.

(*v*) When designed for low-voltage (12 V or less) these motors produced very little radio and TV interference.

(*f*) Disadvantages

(*i*) Since their magnetic field is active at all times even when motor is not being used, these motors are made totally enclosed to prevent their magnets from collecting magnetic junk from neighbourhood. Hence, as compared to wound-field motors, their temperature tends to be higher. However, it may not be much of a disadvantage in situations where motor is used for short intervals.

(*ii*) A more serious disadvantage is that the permanent magnets can be demagnetized by armature reaction mmf causing the motor to become inoperative. Demagnetization can result from (*a*) improper design (*b*) excessive armature current caused by a fault or transient or improper connection in the armature circuit (*c*) improper brush shift and (*d*) temperature effects.

(*g*) Applications

(*i*) Small, 12-V PMDC motors are used for driving automobile heater and air conditioner blowers, windshield wipers, windows, fans and radio antennas etc. They are also used for electric fuel pumps, marine engine starters, wheelchairs and cordless power tools.

(*ii*) Toy industry uses millions of such motors which are also used in other appliances such as the toothbrush, food mixer, ice crusher, portable vacuum cleaner and shoe polisher and also in portable electric tools such as drills, saber saws and hedge trimmers etc.

39.10. Low-inertia DC Motors

These motors are so designed as to make their armature mass very low. This permits them to start, stop and change direction and speed very quickly making them suitable for instrumentation applications. The two common types of low-inertia motors are (*i*) shell-type motor and (*ii*) printed-circuit (PC) motor.

39.11. Shell-type Low-intertia DC Motor

Its armature is made up of flat aluminium or copper coils bonded together to form a hollow cylinder as shown in Fig. 39.12. This hollow cylinder is not attached physically to its iron core which is stationary and is located inside the shell-type rotor. Since iron does not form part of the rotor, the rotor inertia is very small.

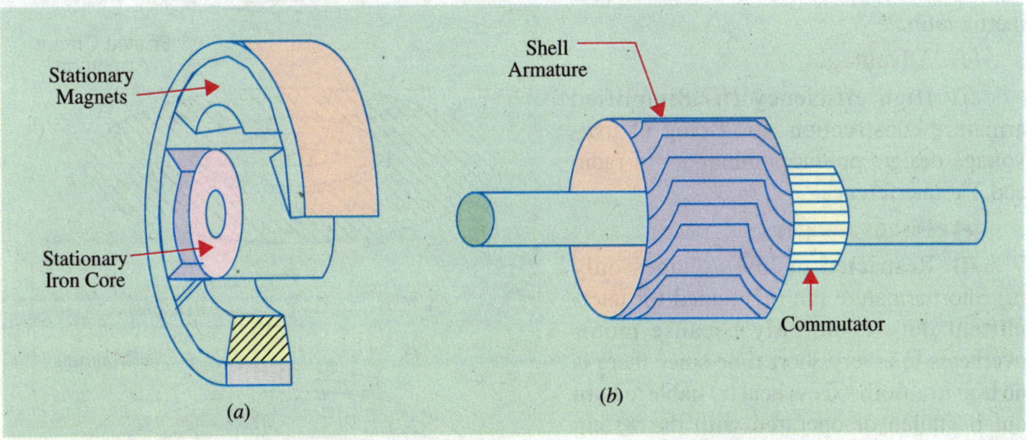

Fig. 39.12

39.12. Printed-circuit (Disc) DC Motor

(*a*) Constructional Details

It is a low-voltage dc motor which has its armature (rotor) winding and commutator printed on a thin disk of non-magnetic insulating material. This disk-shaped armature contains no iron and etched-copper conductors are printed on its both sides. It uses permanent magnets to produce the necessary magnetic field. The magnetic circuit is completed through the flux-return plate which also supports the brushes. Fig. 39.13 shows an 8-pole motor having wave-wound armature. Brushes mounted in an axial direction bear directly on the inner parts of the armature conductors which thus serve as a commutator. Since the number of armature conductors is very large, the torque produced is uniform even at low speeds. Typical sizes of these motors are in the fractional and subfractional horsepower ranges. In many applications, acceleration from zero to a few thousand rpm can be obtained within 10 ms.

Low voltage DC motor

(b) Speed Control

The speed can be controlled by varying either the applied armature voltage or current. Because of their high efficiency, fan cooling is not required in many applications. The motor brushes require periodic inspection and replacement. The rotor disk which carries the conductors and commutator, being very thin, has a limited life. Hence, it requires replacing after some time.

(c) Main Features

The main features of this motor are (*i*) very low-inertia (*ii*) high overload current capability (*iii*) linear speed-torque characteristic (*iv*) smooth torque down to near-zero speed (*v*) very suitable for direct-drive control applications (*vi*) high torque/inertia ratio.

(d) Advantages

(*i*) High efficiency (*ii*) Simplified armature construction (*iii*) Being of low-voltage design, produces minimum of radio and TV interference.

(e) Disadvantages

(*i*) Restricted to low voltages only (*ii*) Short armature life (*iii*) Suited for intermittent duty cycle only because motor overheats in a very short time since there is no iron to absorb excess heat (*v*) liable to burn out if stalled or operated with the wrong supply voltage.

(f) Applications

These low-inertia motors have been developed specifically to provide high performance characteristics when used in direct-drive control applications. Examples are :

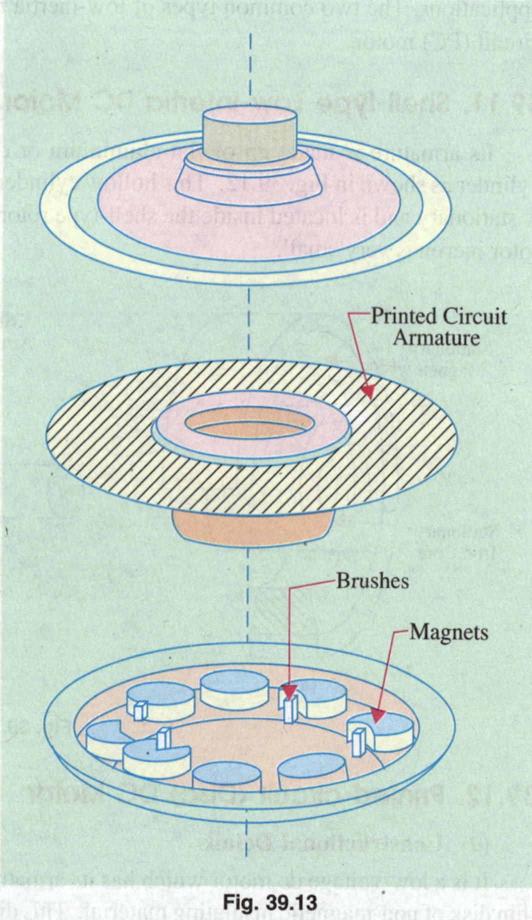

Fig. 39.13

(*i*) high speed paper tape readers (*ii*) oscillographs (*iii*) *X-Y* recorders (*iv*) layer winders (*v*) point-to-point tool positioners *i.e.* as positioning servomotors (*vi*) with in-built optical position encoder, it competes with stepping motor (*vii*) in high rating is being manufactured for heavy-duty drives such as lawn mowers and battery-driven vehicles etc.

39.13. Permanent-Magnet Synchronous Motors

(*a*) Construction and Performance

Such motors have a cage rotor having rare-earth permanent magnets instead of a wound field. Such a motor starts like an induction motor when fed from a fixed-frequency supply. A typical 2-pole and 4-pole surface-mounted versions of the rotor are shown in Fig. 39.14. Since no d.c. supply is needed for exciting the rotor, it can be made more robust and reliable. These motors have outputs ranging from about 100 W upto 100 kW. The maximum synchronous torque is designed to be around

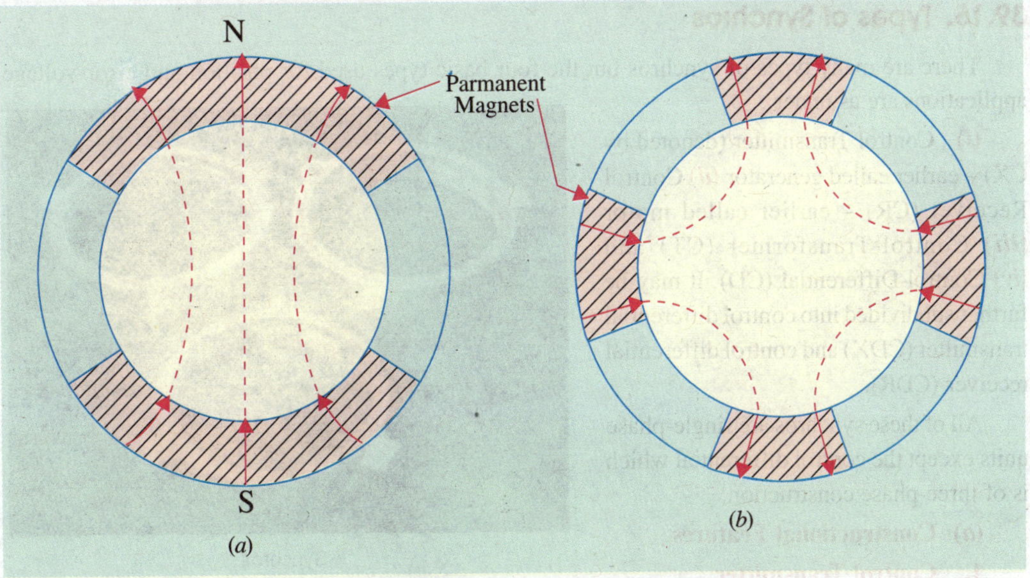

Fig. 39.14

150 per cent of the rated torque. If loaded beyond this point, the motor loses synchronism and will run either as an induction motor or stall.

These motors are usually designed for direct-on-line (DOL) starting. The efficiency and power factor of the permanent-magnet excited synchronous motors are each 5 to 10 points better than their reluctance motor counterparts.

(*b*) Advantages

Since there are no brushes or slip-rings, there is no sparking. Also, brush maintenance is eliminated. Such motors can pull into synchronism with inertia loads of many times their rotor inertia.

(*c*) Applications

These motors are used where precise speed must be maintained to ensure a consistent product. With a constant load, the motor maintains a constant speed.

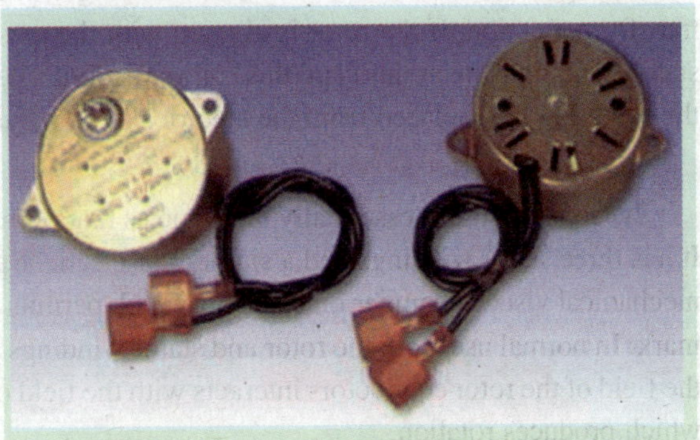

Permanent magnetic synchronous motor

Hence, these motors are used for synthetic-fibre drawing where constant speeds are absolutely essential.

39.14. Synchros

It is a general name for self-synchronizing machines which, when electrically energized and electrically interconnected, exert torques which cause two mechanically independent shafts either to run in synchronism or to make the rotor of one unit follow the rotor position of the other. They are also known by the trade names of selsyns and autosyns. Synchros, in fact, are small cylindrical motors varying in diameter from 1.5 cm to 10 cm depending on their power output. They are low-torque devices and are widely used in control systems for transmitting shaft position information or for making two or more shafts to run in synchronism. If a large device like a robot arm is to be positioned, synchros will not work. Usually, a servomotor is needed for a higher torque.

39.15. Types of Synchros

There are many types of synchros but the four basic types used for position and error-voltage applications are as under :

(i) Control Transmitter (denoted by CX) – earlier called generator *(ii)* Control Receiver (CR) – earlier called motor *(iii)* Control-Transformer (CT) and *(iv)* Control Differential (CD). It may be further subdivided into control differential transmitter (CDX) and control differential receiver (CDR).

Synchros

All of these synchros are single-phase units except the control differential which is of three-phase construction.

(a) Constructional Features

1. Control Transmitter

Its constructional details are shown in Fig. 39.15 *(a)*. It has a three-phase stator winding similar to that of a three-phase synchronous generator. The rotor is of the projecting-pole type using dumbell construction and has a single-phase winding. When a single-phase ac voltage is applied to the rotor through a pair of slip rings, it produces an alternating flux field along the axes of the rotor. This alternating flux induces three unbalanced single phase/voltage in the three stator windings by transformer action. If the rotor is aligned with the axis of the stator winding 2, flux linkage of this stator winding is maximum and this rotor position is defined as the electrical zero. In Fig. 39.15 *(b)*, the rotor axis is displaced from the electrical zero by an angle displaced 120º apart.

(b) Control Receiver (CR)

Its construction is essentially the same as that of the control transmitter shown in Fig. 39.15 *(a)*. It has three stator windings and a single-phase salient-pole rotor. However, unlike a *CX*, a *CR* has a mechanical viscous damper on the shaft which permits *CR* rotor to respond without overshooting its mark. In normal use, both the rotor and stator windings are excited with single-phase currents. When the field of the rotor conductors interacts with the field of the stator conductors, a torque is developed which produces rotation.

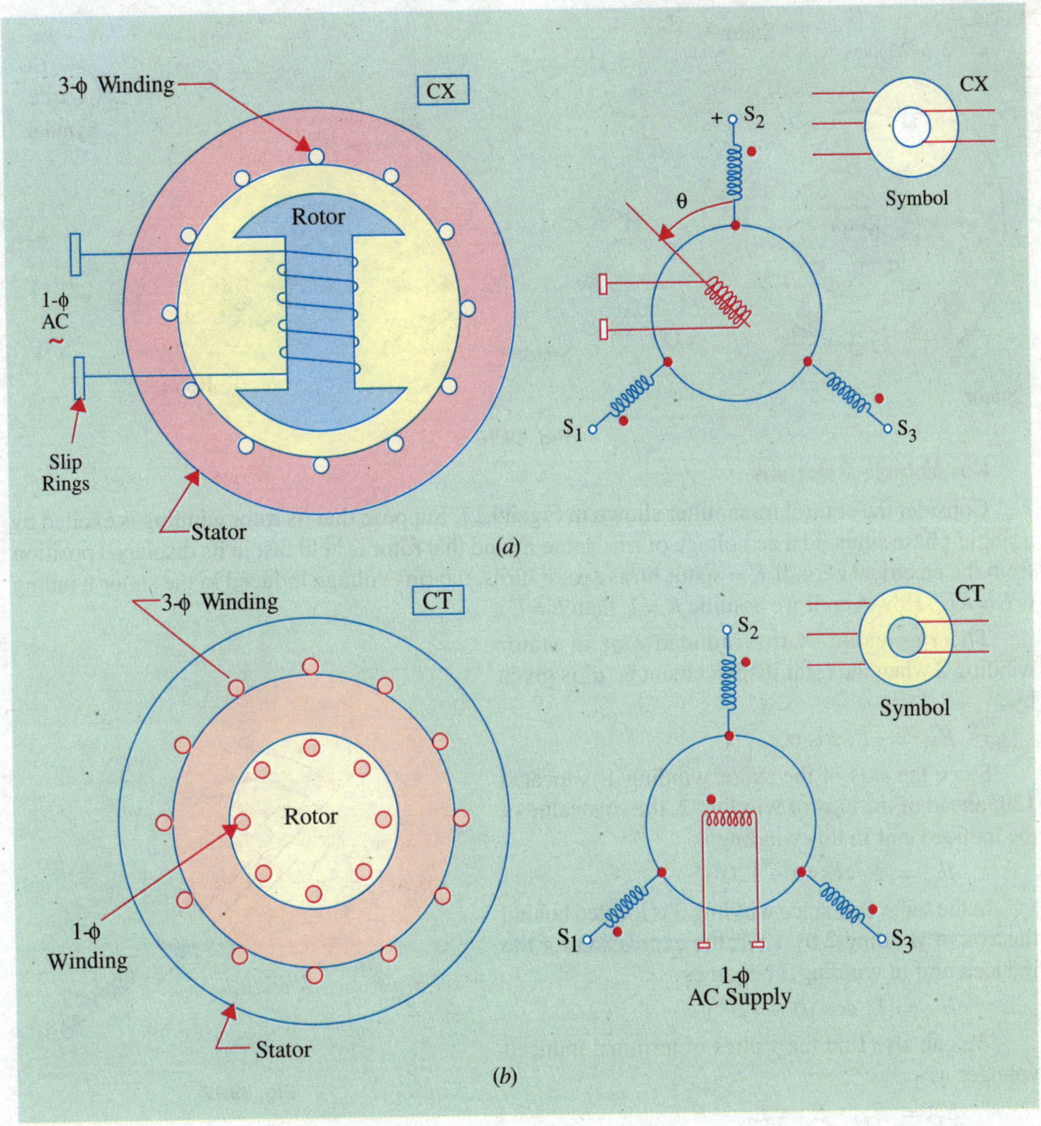

Fig. 39.15

(*c*) Control Transformer (CT)

As shown in Fig. 39.15 (*b*) its stator has a three-phase winding whereas the cylindrical rotor has a single-phase winding. In this case, the electrical zero is defined as that position of the rotor that makes the flux linkage with winding 2 of the stator zero. This rotor position has been shown in Fig. 39.15 (*b*) and is different from that of a control transmitter.

(*d*) Control Differential (CD)

The differential synchro has a balanced three-phase distributed winding in both the stator and the rotor. Moreover, it has a cylindrical rotor as shown in Fig. 39.16 (*a*). Although three-phase windings are involved, it must be kept in mind that these units deal solely with single-phase voltages. The three winding voltages are not polyphase voltages. Normally, the three-phase voltages are identical in magnitude but are separated in phase by 120º. In synchros, these voltages are in phase but differ in magnitude because of their physical orientation.

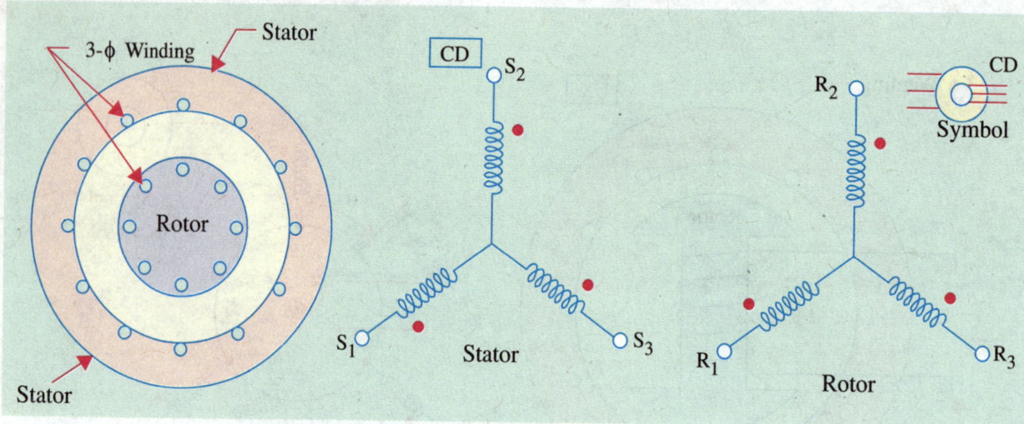

Fig. 39.16

(e) Voltage Relations

Consider the control transmitter shown in Fig. 39.17. Suppose that its rotor winding is excited by a single-phase sinusoidal ac voltage of rms value E_r and that rotor is held fast in its displaced position from the electrical zero. If K = stator turns / rotor turns, the rms voltage induced in the stator winding is $E = KE_r$. However, if we assume $K = 1$, then $E = E_r$.

The rms value of the induced emf in stator winding 2 when the rotor displacement is 'a' is given by

$$E_{2s} = E_r \cos \alpha.$$

Since the axis of the stator winding 1 is located 120º ahead of the axis of winding 2, the rms value of the induced emf in this winding is

$$E_{1s} = E_r \cos (\alpha - 120°).$$

In the same way since winding 3 is located behind the axis of winding 2 by 120º, the expression for the induced emf in winding 3 becomes

$$E_{3s} = E_r \cos (\alpha + 120°).$$

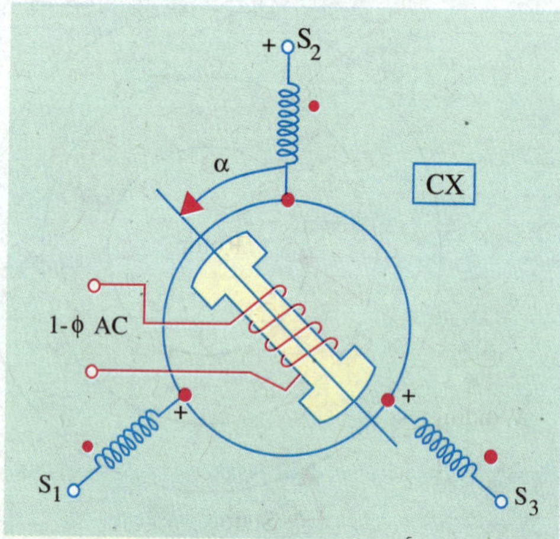

Fig. 39.17

We can also find the values of terminal induced voltages as

$$\begin{aligned} E_{12} &= E_{1s} + E_{s2} = E_{1s} - E_{2s} \\ &= E_r \cos \alpha \cos 120° + E_r \sin \alpha \sin 120° - E_r \cos \alpha \\ &= E_r \left(-\frac{3}{2} \cos \alpha + \frac{\sqrt{3}}{2} \sin \alpha \right) \\ &= \sqrt{3}\, E_r \left(-\frac{1}{2} \cos \alpha + \frac{1}{2} \sin \alpha \right) \\ &= \sqrt{3}\, E_r \cos (\alpha - 150°) \end{aligned}$$

$$\begin{aligned} E_{23} &= E_{2s} + E_{s3} = E_{2s} - E_{3s} \\ &= E_r \left(\frac{3}{2} \cos \alpha + \frac{\sqrt{3}}{2} \sin \alpha \right) = \sqrt{3}\, E_r \left(\frac{\sqrt{3}}{2} \cos \alpha + \frac{1}{2} \sin \alpha \right) = \sqrt{3}\, E_r \cos (\alpha - 30°) \end{aligned}$$

$$\begin{aligned} E_{31} &= E_{3s} + E_{s1} = E_{3s} - E_{1s} \\ &= E_r \cos (\alpha + 120°) - E_r \cos (\alpha - 120°) \\ &= -\sqrt{3}\, E_r \sin \alpha = \sqrt{3}\, E_r \cos (\alpha + 90°) \end{aligned}$$

Example 39.5. *The rotor of a control transmitter (CX) is excited by a single-phase ac voltage of rms value 20 V. Find the value of E_{1s}, E_{2s} and E_{3s} for rotor angle $\alpha = +40°$ and $-40°$. Assume the stator/rotor turn ratio as unity. Also, find the values of terminal voltages when $\alpha = +30°$.*

Solution. Since $K = 1$, the voltage relations derived in will be used.

(*a*) $\alpha = +40°$

$$E_{2s} = E_r \cos\alpha = 20 \cos 40° = 15.3 \text{ V}$$

$$E_{1s} = E_r \cos(\alpha - 120°) = 20 \cos(40° - 120°) = \mathbf{3.5 \text{ V}}$$

$$E_{3s} = E_r \cos(\alpha + 120°) = 20 \cos 160° = \mathbf{-18.8 \text{ V}}$$

(*b*) $\alpha = -40°$

$$E_{2s} = 20 \cos(-40°) = 15.3 \text{ V}$$

$$E_{1s} = 20 \cos(-40° - 120°) = 20 \cos(-160°) = -18.8 \text{ V}$$

$$E_{3s} = 20 \cos(-40° + 120°) = 20 \cos 80° = \mathbf{3.5 \text{ V}}$$

(*c*)

$$E_{12} = \sqrt{3} \times 20 \times \cos(30° - 150°) = -17.3 \text{ V}$$

$$E_{23} = \sqrt{3}\, E_r \cos(\alpha - 30°) = \sqrt{3}\, E_r \cos(30° - 30°) = 34.6 \text{ V}$$

$$E_{31} = \sqrt{3}\, E_r \cos(\alpha + 90°) = \sqrt{3} \times 20 \times \cos(30° + 90°) = \mathbf{-17.3 \text{ V}}$$

39.16. Applications of Synchros

The synchros are extensively used in servomechanism for torque transmission, error detection and for adding and subtracting rotary angles. We will consider these applications one by one.

(*a*) Torque Transmission

Synchros are used to transmit torque over a long distance without the use of a rigid mechanical connection. Fig. 39.18 represents an arrangement for maintaining alignment of two distantly-located shafts. The arrangement requires a control transmitter (CX) and a control receiver (CR) which acts as a torque receiver. As *CX* is rotated by an angle α, *CR* also rotates through the same angle α. As shown, the stator windings of the two synchros are connected together and their rotors are connected to the same single-phase ac supply.

Working. Let us suppose that *CX* rotor is displaced by an angle α and switch SW_1 is closed to energize the rotor winding. The rotor winding flux will induce an unbalanced set of three single-phase voltages (in time phase with the rotor voltage) in the *CX* stator phase windings which will circulate currents in the *CR* stator windings. These currents produce the *CR* stator flux field whose axis is fixed by the angle α. If the *CR* rotor winding is now energized by closing switch SW_2, its flux field will interact with the flux field of the stator winding and thereby produce a torque. This torque will rotate the freely-moving *CR* rotor to a position which exactly corresponds with the *CT* rotor *i.e.* it will be displaced by the same angle α as shown in Fig. 39.18. It should be noted that if the two rotors are in the same relative positions, the stator voltages in the two synchros will be exactly equal and opposite. Hence, there will be no current flow in the two stator windings and so no torque will be produced and the system will achieve equilibrium. If now, the transmitter rotor angle changes to a new value, then new set of voltages would be induced in the transmitter stator windings which will again drive currents through the receiver stator windings. Hence, necessary torque will be produced which will turn the *CR* rotor through an angle corresponding to that of the *CT* rotor. That is why the transmitter rotor is called the master and the receiver rotor as the slave, because it follows its master. It is worth noting that this master-slave relationship is reversible because when the receiver rotor is displaced through a certain angle, it causes the transmitter rotor to turn through the same angle.

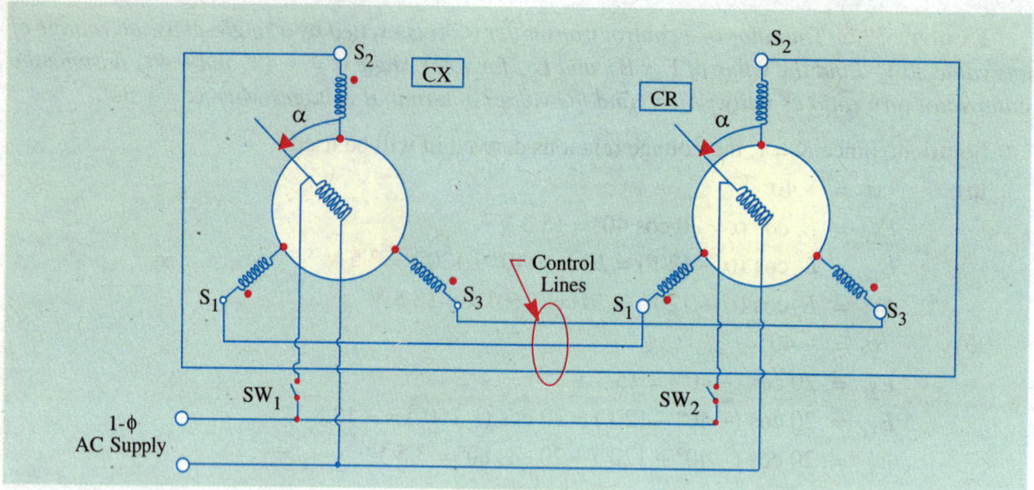

Fig. 39.18

(b) Error Detection

Synchros are also used for error detection in a servo control system. In this case, a command in the form of a mechanical displacement of the *CX* rotor is converted to an electrical voltage which appears at the *CT* rotor winding terminals which can be further amplified by an amplifier.

For this purpose, we require a *CX* synchro and a *CT* synchro as shown in Fig. 39.19. Only the *CX* rotor is energized from the single-phase ac voltage supply which produces an alternating air-gap flux field. This time-varying flux field induces voltages in the stator windings whose values for $\alpha = 30^\circ$ are as indicated in the Fig. 39.19. The *CX* stator voltages supply magnetizing currents in the *CT* stator

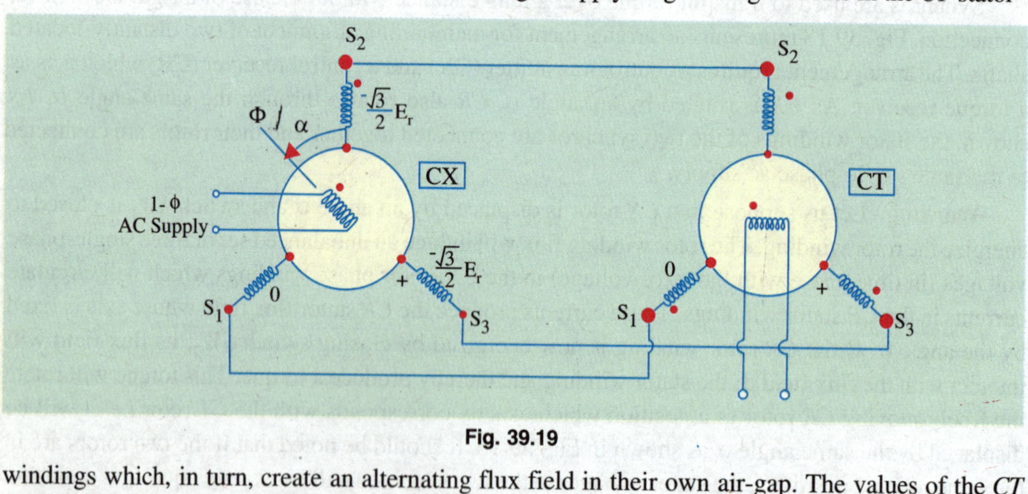

Fig. 39.19

windings which, in turn, create an alternating flux field in their own air-gap. The values of the *CT* stator phase currents are such that the air-gap flux produced by them induces voltages that are equal and opposite to those existing in the *CX* stator. Hence, the direction of the resultant flux produced by the *CX* stator phase currents is forced to take a position which is exactly identical to that of the rotor axis of the *CT*.

If the *CT* rotor is assumed to be held fast in its electrical zero position as shown in Fig.39.19, then the rms voltage induced in the rotor is given by $E = E_{max} \sin \alpha$, where E_{max} is the maximum voltage induced by the *CT* air-gap flux when coupling with the rotor windings is maximum and α is the displacement angle of the *CT* rotor.

In general, the value of the rms voltage induced in the *CT* rotor winding when the displacement of the *CX* rotor is α_x and that of the *CT* rotor is α_T is given by

$$E = E_{max} \sin (\alpha_x - \alpha_T)$$

39.17. Control Differential Transmitter

It can be used to produce a rotation equal to the sum of difference of the rotations of two shafts. The arrangement for this purpose is shown in Fig. 39.20 (*a*). Here, a CDX is coupled to a control transmitter on one side and a control receiver on the other. The *CX* and *CR* rotor windings are energized from the same single-phase voltage supply.

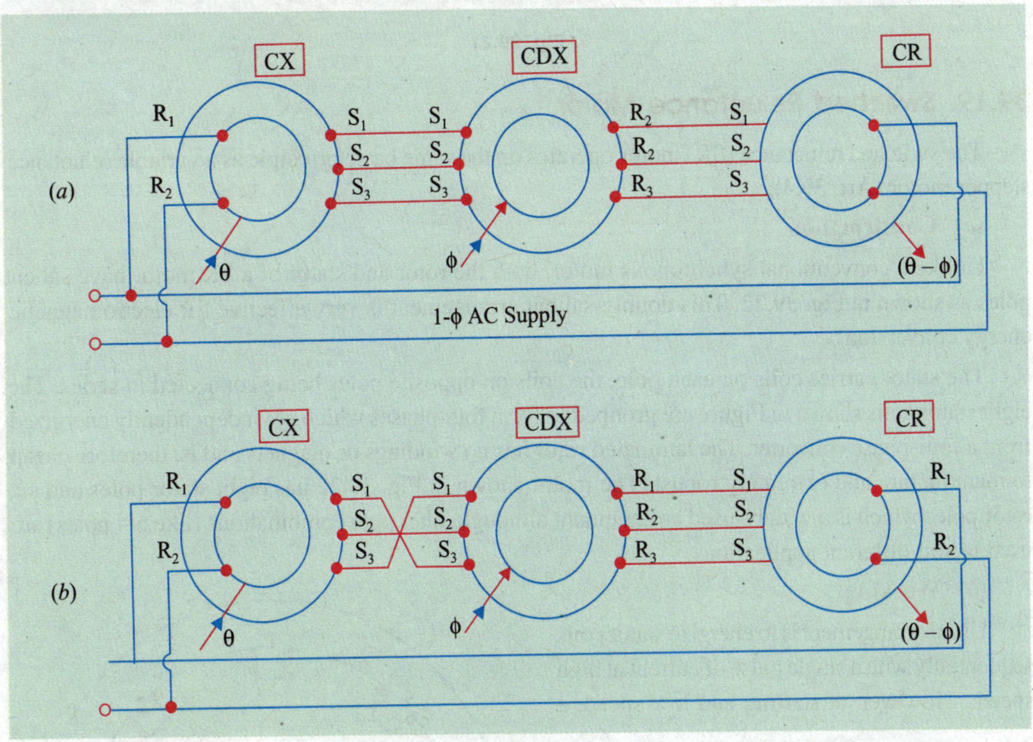

Fig. 39.20

It has two inputs : Mechanical θ and Electrical ϕ and the output is Machnical (θ – ϕ). The mechanical input (θ) to *CX* is converted and applied to the *CDX* stator. With a rotor input (ϕ), the electrical output of the *CDX* is applied to the *CR* stator which provides the mechanical output (θ – ϕ).

As shown in Fig. 39.20 (*b*), if any two stator connections between *CX* and *CDX* are transposed, the electrical input from *CX* to *CDX* becomes –θ, hence the output becomes (–θ – ϕ) = – (θ + ϕ).

39.18. Control Differential Receiver

In construction, it is similar to a *CDX* but it accepts two electrical input angles and provide the difference angle as a mechanical output (Fig. 39.21).

The arrangement consists of two control transmitters coupled to a *CDR*. The two control transmitters provide inputs to the CDX, one (θ) to the stator and the other (ϕ) to the rotor. The *CDX* output is the difference of the two inputs *i.e.* (θ – ϕ).

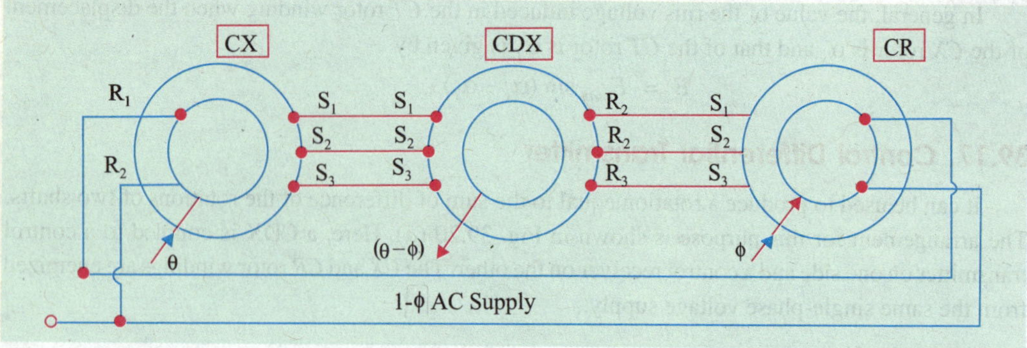

Fig. 39.21

39.19. Switched Reluctance Motor

The switched reluctance (SR) motor operates on the same basic principle as a variable reluctance stepper motor (Art. 39.4).

(*a*) Construction

Unlike a conventional synchronous motor, both the rotor and stator of a SR motor have salient poles as shown in Fig. 39.22. This doubly-salient arrangement is very effective for electromagnetic energy conversion.

The stator carries coils on each pole, the coils on opposite poles being connected in series. The eight stator coils shown in Figure are grouped to form four phases which are independently energized from a four-phase converter. The laminated rotor has no windings or magnets and is, therefore cheap to manufacture and extremely robust. The motor shown in Fig. 39.22 has eight stator poles and six rotor poles which is a widely-used arrangement although other pole combinations (like 6/4 poles) are used to suit different applications.

(*b*) Working

Usual arrangement is to energize stator coils sequentially with a single pulse of current at high speed. However, at starting and low speed, a current-chopper type control is used to limit the coil current.

Switched reluctance motor

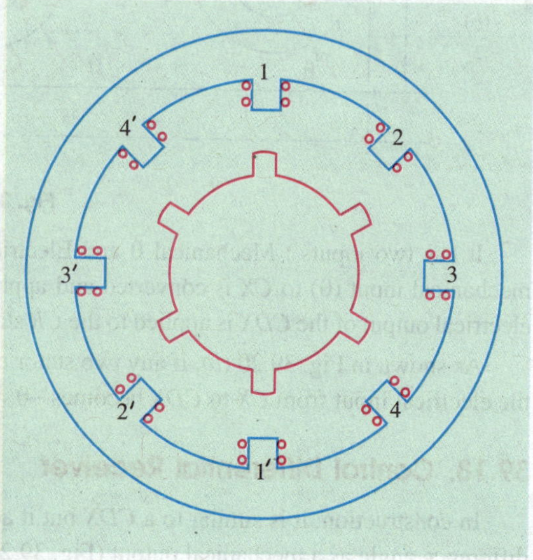

Fig. 39.22

The motor rotates in the anticlockwise direction when the stator phases are energized in the sequence 1, 2, 3, 4 and in clockwise direction when energized in the sequence 1, 4, 3, 2. When the stator coils are energized, the nearest pair of rotor poles is pulled into alignment with the appropriate stator poles by reluctance torque.

Closed-loop control is essential to optimize the switching angles of the applied coil voltages. The stator phases are switched by signals derived from a shaft-mounted rotor position detectors such as Hall-effect devices or optical sensors Fig. (39.23). This causes the behaviour of the SR motor to resemble that of a dc motor.

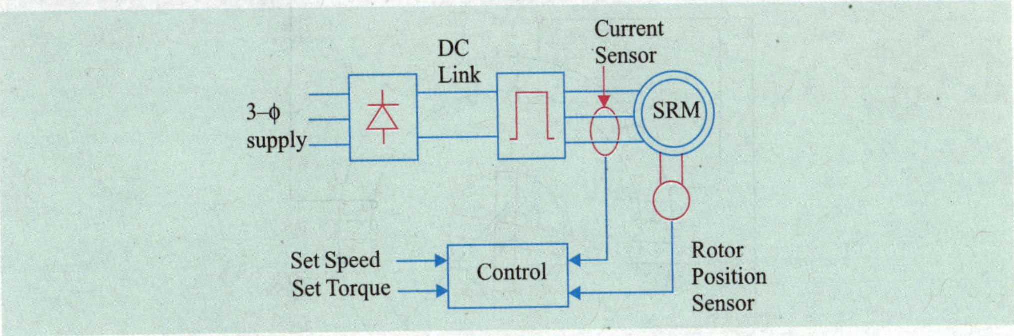

Fig. 39.23

(c) Advantages and Disadvantages

Although the newest arrival on the drives scene, the SR motor offers the following advantages: (*i*) higher efficiency (*ii*) more power per unit weight and volume (*iii*) very robust because rotor has no windings or slip rings (*iv*) can run at very high speed (upto 30,000 rpm) in hazardous atmospheres (*v*) has versatile and flexible drive features and (*vi*) four-quadrant operation is possible with appropriate drive circuitry.

However, the drawbacks are that it is (*i*) relatively unproven (*ii*) noisy and (*iii*) not well-suited for smooth torque production.

(d) Applications

Even though the SR technology is still in its infancy, it has been successfully applied to a wide range of applications such as (*i*) general purpose industrial drives (*ii*) traction (*iii*) domestic appliances like food processors, vacuum cleaners and washing machines etc., and (*iv*) office and business equipment.

39.20. Comparison between *VR* Stepper Motor and SR Motor

VR Stepper Motor	*SR Motor*
1. It rotates in steps.	It is meant for continuous rotation.
2. It is designed first and foremost for open-loop operation.	Closed-loop control is essential for its optimal working.
3. Its rotor poles are made of ferromagnetic material.	Its rotor poles are also made of ferromagnetic material.
4. It is capable of half-step operation and microstepping.	It is not designed for this purpose.
5. Has low power rating.	Has power ratings upto 75 kW (100 hp).
6. Has lower efficiency.	Has higher overall efficiency.

39.21. The Resolver

In many ways, it is similar to a synchro but differs from it in the following respects : *(i)* Electrical displacement between stator windings is 90° and not 120° *(ii)* It has two stator windings and two rotor windings (Fig. 39.24) *(iii)* Its input can be either to the stator or to the rotor *(iv)* They are usually not used as followers because their output voltage is put to further use.

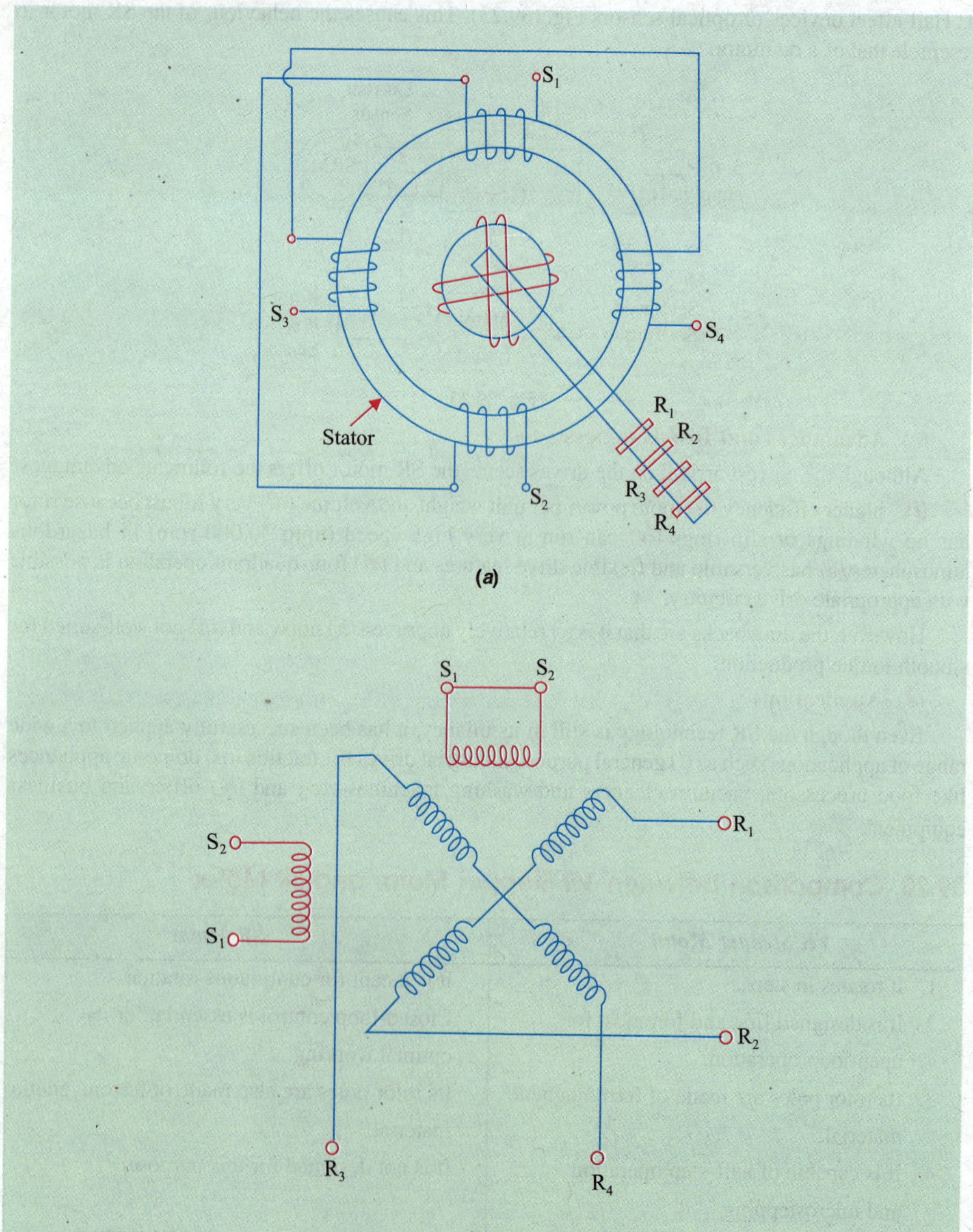

Fig. 39.24

(a) Construction

The main constructional features and the symbol for a resolver are shown in Fig. 39.24. There are two stator windings which are wound 90º apart. In most applications, only one stator winding is used, the other being short-circuited. The two rotor winding connections are brought out through slip rings and brushes.

(b) Applications

Resolvers find many applications in navigation and height determination as shown in Fig. 39.25 (*a*) and (*c*) where Fig. 39.25 (*b*) provides the key.

(i) Navigation Application

As shown in Fig. 39.25 (*a*), the purpose is to determine the distance *D* to the destination. Suppose the range *R* to a base station as found by a radar ranging device is 369 km. The angle θ is also determined directly. If the amplifier scale is 4.5 V per 100 km, the range would be represented by 369 × (4.5 / 100) = 16.6 V. Further suppose that angle θ is found to be 52.5º. Now, set the resolver at 52.5º and apply 16.6 V to rotor terminals $R_3 R_4$. The voltage which appears at terminals $S_1 S_2$ represents *D*. If we assume *K* = stator turns / rotor turns = 1, the voltage available at $S_1 S_2$ will be = 16.6 / cos 52.5º = 16.6 / 0.6088 = 27.3 V. Since 4.5 V represents 100 km, 27.3 V represents 27.3 × 100 / 4.5 = 607 km.

(ii) Height Determination

Suppose the height *H* of a building is to be found. First of all, the oblique distance *D* to the top of the building is found by a range finder. Let *D* = 210 m and the scale of the amplifier to the resolver stator be 9 V per 100 m. The equivalent voltage is 9 × 210 / 100 = 18.9 V. This voltage is applied to stator terminals is $S_1 S_2$ of the resolver. Suppose the angle θ read from the resolver scale is 61.3°. The height of the building is given in the form of voltage which appears across the rotor terminals $R_1 R_2$. Assuming stator / rotor turn ratio as unity and the same amplifier ratio for the rotor output, the voltage across $R_1 R_2$ = 18.9 × sin 61.3° = 16.6 V. Hence, *H* = 16.6 × 100 / 9 = 184 m. It would be seen that in using the resolver, there is no need to go through trigonometric calculations because the answers come out directly.

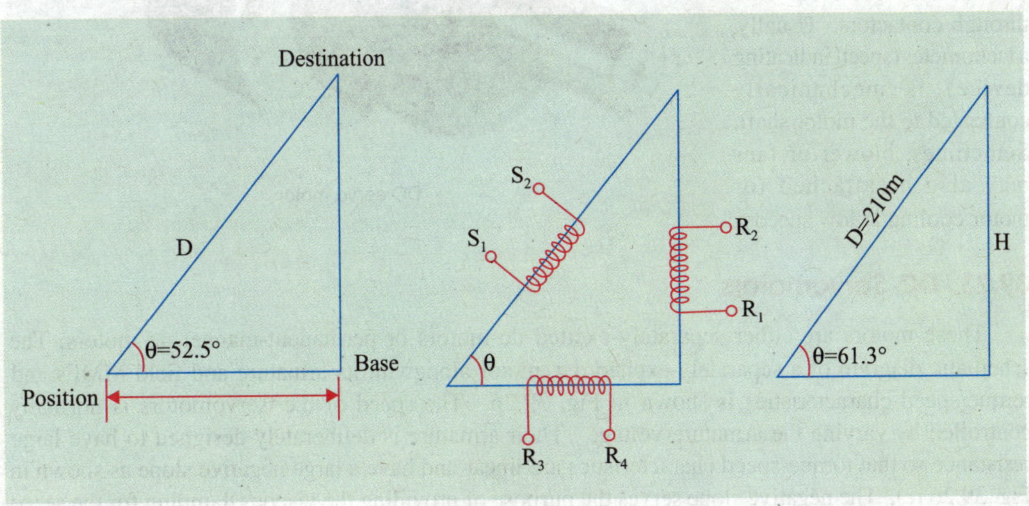

Fig. 39.25

39.22. Servomotors

They are also called control motors and have high-torque capabilities. Unlike large industrial motors, they are not used for continuous energy conversion but only for precise speed and precise position control at high torques. Of course, their basic principle of operation is the same as that of other electromagnetic motors. However, their construction, design and mode of operation are different. Their power ratings vary from a fraction of a watt upto a few 100 W. Due to their low-inertia, they have high speed of response. That is why they are smaller in diameter but longer in length. They generally operate at vary low speeds or sometimes zero speed. They find wide applications in radar, tracking and guidance systems, process controllers, computers and machine tools. Both dc and a.c. (2-phase and 3-phase) servomotors are used at present.

Servomotors differ in application capabilities from large industrial motors in the following respects :

1. They produce high torque at all speeds including zero speed.
2. They are capable of holding a static (*i.e.* no motion) position.
3. They do not overheat at standstill or lower speeds.
4. Due to low-inertia, they are able to reverse directions quickly.
5. They are able to accelerate and deaccelerate quickly.
6. They are able to return to a given position time after time without any drift.

These motors look like the usual electric motors. Their main difference from industrial motors is that more electric wires come out of them for power as well as for control. The servomotor wires go to a controller and not to the electrical line through contactors. Usually, a tachometer (speed indicating device) is mechanically connected to the motor shaft. Sometimes, blower or fans may also be attached for motor cooling at low speeds.

DC servo motor

39.23. DC Servomotors

These motors are either separately-excited dc motors or permanent-magnet dc motors. The schematic diagram of a separately-excited d.c. motor alongwith its armature and field MMFs and torque/speed characteristics is shown in Fig. 39.26. The speed of d.c. servomotors is normally controlled by varying the armature voltage. Their armature is deliberately designed to have large resistance so that torque-speed characteristics are linear and have a large negative slope as shown in Fig. 39.26 (*c*). The negative slope serves the purpose of providing the viscous damping for the servo drive system.

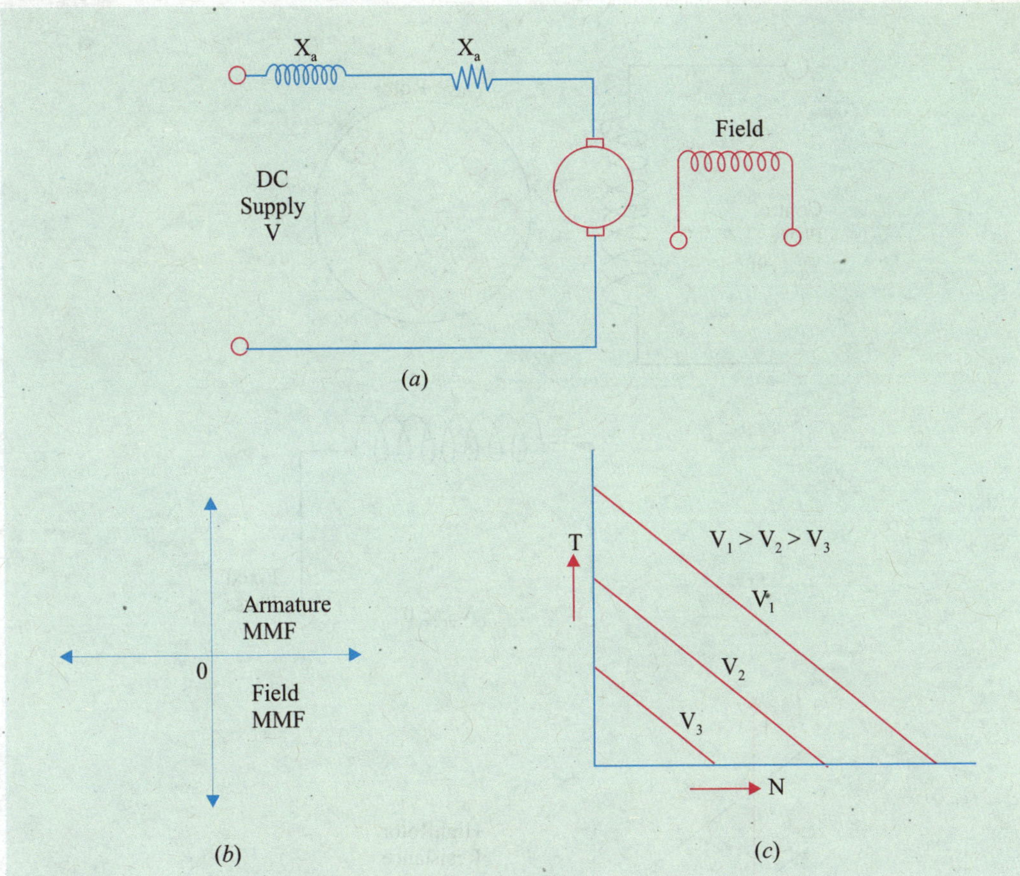

Fig. 39.26

As shown in Fig. 39.26 (*b*), the armature m.m.f. and excitation field mmf are in quadrature. This fact provides a fast torque response because torque and flux become decoupled. Accordingly, a step change in the armature voltage or current produces a quick change in the position or speed of the rotor.

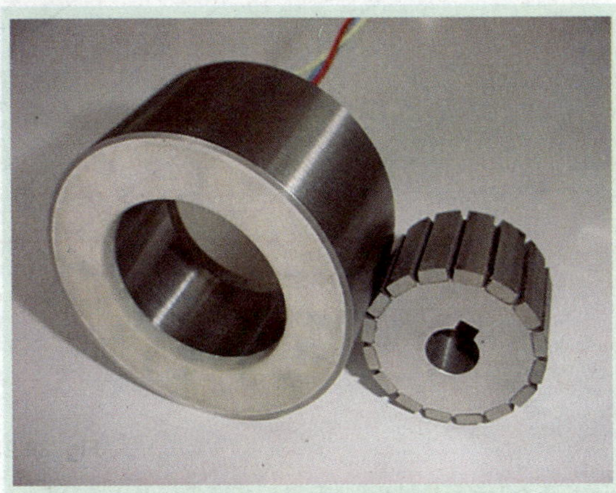

Permanent magnet stepper motor

39.24. AC Servomotors

Presently, most of the ac servomotors are of the two-phase squirrel-cage induction type and are used for low power applications. However, recently three-phase induction motors have been modified for high power servo systems which had so far been using high power d.c. servomotors.

(*a*) Two-phase AC Servomotor

Such motors normally run on a frequency of 60 Hz or 400 Hz (for airborne systems). The stator has two distributed windings which are displaced from each other by 90° (electrical). The main

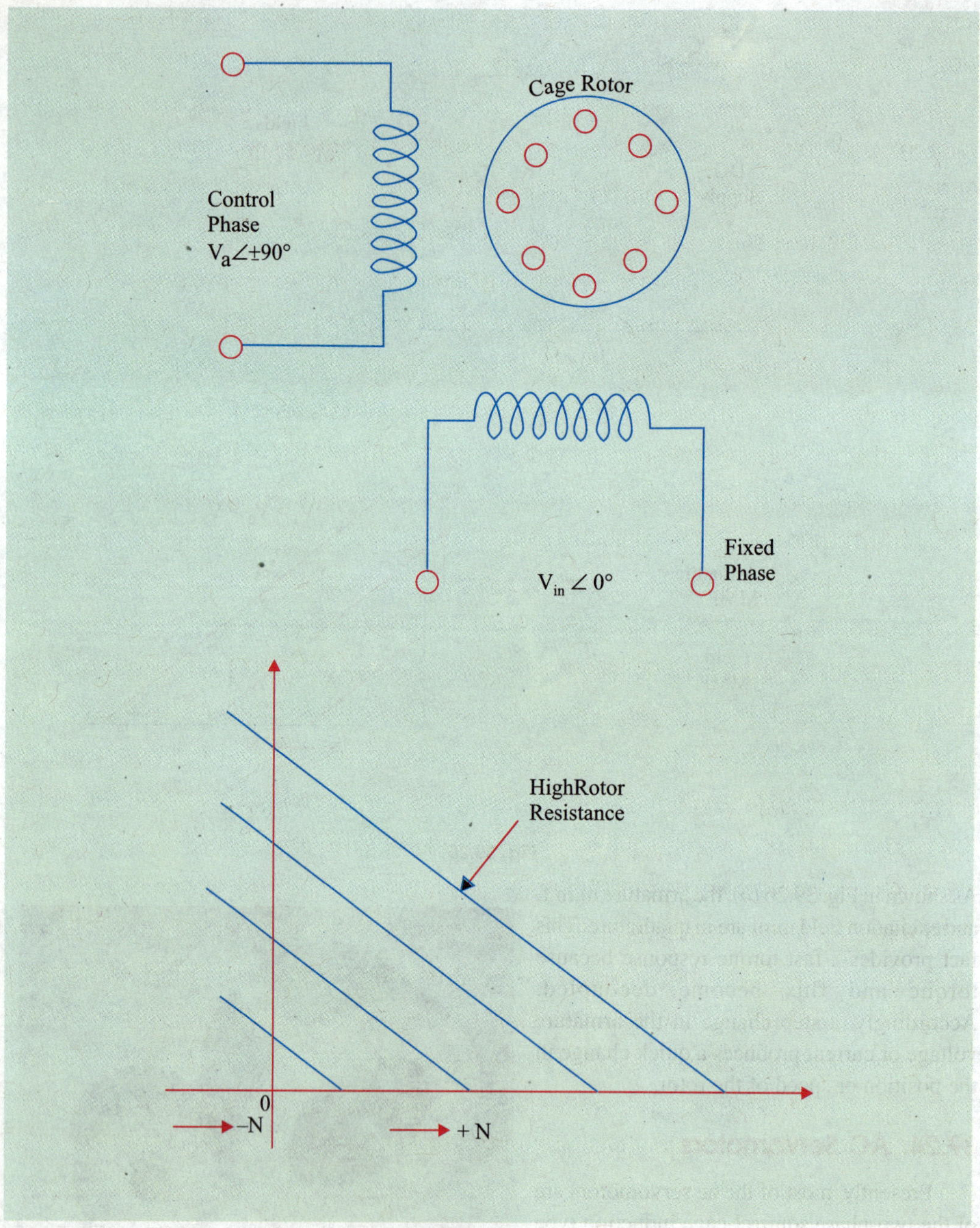

Fig. 39.27

winding (also called the reference or fixed phase) is supplied from a constant voltage source, $V_m \angle 0°$ (Fig. 39.27). The other winding (also called the control phase) is supplied with a variable voltage of the same frequency as the reference phase but is phase-displaced by 90° (electrical). The control-phase voltage is controlled by an electronic controller. The speed and torque of the rotor are controlled by the phase difference between the main and control windings. Reversing the phase difference from leading to lagging (or ***vice-versa***) reverses the motor direction.

Since the rotor bars have high resistance, the torque-speed characteristics for various armature voltages are almost linear over a wide speed range particularly near the zero speed. The motor operation can be controlled by varying the voltage of the main phase while keeping that of the reference phase constant.

(*b*) Three-phase AC Servomotors

A great deal of research has been to modify a three-phase squirrel-cage induction motor for use in high power servo systems. Normally, such a motor is a highly non-linear coupled-circuit device. Recently, this machine has been operated successfully as a linear decoupled machine (like a d.c. machine) by using a control method called vector control or field oriented control. In this method, the currents fed to the machine are controlled in such a way that its torque and flux become decoupled as in a dc machine. This results in a high speed and a high torque response.

OBJECTIVE TESTS – 39

1. A single-stack, 4-phase, 6-pole VR stepper motor will have a step angle of

(*a*) 15º
(*b*) 30º
(*c*) 45º
(*d*) 90º

2. In a three-stack 12/8-pole VR motor, the rotor pole pitch is

(*a*) 15º
(*b*) 30º
(*c*) 45º
(*d*) 60º

3. A three-stack VR stepper motor has a step angle of 10º. What is the number of rotor teeth in each stack ?

(*a*) 36
(*b*) 24
(*c*) 18
(*d*) 12

4. If a hybrid stepper motor has a rotor pitch of 36º and a step angle of 9º, the number of its phases must be

(*a*) 4
(*b*) 2
(*c*) 3
(*d*) 6

5. What is the step angle of a permanent-magnet stepper motor having 8 stator poles and 4 rotor poles ?

(*a*) 60º
(*b*) 45º
(*c*) 30º
(*d*) 15º

6. A stepping motor is a .... device.

(*a*) mechanical
(*b*) electrical
(*c*) analogue
(*d*) incremental

7. Operation of stepping motors at high speeds is referred to as

(*a*) fast forward
(*b*) slewing
(*c*) inching
(*d*) jogging

8. Which of the following phase switching sequence represents half-step operation of a VR stepper motor ?

(*a*) A, B, C, A ....
(*b*) A, C, B, A ....
(*c*) AB, BC, CA, AB ....
(*d*) A, AB, B, BC ....

9. The rotational speed of a given stepper motor is determined solely by the

(*a*) shaft load
(*b*) step pulse frequency
(*c*) polarity of stator current
(*d*) magnitude of stator current.

10. A stepper motor may be considered as a .... converter.

(*a*) dc to dc
(*b*) ac to ac
(*c*) dc to ac
(*d*) digital-to-analogue

11. The rotor of a stepper motor has no

(*a*) windings
(*b*) commutator
(*c*) brushes
(*d*) all of the above.

12. Wave excitation of a stepper motor results in
(*a*) microstepping
(*b*) half-stepping
(*c*) increased step angle
(*d*) reduced resolution.

13. A stepper motor having a resolution of 300 steps/rev and running at 2400 rpm has a pulse rate of— pps.
(*a*) 4000
(*b*) 8000
(*c*) 6000
(*d*) 10,000

14. The torque exerted by the rotor magnetic field of a PM stepping motor with unexcited stator is called ....torque.
(*a*) reluctance
(*b*) detent
(*c*) holding
(*d*) either (*b*) or (*c*)

15. A variable reluctance stepper motor is constructed of .... material with salient poles.
(*a*) paramagnetic
(*b*) ferromagnetic
(*c*) diamagnetic
(*d*) non-magnetic

16. Though structurally similar to a control transmitter, a control receiver differs from it in the following way :
(*a*) it has three-phase stator winding
(*b*) it has a rotor of dumbell construction
(*c*) it has a mechanical damper on its shaft
(*d*) it has single-phase rotor excitation.

17. The control .... synchro has three-phase winding both on its stator and rotor.
(*a*) differential
(*b*) transformer
(*c*) receiver
(*d*) transmitter

18. Regarding voltages induced in the three stator windings of a synchro, which statement is false ?
(*a*) they depend on rotor position.
(*b*) they are in phase.
(*c*) they differ in magnitude.
(*d*) they are polyphase voltages.

19. The low-torque synchros cannot be used for
(*a*) torque transmission
(*b*) error detection
(*c*) instrument servos
(*d*) robot arm positioning.

20. Which of the following synchros are used for error detection in a servo control system ?
(*a*) control transmitter
(*b*) control transformer
(*c*) control receiver
(*d*) both (*a*) and (*b*).

21. For torque transmission over a long distance with the help of electrical wires only, which of the following two synchros are used ?
(*a*) *CX* and *CT*
(*b*) *CX* and *CR*
(*c*) *CX* and *CD*
(*d*) *CT* and *CD*.

22. The arrangement required for producing a rotation equal to the sum or difference of the rotation of two shafts consists of the following coupled synchros.
(*a*) control transmitter
(*b*) control receiver
(*c*) control differential transmitter
(*d*) all of the above.

23. Which of the following motor would suit applications where constant speed is absolutely essential to ensure a consistent product ?
(*a*) brushless dc motor
(*b*) disk motor
(*c*) permanent-magnet synchronous motor
(*d*) stepper motor.

24. A switched reluctance motor differs from a *VR* stepper motor in the sense that it
(*a*) has rotor poles of ferromagnetic material
(*b*) rotates continuously
(*c*) is designed for open-loop operation only
(*d*) has lower efficiency.

25. The electrical displacement between the two stator windings of a resolver is
(*a*) 120°
(*b*) 90°
(*c*) 60°
(*d*) 45°.

26. Which of the following motor runs from a low dc supply and has permanently magnetized salient poles on its rotor ?
(*a*) permanent-magnet d.c. motor
(*b*) disk d.c. motor
(*c*) permanent-magnet synchronous motor
(*d*) brushless d.c. motor.

27. A dc servomotor is similar to a regular d.c. motor except that its design is modified to cope with
(*a*) electronic switching
(*b*) slow speeds
(*c*) static conditions
(*d*) both (*b*) and (*c*).

28. One of the basic requirements of a servomotor is that it must produce high torque at all
(*a*) loads
(*b*) frequencies
(*c*) speeds
(*d*) voltages.

29. The most common two-phase ac servomotor differs from the standard ac induction motor because it has
(*a*) higher rotor resistance
(*b*) higher power rating
(*c*) motor stator windings
(*d*) greater inertia.

30. Squirrel-cage induction motor is finding increasing application in high-power servo systems because new methods have been found to
(*a*) increase its rotor resistance
(*b*) control its torque
(*c*) decrease its intertia
(*d*) decouple its torque and flux.

ANSWERS

1. *a* **2.** *c* **3.** *d* **4.** *a* **5.** *b* **6.** *d* **7.** *b* **8.** *d* **9.** *b* **10.** *d* **11.** *d* **12.** *b* **13.** *c* **14.** *d* **15.** *b* **16.** *c* **17.** *a* **18.** *d* **19.** *d* **20.** *d* **21.** *b* **22.** *d* **23.** *c* **24.** *b* **25.** *b* **26.** *a* **27.** *d* **28.** *c* **29.** *a* **30.** *d*.

QUESTIONS AND ANSWERS ON SPECIAL MACHINES

Q.1. Do stepper motors have internal or external fans ?

Ans. No. Because the heat generated in the stator winding is conducted through the stator iron to the case which is cooled by natural conduction, convection and radiation.

Q.2. Why do hybrid stepping motors have many phases sometime more than six ?

Ans. In order to obtain smaller step angles.

Q.3. Any disadvantage(s) of having more phases?

Ans. Minor ones are: more leads have to be brought out from the motor, more interconnections are required to the drive circuit and more switching devices are needed.

Q.4. What is the main attraction of a multi-stack *VR* stepper motor ?

Ans. It is well-suited to high stepping rates.

Q.5. You are given a *VR* motor and a hybrid stepper motor which look exactly similar. How would you tell which is which ?

Ans. Spin the rotor after short-circuiting the stator winding. If there is no mechanical resistance to rotation, it is a *VR* motor and if there is resistance, then it is a hybrid motor.

Q.6. How do you explain it ?

Ans. Since *VR* motor has magnetically neutral rotor, it will not induce any e.m.f. in the short-circuited winding *i.e.* the machine will not act as a generator and hence experience no drag on its rotation. However, the rotor of a hybrid motor has magnetic poles, hence it will act as a generator and so experience a drag.

Q.7. Will there be any harm if the rotor of a hybrid stepper motor is pulled out of its stator ?

Ans. Yes. The rotor will probably become partially demagnetized and, on reassembling, will give less holding torque.

INDEX

A

B

C

D

E

F

G

H

I

K

L

M

N

O

P

R

S

T

V

W

Y

Z